总 篇 目

卷名	篇名	章名
第1卷 焊接方法及设备		第1章 焊接方法概述
	第1篇 电弧焊	第2章 弧焊电源 第3章 焊条电弧焊 第4章 埋弧焊 第5章 钨极惰性气体保护焊 第6章 等离子弧焊及切割 第7章 熔化极气体保护电弧焊 第8章 药芯焊丝电弧焊 第9章 水下焊接与切割 第10章 螺柱焊 第11章 碳弧气刨 第12章 高效电弧焊焊接方法与技术
	第2篇 电阻焊	引言 第13章 点焊 第14章 缝焊 第15章 凸焊 第16章 对焊 第17章 电阻焊设备 第18章 电阻焊质量检验及监控
	第3篇 高能束焊	引言 第19章 电子束焊 第20章 激光焊与切割
	第4篇 钎焊	第21章 钎焊方法及工艺 第22章 钎焊材料 第23章 材料的钎焊
	第5篇 其他焊接方法	第24章 电渣焊及电渣压力焊 第25章 高频焊 第26章 气焊气割及高压水射流切割 第27章 气压焊 第28章 铝热焊（热剂焊） 第29章 爆炸焊 第30章 摩擦焊 第31章 变形焊 第32章 超声波焊接 第33章 扩散焊 第34章 堆焊 第35章 热喷涂 第36章 胶接
	第6篇 焊接过程自动化技术	第37章 焊接电弧控制技术 第38章 焊接传感器及伺服装置 第39章 计算机在焊接过程自动化中的应用 第40章 焊接机器人 第41章 遥控焊接技术 第42章 自动化专用焊接设备
第2卷 材料的焊接	第1篇 材料的焊接性基础	第1章 焊接热过程 第2章 焊接冶金 第3章 焊接热影响区组织及性能 第4章 焊接缺欠 第5章 金属焊接性及其试验方法
	第2篇 铁与钢的焊接	第6章 碳钢的焊接 第7章 低合金钢的焊接 第8章 耐热钢的焊接 第9章 不锈钢的焊接 第10章 其他高合金钢的焊接 第11章 铸铁的焊接
	第3篇 有色金属的焊接	第12章 铝、镁及其合金的焊接 第13章 钛及其合金的焊接 第14章 铜及其合金的焊接 第15章 高温合金的焊接 第16章 镍基耐蚀合金的焊接 第17章 稀贵及其他有色金属的焊接
	第4篇 难熔金属及异种金属的焊接	第18章 难熔金属的焊接 第19章 异种金属的焊接 第20章 金属材料堆焊
	第5篇 新型材料的焊接	第21章 塑料的焊接 第22章 陶瓷与陶瓷、陶瓷与金属的连接 第23章 复合材料的焊接
第3卷 焊接结构	第1篇 焊接结构基础	第1章 焊接结构常用金属材料 第2章 焊接接头及其几何设计 第3章 焊接接头的力学性能 第4章 焊接应力与变形 第5章 焊接结构疲劳 第6章 焊接结构的断裂及安全评定 第7章 焊接结构的环境失效 第8章 标准与法规
	第2篇 典型焊接结构设计	第9章 焊接结构设计原则与方法 第10章 焊接接头强度计算 第11章 焊接基本构件的设计与计算 第12章 机械零部件焊接结构 第13章 锅炉、压力容器与管道 第14章 建筑焊接结构 第15章 铁路车辆焊接结构 第16章 船舶与海洋工程焊接结构 第17章 起重机焊接结构 第18章 动力机械焊接结构 第19章 焊接钢桥 第20章 矿山与工程机械焊接结构 第21章 汽车焊接结构 第22章 典型航空航天焊接结构
	第3篇 焊接结构生产	第23章 焊接结构制造工艺 第24章 焊接结构制造用生产设备 第25章 典型焊接结构的制造 第26章 焊接结构生产的机械化和自动化 第27章 焊接结构的无损检测技术 第28章 焊接培训与资格认证 第29章 焊接结构生产的质量管理、组织与经济 第30章 焊接车间设计 第31章 焊接安全与清洁生产 第32章 焊接结构的再制造与延寿技术 第33章 计算机辅助焊接结构制造与生产质量控制

焊 接 手 册

第 3 卷

焊 接 结 构

第 3 版（修订本）

中国机械工程学会焊接学会　编

机 械 工 业 出 版 社

《焊接手册》是由中国机械工程学会焊接学会在全国范围内组织专家编写的一部综合性专业工具书，是焊接学会为生产服务的具体体现。对手册内容的不断充实、完善是焊接学会的长期工作任务。此次修订是在第 3 版的基础上，依然保持内容选材广泛的特点，突出手册的实践性、准确性、可靠性；采纳了近几年国内外焊接生产技术飞速发展的成果、新颁布的国内外标准。全套手册共计 3 卷（焊接方法及设备、材料的焊接、焊接结构），本书为其中的第 3 卷。

本书的最大特点是实用。全书分为 3 篇共 33 章：第 1 篇焊接结构基础；第 2 篇典型焊接结构设计；第 3 篇焊接结构生产。第 1 篇主要从各个细节方面讲述了焊接结构中应注意的问题，主要包括接头设计、力学性能、变形、疲劳、环境效应等。第 2 篇按行业将焊接的典型结构进行了详细的讲解。第 3 篇主要对工艺、检测、组织与经济、车间设计、安全防护等作了介绍。

本手册的读者对象是以制造业中从事焊接生产的工程技术人员为主；同时，这部手册对于焊接科研、设计和教学人员也是一部解决实际问题时必备的工具书。

图书在版编目（CIP）数据

焊接手册. 第 3 卷，焊接结构/中国机械工程学会焊接学会编. —3 版（修订本）. —北京：机械工业出版社，2014.12（2023.3 重印）
ISBN 978-7-111-49282-5

Ⅰ.①焊… Ⅱ.①史…②中… Ⅲ.①焊接-技术手册②焊接结构-技术手册 Ⅳ.①TG4-62

中国版本图书馆 CIP 数据核字（2015）第 023920 号

机械工业出版社（北京市百万庄大街 22 号 邮政编码 100037）
策划编辑：何月秋 责任编辑：何月秋 崔滋恩
版式设计：霍永明 责任校对：张 征 闫玥红 张晓蓉
封面设计：马精明 责任印制：单爱军
北京虎彩文化传播有限公司印刷
2023 年 3 月第 3 版第 4 次印刷
184mm×260mm·86.25 印张·2 插页·2946 千字
标准书号：ISBN 978-7-111-49282-5
定价：238.00 元

凡购本书，如有缺页、倒页、脱页，由本社发行部调换
电话服务 网络服务
服务咨询热线：010-88361066 机工官网：www.cmpbook.com
读者购书热线：010-68326294 机工官博：weibo.com/cmp1952
010-88379203 金书网：www.golden-book.com
编辑热线：010-88379879 教育服务网：www.cmpedu.com
封底无防伪标均为盗版

中国机械工程学会焊接学会
《焊接手册》第3版编委会

主 任　陈　强

副主任　吴毅雄　邹增大　史耀武　王麟书

顾 问　潘际銮　关　桥　徐滨士　林尚扬　吴　林　陈剑虹

　　　　单　平　田锡唐　陈丙森　宋天虎

委 员　（按汉语拼音排序）

　　　　陈善本　陈祝年　成炳煌　都　东　杜则裕　方洪渊

　　　　冯吉才　高洪明　李晓延　刘金合　陆　皓　孙慧波

　　　　田志凌　吴爱萍　殷树言　赵海燕

秘书组　李晓延　王新洪　蔡　艳　黄彩艳

《焊接手册》第3卷第3版（修订本）编审者名单

主 编

史耀武　北京工业大学　教授

副主编

（按分管篇排序）

李晓延
北京工业大学
教授

陈祝年
山东大学
教授

陆 皓
上海交通大学
教授

方洪渊
哈尔滨工业大学
教授

赵海燕
清华大学
副教授

作 者 审 者

（按姓名汉语拼音排序）

陈丙森
清华大学
教授

陈伯蠡
清华大学
教授

陈怀宁
中国科学院金属研究所
研究员

陈培君
太原重工股份有限公司
研究员级高级工程师

陈清阳
太原重工股份有限公司
研究员级高级工程师

陈 宇
哈尔滨焊接技术培训中心
研究员级高级工程师

陈裕川
上海市焊接协会
高级工程师

崔晓芳
北车集团大同电力机车有限责任公司
研究员级高级工程师

范 峰
哈尔滨工业大学
教授

邓彩艳
天津大学
博士

邓义刚
哈尔滨焊接技术培训中心
工程师

关 桥
航空制造工程研究所
中国工程院院士

郭志强
上海大众汽车有限公司
高级工程师

霍立兴
天津大学
教授

贾安东
天津大学
教授

李冬青
哈尔滨工业大学
副教授

李少华
钢铁研究总院
研究员级高级工程师

李振江
南车集团四方机车车辆股份有限公司
高级工程师

李自轩
山推工程机械股份有限公司
高级工程师

梁 刚
东方汽轮机有限公司
高级工程师

林尚扬
哈尔滨焊接研究所
中国工程院院士

刘大钧
江南造船厂
高级工程师

刘雅娣
太原重工股份有限公司
高级工程师

潘希德
西安交通大学
教授

朴东光
哈尔滨焊接研究所
研究员

钱 强
哈尔滨焊接技术培训中心
研究员级高级工程师

曲仕尧
山东大学
教授

史永吉
铁道科学研究院
研究员

史志强
铁道科学研究院
副研究员

宋永伦
北京工业大学
教授

孙光二
江南造船厂
高级工程师

王宏正
济南第二机床厂
高级工程师

王 林
哈尔滨焊接技术培训中心
研究员级高级工程师

王 政
兰州理工大学
教授

王智慧
北京工业大学
教授级高级工程师

魏鸿亮
齐齐哈尔铁路车辆集团有限公司
高级工程师

魏艳红
南京航空航天大学
教授

吴 甦
清华大学
教授

吴祖乾
上海发电设备成套设计研究院
研究员级高级工程师

谢 明
山推工程机械结构件有限公司
高级工程师

解应龙
哈尔滨焊接技术培训中心
研究员级高级工程师

徐滨士
装甲兵工程学院
中国工程院院士

徐崇宝
哈尔滨工业大学
教授

许祖泽
钢铁研究总院
研究员级高级工程师

薛 锦
西安交通大学
教授

严鸢飞
清华大学
教授

姚君山
上海航天设备制造总厂
高级工程师

姚巨坤
装甲兵工程学院
讲师

殷安康
三菱重工东方燃气轮机
（广州）有限公司
研究员级高级工程师

尹士科
钢铁研究总院
研究员级高级工程师

于 萍
山推工程机械结构件有限公司
高级工程师

袁兆富
济南第二机床厂
高级工程师

张建勋
西安交通大学
教授

张晋刚
山推工程机械股份有限公司
高级工程师

张田仓
航空制造工程研究所
研究员

张文元
哈尔滨工业大学
副教授

张耀春
哈尔滨工业大学
教授

张泽灏
大连船用柴油机厂
研究员级高级工程师

郑本英
东方电机股份有限公司
研究员级高级工程师

钟国柱
哈尔滨工业大学
教授

周万盛
航天材料及工艺研究所
研究员

朱　胜
装甲兵工程学院
教授

朱志明
清华大学
教授

《焊接手册》第3卷第2版编审者名单

主　编

陈丙森　清华大学　教授

副主编

史耀武
北京工业大学
教授

陈祝年
山东大学
教授

苏　毅
清华大学
教授

作　者　审　者

（编审者按姓氏汉语拼音顺序排列）

安　珣
太原重型机械集团有限公司
研究员级高级工程师

陈怀宁
中国科学院金属研究所
研究员

陈裕川
上海焊接协会
高级工程师

陈伯鑫
清华大学
教授

陈培君
太原重型机械（集团）有限公司
高级工程师

樊　丁
甘肃工业大学
教授

关　桥
航空工业总公司625所
中国工程院院士

霍立兴
天津大学机械学院
教授

贾安东
天津大学
教授

李家鳌
哈尔滨锅炉厂
高级工程师

李生田
哈尔滨焊接研究所
研究员级高级工程师

李振江
青岛四方机车车辆厂
高级工程师

李自轩
山推工程机械股份有限
公司制造技术部
高级工程师

林京太
东方汽轮机厂
研究员级高级工程师

林尚扬
哈尔滨焊接研究所
中国工程院院士

刘大钧
江南造船厂
高级工程师

刘兴亚
建筑研究总院
高级工程师

柳曾典
华东理工大学
教授

马盈山　　　　　　　　潘　孚　　　　　　　　潘希德
齐齐哈尔车辆厂　　　　　哈尔滨锅炉厂　　　　　西安交通大学
高级工程师　　　　　　　高级工程师　　　　　　教授

朴东光　　　　　　　　沈大明　　　　　　　　史永吉
哈尔滨焊接研究所　　　　美联钢结构有限公司　　铁道部科学研究总院
高级工程师　　　　　　　高级工程师　　　　　　研究员

史志强　　　　　　　　孙光二　　　　　　　　唐伯钢
铁道部科学研究总院　　　江南造船厂　　　　　　建筑研究总院
高级工程师　　　　　　　高级工程师　　　　　　高级工程师

王　政　　　　　　　　谢　明　　　　　　　　解应龙
甘肃工业大学　　　　　　山推工程机械股份　　　哈尔滨焊接研究所
教授　　　　　　　　　　有限公司制造技术部　　研究员级高级工程师
　　　　　　　　　　　　高级工程师　主任工艺师

徐崇宝　　　　　　　　徐济民　　　　　　　　许祖泽
哈尔滨工业大学土木工程学院　清华大学　　　　　钢铁研究总院
教授　　　　　　　　　　教授　　　　　　　　　教授

薛　锦　　　　　　　　严鸢飞　　　　　　　　严致和
西安交通大学　　　　　　清华大学　　　　　　　机械工业部设计研究院
教授　　　　　　　　　　教授　　　　　　　　　高级工程师

杨泗霖　　　　　　　　殷安康　　　　　　　　余幼芬
首都经贸大学　　　　　　东方汽轮机厂　　　　　机械工业部设计研究院
教授　　　　　　　　　　高级工程师　　　　　　高级工程师

袁兆富　　　　　　　　张耀春　　　　　　　　张泽灏
济南第二机床厂　　　　　哈尔滨工业大学土木工程学院　大连船用柴油机厂
高级工程师　　　　　　　教授　　　　　　　　　高级工程师

郑本英　　　　　　　　钟国柱　　　　　　　　周浩森
东方电机股份有限公司　　哈尔滨工业大学　　　　上海交通大学
研究员级高级工程师　　　教授　　　　　　　　　教授

《焊接手册》第3卷第1版编审者名单

主　编

田锡唐　哈尔滨工业大学　教授

主　审

关桥　航空航天工业部北京航空工艺研究所　研究员

周浩森　上海交通大学　教授

副主编

钟国柱	陈丙森	陈祝年
哈尔滨工业大学	清华大学	山东工业大学
教授	教授	教授

作　者　审　者

（以下按编审者姓氏汉语拼音顺序排列）

安　珣	方淑芬	何瑞芳
太原重型机器厂	哈尔滨工业大学管理学院	哈尔滨焊接研究所
高级工程师（研究员级）	教授	高级工程师
陈嘉椿	冯先荣	侯贤忠
哈尔滨车辆厂	中国船舶工业总公司第九设计院	大庆石油管理局基建工程部
高级工程师（研究员级）	高级工程师（研究员级）	高级工程师
陈剑虹	郭其安	黄守勤
甘肃工业大学	大庆石油管理局油田建设公司	沈阳工业大学
教授	高级工程师	副教授
陈亮山	郭占林	霍立兴
中国科学院金属研究所	吉林工业大学	天津大学
研究员	副教授	教授

陈裕川
哈尔滨锅炉厂
高级工程师

韩维福
铁道部齐齐哈尔车辆厂
高级工程师

简润富
中国船舶工业总公司上海船厂
高级工程师

李恩福
哈尔滨工业大学
教授

李志远
华中理工大学
副教授

潘际炎
铁道部科学研究院铁道建筑研究所
研究员

李广铎
大连铁道学院
教授

梁桂芳
江南造船厂
高级工程师

邵清廉
大连船用柴油机厂
高级工程师

李家鳌
哈尔滨锅炉厂
高级工程师

廖延谅
机械电子工业部第二设计研究院
高级工程师

史永吉
铁道部科学研究院
铁道建筑研究所
高级工程师

李生田
哈尔滨焊接研究所
高级工程师

柳曾典
华东化工学院
教授

苏毅
清华大学
教授

李渝生
铁道部齐齐哈尔车辆工厂
高级工程师

马天超
哈尔滨工业大学
教授

唐伯钢
冶金部建筑科学研究院
高级工程师

唐慕尧
西安交通大学
教授

王政
甘肃工业大学
教授

许祖泽
冶金部钢铁研究总院
高级工程师

王邦本
铁道部大连机车车辆工厂
工程师

吴祖乾
上海发电设备成套设计研究所
高级工程师（研究员级）

严鸢飞
清华大学
副教授

王承权
武汉水运工程学院
副教授

解应龙
哈尔滨焊接研究所
工程师

严致和
机械电子工业部设计研究总院
高级工程师

王玉海
铁道部大连机车车辆工厂
高级工程师

徐崇宝
哈尔滨建筑工程学院
副教授

余幼芬
机械电子工业部设计研究总院
高级工程师

王元良
西安交通大学
教授

徐立勋
冶金部建筑科学研究院
高级工程师

张耀春
哈尔滨建筑工程学院
教授

郑本英
东方电机厂
高级工程师

周光祺
西安交通大学
教授

卓鸿逵
中国造船工业总公司
第十一研究所
高级工程师

钟善桐
哈尔滨建筑工程学院
教授

周昭伟
哈尔滨焊接研究所
高级工程师（研究员级）

修订本出版说明

《焊接手册》是由中国机械工程学会焊接学会组织国内两百余名焊接界专家学者编写的一部综合性大型专业工具书。全套手册共3卷700多万字。该手册自1992年出版以来，历经3次修订再版，凝聚了几代焊接人的集体智慧和丰硕成果，成为焊接学会当之无愧的经典传承著作。长期以来，她承载着传承、指导和培育一代代中国焊接科技工作者的使命和责任，并成为焊接行业的权威出版物和重要工具书。

《焊接手册》第3版于2008年1月出版，至今已有7年了，这期间出现了一些新材料、新技术、新设备、新标准，广大读者也陆续提出了一些宝贵意见，给予了热情的鼓励和帮助。为了保持《焊接手册》的先进性和权威性，满足读者的需求，焊接学会和机械工业出版社商定出版《焊接手册》第3版修订本，以便及时反映焊接技术新成果，并更正手册中的不当之处。鉴于总体上焊接技术没有大的变化，本次修订基本保持了第3版的章节结构。在广大读者所提宝贵意见的基础上，焊接学会组织各章作者对手册内容，包括文字、技术、数据、符号、单位、图、表等进行了全面审读修订。在修订过程中，全面贯彻了现行的最新技术标准，将手册中相应的名词术语、引用内容、图表和数据按新标准进行了改写；对陈旧、淘汰的技术内容进行删改，增补了相关焊接新技术内容。

最后，向对手册修订提出宝贵意见的广大读者表示衷心的感谢！

《焊接手册》第3版序

继1992年初版、2001年2版之后，很高兴《焊接手册》第3版以崭新的面貌与广大读者见面了。

《焊接手册》是新中国成立以来中国机械工程学会焊接学会组织编写的第一部综合性大型骨干工具书。书中涵盖了焊接理论基础、焊接方法与设备、焊接自动化、各种材料的焊接、焊接结构的设计、生产、检验、安全评定、劳动安全与卫生等各个领域，为广大焊接生产工程技术人员以及从事焊接科研、设计和教学人员提供了必要的参考，为推动我国焊接事业的进步起到了不可忽视的作用。

随着时代的发展、知识的更新以及焊接技术的不断进步，对《焊接手册》（第2版）进行查缺补漏，完善焊接知识体系与内容，是时代赋予学会的重要任务，亦是广大焊接专家、学者刻不容缓的社会责任。在这样的社会背景下，在广大焊接同仁的大力支持下，《焊接手册》第3版问世了。

新版《焊接手册》沿袭前两版风格，仍分3卷编写，依次为：焊接方法及设备、材料的焊接、焊接结构；在内容上继承了前版布局科学、内容翔实、数据可靠、图文并茂、生动活泼等特点，又增加了国内外近年来焊接理论基础、焊接方法与设备、焊接材料、焊接结构等领域的最新发展情况。相信《焊接手册》第3版能够满足广大焊接工作者日常查询、参考的需要，成为广大焊接工作者的良师益友。

来自清华大学、哈尔滨工业大学、山东大学、兰州理工大学、上海交通大学、西安交通大学、天津大学、北京工业大学、装甲兵工程学院、南京航空航天大学、北京航空航天大学、吉林大学、航空制造工程研究所、铁道部科学研究院、北京钢铁研究总院、哈尔滨焊接研究所、哈尔滨焊接技术培训中心、中科院金属研究所、中国工程物理研究院、宝山钢铁股份有限公司、济南第二机床厂、哈尔滨锅炉厂、南车集团四方机车车辆股份有限公司、黑龙江省齐齐哈尔铁路车辆集团有限公司、上海江南造船厂、东方汽轮机厂、东方电机股份有限公司、大连船用柴油机厂、山推工程机械股份有限公司、上海大众汽车有限公司、上海航天设备制造总厂、北车集团大同电力机车有限责任公司等国内高等院校、科研院所及企、事业单位的两百余位专家、学者参与了《焊接手册》第3版的编写与审校工作。在此，本人代表焊接学会向各位作者的辛勤付出表示衷心的感谢！

本书的编纂得到了中国科学院潘际銮院士、中国工程院关桥院士、林尚扬院士、徐滨士院士、哈尔滨工业大学吴林教授、兰州理工大学陈剑虹教授、清华大学陈丙森教授、中国机械工程学会宋天虎研究员的关怀与指导；焊接学会第七届编辑出版委员会主任、本手册第1卷主编吴毅雄教授、第2卷主编邹增大教授、第3卷主编史耀武教授以及编委会的各位成员、各章的编、审者为本书的编纂耗费了大量心血，在此一并表示真诚的谢意！

机械工业出版社多年来一直支持学会焊接系列书籍的出版，在此表示深深的感谢！

本手册涉及的内容广泛、参与编撰的人员队伍庞大，编写过程中难免出现差错，希望广大读者批评指正。

中国机械工程学会
焊接学会理事长

《焊接手册》第3卷第3版(修订本)前言

焊接作为现代制造业的基础技术,已广泛应用于材料加工的各个领域。从核能发电到微电子技术,从探索宇宙空间到深海资源开发,从汽车制造到家电生产,均离不开焊接技术。焊接技术已渗透到制造业的各个领域,直接影响到产品的质量、生产成本、可靠性与寿命。由于焊接结构具有尺寸不受限制、容易实现异种材料复合连接、质量较轻、整体性和密封性好、制造成本低等优越性,焊接结构的应用越加广泛。

2012年我国钢产量达到7亿t,近50%的钢材需要经过焊接制造成有用的工程结构。我国在大型焊接结构的开发和应用方面,已取得了举世瞩目的成绩。例如长江三峡水电站总装机容量18200MW,26台轴流式水轮机,每台水轮机的环座外径16m、高4m;转子直径10m,质量450t,是世界上最大最重的不锈钢焊接转轮;世界著名的国家体育场"鸟巢",建筑顶面呈马鞍形,钢结构总质量5.3万t,焊缝总长31万m,消耗焊材2000余t;世界先进水平的西气东输二线工程,干线全部采用X80高钢级管线钢,总长4895km,管径1219mm,壁厚15.3～33mm,该高压长输管线具有抗强震和断层活动的止裂能力。我国第一台煤直接液化反应器,直径5.5m,长62m,壁厚337mm,质量2060t,为世界上最大的加氢反应器,采用双丝窄间隙埋弧焊技术。目前,我国已是世界机械制造大国、机电设备第二大出口国。已能独立制造60万kW超临界和100万kW超超临界火电机组;秦山核电站二期3号机组堆内构件全部实现国产化,三代核电堆型AP1000反应堆正在中国建造,并全面掌握AP1000设备的设计和制造技术;风电装机总容量已超过1200万kW,列全球第四位,单台3MW海上风电机组已投入运行;1000万t炼油设备国产化率已达90%;汽车年产量已超过2000万辆,成为世界第一汽车生产大国;我国是世界上仅有的几个能制造时速达350km的高速列车并掌握动车组技术的国家;开发的17.5万t好望角型散装货轮,已成为国际知名品牌,已能独立制造30万t大型油轮和液化天然气船,据2011年统计,我国造船完工量达7665万载重t,占世界市场份额的45.1%,居全球首位,2012年"辽宁"号航母完工和"蛟龙"号7000m深潜成功,开启了我国船舶和海洋工程结构的新篇章;飞机制造业也正在形成涡扇支线客机、大型运输机、舰载机及直升机等系列生产能力;研制成功的长征系列运载火箭,具备发射各种轨道飞行器和探月的能力。自2003年我国第一位航天员成功上天,使中国成为继俄罗斯和美国之后第三个把人送入太空的国家,到2012年神九与天宫目标飞行器成功在轨对接,为2020年建成我国的空间站迈出了关键的一步。所有这些装备的制造均离不开焊接技术,同时装备制造业的发展也带动了焊接技术的进步。现在我国还是名副其实的家电生产大国,2014年我国家电制造业实现工业销售14139亿元,家电出口突破3400亿元,我国家电企业正在走向全球化竞争的时代。

现代制造业的迅猛发展,广泛采用新材料、先进焊接方法和新装备,正在对焊接结构的设计与制造产生深刻的影响与变革。我国制造业在取得令人瞩目的成绩的同时,也带来了能耗高、材料利用率低等问题和巨大的资源与环境压力。普通结构钢虽然仍是焊接结构的主体材料,但随着轻合金等新材料在航天航空、高速轨道交通设备、汽车、舰艇与船舶中的广泛应用,迫切需要焊接新技术的快速发展,以满足结构轻量化、节能和特殊性能的需求。绿色制造理念正影响着焊接结构制造业,大力推进清洁生产,节能减排,促进资源循环利用,将成为焊接结构制造业面临的新挑战。

　　《焊接手册》1992年出版以来，历经再版，凝聚了几代焊接人的集体智慧和丰硕成果，成为中国焊接学会当之无愧的经典著作，她承载着传承、指导和培育一代代中国焊接界精英的使命和责任。《焊接手册》第3版已经出版7年了，这期间涌现了许多新材料、新工艺、新设备、新方法、新标准。为了诠释《焊接手册》在焊接行业的权威和领袖地位，有必要根据近几年焊接行业的发展进行适当修编。

　　《焊接手册》第3卷第3版（修订本）秉承了第3版的总体结构。修订本仍分为3篇共33章。第1篇为"焊接结构基础"，第2篇为"典型焊接结构设计"，第3篇为"焊接结构生产"，共280余万字。修订本修改了第3版书中文字、数据、符号、单位及图表的差错，采用了国家或行业的现行标准和名词术语，更换了标准编号、图表和数据，删除了淘汰的内容，增补了新的技术、工艺、方法、材料等内容。

　　本次《焊接手册》的修订本，是在中国机械工程学会焊接学会和《焊接手册》编委会的领导下，经全体作者的共同努力工作完成的，在此对他们的辛勤工作表示衷心的感谢。

　　本卷涉及焊接结构的设计、制造、生产管理、结构服役及再制造，内容广泛，紧密联系生产实际。虽然工作尽力，但难免存在疏漏乃至差错，我们真诚地希望广大读者随时批评指正，以便本卷重印或修订时不断完善。

主编　史耀武

《焊接手册》第3卷第3版前言

　　焊接作为现代制造业的基础技术，已广泛用于材料加工各个领域。从核能发电到微电子技术，从探索宇宙空间到深海资源开发，从汽车制造到家电生产，均离不开焊接技术，焊接结构应用在社会生产和生活的各个方面。焊接又俗称钢铁裁缝。2006年我国钢产量达到4.2亿t，约40%的钢材需要经过焊接制造成有用的工程结构。

　　自从2001年《焊接手册》第3卷第2版出版以来，我国的焊接结构制造业得到了迅猛发展。近年来，我国在西气东输、西电东送、南水北调等重大工程建设取得了举世瞩目的成果，大型或超大型焊接结构实现了历史性突破。长江三峡水电站总装机容量18200MW，相当18座大型核电站，26台轴流式水轮机，每台水轮机的环座外径16m，高4m；转子直径10m，质量450t，蜗壳进水口直径12.4m，重750t。西气东输工程的天然气管线全长4000km，采用高强度X70管线钢，钢管用量170万t，是横贯我国东西的能源大动脉。桥梁建设方面，世界排名前10位的斜拉桥中，我国就有6座，上海卢浦大桥被称为世界第一拱，全长3900m，主拱跨度550m，用钢量达3.5万t。上海东海大桥是我国第一座跨海大桥，全长32km。近年还建设了世界上最高的青藏铁路，海拔4000m以上的路段965km。在建筑钢结构行业，誉为中华第一高楼的上海金茂大厦，高421m，正在建设的上海环球金融中心工程，建筑主体净高492m。举世瞩目的奥运国家体育场（鸟巢），鸟巢钢结构空间跨度大，成双曲线马鞍形，东西轴长298m，南北轴长333m，最高点69m，用钢量达4.2万t。我国造船总吨位连续10年世界排名第3位，现年造船达1500万载重吨，占世界市场份额19%。目前除了能建造大型集装箱货船、干散货轮、油轮及跨海火车轮渡外，还能建造国际公认的高技术、高难度、高附加值的LNG船。我国汽车工业已进入了高速增长期，2006年的汽车年产量已近730万辆。自2003年我国第一位航天员成功上天，特别是神六的成功发射，使中国成为继俄罗斯和美国之后第三个把人送入太空的国家。现在我国还是名副其实的家电生产大国，2006年我国家电制造业实现工业销售7878亿元，家电出口253亿元，我国家电企业正在走向全球化竞争的时代。展望未来，焊接结构制造业在十一五期间还将得到更快的发展，并向制造强国迈进。

　　现代制造业的迅猛发展，广泛采用新材料、先进焊接方法和新装备，正在对焊接结构的设计与制造产生深刻影响与变革。作为可持续发展战略在制造业的体现，制造业推行循环经济已是不可逆转的潮流，绿色制造理念也影响着焊接结构制造业，大力推进清洁生产，减低资源和能源消耗，促进资源循环利用，减少污染排放，积极开展ISO 14000环境管理体系和环境标志产品认证，将成为制造业面临的新挑战。

　　自从《焊接手册》第3卷第1版问世以来，它不仅得到广大焊接工艺技术人员的青睐，还成为焊接结构设计与焊接结构生产人员的重要参考书。《焊接手册》第3卷"焊接结构"第3版的修订，正是为了顺应我国由制造大国向制造强国的战略转变，总结第2版发行以来焊接结构设计和制造的技术进步，满足广大焊接工作者的需要，更好地为行业服务。

　　《焊接手册》第3卷秉承了第2版的总体结构。《焊接手册》第3卷第3版分为3篇共33章。第1篇为"焊接结构基础"，第2篇为"典型焊接结构设计"，第3篇为"焊接结构生产"，共300余万字。特别应提到的是，第2篇增添了"汽车焊接结构"和"航空与航天焊接结构"两章，在第3篇增添了"焊接资质人员培训与资格认证"，"焊接生产信息系统"和

"焊接结构的再制造与延寿技术"三章，弥补了第2版的不足。在各章节的修订过程中，内容上做了进一步更新和精选，尽力反映出我国近年来取得的创新成果以及国际先进焊接技术进步。

本次《焊接手册》第3卷的修订，是在中国机械工程学会焊接学会和焊接手册编委会的领导下，经全体编审人员的共同努力工作完成的。来自全国著名大学、研究院所及企业的60余位专家、教授，参加了这部手册的编写或审阅，历时2年。特别是各位在本职工作非常繁忙的情况下，努力设法搜集资料，整理最新科研成果和生产经验，保证了手册的学术水平，在此对各位编审人员表示衷心的感谢。第3卷第3版的总体结构和许多内容，继承了第1版及第2版，因此也要感谢前两版的主编及全体编审人员。《焊接手册》第3卷第3版副主编的分工是：第1篇由李晓延负责，第2篇由陈祝年和陆皓负责，第3篇由方洪渊和赵海燕负责。李晓延还兼任本卷秘书。在本卷的修订工作中，各位副主编投入了大量心血，在此对他们的辛勤工作表示衷心的感谢。

本卷涉及焊接结构的设计、制造、生产管理、结构服役及再制造，内容广泛，紧密联系生产实际。虽然工作尽力，但难免疏漏乃至差错，我们真诚希望广大读者随时批评指正，以便本卷重印或修订时不断完善。

主　编：　史耀武

目　　录

修订本出版说明

《焊接手册》第 3 版序

《焊接手册》第 3 卷第 3 版（修订本）前言

《焊接手册》第 3 卷第 3 版前言

第 1 篇　焊接结构基础

第 1 章　焊接结构常用金属材料 …………… 1

1.1　焊接结构常用金属材料 …………… 1

　1.1.1　结构钢 ………………………… 1

　1.1.2　特殊钢 ………………………… 9

　1.1.3　非铁材料 …………………… 13

　1.1.4　复合材料及其金属基复合材料 15

1.2　焊接结构选材基本原则 …………… 18

　1.2.1　母材的选择原则 …………… 18

　1.2.2　焊接材料的选择原则 ……… 20

参考文献 ……………………………… 21

第 2 章　焊接接头及其几何设计 …… 22

2.1　焊接接头的作用和特点 ………… 22

　2.1.1　焊接接头的作用 …………… 22

　2.1.2　焊接接头的特点 …………… 22

2.2　焊接接头的几何设计 …………… 23

　2.2.1　焊接接头的分类和基本类型 23

　2.2.2　熔焊接头的几何设计 ……… 23

　2.2.3　压焊接头的几何设计 ……… 24

　2.2.4　钎焊接头的几何设计 ……… 28

　2.2.5　相关知识链接——铆接接头与栓接
　　　　接头 ……………………………… 30

2.3　特殊的熔焊接头的几何设计 …… 31

　2.3.1　电子束焊接头 ……………… 31

　2.3.2　激光焊接头 ………………… 32

　2.3.3　电渣焊接头 ………………… 32

　2.3.4　焊接节点 …………………… 33

2.4　熔焊接头坡口的几何设计 ……… 35

　2.4.1　坡口与坡口类型 …………… 35

　2.4.2　坡口的几何参数与加工要求 36

　2.4.3　气焊、焊条电弧焊、气体保护焊和
　　　　高能束焊接头坡口的几何设计 37

　2.4.4　埋弧焊接头坡口的几何设计 38

　2.4.5　坡口的几何设计原则 ……… 38

2.5　焊接接头几何参数对接头工作应力
　　分布的影响 …………………………… 38

　2.5.1　熔焊常用接头几何参数对接头工作
　　　　应力分布的影响 ……………… 39

　2.5.2　电阻焊常用接头几何参数对接头
　　　　工作应力分布的影响 ………… 44

2.6　焊接接头的几何设计原则 ……… 44

　2.6.1　焊接接头的一般设计原则 … 44

　2.6.2　常用焊接接头的几何设计注意
　　　　事项 ……………………………… 46

2.7　焊接接头在焊接结构设计图样上的表示
　　方法 …………………………………… 50

　2.7.1　焊缝符号与焊接方法代号 … 50

　2.7.2　焊接接头在图样上的表示方法 54

2.8　相关知识链接——结构钢焊接接头的
　　强韧性匹配设计原则 ……………… 59

参考文献 ……………………………… 60

第 3 章　焊接接头的力学性能 …… 61

3.1　焊接接头的力学性能及测试 …… 61

　3.1.1　力学性能试样取样的一般原则 61

　3.1.2　基本力学性能测试 ………… 62

　3.1.3　焊接接头的断裂韧度 ……… 68

　3.1.4　焊接接头的疲劳性能 ……… 69

　3.1.5　焊接接头的蠕变与持久性能 70

　3.1.6　焊接接头的应力腐蚀性能 … 72

　3.1.7　其他力学性能试验方法介绍 73

3.2　焊接接头的不均匀性对力学性能的
　　影响 …………………………………… 77

　3.2.1　焊接接头宏观力学不均匀性的
　　　　一般特征 ……………………… 77

　3.2.2　焊接接头宏观力学性能不均匀性
　　　　对性能测试结果的影响 ……… 78

　3.2.3　金相组织非均匀性的影响 … 79

3.3　不同结构的设计对焊接接头力学性能的
　　　要求 ……………………………………… 80
　3.3.1　一般考虑 ……………………………… 80
　3.3.2　不同工作条件下的接头强韧性
　　　　　匹配 ………………………………… 80
参考文献 ……………………………………… 84

第4章　焊接应力与变形 …………………… 86
4.1　基本概念 ………………………………… 86
　4.1.1　产生机理、影响因素及其内在
　　　　　联系 ………………………………… 86
　4.1.2　材料物理特性和力学特性的影响 …… 87
　4.1.3　不同类型焊接热源的影响 …………… 88
　4.1.4　焊接热源引起的瞬态应力与变形 …… 90
4.2　焊接应力 ………………………………… 94
　4.2.1　焊接应力分类 ……………………… 94
　4.2.2　焊接残余应力测量方法 …………… 94
　4.2.3　焊接残余应力的作用和影响 ……… 98
　4.2.4　焊接残余应力在构件中的典型分布
　　　　　规律 ……………………………… 102
　4.2.5　控制、调节与消除焊接残余应力 … 112
4.3　焊接变形 ……………………………… 121
　4.3.1　焊接变形分类 …………………… 121
　4.3.2　典型构件上的焊接变形 ………… 130
　4.3.3　焊接变形的控制与消除 ………… 132
参考文献 …………………………………… 139

第5章　焊接结构疲劳 …………………… 141
5.1　疲劳的基本概念 ……………………… 141
　5.1.1　疲劳裂纹萌生和扩展机理 ……… 141
　5.1.2　高周次低应力疲劳 ……………… 142
　5.1.3　低周次高应变疲劳 ……………… 142
　5.1.4　变幅载荷疲劳和疲劳累积损伤 … 143
5.2　疲劳载荷和疲劳应力谱 ……………… 143
　5.2.1　一般原则 ………………………… 143
　5.2.2　疲劳载荷模型 …………………… 143
　5.2.3　疲劳应力谱 ……………………… 144
5.3　焊接结构的疲劳强度 ………………… 145
　5.3.1　焊接接头的疲劳性能 …………… 145
　5.3.2　影响焊接结构疲劳强度的其他
　　　　　因素 ……………………………… 148
　5.3.3　改善焊接接头疲劳强度的方法 …… 152
5.4　疲劳设计 ……………………………… 154
　5.4.1　疲劳设计方法 …………………… 154
　5.4.2　疲劳极限状态设计法 …………… 154
　5.4.3　疲劳强度设计曲线和细节类型 …… 155
　5.4.4　空心截面构件的疲劳评定 ……… 171

5.5　疲劳寿命评估 ………………………… 172
　5.5.1　裂纹萌生寿命的评估 …………… 172
　5.5.2　疲劳裂纹扩展寿命评估 ………… 173
5.6　既有结构耐用年数及累积疲劳损伤度的
　　　评估 …………………………………… 176
　5.6.1　钢桥耐用年数 …………………… 176
　5.6.2　耐用年数计算的假定条件 ……… 176
　5.6.3　耐用年数的计算 ………………… 176
　5.6.4　累积疲劳计算 …………………… 177
参考文献 …………………………………… 178

第6章　焊接结构的断裂及安全评定 …… 179
6.1　引言 …………………………………… 179
　6.1.1　典型的脆断事故举例 …………… 179
　6.1.2　近年来发生的脆断事故举例 …… 180
6.2　脆性断裂机理及影响因素 …………… 181
　6.2.1　脆性和延性断裂的裂纹产生和
　　　　　扩展 ……………………………… 181
　6.2.2　脆性断裂特征及影响金属材料
　　　　　断裂的主要因素 ……………… 181
6.3　防断设计准则及相关的试验方法 …… 184
　6.3.1　防断设计准则 …………………… 184
　6.3.2　抗开裂性能测试方法 …………… 184
　6.3.3　止裂性能测试方法 ……………… 207
6.4　防止脆性断裂的措施 ………………… 210
　6.4.1　选材 ……………………………… 210
　6.4.2　合理的焊接结构设计 …………… 211
　6.4.3　合理安排结构制造工艺 ………… 212
6.5　焊接结构的安全评定 ………………… 213
　6.5.1　"合于使用"原则及其发展 …… 213
　6.5.2　面型缺欠的评定 ………………… 214
　6.5.3　体积型缺欠的评定 ……………… 230
6.6　焊接结构的失效分析 ………………… 231
　6.6.1　焊接结构失效的分类 …………… 231
　6.6.2　失效分析的程序 ………………… 232
参考文献 …………………………………… 236

第7章　焊接结构的环境失效 …………… 238
7.1　焊接结构的腐蚀失效 ………………… 238
　7.1.1　焊接接头腐蚀破坏的基本形式 …… 238
　7.1.2　焊接结构在自然环境下的腐蚀 …… 238
　7.1.3　焊接结构的局部腐蚀 …………… 241
7.2　介质环境作用下的断裂与疲劳 ……… 247
　7.2.1　应力腐蚀破裂 …………………… 247
　7.2.2　环境氢脆 ………………………… 254
　7.2.3　腐蚀疲劳 ………………………… 256
7.3　焊接接头耐蚀性的评定及提高耐蚀性的

措施 ‥‥‥‥‥‥‥‥‥‥‥‥‥ 258
7.3.1 焊接接头的腐蚀试验 ‥‥‥ 258
7.3.2 常见焊接接头的耐蚀性 ‥‥‥ 259
7.3.3 提高焊接接头耐蚀性的途径 ‥‥‥ 259
7.3.4 焊接结构的表面防护 ‥‥‥ 261
7.4 焊接接头的耐热性 ‥‥‥‥‥ 263
7.4.1 高温下焊接接头的组织变化 ‥‥‥ 263
7.4.2 焊接接头的高温性能 ‥‥‥ 264
7.4.3 焊接接头的高温蠕变 ‥‥‥ 264
7.4.4 焊接接头的高温氧化 ‥‥‥ 267
7.4.5 焊接接头的热疲劳 ‥‥‥ 268
7.5 环境加速焊接结构失效典型事例及
其分析 ‥‥‥‥‥‥‥‥‥‥‥ 268
参考文献 ‥‥‥‥‥‥‥‥‥‥‥‥ 270

第8章　标准与法规 ‥‥‥‥‥‥‥‥ 272
8.1 国内外焊接标准化概述 ‥‥‥‥ 272
8.1.1 主要标准化机构及职能 ‥‥‥ 272
8.1.2 国内外焊接标准的体系现状 ‥‥‥ 273

8.2 焊接制造中的主要标准概述 ‥‥‥ 291
8.2.1 焊接质量要求 ‥‥‥‥‥ 291
8.2.2 焊接工艺规程及评定 ‥‥‥ 291
8.2.3 焊接人员资质考核（认可）‥‥‥ 293
8.2.4 术语及符号 ‥‥‥‥‥ 293
8.2.5 接头制备 ‥‥‥‥‥‥ 293
8.2.6 质量等级 ‥‥‥‥‥‥ 294
8.2.7 焊接材料 ‥‥‥‥‥‥ 294
8.2.8 焊接接头的试验、检验 ‥‥‥ 295
8.3 不同行业的焊接标准 ‥‥‥‥‥ 295
8.3.1 承压设备 ‥‥‥‥‥‥ 295
8.3.2 船舶行业 ‥‥‥‥‥‥ 296
8.3.3 核电行业 ‥‥‥‥‥‥ 297
8.3.4 电力行业 ‥‥‥‥‥‥ 299
8.3.5 铁路行业 ‥‥‥‥‥‥ 299
8.3.6 建筑及工程建设行业 ‥‥‥ 300
8.3.7 石油天然气行业 ‥‥‥‥ 301
8.3.8 航空行业 ‥‥‥‥‥‥ 301

第2篇　典型焊接结构设计

第9章　焊接结构设计原则与方法 ‥‥‥ 303
9.1 焊接结构的特点 ‥‥‥‥‥‥ 303
9.2 焊接结构设计的基本要求和基本原则 ‥‥ 304
9.2.1 设计的基本要求 ‥‥‥‥ 304
9.2.2 设计的基本原则 ‥‥‥‥ 304
9.3 焊接结构设计的基本方法 ‥‥‥ 305
9.3.1 许用应力设计法 ‥‥‥‥ 305
9.3.2 可靠性设计法 ‥‥‥‥‥ 306
9.3.3 许用应力、安全系数和强度
设计值 ‥‥‥‥‥‥‥‥ 311
9.4 焊接结构构造设计中须注意的问题 ‥‥ 313
9.4.1 结构焊接与检验的可达性 ‥‥ 314
9.4.2 构造设计中的细部处理 ‥‥ 316
9.4.3 结构的尺寸稳定性 ‥‥‥ 325
9.4.4 层状撕裂 ‥‥‥‥‥‥ 326
参考文献 ‥‥‥‥‥‥‥‥‥‥‥‥ 327

第10章　焊接接头强度与计算 ‥‥‥‥ 329
10.1 概述 ‥‥‥‥‥‥‥‥‥‥ 329
10.2 焊接接头的工作应力分布 ‥‥‥ 329
10.2.1 熔焊接头的工作应力分布 ‥‥ 329
10.2.2 电阻焊接头的工作应力分布 ‥‥ 332
10.3 焊接接头的静载强度计算 ‥‥‥ 333
10.3.1 焊接接头许用应力设计法 ‥‥ 333
10.3.2 焊接接头极限状态设计法 ‥‥ 339
10.4 焊接接头的疲劳强度计算 ‥‥‥ 349

10.4.1 起重机焊接结构的疲劳计算 ‥‥ 349
10.4.2 建筑钢结构的疲劳计算 ‥‥ 359
参考文献 ‥‥‥‥‥‥‥‥‥‥‥‥ 363

第11章　焊接基本构件的设计与计算 ‥‥ 364
11.1 焊接梁 ‥‥‥‥‥‥‥‥‥ 364
11.1.1 焊接组合梁的形式 ‥‥‥ 364
11.1.2 梁的刚度与强度 ‥‥‥‥ 365
11.1.3 梁的整体稳定 ‥‥‥‥‥ 368
11.1.4 梁的局部稳定 ‥‥‥‥‥ 370
11.1.5 梁腹板的屈曲后强度 ‥‥ 375
11.1.6 焊接梁设计中的若干其他问题 ‥‥ 376
11.2 焊接柱 ‥‥‥‥‥‥‥‥‥ 380
11.2.1 焊接柱的分类 ‥‥‥‥‥ 380
11.2.2 构件的计算长度和刚度控制 ‥‥ 381
11.2.3 轴心受力构件的强度与稳定 ‥‥ 386
11.2.4 压弯构件的强度与稳定 ‥‥ 393
11.2.5 焊接柱的构造设计 ‥‥‥ 396
11.3 焊接钢桁架 ‥‥‥‥‥‥‥ 397
11.3.1 焊接钢桁架的分类和适用范围 ‥‥ 397
11.3.2 桁架的主要尺寸及要求 ‥‥ 398
11.3.3 桁架的内力计算和组合 ‥‥ 399
11.3.4 普通钢桁架杆件的截面选择 ‥‥ 401
11.3.5 钢桁架的若干构造要求 ‥‥ 403
参考文献 ‥‥‥‥‥‥‥‥‥‥‥‥ 403

第12章　机械零部件焊接结构 ‥‥‥‥ 404

12.1 压力机 …………………………… 404
　12.1.1 压力机构件概述 ……………… 404
　12.1.2 压力机滑块新结构 …………… 405
　12.1.3 压力机横梁新结构 …………… 409
　12.1.4 压力机底座新结构 …………… 415
　12.1.5 压力机立柱新结构 …………… 418
　12.1.6 压力机小车体新结构 ………… 419
　12.1.7 开式机身新结构 …………… 419
　12.1.8 其他压力机构件新结构 …… 421
12.2 传动零件 ……………………… 423
　12.2.1 轮类零件 ………………… 423
　12.2.2 筒体及偏心体 ……………… 431
　12.2.3 摇摆轴 …………………… 433
　12.2.4 轴承座 …………………… 434
　12.2.5 连杆、摇臂 ………………… 436
12.3 减速器箱体 …………………… 438
　12.3.1 箱体结构 ………………… 438
　12.3.2 实例 ……………………… 440
12.4 金属切削机床大件 …………… 442
　12.4.1 概述 ……………………… 442
　12.4.2 床身 ……………………… 444
　12.4.3 立柱 ……………………… 446
　12.4.4 横梁 ……………………… 449
参考文献 …………………………… 450

第 13 章 锅炉、压力容器与管道 …… 451
13.1 概述 …………………………… 451
13.2 锅炉、压力容器的结构形式及分类 … 451
　13.2.1 锅炉的类别 ………………… 451
　13.2.2 锅炉的典型结构形式 ……… 452
　13.2.3 压力容器的分类 …………… 457
　13.2.4 压力容器的结构形式 ……… 458
　13.2.5 压力容器用钢 ……………… 461
13.3 管道 …………………………… 463
　13.3.1 管道的种类 ………………… 463
　13.3.2 管道用钢的分类及其选择 … 463
13.4 锅炉、压力容器和管道的强度计算 … 465
　13.4.1 锅炉受压部件的强度计算 … 465
　13.4.2 焊接容器的强度计算 ……… 475
　13.4.3 球形和立式圆筒形储罐的强度
　　　　 计算 …………………… 482
　13.4.4 管道的强度计算 …………… 484
　13.4.5 壳体开孔补强设计 ………… 488
13.5 锅炉受压部件和压力容器的抗疲劳
　　　设计 …………………………… 494
13.6 锅炉受压部件、压力容器与管道焊接

接头的设计 ……………………… 497
　13.6.1 焊接接头的设计准则 ……… 497
　13.6.2 单层受压壳体焊接接头的设计 … 497
　13.6.3 多层压力容器焊接接头的设计 … 508
　13.6.4 不锈复合钢板制压力容器焊接接头
　　　　 的设计 …………………… 510
　13.6.5 锅炉受压部件焊接接头的设计 … 513
　13.6.6 换热器管子/管板接头形式 … 515
　13.6.7 储罐焊接接头的设计 ……… 517
13.7 压力容器典型结构实例 ……… 520
　13.7.1 核反应堆压力容器 ………… 520
　13.7.2 核电站蒸汽发生器 ………… 523
　13.7.3 24 万 t/a 尿素合成塔 …… 524
　13.7.4 CO_2 汽提塔 ……………… 525
　13.7.5 大型液化天然气（LNG）储罐 … 526
参考文献 …………………………… 527

第 14 章 建筑焊接结构 …………… 528
14.1 概述 …………………………… 528
　14.1.1 建筑焊接钢结构的应用范围 … 528
　14.1.2 本章主要内容 ……………… 528
　14.1.3 钢材选用和节点设计的注意
　　　　 事项 …………………… 528
14.2 焊接钢桁架 …………………… 532
　14.2.1 焊接钢桁架简介 …………… 532
　14.2.2 型钢桁架节点 ……………… 532
　14.2.3 钢管桁架节点 ……………… 538
14.3 大跨空间钢结构 ……………… 543
　14.3.1 大跨空间钢结构简介 ……… 543
　14.3.2 网架结构节点 ……………… 557
　14.3.3 网壳结构节点 ……………… 562
14.4 工业厂房钢结构 ……………… 564
　14.4.1 厂房钢结构简介 …………… 564
　14.4.2 厂房钢结构的主要节点 …… 565
　14.4.3 门式刚架的主要节点 ……… 569
　14.4.4 梁柱的其他连接节点 ……… 570
14.5 多、高层房屋钢结构 ………… 573
　14.5.1 多、高层房屋钢结构简介 … 573
　14.5.2 柱与柱的连接节点 ………… 573
　14.5.3 梁与柱的连接 ……………… 575
参考文献 …………………………… 577

第 15 章 铁路车辆焊接结构 ……… 578
15.1 概述 …………………………… 578
　15.1.1 铁路车辆的分类 …………… 578
　15.1.2 铁路车辆车体分类及其一般
　　　　 结构 …………………… 578

15.1.3 车体焊接结构的特点 ············ 578
15.1.4 车辆车体焊接结构件设计的一般
注意事项 ···················· 579
15.2 通用货车 ························ 579
15.2.1 底架焊接结构 ·············· 579
15.2.2 车体上部焊接结构 ·········· 582
15.3 长大货物车 ···················· 585
15.3.1 凹底平车 ·················· 585
15.3.2 钳夹车 ···················· 587
15.3.3 落下孔车 ·················· 588
15.3.4 挂货钩 ···················· 590
15.4 动车组 ························ 590
15.4.1 内燃动车组 ················ 590
15.4.2 电动车组 ·················· 595
15.5 内燃机车 ······················ 596
15.5.1 内燃机车转向架构架结构 ···· 596
15.5.2 内燃机车车体结构 ·········· 597
15.6 客车 ·························· 600
15.6.1 客车转向架构架结构 ········ 600
15.6.2 客车车体结构 ·············· 602
参考文献 ·························· 605

第16章 船舶与海洋工程焊接结构 ········· 606
16.1 概述 ·························· 606
16.1.1 船舶的分类 ················ 606
16.1.2 船体结构的特点 ············ 607
16.1.3 典型船体结构及其特征 ······ 609
16.1.4 海洋工程结构的特点 ········ 611
16.1.5 相关的设计规范和标准 ······ 612
16.2 典型船舶焊接结构 ·············· 615
16.2.1 船舶建造和工艺特点 ········ 615
16.2.2 船体结构的组成及焊接 ······ 617
16.2.3 底部结构 ·················· 618
16.2.4 舷侧结构 ·················· 621
16.2.5 甲板结构 ·················· 625
16.2.6 舱壁结构 ·················· 628
16.2.7 艏部及艉部结构 ············ 632
16.2.8 液化气舱结构 ·············· 634
16.3 海洋工程典型结构 ·············· 640
16.3.1 半潜式平台结构 ············ 640
16.3.2 自升式平台结构 ············ 641
16.3.3 导管架型平台结构 ·········· 642
16.3.4 生活模块结构 ·············· 644
16.3.5 海洋工程结构对钢材和焊缝的
要求 ······················ 645
16.4 船体结构设计方法及注意事项 ······ 648

16.4.1 船体结构设计的基本方法和设计
阶段 ······················ 648
16.4.2 结构设计中应注意的主要事项 ····· 648
16.4.3 结构件中各类开孔的设计和
选用 ······················ 651
16.4.4 典型船体结构的焊接设计及
焊接方法 ·················· 653
参考文献 ·························· 660

第17章 起重机焊接结构 ················ 661
17.1 概述 ·························· 661
17.1.1 起重机分类 ················ 661
17.1.2 起重机的基本参数和工作级别 ····· 663
17.1.3 载荷 ······················ 666
17.2 结构材料、许用应力与刚度 ······ 669
17.2.1 结构材料 ·················· 669
17.2.2 结构材料的许用应力 ········ 669
17.2.3 疲劳强度、疲劳许用应力、应力
集中情况等级 ·············· 669
17.2.4 起重机结构刚度 ············ 673
17.3 金属结构 ······················ 674
17.3.1 桥架 ······················ 674
17.3.2 主梁 ······················ 674
17.3.3 端梁 ······················ 683
17.3.4 桥架连接 ·················· 684
17.4 主梁局部设计 ·················· 686
17.4.1 主梁拱度 ·················· 686
17.4.2 翼缘板、腹板的拼接焊缝设计 ····· 688
17.4.3 主梁承轨角焊缝和其他纵向角
焊缝的设计 ················ 689
17.4.4 横向加强板的设计 ·········· 692
17.4.5 纵向加强杆的设计 ·········· 694
17.4.6 轨道 ······················ 695
17.4.7 轨道压紧装置的设计 ········ 696
参考文献 ·························· 698

第18章 动力机械焊接结构 ·············· 699
18.1 水电机械 ······················ 699
18.1.1 混流式水轮机转轮 ·········· 699
18.1.2 轴流式转轮的焊接 ·········· 706
18.1.3 冲击式水轮机转轮 ·········· 706
18.1.4 水轮机主轴 ················ 708
18.1.5 水轮机座环 ················ 709
18.1.6 水轮机蜗壳和配流管 ········ 712
18.1.7 水轮机转轮室 ·············· 714
18.1.8 发电机定子机座 ············ 714
18.1.9 发电机转子支架 ············ 716

18.1.10　发电机下机架 ············ 717
18.1.11　水发机组厚板零件的拼焊 ··· 717
18.2　汽轮机和燃气轮机 ··············· 719
18.2.1　概述 ························ 719
18.2.2　汽轮机组典型焊接结构 ···· 721
18.2.3　燃气轮机典型焊接结构 ···· 730
18.3　柴油机机体 ····················· 731
18.3.1　概述 ························ 732
18.3.2　机体焊接结构设计要点 ···· 732
18.3.3　低速船用柴油机机体 ······ 732
18.3.4　机车用柴油机机体 ········ 738
参考文献 ······························ 742

第 19 章　焊接钢桥 ················· 743
19.1　概述 ··························· 743
19.2　桥梁设计概要 ··················· 743
19.2.1　桥梁结构类型 ·············· 743
19.2.2　基本要求 ·················· 743
19.2.3　桥梁设计的通常程序 ······ 743
19.2.4　极限状态设计法 ·········· 743
19.2.5　桥梁设计载荷 ·············· 744
19.3　桥梁用钢 ······················ 745
19.3.1　钢材的发展 ················ 745
19.3.2　钢材选择 ·················· 745
19.3.3　钢材强度等级及其容许应力 ··· 745
19.3.4　关于钢材主要性能的评定 ··· 747
19.4　钢桥构件及其连接 ·············· 750
19.4.1　构件设计的一般注意事项 ··· 750
19.4.2　连接 ························ 754
19.5　钢桥面结构体系 ················· 757
19.5.1　钢正交异性板桥面结构 ···· 757
19.5.2　纵横梁桥面系结构 ········ 760
19.6　钢板梁 ························· 760
19.6.1　典型钢板梁的结构 ········ 760
19.6.2　设计的一般要求 ·········· 760
19.6.3　板梁翼缘构造要求 ········ 761
19.6.4　腹板 ························ 762
19.6.5　竖向加劲肋 ················ 763
19.6.6　水平加劲肋 ················ 764
19.6.7　传递集中载荷点的构造 ···· 764
19.6.8　联结系 ···················· 764
19.6.9　其他 ························ 765
19.7　组合梁 ························· 765
19.7.1　组合梁的典型结构形式 ···· 765
19.7.2　桥面板组合作用的处理 ···· 765
19.7.3　设计的一般注意事项 ······ 766

19.7.4　容许应力 ·················· 766
19.7.5　混凝土桥面板的构造 ······ 767
19.7.6　剪力键 ···················· 767
19.8　桁架桥 ························· 768
19.9　刚构桥 ························· 770
19.10　钢管结构 ······················ 772
19.11　拱桥 ··························· 774
19.12　索结构 ························· 776
参考文献 ······························ 776

第 20 章　矿山与工程机械焊接结构 ··· 778
20.1　矿山挖掘机 ····················· 778
20.1.1　概述 ························ 778
20.1.2　挖掘机金属结构 ·········· 778
20.1.3　挖掘机焊接结构用材料 ···· 785
20.1.4　挖掘机焊接结构局部设计 ··· 787
20.2　推土机焊接结构 ················· 790
20.2.1　概述 ························ 790
20.2.2　常用材料 ·················· 790
20.2.3　主要焊接结构件 ·········· 792
20.2.4　典型焊接件 ················ 794
20.2.5　局部结构 ·················· 797
20.3　工程挖掘机焊接结构 ············ 799
20.3.1　概述 ························ 799
20.3.2　挖掘机的机构组成 ········ 800
20.3.3　常用材料及机械性能 ······ 800
20.3.4　典型焊接件及局部结构 ···· 800
参考文献 ······························ 808

第 21 章　汽车焊接结构 ············· 809
21.1　汽车结构的分类与特点 ·········· 809
21.1.1　概述 ························ 809
21.1.2　汽车的种类 ················ 809
21.1.3　汽车车身结构的分类 ······ 809
21.1.4　焊接结构对汽车性能的影响 ··· 810
21.2　汽车焊接结构设计 ·············· 811
21.2.1　汽车焊接结构的合理性分析 ··· 811
21.2.2　汽车焊接结构的局部稳定性 ··· 811
21.2.3　焊接接头的工作应力分布和工作
　　　　性能 ························ 813
21.2.4　焊接接头静载强度计算 ···· 817
21.2.5　汽车焊接结构的脆性断裂及预防
　　　　措施 ························ 824
21.2.6　汽车焊接结构的疲劳断裂及预防
　　　　措施 ························ 825
21.3　典型汽车焊接结构形式 ·········· 827
21.3.1　轿车结构 ·················· 828

21.3.2　载货汽车结构 ············ 836
参考文献 ························· 837

第22章　典型航空航天结构 ······ 838
22.1　航空航天薄壳结构焊接应力变形
　　　控制 ····················· 838
　　22.1.1　航空航天板壳结构的失稳翘曲
　　　　　　变形 ················ 838
　　22.1.2　减小和消除失稳翘曲变形的
　　　　　　方法 ················ 838
22.2　飞机起落架结构 ··········· 843
　　22.2.1　结构特点 ············ 843
　　22.2.2　焊接技术在飞机起落架制造过程中
　　　　　　的应用情况 ·········· 844
　　22.2.3　工艺流程及焊接工艺分析 ····· 846
22.3　带肋壁板结构 ············· 858
　　22.3.1　概述 ················ 858
　　22.3.2　中央翼下壁板的焊接 ····· 858

22.4　整体叶盘结构 ············· 860
　　22.4.1　结构特点 ············ 860
　　22.4.2　整体叶盘焊接的工艺流程 ······· 860
22.5　封严组件 ················· 861
　　22.5.1　蜂窝封严结构特点 ······· 861
　　22.5.2　工艺流程 ············ 861
　　22.5.3　钎焊工艺 ············ 861
22.6　运载火箭箭体结构 ········· 863
　　22.6.1　概述 ················ 863
　　22.6.2　推进剂贮箱的结构形式 ····· 863
　　22.6.3　推进剂贮箱的结构材料 ····· 867
　　22.6.4　推进剂贮箱结构的制造工艺 ······· 868
　　22.6.5　推进剂贮箱结构焊缝的接头
　　　　　　设计 ················ 868
　　22.6.6　液体火箭发动机推力室结构设计、
　　　　　　材料及焊接工艺 ········ 869
参考文献 ························· 873

第3篇　焊接结构生产

第23章　焊接结构制造工艺 ········ 874
23.1　概述 ····················· 874
23.2　焊接结构生产的准备工作 ··· 876
　　23.2.1　生产纲领 ············ 876
　　23.2.2　焊接结构设计的工艺性审查 ······· 877
　　23.2.3　焊接结构制造工艺方案的设计 ···· 878
　　23.2.4　焊接结构生产工艺规程设计 ······· 879
23.3　焊接结构生产的备料加工工艺 ····· 882
　　23.3.1　钢材的预处理 ·········· 882
　　23.3.2　放样、画线与号料 ······· 885
　　23.3.3　下料和边缘加工 ·········· 886
　　23.3.4　弯曲和成形 ············ 892
23.4　焊接结构生产的装配-焊接工艺 896
　　23.4.1　焊接结构生产的装配工艺 ····· 896
　　23.4.2　焊接结构生产的焊接工艺 ····· 898
　　23.4.3　焊接试验与焊接工艺评定 ··· 898
23.5　焊接结构生产的热处理、检验—
　　　修整和涂饰 ··············· 901
　　23.5.1　焊接结构生产的热处理工艺 ······· 901
　　23.5.2　焊接结构生产的检验、修整和
　　　　　　涂饰 ················ 904
　　23.5.3　焊接结构生产的典型产品及其工艺
　　　　　　文件举例 ·············· 906
参考文献 ························· 910
第24章　焊接结构制造用生产设备 ······· 912
24.1　概述 ····················· 912

24.1.1　生产设备的分类 ········· 912
24.1.2　生产设备的选择原则 ······· 912
24.2　备料加工设备 ············· 912
　　24.2.1　钢材预处理设备 ·········· 912
　　24.2.2　开卷落料线 ············ 914
　　24.2.3　矫正设备 ············ 914
　　24.2.4　切割下料设备 ············ 918
　　24.2.5　成形设备 ············ 926
　　24.2.6　坡口加工和制孔设备 ······· 936
24.3　焊接工装夹具 ············· 938
　　24.3.1　分类、组成及作用 ······· 938
　　24.3.2　定位原理及实施方法 ······· 940
　　24.3.3　定位夹具 ············ 941
　　24.3.4　夹紧机构 ············ 942
　　24.3.5　组合夹具 ············ 954
　　24.3.6　琴键式夹具 ············ 955
　　24.3.7　专用夹具 ············ 956
24.4　焊接变位设备 ············· 958
　　24.4.1　焊接变位机 ············ 958
　　24.4.2　焊接滚轮架 ············ 964
　　24.4.3　翻转机及回转台 ·········· 968
　　24.4.4　焊接操作机 ············ 970
　　24.4.5　焊工升降台 ············ 978
24.5　焊后工序设备 ············· 981
　　24.5.1　设备用途及工艺目的 ······· 981
　　24.5.2　部分后工序设备及机具的性能与

数据 ……………………………… 981

参考文献 ……………………………… 984

第 25 章　典型焊接结构的制造 …… 985

25.1　概述 ………………………………… 985

25.1.1　焊接结构的制造难点 …… 985

25.1.2　焊接结构制造的关键技术 …… 985

25.1.3　产品焊接变形的预防、控制及矫正 …… 986

25.2　容器和管道的焊接 ……………… 987

25.2.1　立式储罐的装配和焊接 …… 988

25.2.2　球罐的装配和焊接 ……… 992

25.2.3　薄壁容器的装配与焊接 …… 995

25.2.4　厚壁容器筒体的焊接 …… 997

25.2.5　大型筒体的装配和焊接 … 1000

25.2.6　厚壁筒体大直径接管的焊接 …… 1001

25.2.7　管子与管子的焊接 …… 1001

25.2.8　厚壁三通的焊接 ……… 1002

25.2.9　焊接钢管 …………… 1002

25.2.10　鳍片管的制造 ……… 1007

25.3　焊接梁和柱的制造 ………… 1007

25.3.1　概述 ………………… 1007

25.3.2　工字形断面梁和柱的焊接 …… 1008

25.3.3　箱形断面梁和柱的焊接 …… 1014

25.4　车辆板壳结构的焊接 ……… 1019

25.4.1　轨道车辆车体（厢）的焊接 …… 1019

25.4.2　铁路货车的焊接 …… 1021

25.4.3　载货汽车车厢的焊接 …… 1023

25.5　大型机械加工件的工地装配和焊接 … 1025

25.5.1　大型法兰工地装配焊接技术要求 …… 1025

25.5.2　施工方案 ……………… 1025

25.5.3　大型半精机械加工不锈钢瓣法兰的工地装配焊接技术水平 ……… 1026

参考文献 ………………………… 1026

第 26 章　焊接结构生产的机械化和自动化 …… 1027

26.1　概述 ……………………… 1027

26.2　焊接中心、焊接自动机和焊接生产线 …… 1028

26.3　中直径焊管焊接中心和焊接生产线 … 1028

26.3.1　中直径管段纵缝焊接中心 … 1028

26.3.2　中直径管段焊接生产线 … 1029

26.3.3　中直径管体环缝焊接中心 … 1030

26.3.4　中直径管体焊接生产线 … 1032

26.4　输油管道环缝焊接中心 …… 1033

26.5　大直径容器焊接中心和焊接生产线 … 1033

26.5.1　大直径容器筒（壳）段纵缝焊接中心 …… 1033

26.5.2　大直径容器筒（壳）体环缝焊接中心 …… 1035

26.5.3　大直径容器筒（壳）体焊接生产线 …… 1037

26.6　梁柱结构件的焊接中心和焊接自动机 …… 1039

26.6.1　桥式起重机主梁焊接中心 … 1039

26.6.2　梁柱结构件的焊接自动机 … 1041

26.7　锅炉结构件焊接中心和焊接生产线 … 1042

26.7.1　锅炉膜式壁 12（或 24 或 4）机头焊接中心 …… 1042

26.7.2　锅炉膜式壁 12（或 24 或 4）机头焊接生产线 …… 1045

26.7.3　锅炉蛇形管焊接生产线 … 1045

26.8　轨道车辆结构件焊接中心和焊接生产线 …… 1047

26.8.1　轨道车辆转向架焊接中心 … 1047

26.8.2　内燃机车转向架侧梁的焊接生产线 …… 1048

26.8.3　机车三轴转向架侧板弧焊机器人工作站 …… 1051

26.8.4　低底盘地铁车辆主横梁弧焊机器人工作站 …… 1051

26.8.5　柴油机水套的焊接自动机 …… 1052

26.8.6　内燃机车齿轮罩装配焊接中心 … 1053

26.9　汽车结构件的焊接中心和焊接生产线 …… 1055

26.9.1　轿车白车身的结构与装焊线 … 1055

26.9.2　载货汽车总成合（部件）的焊接生产线 …… 1059

26.9.3　储气筒环缝焊接中心 …… 1061

26.9.4　汽车车圈的焊接自动机和焊接中心 …… 1062

26.10　摩托车部件的焊接自动机 …… 1065

26.11　起重、矿山、工程机械中焊接构件的焊接中心 …… 1066

26.12　水轮机活动导叶的焊接自动机 …… 1069

26.13　大型铝合金储箱椭球形封头弧焊机器人工作站 …… 1070

26.14　船舶平（曲）面分段弧焊机器人工作站 …… 1071

26.15　装甲车车体弧焊机器人工作站 …… 1073

参考文献 ······ 1076
第27章　焊接结构的无损检测技术 ······ 1077
27.1　概述 ······ 1077
　27.1.1　焊接结构无损检测的作用及
　　　　　意义 ······ 1077
　27.1.2　焊接结构无损检测方法及对比 ··· 1077
27.2　目视检测 ······ 1080
　27.2.1　目视检测方法及分类 ······ 1080
　27.2.2　直接检测 ······ 1080
　27.2.3　间接检测 ······ 1083
27.3　泄漏检测 ······ 1084
　27.3.1　泄漏检测方法 ······ 1084
　27.3.2　泄漏检测应用 ······ 1085
27.4　射线检测 ······ 1086
　27.4.1　射线检测方法及分类 ······ 1086
　27.4.2　射线源的选择 ······ 1086
　27.4.3　射线胶片和增感屏的选择 ······ 1088
　27.4.4　射线透照布置 ······ 1088
　27.4.5　射线照相检验级别 ······ 1089
　27.4.6　射线检测的一般程序 ······ 1089
　27.4.7　底片上缺欠影像的识别 ······ 1089
　27.4.8　射线底片的评定——GB/T
　　　　　3323—2005标准附录摘要 ······ 1093
　27.4.9　国际射线检测标准 ······ 1095
　27.4.10　射线检测新技术 ······ 1096
27.5　超声检测 ······ 1099
　27.5.1　超声检测方法及分类 ······ 1099
　27.5.2　超声检测的探头和仪器 ······ 1099
　27.5.3　超声检测级别 ······ 1101
　27.5.4　超声检测灵敏度 ······ 1101
　27.5.5　超声检测的一般程序 ······ 1102
　27.5.6　平板对接焊缝的超声检测 ······ 1102
　27.5.7　其他焊接结构的超声检测 ······ 1104
　27.5.8　缺欠信号的特征及测量 ······ 1104
　27.5.9　缺欠的评定——GB/T 11345—
　　　　　1989标准摘要 ······ 1104
　27.5.10　GB/T 11345标准的最新状态 ··· 1104
　27.5.11　国际超声检测标准 ······ 1104
　27.5.12　超声检测的新技术 ······ 1109
27.6　磁粉检测 ······ 1113
　27.6.1　磁性检测的方法与分类 ······ 1113
　27.6.2　磁化方法和规范 ······ 1113
　27.6.3　磁粉检测设备 ······ 1115
　27.6.4　磁粉及磁悬液 ······ 1115
　27.6.5　磁粉检测灵敏度试片（块） ······ 1116

　27.6.6　缺欠引起的漏磁场 ······ 1117
　27.6.7　磁粉检测的操作程序 ······ 1118
　27.6.8　磁痕的观察与评定 ······ 1118
　27.6.9　国际磁粉检测标准 ······ 1119
　27.6.10　磁性检测的新技术 ······ 1120
27.7　渗透检测 ······ 1121
　27.7.1　渗透检测的方法与分类 ······ 1121
　27.7.2　渗透检测剂与灵敏度试块 ······ 1121
　27.7.3　渗透检测的一般操作程序 ······ 1121
　27.7.4　痕迹的解释与缺欠评定 ······ 1123
　27.7.5　国际渗透检测标准 ······ 1123
　27.7.6　渗透检测的新技术 ······ 1124
27.8　涡流检测 ······ 1125
　27.8.1　涡流检测的方法 ······ 1125
　27.8.2　涡流检测系统和探头 ······ 1125
　27.8.3　涡流检测技术和过程 ······ 1125
　27.8.4　对比试样 ······ 1126
　27.8.5　涡流检测的一般操作程序 ······ 1126
　27.8.6　检测结果的评定 ······ 1126
　27.8.7　涡流检测技术的新发展 ······ 1127
27.9　无损检测新方法 ······ 1127
　27.9.1　声发射 ······ 1127
　27.9.2　金属磁记忆检测 ······ 1128
　27.9.3　红外热成像检测 ······ 1129
　27.9.4　长途管道的检测设备 ······ 1130
参考文献 ······ 1131
第28章　焊接培训与资格认证 ······ 1132
28.1　焊接人员培训与资格认证概述 ······ 1132
　28.1.1　国际焊接培训体系简介 ······ 1132
　28.1.2　国际焊接培训体系在我国的
　　　　　实施 ······ 1133
　28.1.3　国际焊接人员培训规程 ······ 1135
　28.1.4　我国焊工（含技师）国家职业
　　　　　技能鉴定介绍 ······ 1150
　28.1.5　国际资质焊接人员的资格
　　　　　认证程序和标准 ······ 1154
28.2　焊接生产制造企业质量体系建立与
　　　认证 ······ 1156
　28.2.1　焊接生产制造企业认证标准体系
　　　　　简介 ······ 1156
　28.2.2　ISO 3834-1～5系列标准《金属
　　　　　材料熔焊的质量要求》介绍 ······ 1158
　28.2.3　国际焊接生产制造企业相关认证
　　　　　标准介绍 ······ 1166
参考文献 ······ 1173

第 29 章　焊接结构生产的质量管理、
　　　　　　组织与经济 ……………… 1174
　29.1　概述 ………………………………… 1174
　　29.1.1　焊接结构生产质量管理的现状 … 1174
　　29.1.2　焊接结构生产质量管理的意义 … 1174
　　29.1.3　焊接结构生产组织与经济的
　　　　　　意义 ……………………………… 1174
　29.2　焊接结构生产的质量管理 ………… 1174
　　29.2.1　质量管理的发展历程 …………… 1175
　　29.2.2　质量管理的基本概念 …………… 1176
　　29.2.3　统计质量控制的常用方法 ……… 1177
　　29.2.4　ISO 9000 族标准的意义 ……… 1179
　　29.2.5　质量体系的策划和总体设计 …… 1181
　　29.2.6　质量体系组织结构 ……………… 1182
　　29.2.7　质量体系文件 …………………… 1182
　　29.2.8　管理体系审核 …………………… 1183
　　29.2.9　GB/T 12467.1—2009 ~ GB/T
　　　　　　12467.5—2009/ISO 3834-1：2005 ~ ISO
　　　　　　3834-5：2005
　　　　　　摘要介绍 ………………………… 1184
　　29.2.10　焊接结构生产制造中的质量
　　　　　　 控制 …………………………… 1190
　29.3　焊接结构生产的组织与经济 ……… 1194
　　29.3.1　焊接生产车间的空间组织 ……… 1194
　　29.3.2　焊接生产车间的时间组织 ……… 1196
　　29.3.3　焊接车间生产能力的计算 ……… 1198
　　29.3.4　焊接结构生产定额工作 ………… 1200
　　29.3.5　先进生产组织模式 ……………… 1208
　　29.3.6　焊接结构生产技术经济指标的
　　　　　　计算 ……………………………… 1210
　　29.3.7　焊接结构生产的成本控制 ……… 1214
　参考文献 ………………………………… 1216

第 30 章　焊接车间设计 …………………… 1217
　30.1　概述 ………………………………… 1217
　30.2　焊接车间设计阶段和内容 ………… 1217
　　30.2.1　设计前期阶段和内容 …………… 1217
　　30.2.2　设计工作阶段和内容 …………… 1217
　　30.2.3　设计后期阶段和内容 …………… 1218
　30.3　焊接车间设计中的相关任务 ……… 1218
　30.4　技术改造和技术发展趋势 ………… 1218
　　30.4.1　技术改造的必要性、目标和
　　　　　　内容 ……………………………… 1218
　　30.4.2　技术发展趋势 …………………… 1219
　30.5　焊接车间工艺和设备选择 ………… 1219
　　30.5.1　工艺及其选择 …………………… 1219

　　30.5.2　设备及其选用 …………………… 1225
　30.6　材料和动力消耗 …………………… 1228
　　30.6.1　材料消耗 ………………………… 1228
　　30.6.2　动力消耗 ………………………… 1229
　30.7　车间布置 …………………………… 1230
　　30.7.1　车间组成 ………………………… 1230
　　30.7.2　车间布置的基本原则 …………… 1231
　　30.7.3　厂房形式和参数的选用 ………… 1233
　　30.7.4　仓库和辅助部门 ………………… 1235
　　30.7.5　车间系统布置计划 ……………… 1236
　　30.7.6　车间布置方案的评价和确定 …… 1239
　　30.7.7　车间布置举例 …………………… 1241
　30.8　车间环境保护和安全卫生 ………… 1246
　　30.8.1　车间环境保护和安全卫生的
　　　　　　意义和内容 ……………………… 1246
　　30.8.2　安全技术 ………………………… 1247
　　30.8.3　卫生技术 ………………………… 1248
　参考文献 ………………………………… 1251

第 31 章　焊接安全与清洁生产 ………… 1252
　31.1　焊接清洁生产 ……………………… 1252
　　31.1.1　焊接清洁生产的意义和内容 …… 1252
　　31.1.2　清洁生产的定义和原则 ………… 1253
　　31.1.3　清洁生产的实施途径 …………… 1253
　　31.1.4　清洁生产技术和方法 …………… 1254
　　31.1.5　焊接清洁生产的现状和实施
　　　　　　途径 ……………………………… 1254
　31.2　焊接安全与卫生防护 ……………… 1263
　　31.2.1　概述 ……………………………… 1263
　　31.2.2　焊接安全与卫生标准 …………… 1265
　　31.2.3　焊接安全技术 …………………… 1271
　　31.2.4　焊接劳动卫生防护 ……………… 1277
　参考文献 ………………………………… 1287

第 32 章　焊接结构的再制造与延寿
　　　　　　技术 ……………………………… 1288
　32.1　再制造工程概论 …………………… 1288
　　32.1.1　再制造工程的内涵 ……………… 1288
　　32.1.2　再制造工程的地位及作用 ……… 1289
　　32.1.3　再制造业发展趋势 ……………… 1290
　32.2　再制造设计基础 …………………… 1291
　　32.2.1　产品再制造性设计及评价 ……… 1291
　　32.2.2　废旧产品的失效机理和寿命
　　　　　　预测 ……………………………… 1297
　　32.2.3　再制造工艺设计及费用分析 …… 1300
　　32.2.4　再制造毛坯质量检测工艺设计 … 1302
　　32.2.5　再制造过程中清洗工艺设计 …… 1305

32.2.6　再制造产品质量控制设计 ……… 1306

32.3　焊接结构再制造延寿的关键技术 …… 1308

32.3.1　热喷涂技术 ……………… 1308

32.3.2　堆焊技术 ………………… 1308

32.3.3　电刷镀技术 ……………… 1310

32.3.4　激光再制造技术 ………… 1311

32.3.5　表面粘涂技术 …………… 1314

32.4　焊接结构的再制造与延寿技术的
应用 ……………………………… 1315

32.4.1　舰船钢板防腐延寿 ……… 1315

32.4.2　油田储罐再制造延寿 …… 1317

32.4.3　绞吸挖泥船绞刀片再制造延寿 … 1318

32.4.4　发酵罐内壁再制造延寿 ………… 1320

参考文献 ……………………………… 1321

第33章　计算机辅助焊接结构制造与
生产质量控制 ……………… 1322

33.1　概述 ………………………… 1322

33.2　焊接结构制造工艺设计 …… 1322

33.2.1　焊接 CAPP 系统 ……………… 1322

33.2.2　焊接专家系统 ……………… 1326

33.2.3　焊接数据库系统 …………… 1331

33.3　焊接生产管理 ………………… 1337

33.3.1　焊接生产数字化与网络化的
基本构成 …………………… 1337

33.3.2　焊接生产过程的数字化和
网络化 ……………………… 1338

33.3.3　焊接生产的信息化管理 ……… 1340

33.4　计算机辅助检测与质量管理 …… 1342

33.4.1　焊接过程信息的计算机辅助
检测和控制 ………………… 1342

33.4.2　计算机辅助检测应用实例 …… 1344

33.4.3　计算机辅助质量管理 ……… 1345

33.4.4　计算机辅助检测和质量管理
系统的发展 ………………… 1347

参考文献 ……………………………… 1348

第1篇　焊接结构基础

第1章　焊接结构常用金属材料

作者　李少华　尹士科　**审者**　许祖泽

本章简要介绍焊接结构常用金属材料，如碳素结构钢、低合金高强度钢、微合金化高强度高韧性钢、超细晶高强度钢、超高强度钢、低合金耐蚀钢、低温钢、耐热钢、不锈钢、非铁材料、复合材料及其金属基复合材料的主要性能和适用范围等，同时简述了设计、制造和使用人员选用结构材料和焊接材料时必须遵循的基本原则。应该指出：对于工程用钢中的大型钢结构件，由于成本和热处理等的制约，在选材时不一定按照选用常用低合金钢的静止思维思考，而应考虑选用微合金化、控轧控冷生产的、均质洁净、焊接性更好、价格较低的新型工程结构钢材。

1.1　焊接结构常用金属材料

1.1.1　结构钢

1. 碳素结构钢

（1）碳素结构钢的分类

该钢材是以铁为基本成分，含有少量碳 $[w(C) \leqslant 1.0\%]$ 的铁-碳合金，它还含有锰和硅等有益元素，并注意控制硫、磷等杂质含量。它有多种分类方法，按其含碳量可分为低碳钢、中碳钢和高碳钢；按脱氧程度可分为沸腾钢、镇静钢和半镇静钢；按品质又可分为普通碳素结构钢和优质碳素钢。根据某些行业的特殊要求及用途等，对普通碳素结构钢的成分和性能进行调整，从而派生出一系列专业用碳素结构钢，如压力容器用钢、锅炉用钢、桥梁用钢、船体结构用钢等。碳素结构钢和优质碳素结构钢的化学成分及力学性能见 GB/T 700—2006 和 GB/T 699—1999。

（2）碳素结构钢的焊接特点

碳素结构钢的焊接性主要取决于它的含碳量，随着含碳量的增加，焊接性逐渐变差，含碳量的影响见表1-1。

2. 低合金高强度结构钢

表1-1　碳素结构钢的焊接性

名称	$w(C)$（%）	典型牌号	典型硬度	焊 接 性	典型用途
低碳钢	≤0.25	Q195,Q215,Q225,Q255　10,15,20,25	60~90HRB	好	钢板、钢管和型钢
中碳钢	0.25~0.60	30,35,40,45,50,55	25HRC	中等（一般要求预热和后热，推荐采用低氢焊接材料）	机械零件和工具
高碳钢	0.60~1.00	60,65,70,75,80,85	40HRC	差（要求低氢焊接材料，严格预热和后热）	弹簧、模具、铁轨

低合金高强度结构钢在我国钢分类标准 GB/T 13304.1~13304.2—2008 中称为可焊接低合金高强度结构钢，还可称为焊接高强度钢，也是国际上通称为低合金高强度钢或高强度低合金钢（HSLA 钢）中的主体部分，与国际标准 ISO 4948.1：1982 和 ISO 4948.2：1981 包含的钢类相适应。

（1）低合金高强度结构钢的分类

凡是合金元素总含量（质量分数）在 5% 以下，屈服强度在 295MPa 以上，具有良好的焊接性、耐蚀性、耐磨性和成形性，通常以钢板、带、型、管等钢

材的形式，直接供用户使用的结构钢种可称之为低合金高强度结构钢。这类钢种适用于较重要的钢结构，如压力容器、电站设备、工程机械、船舶、桥梁、管道和建筑结构等。为满足上述产品要求，对钢中硫和磷的上限、碳及碳当量 CE 和 P_{cm} 的上限、最高硬度值及夏比冲击吸收能量 KV 的下限均有严格规定。低合金高强度结构钢的分类方法有以下几种：

1）按合金成分分类，有单元素、多元素、微合金元素等。

2）按强度等级分类，有 Q295、Q345、Q390、

Q420、Q460 等。

3）按热处理分类，有非调质钢（包括热轧、控轧、正火等）和调质钢等。

4）按金相组织分类，有珠光体-铁素体钢、贝氏体钢、低碳马氏体钢等。

5）按使用分类，有船体结构用钢（GB 712—2011）、锅炉和压力容器用钢（GB 713—2008）、桥梁用钢（GB/T 714—2008）、低温压力容器用钢（GB 3531—2008）、压力容器用调质高强度钢（GB 19189—2011）、焊接气瓶用钢（GB 6653—2008）、汽车大梁用钢（GB/T 3273—2005）和一般用途的低合金高强度结构钢（GB/T 1591—2008）等。

（2）低合金高强度结构钢的热处理状态

主要有三种状态，即热轧钢、正火钢和调质钢。

热轧钢的合金系统有 C-Mn 系、C-Mn-Si 系等，主要依靠 Mn、Si 的固溶强化作用来提高强度，还可以加入微量的 V、Nb 或 Ti，利用其碳化物和氮化物的沉淀析出和细化晶粒进一步提高钢的强度，改善塑性和韧性。其组织是细晶粒的铁素体和珠光体。屈服强度多在 400MPa 以下。

正火钢可以充分发挥沉淀强化的效果，通过正火处理使沉淀相从固溶体中以细小质点析出，弥散分布在晶界和晶内，并细化晶粒，有效地提高强度，且具有良好的塑性和韧性。正火钢加入的合金元素有 Mn、Si、Ni、Mo、Cr、V、Nb、Ti 等，大部分正火钢的组织是细晶粒的铁素体和珠光体。含钼的钢经过正火处理后，其组织为上贝氏体和少量铁素体，为改善这类钢的塑性和韧性，要求正火后再进行回火处理。正火钢的屈服强度为 420～540MPa。

调质钢指的是低碳调质钢，它的合金化设计原则与铁素体-珠光体型的热轧钢和正火钢不同，其强度不直接取决于合金元素的含量，而取决于组织，即通过淬火来获得高强度的马氏体组织，再经过回火处理改变为回火马氏体，使其塑性和韧性得到改善。加入的合金元素有 Cr、Ni、Mo、Cu、V、Nb、Ti、B 等，目的是保证淬透性，有的元素（如 Mo）还可提高钢的抗回火性能。在这类钢种中，镍是非常重要的合金元素，它能提高钢的韧性，降低钢的脆性转变温度。铬能明显提高淬透性，铬镍一起加入时可获得良好的综合力学性能，从而发展成了高强度高韧性钢系列，如 HY80、HY100、HY130 钢等。随着强度和韧性的提高，镍的含量应不断增加，$w(Ni)$ 可达到 5%～10%；但 $w(Cr)$ 则以 1.6% 为上限，继续增加对淬透性已不起作用，反而使得钢的韧性下降。为了提高钢材的抗氢致冷裂纹能力和改善低温韧性，降低含碳量

和加入微量钛元素 [$w(Ti)$ 约为 0.01%] 是很有效的措施。为了弥补降碳造成的强度上的损失，还可加入多种微量元素，特别是像微量硼那样对淬透性影响强烈的元素，因而已发展成了含碳量很低 [$w(C) \leq$ 0.09%] 的调质高强度钢，即焊接无裂纹钢（简称 CF 钢）。调质高强度钢的合金系列是比较复杂的，加入了多种合金元素，但加入量一般不高。其组织属于低碳回火马氏体，也称之为板条马氏体。钢的屈服强度在 490～1080MPa，但 Q420 和 Q460 的 C、D、E 级别的钢也可采用调质处理，以满足低温韧性的要求。

（3）低合金高强度结构钢的焊接特点

这种钢易于产生的焊接问题主要是焊接裂纹和热影响区性能的脆化，对于抗拉强度大于 800MPa 级的调质钢种，还存在一个软化区问题。为了防止冷裂纹，要采取相应的预热和后热措施，以及选用低氢和超低氢型的焊接材料。而在抗拉强度 800MPa 级以上的钢种，还可以考虑选用低强度匹配的焊接材料等。为了缩小热影响区的脆化区，主要是限制焊接热输入，在多道焊接时降低焊道之间温度也有一定作用。因此，根据板厚、钢种和性能的要求等，通过工艺评定试验，选定合适的焊接材料及焊接参数；限制热输入，可控制热影响区中的软化区宽度，也使软化程度得到缓解。

3. 微合金化控轧控冷高强度高韧性钢

20 世纪 60 年代前后是低合金高强度结构钢发展和使用的时代，而 20 世纪 70 年代前后由于几次大小能源危机引起不断开发大陆边远地区和海洋底层地区油气田，从而带动了油气平台和输送管线钢的开发。由于开发地区气候条件相当恶劣，对平台和管线用钢结构的服役条件要求相当苛刻，特别是海底运行的管线，要承受自重、管内介质、内压和外压等工作载荷作用，还要承受风、浪、水流、冰和地震等环境载荷的作用，为此要求钢管具有足够的管壁厚度 t 与管径 D 之比（t/D）。除此以外，由于大量管线钢破坏事故因腐蚀所引起，约占事故量的 52%；而在输送含 H_2S 的天然气的情况下，由腐蚀引起的破坏事故能上升到 74%。临氢环境下管线钢的腐蚀开裂有两种，一种为氢致裂纹（HIC），一种为硫化物应力腐蚀开裂（SSC）。由以上这些使用性能的综合要求，导致对钢铁工业生产工艺的要求，表现在对高寒地区和酸性油气田用钢材的高纯度的"洁净性"要求，即钢材中杂质含量的如下要求：$w(S) \leq 5 \times 10^{-5}$，$w(P) \leq 5 \times 10^{-5}$，$w(N) \leq 2 \times 10^{-5}$，$w(O) \leq 1.0 \times 10^{-5}$，$w(H) \leq 1.0 \times 10^{-6}$。由于管线钢的组织决定其使用性能和安全性能，所以几十年的组织变化就有铁素体-珠光体

钢、少珠光体-铁素体钢（其中 $w(C)$ 为 0.10% ~ 0.14%）、针状铁素体（其中 $w(C)$ 已降低到 0.01% ~ 0.04%）和超低碳贝氏体钢（其中 $w(C)$ 已降低到 0.01% 以下）和低碳索氏体。以上这类钢种的铁素体组织有的有效晶粒尺寸已细化到 5 ~ 20μm。鉴于钢的屈服强度等级从 350MPa 上升到 410MPa、460MPa、510MPa、560MPa，一直到 800MPa 乃至更高，而对低温冲击韧度的要求也从 90J（−20℃）上升到 120J（−45℃）。因此，传统的钢铁冶金工业必须进行全面技术改造，包括如下主要环节：全面控制高炉炼铁工艺，保证铁液中的 $w(C)$ 控制在 0.40% 水平；采用钢液预处理；转炉冶炼，采用钢包精炼、氧气转炉加 RH 真空处理技术；采用控制轧制和控制冷却技术细化铁素体的晶粒；采用控制"二次冷却"技术，保证钢材性能的均质性等。借助实现全面现代化生产，以提供先进的油气输送管线钢用 API 5L X52、X60、X65、X70、X80 乃至 X100 等［（屈服强度等级为 360MPa、420MPa、450MPa、490MPa、560MPa、700MPa 等）宽板（1500mm 以上）、厚板（达到 30mm 以上）］。要求其变形性和焊接性优良，还应具有抗包辛格效应、高强度、高韧性，价格又低廉。而可以生产这类钢材的钢铁冶金企业就标志其进入了先进行列。我国"西气东输"4000km 工程建设的完成，焊管需求的钢板（卷）实现了 70% 国产化，焊管配套必需的埋弧焊丝实现了 100% 国产化；北京国家体育场"鸟巢"焊接钢结构建筑工程的顺利完工，证明我国大规模生产使用现代化的新型微合金钢的时代已经到来。

最后说明，本章节中介绍的微合金钢是新型微合金钢，即必须具有能生产这种类型钢材的炼铁、炼钢、控制轧制、控制冷却等自动化工艺设备和能力的新建或经过技术改造后的现代化钢铁厂，也即只有这种钢铁厂才能保证严格控制微合金元素的加入量，降低含碳量和碳当量，减少杂质元素，保证其洁净性；同时保证产品的铁素体晶粒细化（5 ~ 20μm），提高钢材的强韧性，并保证产品性能的均质性和稳定性，因而改善了钢材的焊接性，保证焊接结构安全使用的寿命等。除此以外，即使加入了微合金元素而称之为"微合金钢"，也不是本章节介绍的内容。

（1）微合金控轧控冷钢的特点

这种钢是加入能形成碳化物或氮化物的微量合金元素（如 Nb、V、Ti 等），而且这些微合金元素的含量（质量分数）一般低于 0.2%。微合金元素的加入可以细化钢材的晶粒，提高钢的强度和使之获得较好的韧性。但钢的良好性能不仅依靠添加微合金元素，

更主要的是通过控制轧制和控制冷却工艺的热变形导入的物理冶金因素的性能变化，从而在降低含碳量和合金元素的基础上提高强韧性。因此，在和普通的热轧微合金化钢种强度相同的情况下，这种新型微合金钢的碳当量低，焊接性优良。

新型微合金钢的组织目前主要以针状铁素体为主，其晶粒尺寸低达 10 ~ 20μm，无珠光体，先共析铁素体和渗碳体都很少。这种钢材多用微量 Ti 处理［$w(Ti)$ 为 0.01% ~ 0.02%］，由于 TiN 颗粒的熔化温度很高（约 1350℃），所以在焊接热影响区邻近焊缝的高温区中 TiN 颗粒很难熔化，因而阻止了奥氏体晶粒长大，使该区域的韧性下降不多。所以这种钢适宜于大热输入、多层和高速度焊接，而且可以不预热、不后热焊接。按控制轧制控制冷却工艺分类又可分为两种：

1）微合金控轧钢（TMCP 钢）。在微合金钢热轧过程中，通过对金属加热温度、轧制温度、变形量、变形速率、终轧温度和热轧后冷却工艺等诸参数的合理控制，使被轧制件的塑性变形与固态相变相结合，以获得良好的组织，提高钢材的强韧性，使其成为综合性能优异的钢。通常可在奥氏体再结晶区（≥950℃）、奥氏体未再结晶区（Ar_3 点 ~ 950℃）和奥氏体与铁素体两相区（Ar_3 以下）结束轧制，通过这三种不同的控轧温度生产微合金钢。

2）微合金控轧控冷钢（即 TMCP + AcC 钢）。在轧制过程中，通过冷却装置，在轧制线上对热轧后轧制件的温度和冷却速度进行控制，即利用轧制件热轧后的余热进行在线热处理生产的钢。这种钢具有更好的性能，特别是强度，可省去再加热、淬火、回火等热处理工艺。用较少的能源和较少的合金含量可生产出强度和韧性更高、焊接性更好的钢材。在控制冷却中，主要控制被轧制件的开始和终了温度、冷却速度和冷却的均匀程度等。冷却形式主要是水冷和风冷，如板带的水幕冷却、层流冷却等，它取决于冷却装置的结构形式、水压、水量及控制机构和自动化控制技术等。

（2）微合金控轧控冷钢的焊接特性

这种钢碳当量低，$w(C)$ 一般在 0.04% ~ 0.16% 之间，S、P 和其他杂质元素含量也很低，与普通热轧结构钢相比焊接性有很大的改善。例如对预热和后热的要求低，冷裂纹、热裂纹和层状撕裂等焊接裂纹发生的可能性较低，可使用的焊接热输入范围宽，可以进行单层、大热输入、高速度焊接等，更有价值的是价格相对比较低。这类钢材主要应用在要求比较高的焊接结构中，如车辆、桥梁、船舶和采油平台、钢

炉与压力容器、油气管线、建筑结构等。

（3）焊管中采用的埋弧焊丝

油气输送用焊管钢材中用的中、厚板结构钢是典型的新型微合金化钢材，因而要求有相应的焊接材料。这种焊接材料可分为两类：一类是制管用的埋弧焊丝，另一类是管线现场施工用的纤维素型焊条、低氢型焊条、自保护药芯焊丝、CO_2 气体保护实心焊丝。前者已实现了 100% 国产化，后者则仍然需要大部分从国外进口。

国外进入微合金化控轧控冷工艺生产新一代结构钢材后，由于这类钢的焊接材料在进入焊缝冷却过程中不可能采用控轧控冷工艺细化晶粒以适应强韧性的要求，所以发达国家研发的这类埋弧焊丝多数采用价格较高的镍、铬、钼等元素，以适应强韧性的要求，如瑞典伊萨、美国林肯等公司。20 世纪 90 年代前后，我国为适应长油气输送管道能源工程建设的市场需求，自主创新研发出获得专利权的埋弧焊丝，即低碳微合金化埋弧焊丝。这类埋弧焊丝的特点是采用特殊的低

碳、微合金化元素锰钼硼钛的组合，不含镍、铬等合金元素，但焊成的焊缝是以多边铁素体、针状铁素体、贝氏体、铁素体等为主体的焊缝金属组织，价格低廉，但性能特别优良。其性能表现如下：①可适用于大电流（1000 ~ 2000A）、大热输入（≤136kJ/cm）焊接；②可进行高速度焊接（≥90m/h）；③可适用单面、双面和多层，开坡口和不开坡口焊接，也可以单丝、双丝和多丝（单层和多层焊缝）焊接；④可进行不预热、不后热和不进行焊后热处理的焊接；⑤适合于不同强度级别的 API 5L X52、X60、X65、X70 和 X80 的螺旋缝卷板和直缝钢板的焊接；⑥焊缝的淬硬性低，以确保野外小热输入高速手工焊接的 T 形接头处与原先管体的埋弧焊缝熔合成的焊缝的硬度低于 250HV，可以防止出现氢致裂纹（HIC）和应力腐蚀开裂（SSC）；⑦焊丝易于拉拔加工，成品焊丝硬度适中，易于缠绕送丝进行焊接。表 1-2 为"西气东输"等工程建设中采用国产专利 H08MnMoBTi（H08C）埋弧焊丝生产的直缝和螺旋缝焊管的性能。

表 1-2　埋弧焊丝（H08C）焊接的直缝和螺旋缝焊管的冲击性能

焊缝形式	工程名称（焊管）	API 5L 级别	焊缝平均夏比冲击吸收能量/J（试验温度 −20℃）	壁厚/mm	管径/mm
直缝	"西气东输"管线	X70	180	26.2	1016
直缝	"陕西—北京"二线	X70	180	—	—
直缝	"广东 LNG"管线	X65	197	—	—
直缝	"番禺—惠州"海底管线	X65	190	—	—
直缝	"四川—武汉"输气管线	X60	143	—	—
直缝	"港—青"复线	X60	155	—	—
直缝	"冀—宁"联络线	X80	170	—	—
直缝	"苏丹"管线	X65	155	—	—
螺旋缝	"西气东输"管线	X70	180	≥14.6	约 700
螺旋缝	"西气东输"管线	X52	153	—	—
螺旋缝	"西部输气"管线	X52	153	—	—
螺旋缝	"西部输气"管线	X60	138	—	—
螺旋缝	"陕西—北京"输气管线	X65	>120	—	—
螺旋缝	"印度"输油管线	X65	>120	—	—
螺旋缝	"苏丹"管线	X65	>120	—	—
螺旋缝	"巴基斯坦"管线	X65	>120	—	—

（4）微合金控轧控冷钢焊接的问题

由于这类钢种在成分和热轧工艺上的特点，根据国外采用这类钢种在焊接方面的经验，仍有以下潜在的问题需要读者注意：

1）冷裂纹的危险性。由于这类钢的成分比较纯净，含 C 和 S、P 等杂质比较低，因此缺少可能形成氢陷阱的杂质，使焊接时可以容纳氢的体积减小；另外，由于可以形成晶核的杂质减少，使得奥氏体不易发生转变，也即增加了淬硬性，这些都可增加冷裂纹

的危险性。

2）热影响区中局部脆化区对韧性的影响。这类钢成分和热轧工艺上的特点，使其韧性得到了很大的改善，而韧性一般由裂纹起裂和裂纹扩展两部分所需的能量来度量。在这类钢的焊接条件下，有可能在热影响区形成局部脆化区，这些局部脆化区会降低裂纹起裂所需的能量。作为多层焊接接头的局部脆化区，一般有四个部位被认为是局部脆化区的关键部位，即粗晶热影响区、临界温度区间热影响区、临界温度区

间粗晶热影响区和亚临界温度区粗晶热影响区，这四个部位一般可能是裂纹的起裂部位。

3）M-A-C组元对热影响区韧性的影响。在大热输入焊接工艺的条件下，由于焊接冷却速度降低，也即$t_{8/5}$增加，有时会出现过量的M-A-C组元，因而降低了低温韧性，其中的M就是含碳量较高的马氏体，A是奥氏体，而C是碳化物。随着微合金化钢生产工艺的不断改进，含碳量已降到很低的水平，如w（C）在0.04%以下，因此，M-A-C组元的影响也会不断减轻。

4）软化。这类钢的部分强度是在热轧工艺中采用加速冷却，将能量储存在位错组织中而获得的，而这种能量在高温下可以释放，这样就会导致焊接条件下在临界温度区间和亚临界温度区间的加热区，甚至在缓慢冷却的粗晶粒区的加热区中，形成硬度比母材金属更低的区域，即软化区。软化使接头的强度降低，例如，在埋弧焊条件下，板厚为40mm的焊接接头中有时会发现强度下降25%的软化区。

（5）新型微合金钢的应用

近20年以来，新型微合金钢已属于钢铁材料中使用量很大的工程结构钢，广泛用于石油和天然气管线、采油平台、船舶、桥梁、大型闸门、码头、大型和高层建筑、车辆、压力容器、锅炉、贮罐、重型机械、化工容器、轻工机械等设备的制造。目前全世界每年生产的新型微合金钢约占钢材总产量的10%（>8000万t），预计今后10年内可提高到总产量的15%～20%。我国生产的新型微合金钢（包括普通微合金钢）仅占钢材总产量的5%～7%（近1000万t），预计今后十年内可提高到钢材总产量的20%左右。至今仍有不少重要焊接结构采用了从国外进口的TMCP+AcC新型微合金化结构钢材。今后，新型微合金化结构钢将成为我国更加广泛应用的新一代焊接高强度结构钢。以下简要介绍发达国家和我国广泛应用的新型微合金钢的典型钢种和用途。

1）车辆用钢。这类钢具有很高的抗拉强度，同时也能满足要求的屈服强度，塑性和韧性也很好，更为重要的是，由于其特殊的显微组织结构，使其具有非常好的冷成形性能。因此，这类钢是最为合适的车辆用钢，在现有的道路条件下，可显著地提高运输能力，从而获得良好的经济效益。

2）桥梁用钢。这类钢由于屈服强度高，韧性和焊接性也能满足桥梁用钢的要求，所以已经大量应用于桥梁建设中。

3）船舶和采油气平台用钢。这类钢具有良好的强度与塑、韧性，并具有良好的加工性能和焊接性，因此可用于船舶和采油气平台的建设，特别是近年来研制的厚度方向性能优良的Z向钢，在海上采油气平台的建设中具有重要的地位。

4）锅炉和压力容器用钢。这类钢具有良好的强度与塑、韧性，由于其较高的中温强度，良好的加工性能和焊接性，能满足锅炉和压力容器的要求。

5）建筑结构钢。含微合金元素的钢，经过适当的控轧控冷工艺处理，能有效地提高钢材的屈服强度，而相应地对焊接性影响较小。因此，这类钢在建筑工程构件中获得了广泛应用。现在低碳钢采用了控轧控冷工艺生产，而且中碳钢、中高碳钢和中碳低合金钢也可采用这种工艺技术生产建筑用钢。

6）油气管线钢。发达国家早在20世纪80年代中期就开始大规模生产应用这类新型微合金钢，而我国在20世纪90年代初由于开发西部天然气资源，才开始在输送管道用钢中研发、生产、应用新型微合金钢。表1-3为发达国家生产的新型微合金化控轧控冷（TMCP+AcC）结构钢类型及性能。

表1-3　发达国家生产的新型微合金化控轧控冷（TMCP+AcC）结构钢类型及性能

钢材类型	屈服强度/MPa	韧脆转变温度/℃	厚度范围/mm
普通结构用钢	235～355	-20	1.5～150
低合金结构用钢	355～500	-50	5～80
压力容器用钢	235～355	-20	2～150
精制压力容器用钢	235～390	-60	5～70
抗蠕变用钢	235～355	—	2～150
耐腐蚀用钢	215～345	-20	2～60
破冰船及其设备用钢	235～390	-40	2～100
造船用钢	315～500	-40	5～80
海上采油平台用钢	340～355	-40	5～100
可拉伸长条用钢	340～460	-60	5～80
高强度易变形条用钢	170～210	—	1.5～16
高强度可成形用钢板	275～490	-20	5～25
管线钢	205～560	-40	3～30
耐寒冷卷线钢	205～560	—	2～5
作业线板用钢	205～490	-40	5～25
豪华轮船用钢	315～500	-20	40～80

4. 超细晶高强度钢

（1）超细晶高强度钢的特点

20世纪末，中国、日本、韩国和欧盟几乎同时启动了"超细晶钢"项目。我国的研究目标是在保证良好的塑性和韧性的基础上大幅度提高钢材强度，其技术路线是以细化钢材的晶粒和组织为核心，在成分变化不大的前提下把钢的强度提高1倍左右，进而发展成超细晶高强度钢。而在日本，超细晶的提法是将晶粒度从传统的几十微米细化一个数量级，目标是达到 $1 \sim 2\mu m$。

1）超细晶。只有获得超细晶组织才能使钢的强度翻倍，并具有良好的强韧性配合。对于热轧钢材，基体强度是一种基本值，固溶、位错、沉淀三种强化方式能对提高强度起一定作用，但唯有细晶强化可使屈服强度大幅度提高，同时其韧性也提高或不降低。已有试验表明，晶粒尺寸在 $20\mu m$ 时，$R_{p0.2}$ 为 200MPa；晶粒细化到 $1\mu m$ 时，$R_{p0.2}$ 达到 600MPa。对于现在大量生产的低碳钢，只要把晶粒细化到 $5\mu m$ 左右，其强度可由 200MPa 提高到 400MPa 以上。对于低合金钢，把晶粒细化到 $2\mu m$ 左右，强度可提高到 800MPa 以上。

2）高洁净度。洁净度是指钢材允许的杂质含量和夹杂物形态能满足使用要求。由于钢的强度翻倍，材料在使用时承受更大的应力，使裂纹形成和扩展的敏感性增加，故要求新材料有更高的洁净度，但并非越高越好，而是要能满足使用要求，可把这一洁净度称为"经济洁净度"。

3）高均匀性。钢液在凝固过程中，由于热传导规律造成顺序凝固，带来低熔点元素的宏观偏析，形成了难以克服的中心偏析。为改善钢的均匀性，在凝固过程中尽可能阻止柱状晶的发展，目标是在性能要求高的钢的铸坯中争取基本为全等轴晶。在杂质总量不变的情况下，提高均匀性相当于提高洁净度。

（2）超细晶高强度钢的类型

按照显微组织的不同，可分为如下三类不同的类型，其细化机制也不同。

1）超细晶铁素体-珠光体钢。低碳钢或低合金钢属于此类，它们是通过形变诱导铁素体相变（DIFT）、形变强化铁素体相变（DEFT）和铁素体动态再结晶细化晶粒，提高强韧性。DIFT 是在较低温度（靠近相变点 A_3）以较大的积累变形量和较高的应变速率进行热变形时，其形变能不能完全释放，使系统的自由能变化，成为相变驱动力，在变形过程中诱发奥氏体-铁素体相变，使晶粒细化。DEFT 是将过冷奥氏体（在 A_3 温度以下）以与 DIFT 其他条件相同的情况下进行变形，此时相变驱动力进一步增加，形成的铁素体晶粒更细。为了达到 DIFT 和 DEFT，必须控制奥氏体的组织形态。形变使奥氏体呈"薄饼状"，晶内产生大量晶体缺陷，将部分形变能储存为相变驱动力。奥氏体转变为铁素体后，由于第二相渗碳体存在，在与第二相交界处往往受到不均匀变形，具有较高畸变能，成为铁素体动态再结晶形

核的有利部位。铁素体动态再结晶使晶粒进一步细化。根据产品性能要求和生产设备条件，选用 DIFT、DEFT、TMCP 和铁素体动态再结晶技术，可以综合开发出多种生产超细晶钢的流程。

2）超细组织低（超低）碳贝氏体钢。为了开发强度大于 600MPa 级的经济型低合金钢，发展了热机械控制技术，在其工艺中增加了一个弛豫控制阶段，即形变后将奥氏体弛豫一段时间再加速冷却。在此阶段内，变形奥氏体中实现晶体缺陷的重新排列、组合，让微合金元素的析出质点在特定位置析出，分割原奥氏体晶粒，从而控制随后冷却时贝氏体相变在已被分割的小空间内进行，实现组织超细化。该技术称作弛豫-析出控制技术（RPC）。RPC 技术使中温转变组织细化的机制是：位错亚结构的限制作用；微细析出质点的钉扎作用；针状铁素体的分割作用。三者结合使贝氏体组织超细化，这类钢具有高强度、高韧性和低的韧脆转变温度。

3）耐延迟断裂高强度马氏体钢。在 42CrMo 钢的基础上，根据强化晶界、细化晶粒和控制氢陷阱的技术思路，设计了中碳 Cr-Mo-V-Nb 钢，其强度范围为 $1300 \sim 1600$MPa，具有良好的耐延迟断裂性能，主要用于高强度螺栓。

（3）超细晶高强度钢的焊接特性

对于超细晶钢而言，焊接过程中出现的主要问题是热影响区的晶粒长大倾向比传统钢严重，导致热影响区软化和低温韧性下降。

为改善超细晶钢的晶粒粗化，减少软化区的宽度和软化程度，要采用低热输入的焊接方法和施焊技术，如大功率激光焊、超窄间隙电弧焊、多电极高速埋弧焊和脉冲 MAG 焊等。对于 400MPa 级的碳钢板材进行了激光焊和脉冲 MAG 焊试验研究，进而扩展到焊条电弧焊和二氧化碳气体保护焊研究，结果表明，在适当控制焊接参数的条件下，可以完全克服热影响区软化问题，焊接接头冲击韧度也达到较高水平。对其钢筋进行了闪光对焊、电渣压力焊、焊条电弧焊和气体保护焊等多种工艺和接头形式的焊接试验，结果断裂都发生在母材，断口特征为延性。目前该类钢已经实现了大工业化生产。对于 800MPa 级的超细组织钢而言，钢材本身的强度、韧性皆佳，已小规模工业化生产；且开发了相应的超低碳贝氏体气体保护焊焊丝，可获得组织、性能优良的焊接接头。但是，脉冲 MAG 焊表明，800MPa 级的超细组织钢易于产生热影响区软化现象，焊接热输入越大，软化区越宽。只有在激光焊条件下才能使焊接接头无软化现象，拉伸试样断在母材，焊缝和热影响区也具有良好

的韧性水平。

（4）超细晶高强度钢的性能数据

铁素体-珠光体型和低碳贝氏体型超细晶钢板的化学成分和力学性能见表1-4。

表1-4　超细晶钢板的化学成分和力学性能

强度级别 /MPa	化学成分（质量分数，%）				力学性能				备注
	C	Si	Mn	其　他	R_{eL} /MPa	R_m /MPa	A （%）	KV/J	
$R_{eL} \geqslant 400$	0.08 ~ 0.12	≤0.30	1.0 ~ 1.3		420 ~ 470	≥500	≥27	—	薄板
$R_{eL} \geqslant 500$	0.17	0.19	1.25	Nb：0.015	543	615	25	—	薄板
$R_m \geqslant 590$	0.045	0.49	1.45	Nb：0.02；Ti：0.18；B：微量	505	600	27.5	280 （-20℃）	中厚板
$R_m \geqslant 685$	0.05	0.47	1.59	Ni：0.2；Cu：0.4；Mo：0.11；Nb：0.05	625	720	18.0	152 （0℃）	中厚板
$R_m \geqslant 785$	0.05	0.36	1.60	Ni：0.29；Cu：0.49；Mo：0.25；Nb：0.04	830	860	28.0	143 （-20℃）	中厚板

5. 超高强度钢

通常把抗拉强度在1500MPa以上或屈服强度在1380MPa以上，并且具有良好的断裂韧度和加工工艺性能的钢称为超高强度钢。也有的把抗拉强度及屈服强度分别定在1370MPa和1180MPa以上。其主要用于航天、航空工业中承受高应力的重要结构部件。

（1）低合金超高强度钢

其 w（C）一般在0.3% ~ 0.5%，合金元素总量（质量分数）不超过6%，通常加入的合金元素有 Ni、Cr、Si、Mn、Mo、W、V 等。这类钢的热处理采用淬火加低温回火，有的钢种进行高温回火或等温淬火加低温回火。热处理后获得回火马氏体、回火马氏体加贝氏体、高温回火后的索氏体组织。钢的强度主要取决于在马氏体中固溶的碳浓度，随着含碳量的增加，钢的强度提高，塑性和韧性降低，致使冷加工性能和焊接性恶化。20世纪50年代，我国在30CrMnSiA钢的基础上研制出了

30CrMnSiNi2A 钢；到了20世纪60 ~ 70年代，结合我国资源，先后研制出 35Si2Mn2MoVA、30Si2MnCrMoVA 和 40CrMnSi MoVA 等钢，抗拉强度为1670 ~ 1860MPa。与此同时还仿制了 AISI4340（40CrNi2MoA）、D6AC（45CrNiMoVA）、300M（40CrNi2Si2MoVA）等钢，广泛用于制造飞机的起落架和固体火箭发动机壳体等。20世纪80年代以后，为了提高钢的洁净度，对上述的一些钢种从选用原料到冶炼工艺（采用真空感应加真空自耗重熔，或电渣重熔等方法）都做了严格规定，使钢中的杂质元素和气体含量大大降低，提高了钢的断裂韧度和疲劳强度，使用更加安全、可靠。

这类钢的焊接性主要取决于钢的含碳量，含碳量越高，焊接性越差。主要问题是焊接冷裂纹敏感性大，焊前预热温度为200 ~ 300℃，道间温度保持在300℃左右，焊后尽快放入炉内保温缓冷。表1-5为常用低合金超高强度钢的力学性能。

表1-5　常用低合金超高强度钢的力学性能

钢牌号	热处理工艺	R_m /MPa	$R_{p0.2}$ /MPa	A （%）	Z （%）	KV /J	K_{IC}/ （MPa·m$^{1/2}$）
30CrMnSiNi2A	900℃油淬，260℃回火	1795	1430	12.3	52.5	98	70
40CrNi2Si2MoA	845℃油淬，200℃回火	1960	1605	120	39.5	83	—
40CrNi2Si2MoVA	870℃油淬，300℃回火	1925	1630	12.5	50.6	76	85
45CrMnSi2MoVA	880℃油淬，550℃回火	1610	1470	14.0	48.5	81	99
30CrMnSi2MoVA	930℃油淬，300℃回火	1750	1455	12.5	50.7	94	93

这些钢主要用于直升机部件、飞机机身、起落架、航空航天飞行器、海洋工程结构、压力容器及其

他厚壁结构。

（2）二次硬化超高强度钢

属于淬火回火钢,即经过加热淬火后在 480 ~ 600℃高温回火时析出复合碳化物达到二次硬化的效果。在这类钢中加入了足够数量的碳化物形成元素,如 Cr、W、Mo、V 等,在 480 ~ 600℃回火时,在马氏体板条的位错线上析出稳定的 M_2C 类合金碳化物,这些碳化物细小、弥散,使钢的强度大大提高。由于不同于通常的回火软化效应,因此称为"二次硬化"。二次硬化钢都含有高的 Ni、Co 元素,它们对基体的韧性及回火行为有显著影响。Ni 提高钢的淬透性,降低钢的韧脆转变温度和解理断裂倾向;加入 Co 还能使铁产生短程有序,在回火时推迟马氏体位错亚结构的回复,从而保证在位错处形成细小弥散的合金碳化物。目前,这种钢材的典型代表产品是高 Co-Ni 二次硬化马氏体钢,它是以高韧性的 Fe-Ni-Co 马氏体为基体,在固态溶解的状态下,不仅强度高,而且韧性好,当碳含量较低时具有良好的自回火能力。在时效硬化状态下,具有优异的强韧性配合,高的疲劳强度,高的耐应力腐蚀能力,同时具有较高的形变硬化指数和低的屈强比。2000MPa 以下的高 Co-Ni 二次硬化马氏体钢是目前强韧性配合最好的钢种。这类钢种的最初名称是 Hp9-4-20(9Ni-4Co-0.2C)。为提高韧性并进一步改善焊接性,发展了 HY180 钢(10Ni-8Co-0.12C)和 AF1410 钢(10Ni-14Co-0.16C)。为进一步提高强度,又开发了 AerMet100(11Ni-13Co-0.23C)和 w(C)为 0.2% 的 AF1410 钢。HY180 钢的 $R_m \geq 1300MPa$,$R_{p0.2} \geq 1200MPa$;AF1410 钢的 $R_m \geq 1620MPa$,$R_{p0.2} \geq 1480MPa$;AerMet100 钢的 $R_m \geq 2000MPa$,$R_{p0.2} \geq 1690MPa$。

高 Co-Ni 二次硬化马氏体钢的热处理工艺包括:正火加软化处理,这是预备热处理;固溶处理可获得马氏体基体,一般加热温度在 880℃ 以上,保温 1h 左右,油淬或在流动空气中冷却;冷处理应紧接固溶处理之后进行,冷至 -70℃ 左右,在空气中回升至室温;最后是回火时效处理,加热温度在 480℃ 左右,保温 5 ~ 6h,空冷。

高 Co-Ni 二次硬化马氏体钢的焊接性良好,含碳量低时可不进行预热或焊后热处理。若用母材作填充焊丝,焊前采用"喷砂 + 砂轮打磨"处理亦可获得优质的焊缝,且抗热裂性良好。

这类钢有的用于制造飞机重要受力结构件等。

(3)马氏体时效钢

它是在超低碳铁镍马氏体基体上,利用某些金属间化合物的沉淀析出进行强化,具有非常优异的强韧性配合。这种合金几乎不含碳,其淬火组织硬度低,且无淬火变形倾向,有高的尺寸稳定性和良好的焊接性。在马氏体时效钢中,主要的合金元素是 Ni、Co、Mo、Ti 等,Si、Mn、S、P 都是钢中的杂质元素,损害钢的韧性,其含量越低越好。镍对提高钢的韧性和强度都有重要作用,时效处理后形成 Ni3Ti、Ni3Mo 等金属间化合物,可强化基体。如镍的含量偏低,将使钢的强度下降;若镍含量过高,经固溶处理冷却到室温后,马氏体转变不完全,出现残留奥氏体,也不能确保高强度。因此,钢中 w(Ni)以 18% 左右为宜。钴具有固溶强化作用,又能促进金属间化合物的析出,还能提高马氏体转变点和提高马氏体的稳定性。钼也是重要的强化元素,还能防止 Ni3Ti 在晶界上析出,改善钢的韧性。钛是钢中最主要的强化元素,时效后钢中的钛几乎完全形成弥散的 Ni3Ti 强化相,钢的强度主要是随着钛含量的多少而变化,但钛对钢的韧性损害较大。碳的含量越低越好,要求 $w(C)$ 在 0.03% 以下,同时用钛来进一步降低基体中的碳。

马氏体时效钢的热处理包括固溶和时效两部分,时效之前通常进行固溶处理。以 18Ni 钢为例,经 820 ~ 840℃固溶处理后,马氏体基体可获得较好的塑性和韧性。钢的高强度是通过时效处理得到的,一般时效温度为 480 ~ 510℃,温度低则强度高,温度高则韧性好,保温时间为几个小时。典型的钢包括 18Ni 系列的 18 Ni(250)、18Ni(300)以及无钴系列的 T-250、T-300;我国的钢号主要为 CM-1、CM-2、TM210、TM210A 等。CM-1 钢的成分为 18Ni-12Co-4Mo-1.3Ti,其 $R_m \geq 2250MPa$,$R_{p0.2} \geq 2150MPa$;$K_{IC} \approx 150MPa \cdot m^{1/2}$;T-300 钢的成分系为 18Ni-4Mo-1.8Ti,其 $R_m = 2000MPa$,$R_{p0.2} = 1960MPa$,$KV = 20J$。当强度超过 2000MPa 时,马氏体时效钢是强韧性匹配最好的钢种。

近年来,一些国家研制成功了许多马氏体时效钢的变异钢种,开发成功了不少具有良好性能的无钴马氏体时效钢。表 1-6 列出了一些有代表性的马氏体时效钢。

表 1-6　一些有代表性的马氏体时效钢

国家	牌　　号	成分(质量分数,%)						屈服强度 /MPa
		Ni	Co	Mo	Ti	Al	其他	
美国	T-250	18	—	3.0	1.4	0.1	—	1700
日本	14Ni-3Cr-3Mo-1.5Ti	14	—	3	1.5	—	3Cr	1750
日本	10Ni-18Co-14Mo	10	18	14	—	—	—	3300

（续）

国家	牌　号	成分(质量分数,%)						屈服强度 /MPa
		Ni	Co	Mo	Ti	Al	其他	
中国	TM210	18	10	4.5	1.1	0.1	—	2000
中国	00Ni12Mn3Mo3TiAlV	12	—	3	0.3	0.2	0.1V,3Mn	1600
韩国	W-250	18	—	—	1.4	0.1	4.5W	1780
俄罗斯	H16Φ6M6	16	—	6	—	—	6V	1880

马氏体时效钢对冷裂纹的敏感性不大，存在的主要问题是热影响区软化、焊接热裂纹（含焊缝热裂纹和近缝区液化裂纹）和应力腐蚀等问题。另外，当采用与母材成分相同的填充丝焊接时，焊缝金属的强度和韧性都较母材为低。焊接时无须预热，焊后通过时效可保持其性能。这些钢主要用于航天和航空中对焊接性和强度都有较高要求的部件，如火箭发动机壳体、导弹壳体、直升机起落架；也用于高压容器、转轴、齿轮、轴承、高压传感器、紧固件、弹簧以及铝合金挤压模、铸件模、精密模具、冷冲模具。也有用它作为工具钢使用的，因为其在时效期间尺寸变化小，然后再时效处理以增加强度和硬度。

6. 低合金耐蚀钢

按照使用环境的不同，该类钢包括耐大气腐蚀、耐海水腐蚀、耐盐卤腐蚀、耐硫化物应力腐蚀、耐氢腐蚀及耐硫酸露点腐蚀等多个钢种，它是在碳素钢成分基础上添加适量的一种或几种合金元素，以改善钢的耐腐蚀性能，所以称为低合金耐蚀钢。

（1）耐大气腐蚀钢

又称为耐候钢。钢中含有 Cu、P、Cr、Si、Ni 等合金元素，用以改善锈层结构，提高致密度，增强与大气的隔离作用。在上述元素中，铜的作用最大，$w(Cu)$ 为 0.25% ~ 0.55%；磷元素也起重要作用，铜与磷复合则效果更明显。磷的加入量 $w(P)$ 为 0.08% ~ 0.15%，含磷的钢又称之为高耐候性钢。但磷能降低钢的韧性，恶化焊接性能，只有要求高耐蚀性时才采用含磷钢。耐候结构钢板见 GB/T 4171—2008。一般焊接结构用耐候钢中 $w(P) \leq 0.035\%$。这类钢以 Cu-Cr 和 Cu-Cr-Ni 系为主，具有优良的焊接性和低温韧性。焊接含磷的钢种时，可以采用含磷的焊接材料，也可以采用不含磷的焊接材料，可用适量的铬、镍元素来替代。

（2）耐海水腐蚀钢

海洋环境复杂，包括海洋大气、飞溅带、潮差带、全浸带、海土带等，不同环境下腐蚀特性差异很大，对钢的合金化也有不同要求。磷和铜在飞溅带和海洋大气中耐蚀效果最显著；铬和铝对全浸带耐蚀效果较佳；钼主要是提高耐点蚀性能。上述元素的适当组合可进一步发挥综合效果。我国的耐海水腐蚀钢有下列牌号：12Cr2MoAlRE、10CrMoAl、10NiCuAs、08PVRE、10MnPNbRE、09MnCuPTi 等。它们在不同的海洋环境中各有特长，已有多年的使用历史，焊接性良好，且有专用的焊接材料，在全国海洋用钢统一评定的 16 个钢牌号中，以上牌号性能是最理想的。

（3）耐硫和硫化物腐蚀钢

在石油及化学工业中，大量的腐蚀是由于硫和硫化物引起的，特别是 H_2S，其腐蚀性最强。碳素钢在含有 H_2S 的介质中容易发生硫化物应力腐蚀开裂（SSCC），为消除 SSCC 敏感性，国内已开发了两种类型的耐硫和硫化物腐蚀用钢：一类是 Cr-Mo 钢，如 12CrMoV、12CrMoAlV、25Cr2MoV 等；另一类则是含铝钢，而铝和铬一样，也能在钢的表面形成致密的钝化膜，可以取得基本相同的耐蚀效果，钢中铝含量越高，耐蚀性越好。按照含铝量的不同，又分为三个小类，其一是 $w(Al) < 0.5\%$，如 09AlVTiCu；其二是 $w(Al) \approx 1\%$，如 12AlMoV；其三是 $w(Al) = 2\% \sim 3\%$，如 15Al3MoWTi。前两小类钢焊接性良好，但第三小类钢由于含铝量高，焊接性变差，焊接接头易于脆化，应采取相应措施，如焊接 15Al3MoWTi 钢时，要采用特殊焊条 TS607（4Mn23Al3Si2Mo）和严格的施焊工艺。

1.1.2　特殊钢

1. 耐热钢

耐热钢是指在高温下具有较高强度和良好的化学稳定性的特殊钢，它包括抗氧化钢（高温不起皮钢）和热强钢两类。抗氧化钢要求较好的化学稳定性，但承受的载荷较低，抗蠕变和抗蠕变断裂能力不高；热强钢承受应力较大，要求材料兼有良好的抗蠕变性、抗破断性和抗氧化性能。耐热钢广泛用于电站的锅炉和汽轮机，石油化工中的反应塔和加热炉，汽车和轮船的内燃机，航空航天用喷气发动机等。耐热钢按其组织可分为珠光体钢、铁素体钢、奥氏体钢、马氏体钢和沉淀硬化型耐热钢，各类钢的化学成分和力学性能参见 GB/T 4238—2007。

（1）珠光体耐热钢

珠光体耐热钢的合金元素总量（质量分数）一般不超过 5%，主要元素有 Cr、Mo、V、W 等，在 450~620℃ 有良好的耐热性，焊接性也较好，又比较经济，是动力、石油和化工部门用于高温条件下的主要结构材料，如加氢、裂解氢和煤液化用的高压容器等。钢中的 Cr 和 Mo 含量是决定钢的抗氧化性和热强性的主要因素。因为 Cr 和 Mo 既能固溶强化铁素体，Cr 又对氧的亲和力较大，高温时首先在金属表面形成氧化铬，它可以致密地包敷在金属的表面，防止金属连续氧化。Al、Si 等合金元素对抗高温氧化也是有效的，因为它们也能在高温下于金属表面形成 Al_2O_3、SiO_2 等氧化膜。钢中的铬和碳有很强的亲和力，能形成铬的碳化物，因而降低了固溶体内铬的有效浓度，使高温抗氧化性能有所降低，因此应对钢的含碳量有所限制。但如钢中同时含有 V、W、Nb、Ti 等合金元素时，因为它们都能与碳形成稳定的碳化物，因而起着沉淀硬化铁素体的作用，并提高了钢的耐热性能，在此情况下，提高耐热钢的含碳量又是有利的。此外，加入微量元素如 RE、B、Ti 等，能被吸附在晶界，延缓合金元素沿晶界面的扩散，从而强化了晶粒界面，增加钢的热强性能。目前，珠光体耐热钢的基本合金体系是：Cr-Mo 系、Cr-Mo-V 系、Cr-Mo-W-V 系、Cr-Mo-W-V-B 系和 Cr-Mo-V-Ti-B 系等。

（2）铁素体耐热钢

这类钢含有较多的 Cr、Al、Si 等铁素体形成元素，有优良的抗氧化性和耐高温气体腐蚀能力，在含硫介质中也具有足够的耐蚀性。但如果加热温度超过 900℃，晶粒将迅速长大，从而不能用热处理方法细化晶粒。因此，这类钢在焊接过程中容易引起热影响区脆化和产生裂纹。另外，在焊后缓冷情况下易出现 475℃ 脆性和 σ 相的析出所引起的脆化，进而使焊接接头韧性恶化。能改善铁素体耐热钢焊接性的有效方法是提高钢的纯净度，并加入 Nb 和 Ti 等来控制间隙元素（C、N）的有害作用。焊接时宜采用小的热输入，预热和道间温度不可过高，以防止过热和 475℃ 脆化。常用于汽车排气净化装置、散热器、燃烧室、喷嘴、炉罩等。多年来，国外还开发和选用了 w(Cr) 为 9%~12% 的铁素体耐热钢，我国将其列入马氏体耐热钢中，主要用于火力发电锅炉，以减少发电厂区的 CO_2 排出量，降低温室效应气体。该类钢既提高了蠕变强度，又有良好的韧性。其成分系有 9Cr-1MoVNb、9Cr-0.5Mo-1.8WVNb 和 12Cr-0.5Mo-2WCuVNb 等。在发展钢种的同时也开发了相应的焊接材料，为了满足强度和韧性的要求，焊缝中 C 和 Nb 的含量较母材有所下降，而 Mn、Co、Ni 的含量相应增加。列入我国标准的牌号有 022Cr12、06Cr13Al、10Cr17 等。

（3）奥氏体耐热钢

这类钢中含有较多的 Ni、Mn 等奥氏体形成元素，在 600℃ 以上有较好的高温强度和组织稳定性，焊接性良好，是在 600~1200℃ 高温条件下应用最广的钢。按其合金组成可分为 Cr-Ni、Cr-Ni-V、Cr-Mn-N 等不同系列，其中 Cr-Ni 系列是应用最广、牌号最多的一类钢，以其不同的铬、镍含量配比来满足不同温度档次的需要。铬含量增高，抗氧化性和高温强度也随之提高，根据需要在钢中再加入能形成固溶强化的元素（如 W、Mo 等）、碳化物形成元素（如 V、Nb、Ti 等）及微量元素（如 B、Zr、Re 等），可进一步提高钢的热强性。如 06Cr18Ni11Ti、06Cr18Ni11Nb 等钢可用于 850℃ 以下；06Cr23Ni13 钢可用于 1000℃ 左右；16Cr25Ni20Si2 钢是在 1000~1200℃ 范围内各国普遍采用的牌号。奥氏体耐热钢焊接时易产生热裂纹和弧坑裂纹等，应注意控制铁素体的含量，选择合适的焊接参数和焊接材料。

（4）马氏体耐热钢

这类钢的 w(Cr) 为 7%~13%，再加入 Mo、W、V、Nb、Ti、B 等合金元素，使钢的热强性明显提高，在 650℃ 以下有较高的强度和抗氧化性。常用的牌号有 14Cr11MoV、12Cr12Mo、15Cr12WMoV 等。广泛用于汽轮机、燃气轮机叶片及高压锅炉管等。但应注意焊接时的淬硬倾向大，易产生冷裂纹等缺陷。

2. 低温钢

低温钢是指在 -196~-10℃ 下使用并具有足够的缺口韧性的钢；在 -196℃ 以下的更低温度使用的钢称之为超低温用钢，仍归之于低温钢之列。

（1）低碳铝镇静钢

这类钢以 C-Mn 为主要的合金元素，为提高其低温韧性，须尽量降低钢的含碳量，提高 Mn/C 比例，减少 P、S 等有害元素，并加入适量的铝元素，用以固定钢中的氮，细化晶粒，改善时效性能。主要牌号有 16MnDR 等，已列入国标 GB 3531—2008 中。

（2）镍系低温钢

这类钢种的主要合金元素为镍，随着钢中含镍量的增加，低温韧性提高，韧脆转变温度下降，最低的使用温度也降低，它主要用于制造 -196~-40℃ 下使用的低温设备。根据使用温度的不同，确定了不同的含镍量，形成了 w(Ni) 分别为 2.5%、3.5%、5%

和 9% 等镍系列低温钢种。在各种元素中，镍是改善低温韧性最有效的元素，它不与碳形成碳化物，但能与铁形成 α 或 γ 固溶体，随着含镍量的增加，冷却时 Ar_3 点降低，奥氏体的稳定性增大，而且，当镍的含量足够高时，甚至在 $-196℃$ 以下也不发生 $γ→α$ 相变，从而得到单相奥氏体组织，因此镍是形成和稳定奥氏体的元素。一般认为，当钢中 $w(Ni)$ 超过 3% 时，采用二次淬火加回火处理这种特殊热处理方法，在钢中能形成较多的逆转变奥氏体；镍含量越高，逆转变奥氏体的数量也越多，提高低温韧性的效果也越显著。$w(Ni)$ 为 2.5% 的钢经过正火处理后可使用到 $-60℃$；$w(Ni)$ 为 3.5% 的钢经过正火加回火处理后可使用到 $-88℃$，调质处理后可使用到 $-101℃$；$w(Ni)$ 为 5% 的钢经过调质处理后可使用到 $-162℃$；$w(Ni)$ 为 9% 的钢经过调质处理后可使用到 $-196℃$。$w(Ni)$ 为 5% 的钢经过二次淬火加回火处理后，其低温韧性可达到或接近 $w(Ni)$ 为 9% 的钢的韧性水平。其原因是通过二次淬火，不但细化了钢的晶粒，而且在原奥氏体晶粒界面和马氏体板条束界上都析出了大量的逆转变奥氏体，它能阻止形变裂纹的萌生和扩展，使冲击吸收能量大幅度提高。同样，经过特殊热处理 $w(Ni)$ 为 9% 的钢，其低温韧性也会进一步提高。$w(Ni)$ 分别为 2.5% 和 3.5% 钢的焊接性良好，且有成分相近的配套焊接材料，$w(Ni)$ 为 9% 钢的焊接材料与母材的化学成分差异甚大，主要采用镍基合金的焊接材料，有因康镍和哈斯特洛依两个成分系统。为预防热裂纹，应减小焊接电流和焊接速度。

（3）奥氏体低温钢

它们属于面心立方晶格结构，没有韧脆转变现象，在 $-196℃$ 以下的低温下韧性几乎没有损失，所以这类钢种主要用做超低温钢。除铬镍型奥氏体钢外，铬锰镍氮型奥氏体钢也可用做超低温钢。

低温钢广泛用于能源工业和石化工业中的成套低温设备，液化丙烷（$-45℃$）介质的低温设备可采用正火的铝镇静钢；液化丙烯（$-48℃$）介质应采用 $w(Ni)$ 为 2.5% 的钢；液化乙烷（$-88.6℃$）介质要采用调质的 $w(Ni)$ 为 3.5% 或 5% 的钢；从液化天然气（$-162℃$）到液态氮（$-196℃$）均应使用 $w(Ni)$ 为 9% 的钢；液化氢（$-253℃$）介质应采用奥氏体低温钢。目前使用的牌号主要有 304L、304LN、316L 等。1990 年我国还研制了 $R_{eL}≥490MPa$ 级的高强度低温钢（钢号为 DG50），是低温设备中的球罐专用钢材。

3. 不锈钢

不锈钢是指 $w(Cr)$ 大于 11%，且具有不锈性和耐酸性能的一系列铁基合金钢的统称。它的品种繁多，性能各异，分类方法也不少，目前广泛采用的是以钢的组织结构为主要依据的分类方法，即将不锈钢分为马氏体、铁素体、奥氏体、奥氏体 + 铁素体双相钢和沉淀硬化不锈钢五种类型。常用不锈钢的成分和性能见 GB/T 4237—2007。

（1）马氏体不锈钢

马氏体不锈钢中 $w(Cr)$ 为 11.5% ~18%，$w(C)$ 为 0.08% ~ 1.2%，其他合金元素质量分数小于 2% ~3%，常用的钢号有 06Cr13、12Cr13、20Cr13、14Cr17Ni2 等。它们在高温下呈奥氏体存在，经过适当冷却至室温后转变为马氏体组织，但钢中常含有一定量的残留奥氏体、铁素体或珠光体组织。马氏体不锈钢的特点是具有较高的硬度、强度、耐磨性、抗疲劳性及一定的耐蚀性能。20 世纪 50 年代，为改善马氏体不锈钢的焊接性能，将钢的 $w(C)$ 降至 0.07% 以下，为获得马氏体相变的可能性再加入一定量的镍，从而形成了一个新的钢种系列。随着冶金精炼技术的发展，并引入了钢厂不锈钢的生产线，可将钢中的 $w(C)$ 降低至 0.03% 以下，并根据需要优化钢的成分，形成了一系列的超级马氏体不锈钢，其焊接性得到极大的改善。但是，普通马氏体不锈钢的焊接性之所以不佳，主要问题是产生淬火裂纹和延迟裂纹。为此，焊前应该预热并保持层间温度，一般为 200 ~400℃，但不宜超过 400℃，以防止 475℃ 脆化。此外，焊后还应该进行缓冷处理。

（2）铁素体不锈钢

这类钢一般不含镍，$w(Cr)$ 为 12% ~30%，有的还含少量的钼、钛或铌等元素，具有良好的抗氧化性、耐蚀性和耐氯化物腐蚀断裂性能。根据含铬的数量可分为低铬、中铬和高铬三类；根据钢的纯净度，特别是碳、氮杂质含量，又可分为普通型和高纯型。普通铁素体不锈钢具有低温和室温脆性、缺口敏感性和较高的晶间腐蚀倾向、焊接性较差等缺点。其中，低铬铁素体不锈钢的 $w(Cr)$ 为 11% ~14%，如 022Cr12、06Cr13Al 等，具有良好的韧性、塑性、冷变形性和焊接性能；中铬铁素体不锈钢的 $w(Cr)$ 为 14% ~18%，如 10Cr17、10Cr17Mo 等，具有较好的耐蚀性和耐锈性；高铬铁素体不锈钢的 $w(Cr)$ 为 18% ~30%，具有良好的抗氧化性，可在 980℃ 高温下连续使用。高纯铁素体不锈钢含有极低的碳和氮 [$w(C + N) < 0.015%$]，含铬量高，又含有钼、钛、铌等元素，这类钢具有良好的力学性能（特别是韧性）、焊接性能、耐晶间腐蚀性能、耐点蚀和缝隙腐蚀、优异的耐应力腐蚀断裂性能等，如 019Cr19Mo2NbTi、

008Cr30Mo2 等。

高铬铁素体钢在 400 ~ 500℃ 保温时将引起强烈脆化，由于在 475℃ 脆化速度最快，故称 475℃ 脆化。脆化程度随着含铬量的增加而增加，但经过 600℃ 以上处理可以恢复韧性。另外，在 500 ~ 800℃ 保温时，含 Cr 量高的合金将形成 σ 相，显著降低钢的塑性和韧性。为防止产生 475℃ 脆化和 σ 相组织，应严格控制这类钢的热加工工艺过程。焊接时宜采用小的热输入，等待前一焊道的焊缝冷却至预热温度后再焊接下一道焊缝；焊后退火处理时应该采用快冷措施。高纯铁素体不锈钢焊接时，还要注意焊缝中增碳、增氮带来的不利影响。

(3) 奥氏体不锈钢

按照奥氏体化元素的不同，可将其分为铬镍系和铬锰系两大类。铬镍系以镍作为主要奥氏体化元素，$w(Ni)$ 至少要在 8% 以上，最高可达到 30%。为保证钢种的不锈性和耐蚀性，$w(Cr)$ 一般不低于 17%。铬锰系以锰作为主要奥氏体化元素，但能够加入到钢中的锰的数量要比镍的加入量低得多（仅为镍加入量的一半左右），而且在 $w(Cr)$ 超过 15% 的钢中，仅靠加锰即使再高也不能使钢完全奥氏体化。因此该系中通常都含有足够量的氮，有的还得保留适当的镍，故该系钢实际上变成了铬锰氮系或铬锰镍氮系的奥氏体不锈钢。

1) 铬镍奥氏体不锈钢　它是奥氏体不锈钢的主体，在氧化性介质材料中耐蚀性优良，其基础牌号是 18-8 不锈钢，钢中铬镍的质量分数分别是 19% 和 10%。为了提高在各种不同使用条件下及较强腐蚀环境中的耐蚀性能，钢的合金成分在两个方面作了发展和改进：一是提高铬、镍含量，$w(Cr)$ 可提高到 25% 以上，而 $w(Ni)$ 可高达 30% 左右；二是向钢中添加 Mo、Cu、Si、N、Ti 和 Nb 等合金元素。含碳量都较低，常用牌号 $w(C)$ 多低于 0.08%，并且有越来越多的牌号已达到超低碳 $[w(C) \leqslant 0.03\%]$，甚至更低的水平 $[w(C) \leqslant 0.02\%]$。其中最常用的钢种及其代表性牌号有：① 基础钢种：06Cr19Ni10、022Cr19Ni10；② 采用钛、铌元素稳定化的钢：07Cr19Ni11Ti、06Cr18Ni11Nb；③ 提高铬、镍含量的钢：06Cr23Ni13、06Cr25Ni20；④ 用钼、铜元素合金化的钢：06Cr17Ni12Mo2、022Cr18Ni14Mo2Cu2；⑤ 高硅或含氮的钢：06Cr18Ni13Si4、06Cr19Ni9N、022Cr17Ni13Mo2N 等。

2) 铬锰奥氏体不锈钢　锰是维持奥氏体基体的合金元素，$w(Mn)$ 为 5% ~ 18%；$w(Cr)$ 多在 17% 以上，最高可达 22%，以保证不锈性和耐蚀性。氮元素的奥氏体化能力是镍元素的 30 倍，$w(N)$ 一般在 0.2% 以上，有时可达 0.5% ~ 0.6%。简单的铬锰氮钢种只能耐氧化性介质材料的腐蚀，如向钢中加入钼、铜等元素，则可提高钢在多种非氧化性腐蚀环境中的耐蚀性；有时也加入少量铌或钒（质量分数 < 1%），以改善耐晶间腐蚀性能。

奥氏体不锈钢具有良好的焊接性，要特别留意选用相应的焊接材料和适宜的焊接工艺方法等，如果选用不当，有可能引起晶粒间界面腐蚀、应力腐蚀或焊接热裂纹等问题。

(4) 双相不锈钢

钢中铁素体相和奥氏体相约各占一半的不锈钢，且较少相的体积分数应在 30% 以上。双相不锈钢兼有铁素体不锈钢和奥氏体不锈钢的优点，既有较高的强度和耐氯化物应力腐蚀性能，又有优良的韧性和焊接性。它已应用于化工、石油、造纸及能源等工业领域，尤其在含氯的介质中应用更为广泛。按钢中主体元素分类，双相不锈钢可分为 Cr-Ni 系和 Cr-Mn-N 系两个类型，但得到广泛应用的是 Cr-Ni 系双相不锈钢。为了得到恰当的两相比例，Cr-Ni 系钢种中铬的含量较高，而镍的含量较低。为得到更为理想的耐蚀性，还在钢中加入 Mo、N、Cu、W、Nb、Ti 等元素。按照含铬量的高低，通常划分为 18Cr 型、22Cr 型和 25Cr 型三类，各类型中 $w(Ni)$ 均在 5% ~ 7%。双相不锈钢具有优良的耐孔蚀性能，孔蚀抗力当量值 PRE（PRE = Cr% + 3.3Mo% + 16N%）越大，耐蚀性越好。18Cr 型（18Cr-5Ni-3Mo）和 22Cr 型（22Cr-5Ni-3Mo）的 PRE 为 29 ~ 36；25Cr 型（25Cr-5Ni-3Mo）的 PRE 为 32 ~ 40；超级 25Cr 型（25Cr-7Ni-4Mo-0.3N）的 PRE > 40。

双相不锈钢已发展了三代，第一代以美国的 329 钢为代表，因含碳量较高 $[w(C) \leqslant 0.1\%]$，焊接时失去相的平衡及沿晶粒界析出碳化物而导致耐蚀性和韧性下降，焊后必须经过热处理，从而其应用受到限制。随着二次精炼冶金工艺技术 AOD 和 VOD 等方法的出现与普及，容易炼出超低碳 $[w(C) \leqslant 0.03\%]$ 的钢，同时发现了氮作为奥氏体形成元素对双相不锈钢的性能有重要作用，在焊接热影响区快速冷却时，氮促进了高温下形成的铁素体逆转变为足够数量的二次奥氏体，以维持必要的相平衡，提高了焊接接头的耐蚀性，从而开发了第二代新型含氮双相不锈钢。20 世纪 80 年代后期发展的超级双相不锈钢属于第三代，它的特点是含碳量更低 $[w(C) = 0.01\% ~ 0.02\%]$，含钼量高 $[w(Mo) \approx 4\%]$，含氮量高 $[w(N) \approx 0.3\%]$，钢中铁素体体积分数为 40% ~ 45%。常用的双相不锈钢牌号有 022Cr19Ni5Mo3Si2 等。

双相不锈钢的焊接性良好，热裂纹倾向小，焊前不需要预热，焊后不需要热处理。但仍存在着高铬铁素体不锈钢的各种脆性倾向问题，双相不锈钢中含铬量越高，σ 相脆化也越明显。为了保证焊缝中奥氏体的含量，把焊缝的镍当量提高到高于母材的 2%～4%，这是两者成分上的主要区别。

（5）沉淀硬化不锈钢

它是一类含有沉淀硬化元素（Cu、Al、Ti、Nb）并且通过热处理进行强化的铁铬镍合金钢。此类钢具有高的强度、足够的韧性和适宜的耐蚀性，主要用于宇航工业和一些高技术产业，简称 PH 钢。根据钢的组织可分为以下三类：

1）马氏体沉淀硬化不锈钢。钢中 $w(C)$ 为 0.05%～0.10%，以保证较好的强韧性、焊接性和耐蚀性。$w(Cr)$ 为 13%～17%，以保证足够的不锈性和耐蚀性；还要求有合适的铬镍当量配比，以使其 δ 铁素体的含量处于最低水平（一般≤5%）。再添加适量的沉淀硬化元素，如 Cu、Mo、Nb、Ti 等，使其形成 ε 富铜相和 NiTi 相等进行强化。其热处理制度包括固溶处理和沉淀硬化（480～630℃，保温 1h，空冷）处理工艺，有的还要增加冷处理工序。马氏体沉淀硬化不锈钢应用较广泛的牌号有 05Cr17Ni4Cu4Nb 等。

2）半奥氏体沉淀硬化不锈钢。钢中碳的 $w(C)$ 在 0.1% 左右，$w(Cr)$ 在 14% 以上，也要求有合适的铬镍当量配比，还要含有适量的沉淀硬化元素，如 Mo、Ti、Al、Nb、Cu 等。这类钢的热处理较复杂，经固溶处理（生成奥氏体）后必须进行调整处理（碳化物析出过程），有的还要进行冷处理，以生成马氏体，最后进行时效处理，时效温度为 455～565℃，保温时间为 1～3h。较高的温度可提高钢的韧性，但强度相应下降。应用较广泛的牌号有 07Cr17Ni7Al、07Cr15Ni7Mo2Al 等。

3）奥氏体沉淀硬化不锈钢。选择合适的铬镍当量配比，使钢形成非常稳定的奥氏体组织。为了弥补奥氏体强度的不足，通过加入铝、钛以形成 Ni3Al、Ni3Ti，或加入磷以形成 M23（C+P）6 而进行强化。此类钢的热处理是在适宜的温度固溶处理后再施以时效处理，多数钢可在 480～510℃ 进行时效处理，保温时间为 1～4h。焊接 PH 钢时不要求预热。马氏体和半奥氏体 PH 钢易产生裂纹，而奥氏体型 PH 钢则有热影响区液化裂纹倾向，因而这种类型钢较难焊接。PH 钢可以采用普通奥氏体不锈钢的焊接工艺进行焊接。

如果焊接件要求高强度和耐蚀性，则可使用与母材成分相同的填充金属材料，但在奥氏体型 PH 钢中不能这样使用，因为容易出现液化裂纹，建议采用 Ni 基填充金属或采用普通奥氏体不锈钢填充金属。如焊后的结构件不能进行完整的热处理，则可在焊前进行固溶退火处理，然后在使用前进行时效处理。代表性的牌号有 06Cr15Ni15Ti2MoAlVB 等。

1.1.3　非铁材料

1. 铝及铝合金

铝及铝合金具有良好的耐蚀性、导电性、导热性等特征，广泛用于航空、汽车、化学及原子能等领域，其具体牌号、成分及性能见 GB/T 3190—2008。

（1）纯铝

纯铝密度小（$2.7×10^3 kg/m^3$）、熔点低（660℃）、强度低（$R_m≈280MPa$）、塑性高（$Z≈80\%$）。纯铝的导电性和导热性仅次于银、铜，而在室温下约为纯铜电导率的 65%；热导率是低碳钢的 4.3 倍。铝由于在其表面形成致密的 Al_2O_3 保护膜，因而在空气或其他介质中具有良好的耐蚀性。纯度越高，铝的耐蚀性越好。纯铝按纯度分为高纯铝、工业高纯铝和工业纯铝。

（2）铝合金

铝合金的密度也很小，热处理后强度高，$R_m=490～588MPa$，因此铝合金具有很高的比强度。铝合金按成材方式可分为变形铝合金和铸造铝合金。按合金化系列可分为 2×××系（Al-Cu）、3×××系（Al-Mn）、4×××系（Al-Si）、5×××系（Al-Mg）、6×××系（Al-Mg-Si）、7×××系（Al-Zn-Mg-Cu）、8×××系（其他）等铝合金。按强化方式又分为非热处理强化铝合金和热处理强化铝合金。前者仅可变形强化，而后者既可热处理强化，亦可变形强化。非热处理强化铝合金也称防锈铝，它通过加工硬化、固溶强化处理提高力学性能，特点是强度中等而塑性及耐蚀性好。这类合金焊接性良好，在焊接结构中常用的是 Al-Mn 和 Al-Mg 系铝合金，如牌号为 3A21（LF21）的 Al-Mn 系合金等。热处理强化铝合金方法是通过固溶、淬火、时效等热处理工艺提高力学性能。经热处理后可显著提高抗拉强度，但焊接性较差。如 Al-Cu-Mn 系硬铝合金，熔焊时不仅有较大的热裂纹倾向，而且焊后接头处的软化比较严重。Al-Zn-Mg-Cu 系列超硬铝合金，焊接时接头软化严重，具有很大的热裂纹倾向。焊接中常用的是变形铝合金，而铸造铝合金只有在缺陷补焊时才会使用。

（3）铝及铝合金的焊接特点

铝及铝合金焊接时易产生的缺陷有夹渣、气孔、裂纹等。

在空气中，铝与氧易生成致密的 Al_2O_3 薄膜，熔点高达2025℃，焊接时氧化膜阻碍基体金属的熔合，易造成焊缝金属夹渣。液态的铝可溶解大量的氢，固态的铝却几乎不溶解氢。因此，熔化的焊缝金属经快速冷却与凝固时，如果氢来不及逸出，则易在焊缝中聚集成气孔。铝的线胀系数和结晶收缩率约比钢的大2倍，易产生较大的焊接变形和内应力。对刚性较大的结构，如果工艺不当，会产生裂纹。此外，铝合金中含有低沸点的合金元素 Mg、Zn、Mn 等，极易蒸发烧损，从而改变焊缝金属的成分，使焊缝性能下降。铝及铝合金的热导率和热容量大，因此焊接时要求采用能量集中、功率大的热源。选用双丝自动化焊接可有效地减少热影响区宽度，提高接头抗拉强度。

2. 镍及镍基合金

镍是一种用途广泛的非铁材料，具有熔点高、耐蚀性好、力学性能优良等特性。镍基合金是 $w(Ni)$ 大于50%，并含有大量其他元素的合金，镍基比铁基能够固溶更多的合金元素。所以，镍基合金不但保持了镍的良好特性，又兼有合金化组分的良好特性，既可耐高温，又可耐腐蚀。工程上将其分为两大合金类型，即耐热用镍基合金（又称高温合金）和耐蚀用镍基合金。前者主要用于航空、航天等高温工作构件；后者则用于化学、石油、核工业等苛刻腐蚀环境。

（1）镍基高温合金

它是以镍、铬固溶体为基体并添加多种合金元素进行固溶强化而得到的合金。焊接结构常用的镍基高温合金的强化机制可分为固溶强化和时效沉淀强化两大类。固溶强化是加入 Cr、Co、W、Mo、Nb、Ta 等元素，以提高原子间结合力，产生点阵畸变，阻止位错运动，提高再结晶温度等来强化固溶体。这类合金具有优良的抗氧化性，塑性较高，易于焊接，但热强性相对较低。时效强化是在固溶强化的基础上，再添加较多的 Al、Ti、Nb、Ta 等元素，它们与镍结合成为稳定的共格且成分复杂的金属间化合物，使合金的热强性大大提高。但是，Al、Ti、Nb 等合金元素的加入使焊接性变差，故这类元素的加入总量宜限制在6%（质量分数）以下。固溶强化和时效强化的形变镍基高温合金牌号有30个左右，如 GH3030（Ni-20Cr-0.25Ti）、GH4033（Ni-20Cr-2.5Ti-0.8Al）等。焊接时有可能产生凝固裂纹、液化裂纹或应变时效裂纹，Al、Ti 等时效强化元素越多，裂纹敏感性越大。

（2）镍基耐蚀合金

为提高镍基耐蚀合金的耐蚀性，也加入 Cr、W、Mo 等合金元素，且要求碳含量越低越好。Ti、Nb 等含量较低，主要作用是抑制碳的有害影响，以提高耐蚀性，这均是与高温合金的重要区别。我国的耐蚀合金牌号标准见 GB/T 15007—2008。镍基耐蚀合金也有固溶和沉淀强化两种方式，但是成分类型与镍基高温合金不相同，有如下几种类型：①Ni 系，近于纯镍，如 Ni200 等；②Ni-Cu 系，如蒙乃尔400（66Ni31Cu）；③ Ni-Cr 系和 Ni-Cr-Fe 系，如因康镍600（76Ni15Cr8Fe）、因康镍718（53Ni19Cr3Mo5Nb18Fe）；④Ni-Fe-Cr 系，如因康洛依800（32Ni46Fe21Cr）；⑤Ni-Mo 系和 Ni-Cr-Mo 系，如哈斯特洛依 C（64Ni16Cr16Mo4W）；⑥Ni-Cr-Mo-Cu 系，$w(Cu)$ 在3%以上。镍基耐蚀合金在焊接时可能产生热裂纹、焊缝气孔等问题，有的合金类型（如 Ni-Cr、Ni-Mo、Ni-Cr-Mo 系）焊接接头还可能存在晶间腐蚀和应力腐蚀问题。

3. 钛及钛合金

钛和钛合金具有高的比强度和优异的耐蚀性，在航空、航天、化工、造船等工业中得到了日益广泛的应用。各种钛合金的牌号及性能见 GB/T 3620—2007。

（1）工业纯钛

钛在固态下具有同素异晶转变能力，在882.5℃以下为 α-Ti，是密排六方晶格；在882.5℃以上至熔点为 β-Ti，为体心立方晶格。

钛的密度小（$4.5 × 10^3 kg/m^3$），熔点高（1668℃），导热性差（约为 Fe 的1/6），摩擦因数大。此外，钛具有低的弹性模量，约为不锈钢的1/2，因此焊接时的变形量要比不锈钢大一倍。工业纯钛不能通过热处理强化，其性能与纯度有关，纯度越高，强度和硬度越低，塑性越高，易于加工成形。

钛具有很高的化学活性，与氧的亲和力很强，在室温条件下，就能在表面生成一层致密而稳定的氧化薄膜。由于薄膜的保护作用，除氢氟酸能对钛金属有较严重的腐蚀之外，钛在不同浓度的硝酸、稀硫酸、磷酸、氯盐溶液以及各种浓度的碱液中都有良好的耐蚀性。

（2）钛合金

钛合金化的主要目的是加入合金元素以稳定 α-Ti 或 β-Ti，调整两相的构成比例，达到控制钛合金性能的目的。通常可分成为 α、β、α+β 三类合金。

1）α 钛合金具有较高的高温强度，低温韧性好，抗氧化能力强，焊接性能优良，组织稳定。它是含有稳定元素铝和中性化元素锡的钛合金。不能通过热处理强化，可冷作硬化，但导致塑性降低。一般只进行退火处理。应用较广的 α 钛合金是 TA7。

2）β 钛合金在单一相条件下加工性能良好，具有优良的加工硬化特性；其缺点是低温脆性大，焊接性差。这类钛合金含有较多的 β 稳定化元素，如 Mo 和 V 等，当 Mo 和 V 达到临界含量时，快速冷却至室温，可得到全部的 β 相组织。

3）α + β 钛合金的组织是由 α 钛为基体的固溶体和 β 钛为基体的固溶体两相组织构成，它兼有 α 钛合金和 β 钛合金的优点。其特点是可以通过热处理获得高的强度，耐热性优，热稳定性好。当 α 相比例高时，加工性能变差；而当 β 相比例高时，则焊接性能变差。α + β 钛合金在退火状态下断裂韧性高，在淬火 + 时效处理状态下比强度大，故其力学性能可在较宽范围内变化。α + β 钛合金的典型牌号是 TC4（Ti-6Al-4V），其综合性能良好，焊接性也是 α + β 钛合金中最好的，它是航空、航天工业中应用最多的一种钛合金。

（3）钛及钛合金的焊接特点

由于钛和钛合金在高温下特别是在熔融状态下非常活泼，极易被氮、氢、氧所污染，引起金属的脆化，并产生气孔、裂纹等缺陷。因此，焊接前应严格清理，并在高纯度的惰性气体保护下或高真空条件下焊接，才可能避免脆化。此外，钛和钛合金在加热过程中，晶粒长大倾向强烈；同时其热导率低、热容量小，焊接时高温区间的温度较钢、铝、铜的高温区间更高，高温停留时间长，冷却速度慢，这些都使高温 β 相的晶粒极易过热长大并形成脆化相而降低塑性。

4. 铜及铜合金

铜及铜合金可分为纯铜、黄铜、青铜及白铜等，广泛用于电气、化工、制氧、酿造、食品、动力及交通等工业部门，具体牌号及性能见 GB/T 5231—2012。

（1）纯铜

纯铜密度为 $8.9 \times 10^3 kg/m^3$，熔点为 1083℃，具有很高的导热性、导电性、良好的耐蚀性和塑性。在退火状态下具有高塑性和低强度，通过冷加工变形后，可提高其强度和硬度，但塑性明显下降。冷加工后经 550 ~ 600℃ 退火，可使塑性完全恢复。焊接结构一般采用软态纯铜。

（2）黄铜

黄铜是以锌为主要合金元素的铜合金，黄铜的耐蚀性高，冷热加工性能好，导电性能比纯铜差，力学性能优于纯铜，应用较为广泛。在黄铜中加入锡、铅、锰、硅、铝、铁等元素就成为特殊黄铜。常用黄铜和特殊黄铜有 H62、H68、H96、HPb69-1、HSn62-1 等。

（3）青铜

青铜原指铜锡合金，但现在将不以锌或镍为主要合金元素的铜合金都称为青铜。青铜有良好的耐磨性和力学性能，铸造性和耐蚀性也比较好。常用青铜有：锡青铜（QSn4-3）、铝青铜（QAl9-2）、硅青铜（QSi3-1）等。

（4）白铜

以镍为其主要合金元素的铜合金称之为白铜，它具有良好的耐蚀性和力学性能。

（5）铜的焊接性

由于铜的热导率和热容量均大，焊接时热量迅速散失，故很难熔合母材与填充金属。此外，铜及其合金在液态下极易氧化，生成低熔点共晶分布于晶界，降低了高温塑性，引起热裂纹的产生。液态下的铜可溶解大量氢，在冷却过程中，氢来不及逸出就会在焊缝中形成气孔。

1.1.4　复合材料及其金属基复合材料

复合材料是将两种或两种以上不同性质的材料优化组合而成的多相固体材料，它是由基体与增强材料组成，基体一般为连续相，增强材料多为不连续相，也称增强相。

1. 复合材料的特点和优点

1）复合材料最大的优点是具有优异的综合性能和可设计性，可以根据需要选择不同的基体和增强相，确定基体和增强相的比例、分布和复合形式。通过各种不同的加工结合工艺组合而成，因此具有优异的综合性能。

2）高的比强度和比模量。比强度和比模量是指材料的强度、弹性模量与材料的密度之比。复合材料具有比其他材料高很多的比强度和比模量，表 1-7 是典型复合材料性能和金属性能的对比。比强度和比模量高的复合材料，在航空航天领域得到了广泛的应用，因为它可以大幅减轻重量，提高刚度，减少燃料消耗。

3）抗疲劳性能好。

4）线胀系数小的高温性能好。

5）具有良好的耐磨性和减振性。

目前复合材料主要是按基体材料类型，按增强体形态和材质进行分类。复合材料按基体分类有金属基复合材料（如钢基、铝基、钛基、金属间化合物基等），无机非金属复合材料（陶瓷基、混凝土基等），有机复合材料（热塑性树脂基、热固性树脂基、橡胶基等），以下主要介绍金属基体复合材料及其特点。

表 1-7　典型复合材料性能和金属性能的对比

材料类别	密度/ (g/cm³)	弹性模量 E/GPa	强度 R_m/MPa	比模量 /(GPa·cm³/g)	比强度 /(MPa·cm³/g)
40% CF/尼龙 66	1.34	22	246	16	184
连续 S-玻璃纤维/环氧树脂	1.99	60	1750	30.2	879
25% SiCw/氧化铝陶瓷	3.7	390	900	105	—
50% Al_2O_{3f}/Al 合金	2.9	130	900	49	310
20% SiCw/6061Al	2.8	121	586	43	209
20% Al_2C_{3p}/6061Al	2.9	97	372	33	128
35% SiC_f/TC4 钛合金	4.1	213	1724	52	420
碳化硅纤维/环氧树脂	2.0	130	1500	65	750
芳纶/环氧树脂	1.4	80	1500	57	1070
石墨纤维/铝	2.2	231	800	105	360
Q235 钢	7.89	210	460	27	59
30CrMnSi/调质钢	7.75	196	1100	25	142
纯铝	2.7	69	100	26	37
6061Al	2.71	69	310	25	114
α 钛合金	4.42	123	850	28	195
1Cr18Ni9Ti	7.75	184	539	23	68
TC_4(Ti-6Al-4V)	4.43	114	1172	26	265

注: 1. 表中所列铝合金为 T6 处理。所列纤维增强复合材料力学性能为纤维纵向力学性能。

　　2. 表中材料的百分含量均为质量分数。

2. 金属基复合材料

金属基复合材料是以金属及合金为基体的复合材料,所用的增强体主要是高性能增强纤维、晶须、颗粒等。金属基复合材料既保持了金属本身的特性,又具有复合材料的综合性能。通过不同基体和增强体的优化组合,可获得具有各种特殊性能和优异综合性能的复合材料。

金属基复合材料的品种繁多,有多种分类方法。如按增强体类型可分为:连续纤维增强金属基复合材料、非连续增强金属基复合材料、自生增强金属基复合材料和层板金属基复合材料;按基体类型分,有钢基、铝基、镁基、铜基、钛基和镍基等复合材料。如按用途分类则有两大类,即结构复合材料和功能复合材料,前者具有高强度、高比模量、尺寸稳定性好、耐热性优良等特点,主要用于制造航天、航空、汽车和先进武器系统的高性能结构件;后者以高导热性、导电性、低膨胀、高阻尼、高耐磨性等物理性能的优化组合为主要特点,常用于电子、仪表等领域。

(1) 连续纤维增强金属基复合材料

针对不同的应用需求和性能要求,应选用不同的金属基体和增强纤维的组合。主要的增强体有硼纤维、碳化硅纤维、石墨纤维、碳纤维、氧化铝纤维、高强钢丝、钨丝等。基体有铝及铝合金、镁合金、钛合金、高温合金等。常用的复合材料有硼纤维增强铝基复合材料、碳纤维增强铝基复合材料、碳化硅-铝复合材料、氧化铝和不锈钢丝增强铝基复合材料、碳化硅增强钛基复合材料等。在复合材料中,高性能纤维是主要的承载体,而金属基体主要起固定纤维和传递载荷的作用,也起一些承载作用。这类复合材料具有明显的各向异性,沿纤维方向的抗拉强度和弹性模量都很高,强度一般在 1000MPa 以上,弹性模量大于 200GPa。除室温下性能提高之外,高温性能也比基体合金有明显提高,工作温度可提高 100~200℃。

铝基复合材料的价格昂贵,目前主要用于航天飞机、人造卫星、空间站等的结构材料。镁基复合材料是金属基复合材料中比强度和比模量最高的一种,同时尺寸稳定性好,在某些介质中耐蚀性优良,有良好的应用前景。钛基复合材料与铝基和镁基复合材料相比,可以在更高的温度下使用。

(2) 非连续增强金属基复合材料

包括短纤维增强、颗粒增强和晶须增强等几种金属基复合材料。其增强体是单质元素(石墨、硼、硅等)、氧化物(Al_2O_3、TiO_2、Si_2O、ZrO_2 等)、碳化物(SiC、B_4C、TiC、VC、ZrC 等)、氮化物(Si_3N_4、BN、AlN 等)的晶须、颗粒及短纤维(分别以下标 w、p、f 表示)。非连续增强金属基复合材料的基体有 Al、Mg、Ti 等轻金属,Cu、Zn、Ni、Fe 等金属及金属间化合物,用得最多的是轻金属(主要是 Al),因为它更能体现复合材料的高比强度、高比模量的性能特点。

1) 短纤维增强金属基复合材料。可作为增强体的短纤维有氧化铝、硅酸铝、碳化硅、氮化硼和碳等，纤维含量可以根据用途不同来选择，为5%～20%（体积分数），也可直接做成复合材料零件或复合锭，复合锭经挤压、轧制成型材或板材。

2) 颗粒增强金属基复合材料，其增强体有碳化物、氮化物、氧化物、石墨等颗粒，颗粒尺寸一般为3.5～20μm，含量（体积分数）范围是5%～75%，一般为15%～20%。这类复合材料较容易批量制造，成本较低，可用于航天、航空、电子等领域。

3) 晶须增强金属基复合材料，使用的晶须有SiC、Si_3N_4、TiC、TiB_2、$Al_2O_3 \cdot B_2O_3$、$K_2O \cdot 6TiO_2$等。基体不同，所适用的晶须类型不同。铝基复合材料多用SiC和Si_3N_4晶须；钛基复合材料的最佳选择是TiB_2和TiC晶须。晶须增强铝基复合材料的制备工艺较成熟。

(3) 原位自生增强金属基复合材料

原位自生增强是在基体金属内部通过加入反应元素或反应气体在液体内部反应，产生微小的固态增强体，一般是TiC、TiB_2、Al_2O_3等微粒起增强作用，并通过控制工艺参数可获得所需的增强体含量和分布。采用定向凝固时，共晶组织中的两相各自在本身的相上连续地长大，最后得到复合材料。除了共晶合金的定向凝固之外，还有利用共析转变等固态相变，使合金组织定向排列，从而获得复合材料。原位自生复合材料中的增强体与金属基体有好的相容性，可以克服增强纤维的分布不均匀性、晶须浸润性差、金属基体与纤维黏结不良等问题。还因为两相材料形成的条件接近于热力学平衡状态，所以具有良好的热力学稳定性，这对于高温材料非常重要。

3. 金属基复合材料的制造

金属基复合材料品种繁多，多数制造过程是将复合过程和成形过程合为一体，同时完成复合和成形。

主要的制造方法有固态法和液相法两大类。固态法是将金属粉末或金属箔与增强体（短纤维、晶须、颗粒等）按设计要求以一定的含量、分布、方向混合排列在一起，再经过加热、加压，将金属基体与增强体复合粘接在一起，形成复合材料。液相法制造金属基复合材料时，因为金属在熔融态，流动性好，易于进入增强体间隙中。但是制备温度高，易发生严重界面反应，因此有效控制界面反应是关键。为了克服金属基体与增强体浸润性差的问题，可采用加压浸渗、表面涂层处理等方法。固态法包括粉末冶金法、热压固结法、热等静压法和挤压拉拔轧制法等；液相法包括挤压铸造法、真空压力浸喷法、搅拌法、共喷沉积法和真空铸造法等。

4. 金属基复合材料的焊接

金属基复合材料的基体主要是轻质合金，包括铝、镁、钛等，这类复合材料的焊接要比对应的基体材料焊接困难得多，需要采取一些特殊的措施。在焊接性方面存在的主要问题如下：

1) 基体与增强体之间的反应，即界面反应，生成对材料性能不利的脆性相。

2) 由于增强体的存在，增大了熔池金属的黏度，使流动性下降，焊缝成形较困难。

3) 连续纤维增强金属基复合材料焊接时，还存在接头残余应力大、纤维的分布状态被破坏、接头中的纤维不连续和熔化的基体对纤维的润湿性差等问题，要选用合适的接头形式。

4) 颗粒增强型复合材料在重熔后易发生增强体的偏聚，降低增强效率。还有气孔、结晶裂纹的敏感性大，接头区的不连续性等问题。常见金属基复合材料的焊接方法有钎焊、扩散焊、超声波焊、电阻焊、储能焊和胶接等。

复合材料的应用非常广泛，涉及航空、航天、汽车、交通、机械、化工、船舶等。表1-8列出了国外开发的金属基复合材料的应用实例。

表1-8　国外开发的金属基复合材料应用实例

种类	材料	应用	特点	制造厂家
铝基复合材料	25%（体积分数）SiC 颗粒增强 6061 铝基复合材料	航空结构导槽、角材	代替 7075Al，密度下降17%，弹性模量提高65%	美国 DWA 特种复合材料公司
	17%（体积分数）SiC 颗粒增强 2014 铝基复合材料	飞机和导弹零件用薄板	弹性模量在 100GPa以上	英国 BP 金属复合材料公司
	40%（体积分数）SiC 晶须增强 6061 铝基复合材料	三叉戟导弹制导元件	代替机加工铍元件，成本低，无毒	英国航天航空公司
	Al_2C_3 纤维增强铝基复合材料	汽车连杆	强度高、发动机性能好	日本日产公司
	15%（体积分数）TiC 颗粒增强 2219 铝基复合材料	汽车制动器卡钳、活塞	弹性模量高	美国 MM-Amax 公司

（续）

种类	材料	应用	特点	制造厂家
镁基复合材料	SiC 颗粒增强镁基复合材料	螺旋桨、导弹尾翼	耐磨性好、弹性模量高	美国 DOW 公司
钛基复合材料	SiC 纤维增强 Ti-6Al-4V 基复合材料	压气机圆盘、叶片	高温性能好	美国 Textron 公司

5. 以钢为基体的复合钢

（1）复合钢

复合钢也称双层钢，它是通过一定的方式将一种金属包覆在钢材上而得到的具有优异综合性能的新材料。基层通常采用碳素钢或低合金高强度钢，由基层材料来保证复合钢的强度，其厚度 ≤40mm；覆层有不锈钢（铬镍奥氏体不锈钢或铬不锈钢）、镍及其合金、钛及其合金、铜及其合金、铝及其合金等，覆层厚度一般占复合板总厚度的 10% ~ 20%（多为 1 ~ 5mm）。这种复合钢具有耐腐蚀、耐磨损、导热性、导电性等特殊性能，广泛用于石油、化工、造纸及高能物理工程等领域。

复合钢的制造方法有爆炸复合法、轧制复合法、包绕轧制法、挤压复合法及钎焊方法等。复合钢的基本性能参数是界面结合率和界面抗剪强度，还应有满足使用要求的拉伸、弯曲、冲击、抗晶间腐蚀等性能。

最常用的复合钢是不锈复合钢（板和管），它是一种同时具备了不锈钢和基层金属优点的材料。通过选用不同强度的基层金属来保证材料的力学性能，又通过采用不同的不锈钢来提高复合钢的耐蚀、耐氧化等性能，既降低了生产成本（40% ~ 50%），又能满足各项性能要求。

复合钢的焊接包括基层的焊接、覆层的焊接和基层与覆层交界处的过渡区焊接三部分。基层、覆层的焊接工艺，原则上与单独焊接这两类材料的工艺相同；而过渡区的焊接则属于异种金属焊接，需要正确的选择焊接材料和焊接工艺，但仍有的材料在焊接上尚未解决过渡区问题。

（2）镀层钢

常用的镀层钢有镀锌钢、镀铝钢、渗铝钢、镀铅钢及镀锡钢等。

1）镀锌钢。镀锌钢通常有电镀锌和热浸镀锌两种方法，镀层厚度一般在 20μm 以上，其中电镀锌的镀层相对薄一些。镀锌板以薄板为主，也有中板，但厚板较少。此外，还有镀锌钢管和型材。镀锌的目的在于提高钢的耐蚀性和抗氧化性。锌层的存在给镀锌钢的焊接带来了一定的困难，主要问题有：焊接裂纹及气孔敏感性增大，锌的蒸气对焊工身体有损害，镀

层的熔化及破坏等。常采用的焊接方法有各种熔焊，也可采用电阻焊或钎焊等，但要采取相应措施以消除各类缺陷，注意通风排气，改善劳动条件。

2）镀铝钢。将钢件浸入到纯铝或铝合金的镀液中连续热浸，通过润湿、浸流、溶解及化学反应等，在钢的表面镀上厚度为 10 ~ 15μm 的纯铝或铝合金层，提高钢的抗氧化性能，同时对 SO_2、H_2S 及大气介质有良好的抗蚀能力。镀铝钢可采用焊条电弧焊、TIG、MIG、钎焊及电阻焊等。

3）渗铝钢。渗铝钢是经热浸或用铝铁粉加质量分数为 0.5% ~ 1% 的氯化铵渗透剂处理之后，在 800 ~ 900℃ 下进行一定时间的扩散，使铝通过扩散而渗入钢的表面之下 0.2 ~ 0.5mm，形成铁铝合金层，也可采用固体粉末等方法渗铝。经渗铝处理的碳钢或低合金钢，其表面上有致密的 Al_2O_3 和铁铝合金层，耐热性和耐蚀性均有明显提高。以耐热性为主的渗铝钢，可以达到耐 640℃ 左右的高温，它是在低碳钢板两侧各有 20 ~ 25μm 厚的 Al-Si 合金层［$w(Si)$ 为 6% ~ 8.5%］，在碳钢表面之下形成 Al-Fe-Si 合金层；以耐蚀为主的渗铝钢，其合金层厚度为前者的 2 ~ 3 倍，所形成的合金层是 Al-Fe 合金，这类合金层熔点低，镀层又厚，其焊接性较差。

在渗铝钢的焊接过程中易于产生焊接裂纹，也有熔合区耐蚀性下降等问题。焊接时应采用尽可能小的热输入，选用渗铝钢专用焊条（J×××SL 系列）。渗铝钢在国外已广为应用，在我国的石油、化工、电力等部门也已采用，并显示出广阔的前景。

1.2　焊接结构选材基本原则

1.2.1　母材的选择原则

选材是结构设计中重要的一环。根据所采用的焊接方法、施工条件和用户的不同，焊接结构选用的材料（即母材）必须是能得到性能优良的焊接接头的材料，也即焊接性好的材料。

作为焊接结构材料，使用最多的是钢，有关钢的焊接性研究，到目前为止，已进行了大量的工作，资料也很丰富。焊接结构常用的钢材有碳素结构钢、优质碳素结构钢、低合金结构钢、微合金控轧钢、不锈

钢、耐热钢和低温钢等。设计工作者必须十分熟悉材料的各种性能，特别是焊接性。此外，还应善于从焊接结构的形式、尺寸和特点、工作环境与载荷条件、对密度以及刚度的要求、材料的工艺性能以及产品制造的经济性等因素作全面考虑，进行综合分析，做出正确选择，以确保焊接结构设计合理、制造经济、服役安全可靠等。具体原则如下：

1. 载荷条件

焊接结构可承受的载荷，除静载荷外，还可能承受低周或高周疲劳载荷，有些结构还承受冲击载荷及摩擦的作用。因此不仅要求材料有足够的静载强度，而且要有良好的抗疲劳开裂性能和抗冲击载荷的能力。由于焊接结构需要加工、成形及制造，要求材料有一定的延性、韧性及静态与动态的断裂韧度，以防止缺陷开裂或扩展。轧制钢板通常具有各向异性，即板厚方向的塑性比轧制方向的塑性明显地减小。当某些接头在厚度方向承受拉伸载荷时，在比较低的载荷下，有时就会产生剥离破坏及开裂等，故大厚度构件应选用 Z 向性能好的钢材。对于承受摩擦的构件，还要求材料有较高的耐磨性；而对承受动载荷的结构，则要求材料有高的冲击吸收能量和抗裂纹扩展能力。

2. 环境条件

1）环境工作温度。环境工作温度对材料性能有重要的影响，温度升高或降低，一方面影响材料的化学稳定性和组织稳定性，另一方面影响材料的强度、塑性和韧性。温度升高到一定数值时，强度开始下降；温度降低时，有使非奥氏体组织的钢材变脆的倾向，而强度则有所上升。

高温工作的焊接结构，要求材料有足够的高温强度，良好的抗氧化性与组织稳定性，较高的蠕变极限和持久塑性等。

常温工作的焊接结构，其工作温度为自然环境温度，要求材料在环境温度下具有良好的强度、塑性和韧性。由于自然环境温度与地域有关，因此要特别注意材料及焊接接头在最低自然环境温度下的性能，特别是韧性。

低温工作的焊接结构，要求材料具有优良的低温性能，主要是低温韧性和塑性。材料的脆性转变温度必须低于工作温度，并有足够的低温断裂韧度，以防止产生低温脆性破坏。

2）工作介质。焊接结构的工作介质种类很多，如空气、水蒸气、海洋大气、工业区和郊区环境中的大气，海水及各种成分的水质，硫化物和氯化物，石油气和天然气，各种酸、碱、盐及其水溶液，某些熔融金属及其蒸气，以及其他物质等。这些介质以气体、液体、固体或组合状态存在，对材料有着不同性质和不同程度的腐蚀作用，如表面均匀腐蚀、点蚀、缝隙腐蚀、电化学腐蚀、电偶腐蚀、晶间腐蚀和应力腐蚀等，故要求接触介质的材料应具有相应的耐蚀性。

材料的腐蚀程度会影响焊接结构的寿命、产品的质量、主反应和副反应速度以及使用的安全可靠性等。应力腐蚀裂纹长大到一定尺寸后，还会引起脆断或泄漏。

3）辐照。在核辐照环境中工作的焊接结构，由于中子辐照的作用，会导致材料屈服点提高、塑性下降、脆性转变温度升高、韧性及冲击吸收能量的上平台值降低、缺口敏感性增加，因而使材料呈现明显的辐照脆性。中子辐照后的钢材，在高温下还会出现辐照蠕变脆断。此外，在特殊情况下，还要考虑材料的物理性能受辐照的影响和变化。

3. 体积、刚度与质量要求

对体积、刚度和质量有所要求的焊接结构，如车、船、起重机及宇航设备等，选择比强度较高的材料，如轻合金材料，以达到缩小体积、减轻重量的目的。选用低（微）合金高强度钢代替普通的低碳钢，可大大减轻焊接结构的质量。即使对体积和质量无特殊要求的焊接结构，选用强度等级较高的材料也有其技术经济意义，不仅可减轻结构自重，节约大量钢材和焊接材料，避免大型结构吊装和运输上的困难，而且能承受更高的载荷。然而，选用强度较高的材料，有时会导致结构刚度的降低，因此必须仔细考虑。

4. 工艺性能

应考虑的工艺性能包括金属的焊接性、切割性能，冷、热加工成形性能，热处理性能，可锻性，组织均匀稳定性及大截面的淬透性等。

1）金属的焊接性。金属的焊接性指金属材料对焊接加工的适应性，即其焊接性受到金属材料（母材和焊接材料）、焊接方法和工艺、构件类型及使用要求等方面因素的影响。

具体来说，金属的焊接性不仅与材料本身特性有关，而且与焊接材料、焊接方法与工艺、环境条件、焊接参数、可采取的工艺措施等有关。它包括工艺焊接性、使用焊接性和材料对各种焊接方法的适应性。工艺焊接性指材料经焊接加工后形成完整焊接接头和结构的能力，通常以材料对形成诸如裂纹、气孔等焊接缺陷敏感性的大小，以及所采取的工艺措施的复杂程度来比较工艺焊接性的优劣。使用焊接性指材料经焊接加工所形成的焊接接头和结构，能满足产品制造技术条件及安全服役要求的程度。结构及其所用材料的不同，具体要求和指标也不相同。

母材和焊接区如有足够的强度、塑性和缺口韧性，则表明焊接结构具有可靠的使用性能，特别是缺口韧性对防止焊接结构的脆性破坏是非常重要的。所以，对于某些结构用钢，在标准中规定了采用 V 型缺口冲击韧度试验的下限值。在焊接区特别是熔合线部位的缺口韧性，由于热影响会使其下降，特别是大热输入焊接高强度钢时，下降得更加明显。因此，在这些钢的焊接施工中，根据要求，应限制焊接热输入。

在碳钢和低合金钢的焊接接头中，热影响区因为急冷而产生淬硬倾向，热影响区淬硬倾向大的钢易产生焊接裂纹，接头的塑性也恶化。决定这类钢的热影响区淬硬性的因素之一是碳当量（CE）。经验表明：当 CE<0.4% 时，钢材的淬硬性倾向不大，焊接性优良，焊接时可不预热；当 CE 为 0.4%~0.6% 时，钢材的淬硬性倾向较大，焊接时需采取预热、控制焊接参数、缓冷或消除扩散氢等工艺措施；当 CE>0.6% 时，钢材的淬硬性大，属于较难焊接的钢材，需采取较高的预热温度和严格的工艺措施。

有关碳钢和低合金钢常用的碳当量计算公式，国际焊接学会推荐的公式如下：

$$CE = w(C) + w(Mn)/6 + w(Cr + Mo + V)/5 + w(Ni + Cu)/15$$

在评价低合金高强度钢的焊接冷裂纹敏感性时，也可采用裂纹敏感性指数 P_{cm}：

$$P_{cm} = w(C) + w(Si)/30 + w(Mn + Cu + Cr)/20 + w(Ni)/60 + w(Mo)/15 + w(V)/10 + 5w(B)$$

此外，还可采用再热裂纹敏感性指数 ΔG 来粗略估计钢的再热裂纹敏感性：

$$\Delta G = 10w(C) + w(Cr) + 3.3w(Mo) + 8.1w(V) - 2$$

经验表明：$\Delta G > 2$ 时，钢材对再热裂纹敏感；$\Delta G < 1.5$ 时，钢材对再热裂纹不敏感。

2）冷、热加工工艺性能。材料的冷、热加工切割性能包括能够进行各种冷切割加工（如剪边、冲孔、车、铣、刨、磨及风铲加工等）和热切割加工（如气体火焰切割、碳弧气刨加工、等离子切割、氧熔剂切割、激光切割等）两个方面。

材料的冷、热加工成形性能往往用材料对应变时效脆性倾向和回火脆性倾向的大小来评价。应变时效性倾向包括常温应变时效和高温应变时效两种情况。

3）热处理性能。在焊接结构制造过程中，若需要进行去应力处理或最终恢复性能热处理，则要求材料具有对热处理过程的适应性，即具有较低的回火脆

性倾向和较低的再热裂纹敏感性。材料自身性能以及加热温度、保温时间、升温速度、冷却速度等，都对热处理后的材料性能有很大的影响。

5. 经济性

产品成本中，材料是一个重要的组成部分。应按照焊接产品承受载荷的特征、使用条件、寿命要求及制造工艺过程繁简程度等进行合理选材。强度等级较低的钢材，其价格也较低，焊接性好，但在重载荷情况下，会导致产品尺寸和重量的增大。强度等级较高的钢材，虽然价格较高，但却可以节省用料，减小产品尺寸和质量。此外，选材时还应考虑材料强度级别不同时，会由于材料加工、焊接难易程度的不同而对制造费用产生影响。

1.2.2　焊接材料的选择原则

一般应根据焊接结构材料的化学成分、生产工艺、力学性能、焊接位置、服役环境（有无腐蚀介质、高温或低温等）、焊接结构形状的复杂程度及刚性大小、受力情况和现场焊接设备条件等情况综合考虑。具体原则如下：

1. 考虑母材的力学性能和化学成分

1）碳素结构钢和低（微）合金高强度结构钢的焊接。根据设计部门的规定，大多数结构要求焊缝金属与母材等强度。也有的应结合母材的焊接性，改用不等强度而韧性较好或抗裂性较好的焊接材料。但还应说明如下两点：

① 一般钢材的强度等级是按屈服强度，而焊条强度等级是指其抗拉强度。所以，应改按结构钢抗拉强度等级来选择抗拉强度等级相同或稍高的焊接材料（等强或超强匹配）。

② 焊缝金属抗拉强度应等于或稍高于母材，但并不是越高越好，焊缝强度过高反而有害。刚性大、受力情况复杂的焊接结构，特别是高强度钢结构，为了改善施工条件，降低预热温度，可选用比母材强度低一级的焊接材料（也即低强匹配）。

2）合金结构钢的焊接。对于耐热钢和各种耐蚀钢，为保证焊接接头的高温性能或耐蚀性，要求焊缝金属的主要合金成分与母材相近或相同。

3）母材中 C、S、P 等元素含量较高时，应选用含碳量低的低氢型焊接材料。

2. 考虑焊件的工作条件和使用情况

根据焊件的工作条件，包括所承受的载荷、接触介质和使用温度范围等，选择能满足使用要求的焊接材料。

1）在高温或低温条件下工作的焊件，应选用耐

热钢及低温钢用焊接材料。

2）接触腐蚀介质的焊件，应选用不锈钢或其他耐腐蚀的焊接材料。

3）承受振动载荷或冲击载荷的焊件，除保证抗拉强度外，更应选用塑性和韧性优良的低氢型焊接材料。

4）重要结构，必须采用超低氢或低氢型焊接材料，尽可能使用专用的焊接材料。

3. 考虑焊件几何形状的复杂程度、刚度大小及焊缝位置

对形状复杂、结构刚度大以及大厚度的焊件，由于焊接过程中易产生较大的焊接应力，而导致裂纹的产生，必须采用抗裂性好的低氢型或超低氢型焊接材料。焊接部位为空间任意位置时，必须选用能进行全位置焊接的焊条或药芯焊丝。接头坡口难以清理干净时，应采用氧化性强，对铁锈、油污等不敏感的酸性焊条或焊丝。

4. 考虑操作工艺、设备及施工条件

在保证焊缝使用性能和抗裂性的前提下，用酸性焊条的操作工作性能较好，可尽量采用酸性焊条。

在焊接现场没有直流弧焊机及焊接结构要求必须使用低氢焊条的情况下，应选用交、直流两用的低氢型焊条，而且要求交流弧焊机的空载电压大于70V，才能保证焊接操作的正常进行。

在被焊接的容器内部或通风条件较差的情况下，由于低氢型焊条焊接时析出的有害气体多，应尽量考虑采用酸性焊条。

5. 考虑劳动生产率和经济合理性因素

在酸性焊条和碱性焊条均可满足性能要求的情况下，为了改善焊工的劳动条件，应尽量采用酸性焊条。在满足使用性能和操作工艺性能的前提下，应选用成本低、熔敷效率高的焊接材料，如铁粉焊条、金属粉型药芯焊丝等。另外，CO_2 或 $Ar + CO_2$ 混合气体保护焊所用实心焊丝及药芯焊丝，由于具有自动化程度高、质量好、成本低、适于现场施工等优点，应尽量优先采用。

参 考 文 献

[1]　美国焊接学会. 焊接手册：第一卷［M］. 清华大学焊接教研组，译. 北京：清华大学出版社，2001.

[2]　斯道特 R D，多提 W D. 钢的焊接性［M］. 许祖泽，王征林，译. 北京：机械工业出版社，1985.

[3]　陈伯蠡. 焊接冶金原理［M］. 北京：清华大学出版社，1991.

[4]　张文钺. 焊接冶金学［M］. 北京：机械工业出版社，1997.

[5]　许祖泽. 含钛微合金化钢的焊接性［C］//中国-瑞典冶金科技合作第二阶段共同研究论文集. 北京：冶金工业出版社，1990.

[6]　Karjalainen P，许祖泽. 新型高强度结构钢（TMCP + AcC）的焊接［J］. 焊管，1995，18（5，6）.

[7]　许祖泽. 新型微合金钢的焊接［M］. 北京：机械工业出版社，2004.

[8]　中国冶金百科全书-"金属材料"卷编辑委员会. 金属材料［M］. 北京：冶金工业出版社，2001.

[9]　中国机械工程学会，中国材料研究学会，中国材料工程大典编委会. 中国材料工程大典：第 2 卷钢铁材料工程（上），第 3 卷钢铁材料工程（下）第 22 卷材料焊接工艺（上），第 23 卷材料焊接工程（下）［M］. 北京：化学工业出版社，2006.

[10]　尹士科. 焊接材料实用基础知识［M］. 北京：化学工业出版社，2004.

[11]　张连生. 金属材料焊接［M］. 北京：机械工业出版社，2004.

第2章 焊接接头及其几何设计

作者 严鸢飞 审者 贾安东

焊接连接是一种不可拆卸的连接。

焊接连接形成的焊接接头是焊接结构的最基本要素之一。

焊接接头的设计是在充分考虑结构特点、材料特性、接头工作条件和经济性等的前提下进行的：第一步，在选定焊接方法及其配套焊接材料之后，正确合理地布置焊缝，确定接头的类型，对于熔焊接头，还需要正确合理地确定坡口形状和尺寸；第二步，对于承载（工作）接头则要求校核接头的承载能力，对于在特殊环境条件下工作的接头，还需要进行环境适应能力的校核；最后参照有关国家标准，把焊接接头在结构图样上清楚准确地表示出来。这里所说的第一步工作，可称为焊接接头的几何设计，即选择与确定焊接接头的类型、尺寸和位置；第二步的工作，称为性能设计，这部分内容不在本章介绍。

2.1 焊接接头的作用和特点

2.1.1 焊接接头的作用

焊接接头就是用焊接方法连接的不可拆卸接头。它由焊缝、熔合区、热影响区及其邻近的母材组成。在焊接结构中，焊接接头通常要发挥两方面的作用：第一是连接作用，即把被焊工件连接成一个整体；第二是传力作用，即传递被焊工件所承受的载荷。

所有的焊接接头都将承担连接作用，否则就没有存在的必要；所有的焊接接头也都或多或少地承担传力作用。焊缝与被焊工件并联的接头，焊缝传递很小的载荷，焊缝一旦断裂，结构不会立即失效，这种接头叫作联系接头，它的焊缝被称为联系焊缝；焊缝与被焊工件串联的接头，焊缝传递被焊工件所承受的全部载荷，焊缝一旦断裂，结构就会立即失效。这种接头叫作承载（工作）接头。它的焊缝被称为承载（工作）焊缝。此外，还有一种双重性接头，焊缝既要起到连接作用又要传递一定的工作载荷，这种焊缝就叫双重性焊缝。这三类接头的典型例子如图2-1所示。联系焊缝所承受的应力称为联系应力；承载（工作）焊缝，其承受的应力称为工作应力；具有双重性的焊缝，它既有联系应力又有工作应力。性能设计时，联系焊缝无须计算焊缝强度，承载（工作）焊缝的强度必须计算，双重性接头只计算焊缝的工作应力，而不考虑联系应力。

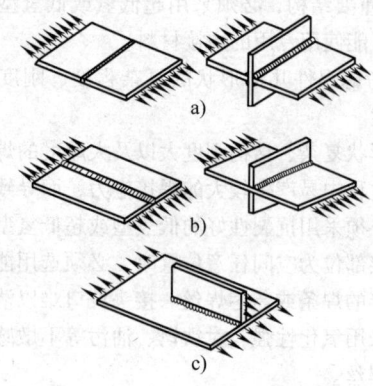

图2-1 按作用分类的三种焊接接头
a) 承载（工作）接头 b) 联系接头
c) 双重性接头

2.1.2 焊接接头的特点

焊接作为现代理想的连接手段，与其他连接方法相比，具有许多明显的优点。但同时，在许多情况下，焊接接头又是焊接结构上的薄弱环节。设计人员选择焊接作为结构的连接方法，不仅要求了解焊接接头的明显优点，还需要深刻地把握焊接接头存在的突出问题。

焊接接头的明显优点如下：

1) 承载的多向性——特别是焊透的熔焊接头，能很好地承受各向载荷。

2) 结构的多样性——能很好地适应不同几何形状尺寸、不同材料类型结构的连接要求，材料的利用率高，接头所占空间小。

3) 连接的可靠性——现代焊接和检验技术水平可保证获得高品质、高可靠性的焊接接头，是现代各种金属结构特别是大型结构理想的、不可替代的连接方法。

4) 加工的经济性——施工难度较低，可实现自动化，检查维护简单，修理容易，制造成本相对较低，可以做到几乎不产生废品。

焊接接头的突出问题有以下几个：

1) 几何上的不连续性——接头在几何上可能存在的突变，同时可能存在的各种焊接缺欠，从而引起应力集中，减小承载面积，导致形成断裂源。

2）力学性能上的不均匀性——接头区不大，但可能存在脆化区、软化区、各种劣质性能区。

3）焊缝金属与母材在力学性能上往往不匹配——按传统"等强原则"设计的焊缝金属往往超强，而且超强很多。

4）存在焊接变形与残余应力——接头区常常存在角变形、错边等焊接变形和接近材料屈服应力水平的残余内应力。此外，还容易造成构件局部和整体变形。

2.2 焊接接头的几何设计

2.2.1 焊接接头的分类和基本类型

焊接接头的种类和形式很多，可以从不同的角度将它们加以分类。例如，可按所采用的焊接方法、接头构造形式以及坡口形状、焊缝类型等来分类。

根据所采用的焊接方法的不同，焊接接头可以分为熔焊接头、压焊接头和钎焊接头三大类。这三类接头又因采用的具体焊接方法的不同而可进一步细分。例如属于熔焊接头的有焊条电弧焊接头、埋弧焊接头、气体保护焊接头、电渣焊接头等；属于压焊接头的有点焊接头、缝焊接头、对焊接头、摩擦焊接头等；属于钎焊接头的有软钎焊接头、硬钎焊接头等。

根据接头的构造形式不同，焊接接头可以分为对接接头、T形接头、十字接头、搭接接头、盖板接头、套管接头、塞焊（槽焊）接头、角接接头、卷边接头和端接接头10种类型。如果同时考虑到构造形式和焊缝的传力特点，这10种类型的接头中，又有若干类型接头具有本质上的构造类似性。例如，十字接头可视为两个T形接头的组合；盖板接头、套管接头和塞焊及槽焊接头，都通过角焊缝连接，实质上是搭接接头的变形；而卷边接头根据其构造和焊缝传力特点的不同，可以分属于对接接头、角接接头和端接接头。所以，焊接接头的基本类型实际上共有5种，即对接接头、T形（十字）接头、搭接接头、角接接头和端接接头，如图2-2所示。

实际上，不同的焊接方法需要选择采用不同的接头构造形式，即接头的几何设计，才能获得可靠而有效的连接。下面分别介绍适用于熔焊、压焊和钎焊接头的基本类型及其几何设计。

2.2.2 熔焊接头的几何设计

熔焊是应用最广泛、最普遍的焊接方法，上述五大类焊接接头的基本类型均适用于熔焊。

1）对接接头是把同一平面上的两被焊工件相对焊接起来而形成的接头。从受力的角度看，对接接头

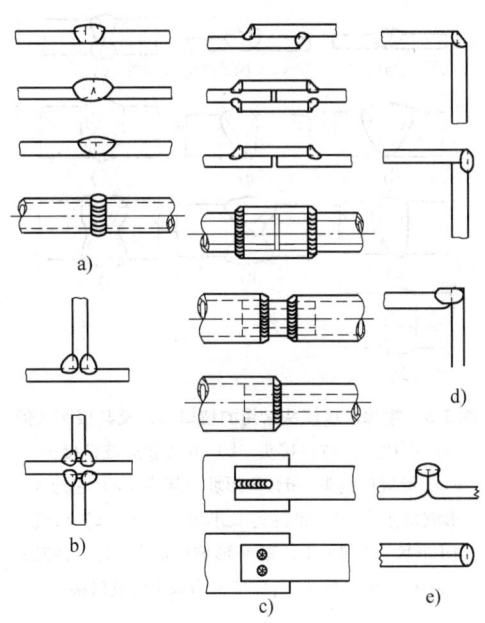

图2-2 焊接接头的基本类型
a）对接接头 b）T形（十字）接头 c）搭接接头 d）角接接头 e）端接接头

是比较理想的接头形式，与其他类型的接头相比，它的受力状况最好，应力集中程度较小，是采用熔焊方法焊接的结构优先选用的接头形式。焊接对接接头时，为了保证焊接质量、减少焊接变形和焊接材料消耗，根据板厚或壁厚的不同，往往需要把被焊工件的对接边缘加工成各种形式的坡口，进行坡口对接焊。对接接头常用的坡口形式有单边卷边、双边卷边、I形、V形、单边V形、带钝边U形，带钝边J形、双V形、带钝边双U形以及带钝边双J形等，如图2-3所示。

2）T形接头（包括斜T形和三联接头）及十字接头是把互相垂直的或成一定角度的被焊工件（两块板或三块板）用角焊缝连接起来的接头，是一种典型的电弧焊接头，能承受各种方向的力和力矩。这种接头也有多种类型，有不开坡口的T形及十字接头通常都是不焊透的，开坡口的T形及十字接头是否焊透要看设计要求坡口的形状和尺寸。T形及十字接头常用的坡口形式有单边V形、带钝边单边V形、双单边V形、带钝边双单边V形、带钝边J形、带钝边双J形等，如图2-4所示。在计算接头强度时，开坡口焊透的T形及十字接头，其接头强度可按对接接头计算，特别适用于承受动载的结构。

3）搭接接头是把两被焊工件部分地重叠在一起或加上专门的搭接件用角焊缝或塞焊缝、槽焊缝连接

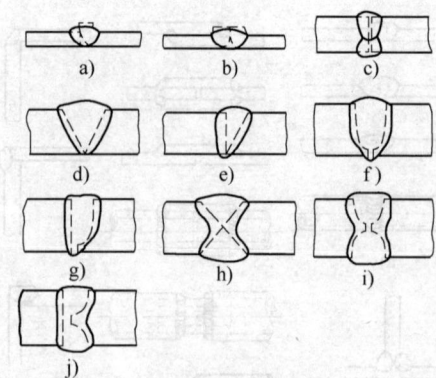

图 2-3　熔焊对接接头常用的坡口形式及其接头几何

a) 单边卷边坡口接头　b) 双边卷边坡口接头
c) I 形坡口接头　d) V 形坡口接头　e) 单边 V
形坡口接头　f) 带钝边 U 形坡口接头　g) 带钝
边 J 形坡口接头　h) 双 V 形坡口接头　i) 带钝边
双 U 形坡口接头　j) 带钝边双 J 形坡口接头

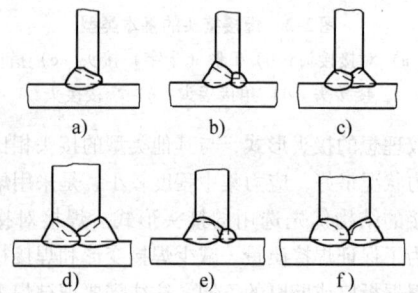

图 2-4　熔焊 T 形接头常用坡口形式及其接头几何

a) 单边 V 形坡口接头　b) 带钝边单边 V 形坡口
接头　c) 双单边 V 形坡口接头　d) 带钝边双单
边 V 形坡口接头　e) 带钝边 J 形坡口接头
f) 带钝边双 J 形坡口接头

起来的接头。搭接接头的应力分布不均匀,疲劳强度较低,不是理想的接头类型。常用于接头强度要求不高的结构。但由于其焊前准备和装配工作简单,在结构中仍然得到广泛应用。搭接接头有多种连接形式,不带搭接件的搭接接头,一般采用正面角焊缝、侧面角焊缝或正面、侧面联合角焊缝连接,有时也用塞焊缝、槽焊缝连接,如图 2-5 所示。塞焊缝、槽焊缝可单独完成搭接接头的连接,但更多的是用在搭接接头角焊缝强度不足或反面无法施焊的情况。加搭接件(盖板或套管)的搭接接头由于它的受力状态不理想,对于承受动载的接头不宜采用。

4) 角接接头是两被焊工件间构成大于30°、小于135°夹角的端部进行连接的接头。角接接头多用于箱形构件上,常见的连接形式如图 2-6 所示。它的

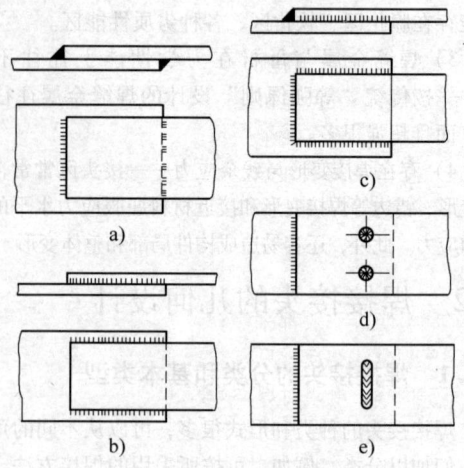

图 2-5　熔焊常用搭接接头[1]

a) 正面角焊缝连接　b) 侧面角焊缝连接
c) 联合角焊缝连接　d) 正面角焊缝 + 塞
焊缝连接　e) 正面角焊缝 + 槽焊缝连接

承载能力视其连接形式不同而各异。图 2-6a 所示的结构最为简单,但承载能力最差,特别是当接头处承受弯曲力矩时,焊根处会产生严重的应力集中,焊缝容易自根部撕裂。图 2-6b 所示的结构采用双面角焊缝连接,其承载能力可大大提高。图 2-6c 所示为开坡口焊透的角接接头,有较高的强度,而且具有很好的棱角,但厚板时可能出现层状撕裂问题。图 2-6d 所示为最易装配的角接接头,不过其棱角并不理想。

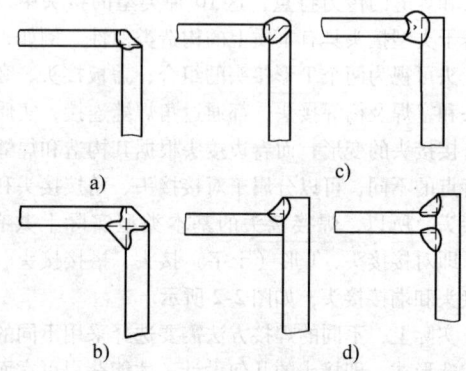

图 2-6　常见熔焊角接接头[2]

5) 端接接头是两被焊工件重叠放置或两被焊工件之间的夹角不大于30°,在端部进行连接的接头。这种接头通常用于密封。

2.2.3　压焊接头的几何设计

压焊方法种类也很多,生产中常用的压焊方法有电阻焊、摩擦焊等。此外,超声波焊、扩散焊、爆炸

焊和冷压焊等也有一定的工程应用。

电阻焊是应用最多的压焊方法，它又有点焊、滚点焊、缝焊、凸焊、高频焊和对焊等之分。按接头形式分类，点焊、滚点焊和缝焊可以看作一类，一般都采用搭接接头。只有在个别情况下才采用对接接头。凸焊虽是点焊的一种变异，但凸焊接头往往比较特殊，其接头形式可设计成各种各样，根据被焊工件的形状、尺寸的不同，设计人员可以充分发挥自己的设计才能和智慧，设计出各具特点的、合理巧妙的接头来。高频电阻焊一般都采用对接接头，正好与点焊、缝焊等压焊方法相反，只有在个别情况下采用搭接接头。不言而喻，电阻对焊均采用对接接头形式。

电阻点焊根据焊点的排列又分为单排点焊接头和多排点焊接头。多排点焊接头以双排点焊接头应用最广，通常焊点排数不宜过多，因为研究结果表明，多于三排并不能再增加接头的承载能力。此外，根据加盖板的情况不同，又分单面盖板点焊接头和双面盖板点焊接头。焊点主要承受切应力。在单排点焊接头中，除受切应力外，还承受由偏心力引起的拉应力，在多排点焊接头中，拉应力较小。单面盖板点焊接头焊点受力情况与单排点焊接头相似，而双面盖板接头的焊点只受纯剪切力。电阻点焊接头的类型如图2-7所示。

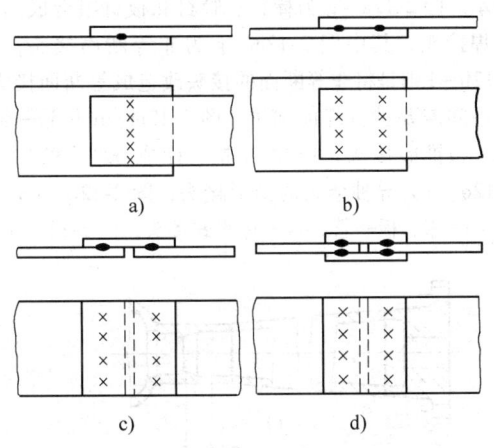

图 2-7　电阻点焊接头的类型[2]
a) 单排点焊接头　b) 双排点焊接头
c) 单面盖板点焊接头　d) 双面盖板点焊接头

电阻缝焊的焊缝实质上是由点焊的许多焊点局部重叠构成的，而滚点焊则是一种断续通电的缝焊，所以它们的接头类型与点焊的相同，这里不再赘述。

凸焊是利用被焊工件原有形面、倒角、底面或预制的凸起点焊到另一被焊工件表面上，多用于成批生产的工件的焊接。凸焊接头的种类和应用举例如图2-8所示。图2-8a是用冲头加压预制凸起的多点凸焊

的例子；图2-8b、c是在把手和接线板上形成凸起再进行凸焊连接，这种连接与采用小螺钉连接相比，工效大大提高；图2-8d~f都是用凸焊方法将螺母焊接到其他工件上的例子，图2-8d为环状凸焊，图2-8e、f为四点凸焊，若是六角螺母则可采用三点凸焊，这种凸焊连接与传统的电弧焊连接相比，具有明显的优点；图2-8g、h为棒材与平板凸焊的例子，图2-8g是将棒材端头磨光后与平板凸焊，图2-8h则是将端头经过专门加工后与平板凸焊；图2-8i~k所示为螺钉与平板凸焊的例子，图2-8i因数量较少，直接采用市售螺钉与平板进行凸焊，图2-8j、k是数量较多时采用了专门加工的螺钉；图2-8l、m是板与板的垂直凸焊，图2-8l是水平板压出突棱，图2-8m是垂直板用机械法加工突起后与另一平板的垂直凸焊；图2-8n为平板对接凸焊；不难看出，图2-8o表示的是线材的十字交叉凸焊接头；图2-8p是棒材或螺杆与平板边缘交叉凸焊的示意图，一般要求棒材的直径不能比板厚小太多；图2-8q、r是管子与管子凸焊的例子，图2-8r要求交叉管子互坐，所以焊前要对管子凸焊处进行加工；图2-8s与图2-8d相似，也是一种环状凸焊；图2-8t是蛇形棒材腹杆与型材的凸焊；图2-8u、v是利用棱边进行凸焊的例子；图2-8w则是薄板圆周凸焊的例子。

适用于高频电阻焊的接头类型如图2-9所示，其

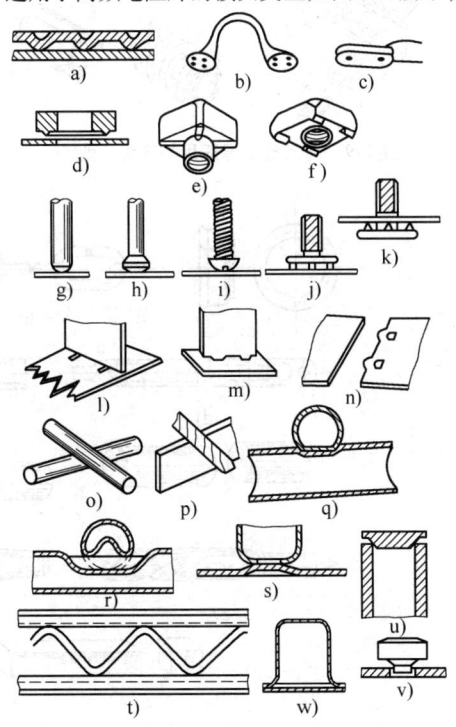

图 2-8　凸焊接头类型及其应用举例[3]

中图 2-9a 是薄壁（≤0.2mm）管子的高频焊,为搭
接接头;图 2-9b 是平板对接高频焊,图中（Ⅰ）~
（Ⅲ）分别表示厚度不等、宽度不等和材质不同的三
种情况;图 2-9c 是螺旋管高频焊的例子;图 2-9d 是
型钢高频焊的例子,左右同时焊接,（Ⅰ）为 T 形
钢,（Ⅱ）为 H 形钢;图 2-9e 是管子与鳍片的高频
焊,（Ⅰ）为螺旋鳍片管,（Ⅱ）是轴向鳍片管。此
外,如果高频电阻焊时为断续供电,则变成脉冲高频
电阻焊。这种焊接方法适用的接头形式如图 2-10
所示。

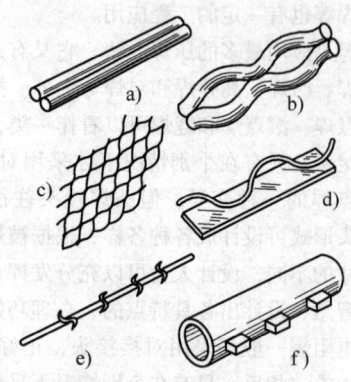

图 2-10　脉冲高频电阻焊接头形式举例[3]

电阻对焊的接头形式与应用如图 2-11 所示。图
2-11a 是汽车轮圈的对焊;图 2-11b 是锚链的对焊;
图 2-11c 为汽车万向轴外壳的对焊,两个焊口;图 2-
11d 是飞机拉杆的对焊,也是两个焊口;图 2-11e 是
特殊形状管接头的对焊;图 2-11f 为气缸活门的异种
钢对焊;图 2-11g~j 为各种刀具的对焊,通常是由
高速钢刀头与中碳钢刀体对焊而成。

摩擦焊的基本接头类型通常也是对接接头,但具
体接头形式则随着产品结构的要求和焊接工艺的改善
而不断发展。目前生产上常用的接头形式如图 2-12
所示。图 2-12a~g 为棒材、管材和板材组合成的摩
擦焊接头,其中图 2-12c~g 为非等断面接头;图
2-12h~l 则是将非等断面的接头改造成等断面接头,
这中间需要进行焊前加工;图 2-12m、n 是管—管、
棒—板锥形接头,锥角通常设计成 60°~90°;图
2-12o、p 是异种金属的锥形接头;图 2-12q、r 是同
心管—棒、板—管、棒—棒复式接头;图 2-12s、t 是

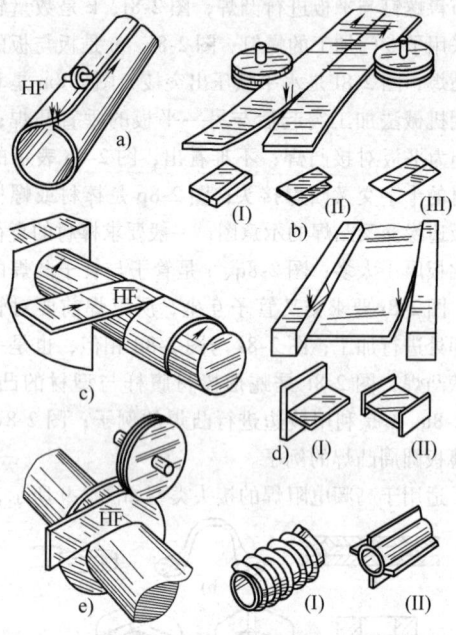

图 2-9　高频电阻焊适用的接头类型[3]

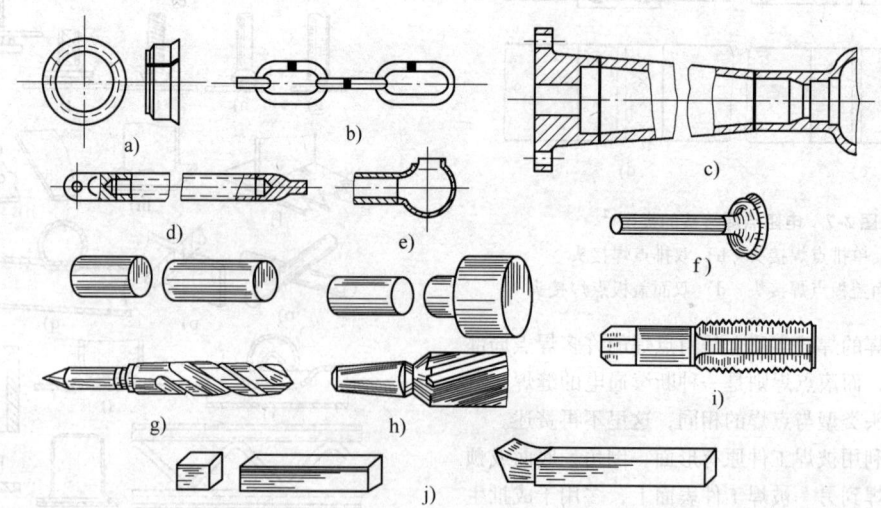

图 2-11　电阻对焊接头形式及其应用举例[4]

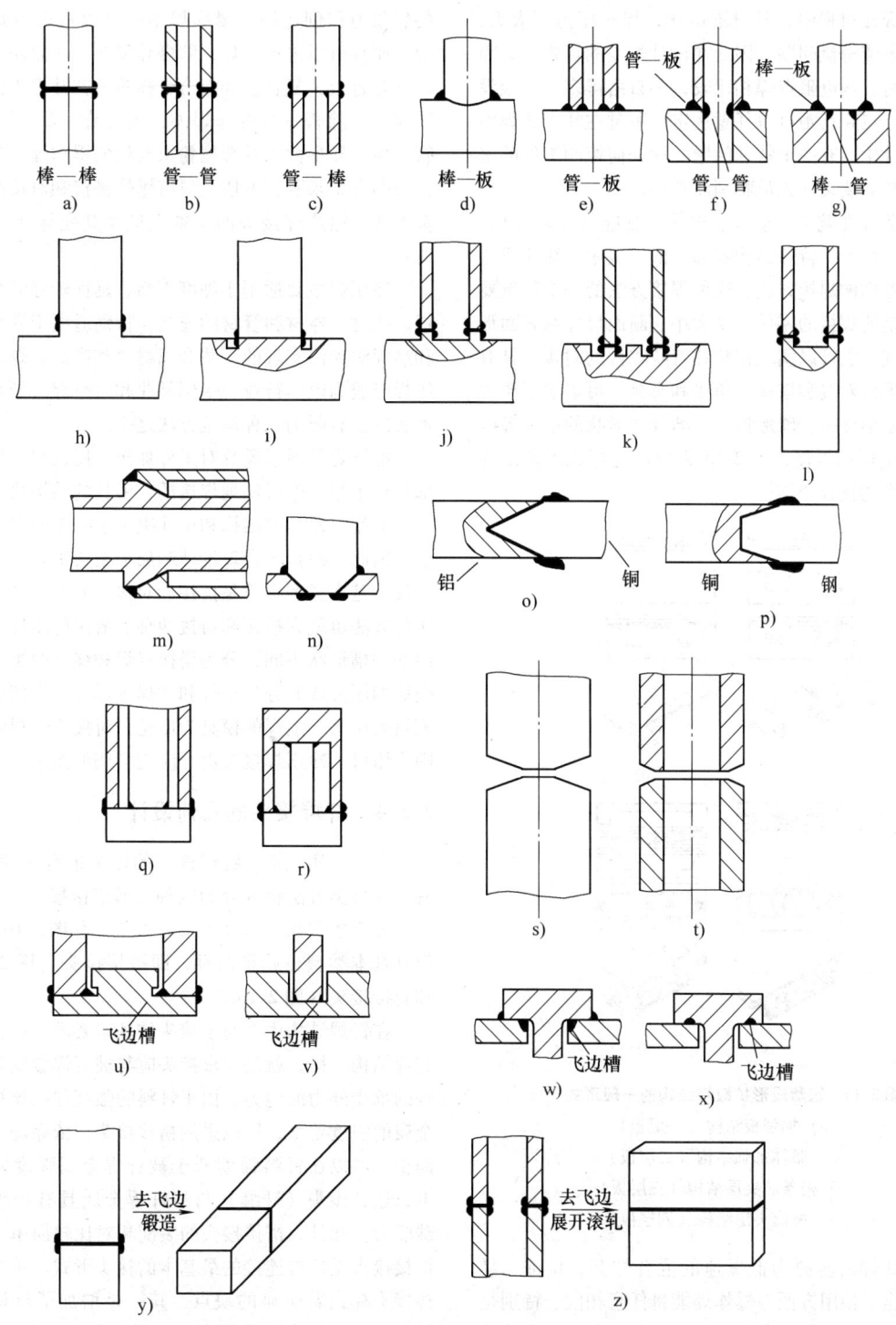

图 2-12　摩擦焊常用接头形式举例[5]

大断面的棒—棒和管—管端面倒角接头；图 2-12u ~ x 是具有飞边槽的摩擦焊接头；图 2-12y 是异种钢的棒-棒接头，去飞边后再锻成非圆断面接头；图 2-12z 是异种

金属管—管接头，去飞边后展开，轧成板—板接头。

超声波焊只限于丝、箔、片等细薄件的焊接。常见的超声波焊有点焊、环焊、缝焊和线焊。绝大多数情况下，只适用于搭接接头。超声波点焊应用最多，考虑到焊接过程中，母材不熔化，焊点压力不太大，也没有电流分流问题，因而在设计焊点的点距、边距等参数时，与电阻点焊相比较，要自由得多，边距没有限制，点距行距可以任意选定。不过在超声波焊的接头设计中，有一个特殊问题，即如何控制工件的谐振，则是需要设计人员特别注意的。

扩散焊在航空、航天、电子、核能等工业部门，许多特殊材料、特殊结构零部件的焊接中，往往成为最优先考虑的焊接方法。这种焊接方法的一个很重要的特征是所焊接的零件不受大小、断面尺寸和表面形状的限制。它可以实现棒状和管状零件的对接、具有平面的零件对接和搭接、角接和套接，可以实现卷边接头、锥形接头、球形接头、渐开线形状的接头等以及蜂窝结构的焊接，图2-13为应用超塑成形扩散焊工艺制作的钛合金结构。

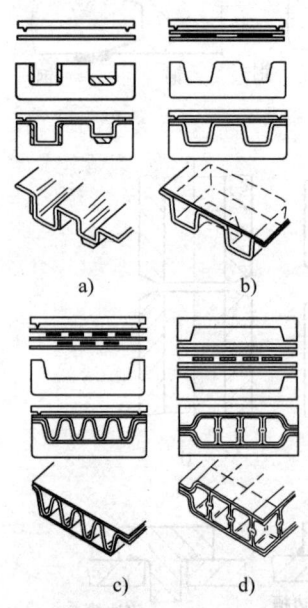

图2-13　超塑成形扩散焊结构的一般形式[6]
a) 加强板结构（一层板）
b) 整体加强结构（二层板）
c) 桁条芯夹层结构（三层板）
d) 蜂窝夹层结构（四层板）

爆炸焊的能源为低爆速的混合炸药，价廉、易得、安全、使用方便。爆炸焊能将任意相同、特别是不同的金属材料迅速、牢固地焊接起来；工艺十分简单，容易掌握；不需要厂房、大型设备，不需要大量投资。它已应用于核能、宇航、化工、电子、造船、动力输送及其他工业部门。它的应用通常是独特的，在许多情况下，所提出的工艺是在此之前无法获得

的。限制爆炸焊进一步发展的因素将仅仅是设计人员的想象力和创造性。爆炸焊不仅可以进行点焊和线焊，而且可以进行面焊，即爆炸复合，从而获得大面积的复合板、复合管和复合管棒等。就被焊工件的形状而言，除板—板爆炸焊外，还有管—管、管—板、管—棒、异形件以及金属粉末与板的爆炸焊。从焊接头的类型来看，本质上只有爆炸搭接和对接两种接头形式。爆炸焊接头的基本类型及其变异如图2-14所示。

冷压焊主要适用于硬度不高、延性较好的金属薄板、线材、棒材和管材的连接，特别适用于异种金属和热焊法无法实现的一些金属材料和产品的焊接。冷压焊已成为电器行业、铝制品业和太空焊接领域中最重要的、有限的几种焊接方法之一。

冷压焊是通过模具对工件加压、使被焊工件待焊部分产生塑性变形实现焊接的，模具的结构决定了接头的类型，模具的结构和尺寸决定了接头的尺寸和质量。因此，模具的合理设计和加工至关重要。冷压焊的接头基本类型主要是搭接和对接，所以，常用的冷压焊方法也就有搭接和对接两种。搭接冷压焊根据压出的凹槽形状不同，分为搭接点焊和缝焊两类，缝焊按照加压方式又分为滚焊和套焊等形式。搭接点焊的模具为压头，滚焊的模具为压轮，对接冷压焊的模具则为钳口。冷压焊接头设计应用实例如图2-15所示。

2.2.4　钎焊接头的几何设计

在生产实践中，钎焊连接的接头也有多种类型，有一种分类方法将其分为四种，即搭接接头、T形接头、套接接头和舌形（槽形）接头，如图2-16所示。但其基本类型也就是两种，即搭接接头（图2-16a）和套接接头（图2-16c）。

在钎焊结构中，对于接头的基本要求之一，也和熔焊结构一样，就是要求接头应与被钎焊金属具有相等的承受外力的能力。由于钎料的强度往往比被钎焊金属的强度要低，所以采用搭接接头，依靠增大搭接面积，可以在钎料强度低于被钎焊金属强度的条件下，达到接头（钎缝）与被钎焊金属具有相等的承载能力。此外，搭接接头的装配相对比较简单，因此搭接接头是钎焊连接的最基本的接头形式。不过，搭接接头存在着明显的缺点，其一是增加了母材的消耗，增大了结构的质量；其二是接头截面变化突然，导致产生应力集中。因此，在接头设计时，若不采用搭接接头也能满足产品技术要求，则以不采用搭接接头为好。

对接接头虽然具有受力状态均匀，节省材料，减

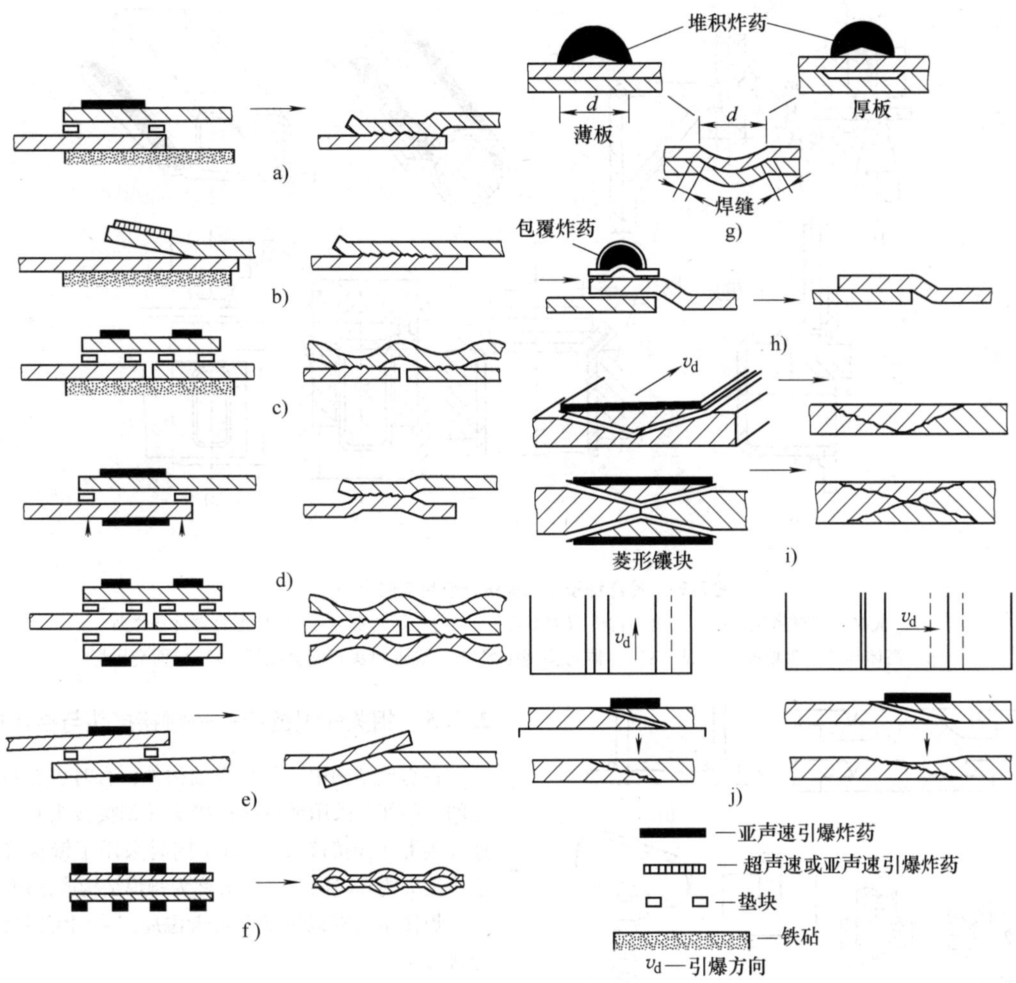

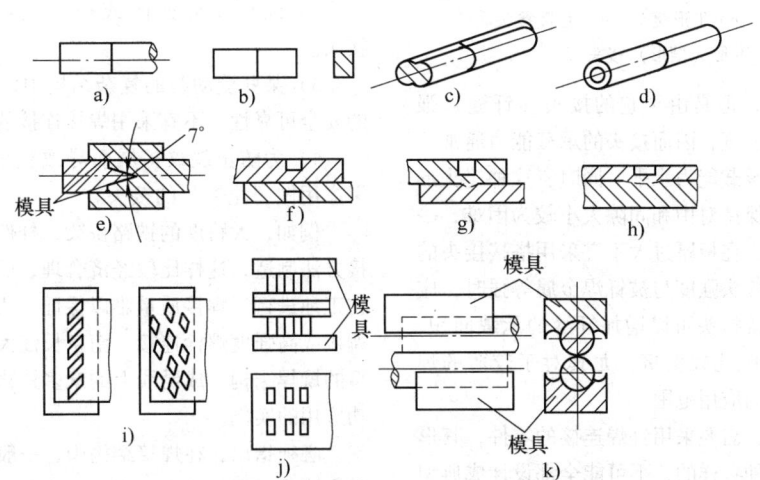

图 2-14　爆炸焊搭接和对接接头形式[7]

a)~h) 搭接接头　i)、j) 对接接头

图 2-15　冷压焊接头几何设计应用实例[6]

a) 圆断面棒料及线材对接　b) 矩形断面线材、型材对接　c) 电力机车滑接线异型断面对接　d) 管材对接
e) 铜与钛等金属的楔形对接　f) 双面冷压点焊　g) 单面冷压点焊　h) 不等厚工件单面冷压点焊
i) 铝箔多点冷压点焊　j) 铝板双面镶焊铜板　k) 棒材搭接

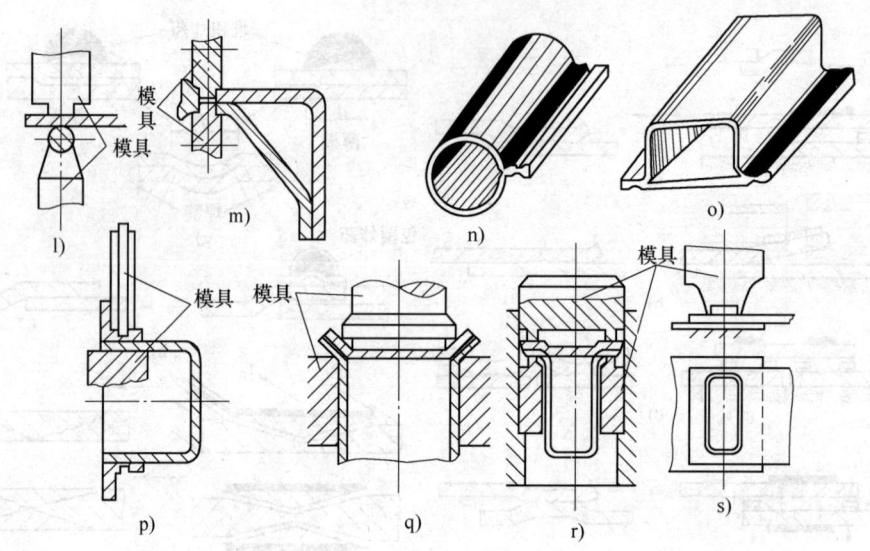

图 2-15　冷压焊接头几何设计应用实例[6]（续）
1）板材与棒材搭接　m）三角形构件双面滚焊　n）冷压滚焊制管　o）矩形容器冷压滚焊
p）筒体与法兰盘单面滚压焊　q）容器封头挤压焊　r）碟形封头双面套压焊　s）单面套压焊

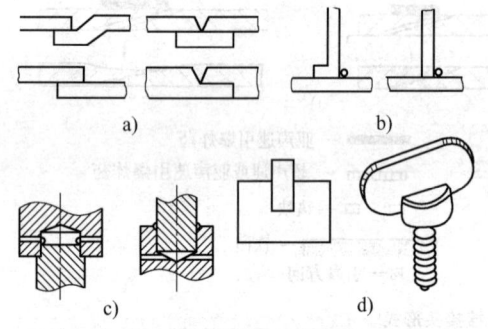

图 2-16　钎焊接头的类型[8]
a）搭接接头　b）T 形接头　c）套接接头
d）舌形（槽形）接头

轻结构质量等优点，但是由于它的接头（钎缝）强度低于被钎焊金属强度，因而接头的承载能力通常达不到被钎焊金属的承载能力水平。同时，这种接头形式在装配时，由于保持对中和间隙大小较为困难，一般较少采用。然而，在板厚过大不宜采用搭接接头的条件下，且不要求接头强度与被钎焊金属等强时，应考虑采用。斜面对接接头可以增加钎缝的承载面积，但接头的制备和装配比较费事，尤其对于较薄的焊件，从而限制了它的应用范围。

在实际结构中，需要采用钎焊连接的零件，其形状和相互位置是各种各样的，不可能全都设计成典型的搭接接头。这时为了提高钎焊接头的承载能力，设计的基本原则应该是尽可能地使接头搭接化。图2-17是各种钎焊接头搭接化设计的例子。

2.2.5　相关知识链接——铆接接头与栓接接头

在焊接结构中，除全焊结构外，有时也在整个结构的某些部位采用铆钉连接接头（铆接接头）和螺栓连接接头（栓接接头）。对于同时采用了铆接接头或栓接接头的焊接结构，一般称为铆焊结构或栓焊结构。

焊接结构在以下情况可考虑局部采用铆接接头或栓接接头。

1）在高空施工或某些不宜采用焊接连接的焊接构件的安装接头。

2）经常要拆换的或被焊金属焊接性不好的接头。

3）某些受动载的复杂结构中，为提高整个结构的安全可靠性，不宜采用焊接连接的接头。

4）为防止裂纹扩展而导致整个焊接结构破坏，考虑用做"止裂"的接头。

例如，大跨度的铁路桥梁，杆件可在工厂中用焊接方法制造，这样比较经济合理，但杆件的安装连接在工地进行，焊接质量难以保证，所以常常考虑选用铆接或高强度螺栓连接。南京长江大桥铁路桥就是典型的铆焊结构；成昆线上的众多铁路桥是栓焊结构成功应用的实例。

必须指出，在焊接结构中，一般不允许采用铆焊联合接头或栓焊联合接头，除非整个接头的焊缝足以抵抗全部外力，铆钉、螺栓的作用只在于方便安装、固定。

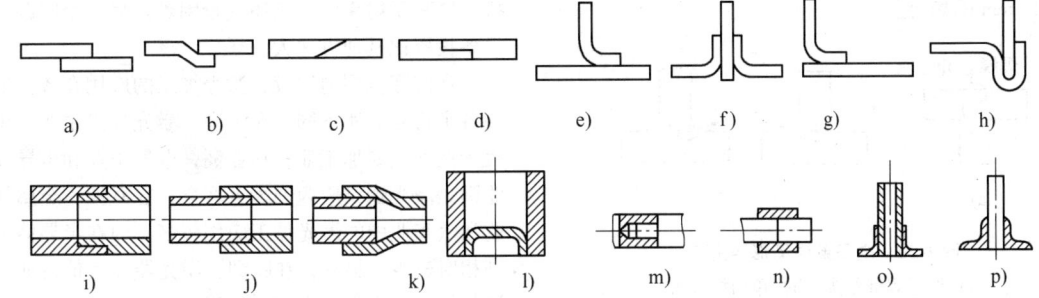

图 2-17　钎焊接头搭接化设计举例[9]
a)、b) 普通搭接接头　c)、d) 对接接头局部搭接化　e)~h) 丁字接头和角接接头
的局部搭接化　i)~k) 管件的套（搭）接接头　l) 管与堵头的接头形式
m)、n) 杆件连接的接头形式　o)、p) 管、杆与凸缘的接头形式

2.3　特殊的熔焊接头的几何设计

2.3.1　电子束焊接头

电子束焊是利用经聚焦的高速电子流轰击工件，电子的动能转化为热能进行熔化焊接的方法。电子束焊能成功地焊接钨、钼、铬、铌、钽、钛、锆、镁、铝、铜、不锈钢及其他多种高强度合金钢。焊接最大厚度超过 100mm 的铝板，焊缝的熔透深度和熔化宽度比可达 25:1。采用这种焊接方法，曾经制造了原子能反应堆的燃料元素容器、释热元件及燃料元素装置中的隔片、飞机、导弹与宇航设备中的某些超高强度及耐热合金零件。

电子束焊虽属熔焊，但由于电子束的直径细，能量集中，又与一般熔焊方法有所不同。焊接时一般不需要添加填充金属，这是电子束焊接头设计时应该注意的特点。常用的电子束焊接头有对接、搭接、角接、T 形接和端接。

对接接头也是电子束焊最常用的接头形式。它分等厚对接接头和不等厚对接接头，如图 2-18 所示。其中图 2-18a~c 为等厚的对接接头；其余为不等厚对接接头。图 2-18a、d、f 三种接头，焊前准备较简单，但需要装配夹具；不等厚的对接接头采用上表面对齐的设计（图 2-18d）优于台阶接头（图 2-18f），且后者在焊接时要采用宽而倾斜的电子束；带止口或锁边的接头，便于装配对齐，但锁边较大时焊后会留下未焊合的缝隙；斜对接接头只用于受结构和其他原因限制的特殊场合。

电子束焊角接接头是仅次于对接接头的常用接头形式。电子束焊角接接头的类型如图 2-19 所示。图 2-19a 为熔透焊缝角接接头，因有未焊合的缝隙，接头承载能力差；图 2-19h 为卷边焊角接接头，主要用

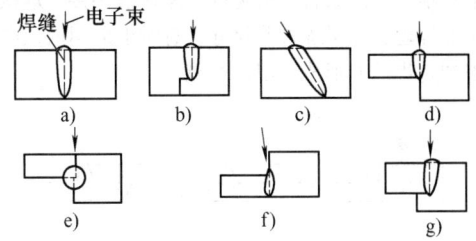

图 2-18　电子束焊的对接接头
a) 正常接头　b) 双边锁底接头　c) 斜对接接头
d) 齐平接头　e) 止口对正接头　f) 台阶接头
g) 锁底接头

于薄板；图 2-19b 与图 2-18d 相同；其他接头都带止口或锁边，易于装配对齐。

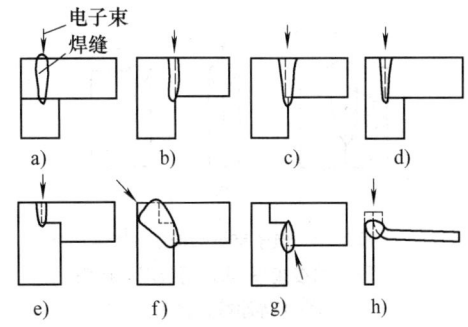

图 2-19　电子束焊角接接头[6]
a) 熔透焊缝接头　b) 正常角接接头　c) 锁口
自对齐接头　d) 锁底自对齐接头　e) 双边锁底
接头　f) 双边锁底斜向熔透接头　g) 双边锁底
接头　h) 卷边角接接头

图 2-20 是常用的电子束焊 T 形接头。其中图 2-20a 为熔透焊缝 T 形接头，如上所述，接头区存在未焊合缝隙，接头强度差；图 2-20b 为单面焊 T 形接头，焊接时焊缝易于收缩，残余应力相对较低；图 2-20c 为双面焊 T 形接头，这种形式的接头多用于板厚

超过 25mm 的场合。

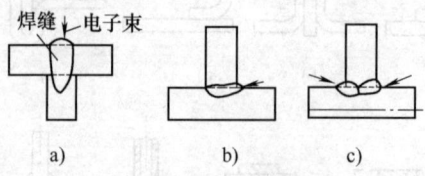

图 2-20　电子束焊 T 形接头[6]
a）熔透焊缝接头　b）单面焊接头
c）双面焊接头

电子束焊搭接接头如图 2-21 所示，多用于板厚小于 1.5mm 以下的场合。熔透焊缝搭接接头主要用于板厚小于 0.2mm 的情况。有时需要采用散焦或电子束扫描来增加熔合区的宽度。厚板搭接接头焊接时需添加焊丝，以增加焊脚尺寸，有时也采用散焦电子束来加宽焊缝并形成光滑的过渡。

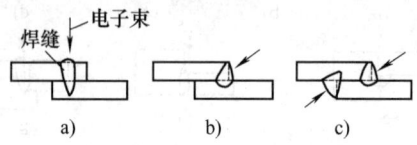

图 2-21　电子束焊搭接接头[6]
a）熔透焊缝接头　b）单面角焊缝接头
c）双面角焊缝接头

图 2-22 是电子束焊端接接头举例。厚板端接接头常采用大功率深熔透电子束焊接。薄板且不等厚的端接接头常用小功率或散焦电子束进行焊接。

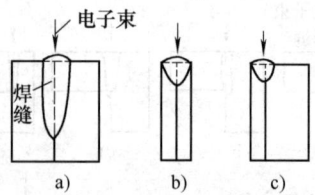

图 2-22　电子束焊端接接头[6]
a）厚板端接接头　b）薄板端接接头
c）不等厚端接接头

对于多层结构中各层的接头位置相同时，可采用分层焊缝的接头设计，即在同一个电子束方向上将几层对接接头进行电子束一次穿透焊接。为保证各层焊缝成形良好，必须仔细选择电子束焊的焊接参数。

2.3.2　激光焊接头

激光焊是以高能量密度的激光作为热源，对金属进行熔化形成焊接接头的焊接技术。与电子束焊相比，激光焊最大的特点是不需要真空室、不产生 X 射线。它的不足之处在于焊接厚度比电子束焊小，焊

接一些高反射率的金属还比较困难。另一个问题就是设备投资比其他方法大。

在国际范围内比较，激光加工的应用在各个地区的各个行业有所不同。在美国，激光加工主要应用于汽车业和金属加工业；在亚洲，电气工业和半导体工业则是激光器供应商的最大客户；在欧洲，金属加工业和汽车业中的激光加工应用较多，而在半导体工业则相对较少。另外，在欧洲，激光器在其他行业，如塑料加工业中也有广泛的应用。

汽车业不仅是激光加工最重要的应用部门，而且在某种程度上说，也是引入新型激光器和加工方法的开创者。汽车工业中，激光技术主要用于车身拼焊、焊接和零件焊接。激光拼焊是在车身设计制造中，根据车身不同的设计和性能要求，选择不同的钢板，通过激光裁剪和拼装技术完成车身某一部位的制造，例如前风窗玻璃框架、车门内板、车身地板、中立柱等。激光拼焊具有减少零件和模具数量、减少点焊数目、优化材料用量、减小零件质量、降低成本和提高尺寸精度等好处，目前已经被许多大汽车制造商和配件供应商所采用。激光焊接主要用于车身框架结构的焊接，例如，顶盖与侧面车身的焊接，传统焊接方法的电阻点焊已经逐渐被激光焊接所代替。零件焊已经广泛采用，常见于变速器齿轮、气门挺杆、车门铰链等。

随着工业激光器的出现，在某些领域中，激光焊已经成了一些传统的焊接方法的替代技术，如电阻点焊和电弧焊等。

激光焊随激光器输出能量的方式不同分为脉冲激光点焊和连续激光焊（包括高频脉冲连续激光焊）。根据聚光后光斑上的功率密度的不同，激光焊又可分为熔化焊和小孔焊。

连续激光焊焊接接头的类型主要是对接接头和搭接接头，最常见的还是对接接头。连续激光焊所用的焊接接头形式如图 2-23 所示。

脉冲激光焊类似于点焊，每个激光脉冲在金属上形成一个焊点，主要用于微型、精密元件和某些微电子元件的焊接。脉冲激光焊加热斑点微小（微米数量级），因而用于薄片（厚度 0.1mm）、薄膜（厚度几微米至几十微米）和金属丝（直径可小至 0.02mm）的焊接。如果使焊点重合，还可以进行一些零件的封装焊。脉冲激光焊的几种类型的焊接接头如图 2-24 所示。

2.3.3　电渣焊接头

电渣焊是利用电流通过液体熔渣产生的电阻热作

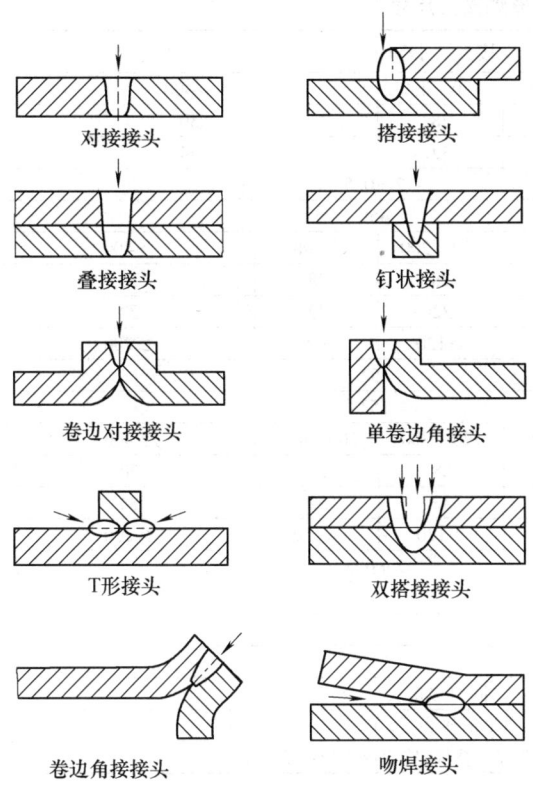

图 2-23　激光焊接头基本类型[6]

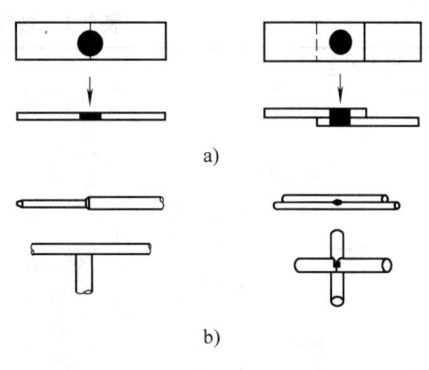

图 2-24　脉冲激光焊接头形式[6]
a）片与片的点焊　b）丝与丝的点焊

为热源,将被焊工件和填充金属熔化并形成焊缝的焊接方法。电渣焊适用于焊接厚度较大、垂直位置焊接的焊缝。因此,它适合焊接厚板结构、大断面结构、曲面结构、圆筒形结构等。

电渣焊的基本接头形式是 I 形对接接头,但只要设计处理得当,也可以构成 T 形接头、角接接头和端(叠)接接头,如图 2-25 所示,图中尺寸代号的数值见表 2-1。电渣焊最适合于焊接方形或矩形断面构件,当需要焊接其他形状构件时,一般应将其端部拼成(或铸成)矩形断面,如图 2-26 所示。

2.3.4　焊接节点

不同方向构件交会于一点时,用焊接方法连接形成的接头组合体称为焊接节点,常用于桁架、网架结构中。长期以来,在广泛采用焊接连接的结构中,焊接节点的设计合理化问题,由于构件材料的品种规格的限制以及设计人员不精通焊接工艺知识和焊接生产技术,不能得到满意的解决。现如今,H 形钢(宽翼缘工字钢)、管材(包括螺旋焊管、直缝焊管及无缝钢管)、冷弯薄型材(异形、方形的开口或封闭断

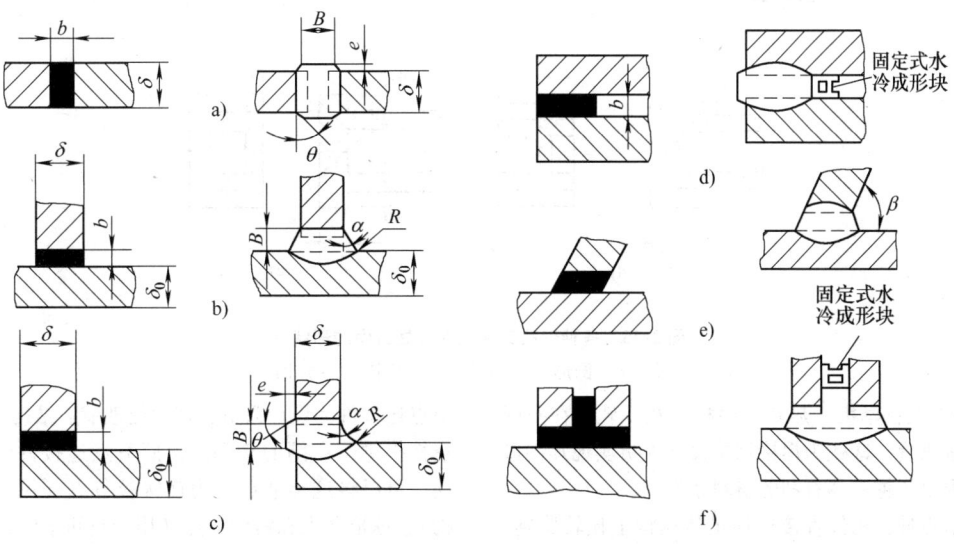

图 2-25　电渣焊基本接头形式[6]
a）对接接头　b）T 形接头　c）角接接头　d）端（叠）接接头　e）斜角接头　f）双 T 形接头

表 2-1　各种形式的电渣焊接头尺寸[6]

接头形式		接头尺寸/mm				
常用接头	对接接头	δ	50~60	60~120	120~400	>400
		b	24	26	28	30
		B	28	30	32	34
		e	2±0.5			
		θ	45°			
	T形接头	δ	50~60	60~120	120~200	200~400	>400
		b	24	26	28	28	30
		B	28	30	32	32	34
		δ_0	≥60	≥δ	≥120	≥150	≥200
		R	5				
		α	15°				
	角接接头	δ	50~60	60~120	120~200	200~400	>400
		b	24	26	28	28	30
		B	28	30	32	32	34
		δ_0	≥60	≥δ	≥120	≥150	≥200
		e	2±0.5				
		θ	45°				
		R	5				
		α	15°				
特殊接头	叠接接头	同对接接头					
	斜角接头	同 T 形接头 β>45°					
	双 T 形接头	两块立板应先叠接,然后焊 T 形接头					

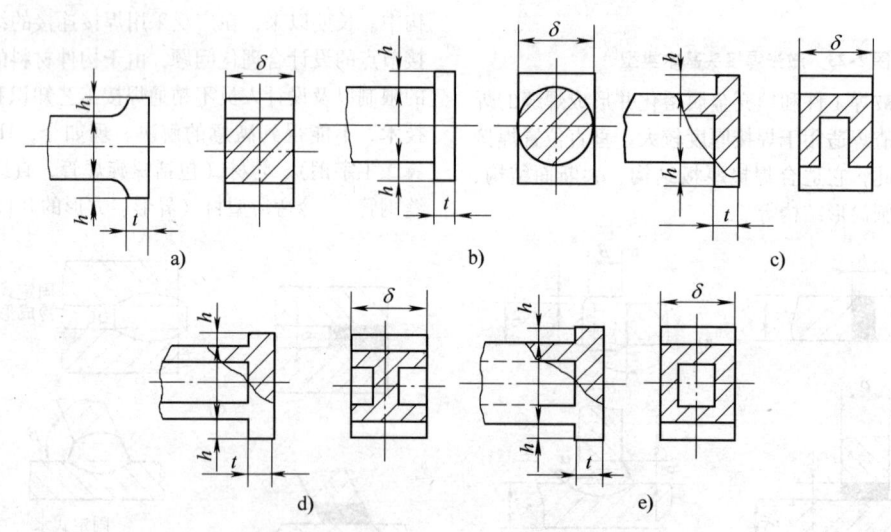

图 2-26　各种形状工件在焊接处断面的形状[6]

a) 矩形　b) 圆形　c) n形　d) 工字形　e) 回字形

面)、厚板及特厚板、热轧中薄板以及冷轧板在我国已经批量供货,这就为焊接结构设计人员实现其创造性设计提供了越来越有利的材料条件。

在节点处,构件直接连接虽然结构上比较紧凑,也可节省材料,减小自重,但构件的相交相贯,制造上颇为困难,这样的管件节点如图 2-27 所示。采用

节点连接件为设计人员合理地处理节点结构、发挥创造性提供了广阔的空间。按照节点连接件的形状不同,可以将这类节点分为连接板节点(用于平面结构)、球形节点和铸件节点(用于空间结构)。

图 2-28 为管子连接板节点,图 2-28a 采用的是插入连接板,管子端部压成圆形,有利于防潮并增加

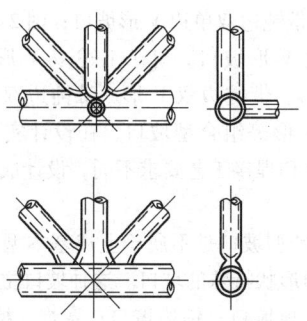

图 2-27　直接连接的管件节点

角焊缝的长度；图 2-28b 采用的是部分插入连接板，这样便于装配。图 2-29a 所示为球形节点，为多根不同方向的构件交会于一点的焊接节点，经常用于桁架、网架等空间结构中，如按常规接头形式处理，其结构必然非常复杂，应力状态也不理想。球的表面与来自各个方向的构件相连接，这样可以大大简化节点的构造。这样的节点非常适于圆形或正方形管构件的连接，但被连接构件的长度与端部与球的交线必须非常精确。为降低加工技术要求，可在连接处加一套管，套管先与球相焊接，再使构件与套管焊接。球的直径应能满足所有构件的连接并便于施焊，球的壁厚应保证具有足够的刚度和强度，必要时可在球内加衬环或衬板，如图 2-29b 所示。

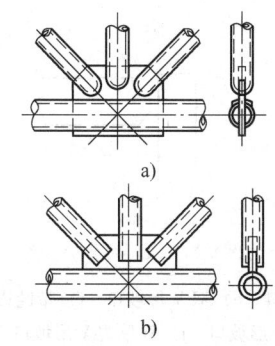

a)

b)

图 2-28　管件连接板节点

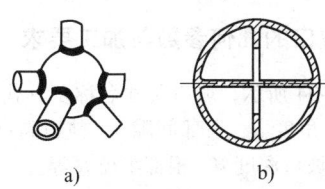

a)　　　　　b)

图 2-29　管件球形节点[1]

a）球形节点　b）球的构造

焊接性良好的铸钢节点可以简化节点构造，如图 2-30 所示。这种节点能节约加工工时与费用，同时可提高承载能力，增加节点刚度，改善节点的应力分

布，减少应力集中和残余应力的作用。这种铸造节点常常用于有较多构件交会于一点或载荷较大的节点。例如框架结构的柱-梁连接点、起重机吊杆的接点等。

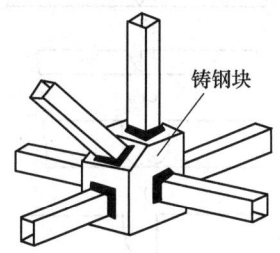

铸钢块

图 2-30　方形管件铸件节点[1]

但是，用做焊接节点的铸钢件必须保证有良好的质量，不应有铸造缺欠及组织疏松等现象，而且在使用前必须经过热处理，以便消除残余应力。

2.4　熔焊接头坡口的几何设计

2.4.1　坡口与坡口类型

对于熔焊接头，根据工艺需要和设计要求，将被焊工件的待焊部位加工并装配成一定几何形状尺寸的沟槽，称为焊接坡口，简称坡口。坡口加工就是对被焊工件的板端或板边表面按设计要求进行切削或热切割加工，其中坡口的几何设计即坡口的形状和尺寸的正确选择是极为重要的。熔焊接头焊前加工坡口的目的全在于使焊接易于进行，从而保证焊接质量。设计并加工焊接坡口是焊接工艺与焊接质量要求较高时，熔焊接头所必须采取的技术措施，至少在当今的技术水平和条件下，不是可有可无的，往往是必不可少的，虽然增加了加工工序和成本，但最终将带来较好的经济效果。

熔焊接头的坡口根据其形状的不同，可分为基本型、组合型和特殊型三类。

1）基本型坡口是一种形状简单、加工容易、应用普遍的坡口。主要有以下几种：I 形坡口；V 形坡口；单边 V 形坡口；U 形坡口；J 形坡口等，如图 2-31 所示。

2）组合型坡口由两种或两种以上的基本型坡口组合而成。常见常用的组合型坡口如图 2-32 所示。其中图 2-32a 为 Y 形坡口；图 2-32b 为 VY 形坡口；图 2-32c 为带钝边 U 形坡口；图 2-32d 为双 Y 形坡口；图 2-32e 为双 V 形坡口；图 2-32f 为带钝边双 U 形坡口；图 2-32g 为 UY 形坡口；图 2-32h 为带钝边 J 形坡口；图 2-32i 为带钝边双 J 形坡口；图 2-32j 为双单边 V 形坡口；图 2-32k 为带钝边单边 V 形坡口；

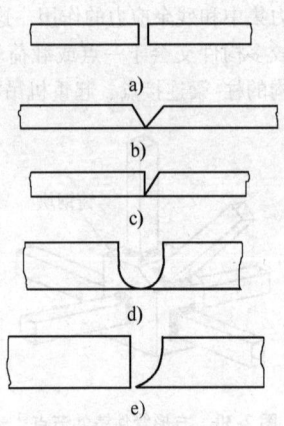

图 2-31　基本型坡口

a) I 形坡口　b) V 形坡口　c) 单边 V
形坡口　d) U 形坡口　e) J 形坡口

图 2-32l 为带钝边双单边 V 形坡口；图 2-32m 为带钝边 J 形单边 V 形坡口。对于上述双 Y 形、双 V 形、双单边 V 形、带钝边双 U 形、带钝边双 J 形、带钝边双单边 V 形等组合型坡口，在设计实践中，可根据板材厚度和焊接工艺要求不同，设计成对称的或不对称的。

3）特殊型坡口是不属于上述基本型又不同于上述组合型的形状特殊的坡口。这种坡口主要有：卷边坡口；带垫板坡口；锁边坡口；塞焊、槽焊坡口等，如图 2-33 所示。

根据被焊工件是单面还是双面开坡口，又可将坡口分为单面坡口和双面坡口。单面坡口通常是不对称的，如 V 形、U 形、J 形、Y 形等坡口，不对称形坡口便于特殊位置的焊接操作；双面坡口可以是对称的，也可以是不对称的，例如各种组合坡口。

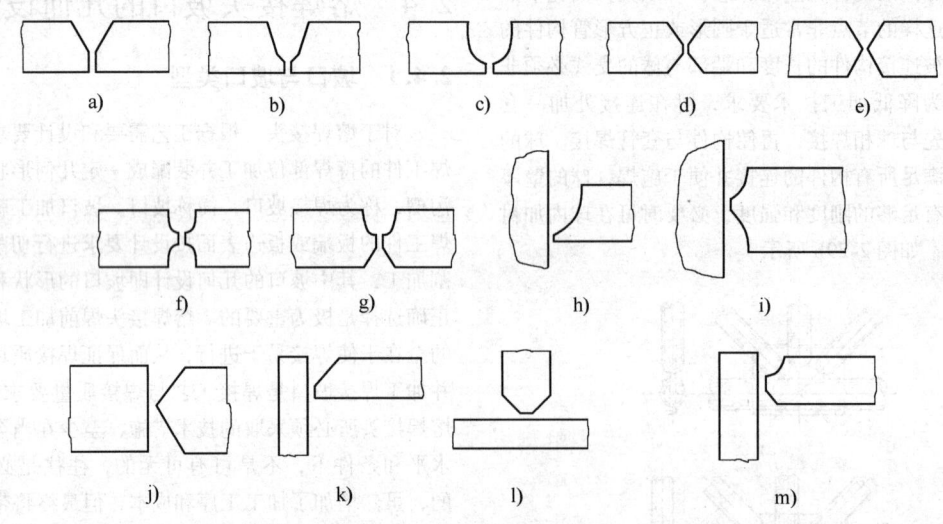

图 2-32　组合型坡口

a) Y 形坡口　b) VY 形坡口　c) 带钝边 U 形坡口　d) 双 Y 形坡口　e) 双 V 形坡口　f) 带钝边
双 U 形坡口　g) UY 形坡口　h) 带钝边 J 形坡口　i) 带钝边双 J 形坡口　j) 双单边 V 形坡口
k) 带钝边单边 V 形坡口　l) 带钝边双单边 V 形坡口　m) 带钝边 J 形单边 V 形坡口

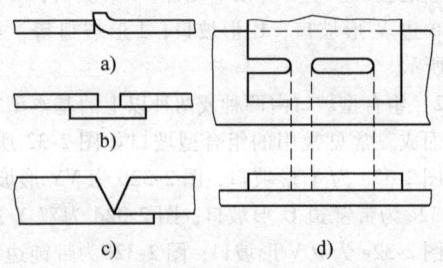

图 2-33　特殊型坡口

a) 卷边坡口　b) 带垫板坡口　c) 锁边
坡口　d) 塞焊、槽焊坡口

2.4.2　坡口的几何参数与加工要求

如图 2-34 所示，坡口尺寸名称及其代号字母主要有：坡口角度 α、根部间隙 b、钝边高度 p、坡口面角度 β、坡口深度 H、根部半径 R 等。

坡口角度或坡口面角度、钝边高度与根部间隙之间存在着某种关系。坡口角度或坡口面角度减小时，根部间隙必须加大。同样，当根部间隙较小时，钝边高度不能过大，坡口角度或坡口面角度不能太小。这是为了焊条（丝）能到达根部附近，使运条方便，不致造成熔合不好等焊接缺欠。

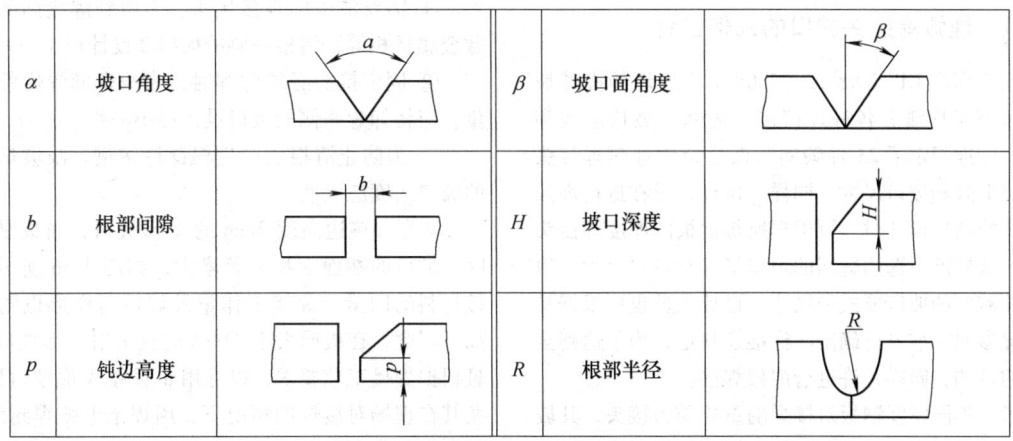

α	坡口角度		β	坡口面角度	
b	根部间隙		H	坡口深度	
p	钝边高度		R	根部半径	

图 2-34　坡口尺寸名称及其代号

坡口形状和尺寸的加工精度也会对接头的焊接质量与焊接的经济性产生一定影响，所以国外有关标准中有关于坡口尺寸加工精度的规定。如日本建筑学会的钢架施工精度标准中就有关于坡口主要尺寸根部间隙、钝边高度和坡口角度的加工偏差规定，见表2-2。虽然我国现行有关标准中没有关于坡口尺寸加工精度的规定，但被代替的原标准中曾规定有坡口尺寸误差。为适应现代焊接技术的发展，设计时规定坡口尺寸加工精度、减少加工随意性看来是必要的。

表 2-2　坡口主要参数的允许加工偏差[10]

尺寸名称		允许加工偏差/mm
根部间隙 b	全熔透开坡口焊接 无垫板	焊条电弧焊：$0 \leqslant \Delta b \leqslant 4$，但 I 形坡口时 $0 < \Delta b \leqslant \delta/2$（$\delta$：板厚） 埋弧焊：$0 < \Delta b \leqslant 1$ 半自动气体保护焊：$0 < \Delta b \leqslant 3$ 但 I 形坡口时：$0 < \Delta b \leqslant \delta/3$
	全熔透开坡口焊接 有垫板	焊条电弧焊和半自动气体保护焊：$-2 \leqslant \Delta b$ 埋弧焊：$-2 \leqslant \Delta b \leqslant +2$
	部分熔透开坡口焊接	焊条电弧焊：$0 \leqslant \Delta b \leqslant 3$ 埋弧焊：$0 \leqslant \Delta b \leqslant 1$ 半自动气体保护焊：$0 \leqslant \Delta b \leqslant 2$
钝边高度 p		焊条电弧焊和半自动气体保护焊： 有垫板 $-2 \leqslant \Delta p \leqslant +1$ 无垫板 $-2 \leqslant \Delta p \leqslant +2$ 埋弧焊：$-2 \leqslant \Delta p \leqslant +1$
坡口角度 α		焊条电弧焊、埋弧焊和半自动气体保护焊： $-5° \leqslant \Delta\alpha$
根部半径 R		焊条电弧焊、埋弧焊和半自动气体保护焊： $-2 \leqslant \Delta R$

2.4.3　气焊、焊条电弧焊、气体保护焊和高能束焊接头坡口的几何设计

我国国家标准 GB/T 985.1—2008《气焊、焊条电弧焊、气体保护焊和高能束焊推荐坡口类型》推荐了四种常用熔焊方法焊接碳钢、低合金钢各种焊接接头的基本坡口形式和尺寸，共列出了 33 种常用坡口形式与尺寸。设计人员可以根据所焊钢板的板厚和接头类型，从标准所列出的常用坡口形式与坡口尺寸中选用适当的坡口形式与坡口尺寸。属于特殊需要的坡口形式和尺寸，设计人员可以根据具体情况参照标准自行确定。此外，为了达到完全熔透的目的，允许在焊接时进行清根焊接。

对于不同厚度的钢板，当其对接焊的重要受力接头的两板厚度差（$\delta - \delta_1$）不超过表 2-3 的规定时，则接头的坡口基本形式和尺寸按厚板的尺寸来选择。否则，应对厚板作如图 2-35 所示的单面或双面削薄，其削薄长度 $L \geqslant 3(\delta - \delta_1)$。

表 2-3　不同厚度钢板对接接头的两板允许厚度差[11]　　（单位：mm）

较薄板厚度 δ_1	$\geqslant 2 \sim 5$	$> 5 \sim 9$	$> 9 \sim 12$	> 12
允许厚度差（$\delta - \delta_1$）	1	2	3	4

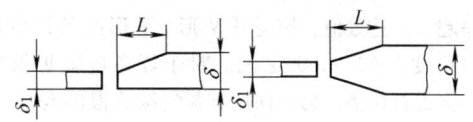

图 2-35　不同板厚对接接头厚板的削薄[11]

2.4.4　埋弧焊接头坡口的几何设计

国家标准 GB/T 985.2—2008《埋弧焊的推荐坡口》推荐了埋弧焊各种焊接接头的基本坡口形式和尺寸。标准规定了 23 种碳钢和低合金钢埋弧焊接头的坡口形式和坡口尺寸。同样,设计人员在进行埋弧焊接头的坡口设计时,可根据所焊钢板的厚度和接头类型,从标准中选用适当的坡口形式和坡口尺寸,属于特殊需要的坡口形式和尺寸,设计人员也可根据具体情况参照标准自行确定。标准还规定,为了达到全熔透的目的,同样允许进行清根焊接。

对于不同厚度钢板对接焊的重要受力接头,其坡口基本形式和尺寸与气焊、焊条电弧焊及气体保护焊时的规定相同。

有关焊接坡口的国家标准共有四个:GB/T 985.1—2008《气焊、焊条电弧焊、气体保护焊和高能束焊的推荐坡口》、GB/T 985.2—2008《埋弧焊的推荐坡口》、GB/T 985.3—2008《铝及铝合金气体保护焊的推荐坡口》、GB/T 985.4—2008《复合钢的推荐坡口》,设计人员均可参照参考。

2.4.5　坡口的几何设计原则

坡口的形式和尺寸主要根据焊接方法和板材的厚度来选择和设计,同时应考虑以下原则:

1）保证焊接质量。满足焊接质量要求是选择和设计坡口形状和尺寸首先需要考虑的原则,也是选择设计坡口的最基本要求。

2）便于焊接施工。对于不能翻转或内径较小的容器,为避免大量的仰焊工作和便于采用单面焊双面成形的工艺方法,宜采用 V 形或 U 形坡口。

3）坡口加工简单。由于 V 形坡口加工最简单,因此能采用 V 形坡口或 X 形(双 V 形)坡口就不宜采用 U 形或双 U 形坡口等加工工艺较复杂的坡口类型。

4）应尽可能地减小坡口的断面积。这样可以降低焊接材料的消耗,减少焊接工作量、节省电能。

5）便于控制焊接变形。不适当的坡口形状和尺寸容易产生较大的焊接变形。

对于焊条电弧焊,板厚小于 6mm 时,在保证焊透的条件下,可采用 I 形坡口。对于埋弧焊,当进行双面焊时,通常板厚 16mm 以下也可采用 I 形坡口,板厚超过上述数值,则需开 V 形、Y 形或 X 形坡口,坡口角度在 50°～60°之间。对于焊条电弧焊情况,从一面进行焊接,另一面用碳弧气刨清根再施焊,大多采用 Y 形坡口。双面不对称坡口往往在下列情况下采用:

① 需要清根的焊接接头,为做到焊缝两侧的熔敷金属量相等,清根一侧的坡口要设计得小一些。

② 固定接头必须仰焊时,为减少仰焊熔敷金属量,应将仰焊一侧的坡口设计得小一些。

③ 为防止清根后产生根部深沟槽,浅坡口一侧的坡口角度应大些。

V 形和钝边高度 2mm 的 Y 形坡口,当板厚增大时,坡口的断面面积显著增大,如图 2-36 所示。焊接材料的用量、焊接工作量及焊接角变形也随之增加。因此,在板厚大于 22mm 时宜采用 X 形坡口。而且根据焊接工艺要求,以选用非对称 X 形坡口居多。尤其在现场对接焊的情况下,用焊条电弧焊封底时,封底焊一侧的坡口深度可取 (1/4～1/3) 板厚,从而减少仰焊工作量。

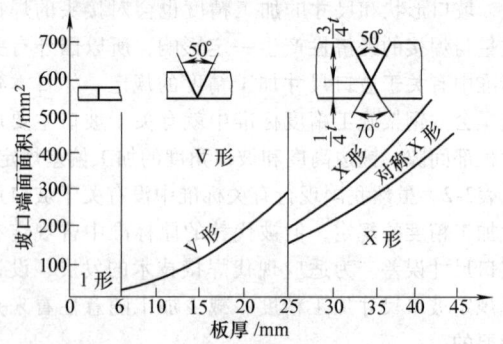

图 2-36　对接接头的坡口形状、尺寸与坡口断面面积的关系[12]

2.5　焊接接头几何参数对接头工作应力分布的影响

计算焊接接头的强度时,一般都假定母材和焊缝金属中工作应力的分布是均匀的。但是,实际上焊接接头总是存在着几何形状、尺寸的变化,有时还会存在某种焊接缺欠,造成接头几何形状、尺寸的突变或不连续,从而在接头承受外力作用时,导致接头中力流线的偏转及分布不均匀,如图 2-37 所示。因此,在接头的局部区域产生不同程度的应力集中,即最大应力值 (σ_{max}) 高于平均应力值 (σ_m)。应力集中程度的大小,常以应力集中系数 $K_T = \sigma_{max}/\sigma_m$ 表示。也就是说,应力集中系数 K_T 值越大,则应力集中程度也越大,亦即应力分布越不均匀。由此可见,焊接接头中实际工作应力的分布是不均匀的。局部高应力区(应力集中区)可能使焊接接头的安全性受到损害;同时,这个应力集中区又往往位于焊接接头的性能薄弱区。这就要求焊接结构设计人员掌握焊接接头几何参数对接头中工作应力分布的影响规律,在进行接头几何设计时，特别是进行工作（承载）接头几何设计时，应考虑到尽可能地改善接头的工作应力分布，使接头的应力集中程度较小，以便提高焊接接头的承载能力或安全性。

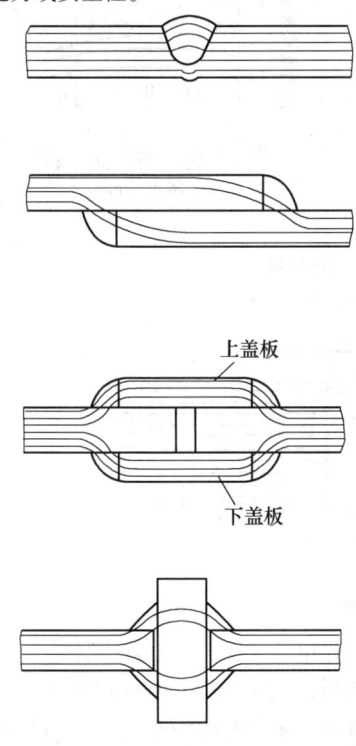

图 2-37　常用熔焊接头中力流线的偏转[1]

研究结果指出，各种焊接接头在承载时，都有不同程度的应力集中。但是，实践证明，并不是所有情况的应力集中都会影响接头的承载能力或强度。当接头材质具有足够的塑性时，例如低碳钢和部分低合金高强度结构钢，接头在静载破坏之前会产生明显的塑性变形，接头在塑性变形过程中会产生应力均匀化，这时应力集中对静载强度就没有影响。

2.5.1　熔焊常用接头几何参数对接头工作应力分布的影响

熔焊常用接头主要有对接接头、搭接接头和 T 形

（十字）接头。下面分别介绍这些接头的几何形状尺寸对工作应力分布规律和特点影响的研究结果。

1. 对接接头几何参数对接头工作应力分布的影响

如前所述，对接接头的受力状态较好，应力集中程度较小，这是由于对接接头的几何形状尺寸变化较小的缘故。对接接头的应力集中主要是由于焊缝金属的余高引起的，如图 2-38 所示。应力集中只出现在焊趾处，应力集中系数的大小取决于焊缝宽度 c、余高 h 以及焊趾处的 θ 角和转角半径 r，θ 角增加，r 值减小，会使应力集中系数增大。图 2-39 是对接接头的几何形状尺寸与应力集中系数 K_T 的关系曲线。由图 2-39 可以看出，余高 h 愈大，应力集中程度愈严重，结果接头强度反会下降。反之，削平余高，或者焊趾处局部机械加工或 TIG 重熔，消除或减小应力集中，反而可以提高焊接接头的强度，尤其对动载强度的影响更大，所以常常作为改善接头动载性能的重要措施之一。由图 2-39 同时可以看出，转角半径 r 值愈小，应力集中的程度则愈大，反之亦然。一般情况，对接接头由于余高引起的应力集中系数不大于 2（$K_T \leqslant 2$）。

2. 搭接接头几何参数对接头工作应力分布的影响

搭接接头根据搭接角焊缝受力的方向不同，又分正面角焊缝接头、侧面角焊缝接头、正面和侧面角焊缝联合接头。它们在受外力作用时，接头形状、尺寸的影响即其工作应力分布的规律与特点是不相同的。

1）正面角焊缝接头的工作应力分布。这种搭接接头是采用垂直于作用力方向的正面角焊缝来连接的，接头中的力流线无论在板厚方向还是在板宽方向（当板宽不相等时）都将发生偏转，如图 2-40 所示。测试结果表明，在接头的焊根处（O 点）和焊趾处（A 点）都会引起很大程度的应力集中，如图 2-41 所示。

影响正面角焊缝接头中应力集中程度的因素较多，其中改变角焊缝的外形和尺寸，可以大大改善焊

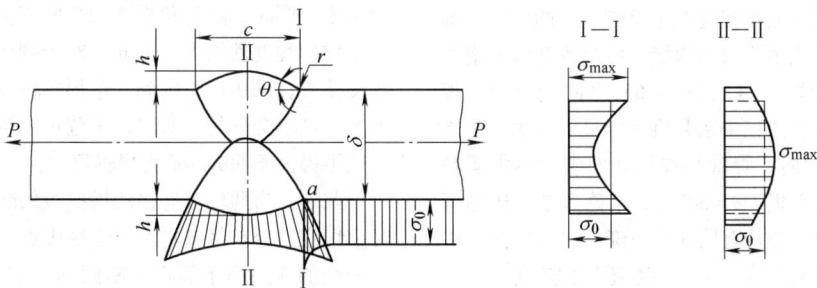

图 2-38　对接接头的工作应力分布[1]

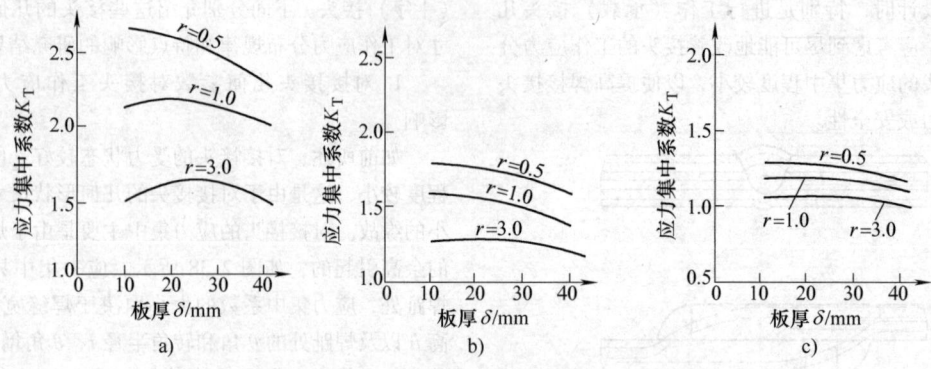

图 2-39　对接接头几何对接头应力集中系数的影响[1]

a) 余高 5mm 时　b) 余高 2mm 时　c) 余高 0.5mm 时

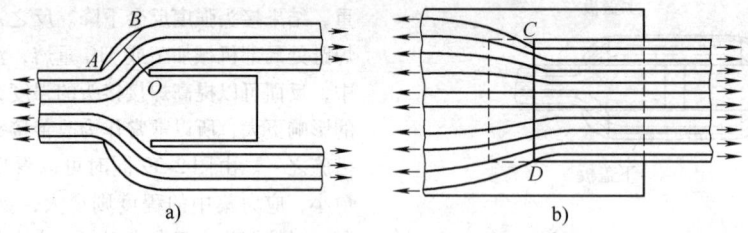

图 2-40　正面角焊缝接头的力流线[1]

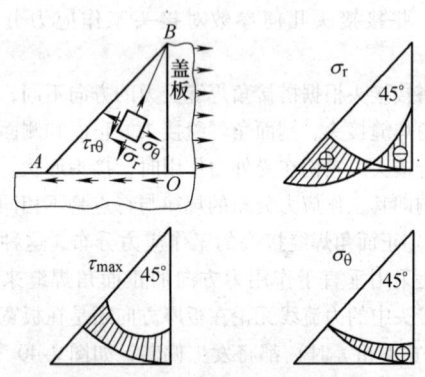

图 2-41　正面角焊缝中的正应力和切应力[1]

趾处的应力集中程度；同时，也能使焊根处的应力集中情况发生变化。用偏光弹性法试验得到的焊趾和焊根处的应力集中系数见表 2-4。由表 2-4 中所列结果可以看出，改变正面角焊缝两个焊脚尺寸的比值，即改变焊趾角，形成不等边焊缝，可以改变应力集中系数。当角焊缝焊趾角在 28°～65°之间变化时，焊趾处和焊根处的应力集中系数将有明显的变化。角焊缝焊趾角 $\theta = 53°$ 时，焊趾和焊根处的应力集中系数最大；角焊缝较平坦，$\theta = 30°$ 时，不论焊趾处还是焊根处，应力集中系数均有明显的下降。尽管如此，搭接正面角焊缝接头的应力集中系数还是相当高。

板宽中心线不重合的搭接接头用正面角焊缝连接时，在外力作用下，由于力流线的偏转，不仅使被连接板严重变形，而且使焊缝中增加了附加应力。双面焊接时，焊趾处受到很大的拉力；单面焊接时，焊根处应力集中更为严重。所以，一般在受力接头中，禁止使用单面角焊缝连接。

2）侧面角焊缝接头的工作应力分布。在侧面角焊缝连接的搭接接头中，焊缝既承受正应力又承受切应力，其中工作应力的分布更为复杂，应力集中更为严重。当侧面角焊缝接头承受拉力作用时，这是这类接头最普遍的受力状态，其沿侧面角焊缝长度方向的切力（单位长度焊缝承受的切力）分布，则是两端的切应力大，中间的切应力小。

侧面角焊缝的长度对接头的应力集中程度也有明显的影响，如图 2-42 所示。由图 2-42 可以看出，侧面角焊缝上的最大切应力出现在焊缝两端，中部切应力最小。同时，随着角焊缝的长度变长，切应力分布的不均匀程度就增大。因此，对于侧面角焊缝连接的搭接接头，采用过长的侧面角焊缝将使应力集中程度增大，是不合理的。所以，规范规定侧面角焊缝长度一般不得大于 50K（K 为焊脚尺寸）。

此外，当两块被连接的搭接板的断面面积不相等时，切应力分布将不对称于焊缝中点，而是靠近小断面一端的应力高于靠近大断面的一端，如图 2-43 所示。这说明这种搭接接头的应力集中程度更为严重。

表 2-4　正面角焊缝接头中焊缝几何对应力集中的影响[1]

角焊缝形状	焊趾角 θ /(°)	水平焊脚尺寸 K	应力集中系数 K_T 焊趾处	焊根处	角焊缝形状	焊趾角 θ /(°)	水平焊脚尺寸 K	应力集中系数 K_T 焊趾处	焊根处
	65	t	4.7	6.7		37	t	3.2	6.6
	53	$0.76t$	5.7	8.1		30	$1.31t$	2.1	6.1
	45	t	4.7	6.9		28	t	4.4	7.7

注：t 为材料厚度。

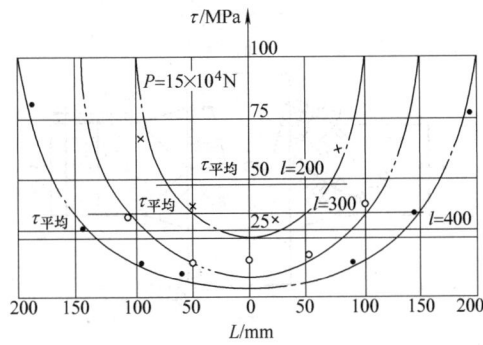

图 2-42　侧面角焊缝长度对接头应力集中程度的影响[2]

3）正面和侧面角焊缝联合接头的工作应力分布。由于同时采用了正面和侧面角焊缝，增加了受力焊缝的总长度，从而可以使搭接部分的长度减小。同时也可以减小搭接接头中工作应力分布的不均匀性，如图 2-43 所示。

图 2-44 分别给出了侧面角焊缝接头和正、侧面联合角焊缝接头中不同横截面上的工作应力分布，比较两种接头应力分布情况可以看出，联合角焊缝接头有利于工作应力分布的均匀化。

由于作用在正面角焊缝和侧面角焊缝上的作用力方向不同，两种角焊缝的刚度和变形量也不同，在外力作用下，其应力大小并不按照截面积的大小平均分配，而是正面角焊缝比侧面角焊缝中的工作应力要大些，如图 2-45 所示。这两种角焊缝具有完全相同的力学性能和截面尺寸时，如果角焊缝的塑性变形能力不足，正面角焊缝将首先产生裂纹，接头可能在低于设计的承载能力的情况下破坏。

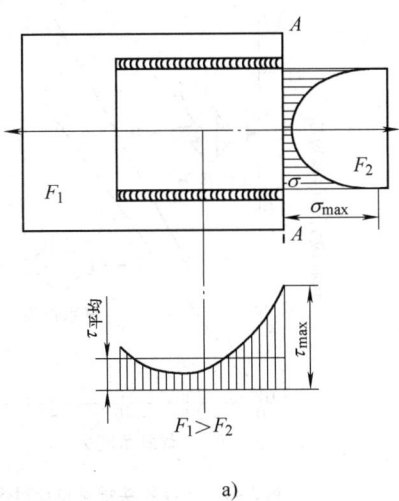

a)

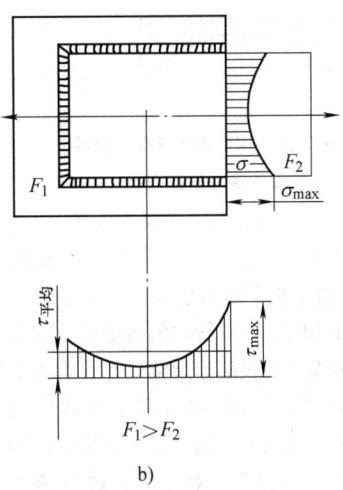

b)

图 2-43　不等断面板侧面角焊缝接头的工作应力分布[2]

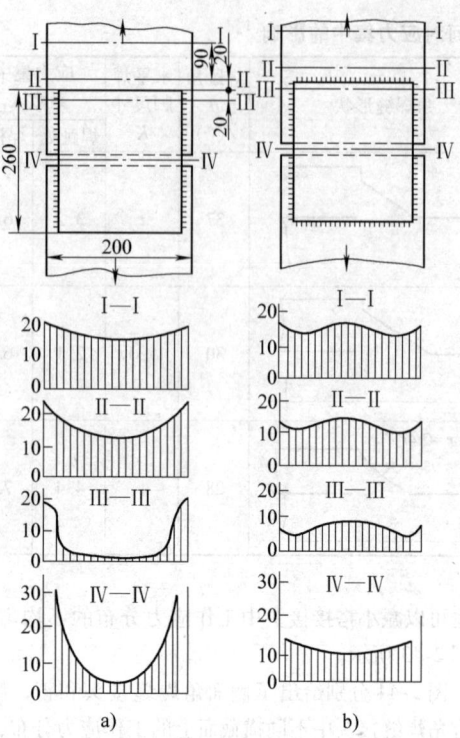

图 2-44　两种搭接接头不同横截面
上的工作应力分布[1]

a) 侧面角焊缝接头　b) 正、侧面角焊缝联合接头

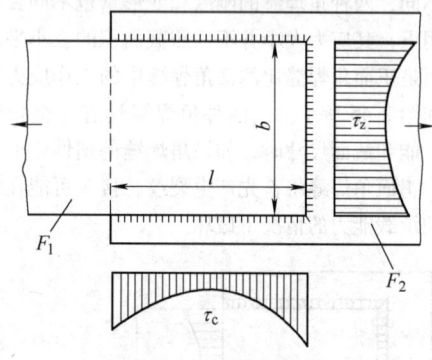

图 2-45　正、侧面角焊缝联合接头
的工作应力分布[1]

3. T 形（十字）接头的工作应力分布

由水平板和垂直板通过角焊缝连接形成的 T 形
（十字）接头，由于水平板和垂直板之间往往存在间
隙，接头传递外力时，力流线的偏转很大，应力分布
很不均匀，在角焊缝的根部和焊趾处都有很大的应力
集中，如图 2-46 所示。图 2-46a 是不开坡口的十字
接头的工作应力分布状态；图 2-46b 是开坡口的十字
接头的工作应力分布状态。对于不开坡口的十字接
头，由于水平板与垂直板之间存在间隙，焊根处的应

力集中很大，在焊趾截面上应力分布也很不均匀，焊
趾处也有相当大的应力集中。研究资料指出，焊趾处
的应力集中系数随着角焊缝的形状尺寸改变而变化。
图 2-47 和图 2-48 分别给出了工作焊缝接头和联系焊
缝接头的角焊缝焊趾角度 θ 与焊脚尺寸 K 对焊趾处应
力集中系数的影响的有限元计算结果。由图可以看
出，对于工作焊缝接头，焊趾处的应力集中系数 K_T
随焊趾角度 θ 的减小而减小，随焊脚尺寸 K 的增大而

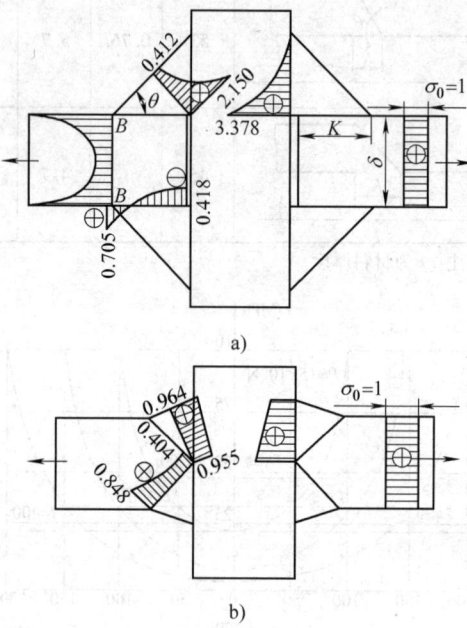

图 2-46　T 形（十字）接头的工作应力分布[2]

a) 不开坡口的十字接头

b) 开坡口焊透的十字接头

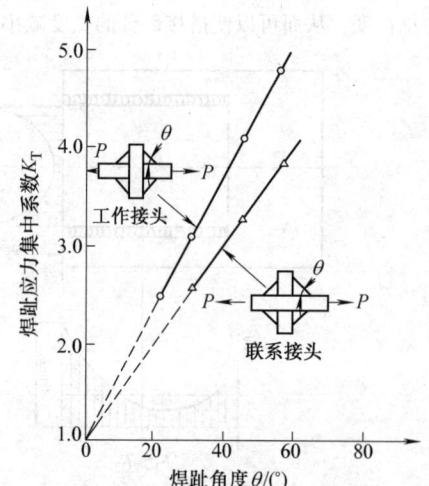

图 2-47　十字接头焊趾角度对焊趾
处应力集中的影响[1]

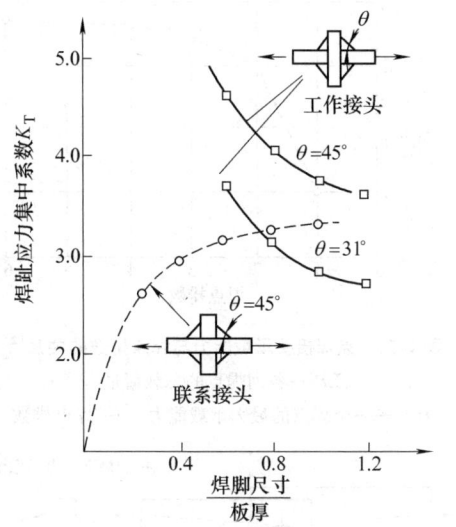

图 2-48　十字接头焊脚尺寸对焊趾应力集中的影响[1]

减小。对于联系焊缝接头，焊趾处的应力集中系数 K_T 虽也随焊趾角度 θ 的减小而减小，但随焊脚尺寸

的增大而增大。工作焊缝接头焊根和焊趾处的应力集中系数随角焊缝形状尺寸变化而变化的类似的有限元计算结果见表 2-5。对于开坡口焊透的十字接头，由于消除了根部间隙，可以大大降低应力集中程度，改善接头的工作性能。应当指出，T 形接头的工作应力分布虽与十字接头有许多相似之处，但由于偏心受力的影响，角焊缝的焊根和焊趾处的应力集中系数都比十字接头的低。

4. 断续角焊缝接头中的工作应力分布

对于作用力不大的角焊缝接头，为降低角焊缝引起的焊接变形和减少焊接工作量，有时采用单边的断续角焊缝、两边并列或交错排列的断续角焊缝连接。这种断续角焊缝每段短焊缝的起点和终点处不论应力方向如何，都会引起应力集中。为了减少断续角焊缝的这种应力集中可能引起的危害性，应严格要求每段角焊缝起点和终点的焊接质量，并规定在承受动载的重要构件中禁止使用断续角焊缝来连接。这时如果根据作用力计算所得到的焊脚尺寸很小时，则只能采用规定的最小焊脚尺寸的连续角焊缝连接。

表 2-5　十字接头焊根和焊趾处的最大应力集中系数[1]

焊缝形式		焊缝上部位	应力集中系数		不同焊缝形式的比较 A_i/A_1
			K_T	焊根/焊趾	
A1		焊根	4.90	0.875	1
		焊趾	5.60		
A2		焊根	4.49	1.75	0.92
		焊趾	2.57		0.46
A3		焊根	3.73	1.38	0.76
		焊趾	2.71		0.48
A4		焊根	3.76	2.22	0.77
		焊趾	1.69		0.30

2.5.2 电阻焊常用接头几何参数对接头工作应力分布的影响

电阻焊常用接头主要是点焊接头和缝焊接头，下面分别介绍这两种接头的几何形状尺寸对工作应力分布规律和特点的影响。

1. 点焊接头的工作应力分布

点焊接头的工作应力分布很不均匀，应力集中系数很高。点焊接头中的焊点主要承受切应力。在单排点焊接头中，焊点除承受切应力外，还承受由偏心力引起的拉应力。在多排点焊接头中，拉应力较小。

点焊接头中焊点附近的母材沿板厚方向的正应力分布和焊点上的切应力分布都是不均匀的，存在严重的应力集中，如图2-49所示。当点焊接头由单行多焊点组成时，各点承受的载荷是不同的，与熔焊搭接接头侧面角焊缝中的应力分布相似，如图2-50所示。两端焊点受力最大，中间焊点受力最小。点数越多，它们的分布越不均匀。图2-51给出了点焊接头的承载能力与焊点排数的关系曲线。由图2-51可以看出，焊点排数多于三排，并不能再明显地增加承载能力，所以焊点排数超过三排的点焊接头设计是不合理的。

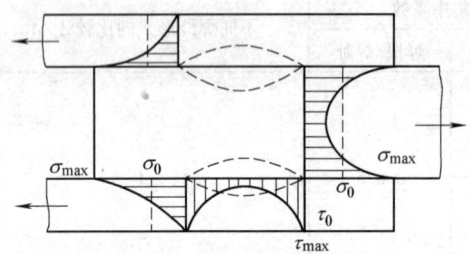

图2-49　点焊接头的工作应力分布[1]

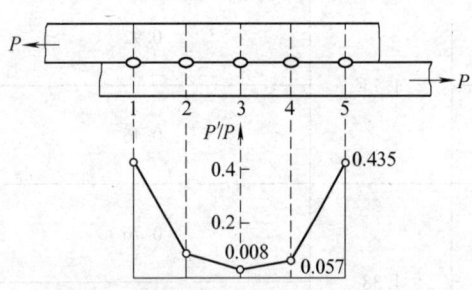

图2-50　单行多焊点接头的载荷分布[1]

在单排点焊接头中，焊点附近的应力分布是很不均匀的，如图2-52所示。不均匀的程度与焊点间距 t 和焊点直径 d 之比值 t/d 有关，t/d 值越大，则应力分布越不均匀。

点焊接头的焊点受拉力时，由于焊点周围产生极为严重的应力集中，如图2-53所示，它的抗拉强度特别低，所以一般应避免采用这种连接形式。

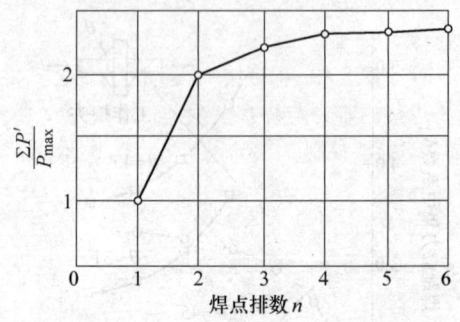

图2-51　点焊接头承载能力与焊点排数的关系[2]

$\Sigma P'$—各列焊点的总载荷量

P_{max}——一个焊点的最大承载能力　　n—焊点排数

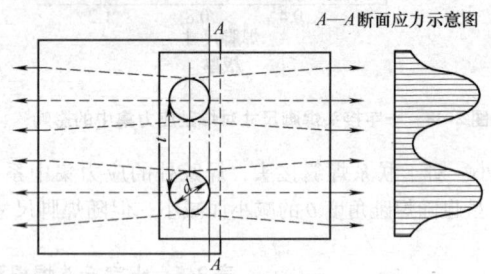

图2-52　单排点焊接头的工作应力分布[2]

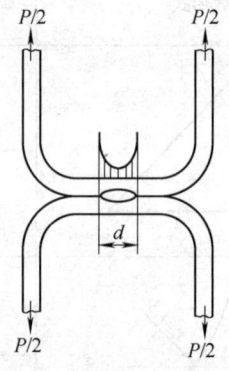

图2-53　点焊焊点承受拉力时的应力分布[2]

2. 缝焊接头的工作应力分布

缝焊接头的焊缝是由一个个焊点局部重叠构成的，所以缝焊接头的工作应力分布要比点焊接头均匀。

2.6　焊接接头的几何设计原则

2.6.1　焊接接头的一般设计原则

焊接结构的破坏往往起源于焊接接头区，这除了受材料选择、焊接结构制造工艺的影响外，还与焊接接头的设计有关。在焊接接头设计时，为做到正确合理地选择焊接接头的类型、坡口形式和尺寸，即进行焊接接头的几何设计时，主要应该综合考虑以下四个方面的因素：

1）设计要求——保证接头满足使用要求。

2）焊接的难易与焊接变形——焊接容易实现，变形较小且能够控制。

3）焊接成本——接头准备和实际焊接所需费用低，经济性好。

4）施工条件——制造施工单位具备完成施工要求所需的技术、人员和设备条件。

接头类型的确定主要取决于设计条件——结构特点、受力状态和板材厚度等。如前所述，接头类型共有 10 种，如对接接头、搭接接头、T 形接头、十字接头、角接接头以及它们的变形等，这些接头又可采用各种坡口形式，诸如 I 形坡口、V 形坡口、U 形坡口、J 形坡口、Y 形坡口、X 形坡口、K 形坡口以及它们的组合。若在两种或多种适用接头中选择一种接头时，则一方面要考虑设计条件，例如考虑是承载还是联系接头，如果是承载接头，则要求这种接头的焊缝必须具有与母材相等的强度，这时就必须采用能够完全焊透的方法焊接开坡口焊缝，即全熔透焊缝。若是联系接头，这种接头的焊缝要承受的外力是很小的，这时焊缝就不一定要求焊透或全长焊接。另一方面，这种选择主要考虑接头的准备和焊接成本。影响焊接准备和焊接成本的主要因素是坡口加工、焊缝填充金属量、焊接工时及辅助工时等。

在设计焊接接头时，除了上述必须考虑的设计要求和经济性外，当然不能忘记要为施工提供方便，应充分考虑到所设计的接头焊接容易、焊接变形可以控制、施工条件不难具备。鉴于这一点，设计人员在选择接头类型时，应征求焊接工程师的意见。总之，在

接头设计中应尽量使接头类型简单、结构连续，并将焊缝尽可能安排在应力较小的以及结构几何形状尺寸不变或变化较小的部位。

关于角焊缝接头的设计问题，应特别指出：第一，不宜选用过大的焊脚尺寸，试验结果证明，大尺寸的角焊缝其单位面积的承载能力较低，见表 2-6；第二，不宜在板材厚度方向上设计尺寸过大的角焊缝和传递过大的外力。由于钢板的厚向（通常也称 Z 向）性能特别是其塑性相对较差，因此要控制大尺寸角焊缝的热收缩应力对它的作用。若必须采用这种类型的接头时，应选用具有良好 Z 向断面收缩率的材料，同时减小角焊缝焊脚高度。

表 2-6　焊脚尺寸与角焊缝强度

焊脚尺寸 K/mm	焊缝金属面积 A /mm²	焊缝计算厚度 h /mm	角焊缝强度/MPa	
			正面角焊缝	侧面角焊缝
4	11	2.8	433	326
8	45	5.6	360	270
12	101	8.4	332	250
16	179	11.2	324	243
20	280	14.0	315	236
30	630	21.0	315	236

此外，减小接头部位刚度，有时也是接头几何设计时应该考虑的原则之一。接头的刚度大，在焊缝金属未达到屈服点之前，变形量很小，因而在力学上作为铰接假设处理的接头中（如桁架的节点）会产生很大的附加应力。在这些接头中，应采取适当的措施，例如减小焊缝断面尺寸、增加节点柔性、改变焊缝位置等来减小接头刚度。

焊接接头的其他设计原则及其不合理设计与合理设计举例见表 2-7。

表 2-7　焊接接头其他设计原则与正、误设计举例[13]

接头设计原则	不合理的设计	改进的设计
焊缝应布置在工作时最有效的地方，用最少量的焊接量得到最佳的效果	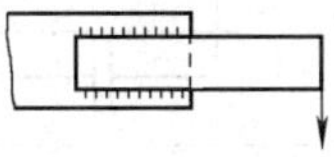	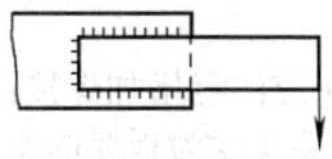
焊缝的位置应便于焊接及检查	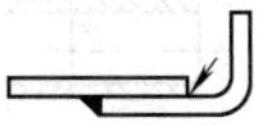	
在焊缝的连接板端部应当有较和缓的过渡	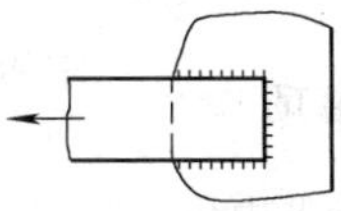	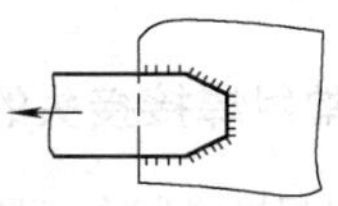
加劲肋等端部的锐角应切去，板的端部应包角	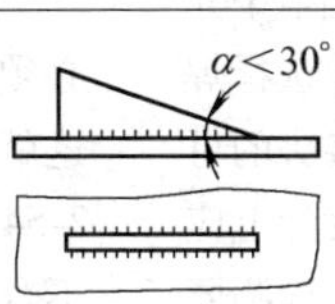	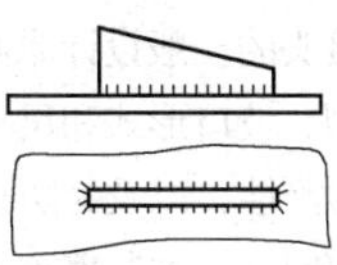

（续）

接头设计原则	不合理的设计	改进的设计
焊缝不应过分密集		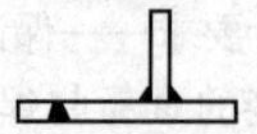
避免焊缝交叉	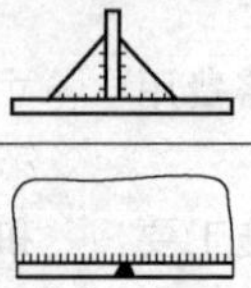	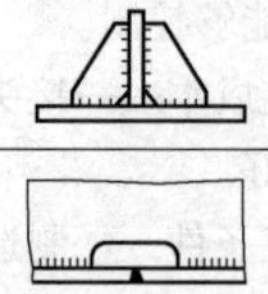
焊缝布置尽可能对称并靠近中心轴	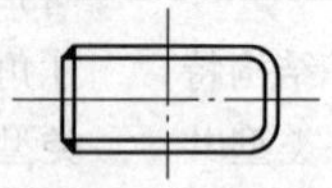	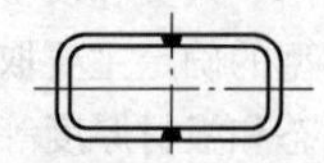
受弯曲作用的焊缝未焊侧不要位于受拉应力处	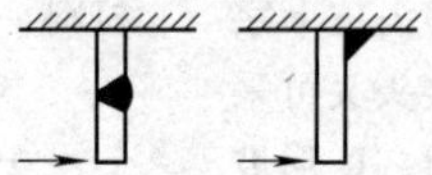	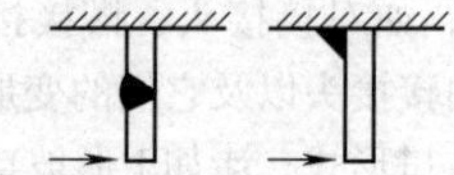
避免将焊缝布置在应力集中处,对于动载结构尤应注意		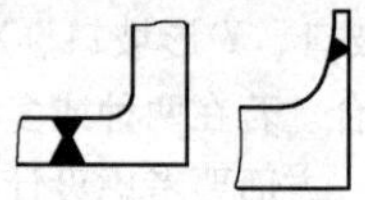
避免将焊缝布置在应力最大处	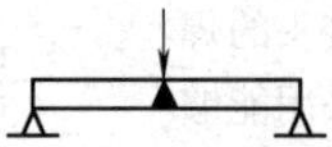	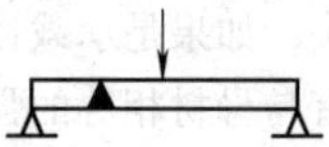
焊缝应避开加工表面	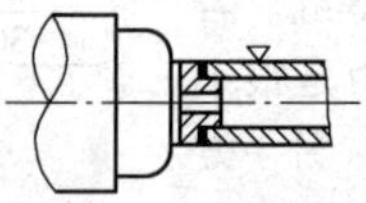	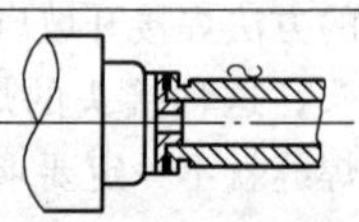
埋弧焊时焊缝位置应使焊接设备的调整次数及工件的翻转次数最少	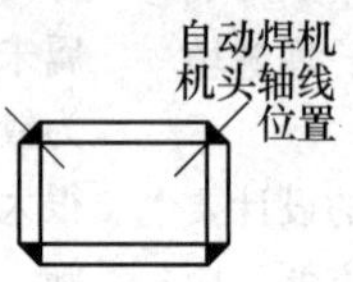	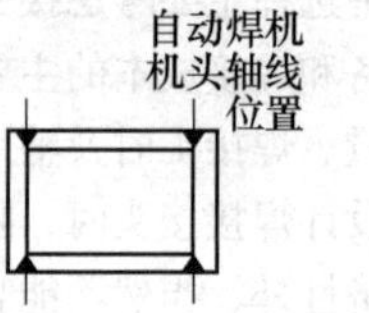
电渣焊时应使焊接处的截面尽量设计成规则的形状	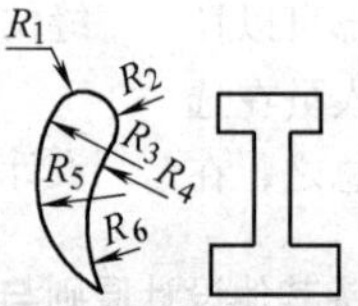	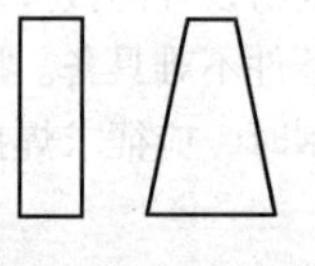
钎焊接头应注意增加焊接面,可将对接改为搭接,搭接长度为板厚的4~5倍	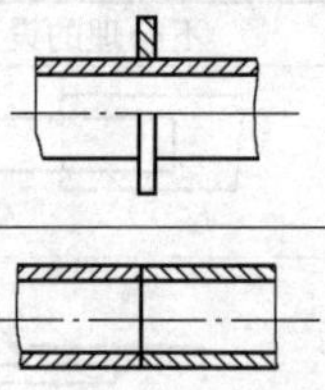	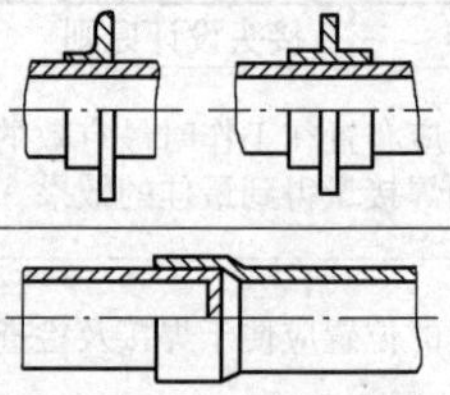

2.6.2　常用焊接接头的几何设计注意事项

在设计焊接接头时,设计人员除了要考虑上节中介绍的焊接接头的一般设计原则,注意正确合理地选择焊接接头类型、坡口形式和尺寸外,还必须注意接头的可达性、可检测性,以及为防止或减小腐蚀而在设计上应考虑的几何问题。本节着重介绍考虑满足施焊、检测要求和防止或减小腐蚀等的几何设计注意事项。

1. 接头的可达性

熔焊接头焊接时,为保证获得理想的接头质量,必须保证焊条、焊丝或电极能方便地到达欲焊部位,这就是熔焊接头设计时要考虑的可达性问题。如图2-54所示,图中用角焊缝连接的接头共五组,左边是不合理的设计,因为箭头所指部位形成尖角,这些部位难以可靠地焊到，右边为合理设计，避免了尖角；图中对接接头，上图为不合理设计，因其坡口角度和根部间隙过小，使得箭头所指部位难以焊到，下图为合理设计，加大了坡口角度和根部间隙，避免了焊不到的可能性。

电阻焊（点焊、滚点焊和缝焊）也存在可达性问题，设计电阻焊接头时，必须考虑到电阻焊机机臂长度（喉深）和电极尺寸，才可保证所设计的接头在相应的电阻焊机上方便地进行焊接。图 2-55 给出了各种复杂截面的电阻焊接头的设计举例，图中根据可达性要求可以把它们区分为符合要求、好、尚可、差、不符合要求五类。

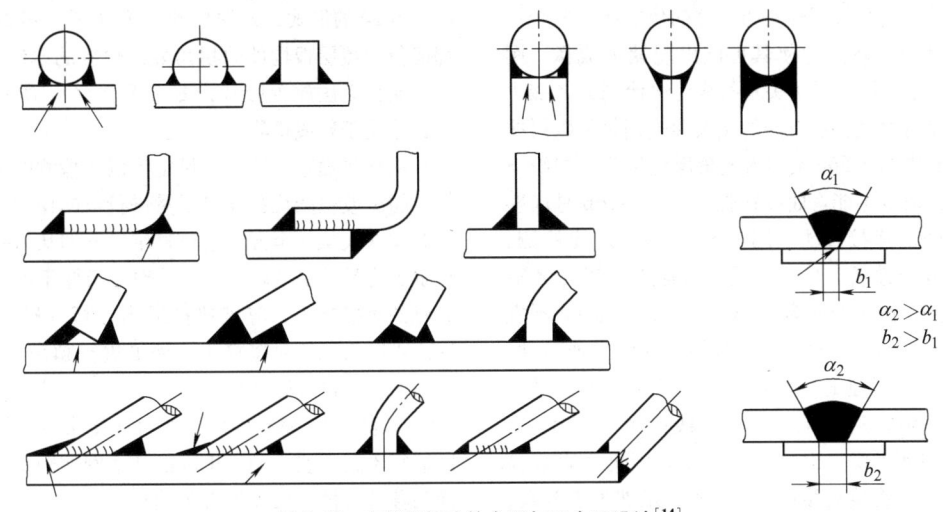

图 2-54　电弧焊接头的合理与不合理设计[14]

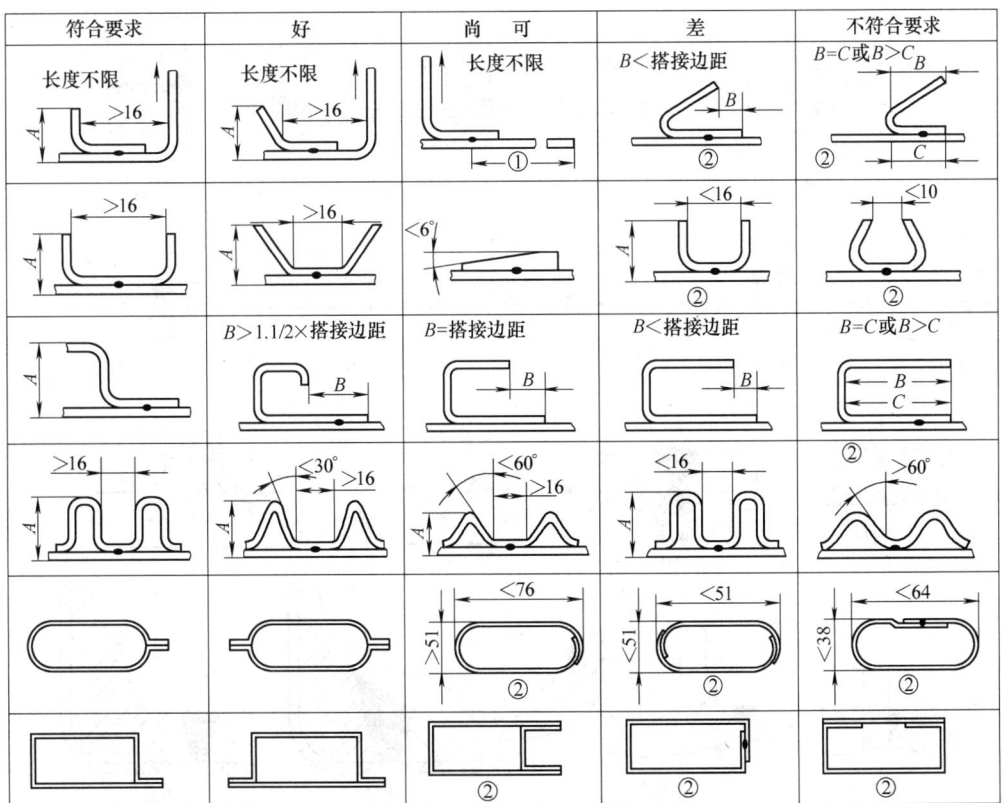

图 2-55　电阻焊接头的几何设计建议和典型尺寸限度[8]
A：对于钢焊件小于 76mm，对于铝合金焊件小于 102mm
①受点焊机机臂长度所限　②不适用于缝焊或滚点焊

2. 接头的可检测性

接头的可检测性是指接头检测面的可接近性和接头几何形状与材质的检测适宜性。考虑焊接接头的检测问题时，往往是根据必要性，而不是根据技术上的可能性来决定的。所以，焊接质量要求越高的接头，越要注意接头的可检测性。

射线检测的可接近性是指胶片的位置能使整个焊缝处于检测范围内，并使其可能出现缺欠成像。图 2-56 每组图中左侧所示接头是射线无法检测或者探出的结果，没有意义，而右侧的接头形式则是可以射线检测的。其中图 2-56a 是插入式角焊缝接头，焊缝下方既不能平放也不能弯曲放置胶片。图 2-56b 是底座与筒体之间的连接接头，图 2-56b_1 不宜射线检测，图 2-56b_2 虽有改善，也不合适，只有图 2-56b_3 才适宜射线检测。图 2-56c 为 T 形接头，图 2-56c_1 不宜射线检测，图 2-56c_2 通过一种代用件（锻件或铸件，经切削加工），才能进行射线检测。从构件截面过渡考虑，图 2-56d_1 过渡陡峭，使射线检测变得困难，图 2-56d_2 过渡平缓，但局部的壁厚差别仍会影响检测，图 2-56d_3 将接头移到过渡段外，虽然加工复杂，

但最适合射线检测，图 2-56e_1 是未熔透的对接接头，由于存在未熔合间隙，不可能进行检测，只有图 2-56e_2 那样的熔透接头，才可进行射线检测。图 2-56f 为三通式管接头，只有如图 2-56f_2 那样设计，才能便于进行射线检测。插入式接头图 2-56g_1，由于厚度差别加上空间曲率过大，也不宜进行射线检测，改成图 2-56g_2 的形式，射线检测就方便了。图 2-56h_1 的焊缝位于覆层板构件的拐角处，焊缝的厚度差 ΔS 较大，而且无法放置胶片，若按图 2-56h_2 所示那样设计，才便于射线检测。

从缺欠扫查、缺欠定量定位以及检测的可靠性出发，超声波检测往往要求尽量进行双向探测，这是因为有些缺欠从一个方向进行显示，不如从另一个方向显示更容易、更清晰。因此，对于板厚不等和管壁与底座的对接接头，应该选择适当的板（壁）厚过渡区。不同板厚的对接接头，外侧进行超声波检测时，必需的板厚过渡区和探头移动区最小尺寸，分别见图 2-57 和表 2-8；管壁与底座的对接接头以及管壁过渡区适宜于超声波检测的正确设计举例如图 2-58 所示。探头移动区最小尺寸见表 2-9。

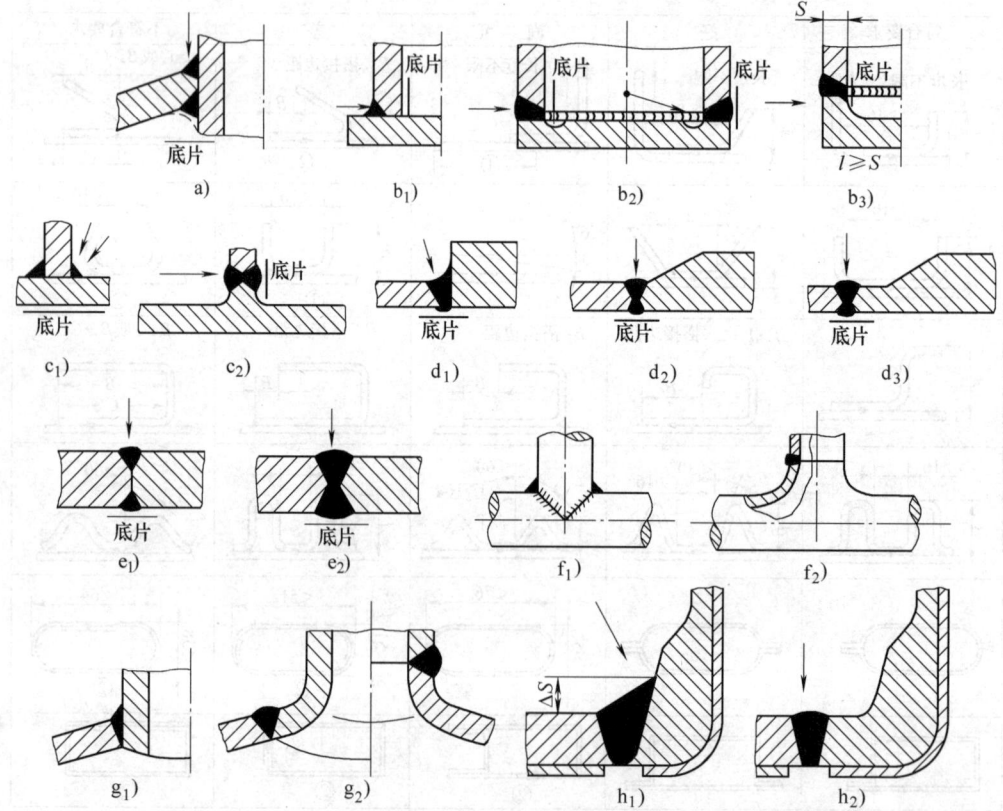

图 2-56　考虑射线检测的熔焊接头设计举例[14]

（每组图中左边不适宜，右边适宜，箭头指向为射线照射方向）

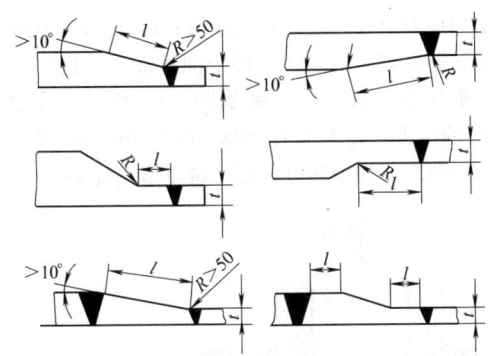

图 2-57　不同厚度对接接头超声波检测
的探头移动区[14]

表 2-8　不同厚度对接接头焊缝超声波检测
探头移动区最小尺寸[14]

板厚/mm		$10 \leq t < 20$	$20 \leq t < 40$	$t \geq 40$
探头折射角		70°	60°	45°,60°
探头移动区/mm	$l_{外面}$	$5.5t + 30$	$3.5t + 30$	$3.5t + 50$
	$l_{里面}$	$0.7l_{外面}$	$0.7l_{外面}$	$0.7l_{外面}$

表 2-9　压力容器筒体焊缝超声波检测
探头移动区最小尺寸[14]

板厚 t/mm	$R + l$	l	l_a
≤40	$1.5t$	$1.0t$	$3t$
>40	$1.0t$	$0.7t$	$2t$

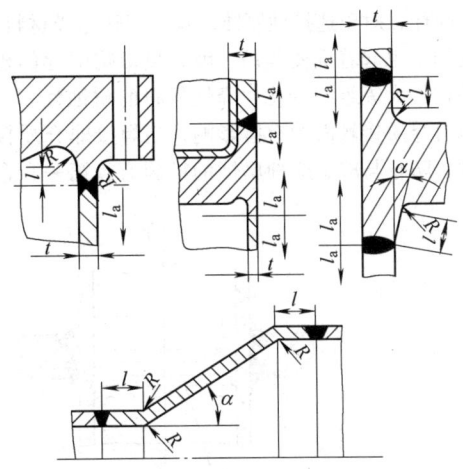

图 2-58　压力容器筒体焊接接头超声波检
测的探头移动区举例[14]

3. 考虑接头腐蚀的设计注意事项

腐蚀介质与金属表面直接接触时，在缝隙内和其他尖角处常常发生强烈的局部腐蚀。这种腐蚀与缝隙内和尖角处积存的少量静止溶液与沉积物有关，这种腐蚀称为缝隙腐蚀或沉积腐蚀。防止和减小这种腐蚀的措施：第一，力争采用对接焊，焊缝焊透，不采用单面焊根部有未焊透的接头；第二，要避免接头缝隙及接头区形成尖角和结构死区，要使液体介质能完全排放、便于清洗，防止固体物质在结构底部沉积。如图 2-59 所示，左边为不合理设计，右边为改进后的合理设计。

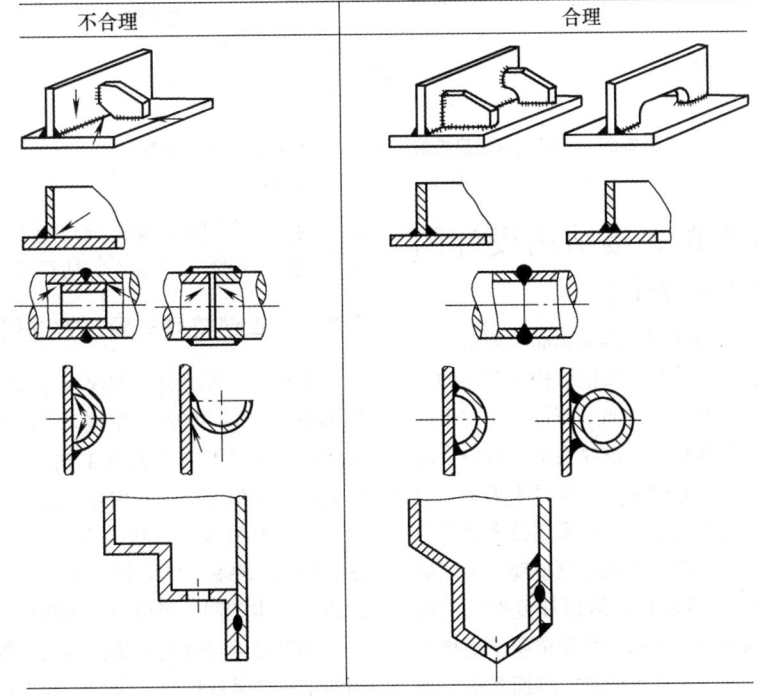

图 2-59　考虑缝隙腐蚀的接头合理与不合理的设计举例[14]

同样, 对于选择性腐蚀, 除了正确选择材料外, 焊接加工也起着重要作用, 因为热影响引起的析出和晶粒长大等组织变化, 降低材料的耐蚀性。为了避免对介质接触面的有害影响, 当焊接非介质接触面时, 防止与减少这种腐蚀的措施有: 第一, 合理选用焊接方法和相应的规范参数; 第二, 增加壁厚, 保证壁厚足够; 第三, 焊接中间过渡层。这类接头的正确与不正确设计举例如图 2-60 所示。其中图 2-60a 的改进措施为加大壁厚; 图 2-60b 的改进措施为加大壁厚或加中间过渡层, 避免薄壁烧穿。

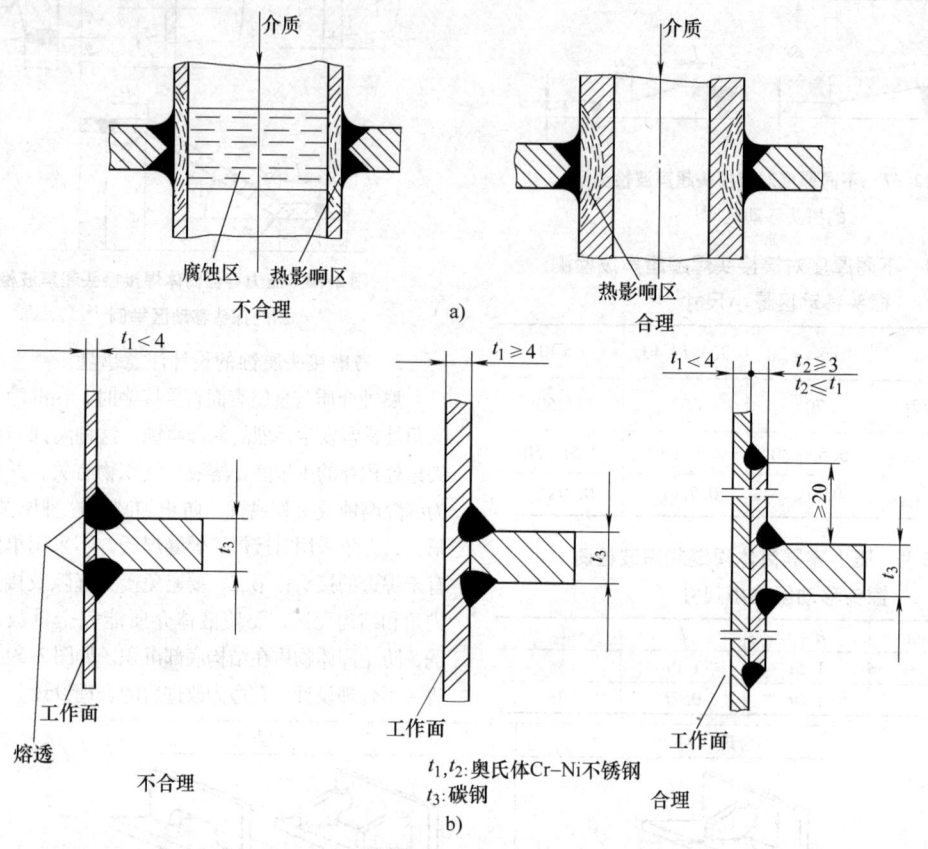

图 2-60　考虑选择性腐蚀的接头的正确与不正确设计举例[14]
a) 加大壁厚　b) 加大壁厚或加隔离层

2.7　焊接接头在焊接结构设计图样上的表示方法

设计人员为使自己设计的结构或制品由制造人员准确无误地加工制造出来, 就必须把结构或制品的施工技术条件在设计图样和设计说明书等设计文件上详尽地表述出来。对于焊接接头, 设计人员一般应采用有关标准规定的焊缝符号和焊接方法代号来表示, 当然也可以采用技术制图方法来表示。采用技术制图方法表示焊接接头的焊接加工要求和注意事项, 用图形或文字, 详细地加以说明是非常烦琐和复杂的。因此, 采用标准规定的各种代号和符号简单明了地指出焊接接头的类型、形状、尺寸、位置、表面状况、焊接方法以及与焊接有关的各项条件是非常必要的。为此, 我国有专门的国家标准规定了焊接结构设计图样上使用的焊缝符号、焊接方法代号及其表示方法。

2.7.1　焊缝符号与焊接方法代号

在我国, 焊缝符号和焊接方法代号分别由国家标准 GB/T 324—2008《焊缝符号表示法》和 GB/T 5185—2005《焊接及相关工艺方法代号》规定。我国的这两个国家标准与国际标准 ISO 2553: 1992《焊接、硬钎焊和软钎焊接头在图样上的表示方法》和 ISO 4063: 1998《焊接和相关工艺—工艺名称和参照代码》基本相同, 可以等效采用。

焊缝符号与焊接方法代号是供焊接结构图样上使用的统一符号或代号, 也是一种工程语言。世界各国的焊缝符号和焊接方法代号不尽相同, 设计人员应该掌握并在自己的设计实践中加以正确运用。

1. 焊缝符号

我国国家标准 GB/T 324—2008《焊缝符号表示法》规定的焊缝符号的表示规则适用于焊接接头的符号标注。

完整的焊缝符号包括基本符号、指引线、补充符号、尺寸符号及数据等。为了简化，在图样上标注焊缝时通常采用基本符号和指引线，其他内容一般在有关的文件中（如焊接工艺规程等）明确。

国标 GB/T 324—2008 规定了 20 种基本符号、5 种基本符号组合、10 种补充符号。焊缝基本符号是表示焊缝横截面形状的符号，见表 2-10。焊缝辅助符号是表示焊缝表面形状特征的符号，往往与基本符号配合使用，当对焊缝表面形状有明确要求时采用，不需要确切地说明焊缝表面形状时，则可以不用，见表 2-11。焊缝补充符号是为了补充说明某些特征而采用的符号，见表 2-12。

表 2-10　焊缝基本符号[11]

序号	名　称	示 意 图	符号	序号	名　称	示 意 图	符号
1	卷边焊缝（卷边完全熔化）		 八	12	点焊缝	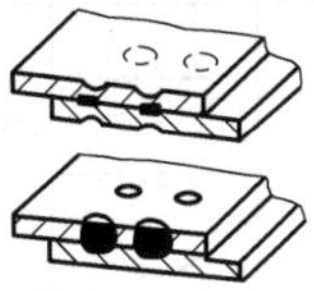	○
2	I 形焊缝	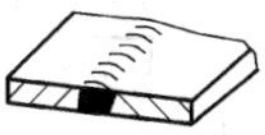	‖	13	缝焊缝	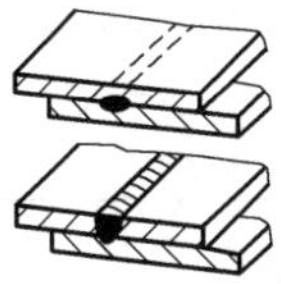	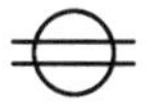 ⊖
3	V 形焊缝		V	14	陡边 V 形焊缝		⊻
4	单边 V 形焊缝		 ∨	15	陡边单 V 形焊缝	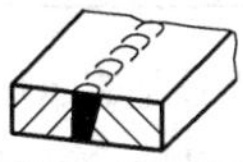	 ∥
5	带钝边 V 形焊缝		Y	16	端焊缝		‖‖
6	带钝边单边 V 形焊缝		Y	17	堆焊缝		 ⌒⌒
7	带钝边 U 形焊缝	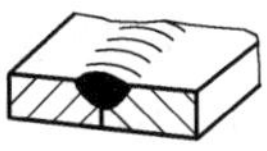	Y	18	平面连接（钎焊）	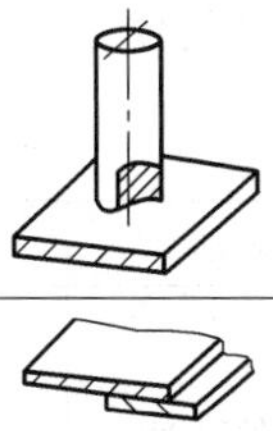	=
8	带钝边 J 形焊缝		Þ			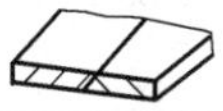	
9	封底焊缝		⌣	19	斜面连接（钎焊）		//
10	角焊缝		△				
11	塞焊缝或槽焊缝		⊓	20	折叠连接（钎焊）		⌇

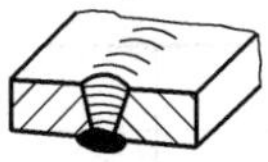

表 2-11　焊缝基本符号的组合[11]

序号	名　称	示 意 图	符号	序号	名　称	示 意 图	符号
1	双面 V 形焊缝（X 焊缝）	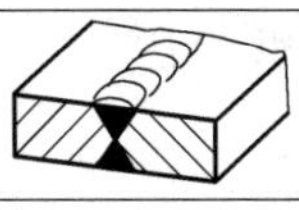	X	2	双面单 V 形焊缝（K 焊缝）	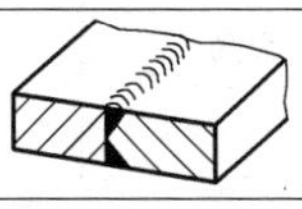	K

（续）

序号	名　称	示　意　图	符号	序号	名　称	示　意　图	符号
3	带钝边的双面V形焊缝		 Ⅹ	5	双面U形焊缝	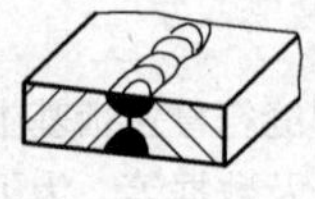	 ⅩⅩ
4	带钝边的双面单V形焊缝	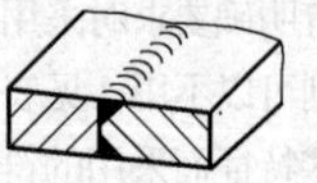	 Ⅹ				

表2-12　焊缝补充符号[11]

序号	名称	符号	说　明	序号	名称	符号	说　明
1	平面	───	焊缝表面通常经过加工后平整	6	临时衬垫	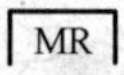 MR	衬垫在焊接完成后拆除
2	凹面	⌣	焊缝表面凹陷	7	三面焊缝	⊏	三面带有焊缝
3	凸面	 ⌢	焊缝表面凸起	8	周围焊缝	○	沿着工件周边施焊的焊缝标注位置为基准线与箭头线的交点处
4	圆滑过渡	 ⌣	焊趾处过渡圆滑	9	现场焊缝	▶	在现场焊接的焊缝
5	永久衬垫	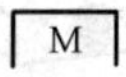 M	衬垫永久保留	10	尾部	 <	可以表示所需的信息

焊缝尺寸符号是表示坡口和焊缝各特征尺寸的符号。国标 GB/T 324—2008 中总共规定了 16 个尺寸符号。除前面提到的坡口尺寸符号外（见图 2-34），其余 10 个焊缝尺寸符号见表 2-13。

该标准附录 A（资料性附录）焊缝符号的应用示例中列出了基本符号的应用、补充符号应用示例、尺寸标注示例。焊缝尺寸标注示例见表 2-14。

2. 焊接方法代号

在焊接结构图样上，为简化焊接方法的标注和文字说明，可采用国家标准 GB/T 5185—2005《焊接及相关工艺方法代号》规定的用阿拉伯数字表示的金属焊接及钎焊等各种焊接方法的代号。该标准是对 GB/T 5185—1985《金属焊接及钎焊方法在图样上的表示代号》的修订，增加了新型的焊接方法，删除了一些陈旧、落后的焊接方法，常用主要焊接方法的代号摘列于表 2-15。

表2-13　焊缝尺寸符号[11]

符号	名称	示　意　图	符号	名称	示　意　图
δ	工件厚度	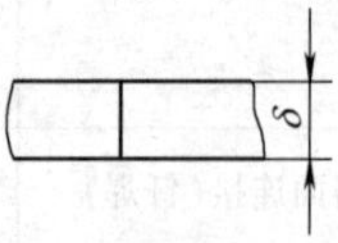	l	焊缝长度	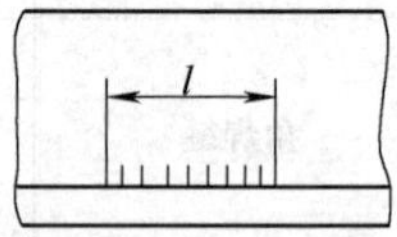
c	焊缝宽度	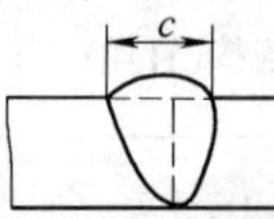	n	焊缝段数	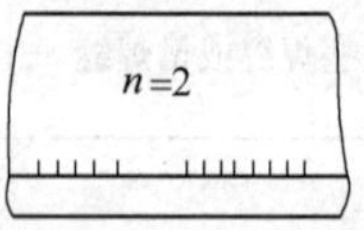 $n=2$
h	余高	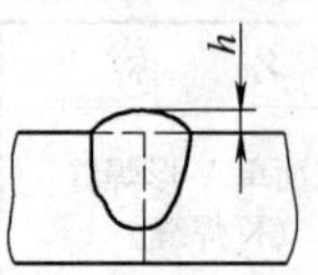	e	焊缝间距	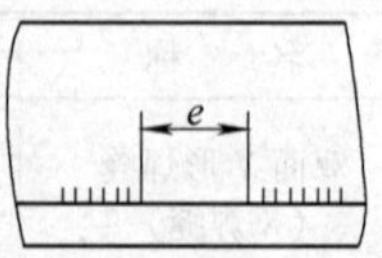

（续）

符号	名称	示　意　图	符号	名称	示　意　图
K	焊脚尺寸	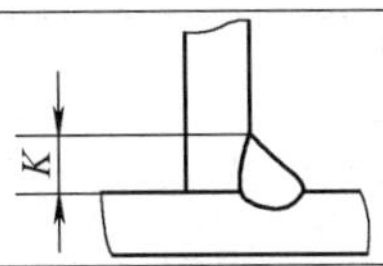	S	焊缝有效厚度	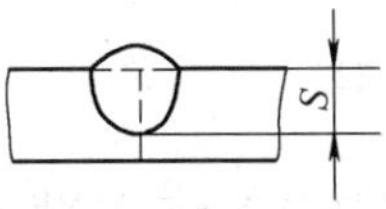
d	熔核直径	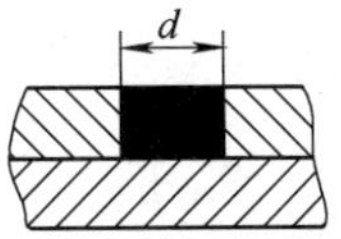	N	相同焊缝数量符号	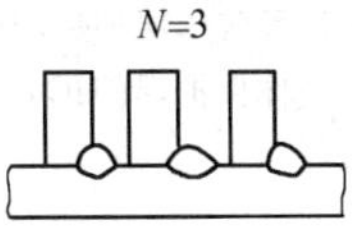 $N=3$

表 2-14　焊缝尺寸的标注示例[11]

序号	名称	示　意　图	尺寸符号	标注方法
1	对接焊缝	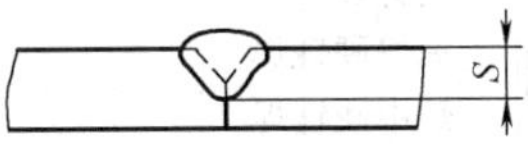	S:焊缝有效厚度	
2	连续角焊缝	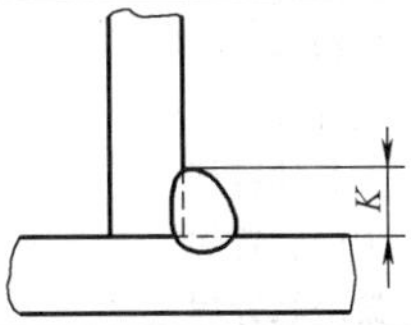	K:焊脚尺寸	
3	断续角焊缝	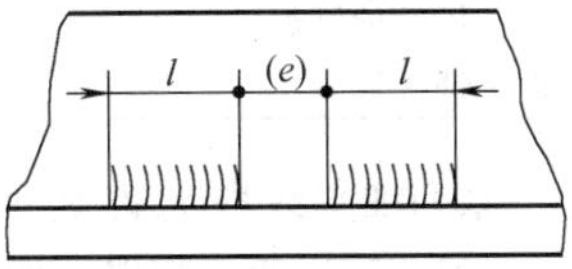	l:焊缝长度； e:间距； n:焊缝段数； K:焊脚尺寸	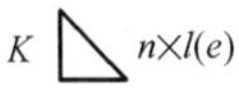
4	交错断续角焊缝	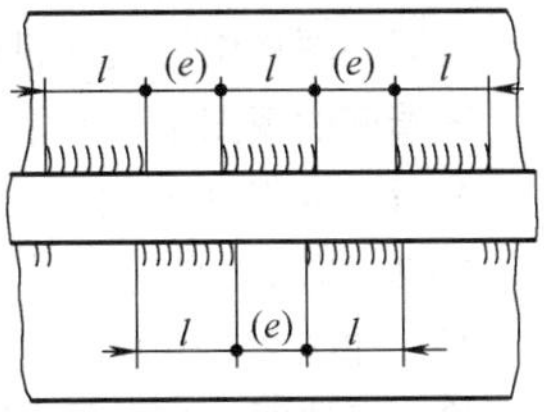	l:焊缝长度； e:间距； n:焊缝段数； K:焊脚尺寸	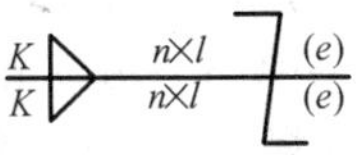
5	塞焊缝或槽焊缝	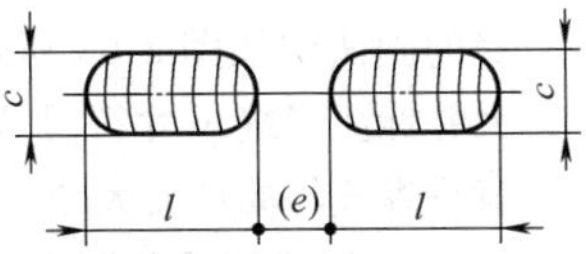	l:焊缝长度； e:间距； n:焊缝段数； c:槽宽	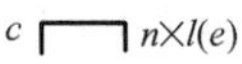
		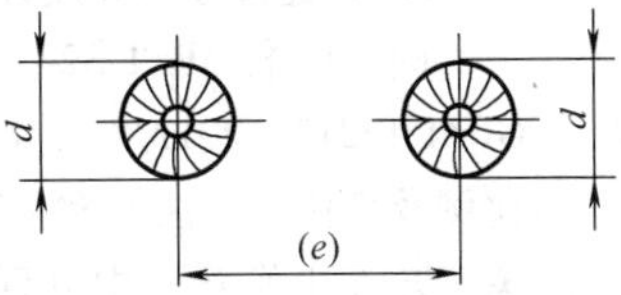	e:间距； n:焊缝段数； d:孔径	
6	点焊缝	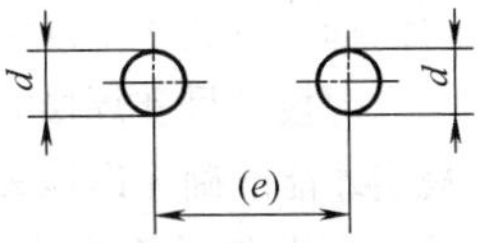	n:焊点数量； e:焊点距； d:熔核直径	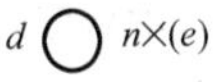
7	缝焊缝	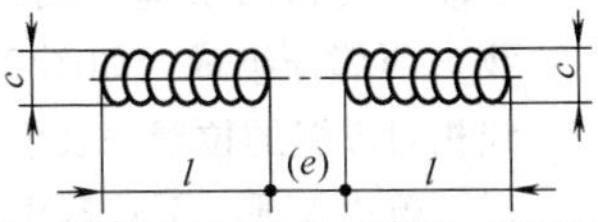	l:焊缝长度； e:间距； n:焊缝段数； c:焊缝宽度	

表 2-15　常用焊接方法代号[11]

焊接方法名称	焊接方法	焊接方法名称	焊接方法
电弧焊	1	扩散焊	4 5
焊条电弧焊	1 1 1	冷压焊	4 8
埋弧焊	1 2	其他焊接方法	7
熔化极惰性气体保护焊(MIG)	1 3 1	铝热焊	7 1
熔化极非惰性气体保护焊(MAG)	1 3 5	电渣焊	7 2
钨极惰性气体保护焊(TIG)	1 4 1	气电立焊	7 3
等离子弧焊	1 5	激光焊	7 5 1
电阻焊	2	电子束焊	7 6
点焊	2 1	储能焊	7 7
缝焊	2 2	螺柱焊	7 8
凸焊	2 3	硬钎焊、软钎焊、钎接焊	9
闪光焊	2 4	硬钎焊	9 1
电阻对焊	2 5	火焰硬钎焊	9 1 2
高频电阻焊	2 9 1	炉中硬钎焊	9 1 3
气焊	3	盐浴硬钎焊	9 1 5
氧-燃气焊	3 1	扩散硬钎焊	9 1 9
氧-乙炔焊	3 1 1	软钎焊	9 4
氧-丙烷焊	3 1 2	火焰软钎焊	9 4 2
压焊	4	炉中软钎焊	9 4 3
超声波焊	4 1	盐浴软钎焊	9 4 5
摩擦焊	4 2	扩散软钎焊	9 4 9
爆炸焊	4 4 1	钎接焊	9 7

标准规定：需要对某种工艺方法做完整的标注时，应采用完整的标注方法，即"工艺方法 + 标准编号 + 工艺方法代号"，如"摩擦焊方法"可标注为"工艺方法 GB/T 5185-42"。在不会产生误解的情况下，一般可采用简化的方法标注，仅标注代号，如"摩擦焊方法"可采用"42"表示。

2.7.2　焊接接头在图样上的表示方法

在技术图样上，如何正确地表示焊接接头，我国国家标准 GB/T 12212—2012《技术制图　焊缝符号的尺寸、比例及简化表示法》中有详细而明确的规定，焊接设计人员应该熟悉并按这些规定制图。按照该项国家标准规定，在技术图样中，一般按 GB/T 324—2008《焊缝符号表示法》规定的焊缝符号表示焊缝，也可以按 GB/T 4458.1—2002《机械制图　图样画法》和 GB/T 4458.3—2013《机械制图　轴测图》规定的制图方法表示焊缝。

1. 焊缝的图示法

国家标准 GB/T 12212—2012《技术制图　焊缝符号的尺寸、比例及简化表示法》规定，需要在图样中简易地绘制焊缝时，可用视图、剖视图或断面图表示，也可以用轴测图示意地表示。焊缝视图的画法如图 2-61 所示，图 2-61a 和图 2-61b 中表示焊缝的一

系列细实线段允许徒手绘制，也允许采用粗实线（2b～3b）表示焊缝，如图 2-61c 所示。但必须指出，在同一图样中，通常只允许采用一种画法。在表示焊缝端面的视图中，通常用粗实线绘出焊缝的轮廓。必要时，可用细实线画出焊接前的坡口形状等，如图 2-62a 所示。在剖视图或剖面图上，通常将焊缝区涂黑，如图 2-62b 所示。若同时需要表示坡口等的形状，可按图 2-62c 所示绘制。用轴测图示意地表示焊缝的画法则如图 2-63 所示。必要时可将焊缝部位放大并标注焊缝尺寸符号或数字，如图 2-64 所示，这就是焊缝的局部放大图，在焊接结构图中经常采用。

2. 焊缝符号和焊接方法代号的标注方法

国家标准 GB/T 324—2008《焊接符号表示法》、GB/T 12212—2012《技术制图　焊接符号的尺寸、比例及简化表示法》和 GB/T 5185—2005《焊接及相关工艺方法代号》中分别对焊缝符号和焊接方法代号的标注方法作了规定，并列举了大量的标注示例。

焊接符号和焊接方法代号必须通过指引线及有关规定才能准确无误地表示焊缝。指引线一般由带箭头的箭头线和两条基准线（一条为实线，另一条为虚线）两部分组成，如图 2-65 所示。标准规定，箭头线相对焊缝的位置一般没有特殊要求，但是在标注 V 形、单边 V 形、J 形等开坡口的焊缝时，箭头应指向

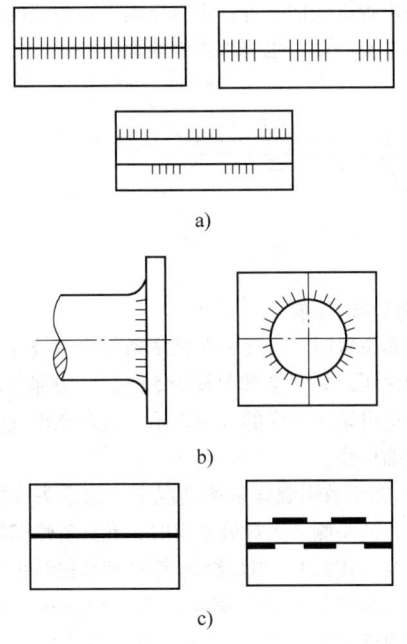

a)

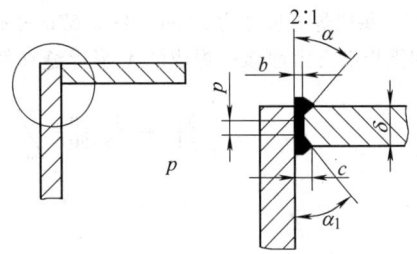

图 2-64 焊缝的局部放大图[13]

图 2-61 焊缝视图的画法[13]

b)

c)

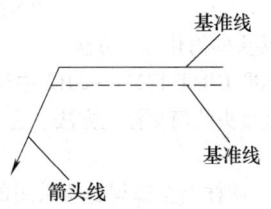

图 2-65 标注焊缝的指引线[11]

可与底边相垂直。如果焊缝和箭头线在接头的同一侧，则将焊缝基本符号标注在基准线的实线侧；相反，如果焊缝和箭头线不在接头的同一侧，则将焊缝基本符号标注在基准线的虚线侧。此外，标准还规定，必要时焊缝基本符号可附带有尺寸符号及数据，其标注原则如图 2-66 所示。这些原则有：

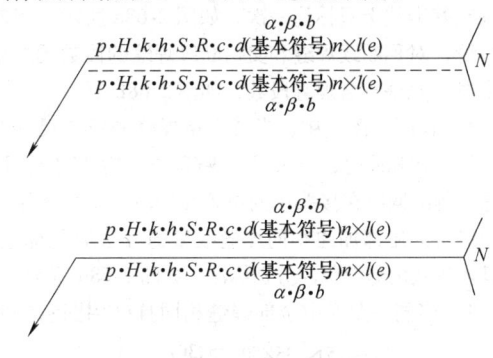

图 2-66 焊缝尺寸符号及数据的标注原则[11]

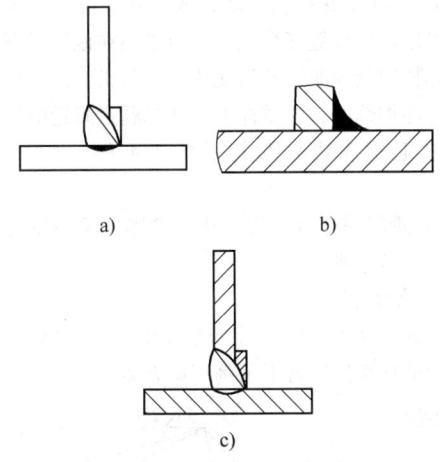

a)   b)

c)

图 2-62 焊缝端面视图、剖视图和剖面图画法[13]

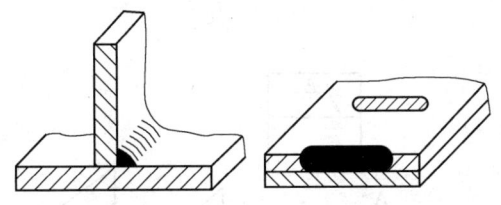

图 2-63 轴测图上焊缝的画法[13]

带有坡口一侧的工件。必要时允许箭头线弯折一次。基准线的虚线可以画在基准线的实线上侧或下侧，基准线一般应与图样的底边相平行，但在特殊条件下亦

1）焊缝横截面上的尺寸标注在基本符号的左侧。

2）焊缝长度方向的尺寸标注在基本符号的右侧。

3）坡口角度、坡口面角度、根部间隙等尺寸标注在基本符号的上侧或下侧。

4）相同焊缝数量符号标注在尾部。

5）当需要标注的尺寸数据较多又不易分辨时，可在数据前面增加相应的尺寸符号。

焊缝符号和焊接方法代号的标注原则举例如图 2-67 所示。图 2-67a 表示 T 形接头交错断续角焊缝，焊脚尺寸为 5mm，相邻焊缝的间距为 30mm，焊缝段

数为 35，每段焊缝长度为 50mm。图 2-67b 表示对接接头周围焊缝。由埋弧焊焊成的 V 形焊缝在箭头一侧，要求焊缝表面平齐；由焊条电弧焊焊成的封底焊缝在非箭头一侧，也要求焊缝表面平齐。

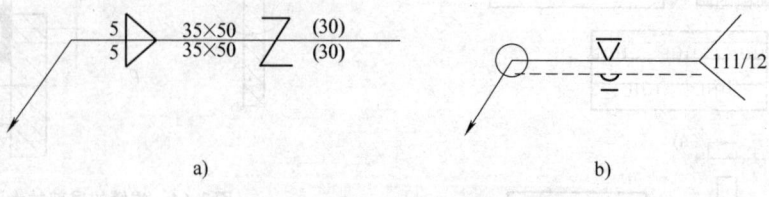

图 2-67　焊缝符号、焊接方法代号的标注举例

3. 焊接接头的简化标注方法

在国家标准 GB/T 12212—2012 中还规定了某些情况下，焊接接头的简化标注方法。这些简化标注方法有：

1）当同一图样上全部焊缝所采用的焊接方法完全相同时，焊缝符号尾部表示焊接方法的代号可省略不注，但必须在技术要求或其他技术文件中注明"全部焊缝均采用……焊"等字样；当大部分焊接方法相同时，也可在技术要求或其他技术文件中注明"除图样中注明的焊接方法外，其余焊缝均采用……焊"等字样。

2）在焊缝符号中标注交错对称焊缝的尺寸时，允许在基准线上只标注一次，如图 2-68a 所示。当断续焊缝、对称断续焊缝和交错断续焊缝的段数无严格要求时，允许省略焊缝段数，如图 2-68b 所示。

3）在同一图样中，当若干条焊缝的坡口尺寸和焊缝符号均相同时，可采用图 2-68c 的方法集中标注；当这些焊缝同时在接头中的位置相同时，也可采用在焊缝符号的尾部加注相同焊缝数量的方法简化标注，但其他形式的焊缝仍需分别标注，如图 2-68d 所示。

4）当同一图样中全部焊缝相同且已用图示法明确表示其位置时，可统一在技术条件中用符号表示或用文字说明，如"全部焊缝为 5 ◁"；当部分焊缝相同时，也可采用同样的方法表示，但剩余焊缝应在图样中明确标注。

5）在不致引起误解的情况下，当箭头线指向焊缝，而非箭头侧又无焊缝要求时，允许省略非箭头侧的基准线（虚线）；当焊缝长度的起始和终止位置明确（已由构件的尺寸等确定）时，允许在焊缝符号中省略焊缝长度标注。这两种情况的简化标注如图 2-68e 所示。

6）为了简化标注方法，或者标注位置受到限制时，可以标注焊缝简化代号，但必须在该图样下方或在标题栏附近说明这些简化代号的意义。当采用简化代号标注焊缝时，在图样下方或标题栏附近的代号应是图形上所注代号和符号的 1.4 倍，如图 2-68f 所示。

7）现场符号也允许简化，涂黑三角小旗可简化为空白三角小旗，如图 2-68g 所示。

4. 综合标注示例

焊缝的视图、剖视图画法和焊缝符号及焊缝位置的尺寸简化标注法若干示例，见表 2-16。

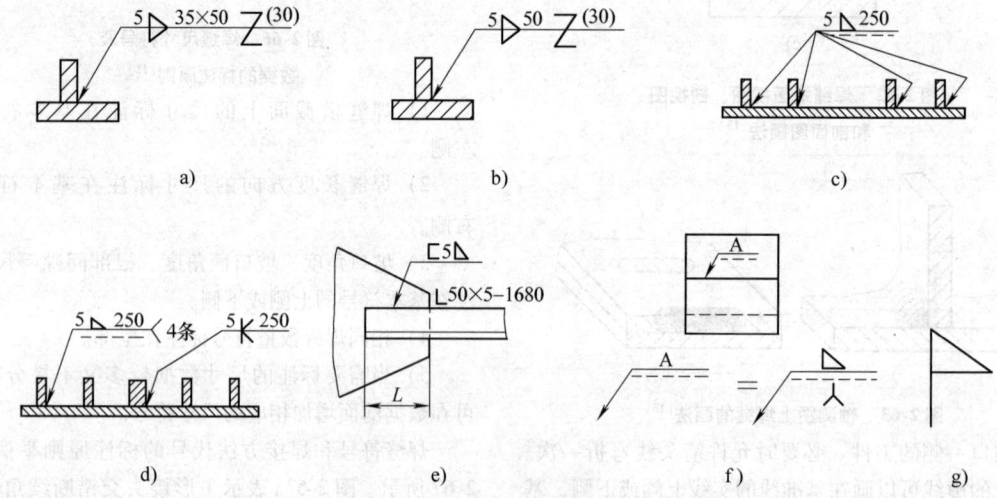

图 2-68　焊接接头的简化标注法[11]

表 2-16 焊缝画法和简化注法综合示例[13]

序号	视图或剖视图画法示例	焊缝符号及定位尺寸简化注法示例	说明
1	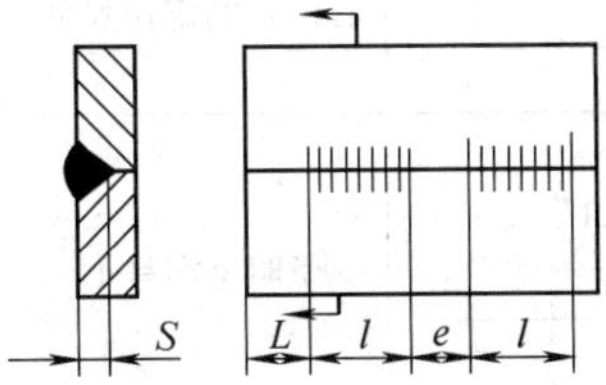	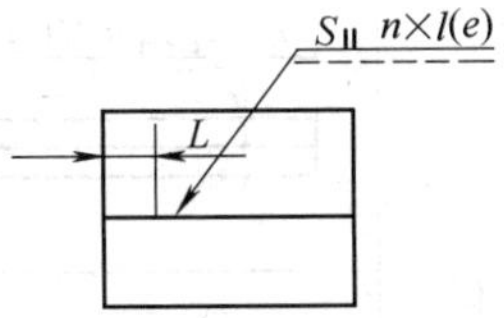	断续 I 形焊缝在箭头侧:其中 L 是确定焊缝起始位置的定位尺寸
		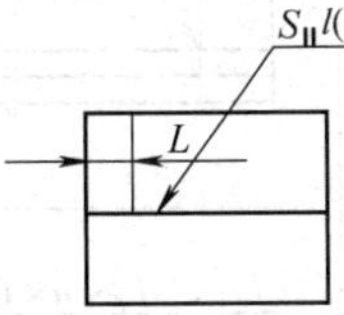	焊缝符号标注中省略了焊缝段数和非箭头侧的基准线(虚线)
2	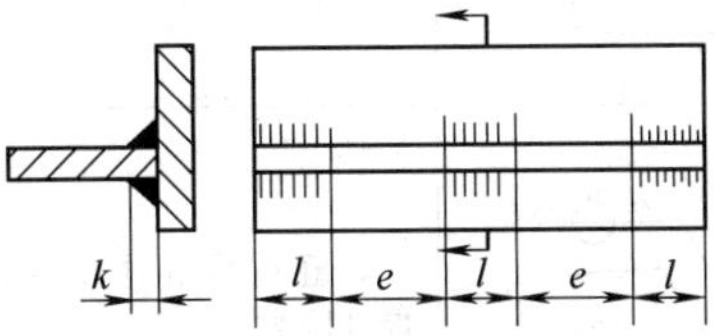	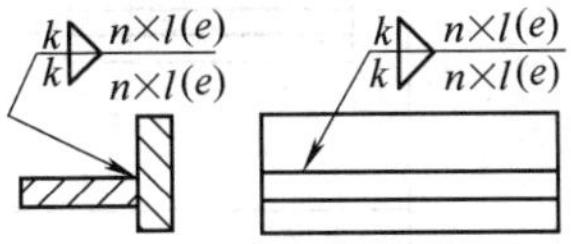	对称断续角焊缝,构件两端均有焊缝
		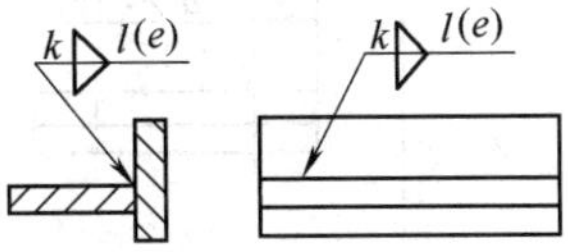	焊缝符号标注中省略了焊缝段数;焊缝符号中的尺寸只在基准线上标注一次
3	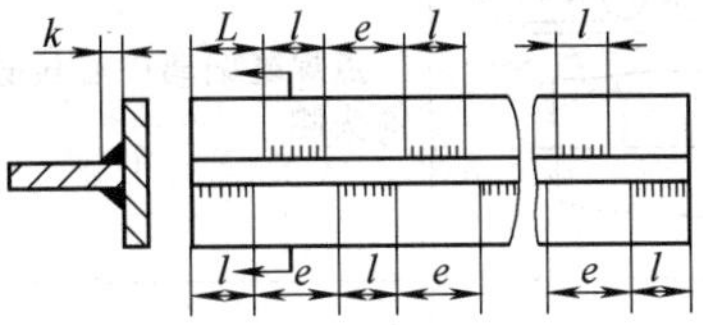	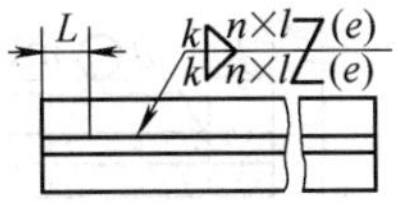	交错断续角焊缝:其中 L 是确定箭头侧焊缝起始位置的定位尺寸;工件在非箭头侧两端均有焊缝
		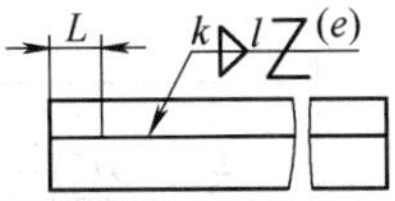	说明见序号 2
4	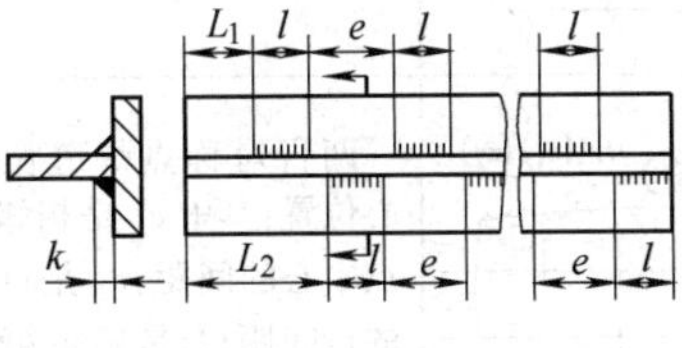	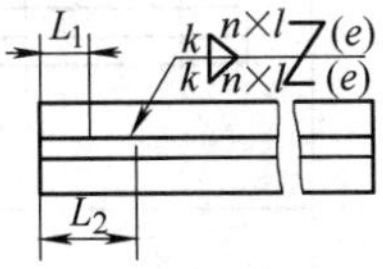	交错断续角焊缝:其中 L_1 是确定箭头侧焊缝起始位置的定位尺寸;L_2 是确定非箭头侧焊缝起始位置的定位尺寸
		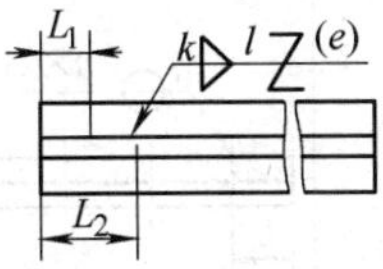	说明见序号 2
5	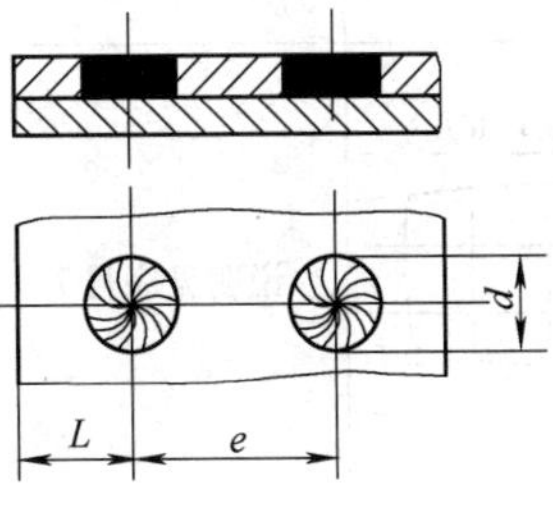	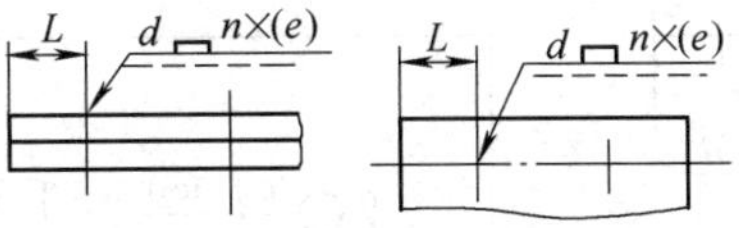	塞焊缝在箭头侧:其中 L 是确定焊缝起始孔中心位置的定位尺寸
		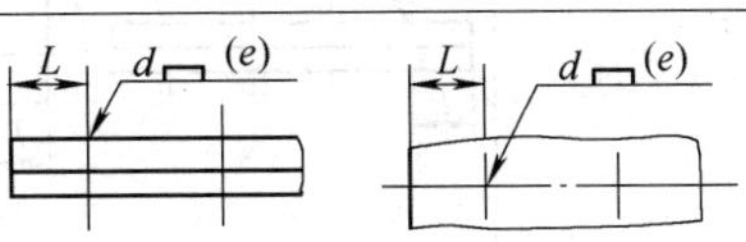	说明见序号 1

（续）

序号	视图或剖视图画法示例	焊缝符号及定位尺寸简化注法示例	说明
6	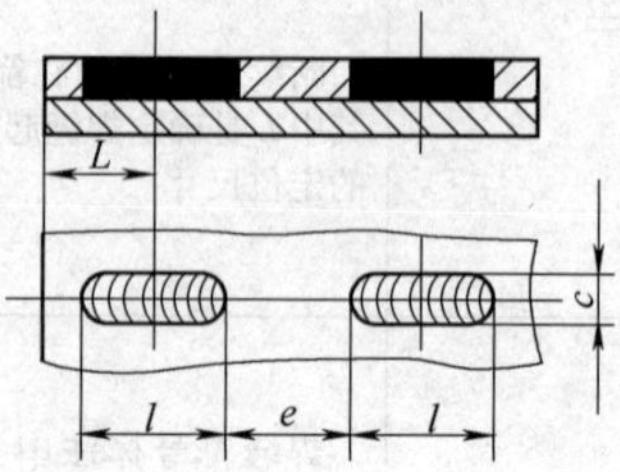	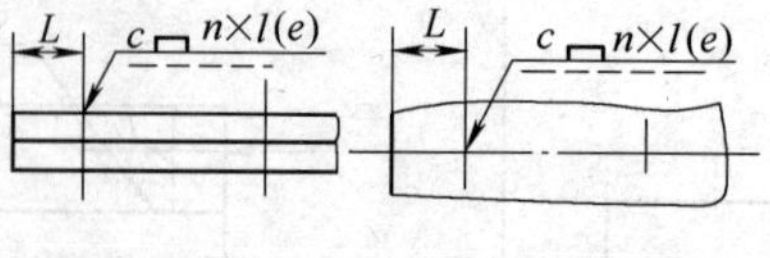	槽焊缝在箭头侧:其中 L 是确定焊缝起始槽对称中心位置的定位尺寸
		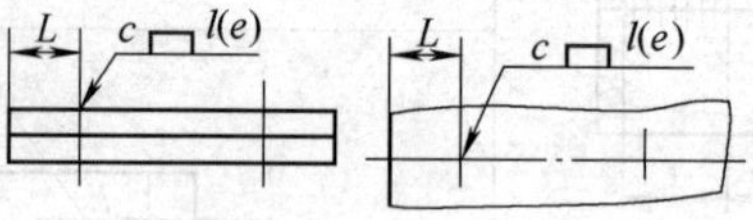	说明见序号1
7	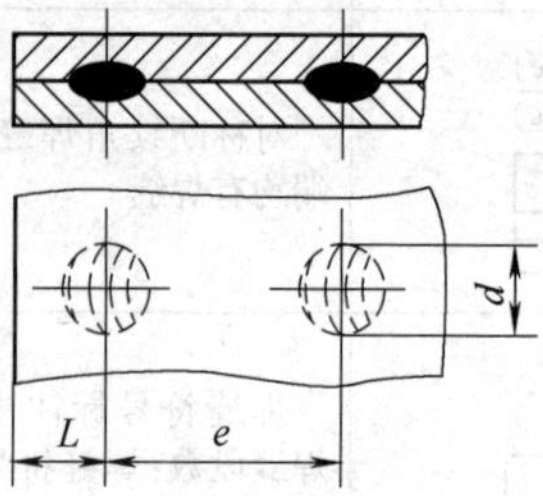	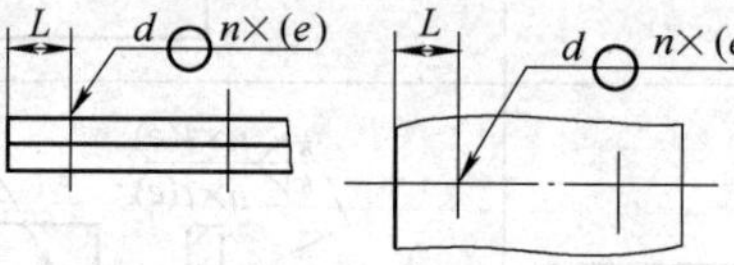	点焊缝位于中心位置:其中 L 是确定焊缝起始焊点中心位置的定位尺寸
		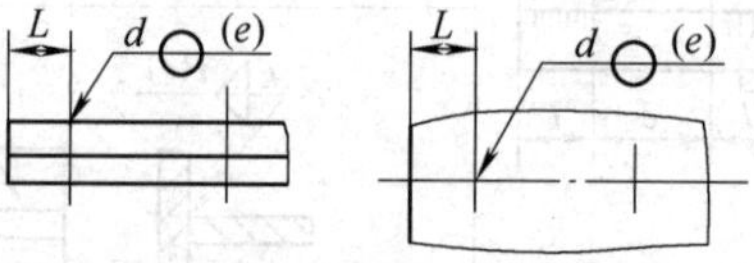	焊缝符号标注中省略了焊缝段数
8	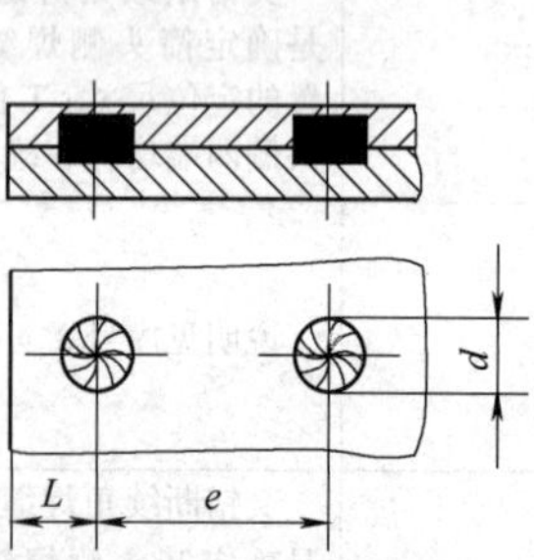	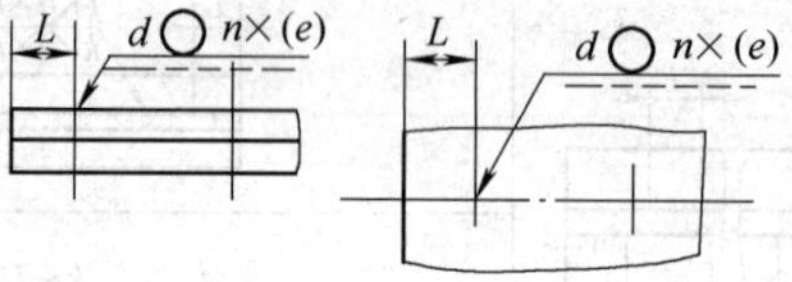	点焊缝偏离中心位置,在箭头侧
		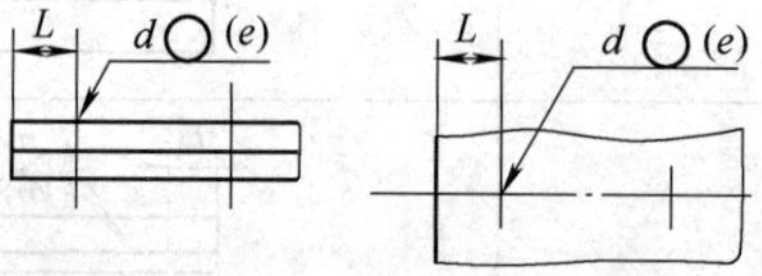	说明见序号1
9	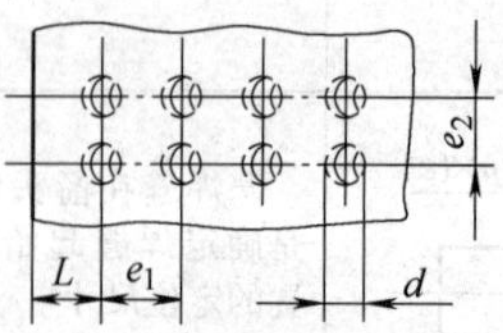	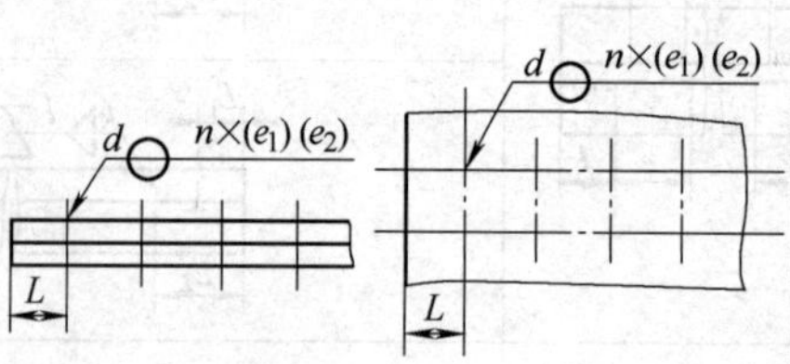	两行对称点焊缝位于中心位置:其中 e_1 是相邻两焊点中心的间距;e_2 是点焊缝的行间距;L 是确定第一列焊点起始焊点中心位置的定位尺寸
		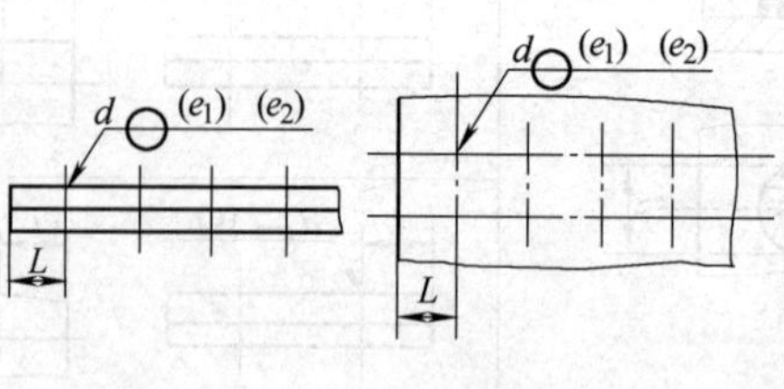	说明见序号7

（续）

序号	视图或剖视图画法示例	焊缝符号及定位尺寸简化注法示例	说明
10	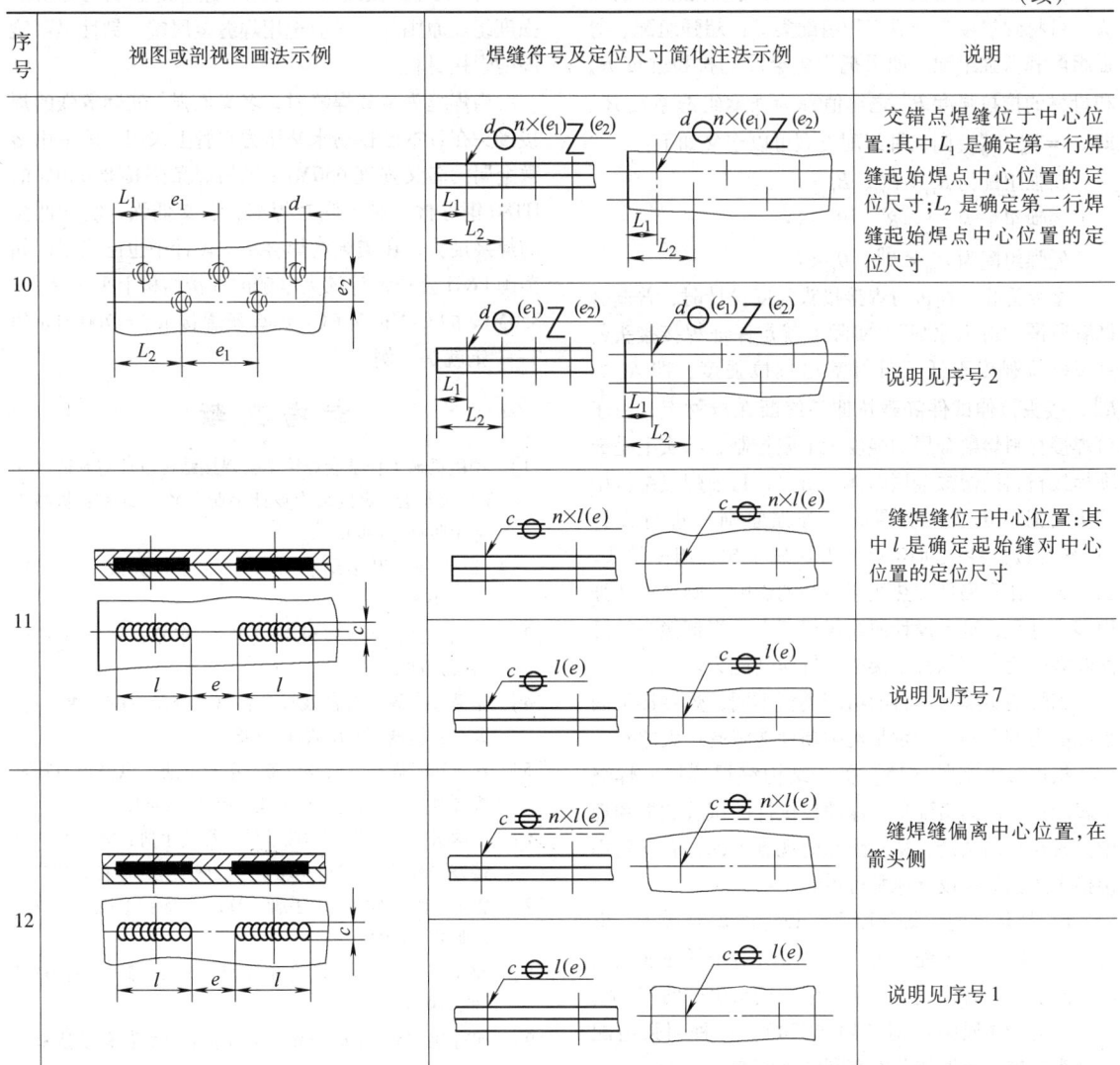		交错点焊缝位于中心位置：其中 L_1 是确定第一行焊缝起始焊点中心位置的定位尺寸；L_2 是确定第二行焊缝起始焊点中心位置的定位尺寸
			说明见序号 2
11			缝焊缝位于中心位置：其中 l 是确定起始缝对中心位置的定位尺寸
			说明见序号 7
12			缝焊缝偏离中心位置，在箭头侧
			说明见序号 1

注：1. 各图中 L、L_1、L_2、l、e、e_1、e_2、S、d、c、n 等是尺寸代号，在图样中应标出具体数值。
　　2. 在焊缝符号标注中省略焊缝段数和非箭头侧的基准线（虚线）时，必须认真分析，不得产生误解。

2.8 相关知识链接——结构钢焊接接头的强韧性匹配设计原则[15、16]

焊接接头承载能力取决于焊缝金属与母材的合理组配、接头几何的正确选择设计以及理想的焊接工艺。在接头几何设计和工艺条件一定的情况下，焊接接头的承载能力尤其是在焊缝中存在初始裂纹或类裂纹缺欠时的断裂强度，主要取决于焊缝金属与母材的组配情况。

众所周知，焊接材料的强度等级是根据其熔敷金属静载拉伸试样的试验结果来划分的，某一强度等级的焊接材料要求其熔敷金属的抗拉强度最小值大于或等于某一规定强度值，没有上限控制。例如，E50 系列焊条要求其熔敷金属的抗拉强度≥500MPa。这就是焊接材料的名义强度，其实际强度因不同的生产厂家、不同批号而不同，但都高于最小值，往往要高出一个强度级别。例如 E50 系列焊条，其熔敷金属抗拉强度一般在 550～580MPa。焊缝金属的名义强度是由选用的焊接材料的强度等级表示的，但焊缝金属的实际强度与焊接材料熔敷金属的实际强度又不是一回事，它还受与之组配的母材成分及焊接工艺因素的影响，即受焊缝中母材的熔合比和焊接冷却速度的影响。因此，在讨论不同组配接头的断裂强度时，区分焊缝金属的名义强度和实际强度是十分必要的。

根据不同强度的焊缝金属与母材组配形成的接头，可将焊接接头分成三种组配类型：超强组配、等强组配和低强组配。如果把焊缝金属的抗拉强度 R_m^w 和母材的抗拉强度 R_m^B 之比值称为强度组配系数 B_r，即 $B_r = R_m^w / R_m^B$，则三种组配类型可以定义如下：

超强组配为 $R_m^w > R_m^B$，$B_r > 1$；

等强组配为 $R_m^w \approx R_m^B$，$B_r \approx 1$；

低强组配为 $R_m^w < R_m^B$，$B_r < 1$。

迄今为止，在进行焊接接头强度设计时，普遍遵循着所谓"等强原则"，实际上就是保证焊接接头的室温抗拉强度不低于母材室温抗拉强度，即 $R_m^j \geq R_m^B$，接头拉伸试件静载拉伸最终断在母材上。由于对焊接材料熔敷金属的强度无上限控制，事实上是鼓励焊接材料的熔敷金属高强。所以，目前焊接结构中接头的强度虽然按所谓的"等强原则"进行设计（选择焊接材料），但实际上普遍属于超强组配接头。加上熔合比和局部加热快速冷却的影响，则往往超强很多。并且，这个设计原则仅仅考虑了焊接接头的延性断裂强度，而忽视了接头的抗脆断能力。

因焊缝金属与母材的组配类型不同，焊接接头的承载能力则不同，特别是抗脆断性能将有很大差别。

根据参考文献［15］关于结构钢焊接接头焊缝金属和母材不同组配接头深缺口试件的试验数据和理论分析得出的结论，从防脆断的观点考虑，有下列焊接接头的强韧性设计原则可供参考：

1）按传统的"等强原则"设计的焊接接头，事实上为实际超强组配接头，这种接头对于低屈强比钢（如 Q345）具有比其他类型的组配接头更好的抗脆断性能，对于高屈强比钢（如 HQ70），这种超强组配对接头的抗脆断性能并不有利，反而有害。

2）对于低屈强比钢，虽然超强组配接头有更高的断裂强度，但由于焊接材料的强度级别越高，其焊接性越差，所以超强组配将对焊接工艺性带来不利影响，增加焊接的困难；对于高屈强比钢，虽然低强组配接头有利于改善焊接工艺性，但又受到谋求满意的断裂强度的制约。所以综合考虑，采用"实际等强"原则进行焊接接头的强韧性设计和选用焊接材料，将更加合理，可以达到焊接工艺性和使用可靠性兼优的目的。

3）按"实际等强"原则进行接头强韧性设计和选择焊接材料较为合理。对于高屈强比钢焊接接头的设计贯彻"实际等强"原则尤为重要，焊缝过分超强或过分低强均不理想。

4）设计焊接接头除考虑上述焊缝金属与母材的强度组配原则外，还应选用焊缝金属塑、韧性尽可能高的焊接材料。

当焊缝为承载焊缝时，名义低强、实际等强的焊接接头在日本已在扬水站压力水管上采用，即采用熔敷金属的名义强度 650MPa 级的焊条焊接 800MPa 的 HT80 钢母材。对于联系焊缝，名义低强、实际低强的焊接接头，在美国的焊接结构设计中也已采用，如美国 P&H 公司设计的大电铲的焊接结构上采用 $R_{eL} \approx$ 350MPa 的 C-Mn 钢 CO_2 焊焊丝焊接 $R_{eL} \approx 700$MPa 的 T—1 钢就是一例。

参 考 文 献

［1］ 中国机械工程学会焊接学会焊接结构设计与制造（XV）委员会. 焊接结构设计手册［M］. 北京：机械工业出版社，1990.

［2］ 田锡唐. 焊接结构［M］. 北京：机械工业出版社，1982.

［3］ 溶接学会. 溶接便览［M］. 东京：丸善株式会社，1977.

［4］ 毕慧琴. 焊接方法及设备：第二分册　电阻焊［M］. 北京：机械工业出版社. 1981.

［5］ 沈世瑶. 焊接方法及设备：第三分册　电渣焊与特种焊［M］. 北京：机械工业出版社，1982.

［6］ 中国机械工程学会焊接学会. 焊接手册：第 1 卷　焊接方法及设备［M］. 北京：机械工业出版社，1992.

［7］ 曾乐. 现代焊接技术手册［M］. 上海：上海科学技术出版社，1993.

［8］ 波音飞机公司. 焊接和钎焊［M］. 国外航空编辑部，1975.

［9］ 印有胜. 钎焊手册［M］. 哈尔滨：黑龙江科学技术出版社，1989.

［10］ 太田省三郎，等. 溶接構造物の設計と基準［J］. 産報出版，1978，12.

［11］ GB/T 324—2008《焊缝符号表示法》

［12］《船舶焊接手册》编写委员会. 船舶焊接手册［M］. 北京：国防工业出版社. 1995.

［13］ 王之熙，许杏根. 简明机械设计手册［M］. 北京：机械工业出版社，1997，10.

［14］ J Ruge. Hand buch der Schweiβtechnik Band Ⅲ konstruktive Gestaltung der Bauteile. Springerverlag Berlin Heidelberg NEW YORK Tokyo, 1985.

［15］ 严鸢飞，等. 钢焊接接头的强韧性设计原则的研究［J］. 机械工程学报，1996，6.

第3章 焊接接头的力学性能

作者 陈怀宁 审者 李晓延

考查能否保证焊接结构的安全运行，在要求的期限内达到设计功能的最直接、最可靠的方法是观察结构的实际运行。但这个方法在时间和物质消耗两方面都是最不经济的，因此提出了许多模拟试验方法，其中最基本的是在不同环境中（或经不同环境使用后）的材料力学性能试验。严格而论，除部分腐蚀和功能试验外，大多数的模拟试验均属力学性能试验。但传统上只把在常压及一定温度范围进行的与超载变形、断裂和脆断有关的力学性能称为材料和焊接接头的力学性能。断裂力学出现前，经常把拉伸、弯曲和冲击试验所测取的材料性能称为材料的基本力学性能（常常也包括硬度试验）。随着断裂力学的发展及其在工程中进行安全评估的应用日益普遍，断裂韧度与脆断试验也常常作为焊接接头的重要力学性能加以考虑。为避免与其他章节重复，本章仅给出此方面性能的一些基本概念和一般测试方法。

焊接接头力学性能的测试及用其作为强度设计的依据和进行安全评估比较复杂，主要原因是焊接接头形状不连续性、焊接缺欠、焊接残余应力、焊接变形以及焊接接头各区的组织结构和性能的不均匀性。本章内容不涉及各区的组织结构和安全评估，在此简单分析一下焊接接头力学性能不均匀性的特点。图3-1给出了两种典型结构钢（低碳钢和调质钢）超强匹配（即焊缝强度高于母材）焊接接头各区强度、塑性和韧性分布示意图，可见其各区性能有显著的不均匀性。对于异质材料焊接接头，除上述力学性能不均匀外，接头各部分的其他物理性能（例如弹性模量等）有时也可能存在较大差别。这些都经常导致焊接接头力学性能测试结果的较大分散性，甚至对相同接头，由于测试细节上的不同，不同测试者之间也可能得出具有显著差别的试验结果。本章以下各节将针对焊接接头这个特点，阐述各种常见的接头力学性能的测试方法和特点。

3.1 焊接接头的力学性能及测试

3.1.1 力学性能试样取样的一般原则

正确进行试样取样是关系力学性能试验最终结果是否正确合理的首要条件，因而掌握取样的一般原则十分重要。这里给出熔化焊接头的冲击、拉伸、弯

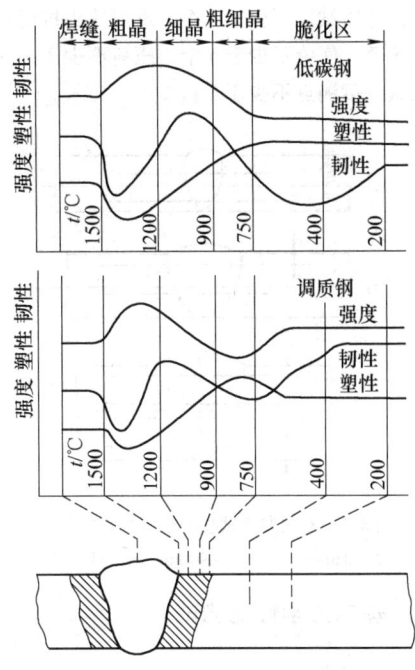

图3-1 焊接接头力学性能不均匀性示意图[1]

曲、硬度等试样取样的一般要点，详细的焊接接头取样方法请参考国标 GB/T 2650—2008 ~ GB/T 2654—2008 等。

由于试样常常是从焊接试板上切取，因此焊接试板尺寸必须满足相应要求，表3-1给出了不同厚度试板的单边宽度尺寸，试板长度则应根据试样尺寸、数量、切割方法等统一考虑。试板两端不能利用的长度一般根据试板厚度考虑，但最小应不低于25mm。

表3-1 取样用焊接试板的最小宽度要求

试板厚度/mm	试板单边宽度/mm
≤10	≥80
>10 ~ 24	≥100
>24 ~ 50	≥150
>50	≥200

试样切取可采用冷加工或热加工的方法，但采用热加工方法时，应注意留有足够的加工余量，保证火焰切割时的热影响区不能影响性能试验结果。如切取的试样发生弯曲变形，除非受试部位不受影响或随后要进行正火等热处理，否则一般都不允许矫直。

对于进行不同力学性能试验的试样，其取样方法

也有不同要求，图 3-2 给出了不同厚度的电弧焊冲击试样的取样方法，图中 a 为试板厚度，c 为至表面距离，其值为 1～3mm。其余试样的取样方法参见 GB/T 2650—2008～GB/T 2654—2008。如无特殊要求，试样的数量一般是：接头和焊缝金属的拉伸试样各不少于 2 个，冲击试样不少于 3 个，点焊接头抗剪切试样不少于 5 个，疲劳不少于 6 个，压扁不少于 1 个，接头各区域硬度测点不少于 3 点。

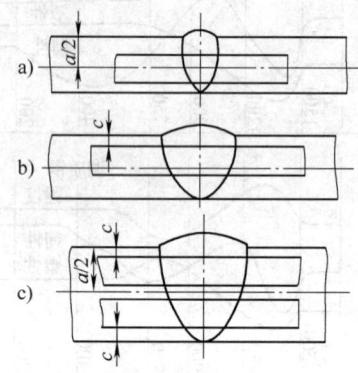

图 3-2　不同厚度试板冲击试样取样方法
a) 5～16mm　b) 17～40mm　c) 41～60mm

3.1.2　基本力学性能测试

1. 拉伸性能

（1）母材拉伸性能

母材金属沿纵向、横向和厚度方向（Z 向）的性能是不相同的。沿三个不同方向切取的拉伸试样（图 3-3）可测取母材沿三个不同方向的强度和塑性。按 GB/T 228.1—2010《金属材料　拉伸试验　第 1 部分：室温试验方法》加工试样和进行拉伸试验，试验结果可绘成图 3-4 所示的工程应力-应变图，其纵坐标表示的应力（R）为拉伸载荷除以试样的初始断面积，横坐标表示的应变（ε）为试样受试段的

伸长量除以受试段的原始长度。由拉伸试验可以测取材料的规定非比例伸长应力（R_p）（用 $R_{p0.01}$、$R_{p0.05}$、$R_{p0.2}$ 等分别表示规定非比例伸长率为 0.01%、0.05% 和 0.2% 时的应力）；规定总伸长应力（R_t）（用 $R_{t0.5}$ 表示规定的总伸长率为 0.5% 时的应力）；规定残余伸长应力（R_r）（用 $R_{r0.2}$ 表示规定残余伸长率为 0.2% 时的应力），屈服点（$R_{p0.2}$）和抗拉强度（R_m）。对于具有上屈服点（R_{eH}）和下屈服点（R_{eL}）的材料（图 3-4b），称下屈服点 R_{eL} 为该材料的屈服点。在没有明显屈服平台的情况下（图 3-4c），习惯上用 $R_{p0.2}$（同 $R_{0.2}$）代表材料的屈服点。不同尺寸和断面的相同材料的拉伸试样测取的 R_p、R_t、R_r 和 R_m 应是相同的。

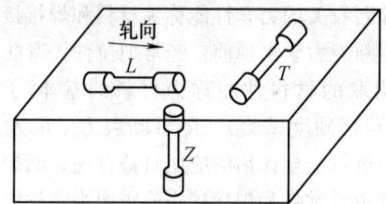

图 3-3　三个方向拉伸示意图
L—纵向拉伸试样　T—横向拉伸试样
Z—Z 向拉伸试样

拉伸试验给出的材料塑性指标是屈服点伸长率（A_s）、最大力非比例伸长率（A_g）、最大力总伸长率（A_{gt}）、断后伸长率 A（图 3-4a）以及断面收缩率（Z）。A_s、A_g、A_{gt} 属于均匀延伸变形，分别描述拉伸过程中不同阶段的材料塑性变形能力。不同尺寸和断面拉伸试样测取的这些均匀塑性变形能力是相等的。工程上最多采用的是断后伸长率 A，它包括均匀延伸变形（即 A_{gt}）和缩颈延伸变形两部分，由于后者属非均匀延伸变形，所以 A 受测量标距的影响。按 GB/T 228.1—2010 一般采用标距 l_0 约等于 $5d\left(5.65\frac{\sqrt{\pi}}{2}d\right)$ 的比例试样且最好

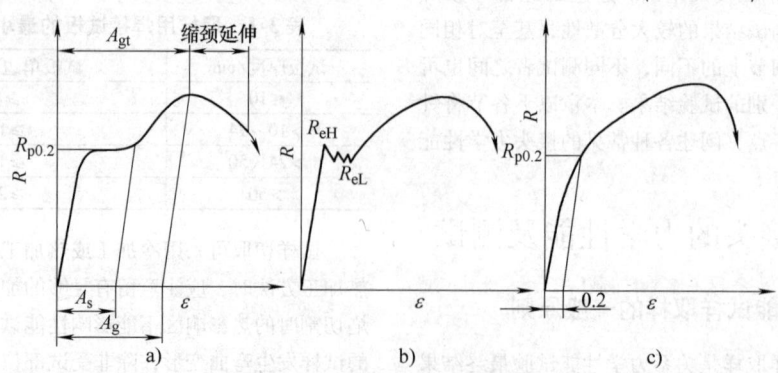

图 3-4　工程拉伸应力-应变图
a) 有屈服平台　b) 有上下屈服点　c) 没有屈服平台

大于2cm。短试样测取的 A 大于相同材料的长试样，因此 A 的数值在具有相同比例尺寸试样测试结果之间比较才有意义。Z 是拉力试样断口处断面积减少值与其初始数值的百分比，它与试样的标距无关，不同试样所测得的断面收缩率之间有较好的可比性。一般情况下，同类材料的 A 和 Z 之间有相应的增减规律，但不总是正比变化。不同材料之间 A 和 Z 无固定规律。

一般材料沿纵向的拉伸性能稍优于横向，但随着现代钢铁工业的进步，材料本身纵横向的拉伸性能的差异逐渐减少。沿厚度（Z）方向的拉伸试验结果一般有较大的分散性，Z 向拉伸性能较大地取决于材料的杂质成分及其加工过程。很多工程材料的 Z 向拉伸强度可能稍低于其他两个方向，但 Z 向拉伸的塑性（A 和 Z）却显著低于其他两个方向。Z 向拉伸经常用来评价材料对于垂直表面受拉力的焊接结构的适用性。现代焊接性研究中，Z 向拉伸测试的 A 和 Z 还被作为钢材层状撕裂敏感性的度量。

（2）焊缝金属和焊接接头的拉伸性能

焊缝金属拉伸试样的受试部分应全部取在焊缝中（见图3-5）。试板的焊接应与实际工程焊接条件相同。由于焊缝各层的性能是不完全相同的，因此焊接力学性能试样的取样应严格按标准进行，否则将降低试验结果的可比性。焊缝金属的拉伸试验方法按 GB 2652—2008《焊缝及熔敷金属拉伸试验方法》进行，测试项目和母材拉伸试验完全相同。

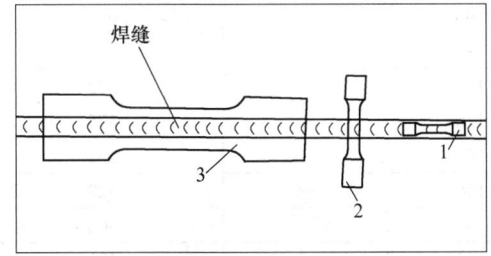

图 3-5　典型的三种焊接拉伸试样
1—焊缝金属拉伸试样　2—接头横向拉伸试样
3—接头纵向拉伸试样

焊接接头拉伸试样包括母材、热影响区和焊缝三部分，横向和纵向两种形式的焊接接头拉伸试样如图3-5所示。

焊接接头横向拉伸试验按 GB/T 2651—2008《焊接接头拉伸试验方法》进行。其中主要特点是受试区所包含的焊接接头各区在拉伸加载时，承受相同数值的应力，拉伸中的大部分塑性变形和最后断裂都发生在最弱区。焊接接头力学性能不均匀性对接头横向拉伸性能有明显影响。在超强匹配焊接接头横向拉伸时，大部分塑性变形发生在母材（焊接低碳钢时）

或热影响区（焊接调质钢时），缩颈和断裂也发生在上述相应区域。这种情况下，拉伸试验只能得出焊缝强度高于母材的结论，不能定量地比较焊缝的强度和塑性。在低强匹配的焊接接头（即焊缝强度低于母材）横向拉伸试验中，主要的塑性变形、缩颈和断裂虽然都发生在焊缝中，但是由于塑性变形的集中和母材对焊缝形变的约束作用，这种试验测出的 A 和 Z 也不能用来比较焊缝金属的塑性。因此按 GB/T 2651—2008，横向焊接接头拉伸试验只测取抗拉强度 R_m。低强匹配的横向拉伸试样虽然断在焊缝，但由此得到的抗拉强度并不等于焊缝金属的抗拉强度（按 GB/T 2652—2008 测定的），一般情况下前者稍高于后者。应强调指出，由接头横向拉伸测取的低强匹配焊接接头抗拉强度受焊缝宽度（H_0）与试样厚度（t_0）之比（$x_t = H_0/t_0$）的影响，也受试样厚度（t_0）和试件宽度 W_0 之比（t_0/W_0）的影响，如图3-6所示。一般焊接结构的实际板厚，特别是构件的实际宽度均显著大于标准焊接接头横向拉伸试样的厚度和宽度，因此采用低强匹配的焊接结构，实际结构的抗拉强度可能高于标准横向接头拉伸试样。

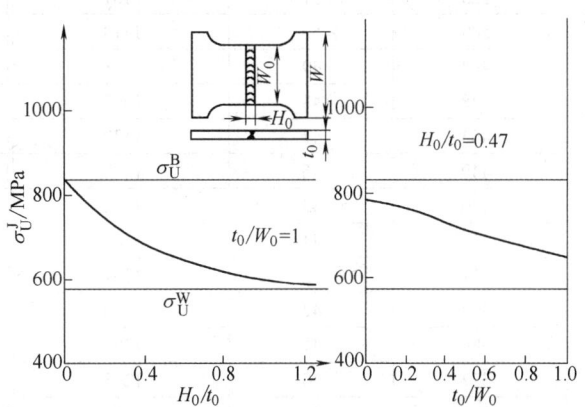

图 3-6　低强度匹配焊接接头横向拉伸强度[2]
σ_U^B—母材强度　σ_U^W—焊缝强度　σ_U^J—接头强度

焊接接头纵向拉伸尚未列入国家标准。这类试样模拟了联系焊缝工作条件，也适用于评价圆柱形压力容器和管道的环焊缝的工作条件（此时垂直焊缝方向的应力是平行焊缝方向的一半）。在焊接接头纵向拉伸过程中，主要特点是焊缝接头各区承受相同数值的应变。具有较高强度和较低塑性的焊缝的超强匹配焊接接头纵向拉伸试件的断裂首先发生在焊缝区，其抗拉强度既低于焊缝，有时还可能低于母材。相反，具有较高塑性焊缝的低强匹配的接头可得到较高的纵向抗拉强度。因此联系焊缝以及管道和圆筒形压力容器的环焊缝，采用有较好塑性的低强匹配的焊接接头可能更为合适[3]。

2. 焊接接头硬度

焊接接头的硬度按 GB/T 2654—2008《焊接接头及堆焊金属硬度试验方法》进行。一般情况下金属的强度和硬度对于确定类型的材料存在一定的经验关系，作为一个例子示于表 3-2。更详细的硬度与强度换算关系可查阅 GB/T 1172—1999《黑色金属硬度及强度换算值》、GB/T 3771—1983《铜合金硬度与强度换算值》。焊接接头的硬度除用来估算接头各区的强度外，接头硬度也常与焊件的使用性能有关，例如作为抗磨损能力的度量，耐磨堆焊件经常规定其最低允许硬度数值。对于另一些焊件，特别是在含氢介质下工作的结构，由于淬硬组织易引起氢致开裂和其他氢损伤，因此有时规定焊缝的最高硬度不能超过某个上限数值。焊接接头热影响区的最高硬度还被用来评价钢材的冷裂倾向。

表 3-2　黑色金属的硬度与强度的对应关系

HV	HRC	R_m/MPa	HV	HRC	R_m/MPa
713	60	2555	289	30	945
688	59	2446	281	29	921
664	58	2343	274	28	899
642	57	2247	268	27	877
620	56	2157	261	26	857
599	55	2073	255	25	837
579	54	1993	249	24	818
561	53	1918	243	23	800
543	52	1847	237	22	783
525	51	1781	231	21	766
509	50	1718	226	20	752
493	49	1658	221	19	737
478	48	1602	216	18	722
463	47	1530	211	17	710
449	46	1498	206	—	694
436	45	1450	196	—	662
423	44	1405	187	—	631
411	43	1361	178	—	602
399	42	1320	170	—	575
388	41	1281	163	—	551
377	40	1243	156	—	528
367	39	1207	149	—	508
357	38	1173	143	—	489
347	37	1140	135	—	463
338	36	1108	128	—	440
329	35	1078	119	—	415
320	34	1049	113	—	397
312	33	1021	110	—	388
304	32	995	108	—	382
296	31	969	105	—	375

注：硬度低于17HRC的仅适用于低碳钢。

3. 焊接接头的弯曲与压扁性能

（1）焊接接头的弯曲性能

弯曲试验用来评价焊接接头的塑性变形能力和显示受拉面的焊接缺陷。按 GB/T 2653—2008《焊接接头弯曲试验方法》，采用横弯、纵弯和侧弯三种基本类型的弯曲试样（图 3-7）。对横弯和纵弯试样，根据弯曲时受拉面的不同又可分为正弯（受拉面为焊缝正面）和背弯（受拉面为焊缝背面）。采用三点弯曲和辊筒弯曲两种试验方法（图 3-8）。弯曲试验中常用弯曲角 α（图 3-8）达到技术条件规定的数值时，以是否开裂评定受试接头是否满足要求，有时也以受拉面出现裂纹时的临界弯曲角 α 比较受试接头

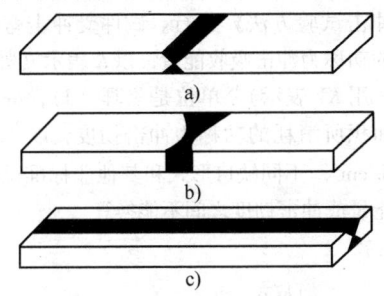

图 3-7 三种类型弯曲试样结构图
a）横弯 b）侧弯 c）纵弯

的弯曲性能。工程上较多使用三点弯曲试验方法，辊筒弯曲试验法特别适用于两种母材或母材和焊缝之间弯曲性能显著不同的横向弯曲试验。

弯曲试验的压头和内辊直径 D 根据相应试验材料的技术条件规定取用。D 和弯曲试样厚度 a 的比值对弯曲性能有很大影响，不同 D/a 条件测取的弯曲角不能相互比较。

弯曲过程中压轴下面受拉面的材料产生最大拉伸形变，开裂常在此处发生，因此横向弯曲和侧向弯曲性能主要受压轴下方受拉面的焊缝金属塑性变形能力控制。但是根据受试接头焊缝宽度的不同，相邻热影响区材料对横向和侧向弯曲也有不同程度的影响。所以横向和侧向弯曲性能是接头横向变形能力的工程度量，不是单纯焊缝塑性形变能力指标。

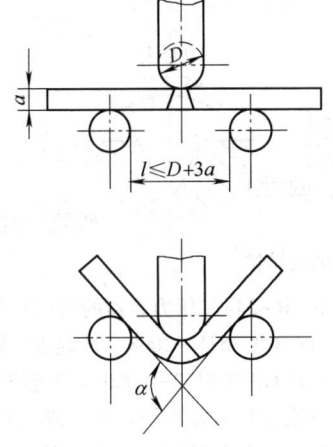

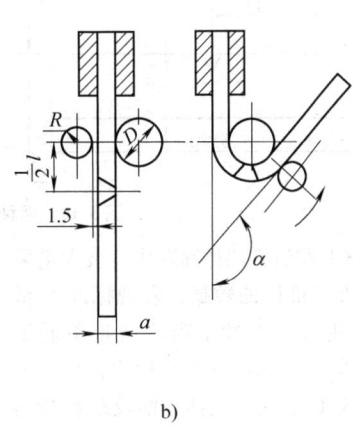

图 3-8 两种弯曲试验方法示意图
a）三点弯曲 b）辊筒弯曲

纵向弯曲时接头各区受到相同程度的形变，开裂首先发生在轴下受拉面的最低塑性区，因此纵向弯曲角主要受接头最低塑性区变形能力的控制。纵向弯曲没有横弯和侧弯使用得普遍，大多设计规程不规定进行纵弯。纵弯多在科研试验和某些焊后承受变形加工的部件的工艺评定中使用。

（2）管接头的压扁性能

带纵焊缝和环焊缝的小直径管接头，不能取样进行弯曲试验时，可按 GB/T 246—2007《金属管 压扁试验方法》进行压扁试验。压扁试验是将管接头外壁距离压至 H 时（图 3-9），检查焊缝受拉部位有无裂纹，H 按下式计算：

$$H = \frac{(1+e)S}{e+S/D} \tag{3-1}$$

式中 S——管壁厚；

D——管外径；

e——单位伸长的变形系数（由产品规范规定）。

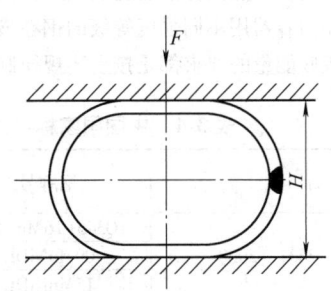

图 3-9 管接头纵缝压扁试验

如试验纵焊缝时，应注意使试验焊缝位于与作用力相垂直的半径平面内。试验环焊缝管接头，应使环

焊缝位于加力中心线上。

对相同几何尺寸的管接头，有时也采用对比压扁试验刚出现裂纹时 H 值大小的方法来比较管接头的塑性优劣。

4. 焊接接头的冲击性能

(1) 普通冲击试验

焊接接头的冲击性能是抗脆断能力的工程度量，它综合反映了材料强度和塑性的能力。按 GB/T 2650—2008《焊接接头冲击试验方法》规定，采用夏比（Charpy）V 型缺口试样为标准试样（图 3-10，

简称 CVN 试样）。根据技术条件规定，也允许采用 U 型缺口辅助试样（图 3-10）。缺口应开在焊接接头欲测定冲击韧度的特定区域。冲击试验方法、试验设备以及试验温度等按 GB/T 229—2007《金属材料　夏比摆锤冲击试验方法》进行。试件受冲击弯曲折断时消耗的功称为冲击吸收能量，以 K 表示（如果是 V 形缺口，用 KV 表示），单位是焦耳（J），缺口处单位横截面积所消耗的功称为冲击韧度，以 a_K 表示，单位是 J/cm^2。不同缺口形式和其他非标准试样的冲击吸收能量或冲击韧度之间不能换算。

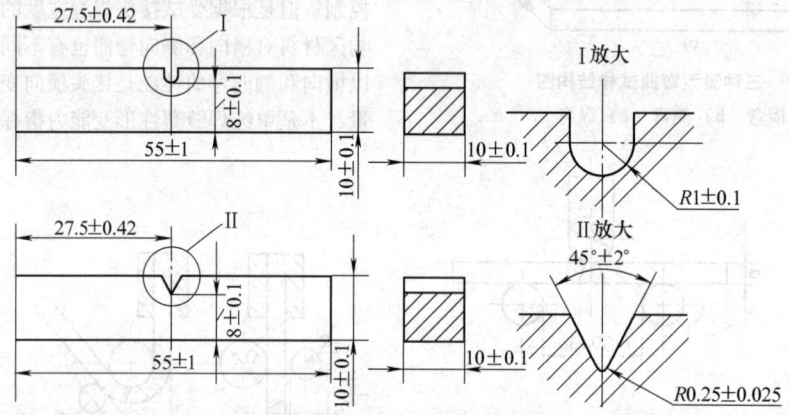

图 3-10　两种典型的冲击试样

V 型缺口冲击试验在研究船舶脆断中曾被大量采用，积累了许多有参考价值的数据，发现标准 V 型缺口试件在最低使用温度下冲击吸收能量不低于 13.7J（10 lbf·ft）时，船舶脆断事故很少发生。另外，由于 V 型缺口比 U 型缺口试样更能反映脆断问题的本质，因此 V 型缺口冲击试验的应用比较广泛。1952 年开始提出 20.6J（15 lbf·ft）冲击吸收能量标准并广泛用于低碳钢结构之中。经验和断裂力学理论证明，对于强度较高的钢，防止脆断发生的冲击吸收能量的标准应当高于 20.6J。而且，材料强度提高，防脆断的冲击吸收能量标准也应当相应提高。先进工业国家对压力容器用不同强度等级的钢在最低使用温度下冲击吸收能量的要求都是按上述规律制定的，例

如 JIS B 8243《压力容器的构造》的规定示于表 3-3。我国 GB/T 3531—2008《低温压力容器用低合金钢钢板》和 GB/T 4172—2000《焊接结构用耐候钢》对具体钢种的冲击吸收能量的要求也符合上述规律（见表 3-4），只是随着冶金技术的进步，某些数值有一定的上调。

表 3-3　日本压力容器用钢材对冲击吸收能量的规定

强度极限 /MPa	最小冲击吸收能量/J	
	平均值	单个试件最低值
<490	20.6	13.02
490 ~ 588.3	27.4	20.5
>588.3	27.4	27.4

表 3-4　中国国家标准对不同强度和用途的几种钢冲击吸收能量的规定

标　准	钢牌号	最小屈服强度 R_{eL}/MPa	抗拉强度 R_m/MPa	最低冲击吸收能量 KV/J
GB/T 3531—2008	Q345(16Mn)DR	255 ~ 315	490 ~ 510	≥34
	09MnNiDR	260 ~ 300	392	≥34
	15MnNiDR	290 ~ 325	490	≥34
GB/T 4172—2000	Q235NH	215	360 ~ 490	≥27
	Q295NH	255 ~ 275	420 ~ 560	≥27
	Q355NH	325 ~ 335	470 ~ 630	≥27
	Q460NH	430 ~ 440	550 ~ 710	≥31

冲击试验还经常用来评定材料及焊接接头的韧脆转变行为，一般是在不同温度下对一系列的试样进行冲击试验，找出韧脆特性与温度之间的关系。图3-11是这种试验的典型实例。多数情况下韧脆转变温度按冲击吸收能量 KV 评定（图 3-11a）。一般称防止脆断发生的冲击吸收能量，例如 27J 或 31J 等，所对应的试验温度为材料的韧脆转变温度，有时也取对应最大冲击吸收能量数值的一半所对应的试验温度为转变温度。有时韧脆转变温度也以断口形态为标准进行评定（图 3-11b），将断口上晶粒状的解理断口占总断口面积 50% 所对应的温度称为断口形貌转变温度。对强度较高的钢（例如 $R_m > 655MPa$），有时也采用延性标准来评定韧脆转变温度，即测量冲击试样断口上缺口根部的横向收缩量或缺口对面边的横向膨胀量，如采用膨胀量达到 0.9mm 的试验温度为韧脆转变温度。一般情况下，同一材料用上述三种准则确定的韧脆转变温度的差别随不同材料而异，并不总是相同的。

应当指出，不能把冲击试验确定的材料韧脆转变温度作为用该材料制成的所有构件的最低设计温度。结构的最低设计使用温度除和材料用冲击试验测定的韧脆转变温度有关外，还和结构断面尺寸和结构的残余应力状态有关。图 3-12、图 3-13 所示为英国焊接研究所在碳钢和碳锰钢宽板拉伸试验的基础上提出的

建议，图中纵坐标是不同厚度的宽板试验确定的结构最低设计温度，横坐标为冲击试验按 27.3J（对于 R_m <450MPa）或 40J（对 $R_m \geqslant 450MPa$）确定的韧脆转变温度。此建议已收入英国标准 BS 5500 附录 D 中。比较图 3-12 和图 3-13 可以发现，经过焊后热处理的构件，由于残余应力的消除使得构件最低允许设计温度显著降低，即增加了构件的使用温度范围。

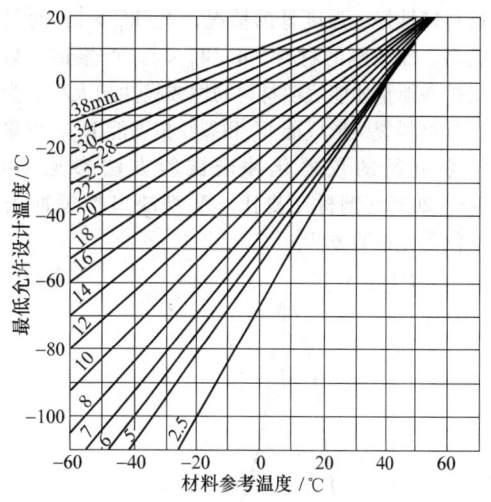

图 3-12　焊态构件最低设计
温度与参考温度

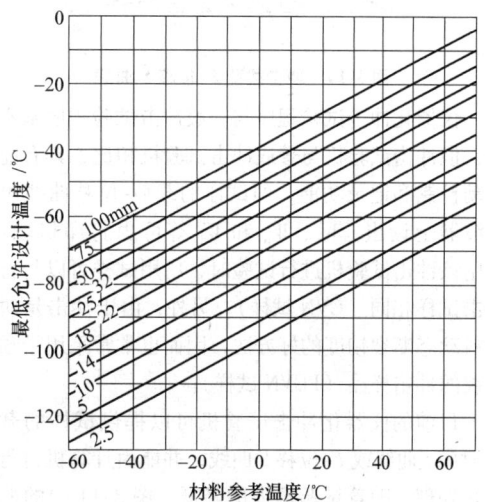

图 3-13　焊后热处理构件最
低设计温度与参考温度

焊接接头各区的冲击性能受接头力学性能不均匀性的影响较大，它不仅和缺口所在断面的材质性能有关，而且也受相邻区材料性能的影响。因此用热模拟技术制备的冲击试样，虽然模拟了实际焊接接头相应区域的组织和性能，但由其测取的冲击韧度和实际焊接接头相应区域的冲击韧度在数值上是不能完全等同

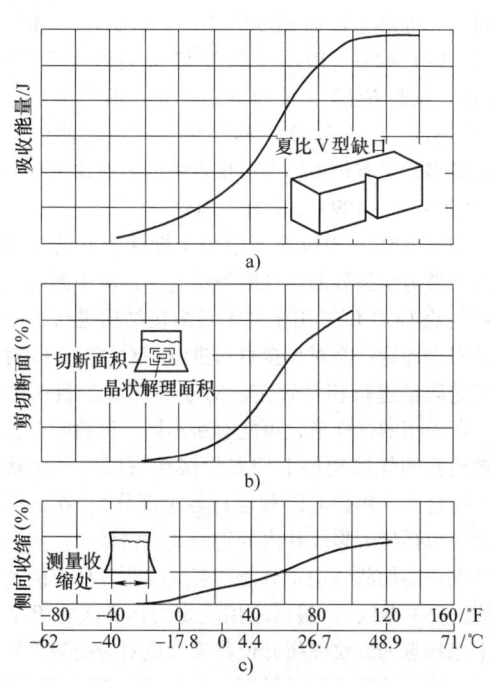

图 3-11　冲击试验的韧脆转变图[4]
a）断裂吸收能量转变温度　b）断口形貌
转变温度　c）横向变形转变温度

的，模拟试样的数值往往偏低。

（2）仪器化冲击试验

采用普通的冲击试验有时并不能反应材料的真实韧性、脆性程度。由于冲击试验得到的是材料的冲击吸收能量 KV（或 W_t），它包含了材料的裂纹形成能量 W_i 和裂纹扩展能量 W_p 两部分，如图 3-14 所示，对于不同材料，这两部分的组成比例是不相同的。对于材料韧性好、强度低的情况，$W_i/W_p > 1$；而对于强度高、比较脆的材料，$W_i/W_p < 1$。严格讲，只有裂纹扩展能量才能表明材料韧性或脆性的大小。为了能区分材料裂纹形成能 W_i 和裂纹扩展能 W_p，可采用近年来流行的仪器化冲击试验方法参见 GB/T 19748—2005《钢材　夏比　V 型缺口摆锤冲击试验　仪器化试验方法》[5]。

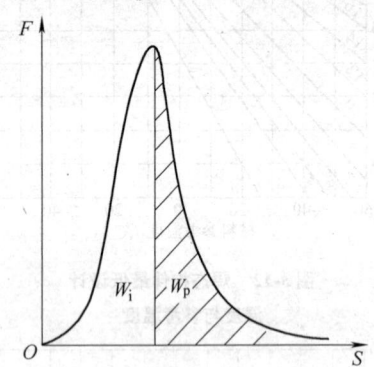

图 3-14　冲击载荷 F-位移 S 曲线

仪器化冲击试验程序与一般冲击试验程序基本相同，但冲击试验机与普通冲击试验机相比，具有能量自动控制和记录功能，即试样的载荷-位移曲线可从示波器上读出，W_i、W_p 和 W_t 等可由打印机输出。采用该冲击试验机进行试验时，所用试样可以与普通冲击试样相同（CVN 试样）。另外，由于冲击是研究材料动态断裂韧度的好方法，因而也常常采用带预制裂纹的冲击样品（PCVN 试样）。

目前的仪器化冲击试验机可以提供试样的载荷 F-时间 t 曲线或 F-位移 S 曲线，并能由计算机自行储存和处理。随着试验温度的降低，图 3-14 中的曲线上升段和下降段会变得更加陡峭。

3.1.3　焊接接头的断裂韧度

促使无裂纹物体发生断裂的推动力是应力（例如 R），这类物体发生断裂的临界应力是材料的强度 R_m。促使带裂纹物体发生断裂（即裂纹扩展）的推动力是断裂参量，即裂纹尖端应力强度因子（K）、裂纹尖端张开位移（δ）和 J 积分（J），使裂纹体发生断裂的

临界断裂参量 K_c、J_c、δ_c 就称为材料的断裂韧度。

断裂力学研究表明，断裂参量（K、J 或 δ）是描述裂纹尖端应力应变场的单一参量，这些参量与裂纹所在区域的应力、裂纹尺寸和裂纹几何形状有关。例如在垂直裂纹面的正应力（σ）作用下，I 型裂纹应力强度因子 K_I 的一般表达式为

$$K_I = Y\sigma\sqrt{a} \qquad (3-2)$$

式中　Y——裂纹几何形状因子；

　　　σ——裂纹所在区域的名义应力；

　　　a——裂纹尺寸。

在线弹性范围内，平面应变状态下，裂纹尖端张开位移（δ）和 J 积分（J_1）与 K_I 的关系为

$$J_1 = \frac{1 - v^2}{E}K_I^2, \delta = \frac{1 - v^2}{2R_{p0.2}^2}K_I^2 \qquad (3-3)$$

式中　E——弹性模量；

　　　v——泊松比；

　　　$R_{p0.2}$——规定塑性延伸强度。

断裂韧度的测量一般是采用已知断裂参量计算式的试样，按一定程度加载，测取开裂时的临界载荷及由其对应的施力点位移和裂纹嘴张开位移，按已知的断裂参量表达式计算断裂参量。焊接接头断裂韧度的测试主要参照 GB/T 4161—2007《金属材料　平面应变断裂韧度 K_{1C} 试验方法》，GB/T 21143—2007《金属材料　准静态断裂韧度的统一试验方法》和行业标准 JB/T 4291—1999《焊接接头裂纹张开位移（COD）试验方法》（该标准已废止，但仍具参考价值。）进行。由于 COD 试样简单（三点弯曲试样），应用较多，又有相关标准可供参考，因而这里简单介绍 JB/T 4291—1999 中的有关内容。

JB/T 4291—1999 主要适用于韧性较好的材料线弹性断裂力学失效的延性断裂情况。试验中测得的启裂或失稳 COD 值可用于：①对焊接结构进行抗断设计和安全评定；②对焊接材料进行相对评定；③对焊接工艺质量进行相对评定。对于不同试验目的的试样，所采用的试样形式可能有所不同。试验时，首先从被检验的焊接构件上切取焊接接头试样（包括焊缝、熔合区、热影响区和母材各个部分），在试样中部制备包括疲劳裂纹在内的组合式尖锐缺口。然后进行三点弯曲加载，记录载荷和裂纹嘴张开位移的关系曲线（P-V 曲线）。最后采用规定的计算式将 P-V 曲线上选择点的裂纹嘴张开位移换算成对应的裂纹尖端张开位移。试验中要借助于电位法等物理监测方法、金相截面法、阻力曲线法等来获得对应于启裂、失稳或最大载荷点的特征 COD 值。

在确定缺口位置时，一般采用腐蚀的方法显示出

焊缝的轮廓。对于用于焊接结构抗断设计和安全评定的试样，原则上应采用全厚度试样。图 3-15 给出了研究 X 形坡口焊缝中缺陷沿不同方向扩展时 COD 值的试样形状。为了测定焊接接头指定区域的特征 COD 值，试样数量应不少于 3 个。用阻力曲线求启裂 COD 值 δ_i 时，试样个数应更多。

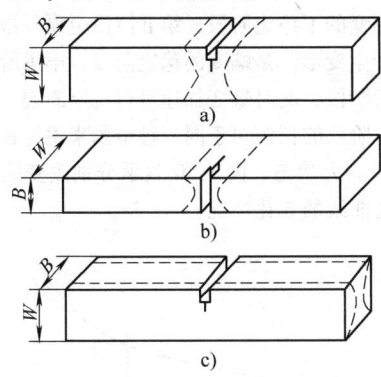

图 3-15　评定焊缝用 COD 试样

a) $W = B$　$a/W = 0.25 \sim 0.55$

b) $W = 2B$　$a/W = 0.45 \sim 0.55$

c) $W > B$　$a/W = 0.25 \sim 0.55$

图 3-16 给出了常见的 $P\text{-}V$ 曲线的类型。在采用 $P\text{-}V$ 曲线进行试验数据处理（获得 COD 特征值）时，裂纹嘴张开位移 V 和裂纹尖端张开位移 δ 之间的换算关系如下：

$$\delta = \delta_e + \delta_p$$

$$= \frac{K_I^2 (1 - v^2)}{2R_{eL}E} + \frac{r_P(W - a)V_P}{r_P(W - a) + a + Z}$$

(3-4)

式中　δ_e——裂纹尖端张开位移的弹性分量；

δ_p——裂纹尖端张开位移的塑性分量；

V_P——$P\text{-}V$ 曲线上取值点对应的裂纹嘴位移的塑性部分；

R_{eL}——被测区材料的屈服强度；

r——旋转因子，r_P 取 0.45 或实测值；

K_I——根据取值点载荷计算的应力强度因子，

$$K_I = \frac{YP}{BW^{1/2}};$$

P——取值点载荷；

Y——为 a/W 的函数，对应于 a/W 的 Y 值可从表中查出。

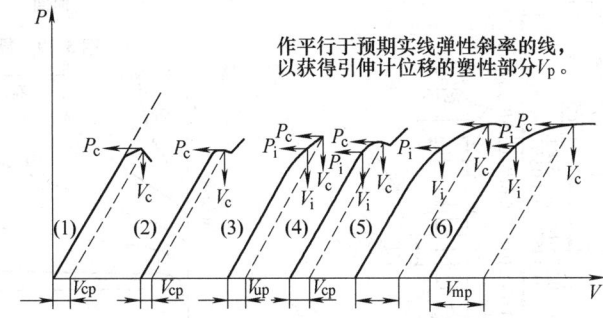

作平行于预期实线弹性斜率的线，以获得引伸计位移的塑性部分 V_p。

图 3-16　常见的 $P\text{-}V$ 曲线类型

注：1. （3）~（6）曲线上的（$P_i \sim V_i$）表示启裂点。

　　2. 在曲线（2）和（4）的情况下，突进以后的行为与试样试验机系统柔度和仪器响应速度有关。

3.1.4　焊接接头的疲劳性能

疲劳破坏是焊接结构破坏的重要形式，统计资料表明，约有 80% 的破坏是由疲劳引起的，因此开展焊接接头疲劳性能试验具有重要意义。

必须明确，焊接结构的疲劳试验和焊接接头的疲劳试验有重大区别。在进行焊接结构的疲劳试验时，结构细节（角焊缝还是对接焊缝，焊缝是否传力，是否有表面缺陷等）和焊接残余应力往往起着重要作用。而焊接接头的疲劳试验（包括焊缝金属）一般不计残余应力的影响，有的甚至不考虑结构细节而只是对焊接区材料本身性能的一种考查。

在进行焊接接头疲劳性能试验中，常常要检验两种疲劳性能，一是疲劳强度或疲劳极限，一般靠破坏应力 σ 和循环加载次数 N 的关系曲线 $\sigma\text{-}N$ 获得；一是疲劳裂纹的扩展速率 da/dN，它以应力场强度因子与裂纹扩展速率关系图 $(da/dN) - \Delta K$ 表示。

图 3-17a 是焊缝金属和焊接接头在对称交变载荷下测定 $\sigma\text{-}N$ 曲线用的试样构形图，图 3-17b 是带有余高对接接头试样的脉动拉伸疲劳试样，图 3-17c 是十字形角接接头疲劳试样图。对于疲劳裂纹扩展试验，可以采用如图 3-18 所示的标准 CT（紧凑拉伸）试样，也可采用中心裂纹的 CCT 试样或其他形式的试样（当考虑到试样尺寸和加工问题时，也常采用

三点弯曲试样)。试样加工和试验方法均有相应规定,读者应参照有关标准进行。

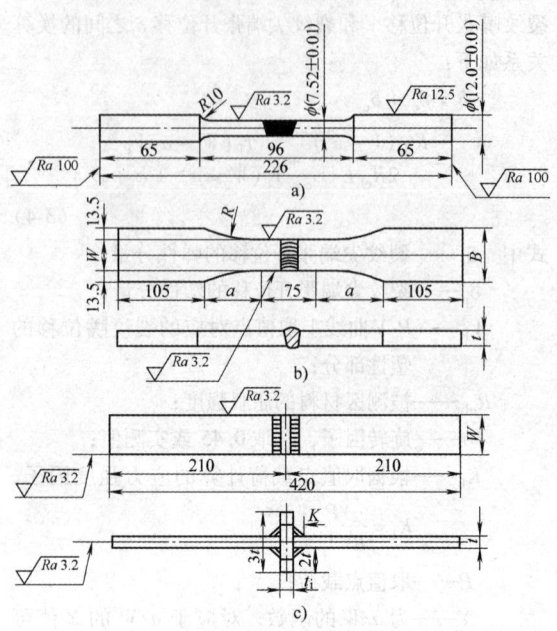

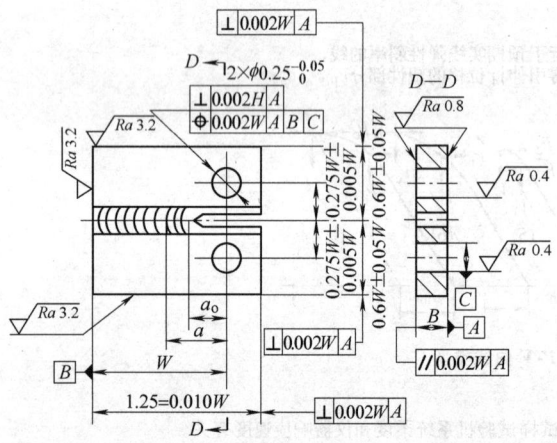

图 3-17　不同接头取样形式的疲劳试样

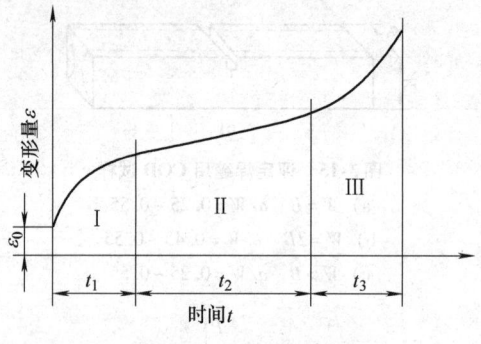

图 3-18　测定疲劳裂纹扩展速率的 CT 试样

我国国标中关于焊接接头的疲劳性能试验方法原有 4 个,这些标准已于 2005 年停止使用,读者可参考相应的金属材料疲劳性能试验方法,包括:GB/T 4337—2008《金属材料　疲劳试验　旋转弯曲方法》、GB/T 3075—2008《金属材料　疲劳试验　轴向力控制方法》、GB/T 6398—2000《金属材料疲劳裂纹扩展速率试验方法》等。

3.1.5　焊接接头的蠕变与持久性能

1. 蠕变与持久性能的一般特征

材料在高温下的性能和常温下性能有很大区别,

因此不能用常温下的性能指标来推论高温下性能的好坏。在高温下,各种金属材料的强度下降,塑性提高。金属在高温和应力联合作用下发生缓慢和持久塑性变形的现象称为蠕变,形变量和时间关系的曲线称为蠕变曲线,如图 3-19 所示。蠕变可分成三个阶段,第 I 阶段是金属以逐渐减慢的应变速度积累塑性形变,是蠕变的不稳定阶段;第 II 阶段金属以恒定的应变速度产生变形,是蠕变的稳定阶段;第 III 阶段是蠕变的最后阶段,此时蠕变加速进行直至断裂。蠕变曲线上每个阶段的长短对于同一种金属来说,首先取决于温度和应力状态。图 3-20 表示分别改变应力和温度时蠕变曲线的变化情况。

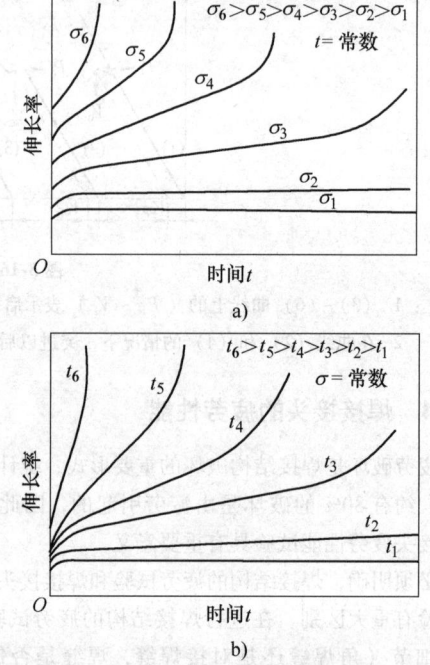

图 3-19　蠕变曲线

图 3-20　蠕变曲线和温度与应力的关系

通常认为在 $0.3T_m$(T_m 为金属的熔点)以上温度进行测量才有意义,碳钢及其焊接接头在 350℃以上工作时,才会出现比较明显的蠕变现象,而低合金耐热钢及其焊接接头则在 450℃ 以上才会发生蠕变。

在高温下长期承受载荷的焊接构件，特别是电站锅炉等受压部件，已广泛使用持久强度值来设计许用应力。因此材料在高温下的性能如何，往往是决定该材料是否可以在高温下使用的关键。对整个焊接构件来说，焊缝和热影响区是最薄弱环节，在持久强度试验中，高应力短时间的试验点往往断在母材，但在低应力下，则多数断在焊缝或热影响区。一般来说，焊接热影响区的持久强度还是比较高的，但持久塑性比较差，持久塑性与蠕变开裂敏感性有关，也是衡量焊接接头高温性能的一个重要指标。

材料的蠕变性能通常用蠕变极限来定义，即在一定工作温度下引起规定应变速度（稳态蠕变速率）的应力值，或在规定时间内产生一定量的总形变（总伸长率或塑性伸长率）的应力值。当以伸长率测定蠕变极限时，用 $\sigma_{\varepsilon_t/\tau}^t$ 或 $\sigma_{\varepsilon_p/\tau}^t$ 表示；当以稳态蠕变速率测定蠕变极限时，用 σ_v^t 表示。材料的持久强度（也称为蠕变断裂强度）是指在规定的温度和时间条件下，保持不失效的最大承载能力，用 σ_τ^t 表示。上述应力符号的单位均为 MPa。其中 t 为工作温度，τ 为工作时间（单位：h），ε_t、ε_p 和 v 分别表示总伸长率、塑性伸长率和蠕变速率。例如 $\sigma_{10^5}^{540℃}$ 表示在 540℃ 下试样经历 10 万 h 断裂的应力。

对在高温下受力的焊接构件，由于蠕变绝大部分为钢材本身所承受，焊接接头局部的蠕变只是整个蠕变形变的很小一部分，因而很少用蠕变极限作为焊接接头强度设计的依据，而持久强度则是高温下使用的焊接接头强度设计的主要依据。

持久强度试验是一种在恒温、恒载荷下测定试样蠕变断裂时间的试验方法，持久强度曲线则是蠕变断裂应力与蠕变断裂时间之间的关系曲线，其主要表现形式为在一定温度下的蠕变断裂寿命 $\tau_r = f(\sigma)$。根据该曲线可外推出某温度下的持久强度，即达到某一规定时间的应力。

金属蠕变可以发生在各种应力状态下，但通常以试棒拉伸条件下的指标表示其蠕变性能。蠕变试验为静力法，在全部试验期间载荷保持不变，也可近似认为试验过程中的应力是恒定的。虽然用于测定蠕变破坏试验强度的试样或者采用焊缝全熔值或者采用横向的焊接接头试样，但和拉伸试验相似，由于焊接接头各区的变形不一致性使得总的延伸率测定值可能变得毫无意义，所以横向接头的蠕变试验很少采用。

通常金属蠕变试验在第 Ⅱ 阶段终止前即停止，它并不反映金属在高温断裂时的强度和塑性性能，反映金属在高温和应力长时间作用下的断裂抗力试验要靠

持久强度试验。持久强度试验方法与蠕变试验方法基本相同，只是在试验过程中不用测量变形量，待试样断裂后再测量残余伸长和断面收缩。

由于持久强度是在较短的时间里得到的数值，因而它是"条件持久强度"。在金属不发生组织结构变化的情况下，往往用短时持久强度的试验结果推断出长时工作时的持久强度值，称为外推法。外推法建立于应力与断裂时间的幂指数经验公式基础上，即：$\tau = A\sigma^{-B}$。式中 τ 为断裂时间（单位为 h），σ 为应力（单位为 MPa），A、B 为与材料和温度有关的常数。将上式两边取对数，得到：$\lg\tau = \lg A - B\lg\sigma$。采用双对数坐标做出的曲线关系为直线，如图 3-21 所示。试验结果表明，在对数坐标中这种线性关系并不一直保持下去，会在一定时间后出现转折，如图中虚线所示。折点的位置与材料种类、温度有关，折点的原因是金属断裂性质发生变化，即由晶内断裂转向晶间断裂。

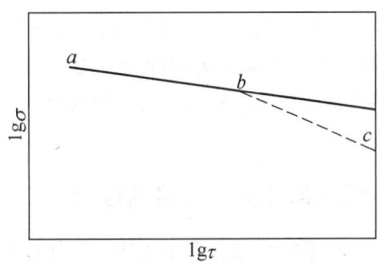

图 3-21　用外推法测定持久强度

2. 相关试验标准简介

在进行焊接接头的蠕变和持久性能试验时，可参照相应的国家标准 GB/T 2039—2012《金属材料　单轴拉伸蠕变试验方法》。采用 GB/T 2039—2012 标准，可以测定的性能包括稳态蠕变速率、蠕变极限、蠕变伸长率、持久断裂时间、持久强度极限、持久断后伸长率及断面收缩率、持久缺口敏感系数等。试验时一般是先将试样加热至规定温度，然后沿试样轴线方向施加拉伸力并保持恒定，将试样拉至规定变形量或断裂时，测定其蠕变或持久性能。

蠕变和持久试样均可采用圆形横截面或矩形横截面试样（两者试样外形及尺寸有一定区别）。当采用矩形横截面试样时，一般可保留试件的原表面。在进行试验时，应检查试样表面不得有任何划伤或缺陷，以保证试验结果的正确性。图 3-22 给出了圆形横截面标准蠕变试样外形图。

在测定蠕变极限时，需要在四个以上适当的应力水平进行等温蠕变试验，建议每个应力水平作出三个数据，在单对数或双对数坐标上用作图法或最小二乘

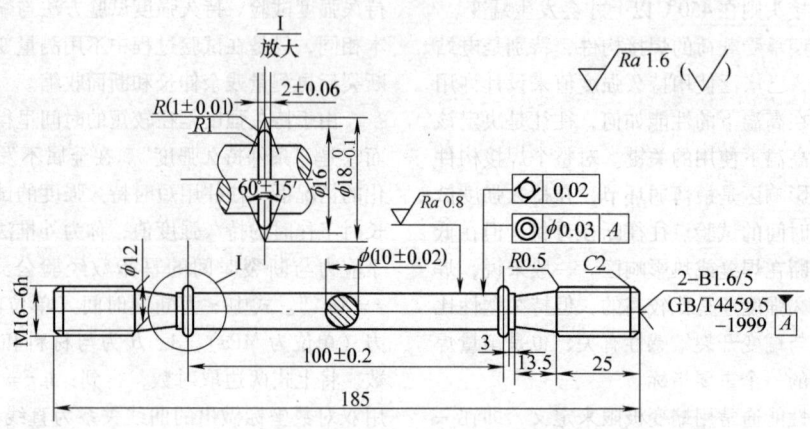

图 3-22　圆形横截面标准蠕变试样

法绘制出应力-蠕变伸长率或应力-温度蠕变速率关系曲线。用内插法或外推法求出蠕变极限。在进行持久强度极限的测定时，要在五个以上适当的应力水平进行等温持久试验，建议至少有三个应力水平每组做出三个数据，在单对数或双对数坐标上用作图法或最小二乘法绘制出应力-断裂时间曲线。用内插法或外推法求出持久强度极限。蠕变或持久强度极限至少用三个温度确定。

3.1.6　焊接接头的应力腐蚀性能

焊接结构常在腐蚀介质中工作，即使在大气和淡水环境中，也可能因腐蚀产生破坏。另外，由于焊接工艺本身的特点，即使采用耐蚀性较好的母材，有时也不能制造出同样耐腐蚀能力的焊接结构。接头在腐蚀机制上与母材并无不同，但由于焊接引起的成分和组织不均匀性，局部的应力应变集中，焊接缺陷，以及焊接残余应力等附加因素，接头的耐蚀性往往明显低于母材。因此，焊接接头的抗腐蚀问题比较复杂，也比较重要。

焊接接头的腐蚀形式及特点决定于所用材料的性质、接头的应力状态、工作介质的性质和工作条件等。其腐蚀机制绝大多数属于电化学腐蚀性质，腐蚀类型可分成三大类：均匀腐蚀、局部腐蚀和应力腐蚀。均匀腐蚀是指接头表面的全面性腐蚀；局部腐蚀是选择性的条件腐蚀，是金属某些部位在满足特定条件时才会发生的腐蚀破坏，如因相析出导致晶界元素贫化而产生的晶间腐蚀，由各种间隙造成介质浓缩聚积而产生的缝隙腐蚀等；应力腐蚀是在应力作用下处于特定介质中的材料所发生的开裂现象，通常包括三种类型，一种是通常所指的狭义上的应力腐蚀破坏，属阳极溶解型；一种是环境中的氢扩散到金属中后引起的环境氢脆型破坏；还有一种是在交变载荷和腐蚀介质作用下的腐蚀疲劳破坏。对于焊接结构来说，狭义的应力腐蚀破坏往往比较严重又难以解决，所以这里重点介绍焊接接头的应力腐蚀性能试验。

为了正确评定焊接接头在应力作用下的耐蚀性，重要的是根据实际情况选择好试验用的试样或模拟构件，同时又要正确选择试验用腐蚀介质，最好能反映工程实际，又能加速试验过程。表3-5给出了焊接接头试样和模拟构件进行应力腐蚀试验时的不同加载方案。不同材料的应力腐蚀敏感介质也不甚相同，试验时请注意选择。

需要指出的是，对于由同种材料组成的焊接接头，将试样直接浸入腐蚀介质中即可开始试验，但对于复合板材料，往往需要考虑特殊的接触介质的方法，因为再采用直接浸泡法可能由于电极电位的差别而达不到目的。例如，对于不锈钢/碳钢复合板，由于不锈钢的电极电位较碳钢高，使得碳钢成为阳极而被优先腐蚀，从而保护了不锈钢一侧，达不到不锈钢覆层的应力腐蚀试验目的。此时，可考虑采用特殊方法使腐蚀介质只接触不锈钢一侧，避免与碳钢直接接触[6]。

应力腐蚀破坏的形貌特征是裂纹宏观与主拉伸应力垂直，裂纹常有分岔，并随材料-介质组合及应力水平的不同呈现沿晶、穿晶或混合型的破坏方式。

对试样而言，传统的应力腐蚀试验方法是测定光滑试样在特定腐蚀介质中的持久时间，它既包括裂纹产生时间，又包括裂纹亚临界扩展时间。由于焊接结构往往存在缺陷，决定结构应力腐蚀寿命的主要是裂纹的亚临界扩展时间，因此考虑采用预制裂纹，将断裂力学方法引入应力腐蚀试验研究中就应运而生。在断裂力学的应力腐蚀试验中，衡量材料应力腐蚀失效

表 3-5　焊接接头试样和模拟构件应力腐蚀试验时的不同加载方案

外加单向应力 σ_P	残余应力	
	残余应力 σ_R	外加应力和残余应力 σ_P、$\sigma_P + \sigma_R$
试　样		

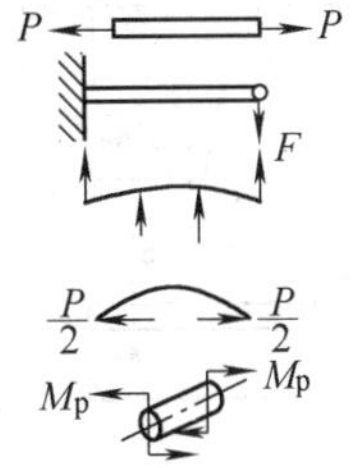

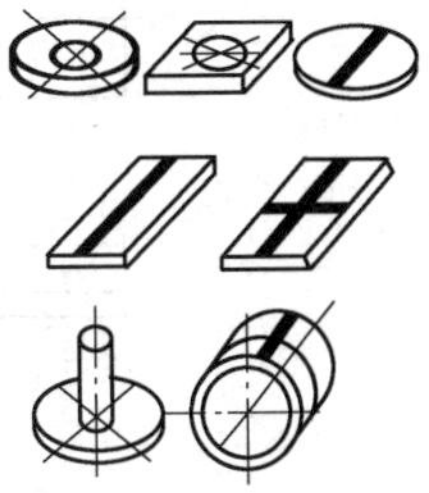

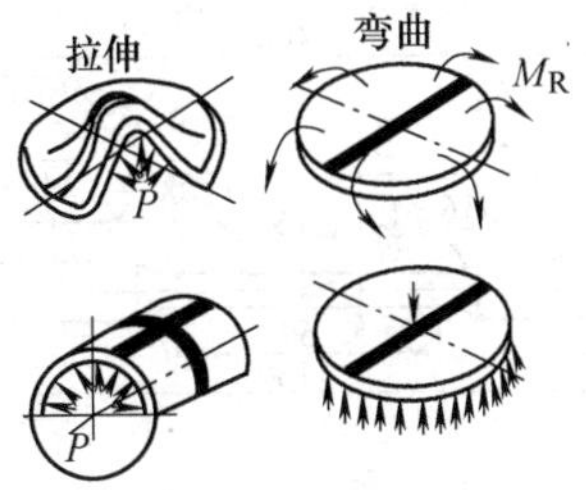

模 拟 构 件		

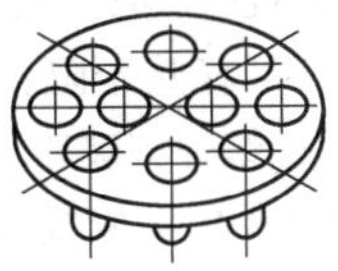

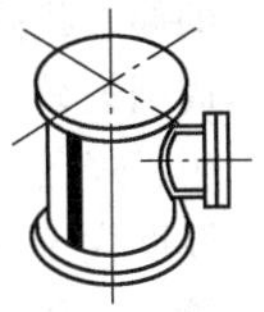

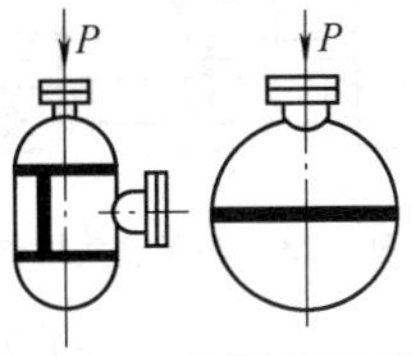

的指标有两个，一是材料在某种介质中的应力强度因子门槛值 K_{ISCC}，它是判断材料在特定工作条件下是否发生应力腐蚀开裂的准则；另一则是材料在某种介质中的裂纹长大速率 da/dN，它反映了材料在一定环境中抗裂纹扩展的能力。

对于低碳钢和低合金钢焊接接头，常用的几种试验方法见表 3-6。而对于奥氏体不锈钢，常用 143℃ 的 42% $MgCl_2$ 饱和溶液。相关试验标准参见 YB/T 5362—2006《不锈钢在沸腾氯化镁溶液中应力腐蚀试验方法》。

表 3-6　低碳钢和低合金钢焊接接头应力腐蚀试验方法

加力方式	试样类型	常用试验介质	试验周期
恒载拉伸 （ASTM E8-79）	扁缺口试样	105℃ 沸腾硝盐溶液 [60% Ca(NO$_3$)$_2$ + 3% NH$_4$NO$_3$ + 余量蒸馏水]	150h 或 200h
悬臂弯曲	矩形预裂纹试样	或 120℃ 碱溶液[35% NaHO + 0.125% PbO + 余量蒸馏水]	
插销法[7]	圆缺口试样		

3.1.7　其他力学性能试验方法介绍

1. 钎焊接头的性能试验方法

和熔焊接头相比，钎焊接头的性能，特别是强度指标，一般情况下均难以达到母材的水平。因此，在钎焊接头形式中，更有利于发挥钎焊结构功能的搭接和套接接头以及相应的性能考核剪切试验是其重要内容之一。

GB/T 11363—2008《钎焊接头强度试验方法》规定了硬钎焊接头常规拉伸与剪切的试验方法及软钎焊接头的常规剪切试验方法，它适用于钢铁材料、非铁材料金属及其合的硬钎焊接头在不同温度下的瞬时抗拉、抗剪强度以及软钎焊接头在不同温度下的瞬时抗剪强度的测定。

与常规的焊接接头拉伸试样形式相似，图 3-23 和图 3-24 分别给出了拉伸和剪切用试样结构图。按试验需要，可选择其中的任一试样形状。贵重金属钎料试验时，在满足试验条件的情况下，可适当缩小试样尺寸。需要指出的是，图 3-23 和图 3-24 中的试样都是采用事先加工好的试板或试棒进行钎焊试验直接制成钎焊接头样品的，而不是像熔焊那样，往往是由焊接试板中切取的。

另外，钎焊接头还常进行弯曲试验和撕裂试验。目前的钎焊接头弯曲试验仍参照 GB/T 2653—2008《焊接接头弯曲试验方法》进行，钎缝的撕裂试验主要用于评价搭接接头的质量，目前它已发展成一种定量评定接头的试验方法，图 3-25 所示为撕裂试验试样。

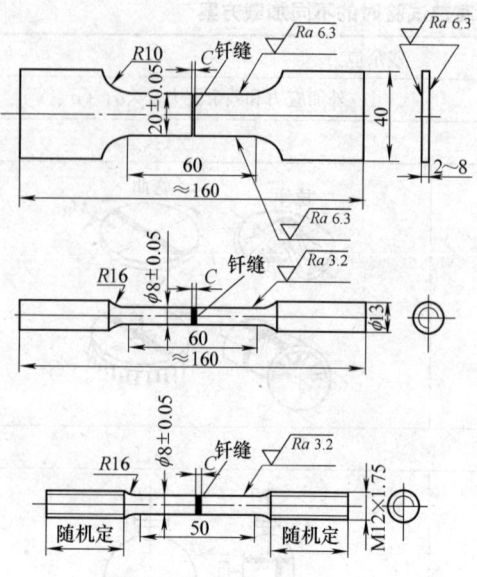

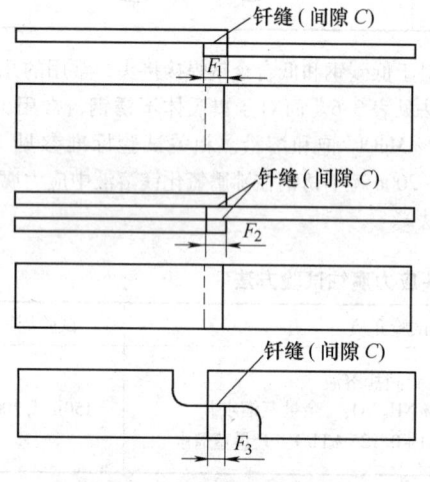

图 3-23　钎焊接头拉伸用试样

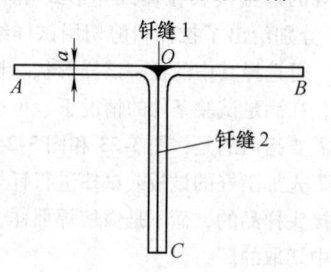

图 3-24　钎焊接头剪切用试样

图 3-25　撕裂试验用试样

2. 点焊接头的剪切试验

点焊接头是一种常见的焊接接头方式，考察点焊接头强度通常是通过剪切拉伸试样进行的。图 3-26 给出了点焊接头的剪切拉伸试样形状。它是由相互重叠的一对试板组成，并在重叠区中心形成焊点。对于

不同的试板厚度 a，所要求的试样宽度或搭接长度 B 也是不同的，长度 l 可以采用相同值，但应不小于 100mm。有关试验参见 GB/T 2651—2008。

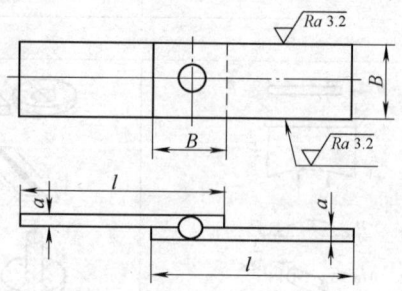

图 3-26　点焊接头剪切拉伸试样

在厚度低于 1mm 的薄板试样中，作用于焊缝上的偏心载荷引起焊缝的旋转和弯曲，最终导致沿焊核周围失效。在较厚的试板中，母材趋于阻止弯曲产生，焊点将以剪切形式通过或围绕焊核破坏。当试样厚度大于 5mm 时，试验机的夹头应该偏置以减少焊缝偏心载荷的影响。

3. 焊接接头的微区性能测试

（1）焊接接头的微型剪切性能[8-10]

为适应焊接接头各区力学性能大梯度变化的特点，近年来提出的微型剪切试验引起焊接界的重视。微型剪切试验是将从焊接接头中沿垂直焊缝方向取出小断面（例如 1.5mm 见方或圆）的长条试样，按一定间距逐点剪断，确定焊接接头各狭窄区域的抗剪强度和剪切面压入率（塑性指标）。这个方法的原理和装置如图 3-27 所示。

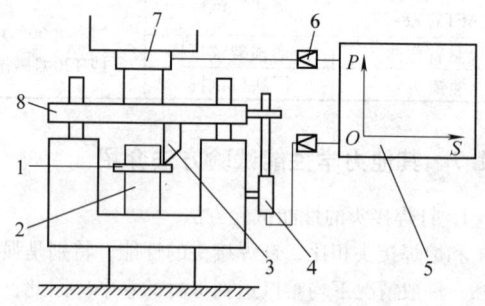

图 3-27　微型剪切试验装置原理图
1—试样　2—底座　3—剪刀　4—位移传
感器　5—x-y 记录仪　6—放大器
7—力传感器　8—加载横梁

在微剪切试验中，一般以 1mm 左右的间距进行逐点剪切，每剪切一点记录一条力-位移曲线，据此曲线可以得出该点处的各种剪切性能参数。

抗剪强度 τ_b，临界抗剪强度 τ_G（$\tau_{G0.2}$）和剪切面压入率 a 按下列公式计算：

$$\tau_{\mathrm{b}} = \frac{F_{\max}}{A_0} \qquad (3\text{-}5)$$

$$\tau_{\mathrm{G}} = \frac{F_{\mathrm{G}}}{A_0}, \tau_{\mathrm{G0.2}} = \frac{F_{\mathrm{G0.2}}}{A_0} \qquad (3\text{-}6)$$

$$a = \frac{A_0 - A_{\min}}{A_0} \qquad (3\text{-}7)$$

式中　$F_{\max}$——试样剪断时的最大剪力；

　　　A_0——试样的原始截面积；

　　　F_{G}——试样达剪切屈服时的剪切力；

　　　$F_{\mathrm{G0.2}}$——试样在剪切方向发生的残余塑性变形
　　　　　　　为试件边长的 0.2% 时的剪切力；

　　　$A_{\min}$——断裂后试样的最小断口面积。

研究表明，金属材料的剪切试验性能参数与拉伸性能试验参数之间存在一定的数值关系。通过大量试验，目前已得到结构钢和铝合金的微剪切性能和拉伸性能之间的定量关系，从而为焊接接头的微区性能评定提供了一条途径。

（2）焊接接头微区性能的压痕表征技术[11-16]

20 世纪 90 年代兴起的纳米压痕技术为评测焊接接头的微区性能提供了另外一条全新的途径。众所周知，焊接接头附近的组织结构是不均匀的，这种不均匀性不仅表现在沿垂直焊缝方向表面的性能差异，有时还表现在焊缝附近同一位置沿深度方向上的不同，尤其是经过表面纳米化、表面喷镀等再制造处理的近表面层。这种不均匀性靠毫米尺度范围的设备测量有时达不到要求，而需要微米甚至纳米尺度上的测量。近期出现的用于测量显微硬度的纳米压痕仪就是该领域的代表性设备。

1986 年 Doerner 和 Nix 将压痕载荷拓展到 mN 量级，1992 年 Oliver 和 Pharr 在前人工作的基础上进一步完善了纳米压痕硬度测量原理，奠定了纳米压痕测量技术的基础，成为目前最为流行的分析方法。2002 年国际系列标准 ISO 14577：2002 首次阐述了纳米压痕仪的使用方法、使用原理、可测参数和误差分析等内容，极大地推进该方法的应用。

纳米压痕仪通过连续记录的载荷-深度曲线，获得材料的两个典型参量——硬度和弹性模量。这种技术能从载荷-位移曲线中直接获得接触面积，不仅把人们从传统的寻找压痕位置和测量残余面积的烦琐劳动中解放出来，并可大大减少测量误差，适合于微/纳米尺度的力学参量的评测。该方法对样品制备要求较低，可以直接给出材料表层力学性质的空间分布。

按照 ISO 14577：2002 中的描述，纳米压痕仪的压头主要采用三棱锥形的玻氏压针（Berkovich tip），半锥角 φ 为 70.3°。使用该压头可以获得如图 3-28a 所示的典型的载荷-深度曲线。图 3-28b 为加卸载过程中等效圆锥压入剖面示意图。在加载过程中，样品材料产生同压头形状相同的压入接触深度 h_{c} 和接触半径 a，在卸载过程中，硬度和弹性模量可以从最大压力 $P_{\max}$、最大压入深度 $h_{\max}$、卸载后的残余深度 h_{f} 和卸载曲线的顶部斜率 $S = \mathrm{d}P/\mathrm{d}h$（称为弹性接触刚度）中获得。由纳米压痕仪测定的硬度 H 定义为

$$H = \frac{P_{\max}}{A} \qquad (3\text{-}8)$$

式中　A——接触面积，由面积函数（或称压头形状函数）$A = f(h_{\mathrm{c}})$ 确定。

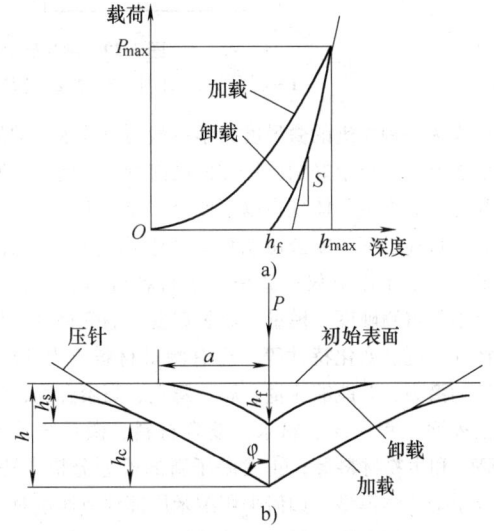

图 3-28　纳米压痕法测试中的载荷-深度曲线
a）典型的加、卸载曲线
b）加、卸载过程中的压痕剖面

样品材料的弹性模量 E 由下式联合求得

$$E_{\mathrm{r}} = \frac{\sqrt{\pi}}{2\beta}\frac{S}{\sqrt{A}}$$

$$\frac{1}{E_{\mathrm{r}}} = \frac{1 - \nu^2}{E} + \frac{1 - \nu_{\mathrm{i}}^2}{E} \qquad (3\text{-}9)$$

式中　E_{r}——复合模量；

　　　β——与压头形状有关的常数，玻氏压头 $\beta = 1.034$，球形压头 $\beta = 1.00$；

　　　E——样品材料的弹性模量；

　　　ν——样品材料的泊松比；

　　　ν_{i}——压头的泊松比。

图 3-29 为纳米压痕仪的工作原理及动力学模型示意图。利用动态刚度的测量，可以在单个压入测试中获得随压入深度连续变化的硬度和弹性模量，这就是所谓的连续刚度测量法（Continuous Stiffness Measurement，简称 CSM）。该原理是将频率为 45Hz 的谐振力叠加在准静态的加载信号上，测量压头的谐振响应；在整个压入过程中，通过反馈电路控制谐振力产生交变位移，振幅始终保持在 1 ~ 2nm。

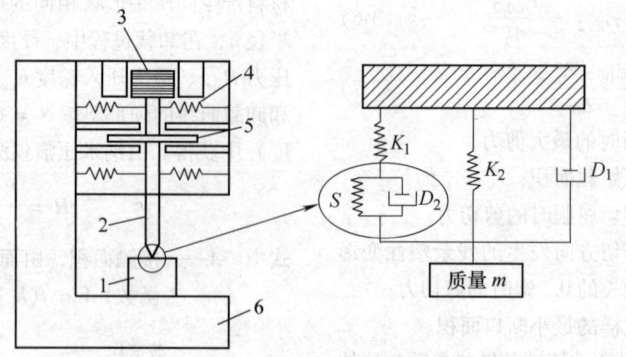

图 3-29　纳米压痕仪的工作原理及动力学模型
1—样品　2—压杆　3—加载线圈　4—支撑弹簧　5—位移传感器　6—机架

作为一种先进的微尺度力学参量测量技术，纳米压痕法已显示出很好的应用和发展前景。目前它的研究和应用进展主要体现在以下四个方面：①测试仪器方面，目前已有多家公司能制造出基于深度测量的高分辨力的纳米压痕仪；②拓宽了材料行为的测量范围，不仅可测硬度、模量、断裂韧度、蠕变特性、粘弹特性、温度变化特性等，还有测量材料应力-应变关系的潜力；③能够测量金属、陶瓷、高聚合物，还包括表面工程系统、粉末、复合材料、微系统器件 MEMS 和生物材料等；④发展了新的模型分析方法，如分子动力学模型。如何采用纳米压痕仪或通过对仪器的改进，用于焊接接头微区性能的分析，特别是在高温高压等环境下接头长期运行后性能变化情况的现场评定，是很有吸引力的一个方向。

4. 对接焊接头的宽板拉伸性能试验

为了测定接近实际结构的对接焊接头的抗拉强度，参照 JIS Z 3127—1997 试验方法，我国从 1992 年开始将对接焊接头的宽板拉伸试验方法列入了国家标准（GB/T 13450—1992，该标准已作废，列出仅供参考）。该标准明确规定了用于对接焊接头试样宽板拉伸试验的过程、方法及其试样制备尺寸要求等。

图 3-30 为试样的外形和尺寸图，当板厚小于 25mm 时，试样宽度 b 为 $7\delta_0$，否则宽度应不小于 $5\delta_0$（δ_0 为板厚）。试验时焊缝余高可保留也可去除，试样数量应不少于 2 个，特殊情况下也可取一个样品，其余要求基本与 GB/T 2651—2008《焊接接头拉伸试验方法》相同。

5. 落锤试验

落锤试验实际上是断裂韧度试验的一种，是用来测定材料抵抗裂纹扩展能力的一种方法，目前主要用

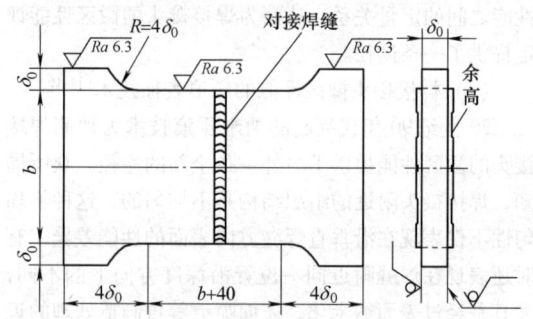

图 3-30　对接焊接头宽板拉伸试样

它来测定裂纹动态扩展的停止温度，是美国海军研究所开发的材料止裂性能测试方法的一种。试验过程和试样描述于 GB/T 6803—2008《铁素体钢的无塑性转变温度落锤试验方法》中。

落锤试验程序包括在试样上焊接一个"起始裂纹"焊道，然后在该焊道上开缺口（开缺口的方式常用手工锯切法）。在试样被冷至规定的试验温度后，通过落锤施加冲击载荷作用于带缺口的焊道。图 3-31 为落锤试验示意图。

落锤试验可以用作钢板的接收试验，它经常用于

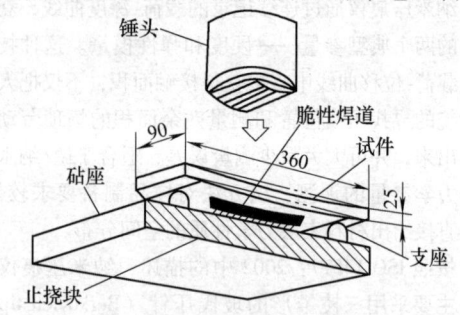

图 3-31　落锤试验示意图

船舶用钢的供货中。它适用的最小试板试验厚度为16mm，但非标准厚度（13mm）也在研究和开发工作中采用。

当落锤试验用于材料的接收标准时，通常规定一个温度，在此温度下应表现出未断性能，否则试验温度继续降低，直至找到该温度为止。这个温度就叫作NDT（无塑性转变温度），通常需要 6~8 个样品就可以确定出最终的 NDT 值。试验温度的间隔（误差）一般为5℃。按国标规定，当裂纹扩展到受拉面的一个或两个棱边时为断裂。其他详细内容请参见第6 章。

3.2　焊接接头的不均匀性对力学性能的影响

3.2.1　焊接接头宏观力学不均匀性的一般特征

结构的断裂有两种基本形式，一种是由材料静载强度控制的塑性流变断裂（也称材料的塑性失稳断裂），断裂条件是 $\sigma \geq R_m$（或 $R_{p0.2}$）。另一种是由材料韧性控制的脆性破坏（也称裂纹失稳扩展断裂），脆性破坏的断裂条件为 $K_I \geq K_{IC}$ 等。结构抗塑性断裂的承载能力（L_P）正比于材料的强度，而抗脆断破坏的承载能力（L_B）正比于材料的韧性。保证结构安全运行的条件显然是实际结构的载荷（L）同时满足 $L < L_P$ 和 $L < L_B$。因此，正比例增加材料的强度和韧度是提高结构承载能力并保证安全运行的最合理匹配。保证结构运行的最低安全限度在材料的强度和韧性匹配关系图中显然应为带有一定斜率的直线 S（图3-32）。图 3-32 还归纳了钢材和不同焊接方法得到的

焊缝金属现实的强度和韧性的匹配状况。不幸的是实际材料和焊缝的韧性是随着强度的增加而不断下降，在较高强度的范围内几乎是直线下降，这就是实际存在的矛盾。正是这个矛盾限制了具有更高强度材料的实际工程应用。图 3-32 还表明实现焊缝金属的强度和韧性匹配，特别是在较高强度的情况下，还不能达到母材的水平。对于中低强度钢，由于母材和焊缝都有较高的韧性储备，所以按等强度原则，选择超强匹配的焊接接头显然是合理的，因为焊缝韧性比母材即使有所降低，但并不会影响整个结构的安全性。而且当横向载荷使结构发生弹性形变时，由于焊缝区比母材发生较小的应变（图 3-33a），焊缝区相当于受到保护，超强匹配焊接接头的抗脆断安全性甚至更高[18]。

而对于超高强度钢，例如图 3-32 上所示屈服强度大于 1600MPa 的材料，由于强度提高，韧性降低，超高强度钢的韧性储备显著降低（已接近安全限 S），如果仍然采用等强度原则，选用超强匹配焊接接头，焊缝韧性进一步降低，可能处于安全限 S 以下，如此将可能导致由焊缝韧性不足引起的低应力脆性破坏。所以在超高强度钢焊接时采用等韧性原则，选择焊缝韧性不低于基体金属的低强匹配焊接接头是合理的[19]。

对于高强度和大型厚板结构，焊接时易产生焊接裂纹，并由此引起脆性断裂。为避免焊接裂纹，有时采用低强匹配接头也取得了较好效果。采用低强度焊缝并不总是意味着焊接接头的强度一定低于母材，如本章图 3-6 所示那样，只要焊缝金属的强度不低于基体 87%，仍可保证接头与母材等强，不过低强焊缝的焊接接头的整体伸长率将有所下降[2][20]。

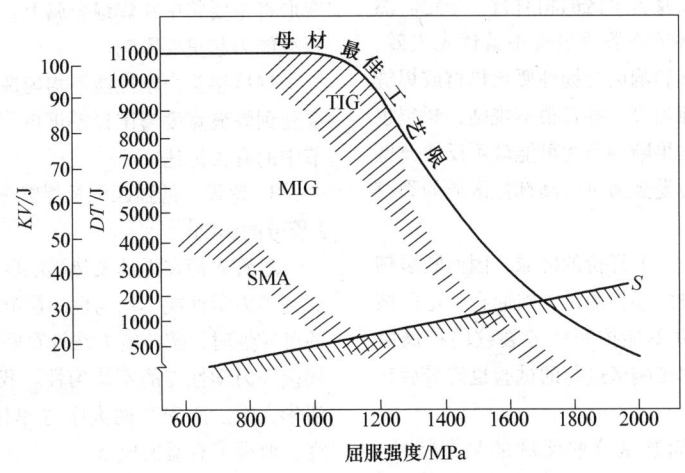

图 3-32　材料的强度和韧性匹配关系图[17]

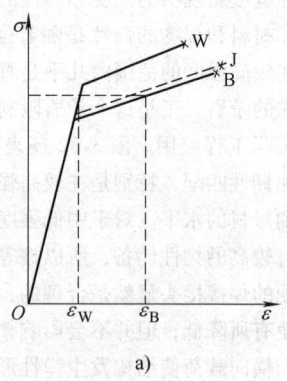 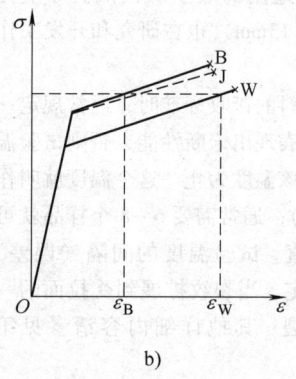

图 3-33　对接接头不同匹配的应力应变关系
a）超强匹配　b）低强匹配（W—焊缝　B—母材　J—接头）

对于高韧性的低强匹配焊接接头，在弹性应力区焊缝抗脆断能力显然高于母材。但在弹塑性区，由于焊缝比母材承受更大的工作应变（图 3-33b），这个因素将导致低强匹配接头抗脆断能力下降。因此在结构的高应变区使用低强匹配焊缝时，应使焊缝具有比母材足够高的的韧性，方能保证结构整体的抗脆断能力提高。

3.2.2　焊接接头宏观力学性能不均匀性对性能测试结果的影响

1. 对断裂韧度的影响

在评定断裂韧度中，由于焊接接头在焊缝和热影响区表现出不同的组织变化（图 3-1），因而将出现特殊的问题。因此，任何评价焊接接头韧度的试验都应当考虑这些不同组织的影响，如果可能的话，对每种组织给定一个韧度因子。这些结构因子的建立可针对最重要性、弱环节以及各个区的相对行为来定。然而也不能完全确定弱环节在服役过程中就优先失效。例如，在一些钢中，热影响区的韧性要比母材或焊缝金属的低，然而此区相当窄，并且很不规则，断裂也许就不局限于此区。结果断裂行为可能就不反映此区的独立韧度，而会部分受到通过较高韧性区域的裂纹尖端的影响。

由于缺口可以定位于要评价的区域，因而断裂韧度试样适合于特定区域的韧性测试，然而在特定区域定位初始缺口的位置并不能控制疲劳裂纹的扩展路径，可能希望在焊接热影响区进行的试验也许最后在焊缝或母材断裂。

试验中的另一个问题是这些区域的复杂特性，热影响区实际上是一系列区。进一步讲，热影响区本身不是独立存在的，就如同焊缝和母材一样。热影响区的试验必须在其所在区域进行，或者采用经过模拟热循环处理的试样进行试验。这种模拟热影响区可以用于夏比冲击试验，但并不适合其他类型的试验。

由于这些原因，大多数焊件的断裂韧度研究包括一系列不同的试验，用于测定复杂焊接区的断裂抗力。

2. 对抗拉强度的影响

设焊缝熔敷金属的屈服强度为 R_{eL}^W，母材的屈服强度为 R_{eL}^B，在进行焊接接头拉伸试验时，如果焊缝方向与载荷平行，此时 R_{eL}^W 对接头强度影响不大，断裂将起源于塑性值最低的焊缝、热影响区或母材部位。如果载荷垂直于焊缝，焊缝金属的 R_{eL}^W 将对接头强度起重要影响。当接头形式为超强匹配时（$R_{eL}^W > R_{eL}^B$），在弹塑性变形阶段焊缝金属受母材的保护不易产生变形；当焊接接头为低强匹配时（$R_{eL}^W < R_{eL}^B$），变形将主要集中在焊缝金属上，因而将对焊接接头的承载能力起重要影响。

焊接接头力学性能不均匀性对拉伸强度的影响还要受到焊缝宽度与试样厚度的影响，详见本章 3.1.2 节中的有关论述。

3. 超强、低强匹配及焊缝宽度对断裂参量 COD、J 积分的影响[22～27]

尽管人们在焊缝及热影响区的断裂力学试验中考虑到了力学性能不均匀性的影响，但在评估焊接结构的可靠性时，按传统方法计算断裂参量时常常忽略焊接接头力学性能的不均匀性。我国哈尔滨工业大学、清华大学、西安交通大学等单位对此进行了多年研究，取得了有益的成果。

根据裂纹在焊接及钎焊接头的位置和方向，可将其简化成如图 3-34 所示的三种模型，并且以前两种模型最为常用。在用数值法对模型 I 进行 COD 和 J 积分分析时，发现 J 积分的路径无关性及能量率表达式：$J = -\dfrac{1}{B} \times \dfrac{\partial U}{\partial a}$ 依然成立。在研究超强匹配（即所谓的软夹硬接头，简称 SHS）类型时，当名义应力大到使母材发生局部塑性变形时，COD 和 J 积分值均随焊缝宽度 h 的减小而增大（图 3-35）；而对于低强匹配（即所谓的硬夹软接头，简称 HSH）的接头类型，COD 和 J 积分值均随焊缝宽度的减小而减小。图 3-35 中 2a 为裂纹长度，σ_{ys} 为材料屈服强度。

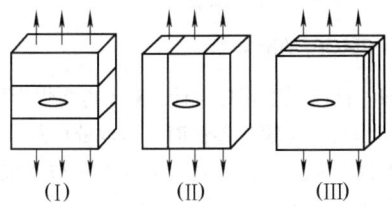

图 3-34　三种力学不均匀体模型[24]

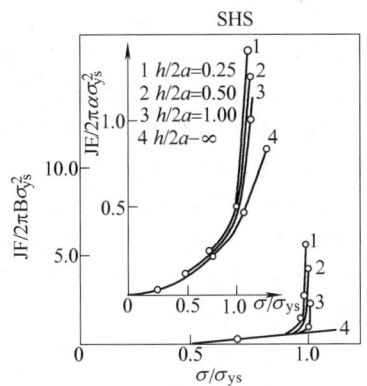

图 3-35　超强匹配焊缝宽度 h
对 J 积分和 COD 的影响[24]

在研究模型 II 的断裂参量时，Rice 定义的 J 积分路径无关性不再成立。

采用试验的方法研究超强、低强匹配对断裂参量的影响过程中，在研究模型 I 的超强匹配的疲劳裂纹扩展速率时，发现疲劳裂纹扩展速率随焊缝宽度的减

小而减小（图 3-36，图中 h_1 为裂纹至界面距离），这是由于在相同交变载荷条件下，COD 和 J 积分幅值随焊缝宽度的减小而增大的缘故。对于采用闪光对焊的超强匹配接头，临界裂纹嘴张开位移 $CMOD_i$ 随硬夹层（60Si2Mn）宽度的减小而增大。对于裂纹垂直于交界面接头的模型 II，超强匹配试样的 $CMOD_i$ 随裂纹尖端距交界面距离 d 的减小而增大，低强匹配的 $CMOD_i$ 随 d 的减小而减小（图 3-37）。天津大学还对 Q345（16Mn）钢焊接接头在超强匹配情况下的临界裂纹长度进行了研究（模型 I），发现比等匹配接头的要大。

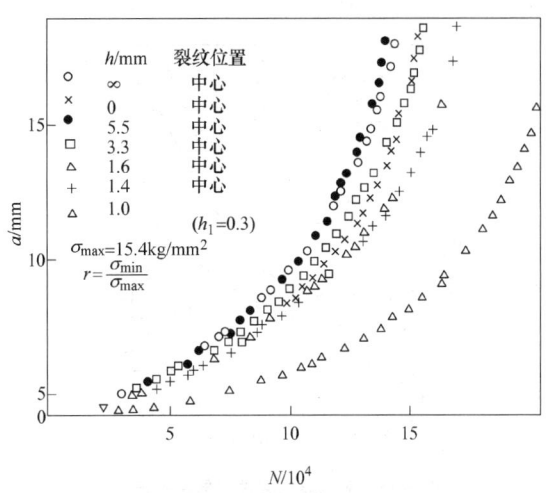

图 3-36　超强匹配接头中不同焊缝宽度下
的疲劳裂纹扩展特性曲线[26]

对 I 型接头的应力腐蚀行为进行研究后发现，当模型试样的中间硬层材料为 4340 钢（H），两侧材料为较软的 Q345（M）和 Q235（S）钢时，在 3.5% 的 NaCl 水溶液中的裂纹扩展速率随着硬夹层的宽度减小而减小（图 3-38）。

3.2.3　金相组织非均匀性的影响

由于焊接过程的快速加热和冷却，造成焊接区发生相应的组织结构变化，这种变化对接头力学性能影响最大的是缺口冲击韧度。对于普通碳钢和低合金钢来说，目前可以通过一定措施得到与母材相当的韧度指标，但对于高强度钢和调质钢，做到焊接区的韧度与母材相等是相当困难的，尤其对粗晶区来说难度最大。

在进行焊接接头冲击韧度试验时，由于考虑到这种接头冶金性能的不均匀性，因而试样缺口应分别开在不同区域进行试验。

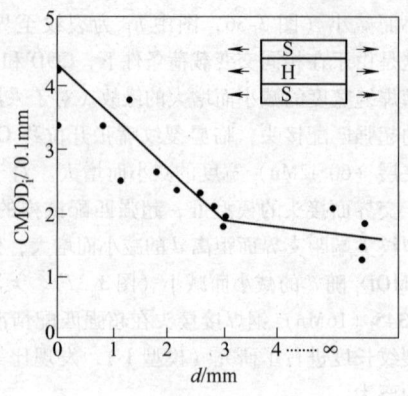 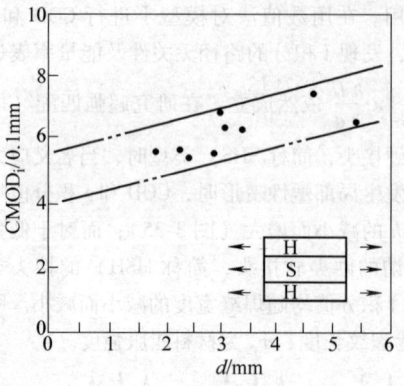

图 3-37　含横向裂纹超强和低强匹配接头对 $CMOD_i$ 的影响[24]

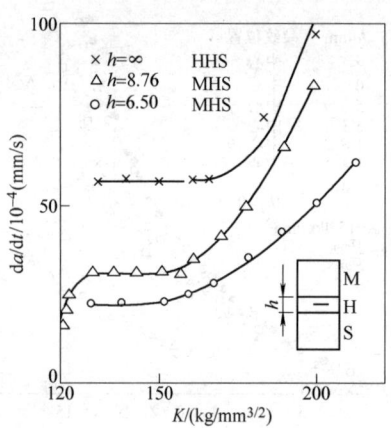

图 3-38　应力腐蚀裂纹扩展速率与应
力强度因子的关系[27]

3.3　不同结构的设计对焊接接头力学性能的要求

3.3.1　一般考虑

在进行焊接结构设计中，应使所设计的结构达到以下基本要求：实用性、可靠性、可加工性、经济性。为了满足这些要求，需要设计者遵循一些基本的原则，如选择合理的材料、合理设计结构形式、合理布置焊缝、便于生产和施工管理等。其中最重要的一条就是正确选用材料。所选用的材料既要满足使用性能，又要满足冷热加工性能。材料的使用性能主要包括材料的强度、塑性、韧性、耐磨性、抗疲劳性、耐蚀性、抗蠕变性等。当然，针对某种用途的焊接结构，并不要求同时满足上述所有性能，但是一般结构对强度、塑性和韧性的要求都是有的，根据工作特点还可能提出其他方面的性能需求，如桥梁结构要求有抗疲劳性能，压力容器要求有抗腐蚀性能等。

在进行焊接接头静载强度计算时，对于不同接头

形式，按不同的强度指标设计。对于电弧焊焊接接头，当焊缝和母材均有较高塑性时，以焊缝中最小的断面为计算断面（危险断面）进行有关的抗拉或抗弯强度校核。由于假定角焊缝都是在切应力作用下发生破坏，因而对于角焊缝的强度设计计算时一律按切应力计算强度。对于点焊或缝焊接头，焊点具有较高抗剪能力，而抗撕裂能力较低，故设计时应使焊点按受剪切能力大小进行计算。它们的具体计算方法请参见第 10 章。

在进行不同工作环境和不同强度级别的焊接结构设计时，有时所要考虑的焊接接头性能是不同的。例如，对于一般用途的碳钢或低合金钢焊接结构，强度和塑性可能是主要考核指标，而对于高强度管线钢，尤其是含 H_2S 介质的钢管，临界应力腐蚀开裂因子 K_{ISCC} 就可能变成另一重要考虑的设计指标了。对于航天用超高强度钢，焊接接头的韧性可能是最重要的设计指标之一。因此，在焊接结构设计中，针对不同工作环境和不同强度级别的钢种，对焊接接头力学性能要求的差异是明显的，在进行接头或材料相应力学性能试验时应给予足够的重视。

3.3.2　不同工作条件下的接头强韧性匹配

熔化焊焊接接头普遍存在着以下几方面的问题：①力学性能的不均匀性；②几何不连续性；③焊接应力和变形。这些问题的存在会对焊接结构和接头的设计产生重大影响。对于力学性能不均匀性来说，影响因素包括母材和焊接材料的选择、焊接工艺的制订等，以下主要介绍不同类型的焊接结构对于母材和焊缝强韧性匹配上的一些基本考虑，以满足不同工作环境下构件使用性能的要求。

这里暂时将焊接结构分为一般结构和重要结构两大类。重要结构指那些具有特殊工作环境要求的结构，如水轮机过流部件的抗磨蚀性能要求，油气管线的抗应力腐蚀性能要求，船舶结构的抗脆断要求，高

温下工作部件的抗蠕变性能要求,桥梁构件的抗疲劳性能要求等。除此之外,不受特殊工作环境作用的其他结构件可看做一般结构。对于由静载强度控制的焊接接头的常规性能,接头的强度匹配对试验结果的影响较为简单,并已在 3.1.2 中描述,以下主要讨论不同结构类型的强度匹配对由韧性控制的构件断裂行为的影响。

1. 一般结构

一般的结构件通常采用低碳钢或碳锰钢制造,用电弧焊焊接一般结构件时,通常是选用与母材具有相同或相近强度等级的焊接材料进行焊接。对于所完成的焊缝,其强度和韧塑性指标并无严格要求,因为在此情况下焊接接头总能很好地满足日常使用要求。

2. 重要结构

(1) 焊接接头性能不均匀性对断裂行为的影响[28]

在焊接结构设计中,首先遇到的问题之一就是确定焊缝金属的强度,即焊缝强度的匹配问题。对此可有两种思路,一是在保证焊缝金属常规韧塑性的条件下,例如使焊缝和母材具有相同的伸长率条件,适当选用屈服强度较高的焊缝金属,即超匹配组合。二是把重点放在焊缝的韧性或塑性上,而其强度和母材相比可适当降低,即低匹配组合。值得指出的是,虽然低匹配情况下材料的强度差异有时可用焊缝的局部厚度增大和靠焊缝窄区受周围母材的约束而得到提高,从而使结构在整体受力时焊缝并不表现出强度薄弱的特征,但从断裂力学角度考虑,以下讨论的主要是接头材料因素的作用(当然焊缝宽度和板厚的影响是存在的,但这里不予讨论和比较),希望不要混淆。

以下给出几种不同的材料匹配情况下,采用尺寸为 110mm×500mm×10mm 的焊接试板进行横向拉伸得到的抗裂纹开裂的结果(焊缝横向受力,沿长度为 110mm 焊缝的方向在试板中心预制裂纹 $2a$)。试验采用“合于使用”原则以全面屈服准则进行评定(对于焊接接头,在焊缝金属开裂前母材发生屈服的断裂称为全面屈服断裂)。表 3-7 为各类试件的极限裂纹尺寸 $2a_{cr}$。可以发现超强匹配的焊接试样其极限裂纹尺寸均要高于母材。表 3-8 为采用不同厂家生产 J506、J507 焊条得到的不同强度匹配比对极限裂纹长度的影响结果。结果同样说明高的强度匹配有利于提高焊缝的全面屈服能力。

表 3-7　不同焊缝金属材料类型匹配情况下的极限裂纹尺寸

项　目	母材 Q345	熔敷金属		
		J427	J507	J606
屈服强度 R_{eL}/MPa	336(524)	412(490)	490(549)	591(659)
极限裂纹尺寸 $2a_{cr}$/mm	18~19	28~29	31	31

注:括号内数值为抗拉强度。

表 3-8　不同厂家生产的 E50×× (J506、J507) 焊条得到的极限裂纹尺寸

接头强度比 R_{eL}^W/R_{eL}^B	1.38	1.41	1.42	1.43	1.44	1.47	1.51	1.52	1.53	1.56
极限裂纹尺寸/mm	37.77	38.81	39.19	38.22	39.03	39.26	39.21	39.62	39.64	40.76

注:R_{eL}^W 为焊缝屈服强度,R_{eL}^B 为母材屈服强度。

上述研究采用不同焊材焊接相同母材得出超匹配有利的结论,为避免冶金因素的干扰,采用相同的高强焊条 LB52NS 焊接低强母材 A131 或 A537,同时焊条的伸长率低于母材。表 3-9 给出了试验结果,还一并给出了 -40℃ 低温下的接头极限裂纹尺寸数值。

表 3-9　采用同一焊条焊接的高匹配接头在常温及 -40℃下的极限裂纹尺寸

母材与焊缝	材料	屈服强度/MPa	极限裂纹尺寸/mm
母材	A131	280(418)	36~37
	A537	363(524)	29~31
常温焊缝	A131 接头	462(526)	49~50
	A537 接头	462(526)	40~41
低温焊缝	A131 接头	462(526)	>48
	A537 接头	462(526)	40

注:括号内数值为抗拉强度。

表 3-9 再次说明采用超匹配焊接中、低强度钢的合理性,另外还可以发现用同一种焊缝的极限裂纹尺寸是不同的,它也依赖于母材的强度。母材强度越低,对焊缝的保护程度越大,焊缝中的极限裂纹尺寸越大。

下面给出不同强度匹配对较高强度材料焊接时断裂性能的影响。表 3-10 为两种母材和焊条熔敷金属的力学性能,表 3-11 为采用 Q420 (15MnVN) 和 14MnMoNbB 两种母材不同焊缝强度匹配接头的宽板拉伸试验结果,试板尺寸为 200mm×500mm×原厚。

由表 3-11 中的结果可以看出超强匹配的高强钢焊接接头对抗断性能也是有利的。上述结果的获得并不能否认韧性的重要性,因为在上述的横向焊缝中(焊缝垂直于受力方向),当焊缝韧性过低时(而不是稍低），在弹性变形阶段焊缝就可起裂，母材的保护作用丧失。而在纵向焊缝中（焊缝平行于载荷），此时裂纹将在塑性较低处产生，强度将不起任何保护作用，因而最好焊缝和母材等属性。在此情况下，焊缝具有比母材较高的强度才是最佳匹配方案。当然，如果焊缝具有比母材较高的韧性，采用低强匹配也是合理的，但一般情况下要获得这样的结果是比较困难的。

表 3-10　母材和焊缝熔敷金属的强度指标

项　目	母材		熔敷金属			
	Q420(15MnVN)	14MnMoNbB	J507	J606	J707	J107
屈服强度/MPa	481(653)	752(810)	490(549)	591(659)	640(756)	980(1220)

注：括号内数值为抗拉强度。

表 3-11　两种母材匹配不同焊缝金属的极限裂纹尺寸

母材	J507(等强)	J606(超强)	J707(低强)	J107(超强)
Q420(15MnVN)	$2a_{cr} < 15.10$	$15.0 < 2a_{cr} < 20.0$	—	—
14MnMoNbB			$2a_{cr} < 40$	$43.54 < 2a_{cr} 47.22$

　　由于角焊缝的实际应力状态十分复杂，焊缝强度匹配对角焊缝的断裂性能影响研究较少，因而在设计中做了大量假设。通常角焊缝承受高值的切应力，焊缝的设计强度要大大低于母材强度，另外目前多认定角焊缝的失效由最小截面处屈强比决定，且只有通过断裂路径来研究强度匹配的影响。

　　以上以几个实际例子讨论了焊缝强度匹配对裂纹开裂方式的影响，下面再简单讨论不同的强度匹配对结构抗裂纹扩展性能的影响。试验用 LB52NS 焊条分别焊接 A131 和 A537 两种钢材制成两组不同匹配类型的试样，采用动态撕裂（DT）试验方法研究不同匹配类型的断裂吸收功（DT 试验方法参见 GB/T 5482—2007）。图 3-39 为试验结果。可以看出，强度匹配系数较高者具有较低的转变温度和较高的断裂吸收能，从而具有较高的抗裂纹扩展能力。

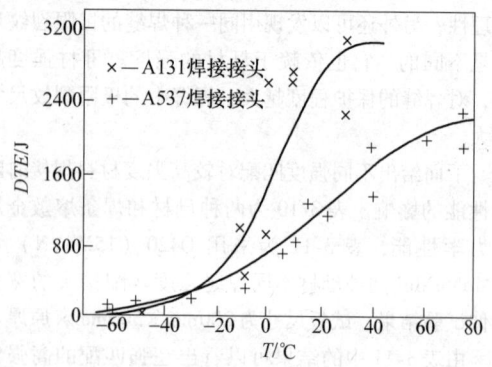

图 3-39　不同匹配接头的动态撕裂能与温度关系

（2）接头力学性能不均匀条件下的疲劳裂纹扩展特性[28-29]

　　焊接接头的宏观力学性能不均匀性对裂纹在焊接接头中的扩展速率和扩展方式有不同影响。对于焊缝宽度不同的高匹配焊接接头力学不均匀中心裂纹体试样，等幅疲劳载荷作用下的寿命曲线如前图 3-36 所示。

　　为了研究不同母材和焊缝金属强度匹配对疲劳裂纹扩展特性的影响，Maddox 采用 6 种不同强度级别的焊条焊接强度在 386～636MPa 之间的碳锰钢母材，观察焊缝金属和热影响区的疲劳裂纹扩展情况。试验结果如图 3-40 所示。结果表明，在平面应力范围内，Paris 公式中的常数 m 随材料屈服强度的增加而降低，而另一常数 C 随屈服强度的增加而上升，不同的力学性能对裂纹扩展速率 da/dN 有一定影响，但并不显著。

　　为了更明显地说明这一问题，对用同一种焊条 LB52NS 施焊的 A131 和 A537 钢接头试样进行了四点弯曲疲劳试验，试验结果列于表 3-12。分析表明，两种不同强度匹配的焊接接头，应力强度因子门槛值 ΔK_{th} 和裂纹扩展速率 da/dN 基本相同。

　　对焊接接头来说，由于力学性能的非均匀性，裂纹偏转也是必然的。由于试样力学性能的非对称或试样几何的非对称都会发生裂纹的偏转现象。随着名义应力的增加和不对称程度的加大，裂纹的偏转角增大。平面应力状态下力学性能对称但几何非对称和力学性能非对称但几何对称的不均匀体试样裂纹的偏转角与名义应力的关系如图 3-41 所示。一般认为，力学不均匀体裂纹偏转的原因是裂纹尖端的非对称屈服引起的。

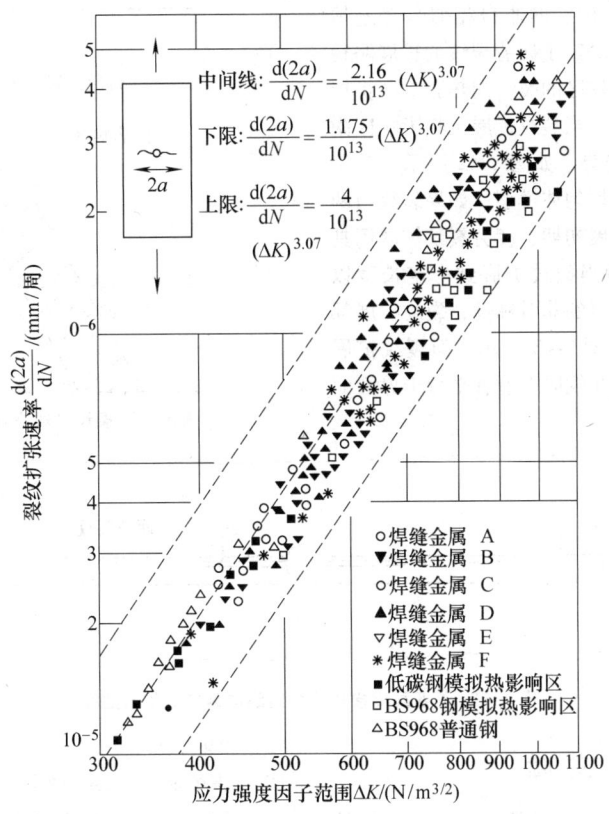

图 3-40　不同材料匹配接头的疲劳裂纹扩展特性

表 3-12　A131 和 A537 钢接头四点弯曲疲劳试验结果

接头类型	Paris 公式中的参数			
	ΔK_{th}	m	C	$\mathrm{d}a/\mathrm{d}N$
A131 接头	8.110	3.13	9.53×10^{-13}	$9.53 \times 10^{-13} (\Delta K_{\text{th}})^{3.13}$
A537 接头	8.105	3.18	4.13×10^{-13}	$9.53 \times 10^{-13} (\Delta K_{\text{th}})^{3.18}$

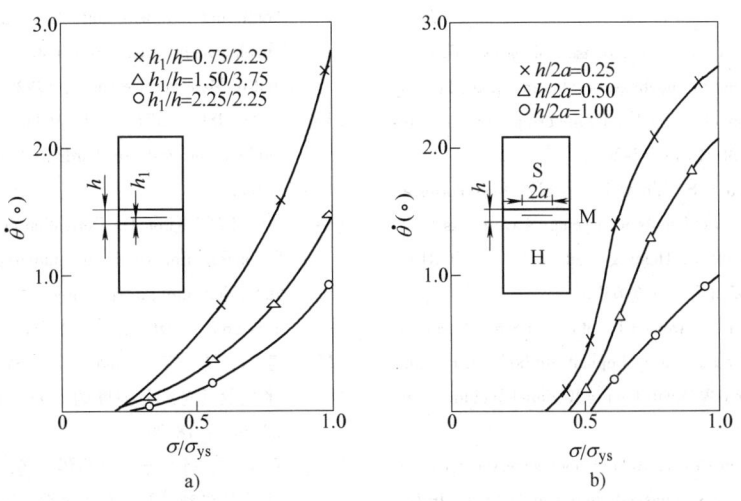

图 3-41　力学不均匀中心裂纹体试样裂纹偏转角与名义应力的关系
a）力学性能对称几何非对称　　b）力学性能非对称几何对称

在焊接接头中，裂纹扩展的非自相似是普遍情况。力学均匀程度不同，决定了疲劳裂纹的扩展路径不同。在疲劳载荷下位于软区的裂纹向热影响区扩展时，如裂纹与焊缝成锐角，当裂纹扩展至热影响区附近时有偏离热影响区的趋势，如图3-42所示。对于高匹配焊接接头的力学不均匀体模型，如果裂纹与两侧界面非等距，在裂纹扩展初期，疲劳裂纹扩展仍具有一定的自相似特性，但当裂纹扩展到一定长度以后，由于疲劳裂纹尖端屈服的非对称性，裂纹扩展都有偏向于软区的趋势，如图3-43所示。但裂纹扩展穿越界面进入软区后，将在软区中沿着平行于界面的方向扩展。

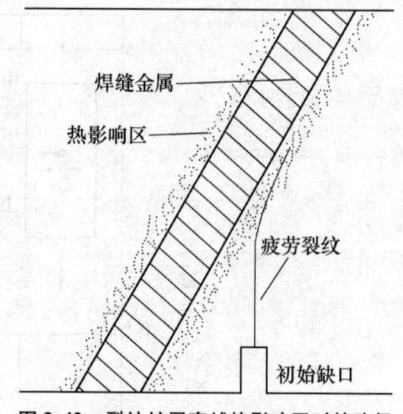

图3-42　裂纹扩展穿越热影响区时的路径

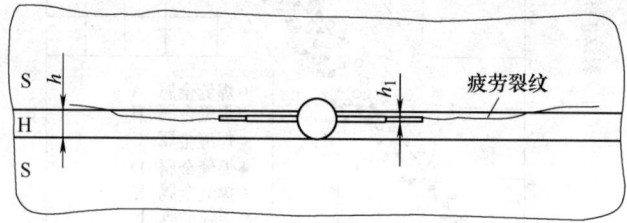

图3-43　高匹配焊接接头焊缝纵向裂纹的扩展路径

参 考 文 献

［1］ 佐藤邦彦，等. 溶接工学［M］. 东京：理工学社，1979.

［2］ Satoh K, Toyoda M. Joint Strength of Heavy Plate With Lower Strength Weld Metal［J］. Welding Journal, 1975, 54（9）：311-319.

［3］ Weisman C. Welding Handbook［M］. Vol. One A W S, 1976.

［4］ 田锡唐. 焊接结构［M］. 北京：机械工业出版社，1992.

［5］ Chen B Y, Shi Y W. A comparison of various dynamic elasto-plastic fracture toughness evaluating procedure by instrumented impact test［J］. Engineering Fracture Mechanics, 1990, 36（1）：17-26.

［6］ Chen H N, Chen L S, Lin Q H, et al. Stress corrosion test for clad plate weldments with compressive stress treatment by Anti-Welding-Heating method［J］. CORROSION, 1999, 55（6）：626-630.

［7］ Zhou G Q, Mao Y P, Dong J P. Study on Stress Corrosion Cracking of Welded Joints by Implant Method［C］. Australia：Papers for IIW Asian Pacific Regional Welding Congress, 1987.

［8］ Dorn L. Aussagen des micro-und microscherversuchs zun festigkeits-und Verformungsverhalten von stahlen, Insbesonders von einzelnen bereichen einer schweissenverbindung［J］. Schweissen und Schneiden, 1979, 29（6）：246-249.

［9］ 雷斌隆，王元良. 微型剪切试验法及其在焊接技术中的应用［J］. 西南交通大学学报，1990，75（1）：14-20.

［10］ 雷斌隆. 评定铝合金焊接接头性能的新途径［J］. 机械工程材料，2004，28（4）：13-15.

［11］ Doerner M F, Nix W D. A method of interpreting the data from depth-sensing indentation instruments［J］. Journal of Materials Research, 1986, 1（4）：601-609.

［12］ Oliver W C, Pharr G M. An improved technique for determining hardness and elastic modulus using load and displacement sensing indentation experiments［J］. Journal of Materials Research, 1992, 7（6）：1564-1583.

［13］ ISO. ISO 14577：2002 Metallic materials-instrumented indentation test for hardness and materials parameters［S］.

［14］ Ahn J H, Kwon D. Derivation of plastic stress-strain relationship from ball indentations：examination of strain definition and pile-up effect［J］. Journal of Materials Research, 2001, 16（11）：3170-3178.

［15］ 李东，陈怀宁，刘刚，等. SS400钢对接接头表面纳米化及其对疲劳强度的影响［J］. 焊接学报，2002，23（2）：18-20.

［16］ 张淑兰，陈怀宁，林泉洪，等. 工业纯钛的表面纳米化及其机制［J］. 有色金属，2003，55（4）：5-7.

［17］ W S Pellini. Advances in Fracture Toughness Characterization Procedures and in Quantitative Interpretations to

Fracture-safe Design for Structural Steels［J］. W. R.
C. Bulletin, 1968, 130: 1-46.

［18］ 张玉凤. 依据"合于使用"原则的焊缝金属评定
［J］. 焊接学报, 1988, 9 (2): 89-95.

［19］ 陈亮山. 超高强度钢焊缝性能的合理选择［J］. 焊接,
1978 (4): 19-24.

［20］ 焦馥杰. 低组配焊接接头的强度［J］. 焊接学报,
1984, 5 (4): 207-213.

［21］ 霍立兴. 焊接结构工程强度［M］. 北京: 机械工业
出版社, 1995.

［22］ 马维甸, 等. 低匹配焊接接头不均匀裂纹体的 J 积分
研究［J］. 焊接学报, 1987, 8 (2): 89-97.

［23］ 陈丙森, 等. 硬夹层中含有垂直裂纹的焊接接头的断
裂参量研究［J］. 焊接学报, 1989, 10 (3):
200-207.

［24］ 田锡唐, 等. 全国焊接学会第十委员会年会论文
［C］. HX-025-1988, 峨眉山市, 1988.

［25］ 霍立兴, 等. 某些制造因素对焊接构件强度的影响
［J］. 焊接学报, 1988, 9 (1): 51-58.

［26］ 朱鸿官, 等. 第五届全国焊接学术会议论文集［C］.
Vol. 3, 哈尔滨, 1986.

［27］ 王杰, 等. 第六届全国焊接学术会议论文集［C］.
Vol. 4, 西安, 1990.

［28］ 霍立兴. 焊接结构的断裂行为及评定［M］. 北京:
机械工业出版社, 2000.

［29］ 史耀武. 中国材料工程大典(第22卷)［M］. 北京: 化
学工业出版社, 2006.

第 4 章　焊接应力与变形

作者　关桥　审者　赵海燕

焊接应力与变形是直接影响焊接结构性能、安全可靠性和制造工艺性的重要因素。它会导致在焊接接头中产生冷、热裂纹等缺欠，在一定的条件下还会对结构的断裂特性、疲劳强度和形状尺寸精度有不利的影响。在构件制造过程中，焊接变形往往引起正常工艺流程中断。因此掌握焊接应力与变形的规律，了解其作用与影响，采取措施控制或消除，对于焊接结构的完整性设计和制造工艺方法的选择以及运行中的安全评定都有重要意义。

4.1　基本概念[1~6]

4.1.1　产生机理、影响因素及其内在联系

图4-1给出了引起焊接应力和变形的主要因素及其内在联系[6]。焊接时的局部不均匀热输入（图4-1上部）是产生焊接应力与变形（图4-1下部）的决定因素。热输入是通过材料因素、制造因素和结构因素所构成的内拘束度和外拘束度（图4-1右侧）而影响热源周围的金属运动，最终形成了焊接应力和变形。从图4-1的左侧可见，材料因素主要包含有材料特性、热物理常数及力学性能等，因温度变化而异

（热膨胀系数 $\alpha = f(T)$，弹性模量 $E = f(T)$，屈服强度 $R_{eL} = f(T)$，$R_{eL}(T) \approx 0$ 时的温度 T_K 或称"力学熔化温度"，以及相变等）；在焊接温度场中，这些特性呈现出决定热源周围金属运动的内拘束度。制造因素（工艺措施、夹持状态）和结构因素（构件形状、厚度及刚度）则更多地影响着热源周围金属运动的外拘束度。

焊接应力和变形是由多种因素交互作用而导致的结果。通常，若仅就其内拘束度的效应而言，焊接应力与变形产生机理可表述如下。焊接热输入引起材料不均匀局部加热，使焊缝区熔化；而与熔池毗邻的高温区材料的热膨胀则受到周围材料的限制，产生不均匀的压缩塑性变形；在冷却过程中，已发生压缩塑性变形的这部分材料（如长焊缝的两侧）又受到周围条件的制约，而不能自由收缩，在不同程度上又被拉伸而卸载；与此同时，熔池凝固，金属冷却收缩时也产生相应的收缩拉应力与变形。这样，在焊接接头区产生了缩短的不协调应变（包含有压缩塑性变形、拉伸塑性变形和拉伸弹性应变，或称初始应变、固有应变）。

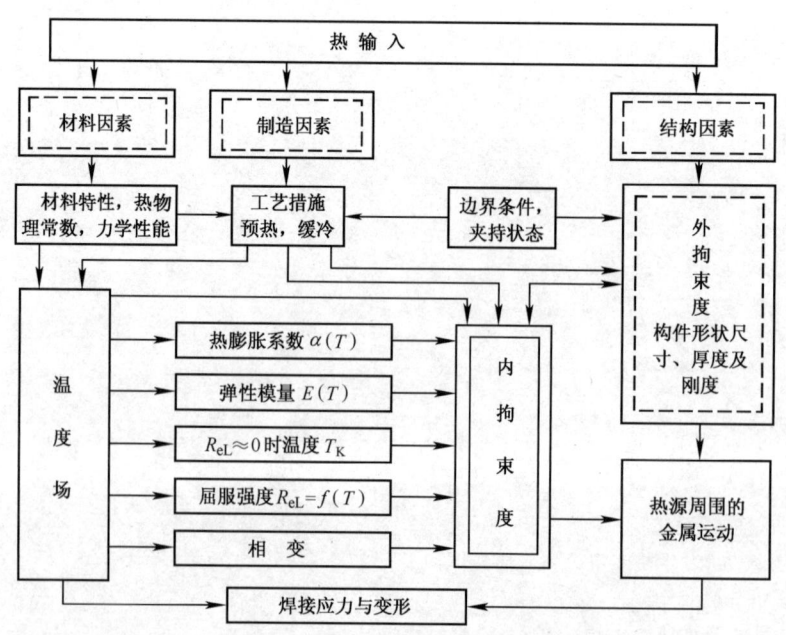

图4-1　引起焊接应力与变形的主要因素及其内在联系[6]

与焊接接头区产生的缩短不协调应变相对应，在构件中会形成自身相平衡的内应力，通称为焊接应力。焊接接头金属在冷却到较低温度时，材料回复到弹性状态；此时，若有金相组织转变（如奥氏体转变为马氏体），则伴随体积变化，出现相变应力。

随焊接热过程而变化的内应力场和构件变形，称为焊接瞬态应力与变形。而焊后，在室温条件下，残留于构件中的内应力场和宏观变形，称为焊接残余应力与焊接残余变形。

焊接结构多用熔焊方法制造。而熔焊时的焊接应力与变形问题最为突出，电阻焊次之。钎焊的不均匀加热或不均匀冷却也会引起构件中的残余应力和变形。在钎焊和扩散焊接头中，由于采用不同材质的钎料或中间过渡层，热膨胀系数的差异也是导致残余应力场的一个重要因素。

由于焊接应力与变形问题的复杂性，在工程实践中，往往采用实验测试与理论分析和数值计算相结合的方法，掌握其规律，以期能达到预测、控制和调整焊接应力与变形的目的。

4.1.2　材料物理特性和力学特性的影响

焊接应力与变形的产生和发展是一个随加热与冷却而变化的材料热弹塑性应力应变动态过程。以熔焊方法为例，影响这一过程的主要因素有以下三方面。

1. 材料物理特性随焊接温度的变化

表4-1列出了一些常用材料的热物理特性在给定的温度T区间的平均值。表中，热导率λ、热扩散率$a = \lambda/(c\rho)$、比热容c、密度ρ以及热焓s（图4-2）是影响焊接温度场分布的主要热物理参数。线胀系数α随温度的变化则是决定焊接热应力、应变的重要物理特性。

图4-2给出低碳钢物理特性随温度升高的变化。这些变化在焊接过程中每时每刻都影响着焊接温度场和焊接应力与应变的分布。这些变化也构成了理论分析和数值计算（如有限元数值分析）时的复杂性和局限性；因此，在一般简化计算中只用一定高温范围内的这些参数的平均值来求解。

表4-1　常用材料的热物理性能系数[11]

材料	α /$(10^{-6}/℃)$	T /℃	λ /[J/(cm·s·℃)]	$c\rho$ /[J/(cm³·℃)]	$a = \lambda/(c\rho)$ /(cm²/s)
低碳钢和低合金钢	12 ~ 16	500 ~ 600	0.38 ~ 0.42	4.9 ~ 5.2	0.075 ~ 0.09
奥氏体铬镍钢	16 ~ 20	600	0.25 ~ 0.33	4.4 ~ 4.8	0.053 ~ 0.07
铝	23 ~ 27	300	2.7	2.7	1.0
工业钛	8.5	700	0.17	2.8	0.06

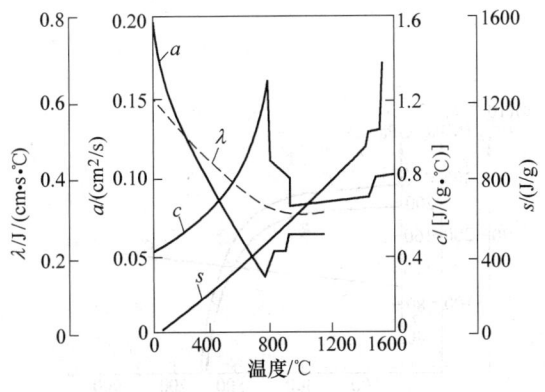

图4-2　低碳钢[$w(C) = 0.1\%$]的高温物理性能变化[7][8]

2. 相变时的质量体积变化

金属在加热及冷却时发生相变也会引起质量体积及性能的变化。不同组织由于晶格类型不一样，其质量体积也不一样，其数值见表4-2。钢材加热冷却时容积变化$\Delta V/V$如图4-3所示，图中Ⅰ为加热时的变

化，Ⅱ为冷却时的变化；一般情况下，由于奥氏体变为铁素体和珠光体的转变在700℃以上发生，因此不影响焊接变形与应力；当冷却速度很快或合金及碳元素增加时，奥氏体转变温度降低，并可能变成马氏体，如图4-3中线Ⅲ；在700℃以下的这种变化，对焊接变形和应力，将发生相当大的影响。

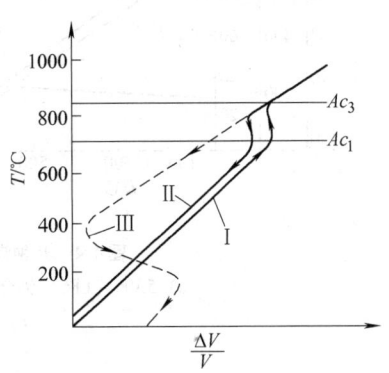

图4-3　钢材加热和冷却时的膨胀和收缩曲线

3. 材料力学特性变化的影响

在焊接热过程中，金属材料的力学特性随温度的升高或降低而发生变化。在图4-4上给出了常用于制造焊接结构的金属材料 5A06（LF6）铝合金、1Cr18Ni9Ti 不锈钢、TC4 钛合金以及低碳钢材料的屈服强度 R_{eL}、弹性模量 E 和线胀系数 α 与温度的关系曲线。这四种材料的 R_{eL} 与 E 随温度升高的变化具有代表性，其他材料的这些性能变化规律，大体上都与上述四种材料中的某一种相类似。高温力学性能的变化规律，直接影响焊接热弹塑性应力应变的全过程和残余应力的大小；由于各类材料的 R_{eL}、E 和 α 随温度变化的规律不同，在低碳钢和不锈钢焊缝中的峰值拉应力一般接近材料的屈服强度；而在钛合金和铝合金焊缝中的峰值拉应力往往低于材料的屈服强度。

表4-2　不同组织的物理性能[1]

特　性	组织类型				
	奥氏体	铁素体	珠光体	渗碳体	马氏体
密度 ρ/(g/cm³)	7.843	7.864	7.778	7.67	7.633
质量体积/(cm³/g)	0.123~0.125	0.127	0.1286	0.130	0.127~0.131
线胀系数 α/(10⁻⁶/℃)	23.0	14.5	—	12.5	11.5
体胀系数 β/(10⁻⁶/℃)	70.0	43.5	—	37.5	35.0
晶格类型	面心立方体	体心立方体	体心立方体	斜方体	正方体

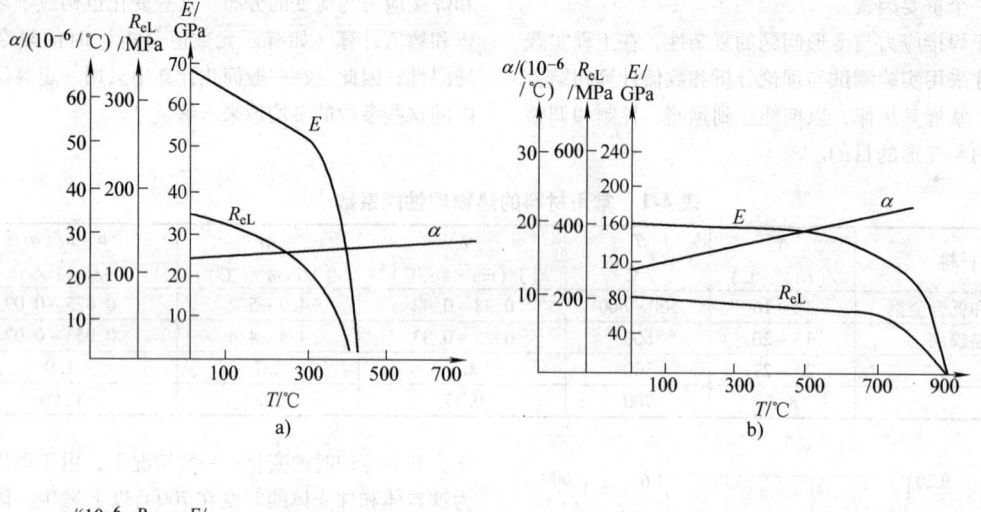

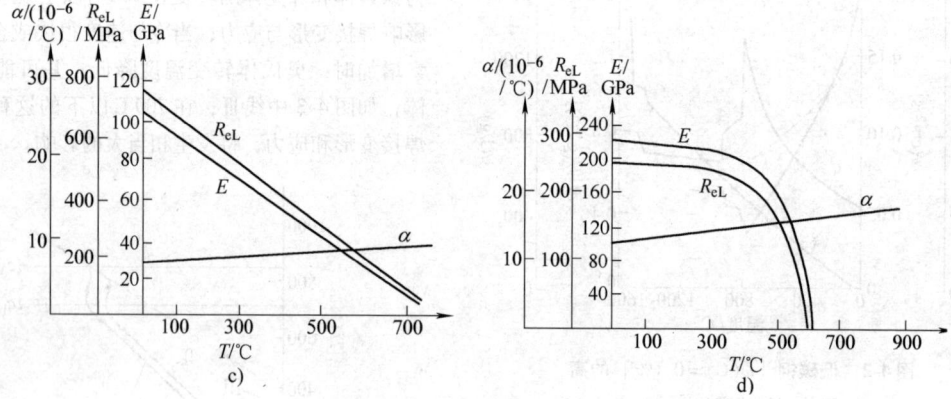

图4-4　几种常用材料的力学性能与温度的关系[6]

a) 5A06（LF6）铝合金　b) 1Cr18Ni9Ti（非标准牌号）不锈钢

c) TC4 钛合金　d) 低碳钢

4.1.3　不同类型焊接热源的影响

从图4-1上可以看到，焊接时的热输入是产生焊接应力与变形的决定因素。焊接热源的种类有别，热源能量密度的分布、热源的移动速度、被焊构件的形状与厚度都直接影响着热源引起的温度场分布，因而也改变着焊接应力与变形的规律。

图 4-5 所示为三类热源模型。在函数解析求解焊接温度场时，这种分类可使最终的计算公式简化。而用有限元方法数值求解时，原则上允许考虑任何复杂的情况；但实际上，为了节省运算时间，从经济的角度考虑也需作相应的简化。

1. 点热源

在半无限体表面上作用的点热源模型（图 4-5a），是厚板表面点状加热（热源不移动，图 4-5b）、堆焊（热源移动）热传导过程的简化，属三维传热模型。与此相对应，焊接热弹塑性应力应变过程也是三维状态。在 xy 平面内的焊接应力应变分布，沿厚度 z 方向有变化。

2. 线热源

在无限大板沿厚度方向均布作用的线热源模型（图 4-5c）是薄板点状加热（热源不移动）和单道对接焊（热源移动）的热传导过程的简化，一般为二维传热，沿板厚方向上的热源功率为常数。若热源不移动，在点状加热时，相应的二维焊接热弹塑性应力应变过程为轴对称（相对于 z 轴）平面应力问题。若热源移动，相应于薄板单道对接焊过程（或大功率电子束、激光束一次穿透中厚板的焊接过程）；这时的焊接热弹塑性应力应变过程也可简化为二维平面应力问题近似求解。

3. 面热源

在无限长杆的轴向截面上均布作用的面热源模型（图 4-5d）的典型实例为棒材的闪光对接焊或摩擦焊，在杆截面上的热源功率为常数，沿杆件的轴线方向为一维传热。在特殊情况下，在半无限体和无限大板中作用有平面热源时，也可能出现一维传热。与此相应的焊接热弹塑性应力应变过程可视为一维问题，但在实际工程问题中，由于在横截面的表面上并非绝热的边界条件，最终的残余应力呈现复杂的分布状态。

4. 热源的其他影响因素

无论是采用函数解析求解，还是采用有限元数值计算，焊接热弹塑性应力应变过程总是由焊接温度场所决定的。因此，直接影响温度场计算准确性的因素，也必然会间接地耦合到焊接应力应变过程的计算中去，从而影响其结果的准确性。这些因素主要有以下两点。

1）热源空间分布形状的简化。焊接热源的热流密度分布对焊接温度场的影响显著，用火焰、电弧和高能束流（电子束、激光束）作为热源时，可选择具有不同的集中系数 k 的高斯正态分布曲线描述热源的特征，如图 4-6 所示。

在采用不同等效热源模型（如把快速移动的大功

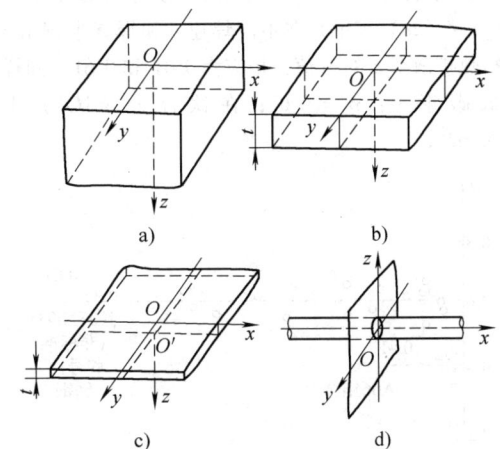

图 4-5　三类典型的焊接热源模型[8][9]

a）、b）作用于半无限体（厚板）表面上的点热源　c）在无限大板（薄板）厚度方向均布作用的线热源　d）在无限长杆轴向截面上均布作用的面热源

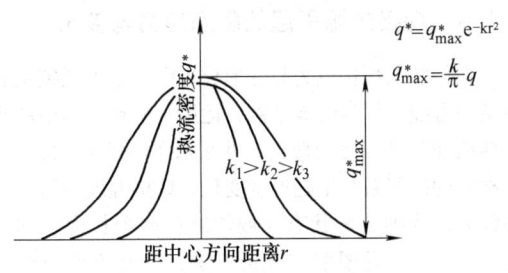

图 4-6　不同焊接热源具有不同的热流

密度分布集中系数[8,9]

率线热源等效为垂直于移动方向的面热源）时，由于和实际热源有差别，作为分析计算的基础，可以用实测焊缝区的温度来校准计算模型。

2）热源的有效利用系数。准确地确定焊接热源的有效利用系数 η 值，是决定焊接真实热输入求得焊接应力变形问题可靠解答的前提；在把有限元数值分析方法用于精确定量研究和评定（如焊接应力应变在材料冷、热裂纹行为中的作用）时，尤其需要正确地给出热源有效利用率。η 值因焊接方法不同（如电弧焊、埋弧焊、气体保护焊等）而异，也因不同的热源类别（如电子束、激光）而有差别。一般 η 值在 $0.4 \sim 0.9$ 范围内选取，采用量热法可正确地确定 η 值；但在一般工程应用中，在已知材料的热物理常数：热扩散率 $a = \lambda/(c\rho)$ 的情况下，测定焊缝横截面实际尺寸，采用测试计算法获得 η 值[10]。

图 4-7 给出薄板（$t = 1.5 \sim 2.0mm$）钨极氩弧焊时，在 5A06 铝合金和 1Cr18Ni9Ti 不锈钢上，在不同

的焊接条件下（以横坐标上的无量纲参量 $\omega' = (vy_0) / (2a)$ 表示）在不同焊速 v 和焊缝半宽 y_0 与材料热扩散率 a 的 η 值，相应为 0.41 和 0.61。同样，在低碳钢上：$\eta = 0.67$；在钛合金（TC4）上：$\eta = 0.62$。

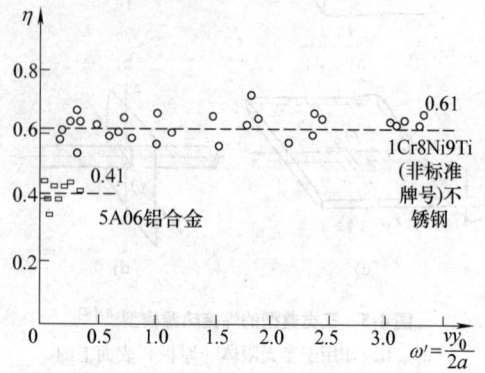

图 4-7　采用测试计算法求得电弧热
有效利用系数 η 值[10]

4.1.4　焊接热源引起的瞬态应力与变形

在传统的焊接应力与变形分析中，以沿低碳钢长板条中心线施焊为经典举例，运用了材料力学中的板条横截面为平截面的假设，并采取了一系列的简化，如材料的线胀系数不随温度变化，焊接温度场沿焊缝轴线方向为准定常状态（或焊缝在整个长度上同时完成）等。这种图解式分析方法，只能给出粗略的定性认识；对于不断出现的焊接结构新材料和新工艺方法，建立在上面所述的假设与简化基础上的焊接应力与变形分析会导致较大的误差，其有效性也受到质疑。有限元算法与计算机技术的发展，为解决诸如焊接应力与变形这类热物理、冶金与力学耦合的复杂问题提供了可定量分析的工具，使原先无法用解析方法求解的焊接热弹塑性应力应变动态过程的定量分析与计算成为可能，利用这一工具可以更全面地考察各种因素的动态变化。有限元数值分析结果的准确程度取决于所建立的物理数学模型是否正确地反映了实际物理现象；同时，也决定于焊接热源参数（如热源有效利用率）和材料的热物理特性与力学特性（尤其在焊接高温区）的选取是否正确，以及计算采用的网格划分和所需要的费用[31]。下面从一些典型实例中，可以看出不同焊接热源产生的温度场与应力应变形成过程的关系。

1. 薄板中心的点状加热

常见的工程应用实例如铆焊、电阻点焊、点状加热消除薄板翘曲变形和氩弧点状加热改善接头区残余

应力场以提高接头疲劳强度等；这是一种典型的轴对称线热源二维传热与二维热弹塑性平面应力问题。

图 4-8 所示为 5A06 铝合金薄板（$t = 2mm$）中心氩弧点状加热应力应变过程的数值分析结果[12]。按图 4-8a 所示，线热源所形成的温度场和沿半径为 r 处的径向应力 σ_r 与周向应力 σ_θ 在薄板厚度方向均为定值，并对称于通过原点 O 垂直于板面的中心轴线。图 4-8b 为在不同时刻（$t = 1s$，…，$20s$）的温度场 $T_{t = const} = f(r)$；图 4-8c 为在不同半径（$r = 0$，…，$4cm$）处温度随时间变化的焊接热循环曲线 $T_{r = const} = f(t)$。

在数值分析计算中，考虑了材料特性（如 R_{eL}、E、α 等）随温度的变化；并把焊点熔化区视为边界变化的孔洞。而把 R_{eL} 随温度升高而降为零值时的温度 T_K 视为 "力学熔化温度"。对于这类轴对称平面应力问题的数值求解，可采用有限差分法或有限元法。图 4-8d 和 e 相对应于不同时刻板内的瞬态应力场和热弹塑性区及力学熔化区和实际熔化区的变化状态。当 $t = 1s$ 时，在板中心部位产生的 σ_r、σ_θ 均为压应力，并产生相应的压缩塑性变形，在板的外围仍为弹性区。当 $t = 2s$ 时，随着材料板件中心力学熔化区的出现，原点处的 σ_r 和 σ_θ 均趋于零。当 $t = 3s$ 时，中心出现实际熔化区，零应力区的半径相应扩大。当 $t = 8s$ 焊点凝固后，中心部位再次回复到力学熔化状态；随后，当 $t = 13s$ 时，又转换为卸载区和受拉塑性变形区；$t = 15s$ 时，中心部位全部转变为受拉塑性变形区。从图 4-8e 中还可以看出，当 $t > 10s$ 后，在焊点中心冷却卸载的同时，外围又出现第二个因逐渐受拉伸而卸载的环形区，它处于内、外两个塑性变形环之间，其内侧为正在发展的受拉的塑性变形区，其外侧仍为在加热一开始已处于压缩塑性变形状态的环形区。当中心部位的卸载区随着温度的降低而全部转化为受拉塑性变形区时（图 4-8e 中的 $t = 15s$ 和 $t = 20s$），外围的第二个卸载环也逐渐向外扩展，从而使最外侧的压缩塑性变形区也处于卸载状态。最终，当 $t = \infty$，在残余状态，焊点中心从降温开始卸载并受拉伸直至冷却到室温，所积累的拉伸塑性变形量仍小于焊点周边在加热过程中已形成的压缩塑性变形冷却卸载后的总量。换言之，焊点内在残余状态的不协调应变总量仍保留为负值。而远离焊点，在板的外围则是弹性区。与板内的熔化区、热弹塑性变形区动态变化的同时，瞬态应力场 σ_r 和 σ_θ 的分布规律可从图 4-8d 中的 $t = 10s$、$15s$ 和 ∞ 曲线上看出：在焊点中心部位，由于不协调应变量为负值，σ_r 与 σ_θ 均为拉应力并逐渐升高，直至残余状态下的峰值。

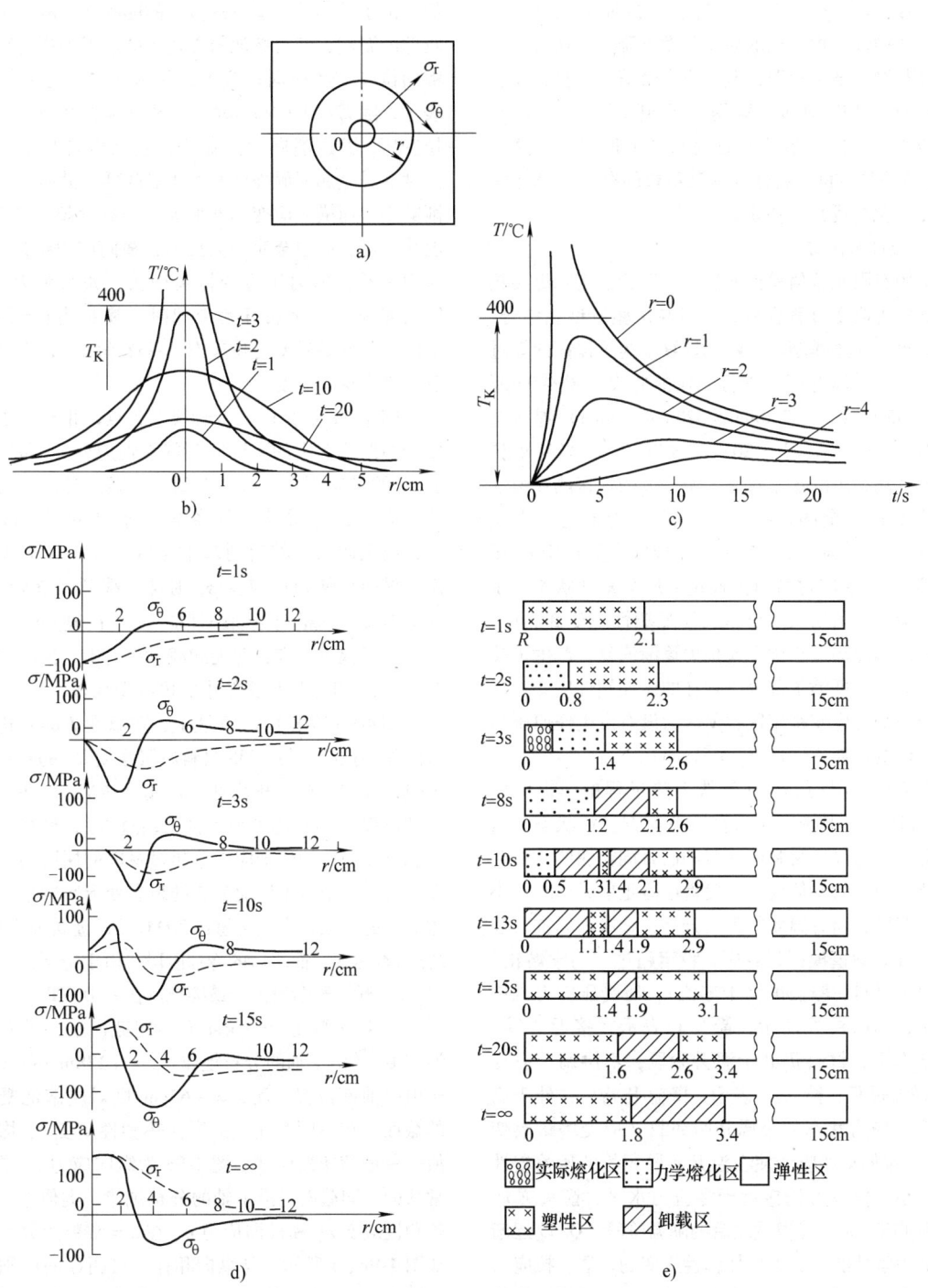

图 4-8　5A06 铝合金氩弧点焊时的温度场和瞬态热弹塑性应力应变场[12]

a）薄板（厚度 =2mm）氩弧点焊　　b）$T_{t=\text{const}} = f(r)$　　c）$T_{r=\text{const}} = f(t)$

d）不同时刻的应力场变化　　e）热弹塑性区和熔化区变化过程

分析计算与实验测定的结果均表明，在铝合金焊缝中心线上的残余应力往往低于近缝区的驼峰值且低于材料在室温下供应状态（冷轧）的屈服强度，因为焊接热循环使焊缝区的屈服强度下降。在钛合金上的计算与测试结果表明，残余应力峰值低于材料屈服强度；而在低碳钢和不锈钢（无相变）的焊缝中，残余应力的峰值一般均接近材料的屈服强度；这如 4.1.2 所述是由材料特性（尤其重要的有 R_{eL}、E 和 α 随温度变化曲线）所决定的。

2. 板件对接焊

采用有限元数值模拟方法，可以给出实际焊接热弹塑性应力应变过程全貌，并可与试验测试相结合，校验结果。在热弹塑性有限元计算中为了保证计算过程的收敛，对焊缝区域进行相应的假设。图 4-9a 所示为 Q235 钢板件（250mm × 320mm × 6mm）焊条电弧焊时（$I = 150\text{A}$，$U = 20\text{V}$，$v = 9\text{m/h}$），当移动热源的温度场处于准定常状态，所形成的焊接热弹塑性应力应变过程全图。图 4-9a 中 Ⅰ区为熔池（半宽 4.2mm）；Ⅱ区为压缩塑性应变生成区（Von Mises 屈服准则），该区域材料由弹性进入压缩塑性状态，压缩塑性应变逐渐增大；Ⅲ区为压缩塑性应变卸载区，熔池凝固和冷却过程中金属抗力逐渐恢复，产生了拉伸塑性应变，抵消了部分已存在的压缩塑性应变；Ⅳ区为压缩塑性应变稳定区；Ⅴ区为没有发生任何压缩塑性变形的拉伸弹性区（$y > 51\text{mm}$）。

图 4-9b 给出了 $y = 0$ 轴线上热过程中的纵向应力-应变图，图中箭头 A 为在熔池前方受压状态。由于热源前方高温区材料的膨胀和已凝固金属的收缩会引起热源前方的拉伸变形，使得熔池正前方出现较小的拉应变区，随着温度的不断升高，金属高温抗力逐渐消失（在数值模拟运算中，设定超过"力学熔化"的高温区材料屈服强度趋于零值），所受压应力也逐渐减小，如箭头 B 所示；箭头 C 表示在接近"零"应力状态下，材料仍处于温升阶段，不协调压应变 ε_x^{p} 的增大过程；箭头 D 表示，降温开始后，处于高温"零"应力状态的金属开始卸载（应变增量改变符号），拉伸塑性应变使在温升阶段积累的压缩塑性应变减小，但应力仍接近零应力水平；箭头 E 表示为在低于 700℃ 等温线之后的降温阶段，Q235 逐渐恢复其力学性能，随着拉伸弹性应变的发展，拉应力逐渐增大，而压缩塑性应变持续减小，直至最终保持不变。在残余状态，焊缝中的拉应力接近 250MPa（略超过 Q235 材料的屈服强度），在焊缝中保留了残余压缩应变量 ε_x^{p} 约为 −0.00185，残余拉伸弹性应变量约为 +0.00103（图 4-9e、f）；最终残余不协调应

变总量 $\varepsilon_x = \varepsilon_x^{\text{e}} + \varepsilon_x^{\text{p}}$，约为 −0.00082。同理，图 4-9c 给出了 $y = 0$ 轴线上的横向应力-应变图，与图 4-9a 类似，由于受到熔池前方热金属的膨胀和已凝固金属的收缩的影响，使得熔池前方较小的范围内产生很小的横向拉应变和横向拉应力，如箭头 A 所示；箭头 B 表示，随着温度的持续增加，横向应变和应力开始由拉变压，并逐渐增大；箭头 C 表示当温升达到一定温度后，金属屈服强度开始明显降低，横向压应力逐渐减小，而横向应变不断增大；当温度超过 700℃ 等温线之后，高温金属失去抗力，横向应力接近"零"应力水平，横向压应变持续增大，如箭头 D 所示；箭头 E 表示当金属开始冷却时金属抗力逐渐恢复，横向应力开始转变为拉应力，并逐渐增大，而横向应变将基本保持不变。

图 4-9d 考察了 $y = 0$ 轴线上各点，相对应于在温度分布曲线 T 上的不同时刻的塑性应变 ε^{p} 和弹性应变 ε^{e} 的发展历史。可以看到，在温升时，纵向压缩塑性应变 ε_x^{p} 在增大，从降温开始 ε_x^{p} 的增量改变符号，出现卸载，随后则基本保持不变，直至残余状态；纵向拉伸弹性应变 ε_x^{e} 则自卸载开始逐渐增大，直至室温；而横向压缩塑性应变 ε_y^{p} 在温升时逐渐增大，最后保持不变，并无卸载过程发生，横向弹性应变 ε_y^{e} 从零开始增加到较小的拉应变状态。

图 4-9e 给出了 $y = 0$ 线上，随温度 T 的变化而生成的弹性拉应力与 Q235 材料屈服强度 R_{eL} 的对比。在加热过程和冷却刚开始时，σ_x 低于 R_{eL}；而在进一步冷却过程中，σ_x 逐渐增大甚至超过 R_{eL}，最终在残余状态下纵向拉伸残余应力略超过材料的屈服强度。σ_y 在温升过程中由于熔池前方的瞬态变形影响呈现出先拉后压的变化，当温度超过 700℃ 后，金属失去抗力，R_{eL} 基本为零，而之后的冷却阶段，由于金属抗力的恢复，σ_y 开始逐渐增大，最终维持在 +100MPa 左右。

图 4-9f 为在 $x = \text{const}$ 的不同截面上，纵向热塑性应变 ε_x^{p} 沿 y 轴的分布规律，$x = +138\text{mm}$ 截面相对于电弧前面位置，而 $x = -62\text{mm}$ 则对应熔池凝固后的截面，在不同截面上的纵向热塑性应变 ε_x^{p} 均为负值——压缩塑性应变。图 4-9g 为纵向应力 σ_x 在 $x =$ 常数的不同截面上沿 y 轴的分布规律。类似地，横向热塑性应变 ε_y^{p} 和横向应力 σ_y 在 $x =$ 常数的分布规律如图 4-9h、i 所示，与纵向相比，最明显的区别就在于横向压缩塑性应变并无明显的卸载过程发生，横向压缩塑性应变一旦增大到一定值后，将基本保持不变。

试验测试与数值分析相辅相成，对实际焊接残余塑性应变分布的测试在一定程度上印证了数值模拟的正确性。

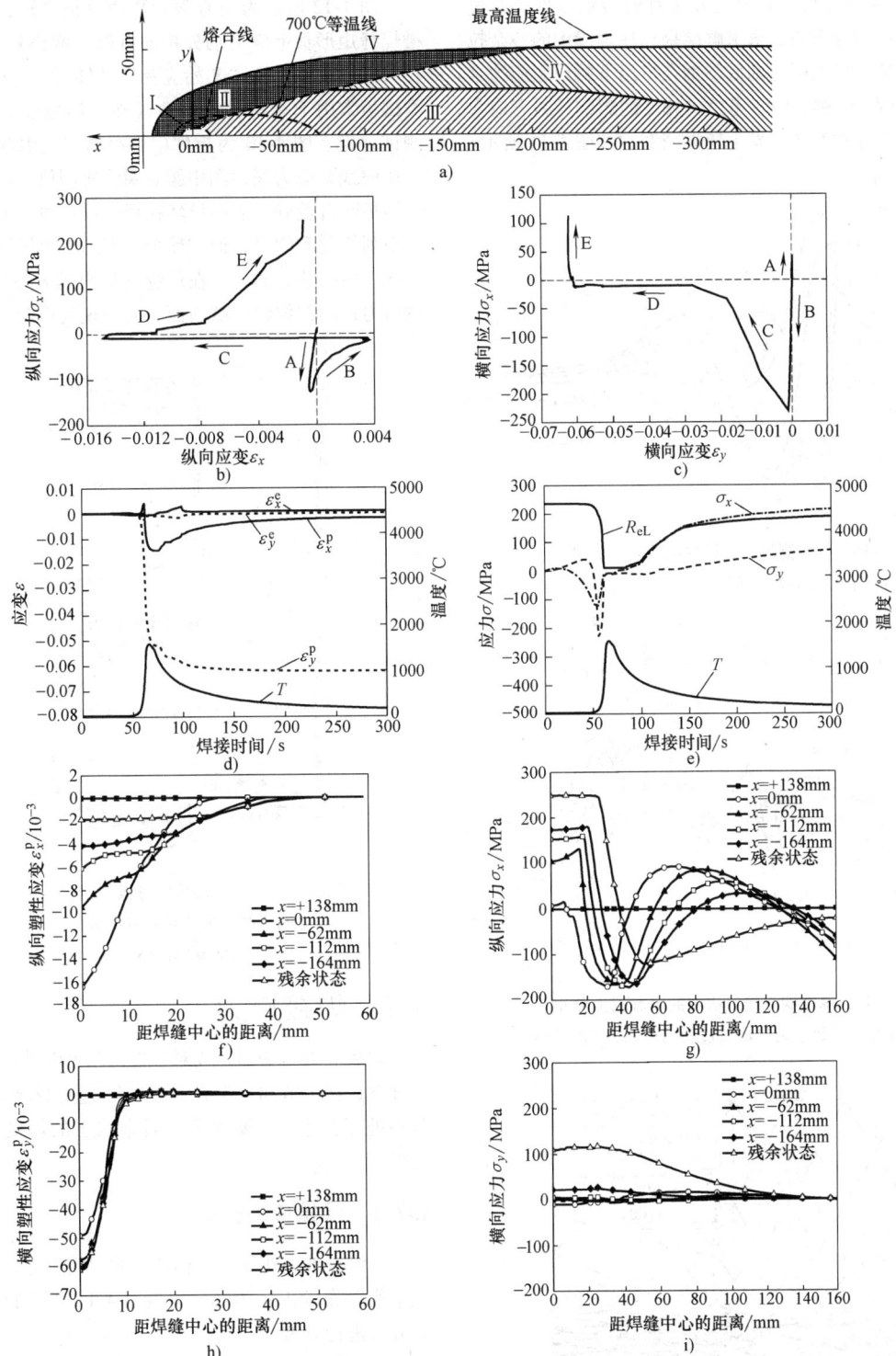

图 4-9　Q235 钢板件对接焊的热弹塑性应力应变过程数值模拟[54]

a) 准定常温度场条件下的纵向热弹塑性区域的界定　b) 在 y=0 轴线上的纵向应力应变过程　c) 在 y=0 轴线上的横向应力应变过程　d) y=0 轴线上的应变发展过程　e) y=0 轴线上, 随温度循环过程生成的纵向应力、横向应力与 Q235 钢材料屈服应力的相对比较　f) 纵向热塑性应变 ε_x^p 在 x = 常数各截面上（不同时刻）的分布　g) 纵向应力 σ_x 在 x = 常数各截面上（不同时刻）的分布　h) 横向热塑性应变 ε_y^p 在 x = 常数各截面上（不同时刻）的分布　i) 横向应力 σ_y 在 x = 常数各截面上（不同时刻）的分布

图 4-10 为利用有限元方法对低碳钢板件焊接过程瞬态应力分布的数值求解结果；在焊缝中的残余拉应力峰值一般均可达到低碳钢在室温下的屈服应力水平。在焊接高强钢时，考虑到相变的影响，瞬态应力分布曲线在相变区间发生较大畸变，如图 4-11 所示。

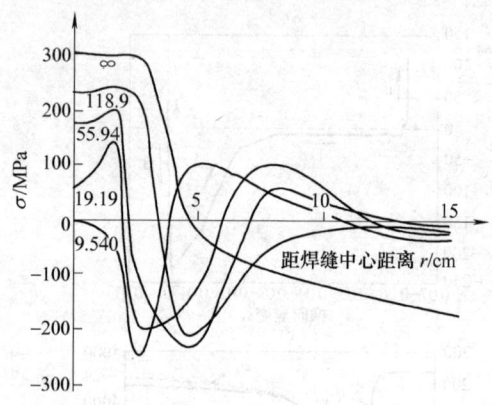

图 4-10　低碳钢焊接过程中的瞬态应力分布[51]

（曲线上的数字为热源通过后的时间，单位为 s）

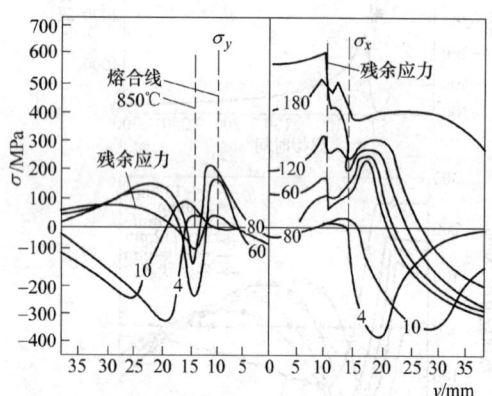

图 4-11　高强钢焊接过程中的瞬态应力分布[52]

（曲线上的数字为热源通过后的时间，单位为 s）

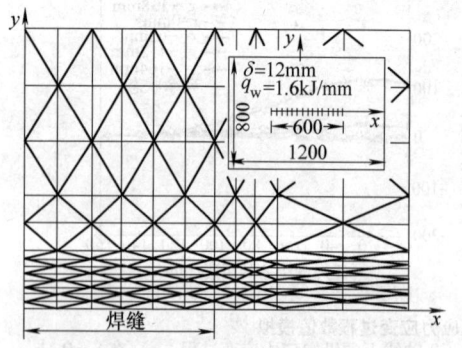

图 4-12　带窄槽焊缝试板的有限元网格划分[9]

（右上角为试件上焊缝的位置，图中仅给出试板 1/4 的网格）

图 4-12 所示为用有限元数值分析方法，对带窄槽焊缝矩形板上应力场分析的有限元网格划分实例，在数值分析中采用"初始应变"，以简化计算[9]。这类试板常用于对材料焊接性（冷、热裂纹倾向）的测试评定。图 4-13 为板件中心窄槽焊缝引起的纵向和横向残余应力场，图中圆点圈为实测值。计算与实测结果吻合较好，表明虽然在理论计算模型中采用了一系列简化和假设，但在残余状态的应力场符合实际情况。值得注意的是，在焊缝终端内的 σ_x 和 σ_y 均为拉应力；而在焊缝终端前面，σ_y 呈现为横向压应力。

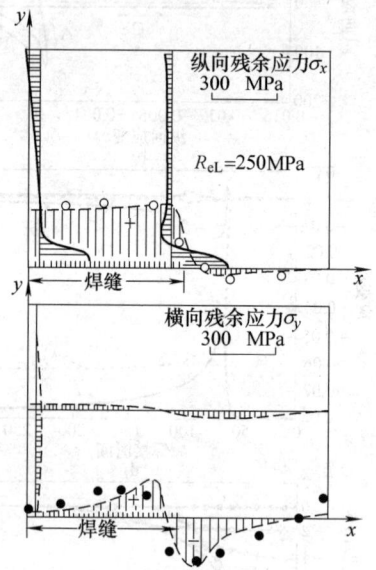

图 4-13　带窄槽焊缝矩形板（示出 1/4）

中的纵向和横向残余应力分析与

测试结果比较[9]

4.2　焊接应力

焊接应力与变形，成对孪生，互为因果。但为便于理解，在本节和 4.3 节中将对焊接应力和焊接变形分别进行表述。主要侧重于残余状态的焊接应力和变形。

4.2.1　焊接应力分类

在没有外力作用下，构件中的焊接应力为自身相互平衡分布的内应力场。可按图 4-14 所示的各种不同方法进行分类。

4.2.2　焊接残余应力测量方法

通常采用实验力学的方法，包括机械方法和物理方法，测定构件中的焊接残余应力。机械方法一般属破坏性测试，或称应力释放法；在释放应力的同时，用电阻应变片、机械应变仪、栅线或光弹法、表面脆裂涂层、激光干涉等测得其相应的弹性应变量。物理方法多属非破坏性测试，也可以是非接触式测试，如X射线法等。方法分类如图4-15所示。

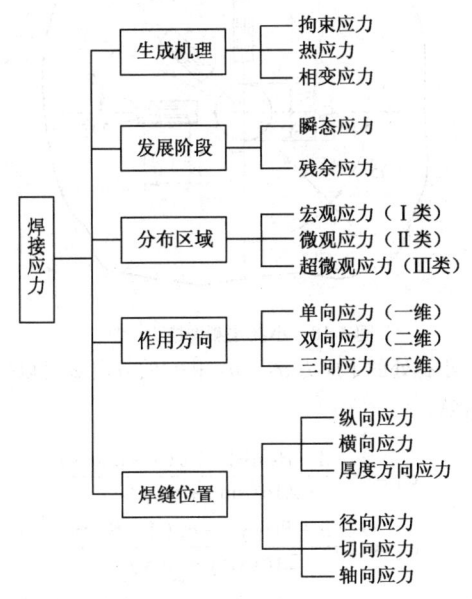

图4-14　焊接应力分类[6]

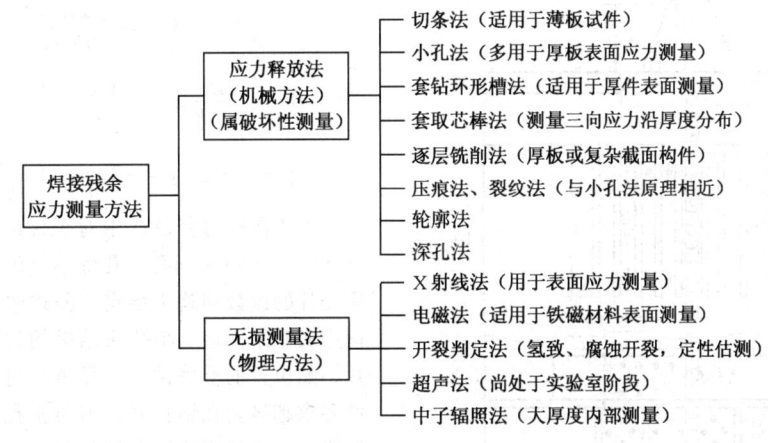

图4-15　焊接残余应力测量方法分类[6]

$$\sigma_x = \frac{-E}{1-\mu^2}\ (\varepsilon_x + \mu\varepsilon_y)$$

$$\sigma_y = \frac{-E}{1-\mu^2}\ (\varepsilon_y + \mu\varepsilon_x)$$

式中　ε_x，ε_y——纵向应变和横向应变；

μ——泊松比。

为了充分释放内应力，图4-17中的窄条宽度L_p应该尽量小，使$L_p < b_p$，b_p为焊缝纵向压缩塑性变形区半宽，或把窄条再切为小块，如图4-17d所示。本

下面分别介绍几种常用的焊接残余应力测量方法。

1. 应力释放法[1,6,13]

本法属于用机械加工方法对试件进行破坏性测量，按其差异可分为以下几种。

1）切条法。将需要测定内应力的薄板构件先划分成几个区域，在各区的待测点上贴应变片或者加工出机械应变仪（图4-16）所需的标距孔，然后测定它们的原始读数。对于如图4-17所示的对接接头，按图4-17b，当读到标距L_m的原始读数后，在靠近测点处将构件沿垂直于焊缝方向切断，然后在各测点间切出几个梳状切口，使内应力得以完全释放。再测出释放应力后各应变片或各对标距孔的读数，求出应变量ε_x。按照公式：

$$\sigma_x = -E\varepsilon_x$$

可算出焊接纵向应力。内应力的分布大致如图4-17a所示。对于图中的薄板来说，由于横向焊接应力在板件中部较小，所得出的结果误差不大。

除梳状切条法外，还可以用图4-17c所示的横切窄条来释放内应力。如果内应力不是单轴的，那么在已知主应力方向的情况下可以按照图4-17d在两个主应力方向粘贴应变片和加工标距孔。按下列公式求内应力。

法对薄板构件可以在正反两表面同时测量，消除由于切条翘曲带来的误差，以便获得较精确的结果。但其破坏性大，只适用于在专用试件上测量。

采用机械应变仪（图4-16）时，标距孔可以在焊接前加工（但不应在焊缝熔化区内），在焊前先测定第一次标距L_{m1}，焊后进行第二次测定L_{m2}，切割释放后再进行第三次测定L_{m3}；焊接熔化区以外的残余塑性变形量则可得：$L_{m1} - L_{m3}$。

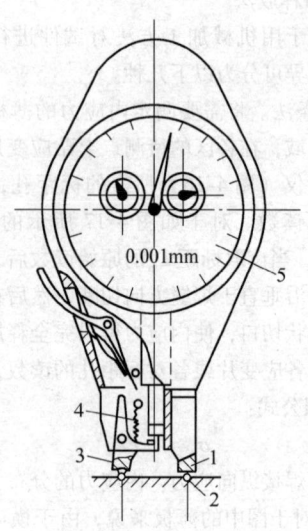

图 4-16　机械应变仪

1—固定脚　2—小钢珠　3—活动脚

4—弹簧　5—千分表

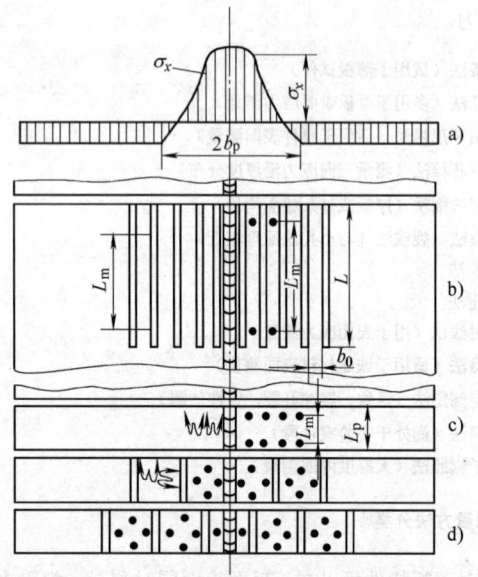

图 4-17　切条法测定薄板焊接残余应力[11,36]

2）小孔法。原理是在应力场中钻小孔，应力的平衡受到破坏，则小孔周围的应力将重新调整；测得孔附近的弹性应变增量，就可以用弹性力学原理来推算出小孔处的残余应力。具体步骤如下：在离钻孔中心一定距离处粘贴几个应变片，应变片之间保持一定角度；然后钻孔，测出各应变片的应变增量读数。图

4-18 上共有三个应变片，相间 45°。

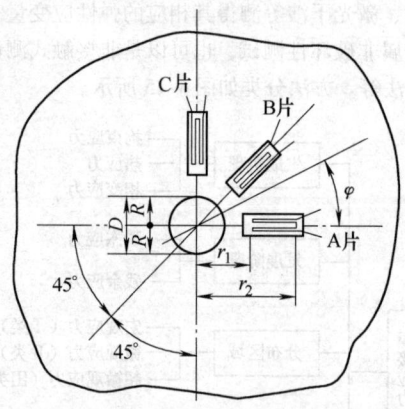

图 4-18　小孔法测内应力[2,13]

小孔处的主应力 σ_1、σ_2 和它的方向 φ 可以按下式推算：

$$\sigma_1 = \frac{\varepsilon_A(A + B\sin\gamma) - \varepsilon_B(A - B\cos\gamma)}{2AB(\sin\gamma + \cos\gamma)}$$

$$\sigma_2 = \frac{\varepsilon_B(A + B\cos\gamma) - \varepsilon_A(A - B\sin\gamma)}{2AB(\sin\gamma + \cos\gamma)}$$

式中　ε_A、ε_B、ε_C——应变片 A、B、C 的应变量；

　　　A、B——应变释放系数，

$$A = -\frac{(1 + \mu)R^2}{2Er_1r_2},$$

$$B = -\frac{2R^2}{r_1r_2E} \times \left(1 - \frac{1 + \mu}{4} \times \frac{r_1^2 + r_1r_2 + r_2^2}{r_1^2r_2^2}R\right);$$

　　　γ——参数，$\gamma = -2\varphi = \arctan\left(\dfrac{2\varepsilon_B - \varepsilon_A - \varepsilon_C}{\varepsilon_A - \varepsilon_C}\right)$。

本法在应力释放法中对工件的破坏性最小，可钻 $\phi1 \sim \phi3\text{mm}$ 不通孔，孔深达 $(0.8 \sim 1.0)$ D 时各应变片的读数即趋于稳定。公式中的参数 A 和 B 应该用实验来标定。小孔法结果的精确性取决于应变片粘贴位置的准确性。孔径越小对相对位置的准确性要求越高。在钻孔时，为防止孔边产生附加的塑性应变，可采用喷砂射流代替钻削。本法亦可用表面涂光弹性薄膜或脆性漆来测定应变，但后者往往是定性的。

近年来，随着激光干涉测量技术在工程中的大量应用，在焊接残余应力测量方面，已将激光斑纹干涉测量方法与计算机图像处理技术相结合，在小孔法中，不再粘贴应变片花，而是在钻小孔前、后，用 CCD 摄像头获取两幅待测点弹性应力场不同的激光反射图像，录入计算机存储器；采用专用计算机软件，对两幅图像形成的干涉斑纹进行处理、分析计算，获得焊接接头或结构件上的残余应

力场[37]。

3）套钻环形槽。本法采用套料钻加工环形槽来释放应力（图 4-19）。如果在环形槽内部预先在表面贴上应变片或加工标距孔，则可测出释放后的应变量，换算出内应力。

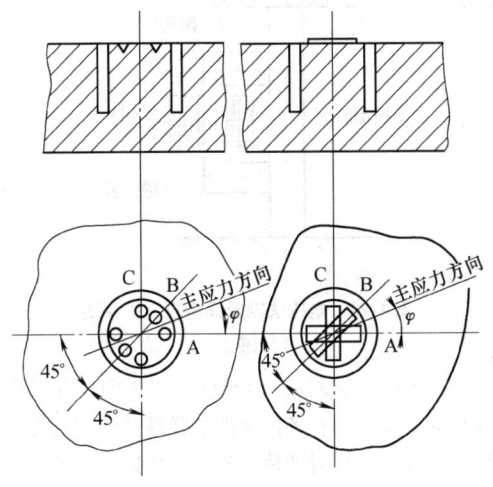

图 4-19 套钻环形槽法测内应力[2,3,11]

下列各式为测得三个应变量（ε_A、ε_B、ε_C 互成 45°角）后，推算主应力和主应力方向的计算公式：

$$\sigma_1 = -E\left[\frac{\varepsilon_A + \varepsilon_C}{2\,(1-\mu)} + \frac{1}{2\,(1+\mu)} \times \right.$$
$$\left. \sqrt{(\varepsilon_A - \varepsilon_C)^2 + (2\varepsilon_B - \varepsilon_A - \varepsilon_C)^2}\right]$$

$$\sigma_2 = -E\left[\frac{\varepsilon_A + \varepsilon_C}{2\,(1-\mu)} - \frac{1}{2\,(1+\mu)} \times \right.$$
$$\left. \sqrt{(\varepsilon_A - \varepsilon_C)^2 + (2\varepsilon_B - \varepsilon_A - \varepsilon_C)^2}\right]$$

$$\tan 2\varphi = \frac{2\varepsilon_B - \varepsilon_A - \varepsilon_C}{\varepsilon_A - \varepsilon_C}$$

在一般情况下，环形槽的深度只要达到（0.6～0.8）D，应力即可基本释放。本法适合于在大型构件的表面进行测量，相对于厚截面来说，其破坏性较小。

4）逐层铣削法。当具有内应力的物体被铣削一层后，则该物体产生一定的变形。根据变形量的大小，可以推算出被铣削层的应力。这样逐层往下铣削，每铣削一层，测一次变形，根据每次铣削所得的变形差值，就可以算出各层在铣削前的内应力。这里必须注意的是所算出的内应力还不是原始内应力。因为这样算得的第 n 层内应力，实际上只是已铣削去（n-1）层后存在于该层中的内应力。而每切去一层，都要使该层的应力发生一次变化。要求出第 n 层中的原始内应力就必须扣除在它前面（n-1）层对该层的影响。从上面的分析可以看出，利用本法测内应力有较大的加工量和计算量。但是本法有一个很大的优点，它可以测定厚度上梯度较大的内应力；例如经过堆焊的复合钢板中的内应力的分布，可以比较精确地通过铣削层去除后，通过挠度或曲率的变化测量结果，推算出内应力。

5）轮廓法[14]。轮廓法可以测量构件内部任意截面法线方向残余应力，相对于其他应力释放方法，测量范围更广，可以获得任意截面法线方向残余应力分布云图，适用于大厚度焊接构件内部残余应力的测量。

轮廓法基本原理如图 4-20 所示。采用线切割方法将被测构件切开释放应力，切割面由于构件内部应力释放会产生微小变形，根据此变形轮廓，通过线弹性有限元求解得到整个切割面法线方向的残余应力。

采用轮廓法测量残余应力的操作流程如下：

① 将存在初始残余应力的试样切开，使切割面处初始应力释放（A）。

② 测量切割面处由于应力释放引起的微小变形，并对数据进行取平均、滤波和平滑处理（B）。

③ 建立待测试样切割后的线弹性有限元模型，将处理后的变形轮廓作为位移边界条件加载到模型中，采用一次弹性求解便可得到切割面法线方向初始的残余应力的分布（C）。

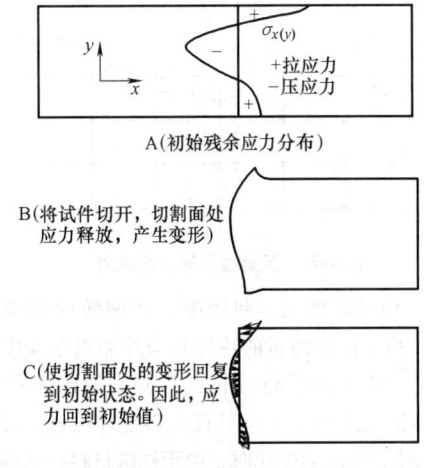

图 4-20 轮廓法测量残余应力原理

6）深孔法[15]。深孔法是半破坏性测量方法，可以测量结构内部残余应力沿厚度方向的变化规律，其测量深度可达 750mm，钢结构的测量精度约为 ±30MPa。这种方法不能测量厚度小于 10mm 的结构及深度小于 1mm 位置处的表面残余应力。

深孔法的基本原理：在被测位置钻一个通孔作为基准（钻孔前在表面贴衬套以消除表面的影响作为零应力基准），并测量基准孔沿深度分布（间隔为 0.2mm）的不同圆心角处的直径；利用电火花空心套料的方法将和基准孔同轴的金属芯套取出来，由于应力释放，基准孔直径会发生变化；在金属芯中心的基准孔内同样深度和圆心角处，再次测量基准孔的直径；根据孔径的变化值，应用弹性理论可以计算得到残余应力沿厚度方向的变化规律。

2. 无损测量法[1]

1) X 射线衍射法。晶体在应力作用下原子间的距离发生变化，其变化量与应力成正比。如果能直接测得晶格尺寸，则可不破坏物体而直接测出内应力的数值。当 X 射线以掠角 θ 入射到晶面上时（图 4-21），如能满足公式：

$$2d\sin\theta = n\lambda$$

式中，d 为晶面之间的距离，λ 为 X 射线的波长，n 为任一正整数，则 X 射线在反射角方向上将因衍射而加强。根据这一原理可以求出 d 值。用 X 射线以不同角度入射物体表面，则可测出不同方向的 d 值，从而求得表面上的内应力。本法的最大优点是它的非破坏性。但它的缺点：只能测表面应力；对被测表面要求较高，为避免由局部塑性变形所引起的误差，需用电解抛光去除表层；被测材料晶粒较大、织构严重时会影响到测量的精度；测试所用设备比较昂贵。

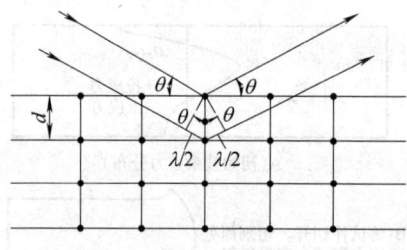

图 4-21　X 射线衍射法测应力[2]

2) 电磁测量法。利用磁致伸缩效应测定应力（图 4-22）。铁磁物质的特性是当外加磁场强度发生变化时，铁磁物质将伸长或缩短。如用一传感器（有线圈励磁的探头）与铁磁材料物体接触，形成一闭合磁路，当应力变化时，由于铁磁材料物体的伸缩引起磁路中磁通变化，并使传感器线圈中的感应电流发生变化，由此可测出应力变化。测试时，先标定出应力与电流或电压的关系曲线，按测得的 I 或 U 值求出应力。此法所用仪器轻巧、简单、价廉，测试方便，是无损测试。但该法只能测铁磁材料；测试区大，不

能准确地测试梯度大的残余应力，测试精度和标定方法有待提高和改进，焊接接头组织性能变化的影响较难排除。

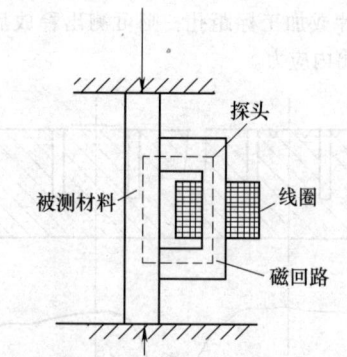

图 4-22　电磁法测量残余应力的探头
（传感器）

3) 超声波测量法。声弹性研究表明，在没有应力作用时，超声波在各向同性的弹性体内的传播速度不同于有应力作用时的传播速度，传播速度的差异与主应力的大小有关。因此，如果能分别测得无应力和有应力作用时弹性体横波和纵波传播速度的变化，就可以求得主应力。本法测定焊接残余应力，不但是无损的，而且有可能用来测定三维的空间残余应力。

4) 其他非接触式测量法。采用中子发生器和同步加速器，测量焊接构件上的残余应力，在实际应用方面具有广阔的发展前景。其基本原理与 X 射线衍射法相似，利用粒子束穿透和被折射所产生的衍射斑纹，获取残余应力分布的信息[38,39]。由于需采用专业化的粒子束发生装置，工程应用有局限性。

4.2.3　焊接残余应力的作用和影响[16]

焊接残余应力在构件中并非都是有害的。在分析其对结构失效或使用性能可能带来的影响时，应根据不同材料、不同结构设计、不同承载条件和不同运行环境进行具体分析。

1. 对构件承受静载能力的影响

在一般焊接构件中，焊缝区的纵向拉伸残余应力的峰值较高，在某些材料上可接近材料的屈服强度 R_{eL}。当外载工作应力和它的方向一致而相叠加时，在这一区域会发生局部塑性变形，这部分材料丧失继续承受外载的能力，减小了构件的有效承载截面。

图 4-23 所示为在带有纵向焊缝的矩形板件上，当外载应力 σ 与焊后纵向残余应力 σ_x（曲线 A）方向一致时，不同外载所引起的残余应力场的变化和重新分布。曲线 B 为当外载应力 σ_1 与残余应力相叠加

后，在板件上的应力分布。可见，在焊缝附近的应力已趋近于材料的屈服强度（直线 D）。若外载应力进一步提高为 σ_2（$\sigma_2 > \sigma_1$），板件上的应力分布呈曲线 C 形状；沿板件横截面的中心部位出现 b_s 宽度的拉伸塑性变形区。当外载应力继续增大，则 b_s 宽度逐步扩大，应力分布渐趋均匀，最终板件发生全面屈服，应力分布则为直线 D。此后，在外载荷再增加时，焊接残余应力的作用会消失。

图 4-23 中曲线 E 为外载应力 σ_2 卸载后的残余应力分布。与曲线 A 相比较，曲线 E 显示残余应力场的不均匀性趋于平缓，随着外载应力继续增大，应力分布的均匀化趋势更明显。可见，在塑性良好的构件上，焊接残余应力对承受静载能力没有影响。在塑性差的构件上，一般不出现 b_s 区扩大的现象，而在峰值应力区的应力达到抗拉强度 R_m 后，发生局部破坏，导致构件断裂。

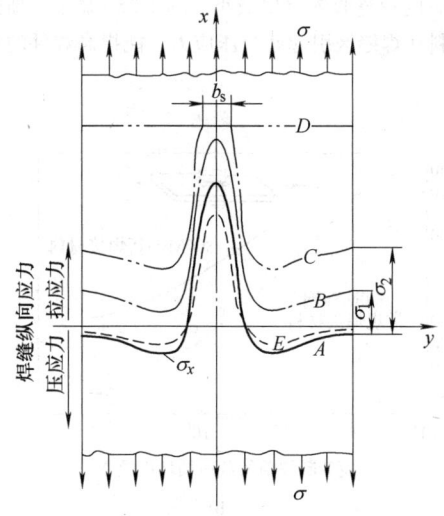

图 4-23　在外载作用下，板件应力场的变化与焊接残余应力场的重新分布[1,3]

曲线 A　焊后纵向残余应力 σ_x 沿横截面分布

曲线 B　$\sigma_x + \sigma_1$ 时的应力分布，σ_1 为外载工作应力

曲线 C　$\sigma_x + \sigma_2$ 时的应力分布，$\sigma_2 > \sigma_1$

直线 D　材料的屈服强度或在加载全面屈服时的应力分布

曲线 E　$\sigma = \sigma_2 > \sigma_1$ 加载（曲线 C）并卸载后的残余应力分布

　　　其中，b_s 为（$\sigma_x + \sigma_2$）$> R_{eL}$ 时产生拉伸塑性变形区的宽度

2. 对结构脆性断裂的影响

图 4-24 所示为碳钢宽板试件（带尖缺口试件和

焊接残余应力与尖缺口并存的试件）在不同实验温度下呈现的尖缺口与焊接残余应力对断裂的影响[3]。

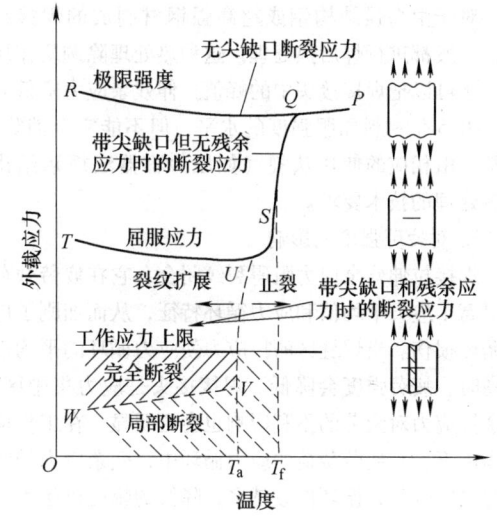

图 4-24　尖缺口与焊接残余应力对断裂强度的影响[3]

若试件中没有尖缺口，断裂沿曲线 PQR 发生，即在材料的极限强度时断裂。试件中有尖缺口，但无焊接残余应力时，断裂沿 $PQST$ 发生；当试验温度高于断裂转变温度 T_f，在高应力下发生剪切断裂；而当试验温度低于 T_f，断口形貌呈解理型，断裂应力下降，趋近于材料的屈服强度。

在带有焊接残余应力和尖缺口试件上，断裂应力曲线为 $PQSUVW$；若尖缺口位于残余拉应力的高应力区内，则可能发生不同类型的断裂：

1）当温度高于 T_f 时，断裂沿极限强度曲线 PQ 发生，残余应力对断裂无影响。

2）当温度低于 T_f 时，但高于止裂温度 T_a，裂纹可能在低应力下萌生，但不扩展。

3）当温度低于 T_a 时，由于断裂产生时的应力水平不同，可能有以下两种情况：

① 若应力低于临界值 VW 线，裂纹扩展很短，随即停止再扩展。

② 当应力高于临界值 VW 线，将发生完全断裂。

在实际构件中，当高强度结构钢的韧性较低时，在焊接接头处的缺陷（裂纹、未焊透）会导致结构的低应力脆性断裂，在断裂评定中必须考虑拉伸残余应力与工作应力共同作用的影响，应引入应力强度修正系数。若裂纹尖端处于焊接残余拉应力范围内，则缺陷尖端的应力强度增大，裂纹趋向于扩展，直至裂纹尖端越出残余拉应力场范围。随后，裂纹有可能停止扩展或继续扩展，这将取决于裂纹长度、应力强度和结构运行环境温度。焊接残余应力只分布于局部区域，对断裂的影响也局限于这一范围。

对于由高强结构钢或超高强钢材制成的焊接结构，一般都进行焊后热处理。这种热处理除调质作用外，还可以把焊接接头中的峰值拉伸残余应力降低到 0.3~0.5 倍材料屈服强度的水平，但不能完全消除。通常，由相应的使用法规（如压力容器法规）给出对热处理的技术要求。

3. 对疲劳强度的影响

焊接拉伸残余应力阻碍裂纹闭合，它在疲劳载荷中提高了应力平均值和应力循环特征，从而加剧了应力循环损伤。当焊缝区的拉应力使应力循环的平均值增高时，疲劳强度会降低。焊接接头是应力集中区，残余拉应力对疲劳的不利影响也会更明显。在工作应力作用下，在疲劳载荷的应力循环中，残余应力的峰值有可能降低，循环次数越多，降低的幅度也越大。

提高焊接结构的疲劳强度不仅要着手于降低残余应力，而且应减小焊接接头区的应力集中，避免接头

区的几何不完整性和力学不连续性，如去除焊缝余高和咬边，使表面平滑。在重要承力结构件的疲劳设计和评定中，对于有高拉伸残余应力的部位，应引入有效应力比值，而不能仅考虑实际工作应力比值。

焊接构件中的压缩残余应力可以降低应力比值并使裂纹闭合，从而延缓或中止疲劳裂纹的扩展。可采用不同的工艺措施，利用压缩残余应力，改善焊接结构抗疲劳性能，如点状加热、局部锤击或超载处理等。

采用相变温度低的焊接材料，在焊缝中会形成压缩残余应力[17]。如图 4-25a 所示，焊接结构钢时，若采用常规的 600MPa 级的焊接材料，其马氏体转变温度一般在 600℃ 左右；而改用 800MPa 级的焊接材料，则由铁素体开始向马氏体转变的温度可降低到 200℃ 左右；当相变过程在室温下完成后，由于相变发生的体积膨胀，在焊缝区产生了压应力，冷却时的焊缝收缩量也减小。图 4-25b 显示，新的焊接材料在焊缝区引起残余压应力，能提高焊件的疲劳强度。

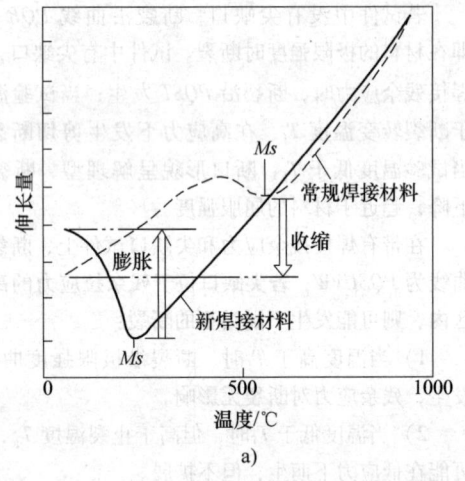
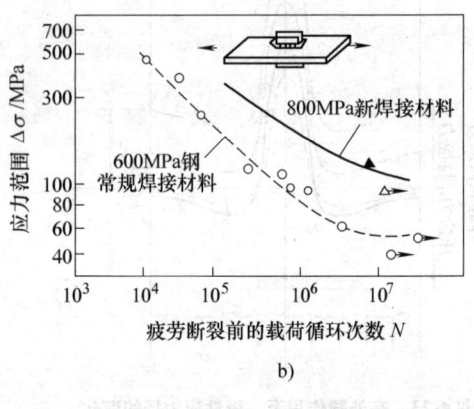

图 4-25　采用相变温度低的结构钢焊接新材料可以提高疲劳强度[17]
a) 新焊接材料与常规焊接材料的对比，M_s 温度降低
b) 新焊接材料在焊缝区形成压应力，提高疲劳强度

4. 对结构刚度的影响

当外载的工作应力为拉应力时，与焊缝中的峰值拉应力相叠加，会发生局部屈服；在随后的卸载过程中，构件的回弹量小于加载时的变形量，构件卸载后不能回复到初始尺寸。尤其在焊接梁形构件上，这种现象会降低结构的刚度。若随后的重复加载均小于第一次加载，则不再发生新的残余变形。在对尺寸精度要求较高的重要焊接结构上，这种影响不容忽视。但若构件本身的刚度较小（如薄壳构件），且材料具有较好的韧性，

随着加载水平的提高，这种影响趋于减小。

当结构承受压缩外载时，由于焊接内应力中的压应力成分一般低于 R_{eL}，外载应力与它的和未达到 R_{eL}，结构在弹性范围内工作，不会出现有效截面积减小的现象。

当结构受弯曲时，内应力对刚度的影响，与焊缝的位置有关，焊缝所在部位的弯曲应力越大，则其影响也越大。

结构上有纵向和横向焊缝时（例如工字梁上的

肋板焊缝），或经过火焰校正，都可能在相当大的截面上产生拉应力，虽然在构件长度上的分布范围并不太大，但是它们对刚度仍有较大的影响。特别是采用大量火焰矫正后的焊接梁，在加载时刚度和卸载时的回弹量可能有较明显的下降，对于尺寸精确度和稳定性要求较高的结构是不容忽视的。不推荐对承载梁采用火焰矫正。

5. 对受压杆件稳定性的影响[1]

当外载引起的压应力与焊接残余压应力叠加之和达到 R_{eL}，这部分截面就丧失进一步承受外载的能力，削弱了杆件的有效截面积，并改变了有效截面积的分布，使稳定性有所改变。内应力对受压杆件稳定性的影响大小，与内应力场的分布有关。

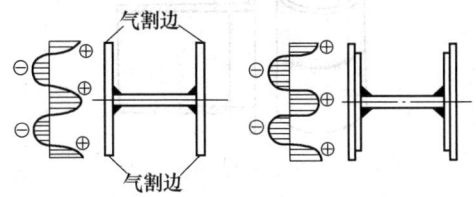

图 4-26　带气割边及带盖板的焊接
杆件的内应力

图 4-26 所示为 H 形焊接杆件的内应力分布。图 4-27 为箱形焊接杆件的内应力分布。

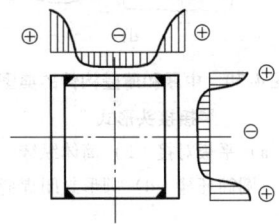

图 4-27　焊接箱形杆件的内应力分布[1]

在 H 形杆件中，如果翼板是用气割加工的，或者翼板由几块叠焊起来，则可能在翼板边缘产生拉伸内应力，其失稳临界应力 σ_{cr} 比一般的焊接 H 形截面高。杆件内应力影响的大小与截面形状有关，对于箱形截面的杆件，内应力的影响比 H 形小，如图 4-28 所示。内应力的影响只在杆件一定的 λ（长细比）范围内起作用。当杆件的 λ 较大，杆件的临界应力比较低，若内应力的数值也较低，外载应力与内应力之和未达到 R_{eL}，杆件就会失稳；则内应力对杆件稳定性不产生影响，如图 4-28 中 EB 段欧拉曲线所示。此外，当杆件的 λ 较小，若相对偏心 r 不大，其临界应力主要取决于杆件的全面屈服，内应力也不致产生影响，见图 4-28 中 CD 段。在设计受压的焊接杆件时，往往采用修正折减系数的办法来考虑内应力对稳定性的影响。在图 4-28 上，给出几种用不同方法制造的

截面受压构件的相对失稳临界应力 σ_{cr} 与长细比 λ 的关系，图中横坐标为 λ，$\lambda = L/r$（L 为杆长，r 为偏心距）；纵坐标为 σ'_{cr}，$\sigma'_{cr} = \sigma_{cr}/R_{eL}$。从该图可以看出，消除了残余应力的杆件和由气割板件焊成的杆件（曲线 CDB 段）具有比轧制板件直接制成的杆件（曲线 AB 段）更高的相对失稳临界应力。也就是说，由气割板件焊接而成的杆件的稳定性与整体热轧而成的型材杆件的稳定性相当。

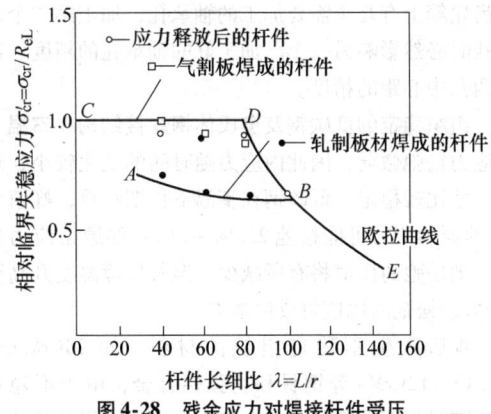

图 4-28　残余应力对焊接杆件受压
失稳强度的影响[3]

6. 对应力腐蚀的影响

一些焊接构件工作在有腐蚀介质的环境中，尽管外载的工作应力不一定很高，但焊接残余拉应力本身就会引起应力腐蚀开裂。这是在拉应力与化学反应共同作用下发生的，残余应力与工作应力叠加后的拉应力值越高，应力腐蚀开裂的时间越短。为提高构件的抗应力腐蚀性能，宜选用对特定的环境和工作介质具有良好的抗腐蚀性材料，或对焊接构件进行消除残余应力的处理。

7. 对构件精度和尺寸稳定性的影响

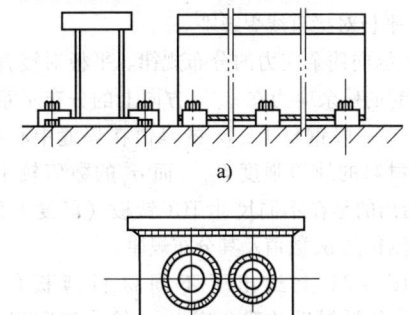

图 4-29　机械加工引起内应力释放和变形[1]
a）应力释放的挠曲变形影响底座平面的精度
b）两个轴承孔加工互相影响精度

为保证构件的设计技术条件和装配精度，对复杂焊接件在焊后要进行机械加工。切削加工把一部分材料从构件上去除，使截面积相应改变，所释放掉的残余应力使构件中原有的残余应力场失去平衡而重新分布，引起构件变形。这类变形只是当工件完成切削加工从夹具中松开后才能显示出来，影响构件精度。例如图 4-29a 中的焊接构件上加工底座平面，引起工件的挠曲，影响构件底座的结合面精度。又如图 4-29b 的齿轮箱上有几个需要加工的轴承孔，加工第二个轴承孔时必然影响另一个已加工好的轴承孔的精度，以及两孔中心距的精度。

组织稳定的低碳钢和奥氏体钢焊接结构在室温下的应力松弛微弱，因此内应力随时间的变化较小，焊件尺寸比较稳定。低碳钢在室温下长期存放，峰值为 R_{eL} 的原始应力可能松弛 2.5% ~ 3%；如原始应力较低，则松弛的比值将有所减少。但若环境温度升高至 100℃，松弛的比值将成倍增加。

焊后产生不稳定组织的材料，如 20CrMnSi、20Cr13、12CrMo 等钢材和高强铝合金，由于不稳定组织随时间而转变，内应力变化也较大，焊件尺寸稳定性较差。

4.2.4　焊接残余应力在构件中的典型分布规律

焊接结构形式很多，其中采用熔焊方法完成的中厚和薄壁构件典型焊接接头形式如图 4-30 所示。这些构件中的焊接残余应力场分布各异，但大多为双向应力即平面应力状态，如轴对称的平面应力分布的典型实例即为图 4-8d 中的点状加热残余应力分布。在厚度方向的残余应力很小；只是在大型结构厚截面焊缝中，在厚度方向的残余应力才有较高的数值。

1. 平板对接直线焊缝[6]

1）纵向残余应力的分布规律。平板对接直线焊缝所引起的残余应力在 x、y 方向上的分布示意于图 4-31a。在一般钢材上，σ_x 的峰值在焊缝中心线上，可接近材料的屈服强度 R_{eL}，而 σ_y 的数值较小。图 4-31b 给出的是在不同尺寸 TC1 钛板（厚度 1.5mm）上直接测得的 σ_x 数值及其分布规律。

在图 4-32 上给出了不同材料薄板件（厚 1.5mm）氩弧焊后的残余应力 σ_x 的分布实测结果。图 4-32a 所示曲线 1 为铁基高温合金 GH2132 + GH2132（相当于美国 A286，Cr15Ni25Ti2Mn2Si）接头中残余应力，不加填充焊丝；曲线 2 为铁基高温合金 GH1140 + GH1140 Cr22Ni37Mo2WTi 接头不加焊丝；曲线 3 为 GH2132 + GH2132 接头加入 Ni 基

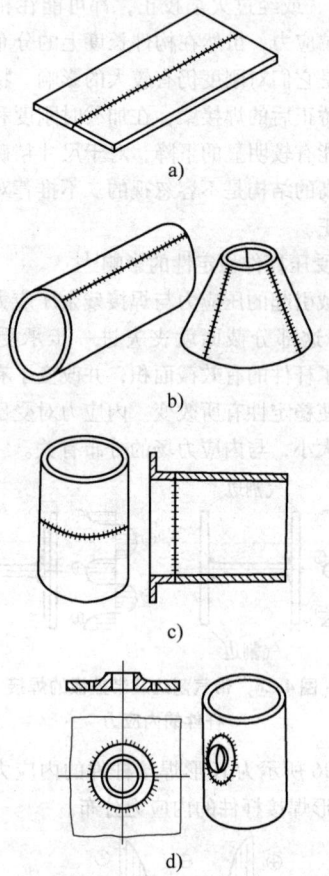

图 4-30　中厚和薄壁构件的典型焊接接头形式[6]

a）平板对接　b）筒体纵缝
c）圆筒环缝　d）圆形封闭焊缝

HGH3113 焊丝（Ni-15Cr-3W-15Mo 合金，相当于美国 HastelloyC）。图 4-32b 所示为异种高温材料接头（GH2132 + GH1140）添加 HGH3113 焊丝后的残余应力 σ_x 分布，曲线 1 为在固溶状态下焊接，焊后未热处理；曲线 2 为在焊后进行固溶 + 时效热处理后的结果。在图 4-32c 上把不同材料焊缝中心残余拉应力峰值 σ_x 与材料的屈服强度进行对比。在低碳钢和不锈钢上残余应力峰值均接近 R_{eL}，而在铝合金和钛合金上一般低于 R_{eL}。在大多数钛合金焊缝中的拉应力峰值仅为 R_{eL} 的 0.5 ~ 0.7。

2）横向残余应力的分布规律。平板对接焊缝中横向（垂直于焊缝方向）残余应力 σ_y 的分布情况与前面所述的 σ_x 的分布规律不同。

σ_y 是由焊缝及其附近塑性变形区的纵向收缩所引起的 σ_y' 和焊缝及其附近塑性变形区横向收缩的不同时性所引起的 σ_y'' 合成。

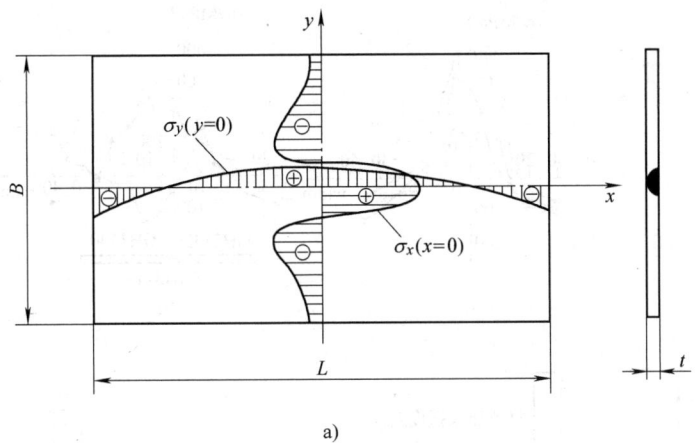

a)

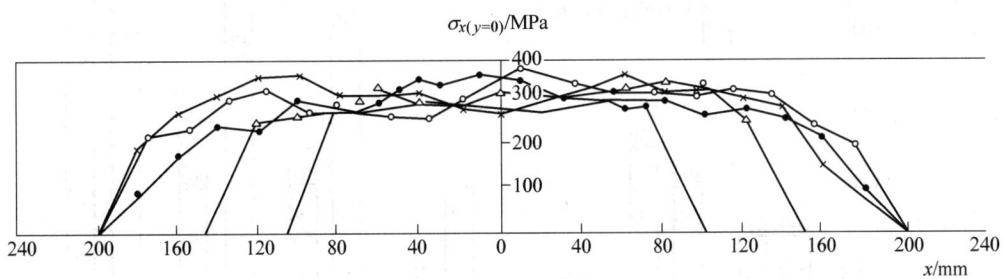

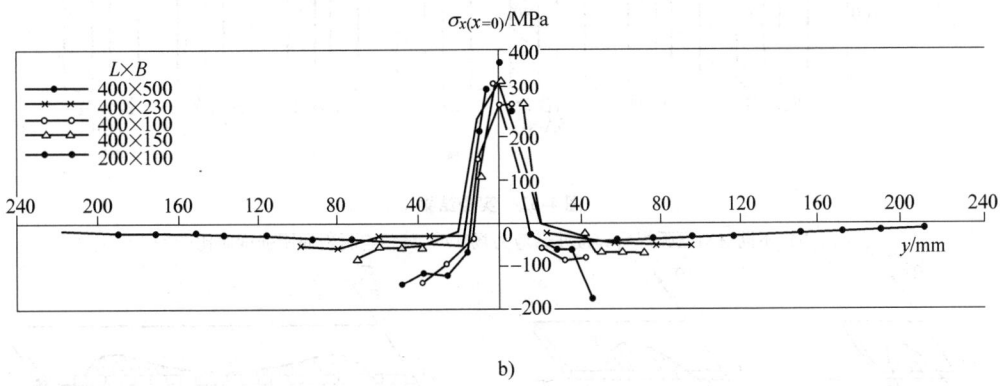

b)

图 4-31　平板对接焊缝引起的残余应力场[6,36]

a) 一般规律: σ_x ($x=0$), σ_y ($y=0$)

b) 实测结果: σ_x 沿 $y=0$ 焊缝中心线的分布和 σ_x 沿 $x=0$ 横截面的分布

　　平板对接时, 通常焊缝中心截面上的 σ_y' 在两端为压应力, 中间为拉应力。σ_y' 的数值与板的尺寸有关, 如图 4-33 所示。

　　平板对接焊中的横向应力分布规律还与焊接速度有关; 当长板对接时, 速度很慢, 在焊缝端头会产生高值的横向拉伸残余应力, 而在焊缝中部为压应力; 也就是说, 应力分布图形的正、负符号与短板快速焊时图 4-33

的符号相反, 由此可能引发焊缝端部的裂纹[9]。

　　σ_y'' 的分布与焊接方向和顺序有关 (图 4-34), 图中箭头为焊接方向。σ_y 为 σ_y' 及 σ_y'' 两者的综合。图 4-35 为两块 25mm×910mm×1000mm 板双面焊接后的 σ_y 分布。自动焊与手工氩弧焊的 σ_y 分布基本相同。分段焊法的 σ_y 有多次正负反复, 拉应力峰值往往高于直通焊。

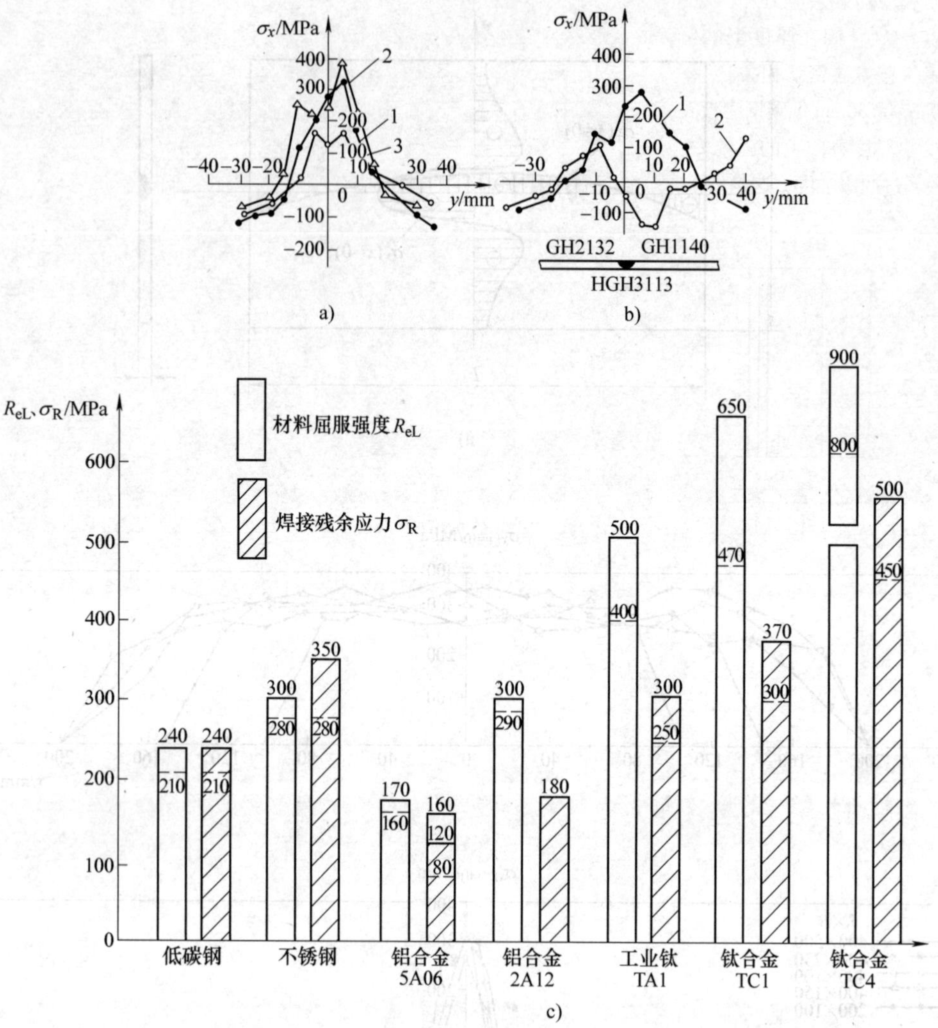

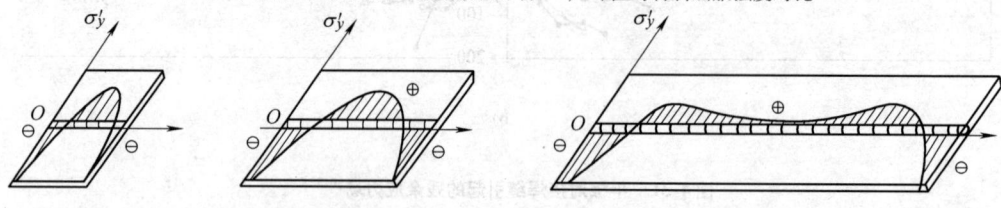

图 4-32　实测结果

a)、b) 不同材料氩弧焊后焊接残余应力场　c) 峰值与材料屈服强度对比[6,35]

图 4-33　不同长度平板对接时 σ_y' 的分布规律

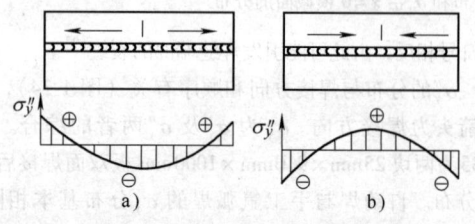

图 4-34　不同焊接方向时 σ_y'' 的分布

a) 由中心向两端施焊　b) 由两端向中心施焊

3) 板件对接焊 σ_x 与 σ_y 的数值分析举例[40,41]。图 4-36 所示为 500mm × 500mm 的板件焊接后的残余应力场数值分析结果。图 4-36a 为在板件上焊后纵向残余应力 σ_x 分布全貌的三维图示；图 4-36b 为在板件上焊后横向残余应力 σ_y 分布全貌的三维图示。采用正确的数学物理模型和有限元数值计算方法,可以定量地给出焊接应力场全貌。

4) 厚板对接焊缝中的残余应力。厚板焊接接头中除纵向和横向残余应力外，还存在较大的厚度方向残余应力 σ_z。它们在厚度上的分布不均匀，分布状况与焊接工艺方法密切相关。

图 4-37 为 80mm 低碳钢厚板 V 形坡口多层焊示意。图 4-38 为沿厚度方向上的三向内应力分布。σ_y 在焊缝根部大大超过屈服强度，这是由于每焊一层，产生一次

角变形，如图 4-37 中坡口两侧箭头所示。在根部多次拉伸塑性变形的积累造成应变硬化，使应力不断升高。严重时，甚至因塑性耗竭，导致焊缝根部开裂。如果焊接时，限制焊缝的角变形，则根部可能出现压应力。σ_y 的平均值与测量点在焊缝长度上的位置有关，但其值在表面大于在中心的分布趋势是相似的。

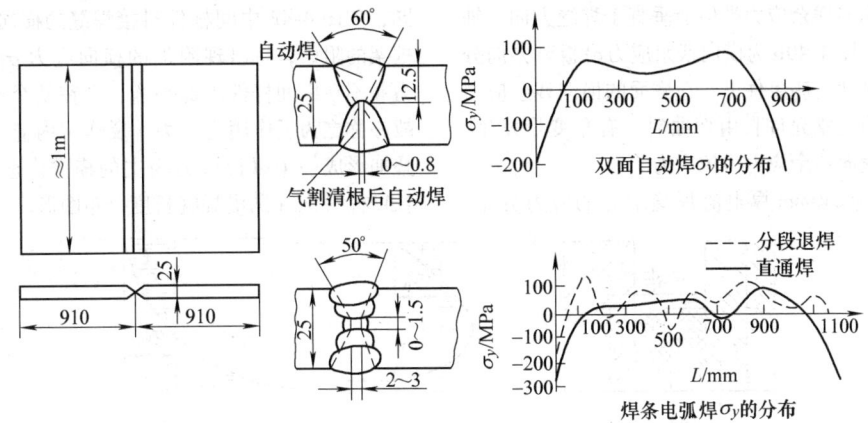

图 4-35　平板对接及多层焊时的横向应力 σ_y

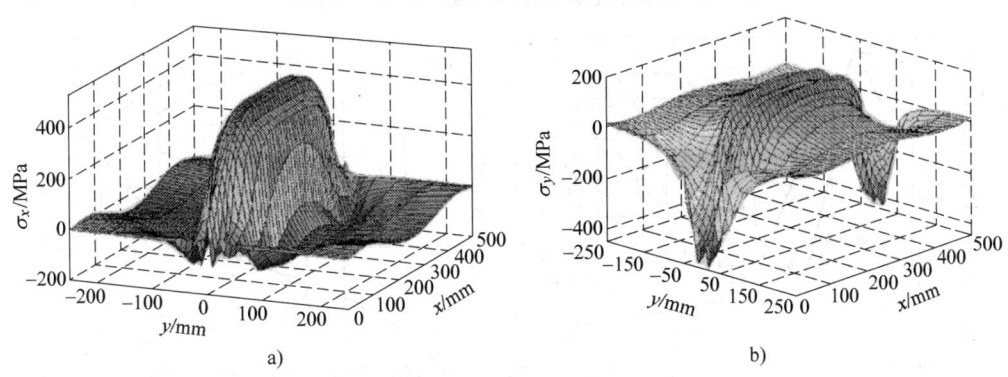

a)　　　　　　　　　　　　　　　　b)

图 4-36　平板对接焊缝残余应力的分布（三维图示，数值分析结果）[40,41]

a）纵向残余应力　b）横向残余应力

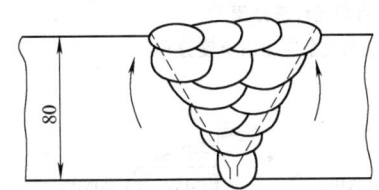

图 4-37　厚度为 80mm 厚钢板多层对接焊

厚板对接多层焊缝中的横向残余应力分布规律是由图 4-39a 所示的模型所决定的[11]；随着坡口中填充层数的增加，横向收缩应力 σ_y 也随之沿 z 轴向上移动，并在已填充的坡口的纵向截面上引起薄膜应力及弯曲应力。若厚板底部支座允许自由角变形，即板边在无拘束的情况下可以自由弯曲，随着坡口填充层的

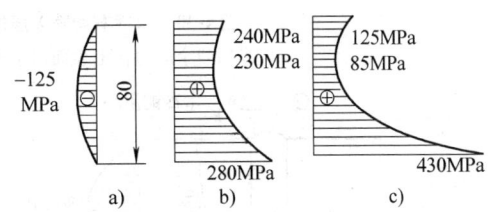

图 4-38　厚板 V 形坡口多层焊中沿厚度上的内应力分布

a）σ_z 在厚度上的分布　b）σ_x 在厚度上的分布

c）σ_y 在厚度上的分布

累积，产生急剧的角收缩，导致如图 4-39b 所示的横向残余应力沿板厚方向的分布，在焊根部位为高值拉应力。相反，如果厚板底部为刚性固定，抑制角变

形，则发生如图 4-39c 所示的横向残余应力分布，在焊缝根部为高值压应力。

图 4-40 所示为 50mm 厚结构钢板多层（20 层）窄间隙焊的有限元数值分析残余应力分布规律[9]。在横截面模型下边缘支座可归结为自由弯曲支座和刚性支座两种。从图 4-40a 上可见，刚性支座抑制角变形，增大了纵向残余应力高值沿垂直于焊缝方向 y 轴的分布区域；图 4-40b 为横向残余应力沿板厚方向分布情况；在刚性支座条件下，在底面的横向残余应力为压应力；当支座允许自由弯曲时，有角变形发生，则在底面的横向残余应力为拉应力。

图 4-41 为 240mm 厚电渣焊缝中心的应力分布。

σ_z 为拉应力，在厚度中心最大，达到 180MPa。σ_x 和 σ_y 的数值也以厚度中心部位为最大，焊缝中心出现三轴拉应力。σ_z 随板厚的增加而增加。与此相反，在多层焊时，焊缝表面上的 σ_x 和 σ_y 比中心部位大。σ_z 的数值较小，可能为压应力亦可能为拉应力。

5）在拘束状态下焊接残余应力。与自由状态不同，如图 4-42 中间杆件对接焊缝的横向收缩因受到框架的阻碍，将出现附加的横向应力 σ_f，这部分应力并不在中间杆件内部平衡，而在整个框架上平衡，故亦称之为反作用内应力。反作用内应力 σ_f 与 σ_y 相叠加形成一个以拉应力为主的横向内应力场，见图 4-42 右侧 $\sigma_y + \sigma_f$ 沿焊缝长度分布图形。

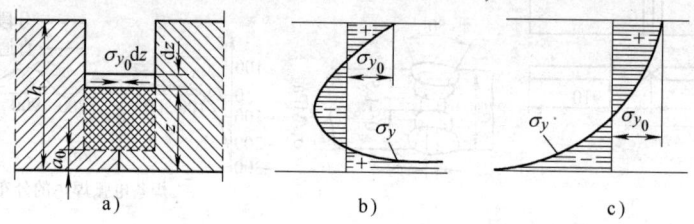

图 4-39　厚板多层焊时横向残余应力分布的计算模型[11]

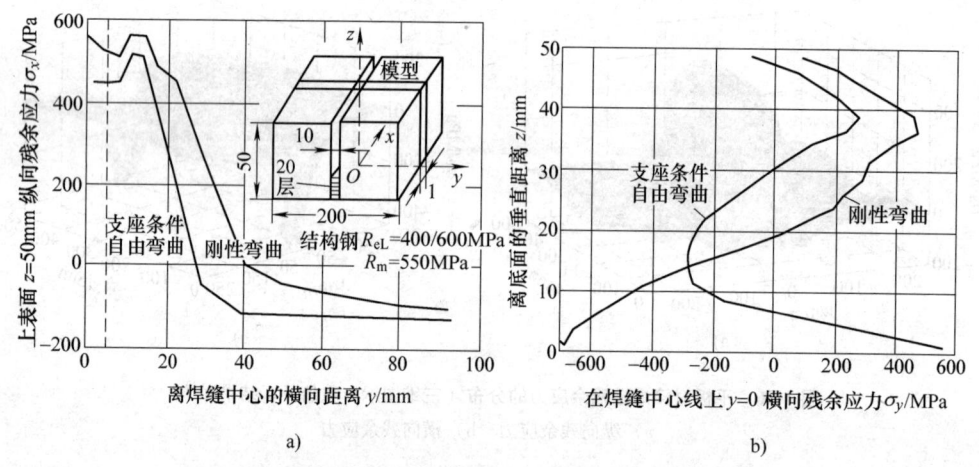

图 4-40　厚板窄间隙多层焊残余应力分布的有限元计算结果[9]
a）纵向残余应力在上表面沿 y 轴方向分布　b）横向残余应力沿厚度分布

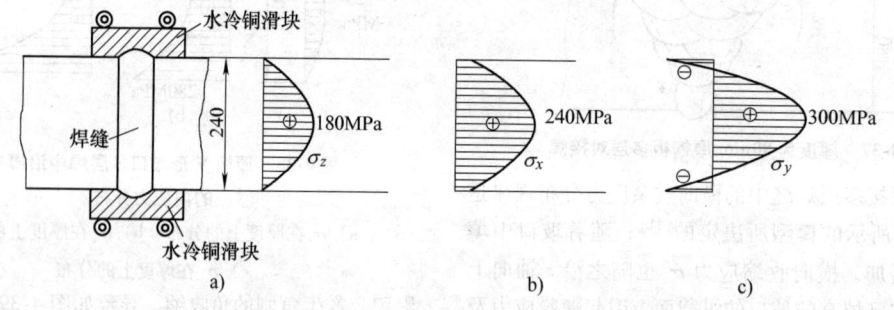

图 4-41　厚板电渣焊中沿厚度上的内应力分布[2]
a）σ_z 在厚度上的分布　b）σ_x 在厚度上的分布　c）σ_y 在厚度上的分布

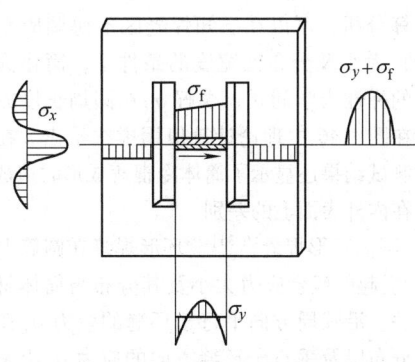

图 4-42 拘束状态下的焊接内应力

6）相变应力对平板对接残余应力的影响。焊接高强度钢时，热影响区和焊缝金属（如果采用化学成分与母材相似的焊缝金属）中发生奥氏体转变为马氏体的相变，质量体积增大。由于相变温度较低，此时材料已处于弹性状态，焊件中将出现相变应力 σ_{mx}，与 σ_x 相叠加后，在相变区的残余应力可能为压应力。

图 4-43 为焊接相变对残余应力分布的影响。相变时的体积膨胀不仅在长度方向可以引起纵向压缩相变应力 σ_{mx} 如图 4-43a、b 所示，还可以在厚度方向引起压缩相变应力 σ_{mz}。这两个方向的相变膨胀，可以在某些部位引起相当大的横向拉伸相变应力 σ_{my}，如图 4-43c、d 所示，这些相变应力是产生冷裂纹的因素之一。

7）搅拌摩擦焊对接接头中的残余应力。搅拌摩擦焊属固态连接，焊缝在材料处于固态塑性流变状态

下形成；因此，接头中的残余应力分布，虽有与熔焊时有相似之处，也有许多不同；因为焊缝及其热影响区均未熔化或经受更高温度的热循环。图 4-44a 所示为铝合金（5083-H321）板件（190mm × 148mm × 6mm）搅拌摩擦焊接头区的纵向残余应力分布[42]。在不同的焊接参数（搅拌头直径、转速与焊速）条件下的分布规律大体相近，但数值大小有差异。焊接接头中的横向残余应力值较低，但沿厚度方向的分布有差别。这些规律与在接头中的金属流变和热循环过程有关。图 4-44b 为钛合金（Ti6Al4V）板件搅拌摩擦焊接头中的残余应力分布[43]。图 4-44c 为不锈钢（304L）板件（305mm × 204mm × 3.17mm）搅拌摩擦焊接头中的残余应力分布[44]。可见，在钛合金、不锈钢搅拌摩擦焊接头中的残余应力分布与熔焊接头中的规律大体相当。

2. 梁、柱焊接构件中的残余应力

图 4-45 为在焊接 T 形构件横截面上，沿构件轴线方向的残余应力分布图，在焊缝区有高值拉应力，在翼板两边为与焊缝区拉应力相平衡的压应力。在腹板的上部边缘出现了拉应力，这是由于焊缝在轴线方向的收缩力与 T 形构件截面积上的偏心矩在长度方向上产生弯矩，弯矩的方向取决于 T 形构件的几何形状，在如图 4-45 所示的 T 形构件中，弯矩使腹板上部受拉；所看到的残余应力分布图是焊缝收缩拉应力、弯矩应力的总和。在完成两条焊缝后翼板也会发生如图 4-45 中箭头所示的角变形。

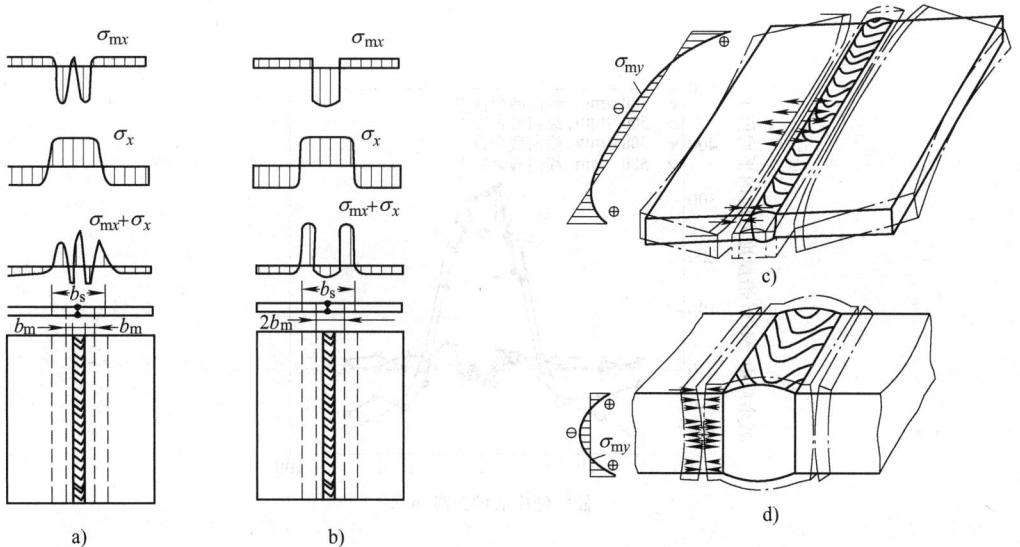

图 4-43 高强钢焊接相变对残余应力分布的影响[2]

a）焊缝金属为奥氏体钢 b）焊缝成分与母材相近 c）σ_{mx} 引起的 σ_{my} d）σ_{mz} 引起的 σ_{my} 在厚度上的分布

b_m—相变区的宽度 b_s—塑性变形区宽度

低碳钢焊接工字梁中的纵向残余应力分布已在图 4-26 中给出，除在翼板中的残余应力场外，在腹板的中心部位，压应力的数值也较高。

在焊接箱形杆件中的残余应力分布规律也已在图 4-27 上给出。

3. 圆筒体纵缝、环缝中的残余应力[6,36]

1）圆筒纵向焊缝。纵向焊缝在圆筒或圆锥形壳体（图 4-30b）上引起的 σ_x 与 σ_θ 沿轴线 x 方向（焊缝方向）的分布类似于平板对接时的情况，只是壳体刚性与平板不同，在测量残余应力时应考虑初始面外失稳变形的影响。图 4-46 为在 TC1 钛合金圆筒（$\phi190mm$，厚 1.5mm，长 360mm）上的实测结果。

在图 4-47 上给出 σ_x 沿圆周长度上的分布规律。

为了计算分析，可以在已知焊缝区不协调应变（初始应变）大小及分布区宽度的条件下，简化为圆柱形筒体的弹性力学问题，求解 σ_x 在圆周长度方向的分布，在图 4-46 中理论计算值用虚线给出。在焊缝以外的测试结果还显示了筒体冷辊弯成形时造成的弯曲应力在内外表面上的差别。

2）圆筒环形焊缝[6,36]。环形焊缝在圆筒上（图 4-30c）引起的残余应力大小及其分布与筒体材料及刚性有关。沿圆周方向平行于环缝的应力 σ_θ 在母线方向的分布以及垂直于环缝方向的应力 σ_x 沿 x 向和在圆周长度上的分布实测结果示于图 4-48，筒体材料为 TC1 钛合金（$\phi190mm$，厚 1.5mm，长 360mm）。

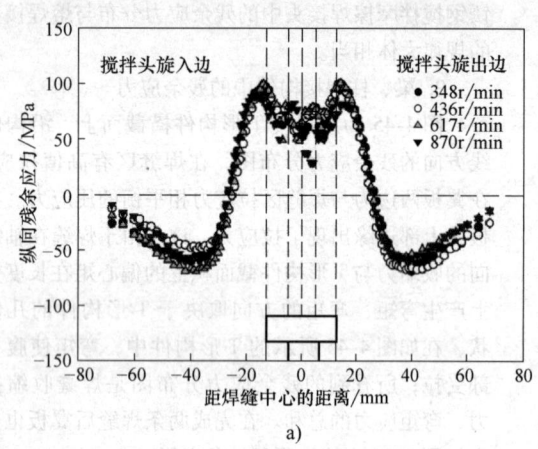

a)

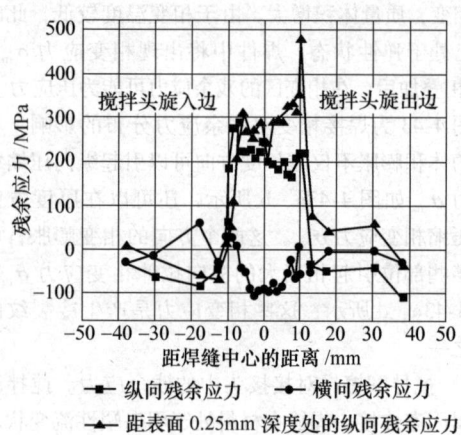

━■━ 纵向残余应力　　━●━ 横向残余应力
━▲━ 距表面 0.25mm 深度处的纵向残余应力

b)

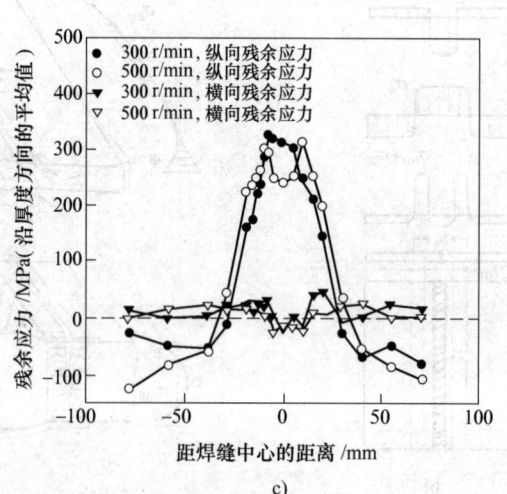

c)

图 4-44　板件搅拌摩擦焊对接接头中的残余应力分布

a）铝合金（5083-H321），搅拌头肩部直径 25.4mm，焊速 185mm/min[42]

b）钛合金（Ti6Al4V）[43]　c）不锈钢（304L）[44]

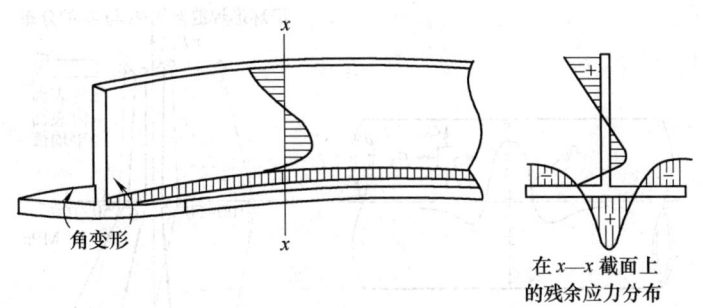

图 4-45　T 形焊接构件中的残余应力分布

实测结果与理论分析计算结果均表明，在环形焊缝中的 σ_θ 值小于平板对接焊缝中的相应数值。这是因为在圆筒体上，焊缝处发生了壳体径向弹性收缩变形（焊缝长度的缩短所致），从而使一部分应力释放。径向收缩变形在环形焊缝两侧的母线上产生了弯曲应力 σ_x，如图 4-48c 所示，一般在内外表面上的 σ_x 分布是对称的。在内外表面上测得的 σ_θ 和 σ_x 的差值反映了在圆筒上 θ 向和 x 向的弯矩的大小。当圆筒壁较薄，直径较小时，在焊缝中心的 σ_θ 可以小到忽略不计的程度，在一定条件下甚至变为负值（压应力）。若在筒体上有纵缝与环缝交叉，则 σ_x 沿纵向焊缝中心线方向的分布如图 4-49 所示，这是由纵缝和环缝应力相叠加的结果，且先焊纵缝，后焊环缝。

图 4-50 为理论分析计算模型，用以求解环形焊缝所引起的圆筒壳体变形挠度 W 与残余应力 σ_θ 和 σ_x 随筒体几何参数和焊缝附近不协调应变（初始应变）量的变化规律[18,36]。

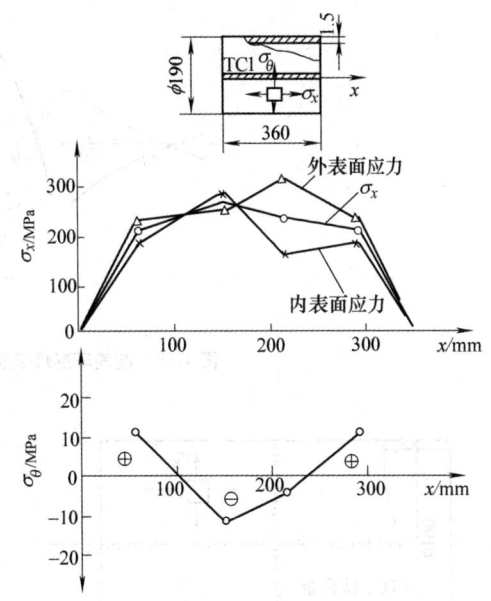

图 4-46　圆筒纵缝引起的残余应力 σ_x、σ_θ 沿轴线的分布[6,36]

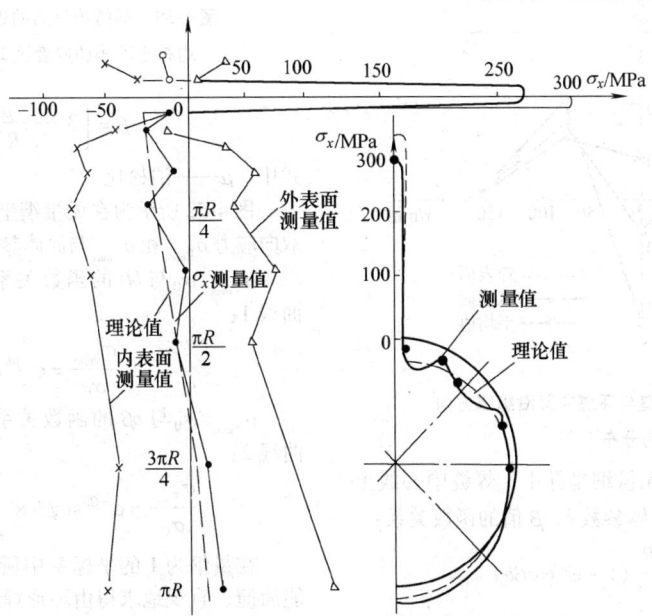

图 4-47　圆筒纵缝引起的 σ_x 沿圆周展开长度方向的分布[6,36]

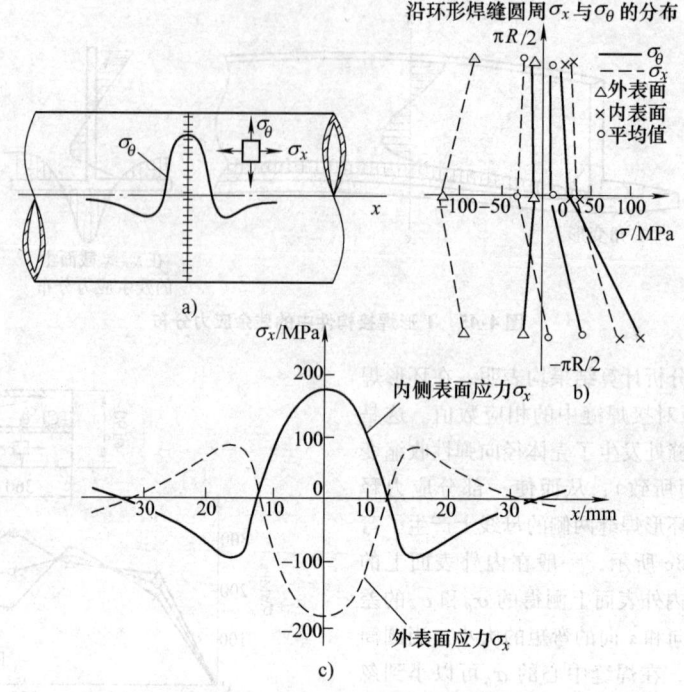

图 4-48　圆筒环形焊缝引起的残余应力场及弯曲应力[6,36]

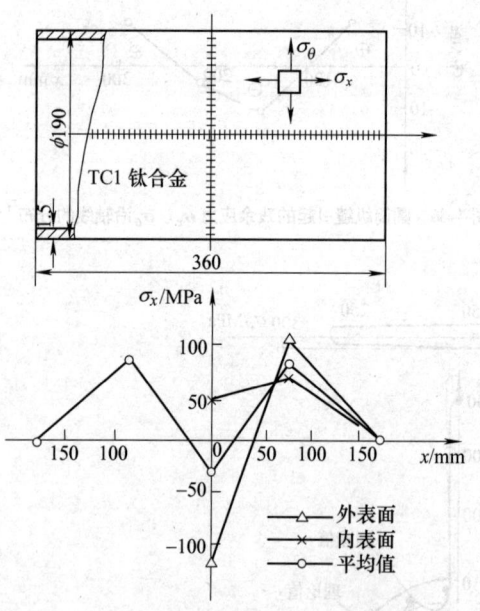

图 4-49　圆筒纵缝与环缝交叉沿纵缝方向
σ_x 的分布[6,36]

图 4-51 所示为在无量纲坐标中，焊缝中心线上的挠曲变形量 W_{max} 与筒体参数 b、β 值的函数关系：

$$W_{max} = \frac{\sigma_0 R}{E} \left(1 - e^{\beta b} \cos\beta b\right)$$

式中　σ_0——与等效初始应变 ε_0 相对应的初始应力。

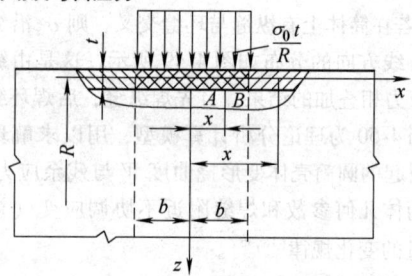

图 4-50　环缝收缩力的近似等效径向负载
均布于不协调应变区 $2b$ 宽度上[18,36]

$$\beta = \left[3 \frac{(1 - \mu^2)}{t^2 R^2}\right]^{1/4}$$

式中　μ——泊松比。

图 4-52 所示为在无量纲坐标中，焊缝中心线上的双向应力 $\sigma'_{\theta_{max}}$ 和 $\sigma_{x_{max}}$ 与筒体参数 b、β 值的函数关系。

$\sigma'_{\theta_{max}} / \sigma_0$ 与 $b\beta$ 的函数关系见图中实线所给出的曲线 1：

$$\frac{\sigma'_{\theta_{max}}}{\sigma_0} = e^{-\beta b} \cos\beta b$$

$\sigma_{x_{max}} / \sigma_0$ 与 $b\beta$ 的函数关系见图中虚线所表示的曲线 2：

$$\frac{\sigma_{x_{max}}}{\sigma_0} = e^{-\beta b} \sin\beta b \times \frac{3}{\sqrt{3(1 - \mu^2)}}$$

在量纲为 1 的坐标系中所建立的函数关系曲线，能简捷、直观地求得由环形焊缝引起的挠曲 W 和 σ_θ、σ_x 与圆筒体几何参数（壁厚 t、半径 R）和材料特性

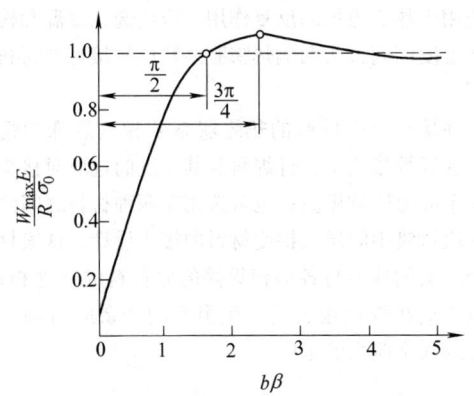

图 4-51 在无量纲坐标中环缝引起的挠度与筒体参数的关系[18,36]

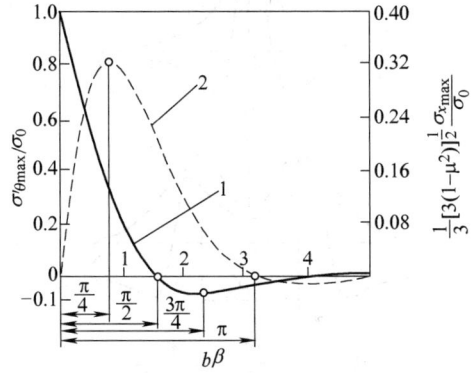

图 4-52 在无量纲坐标中，双向残余应力 $\sigma'_{\theta max}$ 和 $\sigma_{x max}$ 与筒体参数的关系[18,36]

（E、μ、$\sigma_0 \approx \sigma_s$）以及焊缝附近塑性变形区宽度（$2b$ 值）之间的定量关系。

在实际工程应用中，不同的焊接热源在不同材料上，引起的焊缝塑性变形区宽度（$2b$）也有差异。

图 4-53 所示为采用不同焊接方法，在低碳钢材料的不同厚度 t 上，b/t 相对参量变化的关系曲线；已知材料厚度 t 和焊接方法（电弧焊、高能束焊或气焊）后，即可求得 b 值。

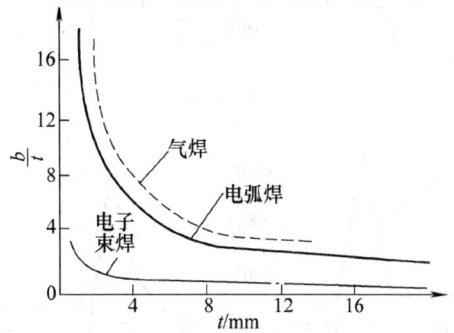

图 4-53 低碳钢焊缝塑性变形区半宽 b 值与板材厚度 t 的关系[18]

图 4-54 所示为结构钢半球壳（$R=304.5$mm，厚 8.4mm）与圆筒（$R=299.6$mm，厚 9.5mm）对接环形焊缝引起的 σ_θ 和 σ_x 分布，对比了壳体内、外侧表面上实测结果和理论计算结果[19]。图中 σ_x 用实线示出，σ_θ 用虚线示出。

4. 圆形封闭焊缝中的残余应力[6]

圆形封闭焊缝多用于壳体构件上接管、镶块和安装座（法兰盘）的连接。在图 4-55 上给出的是由圆形封闭焊缝引起的径向残余应力 σ_r 和切向残余应力 σ_θ 沿直径方向分布的实例：TC1 钛合金板件厚 1mm，圆形封闭焊缝直径为 100mm，安装座厚度为 4mm。残余应力值的大小和分布规律与镶入体本身的刚度和圆形封闭焊缝的半径 R 有直接关系。如图 4-56a 所示，当 R 趋于零时，则为点状加热和氩弧点焊时的残余应力场。随着 R 的增大，残余应力场相应变化，

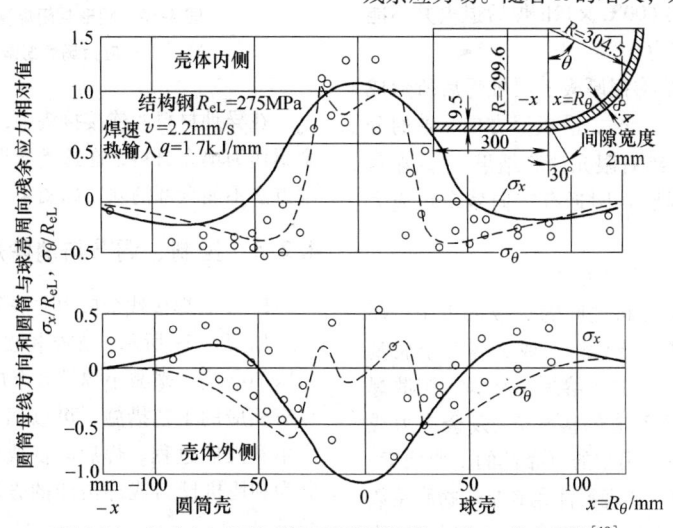

图 4-54 半球壳与圆筒对接环焊缝引起的 σ_θ 和 σ_x 分布规律[19]

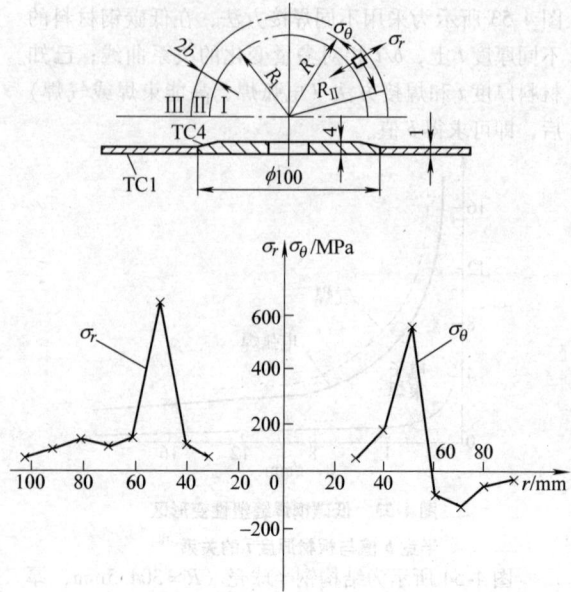

图 4-55　平板圆形封闭焊缝引起的残余应力场实测值[6]

见图 4-56 中 b 与 c 所示，其中 $R_2 > R_1$。当 R 甚大时，可视为 $R \to \infty$，则圆形封闭焊缝趋向于直线焊缝；此时，σ_θ 则变为沿焊缝方向的纵向应力分布；σ_r 则是垂直于焊缝方向的横向应力分布。

5. 表面堆焊引起的残余应力

在压力容器制造中，结构钢表面多采用耐腐蚀堆焊层。此外，在一些构件上也常堆焊一些具有特殊性能如耐磨损、抗气蚀堆焊层。堆焊层与基体材料性能相差比较悬殊，焊后及热处理后的残余应力分布情况有别于常规状态。图 4-57 为在 86mm 厚低合金结构钢上用带极埋弧堆焊两层高 Cr-Ni 钢后和热处理后在堆焊层及附近基材中的纵向和横向残余应力分布图[1]，从图中可以看出 600℃ × 12h 焊后退火并不能降低堆焊层中的残余应力。

图 4-58 所示为在结构钢厚板表层堆焊后所形成的三向残余应力 σ_x、σ_y、σ_z，沿板厚方向 z 轴的分布规律，基于体元的三维有限元计算结果[20]。在热影响区和熔化区（堆焊层）附近有三向残余拉应力产生。

6. 异种材料接头中的残余应力

无论是在异种金属材料之间的焊接接头中，还是在金属与非金属材料（陶瓷），或金属与金属基复合材料之间的连接接头中（熔焊、钎焊、扩散焊或其他固态焊接方法所形成的接头），残余应力或热应力总是制约接头在使用中的可靠性的主要因素。异种材料在接头两侧的热物理特性尤其是热膨胀系数和力学特性的差别直接影响残余应力的生成以及在构件使用中热应力场的反复作用。应优选在室温和构件工作温度区间接头两侧热膨胀系数比较接近的材料相匹配。

在接头两侧材料的热膨胀系数相差悬殊的情况下，在钎焊接头中，钎焊料及其厚度的选取对接头中的残余应力影响极大；也可选用在两种材料之间镶焊入一段过渡中间层或梯度材料的接头设计，这段材料两个端头的性能与各端相焊接的原材料的特性相近，可以避免在焊接接头处产生突变的残余应力场（热应力或残余应力的集中）。

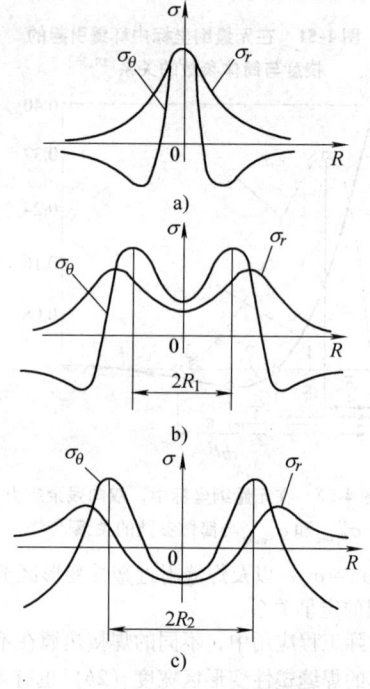

图 4-56　圆形封闭焊缝半径对残余
应力场的影响[6]

在异种材料的连接接头中，有时必须采用第三种金属作为填充材料，在这类接头中的残余应力用热处理方法不能全部消除，如图 4-57 和图 4-32b 所示。

4.2.5　控制、调节与消除焊接残余应力

1. 控制焊接残余应力方法分类

如图 4-59 所示，在结构设计阶段就应考虑可能采取的办法，来减小焊接残余应力。在焊接过程中，也有相应的工艺措施，可以调节和控制焊接应力的产生和发展过程。焊后降低或消除应力的方法可以分为利用机械力或冲击能的方法以及热处理方法等两类。

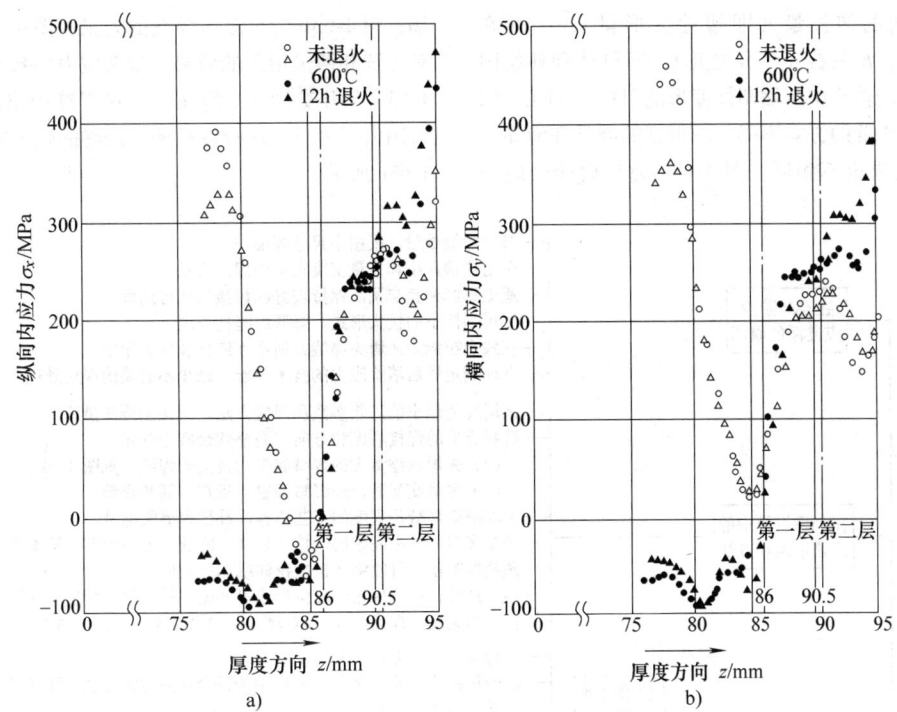

图 4-57 在 86mm 厚的 22NiCrMo 低合金结构钢上堆焊两层 4.5mm 厚的高 Cr-Ni 钢，第一层为 Cr24Ni13，第二层为 Cr21Ni10，在 600℃、12h 退火后的残余应力分布[1]

a) 纵向残余应力沿厚度上的分布 b) 横向残余应力沿厚度上的分布

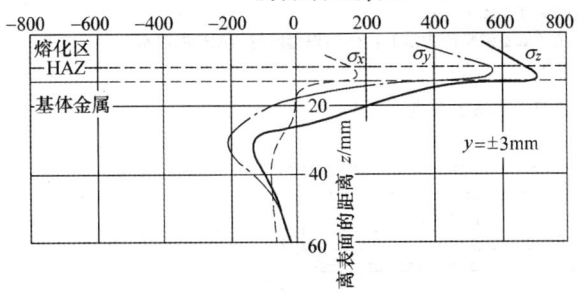

图 4-58 厚板表层堆焊三维残余应力的有限元计算结果[20]

2. 消除焊接残余应力的必要性

在焊件中消除残余应力是否必要，应从结构的用途、焊缝横截面尺寸（特别是厚度）、所用材料的性能以及工作条件等方面综合考虑决定。在论证必要性时，除了进行科学试验外，还应认真总结同类型结构在使用中的经验和教训。下列情况应考虑焊后消除内应力：

1）在工作、运输、安装或起动时可能会遇到低温，有发生脆性断裂危险的厚截面复杂结构。

2）厚度超过一定限度的焊接压力容器（重要结构如锅炉、化工压力容器有专门法规予以规定）。

3）焊后机械加工面较多，加工量较大，不消除残余应力，不能保证加工精度的结构。

4）尺寸精度和刚度要求高的结构，如精密仪器和量具的座架、机床床身、减速箱等在长期使用中或因不稳定组织的转变或因运转和运输中的振动致使内应力部分松弛，不能保持尺寸精度者。

5）有应力腐蚀危险又不能采取有效保护措施的结构。

一般，在薄壁构件和中厚板结构中焊接残余应力多为二维平面应力状态，若材料具有较好的塑性、韧性，考虑消除残余应力的必要性时，还应注意到工序周期、制造成本的增加，尽量减少焊后附加的消除应力处理工作量。

对于重型结构中的厚截面焊接接头来说，其中多为三维应力状态，甚至会出现局部三向拉伸应力。一般视结构的承载情况可采取焊后整体高温回火或人工时效的工艺方法消除或减小焊接残余应力。

3. 滚压焊缝调节薄壁构件内应力

在薄壁构件上，焊后用窄滚轮滚压焊缝和近缝区，是一种调节和消除焊接残余应力和变形的有效而经济的工艺手段；还可以通过滚压改善焊接接头性能（滚压后再进行相应的热处理）；可将繁重的手工操作机械化，并能稳定产品的质量。在滚轮的压力下，

沿焊缝纵向的伸长量（即塑性变形量），一般在
$(1.7 \sim 2)R_{eL}/E$ 左右（千分之几），即可达到补偿因
焊接所造成的接头中压缩塑性变形的目的，如图4-62
所示。滚压焊缝的方案不同，所得到的降低和消除残
余应力的效果也不相同。图 4-63a 为焊后残余应力

场；图 4-63b 为只滚压焊缝的效果；图 4-63c 为同时
对焊缝和两侧滚压的效果，残余应力场基本消失；图
4-63d 为用较大压力滚压后，在焊缝中出现压应力；
若用大压力只滚压焊缝两侧，最终的残余应力场如图
4-63e 所示。

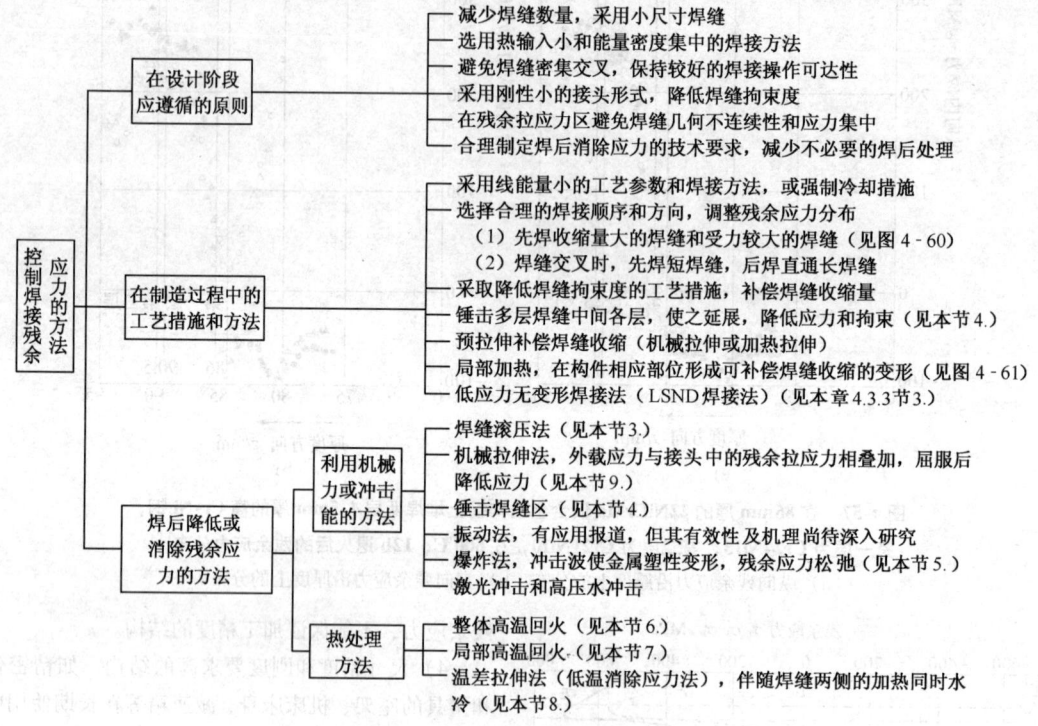

图 4-59　控制焊接残余应力方法的分类

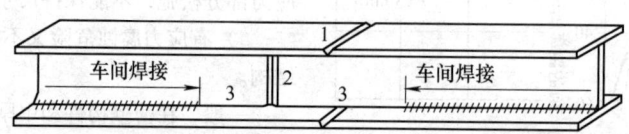

图 4-60　按受力大小确定焊接顺序，使翼缘焊缝内有压应力，提高构件疲劳寿命
1—先焊受力最大翼缘对接焊缝　2—随后再焊腹板对接焊缝
3—最后焊翼缘预留的角焊缝

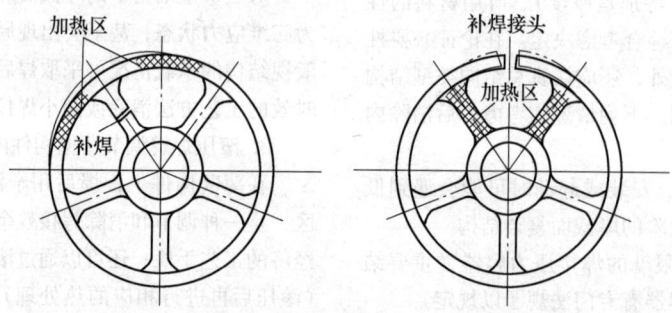

图 4-61　局部加热以降低轮辐、轮缘断口焊接应力

借助于近似计算，可以确定最佳滚轮压力 P，使焊缝中心残余应力峰值降至接近于零值[11]：

$$P = c\sqrt{\frac{10.1 d t R_{eL}^3}{E}}$$

式中　P——滚轮压力（N）；

　　　c——滚轮工作面宽度（cm）；

　　　d——滚轮直径（cm）；

　　　t——材料厚度（cm）；

　　　R_{eL}——材料屈服强度（N/cm²）；

　　　E——材料弹性模量（N/cm²）。

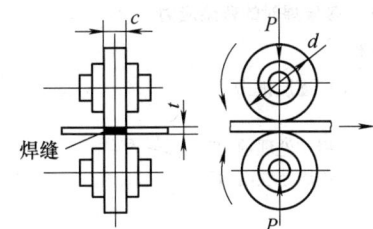

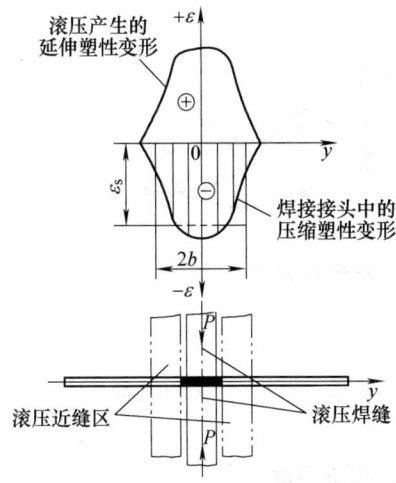

图 4-62　滚压焊缝调节和消除
残余应力原理示意图[6]

4. 锤击法调节中、厚板焊接残余应力

用锤击焊缝的方法调节焊接接头中残余应力时，在金属表面层内产生局部双向塑性延展，补偿焊缝区的不协调应变（受拉应力区）达到释放焊接残余应力的目的。与其他消除残余应力的方法相比，锤击法可节省能源、降低成本、提高效率，是在施工过程中即可实现的工艺措施，并可在焊缝区表面形成一定深度的压应力区，有效地提高结构的疲劳寿命[21]。

图 4-64 为在 Q345（16MnR）钢 500mm × 400mm × 30mm 板件对接焊时锤击后残余应力实测结果[22]。坡口为 X 形，多层焊。沿板件厚度方向（z 向）有双向残余应力 σ_x 和 σ_y，图 4-64a 为焊后状态，

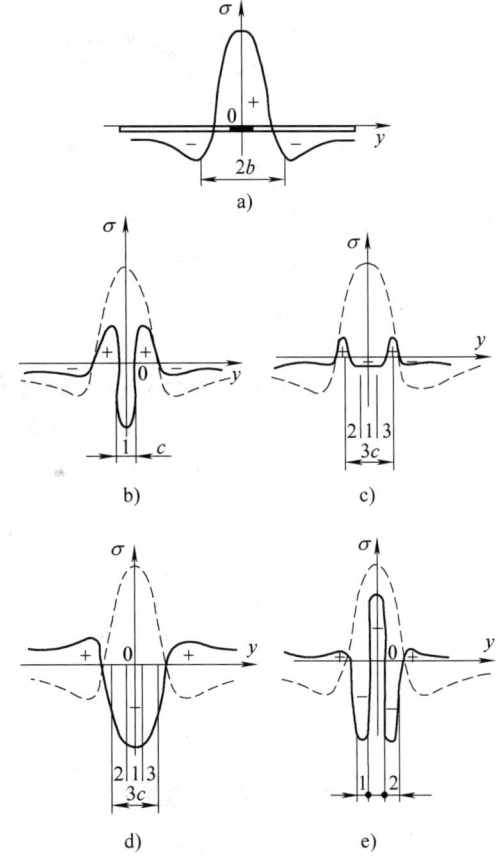

图 4-63　用窄滚轮（工作面宽 c）滚压
焊缝使残余应力场重新分布[6]

4-64b 为仅锤击最后一层焊缝的焊缝区和熔合线附近，4-64c 为施焊过程中逐层锤击，对最后一层焊缝同时锤击焊缝和熔合线附近。在实验中，用小孔法测量表面层残余应力，采用全释放法测量板件厚度不同深度上的残余应力分布；锤击工具为带有 ϕ8mm 球形头的风铲（工作风压 0.49MPa，冲击频率 86Hz）。

从图 4-64a、b、c 的对比中可见，逐层锤击后，板件内部的残余应力得到较好调节，纵向残余应力（σ_x）最高值 < 200MPa，在焊缝表面和一定深度（2~3mm）范围内形成双向压应力层。

5. 爆炸法调节中、厚板焊接残余应力[23]

爆炸法是通过布置在焊缝及其附近的炸药带，引爆产生的冲击波与残余应力的交互作用，使金属产生适量的塑性变形，残余应力得到松弛（图 4-65）。根据构件厚度和材料的性能，选定恰当的单位焊缝长度上的药量和布置方法是取得良好消除残余应力效果的决定性因素。

6. 整体高温回火[11,6]

重要焊接构件多采用整体加热的高温回火方法消

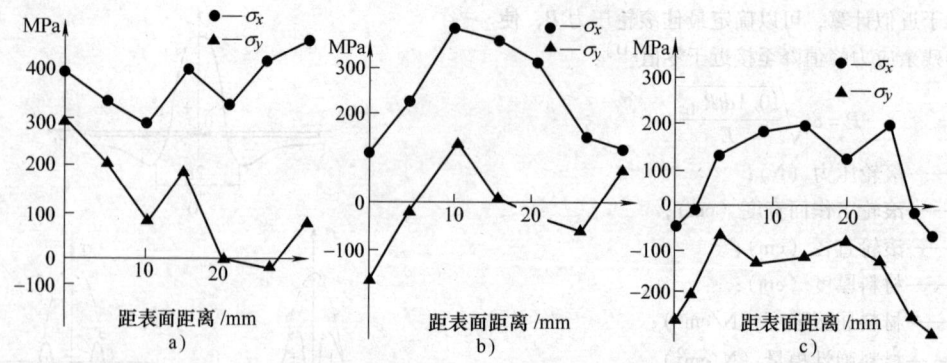

图 4-64　用锤击法调节中等厚度板件（厚 30mm）多层焊时的残余应力
σ_x 与 σ_y 在厚度（z 向）上的分布[22]

a）焊后状态　b）只锤击最后一层焊缝　c）逐层锤击

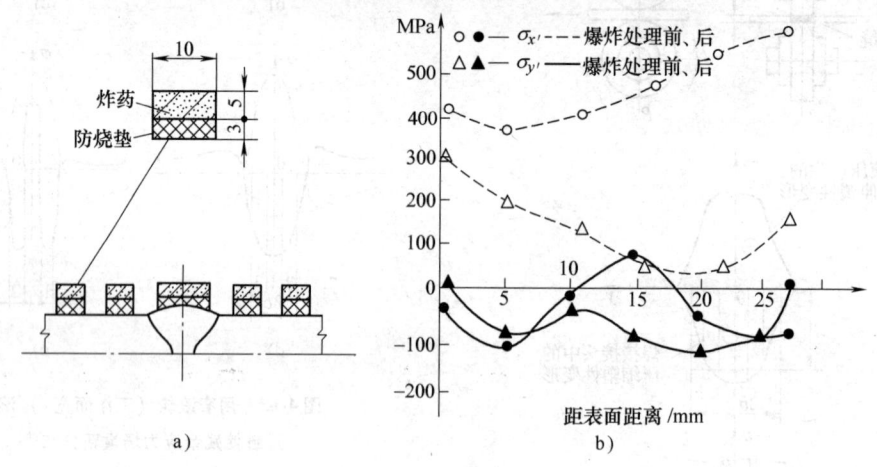

图 4-65　爆炸法[23]

a）爆炸法的炸药带布置　b）28mm 厚 Q345（16MnR）钢板沿厚度方向残余应力分布

除残余应力。这种热处理工艺参数的选择，因材料而异，见表4-3。

表 4-3　不同材料消除焊接残余应力回火温度

材料种类	碳钢及低合金钢①	奥氏体钢	铝合金	镁合金	钛合金	铌合金	铸铁
回火温度/℃	580~680	850~1050	250~300	250~300	550~600	1100~1200	600~650

① 含钒低合金钢在 600~620℃ 回火后，塑性、韧性下降，回火温度宜选 550~560℃。

图 4-66 所示为 TC1 钛合金薄板焊缝中残余应力值与整体高温回火规范参数（温度和保温时间）关系的实测曲线。残余应力值的降低，取决于在高温下材料屈服强度的降低及其蠕变特性。二者又都直接决定于温度和应力本身的幅值。蠕变过程又与保温时间的长短有关。

当工件在炉中升温，刚达到给定温度时，残余应力峰值高于材料在该温度下的屈服强度。在这一阶段，残余应力幅值的降低主要是靠高温下材料屈服强度下降；与这部分弹性峰值残余拉应力相对应的弹性拉应变，转变为塑性应变。当焊缝中的应力峰值已降到

材料在给定温度下的屈服强度水平后，应力下降的速度减缓。随后，主要是应力松弛过程，将其余部分的弹性残余应力在蠕变中转变为塑性应变，从而降低应力水平；其速率取决于材料的蠕变特性。由图上曲线的斜率可见，对于 TC1 钛合金来说，在 500~600℃ 区间消除焊接残余应力为最佳。超过 600℃ 的热处理，已经没有实际意义，反而增加了钛合金在高温下的氧化污染。对于钛合金重要构件，则宜采用惰性气体保护或在真空炉中进行高温回火热处理。用热处理方法消除应力，并不意味着同时也可以消除构件的残余变形。为了达到同时能消除残余变形的目的，在加热之前，就

应采取相应工艺措施(如使用刚性夹具)来保持工件的几何尺寸和形状。整体热处理后,工件冷却不均匀或冷却速度过快,又会形成新的热处理残余应力。

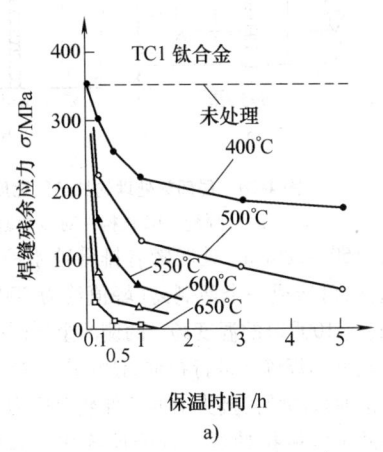 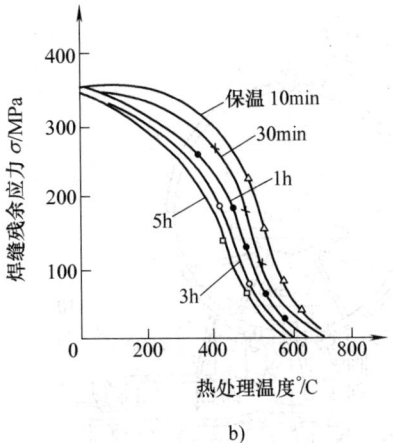

图 4-66　TC1 钛合金焊接残余应力幅值与热处理工艺参数的关系[6,36]

对于高强钢材料,焊后调质回火处理,可取代去应力的回火,如图 4-67 所示,在调质热处理回火温度下,30CrMnSiA 钢的焊接残余应力峰值可大幅度降低,但不能完全消除。

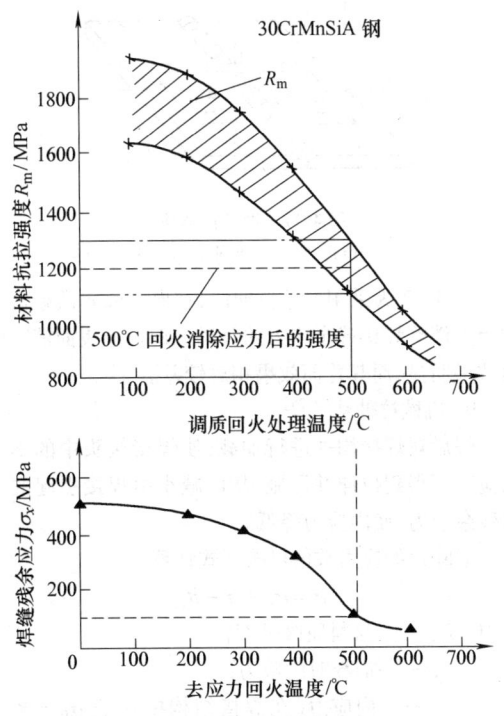

**图 4-67　30CrMnSiA 钢调质处理与消除焊接
残余应力回火温度的关系[6]**

保温时间根据构件厚度确定。内应力消除效率只是在开始保温的一段时间内为最高,随后效率降低。因此,过长的处理时间并不必要。保温时间对于钢材可按每毫米厚度保温 1 ~ 2min 计算,但一般不宜低于 30min,对于中厚板结构不必高于 3h。

对具有再热裂缝倾向的钢材的厚大结构,应注意控制加热速度和加热时间。对于一些重要结构,如锅炉和化工压力容器,消除内应力热处理规范及必要性,有专门规程予以规定。

热处理一般在炉内进行,遇大型结构(如大型压力容器),无法在炉内处理时,可采用在容器外壁覆盖保温层,而在容器内用火焰或电阻加热的办法(图 4-68)来处理。

图 4-69 所示为结构钢(30 钢,$R_{eL} = 260MPa$)电渣焊焊缝中三向残余拉应力与整体高温回火时应力松弛过程的关系[5]。对于重型结构大厚截面焊缝来说,消除应力的回火有四个阶段:加热、均温、保温和冷却,如图中虚线所示。应力水平主要在加热和均温阶段降低明显,取决于最高温度,而加热速度影响较小。在保温阶段残余应力仍继续降低。焊接或热处理,在大厚截面的深处均会引起体积应力;而体积应力的降低主要由于表层附近发生的塑性变形和应力松弛,而并非在内部深处。表层金属的蠕变,使应力重新分布,引发在整个截面上应力水平的降低。从图 4-69 上可见,在内部处于体积应力状态下的应力水平仍然高于表面上处于一维和二维状态下的应力水平。这种状态不因保温时间的延长而有所变化。

7. 局部高温回火[26]

本法只对焊缝及其附近的局部区域进行加热,其消除应力的效果不如整体加热处理。多用于比较简单的、拘束度较小的焊接接头,如长的圆筒容器、管道接

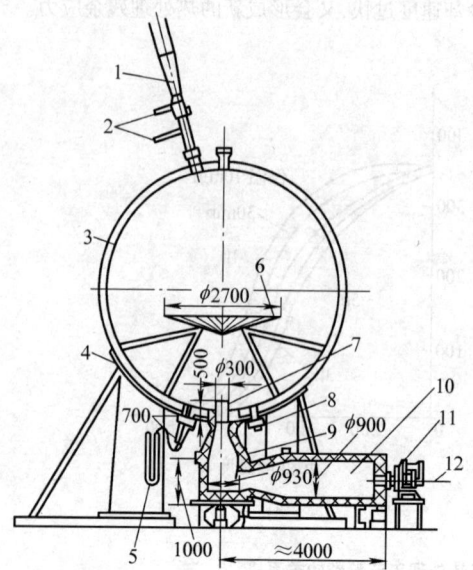

图 4-68　大型球形容器内部加热消除内应力
1—排烟管　2—压缩空气引风嘴　3—球罐外包覆有
保温层　4—托座　5—U 形压力计　6—气流挡板
7—陶瓷喷嘴　8—视镜　9—气流导向室
10—燃烧室　11—燃油喷嘴　12—进油管

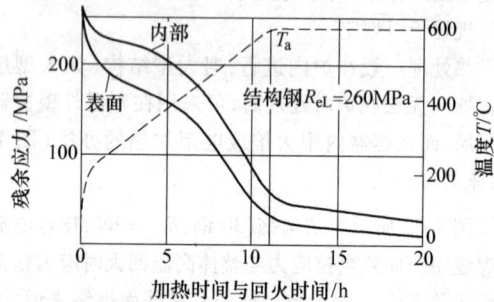

图 4-69　在高温回火中结构钢电渣焊焊缝
残余应力的松弛过程[5]

头、长构件的对接接头等。为了取得较好的降低应力
的效果,应保证有足够的加热宽度,以免因加热区太窄
而加热温度梯度大,引发新的热处理残余应力分布。
圆筒接头加热区宽度一般取:

$$B = 5\sqrt{Rt}$$

长板的对接接头,取 $B = W$(图 4-70)。R 为圆筒半
径,t 为管壁厚度,B 为加热区宽度,W 为对接构件的宽
度。局部加热时的热源,可采用火焰、红外线、工频感应
加热或间接电阻加热。

8. 温差拉伸法

温差拉伸法也称低温消除应力法,适用于中等厚
度钢板焊后消除应力。在焊缝两侧各用一个适当宽度
的氧-乙炔焊炬平行于焊缝移动加热,在焊炬后一定距

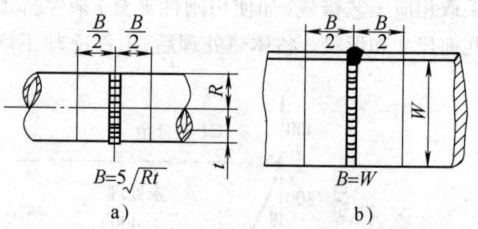

图 4-70　局部热处理的加热区宽度[26]
a)环焊缝　b)长构件对接焊缝

离(150~200mm)处跟随有排管喷水冷却(图4-71)。
这样,可造成一个两侧高(峰值约为 200℃)焊缝区低
(约为 100℃)的温度场。两侧的金属因受热膨胀对温
度较低的焊缝区进行拉伸,使之产生拉伸塑性变形以
抵消原来的焊接接头中的拉伸残余应力。本法实质上
等效于机械拉伸法。对于焊缝比较规则,厚度不大
(<40mm)的板、壳结构具有工程实用价值。

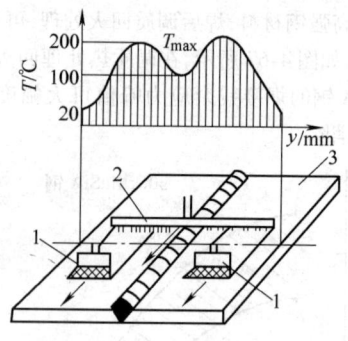

图 4-71　温差拉伸法
1—氧乙炔焊炬　2—喷水排管　3—焊件

图 4-72 为采用温差拉伸法,在厚 20mm 低碳锅炉
钢板上消除焊接残余应力的效果。钢板上表面消除应
力效果明显,而其背面效果相对较差。

9. 机械拉伸法[2,25]

焊后对焊接构件进行加载,使焊接接头中的不协
调应变区得到拉伸并屈服,从而减小由焊接引起的拉
伸残余应力,使内应力降低。

消除掉的应力数值可按下式计算:

$$\Delta\sigma = \sigma_0 + \sigma - R_{eL}$$

式中　R_{eL}——材料屈服强度;

　　　σ——加载时的应力;

　　　σ_0——内应力(在焊接结构中一般 $\sigma_0 = R_{eL}$,
　　　　　　故 $\Delta\sigma = \sigma$)。

焊接压力容器的机械拉伸,可通过液压试验来实
现。液压试验采用一定的过载系数,所用试验介质一
般为水。试验时,还应严格控制介质的温度,使之高于
材料的脆性临界温度,以免在加载时发生脆断。采用

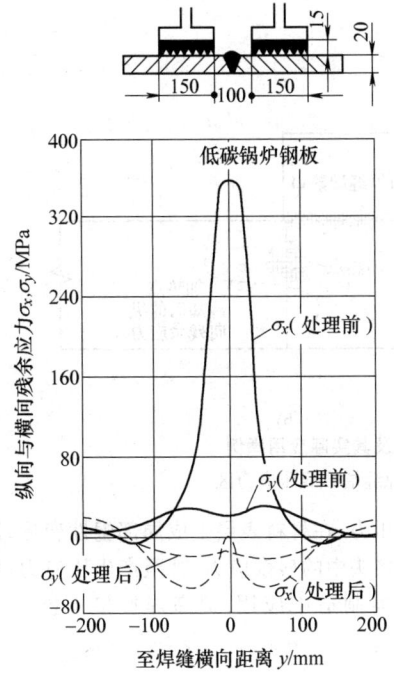

图 4-72　温差拉伸法消除焊缝残余
应力的实验结果对比[9]

可以推荐的实际应用举例。在压头挤压区产生双向压应力,可用于处理存在疲劳破坏危险的焊缝端部,也可以在电阻点焊后的焊点上进行处理。

图 4-74 所示为点状加热所形成的残余应力分布和通常用于氩弧点加热提高焊缝端部的疲劳强度的应用实例。与图 4-73 上加压点的位置不同,加热点应在垂直于焊缝端部线上,以便使加热后所形成的切向残余压应力能起到有利于提高疲劳强度的作用;但同时出现的径向拉应力则可能有不利影响。

11. 振动降低残余应力(振动时效技术)[1]

振动可用于降低残余应力,使在后续机械切削加工过程中或在使用中构件尺寸与形状有较高的稳定性。这种方法不推荐在为防止断裂和应力腐蚀失效的结构上应用[16]。振动法是利用由偏心轮和变速电动机组成的激振器使结构发生共振所产生的循环应力来降低内应力。其效果取决于激振器和构件特点及支点的位置、激振频率与时间。本法所用设备简单价廉,处理费用低、时间短,也没有高温回火时金属表面氧化的问题。对此法原理的论述多互相矛盾,对其效果的评价仍有争议[9]。如何在比较复杂的结构上确认内应力可以均匀地降低,如何控制振动,使之既能降低内应力,又不至于使结构发生疲劳损伤等问题尚待进一步深入研究解决。

12. 其他调节残余应力分布的方法

1)喷丸处理、激光冲击和高压水冲击。喷丸可在金属表面形成残余压应力,有利于提高疲劳强度,即所谓喷丸强化。通常在焊趾应力集中处喷丸,可获得既

声发射监测,可防止这类事故。在确定加载压力时,必须充分估计可能出现的各种附加应力;使加载时的应力高于实际承载工作时的应力,或称过载法。

10. 点状加压和点状加热[9]

图 4-73 所示为点状加压产生的残余应力分布和

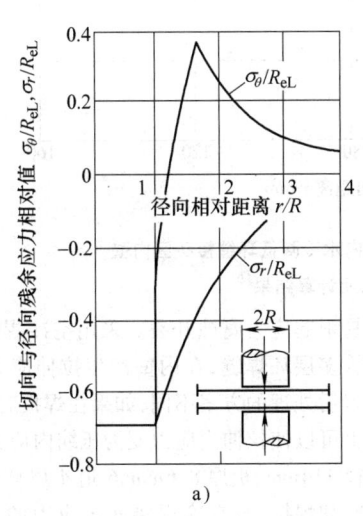

a)

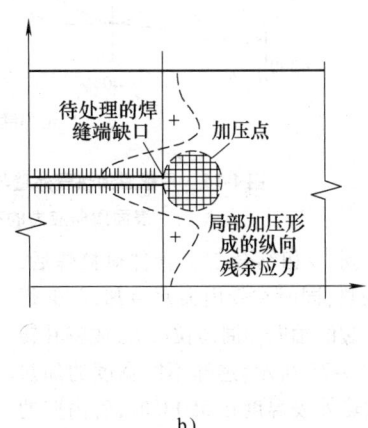

b)

图 4-73　点状加压形成的残余应力及其可能应用举例[9]

a)点状加压产生的残余应力分布　b)在肋板端头形成压应力区

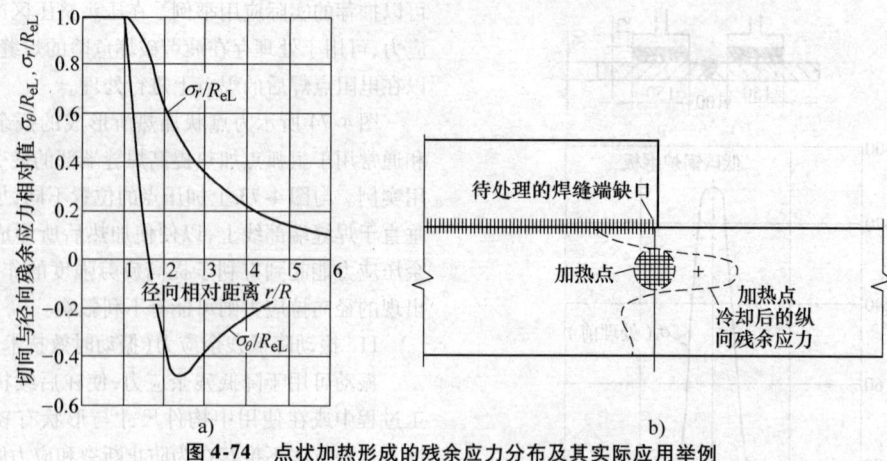

图 4-74　点状加热形成的残余应力分布及其实际应用举例
a)点状加热形成的残余应力分布　b)在焊缝端形成压应力区

生成压应力又减小应力集中的效果。近年来,激光冲击用于降低焊接残余应力,或在局部生成压应力场,用以提高焊接结构的疲劳强度,已有工程化应用效果[46]。采用高压水束流喷射焊缝表面,其冲击波所

产生的压力,在材料表层生成局部塑性变形,用以降低焊接接头中的残余应力,甚至产生压应力;已在核压力容器制造中应用,提高焊接接头抗应力腐蚀性能[47]。

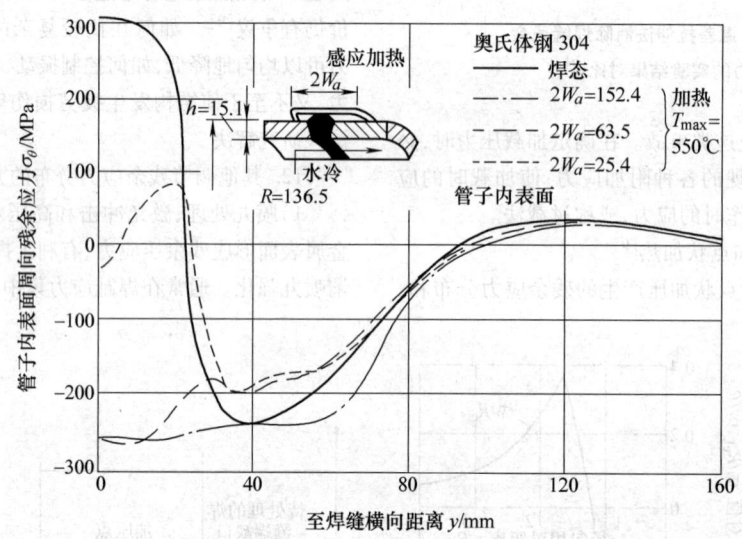

图 4-75　用感应加热管外壁与管内水冷降低环缝接头区内壁
表面周向应力的有限元计算结果[9]

2)感应加热与水冷相结合[9]。管件对接焊后,在管外侧用感应加热,同时在管内通水冷却,降低焊缝根部可能导致开裂的轴向和周向拉伸应力,或将其转变成压应力。如图 4-75 所示,选择不同宽度的加热区($2W_a$)当感应加热外表温度在 550℃时,管内壁的焊缝根部仍处于冷态,产生塑性应变,最终形成残余压应力。

3)多层环焊缝管内水冷法调节残余应力[4]。与腐蚀介质接触的管道内壁焊缝区中的拉伸残余应力

易引起应力腐蚀开裂。采用空冷焊接奥氏体不锈钢管多层环焊缝,在内壁产生拉伸应力。与图 4-75 在焊后处理的方案不同,如果在焊接时,管内用水冷却,也可以使拉伸内应力变为压缩内应力。图 4-76 为管径 114mm、板厚 8.6mm,6 道 4 层环焊缝在管内用水冷却焊接,与空冷焊接残余应力的分布对比。图 4-76a 为轴向残余应力 σ_x 的分布,图 4-76b 周向残余应力 σ_θ 的分布。

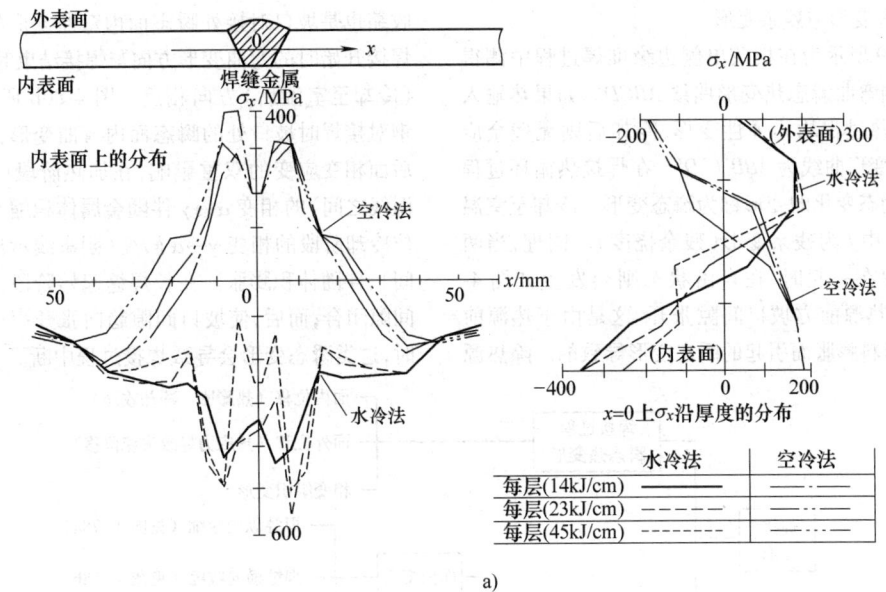

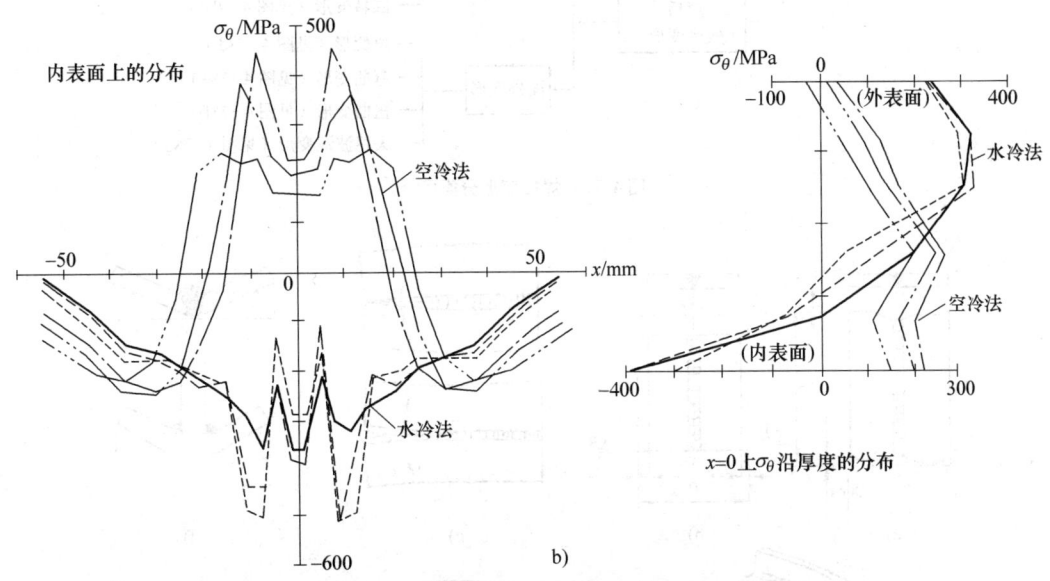

图4-76 奥氏体不锈钢管内水冷与空冷多层焊接环焊缝内应力分布的对比[4]

a) 轴向(横向)残余应力 σ_x 的分布　b) 周向(纵向)残余应力 σ_θ 的分布

4.3 焊接变形

结构件的焊接变形,不仅会影响生产工艺流程的正常进行,而且会降低结构承载能力,影响结构的尺寸精度与外形。焊后矫正残余变形的工序,费工、耗资,不但延误生产周期,使生产成本上升,还会引起产品质量不稳定等诸多不良后果。因此,根据焊接变形的不同分类,预测、分析、控制和消除结构件的焊接变形十分重要。

4.3.1 焊接变形分类

如图4-77所示,焊接变形可以区分为在焊接热过程中发生的瞬态热变形和在室温条件下的残余变形。就残余变形而言,又可以分为构件的面内变形和面外变形两种。

焊接残余变形的类别如图4-78所示。图4-78a为焊接纵向收缩;图4-78b为横向收缩;图4-78c为面内弯曲回转变形;图4-78d为角变形;图4-78e为弯曲变形;图 4-78f 为扭曲变形;图 4-78g 为失稳翘曲变形。

1. 瞬态变形与残余变形

图 4-79 所示为在板条单侧边缘堆焊过程中测得的板条面内弯曲瞬态热变形曲线 ABCD。如果热输入甚小,在加热过程均为弹性变形,冷却后则无残余应变,瞬态热变形曲线为 ABB′C′D′。在焊接热循环过程中产生且动态变化的变形称为瞬态变形。冷却至室温后,图 4-79 中 f 为残余变形(残余挠度)。同理,当两块板条拼焊在一起时,在自由状态则会发生如图 4-80a 所示的热源前方坡口间隙张开,这是由于热源前方高温区材料膨胀而引起的瞬态变形导致的。除热源

前面坡口处的纵向热膨胀应变外,热源后面的不均匀收缩也是坡口对接处瞬态面内弯曲变形的原因;所以焊接开始时的弯曲变形方向与焊接结束时的残余变形(冷却至室温后)方向相反。图 4-80b 所示为在结构钢对接焊时坡口处的瞬态面内弯曲变形,它受到热源后面相变应变的双重影响,在加热阶段(Ac_3 和 Ac_1 等温线之间)的相变 $\alpha \rightarrow \gamma$ 伴随金属体积缩小;在这一部位冷却阶段的相变 $\gamma \rightarrow \alpha$ 转变(阴影线示出 T_1 与 T_2 区间),伴随体积膨胀。在长焊缝起始阶段,相变使坡口间隙闭合;而后,使坡口间隙趋向张开[11]。在电渣焊时,这类瞬态变形会导致焊接过程中断。

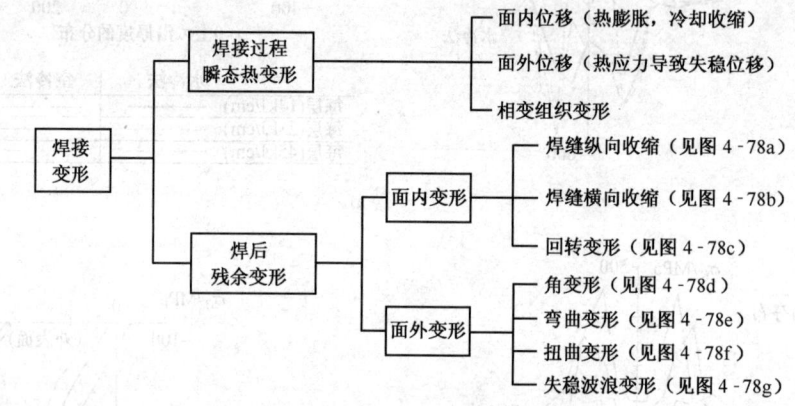

图 4-77　焊接变形分类[6]

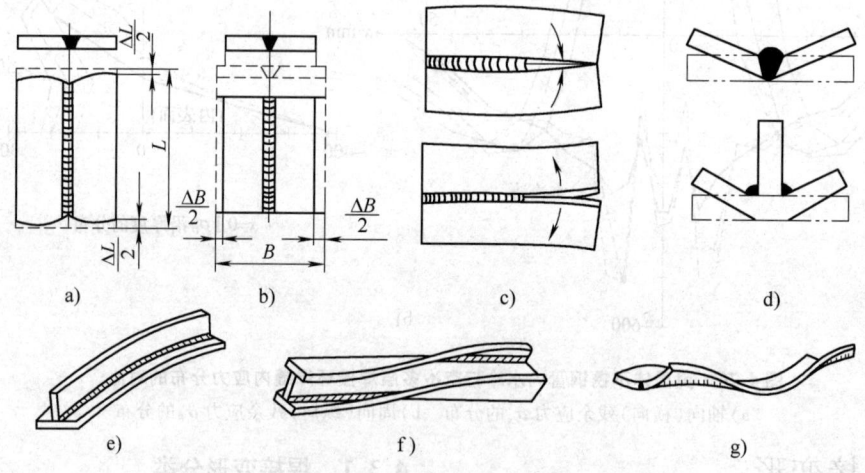

图 4-78　焊接残余变形类别示意

2. 焊缝纵向收缩变形

1)不协调应变。在图 4-9 中给出了焊接接头区产生不协调应变区的过程。焊接接头区在经历了热过程中的压缩塑性变形、拉伸卸载、拉伸塑性变形和拉伸弹性应变之后形成了不协调应变区。在这一区域内的不协调应变(也称初始应变、固有应变)主要是由接头区

纵向收缩所引起的。

图 4-81 所示为在 TA2 钛板氩弧焊接头区测得的残余压缩塑性变形分布规律[6]。塑性变形区内不协调应变量(相应于产生残余拉应力的收缩应变量)的大小与分布宽度 $2b$,随材料特性与焊接工艺参数不同而有所变化。

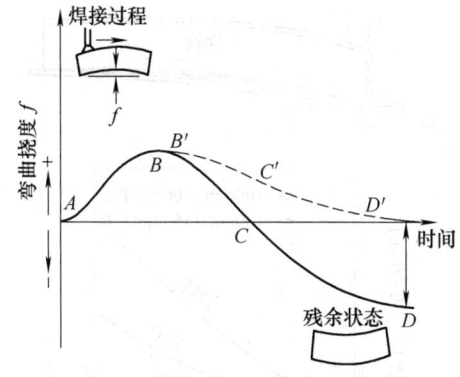

图 4-79　板条单侧边缘堆焊过程的瞬态变形[3]

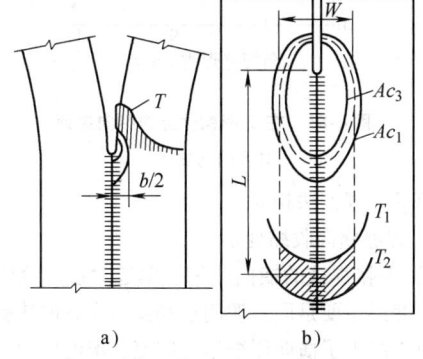

a)　　　　　　　b)

图 4-80　对接焊时瞬态变形

a)坡口间隙张开　b)坡口处面内弯曲[11]

2)纵向收缩[1]。细长构件如梁、柱等纵向焊缝所引起的纵向收缩 ΔL，一方面，取决于焊缝及其两侧不协调应变区的数值及其分布面积的积分，即单位收缩量；另一方面，取决于构件长度 L 和截面积 S。前者与焊接线能量和焊接工艺有关。在同样焊接参量下，预热会增加单位收缩量。使 ΔL 增大，只有在很高温度的整体预热下，才能使 ΔL 减小。

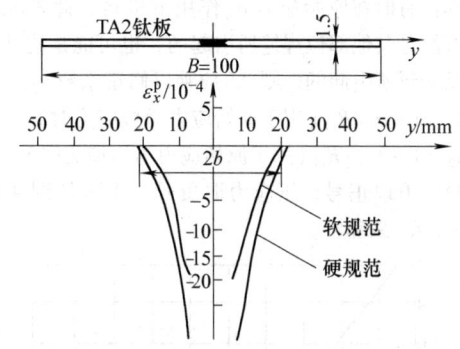

图 4-81　TA2 钛板氩弧焊后不协调应变分布实测结果[6]

单道焊缝的纵向收缩可由下式粗略估算[1]：

$$\Delta L = 0.86 \times 10^{-6} q_v L$$

式中　q_v——焊接热输入（J/cm）；

　　　ΔL——焊缝纵向收缩量（cm）；

　　　L——焊缝总长度（cm）。

$$q_v = \frac{\eta UI}{v}$$

式中　U——电弧电压（V）；

　　　I——焊接电流（A）；

　　　η——电弧热效率（焊条电弧焊取 0.7~0.8，埋弧焊取 0.8~0.9，CO_2 焊取 0.7）；

　　　v——焊接速度（cm/s）。

一般，在钢材上 $\Delta L/L$ 约为 1/1000[3]。

如果未确定焊接参数，则可参照表 4-4 根据焊缝尺寸来估算 q_v。

表 4-4 为用焊缝熔敷金属截面积 S_H 或角焊缝焊脚高 K 确定 q_v 的表（用于低碳钢和屈服点低于 350MPa 的低合金钢）。

多道焊缝时，每道焊缝的塑性变形区互相重叠，上式中的 S_H 改用一道焊缝的截面积，再乘以系数 k_1。

表 4-4　焊接热输入与 K 及 S_H 的近似关系[1]

焊接方法	已知焊脚高 K	已知熔敷金属截面积 S_H
焊条电弧焊	$q_v = 40000K^2$	$q_v = (42000 \sim 50000)S_H$
埋弧焊	$q_v = 30000K^2$	$q_v = (61000 \sim 66000)S_H$
CO_2 保护焊	$q_v = 20000K^2$	$q_v = 37000S_H$

注：K 的单位为 cm，q_v 的单位为 J/cm，S_H 的单位为 cm²。

$$k_1 = 1 + 85\varepsilon_s n$$

式中　ε_s——材料的屈服应变 R_{eL}/E；

　　　n——焊道数。

对于两面各有一条焊脚相同的角焊缝的 T 形接头构件的纵向收缩，S_H 取一条角焊缝的截面积，再乘以系数 1.3~1.45。

奥氏体钢构件的变形值比低碳钢构件大，应乘以系数 1.44。

对于长度为 a，中心距为 l 的断续焊缝，其 ΔL 应乘以系数 a/l。

焊接有时在原始应力 σ_0 作用下进行,此种原始应力可能是其他部位焊缝所引起的,也可能是构件受载或反变形所引起的,则 ΔL 应乘以修正系数 k_2。

$k_2 = 1 - \sigma_0/R_{eL}$(用于原始应力为拉应力时)

$k_2 = 1 - 2\sigma_0/R_{eL}$(用于原始应力为压应力时)

拉应力取正号,压应力取负号。也可从图 4-82 根据 σ_0/R_{eL} 来确定。

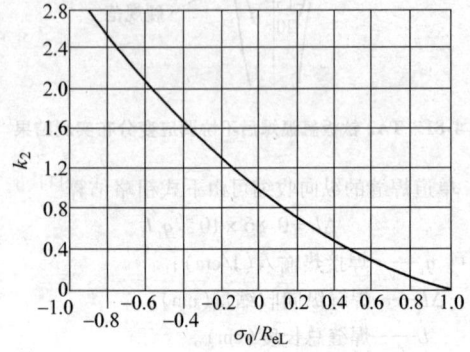

图 4-82　原始应力的影响

σ_0—原始应力　R_{eL}—屈服强度

当焊接气割板边时,q_v 应减去气割的热输入;

$q_v' = q_v - 2q_c$(用于带两个气割边的对接接头);

或 $q_v' = q_v - q_c$(用于丁字接头)。

3)弯曲变形。若焊缝与构件横截面的中性轴线不重合时,焊缝纵向收缩还会引起构件弯曲变形。图 4-83 所示为由角焊缝连接而成的 T 形构件的纵向弯曲挠度(纵坐标 $1/R$)与角焊缝尺寸(横坐标)的关系,随着焊缝尺寸的增大,挠度增大。钢构件的挠度大于铝构件的挠度,其原因之一是铝具有良好的导热性,在铝构件上热源周围温度场的温度梯度远小于在钢构件上的温度梯度,另外,铝合金的材料特性(如 E、R_{eL} 等)和焊缝中的残余拉应力峰值大小与钢材上的相应数值也有较大不同。

对于构件由纵向焊缝引起的弯曲挠度的估算,可按下式进行:

$$f = 0.86 \times 10^{-6} \times \frac{eq_v L^2}{8I}$$

式中　f——构件挠度;

　　　e——焊缝中心到截面中性轴的距离;

　　　q_v——焊接热输入;

　　　L——构件长度;

　　　I——截面惯性矩。

如果未确定焊接参数,则可根据焊缝尺寸来选择 q_v,见表 4-4。

对多层焊缝与双面角焊缝 T 形接头、断续焊缝,以及对奥氏体钢弯曲变形估算时,处理方法与纵向变形估算的处理方法相同。

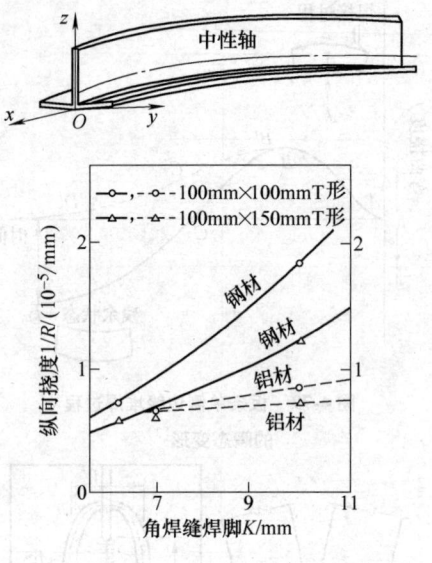

图 4-83　在 T 形构件上由纵向焊缝引起的弯曲[3]

3. **焊缝横向收缩变形**

1)对接焊缝的横向收缩。单道对接焊缝中的横向收缩变形主要是因热源附近高温区金属的热膨胀受到拘束,产生了横向压缩塑性应变,熔池凝固后,焊缝附近金属开始降温而收缩,这是焊缝横向收缩的主要组成部分;而焊缝本身的收缩仅占横向收缩总量的 10% 左右[3]。

在钢结构上,单道对接焊缝的横向收缩量 ΔB 值,比纵向收缩量要大得多,可以用下式估算:

$$\Delta B = Aq \frac{\alpha}{c\gamma t}$$

式中　ΔB——焊缝横向收缩量;

　　　A——经验系数,电弧焊 $1.0 \sim 1.2$,电渣焊 1.6,其余详见表 4-5;

　　　q——焊接热输入;

　　　α——材料线胀系数;

　　　c——材料比热容;

　　　γ——材料密度;

　　　t——钢板厚度。

在角焊缝和堆焊焊缝上,ΔB 值比在对接焊时小。大厚度板开坡口多道焊时,ΔB 值逐层递减;V 形坡口的 ΔB 值比 X 形和双 U 形坡口时都大。坡口角度和间隙越大,ΔB 值也越大。在同样材料上,气焊时 ΔB 值最大,电弧焊次之,电子束和激光焊时最小。在电弧焊中,焊条电弧焊的 ΔB 值比埋弧焊的大,用气体保护焊时的 ΔB 值,相对来说较小。

表 4-5　根据不同焊接条件的 A 值[1]

焊接方法	$q_v = q/v$ /(J/cm)	单位厚度热输入 $q_{v\delta} = q/vt$ /(J/cm²)	A
交流焊条电弧焊	≈57500	≤46300	$0.06 + 0.203 \times 10^{-4} q_{v\delta}$
		>46300	1.0
	10500 ~ 22000	≤31200	$0.15 + 0.272 \times 10^{-4} q_{v\delta}$
		>31200	1.0
CO₂保护焊	≈14300	<8400	$0.15 + 0.272 \times 10^{-4} q_{v\delta}$
		8400 ~ 19300	$0.12 + 0.585 \times 10^{-4} q_{v\delta}$
		>19300	1.0
	≈11100	<3780	$0.15 + 0.272 \times 10^{-4} q_{v\delta}$
		3780 ~ 16750	$0.12 + 0.585 \times 10^{-4} q_{v\delta}$
		>16750	1.0
	≈8800	<1260	$0.15 + 0.272 \times 10^{-4} q_{v\delta}$
		1260 ~ 15100	$0.12 + 0.585 \times 10^{-4} q_{v\delta}$
		>15100	1.0

图 4-84b 给出几种材料在不同拘束条件下钨极氩弧焊 1.5mm 厚板材引起的 ΔB 值。在图 4-84c 上给出的是厚度为 1.5mm 的 5A06（LF6）铝合金和 TA2 钛合金板件，在长度为 200mm 的焊缝长度方向上的 ΔB 值的变化趋势。一般 ΔB 值在起弧段较小，在焊缝长度方向略有升高；有间隙的对接焊会增大 ΔB 值，这与工件在焊接过程中受到的不断变化的拘束条件有关。一般作为粗略估算，薄板对接焊时，ΔB 值为焊缝宽度的 0.1 ~ 0.15。在薄板上敷焊时的 ΔB 值要比对接焊时的 ΔB 值小得多。

图 4-85a、b、c 为 V 形和 X 形坡口对接接头的横向收缩 ΔB 与板厚 δ 的关系曲线。

多层焊时，每层焊缝所产生的横向收缩量以第一层为最大，随后则逐层递减。例如在厚度为 180mm 的 20MnSi 钢对接双 U 形对称坡口焊接时，第一层焊缝的横向收缩量可达到 1mm，而前三层的横向收缩量则达总收缩量的 70%[2]。图 4-85d 为在厚 200mm 不锈钢板对接焊的对称双 U 形坡口焊接时，ΔB 随焊缝层数变化的规律；两面交替焊条电弧焊虽可减小角

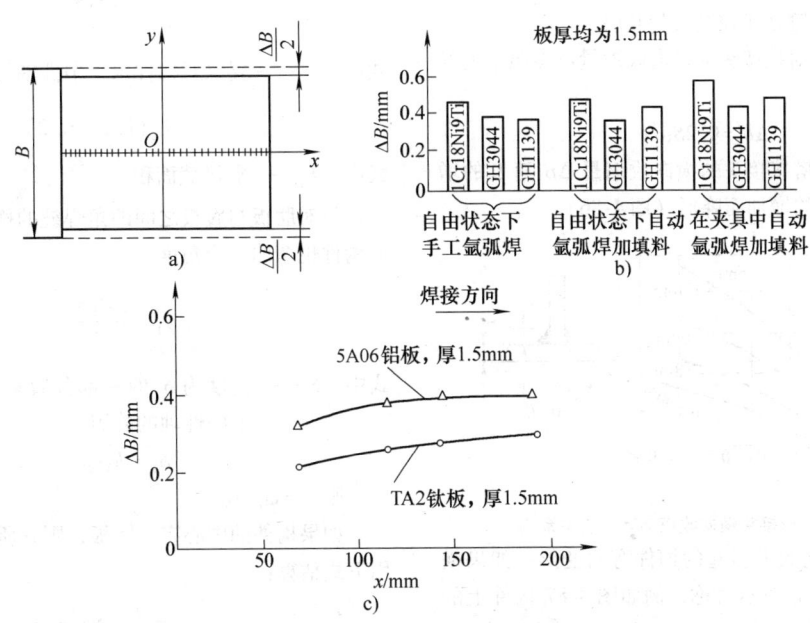

图 4-84　横向收缩量实测值及其在焊缝长度上的分布

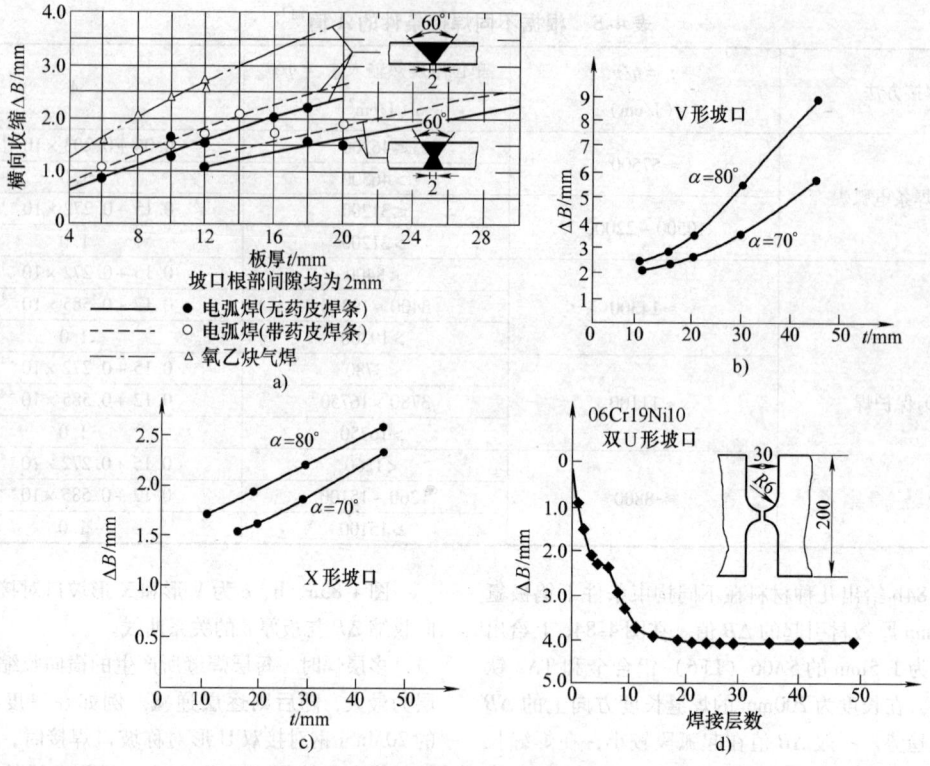

图 4-85　对接接头的横向收缩

a) 不同坡口不同焊接方法[32]　　b) 不同角度的 V 形坡口[32]

c) 不同角度的 X 形坡口[32]　　d) 厚 200mm 不锈钢板双 U 形坡口接头焊接的横向收缩[30]

变形，但焊缝横向收缩总量则达 4.5mm，且前 10 层的收缩量是总变形量的 90%[30]。可见，控制多层焊缝横向收缩的关键在于控制最初几层。

焊条电弧焊对接接头的横向收缩量可参照下列经验公式粗略估算：

$$\Delta B = 0.2 S_H / t$$

T 形接头和搭接接头的横向收缩量 ΔB 随 K 的增加而增大，随 t 的增加而降低（图 4-86）。

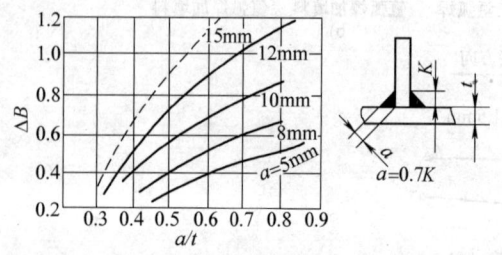

图 4-86　T 形接头横向收缩与 a/t 的关系[1]

2）焊缝横向收缩引起的构件弯曲变形。如果横向焊缝在构件上分布不对称，例如图 4-87 构件上的短肋板焊缝，则焊缝横向收缩也会引起的弯曲变形。每对肋板与翼缘之间的角焊缝的横向收缩 ΔB_2 将使

构件弯曲一定角度：

$$\varphi_2 = \frac{\Delta B_2 S_2}{I}$$

式中　S_2——翼缘对构件水平中性轴的静矩。

$$S_2 = F_2 (h/2 - t_1/2)$$

式中　F_2——翼缘截面积。

每对肋板与腹板之间的角焊缝的横向收缩 ΔB_1 将使构件也弯曲一定角度

$$\varphi_1 = \frac{\Delta B_1 S_1}{I}$$

式中　S_1——高度为 h_1 的一部分腹板对构件截面水平中性轴的静矩

$$S_1 = h_1 t_2 e$$

则 $\varphi = \varphi_1 + \varphi_2$。

如果构件的中心有一肋板，则它所引起的挠曲可用下式估算：

$$f_0 = \frac{1}{2} \varphi \times \frac{L}{2}$$

3）外拘束对焊缝横向收缩的影响。图 4-88 为对

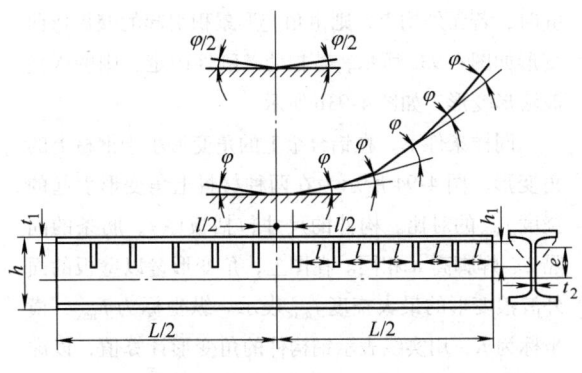

图 4-87　短肋板引起的弯曲变形

接焊时板边刚性固定（A 与 A' 所示），由焊缝的横向收缩 $\Delta B'$ 在板件中引起反作用应力 σ 如下：

$$\sigma = \frac{E\Delta B'}{B}$$

式中　σ——板件中的反作用应力；

　　　E——板材的弹性模量；

　　　$\Delta B'$——焊缝受拘束时的横向收缩；

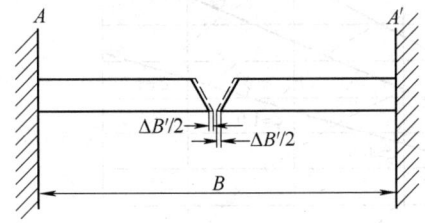

图 4-88　对接焊缝横向收缩与拘束度的关系[3]

　　　B——板宽。

若用单位横向收缩量所引起的反作用应力来定义接头的拘束度，则拘束度 K_s 可表示为

$$K_s = \frac{\sigma}{\Delta B'} = \frac{E}{B}$$

可见，K_s 与 B 成反比，也就是说 B 值大，则 K_s 小。在图 4-89 上给出了与三类不同的拘束条件相对应的拘束度 K_s 对焊缝横向收缩量的相对值（$\Delta B'/\Delta B$）的影响，其中 $\Delta B'$ 为在有拘束时的横向收缩量，ΔB 表示焊缝在无拘束条件下的自由横向收缩量[3]。

4. 角变形

堆焊、搭接接头、对接接头和 T 形接头都可能产生角变形。前面三种接头角变形的根本原因是横向收缩在板厚度上的分布不均匀。带双面角焊缝接头的角变形还与最后焊接的角焊缝的收缩有关。

1）堆焊和对接接头的角变形 β。当板厚为 t 时，焊缝熔深 H 与 β 值的关系如图 4-90 所示。在板上平铺焊缝（堆焊）时，H/t 值小于 0.5；随熔深增大，β 值也逐渐加大。当 H/t 为 0.5 时，β 最大，并随坡口角度增大而增大。单层埋弧焊、电渣焊及电子束对接焊焊缝，H/t 值均接近于 1，β 都比较小。多层焊比单层焊的 β 大，多道焊（每层分成几道）比多层焊大。层数、道数越多，β 越大。焊接 X 形坡口，先焊的那一面的 β 一般大于后焊面的 β；调整正、反面焊层、焊道顺序，可有效地控制角变形。在图 4-91 上给出了低碳钢或低合金钢在无拘束条件下单道焊的角变形 β 与热输入的比值 q/t^2 关系曲线。

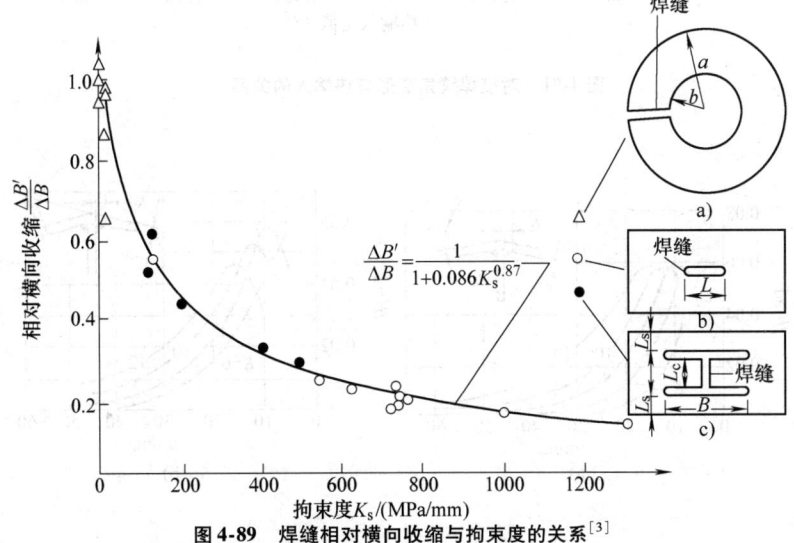

$$\frac{\Delta B'}{\Delta B} = \frac{1}{1 + 0.086 K_s^{0.87}}$$

图 4-89　焊缝相对横向收缩与拘束度的关系[3]

a）在环形板件的切口处施焊　b）在板件中心的槽缝上施焊

c）在板面 H 形槽的中缝施焊

2）T形接头的角变形 β。取决于角焊缝的焊脚尺寸 K 和板厚 t。图 4-92 低碳钢和铝镁合金 T 形接头的 β 与 t 以及 K 的关系图[5]。

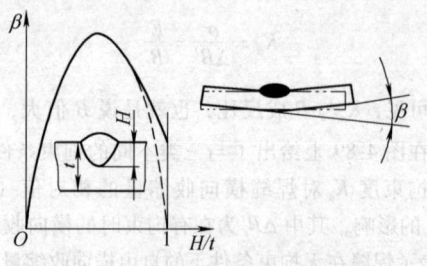

图 4-90　堆焊和对接焊缝角变形 β 与板厚 t 和焊透深度 H 的关系[11,33]

3）在结构件上的角变形。在完成带肋壁板角焊缝时，若无外拘束，则由角变形累积引起的壁板弯曲变形如图 4-93a 所示；若把肋条刚性固定，则壁板呈波浪形变形，如图 4-93b 所示。

同样条件下，在铝合金上的角变形小于钢材上的角变形。图 4-94 所示为在两种材料上角变形引起的挠度 f_{max} 的对比。构件的尺寸包括板厚 t、肋条的间隔 L、焊脚高 K 相同。在图上，角变形量以壁板的面外波浪形变形的最大挠度 f_{max} 表示。纵坐标为 f_{max}，横坐标为 K，用实线表示钢构件的角变形计算值，以虚线表示铝合金构件的角变形计算值[3]。

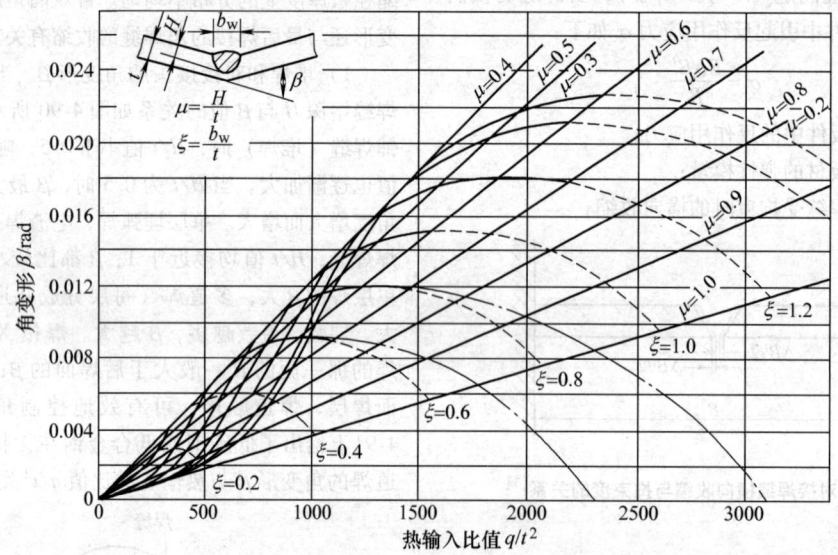

图 4-91　对接焊缝角变形与热输入的关系[33]

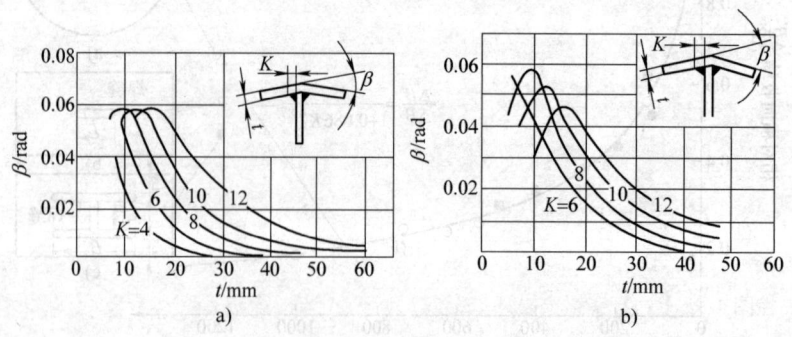

图 4-92　T 形接头的角变形[5]
a）低碳钢　b）铝镁合金

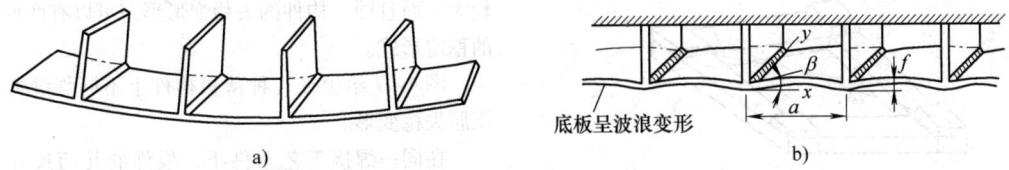

图 4-93　在结构件上角变形使壁板弯曲或呈波浪形变形[3]

a）自由状态　b）弯曲变形受拘束

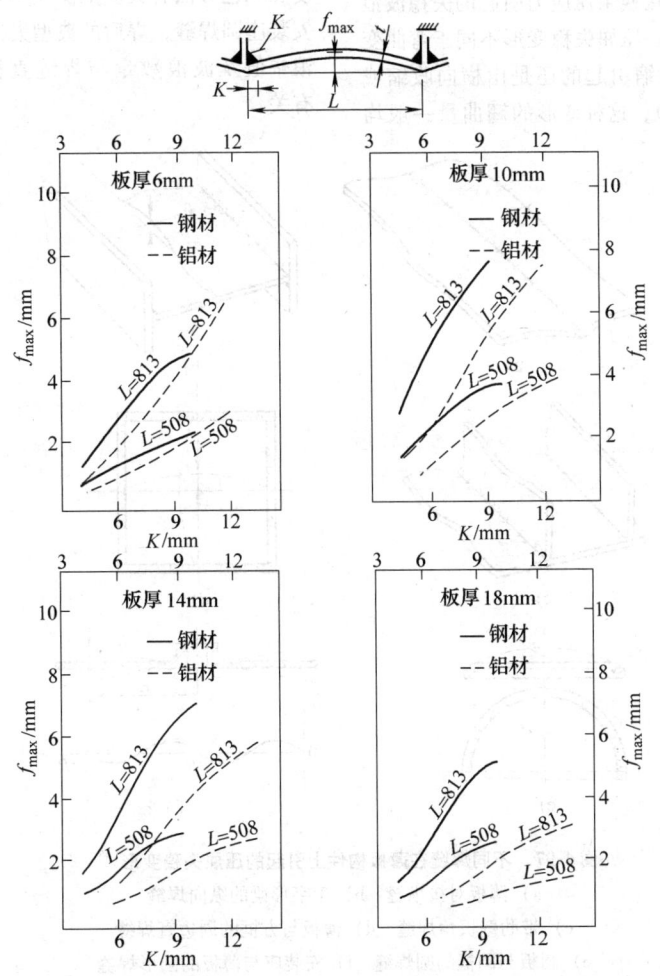

图 4-94　在钢材和铝合金上，角变形引起的波浪变形的计算值与

带肋壁板几何尺寸和角焊缝焊脚的关系[3]

5. 扭曲变形

在一些框架、杆件或梁柱等刚度较大的焊接构件上，由于焊缝角变形沿长度上的分布不均匀性，往往会发生扭曲变形。在图 4-95 上，工字梁上有四条纵向焊缝；若同时向同一方向焊接两条焊缝，或在夹具中施焊，则可以减小或防止扭曲变形。但若焊接方向和顺序不同，因角焊缝引起的角变形在焊缝长度方向逐渐增大，易引起扭曲变形。图 4-96 所示为框架结构焊后的扭曲变形。

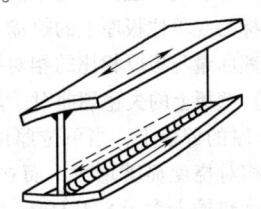

图 4-95　工字梁的扭曲变形

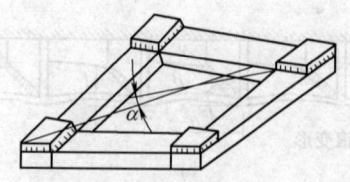

图 4-96　框架结构焊后的扭曲变形

6. 压屈失稳变形（波浪变形）

由远离焊缝区的焊接残余压应力引起的失稳波浪变形，常见于薄板构件。压屈失稳变形不同于弯曲变形（无论是焊缝纵向收缩引起的还是由横向收缩或角变形引起的弯曲变形），这种变形的翘曲量一般均

较大，而且同一构件的失稳变形形态可以有两种以上的稳定形式。

图 4-97 给出在几种薄板构件上不同焊缝形成的压屈失稳变形。

在同一焊接工艺条件下，板件的几何尺寸（宽长比 B/L 和厚度 t）决定着临界失稳压应力的大小。带有肋条和刚性框架的焊接壁板结构，失稳变形的挠度和工艺方法有关。如图 4-97f 给出的平板中心焊接安装座圆形缝，焊后的典型失稳正弦波波浪变形的波浪幅值及波浪数量与焊缝直径及构件刚度和尺寸有关。

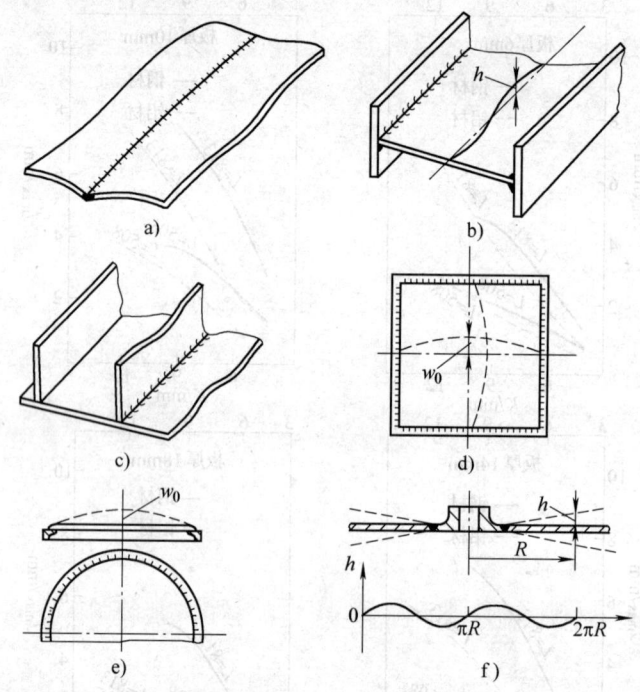

图 4-97　不同焊缝在薄板构件上引起的压屈失稳变形[45]

a) 薄板对接纵缝　b) 工字形梁的纵向焊缝
c) 带肋壁板角焊缝　d) 薄板与方框的周边直焊缝
e) 圆板与圆框的圆焊缝　f) 安装座与薄板的圆形焊缝

图 4-98 所示为在不同厚度（4.5mm、6mm、8mm、10mm）低碳钢方形壁板（500mm×500mm），周边用焊条电弧焊和钨极氩弧焊的不同热输入焊接肋条框架；纵坐标为在单位板厚上的热输入，横坐标为壁板中心最大翘曲量与板厚相比的相对挠度。在稍厚（10mm、8mm）壁板上的失稳翘曲对于热输入并不敏感；但在 6mm 厚的壁板上，当单位厚度热输入大于 15kJ/cm² 时，相对挠度显著增大；而在 4.5mm 厚的壁板上单位厚度热输入大于 8.4kJ/cm² 后，相对挠度陡然增大，壁板中心压屈失稳翘曲发生跃变。

4.3.2　典型构件上的焊接变形[6]

在薄壁或中等厚度的板件结构上的焊接变形多种多样，比较典型的有：板件对接直线焊缝、圆筒对接环形焊缝和壳体上的安装座圆形封闭焊缝所引起的构件变形。在厚板重型结构上的焊接变形则以焊缝的横向收缩变形引起的坡口间隙变化（如电渣焊缝）和多层多道焊的角变形为主。

1. 板件对接

在板件上完成直线对接焊缝时，会发生面内变

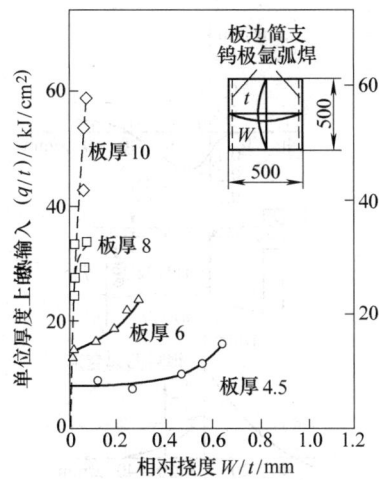

图 4-98　壁板厚度和焊接热输入对压屈失稳波浪变形量的影响[3]

形，包括有：因在横截面上温度分布不均匀引起的使对接缝张开的面内弯曲变形，如图 4-99 所示；以及已焊好的那部分焊缝的横向收缩引起的，使对接板件相互靠拢，和板件已焊焊缝纵向收缩的面内弯曲变形（在图上用面内弯矩 θ 表示），它又会使前面尚未焊接的间隙闭合。在热应力作用下，在焊接过程中板件的面外瞬态失稳变形也会对最终残余变形产生不利影响。因此在薄件焊接时，对纵向直焊缝多采用琴键式夹具多点压紧，防止在焊接过程中工件面外瞬态失稳。尤其在铝合金薄板对接焊过程中，由于热传导使电弧前方大面积升温，往往会在板件或环缝两侧发生上凸的面外瞬态失稳（形似角变形），为防止这类上凸失稳角变形造成难以矫正的后果，应严格规定琴键式夹具压板在焊缝两侧的间距，如板厚为 2mm 时，间距不大于 25mm。板厚为 5mm 时，间距不大于 35mm。

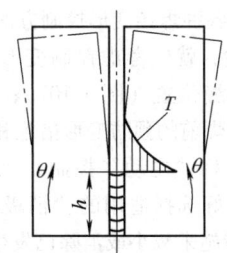

图 4-99　板件对接焊过程中的面内变形

在残余状态，对接焊缝引起的板件变形，除图 4-78a、b 所示的纵向收缩和横向收缩外，在薄板对接焊后的失稳翘曲变形如图 4-78g 和图 4-100 所示。由于焊缝中纵向峰值拉应力而引起的两侧板件中的压应

力的作用，当压应力值高于板件的临界失稳压应力值，则板件翘曲失稳。在纵向形成曲率半径为 r 的弯曲变形并有挠度 f；在横截面上，焊缝中心低于板件边缘，这是由残余应力场在稳定状态时具有最小势能所决定的。焊后，在平板失稳状态下焊缝相应缩短，其中的一部分峰值拉应力有所降低。残余应力场在板件保持平直状态时的势能最高，处于不稳定状态。而在失稳呈弯曲变形状态时，板内的应力场发生畸变，势能降到最低，失稳变形的形状保持相对稳定。

在同样条件下，铝板件对接焊后的翘曲失稳变形挠度 f 比钢板的 f 值要大 30% 左右。这是因为板件的临界失稳压应力值与材料的弹性模量 E 值成正比，而铝材的 E 值仅为钢材的 1/3；尽管在铝板上的焊接残余应力的绝对值低于钢板上的数值，但铝板在焊后的失稳变形仍然大于钢板的变形。

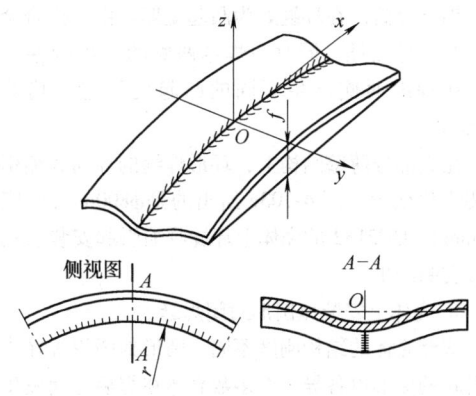

图 4-100　板件对接焊后的典型失稳状态[11]

2. 圆筒对接环形焊缝

图 4-101 所示为薄壁圆筒对接环形焊缝所引起的变形示意，在焊缝中心线上所产生的下凹变形 w 最大；而在离开焊缝稍远处还会出现上凸的变形，幅值较小。这种因为环形焊缝在周长上缩短造成的壳体变形特征，可由板壳弹性理论进行计算而求得。环形焊缝下陷，同时在焊缝中的峰值应力也随之而降低。图

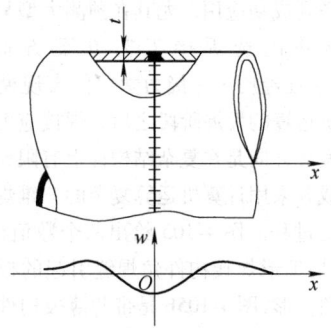

图 4-101　圆筒对接环形焊缝引起的母线弯曲变形[6]

4-102给出直径为 320mm，壁厚为 1mm 的不锈钢筒体焊后实测变形。

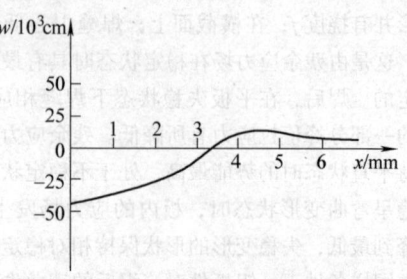

图 4-102　不锈钢筒体环缝对接引起母线变形实测值[36]

容器的焊接壳体结构多为筒体与刚性较大的安装边（法兰盘）用环形焊缝连接，在筒体上的母线变形较大，如图 4-103a 所示。在图 4-103b 上可以看到，铝合金筒体在环缝处为凸起变形。由于铝合金具有良好的导热性，同时在焊缝两侧的结构刚性有差别，在焊缝两侧产生不同的凸起变形量，其差值为 Δw。

在大部分薄壁结构上，环形焊缝的径向收缩引起安装边角变形。图 4-103c 给出的是 ϕ800mm，厚度为 0.8mm 的 GH2132 的壳体上环缝收缩引起安装边的角变形实测结果。

3. 壳体上安装座圆形封闭焊缝

薄壁壳体的结构刚度不同，圆形封闭焊缝在壳体上引起的变形也各异。大多数壳体在焊后型面发生畸变，在焊缝处塌陷，周围会发生失稳变形，如图 4-104 所示，虚线 1 为型面的设计位置，焊后偏离了设计要求，2 为变形后的位置。这类变形主要是由焊缝的横向收缩和焊缝长度方向沿圆周上的纵向收缩所引起的。

4. 结构件焊接变形的数值模拟

近年来，随着计算机技术和数值分析方法的快速发展，在焊接结构分析与焊接应力与变形求解中，数值模拟也得到成功应用，尤其在预测大型复杂焊接构件的变形并优选焊接工艺方案方面取得成效[48,49,50]。在经历了焊接力学软件大规模化和采用超级计算机运算的发展阶段之后，焊接应力与变形预测软件的发展方向是在复杂结构件上有限元计算网格的自动生成并采用计算机运算复杂的三维焊接热弹塑性应力应变过程。图 4-105 给出两个数值模拟实例，图 4-105a 是 T 形焊接构件角焊缝引起的板件失稳压屈变形和角变形，图 4-105b 是带肋薄板构件的焊接变形。优选焊接顺序和热输入可以预测并有效控制变形。

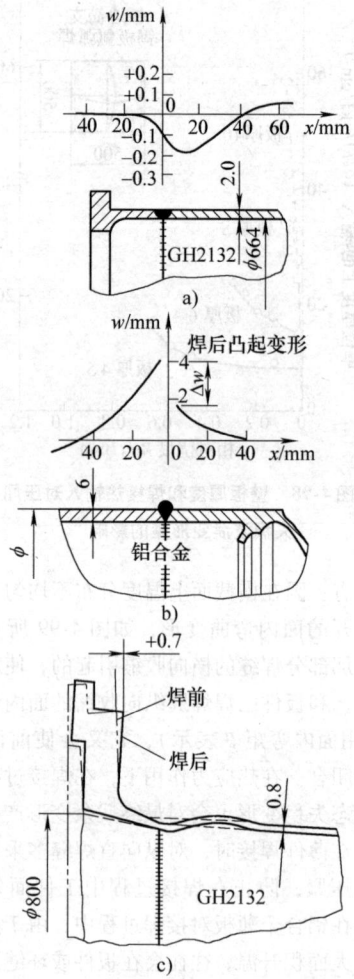

图 4-103　筒体与安装边对接环缝引起的母线变形实测值与安装边角变形[6]

4.3.3　焊接变形的控制与消除

图 4-106 为各种焊接变形控制方法分类。从焊接结构的设计开始，就应考虑控制变形可能采取的措施，合理安排焊缝位置（图 4-107）；进入生产制造阶段，可采用在焊前的预防变形措施和在焊接过程中的"积极"（或称"主动"控制）工艺措施；而在焊接完成后，只好选择适用的"消极"（或称"被动"的）矫正措施来减小或消除已发生的残余变形。

1. 预变形法（或称反变形法）

根据预测的焊接变形大小和方向，在待焊工件装配时造成与焊接残余变形大小相当、方向相反的预变形量（反变形量），如图 4-108 所示。焊后，焊接残余变形抵消了预变形量，使构件回复到设计要求的几何型面和尺寸。

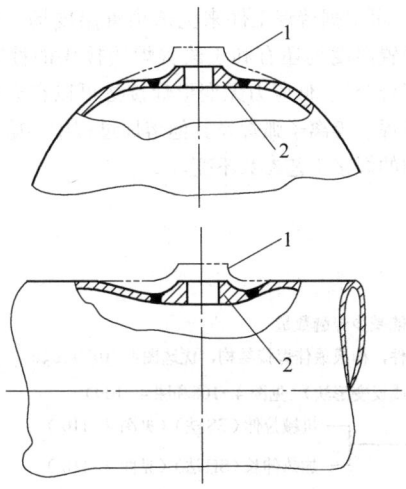

图 4-104　壳体上圆形焊缝引起型面塌陷
1—型面的设计位置　2—变形后的位置

当构件刚度过大（如工字梁翼板较厚或大型箱形梁等），采用上述反变形有困难时，可以先将梁的翼板强制反变形如图 4-109a、b 所示，或将梁的腹板在下料拼板时做成上挠的，然后再进行装配焊接（如桥式起重机箱形大梁），如图 4-109c 所示。

2. 预拉伸法

预拉伸法多用于薄板平面结构件，如壁板的焊接。在焊前，先将薄板件用机械方法拉伸或用加热方法使之伸长；然后再与其他构件（如框架或肋条）装配焊接在一起。焊接是在薄板有预张力或有预先热膨胀量的情况下进行的。焊后，去除预拉伸或加热，薄板回复初始状态，可有效地降低残余应力，控制波浪形失稳变形效果明显。图 4-110 为采用拉伸法（SS 法）、加热法（SH 法）和二者并用的拉伸加热法（SSH），把薄板与壁板骨架焊接成一个整体构件时的工艺实施方案示意。对于面积较大的壁板结构，预拉伸法要求有专门设计的机械装置与自动化焊接设备配套，工程应用受到局限。在 SH 法中，也可以用电流通过面板自身电阻直接加热的办法取代附加的加热器间接加热，简化工艺。

3. 薄板低应力无变形焊接法（LSND 焊接法）[28]

与在焊后降低应力的温差伸张法（本章 4.2.5 节 8.）不同，这是一种在焊接过程中实施的减小应力、防止变形的方法。一般，薄壁结构的直线对接焊缝（壁板或壳体对接焊缝），均在琴键式纵向焊接夹具上施焊。焊后，构件仍然会有失稳波浪变形，在焊缝纵向产生翘曲 f，如图 4-111 所示。

图 4-112 所示为低应力无变形焊接法（LSND 法），在焊接区有铜垫板进行冷却，两侧有加热元件

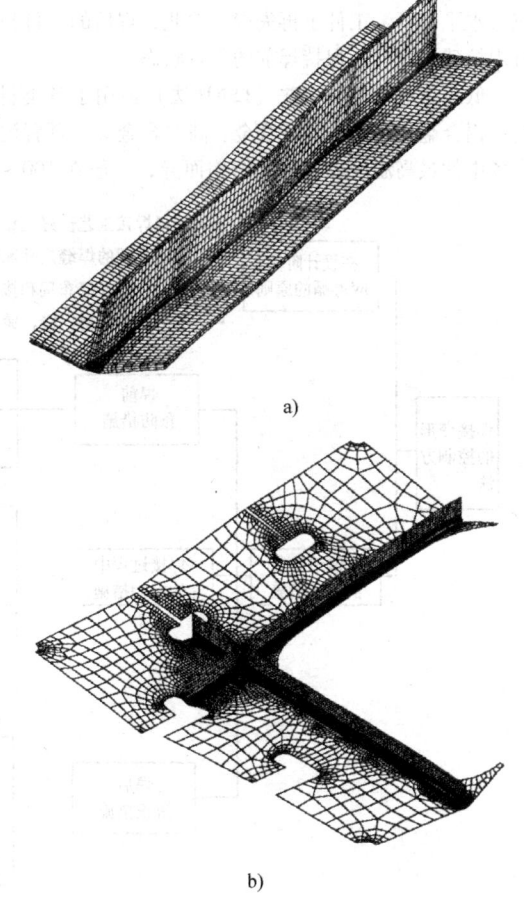

a)

b)

图 4-105　数值模拟带肋壁板构件的焊接变形[40,53]

a）T 形焊接构件角焊缝引起的变形（变形量放大 30 倍）　b）带肋壁板结构的焊接变形（变形量放大 15 倍）

（图 4-112a），形成一个特定的预置温度场（曲线 T）最高温度 T_{max} 离开焊缝中心线的距离为 H，因此产生相应的预置拉伸效应（曲线 σ），如图 4-112b 所示。图 4-112c 所示为实际温度场。焊缝两侧用双支点 P_1 与 P_2 压紧工件，P_2 离开焊缝中心的距离为 G（图 4-112b），防止在加热和焊接过程中的瞬态面外失稳变形，保证在焊接高温区的预置拉伸效应。这是一种在焊接过程中直接控制瞬态热应力与变形的产生和发展的“积极”控制法，或称“主动”控制法。焊后，残余拉应力峰值可以降低 2/3 以上，如图 4-112d 残余应力场对比所示。图 4-112e 为常规焊后残余塑性应变（曲线 1）和 LSND 焊后残余塑性应变（曲线 2）的对比。根据要求，调整预置温度场，还可以在焊缝中造成压应力，使残余应力场重新分布。随着焊缝中

的拉应力水平的降低，两侧的压应力也降到临界失稳应力水平以下，工件不再失稳。因此，焊后的工件没有焊接残余变形，保持焊前的平直状态。

低应力无变形焊接法（LSND 法）适用于各类材料：铝合金、不锈钢、钛合金、高温合金等。预置温度场中的最高温度因材料和结构而异，一般在 100 ~

300℃，可根据待焊工件来优选预置温度场。实践表明，预置温度场还有利于改善焊接接头的性能（如高强铝合金）。低应力无变形焊接法可以在通常的钨极氩弧焊、等离子弧焊及其他熔焊过程中实施，并保持常用的焊接工艺参数不变。

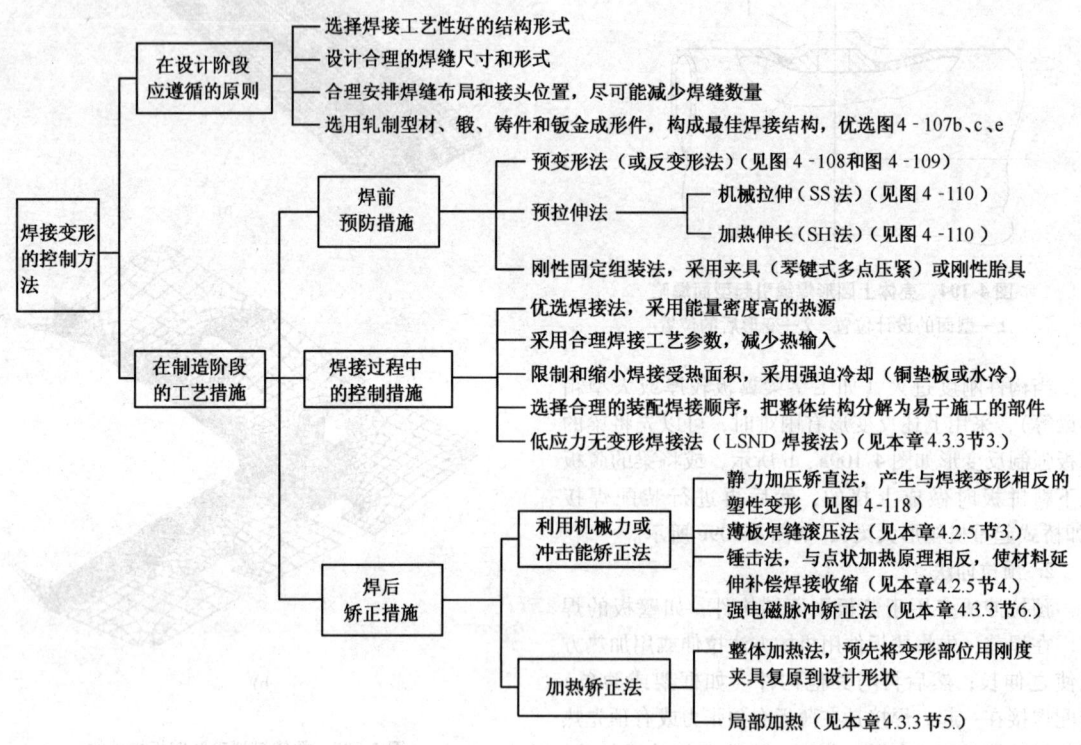

图 4-106　焊接变形控制方法分类

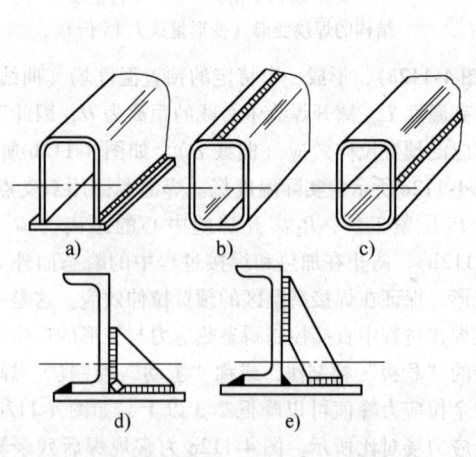

图 4-107　合理安排焊缝位置防止变形
a）不合理　b）合理　c）合理
d）不合理　e）合理

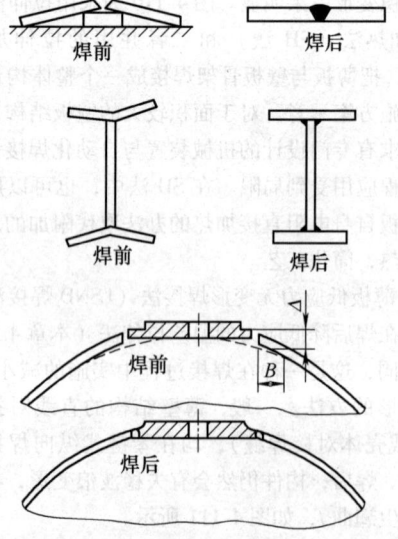

图 4-108　在不同工件上采用预变形措施

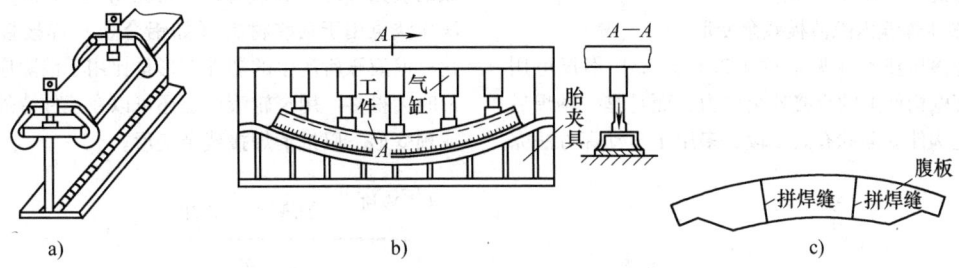

图 4-109 防止构件变形采取的强制反变形措施

SS 法 机械拉伸	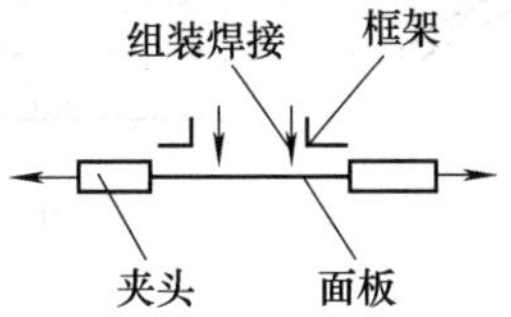 组装焊接 框架 夹头 面板 （焊缝）	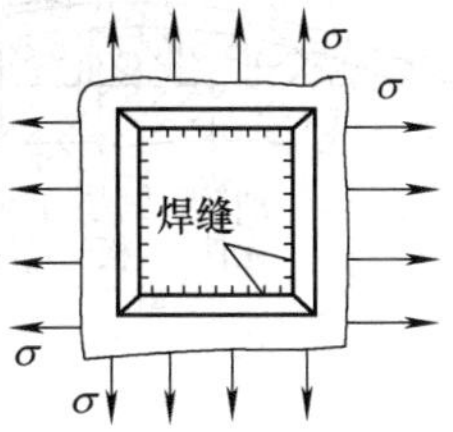 σ σ σ σ 焊缝 σ σ
SH 法 加热伸长	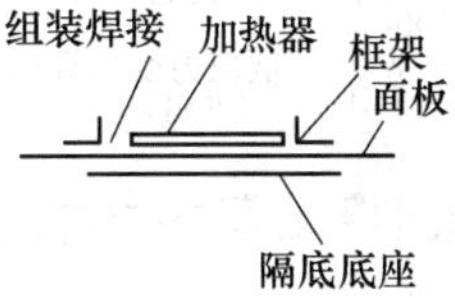 组装焊接 加热器 框架 面板 隔底底座	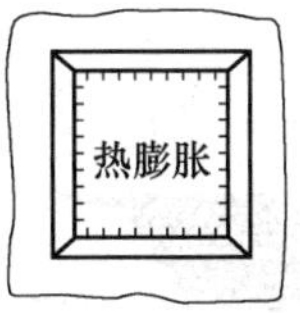 热膨胀
SSH 法 机械拉伸 + 加热伸长	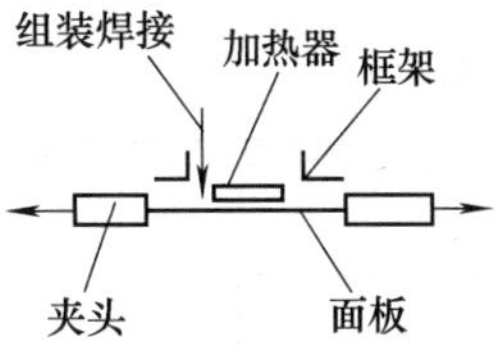 组装焊接 加热器 框架 夹头 面板	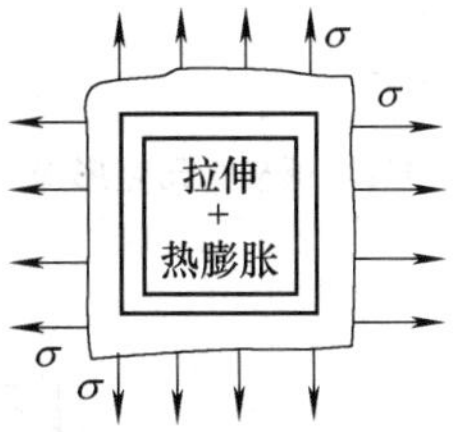 σ σ σ σ 拉伸 + 热膨胀 σ σ

图 4-110 采用预拉伸法控制壁板焊接失稳变形[27]

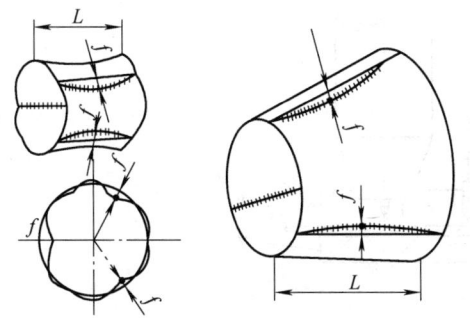

图 4-111 薄壁壳体纵向焊缝引起的失稳
翘曲变形，f 表示最大挠度[6]

在低应力无变形焊接法中，预置温度场在焊缝两

侧，可以看作是一种"静态"控制法。以 LSND 法为基础，"动态"控制的低应力无变形焊接法，不再依赖于预置温度场，而是利用一个有急剧冷却作用的热沉（冷源）紧跟在焊接热源（电弧）之后，如图 4-113a 所示，在热源-热沉之间有极陡的温度梯度，如图 4-113b、c 所示，高温金属在急冷中被拉伸，补偿接头区的塑性变形。焊后，在薄板上同样可以达到完全无变形的效果，在焊缝中的残余应力甚至可转变为压应力，如图 4-114 所示。图 4-114a 为在低碳钢上的实测结果，图 4-114b 为在不锈钢上实测结果；与常规焊后的残余应力分布（曲线 a）相比，热沉参数变化明显影响残余应力重新分布。这种动态控制低应力无变形焊接法（DC-LSND），比静态的 LSND 法

更具良好的工艺柔性[29]。

4. 滚压焊缝消除薄板残余变形

焊缝滚压技术［见本章4.2.5节3.］不仅可用于消除薄壁构件上的焊接残余应力，而且是一种焊后矫正板壳构件变形的有效手段，多用于自动焊方法完

成的规则焊缝（直线焊缝、环形焊缝）。此外，窄轮滚压法也用于某些材料（如铝合金）焊接接头的强化；但滚压所产生的塑性变形量比用于消除应力和变形时大得多。用窄轮滚压法还可以在工件待焊处先造成预变形，以抵消焊接残余变形。

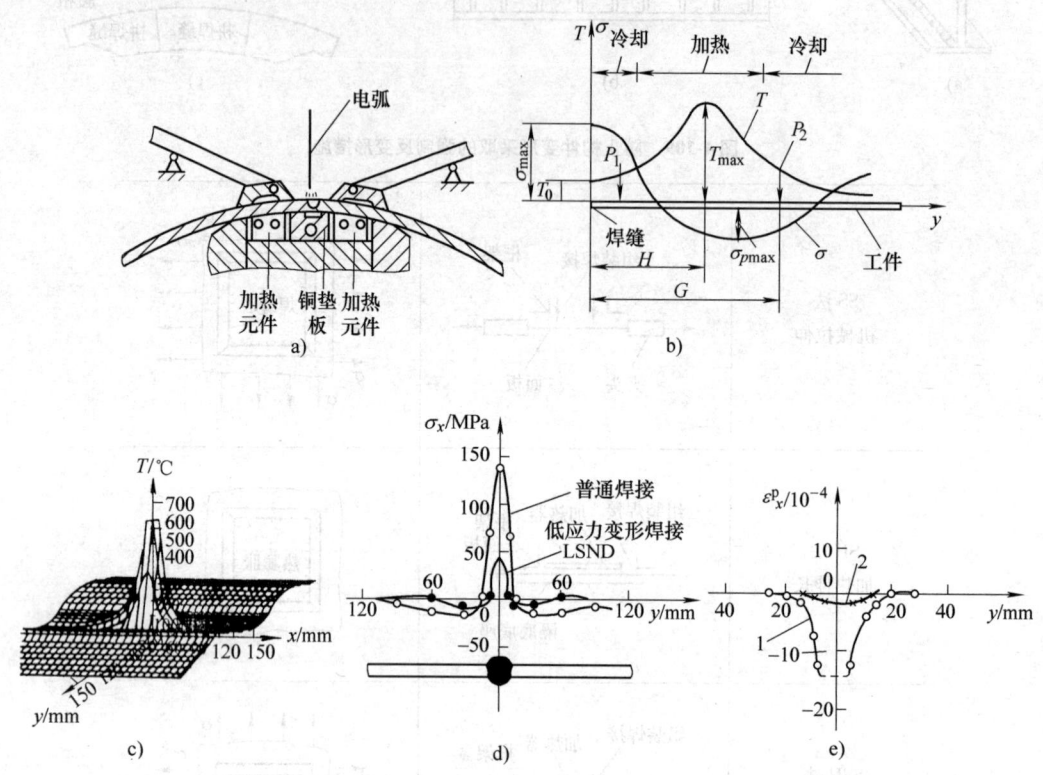

图4-112　低应力无变形焊接法（LSND法）原理工艺实施方案及在铝合金上实测对比[28]

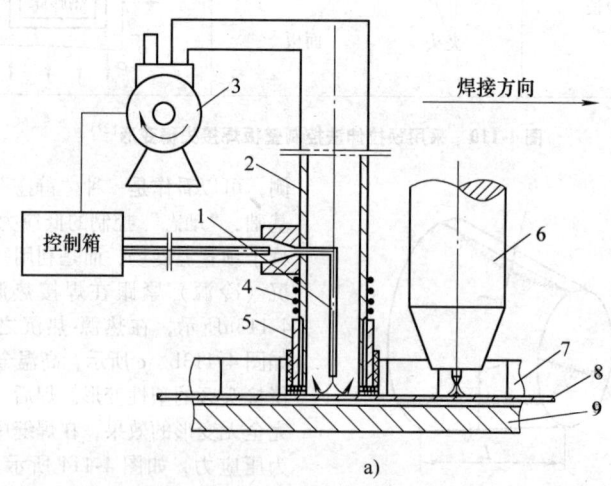

a)

图4-113　动态控制低应力无变形焊接法（DC-LSND法）[29,34,45]
a）热源（电弧）-热沉（剧冷）装置，形成局部热拉伸效应
1—冷却介质雾化喷嘴　2—抽气管　3—真空泵　4—弹簧　5—封严套管
6—焊枪　7—压紧夹具　8—工件　9—夹具支撑垫

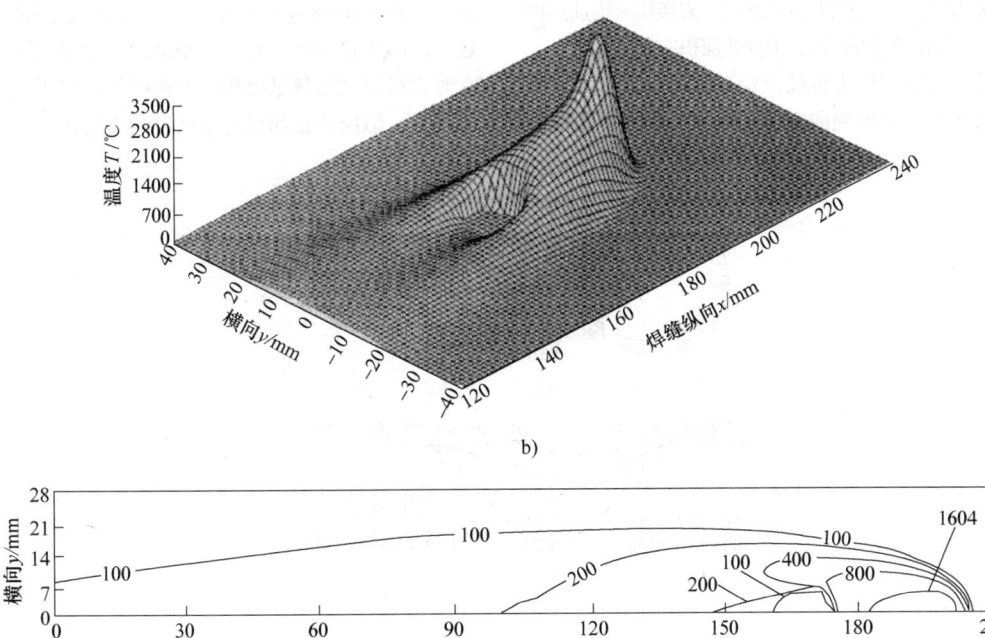

b)

c)

图 4-113　动态控制低应力无变形焊接法（DC-LSND 法）[29,34,45]（续）

b）采用热源-热沉系统施焊的畸变温度场（钛合金 TC4 厚 2.5mm，钨极氩弧焊）　c）畸变温度场的等温线

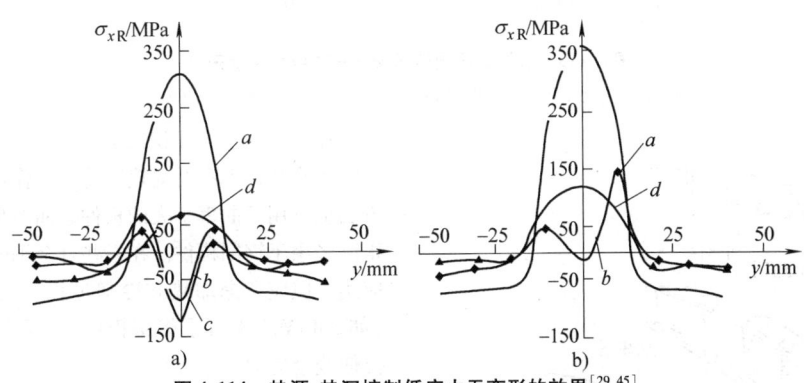

a)　　　　　　　　　　　　b)

图 4-114　热源-热沉控制低应力无变形的效果[29,45]

　　图 4-115 所示为在不锈钢圆筒（φ1450mm、壁厚 1.5mm）上环形焊缝引起的残余变形及采用窄轮滚压的效果（ΔR 为半径方向上的收缩量）。图 4-115a 为焊后状态，ΔR 值可达 1.5mm。图 4-115b 为焊后滚压矫正效果；只滚压Ⅰ区（焊缝两侧各宽 10mm），尚未完全消除变形；滚压Ⅰ区和Ⅱ区（两侧各宽 20mm），残余变形基本消除。图 4-115c、d 所示为用焊前滚压产生预变形来补偿焊后残余变形的实测结果。

　　5. 局部加热法

　　多采用火焰对焊接构件局部加热，在高温处，材料的热膨胀受到构件本身刚度制约，产生局部压缩塑性变形，冷却后收缩，抵消了焊后在该部位的伸长变形，达到矫正的目的。可见，局部加热法的原理与锤击法的原理正好相反。锤击法是在有缩短变形的部位造成金属延展，达到矫形的目的。因此，这两种方法都会引起新的矫正变形残余应力场，所产生的残余应力符号相反。

　　在图 4-116 上给出在刚度较高的构件上（如焊接工字

梁、带纵缝的管件）局部加热的部位，直接用火焰加热构件横截面上金属延伸变形区，但加热面积应有限定。

在矫正薄壁构件失稳波浪变形时，会由于火焰加热面积过大发生新的翘曲变形。因此，采用多孔压板防止薄板在加热过程中变形，通过压板上的小孔加热，限制受热面积，形成点状加热，增强矫形效果。有时也可以采用热量更集中的钨极氩弧或等离子弧作为热源，但应防止加热时金属过热或熔化。

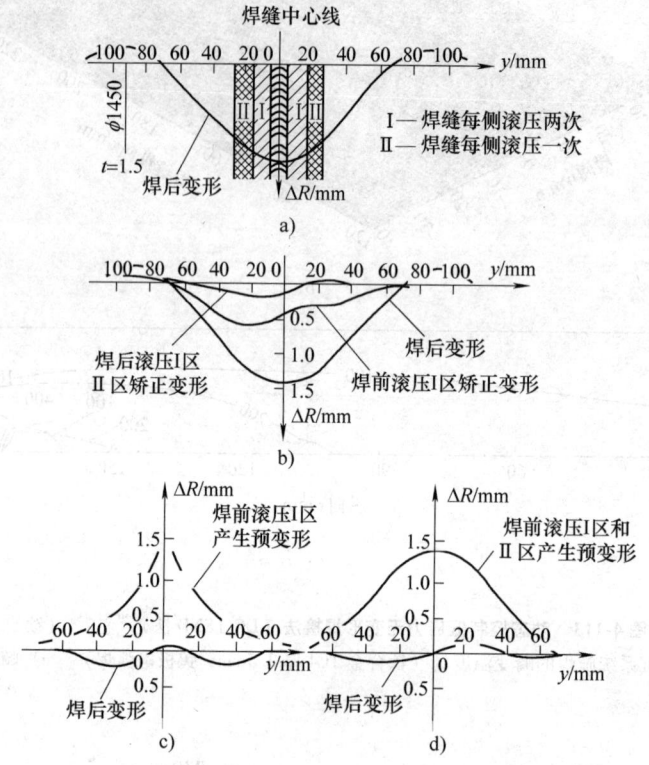

图 4-115　窄轮滚压圆筒对接环形焊缝控制变形[6]

a）焊后残余变形　b）焊后矫正　c）、d）焊前滚压形成预变形

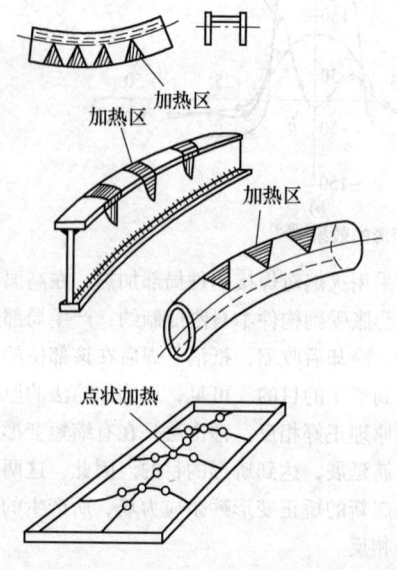

图 4-116　火焰局部加热矫正焊接残余变形

在中厚板上大面积火焰加热矫形时，可在火焰周围喷水冷却，提高对受热区的挤压作用。因此，这种方法也可用于曲率不大的板件弯曲成形。火焰加热矫正法多用于钢制构件。在一些合金钢管子构件上也有应用，但应考虑加热和冷却过程对材料性能的影响（如 30CrMnSiA 管子焊接构件），且在加热区会留有拉伸残余应力。

6. 强电磁脉冲矫形法（电磁锤法）

利用强电磁脉冲形成的电磁场冲击力，在焊件上产生与焊接残余变形相反的变形量，达到矫正目的。电磁锤是用于钣金件成形的一种有效工具，其工作原理如图 4-117 所示。

高压电容通过圆盘形线圈组成的电磁锤放电，在线圈与工件之间感应生成很强的脉冲电磁场，形成一个较均匀的（与机械锤击相比而言）压力脉冲，用以矫形。

该方法适用于电导率高的铝、铜等材料的薄壁焊接构件。对电导率低的材料，需在工件与电磁锤之间，放置铝或铜质薄板。采用该方法矫正的优点是：在工件表面不会产生如锤击或点状加压所形成的撞击损伤痕迹，冲击能量可控。操作时，应注意高压线圈绝缘可靠。

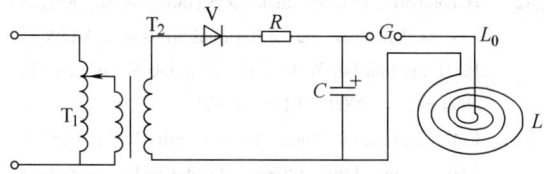

图 4-117 电磁锤工作原理图
T_1—调压器 T_2—高压变压器 V—整流元件 R—限流元件
C—储能电容器 G—隔离间隙 L—矫形线圈 L_0—传输电缆

7. 其他矫形法

对于某些刚度较大的焊接构件，除用火焰矫形外，还可以采用机械矫正法。图 4-118 所示，利用外力使构件产生与焊接变形方向相反的塑性变形，二者互相抵消，图示为用加压机构来矫正工字梁的挠曲变形的例子。

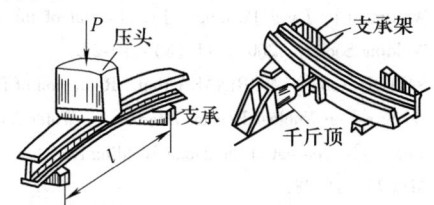

图 4-118 采用加压机构矫正工字梁的挠曲变形

除了采用压力机外，还可用锤击法来延展焊缝及其周围压缩塑性变形区域的金属，达到消除焊接变形的目的。这种方法比较简单，经常用来矫正不太厚的板结构。锤击法的缺点是劳动强度大，表面质量欠佳。

参 考 文 献

[1] 陈丙森. 焊接手册：第3卷 [M]. 2版. 北京：机械工业出版社，2001.
[2] 田锡唐. 焊接结构 [M]. 北京：机械工业出版社，1982.
[3] American Welding Society. Welding Handbook [M]. 9th Edition. Volume 1, Welding Science and Technology. Miami, 2001.
[4] 日本溶接学会. 溶接・接合便览 [M]. 丸善株式会社，1990.
[5] Г. А. Николаев, С. А. Куркин, В. А. Винокуров, Сварные Конструкции [М]. Москва：Высшая Школа, 1982.
[6] 关桥. 航空制造工程手册：焊接分册 [M]. 北京：航空工业出版社，1996.
[7] 别尔秋克 Г Б, 马茨凯维奇 Б Д. 造船焊接学 [M]. 李传曦，译. 北京：国防工业出版社，1963.
[8] Н Н Рыкалин, Расчёты Тепловых Процессов при Сварке. Москва, МАШГИЗ, 1951.
[9] D. 拉达伊. 焊接热效应—温度场、残余应力、变形 [M]. 熊第京，等译. 北京：机械工业出版社，1997.
[10] 关桥，等，焊接热源有效利用率的测试计算法 [J]. 焊接学报，1982，3（1）：10-24.
[11] В А Винокуров. Сварочные Деформации и Напряжения [M]. Москва：Машиностроение, 1968.
[12] 关桥，傅昱华. 薄板氩弧点状加热应力应变过程的数值分析 [J]. 机械工程学报，1983，19（2）.
[13] 唐慕尧. 焊接测试技术 [M]. 北京：机械工业出版社，1988.
[14] M B Prime. Cross-Sectional Mapping of Residual Stresses by Measuring the Surface Contour after a Cut [J]. Journal of Engineering Materials and Technology, 2001, 123: 162-168.
[15] R H Leggatt, D J Smith, S D Simth, et al. Development and Experimental Validation of the Deep Hole Method for Residual Stress Measurement [J]. Journal of Strain Analysis, 1996, 31: 177-186.
[16] F M Burdekin. Revised Definitive Statement on Relative Importance of Residual Stresses and PWHT [J]. IIW Doc. X-1244, 1992.
[17] Ohta A, Suzuki N, Maeda Y. Effect of Residual Stresses on Fatigue of Weldment. Proceedings of the International Conference on "Performance of Dynamically Loaded Welded Structures" [J]. IIW, San Francisco, CA, July 14-15, 1997.
[18] 关桥. 薄壁圆筒单道环形对接焊缝所引起的残余应力与变形 [J]. 机械工程学报，1979，15（3、4）：54-63.
[19] Fujita Y, et. al. Welding Deformations and Residual Stresses due to Circumferential Welds at the Joint Between Cylindrical Drum and Hemispherical Head Plate [J]. IIW Doc. X-985-81.
[20] Ueda Y, et al. Mechanical Characteristics of Repair Welds in Thick Plate-Distribution of Three Dimensional Welding Residual Stresses and Plastic Strains and Their Production Mechanisms [J]. Quart J. Jap. Weld. Soc. 4, 1986 (3).
[21] Maddox S J. Improving the Fatigue Strength of Welded Joints by Peening [J]. Metal Construction, April, 1985.
[22] 王严岩，等. 锤击处理消除焊接接头残余应力研究 [C]. 中科院金属研究所，金情91-030，1991.
[23] 陈亮山，王严岩，陈怀宁，等. 爆炸消除残余应力机理研究 [J]. 锅炉压力容器安全，爆炸消除残余应力专辑，1989.

[24] В А Винокуров. Отпуск Сварных Конструкций для Снижения Напряжений [J]. Машиностроение, 1973.

[25] Hrivnak I, Yushchenko K A. Principles of Mechanical Stress Relief Treatment [J]. Proceedings of the Int. Welding Conf, Sofia, 1987.

[26] Burdekin F M. Local Stress Relief of Circumferential Butt Welds in Cylinders [J]. British Welding Joural, 1963, (10).

[27] 增渊兴一. 焊接结构分析 [M]. 张伟昌, 等, 译. 北京: 机械工业出版社, 1985.

[28] 关桥, 郭德伦, 李从卿. 低应力无变形焊接新技术——薄板构件的 LSND 焊接法 [J]. 焊接学报, 1990, 11 (4), 231-237.

[29] 关桥, 张崇显, 郭德伦. 动态控制的低应力无变形焊接新技术 [J]. 焊接学报. 1994, 15 (1): 8-15.

[30] 顾福明, 高进强, 钟国柱, 等. 大型法兰拼焊中平面度的控制 [J]. 焊接, 1997.

[31] Masubuchi K. Prediction and Control of Residual Stresses and Distortion in Welded Structures [J]. Welding Research Abroad, 1997, 43 (6、7).

[32] Verhaeghe G. Predictive Formulae for Weld Distortion—a critical review [J]. TWI Report, June 1998.

[33] H O Окерблом. Расчёт Деформаций Металлоконструкций при Сварке [M]. Москва: МАШГИЗ, 1955.

[34] 李菊. 钛合金低应力无变形焊接过程机理研究 [D]. 北京: 北京工业大学, 2004.

[35] 关桥. 焊接力学在航空构件上的应用 [J]. 航空制造工程, 1983 (6、7).

[36] Гуань Цяо. Остаточные Напряжения, Деформации и Прочность Тонколистовых Элементов Сварных Конструкций из Титановых Сплавов [D]. Диссертация К. Т. Н; МВТУ им. Баумана, Москва, 1963.

[37] L M Lobanov, V A Pivtorak, et al, Procedure for Determination of Residual Stresses in Welded Joints and Structural Elements using Electron Speckle-Interferometry [J]. The Paton Welding Journal, 2006, No. 1, 24-29.

[38] A M Ziara-Paradowska, J W H Price, et al. Neutron and Synchrotron Measurements of Residual Stresses in Steel Weldments [J]. IIW Doc. X-1608-2006, IIW 2006 Annual Assembly, Quebec, Canada.

[39] F S Bayraktar, P Staron, M Kocak, et al. Residual Stress Analysis of Laser Welded Aluminum T-Joints Using Neutron Diffraction [J]. IIW Doc. X-1610-2006, IIW 2006 Annual Assembly, Quebec, Canada.

[40] 赵海燕, 关桥. 中国材料工程大典: 22 卷 [M]. 北京: 化学工业出版社, 2006.

[41] Artem Pilipenko. Computer simulation of residual stress and distortion of thick plates in multi-electrode submerged arc welding. Their mitigation techniques, PhD thesis, Department of Machine Design and Materials Technology, Norwegian University of Science and Technology [M]. Norway: 2001.

[42] H Lombard, D G Hattingh, A Steuwer, et al. Effect of Process Parameters on the Residual Stresses in AA5083 - H321 Friction Stir Welds [J]. Materials Science and Engineering A, 2009, 501: 119-124.

[43] LPB Application Note, Friction Stir Weld Finishing [OL], In: http://www. Lambdatechs. com/html/documents/fsw_app. pdf.

[44] A P Reynolds, Wei Tang, T Gnaupel-Herold, et al. Structure, properties, and residual stress of 304L stainless steel friction stir welds [J]. Scripta Materialia 48 (2003) 1289-1294.

[45] QUAN Qiao. Control of Buckling Distortions in Plates and Shells (Chapter 9), Processes and Mechanisms of Welding Residual Stress and Distortion [M]. Edited by Zhili Feng, Woodhead Publishing Limited, Cambridge, England, 2005.

[46] SANO Yuji, et al. Residual Stress Improvement of Weldment by Laser Peening [J]. Journal of the Japan Welding Society, 2005, 74 (8): 19-22.

[47] SAITOU Noboru, MORINAKA Ren. Reduction of Residual Stress on Nuclear Reactor Internals by Water Jet Peening [J]. Journal of the Japan Welding Society, 2005, 74 (7): 25-28.

[48] 赵海燕, 鹿安理, 史清宇. 焊接结构 CAE 中数值模拟技术的实现 [J]. 中国机械工程, 2000, 11 (7): 732-734.

[49] Roper J R, Burley Terry. Finite Element Modeling of Complex Welded Structures [J]. Welding Journal, 2005 (12): 42-45.

[50] TSAI C L, HAN M S, JUNG G H. Investigating the Bifurcation Phenomenon in Plate Welding [J]. The Welding. Journal, 2006 (7): 151s-162.

[51] 唐慕尧等, 焊接过程力学行为的数值研究方法 [J]. 焊接学报, 1988, 9 (3).

[52] Anderson, B A B. Thermal Stresses in a Submerged Arc Welded Joint Considering Phase Transformation [J], Trans. Of the ASME, Vol. 100, 1978, 10: 356-362.

[53] Lars Fuglsang Andersen. Residual Stresses and Deformations in Steel Structures, PhD thesis, Department of Naval Architecture and Offshore Engineering [J]. Technical University of Denmark, Dec. 2000.

[54] 王鹏, 赵海燕, 谢普, 等. 焊接塑性应变演变过程的基础研究 (一)、(二)、(三)、(四) [C], 焊接学会文集, 2012, 10, 长沙, 焊接学会第 17 次学术会议.

第5章　焊接结构疲劳

作者　史永吉　审者　赵海燕

疲劳定义为由重复应力引起的裂纹起始和缓慢扩展而产生的结构部件的损伤。在结构承受重复载荷的应力集中部位，在构件所受的名义应力低于屈服强度时就可能产生疲劳裂纹。因为疲劳裂纹发展的最后阶段——失稳扩展（断裂）是突然发生的，没有预兆，无明显塑性变形，难以采取预防措施，所以疲劳裂纹对结构的安全性具有严重的威胁。

钢结构连接由铆接发展到焊接后，对疲劳的敏感性和产生裂纹的危险性也随之增大。其原因如下：

① 当铆接构件某一板件出现裂纹并裂透后，裂纹扩展遇到铆钉孔或板层间隙而受阻，而焊接构件一旦产生裂纹，裂纹扩展不受阻止，直至整个构件断裂。

② 焊接连接不可避免地存在着夹渣、气孔、咬边等缺欠，以及几何形状突变。

③ 焊缝区存在着很大的残余拉应力。所以，在历史上桥梁、吊车梁、起重机械和工程机械、车辆、船舶和海洋结构、压力容器、飞机等焊接结构在正常运行情况下，因疲劳断裂而酿成灾难性事故的事例时有发生。

从20世纪初至今，通过大量的试验研究，已经掌握了金属材料和结构疲劳的基本规律，如各种材料和接头的疲劳性能（S-N曲线）及其影响因素、疲劳载荷谱或应力谱、变幅载荷下的疲劳积累损伤理论、热点应力引起疲劳裂纹的研究、应用断裂力学概念进行扩展速率的估算等。根据这些研究成果建立的疲劳设计规范，有效地控制了结构中绝大部分疲劳裂纹的发生。

5.1　疲劳的基本概念

5.1.1　疲劳裂纹萌生和扩展机理

焊接结构疲劳裂纹通常发生在焊接接头几何形状发生变化或焊接缺陷等应力集中处。从破坏断面观察，裂纹从萌生、扩展到最后破坏是一个连续的过程。如图5-1a所示，裂纹发展大体可分为三个阶段，第一阶段由裂纹源向与载荷作用方向大体成45°的方向发展，第二阶段垂直于载荷作用方向发展，第三阶段为裂纹快速扩展阶段，直至破断。

从各阶段的微观观察可见，在第一阶段初期，由于循环载荷的作用，在结晶方向和最大切应力方向相

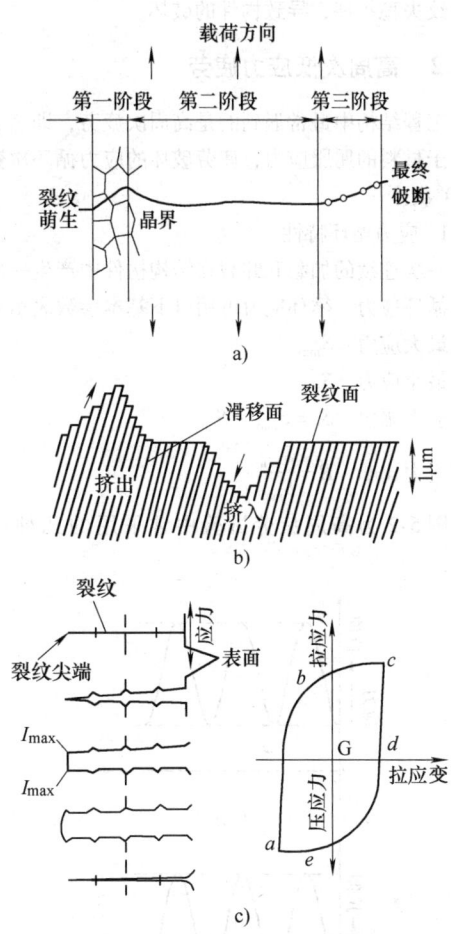

图5-1　疲劳裂纹萌生和扩展机理

a）疲劳裂纹的萌生和扩展　b）疲劳裂纹滑移面
（裂纹萌生模型）　c）疲劳裂纹扩展模型

近的晶粒首先引起滑移，随着载荷循环的继续，导致滑移的出现和循环的消失，直至滑移不能复原，这一现象称为固定滑移带的聚集，继之在某一滑移面发生剪切微裂纹。最初该固定滑移带中的微裂纹止于晶粒的晶界处，并诱发相邻晶粒的局部塑性变形超过某一临界值时，裂纹就开始扩展。在显微镜下观察第一阶段裂纹形成的破坏面，可以看到晶粒的挤入和挤出。挤入和挤出与宏观裂纹发展方向并不一致，破坏面呈现很乱的条纹状，如图5-1b所示。

第二阶段中裂纹扩展过程如图5-1c所示，即由拉伸引起裂纹尖端的扩张和裂纹的成长及由压缩引起

裂纹闭合的循环，并沿着与载荷作用方向大体垂直的方向扩展。裂纹扩展时，裂纹表面可见延性滑移状，在低倍显微镜下呈同心圆贝壳纹形状。

第三阶段已接近脆性破坏，随着裂纹的扩展，裂纹尖端的应力集中越来越大，扩展速率越来越快，直至裂纹失稳扩展，导致构件的破坏。

5.1.2　高周次低应力疲劳

工程结构中最常遇到的是高周次疲劳，即名义应力小于材料的屈服应力，疲劳破坏的应力循环次数大于 10^4 次。

1. 应力循环特性

一次连续的加载和卸载在结构构件中产生一次正弦波循环应力。循环应力可用以下基本参数表示：

最大应力　S_{max}

最小应力　S_{min}

应力幅值　$S_r = S_{max} - S_{min}$

应力比　　$R = \dfrac{S_{min}}{S_{max}}$

图 5-2 为高周疲劳试验中常采用的几种应力循环。

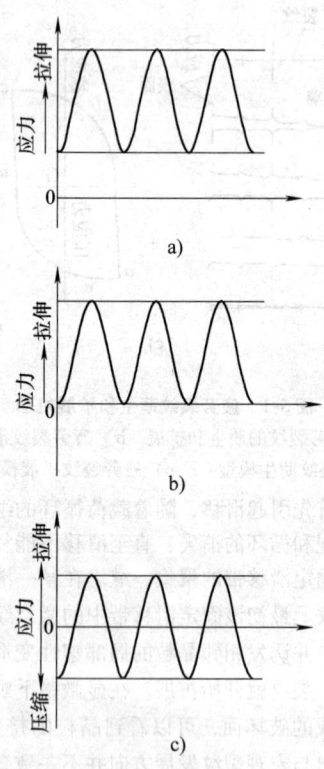

图 5-2　疲劳试验中常采用的典型应力循环
a) 半拉伸循环　b) 脉动拉伸循环
c) 交变循环

2. S-N 曲线和疲劳强度

20 世纪中期 Wöhler 通过试验建立了等幅循环应力与疲劳破坏时循环次数之间的关系，如式（5-1）所示。

$$NS^m = c \qquad (5-1)$$

图 5-3a 为疲劳 S-N 曲线。在双对数坐标图上 lgS-lgN 为一直线，如图 5-3b 所示。则式（5-1）变为

$$\lg N = B - m \lg S \qquad (5-2)$$

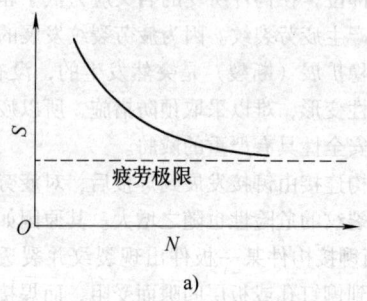

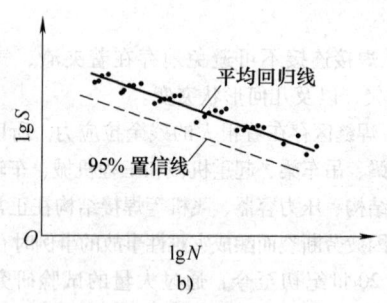

图 5-3　S-N 关系曲线
a) S-N 曲线　b) S-N 曲线的对数坐标表示法

当 S 降低 N 增至无穷大时，疲劳曲线趋向于渐近水平线，此时的应力称为疲劳极限，也称为无限寿命疲劳强度，高于疲劳极限的称为有限寿命疲劳强度，可以通过式（5-2）求得。试验表明，在 S-N 曲线图上，疲劳试验数据分布在一离散带内。在某一应力水平时，疲劳破坏的寿命呈正态分布，对有效试验数据进行回归分析，可求出某个存活概率的 S-N 曲线。对于一般的焊接结构，其设计疲劳曲线的存活率取 97.7%；对特殊重要的结构，存活率取 99.99%。

5.1.3　低周次高应变疲劳

某些工程结构中，如管结构的顶点、压力容器的接管等位置，由于循环载荷的作用，在应力集中区引起明显的塑性变形循环，其应力-应变曲线已不是高周疲劳中的线性关系，而是一个滞回曲线，如图 5-4 所示。这时，用应力参数表示已不适合，应代之以应

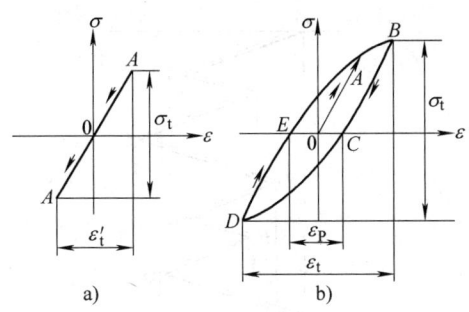

图 5-4　循环载荷下的应力 - 应变关系

变和至破坏的循环次数来表示疲劳曲线，这就是高应变低周次疲劳，即作用的应力超过弹性范围，疲劳破坏次数小于 10^4。实际上，任何工程结构都不允许出现全截面的名义应力大于屈服强度的情况，低周次疲劳仅是某些应力集中区域的材料单元疲劳行为的实验室模拟。

低周次疲劳的循环应变与破坏时的循环次数的关系可以用下式表示：

$$\Delta \varepsilon_t N^m = c \qquad (5\text{-}3)$$

式中，$\Delta \varepsilon_t = \Delta \varepsilon_e + \Delta \varepsilon_p$ 是总应变幅值，等于弹性应变加塑性应变；m 是曲线斜率；c 是常数。图 5-5 为钢材的应变疲劳曲线。

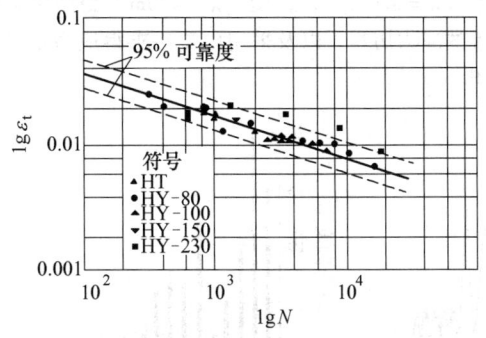

图 5-5　钢材在空气介质中的 $\Delta \varepsilon$ - N 曲线

5.1.4　变幅载荷疲劳和疲劳累积损伤

迄今为止，大部分疲劳试验都是研究等幅载荷下的疲劳问题，然而实际结构一般是在随机变幅载荷下服役。所以，疲劳研究的实用意义是结构在随机变幅载荷作用下的疲劳性能，以及如何应用已有的大量等幅载荷的疲劳试验资料来评定结构的疲劳寿命。Palmgren 和 Miner 根据试验研究较好地解决了这一问题，认为疲劳是不同应力水平 $\Delta \sigma_i$ 及其循环次数 n_i 所产生的疲劳损伤的线性累加，从而提出了疲劳线性累加损伤定则：

$$D = \sum \frac{n_i}{N_i} \qquad (5\text{-}4)$$

式中　n_i——相应于应力水平 $\Delta \sigma_i$ 的循环次数；

$\quad\quad N_i$——相应于应力水平 $\Delta \sigma_i$ 的疲劳破坏循环次数。

当 $D \geqslant 1$ 时，产生疲劳破坏。

由式（5-4）可推导出将变幅应力等效成等幅应力的表达式：

$$\Delta \sigma_{eq} = \left[\frac{\sum (n_i \Delta \sigma_i^m)}{N} \right]^{\frac{1}{m}} \qquad (5\text{-}5)$$

式中　$\Delta \sigma_{eq}$——等效等幅应力；

$\quad\quad N$——$\Delta \sigma_{eq}$ 作用下的破坏次数，此时 $N = \sum n_i$；

$\quad\quad \Delta \sigma_i$——变载荷引起的各应力水平；

$\quad\quad n_i$——相应于 $\Delta \sigma_i$ 的循环次数。

Palmgren—Miner 定则假定：低于疲劳极限的应力不导致疲劳损伤；略去了大小不同载荷加载顺序的影响。由于这些假定，式（5-5）有一定的误差。然而，对于焊接结构而言，它是偏于保守的，而且使用起来简单方便，各国最新版的疲劳设计规范仍采用这一定则把变幅疲劳换算成等效等幅疲劳[1~4]。

5.2　疲劳载荷和疲劳应力谱

5.2.1　一般原则

20 世纪 70 年代以前的各国疲劳设计规范中，常常把强度设计载荷作为疲劳载荷，显然这是不合理的。疲劳载荷应是结构设计寿命内实际承受的运行载荷总和，一般以谱载荷的形式表示。在制定谱载荷时应注意以下事项：短期测量的载荷不能完全反映未来运行载荷的变化，应考虑其用途的可能改变，如运量的增加、负载的变化等；当动载荷产生动力效应时应计入动力作用的影响；当结构由于外载引起变形或者振动而产生次效应时，也应计入。

5.2.2　疲劳载荷模型

任何结构承受的疲劳载荷一般都是随机变化的，疲劳谱载荷就是依据载荷的形式和变化规律使其模型化。一般而言，疲劳载荷可以由不同的载荷事例组成，每一种载荷事例由大小不同的载重和载重序列及其相应的发生率来表示。一次加载事件是指一种载荷事例作用在结构上的全过程，例如，铁路桥梁中的一列火车或公路桥梁中的一辆车的驶入、通过和离开。加载事件的效应应由相应的应力历程来描述，该应力历程是加载事件发生时，结构某一指定部位的应力变化过程。为了简化计算，疲劳载荷用代表全部加载事件疲劳效应的等效疲劳载荷表示。

5.2.3　疲劳应力谱

疲劳应力谱是对结构进行疲劳评定的主要依据。它是疲劳载荷在被评定结构部位引起的应力效应，因此，疲劳应力谱可根据疲劳载荷谱并通过弹性理论分析求得，也可通过实测应力谱推算。以下是制定疲劳应力谱时应注意的事项。

1. 应力计算

用于结构疲劳评定的应力，除非另有说明外应是被评定部位的标称应力幅值，如前面所述，可根据疲劳载荷按弹性理论方法确定。对于复杂连接的疲劳评定，可在原结构的适当位置布置应变计测定，以便得到更精确的应力。

计算被评定细节的标称应力时，需考虑由于接头偏心、强制的变形和扭曲等因素引起的次应力的影响。

当某细节承受法向应力和切应力的复合作用时，应考虑它们的复合效应，应计算最大主应力；若法向应力和切应力发生在同一位置但不同时发生，可应用 Miner 定则将各自的损伤分量叠加。

2. 应力历程分析

应力谱是一次加载事件在结构某一位置引起的应力历程中所有不同大小的标称应力幅值出现率的列表或直方图。通常采用雨流法或泄水池法对应力历程进行分析，求得各应力幅值及其相应的出现次数。图 5-6 为雨流法和泄水池法的示意图。

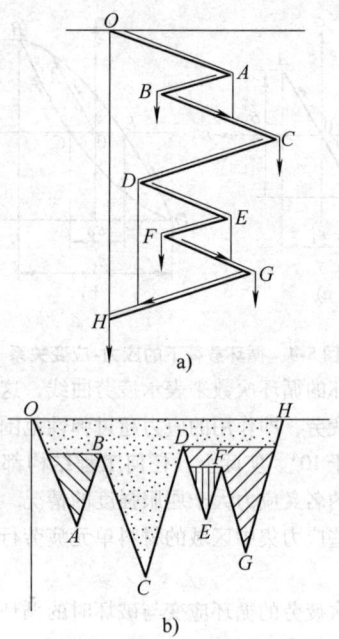

图 5-6　应力历程分析方法
a）雨流法　b）泄水池法

图 5-7 为一列火车通过跨长为 31.4m 的下承式板梁桥时，实测的主梁（影响线长度 $\lambda = 31.4m$）、横梁（$\lambda = 8.0m$）和纵梁（$\lambda = 4.0m$）跨中下翼缘位置的应力历程，以及采用雨流法求得应力谱的直方图。

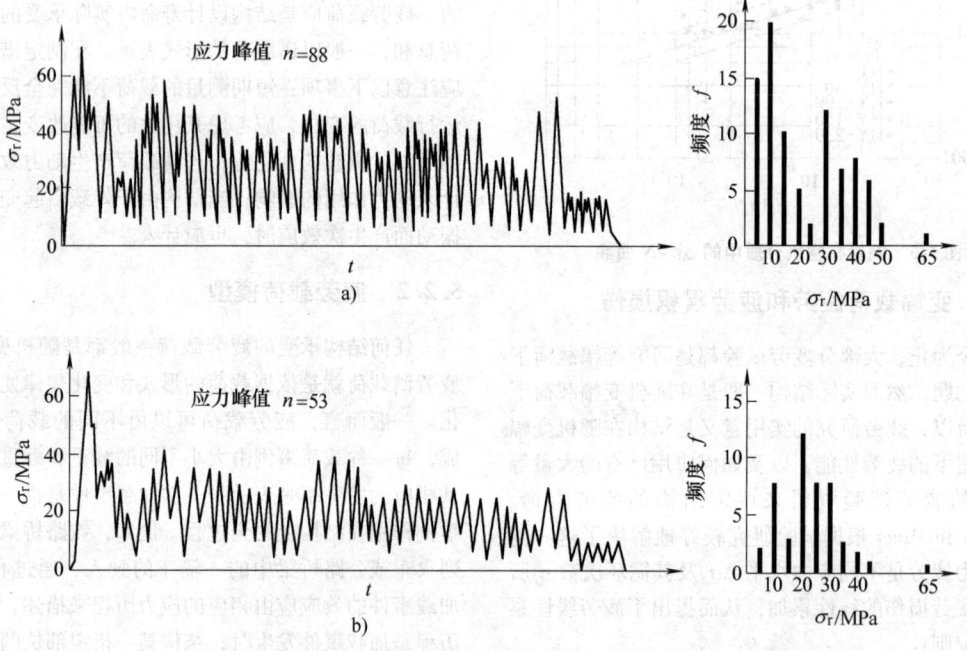

图 5-7　一列火车（火车）引起桥梁中不同长度构件的应力历程及其应力直方图
a）纵梁（$\lambda = 4.0m$）　b）横梁（$\lambda = 8.0m$）

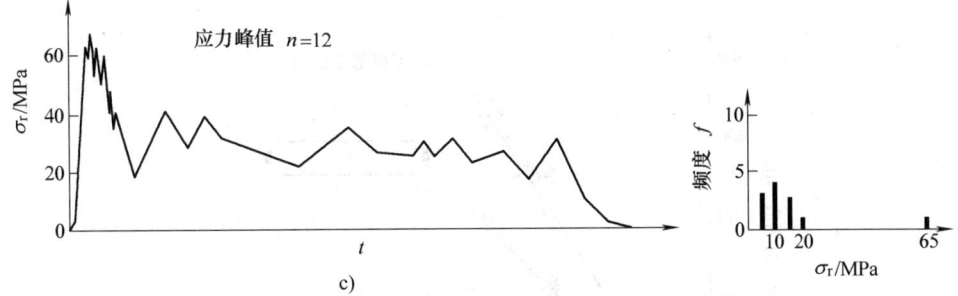

图 5-7 一列火车（火车）引起桥梁中不同长度构件的应力历程及其应力直方图（续）
c）主梁（$\lambda = 31.4\text{m}$）

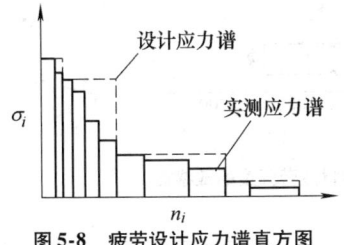

图 5-8 疲劳设计应力谱直方图

3. 疲劳设计应力谱

用于疲劳评定的疲劳设计应力谱是结构设计寿命内的所有加载事件引起的应力谱的总和。疲劳设计应力谱可用列表的形式或直方图来表示。图 5-8 为疲劳设计应力谱的一种表示方法[4]。

5.3 焊接结构的疲劳强度

焊接结构是用角焊缝和对接焊缝将板件或部件连接而成。焊接接头按其受力方向可分为纵向或横向角焊缝和对接焊缝，根据它们是否传力又可进一步分为传力焊缝、受力焊缝和非传力焊缝。影响这些接头疲劳寿命的主要因素是这些接头的细节类型及其承受应力幅值的大小，在同样疲劳载荷条件下，不同焊接接头细节的疲劳寿命可能相差数十倍以上。本节概要介绍主要焊接接头的疲劳性能及其影响因素。

5.3.1 焊接接头的疲劳性能

1. 母材的疲劳性能及缺口的影响

图 5-9 为原轧制表面板试样在脉动拉伸载荷作用下，2×10^6 次循环应力的疲劳强度与母材抗拉强度（R_m）之间的关系。当 R_m 低于 700MPa 时，其疲劳强度随 R_m 上升而提高，两者的比值分布在 $0.4 \sim 0.625$ 之间；当 R_m 继续增加时，疲劳强度不再提高。图中阴影线区是采用机加工表面试样的疲劳试验结果[3]。由此可见，钢材表面的粗糙度对钢材疲劳强度的敏感性随 R_m 增加而增强。

图 5-10 为带有不同缺口板试样的钢材抗拉强度与疲劳强度之间的关系。试样宽度 25mm，其他要求：①是经过机加工的板试样；②是板中心有一个 5mm 直径的圆孔，理论应力集中系数 $K_t = 2.65$；③是试板两侧开 45° V 型缺口，缺口根部半径 $r = 0.25\text{mm}$，$K_t = 6.0$[5]。该试验结果清楚表明，缺口引起的应力集中程度对钢材疲劳强度的敏感性随 R_m 增加而增强。

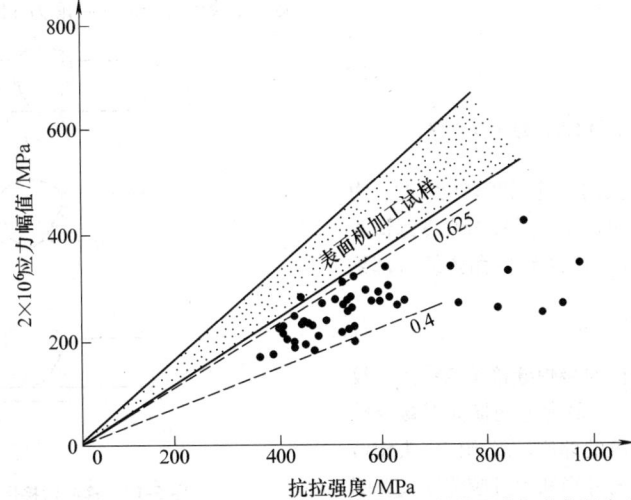

图 5-9 脉动拉伸载荷作用下保留轧制表面板试样对钢材抗拉强度与疲劳强度之间的关系

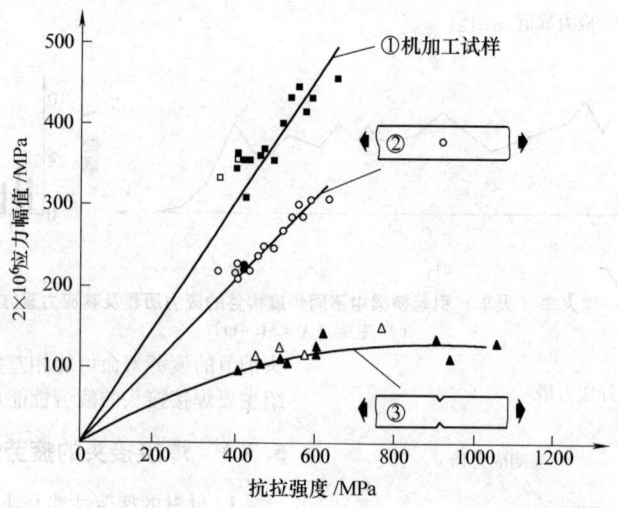

图 5-10　脉动拉伸载荷作用下，带缺口试样对钢材疲劳强度的敏感性

2. 纵向焊缝接头的疲劳强度

平行于受力方向的连续纵向焊缝接头（包括纵向对接焊缝、熔透或非熔透纵向角焊缝）的疲劳裂纹一般起始于焊缝缺陷处、未熔透纵向角焊缝焊根或焊缝表面波纹等处。图 5-11 为连续纵向角焊缝接头的 S-N 曲线[5]。试验表明，焊接缺陷的大小是影响该类接头疲劳性能的主要因素。

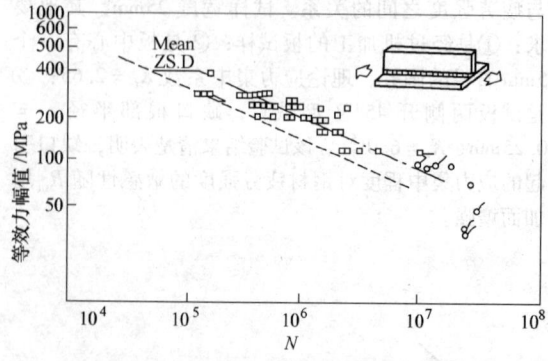

图 5-11　连续纵向角焊缝接头的 S-N 曲线

不连续纵向角焊缝接头的焊缝端部有较大的应力集中，疲劳裂纹一般从这里产生，其疲劳强度远低于连续纵向角焊缝接头；图 5-12 为纵向角焊缝端部细节的 S-N 曲线[4]。

3. 对接焊接头的疲劳性能

垂直于受力方向的横向对接焊缝接头的疲劳裂纹一般起源于焊趾。图 5-13 是最常见的横向对接焊的接头类型及易产生疲劳裂纹的部位。影响该接头疲劳性能的最主要因素是焊缝的外形和焊趾咬边缺欠。图 5-14 为采用低碳钢材由焊条电弧焊和埋弧焊制成的

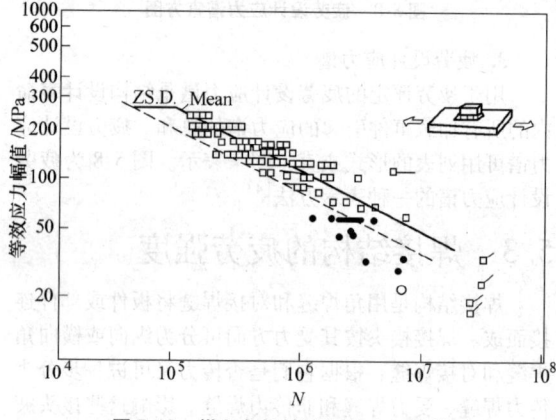

图 5-12　纵向角焊缝端部的 S-N 曲线

对接焊板试样，在脉动拉伸载荷作用下的疲劳试验结果[3]，焊缝余高外夹角为 110°～150°，2×10^6 次的

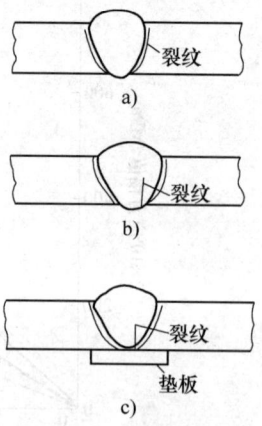

a)

b)

c)

图 5-13　横向对接焊缝接头的类型及疲劳裂纹

疲劳强度随 θ 增加而提高。当 θ=180° 时，接近于母材的疲劳强度，试验数据的上限与钢材表面经机械加工后的试验结果相近，下限接近于保留轧制表面的试验结果。由此可见，采用机加工或砂轮打磨法去掉对接焊缝余高（使 θ=180°）后，其疲劳强度相当于母材。

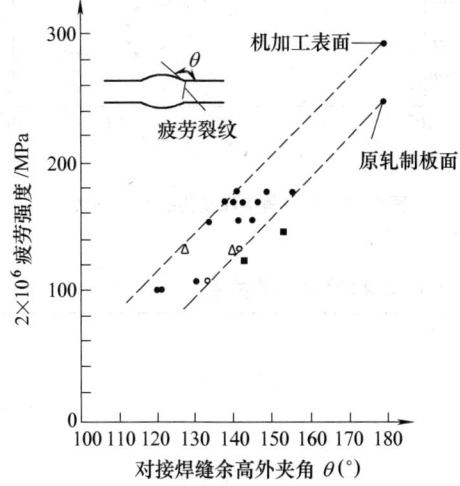

图 5-14 横向对接焊板试样焊缝余高外夹角
与疲劳强度之间的关系

影响横向对接焊接头疲劳强度的另一因素是错边和焊接角变形引起的受力偏心，如图 5-15 所示。在轴向载荷作用下，由此引起的次弯矩将降低其疲劳强度。图 5-16 为不同对接偏心的铝合金板对接焊接头的疲劳试验结果[5]，疲劳强度降低系数用 $K_t = 1 + 3e/t$ 来表示，与试验数据吻合较好。

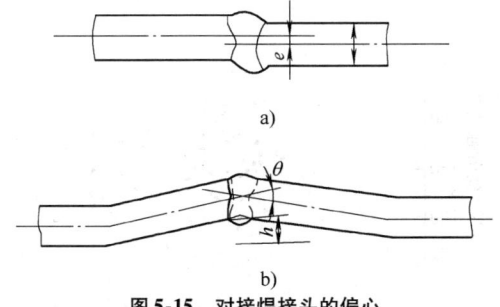

图 5-15 对接焊接头的偏心

4. 横向角接焊接头的疲劳性能

图 5-17 表示了横向角焊缝接头的一般形式及其应力分布，图中 5-17a 为非传力焊缝，图 5-17b 和图 5-17c 为传力焊缝；对于非传力的横向角焊缝接头，裂纹总是产生在有应力集中的焊趾处；对于传力的横向角焊缝接头，裂纹可能产生在主板焊趾处，也可能产生在焊根处。这中间存在一个临界焊脚尺寸（a_c），当焊脚尺寸 $a < a_c$ 时，裂纹产生在焊接应力集中处；当

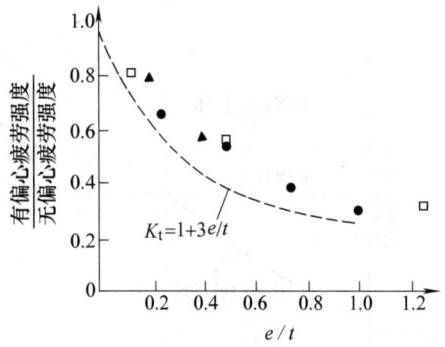

图 5-16 横向对接焊接接头中错边
对疲劳强度的影响

$a \geqslant a_c$ 时，裂纹产生在焊趾。图 5-18 为 Ouchida 和 Nishioka 确定传力的横向角焊缝临界焊脚尺寸的试验方法[5]。

横向角接焊接头因截面几何形状的突然变化而引起应力集中，以及焊趾存在着不可避免的咬边缺欠，其疲劳强度较低，图 5-19 为横向角接焊接头的 S-N

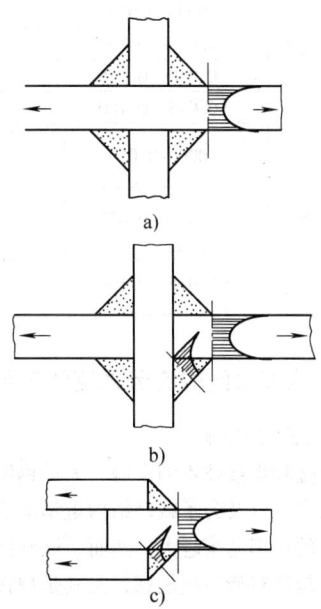

图 5-17 横向角焊缝接头的类型及其应力分布

曲线[5]。在进行焊接结构设计时，应注意：尽可能用横向对接焊接头代替传力的横向角焊接头，若不能避免时，应使焊脚尺寸 $a \geqslant a_c$；横向角焊缝接头应避免布置在受拉应力较大的区域。

5. 咬边对疲劳性能的影响

表 5-1 是 IIW（国际焊接学会）推荐的对接焊和角焊缝接头咬边深度 d 与板厚 t 之比的基准疲劳容许应力。

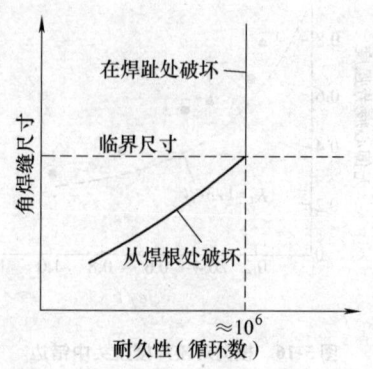

图 5-18　传力的横向角焊缝临界焊脚尺寸的确定

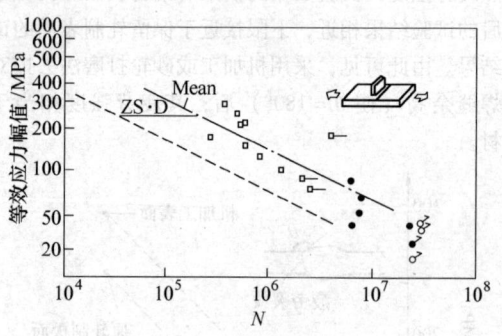

图 5-19　横向角接焊接头的 *S-N* 曲线

表 5-1　咬边深度与基准疲劳容许应力（$N = 2 \times 10^6$次）的关系

接头类别	d/t	2×10^6次 疲劳容许应力 /MPa	图　　示
对接焊接接头	0.000 ~ 0.025	100	
	>0.025 ~ 0.050	90	
	>0.050 ~ 0.075	80	
	>0.075 ~ 0.100	71	
横向角焊缝	0.000 ~ 0.050	80	
	>0.050 ~ 0.075	71	
	>0.075 ~ 0.100	63	

5.3.2　影响焊接结构疲劳强度的其他因素

1. 钢材强度的影响

随着冶金和焊接技术的发展，大型钢结构工程建设的日益增多，以及为了减轻结构重量的需要，采用高强度钢材的比率越来越大。然而，试验证明，钢材的抗拉强度越高对疲劳越敏感，尤其是焊接结构。应力集中较大的焊接接头的疲劳强度并不随母材的抗拉强度成比例地增加。充分认识这一特性对合理地选材是非常有益的。图 5-20 表示采用焊条电弧焊横向对接焊接头在脉动拉伸载荷作用下，2×10^6次的疲劳强度与母材抗拉强度无任何关系[4]。图 5-21 表示纵向角焊缝端部细节的试样在脉动拉伸载荷的作用下，其疲劳强度与母材的抗拉强度也完全无关[3]。所以，各国焊接钢结构最新的疲劳设计规范中，对于相同的构造细节，不同强度级别的钢材均采用相同的疲劳设计曲线[1~4,7~10]。

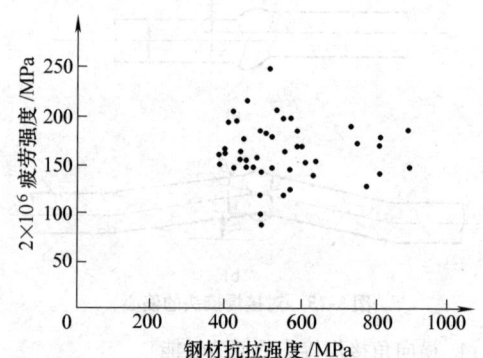

图 5-20　横向对接焊试样疲劳强度与
母材抗拉强度之间的关系

2. 试样尺寸的影响

以往的疲劳试验中，由于经费、试验设备的能力和时间的限制等因素，有相当数量的试验资料是从小试样取得的，应用这些试验资料时需考虑试样尺寸的

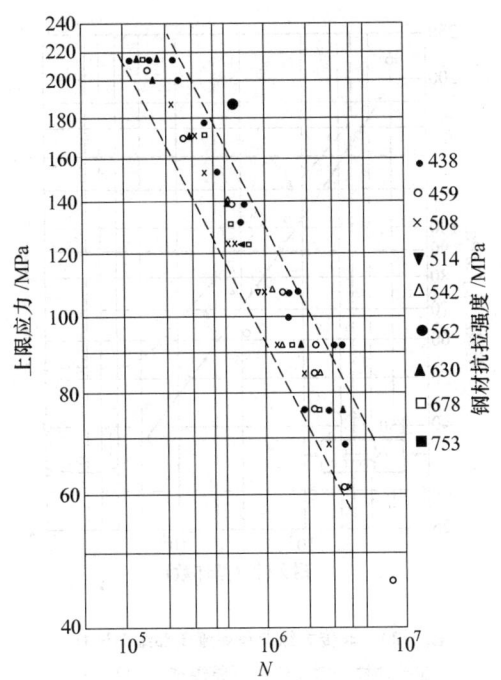

图 5-21　纵向角接焊细节疲劳强度与母材抗拉强度之间的关系

效应。一般而言，试样尺寸的疲劳效应还与焊接残余应力和焊接缺欠有关，小试样或焊后再切割加工的试样往往不能反映实际结构中残余应力的大小和分布，包含焊接缺陷的概率也小。表 5-2 为横向对接焊接头

（去掉焊缝余高）在脉动拉伸载荷作用下，试样尺寸对疲劳强度的影响。表中小试样是从焊缝根部截取的圆棒，圆截面积为 $48mm^2$，中型和大型试样为板试样，截面尺寸为 $30mm \times 14mm$ 和 $70mm \times 14mm$。

表 5-3 为非传力横向角接焊接头在脉动拉伸载荷作用下板厚对疲劳强度的影响。

3. 焊接残余应力的影响

焊接残余应力是焊接过程中构件不均匀受热和冷却而产生的，在平行于焊缝的方向，焊缝区承受拉应力，该拉应力被其他区域的压应力平衡，而且焊缝区的拉应力往往达到材料的屈服应力。基于焊接残余应力分布这一特点，焊接结构在静载荷和疲劳载荷下工作时，残余应力的影响是完全不同的。就疲劳而言，焊接结构中焊接接头几何非连续性和焊接缺陷等引起应力集中的部位经常位于高残余拉应力区，采用近似应力叠加原理来研究残余应力对疲劳应力循环特性的影响，如图 5-22 所示。假定材料为理想弹塑性体（图 5-22a），残余应力对称分布，如图 5-22b 所示，外载引起等幅应力循环如图 5-22c 所示。图 5-22d ~ f 分别表示残余应力与脉动拉伸载荷、交变载荷和半拉伸载荷作用时的应力叠加，各图中曲线 1 为残余应力的分布，曲线 2 为残余应力与外载应力线性叠加后的应力分布，曲线 3 为残余应力峰值进入屈服后的应力重分布，曲线 4 为弹性卸载后的应力分布。所以，对于有残余应力的焊接结构来说，外加循环载荷引起的应力实际上在曲线 3 和曲线 4 之间变化。

表 5-2　试样尺寸对横向对接焊接头的疲劳强度的影响

坡口形式	试样类别	疲劳强度/MPa					
		SM50 钢			HT80 钢		
		5×10^5 次	10^6 次	2×10^6 次	5×10^5 次	10^6 次	2×10^6 次
母材	小	396.3	386.5	377.7	770.0	762.2	753.4
单侧 V 形坡口 间隙 $d = 0$	大	298.2	262.9	232.5	345.3	274.7	217.8
	中	310.0	278.6	249.1	379.6	325.7	278.6
	小	387.5	353.1	322.7	516.0	489.5	464.0
V 形坡口 $d = 2mm$	大	310.0	277.6	249.1	312.9	287.4	264.8
	小	364.9	342.3	321.7	529.7	529.7	528.7
V 形坡口 未熔透 $d = 2mm$	大	291.3	270.7	248.2	288.4	260.9	235.4
V 形坡口 未熔透 $d = 4mm$	大	255.0	216.8	183.4	268.8	241.3	215.8
K 形坡口	大	343.3	333.5	323.7	388.4	377.7	366.9
	小	436.5	415.9	396.3	583.7	577.8	368.0

图 5-21 图例：
● 438
○ 459
× 508
▼ 514
△ 542
● 562
▲ 630
□ 678
■ 753
钢材抗拉强度 /MPa

表 5-3　不同板厚横向角接焊接头疲劳
　　　　强度（2×10^6 次）的比较

（单位：MPa）

板厚 /mm	焊脚尺寸/mm			
	0.25	0.40	0.63	0.79
8.0	—		117.7	
12.7	—	97.1	96.1	95.1
25.4	102.0	100.0	84.4	80.4
38.0	76.5	77.5	—	

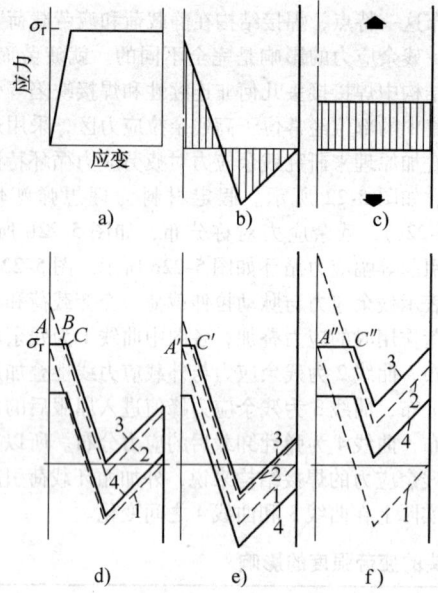

图 5-22　疲劳载荷对有残余应力构件的影响

a）理想弹塑性材料的应力-应变曲线
b）残余应力分布　c）外加等幅循环
应力　d）脉冲拉应力作用时　e）交
变应力作用时　f）半拉应力作用时

　　由此可见，不管疲劳载荷如何，焊缝区受的实际应力循环是从拉伸屈服应力向下脉动变化。这一分析所揭示的特性对研究焊接结构的疲劳性能是特别重要的。美国里海大学 J. W. Fisher 教授采用带有各种焊接细节的焊接工字梁进行了大量试验，证明用应力幅值 $\Delta\sigma_r$ 作为疲劳应力参数时，可以忽略平均应力对疲劳强度的影响[13,14]。

　　关于残余应力对疲劳强度的影响，人们常用原焊态试样和消除应力试样进行对比试验。较早期的试验采用较窄的试板，特别是横向对接焊试样，在磨掉焊缝余高后，或者先焊成大板再切割加工制成试样，其残余应力峰值已有很大降低，因此，消除应力后的疲

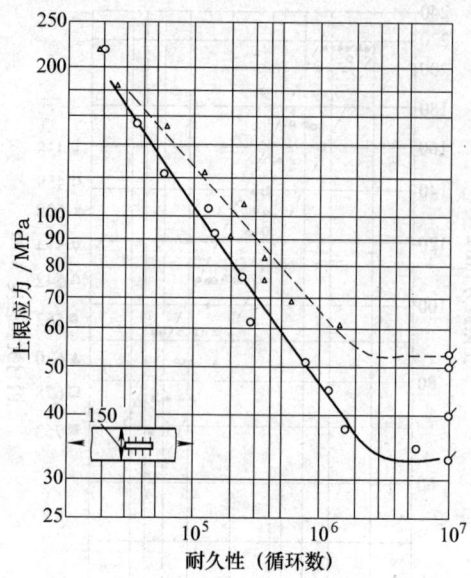

图 5-23　非传力纵向角焊缝端部细节试样
在脉动拉伸载荷作用下原焊态（○）与
消除应力（△）的试验结果比较

劳强度并没有很大提高[5]。英国 T. R. Gurney 教授采用较宽的非传力纵向角焊缝端部细节试样（试板宽150mm）进行了试验，证明消除应力后特别是在低应力长寿命范围内，疲劳强度有显著提高，如图 5-23 所示。

　　在消除残余应力的焊接结构中，在完全压-压循环载荷作用下，一般不会产生疲劳裂纹。然而，在有高拉伸残余应力的结构中，即使完全压应力循环，也可能产生疲劳裂纹，图 5-24 为非传力角焊缝端部细节试样在完全压-压缩循环载荷作用下的 S-N 曲线，此时，平均应力的影响是不容忽略的[5]。

　　4. 焊接缺陷的影响和对焊接质量的要求

　　焊接缺陷主要有裂纹、未熔合、未熔透、气孔、夹渣和外形不良（包括咬边和飞溅）等，有些焊接缺陷在焊接结构中是难以完全避免的。众所周知，焊接缺陷对静强度不很敏感，试验表明当密集气孔使断面的面积减小 7% 时，抗拉强度不会降低[5]。然而，在疲劳载荷作用下它会因应力集中而产生疲劳裂纹。一般说，垂直于受力方向的二维缺陷（裂纹、未熔合）比三维缺陷（气孔等）要严重得多，表面缺陷要比内部缺陷严重，只有内部缺陷足够大，且其影响程度超过外表形状变化的影响时才是有威胁的缺陷。图 5-25 表示低碳钢材对接焊接头中密集气孔对疲劳强度的影响[5]。

　　由此可见，为了确保焊接结构抗疲劳性能，对需

要进行疲劳评定的焊接接头应满足相应的焊缝质量要求，并在构造细节设计图和制造图上明确注明。表5-4列出了欧洲钢结构协会（ECCS）制定的钢结构疲劳设计规范对焊缝质量的最低要求[1]。应当指出，对重要性不同的焊接结构，对焊缝质量的要求也不相同，重要性越大对焊缝质量的要求也越严。

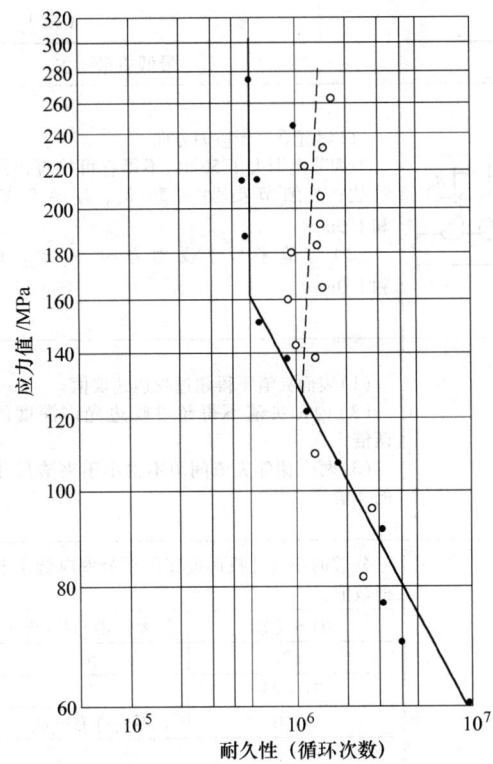

图 5-24　非传力纵向角焊接接头在完全压-压载荷作用下的 S-N 曲线

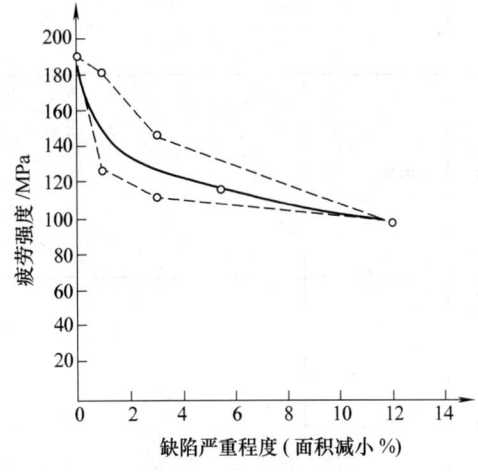

图 5-25　低碳钢对接焊接接头密集气孔对疲劳强度的影响

表 5-4　最低焊缝质量要求

序号	缺陷种类	图　例	最低质量要求
1	裂纹	—	不允许
2	对接焊缝未熔合	—	不允许
3	部分熔透纵向对接焊缝		视为角焊缝
4	对接焊缝未填满		不允许
5	焊瘤		不允许
6	横向对接焊缝凹坑		(1)顺焊缝方向的长度小于板厚 t (2)深度小于 0.1t (3)剩余焊缝厚度 $\geq t$

（续）

序号	缺陷种类	图　例	最低质量要求
7	焊趾咬边深度 d_K	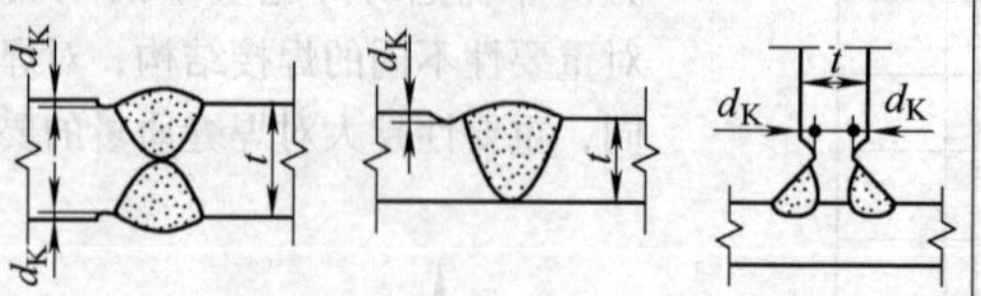	（1）焊缝垂直于应力方向 当细节类别大于 56 时，不得有可检查出的咬边；当细节类别 ≤ 56 时，$d_K \leqslant 0.05t$ 和 1.0mm （2）焊缝平行于受力方向，$d_K \leqslant 0.1t$ 和 1.0mm
8	夹渣	—	（1）表面夹渣不得超过咬边建议值 （2）内部夹渣不得超过咬边允许深度的两倍 （3）两个相邻夹渣间距不得小于夹渣尺寸的 9 倍
9	气孔	—	分散的小气孔投影面积的百分率应低于下列数值： 现表格 对接焊缝中，最大气孔直径不应超过 $t/4$，任何情况下气孔直径不得超过 3.0mm

其中气孔栏内表格：

细节类别	最大投影面积（%）
<71	5
71~90	3
>90	不允许有气孔

5.3.3　改善焊接接头疲劳强度的方法

如前所述，在相同的循环应力作用下，不同焊接接头的疲劳寿命相差很大。在焊接结构的设计和制造中某些疲劳强度较低的接头常常是难以避免的，如横向角焊缝、带有节点板的纵向角焊缝端部细节等。若采取增大构件断面降低其标称应力来确保其疲劳寿命，从技术和经济原因来看是不可取的，特别是高强度钢材。因此，采用改善方法来提高这些焊接接头的疲劳性能具有十分重要的经济意义。近几十年来，人们已研究出许多提高焊接接头疲劳寿命的方法，概括起来可分为三类：一是改善非连续性的几何形状，缓和集中应力；二是在易产生裂纹的缺口部位预制残余压应力，或者消除有不利影响的焊接残余应力；三是覆盖塑料等涂层，防止腐蚀介质环境的不利影响。表

5-5 列出了各种改善方法及其技术说明、适用范围、优点和缺点[13]。

各国学者对这些方法进行了较多的试验，图5-26 为低碳钢材非传力横向角焊缝接头原焊态与采取各种改善方法后疲劳曲线的比较[5]，由该图可见，对于横向角焊缝（或横向对接焊缝）接头，改善焊趾几何形状、消除焊趾咬边的方法比预制残余压应力的方法效果好。图 5-27 是低碳钢非传力纵向角焊缝端部细节原焊态与采取各种改善方法的疲劳曲线的比较[3]。对于这些细节，预制残余压应力的方法比改善几何形状的方法有效。其他一些试验表明，对于高强度钢而言，采用 TIG 重熔法、球形锤头锤击法比打磨法有更好的效果[14,15]。值得注意的是，在选择改善法时需综合考虑以下因素：

表 5-5　提高焊接接头疲劳强度的方法

方　　法		技术说明	使用范围及优点	缺　　点
改善几何形状方法	电弧气刨后补焊法	用碳弧气刨吹掉熔化金属后再补焊	适用于有很大的内部缺陷	费用高，补焊可能产生新的缺陷
	砂轮修磨法	用100cm 直径砂轮，60~150 级石英砂	适用于对接焊缝余高，快速容易	不能打磨所有缺陷

（续）

方　法		技术说明	使用范围及优点	缺　　点
改善几何形状方法	钻孔法	孔径一般为 11～15mm。用锥形砂轮打磨焊趾,磨去基材 0.5mm	适用于节点板和个别有裂纹的节。费用低,不要求有特别的设备适用于角焊缝,这是打磨法中最有效的方法	仅用于穿透裂纹,延长其疲劳寿命
	锥形砂轮磨光法	用 30～200 级石英砂轮分 3 次连续磨光	适用于厂制的小机械部件和横向焊缝	消耗多,费用高,难于确保质量
	TIG 重熔法	用 TIG 焊不填充焊丝重熔焊趾,能消除 6mm 深的缺陷	对高强钢,当裂纹起始寿命较大时,改善效果更大	要求焊缝表面清洁,引起焊缝表面硬化
减小残余应力方法	射水冷却法	将焊缝加热至 500℃ 保持 3min,然后射水使表面快速冷却	不需知道裂纹起始位置,不需严格控制温度	高温(500℃),限制冷却位置。不适用于大型接头和小型接头构件
	点加热法	在距焊缝一定位置加热至 280℃,引起局部屈服	适用于大板	过热可能引起冷却时的马氏体变化
	多丝锤击法	用 ϕ2mm 钢丝组成束状锤头,对焊趾表面进行冷作加工,压缩空气压力为 500～1000kPa	适用于中等严重的缺口	必须知道开裂位置,对横向焊缝无效
	喷丸锤击法	喷铁丸对焊趾表面进行冷作加工	适用于平板或轻微缺口	引起较小的缺口,尚未建立质量控制技术 要求有操作经验,仅适用于水平位置
	单点锤击法	用直径 6～12mm 球形锤头对焊趾进行冷加工,可用电锤或气压锤	适用于较严重的缺口,无损耗	要求有操作经验
	局部加压	在距焊缝一定位置局部加压至屈服(2～3 倍屈服荷载)	适用于铝合金	
	初始超载法	用拉伸法预先加载使焊缝区局部屈服	适用于薄板	不适用于很大结构
	内应力消除法	在炉内加热至 600℃,缓冷 24h 以上,加热速度为每 10mm 板厚 1h	适用于小构件的纵向角焊缝	大构件常常不成功,冷却速度慢
	超声波锤击法	用超声波锤击焊趾,消除咬边,预制表面残余压应力	适用于角焊缝和对接焊缝	
涂装方法	油漆、镀锌阴极防护	塑料、油漆,逐层涂装	适用于腐蚀环境 适用于发生应力腐蚀裂纹和裂纹扩展速度大于 10^{-5} mm/周的严重腐蚀环境	费用高

1) 改善疲劳强度的效果。

2) 附加费用（包括材料消耗、工时和技术难

易等）。

3) 改善方法的质量控制。

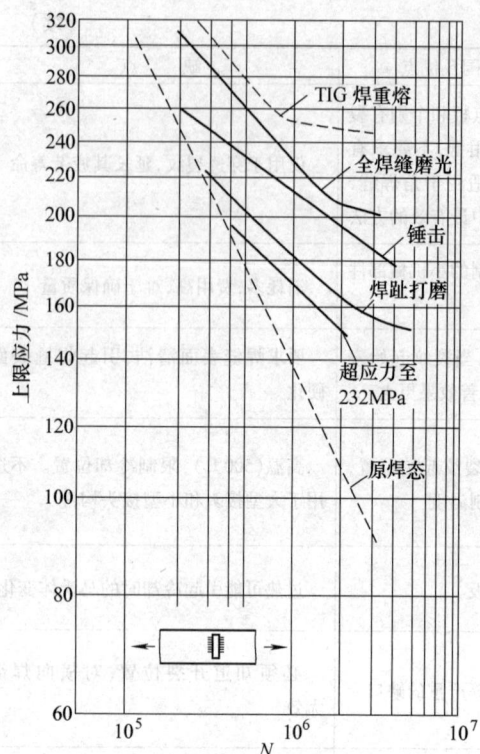

图 5-26　横向角焊缝接头各种改善方法
S-N 曲线的比较

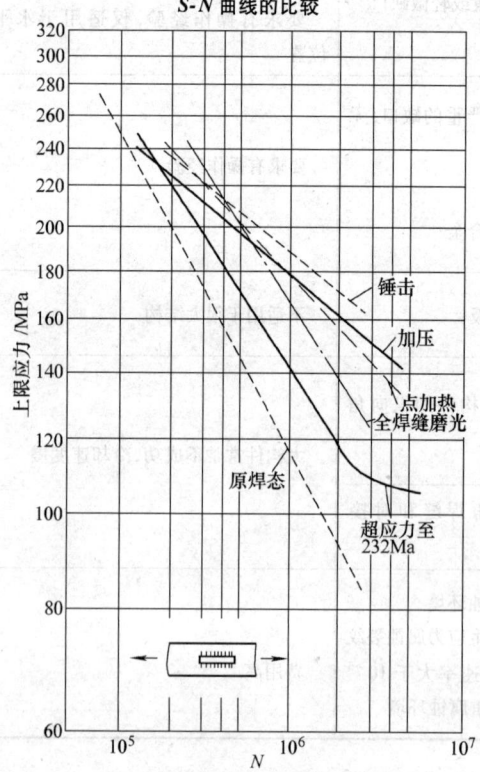

图 5-27　纵向角焊缝接头各种改善方法
S-N 曲线的比较

对所选用的方法应有充分的试验证明，避免选用方法不当造成有害的影响。

5.4　疲劳设计

对于承受疲劳载荷的结构，疲劳设计是在对结构进行强度设计并确定了各构件截面尺寸和连接细节后，为了避免疲劳破坏而必不可少的程序。实践证明，正确仔细的疲劳设计和制造是防止结构疲劳破坏的最有效措施。

5.4.1　疲劳设计方法

1. 容许应力设计法

该方法是把各种构件和接头的试验疲劳强度除以一个特殊安全系数作为容许应力（如疲劳极限、非破坏概率 95% 的 2×10^6 次的疲劳强度等），使设计载荷引起的应力最大值不超过其容许应力，从而确定构件断面尺寸的设计方法。该方法是建立在大量的试验资料和多年经验基础上的设计方法，当疲劳载荷引起的应力偏差很大时，它往往是不经济的。

2. 极限状态设计法

该方法是把疲劳载荷和各种接头的疲劳强度视为按一定概率密度函数分布的变量，根据这两个变量的某个期望值和可能的变异性，计算出结构设计寿命终止时的存活概率，据此来决定构件的断面尺寸。该方法并不意味着结构设计寿命终了时结构立即报废，而是反映结构抗疲劳的安全水平，安全水平的指标可以定义为安全水平指数 β。

这种基于可靠性理论的极限状态设计法是机械和工程结构设计的发展趋势。本节将对极限状态设计法作一简要介绍。

5.4.2　疲劳极限状态设计法

1. 疲劳评定程序

疲劳评估应当证实，结构从开始使用到设计寿命终了时，在疲劳载荷的作用下，达到所要求的存活概率。设计寿命是指结构能正常运行而无需修补的周期。疲劳设计应对结构中每个潜在的疲劳裂纹部位进行评估，将疲劳设计应力谱与不同细节类别的疲劳强度曲线进行比较，要求在结构设计寿命期限内不发生疲劳失效。

2. 设计表达式

疲劳设计表达式建立在以下概念基础上，即在设计寿命内被评定结构细节的疲劳抗力不低于预计疲劳载荷在该位置引起的载荷效应。

则

$$\frac{\Delta\sigma_{R}}{\gamma_{m}} \geqslant \gamma_{s}\Delta\sigma_{eq} \qquad (5-6)$$

式中　$\Delta\sigma_{R}$——被评定细节对应于某一给定应力循环次数的平均疲劳强度；

　　　$\Delta\sigma_{eq}$——根据疲劳设计应力谱按式（5-5）求得的等效等幅应力幅值；

　　　γ_{m}——疲劳抗力分项系数。反映实物与试样之间由于非连续性尺寸、形状和接近程度的变化，以及局部应力集中、细节尺寸、冶金效应、残余应力、裂纹形状和焊接工艺的变化而引起给定结构细节疲劳强度的不确定性，γ_{m} 应不小于 1；

　　　γ_{s}——疲劳载荷的分项系数。反映作用载荷的大小、由作用载荷到应力和应力幅变换、应力循环次数、疲劳设计应力谱的等效等幅应力等项因素的不确定性，γ_{s} 应不小于 1。

3．安全概念和安全水平指数 β

1）安全概念。如前所述，极限状态设计法的安全评定的目标是通过考虑疲劳抗力不确定性和疲劳载荷效应不定性的综合影响，给出设计寿命终了时的存活概率。它与容许应力法中的特殊安全系数的安全概念完全不同，特殊安全系数是人们出于对安全的期望凭经验确定的，它不能作为度量设计变量不定性的尺度，因此它不能定量地指出结构的可靠性。

2）安全水平指数 β。疲劳强度的概率密度函数曲线 $f(\Delta\sigma_{R}, S_{R})$ 和由疲劳载荷效应求得的等效等幅应力幅值的概率密度函数曲线 $f(\Delta\sigma_{eq}, S_{eq})$，两者均近似地符合对数正态分布。

$\lg\Delta\sigma_{R}$ 是常用的疲劳强度以 10 为底的对数值，等于由回归统计分析求得的平均值减去两倍标准偏差；S_{N} 是应力循环次数 N（N 的单位为以 10 为底的对数值）的分布标准偏差，$S_{R}\left(=\dfrac{S_{N}}{m}\right)$ 是 $\Delta\sigma_{R}$ 分布的标准偏差；$\Delta\sigma_{eq}$ 是等效等幅应力幅值的期望值，S_{eq} 是 $\Delta\sigma_{eq}$ 的标准偏差的估计值（S_{eq} 也是以 10 为底的对数值）；m 是疲劳曲线斜率。

图 5-28 为安全水平指数 β 与失效概率（或存活概率）的关系：

根据一次二阶矩原理，安全水平指数 β 方程可用下式表示：

$$\beta = \frac{\lg\Delta\sigma_{R} + 2S_{R} - \lg\Delta\sigma_{eq}}{\sqrt{S_{R}^{2} + S_{eq}^{2}}} \qquad (5-7)$$

如果对式（5-6）取对数，可得

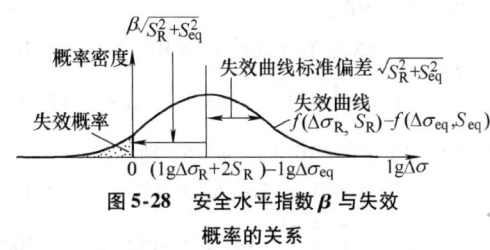

图 5-28　安全水平指数 β 与失效概率的关系

$$\lg\Delta\sigma_{R} = \lg\Delta\sigma_{eq} + \lg\gamma_{s} + \lg\gamma_{m} \qquad (5-8)$$

将式（5-8）代入式（5-7），则安全水平指数 β 也可用分项安全系数表示，并可分析得各分项系数值。

$$\beta = \frac{\lg\gamma_{s} + \lg\gamma_{m} + 2S_{R}}{\sqrt{S_{R}^{2} + S_{eq}^{2}}} \qquad (5-9)$$

5.4.3　疲劳强度设计曲线和细节类型

1．疲劳强度设计曲线

一般的焊接结构通常采用细节分类法进行疲劳评定。细节类型的划分考虑了接头的形式，以及构造细节的局部应力集中、允许的最大非连续性的尺寸和形状、受力方向、冶金效应、残余应力、疲劳裂纹形状，在某些情况下还考虑了焊接工艺和焊后的改善措施。

图 5-29 是 "EN1993-1-9：2005 Eurocode3：Design of steel structures part1-9：Fatigue" 规范推荐的正应力幅设计疲劳强度曲线[2]。该图中，$\Delta\sigma_{c}$ 是把各细节的 2×10^{6} 次常幅名义应力疲劳强度作为疲劳强度基准值。$\Delta\sigma_{D}$ 是把各细节的 5×10^{6} 次常幅名义应力疲劳强度作为疲劳强度极限值，$\Delta\sigma_{L}$ 是把各细节的 1×10^{8} 次常幅名义应力疲劳强度作为疲劳强度截止限。则可根据 $\Delta\sigma_{R}^{m}N_{R} = C$ 求得任意应力循环次数 N_{R} 的疲劳强度 $\Delta\sigma_{R}$。

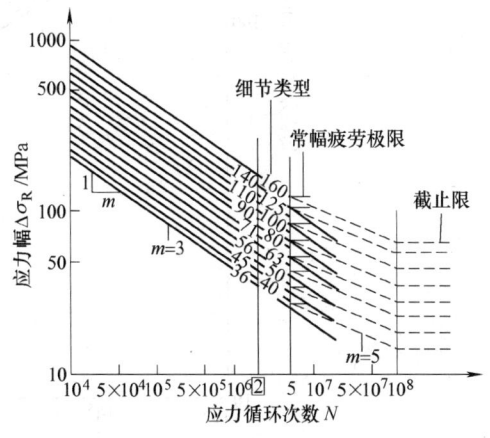

图 5-29　正应力幅设计疲劳强度曲线

当 $N \leqslant 5 \times 10^6$ 时，$m=3$，则

$$\Delta\sigma_R^m N_R = \Delta\sigma_c^3 \times 2 \times 10^6 \quad (5\text{-}10a)$$

$$\Delta\sigma_D = \left[\frac{2}{5}\right]^{1/3} \Delta\sigma_c = 0.737\Delta\sigma_c \quad (5\text{-}10b)$$

当 $5 \times 10^6 < N \leqslant 10^8$ 时，$m=5$，则

$$\Delta\sigma_R^m N_R = \Delta\sigma_D^5 \times 5 \times 10^6 \quad (5\text{-}10c)$$

$$\Delta\sigma_L = \left[\frac{5}{100}\right]^{1/5} \Delta\sigma_D = 0.549\Delta\sigma_D \quad (5\text{-}10d)$$

图 5-30 是 "EN1993-1-9：2005" 规范推荐的切应力幅设计疲劳强度曲线[2]。

当 $N \leqslant 10^8$ 时，$m=5$，则

$$\Delta\tau_R^m N_R = \Delta\tau_c^5 \times 2 \times 10^6 \quad (5\text{-}10e)$$

$$\Delta\tau_L = \left[\frac{5}{100}\right]^{1/5} \Delta\tau_c = 0.549\Delta\tau_D \quad (5\text{-}10f)$$

2. 疲劳强度的修正

1）尺寸的影响。考虑板厚和其他尺寸的影响，疲劳强度的修正由下式求得

$$\Delta\sigma_{c,red} = K_s \Delta\sigma_c \quad (5\text{-}11a)$$

式中　$\Delta\sigma_{c,red}$——修正后的疲劳强度；

　　　K_s——修正系数，见表 5-7 和表 5-9。

2）受压的非焊接细节或消除应力的焊接细节。当应力循环的一部分或全部受压时，在疲劳评定时，用有效应力幅来考虑平均应力对疲劳强度的影响

$$\Delta\sigma_E = |\Delta\sigma_{max}| + 0.6|\Delta\sigma_{min}| \quad (5\text{-}11b)$$

式中　$\Delta\sigma_{max}$——拉应力；

　　　$\Delta\sigma_{min}$——压应力。

表 5-6 给出了各曲线疲劳强度 $\Delta\sigma_R$ 的数值。

表 5-6　疲劳强度数值 $\Delta\sigma_R$/MPa

10^5	细节类型 2×10^6	等幅疲劳极限 5×10^6	截止限 10^8
434	160	118	65
380	140	103	57
339	125	92	51
304	112	83	45
271	100	74	40
244	90	66	36
217	80	59	32
193	71	52	29
171	63	46	25
152	56	41	23
136	50	37	20
122	45	33	18
109	40	29	16
98	36	26	15

3. 细节类别

根据前述的关于划分各种典型构造细节的准则，按通用的设计特点，把各种细节归纳成表 5-7 ~ 表 5-16[2]。

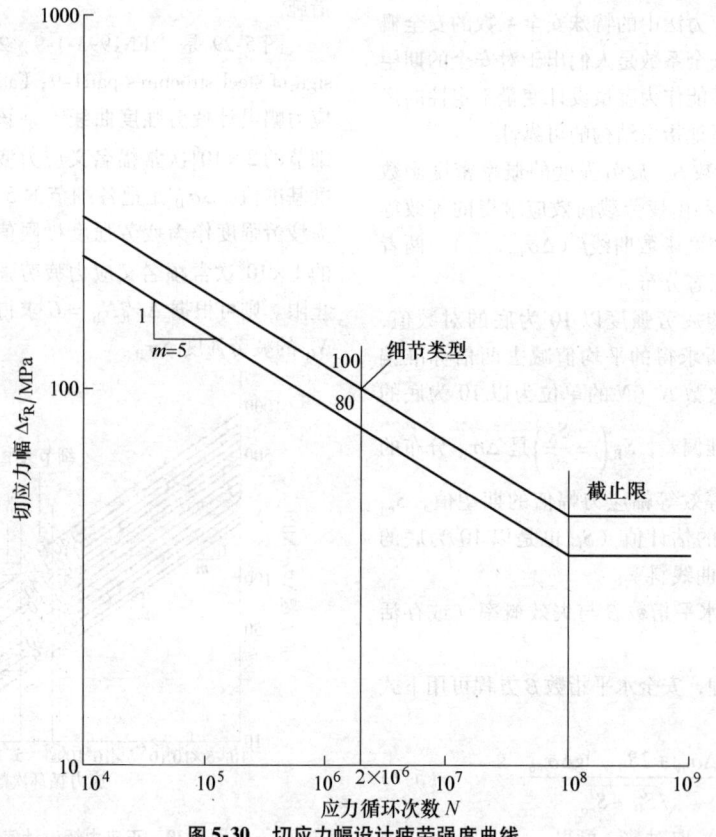

图 5-30　切应力幅设计疲劳强度曲线

表 5-7　非焊接构件和机械紧固接头

细节等级	构造细节	描述	要求
160	 ①　②　③	轧制和压制品: ①板材、带材 ②轧制断面 ③无缝钢管(圆管和方管)	细节①、②及③: 打磨尖锐刃边、表面和轧制缺陷,直至消除并使之光滑过渡
140	④	剪切和气割板材: ④机械气割或剪切材料,然后进行修整 ⑤带有很浅和规则波痕的机械气割边缘的材料或者手工气割的材料,然后进行修整	④的所有可见板边痕迹 清除非连续性 用机械和打磨法加工切割断面,并清除毛边 打磨等机械划痕应平行于受力方向 细节④和⑤:
125	⑤		通过打磨(斜率为1:4)来改善凹角或采用适当的应力集中系数来估算凹角的影响 不采用补焊处理
100 m=5	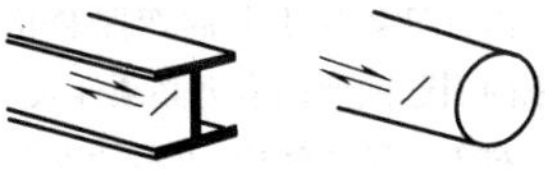 ⑥　⑦	⑥和⑦轧制和压制品如①、②和③	细节⑥、⑦: $\Delta\tau$ 由下式计算 $$\tau = \dfrac{VS(t)}{It}$$

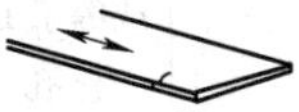

对于构造细节①~⑤,当采用耐候钢时,应将相应细节等级降低一级使用

细节等级	构造细节	描述	要求
112	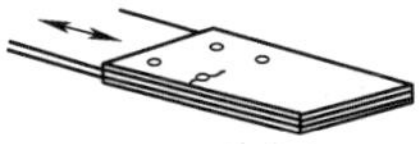 ⑧	⑧预紧力高强螺栓连接的双面拼接接头	用毛截面计算正应力幅
		⑧预紧力射钉连接的双面拼接接头	用毛截面计算正应力幅
90	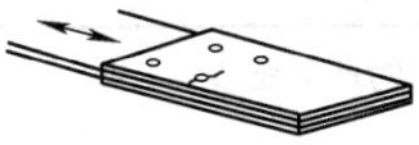 ⑨	⑨精配螺栓连接的双面拼接接头	用净截面计算正应力幅
		⑨非预紧力的射钉连接的双面拼接接头	用净截面计算正应力幅
	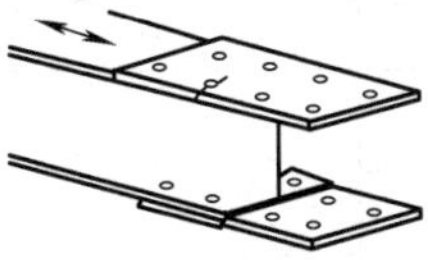 ⑩	⑩预紧力高强螺栓连接的单面拼接接头	用毛截面计算正应力幅
		⑩预紧力射钉连接的单面拼接接头	用毛截面计算正应力幅
	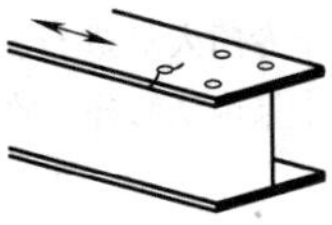 ⑪	⑪承受弯矩和轴力的带孔结构构件	用净截面计算正应力幅

细节⑧~⑬的一般要求:
栓孔距构件边缘距离大于或等于1.5倍孔径
栓孔中心距大于或等于2.5倍孔径

（续）

细节等级	构 造 细 节	描 述		要 求
80	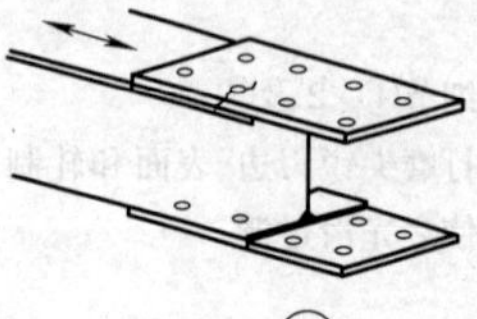 ⑫	⑫精配螺栓连接的单面拼接接头	用净截面计算正应力幅	细节⑧～⑬的一般要求：栓孔距构件边缘距离大于或等于1.5倍孔径　栓孔中心距大于或等于2.5倍孔径
		⑫非预紧力射钉连接的单面拼接接头	用净截面计算正应力幅	
50	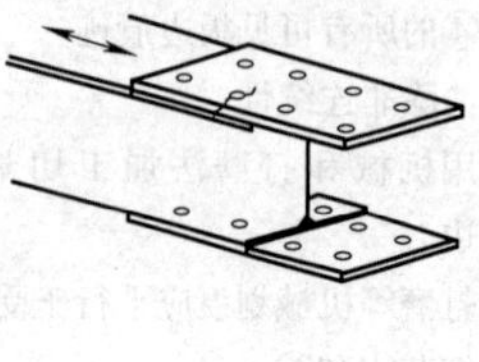 ⑬	⑬有常规孔间隙的非预紧力螺栓连接的对称接头（无反向载荷）	用净截面计算正应力幅	
50	当 $\phi \geq 30mm$ 尺寸效应：$K_s = \left(\dfrac{30}{\phi} \right)^{0.25}$⑭	⑭受拉的轧制或切割成螺纹的螺栓或棒材　对于大直径（锚固螺栓）尺寸效应通过参数 K_s 考虑		细节⑭：用螺栓的拉应力面积计算 $\Delta\sigma$　由杠杆效应引起的弯曲和拉伸，以及其他原因引起的弯曲应力必须计入　对于预紧力螺栓，可不计入应力幅的降低
100 $m=5$	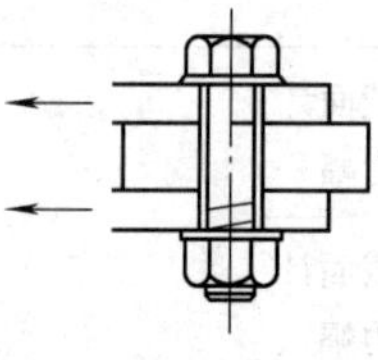 ⑮	单面或双面承剪螺栓（螺纹不在剪切平面内）⑮精配螺栓　无反向载荷普通螺栓（5.6、8.8、10.9级）		细节⑮：按螺栓无螺纹面积计算 $\Delta\tau$

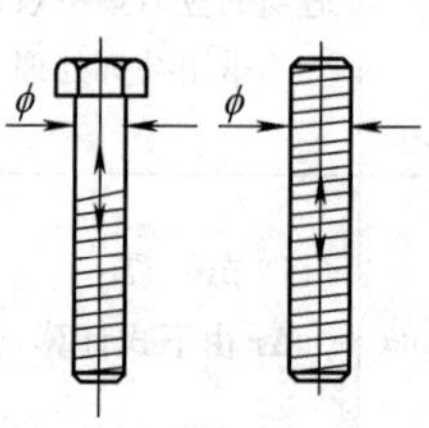

注：160级是疲劳强度曲线的最高等级，没有任何承受循环应力构件能达到更高的疲劳强度。

表5-8　焊接截面（典型的构造细节分类，箭头表示应力幅值的计算位置和方向）

细节等级	构 造 细 节	描 述	要 求
125	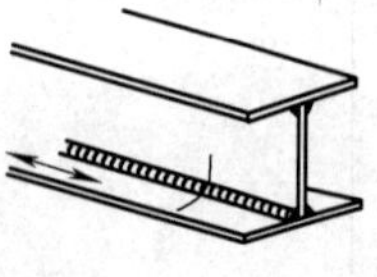 ① 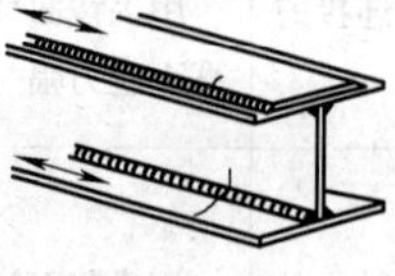 ②	连续纵向焊缝：①由两侧施焊的自动对接焊缝②自动角焊缝。盖板端部细节见表5-11中细节⑥或⑦	细节①、②：不允许在焊缝处起、熄弧，除非有专门人员进行修补作业，且检测结果确认修补有效

（续）

细节等级	构 造 细 节	描 述	要 求
112	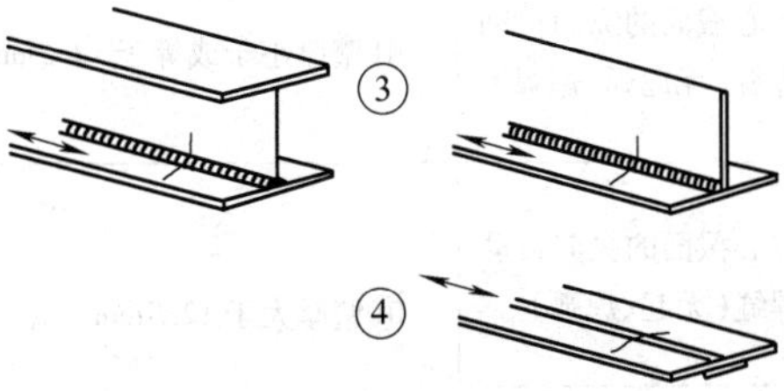	③由两侧施焊的自动角焊缝或对接焊缝（含有起、熄弧） ④带有连续衬垫一侧施焊的自动对接焊缝（无起、熄弧）	④当这一细节存在起、熄弧时,应采用细节等级100
100	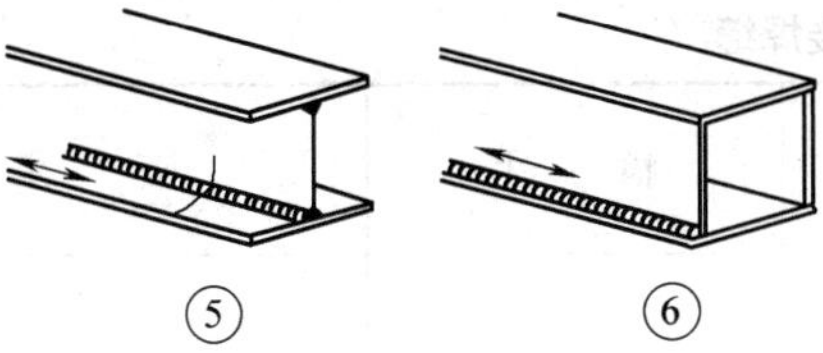	⑤手工角焊缝或对接焊缝 ⑥由一侧施焊的手工或自动对接焊缝（特别是箱形构件）	⑤、⑥需保证翼缘和腹板间充分密贴 腹板坡口加工需留有足够的钝边以保证正常根部熔透而又不烧漏
100	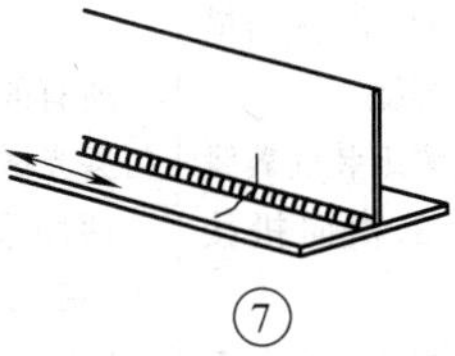	⑦ 经修补后的细节①～⑥	⑦由专门人员打磨清除所有可见痕迹,并经充分验证才可恢复采用原来的等级
90	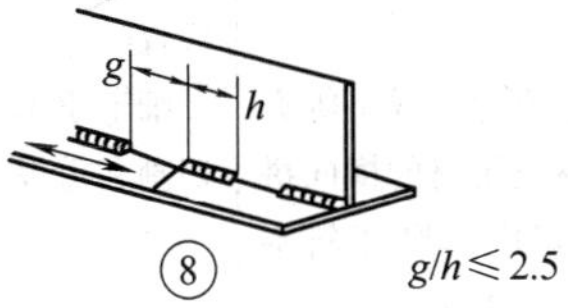 g/h≤2.5	⑧间断的纵向角焊缝	⑧Δσ 由翼缘上正应力幅确定
71	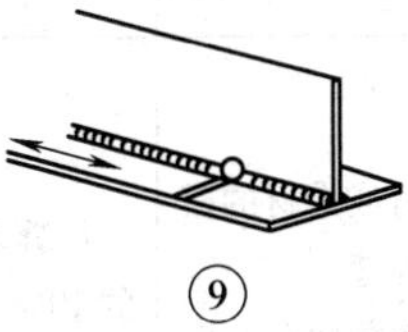	⑨带有一高度不超过60mm过焊孔的纵向对接焊缝、角焊缝或间断焊缝 对于带有高度超过60mm过焊孔的细节见表5.9中细节①	⑨Δσ 由翼缘上正应力幅确定
125	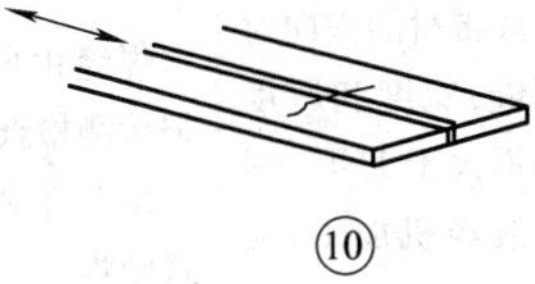	⑩纵向对接焊缝,焊缝两侧均顺受力方向打磨平顺。100%无损检测	—
112		⑩不打磨,无起弧、熄弧	
90		⑩有起弧、熄弧	

（续）

细节等级	构　造　细　节	描　　述	要　　求
140	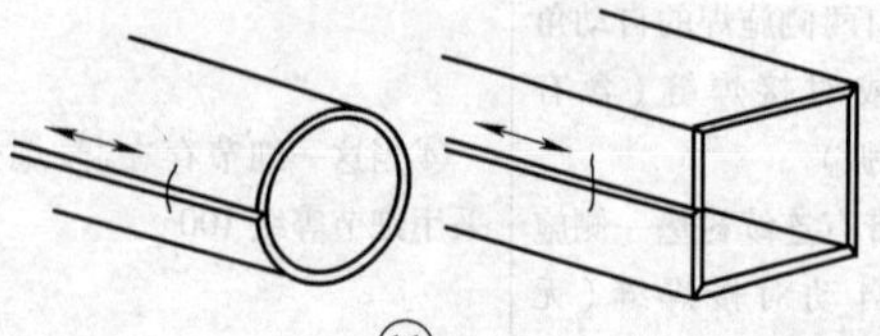 ⑪	⑪空心截面的纵向自动封闭焊缝(无起弧、熄弧)	⑪壁厚小于或等于12.5mm
125		⑪空心截面的纵向自动封闭焊缝(无起、熄弧)	⑪壁厚大于12.5mm
90		⑪有起弧、熄弧	

表 5-9　横向对接焊缝

细节等级	构　造　细　节	描　　述	要　　求
112	当 $t \geqslant 25$mm 尺寸效应: $K_s = \left(\dfrac{25}{t}\right)^{0.2}$	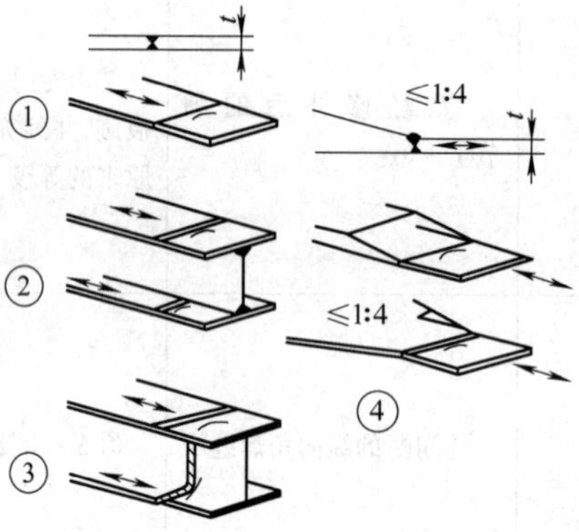 无衬垫板: ①板材、带材的横向拼接焊缝 ②板梁组装前翼缘和腹板的横向拼接焊缝 ③轧制截面全断面对接焊缝(无过焊孔) ④不等厚或不等宽板材或带材的横向拼接,宽度和厚度斜率不大于1:4	所有的焊缝都顺箭头方向打磨光滑至钢板表面 两侧采用引弧板,焊后除去,板边顺应力方向打磨平顺 两侧施焊;采用无损检测检查 细节③仅用于轧制截面、切割和重焊的接头
90	当 $t \geqslant 25$mm 尺寸效应: $K_s = \left(\dfrac{25}{t}\right)^{0.2}$	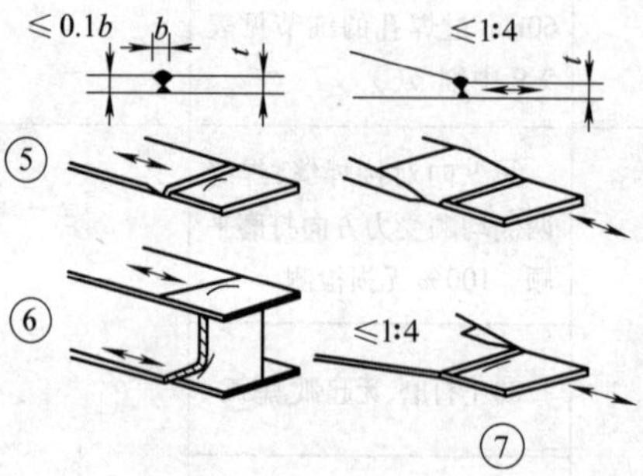 ⑤板材或带材的横向拼接焊缝 ⑥轧制截面全断面对接焊缝(无过焊孔) ⑦不等厚或不等宽板材或带材的横向对接焊缝,宽度和厚度斜率不大于1:4。焊缝过渡经机加工,无缺口	焊缝余高不大于焊缝宽度的10%,并光滑地过渡到钢板表面 两侧采用引弧板,焊后除去,板边顺应力方向打磨平顺 焊缝由两侧施焊;采用无损检测检查 细节⑤和⑦采用俯焊位置施焊

（续）

细节等级	构造细节	描述	要求
90	当 $t \geqslant 25\text{mm}$ 尺寸效应：$K_s = \left(\dfrac{25}{t}\right)^{0.2}$　⑧	⑧同细节③，但带过焊孔	所有的焊缝都顺箭头方向打磨光滑至钢板表面　两侧采用引弧板，焊后除去，板边顺应力方向打磨平顺　由两侧施焊，采用无损检测检查　相同尺寸轧制断面，误差相同
80	当 $t \geqslant 25\text{mm}$ 尺寸效应：$K_s = \left(\dfrac{25}{t}\right)^{0.2}$　⑨ ⑪ ⑩	⑨无过焊孔的焊接板梁对接焊缝　⑩带有过焊孔的轧制截面全断面对接焊缝　⑪板材、带材、轧制截面或板梁的横向对接焊缝	焊缝余高不大于焊缝宽度的20%，并光滑地过渡到钢板表面　焊缝不打磨光滑　两侧采用引弧板，焊后去除，板边延应力方向打磨平顺　由两侧施焊，采用无损检测检查　细节⑩：焊缝余高不大于焊缝宽度的10%，并光滑过渡到钢板表面
63	⑫	⑫不带过焊孔轧制截面构件的全断面横向对接	两侧采用引弧板，焊后除去，板边顺应力方向打磨平顺　焊缝两侧施焊
36		⑬单侧施焊的对接焊缝	
71	当 $t \geqslant 25\text{mm}$ 尺寸效应：$K_s = \left(\dfrac{25}{t}\right)^{0.2}$　⑬	⑬单侧施焊的对接焊缝，但必须采用适当的无损检测方法保证全熔透	⑬无衬垫板
71	当 $t \geqslant 25\text{mm}$ 尺寸效应：$K_s = \left(\dfrac{25}{t}\right)^{0.2}$　⑭ ⑮	有衬垫板：⑭横向拼接　⑮不等厚或不等宽板材或带材的横向对接焊，宽度和厚度斜率不大于1:4　对于曲板同样有效	细节⑭和⑮：钢垫板的角焊缝，应使垫板距受力板边大于10mm　定位焊应设在对接焊缝内

（续）

细节等级	构　造　细　节	描　　述	要　　求
71	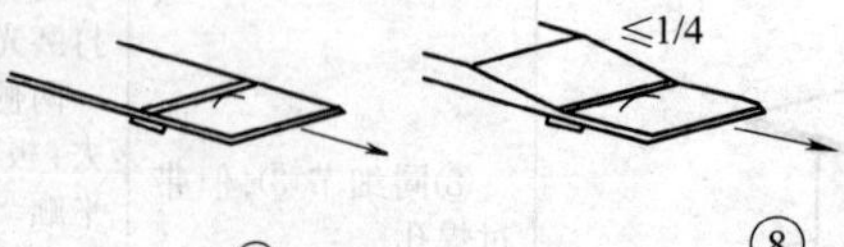 当 $t \geqslant 25mm$ 尺寸效应： $K_s = \left(\dfrac{25}{t}\right)^{0.2}$ ⑯　　　　　　　⑧	⑯带有永久衬垫板的不等厚或不等宽板材或带材的横向对接焊缝，斜率小于1:4	⑯如果不能保证衬垫与板密贴，则连续衬垫板的角焊缝中止在距受力板边不小于10mm处
71	当 $t \geqslant 25mm$ 尺寸效应和（或）偏心的综合影响： $K_s = \dfrac{\left(\dfrac{25}{t_1}\right)^{0.2}}{\left(1 + \dfrac{6e}{t_1}\dfrac{t_1^{1.5}}{t_1^{1.5} + t_2^{1.5}}\right)}$ 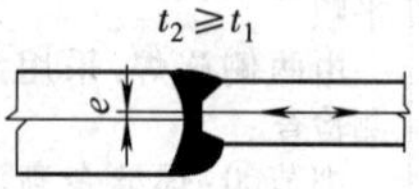 $t_2 \geqslant t_1$ ⑱	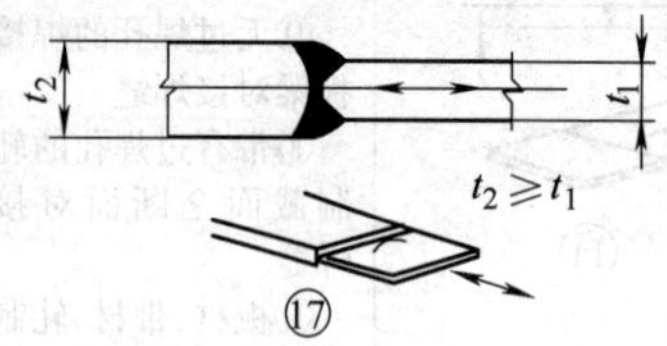 ⑰不等厚板对接焊缝（无斜坡过渡和中线一致）	—
同表5-10 细节①	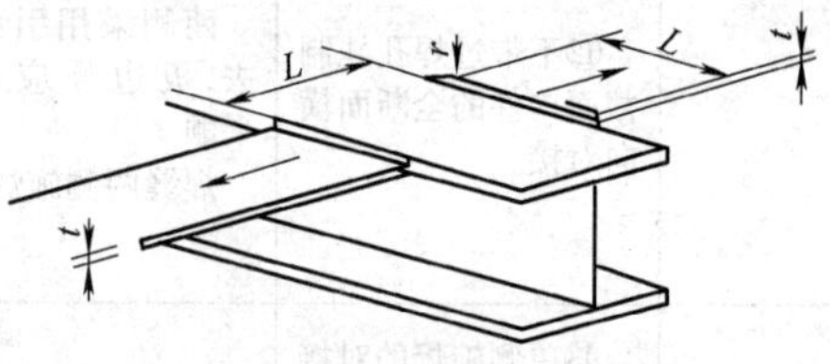	⑱相交翼缘横向对接焊缝	细节⑱和⑲： 连续构件的疲劳强度必须根据表5-9中的细节④或细节⑤验算
同表5-9 细节④	⑲	⑲根据表5-9中细节④带有圆弧过渡的相交翼缘横向对接焊缝	

表5-10　焊接附件和加劲肋

细节等级	构　造　细　节	描　　述	要　　求
80	$L \leqslant 50mm$	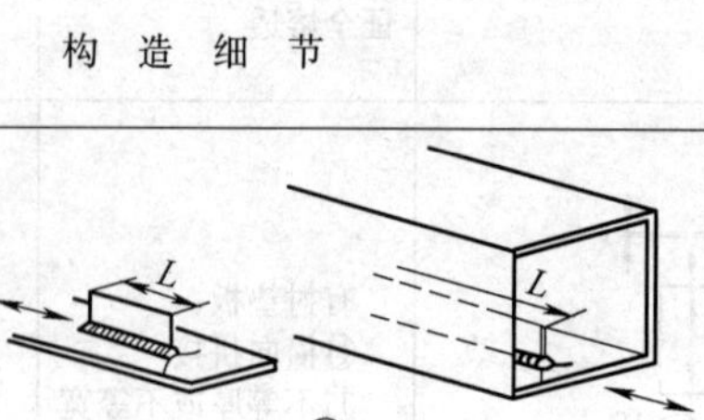 纵向附件： ①根据附件长度 L 进行细节等级分类 ①	细节①附件厚度必须小于其高度。如不满足，则按表5-11细节⑤或细节⑥处理
71	$50mm < L \leqslant 80mm$		
63	$80mm < L \leqslant 100mm$		
56	$L > 100mm$		
71	$L > 100mm$ $\alpha < 45°$	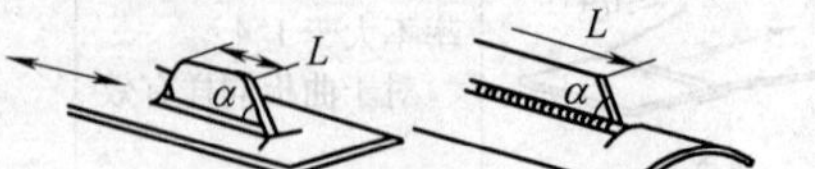 ②板或管上纵向附件 ②	—

（续）

细节等级	构造细节	描述	要求
80	$r>150\text{mm}$	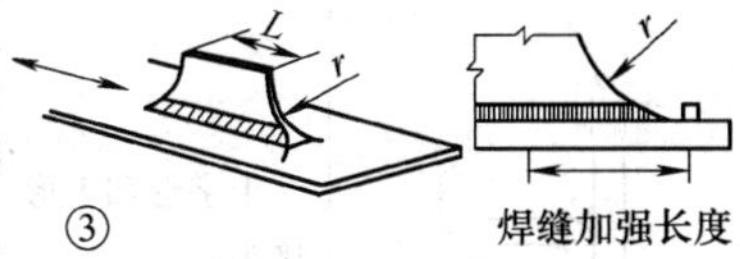 ③板或管上用纵向角焊缝焊接的节点板（带有圆弧过渡）；角焊缝端部加强（全熔透） 加强焊缝长度大于过渡半径 r	细节③和④： 焊接前由机械或气割在节点板上形成圆弧，焊接后平行于箭头方向打磨焊缝区，形成光滑过渡半径 r，完全磨去横向焊缝焊趾
90	$\dfrac{r}{L}\geqslant\dfrac{1}{3}$ 或 $r>150\text{mm}$	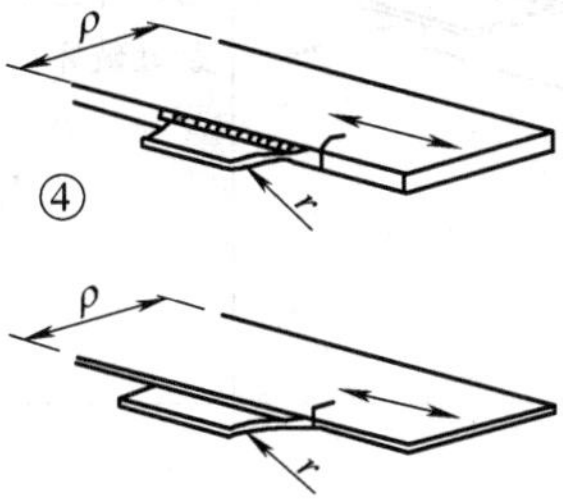 ④板与焊于板边或梁翼缘上的节点板对接焊缝（有圆弧过渡）	
71	$\dfrac{1}{6}\leqslant\dfrac{r}{L}<\dfrac{1}{3}$		
50	$\dfrac{r}{L}\geqslant\dfrac{1}{3}$		
40		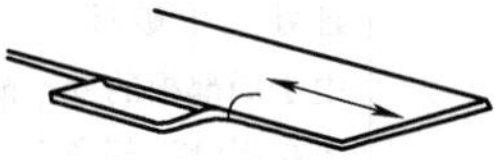 ⑤原焊态（无圆弧过渡）	—
80	$L\leqslant50\text{mm}$	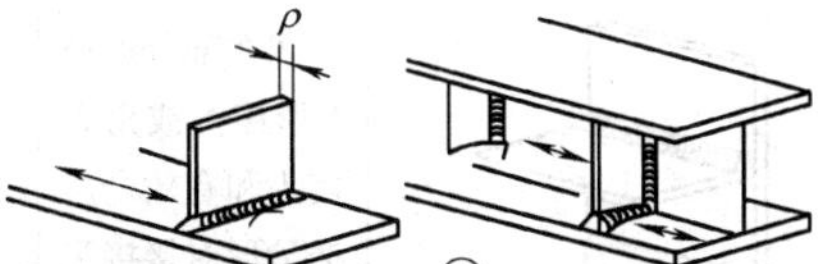 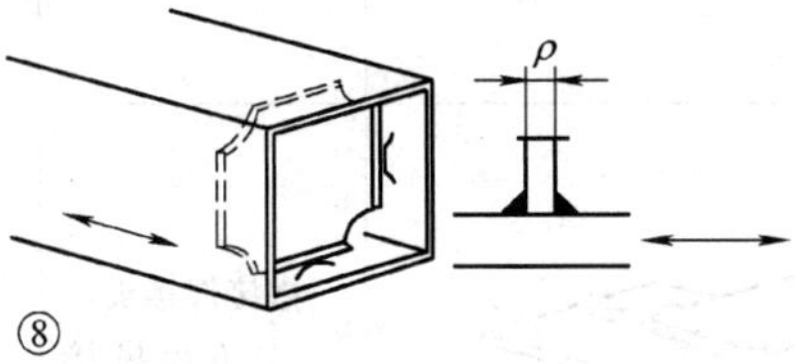 横向附属件： ⑥与板焊接 ⑦焊接到板梁上的竖向加劲肋 ⑧焊于箱梁翼缘或腹板的横隔板。（对于小的空心断面可没有该细节） 该评定适用于环向加劲肋	细节⑥和⑦： 焊缝终端需仔细打磨消除可能产生任何的咬边 细节⑦：如加劲肋终止在腹板上，见左侧加劲肋，用于主应力计算 $\Delta\sigma$
71	$50\text{mm}<L\leqslant80\text{mm}$		
80		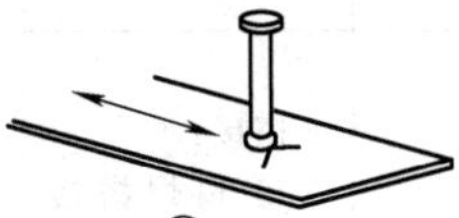 ⑨母材上焊接栓钉剪力键的影响	—

表 5-11　传力焊接接头

细节等级	构造细节			描　述	要　求
80	$l \leqslant 50mm$	所有板厚	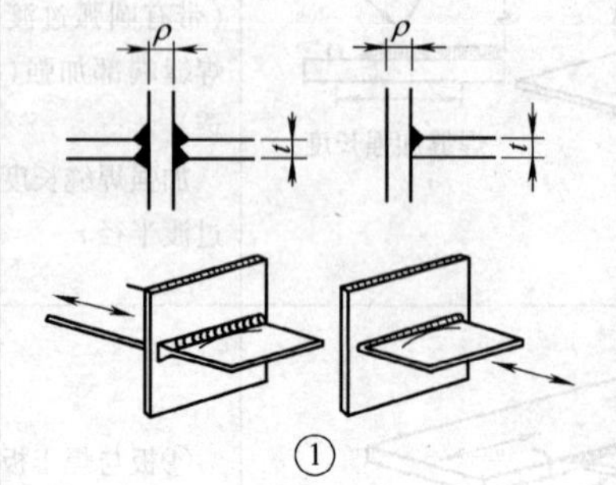	十字形和 T 形接头： ①对于全熔透对接焊缝和部分熔透焊缝均在焊趾处破坏	细节①：经检查并判定无超出 EN1990 误差的不连续性和轴线偏心 细节②:计算 $\Delta\sigma$ 时采用修正名义应力 细节③对于部分熔透焊缝需进行两类疲劳评估： 第一，根据前面确定的应力评定根部开裂,对于 $\Delta\sigma_w$ 采用 36 等级, $\Delta\tau_w$ 采用 80 等级 第二，通过承载板确定的 $\Delta\sigma$,来估算焊趾开裂 细节①～③： 承载板的轴线偏心应小于中间板厚的 15%
71	$50mm < l \leqslant 80mm$	所有板厚			
63	$80mm < l \leqslant 100mm$	所有板厚			
56	$100mm < l \leqslant 120mm$	所有板厚			
56	$l > 120mm$	$t \leqslant 20mm$			
50	$120mm < l \leqslant 200mm$	$t > 20mm$			
50	$l > 200mm$	$20mm < t \leqslant 30mm$			
45	$200mm < l \leqslant 300mm$	$t > 30mm$			
45	$l > 300mm$	$30mm < t \leqslant 50mm$			
40	$l > 300mm$	$t > 50mm$			
同本表中细节①	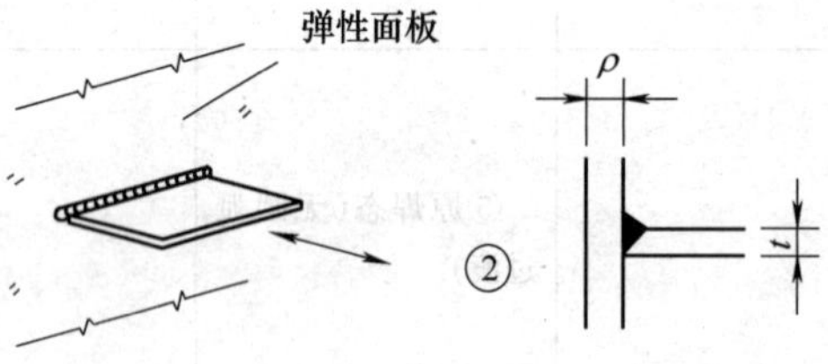 弹性面板			②附近焊接到板上,从侧边焊趾处发生破坏,由于局部板的变形在焊缝端部产生应力峰值	
36 *	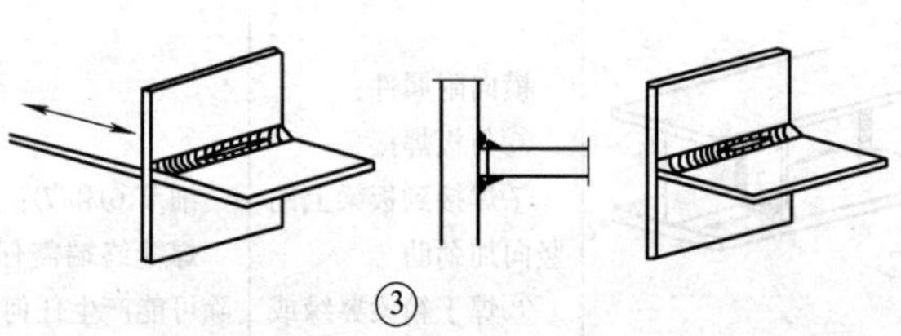			③在部分熔透 T 形接头或角焊接头和有效全熔透 T 形对接接头的焊根破坏	
同本表中细节①	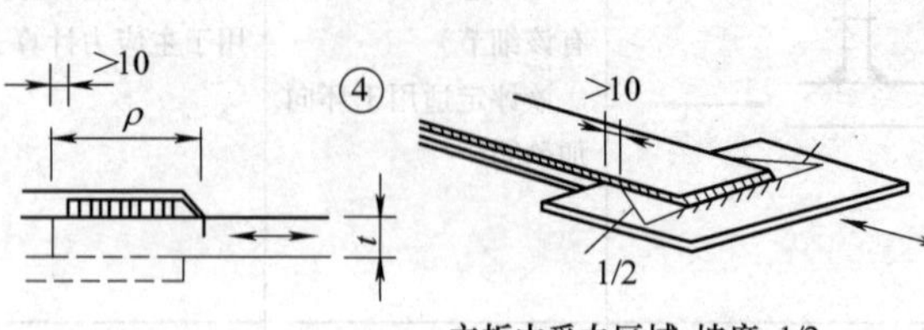 主板中受力区域:坡度=1/2			搭接焊接头： ④角焊搭接接头	④主板中的 $\Delta\sigma$ 由图中示出的面积计算 ⑤计算搭接板上的 $\Delta\sigma$ 细节④和⑤： 搭接焊缝终止处距板边大于 10mm 焊缝的剪切开裂根据本表中细节⑧进行检算
45 *	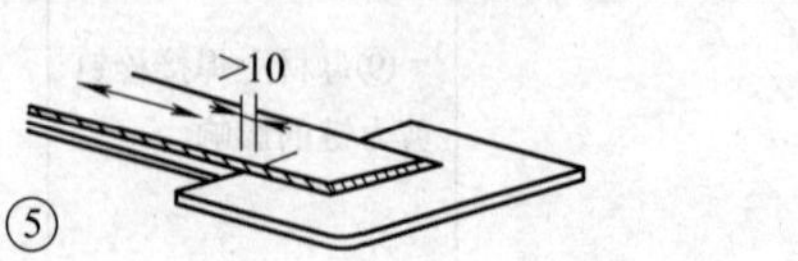			搭接： ⑤角焊搭接接头	

（续）

细节等级			构 造 细 节	描 述	要 求
	$t_c < t$	$t_c \geq t$			
56*	$t \leq 20\text{mm}$	—	⑥	板梁中的盖板： ⑥单层或多层焊接盖板端部（无论是否有端部横向角焊缝）	⑥如果焊接盖板比翼缘宽，则必须有端部横向角焊缝 此焊缝需仔细打磨除去咬边 盖板最小长度为300mm，如果盖板长度较短，尺寸效应采用本表中细节①
50	$20\text{mm} < t \leq 30\text{mm}$	$t \leq 20\text{mm}$			
45	$30\text{mm} < t \leq 50\text{mm}$	$20\text{mm} < t \leq 30\text{mm}$			
40	$t > 50\text{mm}$	$30\text{mm} < t \leq 50\text{mm}$			
36	—	$t > 50\text{mm}$			
56			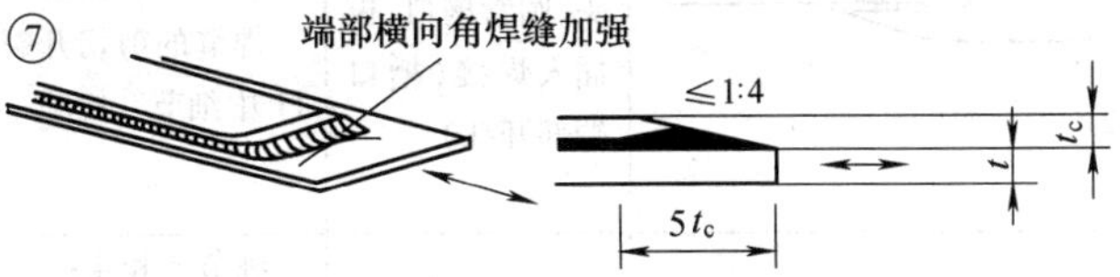 ⑦ 端部横向角焊缝加强 ≤1:4 $5t_c$	⑦板梁中的盖板。端部横向加强角焊缝的长度不应小于5倍盖板厚度	⑦端部横向角焊缝需打磨光滑。如果盖板厚度大于20mm，则端部角焊缝坡度应小于1:4
80 $m=5$			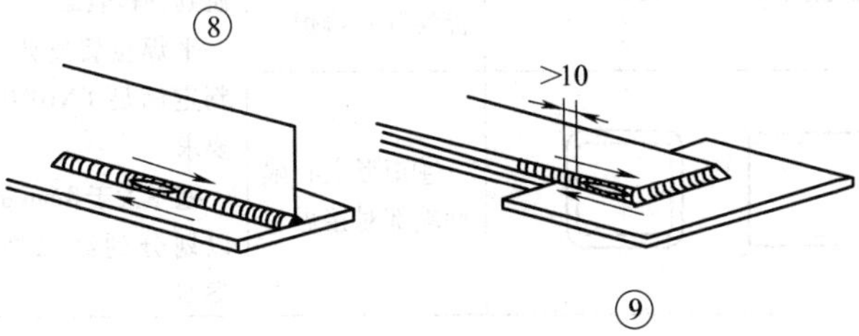 ⑧ ⑨ >10	⑧传递剪力的连续角焊缝，如板梁的腹板与翼缘角焊缝 ⑨搭接接头角焊缝	⑧应基于焊缝喉部断面计算 $\Delta\tau$ ⑨按考虑焊缝总长度的喉部断面积计算 $\Delta\tau$，焊缝终止处距板边应大于10mm，见本表中细节④和⑤
90 $m=8$			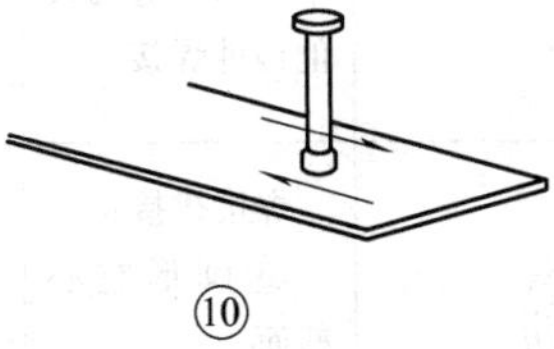 ⑩	焊接栓钉剪力键： ⑩用于组合结构	⑩应基于栓钉名义截面积计算 $\Delta\tau$
71			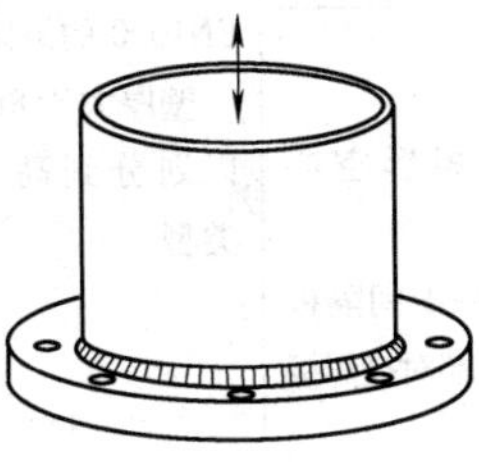 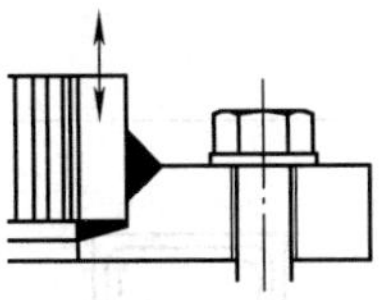 ⑪ 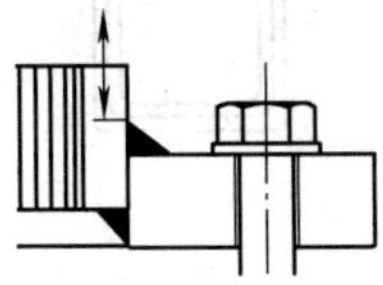	⑪圆管底座接头，80%熔透对接焊缝	⑪焊趾处打磨。计算圆管的 $\Delta\sigma$
40			⑫	⑫圆管底座接头，角焊缝	⑫计算圆管的 $\Delta\sigma$

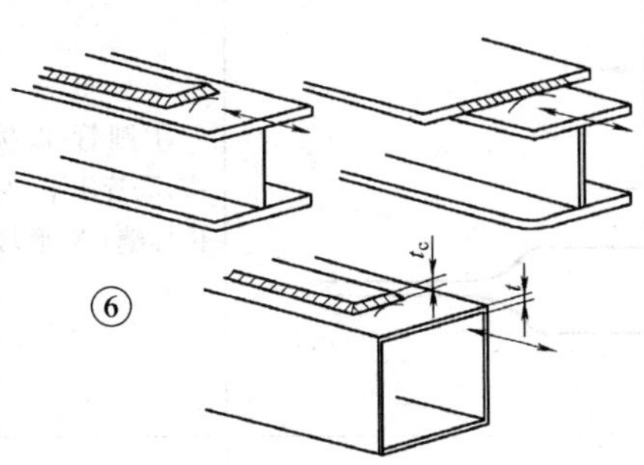

表 5-12　空心截面 ($t \leqslant 12.5$ mm)

细节等级	构 造 细 节	描 述	要 求
71	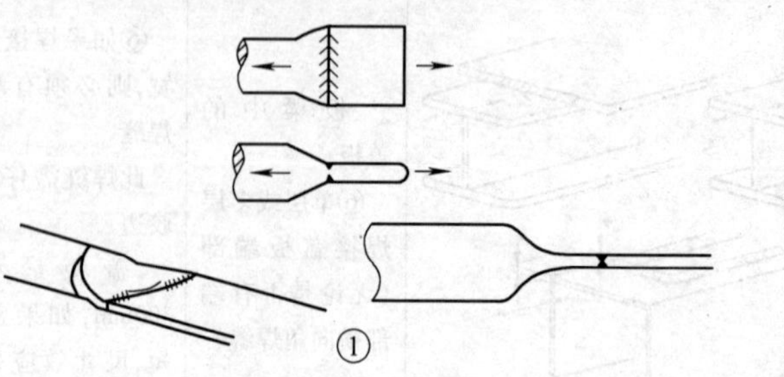 ①	①圆管-板接头,圆管压平,对接焊缝(X形坡口)	①计算圆管的 $\Delta\sigma$(本细节仅在圆管直径小于200mm时有效)
71　$\alpha \leqslant 45°$ 63　$\alpha > 45°$	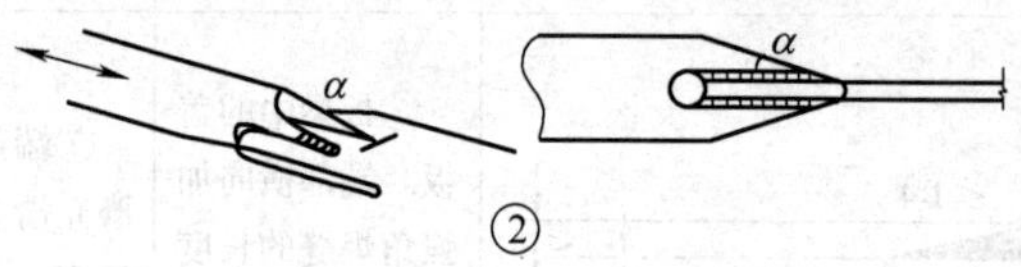 ②	②圆管-板接头,圆管槽口,板插入焊接(槽口端部开孔)	②计算圆管的 $\Delta\sigma$ 焊缝的剪切开裂按表5-11中细节⑧检验
71	③	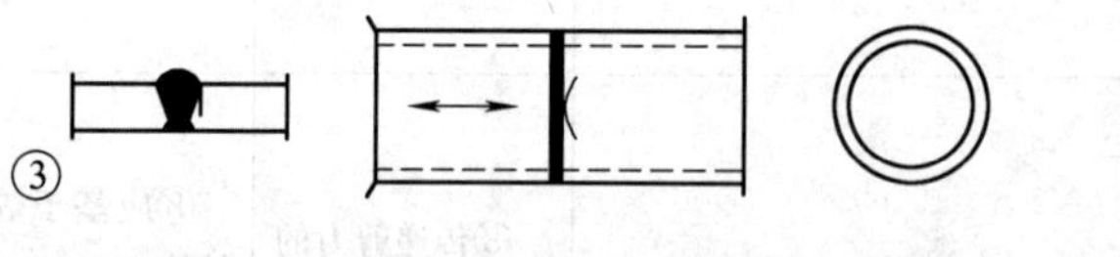 横向对接焊缝: ③圆形空心截面端部对接焊	细节③和④: 焊缝余高不得大于焊缝宽度的10%,并应匀顺过渡到钢板表面 平焊位置施焊,检验并判定满足EN1090的缺陷要求 壁厚大于8mm的细节可以划分到高二档的细节类型
56	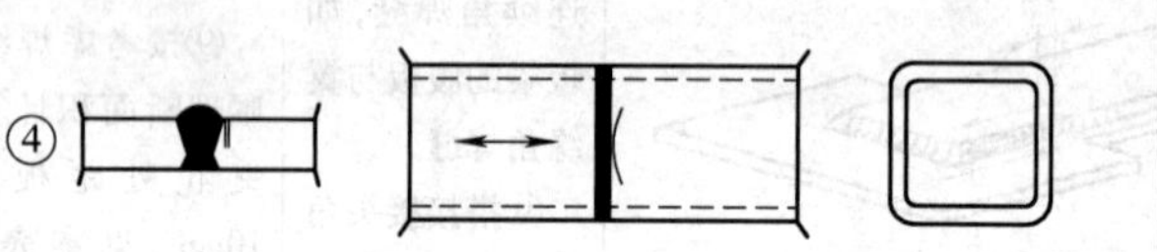 ④	④矩形空心截面端部对接焊	
71	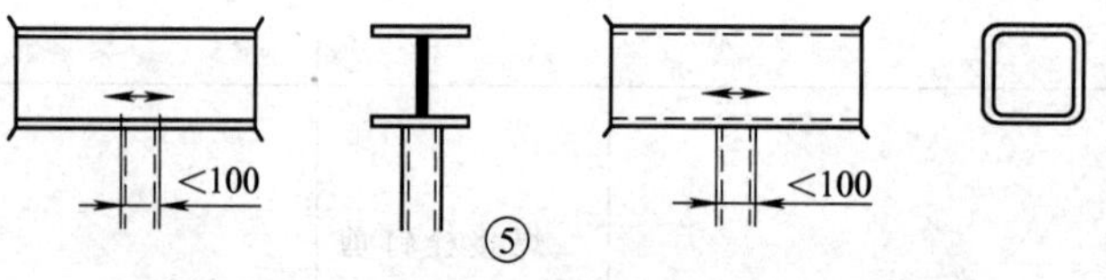 ⑤	焊接附件: ⑤圆管或方管采用角焊缝与其他构件焊接	细节⑤: 非传力焊缝 平行于受力方向的 $L \leqslant 100$mm 其余情况详见表5-9
50	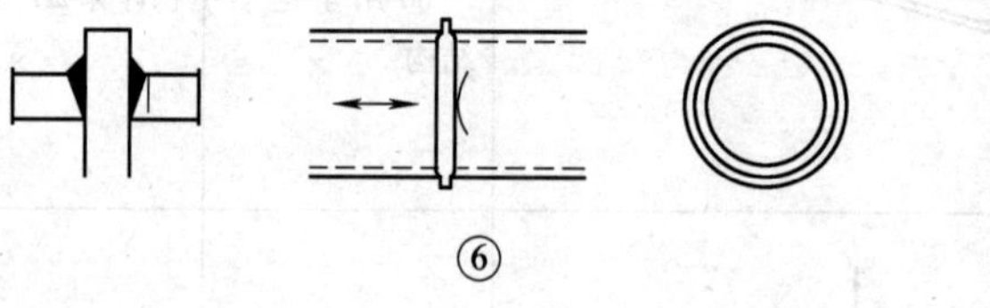 ⑥	焊接拼接: ⑥圆形空心截面 用一中间隔板端-端对接焊接	细节⑥和⑦: 传力焊缝 焊缝检测并判定满足EN1090的缺陷要求 壁厚大于8mm的细节可以划分到高一档的细节类型
45	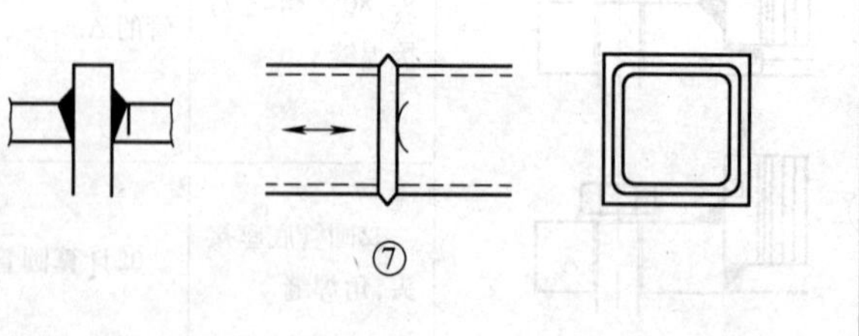 ⑦	⑦矩形空心截面 用一中间隔板端-端对接焊接	

（续）

细节 等级	构　造　细　节	描　　述	要　　求
40	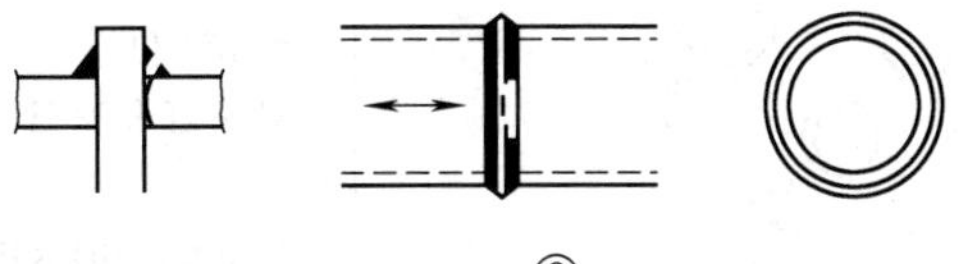 ⑧	⑧圆形空心 截面 　用一中间隔板 　端-端角接 焊接	细节⑧和⑨: 传力焊缝 壁厚不大于8mm
36	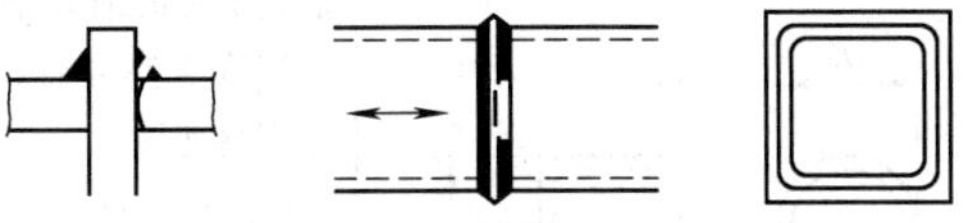 ⑨	⑨矩形空心 截面 　用一中间隔板 　端-端角接 焊接	

表 5-13　网架梁节点

细节 等级		构　造　细　节	要　　求
90 $m=5$	$\dfrac{t_0}{t_i}\geqslant 2.0$	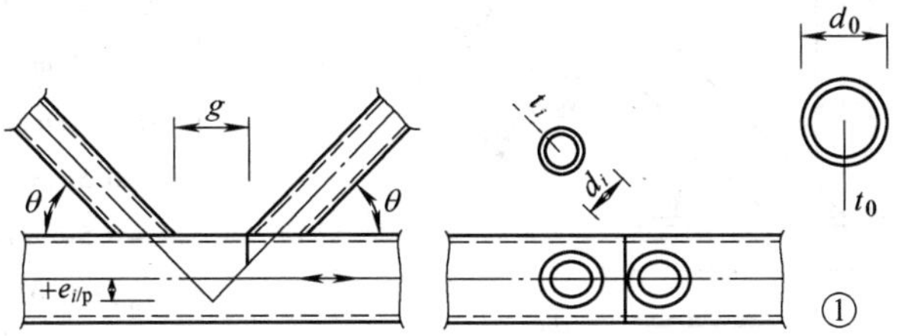 间隙接头:细节①圆管截面网架,K形或N形接头	细节①和②: 　对主管和次管分别进行疲劳评估 　对于t_0/t_i的中间值,用线性内插到最近的细节等级 　当次管壁厚$t\leqslant 8$mm时采用角焊缝连接 　$t_0,t_1\leqslant 8$mm 　$35°\leqslant\theta\leqslant 50°$ 　$(b_0/t_0)\times(t_0/t_i)\leqslant 25$
45 $m=5$	$\dfrac{t_0}{t_i}=1.0$		
71 $m=5$	$\dfrac{t_0}{t_i}\geqslant 2.0$	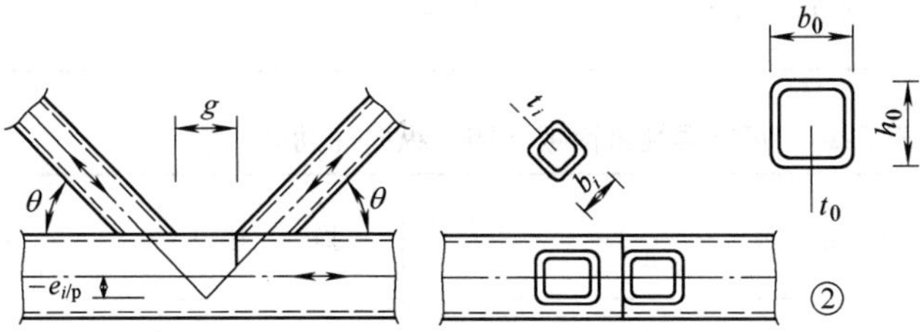 间隙接头:细节②方管截面网架,K形或N形接头	$(d_0/t_0)\times(t_0/t_i)\leqslant 25$ $0.4\leqslant b_i/b_0\leqslant 1.0$ $0.25\leqslant d_i/d_0\leqslant 1.0$ $b_0\leqslant 200$mm $d_0\leqslant 300$mm $-0.5h_0\leqslant e_{i/p}\leqslant 0.25h_0$ $-0.5d_0\leqslant e_{i/p}\leqslant 0.25d_0$ $e_{0/p}\leqslant 0.02b_0$或$\leqslant 0.02d_0$ （$e_{0/p}$为面外偏心距） 细节②: $0.5(b_0-b_i)\leqslant g\leqslant 1.1(b_0-b_i)$ 且 $g\geqslant 2t_0$
36 $m=5$	$\dfrac{t_0}{t_i}=1.0$		

（续）

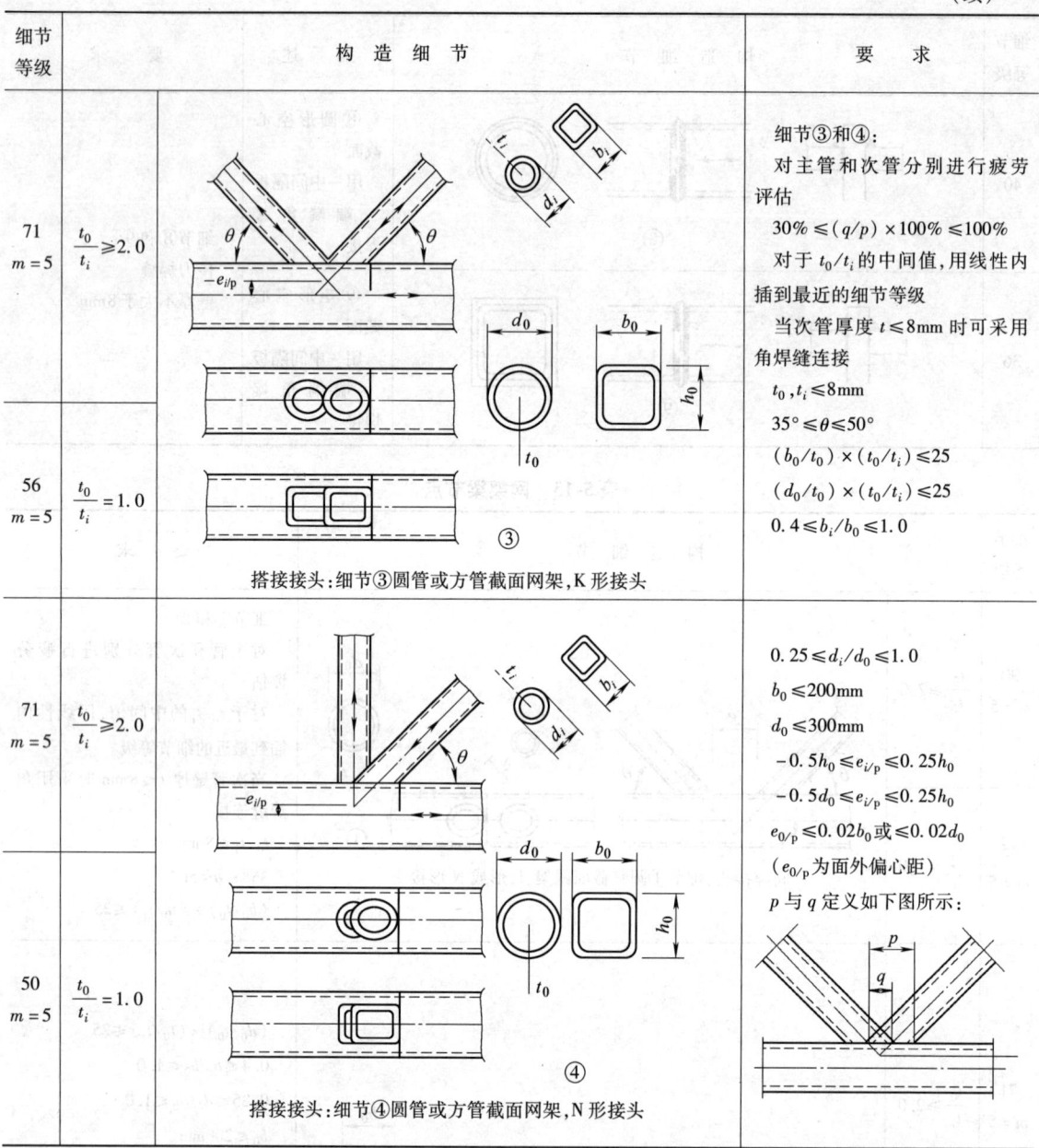

细节 等级	构 造 细 节	要 求
71 $m=5$	$\dfrac{t_0}{t_i}\geqslant 2.0$	细节③和④： 　对主管和次管分别进行疲劳评估 　$30\%\leqslant(q/p)\times 100\%\leqslant 100\%$ 　对于 t_0/t_i 的中间值，用线性内插到最近的细节等级 　当次管厚度 $t\leqslant 8\mathrm{mm}$ 时可采用角焊缝连接 　$t_0,t_i\leqslant 8\mathrm{mm}$ 　$35°\leqslant\theta\leqslant 50°$ 　$(b_0/t_0)\times(t_0/t_i)\leqslant 25$ 　$(d_0/t_0)\times(t_0/t_i)\leqslant 25$ 　$0.4\leqslant b_i/b_0\leqslant 1.0$
56 $m=5$	$\dfrac{t_0}{t_i}=1.0$	

搭接接头:细节③圆管或方管截面网架,K形接头

细节 等级	构 造 细 节	要 求
71 $m=5$	$\dfrac{t_0}{t_i}\geqslant 2.0$	$0.25\leqslant d_i/d_0\leqslant 1.0$ $b_0\leqslant 200\mathrm{mm}$ $d_0\leqslant 300\mathrm{mm}$ $-0.5h_0\leqslant e_{i/p}\leqslant 0.25h_0$ $-0.5d_0\leqslant e_{i/p}\leqslant 0.25h_0$ $e_{0/p}\leqslant 0.02b_0$ 或 $\leqslant 0.02d_0$ （$e_{0/p}$ 为面外偏心距） p 与 q 定义如下图所示：
50 $m=5$	$\dfrac{t_0}{t_i}=1.0$	

搭接接头:细节④圆管或方管截面网架,N形接头

表 5-14　正交异性桥面板（闭口纵向加劲肋）

细节 等级	构 造 细 节	描 述	要 求
80	$t\leqslant 12\mathrm{mm}$	①连续纵向加劲肋与横梁相交处（横梁开缺口）	①按纵向加劲肋正应力幅 $\Delta\sigma$ 评价疲劳
71	$t>12\mathrm{mm}$		

（续）

细节等级	构造细节		描述	要求
80	$t \leqslant 12\text{mm}$	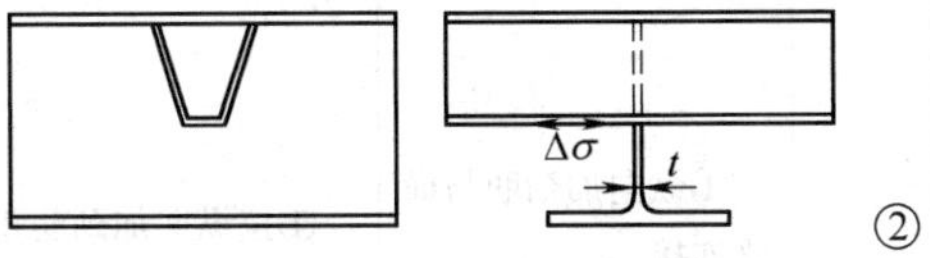	②连续纵向加劲肋与横梁相交处（横梁不开缺口）②	②按纵向加劲肋正应力幅 $\Delta\sigma$ 评价疲劳
71	$t > 12\text{mm}$			
36			③在横梁两侧分别焊接纵向加劲肋③	③按纵向加劲肋正应力幅 $\Delta\sigma$ 评价疲劳
71			④纵肋对接接头（带钢衬垫板熔透对接焊缝）④	④按纵向加劲肋正应力幅 $\Delta\sigma$ 评价疲劳
112	同表 5-9 中细节①、②、④	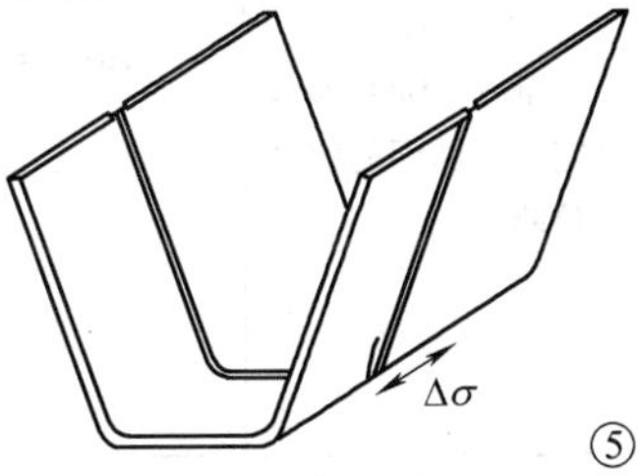	⑤无衬垫，双面焊接的纵肋对接接头⑤	⑤按纵向加劲肋正应力幅 $\Delta\sigma$ 评价疲劳　定位焊应在对接焊之内
90	同表 5-9 中细节⑤、⑦			
80	同表 5-9 中细节⑨、⑪			
71			⑥横梁腹板切口处控制截面⑥	⑥按考虑空腹影响的控制截面的应力幅评价疲劳　注：在按 EN1993-2,9.4.2.2(3)确定应力幅时,可用细节等级 112
71	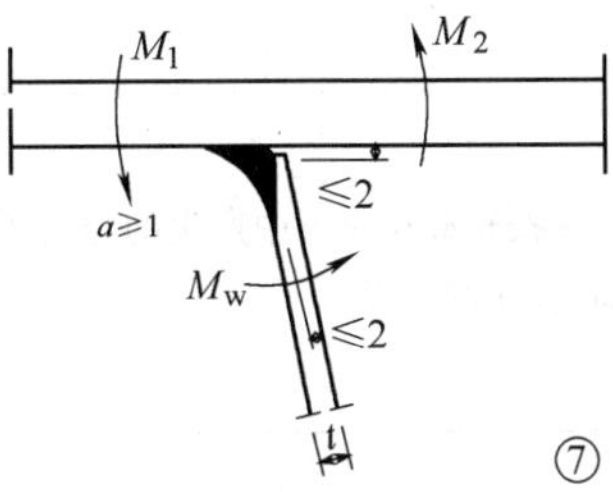	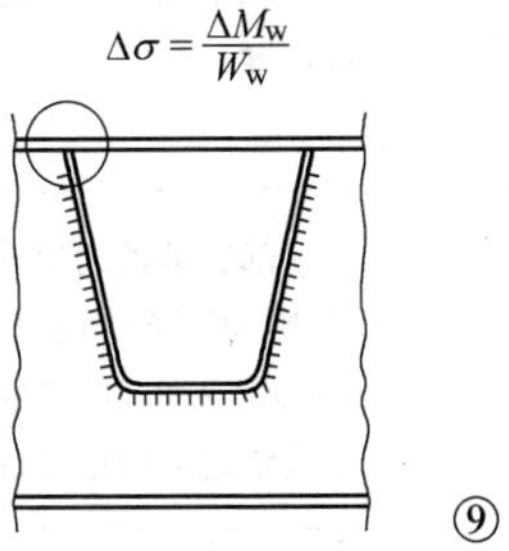	桥面板与 U 形肋或 V 形闭口肋焊接细节：⑦部分熔透焊缝（喉部高度大于闭口肋厚度）	⑦按桥面板弯矩产生的焊缝正应力幅值评价疲劳
50			⑧角焊缝或不满足细节⑦要求的部分熔透焊缝⑨	⑧按桥面板弯矩产生的焊缝正应力幅值评价疲劳

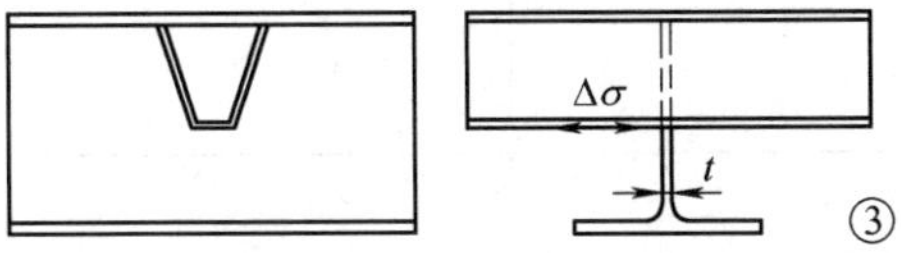

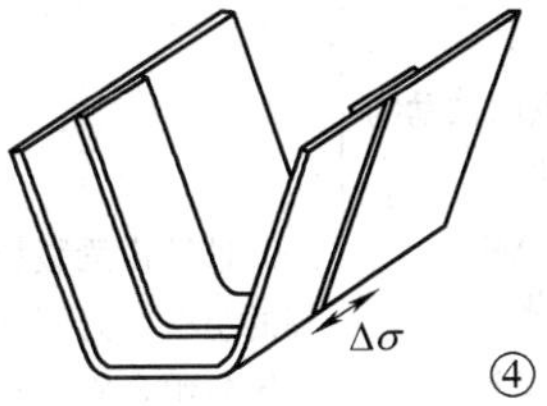

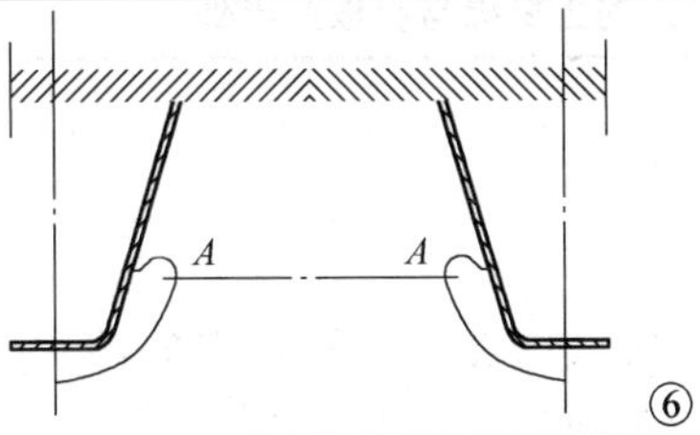

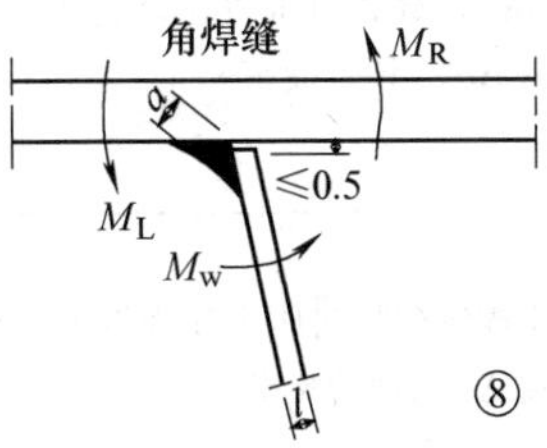

$$\Delta\sigma = \frac{\Delta M_\text{w}}{W_\text{w}}$$

表5-15　正交异性桥面板（开口纵向加劲肋）

细节等级	构　造　细　节		描　　述	要　　求
80	$t \leqslant 12\text{mm}$	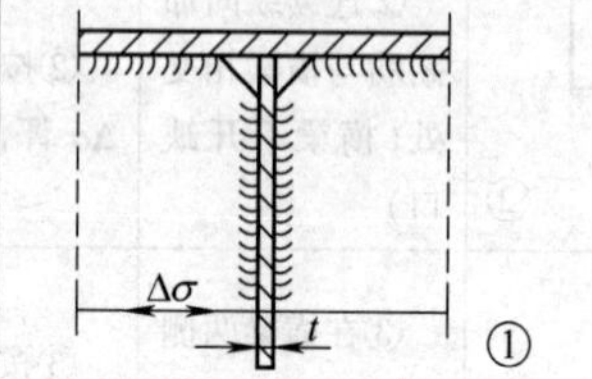	①纵向加劲肋与横梁连接	①按纵向加劲肋正应力幅 $\Delta\sigma$ 评价疲劳
71	$t > 12\text{mm}$			
56	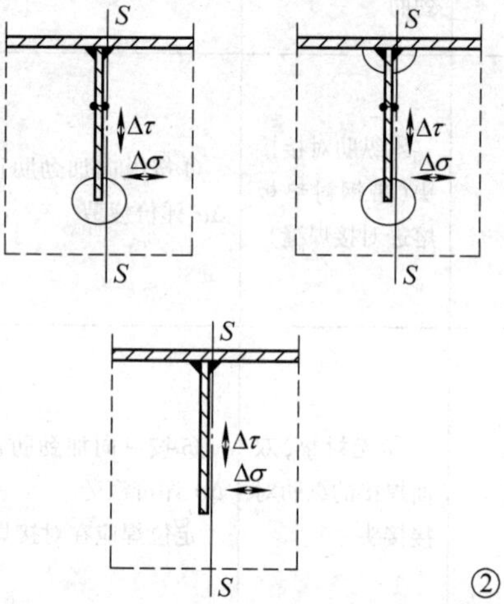		②连续纵向加劲肋与横梁连接 $\Delta\sigma = \dfrac{\Delta M_s}{W_{\text{net,s}}}$ $\Delta\sigma = \dfrac{\Delta V_s}{A_{\text{w,net,s}}}$ 且需按 EN1993-2 确定的纵肋间的应力幅检验	②计算横梁腹板中的正应力幅和切应力幅的组合应力幅评价疲劳 等效组合应力幅如下式计算： $\Delta\sigma_{\text{eq}} = \dfrac{1}{2}\left(\Delta\sigma + \sqrt{\Delta\sigma^2 + 4\Delta\tau^2}\right)$

表5-16　车道梁（或吊车梁）的上翼缘与腹板交界处

细节等级	构　造　细　节	描　　述	要　　求
160	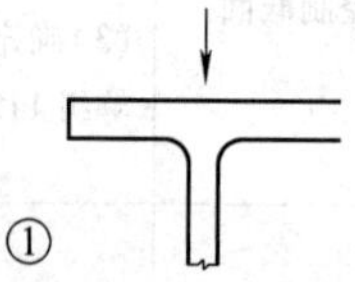	①轧制工字形或宽翼缘 H 形截面	①按轮载在腹板中产生的竖向压应力幅 $\Delta\sigma_{\text{vert}}$ 评价疲劳
71	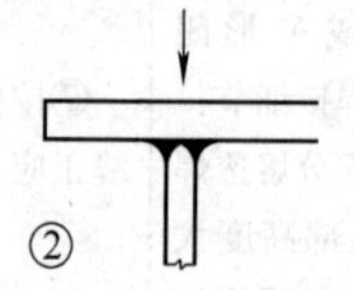	②全熔透的 T 形对接焊缝	②按轮载在腹板中产生的竖向压应力幅 $\Delta\sigma_{\text{vert}}$ 评价疲劳
36 *	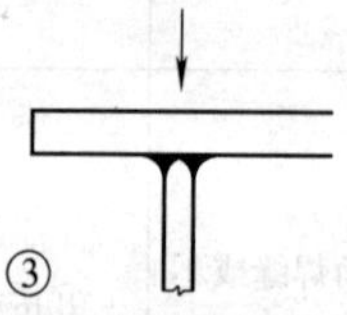	③部分熔透的 T 形对接焊缝。或与 EN1993-1-8 相应的等效全熔透对接焊缝	③按轮载竖向压力在焊缝喉部产生的应力幅 $\Delta\sigma_{\text{vert}}$ 评价疲劳
36 *	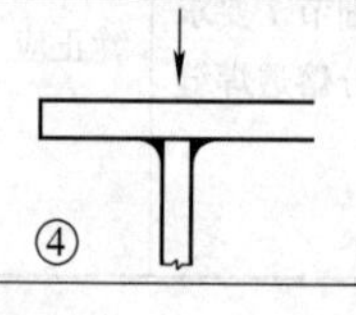	④角焊缝	④按轮载竖向压力在焊缝喉部产生的应力幅 $\Delta\sigma_{\text{vert}}$ 评价疲劳

（续）

细节 等级	构 造 细 节	描　　述	要　　求
71	⑤	⑤带全熔透对接焊缝的 T 形截面翼缘	⑤按轮载在腹板中产生的竖向压应力幅 $\Delta\sigma_{vert}$ 评价疲劳
36 *	⑥	⑥带部分熔透对接焊缝的 T 形截面翼缘，或与 EN1993-1-8 相应的等效全熔透对接焊缝	⑥按轮载竖向压力在焊缝喉部产生的应力幅 $\Delta\sigma_{vert}$ 评价疲劳
36 *	⑦	⑦带角焊缝的 T 形截面翼缘	⑦按轮载竖向压力在焊缝喉部产生的应力幅 $\Delta\sigma_{vert}$ 评价疲劳

5.4.4　空心截面构件的疲劳评定

1. 细节分类法

当空心截面构件的壁厚 $t \geqslant 3mm$ 时，可按细节分类法进行疲劳评定，评定方法可按本节前述的方法进行。

1）空心截面构件用于一般结构时，其细节分类列入表 5-12。相应的疲劳强度设计曲线按图 5-31 采用。

2）空心截面用于网架结构时，接头的细节分类列入表 5-13，图 5-31 给出了相应的疲劳强度设计曲线。

当圆形截面构件用于网架结构时，计算的标称应力幅值乘以表 5-17 系数可略去偏心和接头刚性的影响。

矩形截面构件用于网架结构时，名义应力幅值乘以表 5-18 系数可略去偏心和接头刚性的影响。

2. 热点应力法

1）应用范围和定义。当空心截面构件的壁厚 $t \geqslant 8mm$ 时，可用热点应力法进行疲劳评定。其焊接质量需满足表 5-4 对焊缝质量的要求。

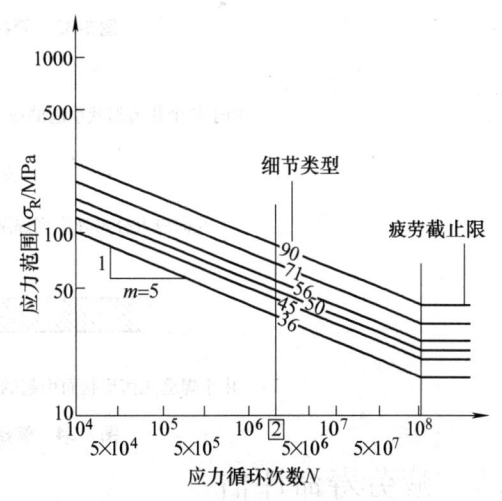

图 5-31　网架梁接头的设计疲劳强度曲线

表 5-18　矩形截面构件的标称应力幅系数

接头形式		弦杆	竖杆	斜杆
间隙接头	K 形	1.5	1.0	1.5
	N 形	1.5	2.2	1.6
搭接接头	K 形	1.5	1.0	1.3
	N 形	1.5	2.0	1.4

表 5-17　圆形截面构件的标称应力幅系数

接头形式		弦杆	竖杆	斜杆
间隙接头	K 形	1.5	1.0	1.3
	N 形	1.5	1.8	1.4
搭接接头	K 形	1.5	1.0	1.2
	N 形	1.5	1.65	1.25

图 5-32 为管接头示意图。图 5-33 表示弦杆应力分布。图 5-34 表示支杆应力分布。热点应力定义为管接头焊趾几何应力分布的外推值，用于疲劳评估的

应力是围绕支杆到弦杆交汇线的焊趾处每个循环载荷的最大热点应力幅值 $\Delta\sigma_i$。对连接的每个构件，研究该构件上的每一点求出热点应力的最大值。热点应力只考虑接头的轮廓几何的影响，不包括由焊缝几何形状和焊缝处不连续性的影响而引起的局部应力集中，因为由焊缝几何形状引起应力升高的影响已包括在基本疲劳强度曲线之中。

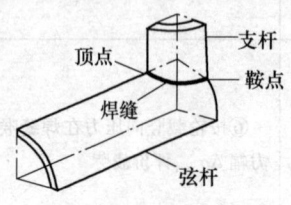

图 5-32　管接头示意图

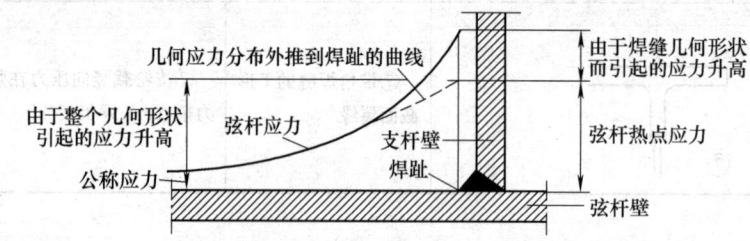

图 5-33　管接头弦杆应力分布简图

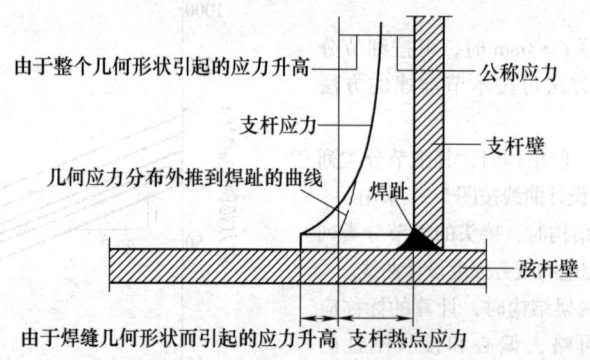

图 5-34　管接头支杆应力分布简图

5.5　疲劳寿命评估

通常的焊接接头疲劳试验（高周次低应力疲劳）中，一般不测量疲劳裂纹的萌生寿命 N_i，仅记录破坏寿命 N_f，疲劳破坏寿命包括裂纹萌生寿命和裂纹扩展寿命两部分，即 $N_f = N_i + N_p$。但是取多大的裂纹尺寸定义 N_i 却有很大的差异，从工程应用意义和从表面可观测到的裂纹长度来看，将裂纹深度定为 0.25mm（表面裂纹长度 1.5 ~ 2.5mm）是合适的，此时 N_i 相当于破断时总寿命的 50% ~ 60%。N_i 采用应变疲劳方法进行估算，N_p 采用断裂力学方法进行估算。

2）疲劳强度。用于热点应力评估的焊接管接头的疲劳强度设计方程如下：

$$N = 1.485 \times 10^{12} \times \Delta\sigma_R^{-3} \qquad (5\text{-}12)$$

当 $N = 2 \times 10^6$ 时，$\Delta\sigma_R = 90\text{MPa}$；当 $N = 10^8$ 时，$\Delta\sigma_R = 36\text{MPa}$。当空心截面构件壁厚超过 25mm 时可按式（5-11）修正疲劳强度。

3）应力计算。热点应力幅的计算可采用参数公式、有限元分析或物理模型（如光弹模型、贴应变计的小尺寸试件或足尺寸原型试件）。采用参数公式时应慎重，因为它们不可能在各种情况下都能预计与顶点和鞍点有关最严重位置。参数公式仅对一些简单的几何形状和加载事例才是精确的。当参数公式不包含弦杆中的应力幅时，需对这一构件作单独的疲劳评定。国际焊接学会（IIW）文件 XV-582-85 提供了详细说明[14]。

5.5.1　裂纹萌生寿命的评估[18]

1. 基本原理

承受重复载荷的非连续性或缺口的焊接接头，其根部由于应力集中而出现塑性区，塑性区的材料单元像光滑试样低周次高应变疲劳试验一样，从而，可把应变控制的低周次疲劳试验的 N_f 等用于焊接接头的 N_i。图 5-35 为带缺口构件根部塑性区和材料单元取样示意图。

2. 局部应变幅计算模型

Neuber 首先提出带缺口试样的根部应力-应变计算公式：

$$K_t^2 = \frac{\varepsilon_t}{e} \cdot \frac{\sigma}{S} \qquad (5\text{-}13)$$

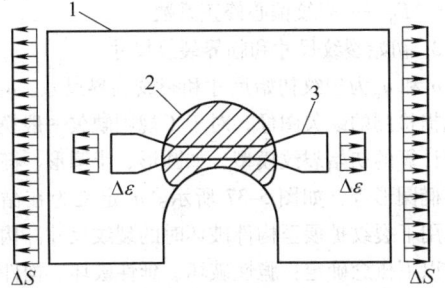

图 5-35　带缺口构件根部塑性
区和材料单元取样示意图

1—缺口试样　2—缺口根部塑性区　3—材料单元

当公称应力 S 处于弹性范围时，即公称应变 $e = \frac{S}{E}$，则式（5-13）变为

$$\sigma \varepsilon_t = \frac{1}{E} (K_t S)^2 \qquad (5\text{-}14)$$

Holloman 根据金属材料在弹塑性状态下的应力-应变关系得出：

$$\sigma = K \varepsilon_p^n \qquad (5\text{-}15)$$

把式（5-15）代入式（5-14），可分别得缺口局部总应变 ε_t 和局部塑性应变 ε_p 的近似表达式：

$$\varepsilon_t = \left(1 - \frac{\varepsilon_e}{\varepsilon_p}\right)^{\frac{-n}{1+n}} \left[\frac{1}{EK} (K_t S)^2\right]^{\frac{1}{1+n}} \qquad (5\text{-}16)$$

$$\varepsilon_p = \left(1 + \frac{K \varepsilon_p^{n-1}}{E}\right)^{\frac{-n}{1+n}} \left[\frac{1}{EK} (K_t S)^2\right]^{\frac{1}{1+n}} \qquad (5\text{-}17)$$

上述方程中，K_t 是理论应力集中系数，ε 是公称应变，S 是公称应力，σ 是局部应力，ε_t 是局部总应变，ε_e 是局部弹性应变分量，ε_p 是局部塑性应变分量，K 和 n 是由试验确定的材料强度系数和应变硬化指数。

因为 $\varepsilon_e = \frac{\sigma}{E} = \frac{1}{E} K \varepsilon_p^n$，对于给定的 K_t 和 S，可用迭代法求解式（5-17）得 ε_p，则 $\varepsilon_t = \varepsilon_e + \varepsilon_p$。

考虑应力比的影响，可用当量应力 σ_{eq} 代替 σ，取 $\sigma_{eq} = \sqrt{\frac{1}{2(1-R)}} K_t S$。

当材料的应变硬化指数 n 较小时，式（5-16）简化为

$$\varepsilon_t = 2 \left(\frac{1}{EK} \sigma_{eq}^2\right)^{\frac{1}{1+n}} \qquad (5\text{-}18)$$

3. 基于应变疲劳的裂纹萌生寿命估算

Manson-Coffin 根据应变疲劳试验建立了塑性应变幅与寿命之间的表达式：

$$\Delta \varepsilon_p N^m = B \qquad (5\text{-}19)$$

对于大部分材料，可取 $m = 0.5\text{mm}$，$\Delta \varepsilon_p = 2 \varepsilon_f$（$\varepsilon_f$ 为静拉伸试验的断裂应变），若考虑不引起裂纹扩展的门槛值应变 $\Delta \varepsilon_{th}$ 的影响（$\Delta \varepsilon_p = 2 \varepsilon_t - \Delta \varepsilon_{th}$），可得到较精确的应变疲劳公式：

$$N_f = c (\Delta \varepsilon_t - \Delta \varepsilon_{th})^{-2} \qquad (5\text{-}20)$$

把式（5-18）代入式（5-20），把应变疲劳的断裂寿命 N_f 视为裂纹萌生寿命 N_i，得裂纹起始寿命表达式：

$$N_i = c \left[\Delta \sigma_{eq}^{\frac{2}{1+n}} - (\Delta \sigma_{eq})_{th}^{\frac{2}{1+n}}\right]^{-2} \qquad (5\text{-}21)$$

式中　$c = \frac{1}{4} (\sqrt{E \sigma_f})^{\frac{4}{1+n}}$;

$(\Delta \sigma_{eq})_{th} = \sqrt{E \sigma_f \varepsilon_f} \left(\frac{\Delta \varepsilon_{th}}{2 \varepsilon_f}\right)^{\frac{1+n}{2}}$;

ε_f——静拉伸断裂延性，$\varepsilon_f = \ln\left(\frac{100}{100 - R_A}\right)$;

R_A——断面收缩率;

σ_f——局部断裂应力。

5.5.2　疲劳裂纹扩展寿命评估[3]

1. 裂纹扩展速率和扩展寿命表达式

焊接结构用钢和焊接接头的裂纹扩展速率偏于安全的表达式：

$$\frac{da}{dN} = C \Delta K^n \qquad (5\text{-}22)$$

式中　C、n——材料常数;

　　　ΔK——裂纹尖端的应力强度因子幅。

如果考虑应力强度因子门槛值 ΔK_{th} 的影响，裂纹扩展速率可较精确地用下式计算：

$$\left. \begin{array}{ll} \dfrac{da}{dN} = C (\Delta K^n) & \Delta K < \Delta K_{th} \\[2mm] \dfrac{da}{dN} = 0 & \Delta K \geqslant \Delta K_{th} \end{array} \right\} \qquad (5\text{-}23)$$

或

$$\frac{da}{dN} = C (\Delta K^n - \Delta K_{th}^n) \qquad (5\text{-}24)$$

对大量的抗拉强度小于 1000MPa 的钢材及其对接焊焊接接头的 $da/dN \sim \Delta K$ 试验曲线进行回归分析，得到参数 C、n 和 ΔK，见表5-19。

由表5-19可见，对于不同抗拉强度的钢材及其对焊接头，除 ΔK_{th} 不同外，C 和 n 为常数。由此可得 $da/dN \sim \Delta K$ 的设计曲线（图5-36）和参数 C、n 和 ΔK（见表5-20）。

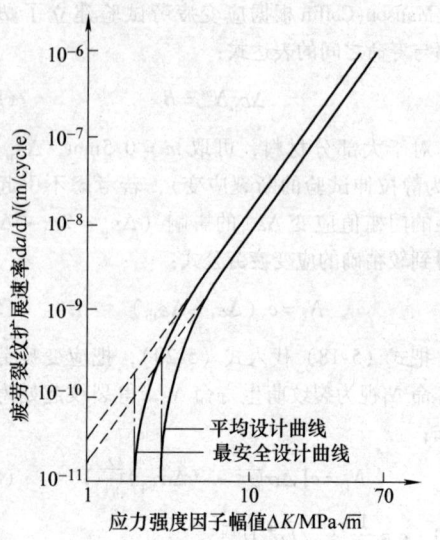

图 5-36　$da/dN \sim \Delta K$ 设计曲线

表 5-19　焊接结构用钢及其对接焊接
接头 $da/dN \sim \Delta K$ 试验曲线
参数回归分析结果

构造细节	试验数量	平均曲线		
		$C(\times 10^{11})$	n	ΔK_{th} /(MPa $\sqrt{m}$)
母　材	1075	1.54	2.75	3.45
对接焊接头	2477	1.54	2.73	2.38

表 5-20　$da/dN \sim \Delta K$ 设计曲线参数

	$C(\times 10^{11})$	n	ΔK_{th}/(MPa $\sqrt{m}$)
安全设计曲线	2.7	2.75	2.0
平均设计曲线	1.5	2.75	2.9

对式（5-24）积分可得疲劳裂纹扩展寿命表达式：

$$N_p = \int_{a_i}^{a_c} \frac{da}{C(\Delta K^n - \Delta K_{th}^n)} \qquad (5\text{-}25)$$

2. 应力强度因子表达式

应力强度因子幅值 ΔK 用下式表示：

$$\Delta K = F\Delta\sigma \sqrt{\pi a} \qquad (5\text{-}26)$$

式中　$\Delta\sigma$——标称应力幅值；

　　　F——修正系数，$F = F_g F_e F_s F_t F_h$，

其中　F_g——应力集中修正系数；

　　　F_e——裂纹形状修正系数；

　　　F_s——表面裂纹修正系数；

　　　F_t——有限板厚和有限板宽修正系数；

　　　F_h——裂纹偏心修正系数。

3. 初始裂纹尺寸和临界裂纹尺寸

a_i 和 a_c 为裂纹初始尺寸和裂纹临界尺寸。a_i 是根据无损检测的缺欠图像，对于不规则缺欠一般换算成便于计算的初始裂纹模型，如圆形、半圆形、椭圆形和半椭圆形等，如图 5-37 所示。a_c 定义为在循环载荷作用下裂纹扩展至构件破坏时的裂纹尺寸。构件破坏按以下概念确定：脆性破坏、延性破坏、构件全断面屈服或裂纹穿透板厚。

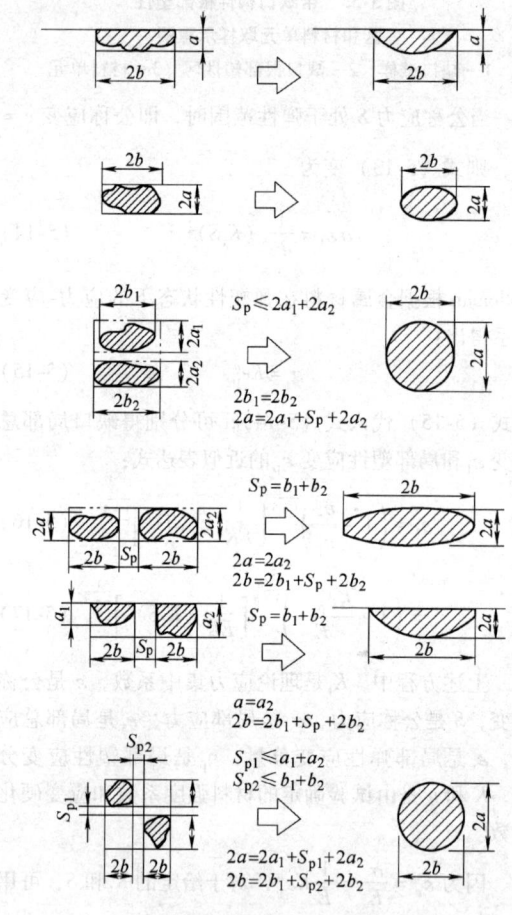

图 5-37　缺陷转换成裂纹模型

4. 裂纹形状及尺寸

裂纹大体分为表面裂纹和内部裂纹。裂纹可表示为裂纹深度 a 和宽度 b，裂纹形状可归纳为椭圆形、半椭圆形、1/4 椭圆形、中间穿透裂纹和侧边穿透裂纹等五种模型，如图 5-38 所示（A 点为裂纹短轴尖端，B 点为裂纹长轴尖端）。

5. 应力强度因子修正系数举例

F_g：非传力型十字形焊接接头（图 5-39）

$\dfrac{l}{t} < 2$ $F_g = 0.51\left(\dfrac{l}{t}\right)^{0.27}\left(\dfrac{a}{t}\right)^{-0.31}$，当

$\dfrac{a}{t} \leqslant 0.05\left(\dfrac{l}{t}\right)^{0.55}$ 时

$F_g = 0.83\left(\dfrac{l}{t}\right)^{0.46}\left(\dfrac{a}{t}\right)^{-0.15}$，当

$\dfrac{a}{t} > 0.05\left(\dfrac{l}{t}\right)^{0.55}$ 时

$\dfrac{l}{t} \geqslant 2$ $F_g = 0.615\left(\dfrac{a}{t}\right)^{-0.31}$，当 $\dfrac{a}{t} \leqslant 0.073$ 时

$F_g = 0.83\left(\dfrac{a}{t}\right)^{-0.2}$，当 $\dfrac{a}{t} > 0.073$ 时

当 $F_g < 1.0$，取 $F_g = 1.0$

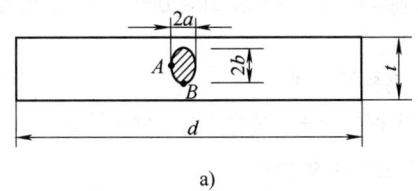

a)

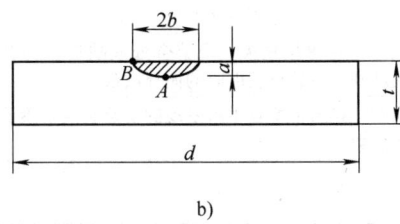

b)

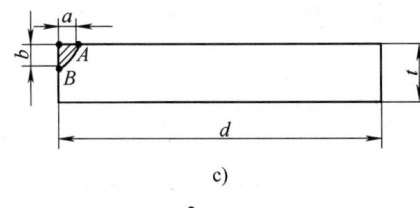

c)

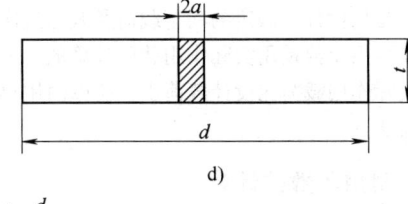

d)

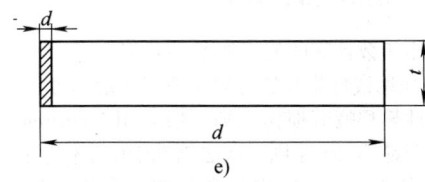

e)

图 5-38　裂纹模型

a) 内部椭圆形裂纹　b) 表面半椭圆形裂纹
c) 角部 1/4 椭圆形裂纹　d) 中间穿透形裂纹
e) 侧边穿透形裂纹

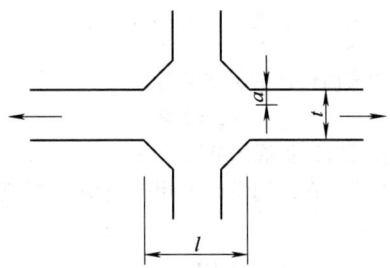

图 5-39　十字形焊接接头模型

F_e：① 椭圆形、半椭圆形、1/4 椭圆形裂纹短轴方向前端：

$$F_e = \dfrac{1}{E(k)}$$

$$E(k) = \int_0^{\frac{\pi}{2}} \sqrt{1 - k^2\sin^2\zeta}\,\mathrm{d}\zeta \text{（第二类完全椭圆积分）}$$

$$k = 1 - \dfrac{a^2}{b^2}$$

$E(k)$ 近似求解：

$$E(k) = \sqrt{1 + 1.46\left(\dfrac{a}{b}\right)^{1.65}}$$

② 上述裂纹长轴方向前端：

$$F_e' = F_e \sqrt{\dfrac{a}{b}}$$

F_s：① 表面半椭圆裂纹、角部 1/4 椭圆形裂纹短轴方向前端：

$$F_s = 1.12 - 0.12\dfrac{a}{b}$$

② 表面穿透裂纹

$$F_s = 1.12$$

F_t：

$$F_t = (1 - 0.025\lambda^2 + 0.06\lambda^4)\sqrt{\sec(\pi\lambda/2)}$$

式中　中部穿透裂纹：$\lambda = 2a/d$

表面穿透裂纹：$\lambda = a/d$

椭圆形裂纹：$\lambda = 2a/t$

半椭圆形或 1/4 椭圆形裂纹：$\lambda = 2a/t$

F_h：裂纹偏心如图 5-40 所示。

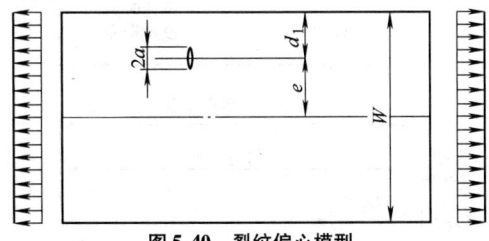

图 5-40　裂纹偏心模型

① 距表面较近的裂纹尖端：

$$F_h = \sqrt{\sin(2\lambda\varepsilon)/2\lambda\varepsilon}$$

式中　$\varepsilon = \dfrac{2e}{w}$, $\lambda = \dfrac{a}{d_1}$。

② 距表面较远的裂纹尖端:

$$F_h = 1.0$$

6. 疲劳裂纹扩展的解析方法

在变幅载荷作用下,可用等效应力幅值 $\Delta\sigma_{eq}$,求算 ΔK_{eq}:

$$\Delta K_{eq} = F\Delta\sigma_{eq}\sqrt{\pi a} \qquad (5-27)$$

式中　$\Delta\sigma_{eq} = \left[\dfrac{n_i\sum\Delta\sigma_i^m}{\sum n_i}\right]^{\frac{1}{m}}$

但是,在用公式 (5-27) 时,必须考虑随着裂纹尺寸的扩展,$\Delta\sigma_{eq}$ 随 ΔK_{th} 而变化。

5.6　既有结构耐用年数及累积疲劳损伤度的评估[21~24]

评估现役结构的耐用年数(或残余寿命)及累积疲劳损伤度无疑具有重大的社会和经济意义。这里以铁路钢桥为例做一概要介绍。

5.6.1　钢桥耐用年数

钢桥的耐用年数有多种解释,一般来说有经济方面的耐用年数、机能方面的耐用年数、物理方面的耐用年数。

钢桥的耐用年数,即"寿命"的定义:在考虑经济性的基础上,结构的物理强度和机能的劣化达到致命的状态,此时的使用年数称为耐用年数。

5.6.2　耐用年数计算的假定条件

如果知道决定结构寿命的劣化状态、被评定接头的疲劳强度以及过去承受的应力史,即可推算钢桥的耐用年数。

1. 钢桥的寿命

决定钢桥寿命的劣化状态的例子见表 5-21。

表 5-21　影响寿命的劣化状态举例及其评价方法

	线性累积疲劳损伤准则	断裂力学方法
劣化状态项目	①主要构件由翼缘不特定部位产生垂直于桥的轴向裂纹(纵向焊缝、铆钉孔等)	①部位同左,将焊接缺欠、未熔合或缺口视为初始裂纹,当其发展到临界裂纹长度时的循环次数
	②由主要构件腹板缺口处和腹板接点板端部产生的裂纹,多处发生,向受拉区扩展	②部位同左,在通常检查中由发现的初始裂纹扩展到临界裂纹的循环次数
	③由受压翼缘缺陷引起断面缺损处或受拉翼缘腐蚀处引起的裂纹	—
	④主要构件由焊接补强处再次发生的裂纹(焊接盖板、补修)	④焊接缺陷作为初期裂纹,当其达到临界裂纹长度时的循环次数
	⑤从销钉连接桁架眼杆圆孔处或首部产生的裂纹	⑤销钉连接桁架眼杆的腐蚀处和磨耗处的缺口视为初始裂纹,当其达到临界裂纹长度时的循环次数
	⑥腐蚀引起断面缺损广泛分布到结构整体,又缺乏经济的合理对策时	—

2. 耐用年数及剩余寿命

结构从开始使用到停止使用,其耐用年数和剩余寿命的关系如图 5-41 所示。该图中设计寿命和耐用年数是不一致的,这是由于评价时采用的条件不同。

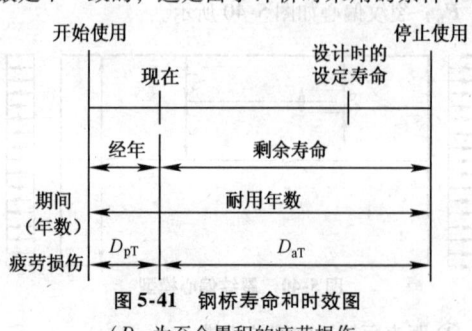

图 5-41　钢桥寿命和时效图

(D_{pT} 为至今累积的疲劳损伤;

D_{aT} 为将来容许的疲劳损伤)

设计寿命是用设计中假定的列车载荷及其通过次数计算的,而耐用年数是用实际作用载荷计算的。一般情况下,实际作用载荷比设计载荷小,所以耐用年数比设计寿命长。

5.6.3　耐用年数的计算

耐用年数计算的流程如图 5-42 所示。

1. 采用线性累积疲劳损伤法则评定的方法

线性累积疲劳损伤法则一般采用 Palmgren-Miner 法则或简易 Miner 法则,该法则基于以下假定:

① 某应力水平的疲劳损伤的进展仅取决于其应力大小,而且是线性累积。

② 各应力水平的疲劳损伤总和达到一定值时定为疲劳破坏。

换言之,某应力幅 $\Delta\sigma_i$ 循环加载时,在循环次数

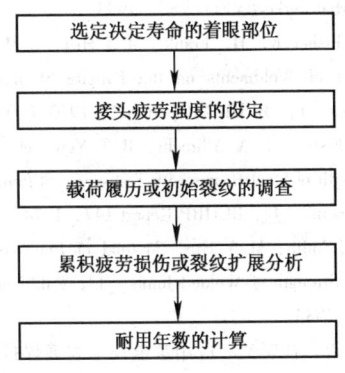

图 5-42　耐用年数计算的流程

N_i 发生破坏的接头中，在载荷每个循环下接头承受 $1/N$ 的疲劳损伤，在该应力幅作用 n_i 次循环加载时产生 n_i/N 的疲劳损伤，当该损伤总和达到 1 时即为疲劳破坏。

$$D = \sum \left(\frac{n_i}{N_i} \right) = 1 \tag{5-28}$$

本法则用于既有结构耐用年数评定，分为至今累积的疲劳损伤 D_{pT} 和将来荷载引起的疲劳损伤 D_{aT}，合计为 1 时，即认为疲劳破坏。

$$D_{pT} + D_{aT} = 1 \tag{5-29}$$

这时，评定用的 $\Delta\sigma\text{-}N$ 曲线有考虑疲劳限的 Miner 法则、不考虑疲劳限的修正 Miner 法则以及将长寿命区疲劳曲线处理为折线的方法。这里采用考虑截止限的 Miner 法则，该方法是指变幅应力下，考虑无损于疲劳寿命应力幅的限界值，并将其导入修正 Miner 法则（但是，对于腐蚀构件不设截止期）。

2. 用断裂力学方法评定

该方法是以结构物局部产生任何裂纹状态的缺陷作为起始裂纹，寿命的大部分集中在裂纹扩展阶段的评估方法，也就是将疲劳损伤作为由循环应力引起的裂纹扩展现象，随裂纹或裂纹状缺陷的发展，估算出结构构件、接头强度或机能损坏时间。从开始使用到损坏的时间为"耐用年数"。

5.6.4　累积疲劳计算

为了估算耐用年数，需算出过去和将来的累积损伤疲劳度。

1. 疲劳累积损伤度 D

式（5-30）表示的疲劳损伤度可用 k 种应力幅的各自循环次数 n_i 和相应于各应力幅的疲劳寿命（循环次数）N_i 表示：

$$D = \sum_{i=1}^{k} \frac{n_i}{N_i} = \frac{N_{0eq}}{N_0} \tag{5-30}$$

$$N_{0eq} = \left(\frac{\Delta\sigma_i \alpha}{\Delta\sigma_{f0}} \right)^m \sum_{i=1}^{k} n_i \tag{5-31}$$

式中　$N_0 = 2 \times 10^6$；

$\Delta\sigma_i$，n_i——对变幅应力进行应力幅频率分析的第 i 次应力幅及其循环次数；

$\Delta\sigma_{f0}$——该接头 2×10^6 次的疲劳强度；

k——频率分析的应力幅种类数；

m——该接头 $\Delta\sigma\text{-}N$ 曲线的斜率；

α——实际应力比（不特别确定时取 $\alpha = 1.0$）。

因此，如果用某种方法求出过去的应力史和由此承受的应力，则可求出等效循环次数 N_{0eq}，也能算出 D_{pT} 或 D_{aT}。

但是，取得过去应力史的资料往往是非常困难的，一般是基于某种假定条件计算的。即使有几种方法求 $\Delta\sigma_i$ 和 n_i，但一般可简化成偏于安全侧进行评定。

由此，将来疲劳损伤度 D_{aT} 可由式（5-29）得出

$$D_{aT} = 1 - D_{pT} \tag{5-32}$$

2. 剩余寿命 T_r

D_{aT} 可用剩余寿命 T_r 表示：$D_{aT} =$（今后承受疲劳损伤度的年度积累）$\times T_r$，即

$$D_{aT} = \frac{1}{n} \sum_{i=1}^{k_a} \left\{ n_{aeq(i)} \left[\frac{\Delta\sigma_{a(1+i)\max(i)} \alpha}{\Delta\sigma_{f0}} \right]^m \right\} T_r \tag{5-33}$$

式中　$\Delta\sigma_{f0}$——该接头 2×10^6 次的疲劳强度；

$\Delta\sigma_{a(1+i)\max(i)}$——将来运行的各列车产生的最大应力幅；

m——该接头 $\Delta\sigma\text{-}N$ 曲线的斜率；

$n_{aeq(i)}$——每年度通过各列车的最大应力幅的等效循环次数：

k_a——将来运行列车的设定种类数；

α——实际应力比（不特别确定时取 $\alpha = 1.0$）。

$$n_{aeq(i)} = \sum_{i=1}^{n_n} \left\{ n_{(i)} \left[\frac{\Delta\sigma_{(i)}}{\Delta\sigma_{a(1+i)\max}} \right] m \right\} N_y \tag{5-34}$$

式中　$\Delta\sigma_{(i)}$，$n_{(i)}$——对列车走行时产生的动应力进行频率分析，由其结果得到的各应力幅及其循环次数；

n_n——列车通过时的频率分析得到的应力幅次数；

N_y——年通过的列车趟数，不指明时取 $N_y = 365 n_{ad}$；

n_{ad}——每日通过的列车趟数。

用这些关系，由式（5-33）求剩余寿命 T_r：

$$T_r = \frac{N_0(1 - D_{pT})}{\displaystyle\sum_{i=1}^{k_a}\left\{n_{aeq(i)}\left[\frac{\Delta\sigma_{a(1+i)\max(i)}}{\Delta\sigma_{f0}}\alpha\right]^m\right\}}$$

(5-35)

也就是说，剩余寿命可用至今所承受的疲劳损伤的累积 D_{pT}、将来计划走行列车引起的最大应力幅和每列车引起的等效循环次数进行计算。

参 考 文 献

[1] 欧洲钢结构协会第 6 技术委员会（疲劳篇）钢结构疲劳设计规范［M］. 西安：西北工业大学出版社，1989.

[2] Eurocode 3：Design of steel structures［S］. Part 1-9 Fatigue, BS EN1993-1-9, 2005.

[3] 日本钢结构协会. 钢构造物疲劳设计指针［N］. 同解说. 技报堂. 1993.

[4] BS5400 Steel, Concrete and Composite Bridges［S］. Part10-Code Of Practice Of Fatigue, 2002.

[5] T G Gurney. 焊接结构疲劳［M］. 周殿群，译，北京：机械工业出版社，1988.

[6] Kenji SAKAMOTO. Makoto ABE and Kasao SUGIDATE［J］. Fatigue Strength Of Steel Railway Bridge Members under Actual Train Load, RTRI Report Vol. 3, NO. 10, 1989 and Vol. 5, No. 5, 1991.

[7] AASHTO Standard Specification for Highway Bridges［S］. 1994.

[8] AREA Manual for Railway Engineering［M］. Chapter15, Copyright 1985. Specifications for Steel Railway Bridges, 1992.

[9] AWS D1. 1-79 Standard Specification for Welded Highway and Railway Bridges［S］. 1994.

[10] DS 804 Vorschrift fr Eisenbahnbrficken und Son- stigeligenieurbanwerke（VEl）［S］. 1993.

[11] J W Fisher, K. H. Frauk, M A Hirt, B M Mcnamee. Effect of Weldments on the Fatigue Strength of Steel Beams［J］. BCHRP Report 102, 1970（10）.

[12] J W Fisher, P A Albrecht, B T Yen, et al. Fatigue Strength of Steel Beams with Transverse Stiffeners and Attachments［J］. BCHRP Report 147, 1974.

[13] I F C Smith, M A Hirt. Method of Improving the Fatigue Strength of-Welded Joints［J］. Publiccation ICOM 114, 1983.

[14] 史永吉，杨妍曼. 应用锤击技术改善焊接板梁的疲劳性能［C］. 第五届全国焊接学术会议论文选集，1986.

[15] 徐济民，吴苏. TIG 重熔工艺及其对角焊接头疲劳强度的改善［J］. 清华大学学报，1990.

[16] II W Document XV-582-85［C］. Recommended Fatigue Design Procedure for Hollow Section Joints, The International Institute of Welding, London, 1985.

[17] 史永吉，杨妍曼，史志强. 焊接板梁纯弯矩区竖加劲肋角焊缝下端的疲劳性能［C］. 第五届全国焊接学术会议论文选集，1986.

[18] 郑修麟. 金属材料的疲劳［M］. 西安：西北工业大学出版社，1987.

[19] H Tada, P C Paris, G P Irwin. The Stress Analysis of Cracks Handbook［M］, 1973.

[20] BSI PD6493. Guidance on Some Methods for the Derivation of Acceptance Levels for Defects in Fusion Welded Joints［S］, British Standard Institute, London, 1980.

[21] J W Fisher. 钢桥的疲劳与断裂［M］. 项海帆，史永吉，潘际炎，等译. 北京：中国铁道出版社，1989.

[22] 史永吉，刘晓光. 钢结构疲劳设计综述［C］. 第八届全国焊接学术会议论文集，1995.

[23] 史永吉. 既有铁路钢桥累积疲劳损伤评定［M］，1999.

[24] 史永吉. 既有钢桥疲劳损伤评定用的疲劳强度［M］. 1999.

第6章 焊接结构的断裂及安全评定

作者　霍立兴　邓彩艳　**审者**　史耀武

6.1 引言

在工程上，按照断裂前塑性变形的大小，将断裂分为延性断裂和脆性断裂两种。延性断裂在断裂前有较大的塑性变形；而脆性断裂前则没有或只有少量的塑性变形，且断裂具有突然发生和快速扩展的特点。

自从广泛应用焊接结构以来，许多国家都发生过焊接结构的脆性断裂事故，其后果是严重的，甚至是灾难性的。

6.1.1 典型的脆断事故举例

1938年3月，比利时 Albert 运河上一座全焊接Vierendeel式、跨度74.52m 的 Hasselt 桥的脆断事故

是一起典型的例子，Hasselt 桥梁简图如图6-1所示。二战前在该运河上先后建造了50余座该式桥梁，长度随河宽而定。Hasselt 桥梁在工作一年以后，突然伴随着巨响在第三、第四主柱之间的下弦杆处产生一个巨大裂缝，造成上弦杆形成拱状变形，数分钟后桥梁断为三截，并落于运河中。当时桥上载荷并不大，事故发生时气温为 - 20℃。之后不久，在1940年1月19日和25日，该运河上另外两座桥梁又发生局部脆断事故。从1938年到1940年间，所有50余座桥梁中，共有十多座发生了脆断事故。由于战争原因，调查这些事故的委员会并没有及时公开发表文章或调查报告，只是在一些国家部分地发表了有关这个问题的研究情况。

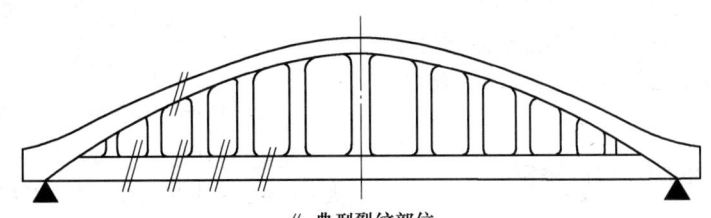

//: 典型裂纹部位

地点(桥名)	类型	中间跨度	宽度	下弦杆	日期	
					建成年份	失效
Hasselt	轻轨铁路和道路	74.2mm	14.3m	工	1935/36	1938年3月
Herenth alsoolen	轻轨铁路和道路	60m	9.4m	工	1936/37	1940年1月
Kaulille	道路	48m	8.7m	工	1934/35	1940年1月

图6-1　Hasselt 桥梁简图

1951年加拿大的一座焊接桥梁也发生了脆性断裂事故，它是一座公路桥（图6-2），跨度为（74 + 6 ×

54 + 47）m。当一辆汽车在 - 35℃时通过该桥梁，桥梁断塌。1950年2月，也就是在交付使用后的两年

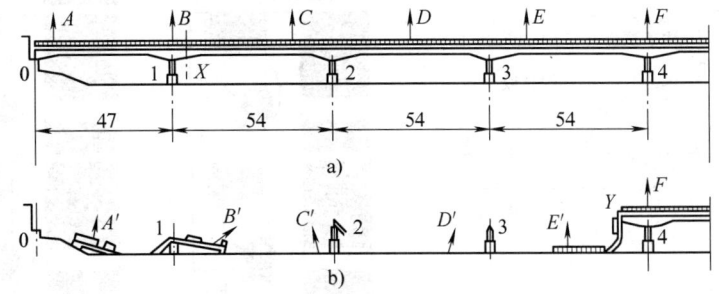

图6-2　加拿大三河桥的破坏情况
a）破坏前　b）破坏后
X—1950年破坏后用铆钉修补处　*Y*—1951年新破坏的地方

多一点的时间,一个很冷的夜晚,在支座附近的 X 处的梁的腹板和上弦杆处发生了裂纹,这些裂纹被及时用铆接方法修理,但在1951年桥又发生了断裂,共有四个跨度塌陷。根据残骸的位置可以判断,首先是在第二孔即曾修好的断裂处又发生了裂纹,随后在第四孔产生了新的断裂而形成了脆断事故。

美国海军部资料表明,在第二次世界大战期间,美国制造的4694艘船只中,在970艘船上发现有1442处裂纹,这些裂纹多出现在万吨级的自由轮上,其中24艘甲板全部横断,1艘船底发生完全断裂,8艘从中腰断裂为两半,其中4艘沉没,上述事故有些是在风平浪静的情况之下发生的。

圆筒形储罐和球形储罐的破坏事故更为严重。一起事故发生在1944年10月20日美国东部的俄亥俄煤气公司液化天然气储存基地,该基地装有3台内径为17.4m的球形储罐,1台直径为21.3m、高12.8m的圆筒形储罐。事故是由圆筒形储罐开始的。首先在其1/3~1/2高度的断裂处喷出气体和液体,接着听见雷鸣般的响声,气体化为火焰,然后储罐爆炸,引发大火。20min后,一台球罐因底脚过热而倒塌爆炸,使火情进一步扩大,这次事故造成128人死亡,损失金额达868万美元。

6.1.2　近年来发生的脆断事故举例

随着焊接技术的发展,特别是材料科学的发展,焊接结构发生脆性破坏事故日益减少,但并未杜绝。

20世纪70年代以来仍发生过桥梁、压力容器、采油平台、球形容器等一些结构的脆性破坏事故。例如澳大利亚墨尔本的金斯(King's)桥在盖板横焊缝(图6-3)焊接时的氢致裂纹在疲劳载荷的作用下,引发该裂纹扩展,最后在工作应力和盖板纵向焊缝的残余应力共同作用下,在 -4℃左右的气温下(已证明材料的冲击韧度不够)导致工作主梁的脆性破坏事故。

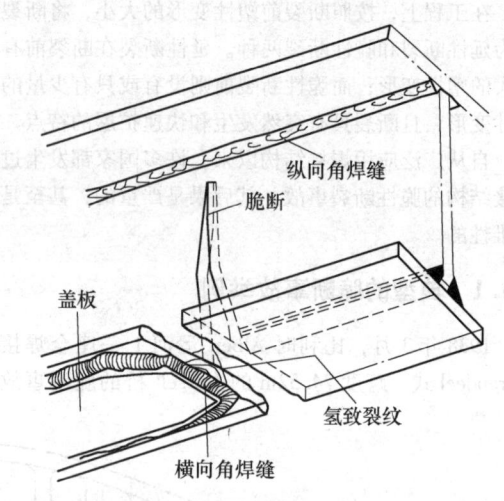

图6-3　墨尔本金斯桥的断裂情况

更应该指出的是,1995年1月17日在日本的阪神大地震中,一些按当今日本有关标准设计的钢结构的梁柱焊接接头发生了一系列脆性断裂,图6-4所示为该种梁柱接头的典型断裂特点。它们多起源于垫板。

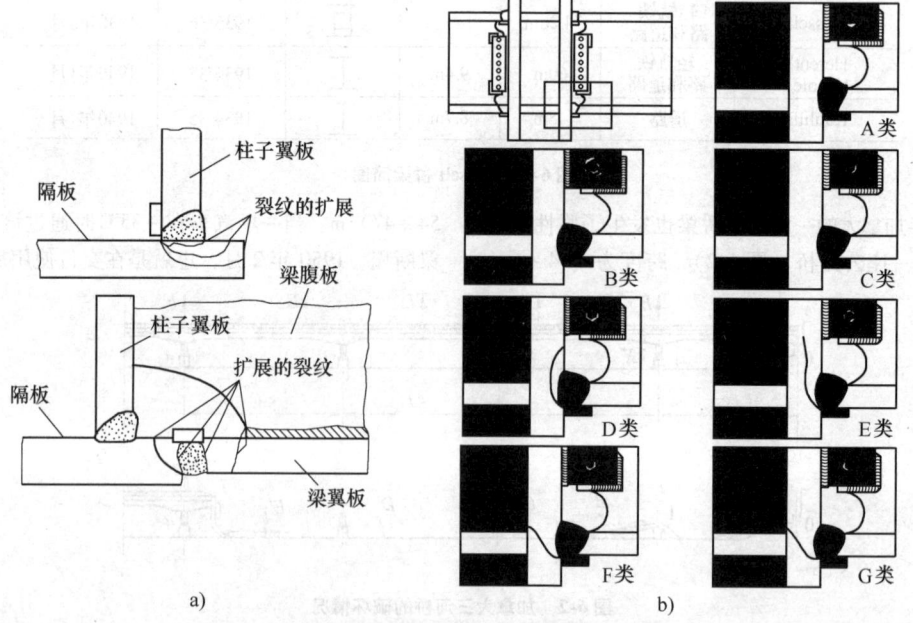

图6-4　梁柱接头的断裂情况
a) 阪神地震破坏的接头示例　b) 洛杉矶 Northridge 地区地震破坏的接头示例

而恰在一年前此日,即1994年1月17日在美国洛杉矶地区发生的里氏6.8级地震中,也造成了大量的梁-柱接头的脆断事故。与阪神地震结构损失不同,洛杉矶 Northridge 地区的梁-柱接头的脆断前几乎未发生任何塑性变形,日本和美国梁柱接头品质有区别,但无一例外均出现上述脆断事故。

6.2 脆性断裂机理及影响因素

6.2.1 脆性和延性断裂的裂纹产生和扩展

结构中不论是延性断裂还是脆性断裂,均由两个

步骤构成,即首先在缺陷尖端或应力集中处产生裂纹,然后该裂纹以一定形式扩展,最后造成结构失效破坏。中低强度钢材的裂纹产生和扩展情况如图6-5所示。

对于承受静载的结构,裂纹产生与温度的关系如图曲线1所示。曲线2反映了裂纹扩展与温度关系的曲线,它可由动载试验测出。

在曲线的第 I 区,由于温度很低,在缺陷尖端,裂纹将以解理机制产生。在曲线的第 II 区由于温度升高,裂纹产生所需能量提高,即裂纹为解理和剪切混合机制。曲线第 III 区为纯剪切机制的裂纹。

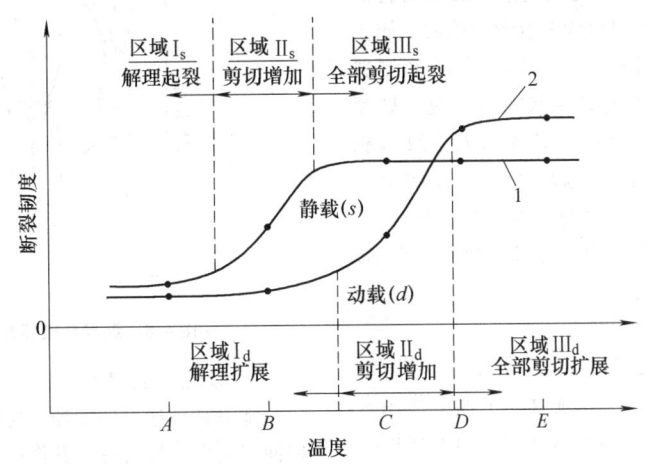

图6-5 裂纹产生与扩展之间的关系

但如分析裂纹扩展特性则会发现,在图中温度 A 处施载启裂后,裂纹将以吸收能量低的解理机制扩展。而在温度 B 处施载,启裂前要发生一定的塑性变形,因而要消耗一定的断裂功。如果此时材料是对加载速度敏感的材料——该种材料广泛应用于焊接结构,如桥梁、石油平台、船舶中,则启裂后仍以消耗能量少的解理裂纹扩展。其微观断口以对应解理机制的形貌为主(如河流花样、扇状花样等)。如果在温度 C 时加载,则启裂为消耗变形能量较高的剪切机制启裂,此时裂纹扩展虽然具有一定剪切面积,但仍以对应解理机制的断口为主。最后如果对结构在高于温度 D 的情况下施载,则不论是启裂,还是裂纹扩展,均以剪切机制发生。

上述原则可应用于由一种材料构成的试样或构件。事实上焊接结构或焊接接头是由力学和冶金性能非均质材料构成,而且还在焊接残余应力直接作用之下。研究表明,在这样条件下,除非焊缝中具有严重缺陷,或材料强度很高、或材料经过热处理,使得焊接残余应力作用相对减弱外,一般裂纹在焊缝或热影响区内启裂,然后偏入母材并在其中扩展。显然此时考虑焊缝或热影响区的启裂性能是主要的,而对母材则需考虑其止裂性能,这是焊接结构防断设计的基本内容。

6.2.2 脆性断裂特征及影响金属材料断裂的主要因素

脆性断裂的机制一般为解理断裂,多发生于体心立方晶体材料中。它是一种沿晶内一定结晶学平面分离的晶内断裂,这个结晶学平面称做解理面。关于解理断裂的产生已经建立了许多模型,它们大多与位错理论相联系。一种广为接受的观点是在应力作用下当材料的塑性变形过程严重受阻,材料不易发生形变所造成的表面分离就是解理断裂。

脆性断裂的形貌在宏观上为平整断口,一般与主应力垂直,断口有金属光泽,常称做晶状断口。另外解理裂纹往往急速扩展,其宏观断口常呈现放射状撕裂花样,即所谓的人字纹花样,该人字纹的尖峰指向裂纹源。

常出现的解理断口的微观特征形态有河流花样(图6-6)、舌状花样、扇形花样等。

实际金属材料的断裂,由于内部及外部原因

图 6-6　解理断口的河流花样的微观特征
Fe-Cr-Al 合金（320×）

（缺陷、性能、受力状态等）均较复杂，因此断裂常常不是单一的机制，其断口也为混合形貌构成。如在焊接宽板拉伸试验的试件断口上，常常可以在预制裂纹根部看到对应延性起裂的纤维状断口形貌（韧窝断裂机制）；随后变为快速扩展导致的人字纹形貌（解理断裂机制）；断口两侧及端部会有剪切唇出现。

影响金属或结构发生脆性断裂和延性断裂有内、外两种因素，外部因素主要为应力状态和加载速率，内部因素主要为材料性能。

1. 应力状态

研究表明，物体在受载时，在主平面上作用有最大正应力 σ_{max}（另一个与之相垂直的平面上作用有最小正应力 σ_{min}），与主平面成 45° 的平面上作用有最大切应力 τ_{max}。如果在 τ_{max} 达到屈服点前，σ_{max} 先达到抗拉强度，则发生脆性断裂；反之，如果 τ_{max} 先达到屈服点，则发生塑性变形及形成延性断裂。

试验证明许多材料在处于单轴或双轴拉应力下，呈现塑性；当处于三轴拉应力下时，因不易发生塑性变形而呈现脆性。

在实际结构中，三轴应力可能由三轴载荷产生，但更多的情况是由于结构几何不连续性引起的。即虽然整体结构处于单轴、双轴拉应力状态，但某局部地区由于设计不佳、工艺不当往往出现局部三轴应力状态的缺口效应，如图 6-7 所示。

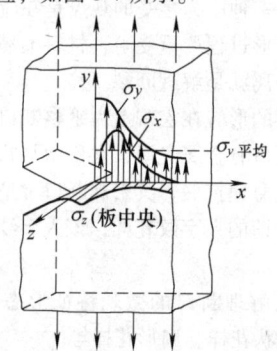

图 6-7　缺口根部应力分布示意图

同时，研究也表明，在三轴应力情况下，材料的屈服点较单轴应力时提高，这也进一步增加了材料的脆性。

2. 温度的影响

如果把一组开有相同缺口的同一材料试样在不同温度下试验，就会看到随着温度的降低，它们的破坏方式会发生变化（图 6-8），即从延性破坏变为脆性破坏。把由延性向脆性断裂转变的温度称为韧-脆转变温度。应当注意，同一材料采用不同试验方法，将会得到不同的韧-脆转变温度。

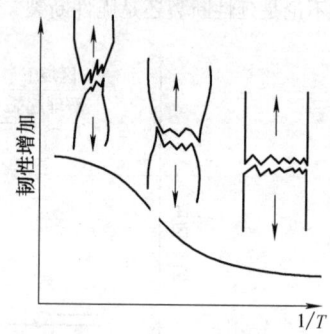

图 6-8　温度与破坏方式关系示意图

3. 加载速度的影响

随着加载速度的增加，材料的屈服点提高，因而促使材料向脆性转变，其作用相当于降低温度。应当指出，结构钢一旦产生脆性裂纹，很容易扩展。这是因为当缺口根部小范围金属材料解理起裂后，裂纹前端立即受到快速的高应力和高应变作用。这意味着一旦缺口根部开裂，相应就有高应变速度产生，而不管原始加载条件是动载还是静载。此后随着裂纹加速扩展，应变速率更急剧增加，进而造成结构失效。韧-脆转变温度与应变速率的关系如图 6-9 所示。

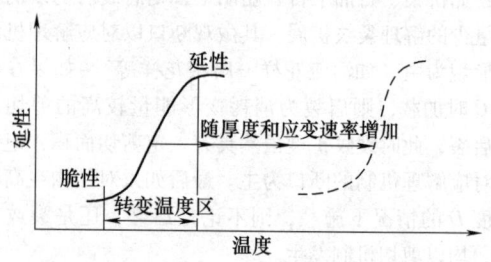

图 6-9　应变速率与韧-脆转变温度的关系

4. 材质影响

除了上述的应力状态、温度、加载速率等外界条件对材料的断裂形式有重要的影响外，材料本身的状态对其韧-脆性的转变也有一定影响，了解和考虑这些影响，对焊接结构选材来说是非常重要的。

1）厚度影响。一般认为无缺口且几何形状相似平滑试样的拉伸性能不受厚度影响。这对在一般实验室可能进行试验的厚度范围无疑是正确的。但是尽管数据不多，Gensamer 和 Tipper 也得出了有关厚度影响的如下总结：

① 由于屈服和断裂经常是在表面起始，所以表面缺陷数目增加将导致流动和断裂的倾向增加。

② 除了表面缺陷，在厚板的截面中，存有缺陷的可能性加大。

③ 大截面造成的拘束度可引发高值应力。

④ 快速屈服和断裂时，所释放的弹性应变能依赖于试样尺寸。

除此之外，还应指出冶金因素的不利影响。一般说来，生产薄板时压延量大，轧制温度较低，组织细密；相反，厚板轧制次数少，终轧温度较高，组织疏松。显然厚板的延、韧性均较差。

另外，当板中有缺口存在时，厚度的影响将更加显著。图 6-10 示出不同厚度缺口试样的弯曲试验结果。试样厚度从 9.5mm 增加到 48mm 时，应力-应变关系曲线发生显著变化，即应力突然下降，造成脆性断裂。试验中所有试样的裂纹均从对应于最高应力的缺口根部产生。显然，随着试样厚度加大，断裂能降低。

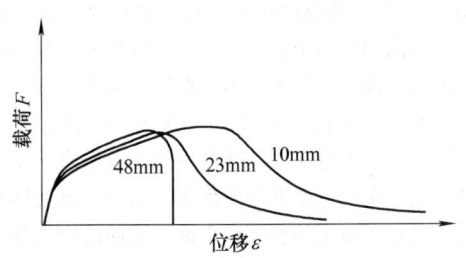

图 6-10　试样尺寸对应力-应变曲线形状的影响

有人把厚度为 45mm 的钢板，通过加工制成板厚为 10mm、20mm、30mm、40mm 厚的试样。发现在预制 40mm 长的裂纹和施以 1/2 屈服点拉应力的条件下，当板厚小于 30mm 时，发生脆断的转变温度随板厚的增加而直线上升；当板厚超过 30mm 后，脆性破坏发生温度提高得较为缓慢。

缺口试样中厚度的不利影响是因为厚板在缺口处容易形成三轴拉应力，因为沿厚度方向的收缩和变形受到较大的限制，形成平面应变状态；而当板材比较薄时，材料在厚度方向能比较自由地收缩，故厚度方向的应力较小，接近平面应力状态。如前所述，平面应变的三轴应力使材料变脆。

2）晶粒度影响。对于低碳钢和低合金钢来说，晶粒度对钢的韧-脆转变温度有很大影响，即晶粒越细，其转变温度越低。具体关系为

$$T_c \propto \ln d^{-1/2}$$

式中　T_c——转变温度（K）；

　　　d——晶粒直径（mm）。

图 6-11 示出了转变温度 T_c、屈服强度 R_{eL} 和晶粒直径的关系。该图为对低碳钢的试验结果。

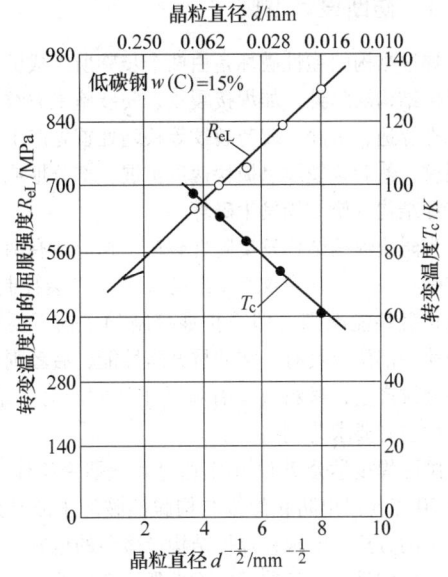

图 6-11　低碳钢晶粒度与转变温度和屈服点的关系

低碳钢和低合金钢的晶粒尺寸主要与熔融过程、脱氧过程和热加工过程有关。例如对于热轧钢板的晶粒度来说，如果终轧温度高，冷却缓慢，可得到粗晶粒，因而可导致过高甚至比室温还高的转变温度。因此，如果结构需要较高的韧性，则此类钢材需要采用正火处理，细化晶粒，以降低其转变温度。

3）化学成分的影响。钢中的碳、氮、氧、氢、硫、磷增加钢的脆性，另一些元素如锰、镍、铬、矾，如果加入量适当，则有助于减少钢的脆性。

4）微观组织影响。一般情况下，在给定的强度水平下，钢的韧-脆转变温度由它的微观组织来决定。例如钢中主要微观组织组成物铁素体具有最高的韧-脆转变温度，随后是珠光体、上贝氏体、下贝氏体和回火马氏体。其中每种组成物的转变温度又随组成物形成时的温度以及在需经回火时的回火温度发生变化。例如等温转变获得的下贝氏体具有最佳的断裂韧度，此时其转变温度比同等强度的回火马氏体还低，

但如果是不完全贝氏体处理的掺有马氏体的混合组织，其韧-脆转变温度将要上升许多。

另外，奥氏体在某些铁素体和马氏体钢中的存在，可以阻碍理解断裂的快速扩展，也就相应地提高了该钢种的断裂韧度。

6.3　防断设计准则及相关的试验方法

6.3.1　防断设计准则

焊接结构的脆性破坏是由两个步骤所组成的，即在焊接结构缺陷处，如焊接裂纹、安装施工裂纹、咬肉、未焊透、腐蚀、疲劳裂纹等缺陷处首先产生一脆性裂纹，然后该裂纹以极快速度扩展，部分地或全部地贯穿结构，使结构发生破坏。

为防止焊接结构发生脆性破坏，相应地有两个设计准则：一为防止裂纹产生准则（即"开裂控制"），二为止裂性能准则（即"扩展控制"）。前者要求结构的薄弱部位应具有一定的抗开裂性能，后者则要求一旦裂纹产生，材料应具有将其止住的能力。显然，后者比前者要求苛刻些。

国际焊接学会 2912 小组通过大量研究工作于 20 世纪 70 年代提出防止焊接结构脆性破坏事故有效而又经济的方法，要求在焊接结构最薄弱的地方，即焊接接头处应具有一定的抵抗脆性裂纹产生的能力，即抗开裂能力；同时希望如果在这些地方产生了脆性小裂纹，其周围的基本金属应具有将其迅速止住的能力，即对小裂纹的止裂能力。显然其设计的着眼点主要是放在防止裂纹产生（即开裂控制）上，而基本金属的止裂性能只作为参考。这是因为研究表明，对于中低强度钢来说，由于残余应力的作用，除非在焊缝中具有大量未焊透等焊接缺陷或沿焊缝方向的工作应力很高以外，脆性裂纹一般会向基本金属扩展。因此，基本金属具有一定的止裂性能，对防止焊接结构脆性断裂还是有必要的。

相应于上述设计要求，可以通过有关试验测出材料的抗开裂性能和止裂性能，供设计者采用。这些试验方法可分为开裂型试验和止裂型试验。

提供抗开裂性能的开裂型试验，是用以确定结构缺陷处产生裂纹的条件。例如下文将要介绍的 CTOD 试验，它要确定的指标是试样断裂前试样上疲劳裂纹的张开值，换言之，这种试验反映裂纹产生前韧性参量指标，因此可归属于开裂型试验。反之，凡是反映脆性裂纹产生后扩展指标的试验均为止裂型试验，如下文介绍的 Robertson 试验、动态撕裂试验等。

6.3.2　抗开裂性能测试方法

1. 宽板拉伸试验

宽板拉伸试验是能在实验室中重现低应力脆性断裂的大型试验方法之一，由于它能对结构的一些参数如材料厚度、焊接工艺影响（冶金损伤和残余应力）、载荷和应变量、整体尺寸、裂纹部位（尖锐度和尺寸）、加载速率等一系列因素进行实际模拟，所以宽板拉伸试验在研究焊接接头抗开裂性能和各种影响因素方面，是行之有效的试验方法。因此，这种方法不但用来研究脆性断裂的理论，也用来作为选择材料的基础方法。例如英国石油公司材料委员会就把在 Wells 型宽板拉伸试验试样上，20in（508mm）标距内产生 0.5% 塑性变形（容器中具有良好设计的接管处可能发生的变形值）的温度定为材料的最低使用温度。目前，可把宽板拉伸试验分为几大类，第一类是英国焊接研究所提出的 Wells 宽板拉伸试验；第二类为日本所通用并已被标准化了的大板拉伸试验；第三类为比利时 Soete 提出的宽板试验；第四类为模拟某些结构细节的和具有横向焊缝的一些派生宽板拉伸试验等。

Wells 宽板拉伸试验试样由 3ft × 3ft（916mm × 916mm）× 原厚的板件制成。制备试样时，首先将其沿轧制方向切成两半，并在切开边缘处加工成供焊接用的坡口。焊这道焊缝以前，在板中央预先开出和坡口边缘平行的缺口，如图 6-12 所示。施焊这道焊缝时，缺口根部不但在焊接残余拉伸应力场内，而且缺口尖端在一定热场温度下产生应变集中，也就是发生动应变时效。对于某些钢种来说，这种动应变时效大大提高缺口尖端局部材质的脆性。在"开裂"试验中，裂纹尖端局部材质的韧性是起决定作用的，因此动应变时效使焊接接头抗开裂能力大大降低。

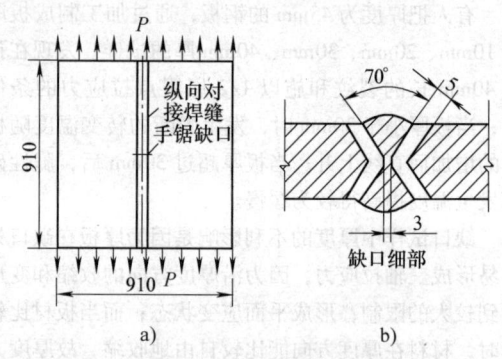

图 6-12　Wells 宽板试样

有人比较了焊前开缺口和焊后开缺口的试验

（前者缺口根部将承受动应变时效，后者不承受），其结果是，对低碳钢来说，焊前开缺口比焊后开缺口的转变温度提高约50℃，而对高碳钢来说，提高得更多。

对于对动应变时效不敏感的结构钢或某些高强度钢来说，焊缝、熔合区或热影响区往往是接头的最脆区域，因此缺口应开在这些区域内进行试验。这时需要采用十字焊缝型宽板拉伸试样，其形状如图6-13所示。试样是首先焊接与拉伸载荷垂直的横向焊缝。其坡口形式可根据实际结构的要求，也可以为了研究目的开成 K 型坡口。然后把缺口开在横向焊缝区需要研究和探索的部位，如熔合区、热影响区、焊缝等处，或同时将各部位的缺口一齐开出。可以推定，断裂将从具有最低缺口韧性的某一缺口处发生。试样开完缺口后，最后再焊接与拉伸载荷平行的纵向焊缝。

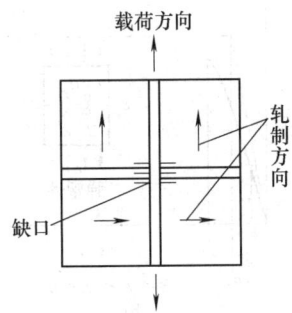

图 6-13　十字焊缝型宽板拉伸试验试样

试验表明，Wells 宽板拉伸试验可以确定出转变温度特性。即低于此温度时，可发生低应力脆性破坏；高于该转变温度时，则必须施加足够大的载荷，使试样产生整体屈服，造成延性断裂。

试验中，有的试样发生两次断裂。它可以由试样断裂后的断口检查出来，或由试验中发出的断裂响声来判断。两次断裂时，第一次响声为产生脆性裂纹的响声，但试样并未断为两半，只产生了局部破坏，然后应力再次上升，此时由于裂纹一般都超出了拉伸残余应力区，拉伸残余应力的不利作用消失，因此只有当外加应力达到材料屈服点才会发生最后的断裂。例如试验中曾发现，一块试样的第一次响声所对应的应力为110MPa，而试样最后断裂时的应力为380MPa，达到了材料的屈服点。由于宽板拉伸试验为开裂型试验，因此应当以110MPa作为开裂应力，而不应用最后全部试样断裂时的应力作为开裂应力。这是非常重要的，否则将得不出有规律性的断裂应力-温度曲线关系。

1959 年 Kihara 等人利用沸腾钢和半镇静钢进行的大板试验，其试验结果受到国际焊接界的重视。试验时试样分为三组，第一组是焊后直接试验；第二组是用热处理方法消除残余应力的试样；第三组试样是在低温试验前，在常温下施加 50～230MPa 的拉力，消除一部分焊接残余应力后再进行试验。

对一批焊态试样，当试验温度低于某临界温度 T_a 时，在平均应力仅相当于 30～70MPa 时，即发生脆性破坏。但如果试验温度高于该临界温度，则只有当外加应力达到材料的屈服点时，甚至抗拉强度时才发生破坏。这清楚地说明，只有当试验温度低于某临界温度时拉伸残余应力才具有不利影响。

焊后经过退火消除焊接残余应力试样的试验表明，即使在该临界温度 T_a 之下进行拉伸试验，也只有当外应力达到屈服点时才发生断裂。

预拉伸试样的试验则表明，在试验温度低于 T_a 时，其破坏应力有所提高，该提高数值与预拉伸数值（也就是所减少的残余应力数值）相近。

根据试验结果 Kihara 等人提出了包括尖锐缺口和残余应力对碳钢焊接试样断裂强度影响的示意图，如图6-14所示。

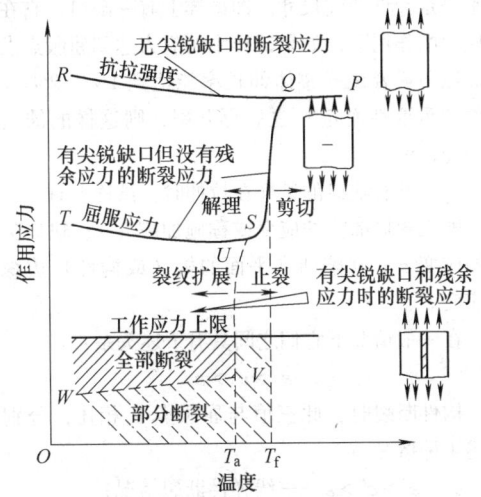

图 6-14　尖锐缺口和残余应力
对断裂强度的影响

当试样没有尖锐缺口时，在试验温度下试样在达到材料抗拉强度时才发生断裂，如图中 PQR 曲线所示。当试样有缺口但没有残余应力时，在外加应力达到曲线 PQST 时才发生断裂。并且当温度高于断裂转变温度 T_f 时，在高值应力下发生剪切机制的延性断裂，温度低于断裂转变温度 T_f 时，断裂时的应力约降到屈服点，但其断裂机制发生改变，即由剪切机制变为解理机制断裂。

缺口和残余应力共存时，会发生几种不同形式的断裂：

当温度高于 T_f 时，断裂应力可达到材料的抗拉强度（曲线 PQ），而不受焊接残余应力影响。

当试验温度低于 T_f，但高于温度 T_a 时，一般不产生脆性裂纹，但一旦有一脆性裂纹产生，该区不能将裂纹止住，从而会使结构发生破坏。

试验温度低于大板试验的临界温度 T_a 时，是否发生脆性断裂将依据外加应力而定。即当应力值低于 WV 时，不会发生脆性断裂；但当外加应力高于 WV 值时，则将发生脆性断裂。可见 WV 为断裂临界应力值。一般情况下该临界应力值很低，只有几十个兆帕（其结果是由于焊接残余应力的影响）。

应当强调，由于大板试验缺口是在焊后开出的，因此试验结果只能反映焊接残余应力对脆性破坏的影响，而不能像 Wells 宽板拉伸试验那样，既反映残余应力对材质脆性断裂的影响，又包括了缺口尖端的动应变时效的影响。因而，日本大板试验数据对一些对动应变时效敏感的钢材来说，转变温度是偏低的。

比利时 Gent 大学 W. Soete 强度所的 W. Soete 教授提出根据宽板拉伸试验试样上大标距范围内的应变值来确定允许缺欠尺寸。即试样上有一缺口，它在垂直应力的作用下，如果试样中的应力达到屈服点发生全面屈服或者试样整体伸长率能达到 1%~2%（依元件的重要性而定）之后再开裂，则这样的缺欠存在是允许的。

中心开有缺口的试样在拉伸时，试样上有三种应变。即无缺口部位的应变或称施加应变 ε；缺口尖端处的应变 ε'；缺陷所在平面的板（或构件）边缘处的应变 ε''。

在一般情况下它们之间具有下述关系：

$$\varepsilon' > \varepsilon'' > \varepsilon$$

构件断裂时，此三值与屈服点 ε_s 相比，分别有下述4种情况：

$\varepsilon_s > \varepsilon' > \varepsilon'' > \varepsilon$——线弹性断裂情况；

$\varepsilon' > \varepsilon_s > \varepsilon'' > \varepsilon$——弹塑性断裂情况；

$\varepsilon' > \varepsilon'' > \varepsilon_s > \varepsilon$——韧带屈服断裂情况；

$\varepsilon' > \varepsilon'' > \varepsilon > \varepsilon_s$——全面屈服断裂情况。

对于焊接结构用钢而言，前两种情况断裂时应力和塑性变形值太低，因而断裂性质属脆性断裂。对第三种情况，在断裂前发生一定的塑性变形，因此其断裂性质属于脆性断裂还是延性断裂较难直接规定。但应当说明的是，所产生的塑性变形分布极不均匀，它只集中于缺陷所在截面内，断裂时在缺陷平面内有一定的缩颈出现。同时从应力角度出发，其断裂应力将

低于材料的屈服点（图6-15c），称为低应力破坏。这种断裂无疑也缺乏安全保证，应当力求避免。最后一种情况为断裂前构件将产生较大的塑性变形（应变），且均匀地分布在整体构件上（图6-15d），断裂应力也至少达到了材料的屈服点，这种断裂为延性断裂。

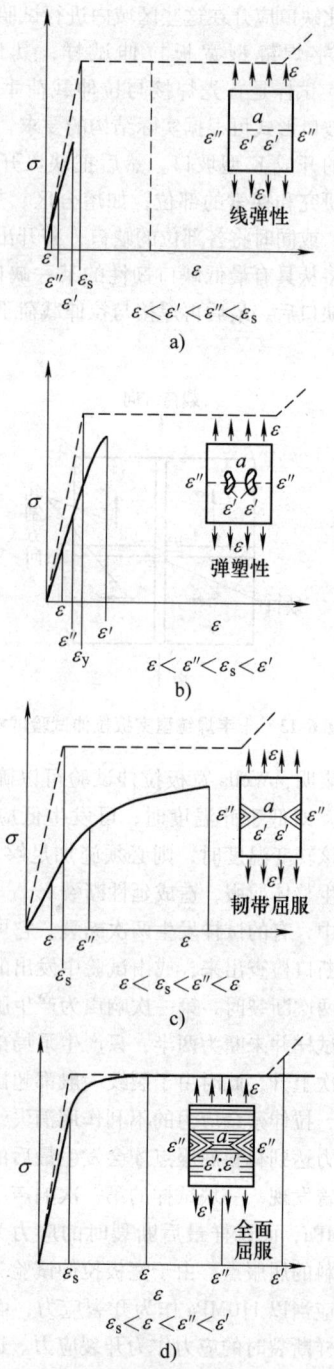

图6-15　金属结构的断裂性质

ε_s—屈服强度

显然，该种宽板试验的评定标准是着眼于试样的整体延、塑性，而不是着眼于局部变形，因而方法简单，且切合工程实际。

可以在不同型式缺口（即贯穿型缺口、表面型缺口和埋藏型缺口）和不同型式（平板、试验管道的曲面）的试样上直接进行宽板拉伸试验，试样上有关缺口的几何参量：a 为缺口长度，b 为缺口深度，c 为埋藏缺口距最近表面的距离。

（1）贯穿缺口的宽板拉伸试验

首先，从理论上分析，在假定应力集中影响可以忽略的前提下，在单轴拉伸加载下断裂时，外加应力 σ_N 为

$$\sigma_N = R_m(1 - a/W) \tag{6-1}$$

式中　R_m——材料的抗拉强度；

　　　　a——裂纹长度；

　　　　W——板宽。

显然 σ_N-a 是直线关系，如图 6-16 虚线 AB 所示。但是由于应力和应变集中的关系，断裂时的 σ_N 值较直线 AB 给出的值要小，为一曲线值（图中实线 AB 所示），该曲线要通过宽板拉伸试验予以确定。之后根据本文上述准则要求即外加应力或断裂应力至少等于材料的屈服点，为此在图 6-16 的应力轴上作 R_{eL}，而根据 R_{eL} 与试验曲线的相交点，即可得出临界裂纹尺寸（或称极限裂纹尺寸）a_c。一般把小于该临界尺寸的裂纹（缺口）称为亚临界裂纹，它是允许在构件中存在，而不需返修的；较 a_c 大的裂纹称为超临界尺寸裂纹，需要返修。因此，在此类宽板拉伸试验中，可根据断裂应力和应变值，很容易地确定出临界裂纹尺寸。

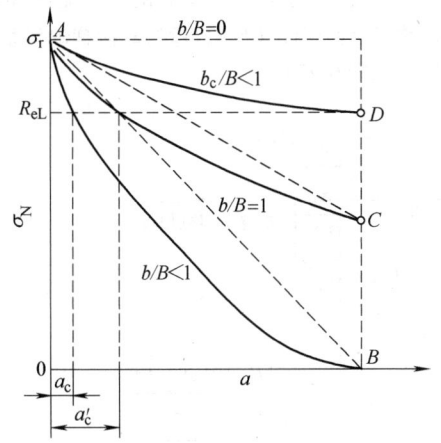

图 6-16　σ_N-a 曲线示意图

（2）表面缺口的宽板拉伸试验

拉断带有表面缺口的宽板试样的理论断裂应力 σ_N 为

$$\sigma_N = R_m\left(1 - \frac{ab}{WB}\right) \tag{6-2}$$

式中　B——板厚。

对于 b 不变的情况，该断裂应力如图 6-16 中的虚线 AC 所示。但是考虑应力和应变集中的影响时，实际断裂应力需经过宽板拉伸试样定出，如曲线 AC 所示。由该曲线与屈服点 R_{eL} 的交点可查出表面缺口的临界裂纹长度 a_c'。

缺口深度 b 值减少，宽板拉伸试验的 σ_N-a 关系曲线向上偏转。当 b 值减少到某一定值 b_c 时，则不管裂纹长度如何，宽板拉伸的试验结果均为全面屈服断裂。换句话说，当裂纹深度小于 b_c 值后，则试样或构件上允许有横贯板宽的长缺口存在，如曲线 AD 所示（图 6-16）。

在具有横向焊缝的 Soete 型宽板拉伸试验中，应分别考虑基本金属与焊缝金属的力学性能及其相互间的关系。假如焊接接头中基本金属与焊缝的力学性能有下述关系，即：

$$\sigma_s^B < \sigma_b^B < \sigma_s^W < \sigma_b^W$$

式中　σ_b^W——焊缝金属的抗拉强度；

　　　　σ_s^W——焊缝金属的屈服点；

　　　　σ_b^B——基本金属的抗拉强度；

　　　　σ_s^B——基本金属的屈服点。

由图 6-17 可见，若焊缝金属中有贯穿缺陷，由缺陷造成的断裂应力的降低，理论上由直线 AB 确定。但是考虑缺陷尖端的应力、应变集中的影响，宽板拉伸试验确定的实际断裂应力将由曲线 AB 表示，全面屈服时临界裂纹尺寸 a_c 由该曲线与基本金属的屈服点的相交点给出。如果考虑断裂强度，由于焊接接头试样中要达到超出基本金属抗拉强度 σ_b^B 的应力是不可能的，此时对应断裂的临界裂纹尺寸将由基本金属的抗拉强度 σ_b^B 来决定，其相应的临界裂纹尺寸为图示的 a_0，这说明焊缝上虽有缺陷，但其长度小于 a_0 时，断裂将在基本金属上发生。

对于表面缺口，当其深度为定值，即 b/B 为常数值时，曲线 AG 表示了不同裂纹长度时的断裂应力值。同样 AG 曲线与 σ_s^B 的交点将给出某一缺口深度时的极限表面缺口长度值（图 6-17 中未绘出该临界值）。而与 σ_b^B 的相交点将给出某一相同缺口深度发生断裂时的缺口长度尺寸（图 6-17 中未绘出该临界值）。该图上示出了临界缺口深度 b_c。这意味着当焊缝中的表面缺口深度等于或小于该极限深度 b_c 时，不管缺口长度如何，甚至当该表面缺口长度横贯试样整体宽度，亦要发生全面屈服流动。它的位置由曲线

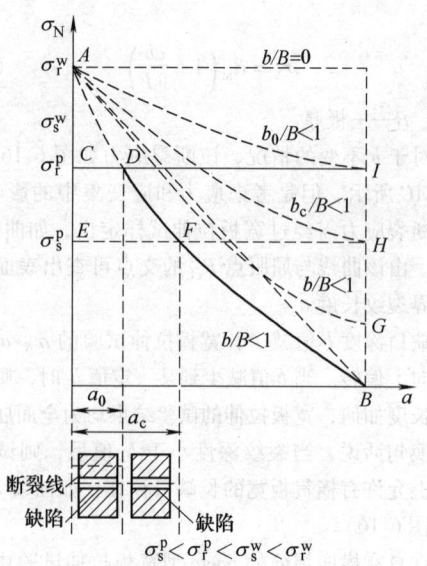

图 6-17　焊接接头宽板拉伸试验的结果

AH 表示。同理由图 6-17 也可确定出与缺口长度无关的在基本金属上发生断裂的临界缺口深度 b_0 值。

采用 W. Soete 型宽板拉伸试验及其评定准则不但可以研究裂纹类型，而且也可以研究焊接结构制造因素如应变时效、焊缝强度匹配、热处理等工艺对构件断裂强度的影响。

2. 断裂力学方法

目前已有大量的有关断裂力学理论、计算、测试及应用的书籍和资料供读者参阅。

随着断裂力学学科的发展及应用，不少国家均制定颁布了断裂力学参量 K_{IC}，COD(δ) 和 J_{IC} 的测试标准，我国也于 20 世纪 80 年代先后颁布了上述断裂力学参量测试的国家标准。如 GB/T 4161—2007《金属材料　平面应变断裂韧度 K_{IC} 试验方法》，GB/T 21143—2007《金属材料　准静态断裂韧度的统一试验方法》，

GB/T 28896—2012《金属材料　焊接接头准静态断裂韧度测定的试验方法》等。国际上，英国焊接研究所又提出了一个测试上述三个参量统一标准草案 BS7448，受到了国际焊接学会的重视，并予以推广应用。该标准共分为四个部分，其中与脆断相关的三部分为：Part Ⅰ 测定金属材料 K_{IC}、极限 COD 值和极限 J 积分值方法，Part Ⅱ 测定金属材料焊缝 K_{IC}、极限 COD 值和极限 J 积分值方法以及 Part Ⅳ 测定金属材料裂纹稳定扩展的断裂阻力曲线以及启裂值的方法，可以说这是一部国际上通用的材料及焊缝的断裂力学参量测定标准，已经在实际工程中得到应用，本书在此对上述标准作简要介绍。

金属材料测试标准中的测试流程如图 6-18 所示。

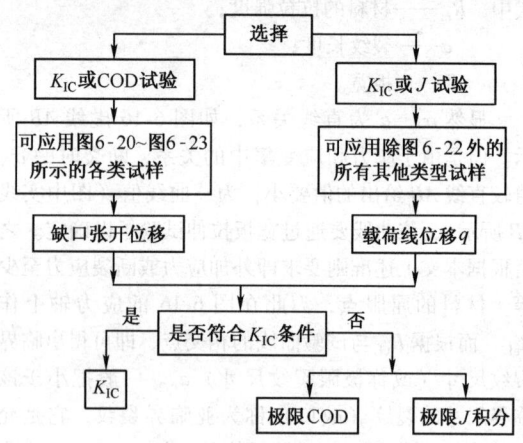

图 6-18　金属材料测试标准流程图

（1）试样

1）试样可分为四种类型：长方形三点弯曲试样（见图 6-19）；正方形三点弯曲试样（见图 6-20）；直缺口紧凑拉伸试样（见图 6-21）；阶梯缺口紧凑拉伸试样（见图 6-22）。

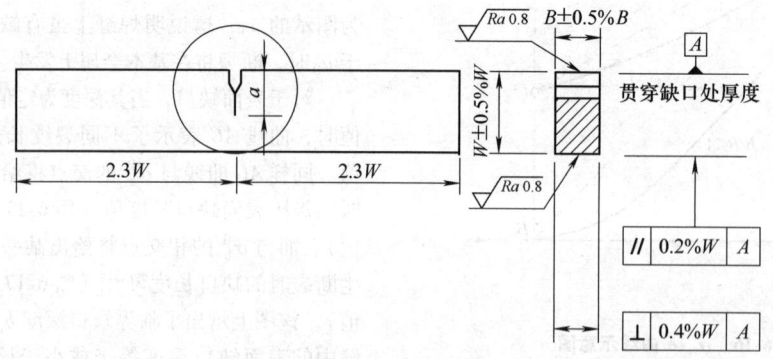

图 6-19　长方形截面三点弯曲试样

W—试样宽度　B—试样厚度，（$B = 0.55W$）　a—裂纹长度，$a = (0.45 \sim 0.55)W$

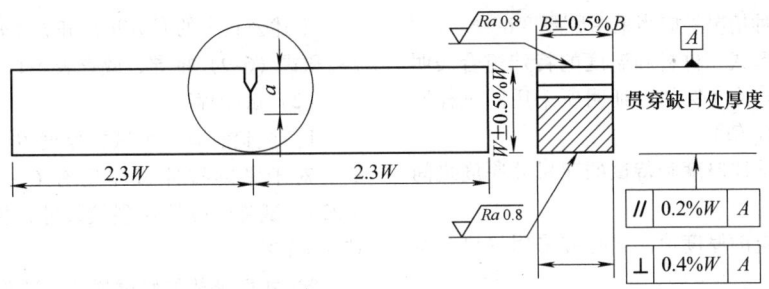

图 6-20　正方形截面弯曲试样

W—试样宽度　B—试样厚度　a—裂纹长度 $[a = (0.45 \sim 0.55)W]$

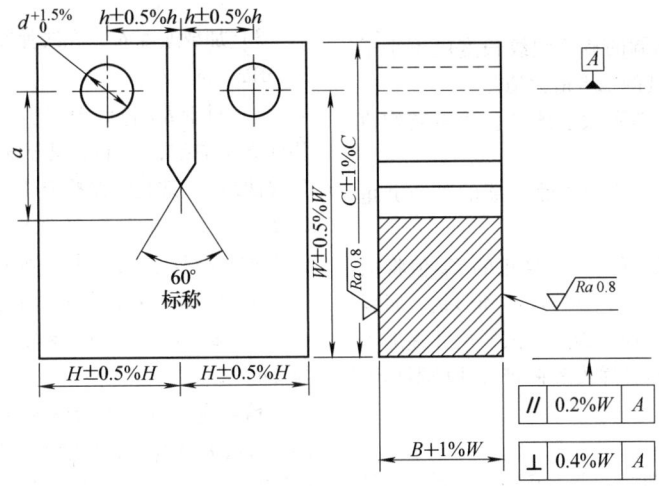

图 6-21　直缺口紧凑拉伸试样

W—有效宽度　C—试样宽度 $(C = 1.25W)$　B—试样厚度 $(B = 0.5W)$

H—半高度 $(H = 0.6W)$　d—孔径 $(d = 0.25W)$

h—两孔间的一半距离 $(h = 0.275W)$　a—裂纹长度 $[a = (0.45 \sim 0.55)W]$

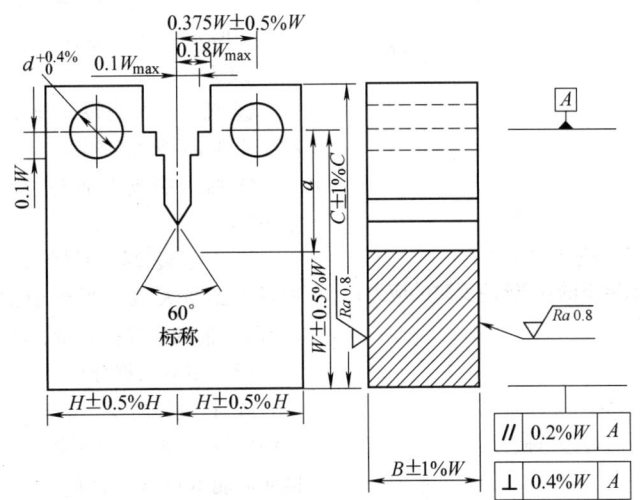

图 6-22　阶梯缺口紧凑拉伸试样

W—有效宽度　C—试样宽度 $(C = 1.25W)$　B—试样厚度 $(B = 0.5W)$

H—半高度 $(H = 0.6W)$　d—孔径 $(d = 0.25W)$

a—裂纹长度 $[a = (0.45 \sim 0.55)W]$

2）除下述几种情况外应当采用原厚度试样。

① 除非试样形式、材料和温度的特殊组合表明断裂韧度与厚度无关（例如已证明所采用的试样厚度可获得真正的 K_{IC} 值）。

② 已建立了试样厚度和待试的亚尺寸厚度之间的关系。

③ 产品无确定的厚度值，此时应采用尽可能厚的试样。

3）试样尺寸加工要求如下：

① 裂纹长度最小应为 0.45 倍的试样宽度，即 $a/W \geq 0.45$。

② 在机械缺口上预制的疲劳裂纹长度应不小于 1.3mm 或 2.5% 试样宽度的二者最大值。

③ 裂纹两表面长度差不大于该二表面裂纹均值的 15%。

④ 预制的疲劳裂纹平面与裂纹扩展的平面夹角应不大于 10°。

⑤ 进行 K_{IC} 试验的试样，由于真正的 K_{IC} 值将依赖于载荷—位移曲线的形状，试样尺寸和形状，屈服应力和相关温度下的韧性值，因此对试样尺寸提出一定要求，即裂纹长度、试样厚度和韧带尺寸均不小于 $2.5 \left(\dfrac{K_{IC}}{\sigma_{ys}} \right)^2$。

4）预制疲劳裂纹的规定：要求在室温下进行，且最大预制疲劳裂纹载荷 F_f 应是下述三种情况最低者。

① 对于三点弯曲试样：

$$\left. \begin{array}{c} F_f = \dfrac{B(W-a)^2(\sigma_{ysp} + \sigma_{tsp})}{\Delta s} \\[2mm] \text{对应于} \dfrac{\Delta K}{E} = 3.2 \times 10^{-4} m^{0.5} \text{的载荷} F_f; \\[2mm] F_f = \dfrac{K_f B W^{1.5}}{s \times f \left(\dfrac{a}{W} \right)} \end{array} \right\} \quad (6\text{-}3)$$

式中 $K_f = 0.6 \left(\dfrac{\sigma_{ysp}}{\sigma_{ys}} \right) K_Q$

σ_{ysp}——对应于 0.2% 应变的应力；

σ_{ys}——断裂试验温度下的 0.2% 应变时的应力；

K_Q——K_{IC} 的条件值；

s——试验跨距；

② 对于紧凑拉伸试样：

$$\left. \begin{array}{c} F_f = \dfrac{0.28(W-a)^2(\sigma_{ysp} + \sigma_{tsp})}{(2W+a)} \\[2mm] \text{对应于} \dfrac{\Delta K}{E} = 3.2 \times 10^{-4} m^{0.5} \text{的载荷} F_f; \\[2mm] F_f = \dfrac{K_f \cdot B \cdot W^{0.5}}{f' \left(\dfrac{a}{W} \right)} \end{array} \right\} \quad (6\text{-}4)$$

上述公式中的 $f(a/W)$ 和 $f'(a/W)$ 可用式（6-7）和式（6-9）推导，或查表 6-1、表 6-2 得到。

（2）试验程序

1）试验前应校核试样厚度 B、韧带尺寸（$W-a$），对于紧凑拉伸试样还有 $C-W$（图 6-21、图 6-22），试验后应校核裂纹尺寸，精度为 ±0.025mm 或 ±0.1%。

2）按要求装卡好试样后，试验时应保证距裂纹尖端 2mm 处为试验温度，精度 ±2°，保温时间应不少于 30s/mm。

3）加载速度 $\dot{K}$，在线弹性变形时应保证在 0.5 ~ 3.0MPa·$m^{0.5}$/s。

4）对于 K_{IC} 和 COD 试验，记录载荷-缺口张开位移即 $P\text{-}V$ 曲线，对于 J 积分试验记录 $P\text{-}Q$（载荷-线位移曲线）。试验时保持 $P\text{-}V$ 和 $P\text{-}Q$ 曲线初始斜率为 0.85 ~ 1.5，开始时斜率常出现非线性情况，可用低于 F_f 的载荷反加载几次，则可以减少这种非线性误差，试验至载荷不再上升或断裂时停止。

5）试验后，应测定裂纹初始长度 a_0 和裂纹扩张量 Δa。

精度应保证 ±0.25% 和 ±0.05mm 两值最大者。测量方法为将裂纹沿厚度方向分成八等份，注意 1 和 9 点为各距表面 0.1B 处的点，首先将此该二点长度值平均，再将该均值与其他七点裂纹长度测量值平均。

对测量的原始裂纹长度 a_0 应满足下述要求：

① a_0/W 比值应在 0.45 ~ 0.55 范围内。

② 九点裂纹长度测量值中的任意两条长度差不超过 10% a_0。该平均裂纹长度 a_0 值将用来计算 K_{IC}、COD 或 J 积分值。

③ 任一条所测裂纹长度中的疲劳裂纹长度均不小于 1.3mm 或 2.5% W。

④ 疲劳裂纹平面与裂纹扩展面的夹角应不大于 10°。

⑤ 对于裂纹扩展量的 Δa 的测量方法同上，它是试样达到最大载荷平台前的裂纹扩展量或 POP-in（突跃）前的裂纹扩展量，测量后应予以画图记录。

（3）试验数据分析

载荷-位移曲线一般有 6 种形式如图 6-23 所示。其中曲线 1、2、3 表明载荷-位移曲线近似线性关系，因而可能得到真正的 K_{IC} 值，而曲线 4、5、6 一般与弹塑性断裂有关，因而适用于测定 COD 值或 J 积分值。应当说明：

对于阶梯缺口紧凑拉伸试样，裂纹张开位移和载荷线位移是一致的。因而可用它测试 K_{IC}、COD 和 J

积分，而对于三点弯曲试样，二者是不一致的，因而要分别测试。

根据 POP‑in 定义，当载荷下降（y）和位移（x）增加均不足 1% 时，该 POP‑in 忽略不计（图 6‑24），其他情况则应予以考虑。并按下式进行评定。

$$d_n\%F_1 = 100\left[1 - \frac{D_1}{F_1}\left(\frac{F_n - Y_n}{D_n + x_n}\right)\right]\% \qquad (6\text{-}5)$$

式中符号的意义如图 6‑23 所示，下标 n 表示待评的某一个 POP‑in。

1）平面应变断裂韧度 K_{IC} 的测定。根据图 6‑25 所示 F‑V 或 F‑Q 曲线经过原点引 OF_d 线段，对于三点弯曲试验，该 OF_d 线斜率比记录的 F‑V 曲线 OA 低 5%（$d_n\%F = 5\%$），或比记录的三点弯曲 F‑Q 曲线

OA 低 4%，而对于紧凑拉伸试验无论是 F‑V 曲线还是 F‑Q 曲线均低 5%。

此后如果在 F_d 以前，记录曲线上每一点的载荷都低于 F_d（图 6‑25 Ⅰ），则取 $F_d = F_Q$，如果在 F_d 以前，有一最大载荷超过 F_d，则应取这个最大载荷为 F_Q，如图 6‑25 Ⅱ、Ⅲ 曲线所示。再根据 $F_{\max}/F_Q$ 的比值，如该比值大于 1.1，则这意味着不会得出真正的 K_{IC} 值，如该比值低于 1.1，再由该 F_Q 值计算 K_Q 值。

对于三点弯曲试验：

$$K_Q = \frac{F_Q S}{BW^{1.5}} \cdot f(a_0/W) \qquad (6\text{-}6)$$

式中

$$f(a_0/W) = \frac{3\left(\dfrac{a_0}{W}\right)^{0.5}\left[1.99 - \left(\dfrac{a_0}{W}\right)\left(1 - \dfrac{a_0}{W}\right)\left(2.15 - \dfrac{3.93a_0}{W} + \dfrac{2.7a_0^2}{W^2}\right)\right]}{2\left(1 + \dfrac{2a_0}{W}\right)\left(1 - \dfrac{a_0}{W}\right)^{1.5}} \qquad (6\text{-}7)$$

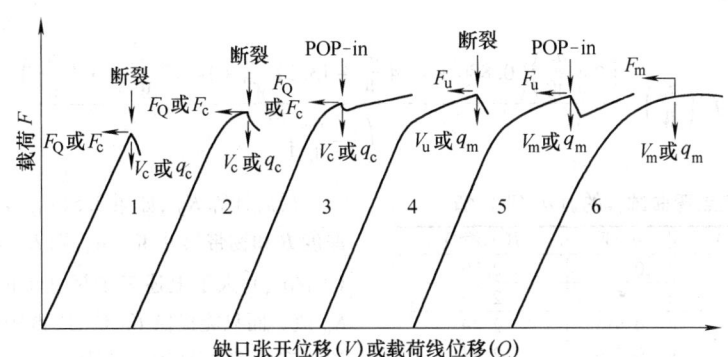

图 6-23　断裂力学试验的 F‑V 或 F‑Q 试验曲线

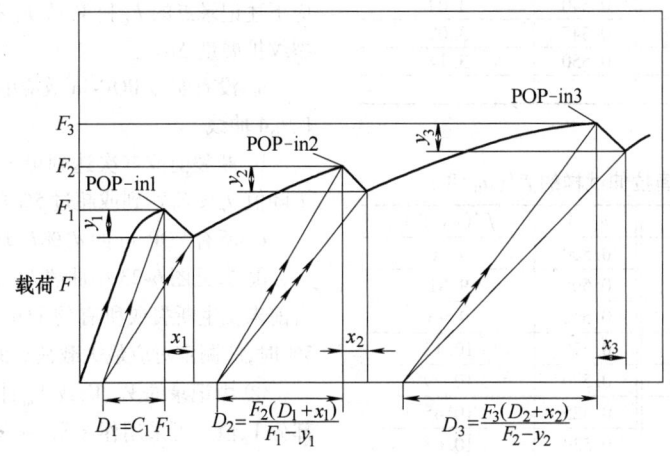

图 6-24　POP‑in 现象的评定

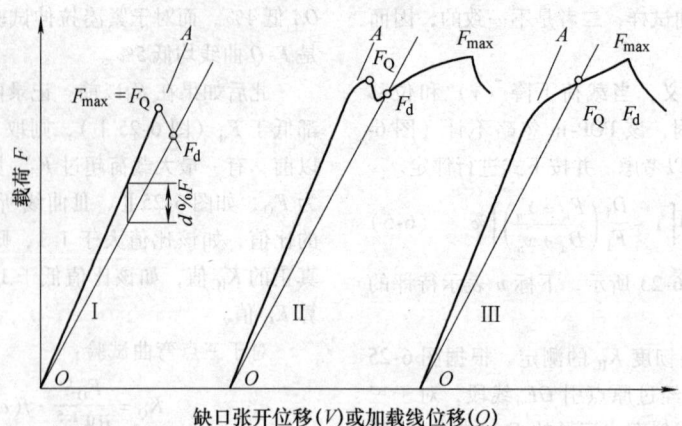

图 6-25　测定 K_Q 时 F_Q 的测定

或由表6-1查出。

对于紧凑拉伸试样:

$$K_Q = \frac{F_Q}{BW^{0.5}} \cdot f'\left(\frac{a_0}{W}\right) \tag{6-8}$$

式中

$$f'\left(\frac{a_0}{W}\right) = \frac{\left(2 + \frac{a_0}{W}\right)\left(0.886 + 4.64\frac{a_0}{W} - 13.32\frac{a_0^2}{W^2} + 14.72\frac{a_0^3}{W^3} - 5.6\frac{a_0^4}{W^4}\right)}{\left(1 - \frac{a_0}{W}\right)^{1.5}} \tag{6-9}$$

表 6-1　用于三点弯曲试样的 $f(a_0/W)$ 值

a_0/W	$f(a_0/W)$	a_0/W	$f(a_0/W)$
0.450	2.29	0.505	2.70
0.455	2.32	0.510	2.75
0.460	2.35	0.515	2.79
0.465	2.39	0.520	2.84
0.470	2.43	0.525	2.89
0.475	2.46	0.530	2.94
0.480	2.49	0.535	2.99
0.485	2.54	0.540	3.04
0.490	2.58	0.545	3.09
0.495	2.62	0.550	3.14
0.500	2.66		

或由表6-2查出。

表 6-2　用于紧凑拉伸试样的 $f'(a_0/W)$

a_0/W	$f'(a_0/W)$	a_0/W	$f'(a_0/W)$
0.450	8.34	0.500	9.66
0.455	8.46	0.505	9.81
0.460	8.58	0.510	9.96
0.465	8.70	0.515	10.12
0.470	8.83	0.520	10.29
0.475	8.96	0.525	10.45
0.480	9.09	0.530	10.63
0.485	9.23	0.535	10.80
0.490	9.37	0.540	10.98
0.495	9.51	0.550	11.36

最后计算 K_{IC},如果 $2.5(K_Q/\sigma_{ys})^2$ 小于裂纹长度、厚度 B 和韧带尺寸 $W - a_0$,则 $K_Q = K_{IC}$。相反,如 $2.5(K_Q/\sigma_{ys})^2$ 大于上述三个尺寸中的任一个,则无真正 K_{IC} 值。而只能提供 K_Q 值,或再用弹塑性断裂力学方法测定计算 COD 和 J_{IC} 极限值。

2)极限 COD 值测定。

① 首先根据图6-23中1~5所示曲线,测定对应下述记录点的 F_c 和 V_c 或 F_u 和 V_u,或 F_m 和 V_m 以及裂纹扩展量 Δa。

a. 没有明显 POP-in 效应的断裂点如图6-23中的1、2、4曲线。

b. 断裂前或首次达到最大载荷平台以前的载荷下降值 $d_n\% F_1$ 达到或超过5%的点。

c. 所有 POP-in 的 $d_n\% F_1$ 均未超出5%的断裂点。

d. 参见图6-23中曲线6,如果在达到最大载荷平台前未发生断裂或所有的 POP-in 的 $d_n\% F_1$ 值均小于5%时,应测定对应最大载荷点的 F_m 和 V_m。

② 由记录的 V_c、V_u 或 V_m 计算裂纹张开位移塑性部分 V_p 值。可采用作图法(见图6-26)。或者从整体裂纹张开位移量扣除弹性部分的分析法。

③ COD 值的计算。

对于三点弯曲试样:

$$\delta = \left[\frac{FS}{BW^{1.5}} \cdot f\left(\frac{a_0}{W}\right)^2 \right] \frac{(1-\nu^2)}{2\sigma_{ys}E} + $$
$$\frac{0.4(W-a_0)V_p}{0.4W+0.6a_0+Z} \qquad (6\text{-}10)$$

式中 Z——固定钳形夹的刀口高度。

S——弯曲跨距。

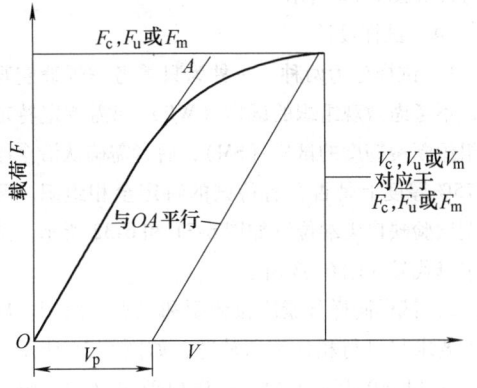

图 6-26 COD 试验中 V_p 的测定

$f\left(\dfrac{a_0}{W}\right)$ 按公式(6-7)计算或由表 6-1 查出。

对于直缺口紧凑拉伸试样:

$$\delta = \left[\frac{F}{BW^{0.5}} \cdot f'\left(\frac{a_0}{W}\right)^2 \right] \frac{(1-\nu^2)}{2\sigma_{ys}E} + $$
$$\frac{0.46(W-a_0)V_p}{0.46W+0.54a_0+Z+(C-W)} \qquad (6\text{-}11)$$

对于阶梯形缺口紧凑拉伸试样:

$$\delta = \left[\frac{F}{BW^{0.5}} \cdot f'\left(\frac{a_0}{W}\right)^2 \right] \frac{(1-\nu^2)}{2\sigma_{ys}E} + $$
$$\frac{0.46(W-a_0)V_p}{0.46W+0.54a_0+Z} \qquad (6\text{-}12)$$

式中 $f'\left(\dfrac{a_0}{W}\right)$ 可根据公式(6-9)求出或由表 6-2 查出。

3) J_{IC} 极限值的测定。

① 首先应当指出,对阶梯缺口紧凑拉伸试样,$F\text{-}V$ 曲线与 $F\text{-}Q$ 曲线是重合的,因此可以采用测定的 $F\text{-}V$ 曲线直接进行 J 值计算。但是对于三点弯曲试样载荷线位移 $Q(q)$ 与裂纹嘴张开位移并不一致。因而不能采用 $F\text{-}V$ 曲线进行 J 值计算。而测定载荷线位移量是比较困难的。这是因为很难把实际载荷点的线位移与三个载荷点作用(加载和两个支撑点)试样上的弹塑性变形和加载机构的变形区分开来。不扣除后者这些变形,显然会加大实际载荷点的线位移值,给试验结果带来误差。

唯一可直接得到载荷线位移的方法是测量试样上任意两点的沿载荷方向的相对运动。例如可通过测量相对于试样不变形的某一坐标点与缺口尖端位移间的距离来获得线位移值 $Q(q)$,如图 6-27 所示。试验表明当 q_m 等于或小于 $0.14W$ 值时,其精度可等于或小于 2%。

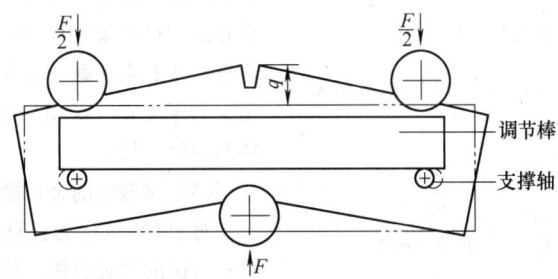

图 6-27 q 值的直接测量法

英国标准介绍了一种非直接测量三点弯曲试样位移值的方法,该方法是采用两个钳形夹,一个放置在缺口嘴部,另一个放置在缺口处上方(图 6-28),此时载荷线位移量可通过下式求出:

$$q = \frac{W(V_2 - V_1)}{Z_2 - Z_1} \qquad (6\text{-}13)$$

② 参照图 6-23 中曲线 1~5 和裂纹扩展量 Δa。测量下述曲线记录点处的 F_c 和 q_c 或 F_u 或 q_u 以及 F_m 与 q_m 值。

a. 未发生明显 POP-in 现象时的断裂点,如图 6-23 曲线 1、2 和 4 的断裂点。

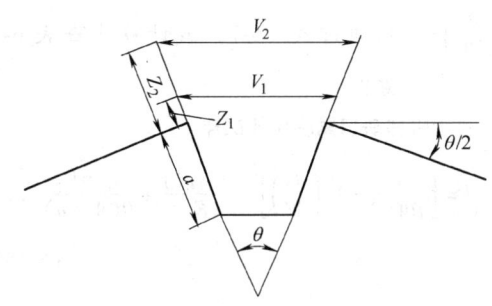

图 6-28 测量位移值的双钳形夹方法

b. 断裂前或首次达到最大载荷平台前的第一个 $d_n\%F$ 达到或超过 4%（对三点弯曲试样）或 5%（对于紧凑拉伸试样）的点。

c. 所有 POP-in $d_n\%F$ 均未达到上述相应值的断裂点。

d. 参照图 6-23 的曲线 6，在达到最大载荷平台前未发生断裂和未产生对于三点弯曲试样 $d_n\%F$ 等于或大于 4%，对于紧凑拉伸试样等于或大于 5% 的 POP-in 效应时，应计算和测量对应最大载荷点的 F_m 和 q_m 值。

③ 通过测量图 6-29 所示 F-q 曲线下纵与横坐标所包括的面积测量 J 值的塑性部分 U_p，它也可由整体面积扣除弹性变形面积方法得到。或通过积分计算得到。

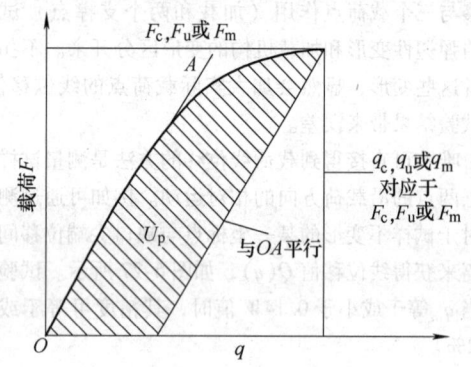

图 6-29　J 积分测量的 U_p 测定

④ J 值计算。通过 F_c，F_u，和 F_u 和 U_p 值可根据下式分别算出 J_c、J_u 和 J_m 值。

对于三点弯曲试样：

$$J = \frac{F \cdot S}{BW^{1.5}} \cdot f\left(\frac{a_0}{W}\right)^2 \frac{(1-\nu^2)}{E} + \frac{2U_p}{B(W-a_0)}$$
(6-14)

式中　S——跨距；

$f\left(\dfrac{a_0}{W}\right)$——可通过式（6-7）或计算或查表 6-1 获得。

对于阶梯缺口紧凑拉伸试样

$$J = \left[\frac{F}{BW^{0.5}} \cdot f'\left(\frac{a_0}{W}\right)\right]^2 \frac{(1-\nu^2)}{E} + \frac{n_p \cdot U_p}{B(W-a)}$$
(6-15)

式中　$f'\left(\dfrac{a_0}{W}\right)$——可根据式（6-9）或查表 6-2 获得。

$$n_p = 2 + 0.522\left(1 - \frac{a_0}{W}\right)$$
(6-16)

"金属材料焊缝的断裂韧度测定 Part Ⅱ" 是金属材料断裂韧度测定 Part Ⅰ 的补充，即测试方法仍沿用 Part Ⅰ 的测试方法，但做了一定的修改和补充，具体的程序如图 6-30 所示。

（4）试样设计

1）试样分为两种：一种为只需考虑焊缝宏观位置，不考虑微观组织的试样（WP）和需测定特定金相组织断裂韧度的试样（SM），后者需确认沿全厚度或 75% 厚度上是否存有待试的特定金相组织。两种类型试验缺口尖端位置如图 6-31 和 6-32 所示。图中的字母代号如图 6-33 所示：

2）试样同样分紧凑拉伸型和三点弯曲型。后者尺寸要求与母材相比有所放宽，如图 6-34 所示，主要为 $a_0/W = 0.45 \sim 0.70$。且对 COD 和 J 试验裂纹尖端不平度由 10% a_0 放宽到 20% a_0，但对于紧凑拉伸型试验均按 Part Ⅰ 要求不变。

允许的接头不平度、变形和管道试样的弧度如图 6-35 所示，焊缝加高厚度要去掉。对于全厚度试样加工量越少越好。以保证试验结果接近全尺寸厚度试验结果。对于非等厚焊接接头，如厚度差超出 10%，则需按较薄厚度一侧尺寸加工试样，并在报告中予以说明原始厚度和加工后厚度情况。对于不平直的试样可采用局部弯曲方法在加工缺口前予以矫直。注意由加载点或支撑点至焊缝缺口部位距离至少为厚度 B。NP 和 NQ（图 6-33）试样缺口应保持与焊缝平行。

（5）试验前的金相检查

对于 SM 试样为保证预制的疲劳裂纹尖端部位具有待试的微观组织，应在试板上垂直焊缝方向至少制备两块试片，经打磨和腐蚀后进行金相检查，并记录其位置。对于贯穿厚度裂纹尖端部位应保证在 75% 厚度范围内有待试微观组织。对于表面裂纹则要求距裂纹尖端 0.5mm 以内具有待试微观组织存在。否则认为该试板无效，需重新制备。对于热影响区试样更提出了附加要求，即应绘出微观组织形貌图，对于贯穿厚度裂纹要对 75% 厚度范围内待试微观组织百分数进行统计计算。如图 6-36 中的柱状焊缝金属应按图 6-37 所示的方法进行统计。而对于表面裂纹试样要求在韧带上 a_0/W 范围内有待试微观组织。

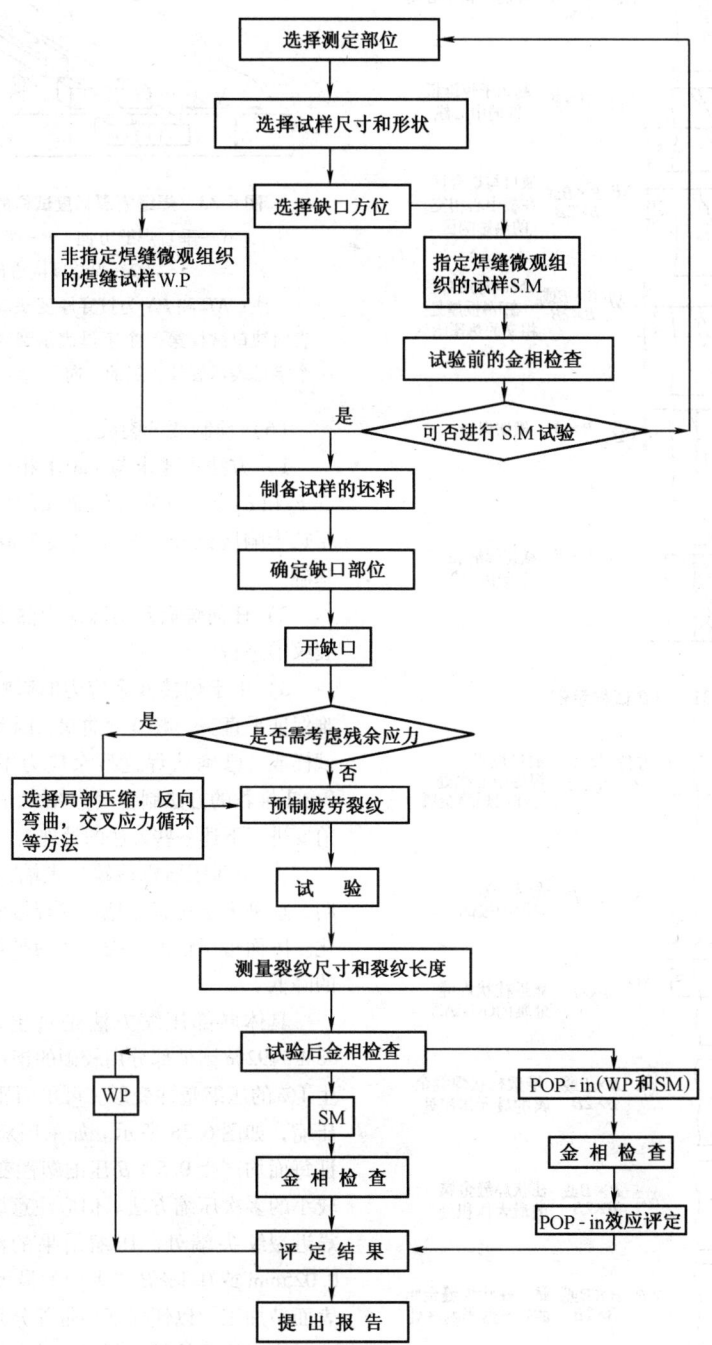

图 6-30　焊缝断裂韧度的测试程序

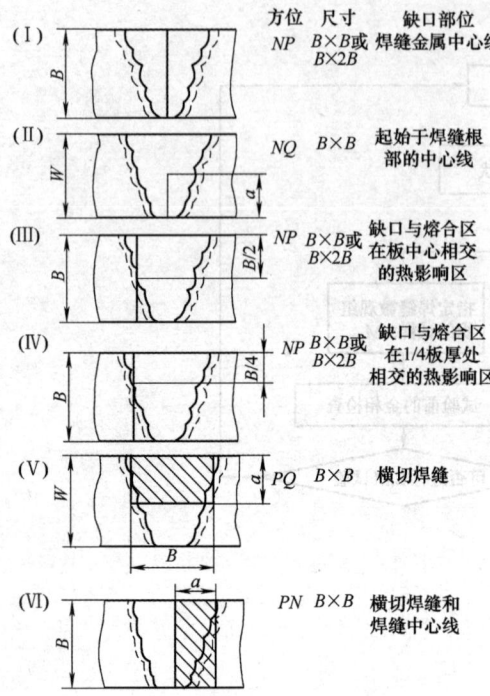

方位	尺寸	缺口部位
(I) NP	B×B或 B×2B	焊缝金属中心线
(II) NQ	B×B	起始于焊缝根部的中心线
(III) NP	B×B或 B×2B	缺口与熔合区在板中心相交的热影响区
(IV) NP	B×B或 B×2B	缺口与熔合区在1/4板厚处相交的热影响区
(V) PQ	B×B	横切焊缝
(VI) PN	B×B	横切焊缝和焊缝中心线

图 6-31　WP 试样示例

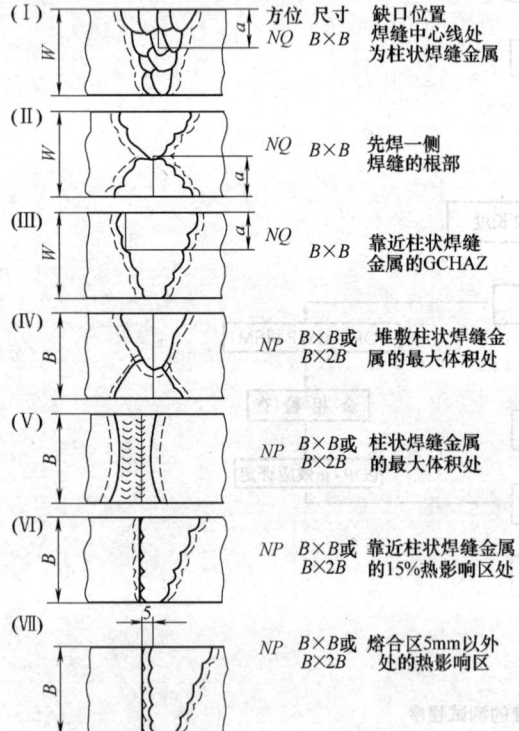

方位	尺寸	缺口位置
(I) NQ	B×B	焊缝中心线处为柱状焊缝金属
(II) NQ	B×B	先焊一侧焊缝的根部
(III) NQ	B×B	靠近柱状焊缝金属的GCHAZ
(IV) NP	B×B或 B×2B	堆敷柱状焊缝金属的最大体积处
(V) NP	B×B或 B×2B	柱状焊缝金属的最大体积处
(VI) NP	B×B或 B×2B	靠近柱状焊缝金属的15%热影响区处
(VII) NP	B×B或 B×2B	熔合区5mm以外处的热影响区

图 6-32　SM 试样示例

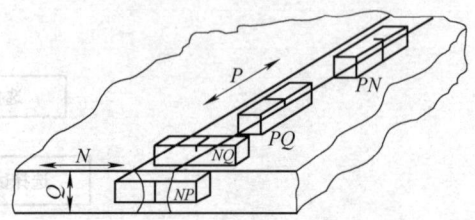

图 6-33　焊缝断裂韧度试样的不同裂纹平面

N—垂直焊缝方向　P—平行焊缝方向
Q—焊缝厚度方向

注：NP 和 PN 为贯穿厚度缺口试样，NQ 和 PQ 为表面缺口试样第一个字母表示裂纹平面的方向，第二个字母表示裂纹扩展的方向。

（6）预制疲劳裂纹

1）方法和要求与 PartⅠ相同，但是对焊接试样其 F_f 和 K_f 应建立在焊缝金属的力学性能基础上。对于热影响区试样，则应以接头最低拉伸性能部分为基础。

2）任何焊后及消除应力热处理，均应在开疲劳裂纹前进行。

3）由于焊接残余应力的影响，疲劳裂纹尖端很难保证平直。一般呈弯曲状，因此对于应力消除焊缝试样或者已确认焊缝残余应力不高的试样，可采用 PartⅠ推荐的方法制备疲劳裂纹，否则在预制疲劳裂纹前要进行下述一些方法的处理：

① 局部压缩机械缺口尖端的韧带部分，研究表明，这种方法可很好地消除焊接残余应力和使其均匀化。因而可保证疲劳裂纹较为平直和对断裂韧度影响的降低。

具体局部压缩方法是对包括裂纹尖端在内的 88% ~92% 韧带部分用较硬的钢块进行挤压，使其产生 1% 的压缩塑性变形。可单面压缩，也可双面同时压缩，如图 6-38 所示。如采用双面压缩方法，应保证每面均产生 0.5% B 压缩塑性变形。也可采用压力较小的多次压缩方法。但应注意最后的压缩部位应在靠近裂纹尖端处。压缩结果的测量精度应保证为 0.025mm 或 0.1% B 二者中的最大者。压缩后可进行表面精加工，以便保证韧带部分光滑。

应当注意的是在断裂力学参量计算中，应采用压缩后的试样厚度进行计算。

② 反向弯曲方法。对于三点弯曲试样，在开疲劳裂纹前，采用与试验加载方向相反的加载方法，使缺口尖端部位受压，因而产生残余拉伸塑性变形和拉伸应力。

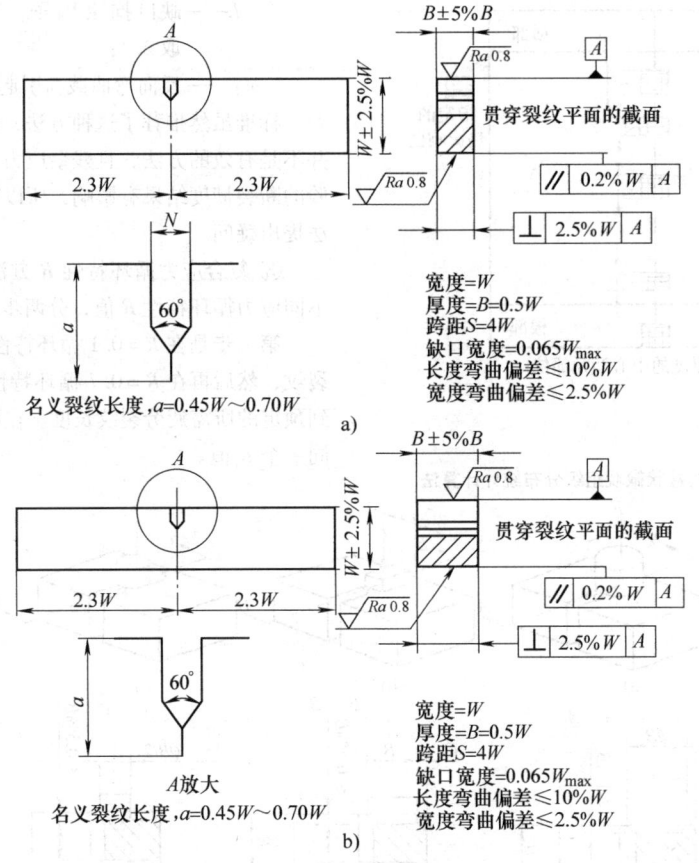

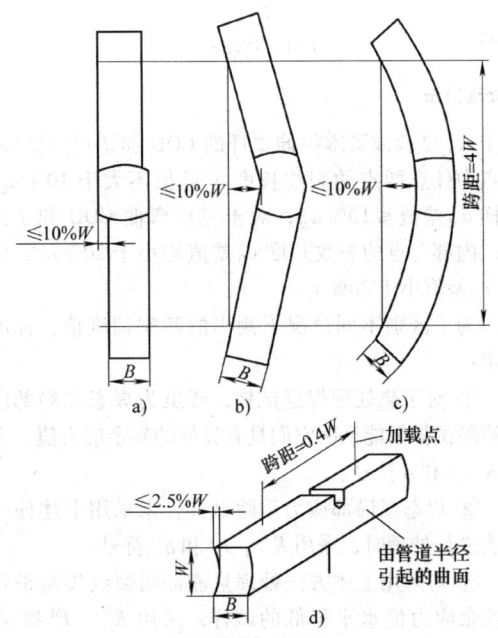

图 6-34　长方形和方形弯曲断裂韧度试验试样尺寸

a）长方形截面试样　b）方形截面弯曲试样

图 6-35　弯曲试验所允许的几种误差

a）不平度　b）角变形　c）曲面　d）曲面

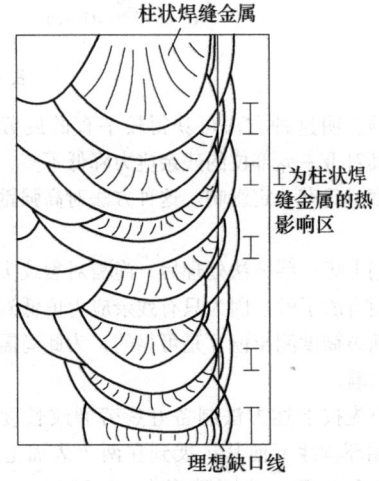

图 6-36　焊接热影响区中柱状组织

该反向弯曲载荷可按下式计算：

$$K_{rb} = L\sigma_{ys}\sqrt{\frac{8\,\overline{\omega}_{rb}}{\pi}} \qquad (6-17)$$

式中　　K_{rb}——反向弯曲应力强度因子；

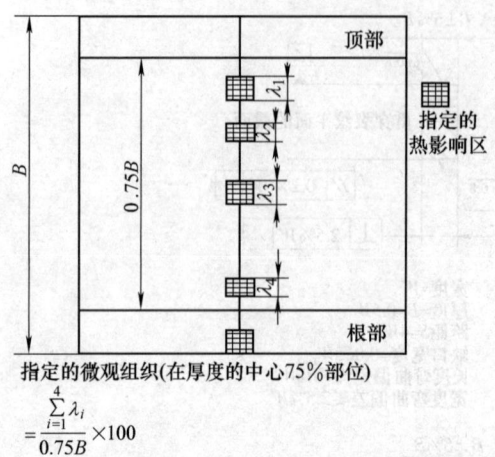

指定的微观组织(在厚度的中心75%部位)

$$= \frac{\sum_{i=1}^{4} \lambda_i}{0.75B} \times 100$$

图 6-37　热影响区的柱状微观组织分布统计计算法

L——缺口拘束因子，对于方形试样该值取 2.3；

$\overline{\omega}_{rb}$——反向弯曲载荷引起的塑性区尺寸。

标准虽然推荐了这种方法，但有关试验表明，它并不是有效的方法，且残余应力消除不大，因而对试验的断裂韧度结果有影响，所以有的研究者对这一方法提出疑问。

③ 复合应力循环特性 R 方法。标准中推荐采用不同应力循环特性 R 值，分两步进行疲劳裂纹制备。

第一步是在 $R = 0.1$ 循环特性下预制 1mm 长疲劳裂纹，然后再在 $R = 0.7$ 循环特性下使疲劳裂纹扩展到预定的所需疲劳裂纹长度。在两种循环特性下采用同一个 K_f 值。

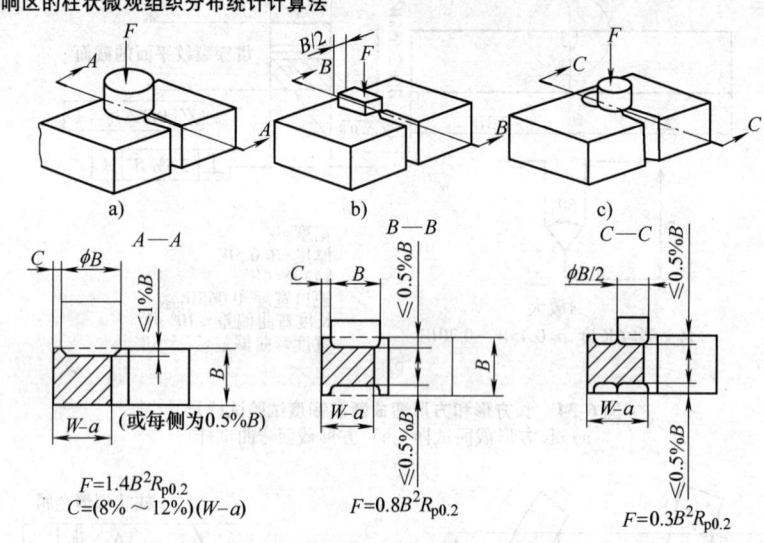

$A—A$

$F = 1.4B^2 R_{p0.2}$
$C = (8\% \sim 12\%)(W-a)$

$B—B$

$F = 0.8B^2 R_{p0.2}$

$C—C$

$F = 0.3B^2 R_{p0.2}$

图 6-38　局部压缩处理方法

试验表明这种方法可获得较平直的疲劳裂纹前沿，但其对 $W-a_0$ 部位的残余应力降低不多，因而对断裂韧度值仍有一定影响。这种方法对高强钢应用较为有利。

采用上述一些方法处理后，尚需对裂纹尖端的残余应力值有所了解。因为只有残余应力值低到一定程度，其断裂韧度测出值才是可靠的，为此尚需进行下述补充试验。

即首先按上述方法制备好疲劳裂纹长度，再在 $R \leqslant 0.1$ 循环特性下使其扩展到在两个表面上的平均值 $\geqslant \{a + 0.4(W-a)\}$（精度为 ± 0.05mm）。然后将试样打断，再用 Part I 所述的九点法分别测量 a_0 和由 a_0 到新的裂纹尖端 a_{af} 的尺寸，如果下列条件得到满足，则认为试样是有效的，即它间接证明残余应力值不高，且是均匀分布的。

a_0/W 满足标准要求；$a_{af} \geqslant \{a_0 + 0.4(W-a_0)\}$；

对于 K_{IC} 试验或紧凑拉伸试样的 COD 和 J 积分试验，九点中任意两点的裂纹长度 a_0 差值不大于 $10\% a_0$，同样 a_{af} 差值 $\leqslant 10\% a_{af}$，对于三点弯曲 COD 和 J 试验，内部七点的裂纹长度 a_0 差值均小于 $20\% a_0$，同样 a_{af} 差值小于 $20\% a_{af}$。

为了区别不同情况下测出的断裂韧度值，标准规定：

① 对于热处理焊缝试样，或虽为焊态和局部应力消除试样但能证明它们具有较低的残余应力值，采用 K、J 和 δ 符号。

② 焊态或局部应力消除试样，未采用上述任一方法进行处理时，采用 K^*、J^* 和 δ^* 符号。

③ 对采用上述方法处理且能证明裂纹尖端平直和残余应力值水平很低的试样，采用 K^M，J^M 和 δ^M 符号。

④ 虽采用上述方法处理，但未满足补充试验要

求者，采用 K^{M*}、J^{M*} 和 δ^{M*} 符号。

（7）试验方法程序及计算方法

试验方法程序基本上仍按 Part I 方法进行，但采用公式计算断裂韧度值时，应注意下述事项：

1）材料拉伸力学性能的选择。当裂纹尖端位于焊缝金属中时，应采用全焊缝金属试样测出其拉伸力学性能，当裂纹尖端位于热影响区内时，应当采用热影响区的拉伸力学性能，或采用母材和焊缝二者中较高的拉伸力学性能。

2）对于碳钢和碳-锰钢当不能直接测量有关拉伸力学性能时，标准推荐了以硬度值换算拉伸性能的方法。

下式为硬度与室温屈服强度的关系：

母材：$160 < HV < 495$

$$\sigma_{ys} = 3.28HV - 221MPa$$

焊缝：$150 < HV < 300$

$$\sigma_{ys} = 3.15HV - 168MPa$$

下式表述了硬度与室温下抗拉强度的关系：

母材和焊缝金属

$100 < HV < 250$　　σ_{TsB}（母材抗拉强度）或

σ_{TsW}（焊缝抗拉强度）$= 3.3HV - 8MPa$

$250 < HV < 400$

σ_{TsB} 或 $\sigma_{TsW} = 3.15HV + 93MPa$

室温与低温间的屈服强度关系可用下述公式表叙：

$$\sigma_{ysT} = \sigma_{ys}（室温下）+ \frac{10^5}{(491 + 1.8T)}$$
$$- 189MPa$$

式中　T——断裂力学试验温度（℃）。

3）对于对应于焊缝金属裂纹产生的 COD（δ）试验（即 F_c，V_c，F_u，V_u）尚需满足下述要求：

当裂纹位于焊缝中心时，要求焊缝高度 $2h$ 与 75% 厚度范围内韧带尺寸的比值应大于 0.2，即 $2h/(W - a_0) > 0.2$（见图 6-39a、b）。

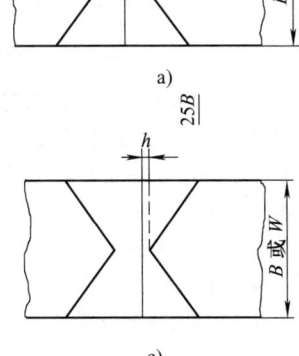
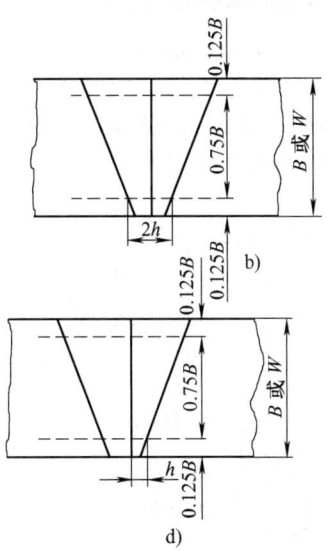

图 6-39　焊缝中 h 和 $2h$ 的定义

a）、b）裂纹沿焊缝中心线　c）、d）裂纹不在焊缝中心线

当裂纹不位于焊缝中心时，则要求裂纹平面到最近熔合线的距离大于 0.1，即 $2h/(W - a_0) > 0.1$（图 6-39c、d）

4）对焊缝金属强度匹配即焊缝金属屈服强度与母材金属屈服强度之比的限定值为

对于 COD（δ）试验　$0.5 < \sigma_{ysw}/\sigma_{ysp} < 1.5$

对于 J 积分试验　$0.75 < \sigma_{ysw}/\sigma_{ysp} < 1.25$

有关研究表明，当 $\sigma_{ysw}/\sigma_{ysp} > 1.5$（对于 δ）或 1.25（对于 J）试验结果值将高出 10% 误差，而当 $\sigma_{ysw}/\sigma_{ysp} < 0.5$（对于 δ）和 0.75（对于 J）试验结果值将低出 10% 误差。

需注意的是，对于热影响区试验，并未提出图 6-39c 和 d 的要求，但在试验报告中要分别指出焊缝屈服强度和母材屈服强度。

（8）试验后的金相检查

对于 SM 试验，为了确认裂纹尖端的实际位置是否在待试微观组织内，试验后应进行金相检查，方法是从含有断裂表面部分试样切下试片，当检查热影响区试样时，应从焊缝一侧切下含有热影响区的试片。

对于贯穿厚度缺口试样，按图 6-40 所示的方法切取，注意要保证在 75% 厚度范围内切面至裂纹尖端的深度最大为 2mm，如图 6-40 所示。之后对图

6-40 所示剖面线截面打磨，抛光进行金相检查，即用光学显微镜观察在 75% 厚度范围内紧靠裂纹尖端处是否为待测微观组织并绘制图形指明微观组织部位的长度。

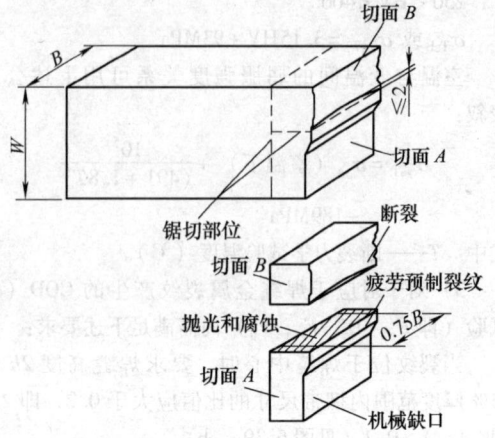

图 6-40 贯穿厚度缺口的试样切片的切取法

对于表面缺口试样，切片方法如图 6-41 所示。并对图示剖面线部位进行金相观察，如果待测微观组织位于裂纹尖端前面，则应测出该距离 s（图 6-42），该距离不得大于 0.5mm。

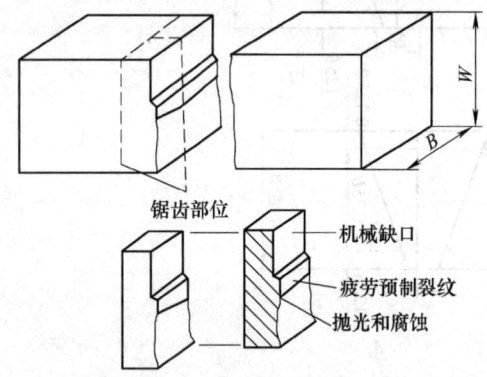

图 6-41 表面缺口试样的切片切取法

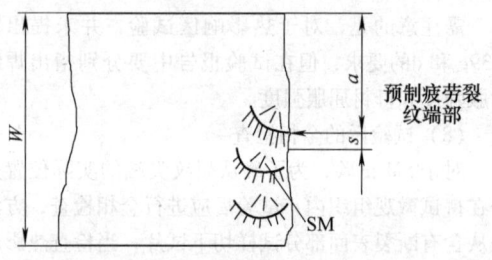

图 6-42 SM 表面缺口试样中的 s 测量

（9）POP-in 效应评定

在 BS7448 Part I 所叙述的 POP-in 评定准则对均

质材料来说是有效的。但应用于焊缝金属就不一定合适。大量试验表明，对于焊缝试验 POP-in 尺寸可能与存在于裂纹尖端的脆性材料长度有关。裂纹尖端部位少许变动，就会改变 POP-in 尺寸。因此对焊缝试验提出了较为详细的 POP-in 评定规则，即除非下降载荷和位移量均小于 1% 可忽略不计外，其他情况均需用金相检查，断口分析确认。

1）断口分析。对断裂两表面仔细检查，确认在疲劳裂纹平面内有无脆性裂纹止裂现象。并测出该脆性裂纹扩展量（Δa_{POP}），如图 6-43 所示，如不存在脆性裂纹止裂痕迹，则 POP-in 效应评定仍按 Part I 推荐方法评定。

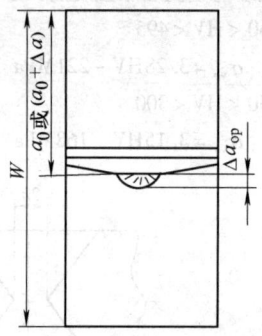

图 6-43 Δa_{POP} 的测量

2）金相检查。对含有脆性裂纹止裂痕迹的两断面的其中一块用光学显微镜或扫描电镜检查，确认裂纹起始部位（如果裂纹尖端位于热影响区内，需检查靠近焊缝一侧）之后对于贯穿厚度缺口试样在垂直疲劳裂纹平面上，对起始点进行金相观察，如图 6-44 剖面线部分所示。对于表面缺口试样检查面如图 6-45 剖面线部位所示。

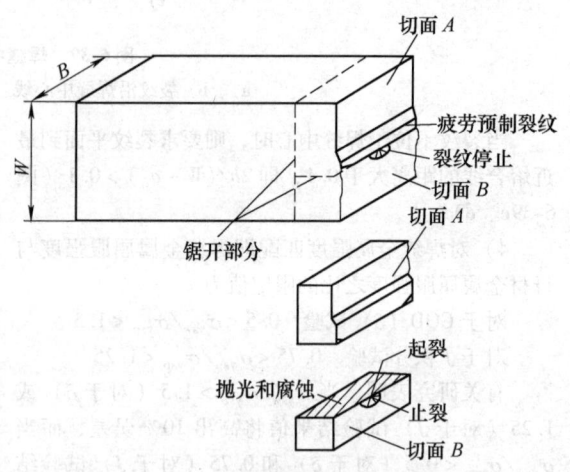

图 6-44 贯穿厚度缺口试样的断裂起始点检测

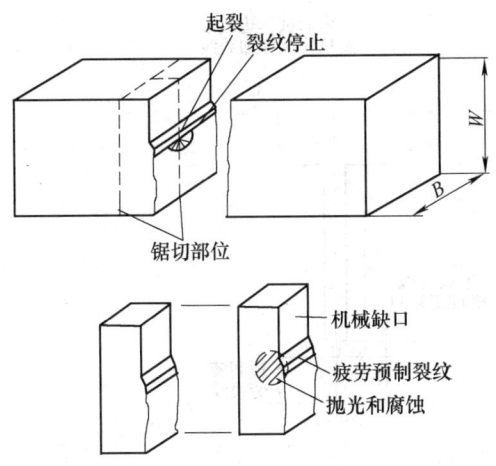

图 6-45　表面缺口试样断裂起始点的检测

3）评定。对于贯穿厚度缺口试样，需测量裂纹产生处与裂纹前沿平行的待评微观组织长度 d_1 和在 75% 厚度范围内与裂纹前沿不相交的相似的微观组织长度，记录其最大值 d_2，如图 6-46 所示。对于表面缺口试样，要测量产生 POP-in 的微观组织整体长度（d_1），如图 6-47 所示，注意该长度只是位于疲劳裂纹尖端前面的微观组织长度。

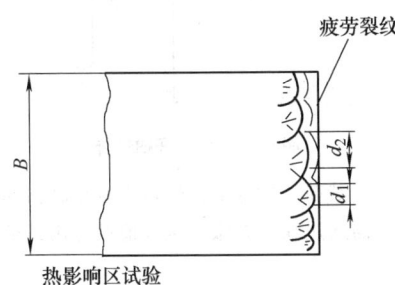

热影响区试验

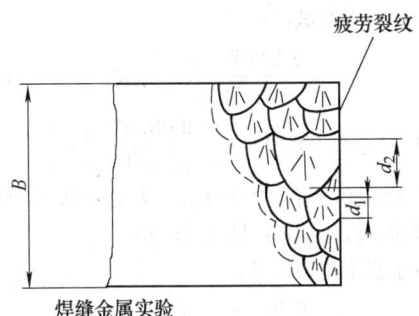

焊缝金属实验

图 6-46　贯穿厚度缺口的 d_1 和 d_2 的测量

根据金相检查，判断 POP-in 现象可忽略与否：

① 对于贯穿厚度缺口试样，按 Part I 方法计算的 $d_n \% F$，如小于 5% 且 $d_1 \geqslant d_2$，则可忽略此 POP-in 效应。

② 对于表面缺口试样，$d_n \% F$ 小于 5%，$\Delta a_{POP} \leqslant$

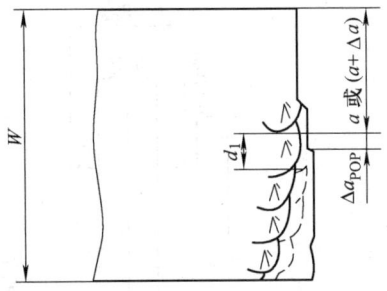

图 6-47　表面缺口试样的 d_1 测量

d_1，则可忽略此 POP-in 效应。也就是说只有当 $d_2 > d_1$ 或 $d_1 < \Delta a_{POP}$ 时，该 POP-in 效应不能忽略。

（10）金属材料裂纹稳定扩展阻力曲线及启裂值测定

BS7448 标准中可采用两种测定裂纹扩展的方法，即多试样法和单试样法，但多试样法为确认的方法，多试样法最少需 6 个试样，试验中将 6 个试样分别加载到产生不同的位移，但需要同时测定 δ 和 J 两种阻力曲线时，为了满足试验点在坐标上间隔的要求，可能需要更多的试样。试验时应测量试验规定某停机点前的载荷及位移，而试验应在试样裂纹前沿做出标记，以便在打断试样后方便地测定裂纹稳定扩展值。

单试样法则可采用柔度法或电位法。

完成试验后要对试验数据进行分析，画出 δ 或 J 与裂纹扩展量 Δa 的坐标图，最后测出裂纹稳定扩展的启裂断裂韧度值。

1）试样。

① 试样类型如图 6-19 ~ 图 6-22 所示。

② 缺口及刀口。缺口及疲劳裂纹尖端形状如图 6-48 所示。要求缺口宽度在 0.1 ~ 0.15mm，磨削缺口的根部半径不大于 0.10mm，如采用锯削加工或线切割工艺时，缺口尖端宽度不大于 0.15mm，为了加工方便可采用阶梯状缺口（见图 6-49），刀口可采用附着型或试样内部直接开出型（见图 6-50）。

③ 疲劳裂纹要求。缺口尖端的疲劳裂纹长度为 1.3mm 或 2.5% 的试样高度或宽度 W 两者中的大值。

缺口加疲劳裂纹长度 a_0 与 W 之比 $a_0/W = 0.45 \sim 0.7$，两表面上的 a 之差应小于裂纹长度平均值 a_0 的 15%。

④ 厚度。对于多试样方法，如果试样厚度需等于结构截面厚度时，可采用原厚或开槽侧面两种型式。而在其他情况下，则需采用沿裂纹侧面开槽试样（见图 6-51），此时两侧槽之深度应相等，侧槽顶角 α 为 30° ~ 90°，侧槽端部半径为 0.4mm ± 0.2mm，槽深度尺寸为 $B - B_N = 0.20B$（即每面为 0.1B），B_N 为净截面厚度。

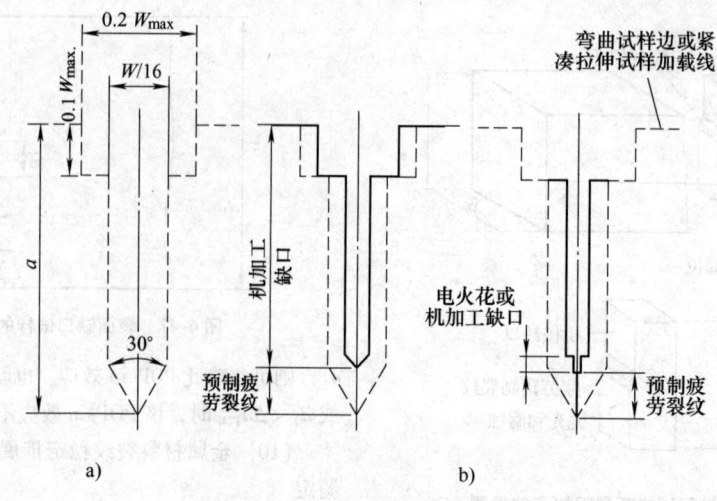

图 6-48　缺口及疲劳裂纹尖端形状
a) 包络线　b) 缺口几何尺寸

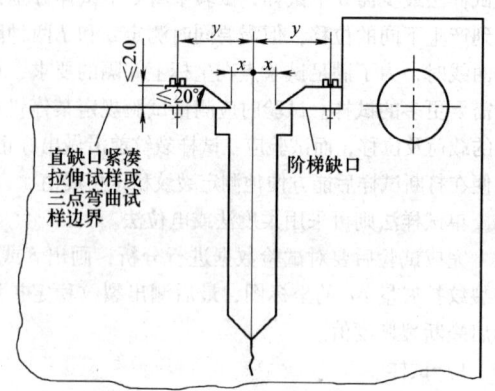

图 6-49　内置刀口及相应的缺口几何形状

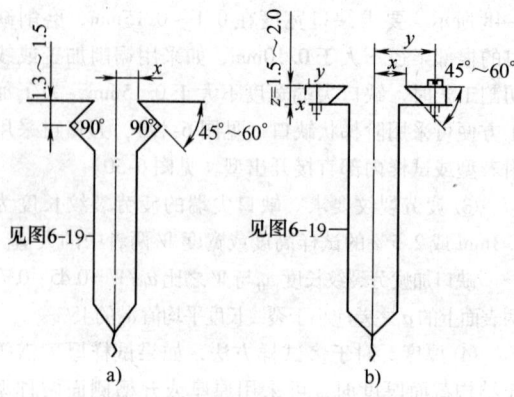

图 6-50　外置刀口及相应的缺口几何形状
a) 内嵌型　b) 附加型

2) 试样选择。对于 δ-R 曲线，三种试样均可采用。对于 J-R 曲线，阶梯缺口紧凑拉伸试样可直接测量出载荷线位移，而对于三点弯曲试样，可直接测量

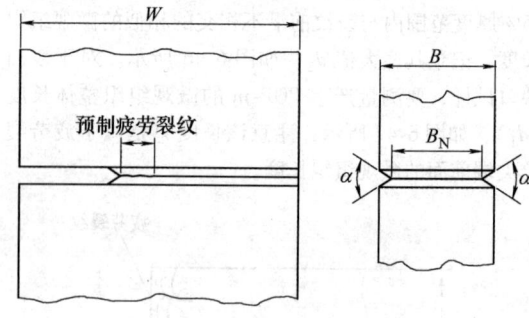

图 6-51　侧面开槽试样

或间接测量载荷线位移值，但对于直型缺口紧凑拉伸试样，则需通过缺口处张开位移值换算出载荷线缺口位移值。

3) 预制疲劳裂纹。预制疲劳裂纹的最大载荷 F_f，对于三点弯试样：

$$F_f = \frac{0.8B(W-a_0)^2}{S} \times R_{p0.2B} \qquad (6-18)$$

和　$F_f = 1.6 \times 10^{-4} E \left\{ \frac{(WBB_N)^{0.5}}{g_1(a_0/W)} \right\} \times \frac{W}{S} \quad (6-19)$

二者中的小者。式中 $R_{p0.2B}$ 为对应 0.2% 伸长率时的载荷，$g_1(a_0/W)$ 见式 (6-7)。

对于紧凑拉伸试样：

$$F_f = \frac{0.6B(W-a_0)^2}{(2W+a_0)} \times R_{p0.2B} \qquad (6-20)$$

和　$F_f = 1.6 \times 10^{-4} E \left\{ \frac{(WBB_N)^{0.5}}{g_2(a_0/W)} \right\} \times \frac{W}{S} \quad (6-21)$

二者中的小者。式中 $g_2(a_0/W)$ 见式 (6-9)。
同时需注意：

① 疲劳载荷循环比 $r = 0 \sim 0.1$，但为了加速扩

展，循环的头几次可在较低载荷的 $r = -1$ 下进行疲劳裂纹预制。

② 对三类试样均要求 a/W 为 $0.45 \sim 0.70$。

③ 疲劳裂纹长度为 $1.3mm$ 或 $2.5\% W$ 两者中大者。

④ 两表面疲劳裂纹长度差不超过两表面裂纹平均值的 15%。

4）多试样试验程序。

① 整体要求：试样数量最少为 6 个试样；在缺口部位沿裂纹扩展方向至少需测量三个等分点处厚度以其平均值作为厚度 B 或为 B_N，其精度值为 $\pm 0.025mm$ 或 $\pm 0.1\%$ 两者中的大者；在距裂纹面 10% 以内的 W 处，测量三个等分点处 W，以其平均值作为高度（或宽度）W，其精度为 $\pm 0.025mm$ 或 $\pm 0.1\%$ 两者中的大者；测量刀口厚度尺寸 Z，若 Z 小于 $0.002a$，则可忽略，对于试样上开出刀口情况，取 $Z = 0$。

② 试验装置与及测量。三点弯曲试验和紧凑拉伸试验分别按图 6-52 和图 6-53 标出的要求，需采用标定过的加压装置及位移传感器进行试验。

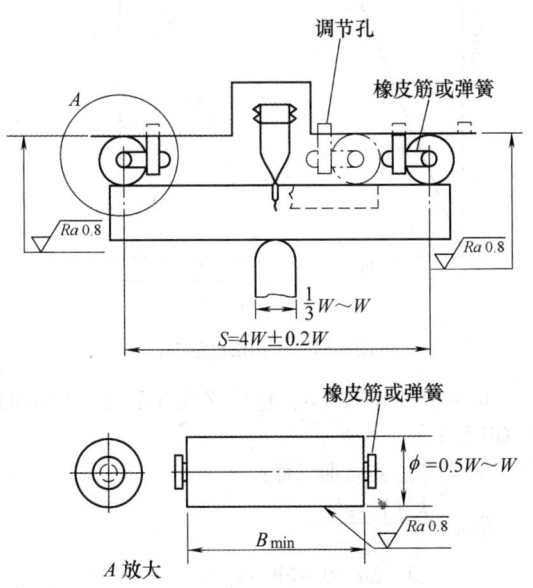

图 6-52　三点弯曲试验装置

在加载时，对第一个试样要加载到对应于刚超出最大载荷时的位移值，之后将载荷恢复至零。通过法兰或附加疲劳试验法对裂纹扩展值留印。进行附加疲劳试验时，取应力循环比 $r = 0.6$，以避免由于裂纹闭合影响损伤断裂表面，而其载荷不超出 3/4 试验时的最大载荷值，最后将试样在低温下压断，观察和测量断裂表面。

按图 6-54 或图 6-55 所示确定原始裂纹长度。将含裂纹截面 a 等分来测量各裂纹长度，要注意的是表面两点 a_1 和 a_9 都是距最小净截面 B_{min} 内 $0.1\% B$ 处（图 6-54、图 6-55），计算原始裂纹长度的方法是先将表面两点的 a_1 和 a_9 取平均值，然后再与内部 7 个测量点的值相加，按下式计算平均值 a_0，a_0 即定义为原始裂纹长度。

$$a_0 = \frac{1}{8}\left(\frac{a_1 + a_9}{2} + \sum_{i=2}^{8} a_i \right) \qquad (6\text{-}22)$$

该原始裂纹长度 a_0 应满足下述要求：

a）$a_0/W = 0.45 \sim 0.70$。

b）a_0 与九个测量点中任一个裂纹长度的差应小于 $10\% a_0$。

c）疲劳裂纹尖端任一部分距缺口尖端不小于 $1.3mm$ 或 $2.5\% W$ 两者中较大值。

d）疲劳裂纹与机械缺口应在对应于 a_0/W 的包络线内。

③ 稳定裂纹扩展 Δa 的测量。

采用与上述测量 a_0 相同的方法测量 Δa，按公式（1）计算出 9 点的平均裂纹扩展值 Δa，9 个测量点的最大最小裂纹扩展值之差不应大于 $20\% \Delta a$ 或 $0.15mm$ 二者中的大者。

5）单试样法。可采用柔度法、电位法等方法进行试验，但至少需三个试样。如果采用卸载柔度法测定裂纹扩展，则需采用侧面开槽试样；如果采用电位法则视情况而定。

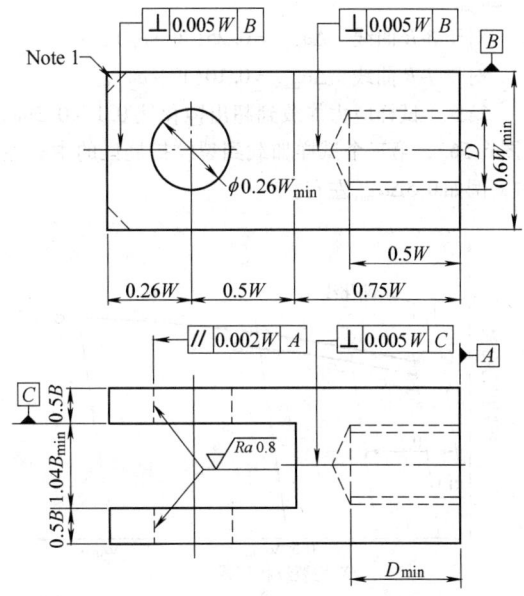

图 6-53　紧凑拉伸试验装置设计

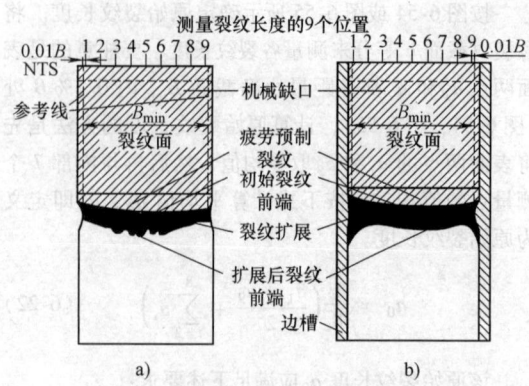

图 6-54　单边缺口三点弯试样裂纹长度测量
a) 原厚度试件　b) 侧面开槽试样

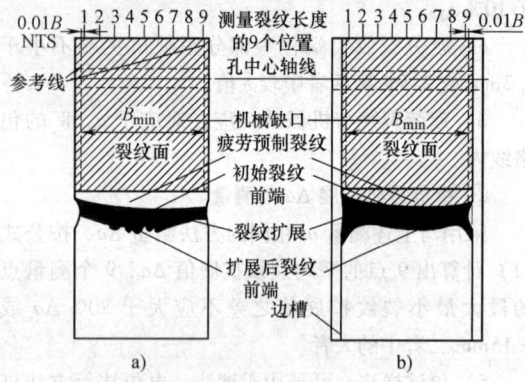

图 6-55　紧凑拉伸试样裂纹长度测量
a) 原厚度试件　b) 侧面开槽试样

试验中，其中一个试样应力加载到裂纹扩展极限 Δa_{max}。

对于 δ-R 曲线，$\Delta a_{max} = 0.25(W - a_0)$；

对于 J-R 曲线，$\Delta a_{max} = 0.10(W - a_0)$。

第二个试样应力加载到超出钝化线 0.1～0.3mm（图 6-56），第三个试样加载到裂纹扩展区的中央左右，例如 $0.5\Delta a_{max}$ 左右。

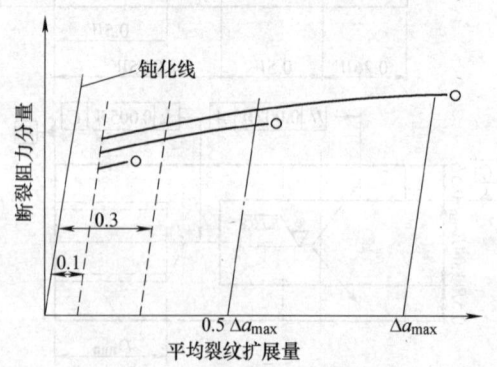

图 6-56　单边缺口试样裂纹扩展要求

对于裂纹长度，采用与多试样法相同的测量方法，但每条裂纹长度与 a_0 之差不大于 2% a_0，而裂纹扩展量均值 Δa 与每个测量点的裂纹扩展值应不大于 15% Δa 或 ±0.15mm 两者中的较大值。

6）试验数据分析。多试样法应满足下列要求：

① 试验中如出现裂纹非稳定扩展或 POP-in 现象，则对所有试验应按 BS7448 Part Ⅰ 进行分析，但仍有足够的裂纹稳定扩展数据时，则仍可采用 δ-R 和 J-R 曲线进行分析，但在试验报告中需标明用 Part Ⅰ 测定的非稳定裂纹扩展数据。

② δ 值的测定。

a. V_P 的测定，如图 6-57 所示，计算和记录的缺口张开位移塑性部分 V_P，可采用作图法或分析法，作图法可采用手绘或计算机绘图；计算法采用弹性柔度技术，即从缺口整体张开位移值中扣除弹性张开位移 V_e 值。

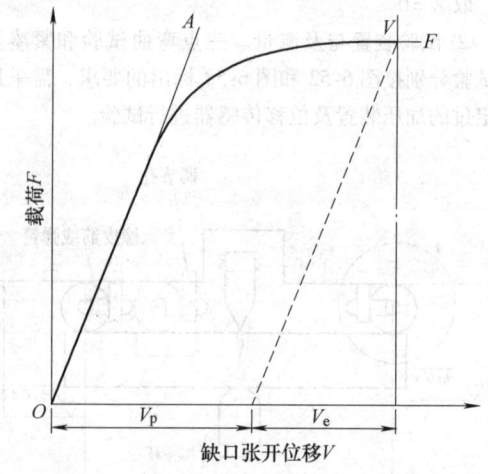

图 6-57　作图法确定 V_P

b. δ 值的计算（δ_{corr} 值定义为在阻力曲线值的 CTOD 值）。

ⓐ 对于三点弯曲试样：

$$\delta_{corr} = \frac{K^2(1 - \nu^2)}{2ER_{p0.2}} + \frac{0.6\Delta a + 0.4(W - a_0)}{0.6(a + \Delta a) + 0.4W + z} \times V_P \qquad (6\text{-}23)$$

式中　$K = \dfrac{FS}{W^{1.5}(BB_N)^{0.5}} \times g_1(a_0/W)$；

F——试验中的载荷值；

$g_1(a_0/W)$——应力强度函数按公式（6-7）计算或查表 6-1；

z——刀口厚度；

V_P——缺口张开位移中的塑性位移分量。

ⓑ 对于阶梯缺口紧凑拉伸试样：

$$\delta_{corr} = \frac{K^2(1-\nu^2)}{2ER_{p0.2}} +$$
$$\frac{0.54\Delta a + 0.46(W-a_0)}{0.54(a_0+\Delta a)+0.46W+z} \times V_P \quad (6-24)$$

式中　$K = \frac{F}{(BB_N W)^{0.5}} \times g_2(a_0/W)$；

$g_2(a_0/W)$ 按式（6-9）计算或查表 6-2。

ⓒ 对于直缺口紧凑拉伸试样：

$$\delta_{corr} = \frac{K^2(1-\nu^2)}{2ER_{p0.2}} +$$
$$\frac{0.54\Delta a + 0.46(W-a_0)}{0.54(a_0+\Delta a)+0.46W+(W_t-W)+z} \times V_P$$
$$(6-25)$$

式中　$K = \frac{F}{(BB_N W)^{0.5}} \times g_2(a_0/W)$；

注意上述公式中，如采用非开槽试样需以 B 代替 B_N。

③ J 值的测定。

a. U_P 的测定。通过测量试验记录的类似图 6-58 的面积来测定塑性功，此对应于 U_P 的面积可以由试验记录曲线直接测定，也可由计算机进行数值计算来求出。

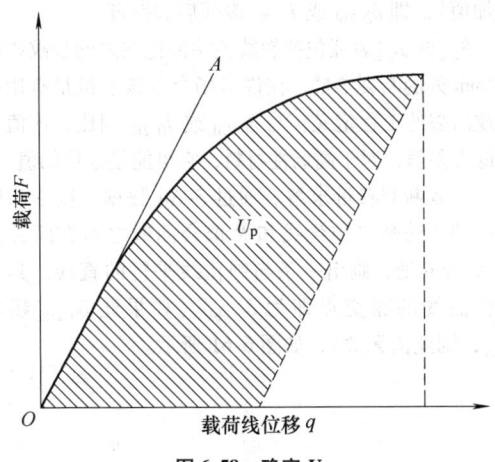

图 6-58　确定 U_P

b. J_{corr} 的计算。

$$J_{corr} = J_0\left\{1 - \frac{(0.75\eta_P-1)}{(W-a_0)}\Delta a\right\} \quad (6-26)$$

式中，$J_0 = \frac{K^2(1-\nu^2)}{E} + \frac{\eta_P U_P}{B_N(W-a_0)}$

对于单边缺口弯曲试样，$\eta_P = 2$；

对于紧凑拉伸试样，$\eta_P = 2 + 0.522(1-a_0/W)$；

对于单边缺口弯曲试样，$K = \frac{FS}{W^{1.5}(BB_N)^{0.5}} \times g_1$

(a_0/W)；

对于紧凑拉伸试样，$K = \frac{F}{(BB_N W)^{0.5}} \times g_2(a_0/W)$；

F——在试验期间施加的单调载荷；

$g_1(a_0/W)$ 和 $g_2(a_0/W)$ 由式（6-7）和式（6-9）或者查表 6-1 和表 6-2 求出。

c. R 阻力曲线的建立。

ⓐ 裂纹扩展极限 Δa_{max} 由下式确定：

对于 δ-R 阻力曲线，$\Delta a_{max} = 0.25(W-a_0)$；
$$(6-27)$$

对于 J-R 阻力曲线，$\Delta a_{max} = 0.10(W-a_0)$
$$(6-28)$$

ⓑ 钝化线斜率，根据试验数据画出钝化线。

$$\delta = 1.87\left(\frac{R_m}{R_{p0.2}}\right)\Delta a \quad (6-29)$$

$$J = 3.75R_m\Delta a \quad (6-30)$$

式中　R_m——试验温度下的抗拉强度，MPa。

ⓒ 对应于按ⓐ条款计算的 Δa_{max} 部位，画出平行于钝化线的裂纹扩展排除线（图 6-59），在 $\Delta a = 0.1mm$ 处画出平行于钝化线的排除线。

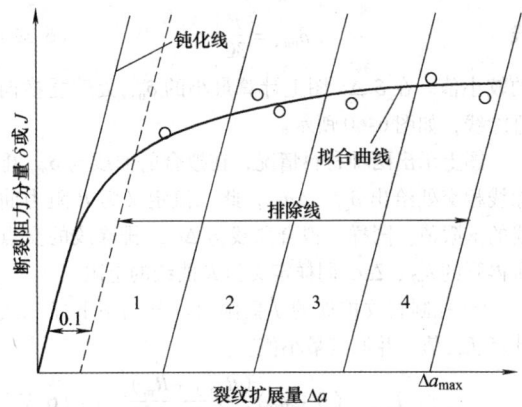

图 6-59　数据间隔和拟合曲线

ⓓ 最少需要 6 个点的数据来表征抗裂纹扩展性能，理论上讲，数据点在图 6-59 上的位置应该是等分的，因此在图 6-59 所示的 4 个裂纹扩展区间内，每个区间至少应有一个点的数据。

ⓔ 用下述方程对 $\Delta a = 0.1mm$ 到 Δa_{max} 排除线之间的数据点拟合曲线

$$\delta\ 或\ J = m + l(\Delta a)^x \quad (6-31)$$

l、m、x 可按下述方法测定：

首先取从 0.01 到 1 之间的 x 值，间隔为 0.01，然后对每一个 x 值按下式计算矫正系数 r：

$$r = \left[\sum\{y_i(\Delta a_i)^x\} - \frac{\sum\Delta a_i^x\sum y_i}{k}\right] \times$$

$$\left[\left\{\sum y_i^2 - \frac{(\sum y_i)^2}{k}\right\}\times\right.$$

$$\left.\left\{\sum a_i^{2x} - \frac{(\sum a_i^x)^2}{k}\right\}\right]^{-0.5} \qquad (6\text{-}32)$$

式中　k——数据点的个数；

　　　y 为 J 或者 δ

当 x 值具有最大矫正系数时，可得出最佳拟合曲线，确定 x 值后，按下式分别计算 m 和 l 的值：

$$l = \left[\sum y_i^2 - \frac{(\sum y_i)^2}{k}\right]^{0.5}\times$$

$$\left\{\sum \Delta a_i^{2x} - \frac{(\sum \Delta a_i^x)^2}{k}\right\}^{-0.5} \qquad (6\text{-}33)$$

$$m = \frac{(\sum y_i - l\sum \Delta a_i^x)}{k} \qquad (6\text{-}34)$$

应当说明，l 和 m 的计算结果均应大于或等于 0，$0 \leqslant x \leqslant 1$，如果 l 或 m 为负值，则应当补充试验数据点。

ⓕ 控制裂纹扩展的 δ 极限值

$$\delta_{\max} = \frac{(W - a_0)}{30} \qquad (6\text{-}35)$$

或

$$\delta_{\max} = \frac{B}{30} \qquad (6\text{-}36)$$

的较小值。在 δ-Δa 图上计算最小的 $\delta_{\max}$ 处建立横向排除线，如图 6-60 所示。

图上示出两种材料情况，在拟合的曲线与 $\delta_{\max}$ 排除线相交处给出 δ_{g1}、Δa_{g1}，此二值定义为 R 阻力曲线的上限值。同样，拟合曲线与 $\Delta a_{\max}$ 排除线的交点所得到的 δ_{g2}、Δa_{g2} 同样定义为 R 曲线的上限。

ⓖ 控制裂纹扩展的 J 极限值。分别用下述二式计算 $J_{\max}$ 值，并取其最小值。

$$J_{\max} = (W - a_0)\frac{(R_{p0.2} + R_m)}{40} \qquad (6\text{-}37)$$

$$J_{\max} = B\frac{(R_{p0.2} + R_m)}{40} \qquad (6\text{-}38)$$

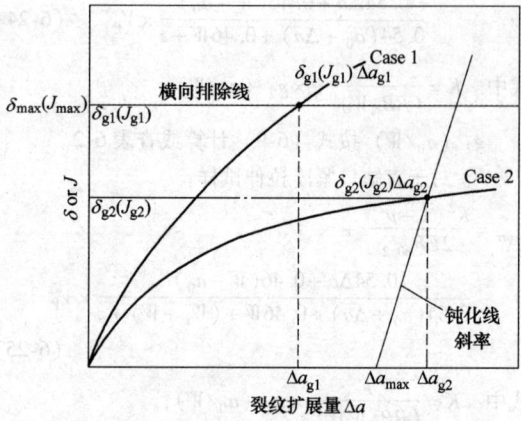

图 6-60　δ 和 J 极限值

同样按照上述ⓖ节的方法，可以定义出 R 阻力曲线的 J_{g1}、Δa_{g1} 和 J_{g2}、Δa_{g2} 值。

d. 断裂参量的测定。

ⓐ 定义。$\delta_{0.2BL}$ 或 $J_{0.2BL}$ 表征从钝化线 0.2mm 处断裂阻力参量，从工程角度，该处定义为启裂点，而无须采用扫描电镜确定 SZW（裂纹钝化引起的宽度增加值），即 $\delta_{0.2BL}$ 或 $J_{0.2BL}$ 表征启裂韧度。

$\delta_{0.2}$ 或 $J_{0.2}$ 表征包括裂纹尖端钝化在内的裂纹扩展 0.2mm 处的断裂参量，在许多场合下该参量是有用的裂纹启裂的工程定义，与 $\delta_{0.2BL}$ 或 $J_{0.2BL}$ 相比，该值为较低界限值，对于高韧性材料，它可能是很低的值。

ⓑ δ 断裂参量求解。通过 δ-Δa 数据，按本章所叙述的方法画出钝化线和 R 拟合曲线之后再在距钝化线 0.2mm 处，画出一条与钝化线平行的直线，其与拟合曲线的相交点即为 $\delta_{0.2BL}$（如果此 $\delta_{0.2BL}$ 超出 $\delta_{\max}$，则此值无效），如图 6-61 所示。

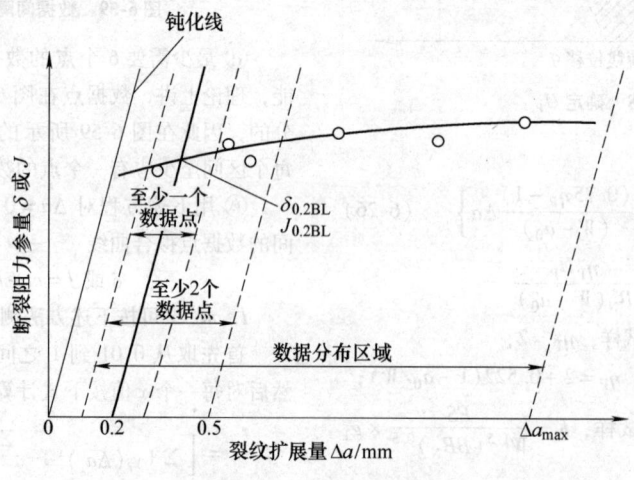

图 6-61　$\delta_{0.2BL}$ 和 $J_{0.2BL}$ 的导出

测定 $\delta-\Delta a$ 曲线的斜率 $(\mathrm{d}\delta/\mathrm{d}a)_{0.2BL}$，假如钝化线的斜率 $(\mathrm{d}\delta/\mathrm{d}a)_{BL}$ 小于 $2(\mathrm{d}\delta/\mathrm{d}a)_{0.2BL}$，则此 $\delta_{0.2BL}$ 值也无效。

根据 $\delta-\Delta a$ 数据图在 0.2mm 裂纹扩展处，做出平行与纵坐标的直线，如图 6-62 所示。该直线与拟合曲线的交点给出 $\delta_{0.2}$，按规定至少扩展量在 0.2mm 和 0.4mm 之间处有一个数据点，同时，假如此 $\delta_{0.2}$ 值超出 δ_{max}，则此 $\delta_{0.2}$ 无效。

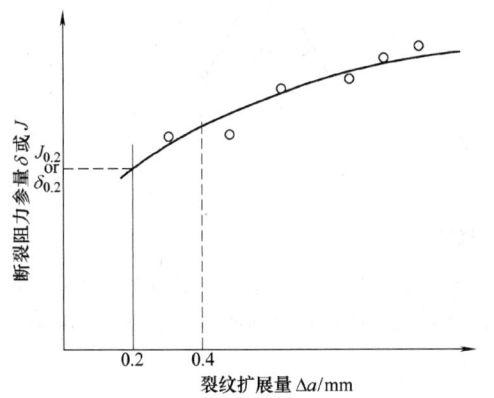

图 6-62　$\delta_{0.2}$ 和 $J_{0.2}$ 的导出

ⓒ J 断裂参量。同理按求解 δ 断裂参量 $\delta_{0.2BL}$ 和 $\delta_{0.2}$ 的方法，可以确定 $J_{0.2BL}$ 和 $J_{0.2}$ 值，同样采用相同的方法，判定 $J_{0.2BL}$ 和 $J_{0.2}$ 的有效性。

6.3.3　止裂性能测试方法

目前在实际应用中，大多数采用转变温度型方法，断裂力学方法仍处于试验室研究阶段，前者可粗略地分为以罗伯逊试验为代表的包括 ESSO、双重拉伸试验在内的大型试验方法和以美国海军研究所开发的落锤（NDT）、动态撕裂（DT）、落锤撕裂（DWTT）等一系列中小型试验方法。由于国内开展大型止裂方法研究较少，本章将对中小型试验方法，即 NRL 开发的方法作较详细的介绍。

1. 落锤试验

该方法是美国海军研究所（NRL）于 1952 年提出的用来测量厚度大于 16mm 钢板 NDT（无塑性转变温度）特性的试验方法。1969 年由美国材料试验学会予以标准化（ASTM E208—69），随后在其他一些国家如日本、澳大利亚也各自提出了落锤试验标准，我国颁布有落锤试验标准 GB/T 6803—2008。

落锤试验是动载简支弯曲试验，图 6-63 是试验的示意图。ASTM E208—69 中有三种试样尺寸，即 P_1 型为 25mm×90mm×360mm，P_2 型为 19mm×50mm×130mm，P_3 型为 16mm×50mm×130mm。在我国落锤试验标准中除 P_1、P_2、P_3 三种试样外，又增加了 P_4 型 12mm×130mm×50mm，P_5 型 38mm×90mm×360mm，P_6 型 50mm×90mm×360mm 三种附加试样。试验前先在试样中受拉伸的表面中心，于平行长边方向堆焊一段长约 64mm、宽约 13mm 的脆性焊道（对于厚度超过标准试样的试板，应只从一面机加工至标准厚度，并将未加工表面作为受拉表面），然后在焊道中央垂直焊缝方向锯出一人工缺口。试验时把冷却至预定温度的试样缺口朝下放在标准砧座上，在砧座两支点中部有一限定试样在加载时产生挠度值的止挠块，使试样的最大弯曲角为 5°。当弯曲形变达到 3° 时（此时试样的表面开始进入屈服），启裂焊道出现脆性裂纹。利用挡块再产生一个 2° 的附加弯曲角（动态弯曲），其目的是测定金属存有一个非常尖锐缺口即裂纹时产生变形的能力。不同试样的试验温度间差为 5℃，试样的断裂最高温度定为 NDT 温度。按照标准规定，当冲击下产生的裂纹扩展到受拉面的两个棱边或一个棱边时称为断裂。

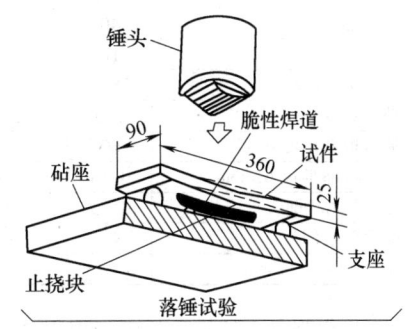

图 6-63　落锤试验示意图

落锤试验的其他两个温度变量为 FTE（弹性断裂转变温度）和 FTP（塑性断裂转变温度）。对于标准试样来说，已证实：

$$FTE = NDT + 33℃$$

$$FTP = FTE + 33℃ = NDT + 66℃$$

应当说明的是从落锤试验开发人佩利尼（Pellini）等人的观点来看，似乎认为 NDT 温度是属于开裂温度的，即结构低于该温度，开裂时不发生塑性变形；而高于该温度，要产生一定的塑性变形才开裂。但国外许多研究者如 F. M. Burdekin、J. J. Nibbering 则认为 NDT 是属于止裂温度范畴的，即高于该温度，材料具有止裂性能；低于该温度，材料不具备止裂性能。

2. 动态撕裂试验（DT 试验）

该试验是一种能够确定金属材料断裂韧度的全范围的试验方法，20 世纪 60 年代由美国海军研究所提出，1973 年列入美国军用标准，1980 年正式修正为美国材料试验协会标准，编号为 ASTM E604—1980。我国颁布有动态撕裂试验标准 GB/T 5482—2007《金属材料动态撕裂试验方法》。

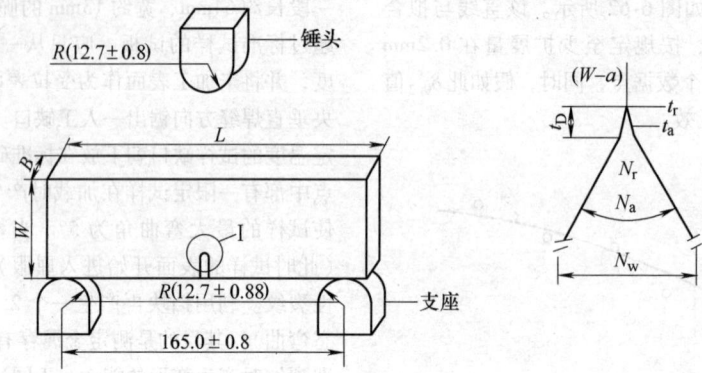

图 6-64　动态撕裂试样

表 6-3　动态撕裂试验试样尺寸

参　数	尺　寸	公　差
长　度 L/mm	180	±3
宽　度 W/mm	40	±2
厚　度 B/mm	16	±1
净宽度$(W-a)$/mm	28.5	±0.5
机加工缺口宽度 N_w/mm	1.6	±0.1
机加工缺口根部角度 N_a(°)	60	±2
机加工缺口根部半径 N_r/mm	0.13	max
压制尖端深度 t_D/mm	0.25	±0.13
压制尖端角度 t_a(°)	40	±5
压制尖端根部半径 t_r/mm	0.025	—

早期试样启裂是由钛脆化的电子束焊缝来形成（这种焊缝在载荷作用下极易开裂，之后提供一个尖锐的深缺口），后来又采用疲劳方法制造这种深的尖锐缺口。现在一般采用 ASTM E604—2008 标准规定的压入缺口作为启裂源。即首先在试样上开出一个 11.5mm 长的机械缺口，然后再在该缺口尖端用特制

试样的外形尺寸见表 6-3 和如图 6-64 所示。按 GB/T 5482—2007《金属材料动态撕裂试验方法》，厚度大于 16mm 的材料应加工成 16mm 厚试样；小于 16mm 板件取板材原厚，并保留原轧制表面。

刀片压出深为 0.25mm 的缺口。刀片的尺寸和形状如图 6-65 所示。试样缺口顶端应逐个压制，压制力可按下式估算；

$$F = kR_m B \qquad (6-39)$$

式中　k——常数，取 1.8 ± 0.5；
　　　R_m——材料抗拉强度；
　　　B——厚度。

在 ASTM E604—2008 中没有焊接接头动态撕裂试验的内容，在我国的 GB/T5482—2007《金属材料动态撕裂试验方法》标准内列入了焊接接头的动态撕裂试验内容，并对取样及缺口位置作了具体规定，如图 6-66 所示。由图可见，焊缝试样缺口轴线应与焊缝表面垂直，并位于焊缝中心处；对于熔合区试样缺口要开在 1/2 厚度平面与熔合区交界 M 处；对过热区试样缺口开在与熔合区交界处之外 2mm 的 H 处；而热影响区各部位缺口位置，可根据技术文件要求开在 M 点以外的任何部位。

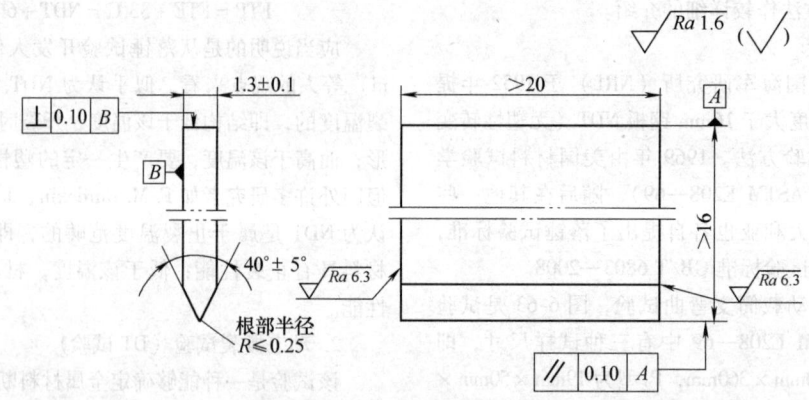

图 6-65　压制缺口尖端的刀片尺寸

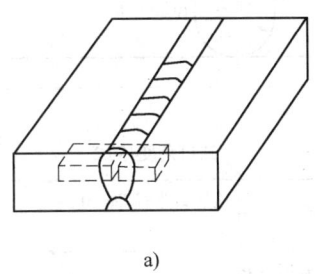
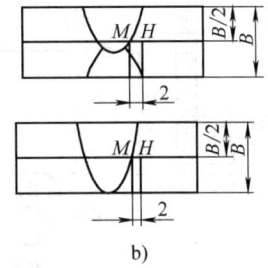

图 6-66 接头试样缺口位置

a）焊缝金属试件缺口位置 b）熔合线及近缝区试件缺口位置

试验可在大型摆锤式试验机上或落锤式试验机上在不同温度下进行。在测试过程中要记录如下参数：

1）动态撕裂能量 DTE。在摆锤试验机上可根据装置上的表盘读数读出，在落锤式试验机上 ASTM 曾规定测量铝块残余变形方法计算撕裂能，显然这种方法不够精确，最近在 ASTM 标准中已有了用光敏方法测定 DTE 的论述。

2）断口剪切面积的百分数。在 ASTM E604—2008 和我国现行标准 GB/T 5482—2007《金属材料动态撕裂试验方法》中 DTE 作为 DT 试验的唯一指标。但在 ASTM E604—2008 中增加了断口剪切面积的百分数 $S_a\%$ 的指标。同时美国海军研究所研究结果表明，不能把 $S_a\%$ 作为 DTE 等效方法加以推广，即在某些情况下，用 $S_a\%$ 是可能的，但在另外一些情况下会造成误解。例如对某屈服强度大于 640MPa 材料，DT 试验结果表明，其上平台能量低于 4746J。当能量曲线已达到上平台时，试样上仍留有平断口，这容易使人误认为它仍属于混合断裂，虽然根据能量曲线它已达到平面应力状态。

但是也有研究认为，DTE 要受试样缺口尺寸、跨距、测试条件等因素的影响，而用断口形貌表征的转变温度范围在评定脆性断裂的止裂性能上是很好的参量。由于它是裂纹扩展的留印，因此它比 DTE 反映止裂性能更为准确（试验中总要有一部分 DTE 消耗在启裂功上）。另外，按 GB/T 5482—2007《金属材料动态撕裂试验方法》进行了焊缝和热影响区试验。由焊缝和基本金属的 DTE—T 曲线可知，对于 CF—60 钢接头不但焊缝相应的 DTE 值高于基本金属，且其转变温度也显著低于基本金属，这就说明焊缝的止裂性能优于基本金属。换句话说，在这种接头中裂纹沿焊缝扩展的可能性很小（除非具有非常严重的缺陷），因而基本金属的止裂性能是这种材质结构防断设计的主要着眼点。

值得提出的是由于热影响区非常窄小和受周围非均质材质的影响，启裂后断裂扩展路径一般不单在热影响区内，其止裂数据反映了基本金属、热影响区、焊缝的混合性能结果。这也反映了实际结构的情况，因此与抗开裂性能不同，在标准中规定测试热影响区止裂性能的提法是值得商榷的。

3. 落锤撕裂试验（DWTT）

落锤撕裂试验（Drop Weight Tearing Test）最早是由美国海军研究所的 Puzak 和 Pellini 提出的，美国巴特尔纪念研究所于 1963 年 9 月发表数据，证实落锤撕裂试验结果与管线服役性能之间有较好的相关性，即证明了落锤撕裂试验（DWTT）的断口形貌与管线和压力容器中的断裂扩展形貌非常一致，之后该方法已在评定管道止裂性能中得到推广。

1974 年该方法正式列为 ASTM E436—1974 标准，并于 1980 年重新修订。同时美国石油学会也制定了相应的 DWTT 推荐方法（API RP5L3）。我国颁布的 GB 8363—2007《铁素体钢落锤试验方法》。目前落锤撕裂试验已为一些国家采用，特别是用于输送管道的板材质量检验中。

试样制备：试样尺寸为 76mm × 305mm × B。如图 6-67 所示。注意缺口为利用倾角为 45° ±2° 的尖锐工具钢凿刀压制而成的 5mm ± 0.5mm 深度的缺口（不能采用机械加工缺口）。

试验可在摆锤式试验机或落锤式试验机上进行，但为了保证打断试样需要具有一定的能量。

试验评定：剪切面积百分比是本标准方法标定的参量，应画出剪切面积百分比与温度的关系曲线。

可采用任何可行的方法，但对于本试验国内外标准均提出了具体的测试方法。图 6-68 示出了典型的 DWTT 试验的断口表面形貌。

对于图 6-68a、b 两种情况即剪切面积在 45% ~ 100% 时，可采用下式估算剪切面积百分数：

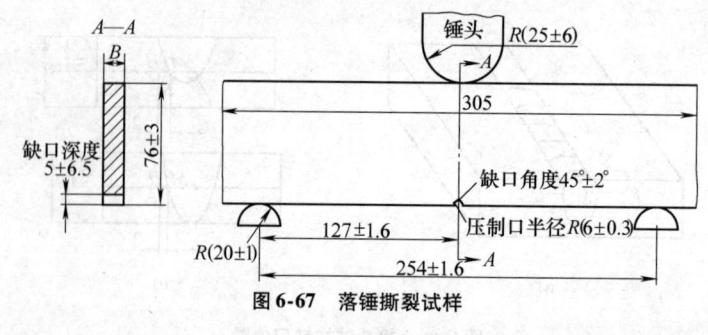

图 6-67　落锤撕裂试样

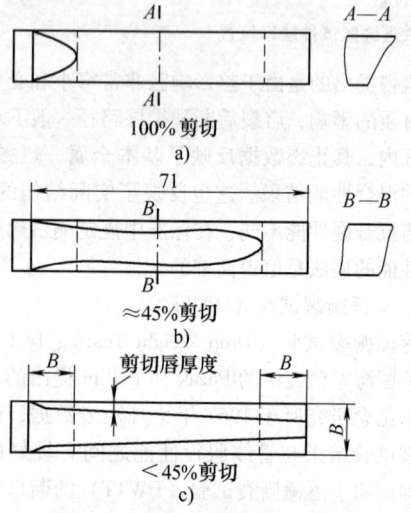

100%剪切
a)

≈45%剪切
b)

<45%剪切
c)

图 6-68　典型的 DWTT 断裂表面

$$S_a = \frac{(70-2B)\ B - 0.75AB}{(70-2B)\ B} \times 100\% \quad (6\text{-}40)$$

式中　A——距缺口一个厚度 B 处晶状断口的宽度;

B——距缺口 B 和无缺口端面 B 二者距离之间晶粒断口长度。

对于图 6-68c 情况即剪切面积小于 45% 时,按照我国标准规定需测出两条 B 线处和两 B 线之间的中点处的脆性断裂区宽度 A_1、A_2 和 A_3,按下式计算剪切面积百分数:

$$S_a = \frac{B - 1/3\ (A_1 + A_2 + A_3)}{B} \times 100\%$$

在美国石油学会输送管道落锤撕裂试验的推荐方法中,把板厚从美国 ASTM 规定的 20mm 扩展到 40mm,并规定当管道壁厚等于或小于 19mm 时,试样厚度应为全厚度;当板厚大于 20mm 时,可采用全板厚试样(此时计算剪切面积时,B 值仍取 20mm),也可采用从一个表面或两个表面减薄厚度的试样(最薄可为 20mm),但试验温度应比规定的试验温度低。具体的温度降低值见表 6-4。

试样可以在管子上直接切取,其长度应沿管子圆周方向。同时试样可以完全压平,或在试样中心 25~50mm

处保持原有曲率。但采用不压平的试验结果更可取。

表 6-4　减薄试样的温度降低值

规定的管壁厚 /mm(in)	试验温度降低值 /℃(℉)
19~22(3/4~7/8)	5.5(10)
22~28(7/8~9/8)	11(20)
28~30(9/8~19/16)	17(30)

6.4　防止脆性断裂的措施

综上所述,造成结构脆性断裂的基本因素是材料在工作条件下韧性不足、缺陷的存在和过大的拉应力(它包括工作应力、残余应力、附加应力和应力集中等)。如果能有效地减少或控制其中的某一因素,则结构发生脆性断裂的可能性可显著降低或排除。一般地说,防止结构脆性断裂可着眼于选材、设计和制造三个途径上。

6.4.1　选材

采用韧性材料是重要的措施,可以说,只依赖于良好的设计和制造工艺而不采用具有足够断裂韧度的材料,防止脆性断裂是很难做到的。当然在选材中应当兼顾安全性和经济性。影响选材的主要因素如下:

1)材料费用与结构总体费用的对比。对于某些结构,材料的费用与结构整体费用相比所占份额很少,此时采用优良韧性材料是值得的;而另外一些结构,例如管道,材料费用是结构的主要费用,此时要对材料费用和韧性要求之间的关系作详细的对比、研究。

2)断裂后果的严重性。

3)断裂韧度与材料其他性能相比的重要性。例如对于超音速飞机、宇宙飞船等结构,材料必须具有高的强度/重量比,因而被迫牺牲一定的韧度而采用高强比材料。

夏比冲击试验常用来筛选材料和对材料进行质量控制,所采用的材料应满足有关结构标准所要求的冲击吸收功。

应当指出,到目前为止不同国家不同部门对冲击值的要求是不一致的,例如美国国家标准局通过对二次大战时期脆断事故船只的研究，提出船用钢板在−6℃下20J冲击吸收能量的要求，至今仍被美国ASTM《锅炉及压力容器规范》采用（对于碳钢为18J，对于碳锰钢为20J）。但英国劳氏船级社对船舶用钢却采用48J的标准值，它同时被美国标准局在D级钢中采纳。

在石油平台焊接结构中这一要求值各国有所不同，例如英国BS 6235规定对于不同级别钢材和不论焊态还是热处理状态均要求夏比V型缺口冲击吸收能量为27J；而ABS（美国标准局）则把钢材分为3个级别，对第I级别钢（$R_{eL} \leqslant 280MPa$），当厚度小于19mm时要求冲击吸收能量为20J、当厚度大于和等于19mm时要求冲击吸收能量为27J，而对于II级和III级钢（$280MPa < \sigma_s < 700MPa$），当厚度大于6mm时所需要的冲击吸收能量为34J；同时《美国海洋平台建造规范》却规定，对水下结点I级钢冲击吸收能量要求为20J、II级钢为34J，对水上结点，I级钢为34J、II级钢为41J等，如果再考虑冲击试验温度，取样方向之不同差异就更大了。这一点在选材时应予以充分注意。在焊接结构设计中可按图6-69所示程序进行选材。

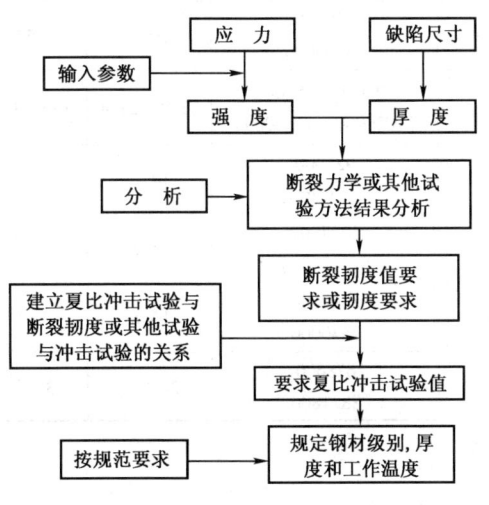

图6-69　焊接结构选材分析程序

6.4.2　合理的焊接结构设计

1. 应力集中对焊接结构脆性断裂影响及设计考虑

焊接结构比铆接结构刚度大，所以焊接结构对应力集中因素特别敏感。美国"自由轮"所发生的事故很好地说明了这个问题。以往，当这种形式的轮船采用铆接结构时，虽然应力集中很大，但并未发生过脆性破坏事故。对这个问题进行深入研究后发现，船体设计不合理形成多方位的应力集中是造成结构脆性

破坏的主要原因之一。图6-70a所示为"自由轮"甲板舱口部位的原始设计方案，这是从铆接船只照搬下来的舱口设计，它便于制造，但不符合焊接结构的工作性能要求，因为尖锐的缺口形成高值的应力集中。叠板和舱口焊接后，在舱口尖角处形成高值的应力集中，同时叠板的平面端面也是应力集中点。再有，这样的设计也不符合自动焊工艺要求，因而只能采用焊条电弧焊。实践表明，焊后有大量的未焊透缺欠又导致了工艺因素的应力集中。其结果是结构的承载能力不高，与实际结构形式和尺寸相同的试样试验表明，这种舱口的承载能力仅为6800kN，而破坏时的吸收能量为25870J。

图6-70b、c是对原始舱口设计的两种改进方案。如图所示，图6-70b是在舱口拐角处补加了一块托板，形成了舱口角的圆形过渡；图6-70c是在舱口板上预先开出缝隙，以便甲板穿过，同时将穿出的甲板制成圆弧形，并焊上一块与甲板形状相同的叠板。这两种改进方案均减缓了舱口的应力集中情况，提高了承载能力和破坏时的能量吸收值，见表6-5。

在随后美国建造的自由轮上，对舱口设计进行了进一步的改进，应力集系数进一步降低，使其更适应焊接结构的工作性能。同时焊接工艺操作条件也得到了改善，试验表明它的断裂时的承载能力提高到910t，同时破坏时的吸收能量达到660502J，它比自由轮的原始设计断裂吸收能提高20余倍，见表6-5。

最成功的舱口设计方案称为肯尼迪（Kennedy）舱口设计，如图6-71b所示。实物试验表明断裂的起始点在焊接的起弧处，而不是在舱口处，其缺点是制造和随后的修理工作较为复杂，不同舱口的服役和试验数据的比较见表6-5。

上述舱口设计实例充分说明了应力集中因素对焊接结构脆性破坏影响。应注意并不是在所有情况下应力集中都影响断裂强度。当材料具有足够的塑性时，应力集中对结构的延性断裂并无不利影响。例如侧面搭接接头在加载时，如果母材和焊缝金属都有较好的塑性，起初焊缝在弹性极限内工作，其切应力的分布是不均匀的，如图6-72所示。继续加载，焊缝的两端端部由于应力集中影响首先达到屈服点（τ_s），则该处应力停止上升，而焊缝中段各点的应力因尚未达到屈服点，故应力随加载继续上升，而达到屈服点的区域逐渐加大，应力分布曲线变平，最后各点都达到τ_s。如再加载，就会使焊缝全长达到材料抗拉强度后破坏。这说明，只要接头材料具有足够的塑性，加载过程中可发生应力均匀化现象，则应力集中对结构的断裂强度就不产生影响。

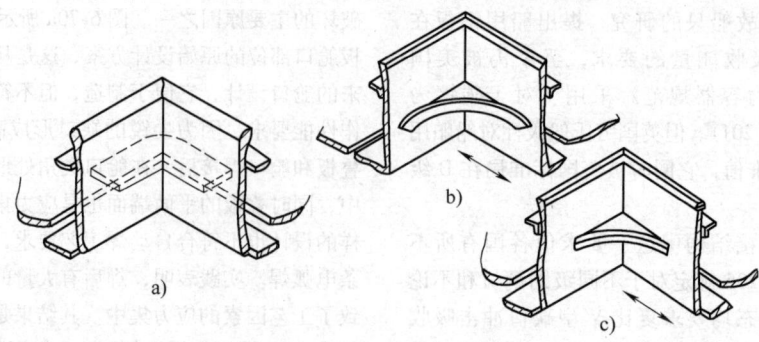

图 6-70　自由轮的舱口设计

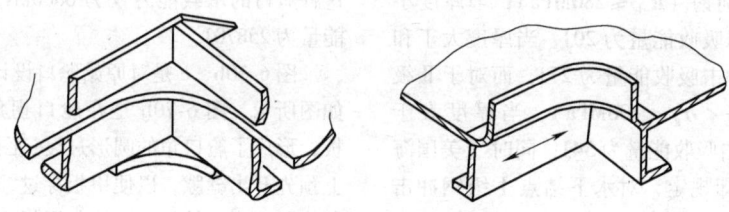

图 6-71　合理的船舶舱口设计

表 6-5　不同舱口的服役和试验数据的比较

试样号	形　式	服役记录			试验室数据[1]		
		服役船年	断裂数目	断裂数 10 船年	断裂时吸收能量 /J(lbf · in)	断裂时的最大正应力	
						/(tf/in²)	/MPa
5	原始设计,舱口方形,尖角, 局部穿透形焊缝原始设计	2110	224	10.6	230000 (300000)	10.7	153
32	焊缝	—	—	—	793000 ~ 882000 (1030000 ~ 1150000)	12.9 ~ 13.4	185 ~ 191
28	原始设计,舱口尖角处装有 圆形托板	4400	31	0.7	921000 (1197300)	14.0	201
30	原始设计,舱口处为圆弧形 甲板	3750	1	0.03	3627000 (4715100)	15.8	227
34	胜利轮型	2100	0	0	5800000 (7540000)	14.8	212
	肯尼迪型	—	—	—	678600 (8821800)	24.2[2]	345[2]

[1] 为了便于制造和进行试验,试验的试样与实体结构稍有不同。

[2] 在随机的焊接缺欠处(引弧处)发生失效。

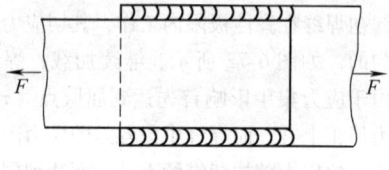

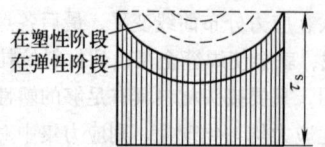

在塑性阶段
在弹性阶段

图 6-72　侧面搭接接头的工作应力均匀化

2. 减小结构刚度

在满足结构使用条件下,尽量减少结构的刚度以便降低附加应力的应力集中的影响(图 6-73)。尽量不采用过厚截面。应注意,试图通过降低许用应力方法来减少结构脆性危险是不恰当的,厚板不但会引起三轴应力,而且其冶金质量也不如薄板。有时可通过开工艺槽或缓和槽的方法降低结构刚度(图 6-74)。

6.4.3　合理安排结构制造工艺

1. 充分考虑应变时效引起局部脆性的不利影响

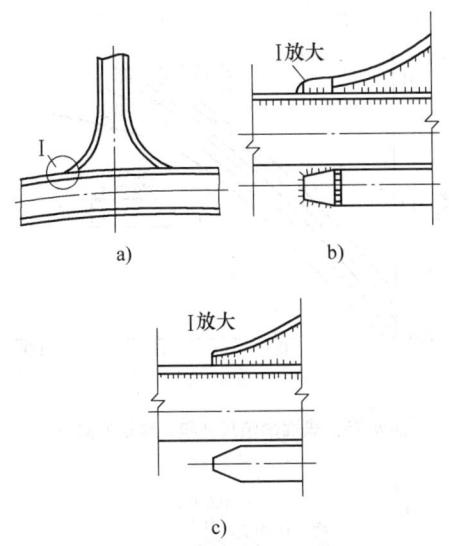

图 6-73 降低结构刚度的实例

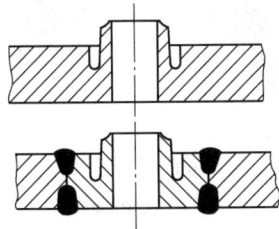

图 6-74 容器开缓和槽的举例

结构的冷加工可引起钢板应变时效，研究表明它大大降低材料的塑性，提高材料的屈服点及韧脆转变温度和降低材料的缺口韧性。因此对于应变时效敏感的材料，应不造成过大的塑性变形量，并在加热温度上予以注意或采用热处理消除之。

2. 合理选择焊接材料、焊接方法和工艺

试验表明，在承受静载的结构中，保证焊缝金属和母材韧性大致相等，适当提高焊缝的屈服点是有利的。另外对于一定的钢种和焊接方法来说，热影响区的组织状态主要取决于焊接参数，也就是热输入，因此合理选择热输入是十分必要的，特别是对高强钢更是如此。

3. 严格管理生产

减少造成应力集中的几何不连续性，如角变形和错边及冶金不连续性、咬肉、夹渣、特别是类裂纹等缺陷。不在结构件上随意引弧，因为每个引弧都是微裂纹源，不随意在构件上焊接质量不高的附件，否则在去掉附件后要仔细磨平施焊处。

4. 必要时采用热处理工艺

热处理工艺对恢复应变时效和动应变时效造成的韧性损伤，对消除焊接残余应力是有利的，但是热处理工艺安排要合理，否则不能达到预期效果，甚至会造成不利影响。

5. 妥善保管放置构件或产品

避免造成附加应力、温度应力等。

6.5 焊接结构的安全评定

6.5.1 "合于使用"原则及其发展

"合于使用"原则是针对"完美无缺"原则而言的。在焊接结构的发展初期，要求结构在制造和使用过程中均不能有任何缺陷存在，即结构应完美无缺，否则就要返修或报废；英国焊接研究所首先提出了"合于使用"的概念。在断裂力学出现和广泛应用后，这一概念更受到了人们的注意与重视，成为焊接结构长期研究的中心课题之一。现已逐渐发展成为原则，内容也逐渐得到充实，并且有了明确的定义。

目前在一些国家中已建立了使用于焊接结构设计、制造和验收的"合于使用"原则的标准，甚至在一个国家内出现几种上述标准，因此可以说，"合于使用"原则，在一些国家内，至少已成为焊接结构设计、制造、验收相关标准的补充。

在"合于使用"评定标准中，无例外地均需要输入载荷、类裂纹缺陷和断裂韧度三个参量。虽然不同标准在处理方法上有些差异，但总思路上差别不大，现以 IIW/IIS-SST-1157-90 标准为例予以介绍。

1. 应力参量

一些标准和 IIW-SST-1157-90 文件将应力分成几种分量，见表 6-6。

表 6-6 应力成分

应力分类	应 力 类 型	
	薄膜应力	弯曲应力
基本应力	P_m	P_b
二次应力	Q_m	Q_b
峰值应力	F	F_b

基本应力包括薄膜应力分量和弯曲应力分量（P_m、P_b），P_m 为均布应力分量，等于截面厚度上应力的平均值，它们必须满足外载和内力及力矩的基本平衡定律；P_b 为由外加载荷所引起的沿截面厚度变化的应力分量。P_m、P_b 均为设计应力。宏观的应力集中，如角变形引起的应力集中，将增大该应力分量。

二次应力是由结构构件中变形约束或边界条件引起的薄膜应力和弯曲应力（Q_m、Q_b）。由局部塑性变形引起的残余应力、焊接残余应力和热应力均属于此项应力。所有这些应力的共同特点是它们在一个横截面上保持平衡，其数值受产品的热处理和加载经历影响。

峰值应力是指构件局部形状不连续性所引起的应力 F。例如腹板上的孔穴、法兰上的槽孔、容器的接管部位、对接接头的厚度变化所引起的应力集中等都属于这类应力。峰值应力数值的计算，往往要求运用复杂的应力分析方法，如有限元方法等。

2. 缺欠

（1）分类

不完整性（Imperfections）和冶金不均匀性两种情况可导致焊接接头的偏误（Deviations）。其中不完整性又包括下述两种含义：即不连续性和几何形状偏差。

不连续性包括裂纹、气孔、夹渣、未熔合等。在服役过程中同样会产生不连续性缺欠，如疲劳裂纹、腐蚀裂纹等。在一些标准中又把不连续性缺欠分为平面不连续性和体积不连续性。此时裂纹、未熔合、未焊透和其他类型裂纹缺欠属于平面不连续性缺欠；气孔、夹渣和类似的缺欠属于体积不连续性缺欠。应当说明，有时缺欠类型是难以区分的，如在某些情况下咬边可视为简单的应力集中，而在某些情况下又应视为类裂纹缺陷。尤其是在咬边根部出现微观裂纹时，咬边应归类于裂纹缺欠。再如一定类型的夹渣、气孔（特别是线性气孔）与未熔合有关时，此时则应将其视为类裂纹缺欠。

几何形状偏差包括轴向错边、角变形等，如上所述，这些尺寸偏差可导致接头应力集中。

（2）缺欠的处理方法

在不同的标准中，平面缺欠均以包络它的矩形高度予以理想化，并以此作为合于使用原则安全评定的缺陷尺寸。对表面缺欠其尺寸为 a（高度）和 $2c$（长度），对埋藏缺欠其尺寸为 $2a$ 和 $2c$；而对贯穿缺欠为 $2c$（在许多场合也标以 $2a$），为了进行应力强度因子计算，表面缺欠和埋藏缺欠均分别假定为半椭圆形裂纹和椭圆形埋藏裂纹。研究表明，对于贯穿缺欠，缺欠长度尺寸起主要影响；而对于表面缺欠和埋藏缺欠，高度尺寸起主要影响。

在采用以断裂力学为基础的"合于使用"原则安全评定中，其思路往往是根据缺欠的性质、形状、部位和尺寸将其换算成当量的（或称等效的）贯穿裂纹尺寸 $\bar{a}$。一般把实际贯穿缺欠的半长定为当量尺寸 $\bar{a}$，表面缺欠和埋藏缺欠的换算方法可按图6-75、图6-76进行。然后将其与按一定程序求出的允许裂纹尺寸 $\bar{a}_m$ 相比较，来决定所存在的缺欠是否可以

验收。

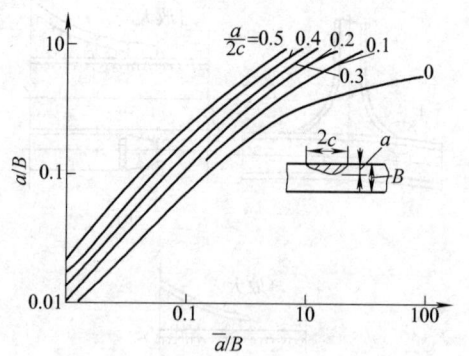

图6-75　表面缺陷尺寸和 $\bar{a}$ 参量的关系

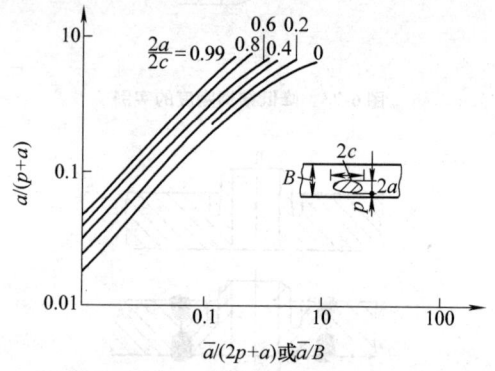

图6-76　埋藏缺欠尺寸和 $\bar{a}$ 参量的关系

（3）断裂韧度　具有缺陷材料的断裂韧度可按照特定的试验技术来确定，断裂韧度数据可以基于 K 方法（包括由 J 方法的换算），也可以以 CTOD 方法为依据，但整个过程应采用自身一致的评定方法，不允许在 CTOD 和 J 与 K 方法之间换算。

6.5.2　面型缺欠的评定

本节将介绍国际上最有影响的面型缺欠评定方法。

1. CEGB 的评定程序——R/H/R6-Rev_{1-3} 有缺陷结构完整性的评定

自1976年发表了"带缺陷结构的完整性评定的 R/H/R6"报告以来，1977年进行了第一次修订，简称为 R6 方法。1980年进行了第二次修订（R6-Rev2），1986年进行了第三次修订（R6-Rev3）。在1986年这次修订中做了重大变动。主要是考虑了材料应变硬化效应，在建立缺欠评定曲线时，提出了三种选择，为适应于工程需要，提出了缺欠评定的三种类型分析方法；同时对裂纹延性稳态发展的处理方法有了重大改进。

图 6-78 是 R6 失效评定曲线的一般形式。图中垂线 $L_r = L_{rmax}$（$L_{rmax} = \bar{\sigma}/\sigma_s$），说明结构塑性失稳载荷将受材料流变应力 $\bar{\sigma}$ 的控制，在一般情况下可取 $\bar{\sigma} = 1/2$（$\sigma_s + \sigma_b$），即流变应力为材料的屈服点和抗拉强度的平均值。显然 L_{rmax} 将大于 1，且随材料的不同而不同。为了精确建立该评定曲线，R6 提供了三种选择。

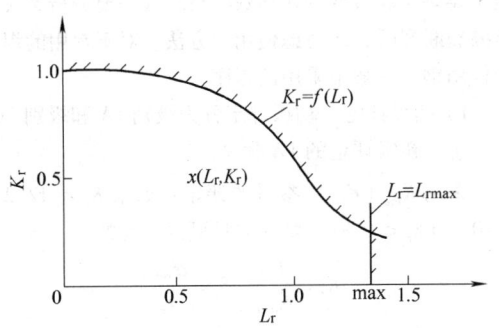

图 6-77　R6 失效评定曲线的一般形式

选择 1：该方法最为简单，只要知道材料的屈服点和抗拉强度，而不具有材料的应力-应变关系数据时，可以采用这一选择。该选择的评定曲线可用式（6-41）表示，并可绘成图 6-78 曲线。

$$K_r = (1 - 0.14 L_r^2)(0.3 + 0.7^{-0.65 L_r^6}) \quad (6-41)$$
$$L_r \leqslant L_{rmax}$$
$$K_r = 0 \quad L_r > L_{rmax}$$

图 6-77 中三条垂线反映了三种不同屈强比材料的各自 L_{rmax} 的位置，该图线在一般情况下较为保守。

选择 2：当具有材料的应力-应变关系数据时，可采用本选择。这时失效评定图线可用下式表达：

$$K_r = \left(\frac{E\varepsilon_{ref}}{L_r\sigma_r} + \frac{L_r^3 \sigma_s}{2E\varepsilon_{ref}}\right)^{-1/2} \quad L_r \leqslant L_{rmax} \quad (6-42)$$
$$K_r = 0 \quad L_r > L_{rmax}$$

式中，$\varepsilon_{ref} = \ln(1 + e)$ 为参考应变，即在材料的真应力-应变关系曲线上与参考应力对应的应变值。而参考应力可用下式求出，即：

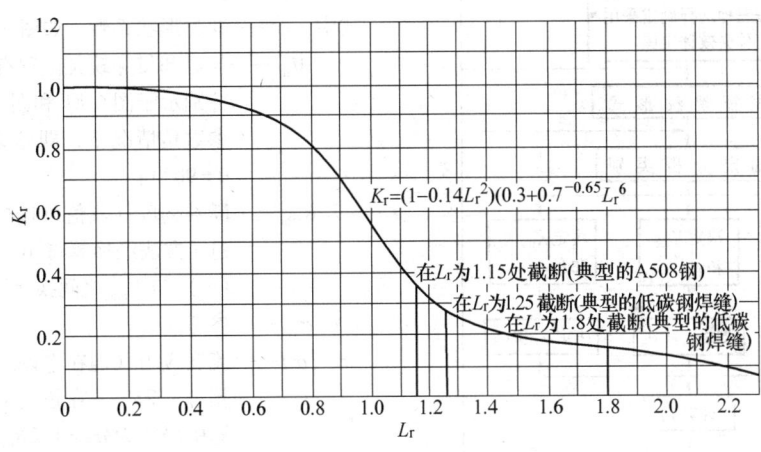

图 6-78　应用于选择 1 的通用评定曲线

$\sigma_{ref} = \sigma_s L_r$，当 $L_r = 1$ 时，$\varepsilon_{ref} = \dfrac{\sigma_s}{E} + 0.002$；

式中　σ_s——材料的下屈服点或 0.2% 时的试验应力。

这一图线适用于所有金属，不论其应力-应变行为如何。但为了绘制出这一图线，需要材料的详细应力-应变数据，尤其当应变低于 1% 时更是如此。

选择 3：此法较为复杂。为了得到特定材料和特定几何形状的曲线，必须对有缺陷的结构作详细的分析，即在有关载荷条件下对含有裂纹的结构作弹性和弹-塑性分析以便计算 J 积分值和 J_e 值。

$$K_r = (J_e/J)^{1/2} \quad L_r \leqslant L_{rmax}$$
$$K_r = 0 \quad L_r > L_{rmax}$$
$$(6-43)$$

换句话说，当材料的 Ramberg-Osgood 曲线无法

详知以及 J 积分无法计算时，该选择无法应用。

最后要说明的是这三种选择的截断点 L_{rmax} 的计算如下：

$L_r = L_{rmax} = $ 单轴向流变应力 $\bar{\sigma}$/单轴向 0.2% 试验应力 $\bar{\sigma}_s$

本标准中提出了裂纹启裂和延性扩展分析评定的三种方法或称三个类别。研究表明裂纹启裂并不意味着失去承载能力。延性好的钢，启裂后有一裂纹稳态扩展阶段，材料断裂抗力会稳定增长。只有到达一定的临界状态时构件中的缺陷方始失稳扩展。选择哪一种分析方法或类别，取决于分析目的、用途和材料韧度数据的置信度，在这三种不同方法中其断裂韧度准则如下。

1）启裂韧度、分析判定启裂。根据失效分析

图，只要承载构件的 K_r、L_r 值在该分析图的评定曲线之下，就不可能发生启裂，这是最简单的情况。

2）简化的撕裂分析。不分析稳定扩展的全过程，而只处理两个点，即启裂点和撕裂扩展量达到 Δa_g 的点（Δa_g 为试样断裂韧度测试时可以得到的最大有效断裂韧度值 K_g 时的扩展量）。

3）它是一种详细分析稳态扩展过程和失稳条件的方法。显然，采用此类分析方法，一定要知道材料的撕裂阻力曲线，或由 $J_p = f(a)$ 推导之。本评定方法特点是考虑了材料加工硬化特性和韧性撕裂结果所导致的断裂韧度值的增加。

R/H/R6-Rev3 的断裂评定简要程序如图 6-79 所示。

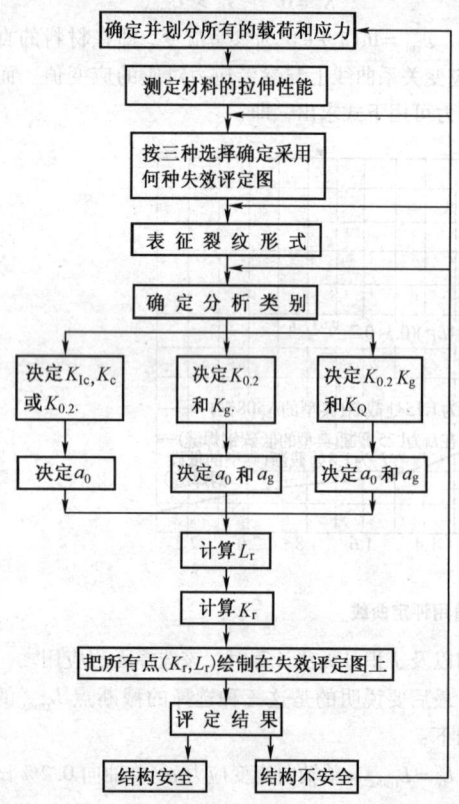

图 6-79　R/H/R6-Rev3 的断裂评定简要程序

2. BS7910 评定方法

目前 R6 方法是国际上最有影响的安全评定方法之一，可以说受 R6 规范的影响，PD6493—80 于 1989 年颁布了新的版本，对 PD6493—80 做了较大的修改。同时也出现了相似的方法、文件。其中最主要的是考虑了塑性失稳的影响和引入三级评定。不久前又经过部分修改，作为英国国家标准 BS7910 予以颁布。

按照 BS7910 评定面型缺欠有三个级别，选用何种级别评定程序与所选材料、可提供的相关数据以及精确程度有关。其中初级评定程序为最简单的评定方法，当材料性能数据有限时，可采用保守的施加应力、残余应力和断裂韧度值。评定程序结果可保证其安全系数为 2。第二级评定为常规的评定程序。第三级主要是对高应变硬化指数的材料或需要分析裂纹稳定撕裂断裂时，才考虑使用此方法。对于常用的焊接结构用钢，一般不采用此程序。

1）初级评定。初级评定分为级别 1A 和级别 1B。

① 初级评定的 1A 程序：

采用 $K_{mat}(K_{IC})$ 参量的评定：如果 $K_r < 1/\sqrt{2} = 0.707$ 和 $S_r < 0.81$，则缺欠是可以接受的。

$$K_r = \frac{K_I}{K_{mat}}, \quad S_r = \frac{\sigma_{ref}}{\sigma_f}$$

$K_I = \sigma_1 \sqrt{\pi a}$ 对贯穿缺欠；$K_I = \sigma_1 \sqrt{\pi a} M_m / \phi$ 对局部贯穿缺欠。

式中　ϕ——缺欠形状系数，如图 6-80 所示；

M_m——与局部贯穿缺欠位置有关的系数（其值分别示于图 6-81 和图 6-82 中）（在 90° 参数角情况下，即延裂纹前缘最深点，$\theta = 90°$）；

K_{mat}——断裂韧度（其值可按标准测试，也可通过 J 方法经换算得出，但不允许在 COD（δ）与 K_{mat} 之间换算）；

σ_{ref}——参考应力；

$\sigma_f(\bar{\sigma})$——流变应力（但在本评定中 σ_f 的最大值不超过 $1.2R_{eL}$，在超过 $1.2R_{eL}$ 情况下，计算中仍认为 $\sigma_f = 1.2R_{eL}$）。

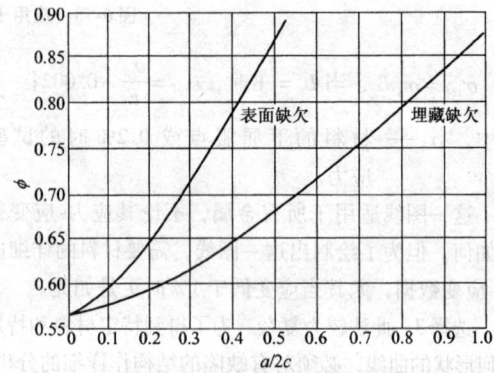

图 6-80　缺欠形状系数 ϕ

对于 1A 评定级别，当无法提供 K_{mat} 或 J_{mat} 数据时，此数据可由夏比冲击能量转换得到，此时对于大多数的钢材处于下平台转变温度区，按下式转换：

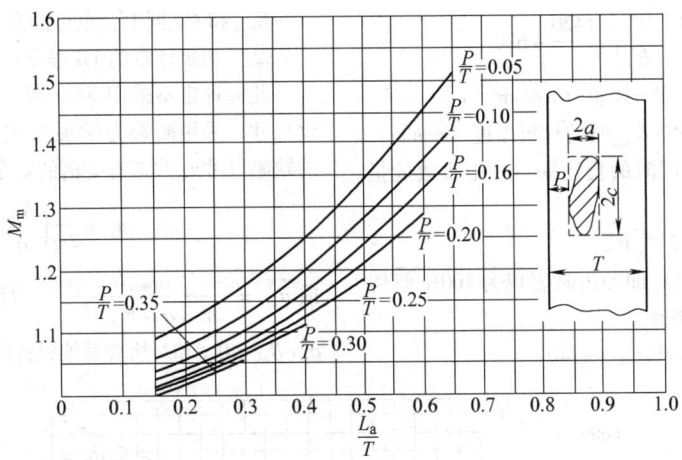

图 6-81　拉伸情况下埋藏缺陷修正系数 M_m

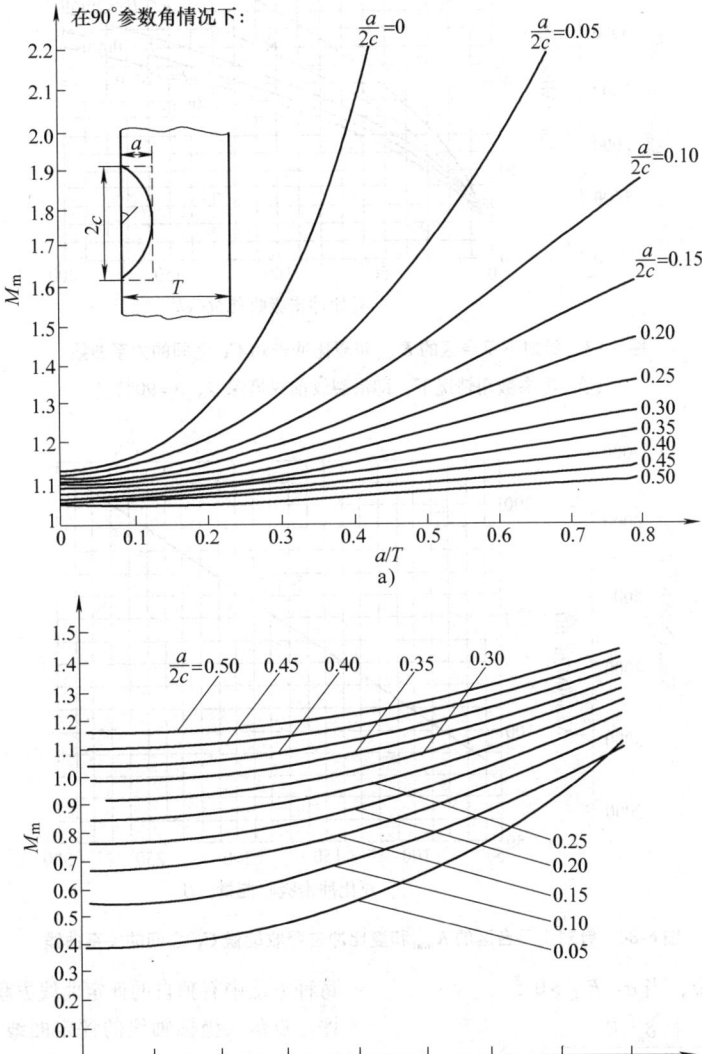

图 6-82　拉伸情况下表面缺陷修正系数 M_m

$$K_{mat} = \frac{820\sqrt{C_V} - 1420}{B^{1/4}} + 630$$

式中　K_{mat}——断裂韧度下限值（K∕mm$^{3/2}$）；

　　　　B——对应评定 K_{mat} 时的材料厚度（mm）；

　　　　C_V——服役温度时的夏比缺口冲击吸收能量（J）。

同时也可由图 6-83 查出。

对于处于上平台区，即冲击时表现为 100% 剪切断裂特征，可由下式转换：

$$K_{mat} = 17C_V + 1740$$

K_{mat} 和 C_V 同上，也可由图 6-84 查出。

② 初级评定的 1B 程序：

此时评定不采用 FAD 图，而由计算求得允许裂纹尺寸，采用断裂力学关系式（6-44）计算可接受的缺陷尺寸 $\overline{a_m}$ 并带有 2 倍的安全系数。

$$\overline{a_m} = \frac{1}{2\pi}\left(\frac{K_{mat}}{\sigma_1}\right)^2 \qquad (6-44)$$

或 $\overline{a_m} = \dfrac{\delta_{mat}E}{2\pi(\sigma_1/R_{eL})^2 R_{eL}}$，对于钢材和铝合金，$\sigma_1/R_{eL} < 0.5$ 和对所有其他材料的任意 σ_1/R_{eL} 值情况。

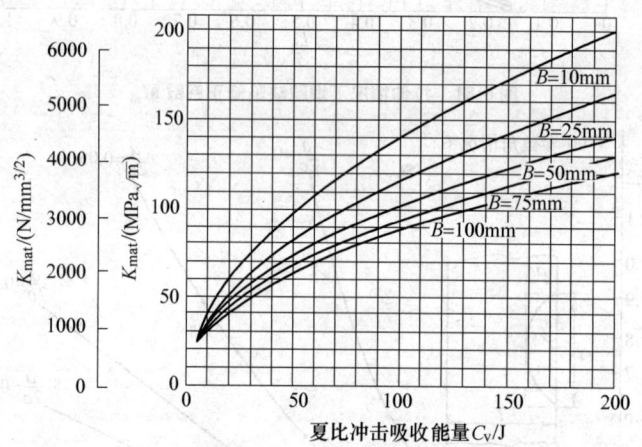

图 6-83　针对下平台区的 K_{mat} 和夏比冲击功 C_V 之间的关系曲线

（在 90° 参数角情况下，即沿裂纹前缘最深点，$\theta = 90°$）

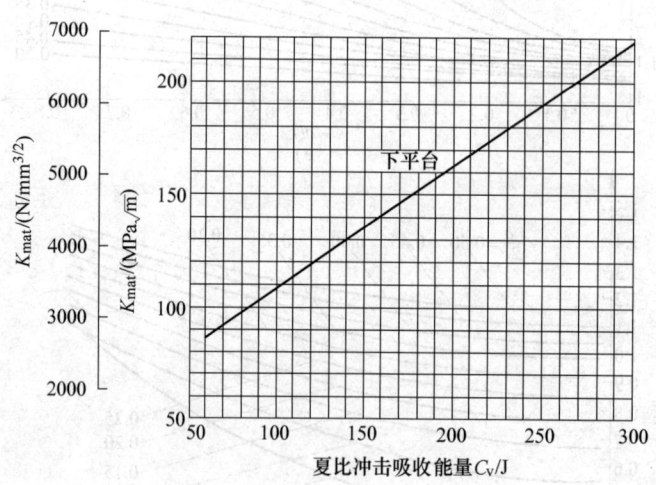

图 6-84　针对上平台区的 K_{mat} 和夏比冲击吸收能量 C_V 之间的关系曲线

对于钢材和铝合金，当 $\sigma_1/R_{eL} > 0.5$ 时

$$\overline{a_m} = \frac{\delta_{mat}E}{2\pi\left(\dfrac{\sigma_1}{R_{eL}} - 0.25\right)R_{eL}}$$

2）常规评定（见图 6-85）。其中包括两种方法，

每种方法中有独自的评定曲线方程和截止限，如果被评定点落入坐标轴线的评定曲线（包括面积之内），则该缺陷可以验收，如果被评定点落入评定曲线上或评定曲线之外，则缺欠被判拒收。截止限 $L_{r\,max}$ 用来防止局部塑性破坏，在该级评定标准中：

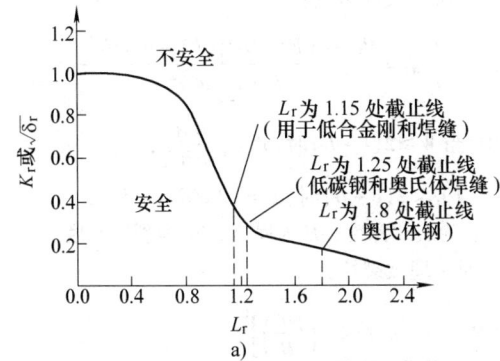

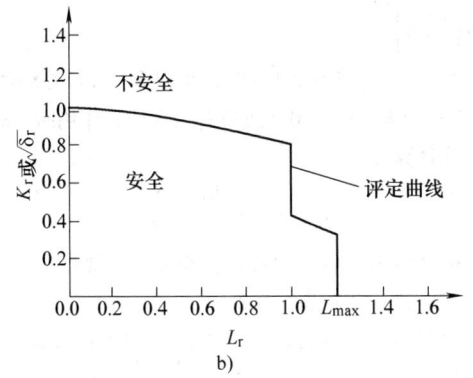

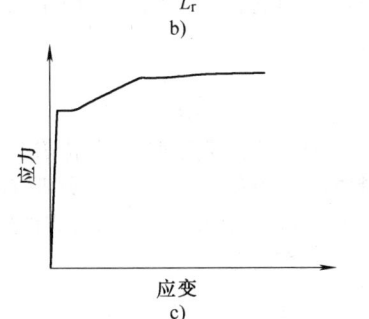

图6-85　级别2的评定曲线

a）2A级别FAC图　b）2B级别FAD图

c）2B级别FAC图中用到的材料应力-应变关系

$$L_{r\,max} = (R_{eL} + \sigma_u)/(2R_{eL})$$

① 级别2A。该级别不需要应力-应变关系数据，其评定曲线方程为

当 $L_r \leqslant L_{rmax}$ 时，

$$\sqrt{\delta_r} \text{ 或 } K_r = (1 - 0.14L_r^2)(0.3 + 0.7^{-0.65L_r^6}) \quad (6\text{-}45)$$

当 $L_r > L_{rmax}$ 时

$$\sqrt{\delta_r} \text{ 或 } K_r = 0 \quad (6\text{-}46)$$

评定曲线如图6-85所示，不同材料具有不同的截止限。

对于在应力-应变关系上具有屈服平台的材料，此时应选取截止限 $L_{rmax} = 1$ 或按级别2B进行评定。假如不能建立级别2B的评定曲线，则 $L_r \geqslant 1.0$ 时，可采用下述方程确立评定曲线：

$$\sqrt{\delta_r}(L_r = 1) \text{ 或 } K_r(L_r = 1)$$
$$= \{1 + E\varepsilon_L/\sigma_s^u + 1/[2(1 + E\varepsilon_L/\sigma_s^u)]\}^{-0.5}$$

式中，$\varepsilon_L = 0.0375\,(1 - \sigma_s^u/100)$ 为所采用的假定的屈服平台长度，该式限于 $\sigma_s^u < 976\text{N/mm}^2$，$\sigma_s^u$ 为屈服限的最大值，假如评定中难以提供此值，则可保守应用屈服点或 $R_{p0.2}$ 值。

$$\sqrt{\delta_r}(L_r > 1) = \sqrt{\delta_r}(L_r = 1)L_r^{(N-1)/2N}$$

或者

$$K_r(L_r > 1) = K_rL_r^{(N-1)/2N}(L_r = 1)$$

式中，$N = 0.3(1 - R_{eL}/\sigma_u)$ 为应变硬化指数的最小值。

② 级别2B：材料特定曲线。此方法适用于各种类型的母材和焊缝，它一般给出较级别2A精确的结果，但它需要较多的数据，它需要应力-应变曲线，因而它难以应用于热影响区（因此热影响区只可应用级别2A），且焊缝或母材的应力-应变关系应在所需的温度下测试，同时需要屈服强度值或 $R_{p0.2}$、抗拉强度及弹性模量，尤其需要注意应变小于1%应力-应变曲线关系形状。

建议工程应力-应变曲线应当在 σ/R_{eL} 值下精确测定。

σ/R_{eL} = 0.7，0.9，0.98，1.0，1.02，1.1，1.2，并以0.1的间隔递增至 σ_u 值。

级别2B的评定曲线如下式所示：

当 $L_r \leqslant L_{rmax}$ 时，$\sqrt{\delta_r}$ 或 $K_r = \left(\dfrac{E\varepsilon_{ref}}{L_rR_{eL}} + \dfrac{L_r^3R_{eL}}{2E\varepsilon_{ref}}\right)^{-0.5}$

当 $L_r > L_{rmax}$ 时，$\sqrt{\delta_r}$ 或 $K_r = 0$

式中，ε_{ref} 为真应变，其值由单向拉伸应力-应变曲线的真应力 L_rR_{eL} 确定，对于大多数应用情况可以采用工程应力-应变数据，但是应当注意对 R_{eL} 周围的点进行仔细计算，典型的FAD图和相关的应力-应变关系曲线如图6-85b、c所示。

在常规（级别2）评定中，应考虑缺欠附近的实际应力值，应力成分为膜应力和弯曲应力，如需要应乘以局部安全系数，假如最终推导的应力强度因子为负值，则在评定中认为其为零值。

在残余应力计算时，可以和级别1一样，认为残余应力是均匀分布的（有时也可以认为是不均匀分布），在残余应力均匀分布时，认为残余应力 Q_m 可以为式（6-47）和式（6-48）中的最小值。

$$Q_m = R'_{eL} \quad (6\text{-}47)$$

或 $$Q_m = (1.4 - \sigma_{ref}/\sigma_f')R'_{eL} \quad (6\text{-}48)$$

式中　R'_{eL} ——材料在评定温度下的屈服点，但该温度不能低于室温，式（6-47）中应采

用室温下的屈服点;

σ'_f——流变强度,一般为屈服点和抗拉强度的平均值;

σ_{ref}——参考应力,对于不同构件有不同的解,例如对于平板上穿厚度缺陷:

$$\sigma_{ref} = \frac{P_b + (P_b^2 + 9P_m^2)^{0.5}}{3\left\{1 - \left(\frac{2a}{W}\right)\right\}}$$

$$\sigma_{ref} = \frac{P_b + 3P_m a'' + \left[(P_b + 3P_m a'')^2 + 9P_m^2 (1 - a'')^2 + 4\left(\frac{pa''}{B}\right)\right]^{0.5}}{3\left\{(1 - a'') + 4\left(\frac{pa''}{B}\right)\right\}^2}$$

式中,当 $W \geq 2(c+B)$ 时,$a'' = \dfrac{2a/B}{1 + (B/c)}$;

当 $W < 2(c+B)$ 时,$a'' = (4a/B)(c/W)$。

对于进行了消应力处理的结构,仍按级别 1 中讲述的方法确定焊接残余应力值。

在此程序中,断裂韧度比值 K_r 计算中:

$$K_r = \frac{K_I}{K_{mat}}$$

在应力强度因子 K_I 中需考虑整体应力形成的应力集中,也需考虑局部弯曲应力(如不平度引起的弯曲应力)引起的应力增加,可采用相关手册、数值模拟或重量函授方法计算此时的 K_I 值。

当有二次应力(如残余应力)存在时,还应考虑一次应力和二次应力之间的相互作用,因而需采用塑性矫正系数 ρ。

即 $K_r = \dfrac{K_I}{K_{mat}} + \rho$

对于平板中表面裂纹:

$$\sigma_{ref} = \frac{P_b + (P_b^2 + 9P_m^2 (1 - a'')^2)^{0.5}}{3 (1 - a'')^2}$$

式中,当 $W \geq 2(c+B)$ 时,$a'' = \dfrac{a/B}{1 + B/c}$;

当 $W < 2(c+B)$ 时,$a'' = (2a/B)(c/W)$;

a 为裂纹深度;B 为厚度;$2c$ 为裂纹长度

对于埋藏裂纹:

当 $K_I^S / (K_I^P / L_r) \leq 0.4$ 时,可以采用 R6 方法计算 ρ,但 $K_I^S / (K_I^P / L_r) > 0.4$ 或只有二次应力作用时,ρ 可由下式计算

$$\rho = \psi - \phi\left(\frac{K_I^S}{K_I^S} - 1\right)$$

如此值结果为负值,则取该 ρ 为零,一般情况下,ψ 和 ϕ 可由表 6-7 和表 6-8 确定。

而在断裂韧度比值 δ_r 中,应采用下述公式由 K_I 推导计算:

$$\delta_I = \frac{K_I^2}{XR_{eL}E'}$$

X 值一般为 $1 \sim 2$,其值和裂纹尖端情况、几何拘束度及材料的加工硬化有关。在结构分析有困难时,可采用 $X = 1$。另外除弹塑性力学计算方法外,X 也可由下述试验关系确定。

$$X = \frac{J_{mat}}{R_{eL}\delta_{mat}(1 - \nu^2)}$$

表 6-7　ψ 和 L_r 以及 $K_P^S / (K_I^P / L_r)$ 的关系

L_r	$K_P^S / (K_I^P / L_r)$										
	0	0.5	1.0	1.5	2.0	2.5	3.0	3.5	4.0	4.5	5.0
0	0	0	0	0	0	0	0	0	0	0	0
0.1	0.020	0.043	0.063	0.074	0.081	0.086	0.090	0.095	0.095	0.100	0.107
0.2	0.028	0.052	0.076	0.091	0.100	0.107	0.113	0.120	0.120	0.127	0.137
0.3	0.033	0.057	0.085	0.102	0.114	0.122	0.130	0.138	0.138	0.147	0.160
0.4	0.037	0.064	0.094	0.113	0.126	0.136	0.145	0.156	0.156	0.167	0.182
0.5	0.043	0.074	0.105	0.124	0.138	0.149	0.160	0.172	0.172	0.185	0.201
0.6	0.051	0.085	0.114	0.133	0.147	0.159	0.170	0.184	0.184	0.200	0.215
0.7	0.058	0.091	0.117	0.134	0.147	0.158	0.171	0.186	0.186	0.202	0.214
0.8	0.057	0.085	0.105	0.119	0.130	0.141	0.155	0.169	0.169	0.182	0.190
0.9	0.043	0.060	0.073	0.082	0.090	0.101	0.113	0.123	0.123	0.129	0.132
1.0	0.016	0.019	0.022	0.025	0.031	0.039	0.043	0.044	0.044	0.41	0.033
1.1	-0.013	-0.025	-0.033	-0.036	-0.037	-0.042	-0.050	-0.061	-0.061	-0.073	-0.084
1.2	-0.034	-0.058	-0.075	-0.090	-0.106	-0.122	-0.137	-0.151	-0.151	-0.164	-0.175
1.3	-0.043	-0.075	-0.102	-0.126	-0.147	-0.166	-0.181	-0.196	-0.196	-0.209	-0.220
1.4	-0.044	-0.080	-0.109	-0.134	-0.155	-0.173	-0.189	-0.203	-0.203	-0.215	-0.227

（续）

L_r	$K_P^S/(K_I^P/L_r)$										
	0	0.5	1.0	1.5	2.0	2.5	3.0	3.5	4.0	4.5	5.0
1.5	-0.041	-0.075	-0.103	-0.127	-0.147	-0.164	-0.180	-0.194	-0.194	-0.206	-0.217
1.6	-0.037	-0.069	-0.095	-0.117	-0.136	-0.153	-0.168	-0.181	-0.181	-0.194	-0.205
1.7	-0.033	-0.062	-0.086	-0.107	-0.125	-0.141	-0.155	-0.168	-0.168	-0.180	-0.191
1.8	-0.030	-0.055	-0.077	-0.096	-0.114	-0.129	-0.142	-0.155	-0.155	-0.166	-0.177
1.9	-0.026	-0.049	-0.069	-0.086	-0.102	-0.116	-0.129	-0.141	-0.141	-0.152	-0.162
2.0	-0.023	-0.043	-0.061	-0.076	-0.091	-0.104	-0.116	-0.126	-0.126	-0.137	-0.146

表 6-8 ϕ 和 L_r 以及 $K_P^S/(K_I^P/L_r)$ 的关系

L_r	$K_P^S/(K_I^P/L_r)$										
	0	0.5	1.0	1.5	2.0	2.5	3.0	3.5	4.0	4.5	5.0
0	0	1.0	1.0	1.0	1.0	1.0	1.0	1.0	1.0	1.0	1.0
0.1	0	0.815	0.869	0.877	0.880	0.882	0.883	0.883	0.882	0.879	0.874
0.2	0	0.690	0.786	0.810	0.821	0.828	0.832	0.833	0.833	0.831	0.825
0.3	0	0.596	0.715	0.752	0.769	0.780	0.786	0.789	0.789	0.787	0.780
0.4	0	0.521	0.651	0.696	0.718	0.732	0.740	0.744	0.745	0.743	0.735
0.5	0	0.457	0.589	0.640	0.666	0.683	0.693	0.698	0.698	0.695	0.688
0.6	0	0.399	0.528	0.582	0.612	0.631	0.642	0.647	0.648	0.644	0.638
0.7	0	0.344	0.466	0.522	0.554	0.575	0.587	0.593	0.593	0.589	0.587
0.8	0	0.290	0.403	0.460	0.493	0.516	0.528	0.533	0.534	0.534	0.535
0.9	0	0.236	0.339	0.395	0.430	0.452	0.464	0.470	0.475	0.480	0.486
1.0	0	0.185	0.276	0.330	0.364	0.386	0.400	0.411	0.423	0.435	0.449
1.1	0	0.139	0.218	0.269	0.302	0.326	0.347	0.367	0.387	0.406	0.423
1.2	0	0.104	0.172	0.219	0.256	0.287	0.315	0.340	0.362	0.382	0.399
1.3	0	0.082	0.142	0.190	0.229	0.263	0.291	0.316	0.338	0.357	0.375
1.4	0	0.070	0.126	0.171	0.209	0.241	0.269	0.293	0.314	0.333	0.350
1.5	0	0.062	0.112	0.155	0.190	0.220	0.247	0.270	0.290	0.309	0.325
1.6	0	0.055	0.100	0.139	0.172	0.200	0.225	0.247	0.267	0.285	0.301
1.7	0	0.048	0.089	0.124	0.154	0.181	0.204	0.224	0.243	0.260	0.276
1.8	0	0.042	0.078	0.110	0.137	0.161	0.183	0.202	0.220	0.236	0.250
1.9	0	0.036	0.068	0.096	0.120	0.142	0.162	0.180	0.196	0.211	0.225
2.0	0	0.031	0.058	0.082	0.104	0.124	0.141	0.157	0.172	0.186	0.198

当不存在二次应力时，与 K_r 相似

$$\sqrt{\delta_r} = \sqrt{\delta_1/\delta_{mat}}$$

当有二次应力作用时

$$\sqrt{\delta_r} = \sqrt{\delta_1/\delta_{mat}} + \rho$$

ρ 仍由本节上述方法处理。

除 K_r 外，级别 2 评定曲线的横坐标以载荷比 L_r 表示。

$$L_r = \frac{\sigma_{ref}}{\sigma_s}, \quad 截止限 \ L_{rmax} = (\sigma_s + \sigma_u)/(2\sigma_s)$$

3）韧性撕裂评定方法（级别 3）。此级别评定主要用于具有稳定撕裂特征的韧性材料（例如奥氏体钢、在韧-脆温度转变上平台区间工作的铁素体材料），其主要特点是断裂时的韧性撕裂分析。根据评定曲线的不同，又分为三个级别，即级别 3A、级别

3B 和级别 3C。

① 级别 3A。其 FAD 图形与级别 2A 相同，此时不需要应力-应变关系曲线（见级别 2A 中计算公式 6-49 和式 6-50）。

对于具有屈服平台的材料，应用级别 3A 评定曲线，限于 $L_r \leqslant 0.1$。

② 级别 3B。与级别 2B 相同，建立评定曲线需要应力-应变关系数据，应变值小于 10% 的数据尤为重要。此 FAD 图形适用于所有金属材料，而不考虑其应力-应变曲线性质如何。

③ 级别 3C（J 积分方法）。此法较为复杂，为了得到特定材料和特定几何形状的曲线，必须对有缺陷的结构作详细的分析，即在有关载荷条件下对含有裂纹的结构作弹性和弹-塑性分析以便计算 J 积分值和

J_e值。

对于 $L_r \leqslant L_{rmax}$，$K_r = (J_e/J)^{1/2}$　　　　(6-49)

对于 $L_r > L_{rmax}$，$K_r = 0$

同时所有计算 J_e 或 J 的分析必须采用经过验证是有效的计算机程序。在进行分析时，必须采用单轴的真实应力-应变关系曲线。换句话说，当材料的 Ramberg-Osgood 曲线无法详知以及 J 积分无法计算时，该级别无法应用。

在级别 3 的评定中应力分量计算以及残余应力计算均与级别 2 一致。而韧性撕裂分析中需建立 K_{mat}，J_{mat} 或 δ_{mat} 与裂纹扩展量 Δa 的函数关系，因此需进行 R 阻力曲线测定，而本标准又规定采用 BS7448—4 进行此项阻力曲线测试。而评定中采用的参量如下所示：

Δa_g——可进行分析的裂纹扩展界限值，它可以为全厚度试验下测定的试验数据，也可以对较薄特定试样的对应 J 积分有效值的裂纹扩展值。

K_g 或 δ_g——裂纹扩展界限值 Δa_g 时的 K_{mat} 或 δ_{mat}，之后将 Δa_0 到 Δa_g 的区间等分若干小扩展阶段，并计算对应各阶段值（例如 $\Delta a_0 + \Delta a_1$）的 K_{mat} 或 δ_{mat} 值。

具体评定程序如下：

a. 规定初始缺陷尺寸 a_0。

b. 按 BS7448 测定 K_{mat} 或 δ_{mat} 值。

c. 定义 Δa_g 值。

d. 如 $\Delta a_g < 1.0mm$，按下式计算 L_r、K_r 或 δ_r

$$K_r = \frac{K_I}{K_g} + \rho \quad 或 \quad \sqrt{\delta_r} = \sqrt{\frac{\delta_I}{\delta_g}} + \rho$$

K_I、δ_I 和 σ_{ref} 为 $a = a_0 + \Delta a_g$ 值时的测定值。

e. 假如 $1.0mm < \Delta a_g < 5.0mm$，则规定裂纹扩展阶段值 Δa_i 为

$\Delta a_0 = 0$

$\Delta a_1 = 1.0mm$

$\Delta a_2 = 2.0mm$ 等。

如果 $\Delta a_g > 5.0mm$，则规定裂纹扩展阶段值 Δa_i 为

$\Delta a_0 = 0$

$\Delta a_1 = 1.0mm$

$\Delta a_2 = 0.2\Delta a_g$

$\Delta a_3 = 0.4\Delta a_g$ 等。

计算 $L_r \left(L_r = \dfrac{\sigma_{ref}}{\sigma_s} \right)$ 和 K_r 或 δ_r $\left(K_r = \dfrac{K_I}{K_g} + \rho \ 和 \sqrt{\delta_r} = \sqrt{\dfrac{\delta_I}{\delta_g}} + \rho \right)$。

在裂纹长度为 $a = a_0$、$a_0 + \Delta a_1$、$a_0 + \Delta a_2$ 等处计算 K_I、δ_I、K_{mat}、δ_{mat} 和 σ_{ref}。

f. 以坐标点形式在失效评定图上画出各对应的 $L_r - K_r$ 或 $L_r - \sqrt{\delta_r}$ 数据值。

g. 如果 $L_r - K_r$ 或 $L_r - \sqrt{\delta_r}$ 的轨迹线完全落于评定曲线之外，则缺陷不能接受，假如该轨迹线通过评定线，则认为可以发生韧性撕裂，因此可主张验收此缺欠。

最后应当说明级别 2 和级别 3 的评定曲线均未考虑安全系数，因此在评定中可根据失效概率自行对缺欠尺寸、应力分量、断裂韧度及屈服强度规定和纳入安全系数，见表 6-9。

表 6-9　针对可能的断裂形式推荐采用的安全系数

		$p(F)2.3 \times 10^{-1}$	$p(F)10^{-3}$	$p(F)7 \times 10^{-5}$	$p(F)10^{-5}$
		$\beta_r = 0.739$	$\beta_r = 3.09$	$\beta_r = 3.8$	$\beta_r = 4.27$
应力,σ	$(COV)_\sigma$	γ_σ	γ_σ	γ_σ	γ_σ
	0.1	1.05	1.2	1.25	1.3
	0.2	1.1	1.25	1.35	1.4
	0.3	1.12	1.4	1.5	1.6
缺陷尺寸,a	$(COV)_a$	γ_a	γ_a	γ_a	γ_a
	0.1	1.0	1.4	1.5	1.7
	0.2	1.05	1.45	1.55	1.8
	0.3	1.08	1.5	1.65	1.9
	0.5	1.15	1.7	1.85	2.1
韧度,K	$(COV)_K$	γ_K	γ_K	γ_K	γ_K
	0.1	1	1.3	1.5	1.7
	0.2	1	1.8	2.6	3.2
	0.3	1	2.85	—	—

（续）

		$p(F)2.3\times10^{-1}$	$p(F)10^{-3}$	$p(F)7\times10^{-5}$	$p(F)10^{-5}$
		$\beta_r = 0.739$	$\beta_r = 3.09$	$\beta_r = 3.8$	$\beta_r = 4.27$
韧度，δ	$(COV)_\delta$	γ_δ	γ_δ	γ_δ	γ_δ
	0.2	1	1.69	2.25	2.89
	0.4	1	3.2	6.75	10
	0.6	1	8	—	—
屈服强度	$(COV)_S$	γ_S	γ_S	γ_S	γ_S
	0.1	1	1.05	1.1	1.2

注：（COV）为变异系数。

3. 结构完整性评定方法——SINTAP

1）概述。SINTAP 是原欧洲共同体国家多个研究机关及大学合作进行的安全评定研究项目，并得到欧洲共同体的资助，其目的是开发统一评定标准，使其得到实际应用。进行研究的机构为英国钢铁、英国能源、壳牌油气公司、化学公司（EXXON）、安全保险例如卫生及安全 Excutive。研究机构有德国 GKSS、法国焊接研究所、英国焊接研究所（WM、VTT、JRC）、Cantabria 和 Gent 大学以及软件开发和顾问机构等单位。

在 SINTAP 评定程序中，采用两种方法进行评定即 FAD 法和 CDF 方法，如图 6-86 所示。

2）级别。SINTAP 标准各级别的评定要求总结于表 6-10 中，其中包括零级别和三个标准级别及三个先进级别。

由表 6-10 可见，本标准除零级别外，共有 3 个标准级别、3 个先进级别（其中包括用于管道和压力容器等承压构件的先泄后断分析），在 3 个标准级别的 FAD 和 CDF 分析中 $f(L_r)$ 不同，其特点主要由材料拉伸数据控制，换句话说，在级别 1 和级别 2 的评定中，由于不知道材料的应力-应变关系曲线，因而对材料性能做了保守估计，而在级别 3 中由于知道了应力-应变关系曲线，即此时具有应力-应变关系的细节并考虑了焊缝匹配影响，因而可得到精确的评定结果。

3）SINTAP 失效评定图方程。

① 零级别。在 SINTAP 评定程序中，零级别（Default）是 FAD 和 CDF 两种最保守的评定方法。对于连续硬化材料（即无屈服平台材料）其表达式为

$$f(L_r) = \left(1 + \frac{1}{2}L_r^2\right)^{-1/2} \times (0.3 + 0.7^{-\mu L_r^6})$$

（6-50）

对于具有屈服平台材料，其表达式为

$$f(L_r) = \left(1 + \frac{1}{2}L_r^2\right)^{-1/2}$$ （6-51）

式中，$L_r = P/P_s$，P_s 为屈服载荷。

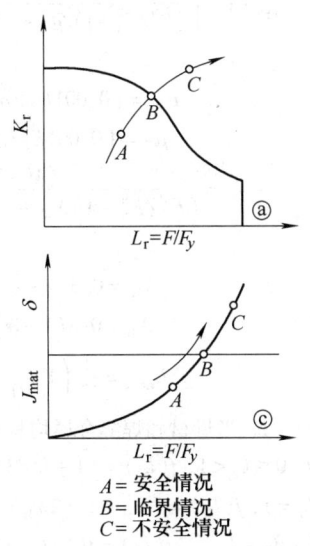
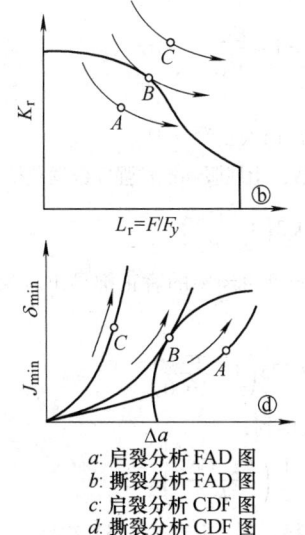

A = 安全情况
B = 临界情况
C = 不安全情况

a: 启裂分析 FAD 图
b: 撕裂分析 FAD 图
c: 启裂分析 CDF 图
d: 撕裂分析 CDF 图

图 6-86　启裂和延性撕裂分析的 FAD 和 CDF 方法

表 6-10　根据拉伸数据选择评定级别

级别		所需数据	适用条件
零级别		屈服强度	无其他拉伸数据可提供时
标准级别	级别 1：基本级别	屈服强度以及抗拉强度	要求快速得出结果，焊缝强度非匹配性低于 10%
	级别 2：匹配级别	屈服强度以及抗拉强度，匹配极限载荷	考虑焊缝和母材的屈服强度匹配影响，当屈服强度非匹配性超过 10% 时应用
	级别 3：限定应力-应变	全部应力-应变关系曲线	较高精确度，比级别 1 和 2 保守性小，并包括了焊缝的非匹配性
先进级别	级别 4：考虑拘束度评定	评定与含裂纹结构拘束度相当裂纹尖端拘束条件下的断裂韧度	考虑薄截面拘束度的降低或主要是拉伸载荷
	级别 5：J 积分分析	需要裂纹体的数值分析	—
	级别 6：先泄后断分析	—	应用于管道和压力容器元件

$\left(1+\frac{1}{2}L_r^2\right)^{-1/2}$ 的物理概念是它表征线弹性能非常好的材料当考虑裂纹尖端屈服时的失效线，而第 2 项 $(0.3+0.7^{-\mu L_r^6})$ 表征当材料性能偏离线弹性而由它的弹性区建立的安全区的丧失，这主要是 $L_r=1$ 区间出现（即达到屈服时）。

建议，最好在具有抗拉强度和屈服强度数据时，进行标准级别中基本级别的分析。在零级评定中，无论对于连续硬化材料还是具有屈服平台的材料按上述两式评定时，断裂线最大到 $L_r=1$ 为止。

② 级别 1。

a. 对于具有屈服平台材料。

对于 $0 \le L_r < 1$,

$$f(L_r)=\left(1+\frac{1}{2}L_r^2\right)^{-1/2} \quad (6\text{-}52)$$

对于 $L_r=1$,

$$f(1)=\left(\lambda+\frac{1}{2\lambda}\right)^{-1/2}$$

式中　　　$\lambda=1+\dfrac{E\Delta\varepsilon}{\sigma_{ys}}$

对于 $1 \le L_r < L_{rmax}$,

$$f(L_r)=f(1)\times L_r^{(N-1)/2N}$$

式中，N 为应变硬化指数，由屈服和抗拉强度数据获得

$$N=0.3\left(1-\frac{\sigma_{ys}}{R_m}\right)$$

如果 $\Delta\varepsilon$ 为未知，则 $\Delta\varepsilon$ 可由经验的矫正推导出较保守值

$$\Delta\varepsilon=0.0375\left(1-\frac{\sigma_{ys}}{1000}\right)$$

塑性失稳极限值由下式得到：

$$L_{rmax}=\frac{1}{2}\left(\frac{\sigma_{ys}+R_m}{R_m}\right)$$

b. 对于连续屈服材料 $f(L_r)$ 由式 (6-53) 给出：

对 $0 \le L_r \le 1$,

$$f(L_r)=\left(1+\frac{1}{2}L_r^2\right)^{-1/2}\times(0.3+0.7^{-\mu L_r^6}) \quad (6\text{-}53)$$

式中　$\mu=\min[0.001E/R_{p0.2},0.6]$

对 $1 \le L_r < L_{rmax}$, $f(L_r)=f(1)\times L_r^{(N-1)/2N}$

N 和 L_{rmax} 由前边的式子给出。

③ 级别 2。

a. 当母材和焊缝金属两者均为连续屈服时（无屈服平台）

对 $0 \le L_r \le 1$,

$$f(L_r)=\left(1+\frac{1}{2}L_r^2\right)^{-1/2}\times(0.3+0.7^{-\mu_B L_r^6}) \quad (6\text{-}54)$$

对 $1 < L_r \le L_{rmax}$, $f(L_r)=f(1)L_r^{(N_B-1)/2N_B}$

对 $L_r > L_{rmax}$, $f(L_r)=0$

式中

$$\mu_B=\min\left[\frac{(M-1)}{(F_S^M/F_S^B-1)/\mu_W+(M-F_S^M/F_S^B)/\mu_B},0.6\right] \quad (6\text{-}55)$$

$$\mu_W=[0.001E_W/\sigma_S^W,0.6],$$
$$\mu_B=[0.001E_B/\sigma_S^B,0.6] \quad (6\text{-}56)$$

$$N_B=\frac{(M-1)}{(F_S^M/F_S^B-1)N_W+(M-F_S^M/F_S^B)/N_B} \quad (6\text{-}57)$$

$$N_W=0.3(1-\sigma_S^W/\sigma_U^W)$$
$$N_B=0.3(1-\sigma_S^B/\sigma_U^B) \quad (6\text{-}58)$$

$$L_{rmax}=\frac{1}{2}\left(1+\frac{0.3}{0.3-N_M}\right) \quad (6\text{-}59)$$

b. 当母材和焊缝金属均具有屈服平台时

对 $0 \le L_r < 1$, $f(L_r)=(1+L_r^2/2)^{-1/2}$ (6-60)

$L_r=1$, $f(L_r)=(\lambda_M+1/(2\lambda_M))^{-1/2}$

$1 < L_r \le L_{rmax}$, $f(L_r)=f(1)L_r^{(N_M-1)/2N_M}$

$L_r > L_{rmax}$, $f(L_r)=0$

$$\lambda_B = \frac{(F_S^M/F_S^B - 1)\lambda_W + (M - F_S^M/F_S^B)\lambda_B}{(M-1)} \quad (6\text{-}61)$$

$$\lambda_W = 1 + 0.0375\left(\frac{E_W}{\sigma_S^W}\right)\left(1 - \frac{\sigma_S^W}{1000}\right)$$

$$\lambda_B = 1 + 0.0375\left(\frac{E_B}{\sigma_S^B}\right)\left(1 - \frac{\sigma_S^B}{1000}\right) \quad (6\text{-}62)$$

N_M 和 L_{rmax} 的计算同式 (6-57) ~式 (6-59)。

c. 当母材和焊缝其中之一具有屈服平台时

当 $0 \leqslant L_r < 1$，采用式 (6-54) 进行计算，对于具有屈服平台的材料，μ 值取 0。例如，如果母材具有屈服平台，则：

$$\mu_B = \min\left[\frac{(M-1)}{(F_S^M/F_S^B - 1)/\mu_W}, 0.6\right],$$

$$\mu_W = [0.001E_W/\sigma_S^W, 0.6] \quad (6\text{-}63)$$

当 $L_r = 1$ 时，$f(L_r)$ 的表达式是不连续的，采用式 (6-60) 进行计算，对于连续屈服的材料，λ 值取 0。例如，如果母材具有屈服平台，则：

$$f(L_r = 1) = (\lambda_B + 1/(2\lambda_B))^{-1/2} \quad (6\text{-}64)$$

$$\lambda_M = \frac{(M - F_S^M/F_S^B)\lambda_B}{(M-1)},$$

$$\lambda_B = 1 + 0.0375\left(\frac{E_B}{\sigma_S^B}\right)\left(1 - \frac{\sigma_S^B}{1000}\right) \quad (6\text{-}65)$$

当 $1 < L_r \leqslant L_{rmax}$ 时，$f(L_r) = f(1)L_r^{(N_M-1)/2N_M}$。$L_{rmax}$ 的计算同式(6-59)。

④ 级别 3。在知道应力-应变关系曲线时，采用此级别进行评定：

对于 $L_r < L_{rmax}$，

$$f(L_r) = \left(\frac{E\varepsilon_{ref}}{L_{rys}} + \frac{L_{rys}^3}{2E\varepsilon_{ref}}\right)^{-1/2}$$
$$= \left(\frac{E\varepsilon_{ref}}{\sigma_{ref}} + \frac{L_r^2\sigma_{ref}}{2E\varepsilon_{ref}}\right)^{-1/2} \quad (6\text{-}66)$$

对于 $L_r > L_{rmax}$，$f(L_r) = 0$

⑤ 先进级别。级别 4、5、6 中 FAD/CDF 方法中

均需考虑拘束度，在级别 4 中需进行有限元计算，级别 5 中需进行 J 积分计算，而级别 6 则需考虑元件先泄后断的结果。

因此提高分析精度有两种路线：其一是修正失效线，其基础建立在具有更好力学性能而扩大安全区，其二是基于断裂韧度值考虑（如考虑撕裂性能来达到结果）。

4) 残余应力。在 SINTAP 程序中对焊态、修复态以及热处理态对残余应力的影响进行了详尽的研究，分为已知焊接工艺和不知焊接工艺两种情况，提出在符合表 6-11 范围规定时，对于不知焊接工艺的残余应力的计算。

对于焊态：横向残余应力取为母材或焊缝二者屈服限的最小值，纵向残余应力取为母材或焊缝二者屈服限的最大值；修复状态残余应力取母材或焊缝二者屈服限的最大值。

对于热处理状态：残余应力取值较低，其最大值为焊缝金属屈服限的 10%，在安全评定中，对于弹-塑性状态下由于塑性造成的残余应力的释放，在 SINTAP 程序中，采用下述公式进行计算，即

$$K_r = (K_I^P + VK_I^S)/K_{mat} \quad (6\text{-}67)$$

V 可根据 V/V_0 比值由图 6-87 定出。

表 6-11　有效的参数范围

接头形式	厚度 /mm	热输入 /(kJ/mm)	屈服强度 /MPa
平板对接接头	24~300	1.6~4.9	310~740
管对接接头	9~84	0.35~1.9	225~780
管缝焊接头	50~85	—	345~780
T 形对接接头	25~100	1.4	376~421
管和平板接头	25~50	0.6~2.0	360~490
修复焊缝	75~152	1.2~1.6	500~590

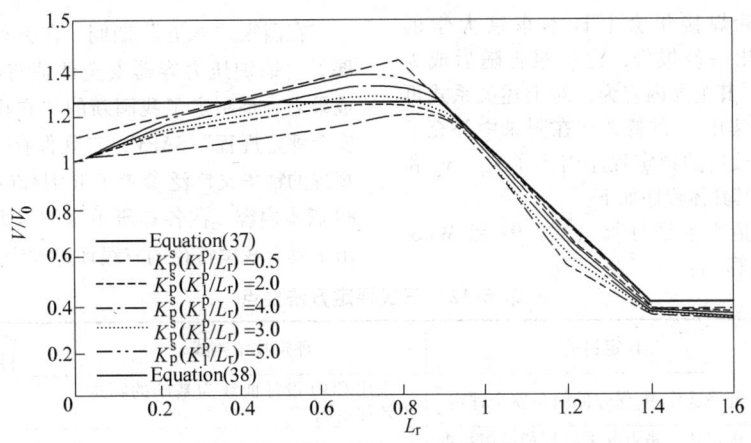

图 6-87　V/V_0 的预测

V_0 为初始作用为零时的 V 值, 即仅由二次应力作用时的 V 值。

$$V_0 = \sqrt{\frac{E}{(1-v^2)}} J_S / K_1^S \qquad (6-68)$$

式中　J_S——二次应力产生的 J 积分值。

图 6-80 中, K_P^S 为二次载荷等效弹-塑性应力强度因子, 其值为 $K_P^S = \sqrt{E' J_S}$, 由图可见:

$$L_r \leqslant 0.9, \ V/V_0 = 1.25; \qquad (6-69)$$
$$0.9 < L_r \leqslant 1.4, \ V/V_0 = 2.78 - 1.8 L_r;$$
$$L_r > 1.4, \ V/V_0 = 0.4$$

4. 日本 WES-2805K 评定要点

1974 年发展起来的日本 WES-2805K 标准在概念上与早年的英国提出的 COD 设计曲线相似。但以应变参量为主, 即待评定部位的应变值由施加应力形式的应变 e_1, 残余应力形成的应变 e_2 和应变集中产生的应变 e_3 叠加而成, 它们是在 4 倍裂纹长度标距上测取的。

起初采用公式

$$\phi = \frac{\delta_c}{2\pi e_s \bar{a}} = 0.577 \ (e/e_s) \qquad (6-70)$$

表征允许裂纹尺寸与应变之间的关系。

20 世纪 80 年代日本焊接工程师协会下属的一个分研究委员会进行了一系列 (共 147 组数据) 宽板拉伸试验, 来验证日本 WES-2805K 标准的确切性, 结果表明, 不少试验结果数据落于该曲线的不安全之侧, 特别是标称断裂应变 e 大于屈服应变时更是如此, 且有很大分散性, 说明该关系式可靠性不高, 研究认为造成上述结果和 $e_1 + e_2 + e_3$ 的提案有误有关。因此对 e_3 的计算做了研究和修改, 并在此基础上提出了新的关系式。

$$\delta = 2 e_s \bar{a} \ (\bar{e}/e_s)^2 \qquad \bar{e}/e_s \leqslant 1 \qquad (6-71)$$
$$\delta = e_s \bar{a} \ (3.5 \bar{e}/e_s - 1.5) \qquad \bar{e}/e_s > 1$$

上述关系式的有效性已在管道接头应用中得到了证实。

1996 年在国际焊接年会上日本东京大学的 Machida. S 教授提出一份报告, 这份报告随后成为 WES-1997 的文件, 其主要内容为: 对上述关系式再次作了修改; 应变集中 e_3 的修改。在附录中补充了概率方法内容。修改后的评定程序引入了 γ_a, γ_e 和 ϕ 分项安全系数。其具体程序如下:

1) 关于应变集中系数计算公式。97 版 WES-2805 提出用下式估算 ε_3:

$$\varepsilon_3 = (K_\varepsilon - 1) \varepsilon_1$$

式中　K_ε 是 K_t 和 $\varepsilon/\varepsilon_3$ 的函数。

当 $K_t - \sigma \leqslant R_{eL}$　　　　$K_\varepsilon = K_t$

当 $\sigma_{net} \leqslant R_{eL} < K_t - \sigma$

$$K_\varepsilon = K_t + A(\varepsilon/\varepsilon_s - 1/K_t)$$

式中　$A = \lambda (K_t^{2/(1+n)} - K_t)/(1 - \lambda/K_t)$

$$n = 0.12 \ln \ (1390/\sigma_s)$$
$$\lambda = \sigma_{net}/\sigma$$

式中　σ_{net} 为净截面应力。

2) 仍以 COD 设计曲线为基础, 即其判据标准为驱动力 $(\delta) \geqslant$ 材料断裂韧度 δ_c 值, 其中

$$\begin{cases} \delta = \dfrac{\pi}{2} (\varepsilon/\varepsilon_s)^2 \varepsilon_s \bar{a} & \varepsilon/\varepsilon_s \leqslant 1.0 \\ \delta = \dfrac{\pi}{8} \{9(\varepsilon/\varepsilon_s) - 5\} \varepsilon_s \bar{a} & \varepsilon/\varepsilon_s > 1.0 \end{cases} \qquad (6-72)$$

3) 报告及 97 年版 WES-2805 最大的改动是在附录中引入了基于可靠度分析的安全系数, 即用改进的一阶二次矩方法 (简称 AFOSM) 对评定所需的数据 $\bar{a}$、ε 和 δ_c 进行敏感性分析和确定 $\bar{a}$、ε 和 δ_c 的分项安全系数 γ_a, γ_e 和 ϕ。

5. 我国在役含缺陷压力容器安全评定规程 (SAPV) 草案要点

我国压力容器学会与化工机械与自动化学会在国内二十余单位研究工作基础上提出了在役压力容器缺陷评定规范 CVDA—84, 主要用于在役压力容器安全评定, 其形式与英国早期的和日本现行的有关规范 COD 设计曲线相似, 它由两部分组成:

$$\bar{a}_m = \begin{cases} \dfrac{\delta_c}{2\pi e_s \left(\dfrac{e}{e_s} \right)^2} & e/e_s \leqslant 1 \\ \dfrac{\delta_c}{\pi (e + e_s)} & e/e_s > 1 \end{cases}$$

在国家 "八五" 期间, 在劳动部组织领导下开展了 "锅炉压力容器安全评估与爆炸预防" 课题, 成果之一是制定了我国新的 "在役含缺陷压力容器安全评定规程" SAPV, 它既保存了 CVDA—84 评定规程的精华又广泛参考了 R/H/R6- Rev3 和 PD-6493-89 版本内容, 在各参研单位的努力下对面型缺欠提出了具有我国特色的三级评定方法 (见表 6-12)。

表 6-12　三级评定方法要点

级别	评定目的	评定技术路线	评定时选用的材料断裂韧度参量
筛选评定一级	起筛选作用,保守的简单安全评定	采用 COD 设计曲线为基础的筛选失效评定图	δ_c
常规评定二级	确定缺欠是否发生启裂和结构是否发生塑性失稳的常规安全评定	采用保守的通用失效评定图	J_{IC} (也允许用 δ_c 值)

（续）

级别	评定目的	评定技术路线	评定时选用的材料断裂韧度参量
高级评定三级	确定裂纹能否发生撕裂的全过程安全评定	采用 EPRI 工程优化评定曲线	$J_R(\Delta a)$ 阻力曲线

在筛选评定中，基本上采用了 CVDA—84 的 COD 设计曲线的成果，但标准中采用 $\sigma_{总} = \sigma_1 + \sigma_2 + \sigma_3$ 代替了 CVDA 中的 $e = e_1 + e_2 + e_3$，同时受外加载荷条件限制，如图 6-88 所示。其要点是在 δ 和 $\sqrt{\delta_r}$ 的计算中 $\left(\delta_r = \dfrac{\delta}{\delta_c} \right)$，$\delta$ 采用下式进行计算：

当 $\sigma_{总} < R_{eL}$ 时

$$\delta = \pi \bar{a} \sigma_s (\sigma_{总}/R_{eL}) M^2/E$$

当 $\sigma_{总} \geqslant R_{eL} \geqslant (\sigma_1/\sigma_2)$ 时

$$\delta = 0.5 \pi \bar{a} (\sigma_{总}/R_{eL}) M^2/E$$

式中　$M^2 = 1 + 1.61 \bar{a}^2/RB$　用于筒壳轴向裂纹

　　　　$M^2 = 1 + 0.32 \bar{a}^2/RB$　用于筒壳环向裂纹

　　　　$M^2 = 1 + 1.93 \bar{a}^2/RB$　用于球壳裂纹

式中　R——压力容器的外半径；

　　　　B——板厚。

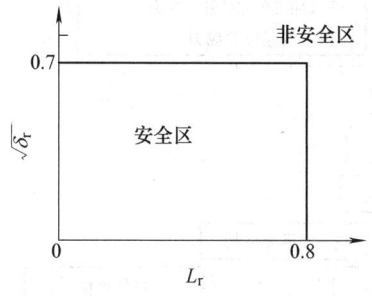

图 6-88　平面缺欠筛选评定的失效评定图

与 PD6493—89 版和 IIW—1157 规范的不同点是作为横坐标以 L_r 代替了 S_r，同时为了加强筛选作用将测得的 δ_c 值除以 1.2。

当评定允许等效裂纹尺寸 $\bar{a}_m$ 时，基本条件为

$$\bar{a} M^2 \leqslant \bar{a}_m \qquad L_r \leqslant 0.8$$

式中　$\bar{a}_m = \dfrac{E\delta_c}{2\pi\sigma_s/(\sigma_z/R_{eL})^2} \qquad \sigma_{总} < R_{eL}$　(6-73)

$$\bar{a}_m = \dfrac{E\delta_c}{\pi(\sigma_z + R_{eL})} \qquad \sigma_{总} \geqslant R_{eL} \geqslant (\sigma_1/\sigma_2)$$
(6-74)

$$\bar{a}_m = \dfrac{E\delta_c}{\pi(\sigma_z + R_{eL})} \qquad \sigma_{总} \geqslant R_{eL} \geqslant (\sigma_1/\sigma_2)$$

$$\sigma_z = \sigma_{总}$$

在平面缺欠的常规评定中采用了与 R/H/R6-Rev3 选择 1 相同的通用失效评定曲线即：

$$K_r = (1 - 0.14 L_r^2)[0.3 + 0.7 \exp(-0.65 L_r^6)]$$

$$L_r^{max} = \bar{\sigma}/R_{eL} = 0.5(R_{eL} + \sigma_u)/R_{eL}$$

同时规定对具有长屈服平台的钢，取 $L_{rmax} = 1$，对奥氏体钢取 $L_{rmax} = 1.8$，奥氏体不锈钢焊缝取 $L_{rmax} = 1.25$。

通用失效评定图未包括给定的安全系数，在一些标准中可根据结构工作的重要性由使用者估价，本标准对缺陷尺寸，载荷（应力）和断裂韧度数据分别取不同的分项安全系数，来保证规程评定结果的安全性，其具体取值如下：

一次应力 P_m 和 P_b 取分项安全系数为 1.2，对失效后果严重的设备取 1.4 ~ 1.6。

表征裂纹计算尺寸取分项安全系数为 1.4 ~ 1.6。

对断裂韧度取分项安全系数为 1 ~ 1.2。

另外，本规程与 PD6493—89 版和 IIW—1157 规范最大的不同点是采用了 J 参量进行评定。而在上述两规范中仍采用 COD 的 δ 值。

与 R6 和 PD—6493—89 标准的另一不同点是塑性修正因子 ρ 值的计算。

$$\rho = \varphi_1 \qquad L_r < 0.8$$
$$\rho = \varphi_1 \ (11 - 10 L_r)\ /3 \qquad 0.8 < L_r < 1.1$$
$$\rho = 0 \qquad L_r > 1.1$$

φ 值根据 $K_1^S/R_{eL}(\sqrt{\pi a})$ 的值由图 6-89 查出。

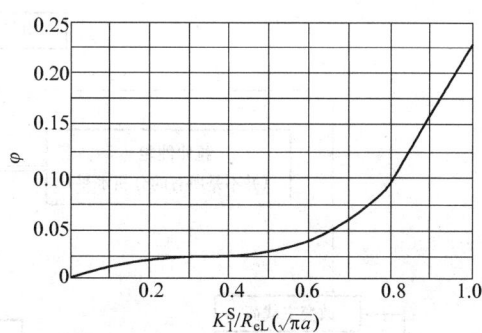

图 6-89　不同 $K_1^S/R_{eL}(\sqrt{\pi a})$ 下的 φ 取值

高级评定的要点是通过比较裂纹驱动曲线和以阻力曲线形式表达的材料抗裂纹稳定增长力来判定结构抗塑性失效能力。显然它需要包括材料 J_R 阻力曲线在内的完整原始资料，高级评定方法直接采用 J 积分的断裂参量，必须有裂纹构形的 J 积分分解，其失稳条件为

$$J(\sigma, a) = J_R(\Delta a)$$
$$\dfrac{\partial J}{\partial a}(\sigma, a) = \dfrac{\partial J_R}{\partial a}(\Delta a) \qquad (6-75)$$

此级评定中按下列程序进行平面缺欠评定：

① 裂纹构形尺寸及材料断裂性能的确定。

② 裂纹驱动力 J 积分的计算。

③ 有限撕裂扩展的稳定平衡应力的计算。

④ 扩展裂纹失稳应力的确定。

⑤ 承压部件综合安全系数的选取。

⑥ 安全性的评价。

本级别需采用微机完成评定工作，并要求由专家来完成，目前该规程软件已给出了简体环带区、接管区等 6 种表面裂纹构形的高级评定资料且正在不断丰富过程中。

6. FITNET 标准

1）FITNET 概述。FITNET 是一项为期 4 年的欧洲专题项目，目的是扩大和推广"合于使用"程序在整个欧洲的应用。虽然目前存在一些合于使用评估标准，如 API579、BS7910、SINTAP、R6 等，但这些标准只针对某一特定工业领域，或者失效模式单一，或者只是国家内部标准，有必要形成一统一标准。

FITNET 工作组队伍庞大，由来自 GKSS、TWI、VTT、JRC 等几十家权威机构的专家和学者组成。其评估内容包括金属结构（带或不带焊缝）的断裂、疲劳、蠕变、腐蚀失效模式及其复合失效模式。

2）FITNET 断裂失效模块。FITNET 断裂失效模块基于断裂力学理论，用于评估含缺欠金属结构（带或不带焊缝）的安全。该模块可用于指导结构的设计、建造安装和质量控制、服役运行阶段，分析流程图如图 6-90 所示。分析等级和分析方法与 SINTAP 标准相同，但是不包含 SINTAP 标准中的第六级 LBB 评估内容。

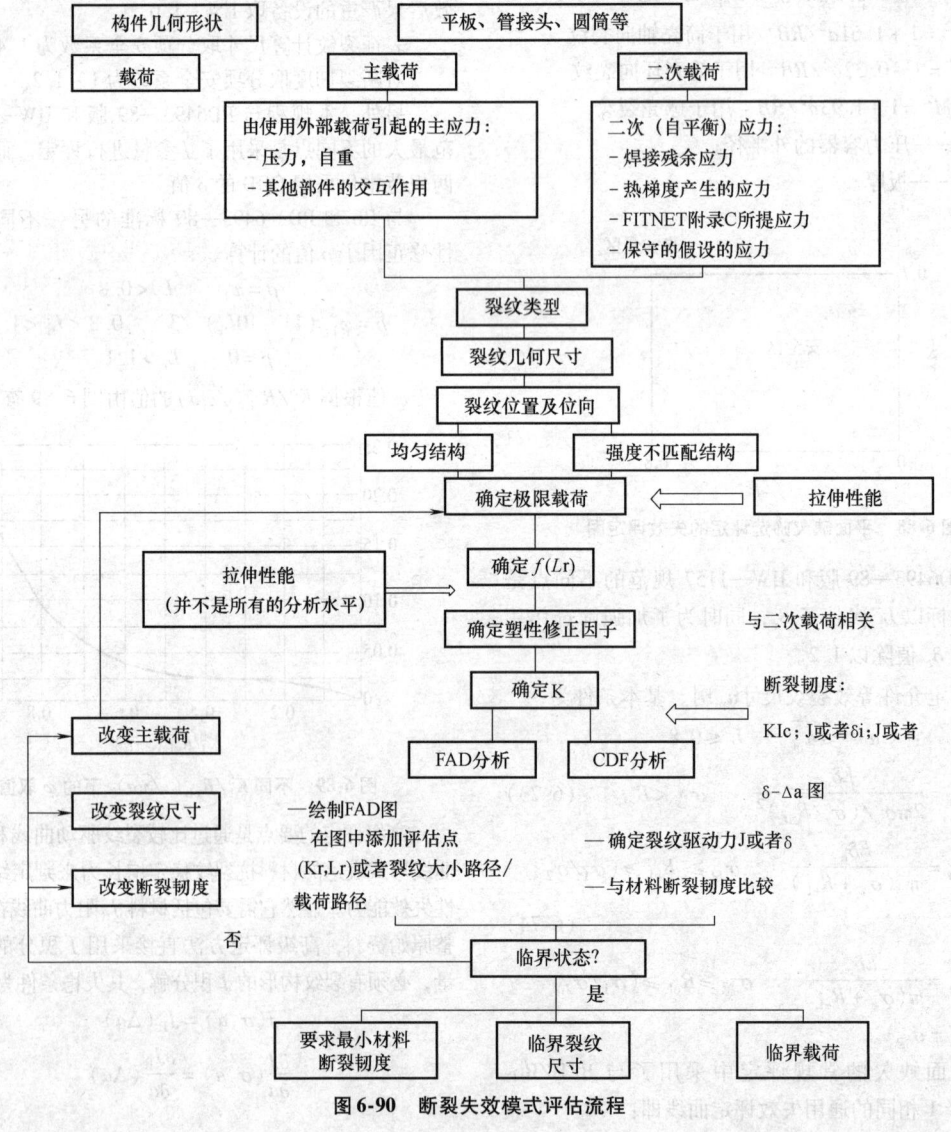

图 6-90　断裂失效模式评估流程

3）FITNET 疲劳失效模块。FITNET 疲劳失效模块为评估循环或者交变载荷下疲劳损伤提供了一系列评估方法，如图 6-91 所示。

第一种方法：不存在已知缺欠，分析目的是确定临界状态疲劳累积损伤。这种情况下，最基本的方法是确定交变载荷范围和相关的疲劳寿命曲线。根据评估中应力或应变选择，可以选择三种不同的评估路线（路线 1、路线 2 和路线 3）；如果有因疲劳裂纹扩展而导致失稳断裂的危险，或者服役期间的交变载荷循环次数非常大，达到 10^9，建议采用第二种方法。

第二种方法：如果存在一个实际或者假设缺欠，并且其分析目的是确定疲劳寿命。可以考虑两种不同评估路线，路线 4 采用疲劳裂纹扩展分析方法和路线 5 采用 S-N 曲线分析方法。如果缺欠是平面类型或者非平面类型缺欠扩展后能够量化为裂纹的情况下，采用路线 4；路线 5 用于评估非平面类型缺欠。

FITNET 疲劳评估路线的基本流程如图 6-92 所示。各路线的基本情况介绍如下：

① 路线 1，采用名义应力法 j 进行疲劳损伤评估。该方法考虑名义弹性应力。对于焊接构件来说，疲劳寿命取决于一系列 S-N 曲线，这些曲线是根据不同级别的疲劳抗力来分类的。焊趾局部几何尺寸和形状、焊缝错边和角变形或者微观结构、残余应力、焊缝无损检测状况也都对 S-N 曲线有影响。

这是目前最通用寿命评估方法，尤其是在国际焊接学会金属结构疲劳设计规范体现非常明显。当评估变幅载荷时，采用 Palmgren-Miner 线性疲劳积累损伤法则。对于非焊接构件考虑几何不连续、截面尺寸、表面粗糙度和平均应力等对疲劳性能的影响。因此得到一个许用名义应力并且和工作载荷作用下应力值比较。

② 路线 2，热点应力或缺口应力疲劳损伤评估。这个方法认为构件临界区域结构应力可以依靠公式计算得到（或运用特殊方法可以测量）。提供两种可行评估方案：

a. 计算结构应力（热点应力）并且选择相应 S-N 曲线再进行寿命评估。

b. 通过应力集中系数 K_t 或者 K_f 计算缺口应力，并且使用相应 S-N 曲线进行寿命评估。

处理变幅载荷问题采用 Palmgren-Miner 线性积累损伤准则计算等效应力幅。

③ 路线 3，局部应力应变法疲劳损伤评估。这个方法主要在非焊接结构中应用，可以直接计算临界区域应变值，采用合适的弹性或者弹塑性材料本构关系。疲劳寿命由一系列因素决定，包括结构危险部位局部几何形状和尺寸、工作载荷（静载和循环载荷大小）、应力或应变范围与循环次数之间关系曲线。该方法主要根据 Manson-Coffin 定律进行寿命评估。

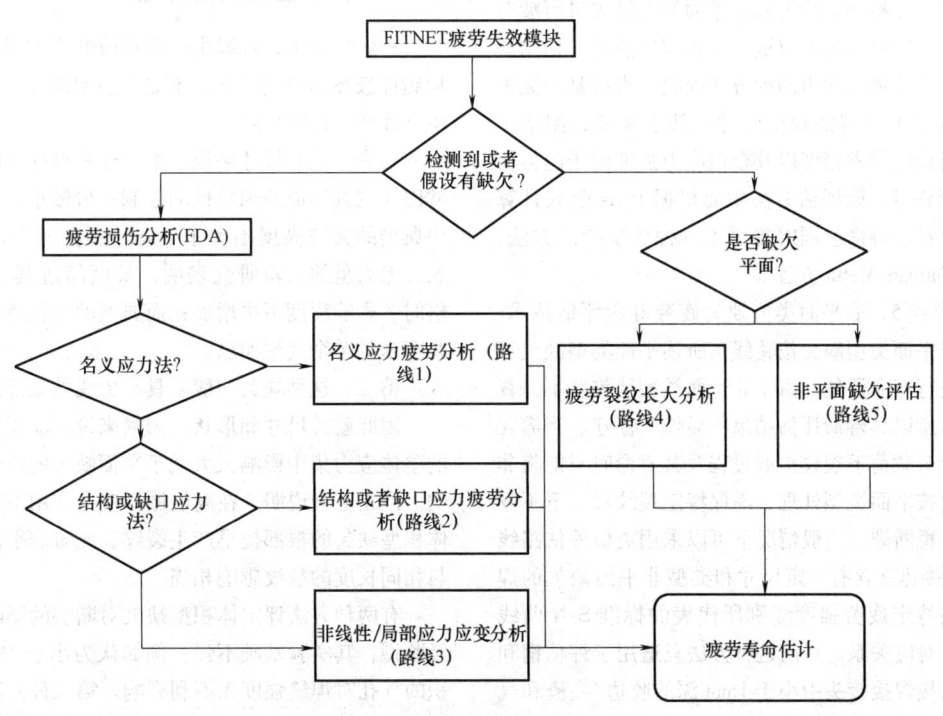

图 6-91　疲劳评估路线的选取

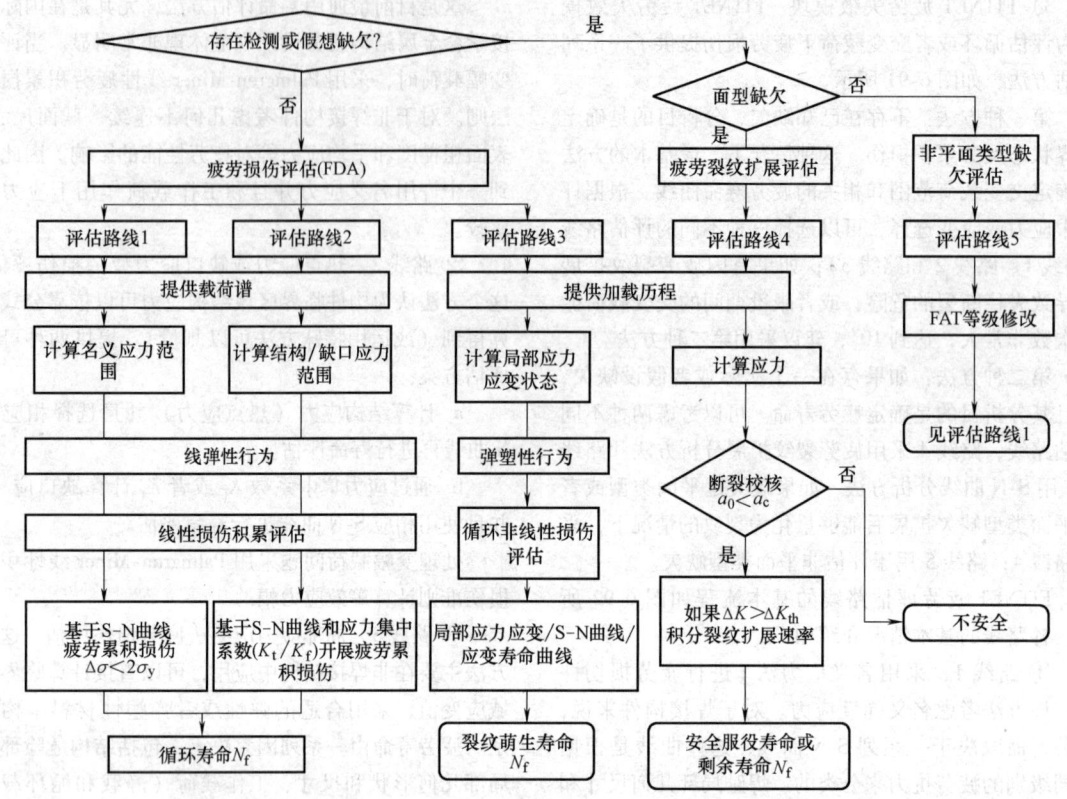

图 6-92　FITNET 疲劳评估路线的基本流程

④ 路线 4，基于断裂力学的疲劳寿命评估方法。该方法针对已检测到或者假设平面类型缺欠进行疲劳寿命评估，这些缺欠可以被认为是宏观裂纹。初始缺欠位置、尺寸和方向由两种方法确定：直接基于无损探伤检验结果获得的缺陷尺寸；基于经验，制造工艺，无损检测技术精度以及根据应力强度因子门槛值间接推断获得。该评估方法主要根据 Paris 公式计算疲劳裂纹扩展寿命。同时提供了一种更复杂的方法，是基于 Forman-Mettu 方程。

⑤ 路线 5，非平面类型缺欠疲劳寿命评估技术。可以将非平面类型缺欠按路线 4 所述平面类型缺欠评估路线进行寿命评估。由于非平面类型缺欠并不是真正裂纹，所以其寿命评估结果明显偏于保守。当需要评估在疲劳载荷下裂纹扩展过程及其寿命时只能将非平面缺欠按平面类型处理，确保特定裂纹尺寸下不发生脆性失稳断裂。一般情况下可以采用类似评估路线 1 方法直接建立含有一定尺寸和类型非平面缺欠的焊接接头与特定疲劳强度级别所代表的标准 S-N 曲线之间一一对应关系。目前这种方法只适用于评估钢和铝合金对接焊接头中小于 1mm 深的咬边/夹渣和气孔缺欠。

6.5.3　体积型缺欠的评定

一般情况下，焊缝中体积型或非平面型缺欠对结构脆性破坏的影响程度，不如平面型缺欠严重，这是由下述两个原因所致。

首先，就其尺寸来说，单个体积型缺欠的绝对尺寸因受到其形成原因特性的限制一般较小，例如焊缝中典型的夹渣高度不大于 3mm。虽然其长度可以很长，但大量的试验研究表明，长度超过其高度的 10 倍时，影响程度不再增加；而典型的气孔直径也就是几毫米的单个气泡而已。

第二，这种缺欠一般不具有尖锐的端部。

因此就其尺寸和形状二因素来说，非平面型缺欠的整体应力集中影响大大低于平面缺欠的应力集中影响。但是应当说明，在高值循环应力作用下，可能在体积型缺欠的根部提早产生裂纹，此时非平面型缺欠与相同长度的裂纹影响相当。

有两种方法评定体积型缺欠对断裂的影响。一为经验型，其实验基础不强，例如认为小于 5% 整体体积的气孔对焊缝强度无不利影响。第二种方法是把体积型缺欠当做具有相同高度的平面缺欠来处理，并采用上述的断裂力学方法进行评定。

表 6-13 列出 IIW/IIS-1157-1990 推荐的不需评定的非平面缺欠的极限尺寸:

表 6-13 非平面缺欠的极限尺寸

夹　渣	气孔,投影面积	单个气泡
长度不限,最大高度或宽度为 3mm	5%	小于 6mm 或厚度的 1/4

但应保证,所用材料应具有足够的韧度。即在最低工作温度下,对于钢材其夏比 V 型缺口冲击试验的冲击吸收能量应不低于 41J,对其他材料,其断裂韧度值应不低于 40MPa·m$^{1/2}$。否则仍需按平面缺欠处理,即用断裂力学方法处理。

另外尚有下述情况需要注意:

第一,经验表明,一定类型的夹渣和气孔(特别是线状分布的气孔),常常与未熔合有关系。此时应将它们按类型裂纹缺陷处理。

第二,当焊缝形状偏离指定形状(成型不良),且其焊缝计算尺寸低于应能承受最大允许设计应力时,对这种焊缝不能验收。

第三,有些情况很难区分出为平面型缺陷还是体积型缺欠,例如在某些情况下,咬边可视为简单的应力集中,而在另外情况下又应视为类裂纹缺欠。具体地讲,咬边可以妨碍用无损检测方法探查其他缺欠。假如可以表明除咬边外不存在其他平面缺欠,则对于屈服点低于 480MPa、夏比 V 型缺口冲击试验吸收能量在最低工作温度下不低于 40J 的钢材,最大深度为 1mm 或 10% 厚度(或两者中最小者)的咬边是可以接受的。除此之外,所有其他场合下的咬边均按平面缺欠处理。

在我国国家标准中增加了另一种体积缺欠即凹坑缺欠的塑性失稳评定。

近年来凹坑或壳体局部减薄的评定技术深受工程界的关注。尤其是 1986 年 Surry 核电站给水管由于严重腐蚀局部减薄导致一场严重事故,更促进了局部减薄评定技术的开展。

标准规定在评定凹坑缺欠前,应将被评定的凹坑缺欠打磨成表面光滑。过渡平缓的凹坑,并确认凹坑及其周围无其他表面缺欠或其他缺欠之后才可进行凹坑缺欠评定。

1)满足下述条件者才可作为凹坑缺欠进行评定,否则应按面型缺欠进行断裂评定。

① T_S(厚度)/R(半径) < 0.18 薄壁筒壳,或 T_S/R < 0.10 的薄壁球壳。

② 材料延性满足压力容器设计规定,未发现

劣化。

③ 凹坑深度 C 小于剩余壁厚 T 的 60%,且扣除腐蚀裕量 C_2 后的坑底最小壁厚不小于 2mm。

④ 凹坑半长 $A \leqslant \sqrt{RT}$。

⑤ 凹坑宽度 B 不小于凹坑深度 C 的 3 倍,否则,可再次打磨至满足本要求。

2)凹坑缺欠免于评定的条件。如果容器表面凹坑缺欠的无量纲参数满足如下条件,

$$G_0 = \frac{C}{T} \times \frac{A}{\sqrt{RT}} \leqslant 0.10 \qquad (6-76)$$

则该凹坑缺陷可免于评定

3)凹坑缺欠的评定。对于评定的缺欠,首先需计算 P_{L0}、P_L 和 P_{max} 等参量:

P_{L0}(无凹坑缺欠容器极限载荷)的计算:

对于球形容器:

$$P_{L0} = 2\bar{\sigma}\ln\frac{(R + T/2)}{(R - T/2)} \qquad (6-77)$$

对于圆筒容器:

$$P_{L0} = \frac{2}{\sqrt{3}}\bar{\sigma}\ln\frac{(R + T/2)}{(R - T/2)} \qquad (6-78)$$

对于非焊缝区凹坑,$\bar{\sigma}$ 取材料的屈服极限 σ_s;如果凹坑处于或包括焊缝则 $\bar{\sigma} = \varphi\sigma_s$,其中 φ 为焊缝系数。

P_L(带凹坑容器极限载荷)的计算:

对于球形容器

$$P_L = (1 - 0.6G_0)P_{L0}$$

对于圆筒容器

$$P_L = (1 - 0.3G_0^{0.5})P_{L0}$$

P_{max}(带凹坑容器最大允许工作压力)的计算:

$$P_{max} = P_L/2.0$$

如果实际工作压力 $P < P_{max}$,则认为凹坑缺欠不会引起容器发生塑性失稳破坏。

6.6　焊接结构的失效分析

6.6.1　焊接结构失效的分类

焊接构件的失效可分为二种类别,一为在构件检验中(一般表面缺欠由肉眼检测、内部缺欠要采用无损检测方法)或力学性能试验过程中未能验收,又称拒收;二为构件服役中发现焊件丧失了继续完成设计要求性能,服役中可能由断裂、磨损、腐蚀或变形等原因造成焊件失效。

1. 拒收的原因

1)表面状态。焊接接头中焊缝与基本金属之间的强度匹配相差过大;过大的焊缝余高;过低的焊缝

高度，使得焊缝尺寸不足；有裂纹存在（纵向或横向裂纹，火口或焊趾裂纹）；咬边，超标尺寸的气孔；未熔合，随意引弧造成的弧坑，过大的飞溅，构件过大的各类变形等。

2）内部缺欠。表层下的裂纹，超标尺寸的气孔、夹渣、钨的存在（或称夹钨），未熔合；熔深不足、未焊透等。

3）焊缝性能不满足有关规范标准要求。

2. 服役中失效的原因

主要原因是工艺不佳，大多是由于焊工技术不高或焊缝填充物不合格所致。

其他原因有：设计不合理；焊接热输入偏大或偏小；焊缝尺寸不足；不合理的焊前预热和焊后热处理；装配质量不佳；冶金成分的偏析和脆性；热影响区冷却参数不合理；高值的残余应力；环境条件不符合设计要求（包括偶然的超载，不正常的温度，潮湿或其他腐蚀条件等）。

6.6.2　失效分析的程序

1. 分析程序

失效分析的开始工作是收集和编辑一个尽可能完整的失效焊缝及其制备的履历。失效分析的精确程度与在早期内获得的资料量多少有关，虽然并没有一个一定的收集工作规则程序，但是最重要的是在当事者记忆犹新时，尽可能快速地获得尽可能完全的有关失效事故的口头报告。下述内容是失效分析工作非常有用的资料范围。

1）了解何时、何地、如何发生了该失效事故。访问所有的操作者，了解失效事故和如何处理了失效部件，是否对其进行了保护；断裂部件是否处理过（如触摸过或移动过断裂件）；失效事故是否引起了火灾——它将会改变焊缝或基本金属的微观组织。

2）建立失效构件的工作档案，记录载荷条件，服役期限，是否发生过其他事故或类似的失效。

3）获取接头和结构设计图样；工作应力的计算方法及结果；服役寿命的规定值；基本金属和填充金属有关性能的规定值和实际值。如果可能还要收集基本金属的化学成分、热处理规范和力学性质和填充金属的实际化学成分。

4）确定指定的和实际采用的清洗和装配程序，记录指定的和实际使用的焊接工艺，是否进行过返修、进行过焊后热处理。

5）弄清焊件是如何完工的，进行过何种试验，焊件储存了多久和在什么状态下储存的，什么时候装运和什么时候安装的，了解和复印检验工序和检验报告。

2. 失效分析一般步骤

失效事故分析一般按下述步骤进行：

① 原始背景资料的收集及样品选择。

② 失效部件的初步检查（肉眼观察及整理记录现存资料）。

③ 无损检测。

④ 力学性能试验（包括硬度试验和韧性试验）。

⑤ 选择、鉴别、保存、清洗（如果需要的话）所有试样。

⑥ 宏观检查和分析。

⑦ 微观检查和分析。

⑧ 选择、制备和分析金相试样。

⑨ 判断断裂机制。

⑩ 化学分析。

⑪ 断裂力学分析。

⑫ 模仿服役状态的试验（特定试验）。

⑬ 分析所有的物证，得出结论和书写报告（包括建议）。

需着重强调的是要很好地保证收集失效情况的时间。有时研究者不是按部就班而是迫不及待地将失效部件制成试样进行检查，应当避免这种忙乱现象。因为最终将会发现这种做法将会浪费大量的时间和物力。相反，仔细地收集、考虑失效事故的背景材料和研究透彻总体概况将是非常有益的。在某些构件的失效研究中，有时研究者不能亲临失事现场，此时可通过在现场工作的工程师或其他人员收集数据和样品，可采用失效现场报告单或核查记录单方法，以保证记录下所有与失效有关的资料及文件。

3. 内容

上述各步骤的具体内容可简述如下：

（1）原始资料的收集和样品选择

首先，应当集中精力收集足够的与失效事故有关的资料。收集元件制造和加工的历史背景材料数据时，应当设法得到构件图纸，有关标准和设计意图等资料。可将制造和加工数据资料分为三种类型，即加工工艺（包括冷成形、拉伸、弯曲，机加工、磨削和抛光等），热加工过程（包括热成形，热处理，焊接、钎焊等），化学方法加工（包括清洗，电镀，敷膜和喷漆等）。

1）构件的服役历史。要查阅操作人员的工作记录，掌握构件的实际运行情况和实际使用时间等，这些都是失效分析工作中不可缺少的重要数据。

但是，在实际断裂失效中，有时很难得到充分的使用或服役历史。此时就需要根据各种情况进行推理，从而做出分析和判断，如载荷的变化、温度的变化、腐蚀介质情况等。

2）照片记录。分析者应当决定是否需要对元件和结构留照。失效分析中一些往往在初始研究中认为是不重要的因素，后来发现它有严重的影响。因此完整的照片记录可以发挥重要的作用。如果照片取自其他部件，分析者必须确认，它应当能符合本分析的要求。

3）样品选择。在断裂失效分析工作中，样品选择直接影响分析结果的正确性。因为构件发生断裂后，构件可能形成一些断片，且断片可能散落在一定的区间内。因此必须从这些断片中，找出哪一个断片是最早开裂的；由于这个断片的开裂，造成结构的失效事故。显然，只有选择恰当的样品进行分析和研究，才能确定构件断裂的主要原因。

所以，断裂分析的一项主要内容，就是要确定裂源的位置与裂纹的扩展方向。如果断裂事故由一条裂纹产生，断后形成两半，这时按照断口宏观形貌特征，就能很容易地判别出裂纹源的位置及其扩展方向（c、P、d）。如果在断裂事故中出现众多裂纹，则必须要确定出首先开裂的裂纹，进而找出其裂纹源。

一般情况下，众多裂纹在时间上是依次陆续产生的。根据这一特点，就可以在很多碎片中，确定最先开裂所造成的断口。下面介绍几种常用的判断方法。

① 依据裂纹的走向特点确定启裂裂纹。构件在断裂过程中，往往在出现第一条裂纹后，产生很多分叉裂纹，如图 6-93a 所示。一般情况下，裂纹分叉的方向为裂纹的扩展方向。而其反向的汇合裂纹为主裂纹，该裂纹的顶部即为裂纹源。图 6-93a 中 A 为主裂纹，B、C、D 均为从属裂纹或称二次裂纹。

若一个构件上产生两条裂纹，并构成"T"形，如图 6-93b 所示。一般情况下，横贯裂纹 A 为首先开裂的裂纹，这是因为 A 裂纹阻止了 B 裂纹的扩展所致（此时如无 A 裂纹存在，B 裂纹也会发展成贯穿裂纹）。因此 A 裂纹为主裂纹，B 裂纹为二次裂纹。裂纹源位置可能在 O 处也可能在 O' 处，这时按照 A 裂纹的断口宏观形貌特征，就可很容易地确定。

② 依据变形程度确定首先开裂的裂纹。图 6-94 所示为一圆环形的构件，在断裂事故中形成三块碎片。为判别主裂纹，需将断片拼合起来，检查其各个方向上的变形量大小。变形量大的部位为主裂纹，其他为二次裂纹。裂纹源将在主裂纹形成的断口上。在图 6-94 中 A 为主裂纹，B 及 C 均为二次裂纹。

③ 依据腐蚀程度确定主裂纹。利用金属或合金材料在环境介质中会发生氧化或腐蚀现象，判断主裂

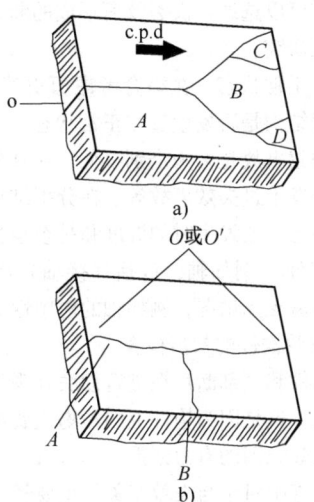

图 6-93　依据裂纹走向判定裂纹源

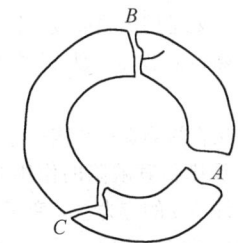

图 6-94　依据变形程度确定主裂纹

纹的方向。这是因为随着时间的增长，表面裂纹的氧化膜或腐蚀层会增厚。根据这一特性可知，氧化或腐蚀比较严重的部位，是主裂纹部位；而氧化或腐蚀比较轻的部位，是二次裂纹部位。裂纹源将在主裂纹表面某处。

上述情况仅属于一般情况，在失效分析时，还要注意特殊情况的分析。

在样品选择中，还经常要比较断裂部件和类似的但未断裂的部件，以便确定断裂是工作条件引发的，还是加工误差造成的。例如一台锅炉的某根管道发生了失效事故，认为这是由于管道过热造成的，且研究表明在此失效管道中有球状组织结构（它表明管道承受了过热条件）。如果把同时安装但未失效的其他管道与其比较，就可以确定出供货时是否有球状组织结构存在。

有时也要将损坏区域的材料与远离损坏区域的材料作比较，分析。例如在选取金相试样时，必须在这样两个不同区域上取样，并对这两个区域的显微组织差异进行比较。对于失效的焊接接头，测定熔合区、热影响区的显微组织，也是有重要意义的内容。

如果主裂纹形成的断口承受了严重的机械擦伤或

化学腐蚀，可以选取二次裂纹所形成的断口，进行间接的分析及研究。

④ 非正常状态。在综合考虑历史背景材料时，还需要注意结构是否发生过非正常状态，如结构是否修理过，失效事故是否为个别事件，在其他的类似设计中是否也发生过失效事故等。在分析结构脆性失效时，还要注意失效发生时的温度和是否承受过冲击载荷。机械零件（例如轴，包括焊接轴）的失效事故中，还要弄清支撑情况，例如轴的对中性如何等。

（2）失效构件的初步检查

失效构件和全部断片在进行彻底外观检查后，才可进行清洗。这是因为构件上的污物或腐蚀产物，常常是判断失效原因的有力证据。

外观检查中对于与失效有关的重要特征、尺寸等都应记录下来，可用文字加以描述，也可用草图或照片记录。

外观检查中主要是用肉眼或放大镜来检查失效构件的变形程度、断口的形貌、裂纹的扩展方向等。

（3）检测

无损检测方法在检测焊接缺陷尺寸及其分布，依据"合于使用"原则估算缺陷的作用和验算结构件的寿命，测定构件承受的应力、应变等方面均是有用的手段。在失效分析中所应用的无损检测方法包括无损探伤、X射线应力测定，实验应力分析等。

① 无损探伤。无损探伤方法在失效分析中主要用于测定焊件表面缺欠和内部缺欠。经常使用的无损探伤方法有磁粉探伤、液体渗透法、涡流法、超声波检验及射线法等。

② 试验应力分析。在焊接结构设计中，它所承受的应力一般是经过计算得出的。但是对于形状复杂的结构件，计算工作量大，且结果可靠性低。当然由于计算机的发展，采用有限元法虽可部分地解决这一困难，但计算有时亦相当复杂，因而往往采用实验应力分析方法。如采用脆性漆法测定正应变方向，粗略地计算正负应变值。目前虽然有一系列的方法，如力学的、光学的电子设备，可精确地测定焊接构件的应变，但是应变片方法仍是行之有效的也是目前广泛应用的方法。

③ X射线方法及目前正在开发的中子射线方法，是测定晶体材料焊接残余应力的非破坏性方法，也是失效分析工作中可考虑应用的方法。

（4）力学性能试验

在焊接结构的断裂失效分析中，力学性能试验主要是检查断裂构件材料的常规强度与塑性指标，是否达到了预定的数值，或是否符合构件设计参量要求。

硬度测量对失效分析来说，是应用最为广泛的力学性能测试方法。它简便易行，可以用来：检验加工硬化，或由于过热、脱碳、渗碳、氧化吸收等引起的材料硬化和软化现象；用来评定热处理工艺，将失效构件的硬度与规范规定的硬度作对比；提供钢材、焊缝抗拉强度的近似值等。

在失效分析中，除非要求制备专用硬度试验试样（如进行微观硬度测量），硬度试验一般认为是非破坏性试验，这也是它得到广泛应用的原因。

冲击试验除了评定材料的韧度指标 a_K 值外，还可以用以进行韧-脆转变温度的测定，这在焊接结构脆性失效的分析中，往往是有用的数据。

特别要注意基本金属拉伸试验的局限性。在大多数情况下，基本金属拉伸试验结果并不能说明什么。实践表明，由于材料不满足拉伸强度指标所造成的结构失效事故是微乎其微的。另外把载荷施加到直到断裂应变为止，也是在实际中难以发现的。更何况，从脆性破坏结构上切割下来的试样，在拉伸试验中也常常表现出具有足够的延性等。

在失效分析中，拉伸试验一般用来验证制造结构的材料是否满足有关标准要求。该项试验是一种费钱、费时的试验，而且在失效结构中，往往难以找出足够的材料进行拉伸试验。同时切割试样时的加热过程或机加工过程也会改变试样的拉伸性能，因而力争避免这种试验。

材料的力学性能与一系列因素（包括加工工艺）关系密切。例如钢材通过冷作加工和随后一定温度的加热处理，可以显现出材料对应变时效脆性倾向的程度；另外实验室小试验结果，不可能完全代表实际大型构件性能，一些试验，例如拉伸试验与试样的轧制方向有关，垂直轧制方向的拉伸性能低于平行轧制方向材料的拉伸性能等。因此失效分析者应善于理解力学性能试验结果，处理试验结果时应仔细慎重。

（5）选择、保存和清洗断裂表面

焊接结构的断裂是裂纹萌生与扩展的过程，而裂纹的萌生与扩展都是按一定规律进行的。断裂失效分析，就是要找出这种规律。主要内容是确定裂纹源的位置与裂纹的扩展方向并据此确定断裂机制。

一般在装运过程中，断裂表面经常用棉花或某些纺织品保护起来，但因此可能吸附掉一些紧密依附在断面上的物质，后者经常含有造成断裂事故的最初线索，这是应当注意的。另外，不能用手触摸和摩擦表面；不能使两块断裂表面相接触等。应尽量避免用水清洗断裂表面。但是混有海水或灭火器溶液的试样需要整体用水清洗，然后在存入干燥器内之前，用丙酮或乙醇漂洗。

1）表面清洗。如上所述，除非绝对有必要时，不对断裂表面进行清洗、弄净，它一般是用来除掉碎片和泥土，或者制备电子显微镜检查试样。但是在进行任何清洗之前，都应通过充分的外观检查。被检查的表面可能受到像油脂、腐蚀产物、氧化物等的污染，对于这样的污垢要进行仔细检查，它常常为判断失效原因或确定失效分析程序提供有利的证据。例如，在断口的某个部位发现油漆痕迹，就可推断在失效之前，构件表面已有裂纹存在，使表面油漆进入了裂纹。

清除断口表面积垢或油脂等附着物的常用方法为毛刷刷洗。在使用硬毛刷刷洗时，若能与有机试剂清洗一起应用效果最佳，如用非金属毛刷蘸石油溶剂进行清洗等。

除此之外，在失效分析中还可采用气球吹洗、化学试剂清洗、超声波清洗及电解清洗等方法清理断口表面。清除断口上的附着物，尤其是清洗断口上的氧化膜的技术是比较复杂的，有些方法还难以掌握，因而是断口分析工作的难点之一。

2）断口试样的截取。打开一个裂纹常常要对有裂纹的构件进行破坏，因此应在打开裂纹以前，对构件的断裂部位进行照相和绘图。有时还需对裂纹表面进行复型处理，以备金相观察。

打开裂纹的方法很多。如果造成构件开裂的裂纹是已知的，可采用拉开、扳开、压开等方法；若失效构件在宏观外形上无法确定其裂纹部位或裂纹扩展方向时，则可采用刨削或车削的方法打开裂纹。此时应随时监视进刀的深度，以免损坏断口形貌。

当构件的断口表面较大时，在进行扫描电镜观察或复型透射电镜分析研究中，需将大块的构件断口切割成较小试样。此时应当注意切割中不能使断口试样的微观组织及断口形貌特征发生变化，即切割时要留有一定距离。同时应当注意所采用的冷却剂不应对断口表面有腐蚀作用，当然也需注意不使断口表面受到任何机械损伤。

断裂失效分析中，通常是在主裂纹碎片上选择断口试样进行分析研究。但是如果主裂纹断口受到严重的机械擦伤或化学腐蚀，或者主裂纹断口表面被较致密的氧化膜所覆盖，因而很难进行断口形貌特征分析时，可以对二次裂纹断口进行分析研究。通常二次裂纹可供分析研究断裂机制、断裂过程及断裂影响因素等。

为了防止断口表面生锈或腐蚀，可在断口表面上涂抹一层保护材料，如环氧树脂，醋酸纤维丙酮溶液

等。注意保护材料不能对断口表面产生化学腐蚀作用，以防在断口表面上出现假象。

方便的方法是将清洗完毕的断口试样浸泡在无水酒精溶液中，或者是放在干燥器里保存。

（6）断口分析

1）断口宏观分析。即用肉眼或放大镜来识别失效类型，通过断口宏观分析可以确定下列主要内容：断裂构件的裂源位置；裂纹的扩展方向；断裂类型的判别；构件所承受的应力类型；环境介质对构件断裂的影响等。

2）断口显微分析。通过对断口的微观观察，除可进一步澄清断裂的路径、断裂的性质、环境介质对断裂的影响之外，还可对断裂原因及断裂机制作更进一步的考察验证。在微观检查中应当注意以下几点：

① 断裂分类的严格界限是不存在的，例如低碳钢试样在一定变形下的解理断裂可能被判定为脆性断裂，也可能被判定为延性断裂。而高强铝合金具有韧窝集聚的低能量突然断裂也难以分类，因为此时断裂能量虽然很低，（这可能是由于脆性粒子的断裂或内聚力的降低而造成），但是由于塑性变形，也可同时发生韧窝的集聚和长大。

② 在失效分析中，断裂是依据扩展机制而不是产生机制来划分的。这就是说，断裂表面上裂纹扩展截面上如为解理机制则定义为解理机制断裂，而不管裂纹产生时是否有塑性变形存在。但是，在进行微观观察时，要注意防止片面性。例如在具有脆性特征的断口上，亦可找到局部呈现"韧窝花样"的区域，或者在具有韧性特征的断口上，也可找到呈现解理机制的河流花样特征。这就要求多次反复观察，对于各种显微形貌特征，要有一个数量或统计的概念，并与宏观观察结果相结合，得出正确概念。

③ 有时构件的服役失效由两个或几个完全不同的机制形成，这在失效分析中也是应当考虑的。

（7）金相检查

金相分析是失效分析研究中经常应用的一种方法，特别是有些构件的失效事故往往只需进行金相检验就可以确定失效的原因。例如由包括焊接在内的热加工工艺、材质缺欠和环境介质等所导致的一些失效，均可通过金相检验来判别其失效原因。

金相检验的主要目的是检验构件有关材料的显微组织和缺陷，其具体内容包括晶粒的大小、组织形态、第二相粒子的大小与分布、晶界的变化、夹杂物的大小分布及形状、疏松、裂纹、脱碳等缺陷。不要忽略对晶界的检验，观察其是否有析出相、腐蚀及宽化现象存在等。有时还需要检查与断口表面相垂直截

面的金相组织。检查裂纹时，裂纹尖端的金相组织可提供有价值的信息。

(8) 化学分析

失效分析中，为了证实材料是否符合规定要求，要求进行化学成分分析。然而依据化学成分的分析结果而查明失效的原因是很少见的。但是，对于腐蚀和应力腐蚀事例，则需要对腐蚀表面的沉积物、氧化物或腐蚀产物以及腐蚀介质进行化学分析，这对确定失效的原因是有意义的。

化学分析，包括常规的、局部的、表面的和微区的化学分析，经常使用电子探针、俄歇谱议、离子探针等仪器来测定检测腐蚀产物、表面的化学元素组成、化学成分的局部偏析、微量及痕迹元素的分析等。

(9) 断裂力学试验和模拟试验

在失效分析中常需进行断裂力学试验或模拟服役条件的失效试验。所谓模拟试验，有人也称之为对比试验，亦即使失效构件断口通过试验方法使其再现，从而验证初步判断或分析是否正确。当然要想对实际失效现象进行全面的模拟是很难实现的，但对其一个或两个参数的模拟，还是可以办到的。例如对温度、介质浓度等因素对失效的影响模拟等。

(10) 分析所有的物证、写出结论和报告

下面以问题形式提出的检查清单，可能对分析物证有一定的帮助：失效分析程序是否已经建立？如果失效与裂纹和断裂有关，是否已确定了启裂位置？裂纹是在表面上还是在表层下发生？裂纹的产生是否与应力集中有关？裂纹存在了多久时间？载荷的强度如何？载荷是什么形式的（静载、动载还是中间形式的）？应力方位如何？失效机制是什么？断裂时的服役温度是多少？温度与失效有关吗？腐蚀是否与失效有关？腐蚀又是什么类型的？采用的材料合格吗？是否需要更好一些的材料？截面对服役载荷足够吗？按照标准此材料可以验收吗？按照标准材料的力学性能能满足要求吗？失效的构件经过热处理吗？失效构件的制造方法合理吗？构件的组装和安装是否合适？服役中构件是否修理过？如果修理过，修理是否按要求进行的？构件运转合理吗？构件维护如何？构件失效是否与操作不当有关？为防止类似失效，构件的设计是否能够改进？是否类似的失效容易在类似的构件中发生？为防止构件失效，应当做些什么？等等。

一般说来，对上述问题的答案，应从记录、检查和试验的综合结果得到。

书写报告应包括下述内容：对失效构件的概述；失效时的服役条件；服役前的履历；构件加工制造过程；失效构件的力学和金相研究概况，冶金质量的评价；造成失效的机制总结，防止类似失效的建议。

当然并不是每一份报告都一定要包括上述内容。长篇报告应冠以摘要。由于失效分析报告的读者经常是商界人士、操作者和管理人员，因此应力求避免技术行话。在通篇报告之前，加以通用术语介绍更为有利。报告中采用附录、方程式并用表格列出数据，更能使报告明了清晰，因此推荐采用。

参 考 文 献

[1] 霍立兴. 焊接结构工程强度 [M]. 北京：机械工业出版社，1995.

[2] Gray T G F. Rational Welding Design [M]. London： Newnes-Butterworths, 1975.

[3] 田锡唐. 焊接结构 [M]. 北京：机械工业出版社，1982.

[4] Soete W, Richara Dr. The Wide Plate Test [M]. London： Lecture 20th, 1979.

[5] Dawes M G, Burdekin F M. Brittle Fracture Tests on Steel Plate to B. S. 968～1962, B. W. J. 1967 (5).

[6] Ir J J W Nibbering. Brittle Fracture Tests for Weld Metal. Final Report of IIW Working Group 2912. Welding in the World, 1975 (7/8).

[7] Soete W A New Theory of Brittle Fracture of Through Cracked Plates at Stresses Beyond the Yield Strength. Proceedings of the First International Symposium on Cracking and Fracture in Welds [J]. Tokyo：1971.

[8] Soete W. 实验断裂力学与总应变准则 [J]. 宗世英，译. 化工通用机械. 1983 (7/8).

[9] 天津大学焊接教研室. 动载下的脆性破坏评定 [C]. 上海：第二届全国断裂力学会议，1967.

[10] Biggs W D. The Brittle Fracture of Steel. Macdonald and Evans Ltd, 1960.

[11] Boyer E. Failure Analysis and Prevention Metal Hand Book Vol 10 [M]. Prepared under the Direction of the ASM Handbook Committee. 8th Edition. American Society For metal New York, 1990.

[12] 越贺房夫. 钢板の脆性龟裂传播に关すろ临界温度について [C]. 造船协会论文集，108 号.

[13] Boyd G M. Brittle Fracture in Steel Structures [M]. London：Butterworths, 1970.

[14] 金迟武（日本金属学会编）. 脆性破坏构性试验法（金属便览）[M]. 东京：丸善株式会社，1971.

[15] 木原博，池田一夫. 脆性破坏の发生に关する研究，钢板の破坏发出特性について [C]. 造船协会论文集，第 118 号.

[16] 唐慕尧. 焊接测试技术 [M]. 北京：机械工业出版

社，1988.

［17］　Nichols R W. Pressure Vessel Engineering Technology ［M］. London：Elsevier Publishing Company Limited. 1971.

［18］　Barsom J M，Rolfe S T. Fracture and Fatigue Control in Structures ［M］. World Publishing Corporation，1987.

［19］　BS 7448：Part 1：1997，Fracture mechanics toughness tests. Method for determination of K_{IC}，critical CTOD and critical J Values in metallic materials.

［20］　BS 7448：Part 2：1997，Fracture mechanics toughness tests. Method for determination of K_{IC}，critical CTOD and critical J values of welds in metallic materials.

［21］　BS 7448：Part 4：1997，Method for determination of fracture resistance curves and initiation values for stable crack extension in metallic materials.

［22］　田锡唐. 焊接手册（第 3 卷）［M］. 北京：机械工业出版社，1992.

［23］　Machida S et. On the Partial Safety Factors to be adopted in Revised Version of the Japanse Standard on Defect Assessment Methodology WES 2805，IIW. DOC. X-1544-96.

［24］　压力容器安全评定规范编写组. 在役含缺陷压力容器安全评定规程（综合第三稿）［S］. 1995.

［25］　李培宁. 压力容器及管道断裂评定技术研究进展［C］. 第四届全国压力容器学术会议专题报告集. 无锡，1997.

［26］　李泽震. 焊接缺陷评定方法的进展——英国 BS6493 建议修订版简介［J］. 压力容器. 1988（Ⅱ）.

［27］　英国中央电力局. 有缺陷结构完整性的评定标准［S］. 华东化工学院化工机械研究所，译. 化工部设备设计技术中心站，1988，6.

［28］　BS 7910：1999（incorporating Amendment No. 1）Guide on methods for assessing the acceptability of flaws in metallic structures，British Standards Institution，London，2000API，579，Recommended practice for fitness-for-service Washington，D. C. American Petroleum Institute，2000.

［29］　SINTAP. Structure Integrity Assessment Procedure for European Industry Project BE 95-1426. Final Procedure，British Steel Report，Rotherham，1999.

［30］　V. F. 162，86：Application of an Engineering Critical Assessment in Design，Fabrication and Inspection to Assess the Fitness for Purpose of Welded Production. Foreword to IIW Documents. 1987.

［31］　中华人民共和国国家质量监督检验检疫总局、中国国家标准化管理委员会. GB/T 19624—2004，在用含缺陷压力容器安全评定［S］. 北京：中国标准出版社，2005.

［32］　陈刚. 在役工业压力管道缺陷检测与安全评估技术研究成果综论［D］. 国家质量技术监督局锅炉压力容器检测研究中心，2004.

［33］　IIW/IIS-SST-1157-90，IIW Guidance on Assessment of The Fitness for Purpose of Welded Struceures，Draft for Development. Printed by FORCE Institules. Copenhagen. 1990.

［34］　Machida S. Investigation on Validity of WES 2805k for Significant Defect Evaluation. Welding in the World. Vol 25，1987（9/10）.

［35］　Horikawa K，Skimo Y. Skino. Review of Damages in Welded Joint Caused by the Earthquake ［J］. Transaction of JWRI，1995，24（2）.

［36］　法尔杜斯. 焊接结构设计原理［M］. 北京：中国工业出版社，1961.

第7章 焊接结构的环境失效

作者 潘希德 薛 锦 审者 史耀武

焊接结构与环境介质的作用而引起的金属变质或破坏称为焊接结构的环境失效。焊接结构在腐蚀性介质中的化学、电化学腐蚀，在大气、海洋及土壤中的腐蚀，在使用过程中的高温氧化、脆化、蠕变、热疲劳以及腐蚀磨损等都属于环境失效的范畴。焊接结构的环境失效与材质、介质及制造工艺等有关，焊接工艺是保证在环境介质中服役的焊接结构质量的重要因素之一。有关腐蚀及电化学腐蚀的基础知识请参阅文献[1]~[4]或其他资料。

脆断、疲劳、应力腐蚀等造成的焊接结构的失效常常给人类带来灾难性的危害和巨大的损失，通过失效分析可以发现和认识失效的性质和原因，从而为在选材、设计和制造过程中防止焊接结构的失效提供可靠的依据。

本章将扼要地介绍常见的焊接结构腐蚀形式及高温氧化、蠕变等由于环境效应所引起的焊接结构变质和破坏行为，介绍分析焊接结构失效的基本方法。

7.1 焊接结构的腐蚀失效

7.1.1 焊接接头腐蚀破坏的基本形式

焊接接头的耐蚀性取决于接头所用材料的性质、焊接材料及工艺、所受的应力状态以及所处的环境等因素。焊接接头在腐蚀机制上与母材并无根本性的差别，但由于焊接所引起的焊接接头的成分、组织及力学性能的不均匀性的综合影响，使得接头的腐蚀更加复杂，通常接头的耐蚀性明显低于母材。

按腐蚀形成的机制可将腐蚀分为化学腐蚀和电化学腐蚀两大类。

在化学腐蚀过程中不产生腐蚀电流，如钢在高温下的氧化、脱碳，在石油、燃气和干燥氢及含氢气体中的腐蚀都属于化学腐蚀。

通常所见到的腐蚀现象，绝大多数是属于电化学性质的，这类腐蚀是在电解质溶液（介质）中进行的，它至少包括一个阳极氧化反应和一个阴极还原反应，并伴随有腐蚀电流的产生。金属发生电化学腐蚀的条件是不同金属间或同一金属的不同部分间存在着电极电位差，而且它们是相互接触并处于相互连通的电解质溶液之中构成微电池。其中电位较低的部分为阳极，容易失去电子变为金属离子溶于电解质中而受

腐蚀；电位较高的部分则为阴极，起传递电子的作用而不受腐蚀，只发生析氢反应或吸氧反应。电化学腐蚀的反应式如下：

阳极 $\qquad M \rightarrow M^{n+} + ne$

阴极 析氢反应（电解质中 H^+ 高时）

$\qquad 2H^+ + 2e \rightarrow H_2 \uparrow$

吸氧反应（电解质中 O_2 高时）

$\qquad O_2 + 2H_2O + 4e \rightarrow 4OH^-$

阳极过程和阴极过程是通过经阳极流向阴极的电子流，以及在溶液中阳离子向阴极移动，阴离子向阳极迁移来完成的。阳极过程、阴极过程及电流流动是构成电化学腐蚀的三个最基本的过程，只要其中一个过程受到阻滞，其他两个过程将不能顺利进行，整个电化学腐蚀过程也难以顺利进行。

金属的腐蚀形态分为全面腐蚀、局部腐蚀及在应力作用下的腐蚀等。全面腐蚀是在整个或大部分金属与介质接触的界面（表面）上发生的腐蚀。金属表面各处的腐蚀速度大致相等的全面腐蚀又称为均匀腐蚀。局部腐蚀是腐蚀在金属的某些特定的部位优先进行，并以远大于其他部位的速度发展，这类腐蚀的形态多样，如晶间腐蚀、点蚀、坑蚀及隧道腐蚀等。在应力作用下的腐蚀会加剧，主要的破坏形式有应力腐蚀破裂、腐蚀疲劳及腐蚀磨损。

全面腐蚀造成的金属损失量往往比局部腐蚀大，但如果知道了腐蚀速度，则全面腐蚀造成的失效便可以预测，所以全面腐蚀是危害性不大的一种腐蚀形态。而局部腐蚀的预测和防止存在着困难，致使腐蚀破坏往往在没有明显预兆时突然发生，其危害性甚大。

在不同的腐蚀条件下焊接接头的腐蚀形式也不相同。焊接接头常见的腐蚀形式如图7-1所示，其腐蚀类型及特点见表7-1。

7.1.2 焊接结构在自然环境下的腐蚀

1. 焊接结构在大气中的腐蚀

金属在空气中的腐蚀称为大气腐蚀。大多数焊接结构是在大气条件下工作的，因此，研究焊接结构在大气中的腐蚀规律是很有意义的。

金属在大气中的腐蚀是由于金属表面的水膜及其中的溶解氧引起的，而水膜的厚度受大气湿度的影

响。根据大气湿度，通常将大气腐蚀分成三类：干大　气腐蚀、潮的大气腐蚀和湿的大气腐蚀。

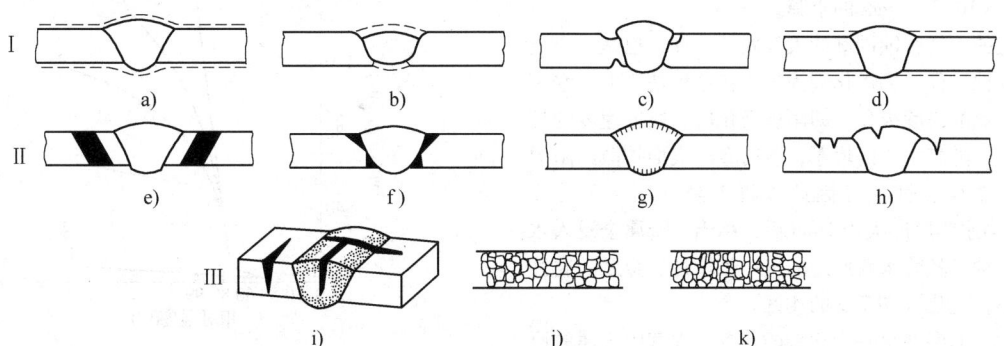

图 7-1　焊接接头电化学腐蚀形式

Ⅰ—全面腐蚀　Ⅱ—局部腐蚀　Ⅲ—应力腐蚀

a）均匀腐蚀　b）焊缝集中腐蚀　c）HAZ 集中腐蚀　d）母材腐蚀

e）HAZ 晶间腐蚀　f）熔合区刀蚀　g）焊缝晶间腐蚀　h）孔蚀

i）应力腐蚀和腐蚀疲劳　j）晶间腐蚀　k）穿晶破裂

表 7-1　焊接接头电化学腐蚀的类型及特点

腐蚀类型		特　点
全面腐蚀		金属及其接头表面全面的均匀腐蚀
局部腐蚀	电偶腐蚀	异质接头以及接头与其他金属电接触引起的腐蚀
	孔蚀	金属及其接头表面在含卤素等离子的溶液中形成的小孔状腐蚀
	缝隙腐蚀	由各种间隙引起的腐蚀
	晶间腐蚀	因相析出使晶界附近某种元素贫化或因析出阳极相而引起的沿晶腐蚀
	剥离腐蚀	薄壁母材及其 HAZ 因沿晶腐蚀而引起的表面层状剥落
	选择腐蚀	合金中较活泼组分优先溶解或分解引起的腐蚀，如黄铜脱锌、铸铁石墨化等
	空泡腐蚀	由流体的空泡作用和腐蚀作用共同引起的破坏，常见于螺旋桨、水轮机叶片等
应力状态下的腐蚀破坏	应力腐蚀	在静应力和腐蚀介质共同作用下引起的破裂
	环境氢脆	阴极反应生成的氢扩散到金属中引起的脆化，可看成是阴极型应力腐蚀
	腐蚀疲劳	在交变应力和腐蚀介质共同作用下引起的疲劳破坏

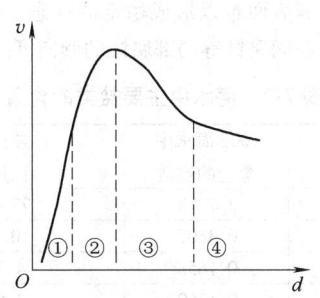

**图 7-2　大气腐蚀速度 v 与金属
表面水膜厚度 d 的关系**

①—$d = 10^{-6} \sim 10^{-5}$mm　②—$d = 10^{-5} \sim 10^{-3}$mm

③—$d = 10^{-3} \sim 1$mm　④—$d > 1$mm

（1）干的大气腐蚀

置于大气中的金属表面出现液态水时的相对大气湿度称为临界湿度。

当大气的相对湿度小于临界湿度时的腐蚀称为干的大气腐蚀。此时，金属表面没有形成连续的水膜，相当于氧化的情况。干的大气腐蚀的机制为氧化。

（2）潮的大气腐蚀

当大气的相对湿度大于临界湿度而小于 100% 时的腐蚀称为潮的大气腐蚀。此时，金属表面常有厚度为 $1 \times 10^{-5} \sim 1 \times 10^{-3}$mm 的水膜。这种膜是由于毛细管作用、吸附作用或化学凝聚作用而在金属表面形成的，如金属在下雨天（但不直接被雨淋）时在大气中的腐蚀，就属于潮的大气腐蚀。

潮的大气腐蚀是一个电化学过程，去极化剂主要是氧。在这种情况下氧容易穿过水膜而到达金属表面，金属的腐蚀速度主要由阳极极化控制，并且它随着水膜的增厚而增加，如图 7-2 的①、②区所示。

（3）湿的大气腐蚀

当大气相对湿度已达 100% 或金属直接受到雨淋

时的腐蚀称为湿的大气腐蚀。此时，金属表面形成厚度为 $1 \times 10^{-3} \sim 1mm$ 的水膜。

湿的大气腐蚀同潮的大气腐蚀一样，也是一个电化学腐蚀过程，去极化剂为氧。在这种情况下，水膜较厚，氧的浓度极化，即阴极极化成为腐蚀速度的控制因素，随着水膜的增厚，氧向金属表面扩散的阻力增大，金属腐蚀速度因此也将下降（图 7-2 的③区）。当水膜厚度大于 1mm 后，相当于金属全浸入水中的腐蚀，随着水膜厚度的进一步增加，金属的腐蚀速度不再变化（图 7-2 的④区）。

大气的湿度总是变化着的，置于大气中金属的腐蚀条件也在不断地变化，因此，金属在大气中的腐蚀往往不只是单一的一种腐蚀条件下的腐蚀。

影响大气腐蚀的因素主要有：大气的湿度、大气的成分和金属的表面状态。上面已经介绍了大气湿度对金属腐蚀的影响，图 7-3 为大气相对湿度对铁在含 $0.01\% SO_2$（体积分数）的空气中经 55 天后的腐蚀量的影响。

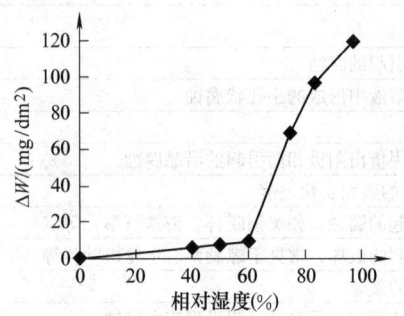

图 7-3　相对湿度对铁大气腐蚀速度的影响

当大气中含 SO_2、H_2S、NaCl 及灰尘时，这些物质均会不同程度地加速金属在大气中的腐蚀。图 7-4 表明了空气中的 SO_2、$(NH_4)_2SO_4$ 及烟尘等对钢大气腐蚀量的影响。SO_2 会与大气中的氧和水作用生成 H_2SO_4，因此煤和石油燃烧中产生的 SO_2 是特别有害的，它会加速金属的大气腐蚀。

金属的表面粗糙度对金属的大气腐蚀也有很大的影响，当金属的表面不光洁时，增加了金属表面的毛细管效应、吸附效应和凝聚效应，因此降低金属表面粗糙度值也能提高大气中金属的腐蚀阻力。

干燥和净化大气及降低金属的表面粗糙度值是防止大气腐蚀的有效途径；在潮的大气腐蚀情况下，向金属中加入易钝化的合金元素（如铬、铝、硅等）或者加入可促进金属钝化的正金属元素（如铜、钯等）可以防止大气腐蚀，在金属所涂的油漆中加钝

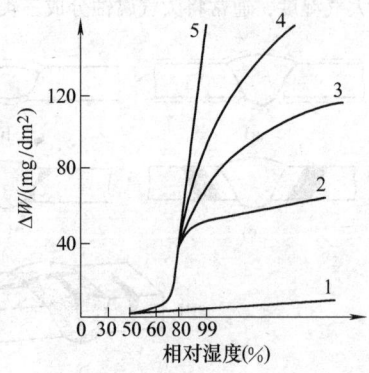

图 7-4　抛光钢表面腐蚀量与相对湿度的关系

1—纯净空气　2—有 $(NH_4)_2SO_4$ 颗粒，无 SO_2
3—仅有 $0.01\% SO_2$（体积分数），没有颗粒
4—$(NH_4)_2SO_4$ 颗粒 + $0.01\% SO_2$（体积分数）
5—烟粒 + $0.01\% SO_2$（体积分数）

化剂及对金属进行电化学保护等方法也可防止大气腐蚀；在湿的大气情况下，采用金属表面覆层，增加体系电阻等方法可防止大气腐蚀。

2. 焊接结构在海水中的腐蚀

海水是天然的电解质，在海水中工作的金属构件大多数都会受到海水的腐蚀。通常海水中含有多种盐，总含量约为 3%，见表 7-2。其中 NaCl 的含量最多，占总量的 77.8%，因而海水是中性的，pH 为 8 左右，海水中有溶解氧，体积分数可达 12×10^{-6}，所以海水腐蚀属于氧去极化的电化学腐蚀。

海水中氯化物总量很多，且多数可电离。所以海水中 Cl^- 含量很多，电导率高，这就使得在海水腐蚀条件下，金属表面难以形成稳定的钝态，产生孔蚀、缝隙腐蚀、晶间腐蚀等局部腐蚀的倾向高。

表 7-2　海水中主要盐类的含量

成分	100g 海水中含盐的克数	占盐度的百分数
氯化钠	2.7213	77.8
氯化镁	0.3807	10.9
硫酸镁	0.1658	4.7
硫酸钙	0.1260	3.6
硫酸钾	0.0863	2.5
硫酸钙	0.0123	0.3
溴化镁	0.0076	0.2
合计	3.5	100

海水是含多种盐的中性溶液，并且还含有微生物、溶解的气体、悬浮泥沙、腐败的有机物等。所以，化学因素、物理因素和生物因素均影响着腐蚀速

度，它比单纯的盐水溶液腐蚀要复杂得多。影响海水腐蚀速度的主要因素有含氧量、盐类及其浓度、温度、海洋生物、海水流速等。

对于在海水中不能建立钝态的钢、铜等，降低海水中的含氧量能减小其腐蚀速度。海水表面与大气接触，所含的氧较多，因此腐蚀速度较大；随着海水深度的增加，含氧量会减少，故腐蚀速度也减小。

3. 焊接结构在土壤中的腐蚀

埋设在地下的油、气、水管线及电缆等在土壤中常会发生腐蚀，而使管线漏油、漏气、漏水，或使电信设施发生故障等。所以应对土壤腐蚀引起足够的重视。

通常土壤中含有一定量的水和氧，所以土壤腐蚀属于氧去极化的电化学腐蚀。只有在强酸性土壤中才会发生氢去极化腐蚀。如果土壤干燥而疏松，则土壤腐蚀与大气腐蚀相近。

影响土壤腐蚀的因素主要有土壤的导电性、土壤中的含氧量、土壤的酸度和土壤中的细菌等。

土壤的导电性与土壤的孔隙度、水分及溶解的盐类有关。孔隙度大的土壤（如砂土），水的渗透力强，土壤不易保存水分；而孔隙度小的土壤（如黏土），水的渗透力差，水分多，可溶性盐类易溶于水，成为电解质，从而使导电性增加，腐蚀速度增加。

土壤中的氧是从地表渗进土壤颗粒缝隙间的，在干燥的砂土中，由于氧容易渗透，故含氧量多；在潮湿而致密的黏土中，因氧渗透困难，故含氧量少。在温度和结构不同的土壤中，含氧量相差可达几百倍。

大部分土壤的 pH 为 6 ~ 7.5，即呈中性。但也有 pH 为 7.5 ~ 9.5 的盐碱土和 pH 为 3 ~ 6 的酸性土。一般认为 pH≤4 的土壤可以进行氢去极化的电化学腐蚀，土壤腐蚀的速度较大。当土壤中含有大量的有机盐时，其 pH 值虽接近中性，但腐蚀性仍很强。

当土壤中有细菌，如硫酸盐还原菌、硫杆菌、铁杆菌等时，均能加快钢铁结构的土壤腐蚀速度。

7.1.3　焊接结构的局部腐蚀

局部腐蚀的共同特点是腐蚀在金属的某些特定部位优先进行，并以远大于其他部分的腐蚀速度向纵深发展。由于焊接接头存在着严重的物理、化学、力学及组织不均匀性，因此，局部腐蚀是焊接结构的主要腐蚀形式。本小节介绍在无应力作用下的局部腐蚀形式，应力作用下的局部腐蚀将在下一节中介绍。

1. 电偶腐蚀

两种电极电位（腐蚀电位）不同的金属在电解液中接触时，金属间便形成了电偶腐蚀电池，从而发生电偶腐蚀，也称接触腐蚀或双金属腐蚀。发生电偶腐蚀时，电位低的金属将加速腐蚀，电位高的金属则受到保护。

金属在不同介质中的腐蚀电位是不相同的。在某一介质中电位越负的金属越易成为阳极而被腐蚀，电位越正的金属则越易成为阴极而不易被腐蚀。除了材质因素外，电偶腐蚀还受介质的性质、成分、温度、流速及金属的表面状况等因素的影响。常用金属材料在海水中的腐蚀电位顺序见表 7-3。

表 7-3　常用金属及合金在海水中的腐蚀电位顺序
（按正电性逐渐增强、负电性逐渐减弱顺序）

Mg	304 不锈钢（活态）	Mn 青铜	Ag
Zn	316 不锈钢（活态）	Si 青铜	410 不锈钢（钝态）
Al	黄铜（Zn15%）	Sn 青铜	430 不锈钢（钝态）
Al 合金	黄铜（Zn35%）	Cu90-Ni10 合金	304 不锈钢（钝态）
低碳钢	Sn	Pb	316 不锈钢（钝态）
低合金钢	Cu	70Ni-30Fe 合金	蒙乃尔合金
铸铁	Al 青铜	70Cu-30Ni 合金	Ti
410 不锈钢（活态）	焊锡（Sn50-Pb50）	银铜钎料	Pb
400 不锈钢（活态）	Al 黄铜	Ni	石墨

在焊接接头处易产生电偶腐蚀，产生腐蚀的原因及防止措施有以下几种：

1) 由不同电位的母材组成的异质接头，通过对焊接材料的适当选择使焊缝的腐蚀电位介于两母材之间，可减缓腐蚀，但不能完全避免。

2) 在同质接头中，焊缝的腐蚀电位与母材有明显差异。例如，用 18-8 焊条焊接的 Cr13 不锈钢接头，在 60℃体积分数为 16% 的 H_2SO_4 溶液中酸洗后就会在焊缝附近的母材上产生严重的电偶腐蚀。如改用 Cr13 型焊条，或用它在焊缝表面堆焊保护层，这类腐蚀就可基本防止。

3) 焊接接头的组织不均匀性也会引起电偶腐蚀。低碳钢焊缝中的柱状晶、气孔、夹杂物、珠光体偏析，尤其是过热区的粗大组织，都能增大腐蚀倾

向。焊后对接头进行相变热处理，可显著改善接头的
耐蚀性。低碳钢焊接接头的这种腐蚀倾向在强介质
（如体积分数为 3% 的 H_2SO_4 溶液）中尤其明显，而
在雨水、海水中就小得多，高强钢特别是调质钢焊接
接头的熔合区更为敏感，在海水中更易引起孔蚀。

4）焊缝与母材的相对面积比也会影响电偶腐
蚀。若焊缝电位负于母材过大，即形成活性较大的小
阳极、大阴极的宏观电池，焊缝将优先腐蚀；反之，
则在焊缝熔合区的母材侧将优先腐蚀，如图 7-5 所
示。因此，焊缝电位过负以及狭窄的焊缝有可能因集
中腐蚀而导致接头过早破坏。

5）直接暴露于介质中的薄壁结构焊接热影响区
的电偶腐蚀（图 7-6）。解决办法是增大结构壁厚；
或当壁厚 <4mm 时，在其外侧加入垫板，并采用小电

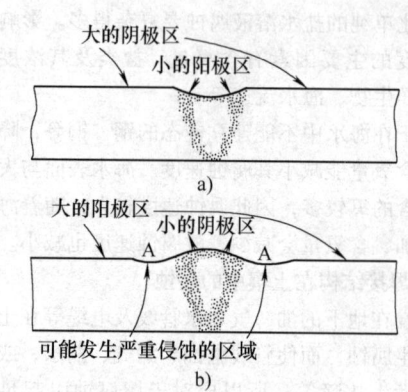

图 7-5　焊缝与母材的
电位差引起的电偶腐蚀
a）小阳极与大阴极　b）小阴极与大阳极

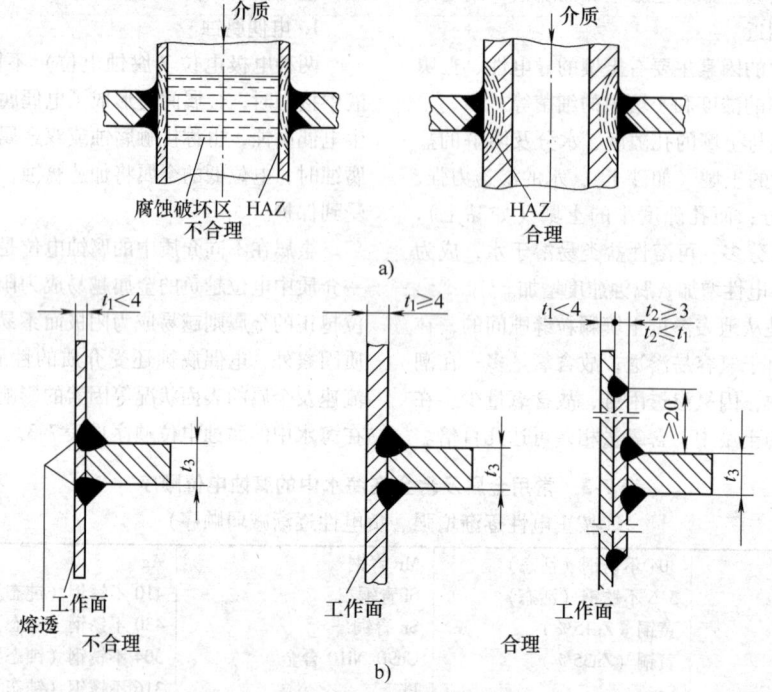

图 7-6　防止薄壁结构热影响区直接与介质接触引起的电偶腐蚀
a）加大壁厚　b）加大壁厚或增加垫板
t_1、t_2—铬镍奥氏体钢　t_3—非合金钢

流焊接，以减小热影响区的深度。

6）与其他金属间形成的电偶腐蚀。应尽量不用
电位与结构主体材料相差太大的零部件和紧固件，如
钢结构上的钢螺钉。

2. 孔蚀

在金属表面的某一局部出现向深处发展的腐蚀小
孔，而其他地方不被腐蚀或者腐蚀轻微的腐蚀形态称
为小孔腐蚀，简称孔蚀、点蚀或坑蚀。小孔的直径一

般等于或小于其深度。孔蚀的破坏性很大，往往是较
大的事故隐患，它不仅会造成设备的穿孔破坏，而且
通常是引发其他局部腐蚀形态的起源。

表面有氧化膜或钝化膜的金属，如不锈钢、铝及
其合金、钛及其合金等在含有 Cl^- 等卤素离子、SO_3^{2-}
等溶液中，都可能产生孔蚀。当金属表面的氧化膜或
钝化膜由于机械损伤或组织缺陷等原因引起局部破损
时，裸露的金属在介质中与周围的钝态金属形成活化-

钝化腐蚀电池，并形成蚀点即孔蚀核心。蚀点一旦形成，有害离子易于在其上面附着，从而形成所谓的闭塞电池，由于孔内、外物质交换困难，有害离子会更加浓缩，阳极溶解速度进一步加快，于是，腐蚀便不断向纵深发展，形成内腔形状不一的蚀孔。

美国 ASTM Practice G46—76 标准按蚀孔的分布密度、尺寸及深度将孔蚀分为 1 ~ 5 五个等级，如图 7-7 所示；按蚀孔截面形状将孔蚀分为如图 7-8 所示几种类型。

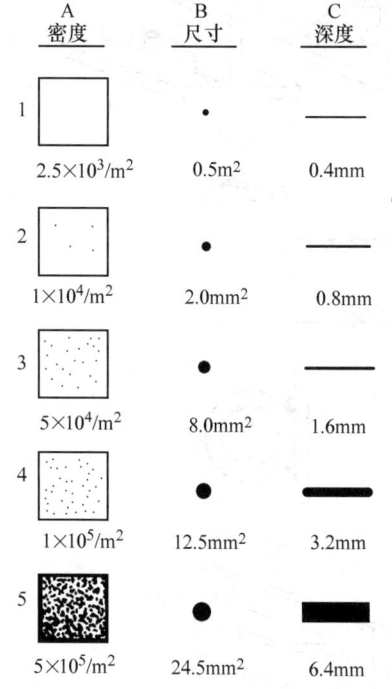

图 7-7　孔蚀评级标准
（ASTM Practice G46—76）

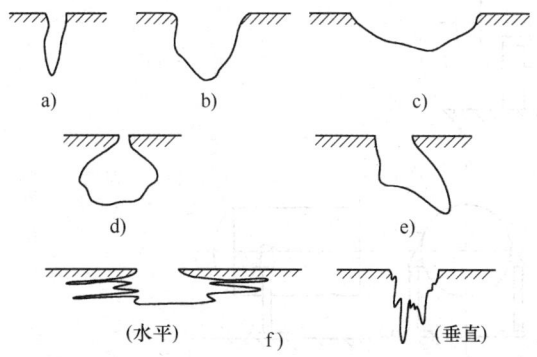

图 7-8　孔蚀形态分类（ASTM Practice G46-76）
a) 深窄形　b) 椭圆形　c) 浅宽形
d) 皮下形　e) 底切形　f) 微观组织方向

在静止的介质中易于产生孔蚀，因此，凡是影响介质流动的部位，如结构设计上的死角、各种表面损

伤和焊接缺欠（粗糙的焊波、气孔、裂纹、咬边、未焊透等）以及破坏表面钝化膜和引起表面粗糙的成形工艺，都有利于孔蚀的产生。此外，焊接残余应力也对孔蚀有加剧的作用。

孔蚀产生与否取决于局部破损的钝化膜的自修复能力。利用滞后技术可在金属阳极极化曲线上测出孔蚀电位（击穿电位）和不产生孔蚀的保护电位（自钝化电位），保护电位反映了蚀孔重新钝化的难易程度，保护电位越接近孔蚀电位，说明钝化膜自修复的能力越强，越不易产生孔蚀。

金属的孔蚀倾向与金属的成分、组织、冶金质量等因素以及金属的表面状态有关，还与介质的成分、pH 值、温度、流速有关。

在实际腐蚀破坏中，最常见的是不锈钢和铝及铝合金的孔蚀破坏。马氏体不锈钢及铁素体不锈钢的孔蚀倾向比奥氏体不锈钢大。Mo 能有效地提高不锈钢焊缝的抗孔蚀能力。此外，在不锈钢中加入 Cr、Ni、V 等元素，或当钢中有 Cr 时再加入 Mo、V、Si 等元素可提高不锈钢的抗孔蚀能力。

3. 缝隙腐蚀

在介质中，由于金属与金属或金属与非金属之间存在很小的缝隙而形成闭塞电池，缝内介质处于滞流状态，加速了缝内金属的腐蚀，这种腐蚀形式称为缝隙腐蚀。引起缝隙腐蚀的缝宽一般为 0.025 ~ 0.1mm。缝宽过窄时，介质进不去，不会形成缝隙腐蚀；缝宽大于 0.1mm 时，缝内介质不易形成滞流，故也不会形成缝隙腐蚀。

图 7-9 为低碳钢焊缝咬边处在 NaCl 溶液中形成

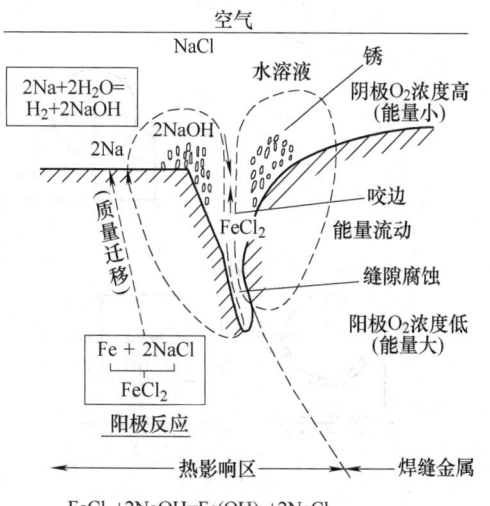

$FeCl_2 + 2NaOH = Fe(OH)_2 + 2NaCl$
$2Fe(OH)_2 + \frac{1}{2}O_2 + H_2O = 2Fe(OH)_3(锈)$

图 7-9　低碳钢焊缝咬边处在 NaCl 溶液中
形成缝隙腐蚀过程示意图

缝隙腐蚀的电化学过程示意图。一方面因氧难以进入而在缝隙内形成氧浓差电池，另一方面因缝隙内 Fe^{2+}、Fe^{3+} 不断增多而产生金属离子浓差电池，吸收更多的负离子 Cl^- 进入缝内，并通过水解作用使缝内 pH 值下降，造成缝内溶液的局部酸化，从而加速其腐蚀过程。

影响孔蚀的因素及控制孔蚀的方法均适用于缝隙腐蚀。

为防止缝隙腐蚀，焊接时应采取如下措施：

1）注意结构设计的合理性，避免断续焊、单面焊、搭接焊、未焊透等引起的缝隙，难以避免的缝隙应加以密封，如图 7-10 所示。图中还表示出了大型容器与支架连接处的改进设计。点焊和缝焊接头也极易产生缝隙腐蚀，应尽量不用。

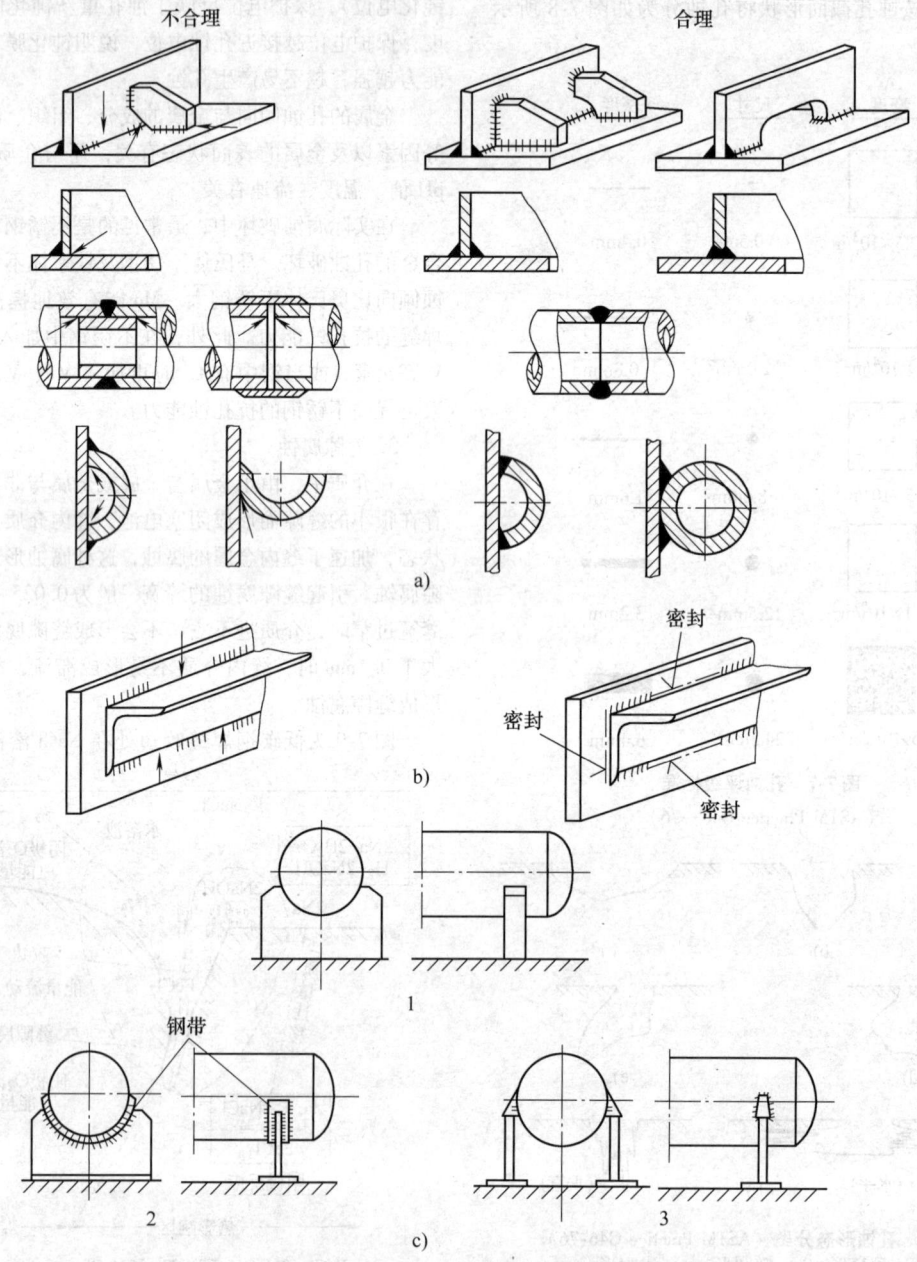

图 7-10　防止缝隙腐蚀的结构设计
a）避免断续焊、单面焊、搭接焊、未焊透引起的缝隙（箭头指示处）
b）断续焊缝未焊处的密封　c）容器支架的合理设计
1—松动放置的容器与鞍形架之间形成缝隙　2—加钢带焊接　3—四点焊接支架可减小支承面

2）严格控制工艺，避免各种焊接缺欠以及破坏结构表面钝化膜和表面光洁的操作。

3）选用耐蚀性高的结构材料和相应的焊接材料。例如：钛在海水中有很强的抗缝隙腐蚀能力，06Cr17Ni12Mo2Ti、07Cr19Ni11Ti 等不锈钢在低氧酸性介质中不易活化，Cu-Ni、Cu-Sn、Cu-Zn 等铜基合金在许多介质中都有较高的耐缝蚀性。

4）必要时对结构进行阴极保护。

4. 晶间腐蚀

沿着金属的晶粒边界或晶界的邻近区域发展的腐蚀称为晶间腐蚀。晶间腐蚀时，金属表面腐蚀轻微，而内部因腐蚀已造成了沿晶的网络状裂纹，使金属的强度大大降低。此外，晶间腐蚀往往会成为应力腐蚀的先导。

产生晶间腐蚀的根本原因在于：由于某种原因使晶界的物理化学状态发生了变化，从而引起晶界的加速腐蚀。

总的来说，引起晶间腐蚀的具体原因有以下几种：

① 第二相沿晶析出导致晶界附近某一电位较正的成分贫化。例如，18-8 不锈钢因析出 $Cr_{23}C_6$ 或 $(Cr, Fe)_{23}C_6$ 而形成电位较负的贫铬区；硬铝因析出 $CuAl_2$ 而形成贫铜区。

② 沿晶析出电位较负的阳极相。例如，Al-Zn-Mg 合金析出连续的 $MgZn_2$ 相；Al-Mg 合金析出 Al_3Mg_2 相；Al-Si 合金析出 Mg_2Si 相；铁素体钢析出亚稳碳化物等。这些析出物本身就是不耐蚀的。

③ 杂质或溶质原子沿晶界偏聚形成低电位区。例如，Al 中的 Fe；Cu-Al 合金中的 Al；Cu-P 合金中的 P。

④ 位错、空位等晶体缺陷沿晶界形成松散的过渡组织。

⑤ 相变应力引起的沿晶阳极区。

（1）奥氏体不锈钢焊接接头的晶间腐蚀

固溶态奥氏体不锈钢经焊接或热加工后，晶间腐蚀倾向常常大为提高。图 7-11 为 18-8 钢产生晶间腐蚀的温度与加热时间的关系（图中的阴影部分），从图中可以看出，出现晶间腐蚀的敏感温度为 450～850℃，此温度范围称为 18-8 不锈钢的敏化温度，敏化温度随碳的质量分数的增加而升高，敏化时间随含碳量的降低而延长。

奥氏体不锈钢的晶间腐蚀可以用贫铬理论来解释：在敏化温度下保温时，奥氏体中的碳会向晶界扩散，并与 Cr 形成碳化物，而离晶界稍远处的 Cr 因扩散速度慢不能快速地向晶界附近扩散，从而在晶界附

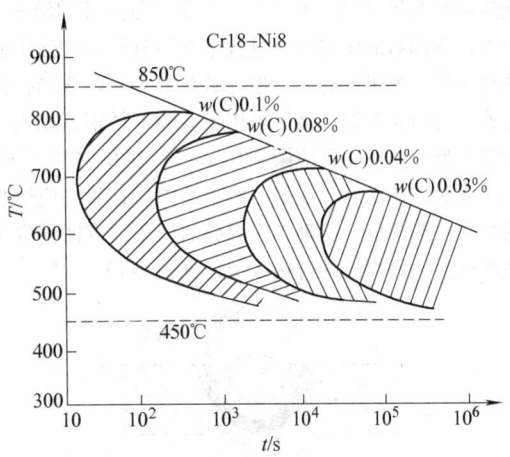

图 7-11　18-8 不锈钢晶间腐蚀的
敏化温度-时间曲线

近形成贫铬区（$w(Cr) < 12.5\%$），使该区的电极电位发生突跳性的降低。于是，在介质中晶界及其附近金属便成为阳极，晶内金属为阴极，形成了大阴极-小阳极腐蚀电池，从而沿贫铬区构成了腐蚀通道。

焊接接头中可能出现晶间腐蚀的部位有三处，即母材敏化区、焊缝区和出现刀蚀的过热区，如图 7-12 所示。

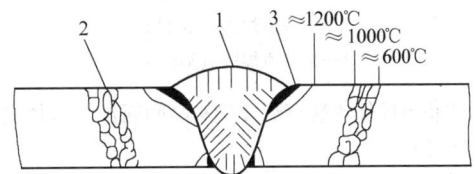

图 7-12　18-8 不锈钢焊接接头
可能出现晶间腐蚀的部位
1—焊缝区　2—母材敏化区　3—刀蚀区

母材敏化区腐蚀多发生在不含有 Ti、Nb 等稳定化元素的普通 18-8 不锈钢接头中，稳定化型和超低碳型不锈钢一般不会发生。焊接条件下的实际敏化温度比普通加热时高，为 600～1000℃。

为防止焊缝区的晶间腐蚀，首先要尽量降低碳质量分数的，或添加强碳化物形成元素 Ti 或 Nb，其含量按 $w(Ti)/[w(C) - 0.002] \geqslant 8.5\% \sim 9.5\%$ 及 $Nb = 8C \leqslant 15\%$ 确定，其中 C 为焊缝中碳的质量分数；其次是控制焊缝组织，当焊缝中含有 5% 左右的一次铁素体 δ 相时，可以消除单一 γ 组织形成的腐蚀通道，而过多的 δ 相反而会引起选择腐蚀和 σ 相析出脆化。

刀状腐蚀是焊接接头特殊的一种晶间腐蚀形式，一般常见于稳定化型 18-8 不锈钢的熔合区。刀蚀的形成与先前以碳化物形态存在于晶界的 Ti、Nb 等在

过热区的高温（1200℃以上）下重新分解并固溶于 γ 中去，在随后的中温敏化过程中起不到稳定化作用而导致贫铬区的出现有关，也与碳在熔合区两侧的扩散有关。为防止刀蚀，最好采用超低碳不锈钢；如用亚稳定化型不锈钢，则应限制其 $w(C)$ 在 0.06% 以下。双面焊时应使面对介质的一侧最后焊接；否则应适当调节焊接热规范，使第二面焊缝的敏化温度区不致正好落在第一面焊缝的过热区上，见图 7-13。

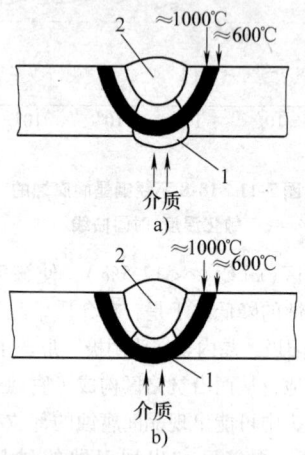

图 7-13　双面焊对刀蚀的影响
a）不产生刀蚀　b）产生刀蚀
1—第一道焊缝（先焊）
2—第二道焊缝（后焊）

防止奥氏体不锈钢焊接接头晶间腐蚀的途径主要有以下几种：

1）选材。尽量采用超低碳不锈钢（如 022Cr19Ni10、022Cr17Ni12Mo2 等），配合相应的超低碳焊接材料（如焊条 E00-19-10-16、E00-18-12Mo2-16，即奥 002、奥 022 等）。或采用稳定化型不锈钢［如 1Cr18Ni9Ti（非标准牌号）、1Cr18Ni12Mo3Ti（非标准牌号）等］，配合相应焊接材料（如焊条 E0-19-10Nb-16、E0-19-10Nb-15，即奥 132、奥 137 等）。也可用含适量 δ 相的不锈钢和相应的焊材（如奥 122 焊条等）。

2）制造工艺。严格控制焊接工艺的各个环节，力求快速冷却以缩短焊接接头在敏化温度的停留时间，使接头保持一次稳定状态。保护好表面钝化膜和

表面粗糙度，必要时对结构表面进行酸洗、钝化和抛光处理。

3）焊后热处理。上述措施达不到要求时，可进行整体固溶处理，即对 18-8 不锈钢采用 1050～1150℃水淬处理，使接头回复到一次稳定状态。也可以进行较低温度的稳定化处理，即 850～900℃加热 2～4h 后空冷，使接头进入二次稳定状态。

（2）铁素体不锈钢焊接接头的晶间腐蚀

高铬铁素体不锈钢在 900℃以上加热后空冷或水冷，在许多介质中都会产生晶间腐蚀。在高温加热时，晶界上析出 Cr_7C_3 型碳化物，使晶界附近贫铬是引起晶间腐蚀的根本原因。除碳外，N 也是有害元素，C、N 在 δ 相中的溶解度比 γ 相中低，加上 Cr 的扩散速度在 δ 相中比 γ 相中快得多，所以即使由高温快速冷却，也不能避免碳化物或氮化物的沿晶析出。

铁素体不锈钢焊接接头，在熔合线附近会引起晶间腐蚀，焊后缓冷或焊后采用加热到 650～850℃的退火处理可以消除或降低晶间腐蚀倾向。

（3）双相不锈钢焊接接头的晶间腐蚀

组织为 γ+δ 的双相不锈钢，特别是加 Mo 的双相钢，具有比相近含碳量的奥氏体不锈钢高得多的抗晶间腐蚀能力，在退火状态下也有良好的抗应力腐蚀性能。属于这类钢的有 AISI 319、326（Cr18Ni6Mo2、Cr26Ni6Ti）等；国产双相钢：Cr18Mn10Ni5Mo3、Cr17Mn14Mo2N。这类钢如采用双相钢焊接材料可避免刀蚀，但焊缝中 δ 相呈连续网状分布时，在氧化性和还原性介质中的耐蚀性将受到显著影响。

（4）晶间腐蚀倾向的评定方法

国标 GB/T 4334—2008《金属和合金的腐蚀　不锈钢晶间腐蚀试验方法》规定的不锈钢晶间腐蚀倾向试验方法见表 7-4。其中草酸法是根据电解侵蚀后试样表面的结构状况来评定的，这是一种快速筛选方法；硫酸-硫酸铜法以弯曲试验后是否出现裂纹为评定依据；其他的方法则是根据每周期的试样失重量来评定的。有关细则在标准中有详细规定。此外，还可以用金相法，即根据沿晶腐蚀深度评定；也可用电化学法，即用阳极极化曲线上的极化率等有关参数做判据。

表 7-4　不锈钢晶间腐蚀倾向试验方法

试验方法	标准号	试验溶液	试验条件	溶液量
草酸法	GB/T4334.1—2000	$H_2C_2O_4 \cdot 2H_2O$（HG3-988-76，AR）100g　蒸馏水 900mL	20～50℃，1A/cm², 1.5min	

（续）

试验方法	标准号	试验溶液	试验条件	溶液量
硫酸-硫酸铁法	GB/T4334.2—2000	50% H_2SO_4（GB625—1989,AR）600mL $Fe_2(SO_4)_3$ 25g	沸腾120h	按试样表面积计算，不少于 $20mL/cm^2$
硝酸法	GB/T4334.3—2000	65% ± 0.2% HNO_3（GB626—2006,AR）	沸腾 3 ~ 5 个周期，每周期48h	按试样表面积计算，不少于 $20mL/cm^2$
硝酸-氢氟酸法	GB/T4334.4—2000	10% 硝酸;3% 氢氟酸蒸馏水	70 ± 0.5℃, 2 个周期，每周期2h	按试样表面积计算，不少于 $10mL/cm^2$
硫酸-硫酸铜法	GB/T4334.5—2000	硫酸铜（GB 665—1989,AR）100g H_2SO_4（GB625—1989,AR）100mL 铜屑（纯度不小于 99.5%）加蒸馏水配成 1000mL 溶液	沸腾,16h	液面高出最上层试样 20mm 以上

7.2　介质环境作用下的断裂与疲劳

纯机械应力作用下金属结构的断裂与疲劳仅与裂纹尖端的应力、应变场的水平及金属材料本身抗裂纹扩展的能力有关。而在介质环境作用下的断裂与疲劳则是应力、金属材料、介质三个因素交互作用的结果，金属结构仅受应力作用而产生的破坏为纯机械破坏；金属结构仅受介质环境作用时产生的破坏为腐蚀破坏；金属材料在介质中受静应力作用下产生的破坏为应力腐蚀破裂（Stress Corrosion Cracking, SCC），受交变应力作用下的破坏为腐蚀疲劳（Corrosion Fatigue）。

有事故调查分析表明，在设备失效事故中，疲劳及应力腐蚀破裂居破坏事故前两位，且 SCC 失效事故的比例在不断上升。如果将应力腐蚀破裂、腐蚀疲劳、氢脆等统称为介质环境作用下的断裂与疲劳破坏，则这种失效形式将是设备失效的主要原因。

本节主要介绍在介质环境作用下焊接结构的 SCC、环境氢脆（HE）、腐蚀疲劳，以及当金属结构做相对运动时所产生的磨损腐蚀等。

7.2.1　应力腐蚀破裂

应力腐蚀破裂是金属在应力（通常为拉伸应力）与腐蚀介质共同作用下引起的低应力脆性破坏。应力腐蚀破裂是一个自发的过程，只要把金属材料置于特定的腐蚀介质中，同时承受一定的应力，就可能产生应力腐蚀破裂。它往往在远低于材料屈服强度的低应力下和即使是很微弱的腐蚀环境中以裂纹的形式出现，是一种低应力下的脆性破坏，危害极大。特定的金属材料、特定的介质环境及足够的应力是产生应力腐蚀的三大条件。

1. 一般知识

通常只有在不发生剧烈均匀腐蚀的介质中，且只有在特定的金属材料-介质环境配合的情况下才会产生 SCC。常用金属材料几乎在所有腐蚀介质中都可能产生 SCC，只是敏感程度不同而已，常见的易产生应力腐蚀破裂的金属材料敏感介质体系见表7-5。介质环境的温度、浓度及杂质等对 SCC 有很大的影响，其影响程度因腐蚀体系而异。

表7-5　常用材料及其易产生 SCC 的环境

金属材料	敏 感 介 质
低碳钢	NO_3^- 水溶液，NaOH 水溶液，HCN 水溶液
低合金钢	NO_3^- 水溶液，HCN 水溶液，H_2S 水溶液，Na_3PO_4 水溶液，醋酸水溶液，氨水溶液，$(NH_4)_2CO_3$ 水溶液，NaOH 水溶液，碳酸盐水溶液，CO-CO_2-湿空气，海水，海洋大气，工业大气，浓硝酸，硝酸 - 硫酸混合水溶液
高强度钢	水，湿大气，H_2S 水溶液，NO_3^- 水溶液
奥氏体不锈钢	含 Cl^-、F^-、Br^- 的介质，海水，NaOH-H_2S 水溶液，NaOH-H_2O_2 水溶液，连多硫酸（$H_2S_nO_6$，$n = 2$ ~ 5），浓缩锅炉水，含 Cl^- 的冷凝水
铜及铜合金	NO_2、NO_3^- 水溶液及大气
铝及铝合金	含 Cl^- 的介质，海水，NaCl-H_2O_2 水溶液
镁合金	HNO_3、NaOH、HF 水溶液，含 Cl^- 的介质，海洋大气，水，SO_2-CO_2-湿空气
钛及钛合金	发烟硝酸，N_2O_4，HCl，含 Cl^- 的介质，海水，CCl_4，甲醇，有机物

引起 SCC 的应力为构件生产加工及焊接过程中产生的残余应力与工作应力的叠加。日本有人在 20 世纪 70 年代末曾对引起奥氏体不锈钢设备产生 SCC 的应力种类及事故进行了统计（见表 7-6），从表中可以看出，加工残余应力及焊接残余应力引起的奥氏体不锈钢产生 SCC 事故分别占大约 50% 和 30%。

表 7-6　引起奥氏体不锈钢设备 SCC 的应力种类及事故统计

应力种类	事故件数	比例（%）
加工残余应力	55	48.7
焊接残余应力	35	31.0
操作时的热应力	17	15.0
操作时的作用应力	4	3.5
安装拘束引起的残余应力	2	1.8

多数应力腐蚀破裂体系都存在一个临界应力（σ_{SCC}，插销试验用 σ_{impSCC} 表示）或应力强度因子（K_{ISCC}）或临界 J 积分（J_{ISCC}），当构件所承受的应力或 K、J 小于相应的这个临界值时，不会产生 SCC，即使构件上存在应力腐蚀裂纹，裂纹也不会扩展。

应力腐蚀破裂过程包括三个阶段：腐蚀裂纹的萌生、亚临界稳定断裂、失稳断裂。产生 SCC 的金属在介质中往往能形成保护膜，只有当金属表面的保护膜破裂后方能萌生裂纹，裂纹萌生期通常比较长，有时占整个 SCC 过程的 90%。金属表面的缺陷会引起局部应力应变集中而导致表面膜破裂，金属表面的腐蚀，如孔蚀、缝隙腐蚀、晶间腐蚀等往往会成为裂纹源，从而大大缩短了应力腐蚀裂纹的萌生期。萌生的裂纹就像树根一样有许多分叉，其中有一个分叉可能发展成为主裂纹而快速扩展，其余的分叉的扩展可能停止或扩展相当缓慢。裂纹一旦形成，即以近乎稳定的速度扩展，即进入了亚临界稳定扩展阶段，直至机械失稳断裂。

应力腐蚀裂纹的扩展速度 $\mathrm{d}a/\mathrm{d}t$ 与裂纹尖端的应力强度因子 K 常有如图 7-14 所示的三个阶段的特征。在第 I 阶段，当裂纹尖端的应力强度因子 K 较小时，随着 K 的减小，$\mathrm{d}a/\mathrm{d}t$ 急剧降低；当 K 小于 K_{ISCC} 时，裂纹不会扩展。在第 II 阶段，裂纹以稳定的速率 $\mathrm{d}a/\mathrm{d}t|_{II}$ 扩展。当裂纹尖端的应力强度因子达到 K_{IC} 时，裂纹扩展进入第 III 阶段，即失稳扩展至断裂。

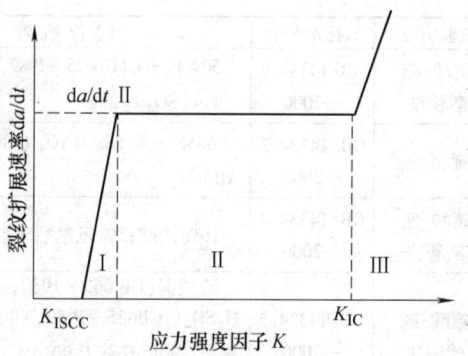

图 7-14　应力腐蚀裂纹扩展的 $\mathrm{d}a/\mathrm{d}t$—K 曲线示意图

K_{ISCC} 及 $\mathrm{d}a/\mathrm{d}t|_{II}$ 是特别有意义的两个值，从工程角度来讲，可将 K_{ISCC} 和 $\mathrm{d}a/\mathrm{d}t|_{II}$ 作为判断金属材料抵抗应力腐蚀裂纹扩展能力的材料性能指标。根据材料-介质体系的不同，$\mathrm{d}a/\mathrm{d}t|_{II}$ 的差别很大，为 $10 \sim 10^{-5}$ mm/h。

SCC 包括阳极型（APC-SCC）和阴极型（HEC-SCC）两大类。前者可理解为电化学反应及钝化膜破裂等原因，使得作为阳极的裂纹尖端发生快速溶解的过程；后者则是阴极反应产生的氢进入裂纹前沿，而引起的氢脆。本节只讨论阳极型 SCC，氢脆型 SCC 在下一小节介绍。

应力腐蚀的宏观形貌特征主要有：断口常与主应力方向垂直，裂纹有分支；裂纹源区及亚临界稳定扩展区常因腐蚀产物的堆积而失去金属光泽；裂纹源产生于局部腐蚀的点蚀、缝隙腐蚀、晶间腐蚀，或焊接缺陷、疲劳裂纹、热处理裂纹处；最后失稳断裂区具有放射花样或人字纹。在微观上因材料-介质腐蚀体系及应力水平的不同应力腐蚀裂纹可以是沿晶、穿晶或混合型的；断口上常有塑性变形的痕迹，呈冰糖状、贝纹状、羽毛状等花样。

2. 焊接接头的 SCC

焊接引起的焊接接头化学成分、显微组织及力学性能的不均匀性，必然导致接头在化学及电化学性质上的不均匀性，从而为 SCC 创造了条件。即使焊接工艺得当，选材正确，焊接接头的 SCC 抗力也往往低于母材，见表 7-7。

表 7-7　常用材料和焊接接头的 SCC 临界应力与母材屈服应力的比值（σ_{SCC}/σ_s）

材料	介质	温度	母材	接头
低碳钢及低合金钢	碱溶液	>60℃	0.9～1	0.9～1
	硝盐溶液	沸腾	0.5	0.5
	含 H_2S 介质	常温	0.5～1	0.3～0.5

（续）

材料	介质	温度	母材	接头
12Cr18Ni9Ti 不锈钢 退火状态 形变状态	氯化物	沸腾	0.5 ~ 0.6 0.2 ~ 0.5	0.4 ~ 0.5 0.2 ~ 0.4
铝合金	NaCl 3% 为基的溶液	常温	0.6	0.5
α 钛合金	溴化甲醇	常温	0.5	0.2 ~ 0.4

通常，焊接工作者在选择焊接材料时，是以被焊金属材料的焊接性为依据的，合理的焊接材料是保证能够得到完整、无缺欠的焊接接头。因此，往往只注重焊缝与母材强度、韧性的匹配，而焊缝的成分和组织常与母材有差异，这样就造成了焊缝与母材电化学性质的差异，为 SCC 创造了条件。

在焊接接头中 HAZ 中的粗晶、硬化及不均匀组织都会增加 SCC 敏感性。从微观组织上看，晶格在热力学上处于平衡状态的组织 SCC 的抗力最高，而越远离平衡状态的组织越容易产生 SCC。研究表明：焊接接头各区 SCC 抗力差异很大，在单道焊时，包括熔合区在内的粗晶区是 SCC 最敏感的部位；而在多道焊或多层焊时，有时混晶区成了最敏感的部位。

焊接残余应力对 SCC 有很大的影响，在无外加载荷的情况下，焊接残余应力足以使接头上产生 SCC。降低焊接残余应力的峰值和拉应力区的宽度，是降低焊接残余应力引起接头 SCC 的有效手段。例如，在核反应堆、石油化工中广泛使用的 18-8 不锈钢管道多层焊接头在使用中常发生 SCC，研究表明：产生 SCC 的主要原因是焊接

HAZ 上存在数值很高的残余应力，采用水冷法焊接使钢管内壁上产生压应力，可以大大降低 HAZ 的 SCC 敏感性。

（1）低碳钢及低合金钢焊接接头的 SCC

20g 钢接头各区在沸腾硝酸盐溶液和碱液中的初始应力 σ_i-断裂时间 t_f 曲线如图 7-15 所示，相应的 σ_{SCC} 及 J_{ISCC} 见表 7-8，焊接方法对 SCC 的影响见表 7-9。从中可得出如下结论：

① 焊条电弧焊时，焊缝的 SCC 抗力以 E4303 为最低，E5015 最高且同裂纹面垂直于轧制方向的母材相当。

② 多层焊时 HAZ 各区的 SCC 抗力由低到高依次为：混晶区—熔合区—细晶区，在单道焊时熔合区的抗力最低。

③ 接头在硝酸盐中的 SCC 抗力比在碱溶液中差得多。

Q345R（16MnR）接头的 SCC 抗力远高于 20g 接头，见表 7-10。

中低强度钢在硝盐和碱溶液中的 SCC 均为沿晶型断口，应力腐蚀裂纹沿铁素体界面扩展，断口呈冰糖状，如图 7-16 所示。

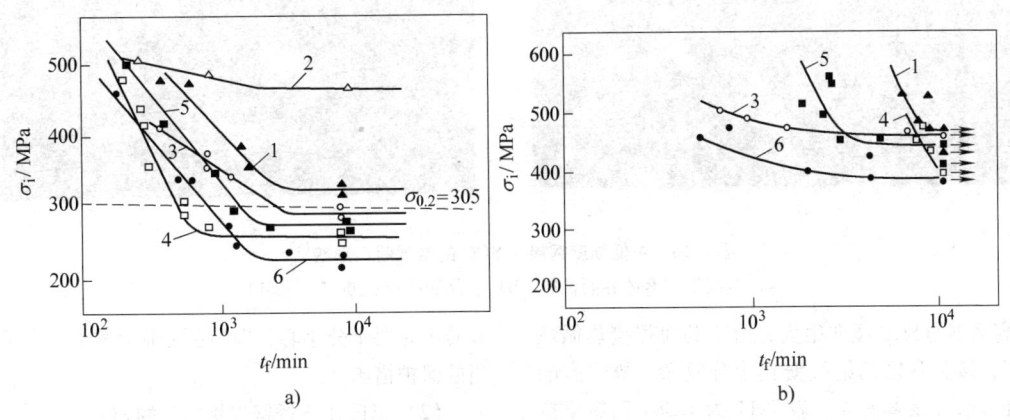

图 7-15 20g 钢多层焊条电弧焊接头各区的 σ_i-t_f 曲线[5]

a) 在沸腾硝酸盐溶液中 b) 在沸腾碱溶液中

1—熔合区 2—细晶区 3—混晶区 4—E4303 焊缝 5—E4315 焊缝 6—20g 母材（T-S 向）

表7-8　20g 钢多层焊条电弧焊接头各区及 Q235-A 钢母材的临界 σ_{SCC} 和 J_{ISCC}

部　位	硝盐溶液		碱溶液	
	σ_{SCC}/MPa	J_{ISCC}/(MN/m)	σ_{SCC}/MPa	J_{ISCC}/(MN/m)
E4303 焊缝	265.3	0.98	407.6	6.50
E4315 焊缝	269.5	1.20	442.3	9.41
E5015 焊缝	—	8.65	—	>9.41①
熔合区	324.8	3.46	—	—
细晶区	491.7	7.24	—	—
混晶区	300.2	2.25	450.9	—
20g 母材	231.2②	5.06③	375.9②	—
Q235A 母材	—	4.58③	—	—

① 200h 未断。
② T-S 向。
③ L-T 向。

表7-9　不同方法焊接的 20g 钢接头各区在沸腾硝盐溶液中的临界 σ_{impSCC}、σ_{SCC}、J_{ISCC} 的比较

焊接方法	临界值/MPa	熔 合 区	细 晶 区	混 晶 区	母　材
单道插销焊	σ_{impSCC}	260	419	249	256(//)
多道埋弧焊	σ_{SCC}	274	420	359	288(//)
多道焊条电弧焊	σ_{SCC}	324.8	491.7	300.2	231.2(//)
	J_{ISCC}	3.46	7.24	3.25	5.06(⊥)

注：//—裂纹面平行于轧制方向，⊥—裂纹面垂直于轧制方向。

表7-10　Q345R（16MnR）钢接头 HAZ 各部位在沸腾硝盐溶液中的临界值（单位：MPa）

位　置	熔 合 区	细 晶 区	混 晶 区	母　材
σ_{impSCC}	347	644	528	300(//)，394(⊥)

图7-16　中低强度钢接头 SCC 的微观断口形貌[6]
a) 裂纹沿铁素体界面扩展　b) 沿晶的冰糖状断口（SEM）

高强钢的 SCC 倾向很大，由于其对焊接热循环很敏感，接头各区的组织变化十分复杂，故焊态的 SCC 抗力也有显著差异。表7-11 为 HG80 钢热模拟接头各区在硝盐溶液中的试验结果，由表可见，除焊缝外，其他各区包括母材的性能都极差，而混晶区反倒是可以接受的，可见，在高强度钢结构用于腐蚀性介质中时要十分小心，即使在工业大气中也应采取适当的保护措施。

（2）奥氏体不锈钢焊接接头的 SCC

奥氏体不锈钢焊接接头 SCC 性能的变化规律与普通结构钢不同，表7-12 为 0Cr18Ni9Ti（非标准牌号）焊接接头各区在沸腾的 42%（质量分数）$MgCl_2$

溶液中抗 SCC 的临界值。各区 SCC 敏感性由大到小的顺序为：过热区—高温区—高温敏化区—低温敏化区—母材—焊缝。奥氏体不锈钢 SCC 断口视材料、介质及应力水平的不同可能是沿晶型的，也可能是穿晶型的，还可能是混合型的。在沸腾 42%（质量分数）$MgCl_2$ 溶液中 0Cr18Ni9Ti（非标准牌号）钢接头的 SCC 断口为穿晶型的，并呈脆性的准解理特征，如图 7-17 所示。

表 7-11　HG80 钢接头在沸腾硝盐溶液中的 SCC 抗力

部　位	焊缝	粗晶区	细晶区		混晶区	母材
			焊态	580℃回火		
σ_{SCC}/MPa	750	85	75	200	505	251
σ_{SCC}/σ_s	0.87	0.10	0.09	0.23	0.59	0.29

表 7-12　0Cr18Ni9Ti 钢接头各区（热模拟）在沸腾 42%（质量分数）$MgCl_2$ 中的临界 σ_{impSCC}

（单位：MPa）

焊缝	过热区 1350~1150℃	高温区 1150~1000℃	高温敏化区 1000~750℃	低温敏化区 750~600℃	母材 <600℃
245.0	28.0	122.5	161.7	166.6	210.7

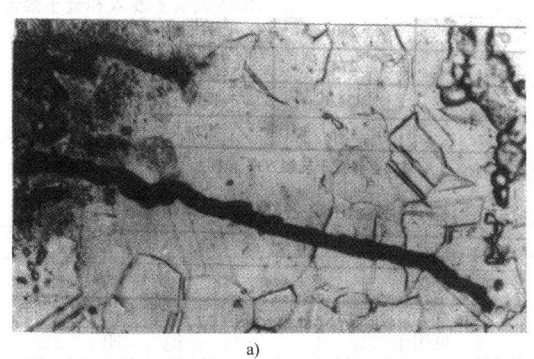 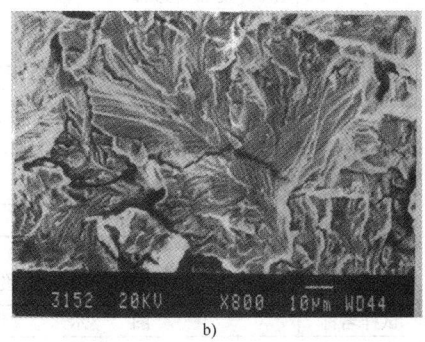

a)　　　　　　　　　　　　　　　　b)

图 7-17　0Cr18Ni9Ti（非标准牌号）钢接头在 42%（质量分数）$MgCl_2$ 溶液中的微观断口形貌[7]

a) 高温区的穿晶裂纹　b) 过热区断口上的扇形花样（SEM）

（3）焊接接头 SCC 试验

为了确定焊接接头在实际工况条件下的 SCC 抗力，必须行接头 SCC 试验。试验用介质可以是实际工况条件下接头使用的环境介质，也可以采用表 7-13 所列出的加速试验用介质。

焊接接头 SCC 试验用试样有许多种形式，要根据试验的目的及具体客观条件来选择。在制备试样的过程中要特别注意焊接方法的选择及焊接工艺的确定，因为这些因素对焊接接头 SCC 有很大的影响。根据 ASTM G58—85[8]，表 7-14 列出了焊接接头 SCC 试验用试样的形式，可供参考。

表 7-13　推荐用于焊接接头 SCC 加速试验用的介质

材　料	介质成分（水溶液，未注者为质量分数）	试 验 方 法
低碳钢及低合金钢	NH_4NO_3 3%~6% + $Ca(NO_3)_2$ 50%~57% NH_4NO_3 35% + $Ca(NO_3)_2$ 45% NaOH 25%~50% NH_4NO_3 50% $MgCl_2$ 42%	沸腾温度下浸入
	NaCl 3% NaCl 3% + $FeCl_2$ 1% 湿 H_2S	间断浸入，喷淋，浸入

（续）

材 料	介质成分（水溶液，未注者为质量分数）	试 验 方 法
铬镍不锈钢	$MgCl_2$ 42%	沸腾温度下浸入
	NH_4NO_3 3% ~6% + $Ca(NO_3)_2$ 50% ~57%	
	$CuSO_4$ 110g/L + H_2SO_4 5.5%（体积分数）	
	HNO_3 10% + HF 3%	70 ~80℃浸入
	NaCl 3%	浸入，间断浸入，喷雾室内
	海水	
铝合金	NaCl 3%	
	NaCl 3% + H_2O_2 0.1%	
	NaCl 3% + HCl 1%	
	NaCl 3% + CH_3COOH 0.1% + CH_3COONa 0.1%	
	海水	
镁合金	NaCl 3.5% + K_2CrO_4 2%	
	NaCl 0.001 mol/L	
钛合金	HNO_3 65% ~99%	沸腾温度下浸入和置于溶液上面的蒸气中
	晶态 NaCl	290℃固态
	NaCl 3%	浸入
	海水	
	溴化甲醇（Br 1% ~2.5% + H_2O 0~30% + CH_3OH 余量）	
	HCl 20%	
	HCl 2.5% ~5%	沸腾温度下浸入

表 7-14　焊接接头 SCC 试验用试样一览表

序号	试样名称	图　示	可用于	说　明
1	对接接头	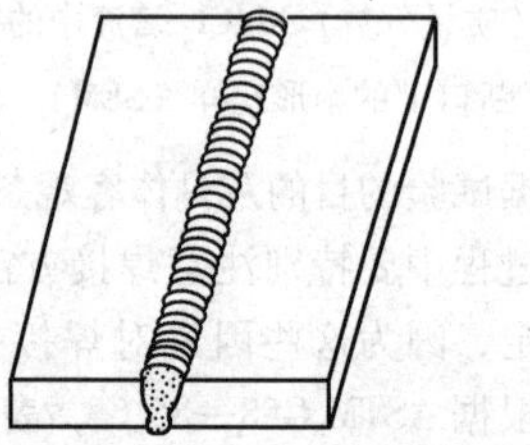	拉伸、弯曲试样	1. 尺寸不限 2. 注意焊接方向及轧制方向 3. 多层焊时要保证层间质量 4. 截去焊缝两端 5. 按要求截取平行或垂直于焊缝试样
2	环形堆焊接头	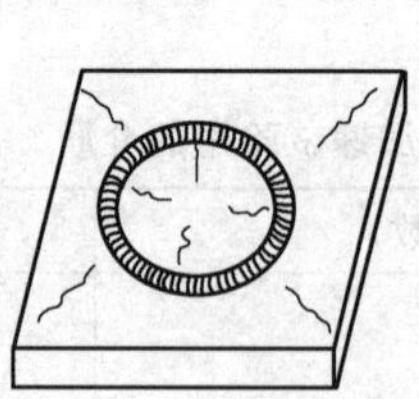	测试焊接残余应力作用下母材、焊缝 HAZ 的 SCC 倾向	1. 100mm × 100mm × (3~5)mm 2. 可将试样夹持或点固焊于基板上以得到拘束 3. 推荐环状焊缝直径 50mm 4. 试验后检查正反面裂纹情况
3	棒上堆焊接头	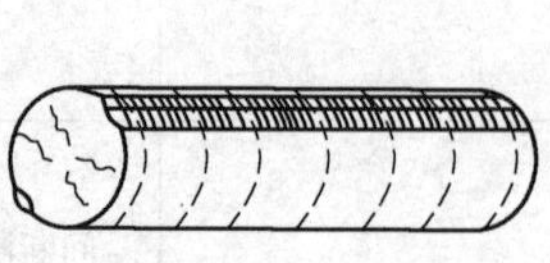	母材 SCC	1. ϕ25mm，长 150mm 2. 用熔焊方法在对称的两面堆焊试样全长 3. 两端去掉 6mm，截取 20mm 试样 4. 检查截面径向裂纹

（续）

序号	试样名称	图　示	可用于	说　明
4	直接拉伸试样	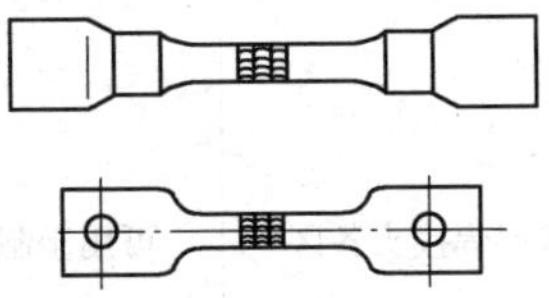	母材、HAZ	1. 从对接焊接接头上截取试样 2. 施加单向拉伸应力 3. 可在母材、焊缝 HAZ 各区开缺口
5	U 形弯曲接头	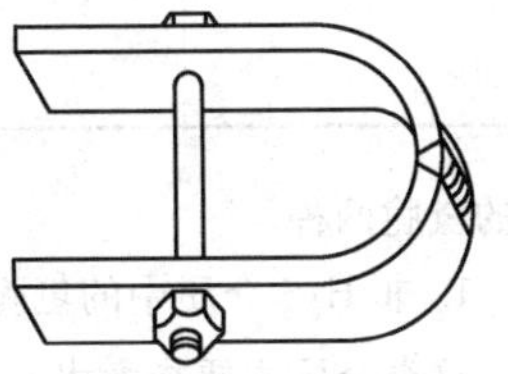	母材、焊缝、HAZ	1. 适用于所有在形成 U 形弯曲过程中不产生断裂且 HAZ 无局部弯曲的材料 2. 焊缝亦可位于与图示垂直的位置
6	弯曲梁接头	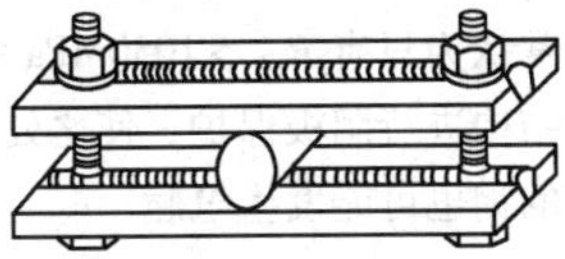	焊缝、焊缝与母材界面、HAZ	尺寸不限
7	预裂纹悬臂梁试样	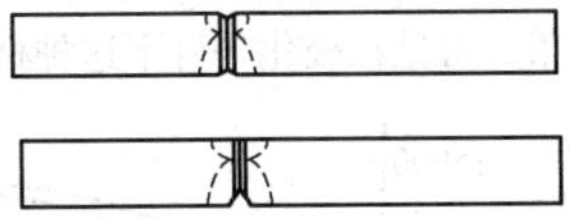	母材、焊缝、HAZ	1. 试样从平板对接头或 K 形接头中截取 2. 裂纹可预制于接头各区
8	音叉接头	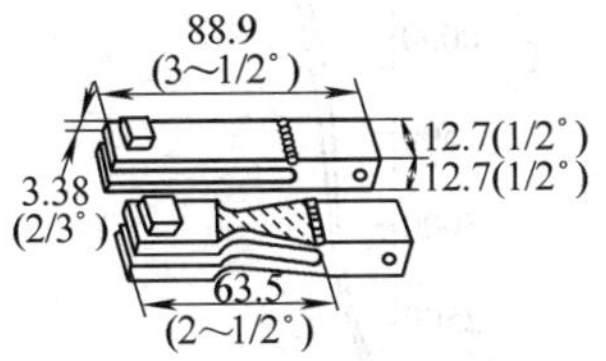 88.9 (3～1/2°)　12.7(1/2°) 3.38　12.7(1/2°) (2/3°)　63.5 (2～1/2°)	母材、焊缝、HAZ	1. 试样由母材机加工而成 2. 在一个叉上焊接
9	十字接头	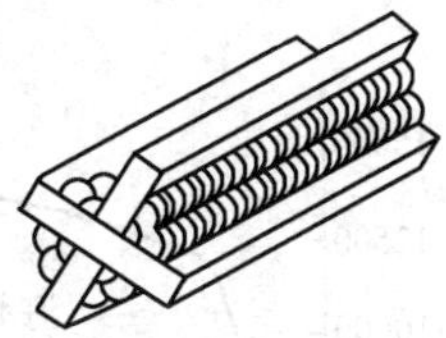	高强钢、装甲板 HAZ 焊道下裂纹及接头 SCC	两端各去掉 6.4mm,按要求的尺寸截取试样
10	C 形环和带切口管材接头	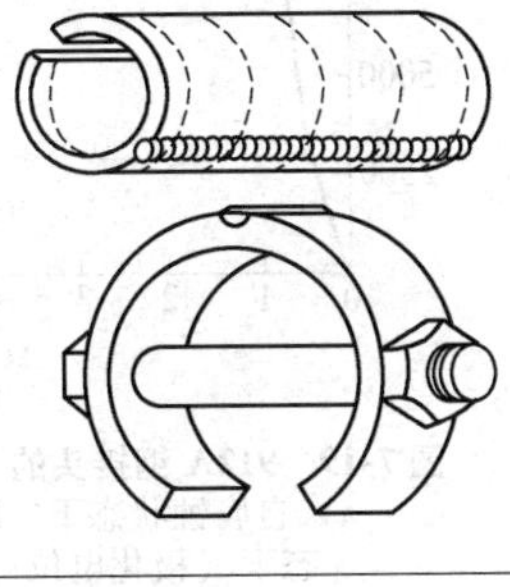	母材、焊缝、HAZ	1. 本试验为管材 SCC 试样设计 2. 带切口管材接头试样通过楔入楔子施加应力

（续）

序号	试样名称	图　　示	可用于	说　　明
11	K 形坡口试样	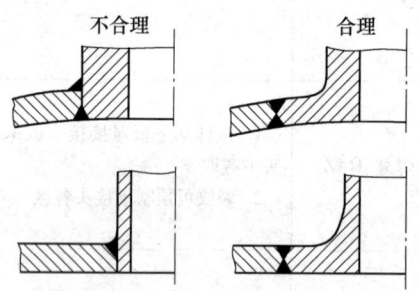	多层焊接头各区	可用于制取悬臂弯曲试样

（4）预防焊接结构 SCC 的途径

1）根据母材在介质中的 SCC 性能，选择与之相匹配的焊接材料。

2）构件或接头的强度计算应该以材料—介质组合下的临界值为依据，在设计结构形状和布置焊缝时应避免造成应力集中，如图 7-18 所示。

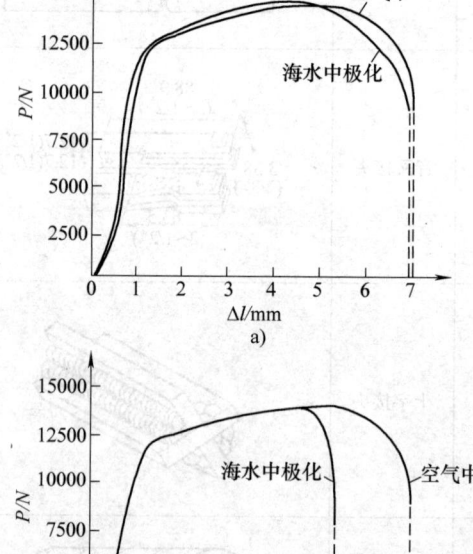

图 7-18　防止 SCC 的合理焊缝布置

3）在选择焊接方法和焊接工艺时，应避免焊接接头上产生粗大、硬化和脆化的组织。例如，奥氏体不锈钢中，粗大的组织对 SCC 最敏感，因此，应该使用能量集中的焊接方法，在工艺上要采取小电流，快速焊。

4）减小或消除焊接残余应力是防止焊接结构产生 SCC 的有效措施。焊后热处理消除焊接残余应力，采用水冷法焊接或在接头表面上进行喷丸、滚压、锤击等处理使与介质接触的金属表面上产生压应力可以减小甚至避免 SCC。

5）在结构使用中对介质环境进行处理或控制（如加缓蚀剂），必要时还可采用电化学保护方法。

7.2.2　环境氢脆

环境氢脆是指通过电化学反应产生的氢原子或氢离子以固溶态或生成氢化物的形式扩散到金属中，而引起金属的脆性断裂。它可以被看作 SCC 的一种类型，即阴极型或氢脆型 SCC（HE-SCC）。按金属使用的环境可将环境氢脆分为非 H_2S 介质和 H_2S 介质引起的氢脆两种。

1. 非 H_2S 介质中的氢脆

这类介质主要指海水、盐水等含 Cl^- 的溶液以及蒸馏水、湿空气等。在这类介质中的自腐蚀状态下，通常认为只有 $R_{eL} > 1050MPa$ 的钢才能发生氢脆。如对结构进行阴极保护，使之处于极化状态，则较低强度的钢也可能发生氢脆。

图 7-19 为船用钢 912A（$R_{eL} = 690MPa$）焊接接头在空气和海水中分别进行慢应变拉伸试验（SSRT）的结果，可见在极化条件下这种材料对氢脆是敏感的。

图 7-19　912A 钢接头的 SSRT 拉伸曲线对比
a）自腐蚀状态下　b）阴极极化状态下（极化电位—1052mV$_{SCE}$）

如以 Φ_{σ_f}、Φ_{ψ} 和 Φ_A 分别表示试样的名义断裂应力、断面收缩率和断裂功的损失率，并以之代表接头在人工海水中的氢脆敏感指数，则在极化条件下它们与试样应变速率 $\dot{\varepsilon}$ 之间有图 7-20a 所示的关系。可见所有接头都有相应的敏感速率，所用钢的强度越低，敏感速率越高，反之则越低。氢脆敏感指数 Φ 与阴极极化电位 E 的关系如图 7-20b 所示，图中还绘出了相应的阴极极化曲线 CPC，以作为对照。不难看出，氢脆的起始、快速扩展和断裂这三个阶段大致与

CPC 上活化—极化区（Ⅰ）、浓差极化区（Ⅱ）和析氢反应区（Ⅲ）相对应。可见，氢脆起始于Ⅰ—Ⅱ区交界处，到Ⅲ区已发展到最后阶段，故可将Ⅰ—Ⅱ区交界处的电位定义为氢脆临界电位（E_{HEC}）作为对结构进行阴极保护的最大保护电位。由此定出的各种钢接头的保护电位分别为：Q345（16Mn）钢—850mV$_{SEC}$，A537 钢—870mV$_{SEC}$，921 钢—880mV$_{SEC}$，921A 钢—890mV$_{SEC}$。

2. H$_2$S 介质中的氢脆

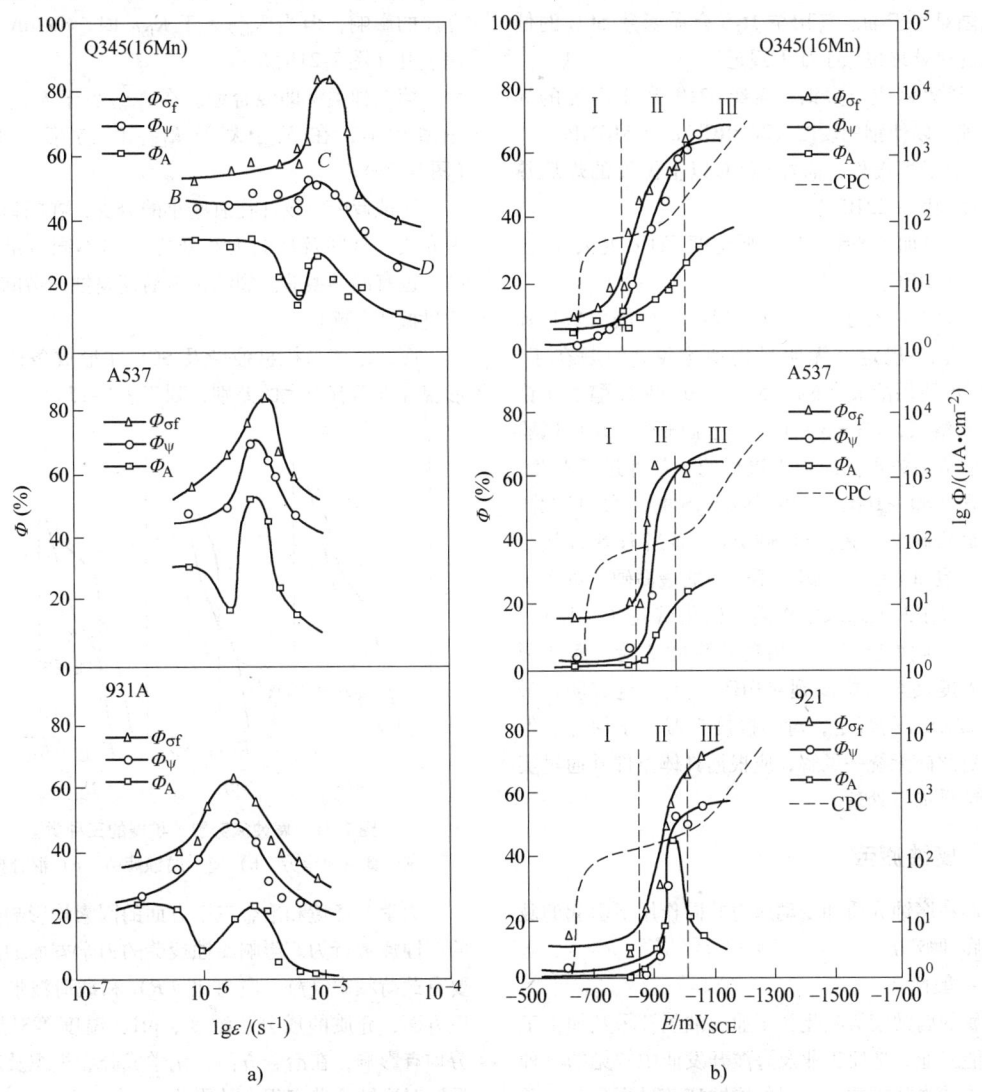

a)

b)

图 7-20　焊接接头在人工海水中的氢脆敏感指数 Φ

a）与应变速率 $\dot{\varepsilon}$ 的关系（极化电位—1052mV$_{SEC}$）　　b）与阴极极化电位 E 的关系

在含有 H$_2$S 的介质中的氢脆，过去常称为硫化物应力腐蚀破裂（SSCC），现通称为氢致应力腐蚀破裂或氢致破裂（HIC）。实质上 H$_2$S 介质中的氢脆属于阴极型或氢脆型应力腐蚀破裂。

除环境和力学因素以外，钢的组织对氢脆敏感性也有很大影响，其影响程度由大到小大致可按下列顺

序排列：马氏体→回火马氏体→回火托氏体→贝氏体→回火索氏体→索氏体→珠光体。

在结构钢焊接接头中，即使焊缝金属经冶金处理可使氢脆抗力有所提高，但近缝区的回火托氏体带仍可能成为对氢脆最敏感的部位。

为防止 H_2S 介质中的氢脆，美英等国一直沿用20世纪50年代做出的必须限制钢的硬度 <22HRC 的规定（如 NACE MR-01-75，API RP942 等）。

为避免高强度管线钢焊接接头的 H_2S 应力腐蚀，现在规定焊接区的硬度应限制在 248HV 以下。

我国对用于油、气田抗 H_2S 介质氢致 SCC 的低合金钢的热处理也做了如下规定：

1）淬火钢或正火钢，需经 621℃ 以上温度的焊后热处理，以使钢的硬度 <22HRC，$\sigma_s \leqslant 618MPa$。

2）对于焊接件，需经 621℃ 以上温度的焊后热处理，使硬度 ≤22HRC。

3）对冷加工的钢，以最低温度 621℃ 退火处理，使硬度 ≤22HRC。

研究表明：对于 C—Mn 钢焊缝，如按 NACE 标准要求，这一规定并无明显松动迹象。问题在于，NACE 标准所用溶液（NaCl 5% + 0.5% 冰醋酸 + 饱和 H_2S 水溶液，pH = 3 ~ 4.5）过于强烈，并且试验是在屈服应力或更高应力下进行的，条件过于苛刻。如改在含（80 ~ 100）× 10^{-4}% H_2S 的海水中试验，接头的最高硬度可提高到 300HV；而当 H_2S 含量更高但低于饱和浓度时，焊缝不开裂的最高硬度可大于 272HV，如在人工海水中作阴极极化试验（-1.5V，Ag/AgCl），则焊缝很少有出现开裂的危险，而热影响区的硬度甚至可提高到 400HV 左右。这表明，最高硬度 22HRC 的规定，对焊接接头似偏于保守。但因目前对此尚无统一见解，应根据具体条件并通过实际试验结果加以处理。

7.2.3 腐蚀疲劳

金属在腐蚀介质和变动应力共同作用下引起的破坏称为腐蚀疲劳。

1. 一般概念

金属的腐蚀疲劳是化学工业、油气开采及加工工业、热能工业、造船工业及海洋开发业中常见的一种金属结构的失效方式。金属的腐蚀疲劳过程分为：金属表面上裂纹的萌生、裂纹向金属体内部扩展和最终断裂三个阶段，腐蚀疲劳可以看成是介质引起或促进疲劳裂纹萌生和扩展的过程。因此，在研究腐蚀疲劳时仍沿用表征金属机械疲劳（在惰性介质中）的性能指标，如疲劳极限 σ_f、裂纹萌生期、疲劳裂纹扩

展速率 da/dN、断裂寿命 N、疲劳门槛应力强度因子幅（简称门槛值）ΔK_{thCF} 等。

用断裂力学的方法研究腐蚀疲劳时，可将其分为三种类型，如图 7-21 所示。

第一种类型即真腐蚀疲劳型，以铝合金—水蒸气腐蚀体系为代表。在低、中应力强度因子区，裂纹扩展率受到水蒸气的作用而大大提高，疲劳裂纹开始扩展的门槛值也因水蒸气的存在而降低（图 7-21a）。

第二种类型即应力腐蚀疲劳型，以超高强钢—水介质腐蚀体系为代表。疲劳裂纹扩展的门槛值并未受介质的影响，但当 K_{max} 大于 K_{ISCC} 时，da/dN 突然快速上升（图 7-21b）。

第三种类型即混合型。在 K_{max} 小于 K_{ISCC} 时与第一型相似，在 K_{max} 大于 K_{ISCC} 时与第二型相似（图 7-21c）。

腐蚀疲劳裂纹往往有些小的分支，在断口形貌上因介质、材料及加载大小及方式的不同有沿晶、穿晶，也有混晶型的。裂纹扩展后期腐蚀疲劳断口接近于机械疲劳断口。

腐蚀疲劳与机械疲劳及 SCC 在形成条件和断口形貌等方面有很大的差别，列于表 7-15。

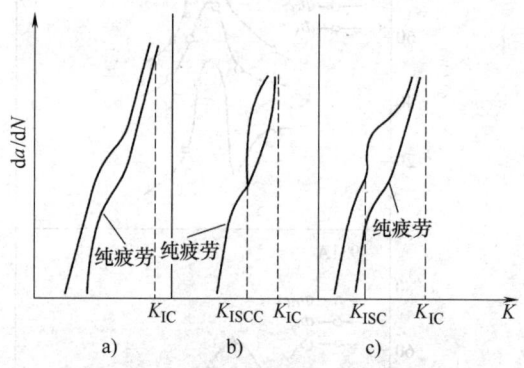

图 7-21　腐蚀疲劳裂纹扩展的三种类型
a）真腐蚀疲劳　b）应力腐蚀疲劳　c）混合型

力学、环境和冶金三个方面的因素均影响到金属的腐蚀疲劳行为。影响腐蚀疲劳的力学方面的因素主要有载荷频率（f）、应力比（R）和载荷波形；在环境方面，介质的成分、浓度、pH、温度等对腐蚀疲劳均有影响；在冶金方面，化学成分、组织及冶金质量等对腐蚀疲劳有很大的影响。

2. 焊接接头的腐蚀疲劳

焊接接头在介质中的疲劳强度比母材低。图 7-22 列出了几种高强钢及其焊接接头在模拟海浪低频（0.1Hz）加载方式的人工海水中的腐蚀疲劳曲线。从图中可以看出，以 $N = 2 \times 10^6 \sim 3 \times 10^6$ 的寿命

表 7-15　机械疲劳、应力腐蚀、腐蚀疲劳的比较

破坏形式	机械疲劳	应力腐蚀	腐蚀疲劳
形成条件	交变拉应力	介质 + 拉应力	介质 + 交变拉应力
宏观断口特征	大部分呈光滑面,有贝壳状疲劳花纹,小部分呈结晶状粗糙面	有两个区,裂纹扩展区被腐蚀产物覆盖	裂纹扩展区被腐蚀产物覆盖,有贝壳状疲劳花纹,小部分呈结晶状粗糙面
微观断口形貌	大多数为穿晶型,裂纹分支少	断口上有韧窝、准解理、解理、腐蚀坑、河流花样,有沿晶、穿晶及混合型断口,裂纹分支多	大多数为穿晶型,裂纹分支少。在低 R、高 f 下,断口上有明显的疲劳断口形貌;在低 f,高 R 下,早期断口接近 SCC 断口的形貌,后期断口有疲劳断口形貌

相比较,无论是母材还是接头的疲劳强度都远低于机械疲劳强度;比较图 7-22a 与图 7-22b 可知,接头的疲劳强度比母材的要低得多。

海上平台用钢 A537 及其接头在海水自腐蚀条件下不产生 SCC,但会产生低周腐蚀疲劳。在低周交变应力下,随着力学参数、介质状况及电化学条件的变化,阳极反应和阴极反应在裂纹扩展过程中相互促进和竞争,形成 SCC 和腐蚀疲劳共存的综合过程。图 7-23 为热模拟接头粗晶区和细晶区在质量分数为 3.5% NaCl 溶液中的低周疲劳 da/dN-ΔK 曲线,以及供对应参照的粗晶区的机械疲劳 da/dN-ΔK 曲线,在较低应力强度因子幅 ΔK 时,出现了应力腐蚀疲劳平台,其断口形貌如图 7-24 所示。细晶区的抗腐蚀疲劳性能优于粗晶区。

3. 提高焊接接头腐蚀疲劳性能的途径

1) 根据介质条件选择适当的结构材料和相匹配

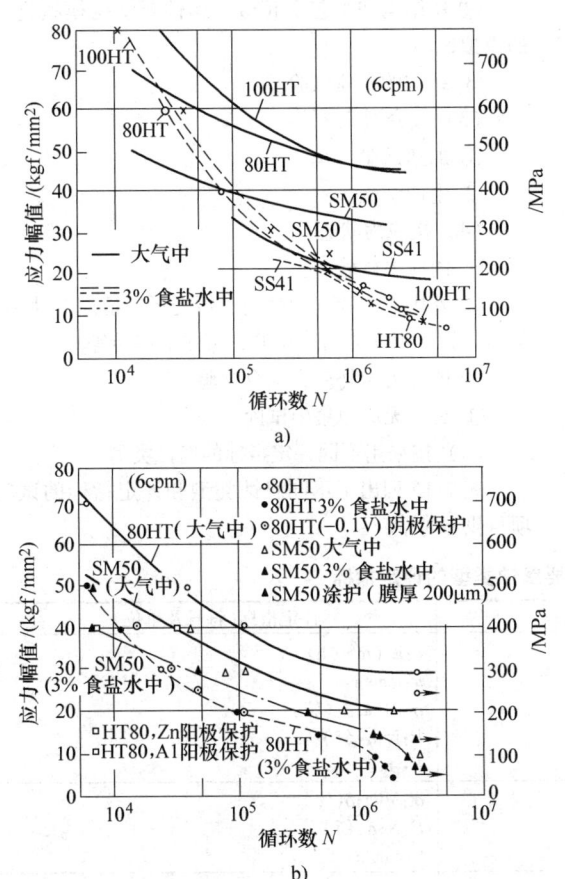

图 7-22　几种钢及其接头在人工海水中的腐蚀疲劳曲线
a) 板材(光滑试样)　b) 对接接头

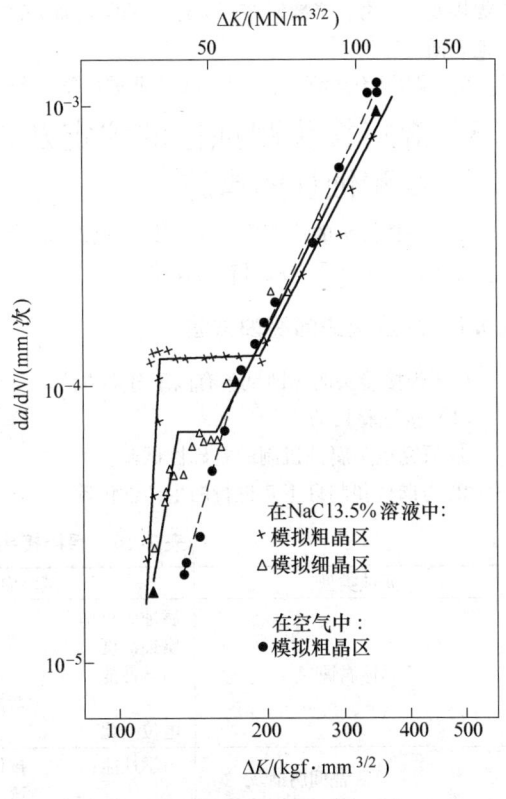

图 7-23　A537 钢接头粗晶区和细晶区在室温质量分数为 3.5% NaCl 溶液中的 da/dN-ΔK 曲线[9]

(0.2Hz,正弦波形,R = 0,pH = 8)

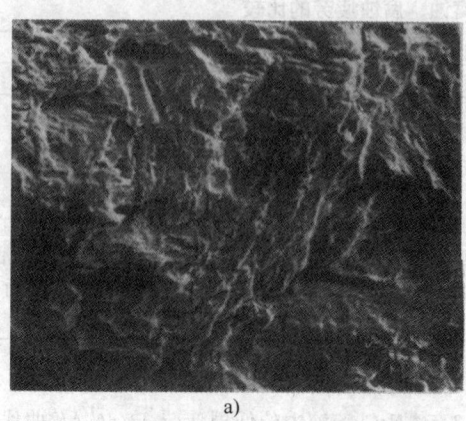 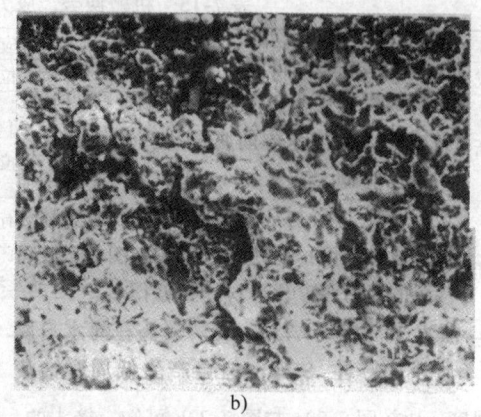

a)　　　　　　　　　　　　　　b)

图 7-24　A537 钢接头粗晶区和细晶区在室温质量分数为 3.5%NaCl 溶液中的
应力腐蚀疲劳断口形貌（平台阶段）[9]
a）粗晶区　b）细晶区

的焊接材料。

2）降低设计应力，使之低于预定寿命下的临界值，在结构形状设计上要注意避免应力集中。

3）制造工艺上应注意防止各种缺陷，降低或消除焊接残余应力，必要时对焊缝进行 TIG 表面重熔或其他表面处理。

4）采用电化学保护，有时可对介质进行缓蚀处理。

7.3　焊接接头耐蚀性的评定及提高耐蚀性的措施

鉴于焊接接头的特殊性，焊接接头的腐蚀试验方法及评定指标不同于一般材料的腐蚀试验。

7.3.1　焊接接头的腐蚀试验

用于焊接接头的腐蚀试验有以下分类方法。

（1）按试验目的

① 研究接头腐蚀机制的基础性试验。

② 为选材和制订工艺进行的生产性试验。

③ 分析结构事故起因的专门试验。

（2）按试验对象

① 用试样的试验。

② 用结构和工艺上相似的构件或结构模型进行的模拟试验。

③ 结构的实体试验。

（3）按介质

① 加速试验。

② 生产试验。

（4）按应力状态

① 内应力试验。

② 外应力试验（恒载荷、恒变形、恒应变速率，单向应力、双向应力，拉伸、弯曲、扭转等）。

③ 内应力与外应力综合试验。

④ 有、无应力集中试验。

（5）按采用不同评定指标的腐蚀类型

表 7-16 列出了不同腐蚀类型和评定指标的试验项目供参考。

表 7-16　焊接接头主要腐蚀类型的评定指标

腐蚀类型		试验内容		评定指标（符号及单位）
总体腐蚀		腐蚀失重率		q : g/(m² · h)
		腐蚀深度		h : mm/a
		力学性能：	拉伸	σ : MPa; δ : (%)
			弯曲	P : N; α : (°)
		电位变化		E : mV
局部腐蚀	晶间腐蚀及选择性腐蚀	力学性能：	拉伸	σ : MPa; δ (%)
			弯曲	P : N; α : (°)
		腐蚀深度		h : mm/a
	孔蚀及溃疡腐蚀	腐蚀深度		h : mm/a
		出现腐蚀时间		t : d(天)
		蚀孔及蚀点个数		n

（续）

腐蚀类型		试验内容	评定指标(符号及单位)
应力作用下的腐蚀	应力腐蚀	破裂时间 速率 临界应力 断裂韧度	t_f : h da/dt : mm/min 或 mm/h σ_{SCC} : MPa K_{ISCC} : N/mm$^{3/2}$ J_{ISCC} : N/mm
	腐蚀疲劳	名义疲劳极限 断裂循环次数	σ_N : MPa N : 次

　　对于以选材及评定接头的抗蚀性为目的的腐蚀试验，除测定单纯介质作用下性能的变化外，还须进行应力状态下的腐蚀试验，考察接头性能的变化。考虑到目前尚缺乏足够的针对焊接接头抗蚀性的数据资料和有关规范，建议将腐蚀试验的结果与在空气中的原始数据进行对比，以便做出基本评价。为此，如以 X_0 和 X 分别代表原始状态和经腐蚀试验后母材、焊缝或接头等的某一性能数据，即可求得相应的性能变化的相对系数或敏感指数 $\Phi = X/X_0$ 或 $\Phi = (1 - X/$

$X_0) \times 100\%$ 。并可用 M、J、W 等作 Φ 的下标，分别表示母材、接头、焊缝等的耐蚀性能参数。

　　对于总体腐蚀，一般采用失重率法或腐蚀深度法。为此，试样应分别取自母材、焊缝 + 热影响区、母材 + 热影响区等区段，试样尺寸取 25mm × 70mm 或 50mm × 70mm，面积为热影响区的 5 ~ 10 倍。腐蚀深度可由失重率换算而得，即 $h = 0.876q/\rho$ ，其中 q 为失重率（g·m^{-2}·h^{-1}），ρ 为金属密度（g·cm^{-3}）。耐蚀性可按十级分等，见表 7-17。

表 7-17　金属材料耐蚀性的等级评定

腐蚀分类		年腐蚀深度 /(mm/a)	耐蚀性分级	失重率/[g/(m^2·h)]	
				钢铁材料	铝及铝合金
Ⅰ	完全耐蚀	< 0.001	1	< 0.0009	< 0.0003
Ⅱ	很耐蚀	0.001 ~ 0.005	2	0.0009 ~ 0.0045	0.0003 ~ 0.0015
		0.005 ~ 0.01	3	0.0045 ~ 0.009	0.0015 ~ 0.003
Ⅲ	耐蚀	0.01 ~ 0.05	4	0.009 ~ 0.0045	0.003 ~ 0.015
		0.05 ~ 0.1	5	0.0045 ~ 0.09	0.015 ~ 0.031
Ⅳ	较不耐蚀	0.1 ~ 0.5	6	0.09 ~ 0.045	0.031 ~ 0.154
		0.5 ~ 1.0	7	0.45 ~ 0.9	0.154 ~ 0.31
Ⅴ	很不耐蚀	1.0 ~ 5.0	8	0.9 ~ 4.5	0.31 ~ 1.54
		5.0 ~ 10.0	9	4.5 ~ 9.1	1.54 ~ 3.1
Ⅵ	完全不耐蚀	> 10	10	> 9.1	> 3.1

　　对于有局部腐蚀或集中腐蚀的接头，则不能采用失重法，而应用深度法，并配合力学性能的测定。应力状态下的试验可参照表 7-14 进行。

7.3.2　常见焊接接头的耐蚀性

　　常见金属材料及其焊接接头耐蚀性列于表 7-18，供参考。

7.3.3　提高焊接接头耐蚀性的途径

　　焊接接头耐蚀性的改善是一个综合性的课题。从选材、设计、制造、防护到结构的运行维护，对每一环节都必须予以足够重视，才能达到预期效果。

　　提高焊接接头耐蚀性有以下几个环节：

　　（1）结构材料及焊接材料的合理选择

　　结构材料的耐蚀性在一般的腐蚀手册中均可查到，但焊接接头的耐蚀性则需通过试验加以确定。用于腐蚀条件下的焊接材料尚无系统的资料可供参考，要特别注意焊接材料与结构材料（母材）的物理化学性能、力学性能特别是耐蚀性的合理匹配，以满足给定腐蚀体系的要求。

　　（2）焊接结构的合理设计

　　首先对结构在给定工况下可能产生的腐蚀类型有一概括的了解，在此基础上开始有针对性的设计。抗腐蚀结构设计必须遵循的共同准则包括正确的强度计算，避免应力集中和在高应力区布置焊缝；尽量降低对腐蚀特别敏感部位的刚度和避免可能引起过大残余应力的结合点或区域；避免妨碍液体流动和排放的结构死区（图 7-25）等。

表7-18　常见金属材料及其接头在各种介质中的腐蚀类型和耐蚀性

材料	介质	总体腐蚀		局部腐蚀		应力腐蚀			接头主要破坏形式
		母材耐蚀级别	$\dfrac{q_M}{q_J}\left(\dfrac{h_M}{h_J}\right)$	母材耐蚀性	$\dfrac{h_M}{h_J}\left(\dfrac{\sigma_M}{\sigma_J}\right)$	母材耐蚀性	$\dfrac{\tau_M}{\tau_J}$	$\dfrac{\sigma_{SCCM}}{\sigma_{SCCJ}}$	
低碳钢 Q235A	天然大气	3~5	0.6~0.9	耐蚀	1	耐蚀	—	—	GC
	工业大气	5~6	0.6~0.9						
	淡水		0.6~0.8						
	海水	6~8	0.4~0.7						
	含 H₂S 天然介质	4~8	0.6~0.8			可能 SCC	0.1~1.0	0.7~1.0	SCC,GC
	热碱溶液	3~4	0.8~1.0			SCC			SCC
不锈钢 12Cr18- Ni10Ti	天然大气	2~3	0.3~0.5	可能 PC		耐蚀	—	—	耐蚀
	海水	4~5	1	PC					PC
	65%硝酸(沸腾)	5	2~1.0	IC	0.2~0.9				IC,LG
	98%硝酸(20℃)	2~3	1	耐蚀					
	20%盐酸(5℃)	6~7	0.5	IC	0.3	—	0.05~0.5	0.8	GC,LC, SCC
	MgCl₂42%(沸腾)	—	—			SCC			
铝及铝 合金 LF6	天然大气	4~5	0.3~0.5	可能 OC	1	耐蚀	1	1	PC
	工业大气			耐蚀					
	98%硝酸(20℃)	4~5	1						LC
	海水,NaCl3%溶液	4~6	0.5~1.0	可能 IC		可能 SCC	0.2~0.8	0.8	PC,LC,SCC
钛及钛 合金	天然大气及淡水	1	1	耐蚀		耐蚀	1	1	完全耐蚀
	海水								可能 CF
	65%硝酸(沸腾)	4~6		可能 IC		可能 SCC			
	20%盐酸(5℃)	6	0.7			—	0.1~1.0	0.2~0.4	IC,SCC,GC,CF

注：GC—总体腐蚀；LC—局部腐蚀；PC—孔蚀；IC—晶间腐蚀；SCC—应力腐蚀；CF—腐蚀疲劳。

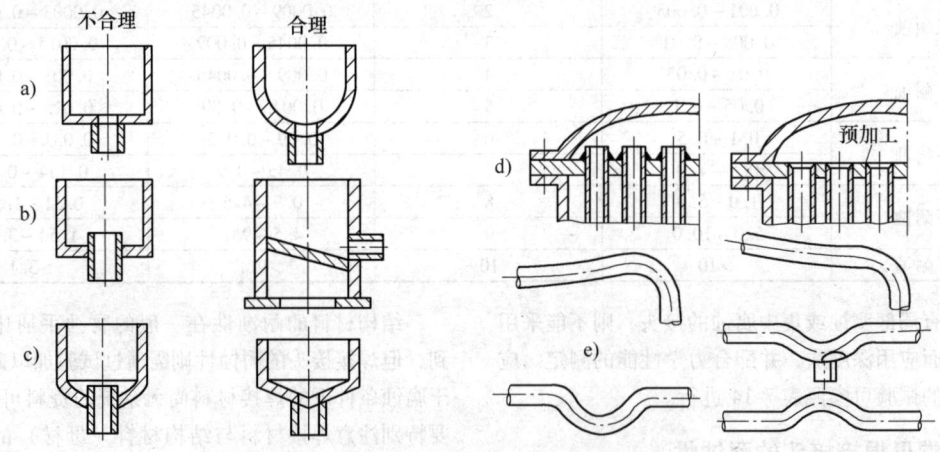

图 7-25　防止妨碍液体流动及排放的容器和管道设计

（3）合理的焊接工艺

要明确抗腐蚀结构不同于一般结构，在制造工艺上有更加严格的要求。焊接工艺上除要正确选择焊接材料外，还包括焊接方法及热输入的选择，焊接顺序的确定，焊缝熔合比的控制，焊接缺陷的防止，残余应力及应力集中的防止和消除等。

（4）结构的表面防护

详见 7.3.4 节。

（5）介质的缓蚀处理

清除或减少介质中能促进腐蚀的有害成分，有时可加入缓蚀剂。

（6）结构的电化学保护——阴极保护

将结构接在直流电源的负极，使之处于阴极极化状态而受到保护，称为外加电流阴极保护法。而在结构上接一电位较负的金属（例如在船体上接锌合金）作为阳极，以达到阴极极化目的，则称为牺牲阳极保护法。大型结构进行外加电流保护时，应根据不同部位的实际电位分别确定所需的电流密度，并应注意控

制保护电位使之处于安全范围内，以免过大的负电位
引起氢脆。

7.3.4 焊接结构的表面防护

在金属表面设置防护层以隔离腐蚀介质是重要的
防腐措施。防护层分为金属镀层和非金属涂层两大类，
见表7-19。防护层的选择取决于结构的腐蚀类型及使
用条件、施工条件、维修要求、安全卫生等因素。

表7-19　防蚀保护层的分类

金属镀层		非金属涂层		
有阴极保护	无阴极保护	无机材料	有机材料	
			天然材料	合成材料
锌	锡	搪瓷	油	塑料
铝	铅	水泥	橡胶	聚苯硫醚
镉	镍	陶瓷	沥青	
	铜		油漆	
	贵金属			
	合金钢			

防护层的厚度随镀涂方法、所用材料和结构的工
作环境不同而异。为保证防护层完整可靠和便于镀涂
工艺的顺利进行，在设计这类构件时在结构形状上有
一定要求。现举例介绍如下：

（1）镀锌

大尺寸构件因受镀槽尺寸的限制，常不能保证浸
镀质量，应将其分段镀锌，然后用铆接、螺栓连接或
焊接方法加以连接。大平面和用肋板加强的板壁均不
利于浸镀，改成弯边加强或制成浅拱形较为有利。图
7-26为镀锌件接头设计的改进实例。

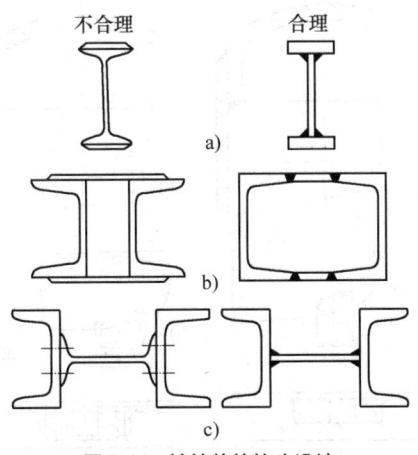

图7-26　镀锌件的接头设计
a）翼板加强改为加厚翼板　b）盖板接头
改为对接接头　c）铆接接头改为焊接接头，
避免缝隙处对浸镀的不利影响

（2）镀铅

镀层厚度可达3~8mm。但必须在水平位置或勉

强在垂直位置浸镀。镀铅板的焊接可用图7-27所示
的两种方法进行。先将焊接处40mm以上宽度内的铅
层除净，焊后修磨，然后用手工补镀所缺铅层。也可
在焊后覆盖上铅带，用铅料填充封焊。

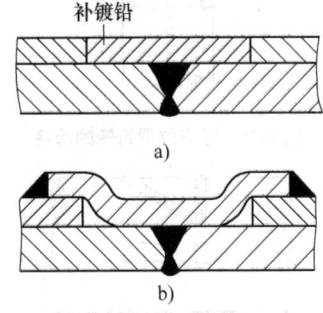

图7-27　镀铅板的焊接
a）焊后用手工补镀　b）焊后用铅带封焊

（3）衬铅

管类零件的铅衬（厚3~10mm）可用挤压法
获得。

图7-28所示的插管与镀铅容器壁焊接后就可以
用这种方法补上铅衬。此外，铅管的焊接由于只能在
平焊、立焊及横焊位置而不能在仰焊位置进行，故在
接头设计上应采取相应措施。对于固定的立管，可采
用图7-29所示的花萼形接头。对于水平位置的铅管，
如果是可以转动的，保持平焊位置是不成问题的。但
如不能转动，则可采用图7-30所示的"窗口"形接
头，即在铅管的上半部开一个窗口，由此用内焊缝焊
接管子的下半部，然后盖上窗板，再用外焊缝完成管
子上半部的焊接。

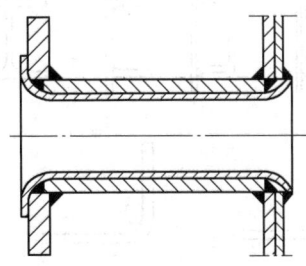

图7-28　衬铅插管与镀
铅容器壁的焊接

（4）热喷涂

可喷涂锌、铝及多种合成材料，涂层厚度可大于
2mm。此法的优点在于能喷涂大型工件，并可灵活运
用于修理工作。但因涂层的孔隙较大，在重要场合须
进行机械碾实或熔结、烧结等后处理，以提高其密实
性。设计这类结构应注意的问题可用图7-31来说明。
要点在于保证能喷涂到（可达性）和避免尖角。

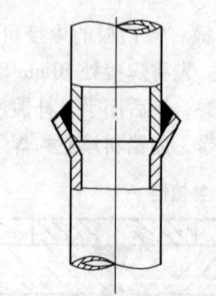

图 7-29　垂直位置铅管的焊接

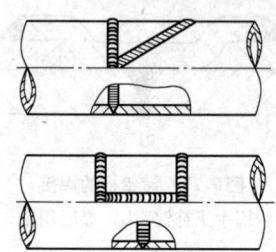

**图 7-30　铅管避免仰焊
的"窗口"接头**

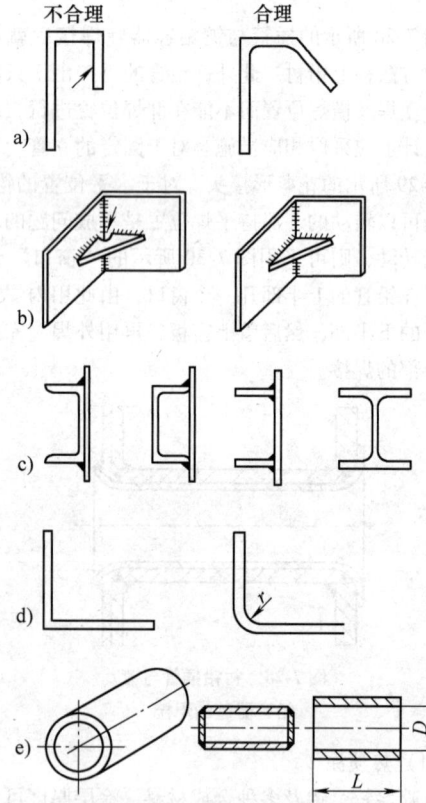

图 7-31　热喷涂件的设计
a) 内侧面可达性的改进　b) 角焊缝
交接处可达性的改进　c) U形材接合
处可达性和可镀性的改进　d) 尖角
的避免与改进　e) 管件内壁可达性
的改进：取 $D>50mm$，$L \leqslant D$;
或如结构上许可，将两端封死

在我国南海地区，由于高温、高湿、高盐雾的恶劣环境，舰船钢铁结构腐蚀十分严重，有的船只中修换板率达50%以上。在现有防腐措施无法解决舰船防腐问题的情况下，全军装备维修表面工程研究中心开发研制出了优质、高效、低成本、适合于现场施工的电弧喷涂防腐技术并成功地解决了舰船钢结构防腐的重大难题[11]。

（5）搪瓷

镀层有耐酸（但不耐氢氟酸和浓磷酸）、耐碱、耐日晒、耐老化等优点，但不耐冲击和急剧的温度变化，破损处极难修复。设计这类结构的要点是避免尖角和各部分之间过大的刚性差异。为此，应保持内角圆弧半径 $\geqslant 5mm$，外半径 $\geqslant 8mm$；力求结构光滑流畅，截面和形状对称，避免有局部阻碍伸缩的地方。如图7-32所示，其中关于螺母的处理改焊死（图7-32i）为用弓形板固定（图7-32j）。此外，还应避免点焊的搭接接头而改用对接，并注意双面焊夹缝中空气的排出，可改用单面焊（搪瓷侧），或钻排气孔，如图7-33所示。

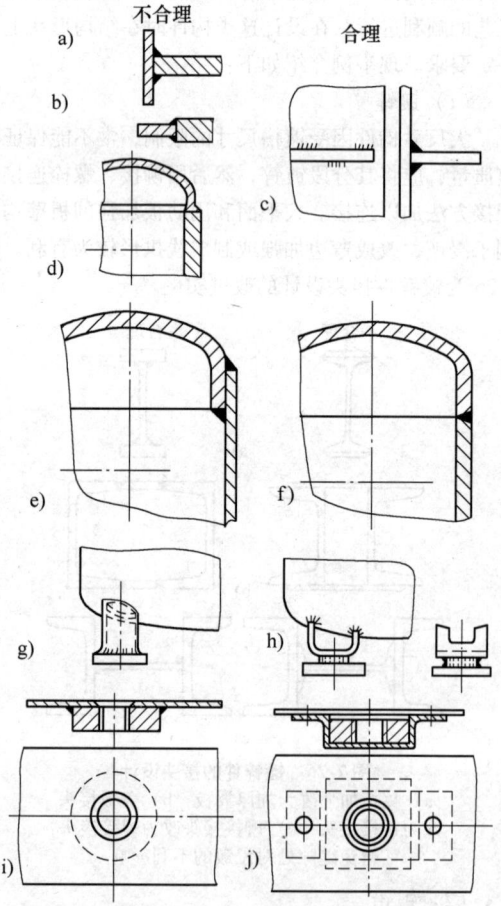

图 7-32　搪瓷件的设计—避免各组件间的刚度差异

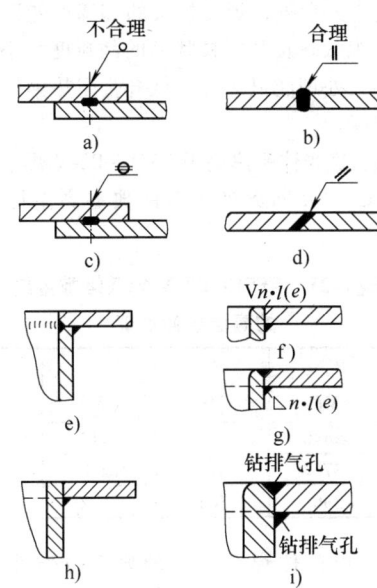

图 7-33　搪瓷件的设计—避免
搭接缝隙，设置排气口

7.4　焊接接头的耐热性

7.4.1　高温下焊接接头的组织变化

碳钢和低合金耐热钢焊接构件在高温下长期工作时，由于组织不稳定，会导致性能改变。碳钢和碳锰钢在高温下长期运行后，最容易发生珠光体球化和石墨化，在焊接热影响区还会产生魏氏组织。而对于耐热钢来说，主要是碳化物的析出。

（1）珠光体球化

所谓珠光体球化就是片状珠光体中的渗碳体（Fe_3C）有自行转化为球状并聚集成大球团的趋势。而铁素体中析出的碳化物也同时聚集长大，在晶界处尤为明显。

钢中碳化物形态及分布情况对热强性有较大的影响，一般说来，片状碳化物的热强性较高，球状碳化物，特别是聚集成大块的碳化物，会使钢的热强性明显下降。

碳钢最易球化，而钼钢、铬钼钢则较碳钢稳定，但铬钼钢如运行不当（如超温等），也会发生珠光体球化。12Cr1MoV 钢 180℃ 时的管子爆破试验表明，中度球化对持久强度影响不大，但完全球化将使持久强度降低 1/3。

球化组织可通过正火处理恢复成原先的片状组织。

（2）石墨化

石墨化是比球化更为严重和有害的组织变化现象。产生石墨化的原因主要是渗碳体在高温下的自行分解：$Fe_3C \rightarrow 3Fe + C$（石墨）。石墨通常沿晶析出，呈链状分布，由于石墨的强度非常低，在钢中可视为空洞或裂纹。譬如，某电厂管道在 505℃ 下工作 5 年半后，在距焊缝金属 3 ~ 4mm 处沿整个横截面突然断裂，原因即在于石墨化。

为避免石墨化的产生，往往在钢中加入与碳有较强结合力的元素，如铬、钒等。一般说来，0.5% 钼钢有较大的石墨化倾向，所以这种钢已由 Cr-Mo 钢来代替。

（3）魏氏组织

魏氏组织在焊接热影响区产生的原因是由于过热。魏氏组织对室温强度影响较小，却能提高高温强度，但塑性则有所降低。魏氏组织的最大不利之处在于冲击韧度太低，往往会引起接头的脆性破裂。

（4）碳化物析出

低合金耐热钢焊接构件经长期高温运行后的主要问题是析出碳化物，导致冲击韧度下降，如 E5515-B3-VNb 焊缝金属，经 620℃ 长期时效后，a_{KV} 值的变化见表 7-20。

表 7-20　E5515-B3-VNb 焊缝金属 a_{KV} 值的变化

时效时间 /h	原始状态	500	1000	4000
a_{KV} 值 /(J/cm²)	154	115	71	53

12Cr1MoV 钢及其焊接接头中碳化物的类型以 Fe_3C 和 VC 为主，其他的碳化物类型还有 Mo_2C、Cr_7C_3 和 M_6C 等。

（5）高合金钢的组织稳定性

12% Cr 耐热钢焊接构件的组织比较稳定，在高温下长期时效后，在原先回火马氏体内仍保留了高密度位错和弥散的碳化物强化相。这样不但钢的热强性能比较稳定，而且持久塑性亦不随蠕变断裂时间的增加而下降，一般来说，仍可保持 $A \geqslant 20\%$。

对于 18-8 型耐热不锈钢焊接接头来说，焊缝组织一般为树枝状奥氏体、δ 铁素体和碳化物，在 650℃ 下长期时效时，随着时间的延长，组织变化不大，碳化物则略有增加，以后碳化物不断长大，常温强度提高，冲击韧度下降，最后趋于稳定。

此外，在长期时效过程中，开始时，焊缝金属硬度升高，以后则明显下降。

18-8 不锈钢焊接接头热影响区在 650℃ 时效过程中，冲击韧度也有所下降，在 1000h 内，下降明显，以后则趋于平缓。

7.4.2　焊接接头的高温性能

在焊接结构中，焊缝和热影响区是相对比较薄弱的环节。因此，在进行焊接构件的设计或寿命分析时，必须注意到焊接接头的特殊性。本小节介绍焊接接头的高温短时拉伸性能，有关焊接接头的蠕变将在下一小节介绍，有关钢材在不同温度下的许用应力值见 GB9222—1988 和 GB150—1989，或参阅美国 ASME 锅炉和压力容器规范第 1 卷动力锅炉建造规程。

高温短时拉伸性能包括高温抗拉强度、高温屈服点、高温下的伸长率和断面收缩率，是高温受力焊接件强度设计的基本依据。对焊接接头来说，试验时一般仅测定高温抗拉强度值并记录断裂位置。

高温抗拉强度和高温屈服点随温度的变化而变化，高温抗拉强度与温度之间的关系可以用 R_m-T 曲线来表示。在大多数碳钢、低合金铬钼（钒）钢和耐热不锈钢的 R_m-T 曲线上，初始阶段，随着温度的上升，R_m 明显下降，以后则比较平缓，随着温度的进一步升高，R_m 急剧下降。在碳钢和某些低合金钢如铬钼钢的 R_m-T 曲线上，在中间阶段，还会出现一个峰值，这是时效硬化的结果。对 20 钢及其焊接接头来说，其峰值在 250℃ 左右，对 15CrMo 钢而言，则在 350～400℃，相对伸长率在此温度下也有一个最低值，此温度区间亦称为蓝脆区。图 7-34 为 20 钢、15CrMo 钢及 18-8 不锈钢的 R_m-T 曲线，其焊接接头亦有相类似的曲线。

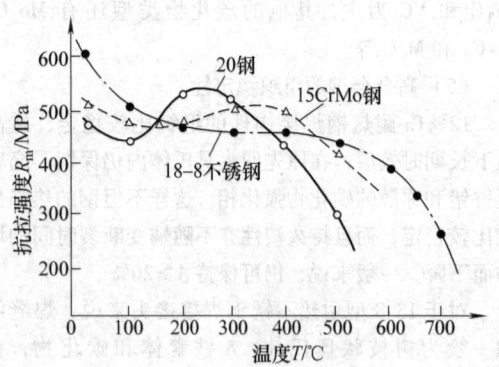

图 7-34　20 钢、15CrMo 钢及 18-8
不锈钢的 R_m-T 曲线[12]

一般说来晶粒度大小对高温抗拉强度有较大的影响，晶粒度小的钢，R_m 较高。同样，随着温度的上升，硬度值也下降，在高温硬度与高温抗拉强度 R_m 之间大体上有如同室温一样的线性关系。各种钢材及其焊接接头的高温屈服点则随温度的升高而降低。

除化学元素外，焊接接头的高温性能还取决于焊缝的组织状态及其树枝状晶的晶粒度大小。焊后正火 + 回火处理能显著提高低合金耐热钢焊接接头的高温强度。

铬钼钒珠光体耐热钢用 E5515-B2-V 焊条熔敷金属经 730℃ × 3h 回火处理后的典型高温性能见表 7-21。

表 7-21　E5515-B2-V 焊条熔敷金属
的高温拉伸性能

温度 /℃	$R_{p0.2}$ /MPa	R_m /MPa	A （%）	Z （%）
室温	≥440	≥540	≥17	—
540	376	416	22.8	76.6
580	336	365	25.2	81.1

316 型奥氏体焊缝金属的典型拉伸性能见表 7-22。

表 7-22　316 型奥氏体焊缝金属的高温拉伸性能

温度 /℃	$R_{p0.2}$ /MPa	R_m /MPa	A （%）
20	500	635	35
538	300	395	26

7.4.3　焊接接头的高温蠕变

金属在高温和应力作用下发生缓慢和持续塑性变形的现象称为蠕变。形变量与时间的关系曲线称为蠕变曲线，如图 7-35 所示。蠕变的第一阶段是蠕变的不稳定阶段，此阶段金属以逐渐减慢的应变速度积累塑性变形，称为减速蠕变阶段；蠕变的第二阶段是蠕变的稳定阶段，这时金属以恒定的应变速度产生变形，这一速度又称蠕变速度，此阶段称为恒速蠕变阶段；蠕变的第三阶段是蠕变的最后阶段，蠕变是加速进行的，直至发生断裂，称为加速蠕变阶段。

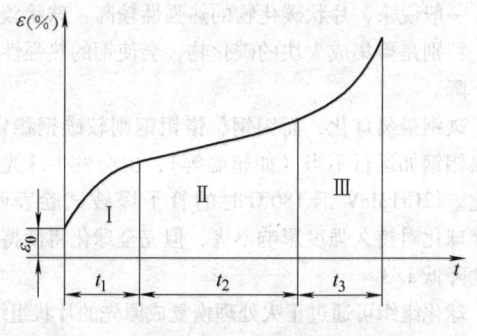

图 7-35　蠕变曲线
ε—变形量　t—时间

碳钢及其焊接接头在 350℃ 以上，在工作应力下，就会出现比较明显的蠕变现象，而低合金耐热钢及其焊接接头则在 450℃ 以上才会发生蠕变。一般说来，使金属产生明显蠕变现象以上的温度称为高温，在此以下的温度区间（100～300℃）称为中温。在较高温度下，具有抗蠕变能力的钢材称为热强钢；具有抗氧化能力的钢材称为热稳定钢；同时具有这两种能力的钢又称为耐热钢。在高温下工作的焊接结构用钢一般均为热强钢或耐热钢。

(1) 蠕变极限

蠕变极限是根据蠕变曲线来定义的，一般有两种表示方法。

一种是 $\sigma_{g/\varepsilon}^T$：表示在规定温度下，引起规定的蠕变速度（单位为%/h）的应力值。例如 $\sigma_{1\times10^{-5}}^{600} = 60MPa$ 表示在 600℃ 温度下，蠕变速度为 $1\times10^{-5}\%/h$ 的蠕变极限为 60MPa。蠕变速度是根据零件的服役条件来确定的，在电站锅炉、汽轮机和燃气轮机设备中，通常规定蠕变速度为 $1\times10^{-5}\%/h$ 或 $1\times10^{-4}\%/h$。

另一种表示方法是 $\sigma_{\delta/t}^T$：在给定温度和规定使用时间内，发生一定量总变形的应力值。例如 $\sigma_{1/10^5}^{600} = 100MPa$ 表示材料在 600℃ 温度下，10^5h 后总变形量为 1% 的蠕变极限为 100MPa。试验时间及蠕变变形量的具体数值也是根据零件的工作条件来规定的，例如，电站、汽轮机和燃气轮机设计寿命一般为几万到十几万小时以上，并要求总变形量不超过 1%。

(2) 持久强度

由蠕变而导致的断裂称为蠕变断裂或持久断裂。持久强度是钢材在规定的蠕变断裂条件下，即在一定的温度和规定时间内，保持不失效的最大承载能力。持久强度是钢材所具有的一种固有特性，是在一定温度和一定应力下钢材抵抗断裂的能力。持久强度以 σ_D^t 表示，单位为 MPa，例如 $\sigma_{10^5}^{580℃}$ 表示在 580℃ 下试样经 10 万 h 断裂的应力。在高温下工作的焊接构件的设计寿命过去为 10 万 h，现在已延长到 20 万 h，甚至更长，所以需要根据相应时间的持久强度进行设计。

对在高温下受力的焊接构件来说，由于蠕变绝大部分为钢材本身所承受，焊接接头局部的蠕变只是整个蠕变变形的一个非常小的部分，所以在一般情况下，蠕变极限很少用来作为焊接接头强度设计的依据，而蠕变断裂强度或持久强度则是焊接接头强度设计的主要依据。

持久强度试验是一种在恒温、恒载荷下测定试样蠕变断裂时间的试验方法，高温持久强度曲线则是蠕变断裂应力与蠕变断裂时间之间的关系曲线，其主要表现形式为在一定温度下的蠕变断裂寿命 $t_r = f(\sigma)$。根据该曲线可外推出该温度下的持久强度，即到达某一规定时间的应力。

1) 持久强度的外推方法。

① 等温线法。即 $F(t, \sigma) = 0$，$T = $ 常数，一般以经验公式 $t = A\sigma^{-B}$ 表示，式中 A、B 为与材料和温度有关的常数。该式表示，在双对数坐标图上，断裂时间对数 $\lg t$ 和应力对数 $\lg\sigma$ 之间呈线性关系。这种关系与试验数据也是大致相符的。由此，可用在较高应力下得出的短时试验数据来外推出长时持久强度值。这种方法的优点是简单、直观，但当试验时间不够长时，精度不高。

② 时间温度参数法。即 $F(T, t) = P(t)$，常用的公式式有 $T(c + \lg t) = P(\sigma)$，式中 P 为拉森—米勒参数，在图上通常以 $\lg\sigma$—P 表示。参数法的优点是温度与时间能互相补偿，可以用提高温度来加速试验进程，再用在较高温度下得出的短时试验数据来外推出在较低温度下的长时数据。目前认为，这种方法比等温线法外推精度高。

2) 影响钢材和焊缝金属持久强度的主要因素。

① 晶粒度。温度较低时，晶界强度高，故细晶钢材有较高的抗蠕变能力；温度较高时，由于晶界易于滑移，故晶界较少的粗晶钢材有较高的抗力。

② 合金元素。铬钼钒等合金元素有阻碍位错运动的能力，故能提高持久强度，铬可强化固溶体；钒以强化晶界为主。一般说来，铬的强化作用小，但含铬的钢材及焊缝金属有较好的抗氧化性。碳的影响不明显，但在高碳情况下，短时强度高，但随着时间的增加，下降较快；低碳时强度低，但下降则比较平缓。

③ 析出相。耐热钢和耐热合金大多为析出时效硬化相和弥散硬化相的多相金属材料，析出相的作用在于提高持久强度，如 V_4C_3、VC、NbC 等，当 V/C = 4 时，效果较好。

④ 微观组织。对铬钼钒钢来说，微观组织对高温短时抗拉强度的影响较大，如上、下贝氏体组织和马氏体组织的高温短时抗拉强度要高于珠光体、铁素体组织，但微观组织对长时蠕变断裂性能的影响要小得多。因微观组织在蠕变过程中会发生变化，差距有所减小，改变了原有的强度特征。

⑤ 预变形。常温下的预变形对提高持久强度有一定好处。焊接接头在焊接过程中一般均经一定的拘束变形，所以在这个意义上，焊接接头持久强度可能比单纯焊接热模拟的试样要高，有时断裂还可能发生在母材上，不过总的说来焊接热影响区是一个薄弱

环节。

3）几种耐热钢材料焊接接头的持久强度。

① 12Cr1MoV 钢焊接接头的持久强度。12Cr1MoV 锅炉集箱环缝焊接采用焊条电弧焊和埋弧焊二种工艺方法，焊后经过 720℃×3h 回火处理。表 7-23 列出了 12Cr1MoV 钢焊接接头的持久强度值。

② 2¼Cr-1Mo 钢焊接接头的持久强度。2¼Cr-1Mo

钢锅炉集箱焊接采用焊条电弧焊打底，埋弧焊盖面，表 7-24 列出了焊接接头的持久强度试验数据。

③ 9Cr1Mo（VNb）高强度铁素体耐热钢焊接接头的持久强度。9Cr1MoVNb 钢焊接采用 GTAW 打底，焊条电弧焊盖面，钨极氩弧焊焊丝为日本 TG5-9Cb，焊条为 CM-9Cb，焊后焊接接头经 750℃×1h 回火处理。焊接接头与母材 600℃的持久强度见表 7-25。

表 7-23　12Cr1MoV 钢焊接接头的持久强度[13~15]

工艺方法	焊接材料	取样	试验温度/℃	持久强度/MPa	
				10^4 h	10^5 h
焊条电弧焊	E5515-B2-V 焊条	焊缝	540	159	123
		焊接接头	555	113	94
埋弧焊	焊丝 H08CrMoV + 焊剂 350	焊缝	550	—	90
		焊接接头		—	110
	E5515-B2-V 焊条打底 H08CrMoV 盖面	焊接接头	540	129	105
				116	95
母材			540	—	128

表 7-24　2¼Cr-1Mo 钢焊接接头的持久强度[15]

工艺方法	焊接材料	试验温度/℃	持久强度/MPa	
			10^4 h	10^5 h
埋弧焊	E6015-B3 焊条打底	540	93	69
	H12Cr2Mo 焊丝盖面		97	73
母材		540	—	78

表 7-25　9Cr1MoVNb 钢焊接接头的持久强度[16]

试样形式	持久强度/MPa	
	10^4 h	10^5 h
焊接接头拉伸	89.5	67.5
焊接接头管子内压持久爆破	140.0	127.0
母材拉伸	127.0	99.0

从表中可以看出，焊接接头的拉伸持久强度要低于母材，这是该钢焊接接头的主要特点，由于接头软化区与母材的持久强度有很大的差异，应变集中在薄弱的软化区，从而削弱了整体焊接接头的持久强度。

为解决这一矛盾，便出现了改良型 9Cr-1Mo 钢（T91/P91），这是一种单相马氏体钢，它是在标准 9Cr-1Mo 钢的基础上采取了适当降低 C、S、P 含量，添加微量的 V、Nb 并严格调整了 N、Si、Ni、Al 的添加量。据参考文献〔17、23〕介绍，该材料完全可以作为在高温区域使用的奥氏体系列不锈钢的替代材料，用于电站锅炉中的过热器管、再热器管等。这不仅可以降低成本，而且可以解决应力腐蚀、晶间腐蚀和异种钢焊接等问题。并可预期这种材料在将来电站设备中的应用会越来越广泛。

在 P91 的基础上添加 1.8%左右的 W 及微量的 B 并降低 Mo 的含量形成了一种新型的耐热钢材料——P92，该材料已在我国 1000MW 超临界燃煤发电机组中使用。

④ 奥氏体耐热钢焊接接头的持久强度。奥氏体热强钢焊接接头的持久强度也低于母材。焊接奥氏体耐热钢 T304H 时，常采用 H18-8Ti 氩弧焊丝打底，E0-19-10Nb-15 焊条盖面，650℃下 10 万 h 焊接接头的持久强度为 58MPa，母材的持久强度为 69MPa。

有人对 316 钢焊接接头的不同区域进行了 600℃持久强度试验[18]，试样分别取自焊缝金属、焊接热影响区、母材以及包括各个区域的焊接接头。试验最长时间达 2 万 h。结果表明：焊缝金属的断裂时间大约为母材的 1/3，即焊缝金属的持久强度大约为母材的 80%；热影响区的断裂时间比母材长 2~4 倍，或者说持久强度比母材高 130%；而对于包括焊缝等各区在内的接头试样，其断裂时间完全取决于焊缝金属的强度，接头试样的断裂时间几乎与纯焊缝金属试样相同。

（3）持久塑性

持久塑性是通过持久强度试验而测定的试样在断裂后的相对伸长率 A 及断面收缩率 Z。持久塑性是材料在高温下运行的一个重要指标，它反映了母材和焊缝金属在温度及应力长时间作用下所具有的塑性变形的能力。钢材的持久塑性远比高温短时拉伸时的塑性要小，特别是在低应力长时间作用下，断裂呈晶间低塑性开裂。因此，无论对钢材或焊缝金属来说，都要求有一定的持久塑性，以保证不发生脆性破坏。国外有的规范要求钢材的持久塑性≥5%。

（4）松弛性能

试样或零件在高温和应力状态下，如维持总应变不变，随着时间的延长自发地减低应力的现象称为松弛。松弛过程的主要条件是：

$$\varepsilon_{总} = \varepsilon_{弹} + \varepsilon_{塑} = 常数，T = 常数，\sigma \neq 常数$$

总的来说，松弛过程是弹性变形减小、塑性变形增加的过程，而且两者是同时和等量发生的，在松弛条件下工作的主要零部件有紧固件和弹簧等。同蠕变一样，松弛过程随温度的升高而加快。但蠕变是在恒应力下，塑性变形随时间的增加而增大；而松弛则是在总应变不变的情况下，应力随时间的增加而降低。

焊接接头在松弛条件下工作较少，但在高温下工作的焊接接头有一个焊接残余应力本身的松弛问题，即随着温度的升高和时间的推移，未经回火处理接头的焊接残余应力将逐渐降低。同样回火热处理也是焊接残余应力的松弛过程，由于回火热处理温度通常均大大高于工作温度，所以应力消除也比较彻底。

7.4.4　焊接接头的高温氧化

在高温下运行的各种装置会受到空气中氧的作用而发生氧化腐蚀，同时也会受到其他气体介质如水蒸气、CO_2 和 SO_2 等的作用而发生腐蚀。

钢的氧化腐蚀程度及氧化速度与一系列因素有关，如温度、时间、气体介质的成分，压力和气体流速，钢的化学成分，形成的氧化膜及其化学和物理性能等。

就抗氧化性而言，氧化膜保护层的熔点、生成热和分解压力是至关重要的。熔点越高，生成热越大和分解压力越小，则氧化膜保护能力越强，金属抗氧化性越好。铬、硅和铝是耐热钢及其合金中形成稳定氧化膜保护层的主要元素，尤以铬的氧化膜最为致密，能阻止氧化及金属原子的继续扩散。因此，一般耐热钢中均含有铬和硅等元素。此外，在金属表面渗铝或铬，或进行喷涂，均是提高抗氧化性的有效手段。

对焊接接头来说，由于焊缝的化学成分与母材相似，所以焊接接头一般不存在特殊的抗氧化问题。

在一般空气介质下，各类钢种在长时间运行中的最高抗氧化温度为

碳素钢	500℃
低合金耐热钢	500~620℃
（与钢中 Cr、Si 含量有关）	
Cr5% 马氏体钢	600℃
高铬铁素体钢	850~1100℃
Cr12% 钢	800℃
18-8 型铬镍奥氏体钢	850~900℃
25-13 型铬镍奥氏体钢	1100~1150℃
高镍钢及高镍合金	1000~1150℃

钢的抗氧化性可用试样在氧化期间的质量变化或厚度变化来表示。国标规定钢的氧化试验有失重法和增重法等数种。以氧化过程稳定速度计算的重量损失 $K_{失}$ 按下式计算：

$$K_{失} = \frac{W_0 - W_1}{ST} \quad (g/(m^2 \cdot h))$$

式中　W_0——试验前试样质量（g）；
　　　W_1——试验后试样去氧化皮后质量（g）；
　　　S——试样表面积（m^2）；
　　　T——试验时间（h）。

若用增重法试验，必须分析氧化皮的成分，才能将增重量约略地换算成失重量。

$$K_{失} = \lambda K_{增}$$

式中　$K_{增}$——稳定速度计算的质量增加 $[g/(m^2 \cdot h)]$；
　　　λ——与氧化皮成分有关的系数（λ 在 2.3 ~ 3.5 范围内）。

以年腐蚀深度指标表示的氧化速度可由下式计算：

$$v = 8.76 \times \frac{K_{失}}{\rho}$$

式中　v——以年腐蚀深度表示的氧化速度（mm/a）；
　　　ρ——试样密度（g/cm^3）；

钢材的抗氧化性级别分为 1 ~ 5 五个等级，如表 7-26 所示。表 7-27 列出了两种低合金耐热钢氧化速度。

表 7-26　钢材的抗氧化性级别

级别	氧化速度/（mm/a）	抗氧化性分类
1	≤0.1	完全抗氧化
2	0.1~1.0	抗氧化
3	1.0~3.0	次抗氧化
4	3.0~10.0	弱抗氧化
5	>10.0	不抗氧化

表 7-27　两种耐热钢的氧化速度

钢种	温度/℃	氧化速度/(mm/a)
12Cr1MoV	580	0.05 ~ 0.10
	600	0.12 ~ 0.22
12Cr2MoWVTiB	580	≤0.06
	600	≤0.08
	620	≤0.10

7.4.5　焊接接头的热疲劳

热疲劳是由热应力和热应变作用所产生的疲劳现象。

由于温度循环变化而引起的附加应力称为热应力。它可以因外拘束或温差而产生。温度循环变化越大，即上、下限温差越大，则热应力就越大；热应变则是由于温度改变而引起的应变，材料的热导率越低，加热和冷却速度越快，则热应变也越大。

热应力的大小与材料的热膨胀系数成正比，在焊接时，特别要考虑到材料的匹配，由铁素体与奥氏体异种钢焊在一起的接头，因膨胀系数相差较大，所产生的热应力也大，因此容易产生热疲劳。

在相同的塑性应变条件下，热疲劳比机械疲劳的循环次数要少（如温差为 350℃ 的热疲劳），这说明热疲劳的工况条件是相当苛刻的。

影响热疲劳的因素主要有以下几点：

1）最高加热温度。对 CrMoV 钢及其焊接接头的试验表明，随着最高加热温度的提高，热疲劳强度迅速降低，当最高加热温度高到足以引起组织变化时，其影响更大。

2）加热和冷却速度。快速加热和冷却时的热疲劳寿命最低，相比之下，快速加热对材料的热疲劳寿命影响更大。

3）组织状态。热疲劳强度与组织状态有很大关系，如果材料在使用过程中组织不稳定，往往会使疲劳强度降低，对合金钢及其焊接接头而言，裂纹在细晶粒组织中的扩展速率一般要小一些。

有人对 2¼Cr-1Mo 低合金钢 + E309L 焊缝金属 + 18-8 不锈钢的焊接接头在最高温度为 400 ~ 600℃ 范围内进行过热疲劳试验。一组试样为焊后状态，另一组为 700℃ × 10h 焊后热处理状态，试验结果表明，当最高温度为 600℃ 时，试样经不到 2000 次热循环就发生了断裂；当最高温度为 400℃ 时，疲劳次数可增加到 1 万次以上。此外，焊后状态焊接接头的热疲劳寿命比焊后回火处理的焊接接头要长。

7.5　环境加速焊接结构失效典型事例及其分析

1. 奥氏体不锈钢设备应力腐蚀破裂失效分析[19]

某炼油厂自 1988 年投产使用一套 18-8 不锈钢焙烧炉设备至 1994 年，四次发生沿炉体环焊缝热影响区断裂，如图 7-36 所示。后将 18-8 不锈钢更换成抗腐蚀性更好的 316L 不锈钢，可是仍然无法防止断裂的发生。

断口分析：从图 7-36 可以看出，裂纹产生于环焊缝的热影响区上两侧，当裂纹扩展至临界长度时，穿过焊缝失稳扩展，导致整个炉体最终断裂。图 7-37 是断口的金相照片，可以看出，裂纹均沿晶发展，呈网状、龟裂形式，属于典型的晶间腐蚀并导致应力腐蚀断口。由于裂纹产生时间相当长，在断口上裂纹的稳定扩展区，因介质的腐蚀覆盖有一层厚厚的腐蚀产物。

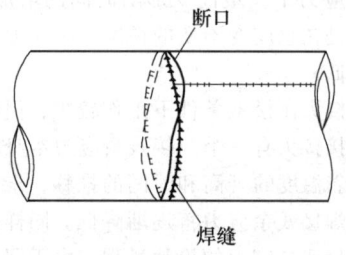

图 7-36　奥氏体不锈钢
炉体宏观断口示意图

分析鉴定：该炉体工作于富 Cl^- 离子介质中，介质的 pH = 3 ~ 5。断口分析及电化学试验显示：该奥氏体不锈钢炉体的失效属于 Cl^- 离子引起的应力腐蚀破裂。经检查发现，在炉体安装过程中，在焊接环焊缝时使用了支撑垫板，焊后未作任何处理遗留在炉体内。由于支撑垫板焊缝与环焊缝垂直，造成了三轴焊接残余应力，同时还会引起腐蚀介质及 Cl^- 离子在此处聚集、浓缩，焊缝及热影响区处于高浓度的腐蚀介质中，易于产生晶间腐蚀及应力腐蚀。因此，遗留在炉体内的支撑垫板是造成该炉体应力腐蚀失效的重要原因。此外，在炉体环焊缝焊接过程中使用了较大的焊接规范，焊接速度慢，焊条摆动大，这对于奥氏不锈钢的焊接来说，是非常忌讳的。

结论：失效是由于奥氏体不锈钢在 Cl^- 离子介质中发生应力腐蚀引起的。

建议：去除炉体中的支撑垫板；在环焊缝的焊接过程中，要严格控制焊接规范，保证焊接质量。

2. 30 万 t/a 合成氨设备中 17CrNi2 钢焊接接头的刀蚀失效[20]

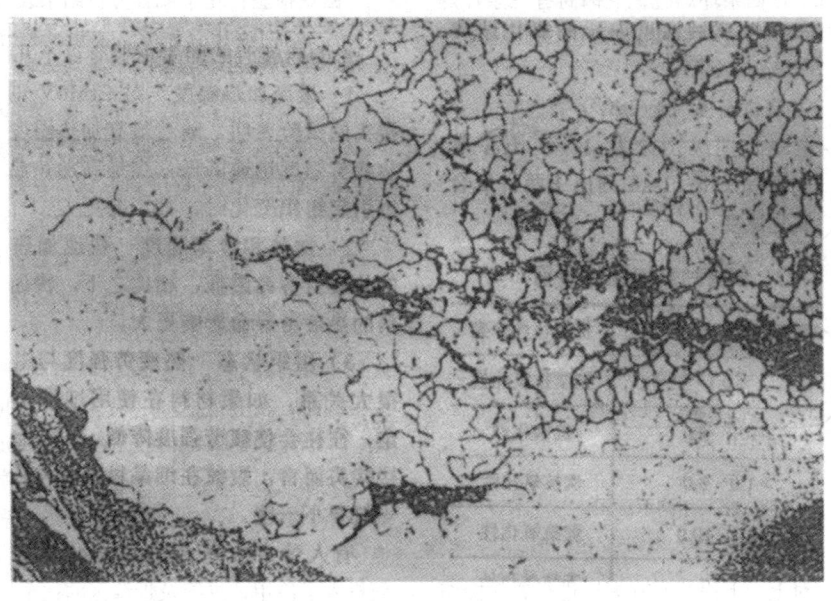

图 7-37　断口金相照片（200 ×）

某化肥厂 30 万 t/a 合成氨设备的压缩机转子采用 Cr17Ni2 钢制造，转子由四级叶轮组成，叶轮的上、下盖板与叶片之间的连接，采用丁字形焊接接头，焊条电弧焊完成，选用焊条奥 302，φ3.2mm，焊前预热 200 ~ 300℃，焊后经 670 ~ 690℃、2h 整体去应力处理。

该设备投入运行后，在不到一年的时间内，发现叶轮上的角焊缝沿熔合线处有严重的腐蚀现象。在腐蚀最严重处，焊缝金属几乎与母材脱离，并且下盖板的腐蚀比上盖板更为严重。结果造成被迫停机检修，给生产带来了很大的影响，在经济上造成了巨大的损失。

分析鉴定：在焊接接头上沿熔合线的局部集中腐蚀即刀蚀，就其本质讲是晶间腐蚀的一种特殊形式。采用奥氏体不锈钢焊条（奥 302）焊接马氏体-铁素体型不锈钢（Cr17Ni2）时，由于焊缝与母材成分及性能的差异，造成两者间的电极电位差，这是引起刀蚀的重要原因之一；焊接时，熔合线附近的晶粒沿晶界处出现了铬的碳化物析出，造成晶界局部贫铬区，电极电位出现跳跃式的降低，这是造成刀蚀的主要原因；在焊接高温下，含碳量较高而碳的溶解度较小的母材侧的碳，必然会向含碳量低而碳的溶解度较大的奥氏体焊缝中扩散，由于焊接时冷却速度大，碳来不及均匀化，造成了熔合线焊缝侧出现增碳层，增碳层出现后，沿增碳层就会有铬的碳化物析出，引起局部贫铬区，因此，熔合线焊缝侧增碳层的出现是产生刀

蚀的又一重要原因。

研究表明，通过调整焊后热处理规范可以减轻，甚至避免刀蚀的发生。适当提高焊后热处理温度，延长保温时间，有利于铬的扩散，使贫铬区的铬得到补充，金属处于二次稳定化状态，对抗刀蚀是非常有利的。在制订焊接工艺及热处理规范时，应该避开 300 ~ 550℃这一敏感温度范围。

结论：该设备的失效是由刀蚀引起的，严格控制焊接工艺及焊后热处理规范可以防止刀蚀的发生。

建议：采用奥 302 焊条焊接 Cr17Ni2 钢时，预热 250℃，严格控制层间温度，焊后经 680℃、16h 的二次稳定化处理。

3. 锅炉锅筒的腐蚀疲劳失效分析[21 - 22]

电站锅炉锅筒是锅炉的重要设备之一，由于其容积大、温度和压力高，是锅炉安全运行的重点之一。然而，国内有许多锅炉锅筒几十年来从未进行过检查，有研究单位曾对 80 余台锅筒进行过检验，结果发现有 60% 的锅筒存在超标缺欠，其中 50% 为裂纹，严重地威胁到了设备及人身安全。

某厂 10t/h 锅炉在运行 4.5 万 h 后，于 1995 年大修期间发现锅筒有渗漏现象，经打磨发现锅筒内壁环焊缝上有明显的垂直于焊缝的横向裂纹。

该锅炉有上、下两个锅筒，如图 7-38 所示，材料为 SB42N，工作温度 105℃，饱和温度 229℃。上、下锅筒内径分别为 1200mm、900mm，筒节壁厚分别为 28mm、22mm，封头壁厚分别为 26mm、20mm。上

锅筒有 A、B、C、D 四条环焊缝，下锅筒有三条环焊缝，查阅制造厂方图样资料得知，该锅筒焊后未进行过热处理。

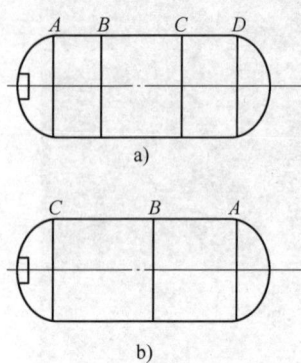

图 7-38　锅筒结构示意图
a) 上锅筒　b) 下锅筒

宏观检验：对上、下锅筒所有焊缝进行磁粉探伤发现，所有环焊缝上均有长度不等的裂纹，裂纹深度不等，且有少量裂纹已穿透壁厚。

微观检验：化学成分分析结果表明母材的化学成分符合日本 JIS 相应标准。金相试验分析表明：裂纹的宽度均匀，裂纹内充满了腐蚀产物，有分叉，主裂纹萌生于腐蚀坑，裂纹穿晶发展。锅筒内壁表面腐蚀坑内有许多垂直于表面且平行发展的微裂纹。

断口分析：将断口制成试样，用超声波对裂纹表面进行清洗，然后进行扫描电镜分析，结果如图 7-39 所示。从图中可以看出裂纹表面有细小的韧窝，并由韧窝停顿形成了疲劳条纹。

分析与结论：裂纹为穿晶型裂纹，有分叉，裂纹内及末端有腐蚀产物，锅筒内壁有许多蚀坑及微裂纹，同时，在电镜下可以观察到明显的疲劳条纹。由此可以断定该锅筒的失效是由于腐蚀疲劳引起的。

交变应力是锅炉运行过程中启、停炉及给水温差等原因引起的，而炉水渗入锅筒则为锅筒的腐蚀疲劳提供了介质。还应该指出的是锅筒焊后未进行热处理便投入了使用，焊缝及近缝区的残余拉伸应力水平是很高的，这不仅增大了裂纹尖端的应力场，同时促进了环境对金属材料的破坏作用。

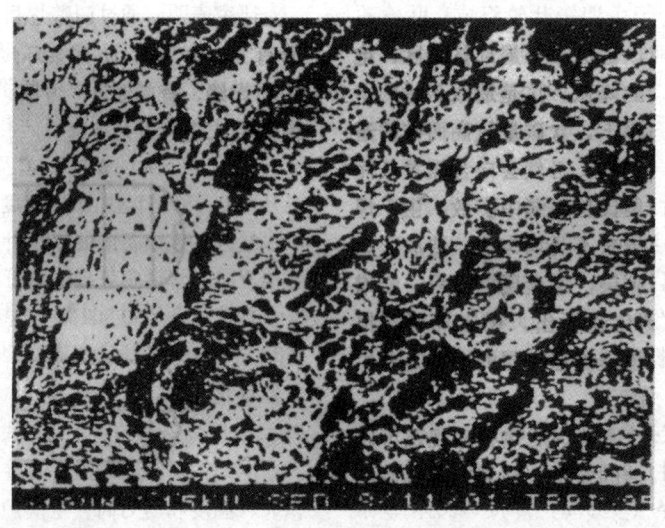

图 7-39　断口扫描电镜照片（320×）

参 考 文 献

[1]　魏宝明. 金属腐蚀理论及应用 [M]. 北京：化学工业出版社，1984.

[2]　薛锦. 应力腐蚀破裂与环境氢脆 [M]. 西安：西安交通大学出版社，1991.

[3]　徐坚. 腐蚀金属学及耐腐蚀金属材料 [M]. 杭州：浙江科学技术出版社，1981.

[4]　乔利杰，褚武扬. 应力腐蚀破裂 [M]. 北京：科学出版社，1993.

[5]　潘希德，董俊明，薛锦. JM 积分在低碳钢焊接接头应力腐蚀破裂设计中的应用 [J]. 西安交通大学学报，1996，30（7）：104-110.

[6]　Guangqi Zhou. Stress corrosion cracking of welded joints in caustic and nitrate solution [M]. Proc. 10th ICMC, India, 1987.

[7]　周光祺，张震，董俊明. 用插销法研究 0Cr18Ni9Ti 不锈钢在 MgCl₂ 溶液中的应力腐蚀破裂 [C]. 第六届全国焊接学术会议论文选集：第5集. 西安，1990.

[8]　ASTM Designation. G58-85　Standard practice for prep-

aration of stress-corrosion test specimens for weldments [S].

[9]　李志远，林兆凤，刘顺洪. 热模拟焊接热影响区组织在 3.5% NaCl 水溶液中的腐蚀疲劳裂纹行为的研究 [C]. 第六届全国焊接学术会议论文选集：第 5 集. 西安，1990.

[10]　范长信，雷中黎，赵彦芬，等. 汽轮机末级叶片水蚀后的焊接修复 [C]. 全国第五届电站金属构件失效分析与寿命管理学术会议论文集. 293-301，1997.

[11]　徐宾士. 表面工程的理论与技术 [M]. 北京：国防工业出版社，1999.

[12]　杨宣科. 金属高温强度及试验 [M]. 上海：上海科学技术出版社，1986.

[13]　集箱用 12Cr1MoV 钢手工焊焊接接头高温持久强度试验，上海锅炉厂，1990.

[14]　集箱用 12Cr1MoV 钢埋弧焊焊接接头高温持久强度试验，东方锅炉厂，1990.

[15]　12Cr1MoV 和 12Cr2Mo 低铬铁素体锅炉用耐热钢管，上海锅炉厂，1990.

[16]　高强度铁素体锅炉用耐热钢 9Cr1MoVNb，上海锅炉厂，1990.

[17]　陶永顺，杨春乐，史耀武. 改良型 9Cr-1Mo 钢焊接工艺及在电站锅炉上的应用 [J]. 东方电气评论，1995，9 (4)：199-211.

[18]　C F Etienne，等. AISI316 钢焊接接头的蠕变 [C]. 锅炉压力容器的蠕变设计译文集. 北京：劳动人事出版社，1986.

[19]　潘希德，薛锦. 焊接质量差引起的不锈钢设备应力腐蚀开裂 [J]. 腐蚀科学与防护技术，1997.

[20]　薛锦，戚继皋. Cr17Ni2 钢焊接接头刀状腐蚀性能的研究 [J]. 西安交通大学学报，1987，21 (5)：65-74.

[21]　刘树涛，李耀君. 10 吨锅筒裂纹原因分析 [C]. 全国第五届电站金属构件失效分析与寿命管理学术会议论文集，1997.

[22]　米锡敏，孙永莹. 电站锅炉锅筒裂纹分析及探伤要点 [C]. 全国第五届电站金属构件失效分析与寿命管理学术会议论文集，1997.

[23]　中国材料工程大典编委会. 中国材料工程大典 [M]. 北京：化学工业出版社，2005.

第8章 标准与法规

作者 朴东光 审者 严鸢飞 王林

8.1 国内外焊接标准化概述

8.1.1 主要标准化机构及职能

1. 全国焊接标准化技术委员会

全国焊接标准化技术委员会成立于1985年，由国家质量监督检验检疫总局统一领导和管理。全国焊接标准化技术委员会是从事焊接标准化工作的全国性技术工作组织。其机构代号为SAC/TC55，简称焊接标委会。

全国焊接标准化技术委员会下设三个分技术委员会——焊接材料分技术委员会、钎焊分技术委员会和焊缝试验检验分技术委员会，分别与国际标准化组织中的ISO/TC44/SC3、ISO/TC44/SC12和ISO/TC44/SC5相对应。焊接标委会由来自机械、冶金、电子、船舶、汽车、航空航天、水电、能源、石化、核能、建筑、劳动安全监察等部门及行业的代表组成。

全国焊接标准化技术委员会的组建按照《全国专业标准化技术委员会章程》规定，由委员单位提出申请及委员推荐意见报有关标准化管理部门审核。委员会的组成方案最终由国家质量监督检验检疫总局核准、聘任并统一颁发聘书。每届委员会委员的任期一般为5年。

根据国务院标准化行政主管部门的分工，全国焊接标准化技术委员会的主要工作任务包括以下内容：

① 负责焊接专业的标准化技术归口工作。

② 负责组织制定焊接标准体系。

③ 提出焊接标准制、修订规划和计划。

④ 组织焊接标准计划项目的实施。

⑤ 负责焊接标准的宣传、贯彻及实施。

⑥ 提出焊接专业标准化成果评定意见和奖励建议。

⑦ 代表我国承担与国际标准化组织对口的技术业务工作，对国际标准文件进行表态处理，审查我国提案，提出开展对外标准化交流的议案。

⑧ 在产品质量监督检验、认证过程中，承担有关的焊接标准化评估工作。

⑨ 为行业提供相关的焊接标准化信息服务。

全国焊接标准化技术委员会保持工作联系的国内外团体及组织有：ISO/TC44、中国焊接学会、中国焊接协会、全国无损检测标准化技术委员会、全国电焊机标准化技术委员会、全国金属与非金属覆盖层标准化技术委员会、全国气体标准化技术委员会等。

2. 国外主要标准化组织

国际标准化组织（ISO）成立于1946年10月14日，来自25个国家的64名代表参加了ISO的成立大会。这次会议一致通过了ISO的章程及工作规则。1947年2月23日ISO开始正式履行其职责。

ISO的宗旨是在世界范围内促进标准化发展，便于国家间标准的协调、统一，发展在知识、科技和经济领域的合作。其主要工作内容包括：制定国际标准、协调世界范围的标准；组织成员国、各技术委员会的技术交流；与其他团体、机构在相关的专业领域内开展标准化合作等。

ISO的工作语言为英语、法语和俄语。

ISO目前下设274个技术委员会，分别负责不同领域的标准化归口工作。焊接方面的标准化工作由"焊接及相关工艺技术委员会"（ISO/TC44）具体负责。ISO/TC44现阶段的主要业务范畴包括气焊、电弧焊、电阻焊、感应焊及相关工艺领域的国际标准制、修订。

ISO/TC44的秘书处设在法国巴黎。ISO/TC44现有65个成员国，其中正式成员（P成员）31个，通信成员（O成员）34个。我国以P成员身份参加该技术委员会的活动。

ISO/TC44现设有9个分技术委员会（SC），各分技术委员会的分工情况见表8-1。

表8-1 ISO/TC44 各分技术委员会的分工

分委会代号	归口范围	秘书处所在国
ISO/TC44/SC3	焊接材料	美国
ISO/TC44/SC5	焊缝的试验、检验	法国
ISO/TC44/SC6	电阻焊	德国
ISO/TC44/SC7	术语及表示方法	英国
ISO/TC44/SC8	气焊	德国
ISO/TC44/SC9	健康及安全	英国
ISO/TC44/SC10	金属焊接领域内的统一要求	德国
ISO/TC44/SC11	人员认可	斯洛伐克
ISO/TC44/SC12	软钎焊	德国

欧洲标准化委员会（CEN）成立于1961年，其

总部设在比利时的布鲁塞尔。CEN 现有 33 个成员。

　　作为区域性的标准化组织，CEN 的主要工作任务之一就是制订欧洲标准（EN 标准），但对 EN 标准的审批、颁布程序，CEN 做了较为特别的规定。CEN 颁布的 EN 标准在其成员国内部享有特殊地位。CEN 不负责任何 EN 标准的出版发行，EN 标准一旦得到批准，CEN 成员国必须在 6 个月之内将其作为国家标准颁布实施，同时必须撤销任何与之不符的本国标准。

　　CEN 的工作语言为英语、法语和德语。

　　在 CEN 内部，焊接领域的标准化工作由"焊接技术委员会"（CEN/TC121）归口负责。CEN/TC121 成立于 1987 年，现任秘书国为德国。CEN/TC121 下设 6 个分技术委员会。各分技术委员会的分工情况见表 8-2。

表 8-2　CEN/TC121 主要下设机构
的分工情况

机构代号	归口范围	秘书处所在国
CEN/TC121/WG3	焊接材料	德国
CEN/TC121/SC4	焊接领域内的质量管理	德国
CEN/TC121/SC5	焊缝的试验	法国
CEN/TC121/WG19	气焊、切割及相关工艺设备	德国
CEN/TC121/SC8	硬钎焊	英国
CEN/TC121/WG9	焊接及相关工艺的安全与健康	德国

8.1.2　国内外焊接标准的体系现状

1. 我国焊接标准体系

我国标准分国家标准、行业标准、地方标准和企业标准四级。国家标准由国家质量监督检验检疫总局批准颁布，行业标准由各产业部门审批并报国家质量技术监督局备案，地方标准则由各地方政府的标准化机构管理负责，仅在其地方政府的管辖地域内实行。在我国的各级标准中，国家标准和行业标准占据着主导地位。

鉴于焊接是一种跨行业应用的通用性加工技术，不同行业对焊接的需求差别显著。所以对焊接标准的分类和体系很难做准确的描述。

从当前的实际应用角度分析，我国目前的焊接标准体系实际上包含了两部分，即通用部分和专用部分。通用部分具体包括适用范围广、跨行业应用的通用性国家标准和行业标准。专用部分则以那些适用范围相对较窄、仅针对个别行业（或产品）的焊接标准。

我国现行通用性焊接标准体系实际上由以下几部分组成：

① 术语、符号、分类。
② 一般要求。
③ 焊接材料。
④ 焊缝的试验和检验。
⑤ 焊接材料的试验。
⑥ 切割。
⑦ 弧焊设备。
⑧ 电阻焊设备。
⑨ 其他设备。

具体见表 8-3。

表 8-3　我国通用性焊接标准体系表

类别	标准编号	标准名称	对应的国外标准
术语符号分类	GB/T 3375—1994	焊接术语	AWS A3.0:2001
	GB/T 2900.22—2005	电工名词术语　电焊机	
	GB/T 16672—1996	焊缝—工作位置—倾角和转角的定义	ISO 6947:1993
	GB/T 324—2008	焊缝符号表示法	ISO 2553:1992
	GB/T 10249—2010	电焊机型号编制方法	
	GB/T 5185—2005	焊接及相关工艺方法代号	ISO 4063:1998
	GB/T 6417.1—2005	金属熔化焊接头缺欠分类及说明	ISO 6520-1:1998
	GB/T 6417.2—2005	金属压力焊接头缺欠分类及说明	ISO 6520-2:2001
	GB/T 19418—2003	钢的弧焊接头—缺陷质量分级指南	ISO 5817:2003
	GB/T 985.1—2008	气焊、焊条电弧焊、气体保护焊和高能束焊的推荐坡口	ISO 9692-1:2003
	GB/T 985.2—2008	埋弧焊的推荐坡口	ISO 9692-2:1998
	GB/T 985.3—2008	铝及铝合金气体保护焊的推荐坡口	ISO 9692-3:2004
	GB/T 985.4—2008	复合钢的推荐坡口	ISO 9692-4:2003
	GB/T 22087—2008	铝及铝合金的弧焊接头　缺欠质量分级指南	ISO 10042:2005
	GB/T 22085.1—2008	电子束及激光焊接头　缺欠质量分级指南　第 1 部分：钢	ISO 13919-1:1996

（续）

类别	标准编号	标准名称	对应的国外标准
术语符号分类	GB/T 22085.2—2008	电子束及激光焊焊接头　缺欠质量分级指南　第 2 部分:铝及铝合金	ISO 13919-2:2001
	GB/T 19804—2005	焊接结构的一般尺寸公差和形位公差	ISO 13920:1996
	JB/T 10045.1—1999	热切割　方法和分类	
	JB/T 10045.2—1999	热切割　术语和定义	
	JB/T 10045.3—1999	热切割　气割质量和尺寸偏差	
	JB/T 10045.4—1999	热切割　等离子弧切割质量和尺寸偏差	
	JB/T 10045.5—1999	热切割　气割表面质量样板	
一般要求	GB 9448—1999	焊接与切割安全	ANSI/AWS Z49.1:2005
	GB/T 12467.1—2009	焊接质量要求　金属材料的熔化焊　第 1 部分:选择及使用指南	ISO 3834-1:2005
	GB/T 12467.2—2009	焊接质量要求　金属材料的熔化焊　第 2 部分:完整质量要求	ISO 3834-2:2005
	GB/T 12467.3—2009	焊接质量要求　金属材料的熔化焊　第 3 部分:一般质量要求	ISO 3834-3:2005
	GB/T 12467.4—2009	焊接质量要求　金属材料的熔化焊　第 4 部分:基本质量要求	ISO 3834-4:2005
	GB/T 12467.5—2009	焊接质量要求　金属材料的熔化焊　第 5 部分:ISO 文件指南	ISO 3834-5:2005
	GB/T 24598—2009	铝及铝合金焊工技能评定	ISO 9606-2:2004
	GB/T 19867.2—2008	气焊焊接工艺规程	ISO 15609-2:2001
	GB/T 19867.3—2008	电子束焊接工艺规程	ISO 15609-3:2003
	GB/T 19867.4—2008	激光焊接工艺规程	ISO 15609-4:2004
	GB/T 19867.5—2008	电阻焊接工艺规程	ISO 15609-5:2004
	GB/T 19869.2—2012	铝及铝合金的焊接工艺评定试验	ISO 15614-2:2005
	ISO 15614—2:2005	铝及铝合金的弧焊推荐工艺	ISO/TR 17671-4:2004
	JB/T 11062—2010	电子束焊接工艺指南	ISO/TR 17671-6:2005
	JB/T 11063—2010	激光焊接工艺指南	ISO/TR 17671-7:2004
	JB/T 11085—2011	振动焊接参数选择及技术要求	
	GB/T 15169—2003	钢熔化焊焊工技能评定	EN 287-1:2004
	GB/T 19805—2005	焊接操作工技能评定	ISO 14732:1998
	GB/T 18591—2001	焊接　预热温度、道间温度及预热维持温度的测量指南	ISO 13916:1996
	GB/T 19419—2003	焊接管理　任务与职责	ISO 14731:1997
	GB/T 19866—2005	焊接工艺规程及评定的一般原则	ISO 15607:2003
	GB/T 19867.1—2005	电弧焊焊接工艺规程	ISO 15609-1:2004
	GB/T 19868.1—2005	基于试验焊接材料的工艺评定	ISO 15610:2003
	GB/T 19868.2—2005	基于焊接经验的工艺评定	ISO 15611:2003
	GB/T 19868.3—2005	基于标准焊接规程的工艺评定	ISO 15612:2004
	GB/T 19868.4—2005	基于预生产焊接试验的工艺评定	ISO 15613:2004
	GB/T 19869.1—2005	钢、镍及镍合金的焊接工艺评定试验	ISO 15614-1:2004
	JB/T 3223—1996	焊接材料质量管理规程	
	JB/T 4251—1999	摩擦焊通用技术条件	AWS C6.1:1989
	JB/T 6046—1992	碳钢、低合金钢焊接构件焊后热处理方法	JIS Z 3700-1987
	JB/T 6967—1993	电渣焊通用技术条件	
	JB/T 9185—1999	钨极惰性气体保护焊工艺方法	AWS C5.5:2003
	JB/T 9186—1999	二氧化碳气体保护焊工艺规程	AWS C5.6:1989

（续）

类别	标准编号	标准名称	对应的国外标准
焊接材料	GB/T 983—2012	不锈钢焊条	ISO 3581:2003
	GB/T 984—2001	堆焊焊条	ANSI/AWS A5.13—2000
	GB/T 3669—2001	铝及铝合金焊条	ANSI/AWS A5.3—1999
	GB/T 3670—1995	铜及铜合金焊条	JIS Z 3231—1989
	GB/T 5117—2012	非合金钢和细晶粒钢焊条	ISO 2560:2009
	GB/T 5118—2012	热强钢焊条	ISO 3580:2010
	GB/T 5293—1999	埋弧焊用碳钢焊丝及焊剂	ANSI/AWS A5.17—1999
	GB/T 8110—2008	气体保护焊用碳钢、低合金钢焊丝	ANSI/AWS A5.18—2005
	GB/T 9460—2008	铜及铜合金焊丝	ISO 24373:2008
	GB/T 10044—2006	铸铁焊条及焊丝	ANSI/AWS A5.10—1999
	GB/T 10045—2001	碳钢药芯焊丝	ANSI/AWS A5.20—1995
	GB/T 10858—2008	铝及铝合金焊丝	ISO 18273:2004
	GB/T 12470—2003	埋弧焊用低合金钢焊丝和焊剂	ANSI/AWS A5.23—1997
	GB/T 13814—2008	镍及镍合金焊条	ISO 14172:2003
	GB/T 15620—2008	镍及镍合金焊丝	ISO 18274:2004
	GB/T 17493—2008	低合金钢药芯焊丝	ANSI/AWS A5.29—2005
	GB/T 17854—1999	埋弧焊用不锈钢焊丝和焊剂	JIS Z 3324—1988
	GB/T 17853—1999	不锈钢药芯焊丝	ANSI/AWS A5.22—1995
	JB/T 3168.1—1999	喷焊合金粉末技术条件	
	GB/T 6418—2008	铜基钎料	ISO 17672:2010
	GB/T 10046—2008	银钎料	EN 1044:1999
	GB/T 10859—2008	镍基钎料	ISO 17672:2010
	GB/T 13679—1992	锰基钎料	
	GB/T 13815—2008	铝基钎料	ISO 17672:2010
	GB/T 15829—2008	软钎焊用钎剂　分类和性能要求	ISO 9454.1:1990
	JB/T 6045—1992	硬钎焊用钎剂	
焊缝的试验检验	GB/T 2650—2008	焊接接头冲击试验方法	ISO 9016:2001
	GB/T 2651—2008	焊接接头拉伸试验方法	ISO 4136:2001
	GB/T 2652—2008	焊缝及熔敷金属拉伸试验方法	ISO 5178:2001
	GB/T 2653—2008	焊接接头弯曲试验方法	ISO 5173:2000
	GB/T 2654—2008	焊接接头硬度试验方法	ISO 9015-1:2001
	GB/T 11363—2008	钎焊接头强度试验方法	ISO 5187:1985
	GB/T 3323—2005	钢熔化焊对接接头射线照相及质量分级	ISO 17636:2003
	GB/T 11345—1989	钢焊缝手工超声波探伤方法及等级分类	ISO 17640:2005
	GB/T 12605—2008	钢管环缝熔化焊对接接头射线透照工艺和质量分级	
	GB/T 15830—2008	钢制管道对接环焊缝超声波探伤方法及检验结果的分级	
	JB/T 6061—2007	焊缝磁粉检验方法及缺陷磁痕的分级	
	JB/T 6062—2007	焊缝渗透检验方法及缺陷痕迹的分级	
	JB/T 8931—1999	堆焊层超声探伤方法	
焊接材料的试验	GB/T 3965—2012	熔敷金属中扩散氢测定方法	ISO 3690:2000
	GB/T 11364—2008	钎料润湿性试验方法	ISO 5179:1983
	GB/T 1954—2008	镍铬奥氏体不锈钢焊缝铁素体含量测量方法	ISO 8249:2000
	JB/T 7520.1—1994	磷铜钎料化学分析方法　EDTA容量法测定铜量	
	JB/T 7520.2—1994	磷铜钎料化学分析方法　氯化银重量法测定银量	
	JB/T 7520.3—1994	磷铜钎料化学分析方法　钒钼酸光度法测定磷量	
	JB/T 7520.4—1994	磷铜钎料化学分析方法　碘化钾光度法测定锑量	
	JB/T 7520.5—1994	磷铜钎料化学分析方法　次磷酸盐还原容量法测定锡量	

（续）

类别	标准编号	标 准 名 称	对应的国外标准
焊接材料的试验	JB/T 7520.6—1994	磷铜钎料化学分析方法　丁二酮肟光度法测定镍量	
	JB/T 7948.1—1999	熔炼焊剂化学分析方法　重量法测定二氧化硅量	ГОСТ 22974—1978
	JB/T 7948.2—1999	熔炼焊剂化学分析方法　电位滴定法测定氧化锰量	ГОСТ 22974—1978
	JB/T 7948.3—1999	熔炼焊剂化学分析方法　高锰酸盐光度法测定氧化锰量	ГОСТ 22974—1978
	JB/T 7948.4—1999	熔炼焊剂化学分析方法　EDTA 容量法测定氧化铝量	ГОСТ 22974—1978
	JB/T 7948.5—1999	熔炼焊剂化学分析方法　磺基水杨酸光度法测定氧化铁量	ГОСТ 22974—1978
	JB/T 7948.6—1999	熔炼焊剂化学分析方法　热解法测定氟化钙量	ГОСТ 22974—1978
	JB/T 7948.7—1999	熔炼焊剂化学分析方法　氟氯化铅-EDTA 容量法测定氧化钙量	ГОСТ 22974—1978
	JB/T 7948.8—1999	熔炼焊剂化学分析方法　钼蓝光度法测定磷量	ГОСТ 22974—1978
	JB/T 7948.9—1999	熔炼焊剂化学分析方法　火焰光度法测定氧化钠、氧化镁量	ГОСТ 22974—1978
	JB/T 7948.10—1999	熔炼焊剂化学分析方法　燃烧-库仑法测定碳量	ГОСТ 22974—1978
	JB/T 7948.11—1999	熔炼焊剂化学分析方法　燃烧-碘量法测定硫量	ГОСТ 22974—1978
	JB/T 7948.12—1999	熔炼焊剂化学分析方法　EDTA 容量法测定氧化钙、氧化镁量	ГОСТ 22974—1978
	JB/T 3168.2—1999	喷焊合金粉末硬度粒度测定	
	JB/T 3168.3—1999	喷焊合金粉末化学成分分析方法	
	GB/T 25776—2010	焊接材料焊接工艺性能评定方法	
	GB 16194—1996	车间空气中电焊烟尘卫生标准	
切割	GB/T 5107—2008	气焊设备　焊接、切割和相关工艺用软管接头	
	JB/T 5101—1991	切割机用割炬	
	JB/T 5102—2011	坐标式气割机	ISO 8206：1991
	JB/T 6104—1992	摇臂仿形气割机	
	JB/T 6969—1993	射吸式焊炬	
	JB/T 6970—1993	射吸式割炬	
	JB/T 7106—1993	水再压缩空气等离子弧切割机	
	JB/T 7436—1994	小车式气割机	
	JB/T 2751—2004	等离子弧切割机	
	JB/T 7437—1994	干式回火保险器	
	JB/T 7438—1994	空气等离子切割机	
	JB/T 7947—1999	等压式焊炬、割炬	
	JB/T 7950—2014	火焰割嘴	
弧焊设备	GB/T 8118—2010	电弧焊机　通用技术条件	
	GB 10235—2000	弧焊变压器防触电装置	
	GB/T 13164—2003	埋弧焊机	
	GB/T 13165—2010	电弧焊机噪声的测定方法	
	GB 15579.1—2004	弧焊设备　第1部分：焊接电源	IEC 6074-1：2000
	GB 15579.5—2005	弧焊设备安全要求　第5部分：送丝装置	IEC 6074-5：2002
	GB 15579.7—2005	弧焊设备安全要求　第7部分：焊炬(枪)	IEC 6074-7：2000
	GB 15579.11—1998	弧焊设备安全要求　第11部分：电焊钳	IEC 6074-11：1992
	GB 15579.12—1998	弧焊设备安全要求　第12部分：焊接电缆偶合装置	IEC 6074-12：1992
	JB/T 7109—1993	等离子弧焊机	
	JB/T 7824—1995	逆变式弧焊整流器技术条件	
	JB/T 7834—1995	弧焊变压器	
	JB/T 7835—1995	弧焊整流器	
	JB/T 8747—1998	手工钨极惰性气体保护弧焊机(TIG 焊机)技术条件	
	JB/T 8748—1998	MIG/MAG 弧焊机	
	JB/T 9528—1999	原动机　弧焊发电机组	

（续）

类别	标准编号	标 准 名 称	对应的国外标准
电阻焊设备	GB/T 8366—2004	电阻焊 电阻焊机 机械和电气要求	ISO 669：2000
	GB 15578—2008	电阻焊机的安全要求	
	GB/T 18495—2001	电阻焊与焊钳一体式的变压器	ISO 10656：1996
	JB 3158—1999	电阻点焊直电极	ISO 5184：1979
	JB 3946—1999	凸焊机电极平板槽子	ISO 865：1981
	JB 3947—1999	电阻点焊电极接头	ISO 5183-1：1998
	JB 3948—1999	电阻点焊电极帽	ISO 5821：1979
	JB/T 3957—1999	点焊设备 电极锥度配合尺寸	ISO 1089：1980
	JB/T 4158—1999	缝焊焊轮坯料尺寸	ISO 693：1982
	GB/T 25443—2010	移动式点焊机	
	GB/T 25305—2010	缝焊机	
	GB/T 25311—2010	固定式对焊机	
	JB/T 5252—1991	电阻焊设备用图形符号	ISO 7286：1986
	JB/T 5256—1991	电焊机检查及抽样方法	
	JB/T 5340—1991	多点焊机用阻焊变压器特殊技术条件	ISO 7284：1993
	JB/T 6231—1992	电阻点焊设备电极冷却管	ISO 9313：1989
	JB/T 8442.1—1996	电阻焊水冷次级连接电缆 第1部分：双芯连接电缆的规格和技术要求	ISO 8205-1：2002
	JB/T 8442.2—1996	电阻焊水冷次级连接电缆 第2部分：单芯连接电缆的规格和技术要求	ISO 8205-2：2002
	JB/T 8442.3—1996	电阻焊水冷次级连接电缆 第3部分：试验要求	ISO 8205-3：1993
	JB/T 9527—1999	点焊设备 圆锥塞规和圆锥环规	ISO 5822：1988
	JB/T 9529—1999	电阻焊机变压器 通用技术条件	ISO 5826：1999
	JB/T 9530—1999	电阻焊设备的绝缘帽和绝缘衬套	ISO 7931：1985
	JB/T 9531—1999	点焊 电极挡块和夹块	ISO 5827：1983
	JB/T 9959—1999	电阻点焊 内锥度1：10的电极接头	ISO 5829：1984
	JB/T 9960—1999	电阻点焊 凸型电极帽	ISO 5830：1984
	GB/T 25310—2010	固定式点、凸焊机	
	GB/T 25298—2010	电阻焊机控制器 通用技术条件	
	JB/T 10113—2002	电阻焊设备 两端与水冷连接块相连的次级连接电缆的尺寸和特性	ISO 5828：2001
	JB/T 10255—2001	电阻焊设备—电极接头，外锥度1：10 第1部分：圆锥配合，锥度1：10	ISO 5183-1：1998
	JB/T 10256.1—2001	电阻点焊——电极握杆 第1部分：配合锥度1：10	ISO 8430-1：1988
	JB/T 10256.2—2001	电阻点焊——电极握杆 第2部分：莫氏锥度配合	ISO 8430-2：1988
	JB/T 10256.3—2001	电阻点焊——电极握杆 第3部分：末端插入式圆柱柄配合	ISO 8430-3：1988
	JB/T 10257—2001	电阻焊设备——用于电极挡块的绝缘销	ISO 9312：1990
	JB/T 10258—2001	电阻凸焊用的凸点	ISO 8167：1989
其他设备	GB 15701—1995	焊接防护服	
	GB/T 3609.1—2008	职业眼面防护 焊接防护 第1部分：焊接防护具	
	GB/T 3609.2—2009	职业眼面防护 焊接防护 第2部分：自动变光焊接滤光镜	
	JB/T 6965—1993	焊接操作机	ГОСТ 23556—1979
	JB/T 8795—2013	水电解氢氧发生器	
	JB/T 8833—2001	焊接用变位机	ГОСТ 19143—1984
	JB/T 9187—1999	焊接用滚轮架	ГОСТ 21327—1979
	JB/T 6230—1992	小型电热式电焊条烘干炉技术条件	
	JB/T 6232—1992	电焊条保温筒技术条件	

（续）

类别	标准编号	标 准 名 称	对应的国外标准
电阻焊设备	JB/T 7108—1993	碳弧气刨机	
	JB/T 7783—1995	气动式管子坡口机技术条件	
	JB/T 8086—1999	摩擦焊机	
	JB/T 8323—1996	螺柱焊机	
	JB/T 8588—1997	电焊机用冷却风机的安全要求	
	JB/T 8597—1997	钢筋电渣压力焊机技术条件	
	JB/T 8805—1998	气体保护焊用减压器技术条件	
	JB/T 8806—1998	气体保护焊用混合气体配比器技术条件	
	JB/T 9534—1999	引弧装置技术条件	
	JB/T 10498—2005	电焊机专用转换开关	

就我国现行的通用性焊接标准体系总体而言，各类标准的发展尚不均衡，采标对象、采标方式及侧重点有所不同。符号代号、表示方法等基础部分的标准采用 ISO 标准的比例较高，而焊接材料、焊接工艺部分的标准则基本采用 AWS 及 JIS 标准，试验检验部分的标准采用了各国的同类标准。在这些采标标准中，多数标准修改采用了对应的国外标准。

这种情况既体现了焊接工艺的特殊性，也反映了我国在材料、工艺、制造水平、传统习惯等方面与其他国家存在着一定的差异。

2. ISO 的焊接标准体系

根据 ISO/TC44 的内部分工，其焊接标准的制修订由各分技术委员会（SC）具体负责。标准项目的分类也基本按次划分为 9 类：

① 焊接材料（由 SC3 负责）。

② 焊缝的试验、检验（由 SC5 负责）。

③ 电阻焊（由 SC6 负责）。

④ 术语及表示方法（由 SC7 负责）。

⑤ 气焊（由 SC8 负责）。

⑥ 焊接健康与安全，（由 SC9 负责）。

⑦ 金属焊接领域内的统一要求，（由 SC10 负责）。

⑧ 焊接人员认可，（由 SC11 负责）。

⑨ 软钎焊，（由 SC12 负责）。

截止到 2012 年 12 月，ISO/TC44 已经颁布正式标准、技术报告和技术规范共计 307 项。最近若干年以来，ISO/TC44 每年的标准制修订工作项目数量一直保持数十项左右。这种情况表明：ISO 的焊接标准始终处于动态平衡状态。ISO 焊接标准体系的主要部分见表 8-4。

表 8-4　ISO 焊接标准体系表

标准类别	标准编号	标 准 名 称
焊接材料	ISO 544:2011	焊接材料　焊接填充材料的技术供货条件　产品类型、尺寸、公差及标记
	ISO 636:2004	焊接材料　非合金钢及细晶粒钢钨极气体保护焊焊丝、填充丝及熔敷金属　分类
	ISO 864:1988	弧焊　碳钢及碳锰钢实芯焊丝和药芯焊丝　焊丝及焊丝盘的尺寸
	ISO 1071:2003	焊接材料　铸铁熔化焊用焊条、焊丝、填充丝及药芯焊丝　分类
	ISO 2401:1972	涂料焊条　焊条效率,金属回收率及熔敷系数的测定
	ISO 2560:2009	焊接材料　非合金钢及细晶粒钢手工焊条　分类
	ISO 3580:2010	焊接材料　耐蠕变钢焊条　分类
	ISO 3581:2003	焊接材料　不锈钢及耐热钢焊条　分类
	ISO 3690:2012	焊接　铁素体钢弧焊熔敷金属中氢含量的测定
	ISO 5179:1983	使用变间隙试件的可钎焊性研究
	ISO 6847:2000	手工电弧焊焊条　熔敷金属化学分析试样
	ISO 6848:2004	弧焊及切割　非熔化钨极　分类
	ISO 8249:2000	镍铬钢焊条奥氏体熔敷金属中铁素体的测定
	ISO 14171:2010	非合金钢和细晶粒钢埋弧焊焊丝和焊剂　分类
	ISO 14172:2008	镍及镍合金手工电弧焊焊条　分类
	ISO 14174:2012	焊接材料　埋弧焊用焊剂　分类
	ISO 14175:2008	焊接材料　弧焊及切割用保护气体
	ISO 14341:2010	焊接材料　非合金钢及细晶粒钢气体保护焊焊丝及熔敷金属　分类

（续）

标准类别	标准编号	标 准 名 称
焊接材料	ISO 14343:2009	焊接材料 不锈钢及耐热钢弧焊焊丝、填充丝 分类
	ISO 14344:2010	焊接及相关工艺 埋弧焊及气体保护焊 焊接材料采购指南
	ISO 14372:2008	焊接材料 通过扩散氢含量测定焊条耐吸潮能力的方法
	ISO 15792-1:2000	焊接材料 试验方法 第一部分:钢、镍及镍合金全焊缝金属试样试验方法
	ISO 15792-2:2000	焊接材料 试验方法 第二部分:钢材单道焊及双道焊缝试样的制备
	ISO 15792-3:2011	焊接材料 试验方法 第三部分:焊接材料角焊缝根部熔深及成型能力的分类试验
	ISO 17633:2010	焊接材料 不锈钢及耐热钢气保护和自保护焊药芯焊丝 分类
	ISO 17634:2004	焊接材料 耐蠕变钢气保护焊药芯焊丝 分类
	ISO 18273:2004	焊接材料 铝及铝合金焊条、焊丝及填充丝 分类
	ISO 18274:2010	焊接材料 镍及镍合金焊丝、焊带及填充丝 分类
	ISO 18275:2011	焊接材料 高强度钢焊条 分类
	ISO 18276:2005	焊接材料 高强度钢保护和自保护药芯焊丝 分类
	ISO 24034:2010	焊接材料 钛及钛合金实芯焊丝和填充丝 分类
焊缝的试验检验	ISO 1027:1983	无损检验用射线检验像质计 原理及识别
	ISO 2400:1972	钢焊缝—超声波检验设备校准用标准块
	ISO 2437:1972	5~50毫米厚铝及铝合金,镁及镁合金熔化焊对接接头X射线检验的推荐方法
	ISO 2504:1973	焊缝射线检验及底片条件 像质计推荐型的使用
	ISO 4136:2001	金属材料焊缝的破坏性试验 横向拉伸试验
	ISO 5173:2009	金属材料焊缝的破坏性试验 弯曲试验
	ISO 5178:2001	金属材料焊缝的破坏性试验 熔焊接头焊缝金属的纵向拉伸试验
	ISO 7963:2006	钢焊缝 焊缝超声波检验用2号块
	ISO 9015-1:2001	金属材料焊缝的破坏性试验 第一部分:弧焊接头的硬度试验
	ISO 9015-2:2003	金属材料焊缝的破坏性试验 第二部分:弧焊接头的显微硬度试验
	ISO 9016:2001	金属材料焊缝的破坏性试验 冲击试验 试样部位、缺口方位及检验
	ISO 9017:2001	金属材料焊缝的破坏性试验 断裂试验
	ISO 9018:2003	金属材料焊缝的破坏性试验 十字接头和搭接接头的拉伸试验
	ISO 14270:2000	电阻点焊、缝焊及凸焊接头的机械剥离试验的试样尺寸及程序
	ISO 14271:2011	电阻点焊、缝焊及凸焊接头的维氏硬度试验(低载荷及显微硬度)
	ISO 14272:2000	电阻点焊、缝焊及凸焊接头的横向拉伸试验的试样尺寸及程序
	ISO 14273:2000	电阻点焊、缝焊及凸焊接头的剪切试验的试样尺寸及程序
	ISO 14323:2006	电阻点焊及凸焊 焊缝的破坏性试验 冲击剪切试验及十字拉伸试验的试样尺寸及试验程序
	ISO 14324:2003	电阻点焊 焊缝的破坏性试验 点焊接头的疲劳试验方法
	ISO 14327:2004	电阻焊 电阻点焊、凸焊和缝焊焊接性试验方法
	ISO 14329:2003	电阻焊 焊缝的破坏性试验 点焊、缝焊和凸焊缝的失效类型和几何测量
	ISO 17635:2010	焊缝的无损检验 金属材料熔化焊焊缝的一般原则
	ISO 17636:2003	焊缝的无损检验 熔化焊接头的射线检验
	ISO 17637:2003	焊缝的无损检验 熔化焊接头外观检验
	ISO 17638:2003	焊缝的无损检验 磁粉探伤
	ISO 17639:2003	焊缝的破坏性试验 焊缝的宏观及显微检验
	ISO 17640:2010	焊缝的无损检验 焊接接头的超声波检验
	ISO 17641-1:2004	金属材料焊缝的破坏性试验 焊件的热裂缝试验 弧焊方法 第一部分:一般原则
	ISO 17641-2:2005	金属材料焊缝的破坏性试验 焊件的热裂缝试验 弧焊方法 第二部分:自拘束试验
	ISO 17642-1:2004	金属材料焊缝的破坏性试验 焊件的冷裂缝试验 弧焊方法 第一部分:一般原则
	ISO 17642-2:2005	金属材料焊缝的破坏性试验 焊件的冷裂缝试验 弧焊方法 第二部分:自拘束试验
	ISO 17642-3:2005	金属材料焊缝的破坏性试验 焊件的冷裂缝试验 弧焊方法 第三部分:外加载荷试验
	ISO 17643:2005	焊缝的无损检测 利用复合面分析的焊缝涡流试验
	ISO 17653:2003	金属材料焊缝的破坏性试验 电阻点焊接头的扭矩试验
	ISO 17654:2003	金属材料焊缝的破坏性试验 电阻点焊接头的压力试验

（续）

标准类别	标准编号	标准名称
焊缝的试验检验	ISO 17655:2003	金属材料焊缝的破坏性试验　测量δ铁素体的取样方法
	ISO 22826:2005	金属材料焊缝的破坏性试验　激光和电子束焊接接头的硬度试验(Vickers 和 Knoop 硬度试验)
	ISO/TR 16060:2003	金属材料焊缝的破坏性试验　宏观及显微检验的腐蚀
	ISO/TR 17641-3:2005	金属材料焊缝的破坏性试验　焊件的热裂缝试验　弧焊方法　第三部分:外加载荷试验
电阻焊	ISO 669:2000	电阻焊　电阻焊设备　机械及电气要求
	ISO 693:1982	缝焊焊轮坯料尺寸
	ISO 865:1981	凸焊机电极平板槽子
	ISO 1089:1980	电阻焊设备的锥形电极配件　尺寸
	ISO 5182:2008	焊接　电阻焊电极及辅助设备用材料
	ISO 5183-1:1998	电阻焊设备　电极接头,外锥度1:10　第1部分:圆锥配合,锥度1:10
	ISO 5183-2:2000	电阻焊设备　电极连接器　阳极锥度(1:10)　第二部分:末端托架电极的平行装配锚
	ISO 5184:1979	电阻点焊直电极
	ISO 5821:2009	电阻点焊电极帽
	ISO 5822:1988	点焊设备　圆锥塞规和圆锥环规
	ISO 5826:1999	电阻焊机变压器　通用技术条件
	ISO 5827:1983	点焊　电极挡块和夹块
	ISO 5828:2001	电阻焊设备　两端与水冷连接块相连的次级连接电缆的尺寸和特性
	ISO 5829:1984	电阻点焊　内锥度1:10的电极接头
	ISO 5830:1984	电阻点焊　凸型电极帽
	ISO 6210-1:1991	机器人电阻焊枪用汽缸　第一部分:一般要求
	ISO 7284:1993	电阻焊设备　适用于汽车工业的带有两个分离二次绕组多点焊变压器的特殊技术条件
	ISO 7285:1995	机械化多点焊用气动缸
	ISO 7286:1986	电阻焊设备图标符号
	ISO 7931:1985	电阻焊设备的绝缘帽和绝缘衬套
	ISO 8166:2003	电阻焊　利用固定机器装置评估点焊电极寿命的规程
	ISO 8167:1989	电阻凸焊用的凸点
	ISO 8205-1:2002	电阻焊水冷次级连接电缆　第1部分:双芯连接电缆的规格和技术要求
	ISO 8205-2:2002	电阻焊水冷次级连接电缆　第2部分:单芯连接电缆的规格和技术要求
	ISO 8205-3:1993	电阻焊水冷次级连接电缆　第3部分:试验要求
	ISO 8430-1:1988	电阻点焊　电极握杆　第1部分:配合锥度1:10
	ISO 8430-2:1988	电阻点焊　电极握杆　第2部分:莫氏锥度配合
	ISO 8430-3:1988	电阻点焊　电极握杆　第3部分:末端插入式圆柱柄配合
	ISO 9312:1990	电阻焊设备　用于电极挡块的绝缘销
	ISO 9313:1989	电阻点焊设备　冷却管
	ISO 10656:1996	电阻焊　焊枪的集成变压器
	ISO 12145:1998	电阻焊设备　悬挂点焊电极的角度
	ISO 12166:1997	电阻焊设备　汽车工业多点焊用带有一个二次绕组变压器的特殊技术要求
	ISO 10447:2006	焊接　电阻点焊、凸焊与缝焊焊缝的剥离、凿铲试验
术语及表示方法	ISO 857-1:1998	焊接及相关工艺　术语　第一部分:金属焊接方法
	ISO 857-2:2005	焊接及相关工艺　术语　第二部分:硬钎焊和软钎焊方法及相关术语
	ISO 2553:1992	焊接、硬钎焊及软钎焊接头在图样上的表示方法
	ISO 4063:2009	焊接及相关工艺　工艺方法数值代号
	ISO 6520-1:2007	焊接及相关工艺　金属材料的几何缺陷分类　第一部分:熔化焊
	ISO 6520-2:2001	焊接及相关工艺　金属材料的几何缺陷分类　第二部分:压力焊
	ISO 6947:2011	焊缝　焊接工作位置　倾角和转角的定义
	ISO 7287:2002	热切割设备图形符号

（续）

标准类别	标准编号	标准名称
术语及表示方法	ISO 9692-1:2003	焊接及相关工艺 推荐的接头制备 第一部分:钢的手工电弧焊、气体保护焊、气焊及高能束焊
	ISO 9692-2:1998	焊接及相关工艺 推荐的接头制备 第二部分:钢的埋弧焊
	ISO 9692-3:2000	焊接及相关工艺 推荐的接头制备 第三部分:铝及铝合金的钨极惰性气体保护焊
	ISO 9692-4:2003	焊接及相关工艺 推荐的接头制备 第四部分:复合钢
	ISO 17658:2002	焊接 火焰切割、激光切割和等离子切割缺陷 术语
	ISO 17659:2002	焊接 带说明的焊接接头多语种术语
	ISO/TR 581:2005	焊接性 金属材料 一般原则
	ISO/TS 17845:2004	焊接及相关工艺 缺欠的命名体系
气焊	ISO 2503:2009	气焊设备 焊接、切割及相关工艺用气瓶(压力不超过30MPa)的压力调节器
	ISO 3253:1998	焊接、切割及相关工艺设备用软管接头
	ISO 3821:2008	焊接 焊接、切割及相关工艺用橡胶软管
	ISO 5171:2009	焊接、切割及相关工艺用压力表
	ISO 5172:2006	手工焊、割炬
	ISO 5175:1987	气焊、切割及相关工艺设备用燃气、氧气或压缩空气的安全装置 一般技术要求
	ISO 5186:1995	带圆柱形燃烧室的切割机用氧燃气割炬 一般技术条件及试验方法
	ISO 7289:2010	焊接、切割及相关工艺用带有关闭阀的快速接头
	ISO 7291:2010	气焊设备 焊接、切割及相关工艺用汇流装置(压力不超过30MPa)的压力调压器
	ISO 7292:1997	焊接、切割及相关工艺用气瓶上的流量调节器 分类及技术条件
	ISO 8206:1991	氧切割机械验收试验 重复精度 工作特性
	ISO 8207:1996	气焊设备一焊接、切割及相关工艺设备上软管装置的技术条件
	ISO 9012:2008	射吸式手工焊炬 技术要求
	ISO 9013:2002	热切割 热切割分等 几何产品技术条件及质量公差
	ISO 9090:1989	气焊及相关工艺设备的气密性
	ISO 9539:2010	气焊、切割及相关工艺设备用材料
	ISO 12170:1996	气焊设备 焊接及相关工艺用热塑软管
	ISO 14112:1996	气焊设备 气体钎焊及气焊用微型套件
	ISO 14113:2007	气焊设备 压缩气体或液化气体用、最高设计压力为45MPa的橡胶软管及热塑软管
	ISO 14114:1999	气焊设备 焊接、切割及相关工艺用乙炔汇流系统 一般要求
	ISO 15296:2004	气焊设备 术语 气焊设备用语
	ISO 15615:2002	气焊设备 焊接、切割及相关工艺用乙炔汇流系统 高压装置的安全要求
健康与安全	ISO 10882-1:2011	焊接及相关工艺的健康与安全 在操作人员呼吸区内气体及悬浮微粒的采集取样 第一部分:悬浮微粒的采集取样
	ISO 10882-2:2000	焊接及相关工艺的健康与安全 在操作人员呼吸区内气体及悬浮微粒的采集取样 第二部分:气体的采集取样
	ISO 15011-1:2009	焊接及相关工艺的健康与安全 弧焊烟气的试验室采样方法 第一部分:气体微粒的分析取样及发气率的测定
	ISO 15011-2:2009	焊接及相关工艺的健康与安全 弧焊烟气的试验室采样方法 第二部分:气体产生率的测定(不包括臭氧)
	ISO 15011-3:2009	焊接及相关工艺的健康与安全 弧焊烟气的试验室采样方法 第三部分:利用固定点测量臭氧
	ISO 15011-4:2006	焊接及相关工艺的健康与安全 弧焊烟气的试验室采样方法 第四部分:烟尘数据单
	ISO/TS 15011-5:2011	焊接及相关工艺的健康与安全 弧焊烟气的试验室采样方法 第五部分:焊接或切割时由有机材料产生的热老化产品的标识
	ISO 15012-1:2004	焊接及相关工艺的健康与安全 空气过滤器设备试验标定要求 第一部分:焊接烟尘分离效率试验
	ISO 17846:2004	焊接及相关工艺—健康与安全 弧焊及切割用设备和材料的图示警告标签

标准类别	标准编号	标准名称
	ISO 3834-1:2005	金属材料熔化焊的质量要求　第一部分:质量要求相应等级的选择准则
	ISO 3834-2:2005	金属材料熔化焊的质量要求　第二部分:完整的质量要求
	ISO 3834-3:2005	金属材料熔化焊的质量要求　第三部分:一般的质量要求
	ISO 3834-4:2005	金属材料熔化焊的质量要求　第四部分:基本的质量要求
	ISO 3834-5:2005	金属材料熔化焊的质量要求　第五部分:确认符合 ISO 3834-2、ISO 3834-3、ISO 3834-4 质量要求所需的文件
	ISO 5817:2003	钢、镍及镍合金、钛及钛合金的弧焊接头(高能束焊接头除外)　缺陷质量分等
	ISO 10042:2005	焊接　铝及铝合金的弧焊接头　缺陷质量分级
	ISO 13916:1996	焊接　预热温度、道间温度及预热维持温度的测定
	ISO 13918:2008	焊接　螺柱弧焊用螺柱及陶瓷套箍
	ISO 13919-1:1996	焊接　电子束及激光焊接头　缺陷分级指南　第一部分:钢
	ISO 13919-2:2001	焊接　电子束及激光焊接头　缺陷分级指南　第二部分:铝及铝合金
	ISO 13920:1996	焊接　焊接结构的一般公差　长度和角度尺寸　形状及位置
	ISO 14554-1:2000	焊接质量要求　金属材料的电阻焊　第一部分:完整的质量要求
	ISO 14554-2:2000	焊接质量要求　金属材料的电阻焊　第二部分:基本的质量要求
	ISO 14555:2006	焊接　金属材料的螺柱弧焊
	ISO 14744-1:2008	焊接　电子束焊机的验收检验　第一部分:原则及验收条件
	ISO 14744-2:2000	焊接　电子束焊机的验收检验　第二部分:加速电压特性的测定
	ISO 14744-3:2000	焊接　电子束焊机的验收检验　第三部分:电子束电流特性的测定
一般要求	ISO 14744-4:2000	焊接　电子束焊机的验收检验　第四部分:焊接速度的测定
	ISO 14744-5:2000	焊接　电子束焊机的验收检验　第五部分:Run-out 精度的测定
	ISO 14744-6:2000	焊接　电子束焊机的验收检验　第六部分:点焊位置稳定性的测定
	ISO 15607:2003	金属材料焊接工艺规程及评定　一般原则
	ISO 15609-1:2004	金属材料焊接工艺规程及评定　焊接工艺规程　第一部分:弧焊
	ISO 15609-2:2003	金属材料焊接工艺规程及评定　焊接工艺规程　第二部分:气焊
	ISO 15609-3:2004	金属材料焊接工艺规程及评定　焊接工艺规程　第三部分:电子束焊接
	ISO 15609-4:2004	金属材料焊接工艺规程及评定　焊接工艺规程　第四部分:激光焊接
	ISO 15609-5:2004	金属材料焊接工艺规程及评定　焊接工艺规程　第五部分:电阻焊
	ISO 15610:2003	金属材料焊接工艺规程及评定　基于试验焊接材料的评定
	ISO 15611:2003	金属材料焊接工艺规程及评定　基于焊接经验的评定
	ISO 15612:2004	金属材料焊接工艺规程及评定　基于标准焊接规程的评定
	ISO 15613:2004	金属材料焊接工艺规程及评定　基于预生产焊接试验的评定
	ISO 15614-1:2004	金属材料焊接工艺规程及评定　焊接工艺评定试验　第一部分:钢的弧焊和气焊、镍及镍合金的弧焊
	ISO 15614-2:2005	金属材料焊接工艺规程及评定　焊接工艺评定试验　第二部分:铝及铝合金的弧焊
	ISO 15614-3:2008	金属材料焊接工艺规程及评定　焊接工艺评定试验　第三部分:铸铁的熔焊
	ISO 15614-4:2005	金属材料焊接工艺规程及评定　焊接工艺评定试验　第四部分:铸铝的加工焊
	ISO 15614-5:2004	金属材料焊接工艺规程及评定　焊接工艺评定试验　第五部分:钛、锆及其合金的弧焊
	ISO 15614-6:2006	金属材料焊接工艺规程及评定　焊接工艺评定试验　第六部分:铜及铜合金的弧焊和气焊
	ISO 15614-7:2007	金属材料焊接工艺规程及评定　焊接工艺评定试验　第七部分:堆焊
	ISO 15614-8:2002	金属材料焊接工艺规程及评定　焊接工艺评定试验　第八部分:管-管板接头的焊接
	ISO 15614-10:2005	金属材料焊接工艺规程及评定　焊接工艺评定试验　第十部分:高气压干法焊接
	ISO 15614-11:2002	金属材料焊接工艺规程及评定　焊接工艺评定试验　第十一部分:电子束及激光焊接
	ISO 15614-12:2004	金属材料焊接工艺规程及评定　焊接工艺评定试验　第十二部分:点焊、缝焊和凸焊
	ISO 15614-13:2005	金属材料焊接工艺规程及评定　焊接工艺评定试验　第十三部分:电阻对焊及闪光焊
	ISO 15616-1:2003	高能束焊接及切割用 CO_2 激光机的验收试验　第一部分:一般原则、验收条件
	ISO 15616-2:2003	高能束焊接及切割用 CO_2 激光机的验收试验　第二部分:静态及动态精度测试
	ISO 15616-3:2003	高能束焊接及切割用 CO_2 激光机的验收试验　第三部分:流量及压力测量仪的标定

（续）

标准类别	标准编号	标准名称
一般要求	ISO 15616-4:2008	高能束焊接及切割用 CO_2 激光机的验收试验 第四部分:二维移动光学激光器
	ISO 15620:2000	焊接 金属材料的摩擦焊
	ISO 17652-1:2003	焊接 与焊接及相关工艺有关的车间涂漆试验 第一部分:一般要求
	ISO 17652-2:2003	焊接 与焊接及相关工艺有关的车间涂漆试验 第二部分:车间涂漆的焊接性能
	ISO 17652-3:2003	焊接 与焊接及相关工艺有关的车间涂漆试验 第三部分:热切割
	ISO 17652-4:2003	焊接 与焊接及相关工艺有关的车间涂漆试验 第四部分:烟气的产生率
	ISO 17662:2005	焊接 对焊接设备(及其操作)的校正、核准和评估
	ISO 18278-1:2004	电阻焊 焊接性 第一部分:金属材料电阻点焊、缝焊、凸焊的焊接性评估
	ISO 18278-2:2004	电阻焊 焊接性 第二部分:薄钢板电阻点焊评估的选择程序
	ISO 22827-1:2005	固体激光焊机的验收试验 光学纤维传送设备 第一部分:激光器
	ISO 22827-2:2005	固体激光焊机的验收试验 光学纤维传送设备 第二部分:行走装置
	ISO/TR 15608:2005	焊接 金属材料分类指南
	ISO/TR 17663:2009	焊接 与焊接及相关工艺有关的热处理质量要求指南
	ISO/TR 17671-1:2002	焊接 金属材料焊接推荐工艺 第一部分:弧焊的一般原则
	IISO/TR 17671-2:2002	焊接 金属材料焊接推荐工艺 第二部分:铁素体钢的弧焊
	IISO/TR 17671-3:2002	焊接 金属材料焊接推荐工艺 第三部分:不锈钢的弧焊
	IISO/TR 17671-4:2002	焊接 金属材料焊接推荐工艺 第四部分:铝及铝合金的弧焊
	IISO/TR 17671-5:2004	焊接 金属材料焊接推荐工艺 第五部分:复合钢板的焊接
	IISO/TR 17671-6:2005	焊接 金属材料焊接推荐工艺 第六部分:激光焊
	IISO/TR 17671-7:2004	焊接 金属材料焊接推荐工艺 第七部分:电子束焊
	ISO/TR 17844:2004	焊接 防止冷裂纹标准方法的比较
	ISO/TR 20174:2005	焊接 材料分类 日本的材料
人员认可	ISO 9606-1:2012	焊工考试 熔化焊 第一部分:钢
	ISO 9606-2:1998	焊工考试 熔化焊 第二部分:铝及铝合金
	ISO 9606-3:1999	焊工考试 熔化焊 第三部分:铜及铜合金
	ISO 9606-4:1999	焊工考试 熔化焊 第四部分:镍及镍合金
	ISO 9606-5:2000	焊工考试 熔化焊 第五部分:钛及钛合金、锆及锆合金
	ISO 14731:2006	焊接管理 任务及职责
	ISO 14732:1998	焊接人员 金属材料全机械化及自动化焊接,熔焊及电阻焊设备操作工的考试
	ISO 15618-1:2001	水下焊焊工考试 第一部分:高气压湿法焊接的潜水焊工
	ISO 15618-2:2001	水下焊焊工考试 第二部分:高气压干法焊接的潜水焊工
钎焊	ISO 3677:1992	硬钎焊及软钎焊填充金属 符号规定
	ISO 5179:1983	使用变间隙试件的可钎焊性研究
	ISO 9453:2006	软钎料 化学成分和形态
	ISO 9454-1:1990	软钎焊钎剂 分类及技术要求 第一部分:分类标记和包装
	ISO 9454-2:1998	软钎焊钎剂 分类及技术要求 第二部分:使用要求
	ISO 9455-1:1990	软钎焊钎剂试验方法 第一部分:不挥发物质的测定 重量分析法
	ISO 9455-2:1993	软钎焊钎剂试验方法 第二部分:不挥发物质的测定—沸点测定法
	ISO 9455-3:1992	软钎焊钎剂试验方法 第三部分:酸值的测定—电位滴定法和目视滴定法
	ISO 9455-5:1992	软钎焊钎剂试验方法 第五部分:铜镜试验
	ISO 9455-6:1995	软钎焊钎剂试验方法 第六部分:卤素(氟化物除外)含量的确定及检测
	ISO 9455-8:1991	软钎焊钎剂试验方法 第八部分:锌含量的测定
	ISO 9455-9:1993	软钎焊钎剂试验方法 第九部分:氨含量的测定
	ISO 9455-10:1998	软钎焊钎剂试验方法 第十部分:钎剂功效试验、软钎料铺展法
	ISO 9455-11:1991	软钎焊钎剂试验方法 第十一部分:钎剂残渣溶解性的评定
	ISO 9455-12:1992	软钎焊钎剂试验方法 第十二部分:钢管腐蚀试验
	ISO 9455-13:1996	软钎焊钎剂试验方法 第十三部分:钎剂飞溅的测定
	ISO 9455-14:1991	软钎焊钎剂试验方法 第十四部分:钎剂残渣干燥度的评定
	ISO 9455-15:1996	软钎焊钎剂试验方法 第十五部分:铜腐蚀试验

（续）

标准类别	标准编号	标 准 名 称
钎 焊	ISO 9455-16:1998	软钎焊钎剂试验方法　第十六部分：钎剂功效试验、润湿平衡法
	ISO 9455-17:2002	软钎焊钎剂试验方法　第十七部分：表面绝缘电阻梳刷试验及钎剂残留物的电化学迁移试验
	ISO 10564:1993	软钎料及硬钎料　钎料分析试样的取样方法
	ISO 12224-1:1997	软钎焊用实心及药芯焊丝　技术条件及试验方法　第一部分：分类及使用要求
	ISO 12224-2:1997	软钎焊用实心及药芯焊丝　技术条件及试验方法　第二部分：钎剂含量的测定

从表 8-4 可以发现 ISO 焊接标准体系具有如下特点：

① 体系内每个标准既相对独立，又相互补充，标准的配套性比较强。

② 体系的覆盖面已广泛涉及与焊接产品质量有关的各个环节。

3. 欧、美、日的焊接标准体系

就标准体系的结构而言，欧洲标准（EN）与 ISO 基本相同。现有的许多 EN 焊接标准来源于相应的 ISO 标准。CEN 过去在等同转化 ISO 标准时，一般采用在 ISO 编号上加 20000，并冠以 EN，如：ISO2553 等同转化为 EN22553。而目前则是直接在 ISO 标准编号前冠上 EN 代号，如：EN ISOXXXXX。

EN 焊接标准体系的形成体现了如下特点：EN 标准起点高，发展快。CEN/TC121 成立于 1987 年，但其焊接标准项目已与 ISO 基本对应一致，而且有后来居上之势；EN 标准对 ISO 同类标准的影响较深，有些 EN 标准项目经必要的程序，直接在 ISO 成员范围内审核通过后，作为 ISO 标准颁布。

鉴于 EN 的焊接标准与 ISO 标准等同一致，故此不做过多的赘述。

在国际上，美国焊接标准有着重要的影响。美国标准分国家标准、政府标准、协会标准和企业标准四级。美国的国家标准由美国国家标准学会（ANSI）审批颁布。ANSI 一般不起草国家标准，它只是对有关协会标准进行协调，将经过确认可在全国范围内实施的协会标准作为国家标准发布。政府标准是由联邦政府制订或采用的标准。在政府标准中，军用标准占有很大比例。协会标准则由各行业团体制订并颁布的标准。美国的行业组织繁多，这部分标准数量多，涉及面广，影响深远，构成了美国标准的重要组成部分。

就焊接领域而言，美国焊接学会（AWS）标准是美国焊接标准的主体部分。AWS 成立于 1919 年，现有成员 5 万多人。AWS 标准由其技术活动委员会下属的数十个专业机构具体负责。目前在 AWS 标准中，70% 的 AWS 标准获得 ANSI 确认，以国家标准的形式颁布实施。

AWS 标准体系的特点表现在：体系中每个标准相对独立，标准的适用范围明确，针对性强；标准的内涵丰富，实用方便；与 ISO 标准相比，在焊接材料、工艺及结构应用等方面优势明显。表 8-5 列出了 AWS 标准体系的现状。

表 8-5　AWS 标准体系

标准编号	标 准 名 称	类别
AWS A1.1:2001	焊接行业的米制应用指南	A01
AWS A2.1:2007	焊接钎焊及无损检测符号表	A02
AWS A2.4:2007	焊接、钎焊及无损检测符号	A02
AWS A3.0:2010	焊接术语及定义	A03
AWS A4.2:2006	测定奥氏体不锈钢焊缝金属中铁素体含量用磁性仪的校准方法	A04
AWS A4.3:2006	弧焊马氏体、贝氏体及铁素体焊缝金属中扩散氢含量的测定方法	A04
AWS A4.4:2006	焊剂及焊条药皮含水量的测定方法	A04
AWS A5.01:2008	填充金属采购指南	A05
AWS A5.1:2004	手工电弧焊碳钢焊条规程	A05
AWS A5.10:2007	铝及铝合金焊丝规程	A05
AWS A5.11:2010	手工电弧焊镍及镍合金焊条规程	A05
AWS A5.12:2009	弧焊及切割用钨及钨合金电极规程	A05
AWS A5.13:2010	固体堆焊焊丝及焊条规程	A05
AWS A5.14:2011	镍及镍合金焊丝规程	A05
AWS A5.15:2006	铸铁焊条及焊丝规程	A05

（续）

标准编号	标准名称	类别
AWS A5.16:2007	钛及钛合金焊条及焊丝规程	A05
AWS A5.17:2007	埋弧焊碳钢焊丝及焊剂规程	A05
AWS A5.18:2005	气体保护焊碳钢焊丝规程	A05
AWS A5.19:2006	镁合金焊丝规程	A05
AWS A5.2:2007	氧燃气焊碳钢及低合金钢填充丝规程	A05
AWS A5.20:2005	药芯焊丝电弧焊碳钢焊丝规程	A05
AWS A5.21:2011	复合堆焊焊丝及焊条规程	A05
AWS A5.22:2012	铬及铬镍耐腐蚀钢药芯焊丝规程	A05
AWS A5.23:2011	埋弧焊低合金钢焊丝及焊剂规程	A05
AWS A5.24:2005	锆及锆合金焊条及焊丝规程	A05
AWS A5.25:2009	电渣焊碳钢、低合金钢焊丝及焊剂规程	A05
AWS A5.26:2009	气电立焊碳钢、低合金钢焊丝规程	A05
AWS A5.27:1980	氧燃气焊铜及铜合金填充丝规程	A05
AWS A5.28:2005	气体保护焊低合金钢焊丝规程	A05
AWS A5.29:2010	药芯焊丝电弧焊低合金钢焊丝规程	A05
AWS A5.3:2007	手工电弧焊铝及铝合金焊条规程	A05
AWS A5.30:2007	预置熔化件规程	A05
AWS A5.31:1992	钎焊及钎接焊钎剂规程	A05
AWS A5.4:2006	手工电弧焊不锈钢焊条规程	A05
AWS A5.5:2006	低合金钢条规程	A05
AWS A5.6:2008	铜及铜合金焊条规程	A05
AWS A5.7:2007	铜及铜合金焊丝规程	A05
AWS A5.8:2011	钎焊及钎接焊填充金属规程	A05
AWS A5.9:2012	不锈钢焊丝规程	A05
AWS A9.1:1992	在计算机材料性能及无损检测数据库中表述弧焊焊缝的标准指南	A09
AWS A9.2:1992	在计算机数据库中记录弧焊焊缝材料性能及无损检测数据的标准指南	A09
AWS B1.10:2009	焊缝无损检验指南	B01
AWS B1.11:2000	焊缝宏观检验指南	B01
AWS B2.1:2009	焊接工艺及操作认可标准	B02
AWS B2.2:2009	钎焊工艺及操作认可标准	B02
AWS B2.4:2006	热塑料焊接工艺规程及评定	B02
AWS B4.0:2007	焊缝机械性能试验方法	B04
AWS B5.1:2003	焊接检查人员的认可规程	B05
AWS B5.4:2005	焊机试验设施的评定规程	B05
AWS B5.14:2009	焊接销售代表的认可规程	B05
AWS B5.15:2010	射线探伤评片人员的认可规程	B05
AWS B5.16:2006	焊接工程师的认可规程	B05
AWS B5.17:2008	焊接制造商的认可规程	B05
AWS B5.2:2001	焊接检验师和助理检查员的认可规程	B05
AWS B5.5:2011	焊接教师的认可规程	B05
AWS B5.9:2006	焊接监督人员的认可规程	B05
AWS C1.1:2006	电阻焊推荐工艺	C01
AWS C1.3:1970	低碳钢镀层板的电阻焊推荐工艺	C01
AWS C1.4:2009	碳钢、合金钢的电阻焊规程	C01
AWS C1.5:2009	电阻焊技术人员的评定规程	C01
AWS C2.14:1974	火焰喷涂镀层钢板的腐蚀试验	C02
AWS C2.16:2002	热喷涂操作人员认可指南	C02
AWS C2.18:1993	带有铝、锌及其热喷涂合金镀层钢的生产指南	C02
AWS C2.20:2002	钢筋混凝土锌镀层的热喷涂规程	C02
AWS C2.21:2003	热喷涂设备的验收检验	C02

（续）

标准编号	标准名称	类别
AWS C2.23:2003	铝、锌及其合金热喷涂涂层和复合层在钢材防腐蚀方面的应用规程	C02
AWS C2.25:2002	热喷涂用实芯丝、绞合丝和陶瓷丝规程	C02
AWS C3.2:2008	评定钎焊接头剪切强度的标准方法	C03
AWS C3.3:2008	合格钎焊构件设计、制造及检验的推荐方法	C03
AWS C3.4:2007	焊炬钎焊规程	C03
AWS C3.5:2007	感应钎焊规程	C03
AWS C3.6:2008	炉中钎焊规程	C03
AWS C3.7:2011	铝钎焊规程	C03
AWS C3.8:2011	钎焊接头超声检验规程	C03
AWS C4.1:2010	氧切割面的表述准则及粗糙度规格	C04
AWS C4.2:2009	氧燃气切割安全操作的推荐工艺	C04
AWS C4.3:2007	氧燃气加热炬安全操作的推荐工艺	C04
AWS C4.5:2006	氧燃气喷嘴统一命名体系	C04
AWS C5.1:1973	等离子弧焊接推荐工艺	C05
AWS C5.2:2001	等离子弧切割推荐工艺	C05
AWS C5.3:2011	碳弧气刨及切割推荐工艺	C05
AWS C5.4:1993	螺栓焊推荐工艺	C05
AWS C5.5:2003	钨极气体保护焊推荐工艺	C05
AWS C5.6:1989	熔化极气体保护焊推荐工艺	C05
AWS C5.7:2006	气电立焊推荐工艺	C05
AWS C5.10:2003	焊接及切割用保护气体规程	C05
AWS C6.1:2009	摩擦焊推荐工艺	C06
AWS C6.2:2006	金属摩擦焊规程	C06
AWS C7.1:2004	电子束焊推荐工艺	C07
AWS C7.2:2010	激光焊接、切割、打孔推荐工艺	C07
AWS C7.3:1999	电子束焊接工艺规程	C07
AWS D1.1:2010	结构焊接规范　钢	D01
AWS D1.2:2008	结构焊接规范　铝	D01
AWS D1.3:2008	结构焊接规范　薄钢板	D01
AWS D1.4:2011	结构焊接规范　钢筋	D01
AWS D1.5:2010	桥梁焊接规范	D01
AWS D1.6:2007	结构焊接规范　不锈钢	D01
AWS D1.8:2009	结构焊接规范　振动附件	D01
AWS D3.5:1993	钢船壳体焊接指南	D03
AWS D3.6:2010	水下焊接规范	D03
AWS D3.7:2004	铝船壳体焊接指南	D03
AWS D3.9:2010	水下切割规程	D03
AWS D5.2:1984	焊接钢制压力水箱、水塔及蓄水罐标准	D05
AWS D8.14:2008	汽车、轻型卡车构件焊接质量规程—铝的弧焊	D08
AWS D8.5:1966	汽车便携焊枪电阻点焊推荐工艺	D08
AWS D8.6:2005	汽车电阻点焊电极规程	D08
AWS D8.7:2005	汽车焊接质量:电阻点焊推荐工艺	D08
AWS D8.8:2007	汽车框架焊接质量:电弧焊规程	D08
AWS D8.9:2002	评定汽车薄板材料电阻点焊性能的推荐试验方法	D08
AWS D9.1:2006	薄材金属焊接规程	D09
AWS D10.10:2009	管子及管道焊缝局部加热推荐工艺	D10
AWS D10.11:2007	管子根部焊道焊接(不带垫板)推荐工艺	D10
AWS D10.12:2000	低碳钢管焊接的推荐工艺及规范	D10
AWS D10.13:2001	医用供气管路系统中铜管硬钎焊推荐工艺	D10
AWS D10.4:1986	铬镍奥氏体不锈钢管子及管道焊接推荐工艺	D10

（续）

标准编号	标准名称	类别
AWS D10.6:2000	钛管子及管道钨极气体保护焊推荐工艺	D10
AWS D10.7:2008	铝及铝合金管子气体保护焊推荐工艺	D10
AWS D10.8:1996	铬钼钢管子及管道焊接推荐工艺	D10
AWS D11.2:1998	铸铁焊接指南	D11
AWS D14.1:2005	工业矿山起重机及其他起重设备焊接规程	D14
AWS D14.2:1993	机床工具焊件:金属切割规程	D14
AWS D14.3:2010	挖掘机、农机及建筑设备焊接规程	D14
AWS D14.4:2005	机械设备焊接接头的分类及应用	D14
AWS D14.5:2009	印刷机及其附件的焊接规程	D14
AWS D14.6:2005	转动设备部件的焊接规程	D14
AWS D14.7:2005	工业轧辊的堆焊及再处理推荐工艺	D14
AWS D15.1:2007	铁路焊接规程:货车与机车	D15
AWS D15.2:2003	铁路货车使用的铁路及铁路附件焊接推荐工艺	D15
AWS D16.2:2004	弧焊机器人安全规程	—
AWS D16.2:2007	机器人、自动化焊接安装部件指南	D16
AWS D16.3:2009	机器人弧焊风险评估指南	D16
AWS D16.4:2005	弧焊机器人操作工评定规程	D16
AWS D17.1:2010	航空业熔化焊规程	D17
AWS D17.2:2007	航空业电阻点焊及缝焊规范	D17
AWS D17.3:2010	航空业搅动摩擦焊规范	D17
AWS D18.1:2009	公共卫生奥氏体不锈钢管路系统的焊接	D18
AWS D18.2:2009	奥氏体不锈钢管焊缝变色分级指南	D18
AWS D18.3:2005	公共卫生水箱、容器及设备的焊接规程	D18
AWS F1.1:2006	焊接及相关工艺烟尘粉粒的取样方法	F01
AWS F1.2:2006	测定焊接及相关工艺烟尘产生率及总量的实验室方法	F01
AWS F1.3:2006	评定焊接环境污染的取样方法	F01
AWS F1.4:1997	焊接及相关工艺所产生空气颗粒的分析方法	F01
AWS F1.5:2003	焊接及相关工艺产生气体的取样分析方法	F01
AWS F1.6:2003	EPA 及通风许可报告中评估焊接烟尘的导则	F01
AWS F2.1:1978	电子束焊接及切割:推荐的安全工艺	F02
AWS F2.2:2010	透镜色调调节器	F02
AWS F3.1:2011	焊接烟尘控制指南	F03
AWS F3.2:2001	焊接烟气的通风指南	F03
AWS F4.1:2007	装有易燃物容器和管道的焊接及切割准备工作:推荐的安全工艺	F04
AWS F6.1:1978	手工电弧焊及切割工艺的声级测定方法	F06
AWS Z49.1:2005	焊接、切割及相关工艺安全	Z49

日本标准分国家标准、团体标准和企业标准。国家标准由两部分构成:即日本工业标准（JIS）和日本农林标准（JAS）。JIS标准的制订、审议由通商产业省在工业标准化方面的职能机构——日本工业调查会负责。日本工业调查会按专业下设数十个分会,分会又由专门的技术委员会负责各个专业领域的标准化工作。

在JIS标准分类中,焊接标准分在Z类。但一些焊接设备、焊接用原材料及防护装置标准归属于C类、G类、K类、T类。JIS标准统一由日本标准协会颁布。

日本焊接标准的体系结构相对比较稳定。体系中相当数量的标准参照美国标准制订,但依旧保持本国标准简明、扼要的风格特点。JIS焊接标准中焊接材料、试验检验类标准数量多、覆盖面广,在国际上也享有盛誉。日本焊接标准的体系现状见表8-6。

表8-6 日本焊接标准体系

标准编号	标准名称	标准类别
JIS B 6801:2003	焊接、切割及加热用手工炬	B
JIS B 6803:2003	焊接、切割及相关工艺用压力调节器	B

（续）

标准编号	标准名称	标准类别
JIS B 6805:2003	焊接、切割及相关工艺用设备的橡胶软管接头	B
JIS G 3503:2006	焊条焊芯用线材	G
JIS G 3523:2008	焊条用焊芯	G
JIS G 4316:1991	焊接用不锈钢线材	G
JIS K 1101:2006	氧	K
JIS K 1105:2005	氩	K
JIS K 1106:2008	液态二氧化碳	K
JIS K 6333:2001	焊接、切割及相关工艺设备用橡胶软管	K
JIS K 6746:2004	塑料焊接填充丝	K
JIS T 8113:1976	焊工用防护皮手套	T
JIS T 8141:2003	护目镜	T
JIS T 8142:2003	焊接防护面具	T
JIS Z 3001:2008	焊接术语	30
JIS Z 3011:2004	焊接位置　倾角和转角定义	30
JIS Z 3021:2010	焊接符号	30
JIS Z 3040:1995	焊接工艺评定试验方法	30
JIS Z 3043:1990	复合不锈钢板的焊接工艺评定试验方法	30
JIS Z 3044:1991	镍及镍合金复合钢板的焊接工艺评定试验方法	30
JIS Z 3050:1995	管道焊缝的无损检验方法	30
JIS Z 3060:2002	铁素体钢焊缝的超声检验方法	30
JIS Z 3062:2009	钢筋气压焊焊缝的超声检验方法	30
JIS Z 3070:1998	铁素体钢焊缝的自动超声检验方法	30
JIS Z 3080:1995	铝板对接焊缝的超声波斜束检验方法	30
JIS Z 3081:1994	铝管子及管道焊缝的超声波斜束检验方法	30
JIS Z 3082:1995	铝板T型焊缝的超声波检验方法	30
JIS Z 3090:2005	焊接接头的外观检验	30
JIS Z 3101:1990	焊接热影响区最高硬度试验方法	31
JIS Z 3103:1987	熔化焊焊接接头疲劳拉伸试验方法	31
JIS Z 3104:1995	钢焊缝射线探伤方法及底片分级	31
JIS Z 3105:2003	铝焊缝射线探伤方法及底片分级	31
JIS Z 3106:2001	不锈钢焊缝射线探伤方法及底片分级	31
JIS Z 3107:2003	钛焊缝射线探伤方法及底片分级	31
JIS Z 3111:2005	熔敷金属拉伸及冲击试验方法	31
JIS Z 3114:1990	熔敷金属硬度试验方法	31
JIS Z 3115:1973	焊接热影响区楔形硬度试验方法	31
JIS Z 3118:2007	钢焊缝氢含量的测定方法	31
JIS Z 3119:2006	奥氏体不锈钢熔敷金属中铁素体含量的测定方法	31
JIS Z 3120:2009	混凝土钢筋气压焊接头的检查方法	31
JIS Z 3121:1993	对接接头的拉伸试验方法	31
JIS Z 3122:1990	对接接头的弯曲试验方法	31
JIS Z 3128:1996	焊接接头的冲击试验方法	31
JIS Z 3129:2005	钢单道焊及双道焊缝试样的制备及试验	31
JIS Z 3131:1976	正面角焊接头的拉伸试验方法	31
JIS Z 3132:1976	侧面角焊接头的剪切试验方法	31
JIS Z 3134:1965	T型角焊接头的弯曲试验方法	31
JIS Z 3136:1999	点焊接头的拉伸剪切试验方法	31
JIS Z 3137:1999	点焊接头的拉伸试验方法	31
JIS Z 3138:1989	点焊接头的疲劳试验方法	31
JIS Z 3139:2009	点焊、凸焊和缝焊接头的断裂试验方法	31
JIS Z 3140:1989	点焊缝的检查方法	31

（续）

标准编号	标准名称	标准类别
JIS Z 3141:1996	缝焊工艺的检查方法	31
JIS Z 3143:1996	闪光焊缝的检查方法	31
JIS Z 3145:1981	螺栓焊缝的弯曲试验方法	31
JIS Z 3153:1993	T 型接头焊接裂纹试验方法	31
JIS Z 3154:1993	搭接接头焊接裂纹试验方法	31
JIS Z 3155:1993	C 形对接拘束焊接裂纹试验方法	31
JIS Z 3157:1993	U 型焊接裂纹试验方法	31
JIS Z 3158:1993	斜 Y 型焊接裂纹试验方法	31
JIS Z 3159:1993	H 型拘束焊接裂纹试验方法	31
JIS Z 3181:2005	焊条角焊缝试验方法	31
JIS Z 3183:2012	碳钢及低合金钢埋弧焊熔敷金属的质量分级及试验方法	31
JIS Z 3184:2004	熔敷金属化学分析试样的制备方法	31
JIS Z 3191:2003	硬钎料铺展性试验方法	31
JIS Z 3192:1999	硬钎焊接头的拉伸及剪切试验方法	31
JIS Z 3197:2012	软钎剂试验方法	31
JIS Z 3198—1:2003	无钎钎料的试验方法　第 1 部分:熔化温度范围的测定	31
JIS Z 3198—2:2003	无钎钎料的试验方法　第 2 部分:机械拉伸试验	31
JIS Z 3198—3:2003	无钎钎料的试验方法　第 3 部分:熔敷量试验	31
JIS Z 3198—4:2003	无钎钎料的试验方法　第 4 部分:湿平衡及接触角钎焊性试验	31
JIS Z 3198—5:2003	无钎钎料的试验方法　第 5 部分:钎缝的拉伸及剪切试验	31
JIS Z 3198—6:2003	无钎钎料的试验方法　第 6 部分:QFP 拉伸试验	31
JIS Z 3198—7:2003	无钎钎料的试验方法　第 7 部分:芯片元件钎缝的剪切试验	31
JIS Z 3200:2005	焊接材料 焊接填充金属的供货技术条件 产品类型、尺寸、公差及标记	32
JIS Z 3201:2008	碳钢气焊填充丝	32
JIS Z 3202:2007	铜及铜合金气焊填充丝	32
JIS Z 3211:2007	碳钢、高强度钢及低温钢焊条	32
JIS Z 3214:2012	耐候钢焊条	32
JIS Z 3221:2008	不锈钢焊条	32
JIS Z 3223:2010	钼钢及铬钼钢焊条	32
JIS Z 3224:2010	镍及镍合金焊条	32
JIS Z 3225:2007	9% 镍钢焊条	32
JIS Z 3231:2007	铜及铜合金焊条	32
JIS Z 3232:2009	铝及铝合金焊丝及填充丝	32
JIS Z 3233:2001	惰性气体保护焊用钨极	32
JIS Z 3234:1999	电阻焊用铜合金电极材料	32
JIS Z 3251:2006	堆焊焊条	32
JIS Z 3252:2012	铸铁焊条	32
JIS Z 3253:2011	焊接及切割用保护气体	32
JIS Z 3261:1998	银钎料	32
JIS Z 3262:1998	铜及铜锌钎料	32
JIS Z 3263:2002	铝合金钎料	32
JIS Z 3264:1998	磷铜钎料	32
JIS Z 3265:1998	镍钎料	32
JIS Z 3266:1998	金钎料	32
JIS Z 3267:1998	钯钎料	32
JIS Z 3268:1998	真空用贵金属硬钎料	32
JIS Z 3281:1996	铝及铝合金软钎料	32
JIS Z 3282:2006	软钎料 化学成分及形态	32
JIS Z 3283:2006	树脂芯软钎料	32
JIS Z 3284:1994	软钎焊膏	32

（续）

标准编号	标准名称	标准类别
JIS Z 3312:2009	碳钢及高强度钢 MAG 焊丝	33
JIS Z 3313:2009	碳钢、高强度钢及低温钢药芯焊丝	33
JIS Z 3315:2012	耐候钢二氧化碳气体保护焊焊丝	33
JIS Z 3316:2011	碳钢及低合金钢 TIG 焊填充丝	33
JIS Z 3317:2011	钼钢及铬钼钢 MAG 焊丝	33
JIS Z 3318:2010	钼钢及铬钼钢 MAG 焊药芯焊丝	33
JIS Z 3319:2007	气电立焊药芯焊丝	33
JIS Z 3320:2012	耐候钢二氧化碳气体保护焊药芯焊丝	33
JIS Z 3321:2010	不锈钢焊丝及填充丝	33
JIS Z 3322:2010	不锈钢带状焊丝堆焊材料	33
JIS Z 3323:2007	不锈钢药芯焊丝	33
JIS Z 3324:2010	不锈钢埋弧焊焊丝及焊剂	33
JIS Z 3325:2000	低温钢 MAG 焊丝	33
JIS Z 3326:2007	堆焊药芯焊丝	33
JIS Z 3331:2011	钛及钛合金惰性气体保护焊焊丝及填充丝	33
JIS Z 3332:2007	9% 镍钢 TIG 焊焊丝及填充丝	33
JIS Z 3333:2007	9% 镍钢埋弧焊焊丝及焊剂	33
JIS Z 3334:2011	镍及镍合金弧焊焊丝及填充丝	33
JIS Z 3341:2007	铜及铜合金惰性气体保护焊焊丝及填充丝	33
JIS Z 3351:2012	碳钢及低合金钢埋弧焊焊丝	33
JIS Z 3352:2010	碳钢及低合金钢埋弧焊焊剂	33
JIS Z 3353:2007	碳钢、高强度钢电渣焊焊丝和焊剂	33
JIS Z 3400:1999	焊接质量要求　金属材料的熔化焊	34
JIS Z 3410:1999	焊接管理　任务与职责	34
JIS Z 3420:2003	金属材料焊接工艺规程及评定　总则	34
JIS Z 3421—1:2003	金属材料焊接工艺规程及评定　电弧焊工艺规程	34
JIS Z 3422—1:2003	金属材料焊接工艺规程及评定　焊接工艺评定试验　第1部分:钢的弧焊和气焊、镍及镍合金的弧焊	34
JIS Z 3422—2:2003	金属材料焊接工艺规程及评定　焊接工艺评定试验　第2部分:铝及铝合金的弧焊	34
JIS Z 3604:2002	铝及铝合金惰性气体保护焊推荐工艺	36
JIS Z 3607:1994	碳钢摩擦焊作业标准	36
JIS Z 3621:1992	硬钎焊推荐工艺	36
JIS Z 3700:2009	焊后热处理方法	37
JIS Z 3703:2004	焊接　预热温度、道间温度及预热维持温度的测定	37
JIS Z 3801:1997	手工焊技术鉴定的试验方法及准则	38
JIS Z 3805:1997	钛焊接技术鉴定的试验方法及准则	38
JIS Z 3811:2000	铝及铝合金焊接技术鉴定的试验方法及准则	38
JIS Z 3821:2001	不锈钢焊接技术鉴定的试验方法及准则	38
JIS Z 3831:2002	塑料焊接技术鉴定的试验方法及准则	38
JIS Z 3841:1997	半自动焊技术鉴定的试验方法及准则	38
JIS Z 3851:1992	精密软钎焊技术鉴定的试验方法及准则	38
JIS Z 3861:1979	焊缝射线检验技术鉴定的试验方法及准则	38
JIS Z 3871:1987	铝及铝合金焊缝超声波检验技术鉴定的试验方法及准则	38
JIS Z 3881:2009	气压焊技术鉴定的试验方法及准则	38
JIS Z 3891:2003	硬钎焊技术鉴定的试验方法及准则	38
JIS Z 3900:1974	重金属钎料取样方法	39
JIS Z 3901:1988	银钎料化学分析方法	39
JIS Z 3902:1984	铜钎料化学分析方法	39
JIS Z 3903:1988	磷铜钎料化学分析方法	39

（续）

标准编号	标准名称	标准类别
JIS Z 3904:1979	金钎料化学分析方法	39
JIS Z 3905:2006	镍钎料化学分析方法	39
JIS Z 3906:1988	钯钎料化学分析方法	39
JIS Z 3920:2011	焊接烟尘的分析方法	39
JIS Z 3930:2001	焊条烟尘总量的测定方法	39
JIS Z 3950:2005	焊接烟尘浓度的测定方法	39
JIS Z 3952:2005	焊接操作环境内气体浓度的测定方法	39

8.2 焊接制造中的主要标准概述

8.2.1 焊接质量要求

焊接质量保证方面的标准化最初始于 20 世纪 80 年代。进入 90 年代以来，随着 ISO 9000 系列标准在全球范围内得到普遍认可，ISO/TC44 和 CEN/TC121 同步开展了焊接质量要求系列标准的制、修订工作，并于 1994 年颁发了 ISO3834（EN729）系列标准。ISO3834 系列标准于 2005 年又完成了修订。

新的 ISO 3834 系列标准包括六部分，前五部分已经颁布实施，第六部分以技术报告的形式颁布。

这套标准前四部分基本保持了原来的结构，整套标准的设计更多地考虑了不同层次上的质量保证需求和实际应用需要。该系列标准依据质量保证的基本原则，对焊接质量保证的各方面质量要素提出了要求。这些要求即与 ISO 9000 系列标准有一定的对应关系，又结合焊接的实际特点加以具体化。

作为成套的管理标准，其适用范围可从三方面界定：标准的应用主体可以是以焊接为一种加工工艺的制造企业或与之有关联的各方（如用户、第三方认证机构或管理机构）；标准针对的产品是各类熔化焊金属结构；涉及的内容包括那些对产品质量有影响、又与焊接相关的质量因素。

ISO 3834-1 对 ISO 3834-2、ISO 3834-3 和 ISO 3834-4 的使用提出了指导性建议。它明确了质量体系中焊接部分要求的确定原则。当制造企业的质量体系符合 ISO 9001 或 ISO 9002 标准要求时，体系中焊接部分的质量要素应按 ISO 3834-2 考虑，但可以根据焊接产品的实际条件做适当的删减。在质量体系不需要满足 ISO 9001 或 ISO 9002 的条件下，可从 ISO 3834-2、ISO 3834-3 和 ISO 3834-4 中选择，以便确定合理的要求。

ISO 3834-3 对焊接生产提出了比较全面的计划要求。与 ISO 3834-2 相比，两者涉及的质量要素基本相同，只是在个别环节 ISO 3834-2 的要求更为全面。因此，二者并不存在根本性差异，只是要求的严格程度不同而已。它们都要求焊接所涉及的那些质量因素能得到有效控制。如：焊接必须按文件化的焊接规程进行；制造企业必须配备合适的人员；制造企业有能力处理较为复杂的焊接问题，诸如焊接性较差材料的焊接，预热、焊后热处理措施的采用等。

ISO 3834-4 给出了一个相对简化的焊接质量控制体系。它适用于对焊接工艺的实施不需做严格控制的时候。在焊接对产品的质量影响不大或者是焊接要求较低、只需选择合适的材料、由合格的焊工操作即可保证质量的场合，ISO 3834-4 是最为合适的。

ISO 3834-5 则根据实际应用的需求，针对各个质量保证环节所涉及的 ISO 标准和文件提出了指南，这些环节包括：焊接人员的资质（包括焊工、焊接操作工、焊接管理人员、检测人员）、焊接工艺规程、焊接工艺评定、焊后热处理、焊接检验、焊接设备的管理、焊接工艺方法等。最近几年内，ISO 在这些领域内的标准化异常活跃，相应的标准已经发生了较大的变化。

ISO 3834-6 对整套标准的实施提出建议。

我国的焊接质量保证标准化工作起步相对较晚，我国于 1998 年将 ISO 3834 等同转化为 GB/T12467—1998 系列标准，针对 ISO 3834 新的变化，我国标准也做了相应的调整。

8.2.2 焊接工艺规程及评定

选择合适的焊接工艺参数是确保焊接质量的前提，而焊接工艺规程的确定则离不开焊接工艺评定这一关键环节。最近 ISO 这方面的标准发生了显著的变化。

鉴于焊接工艺规程的确定是一个复杂的过程，涉及各种参数。最初的 ISO 9956 系列标准来源于欧洲的 EN 288 系列标准，原有的 ISO 9956 系列标准在应用过程中，暴露了不少问题。其突出的问题就是：该系列标准作为通用的焊接工艺评定标准，其所涵盖的材料种类和焊接方法十分有限。

于是，ISO/TC44 设计制定了一个更全面、完整的焊接工艺规程和评定体系（表 8-7）。这套体系在取代 ISO 9956 系列标准的基础上，考虑了更多的材料种类、焊接方法和结构形式。

ISO 15607 提出了焊接工艺规程及评定的通用规则。它规定了焊接工艺规程的基本内容、焊接工艺规程的制定要求及有效性。

ISO/TR 15608 提供了金属材料分类指南，所涉及的材料包括：钢、铝及铝合金、铜及铜合金、镍及镍合金、钛及钛合金、锆及锆合金、铸铁。

ISO 15609 是一个系列标准，该系列标准目前由五部分组成。系列标准的每个部分针对不同焊接方法提出了焊接工艺规程应包含的主要参数，具体焊接方法包括：电弧焊、气焊、电阻焊、激光焊、电子束焊。

ISO 15610—ISO 15614 标准主要考虑的对象是焊接工艺评定。为了减少焊接工艺评定的工作量，ISO 15610—ISO 15613 提出了几种简化的评定方式。

而 ISO 15614 则是由十三个部分组成的系列标准，主要针对不同材料、工艺和结构形式，规定了相应的焊接工艺评定试验要求。

需要指出的是：ISO 的这套焊接工艺规程和评定标准体系正在不断发展，并且已经初步形成，我国目前已经完成了该体系主要部分的转化。

表 8-7　ISO 焊接工艺规程及评定标准体系

方法	弧焊	气焊	电子束焊接	激光焊	电阻焊	螺栓焊	摩擦焊
一般原则	ISO 15607						
分类指南	ISO/TR 15608		不适用			ISO/TR 15608	
WPS	ISO 15609—1	ISO 15609—2	ISO 15609—3	ISO 15609—4	ISO 15609—5	ISO 14555	ISO 15620
合格的焊材	ISO 15610		不适用				
焊接经验	ISO 15611					ISO 15611 ISO 14555	ISO 15611 ISO 15620
标准工艺	ISO 15612				不适用		
预生产焊接试验	ISO 15613					ISO 15613 ISO 14555	ISO 15613 ISO 15620
焊接工艺评定试验	ISO 15614： –1 钢/镍及镍合金 –2 铝及铝合金 –3 铸铁 –4 铸铝抛光焊 –5 钛、锆及其合金 –6 铜及铜合金 –7 堆焊 –8 管–板 –9 高压湿焊 –10 高压干焊	ISO 15614： –1 钢/镍及镍合金 –3 铸铁 –6 铜及铜合金 –7 堆焊		ISO 15614： –7 堆焊 –11 电子束焊接和激光焊	ISO 15614： –12 点焊、缝焊和凸焊 –13 电阻对焊和闪光焊	ISO 14555	ISO 15620

8.2.3　焊接人员资质考核（认可）

现代焊接制造的主要特征之一就是焊接正在融合更多的学科知识和技术，从事焊接的人员必须具备一定的专业知识和技能，才可能确保焊接的有效实施。因此，焊接人员的资质就成了焊接质量保证的重要环节之一。

ISO 14731 针对焊接人员的管理职责和任务提出了总体要求，其基本出发点就是根据焊接质量保证的原理，明确对产品质量可能带来影响的人员要素，并规定相应的条件。

除此之外，对焊接作业人员的操作技能进行必要的考试和认可，是实际焊接生产的有效控制措施。焊接人员技能评定标准的主要目的就是：通过一系列专门设计的程序、试验，对焊接作业人员在限定条件下焊制出符合规定要求焊缝的能力进行确认。

ISO 9606 系列标准正是为了迎合这种需求，以不同产品或结构的共性条件为基础，设计、确定了焊工考试的基本要求。该系列标准包括五部分，适用于不同材料（钢、铝及铝合金、铜及铜合金、镍及镍合金、钛及钛合金、镁及镁合金）的熔化焊焊工考试。

ISO 14732 规定了焊接操作工的考试要求，与 ISO 9606 系列标准的主要差别在于：前者涉及的是自动焊、机械化焊接的焊接操作工；而后者则针对从事手工焊、半自动焊焊接的焊工。

我国目前已经完成了 ISO 9606—1、ISO 9606—2、ISO 14731 和 ISO 14732 的转化，并且正在启动 ISO 9606—3 的标准转化。从焊接人员资质的总体要求方面，我国已经与国际基本一致。

8.2.4　术语及符号

焊接术语及符号的主要目的在于沟通和交流，特别是在不同国家、不同地区和不同行业之间搭建专业沟通的桥梁。由于语言、文化、习俗等方面的差异，国际标准的作用和影响往往是决定性的。为此，ISO/TC44 的主要标准化重点之一就是制定焊接领域通用的这类基础标准。

ISO 857 专门规定了焊接相关的术语和定义。ISO 857 由两部分组成，ISO 857—1 规定了金属焊接术语，这些术语分熔化焊和压力焊两大类，内容涉及工艺、材料、设备、焊接参数等；而 ISO 857—2 则包含了钎焊方面的术语。

在国际上影响较大的焊接术语标准还有美国的 ANSI/AWS A3.0，与 ISO 857 相比，美国标准历史更悠久，所涉及的内容更广，内容更完整，我国现行的焊接术语标准 GB/T 3375 在修订过程中，基本上参照、借鉴了美国标准。

在焊接制造过程中，焊接符号是不可或缺的一种技术语言。这种专门的技术语言被广泛用于焊接图样和技术文件中。而 ISO 2553 则规定了这种技术语言的使用规则。

长期以来，国际上在技术图样的表示方面存在着不同的投影方法。受此影响，不同国家的焊接符号在具体标注形式上经常产生不同的理解。ISO 2553 则通过双基准线的使用，很好地解决了这个问题。我国现行的 GB/T 324—2008《焊缝符号表示方法》标准基本上与 ISO 2553 等效一致，但在具体标注方面（如符号的种类、尺寸等）做了更细致的规定。

为了简化图样，采用数字代号表示不同的焊接方法是国际上通行的做法。ISO 4063 规定了各类焊接方法的表示代号，这些焊接方法代号在其他 ISO 标准和技术文件中得到了广泛引用。为了确保我国在这方面与国际上保持一致，GB/T 5185—2005《焊接及相关工艺方法代号》在修订过程中，等同采用了 ISO 4063。

8.2.5　接头制备

合理的接头设计可以保证焊接质量，也可以极大地提高焊接生产效率。由于接头设计的主要环节之一就是选择并确定合适的坡口形式和尺寸，因此与之相关的标准一直备受关注。

ISO 9692 系列标准针对不同焊接方法、材料种类、厚度和结构形式，推荐了相应的坡口形式和尺寸。其中，ISO 9692—1 适用于钢的焊条电弧焊、气焊、气体保护焊和高能束焊；ISO 9692—2 适用于钢的埋弧焊；ISO 9692—3 适用于铝及铝合金的惰性气体保护焊；ISO 9692—4 规定了复合钢的焊接坡口形式和尺寸。

标准所给出的坡口形式和尺寸都经过了大量的实践验证，在确保获得良好接头质量的同时兼顾焊接制造的经济性、合理性。

为了适用更多的产品及结构，标准给出的是基本的坡口形式；坡口尺寸则给出了一定的范围，而不是以公差的形式提出；标准规定的坡口条件一般是针对接头完全熔透的焊缝。

而在实际应用过程中，可能会遇到不同的要求，如：特殊的焊接位置、焊缝为非承载的联系焊缝或强度要求较低且不要求完全熔透的焊缝，这就需要采用与之相应的坡口条件。因此，对于标准的使用应当基于这样的一种认识：标准提供的是普遍适用的答案，但绝非唯一性答案。合理的焊接接头设计应当是在正确理解和掌握标准基本原理的基础上，结合具体工况条件（如适用的焊接工艺方法、焊接参数、焊接位置、母材条件、结构特征、加工条件等）做综合平衡，保证获得合格质量的同时，使填充金属量、焊接应力及变形得到有效控制。

我国已完成了 ISO 9692 系列标准的转化。

8.2.6　质量等级

焊接的主要问题是缺欠和结构变形，焊缝质量的评估也基本从这两方面着手，即焊接缺欠是否在规定的限制范围内；或者焊接结构的尺寸是否达到规定要求。

鉴于现有的焊接技术尚无法完全避免焊接制造过程中焊接缺欠的产生，因此只能采取一定措施将焊接缺欠控制在允许的范围内。而实践证明：通过制定焊接缺欠质量要求标准进行约束是一种有效的手段。为此，ISO 6520 系列标准首先确定了焊接缺欠的类别和说明。其中，ISO 6520—1 规定了熔化焊焊缝缺欠的分类及说明，ISO 6520—2 则给出了压力焊的缺欠分类规定。

焊接缺欠的质量分级要求则分别由 ISO 5817、ISO 10042、ISO 13919—1 和 ISO 13919—2 规定。ISO 5817 规定了钢、镍及镍合金、钛及钛合金的缺欠质量分等要求，ISO 10042 则提供了铝及铝合金的缺欠质量分等。ISO 13919—1 和 ISO 1391—2 则分别适用于钢和铝合金高能束（激光焊和电子束）焊接接头的缺欠质量分级。

缺欠分级的基本出发点是保证制造企业在进行焊接制造时，采取合理、有效的质量控制手段。在获得合格焊接质量的同时，取得最佳的经济效益。因此，这些标准均采用了较为通用的三级分等（B、C、D 三个质量等级）。

客观而言，这些标准的主要目的并非为产品的合格验收提供评定依据，而是为制造质量的控制提供分级要求。对于特定的某一产品而言，不同部位（如关键部件与非关键部件、承压焊缝与非承压焊缝、承载焊缝与联系焊缝）的焊接质量控制要求是有所差别的。如果按照同样的要求焊接，势必造成制造成本不必要地增高。所以，制造商可以在标准提供的三级质量要求基础上，根据需要进行调整，包括提出更严格或更宽松的要求。

焊接结构的尺寸公差要求由 ISO 13920 确定。该标准规定了一般焊接结构的尺寸公差和形位公差。其中，尺寸公差包括线性尺寸和角度公差，形位公差则主要以直线度、平面度和平行度为准。公差等级分四级，按照结构大小给出。在一般条件下，焊接结构的公差选择第二级。ISO 13920 已经被等同转化为 GB/T 19804—2005《焊接结构的一般尺寸公差和形位公差》，我国的重型机械、电工设备和铁道等行业也根据各自的行业实际需求制定了相应的行业标准。

8.2.7　焊接材料

在焊接过程中，焊接材料由于熔入焊缝而对焊接接头质量产生重要影响。因此，焊接材料标准一直是焊接质量控制的关键环节之一。ISO 焊接材料标准体系经历了漫长的发展历程，目前已经基本成熟，见表 8-8。

表 8-8　ISO 焊接材料标准体系

材料种类	碳钢	热强钢	高强钢	不锈钢/耐热钢	镍及镍合金	铝合金	铸铁	铜合金	钛合金
焊条	ISO 2560	ISO 3580	ISO 18275	ISO 3581	ISO 14172				
药芯焊丝	ISO 17632	ISO 17634	ISO 18276	ISO 17633					
气焊填充丝	ISO 636						ISO 1071		
焊丝/填充丝	ISO 14341	ISO 21952	ISO 16834	ISO 14343	ISO 18274	ISO 18273		ISO 24373	ISO 24034
气保焊焊丝	ISO 636								
埋弧焊焊丝	ISO 14171	ISO 24598	ISO 26304						
焊剂		ISO 14174							
采购指南			ISO 14344						
保护气体			ISO 14175						
钨极			ISO 6848						
供货技术条件			ISO 544						

目前在国际上存在两种不同的焊接材料型号划分方法。具体而言，对焊接材料型号划分时，欧洲国家一般采用屈服强度和 47J 冲击值，环太平洋地区各国则以抗拉强度和 27J 冲击值为准。国际标准在协调这

种技术差异方面，做了各种努力和探索。

以 ISO 2560 为代表的 ISO 焊接材料标准，最显著的特点就是包含着两种截然不同的型号体系。两种技术体系并存于 ISO 标准中，共同享有国际标准的权益，但彼此不承担任何责任。这是长期协调的结果，其最终目标是在未来的 5 至 10 年，达到真正的统一。客观而言，ISO 焊接材料标准仍在不断发展和完善，两种技术体系如何统一将成为 ISO 焊接材料标准今后改进的焦点。

8.2.8　焊接接头的试验、检验

焊接接头质量的评估通常采取两类试验方法进行，即破坏性试验和无损检验。这些方法基本成熟，并在国际上达成共识。ISO 已经颁布的这类标准包括常规的焊接接头拉伸、弯曲、冲击、硬度、断裂，宏观金相检验和微观金相检验等破坏性试验方法，和焊接生产通用的各类无损检测方法（包括射线、超声波、磁粉、渗透等检测方法）。

ISO 4136 规定了焊接接头的拉伸试验方法，而 ISO 5178 则针对焊缝金属的拉伸试验提出了要求。ISO 9018 适用于角焊缝的拉伸试验，具体考虑的接头形式包括十字接头和搭接接头。

ISO 5173 经过整合后，统一了各种接头弯曲试验（正弯、背弯和侧弯试验）要求。ISO 9015 则规定了硬度试验要求，其中，ISO 9015—1 适用于弧焊接头的常规硬度试验；ISO 9015—2 适用于弧焊接头的显微硬度试验。与一般的熔焊接头不同，激光和电子束

焊接接头的硬度试验由 ISO 22826 标准做出相应的规定。

ISO 9016 规定了焊接接头的冲击试验要求，具体包括取样方法、缺口方位确定及试验程序。ISO 9017 规定了焊接接头的断口试验方法。ISO/TR 16060 推荐了焊缝的腐蚀试验方法，而 ISO 17639 则对焊接接头的宏观金相检验和微观金相检验提出了要求。

ISO 17635 给出了熔化焊接头无损检测的一般原则规定。焊接接头的外观检验应按照 ISO 17637 进行；ISO 17636 推荐了焊接接头的射线探伤方法；ISO 17640 适用于铁素体钢焊接接头的超声波探伤检验；ISO 22285 适用于奥氏体钢和镍合金焊接的超声波检验；焊接接头的磁粉检测方法则由 ISO 17638 做出规定。

8.3　不同行业的焊接标准

焊接是制造业应用最为广泛的一种材料连接方法，国际标准和国家标准侧重于共性要求的规定，而不同行业和工业部门对焊接具有不同的特殊要求。这些特殊要求通常以行业标准的形式体现，在国家标准中也可能提供若干行业的通用要求，本节所介绍的主要是这部分标准内容。

8.3.1　承压设备

在承压设备的制造过程中，焊接是关键的制造技术。承压设备制造所涉及的重要焊接标准见表 8-9。

表 8-9　承压设备标准及规程

标准编号	标准名称	标准编号	标准名称
—	压力容器安全技术监察规程	JB/T 4745—2002	钛制焊接容器
—	锅炉压力容器焊工考试规则	JB/T 4755—2006	铜制焊接容器
GB 150.1—2011	压力容器　第一部分:通用要求	JB/T 4756—2006	镍及镍合金焊接容器
GB 150.2—2011	压力容器　第二部分:材料	NB/T 47003.1—2009	钢制焊接常压容器
GB 150.3—2011	压力容器　第三部分:设计	NB/T 47013—2012	承压设备无损检测(系列标准)
GB 150.4—2011	压力容器　第四部分:制造、检验和验收	NB/T 47014—2011	承压设备焊接工艺评定
		NB/T 47015—2011	压力容器焊接规程
GB 12337—1998	钢制球形储罐	NB/T 47016—2011	承压设备产品焊接试件的力学性能检验
JB 4710—2000	钢制塔式容器		
JB/T 4731—2005	钢制卧式容器	NB/T 47018—2011	承压设备用焊接材料订货技术条件(系列标准)
JB/T 4734—2002	铝制焊接容器		

GB 150—2011《压力容器》系列标准适用于设计压力不大于 35MPa 的钢制压力容器和其他材质（铝、铜、钛和镍）的压力容器。该系列标准共包括 4 部分，对焊接制造的环境条件、工艺要求、返修规定及焊后热处理的实施提出了较为详细的要求。

NB/T 47003.1—2009《钢制焊接常压容器》

适用于钢制焊接常压容器产品。标准规定了详细的焊接及检验要求，推荐了不同母材所适用的焊接材料。

NB/T 47014—2011《承压设备焊接工艺评定》和 NB/T 47015—2011《压力容器焊接规程》是压力容器行业应用的主要工艺标准。前者规定了钢制压力

容器焊接工艺评定规则、试验方法和合格指针，适用的工艺包括：气焊、焊条电弧焊、埋弧焊、气体保护焊、电渣焊和耐腐蚀堆焊。后者则规定了钢制压力容器焊接的基本要求，适用的焊接工艺有气焊、焊条电弧焊、埋弧焊、气体保护焊、电渣焊。

锅炉产品标准和规程参见表 8-10。

8.3.2　船舶行业

造船及交通行业应用普遍的专用性焊接标准见表 8-11。

表 8-10　锅炉标准及规程

标准编号	标准名称	标准编号	标准名称
—	蒸汽锅炉安全技术监察规程	JB/T 2636—2006	锅炉受压组件焊接接头金相和断口检验方法
—	热水锅炉安全技术监察规程		
GB/T 16507—1996	固定式锅炉建造规程	JB/T 6512—2006	锅炉用高频电阻焊螺旋翅片管　制造技术条件
JB/T 1613—2006	锅炉受压元件　焊接技术条件		
JB/T 1625—2002	工业锅炉焊接管孔	JB/T 6734—2006	锅炉角焊缝强度计算方法
JB/T 2634—2006	管道成型焊接件　技术条件		

表 8-11　造船及交通行业常用的焊接标准及规程

标准编号	标准名称	标准编号	标准名称
—	中国船级社《材料与焊接规范》2012 版	CB/T 1118—1996	刚性十字接头焊接裂纹试验方法
		CB/T 1119—1996	焊条电弧焊刚性对接裂纹试验方法
GB/T 11038—2009	船用辅锅炉及压力容器受压元件焊接技术条件	CB 1120—1984	环形镶块裂纹试验方法
		CB 1122—1984	刚性 T 形接头焊接裂纹试验方法
GB/T 13147—2009	铜及铜合金复合钢板焊接技术要求	CB 1124—2008	舰船用高强度船体结构钢焊接材料的鉴定、出厂和进货检验规则
GB/T 13148—2008	不锈钢复合钢板焊接技术要求	CB 1148—1985	铜 247 焊条技术条件
GB/T 13149—2009	钛及钛合金复合钢板焊接技术要求	CB 1162—1986	铸造钛合金螺旋桨补焊技术条件
CB/Z 39—1987	焊接材料的验收　存放和使用	CB 1204—1990	船焊 40A 焊条技术条件
CB/Z 67—2008	碳弧气刨工艺要求	CB/T 1216—1992	TA5 钛合金焊接技术条件
CB/Z 69—1986	铸钢舵柱手工焊接工艺	CB 1220—2005	921A 等钢焊接坡口基本形式及焊缝外形尺寸
CB/Z 121—1998	舰艇用 921A 等钢板缺陷补焊技术要求		
CB/Z 124—1998	舰艇 921A 等钢结构焊接技术要求	CB 1343—1998	钢铝过渡接头规范
CB/Z 125—1998	潜艇船体结构焊接质量检验规则	CB* 3095—1981	民用铜合金螺旋桨补焊规则
CB/Z 126—1998	潜艇耐压船体可拆卸切割、装配和焊接技术要求	CB/T 3123—2005	船用轧制钢材气割面质量技术要求
		CB/T 3190—1997	船体结构焊接坡口形式及尺寸
CB/Z 258—1989	铝合金船体氩弧焊接工艺规程	CB/T 3351—2005	船舶焊接接头弯曲试验方法
CB/Z 278—2011	FCB 法多丝埋弧自动单面焊焊接工艺	CB 3380—1991	船用钢材焊接接头宏观组织缺陷酸蚀试验法
CB*/Z 339—1984	船用球铁、碳素钢阀门铸件缺陷补焊技术条件	CB/T 3558—2011	船舶钢焊缝射线检测工艺和质量分级
CB/Z 801—2007	熔嘴电渣焊焊接工艺	CB/T 3559—2011	船舶钢焊缝超声波检测工艺和质量分级
CB/Z 802—2007	陶质衬垫 CO_2 单面焊焊接工艺		
CB 812—2004	鱼雷钎焊技术要求	CB/T 3692—1995	角焊缝折断试验方法
CB 813—2008	鱼雷焊接通用技术条件	CB/T 3714—1995	自动埋弧焊刚性裂纹对接试验方法
CB 895—1986	船焊 395 焊条技术条件	CB/T 3715—1995	陶质焊接衬垫
CB 970—1981	军用船舰铜合金螺旋桨补焊规则	CB/T 3747—1995	船用铝合金焊接接头质量要求
CB 1060.3—1987	钢质船体制造工时定额　气割	CB/T 3748—1995	船用铝合金焊接工艺评定
CB 1060.7—1987	钢质船体制造工时定额　电焊	CB/T 3761—1996	船体结构焊接缺陷修补技术要求
CB 1080.2—1989	特辅机武备金属结构件制造工时定额　焊接	CB/T 3770—1996	船舶焊接接头维氏硬度试验方法
		CB/T 3802—1997	船体焊接表面质量检验要求
CB 1116—1984	Z 向窗型层状撕裂试验方法	CB/T 3807—1997	船用铝合金焊工考试规则
CB 1117—1984	"П"型刚性 T 形接头层状撕裂试验方法	CB/T 3811—1997	船用碳素钢药芯焊丝
		CB/T 3832—1999	铜管钎焊技术条件
		CB/T 3910—1999	船体焊接与切割安全

（续）

标准编号	标准名称	标准编号	标准名称
CB/T 3929—1999	铝合金船体对接头 X 射线照相及质量分级	CB/T 3958—2004	船舶钢焊缝磁粉检测、渗透检测工艺和质量分级
CB/T 3947—2001	气电自动立焊工艺要求	CB/T 3995—2008	船体双面埋弧自动焊技术要求
CB/T 3953—2002	铝-钛-钢过渡接头焊接技术条件	CB/T 4122—2011	船舶碳素钢管 TIG 焊接技术要求

在我国造船行业，《材料与焊接规范》2012 版是一部影响较大的规范。该规范对船舶建造用的材料及焊接做了全面的要求。该规范由四篇组成：包括入级规则、金属材料、非金属材料和焊接。焊接篇包括：通则、焊接材料、焊接工艺认可、焊工资格考试、船体结构的焊接及铆接、海上设施结构的焊接、受压壳体的焊接、重要机件的焊接、压力管系的焊接、海底管系的焊接。

8.3.3 核电行业

在核设施的建造过程时所涉及的焊接标准见表 8-12。

表 8-12 核电行业焊接相关标准

标准编号	标准名称
GB/T 11809—2008	压水堆核燃料棒焊缝检验方法 金相检验和 X 射线照相检验
GB/T 15761—1995	2×600MW 压水堆核电厂核岛系统设计建造规范
GB/T 16702—1996	压水堆核电厂核岛机械设备设计规范
EJ/T 403—1999	压水堆核电厂—回路工艺系统大口径电弧焊接不锈钢卷制钢管及管件技术条件
EJ/T 455—1989	三十万千瓦压水堆核电厂 不锈钢管道焊接接头形式
EJ/T 472—1999	压水堆核电厂 燃料组件定位格架用 600 号镍基钎料技术条件
EJ/T 486—1999	压水堆核电厂超低碳 Cr-Ni 奥氏体不锈钢堆焊材料技术条件
EJ/T 775—1993	核工业焊接质量控制
EJ/T 802—2004	压水堆燃料组件管座焊缝检验 X 线照相法
EJ/T 998—1996	压水堆核电厂预应力混凝土安全壳建造规范
EJ/T 1041—1996	压水堆核电厂核岛机械设备在役检查规则
EJ/T 1012—1996	压水堆核电厂核岛机械设备制造规范
EJ/T 1027.1—1996	压水堆核电厂核岛机械设备焊接规范 焊接材料的验收
EJ/T 1027.2—1996	压水堆核电厂核岛机械设备焊接规范 焊接材料的评定
EJ/T 1027.3—1996	压水堆核电厂核岛机械设备焊接规范 焊接材料的存放和使用管理
EJ/T 1027.4—1996	压水堆核电厂核岛机械设备焊接规范 碳钢和低合金钢的焊接
EJ/T 1027.5—1996	压水堆核电厂核岛机械设备焊接规范 奥氏体不锈钢的焊接
EJ/T 1027.6—1996	压水堆核电厂核岛机械设备焊接规范 异种钢的焊接
EJ/T 1027.7—1996	压水堆核电厂核岛机械设备焊接规范 奥氏体不锈钢耐蚀堆焊
EJ/T 1027.8—1996	压水堆核电厂核岛机械设备焊接规范 镍基合金耐蚀堆焊
EJ/T 1027.9—1996	压水堆核电厂核岛机械设备焊接规范 阀门耐磨堆焊
EJ/T 1027.10—1996	压水堆核电厂核岛机械设备焊接规范 焊接缺陷的补焊
EJ/T 1027.11—1996	压水堆核电厂核岛机械设备焊接规范 碳钢和低合金钢的焊接工艺评定
EJ/T 1027.12—1996	压水堆核电厂核岛机械设备焊接规范 奥氏体不锈钢的焊接工艺评定
EJ/T 1027.13—1996	压水堆核电厂核岛机械设备焊接规范 异种钢焊接工艺评定
EJ/T 1027.14—1996	压水堆核电厂核岛机械设备焊接规范 奥氏体不锈钢耐蚀堆焊工艺评定
EJ/T 1027.15—1996	压水堆核电厂核岛机械设备焊接规范 镍基合金耐蚀堆焊工艺评定
EJ/T 1027.16—1996	压水堆核电厂核岛机械设备焊接规范 阀门耐磨堆焊工艺评定
EJ/T 1027.17—1996	压水堆核电厂核岛机械设备焊接规范 焊接缺陷补焊的工艺评定
EJ/T 1027.18—1996	压水堆核电厂核岛机械设备焊接规范 设备制造车间技术要求
EJ/T 1027.19—1996	压水堆核电厂核岛机械设备焊接规范 手焊工和焊接操作工的资格评定
EJ/T 1063—1998	压水堆核电厂核安全有关的钢结构建造规范
EJ/T 1064—1998	铝及铝合金焊接技术条件
EJ/T 1138—2001	压水堆核电厂安全壳钢衬里焊缝无损检验
NB/T 20003.1—2010	核电厂核岛机械设备无损检测 第 1 部分:通用要求

（续）

标准编号	标 准 名 称
NB/T 20003.2—1010	核电厂核岛机械设备无损检测　第2部分:超声检测
NB/T 20003.3—2010	核电厂核岛机械设备无损检测　第3部分:射线检测
NB/T 20003.4—2010	核电厂核岛机械设备无损检测　第4部分:渗透检测
NB/T 20003.5—2010	核电厂核岛机械设备无损检测　第5部分:磁粉检测
NB/T 20003.6—2010	核电厂核岛机械设备无损检测　第6部分:管材制品涡流检测
NB/T 20003.7—2010	核电厂核岛机械设备无损检测　第7部分:目视检测
NB/T 20003.8—2010	核电厂核岛机械设备无损检测　第8部分:泄漏检测
NB/T 20004—2011	核电厂核岛机械设备材料理化检验方法
NB/T 20005.1—2010	压水堆核电厂用碳钢和低合金钢　第1部分:1、2、3级锻件
NB/T 20005.2—2012	压水堆核电厂用碳钢和低合金钢　第2部分:2、3级热交换器管板锻件
NB/T 20005.2—2012	压水堆核电厂用碳钢和低合金钢　第3部分:2、3级辅助泵轴锻件
NB/T 20005.3—2012	压水堆核电厂用碳钢和低合金钢　第4部分:主蒸汽系统、主给水流量控制系统、辅助给水系统和汽轮机旁路系统用锻、轧件
NB/T 20005.7—2010	压水堆核电厂用碳钢和低合金钢　第7部分:1、2、3级钢板
NB/T 20005.8—2012	压水堆核电厂用碳钢和低合金钢　第8部分:S1、S2级支承件用钢板、型钢和钢棒
NB/T 20005.9—2010	压水堆核电厂用碳钢和低合金钢　第9部分:2、3级无缝钢管
NB/T 20005.12—2012	压水堆核电厂用碳钢和低合金钢　第11部分:S1、S2级支承件用无缝钢管
NB/T 20005.12—2010	压水堆核电厂用碳钢和低合金钢　第12部分:主蒸汽系统、主给水流量控制系统、辅助给水系统和汽轮机旁路系统用无缝钢管
NB/T 20005.13—2012	压水堆核电厂用碳钢和低合金钢　第13部分:2、3级热交换器传热管用无缝冷拔钢管
NB/T 20005.14—2012	压水堆核电厂用碳钢和低合金钢　第14部分:2、3级对焊无缝管件
NB/T 20005.16—2012	压水堆核电厂用碳钢和低合金钢　第16部分:主蒸汽系统用弯头
NB/T 20006.1—2011	压水堆核电厂用合金钢　第1部分:承受强辐照的反应堆压力容器筒体用锰-镍-钼钢锻件
NB/T 20006.2—2011	压水堆核电厂用合金钢　第2部分:不承受强辐照的反应堆压力容器筒体用锰-镍-钼钢锻件
NB/T 20006.3—2011	压水堆核电厂用合金钢　第3部分:反应堆压力容器过渡段和法兰用锰-镍-钼钢锻件
NB/T 20006.4—2011	压水堆核电厂用合金钢　第4部分:反应堆压力容器接管嘴用锰-镍-钼钢锻件
NB/T 20006.5—2011	压水堆核电厂用合金钢　第5部分:反应堆压力容器封头用锰-镍-钼钢锻件
NB/T 20006.6—2011	压水堆核电厂用合金钢　第6部分:蒸汽发生器管板用锰-镍-钼钢锻件
NB/T 20006.7—2012	压水堆核电厂用合金钢　第7部分:蒸汽发生器上封头用锰-镍-钼钢锻件
NB/T 20006.8—2012	压水堆核电厂用合金钢　第8部分:蒸汽发生器筒体用锰-镍-钼钢锻件
NB/T 20006.10—2010	压水堆核电厂用合金钢　第10部分:稳压器和蒸汽发生器接管嘴及盖板用锰-镍-钼钢锻件
NB/T 20006.11—2010	压水堆核电厂用合金钢　第11部分:稳压器筒体、封头用锰-镍-钼钢锻件
NB/T 20006.12—2011	压水堆核电厂用合金钢　第12部分:反应堆冷却剂泵主法兰用锰-镍-钼钢锻件
NB/T 20006.13—2012	压水堆核电厂用合金钢　第13部分:反应堆冷却剂泵电动机轴系用合金钢锻件
NB/T 20006.14—2010	压水堆核电厂用合金钢　第14部分:1级设备螺栓紧固件用含钒或不含钒的镍-铬-钼钢锻棒
NB/T 20007.1—2010	压水堆核电厂用不锈钢　第1部分:1、2、3级奥氏体不锈钢锻件
NB/T 20007.2—2012	压水堆核电厂用不锈钢　第2部分:2、3级热交换器管板用奥氏体不锈钢锻件
NB/T 20007.3—2012	压水堆核电厂用不锈钢　第3部分:堆芯支承件和上支承板用控氮奥氏体不锈钢锻件
NB/T 20007.4—2012	压水堆核电厂用不锈钢　第4部分:反应堆冷却剂泵轴用含铌稳定化奥氏体不锈钢锻件
NB/T 20007.5—2010	压水堆核电厂用不锈钢　第5部分:1、2、3级奥氏体不锈钢板
NB/T 20007.6—2012	压水堆核电厂用不锈钢　第6部分:堆内构件用控氮奥氏体不锈钢板
NB/T 20007.7—2012	压水堆核电厂用不锈钢　第7部分:S1、S2级支承件用奥氏体不锈钢钢板和钢带
NB/T 20007.8—2012	压水堆核电厂用不锈钢　第8部分:1、2、3级奥氏体不锈钢无缝钢管
NB/T 20007.9—2011	压水堆核电厂用不锈钢　第9部分:1、2、3级奥氏体不锈钢对焊无缝管件
NB/T 20007.13—2012	压水堆核电厂用不锈钢　第13部分:反应堆冷却剂管道用控氮奥氏体不锈钢锻造管和弯管
NB/T 20007.14—2010	压水堆核电厂用不锈钢　第14部分:1、2、3级奥氏体不锈钢锻、轧棒
NB/T 20007.15—2012	压水堆核电厂用不锈钢　第15部分:堆内构件螺栓用变形硬化的热轧或热锻奥氏体不锈钢棒
NB/T 20007.16—2012	压水堆核电厂用不锈钢　第16部分:2、3级马氏体不锈钢锻件
NB/T 20007.17—2012	压水堆核电厂用不锈钢　第17部分:堆内构件压紧弹性环用马氏体不锈钢锻件
NB/T 20007.18—2012	压水堆核电厂用不锈钢　第18部分:2、3级辅助泵驱动轴用马氏体不锈钢锻、轧件
NB/T 20007.21—2012	压水堆核电厂用不锈钢　第21部分:蒸汽发生器传热管支承用马氏体不锈钢板
NB/T 20007.22—2012	压水堆核电厂用不锈钢　第22部分:反应堆控制棒驱动机构驱动杆用马氏体不锈钢无缝钢管
NB/T 20007.26—2012	压水堆核电厂用不锈钢　第26部分:反应堆冷却剂管道用奥氏体-铁素体不锈钢离心浇铸管

（续）

标准编号	标准名称
NB/T 20008.1—2012	压水堆核电厂用其他材料 第1部分：反应堆冷却剂系统支承件用合金钢锻件
NB/T 20008.2—2010	压水堆核电厂用其他材料 第2部分：蒸汽发生器、反应堆冷却剂泵和主蒸汽管路支承件用锰-钼-钒合金钢铸件
NB/T 20008.3—2012	压水堆核电厂用其他材料 第3部分：3级辅助系统泵、阀用铜-铝合金铸件
NB/T 20008.4—2012	压水堆核电厂用其他材料 第4部分：1、2、3级镍-铬-铁合金锻、轧件
NB/T 20008.5—2012	压水堆核电厂用其他材料 第5部分：1、2级镍-铬-铁合金热轧板
NB/T 20008.6—2012	压水堆核电厂用其他材料 第6部分：镍-铬-铁合金热轧板
NB/T 20008.8—2012	压水堆核电厂用其他材料 第8部分：镍-铬-铁合金热挤管
NB/T 20008.9—2012	压水堆核电厂用其他材料 第9部分：镍-铬-铁合金热轧或热挤棒
NB/T 20008.10—2012	压水堆核电厂用其他材料 第10部分：堆内构件销钉、螺栓紧固件用镍-铬-铁合金轧制棒
NB/T 20008.12—2010	压水堆核电厂用其他材料 第12部分：1、2、3级设备螺栓、螺母用锻、轧棒
NB/T 20008.15—2012	压水堆核电厂用其他材料 第15部分：3级板式热交换器用钛板
NB/T 20008.16—2012	压水堆核电厂用其他材料 第16部分：控制棒驱动机构用钴基合金
NB/T 20008.17—2012	压水堆核电厂用其他材料 第17部分：2、3级非合金及合金球墨铸铁件
NB/T 20009.1—2010	压水堆核电厂用焊接材料 第1部分：1、2、3级设备用碳钢焊条
NB/T 20009.2—2010	压水堆核电厂用焊接材料 第2部分：1、2、3级设备用低合金钢焊条
NB/T 20009.3—2010	压水堆核电厂用焊接材料 第3部分：1、2、3级设备用不锈钢焊条
NB/T 20009.6—2010	压水堆核电厂用焊接材料 第6部分：1、2、3级设备用碳钢气体保护电弧焊焊丝
NB/T 20009.7—2010	压水堆核电厂用焊接材料 第7部分：1、2、3级设备用不锈钢焊丝和填充丝
NB/T 20009.8—2010	压水堆核电厂用焊接材料 第8部分：1、2、3级设备用镍基合金焊丝和填充丝
NB/T 20010.1—2010	压水堆核电厂阀门 第1部分：设计制造通则
NB/T 20191—2012	压水堆核电厂结构设计中在役检查的可达性准则

另外，表 8-12 中的 EJ/T 998、1012、1027、1063、1138 等标准正在修订中。EJ/T 1027 修订后将以 NB/T 20002《压水堆核电厂核岛机械设备焊接规范》名义发布，包括通用要求、焊接填充材料验收、焊接工艺评定、焊接填充材料评定、制造车间评定、产品焊接和耐磨堆焊等内容，该标准将与 NB/T 20009《压水堆核电厂用焊接材料》、NB/T 20003《核电厂核岛机械设备无损检测》、NB/T 20004《核电厂核岛机械设备材料理化检验方法》构成我国目

前核电标准体系中焊接相关标准的主体。

8.3.4 电力行业

表 8-13 列出了电力行业在施工建设过程中应用的主要焊接标准。

8.3.5 铁路行业

在铁路行业应用较为广泛的焊接标准见表 8-14。

表 8-13 电力行业的主要焊接标准

标准编号	标准名称	标准编号	标准名称
SL 35—2011	水工金属结构焊工考试规则	DL/T 754—2001	铝母线焊接技术规程
SL 36—2006	水工金属结构焊接通用技术条件	DL/T 819—2010	火力发电厂焊接热处理技术规程
DL 438—2009	火力发电厂金属技术监督规程	DL/T 820—2002	管道焊接接头超声波检验技术规程
DL 505—2005	汽轮机主轴焊缝超声波探伤规程	DL/T 821—2002	钢制承压管道对接焊接接头射线检验技术规程
DL/T541—1994	钢熔化焊角焊缝射线照相方法和质量分级		
		DL/T 868—2004	焊接工艺评定规程
DL/T 542—1994	钢熔化焊 T 形接头角焊缝超声波检验方法和质量分级	DL/T 869—2012	火力发电厂焊接技术规程
		DL/T 5070—2012	水轮机金属蜗壳现场制造安装及焊接工艺导则
DL/T 678—1999	电站钢结构焊接通用技术条件		
DL/T 679—2012	焊工技术考核规程	DL/T 5071—2012	混流式水轮机转轮现场制造工艺导则
DL/T 734—2000	火力发电厂锅炉汽包焊接修复技术导则		
		DLT 768.6—2002	电力金具制造质量 焊接件
DL/T 752—2010	火力发电厂异种钢焊接技术规程		
DL/T 753—2001	汽轮机铸钢件补焊技术导则	DL/T 1097—2008	火电厂凝汽器管板焊接技术规程

表 8-14　铁路行业的主要焊接标准

标准编号	标准名称	标准编号	标准名称
GB/T 25343.1—2010	铁路应用　轨道车辆及其零部件的焊接　第1部分总则	TB/T 1632.4—2005	钢轨焊接　第4部分：气压焊接
		TB/T 1741—1986	内燃机车柴油机机体焊接技术条件
GB/T 25343.2—2010	铁路应用　轨道车辆及其零部件的焊接　第2部分：焊接制造商的质量要求及认证	TB/T 1982—1987	电力机车车体焊接技术条件
		TB/T 1983—1987	电力机车转向架焊接技术条件
		TB/T 2446—1993	机车车辆耐候钢焊接技术条件
GB/T 25343.3—2010	铁路应用　轨道车辆及其零部件的焊接　第3部分：设计要求	TB/T 2785—1997	机车车辆低合金高强度结构钢焊接技术条件
GB/T 25343.4—2010	铁路应用　轨道车辆及其零部件的焊接　第4部分：生产要求	TB/T 2936—1998	JH型钢轨接续线焊接通用技术条件
GB/T 25343.5—2010	铁路应用　轨道车辆及其零部件的焊接　第5部分：检验、试验及文件	TB/T 1817—1987	内燃机车用柴油机气门技术条件
		TB/T 1489—1983	钢轨组合辙叉堆焊技术条件
TB/T 1558.1—2010	机车车辆焊缝无损检测　第1部分：总则	TB/T 1490—2004	铁路客车转向架通用技术条件
TB/T 1558.2—2010	机车车辆焊缝无损检测　第2部分：超声检测	TB/T 2374—1999	铁道机车车辆用耐候钢钢条和焊丝
		TB/T 2446—1993	机车车辆耐候钢焊接技术条件
TB/T 1558.3—2010	机车车辆焊缝无损检测　第3部分：射线照相检	TB/T 2622.1—1995	移动式钢轨气压焊设备　压接机技术条件
TB/T 1558.4—2010	机车车辆焊缝无损检测　第4部分：磁粉检测	TB/T 2622.2—1995	移动式钢轨气压焊设备　加热器技术条件
TB/T 1558.5—2010	机车车辆焊缝无损检测　第5部分：渗透检测	TB/T 2622.3—1995	移动式钢轨气压焊设备　气体控制箱技术条件
TB/T 1580—1995	新造机车车辆焊接技术条件	TB/T 2622.4—1995	移动式钢轨气压焊设备　钢轨端面磨平机技术条件
TB/T 1581—1996	机车车辆修理焊接技术条件		
TB/T 1631—2002	钢轨电弧焊补技术条件	TB/T 2622.6—1995	移动式钢轨气压焊设备　钢轨变型压力机技术条件
TB/T 1632.1—2005	钢轨焊接　第1部分：通用技术条件	TB/T 2658.21—2007	工务作业　第21部分：钢轨焊缝超声波探伤作业
TB/T 1632.2—2005	钢轨焊接　第2部分：闪光焊	TB/T 3083—2003	高锰钢辙叉电弧焊补技术条件
TB/T 1632.3—2005	钢轨焊接　第3部分：铝热焊	TB/T 3120—2005	AT钢轨焊接

8.3.6　建筑及工程建设行业

建筑及工程建设行业应用的焊接标准见表8-15。

JGJ 81—2002《建筑钢结构焊接技术规程》适用于一般的工业和民用钢结构。标准涉及焊接结构的设计、焊接工艺评定、质量检验、焊工考试等方面内容。

GB 50661—2011《钢结构焊接规范》提出了钢结构焊接连接构造设计、制作、材料、工艺、质量控制、人员等技术要求。标准的主要内容包括：总则、术语和符号、基本规定、材料、焊接连接构造设计、焊接工艺评定、焊接工艺、焊接检验、焊接补强及加固等。

GB 50236—2011《现场设备、工业管道焊接工程施工规范》适用于碳素钢、合金钢、铝及铝合金、铜及铜合金、钛及钛合金、镍及镍合金、锆及锆合金材料的焊接工程施工。标准由13章和4个附录组成，具体包括：总则、术语、基本规定、焊接工艺评定、

表 8-15　建筑及工程建设行业应用的焊接标准

标准编号	标准名称	标准编号	标准名称
JGJ 81—2002	建筑钢结构焊接技术规程	GB 50235—2010	工业金属管道工程施工规范
JGJ 18—2012	钢筋焊接及验收规范	GB 50236—2011	现场设备、工业管道焊接工程施工规范
JG/T 94—1999	钢筋气压焊机		
JG/T 5063—1995	钢筋电渣压力焊机	GB 50775—2012	钢结构工程施工规范
JG/T 5082.1—1996	建筑与机械设备焊接件通用技术条件	GB 50661—2011	钢结构焊接规范
JG/T 5082.2—1996	建筑与机械设备焊工技术考试规程	GB 50184—2011	工业金属管道工程施工质量验收规范

焊接技能评定、碳素钢及合金钢的焊接、铝及铝合金的焊接、铜及铜合金的焊接、钛及钛合金的焊接、镍及镍合金的焊接、锆及锆合金的焊接、焊接检验及焊接工程交接等方面的技术内容。

8.3.7　石油天然气行业

在石油天然气行业采油设备、输油管道的建造和安装过程中，焊接是一项关键的加工工艺。与之相关的标准见表8-16。

8.3.8　航空行业

航空工业主要应用的焊接标准见表8-17。

表 8-16　石油天然气行业应用的主要焊接标准

标准编号	标准名称	标准编号	标准名称
SY/T 0307—1996	潍海石油工程立式圆筒形钢制焊接固定顶储罐技术规范	SY/T 4071—1993	管道下向焊接工艺规程
		SY/T 4083—1995	电热法消除焊接应力工艺规程
SY/T 0327—2003	石油天然气钢质管道对接焊缝全自动超声波检测	SY/T 4094—1995	浅海钢质固定平台结构设计与建造技术规范
SY 0401—1998	输油输气管道线路工程施工及验收规范	SY/T 4095—1995	浅海钢质移动平台结构设计与建造技术规范
SY 0402—2000	石油天然气站内工艺管道工程施工及验收规范	SY/T 4103—2006	钢质管道焊接及验收
		SY/T 4117—2010	高含硫化氢气田集输管道焊接技术规范
SY/T 0443—1998	常压钢制焊接储罐及管道渗透检测技术标准	SY/T 5305—1987	石油钻采机械产品焊接件通用技术条件
SY/T 0444—1998	常压钢制焊接储罐及管道磁粉检测技术标准	SY/T 5446—1992	油井管无损检测方法　钻杆焊缝超声波探伤
SY/T 0452—2002	石油天然气金属管道焊接工艺评定	SY/T 5561—1992	摩擦焊接钻杆焊区技术条件
SY 0470—2000	石油天然气管道跨越工程施工及验收规范	SY/T 5921—2000	立式圆筒形钢制焊接油罐修理规程
		SY 6516—2010	石油工业电焊焊接作业安全规程
SY/T 0604—2005	工厂焊接液体储罐规范	SY/T 6554—2003	在用设备的焊接或热分接程序
SY 4056—1993	石油天然气钢质管道对接焊缝射线照相及质量分级	SY/T 6715—2008	钢管管接头焊接
		SY/T 6755—2009	在役油气管道对接接头超声相控阵及多探头检测
SY 4065—1993	石油天然气钢质管道对接焊缝超声波探伤及质量分级	SY/T 6765—2009	摩擦焊接加重钻杆

表 8-17　航空航天行业应用的主要焊接标准

标准编号	标准名称	标准编号	标准名称
HB 459—2004	航空用结构钢焊条规范	HB 6771—1993	银基钎料
HB 462—2008	航空用不锈钢及高温合金焊条规范	HB 6772—1993	镍基钎料
		HB 7052—1993	铝基钎料
HB 5133—1979	30CrMnSiNi2A 钢熔焊接头质量检查	HB 7053—1993	铜基钎料
		HB 7575—1997	高温合金及不锈钢真空钎焊质量检验
HB 5135—2000	结构钢和不锈钢熔焊接头质量检验	HB 7608—1998	高温合金、不锈钢真空电子束焊接质量检验
HB 5276—1984	铝合金电阻点焊和缝焊质量检验	HB/Z 77—1984	铝合金电阻点焊和缝焊工艺
HB 5282—1984	结构钢和不锈钢电阻点焊和缝焊质量检验	HB/Z 78—1984	结构钢和不锈钢电阻点焊和缝焊工艺
HB 5363—1995	焊接工艺质量控制	HB/Z 119—2011	铝及铝合金熔焊工艺及质量检验
HB 5420—1989	电阻焊用电极与辅助装置用铜及铜合金	HB/Z 120—2011	钛合金钨极氩弧焊工艺及质量检验
		HB/Z 145—1989	钛及钛合金电阻点焊和缝焊工艺
HB 5427—1989	钛及钛合金电阻点焊和缝焊质量检验	HB/Z 164—1990	高温合金钨极氩弧焊工艺
HB 5456—1990	高温合金钨极氩弧焊质量检验	HB/Z 198—2011	钛及钛合金电子束焊接工艺及质量检验
HB 6737—1993	高温合金电阻点焊和缝焊质量检验	HB/Z 238—1993	高温合金电阻点焊和缝焊工艺

（续）

标准编号	标准名称	标准编号	标准名称
HB/Z 309—1997	高温合金及不锈钢真空钎焊	HB/Z 5128—1979	铝及铝合金点焊、滚焊前表面准备（氟化钠-硫酸法）
HB/Z 315—1998	高温合金、不锈钢真空电子束焊接工艺	HB/Z 5132—1979	30CrMnSiNi2A 钢熔焊工艺
HB/Z 328—1998	镁合金铸件补焊工艺及检验	HB/Z 5134—2000	结构钢和不锈钢熔焊工艺
HB/Z 345—2002	铝合金铸件补焊工艺及检验	HB 5299—1996	航空工业手工熔焊焊工技术考核
HB/Z 346—2002	熔模铸造钢铸件补焊工艺及检验	HB 5333—1985	航空 HGH99 用合金焊丝技术条件
HB/Z 348—2001	钛及钛合金铸件补焊工艺及检验	HB 5499—1992	HGH150 和 HGH533 合金冷拔焊丝

第2篇 典型焊接结构设计

第9章 焊接结构设计原则与方法

作者 陈祝年 曲仕尧 **审者** 陈丙森

9.1 焊接结构的特点

设计焊接结构必须充分熟悉它的特点。与铆接、螺栓连接的结构相比较，或者与铸造、锻造方法制造的结构相比较，焊接结构具有下列特点：

1）焊接接头强度高。铆钉或螺栓结构的接头，需预先在母材上钻孔，因而削弱了接头的工作截面，其接头的强度低于母材 20% 左右。而现代的焊接技术已经能做到焊接接头的强度等于甚至高于母材的强度。

2）焊接结构设计的灵活性大，主要表现在以下方面：

① 焊接结构的几何形状不受限制。铆接、铸造和锻造等无法制造的空心封闭结构，用焊接方法制造并不困难。

② 焊接结构的壁厚不受限制。被焊接的两构件，其厚度可厚可薄，而且厚与薄相差很大的两构件也能相互焊接。

③ 焊接结构的外形尺寸不受限制。任何大型的金属结构，可以按起重运输条件允许的尺寸范围，把它划分成若干个部件，分别制造，然后吊运到现场组装焊接成整体。铸造或锻造结构均受自身工艺和设备条件限制，外形尺寸不能做得很大。

④ 可以充分利用轧制型材组焊成所需的结构。这些轧制型材可以是标准的，也可以是按需要设计成专用（非标准）的，这样的结构质量轻，焊缝少。

⑤ 可以和其他工艺方法联合制造。如设计成铸-焊、锻-焊、栓-焊、冲压-焊接等联合的金属结构。

⑥ 异种金属材料可以焊接。在一个结构上，可以按需要在不同部位配置不同性能的金属，然后把它们焊接成一个实用的整体，以充分发挥材料各自的性能，做到物尽其用。

3）焊接接头密封性好。焊缝处的气密性能和液密性能是其他连接方法无法比拟的。特别在高温、高压容器结构上，只有焊接才是最理想的连接形式。

4）焊前准备工作简单。近年数控精密切割设备的发展，对于各种厚度或形状复杂的待焊件，不必预先画线就能直接从板料上切割出来，一般不再进行机械加工就能投入装配和焊接。

5）结构的变更与改型快且容易。铸造需预先制作模样（木模）与铸型，锻压需制作模具等，生产周期长、成本高。而焊接结构可根据市场需求，能很快改变设计或者转产别的类型焊接产品，并不因此而增加很多投资。

6）最适于制作大型或重型的、结构简单的而且是单件小批量生产的产品结构。由于受设备容量的限制，铸造或锻造制作大型金属结构困难，甚至不可能。对于焊接结构来说，结构越大、越简单就越能发挥它的优越性。但是，对于结构小、形状复杂，而且是大批量生产的产品，焊接结构从技术和经济上就不一定比铸造或锻造结构优越。可是，随着焊接机器人的应用与发展，以及柔性制造系统的建立，焊接结构生产的这种劣势也将改变。如果在结构设计上能使焊缝有规则地布置，就很容易实现高效率的机械化和自动化的焊接生产。

7）成品率高。一旦出现焊接缺欠，修复容易，很少产生废品。

8）产生焊接变形和应力。焊接是一种局部加热过程，焊后焊缝区的收缩将引起结构的各种变形和残余应力，这对结构工作性能造成一定的影响。如焊接应力可能导致裂纹；残余应力对结构强度和尺寸稳定性不利；超过允许范围的焊接变形会增加矫正或机械加工的工作量，使制造成本增加。

9）对应力集中敏感。焊接结构具有整体性，其刚度大，对应力集中较为敏感。应力集中点是结构疲劳破坏和脆性断裂的起源。因此，在焊接结构设计时，要避免或减少产生应力集中的一切因素，如处理好断面变化处的过渡；保证结构具有施焊的良好条件，不致因焊接困难而产生焊接缺欠等。

10）焊接接头上性能不均匀。焊缝金属是母材和填充金属在焊接热作用下熔合而成的铸造组织，靠近焊缝金属的母材，受到焊接热的影响而发生组织变化，结果在整个焊接区出现了化学成分、金相组织、物理性质和力学性能不同于母材的情况。因此，在选择母材和焊接材料，以及制订焊接工艺时，应保证接头处的性能符合产品的技术要求。

11）焊接是不可拆卸的连接。焊接是使两材料的原子或分子之间产生结合力的一种连接方法，只有把起连接作用的焊缝破坏后才能分开，再重装十分困难，也不易复原。而铆接和螺栓连接是一种机械连接，拆卸和重装很方便，并不破坏其原状。

以上 1）~7）是焊接结构的优点，设计时应充分利用与发挥，而 8）~10）是焊接结构容易出现的问题，必须十分重视和认真对待。按目前焊接技术发展的水平，这些问题是可以克服和解决的。对于 11），要求永久性连接时是优点，需要经常拆卸时（如大型结构须定期维修或搬迁等）是缺点。

9.2　焊接结构设计的基本要求和基本原则

9.2.1　设计的基本要求

1）实用性。结构在正常使用条件下必须达到所要求的使用功能和预期效果。

2）可靠性。结构在使用期内必须安全可靠，应能满足强度、刚度、稳定、抗振、耐蚀和耐磨等方面的要求。

3）工艺性。应该是能够焊接施工的结构。所选用的金属材料既有良好的焊接性能，又具有良好的焊前预加工性能和焊后热处理性能；所设计的结构应具有焊接和检验的可达性，并易于实现机械化和自动化焊接。

4）经济性。制造该结构时所消耗的原材料、能源和工时应最少，其综合成本低。

此外，还要适当注意结构的造型美观。

上述要求是设计者追求的目标，设计时要统筹兼顾，应以可靠性为前提，实用性为核心，工艺性和经济性为制约条件。

9.2.2　设计的基本原则

为了使设计的焊接结构能达到上述的基本要求，设计时应遵循下列的设计原则：

1. 合理选择和利用材料

所选用的金属材料必须同时满足使用性能和加工性能的要求，前者包括强度、韧度、耐磨性、耐蚀性、抗蠕变性等性能；后者主要是焊接性，其次是其他冷、热加工性能，如热切割、冷弯、热弯、金属切削及热处理等性能。在结构上有特殊性能要求的部位，可采用特种金属材料，而其余部位则采用能满足一般要求的廉价材料。如有防腐蚀要求的结构，可采用以普通碳钢为基体，以不锈钢为工作面的复合金属板或者在基体上堆焊抗蚀层；又如有耐磨性要求的构件，仅在工作面上堆焊耐磨合金或热喷涂耐磨层等。充分发挥异种金属能进行焊接的特点。

尽可能选用轧制的标准型材和异型材。通常轧制型材表面光洁平整、质量均匀可靠；使用时不仅减少许多备料工作量，还可减少焊缝数量。由于焊接量减少，焊接变形易于控制。

在划分结构的零部件时，要考虑到备料过程中合理排料的可能性，以减少余料，提高材料利用率。

2. 合理设计结构形式

能满足上述设计基本要求的构造形式都被认为是合理的结构设计，也就是从实用、可靠、可加工和经济等方面对结构设计的合理性进行综合评价。设计时一般应注意以下几点：

1）根据强度、刚度和稳定性的要求，以最理想的受力状态去确定结构的几何形状和尺寸。切忌仿效铆接、铸造、锻造结构的构造形式。

2）既要重视结构的整体设计，也要重视结构的细部处理。这是因为焊接结构属刚性连接的结构，结构的整体性意味着任何部位的构造都同等重要，许多焊接结构的破坏事故起源于局部构造设计不合理处。对于应力复杂或应力集中部位更要慎重处理，如结构中的结点、断面变化部位、焊接接头的焊趾处等。

3）要有利于实现机械化和自动化焊接。为此，应尽量采用简单、平直的结构形式；减少短而不规则的焊缝；一条焊缝上其截面应相同；要避免采用难以弯制或冲压的具有空间曲面的结构；尽量减少施焊时焊件翻身的次数；组装时，定位和夹紧应方便。

3. 减少焊接量

除了前述尽量多选用轧制型材减少焊缝外，还可以利用冲压件代替部分焊件。结构形式复杂，角焊缝多且密集的部位，可用铸钢件代替。使用肋板的结构其焊缝数量多，焊接工作量大。因此，必要时可以适当增加结构基体壁厚，以减少或不用肋板。对于角焊缝在保证强度要求的前提下，尽可能用最小的焊脚尺寸，因为焊缝面积与焊脚高的平方成正比；对于坡口焊缝，在保证焊透的前提下应选用填充金属量最少的坡口形式。

4. 合理布置焊缝

有对称轴的焊接结构，焊缝宜对称地布置，或接近对称轴处，这有利于控制焊接变形；要避免焊缝汇交和密集；在结构上有焊缝汇交时，使重要焊缝连续，让次要焊缝中断，这有利于重要焊缝实现自动焊，保证其质量；尽可能使焊缝避开结构上高工作应力部位、应力集中区、机械加工面和需变质处理表面等。

5. 施工方便

必须使结构上每条焊缝都能方便施焊和质量检验。如焊缝周围要留有足够焊接和质量检验的操作空间；尽量使焊缝都能在工厂中焊接，减少在工地的焊接量；减少手工焊接量，扩大自动焊接范围；对双面焊缝，操作方便的一面用大坡口，施焊条件差的一面用小坡口，必要时改用单面焊双面成形的接头坡口形式和焊接工艺；尽量减少仰焊或立焊的焊缝，因为仰焊或立焊的焊接劳动条件差，不易保证质量，且生产率低。

6. 有利于生产组织管理

经验证明，大型焊接结构采用部件组装的生产方式有利于工厂的组织管理。因此，设计大型焊接结构时，要进行合理分段。分段时，一般要综合考虑起重运输条件、焊接变形控制、焊后热处理、机械加工、质量检验和总装配等因素。

9.3　焊接结构设计的基本方法

在我国机械工业中，新产品设计的基本程序一般包括决策、设计、试制、定型生产和持续改进五个阶段。在设计阶段中，对大型复杂的产品设计，一般又分初步设计、技术设计和工作图设计三个工作程序。这里阐述的焊接结构设计的基本方法仅是在技术设计阶段中的强度设计方法，即设计出能满足强度、刚度和稳定性要求的焊接结构的基本方法。

工程的设计与计算方法总是随着科学技术的发展而发展，从简单到复杂，从低水平到高水平，从手工设计到计算机辅助设计。现代化设计中就已经采用计算机软件 CAD⊖ 直接从事产品的图形绘制与结构设计；利用计算机软件 CAE 对所设计的产品结构进行物理和力学性能分析等，其设计速度和设计质量均随着设计方法的改进和完善而不断提高。较为先进的企业不仅在结构设计阶段内采用了计算机辅助设计，而且在工艺设计阶段中用到 CAPP，在制造阶段中用到 CAM，在质量控制中用到 CAQ 等计算机辅助设计技术。还将进一步把这一系列计算机辅助设计技术加以集成，而成为计算机集成制造系统（CIMS），从订货到加工，直至发货全部过程的各步骤都可以由计算机辅助技术来完成，而且它们之间能及时地获得彼此的信息。这种设计变革大大缩短了企业研制产品周期，并降低了生产成本。

对于在技术设计阶段中的强度设计方法，从发展角度来分，有许用应力设计法和可靠性设计法两大类。前者历史悠久，且沿用至今，故又称传统设计法，焊接结构设计目前大量采用的仍然是这种设计方法。后者是近代发展起来的设计方法，应用的历史不长，应用面还不广。但它是现代先进设计方法之一，正在发展和完善中。我国建筑钢结构设计已率先采用这种设计方法，现已扩大到铁路、公路、港口和水利水电部门。

9.3.1　许用应力设计法

许用应力设计法又称安全系数设计法。它是以满足工作能力为基本要求的一种设计方法，对于一般用途的构件，设计时需满足的强度条件或刚度条件，分别为

$$工作应力 \leqslant 许用应力$$
$$工作变形 \leqslant 许用变形$$

或者　$安全系数 = \dfrac{失效应力}{工作应力} \geqslant 许用安全系数$

这里的失效应力，如果为屈服准则，则为材料的屈服强度；如果为断裂准则，则为抗拉强度；在疲劳设计中为疲劳强度。

对于含裂纹构件的强度设计，除要满足上述常规的强度条件外，还要同时满足断裂力学的强度条件。其安全系数与无裂纹构件抗断设计的安全系数有类似的表达式。例如，对弹塑性体：

$$安全系数 = \dfrac{材料裂纹尖端张开位移的临界值 \delta_c}{材料裂纹尖端张开位移 \delta}$$
$$\geqslant 许用安全系数$$

许用应力、许用变形和许用安全系数等，一般由国家工程主管部门根据安全与经济原则，按强度、载荷（或荷载⊖）、环境、加工质量、计算精度和构件的重要性等加以确定。其中许用应力是考虑了各种影响因素后经过适当修正的材料失效应力除以许用安全系数来确定。

我国在锅炉和压力容器、动力机械、起重机、船舶等部门中都在各自设计规范内规定了各种材料的许

⊖　英文缩略词的原文：CAD—Computer Aided Design；CAE—Computer Aided Engineering；CAPP—Computer Aided Process Planning；CAM—Computer Aided Manufacturing；CAQ—Computer Aided Quality；CIMS—Computer Integrated Manufacturing System.

⊖　载荷是指作用在结构上的力，在机械设计中称载荷，而在建筑等行业中称荷载，本章为术语统一，一律采用载荷。

用应力、许用变形或许用安全系数值，在后面 9.3.3 中提供了常用部分，可以直接查用。

　　构件的工作应力或工作变形一般是采用工程力学的理论和方法进行分析与计算。通常，形状复杂的构件受载后，它在工作截面上大部分产生基本应力，在截面突变处出现峰值应力（应力集中）。前者对强度起主导作用，后者起局部作用，两者总称一次应力。不是由载荷引起的应力称二次应力或次应力，如残余应力。基本应力、峰值应力和残余应力对不同材料的强度影响不同，应区别对待。对塑性金属材料，在静载荷下，峰值应力产生局部塑性变形后应力重新分布，故峰值应力对静强度影响不大。但在循环载荷下构件常在峰值应力处首先出现疲劳裂纹而导致破坏，故在疲劳强度设计中不能忽视峰值应力的影响。残余应力对塑性金属材料的静载强度没有影响。但是，当材料变脆或塑性变形受到限制时，峰值应力和残余应力都对强度有很大的影响，这时，必须在设计和制造上降低峰值应力和残余应力。对于形状比较简单，受力不很复杂的结构，其工作应力和变形，一般采用解析法即可求解。而对于受力和构造都很复杂的结构，当采用解析法难以求解时，尤其是求局部峰值应力时，可采用数值法进行分析与计算，以求得其近似解。随着计算力学和电子计算机技术的发展与应用，数值法已逐渐变得轻松容易，其计算精度也越来越高。

　　当理论分析和数值计算也无法求解时，可采用模型试验等方法进行应力和变形的测定。对于重要的结构或结构中的重要部位，通常在设计规范中也规定做 1:1 实物试验及寿命试验来检验设计结果的正确性。

　　如果发现设计不能满足强度或刚度要求，如工作应力大于许用应力时，必须修改结构。通常是改变结构形状或尺寸以降低工作应力，也可以是改变结构材料或选用确保质量的加工方法和检测方法等以提高许用应力。修改到满足要求时为止。

　　上述许用应力设计法所用的参量，如载荷、强度、几何尺寸等都看成是确定量，故又称定值设计法。这种设计法所用的表达式简单明了，使用方便，已经沿用了很长时间，积累的资料和数据完整，故至今仍在许多工程设计中采用。但是，这种设计法中所用的许用应力或安全系数是根据设计经验来确定的，不够科学。实际上，设计与计算用的参量，如载荷、强度等都是随机变量，存在不确定性，上述许用应力设计法无法加以考虑。为了保证设计安全可靠，往往选取较低的许用应力或较高的安全系数，因而导致结构尺寸大，耗材多而不经济。

9.3.2　可靠性设计法

1. 概述

　　可靠性设计法又称可靠度设计法。在机械工程中这种设计法是保证机械及零部件满足给定的可靠性指标的一种机械设计方法。与上述传统的定值设计法不同，可靠性设计法是把与设计有关的载荷、强度、尺寸和寿命等数据如实地当作随机变量，运用概率理论和数理统计的方法处理而进行结构设计的方法。这种设计方法设计的结果与实际更相符，能做到既安全可靠而又经济。对重要机械和可靠性要求高的构件，只要条件具备，都应尽量采用这种先进的设计方法。

　　但是，可靠性设计在一般工程中应用的历史不长，目前在机械制造行业中的结构可靠性设计的应用还不普及，较多的是处在试用阶段，主要原因是设计所需的呈分布状态的各种数据还不足，有的还需试验、采集和积累。近似的可靠性设计法在我国建筑部门的结构件设计中首先应用，称之为极限状态设计法。后来扩大到铁道、公路、港口和水利水电等部门，已共同编制了《工程结构可靠度设计统一标准》（GB 50153—2008）。标准规定，工程结构宜采用分项系数表达的以概率理论为基础的极限状态设计法。虽然还不属于全概率设计法，但说明可靠性设计法的应用已成为一种发展趋势。随着可靠性深入的研究以及工程资料和数据的积累，可靠性设计方法将会不断发展和完善，其应用范围也将日渐扩大。

　　本节概要地介绍机械强度可靠性设计法的基本原理和方法，更全面和深入的知识可参阅文献 [5] ~ [8]。同时也对在建筑部门已应用的钢结构极限状态设计法作摘要介绍。

2. 可靠度及其计算

　　机械强度可靠性设计的核心工作是计算出设计对象的可靠度，并使之达到目标值。为此，需建立可靠度的基本概念及掌握其计算方法。

　　结构可靠性是指结构在规定的时间内在规定的条件下完成预定功能的能力，它包括结构的安全性、适用性和耐久性。当以概率来度量这种能力时，则称可靠度。可靠度与时间有关，是时间的函数，常记为 $R(t)$，因它是一个概率，故其取值范围是

$$0 \leq R(t) \leq 1 \tag{9-1}$$

　　结构在规定的条件下和规定的时间内丧失规定功能的概率称为不可靠度，或称为失效概率，也是时间的函数，常记为 $F(t)$。因可靠与失效是互相对立事件，按概率互补定理，两者有如下关系：

$$R(t) = 1 - F(t) \tag{9-2}$$

因此，知道结构的失效概率 $F(t)$ 也就知道结构的可靠度 $R(t)$。失效概率 $F(t)$ 可以从结构失效统计所得到的失效概率密度函数 $f(t)$ 来确定，其关系是

$$F(t) = \int_0^t f(t)\,\mathrm{d}t \qquad (9\text{-}3)$$

因此，$F(t)$ 又称积累失效概率，或称失效分布函数。显然，求结构可靠度的关键是获得结构的失效概率密度函数 $f(t)$。$R(t)$、$F(t)$ 和 $f(t)$ 三者的关系如图 9-1 所示，$f(t)$ 的分布规律（即曲线形状）决定了 $R(t)$ 和 $F(t)$ 的分布。

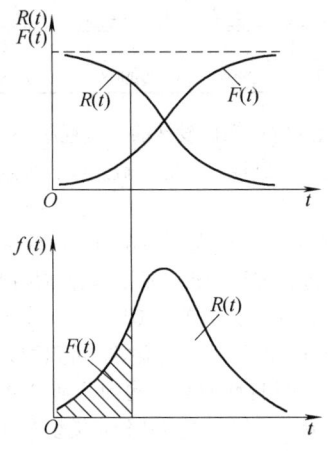

图 9-1　$R(t)$、$F(t)$ 和 $f(t)$ 的关系

在可靠性分析中，随机变量的概率分布有各种类型，如正态分布、对数正态分布和威布尔分布等。用来描述这些分布类型的特征参数主要是数学期望（均值）和标准差或变异系数等，它们是由样本试验的数据经数理统计确定。工程结构设计中的随机变量多数服从正态分布。

在简单的设计场合，如果以 C 代表结构抗力（如强度、刚度、断裂韧度等）；以 S 代表载荷对结构的综合效应，简称载荷效应（如应力、应变、变形等），而且它们都是服从一定分布的随机变量，则结构的功能函数 Z 为

$$Z = C - S \qquad (9\text{-}4)$$

当　$Z = C - S > 0$　结构处于可靠状态

$Z = C - S = 0$　结构处于极限状态

$Z = C - S < 0$　结构处于失效状态

当结构抗力 C 和载荷效应 S 为任意分布时，用 $f(C)$ 和 $f(S)$ 分别表示它们的概率密度函数，则可靠度被定义为结构抗力大于载荷效应的概率，即

$$R(t) = P(C > S)$$
$$= P(C - S > 0)$$
$$= P(C - S > 1)$$

图 9-2 表示载荷效应-结构抗力分布与时间的关系。当 $t = 0$ 时，两个分布之间有一定的安全裕度，不会发生失效。但随着时间推移，由于材料和环境等因素的影响，结构抗力下降，在时间达 t 时，结构抗力分布和载荷效应分布发生干涉（图中影线所示），这时将发生失效。

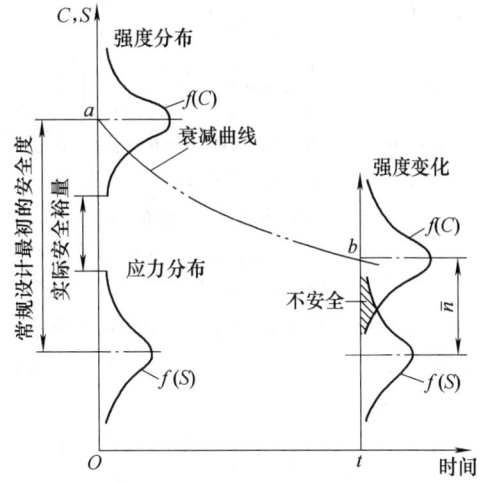

图 9-2　载荷效应-结构抗力分布与时间的关系
（应力-强度干涉模型）

分析时间为 t 时的载荷效应-结构抗力干涉模型（图 9-3），当结构抗力 C 大于载荷效应 S 时，不会发生失效，这时结构可靠度 R 的计算式为

$$R(t) = \int_{-\infty}^{\infty} f(S)\left[\int_S^{\infty} f(C)\,\mathrm{d}C\right]\mathrm{d}S \qquad (9\text{-}5)$$

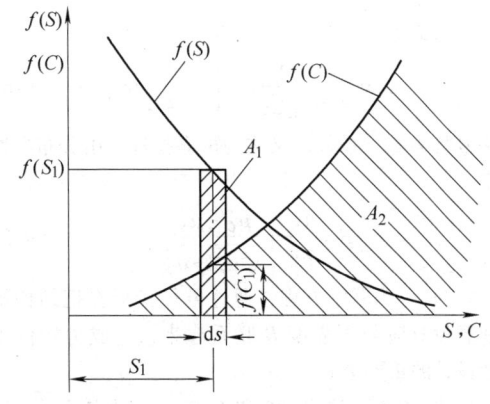

图 9-3　载荷效应-结构抗力干涉模型分析

因此，在知道结构抗力概率密度函数 $f(C)$ 和载荷效应概率密度函数 $f(S)$ 后，即可按式（9-5）求得结构的可靠度。在这里结构抗力可以是静强度、疲劳强度、断裂韧度或其他的材料抗力指标；而载荷效应，则可以是静应力、交变应力、应力强度因子或其

他形式的外作用参数。例如，当计算的是含裂纹构件的可靠度时，则 $C = K_{IC}$ $S = K_I$，它的可靠度为

$$R = \int_{-\infty}^{\infty} f(K_I) \left[\int_{K_I}^{\infty} f(K_{IC}) dK_{IC} \right] dK_I$$

当结构抗力 C 和载荷效应 S 均服从正态分布时，它们的概率密度函数分别为

$$f(C) = \frac{1}{\sigma_C \sqrt{2\pi}} \exp\left[-\frac{1}{2} \left(\frac{C - \mu_C}{\sigma_C} \right)^2 \right]$$

$$f(S) = \frac{1}{\sigma_S \sqrt{2\pi}} \exp\left[-\frac{1}{2} \left(\frac{S - \mu_S}{\sigma_S} \right)^2 \right]$$

式中　μ_C、μ_S——结构抗力 C 和载荷效应 S 的数学期望（均值）；

σ_C、σ_S——结构抗力 C 和载荷效应 S 的标准差，它们都是根据样本数据 C_i、S_i 数理统计确定。

鉴于结构抗力 C 和载荷效应 S 均为正态分布，其干涉随机变量 $Y = C - S$ 也服从正态分布，相应的概率密度函数为

$$f(Y) = \frac{1}{\sigma_Y \sqrt{2\pi}} \exp\left[-\frac{1}{2} \left(\frac{Y - \mu_Y}{\sigma_Y} \right)^2 \right]$$

按正态分布减法定理，式中 $\mu_Y = \mu_C - \mu_S$，$\sigma_Y = \sqrt{\sigma_C^2 + \sigma_S^2}$。

当 $C > S$ 时，结构是可靠的，其可靠度为

$$R = P(Y > 0)$$
$$= \int_0^{\infty} \frac{1}{\sigma_Y \sqrt{2\pi}} \exp\left[-\frac{1}{2} \left(\frac{Y - \mu_Y}{\sigma_Y} \right)^2 \right] dY$$

令 $Z = \frac{Y - \mu_Y}{\sigma_Y}$，则 $dZ = \frac{dY}{\sigma_Y}$，上式便转化为标准正态分布，其可靠度写成

$$R = \int_{-\beta}^{\infty} \frac{1}{\sqrt{2\pi}} \exp\left[-\frac{Z^2}{2} \right] dZ \qquad (9-6)$$

式中 β 称为联结系数，又称为可靠指标，由分布参数确定：

$$\beta = \frac{\mu_Y}{\sigma_Y} = \frac{\mu_C - \mu_S}{\sqrt{\sigma_C^2 + \sigma_S^2}} \qquad (9-7)$$

式（9-7）称为联结方程，通过可靠指标 β 把结构抗力和载荷效应与可靠度 R 联系起来，它成为构件可靠性设计的重要公式。

从式（9-6）看出，β 和 R 有一一对应关系，可从正态分布表中查到，表9-1列出常用部分。β 越大，可靠度 R 越高。当所设计构件的结构抗力和载荷效应已知时，即 μ_C、μ_S、σ_C、σ_S 等分布参数已确定，就可按式（9-7）求出可靠指标 β，然后查表9-1，即可求得该设计的可靠度 R。最后把它与规定的目标可靠度（或称许用可靠度）比较，若大于或

等于目标可靠度，则该设计可以接受，否则需调整设计参数，直至满足要求为止。目标可靠度 R 一般是根据结构的重要性、破坏性质和失效后果以优化方法确定。有些工程结构设计不用可靠度 R，而用直接反映结构可靠度的可靠指标 β。若作为目标值则称为目标可靠指标 β，它便成为结构可靠度设计的依据。在许多设计规范中都规定了各种结构具体条件下的这个指标。

表9-1　可靠指标 β 与可靠度 R 的对应关系

β	1.0	1.5	2.0	2.5
R	0.8413	0.9332	0.9772	0.9938
β	3.0	3.5	4.0	4.5
R	0.9987	0.99977	0.999968	0.999997

3. 机械强度可靠性设计的一般程序

机械强度可靠性设计的一般过程，大致可分为如下三个阶段：

1）搜集结构随机变量的观测或试验资料，用数理统计方法进行统计分析，求出其分布规律及相应的分布参数作为可靠度计算的依据。

与结构有关的随机变量很多，可归纳为外来作用（如载荷等）、材料性质和结构的几何尺寸三类，应分别求出其分布规律，确定其分布类型及其相应的分布参数。对于常见的正态分布类型，其分布参数有均值 μ，标准差 σ，变异系数 ν（$\nu = \sigma/\mu$）等。

2）用力学的方法计算结构的载荷效应，再通过试验与统计获得结构抗力，从而建立结构的失效标准。

载荷效应是指载荷作用下结构中的内力、应力、位移、变形等量值，它们可从力学方法求解。结构抗力是指结构抵抗破坏或变形的能力，如材料的屈服点、强度极限，容许的变形和位移等，它们由试验或资料统计获得。然后根据载荷效应大于或等于结构抗力作为结构失效的标准，即以载荷效应分布和结构抗力分布发生干涉作为失效的判据。建筑等工程结构的设计目前用极限状态设计，其破坏标准用极限状态表示。

3）用概率理论计算满足结构失效标准下结构的可靠度。

图9-4所示为机械强度可靠性设计的一般程序框图。

4. 建筑钢结构的极限状态设计法

这是可靠性设计法在我国建筑钢结构设计中的具体应用，现又扩展到铁道、公路、港口和水利水电等工程结构设计上。按 GB 50017—2003《钢结构设计规范》规定，工业与民用房屋和一般构筑物的钢结构设计，除疲劳强度计算外，采用以概率理论为基础

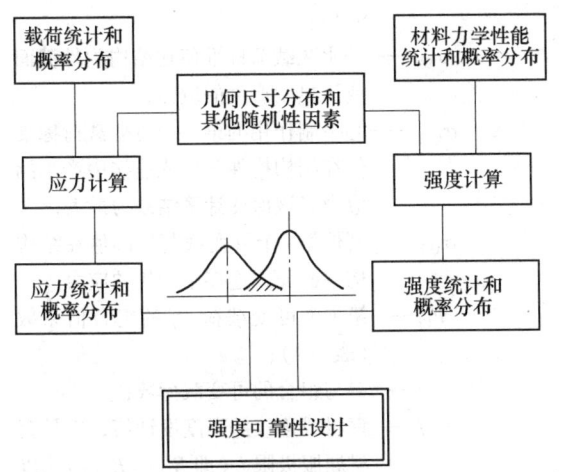

图 9-4　机械强度可靠性设计的一般程序框图

的极限状态设计法，并用分项系数的设计表达式进行计算。

这种极限状态设计法是一种近似概率设计方法，又称一次二阶矩法。该方法是以可靠指标 β 作为结构可靠度的尺度，在计算 β 时，对非正态分布的随机变量只采用其分布特征值，即一阶原点矩（均值）和二阶中心矩（方差）；对非线性函数，用泰勒级数展开只取其线性项；对于设计要求达到的可靠指标 β，则采用校准法来确定，即通过对现有结构构件的可靠度分析，并考虑使用经验和经济因素等加以确定。

分项系数的设计表达式由式（9-7）演变而来，使之符合传统设计习惯。在分项系数中已考虑了目标可靠指标和随机变量变异等因素。

下面摘要介绍 GB 50068—2001《建筑结构可靠度设计统一标准》、GB 50009—2012《建筑结构荷载规范》和 GB 50017—2003《钢结构设计规范》等国家标准中与焊接结构设计有关的部分。

（1）主要规定

GB 50068—2001《建筑结构可靠度设计统一标准》规定：结构可靠度采用以概率理论为基础的极限状态设计方法分析确定。结构的极限状态是指结构或构件能满足设计规定的某一功能要求的临界状态，超过这一状态的结构或构件便不再满足设计要求；计算结构可靠度，对一般的工业与民用建筑物规定的设计使用年限为 50 年，根据结构破坏可能产生的后果划分 3 个安全等级，见表9-2。

表 9-2　建筑结构的安全等级

安全等级	破坏后果	建筑物类型
一级	很严重	重要的工业与民用建筑物
二级	严重	一般的工业与民用建筑物
三级	不严重	次要的建筑物

对承重的结构要按承载能力极限状态和正常使用极限状态设计。

承载能力极限状态是结构或构件达到最大承载能力或达到不适于继续承载的变形时的极限状态。当结构或构件出现下列状态之一时，即认为超过了承载能力极限状态：

1）整个结构或结构的一部分作为刚体失去平衡（如滑移或倾覆等）。

2）结构构件或连接因其应力超过材料强度而破坏（包括疲劳破坏），或因过度的塑性变形而不适于继续承载。

3）结构转变为机动体系而丧失承载能力。

4）结构或构件因达到临界载荷而丧失稳定（如压曲等）。

正常使用极限状态是指结构或构件达到使用功能上允许的某一限值的极限状态。当结构或构件出现下列状态之一时，即认为超过了正常使用极限状态：

1）影响正常使用或外观的变形。

2）影响正常使用的局部损坏。

3）影响正常使用的振动。

4）影响正常使用的其他特定状态。

结构设计时，通常是按承载能力极限状态设计，以保证其安全性，再按正常使用极限状态进行校核，以保证其适用性。

为了应用简便并符合人们长期以来的设计习惯，规定设计表达式应根据各种极限状态的设计要求，采用有关的载荷代表值、材料性能标准值、几何参数标准值以及各种分项系数来表达。这些分项系数应根据结构功能函数的基本变量的统计参数和概率分布类型以及按表9-3中规定结构构件的可靠指标 β，通过计算分析并考虑工程经验确定。

表 9-3　建筑结构件极限状态设计时采用的可靠指标 β

破坏类型	安 全 等 级		
	一级	二级	三级
延性破坏	3.7	3.2	2.7
脆性破坏	4.2	3.7	3.2

经校准分析，钢结构的各种构件，β 值为 3.2 左右，属延性破坏，安全等级为二级。

（2）钢结构设计表达式

根据建筑结构上述三个国家标准，确定了下面钢结构构件或连接按不同极限状态设计的表达式。

1）承载能力极限状态设计表达式。按承载能力极限状态设计时，应考虑载荷效应的基本组合（可变载荷为主的组合和永久载荷为主的组合），必要时尚应考虑载荷效应的偶然组合。

① 基本组合。载荷效应的基本组合按下列设计表达式中的最不利值确定:

由可变载荷效应控制的组合:

$$\gamma_0\left(\gamma_G\sigma_{Gk} + \gamma_{Q1}\sigma_{Q1k} + \sum_{i=2}^{n}\gamma_{Qi}\Psi_{Ci}\sigma_{Qik}\right) \leqslant f$$

$$(9\text{-}8)$$

式中　γ_0——结构重要性系数,对安全等级为一级或设计使用年限为100年及以上的结构件取1.1;对安全等级为二级或设计使用年限为50年的结构件取1.0;对安全等级为三级或设计使用年限为5年的结构件取0.90;对设计使用年限为25年的结构件取0.95;

γ_G、γ_{Q1}、γ_{Qi}——永久载荷、第一个可变载荷和其他第 i 个可变载荷的分项系数(见表9-4);

σ_{Gk}——按永久载荷标准值在结构构件截面或连接中产生的应力;

σ_{Q1k}——起控制作用的第一个可变载荷标准值在结构构件截面或连接中产生的应力,该值使计算结果为最大;

σ_{Qik}——其他第 i 个可变载荷标准值在结构构件截面或连接中产生的应力;

Ψ_{Ci}——第 i 个可变载荷 Q_i 的组合值系数(表9-4);

n——参与组合的可变载荷数;

f——钢材或连接的强度设计值,它是钢材屈服极限 f_y(即 R_{eL} 或 $R_{p0.2}$)除以抗力分项系数 γ_R 的商。对Q235钢和Q345钢 γ_R 取1.087,Q390钢取1.111。各种钢材和连接的强度设计值见表9-7~表9-9。

表9-4　与载荷有关的系数

载荷类型		载荷分项系数 γ_G 和 γ_Q		组合值系数 Ψ_{Ci}			
				屋面雪载荷	屋面积灰载荷	吊车载荷	风载荷
永久载荷	对结构不利时	可变载荷效应控制组合	1.20				
		永久载荷效应控制组合	1.35				
	对结构有利时		1.0				
可变载荷	倾覆滑移或漂浮验算		0.9	0.70	0.90	0.7 (0.95①)	0.6
	一般情况		1.4				
	工业房屋楼面 $Q_k > 4Pa$		1.3				

① 括号内0.95用于硬钩和A8级软钩吊车。

由永久载荷效应控制的组合:

$$\gamma_0\left(\gamma_G\sigma_{Gk} + \sum_{i=1}^{n}\gamma_{Qi}\Psi_{Ci}\sigma_{Qik}\right) \leqslant f \qquad (9\text{-}9)$$

对于一般排架、框架结构,可采用简化式计算,由可变载荷效应控制的组合:

$$\gamma_0\left(\gamma_G\sigma_{Gk} + \Psi\sum_{i=1}^{n}\gamma_{Qi}\sigma_{Qik}\right) \leqslant f \qquad (9\text{-}10)$$

式中　Ψ——简化式中采用的载荷组合值系数,一般情况下取0.9;当只有一个可变载荷时,取1.0。

由永久载荷效应控制的组合,仍按式(9-9)进行计算。

② 偶然组合。对于偶然组合,极限状态设计表达式宜按下列原则确定:偶然的代表值不乘分项系数;与偶然组合同时出现的可变载荷,应根据观测资料和工程经验采用适当的代表值;具体的设计表达式及各种系数,应符合专门规范的规定。

2) 正常使用极限状态表达式。按GB 50068—

2001《建筑结构可靠度设计统一标准》规定要求,分别采用载荷的标准组合、频遇组合和准永久组合进行设计,并使变形等设计值不超过相应规定的限值。

钢结构设计主要是控制变形和挠度,只考虑载荷的标准组合,其表达式为

$$v_{GK} + v_{Q1K} + \sum_{i=2}^{n}\Psi_{Ci}v_{QiK} \leqslant [v] \qquad (9\text{-}11)$$

式中　v_{GK}——永久载荷标准值在结构或构件中产生的变形值;

v_{Q1K}——第一个可变载荷的标准值在结构或构件中产生的变形值(该值大于其他任意第 i 个可变载荷标准值产生的变形值);

v_{QiK}——第 i 个可变载荷标准值在结构或构件中产生的变形值;

$[v]$——结构或构件的容许变形值,具体规定见表9-10和表9-11。

9.3.3　许用应力、安全系数和强度设计值

1. 母材的许用应力和安全系数

在传统的强度设计中，为了构件能安全可靠地工作，不致发生断裂，必须使构件的实际工作应力小于或等于其许用应力。许用应力是构件工作时，允许的最大应力值。在静载条件下，焊接结构中母材的许用应力是根据材料的极限强度除以安全系数确定。即

$$[\sigma] = \frac{\sigma_c}{n_c} \tag{9-12}$$

式中　$[\sigma]$——许用应力；

σ_c——材料的强度极限（对于塑性材料为屈服点 R_{eL} 或屈服强度 $R_{p0.2}$，对于脆性材料为抗拉强度 R_m）；

n_c——安全系数。

确定安全系数须考虑下列因素：

1）载荷的性质以及它的确定性。如载荷是否恒定，在工作过程中是否有超载或冲击等情况。

2）材料的质量。是否均质，其强度的分散性如何。

3）构件的重要性。看发生破坏可能造成伤亡事故、设备事故或停工损失的严重程度。

4）环境条件对强度的影响。如低温、腐蚀、磨损等。

5）应力分析与计算的精确程度。

6）制造工艺质量对结构强度的影响。

我国在锅炉压力容器、起重机、动力机械、船舶等工业部门的设计规范或规程中都明确规定有在本行业范围内金属结构设计用的安全系数或由它确定的许用应力。设计时直接按规定选用。例如，焊接压力容器设计用的金属材料许用应力和焊接接头系数是按国家标准 GB 150.1—2011《压力容器　第 1 部分：通用条件》的规定确定的（详见本篇第 13 章）；起重机金属结构设计用的钢材基本许用应力或强度安全系数是按国家标准 GB/T 3811—2008《起重机设计规范》的规定确定的（详见本篇第 17 章）。如果设计某金属构件时，没有相应的设计规范或规程可遵循，则安全系数的取值范围可参考表 9-5。

表 9-5　机械设计中安全系数取值范围

序号	适用场合	安全系数
1	可靠性很高的材料,如中低强度高韧性结构钢,强度分散性小,载荷恒定,设计时以减轻结构质量为主要出发点时	1.25 ~ 1.5
2	常用的塑性材料,在稳定的环境和载荷下工作的构件	1.5 ~ 2.0
3	一般质量的材料,在通常的环境和能够确定的载荷下工作的构件	2.0 ~ 2.5
4	较少经过试验的材料或脆性材料,在通常的环境和载荷下工作的构件	2.5 ~ 3.5
5	未经试验,因而其强度不确定的材料以及环境和载荷不确定情况下的构件	3 ~ 4

2. 焊缝的许用应力

对焊接结构中的焊缝强度计算，使用的是焊缝许用应力。焊缝许用应力的确定与焊接方法、焊接材料和焊接检验的精确程度有关。

用电弧焊焊接普通的结构钢时，通常要求选用与母材具有相同强度等级的焊接材料进行焊接。因此，确定焊缝许用应力方法之一是按母材的许用应力乘以一个系数，该系数根据影响焊缝质量和可靠程度而取不同的值。其取值范围 ≤1。对于熔透的对接焊缝，经质量检验符合设计要求时，系数可取 1。这意味着焊缝的许用应力与母材相同，该焊缝可以不进行强度验算。

一般机器焊接构件的焊缝许用应力可按表 9-6 中选用。

我国有些行业的主管部门为了方便和技术上的统一，根据本行业的产品特点、工作条件、所用材料、工艺过程和质量检验方法等，制订出适用于本行业产品设计用的焊缝系数或焊缝许用应力值。例如，起重机焊接金属结构设计用的焊缝许用应力是根据焊缝型式及其质量等级按国家标准《起重机设计规范》GB/T 3811—2008 中的规定确定的（详见本篇第 17 章）。

表 9-6　一般机器焊接构件的焊缝许用应力

焊缝种类	应力状态	焊缝许用应力	
		用 E43 及 E50 系列焊条的焊条电弧焊	用低氢型焊条的焊条电弧焊、自动焊或半自动焊
对接焊缝	拉应力	$0.9[\sigma]$	$[\sigma]$
	压应力	$[\sigma]$	$[\sigma]$
	切应力	$0.6[\sigma]$	$0.65[\sigma]$
角焊缝	切应力	$0.6[\sigma]$	$0.65[\sigma]$

注：1. 本表适用于低碳钢及普通低合金结构钢的焊接结构。

2. $[\sigma]$ 是母材的许用应力。

3. 强度设计值和变形容许值

在《钢结构设计规范》（GB 50017—2003）中规定，工业与民用房屋和一般构筑物的钢结构设计，除疲劳强度计算外，应采用以概率理论为基础的极限状态设计方法，并用分项系数的设计表达式进行计算。按承载能力极限状态设计时其表达式是为了保证所设计的构件能满足预期的可靠度要求，必须使载荷引起在构件截面或连接中的应力效应小于或等于其强度设计值，见式（9-8）。

式中的强度设计值 f 是由钢材的屈服强度 f_y 除以抗力分项系数 γ_R 确定。《规范》已给出了钢材（指母材）的强度设计值和焊缝的强度设计值，见表9-7～表9-9。

此外，《规范》也给出了按正常使用极限状态设计时应控制变形值，见表9-10和表9-11。

表 9-7　钢材强度设计值　　　　　　　　　　（单位：MPa）

钢材		抗拉、抗压和抗弯 f	抗剪 f_v	端面承压（刨平顶紧）f_{ce}
牌号	厚度或直径/mm			
Q235	≤16	215	125(120)	325
	>16~40	205	120	
	>40~60	200	115	
	>60~100	190	110	
Q345	≤16	310(300)	180(175)	400
	>16~35	295	170	
	>35~50	265	155	
	>50~100	250	145	
Q390	≤16	350	205	415
	>16~35	335	190	
	>35~50	315	180	
	>50~100	295	170	
Q420	≤16	380	220	440
	>16~35	360	210	
	>35~50	340	195	
	>50~100	325	185	

注：1. 表中厚度系指计算点的钢材厚度，对轴心受力构件系指截面中较厚板件的厚度。
　　2. 括号内数值适用于薄壁型钢。

表 9-8　铸钢件的强度设计值　　　　　　　　　　（单位：MPa）

钢号	抗拉、抗压和抗弯 f	抗剪 f_v	端面承压（刨平顶紧）f_{ce}	钢号	抗拉、抗压和抗弯 f	抗剪 f_v	端面承压（刨平顶紧）f_{ce}
ZG200-400	155	90	260	ZG270-500	210	120	325
ZG230-450	180	105	290	ZG310-570	240	140	370

表 9-9　焊缝强度设计值　　　　　　　　　　（单位：MPa）

焊接方法与焊条型号	构件钢材		对接焊缝				角焊缝
	牌号	厚度或直径/mm	抗压 f_c^w	焊缝质量为下列等级时，抗拉 f_t^w		抗剪 f_v^w	抗拉、抗压和抗剪 f_f^w
				一级、二级	三级		
自动焊、半自动焊和E43型焊条电弧焊	Q235	≤16	215(205)	215(205)	185(175)	125(120)	160
		>16~40	205	205	175	120	
		>40~60	200	200	170	115	
		>60~100	190	190	160	110	
自动焊、半自动焊和E50型焊条电弧焊	Q345	≤16	310(300)	310(300)	265(255)	180(175)	200
		>16~35	295	295	250	170	
		>35~50	265	265	225	155	
		>50~100	250	250	210	145	
自动焊、半自动焊和E55型焊条电弧焊	Q390	≤16	350	350	300	205	220
		>16~35	335	335	285	190	
		>35~50	315	315	270	180	
		>50~100	295	295	250	170	

（续）

焊接方法与焊条型号	构件钢材		对接焊缝				角焊缝
	牌号	厚度或直径/mm	抗压 f_c^w	焊缝质量为下列等级时，抗拉 f_t^w		抗剪 f_v^w	抗拉、抗压和抗剪 f_f^w
				一级、二级	三级		
自动焊、半自动焊和 E55 型焊条电弧焊	Q420	≤16	380	380	320	220	220
		>16~35	360	360	305	210	
		>35~50	340	340	290	195	
		>50~100	325	325	275	185	

注：1. 自动焊和半自动焊采用的焊丝和焊剂，应保证其熔敷金属抗拉强度不低于相应于焊条电弧焊焊条的数值。
　　2. 焊缝质量等级应符合现行国家标准 GB 50205—2001《钢结构工程施工质量验收规范》的规定。
　　3. 对接焊缝抗弯受压区强度设计值取 f_c^w，抗弯受拉区强度设计值取 f_t^w。
　　4. 同表 9-7 注。

表 9-10　受弯构件挠度容许值

项次	构件类别	挠度容许值	
		$[v_T]$	$[v_Q]$
1	起重机梁和起重机桁架（按自重和起重量最大的一台起重机计算挠度）	—	—
	（1）手动起重机和单梁起重机（含悬挂起重机）	$l/500$	
	（2）轻级工作制桥式起重机	$l/800$	
	（3）中级工作制桥式起重机	$l/1000$	
	（4）重级工作制桥式起重机	$l/1200$	
2	手动或电动葫芦的轨道梁	$l/400$	
3	有重轨（重量等于或大于 38kg/m）轨道的工作平台梁	$l/600$	
	有轻轨（重量等于或小于 24kg/m）轨道的工作平台梁	$l/400$	
4	楼（屋）盖梁或桁架、工作平台梁（第 3 项除外）和平台板	—	—
	（1）主梁或桁架（包括设有悬挂起重设备的梁和桁架）	$l/400$	$l/500$
	（2）抹灰顶棚的次梁	$l/250$	$l/350$
	（3）除（1）、（2）款外的其他梁（包括楼梯梁）	$l/250$	$l/300$
	（4）屋盖檩条	—	—
	支承无积灰的瓦楞铁和石棉瓦屋面者	$l/150$	
	支承压型金属板、有积灰的瓦楞铁和石棉瓦等屋面者	$l/200$	
	支承其他屋面材料者	$l/200$	
	（5）平板台	$l/150$	

注：1. l 为受弯构件的跨度（对悬臂梁和伸臂梁为悬伸长度的 2 倍）。
　　2. $[v_T]$ 为全部载荷标准值产生的挠度（如有起拱应减去拱度）的容许值。
　　　　$[v_Q]$ 为可变载荷标准值产生的挠度的容许值。

表 9-11　柱（起重机梁）水平位移（挠度）的计算容许值

项次	位移（挠度）的种类	按平面结构图形计算	按空间结构图形计算
1	厂房柱的横向位移（A7、A8）	$H_C/1250$	$H_C/2000$
2	露天栈桥柱的横向位移（A4~A8）	$H_C/2500$	—
3	厂房（A6）露天栈桥柱的纵向位移（A4~A8）	$H_C/4000$	—

注：1. H_C 为基础顶面至起重机梁或起重机桁架顶面的高度。
　　2. 计算厂房或露天栈桥柱的纵向位移时，可假定起重机的纵向水平制动力分配在温度区段内所有柱间支撑或纵向框架上。
　　3. 在设有 A8 起重机的厂房中，厂房柱的水平位移容许值应减小 10%。
　　4. 以上均取一台最大起重机水平载荷（按建筑结构载荷规范取值）所产生的位移或挠度。

9.4　焊接结构构造设计中须注意的问题

　　各类机械产品焊接结构的几何形状和尺寸，可能因功能要求不同而有很大的差别。但在设计它们的构造过程中遇到的各种技术问题，基本上是相同的，如强度（包括静载强度和动载强度）、刚度（包括静刚度和动刚度）、稳定（即抗屈曲）、焊接和检验的可达性、构造中的细部处理、尺寸的稳定性、防层状撕裂等等问题都会遇到而且必须加以解决。通常工程技术人员对结构的强度、刚度和稳定三大问题的解决是重视的，也是比较熟悉的，而且这方面的设计资料很多，随处可以获得。但是，三大问题以外的其他问题，往往因无法计算或不需计算而极易被忽视，而这些被忽视的问题对结构的制造质量、安全使用和制造成本却有着很大的影响，必须引起注意。下面着重就结构设计中应当注意的几个问题提供些基本知识和解决的办法。

9.4.1　结构焊接与检验的可达性

所设计的焊接结构，除应满足强度、刚度和稳定的基本要求外，还必须满足能够制造和便于制造的条件。因此，应当避免给施工带来很大困难和增加很高制造成本的结构设计。所谓结构焊接与检验的可达性是指在焊接结构上每一条焊缝都应该能很方便地施焊，需质量检验的焊缝也应该能顺利地进行探伤。

1. 焊接的可达性

要使每条焊缝都能很方便地施焊，必须保证焊工或焊接机头能接近焊缝，并在焊缝周围有供焊工自由操作或焊接装置正常运行的条件。不同的焊接方法和用不同的焊接装置，要求的条件是不同的。

例如，设计采用埋弧焊的焊接结构，焊缝的设计必须是长的平直焊缝或环形焊缝，而且能处于平（俯）焊位置；沿焊缝有供自动焊机头（或机械手）和工件之间相对运动所需的空间以及能安置其他相应辅助装置的位置。

设计用半自动 CO_2 气体保护焊的焊接结构时，要考虑焊枪必须有正确的操作位置和空间才能保证获得良好的焊缝成形。焊枪的位置是根据焊缝形式、焊枪的形状和尺寸（如喷嘴的外径尺寸等）、焊丝伸出长度和接头坡口角度大小来确定的。图9-5 示出几种接头焊接时，焊枪的正常位置。

设计由焊条电弧焊焊接的结构，应使焊工能接近每一条焊缝，并保证焊工在操作过程中能看清焊接部位且运条方便自如，避免焊工处于不正常的姿势下焊接。

图9-6 是具有两个以上平行的 T 形焊接接头的结构，要保证该结构焊条电弧焊角焊缝的质量，就必须考虑两立板之间的距离 B 和高度 H，以保证焊条可以倾斜一定角度 α 和运条空间。这个 α 角与平板和立板的厚度有关。图9-6a 因焊条倾角 α 无法保证，两立板之间至少有一条角焊缝无法施焊。如果尺寸 B 和 H 不能改变，可以改变接头的焊缝设计，如图

9-6b 所示，后装配和焊接的立板采用从外侧单面坡口焊，为防止烧穿，背面可设置永久垫板。若能改变结构尺寸，则如图9-6c 所示，把 B 加大为 B′，以保证焊条必需的倾角 α（或如图9-6d 所示，把 H 降低为 H′）。

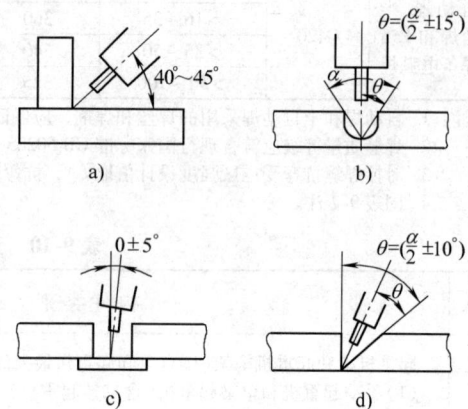

图9-5　半自动 CO_2 气体保护焊焊枪位置

a）角缝水平焊　b）V 形或 U 形坡口对接平焊
c）窄间隙 I 形坡口对接平焊　d）半边 V
形坡口对接平焊

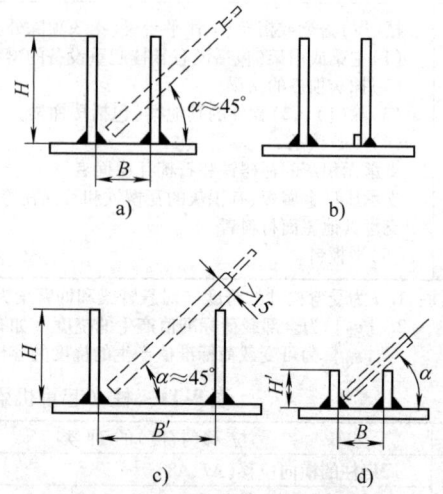

图9-6　焊条电弧焊焊接时的操作空间

a）焊条倾角无法保证　b）改变坡口形式
c）改变参数 B　d）改变参数 H

图9-7a 为小直径管子对接的接头设计，该接头错误地采用 X 形坡口，内侧的焊缝无法施焊。应采用单面施焊的 V 形或 U 形坡口，内侧采用衬环可以保证焊透，如图9-7b 所示。其缺点是衬环增加管内流体的阻力，且耐蚀性差。最好是采用单面焊双面成形焊接技术，这时设计成图9-7c 的坡口形式。

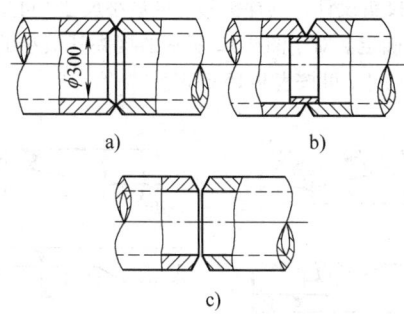

图 9-7　小直径管子对接接头的设计
a) 错误的设计　b) 用内衬环的设计
c) 单面焊背面成形的设计

图 9-8 所示的是由型材组合的焊接结构。图中左边的结构是最容易犯的设计错误，有部分焊缝无法施焊，应改成右边的结构设计。

2. 焊接质量检验的可达性

焊接结构上需要作质量检验的焊缝，其周围必须

创造可以探伤的条件。采用不同的探伤方法相应有不同的要求，表 9-12 列出焊接生产中常用几种焊缝探伤所要求的条件，在进行结构设计时应充分考虑。

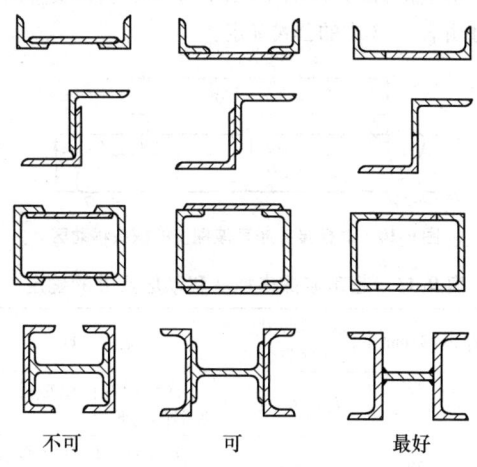

不可　　　　　可　　　　　最好

图 9-8　考虑焊缝可施焊的型材组合结构

表 9-12　各种探伤方法要求的条件

探伤方法	对探伤空间位置的要求	对探伤表面的要求	对探测部位背面的要求
射线探伤	要有较大的空间位置以满足射线机头的放置和调整焦距的要求	表面不需机械加工，只需清除影响显示缺陷的东西；要有放置铅字码、铅箭头和透度计的位置	能放置暗盒
超声波探伤	要求较小的空间位置，只需放置探头和探头移动的空间	要有探头移动的表面范围，尽可能作表面加工，以利于声波耦合	用反射法探伤时，背面要求有良好的反射面
磁粉探伤	要有磁化探伤部位撒放磁粉和观察缺欠的空间位置	清除影响磁粉聚积的氧化皮等污物，要有探头工作的位置	
渗透探伤	要有涂布探伤剂和观察缺欠的空间	要求清除表面污物	若用煤油探伤，背面要求有涂煤油的空间，并要求清除妨碍煤油渗透的污物

（1）适于射线探伤的焊接接头

目前 X 射线探伤中以照相法应用最多。为了获得一定的穿透力和提高底片上缺欠影像的清晰度，对于中厚板一般焦距在 400 ~ 700mm 范围内调节。据此，可以确定机头到工件探伤面的距离以预留焊缝周围的操作空间。

为了充分暴露接头内部缺欠存在情况，探伤前需根据工件的几何形状和接头形式选择照射方向，并按此方向正确地放置暗盒（俗称贴底片）。一般说，对接接头最适合于射线探伤，通常一次照射即可；而 T 形接头和角接头的角焊缝有时需要从不同方向多次照射才不至于漏检。图 9-9 中左面所示的接头对 X 射线探伤并不适应，如果改成右面所示的接头，则最理想。

（2）适于超声波探伤的焊接接头

在焊接生产的超声波探伤中，以接触法应用最多。按需要可以使用（纵波的）直探头或（横波的）

斜探头。探伤时，探头放在探伤表面上通过耦合剂声波进入工件内，按反射情况来判断缺陷是否存在。这

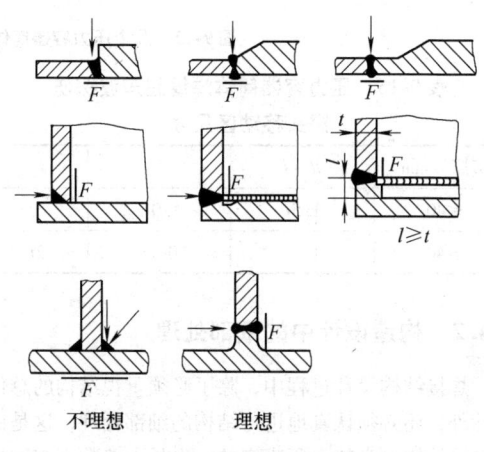

不理想　　　　理想

图 9-9　适于射线探伤的焊接结构设计
F—底片　　➡照射方向

种探伤方法对探伤表面要求较高，其表面粗糙度 Ra 不大于 $6.3\mu m$。探头在面上移动，需按焊件厚度确定探头移动区的大小。对图 9-10 所示的对接接头，若用斜射法按 JB/T 4730.3—2005 标准，其探头移动区尺寸由表 9-13 中的公式确定。

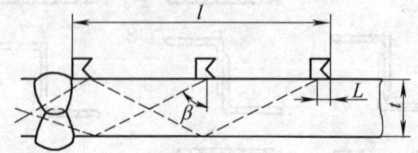

图 9-10　对接接头超声波探伤的探头移动区

表 9-13　超声波探伤探头移动区尺寸的确定

板厚范围/mm	探头移动区尺寸计算公式	说　明
8 ~ 46	$l \geqslant 2tK + L$	探伤面在内壁或外壁焊缝的两侧
46 ~ 120	$l \geqslant tK + L$	探伤面在内外壁焊缝的两侧

注：l—探头移动区尺寸（mm）；t—被探件厚度（mm）；L—探头长度，一般为50mm；K—斜探头折射角 β 的正切值，按如下板厚确定：

板厚 t/mm	8 ~ 25	> 25 ~ 46	> 46 ~ 120
K	3.0 ~ 2.0	2.5 ~ 1.5	2.0 ~ 1.0

对于不同厚度两焊件对接焊缝的探伤，如图 9-11

所示的接头设计，其探头移动区最小尺寸 l 可参照表 9-14 中确定。对于图 9-12 所示的接头其最小的探头移动区尺寸 l 可按表 9-15 确定。

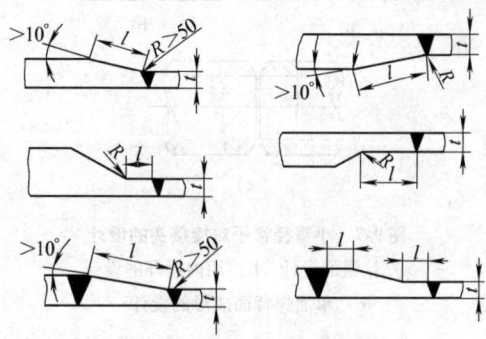

图 9-11　不同厚度对接接头超声波探伤的探头移动区

表 9-14　不同厚度对接接头焊缝超声波探伤探头移动区的最小尺寸

板厚 t/mm		$10 \leqslant t < 20$	$20 \leqslant t < 40$	$t \geqslant 40$
探头折射角 β		70°	60°	45°,60°
探头移动区尺寸 l/mm	$l_{外面}$	$5.5t + 30$	$3.5t + 30$	$3.5t + 50$
	$l_{里面}$	$0.7l_{外面}$	$0.7l_{外面}$	$0.7l_{外面}$

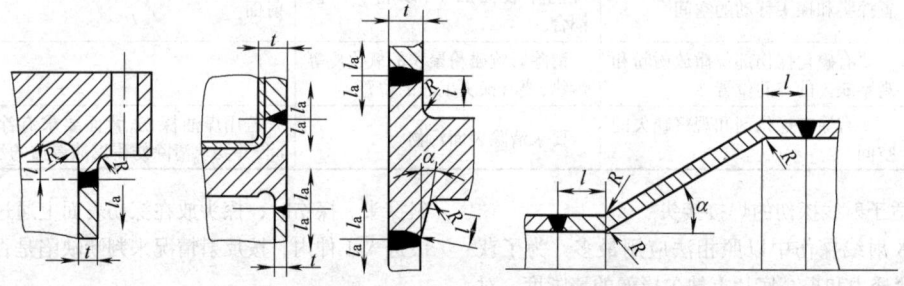

图 9-12　几个压力容器筒体焊接接头超声波探伤的探头移动区

表 9-15　压力容器筒体焊缝超声波探伤探头移动区尺寸

板厚 t/mm	$R + l$	l	l_a
≤40	$1.5t$	$1.0t$	$3t$
>40	$1.0t$	$0.7t$	$2t$

9.4.2　构造设计中的细部处理

焊接结构设计过程中，除了必须重视结构的总体设计外，还必须认真地进行结构的细部处理，这是由于焊接结构自身特点所决定的，也是大多数焊接结构破坏事故的经验教训中得出的结论。焊接接头是一个

性能的不均匀体，与母材相比它仍然是薄弱环节。设计时必须认真地考虑焊缝的布置，只要有可能都应避开结构上的危险断面和危险点；焊接是刚性连接，对应力集中特别敏感，而焊接结构中造成应力集中的因素很多，在确定构件形状和尺寸的强度和刚度计算中，常常为了简便忽略了应力集中，而按平均应力计算。焊接结构的断裂破坏多数就是从被忽略的应力集中点开始的。因此，减少或消除应力集中的细部设计与一般强度计算同样重要。焊后未经消除残余应力的结构对脆断、腐蚀和疲劳等有影响，而在一般结构强度和刚度计算时残余应力的影响也被忽略了。因此，设计在焊态下使用的焊接结构时，应注意焊缝不能过

于密集、减小结构的局部刚性，避免在拘束状态下焊接的焊缝等。

焊接结构设计细部处理不仅可以提高结构使用的安全性，而且也可简化制造工艺、节约用材和降低制造成本，取得更高的经济效益。下面从不同角度举一些例子，有些例子是从正、反两面作比较。

1. 焊接接头设计中的细部处理

本卷第 2 章已对接头构造设计中的主要问题作了阐述，这里介绍的是接头设计中的一些细节，尤其是受动载荷情况下在减少或消除应力集中措施中常被忽视的细部处理。

（1）对接接头设计中的细部处理

1）对接焊缝表面形状的处理。弧焊对接接头焊后的焊缝通常有图 9-13 所示的三种表面形状，图 9-13a 是表面与母材平齐的焊缝，称平面焊缝，是最理想的焊缝。焊缝的有效截面等于母材的厚度，承载时其应力集中几乎为零，但这种焊缝在工艺上不易实现；图 9-13b 是表面下凹的焊缝，称凹面焊缝，由于焊缝的有效截面小于母材，无论承受静载还是动载都是不允许的。图 9-13c 是表面上凸的焊缝，称凸面焊缝。高于母材那部分称焊缝余高。有余高的焊缝，在工艺上容易实现，它实际上属于操作工艺的允差，故又被称为正常对接焊缝。由于焊缝的有效截面比母材大，对承受静载有一定加强作用，故是普通静载焊接结构经常选用的焊缝。但焊缝表面与母材表面交点的焊趾处有应力集中，而且随着余高的增加应力集中就越严重，这对承受动载或在低温环境下工作的结构是不利的。对于重要的焊接结构，为了减小或消除这个不利的应力集中因素，可以采取图 9-14 所示的三种措施进行处理。一种是铲除余高（图 9-14b），使它成为平面焊缝；另一种是用砂轮打磨焊趾（图 9-14c），使该处圆滑地过渡；再一种是氩弧重熔焊趾（图 9-14d），既消除该处的焊接缺陷和改善材质，又使之

平滑过渡。

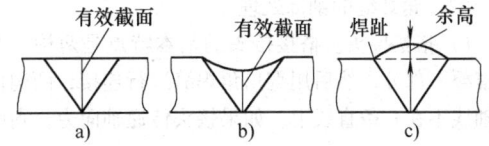

图 9-13　对接接头焊缝的表面形状
a）平面焊缝　b）凹面焊缝　c）正常焊缝

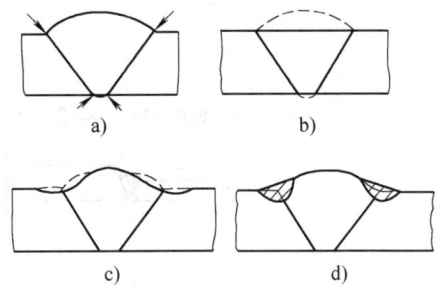

图 9-14　降低对接焊缝焊趾应力集中的措施
a）产生应力集中点　b）铲掉余高
c）打磨焊趾　d）氩弧重熔焊趾

2）对不等厚或不等宽板对接接头的细部处理。国家标准 GB/T 985.1—2008 和 GB/T 985.2—2008 规定，当对接的两板厚度差超过表 9-16 的值时，须把较厚板的接边处单面或双面削薄，使之变成等厚板对接，并按薄板厚度去选择坡口形式，如图 9-15 所示。图中给出了两种削薄范围 L 的公式，前者是上述两个标准的规定值（相当于斜度 1:3），后者是标准 GB 50017—2003 和 AWS 2006《钢结构焊接规范》的规定值（相当于斜度 1:2.5）。后者削薄量少一些，对应力集中影响不大，建议采用。

表 9-16　不等厚板对接允许的厚度差

较薄板厚度 t_1	≥2~5	>5~9	>9~12	>12
允许厚度差（$t-t_1$）	1	2	3	4

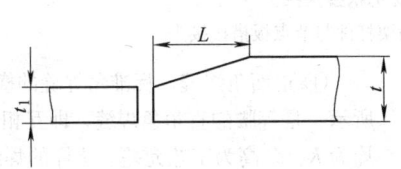 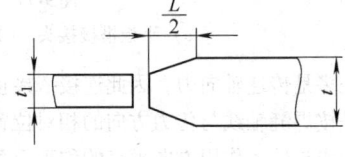

$$L=3(t-t_1) \text{ 或 } L=2.5(t-t_1)$$

图 9-15　不等厚度钢板对接接头的设计

对较厚板削薄是为了设置过渡段以减小接头处截面突变，达到降低应力集中的目的。过渡段的加工，建议采用图 9-16 所示的工艺方法。当厚度差不超过表 9-16 中允许范围，则不必对较厚板削薄（图 9-16a）；若已超差，但超出不多时，焊前也不削薄，焊后再用砂轮等工具加工出所需斜度（图 9-16b）；当超差较大

时，则宜焊前进行削薄加工（图 9-16c）。

（2）角焊缝的细部处理

1）搭接接头。搭接接头的基本特点是两构件互相搭叠一部分，然后用直角角焊缝进行连接，两构件的轴线不在一条直线上。如果接头传递轴向力，则因偏心而引起附加弯矩。

最简单也最常见的是平板搭接接头（图 9-17a），其次是桁架结构中杆件与节点板之间连接的搭接接头（图 9-17b）。

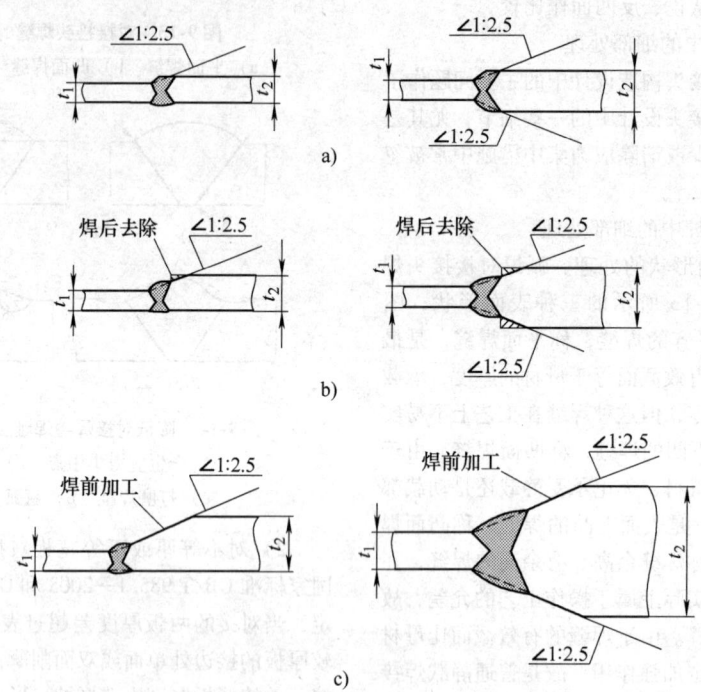

图 9-16　不等厚度钢板对接接头过渡段的处理

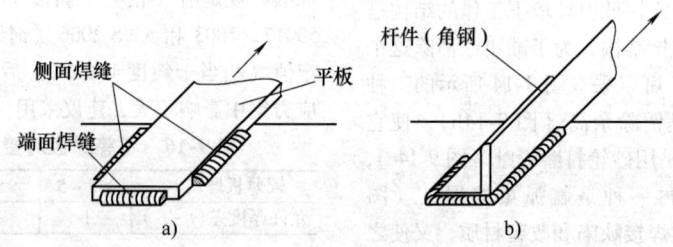

图 9-17　常见的搭接接头

a）平板搭接接头　b）桁架杆件与节点板搭接接头

由于搭接接头多是传递轴向力，因此连接搭接接头的角焊缝通常是按焊缝轴线与传力方向的相对位置来命名。如焊缝轴线与外力作用方向垂直的称正面角焊缝，由于它常位于构件的端面，故又称端面角焊缝；若焊缝位于构件两侧且其轴线和外力作用方向平行，则称侧面角焊缝，焊缝轴线与外力作用方向斜交则称斜角焊缝。此外还有在盖板上开出较大的槽或孔用角焊缝连接的槽角焊缝等。在设计连接这样接头的角焊缝时常有一些细节易被忽视。

① 正面角焊缝。标准角焊缝的横截面如图 9-18a 所示，是等腰的直角角焊缝，即互相垂直的焊脚尺寸均为 K，余高为工艺允差。这样的焊缝施焊容易，在承受静载的结构被普遍采用，故又称正常角焊缝。

标准角焊缝的焊脚尺寸 K 按下面的原则取值，当较薄板厚 $t \leqslant 6\text{mm}$ 时，取 $K \leqslant t$；当 $t > 6\text{mm}$ 时，取 $K \leqslant t - (1 \sim 2)\text{mm}$。

正面角焊缝传递与焊缝轴线垂直的外力时，力线偏转，接头的刚度大，塑性变形能力小，其强度与角焊缝的横截面形状密切相关。在焊趾和焊根处有应力集中,特别在焊趾处随着余高的增大应力集中就越严重。对于承受动载的正面角焊缝建议采用图 9-18b、c、d 所示的三种角焊缝的截面形状,图 9-18b 所示为标准角焊缝去掉余高的平面角焊缝,其焊缝的有效截面没有减少,但焊趾处的应力集中比有余高的低。从减小应力集中角度看,最理想的是图 9-18c 所示的凹面角焊缝,因为焊趾处焊缝表面向母材过渡平滑,几乎没有应力集中。但这种角焊缝工艺上不易实现,对焊条电弧焊须把焊件调整到"船形"位置俯焊才易获得,而且在焊脚尺寸相同的情况下比标准角焊缝的有效截面要小。对承受动载的正面角焊缝,较多的是采用图 9-18d 所示的不等腰角焊缝,其长边顺内力的方向。随着长边增大,焊缝表面向母材过渡就越平滑,应力集中就越小。对于承受交变载荷的重要结构长边取 $4K$ 最为理想,但实践表明长边过长施焊工艺难度大,故建筑钢结构中对不须作疲劳计算的不等腰角焊缝取长边为 $1.5K$。

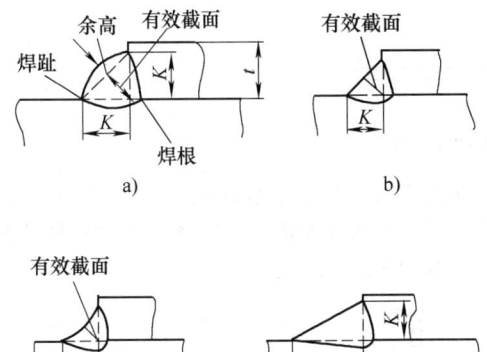

图 9-18　角焊缝截面形状的设计

t—较薄板厚, $t < 6\,\mathrm{mm}$ 时, $K = t$;
$t \geqslant 6\,\mathrm{mm}$ 时, $K \leqslant t - (1 \sim 2)\,\mathrm{mm}$

对已焊成图 9-18a 所示的正常角焊缝后,若要求降低或减少其焊趾处的应力集中,则参照图 9-14 所示对对接焊缝焊趾处理的方法进行角焊缝焊趾的处理。

在仅有正面角焊缝的搭接接头上,通常有图 9-19 所示的几种角焊缝的配置。承载的搭接接头必须正反面都有角焊缝(图 9-19a),不允许只在单面设置一条焊缝。焊缝的长度和焊脚尺寸通常由强度计算确定。由于每条焊缝始焊端和终焊端质量不易保证,因此,在没有引弧板和引出板的情况下不宜采用图 9-19b 所示的焊缝长度与板端宽相同的接头设计。建议采用图 9-19c 所示的设计,即焊缝两端留出一段 n 不焊。

一般取 $n \geqslant K$。或者采用图 9-19d 所示的处理方法,即焊缝长度和板端宽度 b 相等,但在焊缝的起端和终端采取绕焊。一般绕焊长度取 $2K \leqslant m \leqslant 4K$。绕焊时不能在转角处熄弧或引弧,必须连续施焊。

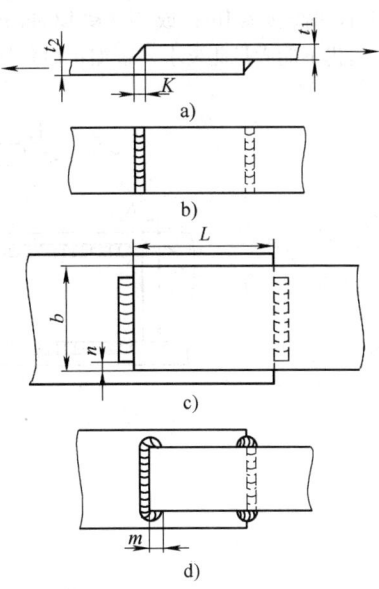

图 9-19　仅有正面角焊缝的搭接接头设计

搭叠长度 L 越长耗材越多,但也不能太短,因为两板轴线有偏心距 e(图 9-20a),受轴向力时产生附加弯矩,随着 L 缩短附加弯矩增大,而使应力集中加剧,还会产生图 9-20b 所示的变形。一般设计规范都规定 $L \geqslant 5t_{\min}$。$t_{\min}$ 为较薄板的厚度,但不得小于 $25\,\mathrm{mm}$。

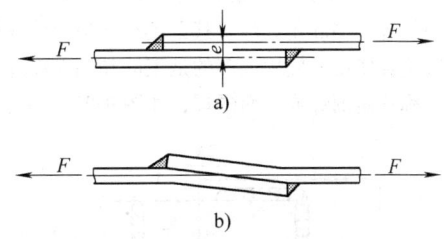

图 9-20　搭接接头受轴向拉力时引起的变形

② 侧面角焊缝。仅有侧面角焊缝的搭接接头传递轴向力时,焊缝轴线与力方向平行,接头刚性小,塑性变形能力大。接头强度与侧面焊缝的长度及焊脚尺寸有关,而与焊缝截面形状关系不大,通常是采用等腰的标准角焊缝。

图 9-21 示出两种只有侧面角焊缝的搭接接头,其中图 9-21b、d 最为常用。在轴向力作用下,沿侧面角焊缝轴线上的切应力分布是不均匀的,两端高而中间低,随着焊缝长度的增大这种不均匀性就越严

重。因此，侧面角焊缝的有效长度 L_W 不宜大于 $60K$。但 L_W 又不能太短，一般应大于 $8K$，且不能小于 $40mm$。搭接板的宽度 b 不能太大，应小于 L_W，否则焊缝收缩易引起板件向外拱。一般要求：当较薄板厚度 $t > 12mm$ 时，$b \le 16t$；或当 $t \le 12mm$ 时，$b \le 190mm$。若仍不能满足此要求，就加正面角焊缝、塞焊缝或槽焊缝等。

侧面角焊缝始端和终端质量不易保证，一般都不焊到板端处，距板端约 $2K$ 处停焊（图 9-21b、d），或者如图 9-21c 所示，把侧面角焊缝延长到板端绕焊，绕焊长度不小于 $2K$，但不大于 $4K$。

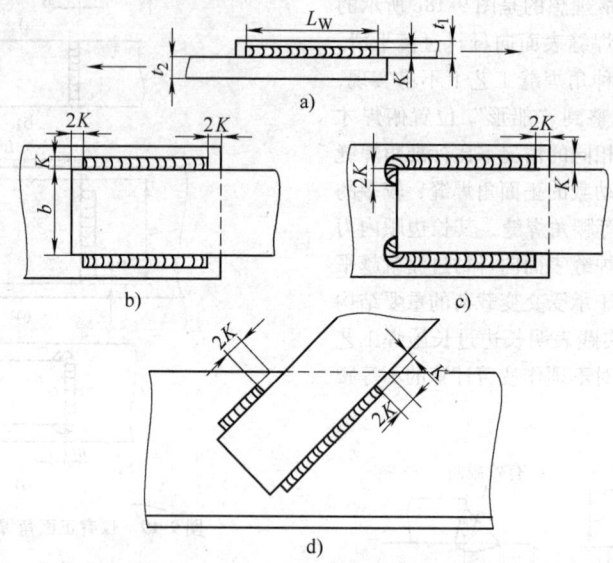

图 9-21　仅有侧面角焊缝的搭接接头

在次要构件或次要连接的角焊缝可采用断续角焊缝。每段断续角焊缝的长度不得小于 $10K$ 或 $50mm$，其净距对受压构件不得大于 $15t$，对受拉构件不大于 $30t$，t 为较薄焊件厚度。

③ 组合角焊缝。在搭接接头上根据需要，可以正面角焊缝、侧面角焊缝，甚至还有斜角焊缝或槽角焊缝等组合使用。应用最多的是正面和侧面焊缝的组合，又称三面围焊或两面围焊，如图 9-22 所示。

如果搭接接头的上盖板宽度 b 比较大，为防止盖板上拱可以采用塞焊缝、圆孔角焊缝或槽孔角焊缝等连接，如图 9-23 所示。

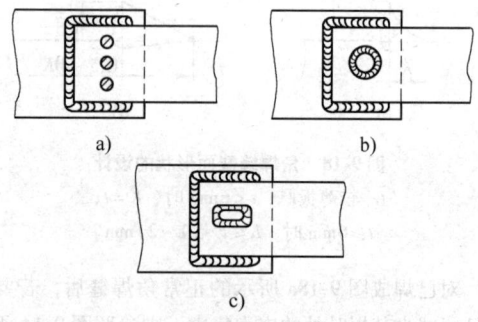

图 9-23　搭接接头防止盖板上拱的措施
a）均布塞焊缝　b）圆孔角焊缝
c）槽孔角焊缝

2）T 形和十字形接头的焊缝。十字形接头是 T 形接头的对称，两者工作性质无原则区别，在构造设计上是类似的，故以 T 形接头为代表介绍其连接焊缝的设计细节。

连接 T 形接头的焊缝分为贴角角焊缝、全熔透的焊缝（CJP）和部分熔透的焊缝（PJP），如图 9-24

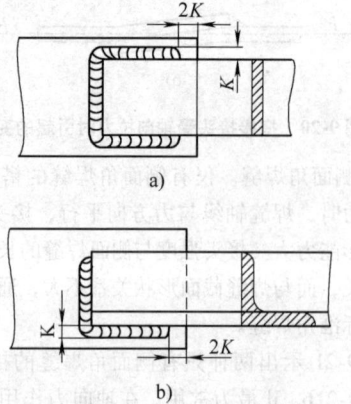

图 9-22　用组合角焊缝的搭接接头
a）三面围焊　b）两面围焊

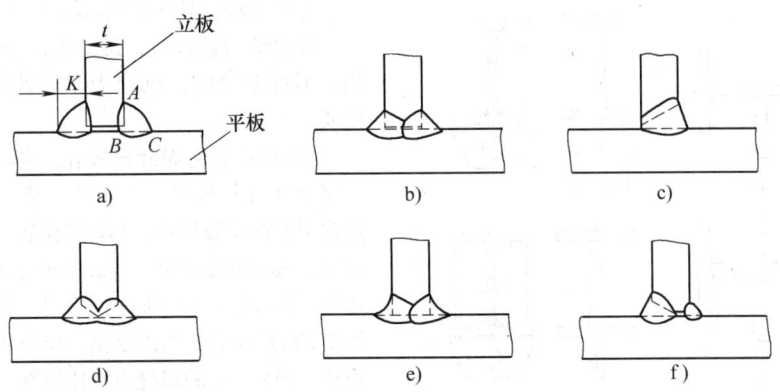

图 9-24 T 形接头的焊缝

a) 贴角角焊缝 b) ~ e) 全熔透焊缝 f) 部分熔透焊缝

所示。强度计算时全熔透的焊缝按对接（或坡口）焊缝计算，其余则按角焊缝进行计算。

图 9-24a 所示的 T 形接头，其贴角焊缝和搭接接头的角焊缝一样，其横截面是直角三角形。不传载的或只传递静载的 T 形接头采用的都是这种等腰三角形的标准角焊缝，其熔深很浅，属于不熔透的接头。立板受垂直的轴向力时，角焊缝轴线与外力垂直，它相当于搭接接头的正面角焊缝，在焊趾 A、C 处和焊根 B 处产生应力集中，承受交变载荷时裂纹首先从这些点开裂。所以，受动载情况下不推荐采用这种焊缝。如果采用深熔焊工艺或焊前开坡口使之全熔透，则立板与平板间的间隙已不存在，就可消除焊根 B 处的应力集中，如图 9-24b、c、d 和 e 所示。图 9-24e 所示为凹面角焊缝，它同时消除了 A、C 两处的应力集中，是最理想的焊缝设计，通常采用"船形"位置施焊即可实现。也可用图 9-14 所示对对接焊缝焊趾处理的方法进行角焊缝焊趾 A、C 处的处理。图 9-24c、d 是为了保证全熔透而焊前开不同坡口的焊缝设计，坡口形式由焊接可达性和减少填充金属量等因素确定。

图 9-24f 所示是部分熔透的 T 形接头之一，由于内部有未熔透的间隙存在，焊趾和焊根的应力集中不可避免，这种接头多在重型机械焊接结构的厚板 T 形接头中采用，被连接的构件主要是按刚度进行设计的，接头传递的力较小，不影响使用寿命。采用这样的设计可以减少焊接填充金属量。

设计不承受载荷的贴角焊缝时要注意，这种联系焊缝的焊脚尺寸不是由强度计算确定的，它主要是根据立板厚和焊接工艺等因素确定。为了防止采用过小的焊脚尺寸，一般设计规范给出最小焊脚尺寸的数据，或按下列公式确定：

$$K \geqslant 1.5 \sqrt{t_{max}}$$

式中 t_{max}——较厚焊件的厚度（mm）。

对立板受垂直压力的贴角焊缝进行设计时要注意，如果立板与水平板之间有间隙（图 9-25a），则此两条角焊缝为工作焊缝，须进行强度计算来确定焊脚尺寸。如果焊前对接边进行刨平加工，装配和焊接时能顶紧（图 9-25b），则工作时压力基本上由接触面传递，两条贴角焊缝变成联系焊缝，而不需进行计算，其焊脚尺寸一般按上述的最小焊脚尺寸的公式来确定。

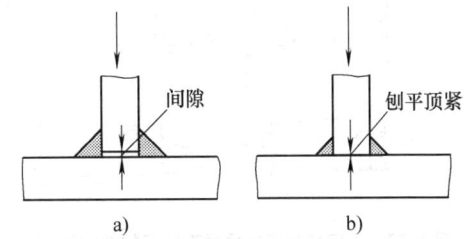

图 9-25 传递压力的 T 形接头角焊缝设计

a) 工作角焊缝 b) 联系角焊缝

设计厚板结构的 T 形和十字形接头时，要注意可能有发生层状撕裂的危险，此问题在 9.4.4 节中详述。

2. 考虑受力合理的细部设计

结构上集中力作用点需考虑让该力合理地传递（或分散）到整体结构上，使之整体承载。增加局部刚性和增大传力面积是最基本的结构措施。

（1）局部刚度不足引起变形

图 9-26 所示为在工字梁上设置吊耳的不同结构处理。图中在上面所示的设计为不合理，工作时会引起局部变形（见图中虚线），图 9-26 下面所示的为改进设计，力的传递得到改善。

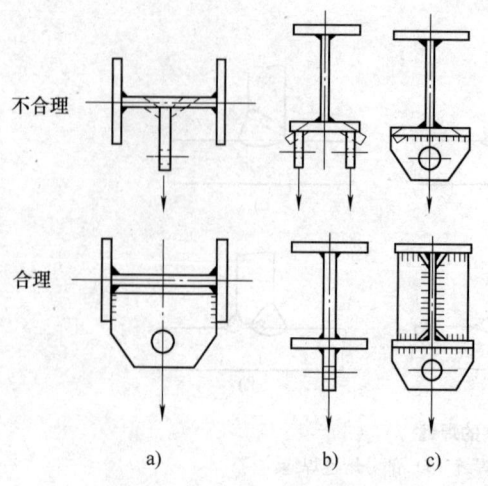

图9-26　工字梁上吊耳的设置

图9-27为工字柱与工字梁垂直连接的两种连接结构,在力矩 M 的作用下,图9-27a所示的设计会引起工字柱翼板局部变形(如虚线所示),A 点出现拉应力峰值,可能开裂。图9-27b所示的设计比较合理,只需在局部变形处增设肋板,并把受拉的梁上翼板与柱连接的 T 形接头改为熔透焊缝,以改善焊缝受力。

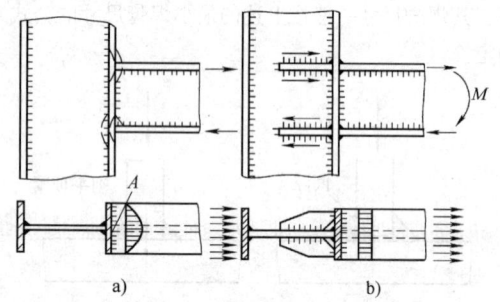

图9-27　工字柱与工字梁垂直连接的结构设计
a) 设计不合理　b) 设计较合理

图9-28a为薄壁容器支座的设计,因局部刚性不足,易引起像虚线所示的局部变形。图9-28b在支座上方增加一块厚度较大的垫板,既增加了局部刚度,又使力的传递分散和均匀。

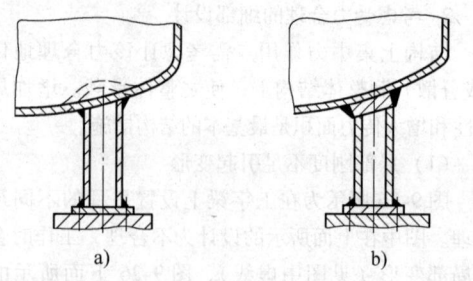

图9-28　薄壁容器支座的设计

（2）改善焊缝受力的设计

焊接结构设计时,避免焊缝受力是一条基本原则。不可避免时,也应力求减小或改变其受力的性质。

1）尽可能把焊缝布置在工作应力最小的地方。工字梁(或箱形梁)上下翼(盖)板长度不足时,通常用对接焊缝接长,其焊缝位置一般应避免恰好落在弯矩最大的截面上。若腹板也有对接焊缝,也不宜所有对接焊缝都位于同一截面上,而应当相互错开。图9-29a所示受力的工字梁,应避免采用图9-29b的设计,图9-29c的焊缝布置比较好。

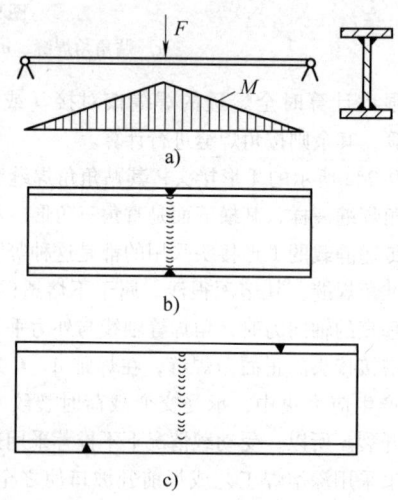

图9-29　焊接工字梁对接焊缝的布置

2）改变焊缝受力的性质或大小。能把工作焊缝改变成联系焊缝这是最理想的设计。对于工作焊缝,应尽可能根据结构的具体情况去改变它的受力性质和大小。通常焊缝金属的承载能力,最好是受压,其次是受拉,最弱的是受剪切。因此,只要有可能,要避免焊缝单纯受剪切。

图9-30是两根槽钢组焊成的方形截面梁,根据梁截面上的工作应力分布(图9-30a),两条对接焊缝的位置应设置在上下(图9-30b),而不是在左右两侧(图9-30c)。因为焊缝处于上下时是联系焊缝。位于左右两侧则为工作焊缝,受到最大的切应力。

图9-31所示为轮体上轮辐与轮毂连接的 T 形接头设计的三种方案。工作时,轮辐除受到径向力外,还受到图中箭头所示的轴向作用力。图9-31a的设计,左右两条环形角焊缝需传递全部轴向力,属工作焊缝,需进行强度计算;图9-31b为较好的设计,在轮毂上预先加工一个台肩。工作时台肩直接传递了部分轴向力,因而两条角焊缝的负担减轻,其焊脚尺寸可减小。这种设计还具有装配定位方便的优点。注

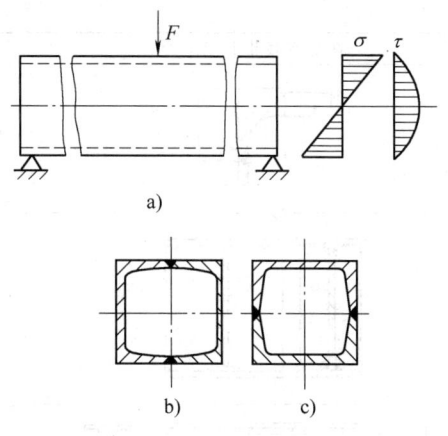

图 9-30　方形空心截面梁焊缝布置

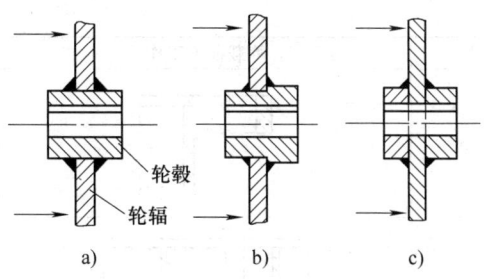

图 9-31　轮辐与轮毂的焊接接头设计

意，采用这种设计时，要保证台肩必须正对轴向力；图 9-31c 所示的设计，使两条角焊缝变成联系焊缝，因而可以采用最小焊脚尺寸。从承载角度这是最合理的设计，但零件多，制造工艺比较复杂。

3. 避免或减小结构应力集中的细部处理

焊接接头以外的结构不连续、截面出现突变或在构件内力线传递发生转折，都是应力集中点。在脆性转变温度以上工作的一般受静载的焊接结构，可以不必对这些应力集中点作特意处理。但由强度高、对缺口很敏感的材料制作的焊接结构、厚壁的或低温工作的焊接结构以及在动载荷下工作的焊接结构，它们发生的破坏一般不是由于平均应力，而是由局部应力引起。因此，必须从结构设计上以及在焊接工艺上避免或降低应力集中。表 9-17 中列举了常温下受静载荷与交变载荷的焊接结构在细部设计上区别的一些例子。表中右面所采取避免或减少应力集中的细部处理例子对防止脆性破坏的焊接结构设计同样适用。

表 9-17　常温下承受静载荷与交变载荷的焊接结构在细部设计上的区别

序号	静载荷下工作	在交变载荷下工作
1		
2		
3		
4		

（续）

序号	静载荷下工作	在交变载荷下工作
5	（图）	（图）
6	（图）	（图）
7	（图）	（图）
8	（图）	（图）
9	（图）	（图）

4. 肋板设计的细节处理

在焊接结构中肋板可以提高结构的整体和局部刚度，可以改善力在结构上的传递等，因而被广泛采用。但是，由于肋板不是结构上的主体构件，通常又不做强度计算，极容易忽视它的细节处理。常因一些细节处理不当，引发未预料到的问题。

肋板的细节处理主要是对它的形状和尺寸的确定，以及与主板之间连接的角焊缝（常称肋板焊缝）的设计。肋板通常是垂直于被加强的主板平面，构成T形接头，由两条贴角焊缝连接。肋板厚度一般按被加强主板厚度的 60% 左右来确定，角焊缝的焊脚尺寸约取肋板厚度的 70%。

图 9-32 为两种肋板的设计，图 9-32a 为不合理的设计，问题出在图中箭头所指部位处理不当。图中肋板 1 和肋板 2 的制备困难，尤其是肋板 2，即便用数控切割制出，要制成与角钢形线吻合的边缘也是很困难的，因为角钢以及它与平板连接的两条角焊缝的形状和尺寸具有不确定性，很难保证肋板的装配质量；具有尖锐棱角的肋板，尖端处焊接时很难保证质量，在结构上该处处于形成应力集中；两条肋板焊缝与主板角焊缝构成互相垂直汇交的三向焊缝，汇交点焊接质量难以保证，还构成该点处于三向应力状态。图 9-32b 所示的设计，主要是把肋板上的锐角切钝，留出立边，直角处倒角避开主体的角焊缝或圆角。这

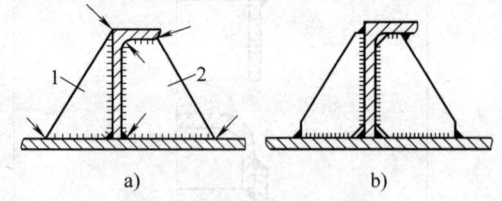

图 9-32　肋板设计中的细节
a) 不合理的设计　b) 合理的设计

样的肋板既易于剪切，也易于气割备料。当焊接肋板焊缝时，可以在端部立边处进行围焊，避免应力集中。表 9-18 为三角形肋板周边尺寸参考数据。

工字梁工作时通常上部受压，下部受拉，为了防止翼板和腹板失稳通常使用横向肋板加强，如图 9-33a 所示。在静载下，肋板可以按该图所示的设计。如果承受交变载荷，如起重机梁，则肋板设计要考虑防止疲劳破坏问题。起重机工作时，下翼板承受拉应力，不存在压曲失稳情况。但肋板与下翼板之间的角焊缝与该拉应力垂直，对疲劳强度有不利的影响。为了消除这种不利因素，通常肋板与下翼板之间不焊，如图 9-33b 所示。重要结构为了提高局部刚度，可以采用图 9-33c 的结构，在肋板与下翼板之间加一块小垫板。它与肋板焊接，与下翼板不焊。工字梁支座处的横向肋板与梁中部的横向肋板要求不同，因为它传递较大的支反力，故肋板与下翼板接触的端面应刨平顶紧并用角焊缝焊牢，如图 9-34 所示。箱形梁内需设置横向肋板时，也应按上述相同的原则进行设计。

表 9-18　三角形肋板的尺寸

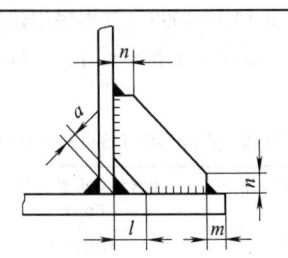

肋板厚 t/mm	l	m	n
$t < 6$	$a + 2t$		
$6 \leqslant t < 12$	$a + 1.5t$	$\geqslant 1.5a$	t
$t \geqslant 12$	$a + t$		

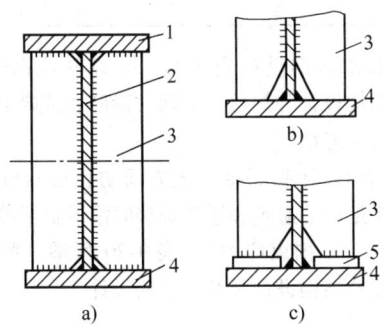

图 9-33　工字梁横向肋板的设计

1—上翼板　2—腹板　3—横向
肋板　4—下翼板　5—小垫板

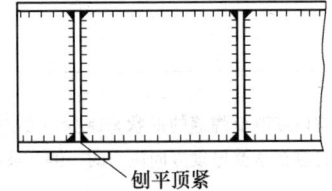

刨平顶紧

图 9-34　梁支座的横向肋板

9.4.3　结构的尺寸稳定性

尺寸稳定性是指机器构件在长期运行过程中能保持原来形状和尺寸的性能。对工作精度要求高的机器，如切削机床、压力机等，若尺寸稳定性不好则无法保证加工精度，还影响机器的正常工作。

通常机器在额定载荷下工作将发生变形，卸载后能很快复原；机器上出现温差，会引起热变形，待温度均衡或热源消失后即消失。这些变形通常都在机器工作精度允许的范围之内，对其原始精度不产生影响。但若发生尺寸不稳定，则会改变其工作精度。

引起机器焊接结构件尺寸不稳定的主要原因是焊接残余应力。因此，对于精度要求高的焊接结构，为了保证其形状和尺寸长期稳定，在焊后和机械加工之前，须进行降低应力处理。在机器焊接结构中常用下列降低应力处理方法：

1. 去应力退火处理

这是普遍采用的热处理方法，把整个焊件放入炉内均匀加热到某一温度（一般在 600℃ 以上）然后保温和缓冷。这种热处理降低残余应力的方法生产周期长，能源消耗大，金属表面氧化，成本高，大型焊件还受热处理炉子尺寸限制，缺点较多，但消除残余应力较彻底。

2. 振动时效法

又称 VSR 法。它是把振动装置中的激振器夹持在焊件适当部位，以一定频率和振幅进行振动，经过 20~30min 即能把焊件的残余应力峰值降下来。目前国内一些重型机械制造工厂已经广泛使用。它和去应力退火比较，优点是设备简单且价廉，处理成本低，工件尺寸大小不受加热炉限制，振动的整个过程时间短，节约大量能源，没有去应力退火金属表面氧化问题等。有研究表明，振动后没发现对材料的常规力学性能和韧性有不良影响。其缺点是应力降低程度比热处理小，也没有热处理能改善焊接接头性能的附加作用。此外，受工件固有频率的影响，对固有频率高的工件往往难以实现。

9.4.4　层状撕裂

层状撕裂主要是在焊接过程中产生，多发生在厚板 T 形或十字形接头以及角接头的热影响区或远离热影响区的母材金属中。裂纹呈阶梯状，基本平行于钢板轧制表面，如图 9-35 所示。这种裂纹从外观难以觉察，有时用超声波检查也不易发现，具有潜在危险。

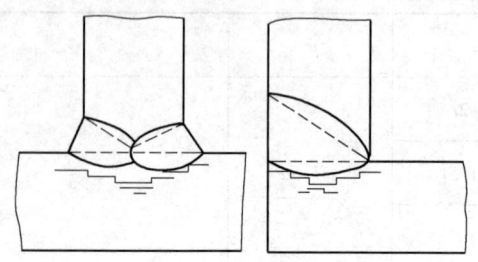

图 9-35　焊接接头的层状撕裂形态特征

引起层状撕裂的原因主要是钢材存在有层状夹杂物，尤其含硫量较高，造成厚度方向（常称 Z 向）塑性低；其次是厚度方向拉力过大，该拉力多因焊接时受拘束时引起。因此，防止层状撕裂需要从选材、结构设计和焊接工艺三方面采取措施。前者是治本的，后两者是治标的。

首先应选用具有较好抗层状撕裂性能的钢材，即厚度方向性能钢（简称 Z 向钢），现国内外都在发展焊接专用的这种钢。我国在 GB/T 5313—2010《厚度方向性能钢板》中，把这种钢分为三个等级，见表 9-19。划分这三个等级的指标是钢材 Z 向拉伸时的断面收缩率及其相应的硫含量，一般是按板厚和结构的重要性来选用。普通焊接结构选用 Z15 级已满足要求。但像采油平台、船用高强钢板则要求较高，宜选用 Z25 级或 Z35 级，国产的 WFG - 36Z、WFG - E40、D36 等钢其 Z 向断面收缩率都在 40% 以上，已满足要求；国家标准 GB 50011—2010《建筑抗震设计规范》中规定，结构的板厚在 40mm 以上应采用 Z15 级的钢；建筑行业标准 JGJ 99—1998《高层民用建筑钢结构技术规程》规定，板厚大于 50mm 时，不得用低于 Z15 级的钢。

表 9-19　Z 向钢的等级（摘自 GB/T 5313—2010）

性能等级	拉伸时断面收缩率（%）	硫含量（质量分数）（%）
Z15	≥15	≤0.010
Z25	≥25	≤0.0070
Z35	≥35	≤0.0050

如果 Z 向钢供应有困难，须以其他钢代用时，可以从结构设计和焊接工艺两方面防止或降低产生层状撕裂的可能性。

在结构设计和焊接工艺方面防止层状撕裂的措施，主要是设法避免和缓解焊接时沿母材板厚方向的收缩应力（或拘束应力）。表 9-20 列举一些易产生层状撕裂的结构设计及其改进的设计。

表 9-20　防止层状撕裂的结构措施

序号	易产生层状撕裂的结构	可改善的结构	说　明
1			箭头所示的方向为焊接时可能出现拘束应力作用的方向
2		(0.3~0.5)t　t	通过开坡口或改变焊缝的形状来减少厚度方向的收缩应力，一般应在承受厚度方向应力的一侧开坡口
3			避免板厚方向受焊缝收缩力的作用
4			在保证焊透的前提下，坡口角尽可能小；在不增大坡口角的情况下尽可能增大焊脚尺寸，以增加焊缝受力面积，降低板厚方向的应力值

（续）

序号	易产生层状撕裂的结构	可改善的结构	说　明
5	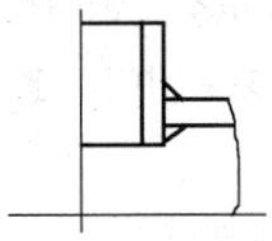	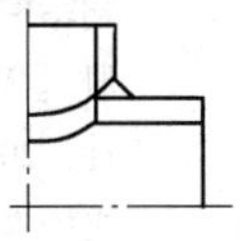	减少接管在厚度方向的拘束应力
6	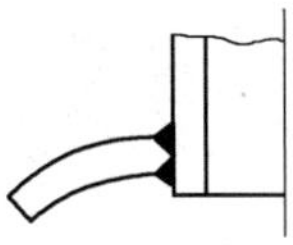	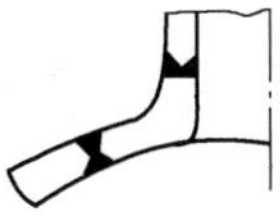	这是压力容器中接管与壳体的连接，采用镶入件进行开孔补强的结构，同时也可避免层状撕裂和减少焊缝处的应力集中
7	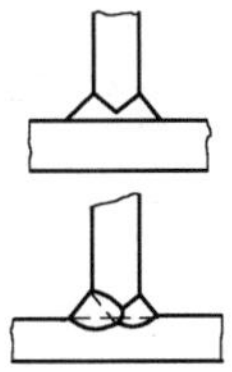	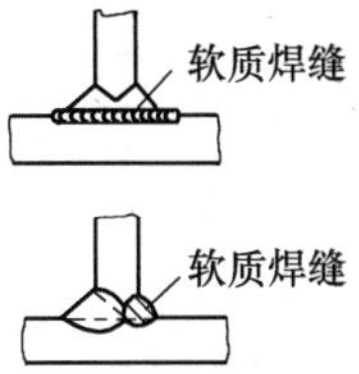 软质焊缝 软质焊缝	利用塑性好的软质焊缝，以缓解母材在厚度方向的应力。上图是在待焊面上堆焊软金属过渡层；下图是在先焊侧焊一道软金属焊缝
8	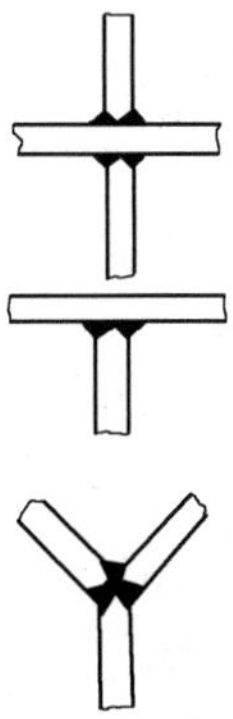	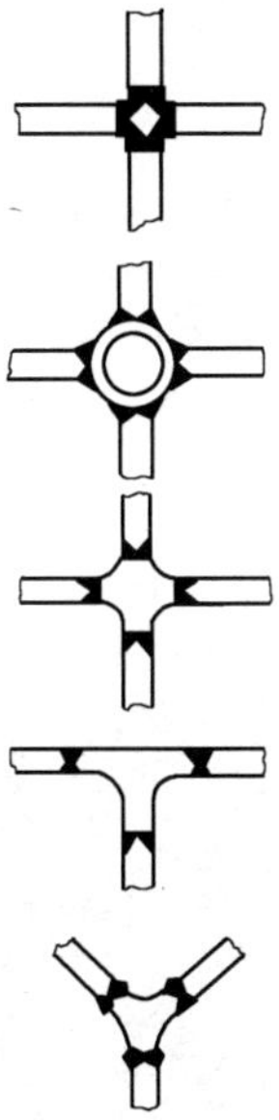	镶入没有层状撕裂的附加件，通常采用轧制型材。经改善的结构设计，既避免了层状撕裂，同时也避免了焊缝过于密集。有些接头已变成应力集中较小的对接接头

　综上所述，根治焊接结构的层状撕裂问题的方向，应当是提高钢材冶炼质量。如果供应焊接结构用的厚钢板都是 Z 向钢，将给结构设计很大的自由度，而焊接施工也将变得简单和容易。

参 考 文 献

[1]　中国机械工程学会焊接学会. 焊接手册：第 3 卷 [M]. 2 版. 北京：机械工业出版社，2001.

[2]　机械工程手册编委会. 机械工程手册：第 1、2、3 卷 [M]. 2 版. 北京：机械工业出版社，1996.

[3]　中国材料工程大典编委会. 中国材料工程大典：第 23 卷 [M]. 北京：化学工业出版社，2006.

[4]　陈祝年. 焊接工程师手册 [M]. 北京：机械工业出版社，2004.

[5]　邹家祥. 现代机械设计理论与方法 [M]. 北京：科学出版社，1990.

[6]　吴世伟. 结构可靠度分析 [M]. 北京：人民交通出
　　　版社, 1990.

[7]　洪其麟. 机械结构可靠性 [M]. 北京：航空工业出
　　　版社, 1994.

[8]　金伟娅, 等. 可靠性工程 [M]. 北京：化学工业出
　　　版社, 2005.

[9]　陈丙森. 计算机辅助焊接技术 [M]. 北京：机械工
　　　业出版社, 1999.

[10]　徐灏. 机械设计手册：第1、2、3卷 [M]. 北京：

机械工业出版社, 1991.

[11]　实用建筑结构设计手册编写组. 实用建筑结构设计
　　　手册 [M]. 2版. 北京：机械工业出版社, 2004.

[12]　钢结构设计手册编辑委员会. 钢结构设计手册：上
　　　册 [M]. 3版. 北京：中国建筑工业出版
　　　社, 2004.

[13]　张耀春. 钢结构设计原理 [M]. 北京：高等教育
　　　出版社, 2004.

第 10 章　焊接接头强度与计算

作者　曲仕尧　陈祝年　**审者**　陈丙森

10.1　概述

焊接接头是组成焊接结构的关键元件，其强度和可靠性直接影响着整个焊接结构的安全使用。对焊接接头进行强度计算，实际上是对连接各种接头的焊缝进行工作应力分析和计算，然后按不同准则建立强度条件，满足这些条件就认为该接头工作安全可靠。

焊接结构中的焊缝，按其所起的作用可分为工作焊缝和联系焊缝，如图 10-1 所示。工作焊缝又称承载焊缝，它与被连接材料是串联的，起着传递全部载荷的作用，焊缝上的应力为工作应力，一旦焊缝断裂，结构立即失效；联系焊缝又称非承载焊缝，它与被连接材料是并联的，它传递很小的载荷，主要起构件之间相互连接的作用，焊缝上的应力称为联系应力，焊缝一旦断裂，结构不会立即失效。

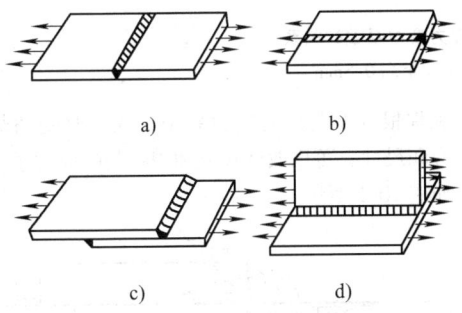

图 10-1　工作焊缝与联系焊缝

a) 承受工作应力的对接焊缝　b) 承受联系应力的对接焊缝　c) 承受工作应力的角焊缝　d) 承受联系应力的角焊缝

设计焊接结构时，对工作焊缝必须进行强度计算，对联系焊缝则不必计算。对于既有工作应力又有联系应力的焊缝，只计算工作应力而忽略联系应力。

计算焊接接头的强度时，一般均假定母材和焊缝金属中工作应力的分布是均匀的。但是，实际焊接接头总是存在着几何形状的变化，有时还会存在某种焊接缺陷，造成接头几何形状的突变或不连续，从而在接头承受外力作用时，导致接头中力流线的偏转及分布不匀，如图 10-2 所示。因此，在接头的局部区域产生不同程度的应力集中，即最大应力值（$\sigma_{\max}$）高于平均应力值（σ_{m}）。应力集中程度常以应力集中系数 $K_{\mathrm{T}} = \sigma_{\max}/\sigma_{\mathrm{m}}$ 表示。K_{T} 值越大，则应力集中越

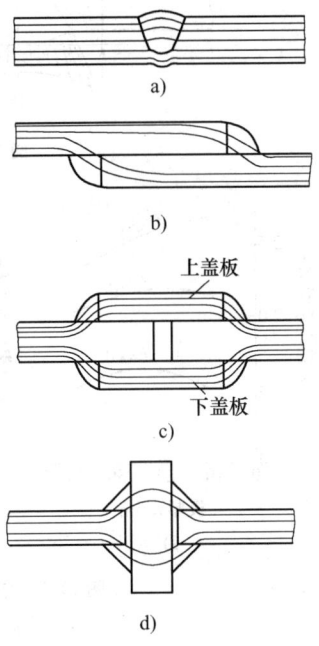

图 10-2　焊接接头中力流线的偏转

a) 对接接头　b) 搭接接头

c) 盖板接头　d) 十字接头

严重，应力分布越不均匀。由此可见，焊接接头中实际工作应力的分布是不均匀的。局部高应力区（应力集中区）可能使焊接接头的安全性受到损害；同时，这个应力集中区又往往位于焊接接头的性能薄弱区。这就要求焊接结构设计人员必须掌握焊接接头中工作应力的分布规律，在进行接头设计，特别是进行工作（承载）接头设计时，应尽可能改善接头的工作应力分布，使接头的应力集中程度较小，以便提高焊接接头的安全性。

10.2　焊接接头的工作应力分布

10.2.1　熔焊接头的工作应力分布

1. 对接接头

对接接头几何形状变化较小，故应力集中程度较小，工作应力分布较均匀。对接接头的应力集中只出现在焊趾处，如图 10-3 所示。应力集中系数 K_{T} 与焊缝余高 h、焊趾处的 θ 角和转角半径 r 有关。增大 h，增加 θ 角，或减小 r，则 K_{T} 增大（图 10-4），结果使

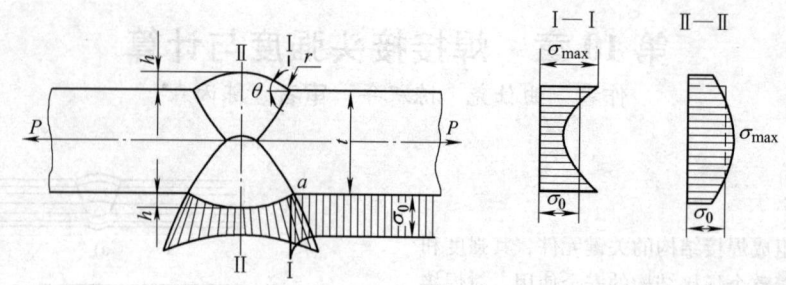

图 10-3　对接接头中的工作应力分布

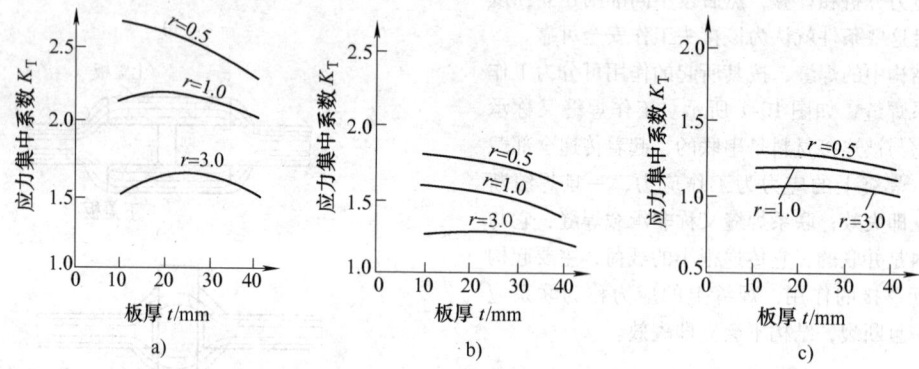

图 10-4　对接接头的几何尺寸与应力集中系数的关系
a) 余高 5mm　b) 余高 2mm　c) 余高 0.5mm

接头的承载能力下降。反之，若削平焊缝余高，或在焊趾处加工成较大的过渡圆弧半径，则会消除或减小应力集中，提高接头的疲劳强度。

2. 搭接接头

根据角焊缝受力方向的不同，搭接接头可分为正面角焊缝接头、侧面角焊缝接头、正面和侧面角焊缝联合接头等。由于接头处构件形状变化较大，其应力集中比对接接头复杂得多。

(1) 正面角焊缝接头

这种接头采用垂直于作用力方向的正面角焊缝来连接，其工作应力分布如图 10-5 所示，在焊趾（B

点）和焊根（A 点）处应力集中最大。改变角焊缝的外形和尺寸，可以改变焊趾和焊根处的应力集中程度，如表 10-1 所示。

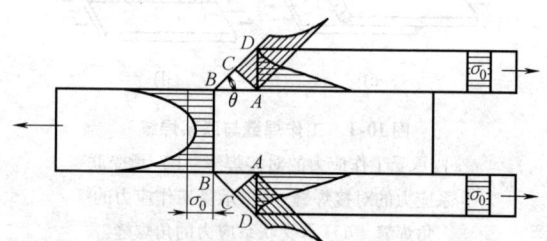

图 10-5　正面角焊缝搭接接头的应力分布

表 10-1　正面角焊缝接头中焊缝形状对应力集中的影响

角焊缝形状	焊趾角 θ(°)	水平焊脚尺寸 K	应力集中系数 K_T[①]	
			焊趾处	焊根处
θ r=2.4t 2t t	65	t	4.7	6.7
θ K	53	0.76t	5.7	8.1
	45	t	4.7	6.9
	37	t	3.2	6.6
	30	1.31t	2.1	6.1

（续）

角焊缝形状	焊趾角 $\theta(°)$	水平焊脚尺寸 K	应力集中系数 K_T[①]	
			焊趾处	焊根处
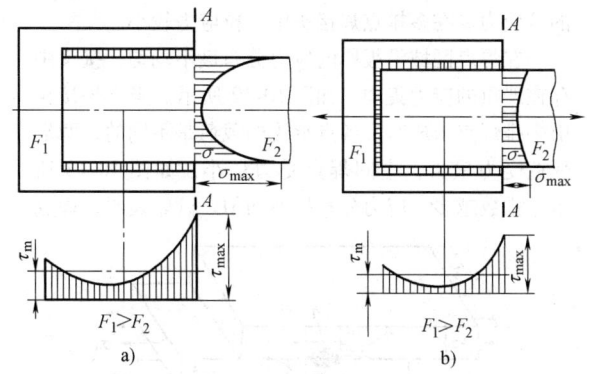	28	t	4.4	7.7

① 偏光弹性法试验结果。

板厚中心线不重合的搭接接头用正面角焊缝连接时，在外力的作用下，由于力流线的偏转，不仅使被连接板严重变形，而且使焊缝中产生了附加应力。双面焊接时，焊趾处受到很大的拉力；单面焊接时，焊根处的应力集中更为严重。所以，一般在受力接头中，禁止使用单面角焊缝连接。

（2）侧面角焊缝接头

这种接头中的焊缝既承受正应力又承受切应力，工作应力的分布更为复杂，应力集中更为严重。接头受轴向力作用时，焊缝上的切应力 τ 呈不均匀分布，最大应力发生在焊缝两端，若被连接板的断面面积不相等，则靠近小断面一端的应力高于靠近大断面的一端，如图 10-6a 所示。应力集中系数 K_T 的大小与 l/K 和 σ/τ 有关，l/K 和 σ/τ 越大，应力集中越严重。所以，接头的搭接长度 l 不宜大于 $40K$（动载时）或 $60K$（静载时），K 为侧面角焊缝焊脚尺寸。

（3）正面和侧面角焊缝联合接头

由于同时采用了正面和侧面角焊缝，增加了受力焊缝的总长度，从而可以减小搭接部分的长度，降低接头中工作应力分布的不均匀性，如图 10-6b 所示。

通过盖板连接的搭接接头中工作应力的分布如图 10-7 所示。由图可见，仅有侧面角焊缝的接头应力分布极不均匀，而增设了正面角焊缝的接头应力分布得到改善。

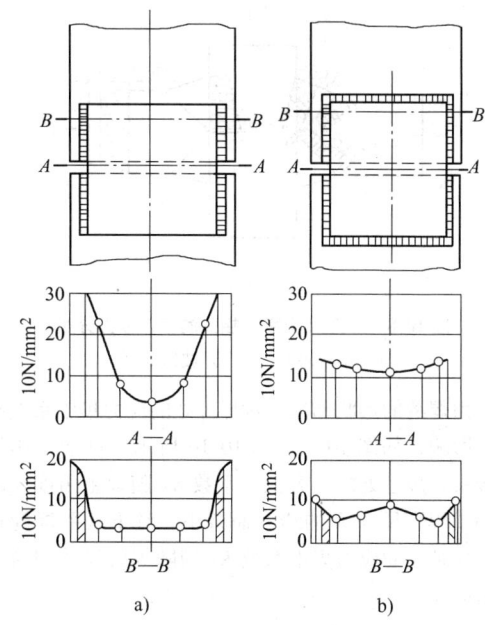

图 10-7　加盖板搭接接头的工作应力分布
a）侧面角焊缝接头
b）正、侧面角焊缝联合接头

正面角焊缝比侧面角焊缝刚度大、变形小，它分担了大部分的外力，因此正面角焊缝比侧面角焊缝中的工作应力要大些。这两种角焊缝具有完全相同的力学性能和截面尺寸时，如果角焊缝的塑性变形能力不足，正面角焊缝将首先产生裂纹，接头可能在低于设计的承载能力的情况下破坏。

3. T 形（十字）接头

对于不开坡口的 T 形（十字）接头，由于水平板和垂直板之间存在间隙，焊根处的应力集中很大，焊趾处也存在较严重的应力集中，造成整个接头应力分布极不均匀，如图 10-8a 所示。对于开坡口焊透的接头，由于消除了根部间隙，焊缝根部的应力集中不复存在，原来的角焊缝也转变为对接焊缝，使接头的工作性能大大提高，如图 10-8b 所示。因此，对重要结构，尤其是在动载下工作的 T 形（十字）接头，应开坡口或采用深熔焊使之焊透。

图 10-6　搭接接头的工作应力分布
a）侧面角焊缝　b）联合角焊缝

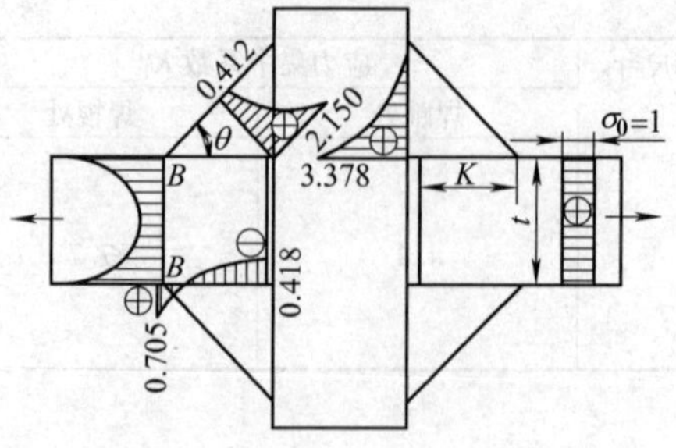

图10-8 T形（十字）接头的工作应力分布

a）不开坡口 b）开坡口焊透

角焊缝的形状和尺寸对焊趾处的应力集中系数有很大影响，如图10-9和图10-10所示。对于工作焊缝接头，焊趾处的应力集中系数 K_T 随焊趾角度 θ 的减小或焊脚尺寸 K 的增大而减小。对于联系焊缝接头，焊趾处的应力集中系数 K_T 则随焊脚尺寸的增大而增大。

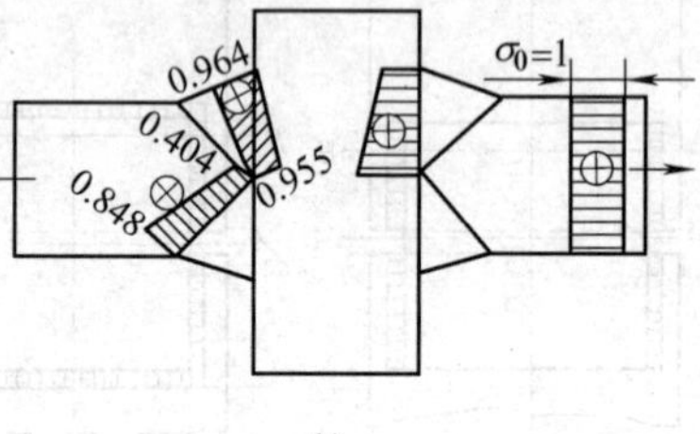

图10-9 角焊缝焊趾角度对焊趾应力集中的影响

4. 断续角焊缝接头

对于作用力不大的角焊缝接头，为降低角焊缝引起的焊接变形和减少焊接工作量，有时采用单边的断续角焊缝、两边并列或交错排列的断续角焊缝。这种断续角焊缝每段的起点和终点处不论应力方向如何，

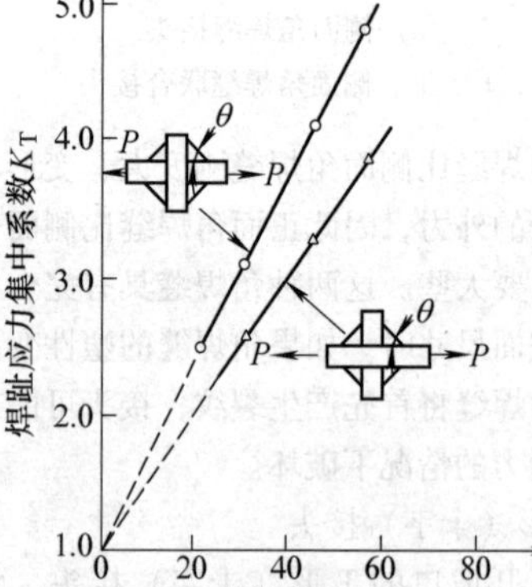

图10-10 角焊缝焊脚尺寸对焊趾应力集中的影响

都会引起应力集中，如图10-11所示。为了减少断续角焊缝应力集中引起的危害性，应严格要求每段焊缝起点和终点的焊接质量，并规定在承受动载的重要构件中禁止使用断续角焊缝。如果根据作用力计算所得的焊脚尺寸很小，只能采用规定的最小焊脚尺寸的连续角焊缝。

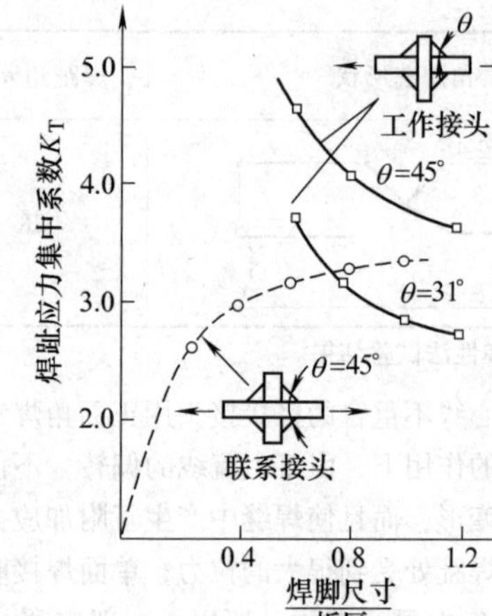

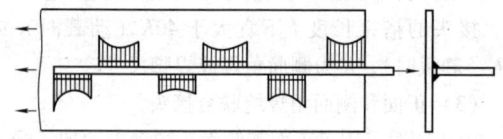

图10-11 断续角焊缝中的应力分布

10.2.2 电阻焊接头的工作应力分布

1. 点焊接头

点焊接头中的焊点主要承受切应力。在单排点焊接头中，焊点除了承受切应力外，还承受由偏心引起的拉应力。在多排点焊接头中，拉应力较小。

在焊点区域沿板厚的应力分布极不均匀，接头中存在严重的应力集中，如图10-12所示。当点焊接头由多排焊点组成时，各点承受的载荷是不同的，两端焊点受力最大，中间焊点受力最小，如图10-13所示。排数越多，应力分布越不均匀。试验表明，焊点

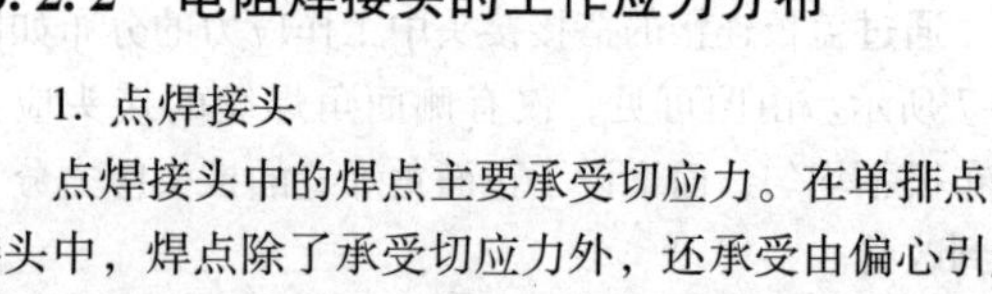

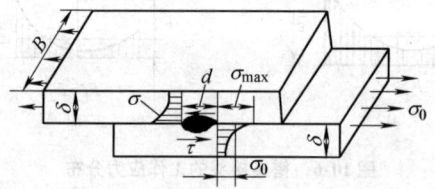

图10-12 点焊接头沿板厚的应力分布

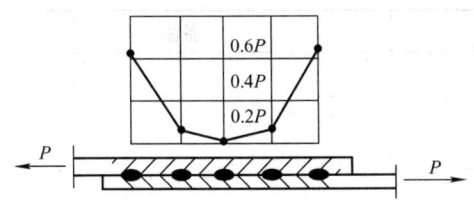

图 10-13　多排点焊接头的载荷分布

多于三排并不能明显增加承载能力，所以焊点排数以不超过 3 排为宜。

在单排点焊接头中，焊点附近的应力分布很不均匀，如图 10-14 所示。不均匀的程度与焊点间距 t 和焊点直径 d 有关，t/d 值越大，则应力分布越不均匀。

点焊接头的焊点承受拉力时，焊点周围产生极为严重的应力集中（图 10-15），接头的抗拉强度很低。所以设计点焊接头时，应避免接头承受这种载荷。

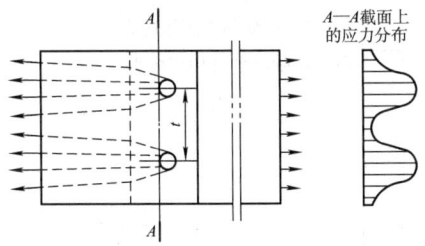

图 10-14　单排点焊接头的工作应力分布

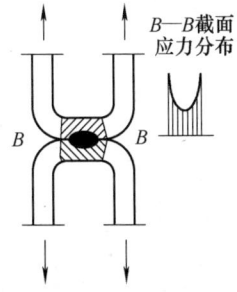

图 10-15　点焊焊点受拉时的应力分布

2. 缝焊接头

缝焊接头的焊缝是由一个个焊点局部重叠构成的，所以缝焊接头的工作应力分布比点焊接头均匀。

10.3　焊接接头的静载强度计算

焊接接头静载强度设计的方法有许用应力设计法和极限状态设计法两种。前者应用广泛，后者仅在建筑结构设计中使用。两者在接头的应力分析和计算上没有本质区别，其强度表达式也很类似，但取值的方式和方法不同。

10.3.1　焊接接头许用应力设计法

许用应力设计法的强度条件见 9.3.1 节，当接头的工作应力小于或等于许用应力时，该接头是安全的。由于对接头工作应力的分析和计算有不同的理论和方法，因而就有不同的计算公式。

1. 弧焊接头的静载强度计算

焊接接头在外力作用下其焊缝上的工作应力分布往往不均匀，特别是角焊缝，在焊趾和焊根处都出现不同程度的应力集中现象，要精确计算这些焊缝上的应力是困难的。为此常根据理论研究的结果和实际使用的经验，对焊接接头做某些假定或简化，然后利用工程力学的理论和方法，对焊缝最小断面进行应力分析和计算。

在静载条件下，当焊缝金属和母材都具有较好塑性时，可作如下假定：

① 焊接残余应力对接头强度没有影响。

② 由于几何不连续而引起的局部应力集中，对接头强度没有影响。

③ 忽略焊缝的余高和少量熔深，以焊缝中最小的断面为计算断面（又称危险断面），各种接头的焊缝计算断面如图 10-16 和图 10-17 所示。

④ 认为角焊缝都是在切应力作用下破坏，一律按切应力计算其强度。

⑤ 正面角焊缝和侧面角焊缝在强度上无差别。

按照上述假定，所有熔焊接头的焊缝强度计算都得到了简化，从而导出了能满足一般工程要求的简易计算公式。

（1）对接焊缝的静载强度计算公式

对接接头和 T 形或十字接头，无论它们是否预开坡口，只要是焊透了的焊缝均为对接焊缝。这类焊缝的静载强度计算公式列于表 10-2，焊缝的许用应力见表 9-6。

对接焊缝的计算长度一般取焊缝实际长度，计算厚度取被连接板中较薄的厚度（对接接头）或立板的厚度（T 形或十字接头），如图 10-16 所示。

一般情况下，对优质碳素结构钢和低合金结构钢中全熔透的对接焊缝，若按等强度原则选择焊接材料（填充金属），则可以不进行强度计算。

（2）角焊缝静载强度计算公式

由角焊缝组成的接头，其焊缝的静载强度计算公式列于表 10-3。表中角焊缝的计算长度一般取每条焊缝实际长度减去 10mm，计算厚度 a 取焊缝内接三角形的最小高度，如图 10-17 所示。

（3）部分熔透接头的静载强度计算公式

表 10-2　对接焊缝接头静载强度计算公式

名称	简　图	计　算　公　式	备　注
对接接头		受拉： $$\sigma = \frac{P}{tl} \le [\sigma_1']$$	
		受压： $$\sigma = \frac{P}{tl} \le [\sigma_a']$$	
		受剪： $$\tau = \frac{Q}{tl} \le [\tau']$$	
		平面内弯矩 M_1： $$\sigma = \frac{6M_1}{tl^2} \le [\sigma_1']$$	
		平面外弯矩 M_2： $$\sigma = \frac{6M_2}{t^2 l} \le [\sigma_1']$$	$[\sigma_1']$—焊缝的许用拉应力 $[\sigma_a']$—焊缝的许用压应力 $[\tau']$—焊缝的许用切应力 $t \le t_1$
开坡口焊透T形或十字接头		受拉： $$\sigma = \frac{P}{tl} \le [\sigma_1']$$	
		受压： $$\sigma = \frac{P}{tl} \le [\sigma_a']$$	
		受剪： $$\tau = \frac{Q}{tl} \le [\tau']$$	
		平面内弯矩 M_1： $$\sigma = \frac{6M_1}{tl^2} \le [\sigma_1']$$	
		平面外弯矩 M_2： $$\sigma = \frac{6M_2}{t^2 l} \le [\sigma_1']$$	

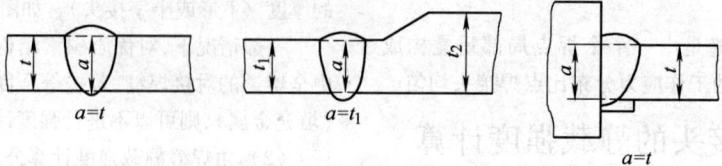

图 10-16　对接焊缝的计算断面（a 为计算厚度）

部分熔透T形接头或十字接头的焊缝静载强度计算公式同角焊缝的计算公式，见表10-3。但焊缝的计算厚度 a 应按图10-18确定。部分熔透的对接接头，其焊缝强度因传递轴向力的力线发生弯曲，出于安全考虑，也按角焊缝计算，所用公式见表10-4。

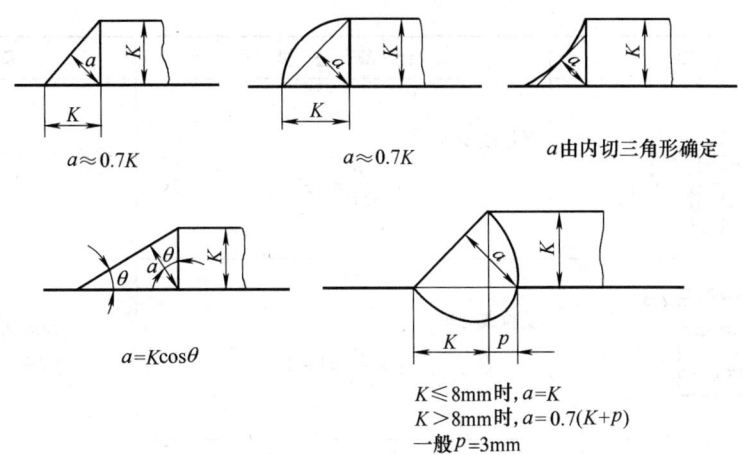

$a \approx 0.7K$　　　　　　$a \approx 0.7K$　　　　　　a 由内切三角形确定

$a = K\cos\theta$

$K \leqslant 8\text{mm}$ 时，$a = K$
$K > 8\text{mm}$ 时，$a = 0.7(K+p)$
一般 $p = 3\text{mm}$

图 10-17　常用角焊缝的计算断面
a—计算厚度　K—焊脚尺寸　p—熔深

表 10-3　角焊缝接头静载强度计算公式

名　称	简　图	计　算　公　式	备　注
T 形接头或十字接头		受拉：　$\tau = \dfrac{P}{2al} \leqslant [\tau']$	
		受压：　$\tau = \dfrac{P}{2al} \leqslant [\sigma_a']$	
		平面内弯矩 M_1：　$\tau = \dfrac{3M_1}{al^2} \leqslant [\tau']$	
		平面外弯矩 M_2：　$\tau = \dfrac{M_2}{la(t+a)} \leqslant [\tau']$	
		受弯：　$\tau = \dfrac{4M(R+a)}{\pi[(R+a)^4 - R^4]} \leqslant [\tau']$	$[\tau']$—角焊缝的许用切应力 a—角焊缝计算厚度按图 10-17 取 承受压应力时，考虑到板的端面可以传递部分压力，许用应力从 $[\tau']$ 提高到 $[\sigma_a']$
		受扭：　$\tau = \dfrac{2T(R+a)}{\pi[(R+a)^4 - R^4]} \leqslant [\tau']$	
		受弯：　$\tau = \dfrac{M}{I_x} y_{\max} \leqslant [\tau']$	

（续）

名称	简　图	计　算　公　式	备　注
搭 接 接 头	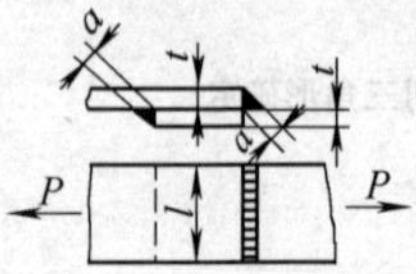	受拉或受压： $\tau = \dfrac{P}{2al} \leqslant [\tau']$	
	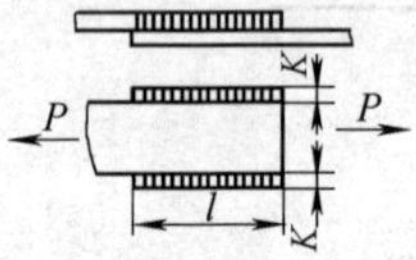	受拉或受压： $\tau = \dfrac{P}{2al} \leqslant [\tau']$	$[\tau']$ 焊缝的许用切应力 $\sum l = l_1 + l_2 + \cdots l_5$
	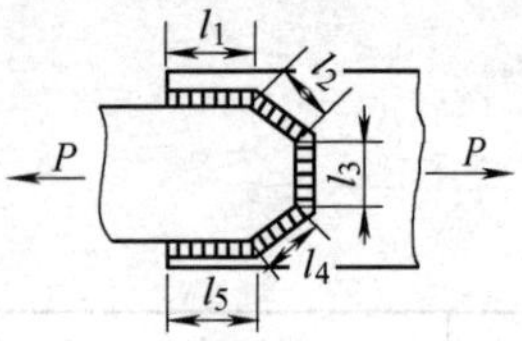	受拉或受压： $\tau = \dfrac{P}{a \sum l} \leqslant [\tau']$	
	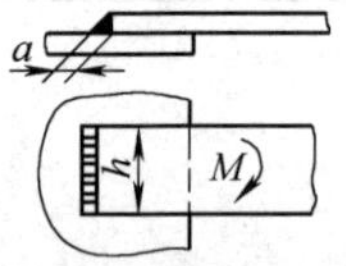	受弯： $\tau = \dfrac{6M}{ah^2} \leqslant [\tau']$	
	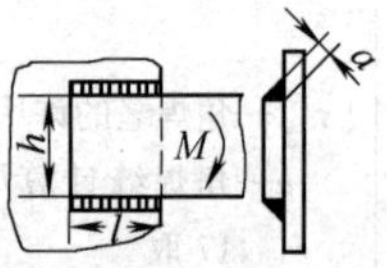	受弯： $\tau = \dfrac{M}{la(h+a)} \leqslant [\tau']$	
	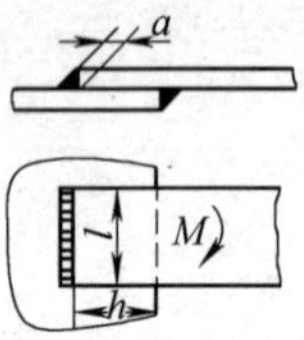	受弯： $\tau = \dfrac{M}{la(h+a)} \leqslant [\tau']$	τ 平行于焊缝方向
	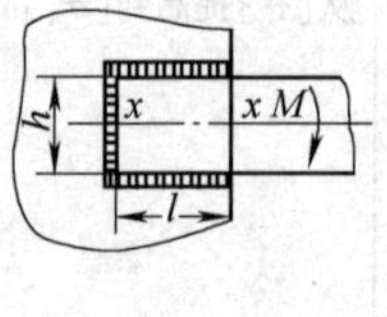 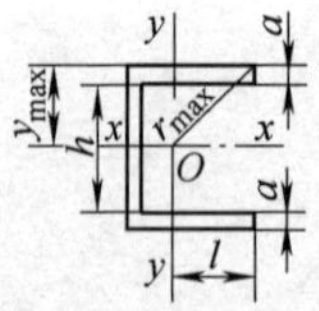	受弯： 1) 分段计算法 $\tau = \dfrac{M}{al(h+a) + \dfrac{ah^2}{6}} \leqslant [\tau']$ 2) 轴惯性矩计算法 $\tau = \dfrac{M}{I_x} y_{max} \leqslant [\tau']$ 3) 极惯性矩计算法 $\tau = \dfrac{M}{I_\rho} r_{max} \leqslant [\tau']$	y_{max}—焊缝计算截面距 x 轴的最 　　　大距离 I_ρ—焊缝的计算截面对 O 点极 　　惯性矩 　　　$I_\rho = I_x + I_y$ I_x—焊缝计算截面对 x 轴的 　　惯性矩 I_y—焊缝计算截面对 y 轴的惯 　　性矩 r_{max}—焊缝计算截面距 O 点的最 　　　大距离

表 10-4 部分熔透对接接头焊缝强度计算公式

名称	简图	计算公式	备注
部分熔透对接接头	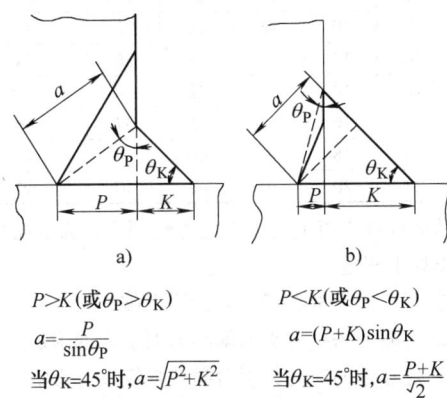	拉：$\tau = \dfrac{P}{2al} \le [\tau']$ 剪：$\tau = \dfrac{Q}{2al} \le [\tau']$ 弯：$\tau = \dfrac{M}{I_x} y_{\max} \le [\tau']$	V 形坡口： $\alpha \ge 60°$ 时，$a = s$ $\alpha < 60°$ 时，$a = 0.75s$ U 形、J 形坡口：$a = s$ $I_x = al(t-a)^2$ l—焊缝长度

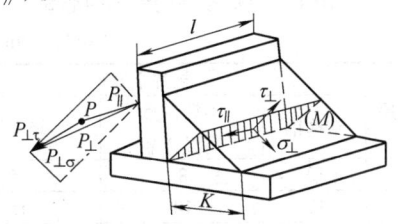

$P > K$（或 $\theta_P > \theta_K$）

$a = \dfrac{P}{\sin\theta_P}$

当 $\theta_K = 45°$ 时，$a = \sqrt{P^2 + K^2}$

$P < K$（或 $\theta_P < \theta_K$）

$a = (P+K)\sin\theta_K$

当 $\theta_K = 45°$ 时，$a = \dfrac{P+K}{\sqrt{2}}$

图 10-18 部分熔透角焊缝计算厚度 a

（4）国际焊接学会（IIW）推荐的角焊缝静载强度计算公式

表 10-3 所列角焊缝强度计算公式虽然简捷方便，但因作了较多的假定和简化，使得计算不够精确，通常导致比实际强度所需的焊脚尺寸大得多的结果，这意味着要多消耗填充金属量。国际焊接学会（IIW）第 XV 委员会于 1976 年推荐了一个建立在理论分析和试验研究基础上的角焊缝静载强度计算公式，即

$$\sigma_{折} = \beta \sqrt{\sigma_\perp^2 + 3(\tau_\perp^2 + \tau_{//}^2)} \le [\sigma_1'] \quad (10\text{-}1)$$

式中 $\sigma_{折}$——角焊缝计算断面上的折合应力；

β——因母材屈服强度 R_{eL} 而异的系数，当 $R_{eL} = 240\text{MPa}$ 时，$\beta = 0.7$，$R_{eL} = 360\text{MPa}$ 时，$\beta = 0.85$，其他材料按 R_{eL} 值用线性内插法确定；

$\sigma_\perp$——垂直作用于计算断面上的正应力；

$\tau_\perp$、$\tau_{//}$——计算断面上垂直和平行于焊缝长度方向的切应力；

$[\sigma_1']$——焊缝金属的许用拉应力，按表 9-6 确定。

作用于焊接接头任意方向的载荷，都可以分解为焊缝计算断面上的作用力分量，从而可计算出 $\sigma_\perp$、$\tau_\perp$ 和 $\tau_{//}$，如图 10-19 所示。

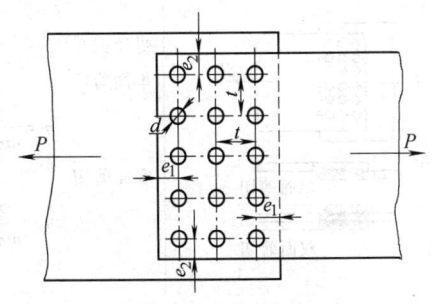

图 10-19 角焊缝的受力分析

2. 点焊和缝焊接头的静载强度计算

（1）点焊接头

焊点具有较高抗剪能力，而抗撕裂能力低，故设计时要使焊点受剪而避免受撕拉。根据接头传递载荷大小，可设计成单点搭接和多点搭接。为了保证多点搭接接头上每个焊点的焊接质量和受力尽可能均匀，要注意焊点直径和焊点排列。

1）焊点直径 d 按母材厚度确定。表 10-5 给出几种常用金属材料的最小焊点直径的参考值。也可按 $d = 5\sqrt{\delta}$ 估算，式中 δ 为较小板厚。

2）焊点中心距 t。焊点过密时，焊接分流大而影响质量，一般 $t \ge 3d$，如图 10-20 所示。也可按表 10-6 选用。

图 10-20 点焊接头的设计

表 10-5 焊点的最小直径

（单位：mm）

板厚[①]	焊点直径		
	低碳钢、低合金钢	不锈钢、耐热钢、钛合金	铝合金
0.3	2.0	2.5	—
0.5	2.5	2.5	3.0
0.6	2.5	3.0	—
0.8	3.0	3.5	3.5
1.0	3.5	4.0	4.0
1.2	4.0	4.5	5.0
1.5	5.0	5.5	6.0
2.0	6.0	6.5	7.0
2.5	6.5	7.5	8.0
3.0	7.0	8.0	9.0
4.0	9.0	10.0	12.0

① 指被焊板中的较薄者。

表 10-6 点焊接头的最小中心距

（单位：mm）

最薄板厚	被焊金属		
	结构钢	不锈钢及高温合金	轻金属
0.5	10	8	15
0.8	12	10	15
1.0	12	10	15
1.2	14	12	15
1.5	14	12	20
2.0	16	14	25
2.5	18	16	25
3.0	20	18	30
3.5	22	20	35
4.0	24	22	35

3）焊点边距 e。为了防止焊点沿板边缘处撕开，焊点中心至板端距离 $e_1 \geq 2d$；为了防止焊点熔核被挤出，焊点中心至板侧的距离 $e_2 \geq 1.5d$，如图 10-20 所示。

4）最小搭接宽度根据焊点排数确定。单排要大于边距两倍，可参照表 10-7 确定。

表 10-7 点焊接头的最小搭接宽度

（单位：mm）

最薄板厚	单排焊点			双排焊点		
	结构钢	不锈钢及高温合金	轻金属	结构钢	不锈钢及高温合金	轻金属
0.5	8	6	12	16	14	22
0.8	9	7	12	18	16	22
1.0	10	8	14	18	18	24
1.2	11	9	14	22	20	26
1.5	12	10	16	24	22	30
2.0	14	12	20	28	26	34
2.5	16	14	24	32	30	40
3.0	18	16	26	36	34	46
3.5	20	18	28	40	38	48
4.0	22	20	30	42	40	50

精确计算焊点上的工作应力较困难，为了简化计算，作如下假定：

① 每个焊点都在切应力作用下破坏。

② 忽略因搭接接头的偏心力而引起的附加应力。

③ 焊点上的应力集中对静载强度没有影响。

④ 同一个搭接接头上的焊点受力是均匀的。

基于上述假定，得出表 10-8 所列点焊接头静载强度计算公式。

（2）缝焊接头

设计缝焊接头要注意焊件的敞开性和搭接宽度。一般是先根据焊件材质和板厚确定滚轮压痕的宽度，然后再确定搭接宽度。表 10-9 给出常用材料的滚轮压痕宽度和搭接宽度参考数据。

表 10-8 点焊接头的静载强度计算公式

简图	计算公式	备注
单面剪切 双面剪切	受拉或受压： 单面剪切 $$\tau = \frac{4P}{ni\pi d^2} \leq [\tau_0']$$ 双面剪切 $$\tau = \frac{2P}{ni\pi d^2} \leq [\tau_0']$$	$[\tau_0']$—焊点的许用切应力 i—焊点的排数 n—每排的焊点数 d—焊点直径 y_{max}—焊点距 x 轴最大距离 y_j—j 焊点距 x 轴距离

（续）

简图	计算公式	备　注
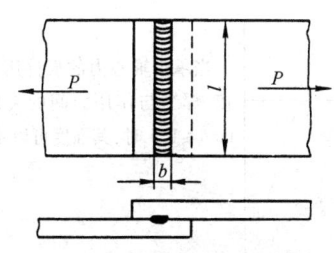	受弯： 单面剪切 $$\tau_{max}=\frac{4My_{max}}{i\pi d^2\sum\limits_{j=i}^{n}y_j^2}\le[\tau_0']$$ 双面剪切 $$\tau_{max}=\frac{2My_{max}}{i\pi d^2\sum\limits_{j=i}^{n}y_j^2}\le[\tau_0']$$	$[\tau_0']$—焊点的许用切应力 i—焊点的排数 n—每排的焊点数 d—焊点直径 y_{max}—焊点距 x 轴最大距离 y_j—j 焊点距 x 轴距离

表 10-9　缝焊的滚轮压痕宽度和焊缝搭接宽度　　　　　　　　（单位：mm）

板厚	滚轮压痕宽度 b			最小焊缝搭接宽度 L			备　注
	结构钢	不锈钢	铝合金	结构钢	不锈钢	铝合金	
0.3 + 0.3	3.0 ~ 4.0	3.0 ~ 3.5	—	8	7		
0.5 + 0.5	3.5 ~ 4.5	3.5 ~ 4.0	5.0 ~ 5.5	9	8	10	
0.8 + 0.8	4.0 ~ 5.5	5.5 ~ 6.0	5.5 ~ 6.0	11	12	12	
1.0 + 1.0	5.0 ~ 6.5	6.0 ~ 7.0	6.0 ~ 6.5	13	14	13	
1.2 + 1.2			6.5 ~ 7.0			14	
1.5 + 1.5	6.0 ~ 8.0	8.0 ~ 9.0	7.0 ~ 8.0	16	18	16	
2.0 + 2.0	8.0 ~ 10.0	9.0 ~ 10.0	8.0 ~ 9.0	20	20	18	
2.5 + 2.5	9.0 ~ 11.0	10.0 ~ 11.0	10.0 ~ 11.0	22	22	22	
3.0 + 3.0	10.0 ~ 12.0	11.0 ~ 12.5	11.0 ~ 12.0	24	25	24	
3.5 + 3.5	—	—	12.0 ~ 13.0			26	

缝焊焊缝工作时受剪，其静载强度按下式验算（图 10-21）：

$$\tau=\frac{P}{bl}\le[\tau_0']\qquad(10\text{-}2)$$

式中　b——焊缝宽度，可取滚轮压痕宽度；
　　　l——焊缝长度；
　　　$[\tau_0']$——焊缝许用切应力。

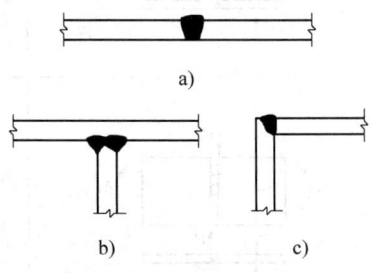

图 10-21　缝焊焊缝强度计算

电阻点焊和缝焊的许用切应力均按 $[\tau_0']=(0.3~0.5)[\sigma_1]$ 选用，$[\sigma_1]$ 为低碳钢、低合金钢或铝合金的许用拉应力。

10.3.2　焊接接头极限状态设计法

我国建筑行业中，按 GB50017—2003《钢结构设计规范》规定，工业与民用房屋和一般构筑物的钢结构设计，除疲劳强度计算外，应采用以概率理论为

基础的极限状态设计法，并用分项系数的设计表达式进行计算。

该规范对各种形式焊接接头的强度计算归纳为对接焊缝和角焊缝的强度计算，计算焊缝强度的表达式在形式上和许用应力设计法相似，但含义和取值不同。载荷数值采用的是载荷设计值，它等于载荷标准值乘以载荷分项系数；位于不等号右侧的是焊缝强度设计值，而不是焊缝的许用应力值。

1. 对接焊缝的强度计算

对接焊缝内部熔透（图 10-22），不存在缝隙，其受力与母材相似，故可以按母材强度公式计算这类焊缝的强度。

（1）对接焊缝的基本计算公式

a)

b)　　　　c)

图 10-22　对接焊缝接头形式
a）对接接头　b）T形接头　c）角接头

1）在对接接头和 T 形接头中，垂直于轴心拉力或轴心压力的对接焊缝，其强度应按下式计算：

$$\sigma = \frac{N}{l_w t} \leqslant f_t^w \text{或} f_c^w \qquad (10\text{-}3)$$

式中　N——轴心拉力或轴心压力；

　　　l_w——焊缝的计算长度。有引弧板和引出板时，取焊缝的实际长度；否则，计算中应将每条焊缝的长度各减去 $2t$；

　　　t——在对接接头中为连接件的较小厚度，在 T 形接头中为腹板的厚度；

　　　f_t^w、f_c^w——对接焊缝的抗拉、抗压强度设计值，按表 9-9 选取。

当承受轴心力的板件用斜焊缝对接（图 10-23），焊缝与作用力间的夹角 θ 符合 $\tan\theta \leqslant 1.5$（即 $\theta \leqslant 56.3°$）时，其强度可以不计算。

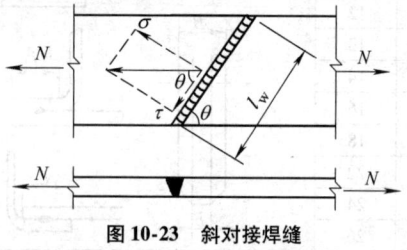

图 10-23　斜对接焊缝

2）在对接接头和 T 形接头中，承受弯矩和剪力共同作用的对接焊缝，其正应力 σ 和切应力 τ 应分别进行计算。计算公式为

$$\sigma = \frac{M}{W_w} \leqslant f_t^w \qquad (10\text{-}4)$$

$$\tau = \frac{VS_w}{I_w t} \leqslant f_v^w \qquad (10\text{-}5)$$

式中　M、V——弯矩和剪力；

　　　W_w——焊缝截面模量；

　　　S_w——焊缝截面的最大面积矩；

　　　I_w——焊缝截面惯性矩；

　　　f_v^w——对接焊缝的抗剪强度设计值。

但在同时受有较大正应力和切应力处（如梁腹板横向对接焊缝的端部），应按下式计算折算应力

$$\sqrt{\sigma^2 + 3\tau^2} \leqslant 1.1 f_t^w \qquad (10\text{-}6)$$

式中　σ、τ——接头中同一点处的正应力和切应力。

（2）对接焊缝的常用计算公式

表 10-10 给出了常用的对接焊缝强度计算公式。

2. 角焊缝的强度计算

角焊缝按两焊脚边夹角的不同分为直角角焊缝（图 10-24）和斜角角焊缝（图 10-25）两类，其中以直角角焊缝应用最多。角焊缝接头中（图 10-26），在被连接的两母材之间存在缝隙，力的传递比熔透的对接焊缝复杂得多，所以其强度常按近似方法计算。

表 10-10　对接焊缝接头的强度计算公式

序号	连接形式及受力情况	计算内容	计算公式	备注
1		拉应力	$\sigma = \dfrac{N}{l_w t} \leqslant f_t^w$	当承受轴心力的板件用斜焊缝对接，焊缝与作用力间的夹角 θ 符合 $\tan\theta \leqslant 1.5$ 时，其强度可以不计算
2		压应力	$\sigma = \dfrac{N}{l_w t} \leqslant f_c^w$	
3		正应力 切应力	$\sigma = \dfrac{6M}{l_w^2 t} \leqslant f_t^w$ $\tau = \dfrac{1.5V}{l_w t} \leqslant f_v^w$	

（续）

序号	连接形式及受力情况	计算内容	计算公式	备注
4		正应力 切应力 折算应力	$\sigma = \dfrac{N}{A_w} + \dfrac{M}{W_w} \leqslant f_t^w$ 或 f_c^w $\tau = \dfrac{VS_w}{I_w t} \leqslant f_v^w$ $\sqrt{\sigma_1^2 + 3\tau_1^2} \leqslant 1.1 f_t^w$ 式中　$\sigma_1 = \dfrac{N}{A_w} + \dfrac{My_1}{I_w}$ $\tau_1 = \dfrac{VS_{w1}}{I_w t}$	在正应力和切应力均较大的地方才需验算折算应力,如图中 1 点处
5		正应力 切应力 折算应力	$\sigma = \dfrac{M}{W_w} \leqslant f_t^w$ $\tau = \dfrac{V}{ht} \leqslant f_v^w$ $\sqrt{\sigma_1^2 + 3\tau_1^2} \leqslant 1.1 f_t^w$ 式中　$\sigma_1 = \dfrac{My_1}{I_w}$ $\tau_1 = \dfrac{V}{ht}$	如梁翼缘在柱翼缘的连接处无横向加劲肋加强时,W_w 按下式计算 $W_w = \dfrac{h^2 t}{6}$

注:A_w、W_w、I_w、S_w——焊缝截面的面积、抵抗矩、惯性矩和最大面积矩;

　　　N、M、V——作用于连接处的轴心力、弯矩和剪力;

　　　l_w——焊缝的计算长度;

　　　t——焊缝的厚度;

　　　S_{w1}——焊缝截面中,计算点 1 以上（或以下）的面积对中和轴的面积矩;

　　　y_1——计算点 1 到中和轴的距离;

　　　h——竖直焊缝的长度（即牛腿截面的高度）;

　　f_t^w、f_c^w、f_v^w——对接焊缝的抗拉、抗压和抗剪强度设计值,可由表9-9选取。

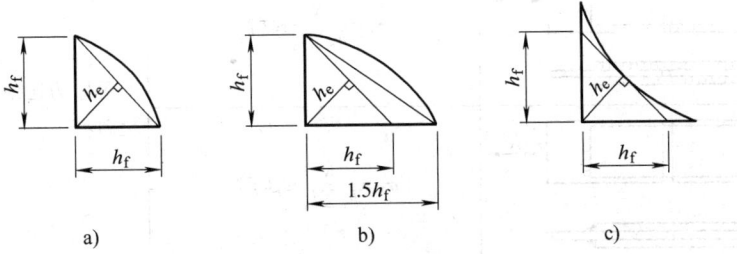

a)　　　　　　　　b)　　　　　　　　c)

图 10-24　直角角焊缝截面

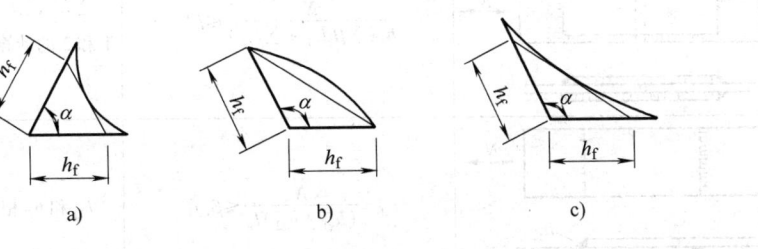

a)　　　　　　　　b)　　　　　　　　c)

图 10-25　斜角角焊缝截面

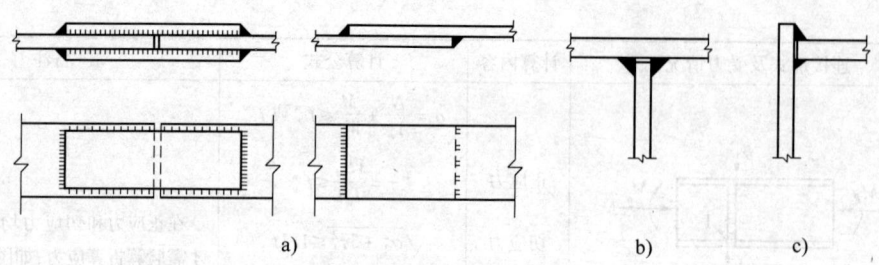

图 10-26　角焊缝接头的形式

a）搭接接头　b）T 形接头　c）Γ 形接头

（1）直角角焊缝强度计算

1）在通过焊缝形心的拉力、压力或剪力作用下：

正面角焊缝（作用力垂直于焊缝长度方向）：

$$\sigma_f = \frac{N}{h_e l_w} \leqslant \beta_f f_f^w \qquad (10\text{-}7)$$

侧面角焊缝（作用力平行于焊缝长度方向）：

$$\tau_f = \frac{N}{h_e l_w} \leqslant f_f^w \qquad (10\text{-}8)$$

2）在各种力综合作用下，σ_f 和 τ_f 共同作用处：

$$\sqrt{\left(\frac{\sigma_f}{\beta_f}\right)^2 + \tau_f^2} \leqslant f_f^w \qquad (10\text{-}9)$$

式中　σ_f——按焊缝有效截面（$h_e l_w$）计算，垂直于焊缝长度方向的应力；

τ_f——按焊缝有效截面计算，沿焊缝长度方向的切应力；

h_e——角焊缝的计算厚度，对直角角焊缝等于 $0.7h_f$，h_f 为焊脚尺寸，见图 10-24；

l_w——角焊缝计算长度，对每条焊缝取其实际长度减去 $2h_f$；

f_f^w——角焊缝的强度设计值；

β_f——正面角焊缝的强度设计值增大系数，对承受静力载荷和间接承受动力载荷的结构，$\beta_f = 1.22$，对直接承受动力载荷的结构，$\beta_f = 1.0$。

表 10-11 给出了常用接头中直角角焊缝的强度计算公式。

表 10-11　直角角焊缝的强度计算公式[1]

序号	连接形式及受力情况	计算公式	备　注
1		$\tau_f = \dfrac{N}{h_e \sum l_w} \leqslant f_f^w$	$\sum l_w$ 为连接一侧的焊缝计算长度之和
2		$\sigma_f = \dfrac{N}{h_e \sum l_w} \leqslant \beta_f f_f^w$	
3		$\dfrac{N}{h_e\left(\sum \beta_f l_{w1} + \sum l_{w2}\right)} \leqslant f_f^w$	$\sum l_{w1}$、$\sum l_{w2}$ 分别为连接一侧的焊缝 1 和 2 的计算长度之和
4		$\sigma_f = \dfrac{N}{(h_{e1} + h_{e2}) l_w} \leqslant \beta_f f_f^w$	h_{f1} 和 h_{f2} 相差不宜过大

（续）

序号	连接形式及受力情况	计算公式	备　注
5	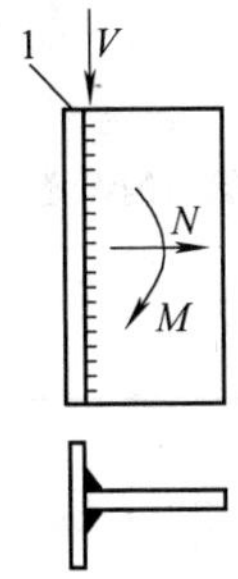	$$\sqrt{\left(\dfrac{\sigma_f}{\beta_f}\right)^2 + \tau_f^2} \leqslant f_f^w$$ 式中 $$\sigma_f = \dfrac{N}{A_w} + \dfrac{M}{W_w} ; \quad \tau_f = \dfrac{V}{A_w}$$	验算应力最大的 1 点的强度。对图示焊缝情况 $$A_w = 2h_e l_w$$ $$W_w = \dfrac{1}{3} h_e l_w^2$$
6	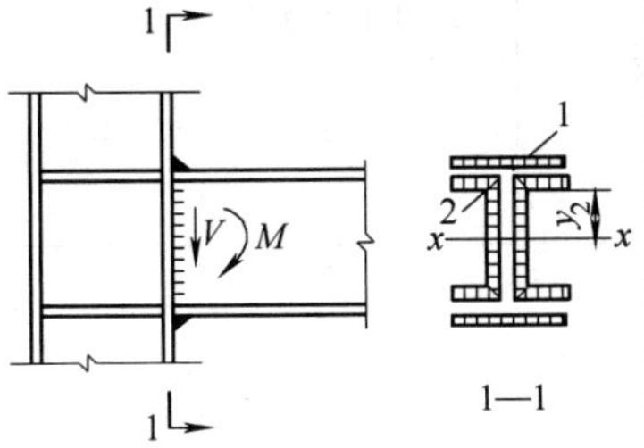	$$\sigma_{f1} = \dfrac{M}{W_w} \leqslant \beta_f f_f^w$$ $$\sqrt{\left(\dfrac{\sigma_{f2}}{\beta_f}\right)^2 + \tau_f^2} \leqslant f_f^w$$ 式中 $$\sigma_{f2} = \dfrac{M}{I_{wx}} y_2 ; \quad \tau_f = \dfrac{V}{A_w'}$$	验算 1 点和 2 点的强度,如连接在翼缘处无柱中横向加劲肋加强时,则只有梁腹板处的竖直焊缝传力,此时,焊缝可按项次 5 的情况计算
7	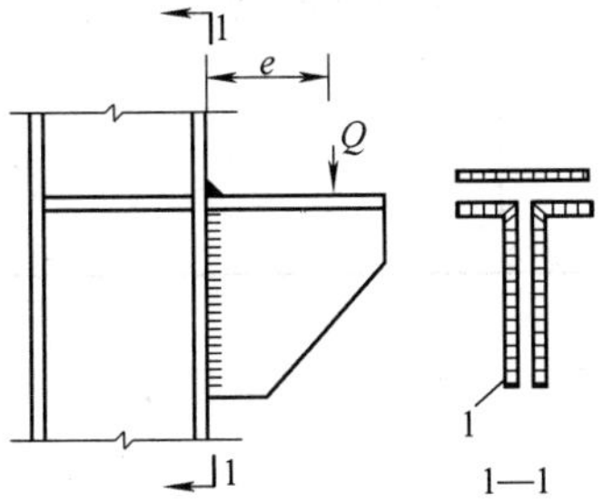	$$\sqrt{\left(\dfrac{\sigma_f}{\beta_f}\right)^2 + \tau_f^2} \leqslant f_f^w$$ 式中 $$\sigma_f = \dfrac{Qe}{W_{w1}} ; \quad \tau_f = \dfrac{Q}{A_w'}$$	
8	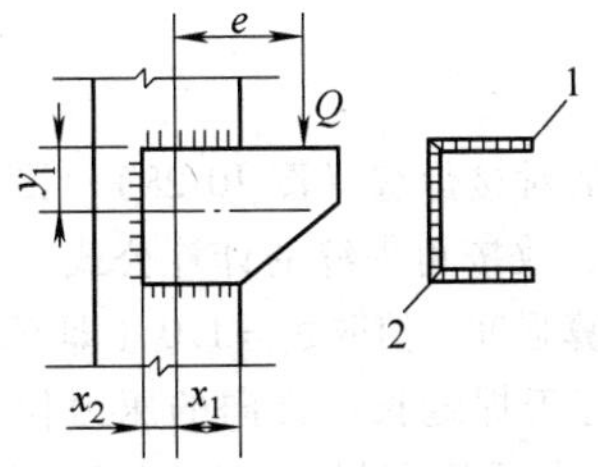	焊缝 1 点处 $$\sqrt{\left(\dfrac{\sigma_{f1}}{\beta_f}\right)^2 + \tau_{f1}^2} \leqslant f_f^w$$ 式中　$\sigma_{f1} = \dfrac{Q}{A_w} + \dfrac{Qex_1}{I_{wp}}$ $$\tau_{f1} = \dfrac{Qey_1}{I_{wp}}$$ 焊缝 2 点处 $$\sqrt{\left(\dfrac{\sigma_{f2}}{\beta_f}\right)^2 + \tau_{f2}^2} \leqslant f_f^w$$ 式中　$\sigma_{f2} = \dfrac{Qey_1}{I_{wp}}$ $$\tau_{f2} = \dfrac{Q}{A_w} + \dfrac{Qex_2}{I_{wp}}$$	
9	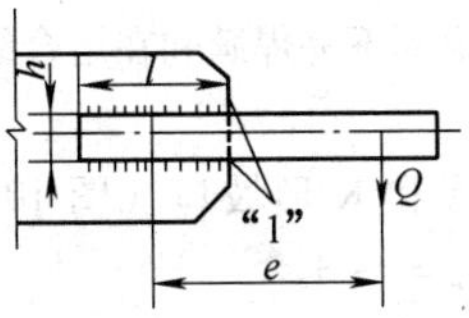	$$\sigma_{f1} = \dfrac{Qe}{W_w} + \dfrac{Q}{A_w} \leqslant \beta_f f_f^w$$	验算右侧两角点 以下各项次中的焊缝几何特性如下: $$A_w = 2h_e l_w$$ $$W_w = \dfrac{1}{3} h_e l_w^2$$

（续）

序号	连接形式及受力情况	计算公式	备　注
10		$$\tau_f = \frac{Q}{A_w}\left(1 + \frac{2e}{h}\right) \leqslant f_f^w$$	验算右侧焊缝
11	 若 $l \geqslant 3h$ 时	$$\sqrt{\left(\frac{\sigma_{f1}}{\beta_f}\right)^2 + \tau_f^2} \leqslant f_f^w$$ 式中 $\sigma_{f1} = \dfrac{Qe}{W_w}$，$\tau_f = \dfrac{Q}{A_w}$	验算 4 个角点
12	 若 $h \geqslant 3l$ 时	$$\sqrt{\left(\frac{\sigma_f}{\beta_f}\right)^2 + \tau_f^2} \leqslant f_f^w$$ 式中 $\sigma_f = \dfrac{2Qe}{hA_w}$；$\tau_f = \dfrac{Q}{A_w}$	验算 4 个角点

注：h_e（h_{e1}、h_{e2}）——角焊缝的有效厚度，等于 $0.7h_f$（$0.7h_{f1}$、$0.7h_{f2}$）；

　　　h_f（h_{f1}、h_{f2}）——角焊缝的较小焊脚尺寸（图 10-24）；

　　　　l_w——一条焊缝的计算长度；

　　　W_w、W_{w1}——焊缝有效截面对边缘和对 1 点的抵抗矩；

　　　A_w、A_w'——焊缝有效截面面积和腹板连接焊缝（竖直焊缝）有效截面面积；

　　　　I_{wp}——焊缝有效截面对其形心 O 的极惯性矩，其值为 $I_{wp} = I_{wx} + I_{wy}$；

　　　I_{wx}、I_{wy}——焊缝有效截面绕 x 轴或 y 轴的惯性矩；

　　　　y_2——计算点 2 到中和轴的距离；

　　β_f、σ_f、τ_f、f_f^w——同前述。

（2）斜角角焊缝强度计算

两焊脚边夹角 α 为 $60° \leqslant \alpha \leqslant 135°$ 的 T 形接头，其斜角角焊缝（图 10-25）的强度计算公式与直角角焊缝相同，但取 $\beta_f = 1.0$，其计算厚度为

$$h_e = \begin{cases} h_f \cos\dfrac{\alpha}{2}, \\ \quad b、b_1 \text{ 或 } b_2 \leqslant 1.5 \text{ 时} \\[2ex] \left[h_f - \dfrac{b(\text{或 } b_1、b_2)}{\sin\alpha}\right]\cos\dfrac{\alpha}{2}, \\ \quad 1.5 < b、b_1 \text{ 或 } b_2 \leqslant 5 \text{ 时} \end{cases} \quad (10\text{-}10)$$

式中　b、b_1 或 b_2——根部间隙（mm），如图 10-27 所示。

3. 部分焊透对接焊缝的强度计算

部分焊透的对接焊缝（图 10-28），其工作情况与角焊缝类似，故按角焊缝的计算公式（10-7）至式（10-9）计算强度。但取 $\beta_f = 1.0$（即不考虑应力方向），在垂直于焊缝长度方向的压力作用下，取 $\beta_f = 1.22$（因内力可以通过焊件直接传递一部分）；而焊缝的计算厚度应采用：

1）V 形坡口（图 10-28a）当 $\alpha \geqslant 60°$ 时，$h_e = s$；当 $\alpha < 60°$ 时，$h_e = 0.75s$。前者因焊缝根部可以焊满，后者是考虑焊缝根部不易焊满和在熔合线上强度较低的情况。

2）单边 V 形和 K 形坡口（图 10-28b、c）当 $\alpha = 45° \pm 5°$ 时，$h_e = s - 3$。

3）U 形、J 形坡口（图 10-28d、e）$h_e = s$。

s 为坡口深度，即根部至焊缝表面（不考虑余高）的最短距离（mm）；α 为 V 形、单边 V 形或 K 形坡口角度。

当熔合线处焊缝截面边长等于或接近于最短距离 s 时（图 10-28b、c、e），抗剪强度设计值应按角焊缝的强度设计值乘以 0.9。

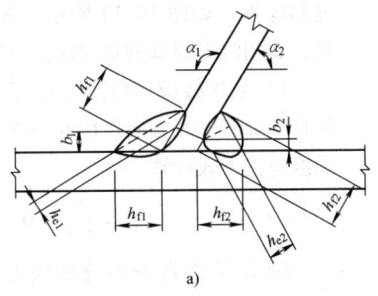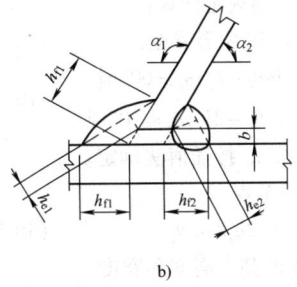

图 10-27　T 形接头的根部间隙和焊缝截面

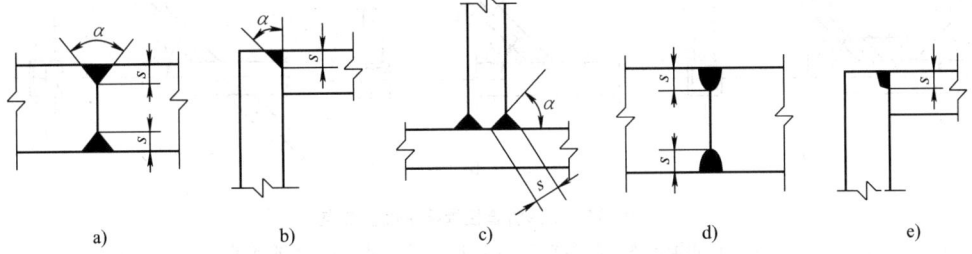

图 10-28　部分熔透对接焊缝接头

4. 圆钢和钢管的角焊缝计算

（1）圆钢与平板、圆钢与圆钢连接的角焊缝

焊缝强度按式（10-8）计算，焊缝计算厚度 h_e 分别按下式计算：

圆钢与平板连接（图 10-29）：$h_e = 0.7h_f$。

圆钢与圆钢连接（图 10-30）：$h_e = 0.1(d_1 + 2d_2) - a$。

式中　d_1——大圆钢直径（mm）；

d_2——小圆钢直径（mm）；

a——焊缝表面至两个圆钢公切线的距离（mm）。

（2）钢管与钢管连接的角焊缝

在管结构中，支管与主管的连接焊缝可视为全周角焊缝按式（10-7）进行计算，但取 $\beta_f = 1$。角焊缝的计算厚度沿支管周长是变化的，当支管轴心受力时，平均计算厚度可取 $0.7h_f$。焊缝的计算长度应按下式计算。

1）在圆管结构中（图 10-31），取支管与主管相交线的长度：

$$l_w = \begin{cases} (3.25d_i - 0.025d)\left(\dfrac{0.534}{\sin\theta_i} + 0.466\right), \\ \quad d_i/d \leqslant 0.65 \text{ 时} \\ (3.81d_i - 0.389d)\left(\dfrac{0.534}{\sin\theta_i} + 0.466\right), \\ \quad d_i/d > 0.65 \text{ 时} \end{cases}$$

(10-11)

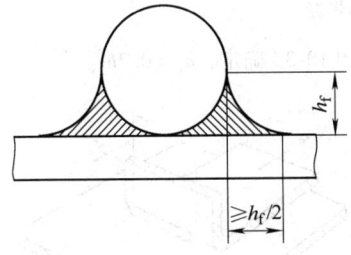

图 10-29　圆钢与平板的连接焊缝

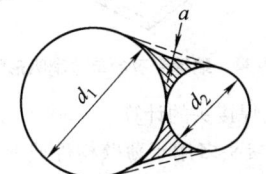

图 10-30　圆钢与圆钢的连接焊缝

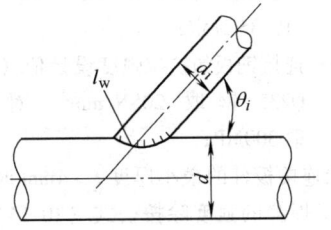

图 10-31　圆管直接焊接节点

式中　d、d_i——主管和支管外径;

　　　θ_i——支管轴线与主管轴线夹角。

2) 在矩形管结构中 (图 10-32), 支管与主管相交焊缝的计算长度按下列规定计算:

对于有间隙的 K 形和 N 形节点:

$$l_w = \begin{cases} 2h_i/\sin\theta_i + b_i, \theta_i \geqslant 60° 时 \\ 2h_i/\sin\theta_i + 2b_i, \theta_i \leqslant 50° 时 \end{cases} \quad (10\text{-}12)$$

当 $50° < \theta < 60°$ 时, l_w 按插值法确定。

对于 T、Y 和 X 形节点:

$$l_w = 2h_i/\sin\theta_i \quad (10\text{-}13)$$

式中　h_i、b_i——支管的截面高度和宽度。

当支管为圆管、主管为矩形管时, 焊缝计算长度

取为支管与主管的相交线长度减去 d_i。

5. 喇叭形焊缝的强度计算

喇叭形焊缝指连接圆角与圆角或圆角与平板间隙处的焊缝, 如图 10-33 所示。对于冷弯薄壁型钢结构, 其喇叭形焊缝的强度应按下列公式计算。

1) 当连接板件的最小厚度 $t \leqslant 4\text{mm}$ 时, 轴力 N 平行于焊缝轴线方向作用的焊缝 (图 10-33) 的抗剪强度应按下式计算:

$$\tau = \frac{N}{l_w t} \leqslant 0.7f \quad (10\text{-}14)$$

轴力 N 垂直于焊缝轴线方向作用的焊缝 (图 10-34) 的抗剪强度应按下式计算:

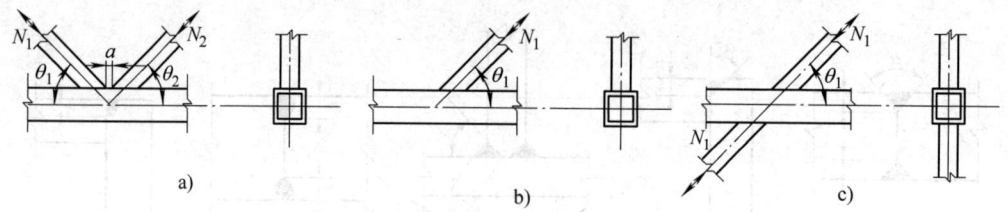

图 10-32　矩形管直接焊接平面管节点

a) 有间隙的 K、N 形节点　b) T、Y 形节点　c) X 形节点

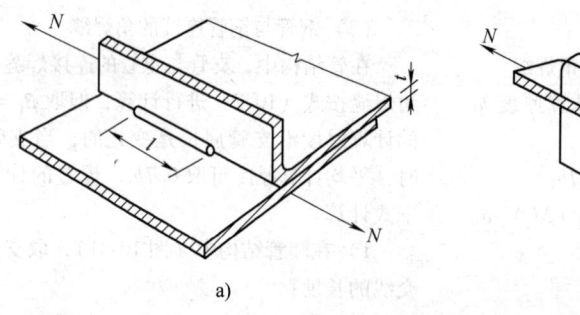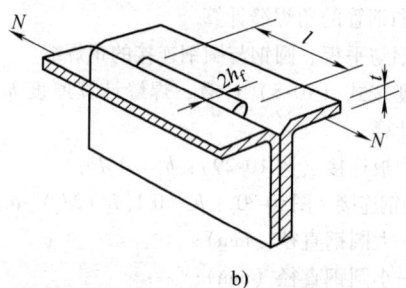

图 10-33　纵向受剪的喇叭形焊缝

a) 单边喇叭形焊缝　b) 喇叭形焊缝

10-33b 或图 10-35 确定, $h_e = 0.7h_f$。

$$\tau = \frac{N}{l_w t} \leqslant 0.8f \quad (10\text{-}15)$$

式中　t——连接钢板的最小厚度;

　　　l_w——焊缝计算长度之和, 每条焊缝的计算长度均取实际长度 l 减去 $2h_f$, h_f 应按图 10-35 确定;

　　　f——连接钢板的抗拉强度设计值 (MPa), 对 Q235 钢取 205N/mm², 对 Q345 钢取 300MPa。

2) 当连接板件的最小厚度 $t > 4\text{mm}$ 时, 纵向受剪的喇叭形焊缝的强度除按公式 (10-14) 计算外, 尚应按公式 (10-8) 做补充验算, 但 h_f 应按图

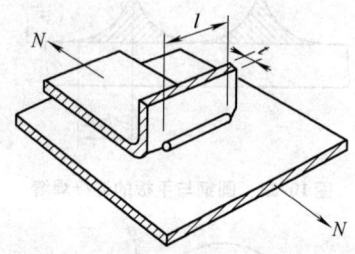

图 10-34　端缝受剪的单边喇叭形焊缝

6. 电阻点焊接头的计算

电阻点焊接头多用于薄壁构件或薄板间的连接, 图 10-36 给出了最常用的点焊接头形式。点焊接头中

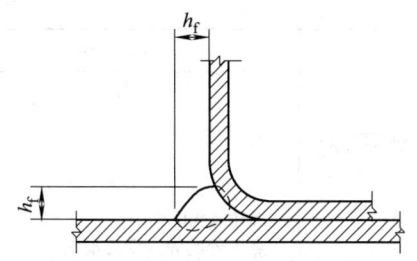

图 10-35　单边喇叭形焊缝的计算厚度 h_f

的焊点主要承受剪力，其抗拉强度较低。

电阻点焊连接中，每个焊点所承受的最大剪力不得大于表 9-10 中规定的抗剪承载力设计值。点焊接头的基本计算公式见表 10-12。

由两薄壁槽钢（或卷边薄壁槽钢）通过点焊连接而成的组合工字形截面（图 10-37），其焊点的最大纵向间距 a_{max} 应按表 10-13 的规定采用。

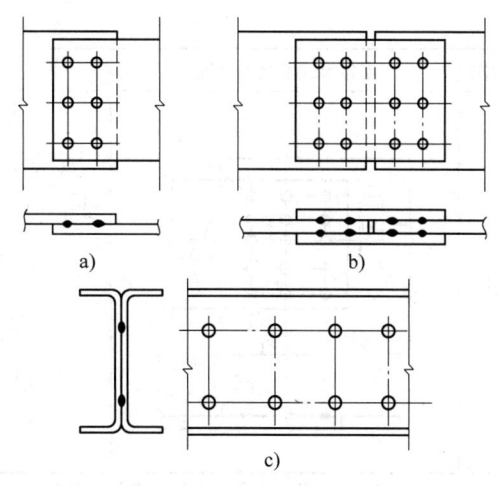

图 10-36　点焊接头形式
a）搭接接头　b）带盖板对接接头
c）构件组合连接

表 10-12　点焊接头的基本计算公式

项次	连接形式及受力情况	计算公式	备　　注
1		$\dfrac{N}{n} \leqslant N_v^S$	图中 $n = 6$
2		$\dfrac{N}{2n} \leqslant N_v^S$	n 指连接一侧焊点数，图中 $n = 6$
3		$N_1^M = \dfrac{Mr_1}{\sum x_i^2 + \sum y_i^2} \leqslant N_v^S$ 式中　$r_1 = \sqrt{x_1^2 + y_1^2}$ 当 $y_1 > 3x_1$ 时 $N_1^M = \dfrac{My_1}{\sum y_i^2}$	四个角点处的焊点受力最大

（续）

项次	连接形式及受力情况	计算公式	备　注
4	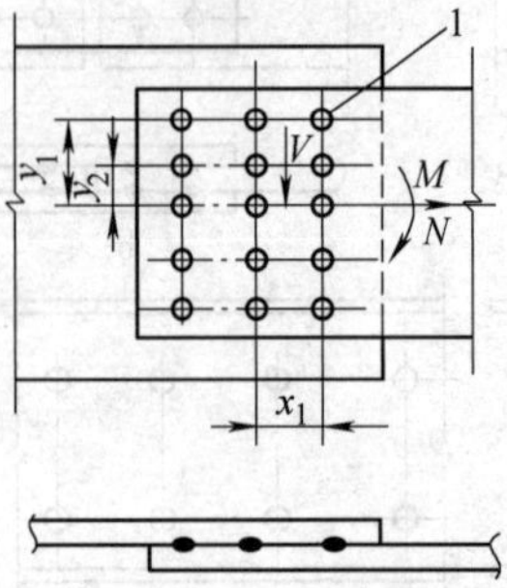	$$\sqrt{(N_{1x}^M + N_{1x}^N)^2 + (N_{1y}^M + N_{1y}^V)^2} \leqslant N_v^S$$ 式中　$N_{1x}^N = \dfrac{N}{n}$ $N_{1y}^V = \dfrac{V}{n}$ $N_{1x}^M = \dfrac{My_1}{\sum x_i^2 + \sum y_i^2}$ $N_{1y}^M = \dfrac{Mx_1}{\sum x_i^2 + \sum y_i^2}$	图中 $n = 15$ 点 1 处的焊点受力最大 N_{1x}^M 和 N_{1y}^M 的作用位置和方向见本表 项次 3 的附图

注：N、V、M——接头所受的轴力、剪力和弯矩；

　　　n——连接的焊点数；

x_1、y_1、x_i、y_i——分别为接头中受力最大的焊点的坐标和各焊点的坐标；

　　N_1^M——由弯矩引起的焊点 1 处的内力；

　N_{1x}^N、N_{1y}^V——由轴力 N 和剪力 V 在焊点 1 处引起的内力；

　N_{1x}^M、N_{1y}^M——由弯矩 N 在焊点 1 处引起的沿 x 和 y 方向的内力分量；

　　　N_1——由弯矩 M、轴力 N 和剪力 V 在焊点 1 处引起的合力；

　　　N_v^S——一个焊点的抗剪承载力设计值，按表 9-10 采用。

表 10-13　用于构件组合的点焊连接焊点的最大纵向间距 a_{max}（GB50018—2002）

项次	组合构件的受力特点	计算公式
1	压弯构件	$$a_{max} = \dfrac{n_1 N_v^S I_y}{V S_y}$$ $$a_{max} = \dfrac{l i_1}{2 i_y}$$ 取两式算得的较小者
2	受弯构件	$$a_{max} = \dfrac{2 N_t^f h_0}{d q_0}$$

注：N_v^S、N_t^f——一个焊点的抗剪、抗拉承载力设计值，$N_t^f = 0.3 N_v^S$；

　　n_1——同一截面处的焊点数；

　　I_y——组合工字形截面对平行于腹板的重心轴 y 的惯性矩；

　　V——剪力，取实际剪力与按下式算得的剪力中较大者

$$V = \frac{fA}{80} \sqrt{\frac{f_y}{235}}$$

式中　f——钢材强度设计值，按表 9-7 查得；

　　A——构件所有单肢毛截面面积之和；

　　f_y——钢材的屈服强度，Q235 钢的 $f_y = 235MPa$，Q345 钢的 $f_y = 345MPa$；

　　S_y——单个槽钢对 y 轴的面积矩；

　　l——构件支承点之间的长度；

　　i_1——单个槽钢对其自身平行于腹板重心轴的回转半径；

　　i_y——组合工字形截面对 y 轴的回转半径；

　　h_0——最靠近上、下翼缘的两排焊点间的垂直距离；

　　d——单个槽钢的腹板中面至其弯心的距离；

　　q_0——等效载荷集度，按下列规定采用：对于分布载荷应取实际载荷集度的 3 倍；对于集中载荷或反力，应将集中力除以载荷分布长度或焊点的纵向间距，取其中的较大值。

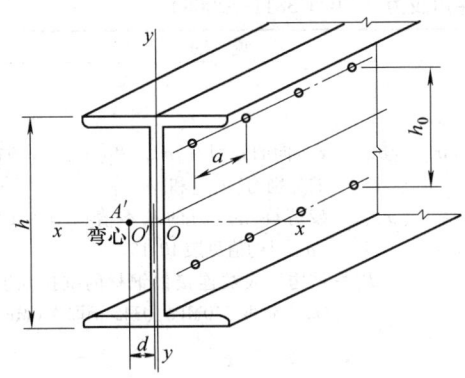

图 10-37　点焊连接的组合工字形截面
A′—单个槽钢的弯心　O′—单个槽钢
腹板中心线与对称轴 x 的交点

10.4　焊接接头的疲劳强度计算

名义应力疲劳设计法是目前应用最多、最为成熟的一种抗疲劳设计方法，又称常规设计法。该法以名义应力为基本参数，以 S-N 曲线为主要设计依据，适用于高周疲劳，属于许用应力设计法类型。由于不同行业的承载条件、工作环境和技术要求有各自的特点，因而在相应的设计规范中规定了不同的疲劳计算表达式。

10.4.1　起重机焊接结构的疲劳计算

对于有轻微或中等应力集中等级而工作级别较低的结构件，一般不需要进行疲劳强度校核。对于工作级别为 E4 级（含）以上的结构件（对整机而言相当于 A5 级以上），通常应按 GB/T 3811—2008《起重机设计规范》的有关规定校核疲劳强度。

起重机结构（或连接）的疲劳强度可按下式进行核算：

$$|\sigma_{x\max}| \leqslant \begin{cases} [\sigma_{xrt}] \\ [\sigma_{xrc}] \end{cases}$$

$$|\sigma_{y\max}| \leqslant \begin{cases} [\sigma_{yrt}] \\ [\sigma_{yrc}] \end{cases}$$

$$|\tau_{xy\max}| \leqslant [\tau_{xyr}]$$

$$\left[\frac{\sigma_{x\max}}{[\sigma_{xr}]}\right]^2 + \left[\frac{\sigma_{y\max}}{[\sigma_{yr}]}\right]^2 - \frac{\sigma_{x\max}\sigma_{y\max}}{[\sigma_{xr}][\sigma_{yr}]} + \left[\frac{\tau_{xy\max}}{[\tau_{xyr}]}\right]^2 \leqslant 1.1$$

$$(10-16)$$

式中　$\sigma_{x\max}$、$\sigma_{y\max}$、$\tau_{xy\max}$——在疲劳计算点上沿 x、y 轴线方向的绝对值最大正应力和 x、y 轴

线形成的平面上的绝对值最大切应力（MPa）；

$[\sigma_{xrt}]$、$[\sigma_{yrt}]$——与 $\sigma_{x\max}$ 和 $\sigma_{y\max}$ 相对应的拉伸疲劳许用应力（MPa）；

$[\sigma_{xrc}]$、$[\sigma_{yrc}]$——与 $\sigma_{x\max}$ 和 $\sigma_{y\max}$ 相对应的压缩疲劳许用应力（MPa）；

$[\tau_{xyr}]$——与 $\tau_{xy\max}$ 相对应的剪切疲劳许用应力（MPa）；

$[\sigma_{xr}]$、$[\sigma_{yr}]$——与 $\sigma_{x\max}$ 和 $\sigma_{y\max}$ 相对应的疲劳许用应力（MPa）。

构件（或连接）中的最大应力 $\sigma_{x\max}$、$\sigma_{y\max}$ 和 $\tau_{xy\max}$ 按 GB/T 3811—2008《起重机设计规范》规定的载荷组合 A 中最不利的工况来确定。当某一个最大应力在任何应力循环中均显著大于其他两个最大应力时，可以只用这一个最大应力校核疲劳强度，另两个最大应力可忽略不计。

焊缝连接的疲劳许用应力按表 10-14 计算，表中 r 为应力循环特性。当构件（或连接）单独或同时承受正应力（σ_x、σ_y）和切应力（τ_{xy}）作用时，应力循环特性值按下式计算（计算时最小应力和最大应力要带各自的正负号）：

$$r_x = \sigma_{x\min}/\sigma_{x\max}$$
$$r_y = \sigma_{y\min}/\sigma_{y\max}$$
$$r_{xy} = \tau_{xy\min}/\tau_{xy\max}$$

式中　r_x、r_y、r_{xy}——应力循环特性值；

$\sigma_{x\min}$、$\sigma_{y\min}$、$\tau_{xy\min}$——应力循环中与 $\sigma_{x\max}$、$\sigma_{y\max}$、$\tau_{xy\max}$ 相对应的同一疲劳计算点上的一组应力值（其差值的最大值为最大）（MPa）。

表 10-15 是拉伸和压缩疲劳许用应力的基本值 $[\sigma_{-1}]$，应结合表 10-16 中焊接接头应力集中情况等级选取。

焊接接头分为 K_0、K_1、K_2、K_3、K_4 五个应力集中情况等级，每个应力集中情况等级中又有一种或多种不同的接头型式，见表 10-16。随着应力集中等级的递增，结构的疲劳强度递减。应尽量采用较为合理的应力集中情况等级 K 值，推荐采用 K_2，尽量避免采用 K_4。

起重机常用的焊接型式有对接焊、双面坡口对接焊（K 形焊）和角焊，焊接质量分为普通质量（O. Q）和特殊质量（S. Q）两类，见表 10-17。

表 10-14　起重机结构中焊缝连接的疲劳许用应力（GB/T 3811—2008）

应力循环特性	疲劳许用应力计算公式		说　明
$-1 \leqslant r \leqslant 0$	拉伸	$[\sigma_{rt}] = \dfrac{5}{3-2r}[\sigma_{-1}]$	$[\sigma_{rt}]$、$[\sigma_{rc}]$—x 方向的分别为 $[\sigma_{xrt}]$ 和 $[\sigma_{xrc}]$，y 方向
	压缩	$[\sigma_{rc}] = \dfrac{2}{1-r}[\sigma_{-1}]$	的分别为 $[\sigma_{yrt}]$ 和 $[\sigma_{yrc}]$
$0 \leqslant r \leqslant 1$	拉伸	$[\sigma_{rt}] = \dfrac{1.67[\sigma_{-1}]}{1 - \left(1 - \dfrac{[\sigma_{-1}]}{0.45R_m}\right)r}$	$[\sigma_{-1}]$—疲劳许用应力的基本值（$r = -1$），$[\sigma_{-1}]$ 的值见表 10-15 R_m—结构件或被连接件钢材的抗拉强度，
	压缩	$[\sigma_{rc}] = \dfrac{2[\sigma_{-1}]}{1 - \left(1 - \dfrac{[\sigma_{-1}]}{0.45R_m}\right)r}$	Q235 钢取 370MPa，Q345 钢取 490MPa
$-1 \leqslant r \leqslant 1$	剪切	$[\tau_{xyr}] = \dfrac{[\sigma_{rt}]}{\sqrt{2}}$	$[\sigma_{rt}]$—根据焊缝剪切的 r 值计算的相应于 K_0 的值

注：计算出的 $[\sigma_{rt}]$ 不应大于 $0.75R_m$，$[\sigma_{rc}]$ 不应大于 $0.9R_m$，$[\tau_{xyr}]$ 不应大于 $0.75R_m/\sqrt{2}$。若超过时，则 $[\sigma_{rt}]$ 取为 $0.75R_m$，$[\sigma_{rc}]$ 取为 $0.9R_m$，$[\tau_{xyr}]$ 取为 $0.75R_m/\sqrt{2}$。

表 10-15　拉伸和压缩疲劳许用应力的基本值 $[\sigma_{-1}]$（GB/T 3811—2008）（单位：MPa）

构件工作级别	焊接接头应力集中情况等级				
	K_0	K_1	K_2	K_3	K_4
E1	(361.9)	(323.1)	271.4	193.9	116
E2	(293.8)	262.3	220.3	157.4	94.4
E3	238.4	212.9	178.8	127.7	76.6
E4	193.5	172.3	145.1	103.7	62.2
E5	157.1	140.3	117.8	84.2	50.5
E6	127.6	113.6	95.6	68.3	41.0
E7	103.5	92	77.6	55.4	33.3
E8	84.0	75.0	63.0	45.0	27.0

注：工作级别由构件的使用等级及应力状态级别所确定，详见 GB/T 3811—2008；构件材料为 Q235 或 Q345；表中括号内的数值为大于 Q235 的 $0.75\% R_m$（抗拉强度）的理论计算值，仅应用于求取式（10-16）用到的 $[\sigma_{xr}]$、$[\sigma_{yr}]$ 和 $[\tau_{xyr}]$ 的值。

表 10-16　焊接接头应力集中情况等级和接头型式（GB/T 3811—2008）

接头型式标号	说　明	图	代号
应力集中情况等级 K_0——轻度应力集中			
0.1	焊缝垂直于力的方向，用对接焊缝（S.Q）连接的构件		P100
0.11	焊缝垂直于力的方向，用对接焊缝（S.Q）连接不同厚度的构件。不对称斜度 1/4～1/5（或对称斜度 1/3）		P100
0.12	腹板横向接头对接焊缝（S.Q）		P100

（续）

接头型式标号	说明	图	代号
应力集中情况等级 K_0——轻度应力集中			
0.13	焊缝垂直于力的方向,用对接焊缝(S. Q)镶焊的角撑板		P100
0.3	焊缝平行于力的方向,用对接焊缝(S. Q)连接的构件		P100 或 P10
0.31	焊缝平行于力的方向,用角焊缝(O. Q)连接的构件(力沿连接构件纵向作用)		
0.32	梁的翼缘型钢和腹板之间的对接焊缝(O. Q)		P100 或 P10
0.33	梁的翼缘和腹板之间的 K 形焊缝或角焊缝(O. Q),梁按复合应力计算(见5.4.1.3)		
0.5	纵向剪切情况下的对接焊缝(O. Q)		P100 或 P10
0.51	纵向剪切情况下的角焊缝(O. Q)或 K 形焊缝(O. Q)	或	
应力集中情况等级 K_1——适度应力集中			
1.1	焊缝垂直于力的方向,用对接焊缝(O. Q)连接的构件		P100 或 P10
1.11	焊缝垂直于力的方向,用对接焊缝(O. Q)连接不同厚度的构件。不对称斜度 1/4 ~ 1/5(或对称斜度 1/3)	1/4~1/6　1/3	P100 或 P10

（续）

接头型式标号	说明	图	代号
应力集中情况等级 K_1——适度应力集中			
1.12	腹板横向接头的对接焊缝（O.Q）	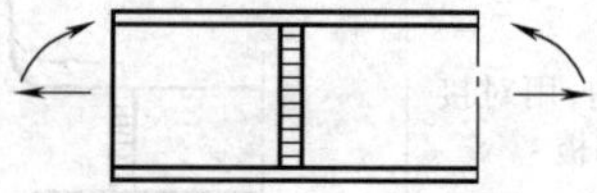	 P100 或 P10
1.13	焊缝垂直于力的方向，用对接焊缝（O.Q）连接的撑板	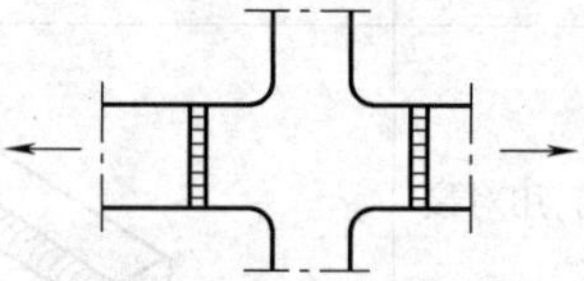	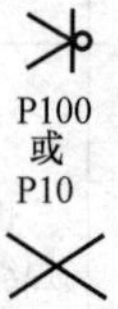 P100 或 P10
1.2	焊缝垂直于力的方向，用连续K形焊缝（S.Q）将构件连接到连续的主构件上	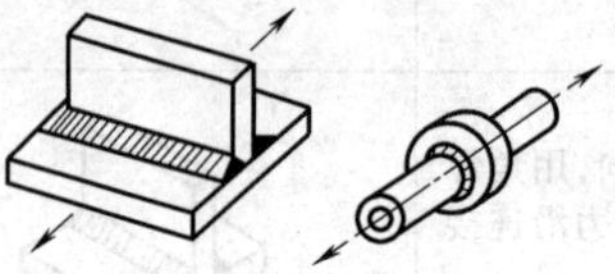	
1.21	焊缝垂直于力的方向，用角焊缝（S.Q）将加劲肋连接到腹板上，焊缝包过腹板加劲肋的各角	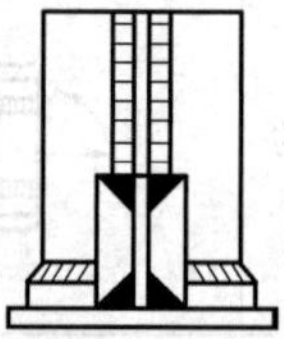	
1.3	焊缝平行于力的方向，用对接焊缝连接的构件（不检查焊缝）	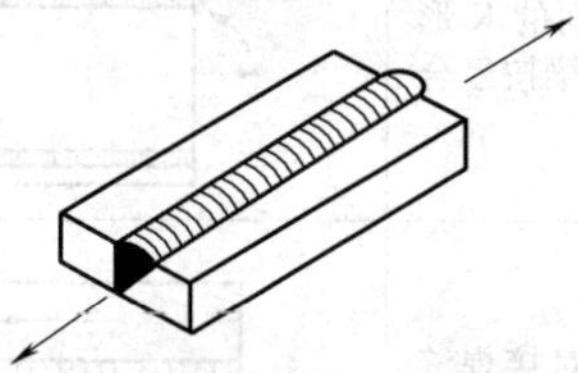	
1.31	弧形翼缘板和腹板之间的K形焊缝（S.Q）	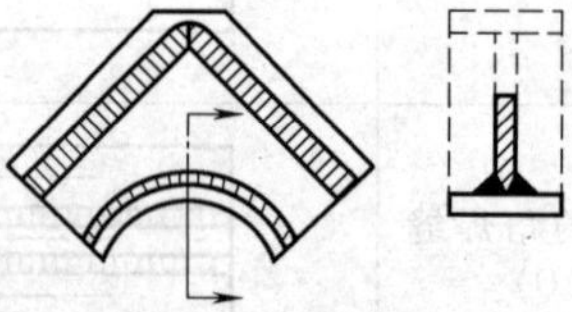	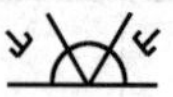
应力集中情况等级 K_2——中等应力集中			
2.1	焊缝垂直于力的方向，用对接焊缝（O.Q）连接不同厚度的构件。不对称斜度1/3（或对称斜度1/2）	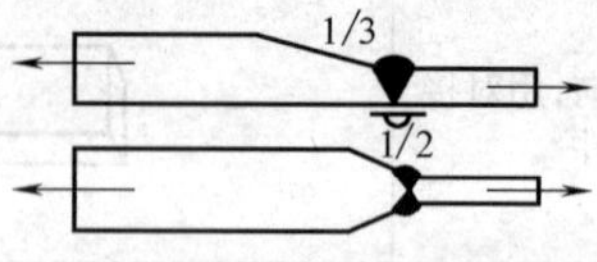	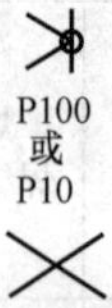 P100 或 P10
2.11	焊缝垂直于力的方向，用对接焊缝（S.Q）连接的型钢	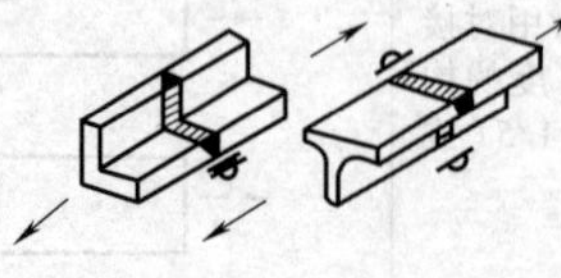	 P100

（续）

接头型式标号	说明	图	代号
应力集中情况等级 K_2——中等应力集中			
2.12	焊缝垂直于力的方向,用对接焊缝(S.Q)连接节点板与型钢	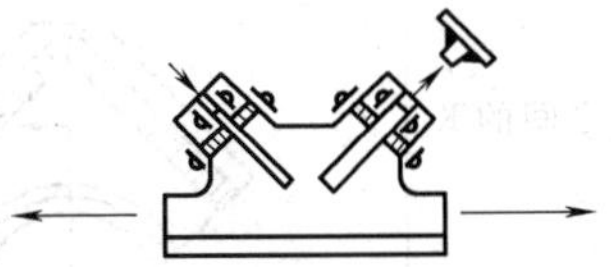	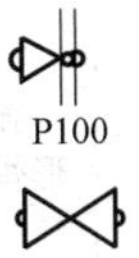 P100
2.13	焊缝垂直于力的方向,用对接焊缝(S.Q)将辅助角撑板焊在各扁钢的交叉处,焊缝端部经打磨以避免出现应力集中	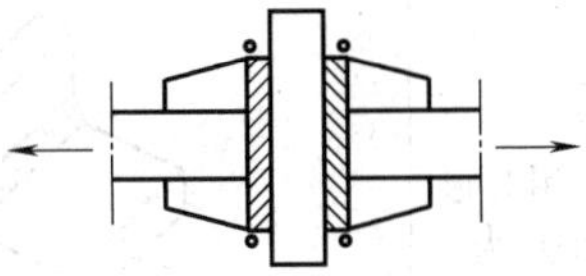	 P100
2.2	焊缝垂直于力的方向,用角焊缝(S.Q)将横隔板、腹板的加劲肋、圆环或套筒连接到主构件上	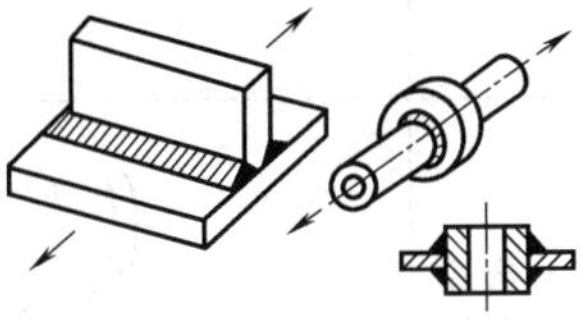	
2.21	用角焊缝(S.Q)将切角的横向肋板焊在腹板上,焊缝不包角	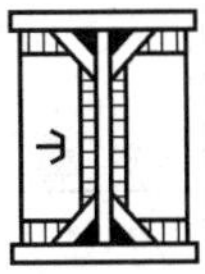	
2.22	用角焊缝(S.Q)焊接的带切角的横隔板,焊缝不包角	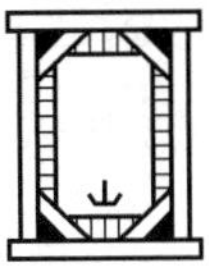	
2.3	焊缝平行于力的方向,用对接焊缝(S.Q)将构件焊接到连续的主构件的边缘上,这些构件的端部有斜度或圆角,焊缝端头经打磨,以防止出现应力集中	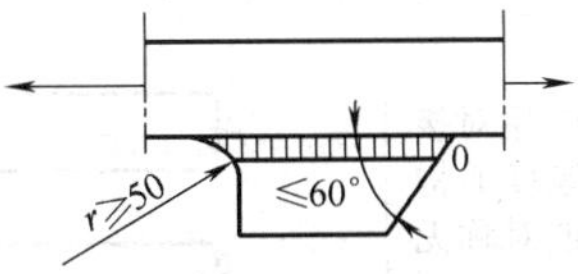	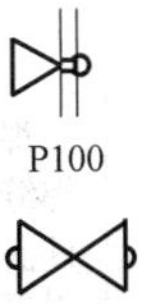 P100
2.31	焊缝平行于力的方向,将构件焊接到连续的主构件上,这些构件的端部有斜度或圆角,在焊缝端头相当于十倍厚度的长度上为 K 形焊缝(S.Q),焊缝端头经打磨以防止出现应力集中	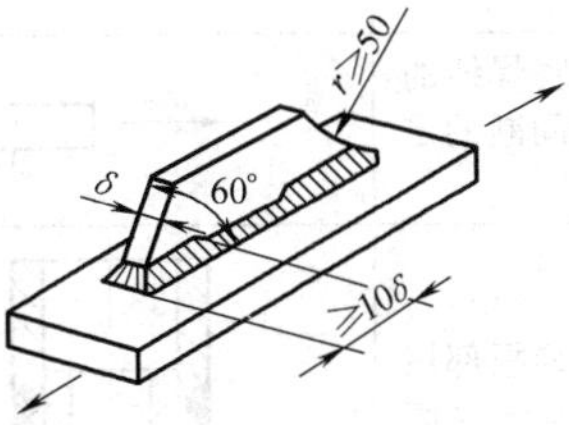	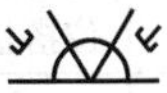
2.33	用角焊缝(S.Q)将扁钢(板边斜度 1/3)连接到连续的主构件上,扁钢端部在 x 区域内用角焊缝焊接,$h_f = 0.5\delta$	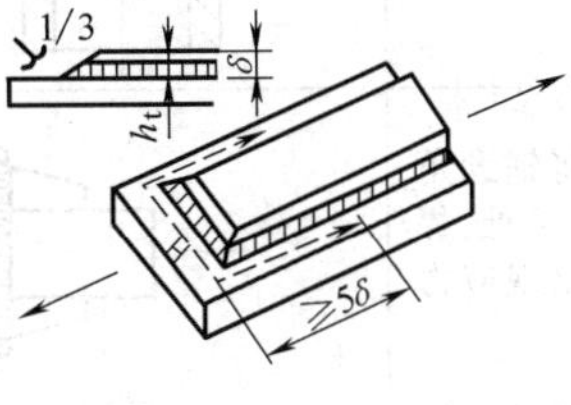	

（续）

接头型式标号	说明	图	代号
应力集中情况等级 K_2——中等应力集中			
2.34	弧形翼缘板和腹板之间的 K 形焊缝(O.Q)	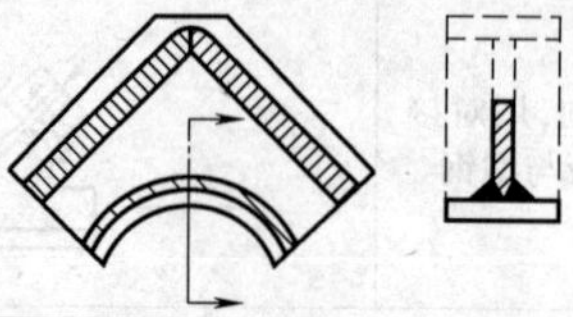	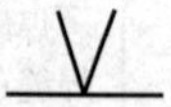
2.4	焊缝垂直于力的方向,用 K 形焊缝(S.Q)连接的十字形接头	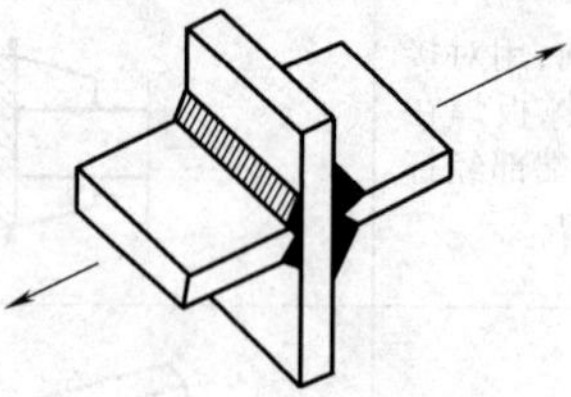	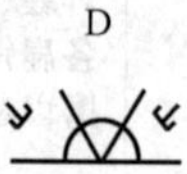 D
2.41	翼缘板和腹板之间的 K 形焊缝(S.Q),集中载荷垂直于焊缝,作用在腹板平面内	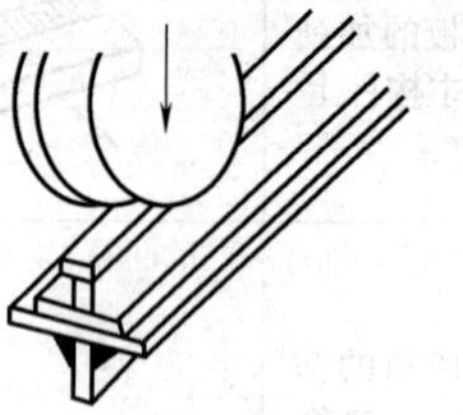	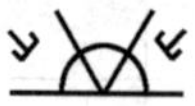
2.5	用 K 形焊缝(S.Q)连接承受弯曲应力和剪切应力的构件	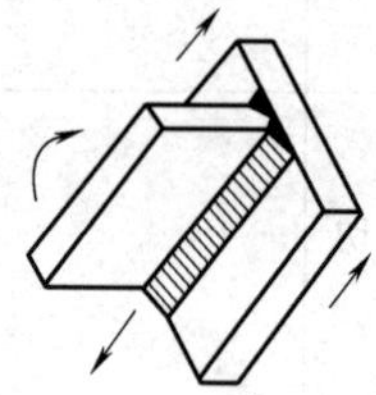	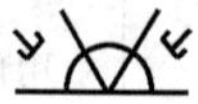
应力集中情况等级 K_3——严重应力集中			
3.1	焊缝垂直于力的方向,用对接焊缝(O.Q)连接不同厚度的构件。不对称斜度 1/2,或对称无斜度	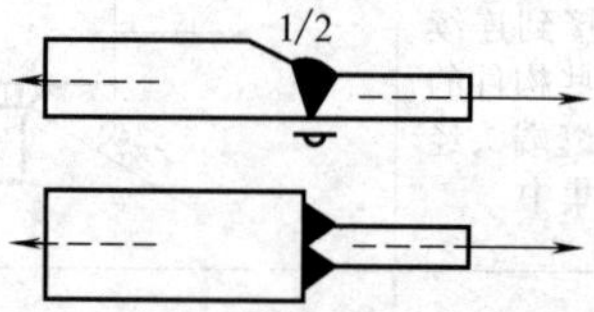	P100 或 P10 
3.11	有背面垫板而无封底焊缝的对接焊缝,背面垫板用间断的定位搭接焊缝固定	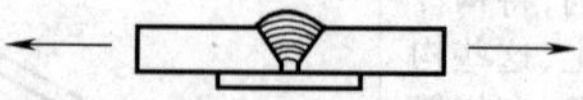	
3.12	管件对接焊,对接焊缝根部用背(里)面垫件支承,但无封底焊缝	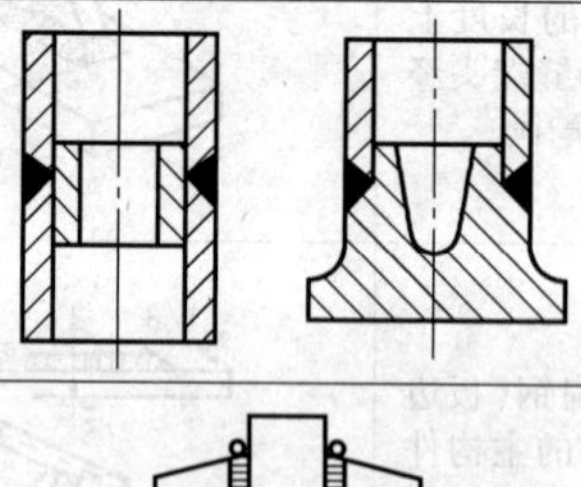	
3.13	用对接焊缝(O.Q)将辅助角撑板焊接到各扁钢的交叉处,焊缝端头经打磨以防止出现应力集中	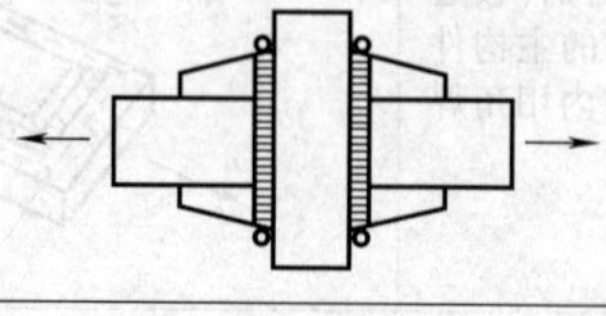	 P100 或 P10 

（续）

接头型式标号	说明	图	代号
应力集中情况等级 K_3 ——严重应力集中			
3.2	焊缝垂直于力的方向,用角焊缝(O.Q)将构件焊接到连续的主构件上,这些构件仅承受主构件所传递的小部分载荷	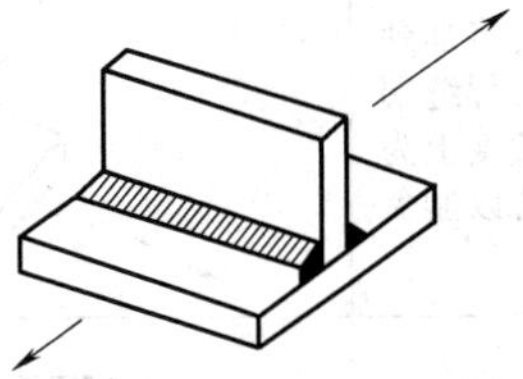	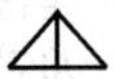
3.21	用连续角焊缝(O.Q)连接腹板、加劲肋或隔板	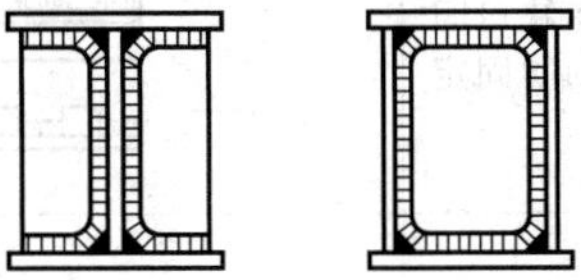	
3.3	焊缝平行于力的方向,用对接焊缝(O.Q)将构件焊接到连续构件的边缘上,这些构件的端部有斜度,焊缝端头经打磨,以避免出现应力集中	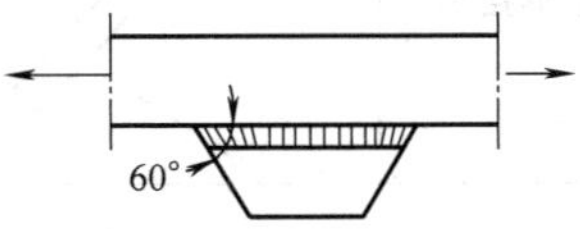	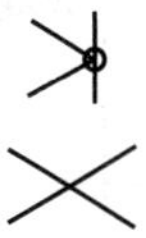
3.31	焊缝平行于力的方向,将构件焊接到连续主构件上。这些构件的端部有斜度或圆角。焊缝端头相当于10倍厚度的长度上为角焊缝(S.Q),焊缝端头经打磨以避免出现应力集中	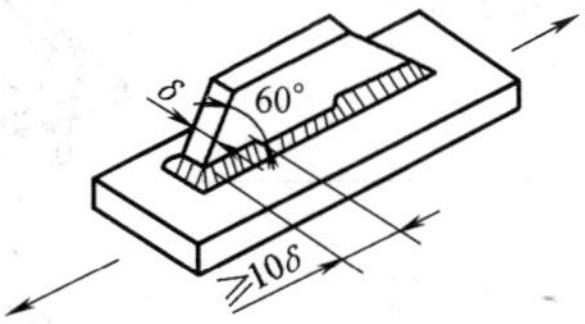	
3.32	穿过连续构件伸出一块板,板端沿力的方向有斜度或圆角,在相当于十倍厚度的长度上用K形焊缝(O.Q)固定	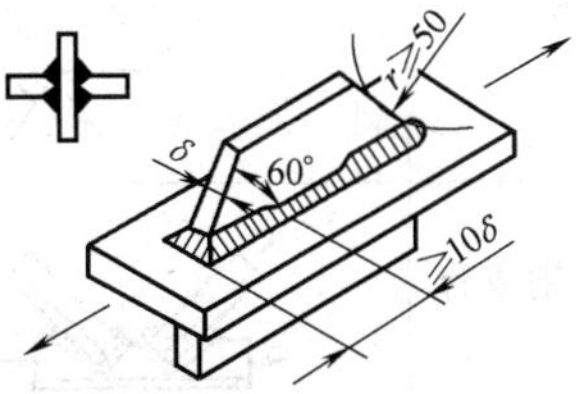	
3.33	焊缝平行于力的方向,用指定范围内的角焊缝(S.Q)将扁钢焊接到连续主构件上。其中 $\delta_1 < 1.5\delta_2$	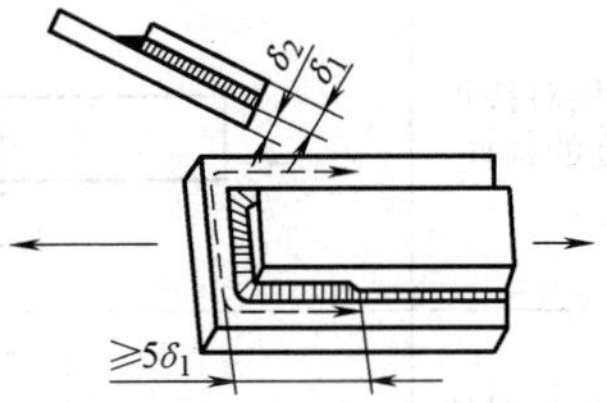	
3.34	在构件端部用角焊缝(S.Q)固定连接板,其中 $\delta_1 < \delta_2$。在单面连接情况下,应考虑偏心载荷	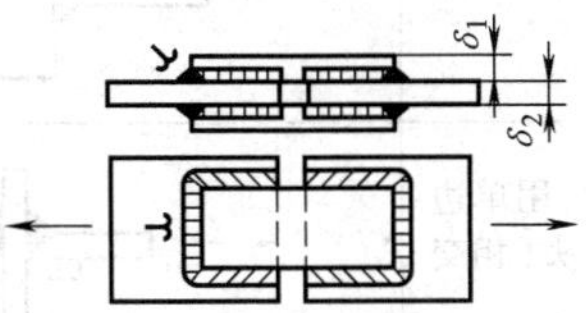	

（续）

接头型式标号	说明	图	代号
应力集中情况等级 K_3——严重应力集中			
3.35	焊缝平行于力的方向,将加劲肋焊接到连续主构件上,焊缝端头相当于 10 倍厚度的长度上为角焊缝(S.Q),且经打磨以避免出现应力集中	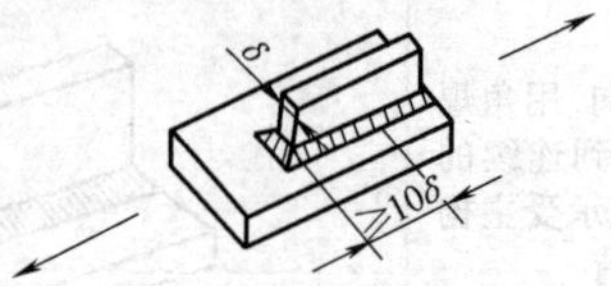	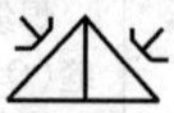
3.36	焊缝平行于力的方向,用间断角焊缝(O.Q)或用焊在缺口间的角焊缝(O.Q)将加劲肋固定到连续主构件上	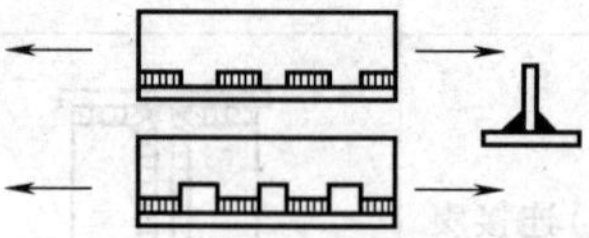	
3.4	焊缝垂直于力的方向,用 K 形焊缝(O.Q)连接的十字形接头	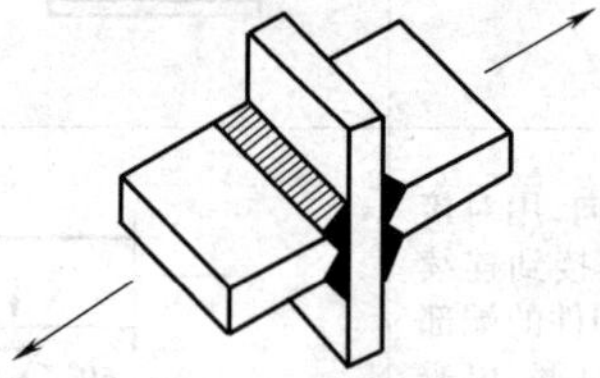	 D
3.41	翼缘板和腹板之间的 K 形焊缝(O.Q)。集中载荷垂直于焊缝,作用在腹板平面内	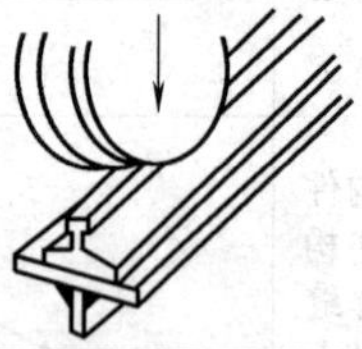	
3.5	用 K 形焊缝(O.Q)连接承受弯曲应力和剪切应力的构件	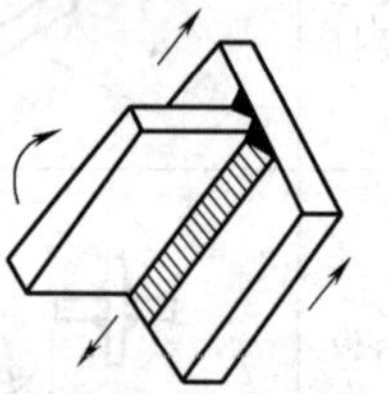	 D
3.6	用角焊缝(S.Q)将型钢或管子焊到连续构件上	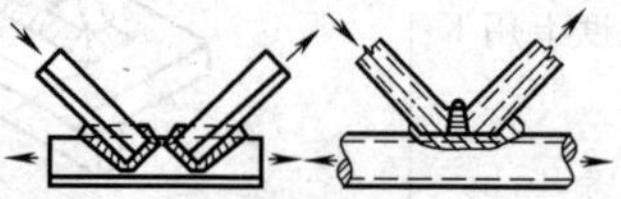	
应力集中情况等级 K_4——非常严重的应力集中			
4.1	焊缝垂直于力的方向,用对接焊缝(O.Q)连接不同厚度的构件。不对称无斜度	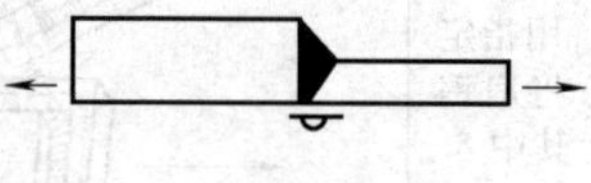	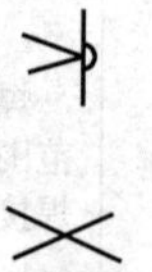
4.11	焊缝垂直于力的方向,用对接焊缝(O.Q)将扁钢交叉连接(无辅助角撑)	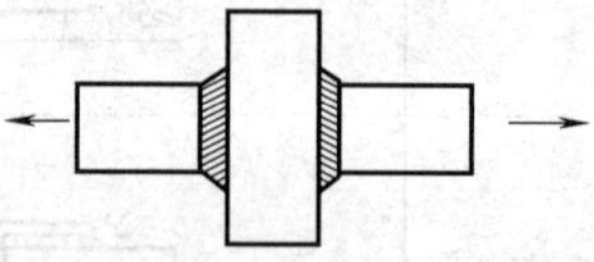	
4.12	焊缝垂直于力的方向,用单边坡口焊缝作成十字形接头(相交构件)	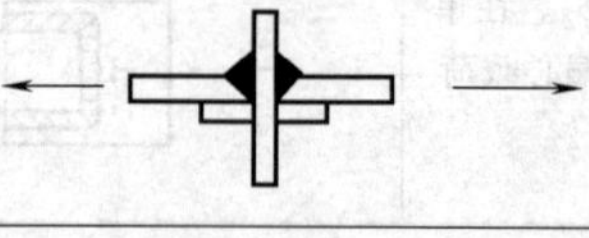	 D

（续）

接头型式标号	说明	图	代号
应力集中情况等级 K_4——非常严重的应力集中			
4.3	焊缝平行于力的方向,将端部呈直角的构件焊到连续主构件的侧面	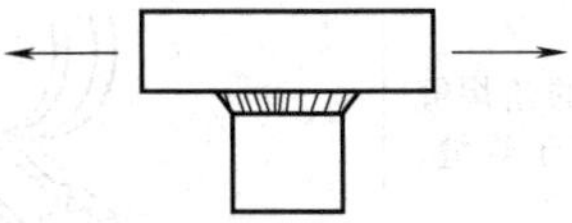	
4.31	焊缝平行于力的方向,用角焊缝(O.Q)将端部呈直角的构件焊到连续主构件上。构件承受由主构件传递来的大部分载荷	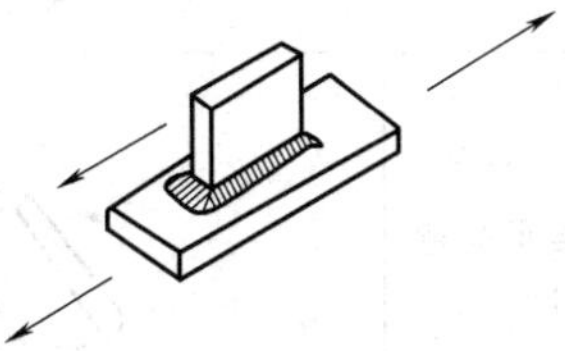	 △
4.32	穿过主构件伸出一块端部成直角的平板,且用角焊缝(O.Q)固定	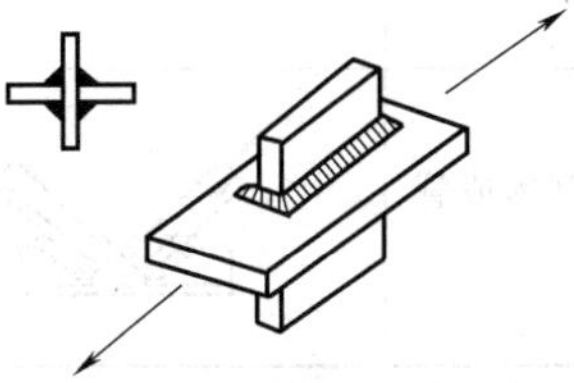	 △
4.33	焊缝平行于力的方向,用角焊缝(O.Q)将扁钢焊接到连续主构件上	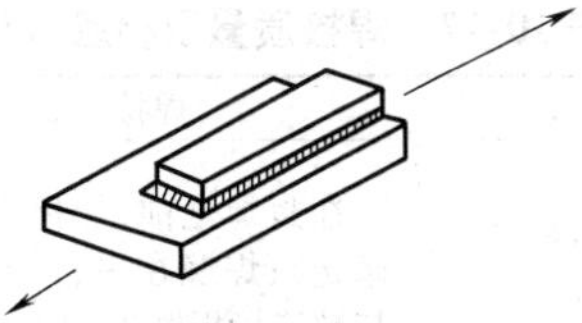	◸
4.34	用角焊缝(O.Q)固定连接板($\delta_1 = \delta_2$),在单面连接板的情况下,应考虑偏心载荷	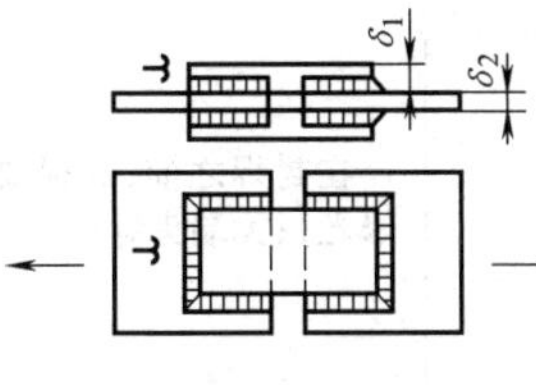	◸
4.35	在槽内或孔内,用角焊缝(O.Q)将一个构件焊接到另一个上	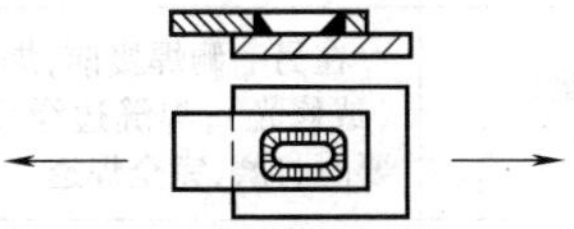	
4.36	用角焊缝(O.Q)或者对接焊缝(O.Q)将连接板固定在两个连续的主构件之间	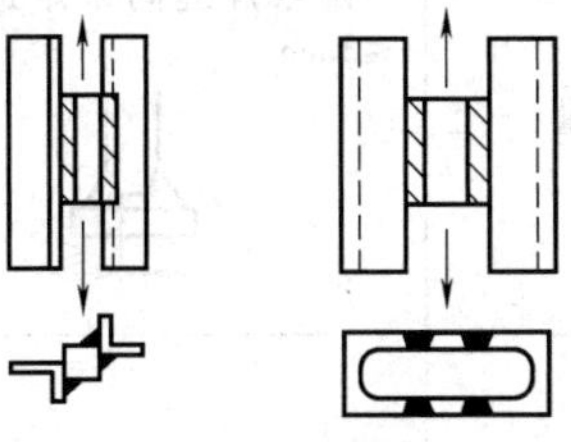	 ◸ ✕
4.4	焊缝垂直于力的方向,用角焊缝(O.Q)做成的十字接头	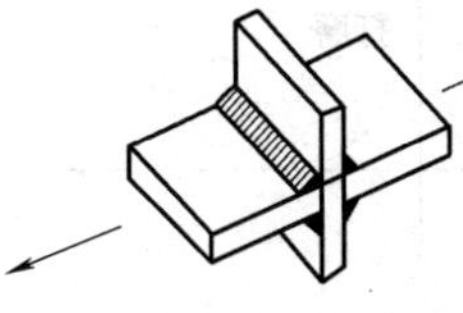	D △

（续）

接头型式标号	说明	图	代号
应力集中情况等级 K_4——非常严重的应力集中			
4.41	翼缘板和腹板之间的角焊缝（O.Q），集中载荷垂直于焊缝，作用在腹板平面内	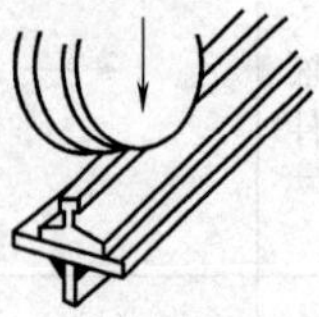	
4.5	用角焊缝（O.Q）连接承受弯曲应力和剪切应力的构件	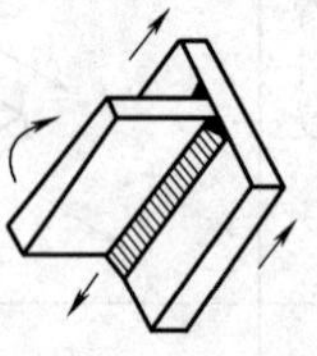	D 
4.6	用角焊缝（O.Q）将型钢或管子焊接到连续主构件上	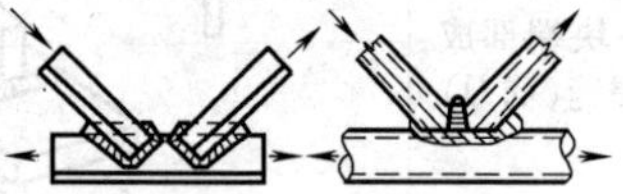	

注：O.Q 和 S.Q 为焊接质量类别，分别表示普通质量和特殊质量，见表 10-17。

表 10-17　焊接质量及检验（GB/T 3811—2008）

焊接型式	焊接质量	焊接方式	代号	焊接检验	代号
全深范围内的对接焊	特殊质量（S.Q）	在封焊之前，焊根要刮光（或修光）；焊缝在平行于受力方向与被连接板磨平，无端头焊口	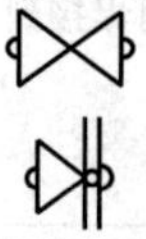	焊缝全长（100%）进行检验（例如，用 X 射线）	P100
	普通质量（O.Q）	在封焊之前，焊根要刮光（或修光）；无端头焊口	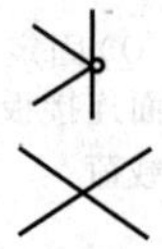	如果计算应力大于 0.8 倍许用应力，焊缝全长进行检验	P100
				否则，至少抽检焊缝长度的 10%	P10
在两连接件所形成的角落中进行的 K 形焊，其中一个连接件在焊缝处开有坡口	特殊质量（S.Q）	在另一侧焊接前，焊根要刮光（或修光）；焊缝边缘无咬边，必要时打磨，完全焊透		进行拉伸检验，垂直于受力方向的钢板在拉伸载荷下不发生层状撕裂	D
	普通质量（O.Q）	两条焊缝间未熔透的宽度 ≤3mm 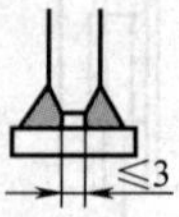	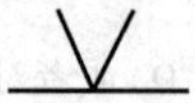		
在两连接件所形成的角落中进行的角焊	特殊质量（S.Q）	焊缝的边缘无咬边，必要时打磨	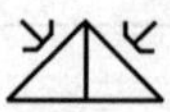	进行拉伸检验，垂直于受力方向的钢板在拉伸载荷下不发生层状撕裂	D
	普通质量（O.Q）				

10.4.2　建筑钢结构的疲劳计算

《钢结构设计规范》（GB50017—2003）规定，直接承受动力载荷重复作用的钢结构构件及其连接，当应力变化的循环次数 $n \geqslant 5 \times 10^4$ 时，应进行疲劳计算；在应力循环中不出现拉应力的部位可不计算疲劳。疲劳计算采用许用应力幅法，应力按弹性状态计算，许用应力幅按构件和连接类别以及应力循环次数确定。

1. 常幅疲劳计算

对常幅（所有应力循环内的应力幅保持常量）疲劳，应按下式进行计算：

$$\Delta\sigma \leqslant [\Delta\sigma] \qquad (10\text{-}17)$$

式中　$\Delta\sigma$——计算部位的应力幅；对焊接部位，$\Delta\sigma = \sigma_{max} - \sigma_{min}$；对非焊接部位，

$$\Delta\sigma = \sigma_{max} - 0.7\sigma_{min};$$

σ_{max}——计算部位每次应力循环中的最大拉应力（取正值）；

σ_{min}——计算部位每次应力循环中的最小拉应力或压应力（拉应力取正值，压应力取负值）；

$[\Delta\sigma]$——常幅疲劳许用应力幅（N/mm²），其计算公式为

$$[\Delta\sigma] = \left(\frac{C}{n}\right)^{\frac{1}{\beta}}$$

式中　n——应力循环次数；

C、β——参数，根据表 10-19 中的构件和连接类别按表 10-18 选用。

表 10-18　不同类别构件和连接的 C 和 β（GB 50017—2003）

构件和连接类别	1	2	3	4	5	6	7	8
C (10^{12})	1940	861	3.26	2.18	1.47	0.96	0.65	0.41
β	4	4	3	3	3	3	3	3

表 10-19　疲劳计算的构件和连接分类（GB 50017—2003）

项次	简图	说明	类别
1		无连接处的主体金属 (1)轧制型钢 (2)钢板 a. 两边为轧制边或刨边 b. 两侧为自动、半自动切割边(切割质量标准应符合现行国家标准《钢结构工程施工质量验收规范》GB50205)	1 1 2
2		横向对接焊缝附近的主体金属 (1)符合现行国家标准《钢结构工程施工质量验收规范》GB50205 的一级焊缝 (2)经加工磨平的一级焊缝	3 2
3		不同厚度(或宽度)横向对接焊缝附近的主体金属,焊缝加工成平滑过渡并符合一级焊缝标准	2
4		纵向对接焊缝附近的主体金属,焊缝符合二级焊缝标准	2
5		翼缘连接焊缝附近的主体金属 (1)翼缘板与腹板的连接焊缝 a. 自动焊,二级T形对接和角组合焊缝 b. 自动焊,角焊缝,外观质量标准符合二级 c. 手工焊,角焊缝,外观质量标准符合二级 (2)双层翼缘板之间的连接焊缝 a. 自动焊,角焊缝,外观质量标准符合二级 b. 手工焊,角焊缝,外观质量标准符合二级	2 3 4 3 4

（续）

项次	简图	说明	类别
6	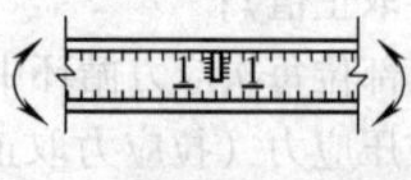	横向加劲肋端部附近的主体金属 （1）肋端不断弧（采用回焊） （2）肋端断弧	4 5
7	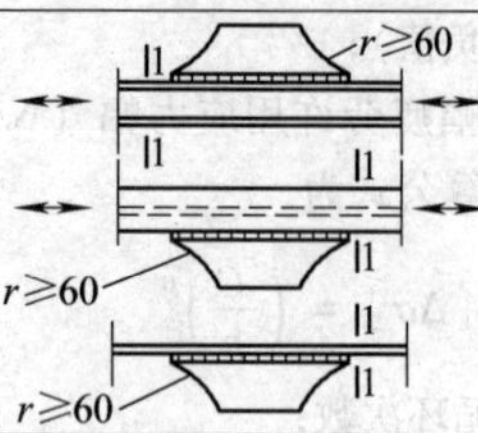 $r \geqslant 60$	梯形节点板用对接焊缝焊于梁翼缘、腹板以及桁架构件处的主体金属，过渡处在焊后铲平、磨光、圆滑过渡，不得有焊接起弧、灭弧缺陷	5
8	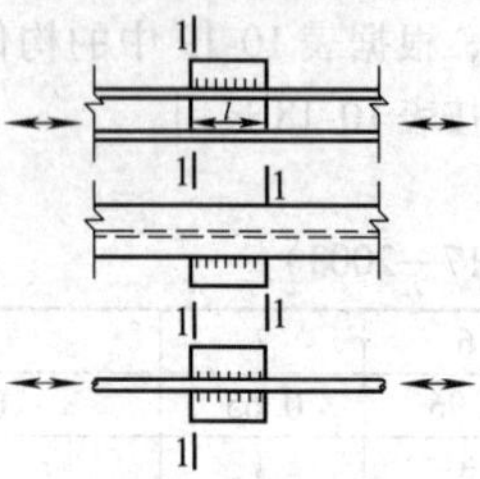	矩形节点板焊接于构件翼缘或腹板处的主体金属，$l > 150mm$	7
9	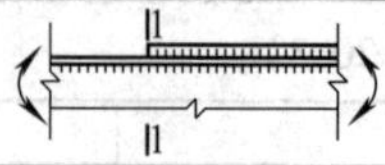	翼缘板中断处的主体金属（板端有正面焊缝）	7
10	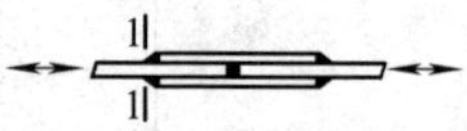	向正面角焊缝过渡处的主体金属	6
11	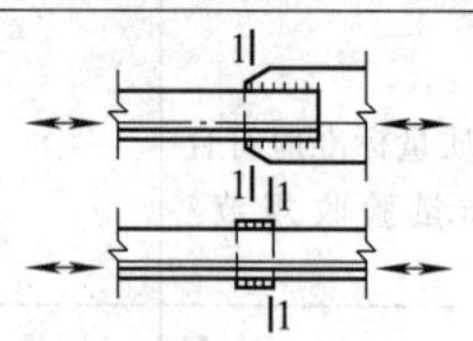	两侧面角焊缝连接端部的主体金属	8
12	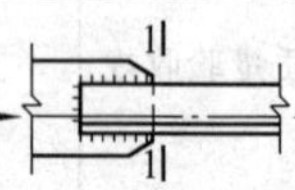	三面围焊的角焊缝端部主体金属	7
13	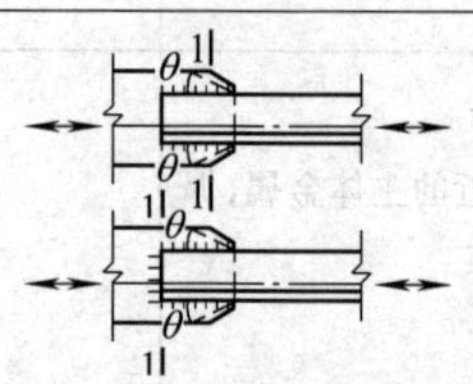 θ	三面围焊或两侧面角焊缝连接的节点板主体金属（节点板计算宽度按应力扩散角 $\theta = 30°$ 考虑）	7
14	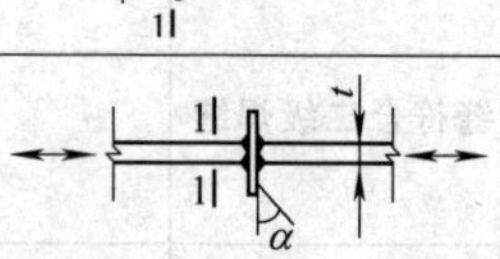 α	K 形坡口 T 形对接接头与角接组合焊缝处的主体金属，两板轴线偏离小于 $0.15t$，焊缝为二级，焊趾角 $\alpha \leqslant 45°$	5
15	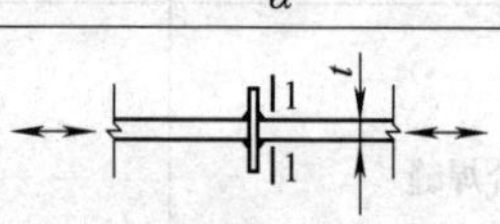	十字接头角焊缝处的主体金属，两板轴线偏离小于 $0.15t$	7
16	角焊缝	按有效截面确定的切应力幅计算	8

注：1. 所有对接焊缝及 T 形对接和角接组合焊缝均需焊透。

　2. 角焊缝应符合《钢结构设计规范》（GB 50017—2003）第 8.2.7 和 8.2.8 条的要求。

　3. 项次 16 中的切应力幅 $\Delta\tau = \tau_{max} - \tau_{min}$，其中 τ_{min} 的正负值为：与 τ_{max} 同方向时，取正值；与 τ_{max} 反方向时，取负值。

2. 变幅疲劳计算

对应力循环内的应力幅随机变化的变幅疲劳，若能预测结构在使用寿命期间各种载荷的频率分布、应力幅水平以及频次分布总和所构成的设计应力谱，则可将其折算为等效常幅疲劳，按下式计算：

$$\Delta\sigma_e = \left(\frac{\sum n_i(\Delta\sigma_i)^\beta}{\sum n_i}\right)^{\frac{1}{\beta}} \leqslant [\Delta\sigma] \quad (10\text{-}18)$$

式中　$\Delta\sigma_e$——变幅疲劳的等效应力幅；
　　　$\sum n_i$——以应力循环次数表示的结构预期使用寿命；
　　　n_i——预期寿命内应力幅水平达到 $\Delta\sigma_i$ 的应力循环次数。

上述常幅和变幅疲劳计算适用于常温、无强烈腐蚀作用环境中的结构构件和连接，不适用于构件表面温度大于150℃、处于海水腐蚀环境、焊后经热处理消除残余应力以及低周-高应变疲劳等特殊条件下的结构构件及其连接。

疲劳计算中许用应力幅数值的确定，是根据疲劳试验数据统计分析而得，在试验结果中已包括了局部应力集中可能产生屈服区的影响，因而整个构件可按弹性工作进行计算。连接形式本身的应力集中不予考虑，其他因断面突变等构造产生的应力集中应另行计算。

10.4.3　普通焊接构件的疲劳计算

对于没有设计规范规定的普通构件焊接接头的疲劳计算，可采用应力折减系数的疲劳设计法。其疲劳许用应力 $[\sigma_r]$ 以静载时所选用的焊缝的许用应力 $[\sigma']$ 值乘以折减系数 β 确定，即

$$[\sigma_r] = \beta[\sigma'] \quad (10\text{-}19)$$

$$\beta = \frac{1}{(aK_\sigma + b) - (aK_\sigma - b)r}$$

式中　a、b——材料系数，按表10-20选取；
　　　K_σ——有效应力集中系数，按表 10-21 选取；
　　　r——应力循环特性。

疲劳强度按下式计算：

$$\sigma_{max} \leqslant [\sigma_r] \quad (10\text{-}20)$$

表 10-20　材料系数 a 和 b

结构形式	钢　种	系　数	
		a	b
脉动循环载荷作用下的结构	碳素结构钢	0.75	0.3
	低合金结构钢	0.8	0.3
对称循环载荷作用下的结构	碳素结构钢	0.9	0.3
	低合金结构钢	0.95	0.3

表 10-21　焊接结构的有效应力集中系数 K_σ

焊接形式	K_σ		图　示（a-a 表示焊接接头的计算截面）
	碳素结构钢	低合金结构钢	
对接焊缝，焊缝全部焊透	1.0	1.0	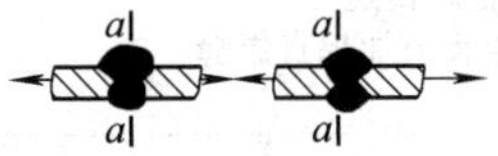
对接焊缝，焊缝根部未焊透	2.67	—	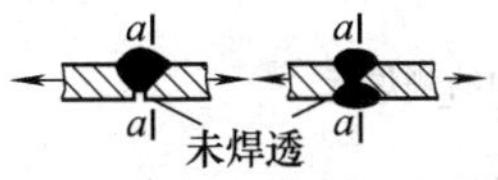
搭接的端焊缝 1）焊条电弧焊 2）埋弧焊	2.3 1.7	— —	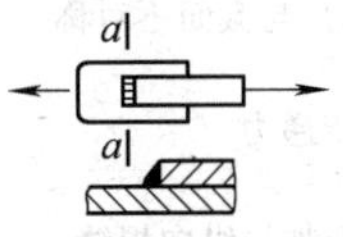
侧缝焊，焊条电弧焊	3.4	4.4	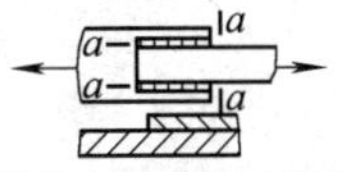

(续)

焊接形式	K_σ		图　示 （$a-a$ 表示焊接接头的计算截面）
	碳素 结构钢	低合金 结构钢	
邻近焊缝的母体金属,对接焊缝的热影响区 1)经机械加工 2)由焊缝至母体金属的过渡区足够平滑时,未经机械加工 　直焊缝时 　斜焊缝时 3)由焊缝至母体金属的过渡区足够平滑时,但焊缝高出母体金属 $0.2t$,未经机械加工的直焊缝 4)由焊缝至母体金属的过渡区足够平滑时,有垫圈的管子对接焊缝,未经机械加工 5)沿力作用线的对接焊缝,未经机械加工	1.1 1.4 1.3 1.8 1.5 1.1	1.2 1.5 1.4 2.2 2.0 1.2	
邻近焊缝的母体金属,搭接焊缝中端焊缝的热影响区 1)焊趾长度比为 2~2.5 的端焊缝,未经机械加工 2)焊趾长度比为 2~2.5 的端焊缝,经机械加工 3)焊趾等长度的凸形端焊缝,未经机械加工 4)焊趾长度比为 2~2.5 的端焊缝,未经机械加工,但经母体金属传递力 5)焊趾长度比为 2~2.5 的端焊缝,由焊缝至母体金属的过渡区经机械加工,经母体金属传递力 6)焊趾等长度的凸形端焊缝,未经机械加工,但经母体金属传递力 7)在母体金属上加焊直焊缝	2.4 1.8 3.0 1.7 1.4 2.2 2.0	2.8 2.1 3.5 2.3 1.9 2.6 2.3	
搭接焊缝中的侧焊缝 1)经焊缝传递力,并与截面对称 2)经焊缝传递力,与截面不对称 3)经母体金属传递力 4)在母体金属上加焊纵向焊缝	3.2 3.5 3.0 2.2	3.5 — 3.8 2.5	

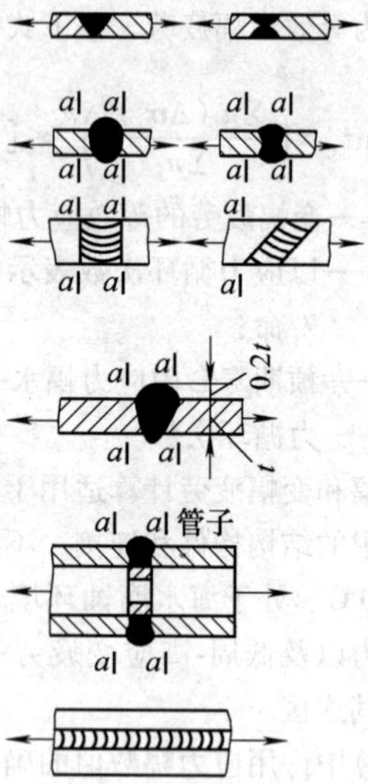

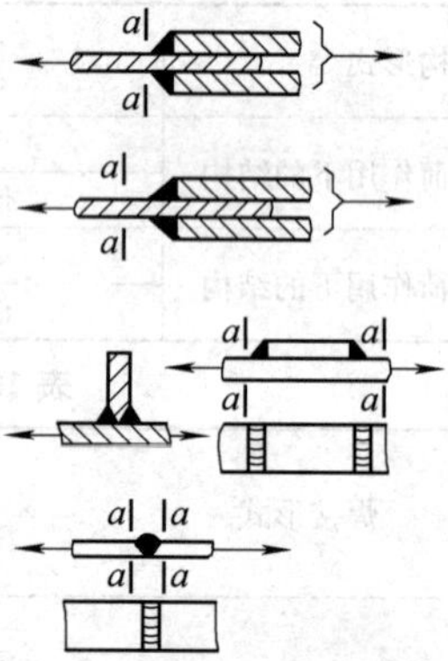

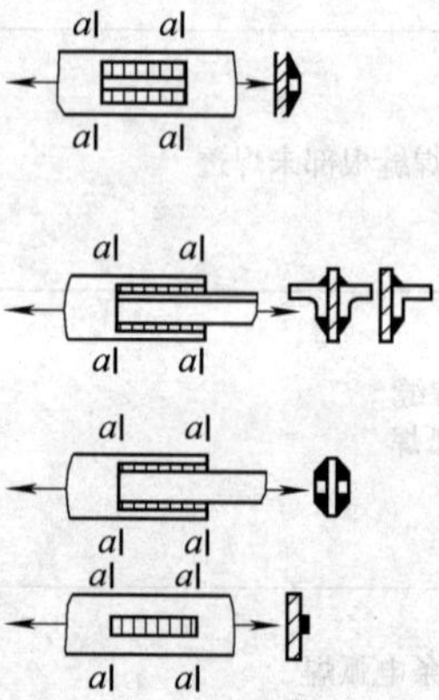

（续）

焊接形式	K_σ		图　　示
	碳素结构钢	低合金结构钢	（$a-a$ 表示焊接接头的计算截面）
母体金属上加焊板件 1）加焊矩形板，周边焊接，应力集中区未经机械加工	2.5	3.5	
2）加焊矩形板，周边焊接，应力集中区经机械加工	2.0	—	
3）加焊梯形板，周边焊接，应力集中区经机械加工	1.5	2.0	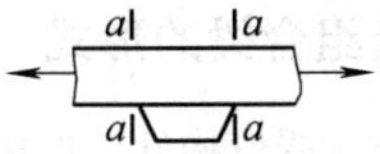
组合焊缝	3.0	—	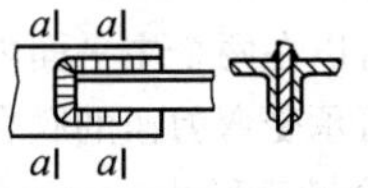

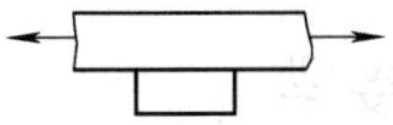

参 考 文 献

[1]　中国机械工程学会焊接学会. 焊接手册：第 3 卷 [M]. 2 版. 北京：机械工业出版社，2001.

[2]　中国材料工程大典编委会. 中国材料工程大典：第 23 卷 [M]. 北京：化学工业出版社. 2006.

[3]　陈祝年. 焊接工程师手册 [M]. 北京：机械工业出版社，2004.

[4]　中华人民共和国建设部. GB50017—2003 钢结构设计规范 [S]. 北京：中国计划出版社，2003.

[5]　湖北省发展计划委员会. GB50018—2002 冷弯薄壁型钢结构技术规范 [S]. 北京：中国计划出版社，2002.

[6]　中冶集团建筑研究总院，等. JGJ81—2002 \ J218—2002 建筑钢结构焊接技术规程 [S]. 北京：中国建筑工业出版社，2003.

[7]　中华人民共和国国家质量监督检查检疫总局，中国国家标准化管理委员会. GB/T 3811—2008 起重机设计规范 [S]. 北京：中国标准出版社，2008.

第 11 章　焊接基本构件的设计与计算

作者　张文元　张耀春　审者　徐崇宝

11.1　焊接梁

11.1.1　焊接组合梁的形式

梁通常也称为受弯构件。焊接组合梁是由钢板或型钢焊接而成的构件，可以在一个主平面内承受弯矩和剪切力，也可以在两个主平面内同时承受弯矩和剪切力，有时还可承受弯剪扭的联合作用。

1. 各种组合截面形式

焊接组合梁根据其受力特点，可以设计成不同的截面形式。最常用的是由三块钢板焊接而成的工字形截面组合梁（图 11-1a），必要时也可采用双层翼缘板组成的截面（图 11-1b）。当梁的上翼缘平面内还受到侧向力作用时，也可采用绕强轴不对称的工字形截面（图 11-1c）或由槽钢和工字钢焊接而成的组合截面（图 11-1d）。

对于两个主平面内具有较大荷载又要求具有较好抗扭刚度的梁，可采用焊接 Y 形截面（图 11-1e）和焊接箱形截面（图 11-1f、g）或型钢焊接组合截面（图 11-1h、i）。

近年来在轻钢结构中也常用到由薄壁钢板冷弯焊接而成的组合梁（图 11-1j）或由薄壁钢管代替普通翼缘与腹板焊接而成的组合梁（图 11-1k）。

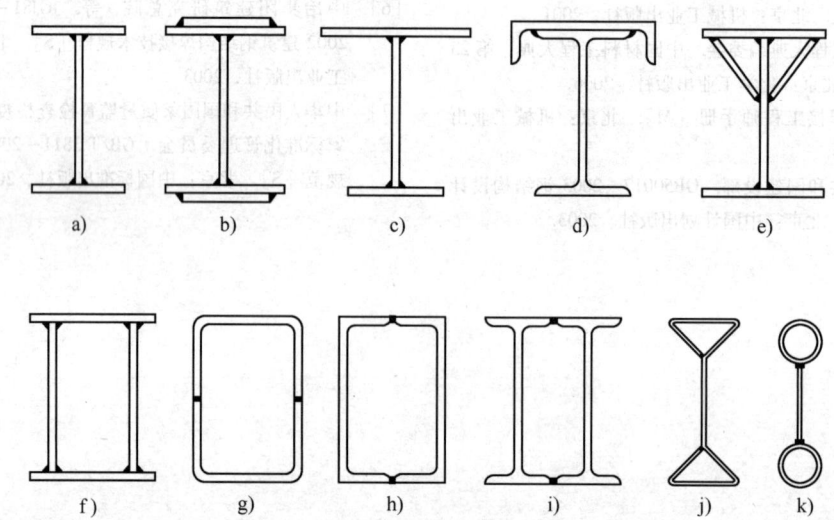

图 11-1　常用焊接组合梁的截面形式

2. 焊接组合梁翼缘和腹板的变化形式

带折线腹板的梁（图 11-2）的抗弯刚度与工字梁接近，而抗扭刚度和减振性能则优于工字钢梁。

为了更充分发挥钢材性能，也可做成异种钢组合梁。例如在受力较大处的翼缘板采用强度较高的钢材，而腹板采用强度稍低的钢材（图 11-3）。

将工字钢或宽翼缘 H 型钢沿图 11-4a 上的虚线切

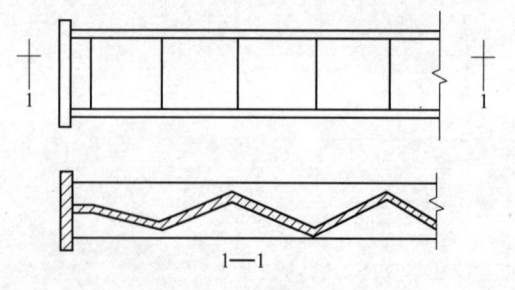

图 11-2　折线腹板工字梁

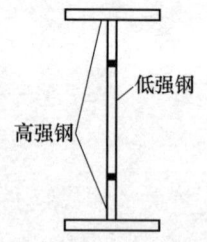

图 11-3　不同钢种组合梁

开，错位并焊成空腹梁（图 11-4b），俗称蜂窝梁。这种梁由于增加了截面高度，提高了抗弯承载能力，腹板的孔洞又可供管道通过，是一种较为经济合理的构造形式，在国内外得到了广泛的应用。

按梁截面沿长度方向有无变化，可分为等截面梁和变截面梁。变截面梁可按弯矩沿梁长的变化而改变截面，使梁上各点边缘纤维的最大应力基本相等，达到充分利用材料性能的目的。如弯矩较大、跨度较大的简支梁，可按图 11-5a 中虚线所示切割，稍加修剪并按图 11-5b 所示的形式进行拼接，从而得到楔形梁。这种梁虽然制作的工作量稍大，但可节省钢材。

设计焊接钢梁时首先应该根据其受力特点选择合理的截面形式，然后根据强度、刚度、局部稳定性和经济条件等因素确定梁截面尺寸，最后对梁的强度、刚度和稳定性进行验算。对于直接承受动力载荷作用的焊接组合梁，必要时尚应根据规范的有关规定进行疲劳验算。本节将以文献 [1] 的有关规定，并结合其他资料，介绍焊接钢梁的设计与计算方法，其节点的构造和设计方法可参见第 14 章。

11.1.2　梁的刚度与强度

1. 梁的刚度控制

1）为不影响梁的正常使用和外观，一般情况下，吊车梁、楼盖梁、屋盖梁、工作平台梁以及墙架构件的挠度 v 应满足下式要求：

$$v \leqslant [v] \tag{11-1}$$

式中　$[v]$——焊接梁根据不同使用要求所规定的挠度容许值，可按表 11-1 取用。

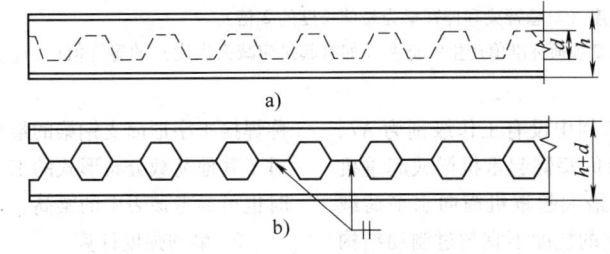

a)

b)

图 11-4　蜂窝梁

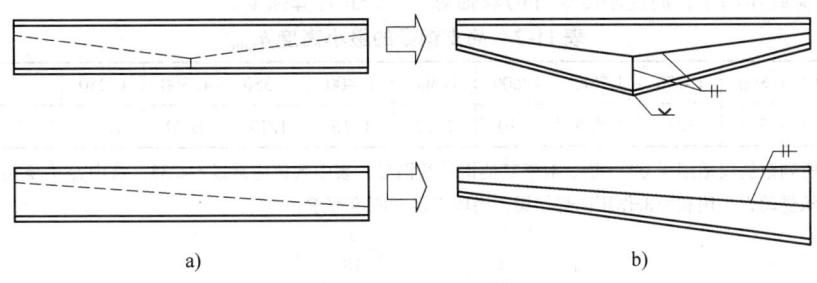

a)　　　　　　　　　　　　　　　　　　b)

图 11-5　楔形焊接钢梁

表 11-1　梁的挠度容许值

项次	构　件　类　别	挠度容许值	
		$[v_{\mathrm{T}}]$	$[v_{\mathrm{Q}}]$
1	起重机梁和起重机桁架（按自重和起重量最大的一台起重机计算挠度） （1）手动起重机和单梁起重机（含悬挂起重机） （2）轻级工作制桥式起重机 （3）中级工作制桥式起重机 （4）重级工作制桥式起重机	$l/500$ $l/800$ $l/1000$ $l/1200$	—
2	手动或电动葫芦的轨道梁	$l/400$	—
3	有重轨（重量等于或大于 38kg/m）轨道的工作平台梁 有轻轨（重量等于或小于 24kg/m）轨道的工作平台梁	$l/600$ $l/400$	—
4	楼（屋）盖梁或桁架、工作平台梁（第3项除外）和平台板 （1）主梁或桁架（包括设有悬挂起重设备的梁和桁架） （2）抹灰顶棚的次梁 （3）除（1）、（2）款外的其他梁（包括楼梯梁）	$l/400$ $l/250$ $l/250$	$l/500$ $l/350$ $l/300$

（续）

项次	构 件 类 别	挠度容许值	
		$[v_T]$	$[v_Q]$
4	（4）屋盖檩条 　　支承无积灰的瓦楞铁和石棉瓦屋面者 　　支承压型金属板、有积灰的瓦楞铁和石棉瓦等屋面者 　　支承其他屋面材料者 （5）平台板	$l/150$ $l/200$ $l/200$ $l/150$	— — — —
5	墙架构件（风载荷不考虑阵风系数） （1）支柱 （2）抗风桁架（作为连续支柱的支承时） （3）砌体墙的横梁（水平方向） （4）支承压型金属板、瓦楞铁和石棉瓦墙面的横梁（水平方向） （5）带有玻璃窗的横梁（竖直和水平方向）	— — — — $l/200$	$l/400$ $l/1000$ $l/300$ $l/200$ $l/200$

注：1. l 为受弯构件的跨度（对悬臂梁和伸臂梁为悬伸长度的2倍）。

　　2. $[v_T]$ 为永久和可变载荷标准值产生的挠度（如有起拱应减去拱度）的容许值；$[v_Q]$ 为可变载荷标准值产生的挠度的容许值。

2）冶金工厂或类似车间中设有工作级别为A7、A8级起重机的车间，其跨间每侧起重机梁或起重机桁架的制动结构，由一台最大起重机横向水平荷载（按荷载规范取值）所产生的挠度不宜超过制动结构跨度的1/2200。

3）在均布荷载作用下，满足刚度条件的双轴对称焊接工字形简支钢梁的最小梁高可按表11-2采用。对于其他荷载分布形式的工字形简支梁，在初选截面时也可参考该表中的梁高。

2. 梁的强度计算

在主平面内受弯的焊接梁，应按表11-3所列的公式计算强度。

表 11-2　简支钢梁的最小高度 h_{min}

$[v]/l$	1/1000	1/800	1/750	1/700	1/600	1/500	1/400	1/350	1/300	1/250	1/200
h_{min}/l	1/6	1/7.5	1/8	1/8.5	1/10	1/12	1/15	1/17	1/20	1/24	1/30

注：1. 表中所列数值仅适用于Q235钢。对于其他钢号的钢梁，表中数值应乘以 $f_y/235$，其中 f_y 为所用钢材的屈服点。

　　2. 直接承受动力作用和冲击作用的焊接梁，尚应满足动刚度要求：

$$h \geqslant \frac{l}{18} \tag{11-2}$$

　　3. 表中和公式（11-2）中的 l 为简支梁的跨度，表中 $[v]$ 为梁的容许挠度，见表11-1。

表 11-3　钢梁强度计算公式

项次	计算内容		计算公式	备注
1	正应力	单向受弯	$\dfrac{M_x}{\gamma_x W_{nx}} \leqslant f$ （11-3）	—
		双向受弯	$\dfrac{M_x}{\gamma_x W_{nx}} + \dfrac{M_y}{\gamma_y W_{ny}} \leqslant f$ （11-4）	—
2	切应力		$\tau = \dfrac{VS}{It_w} \leqslant f_v$ （11-5）	—
3	局部压应力		$\sigma_c = \dfrac{\psi F}{t_w l_z}$ （11-6） 式中 $l_z = a + 2h_y$ （11-7）	梁在承受固定集中载荷处无加劲肋，或承受移动载荷（如轮压）作用时，才作此项计算

（续）

项次	计算内容	计算公式	备注
4	折算应力	$\sqrt{\sigma^2+\sigma_c^2-\sigma\sigma_c+3\tau^2}\leqslant\beta_1 f$　(11-8) 式中， $$\sigma=\frac{M}{I_n}y \qquad (11\text{-}9)$$	在腹板计算高度边缘处，若同时受有较大的正应力 σ，切应力 τ 和局部压应力 σ_c 或同时受有较大的 σ 和 τ 时，应作此项计算

注：M、M_x、M_y——计算正应力 σ 之弯矩、绕 x 和 y 轴的弯矩（对工字形截面，x 轴为强轴，y 轴为弱轴）；

　　W_{nx}、W_{ny}——对 x 轴和 y 轴的净截面抵抗矩；

　　　γ_x、γ_y——截面塑性发展系数，按表 11-4 规定采用；

　　　　f——钢材的抗弯强度设计值；

　　　　V——计算截面沿腹板平面作用的剪力；

　　　　S——计算切应力处以上毛截面对中和轴的面积矩；

　　　　I——毛截面惯性矩；

　　　t_w——腹板厚度；

　　　f_v——钢材的抗剪强度设计值；

　　　　F——集中载荷，对动力载荷应考虑动力系数；

　　　　ψ——集中载荷增大系数；对重级工作制吊车梁，$\psi=1.35$，对其他梁及支座处，$\psi=1.0$；

　　　l_z——集中载荷在腹板计算高度边缘的假定分布长度，按表 11-3 中的公式（11-7）计算，但在支座处，应根据支座具体尺寸，按上式计算；

　　　　a——集中载荷沿受弯构件跨度方向的支承长度，对吊车梁可取为 50mm；

　　　h_y——自吊车梁轨顶或其他梁顶面至腹板计算高度上边缘的距离（腹板计算高度 h_0：对轧制型钢梁，为腹板与上、下翼缘相接处两内弧起点间的距离；对焊接板梁，为腹板高度）；

　　σ、τ、σ_c——腹板计算高度边缘同一点上同时产生的正应力、切应力和局部压应力，分别按表 11-3 的公式（11-9）、式（11-5）和式（11-6）计算；

　　　I_n——净截面惯性矩；

　　　　y——所计算点至中和轴的距离；

　　　β_1——计算折算应力的强度设计值增大系数：当 σ 与 σ_c 异号时，取 $\beta_1=1.2$；当 σ 与 σ_c 同号或当 $\sigma_c=0$ 时，取 $\beta_1=1.1$。

表 11-4　截面塑性发展系数 γ_x、γ_y[1]

项次	截 面 形 式	γ_x	γ_y
1	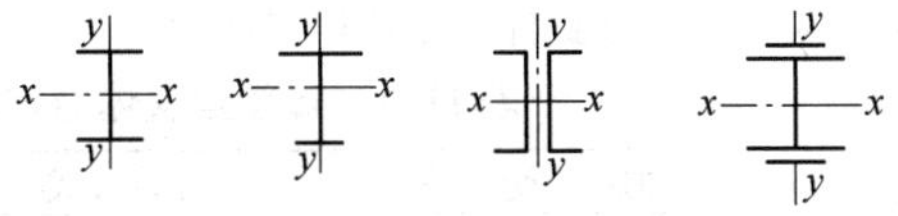		1.2
2	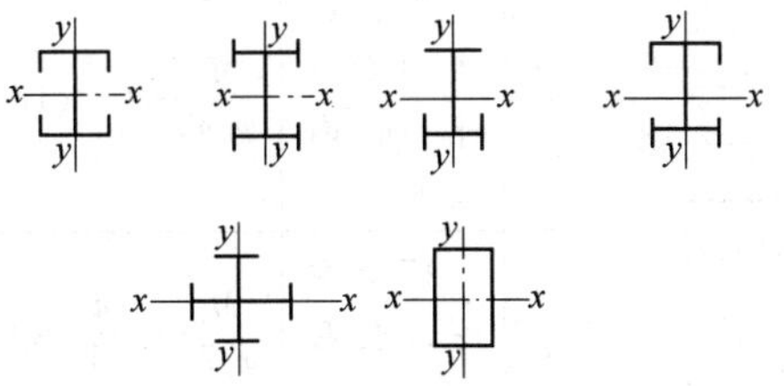	1.05	1.05
3		$\gamma_{x1}=1.05$ $\gamma_{x2}=1.2$	1.2
4	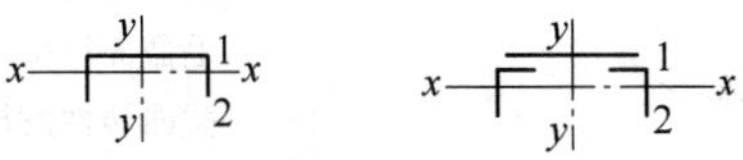		1.05
5	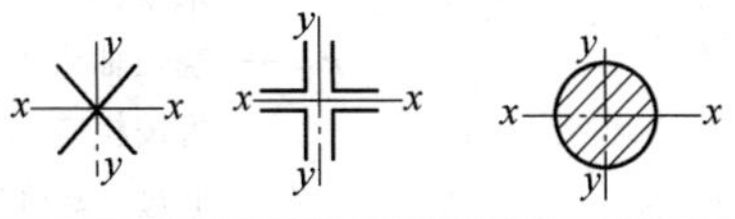	1.2	1.2

（续）

项次	截面形式	γ_x	γ_y
6		1.15	1.15
7		1.0	1.05
8			1.0

注：1. 当压弯构件受压翼缘的自由外伸宽度与其厚度之比大于 $13\sqrt{235/f_y}$ 而不超过 $15\sqrt{235/f_y}$ 时，应取 $\gamma_x = 1.0$。
2. 需计算疲劳的拉弯、压弯件宜取 $\gamma_x = \gamma_y = 1.0$。

11.1.3 梁的整体稳定

1. 不需验算梁整体稳定的条件

焊接梁符合下列情况之一时，可不计算梁的整体稳定性：

1）有铺板（各种钢筋混凝土板和钢板）密铺在梁的受压翼缘上并与其牢固相连、能阻止梁受压翼缘的侧向位移时。

2）工字形截面简支梁受压翼缘的自由长度 l_1 与其宽度 b_1 之比不超过表 11-5 所规定的数值时。

表 11-5 工字钢等截面简支梁不需计算整体稳定的最大 l_1/b_1 值

钢号	跨中无侧向支承点的梁		跨中受压翼缘有侧向支承点的梁，无论载荷作用于何处
	载荷作用于上翼缘	载荷作用于下翼缘	
Q235	13.0	20.0	16.0
Q345	10.5	16.5	13.0
Q390	10.0	15.5	12.5
Q420	9.5	15.0	12.0

注：1. 其他钢号的焊接梁不需计算整体稳定性的最大 l_1/b_1 值，应取 Q235 钢的数值乘以 $\sqrt{235/f_y}$。
2. 受压翼缘的自由长度 l_1 应按下列规定采用：跨中无侧向支承点时，为梁的跨度；跨中有侧向支承点时，为受压翼缘支承点之间的距离。
3. 梁的支座处，应采取构造措施以防止梁端截面的扭转。

3）两端简支的箱形截面梁，当不满足第 1）款的条件时，但其截面高度 h 与梁腹板间距 b_0（图 11-6）之比满足 $h/b_0 \leqslant 6$、且受压翼缘的自由长度 l_1 与其宽度 b_0 之比满足 $l_1/b_0 \leqslant 95\ (235/f_y)$ 时。

2. 梁整体稳定的实用算法

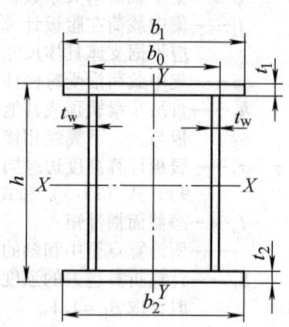

图 11-6 箱形截面

1）焊接梁当不满足上述要求时，应按表 11-6 所示公式计算整体稳定性。

表 11-6 焊接梁整体稳定性计算公式

项次	受力情况	计算公式	备注
1	仅在最大刚度主平面内受弯	$\dfrac{M_x}{\varphi_b W_x} \leqslant f$ (11-10)	在支座处应采取构造措施，防止端部截面扭转
2	两个主平面受弯的工字形截面	$\dfrac{M_x}{\varphi_b W_x} + \dfrac{M_y}{\gamma_y W_y} \leqslant f$ (11-11)	

注：M_x、M_y——绕强轴和弱轴作用的最大弯矩；
W_x、W_y——按受压边缘纤维确定的对强轴和弱轴毛截面抵抗矩；
γ_y——截面塑性发展系数，按表 11-4 的规定采用；
φ_b——绕强轴弯曲所确定的整体稳定系数，可按相应规范确定，也可按下述规定通过计算确定。

2）对于焊接工字形截面简支梁和双轴对称工字形截面悬臂梁，其整体稳定系数 φ_b 可按式（11-12a）计算。

$$\varphi_b = \beta_b \frac{4320}{\lambda_y^2} \cdot \frac{Ah}{W_x}\left[\sqrt{1+\left(\frac{\lambda_y t_1}{4.4h}\right)^2}+\eta_b\right] \cdot \frac{235}{f_y}$$

$$(11\text{-}12a)$$

式中　β_b——梁整体稳定的等效临界弯矩系数，按下列规定取值：

①　简支梁时，按表 11-7 采用；

②　悬臂梁时，按表 11-8 采用；

$\lambda_y = l_1/i_y$——梁在侧向支承点间对截面弱轴 $y\text{-}y$ 的长细比；

l_1——简支梁时，按表 11-5 的注 2 的规定采用；悬臂梁时，为悬臂长度；

i_y——梁毛截面对 y 轴的回转半径；

A——梁的毛截面面积；

h、t_1——梁截面的全高和受压翼缘厚度；

η_b——截面不对称系数：

对双轴对称工字形截面（图 11-7a）

$\eta_b = 0$；

对单轴对称工字形截面（图 11-7b、c），

加强受压翼缘时：$\eta_b = 0.8(2\alpha_b-1)$；

加强受拉翼缘时：$\eta_b = 2\alpha_b-1$；

$\alpha_b = \dfrac{I_1}{I_1+I_2}$——截面不对称程度系数；

I_1、I_2——分别为受压翼缘和受拉翼缘对 y 轴的惯性矩。

当按式（11-12a）算得的 φ_b 大于 0.6 时，应按表 11-9 查出相应的 φ_b' 代替 φ_b 值，也可按下式计算：

$$\varphi_b' = 1.07 - \frac{0.282}{\varphi_b} \leqslant 1.0 \qquad (11\text{-}12b)$$

3）承受均匀弯曲的梁，当其 $\lambda_y \leqslant 120\sqrt{235/f_y}$ 时，也可按表 11-10 中的近似公式计算整体稳定系数 φ_b，当算得 $\varphi_b > 0.6$ 时，不需按表 11-9 进行修正。

3. 增强梁整体稳定性的措施

实际设计中可以通过以下方法来增强梁的整体稳定性：

1）增大梁截面尺寸，其中增大受压翼缘的宽度是最为有效的。

2）增加侧向支承系统，减小构件侧向支承点间的距离 l_1，侧向支撑应设在受压翼缘处。

3）当梁跨内无法增设侧向支承时，宜采用闭合箱形截面，因其平面外惯性矩 I_y、抗扭惯性矩 I_t 和扇性惯性矩 I_ω 均较开口截面的大。

表 11-7　工字形截面简支梁的系数 β_b

项次	侧向支承	载荷		$\xi = \dfrac{l_1 t_1}{b_1 h}$		适用范围
				$\xi \leqslant 2.0$	$\xi > 2.0$	
1	跨中无侧向支承	均布荷载作用在	上翼缘	$0.69+0.13\xi$	0.95	图 11-7a、b 的截面
2			下翼缘	$1.73-0.20\xi$	1.33	
3		集中荷载作用在	上翼缘	$0.73+0.18\xi$	1.09	
4			下翼缘	$2.23-0.28\xi$	1.67	
5	跨度中点有一个侧向支承点	均布荷载作用在	上翼缘	1.15		图 11-7 中的所有截面
6			下翼缘	1.40		
7		集中荷载作用在截面高度上任意位置		1.75		
8	跨中有不少于两个等距离侧向支承点	任意荷载	上翼缘	1.20		
9			下翼缘	1.40		
10	梁端有弯矩，但跨中无荷载作用			$1.75-1.05\left(\dfrac{M_2}{M_1}\right)+0.3\left(\dfrac{M_2}{M_1}\right)^2 \leqslant 2.3$		

注：M_1、M_2—梁的端弯矩，使梁产生同向曲率时，M_1、M_2 取同号，产生反向曲率时取异号，$|M_1| \geqslant |M_2|$；
　b_1—受压翼缘宽度。

1. 表中项次 3、4 和 7 的集中荷载是指一个或少数几个集中荷载位于跨中央附近的情况，对其他情况的集中荷载，应按表中项次 1、2、5、6 内的数值采用。

2. 表中项次 8、9 的 β_b，当集中荷载作用在侧向支承点处时，取 $\beta_b = 1.20$。

3. 荷载作用在上翼缘系指荷载作用点在翼缘表面，方向指向截面形心；荷载作用下翼缘系指荷载作用点在翼缘表面，方向背向截面形心。

4. 对 $a_b > 0.8$ 的加强受压翼缘工字形截面，下列情况的 β_b 值应乘以相应的系数：

项次 1　　当 $\xi \leqslant 1.0$ 时　　0.95

项次 3　　当 $\xi \leqslant 0.5$ 时　　0.90

　　　　　当 $0.5 < \xi \leqslant 1.0$ 时　　0.95

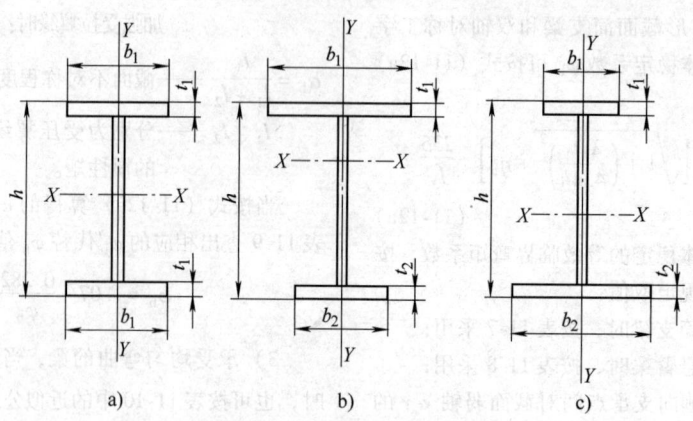

图 11-7　焊接工字形截面

表 11-8　双轴对称工字形等截面悬臂梁的系数 β_b

项次	荷载形式		$\xi = \dfrac{l_1 t_1}{b_1 h}$		
			$0.60 \leqslant \xi \leqslant 1.24$	$1.24 < \xi \leqslant 1.96$	$1.96 < \xi \leqslant 3.10$
1	自由端一个集中	上翼缘	$0.21 + 0.67\xi$	$0.72 + 0.26\xi$	$1.17 + 0.03\xi$
2	荷载作用在	下翼缘	$2.94 - 0.65\xi$	$2.64 - 0.40\xi$	$2.15 - 0.15\xi$
3	均布荷载作用在上翼缘		$0.62 + 0.82\xi$	$1.25 + 0.31\xi$	$1.66 + 0.10\xi$

注：本表是按支承端为固定的情况确定的，当用于由邻跨延伸出来的伸臂梁时，应在构造上采取措施加强支承处的抗扭能力。

表 11-9　整体稳定系数 φ_b'

φ_b	0.60	0.65	0.70	0.75	0.80	0.85	0.90	0.95	1.00	1.05	1.10	1.15	1.20	1.25
φ_b'	0.60	0.627	0.653	0.676	0.697	0.715	0.732	0.748	0.762	0.775	0.788	0.799	0.809	0.819
φ_b	1.30	1.35	1.40	1.45	1.50	1.60	1.80	2.00	2.25	2.50	3.00	3.50		≥4.00
φ_b'	0.828	0.837	0.845	0.852	0.859	0.872	0.894	0.913	0.931	0.946	0.970	0.987		1.000

表 11-10　整体稳定系数 φ_b 的近似计算公式

项次	截面形式		近似计算公式		备注
1	工字形截面	双轴对称时	$\varphi_b = 1.07 - \dfrac{\lambda_y^2}{44000} \cdot \dfrac{f_y}{235}$	(11-13)	$\varphi_b \leqslant 1.0$
2		单轴对称时	$\varphi_b = 1.07 - \dfrac{W_x}{(2\alpha_b + 0.1) Ah} \cdot \dfrac{\lambda_y^2}{14000} \cdot \dfrac{f_y}{235}$	(11-14)	
3	T形截面	弯矩使翼缘受压	双角钢组成的 T 形截面	$\varphi_b = 1 - 0.0017\lambda_y \sqrt{f_y/235}$	(11-15)	
4			两板焊接组合 T 形截面	$\varphi_b = 1 - 0.0022\lambda_y \sqrt{f_y/235}$	(11-16)	
5		弯矩使翼缘受拉	腹板高厚比不大于 $18\sqrt{235/f_y}$	$\varphi_b = 1 - 0.0005\lambda_y \sqrt{f_y/235}$	(11-17)	
6			其他	$\varphi_b = 1.0$		

4）增加梁两端的扭转约束，使其不发生扭转，尽量达到理想夹支座条件。

11.1.4　梁的局部稳定

1. 梁腹板加劲肋的配置原则

对于不考虑屈曲后强度的组合梁腹板配置加劲肋的原则见表 11-11，表中各符号的含义如图 11-8 所示。任何情况下，腹板高厚比 h_0/t_w 均不应超过 $250\sqrt{235/f_y}$。

2. 梁腹板局部稳定的计算

梁腹板配置加劲肋（横向加劲肋、纵向加劲肋、短加劲肋）后，被划分成若干区格，其尺寸是否能够满足局部稳定要求应根据表 11-12 中所给公式计算确定。当不能满足要求时，应减小横向加劲肋或短加劲肋间距，必要时也可采用增加腹板厚度等其他措施。

3. 梁腹板加劲肋的构造要求

腹板加劲肋的尺寸与构造要求按表 11-14 的规定确定。

4. 梁受压翼缘宽厚比的规定

梁受压翼缘宽厚比应符合表 11-15 的规定。

表 11-11　梁腹板加劲肋的配置原则表

项次	高厚比及相关条件		加劲肋配置的规定	加劲肋间距或相关要求
1	$\dfrac{h_0}{t_w}\leqslant 80\sqrt{\dfrac{235}{f_y}}$	局部压应力 $\sigma_c = 0$	可不配置加劲肋	
2		局部压应力 $\sigma_c \neq 0$	按构造要求配置横向加劲肋	加劲肋间距 $a \leqslant 2h_0$
3	$80\sqrt{\dfrac{235}{f_y}} < \dfrac{h_0}{t_w}\leqslant 150\sqrt{\dfrac{235}{f_y}}$	受压翼缘扭转未受到约束	配置横向加劲肋（图 11-8a）	横向加劲肋间距由计算确定，参见表 11-12
4	$80\sqrt{\dfrac{235}{f_y}} < \dfrac{h_0}{t_w}\leqslant 170\sqrt{\dfrac{235}{f_y}}$	受压翼缘扭转受到约束		
5	$150\sqrt{\dfrac{235}{f_y}} < \dfrac{h_0}{t_w}\leqslant 250\sqrt{\dfrac{235}{f_y}}$	受压翼缘扭转未受到约束	配置横向加劲肋的同时，尚应在弯曲应力较大区格的受压区配置纵向加劲肋（图 11-8b）	对于单轴对称梁，当确定是否要配置纵向加劲肋时，h_0 应取腹板受压区高度 h_c 的 2 倍
6	$170\sqrt{\dfrac{235}{f_y}} < \dfrac{h_0}{t_w}\leqslant 250\sqrt{\dfrac{235}{f_y}}$	受压翼缘扭转受到约束		
7	$80\sqrt{\dfrac{235}{f_y}} < \dfrac{h_0}{t_w}\leqslant 250\sqrt{\dfrac{235}{f_y}}$	按计算需要时		
8	$80\sqrt{\dfrac{235}{f_y}} < \dfrac{h_0}{t_w}\leqslant 250\sqrt{\dfrac{235}{f_y}}$	局部压应力 σ_c 很大时	按计算需要时，尚宜在受压区配置短加劲肋（图 11-8c）	相关计算参见表 11-12
9	梁的支座处和上翼缘受有较大固定集中荷载处		宜设置支承加劲肋（图 11-8d）	加劲肋按表 11-14 的规定进行计算

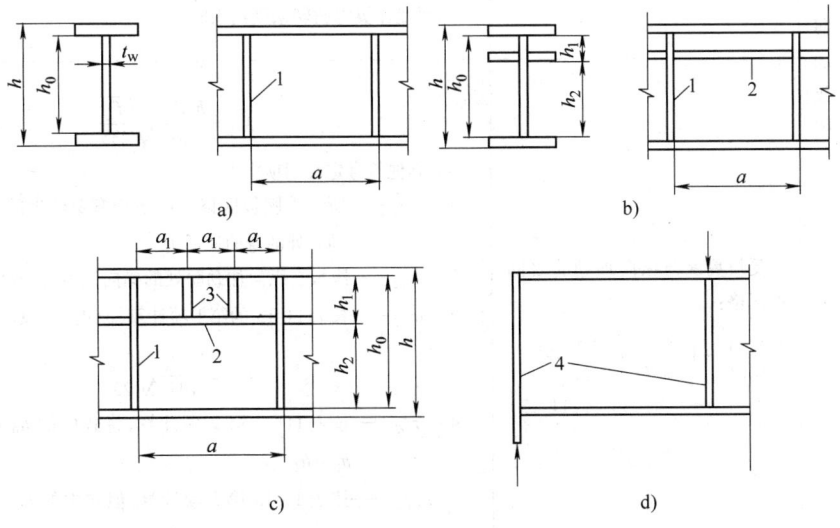

a)　　　　　　　　　　　b)

c)　　　　　　　　　　　d)

图 11-8　加劲肋布置图

1—横向加劲肋　2—纵向加劲肋　3—短加劲肋　4—支承加劲肋

表 11-12　梁腹板局部稳定计算表

项次	腹板加劲肋的配置情况	区格局部稳定的验算公式	公式中的相关参数
1	仅配置横向加劲肋的腹板区格（图 11-8a）	$\left(\dfrac{\sigma}{\sigma_{cr}}\right)^2+\left(\dfrac{\tau}{\tau_{cr}}\right)^2+\dfrac{\sigma_c}{\sigma_{c,cr}}\leqslant1$ (11-18)	1) σ——所计算腹板区格内，由平均弯矩产生的腹板计算高度边缘的弯曲压应力 2) τ——所计算腹板区格内，由平均剪力产生的腹板平均切应力，$\tau=V/(h_wt_w)$，h_w 为腹板高度 3) σ_c——腹板计算高度边缘的局部压应力，$\sigma_c=F/(t_wl_z)$，F 为集中荷载，t_w 为腹板厚度，$l_z=a+5h_y+2h_R$，a 为集中荷载沿梁长度方向的支承跨度，对轨道上的轮压可取 50mm，h_y 为自梁顶面至腹板计算高度上边缘的距离，h_R 为轨道的高度，对梁顶无轨道的梁取 0 4) σ_{cr}、τ_{cr}、$\sigma_{c,cr}$——各应力单独计算时的临界应力，按表 11-13 计算
2	同时用横向加劲肋和纵向加劲肋加强的腹板区格（图 11-8b）	受压翼缘与纵向加劲肋之间的区格： $\dfrac{\sigma}{\sigma_{cr1}}+\left(\dfrac{\sigma_c}{\sigma_{c,cr1}}\right)^2+\left(\dfrac{\tau}{\tau_{cr1}}\right)^2\leqslant1$ (11-19) 受拉翼缘与纵向加劲肋之间的区格： $\left(\dfrac{\sigma_2}{\sigma_{cr2}}\right)^2+\left(\dfrac{\tau}{\tau_{cr2}}\right)^2+\dfrac{\sigma_{c2}}{\sigma_{c,cr2}}\leqslant1$ (11-23)	1) σ_{cr1}——按表 11-13 第 1 项计算，但式中 λ_b 改用下列 λ_{b1} 当梁受压翼缘扭转受到约束时： $\lambda_{b1}=\dfrac{h_1/t_w}{75}\sqrt{\dfrac{f_y}{235}}$　(11-20) 当梁受压翼缘扭转未受约束时： $\lambda_{b1}=\dfrac{h_1/t_w}{64}\sqrt{\dfrac{f_y}{235}}$　(11-21) h_1——纵向加劲肋至腹板计算高度受压边缘的距离。 2) τ_{cr1}——按表 11-13 第 2 项计算，将式中的 h_0 改为 h_1 3) $\sigma_{c,cr1}$——按表 11-13 第 1 项计算，但式中的 λ_b 改用下列 λ_{c1} 当梁受压翼缘扭转受到约束时： $\lambda_{c1}=\dfrac{h_1/t_w}{56}\sqrt{\dfrac{f_y}{235}}$　(11-22) 当梁受压翼缘扭转未受约束时： $\lambda_{c1}=\dfrac{h_1/t_w}{40}\sqrt{\dfrac{f_y}{235}}$　(11-24) 4) 其他符号定义同项次 1 1) σ_2——所计算腹板区格内由平均弯矩产生的腹板在纵向加劲肋处的弯曲压应力 2) σ_{c2}——腹板在纵向加劲肋处的横向压应力，取 $0.3\sigma_c$ 3) σ_{cr2}——按表 11-13 的第 1 项计算，但式中的 λ_b 改用下列 λ_{b2}： $\lambda_{b2}=\dfrac{h_2/t_w}{194}\sqrt{\dfrac{f_y}{235}}$　(11-25) 4) τ_{cr2}——按表 11-13 第 2 项计算，将式中的 h_0 改为 h_2，$h_2=h_0-h_1$ 5) $\sigma_{c,cr2}$——按表 11-13 第 3 项计算，但式中的 h_0 改为 h_2，当 $a/h_2>2$ 时，取 $a/h_2=2$ 6) 其他符号定义同项次 1

（续）

项次	腹板加劲肋的配置情况	区格局部稳定的验算公式	公式中的相关参数
3	在受压翼缘与纵向加劲肋之间设有短加劲肋的腹板区格（图11-8c）	公式同(11-19)	1）σ_{cr1}——按式(11-19)的 1)款确定 2）τ_{cr1}——按表11-13 第 2 项计算，将式中的 h_0 和 a 改为 h_1 和 a_1，a_1 为短加劲肋间距 3）$\sigma_{\mathrm{c,cr1}}$——按表11-13 第 1 项计算，但式中的 λ_{b} 改用下列 λ_{c1} 当梁受压翼缘扭转受到约束时： $$\lambda_{\mathrm{c1}}=\frac{a_1/t_{\mathrm{w}}}{87}\sqrt{\frac{f_{\mathrm{y}}}{235}} \qquad (11\text{-}26)$$ 当梁受压翼缘扭转未受约束时： $$\lambda_{\mathrm{c1}}=\frac{a_1/t_{\mathrm{w}}}{73}\sqrt{\frac{f_{\mathrm{y}}}{235}} \qquad (11\text{-}27)$$ 对于为 $a_1/h_1>1.2$ 的区格，上两式右侧应乘以 $1/(0.4+0.5a_1/h_1)^{1/2}$

表 11-13　各应力单独作用时梁腹板的通用高厚比与临界应力

项次	荷载形式	腹板通用高厚比	腹板临界应力	参数说明
1	弯矩单独作用时	当梁受压翼缘扭转受到约束时： $$\lambda_{\mathrm{b}}=\frac{2h_{\mathrm{c}}/t_{\mathrm{w}}}{177}\sqrt{\frac{f_{\mathrm{y}}}{235}} \quad (11\text{-}28)$$ 当梁受压翼缘扭转未受约束时： $$\lambda_{\mathrm{b}}=\frac{2h_{\mathrm{c}}/t_{\mathrm{w}}}{153}\sqrt{\frac{f_{\mathrm{y}}}{235}} \quad (11\text{-}29)$$	当 $\lambda_{\mathrm{b}}\leqslant0.85$ 时： $$\sigma_{\mathrm{cr}}=f \qquad (11\text{-}30)$$ 当 $0.85<\lambda_{\mathrm{b}}\leqslant1.25$ 时： $$\sigma_{\mathrm{cr}}=[1-0.75(\lambda_{\mathrm{b}}-0.85)]f \quad (11\text{-}31)$$ 当 $\lambda_{\mathrm{b}}>1.25$ 时： $$\sigma_{\mathrm{cr}}=1.1f/\lambda_{\mathrm{b}}^2 \quad (11\text{-}32)$$	h_{c}——梁腹板弯曲受压区高度，对双轴对称截面 $2h_{\mathrm{c}}=h_0$ f——腹板钢材强度设计值
2	剪力单独作用时	当 $a/h_0\leqslant1.0$ 时： $$\lambda_{\mathrm{s}}=\frac{h_0/t_{\mathrm{w}}}{41\sqrt{4+5.34(h_0/a)^2}}\sqrt{\frac{f_{\mathrm{y}}}{235}}$$ $(11\text{-}33)$ 当 $a/h_0>1.0$ 时： $$\lambda_{\mathrm{s}}=\frac{h_0/t_{\mathrm{w}}}{41\sqrt{5.34+4(h_0/a)^2}}\sqrt{\frac{f_{\mathrm{y}}}{235}}$$ $(11\text{-}34)$	当 $\lambda_{\mathrm{s}}\leqslant0.8$ 时： $$\tau_{\mathrm{cr}}=f_v \qquad (11\text{-}35)$$ 当 $0.8<\lambda_{\mathrm{s}}\leqslant1.2$ 时： $$\tau_{\mathrm{cr}}=[1-0.59(\lambda_{\mathrm{s}}-0.8)]f_v$$ $(11\text{-}36)$ 当 $\lambda_{\mathrm{s}}>1.2$ 时： $$\tau_{\mathrm{cr}}=1.1f_v/\lambda_{\mathrm{s}}^2 \quad (11\text{-}37)$$	
3	局压单独作用时	当 $0.5\leqslant a/h_0\leqslant1.5$ 时： $$\lambda_{\mathrm{c}}=\frac{h_0/t_{\mathrm{w}}}{28\sqrt{10.9+13.4(1.83-a/h_0)^3}}\sqrt{\frac{f_{\mathrm{y}}}{235}}$$ $(11\text{-}38)$ 当 $1.5<a/h_0\leqslant2.0$ 时： $$\lambda_{\mathrm{c}}=\frac{h_0/t_{\mathrm{w}}}{28\sqrt{18.9-5a/h_0}}\sqrt{\frac{f_{\mathrm{y}}}{235}}$$ $(11\text{-}39)$	当 $\lambda_{\mathrm{c}}\leqslant0.9$ 时： $$\sigma_{\mathrm{c,cr}}=f \qquad (11\text{-}40)$$ 当 $0.9<\lambda_{\mathrm{c}}\leqslant1.2$ 时： $$\sigma_{\mathrm{c,cr}}=[1-0.79(\lambda_{\mathrm{c}}-0.9)]f$$ $(11\text{-}41)$ 当 $\lambda_{\mathrm{c}}>1.2$ 时： $$\sigma_{\mathrm{c,cr}}=1.1f/\lambda_{\mathrm{c}}^2 \quad (11\text{-}42)$$	

表11-14　腹板加劲肋的截面尺寸

项次	加劲肋配置情况		截　面　尺　寸		备　　注
1	横向加强肋	无纵向加强肋	在腹板两侧成对配置时	外伸宽度 $b_s \geqslant \dfrac{h_0}{30} + 40\text{mm}$　(11-43) 厚度 $t_s \geqslant \dfrac{b_s}{15}$　(11-44)	横向加劲肋的最小间距为 $0.5h_0$，最大间距应为 $2h_0$（对无局部压应力的梁，当 $h_0/t_w \leqslant 100$ 时，可采用 $2.5h_0$）
			在腹板一侧配置时	外伸宽度 $b_s \geqslant \dfrac{h_0}{25} + 48\text{mm}$　(11-45) t_s 按公式（11-44）计算	支承加劲肋和重级工作制吊车梁的加劲肋不应采用单侧配置
		有纵向加劲肋时		b_s、t_s 按公式（11-43）至公式（11-45）计算，且 $I_z \geqslant 3h_0 t_w^3$　(11-46)	—
2	纵向加劲肋			当 $\dfrac{a}{h_0} \leqslant 0.85$ 时，$I_y \geqslant 1.5h_0 t_w^3$　(11-47) 当 $\dfrac{a}{h_0} > 0.85$ 时 $I_y \geqslant \left(2.5 - 0.45\dfrac{a}{h_0}\right)\left(\dfrac{a}{h_0}\right)^2 h_0 t_w^3$　(11-48)	纵向加劲肋至腹板计算高度受压边缘的距离应在 $h_c/2.5 \sim h_c/2$ 范围内
3	短加劲肋			外伸宽度，$b_{ss} = 0.7b_s \sim b_s$　(11-49) 厚度，$t_{ss} = \dfrac{b_{ss}}{15}$　(11-50)	短加劲肋的最小间距为 $0.75h_1$
4	支承加劲肋			应按承受梁支座反力或固定集中荷载的轴心受压构件计算其在腹板平面外的稳定性。此受压构件的截面应包括加劲肋和加劲肋每侧 $15t_w$ $\sqrt{\dfrac{235}{f_y}}$ 范围内的腹板面积（图11-9）。其计算长度取 h_0	按公式（11-109）计算

注：I_z—横向加劲肋绕梁纵轴的惯性矩；I_y—纵向加劲肋绕梁截面竖轴的惯性矩。

1. 加劲肋宜在腹板两侧成对配置，也可单侧配置。在腹板两侧成对配置的加劲肋，其截面惯性矩应按梁腹板中心线为轴线进行计算；在腹板一侧配置的加劲肋，其截面惯性矩应按与加劲肋相连的腹板边缘为轴线进行计算。
2. 用型钢（工字钢、槽钢、肢尖焊于腹板的角钢）做成的加劲肋，其截面惯性矩不得小于相应钢板加劲肋的惯性矩。

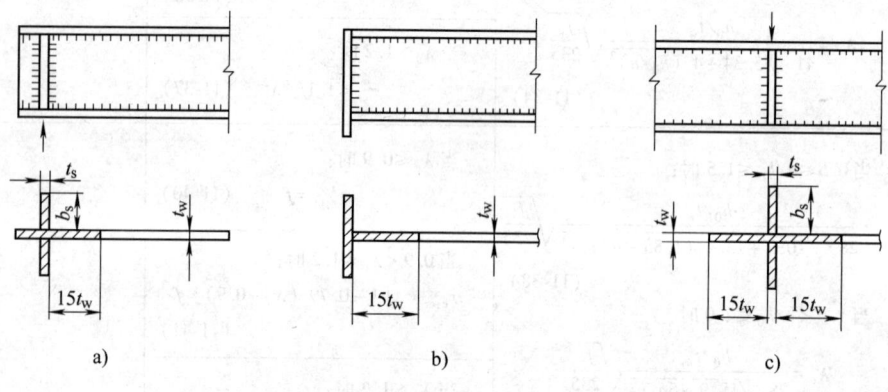

图11-9　支承加劲肋的计算截面
a）平板式支座　b）突缘支座　c）支承加劲肋

表 11-15　梁受压翼缘宽厚比的规定

项次	截面形式及尺寸表示符号	塑性发展程度	宽厚比限值	
1		截面不发展塑性，塑性发展系数 $\gamma_x = 1.0$	$\dfrac{b}{t} \leqslant 15\sqrt{\dfrac{235}{f_y}}$	(11-51)
2		部分截面发展塑性，塑性发展系数 γ_x 取值按表 11-4 的项次 1 和项次 2	$\dfrac{b}{t} \leqslant 13\sqrt{\dfrac{235}{f_y}}$	(11-52)
			$\dfrac{b_0}{t} \leqslant 40\sqrt{\dfrac{235}{f_y}}$	(11-53)
3		全截面发展塑性，塑性设计方法参见 GB 50017—2003	$\dfrac{b}{t} \leqslant 9\sqrt{\dfrac{235}{f_y}}$	(11-54)
			$\dfrac{b_0}{t} \leqslant 30\sqrt{\dfrac{235}{f_y}}$	(11-55)

11.1.5　梁腹板的屈曲后强度

1. 同时受弯和受剪情况下梁腹板屈曲后强度的计算

腹板仅配置支承加劲肋（或尚有中间横向加劲肋）而考虑屈曲后强度的工字形截面焊接组合梁（图 11-8a），应按下式验算抗弯和抗剪承载能力：

$$\left(\frac{V}{0.5V_u}-1\right)^2 + \frac{M-M_f}{M_{eu}-M_f} \leqslant 1 \qquad (11-56)$$

$$M_f = \left(A_{f1}\frac{h_1^2}{h_2}+A_{f2}h_2\right)f \qquad (11-57)$$

式中　M、V——梁的同一截面上同时产生的弯矩和剪力设计值；计算时，当 $V < 0.5V_u$，取 $V = 0.5V_u$；当 $M < M_f$，取 $M = M_f$；

　　M_f——梁两翼缘所承担的弯矩设计值；

　　A_{f1}、h_1——较大翼缘的截面积及其形心至梁中和轴的距离；

　　A_{f2}、h_2——较小翼缘的截面积及其形心至梁中和轴的距离；

　　M_{eu}、V_u——梁抗弯和抗剪承载力设计值，按以下规定计算。

1）M_{eu} 应按下列公式计算：

$$M_{eu} = \gamma_x \alpha_e W_x f \qquad (11-58)$$

$$\alpha_e = 1 - \frac{(1-\rho)\,h_c^3 t_w}{2I_x} \qquad (11-59)$$

式中　α_e——梁截面模量考虑腹板有效高度的折减系数；

　　I_x——按梁截面全部有效算得的绕 x 轴的惯性矩；

　　h_c——按梁截面全部有效算得的腹板受压区高度；

　　γ_x——梁截面塑性发展系数；

　　ρ——腹板受压区有效高度系数；

当 $\lambda_b \leqslant 0.85$ 时，

$$\rho = 1.0 \qquad (11-60)$$

当 $0.85 < \lambda_b \leqslant 1.25$ 时，

$$\rho = 1 - 0.82\,(\lambda_b - 0.85) \qquad (11-61)$$

当 $\lambda_b > 1.25$ 时，

$$\rho = \frac{1}{\lambda_b}\left(1 - \frac{0.2}{\lambda_b}\right) \qquad (11-62)$$

λ_b 为腹板受弯时通用高厚比，按公式（11-28）、式（11-29）计算。

2）V_u 应按下列公式计算：

当 $\lambda_s \leqslant 0.8$ 时，

$$V_u = h_0 t_w f_v \qquad (11-63)$$

当 $0.8 < \lambda_s \leqslant 1.2$ 时，

$$V_u = h_0 t_w f_v\,[1 - 0.5\,(\lambda_s - 0.8)] \qquad (11-64)$$

当 $\lambda_s > 1.2$ 时，

$$V_u = h_0 t_w f_v/\lambda_s^{1.2} \qquad (11-65)$$

式中　λ_s——用于抗剪计算的腹板通用高厚比，按公式（11-33）和式（11-34）计算，当组合梁仅配置支座加劲肋时，取公式（11-34）中的 $h_0/a = 0$。

2. 利用腹板屈曲后强度时加劲肋的设计

当仅配置支承加劲肋的腹板不能满足公式（11-56）的要求时，应在两侧成对配置中间横向加劲肋。中间横向加劲肋和上端受集中压力的中间支承加劲肋，其截面尺寸除应满足式（11-43）和式（11-44）的要求之外，尚应按轴心受压构件参照公式（11-109）计算其平面外的稳定性，轴心压力应按下式计算：

$$N_s = V_u - \tau_{cr}h_0 t_w + F \qquad (11-66)$$

式中　V_u——按公式（11-63）~（11-65）计算；

τ_{cr}——按式 (11-35) ~ (11-37) 计算；

F——作用于中间支承加劲肋上的集中力。

当腹板在支座旁的区格利用屈曲后强度亦即 $\lambda_s >$ 0.8 时，支座加劲肋除承受梁的支座反力外尚应承受拉力场的水平分力 H，按压弯构件计算强度（式 (11-138)）和在腹板平面外的稳定（式 (11-141)）。

$$H = (V_u - h_0 t_w \tau_{cr}) \sqrt{1 + (a/h_0)^2} \qquad (11\text{-}67)$$

对设中间横向加劲肋的梁，a 取支座端区格的加劲肋间距。对不设中间加劲肋的腹板，a 取梁支座至跨内剪力为零点的距离。

H 的作用点在距腹板计算高度上边缘 $h_0/4$ 处。此压弯构件的计算长度同一般支座加劲肋。当支座加劲肋采用如图 11-10 所示的加封头肋板的构造形式时，可按下述简化方法进行计算：加劲肋 1 作为承受支座反力 R 的轴心压杆计算，封头肋板 2 的截面积不应小于 A_c：

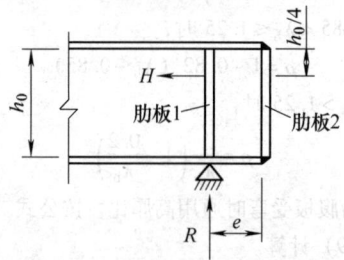

图 11-10　设置封头肋板的梁端构造

$$A_c = \frac{3h_0 H}{16ef} \qquad (11\text{-}68)$$

式中　e——支座加劲肋与封头肋板之间的距离；

f——钢材设计强度。

11.1.6　焊接梁设计中的若干其他问题

1. 焊接工字钢梁的截面选择

焊接工字钢梁的截面选择包括确定截面高度、腹板尺寸和翼缘尺寸，可按表 11-16 和图 11-11 确定。

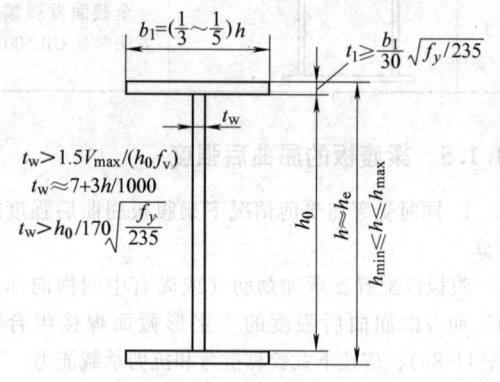

$b_1 = (\frac{1}{3} \sim \frac{1}{5})h$

$t_1 \geqslant \frac{b_1}{30}\sqrt{f_y/235}$

$t_w > 1.5 V_{max}/(h_0 f_v)$

$t_w \approx 7 + 3h/1000$

$t_w > \frac{h_0}{170}\sqrt{\frac{f_y}{235}}$

$h = h_e$

$h_{min} \leqslant h \leqslant h_{max}$

图 11-11　工字钢梁截面尺寸[8]

2. 梁翼缘与腹板连接焊缝的设计

当翼缘与腹板用连续角焊缝连接时，角焊缝的焊脚高度 h_f 按下式计算。

表 11-16　焊接工字钢梁的截面选择

项次	内容	计 算 公 式		备　注
1	梁高	经济梁高 $h_e = K\sqrt{\dfrac{W_{nx}}{t_w}}$ 最小梁高 h_{min} 按表 11-2 或相应刚度条件确定 最大梁高 h_{max} 由建筑设计确定	(11-69)	应使梁高 h 满足： $h_{min} \leqslant h \leqslant h_{max}$ $h \approx h_e$
2	腹板尺寸	按承受剪力确定腹板厚度： $t_{w1} \geqslant \dfrac{1.5 V_{max}}{h_0 f_v}$	(11-70)	腹板高度 h_0 较梁高 h 小二倍翼缘板厚度，同时应符合钢板规格。腹板厚度应符合钢板规格，一般不小于 8mm
		梁高 1 ~ 2m 时，腹板厚度可按经验公式确定： $t_{w2} \approx 7 + \dfrac{3h}{1000}$ mm	(11-71)	
		当梁腹板中不设纵向加劲肋时，腹板厚度应满足： $t_{w3} \geqslant \dfrac{h_0}{170}\sqrt{\dfrac{f_y}{235}}$	(11-72)	
		若设纵向加劲肋时，可取： $t_{w3} = \left(\dfrac{1}{170} \sim \dfrac{1}{250}\right)h_0\sqrt{\dfrac{f_y}{235}}$	(11-73)	

（续）

项次	内容	计　算　公　式	备　　注
3	翼缘尺寸	一个翼缘板所需的面积（图 11-7a） $$b_1 t_1 = \frac{2I_x}{h_0^2} - \frac{t_w h_0}{6} \qquad (11\text{-}74)$$ 翼缘板宽度 b_1 可在下述范围内选取： $$b_1 \approx \left(\frac{1}{3} \sim \frac{1}{5}\right)h \qquad (11\text{-}75)$$ 翼缘板的外伸宽度 b 应满足： $$\frac{b}{t} \leqslant 15\sqrt{\frac{235}{f_y}} \qquad (11\text{-}51)$$	公式（11-74）仅适用于双轴对称的工字形截面

注：t_w（t_{w1}、t_{w2}、t_{w3}）——腹板的厚度；
　　b_1、b、t（t_1）——分别为翼缘板的宽度、翼缘板的外伸宽度（表 11-15 图）和翼缘板的厚度；
　　$W_{nx} = \dfrac{M_x}{\gamma_x f}$——梁所需的净截面抵抗矩；
　　M_x、V_{max}——梁的最大弯矩和最大剪力；
　　γ_x——截面的塑性发展系数，按表 11-4 规定采用；
　　K——系数，不变截面的焊接梁 $K=1.2$；不变截面的焊接吊车梁 $K=1.35$；
　　h、h_0——梁的截面高度和腹板高度；
　　$I_x = W_{nx}\dfrac{h}{2}$——梁截面所需要的惯性矩；
　　f、f_v——钢材的抗弯强度设计值和抗剪强度设计值；
　　f_y——钢材的屈服强度。

$$h_f \geqslant \frac{1}{1.4 f_f^w}\sqrt{\left(\frac{VS_1}{I_x}\right)^2 + \left(\frac{\psi F}{\beta_f l_z}\right)^2} \qquad (11\text{-}76)$$

式中　V——计算截面处的剪力，一般按梁的最大剪力计算；
　　S_1——翼缘对梁中和轴的毛截面面积矩；
　　I_x——梁的毛截面惯性矩；
　　F——集中荷载，对动力荷载应考虑动力系数；
　　ψ——集中荷载增大系数，对重级工作制吊车梁 $\psi=1.35$；对其他梁 $\psi=1.0$；
　　l_z——集中荷载在腹板计算高度上边缘的假定分布长度，见表 11-3 的说明；
　　β_f——正面角焊缝的强度设计值增大系数：对承受静力荷载和间接承受动力荷载的结构 $\beta_f=1.22$；对直接承受动力荷载的结构 $\beta_f=1.0$。

3. 梁截面沿长度的改变

简支焊接钢梁可采用沿梁长改变截面的办法达到节省钢材的目的。表 11-17 给出了三种改变梁截面的例子，可供参考。梁的跨度等于或大于 12m 时，改变截面较为合理，但一般沿梁的长度范围内只改变一次。在变截面处应验算梁的强度。

表 11-17　梁截面沿长度改变举例

项次	改变方法	具　体　构　造
1	改变翼缘宽度	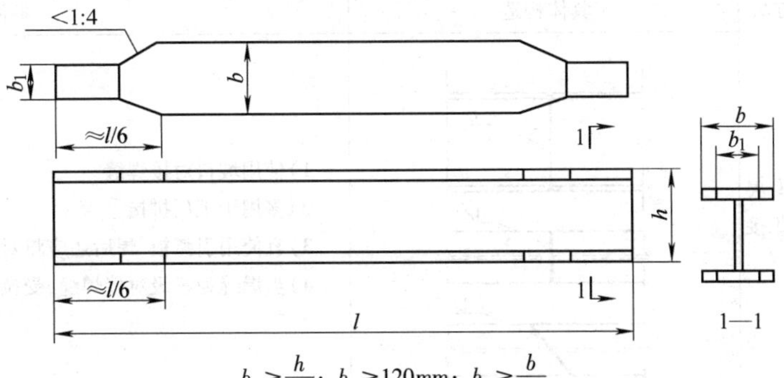 $b_1 \geqslant \dfrac{h}{10}$；$b_1 \geqslant 120\text{mm}$；$b_1 \geqslant \dfrac{b}{2}$

（续）

项次	改变方法	具体构造
2	采用双层翼缘板	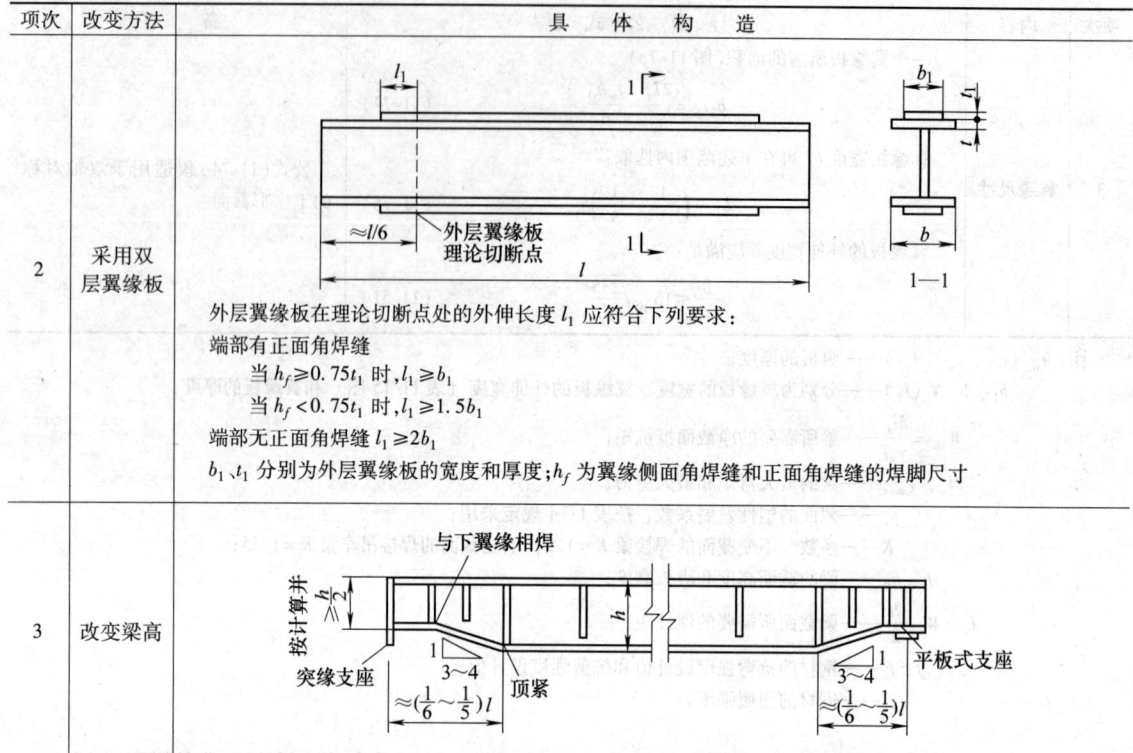 外层翼缘板在理论切断点处的外伸长度 l_1 应符合下列要求： 端部有正面角焊缝 　　当 $h_f \geq 0.75t_1$ 时，$l_1 \geq b_1$ 　　当 $h_f < 0.75t_1$ 时，$l_1 \geq 1.5b_1$ 端部无正面角焊缝 $l_1 \geq 2b_1$ b_1、t_1 分别为外层翼缘板的宽度和厚度；h_f 为翼缘侧面角焊缝和正面角焊缝的焊脚尺寸
3	改变梁高	

4. 梁的焊缝拼接

梁的拼接分工厂拼接和工地拼接两种。当钢材的供应长度不够或者为利用短材时可进行工厂拼接。若梁的跨度较大，受到运输条件限制，可将梁在工厂中分段制造，运至现场后再进行拼接，称为工地拼接。拼接部位应设在内力较小处，一般距支座 1/3 或 1/4，按该截面的弯矩和剪力的共同作用设计。表 11-18 给出了几种梁的焊缝拼接形式，可供参考。

5. 焊接梁的构造要求

1) 焊接梁的翼缘一般用一层钢板做成，当采用两层钢板时，外层钢板与内层钢板厚度之比宜为 0.5～1.0。用做吊车梁时，外层钢板宜沿梁通长设置，并应在设计和施工中采取措施使上翼缘两层钢板紧密接触。

2) 焊接梁的横向加劲肋与翼缘板相连接处应切角，当切成斜角时，其宽约 $b_s/3$（但不大于 40mm），高约 $b_s/2$（但不大于 60mm），如图 11-12 所示。b_s 为加劲肋的宽度。

3) 梁的端部支承加劲肋的下端，按端面承压强度设计值计算时，应刨平顶紧（图 11-13a），其中突缘加强板的伸出长度不得大于其板厚的 2 倍（图 11-13b）。

表 11-18　梁焊缝拼接形式举例

项次	拼接方法	具体构造	备注
1	对接焊缝的直接拼接		1) 使用坡口对接焊缝 2) 多用于工厂拼接 3) 宜使用引弧板，焊后还应将对接焊缝表面加工齐平 4) 当焊缝为三级对接焊缝，受拉翼缘应采用 60° 斜焊缝

（续）

项次	拼接方法	具体构造	备注
2	翼缘和腹板对接焊缝错开式拼接	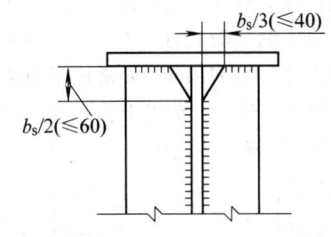	1）使用坡口对接焊缝 2）为减少焊接应力，翼缘和腹板的对接焊缝应该相互错开 3）腹板的对接焊缝距加劲肋的距离应大于$10t_w$ 4）用于工地拼接和工厂拼接 5）宜使用引弧板，焊后还应将对接焊缝表面加工齐平 6）当焊缝为三级对接焊缝，受拉翼缘应采用60°斜焊缝
3	盖板式拼接	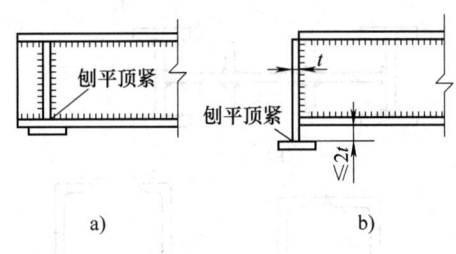	1）盖板采用围角焊缝与翼缘或腹板相连 2）计算盖板及其焊缝时，可按翼缘承担全部弯矩，腹板承受全部剪切力来考虑 3）多用于工地拼接

图 11-12 加劲肋的切角

图 11-13 梁的支座加劲肋

a)   b)

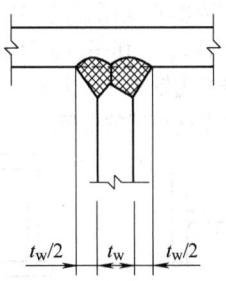

图 11-14 焊透的 T 形连接焊缝

4）吊车梁翼缘板或腹板的焊接拼接应采用加引弧板的焊透对接焊缝，引弧板割去处应予打磨平整。

5）重级工作制和起重量 $Q \geqslant 50t$ 的中级工作制吊车梁腹板与上翼缘的 T 形连接应予焊透；焊缝质量不低于国家现行 GB 50205—2001《钢结构工程施工质量验收规范》规定的二级焊缝标准（图 11-14）。

6）吊车梁横向加劲肋的上端应与上翼缘刨平顶紧并焊接。中间横向加劲肋的下端宜在距受拉翼缘 50～100mm 处断开，不应另加零件与受拉翼缘焊接（图 11-15a、b），施焊时不宜在加劲肋下端引弧和熄弧。对于相当宽的箱形梁或单腹板梁，为避免受拉翼缘板在施工和运输过程中产生局部变形，可以把横向加劲肋下端与加设的垫板焊住，再以纵向焊缝把垫板焊在受拉翼缘板上（图 11-15c、d）。

7）重级工作制吊车梁的受拉翼缘板边缘，宜采用自动精密气割，当用手工气割或剪切机切割时，应沿全长刨边。

8）吊车梁的受拉翼缘上不得焊接悬挂设备的零件，并不宜在该处打火或焊接临时用的夹具。

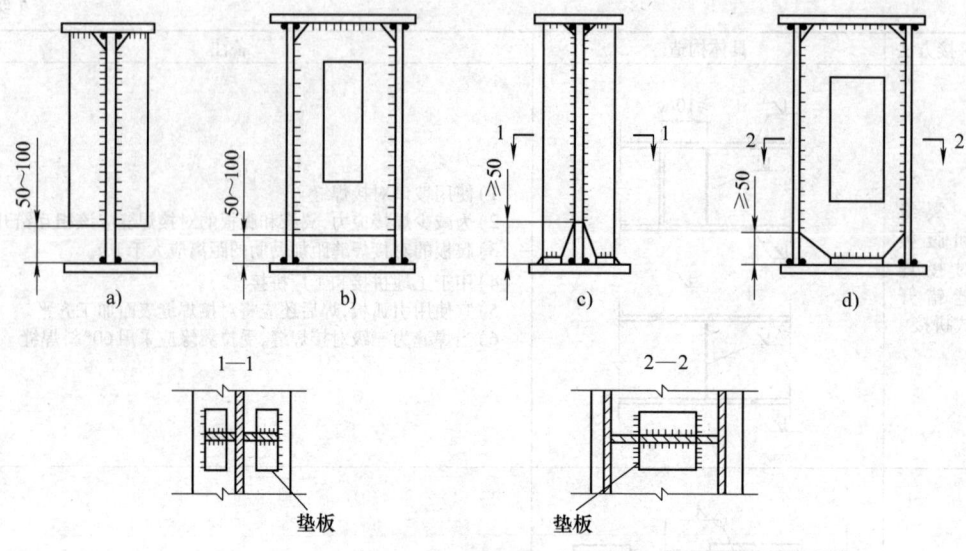

图 11-15　吊车梁横向加劲肋的构造

11.2　焊接柱

11.2.1　焊接柱的分类

1. 按受力特点分类

焊接柱是由钢板或型钢经焊接而成的受压构件，按受力特点可分为轴心受压柱（轴压构件）和偏心受压柱（压弯构件）。工作平台柱和桁架、塔架、网架结构中的压杆多为轴心受压构件；厂房和高层建筑的框架柱、具有节间荷载的桁架上弦杆、门式起重机的门架支柱等多为压弯构件。

2. 按截面形式分类

按截面形式可以分为实腹式柱和格构式柱两种。实腹式柱的构造和制作比较简单；格构式柱虽制作稍费工，但其截面开展，能节省钢材。图 11-16 给出了常用的焊接柱截面形式。其中图 11-16a ~ d 多用于轴心或小偏心受压的实腹式柱，图 11-16e ~ g 用于偏心受压的实腹式柱，图 11-16h ~ k 常用于桁架和网架的受压构件，图 11-16l ~ m 常用于轴心或小偏心受压的格构式柱，图 11-16n ~ p 则用于偏心受压的格构式柱。

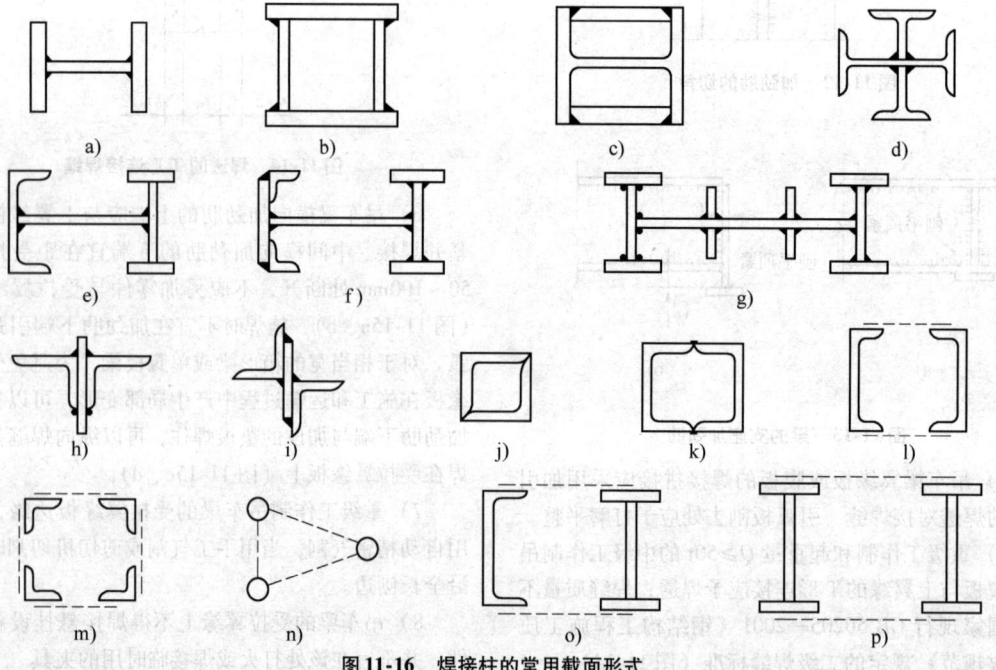

图 11-16　焊接柱的常用截面形式

设计焊接柱时，首先应根据其工作条件选择合理的截面形式，根据强度、稳定和刚度条件确定截面的各部分尺寸，最后对柱的强度、刚度和稳定性进行验算。本节将以文献［1］的有关规定介绍焊接柱的设计和计算方法，其柱头和柱脚等节点设计见第14章。

11.2.2　构件的计算长度和刚度控制

1. 计算长度的取值

1）等截面压杆和单层或多层框架等截面柱在框架平面内的计算长度按下式确定：

$$l_0 = \mu l \qquad (11\text{-}77)$$

式中　l——压杆或柱的长度或高度；

　　　μ——计算长度系数。对于压杆可按表11-19所给的相应边界约束条件查到，对于单层或多层框架柱可按表11-20计算。

2）单层厂房框架下端刚性固定的阶形柱，在框

表 11-19　等截面压杆的计算长度系数 μ [3]

项　次	1	2	3	4	5	6
虚线所示为杆件屈曲形状	a)	b)	c)	d)	e)	f)
理论值 μ	0.5	0.7	1.0	1.0	2.0	2.0
当接近理想条件时的设计建议值 μ	0.65	0.80	1.2	1.0	2.10	2.0
(不能转动符号)	不能转动			不能平移		
(自由转动符号)	自由转动			不能平移		
(不能转动符号)	不能转动			自由平移		
(自由转动符号)	自由转动			自由平移		

表 11-20　框架柱的计算长度系数 μ

项次	框架类别	计算公式	备注
1	无支承纯框架	1）一阶弹性分析法计算内力 μ 按有侧移框架柱的计算长度系数采用，可按表11-21查得。 2）近似采用二阶弹性分析计算内力，且在每层柱顶考虑附加假想水平力 H_{ni} 时，$\mu=1$。 $$H_{ni} = \frac{\alpha_y Q_i}{250}\sqrt{0.2 + \frac{1}{n_s}} \qquad (11\text{-}78)$$	Q_i——i 层总重力荷载设计值； n_s——框架总层数，当 $\sqrt{0.2 + 1/n_s} > 1$ 时，取此根号值为1.0； a_y——钢材强度影响系数，Q235 为 1，Q345 为 1.1，Q390 为 1.2，Q420 为 1.25； $\sum N_{bi}$、$\sum N_{0i}$——第 i 层层间所有框架柱用无侧移框架和有侧移框架柱计算长度系数（表11-21）算得的轴压杆稳定承载力之和； φ_1、φ_0——按表11-21中无侧移框架和有侧移框架柱计算长度系数算得的轴压杆稳定系数； S_b——支承结构的侧移刚度，即产生单位侧倾角的水平力
2	有支撑框架	1）强支承框架（支承桁架、剪力墙、电梯井等），应满足： $$S_b \geq 3(1.2\sum N_{bi} - \sum N_{0i}) \qquad (11\text{-}79)$$ 此时 μ 按无侧移框架柱的计算长度系数采用，可按表11-21查得。 2）弱支承框架，即： $$S_b < 3(1.2\sum N_{bi} - \sum N_{0i}) \qquad (11\text{-}80)$$ 此时框架柱的轴压杆稳定系数为 $$\varphi = \varphi_0 + (\varphi_1 - \varphi_0)\frac{S_b}{3(1.2\sum N_{bi} - \sum N_{0i})} \qquad (11\text{-}81)$$	

架平面内的计算长度可按 GB 50017—2003 第 5.3.4 条的规定确定。

　　3）框架柱沿房屋长度方向（在框架平面外）的计算长度应取阻止框架平面外位移的支承点（柱的支座、吊车梁、托架以及支承和纵梁的固定节点等）之间的距离。

　　4）确定桁架弦杆和单系腹杆的平面内、平面外和斜平面长细比时，其计算长度 l_0 应按表 11-22 采用。

　　当桁架弦杆侧向支承点之间的距离为节间长度的若干倍（图 11-17）且各节间弦杆轴心压力有变化时，该弦杆在桁架平面外的计算长度应按表 11-23 的有关规定确定。

　　桁架再分式腹杆体系的受压主斜杆及 K 形腹杆体系的竖杆等（图 11-19），在桁架平面外的计算长度也应按公式（11-82）确定（受拉主斜杆仍取 l_1）；在桁架平面内的计算长度则取节点中心间距离。

　　5）确定在交叉点相互连接的桁架交叉腹杆的长

细比时，在桁架平面内的计算长度应取节点中心到交叉点间的距离；在桁架平面外的计算长度，当两交叉杆长度相等时，应按表 11-24 的规定采用。

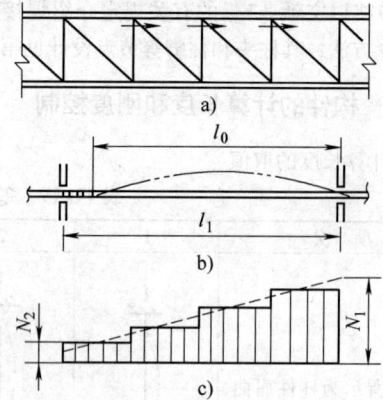

图 11-17　弦杆轴心压力在侧向支承点间有变化的桁架简图

a）在桁架平面内　b）在桁架平面外

c）弦杆轴力的变化

表 11-21　单层或多层框架等截面柱的计算长度系数 μ

a）强支承框架

b）无支承框架

注：1. 图表中的 G_A、G_B 分别为相交于柱上端、柱下端的柱线刚度之和与横梁线刚度之和的比值。对任何给定的柱子，只要知道两端的 G 值（G_A、G_B），就可通过 $G_A G_B$ 连线与中心线的交点，求得 μ 值。

　　2. 当横梁与柱铰接时，取横梁线刚度为零。

　　3. 对底层框架柱，当柱与基础铰接时，取 $G_B = \infty$；当柱与基础刚接时，取 $G_B = 0$。

　　4. 该 μ 值也可根据 GB 50017—2003《钢结构设计规范》附录 D 的表 D-1 和表 D-2 确定。

表 11-22　桁架弦杆和单系腹杆的计算长度 l_0

项次	弯曲方向	弦杆	腹　　杆	
			支座斜杆和支座竖杆	其他腹杆
1	在桁架平面内	l	l	$0.8l$
2	在桁架平面外	l_1	l	l
3	斜平面	—	l	$0.9l$

注：1. l 为构件的几何长度（节点中心间距离）；l_1 为桁架弦杆侧向支承点之间的距离。

2. 斜平面系指与桁架平面斜交的平面，适用于构件截面两主轴均不在桁架平面内的单角钢腹杆和双角钢十字形截面腹杆。

3. 无节点板的腹杆计算长度在任意平面内均取其等于几何长度。

表 11-23　弦杆轴心压力在侧向支承点间有变化时的出平面计算长度

项次	弦杆内力变化形式	弦杆出平面计算长度公式
1	$N_2 \quad\quad N_1$　$\Delta N = (N_1 - N_2)$　l_1　$N_2 \quad\quad N_1$	$l_0 = l_1 \left(0.75 + 0.25 \dfrac{N_2}{N_1} \right)$ 　(11-82) 　且　$l_0 \geq 0.5 l_1$
2	$N_2 \quad\quad N_1$　l_1　$N_2 \quad\quad N_1$	$l_0 = l_1 \sqrt{\dfrac{1 + 0.88 N_2/N_1}{1.88}}$ 　(11-83) 　且　$l_0 \geq 0.66 l_1$
3	$N_2 \quad\quad N_2$　l_1　N_1	$l_0 = l_1 \sqrt{\dfrac{1 + 2.18 N_2/N_1}{3.18}}$ 　(11-84) 　且　$l_0 \geq 0.42 l_1$
4	$N_2 \quad\quad N_2$　l_1　抛物线　N_1　$N_2 \quad\quad N_2$	$l_0 = l_1 \sqrt{\dfrac{1 + 1.09 N_2/N_1}{2.09}}$ 　(11-85) 　且　$l_0 \geq 0.62 l_1$

注：N_1—在侧向支承点间的弦杆中最大的计算压力，按图 11-18 所示方法由实际弦杆内力分布图确定，计算时取正值；

　　N_2—在侧向支承点间的弦杆中最小的计算压力或拉力，按图 11-18 确定，计算时压力取正值，拉力取负值；

　　l_1—侧向支承点间距。

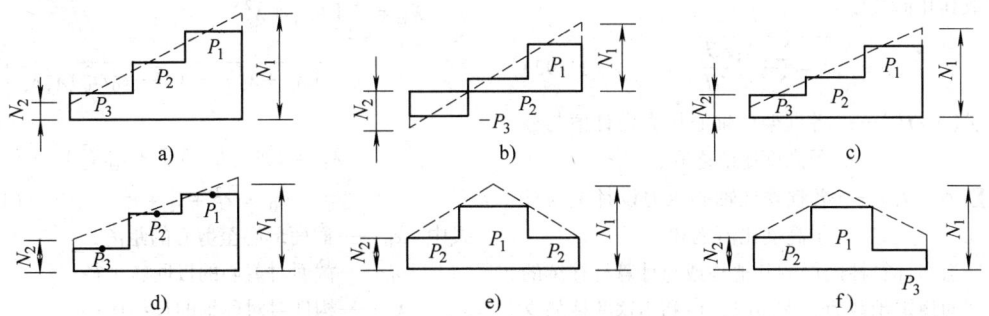

图 11-18　弦杆中 N_1、N_2 的确定方法

a)~f) 图中的 P_1、P_2、P_3…是弦杆中的实际内力

表 11-24　桁架交叉腹板在平面外的计算长度

项次	杆件类别	交叉腹板情况	平面外计算长度	备　注
1	压杆	相交的另一杆受压，两杆截面相同并在交叉点均不中断	$l_0 = l\sqrt{\dfrac{1}{2}\left(1+\dfrac{N_0}{N}\right)}$　(11-86)	式中
2		相交的另一杆受压，此另一杆在交叉点中断但以节点板搭接	$l_0 = l\sqrt{1+\dfrac{\pi^2}{12}\cdot\dfrac{N_0}{N}}$　(11-87)	l——桁架节点中心间距离（交叉点不作为节点考虑） N——所计算杆的内力，取绝对值
3		相交另一杆受拉，两杆截面相同并在交叉点均不中断	$l_0 = l\sqrt{\dfrac{1}{2}\left(1-\dfrac{3}{4}\cdot\dfrac{N_0}{N}\right)}\geqslant 0.5l$ (11-88)	N_0——相交另一杆的内力，取绝对值。当两杆均受压时，取 $N_0 \leqslant N$，两杆截面应相同
4		相交另一杆受拉，此拉杆在交叉点中断但以节点板搭接	$l_0 = l\sqrt{1-\dfrac{3}{4}\cdot\dfrac{N_0}{N}}\geqslant 0.5l$　(11-89) 当此拉杆连续而压杆在交叉点中断但以节点板搭接，若 $N_0 \geqslant N$ 或拉杆在桁架平面外的抗弯刚度 $EI_y \geqslant \dfrac{3N_0 l^2}{4\pi^2}\left(\dfrac{N}{N_0}-1\right)$ 时，取 $l_0 = 0.5l$　(11-90)	
5	拉杆	—	$l_0 = l$　(11-91)	

注：当确定交叉腹杆中单角钢杆件斜平面内的长细比时，计算长度应取节点中心至交叉点的距离。

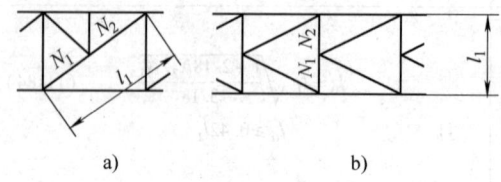

a)　　　　　　　　b)

图 11-19　受压腹杆压力有变化的桁架简图
a) 再分式腹杆体系的受压主斜杆
b) K 形腹杆体系的竖杆

6) 在确定框架柱计算长度系数时尚应考虑以下情况。

① 附有摇摆柱（两端铰接柱）的无支撑纯框架柱和弱支撑框架柱的计算长度系数应乘以增大系数 η 进行调整，η 按公式（11-92）计算。摇摆柱的计算长度取其几何长度。

$$\eta = \sqrt{1+\frac{\sum(N_1/H_1)}{\sum(N_f/H_f)}}\qquad(11\text{-}92)$$

式中　$\sum(N_f/H_f)$——各框架柱轴心压力设计值与柱子高度比值之和；

$\sum(N_1/H_1)$——各摇摆柱轴心压力设计值与柱子高度比值之和。

② 当与计算柱同层的其他柱或与计算柱连续的上下层柱的稳定承载力有潜力时，可利用这些柱的支持作用，对计算柱的计算长度系数进行折减，提供支持作用的计算长度系数则应相应增大。

③ 当梁与柱的连接为半刚性构造时，确定柱计算长度应考虑节点连接的特性。

2. 长细比的计算

1) 截面为双轴对称或极对称的构件，其长细比为

$$\lambda_x = l_{0x}/i_x\qquad \lambda_y = l_{0y}/i_y\qquad(11\text{-}93)$$

式中　l_{0x}、l_{0y}——构件对主轴 x 和 y 的计算长度；

i_x、i_y——构件截面对主轴 x 和 y 的回转半径。

对双轴对称十字形截面构件，λ_x 和 λ_y 取值不得小于 $5.07b/t$，其中 b/t 为悬伸板件宽厚比。

2) 截面为单轴对称的构件，绕非对称轴的长细比 λ_x 仍按公式（11-93）计算，但绕对称轴应取计及扭转效应的下列换算长细比代替 λ_y:

$$\lambda_{yz} = \frac{1}{\sqrt{2}}\Big[(\lambda_y^2+\lambda_z^2)$$
$$+ \sqrt{(\lambda_y^2+\lambda_z^2)^2-4(1-e_0^2/i_0^2)\lambda_y^2\lambda_z^2}\,\Big]^{1/2}$$
$$(11\text{-}94)$$

$$\lambda_z^2 = i_0^2 A/(I_t/25.7+I_\omega/l_\omega^2)\qquad(11\text{-}95)$$

$$i_0^2 = e_0^2+i_x^2+i_y^2\qquad(11\text{-}96)$$

式中　e_0——截面形心至剪心的距离；

i_0——截面对剪心的极回转半径；

λ_y——构件对对称轴的长细比；

λ_z——扭转屈曲的换算长细比；

I_t——毛截面抗扭惯性矩；

I_ω——毛截面扇性惯性矩，对 T 形截面（轧制、双板焊接、双角钢组合）、十字形截面和角形截面可近似取 $I_\omega = 0$；

A——毛截面面积；

l_ω——扭转屈曲的计算长度，对两端铰接、端部截面可自由翘曲或两端嵌固、端部截面的翘曲完全受到约束的构件，取 $l_\omega = l_{0y}$。

3）单角钢截面和双角钢组合 T 形截面绕对称轴的换算长细比 λ_{yz}、以及单轴对称的轴心压杆在绕非对称主轴以外的任一轴失稳时的换算长细比 λ_{uz} 也可采用表 11-25 所给的简化方法确定。

4）计算格构柱绕虚轴的稳定时，亦应使用换算长细比，具体计算方法见 11.2.3 节。

表 11-25　计及扭转效应的换算长细比的简化计算方法

项次	截面形式	图示	条件	换算长细比	备注
1	等边单角钢截面		$b/t \leqslant 0.54 l_{0y}/b$ 时	$\lambda_{yz} = \lambda_y \left(1 + \dfrac{0.85 b^4}{l_{0y}^2 t^2} \right)$　(11-97)	
			$b/t > 0.54 l_{0y}/b$ 时	$\lambda_{yz} = 4.78 \dfrac{b}{t} \left(1 + \dfrac{l_{0y}^2 t^2}{13.5 b^4} \right)$　(11-98)	
2	等边双角钢截面		$b/t \leqslant 0.58 l_{0y}/b$ 时	$\lambda_{yz} = \lambda_y \left(1 + \dfrac{0.475 b^4}{l_{0y}^2 t^2} \right)$　(11-99)	b——等边角钢肢宽度；b_1——不等边角钢长肢宽度；b_2——不等边角钢短肢宽度
			$b/t > 0.58 l_{0y}/b$ 时	$\lambda_{yz} = 3.9 \dfrac{b}{t} \left(1 + \dfrac{l_{0y}^2 t^2}{18.6 b^4} \right)$　(11-100)	
3	长肢相并的不等边双角钢截面		$b_2/t \leqslant 0.48 l_{0y}/b_2$ 时	$\lambda_{yz} = \lambda_y \left(1 + \dfrac{1.09 b_2^4}{l_{0y}^2 t^2} \right)$　(11-101)	
			$b_2/t > 0.48 l_{0y}/b_2$ 时	$\lambda_{yz} = 5.1 \dfrac{b_2}{t} \left(1 + \dfrac{l_{0y}^2 t^2}{17.4 b_2^4} \right)$　(11-102)	
4	短肢相并的不等边双角钢截面		$b_1/t \leqslant 0.56 l_{0y}/b_1$ 时	$\lambda_{yz} = \lambda_y$　(11-103)	
			$b_1/t > 0.56 l_{0y}/b_1$ 时	$\lambda_{yz} = 3.7 \dfrac{b_1}{t} \left(1 + \dfrac{l_{0y}^2 t^2}{52.7 b_1^4} \right)$　(11-104)	
5	单轴对称轴压构件绕非对称主轴以外的任一轴		$b/t \leqslant 0.69 l_{0u}/b$ 时	$\lambda_{uz} = \lambda_u \left(1 + \dfrac{0.25 b^4}{l_{0u}^2 t^2} \right)$　(11-105)	
			$b/t > 0.69 l_{0u}/b$ 时	$\lambda_{uz} = 5.4 b/t$　(11-106)	

注：1. 无任何对称轴且又非极对称的截面（单面连接的不等边单角钢除外）不宜用做轴心受压构件。

　　2. 计算单面连接的单角钢杆件时，也可按表 11-33 中标注 1 考虑相应的折减系数后，只按轴心压杆计算，不考虑弯扭效应的影响。

　　3. 项次 5 中的 $\lambda_u = l_{0u}/i_u$，l_{0u} 为构件对 u 轴的计算长度，i_u 为构件截面对 u 轴的回转半径。

　　4. 当槽形截面用于格构式构件的分肢，计算分肢绕对称轴（y 轴）的稳定性时，不必考虑扭转效应，直接用 λ_y 查出 φ_y 值。

3. 刚度控制

焊接柱和轴心受力构件的刚度由长细比按下式控制：

$$\lambda = l_0/i \leqslant [\lambda] \qquad (11\text{-}107)$$

式中　λ——构件的长细比或换算长细比，对格构式
受压构件，λ 应由按表（11-32）算出的
换算长细比代替；

　　　l_0——构件计算长度，按本小节第 1 款的有关
规定确定；

i——截面的回转半径；

[λ]——构件的容许长细比，按表 11-26 和表
11-27的有关规定确定。

11.2.3　轴心受力构件的强度与稳定

1. 实腹式轴心受压构件的计算

实腹式轴心受压构件，应按表 11-28 所列公式进
行计算。

表 11-26　受压构件的容许长细比

项次	构件名称	容许长细比
1	柱、桁架和天窗架中的杆件	150
1	柱的缀条、吊车梁或吊车桁架以下的柱间支撑	150
2	支撑（吊车梁和吊车桁架以下的柱间支撑除外）	200
2	用以减小受压构件长细比的杆件	200

注：1. 桁架（包括空间桁架）的受压腹杆，当其内力等于或小于承载能力的50%时，容许长细比可取200。

　　2. 计算单角钢受压构件的长细比时，应采用角钢的最小回转半径，但计算在交叉点相互连接的交叉杆件平面外的长
细比时，可采用与角钢肢边平行轴的回转半径。

　　3. 跨度等于或大于 60m 的桁架，其受压弦杆和端压杆的容许长细比宜取 100，其他受压腹杆可取 150（承受静力荷
载或间接承受动力荷载）或 120（直接承受动力荷载）。

　　4. 由容许长细比控制截面的杆件，在计算其长细比时，可不考虑扭转效应。

表 11-27　受拉构件的容许长细比

项次	构件名称	承受静力荷载或间接承受动力荷载的结构		直接承受动力荷载的结构
		一般建筑结构	有重级工作制吊车的厂房	
1	桁架的杆件	350	250	250
2	吊车梁或吊车桁架以下的柱间支撑	300	200	—
3	其他拉杆、支撑、系杆等（张紧的圆钢除外）	400	350	—

注：1. 承受静力荷载的结构中，可仅计算受拉构件在竖向平面内的长细比；

　　2. 在直接或间接承受的动力荷载的结构中，单角钢受拉构件长细比的计算方法与表 11-26 的注 2 同；

　　3. 中、重级工作制吊车桁架下弦杆的长细比不宜超过 200；

　　4. 在设有夹钳或刚性料耙等硬钩吊车的厂房中，支撑（表中第 2 项除外）的长细比不宜超过 300；

　　5. 受拉构件在永久荷载与风荷载组合作用下受压时，其长细比不宜超过 250；

　　6. 跨度等于或大于 60m 的桁架，其受拉弦杆和腹杆的长细比不宜超过 300（承受静力荷载或间接承受动力荷载）或
250（直接承受动力荷载）。

表 11-28　实腹式轴心受压构件计算公式

项次	计算内容			计算公式	备　注
1	强度			$\sigma = \dfrac{N}{A_n} \leqslant f$ （11-108）	
2	整体稳定性			$\dfrac{N}{\varphi A} \leqslant f$ （11-109）	
3	局部稳定性	翼缘	工字形及T 形截面	$\dfrac{b}{t} \leqslant (10 + 0.1\lambda)\sqrt{\dfrac{235}{f_y}}$ （11-110） 当 $\lambda < 30$ 时，取 $\lambda = 30$；当 $\lambda > 100$ 时，取 $\lambda = 100$	
			箱形截面	与表 11-15 的规定相同	

（续）

项次	计算内容		计算公式	备　注
3	局部稳定性	腹板	**工字形截面** $\dfrac{h_0}{t_w} \leqslant (25 + 0.5\lambda)\sqrt{\dfrac{235}{f_y}}$　（11-111） 当 $\lambda < 30$ 时，取 $\lambda = 30$；当 $\lambda > 100$ 时，取 $\lambda = 100$	当工字形和箱形截面的 h_0/t_w 不满足要求时，可用纵向加劲肋加强使之满足要求，或在计算构件的强度和稳定性时，将腹板的截面仅考虑计算高度边缘范围内两侧宽度各 $20t_w$ $\sqrt{235/f_y}$ 的部分（计算构件的稳定系数时，仍用全部截面），如图 11-20 所示
			T 形截面 热轧剖分 T 形钢 $\dfrac{h_0}{t_w} \leqslant (15 + 0.2\lambda)\sqrt{\dfrac{235}{f_y}}$　（11-112） 焊接 T 形钢 $\dfrac{h_0}{t_w} \leqslant (13 + 0.17\lambda)\sqrt{\dfrac{235}{f_y}}$　（11-113）	
			箱形截面 $\dfrac{h_0}{t_w} \leqslant 40\sqrt{\dfrac{235}{f_y}}$　（11-114）	

注：N——轴心压力；

　A_n、A——分别为构件的净截面面积和毛截面面积；

　　φ——轴心受压构件的稳定系数，根据表 11-29、表 11-30 和图 11-21 的截面分类及构件的最大长细比 λ，按式（11-115）或式（11-116）计算，或由 GB50017—2003 的附录 C 查得；

　　λ——构件的长细比，取两个方向的较大值；

　b、t——翼缘板的自由外伸宽度和翼缘厚度；

h_0、t_w——腹板的计算高度和腹板厚度。

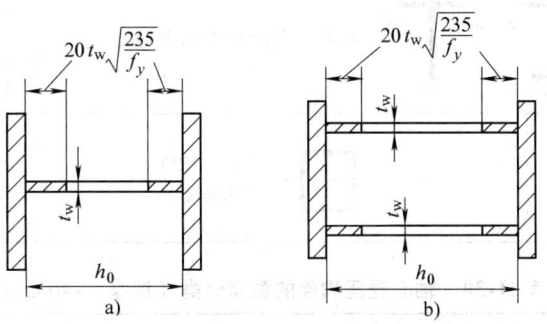

a)　　　　　　　　　　　b)

图 11-20　腹板局部失稳后的计算截面

表 11-29　轴心受压构件的截面分类（板厚 $t < 40$mm）

截　面　形　式			对 x 轴	对 y 轴
轧制			a 类	a 类
轧制，$b/h \leqslant 0.8$			a 类	b 类
轧制，$b/h > 0.8$	焊接，翼缘为焰切边	焊接	b 类	b 类

（续）

截面形式		对 x 轴	对 y 轴
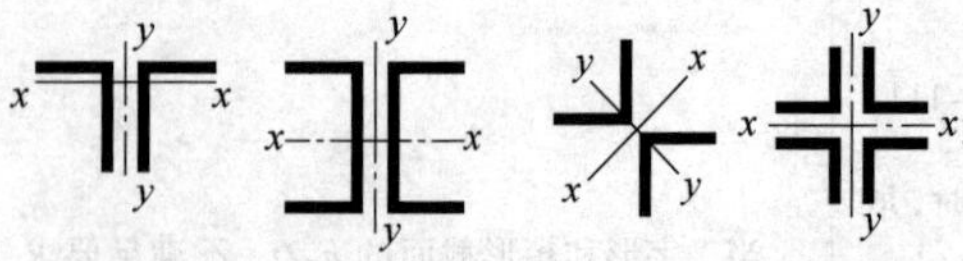 （轧制）　　　（轧制）	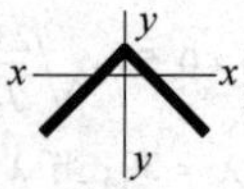 轧制等边角钢		
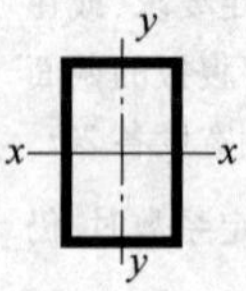 轧制，焊接（板件宽厚比大于20）	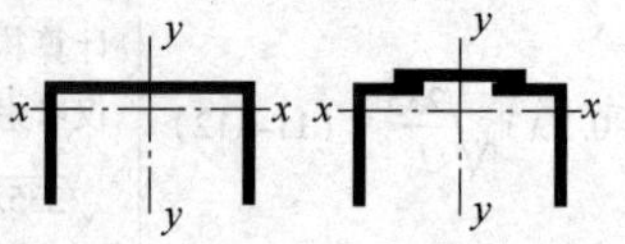 轧制或焊接		
焊接 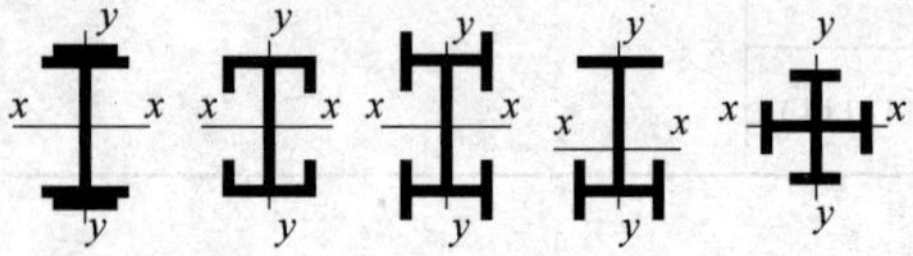	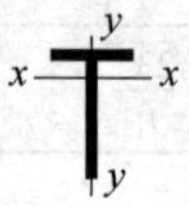 轧制截面和翼缘为焰切边的焊接截面	b 类	b 类
格构式 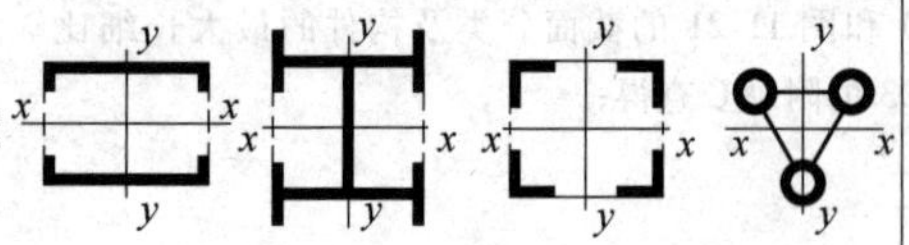	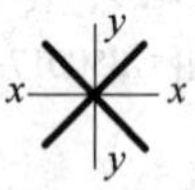 焊接，板件边缘焰切		
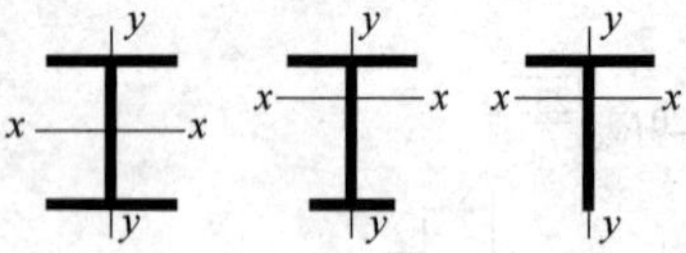	焊接，翼缘为轧制或剪切边	b 类	c 类
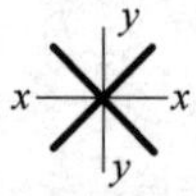 焊接，板件边缘轧制或剪切	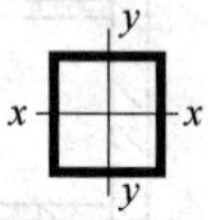 焊接，板件宽厚比≤20	c 类	c 类

表 11-30　轴心受压构件的截面分类（板厚 $t > 40\text{mm}$）

截面形式		对 x 轴	对 y 轴
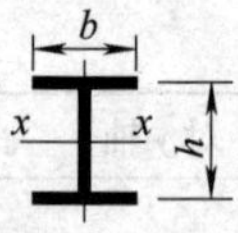 轧制工字形或 H 形截面	$t < 80\text{mm}$	b 类	c 类
	$t \geqslant 80\text{mm}$	c 类	d 类
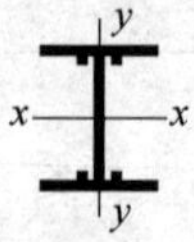 焊接工字形截面	翼缘为焰切边	b 类	b 类
	翼缘为轧制或剪切边	c 类	d 类
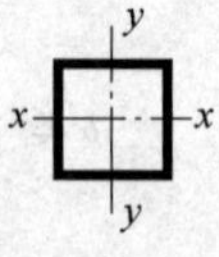 焊接箱形截面	板件宽厚比 > 20	b 类	b 类
	板件宽度比≤20	c 类	c 类

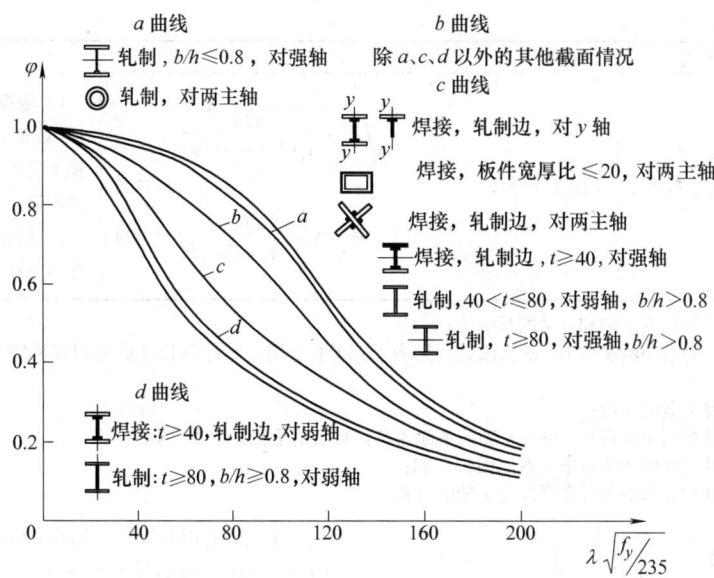

图 11-21　轴心受压构件的截面分类和稳定系数

轴心受压构件的稳定系数通过下式计算：

当 $\bar{\lambda} = \dfrac{\lambda}{\pi}\sqrt{\dfrac{f_y}{E}} \leqslant 0.215$ 时，

$$\varphi = 1 - \alpha_1 \bar{\lambda}^2 \qquad (11\text{-}115)$$

当 $\bar{\lambda} > 0.215$ 时，

$$\varphi = \frac{1}{2\lambda^2}\big[(\alpha_2 + \alpha_3 \bar{\lambda} + \bar{\lambda}^2) -$$

$$\sqrt{(\alpha_2 + \alpha_3 \bar{\lambda} + \bar{\lambda}^2)^2 - 4\bar{\lambda}^2}\,\big] \qquad (11\text{-}116)$$

式中　α_1、α_2、α_3——系数，根据表 11-29 和表 11-30 的截面分类，按表 11-31 采用。

2. 格构式轴心受压构件的计算

1）格构式轴心受压构件的缀件主要有缀条和缀板两类（图 11-22）。在格构式截面中，称通过缀件的轴为虚轴。格构式轴心受压构件的强度和整体稳定性计算公式同实腹式轴心受压构件，但在进行绕虚轴的整体稳定验算时，应按表 11-32 的换算长细比 λ_0 查 φ 值。

表 11-31　系数 α_1、α_2、α_3

截面说明		α_1	α_2	α_3
a 类		0.41	0.986	0.152
b 类		0.65	0.965	0.300
c 类	$\bar{\lambda} \leqslant 1.05$	0.73	0.906	0.595
	$\bar{\lambda} > 1.05$		1.216	0.302
d 类	$\bar{\lambda} \leqslant 1.05$	1.35	0.868	0.915
	$\bar{\lambda} > 1.05$		1.375	0.432

表 11-32　格构式构件的换算长细比 λ_0

项次	构件截面形式	缀件种类	计算公式	备　注
1		缀板	$\lambda_{0x} = \sqrt{\lambda_x^2 + \lambda_1^2}$ 　(11-117)	1）缀板柱中，同一截面处缀板（或型钢横杆）的线刚度之和不得小于柱较大分肢线刚度的 6 倍
2		缀条	$\lambda_{0x} = \sqrt{\lambda_x^2 + 27\dfrac{A}{A_{1x}}}$ 　(11-118)	
3		缀板	$\lambda_{0x} = \sqrt{\lambda_x^2 + \lambda_1^2}$ 　(11-119)　　$\lambda_{0y} = \sqrt{\lambda_y^2 + \lambda_1^2}$ 　(11-120)	2）斜缀条与构件轴线间的夹角应在 $40° \sim 70°$ 范围内
4		缀条	$\lambda_{0x} = \sqrt{\lambda_x^2 + 40\dfrac{A}{A_{1x}}}$ 　(11-121)　　$\lambda_{0y} = \sqrt{\lambda_y^2 + 40\dfrac{A}{A_{1y}}}$ 　(11-122)	

（续）

项次	构件截面形式	缀件种类	计算公式	备　注
5	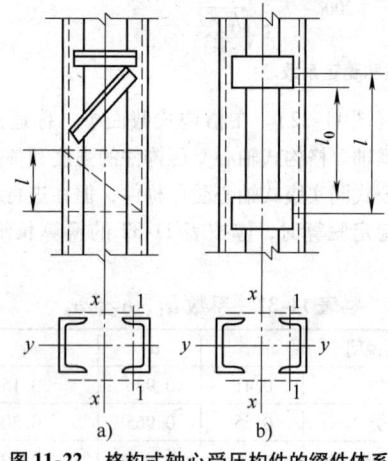	缀条	$$\lambda_{0x} = \sqrt{\lambda_x^2 + \frac{42A}{A_1(1.5 - \cos^2\theta)}} \quad (11\text{-}123)$$ $$\lambda_{0y} = \sqrt{\lambda_y^2 + \frac{42A}{A_1\cos^2\theta}} \quad (11\text{-}124)$$	1）缀板柱中,同一截面处缀板(或型钢横杆)的线刚度之和不得小于柱较大分肢线刚度的6倍 2）斜缀条与构件轴线间的夹角应在40°~70°范围内

注：λ_x、λ_y——整个构件对 x 轴和 y 轴的长细比；
λ_1——单肢对最小刚度轴1-1的长细比,见表11-32的表图。其计算长度取为相邻两缀板的净距离（图11-22 b）；
A——构件毛截面面积；
A_{1x}、A_{1y}——构件截面中垂直于 x 轴和 y 轴的平面内各斜缀条的毛截面面积之和；
A_1——构件截面中各斜缀条毛截面面积之和；
θ——构件截面内缀条所在平面与 x 轴的夹角。

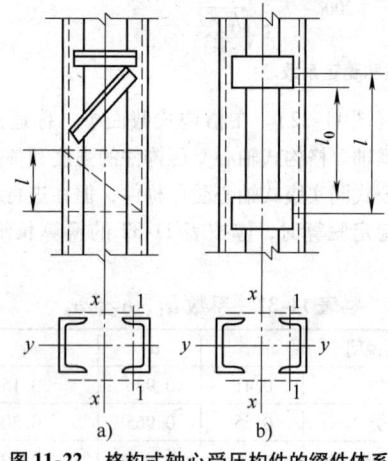

图 11-22　格构式轴心受压构件的缀件体系
a）缀条体系　b）缀板体系

2）用填板连接而成的双角钢或双槽钢构件,可按实腹式构件进行计算,但填板间的距离 l_d 在受压杆中不应大于40i；在受拉杆中不宜大于80i。i 为单肢绕自身最小刚度轴1-1的回转半径,如图11-23所示。受压构件的两个侧向支承点之间的填板数不得少于两个。

3）格构式轴心受压构件的分肢稳定性一般由构造措施保证。当缀件为缀条时,其分肢长细比 λ_1 不应大于构件两个方向长细比（对虚轴取换算长细比）的较大值 λ_{max} 的0.7倍；当缀件为缀板时,λ_1 不应大于40,并不应大于 λ_{max} 的0.5倍（当 $\lambda_{max} < 50$ 时,取 $\lambda_{max} = 50$）。

4）格构式轴心受压构件的缀件内力及截面应按表11-33的规定计算。

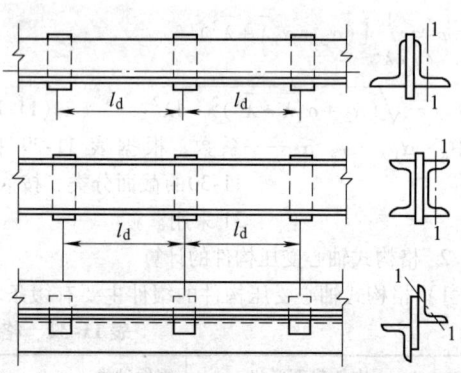

图 11-23　用填板连接成的双角钢和双槽钢截面

表 11-33　缀件内力与截面计算

项次	计算内容	计算公式	备注
1	轴心受压构件的剪力	$$V = \frac{Af}{85}\sqrt{\frac{f_y}{235}} \quad (11\text{-}125)$$	沿构件全长均匀分布,且可在水平两个方向作用
2	斜缀条中的轴心力	$$N_1 = \frac{V_1}{n\cos\alpha} \quad (11\text{-}126)$$	见图11-24
3	缀板所受的剪力和弯矩（和柱肢连接处）	$$T = \frac{V_1 l}{a} \quad (11\text{-}127)$$ $$M = \frac{V_1 l}{2} \quad (11\text{-}128)$$	见图11-25
4	缀条截面验算	斜缀条按承受 N_1 的轴心受压构件计算,水平缀条通常采用与斜缀条相同的截面	应按表注1对强度设计值进行折减

（续）

项次	计算内容	计算公式	备注
5	缀板截面验算	缀板按承受剪切力 T 和弯矩 M 的受弯构件计算	应按标注2对缀板提出构造要求

注：V——整个截面所受剪力；

V_1——分配到一个缀材面的剪力，$V_1 = V/2$；

n——承受剪力 V_1 的斜缀条数；

α——斜缀条与水平线的夹角（图11-24）；

T、M——一块缀板所受的剪力和弯矩（和柱肢连接处）；

l——缀板中心间的距离（图11-25）；

a——肢件轴线间的距离。

1. 计算单面连接的单角钢杆件或连接时，钢材和焊缝的强度设计值应乘以相应的折减系数：

（1）按轴心受力计算强度和连接：0.85；

（2）按轴心受压计算稳定性

等边角钢：　　　　$0.6 + 0.0015\lambda$，但不大于 1.0；

短边连接的不等边角钢：　$0.5 + 0.0025\lambda$，但不大于 1.0；

长边连接的不等边角钢：　0.70；

λ 为长细比，对中间无联系的单角钢压杆，应按最小回转半径计算，当 $\lambda < 20$ 时，取 $\lambda = 20$。

2. 当缀板采用钢板时，其宽度 $c \geqslant 2a/3$，厚度 $t \geqslant a/40$ 及 6mm（图11-25）。

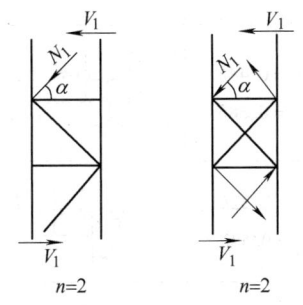

图 11-24　缀条计算简图

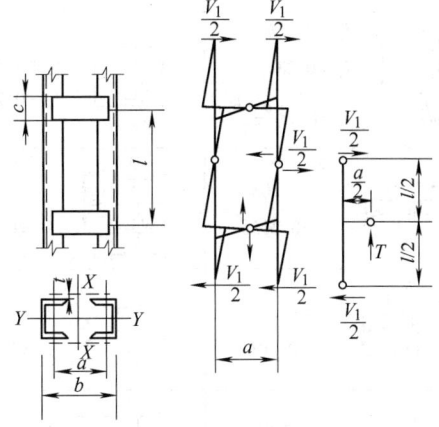

图 11-25　缀板计算简图

3. 轴心受压构件的设计步骤

1）实腹式轴心受压构件的设计步骤见表11-34。在确定了钢材的标号、轴心压力的设计值、杆件的计算长度和截面形式之后，可按该表设计柱截面尺寸。

表 11-34　实腹式轴心压杆的设计步骤

项次	内容	具体方法	备注
1	假定长细比确定 φ 值	一般取 $\lambda = 60 \sim 100$，当 N 较大而计算长度较小时，λ 取较小值，反之取较大值。并根据截面类型和钢材标号由 GB50017—2003 中查得相应 φ 值，或根据公式(11-115)、式(11-116)计算。	—
2	求所需截面面积	压杆所需截面面积按下式估算：$$A_T = \frac{N}{\varphi f} \qquad (11\text{-}129)$$	—
3	求所需截面回转半径	按下式计算出对应于假定长细比的回转半径：$$i_x^T = \frac{l_{0x}}{\lambda_x} \qquad (11\text{-}130)$$ $$i_y^T = \frac{l_{0y}}{\lambda_y} \qquad (11\text{-}131)$$	从等稳定条件出发，一般取 $\lambda_x \approx \lambda_y$。

（续）

项次	内容	具体方法	备注
4	求截面轮廓尺寸	按表 11-35 中截面回转半径和轮廓尺寸的近似关系确定截面 高度　　$h_T = \dfrac{i_x^T}{a_1}$　　(11-132) 宽度 　　　$b_T = \dfrac{i_y^T}{a_2}$　　(11-133)	对焊接组合工字形截面，由公式(11-132)确定的 h_T 一般较小，设计时可取 $$h_T \approx b_T = \frac{i_y^T}{a_2}$$ a_1、a_2 为表 11-35 中回转半径近似关系的系数
5	选配截面	根据 A_T、h_T、b_T 以及局部稳定(见表 11-28)和便于制作施焊等条件确定截面各部分尺寸	对型钢截面，可直接按 A_T、i_x^T、i_y^T 由型钢表中查出适合的截面
6	截面验算和调整	按截面尺寸算出截面特征，并重新计算 λ_x、λ_y。按表 11-26 的要求和表 11-28 的公式对压杆进行验算，如有不合适的地方，应对截面尺寸加以调整，重新验算，直到合适为止	对于焊接柱，其柱头和柱脚应按第 14 章的有关规定进行设计

表 11-35　各种截面回转半径的近似值

$i_x=0.30h$ $i_y=0.90b$ $i_z=0.195h$	$i_x=0.40h$ $i_y=0.21b$	$i_x=0.60b$ $i_y=0.38h$	$i_x=0.41h$ $i_y=0.22b$
$i_x=0.32h$ $i_y=0.28b$ $i_z=0.18\dfrac{b+h}{25}$	$i_x=0.45h$ $i_y=0.235b$	$i_x=0.44b$ $i_y=0.38h$	$i_x=0.32h$ $i_y=0.49b$
$i_x=0.30h$ $i_y=0.215b$	$i_x=0.44h$ $i_y=0.28b$	$i_x=0.32h$ $i_y=0.58b$	$i_x=0.29h$ $i_y=0.50b$
$i_x=0.32h$ $i_y=0.20b$	$i_x=0.43h$ $i_y=0.43h$	$i_x=0.32h$ $i_y=0.40b$	$i_x=0.29h$ $i_y=0.45b$
$i_x=0.28h$ $i_y=0.24b$	$i_x=0.39h$ $i_y=0.20b$	$i_x=0.38h$ $i_y=0.21b$	$i_x=0.29h$ $i_y=0.29b$
$i_x=0.30h$ $i_y=0.17b$	$i_x=0.42h$ $i_y=0.22b$	$i_x=0.44h$ $i_y=0.32b$	$i_x=0.25d$
$i_x=0.28h$ $i_y=0.21b$	$i_x=0.43h$ $i_y=0.24b$	$i_x=0.44h$ $i_y=0.38b$	$i_x=0.35\dfrac{d+D}{2}$
$i_x=0.21h$ $i_y=0.21b$ $i_z=0.185h$	$i_x=0.365h$ $i_y=0.275b$	$i_x=0.54b$ $i_y=0.37h$	$i_x=0.39h$ $i_y=0.53b$
$i_x=0.21h$ $i_y=0.21b$	$i_x=0.56b$ $i_y=0.35h$	$i_x=0.45h$ $i_y=0.37h$	$i_x=0.44\dfrac{h_1+h_2}{2}$ $i_y=0.41\dfrac{b_1+b_2}{2}$

（续）

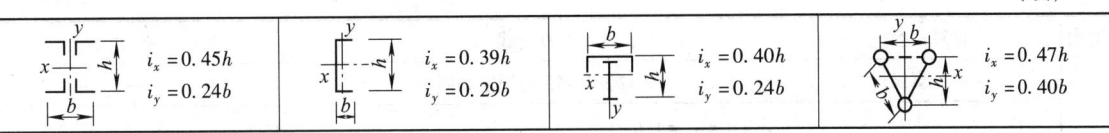

$i_x = 0.45h$ $i_y = 0.24b$	$i_x = 0.39h$ $i_y = 0.29b$	$i_x = 0.40h$ $i_y = 0.24b$	$i_x = 0.47h$ $i_y = 0.40b$

2）双肢格构式轴心受压构件的设计步骤见表11-36。在确定了钢材种类、轴心压力的设计值、杆件的计算长度和截面形式之后，可按该表设计柱截面尺寸。

实腹式压弯构件应按表 11-37 所列公式进行计算。

2. 格构式压弯构件的计算

格构式压弯构件应按表 11-38 所列公式进行计算。

11.2.4　压弯构件的强度与稳定

1. 实腹式压弯构件的计算

表 11-36　格构式轴心压杆的设计步骤

项次	内容	具体方法	备注
1	选分肢截面	首先绕实轴按表 11-34 所列的步骤试选分肢截面，并计算 λ_y	分肢一般多选用型钢截面
2	确定分肢间距	（1）按下式确定绕虚轴的长细比，对 缀条柱　$\lambda_x = \sqrt{\lambda_y^2 - 27\dfrac{A}{A_1}}$　（11-134） 缀板柱　$\lambda_x = \sqrt{\lambda_y^2 - \lambda_1^2}$　（11-135） （2）按下式确定相应的回转半径 　　$i_x = \dfrac{l_{0x}}{\lambda_x}$　（11-136） （3）按表 11-35 确定 b 　　$b = \dfrac{i_x}{a_1}$　（11-137）	对缀条柱需按构造先假定缀条截面积 A_1，对缀板柱需按构造先假定 $\lambda_1 \le 40$ 和 $\le 0.5\lambda_y$ a_1 为表 11-35 中近似关系的系数
3	缀件设计	按表 11-33 设计缀件截面和连接	
4	截面验算	按截面尺寸算出截面特性，并重新计算 λ_{0x}（表 11-32），按表 11-26 的要求和表 11-28 的公式对压杆进行验算，如有不合适的地方，应对截面尺寸加以调整，重新验算，直到适合为止	对于焊接柱，其柱头和柱脚应按第 14 章的有关规定进行设计

表 11-37　实腹式压弯构件计算公式

项次	计算内容		计算公式	备注
1	强度		$\dfrac{N}{A_n} \pm \dfrac{M_x}{\gamma_x W_{nx}} \pm \dfrac{M_y}{\gamma_y W_{ny}} \le f$　（11-138）	适用于弯矩作用于主平面内的压弯和拉弯构件
2	整体稳定性	弯矩作用在对称轴平面内	弯矩作用平面内的稳定 $\dfrac{N}{\varphi_x A} + \dfrac{\beta_{mx} M_x}{\gamma_x W_{1x}(1 - 0.8N/N'_{Ex})} \le f$　（11-139） $\left\| \dfrac{N}{A} - \dfrac{\beta_{mx} M_x}{\gamma_x W_{2x}(1 - 1.25N/N'_{Ex})} \right\| \le f$　（11-140）	公式（11-140）仅用于对单轴对称截面、弯矩作用在对称轴平面内、且使较大翼缘受压时的压弯构件进行补充验算
			弯矩作用平面外的稳定 $\dfrac{N}{\varphi_y A} + \eta\dfrac{\beta_{tx} M_x}{\varphi_b W_{1x}} \le f$　（11-141）	—
		弯矩作用在两个主平面内的双轴对称实腹式工字形（含 H 形）和箱形（闭口）截面的压弯构件	$\dfrac{N}{\varphi_x A} + \dfrac{\beta_{mx} M_x}{\gamma_x W_{1x}(1 - 0.8N/N'_{Ex})} + \eta\dfrac{\beta_{ty} M_y}{\varphi_{by} W_{1y}} \le f$　（11-142） $\dfrac{N}{\varphi_y A} + \dfrac{\beta_{my} M_y}{\gamma_y W_{1y}(1 - 0.8N/N'_{Ey})} + \eta\dfrac{\beta_{tx} M_x}{\varphi_{bx} W_{1x}} \le f$　（11-143）	—

（续）

项次	计算内容		计算公式	备注
3	局部稳定性	翼缘	与表 11-15 的规定相同	—
		工字形截面	当 $0 \leqslant \alpha_0 \leqslant 1.6$ 时，$$\frac{h_0}{t_w} \leqslant (16\alpha_0 + 0.5\lambda + 25)\sqrt{\frac{235}{f_y}} \quad (11\text{-}144)$$ 当 $1.6 < \alpha_0 \leqslant 2.0$ 时，$$\frac{h_0}{t_w} \leqslant (48\alpha_0 + 0.5\lambda - 26.2)\sqrt{\frac{235}{f_y}} \quad (11\text{-}145)$$	
		箱形截面	当 $0 \leqslant \alpha_0 \leqslant 1.6$ 时，$$\frac{h_0}{t_w} \leqslant (12.8\alpha_0 + 0.4\lambda + 20)\sqrt{\frac{235}{f_y}} \quad (11\text{-}146)$$ 当 $1.6 < \alpha_0 \leqslant 2.0$ 时，$$\frac{h_0}{t_w} \leqslant (38.4\alpha_0 + 0.4\lambda - 21)\sqrt{\frac{235}{f_y}} \quad (11\text{-}147)$$	当式（11-146）和式（11-147）的右边项小于 $40\sqrt{235/f_y}$ 时，应取 $40\sqrt{235/f_y}$
		T 形截面	弯矩使腹板自由边受压时的压弯构件：当 $\alpha_0 \leqslant 1.0$ 时，$$\frac{h_0}{t_w} \leqslant 15\sqrt{\frac{235}{f_y}} \quad (11\text{-}148)$$ 当 $\alpha_0 > 1.0$ 时，$$\frac{h_0}{t_w} \leqslant 18\sqrt{\frac{235}{f_y}} \quad (11\text{-}149)$$ 弯矩使腹板自由边受拉时的压弯构件与轴心受压构件相同，见式（11-112）、式（11-113）	—
		圆管截面	外径与壁厚之比：$d/t \leqslant 100(235/f_y)$　(11-150)	—

注：N、M_x、M_y——所计算构件段范围内的轴心压力、对强轴和弱轴的最大弯矩；

γ_x、γ_y——截面塑性发展系数，应按表 11-4 采用；

φ_x、φ_y——对强轴 x-x 和弱轴 y-y 的轴心受压构件稳定系数；

N'_{Ex}、N'_{Ey}——参数，$N'_{Ex} = \pi^2 EA/(1.1\lambda_x^2)$，$N'_{Ey} = \pi^2 EA/(1.1\lambda_y^2)$；

W_{1x}、W_{2x}——弯矩作用平面内对较大受压纤维的毛截面抵抗矩和对较小受压或较大受拉纤维的毛截面抵抗矩；

W_{1y}——对弱轴的毛截面抵抗矩；

φ_b——均匀弯曲的受弯构件的整体稳定系数，按公式（11-12）计算，其中工字形（含 H 型钢）和 T 形截面的非悬臂（悬伸）构件可按表 11-10 确定，对闭口截面 $\varphi_b = 1.0$；

φ_{bx}、φ_{by}——均匀弯曲的受弯构件的整体稳定系数，按公式（11-12）计算，其中工字形（含 H 型钢）截面的非悬臂（悬伸）构件 φ_{bx} 可按表 11-10 的近似公式确定，φ_{by} 可取 1.0，对闭口截面 $\varphi_{bx} = \varphi_{by} = 1.0$；

η——截面影响系数，闭口截面 $\eta = 0.7$，其他截面 $\eta = 1.0$；

β_{mx}（β_{my}）——等效弯矩系数，应按下列规定采用：

(1) 悬臂构件和在内力分析中未考虑二阶效应的无支撑框架和弱支撑框架柱，$\beta_{mx} = 1.0$。

(2) 框架柱和两端支撑的构件：①无横向荷载作用时，$\beta_{mx} = 0.65 + 0.35 M_2/M_1$，$M_1$ 和 M_2 是构件两端的弯矩，$|M_1| \geqslant |M_2|$；当两端弯矩使构件产生同向曲率时取同号，使构件产生反向曲率（有反弯点）时取异号。②有端弯矩和横向荷载同时作用时，使构件产生同向曲率取 $\beta_{mx} = 1.0$；使构件产生反向曲率取 $\beta_{mx} = 0.85$。③无端弯矩但有横向荷载作用时，$\beta_{mx} = 1.0$。

β_{tx}（β_{ty}）——等效弯矩系数，应按下列规定采用：

(1) 弯矩作用平面外为悬臂构件，$\beta_{tx} = 1.0$。

(2) 在弯矩作用平面外有支撑的构件，应根据两相邻支撑点间构件段内的荷载和内力情况确定：①构件段无横向荷载作用时，$\beta_{tx} = 0.65 + 0.35 M_2/M_1$，$M_1$ 和 M_2 是构件段在弯矩作用平面内的端弯矩，$|M_1| \geqslant |M_2|$；当使构件段产生同向曲率时取同号，产生反向曲率时取异号；②构件段内有端弯矩和横向荷载同时作用时，使构件段产生同向曲率取 $\beta_{tx} = 1.0$；使构件段产生反向曲率取 $\beta_{tx} = 0.85$；③构件段内无端弯矩但有横向荷载作用时，$\beta_{tx} = 1.0$。

$\alpha_0 = (\sigma_{max} - \sigma_{min})/\sigma_{max}$，其中 σ_{max} 为腹板计算高度边缘的最大压应力，计算时不考虑构件的稳定系数和截面塑性发展系数；σ_{min} 为腹板计算高度另一边缘相应的应力，压应力为正，拉应力为负。

表 11-38　格构式压弯构件计算公式

项次	计算内容		计算公式	备注
1	整体稳定性	弯矩绕虚轴作用　弯矩作用平面内	$$\dfrac{N}{\varphi_x A}+\dfrac{\beta_{mx}M_x}{W_{1x}(1-\varphi_x N/N_{Ex}')}\leqslant f \qquad (11\text{-}151)$$	φ_x、N_{Ex}' 由换算长细比 λ_{0x} 确定，λ_{0x} 按表 11-32 算得，N_{Ex}' 计算方法同表 11-37 的表注
		弯矩绕虚轴作用　弯矩作用平面外	不必计算	由分肢稳定验算得以保证
		弯矩绕实轴作用　弯矩作用平面内	按公式(11-139)计算	按表 11-32 算得的换算长细比 λ_{0y} 确定 φ_y，φ_b 取 1.0
		弯矩绕实轴作用　弯矩作用平面外	按公式(11-141)计算	
		弯矩作用在两个主平面内的双肢格构式压弯构件	$$\dfrac{N}{\varphi_x A}+\dfrac{\beta_{mx}M_x}{W_{1x}(1-\varphi_x N/N_{Ex}')}+\dfrac{\beta_{ty}M_y}{W_{1y}}\leqslant f \qquad (11\text{-}152)$$	
2	分肢稳定性	弯矩绕虚轴作用　缀条柱的分肢	缀条柱的分肢为实腹式轴心受压构件，其稳定性按公式(11-109)计算。各分肢的轴力按下列公式确定： 双肢柱： 分肢 1，$N_1=N\dfrac{y_2}{a}+\dfrac{M_x}{a}$　(11-153) 分肢 2，$N_2=N-N_1$　(11-154) 四肢柱： 分肢 1，$N_1=N\dfrac{y_2}{2a}+\dfrac{M_x}{2a}$　(11-155) 分肢 2，$N_2=\dfrac{N-2N_1}{2}$　(11-156)	见图 11-26
		弯矩绕虚轴作用　缀板柱的分肢	缀板柱的分肢为压弯构件，其稳定性应按表 11-37 的第 2 项的规定计算。分肢的轴力按公式(11-153)~(11-156)计算，所受弯矩按下式计算： $$M_i=\dfrac{V_i l}{2} \qquad (11\text{-}157)$$	式中　i——分肢的编号； V_i——分肢 i 的剪力，根据构件的实际剪力和按公式(11-125)计算的剪力两者中的较大值计算； l——缀板中心的间距
		弯矩作用于两个主平面内的双肢柱　缀条柱的分肢	缀条柱的分肢为压弯构件，其稳定性应按表 11-37 的第 2 项的规定计算。分肢的轴力按公式(11-153)~(11-154)计算，分肢的弯矩按下式计算： 分肢 1，$M_{y1}=\dfrac{I_1/y_1}{I_1/y_1+I_2/y_2}\cdot M_y$　(11-158) 分肢 2，$M_{y2}=\dfrac{I_2/y_2}{I_1/y_1+I_2/y_2}\cdot M_y$　(11-159)	分别对分肢 1 和分肢 2 进行验算
		弯矩作用于两个主平面内的双肢柱　缀板柱的分肢	缀板柱的分肢为双向受弯的压弯构件，应按表 11-37 的第 2 项的规定计算。分肢的轴力按公式(11-153)~(11-154)计算；弯矩 M_{y1} 和 M_{y2} 按公式(11-158)~(11-159)计算，M_{x1} 和 M_{x2} 按公式(11-157)计算	

注：$W_{1x}=I_x/y_0$，I_x 为对 x 轴的毛截面惯性矩，y_0 为由 x 轴到压力较大分肢的轴线距离或者到压力较大分肢腹板边缘的距离，按图 11-26 确定；

W_{1y}——截面绕实轴的抵抗矩；

N_{Ex}'——参数，$N_{Ex}'=\pi^2 EA/(1.1\lambda_{0x}^2)$；

I_1、I_2——分肢 1、分肢 2 对 y 轴的惯性矩；

y_1、y_2——M_y 作用的主轴平面至分肢 1、分肢 2 的距离。

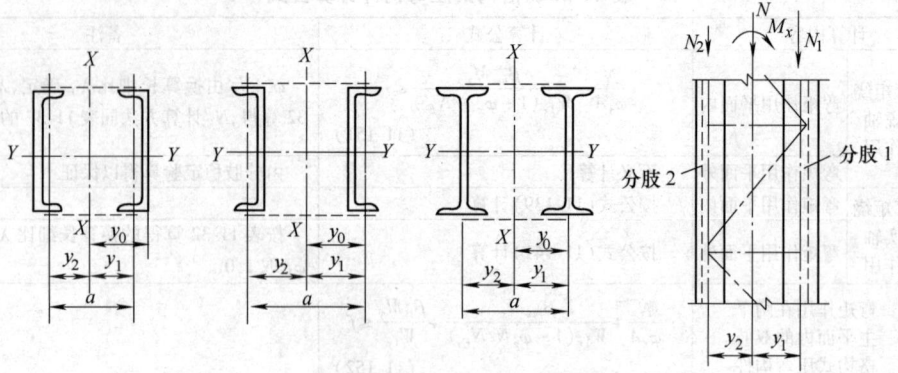

图 11-26　格构式压弯构件的截面尺寸和单肢受力情况

11.2.5　焊接柱的构造设计

1）当实腹式柱的腹板计算高度 h_0 与厚度 t_w 之比大于 $80\sqrt{235/f_y}$ 时，应采用横向加劲肋加强，其间距不得大于 $3h_0$。横向加劲肋的尺寸和构造按表 11-14 的有关规定采用。

2）对于缀材面剪切力较大或宽度较大的格构柱，宜采用缀板柱。

缀板柱中，同一截面处缀板（或型钢横杆）的线刚度之和不得小于柱较大分肢线刚度的 6 倍。

3）格构式柱或大型实腹柱，在受有较大水平力处和运送单元的端部应设置横隔（图 11-27），横隔间距不得大于柱截面长边尺寸的 9 倍和 8m。

4）在进行偏心受压柱（压弯构件）设计时，一般按设计经验和构造要求（刚度和经济条件）先假定柱子的截面高度和宽度。对厂房框架柱，其截面高度可按表 11-39 选用。上柱截面宽度一般取 $b_1 = (0.4 \sim 0.6)h_1$，下柱截面一般取 $b_2 = (0.25 \sim 0.5)h_2$ 或下柱高的 $1/30 \sim 1/20$。式中 b_1、h_1 分别为上柱截面的宽度和高度；b_2、h_2 分别为下柱截面的宽度和高度。

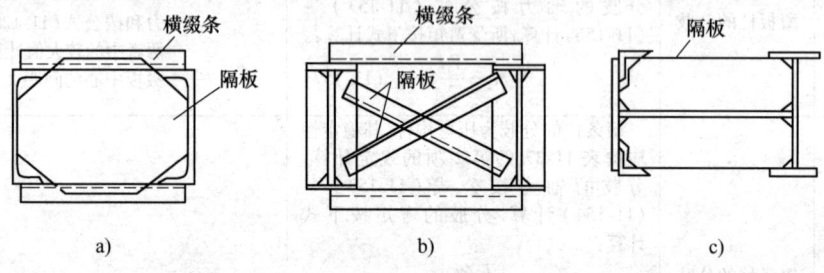

图 11-27　隔材布置

表 11-39　框架柱截面高度[4]

柱段		柱段高/m	轻、中级吊车工作时	重级工作制	
柱形式				$20t < Q < 50t$	$50t < Q < 125t$
等截面		$8 < H < 20$	$\left(\frac{1}{15} \sim \frac{1}{20}\right)H$	—	—
		$H > 20$	$\left(\frac{1}{20} \sim \frac{1}{30}\right)H$		
单阶柱	上柱	$4 < H_1$	$\left(\frac{1}{10} \sim \frac{1}{20}\right)H_1$	$\left(\frac{1}{7} \sim \frac{1}{10}\right)H_1$	$\left(\frac{1}{5} \sim \frac{1}{10}\right)H_1$
	下柱	$10 < H < 20$	$\left(\frac{1}{15} \sim \frac{1}{20}\right)H$	$\left(\frac{1}{12} \sim \frac{1}{15}\right)H$	$\left(\frac{1}{9} \sim \frac{1}{11}\right)H$
		$20 < H < 30$	$\left(\frac{1}{20} \sim \frac{1}{25}\right)H$	$\left(\frac{1}{11} \sim \frac{1}{13}\right)H$	$\left(\frac{1}{10} \sim \frac{1}{14}\right)H$

注：H_1—阶形柱上段高度；H—柱的全高。

11.3　焊接钢桁架

11.3.1　焊接钢桁架的分类和适用范围

　　焊接钢桁架是指由直杆在节点处通过焊接相互连接组成的承受横向荷载的格构式结构。桁架中的大部分杆件只承受轴心力的作用，与实腹式受弯构件相比，受力合理、省钢、自重轻，可做成各种几何外形，易满足各种不同的使用要求。焊接桁架广泛应用于建筑、桥梁、起重机械、塔架等结构中。

　　根据使用要求的不同，桁架可分为屋盖桁架（图 11-28a ~ e）、吊车桁架、桥梁桁架和塔架（图 11-28f ~ i）等多种类型。根据承受荷载大小的不同，又可分为重型桁架（图 11-28g、h）、普通桁架和轻型桁架（图 11-29）。重型桁架的节点板多为双壁板式，其他桁架多为单壁板式。

　　根据桁架的外形轮廓，桁架可分为三角形、梯形、平行弦、人字形和下撑式桁架等（图 11-28）以及三铰拱和梭形桁架（图 11-29）。外形轮廓越接近外荷载引起的弯矩图形，其弦杆受力越为合理。

　　桁架的腹杆布置应考虑经济和适用的原则。布置

腹杆时，应尽量避免非节点荷载引起受压弦杆局部弯曲；尽量使长腹杆受拉，短腹杆受压；腹杆数量宜少，总长度要短；节点构造要简单合理。图 11-30 给出了常用的几种腹杆布置方法。对两端简支的屋盖桁架而言，当下弦无悬吊荷载时，以人字形腹杆体系和再分式较为优越。当下弦有悬吊荷载时，应采用带竖杆的人字形腹杆。桥梁结构中多用带竖杆的三角形和米字形腹杆体系。起重机械和塔架结构多采用交叉斜杆体系。

　　桁架形式的确定一般与使用要求、桁架的跨度和荷载的类型及大小等因素有关。总的原则是适用、经济和制造简单。以屋盖结构为例，屋架的外形常由屋面材料的排水坡度确定，表 11-40 给出了常用屋面材料及其适宜的屋架形式。

　　焊接桁架的设计应满足刚度、强度和稳定性的要求。一般桁架的刚度多由桁架的高跨比控制。桁架结构的承载力主要靠各组成杆件的强度和稳定性以及节点的强度来保证。桁架的整体稳定性通过合理的布置支撑体系或横向联系结构来取得，不同用途的桁架结构应根据相应的规范进行设计。

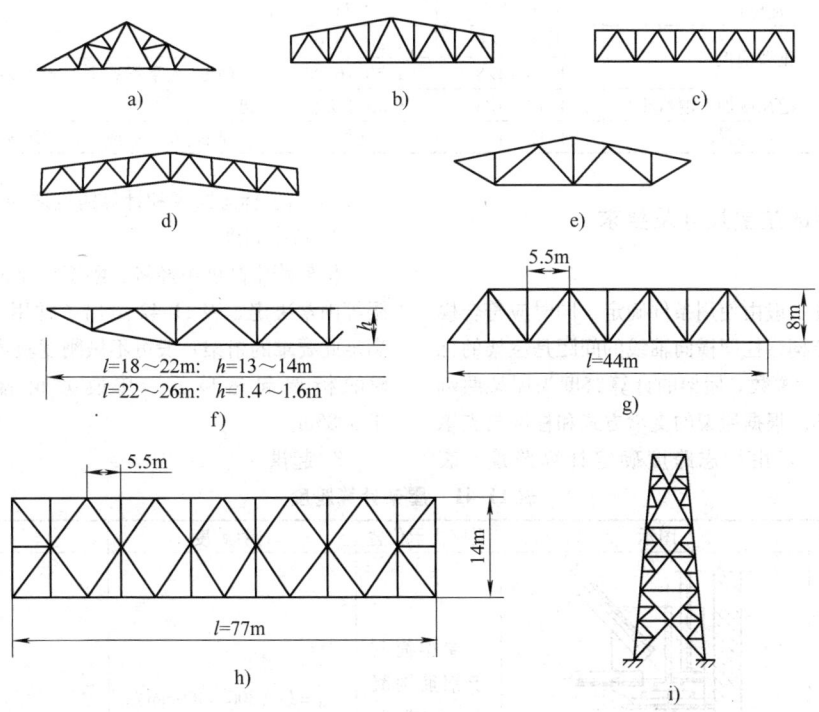

图 11-28　桁架类型
a) 三角形桁架　b) 梯形桁架　c) 平行弦桁架　d) 人字形桁架　e) 下撑式桁架
f) 桥式吊车桁架　g)、h) 桥梁桁架　i) 塔架

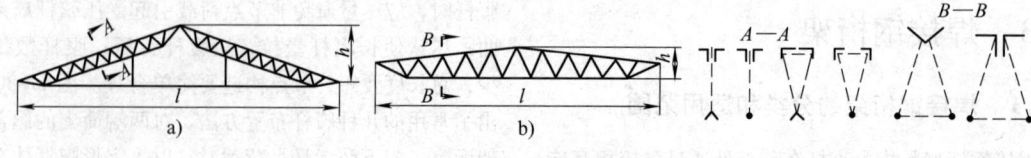

图 11-29　轻钢屋架

a）三铰拱屋架　b）梭形屋架

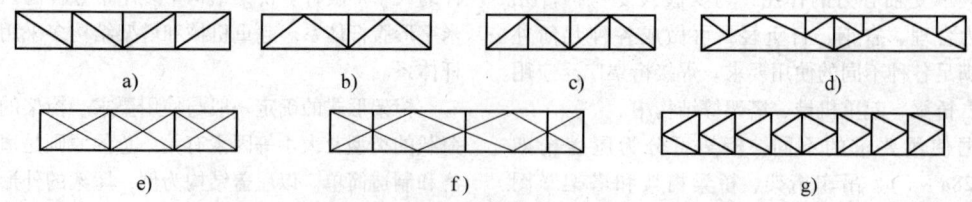

图 11-30　桁架的腹杆体系

a）斜杆体系　b）人字形体系　c）带竖杆的人字形体系　d）再分式体系

e）交叉腹杆体系　f）米式腹杆体系　g）K形腹杆体系

表 11-40　常用屋面材料及其适宜的屋架形式

项次	屋面材料	坡度(i)	标志檩距/m	屋架形式
1	石棉水泥小波瓦		0.75	
2	石棉水泥中波瓦	1/3 ~ 1/2.5	0.75 ~ 1.05	
3	石棉水泥大波瓦		1.25	
4	钢丝网水泥波形瓦	1/3	1.50	三角形屋架（也可用三铰拱屋架）
5	预应力混凝土槽瓦	1/3	3.00	
6	瓦楞铁	1/5 ~ 1/3	0.75	
7	压型钢板	1/5 ~ 1/3	1.50 ~ 6.00	
		1/30 ~ 1/8	1.50 ~ 6.00	梯形、人字形或下撑式屋架（也可用梭形屋架）
8	钢筋混凝土槽瓦或加气混凝土板	1/12 ~ 1/8	3.00 或无檩	
9	大型屋面板	1/12 ~ 1/8	无檩	梯形、人字形或下撑式屋架

11.3.2　桁架的主要尺寸及要求

1. 跨度

桁架的跨度一般由使用条件确定，同时应符合模数。对于建筑结构，柱网横向轴线的间距是屋架的标志跨度，以3m为模数。屋架的计算跨度为屋架两端支座之间的距离。根据屋架的支承方式和柱网与支承点之间的关系，可由标志跨度确定计算跨度。表

11-41给出了标志跨度和计算跨度之间的关系。

2. 跨中高度

桁架跨中高度由经济、刚度、建筑要求和运输界限等因素决定。表 11-42 给出了常用桁架的高跨比，满足此要求的桁架一般可不做刚度验算。需用铁路运输的桁架起运单元，其最大轮廓高度不可大于3.85m。

3. 起拱

表 11-41　屋架计算跨度

项次	柱网类型	图示	支座支承位置	计算跨度	备注
1	封闭结合	150~200　l_0 l	屋架简支于钢筋混凝土柱或砖墙上	$l_0 = l - (300 \sim 400\text{mm})$	

（续）

项次	柱网类型	图示	支座支承位置	计算跨度	备注
2	非封闭结合	联系尺寸 l_0 l	屋架简支于钢筋混凝土柱或砖墙上	$l_0 = l$	
3	非封闭结合	内移尺寸 l_0 l	屋架刚接于钢柱内侧	$l_0 = l -$ 支点内移尺寸	支点内移尺寸为柱网轴线与支点间的距离

注：l—屋架标志跨度；l_0—屋架计算跨度。

表 11-42　常用桁架的高跨比

项次	桁架类型		高跨比	备　注
1		三角形屋架	$\frac{1}{6} \sim \frac{1}{4}$	
2	屋架	梯形、平行弦和下撑式屋架	$\frac{1}{10} \sim \frac{1}{6}$	与柱刚接的梯形屋架或人字屋架的端高与跨度之比一般为 $\frac{1}{18} \sim \frac{1}{12}$
3		三铰拱屋架	$\frac{1}{6} \sim \frac{1}{4}$	斜梁截面高度与其长度之比为 $\frac{1}{18} \sim \frac{1}{12}$
4		梭形屋架	$\frac{1}{12} \sim \frac{1}{9}$	
5		桥式吊车桁架	$\frac{1}{18} \sim \frac{1}{10}$	一般用于起重量小于5t的中轻级吊车中
6		桥梁桁架	$\frac{1}{7} \sim \frac{1}{5}$	

两端简支、跨度为15m及以上的三角形屋架和跨度为24m及以上的梯形和平行弦桁架，当下弦无曲折时，宜起拱，拱度约为跨度的1/500（图11-31）。

11.3.3　桁架的内力计算和组合

1. 屋盖桁架的内力计算和组合

1）进行桁架内力分析之前，应按下式将各种屋面荷载汇集成节点荷载（图11-32）：

$$P_i = \gamma_i q_k as \qquad (11\text{-}160)$$

式中　q_k——每平方米屋面水平投影面上的荷载标准值，由于屋面构造层的重量等荷载沿屋面分布，计算时需把它转化到水平投影面上，即 $q_k = g/\cos\alpha$，g 为沿屋面坡向作用的荷载，α 为上弦与水平面的夹角，当 α 较小时，可取 $\cos\alpha \approx 1$；

　　γ_i——荷载分项系数，按 GB 50009—2012《建筑结构荷载规范》的规定取值；

　　a——屋架弦杆节间的水平长度；

　　s——屋架的间距。

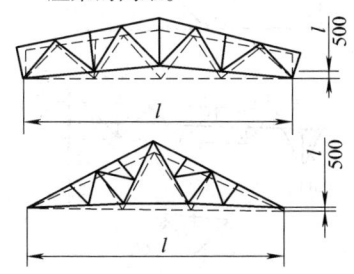

图 11-31　桁架起拱

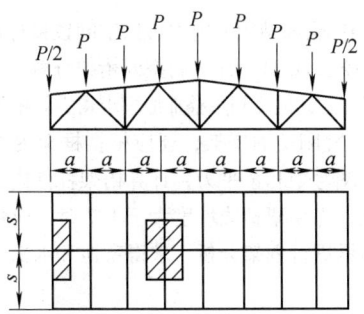

图 11-32　屋架节点荷载汇集简图

屋架与屋面支撑自重标准值（单位为 kN/m²）可按下列经验公式估算：

$$q_{gk} = 0.12 + 0.011l \qquad (11\text{-}161)$$

式中 l 为屋架的标志跨度，单位为 m。当不设吊顶时，可假定屋架自重全部作用在上弦节点上；有吊顶时，则均匀分配于上、下弦节点。

当设有悬挂吊车时，必须考虑悬挂吊车的具体连接情况，求出其对屋架的最大作用力。对于风荷载，当屋面与水平面的倾角小于 30° 时，一般可不予考虑；但对于轻屋面、开敞式房屋以及风荷载大于 490Pa 时，应按照 GB 50009—2012《建筑结构荷载规范》的规定计算风荷载作用。

2）计算桁架杆件内力时，通常可近似地将桁架的各节点均视为铰接、桁架的所有杆件的轴线都在同一平面内且在节点处交汇、荷载均在桁架平面内并作用于节点上。杆件内力可根据以上假定的桁架计算简图采用数解法、图解法或借助电算等求得。对三角形和梯形桁架用图解法较为简便。设计时只要将桁架节点荷载值乘以相应杆件的内力系数，即可求得该杆件的内力（轴向力）。

当屋架上弦杆有节间荷载时，上弦杆的局部弯矩可近似按图 11-33 取用。端节间的正弯矩取为 $0.8M_0$；其他节间的正弯矩和节点负弯矩均取为 $0.6M_0$。M_0 为相应节间作为单跨简支梁计算的最大弯矩。

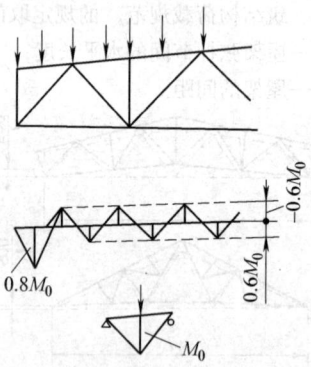

图 11-33　上弦杆节间荷载作用下的局部弯矩

3）空间桁架结构的内力可按空间铰接杆件体系计算，也可按图 11-34 所示，将空间桁架分解为三片平面桁架计算杆力，最后利用叠加原理求得空间桁架杆力。

4）与柱刚接的屋架，还应根据框架内力分析所得的屋架端弯矩和水平力，计算桁架杆件内力。对人字形屋架，当屋架轴线坡度大于 1/7 时，应将屋架视为折线横梁进行框架分析，求得弯矩和水平力，计算桁架内力。

5）应按下列规定，对使用和施工过程中可能出

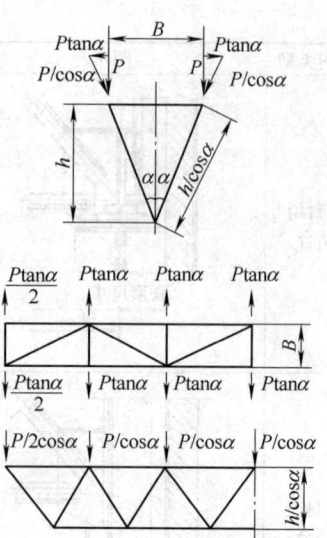

图 11-34　空间桁架的简化计算

现的最不利情况进行杆件的内力组合。当屋架与柱铰接时，一般考虑以下三种荷载组合：

① 全跨永久荷载 + 全跨可变荷载。

② 全跨永久荷载 + 半跨可变荷载。

③ 全跨桁架、天窗架和支撑自重 + 半跨屋面板自重 + 半跨屋面活荷载。

对轻质屋面材料的屋架，当屋面永久荷载（荷载分项系数取 1.0）小于负风压（荷载分项系数取 1.4）的影响时，应考虑屋架受拉杆件可能在风吸力下变成压杆的组合（图 11-35）。当轻屋面用于厂房结构，且吊车起重量较大（$Q \geqslant 300\mathrm{t}$）时，应考虑按框架分析求得的柱顶水平力是否会引起屋架下弦内力变号或使下弦拉力增加的组合。

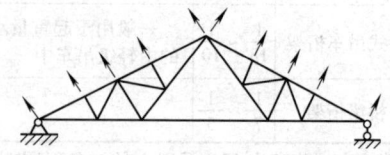

图 11-35　桁架受风吸力作用

当屋架与柱刚接时，除应按上述规定计算杆件内力外，还应根据框架内力分析求得的屋架端弯矩和水平力，考虑可能使屋架下弦受压；可能使上下弦杆力增加；可能使腹杆内力增加或可能使受拉腹杆变压杆等 4 种不利情况进行组合（图 11-36a～d）。实际组合时，应使一端弯矩为最大，水平力和另一端的弯矩取同一工况的相应值。计算杆力时可将端弯矩用一组力偶 $H = M/h_0$ 代替（图 11-36e）。将上述 4 种情况产生的杆力与按铰接屋架求得的内力组合，即得刚接屋

架各杆件的最不利内力。

2. 有移动荷载的桁架内力计算和组合

桥式吊车桁架和桥梁桁架等主要受移动荷载的作用,应运用影响线理论求得在移动荷载下各杆件的最大内力,再与结构自重和风荷载作用产生的杆力组合,求得计算杆力。

11.3.4　普通钢桁架杆件的截面选择

1. 桁架杆件的截面形式

确定桁架杆件截面形式时,应考虑满足经济、连接和制造简便并具有必要的刚度等几方面的要求。图 11-37 给出了常用的上下弦杆的截面形式。图 11-37a ~ h 适用于受压弦杆,图 11-37i ~ o 适用于受拉弦杆。图 11-38 给出了常用的腹杆截面形式。其中具有双壁的截面类型常用于重型桁架中,用来承受较大的内力。

表 11-43 列出了最常用的几种截面类型和它们的应用部位。

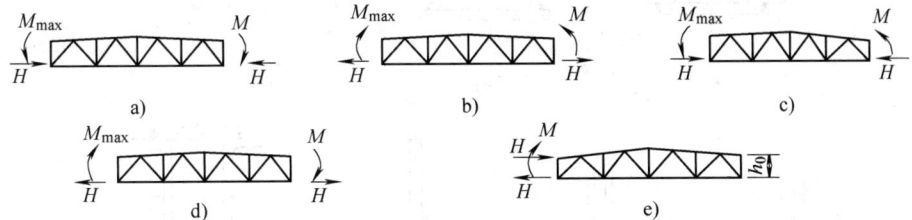

图 11-36　最不利的端弯矩和水平力

a) 使下弦受压　b) 使弦杆内力增加　c)、d) 使腹杆
内力增加或拉杆变压杆　e) 端弯矩力偶化

表 11-43　桁架杆件截面形式

项次	杆件截面的型钢类型	截面形式	回转半径之比 i_y/i_x	应用部位
1	二不等边角钢短肢相连		2.0 ~ 2.5	上、下弦杆
2	二不等边角钢长肢相连		0.8 ~ 1.0	端斜杆(压杆)和受节间荷载的上下弦杆
3	二等边角钢连成 T 形		1.3 ~ 1.5	腹杆、下弦杆
4	二等边角钢连成十字形		1.0	中央或端竖杆
5	单角钢		—	轻钢桁架杆件
6	单圆钢或双圆钢		—	轻钢桁架腹杆和下弦杆
7	无缝钢管或焊接钢管		1.0	空间桁架杆件
8	焊接 T 形截面		根据等稳条件确定截面各部尺寸	上、下弦杆
9	焊接或热轧宽缘 H 形钢		1.5 ~ 6	重型桁架的上下弦杆

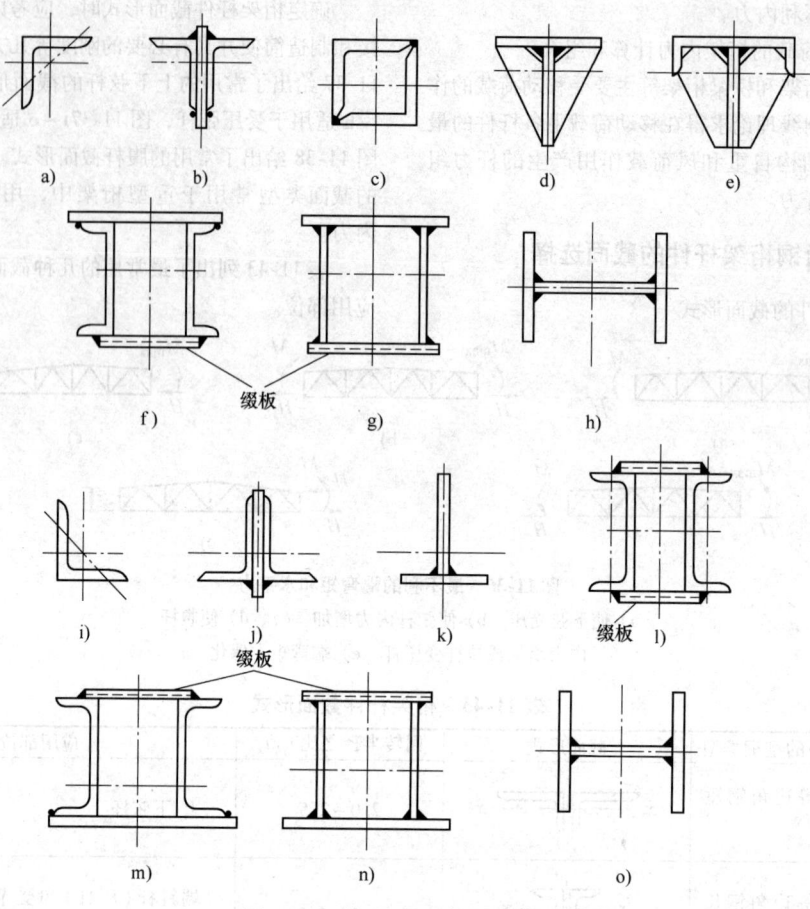

图 11-37　常用上下弦杆截面形式

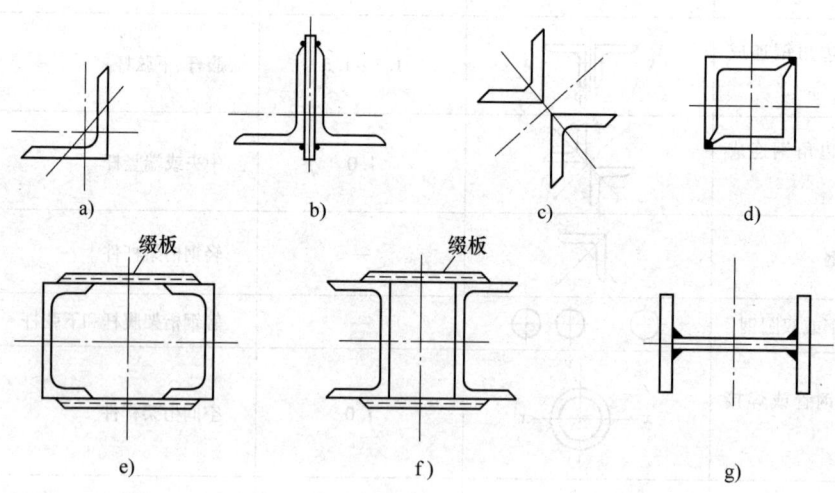

图 11-38　常用腹杆截面形式

2. 桁架的计算长度和允许长细比

桁架杆件的计算长度应按本章 11.2 的有关规定取用。桁架的受压杆件的容许长细比按表 11-26 取用，受拉杆件的容许长细比按表 11-27 取用。

3. 桁架杆件的截面选择与计算

桁架中的杆件可分为轴心受拉、轴心受压、拉弯和压弯四种不同的受力情况，应按本章 11.2 的有关规定进行设计和计算。

11.3.5 钢桁架的若干构造要求

1）同一桁架的型钢规格不宜太多，以便于订货。必要时可将数量较少的小号型钢进行调整，使规格数量减少。同时，应尽量避免使用相同边长而厚度相差很小的型钢，以免施工时发生混料错误。

2）焊接桁架应以杆件形心线为轴线，在节点处各轴线应交于一点（钢管结构除外）。当弦杆截面变化时，如轴线变动不超过较大弦杆截面高度的 5%，可不考虑其影响。

3）分析桁架杆件内力时，可将节点视为铰接。对用节点板连接的桁架，当杆件为 H 形、箱形等刚度较大的截面，且在桁架平面内的杆件截面高度与其几何长度（节点中心间的距离）之比大于 1/10（对弦杆）或大于 1/15（对腹杆）时，应考虑节点刚性所引起的次弯矩影响。

4）当焊接桁架的杆件用节点板连接时，弦杆与腹杆、腹杆与腹杆之间的间隙不应小于 20mm，相邻角焊缝焊趾间净距不应小于 5mm。当桁架杆件不用节点板连接时，相邻腹杆连接角焊缝焊趾间净距不应小于 5mm（钢管结构除外）。

5）节点板厚度一般根据所连接杆件内力的大小确定，但不得小于 6mm。节点板的平面尺寸应适当考虑制作和装配的误差。

6）跨度大于 36m 的两端铰支桁架，在竖向荷载作用下，下弦弹性伸长对支承构件（柱和托架）产生水平推力时，应考虑其影响。

7）三铰拱桁架的三角形组合斜梁，其截面高度与斜梁长度的比值不得小于 1/18，截面宽度与截面高度的比值不得小于 2/5，此时可不进行斜梁的整体稳定性验算。

参 考 文 献

［1］ 中华人民共和国国家标准. GB 50017—2003 钢结构设计规范［S］. 北京：中国计划出版社.

［2］ 中华人民共和国国家标准. GB 50009—2012 建筑结构荷载规范［S］. 北京：中国建筑工业出版社.

［3］ 美国林肯弧焊基金会. 焊接结构设计［M］. 冶金部建筑研究总院钢结构工程研究所，译. 1988.

［4］ 《钢结构设计手册》编辑委员会. 钢结构设计手册（上册）［M］. 北京：中国建筑工业出版社，2004.

［5］ 陈惠发. 钢框架稳定设计［M］. 周绥平，译. 世界图书出版公司，1999.

［6］ 鋼構造設計規準（修订版）. 東京：日本建築學會，2005.

［7］ 张耀春. 钢结构设计原理［M］. 北京：高等教育出版社，2004.

［8］ 钟善桐. 钢结构［M］. 北京：中国建筑工业出版社. 1988.

［9］ 田锡唐，等. 机械工程手册（26 篇）［M］. 北京：机械工业出版社，1982.

第 12 章　机械零部件焊接结构

作者　袁兆富　王宏正　审者　陈祝年

12.1　压力机

压力机是在锻压生产中得到广泛应用的锻压设备之一。它几乎可以完成所有的锻压工艺。例如：板料冲压、模锻、冷热挤压、粉末冶金及冷热精压等。锻压生产是一种无切屑或少切屑的先进加工工艺，所以它能达到产品质量好、材料消耗少和生产率高的要求。压力机主要分为机械压力机和液压机两大类，其中尤其以机械压力机在汽车制造等领域应用最为广泛。

机械压力机和液压机的工作条件有区别，但其机身结构形式却是类似的，立式的机身结构都设计成开式的或闭式的，如图 12-1 所示。

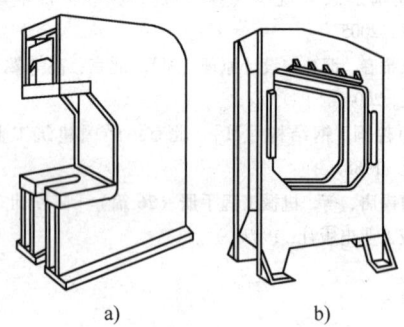

图 12-1　压力机机身结构基本形式
a) 开式机身　b) 闭式机身

开式压力机机身呈 "C" 字形。其前、左、右三面敞开，操作范围大而方便，机身结构简单。但刚度较差，适用于中小型压力机。

闭式压力机机身，两侧有立柱，只前后敞开，操作范围受一定限制。但刚性大，因而工作精度高。工作台的尺寸较大，适用于大、中型压力机。

12.1.1　压力机构件概述

在机械压力机中，最为典型的结构为闭式组合式压力机，如图 12-2 所示。考虑到合理受力、便于加工制作、安装与维修以及起重运输等因素，机身设计成组合式的。其机身由横梁、立柱、小车体、底座、滑块等构件组成。通过拉紧螺栓的预紧力，将横梁、立柱、底座等构件连接为机身整体。20 世纪 90 年代以来生产的全钢压力机中，各主要构件均为全钢焊接

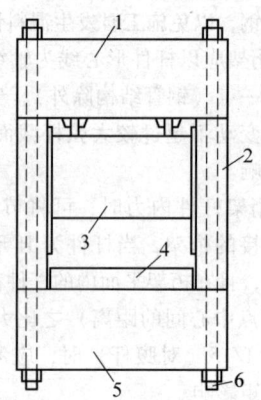

图 12-2　压力机结构示意图
1—横梁　2—立柱　3—滑块
4—小车体　5—底座　6—拉紧螺栓

结构。

图 12-3 是一种三梁四柱式液压机的示意图，它由四根圆立柱通过内外螺母将上、下横梁牢固地连接起来，构成一个刚性的空间框架，滑块以立柱导向，上、下移动进行工作。这些横梁和立柱都可采用焊接的结构，单独进行制造。

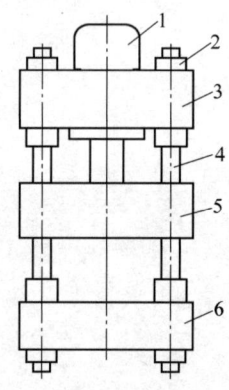

图 12-3　三梁四柱式液压机示意图
1—液压缸　2—螺母　3—上横梁
4—立柱　5—活动横梁　6—下横梁

压力机在工作时，机身承受全部变形力，它必须满足强度要求，通过取较低的许用应力以充分保证工作安全和可靠。同时，还必须有足够的刚度，因为机身的变形改变了滑块与导轨之间相对运动的方向，既加速导向部分的磨损，又直接影响冲压零件的精度和

模具寿命。

设计机身时要注意：总体结构和局部结构的强度和刚度力求均衡；设计现代大型机身时，一般进行有限元分析，此时要对结构模型进行合理的简化[1]；在满足强度和刚度的前提下使结构尽量简单，重量轻；使制造、安装调整、修理和更换各零部件方便；在焊缝布置上，应尽可能不使其承受主要载荷。

机身所用的材料主要是普通碳素结构钢，以 Q235A 钢应用最多，个别强度要求高或要减轻机器重量时，可选用普通低合金结构钢，如 Q345（16Mn）等。但要注意，因压力机的许用应力取得较低，结果板厚较大，例如 Q345（16Mn）钢板在大厚度焊接时，可能产生焊接裂纹，为此，常在焊前预热，这样劳动条件变差而工艺成本增加。

采用铸—焊联合结构时，铸钢多选用 ZG230—450H 或 ZG270—500H 钢。

焊接方法主要是电弧焊（以 CO_2 焊应用最多，厚板采用 CO_2 多层多道焊），特别厚板也可采用电渣焊。

重型压力机机身，往往为了保证足够的刚度而增加钢板的厚度，其实际工作应力却较小，在这种情况下构件之间的连接焊缝一般并不需要全熔透。而是在满足强度要求的前提下，正确地设计焊缝的形状和尺寸。

对于对接接头，按强度要求确定出焊缝的有效厚度 a 后，必须采用两面焊的结构，如图 12-4a 所示。

计算焊缝的工作应力有困难的情况下，常采用一些经验数据[2,3,4]。如按图 12-4c 的结构，取 $H \approx 0.3\delta$，$K = \frac{1}{3}h$；如按图 12-4d 结构，取 $H \approx 0.3\delta$，

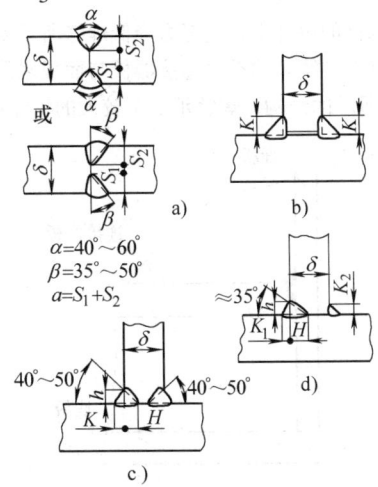

$\alpha = 40° \sim 60°$
$\beta = 35° \sim 50°$
$a = S_1 + S_2$

图 12-4　厚钢板部分熔透的焊接接头设计

$K_1 = \frac{1}{3}h$；K_2 按最小焊脚尺寸确定。

对于丁字接头，如果是联系焊缝，按图 12-4b 所示，取最小的焊脚尺寸 K，可参照表 12-1 选用。如果是工作焊缝，在厚钢板情况下建议采用图 12-4c 所示的两面开小坡口的部分熔透的角焊缝，其尺寸通过强度计算确定。研究证明[5]：这样设计的角焊缝，在同样承载能力的条件下，要比按图 12-4b 两面不开坡口的角焊缝节省大量填充金属。当背面施焊较困难时，可采用图 12-4d 所示单面开坡口的结构。

表 12-1　角焊缝的最小焊脚尺寸

（单位：mm）

被连接板的厚度 δ	最小焊脚尺寸 K
$\delta \leqslant 6.5$	3.5
$6.5 < \delta \leqslant 13$	5
$13 < \delta \leqslant 19$	6.5
$19 < \delta \leqslant 38$	8
$38 < \delta \leqslant 57$	10
$57 < \delta \leqslant 152$	13
$\delta > 152$	16

注：最小焊脚尺寸 K 不得超过较薄的钢板厚度。

12.1.2　压力机滑块新结构

滑块是机械压力机上作往复运动的部件，结构较复杂，精度要求高。它的上部安装连杆及封闭高度调节装置，下部固定模具，中间安装保险装置和顶料装置等。

闭式双点压力机的滑块体在工作时，可看成是受均布载荷的双支点梁，通常设计成箱形结构。在构造设计时要注意：合理地布置箱内各种机构，尽量使整个滑块部件的重心和滑块体的几何中心重合；箱体具有足够的导向长度以保证滑块行程中有好的垂直性和高的工作精度；在保证强度和刚度前提下合理地确定箱体的截面尺寸和肋板的位置；尽量减轻滑块的重量。

与连杆连接的支点部位，作用有集中载荷，要适当加强。若构造复杂，施焊困难时，该部位可以采用铸钢件，材料用 ZG230—400H 或 ZG370—500H 等。此外，该处应有防渗漏要求等。

图 12-5 示出两种型号不同的机械压力机滑块的焊接结构。图 12-5a 为小吨位压力机的滑块体，腹板厚度较薄，上部无盖板，易失稳，故在腹板上缘用槽钢加强。图 12-5b 为长度较大的重型压力机滑块体，下部采用较厚的钢板，因此结构设计得比较简单而刚性很大。

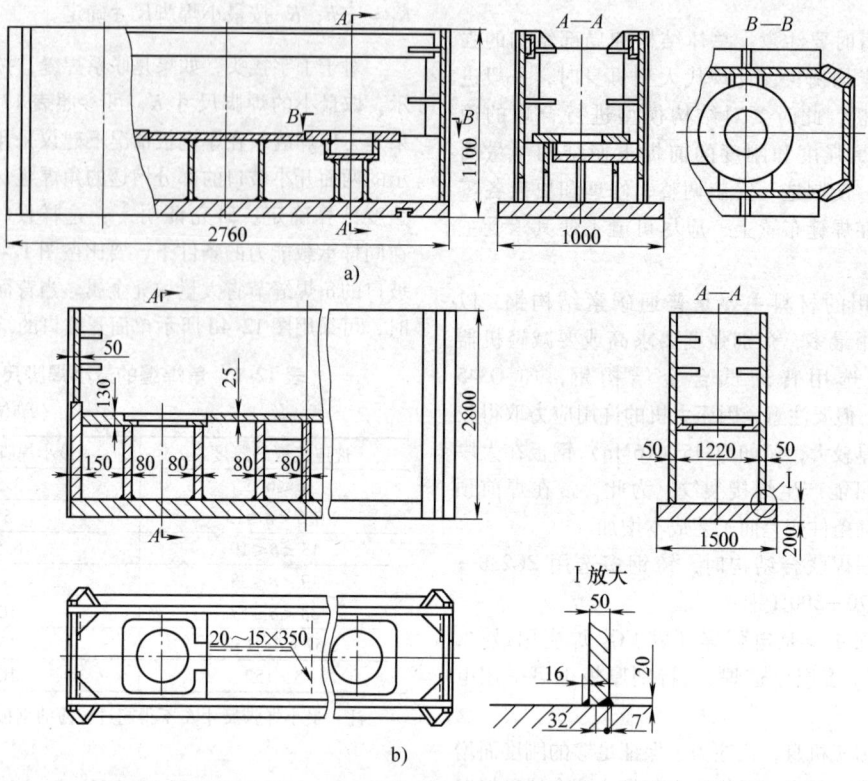

图 12-5　机械压力机滑块体的焊接结构

由于压力机滑块的绝大部分焊缝分布于滑块中性层的上部，只有少部分焊缝分布于滑块中性层的下部，焊接中对滑块中性层构成了热输入的不平衡状态，中性层上部的热输入较多，引起的焊接收缩量较大，而中性层下部的热输入量较少，引起的焊接收缩量较小，所以滑块的焊后变形总体趋势如图 12-6 所示。

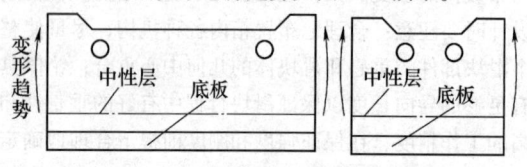

图 12-6　滑块体的结构及焊后变形趋势

为了克服以上变形趋势，并努力降低钢板等原材料消耗、减少机加工设备占用等，除在焊接生产中采取各种措施外，在结构的设计中应采取以下措施：

在滑块的纵向布置贯穿式肋板。过去的滑块结构，多考虑功能需求，少考虑构件的变形预防，所设计的横向肋板较多，而很少采用纵向贯穿式肋板。增设纵向贯穿式肋板，如图 12-7 所示。纵向肋板的作用，不仅提高了滑块纵向的抗焊接变形能力，也提高了滑块在长度方向的刚度。但要注意，纵向贯穿式肋板的数量不能多于 2 条，若 3 条以上，构件的可焊到性变差。

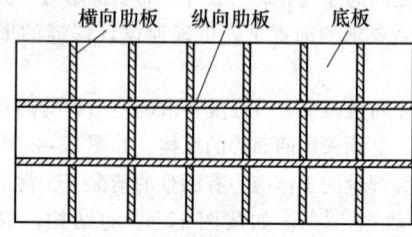

图 12-7　滑块的肋板布置

在构件的设计中，应努力降低焊缝所承受的工作应力。过去传统式的滑块连接器板与面板之间形成了图 12-8 所示的结构，焊缝承受了较大的工作载荷。

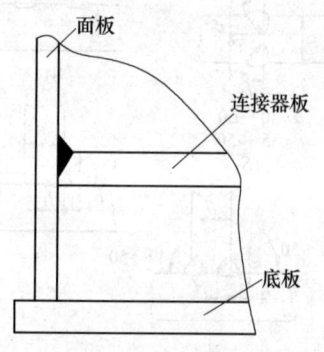

图 12-8　工作焊缝结构

在消化、吸收国外的先进结构后，将连接器板插入到面板的缺口中，由面板直接承受工作载荷，此时焊缝不直接传递工作载荷，而由面板起到立木顶千斤的作用，实现了降低焊缝工作应力的愿望。改进后的面板与连接器板的结构如图 12-9 所示。

在双动压力机中，设计有内滑块和外滑块，外滑块负责对板边压边，而内滑块负责对板料进行深拉伸。在过去的设计中，因考虑外滑块的公称力较小，外滑块底板取较小尺寸。而内滑块的公称力较大，内滑块底板取较大尺寸。由于内滑块在外滑块之内运行，外滑块底板呈"回"字形结构。若外滑块底板在整板上直接割出，则在较大的底板内腔处产生了较多的切割余料，为材料的合理利用及生产组织带来了不利的影响。将内、外滑块的底板取同一板厚，在外滑块底板的内腔处形成的余料上套割出内滑块底板，可极大提高钢板的利用率，并减少余料的产生，是一举两得的好方法，如图 12-10 所示。

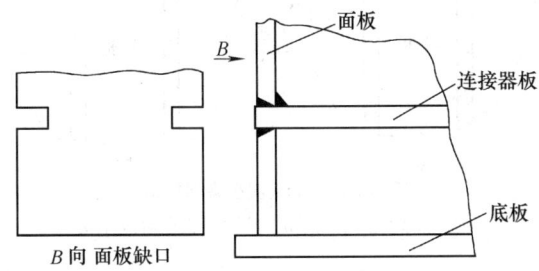

图 12-9　连接器板插入面板缺口中

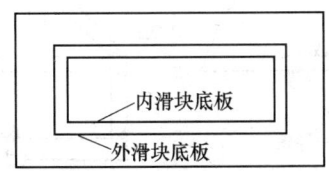

图 12-10　内、外滑块底板在同一板上割出

当然，内、外滑块所要求的强度及刚度是不同的，这些不同，完全可以通过调整其底板上的其他肋板类部件的厚度尺寸等使其具有合适的使用性能。

在压力机结构中，除外滑块底板外，还有较多的"回"字零件，如带有上气垫功能的单动压力机的滑块底板等，此时，没有与之相配合的填充类零件。为避免产生过多余料，提高钢材利用率等，设计多将此类"回"字形零件设计成由四个板条拼焊而成的结构，如图 12-11 所示。此时，为将拼接焊缝避开结构的应力集中区域，应将拼缝布置在距尖角处 100mm 以外的区域。

在滑块等构件的设计生产中，应努力降低机加工

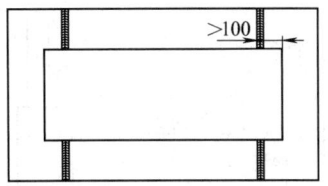

图 12-11　拼板及拼缝位置

的设备资源占用，用焊接结构代替机加工面连接结构。在滑块的平衡缸连接处，可以较好地实现以上设计愿望。在过去的结构中，滑块体上局部有机加工平面，与另一个支架平面通过螺栓连接，如图 12-12 所示，两个贴合平面的加工占用了较多的机械加工资源，且增加了压力机零件的数量，为生产组织带来了不良影响。21 世纪以来设计的滑块等构件，多将滑块的连接器板在侧面伸至面板以外，由外伸的连接器板直接起到平衡缸的连接功能，即用焊接结构代替了原来的机加工平面贴合结构，如图 12-13 所示，较明显地节省机械加工资源。

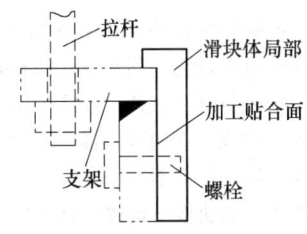

图 12-12　由加工贴合面形成的结构

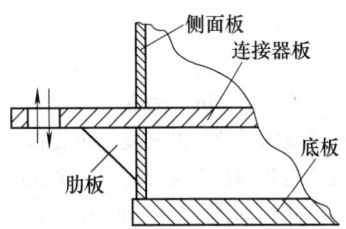

图 12-13　连接器板外伸形成支架

在滑块等构件的设计中，要注意将局部加工面与毛坯面错开。如滑块的平衡缸连接板，处在滑块的左、右侧板内，过去部分产品的结构将平衡缸连接板的机加工面与左、右侧板的毛坯面重合，如图 12-14a 所示，此时，加工机加工平面时，可能加工到焊缝或毛坯面，影响外观质量和焊缝强度。2001 年以来设计的滑块，多将平衡缸连接板机加工平面与左、右侧板的毛坯面错开 10mm 以上，很好地解决了以上问题。改进后的结构如图 12-14b 所示。

在滑块的结构中，有与连接器板一同构成中间隔层的平面，在该平面上要安装封闭高度调节机构等。

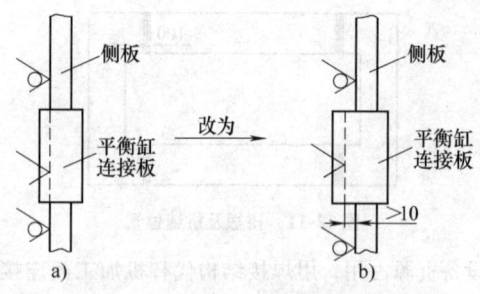

图 12-14　毛坯面与加工面由重合改为错开
a）毛坯面与加工面重合
b）毛坯面与加工面错开

由于该中间隔层与其下部的打料腔围板及底板等共同构成了封闭箱形，所以中间隔层板与其下部的肋板之间焊缝的可焊到性较差。过去解决这一问题的方法是在中间隔层板上开塞焊孔，通过塞焊孔与其下部的肋板部分相连，如图 12-15a 所示。此种连接方法存在两方面的缺点：一方面，因塞焊孔在肋板长度方向上不可能是贯穿性的，而是间断的，在间断处，没有焊缝连接，势必影响构件整体强度和刚性；另一方面，就某一个塞焊断面来讨论，其塞焊孔的有效强度只在板厚方向的二分之一以下，其二分之一以上部分的焊接几乎是无效的劳动。基于以上认识，2002 年以来设计的滑块等构件，已多不采用塞焊孔结构，而是将中间隔层板按其下部肋板所构成的格栅尺寸，分解成若干小块，将小块面板插入到肋板格腔内，如图 12-15b所示。此时，当量强度的焊缝尺寸和焊接工作量会比塞焊孔结构节省约 30% ~ 40%。此时应注意，考虑到切割设备精度等原因，小块面板的长、宽尺寸应比各腔的尺寸小 2 ~ 3mm 为宜。

滑块的导轨因对整机的精度等重要指标影响大而成为构件设计制造的核心部分。过去老式的滑块导轨多采用斜伸出式，如图 12-16a 所示。此时滑块导轨的毛坯对正及机加工形位尺寸的保证都比较困难，而且因为导轨与基体之间构成了封闭箱形，箱形内焊缝

的可焊到性差，会影响导轨的强度和刚性。另外，因毛坯尺寸与机加工尺寸的直观对应性较差，在生产中常出现需焊补导轨处机加工余量等生产质量问题。为了解决以上问题，2003 年以来设计制造的滑块导轨，已多改为如图 12-16b 所示的直导轨形式，此种导轨结构具有毛坯尺寸直观、材料利用率高、机加工尺寸易保证、导轨强度及刚性好等诸多优点。

通过焊接构件，将若干小型液压机的滑块连接为一个整体，可以实现若干小吨位压力机吨位的集合，改造为一个大吨位的压力机的愿望。已成功实施的改造方案为：设计焊接一个刚度较大的箱形梁式构件，将若干开式小吨位液压机的滑块与该梁式构件相连，由梁式构件充当大的滑块，实现了若干小吨位开式压力机合并为一个大吨位压力机的梦想。其改造思路如图 12-17 所示。

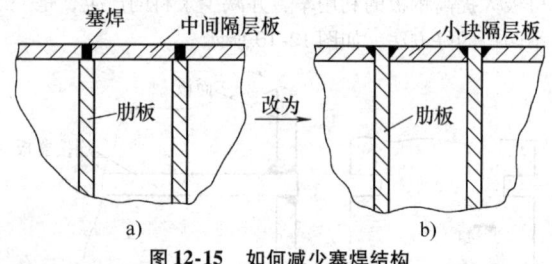

图 12-15　如何减少塞焊结构
a）带塞焊孔结构　b）将隔层板分解成小块

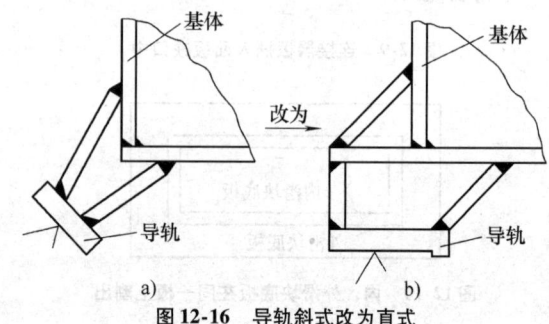

图 12-16　导轨斜式改为直式
a）斜伸出式导轨　b）直式导轨

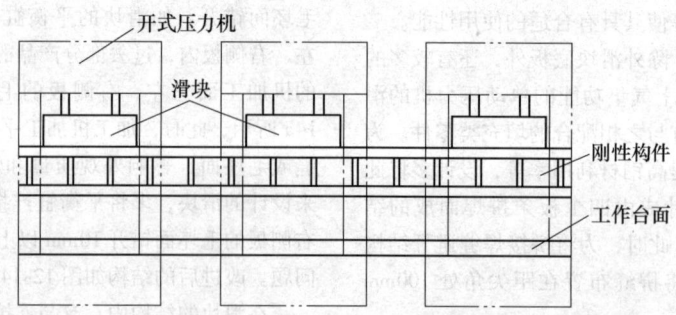

图 12-17　用刚性构件将若干开式压力机滑块连接在一起形成大吨位液压机

在压力机构件的设计中，要注意凡能实现双面坡口焊的部位，一定要设计为双面坡口焊缝。因为同样深度的坡口焊缝，如果设计为单面坡口焊缝（图 12-18a），设坡口宽度为 h，坡口深为 t，坡口角度为 α，则焊缝的断面积为 $ht/2$。如果设计成双面坡口焊缝（图 12-18b），坡口角度仍为 α，则每面坡口的宽度为 $h/2$，坡口深为 $t/2$，则焊缝断面积为 $(h/2) \times (t/2) \times (1/2) + (h/2) \times (t/2) \times (1/2) = ht/4$。可见，只要操作空间允许，同样深度（本例为假设板厚全熔透），同样坡口角度的坡口焊缝，双面焊缝比单面焊缝的断面积节省一半，即焊接工作量也节省了一半。

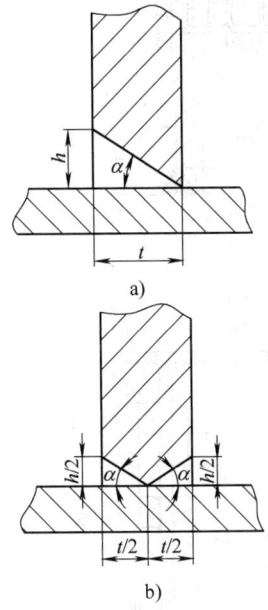

图 12-18　双面坡口焊缝断面积
比单面坡口焊缝断面积减少 50%

液压机的滑块又称活动横梁。活动横梁是三梁四柱液压机重要部件之一，它的主要作用是：上面与液压缸活塞杆（柱塞）连接以传递液压机的压力；通过自身的柱套以立柱导向做上下往复运动完成工作，它下面与砧块或模具连接。设计活动横梁的焊接结构时要考虑：所用材料与上下横梁相同；如果在工作时无任何弯矩，可按承压能力来设计，但当使用中有一定偏心载荷，就不仅仅要具有足够的承压强度和刚度，而且还应具有抗弯能力。小型液压机可设计成开式箱形结构，大型液压机多为闭式箱形结构。在与工作柱塞相连接部位要加强，一般把柱塞下面的支撑设计成厚度较大的圆筒或方形结构。在其周围设置适当肋板。

活动横梁上的柱套高度愈大，则导向精度愈高。一般情况下不应小于活塞行程的 1/2，为立柱直径的 $2.5 \sim 3.5$ 倍[6]。

12.1.3　压力机横梁新结构

图 12-19 示出压力机横梁常用的外形和横断面结构形式。图 12-19a 腹板为单层壁结构，板厚由强度和刚度计算确定。这种结构简单，制造十分方便。图 12-19b 为双层壁结构，这种结构刚度大，重量因用薄板而大为减轻。但由于板壁减薄，在集中受载部位，如在轴承座周围或柱孔周围，须用肋板加强。因此，焊缝较多，制造较复杂。一般是在厚板供应有困难时或批量不大的情况下采用。

在拉紧螺栓穿过的部位，总处于受压状态，须局部加强。通常使用护板或隔板构成与立柱断面相适应的方形断面结构，图 12-20 示出两种纵剖断面的结构。图 12-20a 为双层壁结构，图 12-20b 为单层壁结

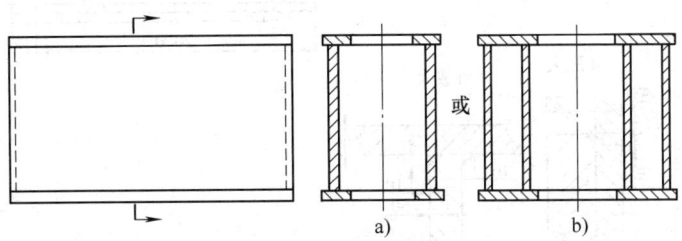

图 12-19　压力机横梁的基本结构形式

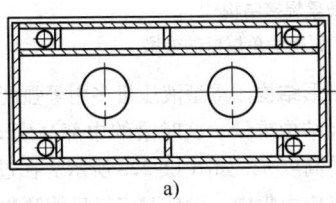
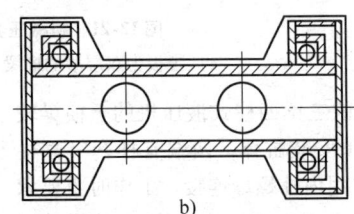

图 12-20　横梁柱孔处的结构

构。此外，上盖板适当加厚。通常上盖板中部需开孔。对于大型压力机的上盖板，可以采用厚度不等的钢板拼焊，达到合理使用材料和减轻重量的目的。

在主肋板上需开孔安装轴承座。图12-21为两种机械压力机焊接横梁的实例。图12-21a前后腔为双层壁的箱体结构，壁板较薄，轴承座之间用肋板相连，图12-21b为单层壁箱体结构，壁板厚度大。轴承座的附加板是从厚钢板切成毛坯后焊到壁板上的，采用很小的坡口焊缝连接。此外，压力机横梁工作时，可被视为大油箱，底板以上150mm范围内的焊缝不得渗漏，施焊工艺及检验规程都应对此提出明确要求。

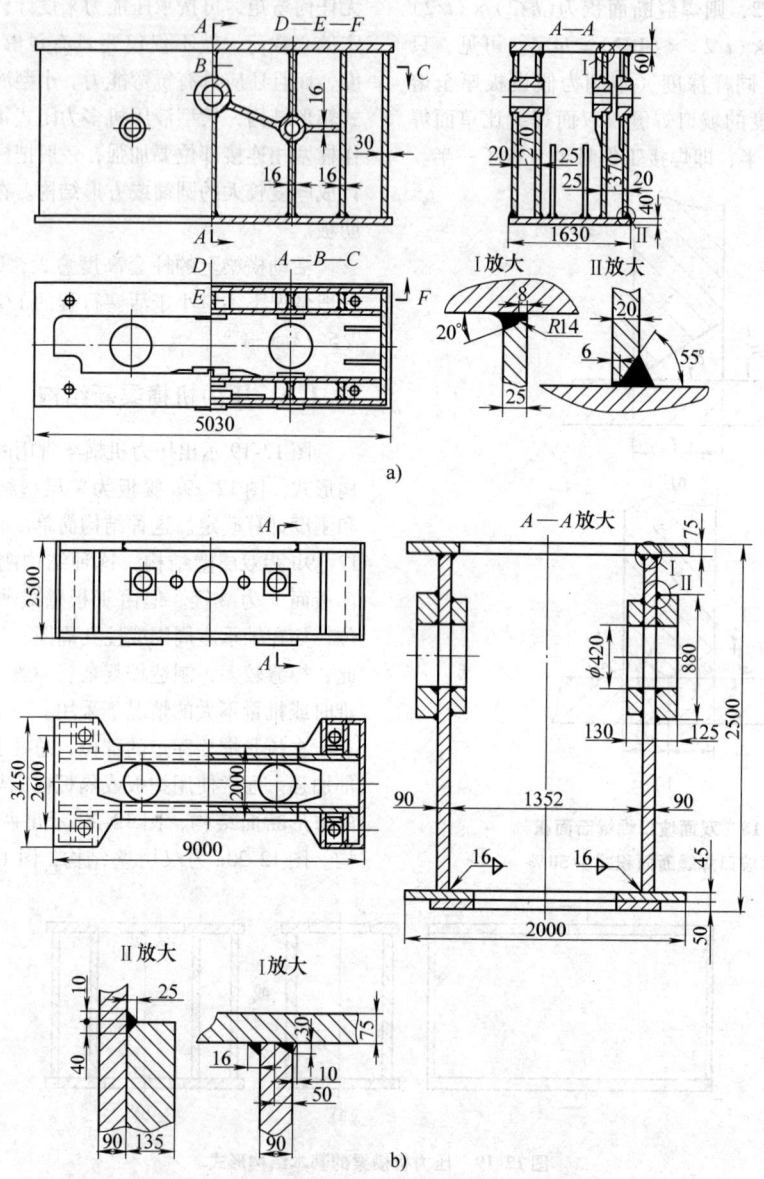

图 12-21　机械压力机横梁焊接结构[7]

a）腹板为双层壁的横梁　b）腹板为单层壁的横梁

以图 12-3 所示的三梁四柱式液压机的上横梁较为典型。该梁中部须安装缸体，两端有柱套（立柱孔），它与圆形立柱用内外螺母连接。工作时主要承受弯曲和剪切，偏心受载时有扭转，因此，多设计成箱形结构。重型液压机多用等强度梁以节省材料和减轻结构重量。这时梁的中部高度 H 大于两端柱套处的高度 h，如图 12-22a 所示。在过渡区（图中 A 点）有应力集中，设计时应尽量使倾角 α 小些，而过渡圆

弧半径 R 大些。大型液压机建议采用 $H/h=1.2$，小型液压机尽可能用等高梁，即 $H/h=1^{[6]}$。中部横断面的结构按液压缸数目和排列方式而定。图 12-22b 适用于单缸和三缸液压机；图 12-22c 用于多缸双排的液压机。中复板的数量视材料供应情况，可以是一块或多块叠成。在柱套和安装缸体处，宜设计成圆筒形或方形的结构，其中圆形最理想，它可以保证安装的接触面上有均匀的刚度。图 12-23 示出重型液压机几处电渣焊的柱套结构形式，其中图 12-23d 是采用铸钢（ZG230—450H），使焊缝减少，外形过渡平滑，有利于减少应力集中；缺点是焊接面需机械加工，重量较大。

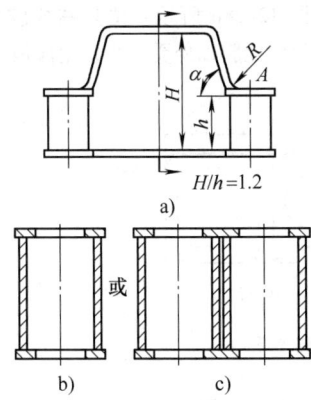

图 12-22　三梁四柱液压机
上横梁断面基本结构

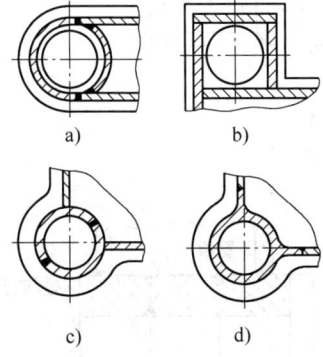

图 12-23　液压机横梁柱套的电渣焊接结构
a）弧形钢板柱套　b）方形钢板柱套
c）圆形钢板柱套　d）铸钢件—钢板柱套

柱套两端与螺母接触的面以及上横梁与工作缸凸肩（法兰）接触的面均需机械加工，如果考虑到维修时，常需重新车削该表面，则应设计一凸台。图 12-24 示出柱套孔两端面处理方法，图 12-24a 中没有凸台，图 12-24b 是设置凸台的结构，其高度一般为 $10\sim20\text{mm}$。

在圆筒形的缸套或柱套周围应适当加肋以改善力的传递和增加局部刚性。肋板布置有图 12-25 所示两种基本形式，图 12-25a 为矩形布置，推荐选用呈放射状布置（图 12-25b）传力更合理，这种形式抗扭性能较好。

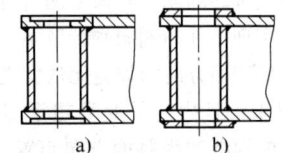

图 12-24　柱套或缸套凸肩的设计

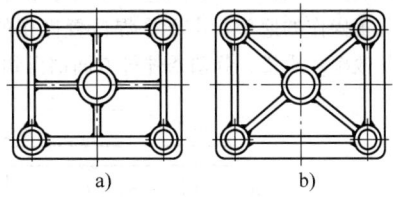

图 12-25　液压机上横梁柱套和缸套之间肋板的布置

随着汽车等工业的发展，大型冲压覆盖件的生产越来越多，对大台面压力机的需求也随之加大。压力机台面的增大，首先表现为压力机横梁长、宽尺寸的增加。为了保证机加工精度，大型压力机的横梁等构件多安排在如数控加工中心等精密机床上加工。而部分数控加工中心为龙门式结构，其龙门的结构尺寸可能限制了必须通过龙门的构件的加工。大台面、大吨位压力机的横梁就遇到了这种生产制造困难。如生产5000t 压力机时现有的龙门宽度尺寸为 4200mm，而横梁的总宽度为 4870mm，怎样实现横梁在龙门内通过的愿望呢？构件设计中采用在宽度方向四角处分段焊接和加工的方法，巧妙地解决了以上难题。如图12-26 所示为横梁的一角处，将横梁在宽度方向分为两部分，承担主传动的基体部分精度等要求较高，故先将基体部分焊好，转到数控加工中心精加工，精加工后，再焊接四角外围部分。当然，外围部分的焊接要采取一定的工艺措施，以免后序的焊接热输入对前期的精加工结果产生不良的影响等。

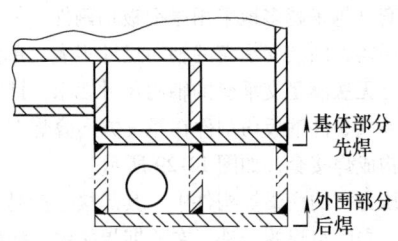

图 12-26　分段焊接解决加工能力不足问题

随着压力机吨位的增加及台面尺寸的增大，压力机的横梁等构件的重量呈不断加大的趋势。21 世纪以来设计制造的压力机构件，部分构件的自重超过 120t，而现有单台行车的额定起重能力只有 100t，工艺上往往采用两台行车抬翻工件的方法解决此类超重件的安全起重及翻转问题。若采用两台行车抬翻工件的方法，只能实现工件的侧向翻转，不能实现工件的竖置。这样工件端面方向的焊缝无法实现平焊位置操作。2004 年以来设计生产的此类超重型工件，将工件的端面方向的焊缝改为侧面方向布置，如图 12-27 所示。此种焊缝结构形式，当用两台行车抬翻工件时，工件的侧向翻转可以实现处于侧面方向的焊缝处于平焊位置操作的愿望。由于平焊位置操作的实现，其焊接的效率、质量、劳动条件等方面都得到了较大

的改善。

随着市场经济的不断发展，在构件的设计及制造中不断追求经济效益的最大化的努力表现得十分明显。构件各部位的受力状况是不同的，其对强度和刚性的要求也是不同的。以横梁四角处的拉紧螺栓腔附近为例，拉紧螺栓的强大预紧力要求其腔周围具有足够的强度和刚性，应使用较厚的钢板，而拉紧螺栓腔以外的结构，所承担的公称力较小，应该使用较薄的钢板。过去较粗放型的产品结构，对此表现得较为粗放，没有仔细追求结构的节约效益。此处都采用了相同的板厚，如图 12-28a 所示。开展追求结构设计成本尽可能降低活动以来，将该处的外围板分段取不同的板厚，如图 12-28b 所示。拉紧螺栓腔内受力大，用厚板；拉紧螺栓腔以外受力小，用薄板。

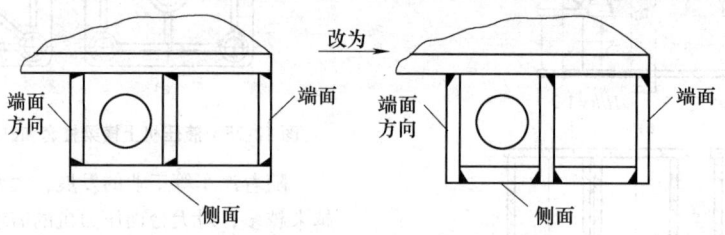

图 12-27　将端面方向焊缝改为侧面方向焊缝

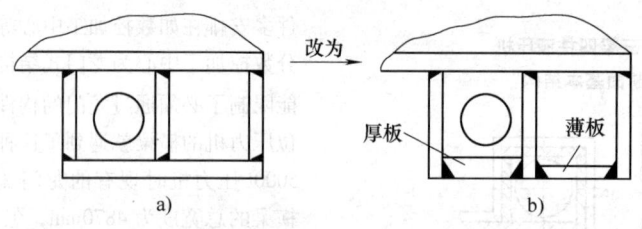

图 12-28　根据受力情况选取板厚
a) 外围板同一板厚　b) 围板分段

在压力机横梁中，有支撑轴等传动零件的支承套。由于支承套处承受了较大的力和扭矩，并对压力机精度影响较大，所以要求支承套的轴向尺寸较大。过去的支承套，多选用锻件，其采购周期、焊前机加工时间及费用等方面，都对生产产生了不利的影响。随着 21 世纪以来国内钢板供货厚度范围的增加，该处支承套已越来越多地采用厚钢板切割件。但对于双壁板型横梁，因其支承套的轴向尺寸很大，单件钢板的厚度已无法满足支承套的轴向尺寸要求。此时，可采用 2 件或 3 件钢板切割件在厚度方向叠焊在一起的方法，构成焊接套，如图 12-29 所示。

在压力机的横梁等构件中，其焊接生产是分工序进行的，先序组焊的分件，在前期焊接中，构件焊缝处要发生横向和纵向的焊接收缩，此焊接收缩量会影

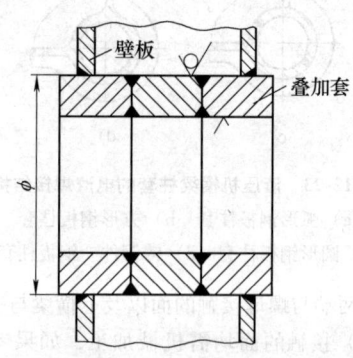

图 12-29　在钢板厚度方向叠焊成支承套

响构件的最终形位尺寸，并影响后序组焊的分件所处空间的尺寸。构件中有些前序组焊的分件与后序组焊

的分件具有相同的空间名义尺寸。为合理地消除焊接收缩量所带来的返修等不良影响，在设计结构的分件尺寸时，一般应将前期组焊的分件计入焊接收缩量适当取正偏差加大，而对后期组焊的分件计入焊接收缩量适当取负偏差减小。这就要求构件的结构设计者，在了解结构特点的同时，了解掌握焊接工序要求特点，即设计者是懂结构又懂工艺的复合型人才。

压力机的主要大件，即底座、横梁、滑块、小车体等构件，有一个共同的特点是，构件在对角线方向几乎是对称的。由于构件具有在对角线方向对称的特点，构件在对角线方向的分件的形状和数量几乎是相同的。过去焊接结构的设计人员不了解这一点，往往在分件的形状和数量上搞错。尤其是四角处分件的坡口方向问题，只有对角线处才几乎相同。

在横梁等压力机构件中，必须设计工件的起重吊耳等，以实现工件在焊接、加工、装配阶段中的起重和翻转。吊耳的布置原则是尽可能让吊耳尽早发挥作用。早期的横梁吊耳往往布置在侧向板上，因侧向板上外侧的面板要在第二序以后才装焊，则吊耳在第一序无法装焊，在第一序的铆装和焊接中无法使用

吊耳，如图 12-30a 所示。本着吊耳应尽早被使用的原则，2001 年以来生产的横梁等构件，将吊耳的位置由侧向板上改到主肋板上，实现了在第一序装焊吊耳并在第一序使用吊耳的愿望，如图 12-30b 所示。

焊接生产中往往要在工件上加焊若干临时起重吊耳，该临时起重吊耳的外形尺寸及焊缝形式必须满足表 12-2 和图 12-31 的各项尺寸及形状要求。

以上吊耳载荷为单吊耳载荷，两吊耳起重必须小于两倍单吊耳起重吨位，大中型构件一般不单吊耳使用。吊环销轴直径不得小于表 12-2 所列出尺寸（正规吊具所配销轴除外）。吊耳尽可能装焊在焊后加工面上，大中型构件被装焊吊耳的板厚应大于 0.8 倍的吊耳板厚，且具有足够的强度和刚度。非加工面上的吊耳去除后应仔细修磨焊缝处。临时吊耳的焊接优先用 CO_2 焊，且焊缝内部质量优良，不得存在明显的焊接缺欠等。

临时吊耳的布置位置应尽可能接近工件重心线，若在工件相对两平面布置吊耳时，吊耳的连线应通过重心，以减小工件在翻转时其产生的冲击惯性对行车等造成的有害影响。

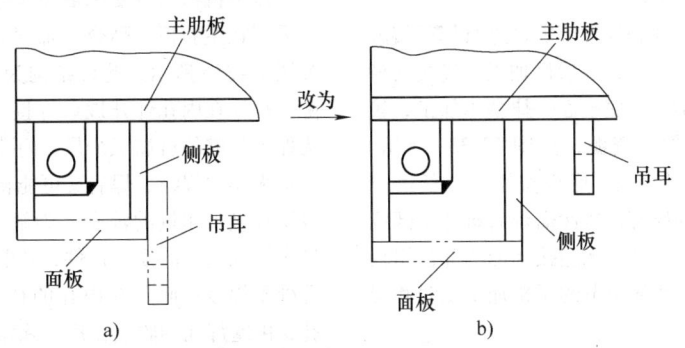

图 12-30　改变吊耳位置
a) 吊耳在侧板上　b) 吊耳在主肋板上

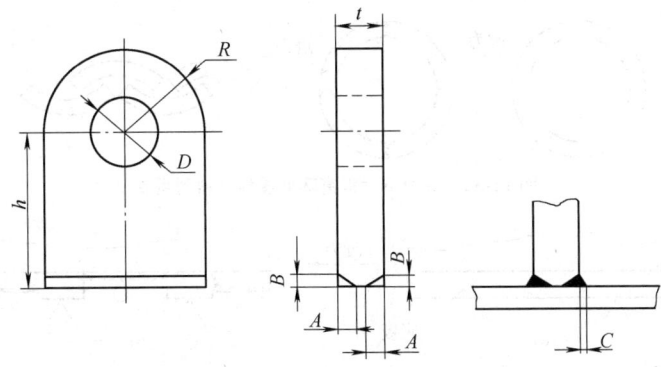

图 12-31　临时吊耳的形状和尺寸

表 12-2　临时吊耳的技术参数

吊耳型号	单吊耳起重/t	重量/kg	销轴直径/mm	D/mm	R/mm	h/mm	t/mm	A/mm	B/mm	C/mm	材质
HD05	5	7.64	40	60	70	120	40	16	10	6	Q235-A
HD10	10	12	55	65	80	130	50	20	12	6	Q235-A
HD20	20	18.59	65	75	90	150	60	22	15	6	Q235-A
HD30	30	26	75	85	100	160	70	25	16	6	Q235-A
HD40	40	49.5	85	110	120	170	100	40	25	10	Q235-A
HD50	50	62.9	95	120	130	180	110	45	26	10	Q235-A
HD60	60	86.4	120	140	150	190	120	48	28	10	Q235-A
HD80	80	98.5	130	150	180	210	120	55	35	15	Q235-A

压力机横梁上有安装离合器、制动器的支座，该支座多为圆环形。过去该圆环形支座采用整环下料，钢板的利用率不高，产生了大量的余料。2005 年以来设计的横梁，该圆环形支座采用在圆周方向分段并对接的方法，由于分段下料可以实现在较小余料板面上下料，节约利用钢板的效果十分明显。其改进前后的结构及下料方式如图 12-32 所示。

同样的结构形式，在压力机的缸体类构件中也存在。缸体的法兰多为不规则环形，变整个环形结构为两个近似半环形结构，则可以实现半环形零件的相扣下料，提高材料的利用率。

横梁的下平面与立柱和导套等零件进行局部接触性连接，这些连接平面需进行焊后机加工。过去的横梁底板采用一个整板结构，底平面一律整体加工，较多地占用了宝贵的机加工资源，如图 12-33a 所示。2000 年以来设计的横梁结构，底板按用途在长度方向分段设计，与立柱和导套连接而需焊后机加工部位用较厚的板且安排加工，其余无连接功能的部位用较薄的板且不安排加工，明显地节约了机加工工时和费用，如图 12-33b 所示。

在压力机的横梁、底座、立柱等构件中，有供拉紧螺栓通过的空腔，称为拉紧螺栓护腔。过去的结构设计中，将构成拉紧螺栓腔的护板处理成压弯板结构，这样可以减少一条纵向焊缝并减少构件的焊接变形等，如图 12-34a 所示。由于压弯板需设计制造模具，且必须在压力机上进行压弯，同时增加了压弯等额外的工序，对生产组织带来诸多负面的影响。2002 年以来设计生产的压力机构件，已形成将拉紧螺栓护板由压弯结构改为拼焊结构的趋势，如图 12-34b 所示。此种结构，虽然在纵向多了一条焊缝（该焊缝为联系焊缝），焊接工作量有所增加且变形趋势加大，但综合对比压弯结构，应有较大的技术优势。

压力机横梁有支撑轴件等零件的支承座，部分构件采用在主肋板上贴合一加强板的形式构成支承座，如图 12-35a 所示，此种结构为消除内孔处的贴合间隙，往往在内孔处开坡口焊接。因内孔为焊后加工，为保证足够的机加工余量，内孔处要额外焊出机加工余量大小的焊缝，焊后又可能将余量全部加工掉，造成了焊接工作量的浪费。为解决以上问题，21 世纪以来设计制造的横梁构件，若贴合加强板较薄，在内孔处不焊接，而是在内孔的径向周围布置若干塞焊孔，由塞焊孔的收缩作用消除贴合板与主肋板之间的间隙，同时保证贴合板与主肋板之间有足够的连接强度，如图 12-35b 所示。此种结构照比内孔开坡口的结构，具有减少无效焊接作业时间的结构优势。

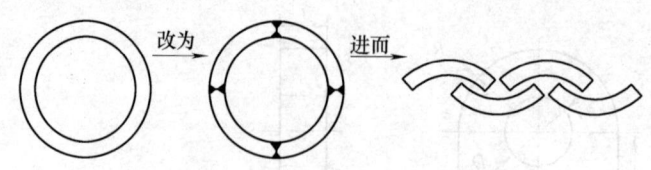

图 12-32　分段下料提高环形零件材料利用率

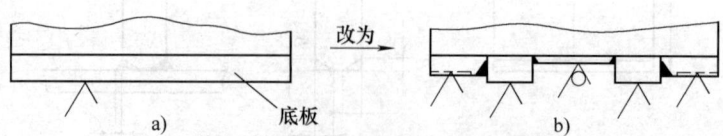

图 12-33　横梁底平面变整体加工为局部加工
a）横梁底板整体加工　b）横梁底板分段局部加工

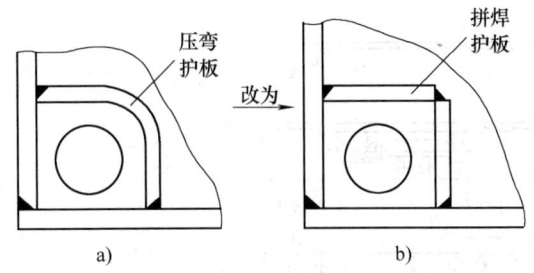

图 12-34　护板由压弯结构改为拼焊结构
a）压弯护板结构　b）拼焊护板结构

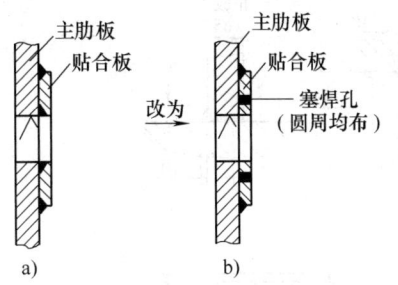

图 12-35　用塞焊孔消除贴合处间隙
a）内孔开坡口　b）塞焊孔结构

12.1.4　压力机底座新结构

　　框架拉杆式压力机的下横梁可以看成由一根主梁和两根端梁组成的压力机底座。主梁上面安置工作台板，内部安放气垫装置。因此，需采用箱形结构，其上下盖板需开孔。图 12-36 所示是其断面的基本结构形式。大型压力机底座的主梁常做成高度不同的等强度梁，即中部高度大于两端，或上、下盖板做成中部厚而两端薄的结构，目的是减轻重量和节约材料。

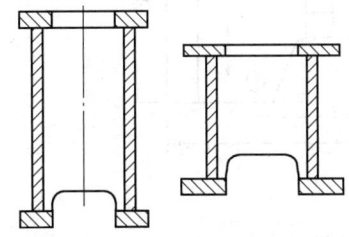

图 12-36　机械压力机底座断面基本形式

　　设计底座时要注意：作为主梁的两块腹板是主要承载构件，它必须贯通整个底座，不要被端梁的腹板隔断，如图 12-37 所示；立柱孔的位置主要由柱距决定，只要可能，应使立柱孔靠近主梁腹板，并在孔周围加肋；与基础连接的支座部位，要适当用肋板加强；上盖板中部需开孔，厚板时一般不是用整板切割成形，而是采取大厚度平板拼焊成所需形状，如图12-38 所示。拼焊时，要注意焊接变形控制。厚板发

生变形，其矫正十分困难。通常设计 K 形或双面半 U 形坡口对接接头，正反两面交替施焊。厚度不同的板对接焊时，按板厚差 3~4 倍的长度对厚板削薄，使之成等厚对接。

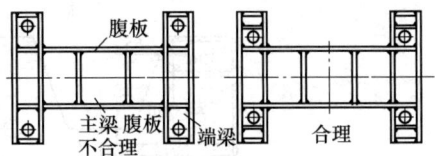

图 12-37　机械压力机底座腹板的设计

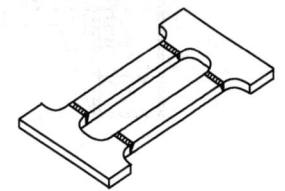

图 12-38　机械压力机底座盖板拼焊结构

　　图 12-39 是两台重型机械压力机底座焊接结构。两者基本构造相同，主梁两腹板和上下盖板均为厚板，主要焊接接头的焊缝并不要求全熔透。图 12-39a 的工作压力比图 12-39b 的约大1/3，但由于工作台长度比较短，所以板厚反比后者的小，支座的结构略有区别。

　　三梁四柱式液压机的下横梁也是整个机器的底座，工作时承受机器全部载荷和重量。梁面上安放工作台，梁内通常设有顶出缸或其他辅助装置，所以多采用箱形结构。其刚度要求较为严格，内部常加肋以构成箱格结构。

　　图 12-40 所示是小型液压机的下横梁。四个柱套和顶出缸套为铸钢件，相互间用肋板联系和加强。

　　图 12-41 所示是中等型号液压机下横梁的焊接结构，内部用纵、横肋形成箱格结构。在上、下盖板的中部，采用较厚的钢板。柱套的结构简单。

　　图 12-42 所示是重型液压机下横梁，采用电渣焊焊接的结构。

　　压力机的底座除满足压力机所必需的作业功能需求外，还承担着与地基基础相连的作用。与地基基础相连部分称之为支腿。当用户要求底座的支腿为前后布置时，加大了底座宽度方向的尺寸。由于压力机正向大台面方向发展，底座本身宽度方向尺寸已很大，若再加上宽度方向的支腿，往往超过宽度方向的铁路运输的极限尺寸。将底座四角处的支腿设计成分体结构，即支腿与底座基体是分开的，通过加工平面和紧固螺栓，将支腿和底座之间形成可拆卸式连接，如图12-43 所示，解决了底座宽度超运能力的难题。

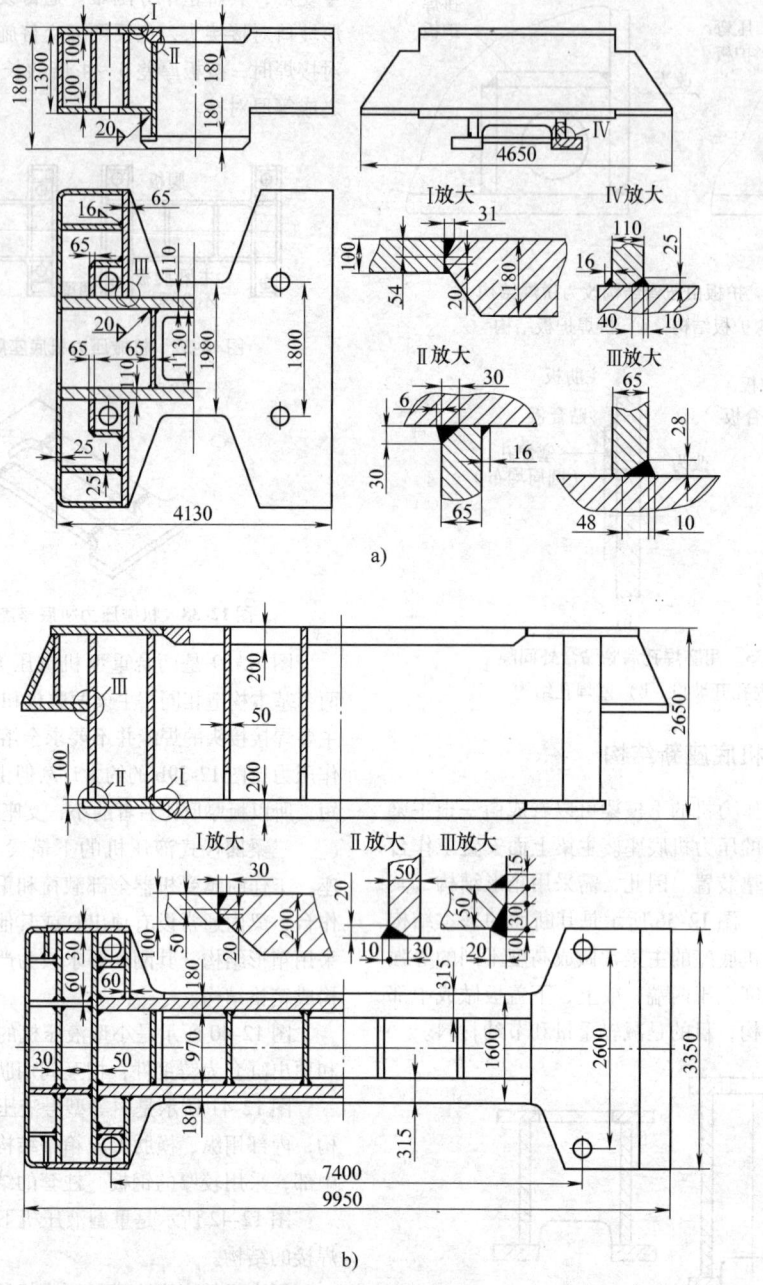

图 12-39　机械压力机底座典型实例

焊件的焊后加工面多处于构件的外表面上，此时因为焊接收缩等原因，焊件的焊后加工余量因随收缩量而减少，一般取较大值，多为 10mm 左右。但有时构件的焊后机加工面处于工件的腔内，如压力机底座腔内的气垫导轨加工面等。腔内尺寸通过焊接收缩有减小的趋势，这时腔内的导轨的加工余量随焊接收缩量而加大。设计此类腔内机加工余量时，一般可以取工件外表面余量的一半左右，对于底座气垫导轨余

量、滑块上气垫导轨余量等，一般取 5mm 足够。

因底座上平面要有与立柱等构件接合的平面，又要提供小车体等构件所需的空间，底座的上部尺寸较大。在过去的结构设计中，往往追求底座在高度方向的上下对称。这样底座形状大体上是规则的矩形体，如图 12-44a 所示。通过仔细分析构件的功能需求，并尽最大的努力降低构件的设计制造成本，2004 年以来设计制造的底座，多将底座下部的拉紧螺栓腔以

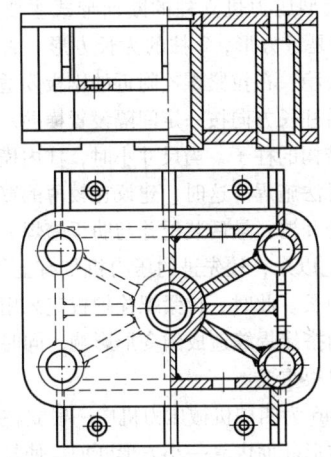

图 12-40　小型液压机下横梁焊接结构

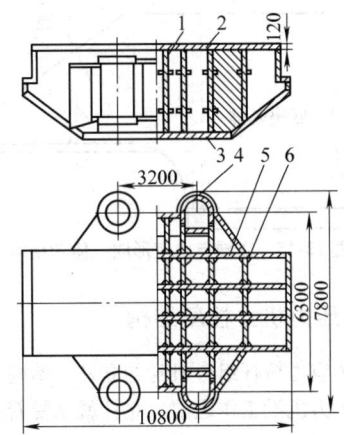

图 12-42　重型液压机下横梁电渣焊接结构
1—隔板　2—上盖板　3—下盖板
4—柱套　5—腹板　6—肋板

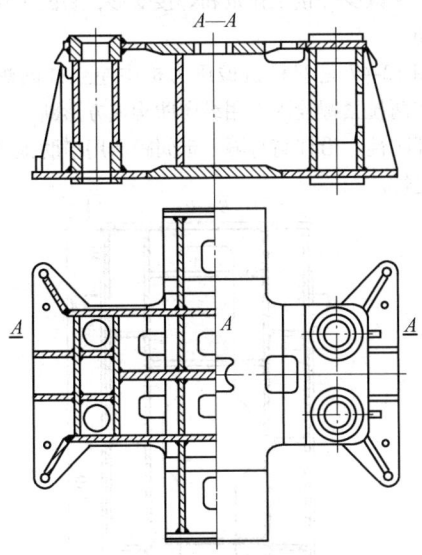

图 12-41　具有箱格结构的液压机下横梁

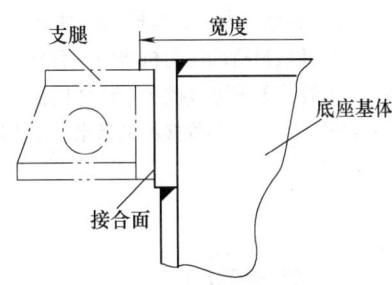

图 12-43　用分体式支腿解决超宽问题

外的多余部分去掉，使构件自身形成上部大、下部小的悬臂式结构，如图 12-44b 所示。这种底座结构因原材料节约等原因，将降低制造成本约 5%。

对于底座的支腿问题，主要尊重用户的意见。若用户表示可左右布置也可前后布置时，应引导或建议用户采用左右布置。当底座支腿为左右布置时，可通过外伸主肋板并附加肋板和底板等形式，将支腿焊在构件的基体上。此种结构因节约了两个机加工平面，减少了对机加工设备的占用，经济效益十分明显。在 2002 年以来设计制造的底座，多采用这种左右布置支腿的一体式结构，如图 12-45 所示。

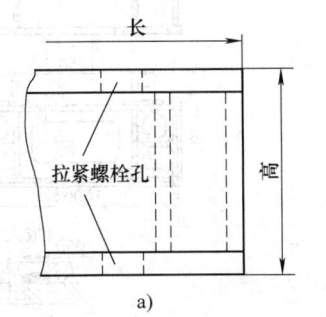

a)

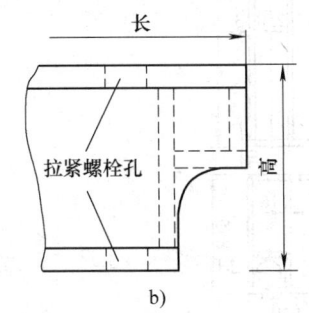

b)

图 12-44　只保留功能需求的结构
a)　底座为规则的矩形体　b)　去掉多余部分的结构

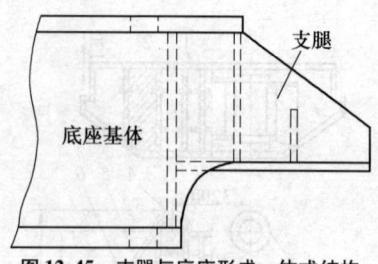

图 12-45　支腿与底座形成一体式结构

12.1.5　压力机立柱新结构

对于预应力拉杆组合机身的立柱，始终处在受压状态。在压力机没工作之前，立柱就承受着巨大的压应力。因此，立柱必须满足预应力作用下的强度和刚度的要求。

柱子的数量有设计成 4 根的和 2 根的。前者是在工作台面积很大，即柱距很大时采用；后者是侧面两根柱子的柱距较小而合二为一，这样做刚性好。

此外，目前比较流行的压力机将空气管路、润滑及回滑管路、电气管路等统统包揽在立柱体内，形成全封闭（管子）结构，为立柱的焊接制造带来一定难度。

对于大型压力机立柱的断面形式主要是箱形结构，4 柱的是近方形，2 柱的为长方形。为了防止整体和局部失稳，在拉紧螺栓附近的钢板要适当增加厚度，同时沿柱长方向按一定间隔设置横肋。

箱形结构的柱子，当尺寸小时，柱内横肋板的焊缝有一面无法施焊。这时，建议在较薄的壁板上与横肋板对应处开槽，最后装配并与肋板槽焊。

21 世纪以来，较先进的压力机带有上气垫结构，使立柱细而长。此时，拉紧螺栓护板应采用压弯板结构，减小因搭接焊缝造成的变形影响，同时，合理的装焊顺序也很重要。

图 12-46 为四柱机械压力机中一根立柱的焊接结构。在长方形断面内套一小方形断面，使拉紧螺栓附近有较强的刚度。该结构采用两个压弯板，既减少零件数，又减少焊接工作量和焊接变形，装配工作也简单方便。

图 12-47 是双柱机械压力机中左立柱的焊接结构，在两拉紧螺栓附近用纵向肋构成方形断面，以提高局部刚性。沿柱高每隔一定间距需用横肋提高板壁的稳定性。

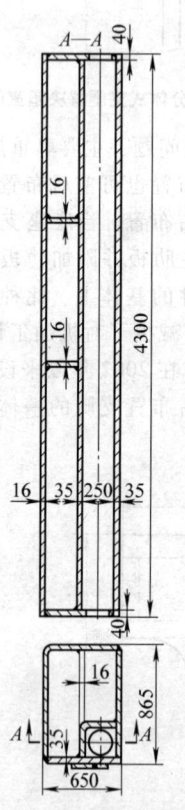

图 12-46　J39-630 型机械压力机焊接立柱

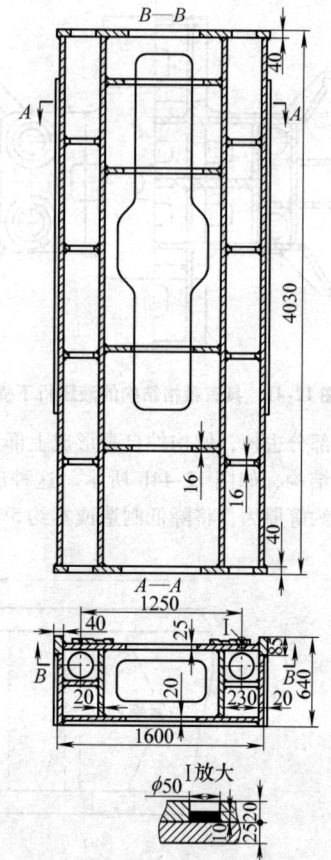

图 12-47　JD36-400 型机械压力机焊接立柱

压力机立柱的导轨，过去多采用在面板上贴合另一板的结构，导轨四周用角焊缝，为尽可能地消除两贴合板之间的间隙，在导轨上直线均布十几个塞焊孔，如图 12-48a 所示。虽然有塞焊，但贴合式导轨与基体之间仍存在间隙，此种间隙，会影响导轨的刚度。2002 年以来设计制造的立柱，将有导轨的立柱面板处理成大缺口，在缺口内插入厚度较大的一体式导轨。这种导轨因消除了原来结构中贴合面处的间隙等，所以导轨的刚度更好，更有利于压力机精度的保持，如图 12-48b 所示。

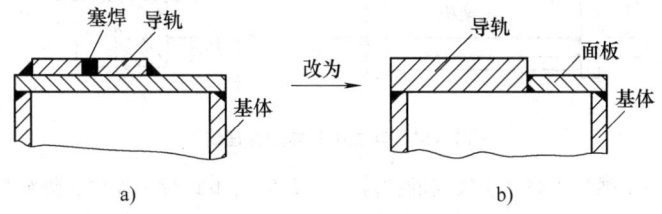

图 12-48 插入式结构提高导轨刚度

a）导轨为贴合式 b）导轨插入面板缺口内

传统的压力机立柱的横断面多为矩形的，将主要受力部位（如拉紧螺栓腔周围）处理成较厚板结构，而将拉紧螺栓腔以外的部分处理成较薄板结构。尽管这样，在拉紧螺栓腔以外部分，仍存在用料方面的浪费。最节省的立柱横断面设计，是将立柱断面设计成半 "凸" 字形，如图 12-49 所示。这种立柱结构，在 2003 年以来引进技术的产品中得到了广泛的应用，且收到了较明显的控制产品生产成本的效果。

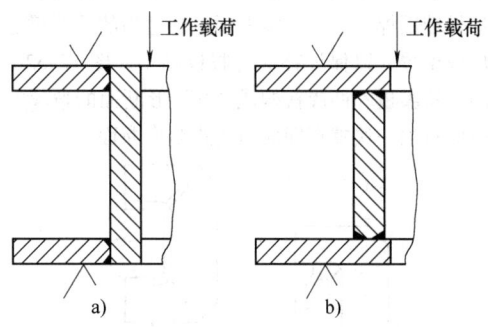

图 12-50 老式小车体结构

a）焊缝为联系焊缝 b）焊缝为工作焊缝

在 2003 年以来设计制造的新式小车体结构中，将构成小车体主要受力框架的 "#" 字形板，设计成厚度为 140 ~ 160mm 的厚板，由厚板承担工作载荷，各厚板之间由焊缝相连，此时的焊缝为联系焊缝。将安装平面板与厚板的机加工平面错开（10mm），则焊缝处在非加工平面上，保证了焊缝不被加工的要求，如图 12-51 所示。这种新结构的小车体，在避免焊缝受力、节约焊接工时、节约机加工工时和费用等多方面，表现出较明显的技术优势。

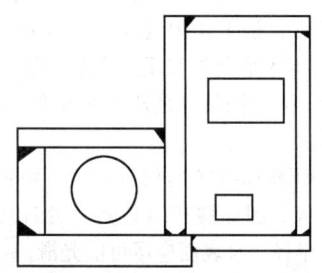

图 12-49 半 "凸" 字断面立柱结构

12.1.6 压力机小车体新结构

压力机的小车体，其作用是，在更换滑块下部模具时，小车体从滑块下部空间开到可以直接行车起吊的空间，改善更换模具时的劳动条件并提高更换模具的速度等。所以压力机工作时小车体承受滑块的公称力，构件受压。在老式的小车体结构中，当焊缝为联系焊缝时，焊缝多处于小车体的上、下加工面上，为保证机加工余量而浪费了较多的焊接作业工时，如图 12-50a 所示。若将焊缝设计成工作焊缝，则焊缝承担着压力机的工作载荷，如图 12-50b 所示。这两种结构都存在明显的不足。

12.1.7 开式机身新结构

开式压力机的 C 形机身可当作弯梁进行强度和刚度设计（图 12-52a）。其断面形状有单腹板和双腹板结构，双腹板结构中有些是开式断面，有些是闭式断面。喉口构造对机身的强度和刚度影响很大，在喉口上下转角处有应力集中，其集中程度随喉口深度 D 的增大和转角圆弧半径 R 的减小而增加。设计时，尽量减少喉口的深度和适当增加转角圆弧半径，以提高疲劳强度。

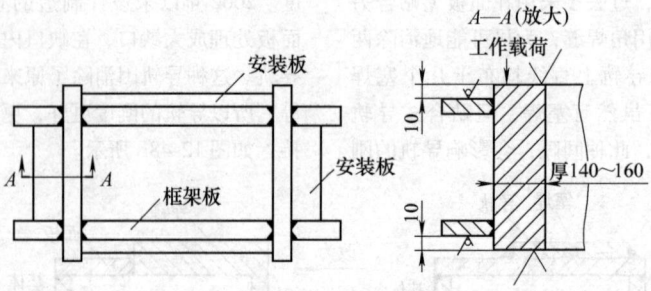

图 12-51　新式小车体的合理结构

机身工作时，在腹板的喉口边缘产生较高的拉应力，往往需加强。图 12-52b～e 为加强的结构措施。图 12-52b 是单腹板机身，用 T 形断面，翼板起加强作用。它只适用于小型压力机的机身。图 12-52c 是在腹板喉口边缘处用补强板局部加厚，沿补强板周边用角焊缝围焊，在补强板上预先开适当的孔或槽进行塞焊或槽焊，以保证补板与腹板贴牢。图 12-52d、e 是用一块翼板和两腹板构成"Ⅱ"形断面的弯梁。如果后面再加一块翼板即成封闭式箱形断面。

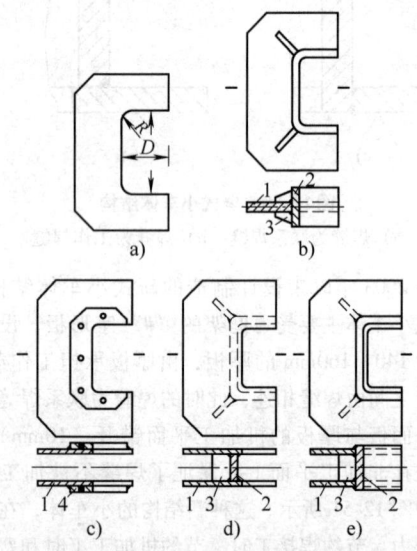

图 12-52　压力机 C 形机身喉口边缘加强措施
1—腹板　2—翼板　3—肋板　4—补强板

C 形机身喉口转角处的结构，直接影响到机身的强度和制造工艺，应该根据实际需要和可能进行认真设计，图 12-53 提供翼板在该处的各种结构形式。图 12-53a、b 设计不理想，焊缝均为工作焊缝，其尺寸必须通过强度计算来确定，而且焊缝正好处在水平翼板和垂直板 90°汇交线的应力集中区上，其疲劳强度低，一般不用这两种结构。图 12-53c 为镶嵌结构，这里的角焊缝不承受主要载荷，可用较小焊脚尺寸。这种结构简单，加工和装配容易，但转角处仍为 90°角，应力集中严重，所以只适用于小型压力机机身。图 12-53d 是整块翼板，在转角处折成两个大于 90°的钝角，大大缓和了该处应力集中的程度，而且制作并不困难，是较为常用的结构。图 12-53e 是理想的结构，随着 R 的增加，其应力集中随之降低，但是制造工艺较困难和复杂。如果采用像图 12-52e 的机身结构，在转角处腹板和翼板装配时两个圆弧要吻合是比较困难的。而该处的角焊缝工作时受到垂直焊缝轴线的附加拉力，是工作焊缝，对质量要求较高。图 12-53f、g 是当水平翼板和垂直翼板厚度不同时可以采用的结构，其共同特点是转角处为圆弧，焊缝避开应力集中区。

如果采用图 12-52d 的机身结构，两腹板喉口边缘拉应力最大，因而腹板喉口转角处都应加工成 R 较大的圆弧半径，且表面应尽可能光滑。

在喉门转角处有圆弧，工作时在该处的焊缝和翼板受到垂直焊缝轴线方向较大的拉力，常在该处用肋板局部加强，如图 12-52b、d、e 所示。

为了保持两腹板之间的距离和总体结构的稳定，在腹板之间应设置一些起支撑作用的连接杆或连接板，如图 12-54 所示，图 12-54a、b 适用于两板之间的距离较小，无法在内部施焊的情况；当两腹板距离较大时，宜用钢管或钢板做连接杆（见图 12-54c）。

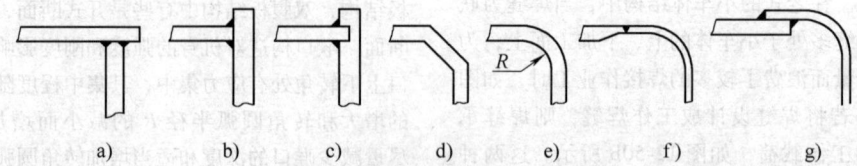

图 12-53　C 形机身喉口转角处翼板的结构形式

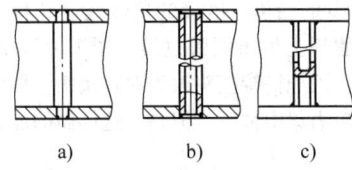

图 12-54　压力机机身两腹板
之间支承的连接结构

工作台与下面起支承作用的腹板连接，使用丁字接头。如果工作台和腹板之间接触不良，如图 12-55a 所示，则两角焊缝需传递工作压力而受剪切，需用较大的焊脚尺寸。如果预先加工两接触面，保证工作台上的压力直接从接触面传到腹板上，则焊缝变成联系焊缝（见图 12-55b），其焊脚尺寸可减到最小。为了增加工作台的支承刚度，在两腹板之间布置适当的垂直肋板，构成刚性支座。

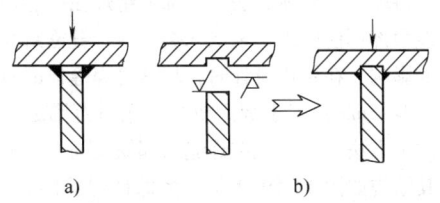

图 12-55　传递压力的丁字接头设计

12.1.8　其他压力机构件新结构

在压力机的气垫构件中，为实现工件间的端面和筒体间的径向的密封和连接，需要在一个矩形板平面上形成一个圆形的台阶。过去的老式结构，该台阶由整个厚板靠机加工形成台阶，如图 12-56a 所示。该结构的不足之处是浪费了原材料，更浪费了宝贵的机加工资源。在改进后设计制造的同类结构中，台阶由焊接毛坯形成，在焊接毛坯上通过加工掉很小的机加工余量就可以形成台阶，如图 12-56b 所示。此种结构，在提高材料利用率、减少机加工工时和费用等方面，均表现出优良的技术特性。

在闭式压力机中，通常由拉紧螺栓将横梁、立柱、底座等构件接合在一起，构成压力机的机身。但此种结构，横梁与立柱之间、立柱与底座之间需要通过焊后机加工面实现接合，机加工占用了较长的生产周期并增加生产成本，且同时因为零件数量增加而给生产组织带来障碍等。对于公称力小于 4000kN 的压力机，特别是公称力为 2500kN 的压力机出现了整体机身结构。整体机身是将传统压力机结构中的横梁、立柱、底座等构件合并为一体，用焊接方式实现各功能部位的连接。整体机身具有钢材利用率高、节省机加工工时和费用、生产周期短、生产组织相对容易等优点。但整体机身是由焊缝承担了压机的公称力（在组合式机身中该公称力是由拉紧螺栓承担的），应按静不定问题进行强度和刚度计算梁和柱的断面形状及它们之间的连接结构，故对焊缝的位置、形式、应力集中程度、是否焊透、怎样保证焊缝内部质量等方面，均提出了新的要求。特别是传统压力机结构的立柱部位的两端，焊缝强度应做受力结构的有限元分析，以确定焊缝的强度能否满足压机公称力的要求。正是基于以上原因，目前整体式机身只在 2500kN 压机和极少的 4000kN 压力机中使用。

整个框架机身可以全部由钢板构成，也可以由型钢和钢板或者铸钢和钢板构成。

全部由钢板构成的框架机身，其梁和柱的断面，开式的多为"Π"形，闭式的多为矩形。工作中有偏心载荷而产生扭矩的情况下，宜用闭式断面。当上、下横梁内部，须安置其他机件而无法采用闭式断面时，可以适当加大板厚和适当布置肋板，以加强整体的或局部的刚性。

整体式框架结构中在内侧四个转角处，也和 C 形机身一样，是应力集中区。该处的结构设计可以参照图 12-53 所示的结构形式。

框架的前后立板（即腹板），最好从整块钢板精割出来。如果由于板料小或为了提高材料利用率，需

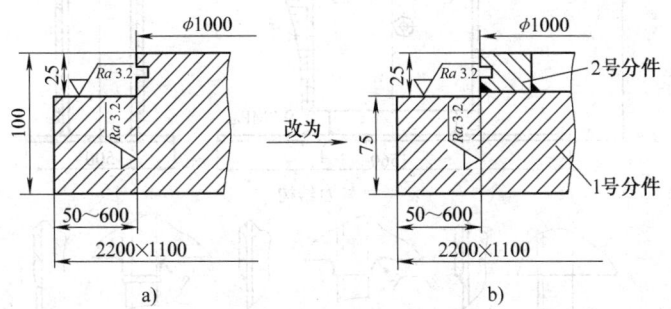

图 12-56　气垫接合处新结构
a）在整板上由加工形成台阶　b）焊接形成毛坯台阶再加工

由若干块板料拼焊而成时，拼接缝的位置要避开转角处。当立板厚度大，供货有困难时，可以用若干块同质钢板叠焊成所需的厚度，但必须使每块板平整贴合，如图 12-57 所示。

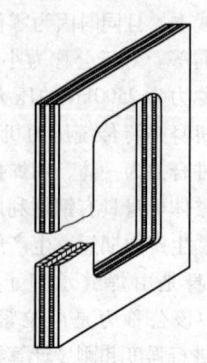

图 12-57　框架式机身前后板
的制备（层板叠焊）

中小型压力机框架机身的立柱，可以选用工字钢或槽钢，以减少焊接工作量和简化制造。这种由型钢和钢板组合的框架的主要问题是上下横梁的腹板如何与型钢连接。最简单的是腹板与型钢的翼板搭接，这时角焊缝为工作焊缝。图 12-58 是 Y71—100 型塑料液压机框架机身的结构。该机为了改善转角 D 处的应力集中，不采用图 12-58a 所示的简单结构，而是

用图 12-58b 的结构。搭接的角焊缝避开转角处，在转角处的腹板上做出圆弧过渡。图 12-58c 是更为理想的结构，因把搭接接头改为对接接头，可以进一步改善该处应力集中情况。但是，这样做的加工成本要增加。

在液压机中，高压液压缸承受工作载荷，所以对液压缸的致密性提出严格的要求。过去生产的高压液压缸，多为整体锻件。液压缸的形状为一端密闭，一端开口的"桶"体形结构。因整体锻件的生产工艺能力限制等多方面的原因，整体式锻件的高压液压缸的内部致密性难以满足高压油的密闭要求。为解决以上问题，改进后生产的高压液压缸，将整体式液压缸分为三部分，即端盖、筒体和法兰。这三部分分别单独锻造，因各自的体积和形状更有利于锻造生产，所以可以获得各自致密的组织。然后通过开坡口焊接的方法，将端盖、筒体、法兰三部分组焊在一起。为解决焊缝根部可能因未焊透或未熔合对焊缝密封性产生不良的影响，在结构设计时，故意将焊缝根部的一定范围（3~5mm）置于焊后机加工余量范围之内，即用机加工方法将可能存在焊缝内部缺欠的焊缝根部去除，其结构如图 12-59 所示。为保证焊缝的致密性，工艺上安排焊缝深度焊至 1/3 时，进行超声波检测，焊缝全部焊满后，再次进行超声波检测。

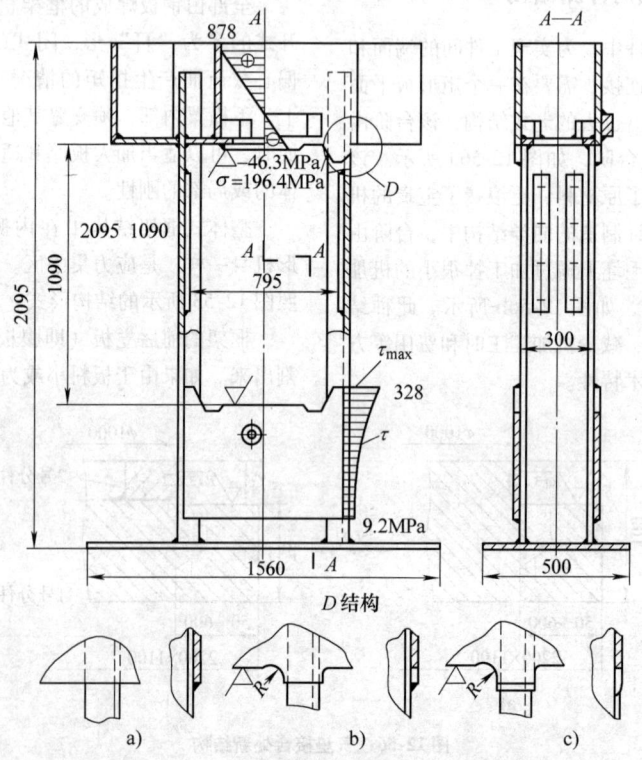

图 12-58　Y71—100 型塑料液压机框架式焊接机身[8]

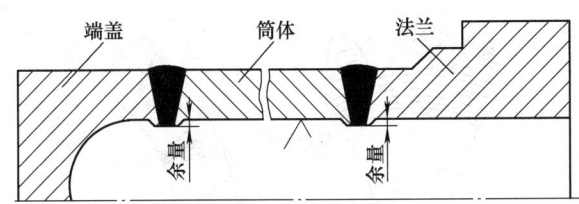

图 12-59　将焊缝根部置于机加工余量之内

12.2　传动零件

在机械制造中，许多过去用铸造或锻造制作的传动零件，已越来越多地改用焊接方法来制造。设计这类传动零件的焊接结构，最容易受传统铸造的或锻造的机械零件结构形式的影响。因此，要在受力分析的基础上结合焊接工艺特点进行创造性的设计。

12.2.1　轮类零件

1. 受力及结构特点

机械传动机构中的齿轮、飞轮、带轮等统称为轮。轮的毛坯可采用焊接的方法制造。

轮在工作时可能受到下列作用力：

1）轮自身转动时产生的离心力。

2）由传动轴传来的转动力矩或由外界作用的圆周力。

3）由于工作部分结构形状和所处的工作条件不同而引起的轴向力和径向力。

4）由于各种原因引起的振动和冲击力。

离心力与角速度平方成正比，转速高和质量大的轮子，离心力引起的动应力是设计时考虑的主要因素。考虑到离心力的相互作用，轮体必须是静的和动的机械平衡体，即体内各质点产生的离心力必须自相平衡。否则，在运转过程中会不稳定或发生振动，严重时会引起破裂事故。因此，轮子结构必须具有轴对称的特点，它的几何形状多为比较紧凑的圆盘状或圆柱状。每个横截面都是对称平面，都共有一根垂直于截面的几何轴线。转动时，转动轴线要求与它重合。在机械压力机中，偏心体会构成不平衡结构，这时应在偏心体相反方向布置配重块。

有些轮子，如斜齿轮，它的轮齿是倾斜的，工作时，除了受到圆周力外，同时还受到轴向力和径向力的作用，径向力能引起轮体轴线挠曲和体内构件径向位移；轴向力除引起轴线挠曲和纵向移动外，还能引起轮体歪斜。变形的结果是破坏轮子的机械平衡和工作性能等。为了平衡或抵消轴向力的影响，在大型机械压力机中，已越来越多地采用人字齿轮。

因此，轮子的强度和刚度同样重要，它的形状和尺寸应通过计算来确定，精确的计算可以采用有限元法和优化设法。

2. 轮体结构

轮体上的轮缘、轮辐和轮毂是按它们在轮体内所处的位置、作用和结构特征来划分的（图 12-60）。设计轮体的主要工作是确定这三者的构造形式以及它们之间的连接关系。

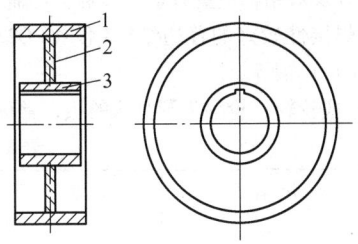

图 12-60　焊接轮体的组成

1—轮缘　2—轮辐　3—轮毂

（1）轮缘

位于基体外缘，起支承与夹持工作部分的作用。

许多齿轮的轮齿是直接从轮缘上做出，这样的轮缘结构最简单。但是，轮缘的材料必须能满足轮齿工作性能的要求，同时又要满足它和轮辐焊接工艺性能的要求。此外，要注意材料的轧制方向。为了提高齿轮的耐点蚀能力和使用寿命等，在现代的大吨位高速压力机中，多采用 42CrMo 等合金钢齿轮。42CrMo 合金钢的碳当量为 0.87%，焊接工艺为在轮缘内径上采用 CO_2 焊堆焊过渡层，在经过机加工的过渡层上再组焊轮辐。堆焊过渡层时，焊丝选用 $\phi1.2mm$ 实心 H08Mn2SiA 焊丝，预热 350℃，始焊、终焊及层间温度为 150℃，焊后进炉缓冷，机加工之前进行超声波检测，确保焊缝质量。

有些轮子工作部分和基体部分分开制作，然后再连接起来。连接方法有焊接连接和机械连接两种。如果工作部分和轮缘用焊接连接，则要求两者具有良好焊接性。否则，只能用机械连接，如螺栓、紧配合、镶嵌等方法。在四点压力机中，为了解决齿轮的同步问题，常常采用配作。此时，轮缘与轮辐焊接，辐板较大的内孔处与传动部分用机械方法连接。

轮缘毛坯的制备方法主要决定于它的直径和厚度的大小。此外，还要根据生产的批量和设备能力来决定。表 12-3 列出轮缘毛坯制备的几种方案。如果用火焰切割 45 钢等中碳钢，会在割面处形成淬硬组织，为消除淬硬组织对后序机加工等作业的不良影响，中碳钢火焰切割后要安排正火工序。

如果需从轮缘上加工出齿轮的轮齿，其轮缘是用钢板卷圆后焊成的，则应选用含硫量低、板厚方向断面收缩率高的钢板。因作用在轮齿的力和轧制方向平行，如图12-61a所示。齿圈的拼接焊缝的位置，应避开齿面，如图12-61b所示。

（2）轮辐

轮辐位于轮缘和轮毂之间，它的构造对轮体的强度和刚度以及对结构重量有重大影响。轮辐所用材料一般选用焊接性较好的普通结构钢，如Q235A钢和Q345（16Mn）钢等。

1）板式轮辐：轮辐为圆盘状的板，常称辐板，

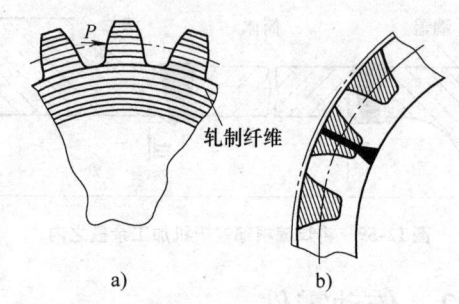

图 12-61　轮缘对接焊缝的布置

多用于直径不大的轮体中。根据轮缘宽窄和受力情况可以设计成单辐板式和多辐板式的轮辐。

表 12-3　轮缘毛坯和制备方案

制 备 方 案	示 意 图	适 用 范 围
整锻或整铸		1）需具有大型铸造或锻造设备 2）轮毂直径小、厚度大和宽度小的情况
分段锻造然后拼焊		在锻造设备能力不足，轮缘厚度大的情况
钢板气割下料，冷挤压成形或卷制成形后拼焊		需专用冷挤压设备
钢板气割下料后拼焊		轮缘直径大、宽度小和厚度大的情况
钢板卷圆后焊成筒体，然后逐个切割下来		具有大型卷板设备和批量生产情况

① 单辐板式的轮辐适用于轮缘较窄，受力不大的情况，辐板应是等厚的圆钢板。出于减轻结构的重量、有利于冷却通风或便于制造等原因，常在辐板上对称位置开出窗口。窗口的数量一般在三个以上，其形状如图12-62所示。齿轮的辐板在考虑可焊到性的情况下，一般设计为单辐板，但为提高齿轮的强度和刚度，往往将单辐板的板厚加厚，此时，应该考虑辐

板的焊接坡口为双面坡口，且坡口由机加工方法做出。同时，轮缘内径与辐板外径之间，应留2～4mm的组装间隙，此处应为各件名义尺寸差别。

当辐板刚度不足时，可在辐板上对称地布置放射状的肋。肋的横断面形状可按表12-4中选用。肋板材料和辐板相同。肋板角焊缝可以是连续的或断续的，由结构的重要性来决定。

② 多辐板式的轮辐适用于轮缘宽度大和受力复杂的情况，如同时受到较大的径向力和轴向力时，需增加这两个方向的刚度。

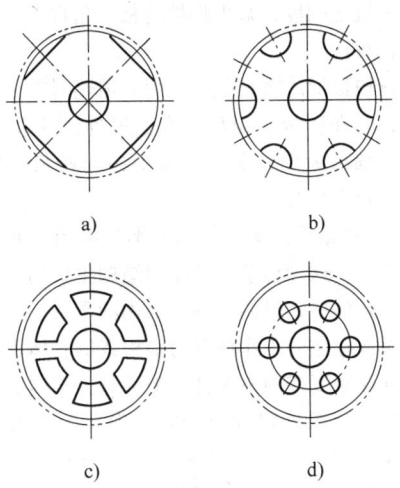

图 12-62 辐板上开窗口的形式
a)、b) 外缘开窗口 c)、d) 板内开窗口

辐板的层数决定于轮缘的宽度和轮体刚度的要求。各辐板的配置可参照图 12-63 确定。实际应用最多的是双辐板结构，因随着辐板层数的增加，焊接工艺变得复杂。每块辐板的结构形状与单辐板式的相同。根据强度和刚度的需要，在两辐板之间可以设计内侧角焊缝或肋板。这时需在辐板上开窗口，以便解决内部焊缝的施焊。如果是外缘上开窗口的辐板，常把相邻两辐板的窗口互相错开一个相位，以便施焊里面的焊缝，如图 12-64 所示。

图 12-65 所示是双辐板式焊接齿轮辐板的加强结构，图 12-65a、b 兼有加强轮缘的作用，施焊较困难。图 12-65c 为常用结构，施工较方便。

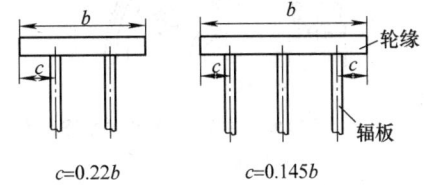

$c=0.22b$ $c=0.145b$

图 12-63 辐板的相互位置

表 12-4 在辐板上的加劲肋断面形式

断 面 形 式	特 点	适 用 范 围
	在辐板上直接冲压出凸面	辐板较薄的轻型轮体
	用平板条作肋，较轻便，但空气阻力大	直径较大、载荷不复杂的中型轮体
	用钢管的一半作肋，刚度大，空气阻力小	载荷较复杂、直径较大和转速较高的轮体
	用角钢作肋，备料简便，空气阻力小	载荷较复杂、直径不大的中型轮体
	用槽钢作肋，备料简便，较笨重，空气阻力较大	载荷大且复杂、转速小的轮体

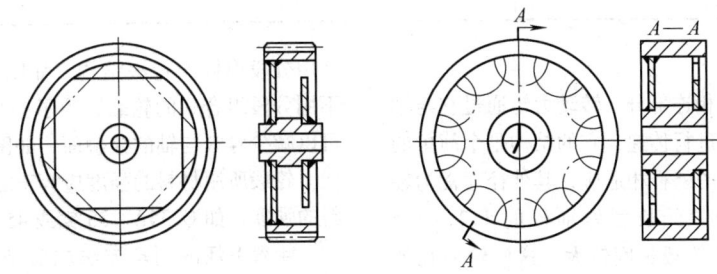

图 12-64 双辐板在外缘开窗口的结构

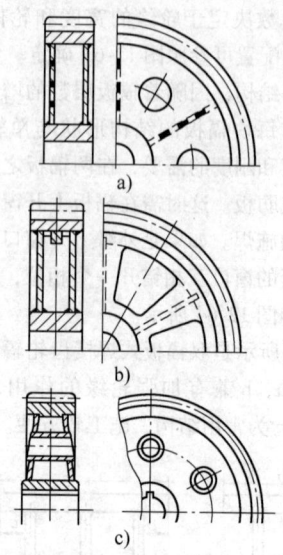

图 12-65　双辐板式焊接齿轮辐板的加强结构
a) 隔板加强　b) 隔板和环
状肋加强　c) 圆钢管加强

从强度、刚度和制造工艺角度看，同样直径的轮体，用双辐板的结构要比用带有放射状肋板的单辐板结构优越。因为双辐板构成封闭箱形结构，具有较大的抗弯和抗扭刚度，减少焊接肋板的角焊缝，易于实现自动化焊接。

若双辐板形成密封腔体，焊后需热时效去除残余应力的，应在辐板上设放气孔。另外，21 世纪以来生产的双辐板齿轮，常在两辐板中间密封腔体内注油，减噪效果很好。

2) 条式轮辐：支承轮缘的不是圆板，而是若干均布的支臂。这种辐条式的轮辐结构主要用于大直径低转速的轮体中，目的是减轻结构的重量。

辐条式轮体的工作情况与辐板式的轮体不同，前者的强度和刚度按静不定杆系来计算，根据受力性质和刚度的要求去确定辐条的断面形状，常用的有表 12-5 中的几种。一般不采用双排辐条的结构，因为焊接工艺过于复杂。只在辐条的形状比较简单和载荷不大的轮体中应用，如图 12-66 所示。

表 12-5　辐条横断面的结构

断面结构		特　点	适用范围
扁钢		制作简单，通常在轮毂上用双排辐条，在轮缘上用单排辐条	轴向力不大的轻型轮体
工字形钢		制作较简单，沿转动轴方向的抗弯刚性较强	中型轮体，且有一定的轴向力作用的情况
焊接的工字断面		尺寸不受限制，抗弯刚度较大，但抗扭能力较弱	受力不很复杂的大中型轮体
焊接的箱形断面		尺寸不受限制，抗弯和抗扭刚度大	受力复杂的大型轮体

（3）轮毂

轮毂是轮体与轴相连部分。转动力矩通过它与轴之间的过盈配合或键进行传递。它的结构是个简单的圆筒体，其内径与轴的外径相适应；其外径通常为轴径的 1.5~2 倍。轮毂的长度为轴径的 1.2~1.5 倍[9]。有些轮体要求轮毂长度较大，这样给内孔加工带来困难，也不易保证与轴的装配质量。为此，可采用分段焊接的轮毂结构，如图 12-67a 所示。如果不用分段组合式的轮毂，为了减少内孔机械加工量，可以减少轮毂与轴的接触面，如图 12-67b 所示。

轮毂所用材料的强度应等于或略高于轮辐所用材料的强度，如 Q235A、35 钢或 45 钢。

轮毂毛坯的制备方法主要是锻造，亦有用铸造的，但后者质量较差。也可以锻成两半圆片，再用电

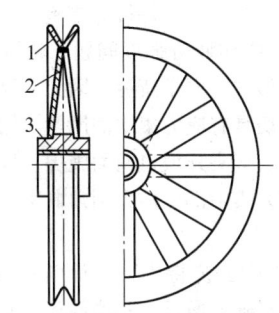

图 12-66　具有双排辐条的绳轮焊接结构

1—轮缘　2—辐条　3—轮毂

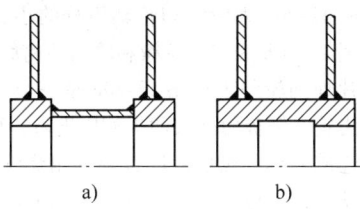

图 12-67　长轮毂的结构

渣焊等方法拼接起来。21世纪以来，随着钢板厚度供货范围的扩大，部分齿轮等构件的轮毂已有用厚钢板切割而成的趋势，也可以用厚钢板切割件叠焊成轮毂的结构。

与轴无拆换要求的轮体，可以设计成无毂的焊接结构。它实际上变成毂轴合一的轮子结构，如图12-68所示。

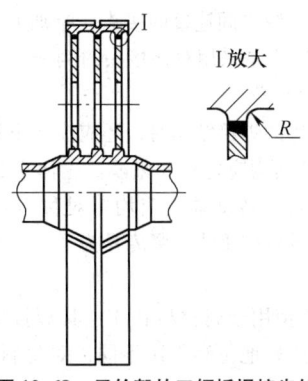

图 12-68　无轮毂的三辐板焊接齿轮

（4）轮体主要焊接接头设计

轮缘和轮辐之间，轮辐和轮毂之间的连接通常采用丁字接头，其角焊缝均为工作焊缝。比较起来，轮辐和轮毂之间的环形角焊缝承受着最大的载荷。因此，该处的接头形式和焊缝质量极其重要。为了提高接头的疲劳强度，焊缝最好为凹形角焊缝，向母材表面应圆滑地过渡。角焊缝的根部是否需要熔透，应由轮体的受力重要程度决定。应该指出，该处的角焊缝要做到全熔透是相当困难的，特别是对双辐板轮体，因焊缝背面无法清根，无损检测也有困难。因此，只有对高速旋转的或经常受到逆转可冲击负载的轮子才要求全熔透。一般的轮子采用开坡口深熔焊、双面焊来解决，必要时改成对接头，表12-6列出可以采用的接头形式。

表 12-6　轮辐和轮毂的接头形式

接　头		结　构　形　式		适 用 范 围
		单辐板式	双辐板式	
丁字接头	不开坡口			载荷不大，不甚重要的轮体
	开坡口			承载较大的重要轮体
对接接头				工况环境恶劣，有冲击性载荷或经常有逆转和紧急制动等情况

辐板与轮缘之间连接的接头，原则上与轮毂连接相同，图 12-68 是采用对接接头的例子。

(5) 注意事项

设计轮体的焊接结构时，还应注意下列事项：

1) 整体结构应匀称和紧凑。轮体上各构件和焊缝布置，相对于转动轴线应均匀对称以保证机械平衡；必要时设置配重块，紧凑是为了减小机器体积和离心力。

2) 合理使用金属材料和注意其焊接性。轮体上各组成部分所处地位和作用不同，对材料要求各异，应按实际需要选择材料。原则是把性能好的金属用在重要部位，其余选用来源容易、价格便宜的钢材。这时要注意异种钢的焊接性问题。例如，直接从轮缘上加工出轮齿的大型齿轮，由于齿面有硬度要求，必须选用调质钢，如 45 钢或 40Cr 及 42CrMo 等做轮缘材料，轮辐则选用便宜的普通结构钢，如 Q235A 钢等。

异种钢相互焊接时，要合理选择焊接材料并与适当的焊接工艺配合。如果两种材料的焊接性较差，可以在接头处预先堆焊过渡（隔离）层，如图 12-69 所示。

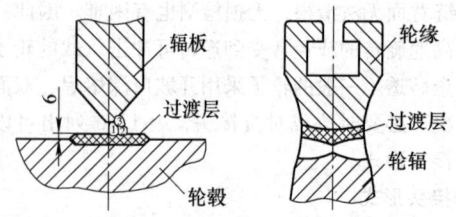

图 12-69　异种钢焊接过渡层的使用
注：过渡层焊在焊接性较差的钢种上

3) 注意焊接应力与变形。轮体上两条环形封闭焊缝，在焊接过程中最易产生裂纹，主要是因为刚性拘束应力过大引起。这种情况下，应选用抗裂性能好的低氢型焊接材料；或选用焊缝金属抗拉强度较高的焊接方法，如 CO_2 焊等；在工艺上通常采用预热工件或对称地同时施焊等措施。预热温度及层间保持温度由所用材料及其厚度决定，常常使外件的温度略高于内件的温度。这样焊后工件与焊缝同时冷却收缩，外件收缩略多于内件，减少焊接应力，甚至有可能使焊缝出现压应力，达到防止裂纹目的。在轮毂与辐板的焊接中，因轮毂的焊接性较差，有些操作人员试图只预热轮毂，这种做法是错误的。

装配和焊接的先后顺序以及焊接参数变动，对结构变形有影响。轮体刚性大，焊后发生变形很难矫正。因此，必须在施焊中加以严格控制，如严格按对称结构对称焊原则，使整个轮体受热匀称以及采用胎夹具，或在变位机上自动焊接等措施。

4) 应力集中和疲劳强度问题。轮体是在动载下工作，其破坏形式主要是疲劳。因此，设计轮体结构时尽量减少一切具有应力集中的因素。如把丁字接头改为对接接头、接头开坡口两面施焊、焊缝避开应力集中区、在应力集中部位加大圆角曲率半径，使之圆滑过渡等。

5) 发挥焊接工艺特点，设计新颖的轮体结构。在受力分析的基础上通过对各构件巧妙的组合，有可能获得强度高、刚性好和重量轻的新颖结构。不必受传统划分成轮缘、轮辐、轮毂和轴等几个组成部分的影响。如图 12-70a 为轮缘和轮辐不分的小直径齿轮的结构；图 12-70b 为省去轮缘和轮辐的离心泵叶轮，直接把叶片焊到轮毂上；图 12-70c 是一个大批量生产的轻型齿轮，辐板由两块薄板冲压出来，利用电阻点焊把它连成一体，然后用四道环形角焊缝与轮缘、轮毂焊成轮体，辐板上冲压有凸肋，因而刚性很好，装配焊接很方便。

6) 热输入对原来热处理效果的影响。因轮缘多为中碳钢经调质处理，则在预热、层间温度保持、焊后热时效等热输入过程中，一定要控制工件的最高加热温度不能超过原来热处理时的最高回火温度，否则，将破坏原来的热处理效果等。

3. 典型实例

(1) 焊接齿轮

1) 单辐板式圆柱人字齿轮。图 12-71 是闭式四点机械压力机主传动中的中间齿轮。轮齿直接从轮缘加工出来，故轮缘用 45 锻钢。辐板用焊接性好、价格便宜的 Q235A 钢。轮毂是考虑到加工以及它与键、轴装配方便等因素，而选用 35 锻钢。该齿轮轮体结构的最大特点是轮毂与辐板的连接与常规丁字接头不同，轮毂分成两段，把辐板夹在中间构成叠焊，仅在轮毂上开小坡口，用双面坡口焊缝与辐板连接。其优点是部分扭矩由轴经键直接传到辐板上，从而减轻两条环形坡口焊缝的载荷，可以用小的焊缝断面尺寸。

全部采用 CO_2 焊，焊前整体预热 250℃，保温 2h，且保持层间及终焊温度大于 150℃，焊后经 (625±25)℃ 消除应力热时效处理，然后加工出轮齿，最后对齿面进行中频淬火处理，使硬度达到 45~50HRC。

2) 多辐板式圆柱齿轮。图 12-72 为采用双辐板结构的普通斜齿轮。辐板上只有三个减轻孔，均用 φ190mm 管子和 $K=4mm$ 的角焊缝把两辐板连接起来。其余角焊缝均开 40°坡口角，用 CO_2 焊，整体装焊，整体预热。

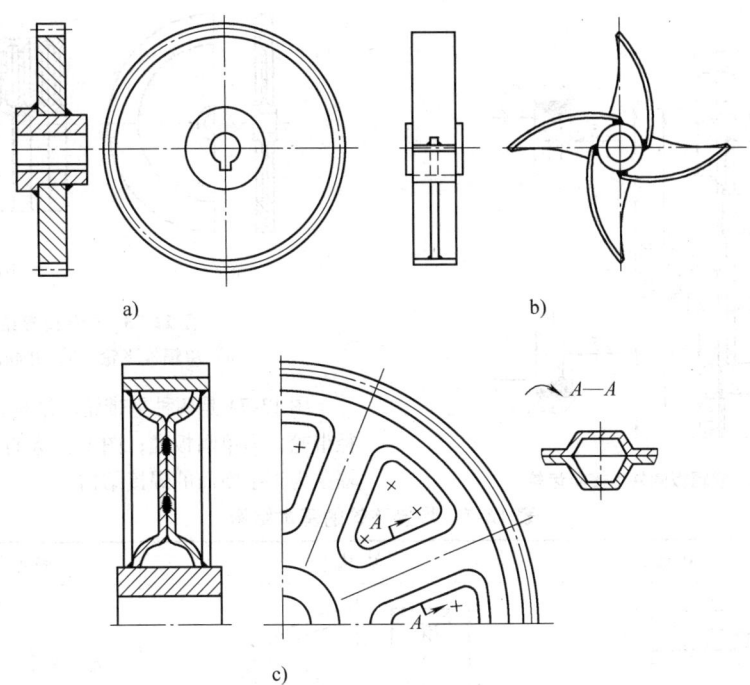

图 12-70　简化的和轻便的焊接轮子

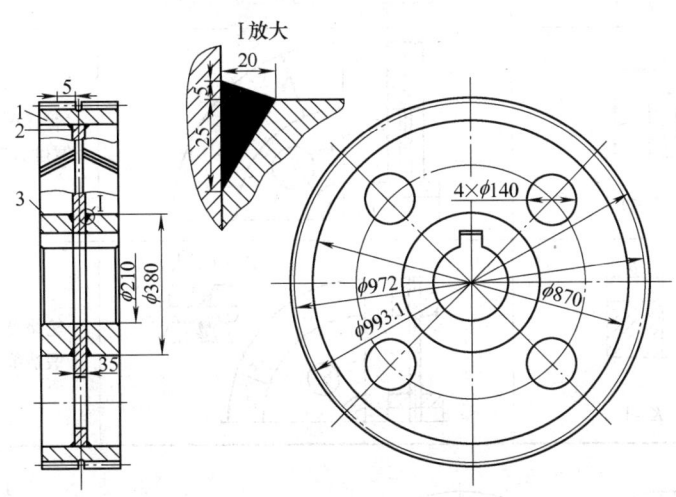

图 12-71　机械压力机中间齿轮

1—齿圈（45 钢）　2—辐板（Q235A 钢）　3—轮毂（35 钢）

（2）焊接飞轮

飞轮在机器传动中起着储存和释放机械能量、调节设备载荷和稳定转速的作用。为了减轻机器重量，减小飞轮尺寸，飞轮通常安装在高速轴上。为了增大飞轮的转动惯量，设计飞轮时总是把质量集中在远离转动轴线的轮缘上。由于飞轮的转速高，因此，对静、动的机械平衡要求严格。离心力是影响飞轮强度和刚度的主要因素。

表 12-7 列出焊接飞轮的几种结构。表中 1 和 2

的连接形式均用丁字接头，双面角焊缝常不易焊透，可以改用图 12-73a 所示的对接接头的结构。

大宽度的飞轮，可以设计成图 12-73b 所示的采用几个飞轮并联的焊接结构。它们之间仅在轮缘处用环形对接焊缝连接，采用自动焊。

（3）带轮

带轮在机器中是通过轮缘表面与带之间的摩擦传递动力和带动转动件的。有平带轮和 V 带轮两种，两者之间的区别在轮缘断面形状，后者在轮缘外侧开出轮槽。

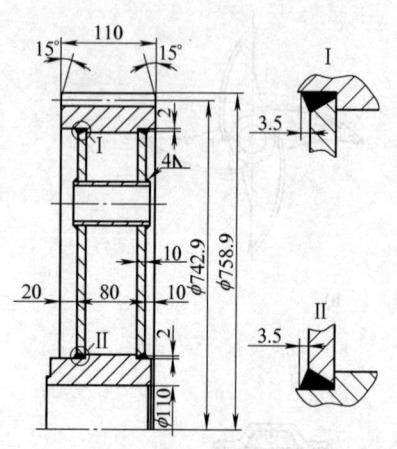

图 12-72　双辐板圆柱焊接斜齿轮

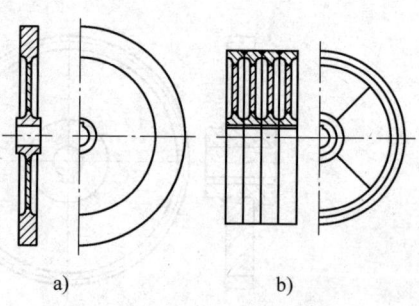

图 12-73　轮的焊接结构

a) 单辐板飞轮　b) 并联的飞轮

图 12-74 是两种平带轮的结构，其中图 a 是小直径带轮，为单辐板式；图 b 为大直径辐条式平带轮，辐条为工字断面的焊接结构。

表 12-7　焊接飞轮的基本结构

序	轮缘断面	结 构 图	特点和适用范围
1	$K=\dfrac{b}{t}>1$		轮缘宽度大，厚度小。当飞轮与带合为一体时常用这种结构
2	$K<1$		轮缘窄，厚度大。当空间位置（宽度方向上）受限制时采用
3	$K=1$	A—A放大	轮缘宽且厚，用钢板叠焊，用于锻造能力不足的情况

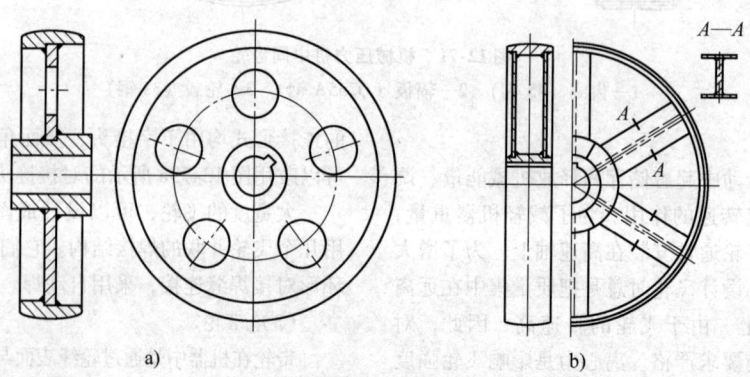

图 12-74　焊接平带轮的结构

a) 小直径单辐板带轮　b) 辐条式带轮

图 12-75 是两种 V 带轮的实际结构。其中图 b 为轻型 V 带轮，轮缘 1 和辐板 2 均为冲压件利用电阻点焊焊成一体。辐板间用肋板 4 加强，均采用角焊缝和轮毂 3 焊接。结构重量轻，刚性好。

式的绳轮可采用图 12-66 所示的结构。

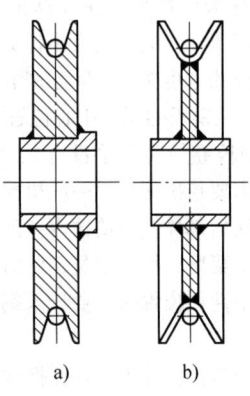

图 12-76　小型焊接绳轮

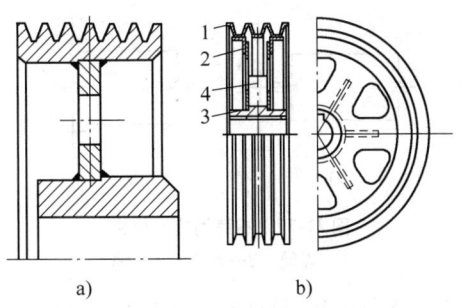

图 12-75　V 带轮的焊接结构

a）单辐板 V 带轮　b）轻型 V 带轮

1—轮缘　2—辐板　3—轮毂　4—肋板

（4）绳轮

绳轮是指改变钢绳运动方向的轮子，又叫导向轮。小型的绳轮采用图 12-76 所示的焊接结构，辐条

图 12-77 为两种焊接绳轮的实际例子。其中图 12-77a 为双辐板式，其轮缘用等边角钢做成；图 12-77b 为重型绳轮，两辐板之间使用肋板。绳槽（轮缘）用 35 钢，焊后表面加工，最后进行表面淬火，以提高耐磨能力。

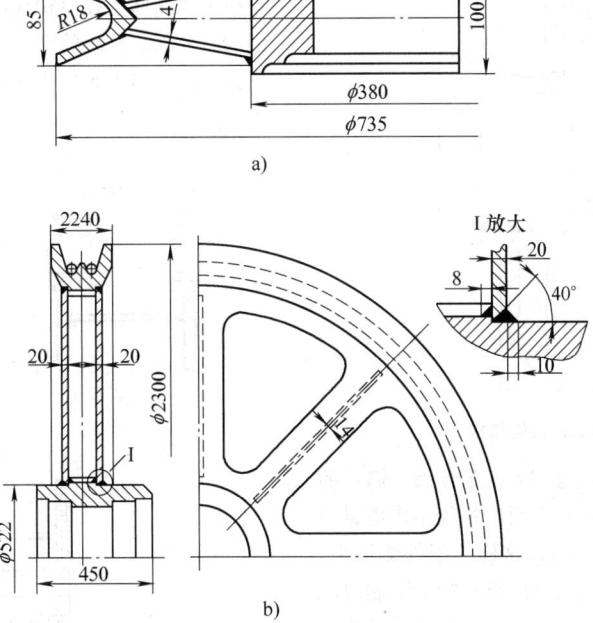

图 12-77　焊接绳轮应用实例

12.2.2　筒体及偏心体

在压力机等机械构造中，使用了较多的缸体类零件。缸体类零件的特点是，有一个用钢板卷制的筒体。如在压力机的平衡缸中，筒体构成了供活塞往复

运动的腔体。此类用钢板卷制的筒体，卷筒的过程一般在卷板机上进行。但需在钢板下料前仔细计算钢板的展开下料尺寸。钢板在卷筒时，钢板厚度方向的内侧受压，钢内纤维收缩；钢板厚度方向外侧受拉，钢内纤维伸长。在钢板的厚度方向，从压应力转变为拉

应力时，总有一层的应力为零，该层的钢纤维既不压缩也不伸长，称为中性层。在计算钢板的下料尺寸时，应以中性层所在处的尺寸大小计算钢板的圆周展开长。若设钢板的厚度为 t，卷筒的半径为 r，当 $r/t>8$ 时，中性层在钢板的厚度中心位置，当 $r/t<8$ 时（这种情况在钢板卷筒时几乎没有），钢板的中性层向内侧偏移。需要指出的是，一般机械构造中的缸体类筒体，在卷筒后都要进行筒体内壁的机加工。在钢板下料时，内壁要留机加工余量，此时计算钢板的展开尺寸并确定中性层位置时，要计入钢板厚度方向的机加工余量。

在压力机的传动构件中，往往把构成曲柄功能的偏心体与传动齿轮设计为一体。过去的偏心体多为铸钢或锻件结构。改进结构后生产的偏心体齿轮，常用钢板卷筒结构构成偏心体骨架，如图 12-78 所示。此时为提高偏心体的刚度，往往在偏心体内腔增设厚板状支撑。因切割及卷筒的尺寸精度误差，在设计筒体内径与支撑板外径这两个尺寸时，应保证单边间隙在 2~3mm。

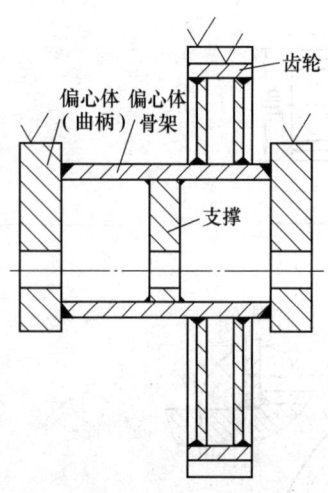

图 12-78　偏心体齿轮结构

筒体类零件因受力状况等多方面的原因，筒体的焊缝一般都要求熔透，为保证背面清根等操作更容易进行，一般将筒体的坡口朝内，这样便于外侧清根。有时因受设备能力限制或钢板宽度供货能力限制等原因，筒体需在轴向进行拼接。此时，为争取尽可能好的焊接劳动条件，应尽可能将环状拼缝安排在靠近两端部，作业人员可身体处在筒体外就可以进行环缝焊接。当筒体需进行拼焊时，注意最小拼板宽度或焊缝间距应大于 300mm，避免环焊缝与纵焊缝之间形成"十字"交叉布置。

卷筒是卷扬机构中一个重要部件。为了减轻重量，大型卷筒宜用焊接结构。卷筒的构造跟它的传动方式有关，图 12-79 是常用的两种传动方式。其中图 a 是力矩通过齿轮，再经键与轴传给卷筒；图 b 是力矩通过齿轮的轮辐直接传给卷筒。

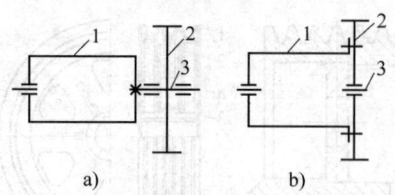

a)　　　　　　　　b)

图 12-79　卷筒的传动机构
1—卷筒　2—齿轮　3—轴

卷筒直径越大，对延长钢绳使用寿命和提高有效强度越有利，但受卷扬机重量、体积和成本的限制。一般取大于钢绳直径的 500 倍[2]，卷筒外表面有光面的和带螺旋形钢绳槽的两种。带钢绳槽的卷筒，钢绳缠绕规整，与钢绳槽接触面积大，因而接触应力小，使传动平稳，不咬绳和寿命长。在单层缠绕卷筒中常加工出钢绳槽。

多层缠绕的卷筒，其构造形式如图 12-80 所示。筒体由钢板卷圆后用 V 形坡口对接焊成。两端板外径应大于筒体外径以构成凸缘（图 12-80a），防止钢绳卷到外面。凸缘的高度由缠绕层数决定、它比最高层钢绳约高出 1.5 倍钢绳的直径，确定端板厚度时，

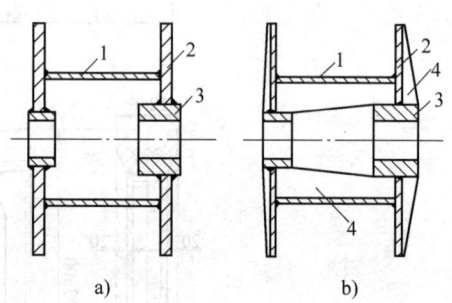

a)　　　　　　　　b)

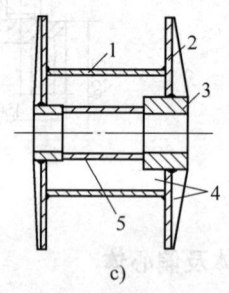

c)

图 12-80　多层缠绕卷筒的焊接结构[2]
1—筒体　2—端板　3—轮毂
4—肋板　5—钢管

要考虑钢绳水平分力的作用，否则需在端板外侧加放射状肋板（图 12-80b、c）。同样，为了减薄筒体壁厚或者因筒体长度大而需提高刚性时，在筒体内部可加纵向肋。图 12-80c 在两毂之间还增加一段圆钢管，既增加了刚性，又有利于轮毂的定位与加工。

　　单层缠绕的卷筒，其端板处的凸缘最小高度取钢绳直径的 2.5 倍，以防止钢绳缠绕到端面时脱出。为了提高卷筒的整体和局部刚性，在筒体内部可以加肋，这时要注意内部焊缝必须都能施焊。筒体与端板连接的角焊缝必须进行强度计算。选材时，端板应具有较高的 Z 向断面收缩率，焊接该角焊缝时注意防止层状撕裂。焊缝内外表面应打磨光滑，减少该处的应力集中。

　　图 12-81 是一起重机上的卷筒焊接结构，其特点是力矩由齿轮辐板从卷筒右端的内法兰（端板）传递；筒身较长，内部焊两环状肋以保持圆形断面；在端板内侧用肋板局部加强。

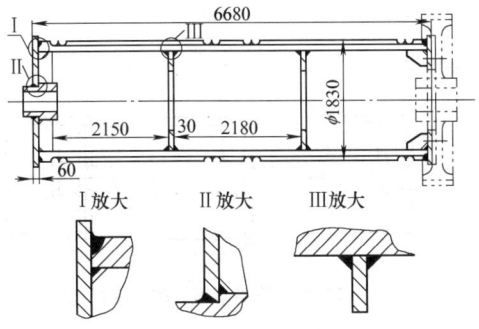

图 12-81　起重机卷筒焊接结构

12.2.3　摇摆轴

　　在双动机械压力机的主电动机带动下的传动机构中，将主电动机的单动分解为内、外滑块的双动的构件，称为摇摆轴。因摇摆轴在工作中承受了较大的冲击性动载荷，所以对摇摆轴构件的疲劳强度等指标要求较高。过去的摇摆轴结构是在 45 钢光轴上焊接摆臂，摆臂与光轴之间形成 T 形焊接接头，如图 12-82 所示。为提高轴的综合力学性能，轴在焊前进行了调质处理。这样在焊接摆臂时，在焊趾处易形成淬硬组织，该处是整个构件焊接接头的最薄弱的区域所在。而摇摆轴的受力分析表明，工作时，极易在焊趾处形成应力集中[10]，故图 12-82 所示的摇摆轴焊接接头形式将应力集中最大处放在了接头最薄弱的区域上，这种不合理的焊接接头形式有使摇摆轴因疲劳而发生断裂的危险。

　　为提高摇摆轴的焊接接头的疲劳强度，避免因长

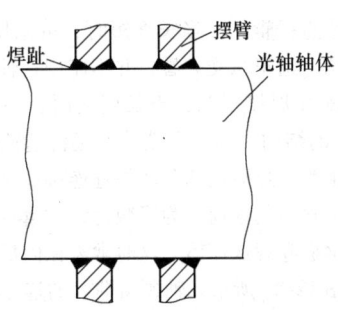

图 12-82　T 形接头的摇摆轴

期经受动载荷而可能发生的断裂事故，提高摇摆轴的使用寿命，改进后设计的摇摆轴，将轴的焊接摆臂位置处理成台阶结构，即将原来的光轴，按摆臂所处的位置处理成台阶，台阶与轴体之间圆滑过渡。这样，便将原来的 T 形焊接接头改为台阶处与摆臂之间的对接接头，如图 12-83 所示。虽然在焊接时，在台阶的顶端部位靠近熔合线处仍可能因形成淬硬组织等原因成为接头中的最薄弱部位，但因对接接头的原因，该部位已不是最大应力集中区域。最大应力集中区处在台阶的根部，但根部是轴的基体整体，且已通过机加工形成圆滑的根部过渡，大大地降低了应力集中程度。此种结构的优势在于：将接头的最薄弱区域与接头的最大应力集中区域通过台阶的形式人为地错开，这种结构显著地提高了摇摆轴的疲劳强度和使用寿命。

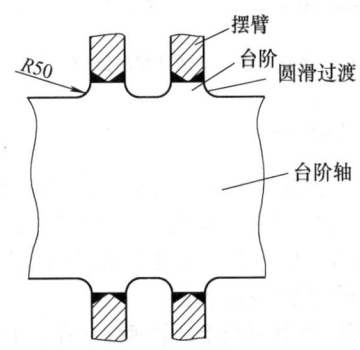

图 12-83　台阶结构的摇摆轴

　　在工业中辊子或滚筒是用来碾压、磨碎、传送印染物料的圆柱形构件，很适合用焊接方法制造。因它们的构造比较简单，基本上是由筒体、端盖和轴颈构成，如图 12-84 所示。设计焊接的辊子或滚筒，必须处理好筒体、端盖和轴颈之间的连接结构。

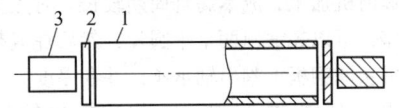

图 12-84　辊子的基本构造
1—筒体　2—端盖　3—轴颈

对于小直径辊子，当长度短时，可采用图 12-85 所示的结构。这里从受力看，并不需用长轴，但它可以简化装配和焊接工艺；当长度大时，一般采用图 12-86 所示的结构。轴颈和端盖一起铸造或锻造，筒体用无缝钢管，最后用两条环形焊缝连接成整体。

对于大直径的滚筒，为了减轻结构重量，一般采用较薄的钢板卷焊成筒体，这时常需在内部用环状肋加强，如图 12-87 所示。轴颈与端盖的连接，通常用丁字接头，当筒体端部刚性不足时，可采用图 12-88 所示的几种结构。图 12-88a 是在端盖外侧用肋板呈放射状分布；图 12-88b 是在内侧用肋板加强，显得

外形平整美观；图 12-88c 是采用双层端盖的结构，刚性好，传递载荷能力强，且焊接工艺较简单。

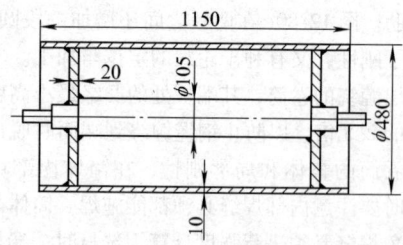

图 12-85 传送带用的辊子

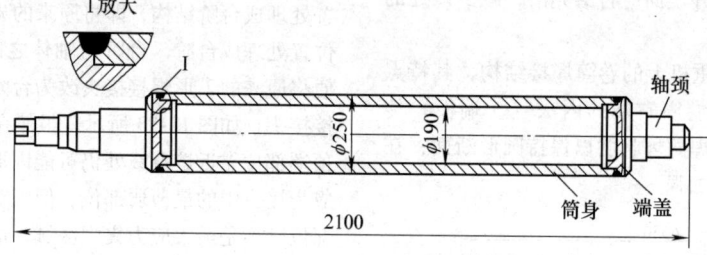

图 12-86 上料辊道焊接结构

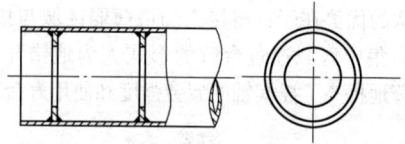

图 12-87 薄壁滚筒内部加环状肋结构

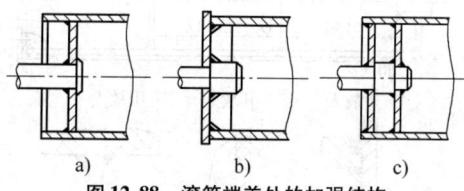

a)　　　　　b)　　　　　c)

图 12-88 滚筒端盖处的加强结构

12.2.4 轴承座

轴承座的结构有整体式和剖分式两种。按机器传动机构的布局，有些轴承座是直接焊到机体的壁板上，有些则需焊上台柱或支架，构成轴承支座，然后独立地安装在机座或地基上。

直接焊到机体壁板上的轴承座，在表 12-8 中列出整体式的各种结构，在表 12-9 中列出剖分式的各种结构。

轴承座的材料主要是 Q235A 钢或 ZG230—450H、ZG270—500H 铸钢。毛坯的制备方法按轴承孔的长度来确定，当长度不大时，宜从厚钢板上用切割方法制取。否则，采用锻件或铸钢件，当用锻件或铸钢件时，需焊前机加工，成本高且周期较长。对大型整体式轴承座，可以先锻出两个半圆片，然后焊成整个圆筒。也可从厚钢板上割出轴承座，并在厚度方向进行叠焊拼接，如图 12-29 所示，构成轴向较长的轴承座。

为了改善力的传递，提高轴承座与壁板连接处的

局部刚性和减小壁板厚度，可以在轴承座周围设置肋板。对于整体式的轴承座其肋板多呈放射状，匀称地布置于周围；而剖分式的轴承座周围肋板布置视承载性质及其大小而定，图 12-89 是常用的加肋方式。一般情况下在轴承上下加一块肋板即可（图 12-89a）；受重载荷时，建议采用"Π"形肋（图 12-89b），它由槽钢或冲压件制备，这种肋刚性大而焊接量少；如果轴承座受到好几个方向的弯曲载荷和轴向力，宜用图 12-89c 的布置方式，其焊接量较大，且施工复杂。

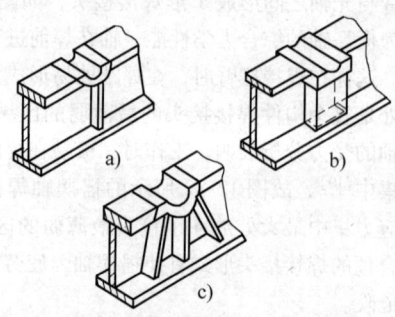

a)　　　　　b)

c)

图 12-89 剖分式轴承座的肋板设置方式

表 12-8　在机体壁板上整体式轴承座的结构

序	结 构 图	说 明
1	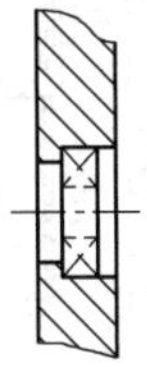	壁孔本身即是轴承座,轴承直接安装在壁孔内,轴承外径与壁孔内径是过盈配合,在壁板较厚的场合下采用
2	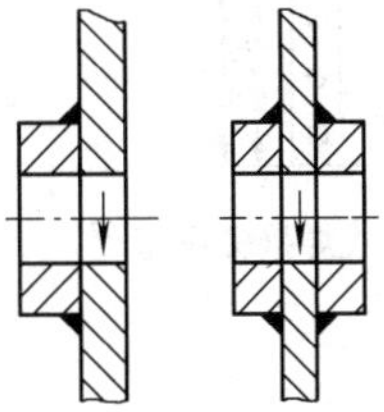 a)　　b)	用附加板增加轴承座的长度,附加板坯料由厚板切割成,用角焊缝与壁板搭接,可获得内壁平面 结构简单、经济。镗内孔时,搭接间隙易进铁屑。在平行壁板方向的压力不大时采用
3	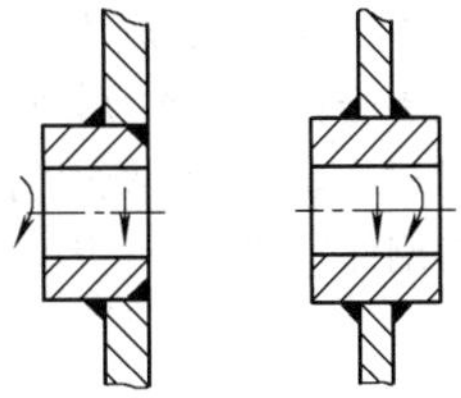 a)　　b)	轴承座插入壁板内,图 a 使内壁面平齐。装配与对中较困难。图 b 在壁板上受较大压力,垂直壁板有扭矩场合下采用
4	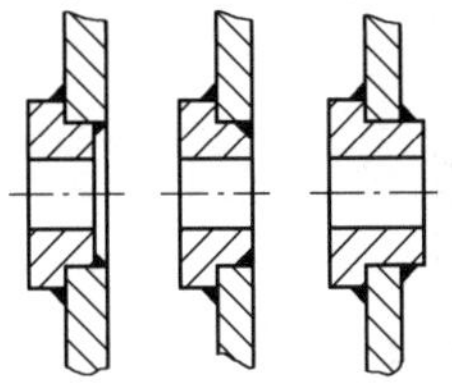 a)　　b)　　c)	在轴承座上加工有止口,虽增加加工量,但装配对中很方便。图 a 与图 b 使内壁保持平面,图 a、图 c 不需开坡口 适用情况同序 3
5	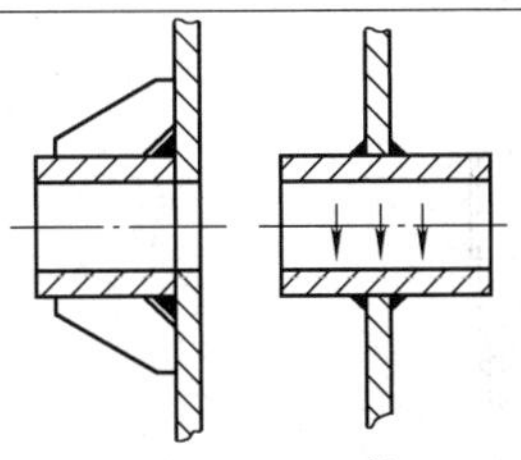 a)　　b)	轴承座长度较大,由管子做成。有轴向力时,宜用图 a 的结构。加肋板是为了改善力的传递和增加局部刚性。图 b 不适合传递轴向力
6	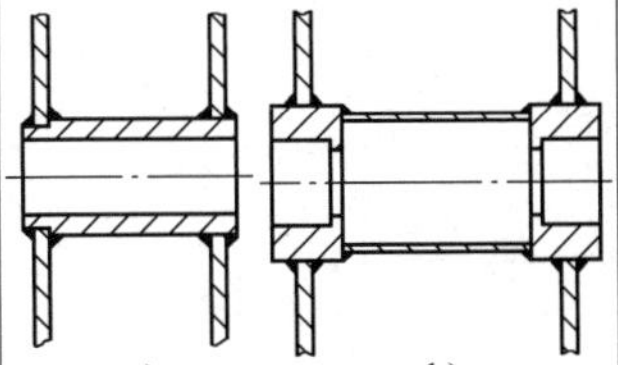 a)　　b)	具有双层支承的轴承座,两壁板距离小时用图 a 结构,大时用图 b 结构。图 b 是把薄壁筒预先与两轴承座焊成整体,这样易保证两密封面的平行度和对中。图 a 需用锻件,成本高,周期长。图 b 可用钢板割卷,经济,周期短

表 12-9　剖分式轴承座及其与壁板连接的结构

序	结 构 图	说 明
1	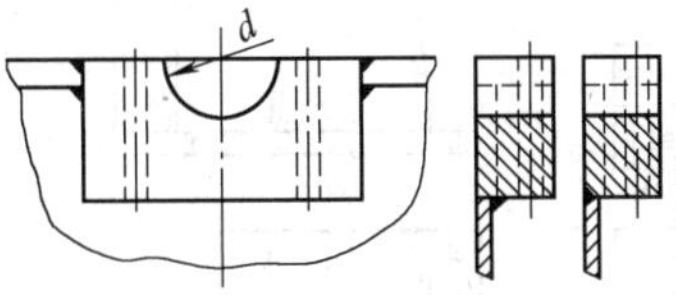	轴承座为长方形,两个长孔供螺栓连接上下轴承座时用 适用于 $d < 50mm$
2	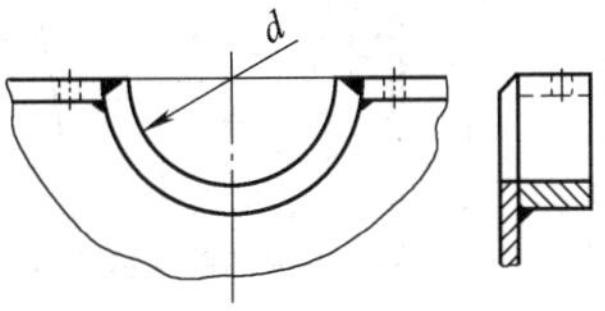	由平钢板弯成半圆的轴承座,螺孔设在法兰上 适用于直径 d 较大、载荷较小的场合
3	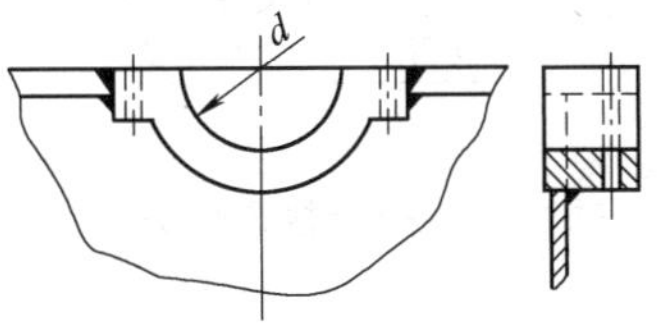	由厚钢板用数控切割割成元宝状的轴承座,螺孔较短 适用于 $d = 50 \sim 120mm$
4	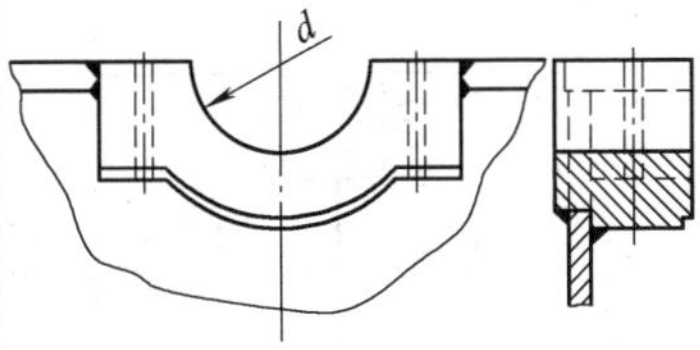	轴承座为铸钢件,有止口,易于与壁板装配 适用于 $d > 120mm$

　　独立安装的轴承座是靠刚性的台柱或架子支撑的轴承座。机器运行中作用在轴承座上的载荷全部通过支柱传递到基础上,所以这种轴承座必须具有足够的刚度,设计的主要问题是支柱横断面的选择以及轴承座与支柱之间的连接,支柱在传动过程中受到轴向力和水平力的作用而成为悬臂梁。它将发生水平面上的位移。因此,支柱的横断面,轻型的多采用丁字或十字形结构,重型的或高度较大的多采用封闭的箱形结构。图 12-90 示出轴承座的各种焊接结构形式[11]。

　　图 12-91 是支柱为变断面的箱形结构的整体式轴承座实例。柱体用了 8mm 厚的冲压件,结构简单,焊缝量少,重量轻而刚度大。

　　图 12-92 是剖分式焊接轴承座的实例,图中是下半部分。轴承座是由宽度为 70mm 的两个半圆形钢环,再通过外径为 406mm、厚度为 20mm 的半圆筒焊成整体;支柱由 12mm 厚板组成封闭方箱结构,刚度大而重量轻。

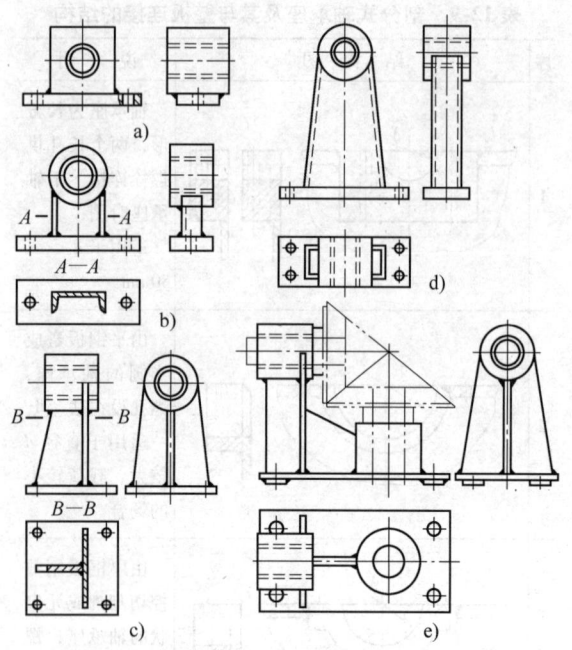

图 12-90　轴承座的各种焊接结构形式

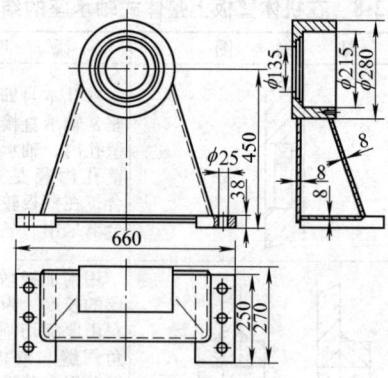

图 12-91　整体式焊接轴承座[12]

12.2.5　连杆、摇臂

　　压力机中的连杆因一端与偏心体（曲柄）相连，另一端与滑块（相当于活塞）相连而成为传递压力机公称力的主要构件。因承受较大公称力等原因，近年来设计生产的连杆，已逐步显示由钢板切割件代替原来锻件或铸件（或铸钢件）的趋势。因国内钢板

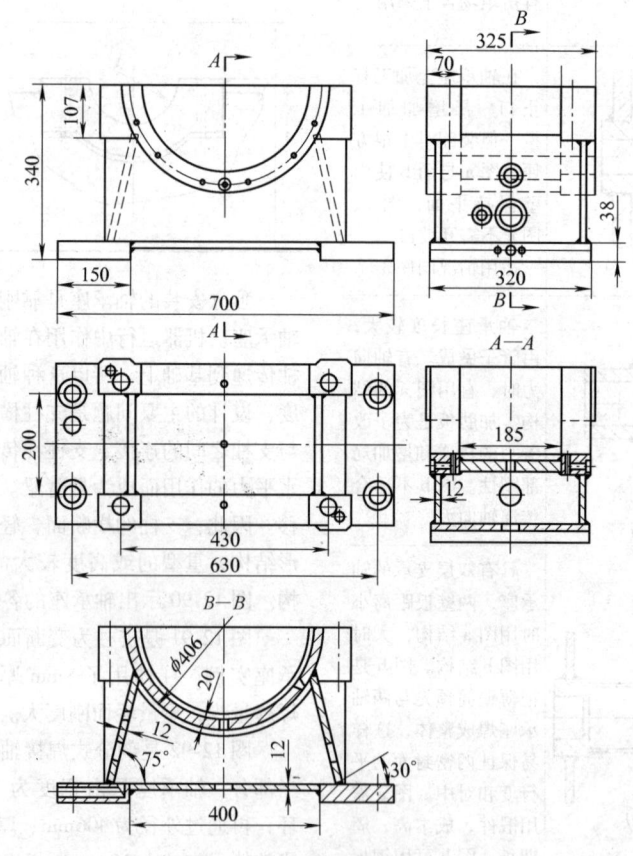

图 12-92　剖分式焊接轴承座[12]

厚度供货范围的不断扩大，价格合理且采购周期短，材料内部质量更易得到保证等多种原因，越来越多的压力机连杆采用在厚钢板上直接割出的设计理念。为减小应力集中程度，在连杆的局部要对棱边做倒角处理。过去这种倒角均安排由机加工做出。近年来通过对连杆的受力分析并通过工艺试验和总结，连杆的局部倒角改在切割下料后用火焰切割做出，割后仔细修磨达表面粗糙度要求，可以大大地节约机加工工时和费用。

作用在连杆上的载荷是动载荷，其中以轴向力为主，有时也有弯曲。设计时，主要考虑它的疲劳强度和刚度。

设计焊接的连杆，主要是解决杆体与杆头之间的连接结构问题。要求在满足强度和刚度的前提下，具有好的焊接性和机械加工性能。

表 12-10 提供杆头与杆体相互连接的各种结构。选用时要注意，这些结构在材料利用、加工难易程度和疲劳强度等方面是有差别的，需进行综合分析。一般采用全熔透对接接头连接的结构，疲劳强度最高，其次是丁字接头。无论采用哪一种连接结构，都要求

焊缝表面无缺陷，焊缝表面向母材表面应平滑过渡，必要时用砂轮等工具打磨，以提高疲劳强度。

带双孔叉的连杆或拨叉，可以根据载荷性质和大小采取不同的结构设计。图 12-93 示出各种连接的结构形式。图 12-93a 是装配和焊接都不方便的结构，一般不采用。应该像图 12-93b 的结构，采用正面和侧面角焊缝连接。接头装配和焊接方便，但因是搭接，疲劳强度低；图 12-93c 是轻型连杆，用两扁钢在端部冲压成半叉形，再对称地装焊成叉形；图 12-93d ~ g 均为事先加工出叉形头，再与杆体焊接。其中图 12-93e 为冲压件，图 12-93g 为锻件。锻件容易实现与杆件对接，重要的连杆宜采用这种结构。

在连杆机构中，有些做往复摆动的构件如摇臂或摆杆等，在其上面一般有三个销轴孔。

当三孔同在杆体轴线上时，构成双臂杠杆，可以参照图 12-94 所示的结构方案设计。图 12-94a 的杆体是单层杆，这里示出与轴套连接的三种不同结构形式。中间轴套与杆连接的角焊缝尺寸需通过强度计算确定。图 12-94b 的杆体由双层调节杆组成，可提高其强度和刚度。

表 12-10　连杆的杆头与杆体的连接结构

结构特征	结 构 图	结构特征	结 构 图
方头扁杆	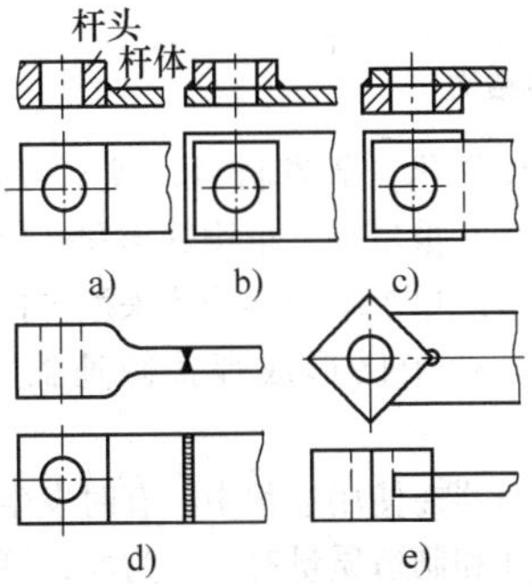	圆头扁杆	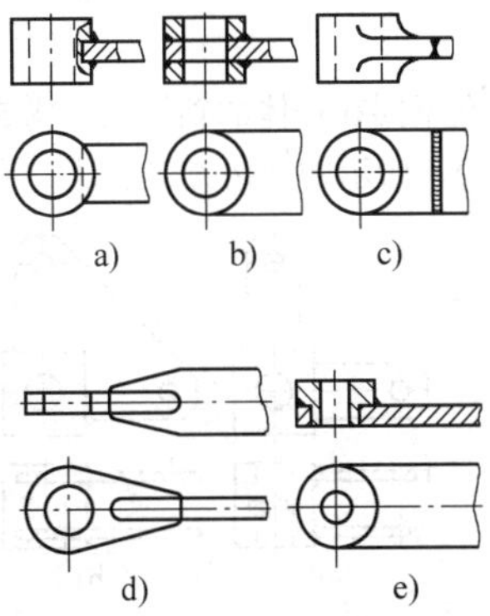
管杆丁字连接	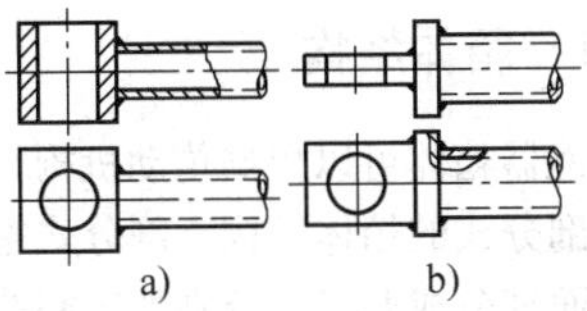	管杆嵌接	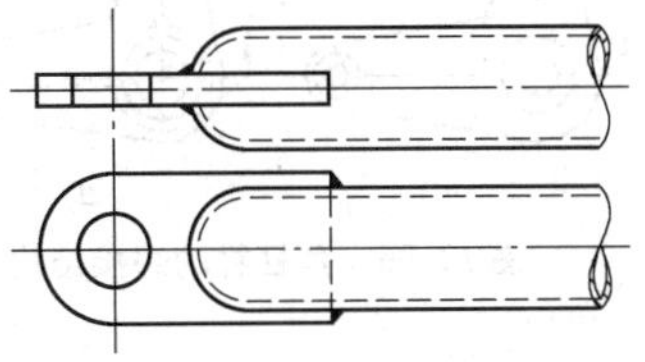
管杆对接	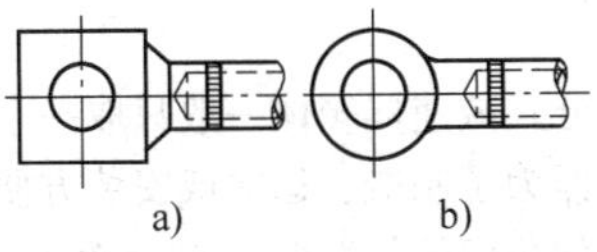		

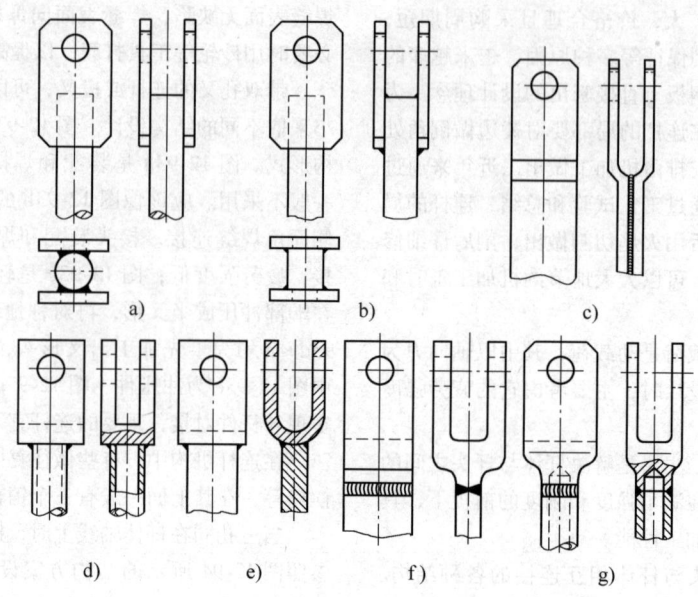

图 12-93　双孔叉连杆头部的焊接结构

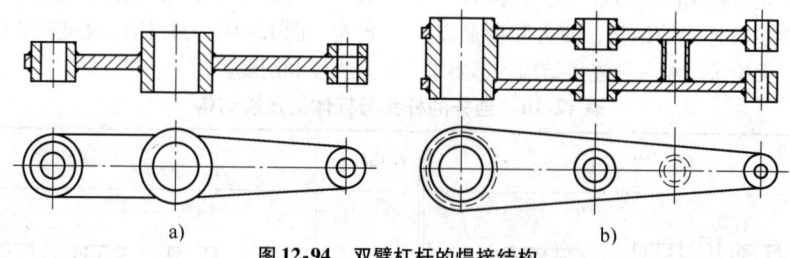

图 12-94　双臂杠杆的焊接结构

当三孔不同在杆体的轴线上，构成角杠杆时，可参照图 12-95 所示的结构方案设计。

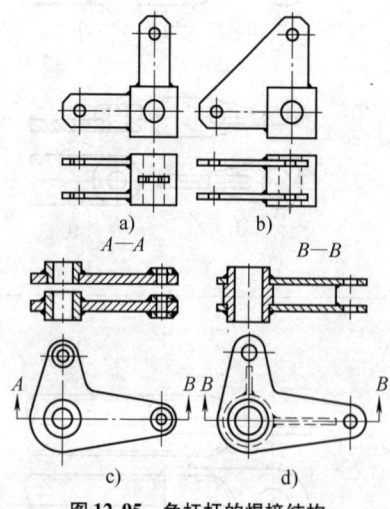

图 12-95　角杠杆的焊接结构

12.3　减速器箱体

大型减速器箱体从铸造结构改用钢制焊接结构后，制作简化，节省材料，成本可降低约 50%。此外，还具有重量轻、结构紧凑和外形美观等优点。现在不仅生产单个减速器箱体采用焊接结构，而且在一些机械行业中已形成焊接减速器系列，定型批量生产。

减速器在使用过程中，有时发生漏油现象，这与构造设计和制造质量有关。为此，箱体必须满足致密性和尺寸稳定性的要求。

12.3.1　箱体结构

减速器箱体可以根据传动机构的特点设计成整体式的或剖分式的箱体结构。剖分式箱体把整个箱体沿某一剖面划分成两半，分别加工制造，然后在剖分面处通过法兰和螺栓把这两半连接成整体。整体式的刚度高，但制造、装配、检查和维修都不如剖分式方便。

剖分式减速器箱体一般只取一个剖分面，个别大型减速器为了制造、运输或安装方便，也可取两个剖分面。剖分面的位置常取在齿轮轴的轴线上。于是，剖分式箱体是由上盖、下底、壁板、轴承座、法兰和肋板等构件组成。

箱体的壁板有单层壁和双层壁两种结构，后者壁板虽取得较薄，却具有较大的抗弯和抗扭刚度，常为重型减速器采用。壁板厚度由刚度计算确定，也可根据结构需要和参考类似的产品初步确定，最后作刚度校核。

箱体上轴承座的结构以及它与壁板之间的连接是箱体结构设计的主要内容。由于载荷是通过轴承座传递到壁板上的，所以除轴承座之外，连接部位的刚性要求也很高。

在减速器箱体上经常有两个或两个以上的轴承座平行排列。整体式箱体中有如图 12-96 所示的两种结构形式。图 12-96a 适用于大型减速器的箱体，特别是当相邻两轴承座的内径相差大，两轴线距离也较远的情况。其特点是两轴承座是单独制作的。如果属中小型减速器箱体，其轴承座内径相差不大，而且轴线距离较小时，建议采用图 12-96b 的结构，即两轴承座用一块厚钢板或铸钢件做成。这样的结构不仅刚性大，而且制作十分简单和方便。同理，对剖分式箱体中也可按类似原则进行设计，表 12-11 列出三种结构形式。

焊接减速器箱体的渗漏大多发生在剖分面、轴承

盖处和焊缝上（主要是焊缝的端部、拐角等处）。除了注意从焊接材料选择和焊接工艺方面采取合理措施外，在结构设计方面应注意：

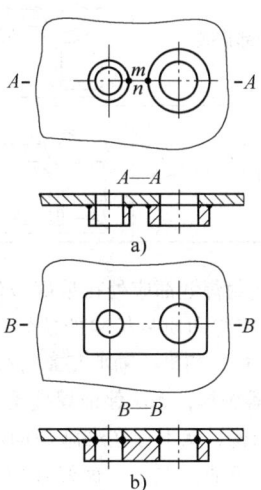

图 12-96　减速器箱体两相邻轴承座结构

1）壁板与上盖、下底、法兰、轴承座的焊缝要采用双面焊缝。如用双面角焊缝或开坡口背面封底清根焊缝等，可增强焊缝的抗渗漏能力。表 12-12 列出轴承座和法兰与壁板之间焊接接头的几个设计方案。

表 12-11　剖分式箱体、轴承座的结构形式

序	结　构　图	说　明
1		轴承座单独制作，结构零件多，焊接量大。适用于大型减速器或轴承座外伸长度大，各内径相差悬殊或轴线距离远的箱体
2		若干个轴承座从一块厚钢板上做出。适用于中、小型减速器或轴承座外伸短，各内径相差小，轴线距离近的箱体。重量较大，但制造工艺大为简化
3		与 2 的区别在于轴承座的毛坯是用数控切割方法从厚钢板中制备，或用铸钢件，重量可减轻

表 12-12　轴承座和法兰与壁板间的焊接接头设计

序	与壁板连接方式	示　意　图	说　明
1	角接		轴承座与法兰采用 K 形坡口双面焊缝。a 点是焊缝的起弧点或收弧点，不易与壁板熔合，易发生渗漏；如果 b 缝不焊，则焊接 c 缝后，b 缝易张开，当 c 缝有缺陷，即造成渗漏，故 b 缝需焊接，且坡口深焊以防止部分面加工时被削去。d 焊缝端头应碳弧气刨挖除，重新焊接避免未熔合的间隙渗漏

（续）

序	与壁板连接方式	示 意 图	说 明
2	局部搭接		轴承座与法兰采用 K 形坡口双面焊缝。在 a 点的背面没有焊缝，易泄漏。要保证焊缝 b 的致密性和使焊缝 d 在 c 处熔合
3	T 形接		采用单边 V 形坡口封底焊缝连接轴承座和法兰，用双面角焊缝连接 T 形接头，这样接头不易渗漏。如果轴承座和法兰采用 K 形坡口双面焊，则在壁板的正上方无法施焊

2）每条密封焊缝都应处在最好条件下施焊。周围需留出便于施焊和质量检验的位置及自由操作空间，图 12-96a 中，如果两轴承座靠得很近，则在 m、n 处的焊缝很难施焊，无法保证焊接质量。如果采用图 12-96b 的结构，就不存在难施焊问题。当孔径较大或外伸长度短的情况下，最好在内侧（轴孔内）加焊内环缝。这样既方便内孔的加工，又减少漏油可能。此时内孔坡口需适当加深。

在正常情况下，容易发生焊接缺陷的是空间（三面）的焊缝汇交点或焊缝方向发生急剧变化处。图 12-97 表示在减速器箱体的内侧，需焊上一个方形螺钉座，图 12-97a 的 c 点是三条焊缝交会处，b 和 e 点等是焊缝的方向发生 90° 转弯处，这些部位焊接质量不易保证。只要有一处渗漏，油即从螺孔中向外流出。改善的办法是采用圆柱形的螺钉座（图 12-97b），预先焊在壁板上。焊缝交会和拐角处单独封角焊，防漏效果也很好。

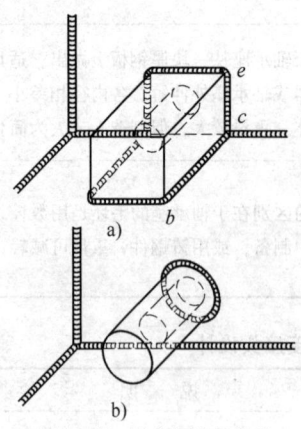

图 12-97　防止漏油的设计

在减速器箱体上，为了固定轴承盖需在箱壁上钻螺孔。孔深大时，需设计螺钉座。图 12-98a 的设计容易造成渗漏，应按图 12-98b 设计。

3）规定箱体作致密性试验，加强焊缝表面质量检查。建议采用磁粉或着色渗透性检验，用以发现可

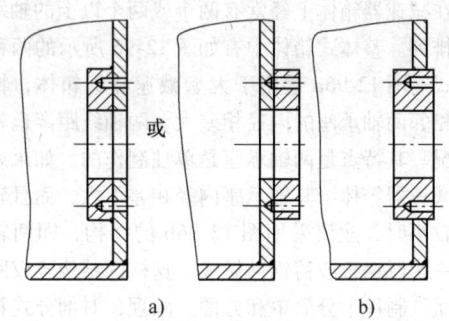

图 12-98　螺钉座形式

能存在的穿透性气孔、夹渣或未熔合等表面缺陷，并加以焊补。对于双面焊缝一般不宜用煤油试验，因双面焊缝的缺陷一般不可能在同一断面上产生，短时试验难以发现渗漏。

为了提高轴承座的支承刚性，改善力的传递，可在轴承座周围设置适当肋板。肋板在减速器箱体外侧时，还起到一定散热作用，且施焊较易。

此外，为了获得焊后机械加工持久精度以及保持使用过程中尺寸的稳定性，焊后必须作消除应力处理，如采用热时效或振动时效及自然时效等方法。

12.3.2　实例

图 12-99 示出单壁板剖分式减速器箱体的下箱体（材料：Q235A）的焊接结构。其特点是剖分面上的三个轴承座连成一整体，在一块厚钢板上用数控气割成；除底板和法兰用较厚一些的钢板外，所有周壁和肋板均用较薄的钢板。轴承座下侧用垂直的肋板加强，其中内径较大的轴承座下用两块肋板。

图 12-100 所示的减速器箱体结构设计颇有特色，上下箱体基本对称；四个轴承座都在同一板料上作出。因周边为直线，焊接量少，制造工艺十分简单；上、下盖板为整块钢板的冲压件；由于上下和左右对称，零件少，备料工作简化；在最大轴承座处采用"Ⅱ"形断面肋，局部刚性好，在上方设计成斜肋，

使刚度过渡平稳。

图 12-101 示出双层壁剖分式减速器箱体的下箱体焊接结构。其特点是四个轴承座由一个铸钢件制成；在轴承座下方双层壁板内加肋；在起重吊钩处（图中 P）适当加强，因箱体四壁均为双层壁结构，所以整个箱体抗弯和抗扭刚度都很大。

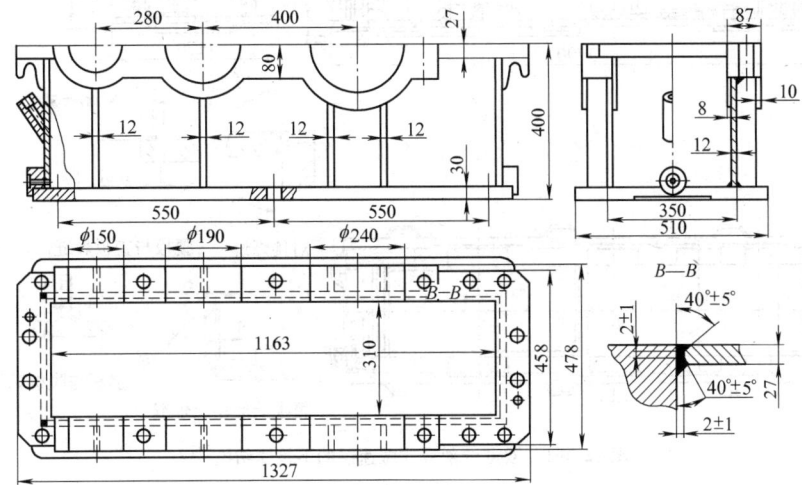

图 12-99　单壁板剖分式减速器箱体的下箱体结构

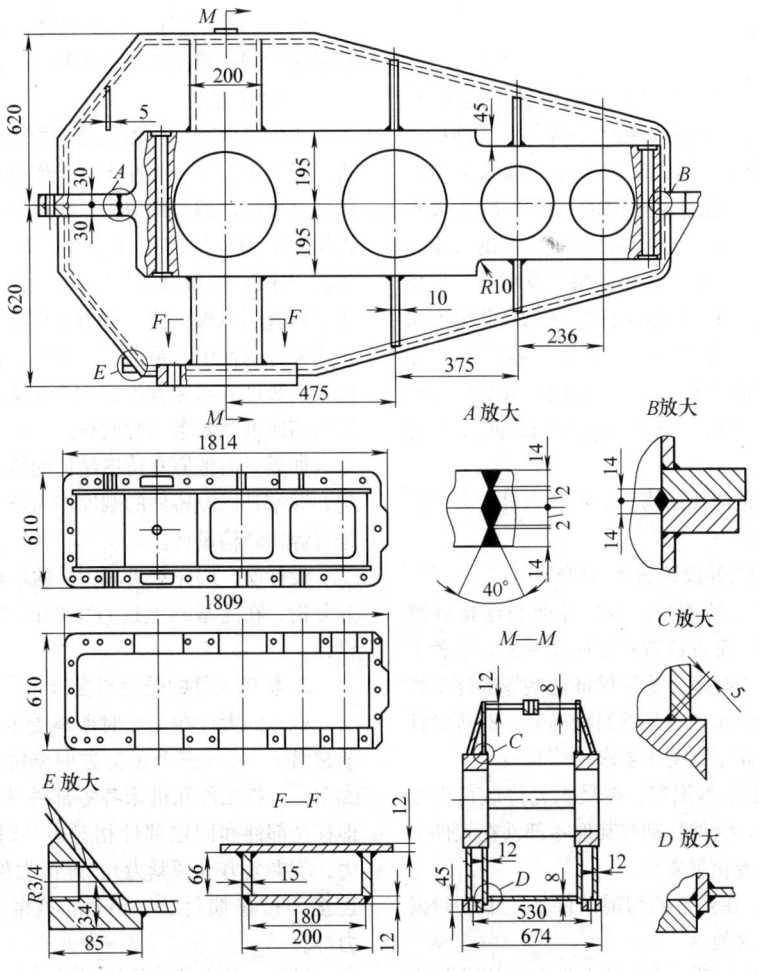

图 12-100　上下对称的剖分式减速箱箱体焊接结构[13]

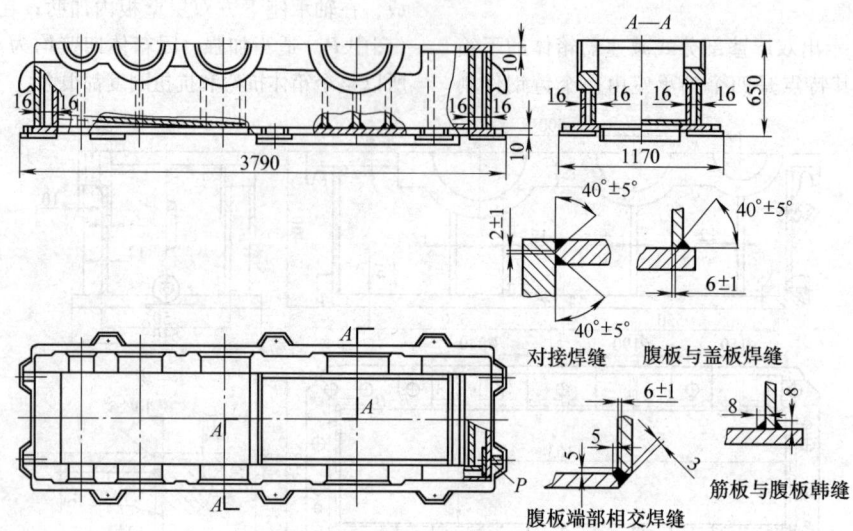

图 12-101　双层壁剖分式减速器的下箱体结构[8]

12.4　金属切削机床大件

12.4.1　概述

在金属切削机床中，尺寸和重量都较大的床身、立柱、横梁、工作台、底座、箱体等构件，统称机床大件。过去采用铸造结构，现在为提高机床工作性能、减轻结构重量、缩短生产周期或降低制造成本等，逐渐改用焊接结构。尤其单件小批生产的大型和重型机床，采用焊接结构的经济效果非常明显。焊接结构的机床吸振能力不如铸造结构。在 21 世纪以来设计制造的焊接结构床身中，为提高床身的吸振能力，在结构允许的情况下，向工件的内腔等部位填充如混凝土等吸振材料，使床身的吸振能力大为提高[14]。

设计机床大件的焊接结构，必须熟悉机床大件的工作特点及基本要求。

1. 大件的功能及其设计的基本要求

机床大件的主要功能是承载、导向和连接各部件。机床的其他零、部件或者固定在大件上，或者工作时在大件的导轨上运动。为了保证这些零部件工作时的相对位置和相对运动有足够的精确度，对所设计的机床大件必须满足下列基本要求[12,15,16]：

1）应具有足够的静刚度，在最大允许载荷下变形量不超过规定值。大件移动或其他零部件在大件上移动时，静刚度的变化量要小。

2）动刚度好，在预定的切削条件下，工作时振动和噪声在标准允许值内。

3）温度场分布合理，工作时应具有较小的热变形和热应力。

4）导轨受力合理，变形小，且耐磨。

5）工艺性能好，易于焊接和机械加工，焊接变形易于控制，焊接残余应力易于消除。

2. 设计方法

由于机床有高的加工精度要求，允许机床大件的变形量很小，相应地在大件工作时引起的应力远小于由强度所决定的许用应力，所以对机床大件主要是以许用变形为依据的刚度设计，而不是强度设计。21 世纪以来设计制造的机床大件，因非强度设计，故采用了较薄的钢板结构，但为了提高工件的刚度，往往在横梁等构件中大量采用三角形斜拉肋板结构，即在横梁的长度方向和宽度方向形成若干三角形腔体，其提高刚度的效果非常明显。

如果只需把原有铸造结构的机床大件改为焊接结构，通常是以原铸件的刚度作为依据，按等刚度原则进行焊接结构设计。

设计前，应先对机床大件的承载及变形情况作充分分析，在此基础上进行大件的组合和大件结构的设计。

3. 机床大件的受力与变形

机床的大件在工作时所承受的力有：①切削力：通常沿 x、y、z 三个正交方向分解成三个切削分量；②重力：指工件和机床各零部件的重量；③摩擦力：即移动部件和固定部件相对运动时导轨之间的摩擦力；④夹紧力（预紧力）：连接大件和移动件之间的连接力；⑤惯性力；⑥冲击或振动干扰力；⑦热应力等。

机床大件在静力作用下可能发生表 12-13 所示的

表 12-13　机床大件的变形类型

变形类型	简　图	说　明
本体变形	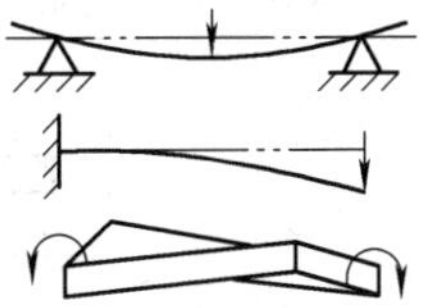	可以近似地按杆件的弯曲变形和扭转变形来计算 一般机床大件的拉、压变形较小，近似计算时可不考虑
断面畸形	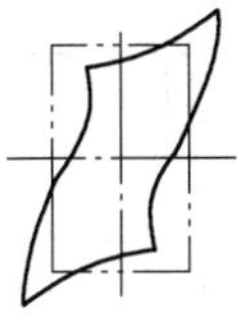	扭转变形时，在切应力作用下使薄壁断面产生畸变
局部变形	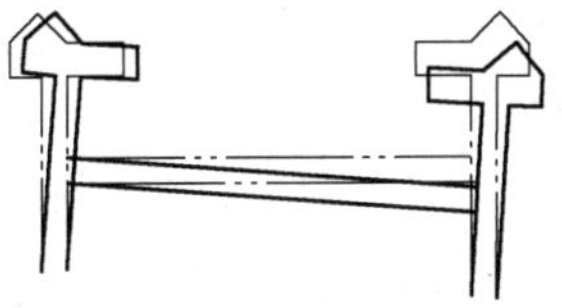	机床大件实际上多为薄壁箱体结构，在载荷作用下（如导轨、箱体连接处）会产生局部变形
接触变形	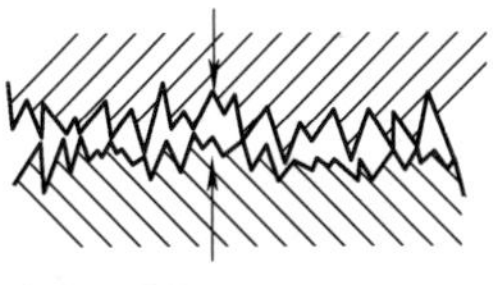	接触变形与两接合表面的宏观和微观不平度有关。无顶紧力（或预紧力较小）的接合面（如工作台、刀架导轨面）的接触变形较大

四种类型的变形。有些大件只发生其中一种，有些可能是几种变形的组合，例如普通车床床身的变形主要是由本体的弯曲变形、扭转变形和导轨的局部变形所组成。

4. 机床大件的材料

按刚度设计的焊接机床大件，对材料并不要求高强度，而是要具有良好的焊接性能，通常使用 Q235A 钢即能满足要求。如果是大厚度的钢板，应选择镇静钢。

5. 热变形

对于高精密机床，热变形是影响加工精度的主要因素。机床上热源分布不均匀，构件几何形状和尺寸不同，材质的差异等都是引起热变形的原因。热变形改变工件与刀具的相对位置，破坏了机床的原始精度，故必须控制在允许值之内。

改善机床的热变形特性，需在机床总体设计时综合考虑。对于机床大件，若温度均匀地升高或降低，则引起直线的伸长或缩短的变形；若大件的上下或左右两面有温差，则引起弯曲或扭曲变形。在结构设计上减少热变形的影响措施可以是：

1）改善大件散热条件，如适当增加散热面积，对压力机缸体增加散热片等。

2）采用热对称结构，即相对于热源是对称的结构。尽可能使温差引起热变形的前后，大件的中性轴不变或少变；在一个大件上板壁厚度尽可能均匀。

3）提高抗热变形的刚性，尽可能采用封闭断面结构。

4）采用双层壁结构。因两壁之间的空气具有隔热作用，温升少的一面对另一面的热膨胀起到拘束作用。

21 世纪以来高速机床的生产和使用呈明显的上升趋势。理论和实践证明，随着切削速度在某一范围内增加时，切削热变形会提高，但当切削速度高到某临界值之后，切削热变形反而减小。所以，设计制造高速机床也是减少热变形的方式之一。

6. 尺寸的稳定

对于焊接机床大件，引起其精加工困难和尺寸不稳定的主要原因是存在焊接残余应力。如果不消除，当切削加工、局部或整体受载，或者发生应力松弛时，都能导致机床大件原始形状和尺寸的改变。为了保证大件加工时易获得所需加工精度和长期尺寸的稳定，在焊后机械加工之前须进行降低应力处理，其方法有热时效和振动时效法等。对于尺寸精度要求特别高的特殊构件，近年来采用了二次时效去除应力的新方法，即在焊后粗加工之前先进行第一次去除应力时效处理。待粗加工之后，多数的加工余量已去除，材料松弛后的拘束应力得到大部分释放，而工件仅存极少量的精加工余量时，在精加工之前安排第二次的去除应力时效处理，此方法对提高加工精度、保证尺寸稳定性起到了较好的作用。

7. 导轨

机床上的导轨及其支承的结构必须具有足够的刚度，因它的变形直接反映到刀具与加工表面上，刚度不足会严重影响加工精度。此外，还导致加快机件磨损和运动不正常。

1）导轨与本体的焊接。导轨与机床大件本体的连接方法主要有机械固定、粘接和焊接三种。从连接刚度看，以焊接方法为最好。但是，采用焊接的方法必须解决好两个问题，即导轨和大件之间因材质差别而给焊接工艺带来的困难及焊后导轨的精加工和表面强化的可能性问题。

机床大件本体的材料多为焊接性能好的普通低碳钢，如果采用与本体相同的材料制作导轨，焊接工艺简单，如果采用中碳钢（如45钢）制作导轨，它和本体焊接困难大一些。但是，只要工艺措施适当（如预热、缓冷和用低氢的焊接材料等）是可以焊接的。

导轨与本体焊接之后，在精加工和表面改质（如硬化）处理之前，必须进行降低焊接残余应力处理。

部分机床的导轨，考虑耐磨或留储润滑油等性能，采用铸件导轨。此时，铸件导轨与钢体机身之间可采用螺栓等方式连接。

2）导轨的支承结构。导轨的作用主要是导向和传递工作载荷。在设计导轨的支承结构时，要避免力的作用方向垂直支承壁板的平面，而应尽量使力直接作用在支承壁板的中性面内。有些机床需采用过渡壁，其结构视刚性要求而定。以车床导轨为例，有单壁、单壁加肋、双壁和直接附着等结构，见表12-14。

12.4.2　床身

中小型机床的床身通常由床腿（或底座）支承，也可以将床身、床腿焊接成一个整体；大型机床的床身一般是直接安装在基础上。设计时，将长的床身看成是一根梁，对短的床身看成是一台架。

1. 普通车床床身

这种车床床身较长，按弹性梁设计。工作时床身的变形有主体的弯曲变形、扭转变形和导轨的局部变

形，其中扭转变形占总变形的50%～70%[17]。

表12-14　焊接的车床导轨支承结构

类型	简　图	说　明
单壁		结构简单，易于制造，但支承刚性差。适用于小载荷的车床床身上
单壁加肋	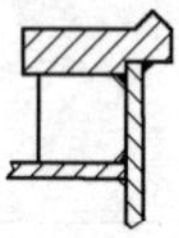	结构较简单，刚性较好，但肋板焊缝多，制造较复杂，适用于中等载荷的车床上
双壁	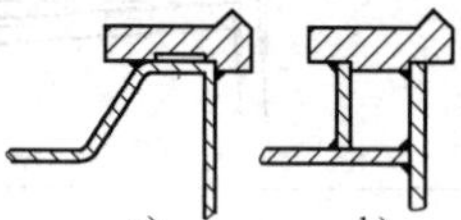 　　a)　　　　b)	结构稍为复杂，但刚性高，焊接量少，图a适用于轻型车床；图b适用于中等或重载荷的车床
直接支承	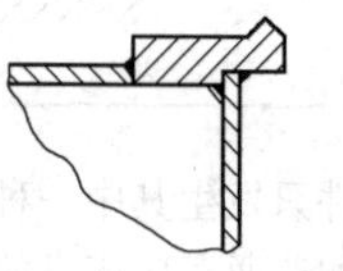	没有过渡壁，导轨直接由壁板支承，刚度高

设计车床床身结构的主要困难是除应满足一般机床大件所要求的静刚度、动刚度、尺寸稳定性等外，还应具有供排除切屑和切削液流动的通道。

铸造的床身因无法做成封闭断面的结构，所以多用开式断面的结构，排屑等问题易于解决。但是，床身的抗弯和抗扭刚度必须依靠增加壁板厚度和在前、后壁板之间设置各种形式的肋板来保证，图12-102所示是其中的两种。

焊接床身的刚度主要不是靠增加钢板厚度和大量使用肋板，而是尽可能利用型钢或钢板冲压件组成合理的构造形式来获得，要把结构中肋板的数量或焊缝的数量减至最少。

小型车床因扭转载荷不大，可以设计成图12-103中所示的结构。其特点是导轨用双层壁局部加强；前后壁主要由若干个"Π"形肋连接以获得一定的抗扭性能；底座、"Π"形肋和油盘均为冲压件。这种焊接床身结构简单、焊缝少、重量轻。

开式断面结构的抗扭性能远低于闭式断面的结

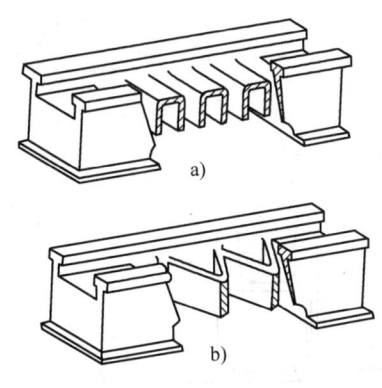

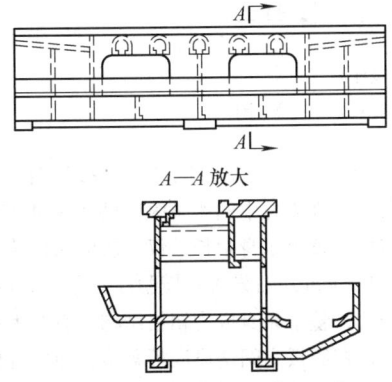

图 12-102　铸造车床床身

a) 用"∏"形肋　b) 用人字肋

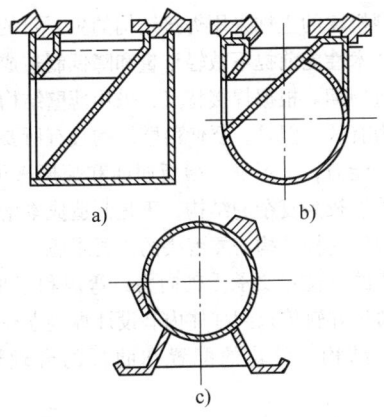

图 12-103　小型车床焊接床身[2]

构。因此，大中型车床的焊接床身应设计成具有封闭形状的断面结构。图 12-104 提供几个比较理想的断面结构形式，图 12-104a、b 有斜通道，切屑和切削液经通道从后壁孔排出，图 12-104c 的结构也便于切屑和切削液的排出。导轨均由闭式双层壁支承，刚度高。

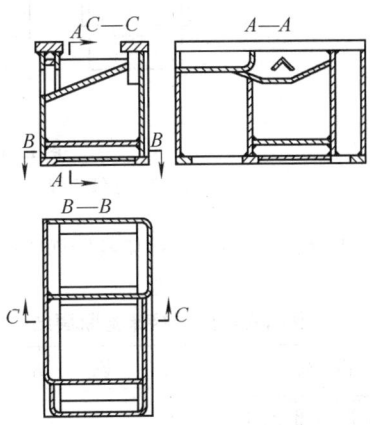

图 12-104　焊接床身的断面结构

2. 铣床、磨床床身

这类床身较短，常设计成能承受重力和切削力的刚性台架式结构。按焊接工艺特点，本着少用肋板而尽可能采用箱体形结构的原则进行设计。

图 12-105 是一台卧式铣床床身的焊接结构。其特点（见图中 *B—B* 断面）是巧妙地利用 3 个钢板冲压件，组焊成具有 3 个封闭箱体床身的主体结构，焊接接头少；底板是用稍厚一些的 5 条扁钢组焊成的边框而减轻重量，节省材料；用 $w(C) = 0.4\%$ 的中碳钢做导轨，直接焊到壁板上，用双层壁支承。焊后对导轨做表面淬火和磨削加工。整个床身重量轻、刚度大、结构紧凑。

图 12-105　卧式铣床床身焊接结构[16]

图 12-106 是一台高速内圆磨床的焊接床身。该磨床的砂轮转速为 5000 ~ 10000r/min，工件转速达 500 ~ 1200r/min，要求床身有高的动刚度。

该磨床充分发挥了焊接结构的特点，突出体现了从构造设计方面去提高床身的固有频率，防止发生共振。同时，充分利用吸振焊接头以增加结构的阻尼比。图中在轴承座处需传递切削力，采用了两块厚板支承，其余均用薄板（6.4mm）冲压件，使两侧组成具有许多小的封闭断面的箱体结构。这样的结构重量轻而静刚度大，所以具有较高的固有频率；内部冲压成 U 形的隔板与壁板构成 7 个 U 形吸振接头。此外，除箱体表面的焊缝为连续焊缝外，内部所有 T 形接头均用断续角焊缝连接，增加了结构的吸振能力。

3. 龙门式刨床、镗床、铣床床身

龙门式机床多为大型或重型机床，这类床身长度较大，在工作时主要承受弯曲载荷。不需要穿过床身排除切屑，因而可以设计成封闭的箱形断面结构；床面上承受重力大，为了稳定，不设床腿，床身直接安装在基础上，使床身高度尽量减小；导轨的接触面较大，在它的正下方或附近，设置支承壁或垂直肋，以保证导轨的支承刚度。

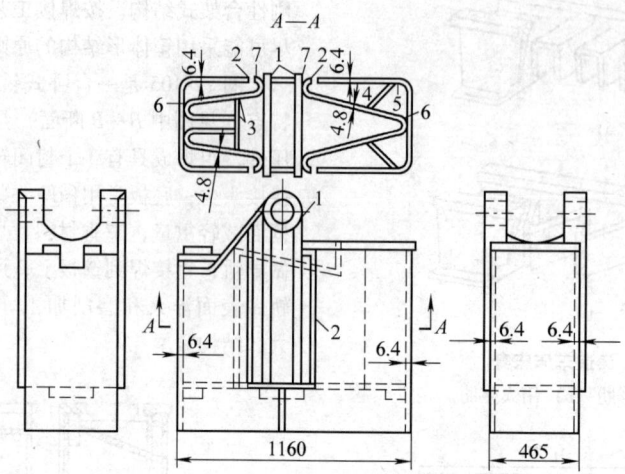

图 12-106　高速内圆磨床的焊接床身
1、2—连续焊缝　3、4、5—间断焊缝　6—塞焊缝　7—减振接头

表 12-15 列出适用于焊接床身断面结构的几种形式。

表 12-15　龙门式机床焊接床身断面结构形式

序	结 构 简 图	说　明
1		内部有纵向和横向肋板，整个床身是一个箱格形的结构。制造较简单，应用较多。应用实例如图 12-107 所示
2		内部既有纵向和横向肋板，又有斜肋，其抗弯、抗扭和吸振性能较高，但制造比较复杂，应用实例如图 12-108 所示
3		由矩形管组成的箱体结构，矩形管可以是无缝的，或由冲压和焊接单独制成的，床身总装焊很简单，两管壁连接处相当于纵向肋，其接触面构成接触阻尼起吸振作用。因无横肋和斜肋，抗纵弯能力强而抗扭性能较弱。重量轻，适于批量生产

图 12-107 是大型龙门铣刨床焊接床身（中段）的应用实例。该床身中间 4 条纵向肋和两侧壁构成 5 个箱形结构；整个床身很长，仅中段的长度为 8.5m，所以每隔 900mm 左右设置一横肋板，厚为 15mm，中间开减轻孔，整个床身成为箱格结构。有时为提高构件的刚度，在底板之间增设底板盖板，使床身构成封闭箱形。此时，为保证可焊性，在底板上开塞焊孔解决底板盖板与内部肋板的焊接问题。

图 12-108 是一台龙门铣床焊接床身其中一段的断面结构。其特点是内部除有纵、横肋板外，还有斜肋；导轨下面均有垂直壁和斜肋直接支承，整体和局部刚度都很大。

12.4.3　立柱

重型机床的立柱采用焊接结构的主要目的是，在不影响技术性能前提下减轻重量和降低制造成本，并缩短制造周期。根据焊接特点，采用薄壁结构对减轻重量最为有效。但是，要使薄壁结构具有所要求的刚度和吸振能力，又不发生薄板屈曲和颤振噪声问题，就必须采取较为复杂的结构，于是制造成本增加，这是设计焊接立柱结构需要解决的主要矛盾。

机床的立柱主要承受轴向力、弯矩和扭矩载荷，通常是通过导轨传入到柱体内。设计焊接立柱时要处理好断面结构、导轨的配置和肋板的合理运用等问题。

1. 断面选择

对于单柱式机床的立柱，下端固定，上端自由，可看成悬臂梁。这种立柱宜选用圆形、方形或较为对

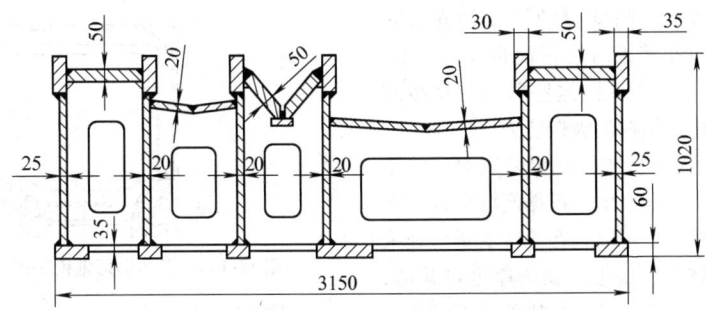

图 12-107　大型龙门铣刨床焊接床身断面结构

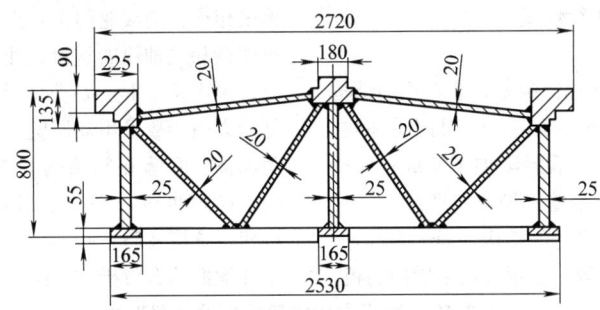

图 12-108　龙门铣床焊接床身断面结构

称的多边形空心封闭断面结构。因这些断面具有较大
的惯性半径、较好的抗弯和抗扭的综合性能，而且焊
接并不困难。对于双柱式机床的立柱，由于它位于工
作台（床身）两侧，上端有顶梁连接，下端常与床
身相连，构成龙门状，所以其断面宜选用长方形的箱
体结构。其深度 h 和宽度 b 之比，对立式车床的立柱
取 3 ~ 4；刨床或铣床取 2 ~ 3[18]。

2. 导轨配置

考虑导轨的位置及其支承方式时，要使力的传递
合理、刚度高和便于制造。图 12-109 所示是立柱断
面和导轨配置的几种结构形式。图 12-109a、b、c 的
导轨配置不理想，工作时立柱的前壁板有较大变形，
支承刚度差；图 12-109d、e 的导轨有后面侧壁直接
支承，刚度较高；图 12-109f 的导轨其切向力直接由
圆筒壁支承，从而提高支承刚度；图 12-109g ~ i 的
断面内部有纵向肋，构成多个封闭断面的组合结构，
大大地提高了整体的抗弯和抗扭刚度以及吸振能力。
其导轨直接由肋板和侧壁支承，受力合理。但是，这
种形式的结构制造较为复杂，当柱内腔需悬吊平衡重
物时，不便采用。

3. 壁板与肋板的设计

正确使用肋板，既可以减薄壁板厚度而又不降低
其刚度，甚至还能获得吸振能力强、避免薄板屈曲和
颤振的结构。

1）板厚的确定。焊接结构的板厚可根据强度或

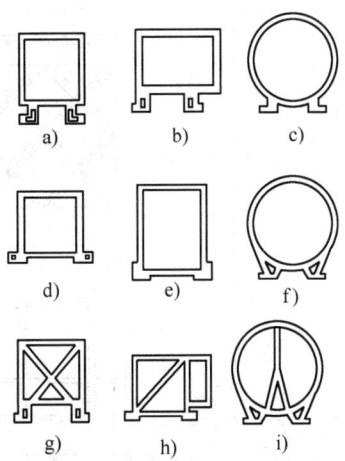

图 12-109　立柱的断面形式与导轨的配置[15]

刚度来确定，但最小厚度要受其他制造因素限制。如
果立柱焊后需进行热时效及喷丸处理，其壁厚不能太
薄。（不能小于 6mm）表 12-16 是确定壁板和肋板厚
度的参考值。

表 12-16　壁板和肋板厚度参考值[12]

（单位：mm）

壁和肋	大型机床	中型机床
外壁和纵向主肋板	20 ~ 25	8 ~ 15
一般肋板	15 ~ 20	6 ~ 12
导轨支承壁	30 ~ 40	18 ~ 25

2）肋板布置。为了提高壁板的刚度和固有频率，防止发生颤振，需在壁板内侧布置肋板。表 12-17 示出常用几种肋板布置形式。这些肋板与壁板用断续角焊缝焊接，以增加结构的吸振能力。

3）采用双层壁。大型机床的壁板采用双层壁结构可减轻重量，提高动、静刚度。根据刚度要求，立柱的周壁均可用双层壁，也可以只在导轨支承壁处采用双层壁。采用双层壁后，壁板和肋板厚度可减薄，由于内壁板不直接传递载荷，其厚度比外壁板可薄一些。肋板与外壁板之间用断续角焊缝连接，肋板与内壁板之间用槽焊缝从外侧进行焊接。

4. 实例

图 12-110 介绍国外某落地镗铣床焊接立柱的结构断面。柱体为空心封闭多边形断面；使用钢质导轨，直接焊在柱体上，经表面淬火后磨削加工而成；周壁内侧均采用波浪肋，导轨支承壁采用双层壁结构；后壁两角隅处用冲压件构成方形封闭结构，局部刚性好，可防止断面畸变。沿柱长每隔一定距离设一横向肋板。

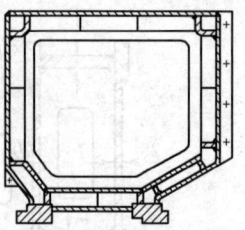

图 12-110　多边形落地镗铣床焊接立柱断面结构

图 12-111 介绍国产某龙门铣刨床中左立柱的焊接结构。它和右立柱对称，下部和床身连接，上部和顶梁相连，构成龙门架。立柱除承受切削力外，还支撑横梁和主轴箱的重量，使柱体受到弯曲和扭转。所以，采用长方形空心箱体结构。前墙需与横梁连接，是受力面，故采用双层壁；在内外壁之间用三条纵向肋加强。后墙和侧墙均为单层壁，其内侧焊有纵向肋、横向肋和"之"字形斜肋，目的是提高立柱的抗弯、抗扭及防止断面畸变的能力，也是防止壁板失稳和颤振的有效措施。结构简单，易于制造。

表 12-17　壁板内侧常用肋板的布置形式

序	结 构 简 图	特 点
1	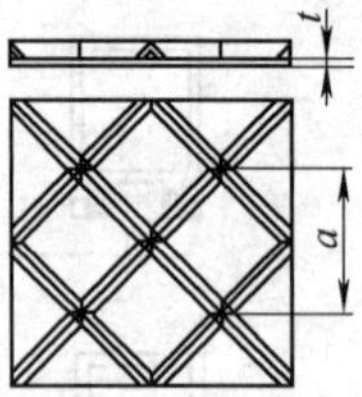	用等边角钢呈矩形或菱形布置，主要防止薄板的屈曲和颤振，抗弯和抗扭刚度小，制造很简单，$a \leqslant 400$mm
2	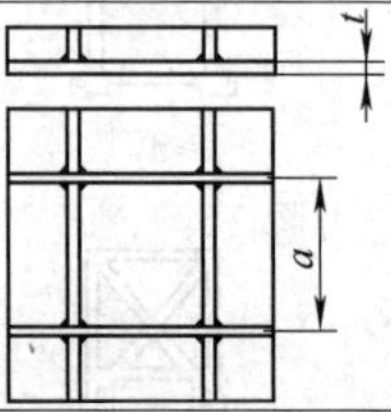	平板作肋，纵与横呈矩形排列。纵肋抗弯，横肋抗扭和防止断面畸变。控制肋板距 a 可避免屈曲和颤振。从失稳看取 $a \leqslant 60t$（t—壁板厚度）考虑到动刚度，a 应取得小些，可取 $a \leqslant 20t$，制造简单
3	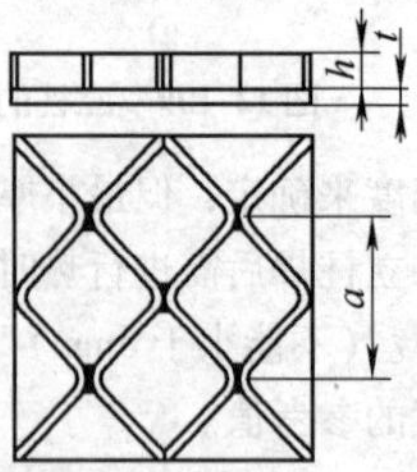	冲压的波浪肋呈菱形排列，两波浪肋构成 U 形减振接头，抗扭和吸振性能好，控制 $a \leqslant 30t$ 可防止屈曲和颤振，制造稍复杂
4	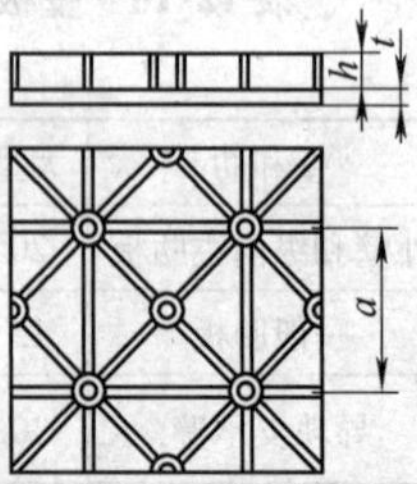	平板做肋，纵、横、斜呈"米"字排列，为了避免交会处焊接困难，用圆管段做交会点，抗弯、抗扭和吸振能力较强，但制造工艺较复杂，成本高。肋与肋间构成许多封闭三角形，a 值可比上面的大些

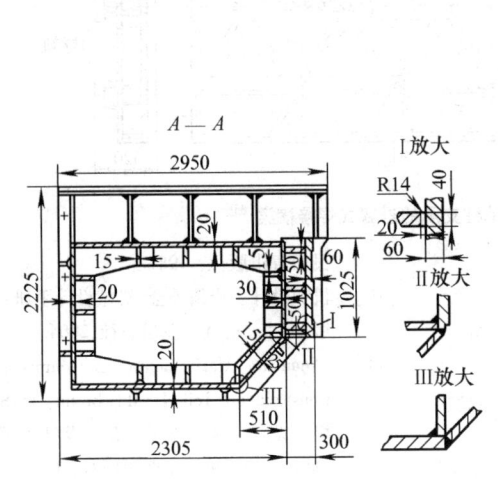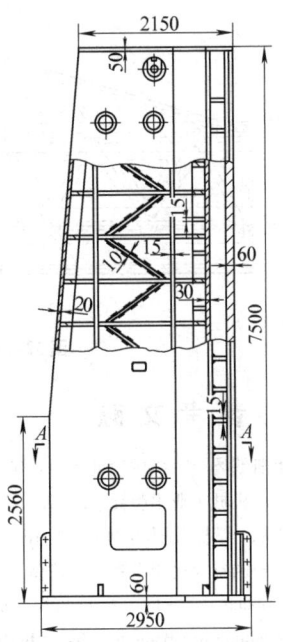

图 12-111　大型龙门式铣刨床焊接左立柱

12.4.4　横梁

龙门式机床上的横梁，两端与立柱连接，可看成是两支点梁。刀架沿横梁的导轨做横向移动，工作时承受着复杂空间载荷，既有两个方向的弯曲变形，又有扭转变形。因此，焊接的横梁多采用封闭箱体结构，如图 12-112 所示。梁的高度和宽度之比，对于龙门式刨床或铣床取 $h/b \approx 1$；对于双柱立式车床因横梁的长度较大，刀架重，可取 $h/b = 1.5 \approx 2.2$[18]。必要时可设计成图 12-112c 中所示的双矩形断面的结构，以增加垂直面的抗弯刚度，这样的结构制造时，要注意控制好焊接变形。

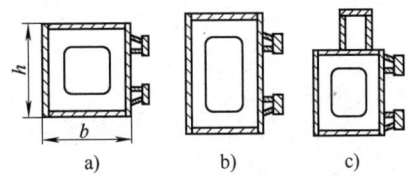

图 12-112　龙门式机床焊接横梁的结构断面

为了提高横梁的整体或局部刚度，在箱体内可根据需要设计各种肋板。导轨支承壁的壁厚应取得厚一些。

沿横梁长度上的高度和宽度，最好是不变的，这样焊接生产简单方便。对于重型的或跨度很大的横梁，可以采用不等高或不等宽的断面，这样能节省金属和减轻结构重量，但是要以增加制造成本为代价，因为变断面梁的制造工艺复杂。

图 12-113 为螺旋桨翼面加工专用机床横梁的焊接结构图，该梁长约 11m，重约 24t。为了增加刚度采用箱形结构，内部加斜肋提高抗扭性能和防止断面畸变。为了减振，斜肋采用断续角焊缝焊接。导轨为经表面淬火和磨削的密烘铸铁，粘接在导轨支座上。

图 12-114 是单柱式大型立车上悬壁梁的焊接结构，采用不等高的矩形封闭断面，内部用斜肋交叉布置，交叉点处设置圆钢管避免焊缝密集且易于施焊。肋板与壁板的连接用断续角焊缝，提高吸振能力。焊接导轨下面由双层壁支承。在梁内与导轨对应处设置纵向肋，以提高导轨的支承刚度。

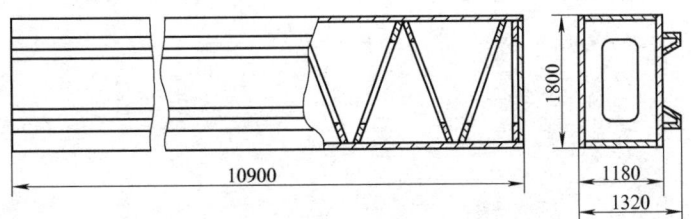

图 12-113　螺旋桨翼面加工专用机床焊接横梁

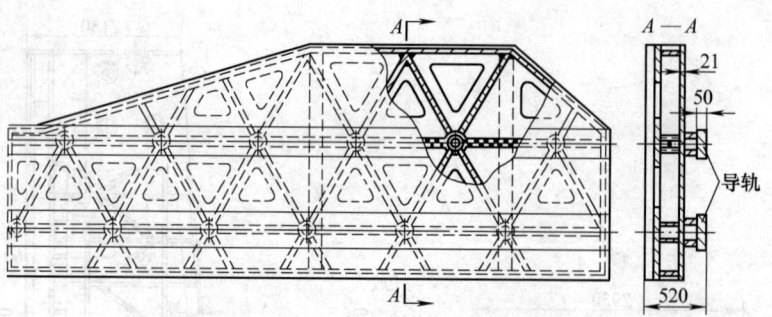

$A—A$

21

50

导轨

520

图 12-114　单柱支承的悬臂式焊接横梁[8]

参 考 文 献

[1]　机械设计手册编委会. 机械设计手册：第 5 卷 [M]. 新版. 北京：机械工业出版社, 2004.

[2]　勃劳杰 O W. 焊件设计 [M]. 张韦昌, 梅仲勤, 译. 北京：中国农业机械出版社, 1985.

[3]　Ruge J Handbuch der Schwei β technik Band Ⅲ Konstruktive Gestaltung der Bauteile [M]. Berlin Springer-Verlag, 1985.

[4]　曾乐. 焊接工程学 [M]. 北京：新时代出版社, 1986.

[5]　田锡唐. 焊接结构 [M]. 北京：机械工业出版社, 1982.

[6]　愈新陆. 液压机 [M]. 北京：机械工业出版社, 1987.

[7]　机械设计手册编委会. 机械设计手册：第 2 卷 [M]. 新版. 北京：机械工业出版社, 2004.

[8]　机械工程手册　电机工程手册编辑委员会. 机械工程手册：第 7 卷 [M]. 2 版. 北京：机械工业出版社, 1996.

[9]　许镇宇, 等. 机械零件（修订版）[M]. 北京：人民教育出版社, 1981.

[10]　机械设计手册编委会. 机械设计手册：第 5 卷 [M]. 新版. 北京：机械工业出版社, 2004.

[11]　Neumann Alexis. Schwei β technisches Handbuch Fur Konstrukteure Teil Ⅰ [M]. Berlin：DVS, 1985.

[12]　机床设计手册编委会. 机床设计手册：第 2 卷 下册 [M]. 北京：机械工业出版社, 1980.

[13]　Rieberer A. Schwei β getechtes Konstruieren im Meschinenbau- Beredhnungs- und Gestaltungsbeispiele [M]. Berlint DVS- Verlog, 1989.

[14]　成大先. 机械设计图册：第 5 卷 [M]. 北京：化学工业出版社, 2000.

[15]　威克 M. 机床第二册 [M]. 沈烈初, 译. 北京：机械工业出版社, 1987.

[16]　叶瑞汶. 机床大件焊接结构设计 [M]. 北京：机械工业出版社, 1986.

[17]　黄锡恺, 郑文纬. 机械原理 [M]. 6 版. 北京：高等教育出版社, 1989.

[18]　戴曙. 金属切削机床设计 [M]. 北京：机械工业出版社, 1981.

第13章 锅炉、压力容器与管道

作者 陈裕川 审者 吴祖乾

13.1 概述

锅炉、压力容器与管道是各工业部门不可缺少的重要生产装备，用于供热、供电、生产及储存和运输各种工业原料及产品，完成工业生产过程必需的各种物理过程和化学反应。这些工业装备的运行条件相当复杂和苛刻。例如，电站锅炉和管道必须在高温高压下长期安全运行。在压力容器中，有些需在低温和高压下工作，有些则不仅要求承受内压和高温，而且还要经受各种介质的腐蚀作用。因此，对锅炉、压力容器与管道的设计和制造质量提出了十分严格的要求。显然，这些工业装备的性能是否满足使用部门的要求首先取决于设计的正确性和合理性。

由于焊接工程技术的迅速发展，现代锅炉、压力容器与管道已演变成典型的全焊结构。因此，在设计这些工业装备时应充分考虑从焊接技术角度提出的基本要求。例如在选材时，应首先选用焊接性良好的材料。在强度计算和结构设计时应注意合理选取焊缝强度系数，开孔补强形式。接头形式的设计应保证焊缝的强度性能，避免应力集中。焊缝的布置应有较好的可达性和可检验性。鉴于锅炉与压力容器可能经受各种形式的载荷和恶劣的工作环境，故对有些受压部件及其焊接接头应着重分析其抗断裂性、抗疲劳性能并考虑焊接热影响区性能的变化和焊接残余应力对其不利的影响。对于长期经受高温、高压作用的部件，应顾及蠕变、回火脆性和蠕变疲劳交互作用引起的破坏。对于核反应堆容器，应特别注意核辐照脆化现象。对于在氢介质和腐蚀介质下工作的容器应仔细分析氢脆、应力腐蚀、腐蚀疲劳等可能产生的严重后果，并从选材和结构设计上采取相应的防范措施。

为确保锅炉、压力容器的总体质量及长期可靠的运行，我国已建立了比较完善的设计、制造、检验标准体系。国家劳动部门1996年和1999年相继颁发了《蒸汽锅炉安全技术监察规程》和《压力容器安全技术监察规程》修订版，这些规程从锅炉、压力容器安全监察的角度，全面概括地提出了有关材料、设计、制造、安装、使用、管理、检验、改造和修理等方面的基本安全技术要求及质量指标。

蒸汽锅炉的设计和强度计算已由国家标准GB/T 16507.4—2013《水管锅炉受压元件强度计算》做出统一的规定。压力容器的设计、计算、制造、检验等方面已制定综合性的国家标准GB 150—2011《钢制压力容器》。在世界范围内，目前已公认美国ASME（美国机械工程学会）锅炉与压力容器法规（BPVC）作为国际通用的锅炉、压力容器设计、制造、检验、验收的权威性标准。特别是出口产品，必须遵照执行该法规。

锅炉与压力容器的总体设计是由专业工程师根据设定的锅炉容量、燃料种类和燃烧方式以及化工炼油等生产工艺流程完成的。本章主要阐述受压部件结构设计的原理。除了概括叙述强度计算外，重点论述受压部件的工艺性设计，如合理布置焊缝、正确设计焊接接头和坡口形式、避免结构不连续引起的局部应力集中。关于锅炉和压力容器用钢及焊接材料的有关内容请参阅本手册第2卷相应章节。

13.2 锅炉、压力容器的结构形式及分类

13.2.1 锅炉的类别

锅炉按其用途可分为动力锅炉和供热锅炉两大类。动力锅炉是用来产生高温高压蒸汽推动汽轮机或其他原动机，如电站锅炉、船用锅炉和机车锅炉等。供热锅炉是用来产生蒸汽和热水，供工业工艺过程的需要，如纺织、印染、橡胶生产以及各种采暖装置，其所使用的蒸汽锅炉和热水锅炉，统称为工业锅炉。供热锅炉的工作压力通常不超过1.1MPa，温度不超过120℃。为满足一些特殊工业部门的需要，曾发展了工作压力大于1.1MPa，出口温度高于120℃的高温热水锅炉。这种锅炉虽不属于动力锅炉，但由于工作压力和温度较高，通常要求按动力锅炉的设计制造规程进行生产。目前我国工业锅炉已发展形成如表13-1所列的系列工作参数。同时在结构设计上有所创新，锅炉热效率有很大提高，体积明显缩小。与工业锅炉相比，我国火电锅炉的发展更为迅速，已能自行设计制造大容量、高参数的电站锅炉，我国电站锅炉工作参数系列见表13-2。

表 13-1　工业蒸汽锅炉工作参数系列

额定蒸发量/(t/h)	额定蒸汽参数								
	出口蒸汽压力(表压)/MPa								
	0.4	0.7	1.0	1.3		1.6		2.5	
	出口蒸汽温度/℃								
	饱和	饱和	饱和	饱和	350	饱和	350	饱和	350
0.1	○								
0.2	○								
0.5	○	○							
1.0	○	○	○						
2.0	○	○	○	○		○			
4		○	○	○		○		○	
6		○	○	○	○	○		○	○
10		○	○	○		○		○	
15				○		○		○	
20				○	○	○		○	○
35				○		○		○	○
65				○		○			

表 13-2　电站锅炉工作参数系列

机组类别	压力/MPa	温度/℃	蒸发量/(t/h)	机组容量/MW
中压锅炉	3.9	450	35.0 / 65.0 / 130	6.0 / 12.0 / 25
高压锅炉	10.0	540	220 / 110	50 / 100
超高压锅炉	14.0	540 / 550	670 / 400	200 / 125
亚临界锅炉	17.0	570	1000	300
亚临界锅炉	17.1	555	1000	300
亚临界锅炉	18.6	540.6	1025.7	300
亚临界锅炉	18.6	540.6	2080	600
超临界锅炉	25.95	550,580	3150	900
超临界锅炉	31.1	593,600	2750	800 ~ 1000
特超临界锅炉	35.0	700,720	≥3150	≥1000

13.2.2　锅炉的典型结构形式

按锅炉的总体结构布置,可将其分成火管锅炉和水管锅炉两大类。火管锅炉也称锅壳式锅炉。这类锅炉均为压力低于 1.1MPa 的小型低压锅炉,其热效率很低,并逐渐被水管锅炉所淘汰。水管锅炉的结构形式如图 13-1 所示,其主要由锅筒、省煤器、空气预热器、水冷壁和对流管束等组成。

图 13-2 示出一种典型的电站锅炉结构形式,其构造比工业锅炉复杂得多。主要的组成部分有:锅筒、集箱、膜式水冷壁、省煤器、过热器、再热器、空气预热器、鼓风机、给水系统、燃烧器、金属构架和导管等。前六部分均为全焊结构的受压部件。对于超临界和特超临界电站锅炉基本上都采用直流锅炉。

1. 锅筒的结构

锅筒是水管锅炉最重要的受压部件之一。按照锅炉的容量,锅筒的工作压力可以从 0.4MPa 增加到 20.0MPa,工作温度最低为 142℃,最高达 364℃。由于锅筒的直径和容积都比较大,一旦破裂将释放出巨大的能量而导致灾难性的事故。这就要求锅筒的选材、设计、制造和检验必须严格符合相应的规程,确保锅炉运行的安全可靠。

锅筒的结构如图 13-3 所示。锅筒由筒体、封头、下降管和接管等部件组成。筒体按其长度由若干筒节组焊而成。筒体通常采用钢板卷制或压制成形,并由一条或多条纵缝连接成整体。封头可采用冷冲压、热冲压或旋压成形制成半球形、椭圆形和碟形,并通过全焊透环缝与筒体相接 (图 13-3c)。下降管接头与筒体的连接,由于接头的拘束度较大,焊接残余应力较高,受力状态较复杂且应力集中系数高,故应采用图 13-3b 所示的全焊透接头形式。对于直径小于 133mm 的接管允许采用局部焊透的接头形式,但坡口的形状和尺寸必须保证足够的焊缝厚度,如图 13-3a 所示。

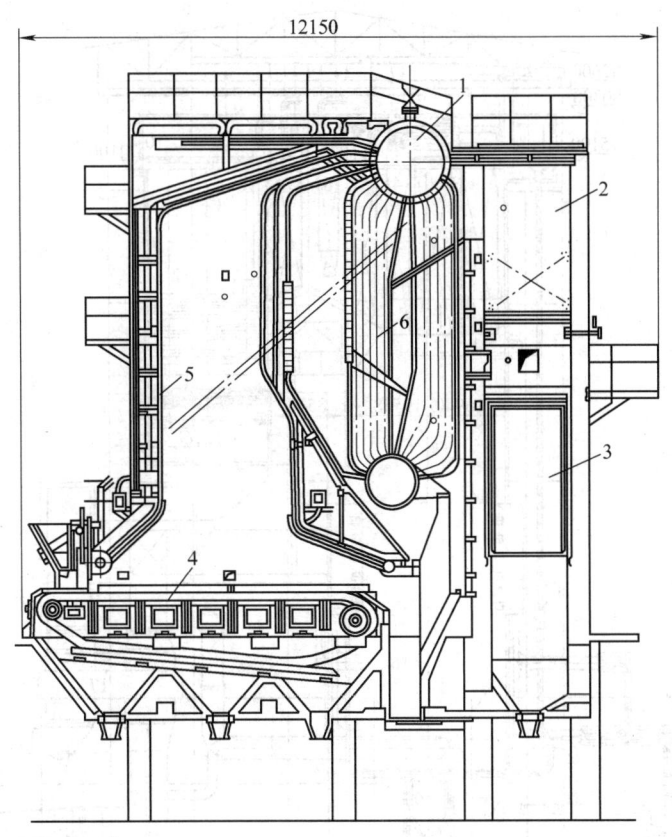

图 13-1　水管工业锅炉的典型结构形式
1—锅筒　2—省煤器　3—空气预热器　4—链条炉排　5—水冷壁　6—对流管束

锅筒钢材和壁厚取决于锅筒的工作压力和使用温度。表 13-3 列出我国常用的锅筒钢种、壁厚范围、抗拉强度和使用温度等级。

表 13-3　锅筒用钢种及厚度范围和使用温度

锅炉类型	锅筒用钢种	抗拉强度 R_m/MPa	壁厚范围 /mm	使用温度 /℃
中、低压锅炉	Q245R	≥400	16~60	≤320
中压锅炉	Q345R	≥490	16~150	≤400
高压、超高压锅炉	Q370R	≥520	16~150	≤400
	15CrMoR	≥440	16~150	≤450
高压、超高压锅炉	13MnNiMoR	≥570	16~150	≤450

2. 集箱的结构

集箱是蒸汽锅炉主要高温高压部件之一。与锅筒相比，其工作压力略高，最高压力可达 21MPa，工作温度比锅筒高得多，最高温度可达 570~600℃。集箱的结构与锅筒相似，呈圆筒形，其直径比锅筒小得多，最小直径为 159mm。但大容量锅炉集箱的直径已达到 914mm。集箱的典型结构如图 13-4 所示。集箱的筒体通常采用无缝轧制厚壁管。对于公称直径 350mm 以上的集箱筒体可采用钢板压制成形，以一条或两条焊缝拼焊而成。集箱封头，对于中、低压锅炉集箱多半采用锻造平端盖，高压和超高压锅炉集箱则采用钢板压制成形的半球形封头。

集箱最主要的结构特点是在筒体上焊有相当数量的接管。例如 600MW 电站锅炉立式低温过热器集箱上，ϕ63mm×10mm 管接头的数量就有 720 个。各种规格的管接头与筒体连接的坡口形式见图 13-4 接头详图。原则上，ϕ133mm 以上的接管与筒体的连接，要求采用全焊透的坡口形式，其余小直径接管可采用局部焊透的接头形式，但必须保证足够的焊缝厚度。

集箱用钢材和壁厚按其工作温度和压力选定。表 13-4 列出各类蒸汽锅炉集箱常用的钢种、壁厚范围、强度等级和使用温度。

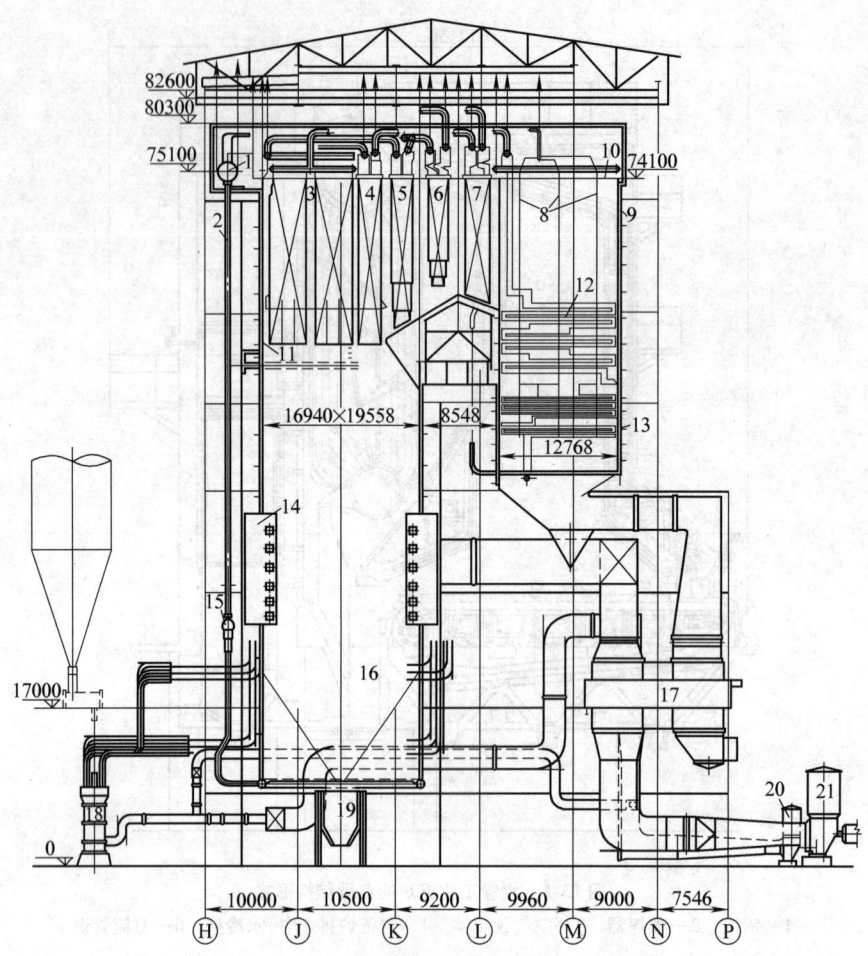

图 13-2　600MW 大型电站锅炉典型结构形式

1—锅筒　2—下降管　3—分隔屏过热器　4—后屏过热器　5—屏式再热器　6—末级再热器

7—末级过热器　8—悬吊管　9—包覆管　10—炉顶管　11—墙式辐射再热器

12—低温水平过热器　13—省煤器　14—燃烧器　15—循环泵　16—水冷壁

17—容克式空气预热器　18—磨煤器　19—出渣装置　20——次风机　21—二次风机

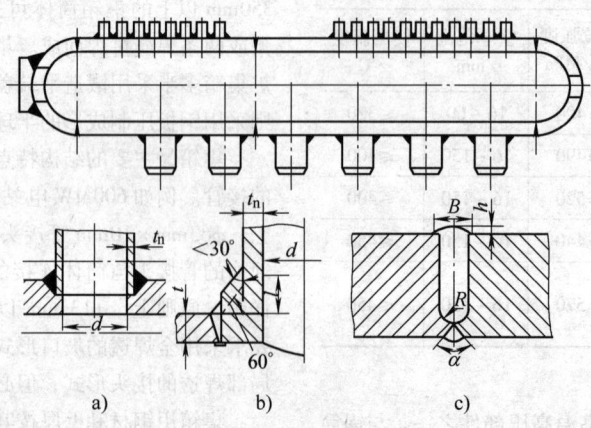

图 13-3　锅筒的典型结构部件详图

a) 小直径接管接头详图　b) 下降管接管接头详图　c) 环缝坡口详图

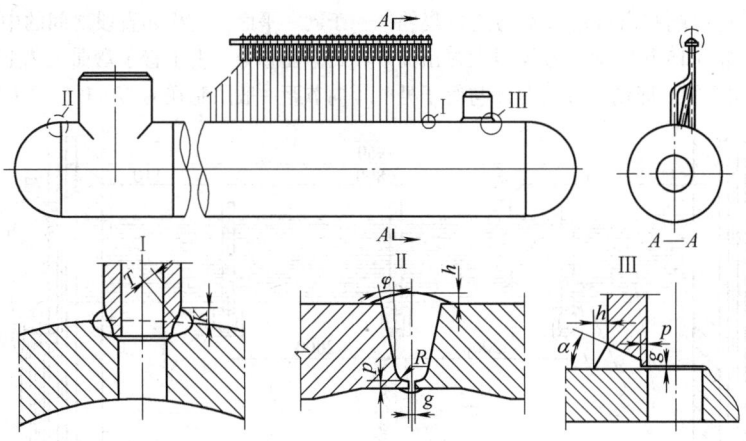

图 13-4　集箱的典型结构及接头详图

表 13-4　蒸汽锅炉集箱常用钢种、厚度范围、
强度等级和使用温度

锅炉类型	集箱用钢种	抗拉强度 R_m/MPa	壁厚范围 /mm	使用温度 /℃
中、低压锅炉	20G	≥410	10 ~ 50	≤400
中、高压锅炉	20MnG	≥415	10 ~ 80	≤400
中、高、超高压锅炉	15CrMoG	≥440	20 ~ 70	≤500
高压、超高压锅炉	12Cr2MoG	≥450	30 ~ 150	≤580
	12Cr1MoVG	≥470	25 ~ 90	≤580
	25MnG	≥485	50 ~ 150	≤500
	10Cr9Mo1VNbN	≥585	30 ~ 150	≤600
超高压锅炉	10Cr9MoW2VNbBN	≥585	30 ~ 150	≤650

3. 水冷壁结构

水冷壁是锅炉的主要辐射受热面部件，布置在紧靠炉墙的内侧，对炉墙起保护作用。水冷壁由管屏组成，在锅炉炉膛内直接与火焰接触，但由于锅炉给水温度较低，水冷壁部件的工作温度只能达到其工作压力下的饱和温度。例如在 200MW 电站锅炉中，水冷壁的工作压力为 15MPa，工作温度为 330℃。在亚临界超高压锅炉中，水冷壁的工作温度也不超过 380℃。据此，水冷壁管一般都采用 20 或 20G 碳素钢高压无缝钢管，其管径范围为 51 ~ 60mm，壁厚 3 ~ 5mm。对于超临界和特超临界电站锅炉，由于管壁温度已超过 500℃，而必须采用 12Cr2MoG，12Cr1MoVG 和 7CrMoTiB1010（T24）低合金铬钼耐热钢。对于中小容量工业锅炉，水冷壁部件可采用光管成排组焊而成。对于大容量电站锅炉，为扩大有效辐射受热面、提高炉膛的密封性和吸热效率，均采用膜式水冷壁，即采用光管加扁钢或用鳍片管组焊而成，其结构形式如图 13-5 所示。目前，由于轧制鳍片管的价格昂贵，大多数制造厂均已采用光管加扁钢的方式生产膜式水冷壁。在大容量锅炉中膜式水冷壁部件的体积相当

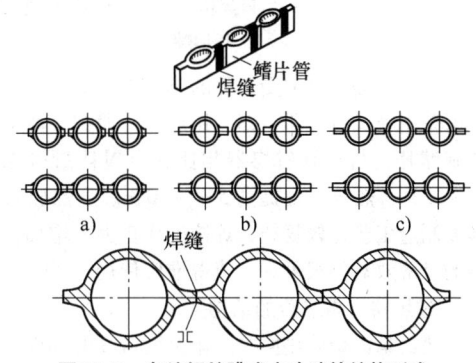

图 13-5　电站锅炉膜式水冷壁的结构形式
a）鳍片管组焊形式　b）鳍片管与光管组焊形式　c）光管加扁钢组焊形式

大，拼接焊缝总长达 200 ~ 300km。

从结构设计上考虑，膜式水冷壁的管子间距与管子名义直径之比一般取 1.30 ~ 1.50。但从经济角度出发，最好采用尽可能大的管子间距，即选取较宽的鳍片，以减少管子的耗量，并降低水冷壁部件的总重。在自然循环锅炉中鳍片（或扁钢）的宽度一般取 10 ~ 50mm，鳍片（或扁钢）的厚度取 5 ~ 8mm。

4. 省煤器的结构

省煤器是锅炉受热面部件之一，它是利用锅炉尾部烟气热量加热给水的热交换装置，由此降低了排烟的温度，提高了锅炉的热效率。在高压和超高压锅炉中，应用省煤器可减少蒸发受热面，降低制造成本。

对于亚临界以下的电站锅炉省煤器的工作压力与锅筒相当，工作温度一般比饱和蒸汽温度低 30 ~ 50℃，不超过 400℃。对于超临界工作参数的省煤器部件的壁温可能达到或超过 500℃。省煤器虽然布置在锅炉烟气温度较低的区域，但也受到烟气的冲刷和飞灰的磨损。在现代高效锅炉中，均采用管式省煤器，它由成排蛇形管组成。蛇形管的外径一般取 25 ~

51mm。各排蛇形管进口端和出口端分别与进口集箱和出口集箱相接，如图13-6所示。省煤器大多由简单弯管组成的平面蛇形管，即蛇形管弯曲段与管子处于同一平面。两相邻直段之间的中心距离等于弯曲段的弯曲直径。由于管子弯曲工艺上的问题，管子的纵向节距一般限制在 $s_2/d = 1.5 \sim 2.0$ 的范围内。

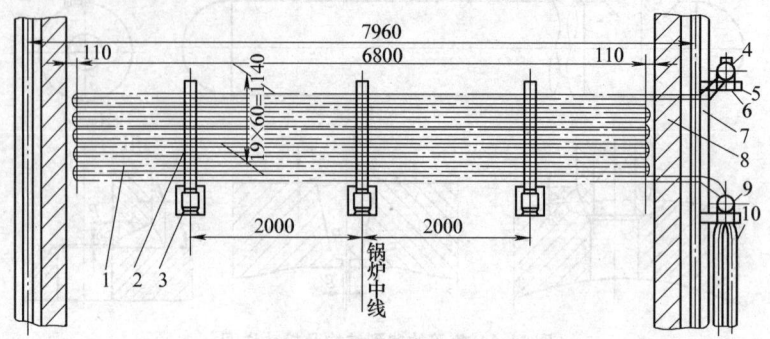

图 13-6　省煤器的典型结构

1—出口集箱　2—省煤器蛇形管　3—进口集箱　4—省煤器出口集箱　5—托架
6—U 形螺栓　7—柱头　8—炉墙　9—省煤器进口集箱　10—连接管

为进一步提高锅炉受热面的热效率，降低金属耗量，可采用膜式省煤器，即在蛇形管直段焊上薄扁钢或螺旋鳍片，与光管省煤器相比，金属耗量可减少 10% ~ 15%，热效率可提高 5% ~ 10%。虽然膜式省煤器的制造工艺比较复杂，焊接工作量大大增加，但最终的经济效益仍很可观，值得推广使用。

5. 过热器与再热器的结构

过热器是锅炉受热面中工作温度最高的部件，其作用是将蒸汽温度加热到额定的过热温度。在工业锅炉中，过热蒸汽温度不超过400℃。在亚临界参数电站锅炉中，为提高锅炉的热经济性，采用了较高的过热蒸汽参数，温度达到 540 ~ 550℃。在超临界和特超临界参数的电站锅炉中，过热蒸汽的温度可达 570 ~ 720℃；另一个措施是增加中间再热系统，即将汽轮机高压缸的排汽回到锅炉中再加热到高温，然后再送到汽轮机的中压缸和低压缸中膨胀做功，这种再加热的部件称为再热器。一般再热蒸汽的压力约为一次过热蒸汽压力的 1/5，温度接近一次过热蒸汽温度。例如 200MW 锅炉中，一次过热蒸汽的参数为 13.7MPa、540℃，而再热蒸汽的进/出口压力为 2.7/2.5MPa，温度为540℃。对于超临界和特超临界锅炉，再热蒸汽温度可达 600 ~ 650℃。因此，无论是过热器还是再热器，其工作温度已在钢材的蠕变温度范围内。制造这些部件的钢材必须在工作温度下具有足够高的蠕变断裂强度和持久塑性。在强度计算时应以 $10^5 h$ 高温持久强度为依据。表 13-5 列出各类锅炉常用的过热器和再热器钢种及其容许的使用温度。

表 13-5　锅炉过热器和再热器用钢种及其使用温度

锅炉类型	钢种类型	钢号	使用温度/℃	标准号
中、低压锅炉	碳素钢	20G	≤450	GB 5310—2008
高压、超高压锅炉	低合金钢	20MnG，25MnG	≤450	GB 5310—2008
		15MoG，20MoG	≤500	
		12CrMoG，15CrMoG	≤540	
		12Cr2MoG	≤580	
		12Cr1MoVG	≤580	
		12Cr2MoWVTiB	≤620	
		12Cr3MoVSiTiB		
超高压、亚临界锅炉	中合金钢	10Cr9Mo1VNb	≤630	
超高压、亚临界锅炉	高合金钢	07Cr19Ni10	≤650	GB 5310—2008
		07Cr18Ni11Nb	≤650	GB 5310—2008
		1Cr18Ni8Nb（TP347HFG）		（ASME，BPVC）
超高压、特超临界锅炉	高合金钢	08Cr18Ni11NbFG Cr18Ni8CuNbN（Super304H）	≤650	ASME，BPVC
	镍基合金	NiCr23Co12Mo（Inconel617）	>650 ~ 720	ASME，BPVC

过热器和再热器的结构基本类同，均采用成排平行的蛇形管束组成，其出口与集箱相连。蛇形管的外径（D）通常取 25 ~ 51mm，壁厚为 3 ~ 13mm。与集箱组装成的过热器模块外形如图 13-7 所示。

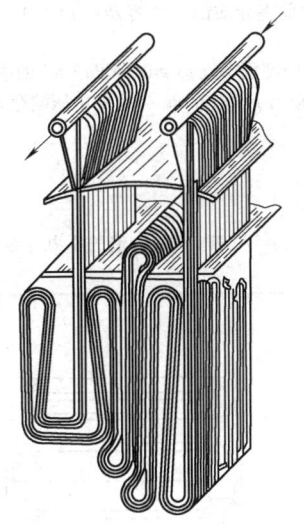
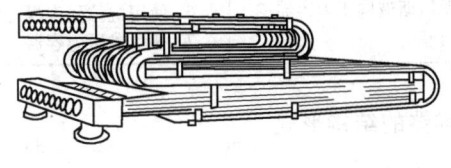

图 13-7　过热器模块外形图

13.2.3　压力容器的分类

按国家技术监督局 1999 年颁发的《压力容器安全技术监察规程》的规定，必须接受监督管理的压力容器是指最高工作压力 ≥ 0.1MPa，内直径 ≥ 0.15m，且容积 ≥ 0.025m³，工作介质为气体、液化气体，或最高工作温度高于等于液体标准沸点的容器。压力容器按其工作压力一般可分为低压、中压、高压和超高压四类。压力容器的等级原则上划分如下：

1）低压：$0.1\text{MPa} \leqslant p < 1.6\text{MPa}$。

2）中压：$1.6\text{MPa} \leqslant p < 10\text{MPa}$。

3）高压：$10\text{MPa} \leqslant p < 100\text{MPa}$。

4）超高压：$p \geqslant 100\text{MPa}$。

按照容器的设计温度，压力容器可分为低温容器、常温容器及高温容器。设计温度等于和低于 −20℃ 的压力容器为低温容器，设计温度等于和高于 350℃ 的压力容器则定为高温容器。

按压力容器在生产工艺过程中作用原理，可将压力容器分为反应压力容器、换热压力容器、分离压力容器和储存压力容器等四类。每一类所属各种压力容器的名称详列于表 13-6。压力容器按质量要求的分类见表 13-7。

按压力容器壳体的结构形式，可将容器分为整体式和组合式两大类。整体式容器亦称单层容器，包括钢板卷焊式、整体锻造式、电渣成形堆焊式、铸焊、锻焊式等容器；组合式容器有多层包扎、多层热套、多层绕板、扁平绕带、槽形绕带和绕丝压力容器等。

表 13-6　压力容器生产工艺过程中的作用原理分类

类别	类别名称	主要用途	容器名称
1	反应压力容器	完成介质的物理、化学反应	如反应器、反应釜、分解锅、分解塔、硫化罐、反应塔、聚合釜、高压釜、超高压釜、合成塔、变换炉、蒸煮锅、蒸球、蒸压釜、煤气发生炉等
2	换热压力容器	完成介质的热交换	如管壳式余热锅炉、热交换器、冷却器、蒸发器、加热器、消毒锅、染色器、烘缸、蒸炒锅、预热器、溶剂预热器、蒸锅、蒸脱机、电热蒸汽发生器、煤气发生器水夹套等
3	分离压力容器	介质的流体压力平衡缓冲和气体的净化分离等	如分离器、过滤器、集油器、缓冲器、洗涤器、吸收塔、铜洗塔、干燥塔、汽提塔、分汽缸、除氧器等
4	储运压力容器	盛装生产用原料气体、液体、液化气等	如各种形式的储罐

表 13-7　压力容器按质量要求的分类

Ⅰ类容器	Ⅱ类容器	Ⅲ类容器
低压容器	1. 中压容器 2. 易燃介质或毒性程度为中度危害介质的低压反应容器和储存容器 3. 毒性程度为极度和高度危害介质的低压容器 4. 低压管壳式余热锅炉 5. 低压搪玻璃压力容器	1. 毒性程度为极度和高度危害介质的中压容器和 $pV \geqslant 0.2\text{MPa} \cdot \text{m}^3$ 的低压容器 2. 易燃或介质毒性程度为中度危害且 $pV \geqslant 0.5\text{MPa} \cdot \text{m}^3$ 的中压反应容器及易燃或毒性程度为中度危害介质且 $pV \geqslant 10\text{MPa} \cdot \text{m}^3$ 的中压储存容器 3. 中压的搪玻璃压力容器 4. 中、高压管壳式余热锅炉 5. 高压容器 6. 使用抗拉强度规定值下限 $\geqslant 570\text{MPa}$ 材料制造的压力容器 7. 移动式压力容器

13.2.4　压力容器的结构形式

1. 单层锻焊式容器结构

单层锻焊结构容器主要用于高压厚壁容器，图 13-8 为沸水堆核电站反应堆压力容器壳体结构外形。其壳体壁厚最大为 220mm，接管的厚度达 350mm，主要由锻造筒体、锻造封头、顶盖和各种不同直径的接管组成。壳体筒节无拼接纵缝。锻焊结构容器主要优点是，不仅减少了容器的焊接工作量，而且大大缩短了核能压力容器在役检查的周期。其缺点是必须装备大型冶炼、锻压和热处理设备，投资费用相当高。我国第一重型机械集团已成功地利用本公司生产的锻件制造了总重约 930t 锻焊结构的热壁加氢反应器。锻焊式容器制造中最关键的技术问题是严格控制大型锻件的冶炼和锻压质量，它直接关系到焊接接头的致密性和力学性能。

2. 钢板卷焊式容器的结构

钢板卷焊式结构的容器实际应用最广泛。这类容器的典型结构如图 13-9 所示。如钢板厚度在 200mm

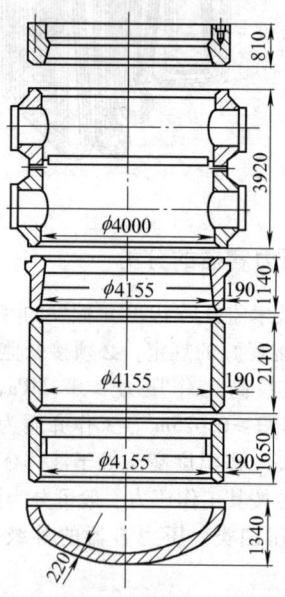

图 13-8　锻焊结构核反应堆压力容器

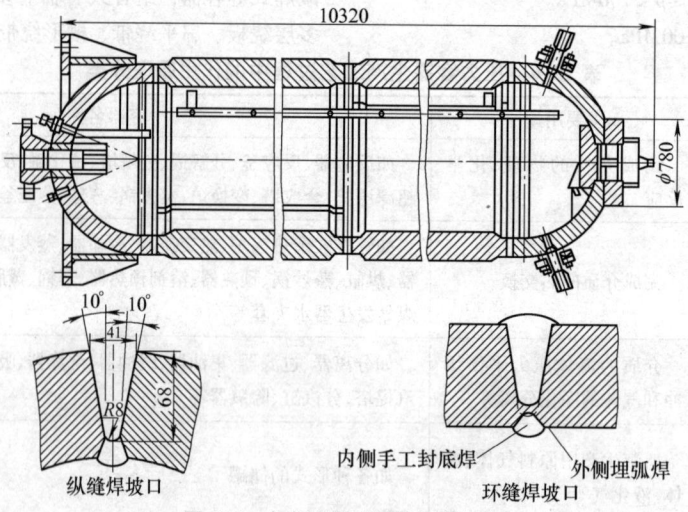

图 13-9　钢板卷焊容器的典型结构

以下，筒体可用卧式或立式卷板机卷制成形；当钢板厚度超过 200mm，宽度超过 3.5m，则应采用大吨位油压机压制成形。容器的封头可根据封头不同的直径、厚度与材料，将预先割好的圆形钢板坯料，在液压机或旋压机上以冷成形或热成形方法制成所需形状的封头。筒节按其直径可由一条或多条纵缝组焊，筒节之间由环缝连接成筒体。各种接管和加强圈可采用无缝钢管或锻件直接与筒体相焊。卷焊结构的优点是制造工艺简单，设备投资费用较低，材料利用率高，生产成本低，与锻焊结构相比制造周期可缩短一半多，薄壁容器可不用进行焊后热处理工序。其缺点是焊接工作量较大，焊缝无损检验

周期较长，由焊缝缺陷引起的容器失效概率相对增加。

3. 多层热套容器的结构

多层热套结构主要用于厚壁容器。当高压容器壁厚超过制造厂的卷板机能力时，一种经济的设计方案是采用多层热套结构。可以采用厚 25 ~ 70mm 的中厚板，卷焊成内外径相互配合的筒节并对外筒节加热，套合成壁厚符合设计要求的筒节，筒节之间通过环缝组焊成筒体。按现行多层热套容器的制造规程，内外层筒节的套合面只需作粗加工或只经喷丸处理，这就简化了加工工艺，降低了生产成本。多层热套容器的典型结构如图 13-10 所示。

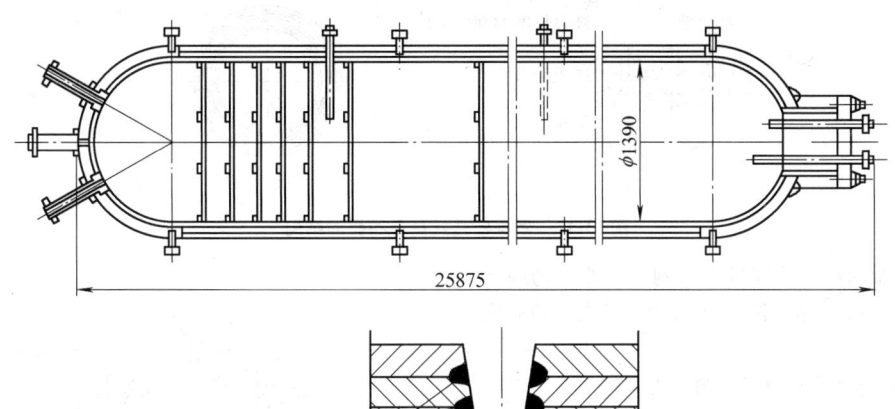

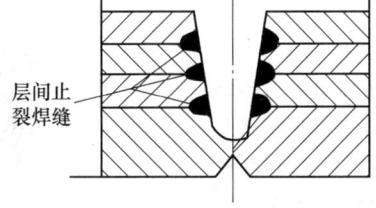

图 13-10　多层热套容器的典型结构

为防止筒节间的环焊缝焊接时熔渣可能流入热套筒节的间隙内，并为防止焊缝裂纹，同时为对环缝进行超声检测，常在筒节环焊缝坡口的侧面开一定深度的坡口，并用焊条电弧焊填满坡口。如图 13-10 中所示的止裂焊缝。

多层热套容器的优点是：材料利用率高，制造方便，无须专用工艺装备，容器壁厚和外形尺寸可以不受生产设备条件的限制，中厚板的性能优良，易于保证所要求的强度和韧性。

设计多层热套容器应特别注意，筒体和封头上的接管应采用全焊透的接头形式。容器的封头如采用半球形，则其理论计算壁厚约为筒体壁厚的 1/2。封头与筒体的连接可采用图 13-11a 的接头形式。如采用锻件做封头，则因锻件的厚度通常大于筒体的厚度，故封头与筒体的连接应采用图 13-11b 所示的接头形式。我国各大型锅炉制造厂已完全掌握多层热套容器的关键制造工艺。国产第一套年产 30 万吨氨合成塔

筒体就是采用三层厚 50mm 的筒节热套而成。容器总重量近 300t。

4. 多层包扎容器的结构

多层包扎式容器的结构特点是：采用厚 15 ~ 30mm 钢板卷焊成内筒，外层用预弯成半圆形的 6 ~ 12mm 的层板包扎在内筒上，并以 2 至 3 条纵缝将层板连接成多层筒节。这样逐层包扎焊接，直至达到设计要求的厚度。多层筒节间通过环缝组焊成整台容器。图 13-12 所示为多层包扎式厚壁容器的结构形式。

多层包扎容器具有下列优点：

① 可用小功率卷板机制造厚壁容器，设备投资低。

② 多层筒体各层纵焊缝相互错开，且有包扎预紧力，其安全裕度大于单层整体式容器。

③ 厚度 12mm 以下的层板性能大大优于厚板，尤其是多层结构的抗脆断性高于单层厚板结构。

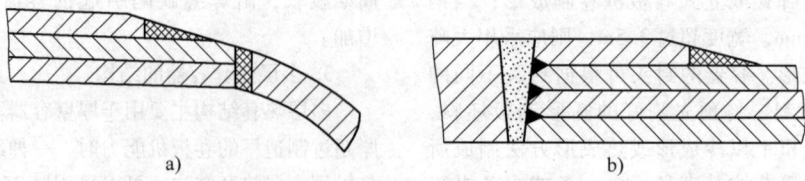

图 13-11　多层热套筒体与封头的连接形式
a）半球形封头　b）锻制封头

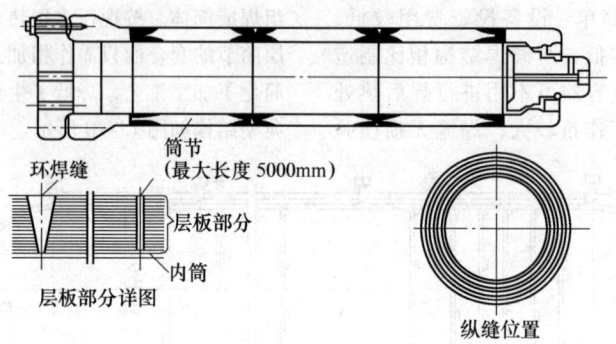

环焊缝
筒节
（最大长度 5000mm）
层板部分
内筒
层板部分详图
纵缝位置

图 13-12　多层包扎式高压容器的结构

④ 如容器内部用耐腐蚀材料制造，外层仍用普通容器碳钢或低合金钢钢板，可节约大量贵重的耐腐蚀材料。

多层包扎容器的缺点是，制造工艺较复杂，生产周期较长，筒体壳壁传热性差，不适宜用于高温容器，最高壁温通常限制在 200℃。另外多层包扎式厚壁压力容器的环焊缝不能进行焊后热处理，深厚环焊缝只能用射线检测，不能用斜探头进行超声检测，这给环焊缝的在役检测带来较大困难。

5. 多层绕板式容器

多层绕板式容器由多层包扎式容器发展而来，在结构上作了较大的改进。其筒节由四部分组成：内筒、绕板层、楔形板和外筒。内筒采用厚 15～40mm 的钢板卷焊而成，绕板层则用厚 3～5mm 的薄钢板连续绕制而成。绕制的方法是，首先将卷筒钢板的端部以搭接的方式焊在内筒外壁，然后在专用的绕板机上进行连续的螺旋形缠绕，直至达到设计规定的厚度。外筒的厚度通常取 10～12mm，由 2 到 3 块瓦片形碳钢包紧在绕板层的外壁，对绕板层起保护作用。由于绕板层是螺旋形缠绕的，在绕板层与内、外筒之间，均有一段三角形空隙区。通常的做法是预先加焊截面与空隙区相同的楔形块加以填补。这种多层绕板筒节的截面构造如图 13-13 所示。

多层绕板式筒体与多层包扎式相比，由于采用了连续缠绕的方式，整个绕板层只有内外两道纵缝，省去了逐层焊接纵缝和修磨焊缝的工作量，大大提高了

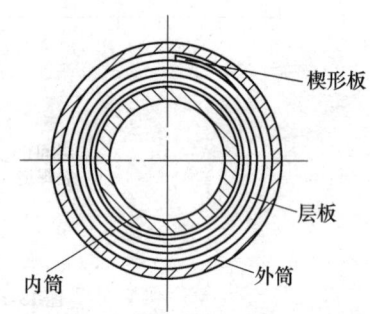

楔形板
层板
内筒
外筒

图 13-13　多层绕板筒节截面构造图

材料的利用率和生产过程的机械化程度，缩短了生产周期，降低了制造成本。同时多层绕板式容器还兼有多层包扎式容器的优点。目前已能生产的多层绕板式容器的最小内径为 500mm，最大内径为 7000mm。

6. 多层扁平绕带式容器

多层绕带容器最初采用槽型钢带缠绕，由于这种钢带形状复杂，尺寸公差较严，同时要求装备大型专用绕制机床和加工设备，故难以推广。

扁平绕带式容器的筒节一般采用 80mm×4mm 的扁平钢带缠绕而成。扁平钢带的生产工艺十分简单，任何钢厂都能制造，材料供应充足。另由于采用斜角错绕的方法制造筒节，工艺装备也比较简单，中小型压力容器制造厂均能生产。

扁平绕带结构的筒体由内筒、端盖和绕带层三部分组成。内筒可按单层钢板卷焊方式制造，其厚度为筒体总厚度的 20%～25%。端盖可用锻件或厚钢板

压制。这种绕带结构的主要特点是以斜角错绕的方式将扁平钢带缠绕在内筒外壁，钢带的缠绕方向与筒体的横断面倾斜 26°～31°，这样既加强了筒体的周向强度，同时也使筒体能够承受由内压引起的轴向力。相邻层钢带交替采用左旋和右旋方向缠绕，从而消除了筒体内因缠绕引起的附加扭矩，改善了受力条件。扁平缠绕式筒体的缠绕方式如图 13-14 所示。与多层包扎式高压容器相比，这种结构避免了筒节间相连的深厚环焊缝，提高了容器的工作可靠性。其不足之处是在绕制过程中，钢带之间的间隙很难保持一致。另外，每条钢带缠绕至距终端约 300mm 范围内无法再施加预应力而只能松贴于内筒或前一层钢带上，从而在一定程度上降低了容器的整体强度，因此，这种结构的容器目前仅限于直径小于 1000mm，压力不超过 32MPa，温度不高于 200℃ 的工作条件。

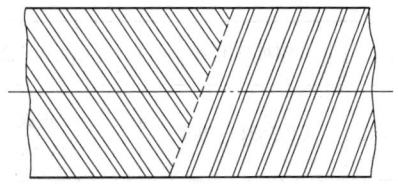

图 13-14　扁平绕带多层容器的钢带缠绕方向

13.2.5　压力容器用钢

压力容器用钢分钢板、管件、棒材、铸件和锻件。其钢种从普通的碳素结构钢、低合金钢、低合金高强度钢、低合金耐热钢、低温韧性钢直到高合金不锈钢，品种繁多。这些钢种已分别列于相应的国家标准和部颁标准。我国常用的压力容器碳素钢和低合金钢的钢号及室温力学性能，列于表 13-8。

表 13-8　压力容器用碳素钢和低合金钢钢号及室温力学性能

钢号	钢板标准号	供货状态	厚度范围 /mm	抗拉强度 R_m/MPa	屈服强度 R_{eL}/MPa
Q245R	GB 713—2008	热轧、控轧 正火	3～16	400	245
			>16～36	400	235
			>36～60	400	225
			>60～100	390	205
			>100～150	380	185
Q345R	GB 713—2008	热轧、控轧 正火	3～16	510	345
			>16～36	500	325
			>36～60	490	315
			>60～100	490	305
			>100～150	480	285
			>150～200	470	265
Q370R	GB 713—2008	正火	10～16	530	370
			>16～36	530	360
			>36～60	520	340
18MnMoNbR	GB 713—2008	正火 + 回火	30～60	570	400
			>60～100	570	390
13MnNiMoR	GB 713—2008	正火 + 回火	30～100	570	390
			>100～150	570	380
15CrMoR	GB 713—2008	正火 + 回火	6～60	450	295
			>60～100	450	275
			>100～150	440	265
14Cr1MoR	GB 713—2008	正火 + 回火	6～100	520	310
			>100～150	510	300
12Cr2Mo1R	GB 713—2008	正火 + 回火	6～150	520	310
12Cr1MoVR	GB 713—2008	正火 + 回火	6～60	440	245
			>60～100	430	235
12Cr2Mo1VR	—	正火 + 回火	30～120	590	415
16MnDR	GB 3531—2008	正火 正火 + 回火	6～16	490	315
			>16～36	470	295
			>36～60	460	285
			>60～100	450	275
			>100～120	440	265

（续）

钢号	钢板标准号	供货状态	厚度范围/mm	抗拉强度 R_m/MPa	屈服强度 R_{eL}/MPa
15MnNiDR	GB 3531—2008	正火 正火 + 回火	6 ~ 16	490	325
			>16 ~ 36	480	315
			>36 ~ 60	470	305
15MnNiNbDR	—	正火 正火 + 回火	10 ~ 16	530	370
			>16 ~ 36	530	360
			>36 ~ 60	520	350
09MnNiDR	GB 3531—2008	正火 正火 + 回火	6 ~ 16	440	300
			>16 ~ 36	430	280
			>36 ~ 60	430	270
			>60 ~ 120	420	260
08Ni3DR		正火、正火 + 回火 调质	6 ~ 60	490	320
			>60 ~ 100	480	300
06Ni9DR		调质	6 ~ 30	680	560
			>30 ~ 40	680	550
07MnMoVR	GB 19189—2011	调质	10 ~ 60	610	490
07MnNiVDR	GB 19189—2011	调质	10 ~ 60	610	490
07MnNiMoDR	GB 19189—2011	调质	10 ~ 50	610	490
12MnNiVR	GB 19189—2011	调质	10 ~ 60	610	490

在 GB 150.2—2011《压力容器　第2部分：材料》国家标准中容许采用 GB/T 3274—2007《碳素结构钢和低合金结构钢热轧厚钢板和钢带》中规定的 Q235B 和 Q235C 钢板，但钢板的硫、磷的质量分数应≤0.035%。厚度等于和大于6mm 的钢板应进行冲击试验，试验结果应符合 GB/T 700—2006 的规定。对用于使用温度低于 20℃ 至 0℃，厚度等于和大于6mm 的 Q235 钢板，应附加进行横向试样 0℃ 冲击试验，3 个试样的冲击吸收能量平均值 ≥27J。Q235B 和 Q235C 钢板的适用范围规定见表 13-9。

表 13-9　Q235 钢板的适用范围

钢号	容许最大设计压力/MPa	容许工作温度/℃	钢板厚度/mm	容器介质的限制
Q235B Q235C	≤1.6	20 ~ 300 0 ~ 300	≤16	不得用于毒性程度为极度或高度危害的介质

碳素钢和低合金钢钢材，包括钢板、钢管、锻件

及其焊接接头的冲击吸收能量最低值按表 13-10 的规定。夏比 V 型缺口冲击试样的取样部位和试样方向应符合相应钢材标准的规定。钢板冲击试验要求应分别按 GB 713—2008，GB 3531—2008 和 GB 19189—2011 标准的规定。

表 13-10　压力容器用碳素钢和低合金钢冲击能量最低值要求

钢材标准抗拉强度下限值/MPa	3 个试样冲击吸收能量平均值/J
≤450	≥20
450 ~ 510	≥24
510 ~ 570	≥31
570 ~ 630	≥34
630 ~ 690	≥38

注：对于 R_m 随厚度增大而降低的钢材，按该钢材最小厚度范围的 R_m 确定合格指标。

碳钢和低合金钢板用于受压元件时，其最低使用温度和冲击试验的要求详见表 13-11。

表 13-11　受压元件用碳素钢和低合金钢钢板最低使用温度及冲击试验要求

钢号	钢板厚度/mm	供货状态	冲击试验要求	最低使用温度/℃
Q245R	<6	热轧、控轧、正火	免做冲击	-20
	6 ~ 12			-10
	12 ~ 16		0℃冲击	0
	16 ~ 150			
	12 ~ 20	热轧、控轧	-20℃冲击（协议）	-20
	12 ~ 150	正火		-20

（续）

钢号	钢板厚度/mm	供货状态	冲击试验要求	最低使用温度/℃
Q345R	<6	热轧、控轧、正火	免做冲击	-20
	6～20		0℃冲击	-20
	20～25			-10
	25～200			0
	20～30	热轧、控轧	-20℃冲击	-20
	20～300	正火	（协议）	-20
Q370R	10～60	正火	-20℃冲击	-20
18MnMoNbR	30～100	正火+回火	0℃冲击	0
			-10℃冲击（协议）	-10
13MnNiMoR	30～150	正火+回火	0℃冲击	0
			-10℃冲击（协议）	-10
07MnMoVR	10～60	调质	-20℃冲击	-20
12MnNiVR	10～60	调质	-20℃冲击	-20
16MnDR	6～60	正火,	-40℃冲击	-40
	60～120	正火+回火	-30℃冲击	-30
15MnNiDR	6～60	正火,正火+回火	-45℃冲击	-45
15MnNiNbDR	10～60	正火,正火+回火	-50℃冲击	-50
09MnNiDR	6～120	正火,正火+回火	-70℃冲击	-70
08Ni3DR	6～100	正火,正火+回火 调质	-100℃冲击	-100
06Ni9DR	6～40 （6～12）	调质 （或两次正火+回火）	-196℃冲击	-196
07MnNiVDR	10～60	调质	-40℃冲击	-40
07MnNiMoDR	10～50	调质	-50℃冲击	-50

　　抗氢钢、低温钢和不锈钢主要根据工作温度和介质特性来选择。在现代炼油的加氢脱硫和加氢裂解反应器中，容器的工作温度高达454℃，应选用高纯度的12Cr2Mo1R抗氢钢。

13.3　管道

13.3.1　管道的种类

　　管道是锅炉机组和石油化工装置中输送流体介质的受压元件。在锅炉机组中，主要是指锅炉受热面管件，给水管和向汽轮机输送蒸汽的主蒸汽管道。在采油采气和炼油装置中，管道主要用于输送原油、各种石油制品、石油气和天然气等介质。在化工装置中，管道主要用来输送液态和气态化工原料、半成品和各种化工制品。管道在运行过程中，不仅经受一定的压力和温度而且也受到介质的腐蚀作用。因此，管道用钢应具有足够的常温和高温强度，与管道制造工艺相适应的塑性以及抗介质腐蚀的化学稳定性。对各项性能的具体要求，则视工作条件和介质性质，类同于锅炉用钢和压力容器用钢。

13.3.2　管道用钢的分类及其选择

　　管道用钢按管道的用途可分为低中压锅炉用无缝钢管、高压锅炉用无缝钢管、输送流体用无缝钢管、化肥设备用无缝钢管、石油裂化用无缝钢管、低压流体输送大直径电焊钢管、流体输送用不锈钢焊接钢管和无缝钢管以及锅炉、热交换器用不锈钢无缝钢管。这些管道用钢已分别列入国家标准，详见表13-12。

　　管道用钢主要按工作压力和温度及所输送介质的性质来选择。表13-12列出各种钢管钢号及适用的工作压力和温度范围。

　　对于高温成品油、油气及其他含硫含氢介质，应选用Cr-Mo型石油裂化用无缝钢管，并按工作压力和工作温度选定Cr-Mo合金含量级别。对于高压化工介质，应按GB 6479—2008《化肥设备用高压无缝钢管》国家标准选用相应钢种。对于高温高压汽、水介质，应按国家标准GB 5310—2008《高压锅炉用无缝钢管》，根据工作压力和温度选择相应的钢种。各种无缝钢管和焊接钢管的规格和尺寸公差可参照国家标准GB/T 17395—1998《无缝钢管尺寸、外形、重量及容许偏差》和GB/T 13793—1992《直缝电焊钢管》。

表 13-12　管道用钢钢号、标准号、适用的工作压力及温度范围

序号	标准名称及标准号	公称直径/mm	钢号	极限使用温度/℃	最高工作压力/MPa
1	输送流体用无缝钢管 GB/T 8163—2008	32~630(热轧) 6~200(冷拔)	10,20,Q295,Q345,Q390,Q420,Q460	-20~450	≤19
2	输送流体用不锈钢无缝钢管 GB/T 14976—2012	68~426(热轧) 6~426(冷拔)	12Cr18Ni9,06Cr19Ni10,022Cr19Ni10,06Cr19Ni10N,06Cr19Ni9NbN,022Cr19Ni10N,06Cr23Ni13,06Cr-25Ni20,06Cr17Ni12Mo2,07Cr17Ni12Mo2,022Cr-17Ni12Mo2,06Cr17Ni12Mo2N,06Cr17Ni12Mo2N,022Cr17Ni12Mo2N,06Cr18Ni12Mo2Cu2,022Cr18-Ni14Mo2Cu2,06Cr19Ni13Mo3,022Cr19Ni13Mo3,06Cr18Ni11Ti,07Cr19Ni11Ti,06Cr18Ni11Nb,07Cr-18Ni11Nb	-190~780	≤20
			06Cr13Al,10Cr15,10Cr17,022Cr18Ti,019Cr19-Mo2NbTi	0~600	≤20
			0613,12Cr13	20~600	
3	输送流体用不锈钢焊接钢管 GB/T 12771—2008	焊态:所有尺寸 热处理状态<40~≥610 冷拔(轧)状态<40~≥200	12Cr18Ni9,06Cr19Ni10,022Cr19Ni10,06Cr25Ni20,06Cr17Ni12Mo2,022Cr17Ni12Mo2,06Cr18Ni11Ti,06Cr18Ni11Nb	-190~780	≤10
			022Cr18Ti,019Cr19Mo2NbTi,06Cr13Al,022Cr-11Ti,022Cr12Ni	0~600	
			06Cr13	20~600	
4	石油天然气工业管线输送系统用钢管 GB/T 9711—2011	10~2134	L175/A25,L175P/A25P,L210/A,L245/B,L290/X42,L320/X46,L360/X52,L390/X56,L415/X60,L450/X65,L485/X70	0~400	外径≤89mm时,≤17;外径>89mm时,≤19
			L245R/BR,L290R/X42R,L245N/BN,L290N/X42N,L320N/X46N,L360N/X52N,L390N/X56N,L415N/X60N,L245Q/BQ,L290Q/X42Q,L320Q/X46Q,L360Q/X52Q,L390Q/X56Q,L415Q/X60Q,L450Q/X65Q,L485Q/X70Q,L555Q/X80Q	-20~400	
			L245M/BM,L290M/X42M,L320M/X46M,L360-M/X52M,L390M/X56M,L415M/X60M,L450M/X65M,L485M/X70M,L555M/X80M,L625M/X90M,L690M/X100M,L830M/X120M		
5	高压锅炉用无缝钢管 GB 5310—2008	碳钢、低合金钢管6~965 不锈钢管6~426	20G,20MnG,25MnG,15MoG,20MoG,12CrMoG,15CrMoG,12Cr2MoG,12Cr1MoVG,12Cr2MoWVTiB,07Cr2MoW2NbB,12Cr3MoVSiTiB,15Ni1MnMo-NbCu,10Cr9Mo1VNbN,10Cr9MoW2VNbBN,10Cr-11MoW2VNbCu1BN,11Cr9Mo1W1VNbBN	20~450 20~550 20~580 20~600	≤20
			07Cr9Ni10,10Cr18Ni9NbCu3BN,07Cr25Ni21-NbN,07Cr19Ni11Ti,07Cr18Ni11Nb,08Cr18Ni11-NbFG	0~750	
6	锅炉、热交换器用不锈钢无缝钢管 GB 13296—2013	6~159	0Cr18Ni9,1Cr18Ni9,1Cr19Ni9,00Cr19Ni10,0Cr18Ni10Ti,1Cr18Ni11Ti,0Cr18Ni11Nb,1Cr19Ni-11Nb,0Cr17Ni12Mo2,1Cr17Ni12Mo2,00Cr17Ni14-Mo2,0Cr18Ni12Mo2Ti,1Cr18Ni12Mo2Ti,0Cr18Ni1-2Mo3Ti,1Cr18Ni12Mo3Ti,1Cr18Ni9Ti,0Cr19Ni13-Mo3,00Cr19Ni13Mo3,0oCr18Ni10N,0Cr19Ni9N,0Cr23Ni13,2Cr23Ni13,0Cr25Ni20,2Cr25Ni20,0Cr18Ni13Si4,00Cr17Ni13Mo2N,0Cr17Ni12Mo2N,0Cr18Ni12Mo2Cu2,00Cr18Ni14Mo2Cu2	0~750	≤20
			1Cr17,00Cr27Mo	20~550	

13.4 锅炉、压力容器和管道的强度计算

13.4.1 锅炉受压部件的强度计算

锅炉受压部件的强度是指部件在不同载荷条件下，在预定寿命期内不提前失效的性能。

锅炉受压部件可能受到表 13-13 所列的各种载荷，同时还受高温和腐蚀介质的作用。在上列复杂而苛刻的工况下，可能发生表 13-14 所列的各种形式的失效。

为确保锅炉受压部件的安全运行，应从多方面采取措施，如合理选材、正确计算元件强度、结构合理设计、严格控制质量、改善运行条件等，其中锅炉元件的强度计算是最基本的重要条件。

1. 锅炉受压部件的强度控制原则

锅炉受压部件的强度控制原则基本上有两种：一种是极限应力法原则，另一种是极限载荷法原则。极限应力法原则是将元件内壁的工作应力控制在屈服强度之下，使其任何一点不产生屈服。极限载荷法原则是控制元件的工作应力在部件壳壁的全屈服之下。当元件壳壁达到全屈服时，认为元件丧失承载能力，对应这种状态的工作压力称极限压力。按极限载荷法控制元件强度时，应使工作压力低于极限压力。极限载荷法适用于塑性材料，极限应力法适用于脆性材料。锅炉受压部件的强度计算公式都以极限载荷法原则为基础。

表 13-13　锅炉受压部件的载荷种类

载荷种类	载荷来源
工作内压	1. 正常工作时的恒定或交变的内压 2. 启动和停止时压力的升降 3. 水压试验的内压
附加载荷	1. 部件自重、介质重量引起的均匀外加载荷 2. 支承和悬吊部位局部外加载荷
热应力	1. 部件壳壁温差引起的恒定热应力 2. 锅炉启动和停运传热瞬态失温引起的短时热应力 3. 受热波动产生的交变应力
工艺应力	冷弯、冷卷、冷校、冲压、焊接、胀接及热处理引起的残余应力

表 13-14　锅炉受压部件的失效形式及其原因

失效形式	原因	后果
弹性失效	壁厚过薄，强度不足	结构失稳，局部撕裂
塑性失效	超温，超压	部件整体屈服，塑性破坏
低周疲劳破坏	载荷交变 应力集中部位工作应力达到屈服强度	疲劳断裂
热疲劳破坏	温差应力周期变化	开孔边缘疲劳裂纹
蠕变破坏	长期运行局部超温 蠕变强度不足	持久塑性破坏
脆性破坏	材料韧性不足 应力集中及应力水平过高 存在各种严重的工艺缺陷或材料缺陷	低塑性、低应力断裂

锅炉受压元件由内压、温差、附加载荷和加工工艺过程的作用而承受各种性质不同的应力。它们对受压元件强度的影响各不相同，如图 13-15 所示。

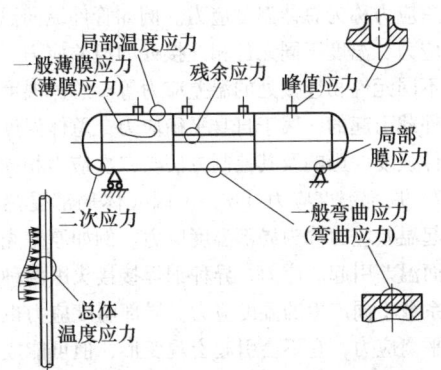

图 13-15　锅炉受压元件不同部位的应力类别

锅炉受压元件工作时可能产生下列各种应力：

1) 一般薄膜应力（σ_m）。一般薄膜应力简称薄膜应力，是由内压引起的并与其相平衡的壳壁平均应力。例如：圆筒形壳体、球形封头上沿壁厚均匀分布的环向应力、纵向应力及径向应力均属于薄膜应力。薄膜应力随工作压力的提高而增加，当压力达到一定值时，内壁先出现屈服，如继续提高，最终将导致壳体破裂。薄膜应力对元件强度影响最大，因而应以基本强度计算公式加以控制。薄膜应力的当量应力 σ_{dm} 应满足下列条件：

$$\sigma_{dm} \leqslant [\sigma]$$

式中　$[\sigma]$——材料在工作温度下的许用应力；

$\quad\quad\sigma_{dm}$——薄膜应力的当量应力。

2) 局部薄膜应力（σ_{jm}）。局部薄膜应力是由外

载在结构不连续区产生的沿壁厚的平均应力和由内压引起的薄膜应力之和。例如支座或接管与壳体连接部位沿壳体壁厚的平均环向应力和纵向应力属局部薄膜应力。产生局部薄膜应力的区域，由于周围低应力区的约束，局部薄膜应力难以引起大面积塑性变形。因此，局部薄膜应力对元件强度的影响较一般薄膜应力为小。一般规定薄膜应力 σ_{djm} 应满足以下强度条件：

$$\sigma_{djm} \leqslant 1.5\,[\sigma]$$

锅炉元件强度计算时，一般不专门计算局部薄膜应力，而是通过合理的结构设计满足强度要求。如局部薄膜应力区的尺寸过大或与其他高应力区间距过小，则周围低应力区不能再起约束作用。在这种情况下，应将其按一般薄膜应力处理。

如当量应力值和分布区域满足下列条件，则可视为局部薄膜应力：

① 当量应力大于 $1.1\,[\sigma]$ 的区域在经线方向的长度小于 $0.35\,\sqrt{D_n S_y}$；

② 当量应力超过 $[\sigma]$ 的各相邻区域的距离在经线方向应大于 $1.7\,\sqrt{D_n S_y}$；（D_n——筒体内径，s_y——有效壁厚）

3）一般弯曲应力（σ_w）。一般弯曲应力是由内压或附加载荷引起的不均匀分布的弯曲应力。例如平端盖因内压作用产生的弯曲应力和卧式圆筒形壳体因自重产生的弯曲应力都属于这种应力。

弯曲应力沿壁厚的分布是不均匀的，当最大应力区域达到屈服强度时，其余区域仍处于弹性状态，故弯曲应力对元件强度的影响较薄膜应力为小。弯曲许用应力可取 $1.5\,[\sigma]$。在同一元件壁上既有薄膜应力又有弯曲应力时，二者合成的当量应力 $\sigma_{d(m+w)}$ 应满足：

$$\sigma_{d(m+w)} \leqslant 1.5\,[\sigma]$$

由于锅炉圆筒形部件由外载引起的弯曲应力值一般较小，故不必作专门的计算或校核。

4）二次应力（σ_e）。二次应力也称间接应力，两几何尺寸不对称受压部件连接处在内压和外载作用下因变形量不等引起的局部附加薄膜应力及弯曲应力。例如不等厚壳体的连接处、几何形状不同元件的过渡区等，如图 13-16 所示。

二次应力特点如下：

① 局部分布。

② 当应力达到使过渡区整个截面全屈服时，则产生塑性铰，不会使整个元件产生塑性变形而引起破裂，即具有有限性质。

③ 不与外力相平衡，而是自身平衡的。因此，

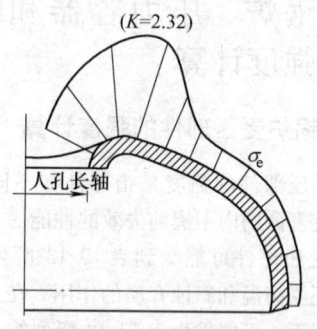

$(K=2.32)$

σ_e

人孔长轴

图 13-16　几何形状不对称元件受力变形示意图

二次应力对元件强度的影响较前几种应力都要小得多。其强度条件应满足

$$\sigma_{d(jm+e)} \leqslant 3\,[\sigma]$$

即薄膜应力加二次应力的当量应力值不应大于 3 倍的许用应力。

5）峰值应力（σ_ϕ）。元件几何形状不连续处局部升高的应力称为峰值应力。结构元件的直角弯边、表面焊接缺陷等造成的应力集中是峰值应力产生的根源。它的主要特征是不会引起元件产生宏观变形，但可能成为疲劳破坏的起因，对元件的强度和可靠性有较大的影响。

在强度计算标准中，通常从改进结构设计控制峰值应力，且在安全系数中予以考虑。在可能产生低周疲劳的工况下，对于同时作用有薄膜应力、局部薄膜应力、二次应力和峰值应力的部位，应满足下列所有条件：

$$\sigma_{dm} \leqslant [\sigma]$$
$$\sigma_{djm} \leqslant 1.5\,[\sigma]$$
$$\sigma_{d(jm+e)} \leqslant 3\,[\sigma]$$
$$1/2\sigma_{d(jm+e+\phi)} \leqslant [\sigma_a]$$

$[\sigma_a]$ 可由低周疲劳曲线按预测的应力循环次数查得，即低周疲劳许用应力幅值。

6）总体温度应力 $[\sigma_i]$。能引起元件宏观变形的温差应力称为总体温度应力。例如管件纵向温差引起的应力、温度不同元件相连接处的温差应力、线胀系数不同元件相连接处的温差应力等。总体温度应力不是外载引起的，属于自身平衡应力。总体温度应力对元件强度的影响及其控制方法与二次应力相同。

7）局部温度应力 $[\sigma_{ji}]$。因壳体局部受热或冷却引起温差应力称为局部温度应力。例如厚壁壳体内外表面温差引起的应力、异种钢焊接接头因两种材料线胀系数不同产生的温度应力。局部温度应力也属于自身平衡应力，它不会引起宏观变形，但可能成为低周疲劳破坏和蠕变破坏的起因。其控制原则类同于峰

值应力。局部温度应力可通过限制壁厚、在元件表面加绝热层来控制。

8）残余应力。残余应力是由于元件在高温下受局部应力作用而产生热塑性变形或在焊接、热处理和热冲压加工过程中形成的内应力。这些应力在强度计算中一般不予考虑，但在防脆断设计时必须考虑焊接残余应力的作用。

2. 圆筒形元件的强度条件

圆筒形元件强度计算是以最大切应力强度理论作为元件强度计算的准则。此强度理论认为，元件在复杂应力状态下，切应力达到材料在单向拉伸时的抗剪强度即发生破坏。而材料作单向拉伸时，试样横截面上的应力达到屈服点 R_{eL} 并开始塑性流变时，在 45°斜面上产生最大切应力，其值等于 R_{eL} 的一半，即 $\tau_{max} = 0.5 R_{eL}$。

对复杂应力状态，最大切应力

$$\tau_{max} = 1/2\ (\sigma_1 - \sigma_3) \qquad (13\text{-}1)$$

式中，σ_1，σ_3 为最大及最小主应力；τ_{max} 与中间主应力 σ_2 平行，与 σ_1、σ_3 的作用面倾斜 45°，如图 13-17 所示。

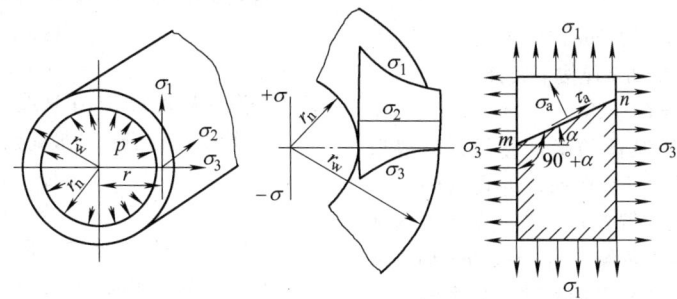

图 13-17　复杂应力状态的主应力和切应力方向

在考虑一定的安全系数 n_s 后，可得出下列强度计算公式：

$$\frac{1}{2}(\sigma_1 - \sigma_3) \leqslant \frac{1}{2}\frac{R_{eL}}{n_s} = \frac{1}{2}[\sigma] \qquad (13\text{-}2)$$

或 $\qquad \sigma_d = \sigma_1 - \sigma_3 \leqslant [\sigma]$

式中　$[\sigma]$——工作温度下单向拉伸的许用应力；

σ_d——最大切应力强度理论的当量应力。

对于薄壁圆筒，环向应力 $\sigma_\theta = pD_p/2S$，纵向应力 $\sigma_2 = pD_p/4S$，径向应力 $\sigma_r \approx 0$。代入上式，即得薄壁筒体受内压的强度条件：

$$\sigma_d = \sigma_1 - \sigma_3 = \sigma_\theta - \sigma_r \approx \sigma_\theta = \frac{pD_p}{2S} \leqslant [\sigma]$$

$$(13\text{-}3)$$

式中　p——圆筒内压；

D_p——圆筒中径；

S——圆筒壁厚。

3. 锅炉受压元件的强度计算标准

我国现行锅炉受压元件的强度计算标准是 GB/T 16507.4—2013。世界各主要工业国的相应计算标准有：美国 ASME BPVC（锅炉与压力容器法规），德国的《TRD 蒸汽锅炉技术规程》，苏联的《蒸汽锅炉元件强度计算标准》和国际标准化组织 ISO 的推荐标准 R831《固定式锅炉制造规程》。

以锅筒筒体壁厚计算为例，按我国国家 GB/T 16507.4—2013 计算的壁厚与按上列其他国家标准计算的壁厚有一定的差别。按美国、日本标准计算的壁厚大于按德国标准、ISO 标准和苏联标准计算的壁厚。按我国现行标准计算的壁厚居中。

在世界各国现行锅炉受压元件常用强度计算标准中，大都以工作压力作为主要载荷计算所需壁厚，其他载荷，如局部附加载荷、二次应力和温差应力等都是通过元件的结构设计或选取一定的安全系数予以考虑。这样的处理方法使标准简单、易行，便于推广使用，但计算结果显然偏于保守。为达到既安全又经济的目的，则是应采用以应力分析为基础的设计计算标准。

4. 锅炉受压元件的强度计算方法

锅炉受压元件的强度计算分两种：一种是设计计算，另一种是校验计算。前一种用于新设计锅炉壁厚的计算，后一种则用来计算已运行一段时期的锅炉容许的最高工作压力。

（1）设计计算

① 锅筒筒体的取用壁厚可按下式求得

$$S \geqslant S_{min} = S_L + C = \frac{PD_n}{2\varphi_{min}[\sigma] - P} + C$$

$$(13\text{-}4)$$

式中　S——筒体取用壁厚（mm）；

S_{min}——筒体最小计算壁厚（mm）；

S_L——筒体理论计算壁厚（mm）；

C——附加壁厚（mm）；

P——计算压力（MPa）；

D_n——筒体内径（mm）；

φ_{min}——最小减弱系数，取孔桥减弱系数 φ、φ'、

　　　φ''、φ_d 和焊缝减弱系数中的最小值；

$[\sigma]$——许用应力（MPa）。

② 集箱筒体的取用壁厚可按下式计算：

$$S \geq S_{min} = S_L + C = \frac{PD_w}{2\varphi_{min}[\sigma] + P} + C$$

$$(13-5)$$

式中　D_w——集箱筒体外径（mm）。

锅筒和集箱筒体的附加壁厚按下式计算：

$$C = C_1 + C_2$$

式中　C_1——考虑腐蚀减薄的附加壁厚，一般取

　　　　0.5mm，如 $S > 20$mm，C_1 可取 0；

　　　C_2——考虑钢板负偏差和工艺减薄量的附加

　　　　壁厚，钢板负偏差当 $S \leq 20$mm 时，取

　　　　0.5mm，而 $S > 20$mm 时不考虑。

计及钢管壁厚负偏差的附加壁厚可按下式求得

$$C_2 = AS_L$$

式中　A 值从表 13-15 中选取：

表 13-15　计算附加壁厚 C 值的系数 A 值

M（%）	15	10	5	0
A	0.18	0.11	0.05	0

注：M 为钢管壁厚偏差与壁厚的百分比值。

筒体卷制工艺减薄量列于表 13-16。

表 13-16　筒体卷制工艺减薄量

卷制工艺	部件名称	减薄量/mm
热卷	高压或超高压锅筒筒体	4
	集箱筒体，中压锅筒	3
冷卷、热校	薄壁筒体	1
冷卷、冷校	薄壁筒体	0

集箱如用钢管制成，可不考虑工艺减薄量。

③ 管子或管道的取用壁厚按下式计算：

$$S \geq S_{min} = S_L + C = \frac{PD_w}{2\varphi_h[\sigma]} + C \quad (13-6)$$

式中　S——校验部位的实测壁厚（mm）；

　　　C——预计的腐蚀减薄量（mm）。

附加壁厚 C 只考虑腐蚀裕量和钢管壁厚的负偏差。

焊缝减弱系数 φ_h 只有采用有缝钢管时才按下节的规定选取。管子环向对接焊缝的减弱系数 φ_h 可取 1.0。

（2）校验计算

① 锅筒筒体最高允许计算压力按下式求得

$$[p] = \frac{2\varphi_j[\sigma]S_y}{D_n + S_y} \quad (13-7)$$

式中　$[p]$——最高允许工作压力（MPa）；

　　　φ_j——校验部位的最小减弱系数；

　　　S_y——有效壁厚（mm）。

② 集箱筒体最高允许计算压力为

$$[p] = \frac{2\varphi_j[\sigma]S_y}{D_w - S_y} \quad (13-8)$$

有效壁厚 $S_y = S - C$，C 值按下式计算

$$C = \frac{AS + C_1}{1 + A} \quad (13-9)$$

式中系数 A 从表 13-15 中选取，C_1 为腐蚀裕量。

③ 管子（管道）的最高允许计算压力为

$$[p] = \frac{2\varphi_n[\sigma]S_y}{D_w - S_y} \quad (13-10)$$

式中　$S_y = S - C$，C 值的计算同集箱筒体。

S_y 也可取实测最小壁厚减去预计的腐蚀减薄量。

上列公式均是在假设圆筒为薄壳的基础上导出的，即将环向与轴向应力沿壁厚的分布视作均匀的，并忽略径向应力。当筒体壁厚增大，即外径与内径之比值 β 增大时，圆筒内壁当量应力 σ_{dn} 与薄壁圆筒当量应力 σ_d 会出现差异，此应力比与 β 值存在下列关系：

$$\frac{\sigma_{dn}}{\sigma_d} = 4\frac{\beta^2}{(\beta + 1)^2} \quad (13-11)$$

不同 β 值下，σ_{dn}/σ_d 比值数据可见表 13-17。

表 13-17　σ_{dn}/σ_d 比值与 β 的关系

β	1.2	1.5	2.0
S/D_n	0.1	0.25	0.5
σ_{dn}/σ_d	1.19	1.45	1.78

由表载数据可见，β 值或 S/D_n 值愈大，当量应力比值 σ_{dn}/σ_d 也愈大，内壁应力愈趋增大。因此，在《水管锅炉受压元件强度计算》国家标准中，对于不同的受压元件，按其重要性和工作条件，对 β 值作了如表 13-18 所列的限制。

表 13-18　对不同受压元件规定的最大 β 值

受压元件名称	β 值
锅筒	≤1.2
水、汽水混合或饱和蒸汽筒体	≤1.5
过热蒸汽集箱筒体	≤2.0
管子和管道	≤2.0

（3）许用应力和安全系数

1）许用应力。上列受压元件壁厚计算公式中的许用应力按下式计算：

$$[\sigma] = \eta[\sigma]_J \qquad (13\text{-}12)$$

式中，$[\sigma]_J$ 为基本许用应力，取下列三个数值中的最小值：

$$[\sigma]_J = R_m^t / n_b$$

$$[\sigma]_J = R_{eL}^t / n_s$$

$$[\sigma]_J = \sigma_D^t / n_D$$

材料的 R_m^t 和 R_{eL}^t 取钢材标准的规定下限值。持久强度 σ_D^t 取钢材标准的推荐值。如钢材标准未列推

荐值，则取试验结果统计数据的平均值。根据 GB/T 9222—2008 强度计算标准对应于抗拉强度、屈服强度和持久强度的安全系数为

$$n_b = 2.7 \quad n_s = 1.5 \quad n_D = 1.5$$

由于各种锅炉受压元件的结构特点和工作条件不同，其受力状况和应力复杂程度也不同，为使按上列强度计算公式计算的受压元件具有大致相同的安全裕度，对基本许用应力 $[\sigma]_J$，按部件的工作特点，考虑修正系数 η。表 13-19 列出 GB/T 9222—2008 国家标准规定的 η 修正系数值。

为了简化计算，常用锅炉钢材在不同计算壁温下的基本许用应力，见表 13-20。

表 13-19　各种锅炉受压部件的修正系数 η 值

元件种类和工作条件	η 值	备　注
锅筒和集箱筒体，不受热	1.00	
受热（烟气温度不超过 600℃）	0.95	被密集管束遮挡的锅筒
受热（烟气温度超过 600℃）	0.90	额定压力不小于 13.7MPa 的锅筒
管子和锅炉范围内的管道	1.0	包括管接头
凸形封头	1.0	
圆形平堵头、圆形盖板或椭圆形盖板	1.0	
异形元件，不受热	1.0	
受热（烟气温度不超过 600℃）	0.95	
受热（烟气温度超过 600℃）	0.90	

2）安全系数。安全系数主要是考虑在简化的强度计算公式中未计及的一些因素，诸如所引用的强度理论的准确性，元件受力状态的特殊性，材料强度性能不均匀性，制造工艺，特别是焊接，热处理对钢性能的影响，无损检测的可靠性以及制造厂质量体系的完善程度。

安全系数的选取是一个较复杂的技术问题，各国锅炉制造规程和强度计算标准对安全系数的规定不尽统一，但共同的特点是同时考虑三个安全系数，即对应于抗拉强度、屈服强度和持久强度的安全系数。

对应于抗拉强度的安全系数 n_b 主要是使锅炉的额定工作压力与爆破压力之间留有一定的安全裕度，借此控制锅炉提前爆破失效。另一方面它限制了屈强比高的钢材在锅炉受压元件中的应用。如取强度系数 $n_b = 2.7$，则当 $\dfrac{R_{eL}^t}{R_m^t} > 0.6$ 时，按抗拉强度计算的许用应力已大于按屈服强度计算（$n_s = 1.5$）的许用应力。在常用的锅炉钢中，除低碳锅炉钢外，所有低合金钢的屈强比均大于 0.6，因此工作温度在蠕变温度以下的受压元件强度主要受 n_b 控制。

对应于屈服强度的安全系数 n_s 主要是控制受压元件不产生大面积的屈服。因为钢产生屈服后，强度和硬度提高，塑性和韧性下降。对于高温部件，塑性变形也会使材料的热强性下降。因此取一定值的 n_s 是必要的。我国锅炉受压元件强度计算标准和其他国家的锅炉制造规程大都取 $n_s = 1.5$。从受压元件结构应力集中系数不超过 3.0 考虑，取 $n_s = 1.5$ 可保证元件的最大应力不超过：

$$3[\sigma]_J = 3\frac{R_{eL}}{1.5} = 2R_{eL}$$

这样也可以防止产生周期交变的塑性变形。

对应于持久强度的安全系数 n_D 主要控制在长期高温工作状态下不发生蠕变破坏。钢的高温持久强度对冶炼、加工工艺和试验条件等因素较为敏感。持久强度试验数据的离差范围较大，一般可达 20%。钢材标准所列的持久强度的安全系数只有 $1.5 \times 0.8 = 1.2$，如能取得钢材及其焊接接头可靠的 20 万 h 持久强度统计数据中的最低值，则 n_D 可取 1.0。

根据我国蒸汽锅炉长期运行的经验，n_D 取 1.5 偏于保守。我国早期按 10 万 h 寿命设计的锅炉机组大多在超期安全运行，某些机组的运行期已超过 20 万 h。

表 13-20　锅炉常用钢材的许用应力（按 GB/T 16507.2—2013）

材料牌号	材料标准	热处理状态	材料厚度/mm	R_m/MPa	$R_{p0.2}$/MPa	20	100	150	200	250	300	350	400	425	450	475	500	525	550	575
						在下列温度（℃）下的许用应力/MPa														
Q235B Q235C Q235D	GB/T 3274	热轧、控轧、正火	≤16	370	235	136	133	127	116	104	95									
			>16~36	370	225	136	127	120	111	96	88									
20	GB/T 711	热轧、控轧、正火	≤16	410	245	148	147	140	131	117	108	98								
Q245R	GB 713	热轧	≤16	400	245	148	147	140	131	117	108	98	91	85	61					
		控轧	>16~36	400	235	148	140	133	124	111	102	93	86	83	61					
		正火	>36~60	400	225	148	133	127	119	107	98	89	82	80	61					
			>60~100	390	205	137	123	117	109	98	90	82	75	73	61					
			>100~150	380	185	123	112	107	100	90	80	73	70	67	61					
Q345R	GB 713	正火+回火	≤16	510	345	189	189	189	183	167	153	143	125	93	66					
			>16~36	500	325	185	185	183	170	157	143	133	125	93	66					
			>36~60	490	315	181	181	173	160	147	133	123	117	93	66					
			>60~100	490	305	181	181	167	150	137	123	117	110	93	66					
			>100~150	480	285	178	173	160	147	133	120	113	107	93	66					
			>150~200	470	265	174	163	153	143	130	117	110	103	93	66					
13MnNiMoR	GB 713	正火+回火	30~100	570	390	211	211	211	211	211	211	211	203							
			>100~150	570	380	211	211	211	211	211	211	211	200							
15CrMoR	GB 713	正火+回火	6~60	450	295	167	167	167	160	150	140	133	126	123	119	117	88	58		
			>60~100	450	275	167	167	157	147	140	131	124	117	114	111	109	88	58		
			>100~150	440	255	163	157	147	140	133	123	117	110	107	104	102	88	58		
12Cr2Mo1R	GB 713	正火+回火	6~150	520	310	193	187	180	173	170	167	163	160	157	147	119	89	61	46	37
12Cr1MoVR	GB 713	正火+回火	6~60	440	245	163	150	140	133	127	117	111	105	102	100	97	95	82	59	41
			>60~100	430	235	157	147	140	133	127	117	111	105	102	100	97	95	82	59	41

材料牌号	材料标准	热处理状态	R_m/MPa	$R_{p0.2}$/MPa	20	100	150	200	250	300	350	400	425	450	475	500	525	550	575	600	625	650	675	700	备注
					在下列温度（℃）下的许用应力/MPa																				
10	GB 3087	正火、≤16mm	335	205	124	124	118	110	97	81	74	73	72	61	41										
		正火、>16mm	335	195	124	121	116	110	97	81	74	73	72	61	41										
20	GB 3087	正火、≤16mm	410	245	152	147	136	125	113	99	91	85	66	49	36										
		正火、>16mm	410	235	152	143	134	125	113	99	91	85	66	49	36										
09CrCuSb	NB/T 47019	正火	390	245	144	144	137	127	120	113															
20G	GB 5310	正火	410	245	152	152	152	143	131	118	105	85	66	49	36										

（续）

注：表中"室温强度"栏为 R_m（MPa）与 $R_{p0.2}$（MPa）；温度栏为"在下列温度（℃）下的许用应力"。

材料牌号	材料标准	热处理状态	R_m/MPa	$R_{p0.2}$/MPa	20	100	150	200	250	300	350	400	425	450	475	500	525	550	575	600	625	650	675	700	备注
20MnG	GB 5310	正火	415	240	154	146	143	139	131	122	117	103	78	58	40										
25MnG	GB 5310	正火	485	275	179	168	163	158	151	140	134	117	85	59	40										
15MoG	GB 5310	正火	450	270	167	167	167	150	137	120	113	107	105	103	102	62									
20MoG	GB 5310	正火	415	220	146	138	135	133	125	121	118	113	110	107	103	70									
12CrMoG	GB 5310	正火+回火	410	205	137	129	125	121	117	113	110	106	103	100	97	75	51	32	17						
15CrMoG	GB 5310	正火+回火	440	295	163	163	163	163	163	161	152	144	141	137	135	97	66	41	23						
12Cr2MoG	GB 5310	正火+回火 油淬+回火	450	280	166	128	125	124	123	123	123	123	122	119	99	81	64	49	35	24					
12Cr1MoVG	GB 5310	正火+回火 油淬+回火	470	255	170	165	162	159	156	153	150	146	143	141	137	123	97	73	53	37					
12Cr2MoWVTiB	GB 5310	正火+回火	540	345	200	200	200	200	200	200	200	200	200	200	196	164	134	108	83	61					
07Cr2MoW2VNbB	GB 5310	正火+回火	510	400	188	188	188	188	188	188	188	188	180	164	147	128	110	89	71	53					
12Cr3MoVSiTiB	GB 5310	正火+回火	610	440	225	225	225	225	225	225	225	225	225	204	172	140	113	90	69	52					
15Ni1MnMoNbCu	GB 5310	正火+回火 油淬+回火	620	440	229	229	229	229	229	229	229	229	208	163	105	46									
10Cr9Mo1VNbN	GB 5310	正火+回火 油淬+回火	585	415	216	216	216	216	216	216	216	216	216	202	174	147	124	102	81	62	45				
10Cr9MoW2-VNbBN	GB 5310	正火+回火 油淬+回火	620	440	229	229	229	229	229	229	229	229	229	229	213	181	151	124	100	75	54	37			
07Cr19Ni10	GB 5310	固溶处理	515	205	136	136	136	130	122	116	111	107	105	103	101	99	97	95	78	64	52	42	33	27	①
					136	113	103	96	90	86	82	79	78	76	75	73	72	70	69	64	52	42	33	27	
10C18Ni9Nb-Cu3BN	GB 5310	固溶处理	590	235	156	156	156	156	153	148	143	140	137	135	133	131	130	119	111	102	89	78	61	47	①
					156	135	126	119	113	109	106	103	102	100	99	97	96	95	93	92	89	78	61	47	
07Cr19Ni11Ti	GB 5310	固溶处理	515	205	136	136	136	136	135	128	122	119	117	115	114	113	112	93	75	59	46	37	29	23	①
					136	123	114	107	100	95	91	88	87	85	85	84	83	82	75	59	46	37	29	23	
07Cr18Ni11Nb	GB 5310	固溶处理	520	205	136	136	136	136	136	135	131	127	126	125	125	125	122	120	108	88	70	55	42	32	①
					136	126	118	111	105	100	97	94	93	93	93	93	91	89	88	87	70	55	42	32	
08Cr18Ni11NbFG	GB 5310	固溶处理	550	205	136	136	136	136	136	136	133	130	128	127	126	124	123	122	120	106	85	66	51	39	①
					136	123	116	111	106	102	99	96	95	94	93	92	91	90	89	88	85	66	51	39	
07Cr25Ni21NbN	GB 5310	固溶处理	655	295	196	196	196	188	180	174	170	166	164	162	160	158	155	153	132	107	90	69	54	41	①
					196	163	149	139	133	129	126	123	121	120	118	117	115	113	110	107	90	69	54	41	

（续）

材料牌号	材料标准	热处理状态	公称厚度 mm	室温强度 R_m MPa	室温强度 $R_{p0.2}$ MPa	在下列温度（℃）下的许用应力 MPa 20	100	150	200	250	300	350	400	425	450	475	500	525	550	575	600	625	650	675	700	备注
20	NB/T 47008	正火	≤100	410	235	152	140	133	124	111	102	93	86	83	61	41										
			>100~200	400	225	148	133	127	119	107	98	89	82	80	61	41										
			>200~300	380	205	137	123	117	109	98	90	82	75	73	61	41										
16Mn	NB/T 47008	正火 正火+回火	≤100	480	305	178	178	167	150	137	123	117	110	93	66	43										
			>100~200	470	295	174	174	163	147	133	120	113	107	93	66	43										
			>200~300	450	275	167	167	157	143	130	117	110	103	93	66	43										
20MnMo	NB/T 47008	调质	≤300	530	370	196	196	196	196	196	190	183	173	167	131	84	49									
			>300~500	510	350	189	189	189	189	187	180	173	163	157	131	84	49									
			>500~700	490	330	181	181	181	181	180	173	167	157	150	131	84	49									
15CrMo	NB/T 47008	正火+回火	≤300	480	280	178	170	160	150	143	133	127	120	117	113	110	88	58	37							
			>300~500	470	270	174	163	153	143	137	127	120	113	110	107	103	88	58	37							
12Cr2Mo1	NB/T 47008	正火+回火	≤300	510	310	189	187	180	173	170	167	163	160	157	147	119	89	61	46	37						
			>300~500	500	300	185	183	177	170	167	163	160	157	153	147	119	89	61	46	37						
12Cr1MoV	NB/T 47008	正火+回火	≤300	470	280	174	170	160	153	147	140	133	127	123	120	117	113	82	59	41						
			>300~500	460	270	170	163	153	147	140	133	127	120	117	113	110	107	82	59	41						
10Cr9Mo1VNbN	NB/T 47008	正火+回火	≤300	590	420	219	219	219	219	219	219	219	219	219	203	174	150	125	102	81	62	45	29			
S30408 (06Cr19Ni10)	NB/T 47010	固溶处理	≤300	500	205	137	137	137	130	122	116	111	107	105	103	101	99	97	95	78	64	52	42	33	27	①
			≤300	500	205	137	137	137	113	96	86	82	79	78	76	75	73	72	70	69							
S32168 (06Cr19Ni11Ti)	NB/T 47010	固溶处理	≤300	500	205	137	137	137	137	135	128	122	119	117	115	114	113	112	93	75	59	46	37	29	23	①
			≤300	500	205	137	137	137	114	107	100	95	91	88	87	85	84	83	82	75	59	46	37	29	23	①

① 该许用应力仅适用于允许产生微量永久变形的元件，对于有微量永久变形就会引起泄漏或故障的场合不能采用。

（4）焊缝系数

在强度计算公式中的焊缝系数是考虑焊缝强度与母材强度的不一致性以及焊缝形式对受压元件强度的影响。当前由于焊接技术不断地进步，尤其是在锅炉与压力容器制造领域内，焊缝强度等同于母材强度是焊接材料选择的基本原则，并要求对每种焊接接头，通过焊接工艺评定试验证实其强度不低于相配母材强度的下限值。因此，焊缝的强度性能不论采用何种焊接方法和焊接工艺，只要正确选定焊接材料和焊接工艺参数，都应达到与母材的强度性能相等。在这种情况下，焊缝系数只应与焊缝形式和焊缝无损检测的百分率有关。

在某些强度计算标准中，焊缝系数是按照焊接方法和焊缝形式确定的，并不考虑焊缝无损检验的百分率。这种分级方法未能全面而客观地反映对焊缝性能的影响因素，例如双面开坡口全焊透焊缝，不论采用焊条电弧焊还是埋弧焊，只要焊缝中不存在超标的焊接缺陷，其焊缝性能基本上是相同的。又如双面开坡口焊条电弧焊全焊透对接焊缝与单面开坡口手工氩弧焊封底全焊透对接焊缝相比具有完全相同的焊缝质量和强度性能。将前一种对接焊缝的焊缝系数定为1.0，而将后一种对接焊缝的焊缝系数定为0.9，这显然是不合理的。在美国 ASME 锅炉与压力容器法规

第八篇中，焊缝系数主要按焊缝的形式和无损检测的百分率来确定。这相对正确地评价了焊缝强度的影响因素，对电弧焊和气焊等熔焊法焊接的接头，其焊缝系数的规定如表13-21所示。对于压力焊接头，因无法作无损检验，其焊缝系数限制在0.8以下。

ASME 法规对焊缝系数的规定也有一定的欠缺，主要是表现在对局部无损检验的焊缝，焊缝系数定得过低，不能充分利用焊缝实际的强度性能。苏联国家标准 ГОСТ 14249—1980《容器及设备的强度计算方法及规定》附录5规定的局部无损检测焊缝的系数为0.9，略高于 ASME 法规的相应规定。按照传统的锅炉与压力容器制造方法，当技术条件规定对焊缝进行局部无损检测时，如发现焊缝内有不容许的缺陷，则应对该焊缝增加无损检测的百分率，直到不再发现超标缺陷。因此，经局部无损检验的焊缝，质量基本上是有保证的，其焊缝系数不宜定得过低。

某些国家的锅炉、压力容器规程，如英国 BS-1500、法国的 SNCT 标准等则按钢种、板厚、焊缝形式、焊后热处理、焊缝强度检验项目和无损检测百分率等选定焊缝系数。这种确定焊缝系数的方法较全面地考虑了影响焊缝强度性能和质量的诸因素，但过于烦琐，实际使用时也容易出现偏差。

表 13-21　ASME 法规对弧焊和气焊接头规定的焊缝系数

序号	接头形式	接头类别	无损检测百分率		
			100%	25%	0%
1	双面焊对接接头及其他形式质量等同的对接接头	A，B，C，D	1.0	0.85	0.70
2	带衬垫的单面对焊接头	A，B，C，D	0.9	0.8	0.65
3	不带衬垫单面焊局部透对接接头	A，B，C	—	—	0.60
4	双面焊搭接接头	A，B，C	—	—	0.55
5	单面焊搭接接头 + 塞焊	B，C	—	—	0.50

表 13-22　锅炉受压元件强度计算中推荐采用的焊缝系数

序号	焊缝形式	焊缝类别	100%无损检验	20% ~50% 无损检验
1	双面全焊透对接接头和T形接头	A，B，D	1.0	0.90
2	单面全焊透对接接头和T形接头（焊缝背面成形）	A，B，D	1.0	0.90
3	加衬垫单面焊对接接头和T形接头	A，B，D	0.90	0.80
4	不加衬垫单面局部焊透对接接头	A，B，D	0.80	0.70
5	双面焊局部焊透搭接接头	A，B，C	—	—
6	全焊透压力焊对接接头	A，B	焊接参数监控 0.9	抽样断口检查 0.8

根据锅炉受压部件焊接接头长期运行经验以及各国锅炉和压力容器规程有关规定的分析，可考虑采用表13-22所列的焊缝系数推荐值。如同一个受压部件中存在几种形式焊缝，且焊缝系数不同时，则应分别计算，并取最大计算厚度。

（5）计算温度

锅炉部件都是在高温下工作，强度计算中必须选用高温强度性能指标，因此与计算壁温直接有关。计算表明，对于普通碳素锅炉钢板，壁温相差20℃，壁厚相差约为5%。特别是对于在蠕变条件下工作的元件，壁温的影响更为明显。

例如对于珠光体耐热钢元件，壁温从510℃提高

到520℃，按 Larson-Miller 参数法计算其工作寿命的变化如下式：

$$T_1(C + \lg\tau_1) = T_2(C + \lg\tau_2)$$

$$783(20 + \lg\tau_1) = 793(20 + \lg\tau_2)$$

$$\tau_2 = \frac{\tau_1}{1.8} \qquad (13\text{-}13)$$

即温度升高10℃，工作寿命几乎减少了一半。由此可见，计算壁温对锅炉受压元件的强度产生相当大的影响。

当元件壳壁直接受热并传递热量时，沿壁厚各点的金属温度如图13-18所示。如需校核锅炉元件壳壁的氧化速度，则应按外壁温度 t_w 计算。如果校核元件的强度，则应按壁厚的平均温度计算。

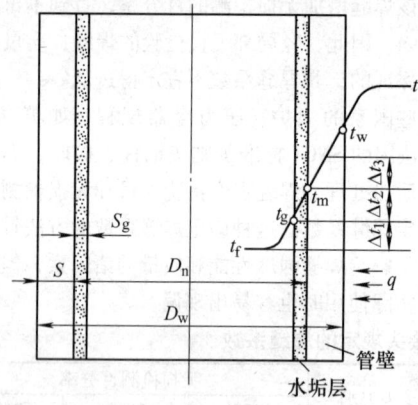

图13-18　温度沿壁厚变化示意图

5. 受内压凸形封头的强度计算

在锅炉受压元件中常用的封头有两种：平封头和凸形封头。锅筒和大直径集箱基本上都采用凸形封头。显然，受内压时，这种封头的应力分布比平封头均匀得多，平均应力亦较小，壁厚相应减薄。虽然凸形封头的成形工艺较复杂，但材料利用率高，工作特性可靠。

凸形封头壁厚计算公式如下：

$$S = \frac{PD_n}{4[\sigma]}Y \qquad (13\text{-}14)$$

式中　Y——$D_n/2h_n$，即形状系数；
　　　D_n——封头内径（mm）；
　　　h_n——封头内高度（mm）。

上列公式的适用范围为

$$h_n/D_n \geqslant 0.2 \quad (S-1)/D_n \leqslant 0.1 \quad d/D_n \leqslant 0.6$$

封头的形状系数为

$$Y_1 = 1/6\left[2 + \left(\frac{D_n}{2h_n}\right)^2\right] \qquad (13\text{-}15)$$

Y_1 相当于 $Y/2$，这样封头计算壁厚公式可改为

$$S_L = \frac{PD_n Y_1}{2\varphi[\sigma] - P} \qquad (13\text{-}16)$$

（1）设计计算

锅炉受压元件最常用的封头形式是椭圆形和半球形封头，其形状和尺寸标注如图13-19所示。

封头取用壁厚按下式计算

$$S \geqslant S_{\min} = S_L + C = \frac{PD_n Y_1}{2\varphi[\sigma] - P} + C \qquad (13\text{-}17)$$

式中　S——取用壁厚（mm）；
　　　$S_{\min}$——最小计算壁厚（mm）；
　　　S_L——理论计算壁厚（mm）；
　　　C——附加壁厚，包括工艺减薄量、钢板负偏差和腐蚀裕量（mm）；
　　　P——计算压力（MPa）；
　　　D_n——封头内径（mm）；
　　　Y_1——封头形状系数；
　　　φ——封头减弱系数，包括开孔和焊缝减弱系数；
　　　$[\sigma]$——许用应力（MPa）。

封头冲压工艺减薄量按表13-23选取。

封头减弱系数 φ 按表13-24选取，其中焊缝系数按表13-22选定。

表13-23　封头冲压工艺减薄量

封头结构形式	减薄量
椭圆形封头 （$0.20 \leqslant h_n/D_n \leqslant 0.35$）	$0.1S_L$ 或 $0.09S$
深椭球和球形封头 （$0.35 \leqslant h_n/D_n \leqslant 0.50$）	$0.15S_L$ 或 $0.13S$

表13-24　封头减弱系数 φ 值

封头结构形式	φ 值
无孔，无缝拼接	1.0
无孔，有缝拼接	取焊缝系数 φ_n
有孔，无缝拼接	$1 - d/D_n$
有孔，有缝拼接，二者不重合	取 φ_n 和 $1 - d/D_n$ 两者较小值
有孔，有缝拼接，二者重合	$\varphi_n(1 - d/D_n)$

注：孔中心与焊缝边缘距离大于 $(0.5d + 12)$ mm 为不重合，小于、等于为重合，d 为孔径。

许用应力和腐蚀裕量选取方法同锅筒筒体，按以上计算方法确定的封头及其直段的计算壁厚不应小于按减弱系数 $\varphi_{\min} = 1$ 确定的锅筒筒体计算壁厚。在任何情况下，凸形封头的壁厚不应小于5mm，以减小弯曲应力。

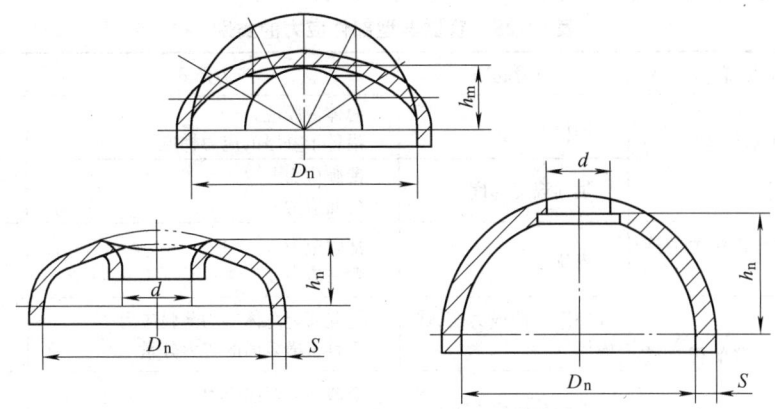

图 13-19　椭圆形和半球形封头的形状和尺寸

（2）校验计算

椭圆形或半球形封头的最高允许工作压力按下式计算：

$$[P] = \frac{2\varphi[\sigma]S_y}{D_nY_1 + S_y} \qquad (13-18)$$

式中　$[P]$——最高允许工作压力（MPa）。

封头水压试验的最高允许压力按下式计算：

$$P_{sw} = \frac{0.9(\beta^3 + 1)}{(2 + \beta^3)Y_1 + (\beta^3 - 1)}\varphi_w R_{eL} \quad (13-19)$$

式中　$\beta = 1 + 2SY/D_n$。

13.4.2　焊接容器的强度计算

焊接压力容器强度计算已为国家标准《钢制压力容器》（GB 150—2011）所规范化。该标准的适用范围如下：设计压力 0.1～35MPa，设计温度 –196～700℃，工作介质：空气、蒸汽、各种化学反应产物、易燃易爆气体、液化气、有毒和剧毒介质等。本节概括地介绍在该标准中所体现的设计准则、强度理论、确定许用应力的依据和受压元件强度计算公式。

1. 强度理论

容器的失效有三种基本形式，即：强度失效、刚度失效和稳度失效。这三种失效均按弹性及弹性-理想塑性体的应力-应变关系来判断。容器上任一点的应力都是按平面力系解法应用弹性强度理论导出的。作用于容器壳壁的应力，按其性质也可分为：一般薄膜应力，也称总体一次薄膜应力；局部薄膜应力，也称局部一次薄膜应力；一般弯曲应力，也称一次弯曲应力；二次应力和峰值应力等。

对于容器中由压力或其他机械载荷引起的一次薄膜应力按最大主应力理论（第一强度理论）控制。此强度理论认为：当容器的壳壁上的最大主应力达到屈服点时即失效。在三维应力状态中最大主应力（拉或压应力）是使壳体材料进入危险状态的决定性因素。因此，最大主应力应控制在许用应力之下。

对于容器中的局部应力及其与总体一次薄膜应力的组合，则应以最大切应力理论控制。这里引入了应力强度的概念。即计算点上三个主应力中最大与最小值之差称为应力强度，也称组合应力当量强度。其值应限制在许用应力以下。如以公式表达可写成：

$$\text{最大切应力 } \tau_{max} = \begin{cases} (\sigma_1 - \sigma_2) \\ (\sigma_2 - \sigma_3) \\ (\sigma_3 - \sigma_1) \end{cases} \text{取三者中最小值}$$

$$\text{应力强度 } s = 2\tau_{max} = \begin{cases} (\sigma_1 - \sigma_2) \\ (\sigma_2 - \sigma_3) \\ (\sigma_3 - \sigma_1) \end{cases} \text{取三者中最大值}$$

$$S \leq KS_m$$

式中　S_m——许用应力强度；

K——系数，其值为 1～3，按应力性质而定。

在计算局部应力时，要求同时满足各种应力强度极限。控制上列各种应力和组合应力的目的在于：

1）控制一次应力极限是为了防止过分大的弹性变形。

2）控制一次和二次组合应力的极限是为了防止过分的弹性变形和累积损伤。

3）控制峰值应力极限是为防止由周期性载荷引起的疲劳破坏。

压力容器各部件中可能出现的各类应力的起因、部位及特点列于表 13-25。图 13-20 以无折边球面封头为例，描述了各类应力产生的部位及分　　布特性。

表 13-25　容器典型部件应力的类别

容器部件	位置	应力起因	应力形式	类别
圆柱形或球形壳体	远离不连续处的壳壁	内压	总体薄膜应力 沿整个壁厚的应力梯度	P_m Q
		轴向温度梯度	薄膜应力 弯曲应力	Q Q
圆柱形或球形壳体	与封头或法兰的连接处	内压	薄膜应力 弯曲应力	P_L Q
任何壳体或封头	整个容器的任意横截面	外部载荷或力矩，或内压	全截面上总体平均薄膜应力 垂直于横截面的应力分量	P_m
		外部载荷或力矩	全截面上弯曲应力 垂直于横截面的应力分量	P_m
任何壳体或封头	接管或其他开孔的附近区	外部载荷、力矩或内压	局部薄膜应力 弯曲应力 峰值应力（填角或直角）	P_L Q F
	任何部位	壳体与封头间温差	薄膜应力 弯曲应力	Q Q
碟形封头或锥形封头	顶部	内压	薄膜应力 弯曲应力	P_m P_b
	转角处与壳体连接处	内压	薄膜应力 弯曲应力	P_L Q
平封头	中心区	内压	薄膜应力 弯曲应力	P_m P_b
	与壳体连接区	内压	薄膜应力 弯曲应力	P_L Q
多孔封头或壳体	均布的典型管孔带	压力	薄膜应力（整个横截面的平均值） 弯曲应力（沿孔带宽度的平均值，但在壁厚方向存在应力梯度） 峰值应力	P_m P_b F
多孔封头或壳体	单个孔带或不规则孔带	压力	薄膜应力 弯曲应力 峰值应力	Q F F
接管	垂直于接管轴线的横截面	内压或外部载荷或力矩	总体薄膜应力 （全截面的平均应力） 垂直于横截面的应力分量	P_m
		外部负载或力矩	接管横截面的弯曲应力	P_m
	接管壁	内压	总体薄膜应力 局部薄膜应力 弯曲应力 峰值应力	P_m P_L Q F
		热膨胀差	薄膜应力 弯曲应力 峰值应力	Q Q F

注：1. 在直径-厚度比大的容器中必须考虑皱折或过量变形的可能性。

2. P_m——总体薄膜应力，P_L——局部薄膜应力，P_b——弯曲应力，Q——二次应力，薄膜应力 + 弯曲应力，F——峰值应力。

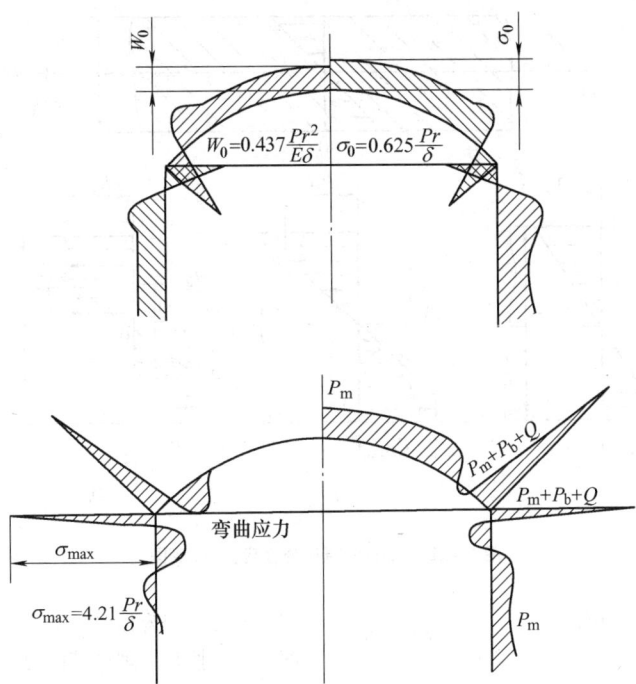

图 13-20　无折边球面封头与圆筒连接处的应力分布图

表 13-26　对各类压力容器用钢规定的安全系数

钢材类别	对应于最低常温抗拉强度 $[\sigma_{bmin}]$	对应于常温和设计温度下的屈服强度 $[R_{eL}]$ 或 $[\sigma_s^t]$	对应于设计温度下 10 万 h 持久强度		对应于设计温度下 10 万 h 蠕变极限 σ_n
			σ_D^t 平均值	σ_{Dmin}^t	
碳素钢 低合金钢 铁素体不锈钢	$n_b \geqslant 3$	$n_s \geqslant 1.6$	$n_D \geqslant 1.5$	$n_D \geqslant 1.25$	$n_n \geqslant 1$
奥氏体不锈钢	—	$n_s \geqslant 1.5$	$n_D \geqslant 1.5$	$n_D \geqslant 1.25$	$n_n \geqslant 1$

2. 确定许用应力的依据

《钢制压力容器》GB 150—2011 标准中，对压力容器各部件的强度计算主要给出基本许用应力极限，并按美国 ASME—Ⅷ—应力分析法的原则，以各种计算系数考虑局部许用应力极限。

1）基本许用应力极限。基本许用应力极限是总体一次薄膜应力的作用值，或称基本许用应力值。对于压力容器用成熟钢种，基本许用应力值是按钢材的力学性能除以相应的安全系数而得。GB 150—2011 标准对各类压力容器用钢规定了如表 13-26 所列的安全系数。

当容器的设计温度在奥氏体钢材蠕变温度以下，且允许有较大的永久变形时，许用应力值可适当提高至 $2R_{eL}/3$，但最高不得超过 $0.9\sigma_s^t$；此时可能产生 0.1% 的永久变形。

对于碳素钢和低合金钢既规定了抗拉强度的安全系数，也要求按钢材的屈服强度确定许用应力，其出发点是压力容器除控制弹性失效外，还应对断裂有足够的裕度。其次，对于整个周期范围内的疲劳现象，钢材的抗拉强度和屈服强度对其都有一定的影响。

2）局部许用应力极限。按局部应力的种类和特性以系数规定了局部许用应力极限。这些系数是根据极限分析和安定性分析确定的。

所谓极限分析是假定结构所用材料性能具有弹性、理想塑性而无应变硬化现象。当结构承受最大载荷或组合载荷时，理想塑性结构的变形开始无限制增加，则此载荷称为破坏载荷，以单位宽度的受弯板梁为例，极限分析认为，第一点的应力强度达到屈服极限时，整个结构并未失效，而只有当全截面上各点的应力均达到屈服时，结构才进入极限承载状态。受弯梁在各种受力状态的应力分布如图 13-21 所示。当梁受弯矩 M_e 作用而使表面达到屈服时，则最大应力可按弹性公式计算，即：

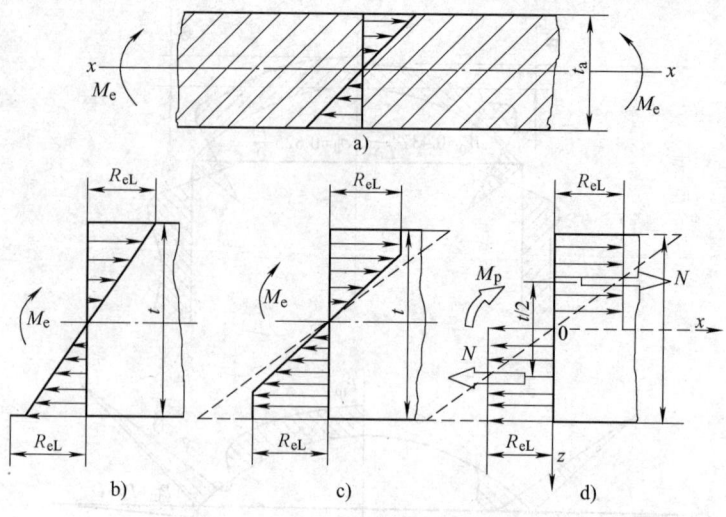

图 13-21　梁的理想化弹性应力-应变图

$$R_{eL} = \frac{6M_e}{t^2} \qquad (13\text{-}20)$$

式中　t——梁的厚度。

应力状态如图 13-21b 所示。如进一步加载，则按理想塑性体的应力-应变关系，最大应力值不再增加，而使近表面区相继进入屈服，如图 13-21c 所示。图中虚线表示按弹性公式计算的应力值，实线表示实际可能达到的应力值。当弯矩加大到 M_p，而使梁的全截面都达到屈服时，

$$M_p = N \cdot \frac{t}{2} = R_{eL}\frac{t}{2} \times \frac{t}{2} = R_{eL}\frac{t^2}{4}$$

$$(13\text{-}21)$$

按弹性公式计算的最大应力：

$$\sigma_{max} = 6M_p/t^2$$

代入上式即得

$$\sigma_{max} = \frac{6R_{eL}t^2}{4t^2} = 1.5R_{eL} \qquad (13\text{-}22)$$

上列计算结果说明，利用极限分析推算结构处于极限状态的最大弯曲应力为 $1.5R_{eL}$。考虑安全系数，其强度条件为

$$\sigma_{max} = \frac{1.5R_{eL}}{n_s} = 1.5\,[\sigma] \qquad (13\text{-}23)$$

或　$\sigma_{max} = 1.5R_{eL}$

所谓安定性分析是对结构承受不发生塑性变形的连续循环作用的估价。如果结构经多次载荷循环作用之后，变形渐趋稳定，且其对随后的载荷反应处于弹性状态，则此结构可以认为是安定的。

对于压力容器来说，一个总体结构中或多或少存在不连续处，如图 13-20 所示的无折边球面封头与圆

筒的连接，当容器受载荷作用时，此处产生很高的局部应力，按弹性理论其应力分布如图 13-21 所示。实际上，当应力达到屈服点 R_{eL} 后，应力不再增加，而变形会继续增大，如图 13-22 的 OAB 线所示。B 点应变 ε_1 所对应的虚拟应力 $\sigma_1 = E\varepsilon_1$。如在此状态下卸载，应力则沿 BC 线下降，当应力降至零时，尚有一定的残余应变，其值等于 $(\varepsilon_1 - \varepsilon_s)$。

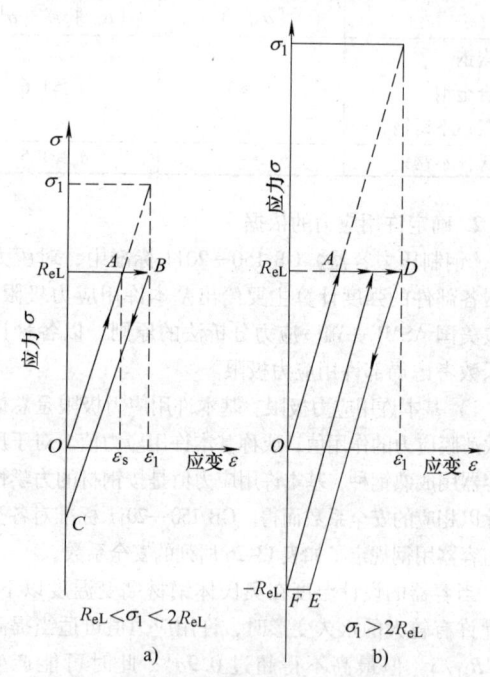

图 13-22　屈服后的应力-应变图

容器卸载后，在总体不连续区出现了残余应力 E $(\varepsilon_1 - \varepsilon_s)$。当容器二次加载时，应变由零增加到 ε_1

时，应力就从 C 点开始沿直线 CB 增高至 B 点，残余压应力先消失，然后拉应力增至 R_{eL}。如容器反复的加载和卸载，应力-应变沿 BC 线在弹性范围内交变，且无塑性变形。这种状态可保持至 $\varepsilon_1 = 2\varepsilon_s$，即虚拟应力值 σ_1 可等于 $2R_{eL}$，结构尚处于安定。如容器第一次加载时，应变 ε_1 超过了 $2\varepsilon_s$，即相当于图 13-22 所示的 D 点，卸载时应力沿 DE 线变化，并产生如 EF 线所示的压缩塑性变形，计算应力 $\sigma_1 > 2R_{eL}$。如容器以相同的载荷反复加载和卸载，这将相继产生拉伸和压缩塑性变形。在这种受力状态下，经过次数不多的应力-应变循环，就会导致材料的疲劳破坏。结构在这种条件下就变得不安定。

由此可见，为保证结构处于安定状态，最大应变就必须控制在 $2\varepsilon_s$ 以下，即最大虚拟应力不超过 $2R_{eL}$。

基于极限分析和安定性分析均以简单弯曲和拉伸为前提并假设材料为弹性-理想塑性体，故用于应力状态较复杂的容器受压部件时，肯定存在较大的误差。表 13-27 列出典型受压部件经精确分析计算确定的局部应力的应力强度许用值。

表 13-27 典型受压部件应力强度许用值

受压部件及部位	评定依据	应力强度许用值	
		以许用应力为基础	以屈服点为基准
内压圆筒和球壳当量应力校核（温差应力）	安定性分析	$2[\sigma]^t$	$1.25\sigma_s^t$
无折边球形封头与圆筒连接处	安定性分析	$3[\sigma]^t$	$1.875\sigma_s^t$
与圆筒连接的平端盖	极限分析准则	$1.5[\sigma]^t$	$0.9375\sigma_s^t$
无折边锥形封头大端	安定性分析	$3[\sigma]^t$	$13875\sigma_s^t$
无折边锥形封头小端	极限分析准则	$1.1[\sigma]^t$	$0.688\sigma_s^t$
折边锥体小端与圆筒连接处	极限分析准则	$1.1[\sigma]^t$	$0.688\sigma_s^t$
开孔补强极限设计	极限分析准则（极限压力为未开孔壳体的屈服压力的98%）	$3[\sigma]^t$	$1.875\sigma_s^t$ $0.98\sigma_s^t$

注：$[\sigma]^t$——在设计温度下的基本许用应力。
σ_s^t——材料在设计温度下的屈服强度。

3. 受压元件强度计算公式

1）内压圆筒与球壳的强度计算。内压圆筒与球壳的强度计算主要从弹性失效观点出发，采用第一强度理论的中径公式。并考虑内壁最大主应力与平均应力的差值做的修正。

内压圆筒和环壳的薄膜应力为二维应力，忽略液柱影响，第一主应力 σ_1 的计算公式相应为

$$\sigma_1 = \frac{PD}{2S}（圆筒）; \quad \sigma_1 = \frac{PD}{4S}（球壳）$$

第二主应力 σ_2 的计算公式均为 $\sigma_2 = \frac{PD}{4S}$，第三主应力 $\sigma_3 = 0$。

按弹性失效准则规定的应力强度判据为：$\sigma_d \leqslant [\sigma]$。

按第一强度理论确定的当量应力为 $\sigma_{d1} = \sigma_1$，第三强度理论的当量应力为 $\sigma_{d3} = \sigma_1 - \sigma_3$；第四强度理论的当量应力为

$$\sigma_{d4} = \frac{1}{2}[(\sigma_1-\sigma_2)^2 + (\sigma_2-\sigma_3)^2 + (\sigma_3-\sigma_1)^2]$$

式中 $\sigma_1 > \sigma_2 > \sigma_3$。

在二维应力状态下：

$$\sigma_{d4} = \sqrt{\sigma_1^2 + \sigma_2^2 - \sigma_1\sigma_2}$$

据此，按第一强度理论的圆筒强度计算公式为

$$\sigma_{d1} = \sigma_1 = \frac{PD}{2S} \leqslant [\sigma]$$

由此得壁厚计算公式为

$$S = \frac{PD}{2[\sigma]} \tag{13-24}$$

将圆筒中径换算成内径 $D_n = D - S$，考虑焊缝强度系数 φ，可得

$$S = \frac{PD_n}{2[\sigma]\varphi - P} \tag{13-25}$$

若考虑设计温度，则应以该温度下的许用应力 $[\sigma]^t$ 代入上式，即：

$$S = \frac{PD_n}{2[\sigma]^t\varphi - P} \tag{13-26}$$

同理，球壳的壁厚计算公式为

$$S = \frac{PD_n}{4[\sigma]^t\varphi - P} \tag{13-27}$$

上列计算公式适用于 $P \leqslant 0.4[\sigma]^t\varphi$，相当于 $\beta \leqslant 1.5$。

2）内压椭圆形封头和碟形封头的强度计算。椭圆形封头壁厚计算公式按最大主应力理论（第一强

度理论）导出，考虑封头折边处的弯曲应力，用形状系数 Y_1 加以修正。

$$S = \frac{Y_1 P D_n}{2[\sigma]^t \varphi - 0.5P} \qquad (13-28)$$

对于标准椭圆形封头（$Y_1 = 1$），壁厚计算公式可改写成：

$$S = \frac{P D_n}{2[\sigma]^t \varphi - 0.5P} \qquad (13-29)$$

碟形封头的壁厚计算公式为

$$S = \frac{M P R_n}{2[\sigma]^t \varphi - 0.5P} \qquad (13-30)$$

式中　M 为碟形封头形状系数，可按下式计算：

$$M \leqslant \frac{1}{4}\left(3 + \sqrt{\frac{R_n}{r}}\right) \qquad (13-31)$$

式中　R_n——碟形封头球面部分内半径（mm）；

　　　　r——碟形封头过渡段转角内半径（mm）。

各国压力容器规程规定，碟形封头球面曲率半径 R 不应大于封头的外径 D_o。

3）锥形封头的强度计算。下列计算公式仅适用于锥壳半顶角 $\alpha \leqslant 60°$ 的轴对称无折边锥形封头或折边锥形封头，其截面形状如图13-23所示。锥形的周向应力按最大主应力理论求得。

锥壳厚度的计算公式：

$$S = \frac{P D_c}{2[\sigma]^t \varphi - P} \times \frac{1}{\cos\alpha} \qquad (13-32)$$

式中　D_c——锥壳大端内径（mm）；

　　　　α——锥壳半顶角（°）。

当锥壳由同一半顶角的几个不同厚度的锥壳段组成时，式中 D_c 分别为各锥壳段大端的内径。

①无折边锥形封头。无折边锥形封头大端与圆筒连接时，首先应按图13-24确定连接处是否需加强。如需加强则应在锥壳与圆筒之间设加强段，锥壳加强段与圆筒加强段应等厚，壁厚按下式计算：

$$S_r = \frac{Q P D_i}{2[\sigma]^t \varphi - P}(mm) \qquad (13-33)$$

式中　Q——应力增强系数，可由图 13-25 按 $P/[\sigma]^t\varphi$ 比值查得；

　　　　D_i——锥形封头大端内径（mm）。

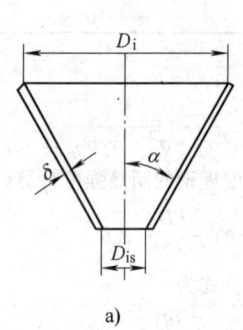 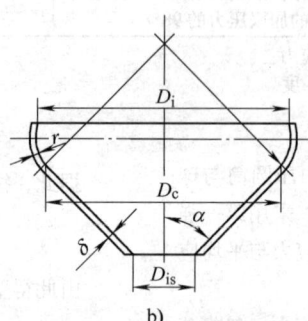 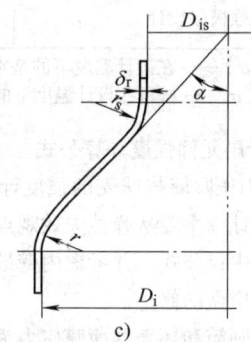

图13-23　锥形封头截面形状

a）无折边锥形封头　b）大端折边锥形封头　c）折边锥形封头

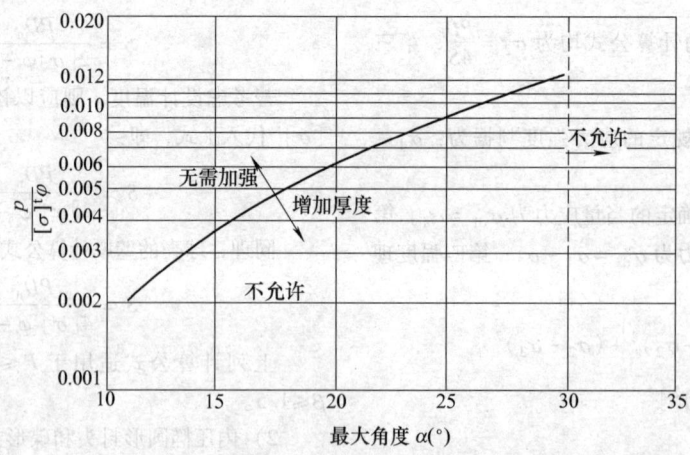

图13-24　锥壳大端-圆筒连接处需加强的条件

锥壳加强段的长度应不小于 $2\sqrt{\dfrac{0.5D_iS_r}{\cos\alpha}}$，圆筒加强段长度应不小于 $2\sqrt{0.5D_iS_r}$。

无折边锥形封头小端与圆筒连接时，可按图 13-26 所示曲线确定连接处是否需加强，再按下式计算加强段壁厚：

$$S_{rl} = \frac{Q_1PD_{is}}{2[\sigma]^t\varphi - P} \qquad (13-34)$$

式中　Q_1——应力增强系数，可由图 13-27 曲线查得；

D_{is}——锥形封头小端内径（mm）。

锥壳加强段长度应不小于 $\sqrt{\dfrac{D_{is}S_{rl}}{\cos\alpha}}$，圆筒加强段长度应不小于 $\sqrt{D_{is}S_{rl}}$。

② 折边锥形封头。折边锥形封头大端壁厚按以下两式计算，并取其较大值：

过渡段壁厚计算公式

$$S_{r2} = \frac{KPD_i}{2[\sigma]^t\varphi - 0.5P}(\text{mm}) \qquad (13-35)$$

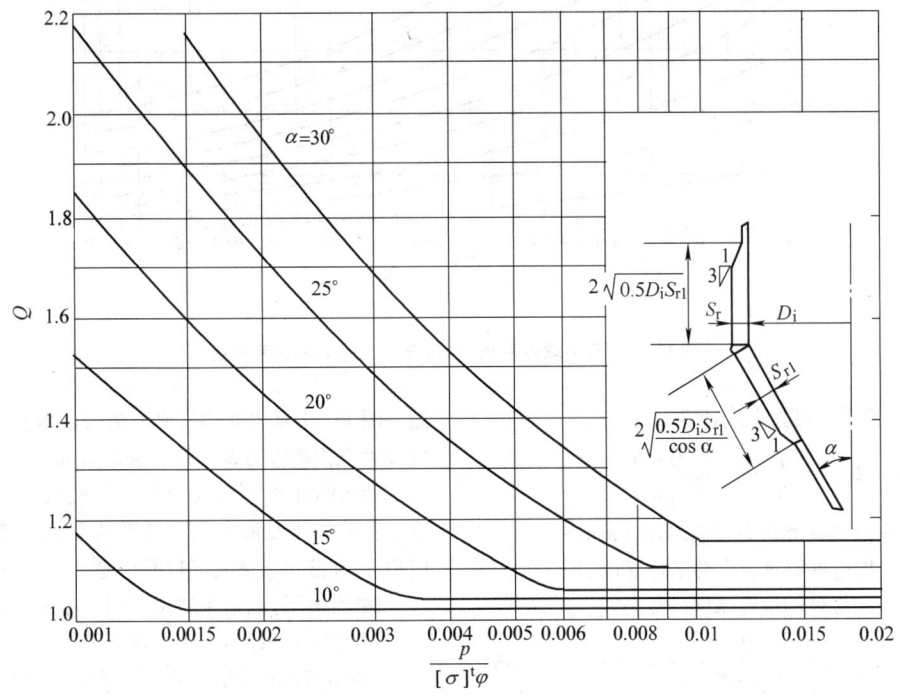

图 13-25　应力增强系数 Q 值与 $p/[\sigma]^t\varphi$ 的关系曲线

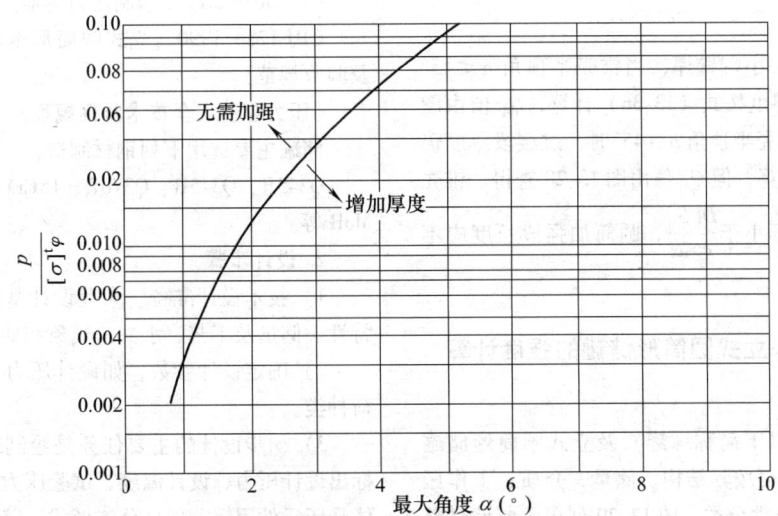

图 13-26　锥壳小端与圆筒连接处需加强的条件

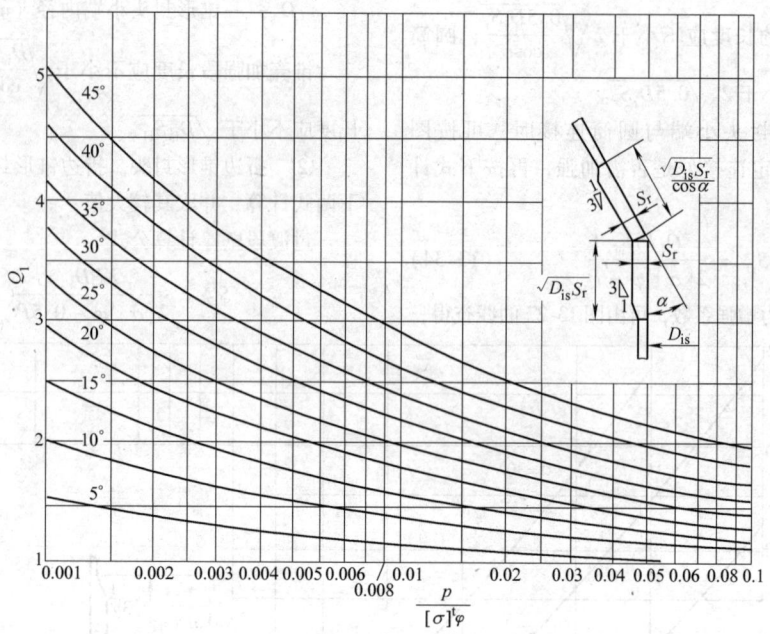

图 13-27　应力增强系数 Q_1 值与 $P/[\sigma]^t\varphi$ 的关系曲线

式中　K——系数，可按下式计算

$$K = \frac{1}{4}\left(3 + \sqrt{\frac{D_i}{2r\cos\alpha}}\right)$$

式中　D_i——折边锥形封头大端内径（mm）；

　　　r——折边锥形封头小端半径（mm）。

与过渡段相接处的锥壳厚度计算公式：

$$S_{r3} = \frac{fPD_i}{[\sigma]^t\varphi - 0.5P}(\text{mm}) \qquad (13\text{-}36)$$

式中　$f = \dfrac{1 - \dfrac{2r}{D_i}(1-\cos\alpha)}{2\cos\alpha}$。

折边锥形封头小端壁厚，当锥壳半顶角 $\alpha \leqslant 45°$ 时，折边过渡段厚度按式（13-36）计算，Q_1 值由图 13-27 查取。当锥壳半顶角 $\alpha > 45°$ 时，过渡段厚度仍按式（13-35）计算，但 Q_1 值由图 13-28 查得。锥壳加强段的长度应不小于 $\dfrac{D_{is}S_{rl}}{\cos\alpha}$，圆筒加强段长度应不小于 $\sqrt{D_{is}S_{rl}}$。

13.4.3　球形和立式圆筒形储罐的强度计算

1. 结构形式

球形储罐（以下简称球罐）及立式圆筒形储罐（以下简称立罐）可按其结构、储量、介质、工作压力、温度等工况条件分类。图 13-29 列出钢制储罐整体结构的分类。图 13-30 示出典型的立式储罐结构

图，图 13-31 示出球罐的典型结构。当前立罐和球罐的最大容积相应为 20 万 m³ 和 2 万 m³。

储罐的介质大多为原油、天然气、水及其混合物、各种气体及液态气、各类成品油、液化石油气（LPG）和液化天然气（LNG）等。

储罐的设计制造主要按下列国家标准：

GB 12337—1998《钢制球形储罐》

GB/T 17261—2011《钢制球形储罐形式与基本参数》

GB 150—2011《钢制压力容器》

GBJ 128—1990《立式圆筒形钢制焊接油罐施工及验收规范》

《压力容器安全技术监察规程》

储罐主要选用下列钢材制造：

Q245R、Q345R、Q370R、15CrMoR、13MnNiMoR 等。

2. 设计步骤

1）技术设计准备。掌握设计基础资料，如介质特性、储量及工艺、水文、气象和地质等资料。

2）确定设计参数，如设计压力、设计温度和载荷种类。

3）初步设计的主要任务是绘制球罐总装图，并标出设计压力、设计温度、试验压力、试验温度、壳体受压元件用钢、球罐分瓣形式、壁厚和储罐总重量等参数。

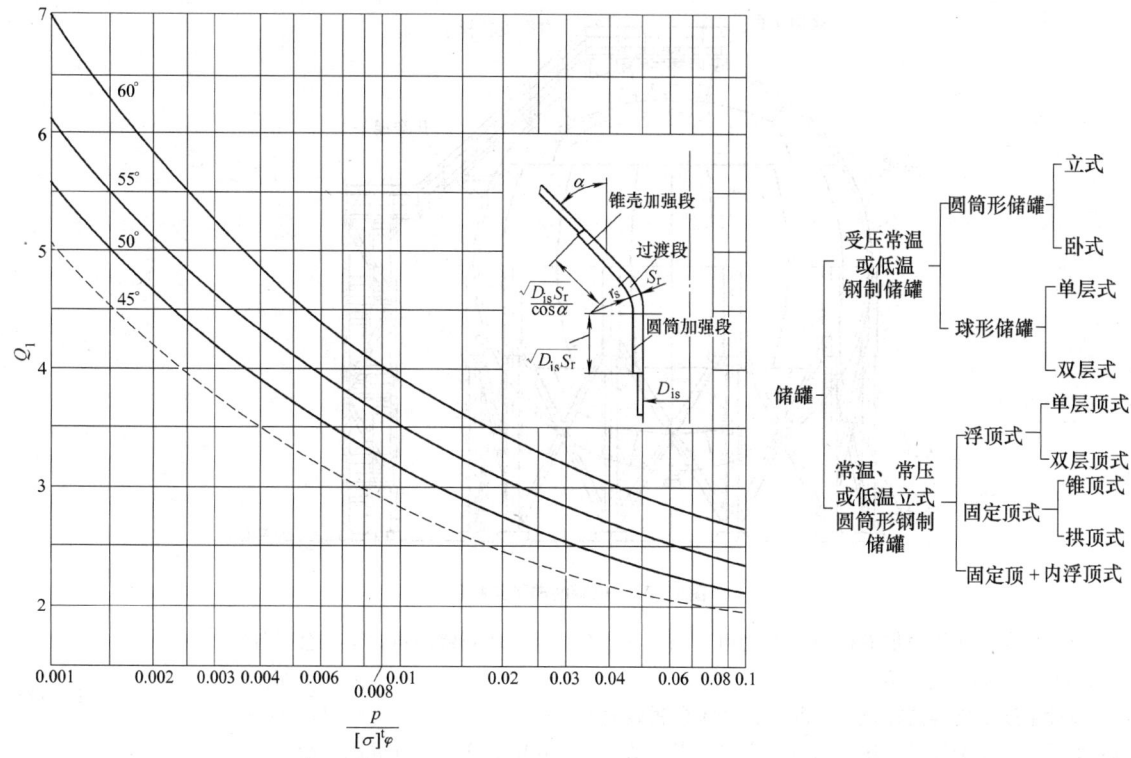

图13-28　折边锥壳小端过渡段厚度计算中的 Q_1 值

图13-29　储罐结构的分类

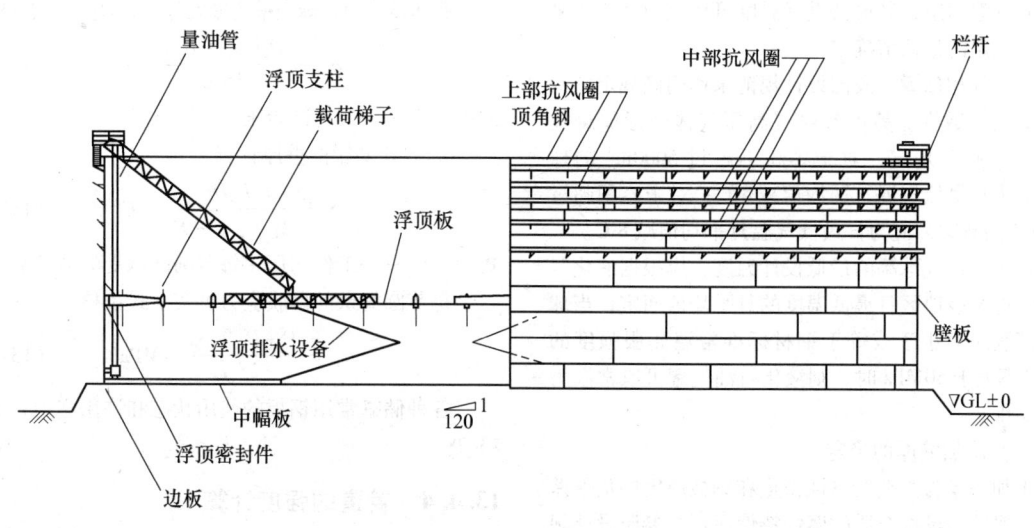

图13-30　立式储罐的典型结构图

3. 球罐基本参数的计算

（1）储存能力的计算

对于液相球罐：

$$Q = V\varphi\rho_1 \qquad (13\text{-}37)$$

对于气相球罐：

$$Q = (P_0 + 0.1)V \qquad (13\text{-}38)$$

式中　Q——储存能力（液体单位为t，气体单位为 m^3）；

V——球罐的内容积（m^3）；

φ——充装系数；

P_0——球罐的最高操作压力（MPa）；

ρ_1——饱和液体密度（t/m^3）。

（2）设计压力的计算

设计压力应为容器的最高工作压力，如受压元件所承受的液柱静压力达到5%工作压力时，设计

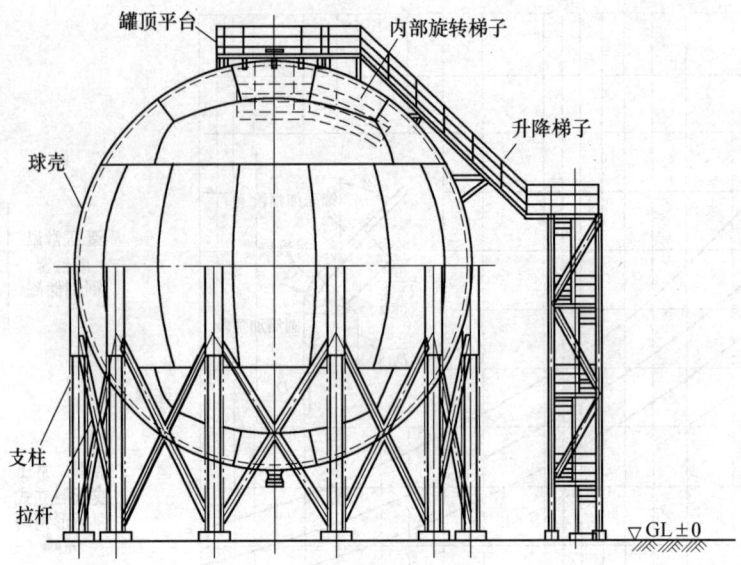

图 13-31 球罐的典型结构图

罐顶平台　内部旋转梯子　升降梯子　球壳　支柱　拉杆　▽GL±0

压力应为最高工作压力加液柱静压力之和。

（3）设计温度的计算

设计温度是指容器在正常状况下，壳体金属截面的平均温度。对于储存液化气用压力容器，当其基本温度仅由大气环境条件决定时，其最高设计温度应由介质和气温而定，其最低设计温度可按该地区历年来月平均气温的最低值确定。

对于气相球罐，我国设计规范未作明确规定，一般根据实测数据。另可参照《高压气体球形储罐技术规范》有关规定，对于容积不超过 5000m³ 的球罐，应为日最低气温月平均值减 4℃；对于容积超过 5000m³ 的球罐，应为日最低气温月平均值减 8℃。

对于液化气球罐的最低设计温度，应根据液化气体的特性及该地区日最低温度的月平均值而定，当球壳的薄膜应力小于或等于钢材标准常温屈服强度的 1/6 且不大于 50MPa 时，则液化石油气罐可取常温为设计温度。

（4）附加壁厚的确定

附加壁厚为壳壁的腐蚀裕量和钢板厚度的负偏差之和。腐蚀裕量按介质的腐蚀特性而定，参照设计规范的有关规定。钢板厚度的负偏差，可按相应的钢材标准选取。当钢板厚度的负偏差小于 0.25mm 或小于名义厚度的 0.6%，则负偏差可不予考虑。

（5）焊缝系数和安全系数

焊缝系数按焊缝形式和无损检验的比率来确定（见表 13-22）。安全系数按 GB 12337—2014 标准的规定，取强度安全系数 n_b=3，屈服强度安全系数 n_s=1.6。

4. 球罐的强度计算

球壳壁厚可按下列公式计算：

$$S = \frac{PD_i}{4[\sigma]^t\varphi - P} + C \quad (13-39)$$

式中 D_i——球壳的内径。

其余符号和单位同前节壁厚计算公式。

耐压试验时，球壳壁的最大薄膜应力按下式校核：

$$\sigma_r = \frac{P_r[D_i + S_y]}{4S_y\varphi} + C \quad (13-40)$$

式中 P_r——最高试验压力（MPa）。

5. 立式储罐的壁厚计算

$$S = \frac{P_sD_i}{2[\sigma]^t\varphi - P_s} + C \quad (13-41)$$

式中 P_s——工作内压 + 每节圆筒承受的液柱静压。

每节圆筒壁的薄膜应力可按下式校核：

$$\sigma_t = \frac{P_s[D_i + S_y]}{2S_y\varphi}(MPa) \quad (13-42)$$

各种储罐常用钢板的使用状态和许用应力列于表 13-28。

13.4.4 管道的强度计算

1. 管道的强度计算

管道的强度主要取决于管壁厚度。管壁厚度应按工作压力、温度、所受重力载荷、工作介质对管壁的腐蚀和管壁负公差来确定。在整个管路内，管道的受力是比较复杂的，不可能精确地计算出每段管道的壁厚。在工程设计中，通常采用简化方法计算管壁厚度，即只按内压计算壁厚，其他应力以安全系数加以考虑。

表 13-28 储罐常用钢板在不同使用温度下的许用应力

钢号	标准号	使用状态	钢板厚度/mm	Rm/MPa	ReL/MPa	≤20	100	150	200	250	300	350	注
Q245R	GB 713—2008	热轧、控轧 正火	3~16	400	245	148	147	140	131	117	108	98	(20R)
			>16~36	400	235	148	140	133	124	111	102	93	
			>36~60	400	225	148	133	127	119	107	98	89	
			>60~100	390	205	137	123	117	109	98	90	82	
			>100~150	380	185	123	112	107	100	90	80	73	
Q345R	GB 713—2008	热轧、控轧 正火	3~16	510	345	189	189	189	183	167	153	143	—
			>16~36	500	325	185	185	183	170	157	143	133	
			>36~60	490	315	181	181	173	160	147	133	123	
			>60~100	490	305	181	181	167	150	137	123	117	
			>100~150	480	285	178	173	160	147	133	120	113	
			>150~200	470	265	174	163	153	143	130	117	110	
Q370R	GB 713—2008	正火	10~16	530	370	196	196	196	196	190	180	170	—
			>16~36	530	360	196	196	196	193	183	173	163	
			>36~60	520	340	193	193	193	180	170	160	150	
13MnNiMoR	GB 713—2008	正火加回火	30~100	570	390	211	211	211	211	211	211	211	—
			>100~150	570	380	211	211	211	167	153	140	130	
16MnDR	GB 3531—2008	正火、正火加回火	6~16	490	316	181	181	180	167	153	140	130	—
			>16~36	470	295	174	174	167	157	143	130	120	
			>36~60	460	285	170	170	160	150	137	123	117	
			>60~100	450	275	167	167	157	147	133	120	113	
			>100~120	440	265	163	163	153	143	130	117	110	
15MnNiDR	GB 3531—2008	正火、正火加回火	6~16	490	325	181	181	181	173				—
			>16~36	480	315	178	178	178	167				
			>36~60	470	305	174	174	173	160				
15MnNiNbDR	GB 150.2—2011	正火、正火加回火	10~16	530	370	196	196	196	196				—
			>16~36	530	360	196	196	196	193				
			>36~60	520	350	193	193	193	187				
09MnNiDR	GB 3531—2008	正火、正火加回火	6~16	440	300	163	163	163	160	153	147	137	—
			>16~36	430	280	159	159	157	150	143	137	127	
			>36~60	430	270	159	159	150	143	137	130	120	
			>60~120	420	260	156	156	147	140	133	127	117	
08Ni3DR	GB 150.2—2011	正火、正火加回火、调质	6~60	490	320	181	181						3.5% Ni 钢
			>60~100	480	300	178	178						
06Ni9DR	GB 150.2—2011	调质	6~30	680	560	252	252						9% Ni 钢
			>30~40	680	550	252	252						
07MnMoVR	GB 19189—2011	调质	10~60	610	490	226	226	226	226				—
07MnNiVDR	GB 19189—2011	调质	10~60	610	490	226	226	226	226				—
07MnNiMoDR	GB 19189—2011	调质	10~50	610	490	226	226	226	226				—
12MnNiVR	GB 19189—2011	调质	10~60	610	490	226	226	226	226				—

在工程计算中，将所需管壁厚度分成两部分，即承受工作内压的壁厚 S_y 和附加壁厚 C。

有效壁厚按下列两个公式进行计算，公式（13-43）适用于 $S_y \leqslant D_w/4$ 的薄壁管。

$$S_y = \frac{PD_w}{2[\sigma]\varphi + P} \qquad (13\text{-}43)$$

$$S_y = \frac{PD_n}{2[\sigma]\varphi - P} \qquad (13\text{-}44)$$

式中　D_w——管子外径（mm）；

$\quad\quad D_n$——管子内径（mm）；

$\quad\quad \varphi$——焊缝系数，对于无缝管 $\varphi = 1.0$，对于有缝管 $\varphi = 1.0 \sim 0.8$。

管道的计算壁厚 $S_o = S_y + C$

式中　C——附加壁厚。

附加壁厚由下列三项组成：

（1）钢管壁厚负偏差 C_1

$$C_1 = \frac{m}{100 - m}S$$

式中 m 为无缝钢管壁厚负偏差，以百分数表示。表 13-29 列出国家标准规定的无缝钢管壁厚负偏差的百分数值。表 13-30 列出焊接钢管壁厚负偏差值。管壁厚度负偏差一般不小于 0.5mm。

表 13-29　无缝钢管壁厚允许负偏差
（GB/T 17395—2008）

偏差等级	壁厚允许偏差			
	S/D			
	$0.1 < S/D$	$0.05 < S/D \leqslant 0.1$	$0.025 < S/D \leqslant 0.05$	$S/D \leqslant 0.025$
S1	±15%，最小 ±0.6mm			
S2 A	±12.5%，最小 ±0.4mm			
S2 B	+正偏差取决于重量要求 −12.5%			
S3 A	±10%，最小 ±0.2mm			
S3 B	±10%	±12.5%	±15%	
S3 B	最小 ±0.4mm			
S3 C	+正偏差取决于重量要求 −10%			
S4 A	±7.5%，最小 ±0.15mm			
S4 B	±7.5%	±10%	±12.5%	±15%
S4 B	最小 ±0.2mm			
S5	±5%，最小 ±0.10mm			

注：S——钢管公称壁厚，D——钢管公称外径。

（2）腐蚀裕度

对于一般的工作介质，腐蚀裕度可根据工作压力、钢管材料的类别和管径大小按表 13-31、表 13-32 和表 13-33 来选定，特殊的工作介质应按介质的腐蚀特性按实际运行检测数据统计结果选定。

表 13-30　焊接钢管壁厚偏差

焊接钢管种类	壁厚/mm	壁厚负偏差	
		普通级	高级
直缝电焊钢管	2.5 ~ 3.0	−10%	− 0.16mm
	3.2 ~ 4.0	−10%	− 0.20mm
	4.2 ~ 5.5	−10%	−8%
	>5.5	−15%	−10%
大直径电焊钢管	4.0 ~ 6.0	−12.5%	

表 13-31　额定工作压力 $p_g < 10MPa$ 管道壁厚的附加量
（单位：mm）

公称直径 D_s/mm	钢管材料类别		
	碳钢	合金钢	不锈钢
10 ~ 40	1.5 ~ 2	1.5 ~ 3.5	1 ~ 1.5
50 ~ 80	3.5 ~ 4.5		
≥100			2
125 及以上	4 ~ 5	3 ~ 5	

表 13-32　$p_g = 10 \sim 40MPa$ 管道壁厚的附加量（单位：mm）

D_s/mm	管道钢材类别		
	碳钢	钼、锰钼、铬钼钢、铬钼钒钢	铬镍不锈钢
6 ~ 40	1 ~ 3	1 ~ 3	1
50 ~ 70			
80 ~ 100	4 ~ 5	3.5 ~ 5	2
150 ~ 200			
200 ~ 250	6 ~ 8	5 ~ 6	
250 ~ 400		6 ~ 7	—

弯管壁厚计算时，除考虑钢管的负偏差外，还应计及弯管时引起的壁厚减薄量。弯管壁厚的工程计算方法如下：

1）弯管的弯曲半径 $R \geqslant 3.5D_w$（或 D_g）时，可采用与直管相同的计算壁厚。

2）弯管的弯曲半径 $R \leqslant 3.5D_w$（或 D_g）以及采用冲压成形方法制造弯管时，应按下式计算壁厚附加量 C_b。

表 13-33　$p_g = 20 \sim 100MPa$ 管道壁厚的附加量（单位：mm）

D_s/mm	管道钢材类别	
	碳钢、锰钼钢、铬钼钢、铬钼钒钢	铬镍不锈钢
6	1.5	1
10	2	1 ~ 1.5
15		
25	2 ~ 2.5	1.5 ~ 2
32 ~ 40	2.5 ~ 3	
60		2.5
70 ~ 100	3.5 ~ 4.5	3
125 ~ 300	5.5 ~ 7	4

$$C_b = A_1 S_y \ (1 \sim 1.5)$$

式中　A_1 为弯管壁厚附加系数，其值可按弯管的弯曲半径 R 与管子外径的比值 $n = \dfrac{R}{D_w}\left(\text{或}\dfrac{R}{D_g}\right)$ 和钢管壁厚负偏差从表 13-34 中选取。

表 13-34　弯管壁厚附加系数

n	m	A_1	m	A_1
2 ~ 3	15	0.22	12.5	0.18
1.5	15	0.24	12.5	0.22
1	15	0.30	12.5	0.26

2. 焊接三通的强度计算

（1）壁厚计算

焊接三通由主管和支管组成，当采用无缝钢管焊制时，其壁厚计算公式为

主管壁厚公式：

$$S_L = \frac{PD_w}{2\,[\sigma]\,\varphi_y + P} \tag{13-45}$$

支管壁厚公式：

$$S_{L1} = S_L \frac{d_w}{D_w} \text{或} \ S_{L1} = S_L \frac{d_n}{D_n} \tag{13-46}$$

式中　D_w——三通主管的外径（mm）；

　　　φ_y——减弱系数（参见表 13-36）；

　　　d_w——三通支管的外径（mm）；

　　　S_L——三通主管计算壁厚（mm）；

　　　S_{L1}——三通支管计算壁厚（mm）。

焊接三通最小需用壁厚按下式计算：

主管最小壁厚 $S_{min} = S_L + C$

支管最小壁厚 $S_{1min} = S_{L1} + C$

式中 C 为壁厚附加量，按下列公式确定：

$$C = AS_L + 0.5 \tag{13-47}$$

或

$$C = \frac{AS + 0.5}{1 + A} \tag{13-48}$$

式中 S 为三通取用壁厚，系数 A 按表 13-35 选定。

表 13-35　壁厚附加系数 A 值

壁厚负偏差（%）	15	10	5	0
A	0.18	0.11	0.05	0

焊接三通最终取用壁厚应满足下列要求：

主管取用壁厚：$S \geqslant S_{min}$

支管取用壁厚：$S_1 \geqslant S_{1min}$

（2）强度校核

焊接三通最高允许工作压力可按下式计算：

$$[P] = \frac{2[\sigma]\varphi_y S_y}{D_w - S_y} \tag{13-49}$$

式中　S_y——主管有效壁厚，$S_y = S - C$；

　　　φ_y——减弱系数，按表 13-36 选取。

表 13-36　焊接三通的减弱系数 φ_y

d_n/D_n	t_{bi}	β	加强形式	φ_y
≥0.8	不大于 350℃	$1.05 \leqslant \beta \leqslant 1.1$	碟式	0.9
		$1.1 \leqslant \beta \leqslant 1.5$	碟式	0.9
			单肋	0.8
			加大壁厚	按注列公式计算
$0.5 \leqslant d_n/D_n < 0.8$	任意	$1.05 \leqslant \beta \leqslant 1.5$	加大壁厚	按注列公式计算
$d_n/D_n \geqslant 0.8$	不小于 350℃	$1.05 \leqslant \beta \leqslant 1.1$	碟式	按注列公式计算
		$1.1 \leqslant \beta < 1.25$ $273 < D_w \leqslant 600$	碟式或单肋	按注列公式计算
		$1.1 \leqslant \beta < 1.25$ $D_w \leqslant 273$（mm）	碟式或单肋	0.7
		$1.25 < \beta \leqslant 2.0$	加大壁厚	按注列公式计算
		$1.25 < \beta \leqslant 1.5$	碟式或单肋	0.7

注：$\varphi_y = \dfrac{1}{1.2\left(1 + \dfrac{X\ \sqrt{1+Y^2}}{2Y}\right)}$

式中　$X = \dfrac{d_n^2}{D_p d_p}$，$Y = 4.05\dfrac{S_{y1}^3 + S_y^3}{S_{y1}^2\ (D_p S_y)}$

　　　d_n——三通支管内径（mm）；

　　　D_p——三通主管平均直径（mm）；

　　　d_p——三通支管平均直径（mm）；

　　　S_{y1}——三通支管的有效壁厚（mm）；

　　　S_y——三通主管的有效壁厚（mm）。

上列公式适用于主管内径 $D_n \leqslant 660\text{mm}$ 和 $d_n / D_n \geqslant$ 0.8 以及 $1.05 \leqslant \beta \leqslant 1.5$ 的尺寸范围。

$$\beta = \frac{D_w}{D_w - 2S_y} \qquad (13\text{-}50)$$

焊制三通的压力 P 取相连元件的计算压力，计算壁温 t_{bi} 等于相连受压元件的计算壁温。加强形式见图 13-32，分单肋加强和碟式加强。加强元件所用钢材的强度应与焊接三通主管的钢材强度基本相等，加强元件壁厚和宽度的计算较复杂，一般可按表 13-37 选取。

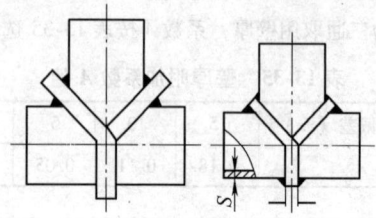

图 13-32　三通管的加强形式

表 13-37　三通加强元件的尺寸要求

加强元件形式	加强元件的尺寸	
	$S \leqslant 20$	$S > 20$
碟式	$\delta = S \quad h = 6S$	$\delta = S \quad h = 120$
单肋	$d = 1.5S$	$d = 1.5S$

对于额定压力不大于 2.45MPa 的焊制三通，当主管外径 $D_w \leqslant 273\text{mm}$ 时，可用壁厚加强办法，减弱系数按表 13-36 注列公式计算。

（3）水压试验压力

焊制三通的水压试验最高允许压力取与其相连元件的水压试验最高允许压力值，但不得超过按下式计算的压力值。

$$P_{sw} = 0.45 \frac{\beta^2 - 1}{\beta^2} \varphi_{sw} R_{eL} \qquad (13\text{-}51)$$

式中　$\beta = 1 + \dfrac{2S_y}{D_n}$；

　　D_n——三通主管内径（mm）；

　　φ_{sw}——水压试验时纵向焊缝减弱系数 φ_n、孔桥减弱系数 φ、2φ、φ_d 中的最小值；

　　R_{eL}——三通无缝钢管常温屈服强度（MPa）。

13.4.5　壳体开孔补强设计

锅炉受压部件和压力容器由于工艺流程、制造加工和结构上的原因，需在壳体上开孔和连接接管。开孔不仅削弱了壳体的强度，而且在孔的边缘和连接处造成很高的局部应力集中。多年的运行经验表明，开孔部位或接管连接焊缝往往在较高的局部应力、温差应力、焊接残余应力和焊接缺陷等多种不利因素的共同作用下提前失效。如材料的韧性不足，可能导致整个受压部件的破裂。因此，开孔补强设计是锅炉受压部件和压力容器设计中的关键之一，是保证容器安全运行的重要环节。

1. 开孔应力集中

开孔的壳体受压时，孔边局部区域应力增高的现象称为应力集中。其中最大的应力值称峰值应力。在一般情况下，孔边峰值应力可达总体薄膜应力的 2 ~ 3 倍，个别严重部位甚至可达 5 ~ 6 倍。孔边实际最大应力 σ_{max} 与壳体总体薄膜应力之比称为集中应力系数，以 K 表示。开有圆孔的平板受单向拉伸时，以弹性力学理论求解得出。孔边的应力分布如图 13-33 所示。$\sigma_{max} = 3\sigma$。孔边应力集中与孔边距离的关系如图 13-34 所示，即孔边的应力集中程度随孔距离的增大而逐渐衰减。

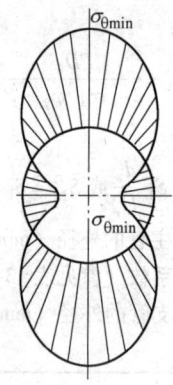

图 13-33　孔边应力分布图

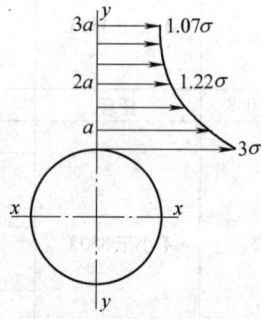

图 13-34　孔边应力集中与孔边距离的关系

当壳体受双向拉伸作用时，孔边的应力分布可按叠加原则计算：

$$\sigma_\theta = 3\sigma - \sigma = 2\sigma$$

球壳上的开孔即系双向拉伸的典型实例，其孔边的最大应力集中系数 $K = 2.0$。

在圆柱形壳体上的开孔受数值不等的双向拉伸作用。径向薄膜应力 $\sigma_x = \dfrac{PR}{2S}$，环向薄膜应力 $\sigma_y = \dfrac{PR}{S}$。采用叠加方法计算得出：

$$\sigma_\theta = 3\sigma_y - \sigma_x = 2.5\sigma_y \qquad (13\text{-}52)$$

即圆柱形壳体上开孔边缘的最大应力集中系数 $K = 2.5$。

当开椭圆孔时，孔边应力分布与圆孔有所差别，如图 13-35 所示，受单向拉伸时，对于长轴平行于 y 轴的情况，孔边应力为

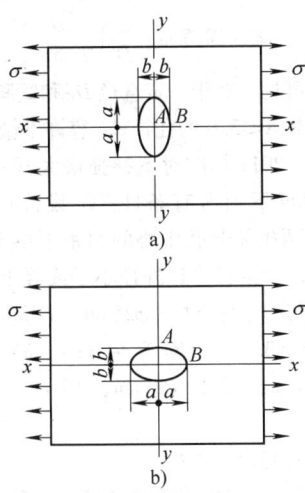

图 13-35　开椭圆形孔平板单

向拉伸的受力条件

a）长轴平行于 y 轴　b）长轴平行于 x 轴

$$\sigma_A = \sigma\left(1 + 2\frac{a}{b}\right) \qquad (13\text{-}53)$$

$$\sigma_B = -\sigma$$

如 $a/b = 2$，则 $\sigma_A = 5\sigma$，即应力集中系数 $K = 5.0$。

对于长轴平行于 x 轴的情况，孔边应力为

$$\sigma_A = \sigma\left(1 + 2\frac{b}{a}\right) \qquad (13\text{-}54)$$

$$\sigma_B = -\sigma$$

如 $b/a = 0.5$，则 $\sigma_A = 2\sigma$，故应力集中系数 $K = 2.0$。

在双向受拉的情况下，当 $\sigma_x = \sigma_y$ 时（相当于球壳），椭圆形孔边最大应力在长轴的顶点：

$$\sigma_{\max} = 2\frac{a}{b}\sigma_y \qquad (13\text{-}55)$$

应力集中系数：$K = 2\dfrac{a}{b} > 2.0$，即大于开圆孔的应力集中系数（$K = 2.0$）。

当 $\sigma_y = 2\sigma_x$ 时（相当于圆柱形壳体），对于长轴平行于 y 轴的情况：

$$\sigma_A = \sigma_x\left(1 + \frac{2a}{b}\right) - \sigma_y = \sigma_y\left(\frac{a}{b} - \frac{1}{2}\right) \qquad (13\text{-}56)$$

$$\sigma_B = \sigma_y\left(1 + \frac{2b}{a}\right) - \sigma_x = \sigma_y\left(\frac{1}{2} + \frac{2b}{a}\right) \qquad (13\text{-}57)$$

如 $a/b = 2$，则 $\sigma_A = \sigma_B = 1.5\sigma_y$，即最大应力集中系数 $K = 1.5$。

对于椭圆形孔长轴平行于 x 轴的情况，由上式计算可知，其应力集中系数 $K = 4.5$。

因此，在圆柱形壳体上如需开椭圆孔，应使孔的长轴垂直于圆筒体的轴线，可大大减少孔边的应力集中。

2. 孔排边缘的应力分布

如开孔引起的减弱和应力集中对相邻开孔应力分布的影响很小，则这种开孔可看做是单孔。当孔间距较小时，相邻开孔的应力集中会相互叠加，这种形式的开孔称为孔排。

当开有两个相距较近（$t < 2d$）圆孔的平板受单向拉伸作用时，两孔边缘的应力集中区域在孔桥内相互叠加，在弹性范围内，孔桥的应力分布如图 13-36 所示。

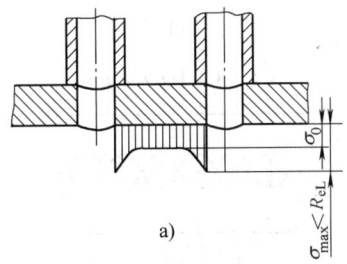

a)

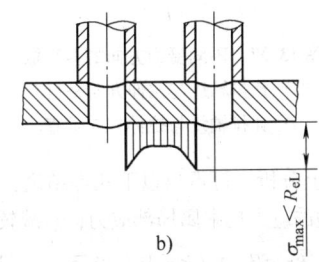

b)

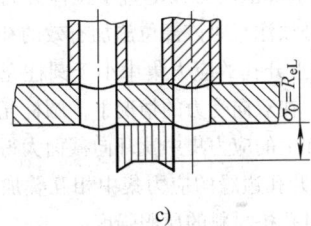

c)

图 13-36　孔排边缘的应力分布

a）$\sigma_{\max} < R_{eL}$　b）$\sigma_{\max} < R_{eL}$　c）$\sigma_0 = R_{eL}$

由图可见，孔边应力达到了最大值，且应力集中区域相互重叠，使桥内的应力增加到相当高的水平。对于理想弹塑性材料，当孔边的峰值应力达到屈服点 R_{eL} 时，如载荷继续增大，孔边的应变随之加

大，但应力峰值不再增加到 R_{eL} 以上，而是使孔桥内塑性变形区逐渐扩大，此时应力分布情况如图13-36b所示。当孔桥内各点的应力均达到屈服强度后（图13-36c），则孔桥不能再承受更大的载荷，即孔桥已达到极限承载能力。从极限分析来看，孔桥上的应力最终是均匀分布的，各点的变形不同，但应力水平相当接近。

此外，孔排的应力分布还与受力方向有关。当孔排的轴线与受力方向平行时，孔距愈小，应力集中系数 K 值愈小（图13-37a）；当孔排的轴线与受力方向垂直时，应力集中系数随孔距的缩小而增加，应力梯度则相应减小（图13-37b）。

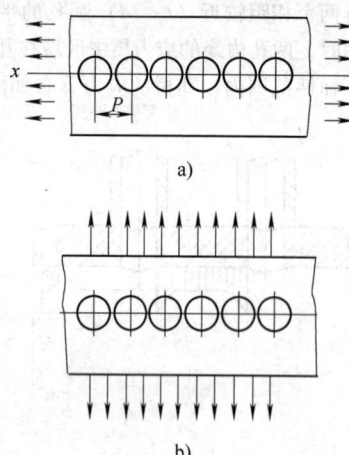

图 13-37　不同受力方向的多孔板
a）孔排轴线与拉伸方向平行
b）孔排轴线与拉伸方向垂直

根据以上分析，可得出以下几点结论：

1）孔边的应力集中属局部应力，衰减较快，其作用主要是在 $\sqrt{RS}$ 范围内（R＝开孔半径，S＝孔桥）。

2）孔边的峰值应力在垂直于拉伸方向的截面上达最大值，必须注意对该部位施加有效的补强。

3）球壳上开孔的应力集中小于圆柱壳体上开孔的应力集中。在双向受力的情况下，圆柱壳体上开孔边缘纵向截面上的应力集中比环向截面大得多。

4）孔排开孔边缘的应力集中相互叠加，但峰值应力不会超过孔桥材料的屈服强度。

3. 可不做补强的最大孔径

锅炉受压元件和压力容器壳体现行强度计算标准中总是考虑一定的壁厚裕量，壳体的取用壁厚总是大于最小计算壁厚，因此也可将壳体看作已被整体加强，容许在壳体上开设一定尺寸的孔而不必补强。对于封头来说，计算壁厚小于圆柱形壳体壁厚，若封头

取用壁厚与筒体壁厚相等，则可将封头视为已被整体加强。其次，孔边的局部应力集中属二次应力，最大当量应力容许达到 $3[\sigma]$，即应力集中系数容许在3.0以下。

已知，碳钢压力容器孔边的应力集中系数可按下式计算：

$$K = 2.5 + \left(\frac{d}{D}\right)\sqrt{\frac{D}{S}} \qquad (13\text{-}58)$$

由上式可见，对于一定直径 D_i 和壁厚 S 的容器，应力集中系数 $K \leqslant 3.0$ 的孔径 d，容许不做补强。

GB 150—2011 标准对不补强最大开孔直径规定必须全部满足下列所有条件：①设计压力不大于2.5MPa；②两相邻开孔中心的间距不小于两孔直径之和的两倍；③接管公称外径小于或等于89mm；④接管最小壁厚应为：对于 ϕ25mm、ϕ32mm、ϕ38mm 公称外径，$S\geqslant3.5$mm；对于 ϕ45mm、ϕ48mm 公称外径，$S\geqslant4.0$mm；对于 ϕ57mm、ϕ65mm 公称外径，$S\geqslant5.0$mm。

4. 开孔补强设计方法

开孔补强设计方法主要是有下列三种：

（1）等面积法

等面积法的原则是补强材料的截面积应与壳体因开孔而减少的截面积相等。这完全是经验方法，使对抗拉强度的安全系数 >4。

GB 150—2011《钢制压力容器》标准中规定，等面积补强法的适用条件如下：

对于圆筒，当其内径 $D_i\leqslant1500$mm 时，开孔最大直径 $d\leqslant1/2D_i$，且 $d\leqslant520$mm；当其内径 $D_i>1500$mm 时开孔最大直径 $d\leqslant1/3D_i$，且 $d\leqslant1000$mm。

对于球壳或凸形封头，开孔最大直径 $d\leqslant1/2D_i$。

对于锥壳（或锥形封头），开孔的最大直径 $d\leqslant1/3D_i$，（D_i 为开孔中心处的锥壳内径）。

等面积计算法仅考虑开孔截面的一次应力强度，对开孔区局部高应力部位未做安定性校核。尤其是在圆柱形壳体上开椭圆形孔的情况下，当长短轴比较大时，在长轴顶端可能产生很高的局部应力，极易发生不安定的问题，所以等面积补强法通常仅适用于长短轴之比小于或等于2的椭圆形孔，孔边的局部应力必须做安定性校核。对于可能产生疲劳破坏的工况，则需进一步校验疲劳强度。

当按等面积法对壳体进行开孔补强时，其补强区的有效范围按图13-38中的 $WXYZ$ 标定的矩形来确定。有效补强范围由有效宽度和有效高度组成。

有效宽度 B 应等于

$$B = 2d$$

$$B = d + 2\delta_n + 2\delta_{nt} \quad (\text{mm}) \quad (13\text{-}59)$$

取二者较大值。

有效高度 h_1 和 h_2 应分别取以下两种计算中的较小者。

外侧高度 $h_1 = \sqrt{d\delta_{nt}}$

或 h_1——接管实际外伸高度（mm）。

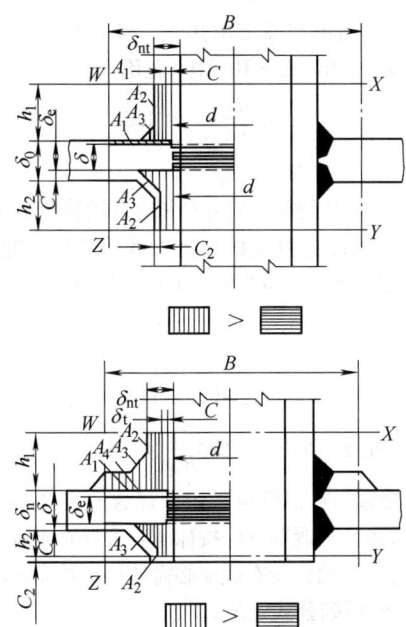

图 13-38　开孔有效补强范围示意图

内侧高度 $h_2 = \sqrt{d\delta_{nt}}$

或 h_2——接管实际内伸高度（mm）。

有效补强面积由以下几部分组成：

$$A_e = A_1 + A_2 + A_3 \quad (13\text{-}60)$$

式中　A_e——有效补强面积（mm²）；

A_1——壳体有效厚度减去计算厚度之外的多余面积（mm²），$A_1 = (B - d)$

$$(\delta_e - \delta) - 2\delta_{et}(\delta_e - \delta)(1 - f_r) \quad (13\text{-}61)$$

A_2——接管有效厚度减去计算厚度之外的多余面积（mm²），$A_2 = 2h_1$

$$(\delta_{et} - \delta_{t\varepsilon})f_r + 2h_2(\delta_{et} - C_2)f_r \quad (13\text{-}62)$$

A_3——焊缝金属截面积（mm²）（见图 13-39）

以上各式中：

f_r——强度削弱系数，等于设计温度下接管材料与壳体材料许用应力之比值，当该值大于 1.0 时，取 $f_r = 1.0$；

δ_e——壳体开孔处的有效厚度（mm）；

δ——壳体开孔处的计算厚度（mm）；

δ_{et}——接管的有效厚度（mm），$\delta_{et} = \delta_{nt} - C$；

δ_{nt}——接管名义厚度（mm）；

C——厚度附加量（mm）。

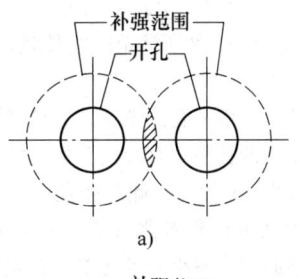

a)

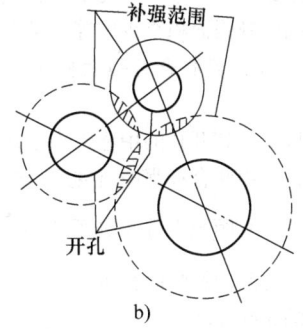

b)

图 13-39　多孔示意图

a) 两个开孔　b) 两个以上开孔

若 $A_e \geqslant A$ 则开孔不需另加补强；

若 $A_e < A$，则开孔需另加补强，补强面积按下式计算：

$$A_4 \geqslant A - A_e$$

式中　A_4——有效补强范围内另加的补强面积（mm²）。

开孔所需补强面积按下式计算：

对于圆筒和球壳

$$A = d\delta + 2\delta_{et}(1 - f_r) \quad (13\text{-}63)$$

式中　d——开孔直径，圆形孔取接管内径加 2 倍厚度附加量，椭圆形或长形孔取所考虑平面的尺寸（弦长，包括厚度附加量）（mm）。

对于锥壳，开孔所需补强面积计算公式同上，但式中 δ 是以开孔中心处锥壳内径取代 D_c 计算所得的锥壳厚度。

对于椭圆形或碟形封头，开孔所需补强面积亦按上式计算，但式中的 δ 按下列条件和公式确定：

① 开孔位于椭圆形封头中心，80% 封头内径范围内：

$$\delta = \frac{P_c K_1 D_i}{2[\sigma]^t \varphi - 0.5 P_c} \quad (13\text{-}64)$$

式中　K_1——椭圆形长短轴比值决定的系数，对于标准椭圆形封头 $K_1 = 0.9$，非标准椭圆

形封头的 K_1 查相应数表。

② 开孔位于碟形封头球面部分内：

$$\delta = \frac{P_c K_1 D_i}{2[\sigma]'\varphi - 0.5P_c} \qquad (13\text{-}65)$$

③ 开孔位于①、②所述范围之外时，δ 按碟形封头壁厚公式计算。

对于壳体上开多个孔的情况，当任意两个相邻开孔的中心距小于两孔平均直径的2倍，使其补强区彼此重叠时（见图13-39a），此两开孔应在两孔中心线的平面内按上述方法作补强计算，且应采用联合补强，其总补强面积应不小于各孔单独补强所需面积之和。两孔之间的补强面积至少等于两孔所需总补强面积的50%。在计算联合补强面积时，任何截面不得重复计入。

当两个以上相邻开孔的中心距小于该两孔平均直径的2倍，且采用联合补强时（见图13-39b），则这些相邻开孔的中心距至少等于其平均直径的 $1\frac{1}{3}$ 倍，任意相邻两孔之间的补强面积应至少等于该两孔所需总补强面积的50%。

若任意两相邻开孔中心距小于其平均直径的 $1\frac{1}{3}$ 倍，则该两孔可作为一个假想孔（其直径包括相邻两孔）进行补强。该两孔之间的任何金属均不得用于补强。

若在受压壳体上开有规则的排孔，且对每个开孔无法进行单独补强时，则可按排孔削弱系数增大壳体壁厚作整体补强。

（2）极限分析法

在 JB 4732—1995《钢制压力容器-分析设计标准》中还列入了用极限分析法计算开孔补强。该方法系根据塑性力学的极限定理，对一个极为简化的塑性模型进行极限分析。用这方法求得的结构极限承载能力低于实际结构的极限压力，结果较为保守。

该标准规定此方法适用的范围如下：

① 承受内压的圆筒、球壳和成形封头（以封头中心80%封头内径范围）的单个径向圆形开孔的补强。

② 两相邻开孔边缘的间距不得小于：

$$2.5\sqrt{\left(\frac{D_i + \delta_n}{2}\right)\delta_n} \qquad (13\text{-}66)$$

③ 圆筒形容器上的接管，最大开孔尺寸应在 $d/2R_i \leqslant 0.5$，$2R_i/\delta_n = 10 \sim 100$ 范围内。

$$\frac{d}{\sqrt{\dfrac{2R_i\delta_{nt}r_2}{\delta_n}}} \leqslant 1.5$$

式中　r_2——接管与圆筒外径相交处的转角半径。

④ 在球形容器或成形封头球面部分上的接管，最大开孔尺寸应在 $d/2R_i \leqslant 0.5$，$2R_i/\delta_n = 10 \sim 100$，$\dfrac{d}{\sqrt{2R_i\delta_n}}$ 的范围之内。

⑤ 接管、补强件及其邻近接管壳体材料的标准常温抗拉强度与屈服点之比 $\dfrac{\sigma_b}{R_{eL}} \geqslant 1.5$。

⑥ 接管和补强件应采用全焊透的接缝，并与壳体连成整体。过渡部分应按标准要求打磨成圆角。

通过接管轴线所有截面必需的最小补强面积 A 可按表13-40所列公式确定。

开孔有效补强范围如图13-40所示。其有效补强区半径按下式计算。

对于圆筒上的开孔，有效补强范围半径：

$$L_e = 0.945\left(\frac{\delta}{R_i}\right)^{2/3}R_i (\text{mm})$$

对于球壳和成形封头的开孔，有效补强范围半径：

$$L_n = 1.26\left(\frac{\delta}{R_i}\right)^{2/3}\left[R_i\left(\frac{d}{2R_i} + 0.5\right)\right](\text{mm})$$

$$(13\text{-}67)$$

表13-38　补强面积 A 的计算式

$\dfrac{d}{\sqrt{\dfrac{D_i\delta}{2}}}$ 或 $\dfrac{d}{\sqrt{\dfrac{2R_i\delta}{2}}}$	A	
	圆柱形壳体	球壳及凸形封头
<0.2	—	—
$\geqslant 0.2$ 且 <0.4	$\left[4.05\left(\dfrac{d}{\sqrt{\dfrac{D_i\delta}{2}}}\right)^{1/2} - 1.81\right]d\delta$	$\left[5.40\left(\dfrac{d}{\sqrt{R\delta}}\right)^{1/2} - 2.41\right]d\delta$
$\geqslant 0.4$	$0.75d\delta$	$d\delta\cos\left[\arcsin\dfrac{d}{2R_i}\right]$

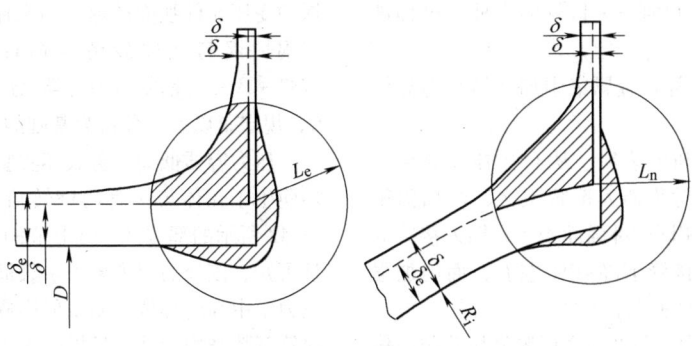

图 13-40 补强区范围

有效补强范围内的壳体和接管设计计算厚度以外的裕量均可作为补强金属。接管中心线每侧的补强面积，不少于所需补强面积的 50%。对于球壳和成形封头，位于接管和壳壁连接处外表面的补强面积应不少于所需补强面积 A 的 40%。

5. 开孔补强的结构形式

锅炉受压部件和压力容器开孔补强的结构形式可分为两大类，一种是补强圈搭接焊结构，另一种是整体补强结构。

第一类补强结构是以补强圈作为补强元件，并采用搭接焊缝与壳体和接管连成一体。这种结构是最早的补强形式，具有以下一系列的缺点，仅推荐在薄壁受压部件中使用。

1) 加强圈与壳体之间总是存在一定的间隙，影响传热，不适用于温度梯度较大的场合。

2) 加强圈与壳壁相焊后，增加了壳壁局部厚度，加大了开孔部位的拘束度和焊接残余应力，提高了接管焊缝开裂的概率。

3) 开孔部位的加强圈虽然降低了接管转角处的峰值应力，但在加强圈的外圆与壳体连接处仍存在不连续而引起应力集中，对结构的强度产生不利的影响。

4) 由于加强元件与壳体及接管不能连成一个整体，使抗疲劳性能明显下降。疲劳寿命比未开孔容器约降低 30%，而整体补强结构只下降 10% ~ 15%。

GB 150—2011 国家标准对补强圈结构的使用范围规定如下：

1) 壳体材料标准常温抗拉强度 ≤540MPa。

2) 补强圈厚度小于或等于 $1.5\delta_n$。

3) 壳体名义厚度 $\delta_n \leqslant 38mm$。

第二类是整体补强结构，其补强形式有下列几种：

1) 增加壳体厚度。

2) 增加接管壁厚，并与壳体全焊透连接。

3) 密集堆焊补强。

4) 接管整体堆焊补强。

从加强元件布置的部位及接管插入开孔的方式，开孔补强可大致分成图 13-41 所示的几种形式：

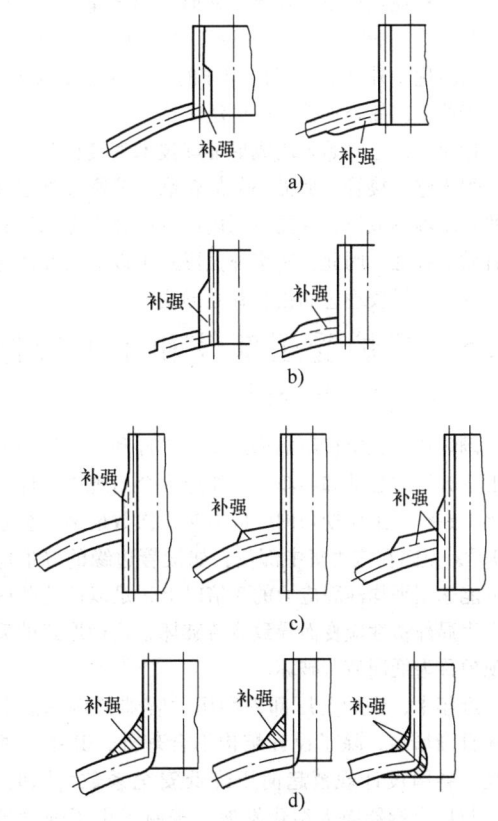

图 13-41 开孔补强的各种结构形式
a) 内加强平齐接管 b) 外加强平齐接管
c) 对称加强插入接管 d) 密集补强

1) 内加强平齐接管——补强元件设在接管或壳体的内侧。

2) 外加强平齐接管——补强元件设在接管或壳体的外侧。

3）对称加强插入接管——接管的内伸与外伸部分对称加强。

4）密集补强——补强金属集中加在接管与壳体的连接处。

理论分析和试验研究表明，从开孔补强效果上看，密集补强最好，对称插入接管次之，内加强第三，外加强最差。在相同的补强面积下，插入接管的应力集中系数比平齐接管下降 40% 左右，而内加强的应力集中系数比外加强约小 27%。

在密集补强形式中，因补强金属紧靠接管与壳体连接处，正好处在应力集中区域，大大降低了孔边的应力集中系数。如想使应力集中系数从 3.0 降低到 2.0，只需 $0.8d\delta$ 的密集补强金属，而如采用外加强接管，则需用 $2.3d\delta$ 补强金属。因此，密集补强形式最经济。

从工程观点出发，开孔补强形式的选择还应以加工工艺、施工的简便程度为依据。例如内加强的补强效果虽然优于外加强，但内加强的加工工艺较复杂，不便于施工，故外加强仍被广泛采用。

近年来，已开始采用成形堆焊技术直接在开孔边缘堆焊出整个接管，加强部分的轮廓可按密集补强设计的要求堆焊成形，从而可利用最少的补强金属达到最有效的补强。因此，密集补强形式可以成为经济性好、补强效果较理想的接管补强形式。

13.5 锅炉受压部件和压力容器的抗疲劳设计

调峰负荷火电机组的锅炉受压部件和某些压力容器由于频繁的起动和停车，工作应力会出现周期性的变化。在整个工作期限内，应力交变次数最多不会超过 10^5，但因在应力集中部位，如接管边缘的峰值应力可能达到平均薄膜应力的 3 倍以上，足以使这些区域产生局部塑性应变而导致疲劳破坏，这种形式的疲劳现象称为低周疲劳破坏。

近年来，锅炉受压部件和压力容器的低周疲劳破坏日渐增多，除了设计结构不合理外，其主要原因是，各国设计规范趋向于降低安全系数，同时，锅炉与压力容器向大型化发展，普遍采用了强度较高的低合金钢，从而提高了受压壳体的工作应力水平。

受压部件的疲劳寿命主要受应力水平控制，所以低合金高强度钢受压部件易于发生低周疲劳破坏，而低强度的碳钢基本上不会出现低周疲劳破坏。当锅炉受压部位与压力容器不满足免作疲劳分析条件时，应进行疲劳计算或疲劳试验。GB/T 9222—2008《水管锅炉受压元件强度计算》国家标准中的附录 D，规定了锅炉锅筒低周疲劳寿命计算方法和程序。JB 4732—1996《钢制压力容器-分析设计标准》的附录 C，规定了以疲劳分析为基础的压力容器设计。

压力容器低周疲劳破坏实验结果表明，疲劳裂纹均萌生于壳体与接管内壁转角的纵向截面上。如图 13-42 所示的部位 A。由上节的接管开孔应力集中分析可知，该处的应力集中系数最大。这就说明，局部应力集中高的部位会萌生低周疲劳裂纹。因此，优化接管开孔结构设计，是提高压力容器疲劳寿命的重要环节。表 13-39 列出接管开孔结构和连接方式对低周疲劳强度影响的实验统计数据。

表 13-39　接管开孔结构和连接方式对疲劳强度的影响

序号	接管开孔结构和接头形式	疲劳强度比率（%）
1	双面焊全焊透对接接头 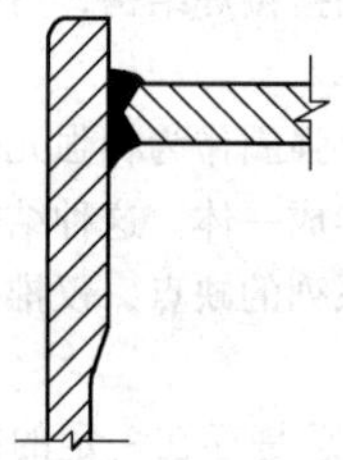	100%
2	接管开孔全补强 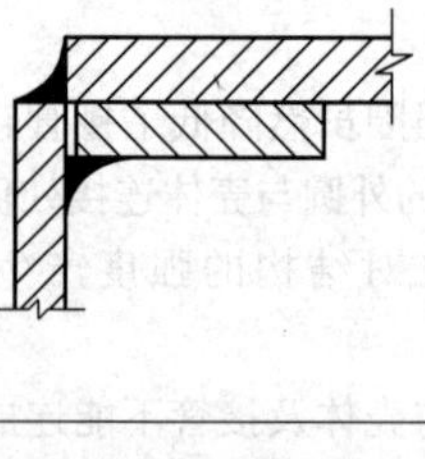	67%
3	接管壁厚加强全焊透 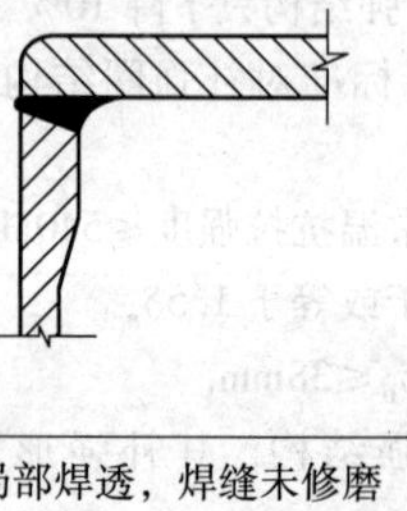	79%
4	局部焊透，焊缝未修磨	79%
	局部焊透，焊缝经修磨	87%
	全焊透，焊缝经修磨	94%

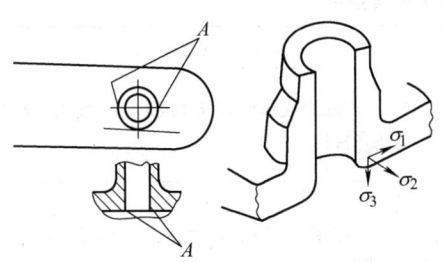

图 13-42　压力容器低周疲劳破坏裂纹萌生区

压力容器疲劳分析时，应先求出壳体中任一点在循环载荷期间两极端点的最大主应力 σ_1、σ_2 和 σ_3。$\sigma_1 > \sigma_2 > \sigma_3$，则最大主应力差的最大波动范围绝对值为 $S = \sigma_1 - \sigma_3$。

按交变应力强度幅值 $S_{alt} = \dfrac{1}{2}S$，求得 S_{alt} 后，即可应用图 13-43 所示的疲劳设计曲线，求得壳体能达到的工作循环次数 N。

应用疲劳设计曲线作疲劳分析时，以 S_{alt} 值乘以相应疲劳设计曲线中给定材料的弹性模量与所用材料弹性模量之比，再在疲劳设计曲线的纵坐标上取该值，过此点作水平线与所用疲劳曲线相交。交点的横坐标值即为所对应的允许循环次数 N。

在制作疲劳曲线时已考虑了足够的安全裕度。设计曲线相对于"最佳"试验曲线有较大的安全系数。应力幅值 S_a 的安全系数为 2，对循环次数 N 的安全系数为 20，由二者中取较安全者。

在圆筒体上，最常用的径向开孔处的最大应力集中系数 K 可从图 13-44 所示的曲线上查得。

在锅炉和压力容器的受压部件疲劳设计时，应尽量采用应力集中系数低的接头形式，并对焊接工艺和表面状态提出专门的要求。表 13-40 列举了应力集中低的各种接头形式实例以及相应的焊接工艺要求。表 13-41 列出了应力集中高的接头形式实例，在承受交变载荷的受压元件中，应尽可能不予采用。

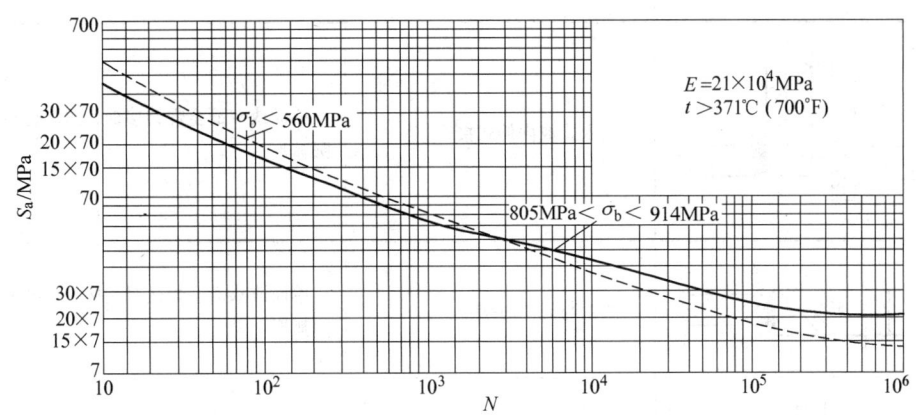

图 13-43　锅筒和压力容器用碳钢、低合金钢的疲劳设计曲线

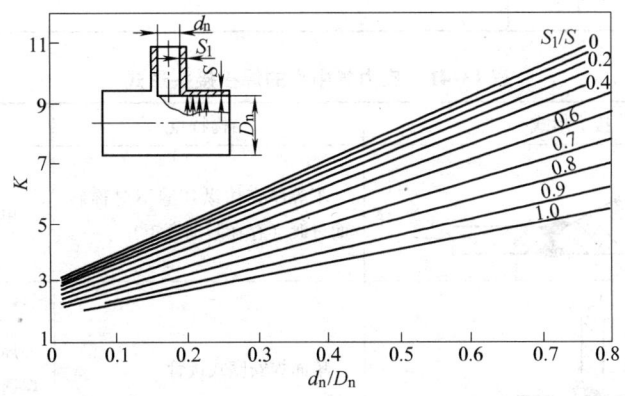

图 13-44　圆筒壳体上径向开孔处的最大应力集中系数

表 13-40　低应力集中的焊接接头形式

序号	接头形式	结构特点	工艺要求
1	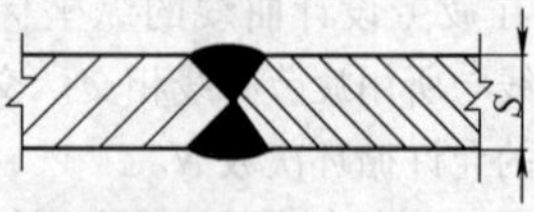	壳体纵环缝全焊透对接接头	双面焊或单面焊双面成形，焊缝表面修磨成圆滑过渡
2	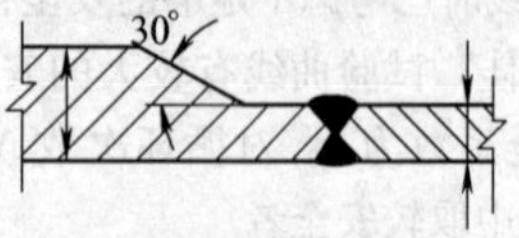	不等厚壳体纵环缝全焊透对接接头	双面焊或单面焊双面成形，焊缝表面修磨成圆滑过渡
	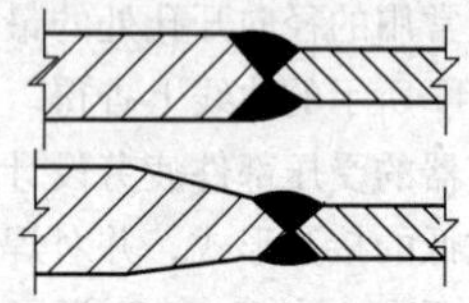	不等厚对接接头，内外两侧倾斜过渡或错边对等	双面全焊透焊缝，焊缝表面修磨成圆滑过渡
3	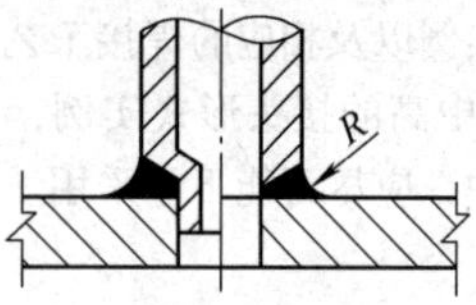	安座式接管	全焊透角接缝，焊后扩内孔或修磨根部至无缺陷；角焊缝表面修磨成圆弧形
4	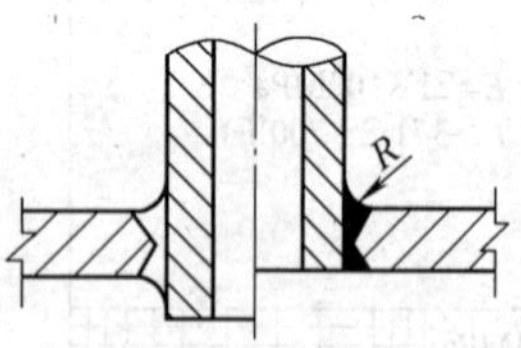	插入式或内伸式接管	单面或双面全焊透接缝，角焊缝表面修磨成圆弧形
5	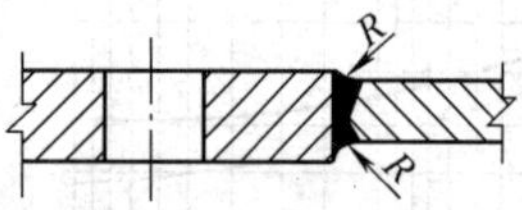	法兰与壳体对接接头	单面或双面全焊透对接接头焊缝表面修磨成圆弧形
6	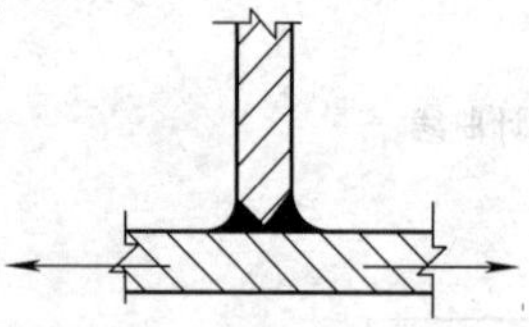	附件与壳体间的角接接头	单面或双面全焊透角接接头不允许咬边、未熔合等缺陷，外表均呈内凹形

表 13-41　应力集中高的焊接接头形式

序号	接头形式	结构特点	工艺要求
1		不等厚壳体纵环缝不对称斜面过渡（存在附加弯矩）	单面焊或双面焊
2	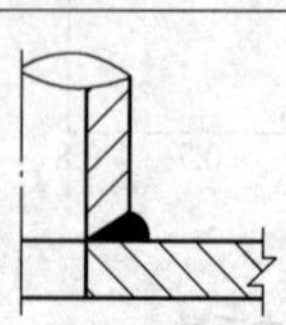	单面焊安座式接管	局部焊透焊缝，根部存在未焊透

（续）

序号	接头形式	结构特点	工艺要求
3	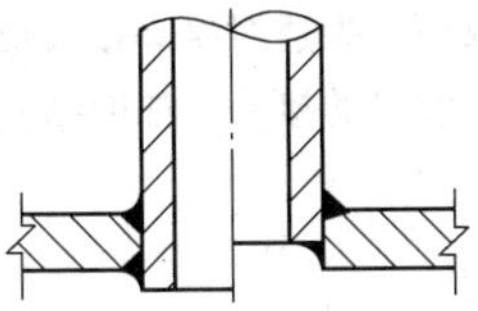	插入式或内伸式接管	双面局部焊透角焊缝
4	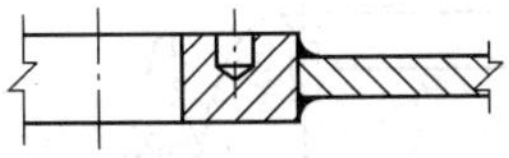	法兰与壳体间角接接头	双面局部焊透角焊缝
5	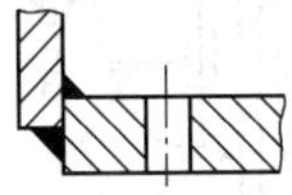	接管与法兰角接接头	双面局部焊透角焊缝

13.6 锅炉受压部件、压力容器与管道焊接接头的设计

13.6.1 焊接接头的设计准则

焊接接头由焊缝、热影响区及相邻母材三部分组成。在锅炉、压力容器和管道中，焊接接头不仅是重要的连接元件，而且与所连接部件共同承受工作压力、载荷、温度和介质的作用。焊接接头作为整个受压部件不可分割的组成部分对运行可靠性和使用寿命产生决定性的影响。因此，焊接接头的正确设计具有十分重要的意义。

焊接接头与其他连接形式，如铆接、胀接和栓接相比具有一系列的优点，如减轻结构重量、受力均衡、制造成本低和生产周期短等，但也有一些不可忽视的缺点，如接头各区组织不均一性、几何尺寸不连续性等。

在焊接结构设计时，应采取相应的合理措施，尽量发挥焊接接头的优点，克服或避免其不利的方面。焊接接头设计的内容包括：

1) 确定接头形式和位置。
2) 设计坡口形式和尺寸。
3) 制定对接头质量的具体要求。

焊接接头设计的基本准则如下：

1) 焊接接头与母材的等强性。其含义应包括常温、高温短时强度、高温持久强度和交变载荷强度。

2) 焊接接头与母材的等塑性。接头的塑性主要是指接头在结构中的整体变形能力，能经受住受压部件在制造过程中的变形和运行过程中复杂的受力条件。

3) 焊接接头的工艺性。焊接接头应布置在便于施工、焊接和检验（包括无损检验）的部位。焊接坡口形状和尺寸要适应所采用的焊接工艺，具有较高的抗裂性，并能防止焊接变形，应保证形成全焊透的焊缝并能避免焊接缺陷。

4) 焊接接头的经济性。应尽量减少焊接接头的数量，在保证接头强度的前提下减薄焊缝的厚度。在保证工艺性的前提下，尽量减小坡口的倾角和截面。对于薄壁受压部件应尽可能采用不开坡口的直边对接接头。对于壁厚大于50mm 的部件，尽量采用窄间隙或窄坡口对接接头。

13.6.2 单层受压壳体焊接接头的设计

锅炉锅筒、集箱、各种单层压力容器以及大直径管道均属于单层受压壳体。在接头设计上可遵循相同的准则。单层受压壳体上的焊接接头按其受力状态及所处部位可以分成 A、B、C、D、E、F 六类，如图13-45 所示。

A 类接头包括圆柱形壳体筒节（包括大直径接管的纵向对接接头），球形容器和凸形封头橘瓣之间的对接接头，球形容器的环向对接接头，镶嵌式锻制接管与筒体或封头间的对接接头，大直径焊接三通支管与母管相接的对接接头。

B 类接头系指圆柱形、锥形筒节间的环向对接接头，接管与筒节间及其与法兰相接的环向对接接头，除球形封头外的各种凸形封头与筒身相接的环向接头。

C 类接头是指法兰、平封头、端盖、管板与筒身、封头和接管相连的角接接头，内凹封头与筒身间的搭接接头以及多层包扎容器层板间纵向接头等。

D 类接头是指接管、人孔圈、手孔圈、加强圈、法兰与简身及封头相接的 T 形或角接接头。

E 类接头包括吊耳、支撑、支座及各种内件与简身或封头相接的角接接头。

F 类接头系在简身、封头、接管、法兰和管板表面上的堆焊接头。

1. A、B 类接头

锅炉受压部件和压力容器的 A、B 类接头均应采用单面或双面全焊透对接焊接头形式，如图 13-46 所示。单面开坡口的接头，如因结构所限只能从单面焊

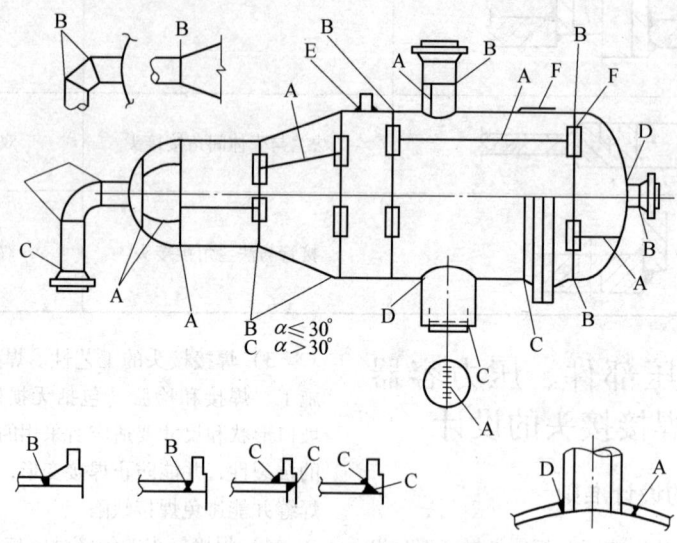

图 13-45　压力容器典型焊接接头类别

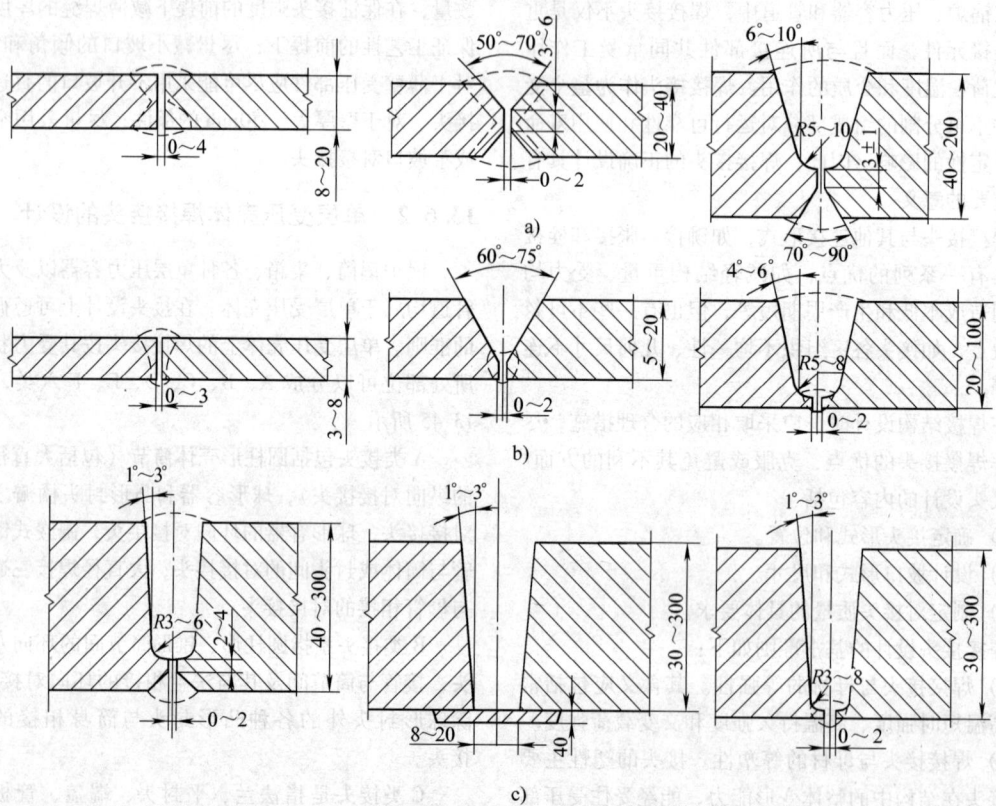

图 13-46　受压容器 A、B 类接头的各种形式
a）双面焊对接接头　b）单面焊全焊透对接接头　c）窄间隙对接接头

接时，也必须保证形成相当于双面焊的全焊透对接接头。为此，或采用氩弧焊、细丝二氧化碳保护焊等焊接工艺完成全焊透的封底焊道；或在焊缝背面加临时衬垫或固定衬垫，采用适当的焊接工艺，保证根部焊道双面成形并与坡口两侧完全熔合，如图 13-46b、c 所示。临时衬垫可选用耐高温的陶瓷衬垫或玻璃纤维衬垫，也可用薄板条制成，但衬垫材料不应对焊缝金属产生有害的影响。钢质临时衬垫焊后应采用机械加工方法去除，焊缝背面应均整且无表面缺陷。

对于不等厚 B 类接头及圆筒与球形封头间的 A 类对接接头，若较薄侧厚度不大于 10mm，两厚度差超过 3mm，以及较薄侧厚度大于 10mm，且两厚度差大于较薄侧厚度的 30%，或超过 5mm，则应按如图 13-47 所示的形式将较厚壳壁边缘削薄。

为避免相邻焊接接头焊接残余应力的叠加和热影响区的重叠，受压部件壳体上的 A、B 类接头之间的距离至少应大于壁厚的 3 倍，且不小于 100mm。对于壁厚大于 20mm 的受压壳体，不应采用十字形焊缝。同理，在 A、B 类接头及其附近不应直接开管孔，如因管孔过于密集而必须开在这两类接头上时，则必须对开孔部位的相邻焊缝作 100% X 射线照相检测或超声检测。如壳壁厚度大于 50mm，则在接管焊接之前，应将开孔区焊缝作消除应力处理。

容器筒身和封头上的 A、B 类接头应尽可能布置在不直接受弯的部位，如受压部件加载后发生弯曲而使焊缝根部集中弯曲应力（见图 13-48），则不应采用单面焊对接接头或直角填角焊缝。

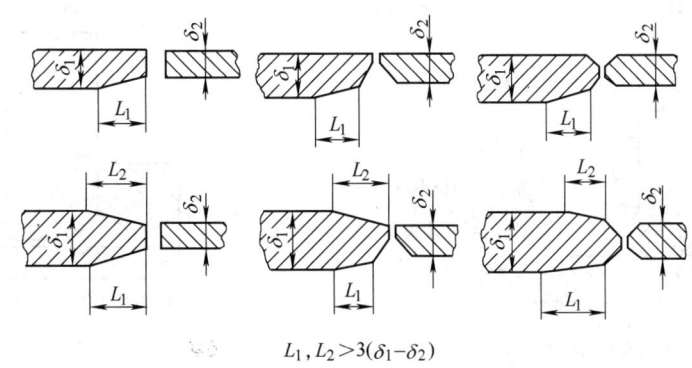

$$L_1, L_2 > 3(\delta_1 - \delta_2)$$

图 13-47　不等厚壁对接接头边缘削薄形式

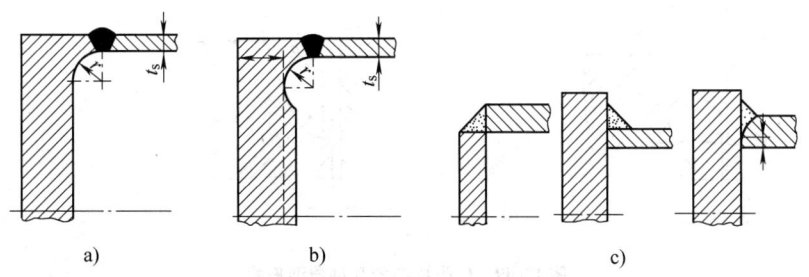

图 13-48　受弯曲应力作用的直角填角焊缝
a)、b) 正确　c) 不正确

A、B 类焊接接头应按容器的等级作全部或局部的 X 射线照相检测或超声检测。对于容许作局部探伤的 A、B 类接头，其检查长度不得少于所检查焊缝长度的 20%，且不得小于 250mm，焊缝交叉部位的接头必须进行无损检测。

所有 A、B 类接头均应由制造厂在投产前完成焊接工艺评定，以检查其接头的性能是否符合设计要求。

A、B 类对接接头的坡口形式和尺寸以及适用范围可参考国家标准 GB 985.1—2008、GB 985.2—2008。

2. C 类接头

C 类接头主要用于法兰与筒身或接管的连接。法兰的厚度是按所加弯矩进行刚度计算确定的，因此比壳体或接管的壁厚大得多。对于这类接头不必要求采用全焊透接头形式而允许采用如图 13-49 所示的局部焊透的 T 形接头。低压容器中的小直径法兰因受力小可采用不开坡口的角焊缝，但必须在法兰内外两面封焊，这样既可防止法兰焊接变形，又可保证法兰所要

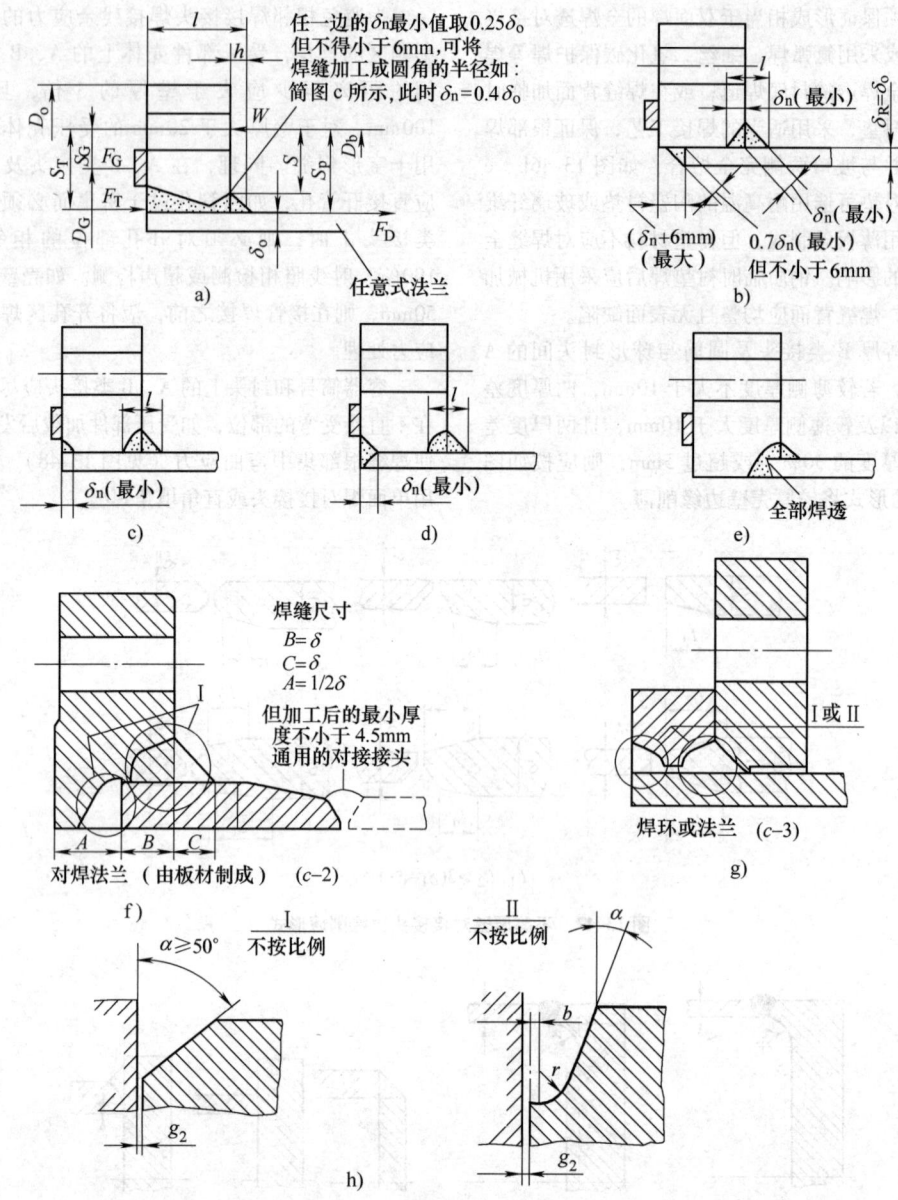

图 13-49　C 类接头的几种典型形式

求的刚度。对于平封头，管板与筒身相连的 C 类接头，因工作应力较高，应力状态较复杂，应采用全焊透的 T 形角接头，并对这种接头提出无损检验的要求。为减小角焊缝焊趾部位的应力集中，角焊缝表面可按要求加工成圆角，圆角半径 r 不小于 0.25 接管壁厚，至少为 4.5mm。

圆筒与平封头间的接头亦属于 C 类接头，按受压部件的压力等级，可将平封头边缘加工成图 13-50 所示各种形式的坡口，采用全焊透或局部焊透的工艺焊接。对于内压较高并有腐蚀介质的受压部件，应采

用图 13-50f、g、h 所示的对接接头。

3. D 类接头

在锅炉受压元件和压力容器中，D 类接头的受力条件比 A、B 类接头复杂得多。在设计这类接头时，应作全面的分析对比，选择合理而可靠的接头形式。

最常用的 D 类接头形式有以下几种：插入式接管全焊透 T 形接头，带补强接管 T 形接头，安座式接管的角接接头，嵌入式接管对接接头以及小直径法兰和接管的角接接头，其典型的连接形式和坡口形状如图 13-51～图 13-56 所示。

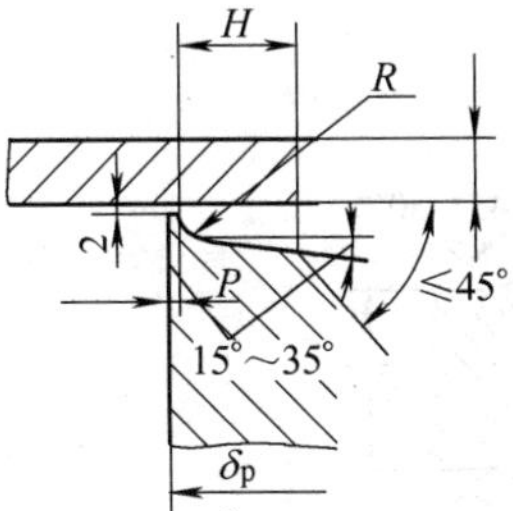

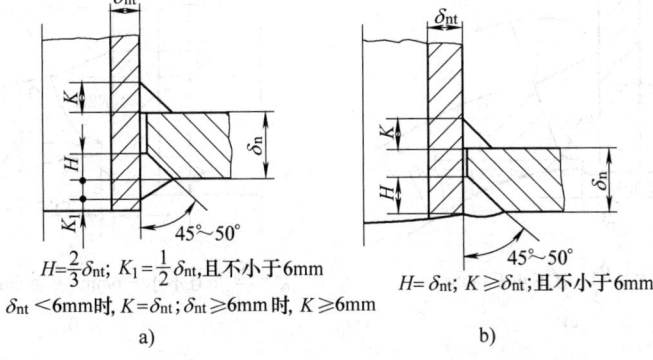

a)

$H \geqslant 1.25\delta_n$; $P = 2 \sim 3\text{mm}$; $R = 6 \sim 10\text{mm}$

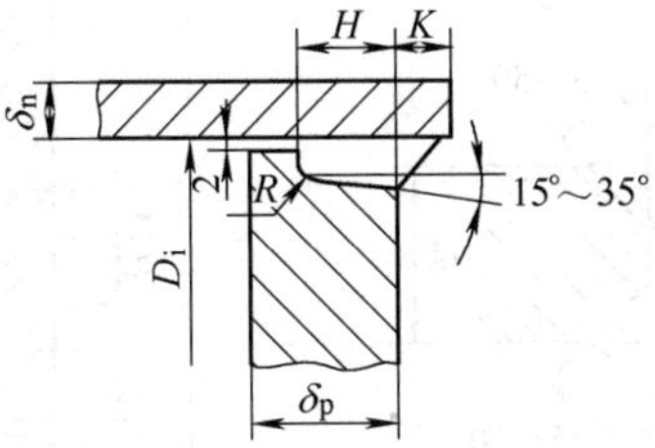

b)

$H \geqslant 2\delta_n$ 或 $H = \delta_p - 1.5$，两者中的较小值；$K = \delta_n$, $R = 6 \sim 10\text{mm}$

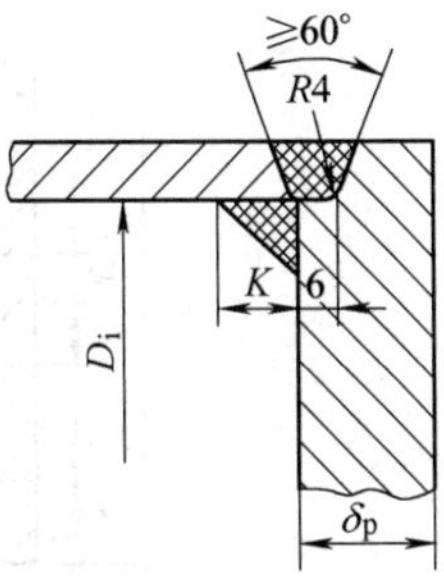

c)

$b \geqslant \text{mm}$;

$K \geqslant 1.25\delta_n$，且 $K \geqslant 5\text{mm}$

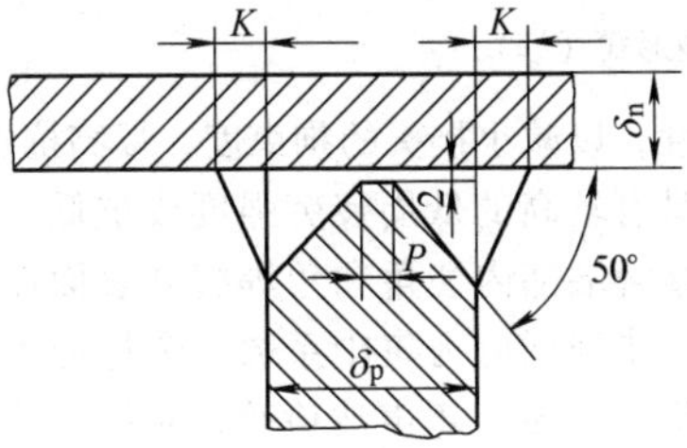

d)

$K = \dfrac{\delta_n}{3}$，且不小于 6mm;

$P = 2 \sim 3\text{mm}$

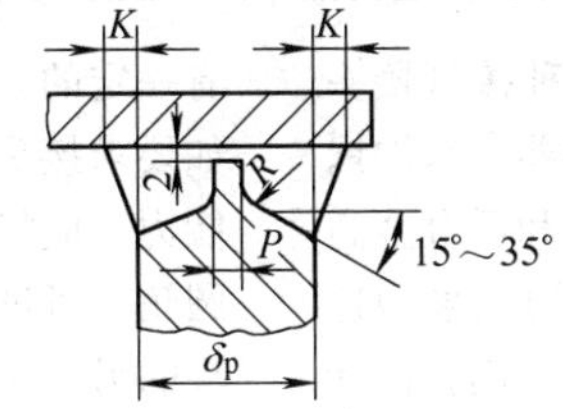

e)

$K = \dfrac{\delta_n}{3}$，且不小于 6mm;

$P = 2 \sim 3\text{mm}$; $R = 6 \sim 10\text{mm}$

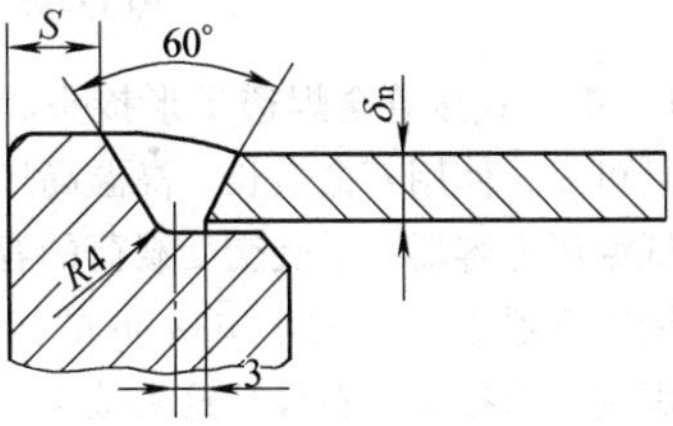

f)

$S \geqslant \delta_n$，且不大于 6mm

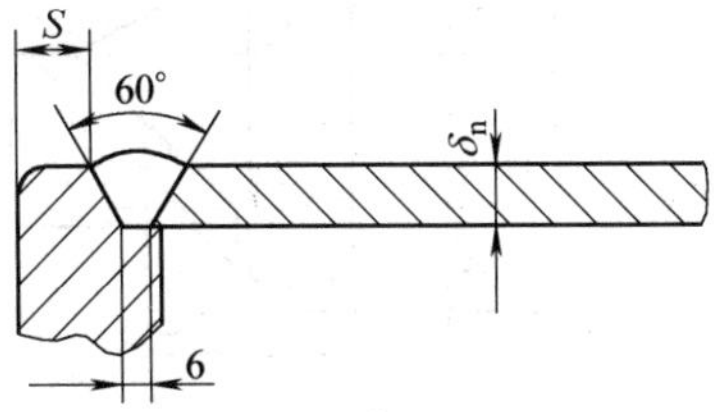

g)

$S \geqslant \delta_n$，且不大于 6mm

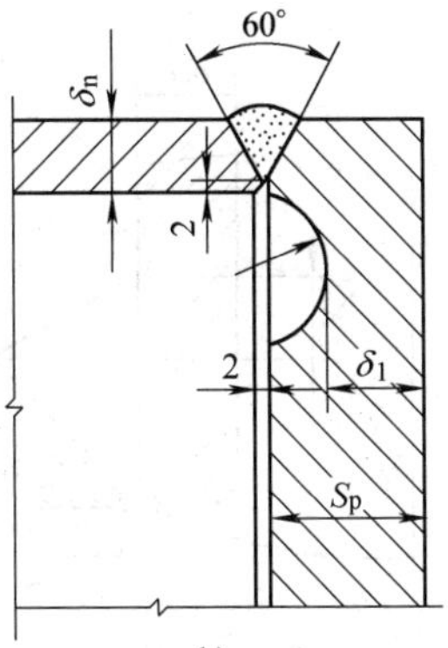

h)

$\delta_1 \geqslant \dfrac{2}{3}\delta_p$ 且不小于 5 mm; $r \geqslant 1.5\delta_n$

采用焊透的焊接工艺

图 13-50　圆筒与平封头间的接头形式

a)

$H = \dfrac{2}{3}\delta_{nt}$; $K_1 = \dfrac{1}{2}\delta_{nt}$, 且不小于 6mm

$\delta_{nt} < 6\text{mm}$ 时，$K = \delta_{nt}$; $\delta_{nt} \geqslant 6\text{mm}$ 时，$K \geqslant 6\text{mm}$

b)

$H = \delta_{nt}$; $K \geqslant \delta_{nt}$; 且不小于 6mm

图 13-51　插入式接管局部焊透 T 形接头典型形式

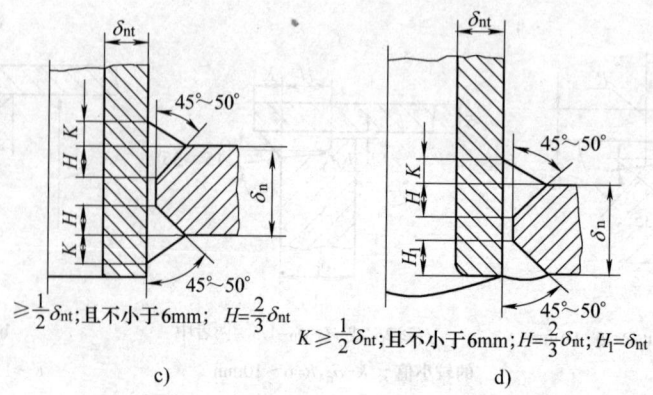

$\geqslant \frac{1}{2}\delta_{nt}$；且不小于 6mm；$H=\frac{2}{3}\delta_{nt}$

c)

$K \geqslant \frac{1}{2}\delta_{nt}$；且不小于 6mm；$H=\frac{2}{3}\delta_{nt}$；$H_1=\delta_{nt}$

d)

图 13-51　插入式接管局部焊透 T 形接头典型形式（续）

1）插入式接管全焊透 T 形接头。这种接管接头工作最可靠，使用寿命最长。高温高压容器、锅炉锅筒、低温压力容器、承受交变载荷的容器和低合金高强度钢制容器上直径大于 100mm 的接管均应采用这种全焊透 T 形接头。在设计这类接头时，采用壳体壁厚和接管壁厚整体均匀增厚并充分利用角焊缝的余高对开孔进行补强，使接头在满足强度要求的前提下具有一定的柔性，以减小接头的拘束度，提高抗裂性。如要求接头具有较高的低周疲劳强度或抗低温脆断能力，应将接管端部内棱角和角焊缝外表面加工成圆角，可进一步降低应力集中系数。全焊透 T 形接头的另一个优点是便于超声波检验，对接头的焊接质量可实行有效的控制。接头的典型形式如图 13-52 所示。

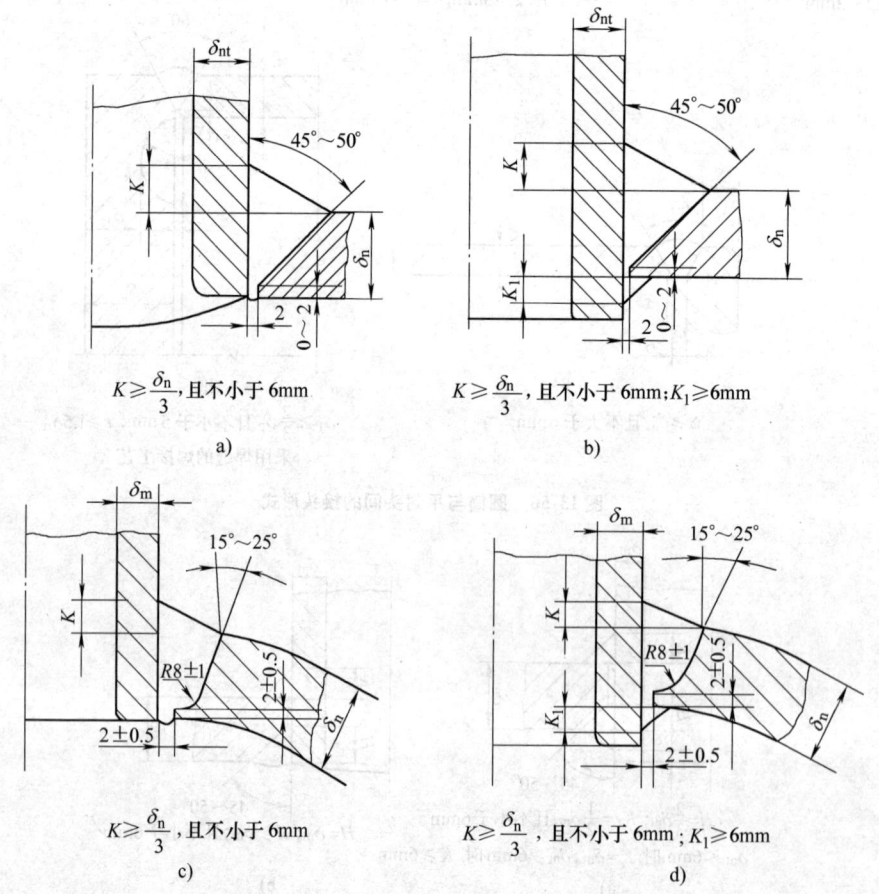

$K \geqslant \frac{\delta_n}{3}$，且不小于 6mm

a)

$K \geqslant \frac{\delta_n}{3}$，且不小于 6mm；$K_1 \geqslant 6$mm

b)

$K \geqslant \frac{\delta_n}{3}$，且不小于 6mm

c)

$K \geqslant \frac{\delta_n}{3}$，且不小于 6mm；$K_1 \geqslant 6$mm

d)

图 13-52　插入式接管全焊透 T 形接头典型形式

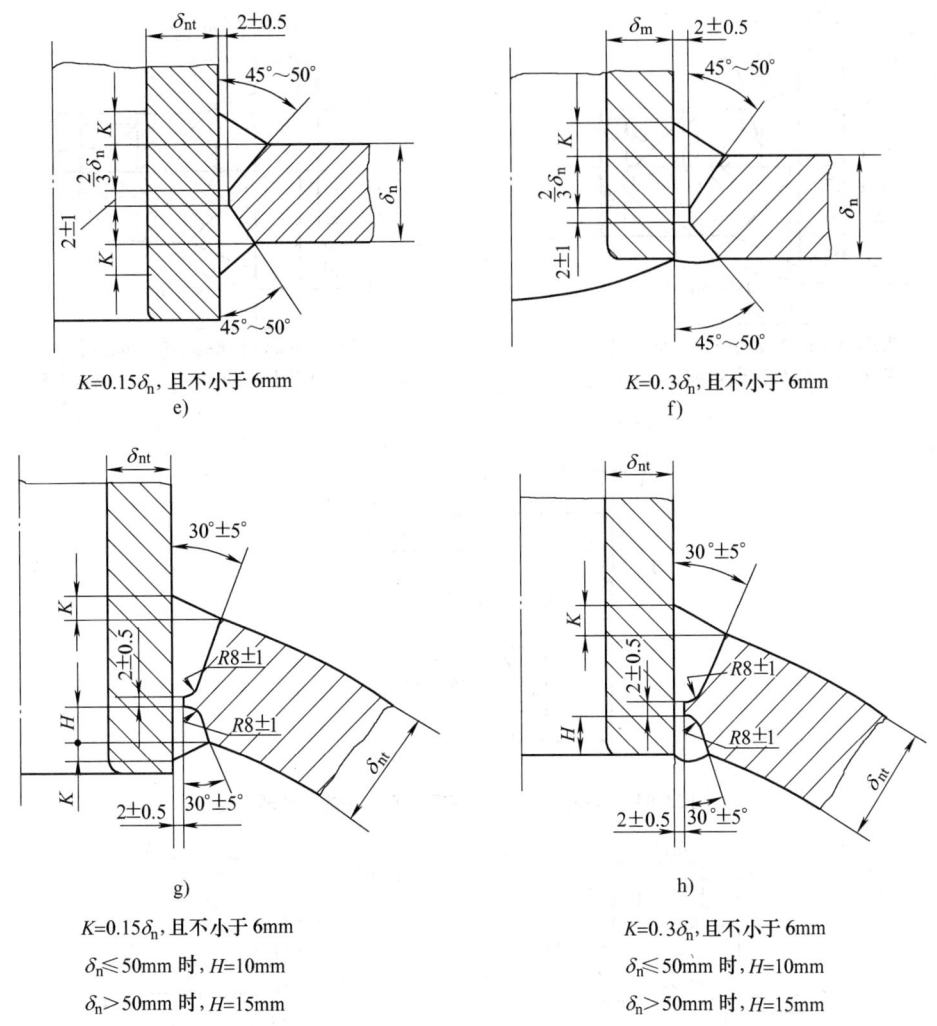

$K=0.15\delta_n$，且不小于 6mm
e)

$K=0.3\delta_n$，且不小于 6mm
f)

$K=0.15\delta_n$，且不小于 6mm
g)

$\delta_n\leqslant$50mm 时，H=10mm

$\delta_n>$50mm 时，H=15mm

$K=0.3\delta_n$，且不小于 6mm
h)

$\delta_n\leqslant$50mm 时，H=10mm

$\delta_n>$50mm 时，H=15mm

图 13-52　插入式接管全焊透 T 形接头典型形式（续）

2）插入式接管局部焊透 T 形接头。在中低压常温容器中，允许采用插入式接管局部焊透 T 形接头，图 13-51 示出这类接头的几种典型形式、坡口尺寸、倾角和焊缝高度的要求，其中 a 和 b 型接头适用于厚度小于 20mm 的压力容器，且接管的壁厚小于容器壳壁的 1/2。b 型接头中，孔边加工成 45°坡口，以增加焊缝的深度，但焊缝根部不可能完全熔透，所以只能在碳钢制低压容器中应用。对于壁厚 20～50mm 的容器，应当采用 c、d 型孔边双面开坡口的接头形式。

3）带加强圈插入式接管 T 形接头。带加强圈插入式接管 T 形接头（图 13-53）只适用于较薄的碳钢容器，大直径接管加强圈对受压壳体开孔虽有一定的补强作用，但因 T 形接头的焊缝厚度差不多增加了一倍，不仅加大了焊接工作量，而且还提高了接头的拘束度，由于这类接头无法作射线照相检验或超声检验，焊接质量难以控制，选用这类接头形式要慎重考虑。

4）安座式接管角接接头。安座式接管角接接头具有拘束度低、焊缝截面小的优点，其缺点是接管角焊缝的收缩应力垂直于壳体钢板的厚度方向，可能导致开孔内壁的层状撕裂，因此这类接头在厚壁容器中的应用有一定的局限性，而较适用于中等厚度（30～60mm）的受压部件，接管直径的适用范围为 32～200mm。图 13-54a、b 所示接头适用于厚壁接管，焊后机械加工接管内孔，去除未焊透的根部焊道。图 13-54c 所示接头一般用于内径小于 100mm 的接管。图 13-54d 所示接头常用于内径小于 50mm 及壁厚小于等于 6mm 的接管。而 e 型接头常用于内径大于 50mm 且小于 150mm、壁厚大于等于 6mm 的厚壁接管。

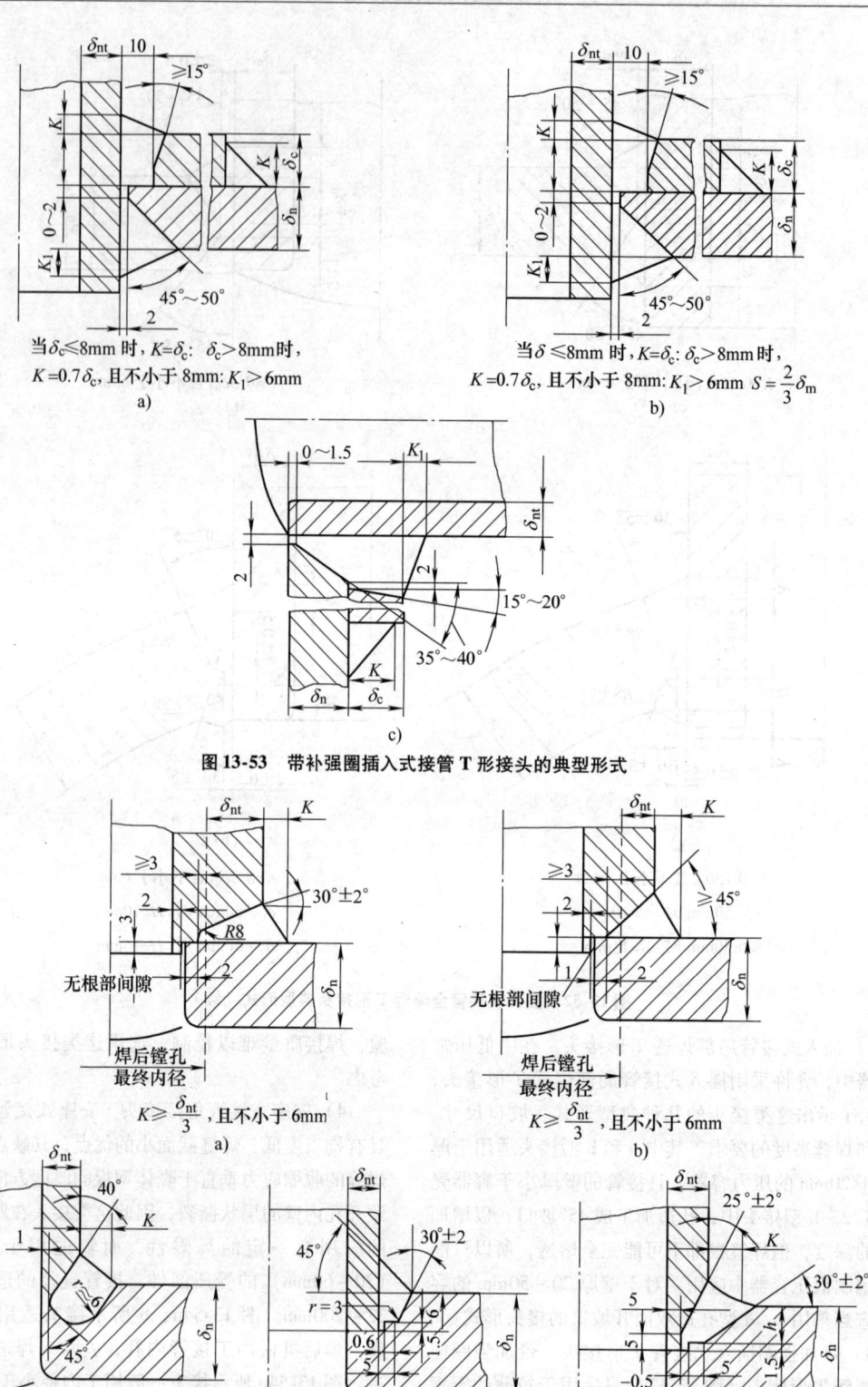

当 $\delta_c \leqslant 8$mm 时，$K=\delta_c$；$\delta_c > 8$mm 时，
$K = 0.7\delta_c$，且不小于 8mm；$K_1 > 6$mm

a)

当 $\delta \leqslant 8$mm 时，$K=\delta_c$；$\delta_c > 8$mm 时，
$K = 0.7\delta_c$，且不小于 8mm；$K_1 > 6$mm　$S = \dfrac{2}{3}\delta_m$

b)

c)

图 13-53　带补强圈插入式接管 T 形接头的典型形式

$K \geqslant \dfrac{\delta_{nt}}{3}$，且不小于 6mm

a)

$K \geqslant \dfrac{\delta_{nt}}{3}$，且不小于 6mm

b)

$K \geqslant \dfrac{\delta_{nt}}{3}$，且不小于 6mm

c)

d)

$K \geqslant \dfrac{\delta_{nt}}{3}$，且不小于 6mm，$h = \delta_{nt}$

e)

图 13-54　安座式接管角接接头的典型形式

5）嵌入式接管对接接头。嵌入式接管以对接接头与壳体相连，如图 13-55 所示。按壳体壁厚，对接接头可开单 U 形坡口或双 U 形坡口。这种接头的优点是焊缝受力均匀，应力集中较小，且便于无损探伤。缺点是壳体孔边缘必须机械加工，且开孔直径必须加大。

6）凸缘和小接管角接接头。公称直径小于 76mm 的凸缘、内螺纹管接头和直管接头可采用图 13-56 所示的角接接头直接与壳体相焊。除了低压容器可选用图 13-56c 所示不开坡口角接接头外，其余形式的接头均要在接管端部或壳体开孔边缘开一定深度的坡口。对于图 13-56d、e、f 所示接头，管接头插入壳体的深度至少等于接管的壁厚，且不小于 6.5mm。

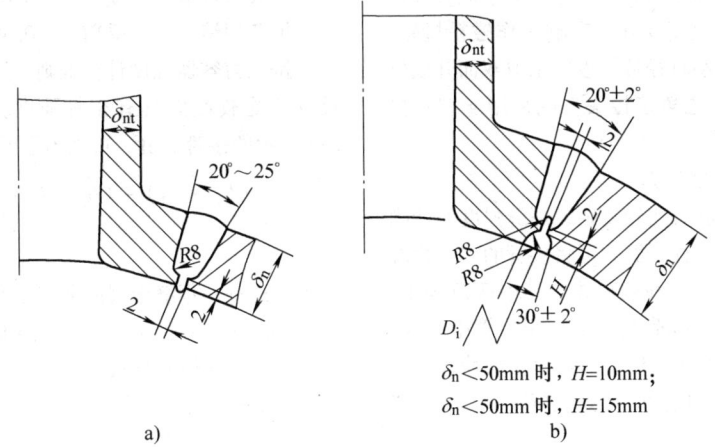

$\delta_n < 50mm$ 时，$H=10mm$；
$\delta_n < 50mm$ 时，$H=15mm$

图 13-55　嵌入式接管对接接头的典型形式

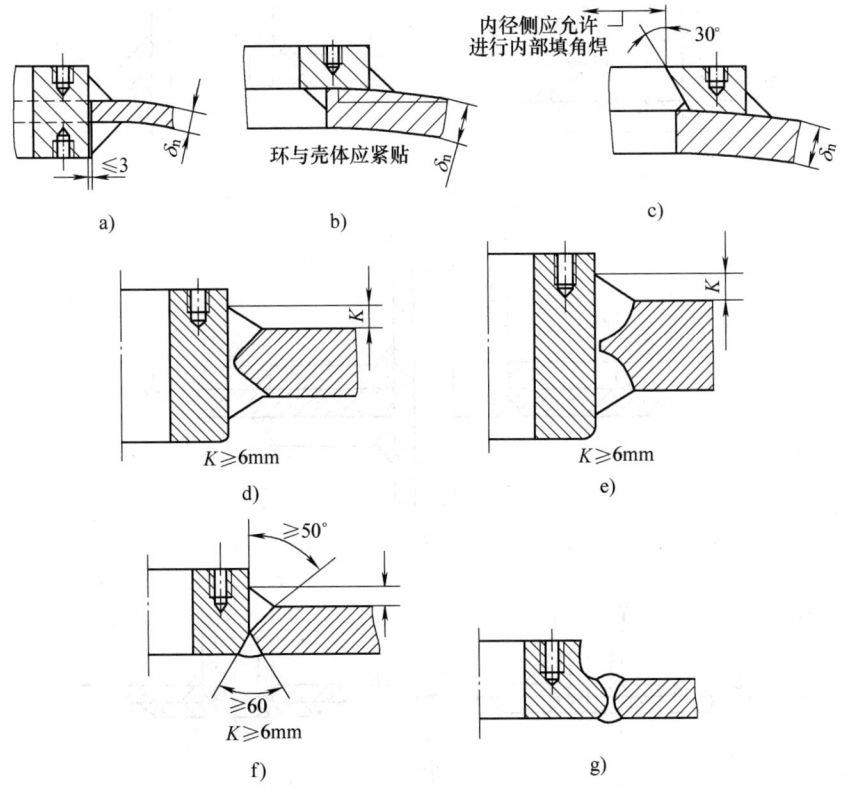

图 13-56　凸缘和接管角接接头的典型形式

为防止这种环向局部焊透封闭角接缝根部裂纹，使角接缝在焊接过程中有自由收缩的余地，在接管装配时，应在管端与管座台肩之间留出一定的间隙（约1.5mm）。为便于装配，保证规定的间隙，可将管座的台肩加工成一定的斜面。

在常温下工作的厚壁容器，直径小于50mm的管接头也可采用图13-56d、e、f所示角接接头形式，但必须保证简图上所标注的焊缝尺寸。对于低合金钢制容器，应对角焊缝表面及其热影响区作磁粉检验。对于低温容器即使是小直径接管也应采取双面开坡口或单面开坡口的全焊透角接接头，或采用g型对接接头。

4. 接管焊缝的强度计算

接管焊缝的受力状态比较复杂，焊缝强度的精确计算十分烦琐。对于工程计算，可将接管的受力状态简化成图13-57所示的三种载荷线。其中载荷线①、②垂直于接管中心线，载荷线③平行于接管中心线。在计算安座式接管焊缝强度时，只需考虑载荷线①和③。对于插入式接管，应同时计算载荷线①、②、③

的受力条件。填角焊缝的强度通常以受剪面积的一半来计算。开坡口的角接缝则按受力方向，或按受剪面积的一半或按受拉面积的一半来计算。焊缝的截面积应按相关载荷线上的最小焊缝厚度确定。在选取许用应力值时，应按接头形式和载荷种类考虑下列减弱系数：

开坡口焊缝　　受拉　　0.74
开坡口焊缝　　受剪　　0.60
填角焊缝　　　受剪　　0.49

按压力容器强度计算准则，接管的焊缝金属应与接管的受载截面具有相等强度。据此，对于图13-58a所示的接管焊缝，可列出下列等式：

$$[(B_1 + F_1) + (B_2 + F_2)]\tau_w\varphi = S_t\sigma_b$$

$$(13\text{-}68)$$

式中　τ_w——焊缝金属的剪切强度；

σ_b——接管材料的抗拉强度；

φ——焊缝系数；

S_t——接管壁厚。

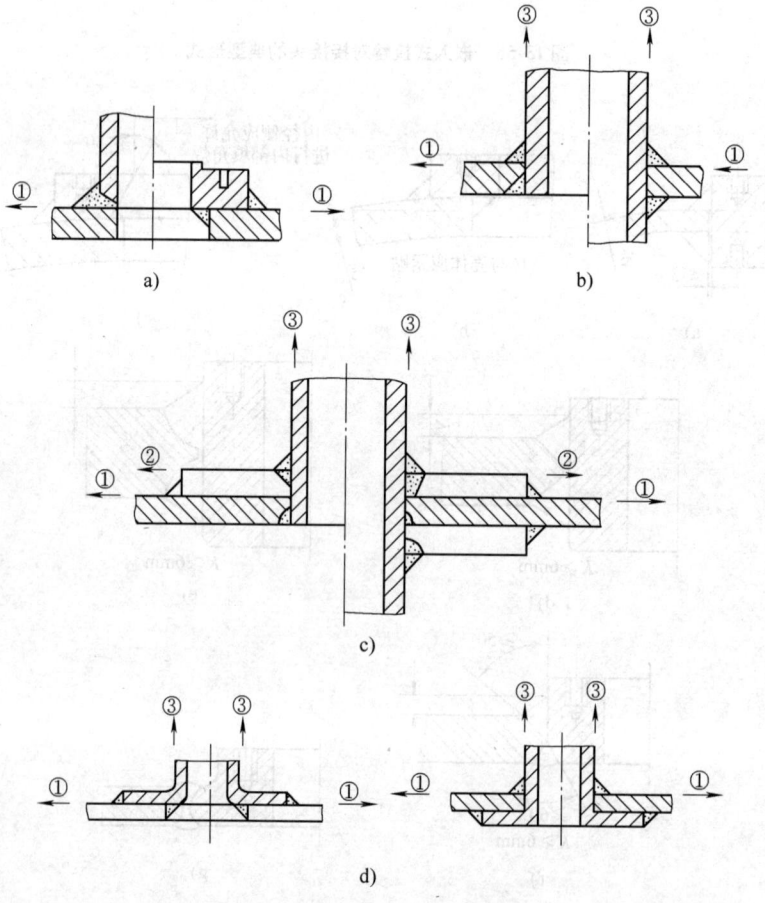

a)　　　b)

c)

d)

图13-57　各类接管焊缝载荷线示意图

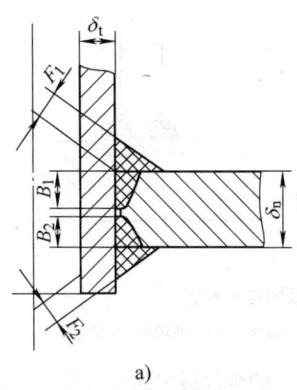 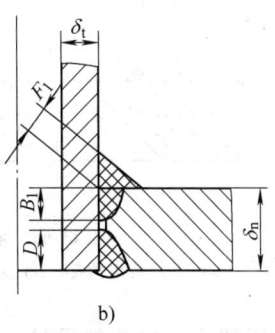

图 13-58 插入式接管焊缝受载截面示意图

a）双面角焊缝加强 b）单面角焊缝加强

因

$$\tau_w/\sigma_b = 0.6, \quad \varphi = 0.85$$

代入上式得

$$(B_1 + F_1) + (B_2 + F_2) \approx 2S_t$$

如内外两侧焊缝截面相同，则

$$(B_1 + F_1) = (B_2 + F_2) \approx S_t$$

同理，对于图 13-58b 所示的接头，其焊缝尺寸应近似等于：

$$(B_1 + F_1) + D \approx 2S_t$$

图 13-51～图 13-56 上所标注的坡口和焊缝尺寸基本上都满足了上列强度条件，按现行压力容器法则的规定，插入式接管的壁厚当超过壳体一半时，应采用全焊透的 T 形接头，但超过壳体外表面的角焊缝厚度只要取壳体厚度的 20% 或接管壁厚的 10% 且不小于 6mm，即满足强度要求。实际上在接管全焊透的 T 形接头中，这种角焊缝是对接管焊缝难于无损检验的一种补偿，并使接管焊缝的几何形状具有平滑过渡的外形。加大角焊缝的尺寸不仅对强度毫无贡献，而且增加焊接工作量，浪费大量焊材，加大接头的残余应力，恶化热影响区性能。

5. E 类接头

非受压部件与受压部件（筒身、封头、接管）相连接的 E 类接头主要采用搭接和角接接头形式。图 13-59 示出立式容器裙座与封头连接的搭接接头及焊缝尺寸要求。吊耳、支架、角撑等承载部件与壳体的连接应采用图 13-60 所示双面开坡口全焊透角焊缝。单侧角焊缝的厚度应为承载件连接处厚度的 0.7 倍，但不得小于 6mm，加劲肋之类无强度要求的连接焊缝可采用图 13-60a 所示的不开坡口双面角焊缝，角焊缝的厚度应等于连接件厚度的 0.7 倍，但不应小于 6mm。当承载件与厚度超过 100mm 厚壁壳体相焊时，则为防止焊缝底部出现层状撕裂，应按图 13-60c 在连接部位壳体表面加工出一定深度和宽度的凹槽，并采用与壳体材料等强、塑性较好的焊条在槽内预堆焊，堆焊层高度应与壳体表面平齐，用砂轮修磨平整后，再将承载件与堆焊层相焊。如壳体材料和承载材料为低合金钢，则应对堆焊层和连接焊缝表面作磁粉检验。

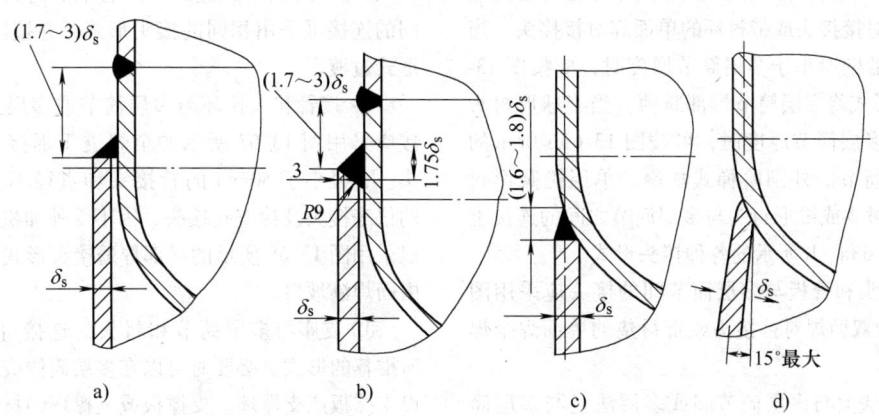

图 13-59 裙座与封头相连的搭接接头及焊缝尺寸要求

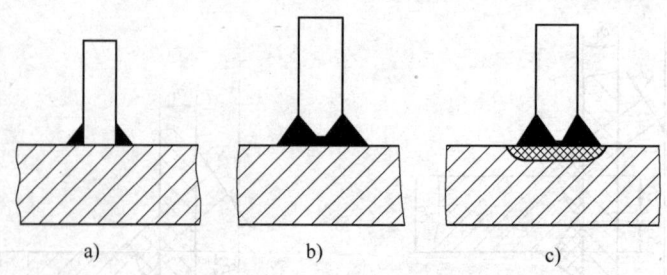

图 13-60　承载件与壳体相焊的接头形式

a）不开坡口角接　b）双面开坡口全焊透角接　c）预堆焊加角接

13.6.3　多层压力容器焊接接头的设计

多层压力容器焊接接头的设计应遵循下列原则：

① 多层容器内筒的纵缝应采用全焊透的双面对接接头或单面焊双面成形的对接接头。

② 内筒的环缝应采用全焊透双面焊对接接头或带衬环的全焊透单面焊对接接头。

③ 多层筒节层板间的纵缝可采用单面焊对接接头。

④ 多层筒节间的环缝或多层筒节与单层筒节间的环缝可采用双面焊对接接头或带衬环的单面焊对接接头。其坡口形式、位置和布置方式见图 13-61。

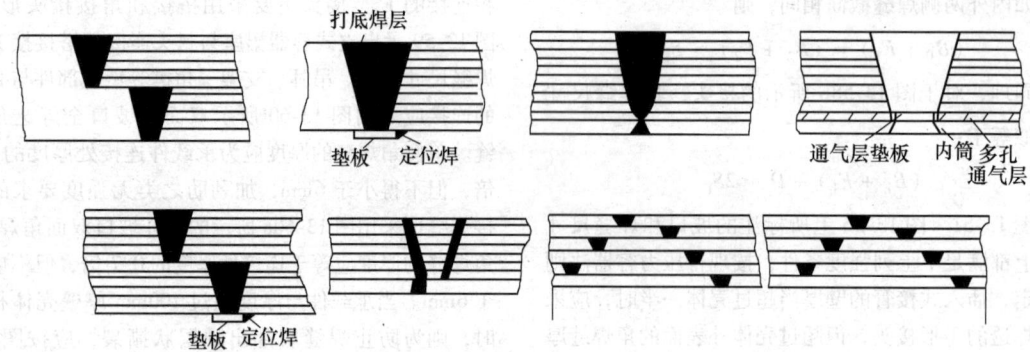

图 13-61　多层容器环缝的接头形式、位置及布置方式

⑤ 不等厚多层筒节以及多层筒节和不等厚单层筒节间环向接头斜面过渡形式和尺寸要求如图 13-62 所示。

⑥ 单层半球形封头与多层筒节间的环向接头应采用双面焊对接接头或带衬环的单面焊对接接头。当半球形封头的壁厚小于多层筒节厚度时，应按图 13-63a 所示的形式将多层筒节端部减薄。当半球形封头的壁厚大于多层筒节厚度时，可按图 13-63b 所示的方式在多层筒节的外圆阶梯式加厚。单层椭圆形封头、准球形封头或锥形封头与多层筒节之间的连接也可采用图 13-63a、b 所示的各种接头形式。

⑦ 平封头和管板与多层筒节间的接头应采用图 13-64 所示的双面焊对接接头或带衬垫的单面焊全焊透对接接头。

⑧ 单层法兰与多层筒节间或多层法兰与多层筒节间的环向接头应采用双面开坡口对接接头或单面焊全焊透对接接头，接头的位置可按图 13-65 所示。

⑨ 多层半球形封头与多层筒节间环向接头应采用双面开坡口或单面焊全焊透对接接头，并按图 13-66a 的形式作阶梯式过渡。多层锥形封头与多层筒节间的连接可采用相同的接头形式，并按图 13-66b 的形式过渡。

⑩ 接管和人孔环与多层筒节或多层封头间的连接应采用图 13-67 所示的全焊透 T 形接头或对接接头。直径小于 50mm 的管接头和直径不大于 150mm 的仪表接头及检查孔接头，因不受外加机械载荷，可以采用图 13-68 所示的局部焊透接头形式，但必须从内面焊满坡口。

⑪ 支座与多层筒节和封头的连接可按图 13-69 所推荐的形式。必要时可以在多层筒体或封头外层加设支撑板或支撑环。支撑板或支撑环的材料可采用强度较低、焊接性良好的低碳钢。

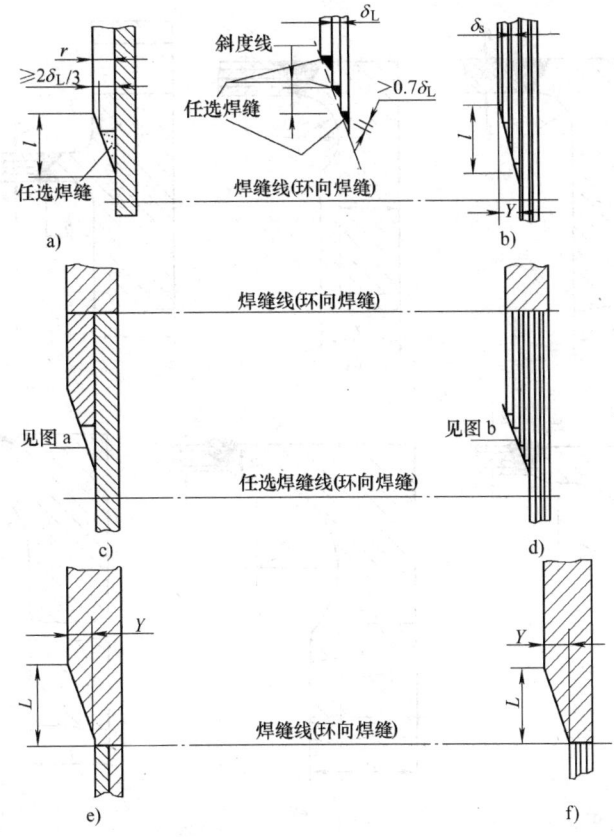

图 13-62   不等厚多层容器筒节间环缝接头斜面过渡形式及尺寸要求

a) 层板厚度 $\delta_L > 16mm$ b) 层板厚度 $\delta_L < 16mm$ c) 层板厚度 $\delta_L > 16mm$

d) 层板厚度 $\delta_L < 16mm$ e) 层板厚度 $\delta_L > 16mm$ f) 层板厚度 $\delta_L < 16mm$

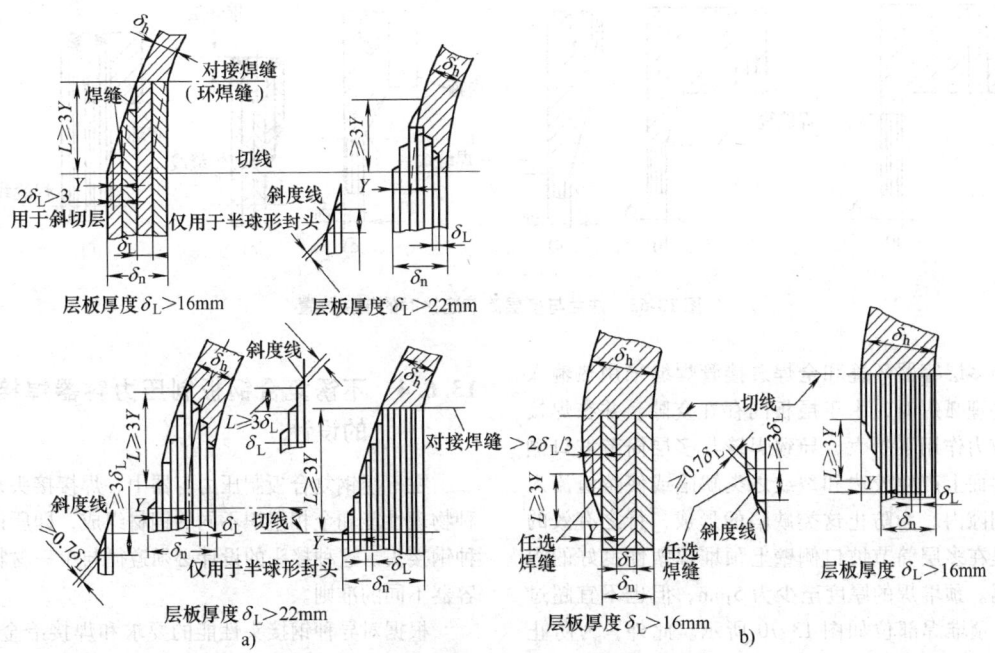

图 13-63   不等厚单层封头与多层筒节的接头形式

a) 封头壁厚小于多层筒节   b) 封头壁厚大于多层筒节

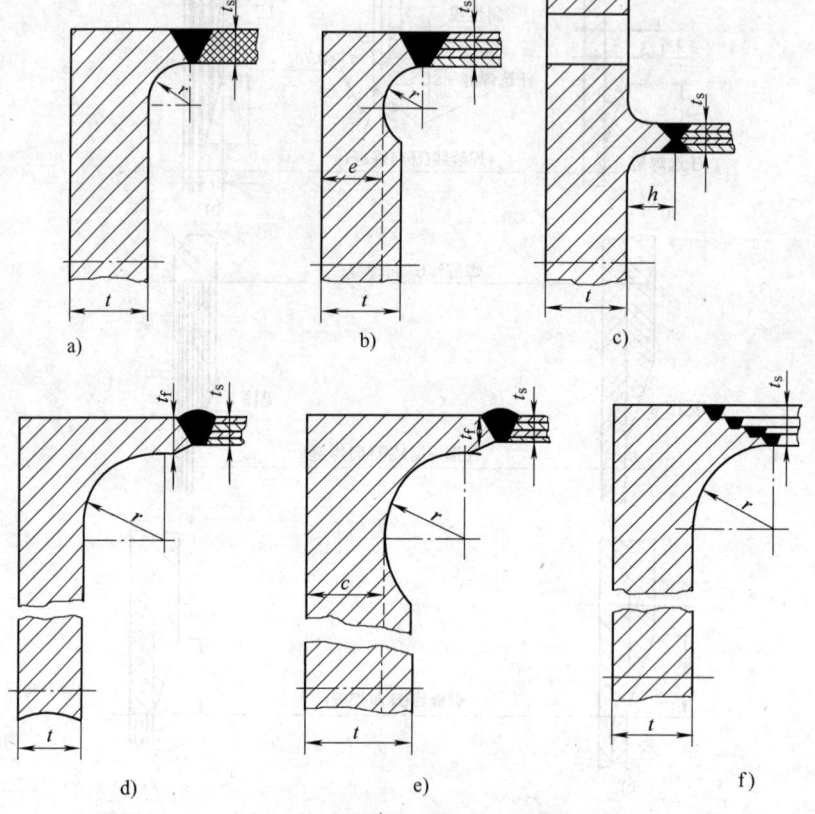

图 13-64　平封头和管板与多层筒节间的接头形式

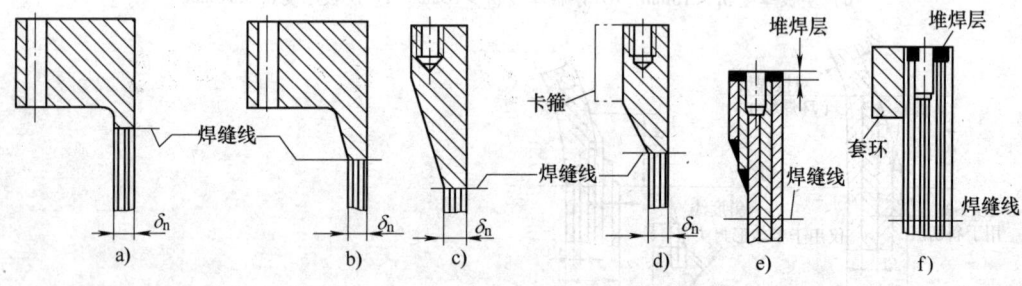

图 13-65　法兰与多层筒节连接时的接头位置

当多层容器环缝和全焊透接管焊缝采用热输入较大的埋弧焊时，由于层板间存在空隙，并在焊接收缩应力作用下扩大，导致焊缝与多层筒节坡口侧壁交界面上产生咬边和裂纹之类缺陷或使熔渣流入层板间隙内。为防止这类缺陷的形成，行之有效的办法是在多层筒节坡口侧壁上预堆焊塑性良好的焊缝金属。预堆焊的厚度至少为 5mm，但也不宜超过 8mm。预堆焊部位如图 13-70 所示。此外，为防止焊缝中气孔的形成，应在多层筒节坡口附近开设贯通层板的排气孔。

13.6.4　不锈复合钢板制压力容器焊接接头的设计

在不锈钢复合板制压力容器中，焊接接头是由两种物理性能和金相组织不同的钢材组成，即所谓的异种钢接头。这种接头的设计必须遵循与单一材料压力容器不同的准则。

根据对异种钢接头性能的要求和焊接冶金特点，接头坡口形式的设计原则是：①不锈复合板对接接头必须先焊碳钢或低合金钢基层，后焊不锈钢覆层。如因容器结构所限，必须先焊覆层后焊基层，则必须采取特殊的焊接材料和焊接工艺；②为避免碳钢基层焊接时的热作用对不锈钢复层产生不利的影响，应将接头两侧的不锈钢复层开一定宽度的坡口；③基层和覆层的坡口形式和尺寸主要取决于各层所采用焊接方法和焊接工艺。

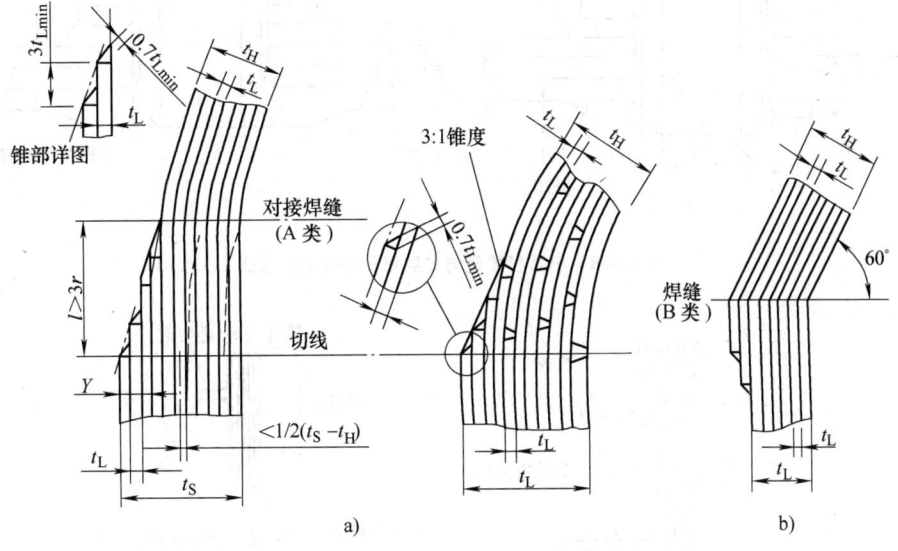

图 13-66　多层封头与多层筒节间的连接形式

a）半球形封头　b）锥形封头

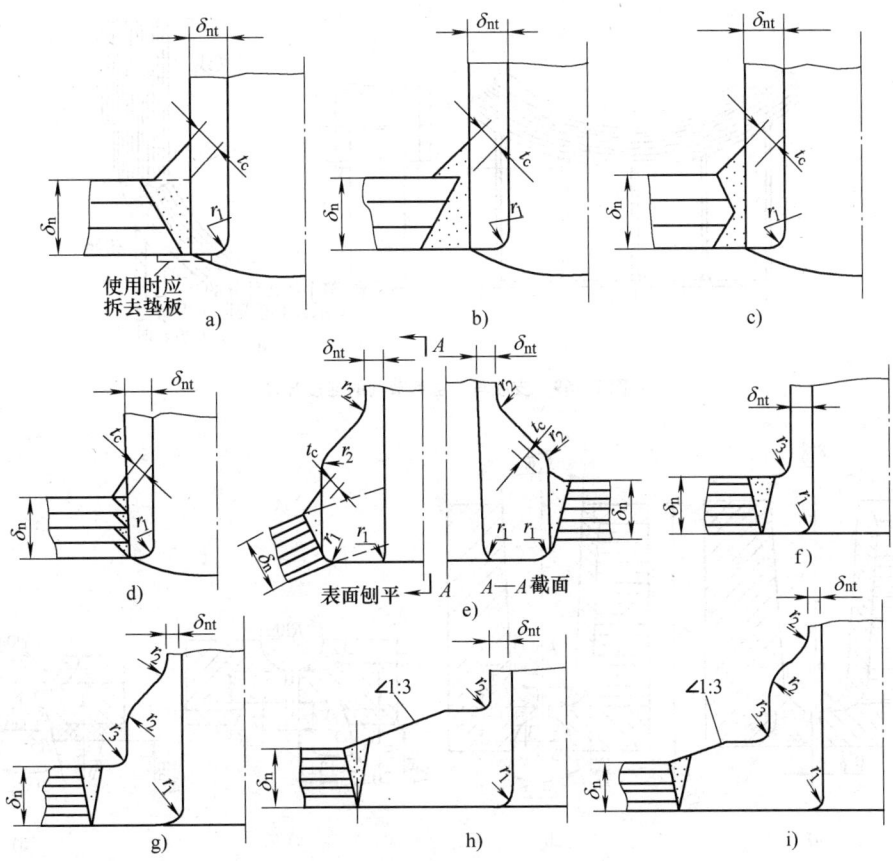

图 13-67　接管与多层筒节间的连接形式

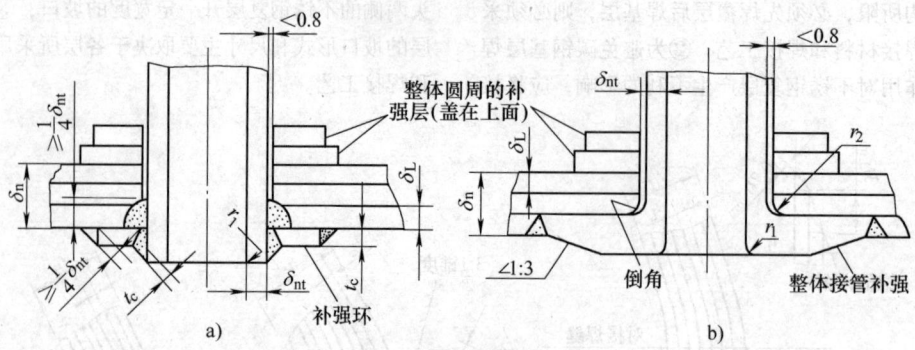

图 13-68　小直径接管与多层筒节间的连接形式

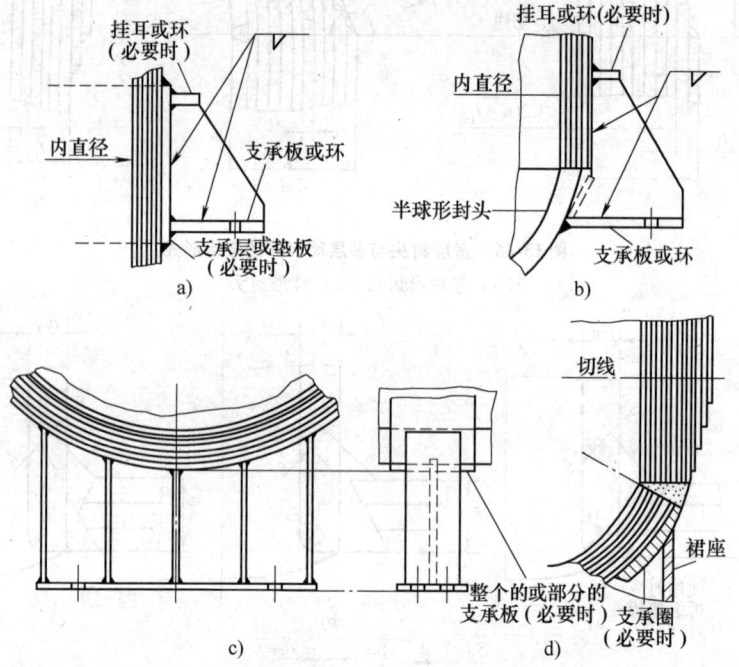

图 13-69　支座与多层筒节间的连接方式

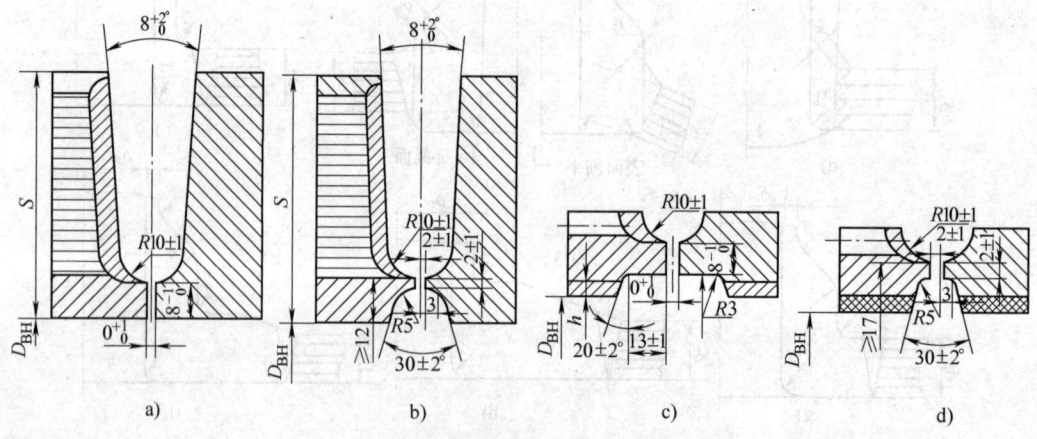

图 13-70　多层筒节环缝坡口与堆焊部位的示意图

不同厚度不锈钢复合板对接接头推荐的坡口形式、尺寸及相应的焊接方法列于表 13-42。此表所列的不锈钢覆层坡口形式只适用于焊条电弧焊,而基层的焊接则按接头的壁厚或采用焊条电弧焊,或采用埋弧焊和熔化极气体保护焊。基层和覆层均采用埋弧焊或熔化极气体保护焊方法的坡口形式及焊接顺序如图 13-71 所示。覆层采用双丝埋弧焊或双丝熔化极气体保护焊的坡口形式如图 13-72 所示。不锈复合钢板对接接头坡口形式和尺寸也可参照 GB/T 985.4—2008《复合钢的推荐坡口》国家标准。

表 13-42　不同厚度不锈钢复合板对接接头坡口形式及尺寸

坡口形式	坡口尺寸/mm	焊接方法
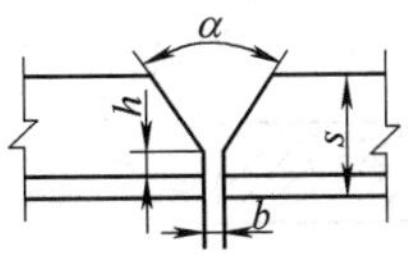	适用厚度 $S = 10 \sim 16$ $b = 0 \sim 2$ $h = 1.5 \sim 2$ $\alpha = 60° \sim 70°$	基层和覆层都采用焊条电弧焊
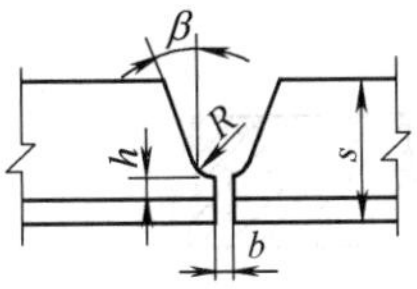	适用厚度 $S = 15 \sim 25$ $b = 0 \sim 2$ $h = 1.5 \sim 2$ $R = 6$ $\beta = 10° \sim 15°$	基层封底焊条电弧焊,埋弧焊填充盖面 覆层焊条电弧焊
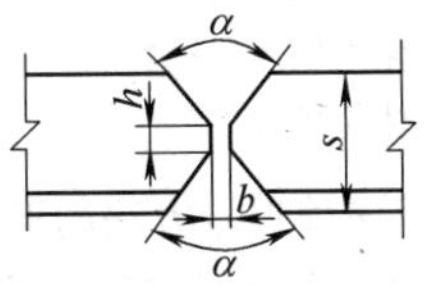	适用厚度 $S = 20 \sim 40$ $b = 0 \sim 3$ $h = 0 \sim 2$ $\alpha = 60° \sim 70°$	基层封底焊条电弧焊,埋弧焊填充盖面 覆层焊条焊弧焊
	$b = 0 \sim 0.5$ $h = 4 \sim 6$ $\alpha = 70°$	基层埋弧焊 覆层焊条电弧焊
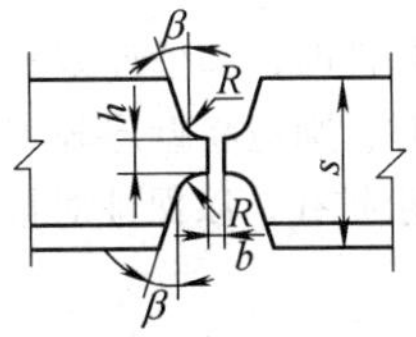	适用厚度 $S = 30 \sim 60$ $b = 0 \sim 3$ $h = 0 \sim 3$ $R = 6$ $\beta = 15°$	基层和复层全部焊条电弧焊或基层封底焊条电弧焊,埋弧焊填充盖面 覆层焊条电弧焊
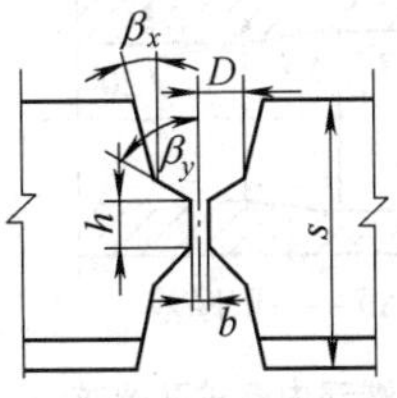	适用厚度 $S > 60$ $b = 0 \sim 0.5$ $h = 4 \sim 5$　$\beta_y = 45°$ $\beta_x = 15°$ $D = 6 \sim 8$	基层埋弧自动焊 覆层焊条电弧焊

13.6.5　锅炉受压部件焊接接头的设计

在锅炉受压部件中,锅筒和集箱焊接接头的设计原则以及坡口形式与单层压力容器完全相同。本节主要讨论锅炉受热面部件——膜式水冷壁、过热器、再热器和省煤器管件焊接接头的设计原则。

1)所有受热面部件管子环向对接接头均应采用单面全焊透对接接头。坡口形状和尺寸取决于壁厚和所采用的焊接工艺,必须保证焊缝根部完全焊透,焊缝背面成形。适用于不同焊接方法和壁厚的管子环向

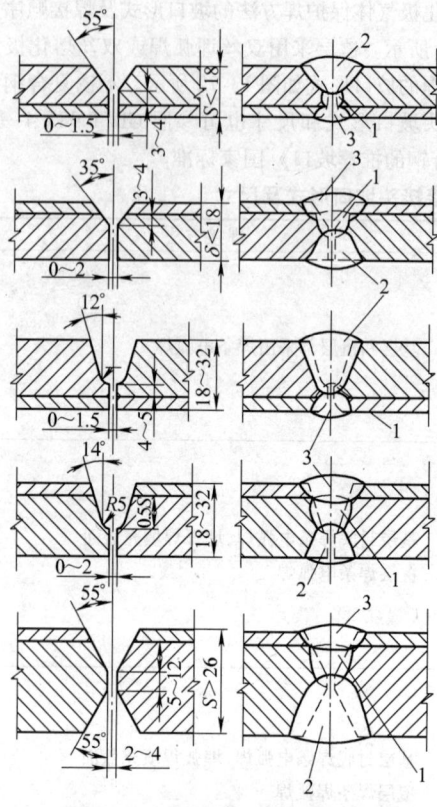

图 13-71　不锈钢复合板自动焊对接
接头坡口形式及焊接顺序

接头坡口形状和尺寸如图 13-73 所示。

2）如所采用的焊接工艺难以保证焊缝根部完全焊透，则允许加衬环，但必须保证衬环与管子内壁紧密贴合。为此，管端内壁可加工出宽度和深度与衬环相配的环向槽，加工后的管壁厚度不应小于最小设计壁厚。

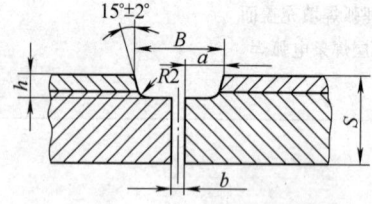

（单位：mm）

S	h	a	b	B
8	$3^{+0.5}$	7^{+1}	$1.0 \sim 1.5$	$15 \sim 17$
$10 \sim 14$	3^{-1}	7^{+1}	$1.5 \sim 2.0$	$15 \sim 18$
$16 \sim 30$	$4^{+0.5}$	8^{+1}	$2.0 \sim 3.0$	$17 \sim 20$
$28 \sim 30$	$5^{+0.5}$	8^{+1}	$3.0 \sim 4.0$	$19 \sim 23$
$34 \sim 40$	$5^{+0.5}$	8^{+1}	$4.0 \sim 5.0$	$20 \sim 23$

图 13-72　复合板双丝自动焊
对接接头的坡口形式

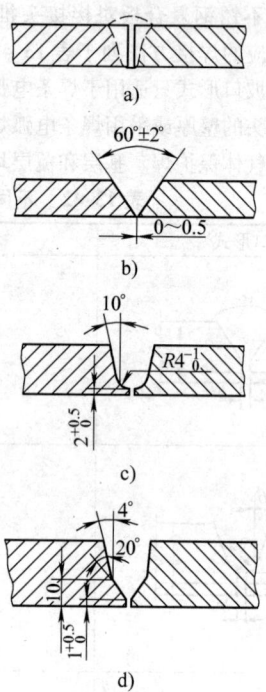

图 13-73　管子对接接头的各种坡口形式
a）等离子弧焊或脉冲氩弧焊　b）填丝氩弧焊
c）热丝氩弧焊或熔化极气体保护焊
d）熔化极气体保护焊

3）衬环可采用任何适于该种焊接方法的形状和尺寸。衬环的材料应与焊缝金属和母材成分匹配，不应引起有害的渗合金或污染。为减小管内介质流动阻力，衬环两侧边缘应倒角并要求正确安放，防止错位。

4）当对接壁厚不等的管件时，如壁厚差超过较薄管壁厚度的 20% 或 1mm 时，则应将壁厚较大的管端内孔按图 13-74 所示的要求扩孔，以保证对接处壁厚相等。

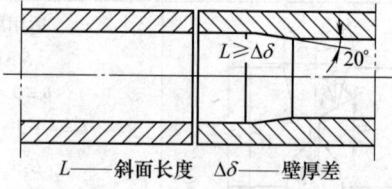

L——斜面长度　$\Delta\delta$——壁厚差

图 13-74　不等厚管子端部内壁扩孔要求

5）如采用单面全焊透焊接工艺时，根部焊道背面容许存在一定的内凹，其深度不应超过壁厚的 20% 或 1.5mm。内凹的轮廓应圆滑，包括余高在内的焊缝最小厚度应不小于最小设计壁厚。

6）膜式水冷壁部件，如采用轧制成形的鳍片制造，鳍片之间的连接应采用双面焊对接接头，焊缝的总厚度应大于对接处鳍片的厚度，如图 13-75 所示。

7）膜式水冷壁部件，如采用光管与扁钢组焊制造，则扁钢与光管之间的连接应采用双面焊接头。焊缝的熔深和焊脚高度应符合图 13-76 的规定。

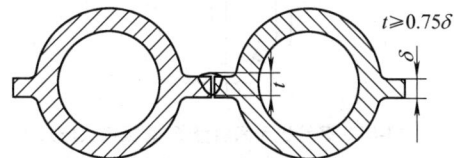

图 13-75　鳍片管纵向拼接焊缝尺寸的要求

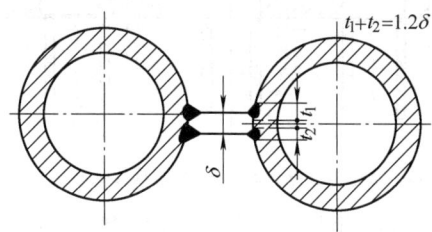

图 13-76　光管加扁钢之间连接
角焊缝的尺寸要求

8）所有膜式壁连接焊缝应保证气密性，不得有气孔、未熔合和夹渣等缺陷。

9）所有受热面部件上各种附件的连接角焊缝厚度不应小于管子公称壁厚的 0.8 倍。

13.6.6　换热器管子/管板接头形式

在化工、石油、核能和热动力装置中，热交换器是重要的热力设备。换热器有多种形式，其中管壳式换热器应用最广泛，其结构形式如图 13-77 所示。壳体部分的焊接接头形式可按常规压力容器相应的设计原则，而管束与管板的连接因结构的特殊性需单独加以考虑。

1. 热交换器管子/管板接头形式的选择原则

热交换器管子/管板接头按其工况条件，不仅应具有密封性，而且还应具有承受内压和热应力的能力，在某些情况下还应有较高的耐蚀性。

目前，在热交换器中常用的管子/管板焊接接头的形式如图 13-78 所示，即为管子外伸角接、管子内缩角接、管子与管孔平齐端接和无间隙式接头，后者还可分成内孔对接和内孔角接两种。

外伸式管子/管板接头由于便于装配和焊接，可见度好，检验方便，应用较为普遍。对于内压较高的热交换器，可以通过加大焊缝的厚度提高承载能力。其缺点是介质流动阻力较大，管桥间容易积存污垢。

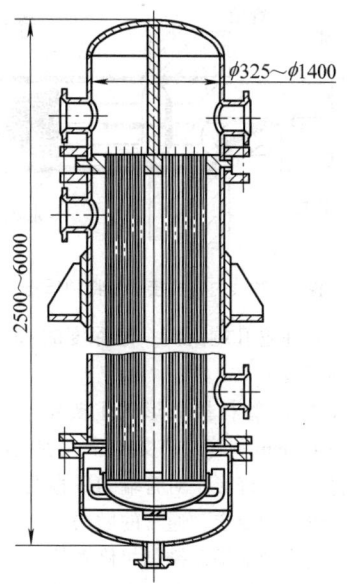

图 13-77　管壳式换热器的结构

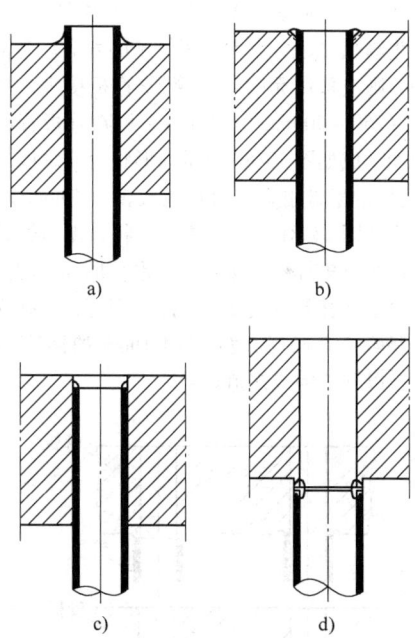

图 13-78　管式热交换器管子/管板接头形式
a）外伸角接　b）平齐端接
c）内缩角接　d）无间隙式对接

为克服上述缺点，可以采用内缩式管子/管板接头，但这种接头的形式对管端在管孔内装配定位的要求较严格，焊接时可见度较差，保证焊缝质量的难度增加。对于内缩量较大的接头，必须采用图 13-79 所示的特种焊枪在管孔内完成焊接。在高压热交换器中如采用这种形式的接头，一是以多道角焊缝提高其承

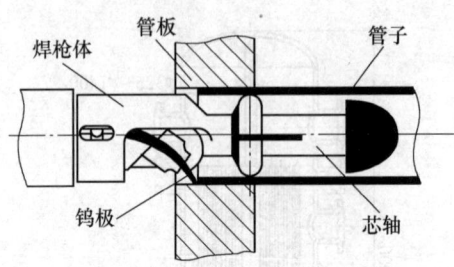

图 13-79　内缩式接头用特种焊枪

载能力，二是在管孔端面倒一定深度的 45°坡口，以增大焊缝的厚度。

平齐式管子/管板接头形式主要用于压力较低、管壁厚度小于 2mm 的管式热交换器。为保证接头的密封性和平整的焊缝外形，对管端的平直度和装配定位精度提出了较高的要求，通常的做法是在管子穿孔定位后采用手提式管端平面铣削机修整管端平面或在所有管子在管板中穿好定位后，采用镗床加工修整管端。

上述三种管子/管板接头形式在焊缝根部都不可避免存在间隙，如热交换器的工作介质带有腐蚀性，则会产生缝隙腐蚀，大大缩短管子的寿命。为消除这种缺陷，则应采用无间隙式管子/管板接头，对于厚度较大（250～400mm）的管板，可在管板背面的管孔边缘加工成如图 13-80 所示的形状，使之以对接接头的形式与管端相焊。如管板较薄（40mm 以下），则可采用如图 13-81 所示的方式，将管端与管板背面的管孔边缘以角焊缝直接相焊，也可形成无间隙的焊缝。如要求焊缝具有较高的强度，则可将管孔底部加工出半径约 0.8mm 的坡口和 1.0mm 的钝边（见图 13-82），以利于完成多道焊缝。

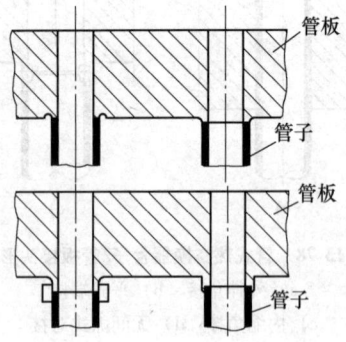

图 13-80　无间隙管子/管板接头及管孔端部的各种形式

2. 管子/管板接头的连接方法

最常用的管子/管板接头的连接方法有焊接、机械滚子胀接、爆炸胀接和液压胀接，其原理如图 13-83 所示。如热交换器的管子材料为铜和铜合金，则基本上使用机械滚子胀接；而对于碳钢、低合金

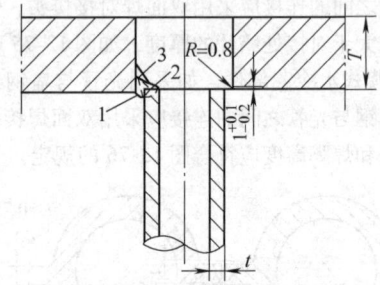

图 13-81　薄管板无间隙管子/管板接头形式

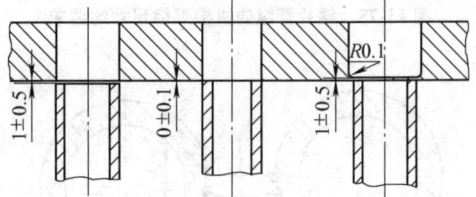

图 13-82　薄管板壁厚无间隙管子/管板接头管孔加工要求

钢、不锈钢和镍基合金管则应采用焊接，或者对于要求高质量的管子/管板接头，可采用先焊接后胀接的连接方法，以确保接头的密封性和机械强度。

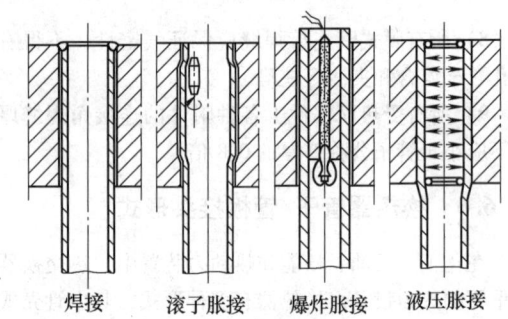

焊接　　滚子胀接　　爆炸胀接　　液压胀接

图 13-83　管子/管板接头的连接方法

在图 13-83 所示的三种胀接方法中，液压胀接由于具有胀接时间短、质量稳定、变形速度和内应力低、易于监控、工具不易磨损等优点，已逐步取代用机械滚子胀接的方法，特别是对于存在有缝隙腐蚀危险的热交换器，液压胀接应视作首选的胀接方法。

热交换器管子/管板接头的焊接方法可按接头的形式、焊接位置、管子的规格和对接头的质量要求来选择。在实际生产中最常见的焊接方法有焊条电弧焊、钨极氩弧焊和熔化极气体保护焊。对于可在平焊位置焊接的，管径 25mm 以上，管壁厚 2mm 以上的外伸式、平齐式和部分内缩式管子/管板接头可以采用焊条电弧焊和熔化极气体保护焊。对于必须在横焊位置焊接，或管径小于 25mm，管壁厚 2mm 以下的外伸式、平齐式和内缩式管子/管板接头应采用填丝或不填丝钨极氩弧焊。无间隙角接和对接接头则必须采用钨极氩弧焊。由于这些接头要求 100% 的全焊透，除了采用特制的内孔焊枪外，还必须配用焊接参数程序控制和闭环控制的氩弧焊焊接电源。

3. 管子/管板接头焊接实例

1）核电站蒸发器的作用是将二次回路的水在 7.3MPa 的压力下加热至 289℃。蒸发器管板直径 4580mm，厚度 600mm。管板的一次侧堆焊因科镍 82，堆焊层加工后的厚度为 8mm，管孔总数为 11198，内装因科镍 690U 形换热管 5599 根。管径 φ19.05mm，管孔直径 φ19.40mm，管壁厚度 1.09mm。管子/管板接头形式如图 13-84 所示，其中 A 型为早期采用的接头形式，后改为 B 型接头形式。

管子/管板接头在横焊位置采用全自动钨极氩弧焊完成，图示 A 型接头分两层焊接，第一层为密封焊缝，不填丝自熔，第二层为强度焊缝，填充因科镍 82 焊丝。B 型内缩式接头，单层焊，不填充焊丝脉冲电流氩弧焊，焊后采用液压胀管将管端在管板全厚度胀紧。液压胀管压力大于 200MPa。

2）尿素装置换热器管子/管板的焊接。尿素装置换热器管板正面堆焊 Cr25-Ni22-Mo2 超低碳不锈钢或 316L 不锈钢，管子材料牌号 316L，共 2800 根，管子规格 φ32mm × 3mm，管子/管板接头形式为外伸式，外伸长度 4～5mm。管孔边缘不倒角，焊接位置为横向全位置焊，焊接方法是全位置钨极氩弧焊，共焊两层，第一层封底自熔，第二层填丝氩弧焊，焊缝高度不小于 3mm。保护气体为氩或氩 + 氢混合气体。

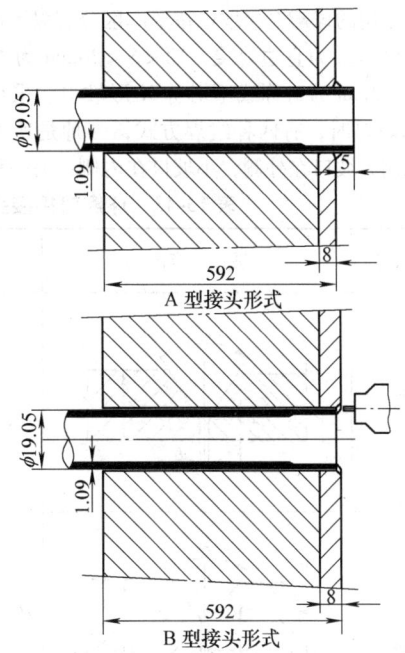

图 13-84　核电站蒸发器管子/管板接头形式

焊接电弧和管子内壁同时通保护气体保护。焊接参数分区段程序控制。为防止空气的湿度对焊缝质量的不良影响，焊接施工应在室内完成。

13.6.7　储罐焊接接头的设计

1. 球罐焊接接头的设计

球体的拼组形式主要有橘瓣式和混合式两种，如图 13-85 所示。根据球体的直径可分成三带、四带和

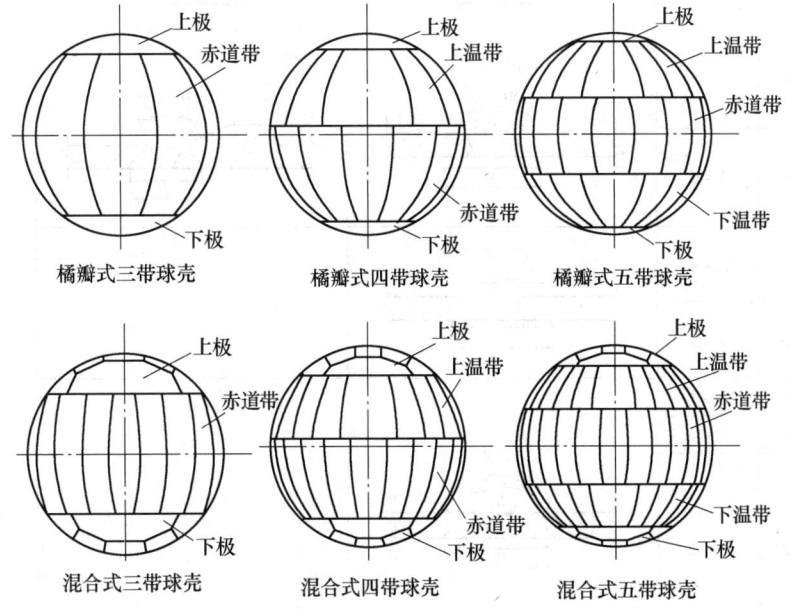

橘瓣式三带球壳　　　橘瓣式四带球壳　　　橘瓣式五带球壳

混合式三带球壳　　　混合式四带球壳　　　混合式五带球壳

图 13-85　球体拼组形式示意图

五带。常用的球瓣对接坡口按壁厚区分有以下四种形式：$S < 12mm$ 为直边对接，$12 < S < 20mm$ 为 V 形坡口，$S > 12mm$ 为对称或不对称 X 形坡口。采用不对称 X 形坡口时，有两种组焊方式，一种是所有的焊缝均采用大坡口在外侧，小坡口在内侧；另一种是以

上温带环缝为分界线，在该温带环缝以上的焊缝，大坡口在内侧，小坡口在外侧，温带以下的焊缝采用大坡口在外侧，小坡口在内侧。

球瓣对接接头焊条电弧焊和埋弧焊的坡口形式和尺寸列于表 13-43。

表 13-43　球瓣对接接头焊条电弧焊和埋弧焊的坡口形式和尺寸

坡口尺寸	坡口示意图	坡口尺寸	
		埋弧焊	焊条电弧焊
V 形	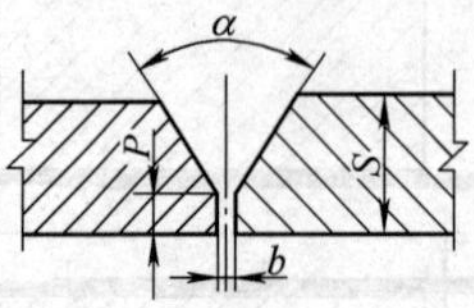	$S = 16 \sim 20mm$ $p = 7 \pm 1$ $b = 0 \sim 1$ $\alpha = 60° \pm 5°$	$S = 6 \sim 18mm$ $p = 2 \pm 1$ $b = 2 + 1$ $\alpha = 55° \pm 5°$
X 形	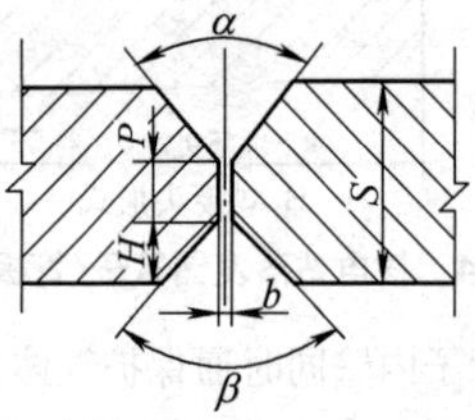	$S = 20 \sim 28mm$　$S = 30 \sim 40mm$ $H = (6 \pm 1)mm$　$H = (10 \pm 1)mm$ $P = (6 \pm 1)mm$ $b = 0 \sim 2$ $\alpha = 60° \pm 5°$　$\beta = 60° \pm 5°$	$S = 20 \sim 50mm$ $H = \left(\dfrac{S}{3}\right) \pm 1.5mm$ $P = (5 \pm 1)mm$ $B = (2 \pm 2)mm$ $\alpha = 55° \pm 5°$　$\beta = 60° \pm 5°$

表 13-44　立罐底板接头形式和坡口尺寸

焊接方法	板厚 S/mm	间隙 D/mm	坡口形式及尺寸	垫板宽 B/mm
焊条电弧焊	< 6	$(1 \sim 1.5)S$		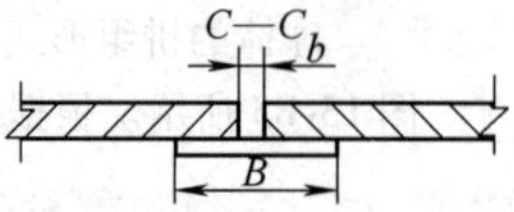 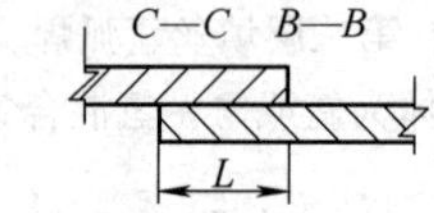 100
	≤ 9	3 ~ 5	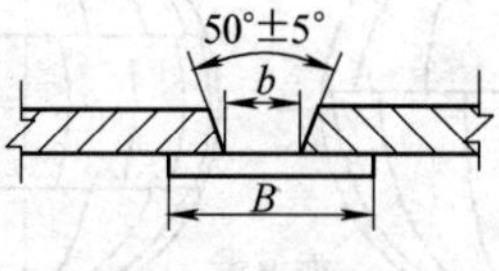	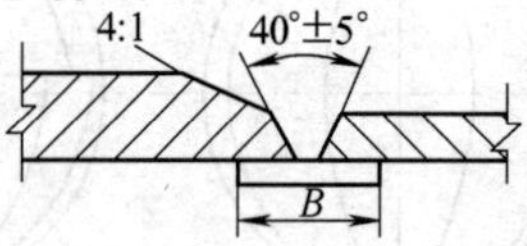
	> 9	4 ~ 6		
埋弧焊	≤ 6	2 ~ 4 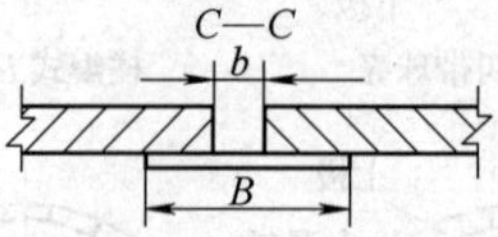		
	< 10	3 ~ 5		
	< 16	1 ~ 3		
	> 16	2 ~ 4		
焊条电弧焊封底焊埋弧焊填充盖面	10 ~ 21	4 ~ 18 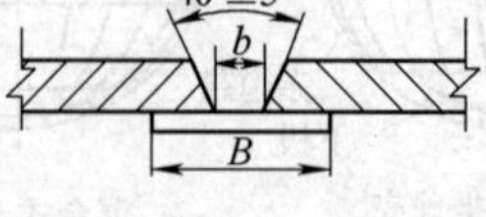		

2. 立罐焊接接头的设计

立罐焊接接头主要包括罐底板焊接接头、罐壁板焊接接头和罐顶板焊接接头。这些接头的形式有对接、加垫板对接和搭接接头。立罐边板和底板拼接形式如图 13-86 所示。

立罐底板对接和底板与边板接头坡口形式和尺寸见表 13-44。

立罐边板与第一节壁板的接缝，即壁底环缝的连接，按壁板的厚度可采用图 13-87 所示的三种 T 字形接头形式。

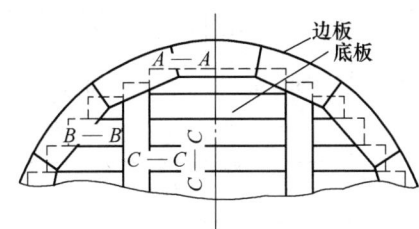

图 13-86　立罐边板和底板拼接形式

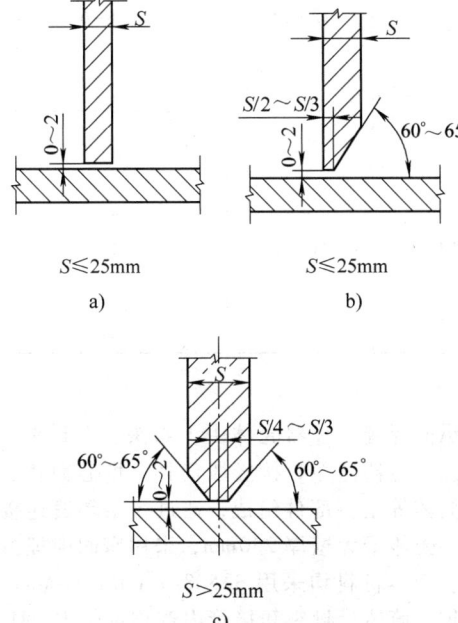

$S \leqslant 25\text{mm}$
a)

$S \leqslant 25\text{mm}$
b)

$S > 25\text{mm}$
c)

图 13-87　壁底连接环缝的接头形式
a) 直边 T 形接头　b) 单 V 形坡口 T
形接头　c) K 形坡口 T 形接头

在立式储罐中，这种 T 形接头角焊缝部位的局部应力较高，并随罐内充装介质液面高度的上升而提高，因此，该部位可能有低周疲劳破坏的危险，在设计时应从防疲劳角度采取相应措施。

1）角焊缝表面应为内凹形，与母材交界面成圆滑过渡，以减少应力集中。

2）采用深熔透焊接方法，可在不增加角焊缝焊脚尺寸的前提下，提高焊缝的承载能力，或在保证相同的焊接厚度下，减小焊脚尺寸，以减少焊接变形。

3）对于大型储罐，壁底连接环缝应尽可能采用双面开坡口或至少是单面开坡口的 T 形角接接头。

图 13-88 示出 100000m³ 和 50000m³ 油罐壁底连接环缝 T 形接头的典型坡口形式和尺寸。

立罐壁板的焊缝分为环焊缝和纵焊缝。环焊缝可采用对接和搭接两种形式，而纵焊缝必须采用对接接头。立罐壁板常用的接头坡口形式和尺寸综列于表 13-45。50000m³ 油罐壁板纵环缝典型坡口形式如图 13-89 所示。

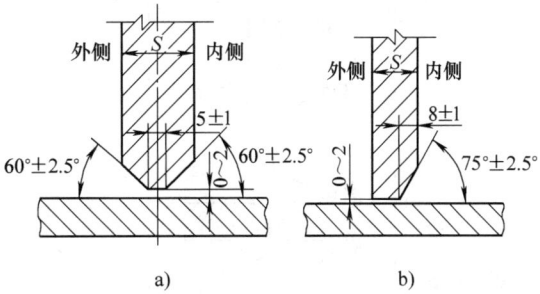

a)　　　　　b)

焊接工艺：内侧：焊条电弧焊或熔化极气体保护焊
　　　　　外侧：埋弧焊

图 13-88　大型油罐壁的连接环缝 T 形接头坡口形式
a) 100000m³ 油罐　b) 50000m³ 油罐

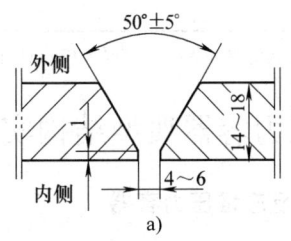

a)

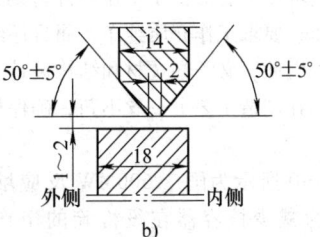

b)

图 13-89　50000m³ 油罐壁板纵环缝坡口典型实例

表 13-45　立罐壁板常用的接头坡口形式和尺寸

焊缝类别	坡口形式	焊条电弧焊		埋弧焊	
		板厚/mm	间隙/mm	板厚/mm	间隙/mm
环形焊缝	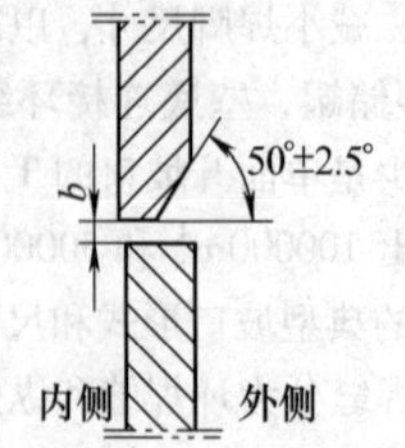	6 ~ 9	1 ± 1	>12	0_{-0}^{+1}
		10 ~ 15	2 ± 1		
		16 ~ 20	3_{-2}^{+1}		
	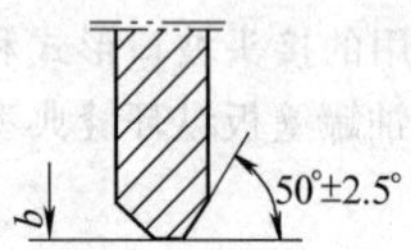	12 ~ 40	$2 \pm (1 \sim 2)$	20 ~ 36	0_{-0}^{+1}
纵向焊缝	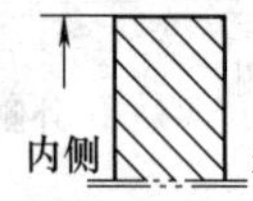	<9	1 ± 1	气电焊	
				板厚/mm	间隙/mm
		9 ~ 26	2_{-2}^{+1}	12 ~ 25	4 ~ 6
		12 ~ 40	2 ± 1	≤6	4 ~ 6
		12 ~ 60	2 ± 1	24 ~ 60	0_{-0}^{+1}

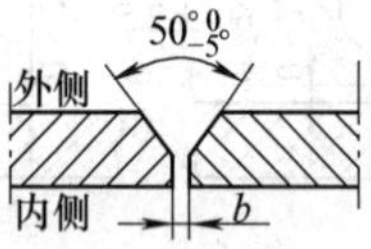

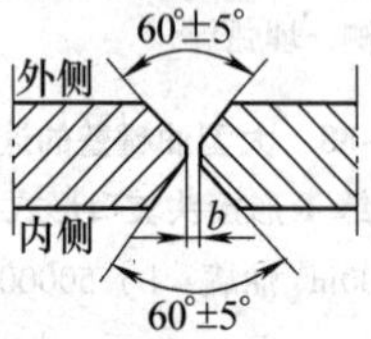

注：薄壁立式储罐环焊缝（壁厚 < 12mm）可以采用搭接接头。

13.7　压力容器典型结构实例[⊖]

13.7.1　核反应堆压力容器

　　核反应堆压力容器由于工作条件苛刻，不仅承受高温、高压、要求工作介质纯净，而且还经受中子辐射的危害，因此，必须在选材和结构设计上严格按法规的规定，在制造工艺上一丝不苟，确保核设备的高质量指标。

　　图 13-90 所示为国产 600MW 反应堆压力容器结构图。为减少核容器在役检验的工作量，该压力容器采用锻焊结构，筒体、封头和大直径法兰均无纵向焊缝。容器壳体由上封头、下封头、顶盖法兰、容器法兰、接管段筒体、堆芯筒体、过渡段筒体等主要部件组成，通过 5 条环缝连接成整体，壳体最大壁厚 250mm，采用窄间隙埋弧焊工艺。壳体材料均采用 SA508-3（Mn-Ni-Mo）低合金钢。筒体、封头和接管内壁均堆焊 E308L 型铬镍不锈钢，堆焊层厚度 6_{-1}^{+2} mm，采用 60mm × 0.5mm 带极埋弧焊，过渡层为 E309L（25Cr-Ni13）高铬镍不锈钢。接管的内壁堆焊，由于接管内径较小，需采用专用的小直径内孔堆焊装置，堆焊工艺可采用窄带埋弧焊、钨极氩弧焊和熔化极气体保护焊。

　　⊖　实例 13.7.1 和 13.7.2 由上海锅炉厂牛明安高级工程师编写。

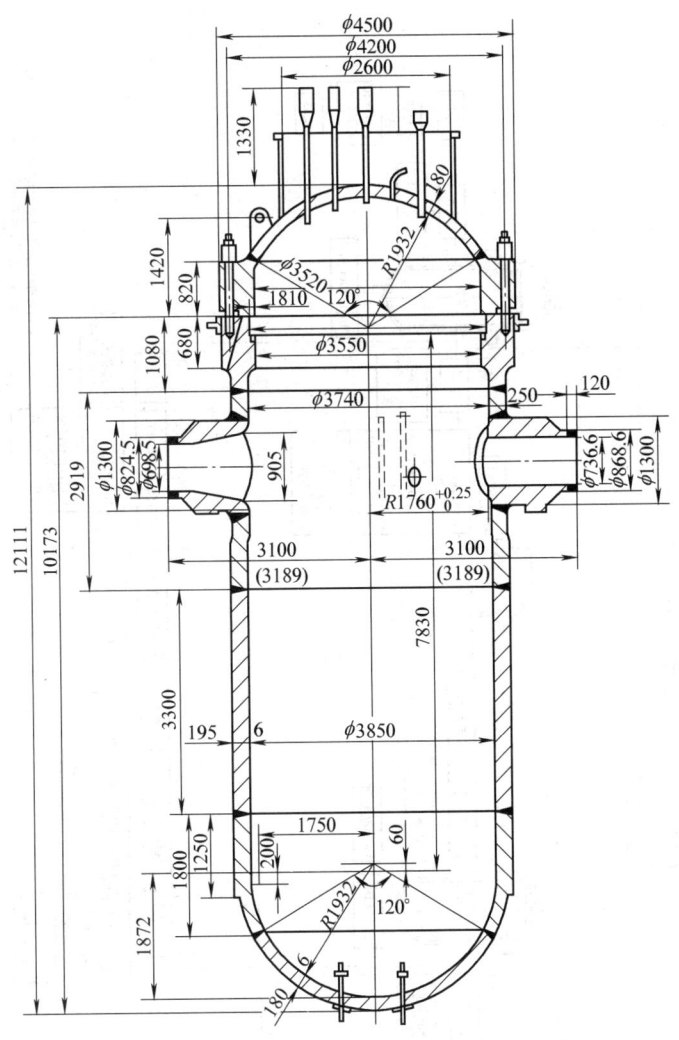

图 13-90　国产 600MW 核反应堆压力容器结构图

大直径接管与壳体的连接采用插入式全焊透接头形式。由于连接部位壳体壁厚均大于 200mm，故接头的拘束度相当大，导致焊接残余应力明显增高，焊接过程中容易产生裂纹之类的危险缺陷。加之接管与筒体的相贯线为空间马鞍形，焊接难度较大，必须采取特殊的焊接工艺。较简单而可行的工艺方法是先将马鞍形底部补平，然后采用机械焊接法进行平面环形焊，可以保证焊接接头的质量。焊接工艺的关键是始终保持预热温度，连续焊接接头整个厚度，焊后立即作消氢处理。

由于结构上的原因，安全端是在容器壳体最终焊后热处理之后进行焊接。要求焊前不预热，焊后不热处理，因此选用 Inconel 690 镍基合金作为焊接材料。安全端与壳体的连接采用全自动钨极脉冲氩弧焊，填充丝直径 φ1.2mm，选择尽量小的线能量，严格控制

层间温度，防止焊缝金属微裂纹的产生。

核反应堆压力容器各部件的制造工艺流程如图 13-91 所示。

锻焊结构的反应堆压力容器虽然具有焊接工作量小、生产周期相对较短、在役检验工作量少等优点，但毕竟受铸锭尺寸和锻造能力的限制，因此，对于大型核反应堆压力容器亦可采用如图 13-92 所示的板焊结构形式。除了筒节采用钢板卷制或压制成形、通过纵缝连接而成外，上下球形封头也由球瓣拼焊而成。由于筒节和封头壁厚均超过 200mm，最厚达 460mm，故必须选用图示的窄间隙或窄坡口焊接。

大直径接管是在筒体开孔边缘采用电渣焊成形堆焊而成，因而避免了锻焊结构大直径接管焊接中的技术难点，确保了接头的质量。

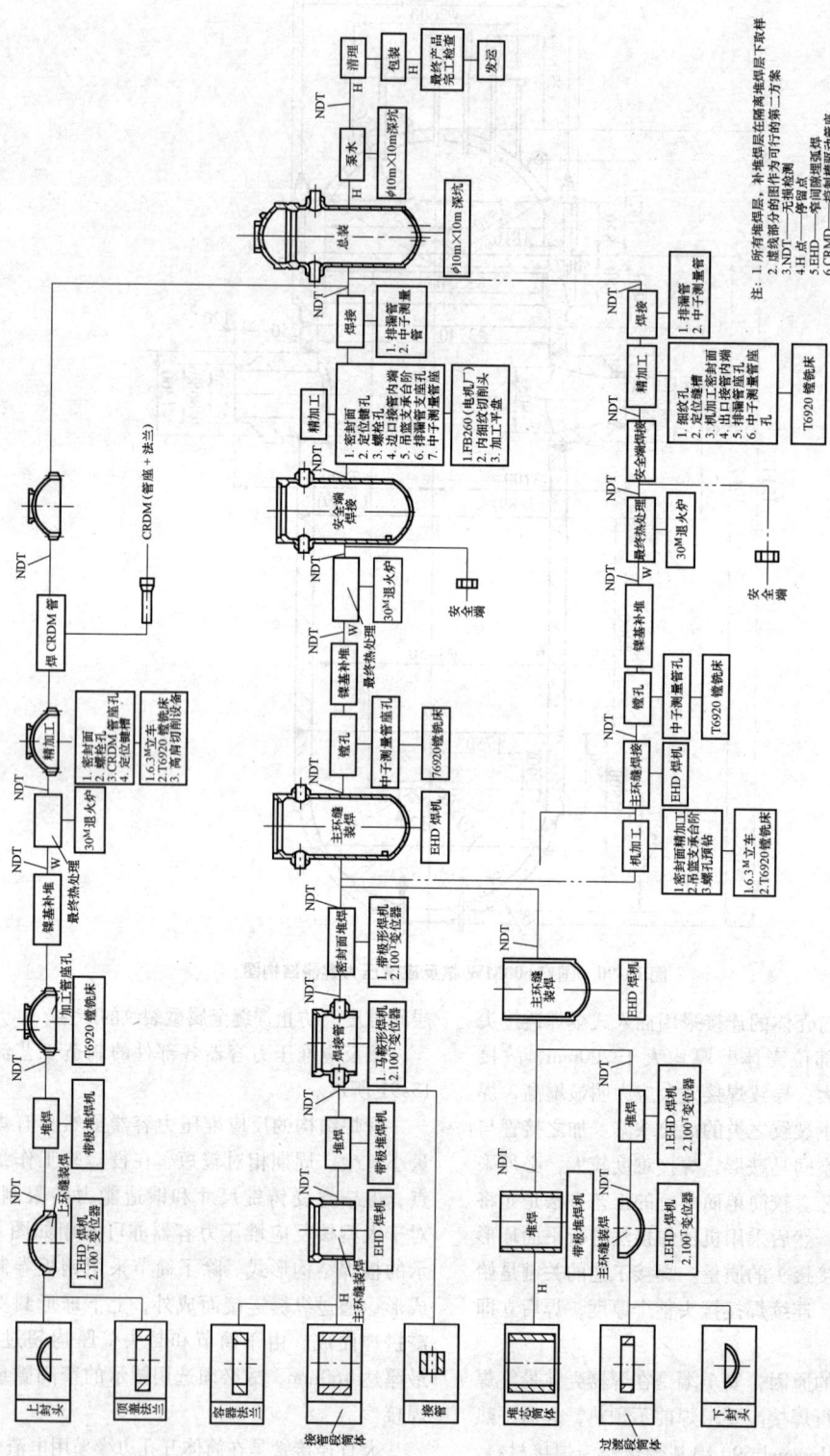

图 13-91　核反应堆压力容器各部件的制造工艺流程图

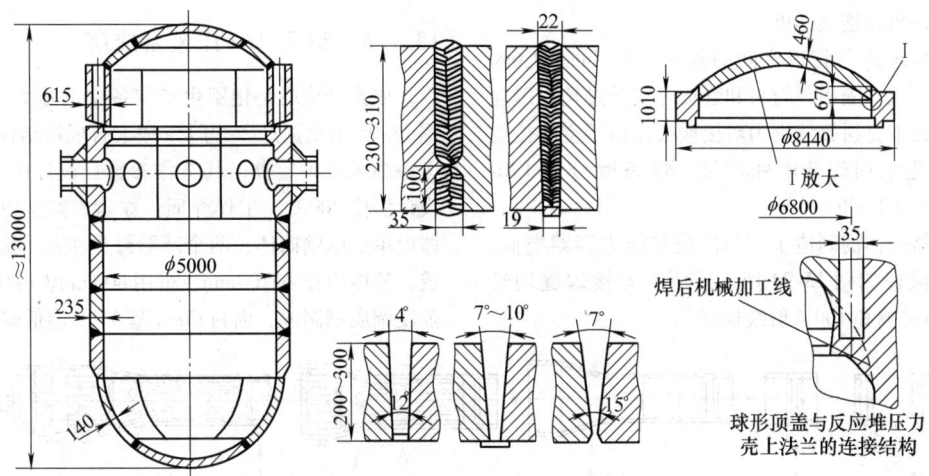

图 13-92　板焊结构大型核反应堆压力容器示意图

筒节和封头内壁同样要求堆焊 6^{+2}mm 不锈钢层。为提高堆焊效率，可采用磁控的宽带极埋弧堆焊或电渣堆焊，堆焊层表面要求平整光滑，一般堆焊后堆焊层表面不再作机械加工。

13.7.2　核电站蒸汽发生器

蒸汽发生器是核电站的关键设备之一，图 13-93 示出国产 300MW 蒸汽发生器的结构示意图。其主要受压部件有：上封头、短筒体、上筒体、锥形体、下筒体、U 形管、管板、下封头等。除 U 形管外，其余受压部件均为锻件，上封头、下封头、管板、筒体材料均为 SA508-3（Mn-Ni-Mo）低合金钢。为减轻壳体的重量，降低材料消耗，各段筒体按实际工作压力和直径计算，筒体最大壁厚为 105mm，最小壁厚为 85mm。高压侧短筒体和封头要求堆焊 E308L 不锈钢层。堆焊工艺同反应堆压力容器。

蒸发器换热段的 U 形管采用 Inconel 690 镍基合金。管子规格为 ϕ19.05mm × 1.09mm。管板与管子相焊侧应堆焊 Inconel 690 镍基合金。堆焊层高度要求大于等于10mm，采用带极埋弧堆焊三层，第一层堆焊时将管板预热120℃，第二、三层堆焊时可不再预热。

管子/管板接头密封焊的质量是蒸汽发生器长期可靠运行的关键，因此对管子/管板接头形式的设计提出了较严格的要求。目前最常用的核电站蒸汽发生器管子/管板接头形式是，管子内缩 0.5mm，管孔边缘倒角 1.0mm，采用全位置自动填丝氩弧焊，焊接参数分七段程序控制。焊接电流为直流脉冲，脉冲频率0.5Hz，脉冲电流65A，基值电流30A。填充丝材料 ERNiCrFe7，焊丝直径 ϕ0.6mm。焊后每个接头作着色检验。检验合格后进行液压胀管，以增强管子/

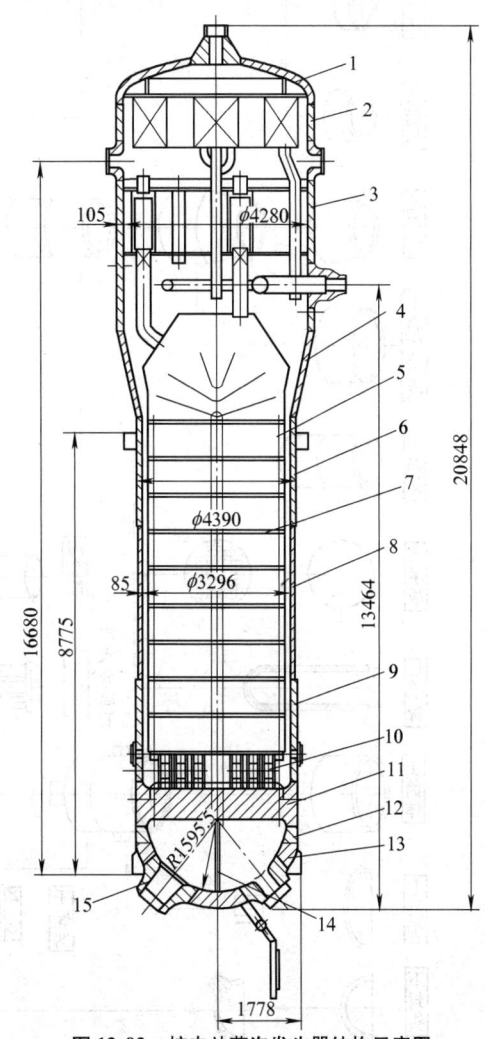

图 13-93　核电站蒸汽发生器结构示意图
1—上封头　2、9—短筒体　3—上筒体　4—锥形体
5—U 形管　6—上筒体（下段）　7—支承板　8—下筒体
10—汽水分离器　11—管板　12—过渡环
13—下封头　14—水室隔板　15—接管

管板接头的机械连接强度。

蒸发器水室与管板之间的隔板采用 Inconel 690 镍基合金制成。隔板与封头和管板之间通过角焊缝连接，而隔板本身拼接缝则为对接接头。由于空间位置有限，只能采用焊条电弧焊接，焊条型号为 ENi-CrFe7（Inconel 690）。

蒸发器壳体的制造工艺与反应堆压力容器类似，组装工艺流程如图 13-94 所示。所有对接焊缝均经 100% 超声检测和 100% 射线检测。

13.7.3　24 万 t/a 尿素合成塔

尿素合成塔是化肥生产装备中的重大设备之一，图 13-95 示出国产 24 万 t/a 尿素合成塔结构简图，属大型高压三类容器，其工作参数：设计压力 20MPa，设计温度 200℃，工作介质：尿素、氨基甲酸铵。塔体由单层厚壁筒体、两个球形封头和若干接管组焊而成，筒体内径 φ2100mm，采用 80mm 厚 14MnMoVg 高强度调质钢制成，内衬 6mm 厚 316L 超低碳不锈钢。

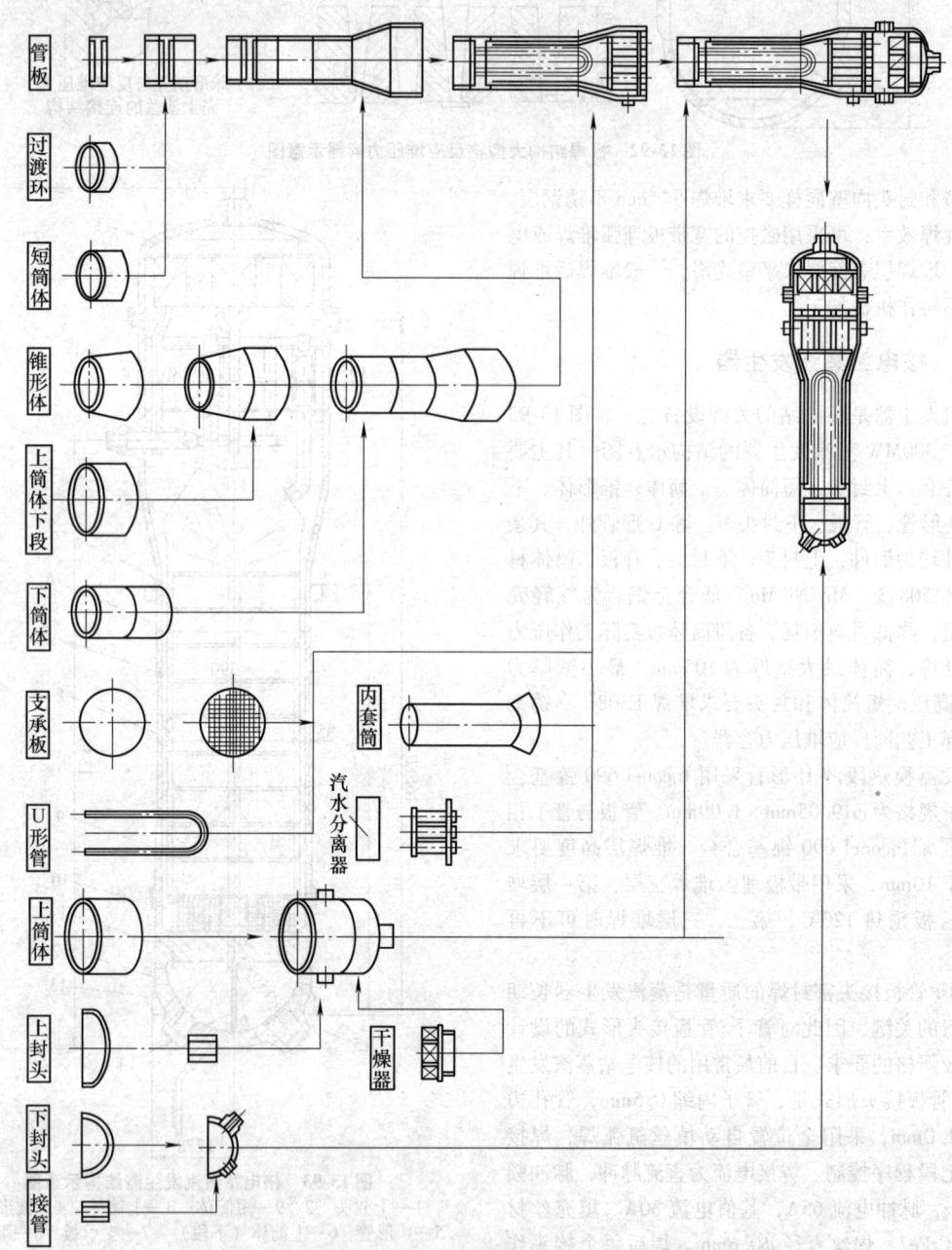

图 13-94　蒸汽发生器组装工艺流程图

容器总长 32520mm，总重 163t。

该合成塔设计结构比较简单，系板焊结构的单层厚壁容器，但为减轻容器重量，节省材料，壳体材料选用常温抗拉强度为 650MPa 的 14MnMoVg 低合金调质钢厚板，制造工艺比较复杂。

筒体的主要制造工艺流程如下：筒节坯料火焰切割→热卷成形→纵缝直边火焰切割→电渣焊→正火＋热校圆→水淬＋回火→取样→筒节内壁和环缝坡口加工→环缝组装→环缝焊条电弧焊封底焊＋埋弧焊→消氢处理→无损检验→消除应力处理→取样→内壁清理→内衬不锈钢内筒→筒节与封头组装→总装环焊→接管焊接→局部消除应力处理→不锈钢内筒液压胀紧＋水压试验。

封头的主要制造工艺流程如下：封头坯料火焰切割→拼缝电渣焊→正火＋热冲压成形→水淬＋回火→取样→内壁和环缝坡口加工→内衬不锈钢球面内层→与筒体组焊。

316L 超低碳不锈钢内衬筒体纵环缝焊接工艺：纵缝锁孔型等离子弧焊，环缝焊条电弧焊，焊接接头经 48h 硝酸法腐蚀试验。

壳体环缝焊后经 100% 超声检测 + 25% 射线检测抽检。焊缝表面在最终消除应力处理之前和之后作 100% 磁粉检测。

13.7.4 CO₂ 汽提塔

CO₂ 汽提塔是尿素装置中的关键设备之一，其作用是以 CO₂ 汽提取进入汽提塔中未能转化成氨基甲酸铵溶液的氨，使它们进一步进行反应。图 13-96 示出与年产 24 万 t/a 尿素装置配套的衬钛 CO₂ 汽提塔，其总长为 12.43m，总重 56t。塔体分壳程和管程两部分。相应的工作参数如下：壳程工作压力 2.1MPa，工作温度 216℃，工作介质为蒸汽；管程工作压力 14.4MPa，工作温度 180℃，工作介质为 CO₂、NH₃、尿素甲铵液。

汽提塔受压部件主要由管箱、管系、壳程和 20 多个接管组成。

管箱部分由上、下封头和上下管箱组成，上下封头为内半径 920mm 的球形封头，壁厚 60mm，材料为 14MnMoVg 低合金高强度调质钢，内衬厚 5mm 的 TA1 钛板，采用爆炸复合板冲压成形。上、下管箱为圆柱形筒体，壁厚 95mm，材料牌号 14MnMoVg，采用热套方法内衬厚 10mm 的 TA1 板。

管系部分由上、下管板和换热器管组成。上、下管板系厚 400mm 的 20MnMo 锻件，管板与管子连接一侧表面采用爆炸复合方法衬 5mm 厚 TA1 钛板。管板与管子连接部位转角 R 区段采用预冲压成形的钛环进行松衬。

换热管总数为 1403 根。管子规格 φ31mm × 3mm，长度 6980mm，材质为 TA1 钛管。换热管以角焊缝与上、下管板连接。

壳程由壳体和双波形膨胀节组成。壳体内径 1800mm，壁厚 δ = 32mm 材料牌号 A3R 低碳钢板。壳体中部设置一段双波形膨胀节，其壁厚 δ = 18mm，材料牌号 1Cr18Ni9Ti，以降低管系与外壳两者间的温差应力。

CO₂ 汽提塔的制造难点是上、下封头和上、下管板钛复合层的爆炸复合工艺，钛衬里层纵环缝的钨极氩弧焊和钛管/钛管板接头的平焊位置的钨极氩弧焊。由于钛材的化学特性极其活泼，在 350℃ 以上氧化速度较快，故在熔焊过程中必须将 350℃ 以上的高温区全处于氩气保护之下。纵环缝焊接时，必须在氩弧焊枪的后侧加一定长度的气体保护尾罩，将每个管子/管板接头在整个焊接过程中都置于氩气保护之下，使钛焊缝的表面呈金黄色至银白色。如焊缝呈浅蓝色至灰色，说明焊缝已被氧化，必须修磨清除干净氧化金属重新焊接。

A3R 壳体与 1Cr18Ni9Ti 膨胀节之间的环缝系异种钢接头，必须选用 E309 和 309Mo 高铬镍奥氏体不锈钢焊条进行焊接。焊后除进行规定的射线检测外，焊缝表面还应作着色检测。

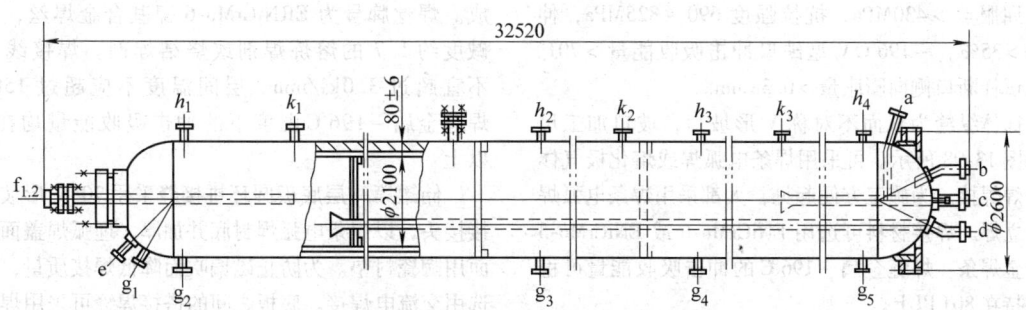

图 13-95　24 万 t/a 尿素合成塔结构简图

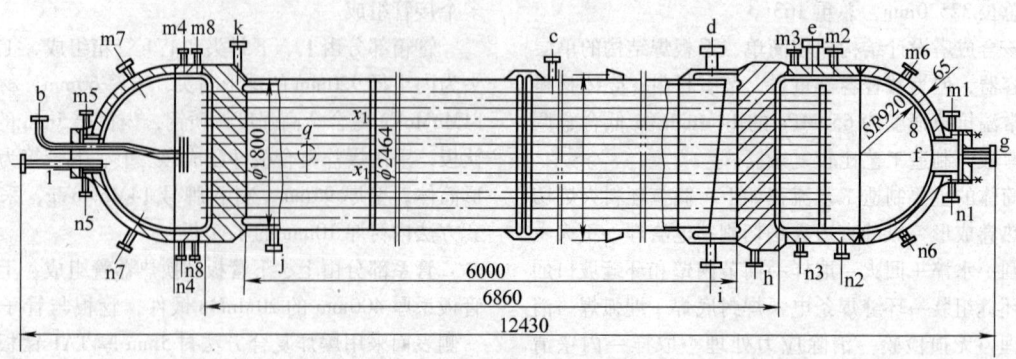

图 13-96　衬钛 CO_2 汽提塔结构简图

13.7.5　大型液化天然气 (LNG) 储罐

容积超过 10 万 m^3 的大型 LNG 储罐,由于工作温度低于 −160℃而必须采取特种的结构形式,并选用 9%Ni 钢作为壳体的材料,图 13-97 所示为一台容积为 140000m^3 的 LNG 储罐结构示意图。其特点是采用了双层结构,外层以混凝土浇灌制成,内层为 9%Ni 钢制立式筒体,中间夹层填充膨胀珍珠岩和玻璃纤维毡隔热层,储罐直径为 83m,高度为 31m。第一节筒体的壁厚为 23.14mm,第 7 节以上筒体的壁厚为 10.4mm。

9%Ni 低温钢在我国尚未列入国家标准。目前在世界上基本引用 ASTM 标准。其标准钢号相应为 ASTM A353/A353M 和 ASTM A553/A553M。前者是两次正火 + 回火状态供货,后者是淬火 + 回火状态供货,其化学成分完全相同。

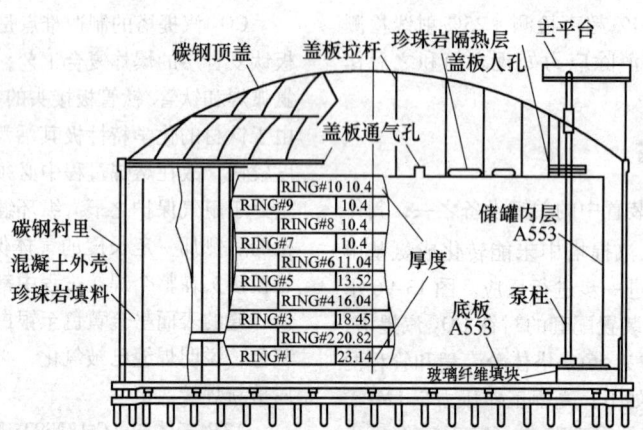

图 13-97　140000m^3 LNG 储罐的结构示意图

当 9%Ni 钢用于建造大型 LNG 储罐时,其力学性能应满足以下最低要求:

屈服点 >430MPa,抗拉强度 690 ~ 825MPa,伸长率 >35%, −196℃ V 型缺口冲击吸收能量 >70J。冲击试样断口侧向膨胀量 >0.38mm。

筒体纵缝为双面不对称 V 形坡口,坡口加工尺寸如图 13-98 所示。可采用焊条电弧焊或熔化极气体保护焊焊接。为施工方便起见,大都采用焊条电弧焊向上立焊。焊接材料可选用 ENiCrMo-6 或 ENiCrMo-3 镍合金焊条。焊缝金属 −196℃ 的冲击吸收能量可稳定保持在 80J 以上。

筒体的所有环缝采用焊条电弧焊封底,细丝

(ϕ1.6mm) 埋弧焊填充盖面焊工艺,坡口形式及尺寸如图 13-99 所示。所有焊道均在横焊位置完成。焊丝牌号为 ERNiCrMo-6 镍基合金焊丝,配用碱度约 1.7 的熔炼焊剂或烧结焊剂。焊接线能量不宜超过 3.0kJ/mm。层间温度不应超过 150℃,焊缝金属 −196℃ 温度下的冲击吸收能量均在 80J 以上。

储罐第一层底板圆环拼接缝采用 70°V 形坡口对接接头,以焊条电弧焊封底并加厚,埋弧焊盖面,背面用陶瓷衬垫。为防止磁偏吹而降低焊接质量,尽量选用交流电焊接。底板之间的搭接焊缝可采用焊条电弧焊或半自动 MIG 焊。

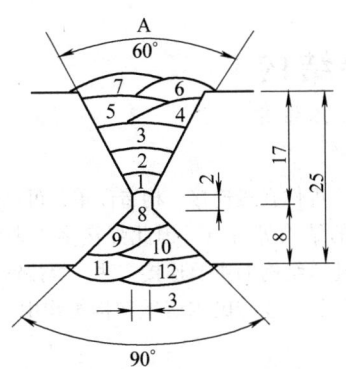

图 13-98 筒体纵缝双面不对称 V 形坡口形式

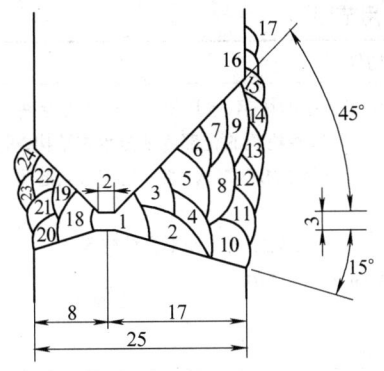

图 13-99 筒体环缝焊接坡口形状和尺寸（横焊位置）

内层壳体第 1 节筒体与底板之间的环缝，采用 45°双 V 形 K 形坡口。由于受空间位置的限制，只能采用焊条电弧焊。所用焊接材料与筒体环缝用焊材相同。

参 考 文 献

[1] 李之光，等. 锅炉材料及强度与焊接 [M]. 北京：机械工业出版社，1983.

[2] R W Nichols. 压力容器技术进展—3 材料和工艺 [M]. 陈登峰，肖有谷，译. 北京：机械工业出版社，1989.

[3] 上海化工学院，等. 压力容器国外技术进展：中册 [R]. 通用机械研究所，1975.

[4] The American Society of Mechanical Engineers. American National standard. ASME Boiler and Pressure Vessel code Section Ⅰ. Ⅷ[S]. 2010.

[5] Handbook of Structural Welding [M]. London：Abington Publishing，1997.

[6] Dennis R Moss. Pressure Vessel Design Manual [M]. 1997.

[7] G Aichele. Orbitalschweißen bei der Fertigung von Waermetauschern [J]. Praktiler, 2000（2）：49-59.

第14章 建筑焊接结构

作者 徐崇宝 范峰 审者 张耀春

14.1 概述

14.1.1 建筑焊接钢结构的应用范围

焊接与铆接、螺栓连接方法相比，具有施工方法简便、效率高；不需要在构件上制孔，省工又不削弱构件截面；焊件直接连接，构造简单，可以连接任意形状复杂的结构等特点，因此焊接多年来已取代铆接，成为建筑结构的主要连接方法。焊接钢结构被广泛应用于各类工业与民用房屋和构筑物中（见表14-1）。

表14-1 焊接建筑结构的应用范围

建筑结构分类	焊接结构或构件
工业建筑	1) 重工业厂房：包括冶金工业的冶炼、轧钢厂房、重型机械制造业的铸钢、水压机、锻压、大型装配厂房；造船业的船体制造及装配车间；飞机制造业的装配车间、飞机库等，这些建筑的全部或部分承重结构，可以是全钢厂房（钢柱、钢桥式起重机梁、钢屋架及其支撑体系），也可以部分采用钢结构，如采用钢桥式起重机梁、钢屋架及其支撑体系等 2) 平台结构：在上述中的厂房、车间中的加料平台结构，化工工业系统中的工作平台结构等 3) 仓储建筑：如大型工农业产品散装及原料仓库的全部或部分承重结构 4) 小型货棚：其承重结构可以采用轻型钢架、轻钢桁架等 5) 货架：可以采用冷弯薄壁型钢结构
民用建筑	1) 大跨公共建筑：如大、中型体育馆、展览馆、游乐中心、商场、火车站、航空港、剧院等等建筑的全部或主要承重结构，如采用空间桁架、刚架、平板网架、拱及网壳结构等 2) 多层及高层建筑：高层旅馆、办公楼、公寓、商业贸易中心等建筑，可以采用全钢的多层或高层钢框架结构，也可以部分采用承重钢结构，如这些建筑中的中庭部分的屋盖结构多数采用钢网架等 3) 中小型房屋的屋盖结构：跨度在15~24m的食堂、俱乐部、文化宫等建筑的屋盖可采用钢桁架、平板网架等 4) 小型可移动房屋：如近年来的移动展馆房屋的骨架多采用轻钢结构

14.1.2 本章主要内容

尽管建筑焊接结构种类众多、形式千变万化，但所有类型的结构都是由最基本的受拉、压、弯构件并通过相互连接组成的。一般来说，在结构形式确定后，建筑结构的设计内容还包括：结构整体布置；结构构件在各种载荷工况下的内力、变形分析；对构件进行承载能力及变形的极限状态计算，确定构件截面形式和尺寸；进行结构件的连接设计。前两部分内容在一般建筑结构专业书中均有较系统、详尽的介绍，第三部分内容在本书第11章已进行全面阐述，本章主要介绍结构构件的连接设计，重点介绍最常用的桁架节点设计，简单介绍厂房、大跨度及高层建筑的几种焊接结构的主要节点构造。

14.1.3 钢材选用和节点设计的注意事项

设计焊接钢结构，不仅要精确地进行结构内力分析和构件计算，还要正确选用钢材，精心设计构件连接节点的细部构造。由于钢材选用不当而引发的钢结构脆性破坏，或因节点细部设计不合理造成的结构承载力大幅下降而导致的突发性破坏事故在国内外并不少见。

1. 焊接钢结构的钢材选用

1) 为保证承重结构的承载能力和防止在一定条件下出现脆性破坏，应根据结构的重要性、载荷特征、结构形式、应力状态、钢材厚度和工作环境等因素综合考虑，选用合适的钢材牌号和材质。例如对大跨、高层公共建筑，直接承受动力载荷的结构，受拉或双向拉应力状态构件，厚度大的板件，低温环境或有腐蚀介质环境下工作的结构等，一般应选用较高材质的钢材。

2）焊接承重结构的钢材宜选用 Q235 钢、Q345 钢、Q390 钢和 Q420 钢，其质量应分别符合现行国家标准 GB/T 700—2006《碳素结构钢》和 GB/T 1591—2008《低合金高强度结构钢》的规定。当有可靠根据时，可采用其他牌号的钢材，但应符合相应有关标准的规定和要求。

3）下列情况的承重结构和构件不宜采用 Q235 沸腾钢：

① 直接承受动力载荷或振动载荷且需要验算疲劳的结构。

② 工作温度低于 -20℃时的直接承受动力载荷或振动载荷但可不验算疲劳的结构，以及承受静力载荷的受拉、受弯的重要承重结构。

③ 工作温度等于或低于 -30℃的所有结构。

4）承重结构的钢材应具有抗拉强度、伸长率、屈服强度、冷弯和硫磷、碳含量的合格保证。低碳钢的碳的质量分数一般不应超过 0.2%（质量分数，后同）；低合金钢应控制碳当量 $w(C_{eg})$ 不超过 0.4%，$w(C_{eg})$ 按下式计算：

$$w(C_{eg}) = w(C) + \frac{w(Mn)}{6}$$
$$+ \frac{w(Cr) + w(Mo) + w(V)}{5}$$
$$+ \frac{w(Ni) + w(Cu)}{15} \qquad (14-1)$$

式中各元素含量均以百分数计。

对于需要验算疲劳的，以及重要的受拉或受弯的结构构件钢材应具有常温（20℃）冲击韧度的合格保证。当结构工作温度不高于 0℃但高于 -20℃时，Q235 和 Q345 钢应具有 0℃冲击韧度的合格保证；Q390 钢和 Q420 钢应具有 -20℃冲击韧度的合格保证。当结构工作温度不高于 -20℃时，Q235 钢和 Q345 钢应具有 -20℃冲击韧度的合格保证；Q390 和 Q420 钢应具有 -40℃冲击韧度的合格保证。

5）当焊接承重结构为防止钢材的层状撕裂而采用 Z 向钢时，其材质应符合现行国家标准《厚度方向性能钢板》GB/T 5313—2010 的规定。

6）对处于外露环境，且对耐腐蚀有特殊要求的或在腐蚀性气态和固态介质作用下的承重结构，宜采用耐候钢，其质量要求应符合现行国家标准 GB/T 4172—2000《焊接结构用耐候钢》的规定。

7）钢结构的焊接连接材料

① 焊接连接材料必须按与母材性能相匹配的原则选用，连接两种不同强度的钢材时，宜采用与低强度钢材相适应的焊接连接材料。

② 焊条电弧焊采用的焊条应符合现行国家标准 GB/T 5117—2012《碳钢焊条》或 GB/T 5118—2012《低合金钢焊条》的规定。对直接承受动力载荷或振动载荷且需验算疲劳以及低温下焊接的结构，宜采用低氢型焊条。

③ 自动焊或半自动焊所采用的焊丝应符合现行国家标准 GB/T 14957—1994《熔化焊用钢丝》和 GB/T 8110—2008《气体保护电弧焊用碳钢、低合金焊丝》的规定。

2. 节点设计的基本原则

建筑焊接结构是由构件（如桁架中的拉、压杆，框架中的梁与柱）在其交汇处相互连接而组成的。构件的相互连接之处即为结构的"节点"。

在确定节点的构造形式、方法时，要遵循以下原则：

1）节点的连接构造应与结构分析时的计算简图相符合。

2）节点的连接应传力简捷明确、安全可靠，节点连接应有足够的强度和刚度，其承载力应适当大于构件的承载力，节点的细部尺寸除满足计算要求外，还要满足一定的构造要求。

3）节点的构造应力求简单，便于制作、运输和安装。

4）节点的连接应省工省料，经济合理。

3. 节点连接细部构造设计的注意事项

在结构的节点处，应力分布一般都比较复杂。如果连接细部处理不当，将会形成应力集中或局部高峰应力造成结构或其局部的破坏。下面给出的几项细部构造注意事项，仅供设计者参考。

1）连接的细部构造必须保证力的传递路径正确可靠。图 14-1a 表示偏心的集中载荷直接作用在箱形梁的腹板上，由于腹板在其平面外的抗弯能力甚小，故引起腹板的鼓曲和开裂破坏。图 14-1b、c 中将载荷通过加劲肋或横隔板传给箱形梁的翼缘，才是正确的做法。图 14-1d～m 给出集中力作用时的一些可行构造。但需注意图 14-1e、f、h 只适用于薄板连接，当梁翼缘板厚大于 20mm 时，此种连接方式有沿板厚层间撕裂破坏的危险。

2）接头连接应保持结构构件的几何连续性和刚度均匀性，避免截面突变，并尽量减小应力集中。图 14-2a 为 H 形截面的拉杆接头，当采用连接板连接时，如果只在翼缘或只在腹板上设置连接板件，即使连接板件的面积超过 H 形拉杆截面积，也会在接头处拉杆的端部产生严重的应力集中，使接头的局部出现高峰应力,当材质韧性差时,将是很危险的。应在翼缘和腹板上均设连接板,且应使连接板截面积分别与翼缘和腹板截面积相当才是正确的做法。

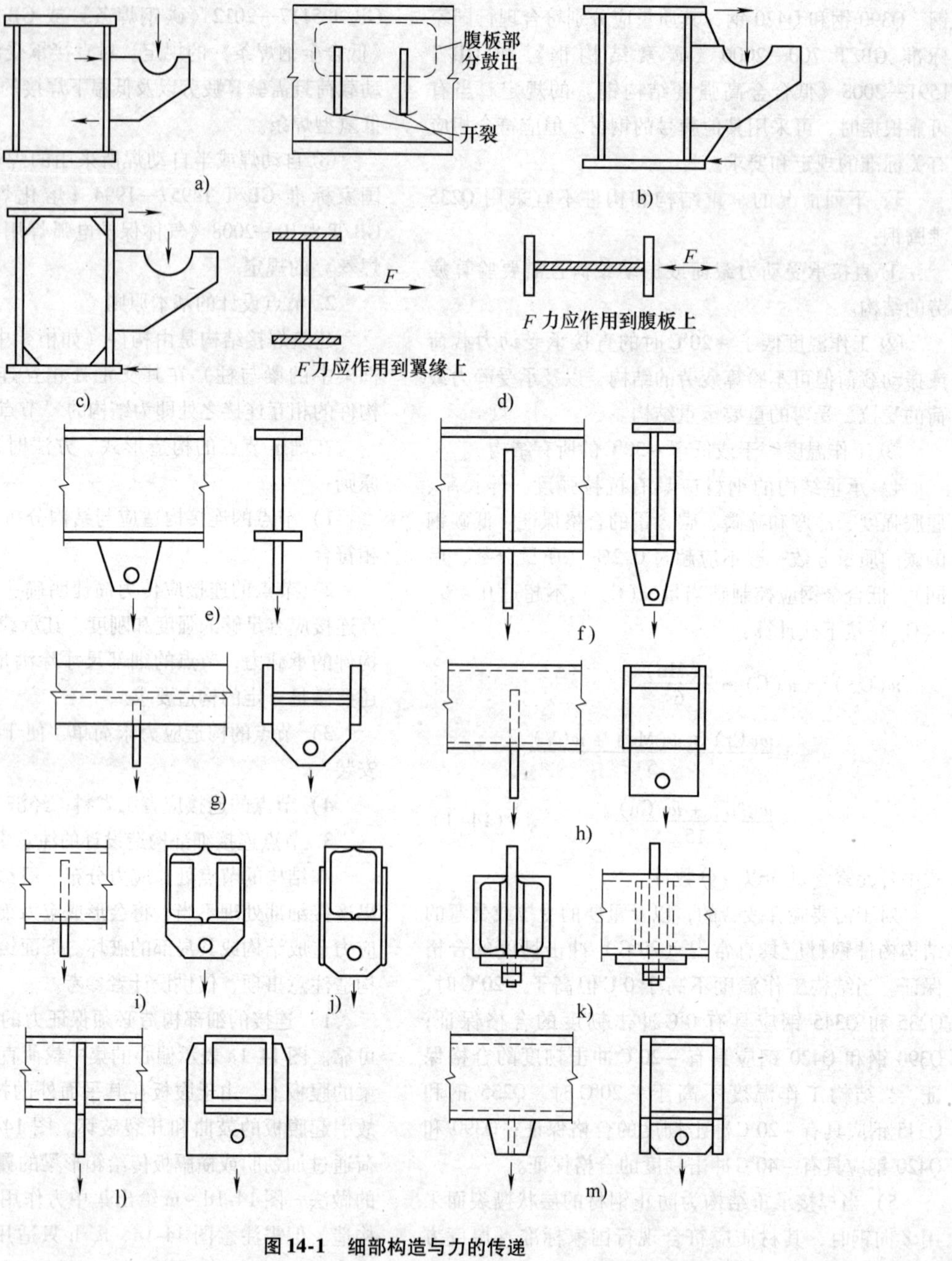

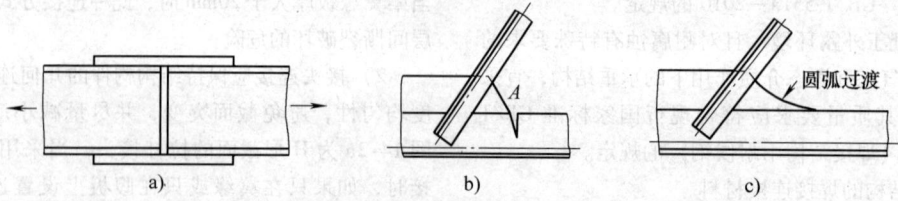

图 14-1　细部构造与力的传递

图 14-2　细部构造与应力集中

图 14-2b 中受拉下弦是用 H 形钢切成的 T 形截面，节点板与 T 形截面的腹板以对接焊缝相连，由于弦杆受较大拉应力，节点形状变化在 A 点形成应力集中，加上节点板焊缝收缩及焊缝正好位于硫磷的偏析区，从而使下弦腹板在 A 点开裂。如把 A 点处节点板做成圆弧过渡（见图 14-2c），应力集中情况将会得到改善。

3）结构连接节点或构件接头应具有适当的侧向刚度，以避免结构构件在运输安装甚至使用过程中因节点刚度不足造成板件屈曲。图 14-3a 表示一桁架的脊节点，设计时为在脊节点上连接檩条，将竖杆伸到上弦杆以上，由于节点的侧向刚度薄弱，在弦杆压力作用下节点板可能出现图 14-3b 的屈曲失稳形式。如将上弦杆尽量靠近并加上连接角钢（见图 14-3c）节点的侧向刚度增强即可避免节点板的屈曲失稳。

4）厚度较大的板件应采用合理的焊缝布置和坡口形式，防止由于焊缝收缩引起板件的层状撕裂。如对 T 形及角形的连接宜采取图 14-4 所示的焊缝布置。

5）设计结构节点或构件连接时，为保证焊缝质量应考虑焊缝施焊方便，及便于对焊缝质量进行检验，要尽量避免采用仰焊及立焊；并特别注意保证受力焊缝的焊接可达性。焊条电弧焊时，焊接作业要求的最小构造尺寸见表 14-2，自动焊时，构件的极限构造尺寸应根据焊机类型确定。

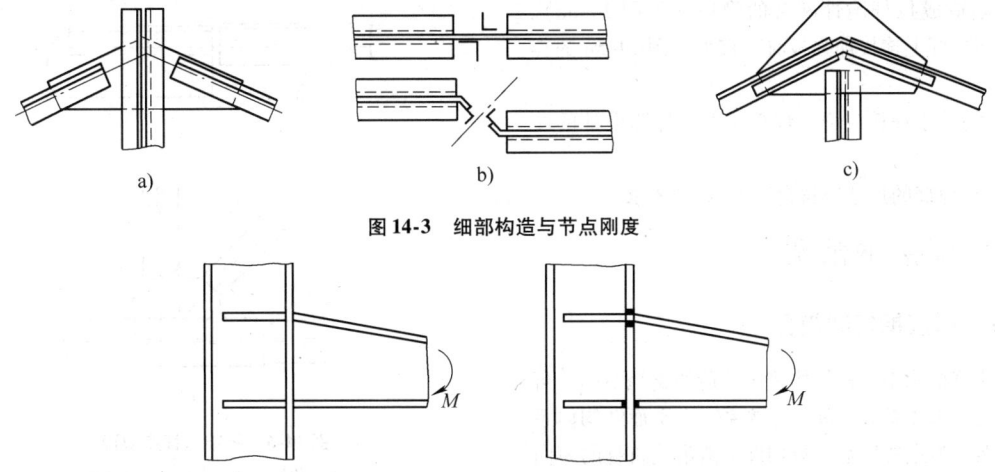

图 14-3　细部构造与节点刚度

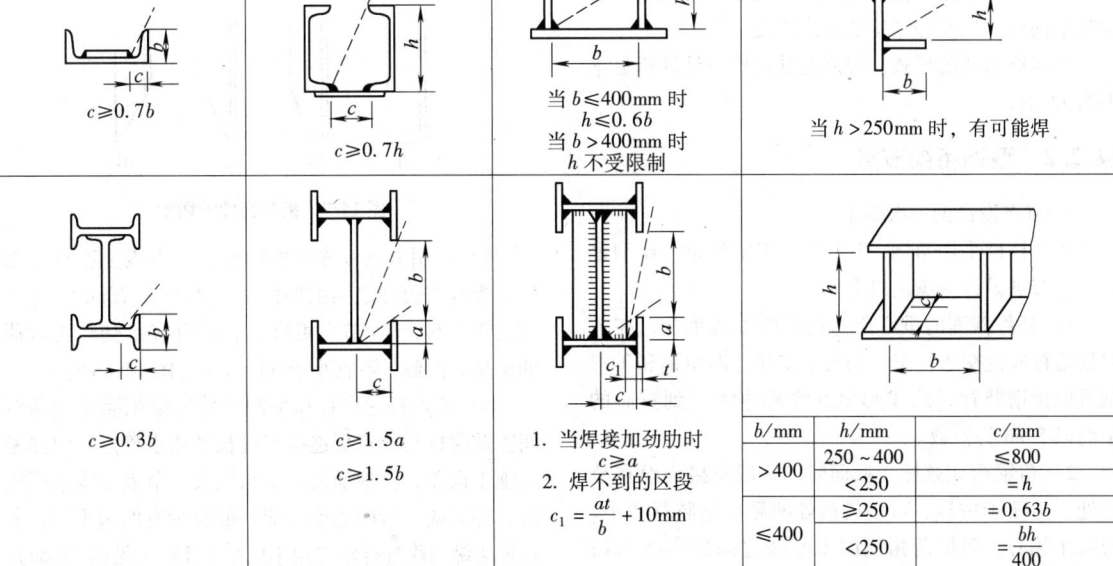

图 14-4　防止板件层状撕裂的焊缝布置

表 14-2　焊条电弧焊焊接时焊接构件的某些极限构造尺寸

$c \geqslant 0.7b$	$c \geqslant 0.7h$	当 $b \leqslant 400mm$ 时 $h \leqslant 0.6b$ 当 $b > 400mm$ 时 h 不受限制	当 $h > 250mm$ 时，有可能焊
$c \geqslant 0.3b$	$c \geqslant 1.5a$ $c \geqslant 1.5b$	1. 当焊接加劲肋时 $c \geqslant a$ 2. 焊不到的区段 $c_1 = \dfrac{at}{b} + 10mm$	见下表

b/mm	h/mm	c/mm
>400	250 ~ 400	≤800
	<250	$= h$
≤400	≥250	$= 0.63b$
	<250	$= \dfrac{bh}{400}$

注：焊条长度按 450mm 考虑。

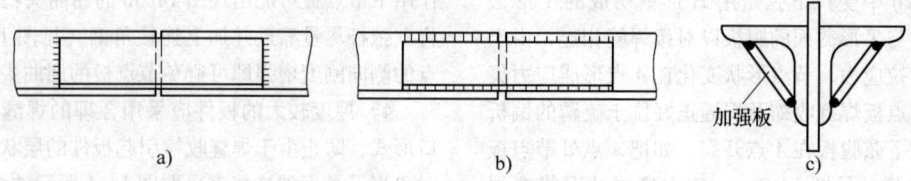

图 14-5　拉杆的细部构造
a）不适宜做法　b）、c）适宜做法

6）对采用连接板的拉杆接头，连接焊缝宜采用塑性较好的侧向焊缝（见图14-5b）；连接角钢端部不宜布置端焊缝，这种焊缝易形成"焊割"现象，不但削弱了杆件截面，而且易造成应力集中，甚至因焊接缺陷造成拉杆脆性断裂的隐患（见图14-5a）。同理，在拉杆上连接加强板时，宜采用图14-5c的连接方法。

7）为减小焊接应力、焊接变形，焊缝设计的注意事项见第4章。

8）角焊缝的尺寸应符合第11章的要求。

14.2　焊接钢桁架

14.2.1　焊接钢桁架简介

在建筑结构中，按结构传递载荷的路径不同，可分为平面结构体系和空间结构体系。在平面结构体系中，桁架作为主要屋盖承重构件一般沿建筑物的短向布置，在建筑结构的另一方向布置檩条和支撑等构件。建筑结构的屋盖载荷通过桁架传递至两端的支承柱和基础。檩条、支撑的作用，其一是将屋面载荷传递给桁架，其二是对桁架提供侧向支撑，以保证桁架在其平面外的稳定和结构的整体刚度。

焊接钢桁架的形式、应用及其杆件设计计算见本书第11章。

14.2.2　型钢桁架节点

1. 节点设计的一般要求

桁架杆件采用角钢、T形钢、工字形钢、H型钢时，其节点设计应满足以下要求：

1）杆件截面的重心应与桁架的轴线重合，在节点处各杆应汇交于一点。为便于制作，对角钢和T形钢可取角钢肢背（或T形钢翼缘外边缘）到重心的距离以5mm为模数。

2）角钢桁架弦杆变截面时，一般将接头设在节点处。为便于拼接，可使拼接处两侧角钢肢背齐平，为减小偏心，可取两角钢的重心线之间的中线与桁架轴线重合（见图14-6a），因轴线变动产生的偏心

e 不超过较大杆件截面高度的5%时，可不考虑其影响。

对重型桁架，弦杆变截面的接头应设在节点之外，以便简化节点构造（见图14-6b）。

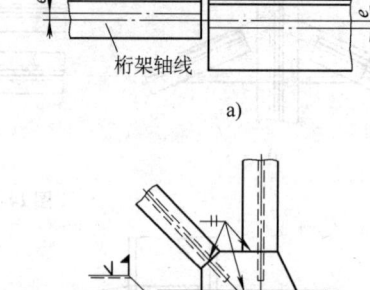

图 14-6　桁架弦杆变截面
a）角钢桁架　b）重型桁架

3）桁架杆件宜直切（见图14-7a），也可斜切（见图14-7b、c），不容许采用图14-7d所示的切割方式。

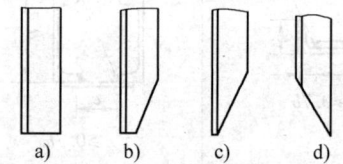

图 14-7　桁架杆件的切割

4）采用节点板连接的桁架，节点板上腹杆与弦杆、腹杆与腹杆之间的间隙 c 应不小于20mm，并不宜大于 $3.5t$，t 为节点板厚度。对直接承受动态载荷的桁架，间隙 c 不宜小于50mm（见图14-8a）。

5）节点板的形状和平面尺寸应根据满足上条的间隙及腹杆与节点板连接焊缝长度要求确定，但要考虑施工误差，将平面尺寸适当放大。节点板宜采用矩形、梯形或平行四边形，即一般至少有两边平行。节点板边缘与腹杆杆轴夹角不应小于15°（见图14-8a）。直接承受动态载荷的重型桁架腹杆与节点板的连接处宜

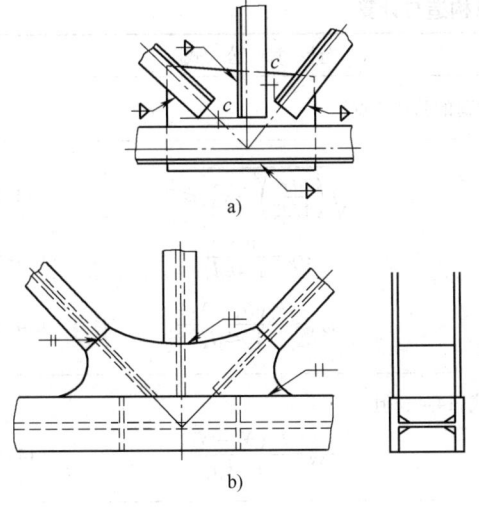

图 14-8　节点板的形状

修成弧形边缘，以提高节点的疲劳强度（见图 14-8b）。

6）节点板的厚度，对单腹壁式桁架可根据腹杆的最大内力（对梯形和人字形桁架）或弦杆端节间内力（对三角形桁架），按表 14-3 选用，当腹杆轴线与节点板边缘夹角小于 30°时，或腹板与节点板采用围焊时，或杆件内力超过表 14-3 中数值时，应按下式计算节点板的强度：

$$\sigma = \frac{N}{l_0 t} \leqslant f \qquad (14\text{-}2)$$

式中　N——腹杆轴心力设计值；

　　　t——节点板的厚度；

　　　l_0——破坏面的折算长度（见图 14-9），按下式计算：

$$l_0 = \frac{b_1}{\sqrt{1 + 2\cos^2\theta_1}} + \frac{b_2}{\sqrt{1 + 2\cos^2\theta_2}} + b_3 \qquad (14\text{-}3)$$

　　　b_1、b_2——杆件端部与节点板边缘的垂距；

　　　θ_1、θ_2——b_1、b_2 与杆件轴线夹角；

　　　b_3——杆件端部的宽度；

　　　f——节点板材料的强度设计值。

7）单腹板与弦杆的连接应使之不出现连接的偏心弯矩（见图 14-10）。对单腹杆的连接节点，节点板在腹杆范围以外的最小截面面积（见图 14-10a 的 a—a 处截面积）应大于按杆件内力计算所需的截面面积。

2. 桁架节点构造

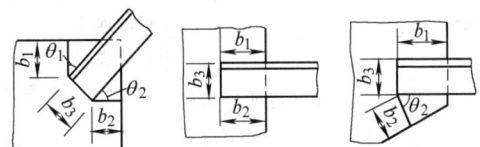

图 14-9　节点板破坏面的计算简图

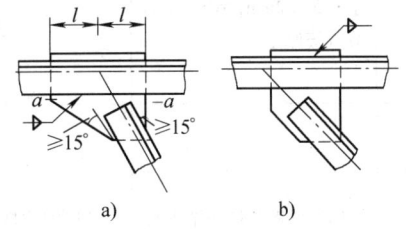

图 14-10　单斜腹杆的连接

a）正确　b）不正确

各种型钢桁架节点构造如图 14-11～图 14-15 所示，它们的构造要点与连接强度计算列于表 14-4。

表 14-3　单腹壁式桁架节点板厚度选用表

梯形、人字形桁架腹杆最大内力或三角形桁架端节间弦杆内力 /kN	Q235	≤170	171 ~ 290	291 ~ 510	511 ~ 680	681 ~ 910	911 ~ 1290	1291 ~ 1770	1771 ~ 3090
中间节点板厚度 /mm		6 ~ 8	8	10	12	14	16	18	20
支座节点板厚度 /mm		8	10	12	14	16	18	20	24

注：1. 当节点板钢材为 Q345 或其他低合金高强度结构钢时，节点板厚度可较表中数值减小 1～2mm。

　　2. 节点板厚度还应满足以下条件以保证节点板的稳定：

　　　1）对有竖腹杆的节点板，$c/t \leqslant 15\sqrt{235/f_y}$（$c$ 为受压腹杆连接肢端面中点沿腹杆轴线方向至弦杆的净距离，t 为节点板厚度）；对无竖腹杆的节点板，$c/t \leqslant 10\sqrt{235/f_y}$；否则应按文献［1］的有关规定计算节点板的稳定。

　　　2）在任何情况下，有竖腹杆的节点板 c/t 不得大于 $22\sqrt{235/f_y}$，无竖腹板的节点板 c/t 不得大于 $17.5\sqrt{235/f_y}$。

　　　3）节点板的自由边长度与厚度之比不得大于 $60\sqrt{235/f_y}$，否则应沿自由边设加劲肋予以加强。

表 14-4　型钢桁架节点构造与计算

构 造 要 点	计算项目	计 算 公 式
(1)上弦节点(作用有集中载荷的弦杆节点)		
角钢桁架 1)当节点板伸出不妨碍屋面构件设置时,节点板宜向上伸出 10~15mm(见图 14-11a) 2)当节点板伸出妨碍屋面构件设置时,节点板应缩进上弦角钢背(见图 14-11b、c),缩进距离应大于 $0.5t+2$mm,小于 t(t 为节点板厚度)	上弦角钢与节点板的连接焊缝强度	角钢肢背焊缝 $$\sqrt{\left(\frac{\sigma_P}{1.22}\right)^2+\tau_{\Delta N}^2}\leqslant f_f^w \quad (14\text{-}4)$$ $$\sigma_P=\frac{0.5P}{1.4h_f l_w} \quad (14\text{-}5)$$ $$\tau_{\Delta N}=\frac{k_1(N_1-N_2)}{1.4h_f l_w} \quad (14\text{-}6)$$
		角钢肢尖焊缝 同式(14-4),但 $$\tau_{\Delta N}=\frac{k_2(N_1-N_2)}{1.4h_f l_w} \quad (14\text{-}7)$$
		塞焊缝 $$\frac{P}{1.4h_f l_w}\leqslant f_f^w \quad (14\text{-}8)$$
		角钢肢尖焊缝 $$\sqrt{\left(\frac{N_1-N_2}{1.4h_f l_w}\right)^2+\left(\frac{6[(N_1-N_2)\cdot e_1+P\cdot e_2]}{1.4h_f l_w^2}\right)^2}\leqslant f_f^w \quad (14\text{-}9)$$
T形、H型钢桁架 1)T形钢弦杆与节点板采用对接焊缝连接(见图 14-12a)	T形钢弦杆与节点板连接的对接焊缝强度	$$\sigma=\frac{P}{t_j l_w}\pm\frac{6(N_1-N_2)e}{t_j l_w^2}\leqslant f_t^w,f_c^w \quad (14\text{-}10)$$ $$\tau=\frac{1.5(N_1-N_2)}{t_j l_w}\leqslant f_c^w \quad (14\text{-}11)$$ $$\sigma_{eq}=\sqrt{\left(\frac{P}{t_j l_w}\right)^2+3\tau^2}\leqslant 1.1f_t^w \quad (14\text{-}12)$$
2)H型钢弦杆与节点板采用角焊缝连接(见图 14-12b)	H型钢弦杆与节点板连接的角焊缝强度	同式(14-4),但式中 $$\sigma_P=\frac{P}{1.4h_f l_w}+\frac{6(N_1-N_2)e}{1.4h_f l_w^2} \quad (14\text{-}13)$$ $$\tau_{\Delta N}=\frac{N_1-N_2}{1.4h_f l_w} \quad (14\text{-}14)$$
双腹壁H型钢桁架 1)H型钢弦杆翼缘与节点板以对接焊缝相连(见图 14-12c)	H型钢弦杆翼缘与节点板连接的对接焊缝强度	同式(14-10)~式(14-12),但对接焊缝应取两根
2)H型钢弦杆以角焊缝与外贴节点板连接(见图 14-12d)	H型钢弦杆与外贴节点板连接的角焊缝强度	同式(14-4),但式中: $$\sigma_P=\frac{P}{1.4h_f l_w},\ \tau_{\Delta N}=\frac{(N_1-N_2)}{1.4h_f l_w} \quad (14\text{-}15)$$

（续）

构 造 要 点	计算项目		计 算 公 式	
	（2）下弦节点（无集中载荷作用的弦杆节点）			
角钢桁架 1）节点板伸出角钢肢背 10～15mm（见图 14-13a） 2）对有弯折下弦的拐角节点加上连接角钢（连接角钢应按图 14-14b 要求钻孔、切肢、削棱后，弯合对接焊缝连接等加工），连接角钢截面不小于弦杆	一般下弦节点的弦杆与节点板的连接焊缝强度（可只计算角钢肢背焊缝）		$\dfrac{k_1(N_1-N_2)}{1.4h_fl_w}\leqslant f_f^w$	(14-16)
	下弦弯折的拐角节点（图14-13b）	连接角钢与弦杆的连接焊缝长度（接头一侧）	$l_w=\dfrac{N_{max}}{4\times0.7h_ff_f^w}+10mm$ N_{max} 为节点上两弦杆轴心拉力的大值	(14-17)
		连接角钢长度	$L=2l_w+15mm,L\geqslant400mm$	(14-18)
		下弦杆与节点板的连接焊缝强度	$\dfrac{\sqrt{\Delta N^2+(N_2\sin\alpha)^2}}{0.7h_f\Sigma l_w}\leqslant f_f^w$	(14-19)
			$\Delta N=N_2\cos\alpha-N_1$	(14-20)
T形、H型钢桁架	同上弦节点（见图 14-13c～f）	同上弦节点	同上弦节点，但取各式中的 $P=0$	
	（3）拼接节点			
1）拼接节点设置位置应根据安装及运输条件确定，角钢及 T 形钢桁架一般设在节点上，H 型钢桁架弦杆拼接应设在节点之外以便于构造 2）角钢桁架的拼接节点上应加连接角钢连接弦杆以传递弦杆内力和提供节点的侧向刚度。拼接角钢要求按图 14-14b 要求钻孔、切肢、削棱、弯合焊接加工，其截面与弦杆相同	拼接角钢与弦杆的连接焊缝长度（见图 14-14）		同式（14-17）	
	拼接角钢长度（见图 14-14）		同式（14-18） 并不小于 300～600mm	
	下弦拼接节点处下弦与节点板连接焊缝长度（只验算肢背焊缝）（见图 14-14d）		$\dfrac{k_1\times0.15N_1}{1.4h_fl_w}\leqslant f_f^w$ 或 $\dfrac{k_1(N_1-N_2)}{1.4h_fl_w}\leqslant f_f^w$	
	脊节点处上弦与节点板连接焊缝强度（见图 14-14a）		$\dfrac{P-2N_1\sin\alpha}{8\times0.7h_fl_w}\leqslant f_f^w$	
	（4）支座节点（支承在混凝土底座上的铰接支座）			
1）支座构造见图 14-15,a 为梯形角钢桁架的支座,b 为三角形角钢桁架的支座,c、d、e 为 T 形、H 型钢桁架支座,f 为 H 型钢双腹壁桁架的支座 2）加设底板，并在支座中心位置设置加劲肋以加强底板抗弯刚度和增强支座节点的侧向刚度	支座底板面积		$A_1=BL\geqslant\dfrac{R}{f_{cc}}+A_0$ B、L 均应 $\geqslant200mm$	(14-21)
	底板厚度		$t\geqslant\sqrt{6M/f},\geqslant14mm$	(14-22)
			$M=\beta qa_1$	(14-23)
			$q=\dfrac{R}{(A-A_0)}$	(14-24)

（续）

构 造 要 点	计算项目	计 算 公 式	
(4)支座节点（支承在混凝土底座上的铰接支座）			
3）设置锚栓并预埋于钢筋混凝土柱中，安装桁架时起定位作用，屋架就位调整后，再套上垫板与底板焊接，锚栓直径应≥20mm 4）桁架下弦的底面与支座底板的距离不宜小于下弦型钢的伸出肢宽及130mm（见图14-15）	加劲肋、节点板与底板的连接焊缝焊脚尺寸	$h_f = \dfrac{R}{1.22 \times 0.7\Sigma l_w f_f^w} \geqslant 8mm$	(14-25)
	加劲肋与节点板的连接焊缝强度	$\sqrt{\left(\dfrac{-V}{1.4 h_f l_w}\right)^2 + \left(\dfrac{6M}{1.4 h_f l_w^2}\right)^2} \leqslant f_f^w$	(14-26)
		$V = R/4$	(14-27)
		$M = V\dfrac{B}{4}$	(14-28)

注　1. 式（14-4）~式（14-28）中：
　　P——作用于桁架节点上的集中载荷；
　　h_f——角焊缝焊脚尺寸；
　　l_w——焊缝的计算长度，角焊缝取实际焊缝长减 10mm，对接焊缝有引弧板时取焊缝实际长度，无引弧板时取实际长度减 10mm；
　　k_1、k_2——角钢肢背、肢尖焊缝内力分配系数，按第 10 章规定取值；
　　t_j——节点板厚度（对接焊缝厚度）；
　　R——桁架的支座反力；
　　A_0——支座底板锚栓孔处的缺口总面积；
　　t——支座底板厚度；
　　A_1、A——支座底板计算要求和实际采用面积；
　　β——系数，见参考文献［15］；
　　f_t^w、f_c^w、f_v^w——对接焊缝的抗拉、抗压、抗剪强度设计值；
　　f_{cc}——支座混凝土轴心抗压强度设计值；
　　f_f^w——角焊缝的强度设计值；
　　f——钢材的抗弯强度设计值；
其他符号见相应图号的图注。
　　2. 桁架腹杆连接表中未给出，因一般腹杆与节点板均以角焊缝连接，当腹杆采用角钢组成的 T 形截面时，焊缝强度按下式验算

$$肢背焊缝: \tau_f = \frac{k_1 N}{2 \times 0.7 h_f l_w} \leqslant f_f^w \qquad (14\text{-}29)$$

$$肢尖焊缝: \tau_f = \frac{k_2 N}{2 \times 0.7 h_f l_w} \leqslant f_f^w \qquad (14\text{-}30)$$

式中　N——腹杆轴心力设计值。

在双腹壁桁架中，腹杆为单角钢与节点板相连时（见图 14-12c），仍按式（14-29）、式（14-30）计算，但式中 f_f^w 应乘以 0.85 系数。

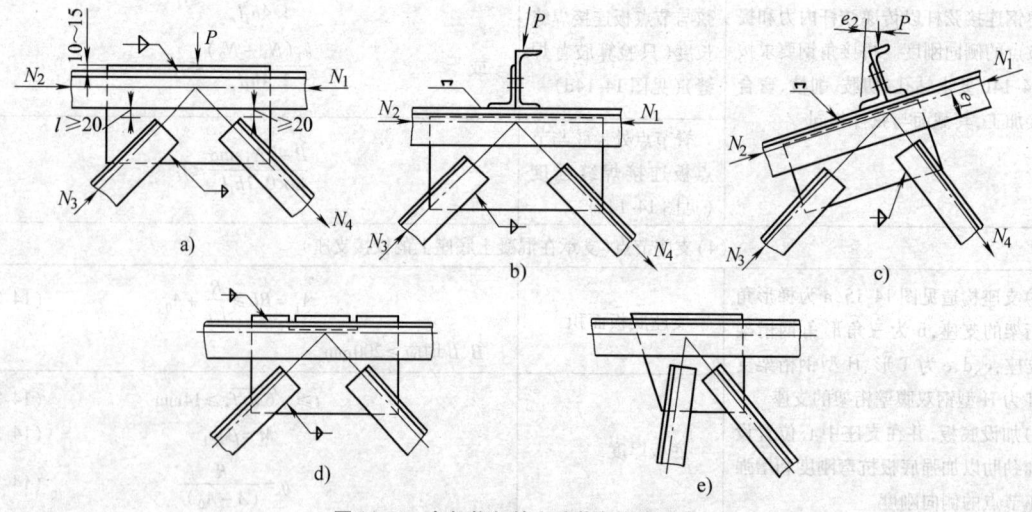

图 14-11　角钢桁架的上弦节点构造形式

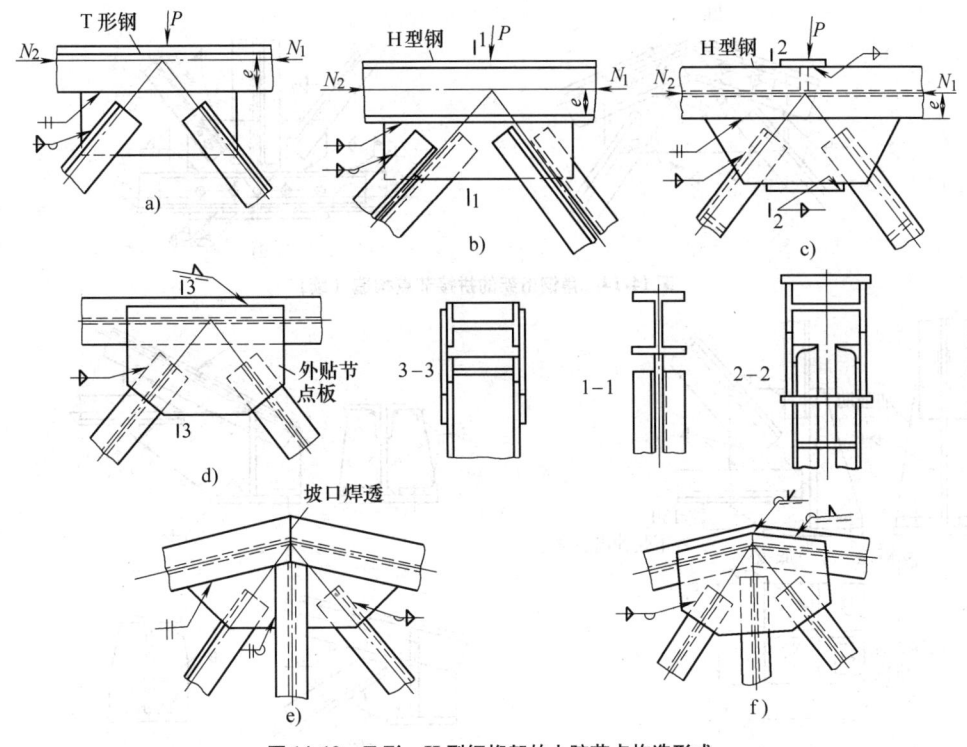

图 14-12　T 形、H 型钢桁架的上弦节点构造形式

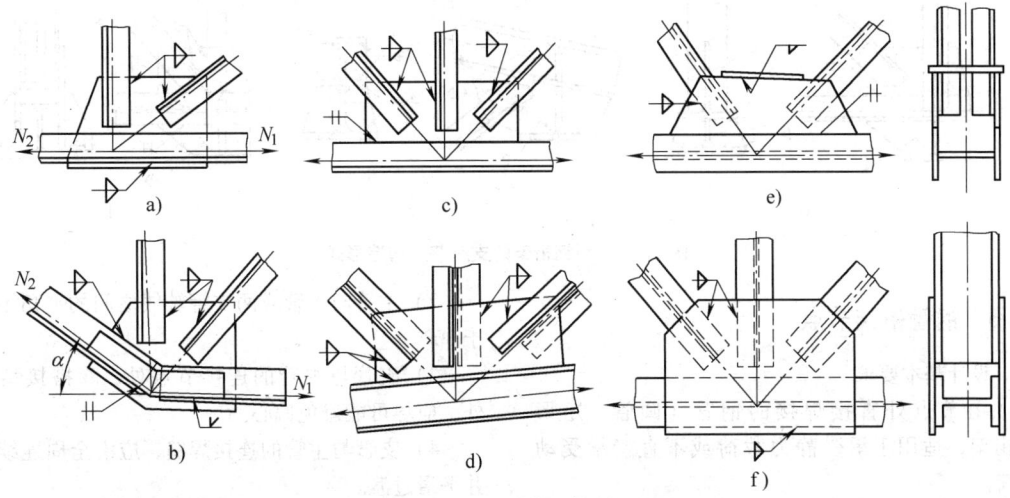

图 14-13　型钢桁架的下弦节点构造形式

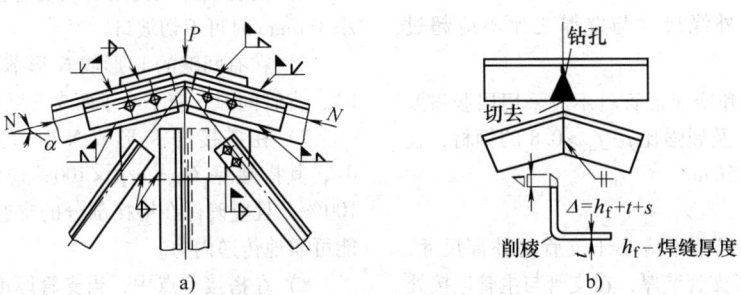

图 14-14　角钢桁架的拼接节点构造

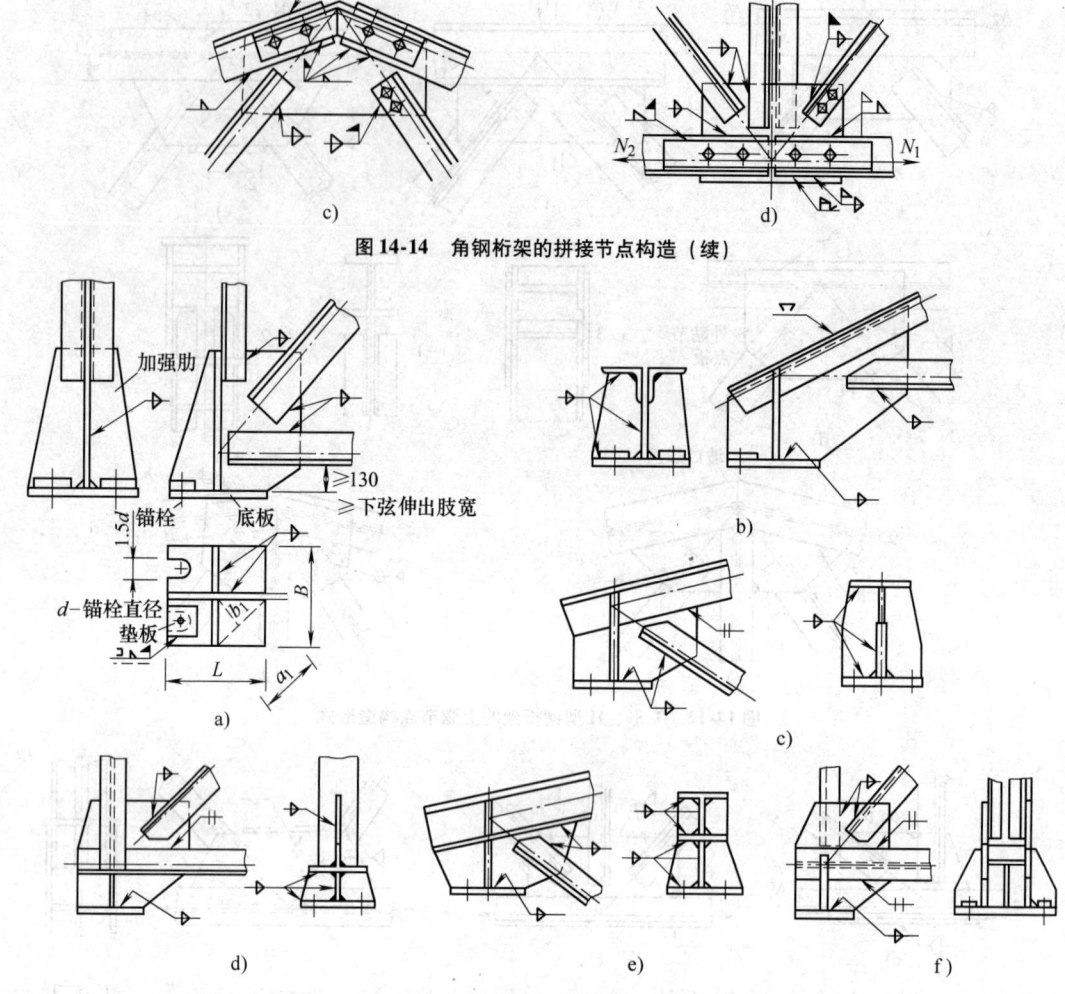

图 14-14　角钢桁架的拼接节点构造（续）

图 14-15　型钢桁架的支座节点构造形式

14. 2. 3　钢管桁架节点

1. 设计基本要求

1）在节点处直接焊接的钢管（圆管、矩形管）桁架，适用于承受静力载荷或不直接承受动力载荷。

2）圆钢管的外径与壁厚之比不应超过 100（235/f_y）；矩形管的最大外缘尺寸与壁厚之比不应超过 40 $\sqrt{235/f_y}$。

3）热加工管材和冷成形管材不应采用屈服强度 f_y 超过 345N/mm² 以及屈强比 $f_y/f_u > 0.8$ 的钢材，且钢管壁厚不宜大于 25mm。

2. 构造要求

1）主管的外部尺寸不应小于支管的外部尺寸，主管的壁厚不应小于支管壁厚，在支管与主管连接处不得将支管插入主管内。

2）主管与支管或两支管轴线之间的夹角不宜小于 30°。

3）支管与主管的连接节点处，除搭接型节点外，应尽可能避免偏心。

4）支管与主管的连接焊缝，应沿全周连续焊接并平滑过渡。

5）支管端部宜使用自动切管机切割，支管壁厚小于 6mm 时可不切坡口。

6）在有间隙的 K 形或 N 形节点中（图 14-16a、b），支管间隙 a 应不小于两支管壁厚之和。

7）在搭接的 K 形或 N 形节点中（图 14-16c、d），其搭接率 $O_v = q/p \times 100\%$ 应满足 $25\% \leqslant O_v \leqslant 100\%$，且应确保在搭接部分的支管之间的连接焊缝能可靠地传递内力。

8）在搭接节点中，当支管厚度不同时，薄壁管应搭在厚壁管上；当支管钢材强度等级不同时，低强度管应搭在高强度管上。

9）支管与主管之间的连接可沿全周用角焊缝或部分采用对接焊缝、部分采用角焊缝。支管管壁与主管管壁之间的夹角大于或等于120°的区域宜用对接焊缝或带坡口的角焊缝。角焊缝的焊脚尺寸 h_f 不宜大于支管壁厚的2倍。

10）支管轴线与主管轴线在节点处应尽量汇交于一点（图14-16b），如果支管与主管连接有偏心时（图14-16a、c、d），在计算节点和主管承载力时应按文献［1］考虑此偏心的影响。

11）钢管构件在承受较大横向载荷的部位应采取适当的加强措施，防止产生过大的局部变形。构件的主要受力部位应避免开孔，如必须开孔时，应采取适当的补强措施。

3. 节点承载力

1）为保证节点处主管的强度，支管的轴心内力设计值不应超过节点承载力设计值。

2）在节点处，支管与主管全周焊接的焊缝承载力不应小于节点承载力。支管全周焊缝承载力应按第11章要求计算。

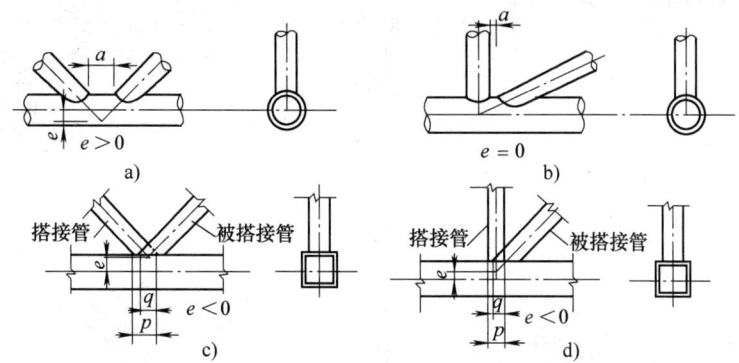

图 14-16　K 形和 N 形管节点的偏心和间隙
a）有间隙的 K 形节点　b）有间隙的 N 形节点　c）搭接的 K 形节点　d）搭接的 N 形节点

表 14-5　圆管桁架支管在节点处的承载力计算

项次	节点形式	支管在节点处的承载力设计值	
		支管受压时	支管受拉时
1	X 形节点（见图 14-17a）	$N_{cX}^{pj} = \dfrac{5.45}{(1-0.81\beta)\,\sin\theta}\psi_n t^2 f$　(14-31)	$N_{tX}^{pj} = 0.78\left(\dfrac{d}{t}\right)^{0.2} N_{cX}^{pj}$　(14-32)
2	T 形（或 Y 形）节点（图 14-17b、c）	$N_{cT}^{pj} = \dfrac{11.51}{\sin\theta}\left(\dfrac{d}{t}\right)^{0.2}\psi_n\psi_d t^2 f$　(14-33)	当 $\beta \le 0.6$ 时：$N_{tT}^{pj} = 1.4 N_{cT}^{pj}$　(14-34a)　当 $\beta > 0.6$ 时：$N_{tT}^{pj} = (2-\beta) N_{cT}^{pj}$　(14-34b)
3	K 形节点（图 14-17d）	$N_{cK}^{pj} = \dfrac{11.51}{\sin\theta_c}\left(\dfrac{d}{t}\right)^{0.2}\psi_n\psi_d\psi_a t^2 f$　(14-35)	$N_{tK}^{pj} = \dfrac{\sin\theta_c}{\sin\theta_t} N_{cK}^{pj}$　(14-36)
4	TT 形节点（图 14-17e）	$N_{cTT}^{pj} = \psi_g N_{cT}^{pj}$　(14-37)	$N_{tTT}^{pj} = N_{tT}^{pj}$　(14-38)
5	KK 形节点（图 14-17f）	$N_{cKK}^{pj} = 0.9 N_{cK}^{pj}$　(14-39)	$N_{tKK}^{pj} = 0.9 N_{tK}^{pj}$　(14-40)

注：表中 ψ_n 为参数，$\psi_n = 1 - 0.3\dfrac{\sigma}{f_y} - 0.3\left(\dfrac{\sigma}{f_y}\right)^2$，当节点两侧或一侧主管受拉时，则取 $\psi_n = 1$；

f 为主管钢材的抗拉、抗压和抗弯强度设计值；

f_y 为主管钢材的屈服强度；

σ 为节点两侧主管轴心压应力的较小绝对值；

ψ_d 为参数，当 $\beta \le 0.7$ 时，$\psi_d = 0.069 + 0.93\beta$，当 $\beta > 0.7$ 时，$\psi_d = 2\beta - 0.68$；

θ_c、θ_t 分别为受压支管轴线和受拉支管与主管轴线之夹角；

ψ_a 为参数，按下式计算：

$$\psi_a = 1 + \frac{2.19}{1 + \dfrac{7.5a}{d}}\left(1 - \frac{20.1}{6.6 + \dfrac{d}{t}}\right)(1 - 0.77\beta)；$$

a 为两支管间的间隙；当 $a < 0$ 时，取 $a = 0$；

ψ_g 为参数，$\psi_g = 1.28 - 0.64\dfrac{g}{d} \le 1.1$，$g$ 为两支管的横向间距。

3）主管和支管均为圆管的直接焊接钢管桁架节点承载力应按表14-5计算，其适用范围为：$0.2 \leqslant \beta \leqslant 1.0$，$d_i/t_i \leqslant 60$；$d/t \leqslant 100$，$\theta \leqslant 30°$，$60° \leqslant \varphi \leqslant 120°$（$\beta$ 为支管外径与主管外径之比；d_i、t_i 为支管的外径和壁厚；d、t 为主管的外径和壁厚；θ 为支管轴线与主管轴线之夹角；φ 为空间管节点支管的横向夹角，即支管轴线在主管横截面所在平面投影的夹角）。

4）矩形管直接焊接管桁架节点承载力应按表14-7规定计算，其适用范围见表14-6。

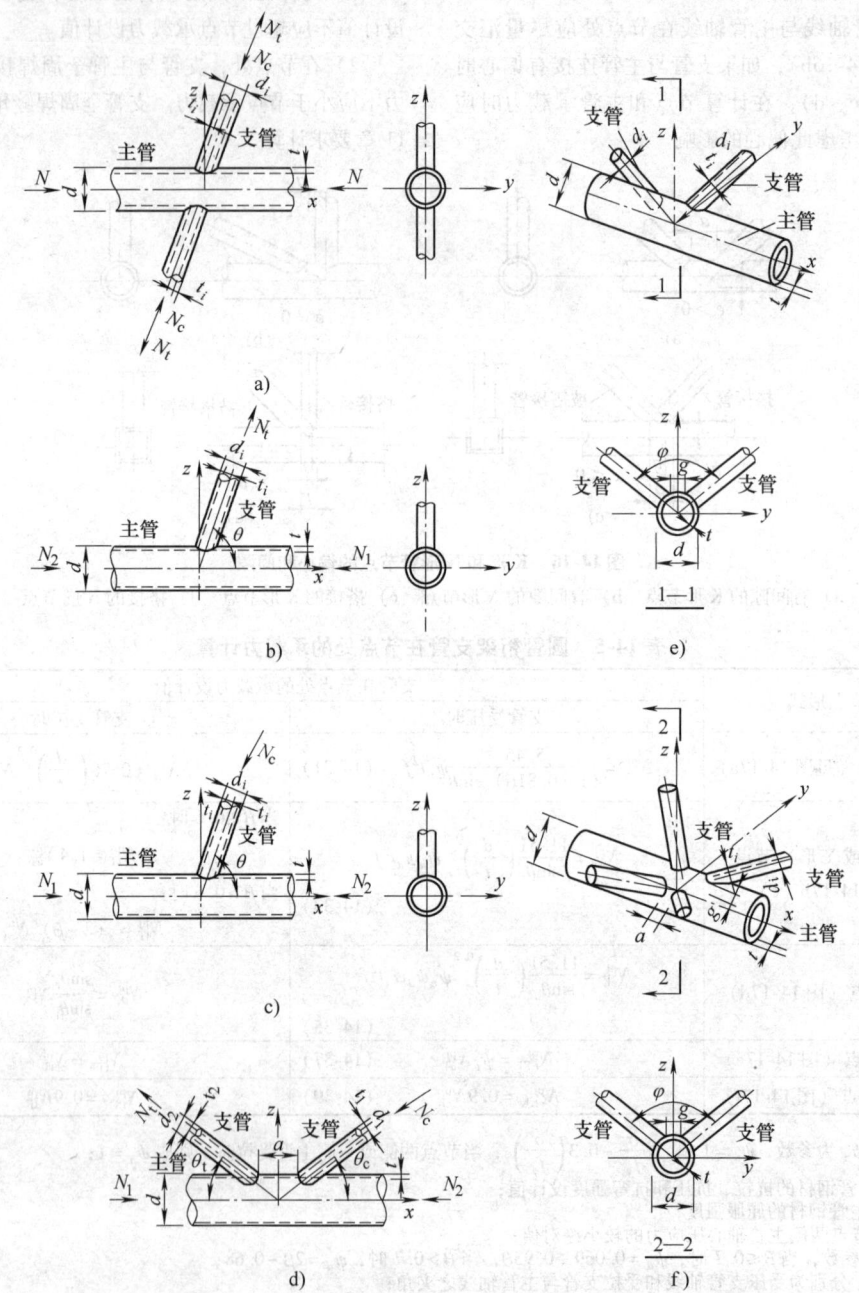

图 14-17　圆管结构的节点形式

a）X 形节点　b）T 形和 Y 形受拉节点　c）T 形和 Y 形受压节点　d）K 形节点

e）TT 形节点　f）KK 形节点

表 14-6　矩形管节点几何参数的适用范围

管截面形式	节点形式	节点几何参数，$i=1$ 或 2，表示支管；j 表示被搭接的支管					
		$\dfrac{b_i}{b}$、$\dfrac{h_i}{b}$（或$\dfrac{d_i}{b}$）	$\dfrac{b_i}{t_i}$、$\dfrac{h_i}{t_i}$（或$\dfrac{d_i}{t_i}$）		$\dfrac{h_i}{b_i}$	$\dfrac{b}{t}$、$\dfrac{h}{t}$	a 或 O_v b_i/b_j、t_i/t_j
			受压	受拉			
主管为矩形管	支管为矩形管　T、Y、Z 形	$\geqslant 0.25$	$\leqslant 37\sqrt{\dfrac{235}{f_{yi}}}$ $\leqslant 35$		$0.5\leqslant\dfrac{h_i}{b_i}$ $\leqslant 2$	$\leqslant 35$	
	有间隙的 K 形和 N 形	$\geqslant 0.1+\dfrac{0.01b}{t}$ $\beta\geqslant 0.35$		$\leqslant 35$		$\leqslant 35$	$0.5(1-\beta)\leqslant\dfrac{a}{b}\leqslant$ $1.5(1-\beta)^*$ $a\geqslant t_1+t_2$
	搭接 K 形和 N 形	$\geqslant 0.25$	$\leqslant 33\sqrt{\dfrac{235}{f_{yi}}}$			$\leqslant 40$	$\dfrac{t_i}{t_j}\leqslant 1.0$ $25\%\leqslant O_v\leqslant 100\%$ $1.0\geqslant\dfrac{b_i}{b_j}\geqslant 0.75$
	支管为圆管	$0.4\leqslant\dfrac{d_i}{b}\leqslant 0.8$	$\leqslant 44\sqrt{\dfrac{235}{f_{yi}}}$	$\leqslant 50$			用 d_i 取代 b_i 之后，仍应满足上述相应条件

注：1. 标注 * 处当 $a/b>1.5(1-\beta)$，则按 T 形或 Y 形节点计算。

2. b_i、h_i、t_i 分别为第 i 个矩形支管的截面宽度、高度和壁厚；

d_i、t_i 分别为第 i 个圆支管的外径和壁厚；

b、h、t 分别为矩形主管的截面宽度、高度和壁厚；

a 为支管间的间隙，如图 14-18 所示；

O_v 为搭接率，$O_v=\left(\dfrac{q}{p}\right)\times 100\%$，$q$、$p$ 如图 14-16 所示；

β 为参数，对 T、Y、X 形节点，$\beta=\dfrac{b_i}{b}$ 或 $\dfrac{d_i}{b}$，对 K、N 形节点，$\beta=\dfrac{b_1+b_2+h_1+h_2}{4b}$ 或 $\beta=\dfrac{d_1+d_2}{2b}$；

f_{yi} 为第 i 个支管钢材的屈服强度。

表 14-7　矩形管节点处的承载力计算

项次	节点形式	节点承载力设计值	注　释
1	T、Y 和 X 形节点（图 14-18a,b）	1) 当 $\beta\leqslant 0.85$ 时，$$N_i^{pj}=1.8\left(\dfrac{h_i}{bc\sin\theta_i}+2\right)\dfrac{t^2 f}{c\sin\theta_i}\psi_n \qquad (14\text{-}41)$$ $$c=(1-\beta)^{0.5}$$ 2) 当 $\beta=1.0$ 时，$$N_i^{pj}=2.0\left(\dfrac{h_i}{\sin\theta_i}+5t\right)\dfrac{tf_k}{\sin\theta_i}\psi_n \qquad (14\text{-}42)$$ 当为 X 形节点，$\theta_i<90°$ 且 $h\geqslant h_i/\cos\theta_i$ 时，尚应按下式验算：$$N_i^{pj}=\dfrac{2htf_v}{\sin\theta_i} \qquad (14\text{-}43)$$	ψ_n——参数，当主管受压时，$\psi_n=1.0-\dfrac{0.25}{\beta}\cdot\dfrac{\sigma}{f}$；当主管受拉时，$\psi_n=0$ σ——节点两侧主管轴心压应力的较大绝对值 f——主管钢材强度设计值 f_k——主管强度设计值，当支管受拉时，$f_k=f$，当支管受压时，对 TY 形节点，$f_k=0.8\varphi f$，对 X 形节点，$f_k=(0.65\sin\theta_i)\varphi f$ φ——按长细比

（续）

项次	节点形式	节点承载力设计值	注　　释
1	T、Y 和 X 形节点（图 14-18a、b）	3）当 $0.85 < \beta < 1.0$ 时，按式（14-41）、式（14-42）、式（14-43）所得的值根据 β 进行线性插值，且不应超过下列二式的计算值： $N_i^{pj} = 2.0(h_i - 2t_i + b_e)t_i f_i$　（14-44） $b_e = \dfrac{10}{b/t} \dfrac{f_y t}{f_{yi} t_i} b_i \leqslant b_i$ 当 $0.85 \leqslant \beta \leqslant 1 - \dfrac{2t}{b}$ 时： $N_i^{pj} = 2.0\left(\dfrac{h_i}{\sin\theta_i} + b_{ep}\right)\dfrac{t f_v}{\sin\theta_i}$ $b_{ep} = \dfrac{10}{b/t} b_i \leqslant b_i$　　（14-45）	$\lambda = 1.73\left(\dfrac{h}{t} - 2\right)\left(\dfrac{1}{\sin\theta_i}\right)^{0.5}$ 确定的轴心受压构件的稳定系数 f_v——主管钢材的抗剪强度设计值 h_i、t_i、f_i——分别为支管的截面高度、壁厚以及抗拉（压、弯）强度设计值
2	支管为矩形管的有间隙的 K 形和 N 形节点（图 14-18c）	1）节点处任一支管的承载力设计值应取下列各式的较小值： $N_i^{pj} = 1.42 \dfrac{b_1 + b_2 + h_1 + h_2}{b\sin\theta_i}\left(\dfrac{b}{t}\right)^{0.5} t^2 f \psi_n$ （14-46） $N_i^{pj} = \dfrac{A_v f_v}{\sin\theta_i}$　　（14-47） $N_i^{pj} = 2.0\left(h_i - 2t_i + \dfrac{b_i + b_e}{2}\right)t_i f_i$ （14-48） 当 $\beta \leqslant 1 - \dfrac{2t}{b}$ 时，尚应小于： $N_i^{pj} = 2.0\left(\dfrac{h_i}{\sin\theta_i} + \dfrac{b_i + b_{ep}}{2}\right)\dfrac{t f_v}{\sin\theta_i}$ （14-49） 2）节点间隙处的弦杆轴心受力承载力设计值为： $N_i^{pj} = (A - \alpha_v A_v)f$　（14-50）	式中　A_v——弦杆的受剪面积，按下式计算： $A_v = (2h + \alpha b)t$　　（14-51） $\alpha = \sqrt{\dfrac{3t^2}{3t^2 + 4a^2}}$　（14-52） α_v——考虑剪力对弦杆轴心承载力的影响系数： $\alpha_v = 1 - \sqrt{1 - \left(\dfrac{V}{V_p}\right)^2}$　（14-53） $V_p = A_v f_v$ V——节点间隙处弦杆所受剪力，可按任一支管的竖向分力计算
3	支管为矩形管的搭接 K 形和 N 形节点（图 14-18d）	搭接支管的承载力设计值按下列各式计算 1）当 $25\% \leqslant O_v < 50\%$ 时： $N_i^{pj} = 2.0\left((h_i - 2t_i)\dfrac{O_v}{0.5} + \dfrac{b_e + b_{ej}}{2}\right)t_i f_i$ （14-54） 2）当 $50\% \leqslant O_v \leqslant 80\%$ 时： $N_i^{pj} = 2.0\left(h_i - 2t_i + \dfrac{b_e + b_{ej}}{2}\right)t_i f_i$ （14-55）	式中下标 j 表示被搭接的支管； $b_{ej} = \dfrac{10}{b_j/t_j} \cdot \dfrac{t_j f_{yj}}{t_i f_{yi}} b_i \leqslant b_i$

（续）

项次	节点形式	节点承载力设计值	注　释
3	支管为矩形管的搭接 K 形和 N 形节点（图 14-18d）	3）当 $80\% \leqslant O_v \leqslant 100\%$ 时： $$N_1^{pj} = 2.0\left(h_i - 2t_i + \frac{b_i + b_{ej}}{2}\right)t_if_i$$ （14-56） 被搭接支管的承载力应满足下式要求： $$\frac{N_1^{pj}}{A_jf_{yj}} \leqslant \frac{N_1^{pj}}{A_if_{yi}}$$ （14-57）	式中下标 j 表示被搭接的支管； $$b_{ej} = \frac{10}{b_j/t_j}\cdot\frac{t_jf_{yj}}{t_if_{yi}}b_i \leqslant b_i$$
4	支管为圆管的各种形式的节点	当支管为圆管时，上述各节点承载力计算式仍可使用，但需用 d_i 取代 b_i 和 h_i，并将各式右侧乘以 $\frac{\pi}{4}$，并取（14-50）中的 α 值为零	—

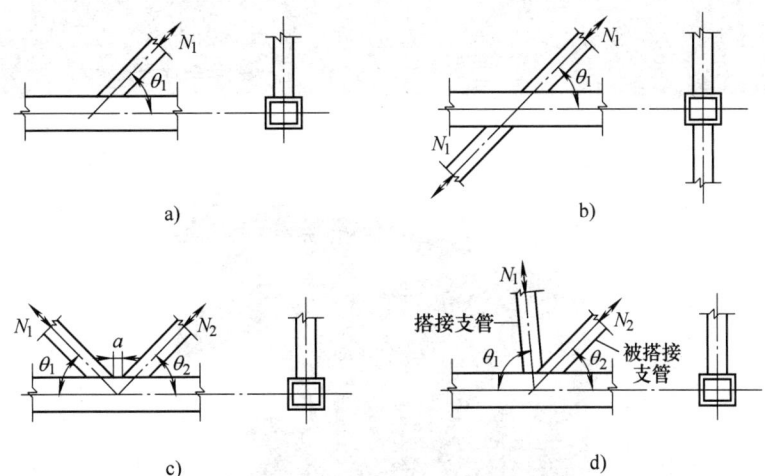

a)　　　　　　　　　　　　b)

c)　　　　　　　　　　　　d)

图 14-18　矩形管直接焊接平面管节点
a) T、Y 形节点　b) X 形节点　c) 有间隙的 K、N 形节点　d) 搭接的 K、N 形节点

14.3　大跨空间钢结构

14.3.1　大跨空间钢结构简介

大跨空间钢结构一般指跨度大于或等于 60m 的建筑结构。大跨建筑结构有平面结构体系和空间结构体系两大类，前者有梁式、框架式和拱式等体系；后者则有网架、网壳、悬索、索膜和张弦结构等结构体系。空间结构体系在载荷作用下呈三维受力特征，与平面结构体系相比，具有结构受力合理、整体刚度大、用钢量较省，且易于塑造新颖美观的建筑外形等特点，故在大跨建筑中得到十分广泛的应用。

例如，为迎接 2008 年北京奥运会的召开，建成的国家体育场和国家游泳中心就是采用的空间格构式刚架结构。国家体育场的屋盖为鞍形曲面，平面呈椭圆形，长轴 332.3m，短轴 296.4m，中间开口尺寸长向 185.3m，短向 127.5m，大跨屋盖支承在 24 根桁架柱上，柱距 37.958m，屋盖主桁架围绕屋盖中间的开口放射形布置，有 22 榀主桁架直通或接近直通，并形成由分段直线构成的内环桁架，少量主桁架在内环附近截断，以避免使节点构造过于复杂。主桁架和桁架柱相交处形成刚性节点，组成桁架和柱的构件大量采用了由钢板焊接而成的箱形构件。交叉布置的主结构与屋面、立面的次结构一起形成了"鸟巢"的奇特建筑造型（图14-19）。国家游泳中心呈"水立方"的建筑造型，其长、宽、高分别为177m、177m、30m，屋盖厚7.202m，墙体厚5.876m。"水立方"结构形成系基于气泡理论，将由多面体细胞填充的巨大空间（大于建筑物轮廓尺寸）进行旋转、切割，得到建筑物的外轮廓和内部使用空间，切割产生的内、外表面杆件和内外表面之间保留的多面体棱线便形成了结构的弦杆和腹杆。这种新型的空间刚架构成简单，重复性高，结构内部多面体单元只有4种杆长，3种不同的节点，每个节点汇交的杆件仅有4根（图14-20）。

在空间钢结构中，应用较为普遍的是网格结构，这种结构系由多根杆件按照一定规律布置，通过节点连接而组成的，外形呈平板形的称网架结构（或平板网架）；外形呈曲面形状并具有壳体结构特性的称为网壳结构。下面简单介绍网架、网壳，以及近年来迅速发展起来的张弦结构等三种结构形式及应用实例。

a)

b)

图14-19　正在施工中的国家体育场
a) 结构全貌　b) 结构局部

a)

b)

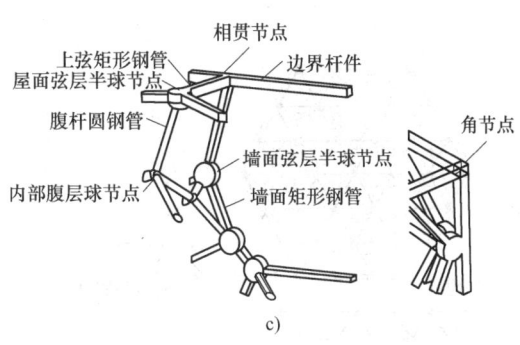

c)

图 14-20 国家游泳中心——水立方
a）正在施工中的结构全貌 b）结构局部 c）节点构造示意

1. 网架结构
（1）网架结构形式
根据杆件构成特点，网架结构有：两向交叉网架、三向交叉网架、四角锥网架、三角锥网架和六角锥网架等基本类型（图 14-21）。
（2）网架结构的应用

平板网架结构的整体刚度大，抗震性能好，可适应各种不同要求，在国内不仅被广泛用于中、小型的工业与民用房屋，如工业厂房、俱乐部、食堂、会议室、加油站等，而且更普遍地用于大跨度的公共建筑，如大型体育场、馆，博览建筑，航空港，飞机库等。表 14-8 仅给出具有代表性的几例。

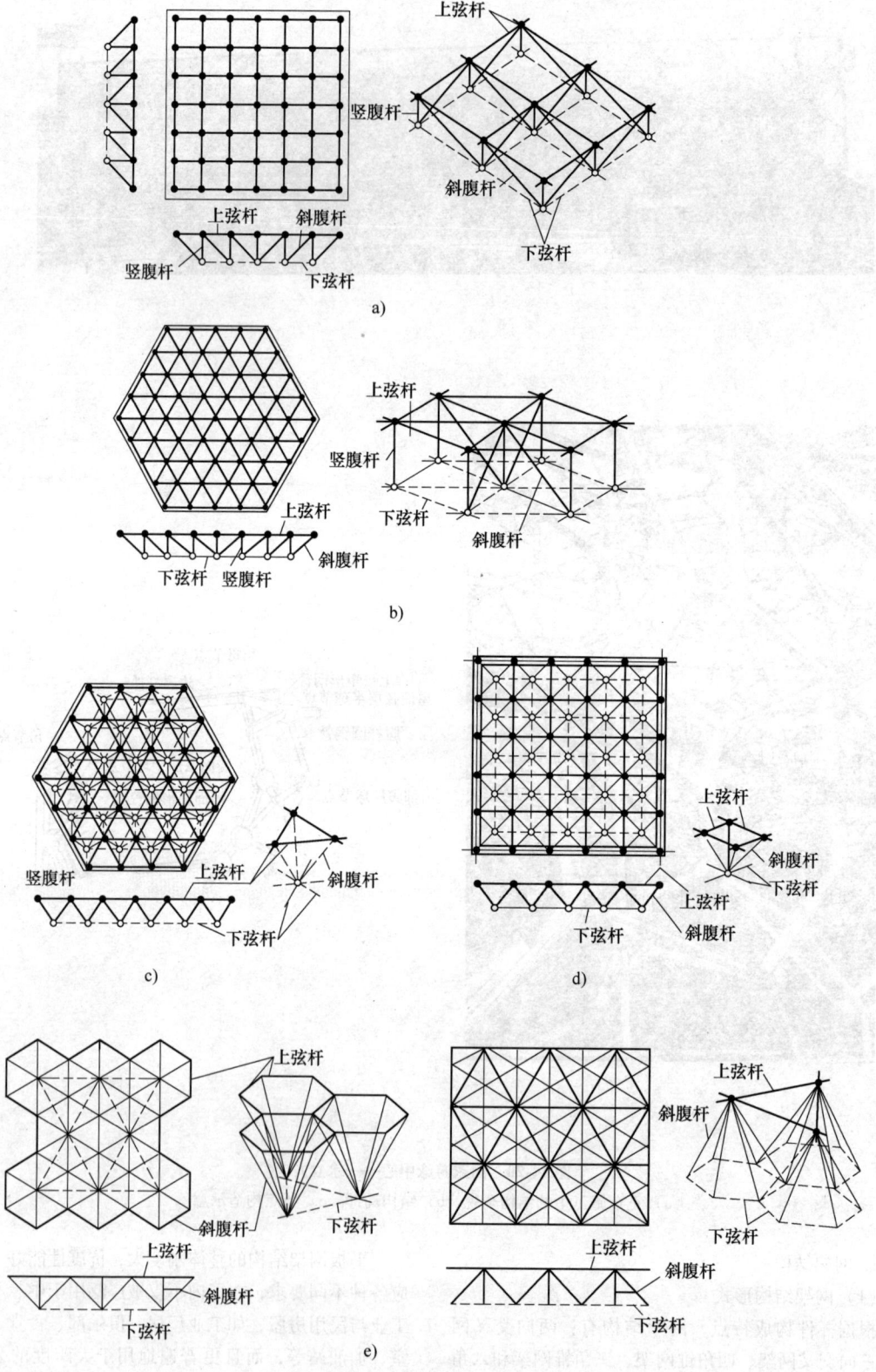

图 14-21　网架结构形式

a）两向交叉网架　b）三向交叉网架　c）三角锥网架　d）四角锥网架　e）六角锥网架

表 14-8　网架结构工程实例

工程名称	网架形式	平面尺寸厚度/mm	节点形式	建成年份	备　注
首都体育馆	两向正交斜放网架	$99 \times 112 \times 6$	焊接钢板节点	1967	见图 14-22
陕西体育馆	两向正交正放网架	$66 \times 90 \times 4.9$（长八边形）	—	—	—
上海文化广场	三向网架	$76 \times 138 \times 5$（扇形）	焊接空心球节点	1970	见图 14-23
江苏省跳水游泳馆	斜放四角锥网架	$86.66 \times 82.66 \times 4$	焊接空心球节点	1995	
中国民航成都飞机维修库	两向正交正放变高度网架	$77 \times 140 \times (6 \sim 8)$	带盖板的焊接钢板节点	1995	见图 14-24 获全国第二届优秀建筑结构设计三等奖
首都机场四机位飞机库	三层、斜放四角锥网架	$(153 + 153) \times 90 \times 6$	焊接空心球节点	1995	见图 14-25 获全国第二届优秀建筑结构设计一等奖
厦门厦工机械股份有限公司联合厂房	两向正交正放网架	$198 \times 150.65 \times 3$ 柱网 18×18	焊接空心球节点	1996	获全国第二届优秀建筑结构设计三等奖

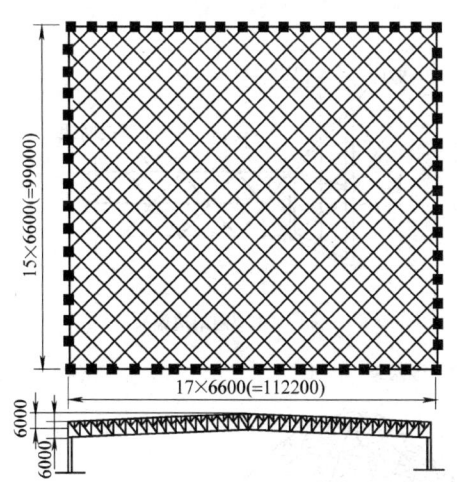

图 14-22　首都体育馆的平板网架

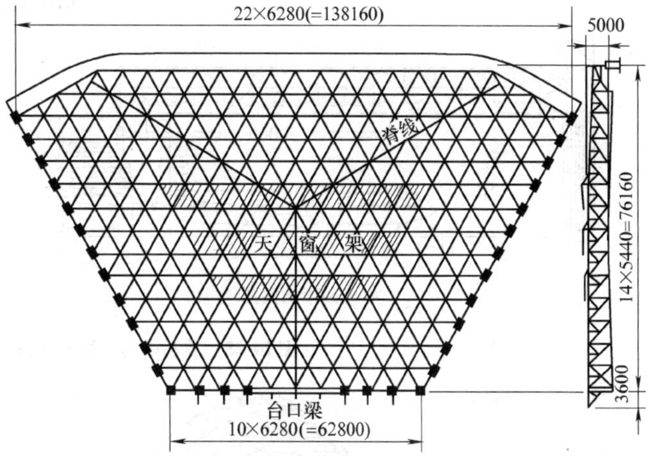

图 14-23　上海文化广场的平板网架

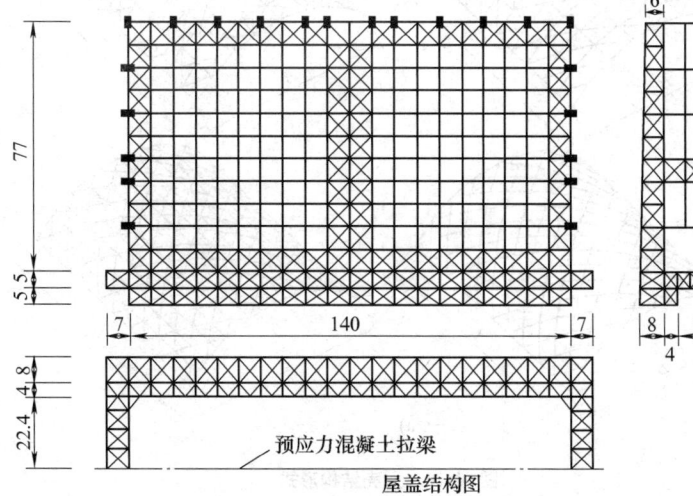

图 14-24　中国民航成都飞机维修库的网架结构

2. 网壳结构

（1）网壳结构形式

与网架相比，网壳形式更多。如按网壳的层数分，有单层网壳和双层网壳；按曲面外形分有圆柱面网壳、球面网壳、椭圆抛物面网壳（双曲扁壳）和双曲抛物面网壳（鞍形网壳、扭壳）等；按网格形式不同，上述网壳又可分为若干类型，如球面网壳又可分为肋环型、肋环斜杆型、三向网格型、扇形网格、葵花形三向网格和短程线（图 14-26）等。

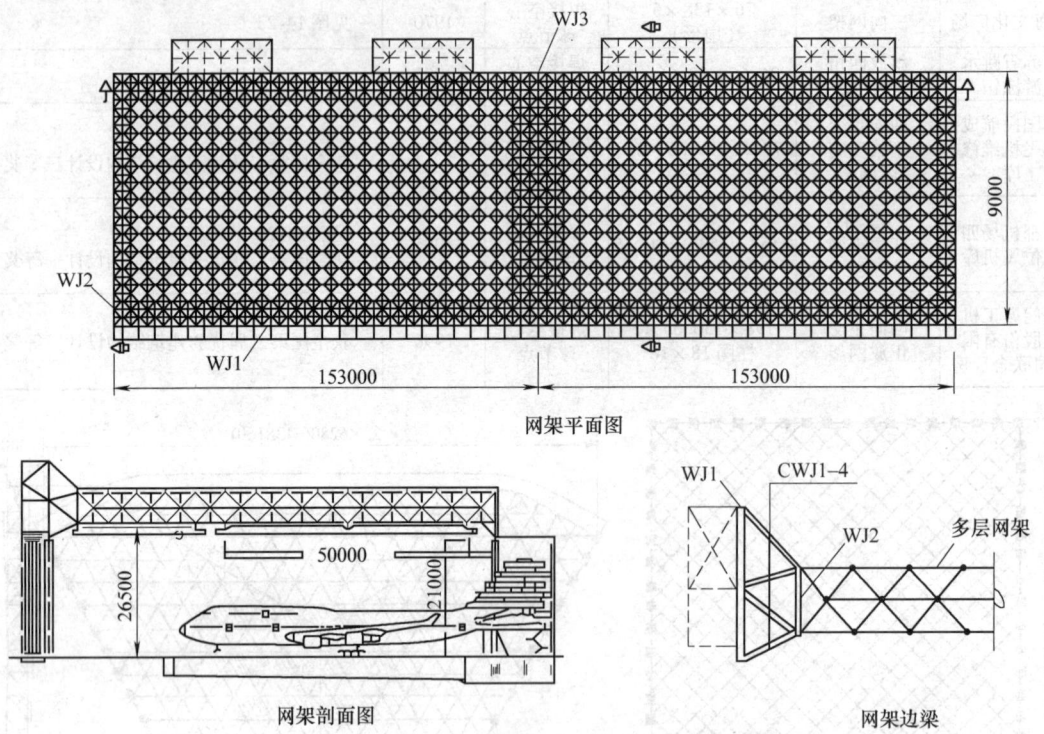

图 14-25　首都机场四机位飞机库的平板网架

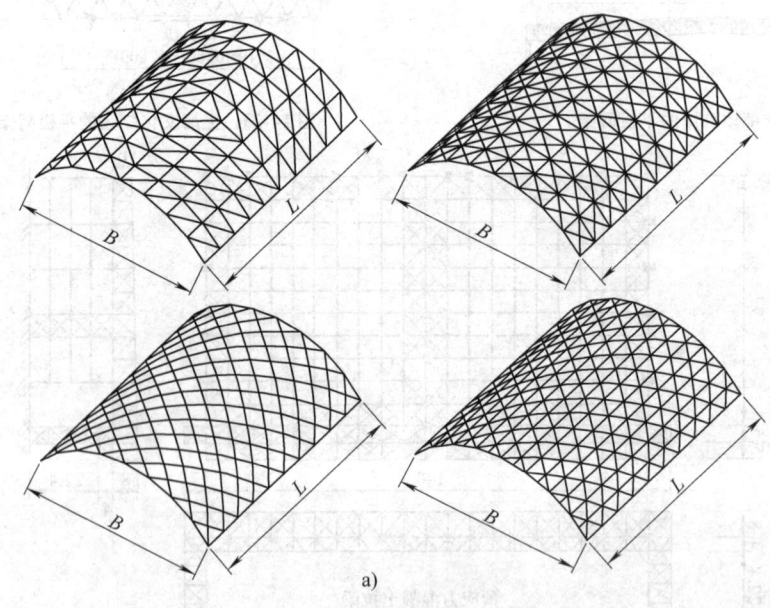

图 14-26　网壳结构形式

a）圆柱面网壳

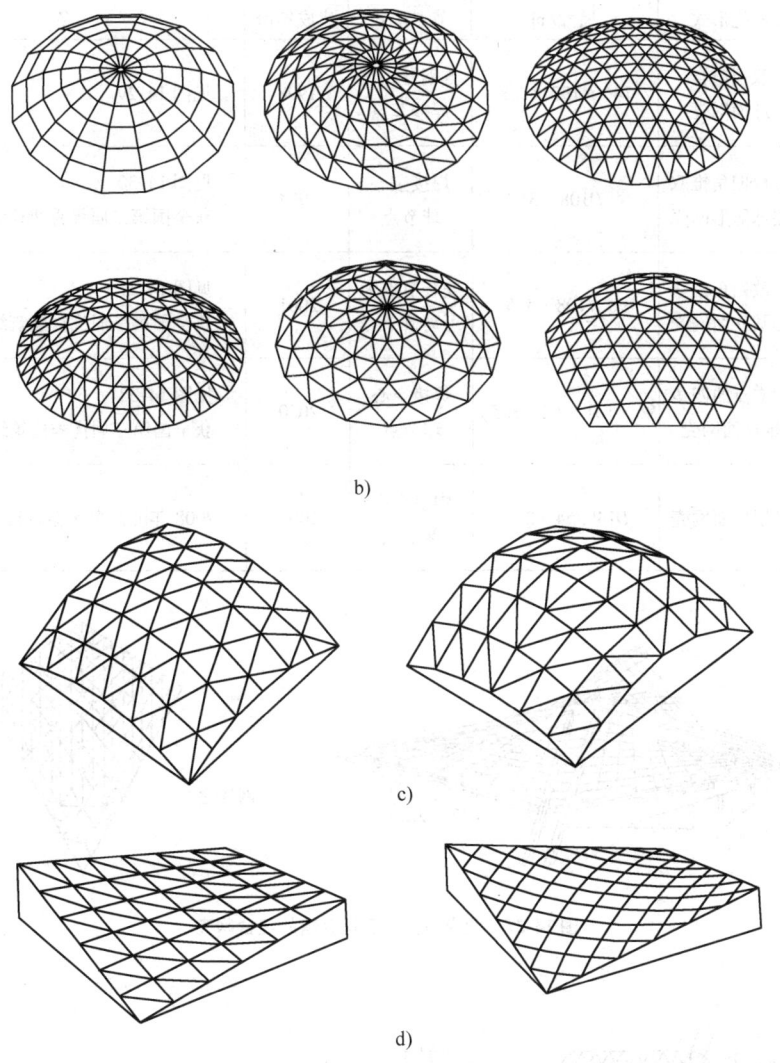

图 14-26　网壳结构形式（续）
b）球面网壳　c）椭圆抛物面网壳　d）双曲抛物面网壳

（2）网壳结构的应用

曲面的网壳结构兼有杆系结构和薄壳结构的主要特性，受力比网架结构更为合理，有很大的结构刚度，能跨越更大跨度的空间，可根据建筑师的需要塑造更加丰富多彩的建筑外形。在我国自 20 世纪 80 年代以来，网壳结构得到了飞速的发展。下面仅选几项有代表性的工程实例列于表 14-9。

表 14-9　网壳结构工程实例

工程名称	网壳形式	尺寸/m	节点形式	建成年份	备　注
石景山亚运会馆	双层鞍形抛物面组合网壳	99.7×99.7×1.5（正三角形平面）	焊接空心球节点	1989	见图 14-27
汉中体育馆	单层与双层的鞍形组合网壳	68×86×1.5（双层部分）	焊接空心球节点	1996	见图 14-28获全国第二届优秀建筑结构设计二等奖

（续）

工程名称	网壳形式	尺寸/m	节点形式	建成年份	备　注
长春 五环体育馆	双层组合 球面网壳	$146 \times 192 \times 2.8$	方钢管相贯 焊接节点	1998	见图 14-29
天津体育中 心体育馆	正放四角锥双 层球冠形网壳	$D108 \times 3$	焊接空心 球节点	1994	见图 14-30 获全国第二届优秀建筑结构设计一等奖
河南鸭河口 电厂干煤棚	正放四角锥三 心圆柱面网壳	$90 \times 108 \times 3.5$	安装节点为 可动铰节点	2001	见图 14-31 获全国第三届优秀建筑结构设计一等奖
四川大学 体育馆	六支点的四角 锥球面网壳	$96 \times 101 \times (2 \sim 3.5)$	焊接空心 球节点	2000	见图 14-32 获全国第三届优秀建筑结构设计三等奖
北京老山 自行车馆	双层球面网壳	$D149.54 \times 2.8$	焊接空心 球节点	2007	2008 年北京奥运会自行车赛馆

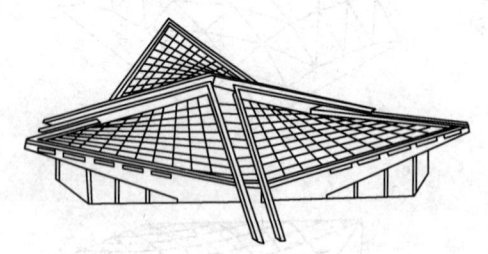
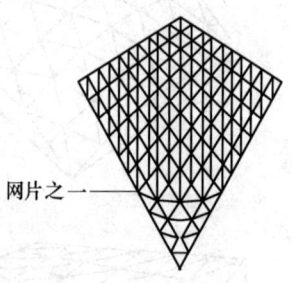

图 14-27　北京石景山亚运会馆的组合网壳

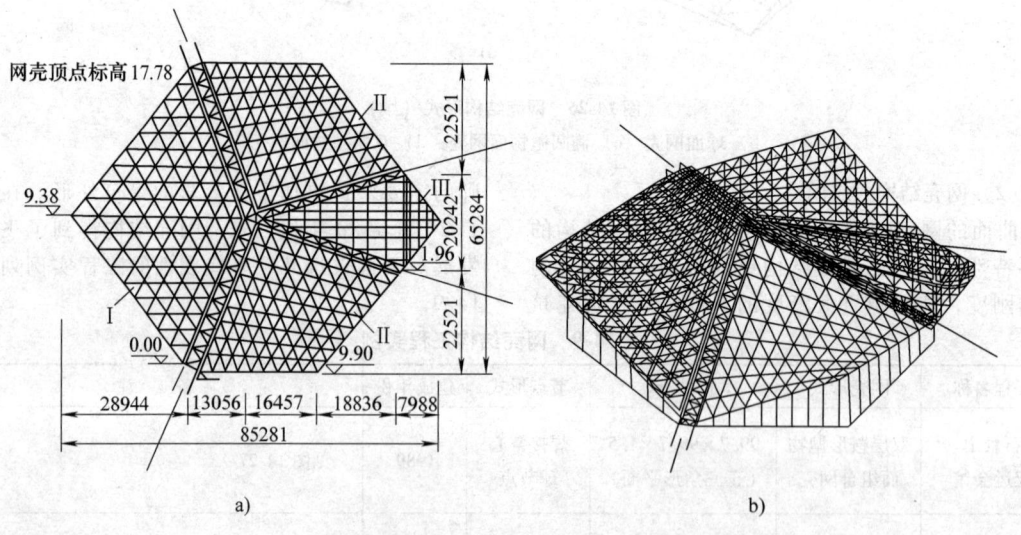

图 14-28　汉中体育馆的组合网壳
a）平面图　b）轴测图

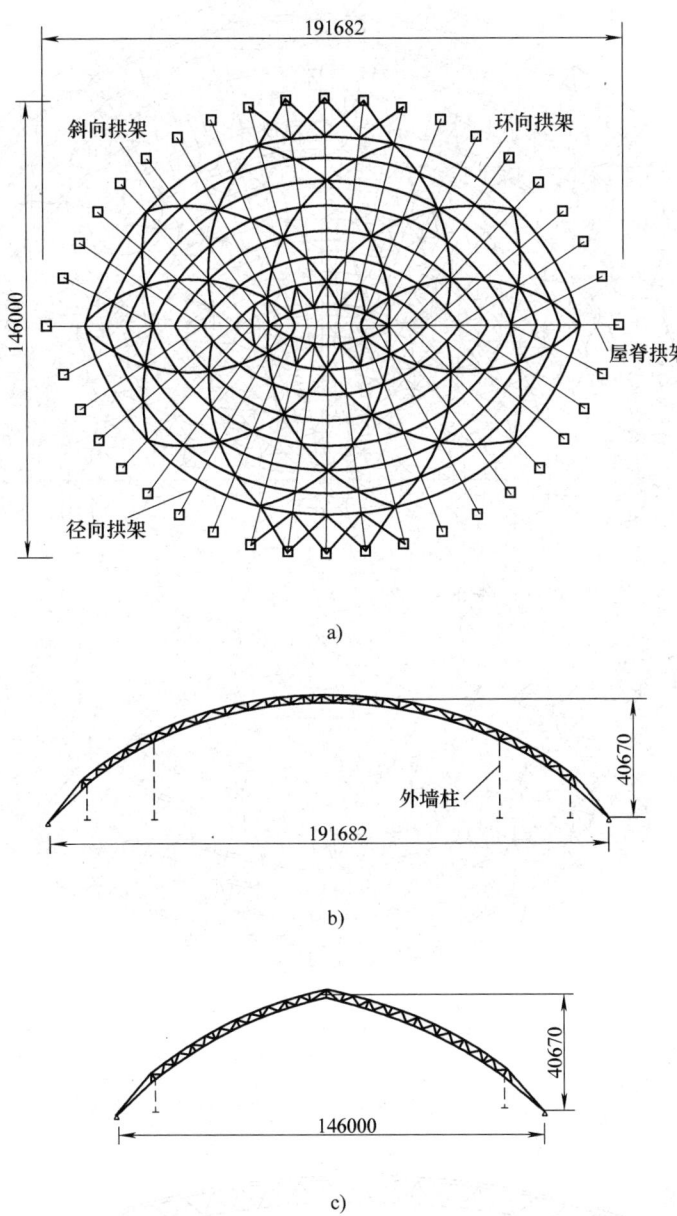

图 14-29 长春五环体育馆的网壳结构
a) 平面 b) 纵向剖面 c) 横向剖面

3. 张弦结构

张弦结构是由撑杆连接抗压弯刚性构件（一般为梁、拱、桁架或网壳）和抗拉的柔性构件（一般为高强度钢索、钢棒），通过预先张拉柔性构件，在刚性构件中建立起与外载荷作用下相反的内力和变形，从而形成的一种完整的自平衡结构体系。张弦结构的刚性和柔性构件共同抵抗外载荷作用，其整体刚度远大于单纯的刚性构件的刚度，若刚性构件为拱时，还可大大减小对下部支承结构的推力，鉴于以上良好的结构工作性能，近年来张弦结构在大跨度建筑中获得了快速发展和应用，下面将国内已建成和即将建成的几项工程列于表14-10。

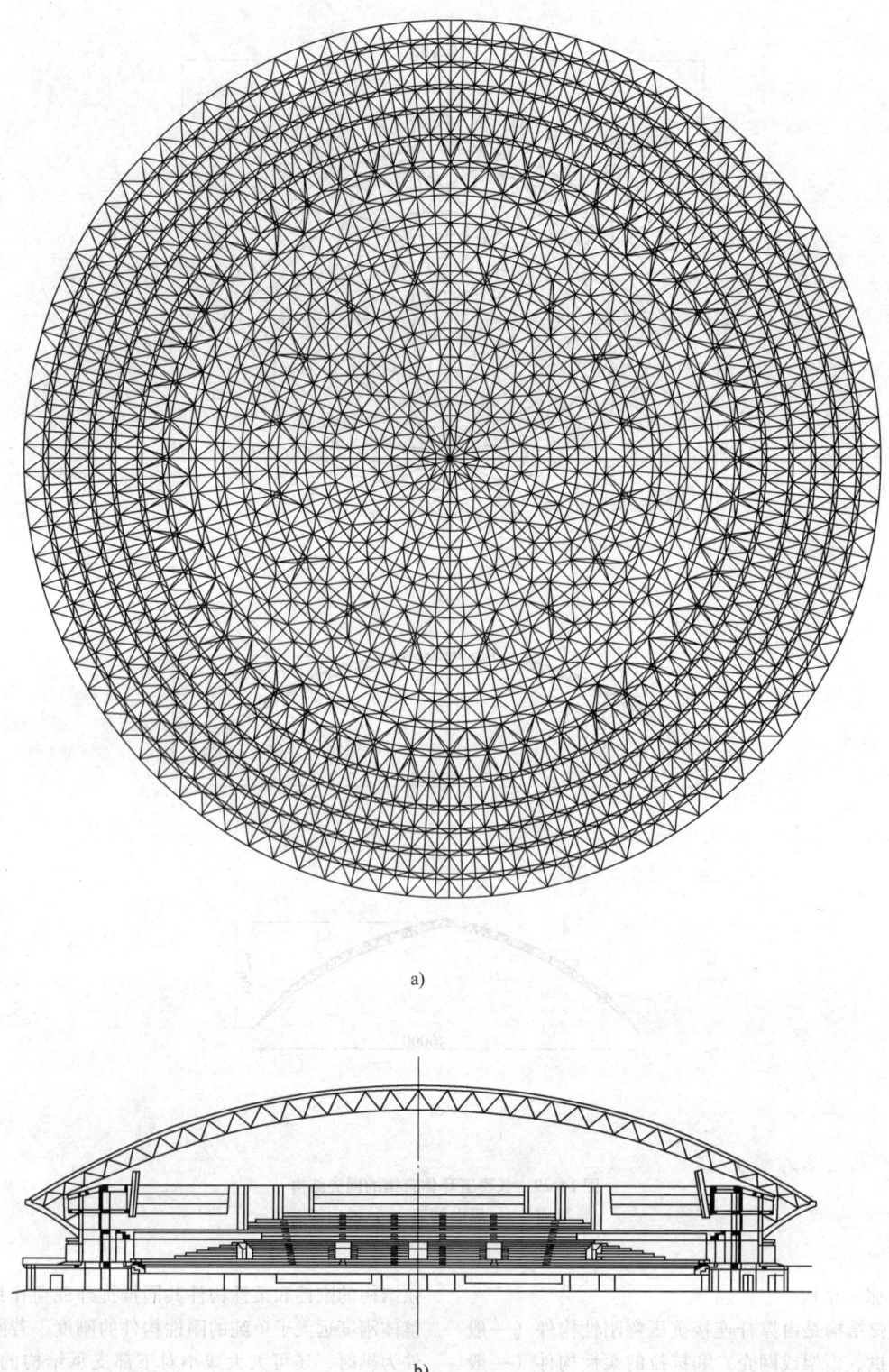

a)

b)

图 14-30　天津体育中心体育馆的网壳结构
a) 网壳平面图　b) 体育馆建筑剖面图

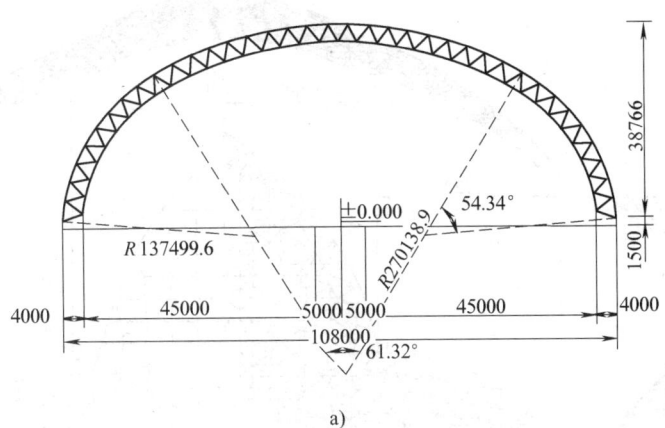

a)

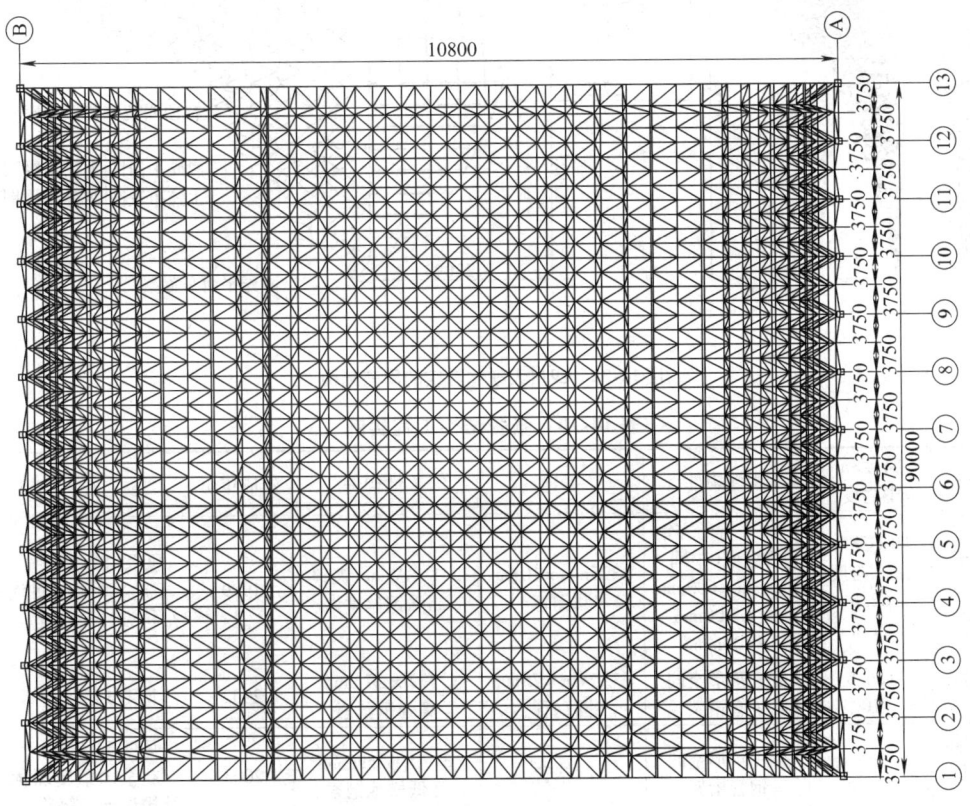

b)

图 14-31　河南鸭河口电厂干煤棚的柱面网壳结构

a) 结构剖面　b) 结构平面

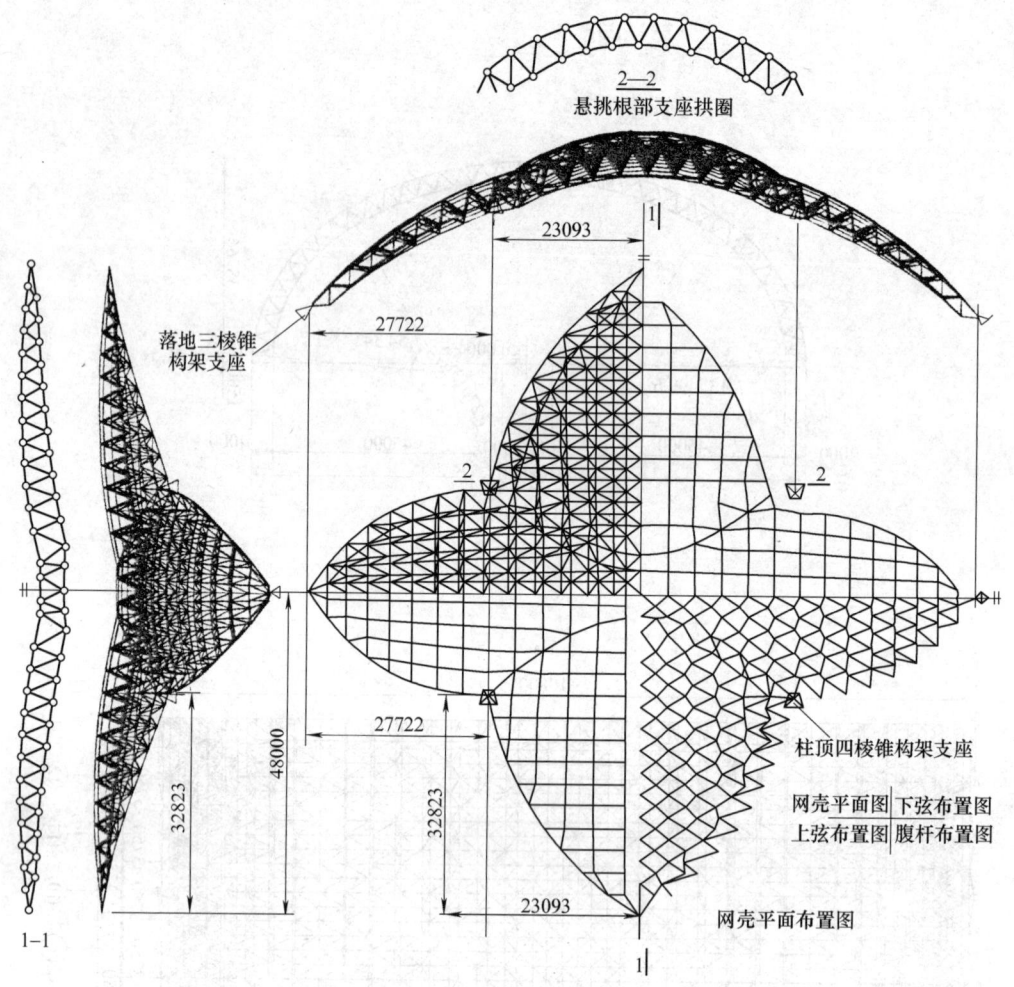

2—2
悬挑根部支座拱圈

落地三棱锥
构架支座

23093

27722

48000

32823

27722

32823

23093

1—1

柱顶四棱锥构架支座

网壳平面图　下弦布置图
上弦布置图　腹杆布置图

网壳平面布置图

图 14-32　四川大学体育馆的网壳结构

表 14-10　张弦结构工程实例

工程名称	跨度/m 跨中高度/m	刚性构件	撑杆	柔性构件	建成年份	备　注
上海浦东 国际机场 候机楼	四连跨中 最大跨度 82.6 11.0	三根平行的方钢 管组成(中间 400mm×600mm 两边 300mm ×300mm)	ϕ325mm×10mm 圆钢管	241×ϕ5mm 镀锌 高强钢丝索束	1999	见图 14-33 获全国第三届优秀建筑 结构设计一等奖
广州国际会 展中心	126.6 10	倒三角形空间 钢管桁架	ϕ325mm×75mm 圆钢管	337×ϕ7mm 高强钢丝索	2002	见图 14-34
哈尔滨国际 会展体育 中心	128 14	倒三角形空间 钢管桁架	圆钢管	377×ϕ7mm 高 强低松弛钢索	2003	见图 14-35 获全国第四届优秀建筑 结构设计一等奖
北京国家体 育馆比赛大厅	144.5×114 9.25	两向正交正放的 圆柱面网壳壳厚 1.52~3.97m	—	双向设置高强度 冷拔镀锌钢丝束	—	见图 14-36 2008 年北京奥运会体 操、手球、排球赛馆
北京工业大 学体育馆	93 3.9	单层球面网壳焊 接空心球节点		径向、环向 配张拉索	—	见图 14-37 2008 年北京奥运会羽毛 球赛馆

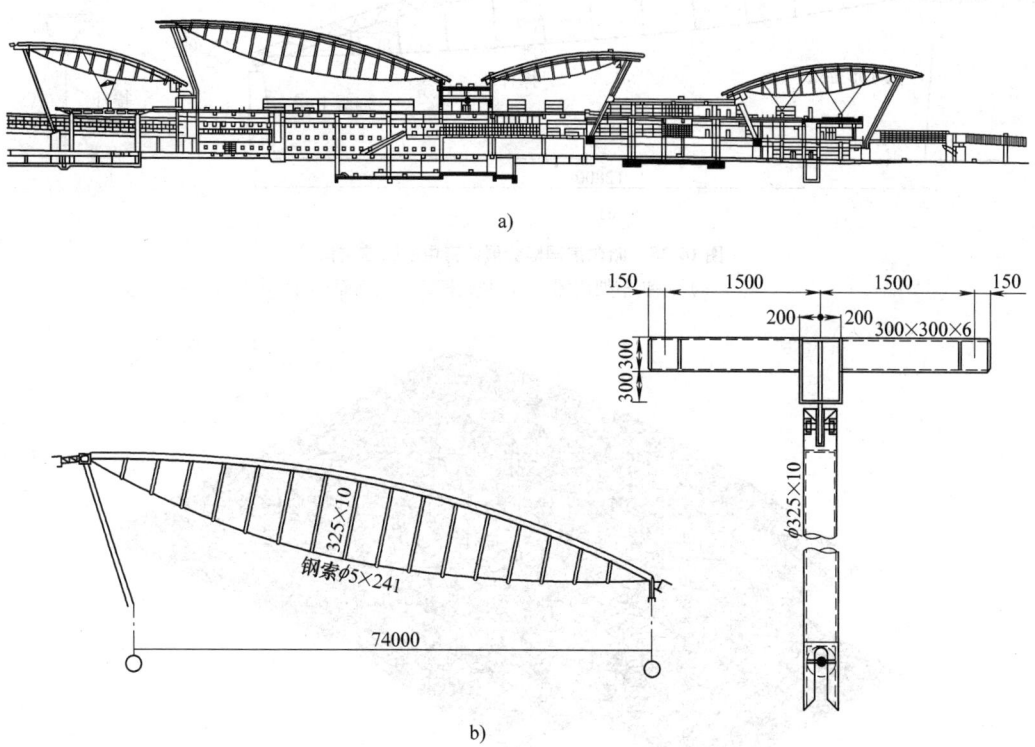

图 14-33 上海浦东国际机场航站楼主楼的张弦结构

a）航站楼剖面图　b）张弦梁立剖面图

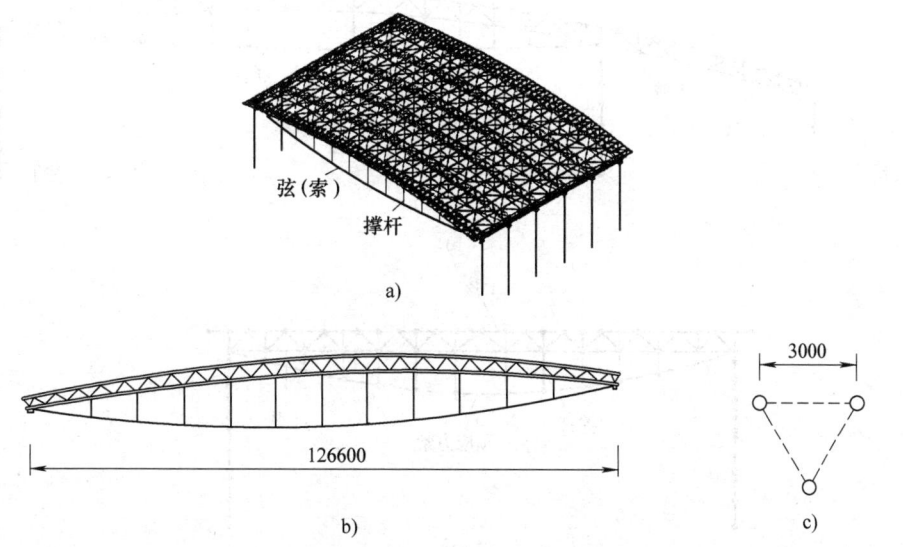

图 14-34 广州国际会展中心张弦结构

a）屋面区间结构示意　b）张弦桁架简图　c）上弦剖面

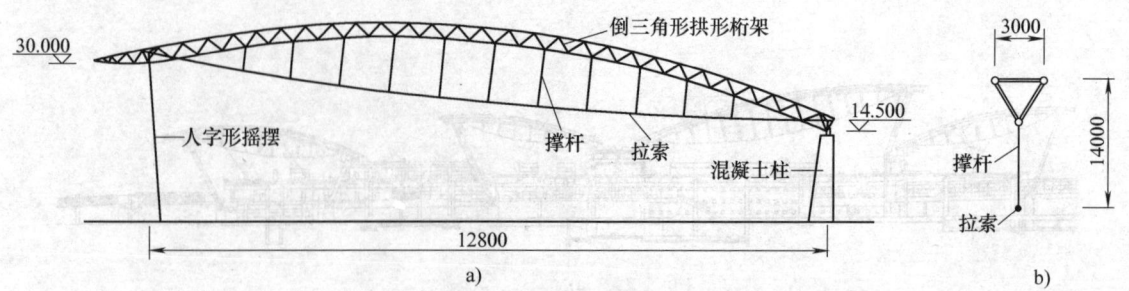

图 14-35　哈尔滨国际会展体育中心张弦结构

a）张弦桁架简图　b）张弦桁架上弦剖面

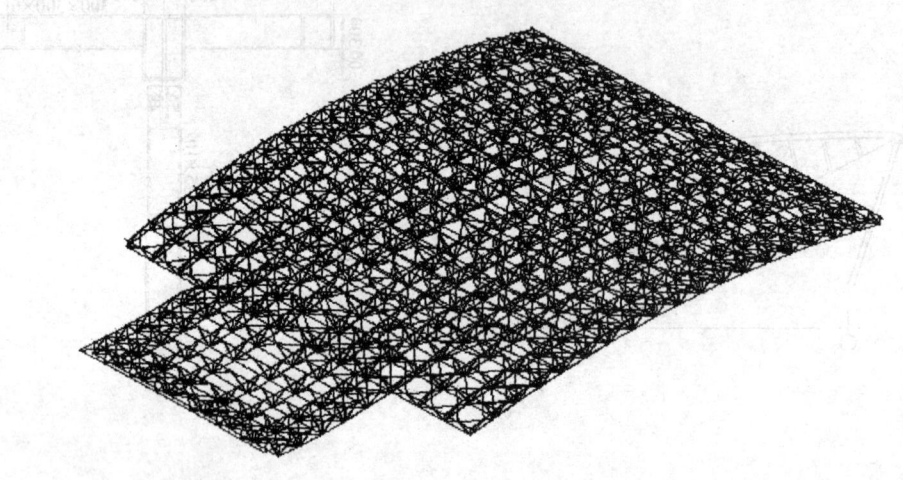

a）

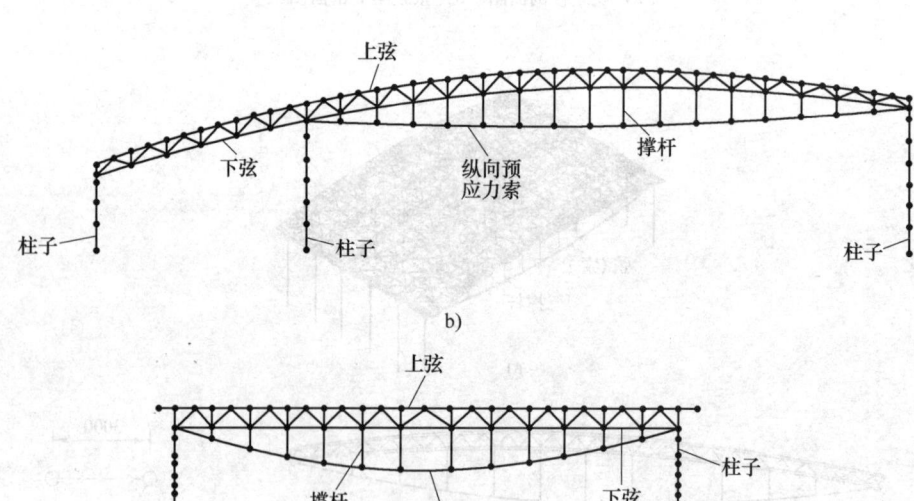

b）

c）

图 14-36　北京国家体育馆比赛大厅屋盖结构示意图

a）屋盖顶面结构　b）纵剖面示意　c）横剖面示意

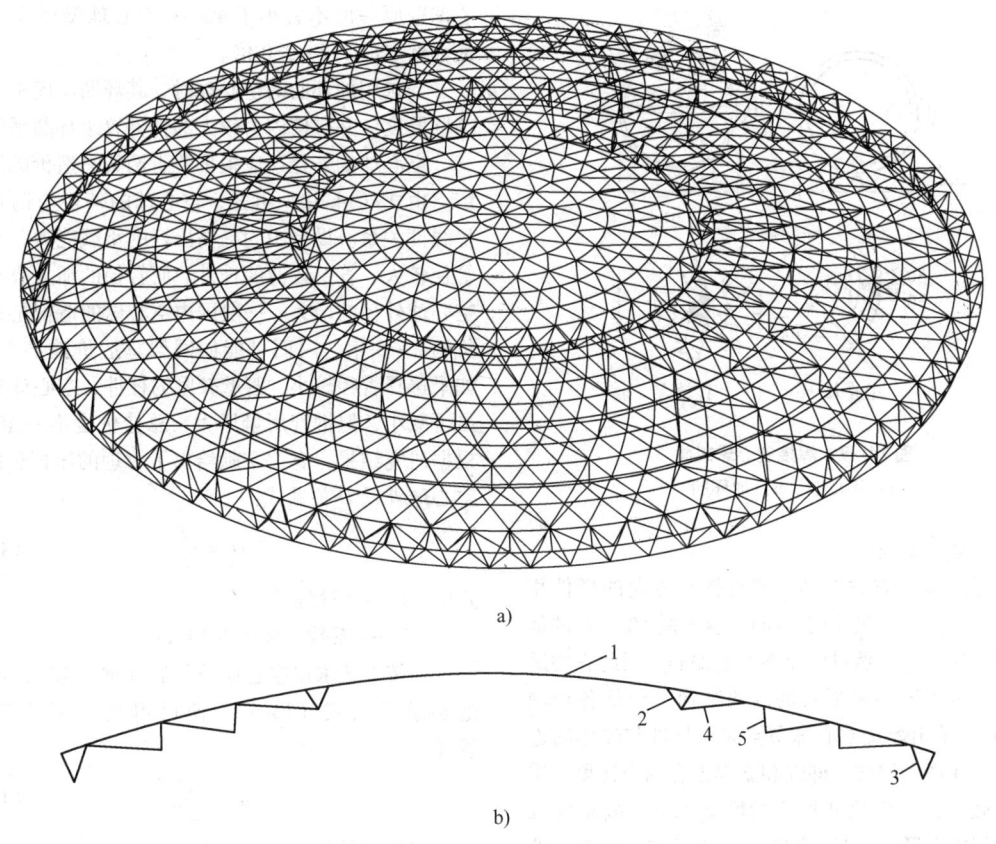

a)

b)

图 14-37　北京工业大学体育馆屋盖结构示意图

a) 屋盖结构　b) 剖面示意

1—单层网壳　2—内环桁架　3—外环桁架　4—拉索　5—撑杆

14.3.2　网架结构节点

网架节点是网架结构的一个重要组成部分，它起着连接汇交杆件、传递杆件内力和载荷的作用。由于网架结构属于空间杆件体系，在一个节点上往往汇交着许多杆件，一般至少有 6 根，多的可达 13 根以上，因而其节点构造比较复杂，节点的耗钢量占整个网架结构总用钢量的比重较大，多者可达结构总用钢量的 1/5 ~ 1/4。网架的节点形式主要有焊接空心球节点、螺栓球节点、焊接钢板节点等，本节主要介绍焊接空心球节点和焊接钢板节点（图 14-38），简单介绍焊接钢管节点和焊接鼓节点。

1. 焊接空心球节点

焊接空心球节点是我国目前应用最为普遍、技术上比较成熟的一种节点形式，其缺点是现场焊接和耗钢量较大。

焊接空心球体是将两块圆钢板经热压或冷压成两个半球后再对焊而成。当球径等于或大于 300mm 且

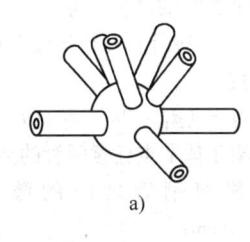

a)

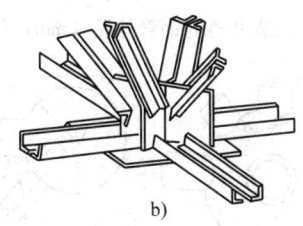

b)

图 14-38　网架节点

a) 焊接空心球节点　b) 焊接钢板节点

杆件内力较大时，可在球体内加衬环肋，并与两个半球焊成一体（图 14-39），加环肋后承载力一般可提高 15% ~ 40%。空心球的钢材材质要求应不低于网

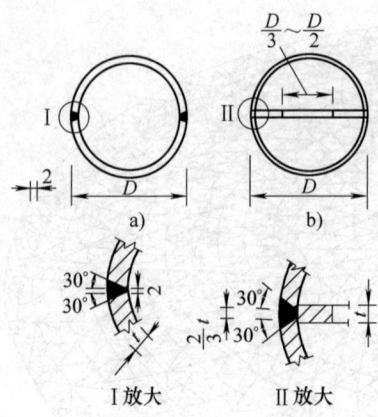

图 14-39　焊接空心球剖面
a) 不加肋　b) 加环肋

架杆件材质的要求。

由于球体没有方向性, 可与任意方向的杆件相连, 对于圆钢管, 只要切割面垂直杆件轴线, 杆件就能在空心球体上自然对中而不产生偏心, 因此它的适应性强, 可用于各种形式的网架结构 (包括各种网壳结构)。采用焊接空心球节点时, 杆件与球体的连接一般均在现场焊接, 仰焊和立焊占有相当比重, 质量要求较高, 杆件尺寸加工精度要求高, 故难度较大, 因焊接变形而引起的网格尺寸偏差也往往难于处理, 故施工时必须予以注意。

(1) 球体尺寸

空心球体外径主要根据构造要求确定。连接于同一球体的各杆件之间的缝隙一般不小于 10mm (图 14-40), 据此, 空心球外径可初步按下式估算, 然后再验算其承载力:

$$D = (d_1 + 2a + d_2)/\theta \qquad (14\text{-}58)$$

式中　θ——汇集于球节点任意两管的夹角 (rad);

　　　a——相邻两钢管之间的缝隙, 不宜小于 10mm;

　　　d_1, d_2——组成 θ 角的钢管外径 (mm) (图 14-40)。

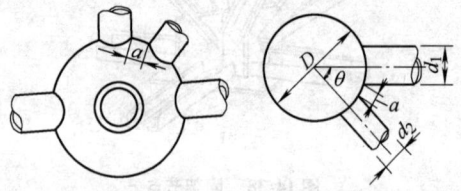

图 14-40　空心球外径的确定

在一个网架结构中, 空心球的规格数不宜超过 2 ~ 4 种。

空心球外径与其壁厚的比值一般取 25 ~ 45, 空

心球壁厚一般不宜小于 4mm; 空心球壁厚应为钢管最大壁厚的 1.2 ~ 2.0 倍。

当选用加环肋的空心球时, 其环肋厚度不应小于球壁厚度, 并应使内力较大的杆件置于环肋平面内。

空心球的外径还应根据节省网架总造价的原则确定。由式 (14-58) 可知, 空心球的外径与钢管外径呈线性关系。设计中为提高压杆的承载能力, 常选用管径较大、管壁较薄的杆件; 而管径的加大势必引起空心球外径的增大。一般国内空心球的造价是钢管造价的 2 ~ 3 倍, 因而可能使网架总造价提高。反之, 如果选择管径较小、管壁较厚的杆件, 空心球的外径虽可减小, 但钢管用量增大, 总造价也不一定经济。根据研究结果, 有关文献给出了合理的压杆长度 l 与空心球外径 D 关系式:

$$D = \frac{l}{k} \qquad (14\text{-}59)$$

式中　l——压杆长度;

　　　k——系数, 列于表 14-11。

当按上式求得空心球外径后 (取整数); 再按构造要求或由式 (14-60) 便可得到合理的受压杆管径。

$$d = \frac{D}{2.7} \qquad (14\text{-}60)$$

(2) 焊接空心球承载力

焊接空心球的几何尺寸按构造大致确定后, 还应进行承载能力的验算。

对外径为 120 ~ 500mm 的空心球节点, 其受压、受拉承载能力的设计值可分别按下列公式计算:

1) 受压空心球:

$$N_c \leqslant \eta_c \left(400td - 13.3\frac{t^2d^2}{D}\right) \qquad (14\text{-}61)$$

式中　N_c——受压空心球的轴向压力设计值 (N);

　　　D——空心球外径 (mm);

　　　t——空心球壁厚 (mm);

　　　d——钢管外径 (mm);

　　　η_c——受压空心球加肋承载力提高系数, 不加肋 $\eta_c = 1.0$, 加肋 $\eta_c = 1.4$。

2) 受拉空心球:

$$N_t \leqslant 0.55\eta_t td\pi f \qquad (14\text{-}62)$$

式中　N_t——受拉空心球的轴向拉力设计值 (N);

　　　t——空心球壁厚 (mm);

　　　d——钢管外径 (mm);

　　　f——钢材强度设计值 (N/mm²);

　　　η_t——受拉空心球加环肋承载力提高系数, 不加环肋 $\eta_t = 1.0$, 加环肋 $\eta_t = 1.1$。

表 14-11　$k = l/D$ 值

l/m ＼ $N(t)$	10	20	30	40	50	60	70	80	100
2	10.29	8.44	8.32	8.33	8.16	8.16			
2.5	12.32	9.02	8.46	8.29	8.30	8.23	8.15		
3	12.89	10.75	9.00	8.43	8.29	8.20	8.23	8.14	
3.5	13.56	11.86	10.03	9.04	8.87	8.60	8.32	8.16	8.19
4	14.30	12.70	11.38	9.90	9.03	9.07	8.90	8.33	8.18
4.5	14.83	13.74	12.44	11.17	9.98	9.69	9.41	8.74	8.15
5	15.44	13.86	12.60	12.28	10.94	9.97	9.60	9.60	8.89
5.5	15.57	14.29	13.16	12.44	11.88	10.73	10.03	9.71	9.43
6	16.14	14.86	13.73	12.99	12.44	11.87	11.00	10.28	10.19

注：粗线右上方应加环肋。

（3）钢管与空心球的连接

钢管与空心球间应采用与钢管等强的对接焊缝连接。钢管应开坡口，钢管与空心球之间应留有一定缝隙予以焊透，否则应按角焊缝计算。为保证焊缝质量，钢管端头可加套管与空心球焊接（图 14-41）。角焊缝的焊脚尺寸 h_f 应符合下列要求：当管壁厚度 t ≤4mm 时，$h_f ≤ 1.5t$；当 $t > 4$mm 时，$h_f ≤ 1.2t$。

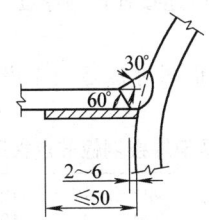

图 14-41　加套管连接

2. 焊接钢板节点

焊接钢板节点的刚度较大，用钢量较少，造价较低，制作时不需大量机械加工，是一种便于就地制作的节点形式。缺点是现场工作量大，且仰焊、立焊占一定的比例，需采取一定措施来控制焊接变形和节点偏心。适用于平板网架中的两向网架和由四角锥组成的网架，多用于连接角钢杆件。图 14-42a 的节点形式适用于在地面全部焊成，然后整体吊装或全部在高空拼装的中、小跨度的网架；图 14-42b 适用于在地面分片或分块焊成单元体，然后在高空用高强度螺栓连成整体的大跨度网架。

（1）节点组成及构造要求

焊接钢板节点一般由十字节点板和盖板组成。十字节点板宜由两块带企口的钢板对插焊成，也可由三块钢板焊成（图 14-43）。小跨度网架的受拉节点，可不设置盖板。十字节点板与盖板所用钢材应与网架杆件钢材一致。

焊接钢板节点上弦杆与腹杆、腹杆与腹杆之间以及弦杆端部与节点板中心线之间的间隙均不宜小于20mm（图 14-44）。

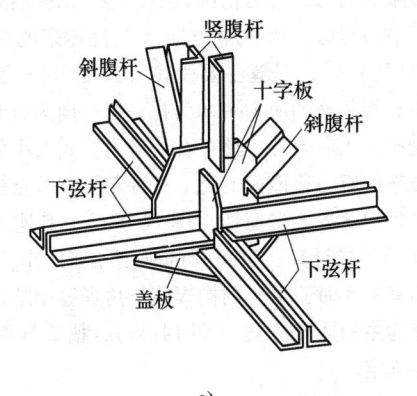

a)

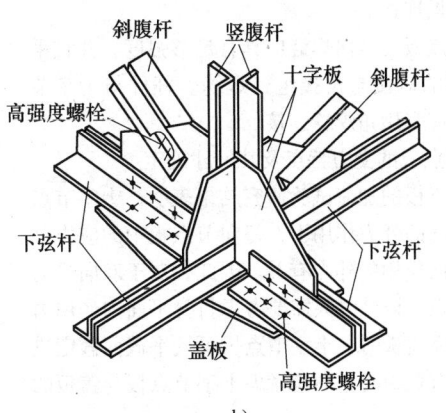

b)

图 14-42　两向网架的焊接钢板节点

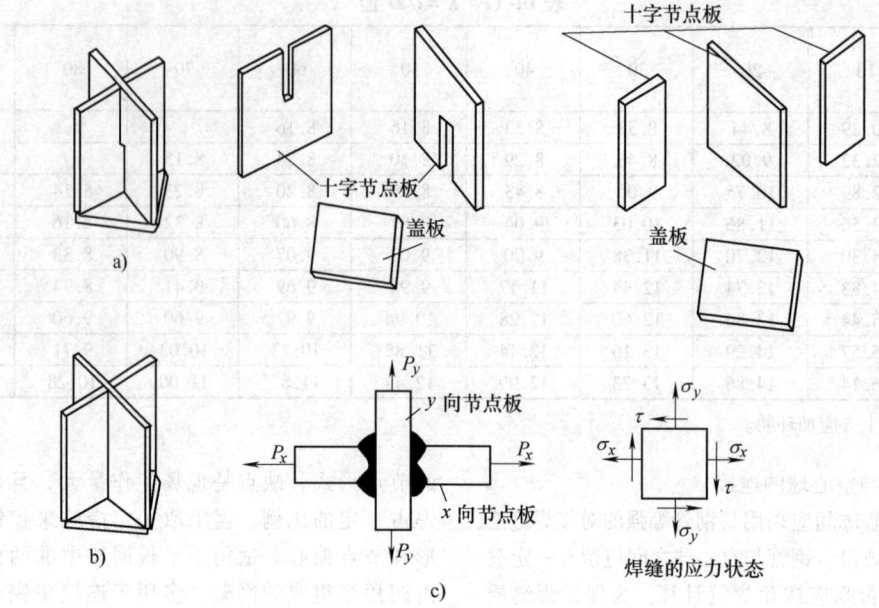

图 14-43　焊接钢板节点的组成

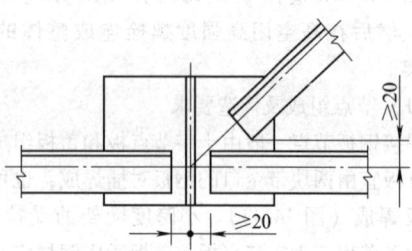

图 14-44　十字节点板与杆件的连接构造

当网架弦杆内力较大时，网架弦杆应与盖板和十字节点板共同连接。当网架跨度较小时，弦杆可直接与十字节点板连接。

十字节点板的竖向焊缝应具有足够强度，并宜采用 K 形坡口的对接与角接组合焊缝。杆件与十字节点板或盖板应采用角焊缝连接。

（2）节点板的受力特点及其尺寸确定

十字节点板的加荷试验研究结果表明，十字节点板在两个方向的外力作用下，每向节点板中的应力分布只与该方向作用的外力有关。因此，对于双向受力的十字节点板，设计时只需要考虑自身平面内作用力的影响。当无盖板时，十字节点板可按平截面假定进行设计。当有盖板时，则应考虑十字节点板与盖板的共同工作。

节点板的厚度一般可根据作用于节点上的最大杆力由表 14-12 选用，支座节点板宜取较大厚度。节点

板的厚度还应比所连接杆件的厚度大 2mm，并不得小于 6mm。

节点板的平面尺寸应适当考虑制作和装配的误差。

表 14-12　网架焊接钢板节点板厚度选用表

杆件最大内力/kN	≤150	160 ~ 300	310 ~ 400	410 ~ 600	>600
节点板厚度/mm	8	8 ~ 10	10 ~ 12	12 ~ 14	14 ~ 16

（3）节点的连接焊缝

十字节点板的竖向焊缝主要承受两个方向节点板传来的内力，受力情况比较复杂。试验结果表明，对于坡口焊缝，当两个方向节点板传来的应力同为拉（或压）时，焊缝主要受拉（或受压）；当两个方向节点板传来的应力一向为拉，另一向为压时，焊缝除受拉、压应力外，还存在切应力，其大小随两个方向传来的应力比值而变化。杆件与十字节点板及盖板间的角焊缝主要受剪切（图 14-43c），其连接强度按第 11 章要求计算；当角焊缝强度不足、节点板尺寸又不宜增大时，可采用槽焊缝与角焊缝相结合并以角焊缝为主的连接方案（图 14-45），槽焊缝的强度由试验确定。

3. 焊接钢管节点

在小跨度网架中，其杆件内力一般较小，为简化节点构造，可取一定直径的钢管段作为连接杆件的节

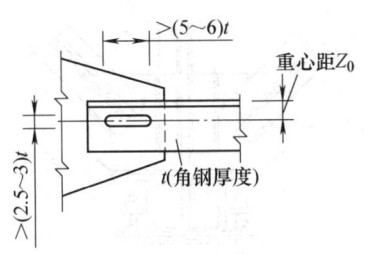

图 14-45　杆件与节点板的槽焊缝连接

点，即为焊接钢管节点（图 14-46）。钢管可用无缝钢管或焊接钢管，钢管直径和高度由构造决定，管壁厚度则根据受力确定，具体方法可以参考本章的钢管桁架节点部分。为增强管身刚度，提高节点承载力，可在管内设加劲环并在两端设封板。

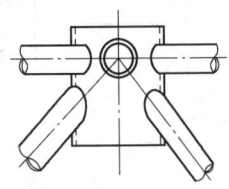

图 14-46　焊接钢管节点

4. 焊接鼓节点

和钢管节点类似，利用鼓筒和封板组成空间封闭结构，筒身和封板互相支撑，共同工作，具有较大的承载能力和刚度（图 14-47）。它利用焊在鼓筒端部的封板来连接网架杆件，因而鼓筒的直径和高度均可取得较小，腹杆也只需将端部斜切，因而这种节点取材方便、构造简单，耗钢量较少，适用于中小跨度的斜放四角锥网架。鼓节点的承载能力由试验确定。

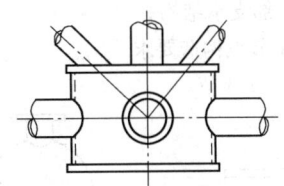

图 14-47　焊接鼓节点

5. 支座节点

网架的下部支承结构一般是钢筋混凝土梁、柱或墙体。支座节点构造应能安全、准确地传递支座反力，并应与网架内力分析时采用的约束条件相符合。根据受力性能，支座节点分为压力支座和拉力支座两类。

（1）压力支座节点

各种形式压力支座的构造、工作性能及适用范围见表 14-13。

表 14-13　网架支座节点的构造、工作性能及适用范围

形式	平板压力支座 （图 14-48）	单面弧形压力支座 （图 14-49）	双面弧形压力支座 （图 14-50）	球铰压力支座 （图 14-51）	板式橡胶支座 （图 14-52）
构造要点	支座底板直接抵承于支承结构顶面的预埋板	支座底板与支承结构顶面预埋板间加一单面弧形垫板铸钢件	支座底板与支承结构顶面预埋板间加一双面弧形垫板铸钢件	支座底板焊球面凹槽铸钢块，支承结构顶板上焊凸球面铸钢块，与前者相嵌	在支座底板与支承结构顶板之间设置橡胶垫板
约束情况	不能移动，只有微量转动	沿上弧面单向转动 利用椭圆孔可有微量移动	沿上、下弧面单向转动	不能移动，各向均可转动	少许转动和移动，一般利用橡胶垫的剪切变形消除温度应力
计算假定	不动铰支承	单向不动圆柱铰支承	单向不动圆柱铰支承	三向不动球铰支承	不动铰支承
主要优缺点	构造简单、加工方便、用料省，实际工作与计算假定并不符合	构造较复杂，实际工作与计算假定较符合	构造复杂，造价高，实际工作与计算假定较符合	构造复杂，造价高，实际工作与计算假定符合	构造简单、施工方便，可根据计算确定橡胶垫的厚度
适用范围	小跨度	中、小跨度	大跨度，下部结构刚度较大情况	大跨度、点支承	大、中跨度

（2）拉力支座节点

小跨度网架的支座拉力较小时宜采用图 14-48 所示构造，可利用连接支座底板与下部支承梁或柱的锚栓承受拉力。中等以上跨度的网架支反力较大时，宜采用单面弧形拉力支座节点（图 14-53），图中的钢板 a、加劲肋等可大大增强节点刚度，有效地将锚栓拉力传递给下部支承结构。

（3）支座节点构造要求

要求同 14.3.3 节。

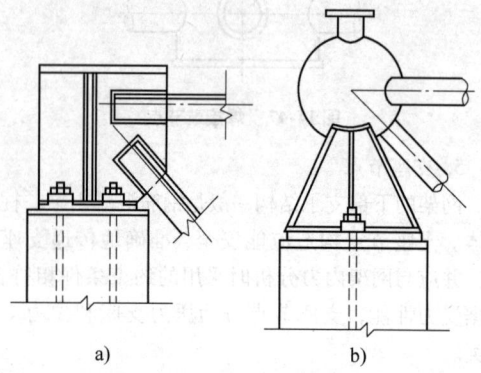

图 14-48　平板压力或拉力支座
a）角钢杆件　b）钢管杆件

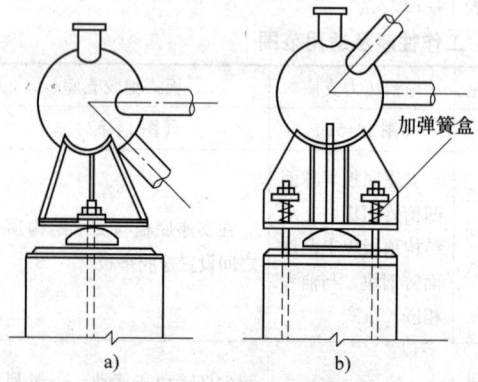

图 14-49　单面弧形压力支座
a）两个螺栓连接　b）四个螺栓连接

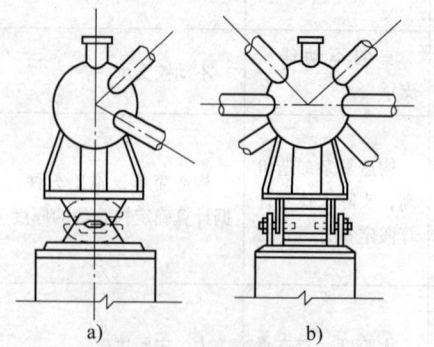

图 14-50　双面弧形压力支座
a）侧视图　b）正视图

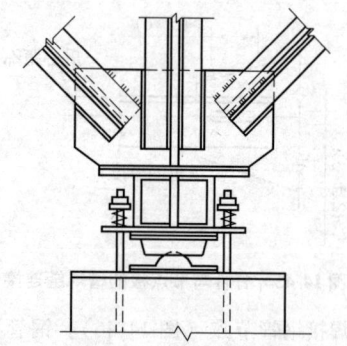

图 14-51　球铰压力支座

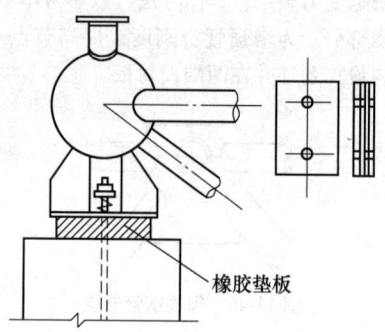

橡胶垫板

图 14-52　板式橡胶支座

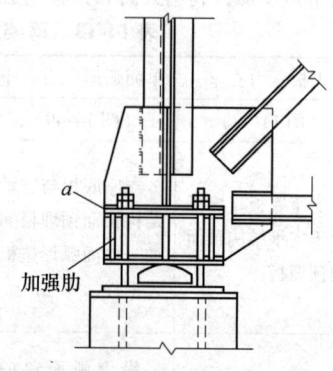

a

加强肋

图 14-53　单面弧形拉力支座

14.3.3　网壳结构节点

1. 网壳节点的特点

网壳与网架都是空间网格结构，它们的节点设计既有许多共同之处，又有其特殊性。在设计网壳节点时应特别注意以下两点。

1）网壳是曲面结构，结构受力与曲面的曲率密切相关，杆件种类多，杆件与节点连接的空间方位角要求严格且繁杂，对杆件加工与节点的安装精度要求更高。

2）单层网壳一般不能按铰接节点的力学模型进行网壳内力分析。因此，单层网壳的节点必须具有一定的刚度来传递弯矩和扭矩，以使节点构造符合其假定的力学模型。

2. 焊接空心球节点

国内常用的网壳结构的内部节点（除支座节点外）有焊接空心球节点、螺栓球节点和嵌入式毂节点等三种，前两种应用得最为广泛，最后一种专门用于单层网壳，下面仅介绍焊接空心球节点。

（1）网壳焊接空心球的承载能力

1）当空心球直径为 120 ~ 900mm 时，其受压和受拉的承载力设计值 N_R 可按式（14-63）计算：

$$N_R = \left(0.32 + 0.6\frac{d}{D}\right)\eta_d \pi t d f \quad (14\text{-}63)$$

式中　D——空心球外径（mm）；

　　　d——与空心球相连的圆钢管杆件的外径（mm）；

　　　t——空心球壁厚（mm）；

　　　f——钢材的抗拉强度设计值（N/mm²）；

　　　η_d——加肋承载力提高系数，受压空心球加环肋采用 1.4，受拉空心球加环肋采用 1.1。

2）对于单层网壳结构，空心球承受压弯或拉弯的承载力设计值 N_m 可按式（14-64）计算：

$$N_m = \eta_m N_R \quad (14\text{-}64)$$

式中　η_m——考虑空心球受压弯或拉弯作用的影响系数，可采用 0.8。

（2）焊接空心球节点的构造要求

1）单层网壳空心球外径与壁厚的比值应不大于 35。

2）空心球壁厚与钢管最大壁厚的比值宜选用 1.5 ~ 2.0。

3）空心球外径与连接钢管外径之比宜选用 2.4 ~ 3.0。

（3）其他

空心球体尺寸的确定、空心球内加肋以及钢管与空心球的连接等要求与网架结构相同。

3. 网壳结构支座节点

网壳支座节点应传力明确可靠、连接简单并应符合计算假定。

（1）网壳支座形式及选用

根据网壳内力分析时对支座约束的假定，可在下述支座节点形式中选取。

1）固定铰支座（图 14-54）。适用于仅要求传递轴向力与剪力的单层或双层网壳的支座节点。对于大跨度或点支承网壳可采用球铰支座（图 14-54a）；对于较小跨度的网壳结构可采用弧形铰支座（图 14-54b）；对于较大跨度、落地的网壳结构可采用双向弧形铰支座（图 14-54c），或双向板式橡胶支座（图 14-54d）。

2）弹性支座（图 14-55）。可用于节点需在水平方向产生一定弹性变位且转动的网壳支座节点。

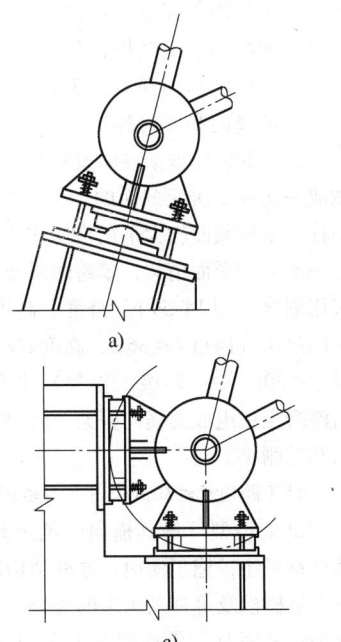
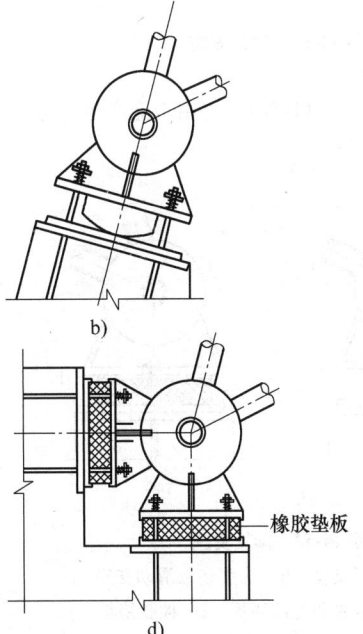

图 14-54　固定铰支座
a）球铰支座　b）弧形铰支座　c）双向弧形铰支座　d）双向板式橡胶支座

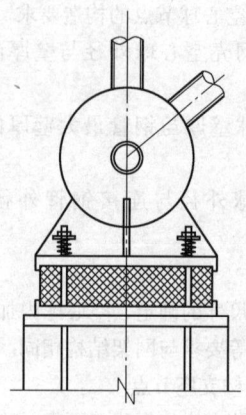

图 14-55　弹性支座

3）刚性支座（图 14-56）。可用于既能传递轴向力、剪力又要求传递弯矩的网壳支座节点。

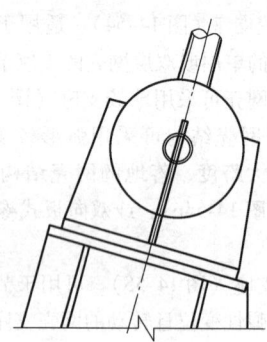

图 14-56　刚性支座

4）滚轴支座（图 14-57）。可用于能产生一定水平线位移的网壳支座节点。

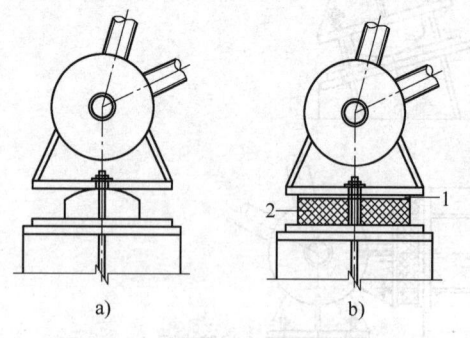

图 14-57　滚轴支座
a）平板弧形支座　b）橡胶垫板滑动支座
1—不锈钢或聚四氟乙烯板　2—橡胶垫板

（2）网壳支座节点的构造要求

1）各种支座十字节点板竖向中心线应与支座竖向反力作用线一致，并与节点连接杆件中心线汇交于支座球节点中心。

2）支座球节点底部至支座底板间的距离宜尽量减小，其构造高度视支座节点球径大小可取 100～250mm，并应考虑网壳边缘杆件与支座节点竖向中心线间的交角，防止斜杆与支承梁或柱边相碰。

3）支座十字节点板厚度应保证其自由边不发生侧向屈曲，不宜小于 10mm。对于拉力支座节点，支座十字节点板的最小截面面积及相关连接焊缝必须满足强度要求。

4）支座节点底板的净面积应满足支承结构材料的局部受压要求，其厚度应根据支承竖向反力作用下的抗弯强度要求确定，且不宜小于 12mm。

5）支座节点锚栓按构造设置时，其直径可取 20～25mm，数量取 2～4 个。对于拉力锚栓其直径应经计算确定，锚固长度不应小于 35 倍锚栓直径，并应设置双螺母。

14.4　工业厂房钢结构

14.4.1　厂房钢结构简介

适应各种不同生产工艺的需要，厂房钢结构有单层单跨、单层多跨、多层多跨等多种形式。典型的重型、单层单跨全钢厂房的结构骨架组成如图 14-58 所示。由屋架、柱、起重机梁以及支撑体系等组成的厂房结构骨架是一可承受来自各方向载荷，并有足够刚度的空间结构，其中屋架和柱组成的横向框架是厂房结构的基本承重骨架，它几乎传承了厂房的全部竖向和横向载荷。

厂房的横向框架柱因设置起重机梁的需要，可以做成一次或二次变截面的，上柱多采用实腹工字形，中柱、下柱截面较大采用格构式比较经济。框架的横梁一般采用平面桁架，单跨时屋架与柱、柱与基础多采用刚接（图 14-59）。跨度、高度及起重机吨位不大的厂房（跨度 $L \leqslant 36m$，高度 $H \leqslant 35m$，起重机起重量 $Q \leqslant 30t$，中、轻级工作制）也有采用钢屋架与钢筋混凝土柱组成的横向框架，此时屋架与柱铰接，柱与基础刚接。

对于跨度 $L \leqslant 36m$、高度 $H \leqslant 10m$、起重机起重量 $Q \leqslant 10t$ 的轻型厂房其横向框架可采用门式刚架，因其耗钢量小，施工便捷，这种结构形式也广泛用于仓库、货棚以及可移动房屋的骨架。一般门式刚架的横梁和柱采用 H 型钢或焊接工字钢（图 14-60），根据受力需要还可设计成变截面的，当跨度较大时也可采用格构式门式刚架。

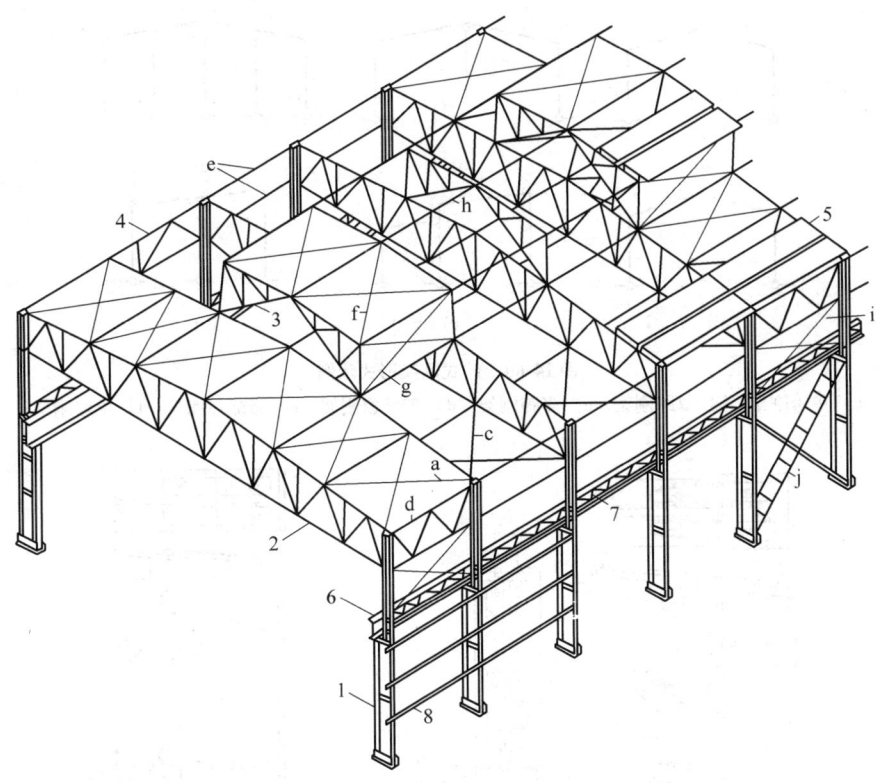

图 14-58　单层厂房的钢结构骨架

1—柱　2—屋架　3—天窗架　4—托架　5—屋面板　6—起重机梁　7—起重机制动桁架　8—墙架梁

a～e—屋架支撑（上弦横向、下弦横向、下弦纵向、垂直支撑、系杆）

f～h—天窗架支撑（上弦横向、垂直支撑、系杆）　i～j—柱间支撑（上柱柱间、下柱柱间）

（注：下弦横向支撑 b 未示出）

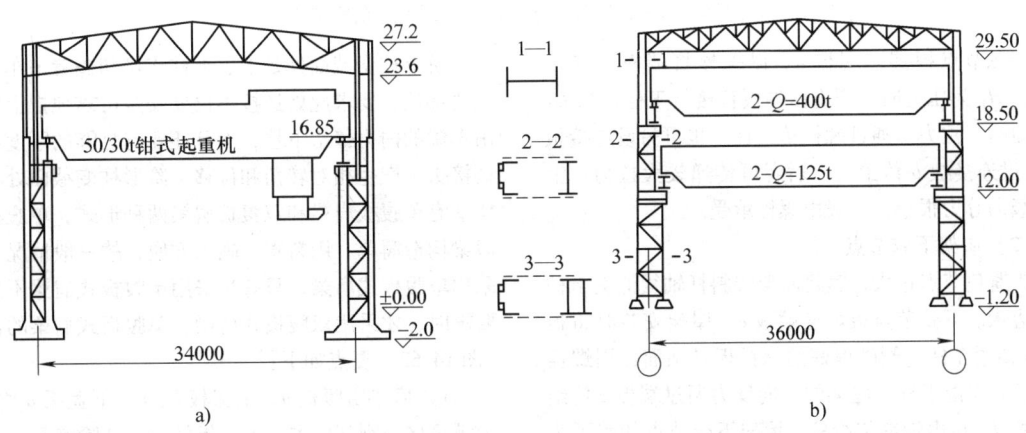

图 14-59　重型厂房的横向框架

a）某大型均热炉车间　b）某大型电动机装配车间

14.4.2　厂房钢结构的主要节点

1. 屋架与柱的刚性连接（图 14-61）

屋架与柱的刚性连接除承受屋架的竖向支反力外，还需传递框架分析时所得的横梁端弯矩和水平力。屋架上弦与柱连接所受水平力 H_1 和屋架下弦与柱连接所受水平力 H_2 应按第 11 章要求，考虑最不利组合所得的可能最大压力和最大拉力。以下承式屋架与柱刚接为例，说明构造要点如下：

（1）屋架上弦节点

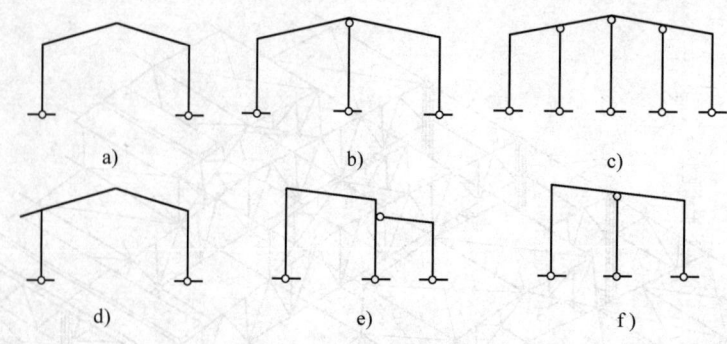

图 14-60　门式刚架形式示例

a) 单跨刚架　b) 双跨刚架　c) 多跨刚架　d) 带挑檐刚架　e) 带毗屋刚架　f) 单坡刚架

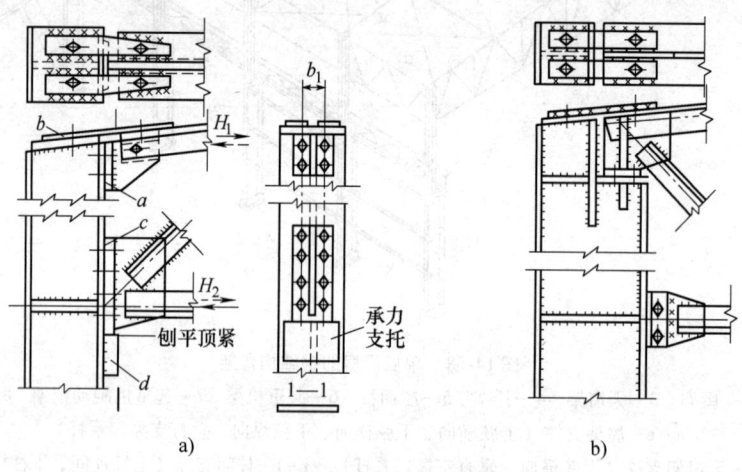

图 14-61　屋架与柱的刚性连接

a) 下承式屋架的刚接节点　b) 上承式屋架的刚接节点

上弦节点板焊一端板 a，以螺栓将端板 a 连于柱，当 H_1 为压力时，压力由端板直接传于柱；当 H_1 为拉力时，拉力可通过螺栓传给柱，也可另设连接板 b，通过连接板 b 传给柱，后者可传递较大拉力。上弦的竖向分力很小，一般由螺栓承受。

（2）屋架下弦节点

为避免节点过大，宜将屋架端斜杆轴线汇交于柱的内边缘。下弦节点板焊连端板 c，屋架安装时将板 c 底面顶紧在柱内侧已焊好的承托板 d 顶面，用螺栓将端板 c 连接于柱，屋架的竖向反力通过端板 c 传给承托板 d，再由焊缝传给柱。屋架下弦节点的水平力 H_2 为压力时，H_2 直接通过端板 c 传给柱；H_2 为拉力时通过螺栓传给柱。

（3）强度计算

所有传力的焊缝、螺栓和板件均应进行强度计算。为增强节点刚度，端板 a、c 厚度不宜小于20mm。

2. 阶形柱变截面节点

阶形柱变截面处是上、下柱连接和搁置吊车梁的重要部位，要求此处连接不仅要安全可靠地把上柱和吊车梁的内力传给下柱，而且还要有足够的刚度以保证接头不产生相对转角和位移。阶形柱变截面处节点构造有单腹板肩梁和双腹板肩梁两种形式，单腹板式肩梁构造简单、用料省、施工方便，故一般情况下多采用单腹板式肩梁，只有当采用单腹板式肩梁不满足要求时，才采用双腹板式肩梁。单腹板式肩梁的构造（图14-62）要点如下：

1）肩梁由腹板 a，上盖板 b、c，下盖板 d 组成。为满足接头刚度要求，上述板件的尺寸除满足计算要求外，还应满足构造要求，肩梁腹板厚度不应小于10mm，高度通常取下柱截面高度的 0.4 ~ 0.6 倍，轻、中型厂房起重机肢支承台阶处肩梁上盖板厚度采用16 ~ 20mm，重型厂房采用25 ~ 36mm，上柱两翼缘之间的肩梁上盖板厚度一般取12 ~ 16mm，起重机肢上盖板上还应加一肩梁垫板，垫板平面尺寸应和起重机梁截面尺寸相适应，厚度不应小于20mm。

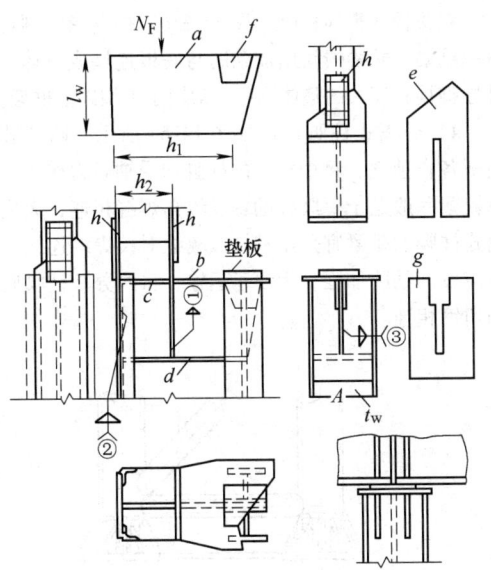

图 14-62　单腹板式肩梁构造

2）上柱腹板以角焊缝与肩梁上盖板连接，上柱外翼缘与下柱屋盖肢腹板以对接焊缝相连，上柱内翼缘与下柱通过开槽口的 e 板连接，e 板槽口下插肩梁

腹板以角焊相焊，一方面传递上柱内力给肩梁，另一方面可适应上、下柱截面宽度改变之需，肩梁腹板左端以角焊缝连于下柱屋盖肢腹板，右端伸出并插入起重机肢腹板的槽口，以角焊缝或坡口焊缝连接。计算肩梁腹板厚度时应考虑起重机梁支座反力作用下的端面承压能力，其上顶面应刨平顶紧上盖板，当计算所需厚度超过 14mm 时，为节省钢材可将起重机肢范围局部加厚（图 14-62）。重型厂房柱起重机肢腹板在肩梁范围内也应局部加厚 $4\sim6mm$。

3. 柱脚

柱与基础的连接有铰接与刚接两种。

（1）刚接柱脚

刚接柱脚应能可靠地传递轴心力、弯矩和剪力。无铰刚架、单跨厂房柱及多跨厂房的边柱和多层框架的柱脚一般采用刚接柱脚。

1）刚接柱脚分为整体式柱脚（图 14-63）及分离式柱脚（图 14-64）两种构造形式。实腹柱采用整体式柱脚；格构式柱可采用整体式柱脚，也可采用分离式柱脚，当格构式柱分肢间的距离较大时采用分离式柱脚比较经济。

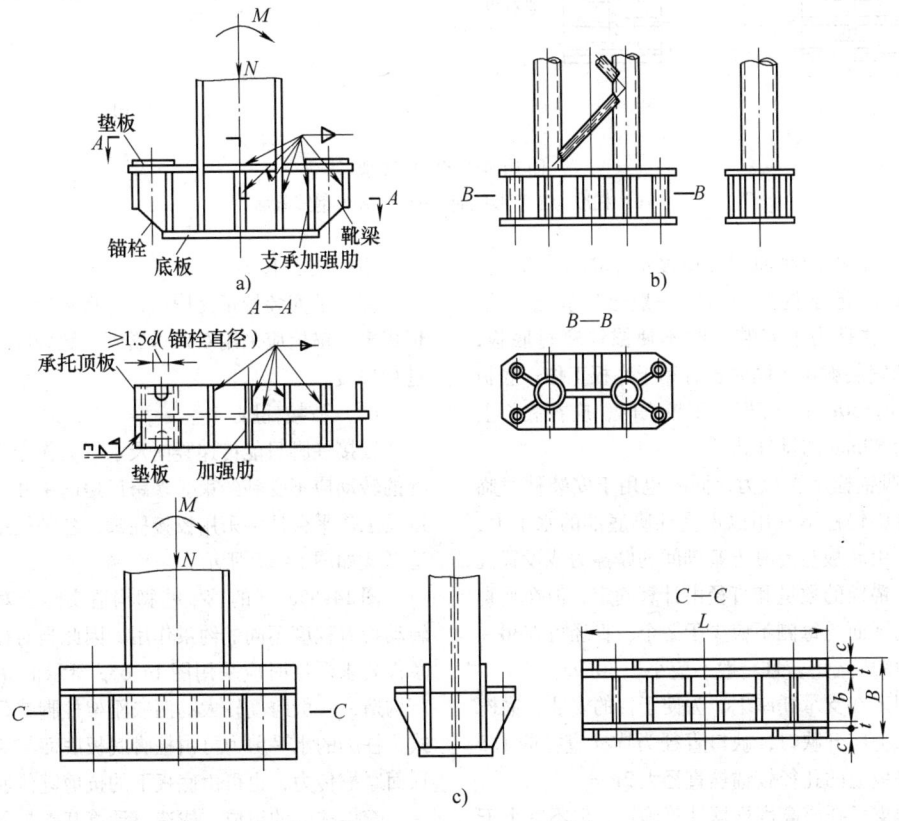

图 14-63　整体式柱脚

a)、b）单靴板式　c）双靴板式

2）刚接柱脚由底板、靴梁、加劲肋、锚栓及锚栓支承托座（包括支承加劲肋、支承托座顶板、垫板）等组成。为使柱脚可靠地传递载荷，柱脚应有适当的整体刚度，各部分的板件要有足够的强度和可靠的连接。

3）整体式柱脚有单靴板式和双靴板式两种。单靴板整体式柱脚（图 14-63a、b）在框架平面外刚度较小，只能用于载荷较小的轻型柱。为了加强柱脚的刚度和减小底板厚度，应加设加劲肋或斜撑板。

双靴板式整体柱脚（图 14-63c）柱翼缘两侧均焊有一靴梁，靴梁中间用加劲肋与底板连接成整体。这种柱脚具有较大的整体刚度，常用于中型以上框架柱。

4）分离式柱脚构造如图 14-64 所示。两柱肢的底板各自独立，每个独立的柱脚均受轴心力作用。柱脚靴梁一般贴于每肢柱的翼缘以角焊缝相连，大型分离式柱脚的靴梁宜采用和柱肢翼缘对接焊缝连接。底板应设加劲肋加强。为便于运输，将两分肢柱脚底板用角钢相连。

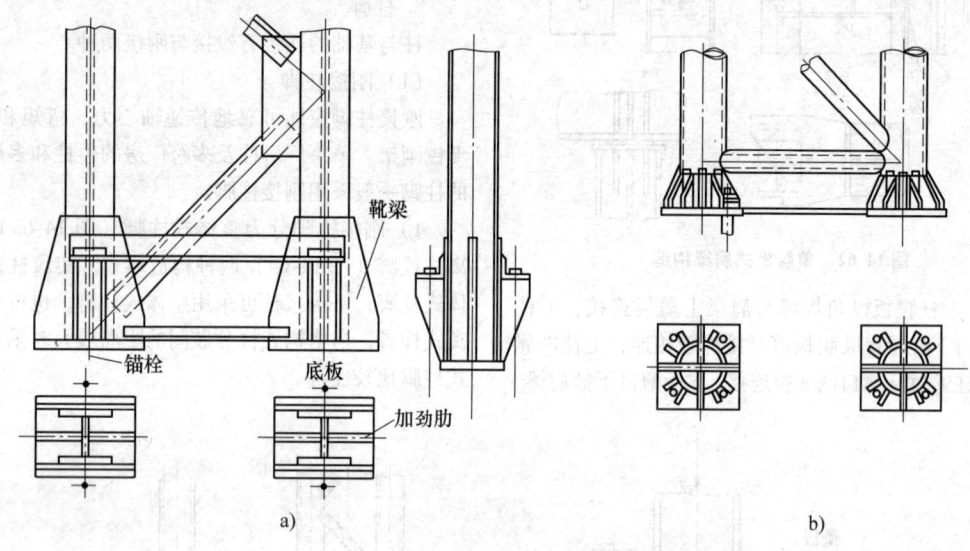

图 14-64　分离式柱脚
a）柱肢为工字形截面　b）柱肢为钢管截面

5）柱脚底板的底面积和厚度应根据计算确定。底板宽度 B 决定于构造要求，一般悬臂宽度 C 取 20～30mm，这是为了安装柱时不使锚栓穿过底板，便于柱子的安装就位，同时也有利于底板工作；底板厚度不应小于 30mm。底板面积较大时，应在底板上开设直径为 80mm 的排气孔。

6）柱脚锚栓承受拉力，同时也用于安装柱时临时固定。柱脚锚栓不宜用以承受柱脚底部的水平力，此水平力应由底板与混凝土基础间的摩擦力或设置抗剪键承受。锚栓的数量和直径由计算确定，但在垂直于弯矩作用平面的每侧不应少于 2 个，直径可在 30～76mm 的范围内选用，且一般不应小于 30mm。

锚栓固定在支承托座上，为便于柱的安装，锚栓的承托顶板上应开设缺口，缺口直径为锚栓直径的 1.5 倍，锚栓垫板上的孔径较锚栓直径大 2mm。

锚栓的支承托座高度根据计算确定，但不宜小于 300mm，支承托座顶板厚度一般取底板厚度的 0.5～0.7 倍。垫板厚度不宜小于 20mm，支承加劲肋厚度

一般不宜小于 16mm。

在柱子安装校正完毕后，应将垫板与支承托座顶板焊牢。锚栓应采用双螺母紧固，螺母应与锚栓垫板进行焊接。

（2）铰接柱脚

铰接柱脚只能传递竖向及水平力作用，柱在柱脚处的转动应不受到约束。多跨厂房的中柱、门式刚架以及工作平台柱多采用铰接柱脚，各种铰接柱脚的构造形式如图 14-65 所示。

图 14-65a～f 的铰接柱脚构造实际上对柱的自由转动均有程度不同的约束作用，因此当对柱脚的约束条件要求严格时应采用图 14-65g 所示的完全铰式柱脚构造，一般跨度较大的两铰刚架柱就采用这种形式，柱脚的水平剪力可由柱脚底板底面与混凝土基础顶面摩擦传力，也可由底板下的抗剪键传递给基础。

铰接柱脚的组成、构造与计算基本与分离式柱脚相同，仅需说明以下两点：

1）铰接柱脚的锚栓一般不承受拉力，只起柱的

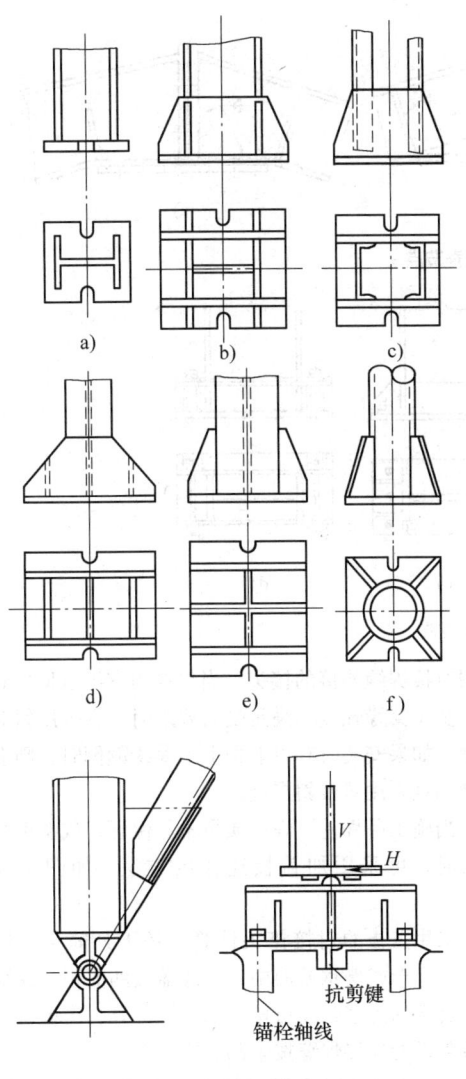

图 14-65　铰接柱脚构造

a) ~ f) 常用铰接柱脚

g) 完全铰式铰接柱脚

安装定位作用，锚栓应设置在垂直于主梁（工作平台结构）或框架平面方向的柱轴线上，锚栓固定在底板上，为便于柱的安装及调整，在底板上应开缺口，缺口直径仍为锚栓直径的 1.5 倍。锚栓直径可在 20 ~ 42mm 的范围内选用，且不宜小于 20mm。

2）铰接柱脚用于载荷较小的轻型柱时，底板的构造要求厚度可放宽，一般不小于 16mm。

14.4.3　门式刚架的主要节点

门式刚架在载荷作用下的内力与变形应按参考文献［4］的规定进行分析。实腹门式刚架的梁、柱截

面尺寸设计应符合参考文献［4］的有关规定要求，格构式门式刚架的截面尺寸设计还应符合参考文献［1］的要求。实腹式刚架的主要节点设计要点如下所述。

1. 实腹刚架角节点

在门式刚架的角节点处，实腹刚架斜梁与柱的连接有端板竖放、端板平放和端板斜放三种形式，如图 14-66 所示。形式 a、c 的端板连接可承受较大内力，形式 b 则安装较为方便。

端板与梁、柱应采用全熔透对接焊缝连接。梁与柱的两端板应采用 M16 ~ M24 的高强度螺栓连接，高强度螺栓可采用承压型或摩擦型。螺栓连接应根据连接所受的最大内力，按参考文献［1］的要求计算。和梁端板相连接的柱翼缘部分应与梁端板等厚度（图 14-66a），端板的高度、宽度需根据计算得出的螺栓排列构造尺寸确定，端板厚度按参考文献［4］的有关规定计算。

门式刚架斜梁与柱相交的节点域应按参考文献［4］规定计算抗剪强度，当计算不能满足要求时应设置斜加劲肋或加厚腹板。

2. 实腹刚架脊节点

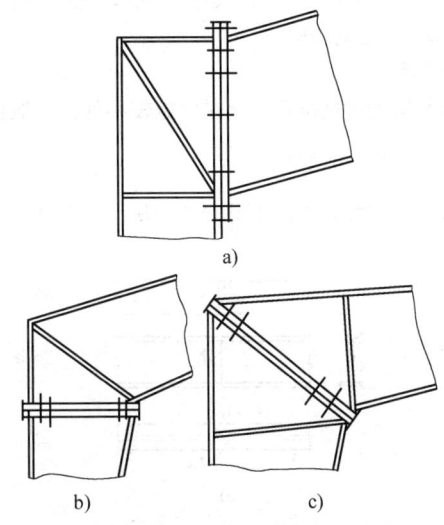

图 14-66　门式刚架角节点

a) 端板竖放　b) 端板平放　c) 端板斜放

刚架脊节点一般做成拼装节点，图 14-67 为实腹刚架脊节点的拼接构造，由于刚架的跨中一般也有较大的弯矩值，因此脊节点处宜加腋加强。图 14-67a、b 为焊接拼装，图 14-67c 为螺栓拼装。

3. 门式刚架柱脚

门式刚架的柱脚，宜采用平板式铰接柱脚（图 14-68a、b），必要时也可采用刚接柱脚（图 14-68c、d）。

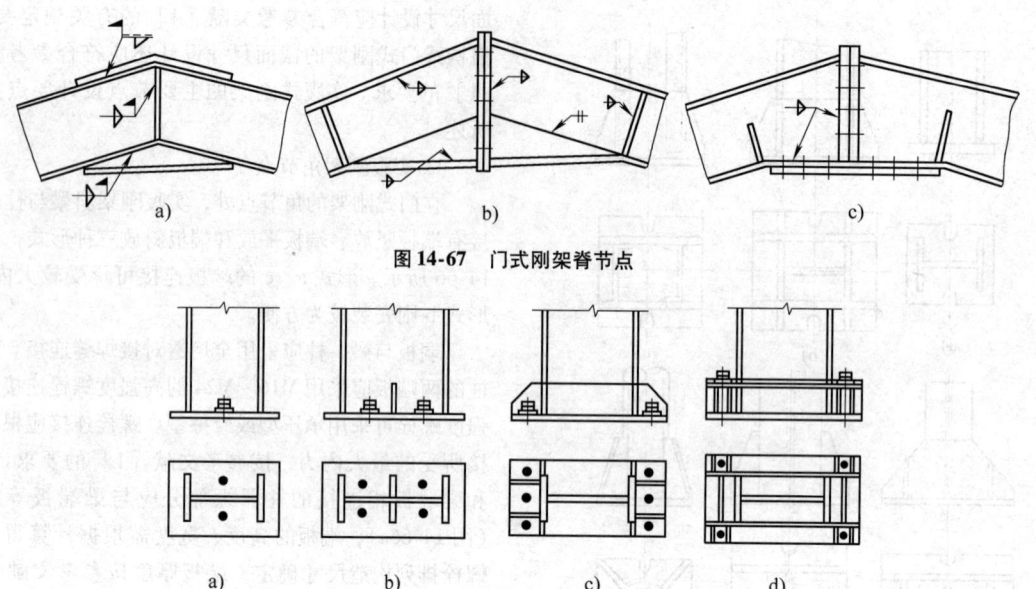

图 14-67　门式刚架脊节点

图 14-68　门式刚架柱脚

14.4.4　梁柱的其他连接节点

下面介绍的内容是在单层、多层钢厂房以及工作平台中常遇的连接构造，其中之1、2也适用于第5节的多、高层钢结构。

1. 梁的拼接

1）梁的拼接位置应设在弯矩较小处，一般设在 $\frac{1}{4} \sim \frac{1}{3}$ 梁跨距处为宜。

2）型钢梁的拼接如图 14-69 所示。图 14-69a 为

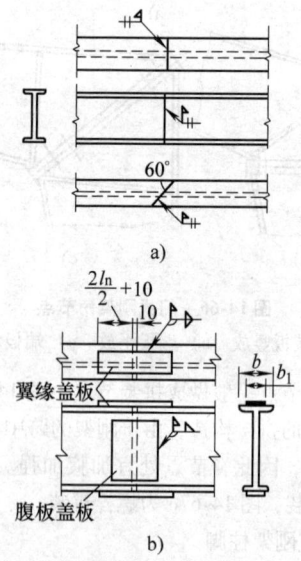

图 14-69　型钢梁的拼接

采用对接焊缝连接的接头，当焊缝为三级质量检验标准、受拉翼缘强度不满足受力要求时，宜采用斜对接焊缝。如果安装时有可能把上下翼缘颠倒时，则上下翼缘均宜采用对接斜焊缝。

当施工条件差、焊接质量不易保证，或型钢截面较大时，可采用加盖板连接的方法，如图 14-69b 所示。

采用盖板的对接接头计算可按下列简化方法进行。工字形或槽钢截面中，翼缘盖板的面积、翼缘盖板与翼缘的焊缝长度可按全部弯矩计算，腹板盖板及腹板盖板的连接焊缝按全部剪力计算。

3）图 14-70a 为焊接组合梁采用对接焊缝的拼接。为了保证焊缝的质量，焊缝应加引弧板，焊后应将对接焊缝表面加工齐平，腹板的焊缝距加劲肋的距离应大于 $10t_w$（图 14-70b），t_w 为腹板的厚度。由于采用三级质量检验标准的受拉翼缘对接焊缝不能满足强度要求时，应采用斜对接焊缝，斜缝倾斜角为 60°，如图 14-70c 所示。图 14-70d、e 表示焊接组合梁的另一种拼接方法，腹板采用对接焊缝，而翼缘加盖板，翼缘内力通过翼缘盖板与翼缘的角焊缝传递。盖板宽取 b_1，一般比翼缘宽度 b 约小 50mm。

组合梁的拼接也可采用翼缘、腹板全用盖板连接的方法、梁接头内力全部通过盖板焊缝和盖板传力，此法对板件加工要求精度较低，但有应力集中，不宜用在受动载荷的梁中（图 14-71a）。

对于采用对接焊缝拼接的梁，在拼接处上下翼缘的拼接边缘均宜做成向上的坡口，以便俯焊；翼缘与

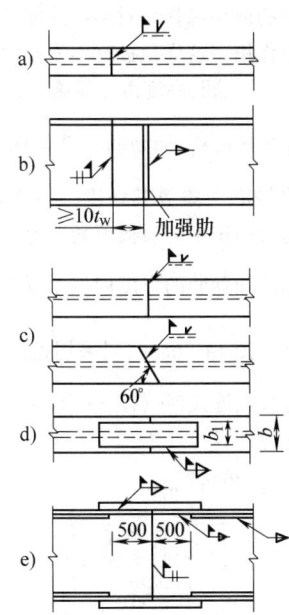

图 14-70　焊接组合梁的拼接（一）

腹板连接处留 500mm 左右在工厂不焊，待到现场先将腹板及翼缘板的对接焊缝焊成后再焊（图 14-71b），以减小焊接应力。

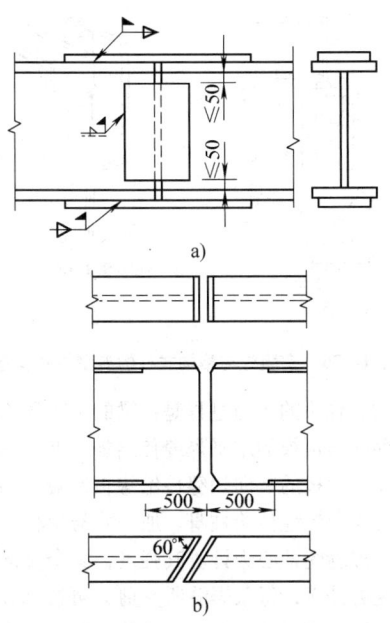

图 14-71　焊接组合梁的拼接（二）

2. 次梁与主梁的连接

次梁与主梁的连接有铰接与刚接两种，若次梁为简支梁，其连接为铰接；若次梁为连续梁且非叠接时，则连接为刚接。按次梁与主梁连接的位置不同，梁的连接有叠接与侧接两种。

1）次梁与主梁的叠接如图 14-72 所示。将次梁直接搁置在主梁上，用压板螺栓、焊接或连接角钢与主梁连接。叠接构造简单，但占用结构空间较大。当次梁作用于主梁的集中力较大时，应在该处的主梁腹板两侧设置横向加劲肋，并将此横向加劲肋的设置和保证主梁腹板局部稳定的要求结合起来。

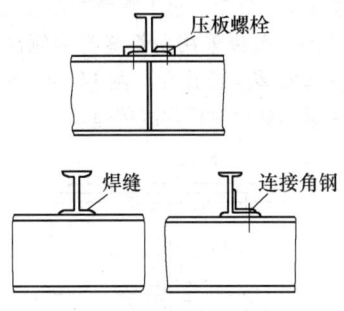

图 14-72　次梁与主梁的叠接

2）次梁与主梁的侧接如图 14-73 所示。图 14-73a 为次梁直接焊接于主梁的加劲肋上，螺栓仅起安装定位作用；图 14-73b 通过连接角钢将次梁连于主梁腹板，连接角钢先在工厂焊在主梁腹板上；图 14-73c 表示次梁简支于先在工厂焊于主梁的托座上；图 14-73d 表示，次梁端部焊一块顶板，现场拼接时，只需用安装螺栓定位，次梁支座反力通过顶板与承托板承压及承托板与主梁腹板的焊缝传给主梁。

上述侧接均属次梁与主梁的简单支承连接。由于对次梁梁端截面有较大的削弱，应按第 11 章要求按受弯构件验算次梁端的抗剪强度。次梁与主梁的连接焊缝（图 14-73a、b 中次梁与主梁加劲肋焊缝以及连接角钢上的连接焊缝）均受一定的偏心作用，一般可近似地将次梁反力加大 20% ~ 30% 按角焊缝抗剪

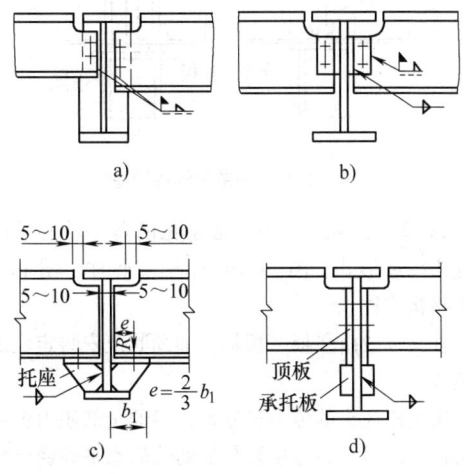

图 14-73　次梁与主梁的侧接

计算强度，图14-73c托座腹板与主梁的焊缝应按受剪力 $V = R$ 及弯矩 $M = Re$ 验算角焊缝的抗剪强度。图14-73d连接中应验算次梁顶板与承托板的承压面积。

承托板与主梁腹板的焊缝同样考虑受力偏心将 R 加大 20%~30% 按角焊缝受剪计算。

3）次梁与主梁的刚接如图14-74所示。图14-74a的连接中，弯矩通过上翼缘的连接盖板和下翼缘的支托传递。盖板采用角焊缝与两侧次梁翼缘连接，螺栓仅起安装定位作用。图14-74b表示弯矩通过次梁与主梁的坡口对接焊缝传递。

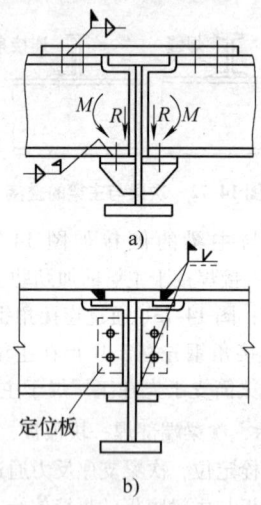

图14-74　次梁与主梁的刚性连接

3. 柱头节点（简支梁与柱顶的连接）

1）简单的柱头构造如图14-75a、b所示。梁直接置于柱头的顶板上，这种构造形式只能用于载荷较小的情况，当柱两侧梁的载荷作用不同时，柱还要受到偏心作用。

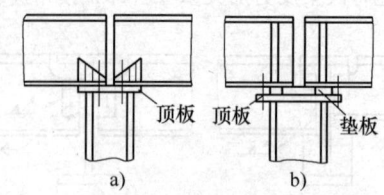

图14-75　简单的柱头构造

2）图14-76a、b为一般常见的典型轴心受压柱的柱头构造形式，图14-76a用于实腹柱，图14-76b用于格构式柱。

柱头一般由垫板、顶板、加劲肋及安装定位螺栓等组成。

实腹柱柱头的传力过程是：梁的全部压力由垫板传给柱顶板后，通过顶板与加劲肋的水平焊缝传给加劲肋，再通过加劲肋与柱腹板的竖向焊缝传给柱身。

梁的支座加劲肋或突缘板应对准柱的加劲肋以避免柱顶板承受弯曲作用，这样顶板就不需要太厚，一般大于 14mm 即可。加劲肋高度由计算确定，厚度应满足 $t_1 \geq \frac{b_1}{15}$，且 $t_1 \geq 10mm$。加劲肋与顶板的水平角焊缝应按端焊缝受轴心力验算其强度，当 N 较大时，可采用将加劲肋端面铣平与顶板顶紧传力。加劲肋与柱的竖向角焊缝及加劲肋的强度应按承受弯矩 $M = \frac{N}{2}e$ 及 $V = \frac{N}{2}$ 计算（图14-76a）。当采用把加劲肋插进柱腹板的槽口与腹板连接时（图14-76c），竖向焊缝则只按侧焊缝受剪计算。

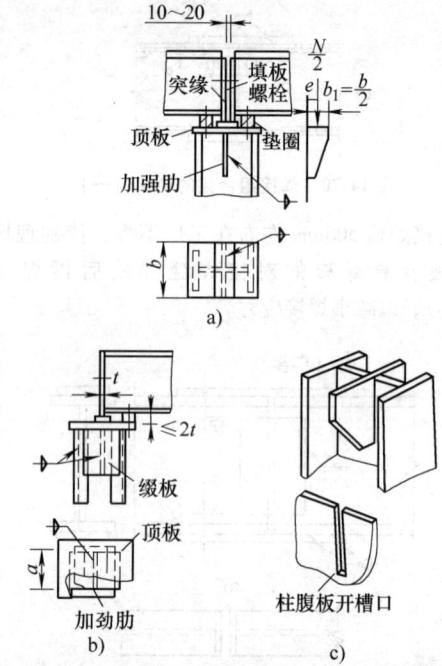

图14-76　实腹柱与格构式柱的典型柱头构造

格构式柱头的传力过程是：梁的全部压力由垫板通过加劲肋与顶板的水平焊缝传给加劲肋，然后再通过加劲肋与缀板的竖向焊缝传给缀板，最后通过缀板与柱肢的竖向焊缝传给柱身。加劲肋与顶板的水平角焊缝按端焊缝受轴心力计算其强度，其余竖向焊缝按角焊缝受剪计算，每条焊缝所受剪力可按加劲肋、缀板为两端简支梁考虑分配，加劲肋、缀板的强度也近似按简支梁验算。

3）当梁传给柱的载荷较大时，可采用图14-77所示构造。图14-77a为梁与柱翼缘侧向连接；图14-77b为梁与柱腹板的侧向连接，图14-77c为梁支承在柱翼缘的托座上。图14-77a和14-77c对柱均产生偏心弯矩，当采用这两种构造时柱应按偏压构件计算。

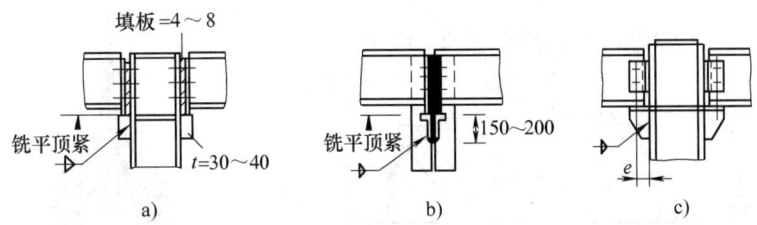

图14-77 梁与柱的侧向连接

14.5 多、高层房屋钢结构

14.5.1 多、高层房屋钢结构简介

钢结构强度高、自重轻、延性好、建造周期短，用于多、高层房屋的承重骨架能更充分发挥钢结构的优越性。世界上像美、日等国家钢结构房屋的比重远大于砖石与钢筋混凝土结构，据统计，世界上200m以上的100栋高楼中全钢结构占到56%。我国自20世纪80年代以来，高层钢结构发展十分迅速，1997年建成的钢-混凝土混合结构的上海金茂大厦（图14-78）总建筑面积289500m²，地上88层，地下3层，总高度421m，在建成时是中华第一高楼，居世界第三（吉隆坡的彼德罗纳斯双塔1996年建成，高度450m，是世界之最；美国1974年建成的芝加哥西尔斯塔高度443m，居世界第二）。

近年来，我国钢产量一直位居世界第一，钢材的品种、规格也有大幅增加，加之多、高层钢结构的理论分析研究和制作安装水平都在不断提高，国内已经完全具备自行设计、自行制作安装的能力。表14-14列出了部分国内建成的150m以上的高层钢结构工程实例。

厚板焊接和焊接工作量大是高层钢结构制作安装中较为突出的问题，一般焊接梁、柱的截面厚度都在30mm以上，例如深圳发展中心大厦的箱形柱壁厚最大达130mm，焊接工作量达35万延长米；深圳地王大厦的焊接工作量达60万延长米。

因此在高层钢结构中，要对钢构件加工精度提出较高的要求，并宜结合工程的实际情况和现场条件，通过试验确定焊接方法、焊接工艺和焊接顺序，以免产生过大焊接应力、焊接变形和过大安装误差。

14.5.2 柱与柱的连接节点

1. 柱截面形式和焊接要求

1）高层钢结构框架中，钢柱宜采用焊接工字形、H型钢、箱形等截面柱；当采用钢与混凝土组合柱时，宜采用工字形或十字形截面柱。

表14-14 我国150m及其以上钢（S）和钢-混凝土（M）高层建筑工程实例

工程名称	高度/m	结构层数		主体结构		平面形状	建成年份
		地上	地下	材料	体系		
上海金茂大厦	421	88	3	M	框架·筒体	方形	1997
深圳地王大厦	325	78	3	M	框架·筒体	矩形	1996
深圳赛格广场	292	72	4	M	框架·筒体	八角形	2000
武汉民生银行大厦	281	68		M	筒中筒	钢偏心支撑内筒	2004
浦东国际金融大厦	226	53	3	M	框架·筒体	—	2000
上海新世界中心	217	58	3	M	框架·筒体	—	2002
上海长峰大酒店	213	56	3	M	框架·筒体	—	2003
北京京广中心	208	57	3	M	框架·剪力墙	扇形	1990
广州合银广场	205	56	4	M	框架·筒体	—	2002
上海国际航运大厦	203	53	3	M	框架·筒体	—	1998
大连远洋大厦	201	51	4	M	框架·筒体	方形	1998
北京国贸大厦	155	39	2	S	筒中筒	棱形	1989
上海新锦江大酒店	153	43	1	S	框架·支撑·剪力墙	凸角方形	1989
中关村金融中心	150	35	4	S	框架·筒体	鼓形	2004

注：本表摘自《建筑结构》2006年第4期。

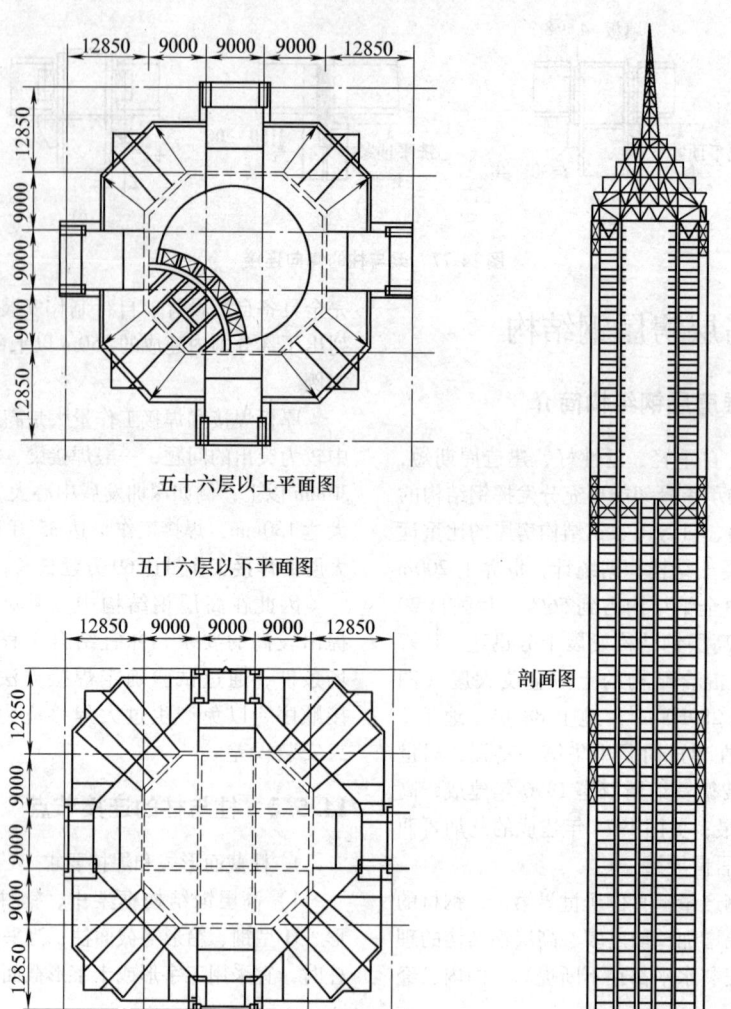

12850　9000　9000　9000　12850

五十六层以上平面图

五十六层以下平面图

12850　9000　9000　9000　12850

剖面图

图 14-78　上海金茂大厦的塔楼结构简图

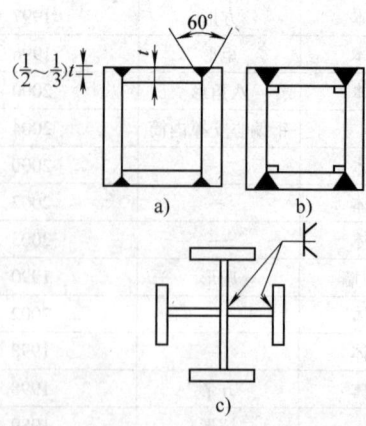

图 14-79　箱形、十字形组合柱的组装焊缝

2）焊接箱形柱的角部组装焊缝采用 V 形或 U 形的部分熔透焊缝时，焊缝厚度不应小于板厚的 1/3，

且不小于 14mm；抗震设防时还不应小于板厚的 1/2（图 14-79a）。当梁与柱刚接时，在框架梁的上、下 600mm 范围内应采用全熔透焊缝（图 14-79b）。

2. 柱的拼接

柱的拼接应能承受接头处的全部剪力、弯矩和轴力，接头位置应设在弯矩较小处，高层框架柱接头一般设在柱的中间部位。

1）工字形柱在现场连接时（图 14-80a），接头处上柱翼缘宜采用 V 形坡口，腹板采用 K 形坡口全熔透焊缝与下柱连接，焊接时应加引弧板。

2）箱形柱在现场的连接应全部采用焊接（图 14-80b），为保证焊透，其坡口形式应采用图 14-80c 的形式。下节箱形柱的上端应设置盖板，并与柱口齐平，厚度不宜小于 16mm，其边缘应与柱口截面一起刨平。在箱形柱安装单元的下部附近尚应设置上柱横

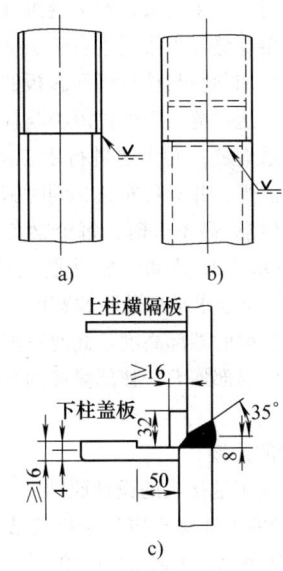

图 14-80　柱的拼接

隔板，其厚度不宜小于 10mm。在柱的工地接头上、下侧各 100mm 范围内，截面组装焊缝应采用坡口全熔透焊缝。

3）对非抗震设防的高层钢结构，当柱的弯矩较小且不产生拉力时，可通过上下柱端磨平顶仅传递 25% 的压力和 25% 弯矩，其余的柱内力由柱接头的部分熔透焊缝传递，坡口焊缝的有效深度不宜小于壁板厚度的 1/2。

4）柱需要改变截面时，柱截面高度宜保持不变，而改变其翼缘厚度。当需要改变柱截面高度时宜采用图 14-81 所示的做法，变截面的上下端均应设置

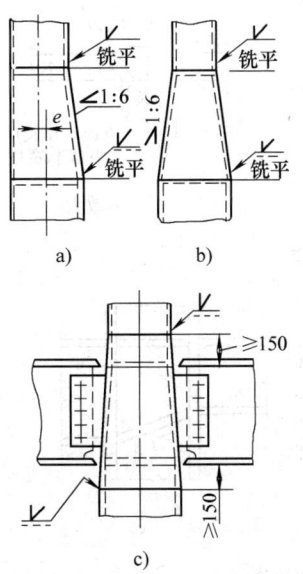

图 14-81　柱的变截面连接

隔板。当变截面位于梁柱接头时，可采用图 14-81c 所示做法，变截面两端距梁翼缘不宜小于 150mm。

14.5.3　梁与柱的连接

框架梁与柱的连接宜采用柱贯通型。在互相垂直的两个方向都与柱刚性连接时，柱宜采用箱形截面。

高层建筑结构中，框架梁与柱的连接宜采用刚性连接，可采用全焊连接、栓焊混合连接和高强度螺栓连接（全栓连接）等形式，全栓连接节点虽然安装方便，但节点刚度不如前两种形式好，应用不多。

1. 梁与柱刚性连接的计算要求

梁与柱的刚性连接节点应进行以下验算：

1）梁与柱的连接在弯矩和剪力作用下的承载力。

2）在梁上下翼缘标高处设置的柱水平加劲肋或隔板的厚度。

3）节点域的抗剪强度。

以上各项的验算应按参考文献［5］的有关规定进行。

2. 梁与柱刚性连接的构造要求

1）当框架梁与柱翼缘刚性连接时，梁翼缘与柱应采用全熔透焊缝连接，梁腹板与柱宜采用摩擦型高强度螺栓连接（图 14-82a），悬臂梁段与柱应用全焊连接（图 14-82b）。

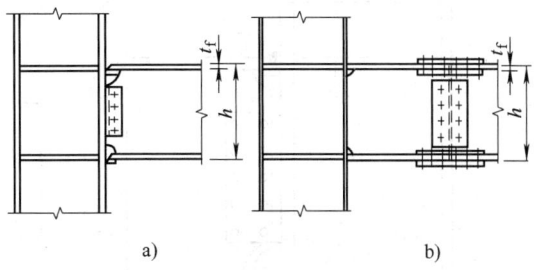

图 14-82　框架梁与柱翼缘的刚性连接
a）框架梁与柱栓焊混合连接　b）框架梁与柱全焊连接

2）当框架梁端垂直于工字形柱腹板与柱刚接时，应在梁翼缘的对应位置设置柱的横向加劲肋，在梁高范围内设置柱的竖向连接板。梁与柱的现场连接中，梁翼缘与柱横向加劲肋用全熔透焊缝连接，并应避免连接处板件宽度的突变，腹板与柱连接板用高强度螺栓连接（图 14-83a）。当采用悬臂段时，梁段与柱全部焊接（图 14-83b）。

3）梁翼缘与柱采用全熔透坡口焊缝时，应按规定设置衬板，翼缘坡口两侧设置引弧板，在梁腹板上下端应作扇形切角，其半径 r 宜取 35mm。扇形切角

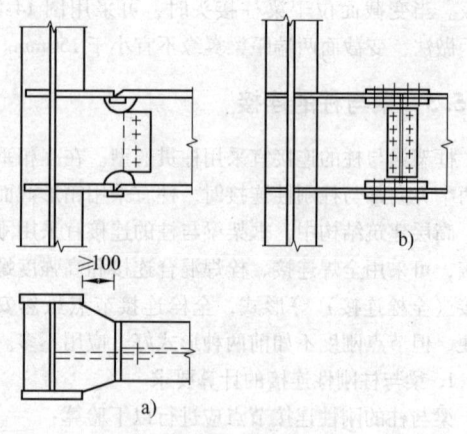

**图 14-83　梁端垂直于工字形柱
腹板与柱的刚性连接**

端部与梁翼缘连接处，应以 $r = 10mm$ 的圆弧过渡，衬板反面与柱翼缘相接处宜适当焊接（图 14-84）。

4）框架梁与柱刚性连接时，应在梁翼缘的对应位置设置柱的水平加劲肋（或隔板）。对于抗震设防的结构，水平加劲肋应与梁翼缘等厚。对非抗震设防的结构，水平加劲肋应能传递梁翼缘的集中力，其厚度不得小于梁翼缘厚度的 1/2，并应符合板件宽厚比限值。水平加劲肋的中心线应与梁翼缘的中心线对准。

5）在抗震设防的结构中，工字形柱水平加劲肋

与柱翼缘焊接时，宜采用坡口全熔透焊缝，与柱腹板连接时可采用角焊缝。当梁端垂直于工字形柱腹板平面焊接时，水平加劲肋与柱翼缘和腹板的焊接则应全部采用坡口全熔透焊缝。箱形柱隔板与柱的焊接，应采用坡口全熔透焊缝；对无法进行手工焊接的焊缝，应采用熔嘴电渣焊，并对称布置，同时施焊。

6）当柱两侧梁高不等时，每个梁翼缘对应位置均应设置柱的水平加劲肋。加劲肋间距不应小于150mm，且不应小于水平加劲肋的宽度。当不满足此要求时，应调整梁的端部高度，此时可将截面高度较小的梁腹板高度局部加大，腋部翼缘的坡度不得大于1:3（图 14-85）。

3. 梁与梁的连接

（1）框架梁工地接头的设计原则

1）框架梁的工地接头应位于框架节点塑性区以外，即离开从梁端算起的 1/10 跨长，并应大于 1.6m。

2）当用于抗震设防时，接头的承载力应按参考文献〔6〕的规定要求计算。

3）当用于非抗震设防时，梁接头应按内力设计，此时，腹板按全部剪力和所分配的弯矩共同作用计算，翼缘连接按所分配的弯矩计算。当接头处的内力较小时，接头承载力不应小于梁截面承载力的 50%。

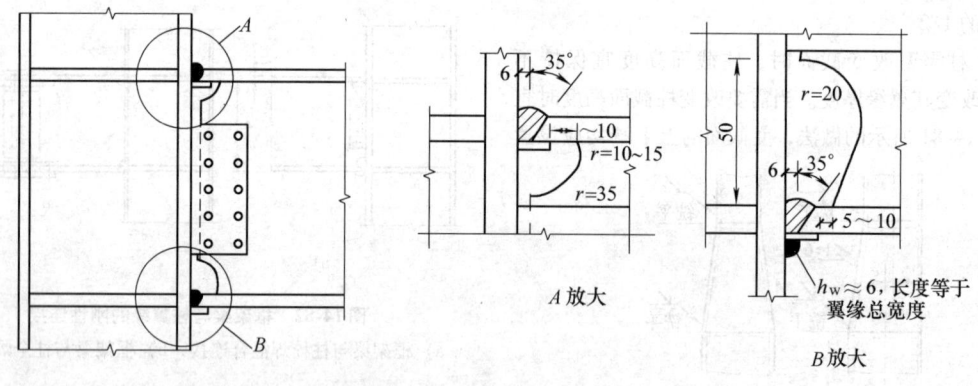

图 14-84　梁-柱刚性连接细部构造

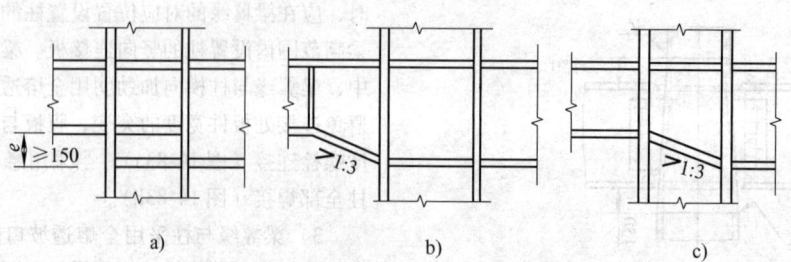

图 14-85　柱两侧梁高不等时的水平加劲肋

（2）框架主梁的工地接头，主梁在工地的接头主要用于柱带悬臂梁段与梁的连接，可采用下列接头形式（图14-86）：

1）翼缘采用全熔透焊缝连接，腹板用摩擦型高强度螺栓连接。

2）翼缘和腹板均采用摩擦型高强度螺栓连接。

3）翼缘和腹板均采用全熔透焊缝连接。

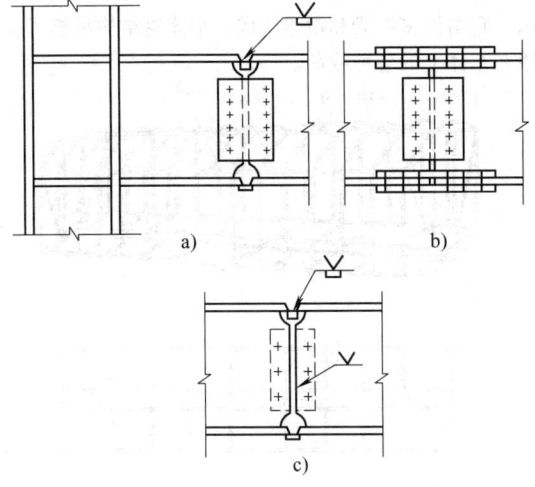

图 14-86 主梁的拼接形式
a）栓焊 b）全栓 c）全焊

（3）次梁与主梁的连接，见本章第4节。

（4）梁的侧向隔撑设置，抗震设防时，框架横梁下翼缘在距柱轴线 1/8 ~ 1/10 梁跨处，应设置侧向支承构件（图14-87）。侧向隔撑长细比不得大于130 $\sqrt{\frac{235}{f_y}}$，隔撑按轴心受压杆计算其承载力，其设计轴压力按参考文献［1］规定计算。

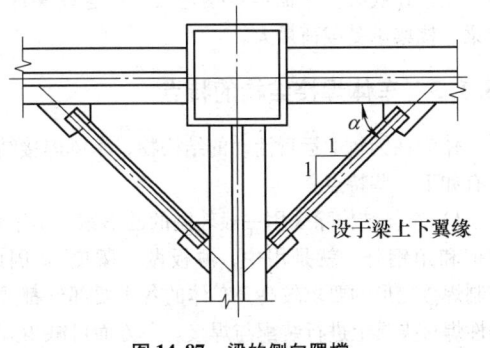

图 14-87 梁的侧向隔撑

参 考 文 献

［1］ 建设部 国家质量监督检验检疫总局. GB 50017—2003 钢结构设计规范 ［S］. 北京：中国计划出版社，2003.

［2］ 中国建筑科学研究院. JGJ 7—1991 网架结构设计与施工规程 ［S］. 北京：中国建筑工业出版社，1992.

［3］ 中国建筑科学研究院. JGJ 61—2003 网壳结构技术规程 ［S］. 北京：中国建筑工业出版社，2003.

［4］ JGJ 7—2010 空间网格结构技术规程 ［S］. 北京：中国建筑工业出版社，2010.

［5］ 中国工程建设协会. 门式刚架轻型房屋钢结构技术规程 CECS 102：2002 ［S］. 北京：中国计划出版社，2003.

［6］ 中国建筑科学研究院. JGJ 99—1998 高层民用建筑钢结构技术规程 ［S］. 北京：中国建筑工业出版社，1998.

［7］ 陈绍蕃. 钢结构设计原理 ［M］. 北京：科学出版社，2005.

［8］ 王光煜. 钢结构缺陷及其处理 ［M］. 上海：同济大学出版社，1988.

［9］ 沈祖炎，等. 空间网架结构 ［M］. 贵阳：贵州人民出版社，1987.

［10］ 徐崇宝，等. 单层鞍形网壳在两个体育馆的应用 ［J］. 空间结构，1995（2）.

［11］ 沈世钊，等. 悬索结构设计 ［M］. 北京：中国建筑工业出版社，2005.

［12］ 何家炎，等. 跨度192m×142m方钢管网壳结构设计 ［J］. 空间结构，1997（4）.

［13］ 鲍广鉴，等. 深圳地区商业大厦超高层钢结构安装施工技术与管理 ［J］. 钢结构，1997（2）.

［14］ 周杜鑫，等. 金茂大厦外伸桁架钢结构施工工艺研究 ［J］. 建筑钢结构进展，1999（2）.

［15］ 张耀春，等. 钢结构设计原理 ［M］. 北京：高等教育出版社，2004.

［16］ 尹德钰，等. 网壳结构设计 ［M］. 北京：中国建筑工业出版社，1996.

［17］ 李星荣，等. 钢结构连接节点设计手册［M］. 北京：中国建筑工业出版社，2005.

［18］ 《建筑结构优秀设计图集》编委会. 建筑结构优秀设计图集2 ［M］. 北京：中国建筑工业出版社，1999.

［19］ 《建筑结构优秀设计图集》编委会. 建筑结构优秀设计图集4 ［M］. 北京：中国建筑工业出版社，2005.

［20］ 范重，等. 国家体育场大跨度钢结构修改初步设计 ［J］. 空间结构，2005（3）.

［21］ 傅学怡，等. 国家游泳中心结构设计与研究 ［J］. 空间结构，2005（3）.

［22］ 中国建筑学会建筑结构分会高层建筑结构委员会. 中国大陆2004年底已建的150m以上的高层建筑统计 ［J］. 建筑结构，2006（4）.

第15章 铁路车辆焊接结构

作者 魏鸿亮 李振江 审者 陈祝年

15.1 概述

15.1.1 铁路车辆的分类

铁路车辆是用以运输旅客和货物的运载工具，是沿着铁路轨道运行的活动结构物。铁路车辆按其用途可分为客车和货车两大类。

客车通常分为硬座车、硬卧车、软座车、软卧车、餐车、行李车、邮政车等。另外还有一些特殊客车，如公务车、发电车、试验车及各种军用客车等。

货车分为通用货车和专用货车两类。通用货车有敞车、篷车、平车、罐车和保温车等；专用货车根据所运货物不同分为集装箱平车、无盖漏斗车、有盖漏斗车、底开门车、自翻车、立罐车、家畜车、长大货物车等。

铁路车辆主要由车体、走行部、制动装置、车钩缓冲装置及车辆内部设备等五部分组成。货车除保温车及特殊用途车辆外，均无内部设备。

15.1.2 铁路车辆车体分类及其一般结构

铁路车辆供旅客乘坐或装载货物的部分称为车体。车体按其承载方式不同，可分为底架承载、侧壁底架共同承载（统称侧壁承载）和整体承载结构三大类。现代客车及棚车车体为整体承载结构，敞车车体为侧壁承载结构，平车车体为底架承载结构。

目前，车体钢结构主要采用焊接结构。铁路车辆的车体钢结构已由普通碳素结构钢结构发展为耐候钢的全钢焊接结构，部分车辆已采用不锈钢结构，提高了车辆的使用寿命，延长了检修周期。板材主要有09CuPCrNi-A、Q450NQR1 等耐候钢；TCS345 等不锈钢；WEL-TEN780A、DILLIMAX690T、HG785E 等高强度可焊结构钢。近年来，随着车辆设计的轻量化，在个别车型上采用铝合金材质和铆接结构。

铁路车辆车体钢结构主要由底架、侧墙、端墙、车顶、车门和车窗等几部分组成，底架是车体的基础。在底架上装有车钩缓冲装置及制动装置。客车及某些货车上还安装有给水、取暖、通风、空调、车电照明、液压站及各种附属设备。车体底架通过心盘支承在转向架上，其承受来自旅客、货物、气候环境以及车辆结构自身加给车辆的各种载荷，同时承受来自列车运行时的各种纵向动载荷及轨道加于车体的各种

随机的振动载荷。因此，铁路车辆是"活动的结构物"，保证旅客及货物的运输安全是铁路车辆结构设计的首要目标。车体钢结构的一般结构如图15-1所示。它由许多纵梁和横梁组成，车体钢结构承担了作用在车体上的各种载荷。

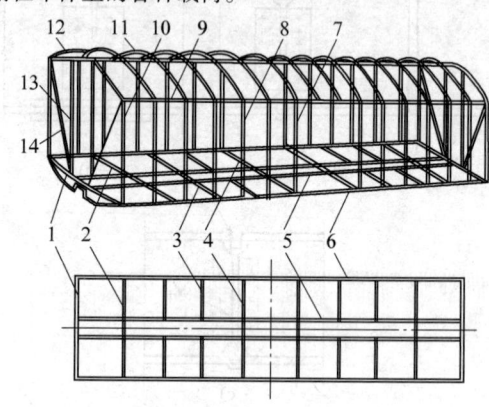

图 15-1 车体的一般结构形式
1—端梁 2—枕梁 3—小横梁 4—横梁
5—中梁 6—侧梁 7—门柱 8—侧柱
9—上侧梁 10—角柱 11—车顶弯梁
12—顶端弯梁 13—端柱 14—端斜撑

底架中部断面较大并沿其纵向中心线贯通全车的纵向梁为中梁，它是底架的"脊梁"。两侧的纵向梁称为侧梁。底架两端的横向梁称为端梁。在转向架支承处设有枕梁。在两枕梁之间设有若干大横梁及小横梁。通常在底架上平面铺设钢地板。在这些梁件中，中梁、枕梁承受载荷最大。

15.1.3 车体焊接结构的特点

作为在钢轨上运行活动的结构物，车体焊接结构具有如下一些特点：

1）车体结构除采用一般轧制的乙形钢、工字钢、槽钢和角钢外，就是用中、薄板做"蒙皮"。因此，控制焊接变形的要求较高。车体的各主要部件都要在刚性焊接夹具上进行装配与焊接。一方面可减少焊接变形，另一方面可确保组装质量及提高生产效率。

2）车体结构的刚度高。车体结构相对简单，且相同焊缝多，适合于在流水线上进行批量生产。因此可广泛采用 CO_2 焊或焊剂层下埋弧焊。

3）钢材加工处理量大。为减少车辆在制作过程

中的锈蚀，需对车体结构用钢材进行抛丸预处理，预处理后钢材要预涂底漆，防止在制造过程中发生锈蚀。因此，预涂底漆与所采用的焊接工艺方法要有相容性，以减少或避免在焊前的附加处理。

4）由于材料供应规格的限制，在制造过程中不可避免地要对材料进行接长。例如对于用作中梁的工字钢、槽钢及乙形钢，用作侧梁的工字钢、槽钢，用作敞车侧柱的帽形钢、角柱角钢、槽钢横带、上侧梁槽钢，用作棚车的侧柱槽钢、端柱槽钢及上侧梁角钢等都有可能要对接接长。此时要严格按设计规定的接头区域制作坡口，按工艺要求进行焊接使构件达到规定的焊缝尺寸。对中梁等重要梁件的结构焊缝进行严格的探伤检查。

15.1.4　车辆车体焊接结构件设计的一般注意事项

车辆结构在运行时，受到反复的冲击载荷和振动载荷作用。因此，在设计和制造车辆时，需采取措施，以降低焊接接头及基体金属附近区域的局部应力集中。在最大拉应力区，应慎用横向拼接焊缝。应尽可能避免搭接、断续焊缝、附垫板的对接及其他足以引起应力集中的各种接头形式。尽量选用对接接头形式，从而保证应力及应力线比较均匀分布。在重要构件的接头中，建议对接焊缝与应力线方向成 60°角，而对于有措施保证焊缝质量或较次要构件，则可以制成 90°角。当两个厚度相差 3mm 以上的构件进行对接

焊时，应将较厚的构件制成 1:3 至 1:5 的坡度，以使断面缓和过渡。

在采用搭接接头时，角焊缝的焊脚尺寸取为不小于 4mm（当被连接件厚度大于 4mm 时），或取为被连接件的最小厚度。搭接接头的端面焊缝，建议采用凹入形状或焊成 2:3（长焊脚沿受力方向）的不等腰三角形状。

在承受拉伸或压缩的零件搭接接头中，禁止采用单一端部横焊缝。钢板搭叠部分或搭接部分的长度应取不小于较薄板厚的 5 倍。

丁字接头最好采用两侧角焊缝，在组合梁件中也可采用单侧角焊缝。

15.2　通用货车

15.2.1　底架焊接结构

1. 平车底架结构

平车（图 15-2）主要用于运送钢材、木材、拖拉机、军用车辆、机械设备等体积或重量比较大的货物，也可借助集装箱装运其他货物。对装有活动墙板的平车也可用来装运矿石、沙土、石渣等粒状货物。平车因没有固定的侧壁和端壁，故作用在车上的垂向载荷和纵向载荷完全由底架的各梁承担，是典型的底架承载结构。底架结构由中梁、侧梁、枕梁、端梁、大横梁、小横梁和纵向辅助梁组成。图 15-3 所示为 N17A 平车的底架结构。

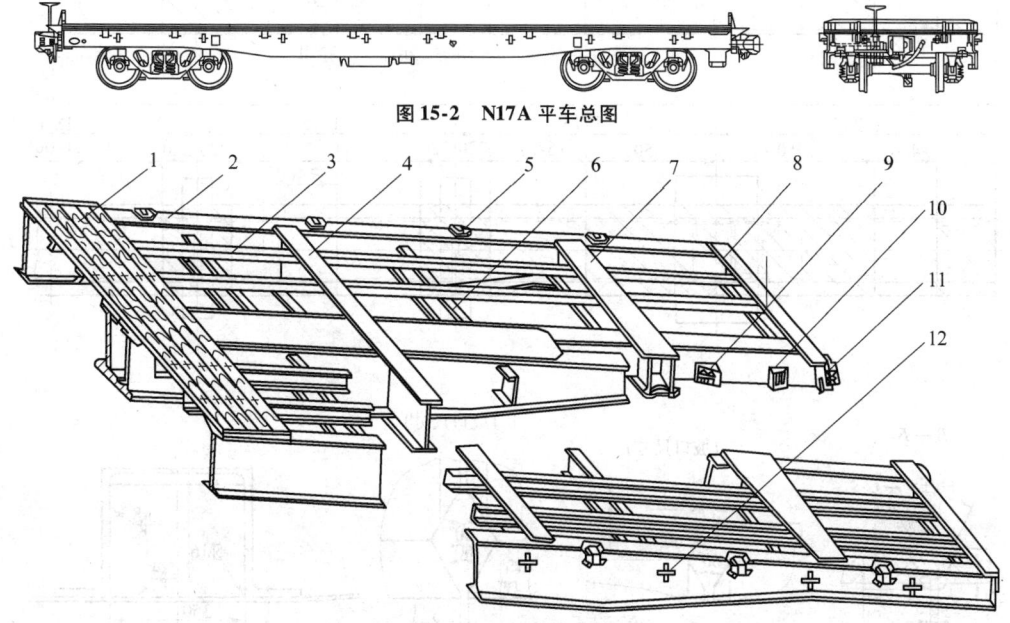

图 15-2　N17A 平车总图

图 15-3　N17A 平车的底架结构

1—木地板　2—侧梁　3—纵向辅助梁　4—大横梁　5—柱插　6—小横梁
7—枕梁　8—端梁　9—后从板座　10—前从板座　11—冲击座　12—绳栓

由于作用在 N17A 型平车上的载荷全部由底架承担，因此底架各主要梁件具有较大的断面。中梁由两根 560mm × 166mm × 12.5mm 的工字钢及厚 10mm 的上、下盖板组成，并在两端切制成鱼腹形。

平车底架由于设计时结构对称，焊缝较均匀，从而有效控制了焊接变形。为了方便制造，在设计时要求将中梁、枕梁、横梁、侧梁、端梁等作为几个独立的工艺部件单独制造，然后再焊成底架。因此，在保证车辆强度要求条件下，焊缝需要按工艺顺序进行设计。例如箱形结构枕梁如图 15-4 所示。枕梁在组装制造时，腹板 3 与下盖板 4 先组成小工艺部件然后与底架组焊。为保证腹板 3 与中梁 1 的强度，腹板 3 与中梁 1 采用双面焊接形式，要求上盖板 2 后组装。

在枕梁上盖板组装形成箱形结构后，上盖板 2 与腹板 3 只能设计成外侧进行焊接，内侧不能进行焊接。

2. 普通敞车与棚车底架结构

棚车和敞车是铁路货车中的通用车辆，其数量在铁路货车中所占比例是最大的。普通棚车和敞车的中梁主要由两根材质为 09V 的 310mm × 186mm × 12mm × 125mm × 18mm 的乙形钢组焊而成。由于受钢材供应的限制，中梁必须接长。接头应避开高应力的区域，坡口形式如图 15-5 所示。图中阴影线所示部分为中梁乙形钢可设接头的部位。组成中梁后的每一乙形钢仅允许有一个接长接头，且两中梁乙形钢的接长接头应互相错开在 400mm 以上。乙形钢接长焊缝必须充分焊透，并需经表面及超声波检测检验合格。

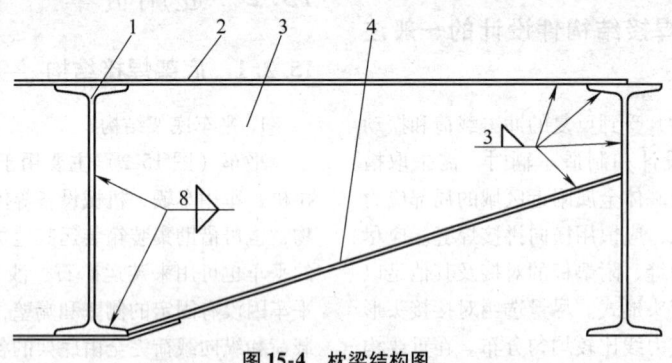

图 15-4　枕梁结构图
1—中梁　2—上盖板　3—腹板　4—下盖板

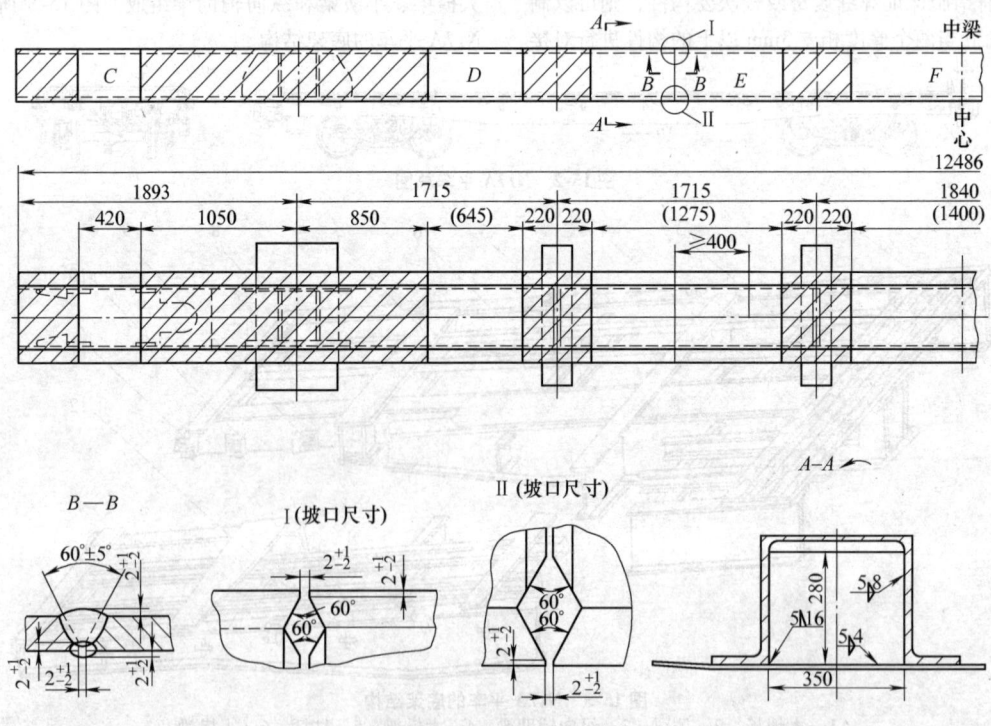

图 15-5　敞车中梁接头区域

3. 组焊中梁焊接结构

铁路货车的中梁结构通常情况下采用乙形钢。但在专用车上，由于结构的限制，需采用组焊中梁结构。为保证焊接质量，在设计结构上必须考虑焊接顺序和接头形式。图 15-6 所示为组焊中梁与方管的组焊结构。

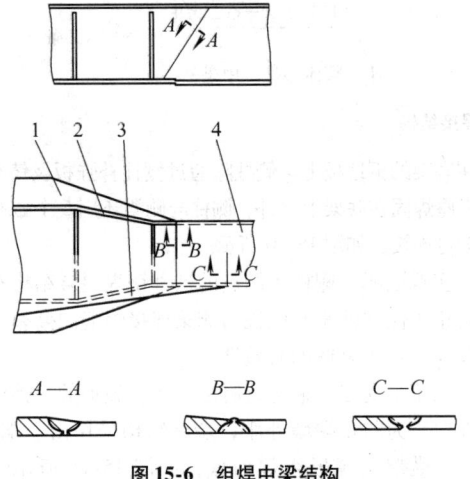

图 15-6　组焊中梁结构
1—上盖板　2—腹板　3—下盖板　4—方管

为保证组焊中梁的连接焊缝强度，组焊先后顺序是：下盖板与方管下边，腹板与方管两立边，上盖板与方管上边。

由于下盖板厚度与方管下边厚度不同，下盖板较厚，因此下盖板在一定长度内将厚度加工到与方管下边厚度相同。同时在两件交接处加工出坡口，焊接后焊缝结构形式如图 15-6 中 B—B 所示。为避免焊缝的交叉，腹板接长焊缝与上下盖板接长焊缝相互错开。同时，腹板接长焊缝结构上具有一定的斜度，避免了焊缝与中梁纵向力相垂直。上述两条焊缝均需通过内部检测检查和表面检测检查，在确认无焊接缺陷或裂纹后，组装上盖板并焊接上盖板接长焊缝。上盖板上部表面焊缝需进行表面无损检测。

4. 心盘座结点

如图 15-7 所示心盘座结点结构。在乙形钢腹板内侧加焊厚 10mm 补强板与中梁隔板及连接板组成一刚性较大的整体。这部分组成零件多，焊缝比较集中，每条焊缝的合理施焊和焊接质量对保证枕梁的承载能力特别重要。采用较大刚度的中梁心盘座结点是吸取了以往用 300mm × 89mm × 11.5mm 槽钢作中梁时，由于心盘座结构点的中梁隔板裂纹、焊缝开裂而采取的措施。为补强中梁，在枕梁下盖板（中）的内、外侧，补焊了八字补强板，搭接在中梁下翼缘上。枕梁下盖板（中）与八字补强板必须先组焊成一小组件，然后再组焊到中梁上。在中梁上分别组焊枕梁下盖板（中）与八字补强板的工艺是严格禁止的。

5. 整体心盘焊接结构

为增加心盘结点部位的刚度，部分铁路货车车辆采用整体铸造心盘结构形式，如图 15-8 所示。为增加整体心盘与中梁的连接强度，在中梁两侧腹板上加工出许多长圆孔，在长圆孔处整体心盘与中梁腹板进行了焊接。另外，焊缝在 A 处由于只有一段，因此在焊接时要特别注意焊脚的大小。

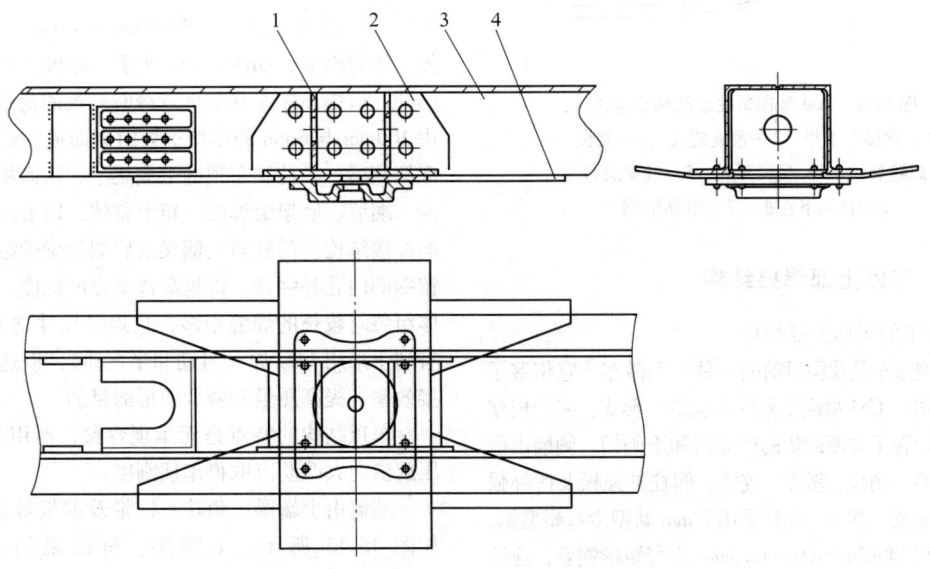

图 15-7　敞车、棚车中梁心盘座结点
1—中梁隔板　2—中梁补强板　3—中梁　4—中梁连接板

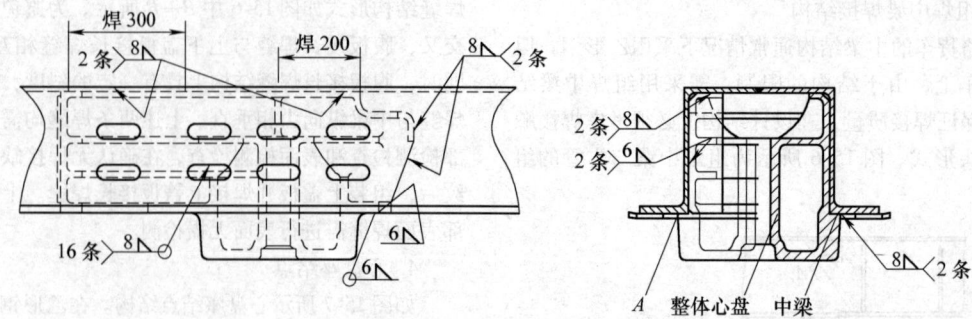

图 15-8　整体心盘焊接结构

6. 枕梁

枕梁是敞车、棚车的最重要的构件之一，车辆的侧壁载荷通过枕梁传递给中梁。因此，应特别重视枕梁的结构设计。20 世纪 60 年代设计制造的 P60 型棚车，采用 300mm × 87mm × 9.5mm 槽钢制作中梁；由于在枕梁处的中梁上盖板未加设加宽板，从而在枕梁腹板、枕梁上盖板、中梁上盖板与中梁上翼缘间形成孔隙，导致应力集中，引发了枕梁腹板裂纹、枕梁腹板焊缝开焊，以及枕梁上盖板裂纹及盖板焊缝裂纹，如图 15-9 所示。

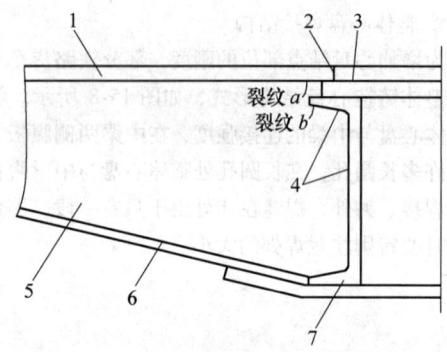

图 15-9　P60 型棚车枕梁结构示意图
1—枕梁上盖板　2—盖板裂纹　3—盖板
焊缝裂纹　4—腹板开焊　5—枕梁腹板
6—枕梁下盖板　7—中梁槽钢

15.2.2　车体上部焊接结构

1. 敞车的车体上部结构

C70 型敞车是我国目前的一种主型敞车。它借鉴了 C62A、C62B、C64 型敞车侧壁承载结构形式，采用桁架式侧墙，设置了方便卸货的中立门和下侧门。侧墙由侧柱、上侧梁、侧板、斜撑、连铁、侧柱补强板及内补强座等组焊而成。其中，侧柱采用 7 mm 新型冷弯帽型钢，上侧梁采用 140mm × 100mm × 5mm 冷弯矩形钢管，连铁为专用冷弯型钢，斜撑为冷弯型钢，枕柱处采用与 C64 相同的补强座，其余侧柱采用新型补强座，并被牢固地

焊在底架的钢地板上。侧柱除通过侧柱补强板及铸钢内补强座焊固在底架上之外，侧柱与侧梁还用 6 个 ϕ20mm 的铆钉连接，如图 15-10 所示。

实践证明，侧柱下结点的这种铆焊混合结构有效地防止了侧柱外胀及侧柱与侧梁连接焊缝的撕裂，从而保证了承载侧壁的有效性。

端墙承受在车辆运行时由货物所施加的各种纵向惯性力。为防止端墙外胀，端墙结构采用由上端缘、角柱、横带及端板组焊而成，如图 15-11 所示。其中，上端缘采用 140mm × 100mm × 4mm 冷弯矩形钢管，角柱为冷弯型钢，横带为冷弯新型帽型钢，上侧梁与上端缘结点处组焊角部加强铁。三根尺寸为 160mm × 100mm × 5mm 的冷弯帽形钢横带与角柱及端板焊成一体，这不仅简化了制造工艺，还提高了端墙的整体刚度与强度。

2. 棚车的车体上部结构

侧墙由 3mm 侧板、100mm × 48mm × 5.3mm 槽钢侧柱（枕梁处）及门柱和 80mm × 43mm × 5mm 槽钢侧柱组焊而成，如图 15-12 所示。侧板上压有长方形凸肋，以提高棚车在整体承载时侧板的稳定性。门柱由 100mm 与 6mm 的压型钢板组焊而成。侧板搭焊在底架侧梁、角柱和车顶的上侧梁上，从而将车顶、侧墙、端墙、底架组焊成一箱形整体，以形成整体承载的焊接结构。门柱与上侧梁及底架侧梁的结合处加焊铸钢的门孔补强铁，以提高该节点的强度。侧墙和车体组装时较长的焊缝很多，且焊缝尺寸选取均较小，有利于采用 CO_2 焊（自动和半自动），以达到提高焊接效率、提高质量和减少变形的目的。

车顶结构的特点是无车顶弯梁，而用 2mm 钢板压成横向大凸肋以取得车顶刚度。

端墙由上端梁、角柱、横带及端板等组焊而成，如图 15-13 所示。上端梁、角柱采用 160mm × 100mm × 5mm 的冷弯矩形钢管，横带采用断面高度为 150mm 的槽形冷弯型钢。

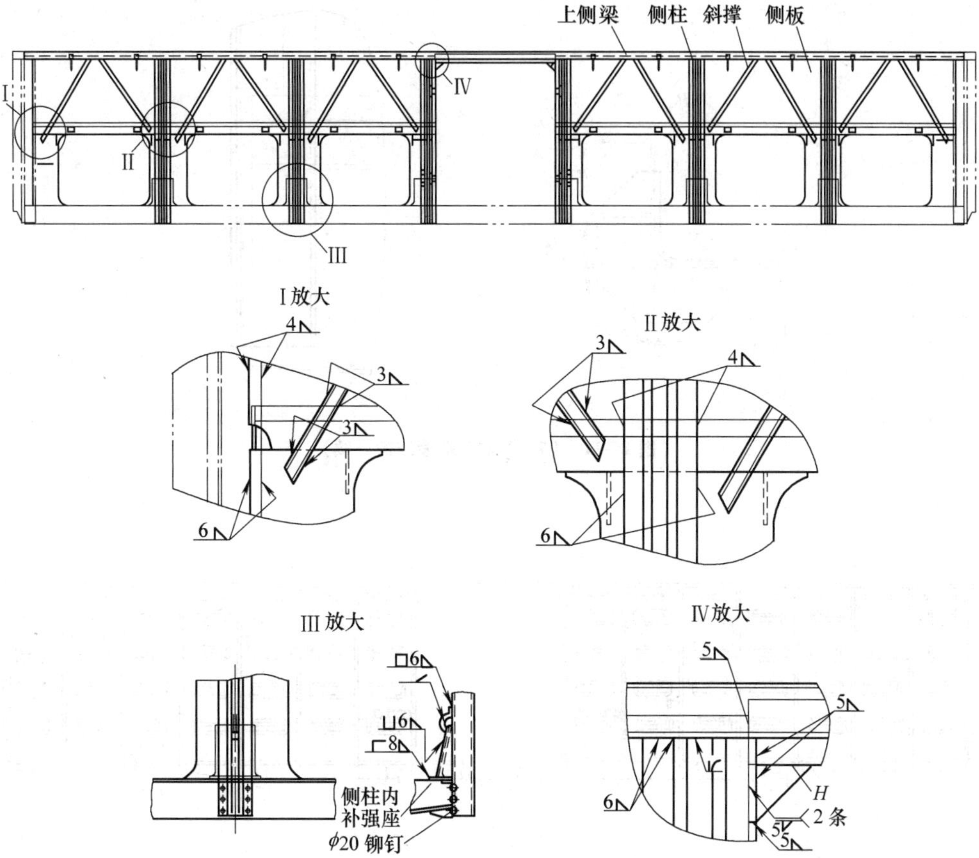

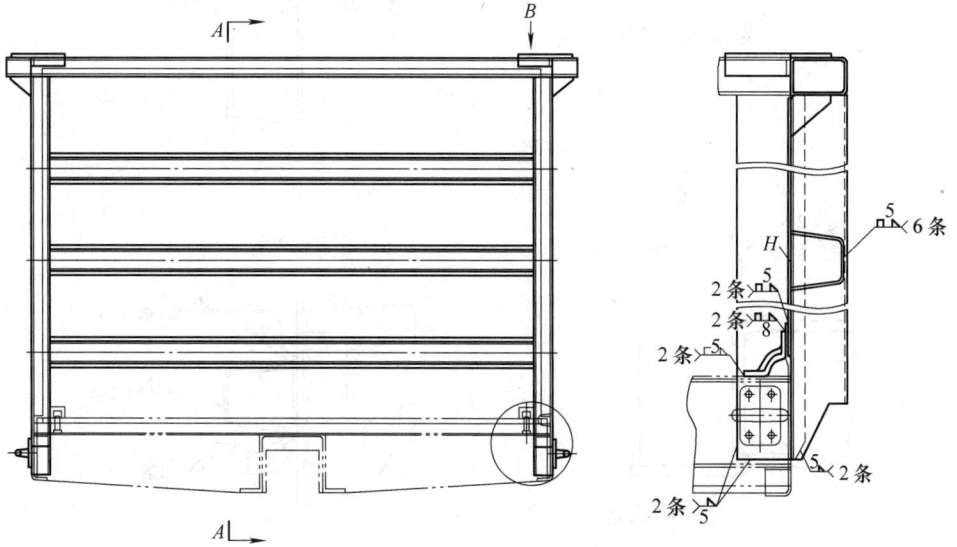

图 15-10 C70 敞车侧墙结构

图 15-11 C70 型敞车端墙结构

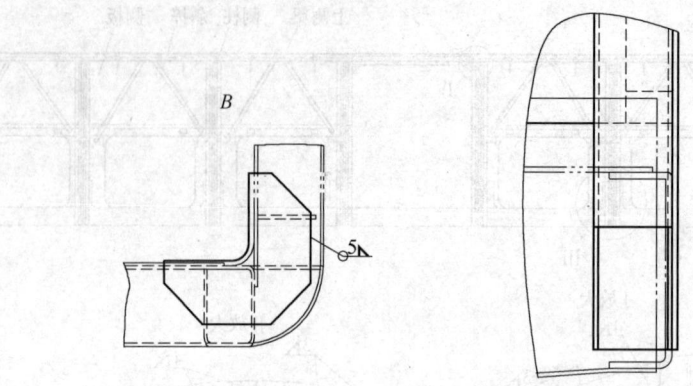

图 15-11　C70 型敞车端墙结构（续）

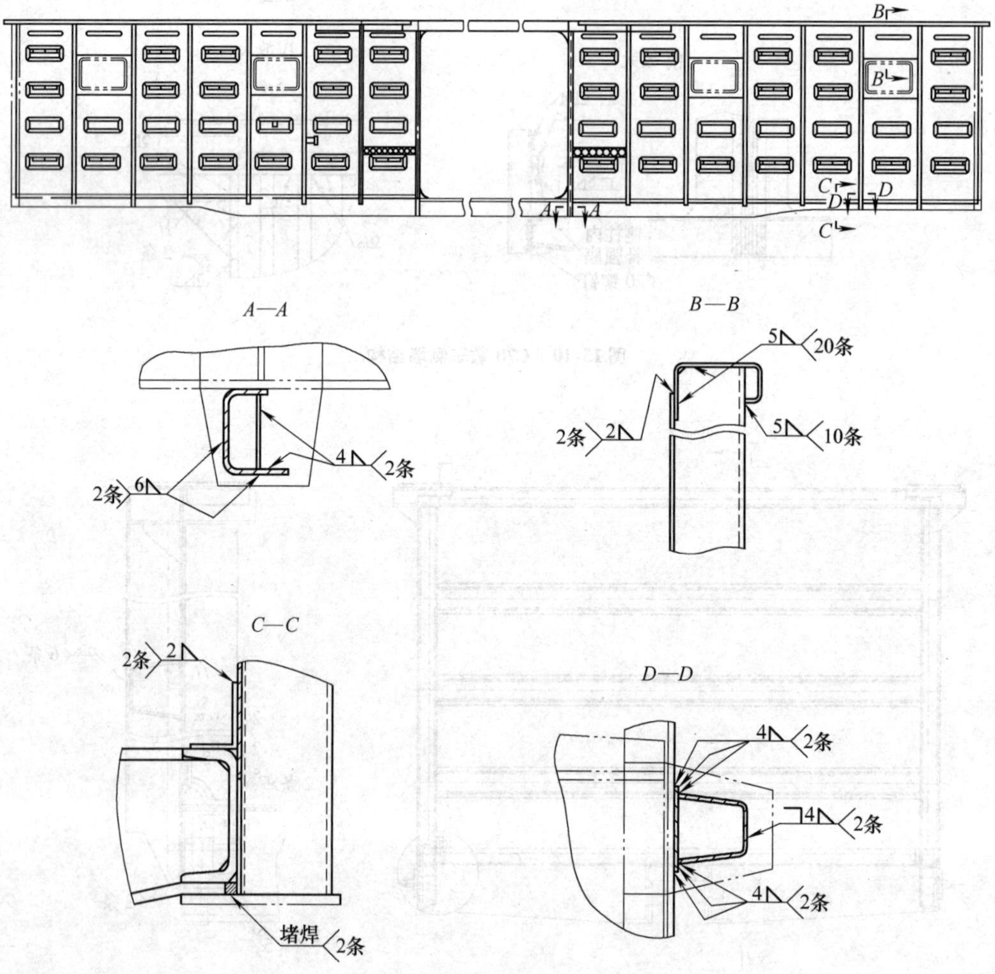

图 15-12　P70 型棚车侧墙结构

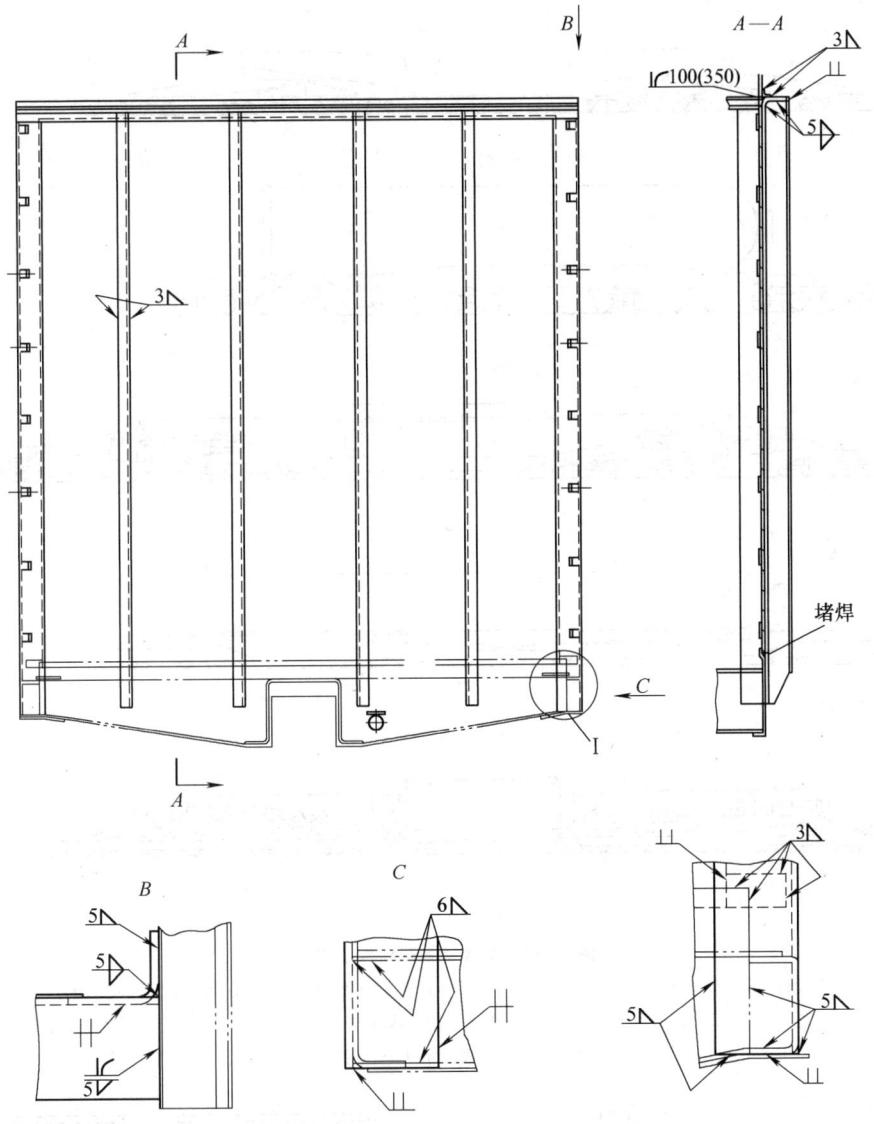

图 15-13 P70 型棚车端墙结构

15.3 长大货物车

长大货物车是铁路运输中使用的一种特种车辆，供装运通用货车不能装运的长大重型货物。按车辆结构形式不同，我国现用长大货物车可分为五类，即凹底车、长大平车、落下孔车、双联平车和钳夹车，如图 15-14 所示。

15.3.1 凹底平车

凹底平车是长大货物车中最常见的一种车型。为适应装运大尺寸货物的要求，其大底架中部承载面做成下凹而呈元宝形，所以又称元宝车。大底架是凹底平车的主要承载构件，为提高装运货物的能力，要尽

可能降低中部承载面距轨面的高度。

1. 大底架结构设计的特点

大底架结构设计的特点是在限定横截面高度尺寸的条件下，同时满足强度与刚度的要求，结构属于较复杂的变截面曲梁。

大吨位凹底平车大底架的下盖板往往是由多层组成的，并具有相当大的横截面积。在腹板与盖板结合处，腹板做出坡口，以保证焊缝焊透，并适当加大焊脚。盖板与盖板之间的连接焊缝也应适当加大焊脚。此外，也可在结构上采取措施，使弯角部受力最大的焊缝，适当增加连接焊缝的数量，如图 15-15 所示，其中图 15-15a 及图 15-15b 两种截面和各项几何参数相同，但前者的连接焊缝为两条，而后者的连接焊缝增加了一倍。

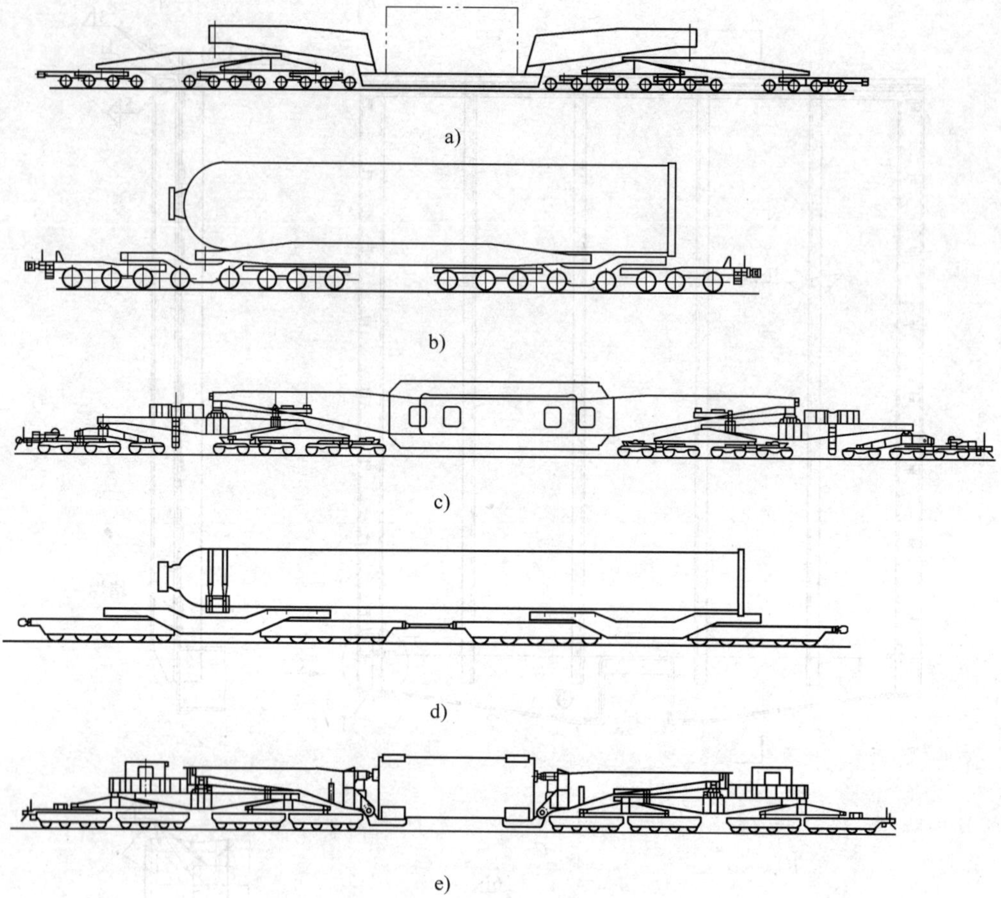

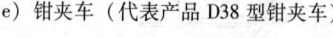

图 15-14　长大货物车结构示意图

a）凹底车（代表产品 D32 型凹底平车）　b）长大平车（代表产品 D26A 型长大平车）
c）落下孔车（代表产品 D45 型落下孔车）　d）双联平车（代表产品 D30G 型双联平车）
e）钳夹车（代表产品 D38 型钳夹车）

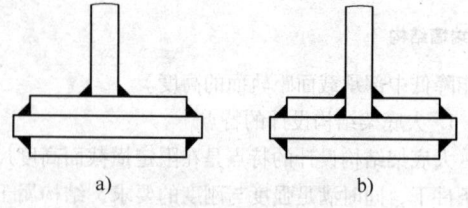

图 15-15　腹板与下盖板的连接形式

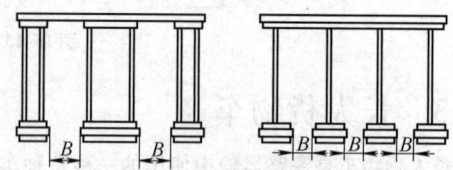

图 15-16　大底架的横截面形式

2. 大底架的横截面形式

凹底平车大底架在结构设计中，不仅要考虑制造工艺问题，更要考虑在同时满足强度、刚度要求下，如何利用有限空间，选择合理的截面形式。大底架横截面形式较为普遍的有两种：一种是以 T 形纵向梁为主梁，上面铺以金属地板，另一种是以箱形梁做主梁，上面铺以金属地板两种形式，如图 15-16 所示。

以 T 形梁为主梁的大底架的特点是：工字梁制造

比较方便，其单根梁的刚度较小，即使在组焊过程中产生变形也较易矫正，便于大底架总组装。国内 D2 型等凹底平车横截面多数采用此种形式。大底架一般布置 4 根或 5 根工字形纵向梁，为适应总组装的要求，下部留出较多开口，因此损失了较多的有效空间，在大底架横截面高度被限定时，为满足强度及刚度的要求，不得不增加下盖板的层数，因此，大吨位凹底平车大底架纵向梁下盖板已达六层之多。为满足操作要求，大底架下部开口尺寸一般取 $B \geqslant 0.37h$。

以箱形梁为主梁的大底架特点是：一般仅布置三根箱形梁，下部有效空间利用较好，仅留两个开口。但箱形梁具有较大的纵向及横向刚度，单根梁组焊过程中如产生旁弯及垂直方向挠度控制不一致，很难矫正并将使大底架总组装产生很大困难。

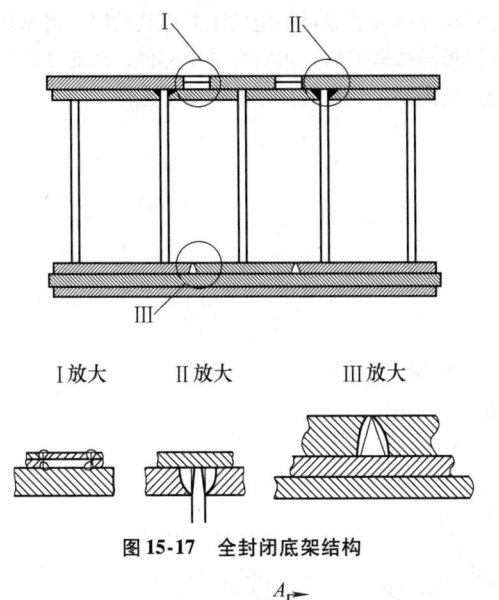

图 15-17　全封闭底架结构

此外，国内新研制的 D18A 型 180t 凹底平车、D32 型凹底平车均采用了全封闭结构的大底架。其横截面及焊接接头形式如图 15-17 所示，应注意到，下层地板与腹板的连接焊缝（见 Ⅱ 部放大图）的施焊是在受拘束的情况下进行的。

15.3.2　钳夹车

钳夹车是铁路长大货物车的一种车型。目前使用的钳夹车最大载重量已超过 800t。钳夹车采用可分开式结构，在空车运行时，两半节车直接连挂，运输货物时，货物被悬挂在两个钳形梁之间，使货物与两钳形梁形成一个整体，于是货物成为整个车辆的一部分，它不仅能运输自承式货物，而且通过附加的装备也可运输非自承式货物或仅能承受压缩力的货物。

钳形梁是钳夹车的主要承载构件，有桁架结构、板梁结构及桁架和板梁混合结构等形式。由于钳形梁的承载特点，为适应装运不同宽度货物的需要，广泛采用由两件箱形梁组成的板梁结构钳形梁，利用调宽机构调节钳形梁夹货端的宽度，其典型结构如图 15-18 所示。

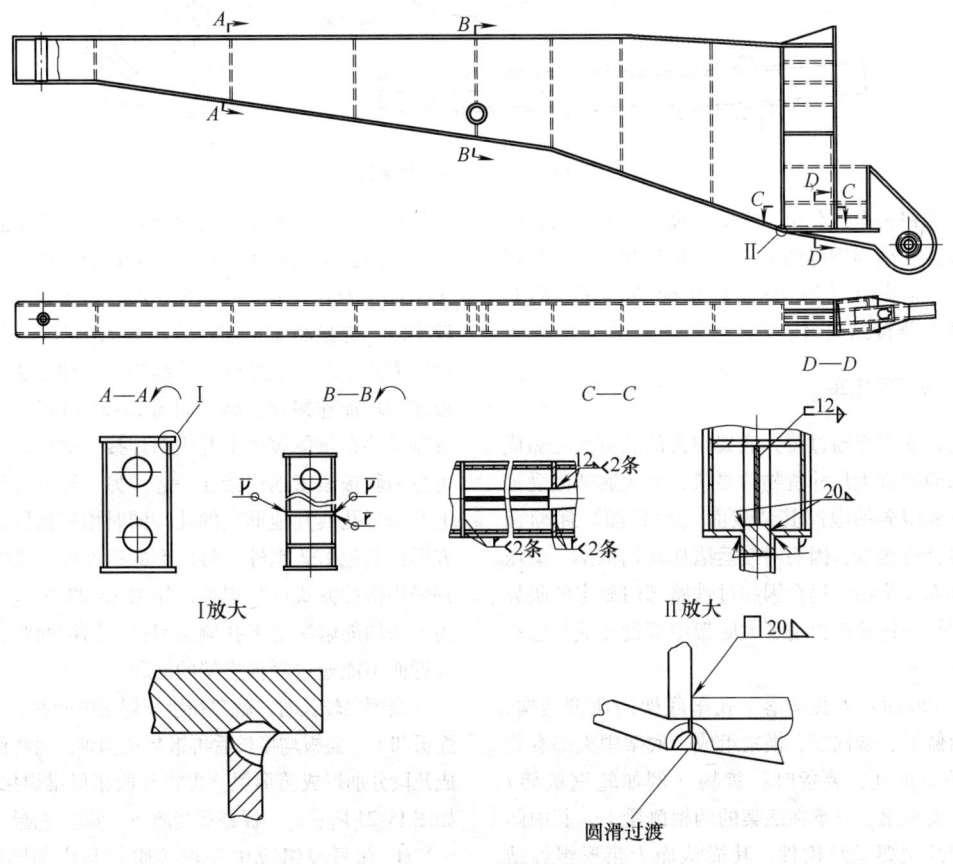

图 15-18　钳形梁结构示意图

该钳形梁为变截面箱形梁,与货物连接端有车耳及压柱,钳形梁下盖板折线过渡处,用圆弧连接实现平缓过渡,以减小应力集中,为保持箱形梁腹板的稳定性,加装了若干块内隔板,隔板与腹板、下盖板进行了焊接,由于上盖板后组装,隔板与上盖板不要求焊接。车耳是钳形梁结构中特别重要的构件,钳形梁上的车耳与货物的箱耳用圆销相连,传递很大的拉力。因此,车耳本身强度及车耳与钳形梁连接部分的强度是结构设计中的关键问题。目前车耳可采用整体钢板结构件或叠板式组焊结构。如图 15-19 是三层钢板组焊而成的车耳简图,车耳中间板材厚度达 140mm。为保证车耳整体强度,要求车耳先进行分组件焊接,这样设计时车耳与耳板之间周圈采用 16mm 焊脚相互连接。通过一定的工艺组装顺序,将车耳插入钳形梁端框内后,再安装其他部件,从而保证足够的连接强度,又具有良好的焊接工艺性。

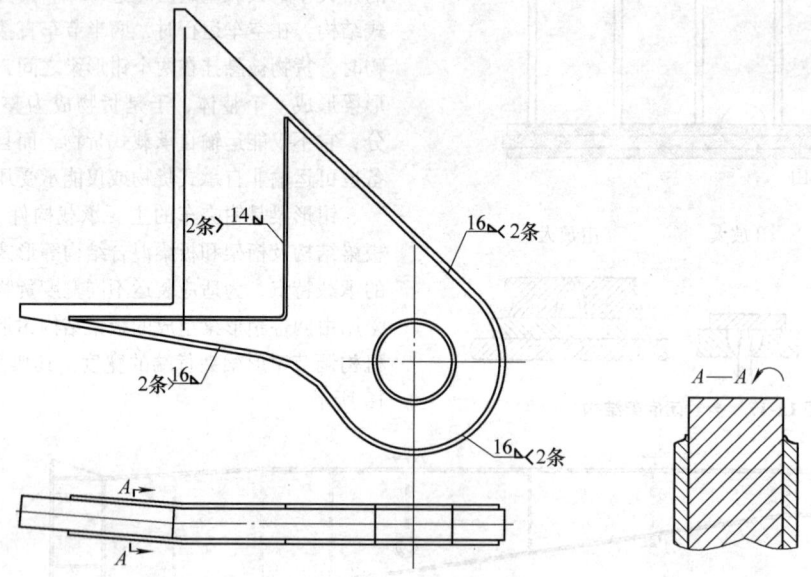

图 15-19　钳形梁车耳结构

为提高钳夹车的载重,降低钳夹车主要承载件的重量,高强度结构钢得到了较广泛的应用,D38 型钳夹车钳形梁采用了屈服强度为 685MPa 的 WEL-TEN780A 高强度结构钢。

15.3.3　落下孔车

前述凹底平车通过将大底架中央的装货部分做成凹形而适应装载大尺寸货物的要求,但大底架因受强度、刚度和限界的限制其装载面(地板面)距轨面不可能设计得很低,因而对装运诸如轧钢机架、锻压机横梁等高大货物,仍会因超过铁路部门规定的限界而不能运输,这样就出现了大底架中部设计成矩形孔状的落下孔车。

图 15-20 所示为我国落下孔车底架的典型结构,该底架由侧梁、端枕梁、横梁组成,底架中央部有装载货物的矩形孔,装货时将货物(例如轧钢机架)通过货物支承梁,支承在底架的两根侧梁上。其中侧梁是底架的主要承载构件,其横截面为箱形组焊结构,两端呈鱼腹形,为提高侧梁的强度及刚度,两腹板间加焊了连接隔板。连接隔板要求与腹板焊接牢固。在两腹板间距较大时,可通过焊条电弧焊或机械小车焊接等方式来完成焊接。而在两腹板之间的距离较小时,焊接小车不能进入,焊条电弧焊不能完成,这时需要采取一些新的设计结构。一种方法是在两腹板之间增加连接管,结构如图 15-21 所示。连接管的每端搭接在每侧腹板上并周圈焊接。这样通过连接管可将两腹板紧密地连接在一起。另一种方式是在腹板上开出方孔或其他形式的孔,同时用钢板压成对应的方形或其他形式钢件,将成形的钢件放在梁件的孔内并采用搭接方式进行焊接,如图 15-22 所示。通过上述方法均能解决落下孔侧梁因箱形结构的两腹板距离太近而不能通过隔板连接的问题。

当侧梁较长时,就存在接长焊接的问题。由于每个腹板和上下盖板均接长后再组装很困难,需将侧梁先分成几段分别焊成箱形梁,再将几段箱形梁焊接在一起,如图 15-23 所示。为保证焊接质量,侧梁焊接顺序如下:

① 在每段组成中先焊接腹板与内部隔板焊缝,利用自动焊接小车从梁下端开始向上端焊接。

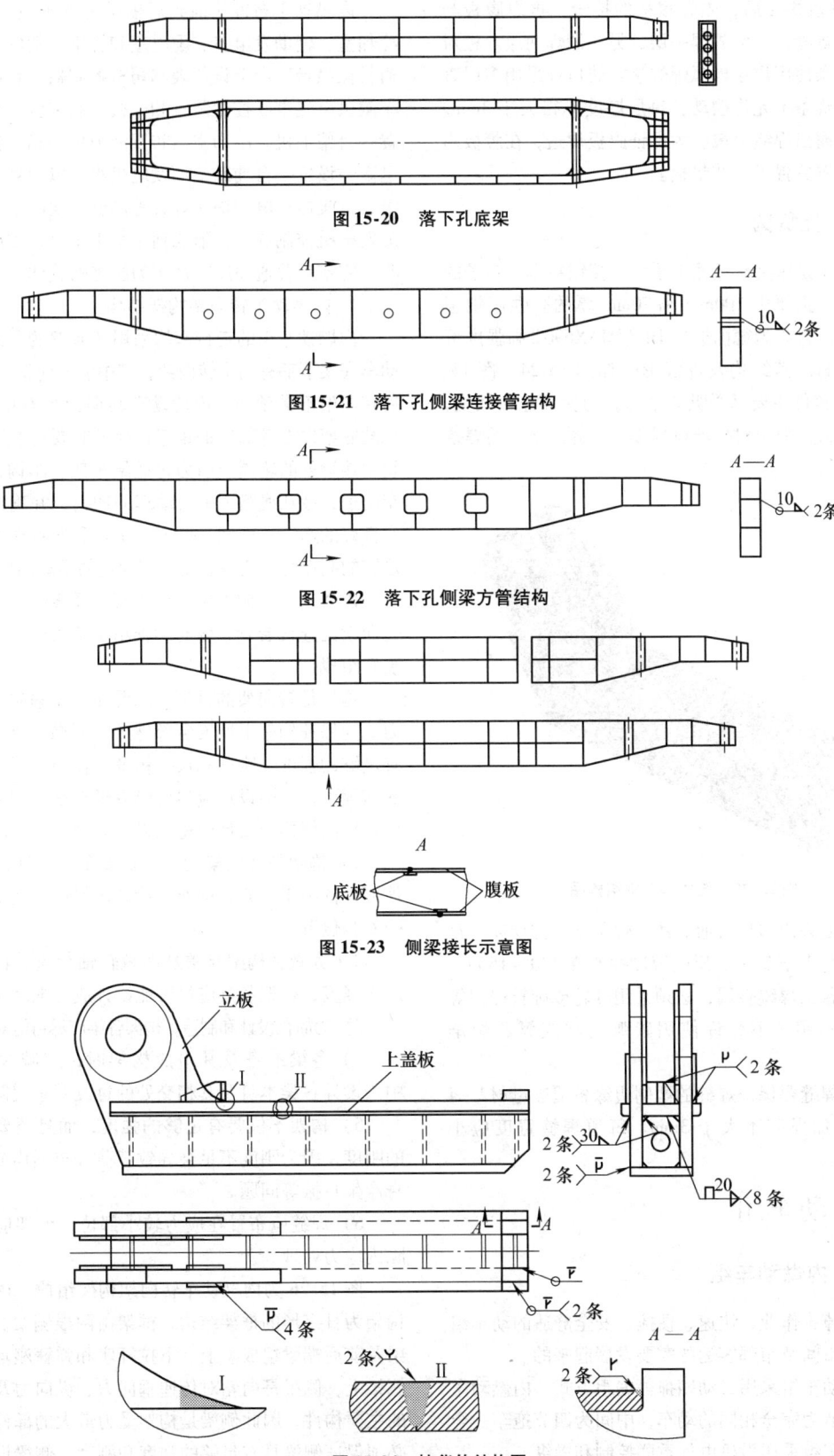

图 15-20　落下孔底架

图 15-21　落下孔侧梁连接管结构

图 15-22　落下孔侧梁方管结构

图 15-23　侧梁接长示意图

图 15-24　挂货钩结构图

② 几段拼接后，先焊腹板的接缝，再焊腹板与下盖板的焊缝，一侧先焊一层，另一侧焊两层。板对接焊缝必须使用焊条电弧焊焊接。坡口处采用多层直通焊法，焊条不允许摆动，每层厚度不得大于 3mm。清根时要露出焊缝金属。为保证腹板焊透，在腹板内侧接口位置放置了工艺垫板。

15.3.4 挂货钩

挂货钩是钳夹车运输定子时连接钳夹车与定子的关键部件。主要由 100mm 和 70mm 厚的高强度钢板组焊而成。材质为德国进口 DILLIMAX690T 高强度可焊结构钢材。其结构及焊缝形式如图 15-24、图 15-25 所示。该件主要承受纵向拉力，为保证连接强度，立板与上盖板采用对接坡口焊接。焊缝必须使用焊条电弧焊焊接。

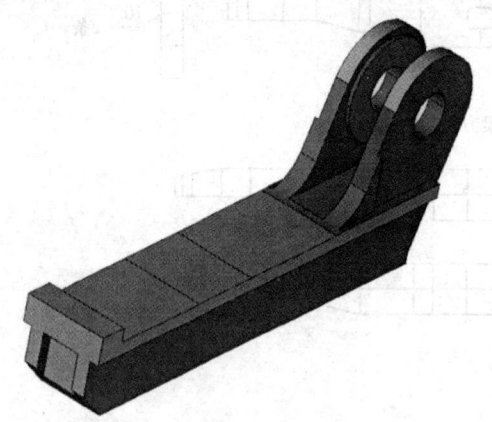

图 15-25　挂货钩三维结构图

坡口处采用多层直通焊法，焊条不允许摆动，每层厚度不得大于 3mm，层间温度控制在 120～150℃。清根时要露出焊缝金属，必须采用砂轮或旋转锉刀等机械方法清根。不允许使用碳弧气刨或氧乙炔焰清根。

对接焊缝要保证焊缝的两侧边缘各覆盖母材 2～4mm，焊缝加强高不大于 3mm。每道焊缝宽度应小于 10mm。

15.4　动车组

15.4.1　内燃动车组

无需掉头作业、快速、便捷、安全舒适的动车组是适应城市间及市郊客运的需要发展起来的。

内燃动车组采用二动四拖等编组方式。内燃动车组前后两节为完全相同的动车，中间为四节拖车。全列内燃动车组采用微机电气重联控制和操纵。

内燃动车布置从前到后依次为驾驶室、动力室、冷却室、辅助发电室、配电室和客室。驾驶室前部为通长操纵台，台上设仪表和司机控制器，台内装有动车微机电气重联控制装置和微机控制装置。动力室布置一台柴油机。冷却室内布置液力传动箱。在辅助发电室中设置一台辅助柴油发电机组，以向列车空调机组、电暖器、电茶炉、灯具等供电。配电室中设有辅助发电机控制屏等，形成列车集中供电、配电控制中心。客室为普通硬座。拖车为旅客的载体。

1. 内燃动车转向架构架结构

内燃动车组的走行部均采用转向架的形式。内燃动车底架下部有两个转向架，其中前转向架为驱动用，后转向架不带动力。内燃动车转向架具有以下作用：承载底架以上各部分的重量；保证必要的黏着，并把轮轨接触处的轮周牵引力传递给车架、车钩、牵引列车前进；缓和线路不平对动车的冲击，并确保动车具有良好的运行平稳性；保证动车顺利通过曲线；产生足够的制动力，使内燃动车在规定的距离内停车。

内燃动车转向架主要由构架、弹簧装置、车架与转向架的连接装置、轮对和轴箱驱动机构、基础制动装置组成。

构架是转向架的骨架，承受和传递垂向力和水平力。为保证构架上所安装部件工作可靠，要求构架具有足够的强度、刚度和尺寸精度。在满足强度和刚度的前提下，构架设计应尽可能减轻自重，制造工艺简单。转向架构架设计应遵循以下原则：

1）构架是转向架的一个重要部件，转向架的其他部件依附于构架，构架设计必须保证其他部件的正确安装位置。

2）为减轻构架自重从而减轻轴荷重并保证获得最大强度，构架各梁应尽可能设计成等强度梁。

3）为简化设计和制造，构架各梁应尽可能对称布置。

4）各梁本身及其组成构架时，应减少应力集中。设计各梁本身及其相交处的过渡要平缓圆滑。

5）构架不仅要有足够的强度，而且还要有足够的刚度，因为刚度不足会导致载荷分布不均或各梁本身产生自振等问题。

6）焊缝应布置在应力较小部位，构架应进行消除内应力处理。

图 15-26 为内燃动车转向架构架组成。内燃动车构架为日字形的框架结构，框架由两根侧梁、一根横梁及前后端梁组成。上、下拉杆座和弹簧座均组焊于侧梁上，侧梁是向轮对传递垂向力、纵向力及横向力的主要构件，因此侧梁是构架受力最大的部件，这就必须保证侧梁具有足够的强度和刚度。侧梁设计成箱

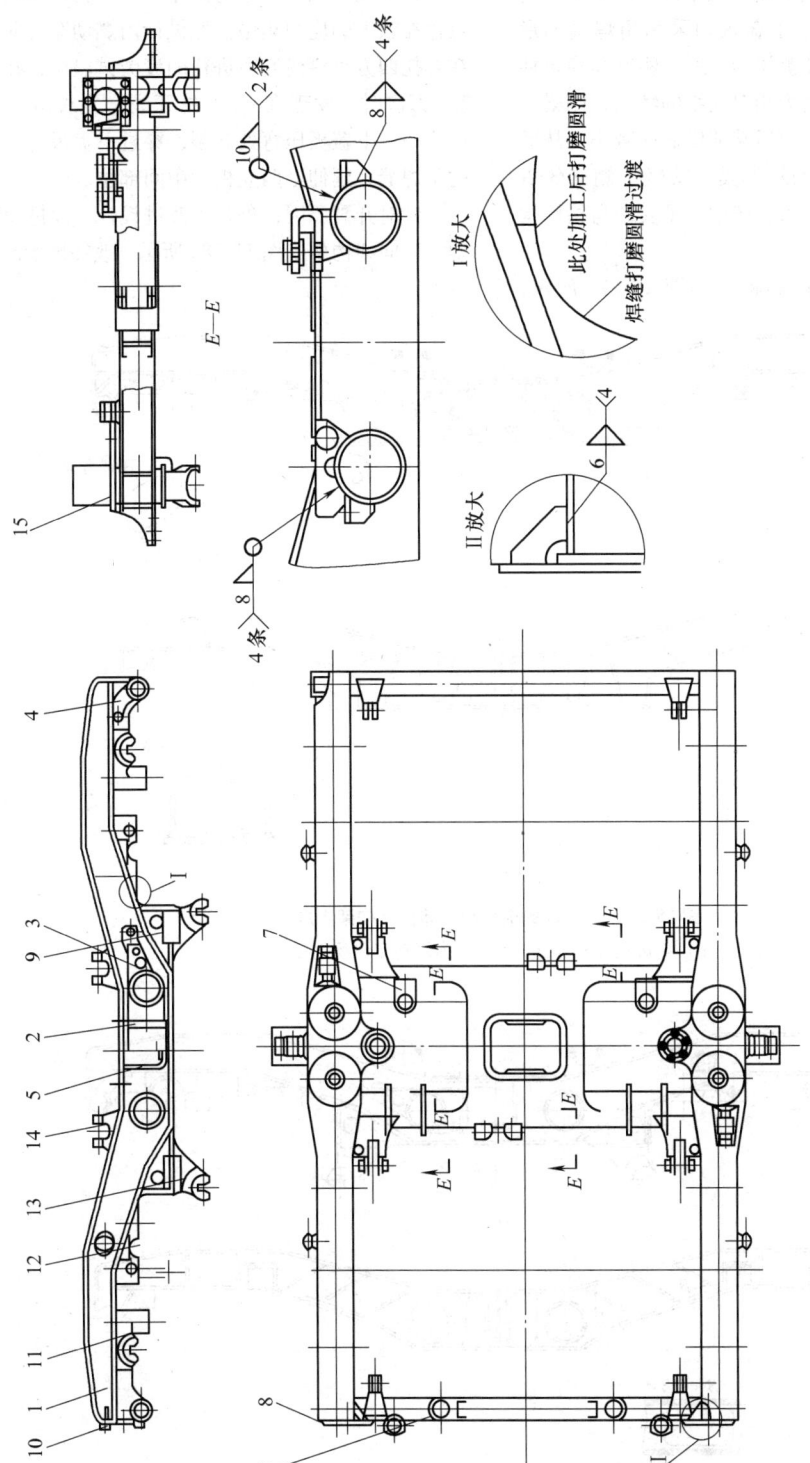

图 15-26　内燃动车转向架构架组成总图

1—侧梁　2—横梁　3、4—制动座　5、14—减振器座　6—拐臂座　7—杠杆座　8—制动缸座　9—U 形座　10—端梁　11—上拉杆座　12、15—弹簧座　13—下拉杆座

形梁结构，既可减轻重量、节省材料，又能满足性能要求。侧梁的上、下盖板均为钢板压形件，其与由钢板下料构成的立板共同组成侧梁的箱体。侧梁箱体内设置肋板，肋板与立板、上盖板均采用角焊缝的形式，焊接成一个整体，使侧梁的强度、刚度和稳定性增加。根据侧梁前后端受力相对较小的特点，侧梁立板前后端高度减小，侧梁前后端部横截面减小，从而设计成近似等强度截面的箱形梁，减轻了侧梁的重量，同时又满足了强度要求，还增加了安装与检修构架部件的空间。

原设计内燃动车转向架构架如图 15-27a 所示，

原设计内燃动车转向架构架侧梁如图 15-27b 所示。由图 15-27 可知，原设计内燃动车转向架构架侧梁截面存在突变，因而在载荷的作用下，在侧梁的突变部位存在较大的应力集中。原设计内燃动车转向架构架在委托四方车辆研究所进行的疲劳试验中，在进行到 250 万次时，发现在 a、b 处开裂。裂纹由应力集中部位——下盖板压弯处起裂，穿过下盖板与立板之间的角焊缝，延伸至两立板的中间部位。

针对开裂原因，进行了改进设计，改进设计内燃动车转向架构架如图 15-28a 所示。改在侧梁部分。改

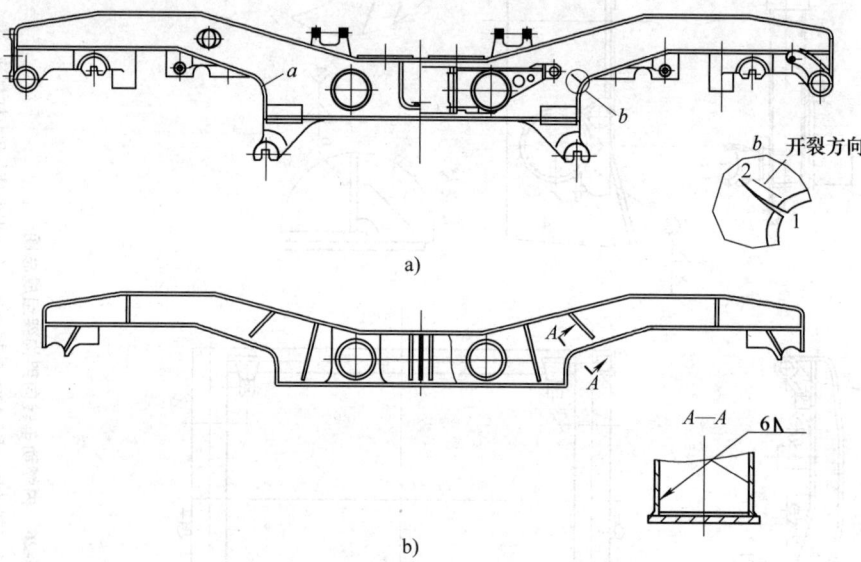

图 15-27　原设计的内燃动车转向架构架组成
a）内燃动车构架组成　b）内燃动车侧梁组成

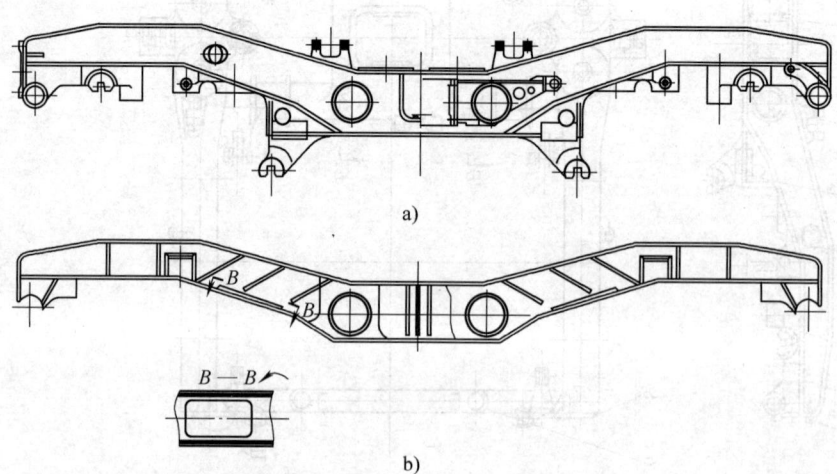

图 15-28　改进设计后的内燃动车转向架构架组成
a）内燃动车构架组成　b）内燃动车侧梁组成

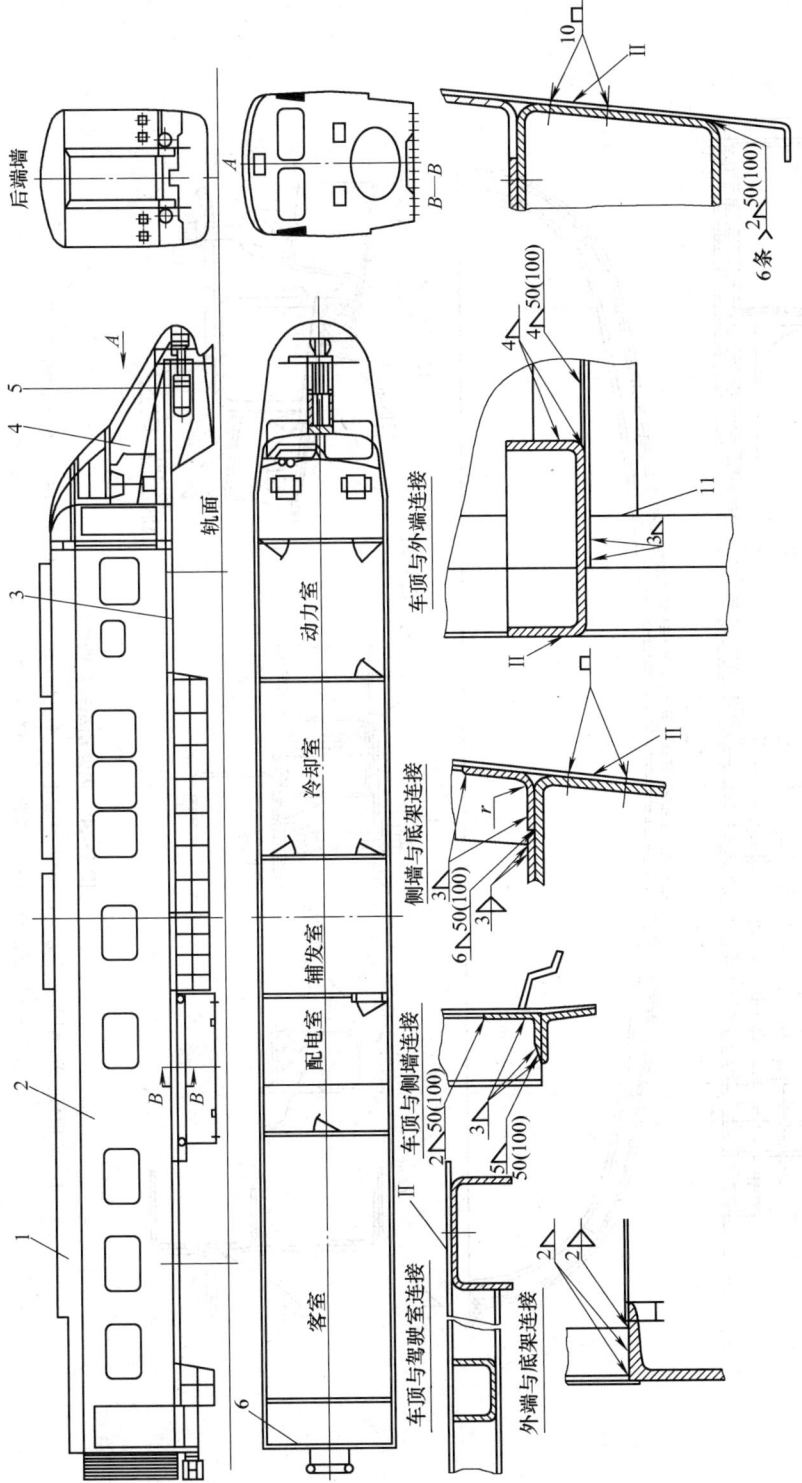

图 15-29　内燃动车车体钢结构

1—车顶钢结构　2—侧墙钢结构　3—车架　4—驾驶室　5—车钩缓冲装置　6—端隔墙钢结构

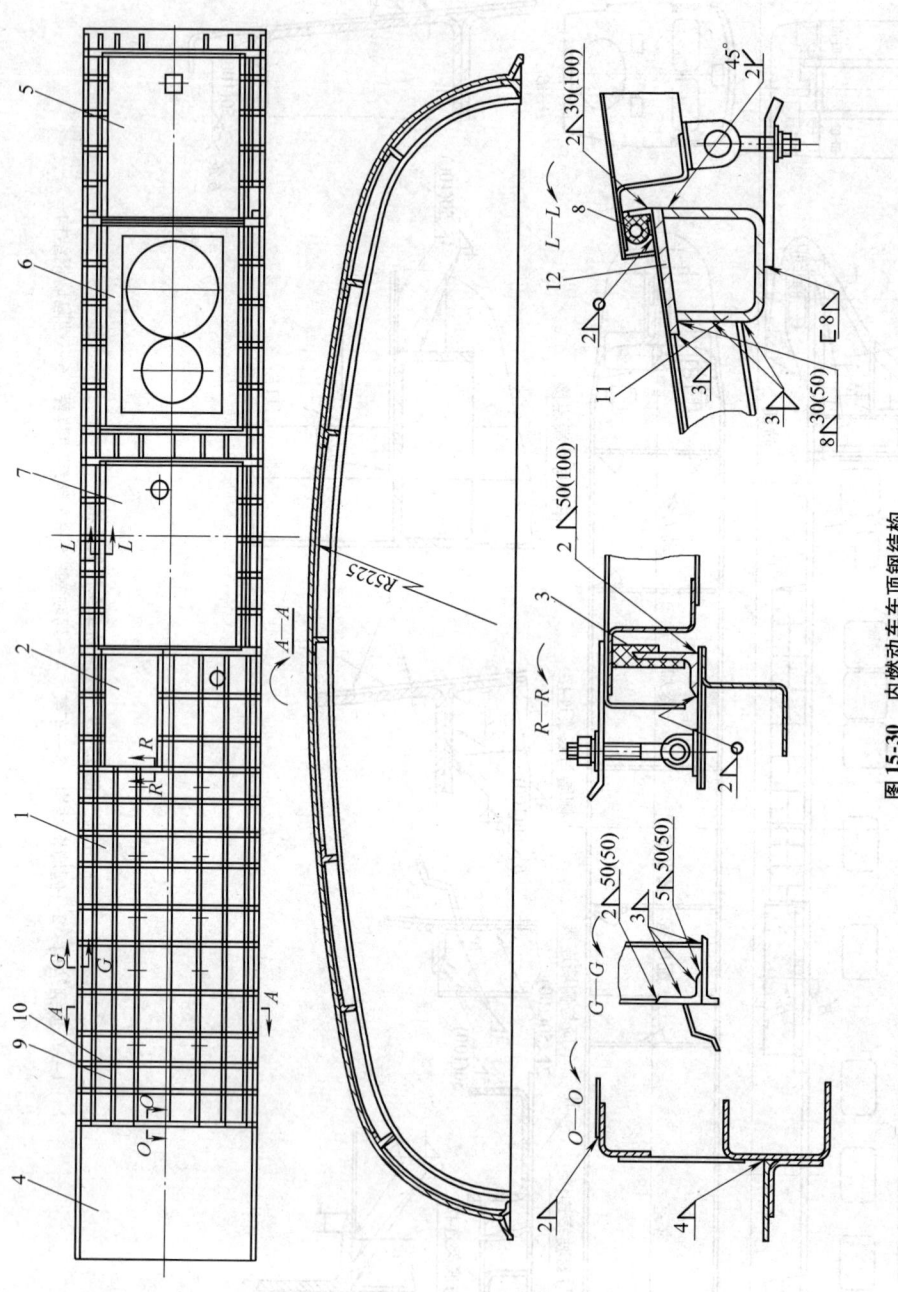

图 15-30　内燃动车车顶钢结构

1—车顶板　2—配电室活盖　3—配电室活盖框　4—平顶组成　5—机器间活盖　6—冷却间活盖　7—辅发室活盖　8—活盖盖框　9、11—直梁　10—弯梁　12—补板

进设计内燃动车转向架构架侧梁如图 15-28b 所示。改进后的内燃动车转向架构架侧梁截面变化较小，过渡平缓圆滑，消除了应力集中，并增加了肋板数量，且在受力较大部位增设补强板以增大该部位的强度。改进设计内燃动车转向架构架，在委托四方车辆研究所进行的疲劳试验中，进行了 600 万次，不裂，达到了设计要求，也验证了改进设计的合理性。

2. 内燃动车车体结构

内燃动车车体设计应满足以下要求：

1）满足乘务人员的工作条件，如内燃动车操纵方便、瞭望视野开阔等。

2）在保证可靠的强度、刚度的条件下，希望内燃动车车体质量最小。

3）动力装置、辅助装置和缓冲装置安装便利。

4）制造工艺简单、维修方便。

5）外形美观，具有良好的空气动力学性能。

图 15-29 为内燃动车组动车车体钢结构。车头呈流线型。驾驶室钢结构由骨架与蒙皮构成，骨架由钢板压形件，再经锤压机锤击成形组焊而成，蒙皮由钢板经锤压机锤击成形拼接而成。

内燃动车车顶钢结构是内燃动车车体的一个大部件，它与底架侧墙共同组成承载式车体，因此要求车顶钢结构具有一定的强度与刚度。

内燃动车车顶钢结构由车顶骨架与车顶板组成。车顶骨架由直梁、弯梁等组成。直梁分别由钢板压形的角钢及由钢板压形的槽钢组成，弯梁由钢板压形的乙形钢拉弯而成。钢板压形件，既保证了车顶骨架的强度与刚度，又减轻了骨架的自重。骨架与车顶板采用断续焊的方式以减小焊接变形，如图 15-30 所示。

15.4.2　电动车组

电动车组采用四动四拖等编组形式，具有高速、环保、安全舒适等优点。

1. 电动车组铝合金车体

电动车组铝合金车体起初采用挤压型材，以使用薄挤压型材的单壳结构为车体主结构，在车顶和侧墙外板上采用补强，也有部分底架结构采用中空挤压型材的。

一般来说，双壳结构（以中空挤压型材为主构成的结构）相对于单壳结构要重一些，但是，由于中空挤压型材具有强度高、刚度大、降噪性好等特性，可以省略在单壳结构中必须使用的加强材料，从而在车体的实际结构中不仅能够减少材料数量，降低成本，而且还能极大地改善产品的其他性能。近年来，由于强调车辆的舒适性指标，因此，电动车组铝合金车体的车顶和侧墙开始使用合理设计的双壳结构，在重量和列车动力学性能之间找到平衡点[13]。

电动车组车体结构主要分为头车车体和中间车车体。头车车体由底架、侧墙、车顶、驾驶室、端墙组成。中间车车体由底架、侧墙、车顶、端墙组成。图 15-31 为电动车组铝合金车体结构。

底架是车体的底部结构，底架由牵引梁、枕梁、边梁、缓冲梁、横梁和型材地板等构成。

牵引梁主要由铝合金挤压型材和铝合金板焊接而成，连接车体底架的缓冲梁和枕梁为车钩缓冲装置设置相应的附加结构。

枕梁由铝合金挤压型材和铝合金板焊接而成，支承车体载荷。

侧墙是车体的两侧部分结构，由大型中空挤压型材焊接而成，在行李架等安装位置，在挤压型材上设置了通长的 T 形槽，便于车内部件的安装。

车顶是车体上部结构，由大型中空挤压型材焊接而成，是受电弓、车顶电缆等设备的安装基础。

端墙是车体端部结构，由铝合金型材骨架与铝合金板组焊而成。

驾驶室是头车车体前部结构，主要由铝合金骨架与铝合金外板组焊而成。

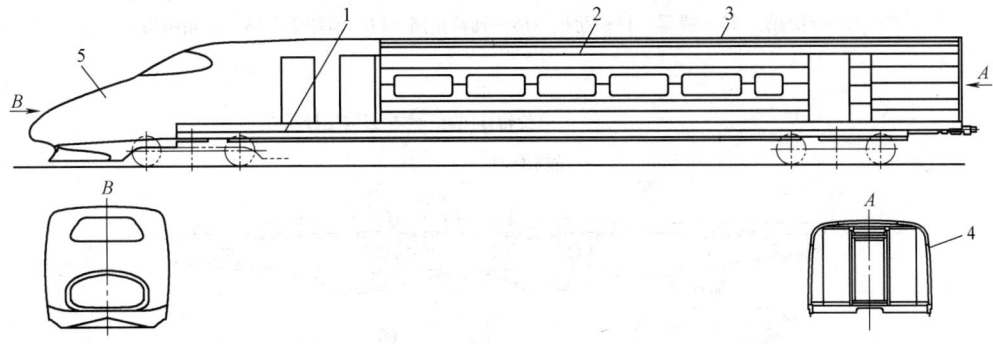

图 15-31　电动车组铝合金车体结构
1—底架　2—侧墙　3—车顶　4—端墙　5—驾驶室

15.5　内燃机车

15.5.1　内燃机车转向架构架结构

　　内燃机车转向架是机车的主要组成部分之一，它起到传递各种载荷的作用，并利用轮轨间的黏着保证牵引力的产生。我国货运主型东风 4B 型内燃机车转向架构架为客货两用三轴转向架构架，为目字形的框架结构。框架是由两根侧梁、两根横梁及前后端梁组成，见图 15-32[14]。

　　为了提高侧梁与横梁、端梁及制动座处的强度与刚度，在侧梁内侧的立板上与各部件焊接处均焊上补强板。对侧梁内侧的各补强板、下拉杆座垫板、拉杆座、旁承座、侧梁上盖板与横梁上盖板连接处的坡口，以及横梁、端梁的两个端面，都进行机械加工，以保证构架组焊质量。

　　东风 4B 型内燃机车构架在运行过程中，在工作应力最大的截面二、三位拉杆座柱之间的下盖板处，

出现了疲劳裂纹（图 15-33）和变形。分析原因认为相对于工作应力来说，是侧梁局部强度、刚度较弱所致。针对上述原因，对侧梁结构进行了改进设计，在侧梁中心内侧下盖板与立板之间增设隔板，在二、三位拉杆座柱之间增设一个"∏"形的加强梁，在加强梁部位的侧梁箱体内侧，侧梁下盖板与立板之间增焊两条长 1200mm 角焊缝，从而使该部位的下盖板与立板之间的焊缝形式，由单面角焊缝改为双面角焊缝。经过上述改进设计，提高了侧梁受力最大部位、最薄弱部位的强度与刚度。在以后的内燃机车转向架构架运行过程中再未发现该部位疲劳裂纹和变形。

　　为了提高横梁、端梁与侧梁焊接处的强度与刚度，横梁设计成与侧梁等高度的密闭箱形梁，在横梁箱体内，横梁下盖板与立板之间焊有肋板，以提高横梁的强度与刚度。端梁也设计成密闭箱形梁，端梁箱体内同样焊有肋板，以加强端梁。所不同的是，因端梁受力较小，端梁的箱形截面也较小，以节省材料，减轻重量。

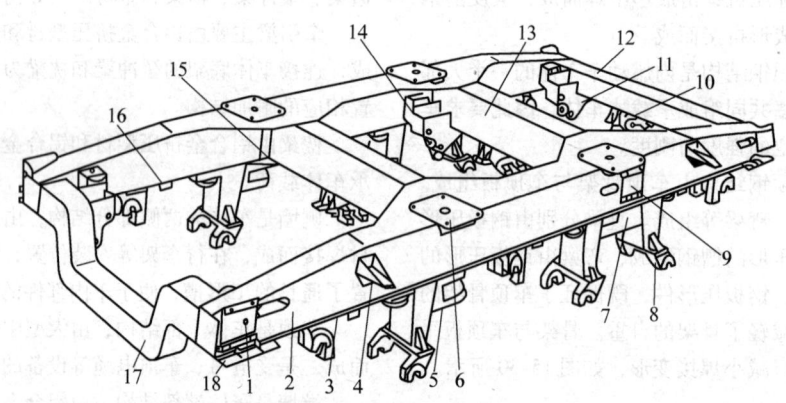

图 15-32　内燃机车转向架结构
1—制动缸座　2—侧架　3—上拉杆座　4—减振器座　5—拐臂座　6—旁承座
7—加强梁　8—下拉杆座　9—中间制动缸座　10—电动机吊挂座　11、14—制动座
12—后端梁　13—横梁　15—肋板　16—轴箱止挡　17—前端梁　18—砂箱座板

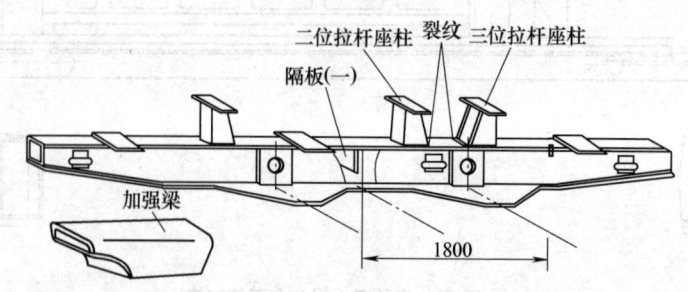

图 15-33　侧梁裂纹部位与加强梁

在侧梁与横梁的下盖板处，组焊 6 块三角肋板，在横梁与侧梁的上盖板连接处，将上盖板宽度增加，并增大三角肋板的尺寸，与侧梁上盖板制成一体，并且使与横梁的对接焊缝向构架中心移动，使侧梁的上、下盖板与横梁的对接焊缝错开 320mm。6 个制动座的结构设计成一面与横梁、端梁焊接，另一垂直面与侧梁焊接。这就使侧梁与各梁连接处强度与刚度加强，并减小了各梁的对接处的附加弯曲应力，也改善了整个构架的受力状态，如图 15-34 所示。

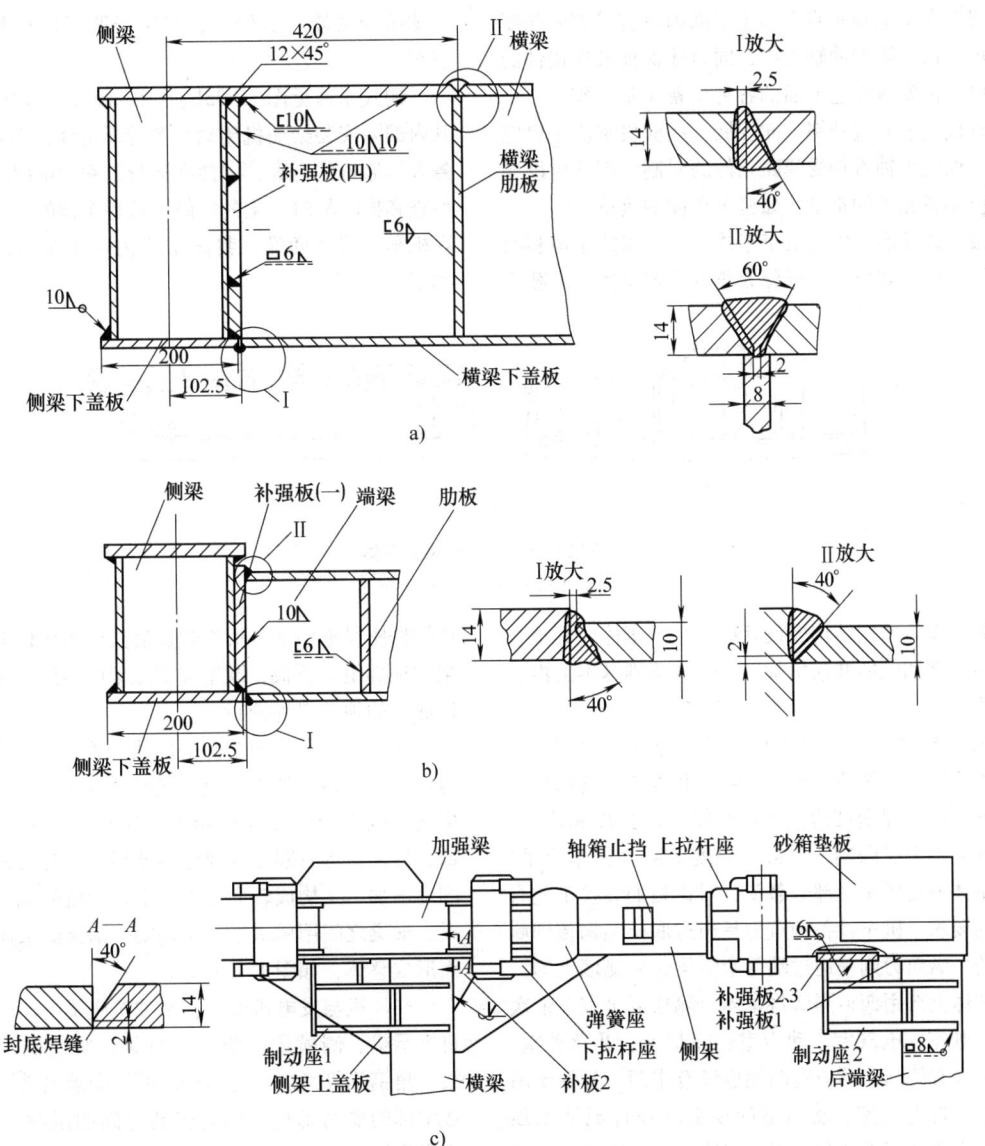

图 15-34　横梁、端梁、制动座与侧梁连接结点

a) 横梁与侧梁　b) 端梁与侧架　c) 制动座与侧梁

通过采取在构架组焊台位上定位、夹紧、组焊，对侧梁、横梁、端梁及上、下拉杆座等预留焊接收缩量，以及严格按焊接规范、焊接次序对构架进行组焊等措施，控制构架焊接变形。

15.5.2　内燃机车车体结构

内燃机车车体是内燃机车的身躯，它是一个全焊的钢结构。它不仅是各种设备，如柴油机、传动装置等的安装基础，又能传递各个方向的力，将所承受的垂直载荷通过心盘传给转向架；通过车钩、缓冲装置传递机车与车辆之间的纵向力，包括牵引力、制动力和冲击力；承受转向架传来的横向力。它同时又是一个保护罩，保护乘务人员和机械设备不受雨、雪、风、沙的侵袭，并具有隔声隔热的作用。

机车车体应在垂直面和水平面内具有足够的强度和刚度，以免影响曲轴工作，同时还保证各连接件的同轴度，使安装在它上面的各种设备正常工作。

现代机车向大功率方向发展，相应机车质量也应提高。而机车轴重却受线路条件的限制，因此应设法减轻机车各部件的重量，如机车车体的重量。

按车体外形，内燃机车车体可分为罩式车体和棚式车体。按承载形式，可分为非承载式车体和承载式车体。

罩式车体如图15-35a所示。其外形矮小，动力室和冷却室内部不能行走。驾驶室布置在机车的一端或中部，高出并宽于车体的其他部分以便于驾驶员瞭望。当乘务人员检查机器设备时，必须打开车体侧面的门。车体所承受的上部载荷完全由底架承受。罩式车体结构紧凑、造价低，多用于调车机车和小功率机车。

棚式车体见图15-35b所示。棚式车体外形高大，其内部除安装柴油机传动装置等设备外，还有可供乘务人员通行的走廊，以便在运行过程中随时进行设备检查和排除临时发生的故障。该种车体的驾驶室布置在机车一端或两端。我国干线内燃机车均属于这种类型。

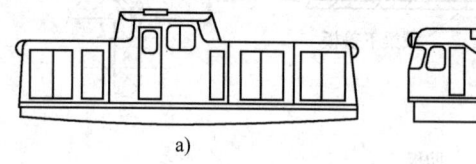
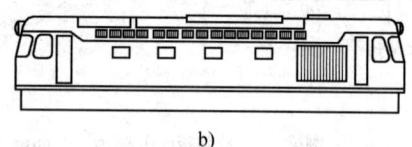

a)　　　　　　　　　　　　　　b)

图15-35　罩式与棚式车体

a) 罩式车体　b) 棚式车体

棚式车体的钢结构多设计成承载式车体，其垂直载荷由底架和侧墙共同承载，冲击载荷则基本上由底架承担。

东风4B型内燃机车车体属棚式车体。参加承载的部件有底架、侧墙、车顶、隔墙和外皮，它们组成一个整体的全焊钢结构。其具有较大的强度和刚度，侧墙开孔不大受限制，能最大限度地减轻机车重量。由于车体外皮要承受部分载荷，对钢板的焊接工艺有较高的要求。机车设备的重力是通过底架结构传到侧墙上的，纵向力则是通过端部牵引梁传到侧墙上的。

车体上部用四道隔墙将车体分隔成五个室，依次为Ⅰ驾驶室、电气室、动力室、冷却室、Ⅱ驾驶室。驾驶室设有侧门，动力室两侧也设有中门。为便于吊装部件，将电气室、动力室的顶部均设计成活动顶盖。各室间设有隔墙和内门。车体下部由底架、下骨架、排障器和牵引装置组成。机车车体钢结构如图15-36所示。

底架是车体的主要组成部分。它能够承受机车的上部载荷并传递机车牵引力，还是动力机组等设备的安装基础。东风4B型内燃机车的底架属无中梁式底架，它由前后端部牵引梁、前后旁承风道梁、柴油机座梁组焊成底架中部的受力部件，再由两根侧梁和四根拉杆座梁把中部各梁组焊成底架的主体框架。在底架的顶部组焊盖板，既增加了底架的强度与刚度，又使底架的顶部得到密封。

底架上所承受的全部上部载荷通过前、后旁承风道梁传递到转向架上。其主要受力部件，如旁承梁、横梁、风道梁均设计成箱形梁结构，在梁的箱体内部，分别组焊有隔板与风道导流板，使各梁的强度与刚度增加，又构成转向架上牵引电动机的风道。旁承梁、横梁之间用风道梁、角钢梁、槽钢梁来连接，从而形成整体，如图15-37所示。

柴油机与发电机安装在柴油机座梁上，它由发电机支承梁、侧横梁、柴油机纵梁、柴油机横梁、纵梁、角钢梁等组成，与两端的前后旁承风道梁焊接形成中部的受力部件，因受安装空间的限制（机车高度限界）及柴油机形状的影响，柴油机横梁设计成向下凹的变截面的箱形梁，横梁截面的高度尺寸小于宽度尺寸，而形成一个扁宽的箱体，箱体内设有隔板加强，如图15-38所示。

底架的侧梁为由槽钢与钢板组焊成的箱体，箱体内组焊有隔板以增加侧梁的强度与刚度。侧梁把前、后端部牵引梁，前、后旁承风道梁，柴油机座梁连成一个底架整体，如图15-39所示。

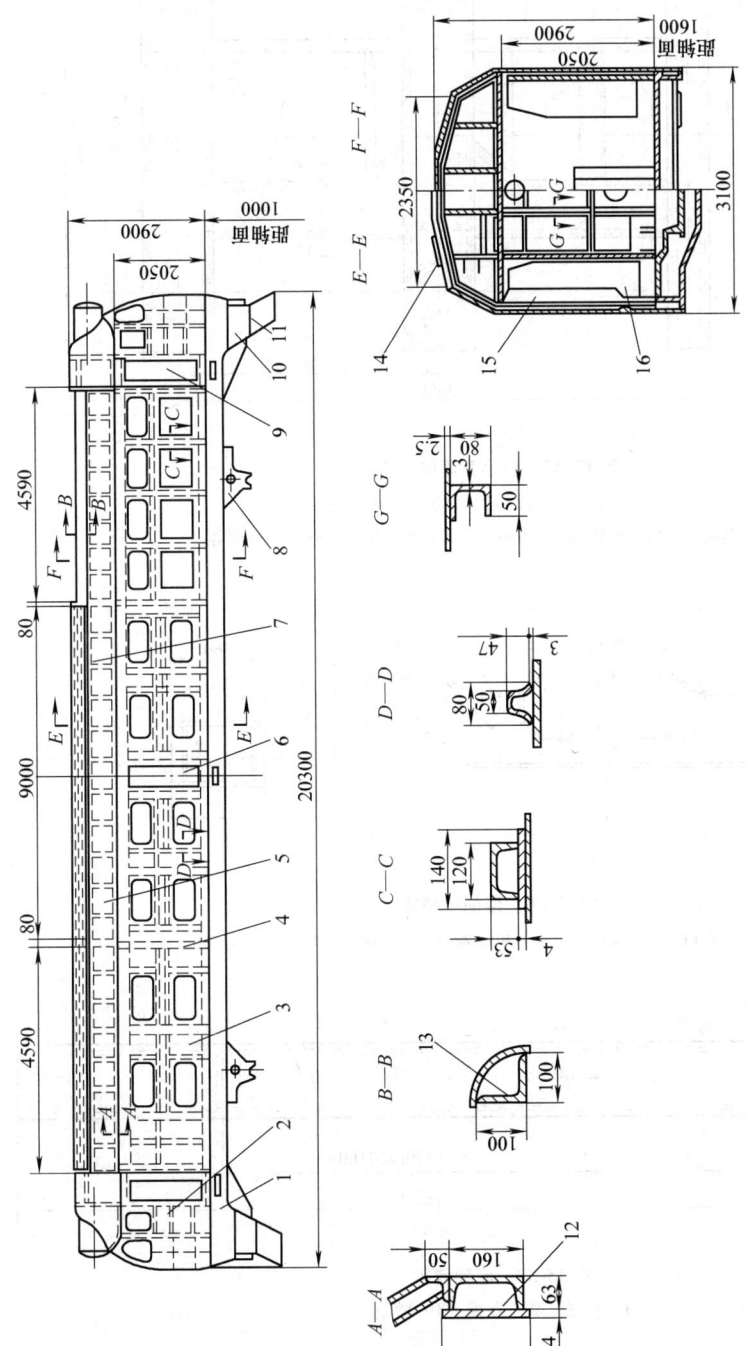

图 15-36　东风 4B 型机车车体钢结构

1—底架　2—驾驶室　3—侧墙　4—隔墙　5—顶棚　6—中门　7—顶盖　8—牵引拉杆座　9—侧门
10—端部下肩架　11—排障器　12—上弦梁　13—上口梁　14—天窗　15—空气滤清器　16—内门

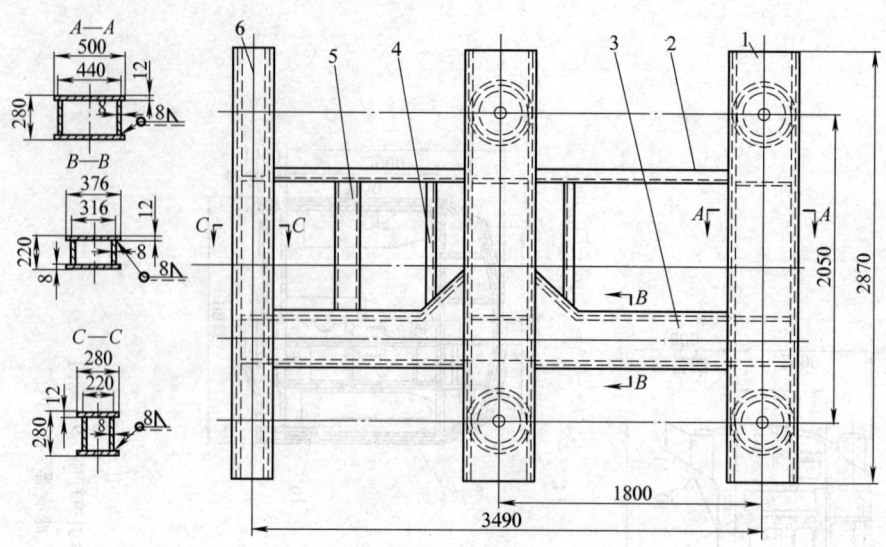

图 15-37　前后旁承风道梁

1—旁承梁　2—槽钢梁（280）　3—风道梁

4—角钢梁（90mm×596mm×6mm）　5—槽钢梁（160）　6—横梁

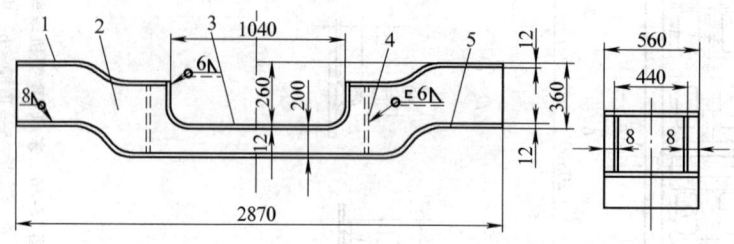

图 15-38　柴油机横梁

1—上盖板　2—腹板　3—中间上盖板　4—隔板　5—下盖板

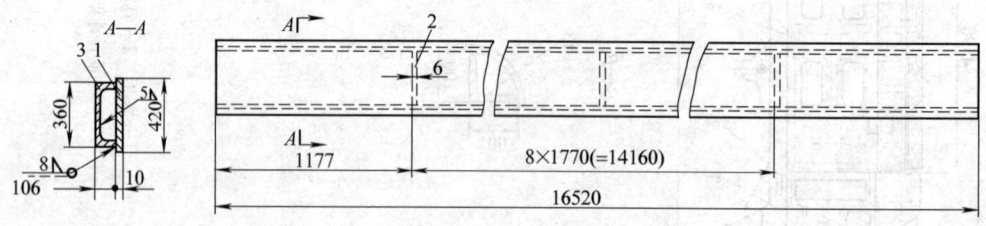

图 15-39　底架侧梁

1—侧板　2—隔板　3—槽钢

15.6 客车

15.6.1 客车转向架构架结构

客车转向架是客车的行走部分，它担负着承载客车上部整体、行走、制动等任务，是客车重大部件之一。客车构架是客车转向架的骨架，目前客车构架的制造方式为焊接，铸造式构架因铸造工艺比较复杂，结构笨重，已不采用。

焊接转向架构架的主体基本上都是框架式结构，

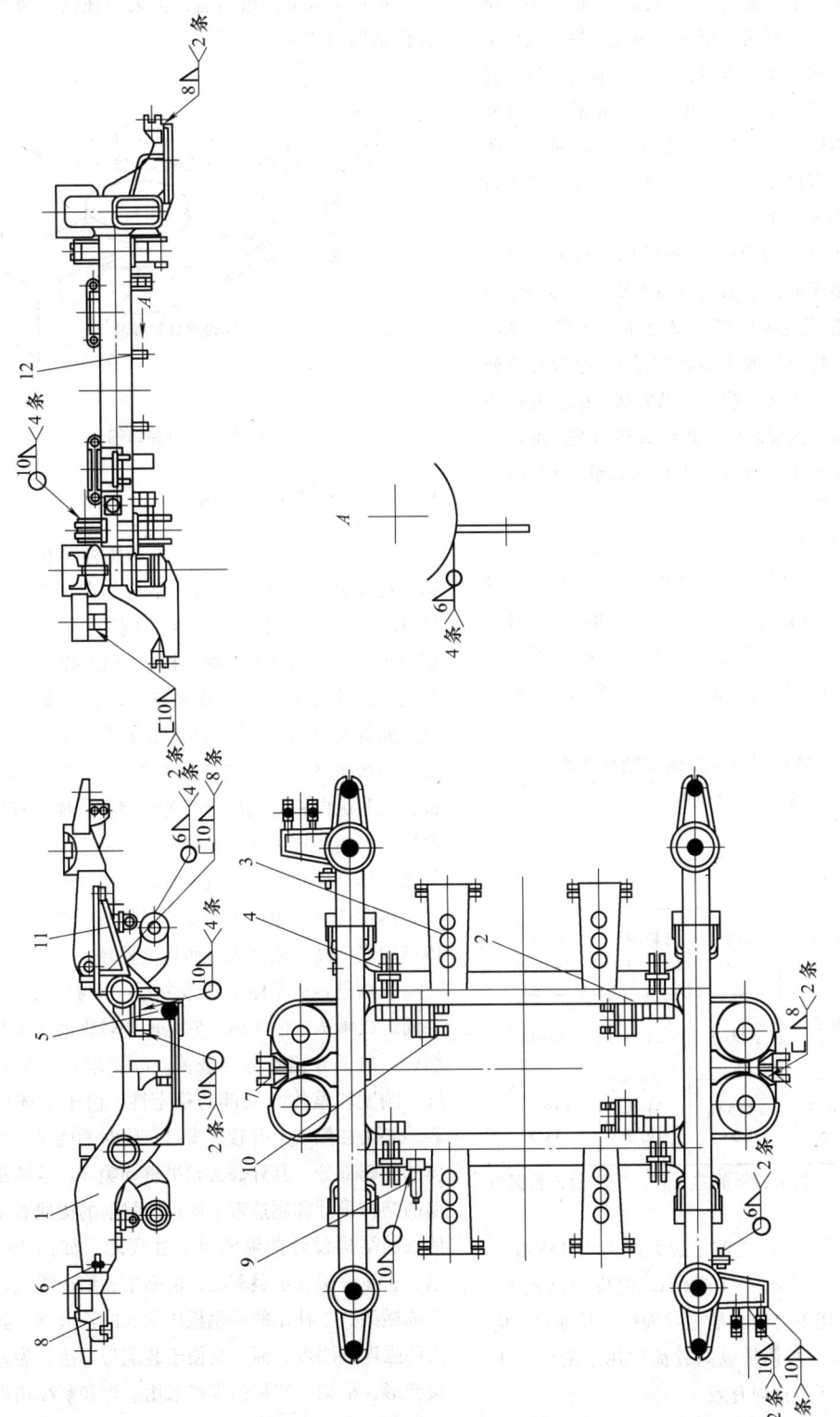

图 15-40 客车转向架构架组成图

1—侧梁 2—横梁 3—制动吊座 4—闸瓦托吊座 5—制动缸安装座 6—地线接线座 7—垂向减振器座 8—纵向拉杆座 9—手制动转臂轴 10—横向减振器座 11—横向减振器座 12—管卡座

由两个侧梁与两个横梁组焊而成。侧梁一般为呈 U 形的箱形梁，上、下盖板均为压形板件；横梁多为钢管，局部地方有时可采用铸钢件，因此，焊接式构架比铸造式构架结构简单，重量轻，易于制造。设计转向架构架时，除必须保证整个框架具有足够的强度和刚度外，还必须保证框架与焊到它上面的各种受力附件之间的接头具有足够的强度。这里举一个曾发生过局部接头强度不足的例子。

如图 15-40 所示为 206WP 型转向架构架，侧梁为压形板件焊接而成，端部为轴箱弹簧座，弹簧座与侧梁之间的焊缝既受纵向载荷又受垂向载荷（纵向载荷来自纵向拉杆座处的牵引及制动）。原设计该处没考虑加强，结果在垂向载荷及纵向载荷的交互作用下，轴箱弹簧座与侧梁之间的焊缝或热影响区部位产生过裂纹。实际发生的裂纹均出现在焊缝的熔合区。后来采取了如下措施：

1）在纵向拉杆座座与侧梁之间增加一补强板，使纵向载荷部分经补强板传至侧梁，这样便减少了该处焊缝部位受的纵向载荷。这一措施经四方车辆研究所对 206WP 型转向架构架轴箱弹簧座处进行了施加纵向力补强前后的静强度试验，试验结果见表 15-1[15]。

表 15-1　206WP 型转向架构架轴箱弹簧座处静强度试验

（单位：MPa）

测　点	1	2	3	4
纵向载荷引起的应力	144.8/37	118/74	142.8/21.2	85.1/−9.2
垂向载荷引起的应力	19.5/18	37/30	−11/−9	50/43
合成应力	134.3/55	155/104	131.8/12.2	135.1/33.8

注："/" 前面数据为补强前应力值，"/" 后面数据为补强后应力值。

由表 15-1 可知，补强前，最大应力为 155MPa，虽然小于许用应力 [σ] = 160MPa，但应力已较大，并且纵向载荷作用下的应力居主导地位。补强后，应力平均下降 64%，尤其是纵向载荷作用下的应力下降显著，从而验证了补强有效。

2）严格按图样要求，将焊缝打磨成圆弧形，以减少应力集中，消除裂纹源。

3）对焊缝进行磁粉检测，发现缺陷及时修补。

通过采取上述措施后，再未发现该处裂纹现象。补强结构如图 15-41 所示。

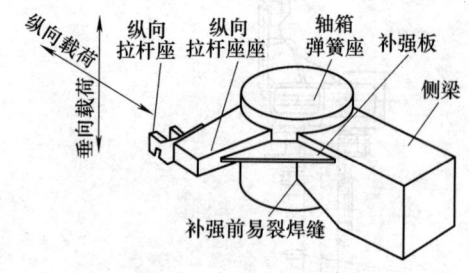

纵向载荷　纵向拉杆座　纵向拉杆座座　轴箱弹簧座　补强板　侧梁　垂向载荷　补强前易裂焊缝

图 15-41　补强结构

15.6.2　客车车体结构

现代的客车车体已广泛采用整体承载的车体结构。提速客车车体就是这种结构的典型实例，如图 15-42 所示。该车体是由底架、侧墙、车顶、内外端墙等组成一体的箱形全焊结构，图 15-42 中示出了它们之间的连接关系。侧墙和车顶均由骨架与外皮组成，而骨架又由许多纵向和横向杆件构成。这些杆件都是钢板压形件，一般外皮为 2.5mm 及以下的薄钢板，它与纵向杆件共同承受各种载荷。横向杆件一般都构成封闭环形，用以保持车体横断面的形状。外皮与纵、横杆件相交所构成的骨架焊接成整体，既提高了整体刚性，又提高了外皮的局部稳定性，这样的车体结构强度高、刚度大，而且重量轻。

侧墙是客车车体主要部件之一，与底架、车顶等共同组成承载式的车体。它是面积较大的平面板架钢结构，由于分担着部分载荷，故要求具有足够的强度、刚度和整体与局部的稳定性。由于车体用于载客，必须在侧墙上开较多窗口；同时侧墙又是客车车体的外露部分，其外表必须平整和美观。这些都给侧墙的结构设计和制造带来困难。目前的提速客车车体侧墙的结构设计能够满足上述要求，如图 15-43 所示。它是框架式承载侧墙，由框架和墙板组成。框架上的横梁、立柱用的是钢板压制成的乙形钢，具有较大的强度和刚度，而且又便于装配与焊接。为减小焊接变形，框架与墙板的焊接采用塞焊和断续角焊，并采用侧墙张拉、电磁打平工艺，以保证侧墙平整美观。

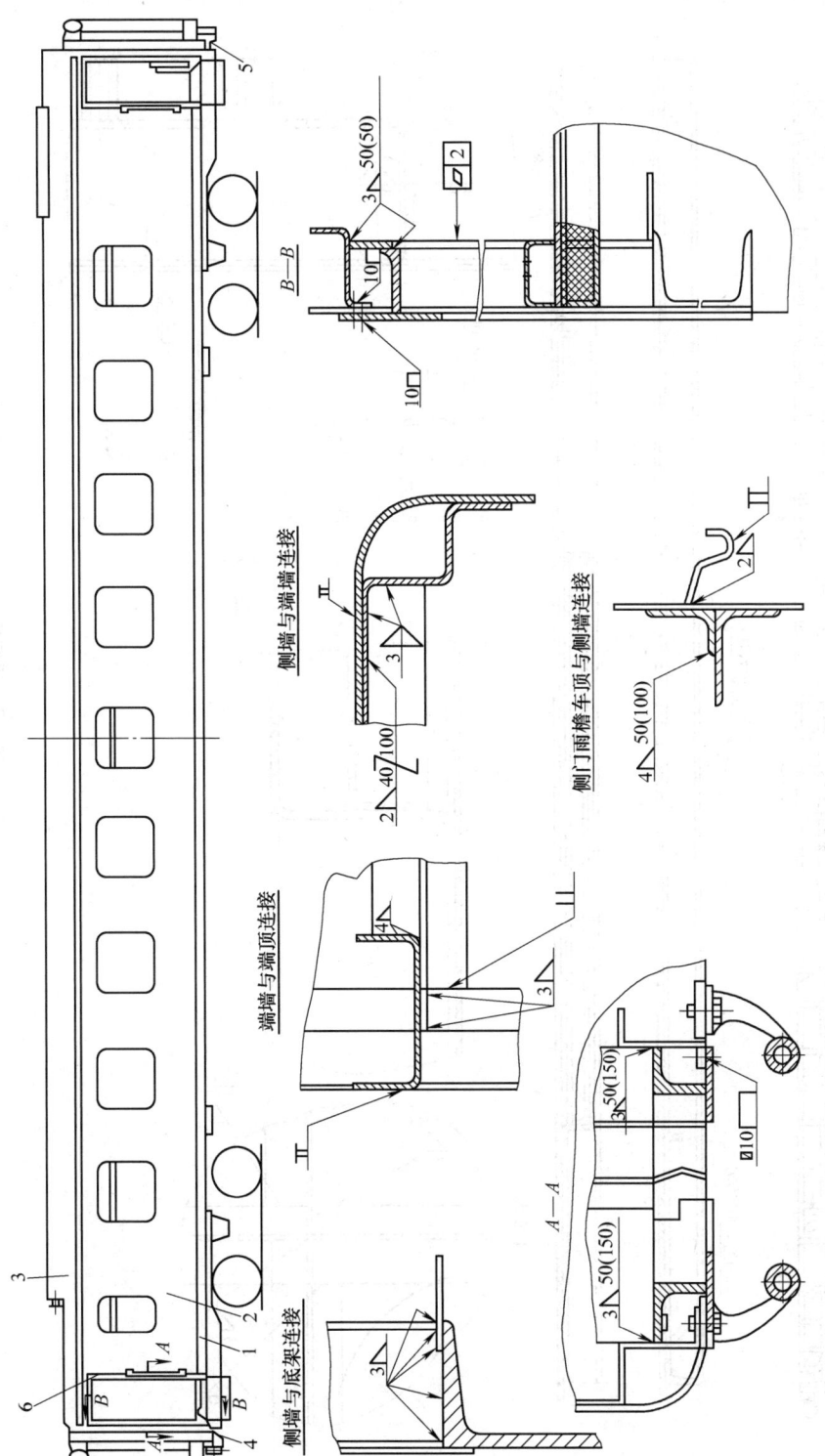

图 15-42　提速客车车体钢结构

1—车底钢结构　2—侧墙钢结构　3—车顶钢结构　4—1 位外端钢结构　4—2 位外端钢结构　5—1 位外端钢结构　5—2 位外端钢结构　6—1、2 位内端钢结构

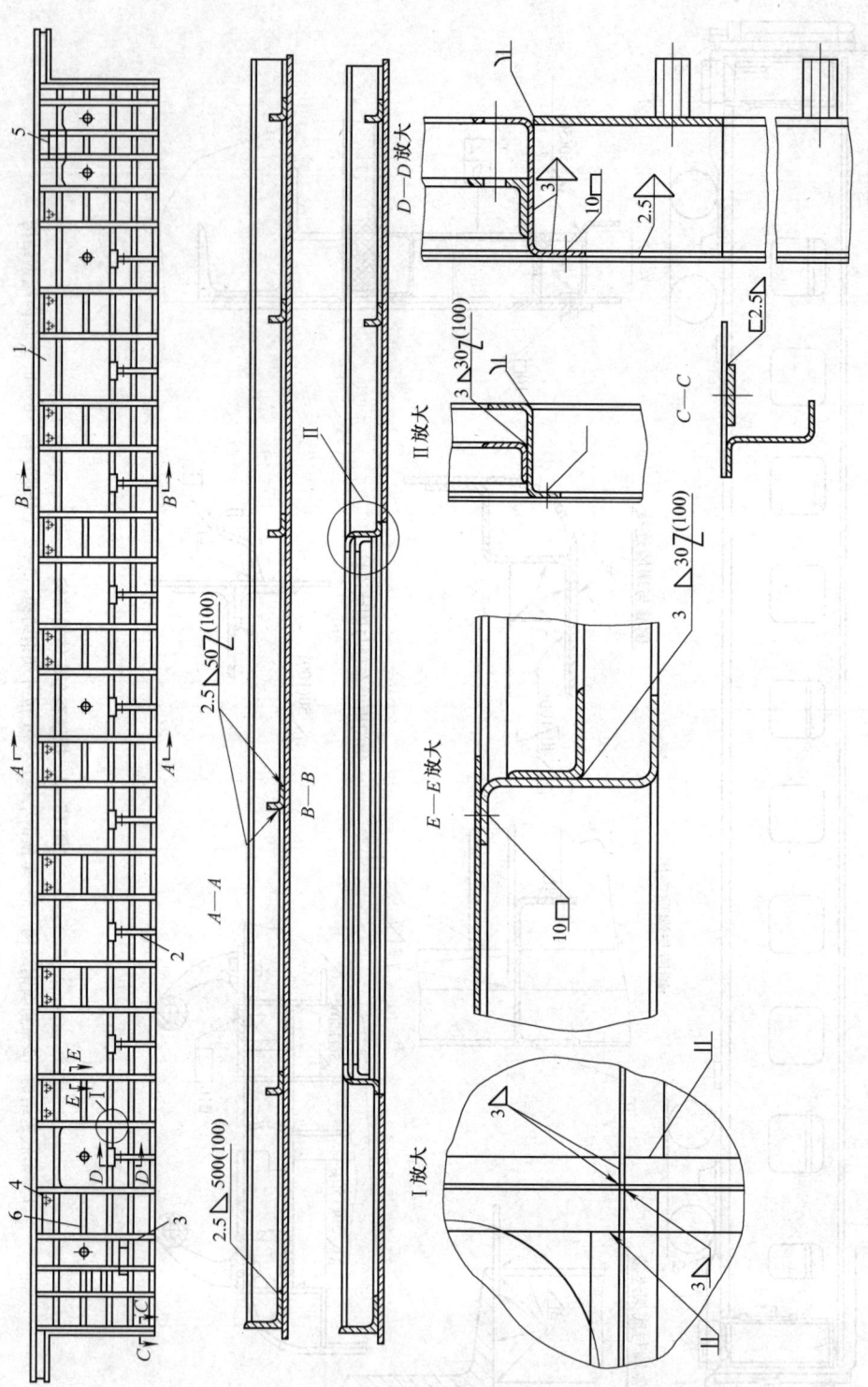

图15-43　客车侧墙钢结构

1—墙板组成　2—立柱组成　3—坐椅安装座组成　4—行李架安装座组成　5—固定座组成　6—横梁

参 考 文 献

[1] 国产铁路货车联合编写组. 国产铁路货车[M].北京：中国铁道出版社，1981.

[2] C62 型微车枕梁结点调查小组. 关于 C62 及 C65 型敞车枕梁结点情况的调查报告 [J]. 铁道车辆，1987 (4)：3-6.

[3] 张明祥. C62 敞车侧柱焊缝开裂原因的分析[J].铁道车辆，1980 (9)：41-43.

[4] 齐齐哈尔车辆工厂设计科. P13P60 棚车使用检修情况调查报告 [J]. 铁道车辆，1974 (7)：1-7.

[5] 国产铁路货车联合编写组. 国产铁路货车[M].北京：中国铁道出版社，1981.

[6] 张庆林. 凹底平车大底架结构述评 [J]. 铁道车辆，1979 (9).

[7] 陈嘉椿，张庆林. 凹底平车弯角部结构设计的几点考虑 [J]. 铁道车辆，1987 (5).

[8] 张振森. 应用激光全息光弹测试技术和有限单元法对凹底车架的应力进行分析 [J]. 铁道车辆，1979 (8).

[9] 张俊克. D18A 型 180t 凹底平车 [J]. 铁道车辆，1992 (2、3).

[10] 赵承寿. D45 型钳夹车的设计 [J]. 铁道车辆，1981 (1、2).

[11] 曹小琪. 模拟试验方法及其在长大货物车强度设计中的应用 [J]. 铁道车辆，1989 (5).

[12] В С Касаткин ид. Сварняконструди-яуникалъно го железндорожного транспо рTepa из высокопро чной стали. Автоматическая сварка，1980 (5).

[13] 陈文宾，丁叁叁. 国产化 CRH2 型 200km/h 动车组铝合金车体及技术创新 [J]. 机车电传动，2008 (2)：1-4、14.

[14] 孙竹生，鲍维千. 内燃机车总体及走行部 [M]. 北京：中国铁道出版社，1995.

[15] 虞大联. 206WP、206KP 型转向架构架裂纹原因分析及对策 [J]. 四机科技，1998 (4).

[16] 中国机械工程学会焊接学会焊接结构设计与制造 (XV) 委员会. 焊接结构设计手册 [M]. 北京：机械工业出版社，1990.

第16章 船舶与海洋工程焊接结构

作者 孙光二 刘大钧 **审者** 陆皓

16.1 概述

自古以来，航海活动是各国之间相互沟通和交流的重要基础和纽带。关于船的起源，可以追溯到人类文明的启蒙时代。英国学者李约瑟在其世界科技史研究的专著中称："毫无疑问，中国曾是最优秀的造船强国。在公元1100年至1450年间，中国拥有世界上最庞大的海上舰队，没有任何国家能与之匹敌"。特别是舵、橹、帆、水密隔舱及航海指南针等中国发明的出现，使宋、元、明时期的中国造船达到了一个新的高峰。尤其是六百年前，郑和在1405年至1433年的28年中，先后率船队七下西洋，成为世界航海史上的壮举。郑和船队的最大宝船长44丈4尺、宽18丈，竖9桅，张12帆，是当时国际上首屈一指的木帆船，是中国古代造船技术发展到鼎盛时期的璀璨明珠。

洋务运动开始以后，中国制造船舶的主要进步有以下方面：

1868年，第一艘蒸汽机推动木质明轮兵船"恬吉"号（600t）铁钉连接。

1876年，第一艘铁甲暗轮兵船"金瓯"号（250t）铆钉连接。

1885年，第一艘钢板暗轮兵船"保民"号（1300t）铆钉连接。

1891年，中国第一炉钢冶炼成功。

1921年，第一艘出口美国远洋运输舰"官府"号（14750t）铆钉连接。

船舶行业是我国最早引进电焊技术的行业之一。从20世纪二三十年代起，新兴的电焊连接技术，开始陆续替代传统的铆接工艺。1946年，海军江南造船所用全电焊分段建造工艺，完成了首制船——"民铎"号（图16-1）。这是一艘可载重660t的长江客货轮，开创了焊接技术在中国船舶制造中成功应用的先河。

图16-1 中国第一艘全电焊分段建造的客货船——民铎号（1946年）

中华人民共和国成立后，特别是改革开放以来，我国又一次开始建造出口船，并不断取得新的业绩。今天，我国外贸运输量的90%是通过海运完成的。我国造船已位列世界造船前茅。2012年，"辽宁"号航母的完工和"蛟龙"号深潜逾7000m的成功，开启了我国舰船和海洋工程的新篇章。

16.1.1 船舶的分类

船舶的种类繁多，品种各异，可以从各种不同的角度对其进行分类。通常，按用途大致可分为军用舰船和民用船只两大类。简述如下：

军舰 ⎰
- 巡洋舰（主要是导弹巡洋舰）
- 潜艇 ⎰常规动力潜艇
       ⎱核动力潜艇
- 驱逐舰（以导弹驱逐舰为主）⎰ 反潜型
                          ⎪ 对空型
                          ⎨ 对海型
                          ⎩ 通用（多用途）型
- 护卫舰 ⎰导弹护卫舰
         ⎱反潜护卫舰
- 航空母舰 ⎰大型航母（排水量 >10 万 t）
           ⎨中型航母（排水量 3 万～6 万 t）
           ⎩小型航母（排水量 <3 万 t）
- 军用快艇 ⎰鱼雷艇
           ⎨导弹艇
           ⎩猎潜艇
- 辅助舰船（包括：航天测量船、航行补给船、维修供应船、军需运输船、巡航救助船、打捞救助船、医疗救护船、电子侦察船、基地勤务船等）

民船 ⎰
- 客船 ⎰大型豪华旅游客船
       ⎪沿海客船（包括汽车客船、滚装客货船等）
       ⎨内河客船
       ⎩小型高速客船（多半航行于海峡和岛屿间）
- 货船 ⎰散货船（各式散货：矿砂、谷物、煤炭、钢铁产品等）
       ⎪   好望角型（8 万载重吨以上）
       ⎪   巴拿马型（6 万～8 万载重吨）
       ⎪   大湖型（约 3 万载重吨）
       ⎪   灵便型（2 万～5 万载重吨）
       ⎪ 油船（包括原油船和成品油船）
       ⎪   VLCC 型（20 万载重吨以上）
       ⎪   苏伊士型（12 万～20 万载重吨）
       ⎪   阿芙拉型（8 万～12 万载重吨）
       ⎪ 液化气船（包括 LPG 船和 LNG 船）
       ⎨ 化学品船
       ⎪ 集装箱船 ⎰8000 箱以上
       ⎪   ⎱4000～8000 箱
       ⎪ 滚装船
       ⎪ 载驳船（又称子母船）
       ⎪ 冷藏船
       ⎪ 多用途船（含杂货船）
       ⎩ 自卸船
- 作业船（包括各种目的的工作船，如渔船、打桩船、挖泥船、起重船、航标船、采金船、破冰船、消防船、布缆船、测量船等）

另外，随着技术的进步、时间的推移和概念的更新，对于船的认识和观念也在不断深化。譬如，对于浮式生产储油卸油船（FPSO）的认识，起初，人们认为它是一种式样较为特殊的船型。FPSO 是英文缩写，其全称是 Floating Production Storage and Offloading Unit，顾名思义，是兼生产、储油、外输、生活、动力等海上油田开发功能为一体的大型设施。不久前，人们将它归入"船"类，而今，更多的业内人士认为，它不属于船的范畴，将该装置纳入海洋工程则更为恰当。

16.1.2 船体结构的特点

船舶是一种在水中（或水下）的浮动结构物。其船体（俗称"壳体"或"船壳"）是由一系列板材和骨架（简称"板架"）所组成的。板材和骨架间，相互连接又互相支持。骨架是壳体的支撑件，既提高了壳板的强度与刚度，又增强了板材的抗失稳能力。

船体结构的组成及其板架简图如图 16-2 所示。

船体内的骨架有两种：沿船长方向布置的，称为纵向骨架；沿船宽方向布置的，则称为横向骨架。

无论是军舰或民船的船体板架结构，按其组成形式可分为纵骨架式、横骨架式及混合骨架式三种。其特性和适用范围见表 16-1、表 16-2 和表 16-3。

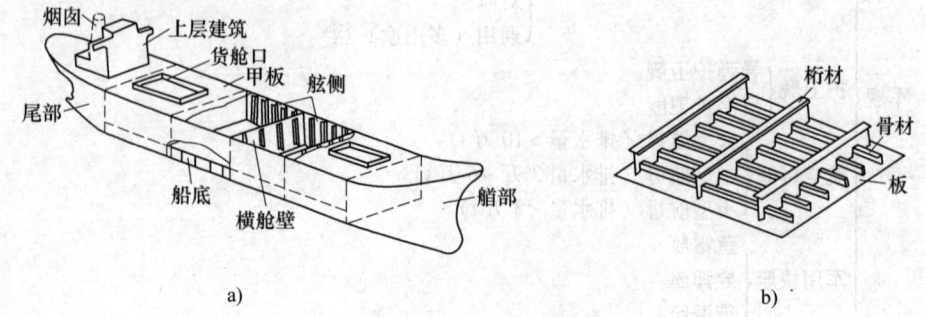

图 16-2　船体结构的组成及其板架简图
a）船体结构简图　b）板架结构简图

表 16-1　船体板架结构的类型及特征

板架类型	结构特征	适用范围
纵骨架式	板架中纵向构件较密、间距较小，而横向构件较稀、间距较大	大型油船的船体；大中型货船的甲板和船底；军舰的船体
横骨架式	板架中横向构件较密、间距较小，而纵向构件较稀、间距较大	小型船舶的船体；破冰船的舷侧；中型船舶的甲板；民船的首尾部
混合骨架式	板架中纵、横构件的密度和间距相差不多	特种船舶的甲板和船底

表 16-2　纵、横骨架式板架的结构特性比较

板架形式	强　　度	稳定性	结构重量	工　艺　性
纵骨架式	抗总纵弯曲的能力强，局部弯曲中纵向应力较小	板的稳定性好，故板较薄时，特别是采用高强度钢板的场合，尤为有利	用于中、大型船舶能减轻船体重量	1）纵向接头多，特别是穿过水密肋板和舱壁时要增加许多补板 2）用于线型变化大的中、小型船舶，纵骨加工较困难，大合拢较麻烦 3）分段的刚度大，便于吊运
横骨架式	横向强度好，但上甲板和底部参与总纵弯曲能力较差。舷侧抗冰挤压能力较好	板的稳定性较差，尤其在板较薄，初始挠度较大时	用于小型船舶能减轻船体结构重量	施工较方便 分段的刚度较差，吊运时需作适当加强

表 16-3　纵、横骨架式板架的适用性

板架形式	适用部位			
	上甲板	船　底	舷　侧	下甲板
纵骨架式	1）船长 80m 以上的舯机型干货船 2）船长 100m 以上的客货船 3）船长 70m 以上的尾机型货船 4）低合金高强钢建造的船 5）油船 6）舰船	同左 1）~6） 线型较瘦的民船和军辅船不宜采用	1）某些尾机型大型船的甲板间舷侧（有利于减薄舷侧外板的厚度、提高总纵强度） 2）军用舰艇 3）大、中型油船	一般不宜采用
横骨架式	1）船长 80m 以上的舯机型干货船 2）船长 100m 以下的客货船 3）其他中小型船 4）船长 100~130m 船，当 $L/D < 12$，且中拱应力比中垂应力大 1~2 倍时 5）在甲板上装运重货的特种船	1）同左 1）~3） 2）底部板架长度与宽度之比大于 1.7 的船 3）经常可能搁浅的船 4）用抓斗装卸的，装重货的船	1）15000~20000 载重吨以下的油船 2）干货船、客货船以及其他中小型船	各种船舶

船体结构与其他焊接结构物相比还具有以下特点：

1）零部件数量多。一艘万吨级货船的船体零部件数量在 20000 个以上。

2）结构复杂、刚度大。船体中各种纵、横构件相互交叉又相互连接，尤其是首尾部分还有不少典型构件。这些构件用焊接连成一体，使整个船体成为一个刚性的焊接结构。一旦某一焊缝或结构不连续处衍生微小裂纹，就会迅速扩展到相邻构件，造成部分结构乃至整个船体发生破坏。因此，在设计时要尽量避免结构不连续和应力集中因素。在制造时要正确装配、保证焊接质量，并注意零件自由边的切割质量、

构件端头和开孔处应实施包角焊等。

3）钢材加工量和焊接工作量大。各类船舶的船体结构重量和焊缝长度列于表 16-4。焊接工时一般占船体建造工时的 30%～40%。因此，设计时要考虑结构的工艺性，要考虑到采用高效焊接方法的可能性，并尽量减少焊缝长度。

4）使用的钢材品种多。各类船舶所使用的钢种见表 16-5。

16.1.3　典型船体结构及其特征

表 16-6 列出了几种典型货船的船体结构及其特征。

表 16-4　各类船舶的船体钢材重量和焊缝长度

项目 船种	载重量/t	主尺度/m			船体钢材 重量/t	焊缝长度/km		
		长	宽	深		对接	角接	合计
油船	88000	226	39.4	18.7	13200	28.0	318.0	346.0
油船	153000	268	53.6	20.0	21900	48.0	437.0	485.0
汽车运输船	16000	210	32.2	27.0	13000	38.0	430.0	468.0
集装箱船	27000	204	31.2	18.9	11100	-	331.0	359.0
散装货船	63000	211	31.8	18.4	9700	22.0	258.0	280.0

表 16-5　各类船舶的使用钢种

船舶类型	使用钢种	备注
一般中小型船舶	船用碳钢	
大中型货船、集装箱船和油船	船用碳钢 $R_{eL}=320\sim400MPa$ 船用高强钢	用于高应力区构件
化学品船	船用碳钢和高强钢 奥氏体不锈钢、双相不锈钢	用于货舱
液化气船	船用碳钢和高强钢 低合金高强钢 0.5Ni、3.5Ni、5Ni 和 9Ni 钢，36Ni 钢， 5083-0 铝合金	用于全压式液罐 用于半冷半压式和全冷式液罐和液舱

表 16-6　几种典型货船的船体结构及其特征

船种	横剖结构图	船体结构特征
杂货船	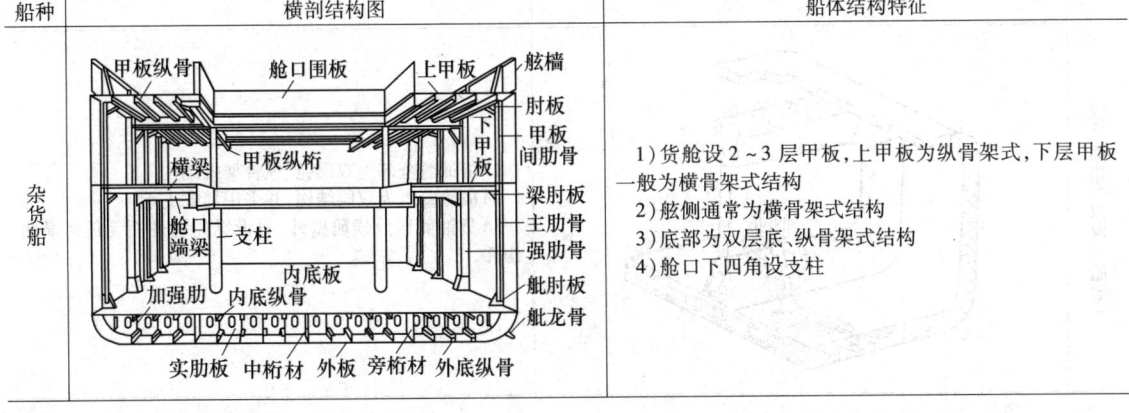	1）货舱设 2～3 层甲板，上甲板为纵骨架式，下层甲板一般为横骨架式结构 2）舷侧通常为横骨架式结构 3）底部为双层底、纵骨架式结构 4）舱口下四角设支柱

（续）

船种	横剖结构图	船体结构特征
散货船	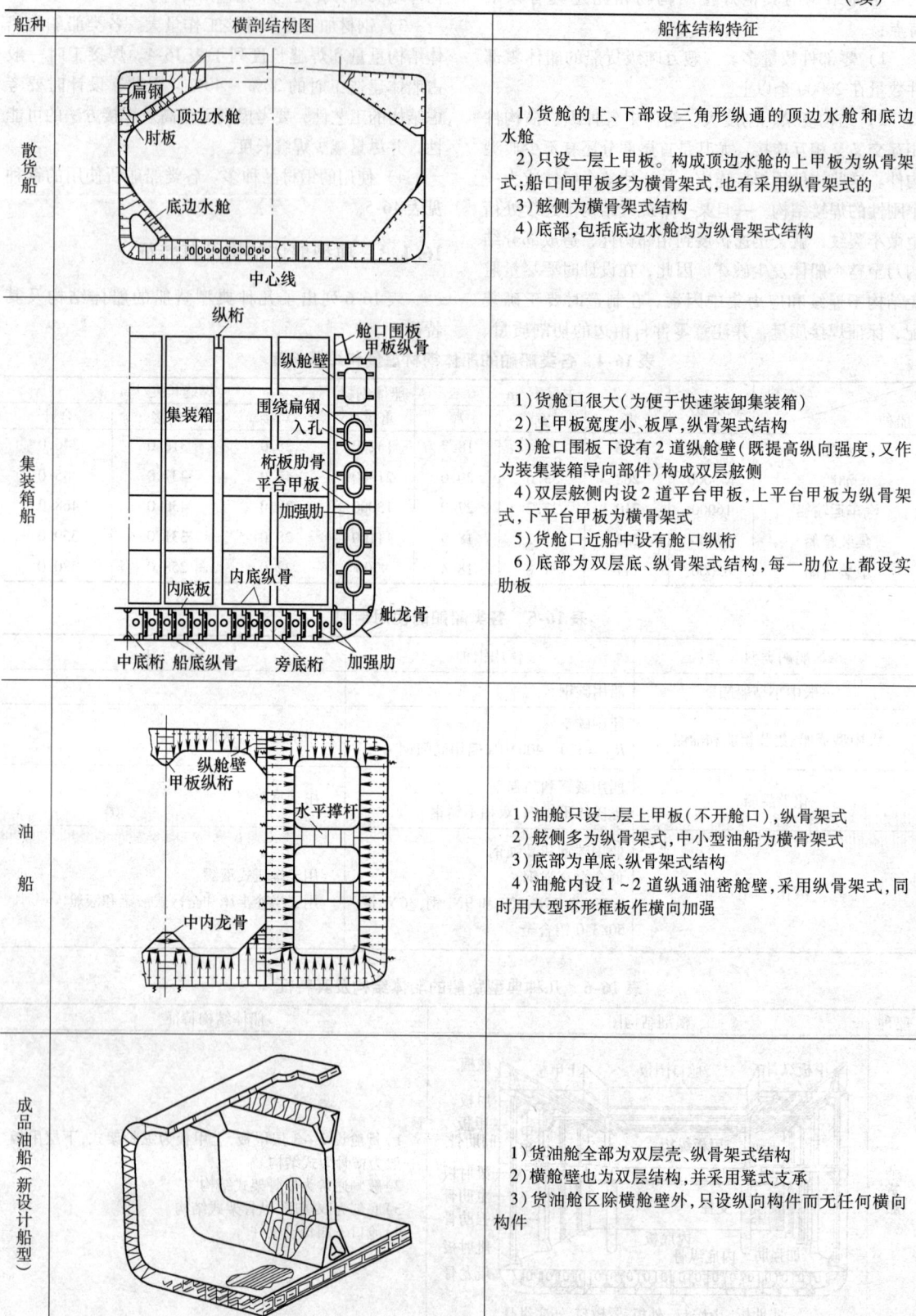	1）货舱的上、下部设三角形纵通的顶边水舱和底边水舱 2）只设一层上甲板。构成顶边水舱的上甲板为纵骨架式；船口间甲板多为横骨架式，也有采用纵骨架式的 3）舷侧为横骨架式结构 4）底部，包括底边水舱均为纵骨架式结构
集装箱船		1）货舱口很大（为便于快速装卸集装箱） 2）上甲板宽度小、板厚，纵骨架式结构 3）舱口围板下设2道纵舱壁（既提高纵向强度，又作为装集装箱导向部件）构成双层舷侧 4）双层舷侧内设2道平台甲板，上平台甲板为纵骨架式，下平台甲板为横骨架式 5）货舱口近船中设有舱口纵桁 6）底部为双层底、纵骨架式结构，每一肋位上都设实肋板
油船		1）油舱只设一层上甲板（不开舱口），纵骨架式 2）舷侧多为纵骨架式，中小型油船为横骨架式 3）底部为单底、纵骨架式结构 4）油舱内设1~2道纵通油密舱壁，采用纵骨架式，同时用大型环形框板作横向加强
成品油船（新设计船型）		1）货油舱全部为双层壳、纵骨架式结构 2）横舱壁也为双层结构，并采用凳式支承 3）货油舱区除横舱壁外，只设纵向构件而无任何横向构件

（续）

船种	横剖结构图	船体结构特征
双层壳油船（90000载重吨）	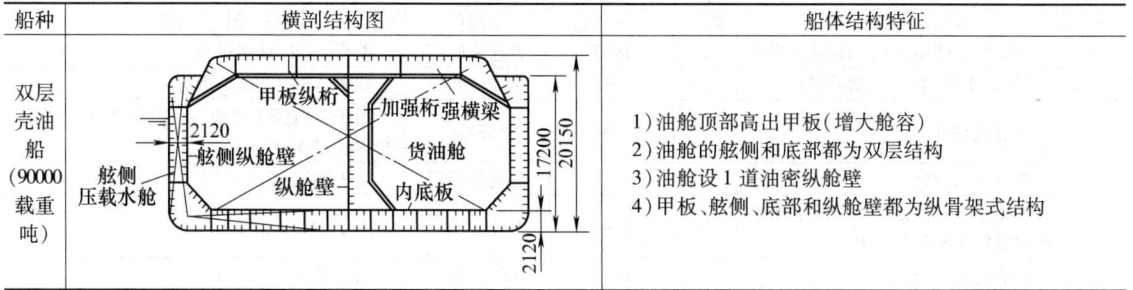	1）油舱顶部高出甲板（增大舱容） 2）油舱的舷侧和底部都为双层结构 3）油舱设1道油密纵舱壁 4）甲板、舷侧、底部和纵舱壁都为纵骨架式结构

16.1.4　海洋工程结构的特点

辽阔的海洋中，蕴藏着极其丰富的各种资源（包括海洋能源资源、海洋矿产资源、海洋生物资源等）。单就海洋油气而言，据测算海底石油储量约为1350亿t，占世界石油总储量的67%，天然气储量约为140万亿 m^3。

在我国的渤海、东海大陆架、南海珠江口等处，都先后发现大型油气盆地和几十个含油气构造。其中，仅渤海海域的石油储量就达70亿t。

鉴于此，当前世界上不少国家都把开发海洋、发展海洋经济和海洋产业作为21世纪国家发展的战略目标。向深海进发，向冰海区域拓展，加速海洋开发已成为国际竞争的重要领域[一]。

海洋工程，其包含的内容极其广泛，海上油气开发（包括勘探、钻井、采油、集输、提炼等）仅是当今海洋工程的主要内容之一。为此，人们已设计建造了各种海洋结构物，如钻井平台、海上储油库等。

海洋工程结构，是由大量高质量钢材建成的。与陆地结构相比，由于这些海洋结构被含盐的大气包围，又受到海洋潮汐干湿交替的作用，因此就更易遭到腐蚀。

海洋工程焊接结构，是一种大型、复杂、特殊的工程结构。其工作环境和结构形式与一般传统船舶也有明显的区别。通常，海洋工程结构可分为动态定位式和固定式两大类。除因变换作业地点在海上移动外，它常年固定在海上作业，长期处于严酷环境，要经受波浪、潮流、风暴、地震和寒冷流冰等的侵袭。此外，石油、天然气易燃易爆的特性对结构也带来一定的威胁和危险。

海洋工程中的油气开发，大体上可包括探采和集输两大系统。其中，

（1）海洋油气探采系统

1）钻井平台。可分为步行式、座底式、自升式、半潜式平台以及钻井驳船、钻井浮船等多种。

2）生产平台。包括生产模块和生活（居住）模块，其中生活模块又有固定式或半潜式等多种。

（2）海洋油气集输系统

1）储油系统，如生产储油船、海上储油平台、海底储油罐等。

2）运输系统，如油船、穿梭油船、海底输油管线等。

3）海上输油终端站，如固定码头、系船塔、多浮筒系船站、单点系泊站等。

我国从20世纪70年代以来，已先后建成了钻井、采油、储油和生活用平台30座以上，见表16-7[二]。

表16-7　我国建造的海洋石油装备一览表（部分）

序号	海洋石油装备名称	数量	完工年份	制造厂	附　注
1	"渤海1号"30m自升式海上石油钻井平台	1	1971	大连造船厂	渤海湾浅水作业
2	双体钻井船"勘探1号"	1	1973	沪东造船厂	利用两艘旧船改建
3	"渤海3号""渤海5号""渤海7号""渤海9号""渤海11号"40m自升式钻井平台	5	1979～1983	大连造船厂	在渤海海域进行海洋石油勘探工作
4	25000t级钢臂单点系泊储油船"滨海621号"	1	1981	大连造船厂	—

　　⊖　我国《海洋工程装备制造业中长期发展规划》（2011—2020），已经国家有关部门联合发布。

　　⊜　2012年5月，我国首座深海钻井平台"海洋石油981"号已在南海开钻。

（续）

序号	海洋石油装备名称	数量	完工年份	制造厂	附　注
5	100ft"大脚Ⅲ型"海上石油钻井平台	2	1982	大连造船厂	取得 ABS、AI 级证书
6	"华海 1 号"沉垫式钻井平台	1	1983	黄埔造船厂	取得 ABS 和 ZC 双重船级
7	半潜式钻井平台	1	1984	上海船厂	用于东海深水作业,钻探"天外天一井",井深超过 5000m
8	单点系泊装置	1	1985	黄埔造船厂	用于涠洲 10-3 油田
9	40m海上石油钻井平台及采油平台生活模块 CB-A-D/P	1	1986	大连造船厂	用于渤海埕北油田
10	生活模块	1	1986	新港船厂	用于渤海埕北油田
11	"胜利 1 号""胜利 2 号""胜利 3 号"座底式钻井平台	3	1987 ~ 1988	烟台船厂 北海船厂 中华造船厂	是世界上第一座步行座底式钻井平台。最大钻井深度为 4500 ~ 6000m
12	52000t"渤海友谊号"(FPSO)	1	1989	沪东造船厂	用于渤海渤中 28-1 油田
13	52000t"渤海长青号"(FPSO)	1	1990	沪东造船厂	用于渤海渤中 34-2/4E 油田
14	75500t 级原油处理储油船"渤海明珠"号	1	1993	江南造船厂	为渤海石油公司建造
15	井口平台上部及生活模块	1	1993	黄埔造船厂	用于涠洲 11-4 油田
16	生活模块	2	1993 ~ 1995	大连造船新厂	用于西江 24-3 油田、西江 30-2 油田
17	人工岛工程	2	1993 ~ 1995	大连造船新厂	为渤海石油公司建造
18	生活模块	1	1997	江南造船(集团)公司	用于东海平湖油气田
19	深海作业移动式钻井平台(半潜式)	4	1999	大连造船新厂	工作水深 3000m
20	150000t"渤海世纪号"(FPSO)	1	2001	大连造船新厂	用于秦皇岛 32-6 油田
21	150000t"南海奋进号"(FPSO)	1	2002	大连造船新厂	用于文昌 13-1/2 油田
22	150000t "海 洋 石 油 111 号"(FPSO)	1	2003	外高桥船厂	用于番禺 4-2/5-1 油田
23	170000t "海 洋 石 油 113 号"(FPSO)	1	2004	外高桥船厂	用于渤中 25-1 油田

目前，我国已有十多艘 FPSO 投入生产，支撑着海上油田¾的产能，成为国际上拥有 FPSO 数量最多的国家之一。FPSO 具有初投资小，能转移地点重复使用等优点，已成为国内外海上油田开发的主流形式。我国建造的 FPSO 在优化设计、质量、周期、成本以及安全环保控制等方面具有世界一流水平。中国品牌的 FPSO，获得了国内外船级社的好评，它被誉为是中国的海洋石油舰队。

为了又好又快地发展海洋能源事业，建设 1000 万 t 级产能的海上特大型油田，我国正在建造世界级的 30 万 t FPSO 以及多座平台等众多海洋工程结构。图 16-3 所示为我国自行设计建造的八艘 FPSO。

海洋工程结构除少部分具有传统船舶的结构形式之外，其主要结构特点为：它是由各种弦杆和斜杆等组成的钢管桁架结构。譬如勘探用的钻井装置，因作业海域水深和海象条件的变化，先后出现了可移动自升式钻井平台、半潜式钻井平台及浮船式钻井平台等多种形式。图 16-4 为自升式钻井平台示意图。

通常，根据海洋工程结构件的应力状态及其一旦遭到破坏所造成后果的严重情况，一般可将结构件分

为三类：

1) 关键构件（也称特殊构件）。对结构整体是最重要的构件，该类构件可能出现高度应力集中或厚度方向的层状撕裂。如导管架管节点（图 16-5）、甲板构架和导管架腿柱连接、甲板构架和立柱的连接、重要主梁的交叉连接、起重吊环等。

2) 重要构件（也称主要构件）。对结构整体是重要的构件，以及对作业安全很重要的其他构件。如导管架及齿条（图 16-6）、腿柱、桩柱、主要支撑、甲板主梁、甲板主桁架、立管的支撑结构、直升机甲板管架和组块的支撑结构等。

3) 一般构件（也称次要构件）。除关键构件和重要构件外的其他构件。

16.1.5　相关的设计规范和标准

一条优秀船舶的完工和最终交付使用，首先依靠先进的设计（由一套完美的图样体现），加上成百上千在第一线的劳动者日积月累的实干、巧干（这就是生产），其间少不了严密的组织、安排和科学的管理。所以说，在现代造船中，管理、设计和生产是三

图 16-3　我国自行设计建造的八艘 FPSO

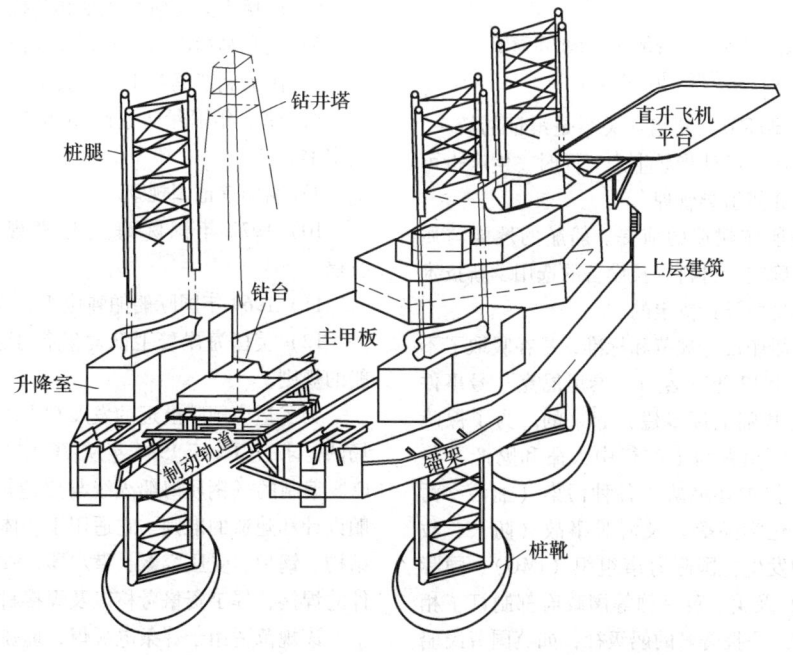

图 16-4　自升式钻井平台

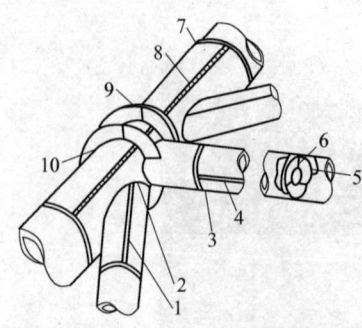

图 16-5　钻井平台管节点的焊缝

1—管子的纵缝　2—T、K、Y 管节点接缝
3—管子和支撑管的环缝　4—支撑管的纵缝
5—环形加劲肋板 T 形接缝　6—环形加劲肋
板对接缝　7—立柱环缝　8—立柱纵缝
9—环形加劲肋板对接缝　10—环形加强
肋板 T 形接缝

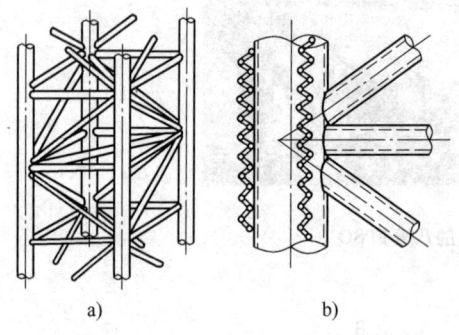

图 16-6　钻井平台的导管架及齿条的示意图
a）导管架　b）齿条

个不可或缺的主要环节。其相互关系是辩证的统一，即：管理领导生产；设计指导生产。同时，生产也可诱导设计；设计亦能引导管理。

船舶设计是船舶建造的前提。船舶的性能与质量、船舶量度的确定、材料以及设备的选用、新技术的采用等等，都是由设计决定的。

日趋完善的船舶设计规范和标准，是在吸取了不少海损事故（如 1912 年有名的"泰坦尼克"号事件等）惨痛教训的基础上逐步建立起来的。为了保障船舶的在港口、河道及海上航行中人命和财产（货物等）的安全，保护环境防止各种污染（油污、污水、有毒液体、化学品等）及海难事故（防火、救生、避碰等）的发生，国际海事组织（IMO）、国际劳工组织（ILO）及美、英、德等国政府都制订了相应的公约和法规。一批著名的船级社，如英国劳氏船级社（LR）、美国船级社（ABS）、德国劳氏船级社（GL）、法国船级社（BV）、挪威船级社（DNV）、日

本海事协会（NK）、中国船级社（CCS）等也相继问世，经管本国与他国间船舶的登记入级及安全认证和质量控制等有关事宜。

解放初期，我国的船舶设计大多为经验设计，即按照母型船进行设计。后来逐渐应用理论设计，如分析设计、可靠性设计、有限元设计和优化设计等。20 世纪 60 年代以后，我国有了自己的规范，开始按 ZC（中华人民共和国船舶检验局）规范进行设计。20 世纪 80 年代开始，利用大型计算机进行设计、绘图、建立数据库，使设计手段日趋现代化。

由于设计是建造的依据，故而造船界和航运界的经济效益和社会效益的状况，也都与设计密切相关。

船体结构设计的关键，是要确保结构的可靠性。否则，就会产生"皮之不存，毛将焉附"的后果。例如，20 世纪 80 年代改革开放后建造的"中国江南型"64000t 出口散货轮首制船。该船入法国船级；除其船体结构必须按法国船级社颁布的现行规范（BV1982 年钢质海船入级和建造规范及 1984 年修改通报）进行设计外，同时尚需满足下列主要规则和公约。

1）1966 年国际载重线公约。

2）1974 年海上人命安全公约及其 1978 年议定书以及 1981 年和 1983 年修正案。

3）1976 年国际无线电通信规则。

4）英国航行法规和规则（即 DOT 规则）。

5）苏伊士运河航行规则和吨位丈量。

6）巴拿马运河航行规则和吨位丈量。

7）澳大利亚码头工人协会货舱梯规则。

8）1973 年国际防止船舶污染公约及其 1978 年议定书。

9）船舶登记国规则。

10）1972 年国际海上避碰规则及 1981 年修改稿。

11）1969 年国际船舶吨位丈量规则。

12）美国海岸警卫队对航行于美国水域外国商船的规则。

为了适应国际航运的发展和中国船检进入国际市场的需求，CCS 于 1986 年从 ZC 中分出而单独成立。CCS 编制的《钢质海船入级与建造规范》，是中国船舶设计和建造的准则。它适用于船体结构、海上设施结构、锅炉、受压容器、潜水器、管系和重要机械构件的焊接，焊工资格考核以及焊接材料的认可。

该规范适用于焊条电弧焊、埋弧焊、气体保护焊和电渣焊的焊接方法。若选用其他方法应经 CCS 批准后方可采用。

在船舶或海上设施建造中，若选用本规范以外的焊接材料（包括新焊接材料），应将其化学成分、力学性能和试验方法等有关技术资料提交CCS批准后方可采用。

在开工建造前，工厂应结合自身的技术条件和生产经验，制定产品建造工艺计划表交验船师认可。计划表中应针对建造中焊缝出现于重要结构与节点的不同位置、形式和尺寸，列出拟使用的焊接工艺规程的名称和编号。提交认可的焊接工艺规程应包括下列内容：

1）母材的牌号、级别、厚度和交货状态。

2）焊接材料（焊条、焊丝、焊剂和保护气体）的型号、等级和规格。

3）焊接设备的型号和主要性能参数。

4）坡口设计和加工要求。

5）焊道布置和焊接顺序。

6）焊接位置（平、立、横、仰焊等）。

7）焊接参数（电源极性、焊接电流、电弧电压、焊接速度和保护气体流量）。

8）焊前预热和道间温度、焊后热处理及焊后消除应力的措施等。

9）施焊环境：现场施焊或车间施焊。

10）其他有关的特殊要求。

2012年7月1日起生效的CCS《钢质海船入级规范，2012》中有关船体结构的规定，以及2012版CCS的《材料与焊接规范》，对于"船体结构的焊接"规定，都明确在施工前应按"焊接工艺认可"的要求，将工艺规程和检验标准提交CCS认可。这些规定适用于船体钢材、铝材和奥氏体不锈钢复合材料的焊接和检验。对于"海上设施结构的焊接"，无论是移动式和固定式海上设施钢结构，其焊缝内部质量均应符合相应标准的要求。

近年来，随着对船舶安全性和环保性的日益重视，航运界和船级社对新船的要求，日益严格。国际海事组织（IMO）对原有的公约、规则进行了一系列修订。出台了更加严格的公约、规则。国际船级社协会［IACS］作为国际海事组织中唯一能协调、制定规范的非政府组织，也加强了对船舶规范的修改完善。这些新公约、规则和规范的制订对船舶设计提出了新的要求，以期建造更安全、更环保和易于检查和维护的船舶。

（1）淘汰单壳油船

国际海事组织于2003年12月通过了加速单壳油船淘汰的规则。再次对防止船舶海洋污染公约（MARPOL）进行了修改，修订后的新规则已于2005年4月5日生效。新规则规定，500载重吨及以上的单壳油船原则上应当于2010年前淘汰。但如果经过CAS评估合格，有些双底或双舷侧的单壳油船可以在2010年以后继续营运至2015年，或营运至船龄达到25年（两者中取早者）。

（2）CSR共同结构规范

国际船级社协会为提高船舶安全性，从2002年开始制定油船和散货船共同结构规范（CSR）。这是国际船级社协会有史以来第一次在全球范围内统一船舶建造标准，并于2006年4月1日生效。此后签约的油船、散货船均须按新规范设计和建造。CSR的实施使船舶的安全使用年限从20年延长到25年，但同时也使造船成本增加。目前，中国船级社（CCS）已将共同结构规范纳入CCS规范，并授予"CSR"附加标志。并在一些相应部分作了修改。

16.2 典型船舶焊接结构

16.2.1 船舶建造和工艺特点

随着现代船舶产品的多样化、大型化和海洋工程的开发，大大增加了船舶建造技术的复杂性和施工难度。

船舶建造是按照船舶设计任务书、设计图样及有关技术文件与要求，在造船厂建造船舶的整个过程。通常包括施工准备、船体建造、舾装、下水以及各项试验等工序。

图16-7为船舶建造流程。

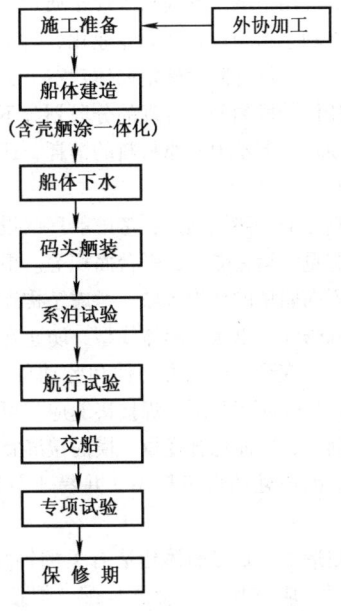

图16-7 船舶建造流程

1. 施工准备

根据施工设计或生产设计，划分生产工艺阶段，并编制各种施工工艺文件；进行生产场地准备，采购材料和设备；如建造新型船舶还必须进行相关船厂的技术改造、设备更新与升级，人员技术培训，完善劳动组织等。

2. 船体建造

按设计要求建造船体的全过程。主要包括：钢材预处理，计算机放样，号料；钢板与型材加工；分段、总段装配、焊接及预舾装；船台装配、焊接与合拢。

现代造船将计算机辅助制造、成组技术、信息技术、柔性制造及敏捷制造等新技术应用到生产过程之中。壳舾涂一体化、总段预舾装、船体模块化建造与船厂 CALS 技术的应用，将进一步提高造船效率和质量，缩短造船周期。在船舶建造过程中，军用船由军方驻厂代表，民用船由船东驻船厂代表，验船机构代表，会同造船厂对船舶进行各种检验、试验，以保证船舶的建造质量。

现代造船一般均采用分段焊接建造的方法。将船体结构零件先组装焊接成部件，再将零、部件组装焊接成分段或总段，最后在船台大合拢。

分段建造法主要有以下优点：扩大了施工作业面。将集中在船台上的工作分散到车间、平台上进行，因而缩短了造船周期。改善了施工条件。可使原仰装和仰焊工作转为俯装和俯焊；使室外操作为室内操作；变高空作业为平地作业，保证了安全生产。扩大了自动焊应用范围。既提高了焊接质量又控制了焊接变形。有利于组织连续性和专业化、自动化生产。

因此在初步设计阶段确定船体建造方案时，就进行初步的船体分段划分。合理的分段划分不仅关系到产品建造质量，劳动力和原材料的消耗，还涉及船舶建造周期。

分段划分的一般原则是：考虑船厂的设备、场地条件。如起重、运输能力，平台面积等。根据船舶结构特点。不同船型的结构区域；考虑结构连续性；分段的刚度和强度，以保持船体线型，防止在吊运、翻转和焊装中的变形。施工方便性和劳动负荷均衡性，尽量扩大自动焊应用范围。焊接接缝应尽可能布置在同一横剖面上，以简化合拢量。横向接缝宜设置在肋距 1/4 处，因该处的弯矩最小，并易于分段间连接对准。

船体建造工艺是与船体建造有关的钢材预处理、放样、号料、船体加工、船体装配、焊接、船台安装、涂装、下水等阶段或作业所采用的各种工艺方法

和过程的统称。直接关系到造船的质量、周期和成本。通过分析船体建造过程，提出最优的工艺技术准则，以保证产品质量、降低生产成本、改善生产条件和提高生产效率。在现代造船中，船体建造工艺、舾装预装工艺和涂装工艺正在向一体化实施的方向发展，引入和应用成组技术、分道建造技术、高效焊接技术、区域舾装技术、管件族制造技术、区域涂装技术、编码技术、精度控制等技术，促进了船体建造工艺的不断发展。

由于造船工艺技术的不断更新，现代造船建造工艺可划分为若干阶段，见图 16-8。

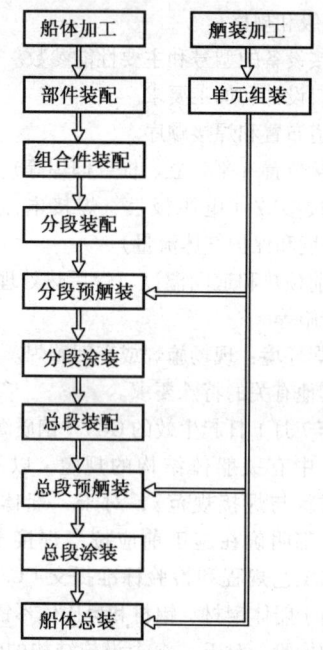

图 16-8　现代造船工艺阶段框图

船舶建造有其独特不同于其他工业的工艺特点，主要有：

（1）具有独特的船舶建造工艺阶段

从钢材准备、钢材预处理；船体放样，下料，加工，部件，分段，总段的焊装，以及涂装，管子加工安装，单元舾装到船台（或船坞）大合拢、下水、系泊试验、试航交船等若干阶段。

其中船体放样、船台（船坞）大合拢，下水、系泊试验、试航等均是船舶工业特有且不同于其他工业的独特的建造工艺阶段。

（2）在设计阶段即确定合理的建造方案

根据不同的船舶产品，应将经过优化的建造方案贯彻并体现在船舶设计中去，使工艺与设计密切结合起来。

建造方案的内容主要有：船体分段划分的优化。合理的装焊工艺。确定各分段，总段的预舾装率。编制船舶建造要领，图 16-9 为一 70000t 散货船建造要领示意。船舶下水完整性要求。确定下水后到完工交船的工作程序。

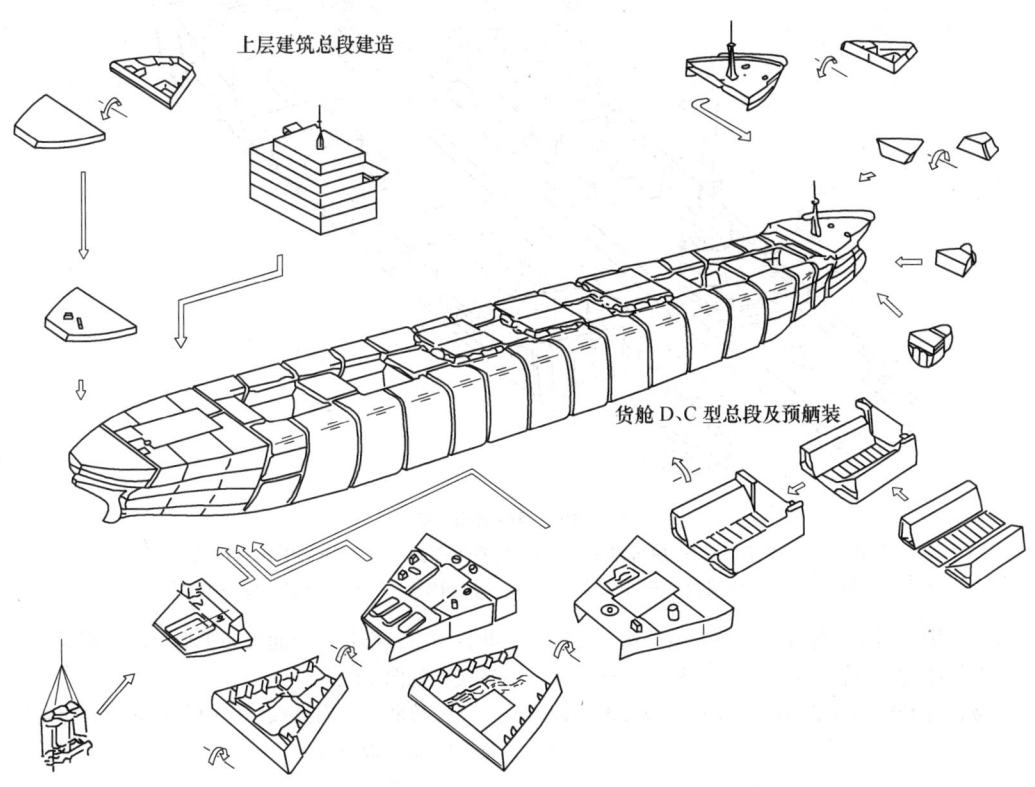

图 16-9　70000t 散货船的建造要领

16.2.2　船体结构的组成及焊接

船体结构又称船舶结构。由板和骨材组成的船体的总称。包括主船体和上层建筑两部分。通常，前者是指主甲板及其以下的部分。由船底、舷侧、甲板、舱壁、艏端部、艉端部等组成；后者指上甲板以上的部分。

船体结构的作用是使船舶具有一定的外部形态及形成可以分隔成各种舱室的内部空间，并使船舶具有一定的浮性、稳性和抗沉性。

组成船体结构的基本元件称构件，沿船长方向延伸的称为纵向构件，在船宽方向延伸的称为横向构件。由构件组成平面结构，再由各平面结构组成立体结构的船舶整体。

长期以来，船体结构的主要材料是木材和钢材，近代以钢材为主。此外还有水泥、铝合金、玻璃钢等。船舶所用材料不同，其构件加工、连接及船体建造的方式也不同，从而形成各具特色的结构，例如钢船、木船、水泥船及玻璃钢船结构等。并随着建造技术的发展而演变。如钢船建造从铆接发展到焊接后，其结构形式就更为合理简化了。根据船舶的不同用途和受力状况，船体结构的构件可采用不同的形状和组合方式，因而又构成了不同形状的结构，如水面舰船结构、潜艇结构等。目前，船体结构已发展成一门研究船体与环境条件、材料选择、建造工艺及合理设计等相联系的学科，在满足使用要求和建造条件的前提下，探讨和研究船体结构的形式、选择构件尺寸，以设计出满足强度要求和经济合理的结构。

船体焊接是船舶建造中的重要环节，是应用最广泛的一种连接方式。它是对已装配定位好的船体结构进行焊接的工作。船体焊接有三大部分：船体拼板对接，型材（或板材）装于船体上的角焊，分段或总段对接。一般而言，在俯焊时，质量容易保证，且效率高；因此，在工艺上要考虑力求工件的焊接（特别是重要焊接结构）能处于平焊状态。图 16-10 为一舰船结构示意图。

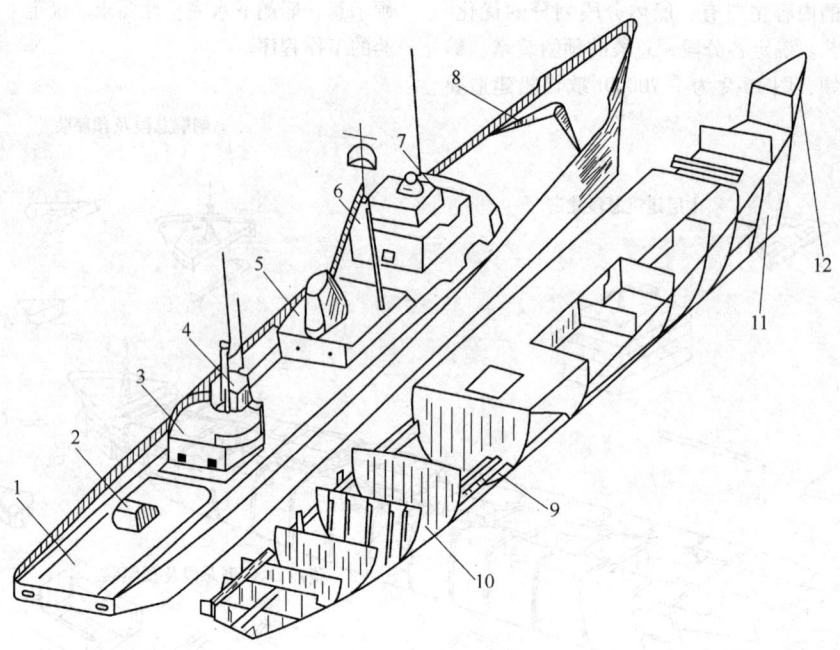

图16-10　舰船结构示意

1—主甲板　2—升降口　3—后桥楼甲板　4—预备指挥台　5—前桥楼甲板　6—信号平台
7—指挥台　8—防浪板　9—机座纵桁　10—水密隔壁　11—锚链舱　12—艏尖舱

下面，分别介绍组成船体的一些典型结构，如底部结构、舷侧结构、甲板结构、舱壁结构、艏部及艉部结构、液化气舱结构等的结构形式及结构节点的焊接形式。

16.2.3　底部结构

按照船舶建造规范的要求，考虑船舶的不同类型、尺度以及用途，船舶底部的形式可分为单层底、双层底和双底双壳等几种结构形式。其构架形式有横骨架式和纵骨架式。

1. 单层底结构

一般多用于小型船舶。图16-11为横骨架式单底结构。

船底外板间采用对接。当肋板为折边时，肋板与

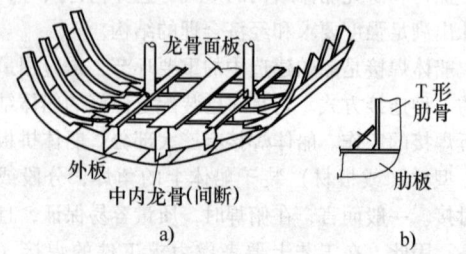

图16-11　单层底结构

a）底部结构　b）肋板与肋骨结构

肋骨可直接搭接；当肋板为T形材时，则需加肘板并端接，如图16-11b所示。

一般肋板左右连续，中内龙骨间断；也可中内龙骨连续而肋板中断的。

2. 一般货船双层底结构

小型货船的双层底多采用横骨架式，大中型货船则多为纵骨架式结构，图16-12为纵、横骨架式双层底的典型结构。

1）横骨架式双层底结构。构件多沿横向安排，而纵向构件则较少。其主要纵向构件中底桁须在横舱壁之间保持连续，同时在船中 $0.75L$（L 为船长）区域内还应要求水密。旁底桁只在两道主肋板间保持连续，且无水密要求。

横向构件的肋板（包括主肋板、水密肋板）自舷侧至中底桁为连续的。

2）纵骨架式双层底结构。主要纵向构件中底桁和若干道旁底桁贯穿横舱壁，同时在内外底板上配置较密的纵骨以提高总纵强度。纵骨一般用轧制型钢（不等边角钢、球扁钢）或T形组合材。与内、外底板的连接须采用双面连续角焊。

横向构件则为主肋板和水密肋板。

3. 散货船双层底结构

纵骨架式散货船双层底结构，与一般货船不同之处为：①靠近舷侧设底边水舱，由斜顶板、水密旁底

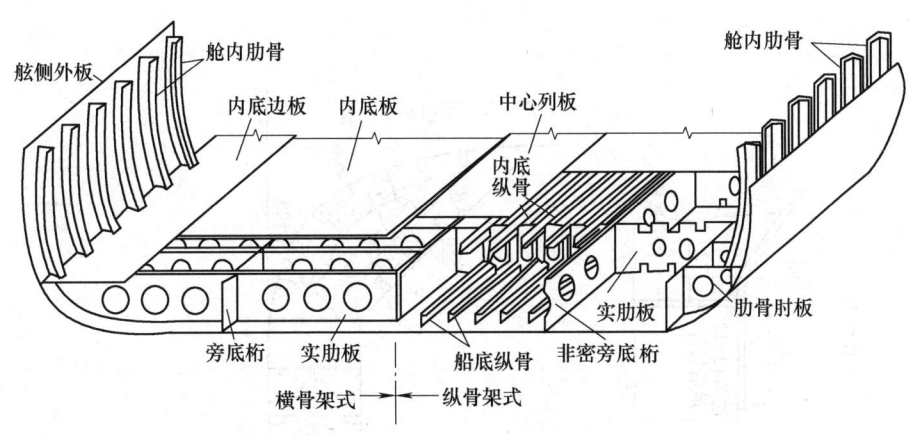

图 16-12　货船双层底结构

桁和舷部外板构成。②在中央部位设箱形中底桁，也称管弄，是沿船长方向贯通的水密巷道，其内集中布置各种管路。

图 16-13 为 20000t 级散货船的双层底结构及主要连接点的详图。

纵骨架式双层底典型节点结构如下：

1）纵骨与中桁材和舷侧旁桁材的连接。通常采用大肋板把内、外底纵骨与纵桁材连成一体（图 16-12），以增加横向强度。

2）纵骨穿过非水密肋板的连接。图 16-14 所示为纵骨穿过非水密肋板的连接形式示意图，图 16-14a 为扶强材（扁钢）与纵骨搭接连接，较易装配；图 16-14b 为扶强材与纵骨端接，装配较麻烦，但焊接量较少。

3）纵骨与水密肋板的连接见表 16-8。

表 16-8　纵骨与水密肋板连接形式

位置	节点形式	特点和工艺性	附　　注
纵骨在水密肋板处间断	肘板 肋板 纵骨	纵骨用小肘板同肋板和扶强材端接。零件多、加工程序多、装配较麻烦	用于中小型船
	纵骨 肋板 肘板	纵骨用大肘板同肋板与内外底板连接，传力情况较好。取消了扶强材，零件减少，因纵骨与肘板搭接，较易装配	现在大都采用这两种连接形式
	纵骨 肋板 肘板	同上，但肘板不与内外底板连接，装配更方便	
	纵骨 肋 肘板 肋板	一侧用大肘板、另一侧用小肘板连接，且都采用搭接，装配方便	用于大接头处的连接
纵骨贯穿水密肋板	补板 肋板 纵骨 扶强材	水密肋板处加补板密封，用扶强材将纵骨和肋板连在一起。结构连续性好，但装配较麻烦	多用于中、小型船
	补板 肋板 纵骨 肘板	水密肋板处加补板封密，用大肘板代替扶强材，结构连续性好，因肘板为搭接，装配方便	多用于大、中型船

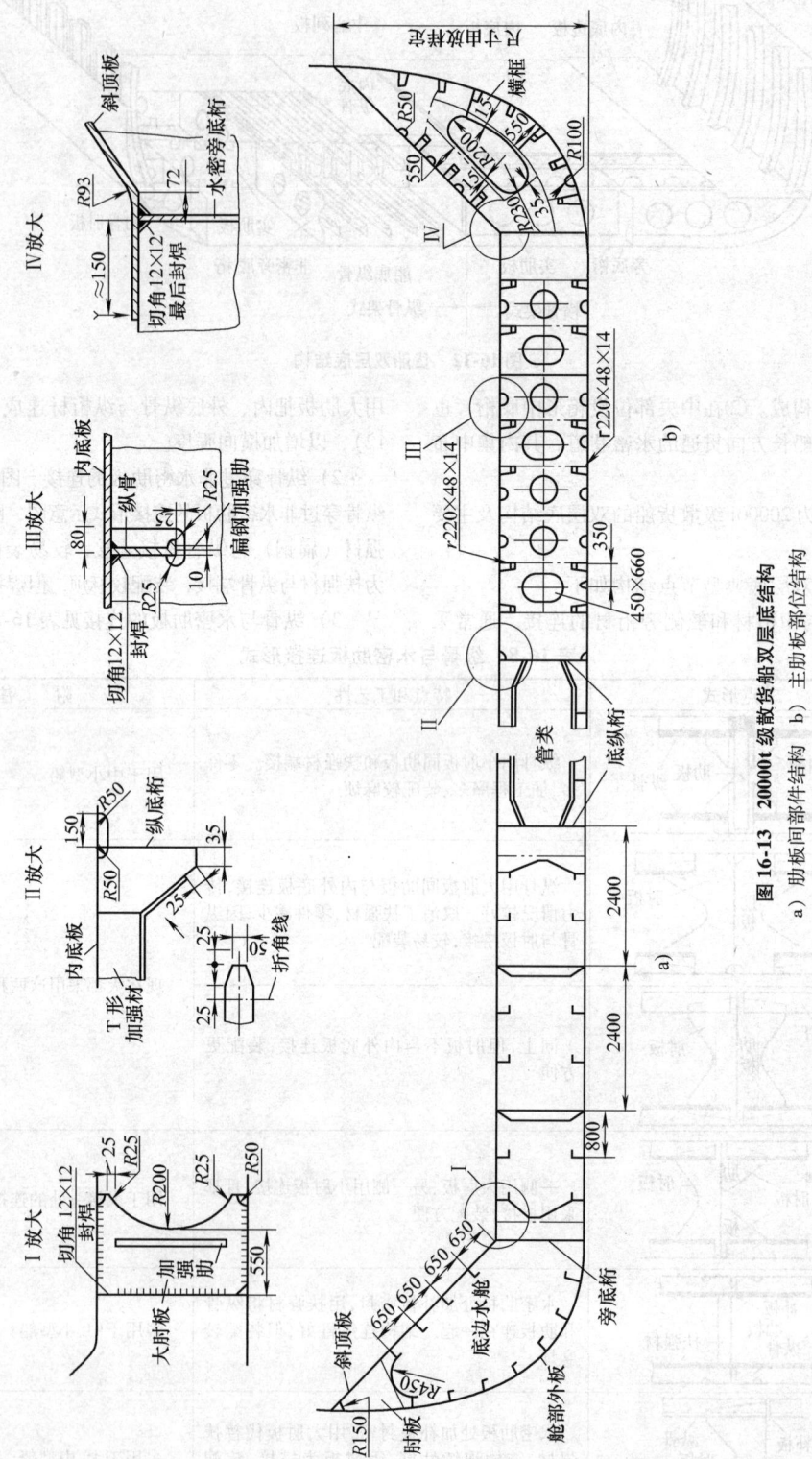

图 16-13　20000t 级散货船双层底结构

a) 肋板间部件结构　b) 主肋板部位结构

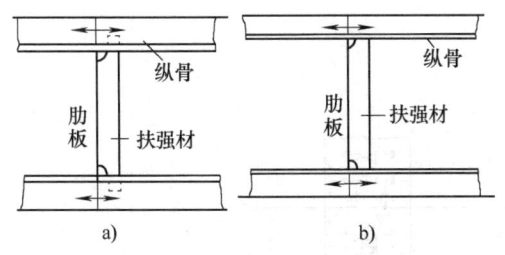

图 16-14　纵骨穿过非水密肋板的连接形式

4. 油船的底部结构

图 16-15 为一超大型油轮（VLCC）的底部结构示意，为双底双壳和纵骨架形式，油舱内设有两道纵舱壁。

1）左右两侧舭肘板与内底板以及侧双壳纵板处典型连接，见放大图 B、C。

2）油舱中纵舱壁与底部连接处在横向均设置肋板加强，以避免截面突变而导致焊接裂纹的产生。

16.2.4　舷侧结构

1. 一般货船货舱的舷侧结构

一般货船的舷侧通常采用横骨架式结构。

1）甲板间肋骨与下层甲板的连接结构。甲板间肋骨遇下层甲板时有在下甲板处间断和保持连续而穿过中间甲板的两种方式。

① 肋骨在下甲板处间断时的常用连接形式（见图 16-16）。

图 16-16a 为甲板间肋骨与下甲板、主肋骨与下甲板都采用端接，这种形式力的传递较好。但装配时须将上、下肋骨的腹板对准。焊接方便，工作量也较少。

图 16-16b 为甲板间肋骨下端不与下甲板接触，而用肘板连接，肋骨端部受力得到改善，装配也较方便，但零件数量和焊接量则增加，且肘板会影响舱容，常用于舷侧结构在下甲板处划成两个分段制造的场合。

图 16-16c 为主肋骨和甲板间肋骨均不与下甲板接触，其特点和适用性同图 16-16b，而装配更为方便。

图 16-16d 肘板改为搭接，以便于装配。

图 16-16e 为主肋骨与下甲板的强横梁连接结构。

② 肋骨穿过中间甲板时的连接形式（图 16-17）。在中间甲板上切孔后用补板封密。下肋骨与中间甲板的横梁用肘板连接（端接或搭接）。

2）肋骨与上甲板纵骨的连接结构。肋骨与纵骨一般采用折边大肘板连接（见图 16-18），以增加横向刚度，肘板与肋骨采用端接，力的传递较好，而采用搭接连接则装配方便。

3）舷侧结构中强肋骨与强横梁连接结构。其常用形式如图 16-19 所示。

图 16-19a 为横梁用升高腹板代替肘板与肋骨端接；

图 16-19b 为横梁与肋骨端接，并加肘板连接，其肘板的趾端应力较大。这两种连接形式在舷侧分段与甲板分段合拢时装配较方便。

图 16-19c 为大中型货船中的连接实例，采用肋骨与横梁连成一体的方式，结构连续性好，并设置多道加劲肋，能确保横向强度和刚度。但舷侧和甲板分段合拢时装配较困难。

4）肋骨在舭部与内底的连接结构。

① 普通肋骨与内底边板的常用连接形式如图 16-20 所示。

② 强肋骨与内底边板的常用连接形式如图 16-21 所示。

舭肘板与强肋骨连成一体，结构连续性好，图 16-21a 为舭肘板的面板和腹板都与边板焊接，刚度大。图 16-21b 为面板端部削斜且不与边板焊接，应力集中较小，装配较方便，当连接处强度足够时宜采用这种形式。

2. 散装货船货舱的舷侧结构

通常，散装货船货舱的舷侧也采用横骨架式结构。因货舱内设顶边水舱和底边水舱，肋骨与它们的连接结构同主肋骨尺寸和所用的型材有关。图 16-22 是三种不同吨位散货船的肋骨尺寸及与上、下边水舱的连接实例。图 16-22c 中肋骨为不等边不等厚角钢，故肘板采用 L 形组焊件与肋骨相匹配。

3. 一般油船的舷侧结构

小型油船的货油舱舷侧为横骨架式结构。图 16-23 所示舷侧结构的一例。与货船的舷侧结构相比其不同之处如下：

1）舷侧纵桁与横舱壁的水平桁设在同一水平面上，两者通过大肘板以对接方式连成一体。

2）主肋骨的舭肘板须延伸至邻近的船底纵骨处，并加以焊接连接。在肋板部位，舭肘板加高至舷侧纵桁。当设有强肋骨时，可采用图 16-24 所示的连接结构。

3）舷侧纵桁之间设水平撑杆。大中型油船的货油舱舷侧为纵骨架式结构，通常与船底、纵舱壁和甲板构成边油舱。图 16-25 所示为 60000t 级油船的边油舱结构。强肋骨与强横梁连成一体。在强肋骨与纵舱壁间加水平撑杆。撑杆多采用组合型材，其剖面形状须为开式，不能用闭式结构。

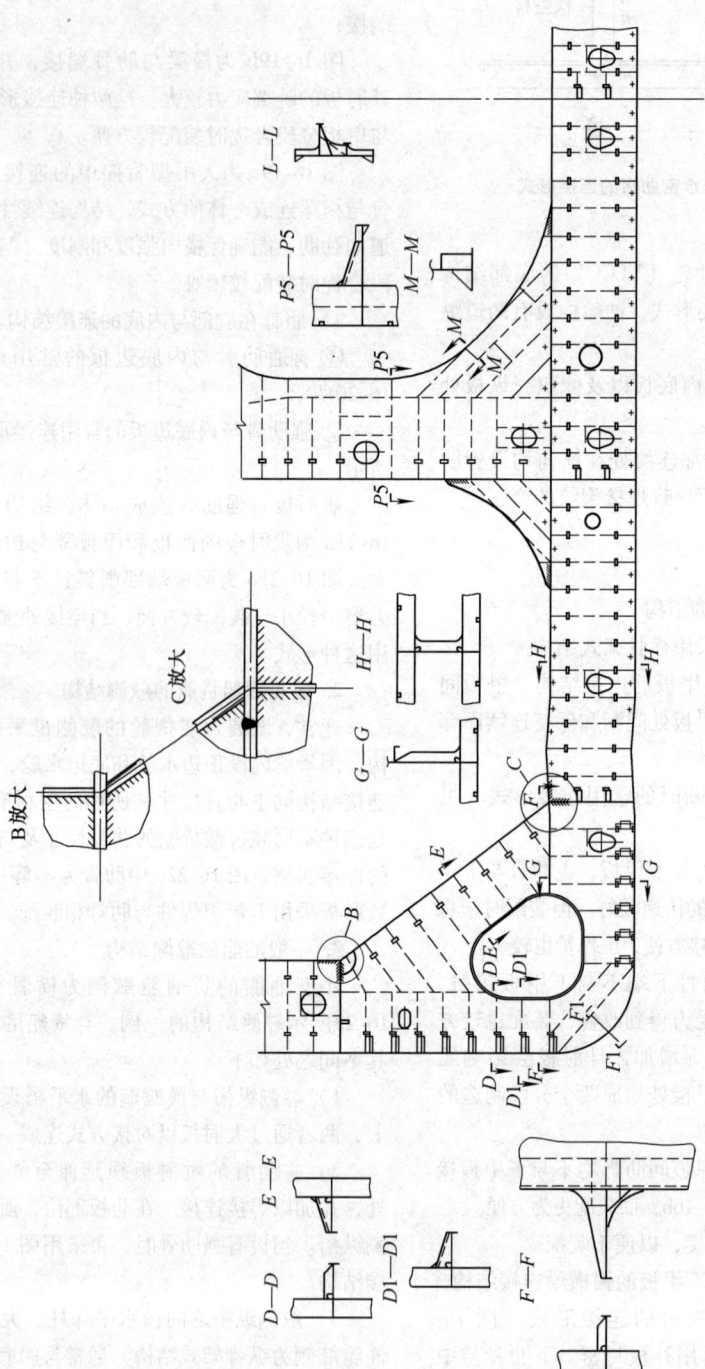

图 16-15　超大型油轮（VLCC）底部结构

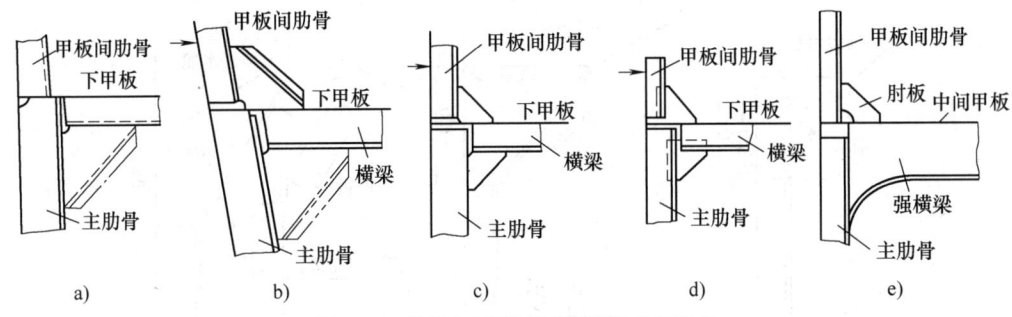

图 16-16　肋骨在下甲板处间断时的连续节点

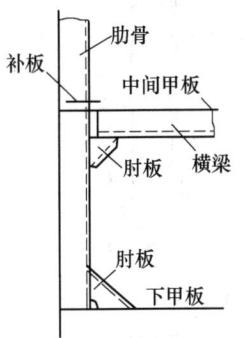

图 16-17　肋骨穿过中间甲板的连续形式

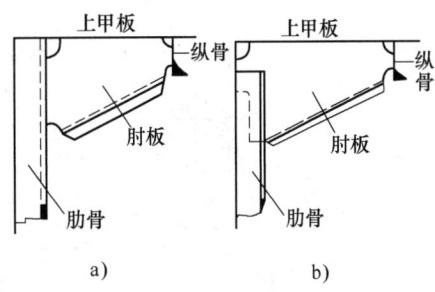

图 16-18　肋骨与上甲板纵骨的连接结构

a) 肘板端接　b) 肘板搭接

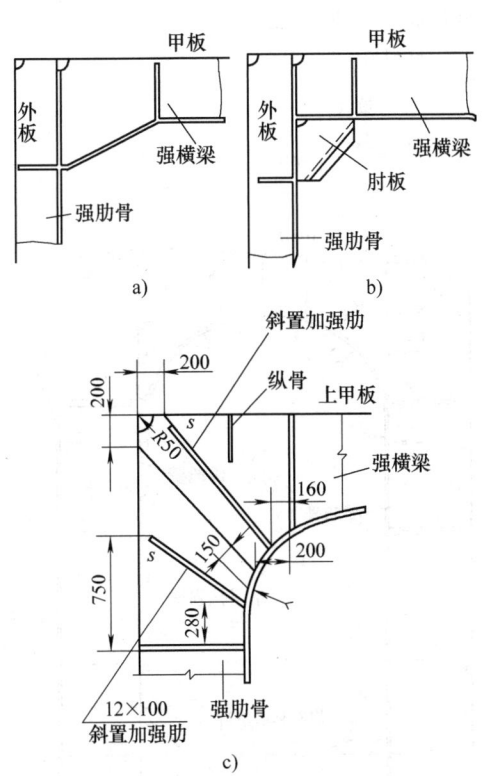

图 16-19　强肋骨与强横梁的连接

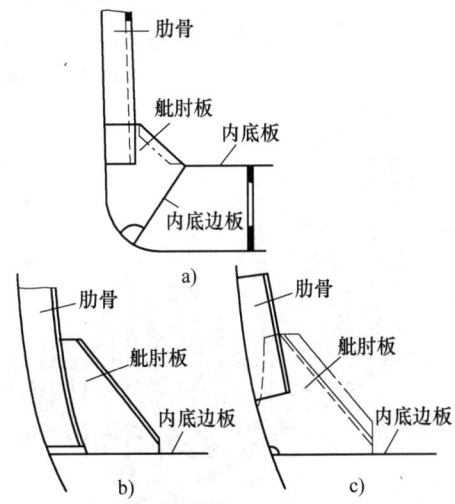

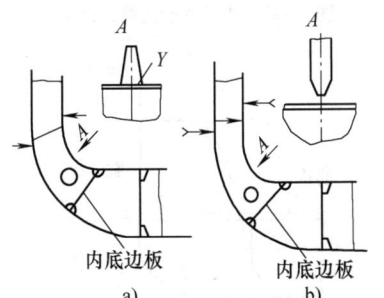

图 16-20　普通肋骨与内底边板的连接

图 16-21　强肋骨与内底边板的连接

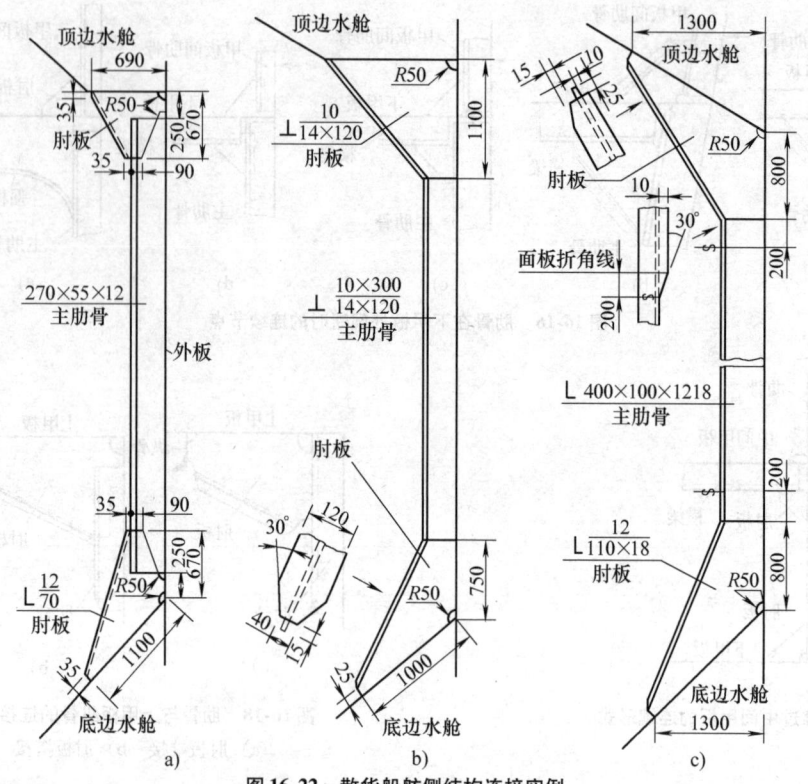

图 16-22　散货船舷侧结构连接实例
a) 20000t 散货船的肋骨及连接肘板　b) 27100t 散货船的肋骨及连接肘板
c) 60000t 级散货船的肋骨及连接肘板

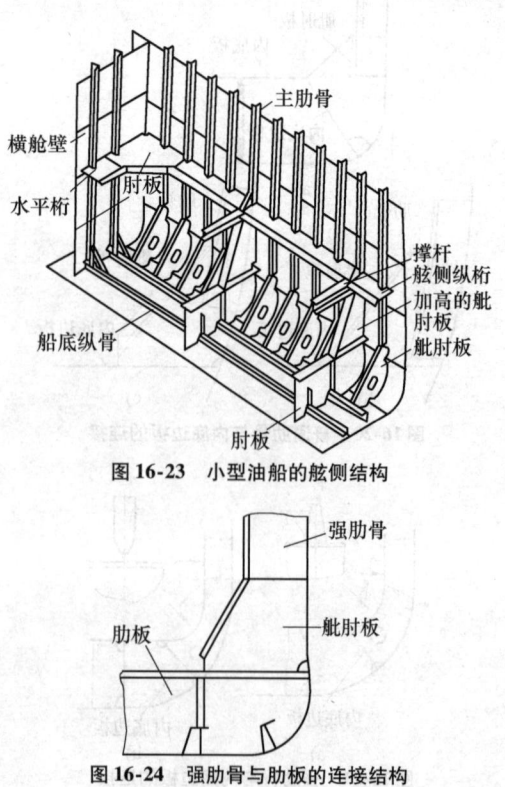

图 16-23　小型油船的舷侧结构

图 16-24　强肋骨与肋板的连接结构

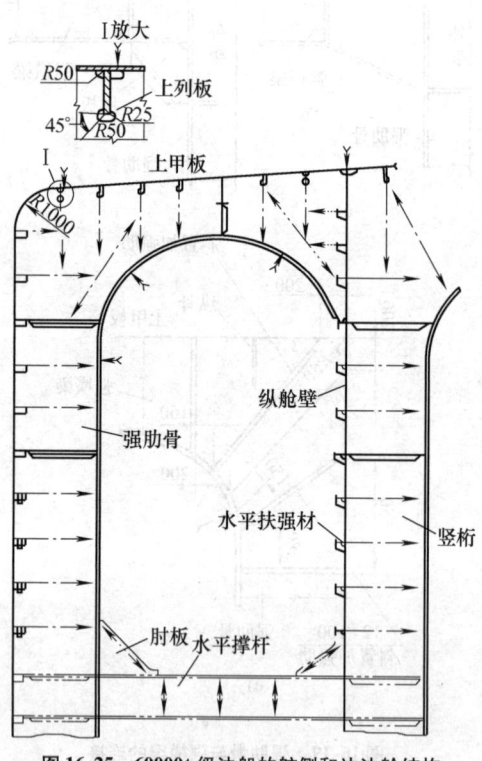

图 16-25　60000t 级油船的舷侧和边油舱结构

4. 双层壳油船的舷侧结构

双层壳油船在靠近舷侧处设一道平面纵舱壁，构成双层舷侧。图 16-26 所示为某 60000t 级油船船中区的双层舷侧结构。顶边水舱为纵骨架式，其结构与散货船相似。顶边水舱以下的双层舷侧为横骨架式结构，在每一肋位上设舷侧框板。框板与纵舱壁的上下两端与顶边水舱和底边水舱直接焊接连接。

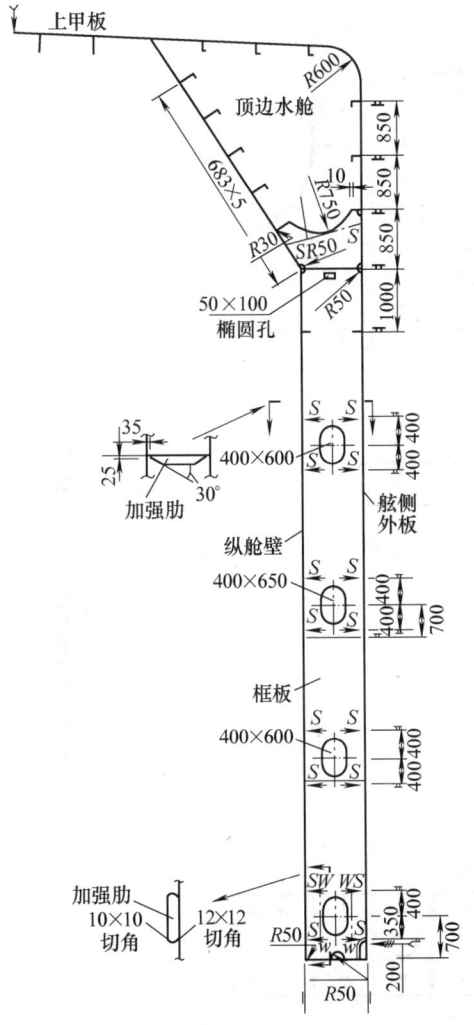

图 16-26　大型双层壳油船的双层舷侧结构

图 16-27 所示为某大型油船近船首区的货油舱双层舷侧结构。与船中区结构相对应，舷侧上部为纵骨架式结构，横向用框板加强。下部为横骨架式结构，采用设强肋骨、强横梁的加强方式，并与纵舱壁竖桁组成横框架。

纵舱壁下端与底边水舱顶板采用角接，这种连接便于分段在船台的定位和安装。

图 16-28 为一超大型油轮（VLCC）的舷侧及其

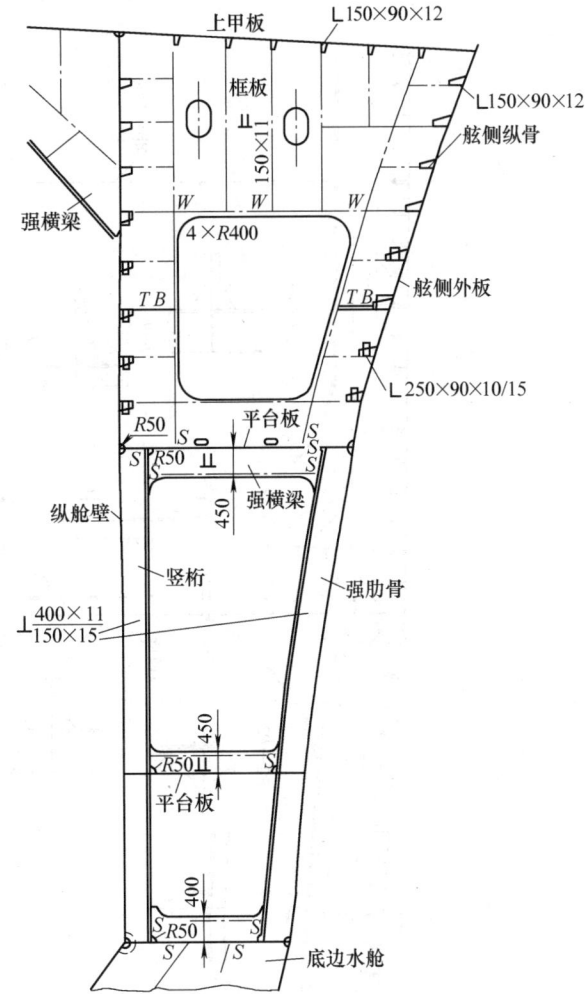

图 16-27　某大型双层壳油船近船首区货油舱的舷侧结构

与上甲板连接的结构图。图中显示了若干典型节点的焊接连接形式。

16.2.5　甲板结构

1. 甲板的结构形式

上甲板（也称强力甲板）是船体抗纵总弯曲的强力构件。大中型货船上甲板都采用纵骨架式，但舱口间甲板也有采用横骨架式的。中间甲板和下甲板则多采用横骨架式结构。小型船舶的上甲板通常为横骨架式结构。

散货船货舱区的甲板包括在顶边水舱中。图 16-29 即顶边水舱的典型结构，通常采用纵骨架式结构。

有的设计中将斜底的纵骨设在斜底板的外侧（图 16-30），可使施工大为简便。

2. 甲板边板与舷侧顶板的连接结构

由于舷顶区的应力相当高，且易产生应力集中，

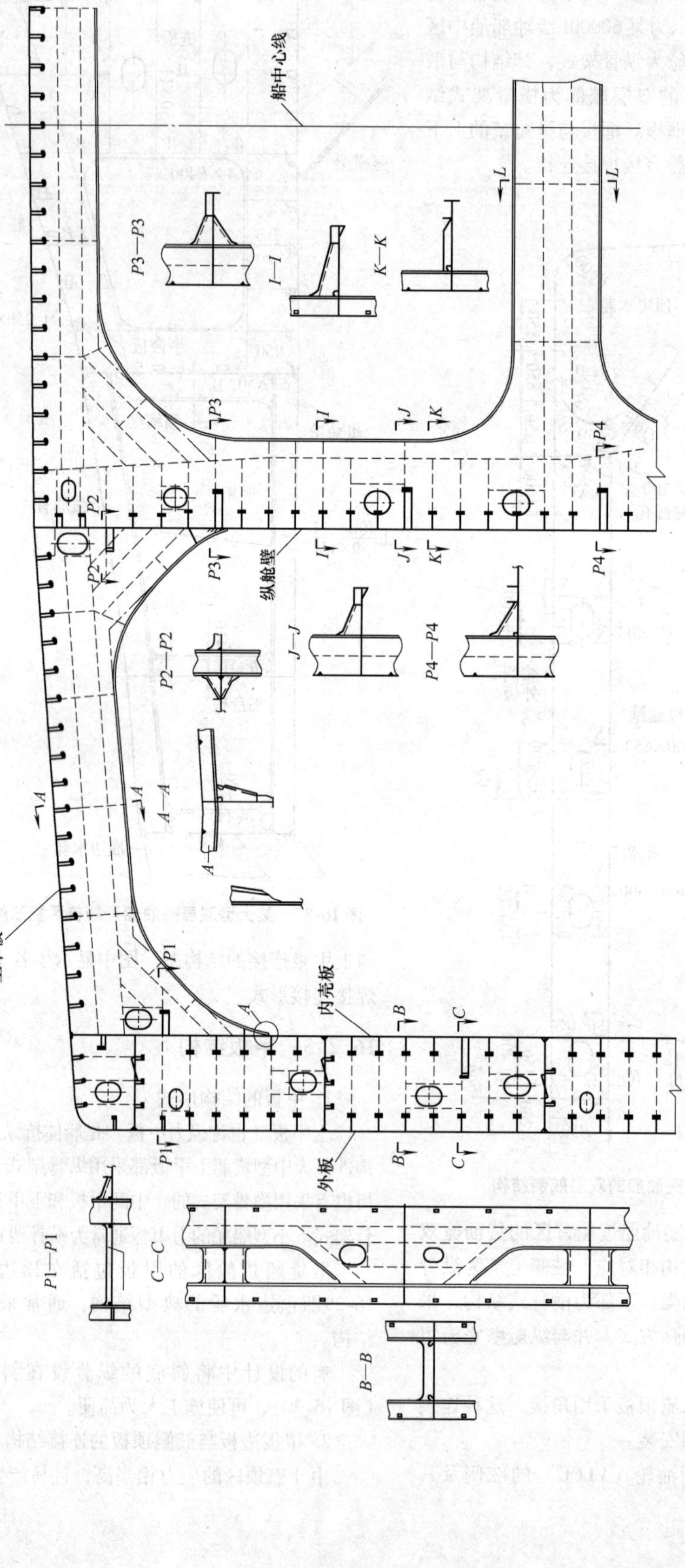

图 16-28　超大型油轮（VLCC）舷侧及甲板部分结构

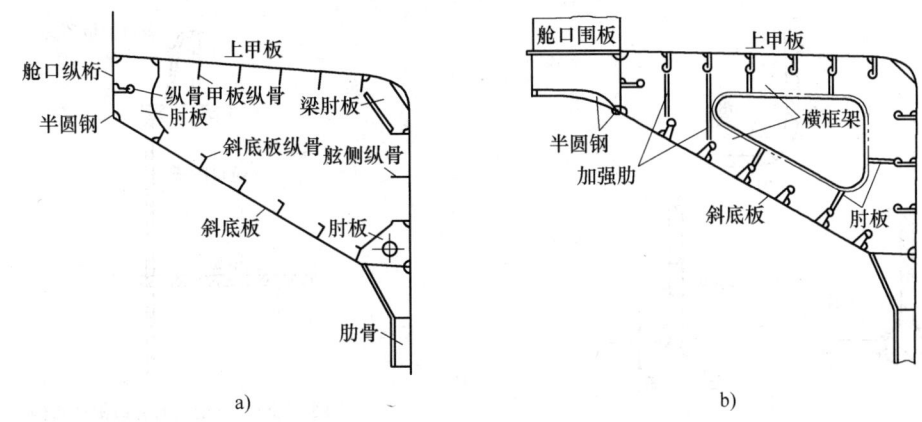

图 16-29　散货船顶边水舱结构

a) 无横框架处结构　b) 设横框架处结构

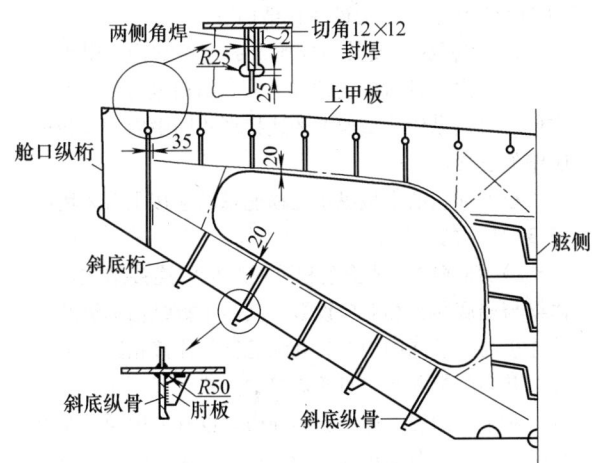

图 16-30　斜底纵骨设在外侧的顶边水舱结构

上甲板边板与舷顶列板的连接是设计和施工中应特别注意的问题。图 16-31 所示为常用的几种连接形式。图 16-31a 为用圆弧形舷顶板与甲板边板对接方式，多用于散货船和油船的船中区。其优点是应力流线较和顺，缺点是板需经压力加工。图 16-31b、16-31c 为两者直接焊接，多用于一般货船及散货船和油船的首

尾部。这种连接通常要求全焊透，要注意正面的坡口不能开得太大，否则因正面焊层多，舷顶列板高出甲板部分会向内倾斜，很难矫正。另外，为避免应力集中，舷顶列板的上边缘必须打磨成圆角。

3. 舱口结构

1) 舱口端横梁和舱口纵桁及其连接。舱口端横梁和纵桁是加强舱口的重要构件，小型船舶可采用压制的 L 形型材（图 16-32a），大中型船多采用组焊型材（图 16-32b）。组焊式舱口纵桁与端横梁的连接方式如图 16-33a 所示，下翼板用菱形板过渡，以缓和应力集中。压制式舱口纵桁与组焊式舱口端横梁的连接如图 16-33b 所示。

2) 舱口围板结构。舱口围板在船体纵总强度计算中虽不作为强度构件，但因与甲板焊接，实际上仍承受着相当大的应力，这一点在设计（特别是焊接施工）时应加以充分注意。

图 16-34 为小型货船（5000t 级运木船）的长舱口围板结构[7]，其顶梁侧板在船台现场对接时只能采用加垫板焊接，但必须全焊透。由于顶梁处于高应力区。曾发生因此对接焊缝未焊透而诱发裂纹并沿舱口围板扩展至上甲板的事故[7]。

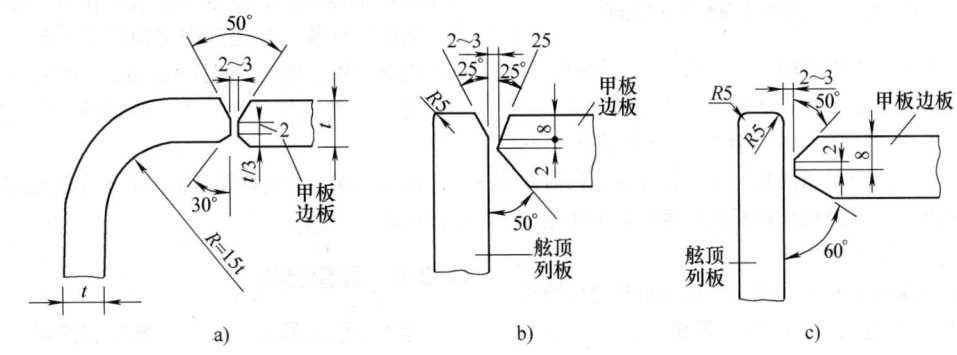

图 16-31　上甲板边板与舷顶列板连接结构

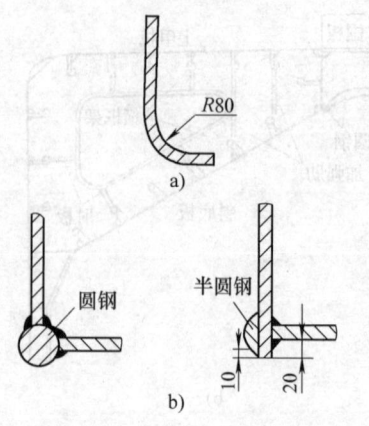

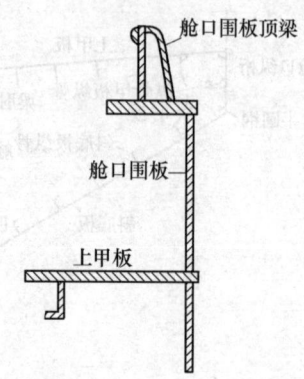

图 16-34　小型货船舱口围板结构

图 16-32　舱口端横梁和舱口纵桁结构
a）压制式结构　b）组焊式结构

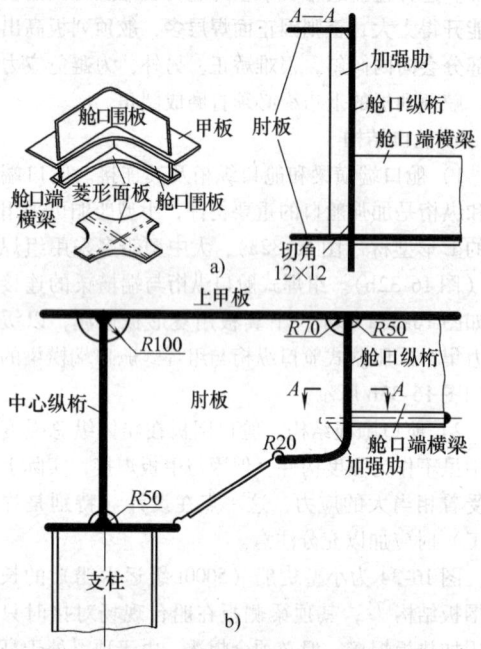

图 16-33　舱口端横梁与舱口纵桁的连接
a）组焊结构相互连接（菱形面板上略去圆钢）
b）压制式舱口纵桁与组焊端横梁连接详图

图 16-35 为中型货船的舱口围板结构。为防止围板两端的应力集中，各用一块大肘板和小肘板过渡。

图 16-36 为 60000t 级散货船的舱口围板结构，它是内倾式的。围板下端折角后与上甲板连接，同时两端需用大肘板，并逐渐减低肘板的高度使之平顺地过渡至甲板，以缓和应力集中。

舱口端围板的肘板其后端下部也需折角并用圆角过渡。在与甲板连接时，甲板上须设复板以分散应力。否则，船舶在航行中该处可能出现裂纹。

4. 油船的甲板结构

油船的上甲板采用纵骨架式结构。图 16-37 所示为 24000t 油船中油舱的甲板结构[5]。

1）甲板纵桁及其与横舱壁的连接结构。甲板纵桁设在中内龙骨对应的位置上，其结构也与中内龙骨类似。甲板纵桁与横舱壁的连接形式同中内龙骨与横舱壁的连接。

小型油船的甲板纵桁与横舱壁的连接也有采用图 16-38 所示的结构。

2）强横梁与纵舱壁和甲板纵桁的连接结构。强横梁与船底肋板相对应设置，其与甲板纵桁和纵舱壁的连接与肋板同中内龙骨和纵舱壁的连接相同，都是逐渐升高腹板并与之直接焊接的方式。

对小型油船，边油舱的强横梁也有采用同纵舱壁直接焊接并用肘板再与竖桁连接的（图 16-39）。

5. 自卸船甲板的特殊结构

73000t 大型自卸船是高技术型船舶。自卸船是一种具有卸货速度高，船舶周转快，经济效益好的一种高附加值船。

在自卸船上甲板设置 A 字架结构、输送回转机构支点及料臂结构组成卸货系统，该系统的料臂能做 270° 回转。由于结构的特殊性，无规范可循。其中 A 形架端部加强结构，要求设计者提供有关强度、刚度、屈曲等计算；其建造中结构焊接工艺的难度甚高，焊缝密集、地位空间狭小。为减小焊接变形和应力，将 A 字架端部结构分为一些部件，再合拢成为整体。

图 16-40 为大型自卸船甲板上 A 字架端部结构的焊接详图。

16.2.6　舱壁结构

舱壁按结构形式分为平面舱壁和槽形舱壁。表 16-9 为两种舱壁的特性比较和适用范围[1]。

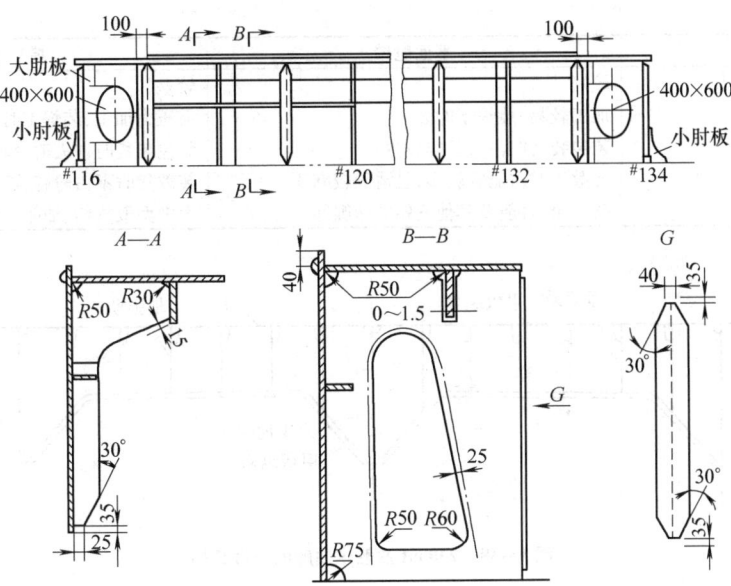

图 16-35　中型货船的舱口围板结构

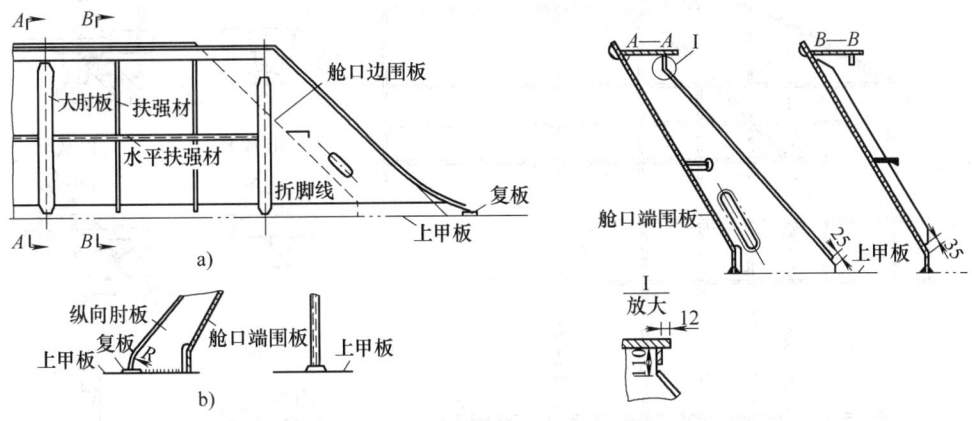

图 16-36　60000t 级散货船内倾式舱口围板结构

a) 舱口边围板结构　b) 舱口端围板的肘板的下部结构

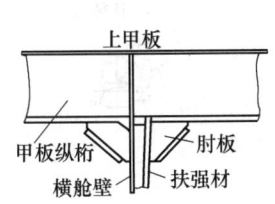

图 16-37　小型油船的甲板纵桁
与横舱壁的连接

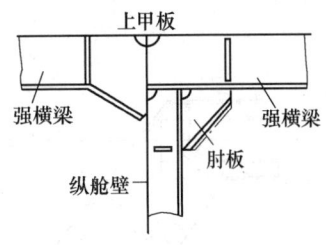

图 16-38　小型油船强横梁
与纵舱壁的连接

表 16-9　平面舱壁与槽形舱壁的比较

项　目	平面舱壁	槽形舱壁
结构重量	较槽形舱壁重 12% ~20%	较轻
抗弯强度	扶强材面板处强度较差	均等

(续)

项　目	平面舱壁	槽形舱壁
承受总弯曲剪切的能力	较好	较差
施工工艺性	加工较易,装焊工时多	需压力加工,装焊工时少
对舱容的影响	装包装货时占去舱容较少	装包装货时不占舱容
	装散货时占舱容较多,且清舱较麻烦	装散货时不占舱容,清舱方便
适用范围	杂货船、客船及其他货船的艏艉部	大中型散货船、油船的货油舱

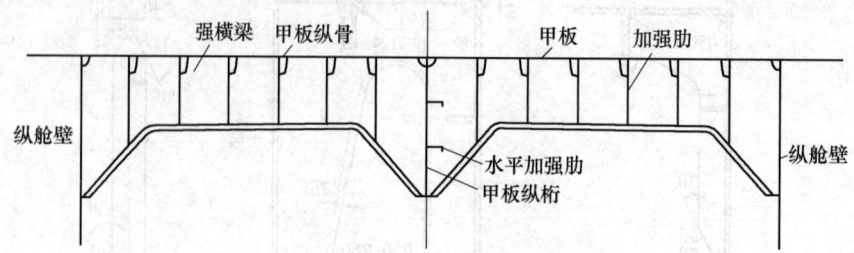

图 16-39　24000t 油船中油舱的甲板结构

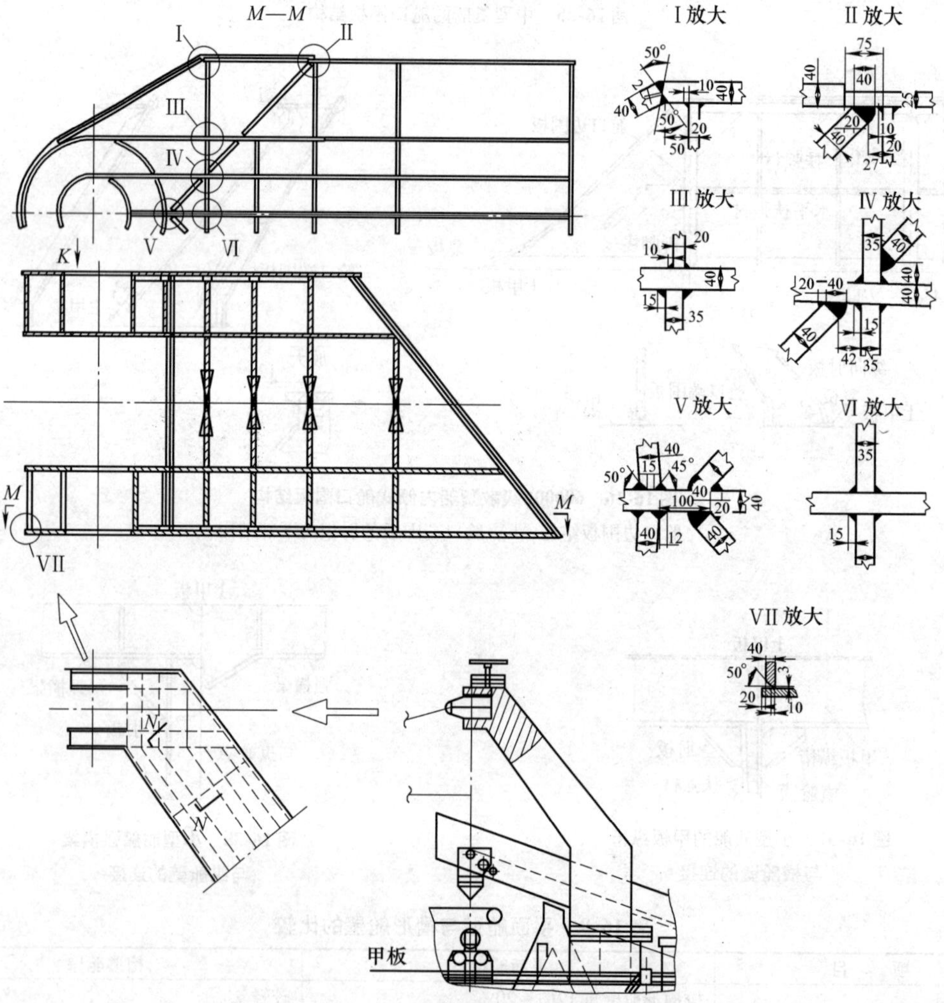

图 16-40　73000t 大型自卸船甲板 A 字架结构端部焊接详图

1. 平面舱壁结构

1）舱壁板的排列。舱壁板的厚度是根据其所受的水头压力确定的。小型船舶及货船的甲板间舱壁和首尾部舱壁，因其高度不大，壁板多采用直向排列。当舱壁高度较大时因板厚度变化，则宜采用水平排列，以节约钢材。对高度≥14.4m的舱壁，其板列数宜大于5列。

2）扶强材的布置。舱壁扶强材的布置取决于舱壁高度与宽度之比。高宽比≤2，以直向布置为宜；高宽比>2，则宜水平布置，艏艉尖舱多采用水平扶强材。

3）超大型油轮（VLCC）的甲板与舷侧双壳的连接以及甲板与油舱间二道纵隔壁的连接可参考图16-28；详图中表示若干典型的结构节点的连接。

舱壁高度较大时，为减小扶强材的尺寸，可在其两端设肘板并焊到相邻的结构上（图16-41）。根据船舱结构，也有设水平桁作为扶强材的中间支承的。图16-42所示为水平桁及其与舷侧结构的连接。

2. 槽形舱壁结构

槽形舱壁的槽体断面形状有梯形、矩形、弧形和三角形。前两种主要用于万吨级以上的船舶，后两种多用于小船和上层建筑。

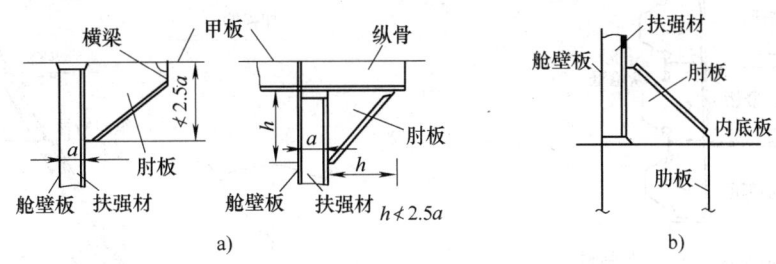

图 16-41　舱壁扶强材与周围结构的连接

a）与上甲板的连接　b）与内底板的连接

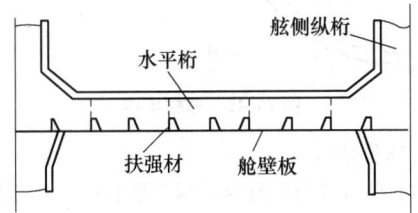

图 16-42　舱壁水平桁与舷侧的连接

图16-43所示为某散货船的槽形横舱壁结构。在对应甲板纵桁处设一道T形扶强材。

3. 横舱壁结构

油船货油舱的横舱壁大都采用槽形舱壁，槽体沿垂直方向布置。当舱壁高度大时，需设水平桁。

有的大中型油船的边油舱也有采用平面舱壁的。横舱壁的上下端通常与甲板和船底板直接角接。

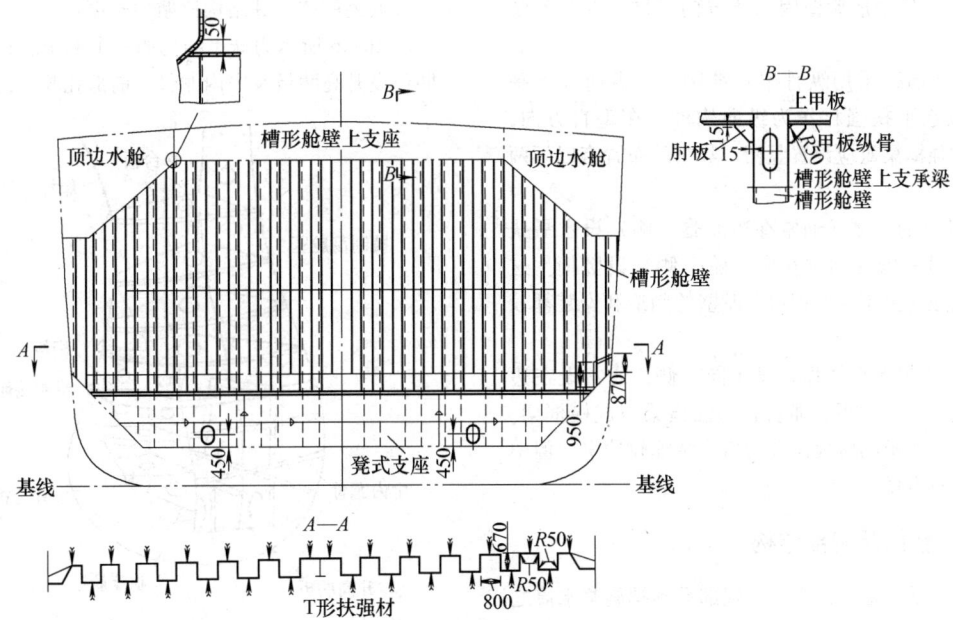

图 16-43　散货船槽形舱壁结构

4. 纵舱壁结构

1）槽形纵舱壁。槽体沿水平方向布置（因纵舱壁参与船体总纵弯曲），在肋板处舱壁于边油舱一侧设竖桁，以增加舱壁的刚度。竖桁的腹板上割出与舱壁槽体相应的槽口，插入槽体后焊接连接。舱壁的上下端各设一行平面舱壁板，其上设水平加劲肋。舱壁与甲板和船底板采用角接（图 16-44）。

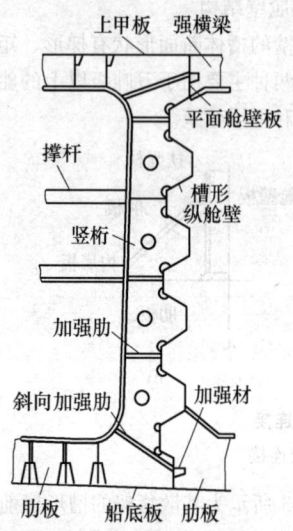

图 16-44　油船槽形纵舱壁结构

2）平面纵舱壁。大中型油船多采用平面纵舱壁。其原因如下：

① 因总纵弯曲应力较大，槽形舱壁的槽体角隅处易因应力集中而产生裂纹。

② 纵、横槽形舱壁因槽体方向不同，施工安装时很费事。

平面纵舱壁采用纵骨架式结构，在纵向（水平方向）以水平扶强材作为纵向构件。在垂直方向，与肋板和强横梁对应设置竖桁。竖桁的布置有以下两种方式：

① 舱壁的一侧（通常在边油舱一侧）设水平扶强材，在另一侧（通常在中油舱一侧）设竖桁。这样，竖桁腹板上不需切口，舱壁的制造和安装都较方便。

② 竖桁与水平扶强材设于同一侧，通常设在边油舱一侧，并与肋板、强肋骨和强横梁组成横框架。这种方式、竖桁的腹板需开切口，装配较费事，但中油舱清舱较方便。

16. 2. 7　艏部及艉部结构

船艏部受波浪的冲击，而艉部受到螺旋桨水流之作用，因而在结构上比一般货舱要强[8]。

1. 艏柱结构

现在，货船都采用钢板焊接艏柱，由钢板经压制成形，在胎架上拼焊而成。图 16-45 所示为散装货船的艏柱结构详图。艏柱内侧沿中心线设置连续的 T 形纵向加劲肋，并与船体的纵向构件和结构相连接。同时每隔一定间距（一般不超过 1000mm）设水平加强板，这些加强板须延伸到邻近的肋骨、纵桁及各层甲板处，并与之焊接连接。

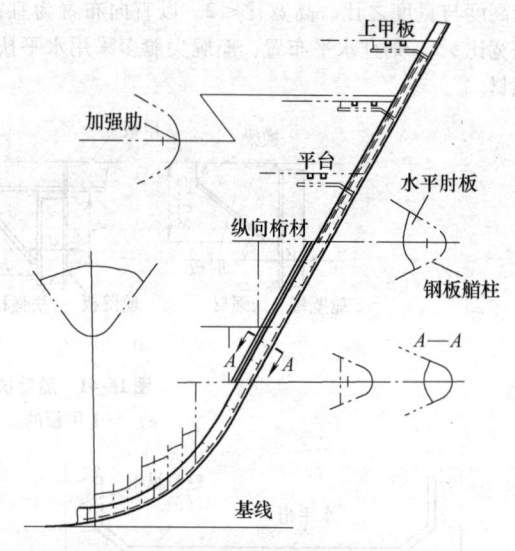

图 16-45　艏柱结构

2. 球鼻结构

为了提高船舶的航速，减少航行时的波浪阻力，现在大中型船舶都设有球鼻船艏，它是船艏在水线以下部分的突前体，其结构比艏尖舱更强。

图 16-46 所示为球鼻结构的一个例子。在底部每一肋位设升高肋板及中内龙骨。前部孔腔内设纵、横

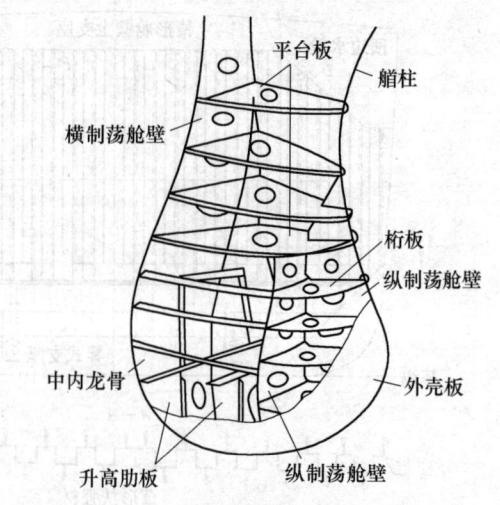

图 16-46　球鼻结构

制荡舱壁，并用桁板进行加强。在上部，与艉尖舱平台或舷侧纵桁相对应设平台板作为加强构件。球鼻的外壳板上端与艏柱包板对接，两侧与艏尖舷侧外板对接。

3. 艉部结构

1) 艉尖舱结构。艉尖舱因受螺旋桨引起的振动，且装有舵机，故结构上也需作加强。艉尖舱的结构因艉部悬伸端的形式而异。以往艉部悬伸端多呈卵形或巡洋舰型船艉，不但线型复杂，而且内部构件需按扇形布置，制造和安装均较困难。现在大都采用方

形船艉，其尾封板为平板，简化了内部结构的布置，施工也较简便[8]。

2) 艉柱结构。艉柱有铸钢艉柱和钢板焊接艉柱。表 16-10 为万吨级货船的两种艉柱的技术经济特性的比较资料[10]。

现在万吨级以上的船舶中已基本上不用铸钢艉柱而采用钢板焊接艉柱。

钢板焊接艉柱的结构随船型和舵的形式而异。图 16-47 所示为万吨级货船的常用钢板焊接艉柱结构[10]。

表 16-10　"庆阳"型万吨级货船铸钢和钢板焊接艉柱的技术经济特性比较

比较项目			钢板焊接艉柱		铸钢艉柱	
					分3段浇注	分6段浇注
钢材消耗量/t	投料量(包括浇冒口及余料)	铸钢	18.0	32.0	60.0	62.0
		板材、圆钢	14.0		—	—
	成品	铸钢	9.0	21.5	30.0	31.0
		板材、圆钢	12.5		—	—
工艺特性			制造工序少,工艺简单,外表平整光洁,质量好,周期短		制造工序繁多(包括制木模、浇注,每段铸件的画线和机械加工,焊后热处理等),内部存在缩孔、气孔和疏松等缺陷,外表粗糙、线型不易保证,周期长	
制造工时比率(以钢板艉柱为100)			100		338	367
制造总成本			低		高	更高

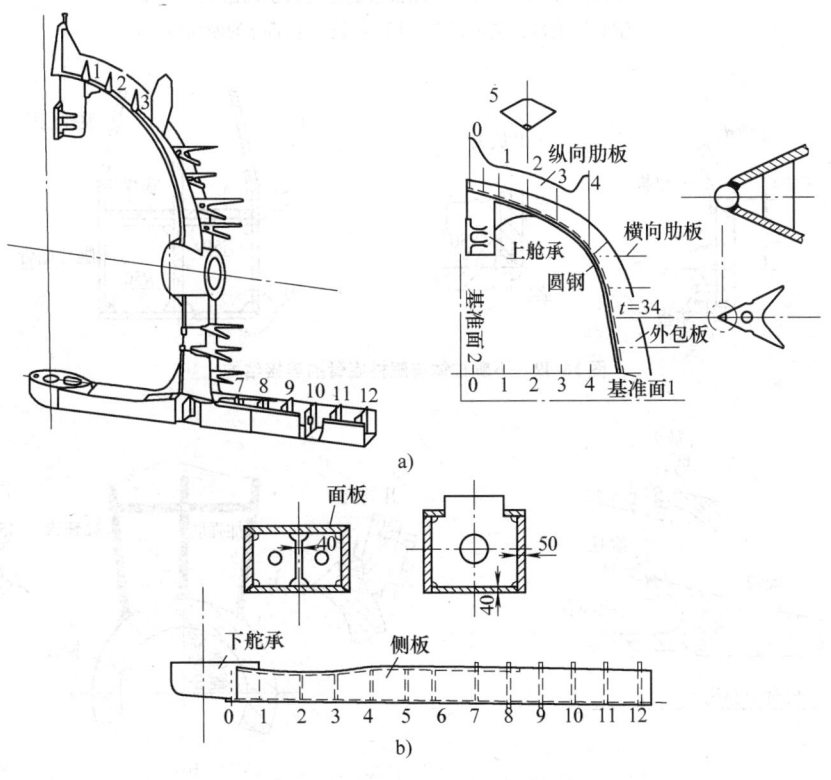

图 16-47　万吨级货船用钢板焊接艉柱结构

a) 艉柱结构　b) 艉柱底骨结构

图 16-48 所示为 20000t 级货船钢板焊接尾柱的轴毂以上部分和轴毂以下部分的典型断面图。而图 16-49 所示为轴毂以下部分与艉柱底骨的连接结构。轴毂与艉柱的上下部分的连接方式,根据船型大小和轴毂形式而异。图 16-50 所示为常见的两种连接结构。

图 16-51 所示为 73000t 油船的艉轴毂与船体外板焊接详图。

16.2.8　液化气舱结构

液化气船及液化气舱的设计和建造,除应符合一般钢质船舶建造规范外,还必须遵循国际海事组织(IMO)制定的《散装运输液化气体船舶构造和设备规则》及各国船级社的相应规定或规则。

液化气舱根据其结构以及与船体连接的方式分为独立式、整体式、薄膜式和半薄膜式及内部隔热式等[11]。

1. 独立式液化气舱的结构

独立式液化气舱分为罐式和舱式两类。

1) 圆筒形液罐结构。

① 全压式圆筒形液罐结构。图 16-52 所示为全

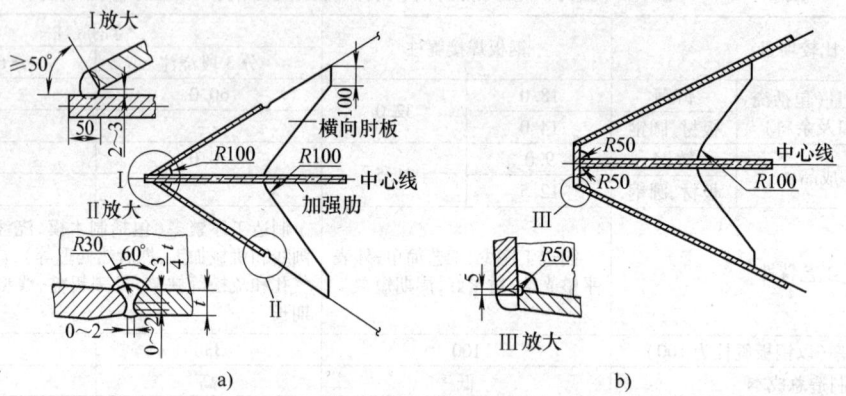

图 16-48　20000t 级货船钢板艉柱典型剖面结构

a) 轴毂以上部分的断面图　b) 轴毂以下部分的断面图

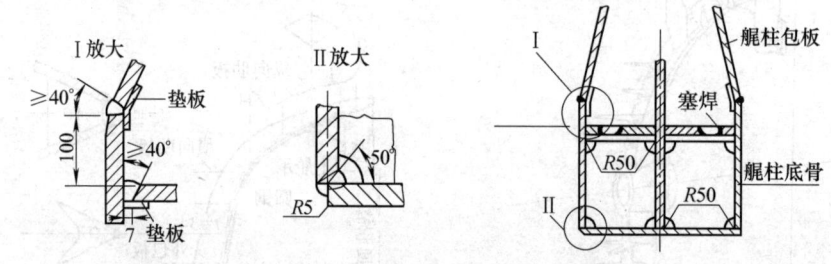

图 16-49　下艉柱体与艉柱底骨的连接结构

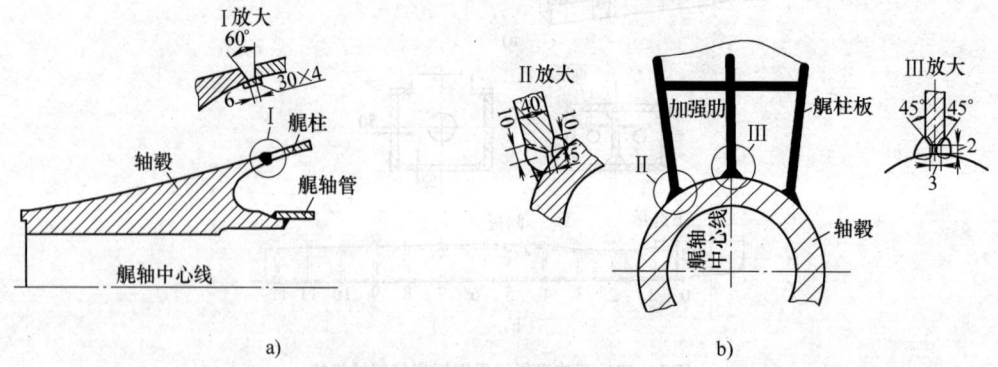

图 16-50　艉柱体与轴毂的连接详图

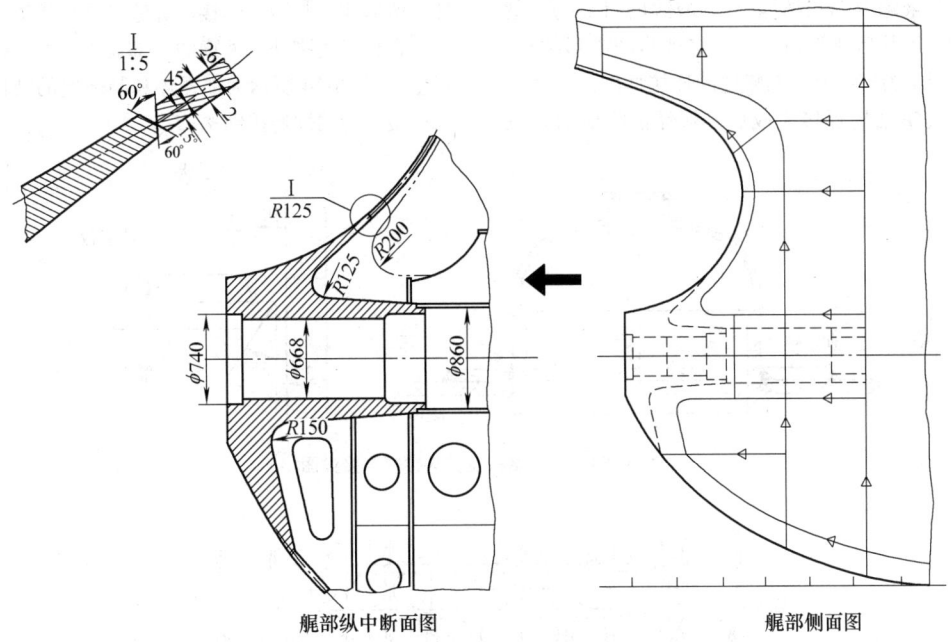

舯部纵中断面图　　　　　　　　舯部侧面图

图 16-51　73000t 油轮舯轴毂与船体外板的焊接详图

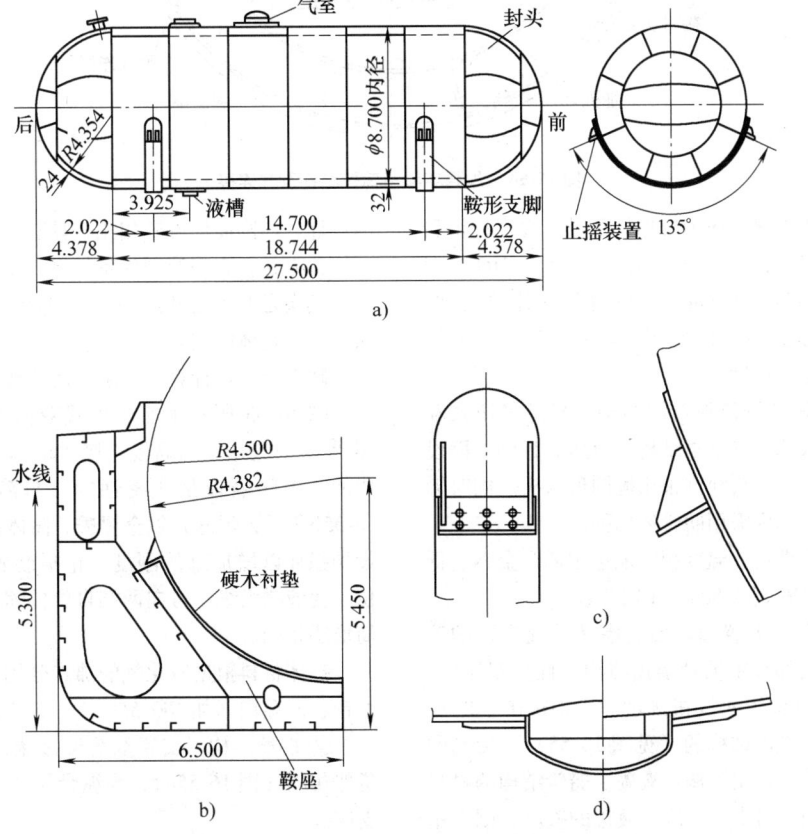

a)

b)　　　　　c)　　　　　d)

图 16-52　全压式圆筒形液罐（纵向卧置式）及船舱结构
（罐筒体板厚 32mm，HT80 级高强钢；封头板厚 24mm，HT60 级高强钢）
a）液罐结构简图　b）液罐船舱支座部分剖面图　c）鞍形支脚、止摇装置详图　d）集液槽详图压式圆筒形液罐及船舱结构[12]。液罐的封头为半球形，压制成瓣状后拼焊而成。气室也是圆筒形结构，图 16-53 所示为气室及其与罐壁的连接详图。它属受压部件，气室结构焊接完成后，须经消除应力热处理，然后才能与罐体焊接。焊缝必须全焊透。

在鞍形支脚处，液罐的内部设 T 形材加强环和制荡壁。图 16-54 所示为加强环和制荡壁的结构。两者的连接，为柔性连接结构[13]。

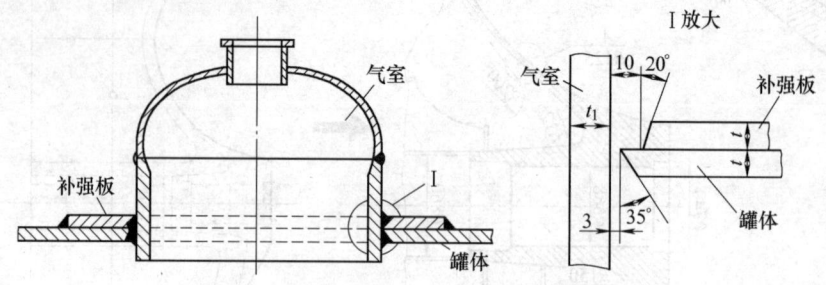

图 16-53　气室结构及其与罐壁连接详图

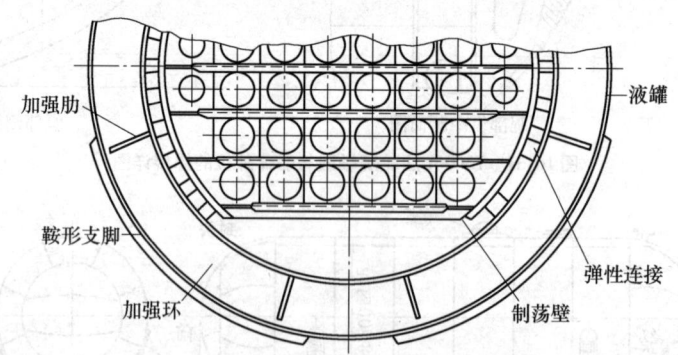

图 16-54　加强环和制荡壁结构及其连接

全压式圆筒形罐按压力容器规范进行强度计算和设计。罐体材料根据设计压力和温度选用。IMO 规则规定，罐壁板厚度 ≥40mm 时，液罐须整体热处理。因此，大型全压式液罐需使用 HT80 级调质高强度钢，以减薄罐壁的厚度。

② 半冷半压式圆筒形液罐结构。半冷半压式和全冷式圆筒形液罐，其基本结构与全压式相同。因设计压力相对较低，封头允许采用椭圆形封头。同时罐壁相对较薄，筒体内需用肋骨环加强。

罐体材料根据设计温度相应地选用低合金钢、低温钢、3.5Ni ~ 9Ni 钢或 5080-M 铝合金。

③ 船舱结构。安置圆筒形液罐（卧置式）的液化气船的货舱大都采用纵骨架式结构，且是双层底、双层舷侧（增加船体的抗扭刚度），如图 16-52b 所示，也有采用单舷侧结构的（见图 16-55a）。货舱的内底上设鞍形支座，用于搁置液罐。船舱结构的材料与一般货船相同。对支承全冷式液罐的鞍座，则采用低温钢。

2）双筒形液罐结构。

① 液罐结构。双筒形（Bilobe）液罐是一种新型的设计，与圆筒形液罐相比，具有以下优点：

首先是在容积等同的条件下，罐体重量轻。

其次是舱容的利用率高，可减小船体的主尺度，从而减轻船体结构重量。

缺点是设计计算较复杂，制造较麻烦。

图 16-55 所示半冷半压式双筒形液罐的结构简图[12]。它是用中间隔板连接 2 个非全圆的筒体而构成的。中间隔板是非密性的，与筒体的连接如图 16-55b 所示，焊缝必须全焊透。筒体内壁按一定间距设加强环以增加罐的刚度。止摇装置设在罐中央部位，使液罐沿纵向可向两端自由伸缩。其他结构与圆筒形罐相同。

罐体材料根据液化气的沸点分别选用低合金高强度钢、低温钢（如 NiO.5% 钢）、5Ni 钢或 9Ni 钢等。

② 船舱结构。安置双筒形液罐的船舱结构与散货船相同（图 16-55a），为纵骨架式。内底上设鞍形支座。

3）球形液罐结构。

① 半冷半压式球形液罐结构。图 16-56 所示为半冷半压式球形液化气罐的典型结构图[12]。顶部设

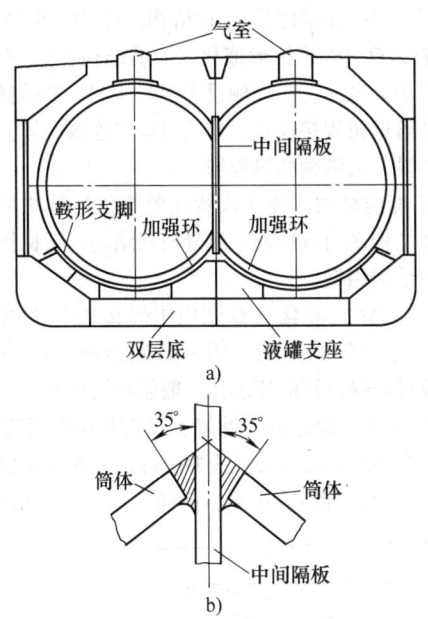

图 16-55　半冷半压式双筒形液罐结构简图

a）双筒形液罐和船舱剖面

b）筒体与中间隔板的连接

2 个气室，下部设 2 个鞍形支脚和止摇装置（图 16-56b）。

全压式球形液罐结构与半冷半压式相同。但罐的支脚有采用鞍形的，在某些设计中也有采用在罐的赤道部位设支柱的方式，通过支柱下端与船底相连接。

② 全冷式大型球形液罐结构。图 16-57 所示为大型全冷式 LNG 船的 Moss 型球罐结构[14]。在罐的内部自南极至北极设一个管塔（其内布置货物管路和梯子等附件），管塔顶端连接一个气室。球罐的赤道区设有圆柱形围裙，作为罐体的支承并吸收因温度变化引起的胀缩变形。围裙上每隔一定间距配置加劲肋。为防止 -162℃ 左右的液化天然气的低温传到船体结构上，引起材料脆化，在围裙的中部镶接一圈用特种材料制的过渡环。环的下部材料采用低温钢并与船舱的底座相连接。

这种大型球罐采用特种铝合金制造，需具有较高的焊接技术，必须严格控制焊接变形和确保焊接质量。

4）棱柱形液化气舱结构。棱柱形液化气舱是由平板（板上配置加劲肋或加强桁材）构成的、设于船舱内但独立于船体结构的液舱。

① 单层壳棱柱形液舱结构。图 16-58 所示为单壳棱柱形液舱的结构[15]。它由纵、横舱壁板，舱底板和舱顶板及加强桁材构成。舱壁板用水平桁加强（有的设计中也有采用垂直加强桁的）。纵中舱壁下面设有特殊支承条和防止液舱移动的装置。

货舱的材料根据装运的气体的沸点可分别选用船体结构用 D 级钢、低温钢、5Ni 钢、9Ni 钢和 5083-M 铝合金。

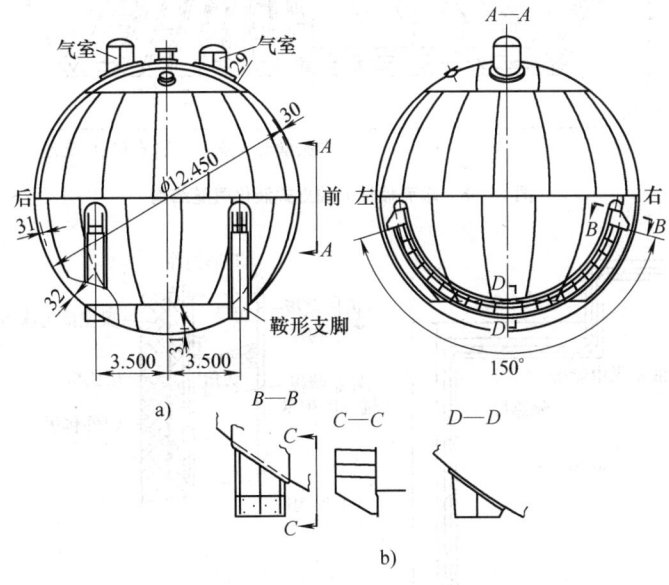

图 16-56　半冷半压式球形液罐结构

（罐容积 1000m³，最低设计温度 -45℃，设计蒸汽压 1.18MPa，

材料 HT50 级低温钢，板厚 29 ~ 32mm）

a）液化气罐结构简图　b）鞍形支脚和止摇结构详图

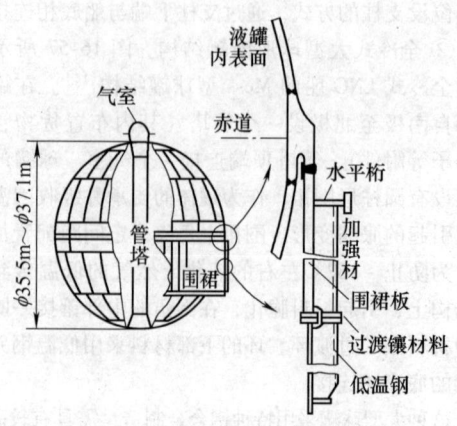

图 16-57　大型全冷式 Moss 型球罐结构
（容积：5000m³；材料：5083-M 铝合金）

② 双层壳棱柱形液舱结构。图 16-59 所示为 LNG 船的双层壳棱柱形液化气舱的结构[15]。内舱壁的内表面为平面，在外侧设 T 形加强材，T 形材的面板与外舱壁板焊接连接，使两层舱壁连成一体。液舱的中心设一道液密的纵舱壁。

③ 船舱结构。独立式棱柱形液化气舱的货舱区的船体结构多为双层壳、纵骨架式结构，钢材使用一般船体结构用钢。

5）独立式液化气舱结构中焊接接头的设计要点[16]。液化气舱（罐）因其所装运的货物的特殊性，故对焊接设计的要求比一般船舱结构要高。

① 液化气舱壳板（筒壁、封头和舱壁板等）的焊接接头必须采用对接接头并全焊透。在采用加垫板焊接的场合，焊后应把垫板拆除。但尺寸较小的容

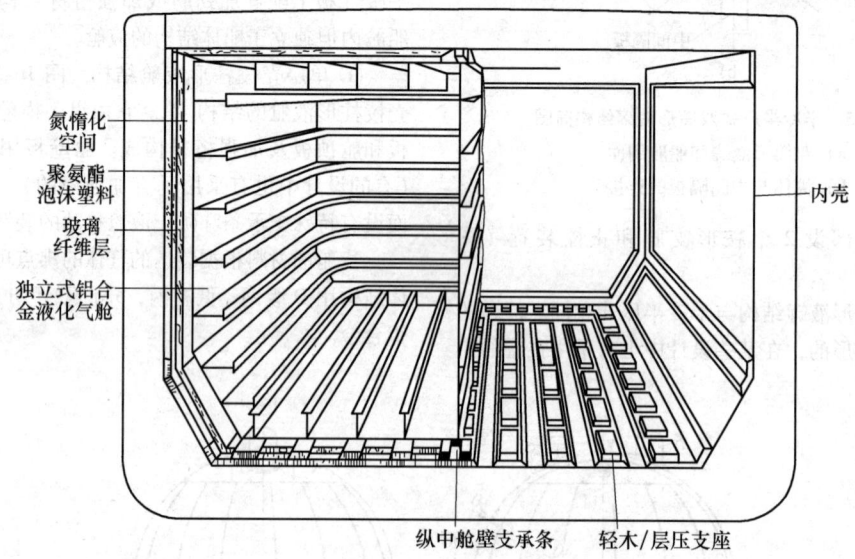

图 16-58　单壳棱柱形独立式液化气舱结构

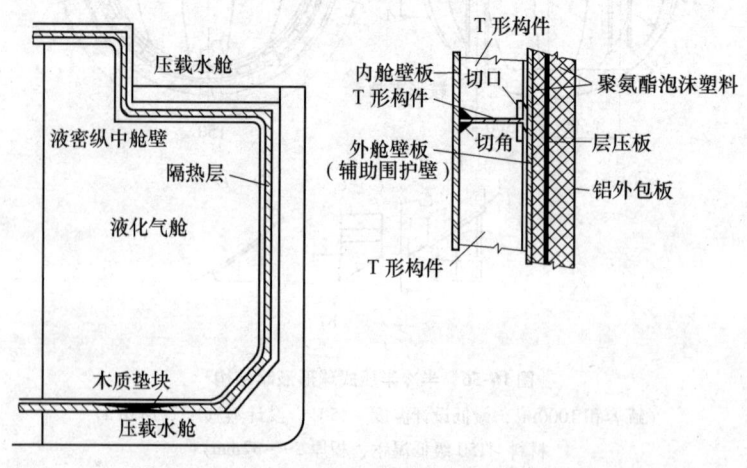

图 16-59　全冷式 ESSO 型双层壳棱柱形液化气舱结构

器，经验船机构同意，垫板可予保留。气室与舱体的连接焊缝，经验船机构认可，允许采用全焊透角焊缝，但必须能进行无损检测。

② 液舱内部构件之间的焊接接头原则上应采用对接。

③ 对接接头中板厚差超过 3mm 时，较厚板的板边应切斜到与相连接的较薄板等厚。切斜段的斜度应为 1:3~1:4。

④ 焊接接头应避开结构上会引起显著的应力集中的区域。

⑤ 液舱中各种接管等贯穿件（包括气室和人孔）只允许布置在液舱的顶部，对大型液舱（罐）则应布置在气室的上部或者舱盖上。除经特别认可的小直径贯穿件外，其他的贯穿件与舱壁的连接焊缝都须全焊透，其连接结构须符合压力容器规范的规定。图 16-60 所示为贯穿件与舱壁连接结构的几则实例。

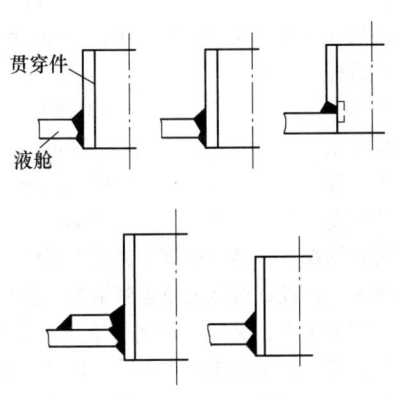

图 16-60　贯穿件与液舱壁的连接结构实例

对于设计蒸气压低于 69kPa（0.7kgf/cm²）的液舱，穿过舱盖的贯穿件，只要能够确保连接处完全气密和液密，则其连接要求可按货船中深舱舱壁上贯穿件同样处理。

在液罐不作整体消除应力热处理的情况下，贯穿件集中的部位原则上须进行焊后消除应力处理。

⑥ 在液罐顶部或舱盖上开人孔（大小至少应为直径 600mm）时，舱体上应设补强圈，其具体要求按压力容器规范的规定。

⑦ 球罐内的管塔在布置止摇装置的连接件时要注意液罐伸缩不致引起过大的应力。

⑧ 焊装各种附件时不得对舱体结构和材料造成有害的损伤或使材质起不良的变化。通常可先在舱体上加腹板，然后将附件等与腹板焊接。

⑨ 液舱上不得用刻印的办法作标志或焊上铭牌。

2. 整体式液化气舱的结构

整体式液化气船其舱体属于船体结构的一部分。图 16-61 所示为整体式液化气舱的横断面图[17]。液化气舱由纵舱壁板、横舱壁板、舱顶板和舱底板组成，并通过强横梁、舷侧桁材和肋板与船体结构连成一体，上述船体构件兼作液舱的加强桁材。当结构强度上需增设加强材时，应布置在液舱的内侧。

液舱壁的结构设计与一般货船的深舱壁相同。但液舱的焊接接头和贯穿件的连接其设计要求与独立式液舱相同。舱壁四周的角接头均须全焊透[16]。

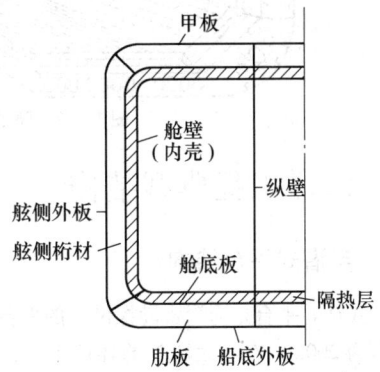

图 16-61　整体式液化气舱的横剖面简图

3. 非独立薄膜式液化气舱的结构

薄膜式液化气舱是由薄板拼焊而成的、完全气密和液密的薄壁容器，其本身不承受载荷。容器壁（即称薄膜）的材料为线胀系数非常小的金属薄板⊖，并做成能完全吸收胀缩变形的结构。

图 16-62 所示为 LNG 船用嘎斯-托仑斯波特（GAZ-TRANSPORT）型薄膜式液化气舱的结构图[18]。主围护壁由宽约 400mm、两边经折边的殷钢薄带形件（厚 0.5mm 或 0.7mm 的 36% Ni 钢）拼焊构成，2 个带形件之间插入翅片，形成由三层薄片叠接的喇叭口形的搭接接头。这种接头采用自动电阻缝焊法焊接。辅助围护壁也是用折过边的殷钢薄带拼接而成。液舱的四周角隅部用角条做连接件。

在舱盖板上配置的贯穿件和其他开口的补强和焊接要求与独立式液化气舱相同。

薄膜式液化气船的货舱结构为双壳、纵骨架式结构。

⊖　利用非金属材料及非金属与金属组成的层合板作薄膜的液舱结构正在开发之中。

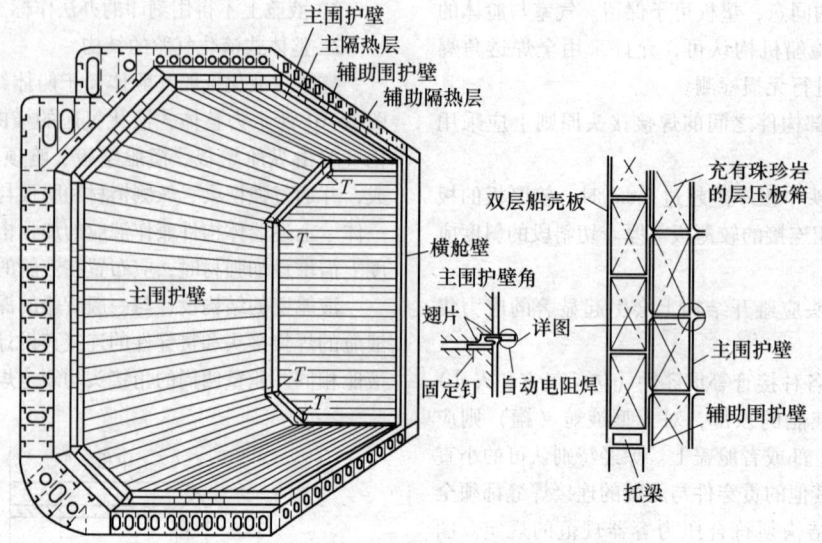

图 16-62　嘎斯-托仑斯波特型薄膜式液化气舱结构

16.3　海洋工程典型结构

16.3.1　半潜式平台结构

半潜式钻井平台是为深水勘探设计的平台，一般工作水深为 200m，在不太恶劣的环境下，工作水深可达 500m。它在波浪中具有较好的稳定性，可经受风速 170km/h 的飓风和周期 17～18s、浪高 30m 的巨浪冲击，且拖航时阻力小。其结构形式大多采用沉垫立柱形式。作为浮体的两个沉垫上有多根大型立柱，在其上是宽大的箱形平台甲板，为保持平台整体强度，连接各部分的支撑管起着重要作用。

"勘探 3 号"是我国自行设计建造的半潜式海上石油钻探平台，其示意图如图 16-63 所示。它是采用六根立柱双沉垫和矩形平台的结构形式。其上平台为双层甲板封闭式箱型结构，一方面可增大舱容，另一方面也有利于保证结构的强度。

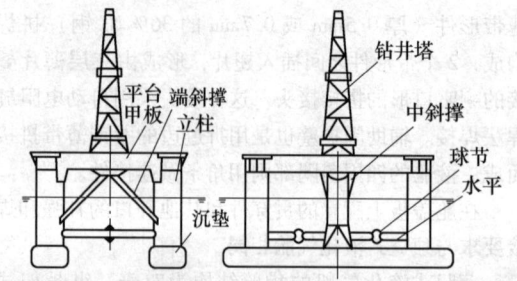

图 16-63　半潜式海上石油钻探平台"勘探 3 号"示意图

"勘探 3 号"的主要技术参数如下：

总长　91m
总宽　71m

总高	约 100m
沉垫尺寸（长×宽×高）	90m×14m×6m
立柱直径	9m
排水量	21180t
工作吃水	20m
工作水深	35～200m
钻井深度	6000m

半潜式钻探平台结构中管子相贯点部位是高应力集中的地区。在设计时既要考虑到结构的连续性，以力求减少应力集中，又要考虑到便于施工建造。"勘探 3 号"主要节点如图 16-64 所示。其中，水平桁撑相交的节点采用球形节点，其目的是用以减少节点处的应力集中，减少波浪拍击及海流阻力的影响。

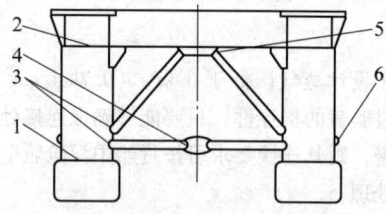

图 16-64　"勘探 3 号"主要节点

1—立柱与沉垫甲板连接处　2—立柱与平台甲板连接处
3—桁撑与立柱连接处　4—桁撑与桁撑相交处的球形节点
5—中间斜撑与平台托架连接处　6—导链轮座与立柱连接处

球形节点在整个结构中占有重要位置，为了确保质量，除了对装配质量的严格要求外，还必须制订完整的焊接程序，以避免发生重大变形，图 16-65 所示为桁撑球形节点焊接示意图。

首部端斜撑及中间斜撑与立柱相交连接处为方圆过渡。这种形式有利于节点结构的连续性和施工，可

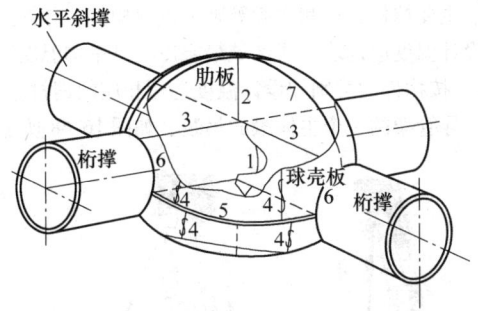

图 16-65　桁撑球节点焊接示意图

提高装配焊接质量。中立柱与沉垫甲板的连接也是由圆形过渡到方形，此方形结构同沉垫纵横隔舱壁对齐，以保证结构的连续和利于沉垫空间的充分利用。

16.3.2　自升式平台结构

自升式钻井平台外貌如图 16-4 所示。它可以具有三个以上能上下移动的桩腿，通过升降机构将平台主体结构升到海面以上一定高度进行作业。这种自升式平台结构适用于水深在 100m 以内的近海。目前，自升式钻井平台大多为三桩腿式三角形平台形式。桩腿起支撑平台的作用，是关键性构件，为减少波浪对

桩腿的冲击，大多采用桁架结构。各种钻探设施均安置在平台上。

自升式钻井平台其平台部分的结构基本相同，所不同的是：有的桩腿下部带沉垫，坐在海底作业，称沉垫自升式平台；有的桩腿不带沉垫，桩腿插入海底作业，称插桩自升式平台。我国拥有多种形式的自升式钻井平台。除自行建造外，典型的"渤海 8 号"系新加坡制造，后又经国内船厂改装，其主要参数如下：

总长	64.72m
型宽	93.65m
型深	6.10m
桩腿全长	110m
负载排水量	6293t
可变载荷	12700kN

自升式钻井平台主要由桩腿和箱形甲板模块组成，作业时桩腿沉入水中，桩靴坐在海底上，箱型甲板模块则处于水面上。拖航转移时，桩腿升高，箱型甲板模块浮在水面上。桩腿是重要的构件，多为桁架式管结构，也有筒式桩腿，由于管壁厚度大，桩腿很高，因而重量约占整个平台的一半。典型桩腿结构如图 16-66 所示。

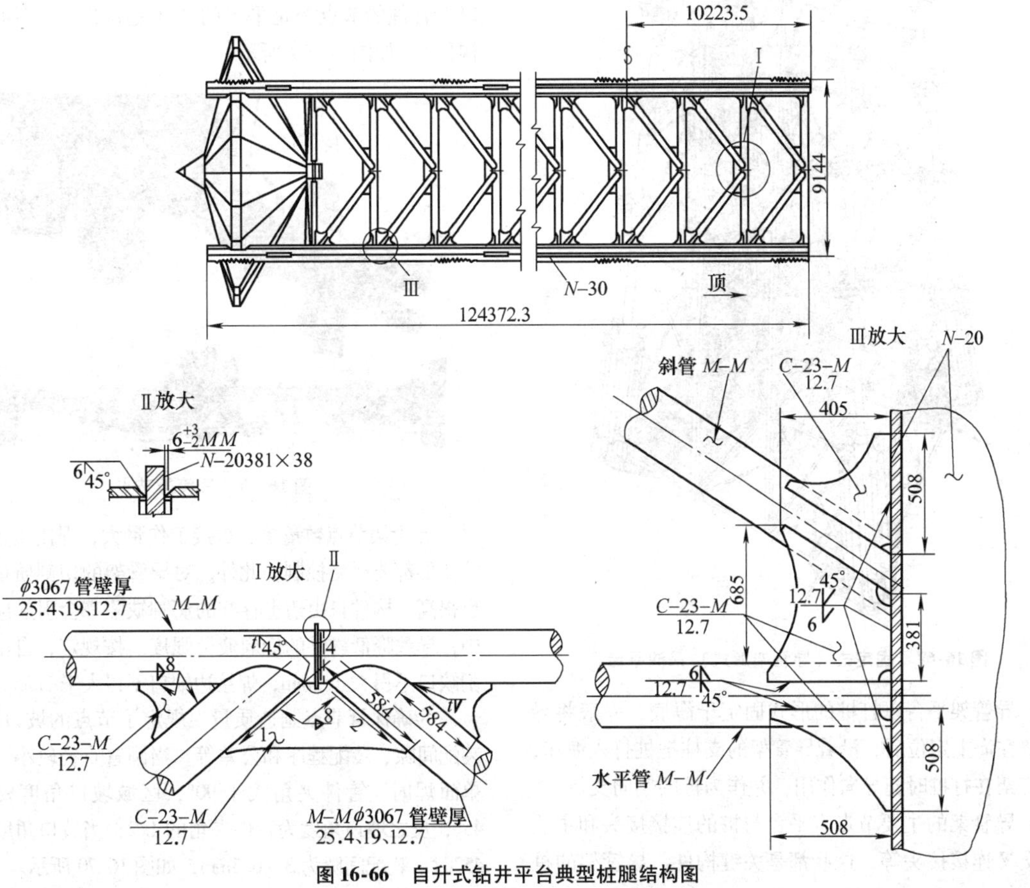

图 16-66　自升式钻井平台典型桩腿结构图

16.3.3 导管架型平台结构

导管架是海上采油用的典型装置，大多采用桁架式管结构。图 16-67 所示为固定式（导管架型式）采油平台全貌。

导管架型平台是固定式海上平台，用于海上采油工程。导管架是用钢管相贯焊接而成的空间构架。由于结构庞大而复杂，管节点部位极易产生应力集中。鉴于导管架固定在海底上长期（时间长达十年以上）作业，因而需考虑能经受百年一遇的海上特大风暴的袭击以及风浪、海流、流冰及地震等各种影响。

图 16-67　固定式（导管架形式）采油平台

导管架平台以打桩的形式固定于海底，一般将导管架在海上定位后，沿着导管架的支柱把桩打入海床，导管架在打桩时起导向作用，并作为桩的侧向支承。

导管架的主要节点有平台与桩的连接接头和主梁的交叉连接接头等，这些都是关键构件。导管架的桩

腿、主要撑杆、桩和主梁等则为重要构件。导管架最低设计温度应选取工作区域最寒冷的月平均温度以下 5℃。按构件的类别和设计温度选用相应的钢材。

导管架的一个主体段的吊装，如图 16-68 所示。

图 16-68　导管架主体段吊装

导管架中连接多个管件的接头称为管节点。凡是连接三个不同平面的管件节点，或同一平面连接四根以上管件的节点都是平台的"关键构件"（亦即一类构件），如图 16-69 所示。

图 16-69　导管架节点

导管架节点数量多，焊接工作量大，焊接质量及焊接变形都要严格控制。此外，对导管架的切割质量要求也很高，构件自由边上存在的切割缺陷都会引起应力集中，导致降低构件的低周疲劳强度。按规定，自由边割缺口不得大于 1mm，焊接边缺口不得大于 2mm。

为确保管节点制造质量，规定了节点的坡口形式、装配间隙、装配程序和公差等。当圆管直径较小，只能单面焊时，管件夹角大于 90°，区域坡口角度要大于 45°，反之坡口角度为管件夹角的 1/2，当坡口角度小于 45°时，装配间隙为 3~6.5mm，如图 16-70 所示。

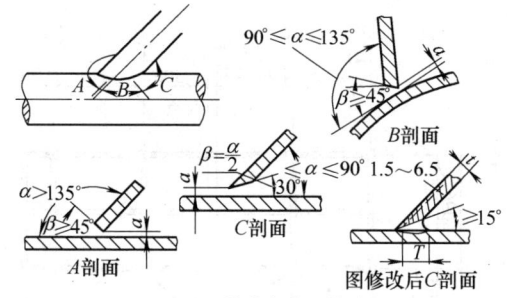
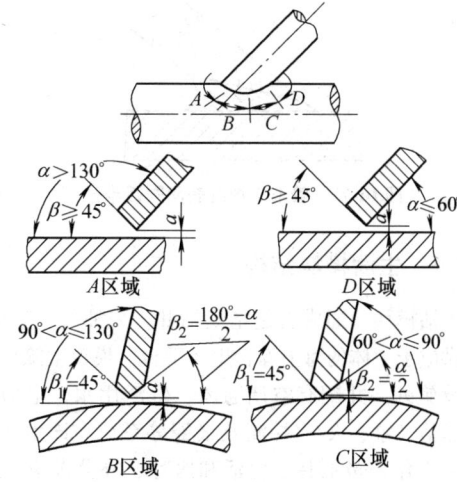

图 16-70　管节点单面焊坡口

双面焊时，节点坡口形式如图 16-71 所示，坡口根部间隙为 2 ~ 6mm。

导管架管节点焊缝外形尺寸如图 16-72 所示。

管节点焊缝表面应用砂轮打磨，使其与母材平滑过渡。当夹角 α 大于 $130°$ 时，其圆弧半径 $r \geq t$；当夹角 α 小于 $130°$ 时，$r \geq \dfrac{1}{2}t$，如图 16-73 所示。

由于海洋平台恶劣和苛刻的工作环境，而节点又是平台结构中应力集中的复杂部位，各国平台规范

图 16-71　管节点双面焊坡口

均要求采用抗层状撕裂的 Z 向钢。Z 向钢 Z 向性能主要是钢板厚度方向（Z 向）的断面收缩率。表 16-11 为我国平台规范对 Z 向钢断面收缩率值及含硫量的规定。

表 16-11　我国平台规范对 Z 向钢的规定

Z 向钢等级	板厚方向断面收缩率（%）		硫的质量分数（%）
	6 个试样平均值	单个试样最小值	
Z15	≥15	≥10	≤0.01
Z25	≥25	≥15	≤0.007
Z35	≥35	≥25	≤0.005

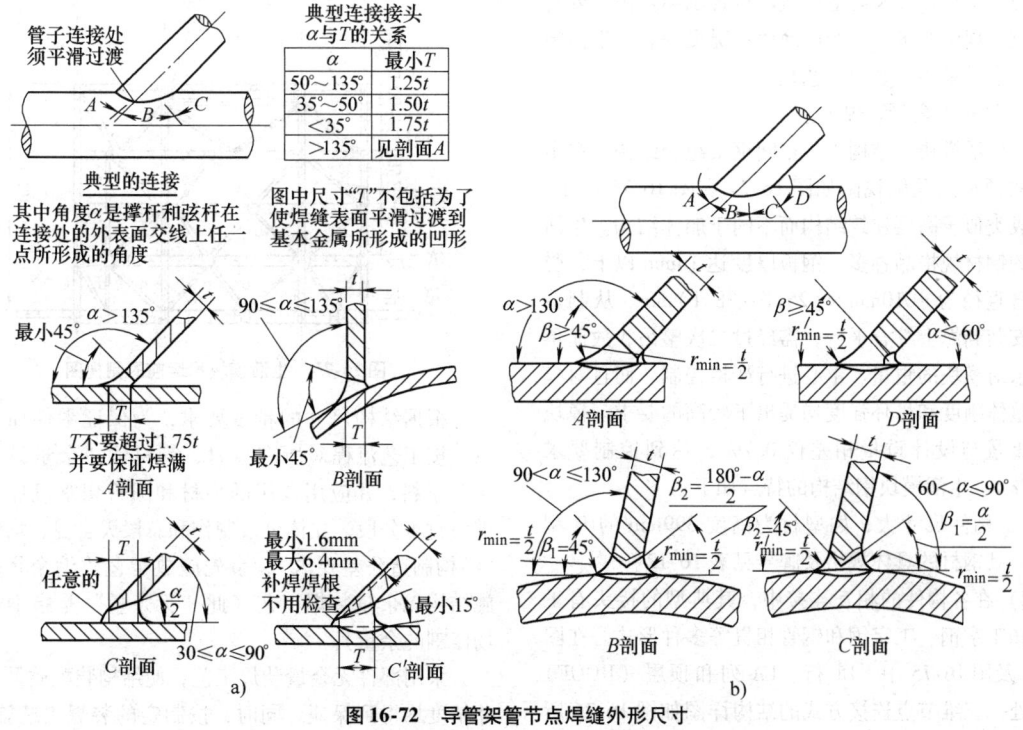

图 16-72　导管架管节点焊缝外形尺寸

a）单面焊时焊缝外形　b）双面焊时焊缝外形

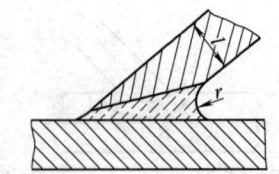

图 16-73　管节点焊缝表面圆弧半径

16.3.4　生活模块结构

生活模块，通常就是指集钻井、采油气、生活、动力供应于一体的海上综合生产平台。模块上除生活办公设施外，并配有空调通风、生活用水、电力供应、通信气象、火/气探测及报警等系统。该生活模块可供工作人员居住、生活和医疗、办公及有关通信、直升机升降等多种用途，实际上就是一座"海上生活城"，具有完善的消防、救援、通信、生活设施等系统，是油气田海洋平台工程的重要组成部分。

江南造船（集团）公司于 1997 年完成的东海海域平湖油气田生产平台——生活模块，长 21m、宽18m、高 16m，总重量 972.5t，系"四层加直升机"类型，是目前国内较大的一座生活模块。在建造过程中，优化和完整了原设计方案，移植采用了壳舾涂一体化造船新工艺方法中的合理成分，运用结构无余量制造、立体分段大合拢、功能单元预舾装等先进手段。使其工程设计及制造质量均符合国际及国内外有关规范、规则要求，投产后使用情况良好。该生活模块的特点及采用的装焊工艺是：

1. 结构无余量装焊工艺

该生活模块钢结构为一空间钢梁组合结构。在吊运前的顶视图及侧视图如图 16-74 和图 16-75 所示。其组成类似于高层建筑结构而不同于船体结构。生活模块的钢材规格品种多，钢板厚度达 16mm 以上，受力钢管直径为 $\phi610mm \times (25.1 \sim 38.1)mm$。从制造场地安装到海上综合平台，需经过二次整吊，故而不仅要求对模块的重量、重心进行严格控制，而且对模块的整体刚度和吊环强度均提出了较高的要求。模块完工重量与设计重量相差仅 0.7%，达到控制要求（<1%）。生活模块钢结构的特点如下：

1）构件尺寸大，如型材为高度 399mm 的 H 型梁等。其钢材的具体规格及牌号见表 16-12。

2）在各构件的相互连接中，其典型的接头有工字钢和工字钢、工字钢和钢管相贯等多种形式。在图16-74 及图 16-75 中，L1 行、LA 列和顶层（ROOF）交汇处，三维节点连接方式的结构详图如图 16-76 所示。由于要求焊缝均需焊透，故构件加工、装配和焊

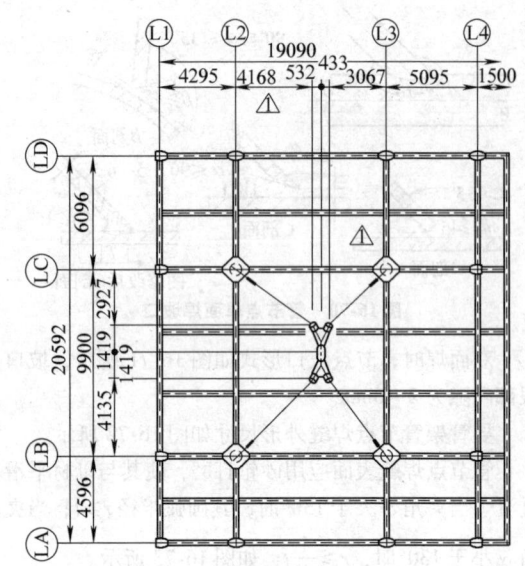

图 16-74　生活模块吊运前的顶视图

接工作量大，对质量要求颇高。

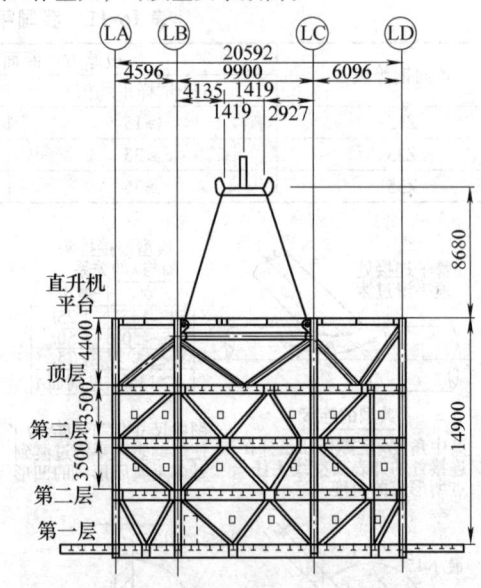

图 16-75　生活模块吊运前的侧视图

根据结构尺寸的精度要求，为保证零件加工质量，按工艺流程对所有型材、管材依"余量设置规定"下料，并应用专用的型材和圆管切割机加工端部。对于分段、立体分段制作和总段大合拢，均编制"结构制造公差要求"，事先施放工艺收缩余量，实施结构无余量装焊工艺（此"无余量"是指不需现场修割的余量）。

采用部件无余量装焊工艺，使结构装配质量和尺寸精度均得到保证。同时，按制定的装焊工艺施焊，使焊接变形处于严格受控状态。无余量装焊工艺的优

点是：可节省制造工时，降低成本；加快建造进度，缩短工期。无余量装焊工艺在生活模块钢结构制造中

的成功应用，标志着我国海洋钢结构的制作和装配精度已达到一个新的水平。

表 16-12　生活模块钢结构所用钢材牌号及规格

钢材应用的部位与名称	材料牌号与等级	材料规格
外侧板、甲板、直升机平台板	DNV　A32	板厚 6～10mm
"W"型材的连接板	DNV　A36	板厚 15、19、25mm
结构撑材	#25	$\phi < 324$mm 钢管
结构撑材	ASTM　spec　A572	$\phi 405 \times 21.5$mm 钢管
垂直构件	API　spec　2H　GR50	$\phi 610$mm $\times 25.4$mm 钢管
垂直构件(吊环部位)	API　spec　2H	$\phi 610$mm $\times 38.1$mm 钢管
纵横构件	ASTM　A36	"W"型材 <24[①]
纵横构件	ASTM　A572	"W"型材 >24[①]
垂直构件	ASTM　A572	W14 $\times 211$[②]

①　美国标准中的"W"型材，即为我国的工字钢（又称 H 梁），单位为 in。
②　乘号前数字为工字钢的高度，单位为 in；乘号后数字的单位为 lb/ft。

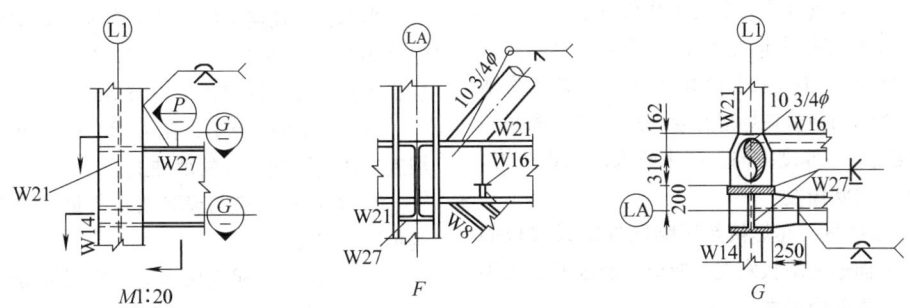

图 16-76　生活模块中 LI—LA—3R 节点结构详图

2. 立体分段大合拢工艺

吸取造船工艺的经验，根据平台结构的特点，在该生活模块结构的制造中，采用先组装成立体分段，再进行总段大合拢的工艺。这样将大部分的高空作业改为平台作业，既改善了施工环境，又提高了焊缝质量和结构尺寸精度，并缩短了施工周期。

3. 预舾装工艺

以往，在生活模块结构全部完工后再进行管系、电气和舾装等工作，该法使各工种相互交叉作业，相互制约且施工效率低下。采用预舾装工艺进行生活模块的舾装工作，按比例综合放样方法进行模块的"纸面建造""设备功能单元安装"等工艺，提高了舾装工作的准确性和安装质量，缩短了工期，完工后的平湖油气田生活模块如图 16-77 所示。

图 16-77　平湖油气田生活模块

16.3.5　海洋工程结构对钢材和焊缝的要求

1. 海洋工程结构对钢材的要求

海洋工程结构的重要节点由于是大厚度管件相交，其角接头厚度方向拘束度大，当钢材厚度方向受力时，在近缝区的母材上有可能产生层状撕裂。因此在设计这种厚板结构时，必须注意防止层状撕裂

问题。

层状撕裂是在焊接过程中产生的，主要发生在角接接头、T 形接头或十字接头的焊接热影响区或远离热影响区的母材金属中，裂纹呈阶梯状，基本上平行于钢板轧制表面。层状撕裂发生示意图如图 16-78 所示。由于这种裂纹从外观上难以观察，有时用超声波检查也不易发现。因此，它是一种危险性极大的潜在缺陷，而发现后也难以修整，所以必须以防为主，在结构设计时就采取措施。

1）层状撕裂发生的原因。

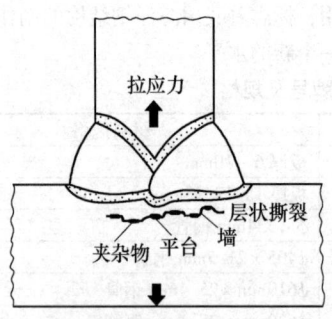

图 16-78　层状撕裂发生示意图

① 母材金属存在层状夹杂物。其中硫化物影响最严重，由于硫化物往往沿着母材轧制方向呈带状分布，影响着钢板厚度方向的性能。通常发生层状撕裂的钢材中，硫的质量分数大多高于 0.02%。

② 在钢板的厚度方向塑性低。习惯上用厚度方向（ Z 向）断面收缩率来表示其塑性。一般认为断面收缩率 <15% 的钢板在焊接时容易产生层状撕裂。

③ 焊接时，在厚度方向上产生较大的拘束应力，因此可能产生层状撕裂。

④ 冷裂纹诱发。在焊接热影响区焊趾或焊根的冷裂纹诱发下而形成层状撕裂。造成冷裂纹的原因很多，其中氢是重要因素之一。

上述中前三者为主要原因，它们之间又互相影响，如随着钢材含硫量减少，其断面收缩率增大。

2）预防措施。由于层状撕裂受多种因素影响，要防止层状撕裂的产生就需要从选择材料、结构设计和焊接工艺等三方面综合考虑。如所用的钢材 Z 向塑性较低时，则可以通过正确设计结构或合理的焊接工艺等措施来进行调节，防止这种裂纹的发生。

① 正确选择材料。应选用含杂质少，特别含硫量低，Z 向断面收缩率高的金属材料作母材。由于海洋工程结构的工作环境恶劣，而节点又是平台结构中应力集中的复杂部位，故各国平台规范均要求采用抗层状撕裂的 Z 向钢。我国平台规范对 Z 向钢的断面收缩率及含硫量均有明确规定（见表 16-11）。

② 减少或避免在钢板厚度方向的拘束应力或应变，要做到这一点，往往是正确的结构设计和合理的焊接工艺相配合。

③ 在焊接工艺上，如在焊接区域的板材表面预先堆焊一层韧性较好的焊缝，然后再进行焊接；也可采用低强度匹配焊条，以减少板厚方向材料的拘束应力；用低氢型焊条，降低焊缝金属中扩散氢含量；注意控制预热温度和道间温度；合理选择焊接顺序等。

综上所述可见，海洋工程结构焊接中的主要问题是防止层状撕裂的发生。

依靠优化结构设计、生产耐撕裂钢材，严格焊接工艺、加强无损探伤等各环节，进行一丝不苟的通盘考虑和实施，才能使海洋工程结构的焊接质量建立在安全可靠的基础上。

美国钢结构焊接规范 ANSI/AWS D1.1—2000，在焊接接头设计的有关章节中，对层状撕裂有专门的条文说明。

文中指出：在拘束度大的角接和 T 形接头焊缝中，沿厚度方向产生的局部高度热变形是引发这种缺陷产生的起因。解决的关键是周密考虑设计、工艺与被焊接材料性能的协调一致，使构件在制造后保持良好的"柔性"和在制造过程中产生较小的焊缝收缩变形。

当然，在任何情况下产生含氢量低的焊缝金属是绝对必要的。在 ANSI/AWS D1.1—2000 中，对预防层状撕裂的发生提出如下预防措施。

1）在角接接头中，在可行的情况下，应将坡口加工在通过厚度连接的部件上。

2）焊缝坡口应与设计要求的最小尺寸一致，应避免过量焊接。

3）在最后装配连接之前，应将局部部件装配完成，最后装配的最好是对接接头。

4）在预定焊接顺序时，应以最大限度地减少高约束构件的总体收缩为依据。

5）采用符合设计要求的最低强度的焊缝，宁可促使在焊缝金属上而不在母材较敏感的厚度方向上产生变形。

6）应考虑使用底边熔敷低强度焊缝金属方法，或者用"锤击"法以及其他特殊的焊接工艺，以最大限度地降低母材中透过厚度方向的收缩变形。

7）鉴于在高约束的接头中，因焊缝收缩仍会产生层状撕裂，故而在要求严格的连接上，应在对设计和制作做周详考虑的情况下，按规定使用 Z 向钢。

海洋工程在钢材选用上，必须满足海洋工程特殊要求，取得船级社认可，具有各种特殊性能，尤其是低温韧性，如 COD 试验等。

美国船级社（ABS）规定了钻井平台选用的钢材厚度，见表 16-13。

20 世纪 80 年代以来，控轧钢材新技术应用成功。使钢材晶粒得到最大程度细化，综合性能如强度、韧性、焊接性都有了明显提高。控轧钢含碳量低、碳当量低，焊接热影响区韧性有所提高，冷裂纹敏感性减小，能适应较大的热输入，使得焊接施工难度降低。

表 16-13　ABS 对平台钢材厚度选用规定

钢材种类		适用厚度/mm											
		次要部件				主要部件				特殊部件			
		使用温度/℃				使用温度/℃				使用温度/℃			
		0	-10	-20	-30	0	-10	-20	-30	0	-10	-20	-30
普通钢	A	19	12.5			19	12.5						
	B	25.5	19			25.5	19	12.5		16			
	D、DS	25.5	19	12.5		35	22.5	12.5	22.5	16			
	DN		27.5				27.5	27.5	27.5	22.5	16		
	GSN、CS、E	51								51	27.5	16	
高强度钢	AH	25.5	19	12.5		19	12.5			19			
	DH		19			51	19	12.5	19	16			
	DHN		27.5				27.5	22.5	27.5	22.5	16		
	EN									51	27.5	16	

为了减轻海洋工程结构的重量,同时又增加结构整体的安全性,较多地采用高强度钢。自升式钻井平台的升降齿条采用 784MPa 级钢材,厚度达 180mm。桩腿的小直径厚壁管用 588～784MPa 级钢材,其节点处钢材须有耐层状撕裂性能。固定式采油平台一般根据 ASTM、API 及 BS 等标准选用钢材。

添加微量 Ti、Ca、B、Al 元素能降低含 N 量的控轧钢,以及适应高热输入焊接的钢,一般都有良好的低温性能。

平台结构用钢材的等级,可根据构件类别、构件厚度和最低设计温度,按表 16-14 规定采用符合要求的钢材。

对于美、英、德、日等国,在海洋石油平台制造中所用钢材(板与管)的规格名称、有关化学成分和力学性能等参数,可参见参考文献[44]。我国生产部分平台用钢的力学性能见表 16-15。

表 16-14　平台构件类别、设计温度和选用钢材的关系

构件类别	最低设计温度 T_d/℃	构件厚度/mm				
		12 以下	12<t≤19	19<t≤25	25<t≤35	35<t≤50
特殊构件	$T_d \geq 0$	B	D	E	E	E
	$0 > T_d \geq -10$	D	E	E	Δ	Δ
	$-10 > T_d \geq 20$	E	E	E	Δ	Δ
	$-20 > T_d \geq -30$	E	Δ	Δ	Δ	Δ
主要构件	$T_d \geq 0$	B	B	B	D	E
	$0 > T_d \geq -10$	D	D	D	E	E
	$-10 > T_d \geq -20$	D	E	E	E	E
	$-20 > T_d \geq -30$	E	E	E	Δ	Δ
次要构件	$T_d \geq 0$	A	A	A	B	B
	$0 > T_d \geq -10$	B	B	B	D	E
	$-10 > T_d \geq -20$	B	D	D	E	E
	$-20 > T_d \geq -30$	D	D	E	E	E

注:1. 表中为一般强度船体结构钢的钢材等级,若采用高强度船体结构用钢,则表中所列 A 应为 A32 或 A36;D 应为 D32 或 D36;E 应为 E32 或 E36;

　　2. 表中"Δ",表示必须采用比船体结构用的 E 或 E32、E36 级钢要求更高的钢材,它的材质和抗脆性能应经 CCS 特别同意;

　　3. 构件厚度大于 50mm 或 T_d 小于 -30℃时,选用钢材等级应特别考虑。

表 16-15　部分平台用钢的力学性能

钢牌号	R_{eL}/MPa	R_m/MPa	A(%)	Z(%)	KV -40℃(J)	α d=3a 120°	备注
E32	315	410～590	22		31(L)	好	—
E36	355	490～620	21		34(L)	好	—
ZCE36-Z35	355	490～620	21	35	34	—	抚顺钢厂生产
WFG-E40	390	530～650	20	35	39(L) 26(⊥)	—	抚顺钢厂生产

2. 海洋工程结构对焊缝的要求

1）海洋工程结构的对接焊缝一般应全焊透，焊缝余高的外形应符合要求，并应平滑地过渡到母材。

2）角接焊缝通常用于板和扶强材的连接、肘板的固定等。如焊件间存在有允许的装配间隙，则焊缝厚度应相应增加间隙值。

3）对重要的角焊缝，以及可能出现疲劳现象的强受力构件的角焊缝应完全焊透。施焊时可采用交替对称焊以及坡口表面预先堆焊焊道等工艺措施。

4）采用合理的装配步骤和焊接顺序，控制因焊缝而引起的变形，以避免过大的残余应力和防止裂纹的产生。

5）对于特厚构件（厚度 $t > 50\text{mm}$）及管节点的焊缝：

① 特厚构件和管节点的焊缝应采用低氢型焊条和合理的焊接参数，以保证完全焊透。

② 焊前应做好预热工作，焊后应按规定做好焊后热处理。

③ 管节点在施焊时不应烧穿，焊缝表面应连续、均匀，两管连接处要逐渐平顺过渡。建议采用小直径焊条进行盖面焊，以改善节点的疲劳性能。如设计要求打磨管节点焊缝，则打磨后焊缝表面的曲率半径应符合设计和制造的有关规定。

16.4　船体结构设计方法及注意事项

船舶设计是根据预定的船舶使用要求，通过分析、研究、计算、绘图等工作，从选择主尺度、线型、结构形式、动力装置，估算各种性能，选定有关材料、设备，直至制作出为建造船舶所需全部图样与技术文件的过程。广义的船舶设计还包括可行性研究、设计任务书的论证与编制，以及船舶建成后的完工图样与文件的编制工作。在船舶设计过程中不仅应采用有关的先进科技成就，使所设计的新船在经济效益（对民用船）或作战性能（对军用船）、舒适性、适用性等方面达到预期的要求，还应全面考虑国家与国际上的有关公约、法规、规范、条令等的规定。由于船舶设计是一个逐步近似、螺旋式深化的过程，设计工作一般是分阶段进行的。因投资管理与企业管理的方法各国不同，对设计阶段的划分也有所差异。

16.4.1　船体结构设计的基本方法和设计阶段

1. 设计基本方法

船体结构设计的基本方法主要有以下几种：

1）规范设计法。按各国或船级社制定的船舶建造规范规定的条款进行设计和建造。在我国，中国船级社（简称 CCS）制定的主要规范有：《钢质海船入级规范》（2012 年版）、此规范共有 7 个分册，包含：入级规则；船体；轮机；货物冷藏；电气装置；自动化系统；消防；其他补充规定以及双壳油船和散货船结构等 10 篇。建造出口船舶时，则需按船东指定的某一船级社的规范进行设计。

这种方法简便、实用，一般都能保证船舶的强度，是目前普遍采用的方法，但由于《规范》中所列的船型和主尺度有限，有时仍不能满足需要。因此，各国船级社根据新建船舶的要求和营运船舶的经验总结，不断研究、修订、更改和补充新的内容。

2）按强度计算或有限元计算设计法。根据船舶结构力学原理按强度计算进行设计。应用有限元法，对超出《规范》范围的结构和特殊船型进行主船体有限元模型的应力和应变计算，近年来已获得普遍应用，特别是对超大开口的集装箱船、多用途船以及超大型 VLCC 油船。但仍需经船级社认可。由于船体受力的复杂性和外力的不确定性。目前尚无完善的计算设计方法，正在进一步研究改进中。

3）仿母型船设计。选择相近的，较为成功的母型船作为参照对象，结合以往经验和理论上分析，将母型船的结构形式和构件尺寸换算成新设计船舶的结构。但同时又必须满足《规范》的要求。

这种方法比较省事，一般也能满足新船的设计质量。但随着船型和机型的日益增多，船舶入级管理的加强，现在已难以满足设计需要。

以上三种船体结构设计的方法都已普遍应用计算机，用计算机辅助进行结构设计。

正在研究的还有船体结构可靠性设计方法。但这种方法目前还不成熟，尚未达到实用阶段，还在继续研究中。

2. 设计阶段

现在我国船舶设计阶段的划分及有关船体结构设计的内容列于表 16-16。

采用生产设计是船舶设计中的一个特点，便于车间制造和实施管理，提高施工效率，加快建造进度。

16.4.2　结构设计中应注意的主要事项

设计船体结构时，除应满足《规范》要求和船舶使用条件外，还须考虑结构的安全性（即在建造和航运中不致因船体结构损坏而导致事故）、合理性、工艺性和经济性。

1. 保持结构的连续性避免应力集中

焊接船体因其结构复杂、具有局部刚度大的特点，

表 16-16　船舶设计阶段和有关结构设计的主要内容

设计阶段	主要内容
初步设计 （基本设计）	编制船体总纵强度初步计算书 编制主要结构按《规范》的计算书 绘制横断面结构图 编制船体钢材预估单 确定建造方针
详细设计	绘制基本结构图 绘制典型横断面图 绘制外板展开图 绘制肋骨线型图 确定船体各部分的结构及连接详图（包括各种节点，切口和通孔及其补强等） 主要结构图送审 划分分段
生产设计	根据详细设计绘制分段结构图 按工艺阶段，施工区域和安装单元的划分，记入生产工艺要求和管理信息。绘制加工、制造和管理用的工作图表

因此，结构处理稍有不当就会引起船体损伤。据文献介绍，对约 1200 艘 3000t 以上焊接船舶所做的调查表明，由于外板和上甲板发生裂纹而导致船体损伤的近 100 艘，共发现裂纹 144 处，其中 60% 以上是因结构设计不当，特别是结构上不连续和应力集中所造成的。故对此应特别注意以下各点：

1）在船长 0.6L 中纵向构件原则上应保持连续贯通。如结构上处理有困难，则至少应间断于横舱壁或强横向构件处，并进行结构过渡，同时要避免所有纵向构件中断在同一个截面上，且应考虑设置过渡构件。

2）同一纵向构件因布置上不能保持其前后连续，则应设置该纵向构件的过渡构件，在此区域中原纵向构件的截面应逐渐减小，以免结构上出现突变。

3）型材的端头须切斜或开减应力孔。两个强构件用折边肘板或 T 形肘板连接时，肘板的面板（或折边部分）不得与强构件的面板相焊接而应脱开一段距离（图 16-21b、图 16-22b 和图 16-22c 等）。

4）船中区的圆弧形舷顶板在首、尾部转为直角形结构（图 16-31a 和图 16-31c）时，应有足够长的过渡区[19]。

5）直角形结构的舷顶列板上缘应打磨成圆角。在船中 0.5L 范围内，舷顶列板上不得焊接甲板装置，甲板以上部位的舷顶列板上不允许开流水孔[16]。

6）两个 T 形或 H 形构件相互垂直连接时，其中一个构件的面板要逐渐加宽，形成平顺过渡。这两种构件相互对接而面板宽度不同时，较宽的面板端部要切斜（见图 16-79）。

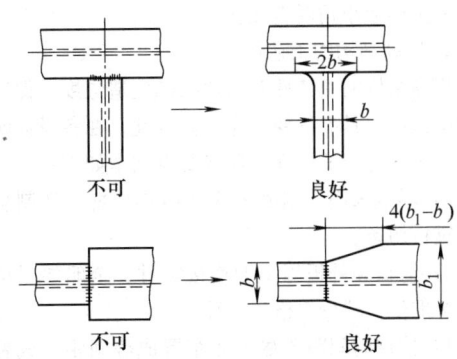

图 16-79　T 形构件的相互连接

7）甲板在其开口的角隅处不可设置接头，安装接头应布置在离舱口端横梁至少 500mm 处（图 16-80）。

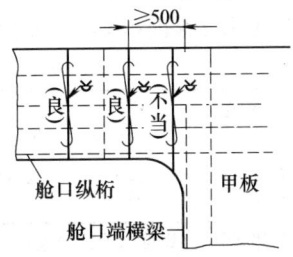

图 16-80　甲板开口区中安装接头的布置

8）厚度不同的板材对接时，板厚差超过某个值，较厚板的板边要削斜。削斜的方式可按图 16-81 所示。各船级社的《规范》中对板边削斜的规定见表 16-17[31]。

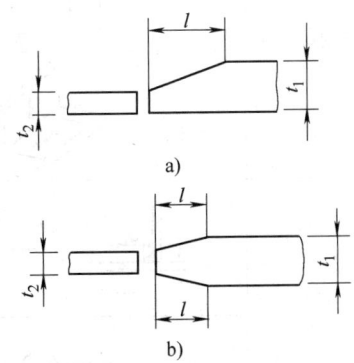

图 16-81　不同厚度板材对接时板边的削斜方式
a）单面削斜　b）双面削斜
t_1—较厚板的厚度　t_2—较薄板的厚度　l—削斜段长度

9）避免构件内各种焊缝过分集中和相互先靠得太近。表 16-18 为船体结构中各焊缝之间的允许相对间距的规定，供参照[31]。

当两条焊缝必须相交时，应尽可能布置成直角相交，避免形成小角度斜交。

2. 提高结构的工艺性

提高结构的工艺性对加快船舶建造进度、保证质量和降低成本具有重要的作用。因此，在各设计阶段中，应予以充分的重视。现将要点列举如下：

1）尽量采用轧制型钢代替组焊型材，轧制扁钢代替钢板切条。

2）肘板和补板等小型连接零件，全船要尽可能实行标准化，减少规格和品种。

3）桁材的间距要尽可能布置成等间距，或者按被支持的骨材具有等强度这一原则设置，以减少骨材的品种。

4）合理设计节点是提高施工工艺性的重要内容。如横梁与肋骨的连接，若按图16-82a所示的两者直接角接，则装配时横梁常需修割，改成图16-82b的连接方式就便于装配和焊接。如条件允许，肘

板与主构件的连接宜采用搭接。

5）避免设置难以施焊的接缝。表16-18为日本船厂有关狭小部位的接头设计要领和难以焊接时可采取的措施[21]，可作为参考。对需要进行背面清根的接缝，还要考虑到碳弧气刨的可能性和方便性。狭隘部位焊接设计要领及焊接施工措施见表16-19。

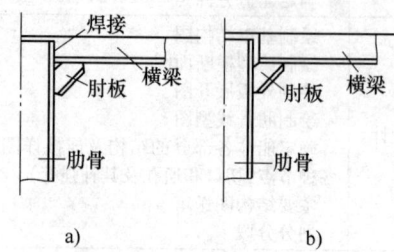

图16-82　横梁与肋骨节点的工艺性比较
a) 工艺性不良　b) 工艺性良好

表16-17　各船级社《规范》对板边削斜的规定

项目 \ 规范[①]	CCS (1989年)	LR (1986年)	ABS (1984年)	BV (1982年)	NV (1982年)	GL (1986年)
板厚差(t_1-t_2),mm 削斜的斜度	≥4 1:4	≥3[②],≥4 1:4	>3 1:3	≥3[②],≥4 1:4	≥4 1:3	>3 1:3

① CCS 中国船级社，LR 英国劳氏船级社，ABS 美国船级社，BV 法国船级社，NV 挪威船级社，GL 德国劳氏船级社。
② 此规定用于$t_2 \leqslant 10$mm的场合。

表16-18　船体结构中焊缝之间的允许相对间距

项 目	图 示	允许间距/mm	备 注
对接焊缝与对接焊缝		$a \geqslant 100$[①]	图中所标尺寸和表列数值均为焊成的焊缝之间的值
		$a \geqslant 0$	
对接焊缝与角焊缝	主船体结构	$a \geqslant 50$	图中所标尺寸和表列数值均为焊成的焊缝之间的值
	上层建筑、辅机座	$a \geqslant 0$	
		$a \geqslant 5$	
		$a \geqslant 30$	

① 此值为 CCS《规范》中的规定值。其余数据摘自日本造船学会钢船工作法研究委员会制定的《造船精度标准——船体部分》（JSQS，1979年版）。

3. 合理设计焊接接头、提高焊接效率

焊接接头的结构要结合船厂所采用的焊接方法和工艺来确定，满足推广高效焊的需要，尽量减少熔敷金属量和焊接变形。同时还要注意以下问题：

1）船体结构中角焊缝的数量占焊缝总量的 80% ~ 90%，在规定各种角焊缝的焊脚尺寸时，要按《规范》规定，不宜随意加大尺寸，以节约焊接材料、减少焊接变形和焊接工作量。

2）在一些受力不大的结构中，加强材与板的角焊缝，《规范》允许采用间断角焊缝。但为推广重力焊等高效焊接，必要时可根据等强度原则，将间断角焊缝改为：

① 一侧连续焊缝，另一侧两端包角焊缝（长度为 200mm）。

② 两侧连续角焊缝，将焊脚尺寸相应地减小。

3）承受较大拉应力的角焊缝，其焊脚尺寸需为板厚的 1/2。当板厚大于 20mm 时，则宜采用开坡口（坡口角度为 45° ~ 50°）角焊。这种部分焊透的角焊缝可减少熔敷金属量近 50%（图 16-83），并改善接头中的应力流[31]。

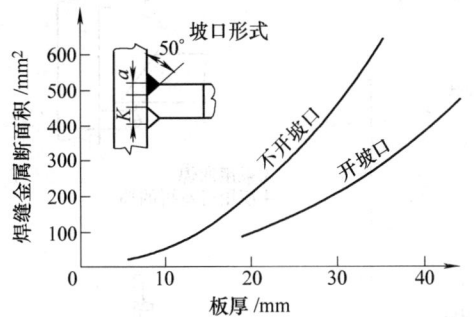

图 16-83　角接接头的熔敷金属断面积与板厚的关系
（要求焊脚尺寸为板厚的 1/2 场合）

16.4.3　结构件中各类开孔的设计和选用

船体结构中各类开孔是结构破坏的重要潜在因素之一，在设计时既要考虑到结构的安全性，也要顾及施工方便和经济性。

1. 桁材上骨材通孔（切口）设计的注意事项

1）一般中小型船舶中，纵骨穿过强横梁、横梁穿过纵桁等的切口，通常不需设补强板。但纵骨穿过上甲板舷顶角隅处的大肘板时，其通孔必须设补板，否则切口处易产生裂纹。补强结构示于图 16-84[22]。

2）当切口宽度大于 160mm 及受力较大的部位，应使用补强板。补强板的形式可参照 CB* 3182—1983。补强板的厚度应与被补强的桁材腹板等厚[33]。

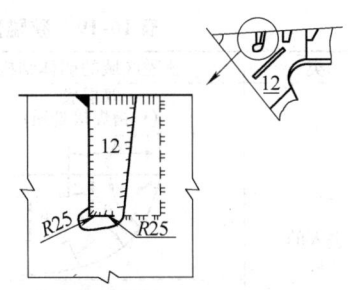

图 16-84　上甲板舷顶角隅处
肘板中切口的补强结构

3）骨材为扁钢的切口须补强时，也可改变切口形式。图 16-85 和图 16-86 分别表示扁钢穿过非水密和水密构件时切口形式的改进。改进后的切口，既省去了补强板（补板），减少了焊接工作量，还能改善节点的强度[31]。

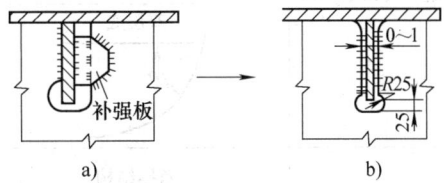

图 16-85　扁钢穿过非水密构件时切口形式的改进
a）标准补强结构　b）改进的切口补强形式

4）当纵骨或横梁穿过水（油）密舱壁（或肋板）时，除在舱壁（肋板）上设补板外，在骨材上距舱壁（肋板）左右各 100mm 处开 R30mm 的止漏孔（图 16-87），孔的趾部须用包角焊加以焊密[33]。

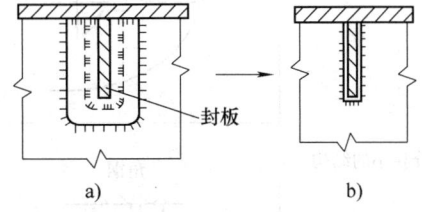

图 16-86　扁钢穿过水密构件时切口形式的改进
a）标准补板结构　b）改进后省去补板的切口形式

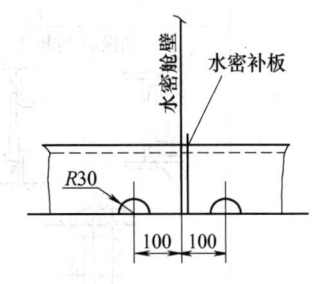

图 16-87　止漏孔结构

表 16-19　狭隘部位焊接设计要领及焊接施工措施[21]

分　类	狭隘区域的船体结构	可能焊接的界限	不能焊接时的措施
人不能进入的狭小结构	双层底（←指焊接处所） 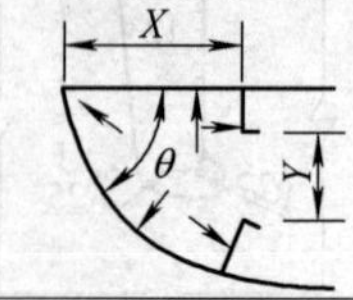	$\theta \geqslant 40°$ $X \geqslant 700$ $Y \geqslant 400$	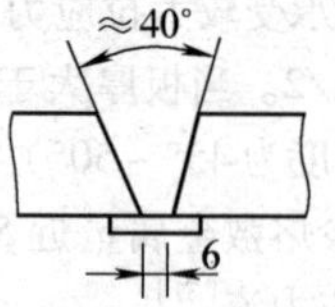 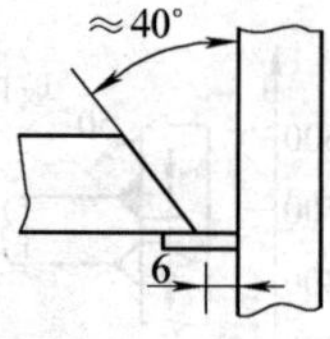 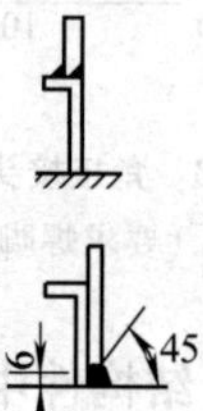
	尾轴管、管子类 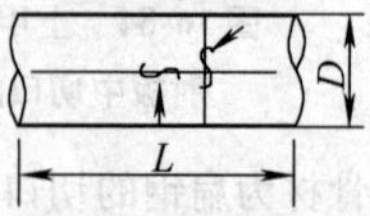	$D \geqslant 600$ 或 $D < 600$ 时 $L \leqslant 2000$	
人能进入的狭小结构	污水井 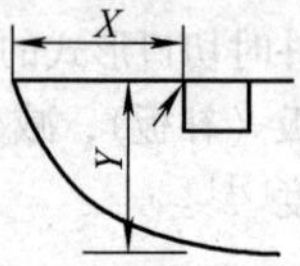	$X \geqslant 500$ $Y \geqslant 750$	1.采用单面焊 2.加垫板焊
	双层底 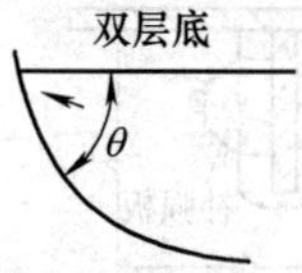	$\theta \geqslant 35°$	
部分狭小的结构	首尾结构 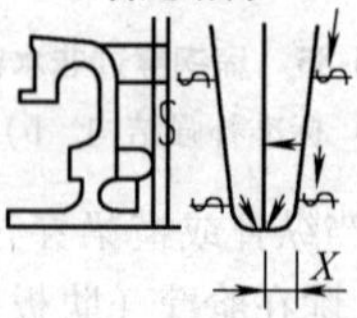	$X \geqslant 500$	3.采用塞焊 4.使用可弯折的焊条
	双层底 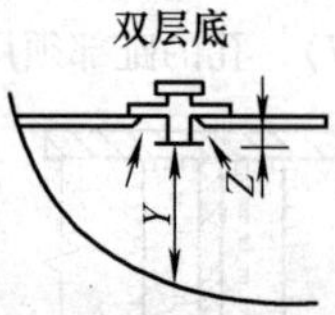	$Y \geqslant 300$ $Z \geqslant 100$	
	角钢 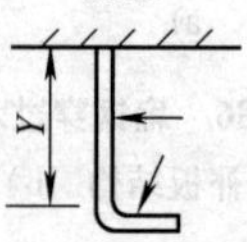	$Y \geqslant 100$	
	加强肋、肘板类 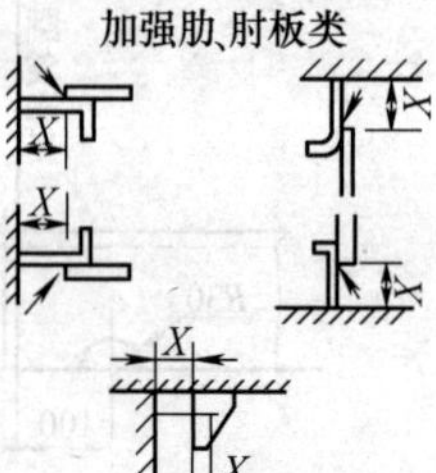	$X \geqslant 75$	

图 16-88 所示为强横梁或甲板纵桁腹板上骨材通孔的切口和骨材连接的实例。通常采用骨材的一面与桁材腹板焊接的连接形式。对骨材为扁钢的场合，建议采用图 16-88c 的补强结构，既可省去补强板、减少焊接量，又可提高补强的效果。

2. 通气孔和流水孔设计的注意事项

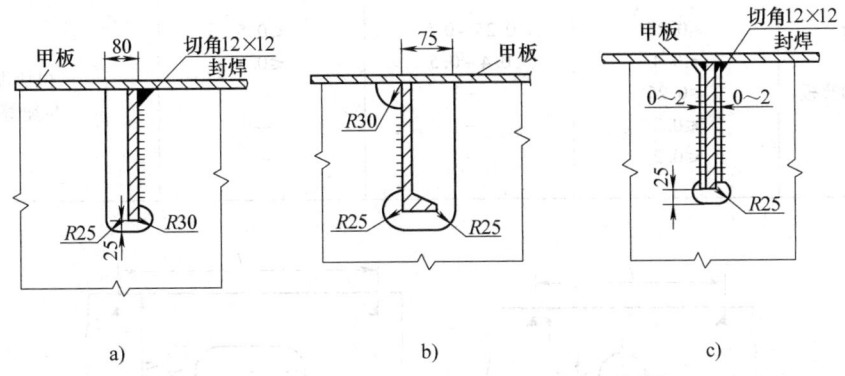

图 16-88 甲板结构中通孔的实例

1）通气孔和流水孔不宜处于同一截面内，应交错布置。图 16-89 所示为某船厂关于通气孔和流水孔交错布置的规定[33]，可供参考。

2）半圆孔和半腰圆形孔的趾部都应包角焊，以减小应力集中。包角焊缝的长度 l 根据开孔板的厚度确定[33]：

板厚 $t \leqslant 12$mm $\quad l \geqslant 50$mm

板厚 $t > 12$mm $\quad l \geqslant 75$mm

3）为应用重力焊或自动、半自动焊等高效焊接法，可把通气孔和流水孔改为圆孔和腰圆形孔。这样还可省去角焊。缺点是舱底留有 10～15mm 的液体。

3. 焊缝通孔设计的注意事项

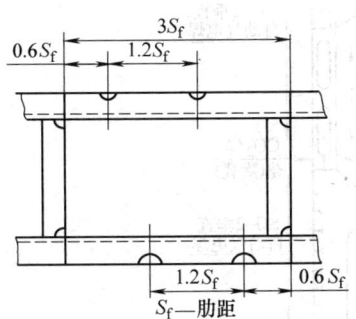

图 16-89 通气孔和流水孔交错布置实例

1）非水密结构件中的焊缝通孔都须采用半圆形孔，不可用切角方式，以避免应力集中。

2）当遇到现场对接接头的焊缝通孔与角焊缝的通孔相接近或者骨材通孔与焊缝通孔相接近，且相邻两通孔趾部之间的间距小于 10mm 时，应把两个通孔合成为一个较大的通孔（图 16-90）。这一长形通孔不得长于 150mm[33]。

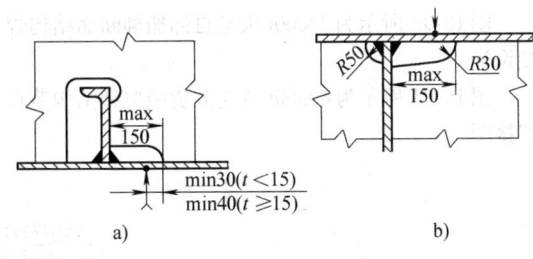

图 16-90 长形焊缝通孔

4. 关于桁材上开孔的补强[34]

桁材或型材的腹板上开各种用途的圆孔或腰圆孔时，为避免产生过大的应力集中，在某些情况下须进行补强。文献［34］提出的补强的判别依据（表 16-20），可供参考。

当需要补强时，可分别采取以下的办法：

1）开孔内缘加设弹性环。

2）开孔周围加焊一圈腹板。

3）开孔两侧加焊加强材（主要用于人孔）。

16.4.4 典型船体结构的焊接设计及焊接方法

为了清晰、明确地表示出全船主要结构的焊接要求，通常在设计时应绘制典型船体结构的各种节点的焊接设计详图以及船体结构和外板的焊接要求和分段之间的焊接方法。

图 16-91 所示为一船体典型横断面分段之间焊接方法。

表 16-20　桁材和型材腹板上开孔的补强判别依据

构材名称	d/h		b/l		备 注
	不补强	需补强	不补强		
桁材腹板	≤0.25	0.25~0.5	≤0.5		
肋板	≤0.4	0.4~0.5	≤0.5		包括货舱、
纵骨和横梁的腹板	≤0.25	—	—		机舱等部位
舷肘板	≤0.3	—	—		
梁肘板	≤0.2	—	—		

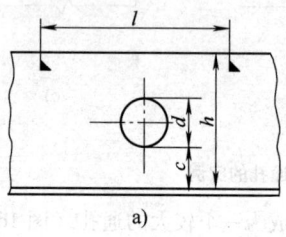
a)

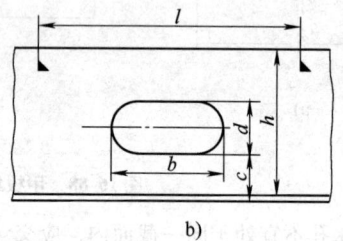
b)

图 16-92 所示为 73000t 大型自卸船舯断面结构焊接设计。

图 16-93 所示为 80300t 双壳散货船典型结构节点焊接图。

图 16-94 所示为 76000t 散货船舯断面结构焊接节点设计。

图 16-95 所示为 76000t 散货船舯断面结构焊接节点设计图的工艺符号说明。

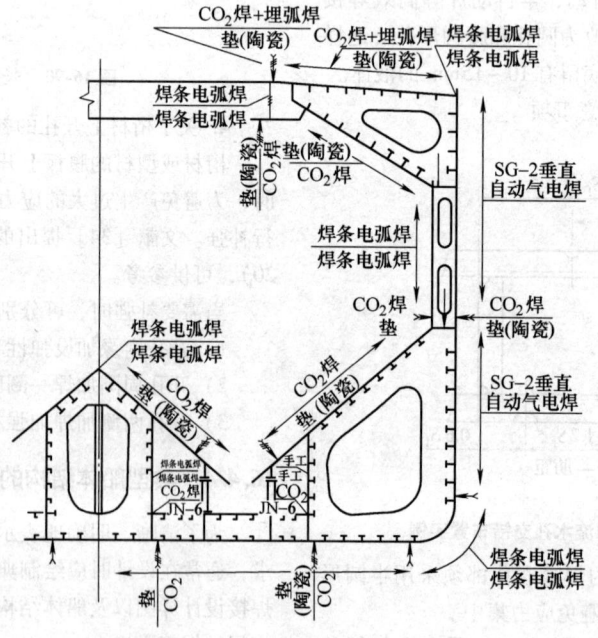

图 16-91　船体典型横剖面分段之间大接缝焊接方法

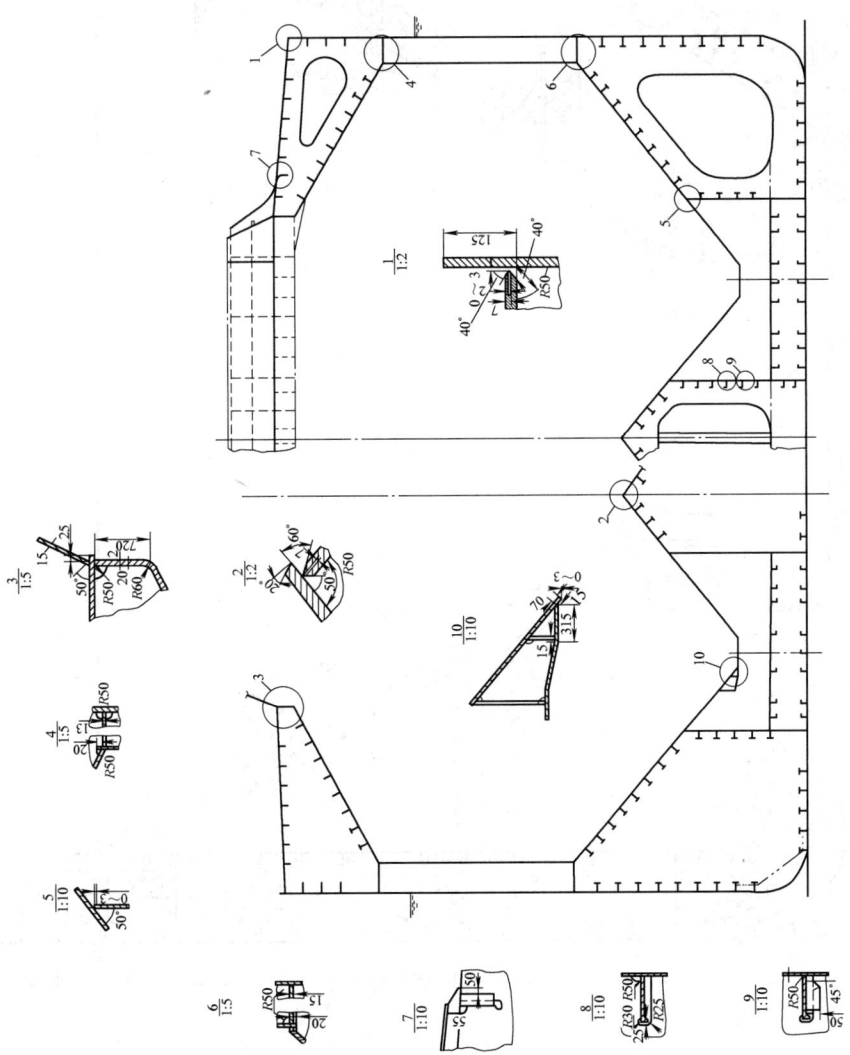

图 16-92 73000t 大型自卸船舯断面结构焊接设计

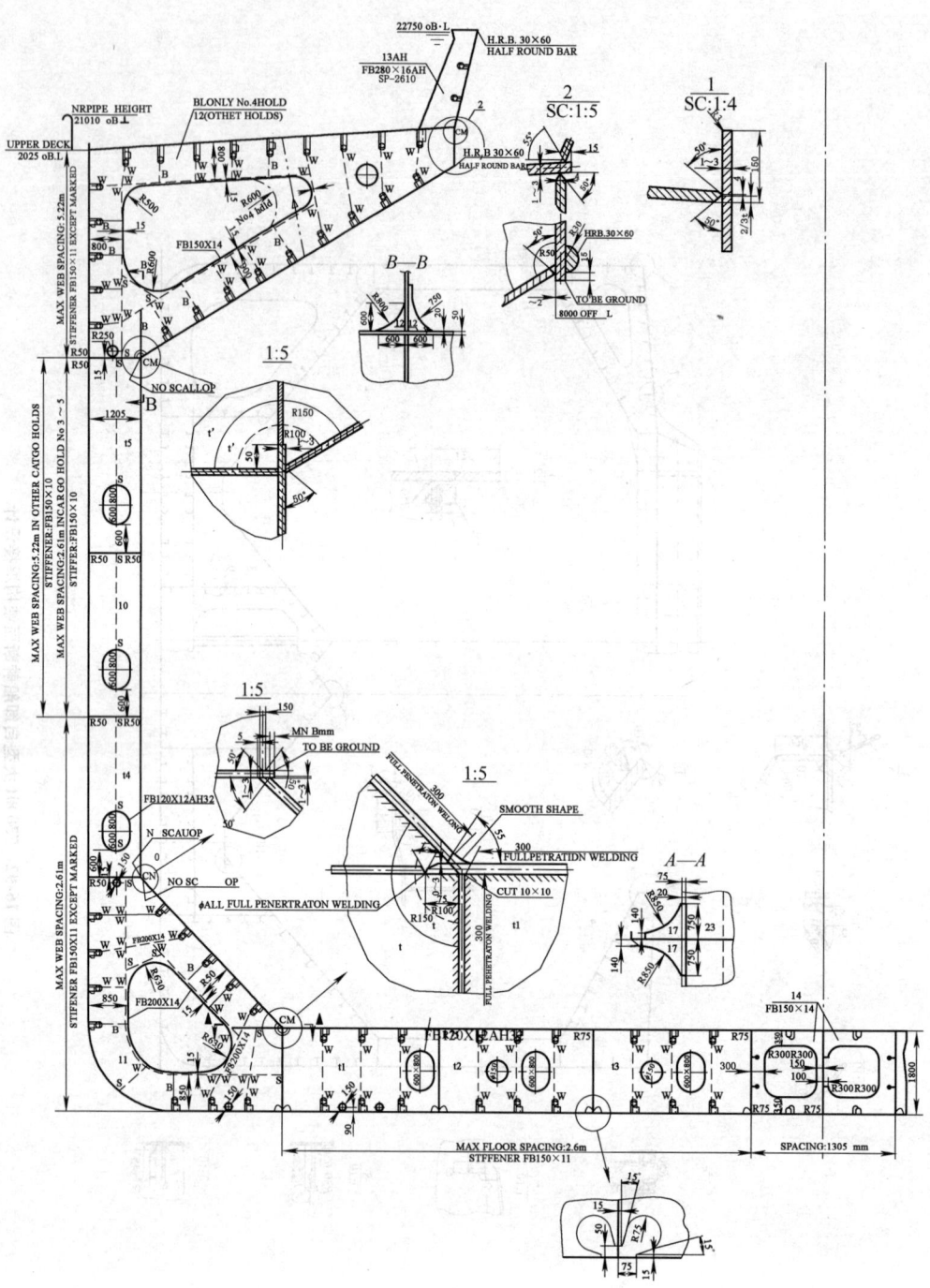

图 16-93　80300 t 双壳散货船典型结构节点焊接图

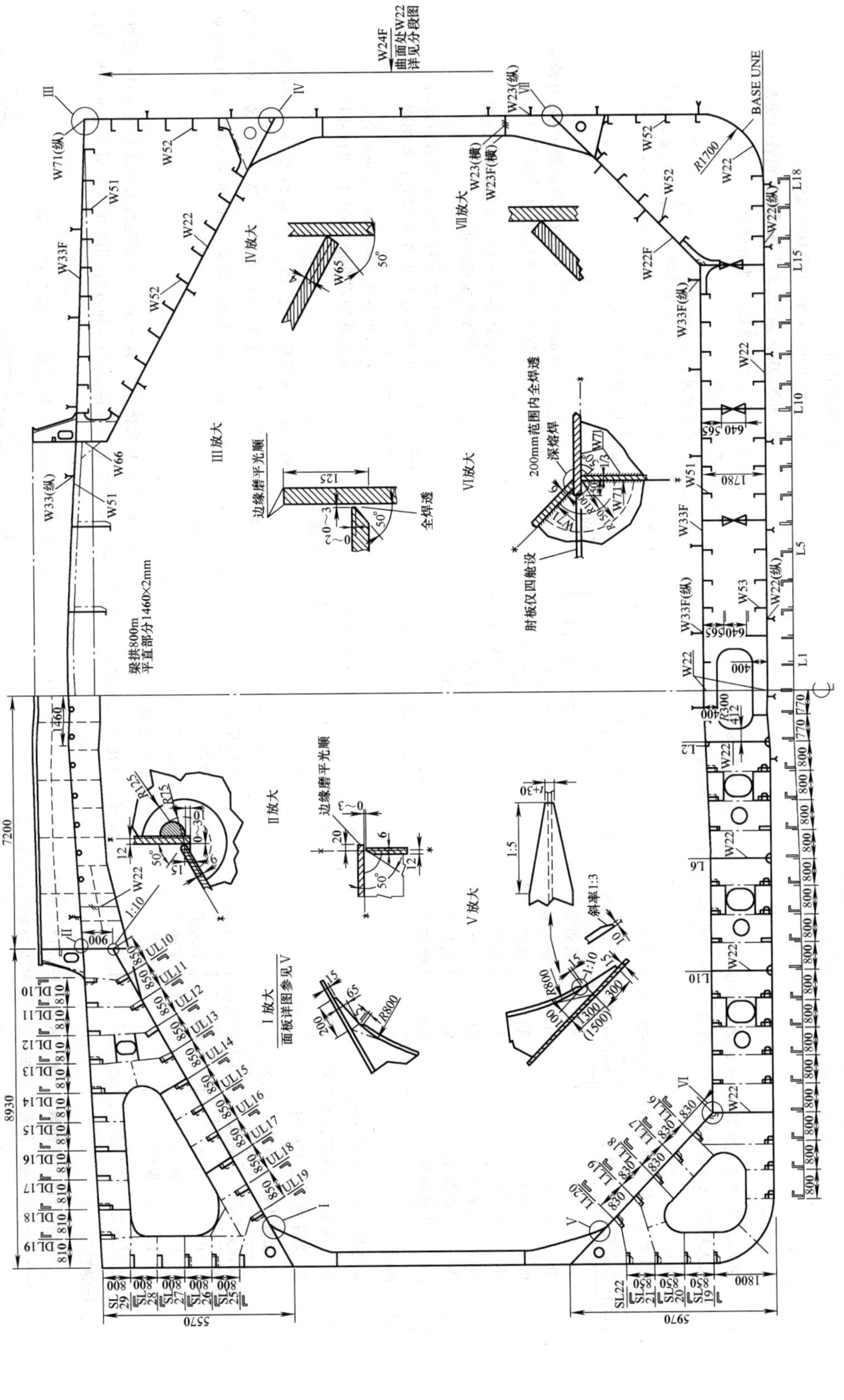

图16-94　76000t散货船舯断面结构焊接节点设计

一、零件的编号

(组件名)<(部件名)>-(零件号)<工位码>(材料规格)
　　　　　　　　　　　　　　(零件数量)

二、组件名

简单组件:A,B,C,D...

平面大组件:M,N.如MA,MB...表示大组件M由组件A,B...和基面M组成。

曲面大组件:X,Y.如YC,YD...表示大组件Y由组件C,D...和基面Y组成。

三、部件名

(部件名)=(部件名称码)(位置特征码)(辅助码)

部件名称码	含义	部件名称码	含义
SH	外板	F	助板,助骨框
IB	内底	H	水平桁
IS	内壳	V	垂直桁材
DK	甲板	BK	组合型肘板
PF	平台	BW	污水井
TB	横舱壁	PL	组合型柱子
LB	纵舱壁	MS	其他
SB	斜舱壁		
HT	底边舱斜顶板		
TT	顶边舱斜底板		
TK	舱柜		
GD	纵桁		
WF	板材强助骨		
BM	强横梁		

四、零件号

<零件号>=<序号>或

<零件号>=<散装件类型码><序号>

序号:部件中的基准板材1,2,......20.
部件中的其他零件21,22,......

散装件类型码	含义	零件类型码	含义
B	肘板	BM	小横梁
C	补板	D	重磅板
L	纵骨	P	柱子
T	助骨	Q	其他

五、工位码

压力架自动焊拼板 .... W

TTS自动焊拼板 .... RW 或 *RM

先拼后加工 ......RW拼板 .... H

中合拢散装 .... G

总段组装时散装 .... E

大合拢散装 .... AG

预组装后送船台 .... AE

预组装后送总段 .... □

用样箱实施加工成形 ....

六、板缝符号

-//- 表示小合拢对接缝

-//- 表示中合拢对接缝

-*- 表示大合拢对接缝

-//- 表示总段对接缝

-//- 表示南跨南压力架拼板对接缝

-//- 表示FCB法压力架拼板对接缝

七、零件的边缘信息

○ 表示下料时切割准足。

△ 表示下料时加放30mm余量,中合拢切割。

+ 表示下料时加放30mm余量,大合拢或总段组装时切割。

(×) 表示下料时加放补偿量,×为补偿值。

α 表示焊接坡口角度。

T 表示厚板开过渡坡口。

W×× 表示焊接节点详图。

F 表示焊接坡口开在非构架面。

标注次序: $\overset{0}{\underset{+}{\triangle}}(\times)T\alpha W \times F$

实例:

0(10)W22F 表示此零件下料时准足加放10mm补偿量,焊接节点为W22,坡口开在非构架面。

△ 表示此零件下料时加放30mm余量,中合拢阶段切割准足。

0T25°W23 表示此零件下料时准足,开好过渡斜,焊接节点为W23,坡口开在非构架面。

+15° 表示此零件切割加放30mm余量,大合拢切割准足,并开并15°焊接坡口。

八、焊接节点图

W0_焊条电弧焊　W1_埋弧焊　W2_CO_2气体保护焊　W3_混合焊

W4_FCB法拼板　W5_纵骨对接　W6_深熔焊　W7_全焊透　W8_其他

九、对于W0~W5_、W7_、除村垫焊和W11外,其余各种方法均为为反面清根焊

除特殊注明外:

-//- 采用W11,当厚差$\triangle t \geq 1$mm时,相应的大拼板采用W11F(反拼)。

-//- 采用W41,当板厚差$\triangle t > 3$mm时,相应的大拼板采用W41F(反拼)。

-//- 采用W02。

当板厚差$\triangle t \geq 3$mm时,则厚板要求削斜5倍$\triangle t$,如:

正拼　　　　反拼

图16-95　76000t散货船艏部断面结构焊接节点设计图的工艺符号说明

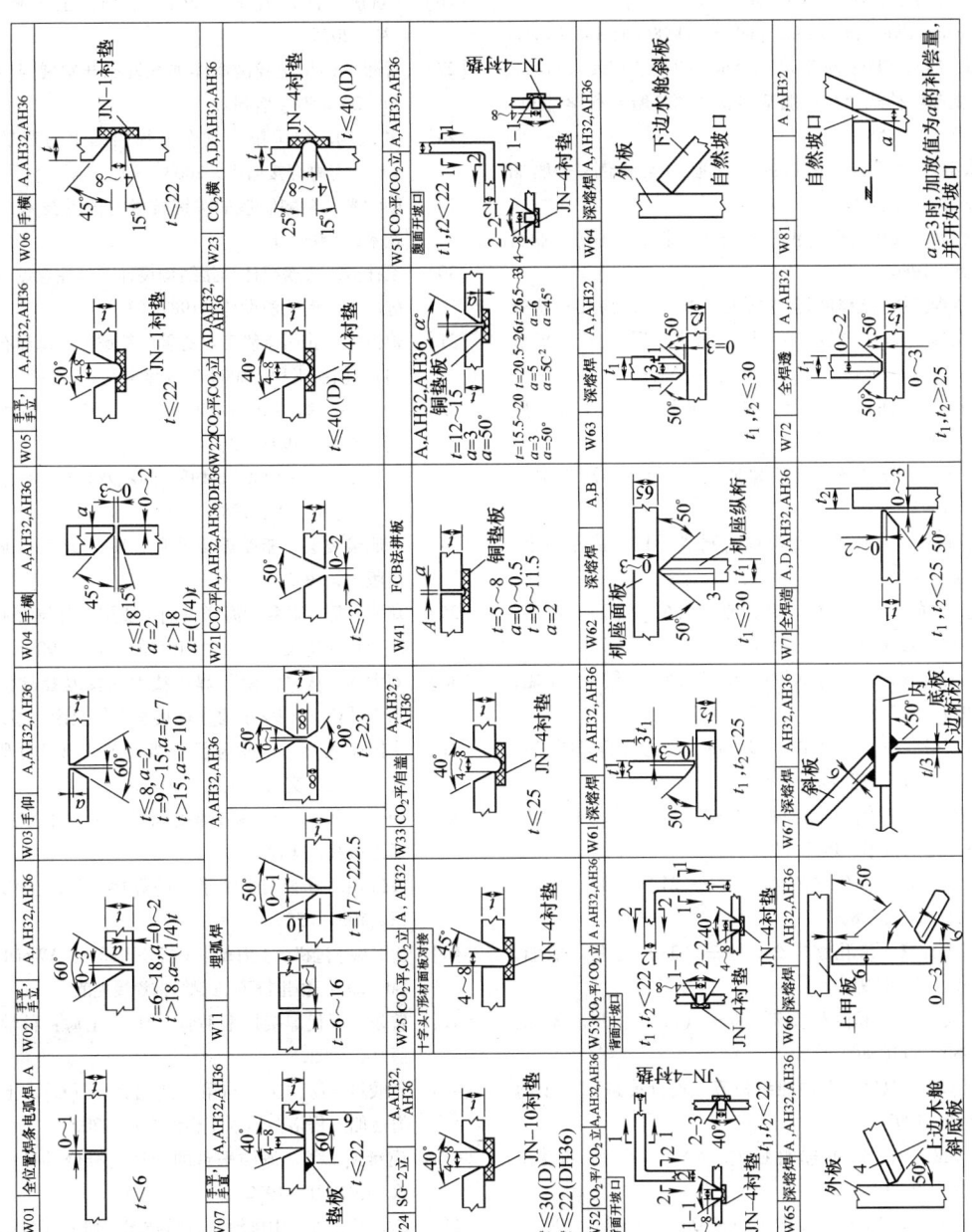

图 16-95　76000t 散货船舶舯部断面结构焊接节点设计图的工艺符号说明（续）

参 考 文 献

[1] 黄浩. 船体工艺手册 [M]. 修订本. 北京：国防工业出版社，1989.

[2] 阿·M·达尔坎格格. 船舶设计与建造. 王平庚，等译. 北京：国防工业出版社，1979.

[3] Antoni Rylke. Double hull tanker f 90000 dwt from Gdynia yard [J]. Shipping World & Shipbuilder, 1990 (11).

[4] 日立造船株式会社船舶基本设计部. 船の科学 [J]. 1991 (7)：58.

[5] 広瀬 衞ほか. 溶接施工管理の実施例——船舶 [J]. 溶接学会誌：1980 (9).

[6] 吴仁元. 船体结构 [M]. 修订本. 北京：国防工业出版社，1986.

[7] 日本焊接协会造船部会焊接施工委员会. 焊接质量管理指南 [M]. 梁桂芳，译. 北京：国防工业出版社，1987.

[8] 高介祜. 造船生产设计 [M]. 北京：国防工业出版社，1998.

[9] 孙光二. 巴拿马散货船建造文集 [G]. 江南造船厂，1993.

[10] 周有立. 万吨级货船艉柱的制造 [J]. 造船技术. 1981 (6).

[11] 惠美洋彦. 液化ガスタンカー（6）[J]. 船舶，1978，51 (6).

[12] 惠美洋彦. 液化ガスタンカー（20）[J]. 船舶，1979，52 (577).

[13] 叶彼得. 高技术船舶——3000m³ 液化气船研制成功 [J]. 江南造船技术，1991 (4).

[14] LNG 运输船铝合金储罐的制造工艺 [J]. 梁桂芳，译. 造船技术，1987 (8).

[15] 惠美洋彦. 液化ガスタンカー（21）[J]. 船舶，1979，52 (578).

[16] 惠美洋彦. 液化ガスタンカー（33）[J]. 船舶，1980，53 (591).

[17] 惠美洋彦. 液化ガスタンカー（22）[J]. 船舶，1980，53 (580).

[18] 杜忠仁. 双底双壳油船结构节点设计改进[J]. 上海造船，1997 (2).

[19] 辛元欧：中国近代船舶工业史 [M]. 上海，古籍出版社，1999.

[20] Lioyd's Register [J]. Structural Detail Design, 1996.

[21] 挪威船级社. 移动式近海装置入级规范 [S]. 中国船舶工业总公司标准化研究所，1984.

[22] 夏守军. 国防科技名词大典. 船舶：船舶 [M]. 北京：航空工业出版社，2002.

[23] 中国船级社. 钢船建造规范 [S]. 2006.

[24] 中国船级社. IACS 货船结构共同规范简介 [R]. 2006.

[25] 唐志拔. 劈波斩浪 [M]. 哈尔滨：哈尔滨工程大学出版社，1998.

[26] 陆舸. 江南往事 [M]. 上海：上海画报出版社，2005.

[27] 肖熙. 21 世纪我国海洋油气资源开发展望[J]. 钢结构，2002 年（增刊）.

[28] 刘大钧. 中国第一艘全电焊船诞生的背景和实践 [J]. 上海焊接通讯，2004 (9).

[29] 徐学光. 船舶制造的关键技术与前沿技术[J]. 造船技术，2003 (1).

[30] 梁桂芳. 浅谈船体焊接结构设计上的注意点与高效焊应用. 江南船舶设计. 1987 (3).

[31] 曾恒一. 我国造船工业的重要领域——海洋石油工程 [J]. 船舶工程，2005 年（增刊）.

[32] 贾世明. 船舶结构中若干通孔的设计与研究 [J]. 造船技术. 1991 (3).

[33] 王广戈. 关于船体桁材开口问题及其有关规定的探讨 [J]. 造船技术，1983 (5).

[34] 手册编委会. 船舶焊接手册 [M]. 北京：国防工业出版社，1995.

[35] 郑明，等. 对我国海洋石油工业用平台与船舶等装备国产化的建议 [J]. 中国海洋平台，1998 (1).

[36] 刘大钧. 从"江南"焊接技术的发展看造船焊接的未来 [C] // 99 上海市焊接学会年会论文集，1999.

[37] 中国船级社. 钢质海船入级规范，第三分册 [S]. 北京：人民交通出版社，2012.

[38] 中国船级社. 材料与焊接规范 [S]. 北京：人民交通出版社，2012.

[39] 虞维明. 导管架采油平台的焊接 [J]. 上海焊接通讯，1997 (55).

[40] 上海振华港机. 上海振华港机公司译丛：AWSD1. 1 D1. 1M：2006 美国国家标准钢结构焊接规范.

[41] 曾乐. 现代焊接技术手册 [M]. 上海：科学技术出版社，1993.

[42] 亢峻星. 海洋工程与第一造船大国 [C]. 上海：上海造船工程学会学术年会论文集. 2004.

[43] 虞维明，等. 海洋平台的建造与维修 [M]. 北京：海洋出版社，1992.

[44] 李乃胜，等. 中国海洋科学技术史研究 [M]. 北京：海洋出版社，2010.

[45] 刘大钧. 探讨上海焊接史（中）[J]. 上海焊接，2012 (5).

[46] 周有立，孙光二. 江南造船工艺技术四十年回眸 [J]. 船舶工程，2005 (特刊).

第17章 起重机焊接结构

作者 陈清阳 刘亚娣 **审者** 陈培君

17.1 概述

起重机械是用于物料起吊、运输、装卸和安装等作业的机械设备，是一种能在一定范围内垂直起升和水平移动物品的机械，具有动作间歇性和作业循环性的工作特点。

17.1.1 起重机分类[1]

起重机主要分为桥架型起重机和臂架型起重机两大类，如图17-1所示。起重机一般为多用途的，如通用桥式起重机、门式起重机、汽车起重机等，也有为某种用途或某种工艺的专用起重机，如为冶金工艺

服务的铸造起重机、料耙起重机、板坯搬运起重机和锻造起重机等；用于铁路桥梁架设的架桥机、提梁机；用于核电站的环行起重机；用于装卸物料的装卸桥。

1. 桥架型起重机

桥架型起重机又称桥式起重机，一般由大车、小车、运行机构和起升机构四部分组成。主要用于固定场位的作业，如车间仓库、坝面、堆料场等。

（1）通用桥式起重机

5t 以下起重机一般由电葫芦或链轮小车和工字梁或桁架组成。5t 以上采用焊接结构双梁或单梁大车、小车、运行机构和起升机构组成，如图17-2所示。

（2）门式起重机和装卸桥

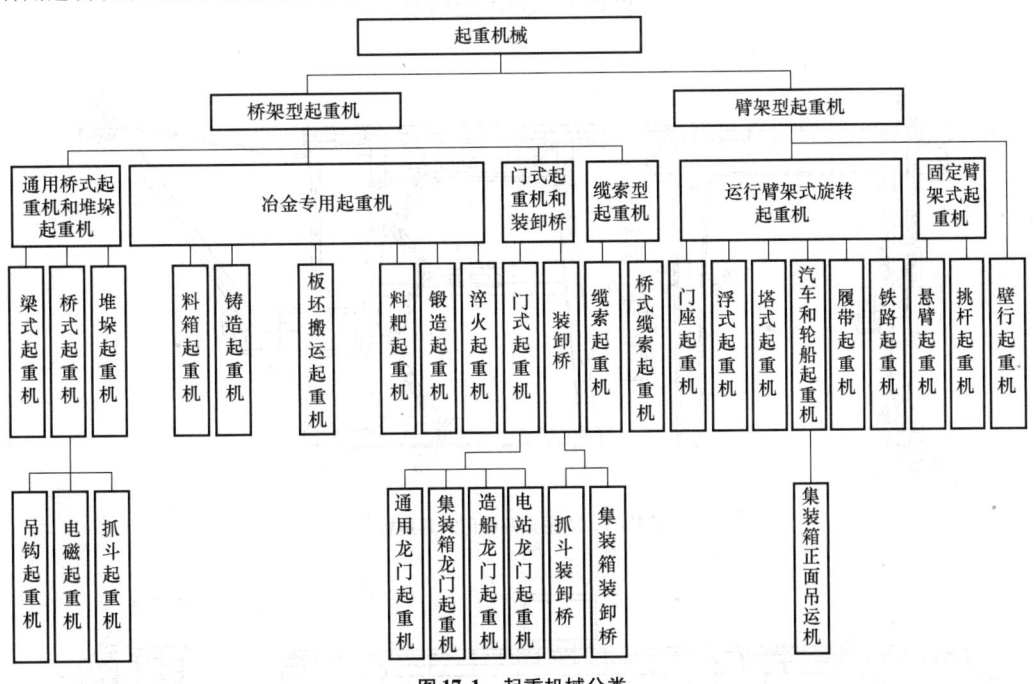

图 17-1 起重机械分类

门式起重机是带腿的桥式起重机，有双主梁四腿门式起重机（见图17-3）和单主梁双腿门式起重机（见图17-4）。用于货场、码头集装箱吊运的门式起重机的主梁一般都有悬臂，如图17-5所示。

装卸桥主要用于钢铁厂、火电厂装卸矿石或煤炭，主要结构与门式起重机相似，但桥架跨度大，故而一侧门架的两条腿为挠性腿（见图17-6）。小车运行速度大（＞150m/min），起升速度快（＞60m/min），起重机桥架承受的冲击载荷较大。

2. 臂架型起重机

臂架型起重机分为固定式和运动式。

（1）固定臂架式起重机

作业范围窄，一般作为固定的工位吊装设备，安装在工位一旁。结构由固定柱体和型钢梁组成，配以电动葫芦。

（2）运动臂架式旋转起重机

有门座起重机、塔式起重机、汽车起重机、履带起重机等。

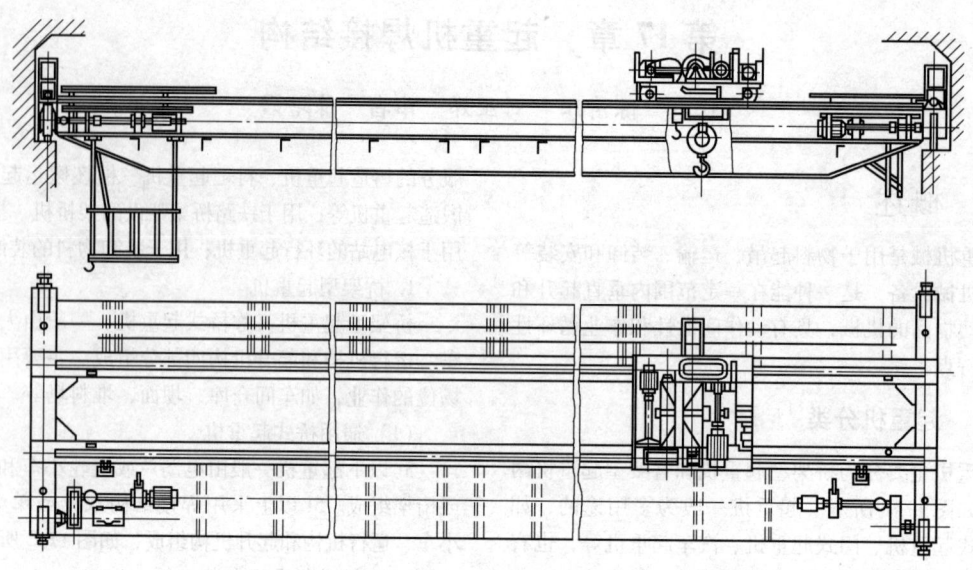

图 17-2　双梁桥式起重机

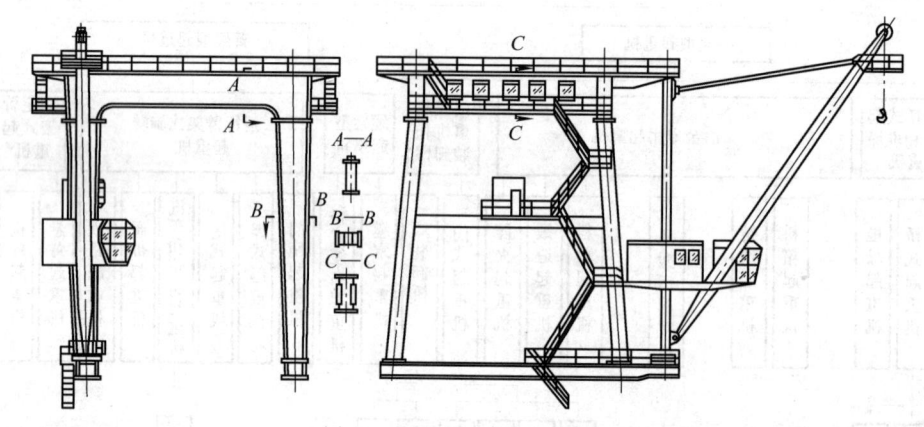

图 17-3　双主梁四腿门式起重机

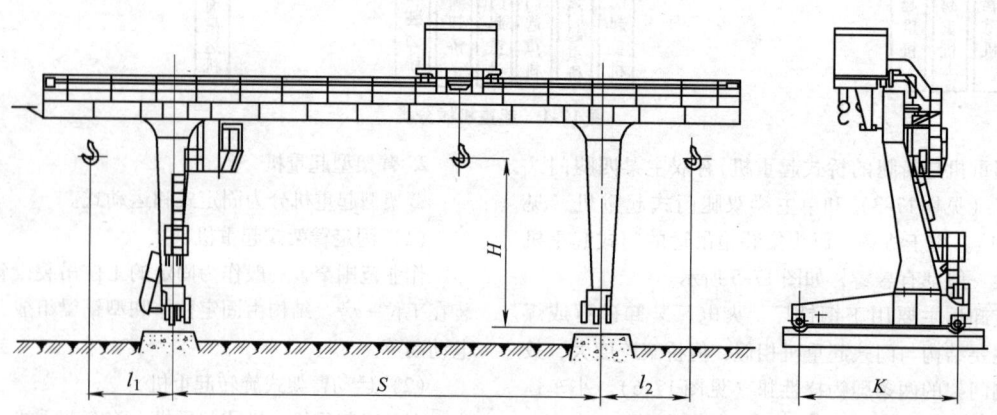

图 17-4　单主梁双腿（L型）门式起重机

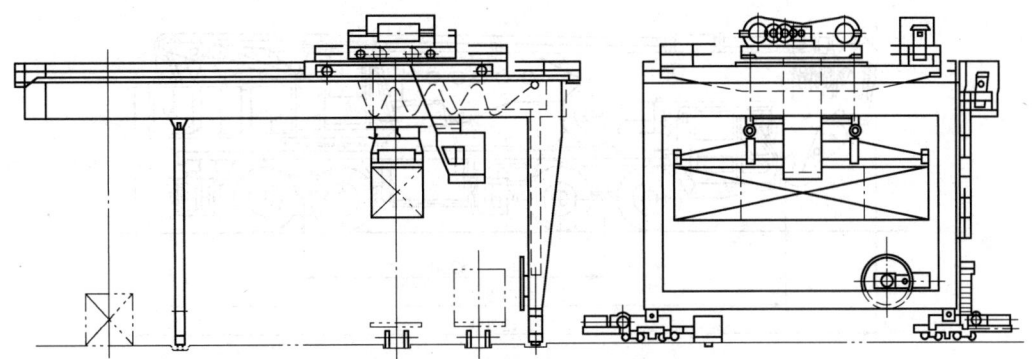

图 17-5　装箱门式起重机

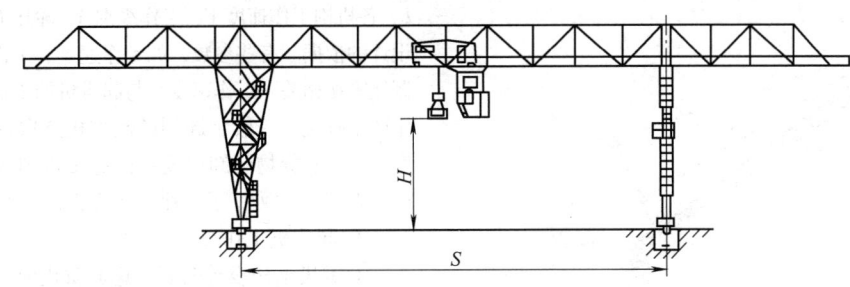

图 17-6　装卸桥

门座起重机是一台旋转起重机装在门形座架上（见图 17-7），门座内可通过一条或多条铁路轨道，多用于港口装卸货物或坝面施工。

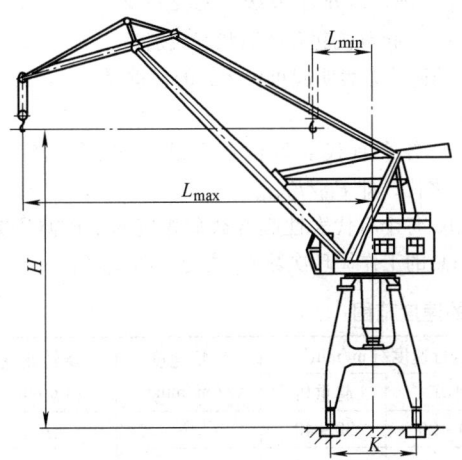

图 17-7　门座式起重机

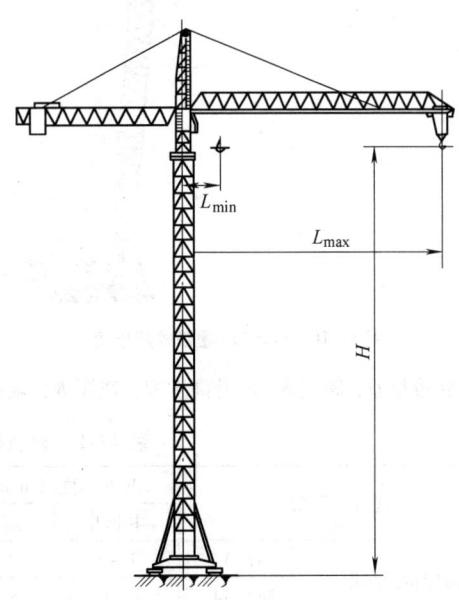

图 17-8　塔式起重机

塔式起重机是一台支承于高塔上，带长臂（图 17-8），多数用于建筑行业。

汽车起重机（见图 17-9）、履带起重机（图 17-10）均可在无轨路面上作业。旋转臂前者多为伸缩臂，而后者则是可以互换的多节桁架结构，以减少迎风阻力。目前国内制造的全地面汽车起重机的最大起重量已达 1200t，最长主臂达 106m；履带起重机的最大起

重量已达 3200t，最大起升力矩达 $8.6 \times 10^7 \mathrm{N \cdot m}$。

除汽车起重机外，无论是哪类起重机均以焊接结构作为基体。

17.1.2　起重机的基本参数和工作级别

1. 基本参数

基本参数是说明起重机工作性能的指标。基本参

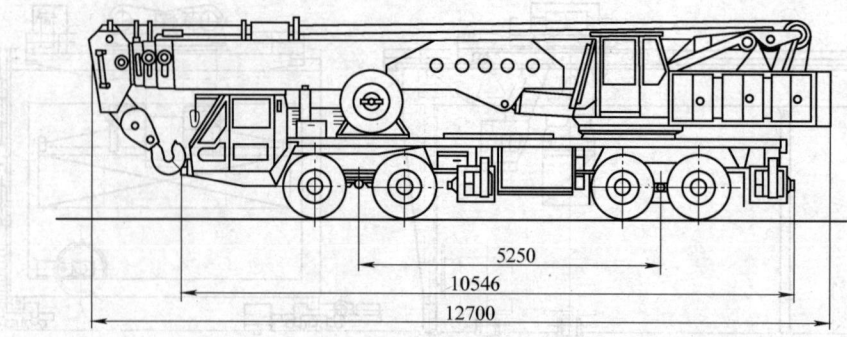

图 17-9　汽车起重机

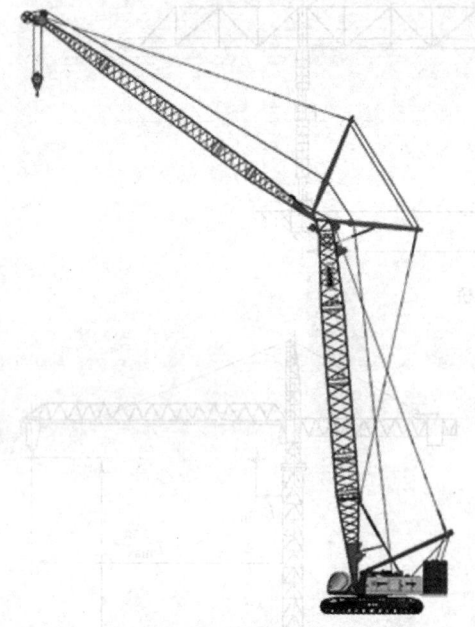

图 17-10　Scc8300 履带式起重机

数有起重量 Q、跨度 S、起升高度 H、轨距 K、幅度

L、各机构工作速度 V、工作级别 A、轮压 P 等，它们是设计的依据。有些参数，如工作速度、工作级别与焊接制造密切相关。工作速度常与起重机的工作类型及额定生产率有关，一般装卸用的起重机选取较高的工作速度，对大件货物装卸或安装的起重机则选取较小的速度。表 17-1 中列举了几种起重机工作机构的速度范围。

2. 起重机工作级别

起重机结构设计时要考虑起重机的工作级别，它是结构设计的主要参数，它由起重机使用等级 U 和载荷状态级别所确定。

(1) 起重机使用等级

使用等级按起重机设计寿命期内总的工作循环次数 C_T 来确定，分为 10 级，见表 17-2。

(2) 起重机起升载荷状态级别[2]

载荷状态表明起重机受载的轻重程度，与两个因素有关：

a. 各个有代表性的起升载荷 P_{Qi} 和额定载荷 P_{Qmax} 之比，即 P_{Qi}/P_{Qmax}。

b. 各个有代表性起升载荷相应的工作循环次数 C_i 与总的工作循环次数 C_T 之比，即 C_i/C_T。

表 17-1　起重机工作机构的速度范围[1]

起重机类型		起升速度/(m/min)		运行速度/(m/min)		变幅速度/(m/min)	旋转速度/(r/min)
		主起升	副起升	小车	起重机		
通用桥式起重机(吊钩式)	A1,A2	1~3	8~10	10~20	30~40	—	—
	A3,A4	2~12	8~20	20~40	40~90	—	—
	A5,A6	8~20	18~20	40~50	70~120	—	—
电磁桥式起重机		18~20	20~25	40~50	100~120	—	—
抓斗桥式起重机		40~50	—	40~50	100~120	—	—
通用门式起重机		8~20	20	20~50	40~60	—	—
电站门式起重机		1~5	10~20	2~8	15~25	—	—
造船门式起重机		2~15*	—	15~30*	25~45*	—	—
抓斗装卸桥		60~70	—	100~350	15~40	—	—
集装箱装卸桥		25~40*	—	80~120	35~50	—	—

（续）

起重机类型	起升速度/(m/min)		运行速度/(m/min)		变幅速度/(m/min)	旋转速度/(r/min)
	主起升	副起升	小车	起重机		
港口门座起重机	40~80	—	—	20~30	40~90	1.5~2
造船门座起重机	3~20	20~30	—	15~30	8~35	0.2~0.6
电站门座起重机	15~20	20~50	—	20~30	8~35	0.5~1
建筑塔式起重机	10~30	—	—	15~30		0.2~1
高层建筑塔式起重机	50~100	—	—	15~30		0.4~1.5

*：有微动装置时，微动速度一般为 0.1m/min~0.5m/min。

表 17-2　起重机的使用等级

使用等级	起重机总工作循环数 C_T	起重机使用频繁程度
U0	$C_T \leqslant 1.60 \times 10^4$	很少使用
U1	$1.60 \times 10^4 < C_T \leqslant 3.20 \times 10^4$	
U2	$3.20 \times 10^4 < C_T \leqslant 6.30 \times 10^4$	
U3	$6.30 \times 10^4 < C_T \leqslant 1.25 \times 10^5$	
U4	$1.25 \times 10^3 < C_T \leqslant 2.50 \times 10^5$	不频繁使用
U5	$2.50 \times 10^3 < C_T \leqslant 5.00 \times 10^3$	中等频繁使用
U6	$5.00 \times 10^5 < C_T \leqslant 1.00 \times 10^6$	较频繁使用
U7	$1.00 \times 10^6 < C_T \leqslant 2.00 \times 10^6$	频繁使用
U8	$2.00 \times 10^6 < C_T \leqslant 4.00 \times 10^6$	特别频繁使用
U9	$C_T > 4.00 \times 10^6$	

载荷谱是表示 P_{Qi}/P_{Qmax} 和 C_i/C_T 关系的图形。载荷状态由载荷谱系数 K_P 表征，K_P 按公式（17-1）计算。

$$K_P = \sum \left[\frac{C_i}{C_T} \left(\frac{P_{Qi}}{P_{Qmax}} \right)^m \right] \qquad (17-1)$$

式中　K_P——起重机的载荷谱系数；

C_i——与起重机各个有代表性的起升载荷相应的工作循环数，$C_i = C_1, C_2, C_3 \cdots, C_n$；

C_T——起重机总工作循环数，$C_T = \sum\limits_{i=1}^{n} C_i = C_1 + C_2 + C_3 + \cdots + C_n$；

P_{Qi}——能表征起重机在预期寿命期内工作任务的各个有代表性的起升载荷，$P_{Qi} = P_{Q1}, P_{Q2}, P_{Q3}, \cdots, P_{Qn}$；

P_{Qmax}——起重机的额定起升载荷；

m——幂指数，为了便于级别的划分，取 $m = 3$。

起重机的载荷状态按起重机的载荷谱系数 K_P 分为 4 级，见表 17-3。当起重机的实际载荷变化为已知时，则先按式（17-1）算出实际载荷谱系数 K_P，并按表 17-3 选择不小于此计算值的最接近的名义值作为该起重机的载荷谱系数。如果设计时不知实际的载荷状态，则可凭经验按表 17-3 的说明栏中的内容选择一个合适的载荷状态级别。

表 17-3　起重机的载荷状态级别及载荷谱系数

载荷状态级别	起重机的载荷谱系数 K_P	说　明
Q1	$K_P \leqslant 0.125$	很少吊运额定载荷，经常吊运较轻载荷
Q2	$0.125 < K_P \leqslant 0.250$	较少吊运额定载荷，经常吊运中等载荷
Q3	$0.250 < K_P \leqslant 0.500$	有时吊运额定载荷，较多吊运重载荷
Q4	$0.500 < K_P \leqslant 1.000$	经常吊运额定载荷

（3）起重机整机工作级别的划分

按起重机的使用等级和载荷状态级别来确定起重机整机的工作级别，分为 A1~A8 八级，见表 17-4。表 17-5 列出了各类起重机整机工作级别的范围。工作级别与结构的焊缝设计密切相关。

表 17-4　起重机整机的工作级别

载荷状态级别	起重机的载荷谱系数 K_P	起重机的使用等级									
		U_0	U_1	U_2	U_3	U_4	U_5	U_6	U_7	U_8	U_9
Q1	$K_P \leqslant 0.125$	A1	A1	A1	A2	A3	A4	A5	A6	A7	A8
Q2	$0.125 < K_P \leqslant 0.250$	A1	A1	A2	A3	A4	A5	A6	A7	A8	A8
Q3	$0.250 < K_P \leqslant 0.500$	A1	A2	A3	A4	A5	A6	A7	A8	A8	A8
Q4	$0.500 < K_P \leqslant 1.0$	A2	A3	A4	A5	A6	A7	A8	A8	A8	A8

表 17-5　起重机整机的工作级别举例表

起重机型式			工作级别	起重机形式		工作级别
桥式起重机	吊钩式	电站安装及检修用	A1 ~ A3	装卸桥	料场装卸用抓斗式	A7 ~ A8
		车间及仓库用	A3 ~ A5		港口装卸用抓斗式	A8
		繁重工作车间及仓库用	A6 ~ A7		港口装卸集装箱用	A6 ~ A8
	抓斗式	间断装卸用	A6 ~ A7	门座起重机	安装用吊钩式	A3 ~ A5
		连续装卸用	A8		装卸用吊钩式	A6 ~ A7
	冶金专用	吊料箱用	A7 ~ A8		装卸用抓斗式	A7 ~ A8
		铸造用	A6 ~ A8	塔式起重机	一般建筑安装用	A2 ~ A4
					用吊罐装卸混凝土	A4 ~ A6
		锻造用	A7 ~ A8	汽车、轮胎、履带、铁路起重机	安装及装卸用吊钩式	A1 ~ A4
		淬火用	A8			
		板坯搬运用	A8		装卸用抓斗式	A4 ~ A6
		料耙式	A8	甲板起重机	吊钩式	A4 ~ A6
					抓斗式	A6 ~ A7
		电磁铁式	A7 ~ A8	浮式起重机	装卸用吊钩式	A5 ~ A6
门式起重机		一般用途吊钩式	A5 ~ A6	浮式起重机	装卸用抓斗式	A6 ~ A7
		装卸用抓斗式	A7 ~ A8		造船安装用	A4 ~ A6
		电站用吊钩式	A2 ~ A3		安装用吊钩式	A3 ~ A5
		造船安装用吊钩式	A4 ~ A5	缆索起重机	装卸或施工用吊钩式	A6 ~ A7
		装卸集装箱用	A6 ~ A8		装卸或施工用抓斗式	A7 ~ A8

17.1.3　载荷[2]

作用在起重机结构上的载荷分四类，即常规载荷、偶然载荷、特殊载荷和其他载荷。常规载荷是指起重机在正常工作时经常发生的载荷；偶然载荷是起重机在正常工作状态下结构所受到的非经常性作用的载荷；特殊载荷则是在起重机非正常工作时，或在不工作时的特殊情况下才发生的载荷；其他载荷是指在某些特定情况下发生的载荷。上述四类载荷各自所包括的主要载荷列于表 17-6。

在进行起重机及其金属结构计算中，应考虑三种不同的基本载荷情况：

A——无风工作情况；

B——有风工作情况；

C——受到特殊载荷作用的工作情况或非工作情况。

在每种载荷情况中，与可能出现的实际使用情况相对应，又有若干个可能的具体载荷组合。

表 17-7 列出了起重机金属结构的载荷和载荷组合的情况，这是具有普遍性的载荷组合方式，每类组合中列出了若干组合方式，计算应根据具体机种、工况和计算目的，选取对所计算结构最不利的组合方式。

表 17-6　载荷分类

载荷类别	载荷名称	符号	说　明
常规载荷	1. 自重载荷	P_G	始终作用在结构上，位置不变，如结构、机械和电气设备以及在起重机工作时始终积结在它的某个部件上的物料（如附设在起重机上的漏斗料仓，连续输送机及在它上面的物料）等质量的重力
	2. 自重振动载荷用起升冲击系数	ϕ_1	起升质量突然离地起升，或将吊在空中的部分物品突然卸除时，或悬吊在空中的物品下降制动时，自重载荷将因出现振动而产生脉动式增大或减小的动力响应，此时自重振动荷载用 $\phi_1 P_G$ 表示，$\phi_1 = 0.9 ~ 1.1$

（续）

载荷类别	载荷名称	符号	说　明
常规载荷	3. 运行冲击系数	ϕ_4	起重机在不平的道路或轨道上运行时所发生的垂直冲击动力效应，即运行冲击载荷。该运行冲击载荷等于运行冲击系数 ϕ_4 乘以起重机的自重载荷与额定起升载荷之和来计算运行冲击系数 ϕ_4 的大小与运行速度、轨面状态等因素有关 （1）对于轨道接头状况一般： $$\phi_4 = 1.1 + 0.058v_y\sqrt{h}$$ 式中　h——轨道接头处两轨面高低差（mm）； 　　　v_y——起重机运行速度（m/s） （2）对于轨道接头状况良好，如轨道用焊接连接并对接头打磨光滑的高速运行起重机，$\phi_4 = 1$。
	4. 额定起升载荷	P_Q	是指起重机起吊额定重量时的总起升质量的重力
	5. 起升动载系数	ϕ_2	当物品无约束地起升离开地面时，物品的惯性力将会使起升载荷出现动载增大的作用。因此起升动力效应用额定起升载荷乘以起升动载系数 ϕ_2 来考虑，$\phi_2 = 1.0 \sim 2.0$。对建筑塔式起重机和港口臂架起重机等起升速度很高的起重机，$\phi_{2max} \leqslant 2.2$。稳定起升速度越大，操作越猛，$\phi_2$ 也越大
	6. 突然卸载冲击系数	ϕ_3	当起升质量部分或全部突然卸载时，将对起重机结构产生减载振动作用，减小后的起升载荷等于突然卸载冲击系数与额定起升载荷 P_Q 的乘积。 $$\phi_3 = 1 - \frac{\Delta m}{m}(1 + \beta_3)$$ 式中　Δm——突然卸除的部分起升质量； 　　　m——总起升质量 　　　$\beta_3 = 0.5$（抓斗起重机或类似的只有慢速卸载装置的起重机） 　　　$\beta_3 = 1.0$（电磁起重机或类似的具有快速卸载装置的起重机）
	7. 水平惯性力及位移和变形引起的载荷		详见文献[2]
偶然载荷	1. 工作状态风载荷	P_{WII}	在露天作业的起重机应考虑风载荷。工作状态风载荷 P_{WII} 是起重机在正常工作情况下所能承受的最大风力 $$P_{W(I,II)} = Cp_{(I,II)}A$$ $$P_{WQ(I,II)} = 1.2p_{(I,II)}A_Q$$ 式中　P_{WI}——作用在起重机上的工作状态正常风载荷（N）； 　　　P_{WII}——作用在起重机上的工作状态最大风载荷（N），即工作状态风载荷； 　　　P_{WQI}——作用在吊运物品上的工作状态正常风载荷（N）； 　　　P_{WQII}——作用在吊运物品上的工作状态最大风载荷（N）； 　　　C——风力系数； 　　　p_I——起重机工作状态正常的计算风压（Pa）； 　　　p_{II}——起重机工作状态最大的计算风压（Pa）； 　　　A——起重机构件垂直于风向的实体迎风面积（m²）； 　　　A_Q——吊运物品的最大迎风面积（m²）。
	2. 偏斜运行时的水平侧向载荷	P_S	指装有车轮的起重机或小车在作稳定状态的纵向运行或横向移动时，发生在它的导向装置（例如导向滚轮或车轮的轮缘）上由于导向的反作用引起的一种偶然出现的载荷。按文献[2]中附录 D 计算
特殊载荷	1. 非工作状态风载荷	P_{WIII}	是起重机在不工作时能承受的最大风力作用
	2. 碰撞载荷		详见文献[2]
	3. 倾翻水平力	P_{SL}	
	4. 试验载荷		
其他载荷	工艺性载荷等		

表 17-7　起重机金属结构的载荷与载荷组合表

载荷类别	载荷	分项载荷系数 γ_pA	A1	A2	A3	A4	分项载荷系数 γ_pB	B1	B2	B3	B4	B5	分项载荷系数 γ_pC	C1	C2	C3	C4	C5	C6	C7	C8	C9
	载荷组合 A						载荷组合 B						载荷组合 C									
常规载荷	自重载荷、起重载荷与运行冲击载荷引起的 — 1. 起重机质量引起的	γ_{pA1}	ϕ_1	ϕ_1	1	—	γ_{pB1}	ϕ_1	ϕ_1	1	—	—	γ_{pC1}	ϕ_1	1	ϕ_1	1	1	1	1	1	1
	2. 总起升质量或突然卸除部分起升质量引起的	γ_{pA2}	ϕ_2	ϕ_3	1	—	γ_{pB2}	ϕ_2	ϕ_3	1	—	—	γ_{pC2}	—	η	—	1	1	1	1	1	—
	3. 在不平道路（轨道）上运行起重机的质量和总起升质量引起的	γ_{pA3}	—	—	—	ϕ_4	γ_{pB3}	—	—	—	ϕ_4	ϕ_4	γ_{pC3}	—	—	—	—	—	—	—	—	—
	4. 起重机的质量和总起升质量，见 4.2.1.2 　4.1 不包括起升机构的其他驱动机构加速引起的	γ_{pA4}	ϕ_5	ϕ_5	—	—	γ_{pB4}	ϕ_5	ϕ_5	—	—	—	γ_{pC4}	—	—	—	—	—	—	—	—	—
	4.2 包括起升机构的任何驱动机构加速引起的		—	—	ϕ_5	ϕ_5		—	—	ϕ_5	ϕ_5	1		—	—	—	—	—	—	—	—	—
	位移载荷 — 位移和变形引起的载荷	γ_{pA5}	1	1	1	1	γ_{pB5}	1	1	1	1	1	γ_{pC5}	1	1	1	1	1	1	1	1	1
	气候影响引起的载荷 — 1. 工作状态风载荷						γ_{pB6}	1	1	1	1	1	γ_{pC6}									
	2. 雪和冰载荷						γ_{pB7}	1	1	1	1	—	γ_{pC7}									
	3. 温度变化引起的载荷						γ_{pB8}	1	1	1	1	1	γ_{pC8}									
	偏斜水平侧向载荷 — 偏斜运行时的水平侧向载荷						γ_{pB9}	1	1	1	1	1	γ_{pC9}									
偶然载荷	1. 猛烈地提升地面物品的动载荷												γ_{pC10}	ϕ_{2max}								
	2. 非工作状态载荷												γ_{pC11}		1							
	3. 试验载荷												γ_{pC12}			ϕ_6						
	4. 缓冲碰撞载荷												γ_{pC13}				ϕ_7					
	5. 倾翻水平力												γ_{pC14}					1				
特殊载荷	6. 意外停机引起的载荷												γ_{pC15}						ϕ_5			
	7. 机构失效和外部激励引起的载荷												γ_{pC16}							ϕ_5		
	8. 起重机基础运动引起的载荷												γ_{pC17}								1	
	9. 安装、拆卸和运输时引起的载荷												γ_{pC18}									1
系数	强度系数 γ_b（许用应力设计法）	γ_{fA}					γ_{fB}						γ_{fC}									
	抗力系数 γ_m（极限状态设计法）	γ_m																				
	特殊情况下的高危险度系数 γ_n	γ_n																				

17.2　结构材料、许用应力与刚度

17.2.1　结构材料

起重机焊接结构件一般采用普通碳素结构钢 Q235A、Q235B，主要受力构件采用低合金高强度结构钢 Q345A、Q345B，一些有特殊要求的采用 Q235C、Q345C、Q345D、Q345E 等。化学成分、力学性能、技术条件应分别符合 GB/T 700—2006《碳素结构钢》、GB/T1591—2008《低合金高强度结构钢》。

在 -20℃ 以上工作的一般起重机（除冶金等特殊用途的起重机外）的结构件允许采用沸腾钢 Q235BF。

在 -20℃ 以下低温地区工作的起重机的主要承载构件必须使用镇静钢，并保证钢材的强韧性满足对应材料标准的要求。

对于工作级别高的起重机的主要承载构件采用平炉镇静钢 Q235B、Q235C、Q345B、Q345C 或特殊镇静钢 Q235D、Q345D、Q345E 钢。德国起重机主要承载构件采用 S235JRG2、S355J2G3。

大吨位移动式起重机中的汽车起重机、履带式起重机的主要承载构件，近年来国外多采用屈服强度为 460MPa、690MPa、890MPa 和 960MPa 的高强度细晶粒钢，如 S460M、S690Q、WEL-TEN80、S890Q、S960Q 等；国内钢厂生产的相应钢种包括 HG60、HG80、DB685、WQ890、WQ960 等，部分细晶粒高强度的化学成分和力学性能见表 17-8。

17.2.2　结构材料的许用应力[2]

钢结构材料的拉伸、压缩、弯曲许用应力，按相应载荷组合所对应的基本许用应力 $[\sigma]$ 计算；剪切许用应力及端面承压许用应力由钢结构材料的基本许用应力决定，按表 17-9 选取。

1）对于钢材的 $R_{eL}/R_m < 0.7$ 时，相应于各种载荷组合的强度安全系数和基本许用应力按表 17-9 中所示决定。

2）对于钢材的 $R_{eL}/R_m \geq 0.7$ 时，相应于各种载荷组合的强度安全系数仍按表 17-9 中所示决定，基本许用应力则按式（17-2）计算。

$$[\sigma] = (0.5R_{eL} + 0.35R_m)/n \qquad (17-2)$$

式中　$[\sigma]$——钢材的基本许用应力（N/mm²）；

R_{eL}——钢材的屈服点。当材料无明显屈服点时，取 σ_s 为 $\sigma_{0.2}$（$\sigma_{0.2}$ 为钢材标准拉力试验残余应变达 0.2% 时的试验应力）（N/mm²）；

R_m——钢材的抗拉强度（N/mm²）；

n——与载荷组合类别相关的强度安全系数（见表 17-9）。

17.2.3　疲劳强度、疲劳许用应力、应力集中情况等级[2]

对结构件或机械零件工作级别是 E4 ～ E8 级的结构件应按 GB/T3811—2008《起重机设计规范》规定的公式校核疲劳强度。公式见表 17-10。式中 r 为应力循环特性，其值按下面公式计算（计算时，应力要带各自的正负号）。

1）结构件（或连接）单独受正应力或切应力时：

拉伸（或压缩）　$r = \sigma_{min}/\sigma_{max}$　　（17-3）

剪切　　　　　　$r = \tau_{min}/\tau_{max}$　　（17-4）

式中　σ_{min}（τ_{min}）是与 σ_{max}（τ_{max}）在应力循环中相对应的同一疲劳计算点上的一组应力值（各带正负号），其差值的绝对值为最大。

2）结构件（或连接）同时承受正应力（σ_x、σ_y）和切应力（τ_{xy}）作用时，应力循环特性按式（17-5）计算：

$$\begin{aligned} r_x &= \sigma_{xmin}/\sigma_{xmax} \\ r_y &= \sigma_{ymin}/\sigma_{ymax} \\ \tau_{xy} &= \tau_{xymin}/\tau_{xymax} \end{aligned} \qquad (17-5)$$

当 σ_{xmax}、σ_{ymax}、τ_{xymax} 三种应力中某一个最大应力在任何状态下都显著大于其他两种应力时，可不考虑其他两种应力对疲劳强度的影响，可用这个最大应力直接根据式（17-6）校核其疲劳强度。

$$\sigma_{max} \leq [\sigma_r]$$

或　　　　　$$\tau_{max} \leq [\tau_r] \qquad (17-6)$$

式中　$[\sigma_r]$、$[\tau_r]$——拉伸或压缩疲劳许用应力和剪切疲劳许用应力。

表 17-11 是 GB/T 3811—2008 所规定的疲劳许用应力 $[\sigma_{-1}]$ 的基本值，即 $r = -1$ 时的疲劳许用应力值。

表中"应力集中情况等级"在 GB 3811—2008 中将构件分为两类来规定：

① 非焊接件构件连接是指结构件本身带孔的接头，以及螺钉和铆钉连接等，根据接头形式和工艺方法的不同，将应力集中情况等级分为 W_0、W_1、W_2 三级。

② 焊接件构件连接是指接头焊缝及焊缝附近的金属。应力集中情况等级分为 K_0、K_1、K_2、K_3、K_4 五种：

K_0——轻度应力集中；

K_1——适度应力集中；

表 17-8　低合金高强度结构钢

钢牌号	板厚/mm	C	Si	Mn	P	S	Nb	V	Ti	Cr	Ni	Mo	B	Cu	Ceq
		化学成分(质量分数,%)													
WEL-TEN60	6~50	≤0.16	0.15~0.55	0.90~1.60	≤0.030	≤0.025	—	≤0.10	—	≤0.30	≤0.60	≤0.30	≤0.005	≤0.30	—
HG60	10~25	0.11~0.18	0.15~0.40	1.00~1.70	≤0.030	≤0.025	0.02~0.06	0.03~0.08	—	—	—	—	—	—	—
DB590	10~25	≤0.08	≤0.40	1.30~1.80	≤0.025	≤0.015	≤0.06	—	—	—	—	—	≤0.003	≤0.35	—
WEL-TEN80C	6~50	≤0.16	≤0.35	0.60~1.20	≤0.025	≤0.015	—	≤0.10	—	0.60~1.20	—	0.15~0.60	≤0.005	0.70	—
DB685	10~50	≤0.08	≤0.50	1.30~1.80	≤0.030	≤0.025	≤0.10	—	—	—	≤0.50	≤0.40	≤0.003	—	—
HG80	10~50	≤0.15	0.15~0.35	0.80~1.50	≤0.030	≤0.015	0.02~0.06	—	≤0.03	≤0.30	≤0.80	0.20~0.60	≤0.05	—	—
WQ690	8~50	≤0.18	≤0.50	≤1.50	≤0.020	≤0.010	≤0.06	≤0.08	≤0.03	≤0.80	≤1.00	≤0.60	≤0.0030	—	0.6
WQ690	50~100	≤0.18	≤0.50	≤1.50	≤0.020	≤0.010	≤0.06	≤0.08	≤0.03	≤0.80	≤1.00	≤0.60	≤0.0030	—	0.65
WQ890	8~50	≤0.18	≤0.50	≤1.50	≤0.020	≤0.010	≤0.06	≤0.08	≤0.03	≤0.90	≤1.20	≤0.60	≤0.0030	—	0.65
WQ960	8~50	≤0.18	≤0.50	≤1.50	≤0.020	≤0.010	≤0.06	≤0.08	≤0.03	≤0.90	≤1.50	≤0.60	≤0.0050	—	0.68

钢牌号	板厚/mm	R_{eL}/MPa	R_m/MPa	A(%)	A_{KV}(纵向)/J 0℃	A_{KV}(纵向)/J −20℃	A_{KV}(纵向)/J −40℃	冷弯(180°)	状态
		力学性能							
WEL-TEN60	6~50	≥450	588~706	20~28	≥47(−10℃)	—	—	厚度≤32　d=1.5a 厚度>32　d=2a	调质
HG60	10~25	≥450	570~720	≥19	≥47(20℃)	—	—	d=3a	控轧
DB590	10~25	≥450	570~720	≥20	—	—	≥47	d=3a	控轧
WEL-TEN80C	6~50	≥686	784~931	16~24	—	≥47	—	厚度≤32　d=1.5a 厚度>32　d=2a	调质
DB685	10~25	≥590	≥685	≥16	—	≥47	—	d=2a	控轧
DB685	25~50	≥590	≥670	≥15	—	≥47	—	d=3a	控轧
HG80	10~60	≥685	≥785	≥15	—	≥47(HG80D)	≥47(HG80E)	d=3a	调质
WQ690	8~50	≥690	≥780	≥14	≥34(WQ690C)	≥34(WQ690D)	≥34(WQ690E)	d=3a	淬火+回火
WQ690	50~100	≥670	≥780	≥12	≥34(WQ690C)	≥34(WQ690D)	≥34(WQ690E)	d=3a	淬火+回火
WQ890	8~50	≥890	≥960	≥12	≥34(WQ890C)	≥34(WQ890D)	—	d=3a	淬火+回火
WQ960	8~50	≥960	≥1000	≥11	≥34(WQ960C)	≥34(WQ960D)	—	d=3a	淬火+回火

K_2——中等应力集中；
K_3——严重应力集中；
K_4——非常严重的应力集中。

用于结构疲劳强度计算的构件连接的应力集中情况等级和构件的接头型式具体参见文献 [2]。表 17-12 列举了部分构件的应力集中情况等级。

表 17-9　强度安全系数和许用应力

载荷组合	强度安全系数 n	拉伸、压缩、弯曲许用应力 $[\sigma]$	剪切许用应力 $[\tau]$	端面承压许用应力 $[\sigma_{cd}]$
A	1.48	$\sigma_s/1.48$	$[\sigma]/\sqrt{3}$	$1.4[\sigma]$
B	1.34	$\sigma_s/1.34$	$[\sigma]/\sqrt{3}$	$1.4[\sigma]$
C	1.22	$\sigma_s/1.22$	$[\sigma]/\sqrt{3}$	$1.4[\sigma]$

表 17-10　（构件）疲劳许用应力

应力循环特性		疲劳许用应力计算公式	说　明
$-1 \leqslant r \leqslant 0$	拉伸 t	$[\sigma_{rt}] = 1.67\sigma_{-1}/(1-0.67r)$	x 方向的为 $[\sigma_{xrt}]$ y 方向的为 $[\sigma_{yrt}]$
	压缩 c	$[\sigma_{rc}] = 2\sigma_{-1}/(1-r)$	x 方向的为 $[\sigma_{xrc}]$ y 方向的为 $[\sigma_{yrc}]$
$0 < r \leqslant 1$	拉伸 t	$[\sigma_{rt}] = 1.67\sigma_{-1}/\{1-(1-\sigma_{-1}/0.45\sigma_b)r\}$	x 方向的为 $[\sigma_{xrt}]$ y 方向的为 $[\sigma_{yrt}]$
	压缩 c	$[\sigma_{rc}] = 1.2[\sigma_{rt}] = 2\sigma_{-1}/\{1-(1-\sigma_{-1}/0.45\sigma_b)r\}$	x 方向的为 $[\sigma_{xrc}]$ y 方向的为 $[\sigma_{yrc}]$
$-1 \leqslant r \leqslant 1$	剪切（构件）	$[\tau_{xyr}] = [\sigma_{rt}]/\sqrt{3}$	取 W_0 相应的 $[\sigma_{rt}]$ 值
	剪切（焊缝）	$[\tau_{xyr}] = [\sigma_{rt}]/\sqrt{2}$	取 K_0 相应的 $[\sigma_{rt}]$ 值

表 17-11　拉伸和压缩疲劳许用应力的基本值 $[\sigma_{-1}]$ （单位：N/mm²）

构件工作级别	非焊接件构件连接的应力集中情况等级						焊接件构件连接的应力集中情况等级				
	W_0		W_1		W_2		K_0	K_1	K_2	K_3	K_4
	Q235	Q345	Q235	Q345	Q235	Q345	Q235 或 Q345				
E1	249.1	298.0	211.7	253.3	174.4	208.6	(361.9)	(323.1)	271.4	193.9	116
E2	224.4	261.7	190.7	222.4	157.1	183.2	(293.8)	262.3	220.3	157.4	94.4
E3	202.2	229.8	171.8	195.3	141.5	160.8	238.4	212.9	178.8	127.7	76.6
E4	182.1	201.8	154.8	171.5	127.5	141.2	193.5	172.3	145.1	103.7	62.2
E5	164.1	177.2	139.5	150.6	114.2	124.0	157.1	140.3	117.8	84.2	50.5
E6	147.8	155.6	125.7	132.3	103.5	108.9	127.6	113.6	95.6	68.3	41.0
E7	133.2	136.6	113.2	116.2	93.2	95.7	103.5	92	77.6	55.4	33.3
E8	120.0	120.0	102.0	102.0	84.0	84.0	84.0	75.0	63.0	45.0	27.0

注：括号内的数值为大于 Q235 的 $0.75\sigma_b$（抗拉强度）的理论计算值。

表 17-12　应力集中情况等级

接头形式	工艺方法的说明	应力集中情况等级
	金属构件，没有接头，表面匀质无应力集中部位	W_0
	带孔构件。钻有铆钉或螺栓连接孔的构件，螺栓和铆钉承受许用应力值20%以下的载荷。钻有高强度螺栓连接孔的构件	W_1
	带有螺钉和铆钉孔的构件。其螺钉和铆钉承受单面、多面剪切载荷	W_2

（续）

接头形式	工艺方法的说明	应力集中情况等级
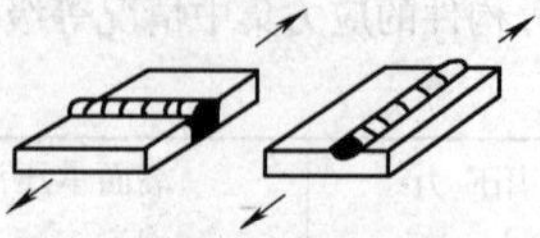	对接焊缝： 力的方向与焊缝的方向垂直 力的方向与焊缝的方向平行	K_0, K_1
	对接焊缝： 焊缝受纵向剪切	K_0
 非对称斜度 对称斜度 无斜度	不同厚度的对接焊缝。力的方向垂直于焊缝	
	非对称斜度 1/4 ~ 1/5	K_0, K_1
	非对称斜度 1/3	K_2
	对称斜度 1/3	K_0, K_1
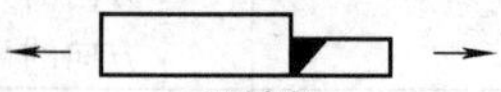	对称斜度 1/2	K_2
	不对称斜度 1/2，或对称无斜度	K_3
	非对称、无斜度	K_4
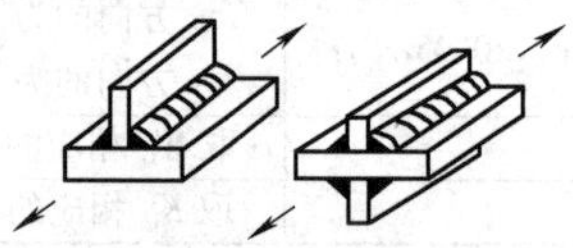	角焊缝： 力的方向与焊缝的方向平行	K_0
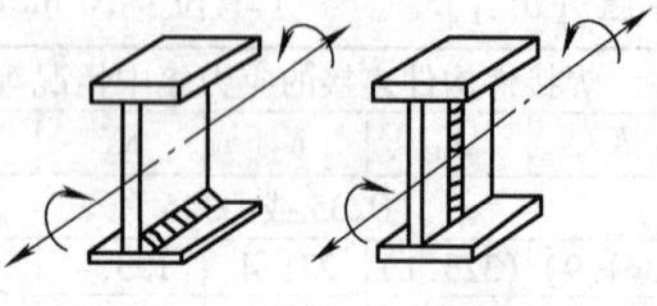	梁的盖板和腹板间的 K 形焊缝或角焊缝 梁的腹板横向对接焊缝	K_0 K_0, K_1
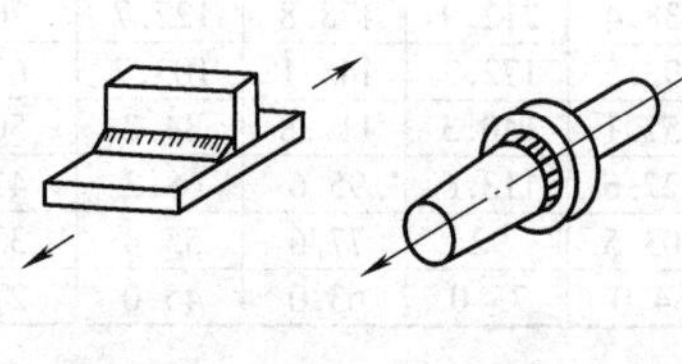	力垂直于焊缝作用： 用 K 形角焊缝把构件焊在主要受力构件上 用连续角焊缝把横隔板、腹板的加劲肋、圆环或轮毂焊在主要受力构件上（如翼缘或轴）	K_1, K_2, K_3 K_1, K_2
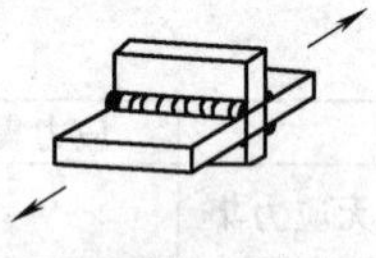	十字头焊缝、力垂直于焊缝： K 形焊缝 双面角焊缝	K_2, K_3 K_4
	承受弯曲和剪切作用： K 形焊缝 双面角焊缝	K_2, K_3 K_4
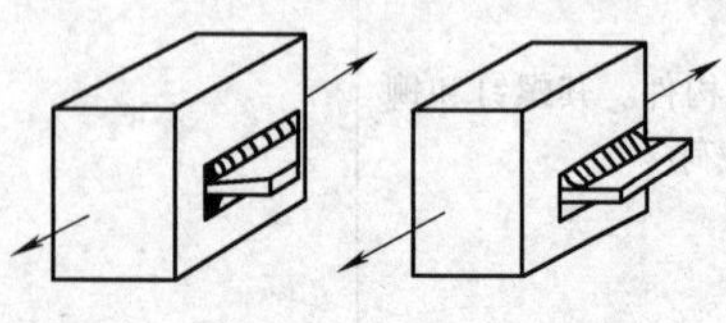	在整体主要构件侧面焊上与其端面成直角布置的构件，焊缝的方向平行于力的方向 焊接件两端有贴角或带圆弧焊缝（包角焊） 焊接件两端无贴角焊缝	K_2, K_3 K_4

（续）

接头形式	工艺方法的说明	应力集中情况等级
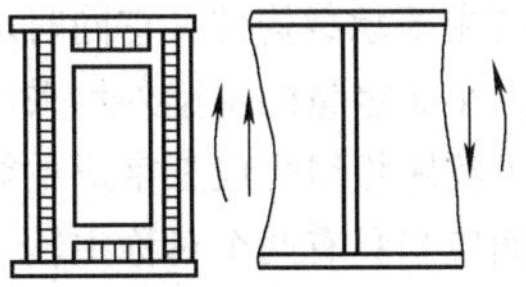	隔板用双面贴角连续焊缝与翼缘和腹板 连接隔板切角 不切角	K_2，K_3 K_3
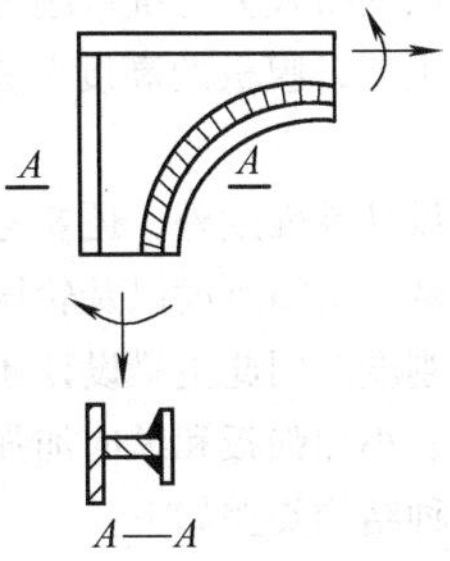	弯曲的翼缘与腹板间焊缝 K 形焊缝	K_1，K_2
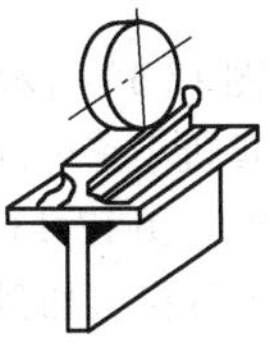	承受集中载荷的翼缘板和腹板间的焊缝 K 形焊缝 双面角焊缝	K_2，K_3 K_4
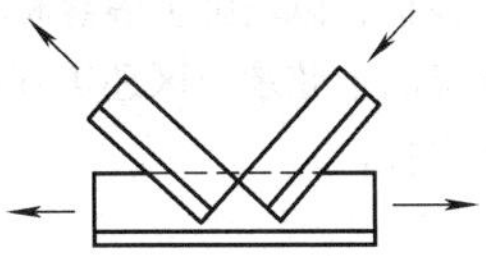	桁架节点各杆件用角焊缝连接	K_3，K_4
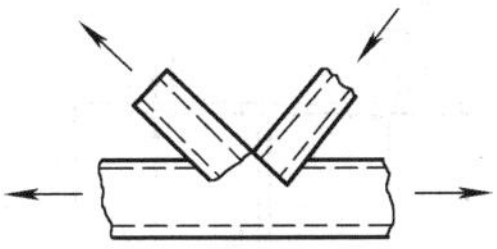	用管子制成的桁架,其节点用角焊缝连接	K_3，K_4

17.2.4 起重机结构刚度

起重机的结构刚度要求分为静态刚度和动态刚度。

1. 静态刚度

静态刚度以在规定的载荷作用于指定位置时结构在某一位置处的静态弹性变形来表征。

（1）桥架型起重机

（包括门式起重机和装卸桥）

1）当满载小车位于跨中,主梁由于额定起升载荷和小车自重载荷在跨中引起的垂直静挠度 f 与起重机跨度 S 的关系为:

对低定位精度要求的起重机,或具有无级调速控制特性的起重机;采用低起升速度和低加速度能达到可接受定位精度的起重机: $f \le \frac{1}{500}S$。

使用简单控制系统能达到中等定位精度特性的起重机: $f \le \frac{1}{750}S$。

需要高定位精度特性的起重机: $f \le \frac{1}{1000}S$。

2）对于具有悬臂的门式起重机和装卸桥,当满载小车位于悬臂上的有效工作位置时,该处由于额定起升载荷和小车自重载荷引起的垂直静挠度 f 应不大于 $L_1/350$（L_1 为悬臂有效工作长度）。

（2）塔式起重机

在额定起升载荷作用下,塔身在其与臂架连接处（或臂架与转柱的连接处）产生的水平静位移 ΔL 应不大于 $1.34H/100$,其中 H 为塔身在臂架连接处至轨面的垂直距离即塔身自由高度。

（3）箱形伸缩式臂架的轮胎起重机和汽车起重机

在不考虑底架变形及变幅油缸回缩等因素的情况下,当起升额定载荷,并处在相应工作幅度时,臂端在变幅平面内垂直于臂架轴线方向的静位移 $f_L \le 0.1$ $(L_c/100)^2$, L_c 为臂架长度（cm）,见图 17-11。此外,臂架在上述载荷和臂架端部施加额定起升载

5%的水平侧向力时，臂架的侧向静位移 $Z_L \leqslant 0.07$ $(L_C/100)^2$。

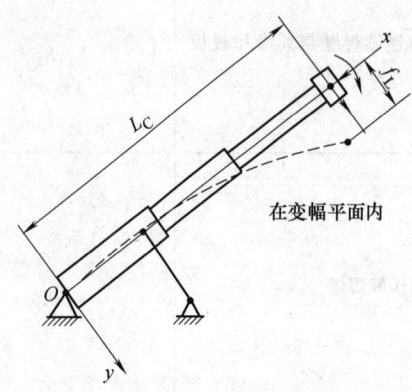

在变幅平面内

图 17-11　臂架在吊重面内的静位移

2. 动态刚度

动态刚度是以起重机作为振动系统的动态抗变形能力来表征，即以满载情况下钢丝绳绕组的悬吊长度相当于额定起升高度时，以系统在垂直方向的最低阶固有频率（简称为满载自振频率）来表征。一般起重机仅核算结构的静态刚度，如果系统的振动影响了生产作业等特殊情况或用户有要求时，才需校核动态刚度。

对于电动桥式起重机（包括门式起重机、装卸桥），当小车位于跨中时的满载自振频率 f 应不低于 2Hz。

对于门座起重机满载自振频率 f 应不低于 1Hz。

17.3　金属结构

起重机金属结构是由碳素结构钢和低合金高强度结构钢作为基本材料，用焊接和栓接等方法连接成的承受载荷的金属结构件。桥架是桥架型起重机、门式起重机、装卸桥的主要承载结构；臂架则为塔式起重机、履带起重机、汽车起重机的主要承载结构；塔身也是前两种起重机的承载结构。

17.3.1　桥架

桥架是起重机典型结构之一，是桥架型起重机的主要承载结构。一般由主梁和端梁组成。桥架的主要结构形式和特点见表 17-13。

17.3.2　主梁

主梁是桥架的主要承载构件，它同时承受垂直载荷和水平载荷。除小起重量的主梁外均采用焊接组合梁，由腹板和上下翼缘板组焊成工字形主梁或箱形主梁。梁的合理截面应当具有两个对称主轴，材料尽量远离中心轴分布，以获得较大的抗弯刚度。组合梁近似薄壁结构，腹板很薄，腹板的高度常是板厚的 200 倍以上。

起重机主梁的设计除强度外，还要考虑梁的整体垂直刚度、水平刚度、抗扭刚度以及轮压作用下腹板和上翼缘板的局部刚度。因此主梁设计还应有一定数量的横向大加强板、小加强板和纵向加强杆。

主梁常见的几种结构类型如下：

1. 中轨箱形主梁

主梁结构的截面如图 17-12 所示。它由上下翼缘板和两块腹板组成，起重机小车运行轨道布置在梁截面中心，称中轨箱形主梁。图 17-13 为箱形主梁的典型构造图，梁上除布置有横向大加强板外，还在梁全长范围内布置小加强板，以增强上翼缘板和腹板承压区的局部刚度。在梁的上弦承压区还需在腹板的内侧或外侧布置纵向加强杆。

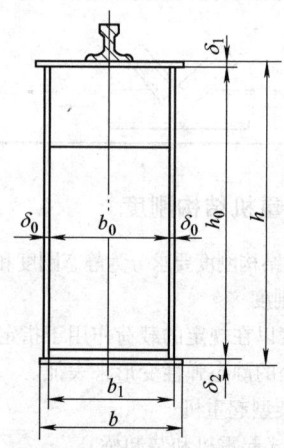

图 17-12　箱形主梁截面图

箱形主梁截面的主要几何尺寸可在下列范围内选择，以保证截面满足强度和刚度的要求。

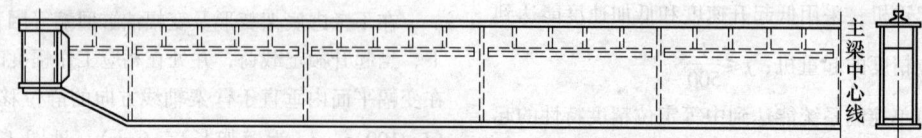

主梁中心线

图 17-13　箱形主梁构造图（原图 16-13）

1）主梁高度 h 和跨度 S 之比：
$$h/S = 1/14 \sim 1/18$$
大跨度时 h/S 取大值。

2）主梁两腹板间距 b_0 与跨度之比：
$$b_0/S = 1/50 \sim 1/60$$

3）上翼缘板厚度 δ_1 由局部稳定性要求决定。

$\delta_1/b_1 \geq 1/50 \sim 1/60$ （b_1 为两腹板中心距）。

材质为 Q345 时取 1/50；Q235 时取 1/60。

中轨箱形主梁存在以下主要问题：

1）上翼缘板在轮压作用下局部弯曲应力较大，为减小局部弯曲变形必须增加上翼缘板的厚度，如早年设计的 300t 锻造起重机采用中轨箱形主梁，其上翼缘板厚达 60mm，使翼缘板与腹板厚薄差过大，导致焊接工艺上的困难。

2）横向大小加强板的上边缘往往不能与上翼缘板紧贴，使轮压由横向角焊缝来传递（图 17-14），

该焊缝过载开裂，裂纹向腹板延伸危及主梁安全。

2. 偏轨箱形主梁

偏轨箱形主梁多采用宽翼缘形式，由上、下翼缘板和主、副腹板组合成箱形截面，轨道铺设在主腹板正上方，如图 17-15 所示。单主梁起重机的偏轨主梁还在主腹板的下弦和副腹板的上弦增设两条轨道以悬吊小车，见表 17-13。

偏轨箱形主梁的副腹板分为空腹、实腹两种。空腹虽可节省钢材，但因增加了开孔、镶圈和保证主梁两侧上拱的一致性而增加了工艺上的困难。空腹偏轨主梁如图 17-16 所示。实腹偏轨箱形主梁在实际设计中得到较为广泛地应用。载荷状态为 Q_3 和 Q_4（见表 17-3）以及利用等级较高的双梁起重机广泛采用偏轨箱形主梁。

表 17-14 为通用桥架型起重机系列主梁截面尺寸（供参考）。

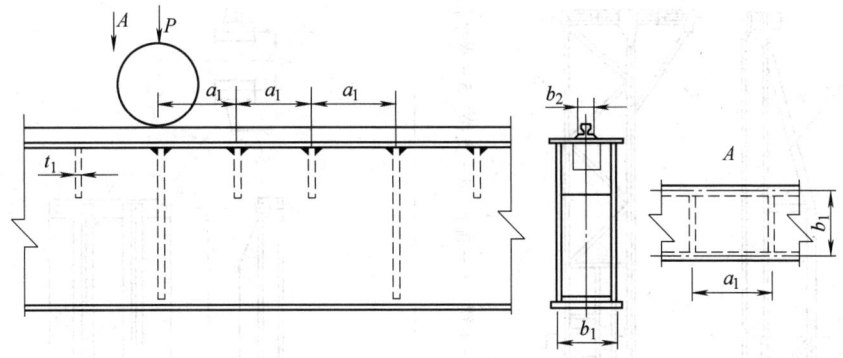

图 17-14　加肋板横向贴角焊缝传递轮压示意图

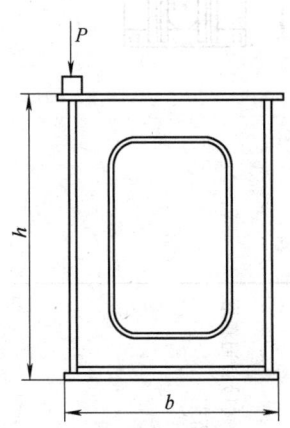

图 17-15　宽翼缘偏轨箱形主梁截面

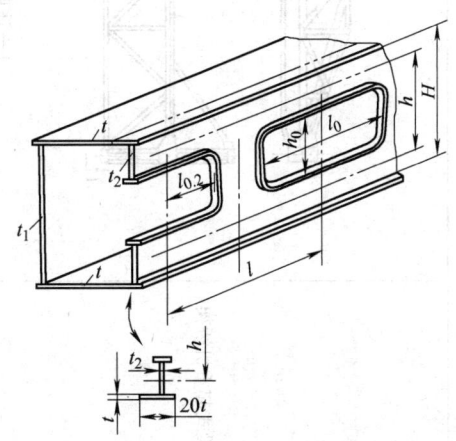

图 17-16　空腹偏轨主梁

表 17-13　起重机桥架结构

桥架名称	桥架简图	要点说明
1. 梁式起重机桥架	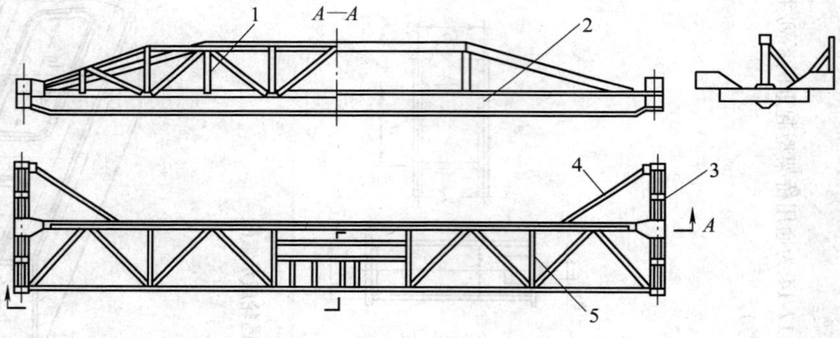 1—垂直辅助桁架　2—主梁　3—端梁　4—支撑　5—水平桁架	由轧材工字钢作承载主梁。一般为小型起重机所采用,多用于电葫芦
2. 箱形梁桥架 (1) 普通箱形桥架	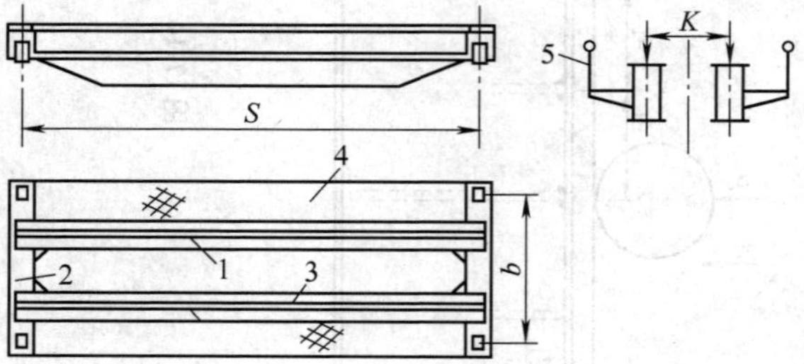 1—主梁　2—端梁　3—轨道　4—走台　5—栏杆	箱形结构桥架是最为广泛应用的桥架形式,有以下几种。由两个主梁和两个端梁组成,两侧有单层或双层走台,轨道放在箱形梁的中心线上,称为中轨箱形梁桥架,是桥架的典型结构。轨道上的小车载荷依靠主梁上翼缘板和加强板来传递,因而桥架水平刚度较差

（续）

桥架名称	桥架简图	要点说明
（2）偏轨箱形梁桥架	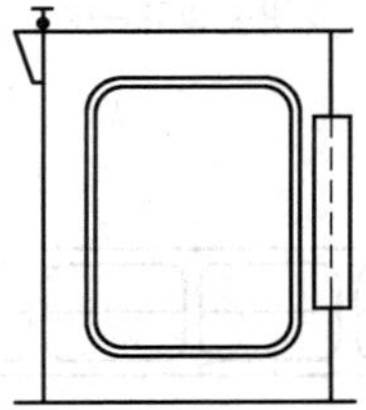 本图仅表示桥架的一个主梁截面	该桥架的主梁和端梁的连接与普通箱形梁桥架类同,仅将轨道设置在主梁腹顶上,主梁多为宽主梁形式。依靠主梁腹板来增加桥架水平刚度。可利用主梁腹板及上翼缘板作为上下走台,省去桥架辅助结构。大起重量起重机,冶金起重机多采用此类桥架
2.箱形梁桥架　（3）半偏轨箱形梁桥架	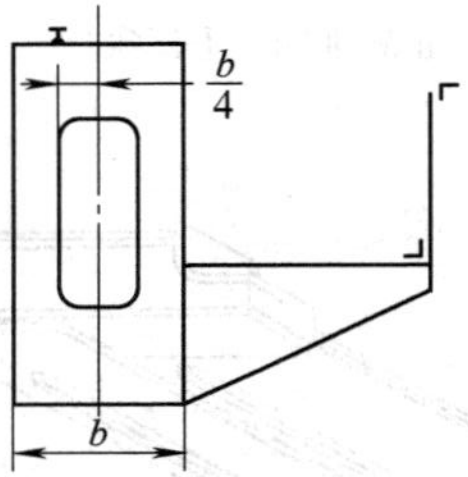 本图仅表示桥架的一个主梁截面	与上述两类桥架类同,仅将轨道放置在梁中心线与主梁中心距之间,轨道距梁约为1/4梁宽 优点: (1)可省去主腹板外侧小加强板 (2)比偏轨箱形梁扭矩小 (3)可改善轨道安装的工艺性 缺点: (1)增大横加强板与上翼缘连接的局部应力,处理不当会造成焊缝开裂 (2)窄半偏轨梁外侧仍需有上下走台等辅助结构 (3)重载起重机不宜采用 日,美等国均有采用此类桥架的

（续）

桥架名称	桥架简图	要点说明
（4）箱形单主梁桥架	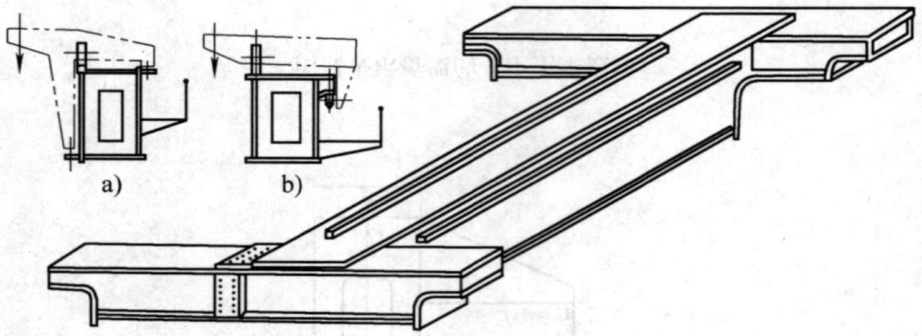 a) 形式 I　　b) 形式 II	采用一根宽翼缘偏轨箱形主梁与端梁不在对称中心连接，以增大桥架的抗倾翻力矩能力。小车偏跨在主梁一侧使主梁受偏心载荷，最大轮压作用在主腹板顶面轨道上，主梁上要设置 1～2 根支承小车倾翻滚轮的轨道 单主梁桥架主要用于 L 形龙门起重机和中等起重量的桥式起重机上，可降低厂房屋架的高度
2. 箱形梁桥架 （5）空腹副桁架式桥架	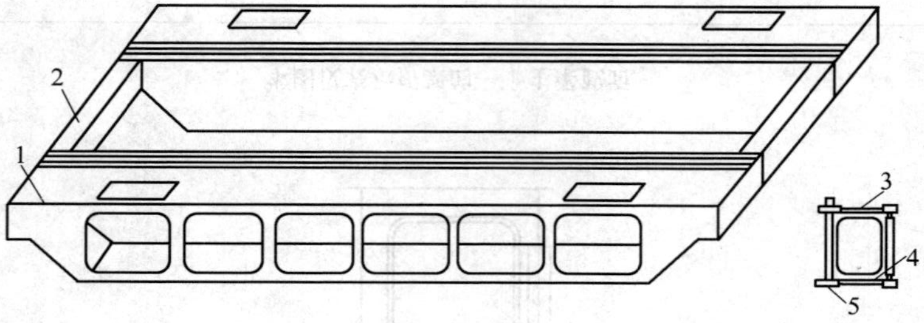 1—空腹副桁架　2—端梁　3—上水平桁架　4—下水平桁架　5—主梁	空腹副桁式桥架是指采用空腹桁架作为主要受力构件的桥架，空腹副桁架是由实腹工字形主梁（辅助桁架，以及上下水平桁架所构成，是大起重量桥式起重机广泛采用的一种形式 优点： 利用内腔可省去上下走台结构，重量轻而美观 缺点： 开孔、镶边增加制造工作量，工艺性较差

（续）

桥架名称	桥架简图	要点说明

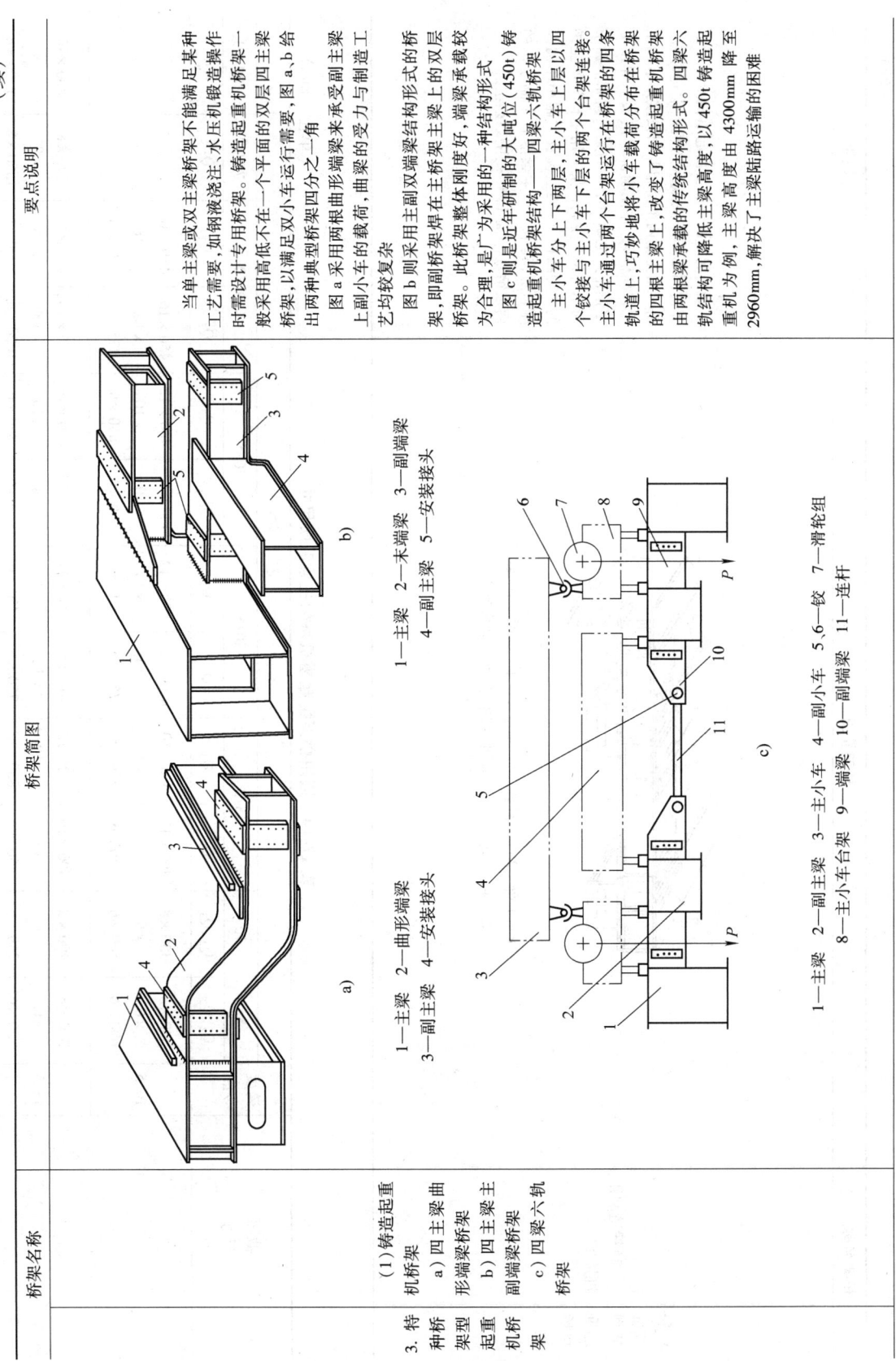

1—主梁　2—曲形端梁
3—副主梁　4—安装接头

a)

1—主梁　2—末端梁　3—副端梁
4—副主梁　5—安装接头

b)

1—主梁　2—副主梁　3—主小车　4—副小车　5,6—铰　7—滑轮组
8—主小车台架　9—端梁　10—副端梁　11—连杆

c)

桥架名称：

3. 特种起重机桥架

（1）铸造起重机桥架

a）四主梁曲形端梁桥架

b）四主梁副端梁桥架

c）四梁六轨桥架

要点说明：

当单主梁或双主梁桥架不能满足某种工艺需要，如钢液浇注、水压机锻造操作时需设计专用桥架。铸造起重机桥架一般采用高低不在一个平面的双层四主梁桥架，以满足双小车运行需要，图 a,b 给出两种典型桥架

图 a 采用两根曲形端梁来承受副主梁上副小车的载荷，曲梁的受力与制造工艺均较复杂

图 b 则采用主梁用双端梁结构形式的桥架，即副桥架焊在主梁桥架上的双层桥架。此桥架整体刚度好，端梁承载较为合理，是广为采用的一种结构形式

图 c 则是近年研制的大吨位（450t）铸造起重机桥架结构——四梁六轨桥架

四梁分上下两层，主小车上下层以四个铰接接与主小车的两个台架连接。主小车通过两个台架分布在桥架的四根主梁上，改变了铸造起重机主梁承载的传统结构形式。四梁六轨结构可降低主梁高度，以 450t 铸造起重机为例，主梁高度由 4300mm 降至 2960mm，解决了主梁沿路运输的困难

（续）

桥架名称	桥架简图	要点说明
3. 特种桥架型起重机桥架 （2）锻造起重机桥架	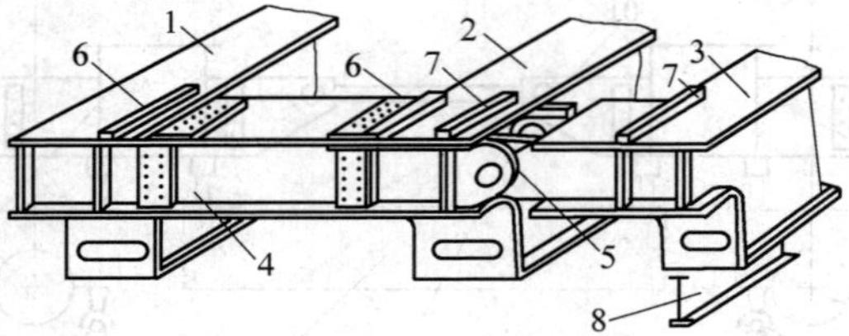 1—主梁　2—主副梁　3—副主梁　4—端梁　5—铰 6—主小车轨道　7—副小车轨道　8—电葫芦梁	锻造起重机一般要由起重机上三个小车协同工作来完成水压机上锻造作业。桥架由主副两个桥架并列铰接成四主字钢列桥架，并在副桥架上焊接工字钢作为梁主梁下焊接桥架。图中所示桥架为主副桥架小车的梁式桥架。所示桥架共用主副桥架的主梁的一种结构，桥架上设置主副小车的副轨道，其中一个主梁敷有主副小车的两根钢轨，主副桥架采用铰接连接

表17-14　通用桥架型起重机系列主梁截面尺寸　　　　（单位：mm）

截面尺寸 跨度/m	起重量/t											
	5	10	15/3		20/5		30/5		50/10		75/20	100/20
	Q₂、Q₃	Q₂、Q₃	Q₂	Q₃	Q₂	Q₃	Q₂	Q₃	Q₂	Q₃	Q₂	Q₂
10.5	300×8 ×6 600×6	350×8 ×6 600×6	400×10 ×10 750×6	400×10 ×10 750×6	400×12 ×10 750×6	400×12 ×12 750×6	400×12 ×10 850×6	400×12 ×10 850×6	450×16 ×16 835×6	450×16 ×16 835×6	—	—
13.5	350×8 ×6 750×6	400×8 ×6 750×6	400×10 ×10 750×6	400×12 ×10 850×6	400×12 ×12 750×6	450×14 ×14 850×6	450×14 ×14 850×6	450×16 ×16 850×6	450×16 ×16 1000×6	450×18 ×18 1000×6	700×8 ×8 1550×8	800×10 ×8 1700×8

（续）

截面尺寸 跨度/m	5 Q₂、Q₃	10 Q₂、Q₃	15/3 Q₂	15/3 Q₃	20/5 Q₂	20/5 Q₃	30/5 Q₂	30/5 Q₃	50/10 Q₂	50/10 Q₃	75/20 Q₂	100/20 Q₂
16.5	400×8 ×6 850×6	450×8 ×6 850×6	450×10 ×10 850×6	450×12 ×10 850×6	450×12 ×12 850×6	450×14 ×14 850×6	500×14 ×14 1000×6	500×16 ×16 1000×6	500×22 ×22 1000×6	500×24 ×24 1000×6	800×8 ×8 1700×8	800×12 ×10 1700×8
19.5	450×8 ×6 1000×6	500×8 ×6 1000×6	500×10 ×10 1000×6	500×12 ×10 1000×6	500×12 ×12 1000×6	500×14 ×14 1000×6	550×14 ×14 1150×6	550×16 ×16 1150×6	550×22 ×22 1150×6	550×24 ×24 1150×6	800×12 ×12 1700×8	800×14 ×14 1700×8
22.5	500×8 ×6 1150×6	550×8 ×6 1150×6	550×10 ×8 1150×6	550×10 ×10 1150×6	550×12 ×10 1150×6	550×14 ×12 1150×6	550×14 ×14 1300×6	550×16 ×16 1300×6	550×22 ×22 1300×6	550×24 ×24 1300×6	800×14 ×14 1700×8	800×18 ×18 2000×6
25.5	550×8 ×6 1300×6	550×8 ×6 1300×6	550×10 ×8 1300×6	600×10 ×10 1300×6	550×12 ×10 1300×6	550×14 ×12 1300×6	600×14 ×14 1450×6	600×16 ×16 1450×6	600×22 ×22 1450×6	600×24 ×24 1450×6	800×16 ×16 2000×8	800×20 ×18 2000×6
28.5	600×8 ×6 1450×6	600×8 ×6 1450×6	600×10 ×8 1450×6	600×10 ×10 1450×6	600×12 ×10 1450×6	600×14 ×12 1450×6	600×14 ×14 1600×6	600×16 ×16 1600×6	600×22 ×22 1600×6	600×24 ×24 1600×6	800×18 ×18 2000×8	800×22 ×20 2000×8
31.5	600×8 ×6 1600×6	600×8 ×6 1600×6	600×10 ×8 1600×6	600×10 ×10 1600×6	600×12 ×10 1600×6	600×14 ×12 1600×6	650×14 ×14 1700×6	650×16 ×16 1700×6	650×22 ×22 1700×6	650×24 ×24 1700×6	800×18 ×18 2000×8	800×24 ×24 2000×8

起重量/t

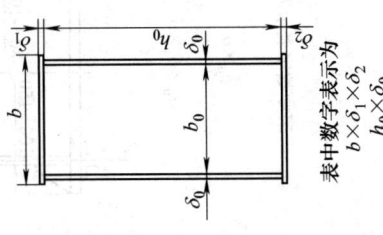

表中数字表示为
$b×δ_1×δ_2$
$h_0×δ_0$

表 17-15　单主梁通用桥式起重机主梁截面尺寸

（单位：mm）

截面尺寸

表中数字表示为
$b_0 \times \delta$
$h_0 \times \delta_1 \times \delta_2$

跨度 /m	起重量/t						
	5	8	12.5	16/5	20/5	32/8	50/12.5
	Q_2、Q_3	Q_2、Q_3	Q_2、Q_3	Q_2、Q_3	Q_2、Q_3	Q_2、Q_3	Q_2、Q_3
10.5	550×6 650×6×5	600×6 750×6×6	650×6 800×8×6	800×6 950×8×6	850×6 1000×8×6	940×6 1050×8×6	1090×8 1200×10×6
13.5	550×6 800×6×5	600×6 900×6×6	650×6 950×8×6	800×6 1100×8×6	850×6 1150×8×6	940×6 1250×8×6	1090×8 1350×10×6
16.5	550×6 900×6×6	600×6 1050×6×6	650×6 1100×8×6	800×6 1300×8×6	850×6 1350×8×6	940×8 1350×8×6	1090×10 1450×10×6
19.5	750×6 1000×6×6	750×6 1150×6×6	800×6 1200×8×6	850×6 1450×8×6	900×6 1550×8×6	1090×8 1500×8×6	1190×10 1600×10×6
22.5	750×6 1150×6×6	750×6 1300×6×6	800×6 1350×8×6	850×6 1600×8×6	900×6 1750×8×6	1090×8 1650×8×6	1190×10 1700×10×6
25.5	1000×6 1300×6×6	1000×6 1400×6×6	1050×8 1450×8×6	950×6 1750×8×6	950×8 1800×8×6	1090×8 1750×8×6	1190×12 1850×10×6
28.5	1000×6 1500×6×6	1000×6 1600×6×6	1050×8 1600×8×6	950×6 1800×8×6	950×8 1900×8×6	1090×8 1900×8×6	1190×12 1900×10×6
31.5	1000×8 1600×6×5	1000×8 1700×8×6	1050×10 1700×8×6	950×8 1900×8×6	950×10 1950×8×6	1090×8 1950×8×6	1240×16 1950×10×6

（图示：主梁截面示意图，标注有 δ、h_0、δ_2、b_0、δ_1、P、80～100、100～150、30 等尺寸）

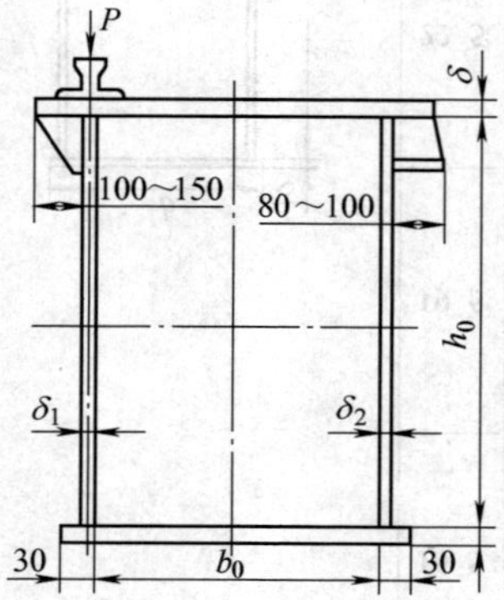

宽翼缘偏轨箱形梁的梁宽 $b = (0.6 \sim 0.8)h$ 时，除按规定计算梁的强度和刚度外，还应计算框架刚度，即主梁横加强板所构成的框架应具有足够的刚度，以保证梁偏载受扭后截面周边形状变形极小，即通称的刚周边计算假定[1]。

表 17-15[1] 列出了单主梁起重机偏轨箱形主梁的截面尺寸（供参考）。

3. 半偏轨箱形主梁

半偏轨箱形主梁是将轨道布置在主腹板上方的内侧。它在普通箱形主梁和宽翼缘箱形主梁上均有采用，其优点见表 17-13。常在 Q_1、Q_2 载荷的起重机主梁上采用。

4. 工字形主梁

工字形主梁又称单腹板主梁，由上、下翼缘板和腹板组成，轨道放在腹板的正上方，如图 17-17a 所示。工字形主梁因其水平刚度差，在桥架结构中较少采用。为增大水平刚度，在 175t 脱锭起重机和钳式起重机的主梁设计中曾采用图 17-17b 的结构形式。实际使用发现，工字梁和增强翼缘间因两侧焊缝 a 的

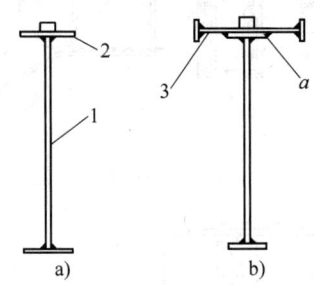

图 17-17　工字形主梁
1—腹板　2—翼缘板　3—增强翼缘板

收缩无法紧密贴合，在轮压反复作用下，焊缝 a 疲劳开裂，且开裂后难于修复。为增加工字形主梁的水平刚度，结合桁架结构形式，将主梁设计成空腹桁架结构的复合主梁。

5. 空腹副桁架复合主梁

空腹副桁架复合主梁是由实腹工字梁和空腹桁架式辅助桁架以及上下水平桁架构成，梁的截面如图 17-18 所示。目前辅助桁架已由型钢结构改为板结构。上下弦杆一般在全跨度采用同一截面，桁架的节距取决于工字形主梁横向加强板的节距。从省料角度看，桁架一般不采用整板开孔镶圈的方式制造，而采用拼焊方式，如图 17-19 所示。

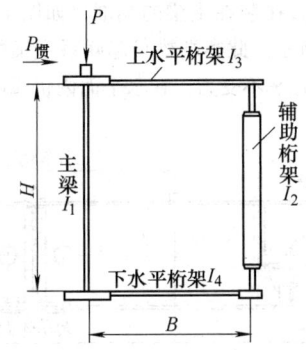

图 17-18　空腹桁架复合主梁截面

复合主梁主要由工字梁承载，桁架增加整体垂直刚度和水平刚度。正确选择主梁截面对减轻桥架自重、保证主梁和桥架整体刚度具有重要意义，在大起重量起重机的设计中广为采用。表 17-16 所列的主梁截面形状和尺寸可供参考。

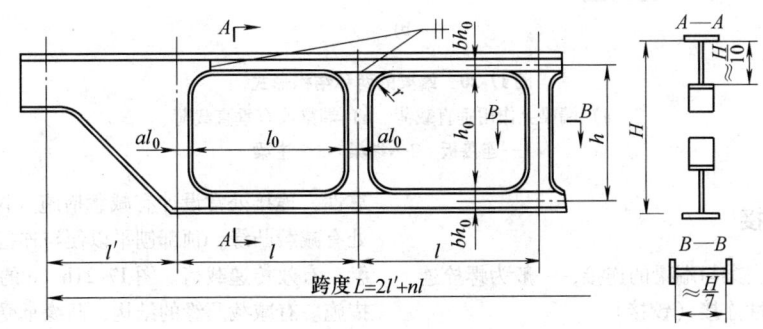

图 17-19　板结构辅助桁架结构

17.3.3　端梁

箱形双梁桥架的端梁都采用箱形结构，在水平面内与主梁有刚性连接和柔性连接。按其受载情况可以分为两类。

1）端梁受主梁的最大支承压力，即端梁上作用有垂直载荷。结构的特点是大车车轮安装在端梁的端部，如图 17-20a 所示。此类端梁应计算弯矩，弯矩最大的截面是在与主梁连接处 A—A、支承面 B—B 和安装接头螺孔削弱的截面。

表 17-16　空腹副桁架复合主梁截面尺寸和形状[1]

起重量/t	100	125	160	200	250	100	125	160	200	100	125	160	250	200	250
跨度/m	16	16	16	16	16	22	22	22	22	28	28	28	22	28	28
t/mm	18	22	16	18	22	12	16	22	30	22	28	36	24	28	36
截面图															

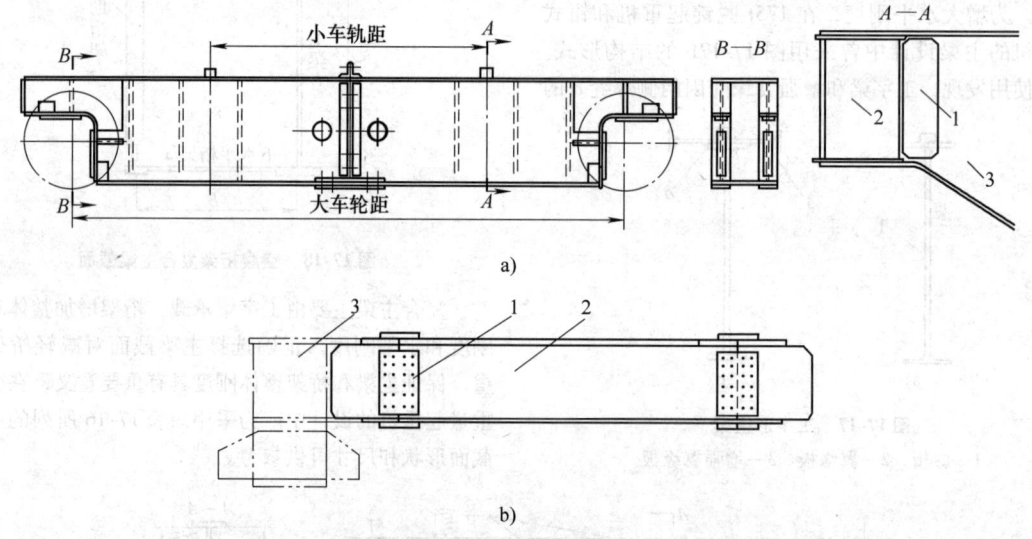

2）端梁不承受垂直载荷，结构特点是车轮或车轮的平衡架体直接装在主梁的端部，如图 17-20b 和表 17-13 中图所示。此类端梁只起联系主梁的作用，它在垂直平面几乎不受力，在水平面内仍属刚性连接并受弯矩作用。

依据桥架宽度和运输条件，端梁设置一个或两个安装接头（见图 17-20a、b），即将端梁分成两段或三段，安装接头目前都采用高强螺栓连接。

图 17-20　端梁的两种结构形式

a）端梁上作用垂直载荷　b）端梁没有垂直载荷

1—连接板　2—端梁　3—主梁

17.3.4　桥架连接

桥架连接是指主梁与端梁的连接，一般为螺栓连接、焊接连接及柔性连接（铰接）。

1. 螺栓连接

图 17-21 所示为主梁和端梁采用螺栓连接，很多梁式起重机的桥架采用这种连接方式。端梁可以做成整体，在制造厂将主梁和端梁的连接孔配制好，运到现场组装。该连接方式便于运输和存放。螺栓连接有两种连接方式，如图 17-21 所示。

1）主梁端面与端梁侧面连接。为保证连接的可靠性，连接处常设计有减载措施（图 17-21a），连接处有减载凸缘，顶部刨平以便与连接板的凸缘良好接触，有效传递载荷。图 17-21b、c 的结构采取了类似措施。有减载凸缘的结构，凸缘承受垂直剪力，连接处的弯矩由螺栓承受；没有减载措施的螺栓连接，用户一般在架配调整后将主梁与端梁用焊缝焊牢，由焊缝受力。

2）主梁与端梁搭接。图 17-21d 采用的是搭接方式。水平面内的弯矩使主梁和端梁在连接处的接触面相对回转。此力矩一般需由挡块来平衡，或由螺栓压紧接触面而产生的摩擦力来平衡，并按文献 [1] 计算。

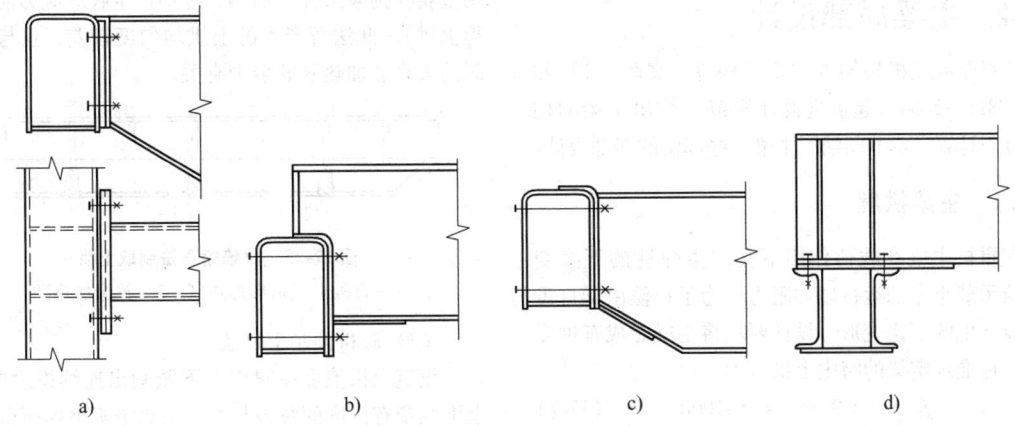

图 17-21　主梁、端梁螺栓连接

2. 焊接连接

图 17-22 和表 17-13 插图中的桥架的主梁和端梁采用的是焊接方式连接。图 17-22 是小吨位起重机常用的连接方式。

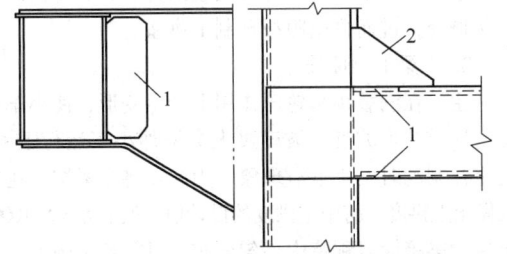

图 17-22　小吨位起重机主梁和端梁常用的连接方式
1—连接板　2—三角板

在主梁的两侧腹板由连接板 1 用角接焊缝焊在端梁腹板上，翼缘板则由三角板 2 用对接焊缝连接。连接板 1 传递垂直剪力，三角板形成水平面内的刚性连接并传递水平弯矩。焊缝计算参阅文献 [1]。

采用焊接连接的端梁应做成两段或三段，即在端梁上设置一个或两个安装接头，以便拆开运输。图 17-23 给出了端梁安装接头的两种形式。图 17-23a 为连接板连接，图 17-23b 为角钢连接。安装接头的设计应考虑端梁是否受垂直载荷。螺栓计算参阅文献[1]。

3. 柔性连接

近几年在大吨位的双梁、四梁桥式起重机中，端梁和主梁的连接大多采用柔性连接方式。

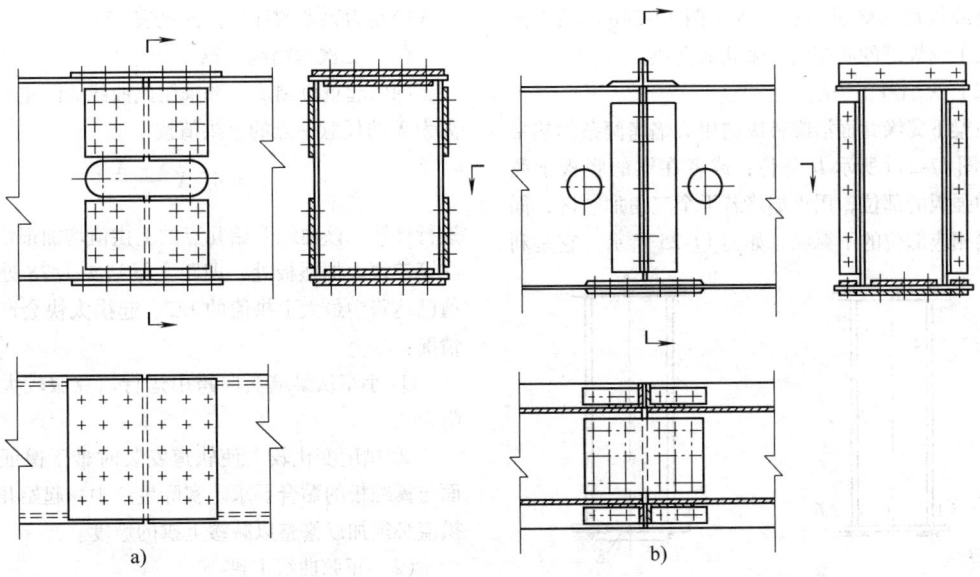

图 17-23　端梁安装接头形式
a）连接板连接　b）角钢连接

17.4 主梁局部设计

主梁是起重机桥架的主要结构件，文献［1］和GB/T 3811—2008《起重机设计规范》给出了梁的构造设计与计算。本节归纳了主梁一些部位的局部设计。

17.4.1 主梁拱度

起重机主梁在载荷作用下会产生弹性的下挠变形，给承载小车的运行增加阻力。为了补偿由梁自重和载荷产生的下挠变形，设计要求将主梁做成有拱度的梁。标准规定梁的跨中上拱值为

$$f_0 = (0.9 \sim 1.4)S/1000 \tag{17-7}$$

$$f_{0悬臂} = (0.9 \sim 1.4)S/350 \tag{17-8}$$

式中　S——起重机跨度；

f_0——梁中心处的上拱值；

$f_{0悬臂}$——悬臂梁自由端端部上拱值。

新标准已经取消跨度小于16m的主梁可不预制上拱的规定。上拱是起重机主梁设计和制造中的主要问题。实际生产中可采用多种方法获取设计规定的上拱值。上拱值的稳定性与制造方法密切相关，应充分分析各种制取方法的特点，在此基础上，选取制取方法。

1. 制造上拱的几种方法

（1）利用焊缝的收缩应力制造上拱

一般采用增大或增多腹板下弦的焊缝和调整上下翼缘板与腹板四条纵向角焊缝的焊接顺序（如图17-24a所示1、2、3、4、5、6的焊接顺序）；或在梁的下翼缘板面增焊纵向板条 K（图17-24b）的方法来增大下弦焊缝的收缩应力来获取上拱。

（2）火焰矫正法制取上拱

在梁下翼缘背面沿腹板纵向用火焰烤两条加热带 H（如图17-24a所示 H 部位；或者在梁的腹板下弦区大加强板的部位，用火焰烤若干个三角加热区，同时加热相应部位的下翼缘，如图17-25所示。它是利

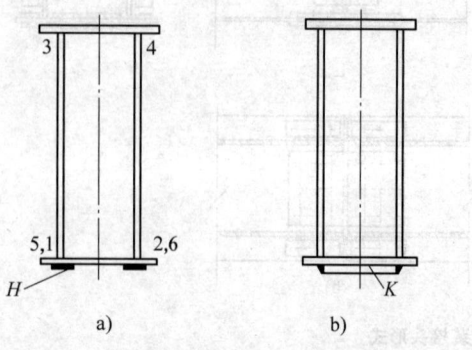

图 17-24　用焊接应力制取上拱的几种方法

用金属在拘束条件下加热，冷却产生收缩应力使梁获得上拱）。此法所产生的上拱均匀度较差，且与加热区的大小、加热区的多少有关。

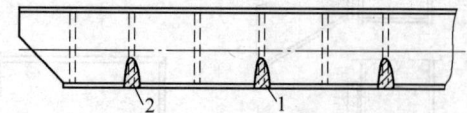

图 17-25　火焰矫正法制取上拱
1—腹板上三角形加热区　2—翼缘加热区

（3）腹板预制上拱法

设定上拱值后在腹板上下弦割出连续拱度曲线，上下弦带有拱度的腹板与上、下翼缘板组焊而得到带有上拱的主梁。

前两种方法在小起重量起重机主梁上拱的制作中广为应用，但利用收缩应力制取的上拱随着时效作用，内应力松弛而逐渐消失。上拱消失，梁产生下挠，不得不采用多种加固方案来恢复上拱。故而利用收缩应力制取上拱的工艺方法逐渐为多数起重机制造厂所摒弃，进而采用腹板预制上拱法。

2. 主梁上拱曲线

主梁在满载小车轮压作用下产生变形，使小车的运行轨道产生坡度。坡度过大会增加小车运行阻力，甚至在制动时发生下滑现象。为此需将主梁按一定曲线做出上拱度，跨中上拱度的设计值一般取 $f_0 = S/1000$。上拱沿梁跨度对称跨中均匀分布。目前各个国家、各制造厂所用的上拱曲线不尽相同，有二次抛物曲线、正弦曲线以及四次函数曲线等。该三种曲线分别以跨中或跨端为原点的计算公式见表17-17。

（1）二次抛物线上拱

国内起重机制造一般采用此曲线。距主梁端部距离为 X 的任意一点的上拱值按

$$Y = 4f_m X \frac{S - X}{S^2} \tag{17-9}$$

进行计算。该曲线开始几点的上拱值增加很快，一般在第三块大加强板处，即距主梁端头 $1/7S$ 处的上拱值已达跨中最大上拱值的1/2。起拱太快会产生两种情况：

① 小车从梁端头向跨中运行需克服较大的坡度阻力。

② 拱度变化较大使轨道安装时难于保证轨道底面与翼缘板的贴合要求。实际生产中，起始几点的上拱值必须加以修整以减缓上拱的坡度。

（2）正弦曲线上拱

日本的制造厂较多采用正弦曲线上拱。距主梁端头距离为 X 的上拱值按

表 17-17　各类曲线的上拱计算公式

坐标	二次抛物曲线	正弦曲线	四次函数曲线
	$Y = f_m\left(1 - \dfrac{4X^2}{S^2}\right)$	—	$Y = f_m\left(1 - \dfrac{4X^2}{S^2}\right)^2$
	$Y = 4f_m X\dfrac{S-X}{S^2}$	$Y = f_m\sin 180°\dfrac{X}{S}$	$Y = 16f_m\left[\dfrac{X(S-X)}{S^2}\right]^2$

$$Y = f_m\sin\left(180°\,\frac{X}{S}\right) \qquad (17\text{-}10)$$

进行计算。用正弦曲线计算所得的上拱值,端头的拱度趋势与抛物线基本相同(起拱太快)。

(3)四次函数曲线上拱

20 世纪 80 年代开始研究用四次函数作为上拱曲线。它是取移动载荷和自重载荷作用下梁下挠曲线的相反值,故又称为理想拱度曲线,计算公式见

表 17-17。理想拱度曲线端头起拱较为平缓,克服了上述两种曲线需要修整的缺点。表 17-18 是跨度为 39.5m 的主梁按上述三种曲线方程计算所得的设计上拱值。图 17-26 是按表列数据绘出的上拱曲线。从曲线中可以清楚地看到三种曲线端头起拱的快缓程度,四次函数的拱度曲线方程是较理想的。目前有一些制造厂已开始用它取代抛物线作上拱曲线。

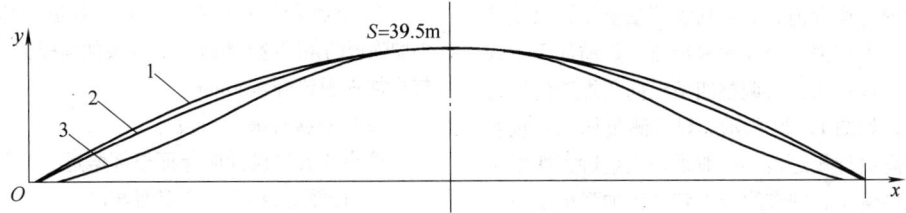

图 17-26　39.5m 主梁上拱曲线
1—二次抛物线　2—正弦曲线　3—四次函数曲线

表 17-18　跨度为 39.5m 主梁的
三种上拱值 ($f_m = 39.5$)

(单位:mm)

X	二次抛物线	正弦曲线	四次函数曲线
0	0	0	0
650	2.6	2.1	0.17
4050	14.7	12.7	5.4
7675	25	22,9	15.7
11125	33.4	31	26.2
14575	37.3	38.6	34.7
18025	39.7	39.6	39.4
21475	39.7	39.6	39.4
24925	37.3	38.6	34.7
28375	33.4	31	26.2
31825	25	22.9	15.7
35450	14.7	12.7	5.4
38850	2.6	2.1	0.17
39500	0	0	0

3. 上拱的预制

梁的预制上拱是在腹板上按设定的上拱曲线用剪切或气割方法预先做成带有拱度的腹板。腹板并不是按设计上拱值预制上拱曲线,而是按工艺上拱值预制。

(1)工艺上拱值

设计标准要求上拱为

$$f_m = 1/1000(0.9 \sim 1.4)S \qquad (17\text{-}11)$$

在制造过程上拱值,由于:①梁的自重;②在梁的上弦布置有众多大、小加强板、纵向加强杆、轨道压板,使上弦的焊缝多于下弦,上弦的焊缝收缩应力大于下弦。导致上拱值会减小。因此工艺设定的上拱值应大于设计上拱值。工艺上拱值的确定还与梁的跨度、刚度有关。如果设定的工艺上拱值过小,主梁焊后无法达到设计要求的上拱值,必须采用火焰矫正法

修复, 会影响主梁上拱的稳定性。工艺上拱值一般可在 (1.5/1000 ~ 1.7/1000) S 之间选取。

(2) 腹板预制上拱的两种方式

腹板上弦预制上拱, 下弦为直线, 腹板不等高; 腹板上下弦均预制上拱, 腹板等高。前一种方式使大加强板的高度沿腹板的纵向随腹板高度而变化, 如图 17-27 所示。而且在主梁受载后会造成主梁下挠的假象 (图 17-28)。一般较多采用后一种方式预制上拱。

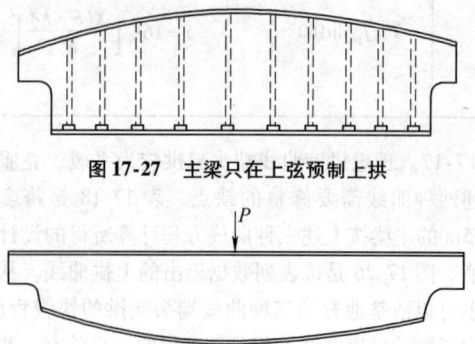

图 17-27　主梁只在上弦预制上拱

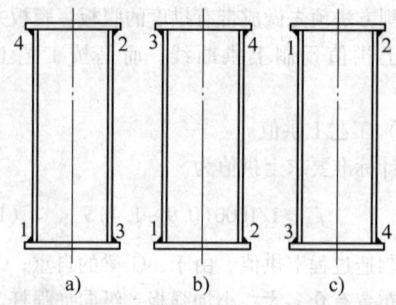

图 17-28　主梁只在上弦预制上拱, 受载后的情况

(3) 主梁上拱的调整

组装后的主梁焊前、焊后均需测量上拱, 以便及时调整, 应以大加强板处作为测量点。焊前如果发现梁的上拱过小或过大, 可调整四条纵向角焊缝的焊接顺序来补偿, 如图 17-29 所示; 焊后测量如果发现主梁上拱值偏离设计规定值, 一般采用火焰矫正法来调整; 如果上拱偏小, 则在腹板下弦区大加强板部位用火焰加热三角形, 如图 17-25 所示。火焰矫正应注意: 加热温度不宜超过 700℃; 火焰烤的点数要多; 加热三角形的底边要窄或接近直线, 以求上拱均匀变化, 三角形加热区的底边太大会使上拱曲线突变, 影响主梁上拱的均匀性。

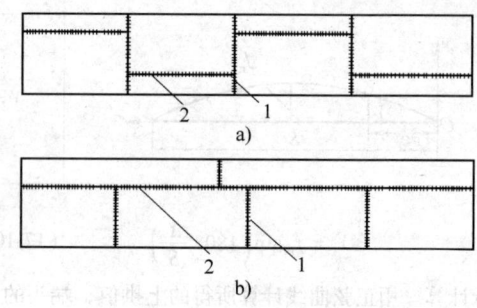

图 17-29　焊前利用焊接顺序调整上拱的示意图
a) 正常　b) 偏小　c) 偏大

17.4.2　翼缘板、腹板的拼接焊缝设计

小吨位起重机主梁的腹板和翼缘板采用放卷钢

板, 不需对接。大跨度、大吨位起重机主梁, 特别是宽翼缘主梁, 其翼缘板、腹板的长和宽均超出钢板供货规格, 翼缘板和腹板横向和纵向均需对接。典型的拼接示意图如图 17-30a 所示。图 17-30b 是 A6 ~ A8 级起重机带有 T 形钢的主梁主腹板的拼接图。拼接缝应注意以下事项。

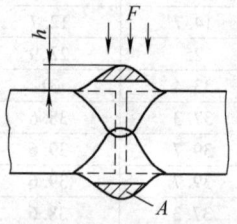

a)

b)

图 17-30　腹板、翼缘板拼接焊缝示意图
1—横向对接焊缝　2—纵向对接焊缝

(1) 拼接部位的要求

1) 翼缘板和腹板的横向对接焊缝不允许布置在梁的同一截面上, 对接焊缝应互相错开 200mm 以上。

2) 翼缘板、腹板的横向对接焊缝还应与梁的大小加强板的角焊缝互相错开, 与大加强板错开 ≥150mm, 与小加强板错开 ≥50mm。

(2) 对接焊缝坡口设计

接头的坡口设计应保证根部熔透。

1) 板厚 > 14mm。开双面坡口。

2) 板厚 ≤14mm, 可以采用不开坡口 (即 I 形坡口) 双面深熔埋弧焊, 但要加强焊缝的无损探伤来检测焊缝根部是否熔透。如果焊后需对拼板进行机械辊压矫正 (如多辊矫正机) 焊接变形, 焊缝的余高在辊压作用下产生过量的塑性变形 (图 17-31) 会影响焊缝的力学性能, 这时, 焊缝设计应考虑对大于 10mm 板适当开坡口, 以减小焊缝余高, 改善对接焊缝的力学性能。

图 17-31　辊形矫正机矫正后产生的塑性变形
F—辊压　h—焊缝余高　A—阴影为塑性变形

(3) 对接焊缝质量要求

对接焊缝一般要进行射线或超声波探伤, 以判定焊缝内部质量情况。焊缝质量应达到射线探伤标准 GB/T 3323—2005《金属熔化焊焊接接头射线照相国家标准》规定的 Ⅱ 级或超声波探伤标准 JB/T 10559—2006《起重机械无损检测钢焊缝超声检测》规定执行。探伤部位与探伤比例按梁的工作级别和焊缝所处的部位的不同而有所区别，可参照表 17-19。

17.4.3　主梁承轨角焊缝和其他纵向角焊缝的设计

主梁用四条纵向角焊缝将翼缘板和腹板连接。工字梁腹板和上翼缘角焊缝（表 17-20 中图 a），宽翼缘偏轨箱形梁主腹板和上翼缘的角焊缝（表 17-20 中图 b），以及单主梁起重机主梁主腹板和上翼缘的角焊缝（表 17-20 中图 c）均为承受轮压的承轨工作焊缝。主梁的其他纵向角焊缝和中轨箱形梁的四条纵向角焊缝均为联系焊缝。它们的坡口设计和焊缝要求与承轨焊缝不同。焊缝的应力集中情况等级与坡口有关（见表 17-12），双面角焊缝为 K_4；K 形坡口焊缝为 K_3；熔透 K 形坡口焊缝应力集中情况较 K_3 有所改善。表 17-20 给出各类主梁纵向角焊缝的设计与要求，可供参考。

A6 ~ A8 工作级别的起重机，特别是冶金起重机主梁的承轨角焊缝要求焊透，如图 17-32 所示。但焊接制造难于保证焊缝在全长上都能均匀焊透，一般必须在背面用电弧气刨作清根处理。清根会使主梁产生较大变形，并增加工期和成本。因而，近年来在 A6 ~ A8 工作级别的主梁设计中采用 T 形钢轧材来替代熔透角焊缝。解决了主梁制造的困难，减少了应力集中程度，增加了承轨部位的可靠性。图 17-33 是 T 形钢宽翼缘偏轨箱形主梁的截面。

T 形钢宽翼缘偏轨箱形主梁的坡口与焊缝要求如下：

1）主腹板和 T 形钢腹板采用 K 形坡口对接，坡口开在 T 形钢上。焊缝要求见表 17-19。

表 17-19　对接焊缝无损探伤部位及比例要求

对接焊缝类型	对接板名称（工作级别）	焊缝探伤比例	探伤部位及长度	示意图
横向焊缝	受拉翼缘板	100%	100%	
	受压翼缘板	20%	T 形接头部位必须探伤, 20% 含 T 形接头	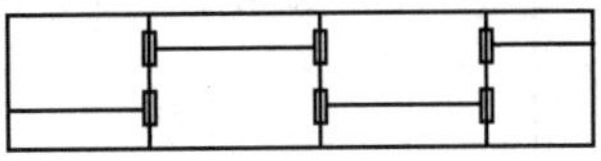
	主腹板（A6 ~ A8 级）		每个横向焊缝 （1）邻近受拉翼缘板侧 300mm 范围内射线探伤或超声波探伤 （2）邻近受压翼缘板侧 160mm 范围内射线探伤或超声波探伤	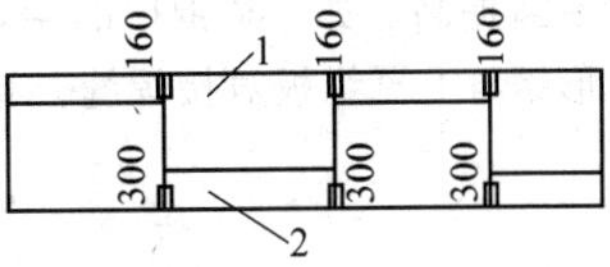
	主腹板（A3 ~ A5 级）		每个横向焊缝邻近受压翼缘板侧 160mm 范围内射线探伤或超声波探伤	
	副腹板（A6 ~ A8 级）		每个横向焊缝邻近受拉翼缘板侧 300mm 范围内射线探伤或超声波探伤	
	T 形钢	100%	T 形钢翼缘板和腹板接头全部探伤	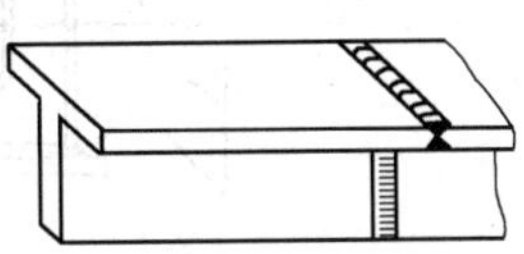

（续）

对接焊缝类型	对接板名称（工作级别）	焊缝探伤比例	探伤部位及长度	示意图
纵向焊缝	受拉翼缘板	气保焊：30%	包括每条纵向焊缝的两端	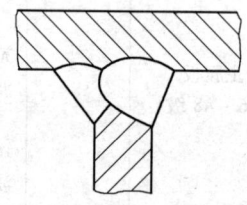
		埋弧焊	每条纵向焊缝的起弧和收弧端各300mm（一张片子）	
	受压翼缘板（A6～A8 级）	—	与 T 形钢对接纵向焊缝、T 形接头部位，其余不探伤	
	主腹板（A6～A8 级）	—	纵向焊缝的两端各160mm 范围内	
	主腹板与 T 形钢	>20%	20%中应包括 T 形接头部位及纵向焊缝两端	

2）T 形钢与上翼缘板的焊缝坡口一般采用内侧单面 V 形坡口，外侧贴角焊的接头形式（图 17-33），根部允许不焊透。当上翼缘板厚度≥20mm 时，采用双面 V 形坡口。焊缝要求见表 17-19。近几年大吨位的起重机，特别是大吨位的冶金起重机对此焊缝要求不断提高。如：某钢厂的 480t 铸造起重机，要求 T 形钢与上翼缘板对接焊缝，超声波探伤检查合格。

3）其余纵向角焊缝的要求列于表 17-20。

图 17-32　熔透角焊缝断面

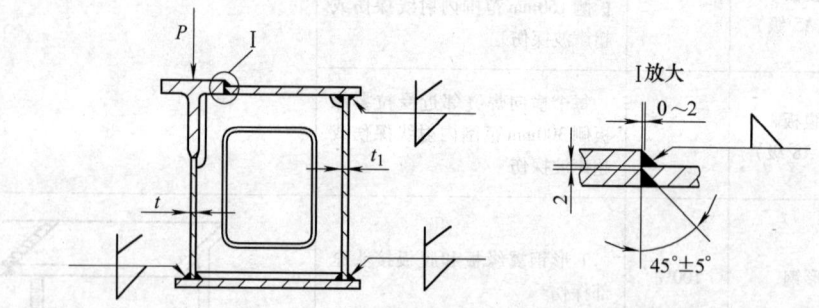

图 17-33　T 形钢宽翼缘偏轨箱形主梁截面

表 17-20　各类纵向角焊缝的焊缝要求与设计

梁的类型	角焊缝类型	坡口及焊缝要求	简　图	焊缝及焊接方法代号
工字梁	承轨纵向角焊缝	(1) A1~A2 级,腹板厚度双面角焊缝,焊脚 $K \geqslant 0.7\delta$,允许外侧为 0.8δ,内侧为 0.6δ	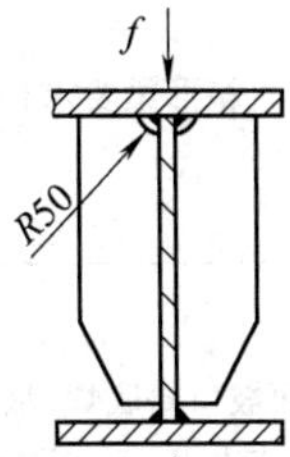 a)	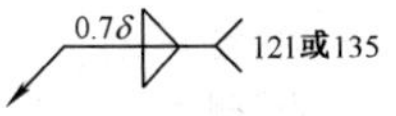 0.7δ　121或135
		(2) A3~A5 级,腹板厚度 $\delta \geqslant 12$mm,双面开坡口焊接,钝边 $P=2$mm		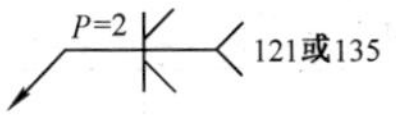 $P=2$　121或135
		(3) A6~A8 级,腹板厚度 $\delta \geqslant 12$mm,双面开坡口熔透角焊缝,采用深熔焊或背面清根,以保证根部熔透		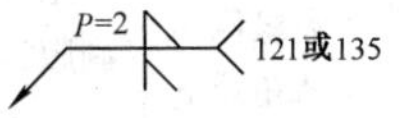 $P=2$　121或135
	非承轨纵向角焊缝	(1) A6~A8 级,腹板厚度 $\delta \geqslant 12$mm,双面开坡口焊缝,钝边 $P=2$mm		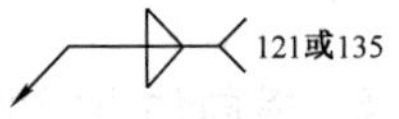 121或135
		(2) 腹板厚度 $\delta \leqslant 10$mm,双面角焊缝		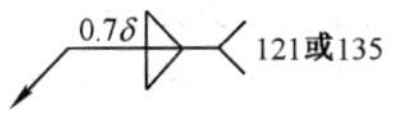 0.7δ　121或135
偏轨箱形梁	主腹板上翼缘侧承轨角焊缝	(1) A1~A2 级,腹板厚度 $\delta \leqslant 10$mm,双面角焊缝,焊脚 $K \geqslant 0.7\delta$,允许外侧为 0.8δ,内侧为 0.6δ	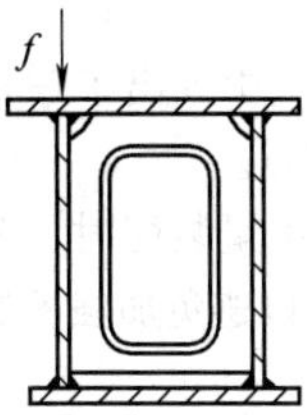 b)	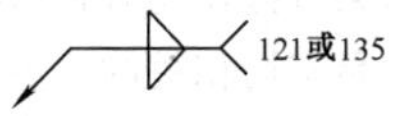 121或135
		(2) A3~A5 级,腹板厚度 $\delta \leqslant 10$mm,单面坡口封底焊,坡口放在梁内侧较佳,变形量小		 $P=2$　121或135
		(3) A3~A5 级,腹板厚度 $\delta \geqslant 12$mm,双面坡口焊缝,钝边 $P=2$mm		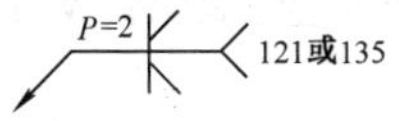 $P=2$　121或135
		(4) A6~A8 级,腹板厚度 $\delta \geqslant 12$mm,双面开坡口熔透角焊缝,采用深熔焊或背面清根,以保证根部熔透		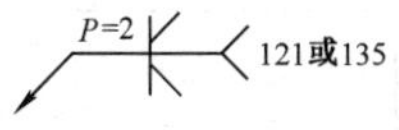 $P=2$　121或135
	主腹板下翼缘角焊缝	(1) A1~A2 级,腹板厚度 $\delta \leqslant 10$mm,双面角焊缝,焊脚 $K \geqslant 0.7\delta$		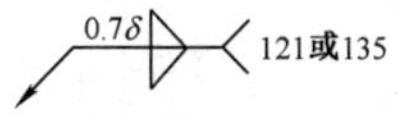 0.7δ　121或135
		(2) A3~A8 级,腹板厚度 $\delta \geqslant 10$mm,单面坡口封底焊,坡口放在梁外侧		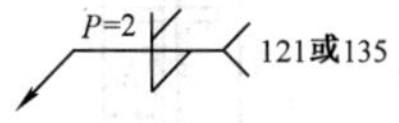 $P=2$　121或135
	副腹板上下翼缘角焊缝	(1) A1~A5 级,腹板厚度 $\delta \leqslant 10$mm,双面角焊缝,焊脚 $K \geqslant 0.7\delta$,允许外侧为 0.8δ,内侧为 0.6δ		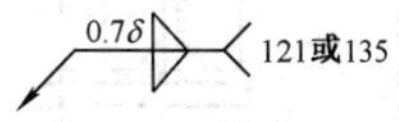 0.7δ　121或135
		(2) A6~A8 级,腹板厚度 $\delta \geqslant 10$mm,单面坡口封底焊,坡口放在梁外侧		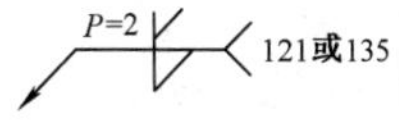 $P=2$　121或135

（续）

梁的类型	角焊缝类型	坡口及焊缝要求	简　图	焊缝及焊接方法代号
单主梁起重机偏轨主梁	主腹板上翼缘侧承轨角焊缝	A1 ~ A5 级与偏轨箱形梁要求相同	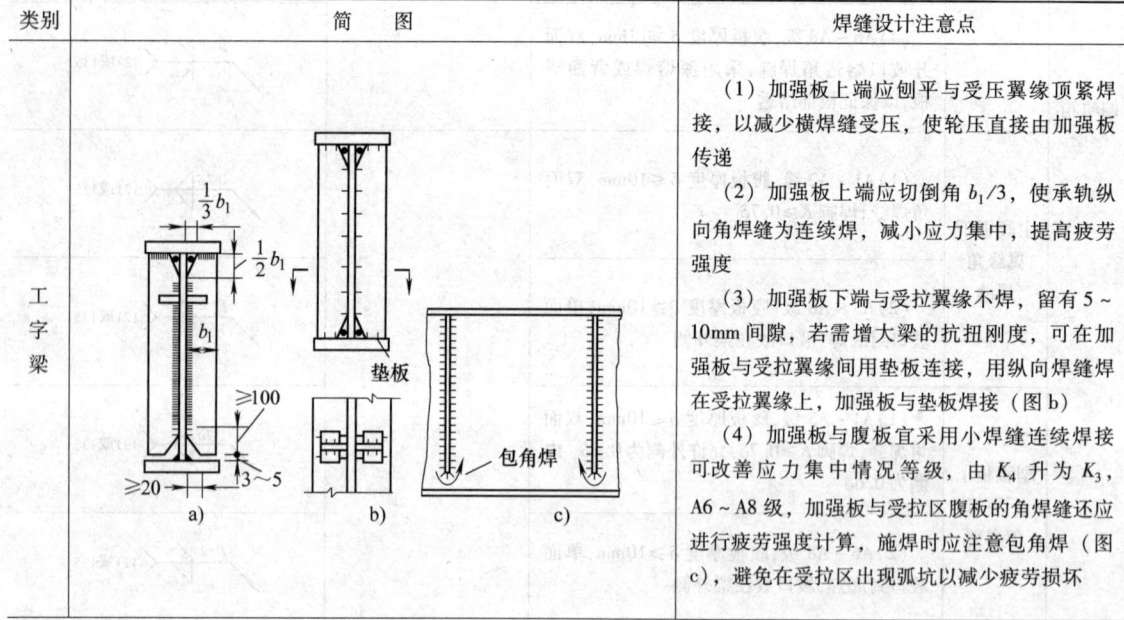	略
	副腹板上翼缘侧承轨角焊缝	A1 ~ A5 级，单面坡口封底焊，坡口深度与副腹板厚度相同，钝边 $P = \delta_1 - \delta_2$ mm		$P=\delta_1-\delta_2$　121或135

17.4.4　横向加强板的设计

横向加强板是主梁的主要构件，普通箱形梁、偏轨箱形梁、空腹桁架复合主梁均布置有大加强板和小加强板。加强板的正确设计对直接有轮压作用的腹板或是对未直接作用有轮压的腹板以及受压翼缘板的稳定性都是密切相关的。主梁加强板的尺寸、间距的计算可参照专业书籍、手册进行设计。这里只提出一些局部设计的细节。

1) 加强板的焊缝设计表 17-21 中列出了三种典型主梁结构加强板焊缝设计的注意点。

2) 加强板的形状偏差。箱形主梁装配时，要求加强板的边缘紧贴腹板与翼缘板，以避免加强板的横向角焊缝传递轮压而过载（严重时焊缝开裂）；加强板尺寸和形状的一致性将决定主梁的垂直度和直线度。因此，加强板的制备必须予以充分注意，在设计图样上应规定形状和尺寸偏差，用机械加工或数控切割下料来保持尺寸和形状的一致性。图 17-34 上的形位公差可供参考。

为保证梁内侧纵向角焊缝的连续性，一般要在加强板的四角或两角切出倒角，倒角大小随梁的尺寸大小而异，一般为（15 ~ 50）× 45°。倒角过小破坏了焊缝的连续性。随着数控切割工艺的广泛应用，已采用圆弧角 R25 ~ R50 替代 45°倒角，它可在较小的截角尺寸下获得较大的通过空间，如图 17-34 所示。

表 17-21　加强板焊缝设计

类别	简　图	焊缝设计注意点
工字梁	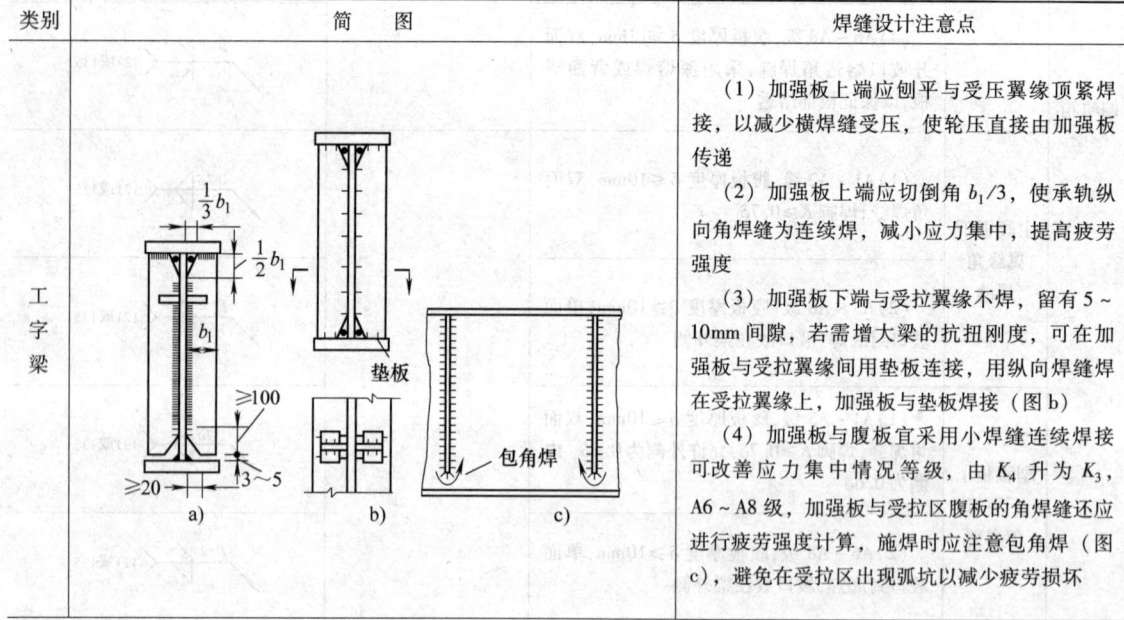	（1）加强板上端应刨平与受压翼缘顶紧焊接，以减少横焊缝受压，使轮压直接由加强板传递 （2）加强板上端应切倒角 $b_1/3$，使承轨纵向角焊缝为连续焊，减小应力集中，提高疲劳强度 （3）加强板下端与受拉翼缘不焊，留有 5 ~ 10mm 间隙，若需增大梁的抗扭刚度，可在加强板与受拉翼缘间用垫板连接，用纵向焊缝焊在受拉翼缘上，加强板与垫板焊接（图 b） （4）加强板与腹板宜采用小焊缝连续焊接可改善应力集中情况等级，由 K_4 升为 K_3，A6 ~ A8 级，加强板与受拉区腹板的角焊缝还应进行疲劳强度计算，施焊时应注意包角焊（图 c），避免在受拉区出现弧坑以减少疲劳损坏

（续）

类别	简　图	焊缝设计注意点
中轨箱形梁	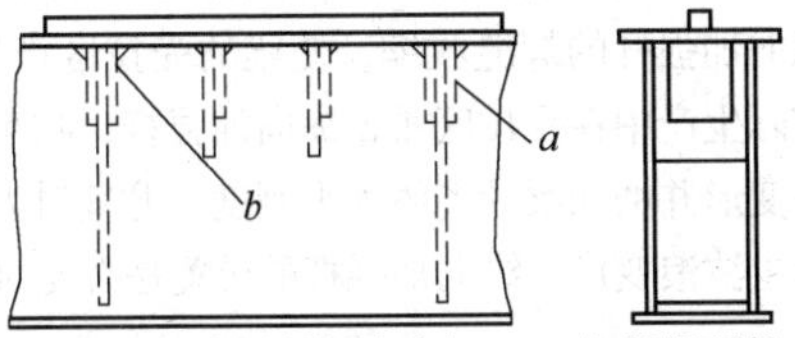 *a*—加强板未顶紧焊缝受力　*b*—加强板顶紧 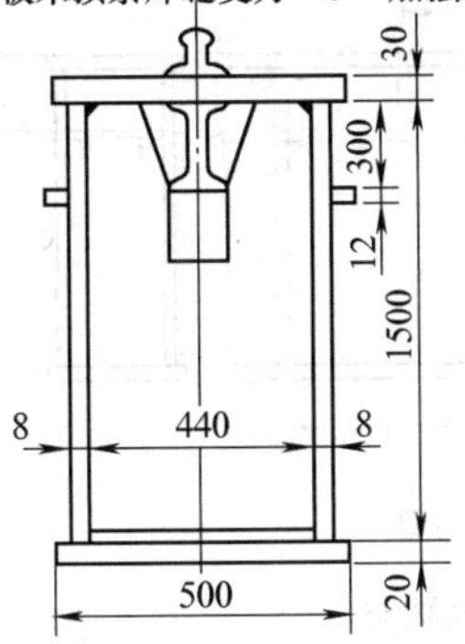 30 300 12 1500 8　440　8 500　20	中轨箱形梁加强板起支承小车轨道和传递轮压的作用，因此： （1）加强板上端应顶紧上翼缘板，避免加强板的横向焊缝直接承载 （2）为了增强加强板对轮压的支承，可将其一侧或两侧贴板焊接 （3）轮压很大的重载梁可在受压翼缘下设置承载梁。即取消短加强板，并在大加强板上开孔穿过并支承纵向工字钢，承载梁将轨道传来的轮压传给大加强板，然后再传给腹板。工字钢用纵向角焊缝焊在受压翼缘板上，为增加工字钢底面的承载面积，可在大加强板一面焊上顶边刨平的小贴板。承轨梁式结构避免了加强板上端横向角焊缝的开裂 （4）大加强板与受拉翼缘板不焊，间隙10mm （5）加强板两侧与腹板连接焊缝受压区为连续角焊缝，下弦区为减小腹板的波浪变形可采用断续焊，但近年来较多采用小焊脚尺寸的连续焊缝
偏轨箱形梁	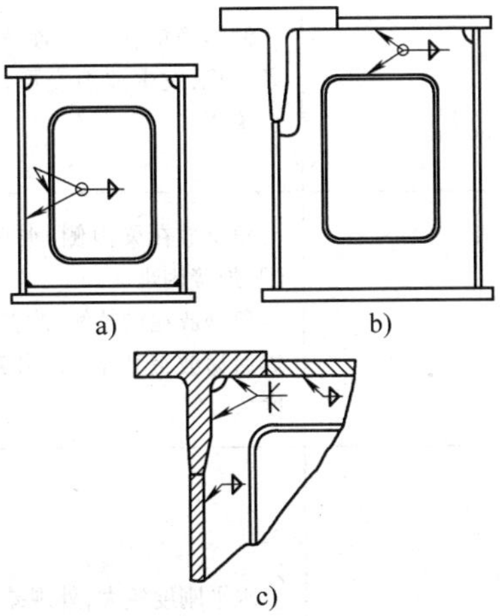 a)　b) c)	受扭的偏轨箱形梁要保证梁截面具有足够的抗扭刚度，并可在梁内放置设备，故加强板做成中间开孔的横向框架结构 （1）加强板与主副腹板、受压翼缘板为双面连续角焊缝，与受拉翼缘间隔10mm不焊，如图 a 所示（但国外的偏轨箱形梁的设计中，加强板四周均焊） （2）为增强梁的抗扭刚度，采用加强板与下翼缘间加垫焊的设计，垫板与加强板为横向角焊缝，垫板两端用纵向焊缝与梁腹板焊接 （3）T 形钢宽翼缘箱形梁的 T 形钢腹板的厚度较大时，为避开加强板与 T 形钢腹板焊缝在轮压作用下开裂，采用加强板与 T 形钢腹板不焊的方式，如图 b 所示。而日本三菱重工的主梁采用小尺寸 T 形钢，此处的加强板与 T 形钢腹板则采用熔透双面角焊缝的办法，如图 c 所示 （4）加强板的加强圈为双面连续角焊缝

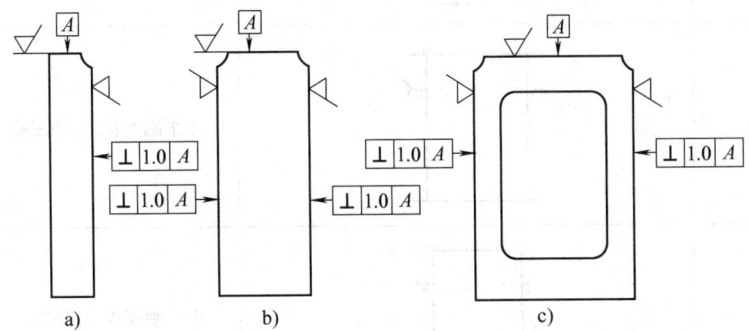

图 17-34　加强板形位公差

a）工字梁加强板　　b）中轨箱形梁加强板　　c）偏轨箱形梁加强板

17.4.5　纵向加强杆的设计

当腹板的高度与厚度比 $\dfrac{h_0}{\delta_0} \geqslant \dfrac{160\ (\text{Q235})}{135\ (\text{Q345})}$ 时，除在全长设置横向加强板外，在受压区还要设置一道或多道纵向加强杆来增加腹板受压区的稳定性和梁的水平刚度，如图 17-35 所示。纵向加强杆可采用钢板条、角钢、槽钢或冷弯槽钢，见表 17-22。

按结构设计原则，为增加腹板受压区的稳定性，纵向加强杆均布置在受压区。但受压区众多横向加强板和纵向加强杆的焊缝收缩，使梁的受拉区产生波浪变形，实际生产中在受拉区布置纵向加强杆，减小主梁腹板波浪变形并增加梁的整体水平刚度。尤其对大截面主梁为减少波浪变形，纵向加强杆的设置是必要的。

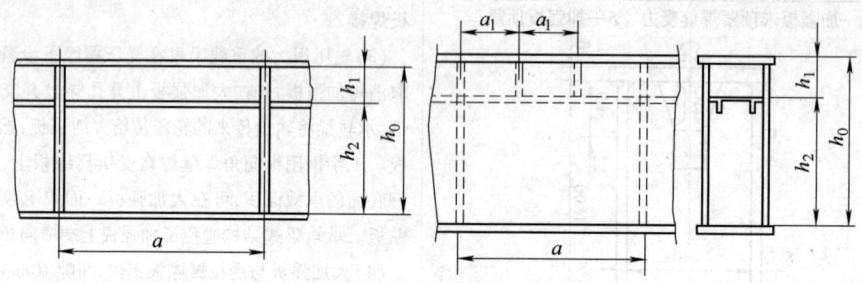

图 17-35　主梁纵向加强杆的布置

表 17-22　各类纵向加强杆优缺点

序号	纵向加强杆	简　图	优　缺　点
1	钢板条		制造简单、经济。刚度小，焊后钢板条失稳，发生波浪变形，影响美观，较少采用
2	角钢		角钢放在梁内侧，水平刚度小且装配、焊接困难 角钢放在梁外侧，改善了工艺性，但焊后易波浪变形，影响美观。水平刚度大
3	槽钢（立放）		水平刚度较大，外观差
4	槽钢（立放）		水平刚度较大，外观差
5	槽钢（平放）		水平刚度较小，外观好

（续）

序号	纵向加强杆	简　图	优　缺　点
6	弯曲槽钢（平放）	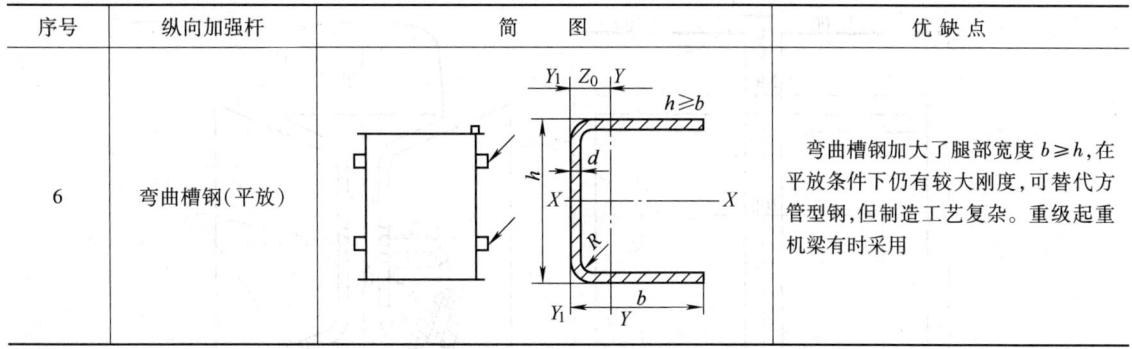	弯曲槽钢加大了腿部宽度 $b \geqslant h$，在平放条件下仍有较大刚度，可替代方管型钢，但制造工艺复杂。重级起重机梁有时采用

17.4.6　轨道

轨道虽不是结构件，但轨道接头设置与主梁的受力、寿命密切相关。起重机轨道有四种：方钢、铁路钢轨、重型钢轨和特殊钢轨。中小起重机采用方钢或轻型钢轨作轨道。重型起重机则采用重型钢轨或特殊钢轨作轨道，钢轨一般按车轮轮压来选定。钢轨的供货长度一般短于起重机行程，故起重机轨道有接头。铺轨前需对轨道接口端部进行适当处理，使之对齐压紧。钢轨在主梁上的放置随主梁结构形式而异，分两种方式。

1. 沿上翼缘中心或邻近主腹板侧铺设

中轨箱形主梁和半偏轨箱形主梁采用此方式。为使主梁在轨道接头部位有足够的承载能力，除翼缘板要有足够厚度外，必须将接头放置在大加强板上方，并将钢轨端部加工成 45°斜接头，如图 17-36 所示。使其能可靠地放置在大加强板上方。45°斜接也使车轮能平稳过渡，减缓对翼缘的冲击，但制造较为困难，轨尖容易磨损。

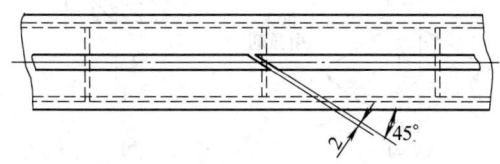

图 17-36　轨道接头采用 45°斜接

2. 沿腹板上方敷设

工字梁和偏轨箱形梁的轨道沿腹板上方敷设，此时钢轨可齐头对接，接头位置不限。

上述两种接头方式都应保证接头间隙 ≤2mm，接头处的轨面高低差 ≤1mm。

这类非整体式轨道，其接头部位对车轮的磨损、主梁的承载都会产生不利的影响。小车车轮经过轨道接头时，冲击载荷往往造成梁加强板之间的焊缝开裂。如 20 世纪 60 年代某钢厂进口的铸造起重机箱形

主梁加强板焊缝开裂和 25t 装卸桥工字形主梁，在工作最频繁区段轨道接头下的承载角焊缝开裂，都是轨道接头处的冲击载荷引起的。因此，近年来对 A6 ~ A8 级，甚至较低工作级别的起重机均已采用焊接整体轨道。

焊接整体轨道的接头设计注意以下几点。

1）钢轨的材质一般为高碳锰钢或中碳合金钢轧材，碳当量为 0.8% ~ 1.0%，属焊接性不良的钢种，应采用较高的预热温度焊接并采用焊后缓冷措施。

2）焊接接头的设计既要求接缝表面有足够的硬度，耐磨性不低于钢轨本体，又要求接头内部有较好的韧性。可规定内部用中强度结构钢焊条，表面几层采用耐磨堆焊焊条，如：D112、D132；也可采用专用轨道焊接材料。

3）起重机钢轨焊接坡口一般采用焊缝表面窄的窄间隙坡口，可设计成的接头形式如下：

① 钢轨下平面加垫的单面窄间隙坡口。

② 接口加工成平头，坡口钝边可用堆焊法堆出，用反变形摆出坡口角度，形成一个窄间隙坡口，如图 17-37 所示。

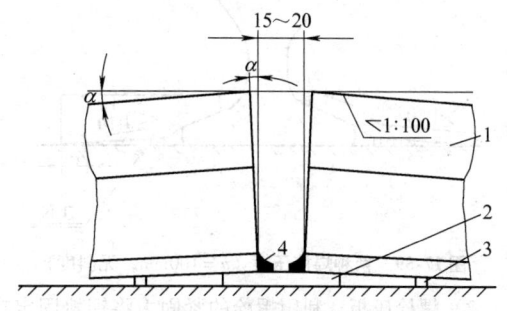

图 17-37　钢轨的窄间隙坡口

1—钢轨　2—铜垫　3—反变形垫块　4—堆焊钝边

采用强迫成形焊接工艺完成钢轨异形截面的焊接，如图 17-38 所示。

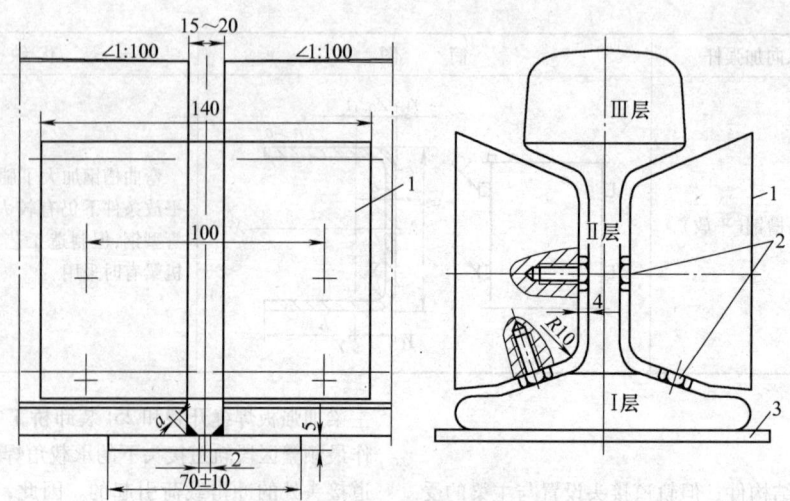

图 17-38　钢轨强迫成形焊接装置
1—强迫成形铜块　2—限位螺钉　3—铜垫板

4）焊后用磁粉或着色法检查表面裂纹。

17.4.7　轨道压紧装置的设计

起重机轨道是在桥架总装后按画线位置将其固定在主梁上，一般方钢轨道用断续焊缝直接焊在主梁上，钢轨用压板固定。轨道压紧装置的设计对钢轨与翼缘板间的贴合压紧、调整和保持两轨的相对位置起着重要作用。压板有焊接压板、螺栓压板、焊接螺柱压板和组合压板4种：

1）焊接压板。即固定式压板，分模锻压板（图17-39 右）和弯曲成形压板（图17-39 左）两种，利用焊缝的收缩应力将钢轨紧紧地固定在主梁上。压板的斜度应保证与梁之间有 2～3mm 间隙来增强焊缝的收缩力。模锻压板较弯曲成形压板有较大的压紧力。

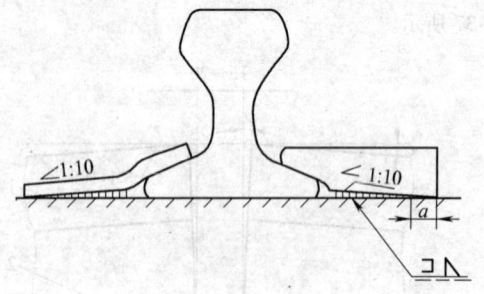

图 17-39　两种焊接压板（$a = 100$mm，无斜度）

2）螺栓压板。利用螺栓的紧固力将钢轨固定在主梁上。压板采用模锻，斜度的设计原则与焊接压板相同。按压紧位置在桥架上钻孔。压板上的螺孔分为圆孔和长孔两种，长孔压板用来调整轨道。

3）焊接螺柱压板。图 17-40a 为焊接螺柱的形状，图 17-40b 为焊接螺柱焊后的形状。按桥架上的画线位置，用螺柱焊机将螺柱直接焊在主梁的上翼缘板上。焊前应焊接试验件以确定焊接参数，焊后要按规定的数量抽检螺柱的焊接质量，以保证在设定的焊接参数下焊缝具有规定的焊着力。焊接螺柱压板装置如图 17-41 所示。压板一般采用精密铸件，表 17-23 为压板装置各部分的尺寸。

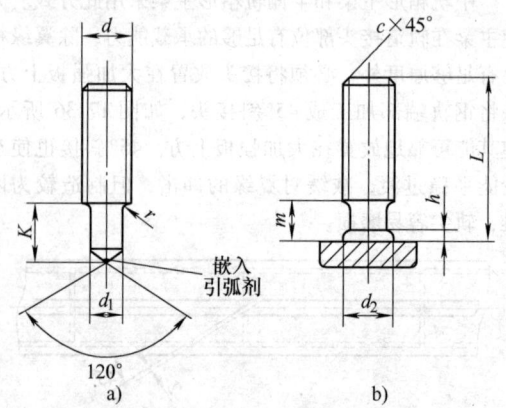

图 17-40　焊接螺柱焊前焊后形状
a）焊前的焊接螺柱　b）焊后的焊接螺柱

4）组合压板。图 17-42 为组合式轨道压板装置，是由件 1 底座、件 2 压板及螺栓组成。底座是按桥架上的画线位置，直接焊在主梁的上翼缘板上，带有长孔的压板由螺栓与底座连接。组合压板装置兼有焊接压板和螺栓压板的优点，并且避免了这两种压板的缺点，现已广泛应用于各种起重机轨道压紧装置中。底座、压板采用精密铸件，表 17-24 为组合压板装置尺寸。压板装置的优缺点见表 17-25。

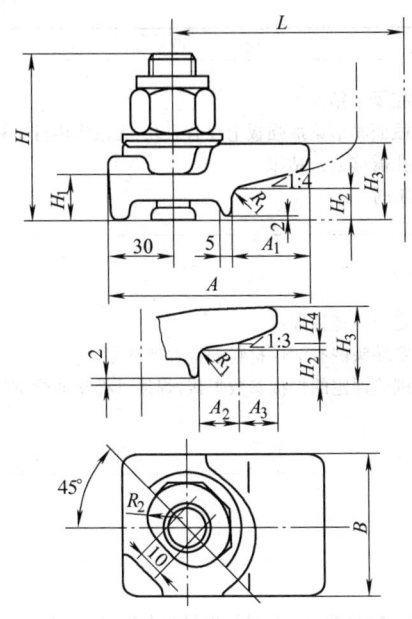

图 17-41　焊接螺柱压板装置

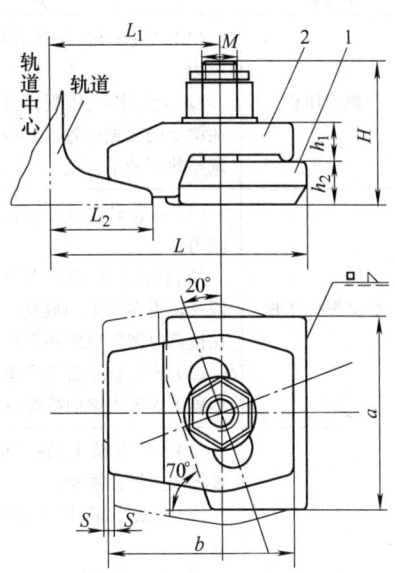

图 17-42　组合式轨道压板装置
1—底座　2—压板

表 17-23　焊接螺柱压板装置尺寸

适用钢轨	L	A	B	H	A_1	A_2	A_3	H_1	H_2	H_3	H_4	R_1	R_2
24kg/m	71	80	50	60	25	—	—	20	5.5	28	—	3	10.5
38kg/m	82	85	50	60	—	17.5	12.5	20	9	28	1.8	3	10.5
43kg/m	82	85	50	60	—	18	12	20	11	28	3	3	10.5
QU70	85	80	50	60	25	—	—	20	9	28	—	5	10.5
QU80	90	80	50	60	25	—	—	20	9.75	28	—	5	10.5
QU100	100	85	60	70	30	—	—	20	11.25	30	—	7	12.5
QU120	110	90	60	70	35	—	—	22	13.75	32	—	7	12.5

表 17-24　组合式轨道压板装置尺寸

序号	钢轨	L	L_1	L_2	H	h_1	h_2	M	a	b	S_{max}	底座焊缝	材质（精铸）
1	24kg/m	114	76	46	60	16	18	M16	80	60	±2.5	◿8	
2	38kg/m	125	87	57	60	16	18	M16	80	80	±2.5	◿8	
3	43kg/m	125	87	57	60	16	18	M16	80	80	±2.5	◿8	
4	QU70	138	93	60	70	18	22	M20	80	92	±2.5	◿10	ZG230~ZG450
5	QU80	143	98	65	70	18	22	M20	80	92	±2.5	◿10	
6	QU100	163	113	75	84	20	26	M24	90	106	±2.5	◿12	
7	QU120	173	123	85	84	20	26	M24	90	106	±2.5	◿12	

表 17-25　压板装置的优缺点

类型	压板装置	优　点	缺　点
1	焊接压板	（1）不需在梁上钻孔，按画线位置用三面焊缝或两面焊缝焊在主梁上 （2）省工时	（1）压板焊缝的收缩使桥架已经做好的上拱产生下挠变形 （2）焊缝收缩应力随时效作用消失，夹紧力降低，轨道窜动 （3）起重机运行后桥架会产生变形，检修时调整轨道尺寸必须拆除和重新焊接压板，影响上拱

（续）

类型	压板装置	优　　点	缺　　点
2	螺栓压板	（1）夹紧牢靠，松动后可调整紧固力 （2）辅以长孔压板，可调整轨道在梁上的放置位置，并可在检修时调整轨距和平行度	（1）需在梁上钻孔 （2）小截面箱形梁加强板上没有人孔，无法入内拧螺栓 （3）钻孔需移动式钻床 （4）费工时
3	焊接螺柱压板	（1）夹紧牢靠，松动后可调整紧固力 （2）辅以 1/3～1/2 长孔压板，可调整轨道在梁上的放置位置，并可在检修时调整轨距和平行度 （3）可在小截面箱形梁上采用，不需工人进入梁内拧螺栓	（1）需要专用螺柱焊机 （2）需要端头嵌有活性材料的特种螺柱 （3）按试验评定的焊接参数焊接，焊接过程要抽检试样
4	组合压板	（1）不需在梁上钻孔，按画线位置将底座焊在主梁上 （2）夹紧牢靠，松动后可调整紧固力 （3）采用长孔压板，可调整轨道在梁上的放置位置，并可在检修时调整轨距和平行度 （4）施工方便，不需工人进入梁内拧螺栓	底座焊缝的收缩使桥架已经做好的上拱产生下挠变形

参 考 文 献

［1］ 起重机设计手册编写组. 起重机设计手册 ［M］. 北京：机械出版社，1980.

［2］ GB 3811—2008　起重机设计规范 ［S］. 北京：中国

标准出版社，2008.

［3］ 北京起重运输机械研究所. GB/T 6974. 1—2008　起重机术语　第 1 部分　通用术语 ［S］. 北京：中国标准出版社，2008.

第18章 动力机械焊接结构

作者 郑本英 殷安康 张泽灏 梁 刚 **审者** 陈祝年

18.1 水电机械

水电机械系指水力发电设备,其主机为水轮机和水轮发电机。水轮机的形式有混流式、轴流式、冲击式、贯流式和可逆转抽水蓄能机组等多种,以前两种使用最广。典型焊接件有转轮、主轴、座环蜗壳、转轮室及机座、转子支架和下机架。图18-1所示为混流式、轴流式水电设备的结构布置图。轴流式水轮机又分为轴流定桨式与轴流转桨式水轮机两种。

18.1.1 混流式水轮机转轮

混流式水轮机转轮由铸造改为焊接后,将它分成上冠、叶片及下环三部分组焊而成。其焊接接头可采用K形或I形对接。有的转轮在上冠过流面下端加有一泄水锥,它与上冠可用焊接或带法兰机械连接。对某些工作应力较低的叶片与下环接头,也可采用在接头中段为非焊透接头,此种带有大钝边的接头已在当今世界最大的700MW的三峡机组转轮上使用。图18-2所示为焊接转轮结构和其不同的接头形式。

上述接头以K形接头使用最广,I形接头则需在上冠、下环过流面附铸或用加厚毛坯在数控多坐标铣床上铣出叶片凸台,甚至还有采用堆焊取得凸台的。I形接头虽费工费料,但却减少了30%以上焊接工作量,使接头离开高峰应力区及便于电渣焊(或埋弧焊)和UT探伤等优点。

对直径较小,叶片数较多或叶片流道过长,内部难以施焊的高水头机组转轮,可采用图18-3所示这三种结构制作。图18-3a所示为铣槽榫接;图18-3b所示是将下环分为内外两环,外环在转轮其他接头焊完后再套入焊接[1]。图18-3c所示为高速转轮。

分瓣转轮的结构有多种,应用最广的是图18-4所示的两种。图18-4a所示为上冠、下环均用螺栓(或卡栓)机械连接;图18-4b所示是上冠用上述方式机械连接、下环为焊接的结构。

在电站组焊的分瓣接头中,其焊接截面很大。但因这些接头工作应力不很高,故大多可用大钝边的非焊透接头。而且,为便于焊接,马氏体不锈钢叶片与下环的电渣焊接接头,也可用奥氏体型焊条(如E-309等)焊接,并可免去焊后热处理。

由于分瓣焊接转轮存在钢材耗量大,加工费事,加工工作量大,焊接残余应力大,且增加成本与延长电站安装周期,此外,更为重要的是,它还会影响转轮的尺寸与翼形精度与效率,故并非很可取的结构。

有鉴于此,国内外对直径过大的转轮,均力求使用整体焊接转轮。不惜耗用大量投资,以改善其运输条件,使转轮改由公路、水路乃至航空运输(俄罗斯曾空运过 ϕ6m 转轮)[1,2]。

图18-5所示为东电公司制造的 ϕ10060mm、高5110mm 重445t 的整体焊接转轮将用特殊重载车经大件公路运往 400km 外的乐山码头,再由水路发运至宜昌工地的壮观情景。

德国在巴西也曾将 ϕ8.6m、重315t 的依泰普整体焊接转轮用重载车运往 1300km 外的电站[1]。

目前,对于不能依靠水陆联运的大型转轮,已决定效法美国对大古力Ⅲ机组转轮的电站制造方式,并正在实施中;如龙滩 ϕ8m 转轮与法国承包的三峡右岸机组转轮。俄罗斯也早用了此法[4]。

由于转轮长期在水下运行,会发生疲劳与空化和泥沙磨损破坏。因此,常需用不锈钢来延长其使用寿命,其具体有以下三种做法。

1)转轮各零件全部用不锈钢组焊。

2)全部用碳钢组焊,对易发生破坏区域采用不锈钢堆焊(堆焊层修磨后厚度为5mm),或对叶片采用不锈钢的爆炸覆合。

3)采用由碳钢与不锈钢组焊的异种钢焊接转轮。通常均是叶片、下环为不锈钢,上冠为碳钢或低合金钢[1,5]。

国内外转轮常用的不锈钢均为低碳高强度马氏体不锈钢,如 ASTM A743M/CA6NM 与 ASTM A240、UNS S14500Cr13Ni5Mo 钢板;碳钢则为屈服强度在280MPa 左右的铸钢或钢板;如 SA-216WCC、ASTM A643GrA、SC-46 与 20SiMn 等铸钢和 ASTM A516-70、SM41C SM50 以及 Q235R 等钢板[5]。

1. 转轮各单件的制作

上冠:由于铸造技术的飞跃进步,已足以整铸出像三峡巨型转轮的上冠(ϕ8340mm、重115t),这样,自然就无须大费周折地去制作过去那些分铸后组焊或由铸件与钢板组焊的上冠了[5]。有时受各种因素的限制，也促使上冠与下环采用拼焊：如富春江水电设备厂用电渣焊拼焊上冠与其外缘的环形接头；东电也曾因运输困难，在金安桥电站成功拼焊过大、小两瓣半精加工的不锈钢上冠。

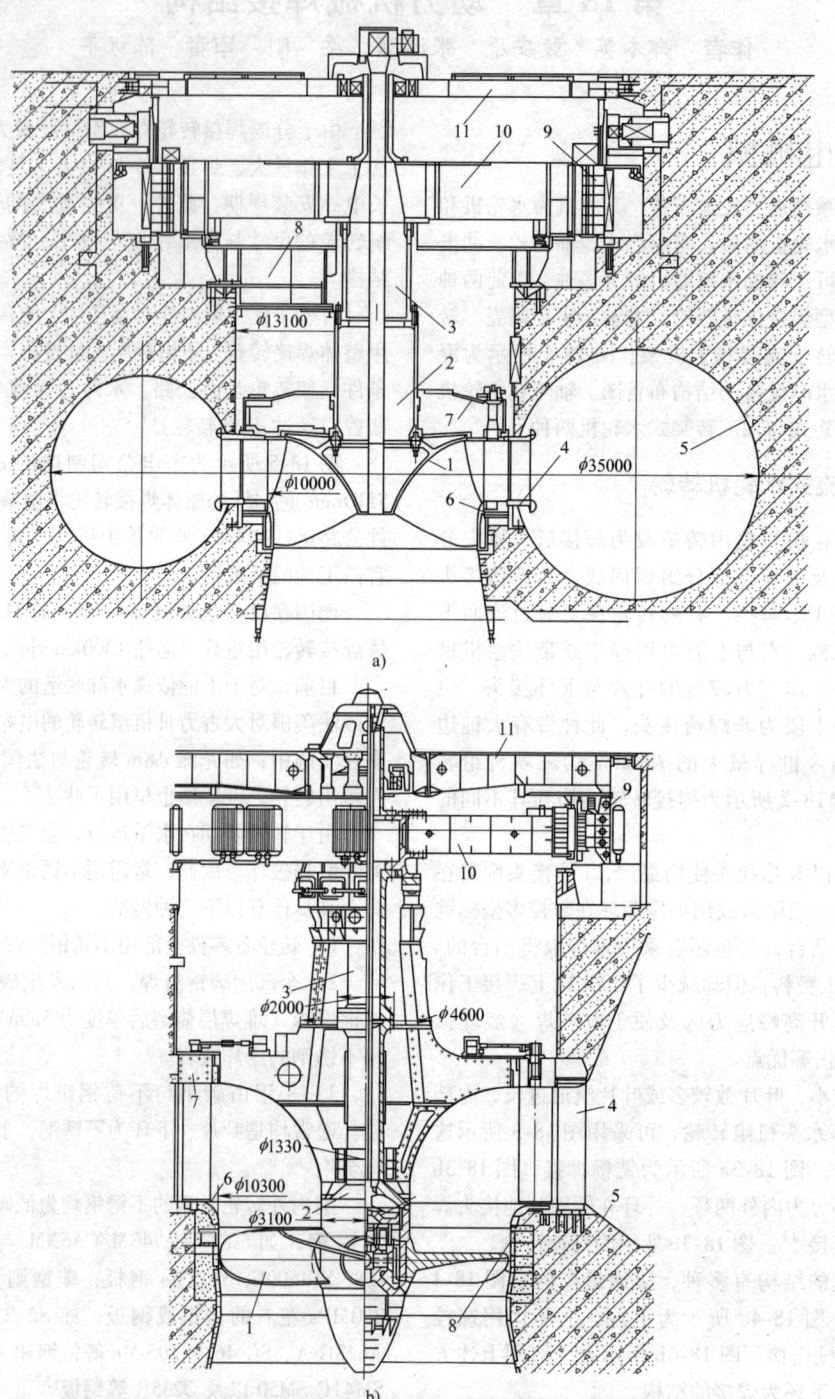

图 18-1　混流式与轴流式水电设备的结构布置图

a) 混流式水电机组（用于三峡电站 700MW 水电机组）

1—转轮　2—主轴　3—转轴　4—座环　5—蜗壳　6—底环　7—顶盖　8—下机架　9—机座　10—转子支架　11—上机架

b) 轴流式水电机组（用于葛洲坝电站 170MW 水电机组）

1—转轮　2—主轴　3—转轴　4—座环　5—蜗壳　6—底环　7—支持盖　8—转轮室　9—机座　10—转子支架　11—上机架

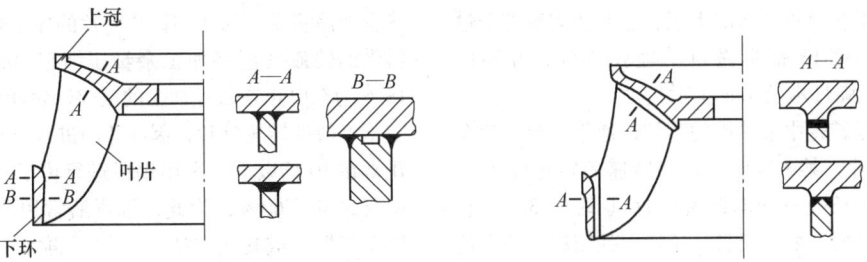

图 18-2　混流式转轮不同形式的焊接结构

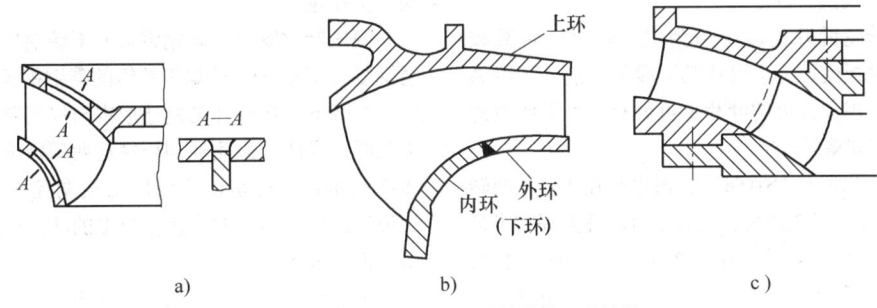

图 18-3　高水头小直径焊接转轮的三种结构

a) 榫接焊接　b) 下环分内外环焊接　c) 整个转轮分成内外环机械连接

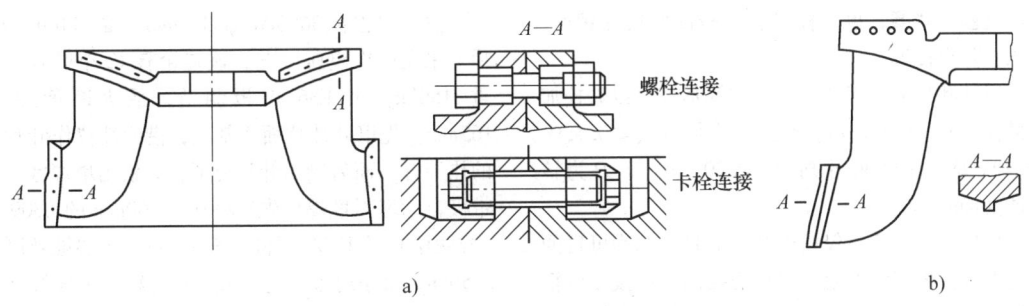

图 18-4　由机械连接和机械—焊接连接的分瓣结构转轮

a) 机械连接　b) 机械焊接连接

图 18-5　由东电制造的三峡转轮正拟发往电站

碳钢或低合金钢制造的上冠，有时还需对整个过流面用 00Cr23Ni13 钢带做自动埋弧堆焊，并辅以 φ4mm 焊条电弧焊堆敷 5mm 厚[6]。

叶片：是转轮中最关键的零件，通常每台转轮有 13～17 个叶片，某些高水头、高转速的转轮可达 30 片，而且是用长短不同的两种叶片（图 18-3c）。它不仅要求毛坯质量好，而且，还特别强调翼形的高精度。为此，转轮叶片常需采用多坐标（三或五坐标）数控铣床加工或模压成形。

目前，转轮叶片仍以铸造为主。若机组台数较多，则宜用钢板模压，也可让其上段为铸造，下段为钢板模压后组焊；过大的叶片也可分成上、下两段铸造后以电渣焊拼焊[1,5]。

法国阿尔斯通（ALSTOM）公司也曾在 3 台三峡转轮上使用上、下分铸为两段，而后用自动埋弧焊和半自动 MAG 焊拼焊的叶片，且在接头中段（为接头总长 3/5）为大钝边不予以焊透。其钝边为叶片厚度的 1/3。

但是，目前应用最广的依然是传统的铲磨成形叶片，凭借先进的光电经纬仪测出需去除的金属厚度，而后再气刨与修磨，也同样可获得较高的尺寸精度，与模压叶片很接近。

这三种叶片成形工艺加工后的翼形偏差以数控加工为最佳（≤±0.1%D），热压成形居次（≤0.15%D～0.20%D），铲磨叶片则为 ±0.20%D[7]。D 为转轮直径（mm）。

数控加工的叶片不仅精度高，而且，尤为可贵的是，可以直接将其与上冠、下环交接面和焊接坡口精确地铣出，不过，对于像三峡转轮叶片（每面的表面积达 18m²）而言，动用大型五坐标数控铣床加工，毕竟太昂贵了，为压缩铸造叶片的加工时间。首先就需借助碳弧气刨将加工余量压缩至 20mm 以内。图 18-6 为东电正在数控加工的三峡转轮叶片。

一般的转轮叶片，因叶片的进、出水边端截面变化常在 10 倍以上，采用钢板进行模压，其钢材利用率仅 50%～60%，为此，俄罗斯常用不同厚度钢板以电渣焊（或其他方法）拼焊后再加工模压[6]，甚至还可用优质铸坯来模压中小型叶片，以减少毛坯机加工工作量[7]。

模压叶片既可是碳钢钢板、不锈钢板；也可为不锈钢复合钢板（含堆焊不锈钢的碳钢钢板）。

为降低模压叶片的制造成本与提高翼形精度，可采取两次模压及采用通用压模这两项措施，前者如图 18-7 所示；后者是使用可用微机调控上、下模曲率的顶柱，使原需由两个压模成形的叶片得以在这一通用压模上成形。

上述分三段成形的叶片，系用于 φ7100mm 的蓄能机组转轮，6 叶片用 0Cr13Ni5 钢板成形，而后由真空电子束焊接，以减少焊接变形，如图 18-8[8] 所示。

法国也曾在 360MW-φ8350mm、重 230t 的转轮叶片上采用两次模压工艺，该转轮有 12 个叶片，每片重 6150kg，由 E36 钢板制造，最大断面厚度为 165mm。先以叶片背面为基准，借弹性仪作叶片毛坯的热展开，而后割出叶片外形，并铣出堆焊区，用双带极自动埋弧堆焊机先后将 0.5×60mm 的 E309 焊材（堆两层）及 E308 焊材（堆一层），每层堆敷厚度为 3.5mm，每小时堆敷达 27kg，8 台转轮总堆焊九个月之久。为防大面积堆焊产生过大变形，每两叶片采取背对组合后堆焊并经消应热处理后再分解，此时叶片

图 18-6　用五坐标数控龙门铣加工三峡转轮叶片

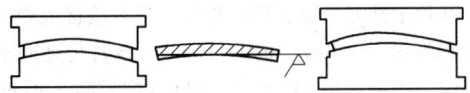

图 18-7　叶片的两次模压示意图

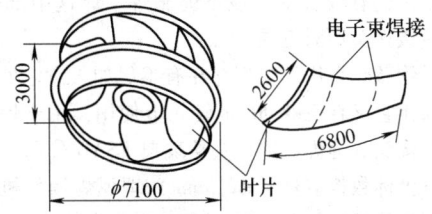

图 18-8　采用通用压模成形后由真空电子束拼焊
的蓄能机组的叶片与转轮

毛坯平面度为 ±2mm。经铣床加工后，由 12000t 水压机热态模压[9、10]。

铸钢叶片的不锈钢堆焊，控制变形极为困难，须借助胎架刚性固定后，以药芯焊丝半自动焊进行其曲面堆焊，该胎架下方设有三缸调位装置，堆焊后叶片与胎架一起作相应处理[10]。

下环：因其截面厚度变化不大，如有合适的厚钢板与卷板机或压力机，可采用钢板拼焊的下环。美、俄等国均在最大机组转轮上用过钢板拼焊的下环[1、10]。基于与上冠同样的原因，为减轻工作量，国内外均倾向于使用铸钢下环，而且是无须做不锈钢堆焊的马氏体不锈钢下环，包括直径达 10m 整铸或

分两半铸造拼焊的三峡转轮的巨型下环。拼焊而成的下环，接头的中段经常不要求焊透。

2. 转轮的组装和焊接

转轮虽有整体与分瓣、同种钢与异种钢工厂与电站焊接之区别，但其装配方法却无实质性的差别。

由于叶片可用数控铣床精确地加工出它与上冠、下环的连接面与坡口，更利于使转轮实现一次装配，而且，全采用倒装工艺。为减少分瓣处被切断叶片的错口量，宜在组装前暂不切断，由数控机床加工其正、背面坡口，留一定量，待焊接与退火后再切断。

目前，多数大型转轮须用吊车作若干次 180° 翻身换位焊接，仅是为焊接叶片正面与下环接头（仅占总焊量约一成）而进行的。完全可将这些接头改为仰焊，即在转轮装配位置，连续将转轮全部焊完。这种方法曾在上述位置多次成功修复三峡转轮深处焊接缺陷。

组装前需测出各叶片重量，实行配重布置，其次是考虑焊后转轮高度方向的收缩量，给予反变形（在叶片加工时将叶片加高）。

转轮的焊接方法应视转轮直径及材质而异，大体可以有焊条电弧焊、熔化极细丝（$\phi1.2mm$）半自动气保护焊、熔嘴电渣焊和埋弧焊操作机焊接四种。均适于同种钢转轮的焊接。这四种焊接方法的优缺点比较见表 18-1[1、10、11、13]。

表 18-1　转轮焊接的四种焊接方法优缺点比较

焊接方法	优　点	缺　点
焊条电弧焊	焊接变形小，可焊接任何直径的转轮。除直径过小的转轮外，均可不用变位机、滚轮机换位焊接。尤适于焊接异种钢转轮	焊接效率低，对焊工技术要求高，劳动强度大，不易杜绝夹渣、气孔与未焊透
熔化极半自动气体保护焊	基本与焊条电弧焊相同，焊接效率则高 3 倍，不易产生夹渣与未焊透，抗裂性优于焊条电弧焊。大型转轮各叶片可同时施焊	对空间要求比焊条电弧焊高，难以焊接窄深坡口的根部，全位置焊不及焊条电弧焊
熔嘴电渣焊	可单道一次完成厚大变断面 T 形或 I 形接头，焊缝致密，预热要求较上两种低，焊接效率比焊条电弧焊高 15 倍以上。尤其适合于焊接马氏体不锈钢转轮	制作熔嘴、水冷铜模等的辅助时间长，难度大。须由变位机或特殊焊胎焊接。碳钢转轮接头不正火时韧性低，不适于焊接异种钢转轮[14]。且变形比其他各种大得多，每天只能焊一个接头
埋弧焊操作机焊接	焊接效率比熔化极半自动焊高两倍以上，有利于环保，且容易保证焊缝质量，降低工人劳动强度	对施焊位置要求过严。须借助变位机、转胎将接头调至水平或船形位置施焊，且坡口也较前几种为大，且接头集中，每次只能焊一个接头

大型转轮采用熔嘴电渣焊的先后有俄、美、中、日和德国，其中以德国使用最多。最著名的大古力Ⅲ 700MW 机组转轮和依泰普 700MW 机组转轮即分别由美、德两国焊接[1、13]。这两国而后又复用电渣焊分别焊接埃及阿斯旺与我国五强溪电站的 0Cr13Ni4

（非标准牌号）不锈钢转轮[11]。此外，美国还用此法焊接过无下环的混流式转轮[10]，同以往一样，这些转轮焊后都只做了去应力热处理[1]。

至于在大型转轮上采用自动埋弧焊的则为数甚少，迄今，仅见两项实例，一是法国奈尔皮克

（NEYRPIC）下属的巴西重机厂用埋弧焊焊接过上述直径为8350mm由铸钢上冠（附铸小半段叶片）与下环及钢板（堆焊有不锈钢见前述）的模压叶组焊而成，如图18-9所示。上冠、下环为A643GrA铸钢；叶片为E36钢板。上冠带叶片凸台高1200mm。其上、下叶片接头分别加工成双U形焊接坡口，且上冠端的叶片凸台在加工坡口前预先堆焊成"山"形（最高处为23mm），而后铣坡口。在下环内圆与叶片相连接端也需由熔化极半自动MIG焊，借助成形垫堆焊（上冠叶片台为系自动埋弧堆焊）。而后，再用不锈钢药芯焊丝堆焊下环内的空化区。堆焊后经火焰校正与作消应热处理后再予加工。

为使叶片与下环也用上埋弧焊，在下环端的叶片背面坡口端分成三个直线段，加工成U形坡口。这样，下环与叶片背面接头用260t变位机将三段中任一段调至水平位置后，铺上小车轨道即可进行埋弧焊。叶片中部对接接头和叶片与下环对接接头焊接截面分别为40~160mm和50~140mm。该转轮连同不锈钢堆焊，约需焊接150天[10]。叶片中部接头用creus-st-loire专用埋弧焊操作机焊接，但因空间位置所限，靠出水边仍有较长的一段不能施焊。焊这中部的12叶片对接接头历时五周[10]。

尽管转轮采用埋弧焊存在有不尽如人意之处，但在前几年它又在三峡φ10m转轮上使用，用于焊叶片与上冠接头。为焊此项接头从瑞典ESAB公司订购了两台三坐标数控双丝（φ2.5mm）埋弧焊操作机，用以分别焊接叶片的正、背面坡口。

为使上冠与叶片能在接近水平的条件下施焊，先是将该叶片的上冠端加工成图18-10所示的、带有两直线段的不对称的特殊形状焊接坡口；其次是制造供转轮卧置回转调位的工具轴和翻转架及操作机支承架，如图18-11所示。

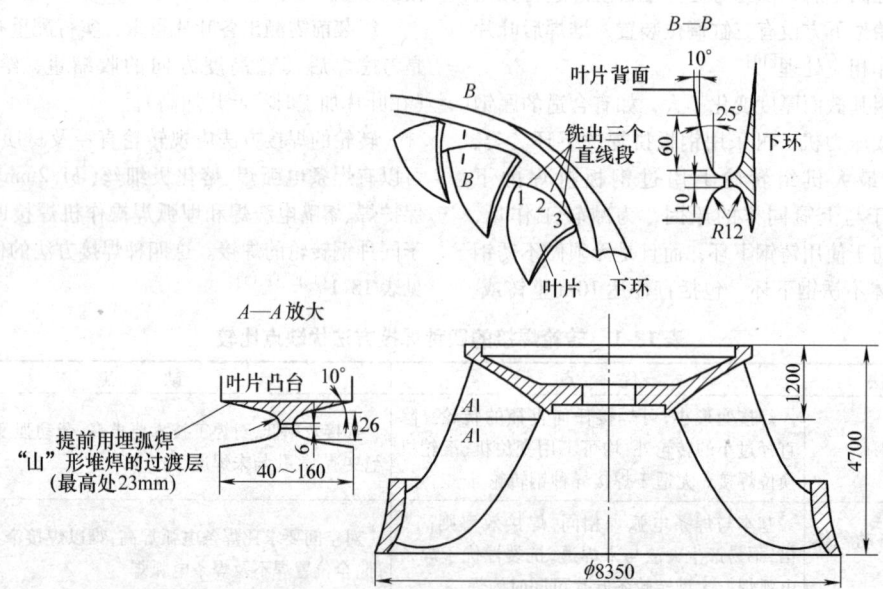

图 18-9　法国采用自动堆焊再作埋弧焊的 φ8350mm 焊接转轮

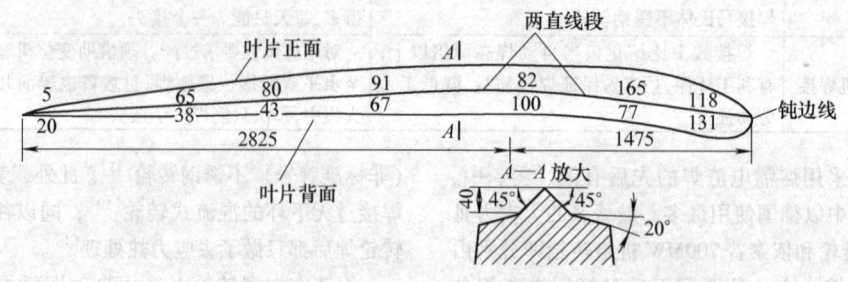

图 18-10　用埋弧焊操作机焊接的三峡转轮上冠接头断面形状与截面厚度（mm）

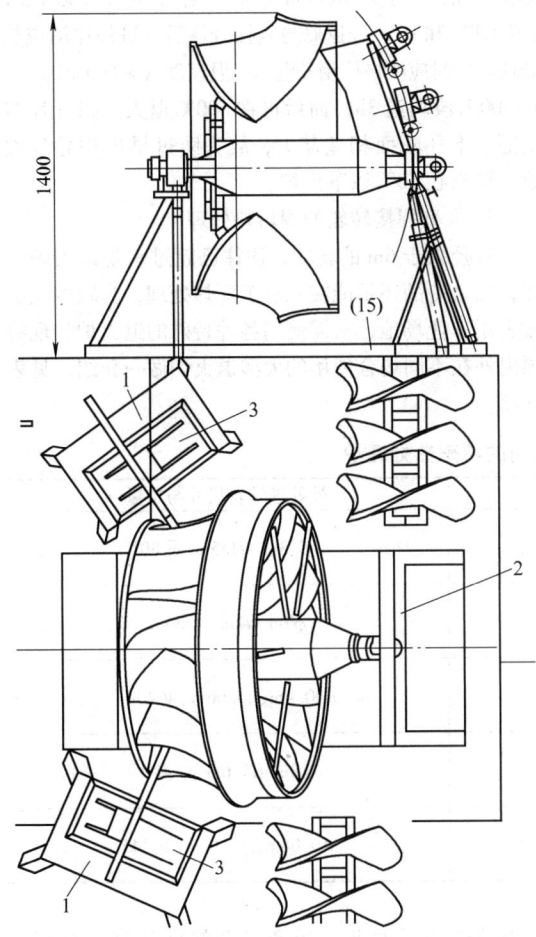

图18-11　三峡转轮埋弧自动焊装备布置图
1—操作机支承架　2—翻转架　3—埋弧焊操作机

转轮在倒置位置组装，并用 PZ6166 ϕ1.2mm 药芯焊丝将一侧坡口焊至 30～40mm 深度后，再将转轮吊往翻转架，用架上的液压缸调整至坡口上的一待焊的直线段成水平后，即可在预热 100℃后进行自动埋弧焊。

由于同时还需在叶片与下环接头进行半自动脉冲 MAG 焊，而埋弧焊系用 ϕ2.5mm 双丝焊接，焊接热输入甚大，为控制温度低于 175℃层状温度，中间又不停顿，需换焊另一叶片（但这就会扰乱半自动焊既定的焊接顺序）。

埋弧焊焊接不久，即发现不少弊端。一是同一直线段内坡口深度不一，为求多发挥埋弧焊作用，不得不撇开引弧板，在坡口内部引弧施焊；二是两段交接处接头集中，最后，只得在气刨清理与修磨后，用半自动焊修补。

受上述因素影响，叶片与上冠接头的埋弧焊焊接

量逐台削减，因操作空间限制，在 2825mm 这一段内，原正、背面均分别由半自动焊焊接 1200 与 1800mm，至次台起骤减，到最后一台全部由半自动焊施焊，也即埋弧焊仅焊了上冠接头 1475mm 长，且外部过渡圆弧还是由半自动焊焊接的。其自动埋弧焊接量仅占转轮总焊量 30% 左右，还比不上前述的 ϕ8350mm 转轮多，故非最佳方案。

此种用埋弧焊焊接大型转轮的做法可能较适合于缺乏焊工的西方发达国家，他们习惯将转轮置于滚轮机或变位机上，不紧不慢地施焊。但三峡转轮系在我国制造，且两种焊接方法双管齐下，于是表现出了不足。

国内外对转轮这一特殊焊接件采用机器人弧焊的研究正方兴未艾。凭着叶片焊接坡口可由数控铣床精确地加工，使各叶片接头尺寸保持一致，给实现机器人焊接打下了良好基础，取得成功是指日可待的。但其先天不足之处——操作复杂、设备昂贵与效率低下也是显而易见的。对于异种钢焊接转轮，在国内已有近 40 年使用历史，也取得过骄人业绩，如应用无过渡层的焊接工艺，曾使采用偏心分瓣、两叶片被切断，在电站组焊的龙羊峡 320MW ϕ6m 转轮达到运行 15 年而未开裂[16,17]。也许是得益于此转轮的叶片数（17 个叶片）多于其他转轮，致工作应力降低而不开裂，因在此后则频繁开裂，从而对异种钢焊接转轮的安全性产生怀疑，选用者也越来越少。在订购备品转轮或做电站的增容改造时，均选择马氏体不锈钢焊接转轮。这是无可厚非的，因为用异种钢转轮，虽能降低制造成本，但却摆脱不了转轮残余应力高、接头强度低（因系用奥氏体焊材之故）的致命弱点。而且，还需额外的抗空化堆焊，因此可谓是弊多利少[14]。

对于如图 18-4b 这类需在电站组焊下环及叶片的分瓣结构转轮，因需确保上端联轴法兰面不再进行加工，为此，宜采用预先将主轴与转轮把合，并将下环两接头各用千斤顶顶开至一定间隙，而后，在预热至 80～100℃后，由 4 名焊工用 ϕ4mm 焊条以镶边和分段退步焊以及内外对称施焊，并自三层焊接后作逐层锤击以减少残余应力，由此，可使应力压缩至 112MPa 左右，并使上冠分瓣处的变形水平度控制在 0.03mm 以下。焊后可免去局部热处理[15]。上述接头宜用 E309 或 E318V 奥氏体焊条焊接，表面几层也可用 E-410NiMo 焊条。有的国家对不锈钢分瓣转轮则采用另一套工艺，下环接头留 20～60mm 的大钝边，不将下环顶开 4～6mm 间隙，并全部用 E410NiMo 相同焊条焊下环，焊后先经 230℃×8h 消氢及 590℃×（8～10）h 局部热处理。两被切断的叶片则用 E308L、

E309L 奥氏体焊条拼焊，焊后也做上述局部热处理，由于上冠系采用卡栓机械把合，为防此项热处理影响热套后的卡栓（参看图 18-4a 的 A-A），造成靠上冠端有大约 800mm 长一段焊缝未能热处理，导致该处压应力高达 488MPa[18]。该工艺出现多次开裂，故不予推荐。

这里要特别强调像三峡这类巨型水轮机转轮的焊缝内扩散氢的去除问题（用药芯焊丝焊接含氢可达 5mL/100g），若忽视了这一点，必将导致转轮在消应力热处理后，在焊缝表层出现裂纹。因此，若是转轮在焊接过程中未经消氢处理，则应在其焊后保持其预热温度进炉作 270℃×10h 消氢。也可采用局部消氢，但较为麻烦。在消氢处理后，修磨上、下焊缝的过渡圆角（最大可为 R80mm）后，对焊缝作 100% PT（或 MT）和 UT，经返修与复探合格后再进炉作消应热处理。此时应严格控制升温、降温速度（≤50℃/h）并在 300℃ 段均温 3h，而后再在 590℃ 退火。因叶片与上冠、下环断面相差甚大，故为防过早出炉导致裂纹，要求在 50℃ 以下出炉。

3. 大型焊接转轮的焊后热处理

直径大于 6m 的转轮，往往已超过常规退火炉尺寸，加之有的还不能在原有工厂热处理，为减少投资或占用作业场地，常需使用各种特殊的退火炉，现将国内外在不同场合使用的大型退火炉做一介绍，见表 18-2。

表 18-2　大型焊接转轮所用的特殊热处理炉

炉子类别与尺寸	使用场所	被处理转轮尺寸与重量
3000kW 电热炉 ϕ8m、H5m[4]	俄罗斯某水电站	ϕ6.3m、H3.5m、重 80t
井式煤气炉 ϕ9.5m、H8.2m[1]	俄罗斯列宁格勒金属工厂	ϕ9m、H4m、重 240t
钟罩式液化石油气炉* ϕ12.5m、H7m	国内滨海大件公司	ϕ10.4m、H5.06m、重 430t
钟罩式丙烷炉 ϕ13m、H9m[1,2]	美国大古力水电站	ϕ10m、H5.6m、重 409t
台车式天然气炉 12m×12m、H7m	国内东方电机股份有限公司	ϕ10.06m、H5.11m、重 445t

* 为经济起见，改造为柴油炉。

不能采用上述退炉时，也可请电热电器制造专家现场进行炉外消应热处理，国内已有很多成功实例。

在对待转轮残余应力问题上，过去常有顾此失彼的情况发生。如国外一家著名公司，在我国小浪底电站制造 0Cr13Ni4 转轮时，竟使用 E309 奥氏体焊材施焊，希望借此省去焊后热处理，结果转轮运行不久即连续开裂。而此前在龙滩电站制造同样钢材的 ϕ8m 转轮时，因使用匹配的马氏体焊材并作焊后热处理，就十分成功。

实际上，过去我们在用奥氏体焊材焊接异种钢接头或在电站组焊分瓣转轮下环时，都是有前提的，即是以碳钢作为核算母材强度之基准，或是所焊之处虽为马氏体不锈钢接头，但都处在转轮工作应力很低之处（如下环及叶片的对接接头），后者还须通过锤击消应措施才可免除局部热处理[14、15]。另外即使是异种钢焊接转轮，在厂内焊后也是要进行热处理的。

18.1.2　轴流式转轮的焊接

在轴流定桨式转轮中，既可整铸，也可将叶片与其内轮毂分铸拼焊。后者翼形精度更高，表面更光滑。

转桨式转轮，大多为分别铸造。偶尔也有焊接的。如美国用超厚钢板以电渣焊和埋弧焊焊接六面体的 6 叶片轮毂，就相当成功[1]。

焊接的轴流转桨式叶片则极为少见，仅见俄罗斯有由铸钢和钢板组焊叶片的报告[1]，但未见实际使用。日本东电公司为解决大型机组叶片与轮毂相贯面的加工困难，有意识地将叶片最难加工的两段单独铸成 A、B 两块，用车胎在立车上加工上述相贯面（球面）后，再让二者插装于已精加工的叶片与轮毂之间组焊，如图 18-12 所示，因接头工作应力甚低，故仅焊 20mm 坡口深度且不作焊后热处理。

18.1.3　冲击式水轮机转轮

其结构形状与上述混流式转轮大为不同。因受结构特点限制，目前仍以整铸为主。但因铸造质量不易保证，加之，水斗内腔加工、修磨又极其困难，故有些国家仍在积极开发焊接结构转轮，并获得突破，如

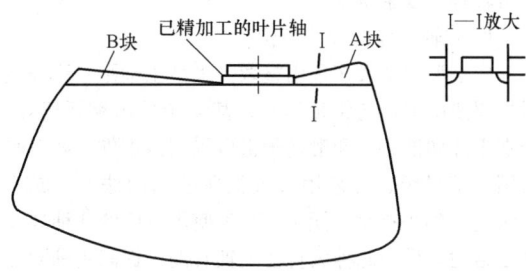

图 18-12　拼焊带肩部两块叶片的葛洲坝转轮叶片示意图

俄国使用图 18-13 所示的这种结构的大型冲击式焊接转轮,用于带有 18 个水斗、φ1860mm 的 54.6MW 机组转轮[1]、[3]、[9]。

图 18-14 所示为该立式冲击式机组转轮、配流管等的平面布置图。

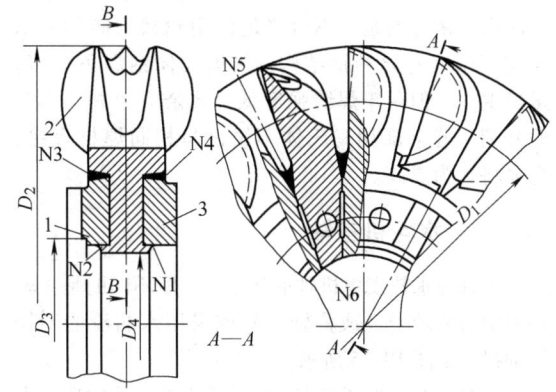

图 18-13　φ1860mm 焊接结构的冲击式转轮
(N1～N6 为焊缝顺序号)
1、3—轮毂　2—水斗

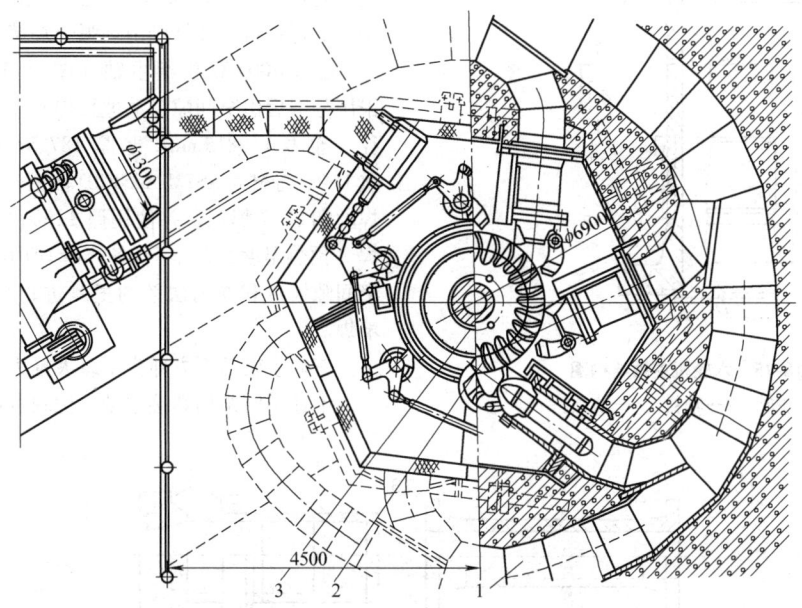

图 18-14　六喷嘴冲击式水轮机平面布置图
1—配流管　2—转轮　3—主轴

该转轮全部由 0Cr12Ni3Cu 马氏体不锈钢(水斗为铸钢,上、下轮毂为锻钢)组焊,内斗内腔用电化学加工或用多坐标数控铣床加工,要求各水斗组装后间隙小于 0.05mm。转轮需由胎具组装、焊接。焊后需保温。在 100～120℃进炉处理,经加工、修磨后对水斗内腔作锤击硬化[9]。

但水斗也有采用模锻或模压的。有的则是在整锻后数控加工,水斗内的分水刃系堆焊而成,而后再作钳磨(用精锻的水斗仅需修磨)。

上述焊接转轮,一般经 5000h 运行后即需修补

根部裂缝和空化、磨损破坏。为此,国外已开发了锻坯加弧焊机器人堆焊的新工艺制造冲击式转轮。具体是先锻出带有 1/4 水斗的不锈钢锻件,用多坐标数控铣床将锻坯上的 1/4 水斗加工后,再以弧焊机器人在各水斗端面作逐层仿形自动堆焊(系空间堆焊),直至将这曲面水斗全部堆焊完成为止。用此法制造的不锈钢转轮,1996 年已达 49 台,其寿命可达 75000h 以上[19]。由于堆焊工作量过大,遂改为将另外的 3/4 水斗精铸加工后拼焊。国内某些厂家也曾对低水头冲击式水轮机采用过焊接转轮,

其结构比较简单，系将水斗上的"把"直接焊于轮毂两面。遗憾的是，不恰当地使用轮毂为碳钢、水斗为不锈钢的异种钢结构，用奥氏体钢焊条焊接，虽经退火，但由于焊缝强度低，残余应力高，不久便开裂。若全部用马氏体不锈钢与相同焊材焊接，寿命将大为提高。

18.1.4　水轮机主轴

主轴与水轮发电机轴形状相似，所不同的是主轴外附加有滑转子（或称轴领）或采用水润滑的不锈钢轴衬，如图18-15所示。

有时，在一端还带有巨大的推力头，故制造比发电机转轴要复杂得多[1]、[3]。

1. 主轴本体的焊接结构

中小型主轴大多采用整锻。大型主轴则采用分锻后拼焊或由锻钢与钢板组焊，甚至全部由钢板组焊。个别零件如推力头和滑转子也可采用铸钢件。如三峡所用大型机组，常采用大直径薄壁的内法兰（或T形法兰）的焊接轴，图18-16为使用较广的几种焊接主轴结构。采用此种大直径主轴有助于提高主轴刚度和抗扭弯能力，并减少振动，以大古力600MW机组主轴为例，它由8in（1in = 25.4mm）厚钢板卷制焊接，主轴外径2530mm，重111t，而其传递扭矩能力却与 ϕ2140mm、传统厚壁的重330t的主轴相同。

鉴于此，美国与日本为大古力700MW与古里Ⅱ 610MW机组分别用厚177mm的A516-70钢板卷焊成外径为3353mm主轴和用130mm厚的SM41A与41B钢板卷焊成外径2750mm的主轴。上述焊接轴纵缝均用电渣焊焊接，环缝则由埋弧焊焊接[10]。

三峡700MW机组主轴（图18-16右上图），系采用分锻后由窄间隙自动埋弧焊操作机焊接，主轴外径（轴身）3815mm、壁厚187.5mm、长5400mm、重114t，母材为ASTM A668CID锻钢，用 ϕ4EF7P6M12K 焊丝和S717焊剂，并使用厚12mm的薄型导电嘴施焊（预热温度≥93℃），各环缝均用图18-17所示的窄间隙坡口和在内法兰的里侧进行防止应力集中的堆焊。

三峡主轴的下方即为带厚大推力头的主轴[1]。

上述不同结构焊接主轴的优缺点比较见表18-3。

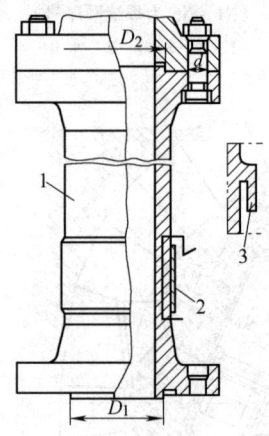

图 18-15　水轮机主轴结构图

1—主轴　2—轴衬　3—轴领

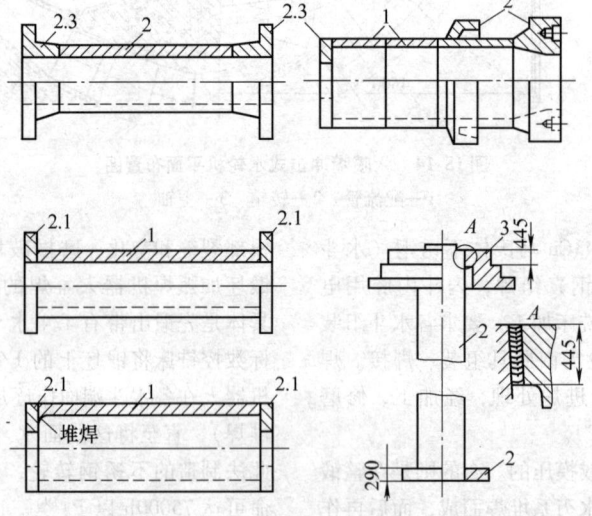

图 18-16　不同钢材的外法兰和内法兰焊接轴

1—钢板　2—锻钢　3—铸钢

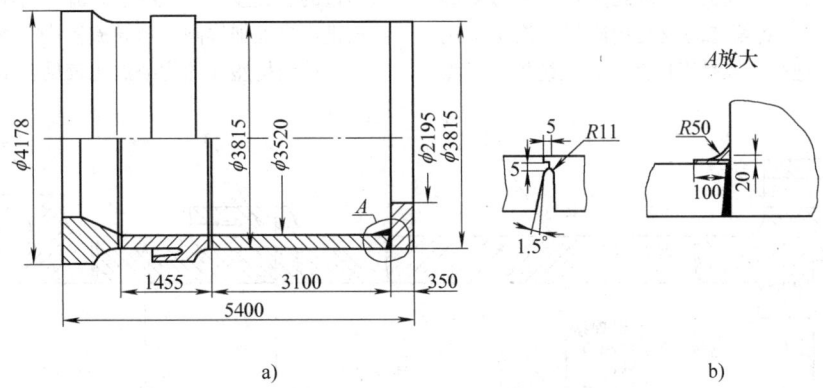

图 18-17　三峡机组焊接轴接头形式与内法兰与轴身拐角处防应力集中的堆焊

a）主轴接头形式　b）防应力集中堆焊

表 18-3　不同结构焊接主轴的优缺点比较

结构类别	优　点	缺　点
外法兰锻-焊结构主轴	轴身无须用大型卷板机或压力机成形，可不用焊纵缝及在焊后校圆与探伤 毛坯质量容易保证。法兰与轴身无应力集中问题	金属利用率低，加工余量大，内孔加工与检查极费事，制造周期长，且需与重机厂协作制造
外法兰锻（铸）钢-钢板结构主轴	轴身加工余量小，钢材利用率高，内圆无须再行加工（仅需修磨焊缝）	轴身须用大型卷板机或压力机成形，焊接工作量大，超厚钢板不易取得
内法兰钢板焊接主轴	因法兰也可用钢板，故无须外协，加工余量最少，金属利用率最高，滑转子可制成整个的，热套于轴外，无须焊接	轴身成形、焊接、校圆与探伤工作量极大，法兰与轴身连接处有应力集中，需通过堆焊过渡（参看图 18-16b）

继三峡主轴之后，东电又成功地用窄间隙自动埋弧焊焊接了壁厚达 320mm 的龙滩 700MW 机组主轴与转轴（图 18-18）。迄今已用此法焊了 50 余根。

至于像图 18-16 所示带推力头的主轴，其封闭环缝焊接断面达 445mm，可用带 5 个特殊焊炬，并可回转焊接的装置，在预热 200℃后作 CO_2 自动气体保护焊焊接[1]。用此法难度甚大，出现故障也难以修复，故还是采用如机械连接等其他方法为好。

2. 主轴与滑转子、轴衬的焊接

滑转子虽可附于轴上一同锻出，但因车内部深槽颇为费事，故常采用单独锻造，若为内法兰主轴，则可将其制成整体热套，也可在轴身与外法兰焊前，先将它组焊于附锻于轴身台肩上，如图 18-19 所示。此系葛洲坝 170MW 机组所焊主轴。

该锻焊结构主轴采用屈服强度为 490MPa 的 18MnMoNb 低合金高强度锻钢焊接而成，两轴身环缝和滑转子环缝均为电渣焊焊接[20]。

轴外的不锈钢轴衬可有两种制作方式，一种是用 25～30mm 厚的 304 型不锈钢板用塞焊孔与纵、环缝焊于轴上（图 18-20）；另一种是用带极自动埋弧焊直接在轴上堆焊 8～10mm 厚的不锈钢覆层。二者均在焊后不进行热处理[1]。

加焊不锈钢轴衬不仅制作费事（成形后要钻塞孔与加工内圆），而且很难令其与主轴紧密贴合，并易发生焊接裂纹，故已逐步为堆焊所取代[5]。

18.1.5　水轮机座环

座环的结构形式很多，大件可为铸焊、钢板结构及钢板与铸钢组焊结构三种，且存在有、无碟形边的区别。其中铸焊结构座环乃是碟形边结构的一种，并在碟形边上附铸有导叶凸台，它是按采用熔嘴电渣焊需要设计的结构。

除了上述附铸有导叶凸台的座环采用熔嘴电渣焊之外，日本也曾采用熔嘴电渣焊，将固定导叶直接焊在钢板成形的碟形边上，组成 T 形接头的座环[1]，如图 18-21 所示。若是让固定导叶与平板式座环进行熔嘴电渣焊，则就容易得多。

目前，使用较广的座环结构为图 18-22 所示的五种，其中，无碟形边平板式钢板座环是今后发展方向。

受运输限制，对直径大于 5m 的座环也需分瓣制造（可多达 6 瓣），各瓣之间或是用附焊分瓣法兰用螺栓、销栓机械把合；或是直接在电站上组焊。对无碟形边的这类座环，为利于导流，均需在座环上、下环板进水口处加焊圆弧形导流板[1]，并在电站焊接。

上述结构座环的优缺点比较见表 18-4。

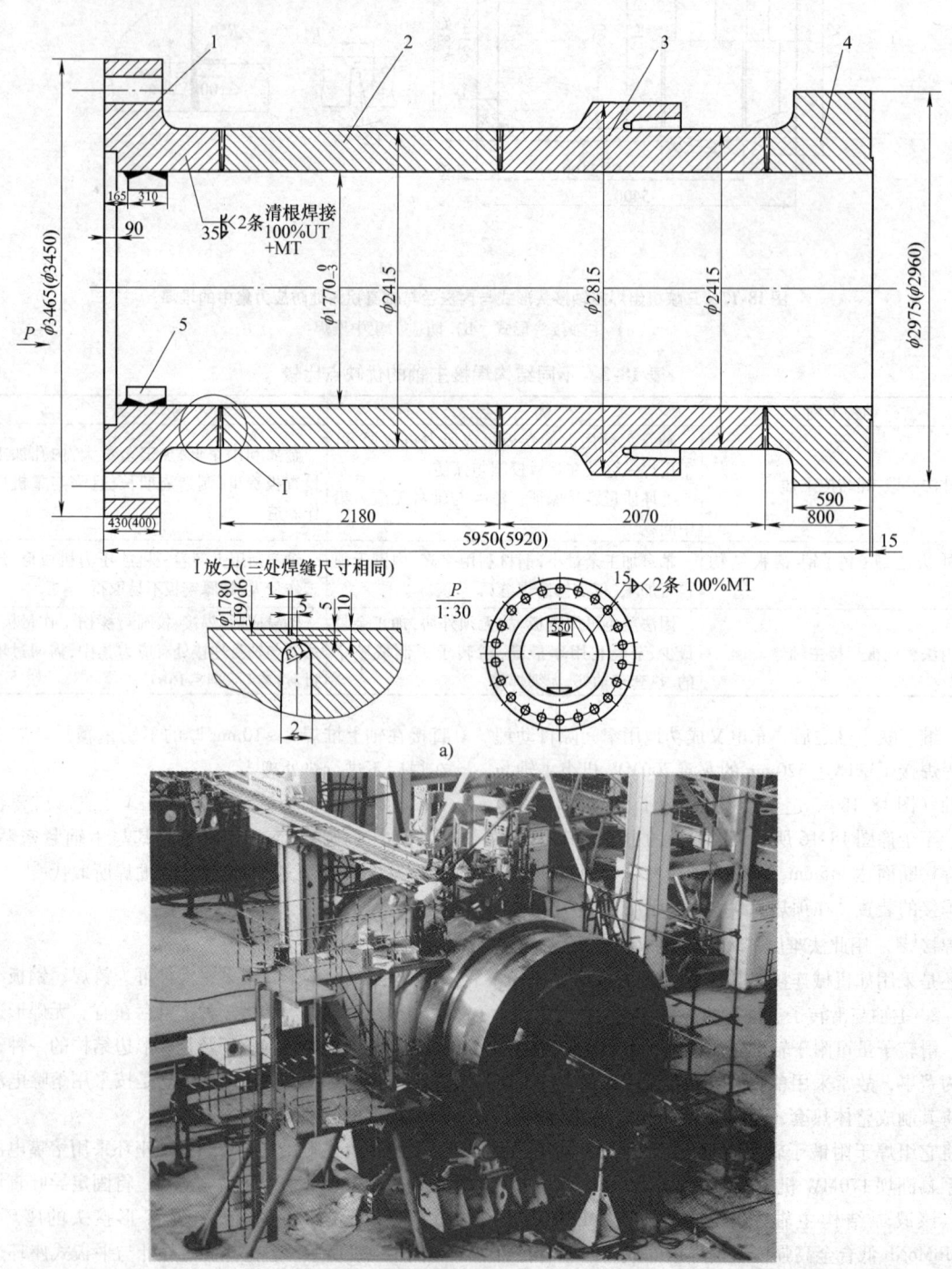

a)

b)

图 18-18 龙滩 700MW 机组主轴窄间隙自动埋弧焊

a）主轴设计图 b）操作现场

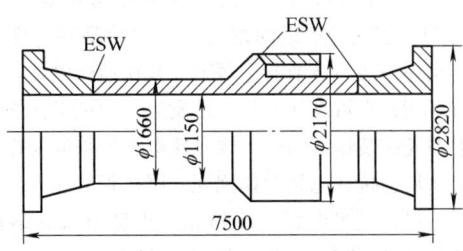

图 18-19　滑转子焊于轴身台肩的锻焊结构主轴

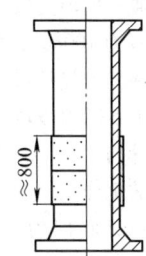

图 18-20　焊有不锈钢轴衬的主轴

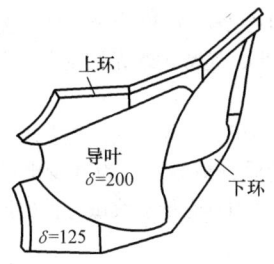

图 18-21　日本焊接的带碟形边的座环

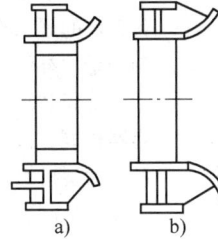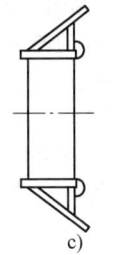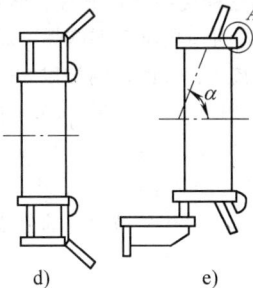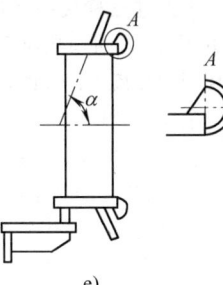

a)　　b)　　c)　　d)　　e)

图 18-22　不同结构的焊接座环

表 18-4　不同形式与结构的焊接座环优缺点比较

结构形式	优　点	缺　点
带碟形边的铸焊结构座环 （见图 18-22a）	无须模压碟形边，结构刚度高，水流损失小，焊接工作量小，且可用熔嘴电渣焊接，接头不在座环应力最高部位，不会产生层状撕裂，与蜗壳焊接的操作位置有利，且易探伤	铸件质量较难保证，附铸导叶的凸台常需修磨与焊补，过流面铲磨工作量大，并要求其外蜗壳压成适配弧形，与高强度钢蜗壳焊接需采取特殊措施
带碟形边的钢板结构座环 （见图 18-20b）	能保证母材质量，修磨量大为减少，水流损失小，金属利用率高，碟形边可用与蜗壳等强度正火钢板制造，且易于与蜗壳焊接与探伤	需用压模成形，配装碟形边较麻烦，结构刚度较差，也需将蜗壳压成弧形，焊接量大，分瓣处电站难拼焊
无碟形边箱形结构焊接座环 （见图 18-20d）	无须用碟形边压模，结构刚度较好，与高强度钢板蜗壳焊接不会有问题，且可使上、下环板厚度适当减薄	装焊工作量大，因断面复杂，分瓣处电站组焊困难，与导叶焊接有层状撕裂可能，且需加焊导流板
无碟形边平板式焊接座环 （见图 18-20c、e）	无须用碟形边压模，结构简单，焊接工作量最小，金属消耗量也少，与高强度钢板蜗壳组焊不会有问题，且易于在电站焊接分瓣接头，铲磨工作量也少	结构刚度较差，要通过增加上、下环板厚度来加强，并会在焊导叶时发生层状撕裂，故须用抗层状撕裂钢板，与蜗壳组焊时，焊接位置不很有利，也需焊导流板

为便于组焊导流板，常将上、下环板外圆割成多边形。为防止座环上、下环板与导叶焊接时产生层状撕裂，故应使上、下环板使用低硫的抗层状撕裂钢板，如 TSTE355-Z35、A516Gr65、A516Gr485-Z25、TTStE36-Z3 钢板[13]。现龙滩高水头机组座环，已用 HITEN610-Z35、S550Q-Z35 高强度抗层状撕裂钢板。另外，为与高强度钢板所制蜗壳实施等强度组焊，上、下环板上的过渡板需采用与蜗壳相同的钢板制作（见后述），该过渡板与环板相交的角度自进口至 270°随蜗壳断面变小而变小，最后 90°乃是让蜗壳直接与环板相焊接，故这一区域无过渡板。有的大型机组座环，还将

其上、下过渡板滚或压出与蜗壳相适应的圆弧，而且，还采用加强型的导流板，如图 18-23 所示。

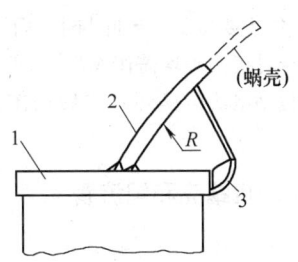

图 18-23　环板上经改良的过渡板与导流板
1—座环　2—过渡板　3—导流板

座环上过渡板的厚度较其外蜗壳为大，如三峡水电站最厚过渡板为 100mm，而蜗壳最厚仅 70mm。为消除过渡板与蜗壳连接处过大的厚度差，各个过渡板需在下料后按 1:5 的斜坡过渡进行刨铣。

为减少导叶与上、下环板接头及分瓣座环上、下环板电站组焊的工作量，这两种接头的焊接坡口均开成 18°U 形坡口，底部为 R16mm（导叶）与 R8 ~ R10mm（环板）。因上、下环板极厚，三峡与二滩机组座环上、下环板均达 200mm。

上述这三种接头（过渡板、导叶与环板）均需在 100℃ 左右的预热温度下施焊。对电站组焊的上、下环板对接接头，有的还附加以 φ12mm 的锤头锤击进行消应力处理，并作 180℃ × 6h 的后热。

此外，设计时尚需考虑以下几点：

1）若蜗壳需做水压试验，则应考虑座环刚性是否适应（尤其是对于机械把合的分瓣座环），以防打压发生变形。

2）为避免蜗壳首尾段在电站组装时发生困难，应在运输、退火与加工尺寸许可时将蜗壳尾部与大舌板预先在厂内组焊于座环，如图 18-24 所示。

3）由于座环上、下平面需与其他部件连接，故要求焊后上立车加工；但若各分瓣座环需在电站焊成一体，并在其后将蜗壳焊于其上，难免会产生不许可的变形，为此，需采用专用加工装置加工[3][9][10]。

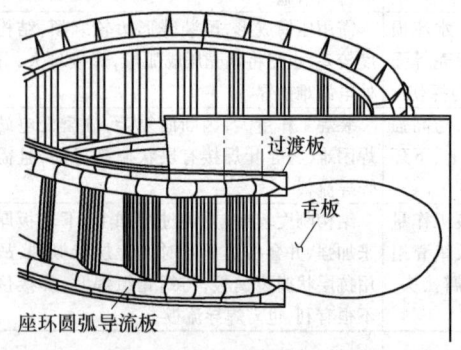

**图 18-24　在厂内预先将蜗壳尾部
与大舌板焊于座环**

4）座环的主要接头—导叶与上、下环板，过渡板及环板自身对接接头均需作 MT 与 UT 探伤。所有焊接座环（包括电渣焊座环）焊后均作消除应力热处理。

18.1.6　水轮机蜗壳和配流管

1. 蜗壳

水头大于 40m 的水轮机，均应使用金属蜗壳。中小型机组可视蜗壳外形尺寸和运输条件，将蜗壳与

座环在厂内整体组焊加工，或分成几瓣至电站组焊[9]。但大型机组的蜗壳绝大多数是在厂内成形和与座环预装后分节甚至每节分几块运往电站。如运输有可能，也可在几节拼焊后发运。为免于使蜗壳这类大型壳体装运的周折，像三峡电站已采取委托水电安装八局直接在电站制作蜗壳、尾水管等埋入件。

蜗壳是水电设备中体积、重量最大的钢板结构件，重逾百吨的蜗壳已屡见不鲜。目前，世界最大、最重的蜗壳要数三峡水电站蜗壳，总重 870t，进口直径为 12.4m。采用 140mm × 4000mm 卷板机成形。

蜗壳通常可由 20 余节甚至 30 余节组成，为考虑各壳环的累积收缩变形；通常每蜗壳均设有两个带修割余量的补偿节。

蜗壳乃是开启式的压力容器，其制造要求与压力容器相同，故需用优质钢板制造。为减少电站工作量，大型机组蜗壳常采用具有低裂纹敏感性的调质高强度钢板制造。

目前，国内外使用最广，最为成功的调质高强度钢板为美国的 ASTM A517F（屈服强度为 690MPa），日本各钢厂的 WEL-TEN610CF、610（新日铁）、HITEN610U2、610（日本钢管）、SUMITEN610F（住友制钢）及 RIVERACE610A（川崎制钢）和欧洲的 ASTM A543（均为屈服强度 490MPa），国内也试生产此项 490MPa 级的 07MnCrMoVR 钢板，还不够火候（在低温韧性与成分控制上尚有差距）。中小型机组蜗壳可选日本控轧优质钢 EH36 和国产的 Q345R。上述调质高强度钢板均不准作火焰校正，以免影响其性能。

为控制各节蜗壳尺寸精度，要求用数控气割机下料，并使精度控制在 ±1.5mm 偏差范围内。最多不超过 $^{+2}_{-3}$mm。纵、环缝不同厚度过渡坡比分别为 1:4 与 1:3。

为减少仰焊工作量和蜗节拼焊时的角变形，电站所焊接头均开成不对称的双面（X 形）焊接坡口，上方侧为 $2t/3$，下方侧为 $t/3$。当板厚超过 44mm 时，则上、下分别为 $3t/5$ 与 $2t/5$，（t—板厚）。

国内自龙羊峡 320MW 机组采用 WEL-TEN62CF（现为 610CF）调质高强度钢板制造蜗壳以来，以它的良好焊接性，深获制造厂与安装部门好评。

该屈服强度 490MPa 钢板蜗壳可使用日本产的 LB62-UL 或 KSA-86；国产的为 CHE62CFLH 或 MKJ607LH 焊条；也可用 Ar80%、CO2 20% 气保护半自动焊，用 SM-80G 焊丝焊接。三峡蜗壳要求 ≥110℃ 预热（实际为 100 ~ 120℃），层间温度 ≤175℃[2,3]。

蜗壳的厂内预装是非常必要的，因这一工序能验证各节蜗壳下料成形尺寸精确与否，如一旦出现偏差，可及时纠正，到电站安装时要处理就太困难了。图 18-25 所示为蜗壳与座环全部组装后的外貌。

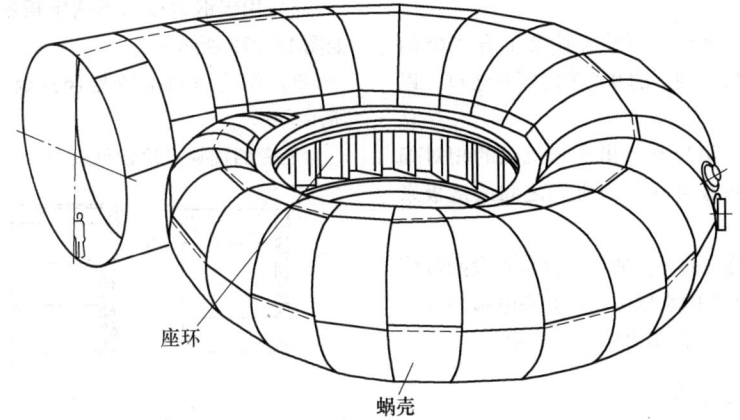

座环

蜗壳

图 18-25　蜗壳与平板式座环组装图

在蜗壳预装及以后电站安装过程中，要特别注意在蜗壳内外所焊的各项工艺板与支撑必须严格行事（控制预热温度及在清除后的修磨与表面 MT 或 PT 检查）并确保高空作业安全。

为防高拘束度的蜗壳环缝产生焊接裂纹，二滩电站的 A543 钢板蜗壳，还要求在蜗壳的 X、Y 轴上、下方各留 4 只 φ32.7mm 止裂孔，该孔在蜗壳全部焊完后，再用特制的刚柔性金属材料封堵。而国内生产的机组（包含二滩电站由中方生产的四台）均未采用止裂孔，同样焊得很顺利。主要是所用日本钢板焊接性好之故。

蜗壳包括其与座环过渡板（或碟形边）接头全部焊接后，不作消除应力热处理，但对于三峡机组座环内的 200mm 厚的上、下环板分瓣接头则用了爆炸法消除焊接应力[21]。

蜗壳与座环各项接头需作 100% MT、UT 检查，并对蜗壳环缝再补加 20% γ 射线抽检。

对水头在 100m 以上的机组金属蜗壳，目前采用水压试验日益广泛（出口美洲的机组更是如此）。由于要用 1.5 倍的最大容许应力打压，使蜗壳产生一定弹性变形（经测量三峡机组蜗壳打压时膨胀了 2～3mm），故能消除部分焊接应力。另外，有的电站还要求在保持水温情况下以规定压力浇筑混凝土（二滩机组为 16～25℃，按设计压力打压；三峡机组为 22～28℃以 0.7 倍工作压力打压）。由此，还可避免蜗壳与混凝土之间形成空隙，导致运行时发生振动。

水压试验后，尚需对蜗壳与座环相关接头重复作 MT 检查。

2. 配流管

它是冲击式水轮机所用的带调控水量的特殊形状蜗壳（见图 18-13），乃是承压形歧管，其钢材要求和蜗壳相同。中小型机组配流管可采用铸造或附加分瓣法兰在分铸后用螺栓把合。由于铸件质量不易保证，加之管内修补打磨困难，故大型机组配流管均采用钢板焊接。当尺寸过大，无法整体运输时，也需采用分段制造，经厂内预装后在电站组焊。图 18-26 所示为转轮直径 1860mm，带 6 个喷嘴的冲击式机组配流管，有 6 个歧管和 5 个补偿节。

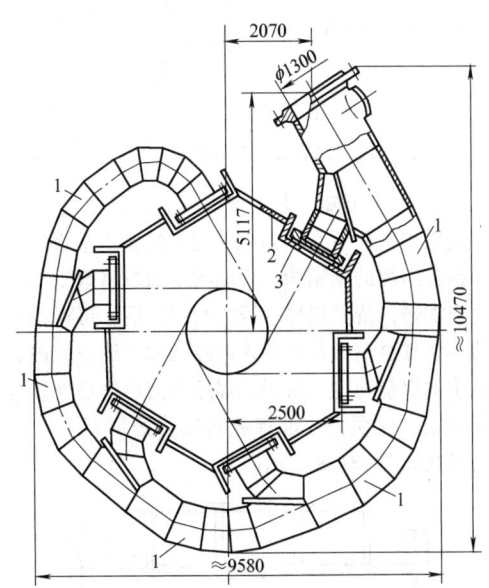

图 18-26　分段制造，电站组焊的配流管结构图
1—补偿节　2—机壳　3—配制垫板

该配流管在厂内分 6 段并用 3 种不同强度的钢板制造。前两段用 40～45mm 厚、屈服强度为 510MPa 的 CK-2 钢板；中间两段为 30～40mm 厚的

10CrSiNiCu 钢板,最后两段为 MCT-3 钢板,旨在消除各节之间过大的厚度差。6 段配流管需在厂内与机壳预装。

为便于电站焊补偿节,可让补偿节上方 270°的外侧开 V 形焊接坡口,剩下的 90°在内侧开坡口,以减少仰焊工作量。

考虑配流管电站组焊难免出现与机壳的相对偏差,故需通过配制各歧管法兰与机壳之间的垫板来解决。

为确保配流管接头的焊接质量,要求每段配流管焊后作 1.5 倍工作压力的水压试验,并在电站焊成一体后,再以 1.25 倍的工作压力作水压试验[9]。

18.1.7　水轮机转轮室

转轮室为轴流式水轮机特有的环形薄壁件(图 18-1b),其内部球形曲面部位也会发生空化破坏和泥砂磨损,故也需同转轮一样,要用不锈钢材料加以保护,其具体可有以下三种方法。

1)本体全部为碳钢焊接或铸造,内壁在加工后用不锈钢堆焊,如图 18-27a 所示[1]。

2)用碳钢钢板和不锈钢板制成异种钢转轮室,如图 18-27b 所示。

3)用碳钢和不锈复合钢板组焊,如图 18-27c 所示。

三者的优缺点比较见表 18-5。

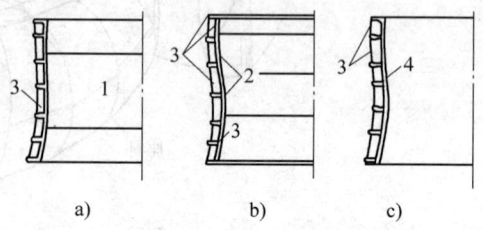

图 18-27　焊接转轮室的三项抗空化与磨损措施
a)堆焊不锈钢　b)由异种钢组焊
c)由复合钢板与碳钢组焊
1—不锈钢堆焊层　2—不锈钢板
3—碳钢钢板　4—不锈钢复合钢板

表 18-5　三种形式焊接转轮室优缺点比较

结构类别	优　　点	缺　　点
碳钢堆焊不锈钢	不锈钢(含焊材)消耗量甚少,制造成本低,加工工作量少,残余应力也小,且校正变形容易	需用变位机或滚轮机回转堆焊。并配以焊接操作机,堆焊量大,若用于分瓣结构转轮室,则会增加堆焊变形
碳钢与不锈钢板组焊	工艺简单,制造周期短,无须用变位机或滚轮机	不锈钢(含焊材)消耗量大,校正变形较麻烦,加工量大,加工后壁厚不均匀
碳钢与不锈复合钢板组焊	不锈钢(包括焊材)消耗量最少,可取消分瓣法兰,无须上立车加工,残余应力小,圆度公差易保证	必须用压模成形,并须在厂内分块拼焊后至电站调圆后组焊,施工难度大,安装周期长,组装工艺较复杂[9]

从表 18-5 可知,上述方法都不是很理想,为此,国外又采用一种可在厂内全部完成的碳钢钢板与不锈复合钢板组焊的新结构。该结构是通过将碳钢部分构架适当加强,待其组焊、退火与加工后,再将模压成形的不锈复合钢板瓦片插入内腔已加工的空腔内,并以较小的焊量与构架封焊,焊后不需再作热处理与上立车加工,仅须将内部焊缝稍做修磨即可[5,22]。其结构形式如图 18-28 所示。

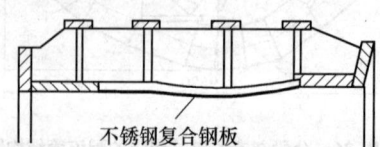

不锈钢复合钢板

图 18-28　用复合钢板的新结构转轮室

上述不锈钢复合钢板的不锈钢覆层厚 4～5mm,材料以 0Cr13Ni4～5Mo 为最佳,碳钢钢板厚 25～30mm。如为不锈钢板,其板厚为 45mm 左右,宜用模压成形,直接压出双曲面瓦块,以取消中间那条环缝,和有利于控制焊接变形,这是国内使用最广的结构。

为便于制造,国外也使用全部由不锈钢板焊接或不锈钢铸造的转轮室,但大多用于中小型机组[5]。

18.1.8　发电机定子机座

机座是全部为钢板焊接的环形件,其外形尺寸仅次于水轮机蜗壳。一般机座是由多层环板与立肋、支撑钢管起吊用钢管及外壁等组焊而成。

受铁路运输尺寸的限制,也常将底层环板取消,并将机座自径向分成多瓣(可为 2～8 瓣)制造,20世纪以来,定子机座(尤其是大型机组)结构变化很大,都朝着简单、轻型化发展。随之而来的是:通过优化设计使机座结构更趋合理、须用特殊的装焊手段解决结构单薄问题。如原瑞士 ABB 公司开发出一种称为斜立肋结构的机座,便是其典型一例。该机

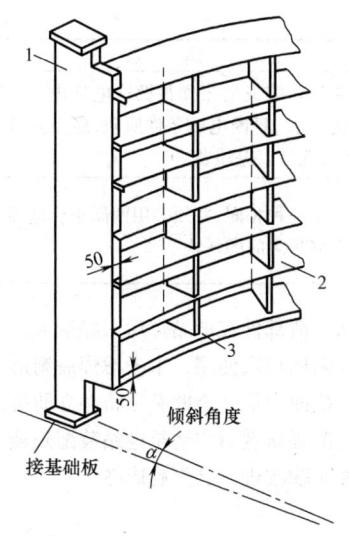

图 18-29　带斜立肋的新结构定子机座

1—斜立肋　2—中环　3—立肋

座用于三峡 700MW 机组，整体采用框架结构，外径 22m，分五瓣制造，无合缝板、顶环与底环。主要零件为 20 根由 50mm 厚的 St52 钢板割出的斜立肋、厚度分别为 20mm、50mm 的上下环板、中部五层 15mm 厚的中环和垂直立肋。机座钢材消耗量、整体质量大幅降低，运行更为可靠。只是因为要将众多开有沟槽的中环插装于各垂直立肋之间（图 18-29），装配稍显费事。

分瓣机座可有三种结构，一是用合缝板机械连接；二是无合缝板，在电站组焊成整体机座；三是用两组小连接板，各层环板接头采用搭接焊缝。现将这三种结构的分瓣机座的优缺点列于表 18-6。其具体结构如图 18-30 所示。

除中小型机座外，大型机座均无须上立车加工，内圆用回转中心柱加半自动气割机切割余料。带大齿压板的机座可在各瓣机座卧置状态由数控镗床加工平面。而后在该平面组焊压指。并要求焊后压指平度不超过 ±3mm。必要时钳、磨修平。

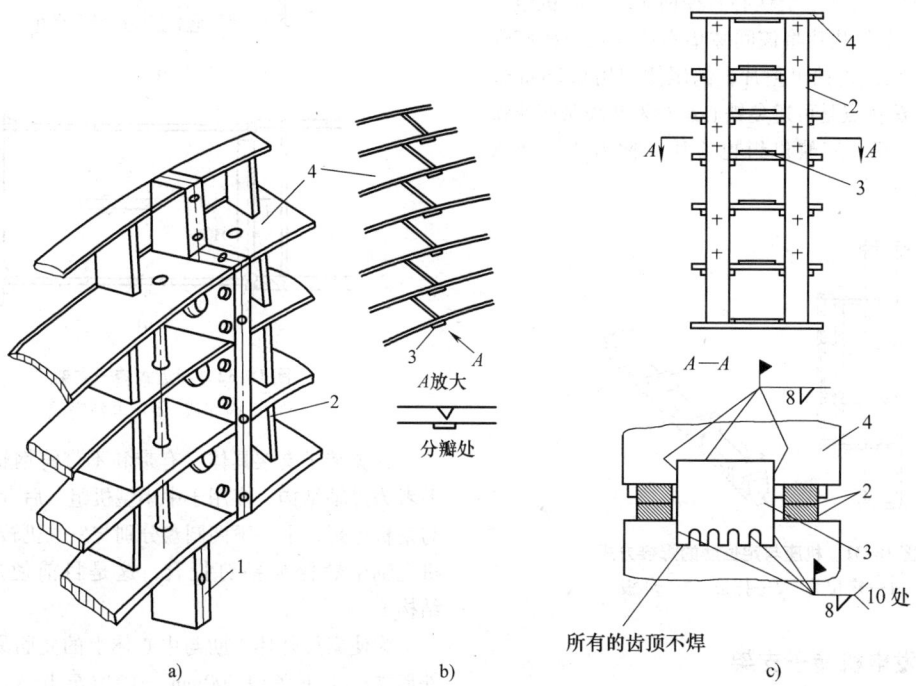

图 18-30　三种结构分瓣机座制作方式

a) 用合缝板连接　b) 分瓣处电站组焊　c) 用小合缝板连接在电站用搭板组焊[24]

1—合缝板　2—小合缝板　3—连接板　4—环板

表 18-6　三种结构分瓣机座的优缺点比较

结构形式	优　点	缺　点
用合缝板连接的机座（见图 18-28a）	机座绝大部分的工作量均可在厂内完成（包括焊定位肋、叠装冲片和嵌线圈等）、电站安装,此种方法安装周期短	把合用合缝板、螺栓需耗用大量钢材与工时,并增加合缝板配装、焊接工作量,甚至会损伤螺栓及在合缝面出现不允许的间隙(由焊接变形造成),且在运行受热膨胀后,使铁心松动

（续）

结构形式	优　点	缺　点
无合缝板,在电站组焊成整体的机座(见图18-28b)	无须制作昂贵和费工的合缝板和螺栓。厂内制造进度快,机座整体性好,不会在运行后因受热膨胀发生松动	需将在厂内完成的工作量挪往电站进行。致使安装周期大为延长,且因电站条件所限,施工质量不如厂内好,并需消耗较多差旅费
用两组小合缝板,接缝用连接板搭接焊接的机座(见图18-28c)	只需用两组小合缝板组装,省料省工,能使机座在分瓣处不发生变形,且因搭板焊接,焊接变形也小且无须控制环板对接间隙	基本与上一种相同,并须多用两副小合缝板及焊于环板与小合缝板之间的托块

　　机座内中间各层环板内圆,需装焊百余根连接定子冲片的已精加工的鸽尾肋,该肋和各层环板用托板组焊在一起。原先为控制鸽尾肋内径与弦距不发生超差变形,要求托板与肋预先组焊,经矫直后再将托板焊于各层环板,如图18-31所示。但目前,国内外已创造出多种简便方式,无须经过矫直[23]。采用边叠片边焊鸽尾肋工艺;还有一种则是无须直接焊鸽尾肋,是通过采用双鸽尾的定位肋。肋与托板径向留有 1~1.5mm 间隙（按定子铁心直径而定。三峡机组为 2mm）。叠片前用垫片将该间隙垫实待托板与机座焊后（已叠片完）再抽出垫片,鸽尾侧向用 0.2mm 垫片垫实,此法优点是可避免铁心运行发热膨胀而使铁心翘曲[22],部分三峡机组也应用,称为"浮动磁轭"的新工艺。

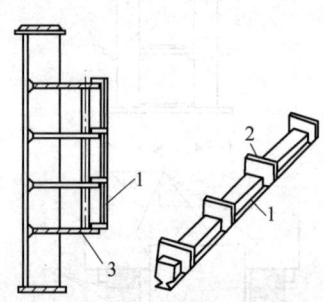

图 18-31　机座与定位肋的焊接方式
1—定位肋　2—托板　3—环板

18.1.9　发电机转子支架

　　发电机转子支架是动载荷焊接件,其结构形式很多,但目前基本都是用圆盘式转子支架,这种转子支架,大小均可。凡可以铁路运输的,即整体制造,否则,就分成中心体与其外的扇形外环,至电站焊成一体。该扇形外环最多已达 11 个。而且,其尺寸是可以不一致的。图18-32所示为厂内制造和由电站组焊而成的圆盘式转子支架结构图。在电站完成的圆盘式转子支架,最早是法国在承制富春江机组时使用的。其中心体外有三个 120°的精加工外环,由于这

等重要的动负荷部件在电站焊后未经退火,引起国内极大关注。因属初次使用,未考虑焊后扇形外环立肋键槽会发生挠曲变形,为此必须将各立肋键槽实测变形,由法国配制新键后空运至电站装配磁轭。几十年来,经不断实践改进,已更趋成熟。

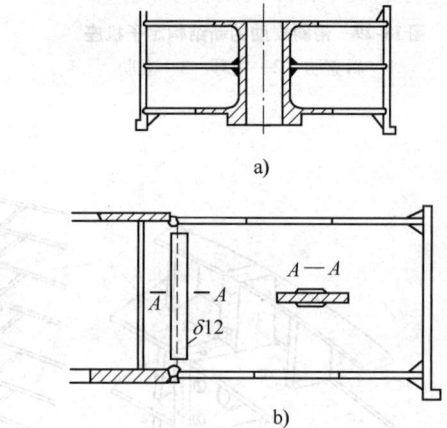

a)

b)

图 18-32　圆盘式转子支架
a) 厂内完成　b) 电站完成

　　这类转子支架具体又有带和不带铸钢轮毂两种。前者为过轴结构,多用于中小型机组;后者则由锻钢与钢板组焊,上、下两圆盘分别与发电机转轴和水轮机主轴用螺栓或销钉把合,这是目前使用最广的结构。

　　为使扇形外环立肋与中心体上的立肋易于对齐,外形立肋上下各留 300mm 一端留至电站,待其内、外立肋调整好错口后再予补焊。

　　目前,上述立肋电站组焊的立焊缝,可有两种方式焊接;一种是采用连接板（δ12×100）覆盖于接头两侧,焊脚高度为 12mm 的角焊缝;另一种则是要求全部焊透的对接接头。这两方式现均用于三峡机组;值得注意的是,要求内、外立肋焊透的法国阿尔斯通公司,还取消了外环与中心体之间的环缝（也即在中心体上、下圆盘与外环之间留一环形空槽）。此外,各立肋用的也为斜立肋。

图 18-33 所示为不要求内外立肋接头焊透的圆盘式转子支架结构。扇形外环国外公司均不要求焊后退火。上述取消工地环缝结构已推广使用。

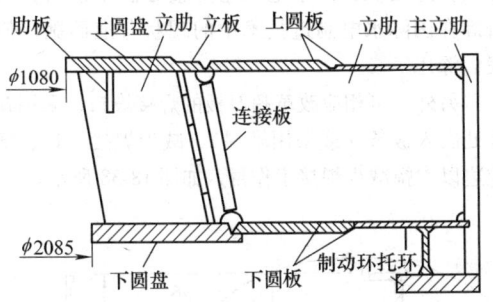

φ1080

φ2085

肋板　上圆盘　立肋　立板　上圆板　立肋　主立肋

连接板

下圆盘　下圆板　制动环托环

图 18-33　不要求内外立肋接头焊透的圆盘式转子支架结构

电站组焊的转子支架，由于存在难以克服的焊接变形，这对支架外大立肋上需与磁轭冲片相连接的键槽影响最大，为此，便采用了如图 18-34 所示的主、副肋特殊措施。

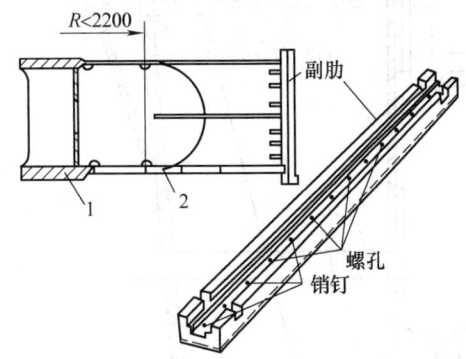

R<2200

副肋

1　2

螺孔
销钉

图 18-34　用主、副肋结构的转子支架克服键槽位移
1—中心体　2—外环

副肋厚度上留配刨余量，待支架全部焊后，实测主肋径向尺寸后，再配刨副肋，而后，将副肋置于主肋上定位焊，钻螺孔与销孔，拧入埋头螺栓并打入销子，最后，用 $\phi3.2mm$ 焊条或半自动 CO_2 气保护焊在副肋左右各焊 4~5mm 角焊缝即可。此项配刨副肋的做法还是较费事的。另一种办法是让主肋不与外环在厂内组焊，运至电站，等它与转子支架预装与叠装冲片后，再用附加肋板，将它们焊在一起，如图 18-35 所示。

其三是从结构设计采取措施，不用上述轴向键连接磁轭，而是改由立肋表面开切向键槽，从左右打切向键来连接磁轭。

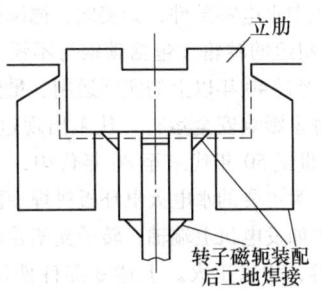

立肋

转子磁轭装配后工地焊接

图 18-35　将立肋置于电站叠装磁轭后焊接

18.1.10　发电机下机架

水轮发电机下机架（或上机架）是机组中承受负荷最大的部件。从结构本身来说，不是特别复杂，仅是要求推力油槽内外壁做到油密。但若须分瓣运输，就会大幅增加制造难度，即机加工难度：因机架有时须承受数千吨负荷，如采用分瓣法兰让中心体与支臂实行机械连接，就要求该法兰面有相当高的加工精度，且通过上下的切向和轴向键与销联合受力，因此须用大镗床加工，另需控制法兰面径向尺寸，以保证各支臂之间的间距，从图 18-36 就可看出要加工好此下机架是极为困难的。由于三峡左岸机组完成得并不理想，才同意右岸机组彻底改变下机架结构——取消分瓣法兰，让各支臂全部在电站与中心体组焊为一体，如图 18-37 所示（这是另一家公司的下机架，结构大体一致但稍简单些，为取材方便而借用）。

图 18-37 所示为法国在三峡左岸机组上使用的带斜立肋结构的下机架，其中心体外形尺寸即为 9m×9m，上环板厚达 180mm，分瓣法兰由 90mm 厚的 St52 钢板制成。与大型转轮一样，上述中心体受铁路运输尺寸的限制，需自国内外海运或水陆联运至电站。

18.1.11　水发机组厚板零件的拼焊

大型水电机组的不少焊接件均须使用厚达 200mm 的钢板来做焊接件，且以环形件居多，如座环、顶盖、支持盖、上下机架等，故拼焊工作量极大，用常规焊接坡口和焊接方法已跟不上需要。为此，国外有些厂家已打破常规，通过大幅度增加钝边高度、减少坡口角度来提高焊接效率、降低制造成本。法国在拼焊三峡转轮叶片及焊接叶片与上冠接头时，在焊为 100mm 以上部分，竟使用 1/3T 的特大钝边。同时，美、德等国一致选择通过电渣焊焊接与拼焊来制造大型水电零部件，如美国、德国用电渣焊焊接700MW机组的转轮（包括碳钢与不锈钢，焊后均不正火），经过40年以上的实际运用，虽然接头韧性偏低，但并未影响安全运行，从未出现过开裂事故。我国从20世纪50年代末至80年代中，一直普遍采用电渣焊作为主要的水电火电环板拼焊手段，还组焊了一些部件如发电机上端轴、转子支架轮毂、水轮机活动导叶等，均未正火。上述零部件使用至今，从未发生开裂事故。但自20世纪80年代末起，我国

由于国际合作等多重因素影响，开始要求接头等强度、等韧性，要求所有零部件在电渣焊后必须进行正火。由于正火成本昂贵且易变形，故此电渣焊实际上自此便从我国水电机组焊接方法中消失，与电渣焊在国际水电制造技术中的现状背道而驰，值得我们深思。

另外，可相应改革超厚板的焊接坡口，采用在对接处嵌入板条（或采用堆焊）、减少焊接坡口、增加钝边以大幅减少焊接工作量，如图18-38所示。

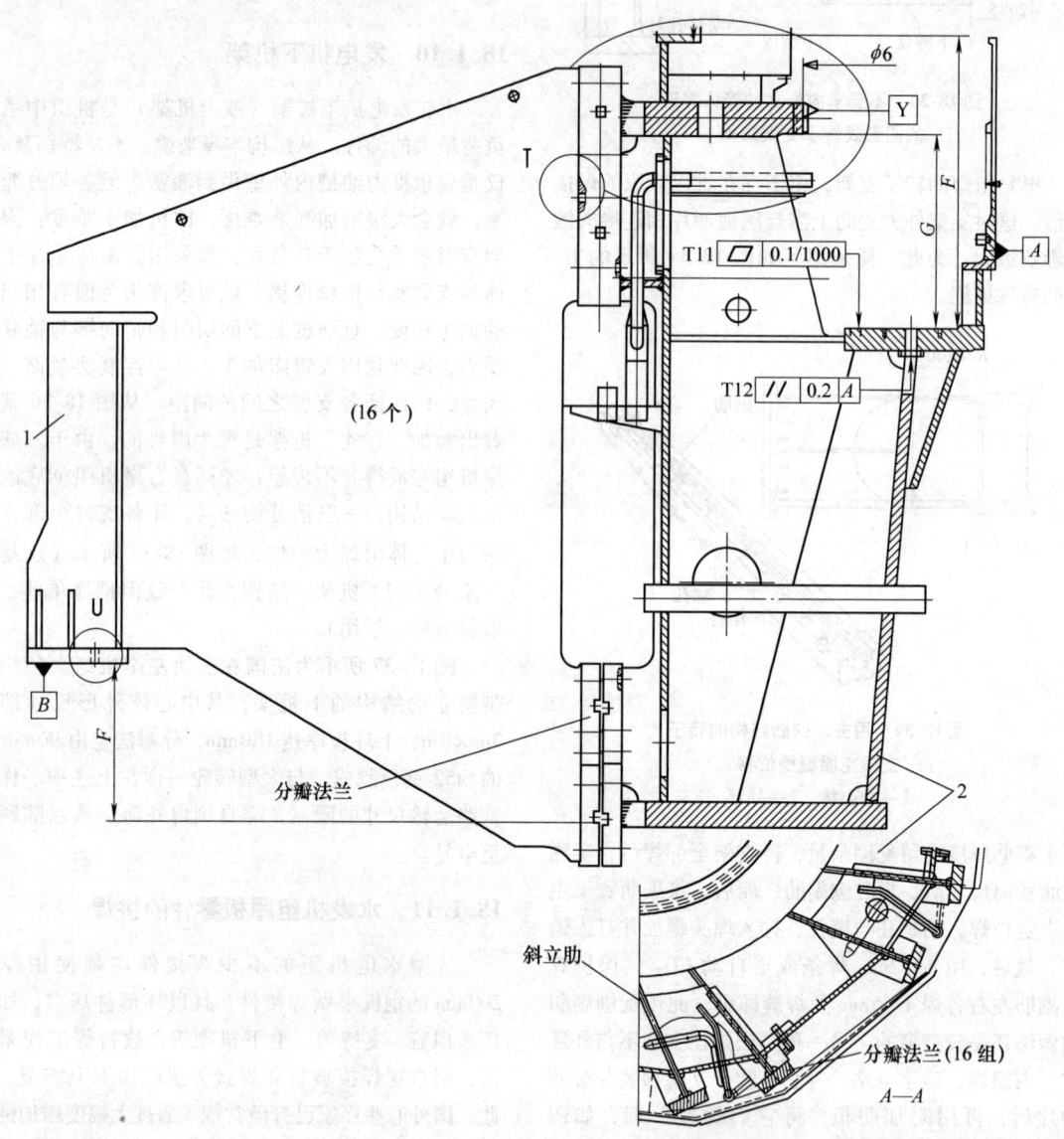

图 18-36　中心体与支臂用分瓣法兰机械连接的三峡左岸机组下机架

1—支臂　2—中心体

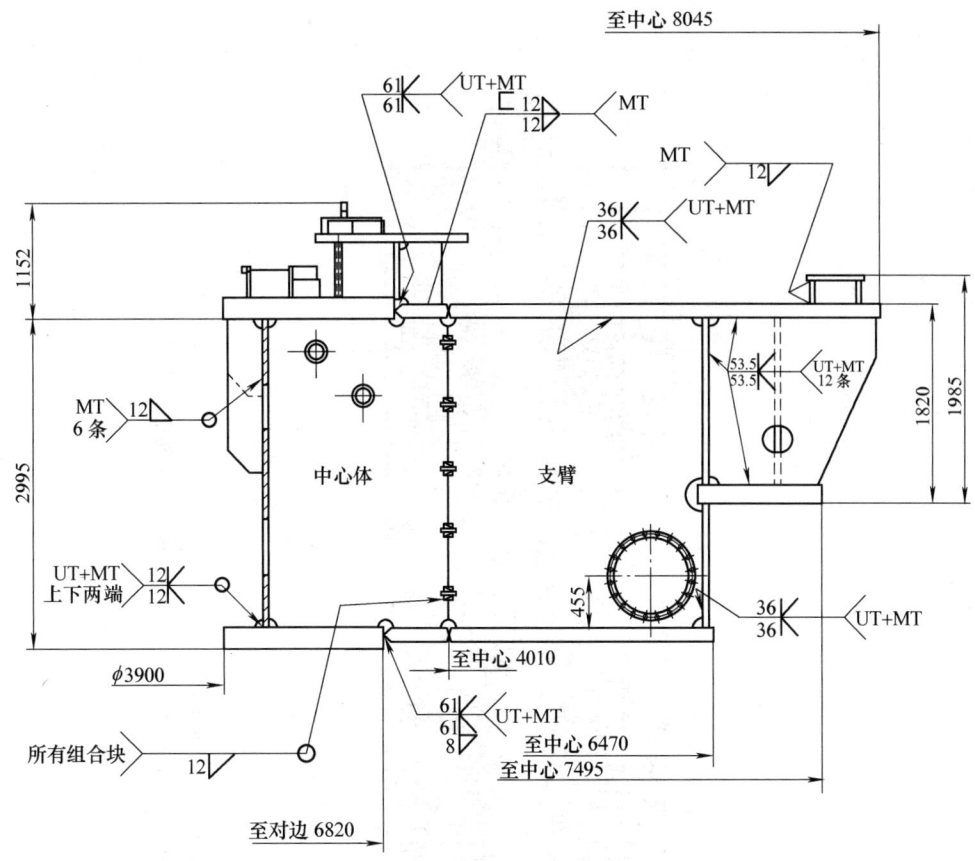

图 18-37　中心体与支臂直接在电站组焊成一体的三峡右岸机组下机架

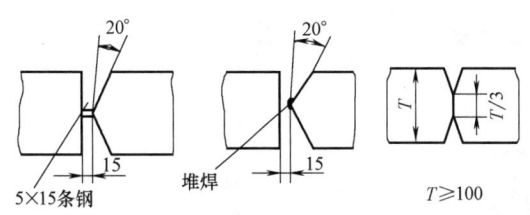

图 18-38　减少厚板焊接量的几种方法

18.2　汽轮机和燃气轮机

18.2.1　概述

目前可以有效带动动力机械的原动机有汽轮机、燃气轮机和柴油机，由于功率等级的不同，以及燃料的适应差异，它们应用的场合也有很大的区别。汽轮机、燃气轮机是将蒸汽或燃料燃烧的热能转变成机械能，广泛地用于火力发电、原子能发电、军舰动力装置及其他工业设备的动力装置。

1. 汽轮机的工作原理及分类

（1）汽轮机的工作原理（图 18-39）

来自锅炉的高温高压蒸汽经阀门进入汽轮机内，依次流过一系列静叶（喷嘴或隔板）和动叶转子而膨胀做功，其热能转变成推动转子旋转的机械能，从而驱动发电机转子旋转产生电能。膨胀做功后的蒸汽被引入凝汽器凝结，凝结水再经泵输送至加热器中加热后作为锅炉给水，循环使用。

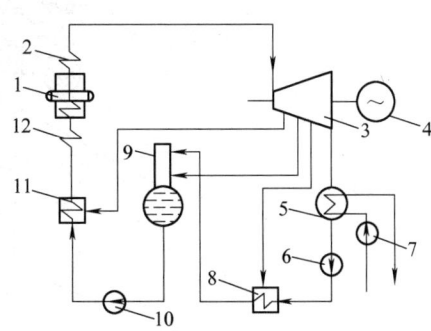

图 18-39　汽轮机系统图

1—锅炉汽包　2—过热器　3—汽轮机
4—发电机　5—凝汽器　6—凝结水泵
7—循环水泵　8—低压加热器　9—除氧器
10—给水泵　11—高压加热器　12—省煤器

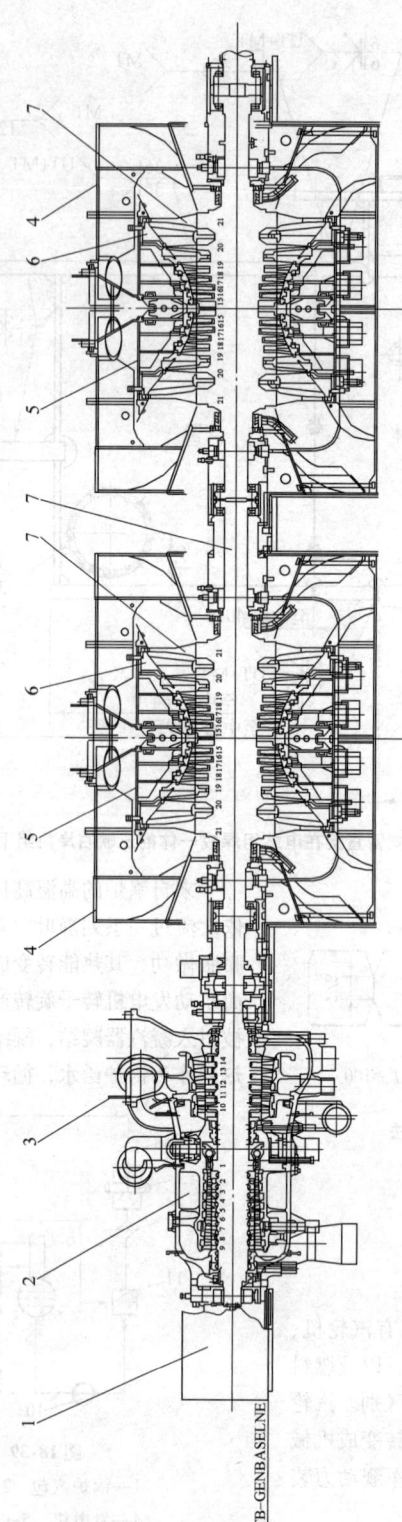

图 18-40　600MW 汽轮机纵剖面图

1—轴承箱　2—高中压缸　3—连通管　4—低压外缸　5—低压内缸　6—隔板　7—转子

（2）汽轮机的分类

汽轮机的分类方法很多，通常以下面几种方法进行分类：

1）按照蒸汽在静叶和动叶中膨胀做功的差异，分为冲动式汽轮机和反冲动式汽轮机。

2）按照进汽蒸汽参数分为亚临界、超临界、超超临界、超高压、高压、中压和低压汽轮机。

3）按照热力系统分为凝汽式、中间再热式、调节抽气式、背压式和抽气背压式汽轮机。

4）按照用途分为发电用汽轮机、工业汽轮机和船用汽轮机。

5）按照气流流向分为轴流式和辐流式汽轮机。

（3）汽轮机结构简介

从电力市场的需要上讲，汽轮机正在逐步向高参数、大功率方面发展，目前 300MW、600MW 和 1000MW 机组已成为我国电网的主力。图 18-40 所示为国产亚临界 600MW 合缸机组结构示意图，其额定功率为 600MW，最大功率可达 669.8MW，新蒸汽压力 16.67MPa，温度 538℃，再热蒸汽压力为 3.314MPa，再热蒸汽温度 538℃，额定转速为 3000r/min，汽轮机本体外形尺寸（长 × 宽 × 高）27820mm × 7300mm × 7820mm，主机重量约为 1150t。

2. 燃气轮机的工作原理及分类

（1）燃气轮机的工作原理

空气进入压气机压缩，在燃烧室内与燃料混合燃烧膨胀后进入透平内继续膨胀做功，驱动转子旋转，带动发电机或驱动动力装置。由于燃气轮机排气温度大都在 500℃ 以上，从能源利用和环境保护的角度，通常燃气轮机排气用于加热余热锅炉，并与蒸汽轮机组成燃气 – 蒸汽联合循环机组，如图 18-41 所示。

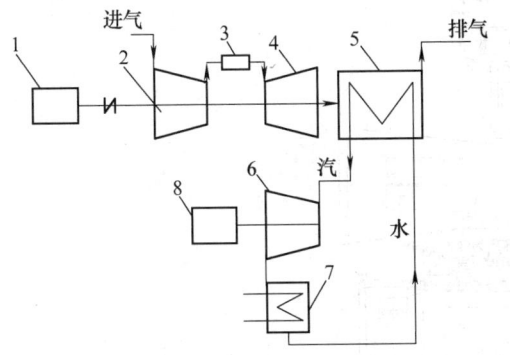

图 18-41　燃气-蒸汽联合循环系统图
1、8—发电机　2—压气机　3—燃烧室　4—透平
5—余热锅炉　6—汽轮机　7—凝汽器

（2）燃气轮机的分类

从燃气轮机的发展看，根据其燃气的初始温度 t_3

和压气机压比 ε 的差异，分为四代：

1）一代，t_3 约 600 ~ 1000℃，ε 为 4 ~ 10，循环效率较低，为 10% ~ 30%。

2）第二代，t_3 为 1050 ~ 1370℃，ε 约为 15，循环效率提高，为 32% ~ 40%。

3）第三代，t_3 约 ≥1400℃，ε 约为 20，循环效率提高，≥40%。

4）第四代，t_3 约 ≥1600℃，ε 约为 30，循环效率提高，≥45%。此代燃气轮机目前处于开发阶段。

（3）典型燃气轮机简介

图 18-42 所示为国产重型燃机结构示意图，燃机输出功率 270MW、单机效率 38.2%，透平进口温度 1400℃、排气温度 586℃；压气机部分共 17 级、透平部分共 4 级；燃机总长 17000mm、宽 5750mm、高度 6530mm，本体重量约为 370t。

3. 汽轮机和燃气轮机中焊接结构常用焊接方法（表 18-7）

表 18-7　汽轮机和燃气轮机常用焊接方法

焊接方法		用　　途
焊条电弧焊		各种汽缸、阀壳、箱体、压力容器等焊接结构件的焊接
钨极氩弧焊	手工	套装油管路、管道的封底焊
	自动	压力容器、换热器的管 - 管板焊接，阀门零件的耐磨层堆焊
埋弧焊	丝极	大厚钢板的拼接，隔板主焊缝焊接，压力容器焊接等
	带极	换热器管板耐蚀层堆焊
熔化极气体保护焊	半自动	部分低压缸、轴承箱等部套的焊接
	自动	隔板主焊缝焊接
真空电子束焊		隔板主焊缝焊接、静叶栅、焊接
等离子弧堆焊		阀门耐磨零件堆焊

4. 汽轮机和燃气轮机中焊接结构常用材料和焊接材料（表 18-8）

18.2.2　汽轮机组典型焊接结构

汽轮机由主机、辅机和控制系统组成，主机主要的焊接部分有汽缸（高压缸、中压缸或高中压合缸、低压缸）、阀门、隔板、轴承箱和转子等；辅机部分典型的焊接结构有低压加热器、凝汽器、油箱、冷油器和管道系统。下面主要以 600MW 汽轮机为例着重介绍它们的结构、作用及工艺要点。

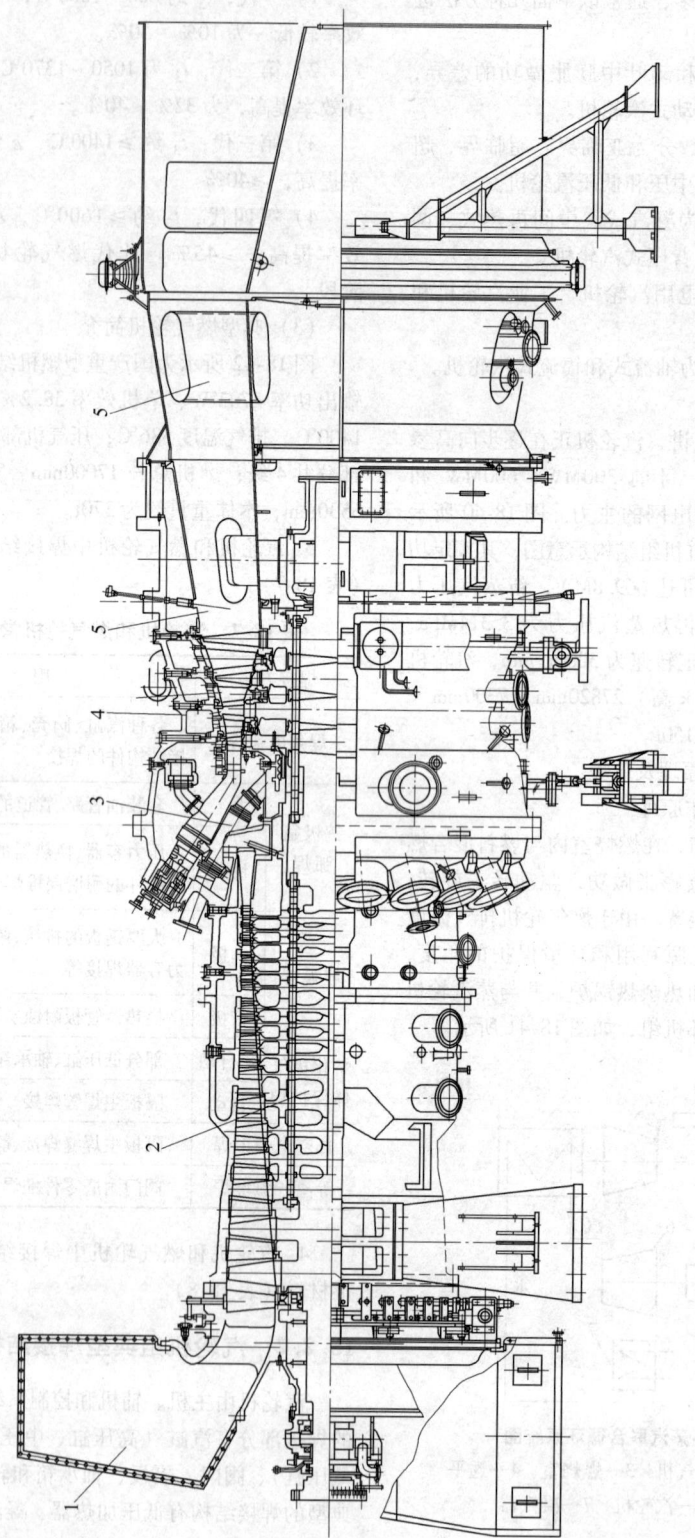

图 18-42　典型燃气轮机外形示意图

1—进气段　2—压气段　3—燃烧段　4—透平段　5—排气段

表 18-8 汽轮机和燃气轮机中焊接结构常用材料和焊接材料

类别	牌号	标准	国外相近牌号	主要用途	常用焊接材料
普通碳素钢	Q235A Q235B	GB/T 700—2006	ASTM A36(美) JIS SS400(日)	低压缸、轴承箱、凝汽器、壳体、机架等	E5015、E5016、 ER50-6、ER50-3、H08A、 H10Mn2 等； AWS:E7015、E7018-A1、 ER70S-6、ER70S-3、 EL8、EM12K 等
优质碳素钢	10	GB/T 699—1999	1010(美)、S10C(日)	中小零件	
	20	GB/T 699—1999	1020(美)、S20C(日)		
	25	GB/T 699—1999	1025(美)、S25C(日)		
锅炉及容器用钢	20g	GB 5310—2008	ASTM A210 Gr. C(美)、 JIS G3461 STB42(日)	辅机壳体(如汽封加热器)或轴承箱、连通管等	
	Q245R	GB 713—2008	ASTM A515 Gr. 60(美)、 SPV24(日)	辅机中压力容器用钢	
	Q345R		ASTM A229(美)、 SPV32(日)		
	15CrMoR		A387 Gr12 C12(美)、 EN10028 13CrMo4-5		E5515-B2、H08CrMoA 等
合金结构钢	20MnMo	NB/T 47008	ASTM A302 Gr. A、 Gr. B(美)	低压加热器管板	E5016(15)、AWS EM12K 等
	Q345(16Mn)	NB/T 47008	ASTM A737 Gr. B(美)、 SPV32(日)	起吊工具及容器用钢	
	12Cr2Mo1	GB 713—2008	ASTM A387 Gr. 22(美)、 G3203 F22B(日)	汽轮机隔板围带	E6015-B3、ER62-B3； ER90S-B3 等
	15CrMoA	GB/T 3077—1999	ASTM A387 Gr. 11(美)	汽封圈、隔板体等	E5515-B2 等
	10CrMoAl			耐海水腐蚀的热交换器用钢	E5015-G
耐热钢	14Cr11MoV	GB/T 1221—2007		动静叶片、围带、阀杆阀碟等	E11MoVNi-15
	15Cr12WMoV				
不锈钢	12Cr13		AISI410(美)、 SUS410(日)	动静叶片、围带、拉筋等	E410-15
	06Cr19Ni10	GB/T 1220—2007	AISI304(美)、 SUS304(日)	换热器、换热管等	E308-15
	022Cr17Ni12Mo2		316L(美)、 SUS316L(日)	600MW 波纹管、换热器、换热管等	E347-15
铸钢	ZG230-450	GB/T 10087—1998	ASTM A27 Gr. 60-30(美)、 JIS SC450(日)	低压缸、轴承箱、隔板等	E5015、E5016、ER50-6 等
	ZG20CrMo		ASTM A356 Gr. 5(美)	隔板、高压缸	E5515-B2 等
	ZG20CrMoV		ASTM A356 Gr. 7(美)	隔板、蒸汽室	E5515-B2V 等
	ZG15Cr1Mo1V		ASTM A356 Gr. 9(美)	高压内缸	
	ZG15Cr2Mo1		ASTM A356 Gr. 10(美)、 SCPH(32 日)	中、高压缸,高压主汽阀	E6015-B3、ER62-B3 等
	ZG15Cr1Mo1		ASTM A356 Gr. 8(美)、 SCPH 22(日)	600MW 主汽阀壳	
其他	P91 (10Cr9Mo1VNb)	GB 5310—2008	ASTM A335-P91(美)	高压外缸、主汽阀壳、高温蒸汽管道	AWS:E8015-B8
	P92 (10Cr9W2MoVNbNB)		ASTM A335-P92(美)		AWS:E9015-B9

1. 高中压缸

国产 600MW 汽轮机采用了高中压合缸结构，图 18-43 为高中压外缸示意图，其内部装有高压内缸、喷嘴、隔板等静子部件和转子一起构成汽轮机的高中压通流部分。

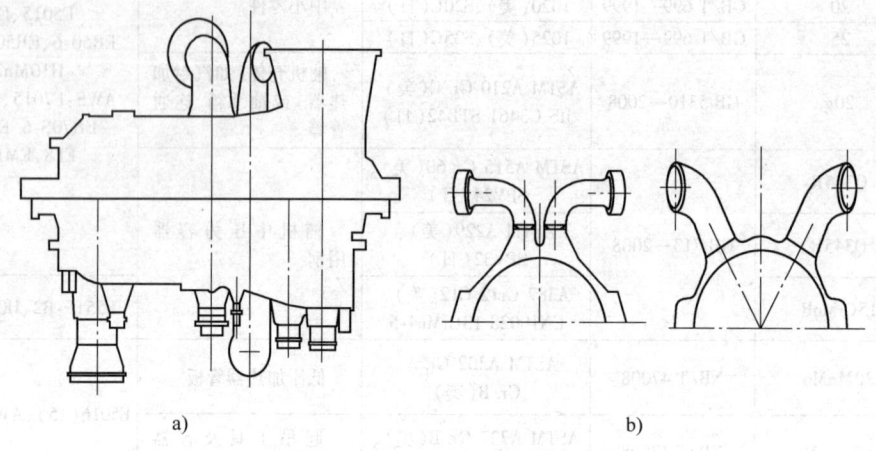

图 18-43　600MW 汽轮机高中压合缸结构
a）高中压缸合缸状态　b）高中压缸上半部分

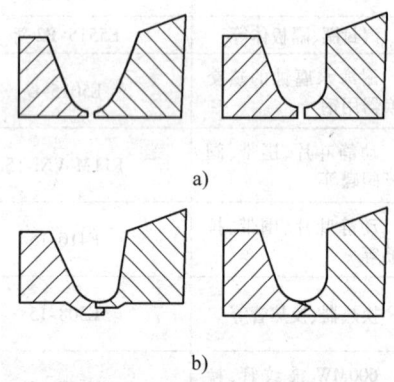

图 18-44　高压缸、阀的几种焊接坡口图
a）不带止口　b）带止口

高中压缸主要采用如图 18-44a 所示的不带止口的接头形式，此类坡口对装配和焊接要求较高，需要靠合格的焊工操作和合理的过程控制来保证。也有一些汽轮机厂的高中压缸是采用如图 18-44b 所示的带止口的接头形式，此坡口加工难度大，装配和根部焊接容易，但需要通过加工去除根部搭接处。

高中压缸的焊接方法因其结构的特殊性而难于实现自动化焊接，主汽大弯管、法兰弯管和接管的焊接均采用 TIG 填丝封底焊接加焊条电弧焊焊接。半自动 GMAW 焊和半自动 FCAW 焊在此类产品的焊接上有一定的难度。

2. 阀壳

高中压外缸为铸焊结构，其本体和与之相焊的管件一般为铸钢件，多以珠光体耐热钢为主，但也有一部分管件为马氏体不锈钢管或碳素钢管。通常主蒸汽管的壁厚超过了 100mm，常见的焊接坡口如图 18-44 所示。

汽轮机主汽阀和调节阀的作用是：改变或切断进汽量，从而调节汽轮机的功率或停机。图 18-45 所示为 600MW 主汽阀壳和调节阀壳简图。阀壳采用铸焊结构，其材料和焊接方法与高中压缸相近，但由于受加工能力的限制，很多主汽阀壳与调节阀壳是在其分别单独装焊接管并精加工后进行装焊的，由于装焊后不能采用整体热处理，故采用中频感应局部加热技术。据有关资料介绍，国外汽轮机行业已有厂家成功应用了深坡口窄间隙热丝 TIG 自动焊接，从而提高焊接质量、降低劳动强度。

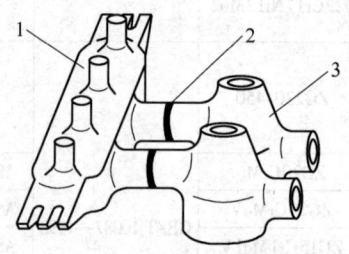

图 18-45　主汽阀壳和调节阀壳结构简图
1—调节阀　2—焊缝　3—主汽阀

3. 低压缸

大型汽轮机的低压缸均为焊接结构，由内缸和外缸组成，低压内缸如图 18-46、图 18-47 所示。

低压外缸固定在发电厂房的平台混凝土基础上，内部安装内缸、隔板、转子等部件。母材以优质碳素

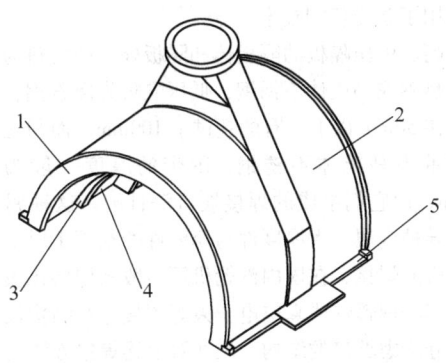

图 18-46　600MW 低压内缸上半部分
1—垂直法兰　2—内缸缸壁　3—隔板持环
4—挡汽板　5—水平法兰

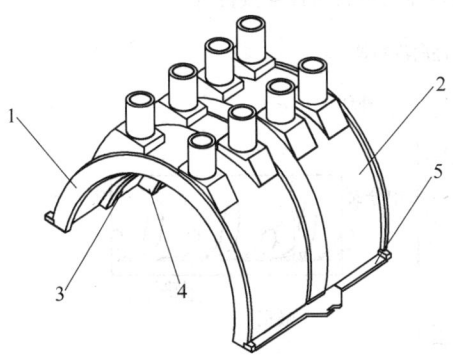

图 18-47　600MW 低压内缸下半部分
1—垂直法兰　2—内缸缸壁　3—挡汽板
4—隔板持环　5—水平法兰

钢为主。低压缸大量采用中、大厚度钢板，整体尺寸大，刚度分布不均匀，焊接时容易出现裂纹及焊接变形问题。因而在焊接接头设计时必须遵循以下原则：

1）焊接接头与母材的等强性。为保证气缸的整体强度，选择的焊接材料必须与母材等强度或略高于母材强度。

2）焊接接头的工艺性。焊接接头的布置应便于焊接操作和检验，焊接坡口的形状和尺寸应与所采用的焊接工艺方法相适应，使焊接接头具有较好的抗裂性。

3）焊接接头的经济性。在保证气缸的整体强度的情况下，应尽量减少接头数量，焊接接头应能适应高效、优质、低成本的焊接方法和焊接材料。

此外，由于结构焊接量大，结构尺寸精度要求高，在制定焊接工艺时注意以下问题：

1）焊接前预放适当的焊接收缩余量以保证汽缸整体尺寸和加工余量。

2）理顺各零件之间的相互关系，确定正确的装配和焊接顺序。

3）母材厚度大、刚性强的焊接部位应适当预热以防焊接裂纹。

4）对汽缸刚性较差的部位应设计工艺拉肋以防焊接变形。

5）由于焊缝存在很大的残余应力，汽缸在焊接后必须及时进行去应力回火处理。

低压缸形状不规则，难于实现全自动化焊接，国内外多数汽轮机生产厂家一般采用以半自动熔化极气体保护焊为主、以焊条电弧焊为辅的方法进行焊接。

4. 轴承箱

轴承箱主要作用为安放轴承以支承转子，并安装了润滑油管路。分为前、中间和中低压轴承箱。图 18-48 所示为中低压轴承箱体的结构，主要由中分面法兰、侧板、轴承座、底板、支撑板、肋板、出油管、进油管、猫爪支座等零件组成。

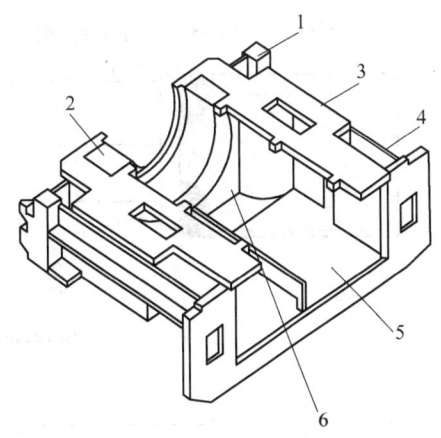

图 18-48　中低压轴承箱结构图
1—枕块　2—轴承座　3—中分面法兰
4—侧板　5—底板　6—支撑板

轴承箱具有与低压缸相近的结构特点和焊接工艺，因焊接轴承箱的焊缝密集，整体刚性大，故必须在保证结构强度、刚度的前提下，尽可能地采用较小的焊缝尺寸。比如，应尽可能选择 J 形（或用 U 形）坡口、角焊缝等。轴承箱焊接坡口形式如图 18-49 所示。

5. 焊接隔板

隔板在汽轮机中的作用是用来固定静叶片（喷嘴），用于形成高速气流并按照一定的出口方向流入动叶汽道做功。根据制造方法的不同，焊接隔板大体可分为围带式、直焊式和自带冠式隔板三种结构形式。由于隔板是汽轮机的通流部分，其制造的质量直接影响机组的运行效率，因此隔板的制造精度十分重要。

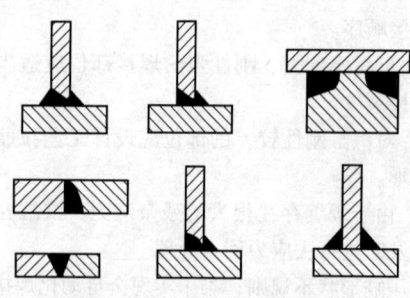

图 18-49　轴承箱焊接坡口简图

（1）围带式隔板

焊接隔板中最典型的是围带式隔板，其结构如图 18-50 所示。围带式隔板由隔板体、叶栅、隔板外环和径向汽封体组成。叶栅由外围带、静叶片和内围带组成。为了保证隔板的精度，很多制造厂在围带加工

中应用了激光切割技术。

高、中压隔板的隔板体和隔板外环的材料为珠光体耐热钢或马氏体不锈钢，低压隔板为碳素钢，其厚度均在 50mm 以上，有的超过了 100mm。而与之相焊的围带为马氏体不锈钢，围带的厚度一般为 4 ~ 16mm，由它们组成的焊接坡口深且窄。这种属于典型的异种金属、大厚度件与薄壁件的双面 J 形窄间隙深坡口的焊接，在国内汽轮机厂一般采用熔化极气体保护焊、埋弧焊或真空电子束焊焊接。在结构设计上应充分考虑坡口的结构、尺寸对上述焊接方法的适应性、可达性。从减小隔板焊接变形的角度考虑，焊道顺序的分布应力求对称，如图 18-51 所示。隔板这种特殊的异种金属焊接结构，工程应用中常以隔板外环和隔板体的材料选择焊接材料。

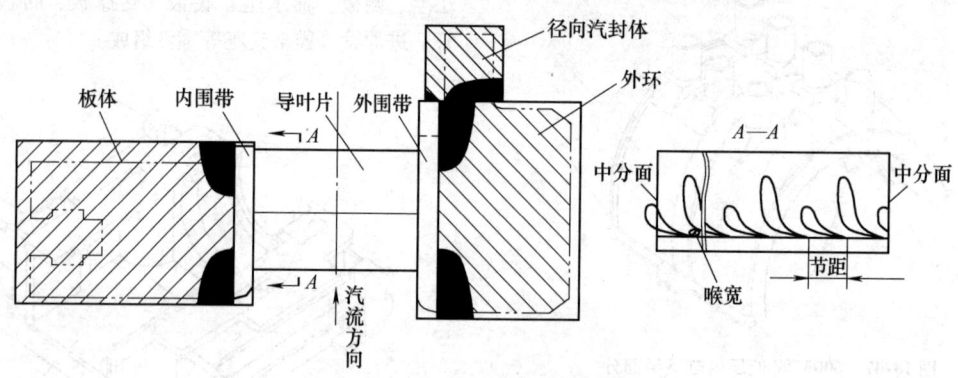

图 18-50　围带式隔板结构简图

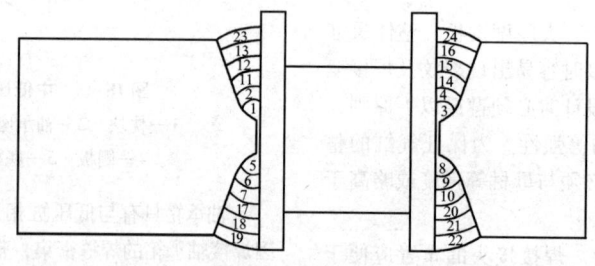

图 18-51　隔板主焊缝焊接顺序示意图

（2）自带冠式隔板

自带冠式隔板结构与围带式隔板基本类似（图 18-52a），不同之处在于叶栅部分。自带冠式隔板的叶栅是由很多个自带冠静叶片（图 18-52b）组成，装配时将自带冠静叶片依次推入隔板体和隔板外环之间。

自带冠静叶片采用数控铣床加工，成本很高，但汽道尺寸精度高，对提高汽轮机的效率有较大作用。然而，其制造成本太高，仅有部分关键隔板采用了这种结构。自带冠式隔板的焊接与围带式隔板类似。

（3）直焊式隔板

如图 18-53 所示，此类隔板的静叶片直接与隔板体和隔板外环焊接起来，故称直焊式隔板。此类隔板的制造应主要考虑如下问题：装配尺寸的控制；焊缝属于异种金属的焊接，正确选择焊接材料；焊接位置为全位置，操作难度很大。通常采用焊条电弧焊和钨极氩弧焊。

由于焊接隔板主焊缝为规则的圆形，易于实现自动化焊接。主要焊接方法有：自动熔化极气体保护焊、自动埋弧焊和真空电子束焊。值得一提的是真空

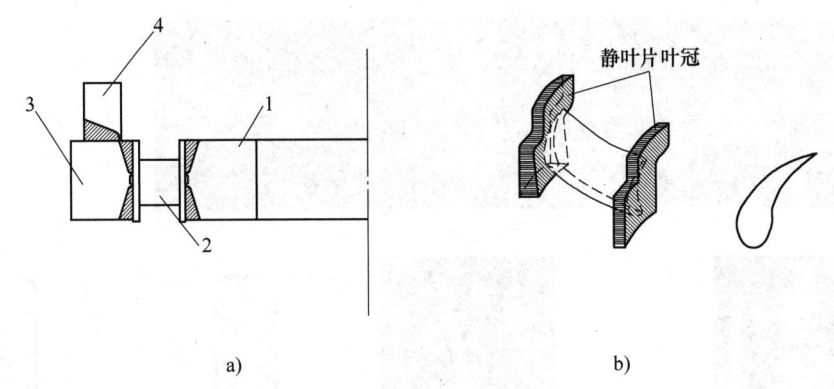

图 18-52　自带冠式隔板结构示意图
a）结构图　b）自带冠静叶片图
1—隔板体　2—自带冠静叶片　3—隔板外环　4—径向汽封体

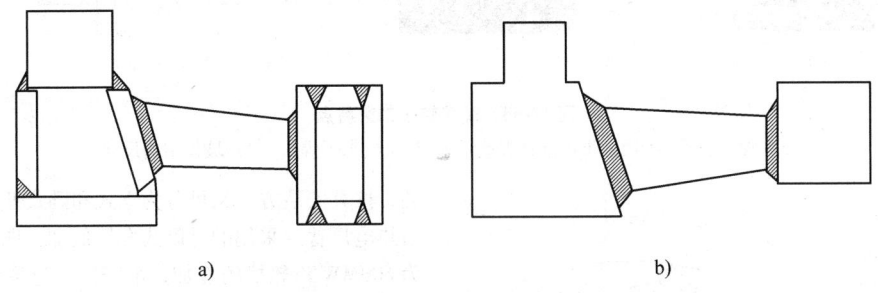

图 18-53　直焊式隔板结构示意图
a）全焊接结构　b）铸焊结构

电子束焊方法为无坡口焊接，焊接接头热影响区很窄，具有焊接变形小、焊缝质量高、生产效率高等优点，是今后隔板焊接发展的方向。

6. 焊接转子

转子是大型汽轮机的核心部件，国外部分汽轮机厂采用焊接转子，上海汽轮机有限公司在 125MW 和原国产的 300MW 汽轮机也采用焊接转子，焊接转子结构如图 18-54a 所示。东方汽轮机有限公司在 300MW 汽轮机上也焊接了一根转子，该转子焊接的难度体现在：材料的特殊性；结构上常规焊接工艺实施困难，需要专用大型装备保证焊接质量；运行对转子焊接的可靠性要求高。

转子焊接分为垂直焊接（图 18-54b）、水平焊接（图 18-54c）、垂直整体热处理和焊后检验共四个主要过程。一般情况下采用垂直装配，其坡口结构尺寸如图 18-54d 所示，首先采用深坡口窄间隙热丝 TIG 焊接；然后采用 SAW 进行水平焊接；热处理采用井式炉整体热处理；焊后检验：UT、MT。

7. 末级动叶片防水蚀焊接方法介绍

大功率汽轮机末级叶片，运行时，受到蒸汽中水滴的强烈冲蚀，随着单机容量的增大，末级叶片长度增加，动叶顶部水滴的线速度增大，水蚀加剧，防水蚀成为延长汽轮机寿命的关键环节之一。其中，在叶片进气边焊接司太立合金（由 Co、Cr、W 等元素组成的硬质合金）防水蚀效果较好，也为众多厂家采用；在叶片进气边采用激光粉末熔敷堆焊效果更好，但设备投入大。末级动叶片防水蚀常见的焊接结构如图 18-55 所示。

目前末级叶片防水蚀主要有下面四种方法。

（1）镶焊司太立合金片

图 18-55a 将成形的司太立合金片用钨极氩弧焊方法焊接在叶片进气侧，这种方法因司太立合金片为轧制而成，有一定的塑韧性，其宽度可以适当增加，提高其防水蚀的面积，故防水蚀效果较好。

（2）堆焊司太立合金

图 18-55b 在叶片进气边开槽，用熔焊方法将司太立合金堆焊其上，这种方法的特点是工艺简单，质量容易保证，运行后的现场修复较容易。

（3）钎焊司太立合金片

图 18-55c 将司太立合金片若干块，用银钎料镶

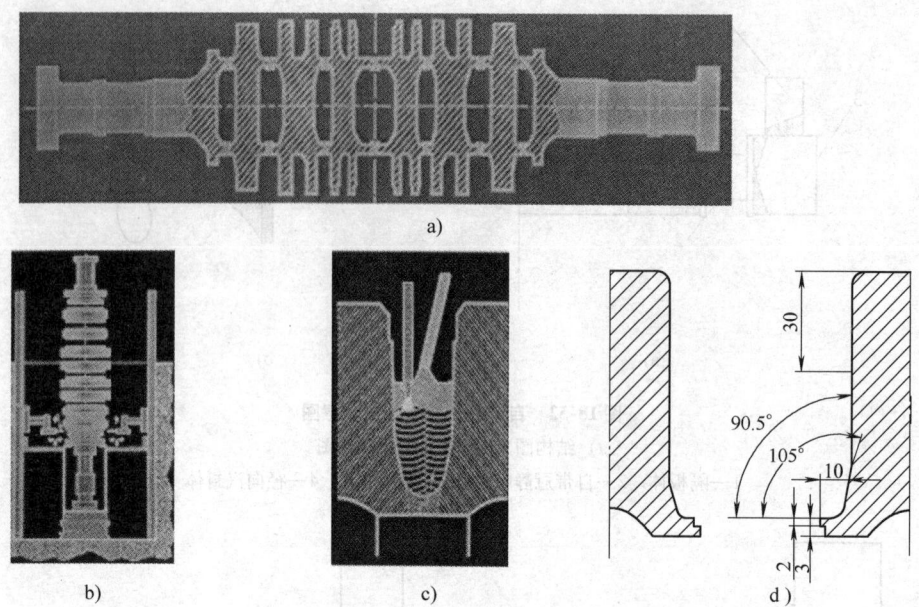

图 18-54　焊接转子工艺特点
a) 焊接转子结构图　b) 垂直焊接示意图　c) 水平焊接　d) 坡口结构尺寸

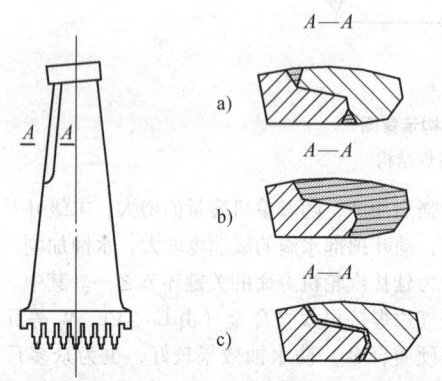

图 18-55　动叶片防水蚀结构示意图
a) 镶焊　b) 堆焊、激光熔敷焊　c) 钎焊

焊到叶片的进汽边起到防水蚀的作用。

（4）激光粉末熔敷堆焊

在叶片进气边开槽，用激光粉末熔敷堆焊方法将司太立合金堆焊其上，这种方法的特点是焊接变形小，质量高，运行后的现场修复也较容易，是今后发展的方向。

8. 低压加热器

低压加热器（以下简称低加）是汽轮机辅机部分的关键部件之一，是按 GB 150—1998《钢制压力容器》和 JB 4730—2005《承压设备无损检测》制造和管理的二类压力容器，是重要的焊接结构。

低加按其结构可分为单体式和合体式低加两大

类，按其安装方式又可分为立式和卧式低加。现代大型热电厂普遍采用的是卧式合体低加，图 18-56 所示为 600MW 汽轮机的低加，由壳体、管系和水室三大部分焊接而成。

（1）低加壳体

如图 18-57 所示，壳体主要由封头、支座、筒体、壳体前部、大隔板及接管等零部件组成，低加筒体长度超过 10m，由于板幅有限，采用八段筒节组焊而成。

对于低加壳体上的 A、B 类焊缝，筒体的各个筒节之间的环缝与各接管、支座及开孔处至少错开100mm，纵缝与纵缝之间至少错开 100mm。这样可以避免相邻焊接接头残余应力和热影响区的重叠。如因壳体上开孔过于密集而必须开在 A、B 类接头上时，则必须对开孔部位的焊缝进行 100% X 射线探伤或100% 超声波探伤。

A、B 类焊缝一般采用双面坡口对接全熔透形式，如果结构尺寸限制，只能从单面焊接时，也可以考虑采用单面开坡口的接头形式，但必须保证能形成相当于双面焊的全熔透的对接接头。为此，可采用氩弧焊封底或单面焊双面成形或在焊缝背面加临时衬垫，使焊缝根部焊道与坡口两侧完全熔合。衬垫材料应不对焊缝金属产生有害的渗合金和污染。临时衬垫在焊后应采用机械加工方法去除，残留的焊缝背面应均匀且无缺陷。A、B 类接头常见的坡口形式如图18-58 所示。

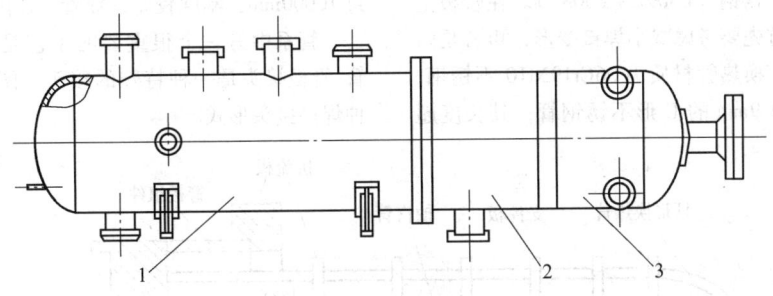

图 18-56　600MW 低加结构示意图
1—壳体　2—管系　3—水室

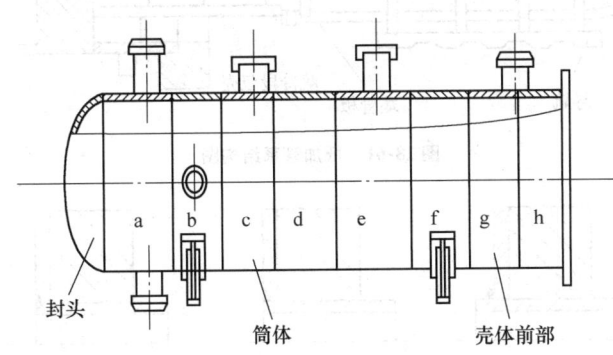

图 18-57　低加壳体结构图

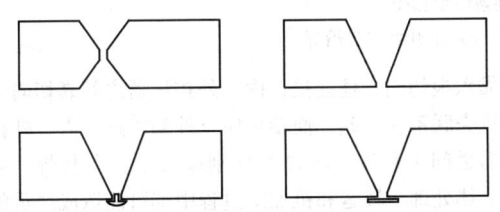

图 18-58　A、B 类接头的各种坡口形式

　　壳体上各法兰与筒身或接管之间的 C 类焊缝，法兰厚度一般比筒体或接管厚度大得多，因此没有必要采用全熔透接头形式。对于低加产品可采用不开坡口的角焊缝接头或局部开坡口的 T 形接头，但对受力情况较复杂的焊缝应采用全熔透的 T 形接头，如图 18-59 所示。

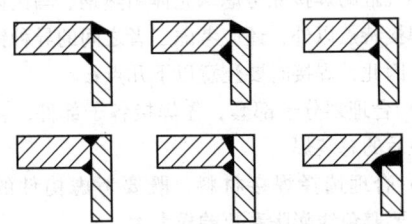

图 18-59　C 类接头的各种坡口形式

　　D 类接头主要用于接管、法兰、补强圈等与筒身或封头的连接。D 类焊缝的受力条件比 A、B 类复

杂得多。因此在设计这类接头时应全面地分析和对比，选择最合理、最可靠的接头形式。壳体上的开孔，不但会造成壳体强度的削弱，而且会在开孔的边缘引起应力集中。开孔直径越大，这种不利影响就越严重。

　　尽管低加的使用压力较低，为安全起见，应设计成全熔透结构，对于直径较大的接管，还应设计补强圈。常见的接头形式如图 18-60 所示。

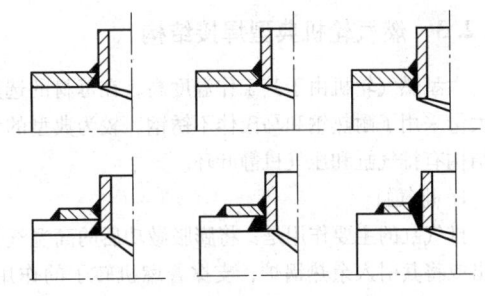

图 18-60　D 类接头的各种坡口形式

　　（2）管系

　　低加管系主要由换热管、抽气管、支撑板、折流板、端管板、疏冷段包壳、拉杆及管板组件等零部件组成，如图 18-61 所示。

　　低加管系的管板是采用不锈钢堆焊结构的复合板，其基材为 20MnMo 锻件，厚度近 200mm，堆焊层为超低碳奥氏体不锈钢（E309L＋E308L）。在管板上实施大面积堆焊首先要考虑减小焊接变形，再者是防止焊接裂纹问题。换热管材质为06Cr19Ni10不锈钢，规格为 φ16mm×0.9mm 的 U 形不锈钢管，其长度超过 10000mm，刚度较差，穿管工作困难。

管系中另一个很重要的工艺是管-管板的焊接。管-管板接头是一种特殊的接头。图 18-62 给出了三种焊接接头形式。

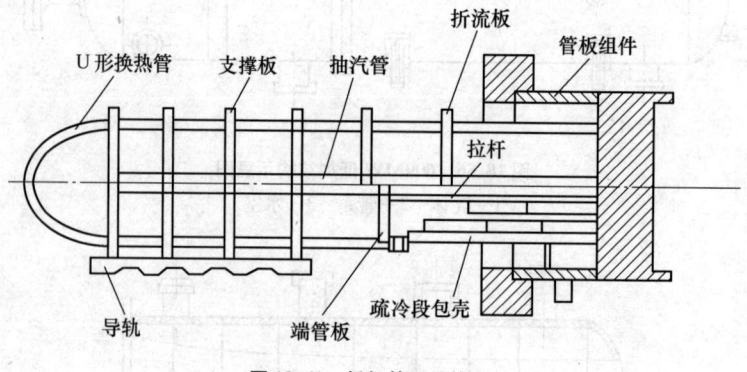

图 18-61　低加管系结构图

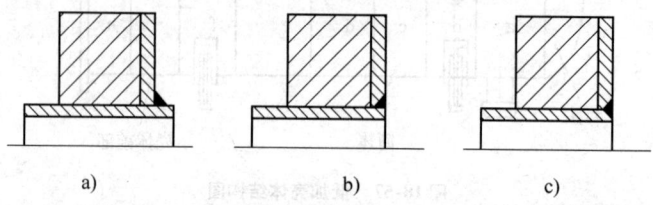

a)　　　　　　　　　b)　　　　　　　　　c)

图 18-62　管-管板焊接坡口示意图
a) 填丝角焊　b) 开坡口填丝焊　c) 不开坡口自熔焊

图 18-62a 冷却水管外伸，采用填丝角焊缝制造最容易，但换热效率低；图 18-62b 开坡口填丝焊缝接头强度高，但制造较困难；图 18-62c 不开坡口自熔焊接头，焊缝成形美观，制造较易。另外还有一种内缩式角焊缝，换热效率最高，但制造较困难，一般很少采用。

18.2.3　燃气轮机典型焊接结构

大型燃气轮机由于其工作温度高，在母材的选用上大量采用了耐热钢和马氏体不锈钢，较为典型的焊接结构有排气缸和压气机静叶环。

1. 排气缸

排气缸的主要作用是：将膨胀做功后的高温气体排出或将其引入余热锅炉，支撑着燃机转子的作用。要求设计时必须考虑材料的隔热及热膨胀性能，以及具有较高的强度和热稳定性。

（1）排气缸的结构特点

排气缸由四层组成，用切向支柱连接，如图 18-63 所示。结构组成为轴承座、内扩压器、外扩压器、外侧气缸和切向支柱等。排气缸内、外四层之间在中分面处各不相连；其中，轴承座与外侧气缸之间仅靠六根切向支柱连接；内、外扩压器之间靠切向支柱罩壳联系在一起，而轴承座、外侧气缸与内、外扩压器之间不相连，故排气缸刚度极差。在装焊、起吊、热处理、转运和机加工过程中都可能造成严重的变形。

（2）排气缸的焊接特点

排气缸主要焊接接头的母材组合既有异种金属的接头形式，又有同材质的接头组合，它们是：①CMn 钢＋马氏体耐热钢、②珠光体耐热钢＋马氏体耐热钢、③马氏体耐热钢＋马氏体耐热钢、④珠光体耐热钢＋珠光体耐热钢。

排气缸的焊接除考虑珠光体耐热钢、马氏体耐热钢的焊接特点以外，还应考虑二者之间的异种钢焊接问题。因此，焊接时要注意以下几点：

1）合理划分子部套，先焊接各子部件，合格后进行最后的总装焊。

2）合理选择焊接材料，既要考虑构件的耐热性，又要避免线膨胀系数差异太大。

3）制作合理的装配工装，确保四层部件装焊尺寸精度。

4）该结构需要预热的焊缝比较多，且大多数为

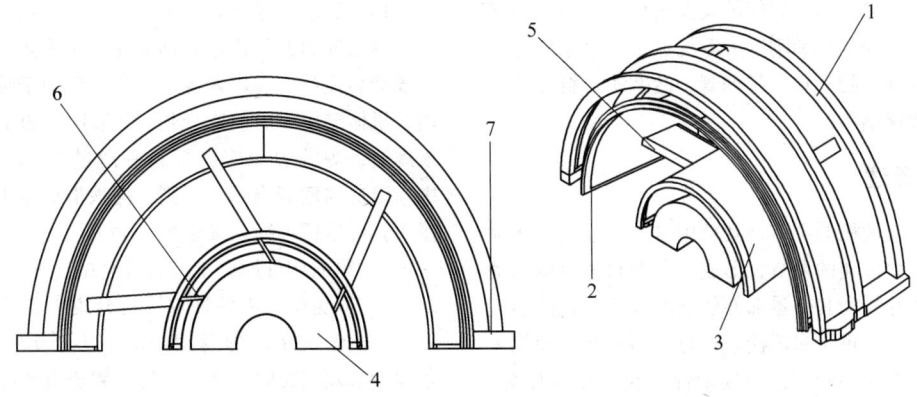

图 18-63　燃气轮机排气缸结构图

1—外侧气缸　2—外扩压器　3—内扩压器　4—轴承座　5—支柱罩壳　6—切向支柱　7—水平法兰

环形焊缝，因此设计合理的预热工装也是非常重要的。

5）切向支柱的焊缝质量要求非常高，必须采用平焊位以确保焊接质量。

6）对异种钢的接头组合，焊后除应力回火处理工艺应兼顾考虑各部件性能，选取合理的热处理参数。

7）由于工件四层之间仅靠六根切向支柱连接，在热处理、加工和运输中必须考虑防止变形。

2. 压气机静叶环

压气机静叶环是燃气轮机核心部件之一，其主要作用是将外界空气吸入并逐级压缩，达到规定的压缩比后将压缩空气送进燃烧室与燃料混合燃烧膨胀做功。由于温度逐级升高，必须考虑材料的隔热及热膨胀性能。另外，压缩比对燃气轮机的热效率影响极大，要提高燃机的热效率，增大压缩比是有效途径之一。

（1）压气机静叶环的结构特点

由压气机静叶环的作用可知，能否保证设计要求的压缩比，静叶环的制造质量至关重要，因此设计要求其尺寸精度相当高。由图 18-64 可以看出，压气机静叶环由数量众多的叶片组焊成为一环形工件，叶片的气道部分在焊接前已经加工，焊接后不再进行加工，因此压气机静叶环焊接时不允许出现较大的焊接变形。

（2）压气机静叶环的焊接特点

压气机静叶环材料为马氏体不锈钢，其焊接性较差。采用常规焊接方法不仅需要开坡口，焊接时还需要预热、后热和控制层间温度，焊接难度极大，焊接变形也很大，不能满足产品设计要求。故现在一般采用真空电子束焊接，如图所示，其焊接特点主要有以

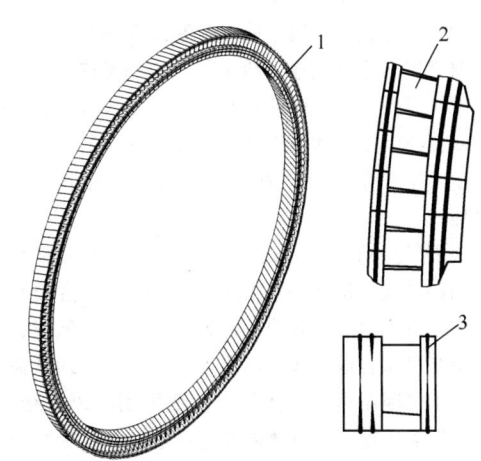

图 18-64　燃气轮机压气机静叶环焊接结构图

1—静叶环外形　2—叶片　3—电子束焊缝

下几点：

1）合理控制叶片间的装配间隙。

2）预留一定的焊接收缩量，使产品最终尺寸满足图样要求。

3）采用焊接变形小的方法和合理的焊接顺序将叶片连接成环。

4）采用合理的电子束焊缝分布和合理的焊接顺序，以控制产品的椭圆度和水平度。

5）采用合理的电子束焊接参数，以保证电子束焊缝质量。

6）采用合适的校形方法和热处理参数，以保证产品最终尺寸符合设计要求。

18.3　柴油机机体

柴油机属内燃机的一种，种类繁多，用途广。目前大功率柴油机（缸径 $D \geqslant 200mm$）的机体采用焊接

结构已越来越多,因为焊接的柴油机机体具有结构紧凑、重量轻、强度高和刚度大等优点。大功率低速柴油机除机体外,扫气箱、排烟管、活塞头、缸盖和缸体等也是焊接结构。

18.3.1　概述

机体是柴油机的主体,其功用是在气缸盖和运动件之间构成力传递的环节,形成一个密封的容纳运动件的空间,并作为其他零部件的支撑骨架。机体不但承受着零部件的重量和螺栓紧固力,而且在柴油机工作时还承受着大小和方向呈周期性变化的燃气压力、运动件的惯性力和扭转力矩等。因此,机体不仅要有较小的外形尺寸和较轻的质量,而且特别要有足够的强度、刚度和形位尺寸精度。

中、高速柴油机属于筒形活塞式柴油机,其特点是活塞直接与连杆相连,活塞的导向和侧推力由活塞的裙部来承受;低速柴油机则属于十字头式,活塞通过活塞杆及十字头而与连杆相连接,活塞的导向和侧推力由十字头来承受,因此,其机体要有滑枕(即导滑板)。

根据气缸的排列方式分,机体有直列式和V形两种结构形式。机体一般由机架(即曲轴箱)和机座组成,对于中高速柴油机,为进一步减轻质量,可将机架与机座合成一体,形成整体式机体;而低速柴油机的机体因质量重、体积大,则采用分离式结构,加工后用液压把紧的贯穿螺栓连接成一体,为防止横向振动,每个贯穿螺栓都加支撑。

18.3.2　机体焊接结构设计要点

由于机体受力复杂且受变动载荷,设计机体焊接结构时,除应满足机体结构本身的特殊需求和柴油机使用条件外,还需考虑结构的安全性(即在建造和运行中不致因机体结构损坏而导致事故)、合理性、工艺性和经济性。

1. 根据柴油机的用途、气缸数及排列方式设计合理的结构形式

1)务必使机体结构紧凑、简单、强度高和刚度大,而且质量轻。为此,应尽量采用封闭的箱格结构,局部刚度和强度可通过增加壁厚、使用部分铸钢件或适当加肋等措施加强。

2)机体的接近性要好,必须便于各种零部件的装拆、搬运和维修。

3)船用柴油机机体的结构设计还应满足其所入级的船舶检验局(或船级社)的规范要求。

2. 保持结构的连续性,避免应力集中

1)按受力情况合理地设计受力部位的结构形状,尽量使力的传递沿着较短的路径较均匀地分散,或改变力流的方向以避免应力过分集中于某局部区域内,机体壁厚应无急剧变化。T形接头的工作焊缝应该焊透,焊缝表面应向母材平滑过渡,减少应力集中,以提高疲劳强度。否则,把该T形接头改成对接接头,焊后把焊缝余高去掉。

2)纵向构件原则上应自首至尾连续贯通。

3)避免构件内各种焊缝过分集中和相互靠得太近。一般情况下,焊缝间距应不小于100mm,当两条焊缝必须相交时,应尽可能布置成直角相交,避免形成小角度斜交。

4)厚度不同的板材对接时,板厚差超过2mm时,较厚的板边要削斜,削斜的斜度一般为 $1:3 \sim 1:4$。

3. 提高结构的工艺性

1)尽量采用轧制型钢代替钢板切条或组焊型材。

2)选材不仅要考虑工艺性能要好、成本低,而且还要考虑具有好的焊接性。

3)结构的可达性要好,需便于焊接及检验。避免设置难以施焊或检验的焊缝。

4)尽可能避免在加工面上设置焊缝,以保证表面配合精度和气密性要求。

4. 合理设计焊接接头,提高焊接效率

1)根据所采用的焊接方法和工艺来确定焊接接头的结构,尽量减少熔敷金属量和焊接变形。

2)焊接接头的设计要满足采用高效焊接方法的需要。

3)在规定各种角焊缝的焊脚或焊喉尺寸时,不宜随意加大尺寸,同时要考虑不同焊接方法的熔深,以节约焊材,减少焊接变形。

4)承受较大应力的角焊缝,当其焊喉尺寸大于6mm时,则宜采用开坡口角焊。这种部分焊透的角焊缝不仅可以减少熔敷金属量,还可以改善接头中的应力流。

18.3.3　低速船用柴油机机体

大功率低速船用柴油机属于十字头式柴油机,其功率一般为 $1000 \sim 100000kW$。机体为I形结构,由机座和机架组成,加工后重 $38 \sim 480t$。

(1)机座结构

目前世界上低速船用柴油机机座主要有如图18-65和图18-67所示的两种类别,其主要焊接接头设计及焊接顺序如图18-66和图18-68所示。机座是铸焊结构,其中形状复杂的主轴承座为铸钢件,材

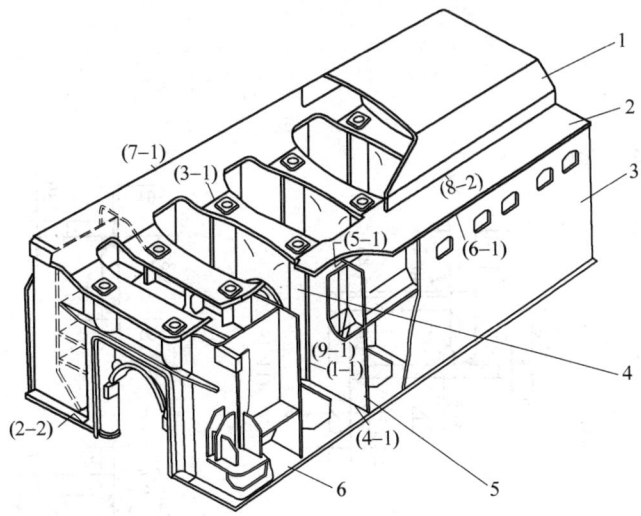

图 18-65　A 类机座的焊接结构
1—油底壳　2—下面板　3—侧板　4—轴承中间体　5—耳板　6—上面板
（本图为倒放位置的机座，括弧内的数字为焊接顺序）

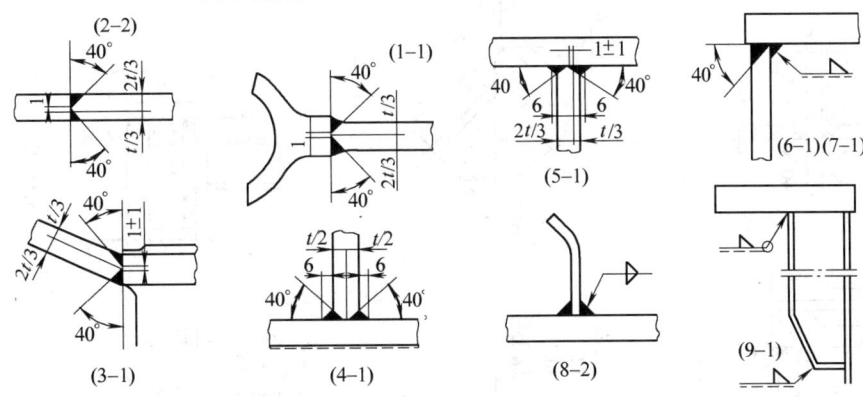

图 18-66　A 类机座主要焊接接头的细部设计

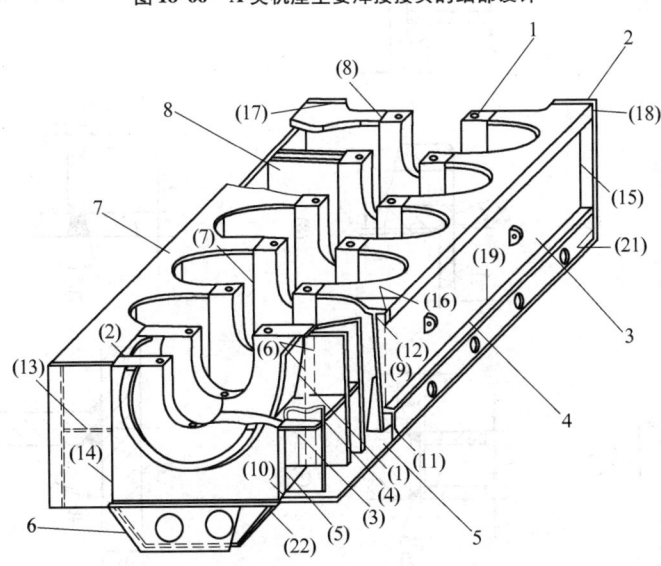

图 18-67　B 类机座的焊接结构
1—轴承中间体　2—端板　3—侧板　4—地脚螺栓箱体面板　5—下面板　6—油底壳　7—上面板　8—耳板
（本图为正放位置的机座，括弧内的数字为焊接顺序）

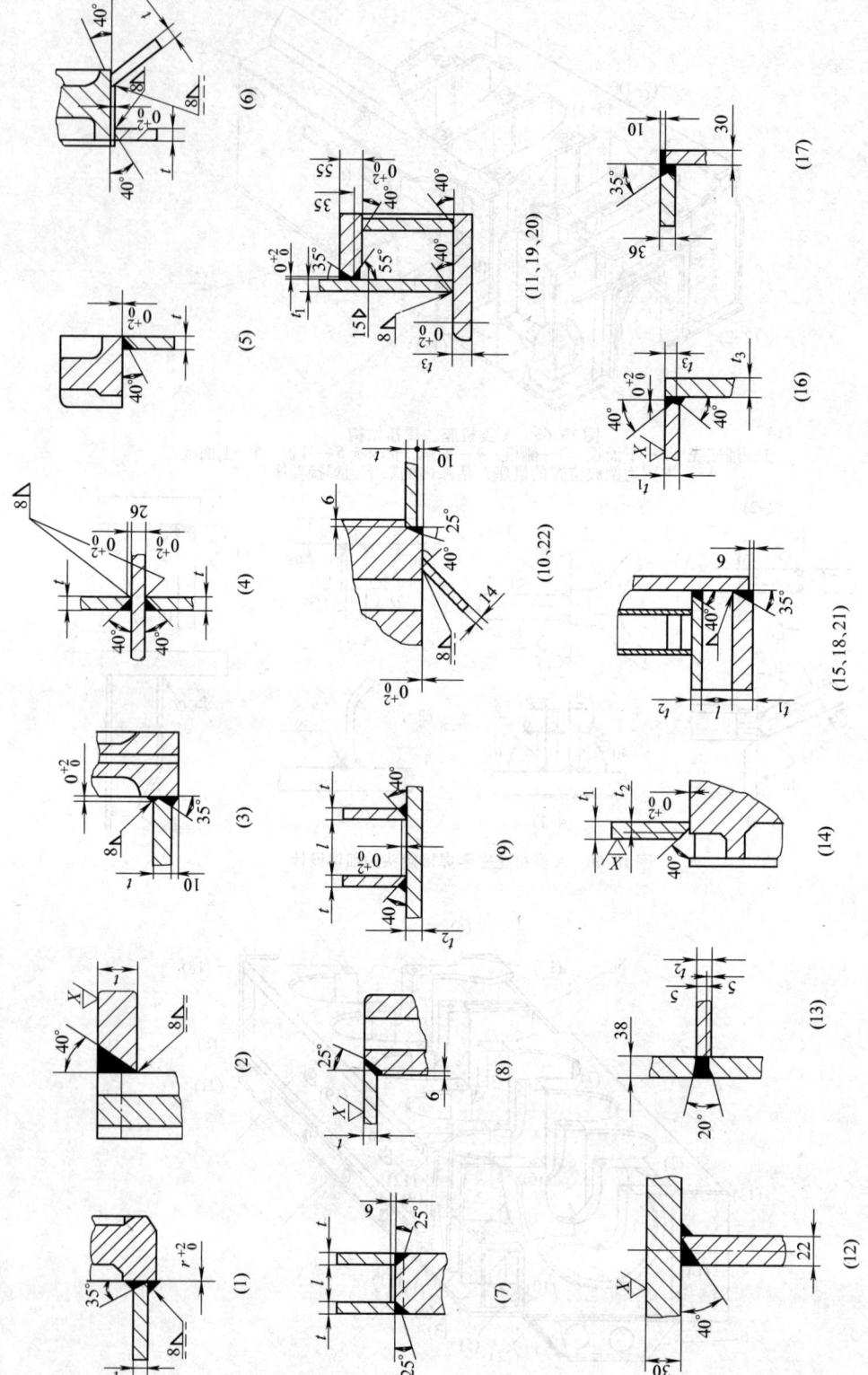

图 18-68　B 类机座主要焊接接头的细部设计

质相当于我国的 ZG200—400H 或 ZG230—450H；其他由钢板组焊构成，材质相当于我国的船体用结构钢 D 级（少量 B 级）。当板厚 $t \geqslant 14mm$ 时，应选用正火板。

两类机座的结构形式基本相似，均为箱格结构，即由两侧的纵梁及带铸钢轴承座的横梁（其数量随气缸数变化）组成，保证了机座具有极高的刚度和最小的外形尺寸。主要不同有以下 3 点：

1）与轴承座连接的耳板，A 类机座是单层的，接头形式为 K 形，如图 18-66 中（1—1）所示。为提高接头的疲劳强度，轴承座与耳板连接处采用鳍片结构，使焊缝避开高应力区，采取磨削或堆焊（过渡焊道）等措施消除鳍片与耳板间的厚度差；B 类机座则是双层耳板，接头形式为 J 形，如图 18-68 中（7）所示。与前者相比，避免了焊缝背面清根。减轻了焊缝金属承受的三向应力，为避免焊接过程中在耳板侧产生夹渣及未熔合等缺陷，耳板应开 $15° \sim 25°$ 坡口。

2）机座与机舱基础座连接处的地脚螺栓部位结构不同。A 类机座地脚螺栓孔直接布置在底板上，如图 18-69 所示；B 类机座则为一箱形结构，如图 18-70 所示。在 B 类机座制造过程中，由于该处箱体上面板较厚（一般为 $55 \sim 90mm$），焊后在侧板部位容易产生严重的层状撕裂。因此应采取如下措施：

① 接头设计时采用大小坡口，因下面小坡口焊缝金属承受压应力，故不需焊满。

② 装配箱体上面板时预留反变形，在自由状态下焊接。

③ 采用细丝（$\phi 1.2mm$）CO_2 焊和分段退焊法，以尽可能地降低焊接应力。

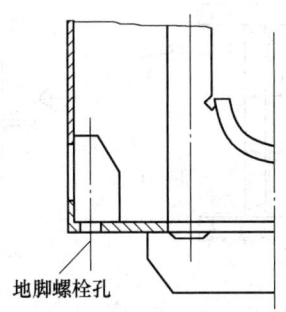

图 18-69　A 类机座地脚螺栓部位结构

为避免 A、B 类机座固有的缺点，同时具备 A、B 类机座的优点，地脚螺栓部位结构需进行优化设计，如图 18-71 所示。改进后的结构，不但省略了护板（A 类机座）、箱形梁（B 类机座），而且使地脚螺栓孔的加工简便、快捷，支撑板还可作为吊耳使用，节省吊耳数量。

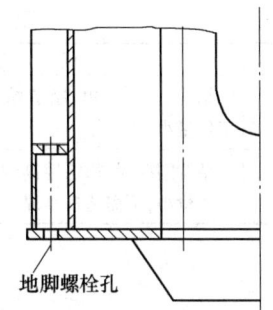

图 18-70　B 类机座地脚螺栓部位结构

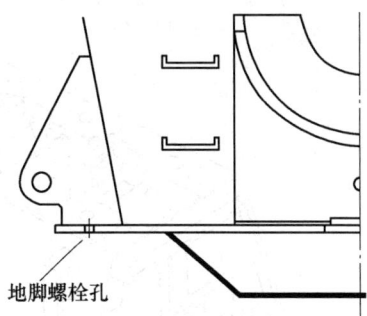

图 18-71　机座地脚螺栓部位结构优化

3）瑞士 NEW SULZER 公司（现名为 Wartsila NEW SULZER Ltd）RTA 柴油机研发专利通讯介绍：研究表明，受拘束的单面坡口焊接接头，焊后其坡口根部表面存在残余压应力，在焊透情况下，接头疲劳强度提高 25% 左右。B 类机座结构设计时，充分考虑到焊接残余应力的有益作用，结构焊后禁止消除应力处理；而 A 类机座结构设计时，完全将焊接残余应力视为有害的，因此结构焊后需进行消除应力处理。

目前，所有国家的造机厂均采用进炉热处理消除 A 类机座/机架的焊接残余应力，加热温度为（600 ± 20）℃，最快加热速度为 100℃/h，保温时间为 1h/25mm，最快冷却速度为 60℃/h，应采取适当的装炉方式及支撑以减少变形。表 18-9 为两类机座结构的优缺点比较。

（2）机架结构

低速船用柴油机机架结构及其主要焊接接头设计如图 18-72 ～ 图 18-75 所示。这两类机架均为全焊结构，钢板材质与机座相同；A 类机架的贯穿螺栓管材质为 410，相当于我国的 15 钢热轧厚壁无缝钢管（正火态）。

A 类机架贯穿螺栓管与上、下面板的焊接接头（5—1）和（4—1），应按图 18-76 进行修改，以保证焊接质量和提高工艺性。但对于缸径 600mm 以上大机型，若按图 18-76b 修改，则贯穿螺栓管焊后易产生层状撕裂。

表 18-9　两类机座结构的优缺点比较

机座类别	优　点	缺　点
A 类机座	结构、工艺简单,制造精度要求稍低,装配工作量小	焊接工作量大,需要清根。焊后需进行消除应力处理。结构刚度和稳定性低。振动阻尼差,质量重
B 类机座	结构刚度大、稳定性高、振动阻尼好。焊接工作量小,不需清根及焊后消除应力处理	制造精度要求较高,结构稍复杂

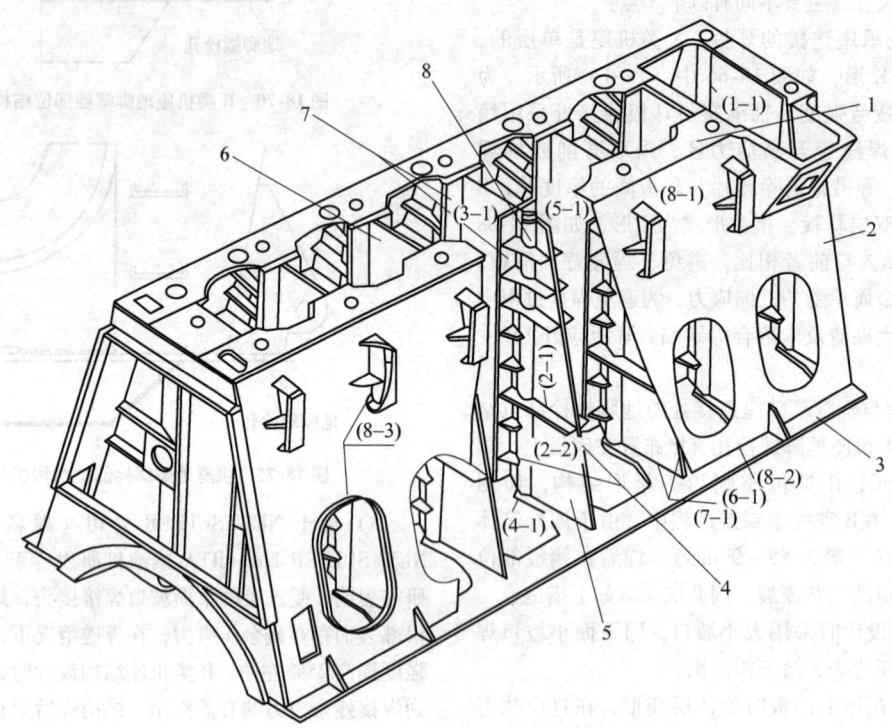

图 18-72　A 类机架的焊接结构
1—上面板　2—侧板　3—下面板　4—肋板　5—腹板　6—中间壁板　7—导滑板　8—贯穿螺栓管
(本图为正放位置的机架,括弧内的数字为焊接顺序)

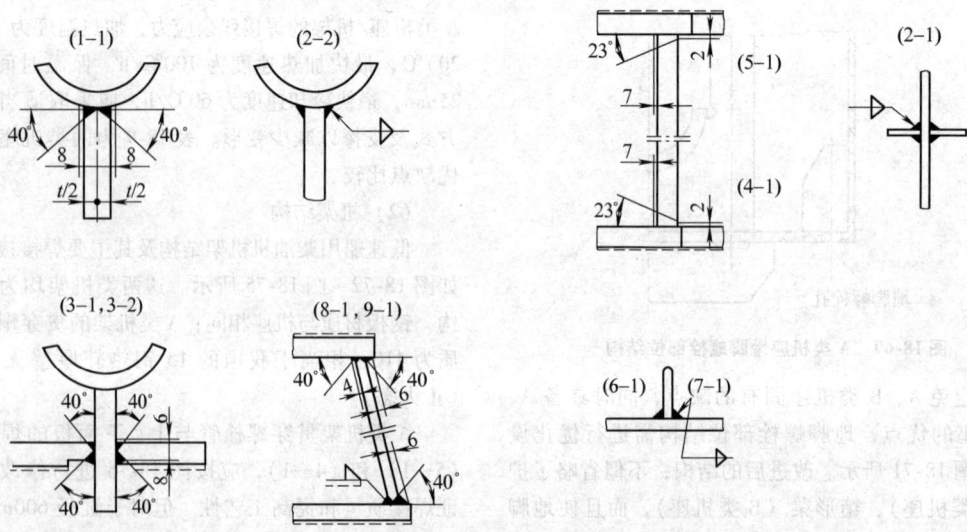

图 18-73　A 类机架主要焊接接头的细部设计

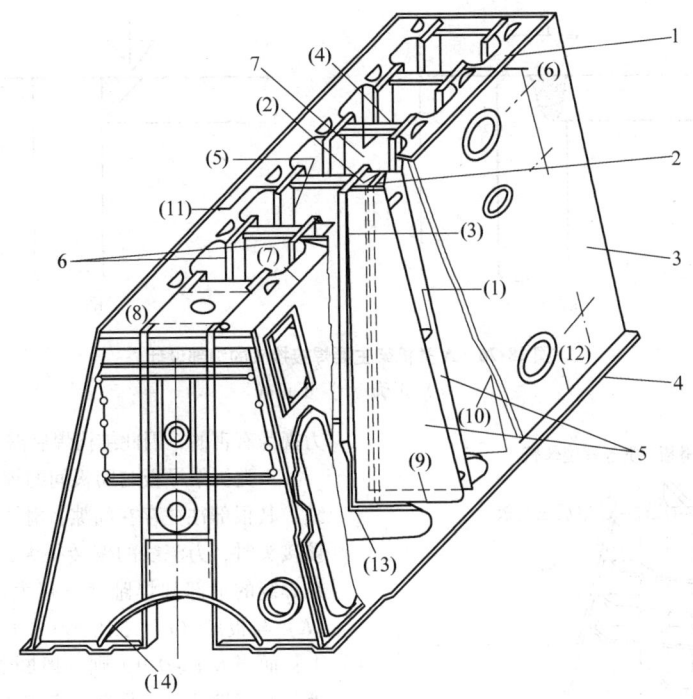

图 18-74　B 类机架的焊接结构

1—上面板　2—隔板　3—侧板　4—下面板　5—腹板　6—导滑板　7—中间壁板

（本图为正放位置的机架，括弧内的数字为焊接顺序）

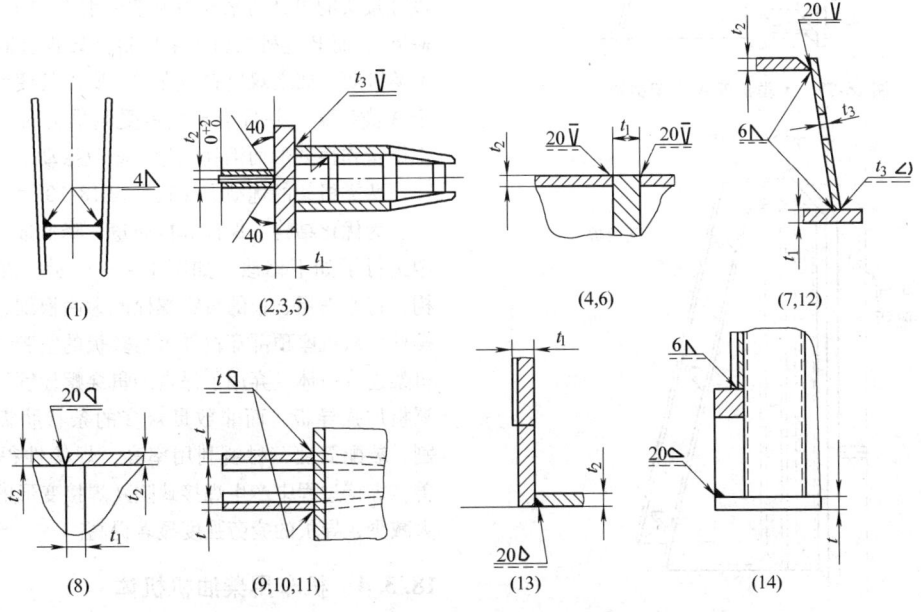

图 18-75　B 类机架主要焊接接头的细部设计

　　这两类机架均为箱格结构。与机座相似，在垂直于纵向轴向方向亦有数个构造单元（其数量随气缸数量变化），这些单元常被称为机架单片或 A 字架，主要不同有三点：

　　1）B 类机架的 A 字架采用双层腹板结构，由腹板与定距板组成的箱形孔取代 A 类机架的贯穿螺栓管，如图 18-77 和图 18-78 所示。

　　2）B 类机架的 A 字架前后导板为整体，而 A 类机

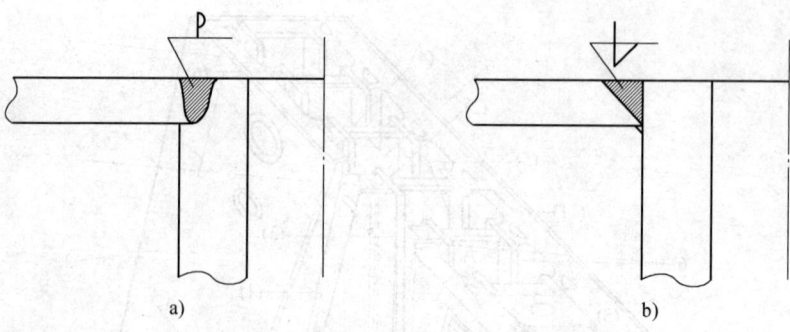

图 18-76　A 类机架主要焊接接头的细部设计

a) 正确　b) 不正确

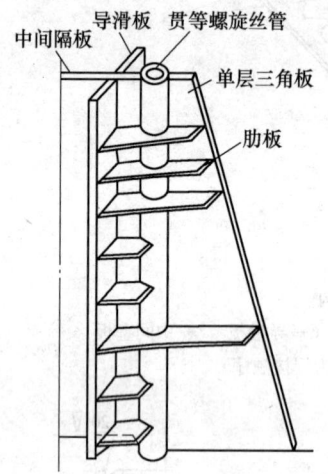

图 18-77　A 类机架 A 字架结构

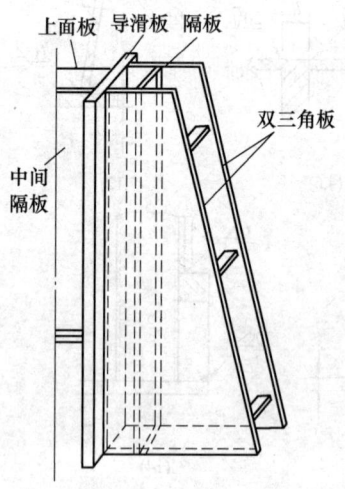

图 18-78　B 类机架 A 字架结构

架则为分离式并与中间壁板焊接。

3）与机座相同，设计 B 类机架结构时，充分考虑到焊接残余应力的有益作用，结构焊后禁止消除应力处理；而 A 类机架结构设计时，完全将焊接残余应

力视为有害的，因此结构焊后需进行消除应力处理。

A 类机架导板与肋板间的焊接接头原设计为角焊缝，其根部往往存在间隙，滑块的交变侧推力作用于该接头时，力流线的偏转很大，应力分布很不均匀，在焊缝的根部和焊趾处有很大的应力集中。若焊脚（K）与板厚（t）之比 $K/t < 0.9$，一般断裂在焊缝上；而当 $K/t > 0.9$，则一般断裂于焊趾与母材交界处。对于带坡口或具有一定熔深的接头，K/t 的临界值随熔深的增长而降低，船用主机航运过程中的检修证实了该观点。研究表明：焊趾处的应力集中系数随其角度的减小而减小；随尺寸的增大而减小。因此，该处接头的设计后来改为所谓的混合焊形式（hybrid weld）。而 B 类机架由于采用整体导板且其厚度大于 A 类机架，加之双层腹板支撑，所以其疲劳强度要高于 A 类机架，并且当导板承受侧推力时，因结构产生微量弹性变形而消耗能量，吸收振动。

两类机架的优缺点比较见表 18-10。

为优化结构、保证焊接质量、降低成本，A 类机架进行了如下修改，如图 18-79 所示。改进后的结构，将原来粗、长的贯穿螺栓改为两根细、短的贯穿螺栓，从机座顶部穿过导板与翼板的空腔，把机座和机架连成一体。弃用了昂贵的贯穿螺栓管，采用两块翼板加强导板，而非数量众多的条状肋板，钢板切割、装配简捷，材料利用率高，焊接性得到显著改善，焊接过程中产生焊接缺陷及焊接变形的可能性大大减少，导板的疲劳强度显著提高。

18.3.4　机车用柴油机机体

铁路内燃机车的柴油机，功率一般为 2.94～5.15MW，属于筒形活塞式中速机。机车柴油机气缸呈 V 形排列，机体为整体式 Y 形结构。在此主要介绍我国主型内燃机车东风 4B 型机车的 16V240ZJB 型柴油机机体的焊接结构。

表18-10 两类机架结构的优缺点比较

机架类别	优 点	缺 点	备 注
A类机架	—	A字架和走台支座存在铸造结构缺陷。工艺复杂,装配和焊接工作量大、成本高。导板肋板焊缝易产生裂纹,焊后需进行消除应力处理	A类机新机型的机架结构已逐渐向B类转化,A类机架结构有弃用的趋势
B类机架	结构简单、刚度、强度高、质量轻。弃用昂贵的贯穿螺栓管,焊后不需消除应力处理,装配和焊接工作量少,成本低,工艺性好	制造精度要求较高,要严格控制焊接变形	

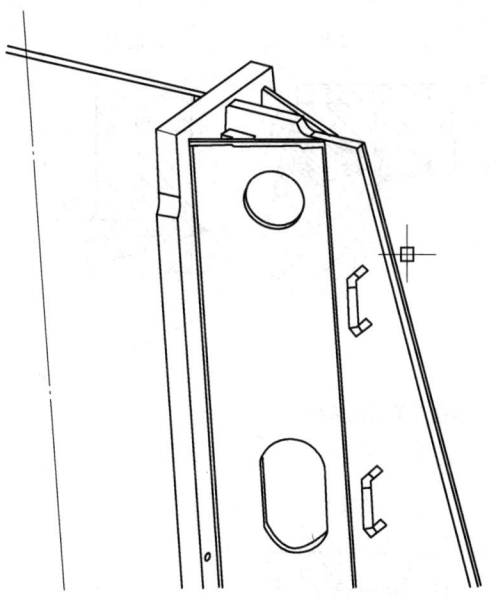

图18-79 A类机架A字架结构设计的修改

该机体为拱门式六边形铸焊联合结构,长3945mm,宽1385mm,高1288mm,加工后重6.6t,如图18-80所示。机体分上下两部分,下部是主轴承座,是机体的主梁,形状复杂,壁厚变化大(20~122mm),因此采用铸造结构,材质为ZG25I+RE铸钢;上部结构是左右对称的,由Q345(16Mn)钢板构成的箱形体。

为改善顶板与内、中侧板间的接头应力分布,顶板预加工出高度为10mm的凸台,使角接接头变为对接接头,从而提高了接头的疲劳强度,如图18-81所示。

为加强上部结构的强度和刚度,内、外侧板之间设置左、右对称的垂直板(二)和(四)组成均布的箱格结构。这些垂直板,包括机体两端厚度为20mm与22mm的整体垂直板(一)、(三),与纵中心线及底面垂直,下端与主轴承座顶面焊接。为保证焊透,垂直板的坡口制成留有钝边的K形坡口,并在每块垂直板下面放上两块工艺垫板(3mm×25mm×30mm)以保证装配间隙,如图18-82所示。

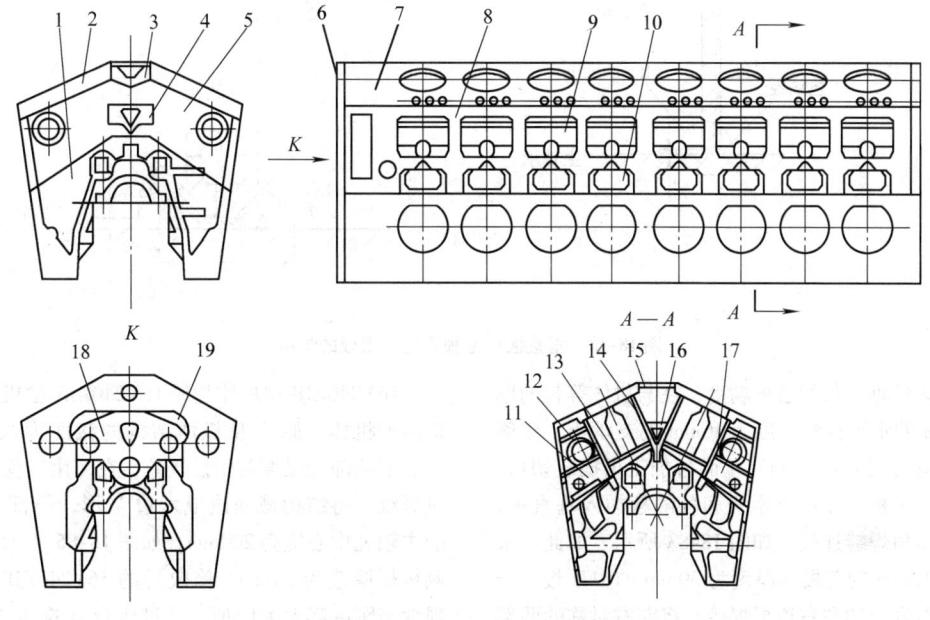

图18-80 16V240ZJB型柴油机机体

1—主轴承 2、3—法兰 4—端盖座板 5—垂直板(三) 6—端板 7—左、右顶板 8—左、右外侧板 9—隔板 10—工艺盖板 11—垂直板(二)、(四) 12—左、右支承座 13—左、右水平板 14—左、右内侧板 15—中顶板 16—盖板 17—左、右中侧板 18—座板 19—垂直板(一)

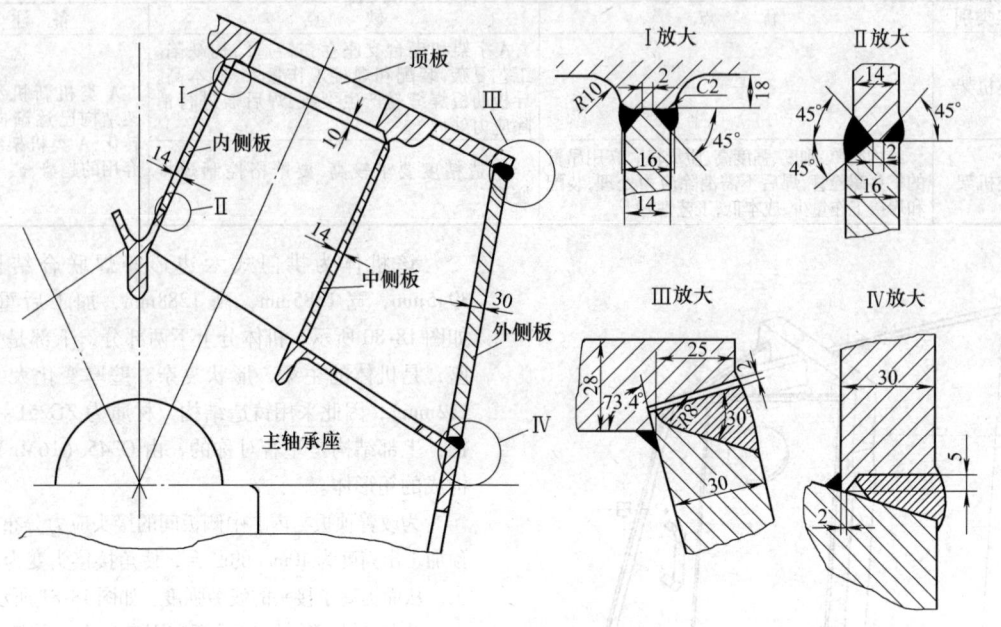

图 18-81　内、中、外侧板与主轴承座及顶板的焊接

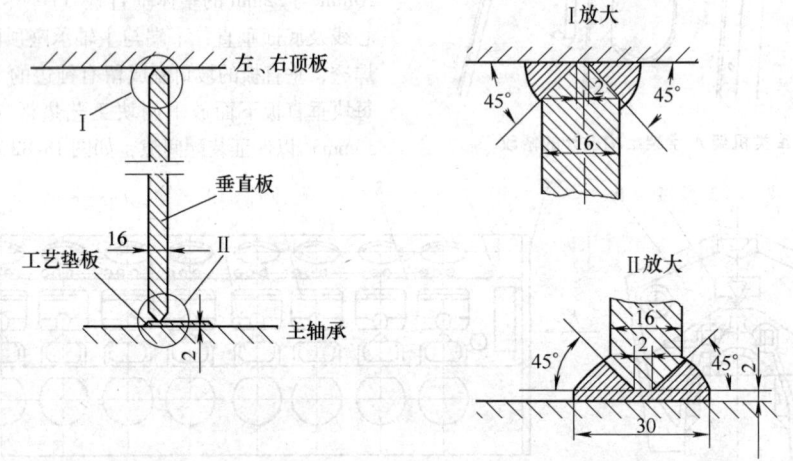

图 18-82　垂直板与主轴承座及顶板的焊接

　　为保证各垂直板的装配精度，在与机体等长的厚度为 30mm 的水平板和厚度为 16mm 的支承板、中侧板、垂直板（二）和（四）上面各加工出插装切口；再将左右水平板、左右支承板和各隔板插入垂直板；然后用双面角焊缝连接，如图 18-83 所示。如此，采用厚度为 12mm 的盖板与厚度为 30mm 的中顶板，分别与左右内侧板和左右顶板焊接，将左右对称的两部分箱格体连成一个完整箱形体，所形成的两个腔室作为滑油腔与排气腔，如图 18-84 所示。

　　16V240ZJB 型机体是原 16V240ZJA 型机体经过改进后的机体，原 A 型机体结构的截面为八边 Y 形，上、下两部分强度与刚性较差，在使用过程中曾产生过裂纹。将结构截面改成六边 Y 形，下部主轴承座的主轴孔中心提高 200mm，如图 18-85 所示；上部外侧板板厚改为 30mm。修改后的 16V240ZJB 型机体，强度与刚度都大为增加，经过座台试验和长期使用，不仅不再出现变形与裂纹，并具有一定的强度储备，为进一步强化增压、提高柴油机功率奠定了基础。

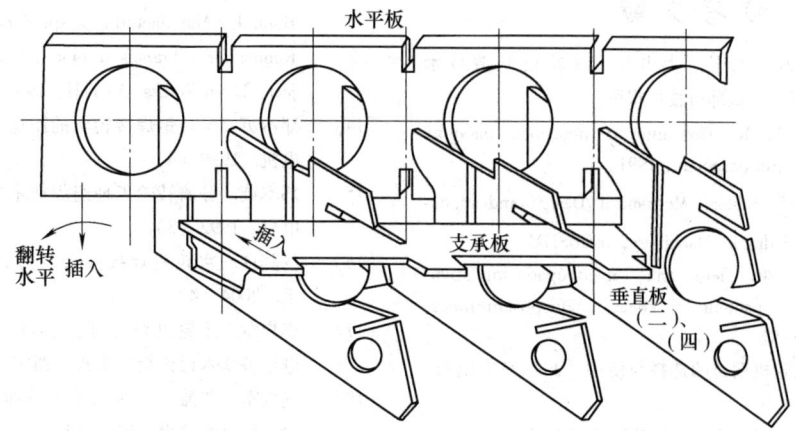

图 18-83　垂直板与水平板、支承板、内侧板、中侧板的组焊

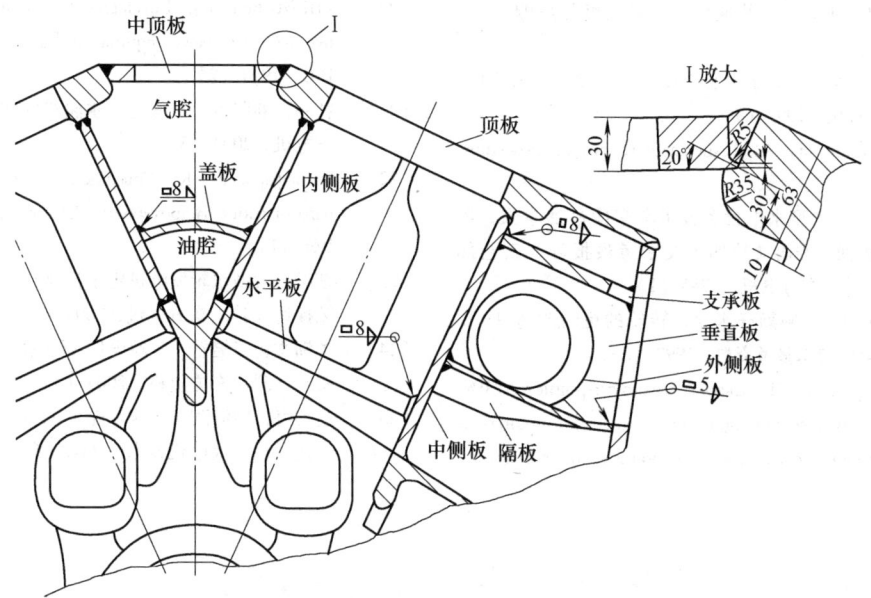

图 18-84　中顶板、盖板与顶板、内侧板的焊接

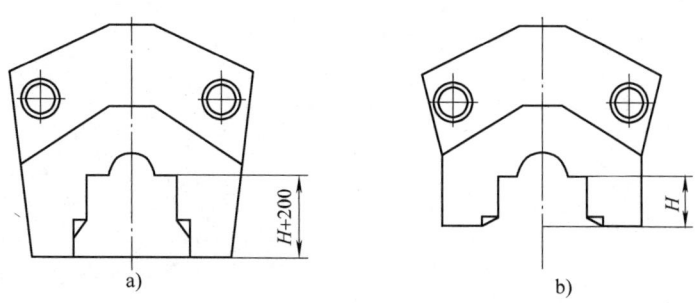

图 18-85　机体外形

a) 16V240ZJB 型机体（六边形）　　b) 16V240ZJA 型机体（八边形）

参 考 文 献

[1] 一机部第八设计院. 大电机、水轮机制造技术 [M]. 北京，一机部科技情报所.

[2] Руъцов，В，К. Создание и перевока рабочих колесо мощиностроение 1991，1.

[3] Mei Zn-Yan. Editor, Mechanical Design and Manufacturing of Hydraulic Machinery, IECBSHM.

[4] Кутасов Р Ф, Пець для Термообработки крупгаритиых рабочих колес. Энеромашиностроение, 1987.

[5] 郑本英. 水轮机钢材的选择与使用 [J]. 东方电机. 1993 (4).

[6] 姜世昌. 岩滩混流式水轮机转轮的制造 [C] //第十一次中国水电设备学术讨论会论文集. 山东长岛，中国水力发电工程学会、中国电机工程学会.

[7] 朱邦材. 水轮机叶片成形工艺对精度的影响 [J]. 大电机技术. 1999 (2).

[8] 佐藤让之良，等，水车制造技术の现状と将来 [J]. ターボ机械，1991 (9).

[9] Броиовский. Г. А. Технология гидротурбостроения, 1978.

[10] 郑本英. 大型水电设备技术考察团赴加拿大、美国、巴西、委内瑞拉四国技术考察报告（工艺部分）[J]. 东方电机. 1985 (1).

[11] Degnan J R. 阿斯旺水轮机转轮的更新改造 [J]. 东方电机技术参考资料，1992 (3).

[12] Рымкевич, А. И, Сварка Низкоуглеродистой13% -нойхромистои сталидля получение однородных и разинрояых соединений, сварочное производство,

[13] Harat E. Manufacturing a spiral casing and a Turbint Runner for a Francis turbine [J]. Hydro power project: Three Gorges, VOITH, 1985.

[14] 郑本英. 异种钢焊接转轮的制造与应用 [J]. 东方电机. 1999 (4).

[15] 郑本英. 分瓣转轮工地组焊技术的发展 [J]. 东方电机. 1992 (3).

[16] 杨其良. 水轮机焊接残余应力分析 [J]. 焊接技术. 2004 (4).

[17] 李户章. 水轮机裂纹问题 [C] //第十五次中国水电设备学术讨论会论文集. 西宁，2004.7.

[18] 赵世军. 二滩 4 号机水轮机分瓣转轮的焊接 [J]. 水电站机电技术，1999 (1).

[19] 郑本英. 苏尔寿公司大型冲击式水轮机制造技术 [J]. 东电标情信息，1999 (6).

[20] ZHENG Ben-ying. Development of welding technology of hydro-electric power equipment [J]. CHINA WELDING, 1994 (2).

[21] 杜宇，刘跟常. 三峡电厂水轮机安装总结 [J]. 东方电机，2004 (3).

[22] Гольдфарь. Р. К, Совершеиствование технол-огий изготовления гидротурбин. Энергомашиностроение, 1986 (1).

[23] 李梁. 大型水轮发电机定子机座加工及铁心叠片工艺探讨 [J]. 东方电机，2003 (1).

[24] 李锦志，王笑君. 三峡电厂 VGS 联合体水轮发电机安装 [J]. 东方电机，2004 (3).

[25] 赵英海，闫海滨. 二滩水轮发电机主要焊接件制造工艺 [J]. 大电机技术，2004 (5).

1980 (9).

第19章 焊接钢桥

作者 史永吉 史志强 审者 陈伯鑫

19.1 概述

本章中，19.2节介绍了桥梁设计概要，以便读者对桥梁上部结构设计有全貌了解。19.3～19.5节介绍了各种桥梁结构设计的通用内容，如选材、构件及其连接、桥面体系。19.6～19.12节分别介绍了各种结构形式的设计要点，如板梁、组合梁、桁梁、刚构、管结构、拱桥、索支承结构（用于悬索桥和斜拉桥）等。

19.2 桥梁设计概要

19.2.1 桥梁结构类型

桥梁上部结构类型见表19-1。

表 19-1　桥梁结构类型

划分方法	桥 梁 类 型
按使用目的划分	铁路桥、公路桥、公铁两用桥、各种城市交通体系（轻轨、Monorail、AGT 等）轨道梁、人行桥、各种用途栈桥
按材料划分	木桥、砖石拱桥、钢桥（铆接梁、焊接梁、栓焊梁）、混凝土桥（RC 桥、PC 桥）、复合结构桥梁（组合结构桥梁、混合结构桥梁）
按结构形式划分	梁式桥（板梁、箱梁、桁梁）、刚构桥、拱桥（上承拱、下承拱、中承拱、系杆拱）、悬索桥、斜拉桥、矮塔斜拉桥（ExtradosedBridge）
按支撑条件划分	简支梁桥、连续梁桥、悬臂梁桥、刚性固结梁、水面浮桥、水中浮游式桥
按线路曲率划分	直线桥、曲线桥、直线梁、曲线梁
按梁端面与线路垂直度划分	正交梁、斜角梁

19.2.2 基本要求

1. 桥梁设计理念

桥梁应具有满足其使用功能所必备的机能。应有足够的安全性和耐久性。良好的车辆走行安全性和舒适性，应便于制造、安装和维修管理。并与周边环境相协调的景观性和合理的经济性。

2. 桥梁设计的主要注意事项

1) 结构设计时，必须基于合适的计算理论按最不利载荷组合计算构件应力，并根据材料容许应力进行验算。

2) 作为桥梁整体，结构或构件应具有一定程度的刚度，即对结构或构件在受载情况下的变形加以限制。

3) 制造、运输和施工条件应作为桥梁设计的前提，制造和施工的质量控制是确保结构安全性的重要因素。

4) 经济性。降低桥梁成本始终是桥梁建设的重要课题。桥梁建设投资包括初期建设费、施工工期、运营后的维修费和桥梁丧失机能后的更新等综合因素。

5) 桥梁设计寿命一般为100年以上。桥梁设计寿命不是指在这一期限终了时不能继续使用，也不是指在缺乏适当养护维修条件下，在该期限内就一定能保持机能而无误地工作。

19.2.3 桥梁设计的通常程序

桥梁设计的流程如图19-1所示。

19.2.4 极限状态设计法

现在的钢桥设计已从容许应力设计法过渡到极限状态设计法。结构的极限状态一般分为强度破坏极限状态、疲劳破坏极限状态、使用极限状态。

强度破坏极限状态是相应于结构或构件最大承载能力的极限状态，结构或构件及其连接产生破坏的状态，由于板件的压屈而丧失承载能力的极限状态，由于桥梁倾覆或支座负反力而失去稳定的状态，以及地震引起结构的必要检验等。即结构或构件达到破坏，或产生过大变位而失去机能和稳定的状态。

疲劳破坏极限状态是指结构或构件由于循环载荷的作用而引起疲劳损伤，进而丧失机能。

使用极限状态是指结构或构件产生过大的变位或振动，而不能正常使用。例如铁路钢桥中的垂直挠度及水平变位的检验。

极限状态设计法通用表达式如下：

$$\gamma_a \gamma_b \gamma_i \gamma_f S \leqslant R / \gamma_m \tag{19-1}$$

式中　S——载荷引起的作用力；

　　　R——材料抗力；

　　　γ_a——结构分析系数，$\gamma_a \geq 1.0$，一般取 1.0；

　　　γ_b——构件系数，$\gamma_b \geq 1.0$，一般取 1.05；

　　　γ_i——结构系数，$\gamma_i \geq 1.0$，一般取 1.0 ~ 1.2；

　　　γ_f——载荷分项安全系数，即考虑载荷特征值和不确定性的安全系数，一般恒载取 1.0，活载取 1.1；

　　　γ_m——材料分项安全系数，即考虑材料特征值的安全系数，一般取 1.0 ~ 1.05。

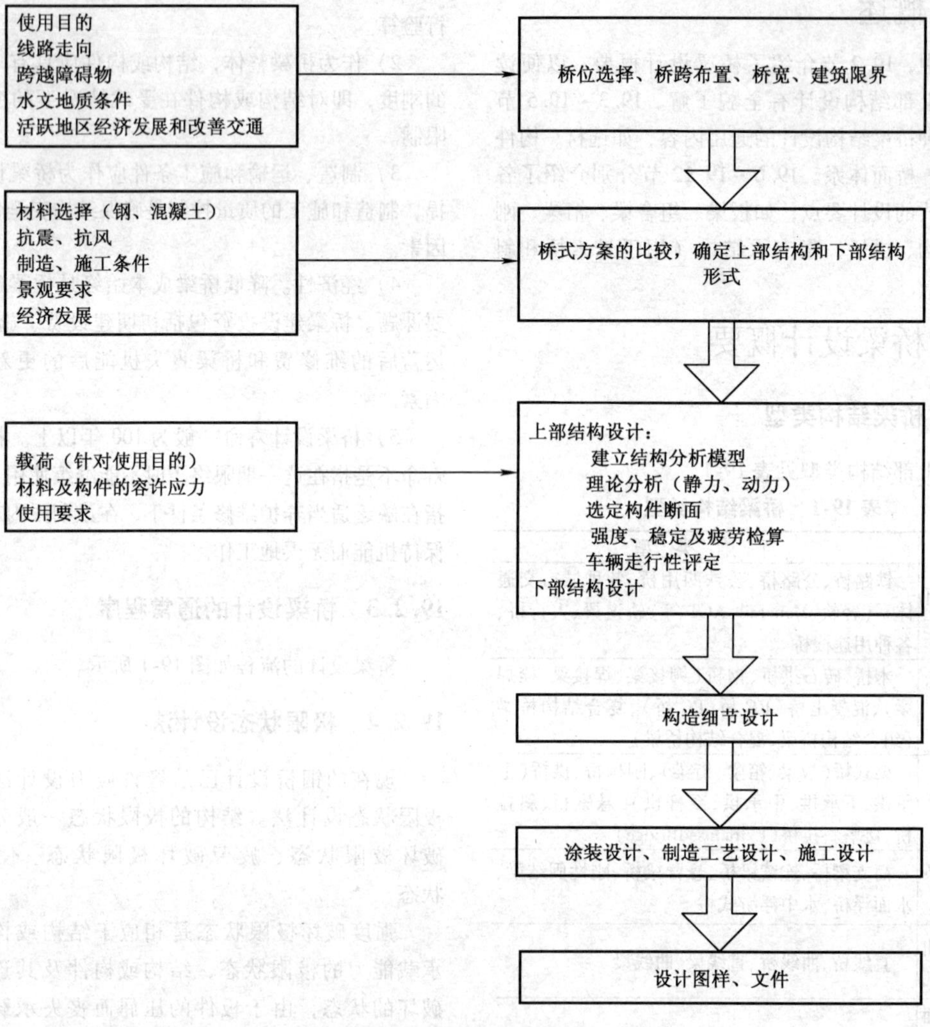

图 19-1　桥梁设计流程

19.2.5　桥梁设计载荷

这里仅介绍设计载荷的种类及设计时的最不利载荷组合。对于各种使用目的、各种结构形式和采用材料（钢、RC、PC）种类等，其载荷强度各不相同，这里不一一介绍。

1. 载荷种类

（1）主载荷

1）恒载：结构自重、全部附加恒载。

2）活载：指铁路桥的列车载荷、公路的车辆载荷、行人载荷等。

3）冲击载荷：活载引起的冲击力，随行车速度、结构类型、跨长而不同。

4）预应力：施加结构自身上的预应力。

5）混凝土的蠕变。

6）混凝土的干燥收缩。

7）土压力：应按平常时上压力和地震动时土压力分别考虑。

8）水压力：应按静水压和流动水压分别考虑。

9）水浮力。

（2）附加载荷

1）风载荷。

2）地震载荷。

3）温度变化的影响。

4）雪载荷。

（3）特殊载荷

1）地基变动的影响。

2）支点移动的影响。

3）制造和安装误差的影响。

4）波浪压力：指海洋波浪压力。

5）离心力：指车辆行进在曲线桥时产生的离心力。

6）制动力：指车辆在桥上突然制动时产生的制动力。

7）施工载荷：桥梁施工时，根据施工方法和施工中结构体系的变化，考虑自重、施工机具、风、地震等载荷，对结构进行必要的检验。

8）撞击载荷：其他移动物如船舶、水中流动物、车辆等撞击桥梁下部结构和上部结构的载荷。

9）其他载荷。

2. 载荷组合

桥梁设计时，应考虑最不利条件的载荷组合对结构进行检验。检验对于不同的载荷组合、材料及构件的容许应力应乘不同的增大系数（见表 19-2）。

表 19-2　载荷组合及容许应力增大系数

载荷组合	容许应力增大系数
上部结构	
主载荷	1.00
主载荷 + 温度变化的影响	1.15
主载荷 + 风载荷	1.25
主载荷 + 风载荷 + 温度变化的影响	1.35
主载荷 + 制动载荷	1.25
主载荷（不计冲击力）+ 地震载荷	1.50
主载荷 + 冲击	1.70（钢） 1.50（混凝土）
风载荷	1.20
制动载荷	1.20
施工时载荷	1.25
下部结构	
①主载荷 ②主载荷 + 温度变化的影响 ③主载荷 + 风载荷 ④主载荷 + 温度变化的影响 + 风载荷 ⑤主载荷 + 制动力 ⑥主载荷 + 撞击力 ⑦主载荷（不计冲击力）+ 地震载荷 ⑧施工时载荷	

19.3　桥梁用钢

19.3.1　钢材的发展

现代冶金技术的发展使钢材品种和性能有了飞速提高，生产了高强度钢（抗拉强度达 800MPa）、低碳高韧性 TMCP 钢、高焊接性能钢（低预热焊接高强钢、大热输入焊接厚钢板）、抗层状撕裂钢、不涂装耐候钢、变厚度变宽度钢板、减振钢板、高强度钢丝（抗拉强度达 2000MPa 级）等，不仅提高了钢材质量和制钢效率，降低了成本，还满足了桥梁适应各种跨度、结构形式，以及焊接制造和使用环境等各方面的要求。

19.3.2　钢材选择

1）选择钢种时，需针对构件应力状态、制造方法、桥位环境条件、防腐蚀方法等使用条件，考虑钢材强度、伸长率、韧性等力学性能，化学成分和有害成分限制，以及板厚和平面度等形状尺寸等方面的特性和质量，选定合适的钢材。

2）设计时，应特别注意以下情况：

① 用于气温较低的地区，应进行抗脆断性评定。

② 钢材的热加工（焰切、焊接、热矫形）性和冷加工（剪切、冷弯、冷矫形）性。

③ 地震地区，钢材屈服强度与极限强度的比值应低于 0.8。

④ 因焊接受到约束的主要构件，在板厚方向承受拉力作用时，必须考虑钢材板厚方向的特性，通常用 Z 向拉伸试验的断面收缩率来评定其抗层状撕裂的性能。

⑤ 注意裸用（不涂装）耐候钢桥的使用环境，避免在海边等地区使用。

⑥ 基于经济性，选配合适强度级别的钢材。

19.3.3　钢材强度等级及其容许应力

钢材市场比桥梁建设市场更早进入国际化，因此除我国钢材外，这里还将介绍日本、美国、英国、德国的桥梁常用钢材的等级及主要特征值。

1. 中国桥梁用钢

中国桥梁用钢等级及其基本容许应力见表 19-3 和表 19-4。

2. 日本桥梁用钢

日本焊接钢桥常用钢种的力学性能及焊接结构用钢容许拉应力和焊缝容许应力见表 19-5 ～ 表 19-7。

3. 美国桥梁用钢

美国桥梁用钢最低力学性能见表 19-8。

4. 德国桥梁用钢

德国桥梁用钢的容许应力见表 19-9。

表 19-3　中国桥梁用钢等级

钢　种	屈服点/MPa	抗拉强度/MPa	伸长率(%)	A_K/J
Q235q—D	235	390	≥26	27,(−20℃)
Q345q—E	345	510	≥21	34,(−40℃)
Q370q—E	370	530	≥21	41,(−40℃)
Q420q—E	420	570	≥20	47,(−40℃)

表 19-4　中国桥梁用钢的基本容许应力

钢　种	Q235q	Q345q	Q370q	Q420q
轴向应力/MPa	135	200	215	245
弯曲应力/MPa	140	210	220	270
切应力/MPa	80	120	130	150
接触承压应力/MPa	200	300	320	365

注：因屈服应力随板厚增加而降低时，基本容许应力随之降低。

表 19-5　日本焊接钢桥常用钢种的力学性能

钢　种	屈服点/MPa		抗拉强度 (MPa)	伸长率 (%)	冲击韧度 a_{KV} /(J/cm²)
	$t \leqslant 40mm$	$t > 40mm$			
SM400,SMA400	235	215	400~510	≥22	0℃,≥47
SM490,SMA490	315	295	490~610	≥21	0℃,≥47
SM520	355	325	520~640	≥19	0℃,≥47
SM570,SMA570	450	430	570~720	≥19	−5℃,≥47

表 19-6　日本焊接结构用钢容许拉应力　　　　　　　（单位：MPa）

钢　种 板厚/mm	SM400 SMA400	SM490 SMA490	SM520	SM570 SMA570
$t \leqslant 40$	140	190	210	260
$40 < t \leqslant 75$	130	175	200	250
$75 < t \leqslant 100$			195	245

表 19-7　焊缝容许应力　　　　　　　　　　　　（单位：MPa）

焊　接　类　别		钢种	SM400 SMA400	SM490 SMA490	SM520	SM570 SMA570
工厂焊接	全熔透焊缝	压应力	140	190	210	260
		拉应力	140	190	210	260
		切应力	80	110	120	150
	角焊缝,部分熔透角焊缝	切应力	80	110	120	150
现场焊接		各种状态下原则上取上述值的90%				

表 19-8　美国桥梁用钢最低力学性能　　　　　　（单位：MPa）

AASHTO 钢种(M270)	250 级	345 级	345W 级	485W 级	690/690W 级	
ASTM 钢种(A709M)	250	345	345W	485W	690/690W	
板厚/mm	≤100	≤100	≤100	≤100	≤65	65 < t ~ 100
最小抗拉强度/MPa	400	450	485	620	760	690
最小屈服强度/MPa	250	345	345	485	690	620

注：有 W 符号者为焊接耐候钢。

表 19-9　德国桥梁用钢的容许应力　　　　　　　　（单位：MPa）

	钢　种	St. 37		St. 52	
	载荷情况	H	HZ	H	HZ
应力状态	拉伸、弯曲(弯曲受压，稳定不控制)	160	180	240	270
	压、压弯(受压，稳定不控制)	140	160	210	240
	受剪	92	104	139	156

注：H—最不利主载荷组合。

　　HZ—最不利主载荷组合＋附加载荷组合。

5. 英国桥梁用钢材

在 BS4360 标准中，钢材极限强度划分为 400、500、550MPa 级别。其强度特征值如下，相应板厚的最低屈服点应力 σ_y 等于其平均应力减 1.65 倍标准偏差。当 $\sigma_y < 390$MPa，其抗拉强度不得低于 $1.40\sigma_y$，当 $\sigma_y \geqslant 390$MPa 时，不得低于 $1.2\sigma_y$。然后，采用极限状态设计法进行破坏极限状态和运营极限状态检验，详见式（19-1），式中材料分项安全系数 $\gamma_m = 1.05$。

19.3.4　关于钢材主要性能的评定

用于焊接桥梁的钢材，为了保证桥梁的使用机能，长期使用中（一般为 100 年以上）的安全性和耐久性，特别需要注意以下性能的评定。钢材的安全系数见表 19-10。

表 19-10　钢材安全系数

应力状态	载荷情况	
	H	HZ
拉、压、剪	1.50	1.33

1. 钢材的碳当量 CE 和焊接裂纹敏感性指标 P_c。

（1）碳当量

为了降低热影响区硬度并避免产生焊接裂纹，低、中、高强度钢材碳当量 CE 应分别控制在 0.44%、0.42%、0.38% 以下，CE 按式（19-2）计算。

$$CE = w(C) + \frac{w(Mn)}{6} + \frac{w(Si)}{24} +$$

$$\frac{w(Ni)}{40} + \frac{w(Cr)}{5} + \frac{w(Mo)}{4} +$$

$$\frac{w(V)}{14} + \left[\frac{w(Cu)}{13} \right] \qquad (19-2)$$

当 $w(Cu) \geqslant 0.5\%$ 时，CE 需计入 Cu 含量。

（2）焊接裂纹敏感性指标 P_c 和预热

现在的研究表明，抗焊接裂纹敏感性指数 P_c 考虑了钢材焊接裂纹敏感性指标 P_{cm}、焊缝金属的扩散氢含量、板厚等因素。当 $P_c < 0.23\%$ 时可不预热；当 P_c 超过 0.23% 时，可根据钢种、板厚，预热一定温度。P_c 按式（19-3）计算。

$$P_c = P_{cm} + \frac{H}{60} + \frac{t}{600} \qquad (19-3)$$

式中　H——焊缝金属氢含量（$cm^3/100g$）；

　　　t——板厚（mm）。

$$P_{cm} = w(C) + \frac{w(Si)}{30} + \frac{w(Mn)}{20} +$$

$$\frac{w(Cu)}{20} + \frac{w(Ni)}{60} + \frac{w(Cr)}{20} +$$

$$\frac{w(Mo)}{15} + \frac{w(V)}{10} + 5w(B) \qquad (19-4)$$

2. 冲击韧度

材料冲击韧度是评定桥梁抗脆断性能的指标。然而在现行的桥梁设计规范中，还没有把它作为设计参数进行检验，所以在选择钢材时，极易造成困惑。这里我们介绍几种设计规范对钢材冲击韧度的规定，供参考。

（1）美国 AASHTO 规范

该规范中把北美划分成三个环境温度区，由此确定冲击试验温度，见表 19-11。根据连接形式、钢材强度等级、板厚、断裂控制构件（受拉应力作用）或非断裂控制构件（非受拉应力作用）、冲击试验温度等因素，规定了 Charpy 试验（V 形缺口）的吸收能量（J）和相应的试验温度，详见表 19-12。对于 345/345W 级和 485/485W 级钢材，当 $\sigma_y > 450$MPa 或 585MPa 时，每超过 70MPa，试验温度须降低 8℃。

表 19-11　Charpy 试验（V 型缺口）要求的试验温度区的划分

最低运营温度/℃	试验温度区
> -18	1 区
-19 ~ -34	2 区
-35 ~ -51	3 区

（2）英国 BS5400 规范

该规范用式（19-5）计算钢材冲击韧度指标。

表 19-12　断裂韧度要求

连接形式	钢材等级	板厚/mm	FCM			Non-FCM		
			1 区	2 区	3 区	1 区	2 区	3 区
焊接	250 级	$t \leq 38$	34@21	34@4.4	34@ -12.2	20@21	20@4.4	20@ -12.2
		$38 < t \leq 100$	34@21	34@4.4	34@ -23.3	20@21	20@4.4	20@ -11.1
	345/345W	$t \leq 38$	34@21	34@4.4	34@ -12.2	20@21	20@4.4	20@ -12.2
		$38 < t \leq 50$	34@21	34@4.4	34@ -23.3	20@21	20@4.4	20@ -12.2
		$50 < t \leq 100$	41@21	41@4.4	41@ -23.3	27@21	27@4.4	27@ -12.2
	485W	$t \leq 38$	41@ -6.7	41@ -6.7	41@ -23.3	27@10	27@ -6.7	27@ -23.3
		$38 < t \leq 65$	41@ -6.7	41@ -6.7	41@ -34.4	27@10	27@ -6.7	27@ -23.3
		$65 < t \leq 100$	47@ -6.7	47@ -6.7	47@ -34.4	34@10	34@ -6.7	34@ -34.4
	690/690W	$t \leq 65$	47@ -17.8	47@ -17.8	47@ -34.4	34@ -1.1	34@ -17.8	34@ -34.4
		$65 < t \leq 100$	61@ -17.8	61@ -17.8	不允许	47@ -1.1	47@ -17.8	47@ -34.4
栓接	250 级	$t \leq 38$	34@21	34@4.4	34@ -12.2	20@21	20@4.4	20@ -12.2
		$38 < t \leq 100$	34@21	34@4.4	34@ -23.3	20@21	20@4.4	20@ -12.2
	345/345W	$t \leq 38$	34@21	34@4.4	34@ -12.2	20@21	20@4.4	20@ -12.2
		$38 < t \leq 100$	34@21	34@4.4	34@ -23.3	20@21	20@4.4	20@ -12.2
	485/485W	$t \leq 38$	41@ -6.7	41@ -6.7	41@ -23.3	27@10	27@ -6.7	27@ -23.3
		$38 < t \leq 100$	41@ -6.7	41@ -6.7	41@ -34.4	27@10	27@ -6.7	27@ -23.3
	690/690W	$t \leq 100$	47@ -17.8	47@ -17.8	47@ -34.4	34@ -1.1	34@ -17.8	34@ -34.4

注：FCM—断裂控制构件；Non-FCM—非断裂控制构件；@ 前为冲击吸收能量要求值（J），@ 后为试验温度（℃）。

$$a_K > \frac{\sigma_y}{355}\left(\frac{t}{2}\right) \quad \text{（主拉应力} > 100\text{MPa，焊接接头或表面缺陷用焊接修补，且焊后仅抽探 10\%）}$$

$$a_K > \frac{\sigma_y}{355}\left(\frac{t}{4}\right) \quad \text{（主拉应力} > 100\text{MPa）} \qquad (19\text{-}5)$$

$$a_K > \frac{\sigma_y}{355}[0.3t(1 + 0.67k)] \quad \text{（有严重应力集中的受拉构件）}$$

式中　σ_y——最低屈服应力；

t——板厚；

k——应力集中系数。

冲击韧度试验温度见表 19-15。

（3）日本"铁道构造物设计标准·同解说"（1992 年）

该标准中用于北海道寒冷地区焊接钢桥钢材的冲击韧度见表 19-14。

3. 抗层状撕裂性能

焊接时接近焊缝的母材可能产生平行于钢板表面的裂纹，称为层状撕裂。引起层状撕裂的主要原因是钢材中的硫化物在轧制过程中的伸长。另外，SiO_2、

Al_2O_3 等酸性夹杂物也有很大的影响。角接焊时，由于焊接收缩应力的作用，产生始于这些夹杂物的裂纹，受外力作用时，引起该裂纹的进一步扩展。所以抗层状撕裂钢一般要求 $w(S)$ 低于 0.010%，炼钢时采用脱氧处理降低氧含量。

设计时，要求进行抗层状撕裂的钢材，可用板厚方向拉伸试验的断面收缩率进行评定。这里借用 Eurocode3 part2：steel bridge 附录 D 提出的评定方法，表 19-15 为层状撕裂敏感性要素及其指数 $Z_n = Z_A + Z_B + Z_C + Z_D$，表 19-16 为根据层状撕裂敏感性指数 Z_n 及其要求的板厚方向断面收缩率 ψ，并以此选择钢材。

表 19-13　冲击试验温度

最低环境温度/℃	桥梁上部结构类别的最低试验温度 u_e/℃			最低环境温度/℃	桥梁上部结构类别的最低试验温度 u_e/℃		
	1 和 2	3	4		1 和 2	3	4
-24	-28	-19	-14	-14	-17	-12	-9
-23	-27	-18	-13	-13	-16	-11	-8
-22	-26	-18	-13	-12	-15	-10	-7
-21	-25	-17	-12	-11	-14	-10	-6
-20	-23	-17	-12	-10	-12	-9	-6
-19	-22	-16	-11	-9	-11	-8	-5
-18	-21	-15	-11	-8	-10	-7	-4
-17	-20	-15	-10	-7	-9	-6	-3
-16	-19	-14	-10	-6	-8	-5	-3
-15	-18	-13	-9	-5	-7	-4	-2

注：1. 最低环境温度按 50 年一遇概率计。
　　2. 1，2 表示桥面铺装层厚度为 40mm；3，4 为 100mm。1 为钢桥面板钢箱梁；2 为钢桥面板钢桁梁或钢板梁；3 为混凝土桥面板和钢梁（板梁、箱梁、桁梁）组成的组合结构；4 为混凝土梁。

表19-14 日本北海道寒冷地区钢材的冲击韧度

构 件	钢 材	夏比冲击韧度
受压构件、板梁受压翼缘及腹板	SM400B,SM400C,SM490C,SM520C,SM570	—
受拉构件、板梁受拉翼缘	SM400B,SM490B,SM490YB	$-40℃,A_K \geqslant 27J/cm^2$
	SM400C,SM490C,SM520C,SM570	$-40℃,A_K \geqslant 47J/cm^2$

表19-15 层状撕裂敏感性评定要素及其指数值 Z_n

a 焊脚尺寸	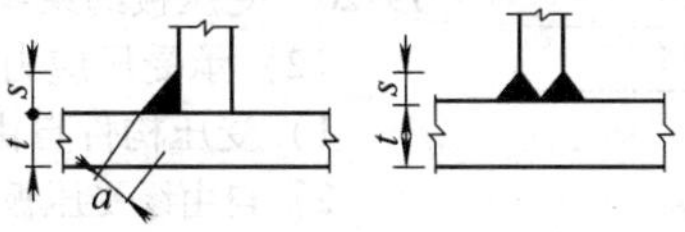	焊喉尺寸 $a \leqslant 50mm$ 时取 $Z_a = 0.3s$
b 焊缝形状及位置	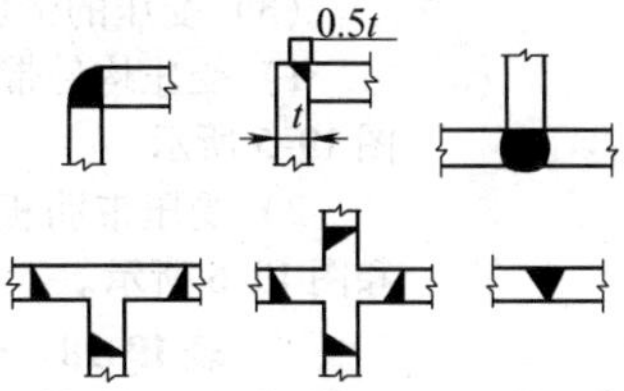	$Z_b = -25$
	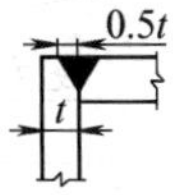	$Z_b = -10$
	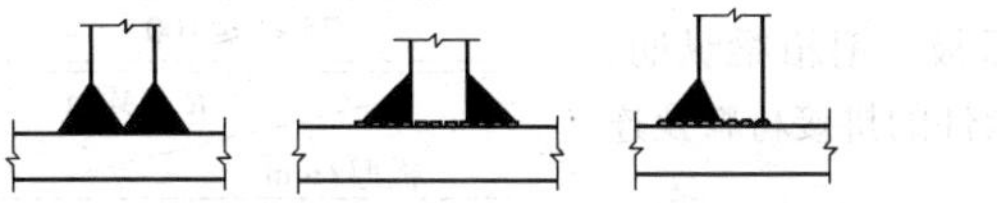	$Z_b = -5$
	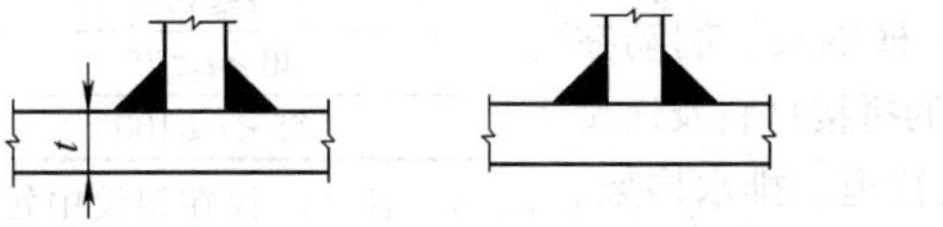	$Z_b = 0$
	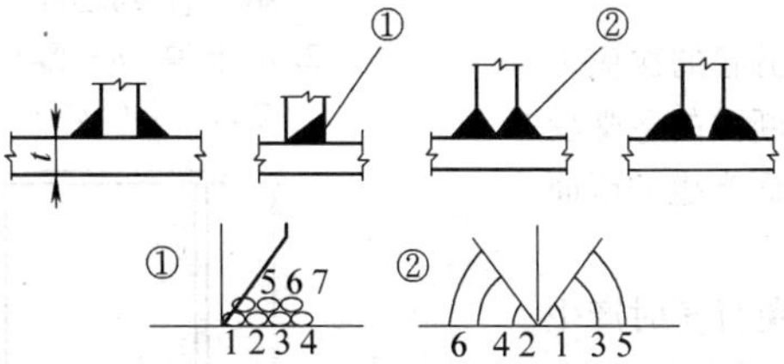 采用合适的焊接顺序降低焊缝收缩的影响	$Z_b = 3$
	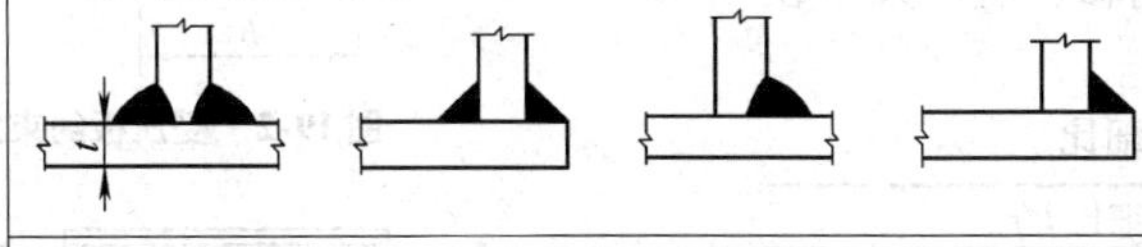	$Z_b = 5$
	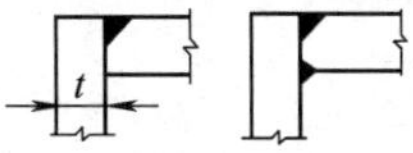	$Z_b = 8$
c 板厚使收缩受约束	—	板厚 $t \leqslant 60mm$ $Z_c = 0.2t$[①]
d 结构其他部件对收缩的约束	低约束:可自由收缩(如T形接头)	$Z_d = 0$
	中约束:自由收缩被约束(如箱梁横隔板)	$Z_d = 3$
	强约束:不能自由收缩(如正交异性板的纵梁)	$Z_d = 5$
e 施焊	不预热	$Z = 0$
	预热温度 $>100℃$	$Z = -8$

① 在板厚方向,如果仅是静载荷或仅是受压引起的应力,Z_c 值可降低50% (如底板)。

表 19-16　层状撕裂敏感性指数

Z_n、断面收缩率 ψ 和钢种

Z_n	板厚方向 ψ（%）		钢材分级
	平均值	最小值	
$Z_n \leqslant 10$	—	—	
$10 < Z_n \leqslant 20$	15	10	Z15
$20 < Z_n \leqslant 30$	25	15	Z25
$Z_n > 30$	35	25	Z35

注：试验时，一般取三个试样。

19.4　钢桥构件及其连接

所有钢桥结构都是由构件及其连接组成。

19.4.1　构件设计的一般注意事项

1. 一般要求

1）所有构件应力求简单，必须便于制造、搬运、架设、检查、涂装、排水和维修管理。

2）主要构件和次要构件的划分。

① 主要构件：主梁、横梁、纵梁、支点加劲肋（端横隔板）、主桁构件、钢桥面板、钢箱梁纵肋、架设用的构件、梁、柱以及这些构件的拼接材料及连接件：组合梁剪力键、支座等。

② 次要构件：平纵联、横联、横隔板、制动撑架、托架以及这些构件与主要构件的拼接材料及连接件：中间加劲肋、水平加劲肋、人行道、排水构架、抗震连接构件等。

3）所有构件设计必须使以下原因引起的次应力限制在最小，如构件偏心、节点刚度、断面的急骤变化、纵横梁的挠曲、伴随构件长度变化而产生的桥面系的变形、自重引起的构件挠度等。

4）为了确保桥梁的整体刚度并避免行车时产生过大的横向振动，所有构件的长细比必须小于表 19-17 所示值。但是受拉的圆杆、钢棒、钢丝束不在此限。

表 19-17　构件的长细比

构　件		长细比 l/r	
		公路桥	铁路桥
受压	主构件	120	100
构件	次构件	150	120
受拉	主构件	200	200
构件	次构件	240	200

注：l—受拉构件时为其几何长度，受压构件时为其有效压屈长度。

　　r—构件总断面的回转半径。

5）钢材的最小板厚一般控制在 8mm 以上，但钢箱梁 U 形肋在有充分防腐措施条件下可用 6mm 钢板。

2. 承受压力的板和加劲肋板

（1）两端边缘被约束的受压板

1）公路桥受压板的最小板厚见表 19-18。受压板约束缘间距如图 19-2 所示。

铁路桥用板的宽厚比限值，见表 19-19。

2）两端被约束受压板局部曲屈的容许应力见表 19-20。受压板约束缘应力如图 19-3 所示。

（2）承受压应力的自由缘板厚限值及容许应力

1）受压构件自由缘板厚限值见表 19-21。

2）自由缘受压板局部曲屈的容许应力见表 19-22。

（3）受压的带加劲肋板

1）受压构件带肋板的板厚见表 19-23 和图 19-4、图 19-5 所示。

2）受压带肋板的局部屈曲容许应力见表 19-24 和图 19-6 所示。

表 19-18　公路桥受压板的最小板厚

R_m/MPa 板厚/mm	400	490
$t \leqslant 40$	$b/56f$	$b/48f$
$40 < t \leqslant 75$	$b/58f$	$b/50f$
$75 < t \leqslant 100$		
R_m/MPa 板厚/mm	520	570
$t \leqslant 40$	$b/46f$	$b/40f$
$40 < t \leqslant 75$		
$75 < t \leqslant 100$	$b/48f$	$b/42f$

注：1. 仅在架设中暂时承受压应力，需满足 $t_{min} \geqslant b/80f$，且 $\geqslant b/200$。

2. t—板厚；b—受压约束缘间距；f—应力斜率系数，$f = 0.65\phi^2 + 0.13\phi + 1.0$，$\phi = (\sigma_1 - \sigma_2)/\sigma_1$。

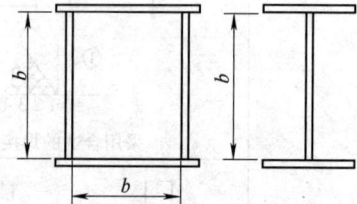

图 19-2　受压板约束缘间距

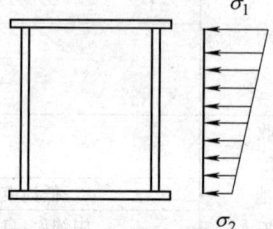

图 19-3　受压板约束缘应力

表 19-19　铁路桥用板的宽厚比限值

R_m/MPa	400	490	520	570
b/t	40	34	32	28

表 19-20 约束板局部屈曲容许应力

R_m/MPa	板厚 t/mm	局部屈曲容许应力/MPa	
400	$t \leqslant 40$	$t \geqslant b/38.7f$	140
		$b/38.7f > t \geqslant b/80f$	$210000(tf/b)^2$
	$40 < t \leqslant 100$	$t \geqslant b/41f$	125
		$b/41f > t \geqslant b/80f$	$210000(tf/b)^2$
490	$t \leqslant 40$	$t \geqslant b/33.7f$	185
		$b/33.7f > t \geqslant b/80f$	$210000(tf/b)^2$
	$40 < t \leqslant 100$	$t \geqslant b/34.6f$	175
		$b/34.6f > t \geqslant b/80f$	$210000(tf/b)^2$
520	$t \leqslant 40$	$t \geqslant b/31.6f$	210
		$b/31.6f > t \geqslant b/80f$	$210000(tf/b)^2$
	$40 < t \leqslant 75$	$t \geqslant b/32.8f$	195
		$b/32.8f > t \geqslant b/80f$	$210000(tf/b)^2$
	$75 < t \leqslant 100$	$t \geqslant b/32.8f$	190
		$b/32.8f > t \geqslant b/80f$	$210000(tf/b)^2$
570	$t \leqslant 40$	$t \geqslant b/28.7f$	255
		$b/28.7f > t \geqslant b/80f$	$210000(tf/b)^2$
	$40 < t \leqslant 75$	$t \geqslant b/29.3f$	250
		$b/29.3f > t \geqslant b/80f$	$210000(tf/b)^2$
	$75 < t \leqslant 100$	$t \geqslant b/29.6f$	245
		$b/29.6f > t \geqslant b/80f$	$210000(tf/b)^2$

注：f、b、t 同表 19-18。

表 19-21 受压构件自由缘板厚限值

R_m/MPa		400	490	520	570
板的宽厚比 b/t	铁路桥	$\geqslant 12.5$	$\geqslant 11.0$	$\geqslant 10.0$	$\geqslant 9.0$
	公路桥	$\geqslant 6$			

表 19-22 自由缘受压板局部屈曲的容许应力

R_m/MPa	板厚 t/mm	屈曲容许应力/MPa	
400	$t \leqslant 40$	$t \geqslant b/12.8$	140
		$b/12.8 > t \geqslant b/16$	$230000(t/b)^2$
	$40 < t \leqslant 100$	$t \geqslant b/13.6$	125
		$b/13.6 > t \geqslant b/16$	$230000(t/b)^2$
490	$t \leqslant 40$	$t \geqslant b/11.5$	185
		$b/11.5 > t \geqslant b/16$	$230000(t/b)^2$
	$40 < t \leqslant 100$	$t \geqslant b/11.5$	175
		$b/11.5 > t \geqslant b/16$	$230000(t/b)^2$
520	$t \leqslant 40$	$t \geqslant b/10.5$	210
		$b/10.5 > t \geqslant b/16$	$230000(t/b)^2$
	$40 < t \leqslant 75$	$t \geqslant b/10.9$	195
		$b/10.9 > t \geqslant b/16$	$230000(t/b)^2$
	$75 < t \leqslant 100$	$t \geqslant b/11$	190
		$b/11 > t \geqslant b/16$	$230000(t/b)^2$
570	$t \leqslant 40$	$t \geqslant b/9.5$	255
		$b/9.5 > t \geqslant b/16$	$240000(t/b)^2$
	$40 < t \leqslant 75$	$t \geqslant b/9.6$	245
		$b/9.6 > t \geqslant b/16$	$230000(t/b)^2$
	$75 < t \leqslant 100$	$t \geqslant b/9.8$	240
		$b/9.8 > t \geqslant b/16$	$230000(t/b)^2$

表 19-23 受压带肋板的最小板厚

板梁类型	R_m/MPa 板厚	400	490	520	570
公路桥	$t \leq 40$	$t_{min} \geq b/56fn$	$t_{min} \geq b/48fn$	$t_{min} \geq b/46fn$	$t_{min} \geq b/40fn$
公路桥	$40 < t \leq 75$	$t_{min} \geq b/58fn$	$t_{min} \geq b/50fn$	$t_{min} \geq b/46fn$	$t_{min} \geq b/40fn$
公路桥	$75 < t \leq 100$	$t_{min} \geq b/58fn$	$t_{min} \geq b/50fn$	$t_{min} \geq b/48fn$	$t_{min} \geq b/42fn$
公路桥	仅架设时暂时受压的带肋板 $t_{min} \geq b/80fn$				
铁路桥		$t_{min} \geq b/28fn$	$t_{min} \geq b/24fn$	$t_{min} \geq b/22fn$	$t_{min} \geq b/20fn$

注：t—板厚；b—带肋板宽度；n—纵向加劲肋分割的板块数；f—应力斜率系数，$f = 0.65(\phi/n)^2 + 0.13(\phi/n) + 1.0$，$\phi = (\sigma_1 - \sigma_2)/\sigma_1$。

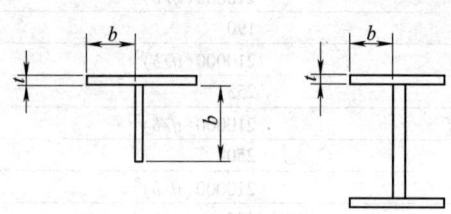

图 19-4 受压构件自由缘板板厚及
受压板约束缘间距

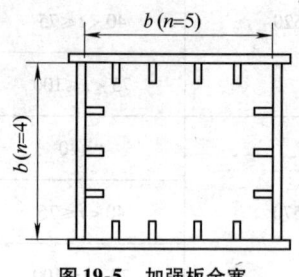

图 19-5 加强板全宽

表 19-24 受压带肋板的局部屈曲容许应力/MPa

板厚/mm	R_m/MPa 400	490	520	570
$t \leq 40$	$t \geq b/28fn$:140 $b/28fn > t \geq b/56fn$: 140-2.6(b/tfn-28) $b/56fn > t \geq b/80fn$: 210000$(tfn/b)^2$	$t \geq b/24fn$:185 $b/24fn > t \geq b/48fn$: 185-3.9(b/tfn-24) $b/48fn > t \geq b/80fn$: 210000$(tfn/b)^2$	$t \geq b/22fn$:210 $b/22fn > t \geq b/46fn$: 210-4.6(b/tfn-22) $b/46fn > t \geq b/80fn$: 210000$(tfn/b)^2$	$t \geq b/22fn$:255 $b/22fn > t \geq b/40fn$: 255-6.9(b/tfn-22) $b/40fn > t \geq b/80fn$: 210000$(tfn/b)^2$
$40 < t \leq 75$	$t \geq b/28fn$:125 $b/28fn > t \geq b/58fn$: 125-2.1(b/tfn-28)	$t \geq b/24fn$:175 $b/24fn > t \geq b/50fn$: 175-3.5(b/tfn-24)	$t \geq b/22fn$:195 $b/22fn > t \geq b/46fn$: 195-4.0(b/tfn-22) $b/46fn > t \geq b/80fn$: 210000$(tfn/b)^2$	$t \geq b/22fn$:245 $b/22fn > t \geq b/42fn$: 245-6.2(b/tfn-22) $b/42fn > t \geq b/80fn$: 210000$(tfn/b)^2$
$75 < t \leq 100$	$b/58fn > t \geq b/80fn$: 210000$(tfn/b)^2$	$b/50fn > t \geq b/80fn$: 210000$(tfn/b)^2$	$t \geq b/22fn$:190 $b/22fn > t \geq b/42fn$: 195-3.7(b/tfn-22) $b/48fn > t \geq b/80fn$: 210000$(tfn/b)^2$	$t \geq b/22fn$:240 $b/22fn > t \geq b/42fn$: 245-6.0(b/tfn-22) $b/42fn > t \geq b/80fn$: 210000$(tfn/b)^2$

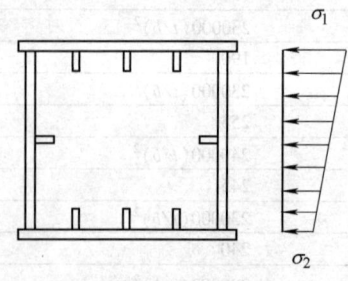

图 19-6 加强板应力

(4) 加劲肋

1) 纵向加劲肋钢材强度不得低于受压板钢材。

2) 一个纵向加劲肋的惯性矩和断面积须满足下式要求：

$$\left. \begin{aligned} I_1 &\geq \frac{bt^3}{11}\gamma_{1,\text{req}} \\ A_1 &\geq \frac{bt}{10n} \end{aligned} \right\} \tag{19-6}$$

式中 t——加劲肋板厚（cm）；

b——加劲肋全宽（cm）；

n——纵向加劲肋分割的板块数；

$\gamma_{1,req}$——纵向加劲肋的刚度比，按式（19-7）计算：

当 $\alpha \leqslant \alpha_0$ 时，

$$\left.\begin{aligned}\gamma_{1,req} &= 4\alpha^2 n \left(\frac{t_0}{t}\right)^2 (1 + n\delta_1) - \frac{(\alpha^2 + 1)^2}{n} \\ &\qquad\qquad\qquad\qquad\qquad (t > t_0) \\ \gamma_{1,req} &= 4\alpha^2 n (1 + n\delta_1) - \frac{(\alpha^2 + 1)^2}{n} \\ &\qquad\qquad\qquad\qquad\qquad (t < t_0)\end{aligned}\right\}$$

$$(19\text{-}7)$$

$$I_t = \frac{bt^3}{11} \cdot \frac{1 + n\gamma_{1,req}}{4\alpha^3} \qquad (19\text{-}8)$$

当 $\alpha > \alpha_0$ 时，

$$\left.\begin{aligned}\gamma_{1,req} &= \frac{1}{n}\left\{\left[2n^2\left(\frac{t_0}{t}\right)^2(1 + n\delta_1) - 1\right]^2 - 1\right\} \\ &\qquad\qquad\qquad\qquad\qquad (t > t_0) \\ \gamma_{1,req} &= \frac{1}{n}\{[2n^2(1 + n\delta_1) - 1]^2 - 1\} \\ &\qquad\qquad\qquad\qquad\qquad (t < t_0)\end{aligned}\right\}$$

$$(19\text{-}9)$$

式中 α——加劲肋的纵横尺寸比，$\alpha = \dfrac{a}{b}$（见图 19-7），其中 a 为横向加劲肋间距（cm）；

α_0——临界纵横尺寸比，$\alpha_0 = (1 + n\gamma_1)^{1/4}$，其中 γ_1 为纵向加劲肋的刚度比，$\gamma_1 = \dfrac{I_1}{bt^3/11}$；

δ_1——一个纵向加劲肋的断面积比，$\delta_1 = \dfrac{A_1}{bt}$；

t_0——板厚，见表 19-25。

表 19-25 加劲肋板厚 t_0

R_m/MPa	400	490	520	570
t_0	$b/28fn$	$b/24fn$	$b/22fn$	$b/22fn$

注：f——表 19-23 中的应力斜率系数。

3）加劲肋惯性矩计算：

① 加强板单侧设置加劲肋时，绕设加劲肋的加强板表面计算惯性矩。

② 加强板双侧设置加劲肋时，绕加强板的中线计算惯性矩。

3. 承受轴向力和弯矩的构件

（1）轴向拉力和弯矩共同作用时的检验

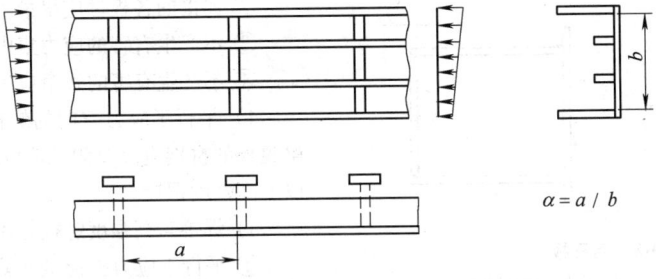

图 19-7 加强板纵横肋尺寸比

$$\left.\begin{aligned} \sigma_t + \sigma_{bty} + \sigma_{btz} &\leqslant \sigma_{ta} \\ -\frac{\sigma_t}{\sigma_{ta}} + \frac{\sigma_{bcy}}{\sigma_{bagy}} + \frac{\sigma_{bcz}}{\sigma_{ba0}} &\leqslant 1 \\ -\sigma_t + \sigma_{bcy} + \sigma_{bcz} &\leqslant \sigma_{cat} \end{aligned}\right\} \qquad (19\text{-}10)$$

式中 σ_t——作用在检验断面的轴向拉应力；

σ_{bty}、σ_{btz}——作用在强轴和弱轴的弯矩引起的弯曲拉应力；

σ_{bcy}、σ_{bcz}——作用在强轴和弱轴的弯矩引起的弯曲压应力；

σ_{ta}——轴向容许拉应力；

σ_{bagy}——不考虑局部屈曲的绕强轴的容许弯曲压应力；

σ_{ba0}——不考虑局部屈曲的容许压应力的上限值；

σ_{cat}——两端边缘约束板、自由伸出板和带肋板的局部屈曲容许应力。

（2）轴向压力和弯矩共同作用时的检验

$$\left.\begin{aligned} \frac{\sigma_c}{\sigma_{caz}} + \frac{\sigma_{bcy}}{\sigma_{bagy}\left(1 - \dfrac{\sigma_c}{\sigma_{eay}}\right)} + \frac{\sigma_{bcz}}{\sigma_{ba0}\left(1 - \dfrac{\sigma_c}{\sigma_{eaz}}\right)} &\leqslant 1 \\ \sigma_c + \frac{\sigma_{bcy}}{1 - \dfrac{\sigma_c}{\sigma_{eay}}} + \frac{\sigma_{bcz}}{1 - \dfrac{\sigma_c}{\sigma_{eaz}}} &\leqslant \sigma_{cat} \end{aligned}\right\}$$

$$(19\text{-}11)$$

式中 σ_c——作用在检验断面的轴向压应力；

σ_{caz}——绕弱轴的轴向容许压应力；

σ_{eay}、σ_{eaz}——绕强轴和弱轴的容许欧拉压屈应力，由式（19-12）计算。

其余同式（19-10）。

$$\left.\begin{array}{l} \sigma_{eay} = 1200000 / \left(\dfrac{l}{r_y}\right)^2 \\[3mm] \sigma_{eax} = 1200000 / \left(\dfrac{l}{r_z}\right)^2 \end{array}\right\} \qquad (19\text{-}12)$$

式中 l——有效压曲长度；

r_y、r_z——绕强轴和弱轴的回转半径。

4. 带孔板的构件

1）带孔板的最小板厚，以及从内侧焊缝至孔边的最大宽度见表 19-26 和如图 19-8 所示。

表 19-26 带孔板的最小板厚及从内侧焊缝至孔边的最大宽度

R_m/MPa	最小板厚 t	内侧焊缝至孔边的最大宽度 e
400	$d/50$	$13t$
490	$d/40$	$11t$
520	$d/40$	$11t$
570	$d/35$	$10t$

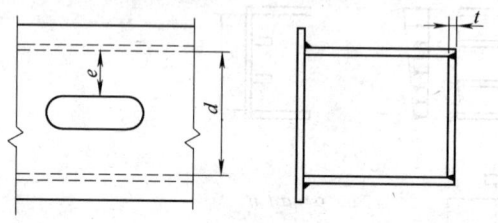

图 19-8 带孔板

t—带孔板板厚 d—内侧焊缝间距

e—内侧焊缝至孔边宽度

2）应力方向孔长应不大于孔宽的 2 倍。多个孔时，孔与孔间板的长度须大于 d，但是端部孔边缘至板端距离应大于 $1.25d$；孔端的曲率半径应大于 40mm。

5. 角钢和 T 形断面受压构件（见图 19-9）

钢桥纵向平面连接系和横向连接系常采用角钢或 T 形断面构件，通常用节点板与主构件翼缘连接，作为受压构件时，按下式设计：

$$\frac{P}{A_s} < \sigma_{ca}\left(0.5 + \frac{l/r_x}{1000}\right) \qquad (19\text{-}13)$$

式中 P——轴向应力；

A_s——构件总面积；

σ_{ca}——受压容许应力；

l——有效压曲长度；

r_x——断面重心绕节点板平行轴的回转半径。

19.4.2 连接

1. 各种连接方式的一般要求

1）构件的连接方法按施加在构件上的作用力进行设计。采用对接焊接头时，应为全断面焊接。

2）主要构件连接除满足上述第①条规定外，对于受拉构件和受压构件，分别按构件材料的抗拉强度和抗压强度的特征值，原则上应以构件承载力的 75% 以上的强度进行设计。

3）构件连接处须满足以下要求：

① 传力应明确。

② 连接的各板件应尽量不产生偏心。

③ 不产生有害的应力集中。

④ 不产生有害的残余应力和次应力。

4）平行于应力方向的螺栓排数应尽可能少。板梁腹板的拼接应设双侧拼接板，拼接线两侧应设两排以上高强度螺栓。

5）焊接与高强度螺栓并用时需注意以下事项：

① 平行于应力方向的角焊缝和摩擦型高强度螺栓连接可并用于同一接头并分别承担应力。

② 垂直于受力方向的角焊缝和摩擦型高强度螺栓连接不得并用，焊接与承压型高强度螺栓连接不得并用，焊接与铆钉连接不得并用。

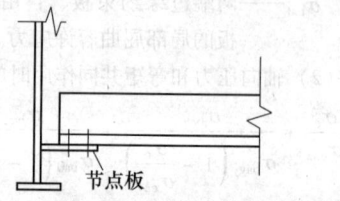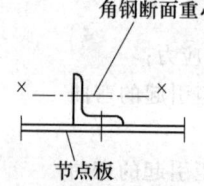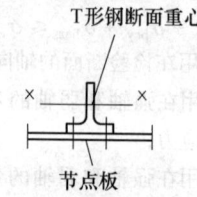

角钢断面重心　　　T 形钢断面重心

节点板　　　节点板　　　节点板

图 19-9 角钢、T 形断面受压构件

2. 焊接连接

（1）焊接接头的种类及应用

1）垂直于焊缝方向的受拉对接接头原则上采用全断面熔透焊接，不得采用部分熔透焊接。

2）主要构件原则上不得采用塞焊（Plug Welding）和槽孔焊（Slot Welding），不得使其传递应力。

（2）焊缝的有效厚度

传递应力焊缝的有效厚度应取焊缝的理论厚度，并规定如下：

1）全断面焊透对接焊缝的理论厚度如图 19-10 所示，不同厚度钢板对接时，取较薄钢板厚度。

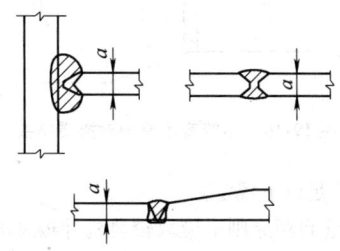

图 19-10　全断面熔透焊缝的理论厚度 a

2）部分熔透角焊缝的理论厚度规定如图 19-11 所示的理论熔透深度。

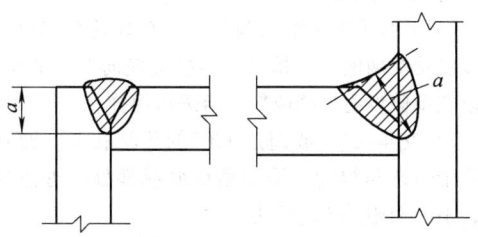

图 19-11　部分熔透角焊缝的理论厚度 a

3）角接焊缝的理论厚度如图 19-12 所示，取焊缝根部至等边三角形斜边的垂直距离。

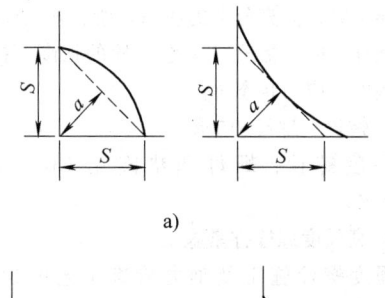

a)

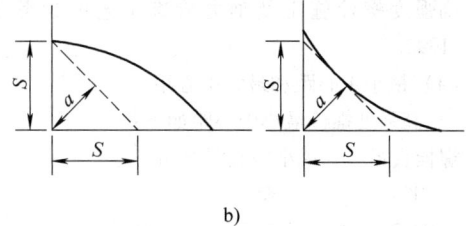

b)

图 19-12　角焊缝的计算厚度 a

a）等脚角焊缝　b）不等脚角焊缝

（3）焊缝的有效长度

1）焊缝的有效长度取理论厚度焊缝的长度。但是当焊缝与受力方向不垂直时，全断面熔透对接焊缝取垂直于受力方向的投影长度作为有效长度，如图 19-13 所示。

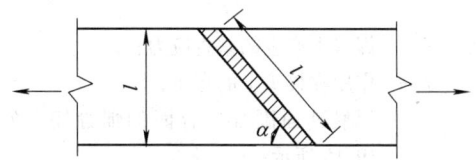

图 19-13　斜焊缝的有效长度 $l = l_1 \sin\alpha$

2）角焊缝围焊时，围焊部分不计入有效长度，如图 19-14 所示。

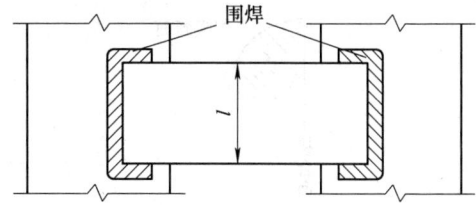

图 19-14　围焊缝的有效长度 l

（4）角焊缝及其尺寸

1）焊缝原则上应采用等脚焊缝。

2）主要构件的传力角焊缝的最小焊脚尺寸应大于 6mm，并满足式（19-14）的要求：

$$t_1 > s > \sqrt{2t_2} \qquad (19\text{-}14)$$

式中　s——焊脚尺寸（mm）；

t_1——较薄板厚（mm）；

t_2——较厚板厚（mm）。

（5）角焊缝的最小有效长度

主要构件的角焊缝有效长度必须大于焊脚尺寸 10 倍，并且大于 80mm。

（6）承受轴向力或剪力的焊接接头的应力

接头作用轴向力或剪力时，焊缝应力用式（19-15）和式（19-16）计算，但是对于角焊缝和部分熔透焊缝，不管作用力的种类，其应力都用式（19-16）计算。

$$\sigma = \frac{P}{\sum al} \qquad (19\text{-}15)$$

式中　σ——作用在焊缝上的垂直应力；

P——作用在接头上的力；

a——焊缝有效厚度；

l——焊缝的有效长度。

$$\tau = \frac{P}{\sum al} \qquad (19\text{-}16)$$

式中　τ——作用在焊缝上的切应力；

其余同式（19-15）。

（7）承受弯矩焊接接头的应力

承受弯矩焊缝的应力按式（19-17）或式（19-18）计算。

1）全断面熔透焊缝。

$$\sigma = \frac{M}{l}y \qquad (19-17)$$

式中　σ——焊缝上产生的垂直应力；

　　　M——作用在接头上的弯矩；

　　　l——焊喉断面围绕接合面的惯性矩，如图
　　　　　19-15 所示；

　　　y——自焊喉断面中性轴至计算应力位置的
　　　　　距离。

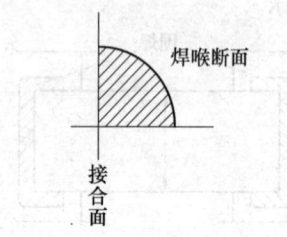

图 19-15　焊喉断面

2）角焊缝。

$$\tau = \frac{M}{l}y \qquad (19-18)$$

式中　τ——焊缝上产生的切应力；

　　　其余同式（19-17）。

（8）焊接接头复合应力的检验

承受轴向力、弯矩和剪力复合作用的焊接接头的
应力必须满足式（19-19）或式（19-20）。

1）全断面熔透焊缝。

$$\left(\frac{\sigma}{\sigma_a}\right)^2 + \left(\frac{\tau_s}{\tau_a}\right)^2 \leqslant 1.2 \qquad (19-19)$$

式中　σ——轴向力和弯矩引起的垂直应力或两者
　　　　　之和；

　　　τ_s——剪力引起的切应力；

　　　σ_a——容许拉应力；

　　　τ_a——容许切应力。

2）角焊缝。

$$\left(\frac{\tau_b}{\tau_a}\right)^2 + \left(\frac{\tau_s}{\tau_a}\right)^2 \leqslant 1.0 \qquad (19-20)$$

式中　τ_b——轴向力和弯矩引起的垂直应力或两者
　　　　　之和；

　　　其余同式（19-19）。

（9）不等宽不等厚对接焊接头

不同断面主要构件的对接接头中，厚度和宽度必
须设 1∶5 斜坡过渡，如图 19-16 所示。

（10）搭接焊接头

1）传递应力的搭接接头，应设两条以上角焊
缝，搭接长度应取 5 倍以上较薄构件板厚。

2）承受轴向力构件的搭接接头仅用侧面角焊缝

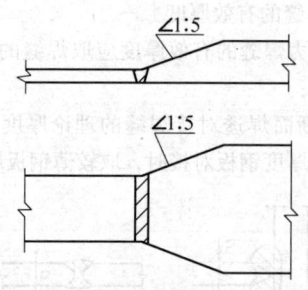

图 19-16　不等宽不等厚对接焊接头

时，必须满足以下规定：

① 焊缝间距原则上应取较薄构件板厚的 16 倍以
下。但是仅受拉力时，可取上述值的 20 倍。不得已
超过这一规定时，必须防止板拱起。

② 各角焊缝的长度必须大于焊缝间距。

（11）T 形接头

1）T 形接头中采用角焊或部分熔透角焊缝，必
须设在接头两侧。但是对于能抵抗横向变形的构造，
可以在单侧设角焊缝或部分熔透角焊缝。

2）交角 ≤60° 或超过 120° 的 T 形接头，原则上
采用全熔透角焊缝。采用角焊缝或部分熔透角焊缝
时，不能期望其传递应力。

3. 高强度螺栓连接

（1）高强度螺栓连接的类型

高强度螺栓连接类型有摩擦型连接、承压型连
接、受拉型连接。钢桥上多数采用摩擦型连接。采用
承压型连接时，需充分考虑使用处所、施工性等。采
用受拉型连接时，需充分考虑螺栓的强度、拧紧力、
接头的刚度、应力状态等。

（2）螺栓、螺母和垫圈

高强度螺栓、螺母和垫圈见 GB/T 1228 ~
1231—2006。

（3）高强度螺栓拧紧施工

高强度螺栓施工及轴力检查工艺可参考 TBJ
214—1992。

（4）最小中心距和最大中心距

1）高强度螺栓最小中心距如下：

螺栓直径	最小中心距/mm
M24	85
M22	75
M20	65
M16	55

特殊情况下不得小于螺栓公称直径的 3 倍。

2）高强度螺栓接头和组合受压构件中，螺栓最
大中心距见表 19-27。

表 19-27　螺栓最大中心距

公称直径	最大中心距/mm		
	p		g
M24	170	12t 梅花形布置时, 15t − (3/8)g,但 p≤12t	
M22	150		24t 但是 g≤300
M20	130		
M16	110		

注: t—外侧板或型钢的板厚; p—应力方向的间距;
　　g—垂直于应力方向的间距,如图 19-17 所示。

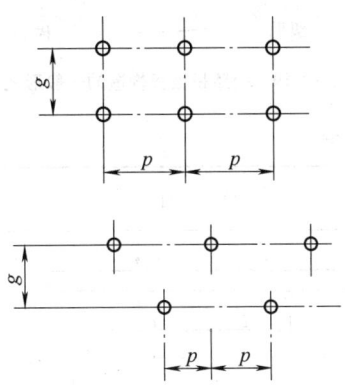

图 19-17　螺栓布置及其间距

受拉构件的缝合高强度螺栓在应力方向的最大螺栓间距为24t,但是不得超过 300mm(t 为外侧板或型钢的板厚)。

(5) 最小边距和最大边距

栓孔中心至板边缘的最小距离见表 19-28。

表 19-28　栓孔中心至板边缘的最小距离

公称直径	最小边距/mm	
	剪切边、手动切割边	加工边、自动切割边
M24	42	37
M22	37	32
M20	32	28
M16	27	23

承压连接中,应力方向螺栓排数为两排以下时,应力方向的最小边距除符合表 19-30 的要求外,还需满足下式要求:

$$\left.\begin{array}{l}单面受剪时\quad e \geqslant \alpha \dfrac{A}{t}\\[2mm]双面受剪时\quad e \geqslant \alpha \dfrac{2A}{t}\end{array}\right\}\quad (19\text{-}21)$$

式中　e——应力方向最小螺栓边距;
　　　α——螺栓与母材的抗剪强度之比;
　　　A——按螺纹外径计算的螺栓公称断面积;
　　　t——单面受剪时,较薄钢板厚度。

双面受剪时,母材板厚与拼接板厚之和中取较薄者。

栓孔中心至板边缘的最大距离为表面钢板或型钢板厚的 8 倍,但不得超过 150mm。

(6) 螺栓最小数量

构件连接使用的一群高强度螺栓数量不得少于两个。

(7) 填板

1) 填板不得采用两块板以上,即只允许用一块填板。

2) 摩擦型接头中,填板用钢材强度不限,但需采用结构用钢。

(8) 多排螺栓连接抗滑力的折减系数

多排螺栓连接抗滑力的折减系数按下式计算:

$$k = 1 - \left[\dfrac{L - 15d}{200d}\right],且 \geqslant 0.75$$

式中　d——孔径;
　　　L——孔距,如图 19-18 所示。

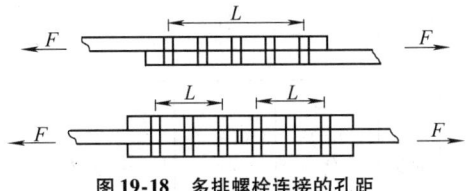

图 19-18　多排螺栓连接的孔距

19.5　钢桥面结构体系

19.5.1　钢正交异性板桥面结构

1. 定义

钢正交异性板结构(Orthotropic Plate Structural)为由互为垂直的面板、纵肋、横肋组成,且三者焊成一体共同协调工作的结构。

2. 适用范围

钢桥面板主要适用于公路桥的钢板梁、钢箱梁、钢桁梁等桥式的钢桥面结构,它直接承受车辆轮载作用,同时又作为主梁的上翼缘的一部分参加主梁共同工作。特别是大跨度桥梁,因受自重影响很大,钢桥桥面板是较优选择。

3. 钢正交异性板的桥面的构造

公路钢正交异性板桥面结构由沥青混凝土(或树脂混凝土)铺装层、钢面板、纵肋和横肋组成,如图 19-19 所示。

4. 设计的一般注意事项

1) 钢桥面板既作为主梁上翼缘而参与主梁共同工作,又作为桥面板直接承受车辆轮载作用。需分别检验其安全性。

2) 钢桥面板既作为主梁一部分又作为桥面板

（直接承受载荷）工作。检验其安全性时，若用各自最不利载荷状态计算应力，其容许应力可比第1）项检验增加40%。

3）公路桥中，在汽车轮载作用下，不考虑因铺装层引起的载荷重分布及其对钢桥面板的减载作用。

4）桥面板的最小板厚。车道部分 $t \geqslant 12\text{mm}$，人行道部分 $t \geqslant 10\text{mm}$。

5）纵向肋最小板厚 $t \geqslant 8\text{mm}$。但是腐蚀环境良好或有充分的耐腐蚀措施时，纵向 U 形肋的最小板厚可取 6mm。

6）桥面板的有效宽度。面板作为纵肋或横肋的翼缘，因剪力滞后影响，其单侧有效宽按式（19-22）

计算，其应用方法见表 19-29。

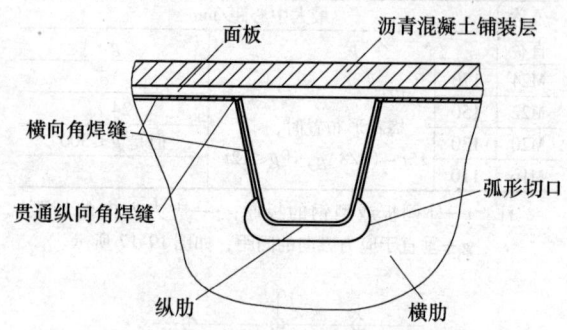

图 19-19　公路桥面板构造的一般形式

表 19-29　桥面板的有效宽度

构件	区 间		单侧有效宽度		简　　图
			符号	等效跨长	
纵肋			λ_L	$0.6L$	
横肋	简支	①	λ_L	L	
	连续	①	λ_{L_1}	$0.8L$	
		⑤	λ_{L_2}	$0.6L$	
		③	λ_{S_1}	$0.2(L_2 + L_3)$	
		⑦	λ_{S_2}	$0.2(L_2 + L_3)$	
		②④	用两端的有效宽度		
		⑥⑧	中间直线变化		
	悬臂	①	λ_{L_3}	$2L_3$	
		⑧	λ_{L_2}	L_2	
		②	用两端的有效宽度, 中间直线变化		

$$\left. \begin{array}{ll} \lambda = b & (b/l \leqslant 0.2) \\ \lambda = \left[1.06 - 3.2\dfrac{b}{l} + 4.5\left(\dfrac{b}{l}\right)^2 \right]b & \\ & (0.2 < b/l < 0.3) \\ \lambda = 0.15l & (0.3 \leqslant b/l) \end{array} \right\}$$

$$(19\text{-}22)$$

式中　λ——桥面板单侧有效宽度；

　　　$2b$——纵肋或横肋间距，U 形肋时如图 19-20 所示；

　　　l——桥面板等效跨长。

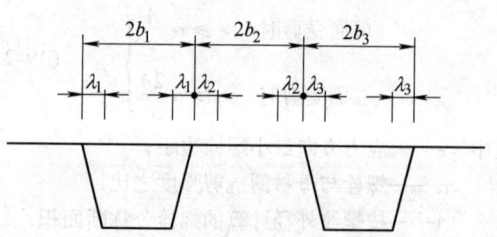

图 19-20　公路桥面板构造的一般形式

5. 构造细节

1）钢桥面板由于纵、横肋和面板交叉处集中多条焊缝，必须设计成焊接变形较少的结构。

2）纵肋和横肋连接处，必须设计成来自纵肋的剪力可靠地传递给横肋。除特别情况外，纵肋应穿过横肋腹板连续贯通。

3）在行车道部分的桥面板布置主梁和纵梁时，需充分考虑对腹板上方桥面铺装层裂纹的控制。主要如下：

1）规定桥面板最小厚度来限制轮载引起面板的挠度。

2）主梁或纵梁的腹板应避开轮载最频繁走行的位置，或者由于轮载作用在腹板上方桥面板产生的曲率半径应控制在 20m 以上。

3）通常的钢桥面板中的纵肋刚度（尺寸）、间距和横肋的间距按以下原则设置，在轮载作用下，桥面板的变形曲率半径在 20m 以上，纵肋间面板的挠度 <0.4mm，此时纵肋的刚度和横肋间距关系如图 19-21 所示。

6. 钢桥面板构造细节的改进

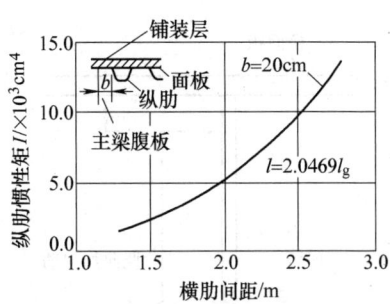

图 19-21　纵肋刚度与横肋间距的关系

公路钢桥面板由于直接承受汽车轮载的作用，疲劳裂纹发生频率较高，其构造细节经过不断改进和足尺疲劳试验的验证，到 20 世纪 90 年代形成抗疲劳性能较优的构造细节。

（1）钢桥面板工地接头

1）主梁为钢桁梁时，面板工地纵向对接焊接头位置应避开大型车辆车轮通常走行的位置，可采用钢衬垫板或陶瓷衬垫单面焊双面成形全熔透焊接。

2）钢桥面板工地横向接头如图 19-22 所示。

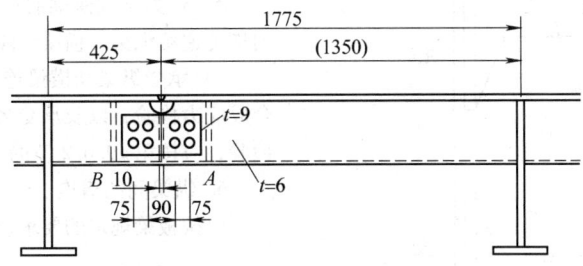

图 19-22　钢桥面板工地横向接头

A，B—密封横隔板焊接位置

① 钢桥面板工地接头一般多设置在纵肋跨径 L/4（L：纵肋跨径，即横肋间距）并接近支点的位置。

② 面板对接焊缝应采用陶瓷衬垫单面焊双面成形全熔透焊接。不宜采用高强度螺栓拼接。

③ 纵向 U 形肋的工地接头原则上采用高强度螺栓连接，拼接板设计须考虑 U 形肋底面开手孔造成母材断面减少。

④ U 形肋须设横隔板密封防锈。

3）纵向 U 形肋工地焊接接头　纵向 U 形肋对接焊接头应采用钢衬垫板全熔透焊接，如图 19-23 所示。

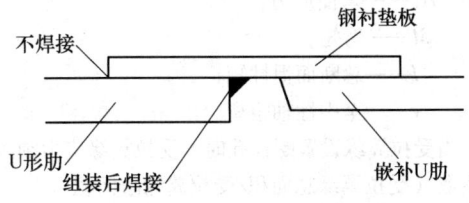

图 19-23　U 形肋对接焊钢衬垫板组装方法

（2）纵横肋交叉处构造细节的改进

如图 19-24 所示，纵肋贯通横肋腹板，肋角纵向角焊缝熔透深度应大于 0.75t（t 为 U 形肋板厚）。在纵向角焊缝通过处横肋不设过焊孔，避免在轮载直接作用下过焊孔处的面板产生过大应力集中而产生疲劳裂纹。在 U 形肋下翼缘通过横肋腹板处，弧形切口尺寸如图 19-24 所示，以减少应力集中程度。

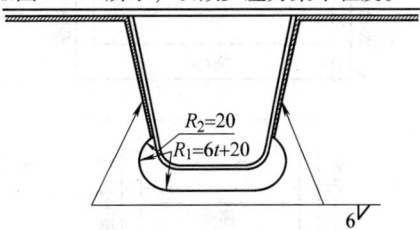

图 19-24　纵横肋交叉处构造细节的改进图

（3）横肋腹板上的加劲肋

横肋腹板上的竖向加劲肋不焊接到面板上，如图 19-25 所示。

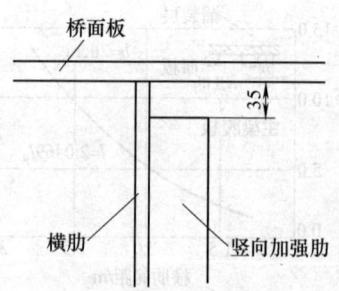

图 19-25　横肋腹板上的竖向加劲肋

19.5.2　纵横梁桥面系结构

1. 结构

纵横梁桥面系（见图 19-26）根据路面或轨面标高和桥下净空要求，可设计成纵横梁等高、不等高，或纵梁布置在横梁上方等形式。纵横间的连接可设计成高强度螺栓连接或焊接。

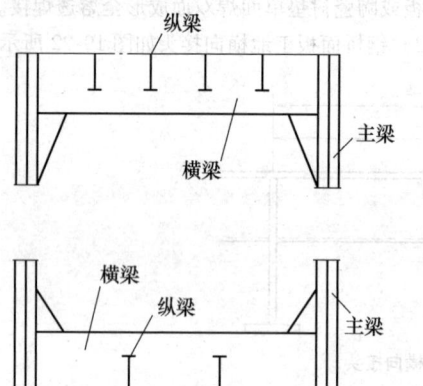

图 19-26　纵横桥面系示意图

2. 跨径

1）纵梁跨径。取横梁腹板中心距作为纵梁设计跨径。

2）横梁跨径。取主梁间距作为横梁计算跨径，如图 19-27 所示。

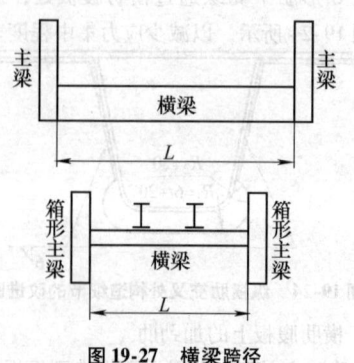

图 19-27　横梁跨径

3. 纵梁断面力的计算

1）活载经过连续钢筋混凝土桥面板（无剪力键的非组合结构）作用在纵梁上的弯矩和剪力计算时，偏于安全计假定桥面板为简支状态。

2）跨径和弯曲刚度大体相同的连续纵梁，活载引起的最大弯矩可按表 19-30 采用。

表 19-30　连续纵梁弯矩

端跨跨中	$0.9M_0$
中间跨跨中	$0.8M_0$
中间支点	$-0.7M_0$

注：M_0—按简支梁计算的中间弯矩。

3）连续纵梁的剪力按简支梁假定计算。

4. 无纵梁

钢筋混凝土桥面板直接放在横梁上时，若横梁弯曲刚度大体相同时，用于计算横梁弯矩和剪力的载荷取将桥面板假定为简支而计算的横梁上的反力。

5. 纵横梁的连接

1）纵梁设置横梁上翼缘上面时，必须设置确保纵横向有足够稳定性的构造。

2）作为梁或横梁的托架，必须做成将弯曲应力匀均传递给纵梁、横梁、隔板等的构造。

3）承受纵梁和横梁连接的弯矩和剪力的部分的合成应力检验，以及承受多轴应力的翼缘合成应力的检验，应按第 19.6.2 节的规定检验。

6. 纵梁间的横连

应按板梁规定的要求设置，见 19.6 节。

19.6　钢板梁

本节主要介绍承受弯矩和剪力的实腹工形、Π形和箱形断面的钢板梁的典型结构和设计。

19.6.1　典型钢板梁的结构

典型钢板梁的结构如图 19-28 所示。

19.6.2　设计的一般要求

1. 弯曲应力

按式（19-23）计算

$$\sigma_b = \frac{My}{I} \qquad (19-23)$$

式中　σ_b——弯曲应力；

M——弯矩；

I——总断面惯性矩；

y——至中性轴距离。

当受拉翼缘设置螺栓孔时，受拉翼缘应力须乘增大系数（受拉翼缘总面积/受拉翼缘净面积）。

2. 弯曲引起腹板切应力

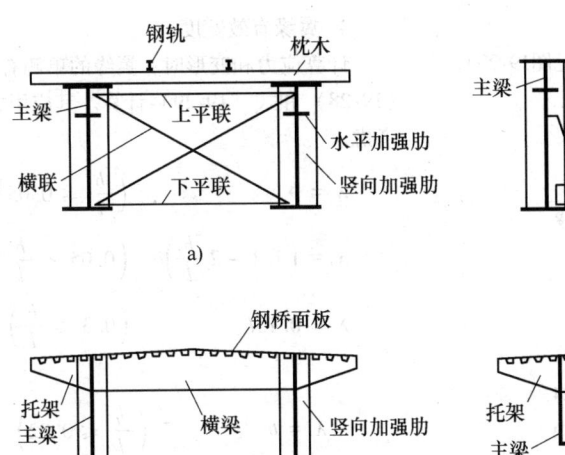

图 19-28　典型钢板梁横断面结构

a）上承式铁路钢板梁　b）下承式铁路钢板梁　c）上承式公路钢板梁　d）公路钢箱梁

按式（19-24）计算：

$$\tau_b = \frac{S}{A_w} \qquad (19\text{-}24)$$

式中　τ_b——切应力；

$\quad\quad S$——剪力；

$\quad\quad A_w$——腹板总断面积。

3. 扭矩引起的应力

考虑扭矩作用时，应考虑纯扭转引起的切应力和翘曲扭转引起的切应力的合应力，以及翘曲扭转引起的垂直应力。

但是用 I 形主梁的格子梁结构中，一般可忽略纯扭转和翘曲扭转引起的应力。用箱形断面主梁时，无论是格子梁结构或单一主梁结构，一般也可忽略翘曲扭转引起的应力。

4. 合成应力的检验

1）断面仅承受弯矩和伴随弯曲引起的切应力时，垂直应力和弯曲切应力超过规定的容许应力的45%时，在弯矩和剪力分别为最大的载荷状态下，须满足式（19-25）：

$$\left.\begin{array}{l} (\sigma_b/\sigma_a)^2 + (\tau_b/\tau_a)^2 \leqslant 1.2 \\ \sigma_b \leqslant \sigma_a \\ \tau_b \leqslant \tau_a \end{array}\right\} \qquad (19\text{-}25)$$

2）考虑扭矩时，在弯矩和弯曲切应力分别为最大状态时，须满足式（19-26）：

$$\left.\begin{array}{l} (\sigma/\sigma_a)^2 + (\tau/\tau_a)^2 \leqslant 1.2 \\ \sigma \leqslant \sigma_a \\ \tau \leqslant \tau_a \end{array}\right\} \qquad (19\text{-}26)$$

式中　$\sigma = \sigma_b + \sigma_w$，$\tau = \tau_b + \tau_s + \tau_w$

$\quad\quad \sigma_b$——弯矩引起的应力；

$\quad\quad \tau_b$——弯曲切应力；

$\quad\quad \tau_s$——纯扭转引起的切应力；

$\quad\quad \sigma_w$——翘曲扭转引起的应力；

$\quad\quad \tau_w$——翘曲扭转引起的切应力；

$\quad\quad \sigma_a$——容许拉应力；

$\quad\quad \tau_a$——容许切应力。

5. 二轴应力的检验

主梁承受两个方向的应力（如主梁翼缘与刚架横梁翼缘直接连接时）应满足式（19-27）：

$$\left(\frac{\sigma_x}{\sigma_a}\right)^2 - \left(\frac{\sigma_x}{\sigma_a}\right)\left(\frac{\sigma_y}{\sigma_a}\right) + \left(\frac{\sigma_y}{\sigma_a}\right)^2 + \left(\frac{\tau}{\tau_a}\right)^2 \leqslant 1.2$$

$$(19\text{-}27)$$

式中　σ_x，σ_y——检验处互相垂直方向产生的应力，拉应力为正，压应力为负；

$\quad\quad \tau$——检验处产生的切应力；

$\quad\quad \sigma_a$——容许拉应力；

$\quad\quad \tau_a$——容许切应力。

19.6.3　板梁翼缘构造要求

1. 受拉翼缘伸出自由边板厚

不管钢材强度是多少，板梁受拉翼缘自由伸出边板厚应大于自由伸出边板宽的1/16。

2. 箱梁受拉翼缘的板厚

箱梁受拉翼缘的板厚应大于腹板中心距的1/80。但是具有足刚度的加劲肋时，腹板中心距可取加劲肋的中心距替代之。

3. 叠加翼板

1）焊接板梁需加翼缘板时，原则上翼缘外侧只能加一层板。

2）外侧的翼缘板的板厚规定如下（见图19-29）。

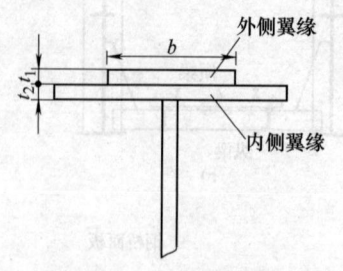

图 19-29　外侧翼缘板厚

受压翼缘：$t_1 \leqslant 1.5t_2$　　且 $t_1 \geqslant b/24$

受拉翼缘：$t_1 \leqslant 1.5t_2$　　且 $t_1 \geqslant b/32$

① 外侧翼缘板厚应小于内侧翼缘板 1.5 倍。

② 受压翼缘的外侧翼缘板厚应大于外侧翼缘板宽的 1/24。

③ 受拉翼缘的外侧翼缘板厚应大于外侧翼缘板宽的 1/32。

3）外侧翼缘板长度应大于梁高的 2 倍加 1m。

4）外侧翼缘端部应比计算值长 30mm 以上，而且全长应大于外侧翼缘宽度的 1.5 倍以上。

5）受拉翼缘的外侧翼缘应延长到，不计外侧翼缘断面，仅用受拉翼缘计算的应力小于容许应力 0.9 倍处。

6）外侧翼缘端部采用不等脚连续角焊缝，焊接细节如图 19-30 所示。

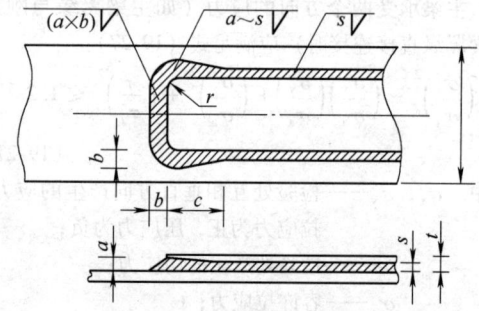

图 19-30　外侧翼缘端部焊接细节

$\dfrac{b}{l} \geqslant 2$　$a \geqslant 0.4t$ 且 $a \geqslant 7mm$　$c \geqslant 10t$ 且 $c \geqslant 100mm$

$r \geqslant \dfrac{b}{10}$ 且 $r \geqslant 10mm$

4. 翼缘有效宽度

计算应力和变形时，翼缘的单侧有效宽度允按式（19-28）和式（19-29）计算。其应用方法按表19-31考虑。

$$\left. \begin{aligned} \lambda &= b & \left(\frac{b}{l} \leqslant 0.05\right) \\ \lambda &= \left(1.1 - 2\frac{b}{l}\right)b & \left(0.05 < \frac{b}{l} < 0.3\right) \\ \lambda &= 0.15l & \left(0.3 \leqslant \frac{b}{l}\right) \end{aligned} \right\}$$

(19-28)

$$\left. \begin{aligned} \lambda &= b & \left(\frac{b}{l} \leqslant 0.02\right) \\ \lambda &= \left[1.06 - 3.2\frac{b}{l} + 4.5\left(\frac{b}{l}\right)^2\right]b & \\ & \left(0.05 < \frac{b}{l} < 0.3\right) \\ \lambda &= 0.15l & \left(0.3 \leqslant \frac{b}{l}\right) \end{aligned} \right\}$$

(19-29)

式中　λ——翼缘单侧有效宽度（见图 19-31）；

　　　b——1/2 腹板间距或翼缘悬臂宽度（见图 19-31）；

　　　l——等效跨长（见表 19-31）。

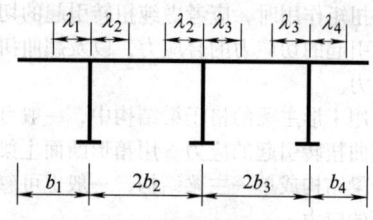

图 19-31　翼缘有效宽度

19.6.4　腹板

板梁腹板厚度须满足表 19-32 的要求。当计算应力小于容许应力时，表 19-32 的分母可乘系数 α_1，但 α_1 不得超过 1.2，$\alpha_1 = \sqrt{\sigma_{a,w}/\sigma_{c,w}}$，$\sigma_{a,w}$ 为容许弯曲压应力上限值，$\sigma_{c,w}$ 为计算弯曲压应力。

表 19-31　板梁翼缘单侧有效宽度

部位		单侧有效宽度			简　图
		符　号	适用公式	等效跨长 l	
简支梁	①	λ_L	式(19-27)	L	

（续）

部位	单侧有效宽度			简 图
	符 号	适用公式	等效跨长 l	
连续梁 ①	λ_{L_1}	式(19-28)	$0.8L_1$	
⑤	λ_{L_2}		$0.6L_1$	
③	λ_{S_1}	式(19-29)	$0.2(L_1+L_3)$	
⑦	λ_{S_2}		$0.2(L_2+L_3)$	
② ④ ⑥ ⑧	用两端有效宽 直线变化			
悬臂梁 ①	λ_{L_1}	式(19-28)	L_1	
④	λ_{L_2}		$0.8L_3$	
②	λ_{S_2}	式(19-29)	L_2	
③	用两端有效宽 直线变化			

表 19-32 板梁最小腹板厚度

钢材强度/MPa	400	490	520	570
无水平加劲肋时	$b/152$	$b/130$	$b/123$	$b/110$
有一个水平加劲肋时	$b/256$	$b/220$	$b/209$	$b/188$
有二个水平加劲肋时	$b/310$	$b/310$	$b/294$	$b/262$

19.6.5 竖向加劲肋

1. 竖向加劲肋布置及其间距

1）当上下翼缘净间距超过表 19-33 的值时，必须设置竖向加劲肋。当计算切应力小于容许切应力时，表 19-33 的值可乘系数 α_2，但 α_2 不得超过 1.2，$\alpha_2 = \sqrt{容许切应力/计算切应力}$。

表 19-33 省略竖向加劲肋的 翼缘净间距的最大值

钢材强度/MPa	400	490	520	570
上下翼缘净间距	$70t$	$60t$	$57t$	$50t$

注：t—腹板厚度。

2）竖向加劲肋间距须满足以下关系式，但 $a/b \leq 1.5$。

① 没有水平加劲肋时：

$$\left(\frac{b}{100t}\right)^4\left\{\left(\frac{\sigma}{345}\right)^2+\left[\frac{\tau}{77+58\left(\frac{b}{a}\right)^2}\right]^2\right\}\leq 1,$$

$$\left(\frac{a}{b}>1\right) \qquad (19\text{-}30)$$

$$\left(\frac{b}{100t}\right)^4\left\{\left(\frac{\sigma}{345}\right)^2+\left[\frac{\tau}{58+77\left(\frac{b}{a}\right)^2}\right]^2\right\}\leq 1,$$

$$\left(\frac{a}{b}\leq 1\right) \qquad (19\text{-}31)$$

② 有一个水平加劲肋时：

$$\left(\frac{b}{100t}\right)^4\left\{\left(\frac{\sigma}{900}\right)^2+\left[\frac{\tau}{120+58\left(\frac{b}{a}\right)^2}\right]^2\right\}\leq 1,$$

$$\left(\frac{a}{b}>0.8\right) \qquad (19\text{-}32)$$

$$\left(\frac{b}{100t}\right)^4\left\{\left(\frac{\sigma}{900}\right)^2+\left[\frac{\tau}{90+77\left(\frac{b}{a}\right)^2}\right]^2\right\}\leq 1,$$

$$\left(\frac{a}{b}\leq 0.8\right) \qquad (19\text{-}33)$$

③ 有二个水平加劲肋时

$$\left(\frac{b}{100t}\right)^4\left\{\left(\frac{\sigma}{3100}\right)^2+\left[\frac{\tau}{187+58\left(\frac{b}{a}\right)^2}\right]^2\right\}\leq 1,$$

$$\left(\frac{a}{b}>0.64\right) \qquad (19\text{-}34)$$

$$\left(\frac{b}{100t}\right)^4\left\{\left(\frac{\sigma}{3000}\right)^2+\left[\frac{\tau}{140+77\left(\frac{b}{a}\right)^2}\right]^2\right\}\leq 1,$$

$$\left(\frac{a}{b} \leqslant 0.64\right) \tag{19-35}$$

式中　a——竖向加劲肋间距；

　　　b——腹板高；

　　　t——腹板厚度；

　　　σ——腹板受压翼缘应力（MPa）；

　　　τ——腹板切应力（MPa）。

2. 竖向加劲肋的刚度、钢材强度和板厚

1）一个竖向加劲肋的惯性矩需满足下式要求：

$$I_v \geqslant \frac{bt^3}{11}\gamma_{v,req} \tag{19-36}$$

式中　t——腹板厚度；

　　　b——腹板高。

　　　$\gamma_{v,req}$——竖向加劲肋的必要刚度比，$\gamma_{v,req} = 8\left(\frac{b}{a}\right)^2$；

　　　a——竖向加劲肋间距。

2）竖向加劲肋的宽度应大于腹板高 1/30 +50mm。

3）不管腹板钢材强度，竖向加劲肋均可用 400MPa 级钢材。

4）竖向加劲肋的板厚应大于其宽度的 1/13。

3. 竖向加劲肋的安装方法

1）支点处竖向加劲肋应与翼缘焊接。

2）支点以外的竖向加劲肋应遵守以下规定：

① 竖向加劲肋应与受压翼缘焊接。

② 传递集中载荷的竖向加劲肋原则上不焊接到受拉翼缘上，但应密贴。

③ 集中载荷点以外的竖向加劲肋应与受拉翼缘有适当的间距（宜大于100mm）。

19.6.6　水平加劲肋

水平加劲肋的位置如图 19-32 所示。

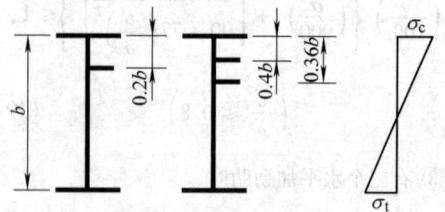

图 19-32　水平加劲肋位置

水平加劲肋的惯性矩 I_h 须满足下式：

$$I_h \geqslant \frac{bt^3}{11}\gamma_{h,req} \tag{19-37}$$

式中　t——腹板厚度；

　　　b——腹板高；

　　　$\gamma_{h,req}$——水平加劲肋的必要刚度比，$\gamma_{h,req} =$

$30\frac{a}{b}$；

　　　a——竖向加劲肋间距。

水平加劲肋的应力以安装位置的腹板最大应力作为其应力，以此决定其钢材和板厚。

19.6.7　传递集中载荷点的构造

（1）集中载荷点的构造

1）板梁的主梁支点、横梁、纵梁、横联等安装部位传递集中载荷点处应设置竖向加劲肋。

2）传递集中载荷点处的竖向加劲肋，应根据以下规定作为轴向受压柱进行设计。

① 作为柱的有效断面积：加劲肋断面 $+ 2 \times 12t$。但是有效断面积不得超过加劲肋断面的 1.7 倍。

② 用于计算容许应力的断面回转半径，由腹板中心线求出，有效压屈长度取梁高的 1/2。

集中载荷点的腹板有效宽度如图 19-33 所示。

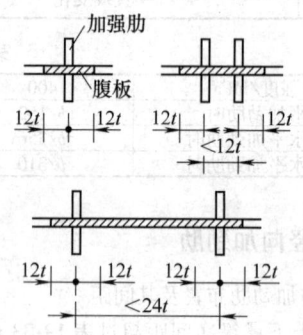

图 19-33　集中载荷点的腹板有效宽度

（2）设计细节

1）竖加劲肋与腹板的连接应按由竖加劲肋承受全部集中载荷进行设计。

2）支点上的竖加劲肋原则上应对称设置，并延伸到上下翼缘。

19.6.8　联结系

（1）横联

1）板梁桥支点处必须设置端横联。

2）I 形和 II 形断面的板梁桥，中间横联间距应小于 6m，并且不超过翼缘宽度的 30 倍。

3）有 3 个以上主梁支撑桥面板，主梁之间必须设置有足够刚度的横梁来分配载荷，分配载荷的横梁间距不得超过 20m。

4）起载荷分配作用的横联应按主要构件设计。

5）下承式钢板梁桥中，横联安装处用肋板连接横梁和主梁竖向加劲肋，以便增大抗横向变形的刚度，但是肋板自由边长度不得超过板厚的 60 倍，如

图 19-34 所示。

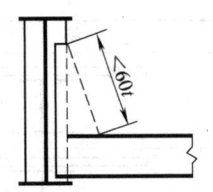

图 19-34 肱板自由边长度

（2）平联

1）I 形断面板梁桥中，原则上应设置上平联和下平联来承受并传递横向力。

2）上承式板梁桥中，钢桥面板或混凝土桥面板与主梁连接，可省略平联。

3）$L < 25\text{m}$，并有很强固的横向联结系，可省略下平联，但曲线桥中不得省略下平联。

19.6.9 其他

1）$L < 25\text{m}$ 的钢板梁，原则上应设上拱度。

2）上拱度值以恒载时路面所定的高度为准。

19.7 组合梁

19.7.1 组合梁的典型结构形式

近年来，复合结构发展很快。复合结构（Hybrid Structure）大体可分为组合结构（Composite Structure）和混合结构（Mixed Structure）。组合结构是指由异种材料组成构件断面的结构体系，混合结构是指把异种材料构件通过接头连成整体的结构体系。这里的异种材料通常指钢材和混凝土。

本节仅介绍较简单的组合结构，这种组合梁是在钢梁和混凝土桥面板之间设置剪力键，并组成一体而共同工作的受弯结构。

典型的组合梁横断面如图 19-35 所示。

19.7.2 桥面板组合作用的处理

1）计算主梁的断面应力时，桥面板组合作用的处理应按表 19-34 处理。

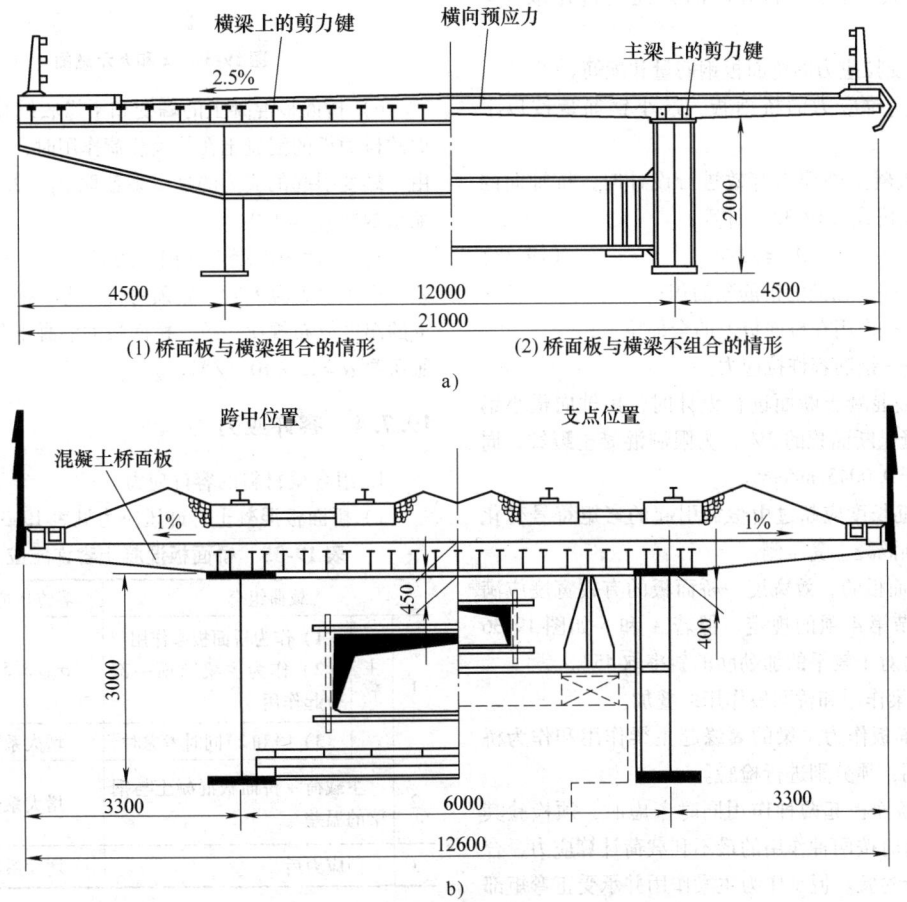

(1) 桥面板与横梁组合的情形　　(2) 桥面板与横梁不组合的情形

a)

跨中位置　　支点位置

b)

图 19-35 组合梁横断面（单位：mm）
a）公路组合梁桥横断面　b）铁路组合梁桥横断面

表 19-34　桥面板组合作用的处理

弯矩种类	桥面板组合作用的处理		简　图
正	主梁断面计入桥面板混凝土		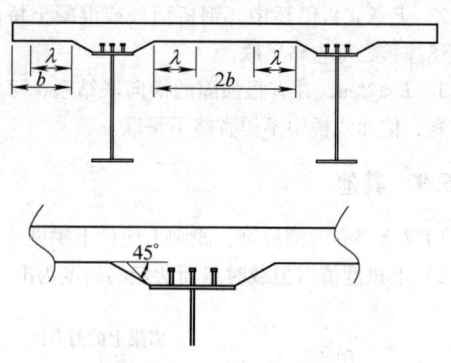
负	承受拉应力的桥面板，取混凝土断面有效进行设计时	主梁断面计入桥面板混凝土	
负	承受拉应力的桥面板，不考虑混凝土断面进行设计时	主梁断面仅计入桥面板混凝土中的纵向钢筋	

2）计算主梁的弹性变形和超静应力时，不取决于表 19-36，应考虑桥面板混凝土的组合作用。

19.7.3　设计的一般注意事项

1）桥面板混凝土的设计强度。普通混凝土桥面板的设计强度 $\sigma_{ck} \geqslant 27MPa$。预应力混凝土桥面板的设计强度 $\sigma_{ck} \geqslant 30MPa$。

2）组合梁中计算主梁的弹性变形、超静应力和断面应力时，钢材与混凝土的弹性模量比取 $n = 7 \sim 8$。

3）承受拉应力的桥面板钢筋量和配筋。

① 承受拉应力的桥面板，最小钢筋量按以下规定：

a. 视混凝土断面为有效进行设计时，桥轴向的最小钢筋量按式（19-38）计算：

$$A_s = T/\sigma_{sa} \qquad (19-38)$$

式中　A_s——桥轴向的钢筋断面积；

　　　T——作用在桥面板上的全部拉力；

　　　σ_{sa}——钢筋容许拉应力。

b. 略去混凝土断面进行设计时，桥轴向最小钢筋量取混凝土断面积的 2%，为限制混凝土裂纹，周长率应大于 $0.0045cm/cm^2$。

② 钢筋长度应超过由恒载引起的弯矩符号变化点，锚固到混凝土受压侧。

4）桥面板的有效宽度。桥面板的有效宽度应满足 15.5.1 节第 4 项的规定。但若 λ 和 b 如图 19-36 所示，这时对于较平的加劲肋的斜率取 45°。

5）主梁作用和桥面板作用的叠加。

① 桥面板作为主梁的翼缘起主梁作用和作为桥面板的作用，须分别进行检验。

② 当桥面板起两种作用同时考虑时，须检验其安全性，这时按两种作用的最不利载荷计算应力，合计起来进行检验。但是作为主梁作用并承受正弯矩部分的桥轴方向，钢筋应力可以不考虑两种作用的叠加。

图 19-36　λ 和 b 示意图

6）桥面板混凝土的蠕变和干燥收缩作为组合断面的桥面板的混凝土在持续载荷作用时，计算桥面板由于蠕变引起的应力的蠕变系数取 $\varphi_1 = 2.0$。干燥收缩系数取 $\varphi_2 = 4.0$。

7）桥面板混凝土和钢梁的温度差一般取 10℃ 温差。产生显著温差时，则须另行考虑。钢梁和混凝土上的温度分布规律一致。桥面板的混凝土和钢材的线胀系数 $\alpha = 12 \times 10^{-6}/℃$。

19.7.4　容许应力

1. 组合梁材料的容许应力

1）桥面板混凝土容许压应力见表 19-35。

表 19-35　桥面板混凝土容许压应力

载荷组合		容许压应力/MPa
1　主载荷	1）作为桥面板起作用 2）作为主梁断面一部分起作用	$\sigma_{ck}/3.5$，且 ≤10
	3）1）和2）同时考虑时	增大系数 1.40
2	主载荷 + 桥面板混凝土与钢梁的温差	增大系数 1.15
3	预应力后	增大系数 1.25

2）承受拉应力桥面板中，视混凝土断面有效进行设计时，混凝土容许拉应力见表 19-36。

表 19-36 混凝土容许拉应力

编号	载荷组合	容许拉应力/MPa	
1	主载荷	桥面板上下缘	$\sigma_{ck}/15$，且≤2.5
		桥面板厚中心	$\sigma_{ck}/25$，且≤1.5
2	主载荷(不计冲击力)	0	
3	主载荷 + 桥面板混凝土与钢梁的温差	增大系数 1.15	
4	施工载荷	$\sigma_{ck}/40$，且≤1.0	

3）钢筋容许应力，容许拉应力 140MPa，容许压应力 180MPa。当桥面板同时作为主梁断面一部分和作为桥面板而起作用时，其容许应力可增大 1.2 倍。

4）钢梁容许应力增大系数见表 19-37。

2. 对于组合梁屈服点的安全度检验

1）最不利载荷组合如下：

① 恒载的 1.3 倍。

表 19-37 钢梁容许应力增大系数

编号	载荷组合		增大系数	
			承受正弯矩部分	承受负弯矩部分
1	主载荷(不计蠕变和干燥收缩的影响)		1.0	1.0
2	主载荷	受压缘	1.15	1.0
		受拉缘	1.0	1.0
3	主载荷 + 桥面板与钢梁的温差	受压缘	1.30	1.15
		受拉缘	1.15	1.15
4	施工载荷	受压缘	1.25	1.25
		受拉缘	1.25	1.25

② 活载和冲击力的 2 倍。

③ 预应力。

④ 混凝土的蠕变和干燥收缩。

⑤ 温度变化的影响。

2）在最不利载荷组合条件下，钢梁翼缘和桥轴钢筋的屈服点安全度检验的钢材容许应力（屈服点保证值）见表 19-38。

表 19-38 用于材料屈服安全度检验的材料屈服点 （单位：MPa）

钢材强度/MPa 板厚/mm	400	490	520	570	钢筋
$t \leqslant 40$	235	315	355	450	
$40 < t \leqslant 75$	215	295	335	430	295
$75 < t \leqslant 100$			325	420	

桥面板混凝土压应力须小于设计基准强度 σ_{ck} 的 3/5。

19.7.5 混凝土桥面板的构造

1）剪力集中部分的构造。在剪力集中的部分，如端支点、中间支点附近集中作用因恒载、活载、温差、干燥收缩等引起的切应力，须设补强钢筋。补强钢筋直径 ≥16mm，布置在板的中性轴附近，间距150mm 以下。补强钢筋布置范围：主梁方向，垂直于主梁方向，分布在主梁间距 1/2 范围内，详见图19-37。

2）构造接头。在混凝土桥面板接缝处，钢筋不得中断，或应有可靠连接。

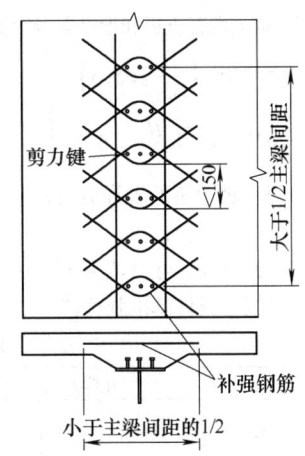

图 19-37 剪力集中部分的构造

3）起组合作用时，桥面板混凝土的压缩强度。这时混凝土的压缩强度取设计基准强度的 80% 以上。

19.7.6 剪力键

1）剪力键的种类。以前剪力键有槽钢、圆形钢筋，以及槽钢 + 圆形钢筋。现在则采用栓头焊钉。

2）剪力键的设计。剪力键设计须考虑的载荷组合包括恒载、活载、预应力、混凝土和钢梁间的温差等。由此引起的最大剪力，不考虑剪力键容许应力增大系数。

3）桥面板混凝土干燥收缩以及混凝土和钢梁间的温差产生的剪力。干燥收缩和温差产生的剪力，须在桥面板自由端部并在主梁间距 a（若 $a > L/10$ 时，取 $L/10$）范围内设置剪力键，如图 19-38 所示。

4）剪力键的最大间距取桥面板厚的 3 倍，但不得超过 60cm。剪力键最小间距：采用栓钉时，桥轴向最小中心距取 $5d$ 或 10cm，垂直于桥轴向最小中心距取 $d + 3.0$cm，d 为焊钉的直径。焊钉杆与翼缘边间的最小间距为 2.5cm。

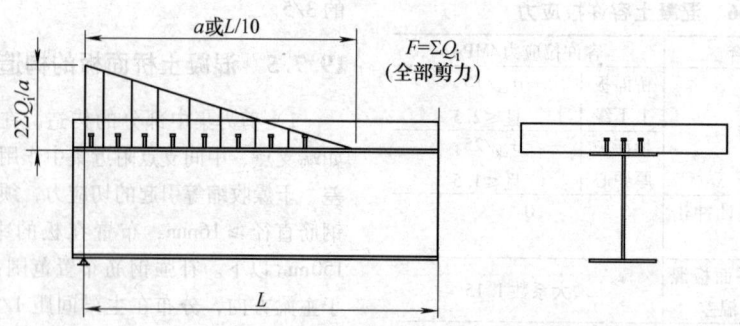

图 19-38 干燥收缩和温差产生的剪力

a—主梁间距　L—跨长，连续梁时为各跨的合计长度

5）容许剪力。剪力键采用栓钉时，容许应力按式（19-39）计算，略去混凝土板和钢梁翼缘间的黏着力。

$$Q_a = 9.4d^2 \sqrt{\sigma_{ck}}\left(\frac{H}{d} \geq 5.5\right) \atop Q_a = 1.72dH \sqrt{\sigma_{ck}}\left(\frac{H}{d} < 5.5\right) \Bigg\} \quad (19\text{-}39)$$

式中　Q_a——每个剪力键的容许剪力；

　　　d——栓钉的直径；

　　　H——栓钉全高，标准值为 15cm；

　　　σ_{ck}——混凝土设计基准强度。

6）中间支点附近的剪力键的设计。计算剪力键时，不管弯矩符号，仅取桥面板混凝土的有效断面进行设计。

7）剪力键规格。剪力键材质如表 19-39 所示。栓钉剪力键形状、尺寸和容许偏差如表 19-40 所示。

8）钢梁翼缘板厚。使用栓钉时，钢梁翼缘板厚 $t \geq 10\text{mm}$。

9）组合梁拱度。组合梁拱度原则上设置在钢梁上。

表 19-39　栓钉剪力键材质

材质	化学成分（质量分数，%）						力学性能		
	C	Si	Mn	P	S	Al	R_{eL} /MPa	R_m /MPa	伸长率 （%）
ML15	0.13 ~ 0.18	0.15 ~ 0.35	0.3 ~ 0.6	<0.035	<0.035	—	≥320	≥400	≥20
ML15Al	0.13 ~ 0.18	≤0.1	0.3 ~ 0.6	<0.035	<0.035	≥0.02			

表 19-40　栓钉剪力键形状、尺寸和容许偏差

名称	直径 d/mm		栓头直径 D/mm		栓头厚 T/mm （最小）	r /mm	形状及符号
	标准尺寸	容许差	标准尺寸	容许差			
$\phi 19$	19	±0.4	32	±0.4	10	≥2	
$\phi 22$	22		35				

19.8　桁架桥

1. 适用范围

本节适用于以桁架为主的上部结构的设计，也可适用于桁拱和拱桥、悬索桥、斜拉桥等中的桁架式加劲梁。

2. 桁架结构

桁架按上弦承载或下弦承载分为上承式桁架或下承式桁架。图 19-39 为典型的下承式桁架桥及其构件。

3. 构件

（1）桁架的构件

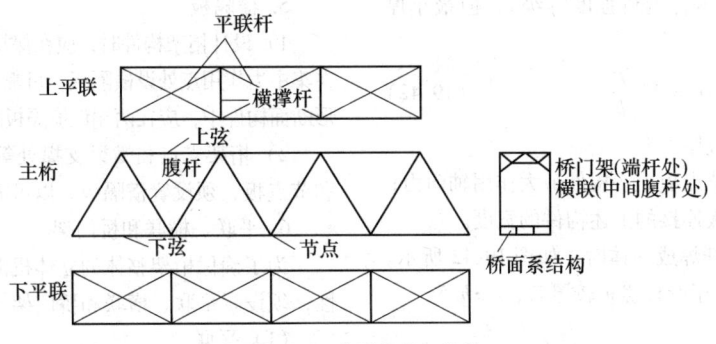

图 19-39 典型的桁架结构

一般应按照 19.4 节的规定设计。

（2）构件的断面

1）构件断面的形心应与断面的中心一致，并与桁架的中心线一致，尽可能避免偏心引起的次应力。

2）构件由板件组焊的构件，焊缝应左右、上下对称布置。

3）受压弦杆、端部柱、中间支点处的斜杆等，原则上应为箱形断面构件，并且绕垂直轴线的回转半径的长细比应小于绕水平轴的回转半径的长细比。

4）箱形断面构件中水平腹板的断面积宜大于构件总面积的 40%。

（3）桁架受压构件的有效压屈长度

1）桁架面内：

① 弦杆的有效压屈长度为构件的理论长度（桁架节点中心距）。

② 由节点板连接弦杆的腹杆的有效压屈长度取连接高强度螺栓群重心间的距离，但不得小于腹杆理论长度的 0.8 倍。

对于横联和平联构件，可取构件理论长度的 0.9 倍。

③ 腹杆得到其他构件的有效支持时，可将支持点间距作为有效压屈长度。这里所说的有效支撑（图 19-40）意味着斜杆 D 得到支杆 T 的支持，其连接满足要求，且支杆作为次要受压构件设计。这时 D 和 T 构件的连接强度至少应大于 D 和弦杆连接强度的 1/4。

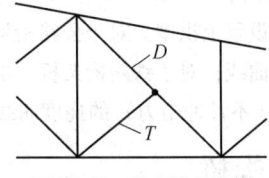

图 19-40 受支撑的腹杆

2）桁架面外：受压构件的桁架面外有效压屈长度原则上取其理论长度。

3）轴力不同的桁架构件的面外有效压屈长度。图 19-41 所示的桁架 aa 弦杆，作用在 ab 和 ba 的压力不同，而且 b 点无桁架面外支杆支持，aa 构件的桁架面外有效压屈长度 l 可用式（19-40）求得：

$$l = \left(0.75 + 0.25\frac{P_2}{P_1}\right)L \qquad (19\text{-}40)$$

式中　P_1、P_2——作用在 ab 和 ba 构件上的压力，取 $P_1 \geqslant P_2$。

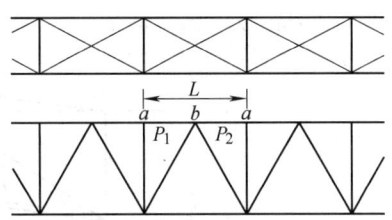

图 19-41 轴力不同的桁架构件
的面外变形有效压屈长度

图 19-41 为 K 形桁架竖杆面外无支杆支持，aa 杆的桁架面外的有效压屈长度 l 可用式（19-41）求得

$$\left. \begin{array}{ll} l = \left(0.75 - 0.25\dfrac{P_2}{P_1}\right)L & (P_1 \geqslant P_2) \\[2mm] l = 0.5L & (P_1 < P_2) \end{array} \right\}$$

$$(19\text{-}41)$$

式中　P_1——压力的绝对值；

　　　P_2——拉力的绝对值。

4. 节点

（1）节点设计的一般要求

节点应设计成构造简单，易于各构件的连接，便于检查、排水、清扫等维修作业。

（2）节点板

1）节点板应匀顺构件间的内力，并防止次应力和应力集中。

2）节点板和构件用高强度螺栓连接时，螺栓应与构件轴线成对称布置。

3）主桁节点中，构件两面拼接时，节点板厚按式（19-42）确定（不管钢材强度等级），但最小厚度为 11mm。

$$t = 22\frac{P}{b} \qquad (19\text{-}42)$$

式中　t——节点板板厚；

　　　P——连接到节点板上一构件最大作用轴向力；

　　　b——与节点板连接的上述构件的宽度。

4）节点板与弦杆焊成一体时，如图 19-42 所示。这时，节点板不得小于弦杆竖板较厚者，$r \geqslant h/5$。

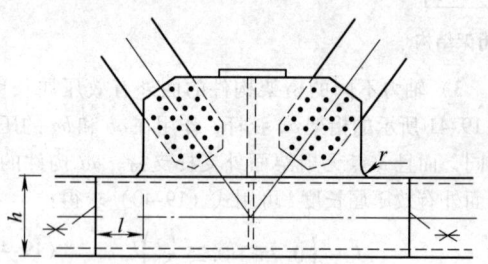

图 19-42　节点板与弦杆焊成一体
的整体焊接节点
r—圆弧半径　h—弦杆高度
$r/h > 1/5$　$l \geqslant r + 100mm$

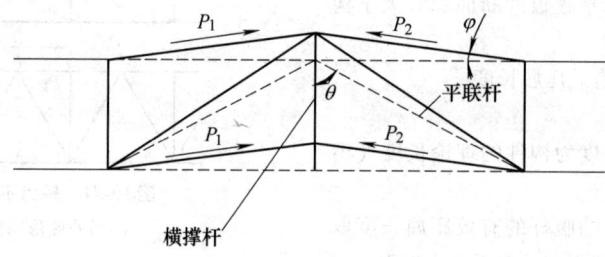

图 19-43　平联节点受力

4）平联除分担部分桁架弦杆应力外，还受横联的影响承受附加应力，所以设计时应有一定富裕。

（2）横联

1）桁架各节点处原则上应设置横联。

2）上承式桁架中，横联原则上由横梁至下弦杆间的框架组成。

3）上承式桁架支点处的横联应确保有足够的刚度，并且须使作用在上弦的横向载荷的全部反力传递给支座。

（3）桥门架

下承式桁架桥门架应使作用在上弦的横向载荷的全部反力传递给支座。

7. 桁架的次应力

1）桁架设计时，必须尽可能减少由于节点刚度而产生的次应力。

5. 横隔板

1）设计桁架构件时，应在保持其断面形状基础上，在集中力作用点处设横隔板，可靠传递内力。另外，箱形断面构件中，应在两端设横隔板防止内部腐蚀。

2）桁架支点和横梁支撑处等集中力作用的弦杆和节点板，须设置横隔板，以可靠地传递集中力。

6. 平联、横联和桥门架

为了确保桁架整体的立体机能，使其有足够的刚性，须设置平联、横联和桥门架。

（1）平联

1）原则上桁架的上下弦须设置上下平联。

2）非加载弦的平联构件高度一般应小于弦杆高度。

3）受压弦的平联应承受以下载荷：

平联杆：$(P_1 + P_2)/100$

横撑杆：$\dfrac{(P_1 + P_2)}{100}\sec\theta$

式中　P_1、P_2——平联杆的节点左右侧弦杆的压力，如图 19-43 所示。

　　　θ——横撑杆和平联杆的夹角。

2）主桁构件（弦杆、腹杆）的高度宜小于构件长度的 1/10。

8. 弦杆直接支撑桥面板

主桁弦杆直接支撑钢筋混凝土桥面板时，弦杆应按作为主桁构件计算的应力和作为桥面系构件计算的应力同时作用的构件进行设计，而且其容许应力不得增大。

9. 桁架的拱度

桁架桥需设置上拱度。对于公路桁架桥，拱度曲线取恒载挠度曲线；对于铁路桁架桥，拱度曲线取恒载 +1/2 活载（不计冲击力）的挠度曲线。

19.9　刚构桥

1. 刚构结构

现代桥梁中刚构结构越来越多地用于高架桥。

刚构是梁墩刚性连成的整体结构。典型的刚构结构形式如图 19-44 所示。

2. 基础变位的影响

刚构结构的支点多数采用固支，设计时必须注意基础的转动和相对变位的影响。

3. 刚构的整体有效压屈长度

1）当不需进行特别严密的计算时，刚构的有效压屈长度可按表 19-41 求得。

2）承受轴向压力和弯矩作用的构件按第 19.4.1 节中 3 的规定进行检验。

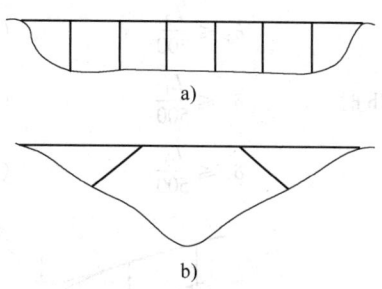

图 19-44　平联节点受力
a）多跨连续刚构高架桥　b）斜腿刚构

表 19-41　刚构的有效压屈长度（图 19-45）

构件	压屈形式	面 内 压 屈
立柱	下端固支	$l = 1.5h$ $\quad\quad (K \le 5)$ $l = [1.5 + 0.04(K-5)]h \quad (5 < K \le 10)$
	下端铰支	$l = 1.5h$ $\quad\quad (K \le 5)$ $l = [3.5 + 0.2(K-5)]h \quad (5 < K \le 10)$
二层以上的立柱		$l = 1.9h$ $\quad\quad (K \le 5)$ $l = [1.9 + 0.14(K-5)]h \quad (5 < K \le 10)$
单腿柱		$l = 2.0h$
二层以上单腿柱		$l = 2.2h$

注：$K = \dfrac{I_C/h}{I_B/h}$；I_C—立柱断面惯性矩的平均值；I_B—梁断面惯性矩的平均值。

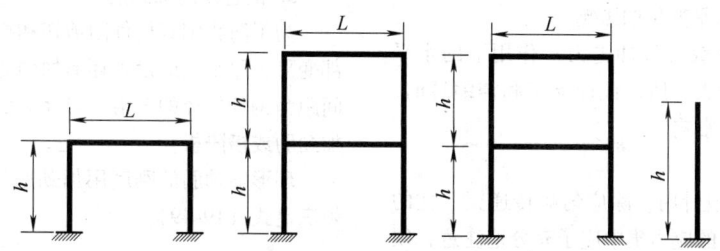

图 19-45　刚构构件长度

4. 刚构桥的挠度

刚构桥的活载（不计冲击力）最大挠度须满足式（19-43）的要求。

$$\delta \le \frac{L}{500} \qquad (19\text{-}43)$$

式中　δ——活载(不计冲击力)引起的最大挠度；

　　　L——支腿跨长（图 19-46）。

5. 刚构桥墩的挠度

当主梁支承在刚构桥墩上时，活载（不计冲击力）引起的最大挠度须满足式（19-44）的规定。

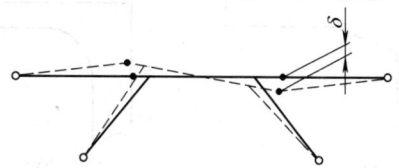

图 19-46　刚构桥的挠度

$$\left.\begin{array}{l}(\delta_1 + \delta_2)\\ \text{或}(\delta_2 + \delta_3)\end{array}\right\} \le \frac{(L_1 + L_2 + L_3)}{500} \qquad (19\text{-}44)$$

图 19-47a 时，　　　$\delta_1 \le \dfrac{L_1}{300}$　　　（19-45）

$$\delta_3 \leqslant \frac{L_3}{300} \qquad (19\text{-}46)$$

图 19-47b 时，
$$\delta_1 \leqslant \frac{L_1}{500} \qquad (19\text{-}47)$$

$$\delta_3 \leqslant \frac{L_3}{500} \qquad (19\text{-}48)$$

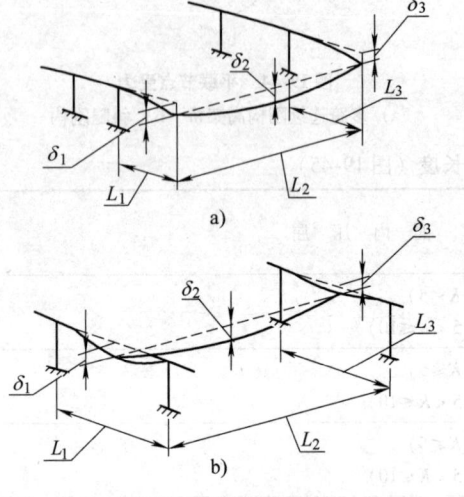

图 19-47　刚构桥墩的挠度

即使满足以上挠度要求，上部结构的应力考虑了 δ_1 和 δ_3 的影响时，主梁仍须按弹性支承上的梁进行分析。

6. 斜腿刚构桥水平变位的影响

斜腿刚构桥在活载（计冲击力）作用下的水平变位比板梁和桁梁的大，所以设计支座和伸缩缝时，必须考虑水平变位的影响。

7. 隔角的设计

1）刚构的隔角设计时，除应匀顺传递梁、柱的应力流外，对隔角内的应力集中应予充分地注意，须对其作三维有限元分析检验。最常见的刚构隔角几何形状如图 19-48 所示。

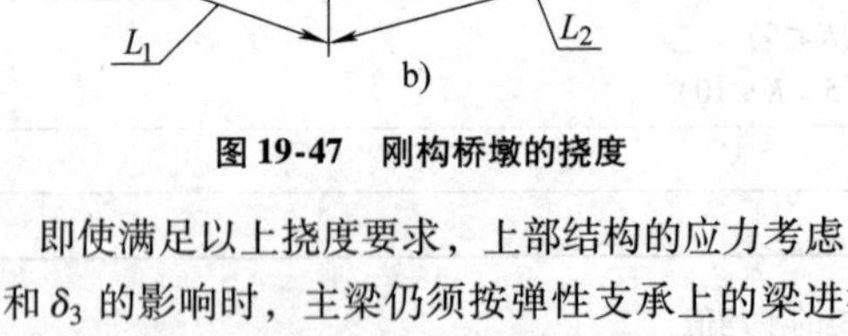

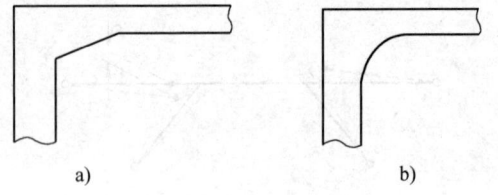

图 19-48　刚构隔角形状
a）直线腋　b）圆弧腋

2）隔角下翼缘应用增强板厚强化，不得设加劲肋强化。隔角处的半径应尽可能加大。

3）隔角处，梁的支点处及其他部位的横隔板厚度如图 19-49 所示。

4）隔角圆弧腋的半径如图 19-49 所示。

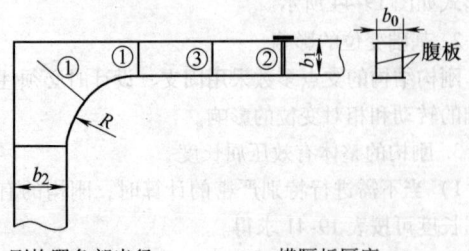

刚构隔角部半径：　　　　横隔板厚度：
$R > 15t$　　　　　　　　　隔角部①：$t \geqslant b_0/60$
$b_1 \geqslant b_2$ 时 $R > 0.5b_2$　　梁支座②：$t \geqslant b_0/50$
$b_1 < b_2$ 时 $R > 0.5b_1$　　梁支座③：$t \geqslant b_0/80$

图 19-49　刚构隔板的厚度

19.10　钢管结构

1. 适用范围

本节适用于用钢管组成的上部结构和钢制桥墩的设计。

2. 钢管

钢管分为轧制无缝钢管和由钢板滚轧、压制成圆筒形的焊接钢管。滚轧或压制成形的焊接钢管最小直径为 300mm，壁厚 > 8mm。钢管焊接一般采用电弧焊，钢管的焊缝部位须通过弯曲试验确认无缺陷。

3. 钢管横向加劲肋

为了防止钢管构件因剪切和扭转引起的压屈和局部变形，原则上应设置环形加劲肋或横隔板，其最大间距为钢管外径的 3 倍。当 $R/t \leqslant 30$ 时，可省略环形加劲肋或横隔板。

环形加劲肋的刚度用加劲肋的宽度和板厚表示，须满足式（19-49）。

$$\left.\begin{array}{l} b \geqslant \dfrac{d}{20} + 70 \\[2mm] t \geqslant \dfrac{b}{17} \end{array}\right\} \qquad (19\text{-}49)$$

式中　b——环形加劲肋宽度；
　　　t——环形加劲肋板厚；
　　　d——钢管外径。

4. 钢管接头

1）钢管与钢管轴向连接时，原则上采用高强度螺栓连接或焊接连接。不得已时，次要构件可采用法兰盘接头。图 19-50a 为高强度螺栓连接细节，从便于施工考虑，内侧拼接板分为四块，外侧拼接板分为两块。图 19-50b 为全熔透对接焊接头，为施工方便，可采用陶瓷衬垫焊或钢衬垫板焊接。图 19-51 为次要构件的法兰盘接头。

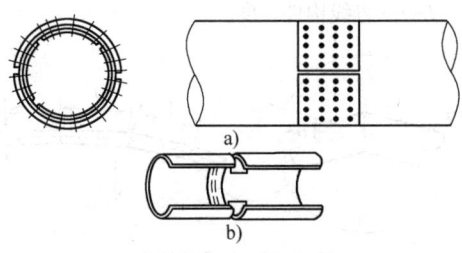

图 19-50 采用高强度螺栓连接或焊接连接

a) 高强度螺栓连接 b) 钢衬垫板焊接连接

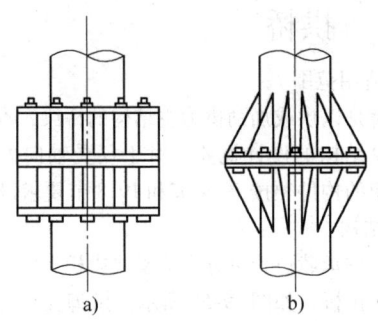

图 19-51 次要构件的法兰盘接头

a) 双法兰盘接头 b) 带肋法兰盘接头

2) 支管与主管在构件轴向连接时可采用节点板接头和分支接头。

① 节点板接头。在主管轴线方向设置节点板时，可设置贯通节点板作为主管的加劲肋，如图 19-52a、b 所示。当支管传力较小，且作用在管轴方向时，则主管可不设加劲肋补强。

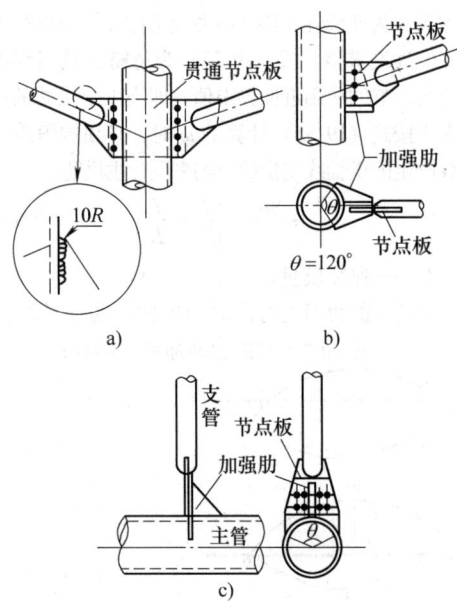

图 19-52 节点板接头

主管没有环形加劲肋补强的节点，设置在垂直于主管轴线方向的节点板和加劲肋的宽度应为自主管中心角 120° 的范围，如图 19-52b、c 所示。图 19-52c 中，节点板上应设加劲肋补强。而且节点板焊缝端部应打磨成圆弧。

② 钢管分支接头。钢管分支接头应满足以下条件，如图 19-53 所示。

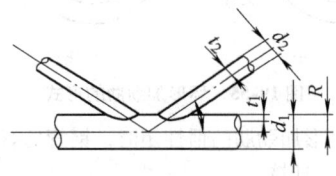

图 19-53 钢管分支接头

注：1. $t_2 \leqslant t_1$，$t_1 \geqslant \dfrac{R}{30}$　2. $d_2 \geqslant \dfrac{1}{3} d_2$　3. $\theta \geqslant 30°$

两支管的轴线与主管轴线不得有偏心。但是，不得已时，且支管为次要构件，允许在支管侧有小于 $d/4$ 的偏心，见图 19-54。

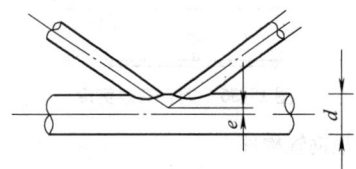

图 19-54 偏心钢管分支接头

注：$e \leqslant \dfrac{d}{4}$

支管端部须用钢管自动切割机切割。焊接时应遵照钢桥的焊接注意事项。

5. 节点构造

1) 在承受集中载荷的节点和支座部位，为了防止局部变形，原则上设置加劲肋和横隔板补强。

2) 节点处钢管的变形量需满足式 (19-50) 的要求：

$$\delta \leqslant \frac{R}{500} \qquad (19-50)$$

式中　δ——节点处变形量；

　　　R——钢管半径。

3) 环形加劲肋的惯性矩一定时，节点处钢管变形量可用下式计算。

① 仅有环形加劲肋时（见图 19-55b）

$$\delta = 0.045 \frac{PR^3}{EI}$$

② 环形加劲肋与管内支杆并用时（见图 19-55a）

$$\delta = 0.007 \frac{PR^3}{EI}$$

$$(19-51)$$

式中　P——作用载荷；

　　　I——环形加劲肋惯性矩；

　　　E——弹性模量。

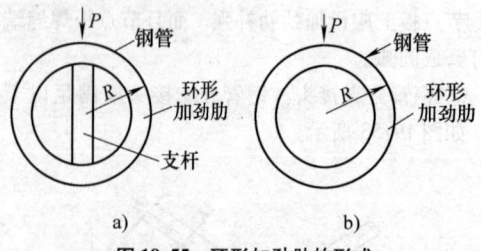

图 19-55　环形加劲肋的形式

计算环形加劲肋的惯性矩时，钢管的有效宽度按式（19-52）计算。

$$\lambda = 0.78 \sqrt{RT} \qquad (19-52)$$

式中　λ——钢管的有效宽度（见图 19-56）；

　　　t——钢管壁厚。

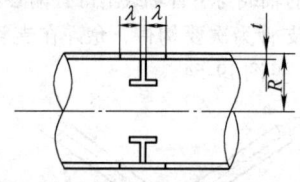

图 19-56　钢管有效宽度

6. 单根钢管构件

钢管作为长细比较大的吊杆、立柱、桁架构件等时，为了限制风振，钢管外径须满足式（19-53）的规定。

$$d \geqslant \frac{l}{30} \sqrt{\frac{8}{t}} \qquad (19-53)$$

式中　l——构件长度或有效压屈长度；

　　　d——钢管外径；

　　　t——钢管板厚。

7. 曲线管结构的折角

对于曲线管结构如图 19-57 所示，当构件为直线时，其折角须满足式（19-54）的规定。

$$\theta \leqslant 0.04 \frac{d}{L} \qquad (19-54)$$

式中　θ——折角；

　　　d——钢管直径；

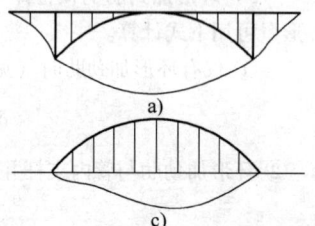

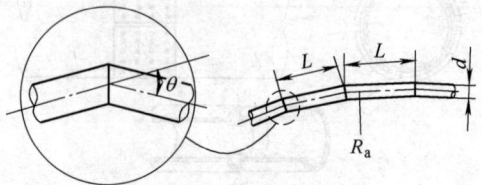

　　　L——直线构件长度。

图 19-57　折曲管结构

R_a——拱的曲率半径

19.11　拱桥

1. 适用范围

拱桥是以拱或加劲拱为主结构的桥梁，本节主要介绍主拱结构的设计概要。对于仅受轴向力或轴向力 + 弯矩的构件须按 19.4 节和 19.8 节要求设计。

2. 结构

拱桥按承载位置可分为上承式拱桥、中承式拱桥和下承式拱桥，如图 19-58 所示。拱脚支承分铰支和固支，又称二铰拱和无铰拱。拱肋推力由系梁承受时称为系杆拱桥（图 19-58d）。

3. 拱桥设计的一般注意事项

1）主拱结构的配置、形状和构件断面的选择等必须确保拱的面内外不产生整体失稳。

2）拱肋构件的轴线原则上应与拱轴线一致。

4. 活载引起拱轴线变位对拱肋内力的影响

当拱跨度较小时，可用微小变位理论设计。当拱跨较大时，活载引起的拱轴线变位影响很大，这时，载荷一应力关系为非线性，拱肋内力应考虑该变位的影响用有限变位理论求得。式（19-55）为忽略活载引起的拱轴变位的影响的实用近似界限值，即当 1 个拱肋的恒载强度大于按式（19-55）计算的 ω 时，必须按恒载 + 活载加载产生的拱轴线变位的影响来设计主拱肋。

$$\omega = \frac{8\alpha}{\gamma} \times \frac{EI}{L^3} \times \frac{f}{L} \qquad (19-55)$$

式中　E——弹性模量；

　　　I——拱肋面内弯曲时的单侧拱肋惯性矩，加劲拱时，取拱肋和加劲梁的和；

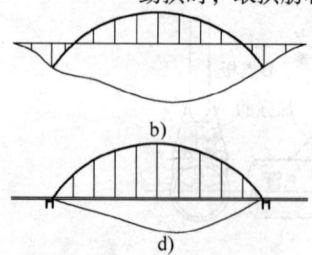

图 19-58　折曲管结构

a) 上承式拱桥　　b) 中承式拱桥　　c) 下承式拱桥　　d) 系杆拱桥

表 19-42 面内压屈系数和修整系数（α、γ）

f/L 结构形式			α					γ
			0	0.10	0.15	0.20	0.30	
无加劲梁拱肋	二铰拱		39.5	36.0	32.0	28.0	20.0	10.0
	无铰拱		81.0	76.0	69.5	63.0	48.0	
有加劲梁拱桥中,不产生轴向力的二铰拱桥	无侧跨时		39.5	36.0	32.0	28.0	20.0	13.5
	有侧跨时 λ	0	81.0	76.0	69.5	63.0	48.0	
		0.25	63.0	58.5	52.5	47.0	34.5	
		0.50	55.5	51.5	46.5	41.5	30.5	
		0.75	51.5	48.0	43.0	38.5	28.5	
		1.0	49.0	45.5	41.0	36.5	27.0	
		2.0	45.0	41.0	36.5	32.0	22.5	

注：1. $\lambda = a/L(1 + I_N/I_G)$；$a$—加劲梁侧跨跨长；$L$—拱肋跨长；$I_N$—拱肋面内弯曲的单侧拱肋惯性矩平均值；$I_G$—单侧加劲梁惯性矩平均值。

2. f/L 和 λ 为表中中间值时，α 按线性内插法求出。

L——拱肋跨矩；

α——拱肋面内压屈系数，见表 19-42；

γ——修整系数，见表 19-42；

f——拱肋矢度。

5. 拱肋面外压屈

1）拱肋间距比跨径小的拱桥，必须检验面外失稳的安全性。

2）拱肋的面外压屈原则上按图 19-59 所示的加载状态检验，但是均布活载应采用计算弯矩时的值。

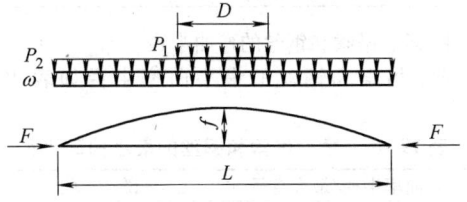

图 19-59 面外压屈检验采用的加载状态

P_1、P_2、ω—作用在主结构上的恒载和均布活载

3）拱轴线在竖向面内呈对称抛物线，且拱肋几乎等高，平联和横联按 19.8 节的规定设置时，拱肋面外压屈可按式（19-56）检验。

$$\frac{F}{A_g} \leqslant 0.85\sigma_{ca} \qquad (19-56)$$

式中　H——根据图 19-59 所示的加载状态，作用在拱肋的轴力的水平分力；

A_g——单侧拱肋的总面积；

σ_{ca}——单侧拱肋 $L/4$ 处的容许轴向压应力。

拱肋的有效压屈长度 l 和回转半径 r 分别按式（19-57）和式（19-58）计算。

$$l = \varphi\beta_Z L \qquad (19-57)$$

$$r = \sqrt{\left[I_Z + A_g\left(\frac{b}{2}\right)^2\right]/A_g} \qquad (19-58)$$

式中　I_Z——单侧拱肋绕竖轴的惯性矩的平均值；

A_g——单侧拱肋总面积的平均值；

b——拱肋轴线间距；

β_Z——见表 19-43，f/L 的中间值可用内插法求 β_Z。

φ 值：

下承式拱桥　$\varphi = 1.0 - 0.35k$。

上承式拱桥　$\varphi = 1.0 + 0.45k$。

中承式拱桥　$\varphi = 1.0$。

k 为图 19-59 加载状态中吊杆或立柱分担的载荷与全部载荷的比值，但是上承式拱桥中拱顶处拱肋与加劲梁不是刚性连接时，取 $k=1$。

表 19-43 β_Z 值

I \ f/L	0.05	0.10	0.20	0.30	0.40
I_Z = 常数	0.50	0.54	0.65	0.82	1.07
$I_Z(x) = \dfrac{I_{Z,c}}{\cos\varphi_X}$	0.50	0.52	0.59	0.71	0.86

6. 拱肋的设计

1）拱肋应按受轴向力和弯矩的构件设计。构件断面形心与拱轴线有偏心量或构件轴线不是直线时，则连接相邻节点的直线与构件轴线的偏心应分别考虑。

2）满足以下条件的拱桥，拱肋可按仅承受轴向力的构件设计。

① 可忽略本节中第 4 项规定的活载引起的变化对拱肋内力的影响。

② 拱轴线在各节点间是直线。

③ 拱肋构件的高度小于节点间距的 1/10。

④ 满足式（19-59）的要求。

$$\beta \frac{\sigma_{ca}^A}{\sigma_{ta}} \frac{h^G}{h^A} > 1 \qquad (19-59)$$

式中　h^A——拱肋高度的平均值；

h^G——加劲梁高度的平均值；

σ_{ca}^A——拱肋容许压应力平均值；

σ_{ta}——加劲梁下翼缘容许拉应力平均值；

β——加劲梁不产生轴力时，$\beta = 0.04 + 0.004l/r$；加劲梁产生轴力时，$\beta = 1.75(0.04 + 0.004l/r)$；

l/r——拱肋长细比。

7. 吊杆或立柱

1）计算吊杆或立柱的内力时，除吊杆或立柱特别短外，对于拱肋面内变形可假定其两端为铰接。

2）吊杆或立柱安装到加劲梁和拱肋上时，必须特别注意由于连接处的有害应力集中和次应力。

3）细长的吊杆或立柱应注意避免风致有害的振动。

19.12　索结构

这里的索是指索作为单独构件使用，如用于悬索桥的主索、斜拉桥的斜拉索、悬索桥和下承式拱桥的吊索等。

索一般由平行钢丝束股、钢绞线、钢丝绳组成。悬索桥主索通常由平行的丝索股组成，斜拉索通常采用平行钢丝束和多股平行钢绞线，吊索通常采用平行钢丝束和钢丝绳。

钢丝材料的极限程度可分为：1560MPa 级、1650MPa 级、1760MPa 级，并正向 1860MPa 级和 1950MPa 级发展。

以下仅介绍索设计中的注意事项。

1. 索构件设计的一般要求

索构件设计时，应充分考虑索的刚度的影响、索的变形的影响、风致振动等。

2. 索的弹性模量

索的弹性模量取值对整体结构的影响很大，特别是钢丝绳（螺旋钢丝绳、封闭型钢丝绳）、平行钢绞线等，弹性模量试验值的离散性稍大，设计时弹性模量取值一定要慎重。先将各种索的弹性模量推荐见表 19-44。

表 19-44　各种索的弹性模量推荐值

索的种类	弹性模量 /MPa	说明
束股钢丝绳	1.35×10^5	厂制索
螺旋钢丝绳、封闭型钢丝绳	1.55×10^5	厂制索
平行钢绞线索	1.65×10^5	现场制索
平行钢丝束	1.95×10^5	厂制索股

3. 索的安全系数

索的容许应力为索的破坏载荷除以安全系数。

索的安全系数取决于以下综合因素：①恒载应力与活载应力之比；②次应力的影响；③钢丝或束股力的不均匀性；④与其他构件安全系数的平衡。

索和吊索的安全系数建议见表 19-45。

表 19-45　索和吊索的安全系数

构 件		安全系数
主索	悬索桥	3.0
	斜拉桥	2.5
吊索	直线时	3.5
	曲线时	4.0

4. 索、吊索和钢丝的弯曲半径

索、吊索和钢丝的最小曲率半径如表 19-46 所示。

表 19-46　索、吊索和钢丝的最小曲率半径

	曲率半径/最大直径	说 明
主索	≥8	鞍座、散索鞍处
吊索	≥5.5	骑跨式吊索
钢丝	≥50.0	锚头内楔形块锚固处

参 考 文 献

[1]　史永吉. 面向 21 世纪焊接钢桥的发展 [J]. 中国铁道科学，2001，22（5）.

[2]　中交公路规划设计院. JTG D60—2004 公路桥涵设计通用规范 [S]. 北京：人民交通出版社，2005.

[3]　JTJ 025—1986 公路桥涵钢结构及木结构设计规范 [S]. 北京：人民交通出版社，1998.

[4]　铁道部. TB10002.1—2005 铁路桥涵设计基本规范 [S]. 北京：中国铁道出版社，2005.

[5]　铁道部. TB10002.2—2005 铁路桥梁钢结构设计规范 [S]. 北京：中国铁道出版社，2005.

[6]　日本道路協会. 道路橋示方書·同解説 [S]. 东京：丸善株式会社，2002.

[7]　日本鐵道綜合研究所. 鐵道構造物等設計標准·同解
　　　　説 [S]. 东京: 丸善株式会社, 2000.

[8]　　BSI. BS5400 Steel Concrete and Composite Bridges
　　　　[S]. 2002.

[9]　　AASHTO. AASHTO LRFD Bridge Design Specifications
　　　　[S]. SIUnits. 3rd ed. 2004.

[10]　　AREA. Mutual of Railway Engineering: Chapter 15

　　　　Specifications for Steel Railway Bridges [S]. 1992.

[11]　　AWS DL 1—94. Standard Specification for Welded
　　　　Highway and Railway Bridges [S]. 1994.

[12]　　DS804. Vorschrift fur EisenbahnbrUcken und Sansit-
　　　　gelngeniurbauwerke (VE1) [S]. 1993.

[13]　　CEN. EN1993-2: 2006　Eurocode-Design of Steel
　　　　Structures-Part2: Steel bridges [S]. 2006.

第20章 矿山与工程机械焊接结构

作者 陈培君 李自轩 谢 明 董松金 于萍 审者 陈祝年

20.1 矿山挖掘机

20.1.1 概述

工程机械产品设计技术水平与制造质量是衡量一个国家工业发达程度的标志之一。广义地讲工程机械包括挖掘机、推土机、装载机、筑路机、凿岩机等。从工况条件、机构设置、结构设计分析，又以挖掘机较为复杂，在焊接结构设计方面具有代表性。一般工程中的挖掘机是以柴油发动机为动力，斗容量为 $0.5 \sim 4m^3$。大型矿用挖掘机则采用电驱动，故又称电铲。单斗正铲挖掘机斗容量为 $4 \sim 75m^3$，单斗拉铲挖掘机斗容量可达 $40 \sim 168m^3$。挖掘机用途较广，一般工程中的挖掘机可用于河道沟槽的开挖，也可用于土方工程作业。而大型矿用挖掘机则是露天矿开采中的主要设备，即以电铲配重载卡车（电动轮）或自（半）移式破碎站进行剥离采掘工作。

1. 挖掘机分类

挖掘机按不同方式的分类，见表20-1。

2. 矿用挖掘机的机构组成

矿用单斗正铲挖掘机（以下简称挖掘机）的斗容量较大，目前在 $4 \sim 75m^3$ 范围内，要求驱动力大，以高压电作为动力驱动，比较经济，通常称为电铲。矿用挖掘机的载荷大，机构组成较多，结构受力情况复杂。

挖掘机作业方式和机构组成如下：

1）矿用挖掘机的作业程序和具体步骤。矿用挖掘机的作业程序为：挖掘→回转→卸载→回转→再挖掘，循环进行。具体步骤如下：

① 行走机构行走到离工作面一定距离的工作位置。

② 铲斗在工作面前自下而上进行挖掘并装满铲斗。

③ 装满物料的铲斗提升并回转到卸载位置的一定高度上。

④ 打开铲斗底门，将物料卸入运输工具中。

⑤ 反向回转铲斗，下降到工作面，进行下一次挖掘。

2）矿用挖掘机的机构组成。矿用挖掘机外形如图20-1所示。为了实现其挖掘和卸载的功能，必须具备提升机构、推压机构、回转机构和行走机构等，见表20-2。

表 20-1 挖掘机分类

分 类			用途及特点
按挖掘方式分类	单斗挖掘机	正铲	挖掘轨迹自下向上,备有物料运输工具
		反铲	挖掘轨迹自上向下,备有物料运输工具
		拉铲	挖掘轨迹自下向上,物料捣堆,不备运输工具
	斗轮挖掘机		滚切式挖掘,连续运输
按行走方式分类	履带式		接地比压小,行走速度慢
	轮胎式		接地比压大,行走速度快
	步行式		接地比压极小,行走速度极慢
按动力分类	以柴油发动机为动力		在没有电源提供的工地上采用
	以电力为动力		在有电源提供的工地上采用
按传动分类	机械传动		承载能力和速度范围大,瞬时传动比恒定,工作可靠,效率高
	液压传动		转矩可无级调节,有减振和过载保护作用,易实现自动控制
按用途分类	矿用挖掘机		适用露天矿山采掘工艺要求的专用挖掘机
	工程挖掘机		适用于建筑、道路等工地的通用挖掘机

20.1.2 挖掘机金属结构

挖掘机主要金属结构包括以上所述履带架、底架、回转平台、起重臂、斗杆、铲斗六大部件，如图20-1所示。因位置和作用以及受力的不同，从焊接结构设计角度看，每个部件的设计各有不同的特点。

1. 履带架

1）履带架结构形式。履带架安装行走主动轮、拉紧轮、支承轮和履带链。履带架是装配其他零件的基体。履带架有两种结构设计。

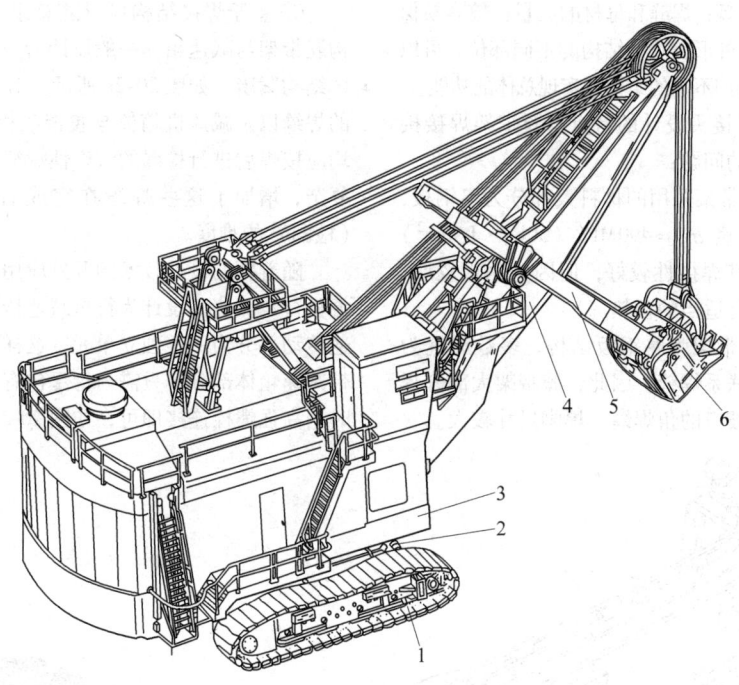

图 20-1　矿用挖掘机外形

1—履带架　2—底架　3—回转平台　4—起重臂　5—斗杆　6—铲斗

表 20-2　矿用挖掘机的结构组成

机构名称	结构件名称	功　能
推压机构	起重臂	1. 根部支承在回转平台上 2. 中部设置推压机构与斗杆相连接 3. 顶部设置顶部滑轮
	斗杆	1. 铲斗固定在斗杆的前端 2. 通过斗杆齿条与起重臂推压齿轮啮合,实现推压运动
	铲斗	1. 固定在斗杆的前端 2. 通过钢丝绳与提升机构相连接 3. 通过提升机构和推压机构来实现挖掘
回转机构	回转平台	1. 通过回转齿轮和底架上的回转齿圈的啮合实现挖掘机的回转运动 2. 回转平台前部支承起重臂 3. 提升机构和电器柜等主要设备安装在平台上
行走机构	履带架	1. 承受底架以上的自重及外载荷 2. 支撑履带板(链),实现行走运动
	底架	1. 两侧与履带架连接 2. 上部与回转平台通过辊盘相连 3. 承受回转平台以上自重及外载荷

① 传统的设计为整体铸造结构。铸造结构履带架要求生产厂家有较大的冶炼铸造能力。因履带架结构比较复杂,所以木模的制作、造型、浇铸都要求较高。由于铸件尺寸和重量都比较大,浇铸工艺十分复杂,浇铸时易出现缺陷,焊接修补困难,成本增加,质量不易保证。

② 随着钢铁工业的飞速发展,厚钢板的轧制技术和切割成形技术得以解决,焊接结构履带架应运而生,如图 20-2 所示,与铸造履带架相比,焊接结构的履带架有其明显的优点,首先不需大型冶炼和铸造设备及技术,只需数控切割机完成大厚度钢板的切割;其次,焊接结构履带架可以根据需要进行局部结

构的改变，且较易实现；焊缝和母材的质量比较容易保证，补焊返修率低，外形美观；结构的不同部位，可以使用不同性能的材料和不同的结构来实现总体的功能。

2）履带架焊接接头设计的特点。履带架焊接接头需考虑以下方面的问题：

① 焊接结构履带架采用的材料大部分为厚钢板，一般材质为抗拉强度 $\sigma_b = 490MPa$（$50kg \cdot f/mm^2$）的低合金结构钢，其焊接性较好，但因为钢板较厚，因此，焊接时要进行适当的预热。

② 焊接结构履带架为厚钢板结构，多数焊缝为非主要承载焊缝的联系焊缝。因此，履带架大部分焊接接头设计为不开坡口的角焊缝，焊脚尺寸较大。

③ 鉴于焊接结构可以随意组合的特点，焊接结构履带架与减速箱体一般设计为一体化结构，这样整体结构紧凑，如图20-2a所示。对于减速机箱体本身的焊缝以及减速机箱体与履带架相连接部位的焊缝，均应按焊后进行检漏的致密性焊缝设计。但由于结构复杂，增加了这些焊缝在完成后进行致密性检验（检漏）的难度。

随着新的设计技术的开发应用，目前大型矿用挖掘机行走减速机设计为行星减速传动系统，其整个减速传动部分为一个独立单元，这样，履带架自身就不带减速箱体部分，只需与行星包有一个接合口，组装时用高强螺栓连接即可，如图20-2b所示。

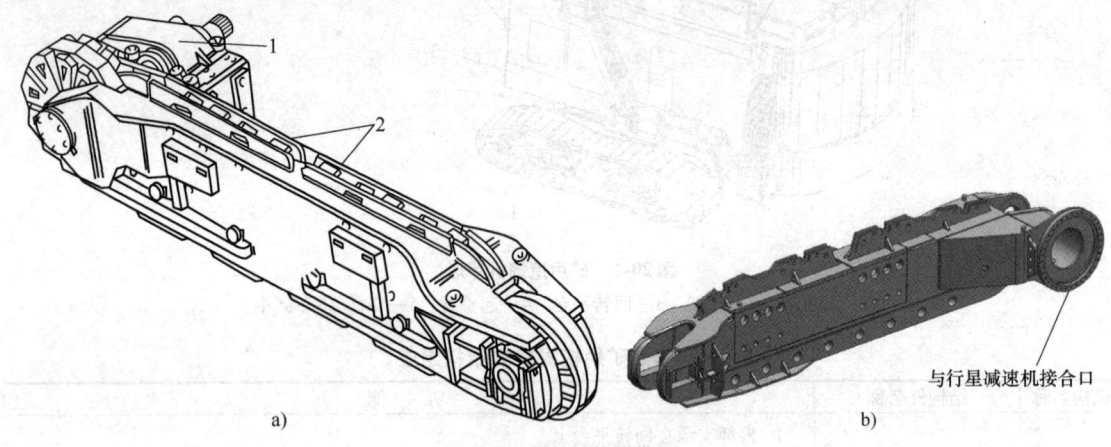

与行星减速机接合口

b)

图 20-2　焊接结构履带架
1—减速箱体　2—托板

④ 焊接结构履带架的作用是以其为基体，通过与其他零部体的组合成为履带总成。焊接履带架的上部与运行的履带链（履带板）接触，产生滑动摩擦。所以，此部位结构的设计要求有一定的耐磨性。结构形式如图20-3所示，即在履带架的上部设置防止磨损履带架基体的钢板或称托板。托板可以选用调质状态的低合金高强度钢，如 T-1 钢、STE690 钢、Welten780 钢等，既保证材料的强度，又保证一定的耐磨性和焊接性。也可以选用热轧状态的低合金结构钢，但需在与履带链接触处堆焊耐磨焊道，这种方法虽然钢板材质不特殊，但是需要堆焊耐磨材料。堆焊层太薄时耐磨性意义不太大，抗磨损时间太短。如果堆焊厚度太大，则容易产生裂纹。两种方法相比之下，选用调质状态的低合金高强钢作为托板的材料更为合理。

2. 底架

1）底架结构与受力分析。底架在整机中跨于左右两履带架之间，呈不规则矩形的箱形梁结构，外形尺寸较大，如图20-4所示，底架承受回转平台以上

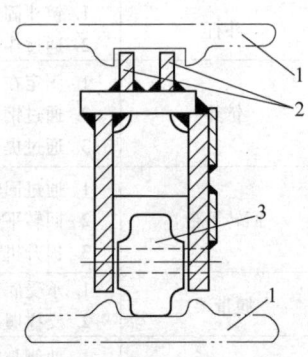

图 20-3　焊接履带架托板结构
1—履带链　2—托板　3—支承轮

重量和外部载荷。

2）底架内部隔板布置。由图20-4可以看出底架的内外部结构。底架是由上、下盖板和前、后、左、右腹板以及内部不同形式的隔板组成的箱形梁结构。根据受力状况，在结构中与左右履带架相连接区域，内部隔板的布置呈十字形，承受弯矩；中部与辊盘环轨相对应的隔板的布置呈辐射状和环形状，承受来自

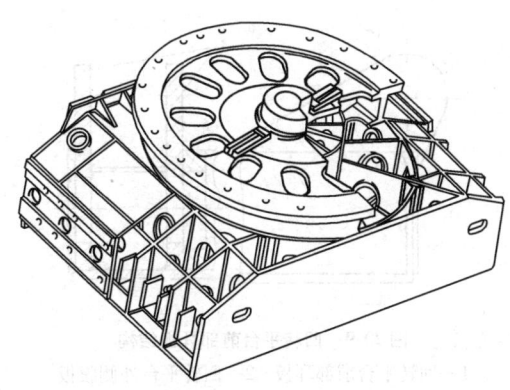

图 20-4　底架结构

上部的载荷，综上所述底架结构特点，底架内部隔板在不同部位的不同布置形式，既可以达到底架整体设计刚度要求，也可以达到不同部位局部受力不同的要求。

3）底架与履带架相连接部位的结构形式与受力分析。前面已述，底架的左右侧与履带架相连接部位其内部隔板呈十字形，主隔板为不间断的整体隔板，布置方向与受力方向一致，即两履带架间跨度方向。隔板的布置应避开与履带架连接孔的位置，并留有足够的螺栓连接空间，但此部由于螺栓拉力很大，隔板间距不能太大，否则易造成局部的变形。底架与履带架连接局部如图 20-5a 所示。

由于履带架行走驱动行星减速系统设计的应用，履带架与底架相连（贴合）部位可以设计为图 20-5b 的形式，相贴合部分板厚增加，上排高强螺栓连接孔增大，使其可以安放一个用于承受载荷的剪切套，再通以高强螺栓相连。下一排高强螺栓连接在底架部分可设计为局部加强的箱形结构，以保证局部增加刚度，不易变形。

底架的外形尺寸较大，为保证结构有足够的整体刚度，内部的隔板布置较密，采用周边焊的双面焊缝。因此，隔板的间距应有一定空间并开切人孔，以便焊工进入内部施焊。隔板间大部分焊缝为非主要承载焊缝，故而焊接接头设计为不开坡口的角焊缝形式。

3. 回转平台

1）回转平台结构与受力分析。回转平台位于底架上部，在回转平台上面设置许多部件，如回转减速机、提升减速机、提升卷筒、电动机、电气柜、机棚、司机室以及走台等。回转平台前部与起重臂相连接，承受挖掘机构（起重臂、斗杆、铲斗）作用在起重臂根脚和钢丝绳上的外力，平台以上的重量以及配重等。

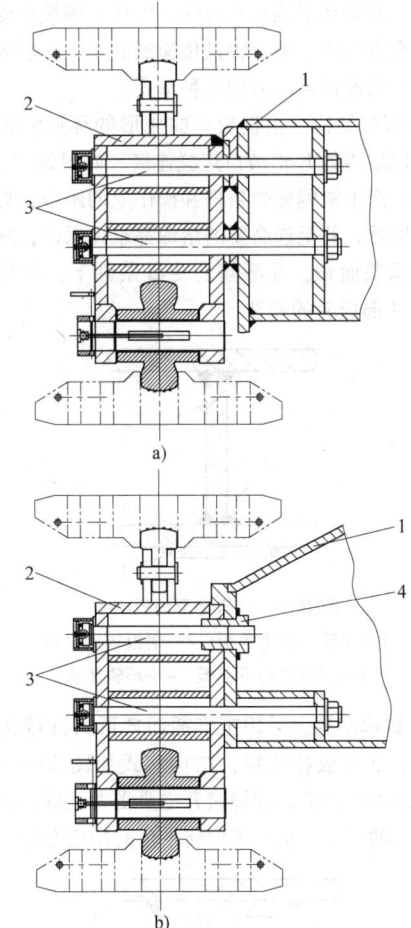

a)

b)

图 20-5　履带架与底架连接局部

a）改进前　b）改进后

1—底架　2—履带架　3—高强度螺栓　4—剪切套

回转平台为箱形梁框架结构，主要承受前后方向的弯矩，前部与起重臂相连接，中部通过中央枢轴和辊盘与底架相连接，后部承受配重。回转平台结构如图 20-6 所示。

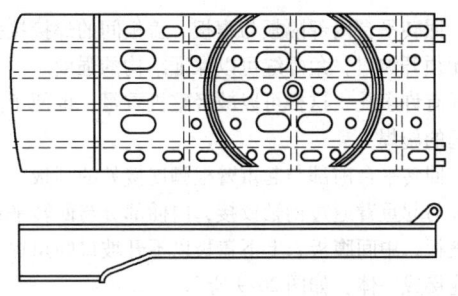

图 20-6　回转平台结构

2）回转平台内部结构及隔板设置。根据回转平台的受力情况，结构设计为前后纵向多腹板结构，承受前后方向的弯矩，横向隔板为间断隔板，中部环形隔板是与底架环形隔板相对应，由环形隔板承受上部结构的全部载荷，通过辊盘传递到底架。环形隔板与上下盖板的连接可以采用两种形式。

① 板焊结构。由钢板弯曲成形的环形隔板与上下盖板以熔透的 K 形坡口焊缝连接，如图 20-7 所示。但实际生产中常因施焊条件和操作上的困难，焊缝不仅不易熔透，甚至连必要的熔深都难以保证，减少了焊缝的承载面积，在频繁的变载条件下，常导致图 20-7 中 A 部焊缝的开裂。

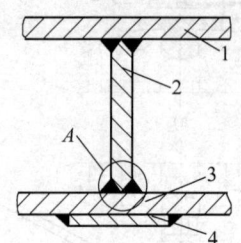

图 20-7　钢板环形隔板结构
1—回转平台上盖板　2—钢板环形隔板
3—回转平台下盖板　4—环轨垫板

② 铸焊结构。采用工字截面环形铸件替代环形隔板与上下盖板相连接，结构形式如图 20-8 所示。这样承载面积加大，焊缝避开主要受力区域，减小了焊缝开裂的概率，提高了回转平台的使用寿命。

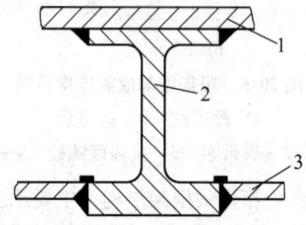

图 20-8　铸件环形隔板结构
1—回转平台上盖板　2—铸件环形隔板
3—回转平台下盖板

回转平台内部隔板与腹板、盖板间的焊接接头一般无须开坡口，角焊缝可以保证结构的强度。下盖板上开有许多孔，这样可以减轻整机重量，也便于内部焊缝的施焊。

回转平台前部与起重臂根脚连接处的耳板，外露部分与起重臂通过销轴铰接，内插部分与回转平台外侧腹板、中间腹板、上下盖板以不开坡口的角焊缝形式连接成一体，如图 20-9 所示。

4. 起重臂

1）起重臂结构与受力分析。起重臂属箱形梁结构，如图 20-10 所示。

主要承受挖掘过程中产生的弯矩和偏载挖掘时形成

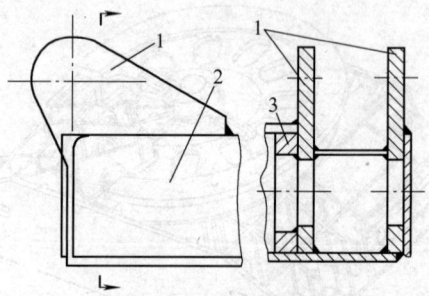

图 20-9　回转平台前部耳板结构
1—回转平台前部耳板　2—回转平台外侧腹板
3—回转平台中间腹板

的扭矩。因此，起重臂承受不同工况条件下的载荷组合。根据承受载荷的情况，起重臂的前部、中部、后部结构设计的横截面各不相同。根部截面特点是宽度大，目的是加强根部与回转平台连接处的抗扭刚度，抵御偏载时产生的扭矩；中部由于设有推压减速机箱体以及推压机构，主要承受起重臂长度方向的弯矩，所以，截面高度大于宽度；前部通过顶部滑轮及钢丝绳与铲斗的挠性连接，主要承受压力，截面设计宽度和高度相当。综上所述，起重臂是一个变截面的箱形梁结构。

2）起重臂根部结构。为增加起重臂的稳定性，根部的设计宽度大于高度，当起重臂承受偏载产生扭矩时，根部承受的扭矩最大。所以，不但宽度要大，而且根部设计为每边双腹板结构，两边共四腹板。根脚采用厚钢板，以斗容量为 16m³ 的挖掘机为例，一般为 80 ~ 100mm，以此增强起重臂根部的强度和刚度。内侧两腹板设计为直的，可以传递自上而下的载荷，外侧两腹板设计为斜的，以便与起重臂中部实现平缓过渡，减小应力集中。

挖掘机工作时，起重臂根部承受的扭矩较大，因此，起重臂根部隔板人孔设计有加强镶圈，以增加其刚度和强度。同时还避免了由于切割缺陷造成应力集中在承受较大载荷时而导致隔板沿人孔的开裂。

3）起重臂中部结构。起重臂中部主要是推压机构部分，通过推压齿轮与斗杆齿条的啮合实现斗杆的推压和抽拉动作，如图 20-11 所示。因此，就中部而言，主要是起重臂高度方向的受力。所以，起重臂中部设计为高度大于宽度。为加强推压机构部分结构的局部刚度，在起重臂中部设计为四腹板结构，而且将推压减速箱体置于其中，与起重臂有机地成为一个整体。中部一些构件既属于减速箱体，又属于起重臂本体。这部分的焊缝设计应有致密性要求，这些焊缝常因施焊和检漏试验方面的困难而使减速箱体中齿轮润滑油渗漏。应加强致密性检验工作。

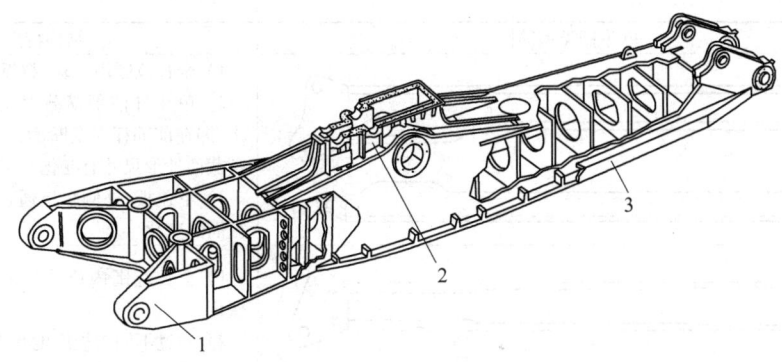

图 20-10　起重臂结构
1—根脚　2—推压减速箱体　3—保护梁

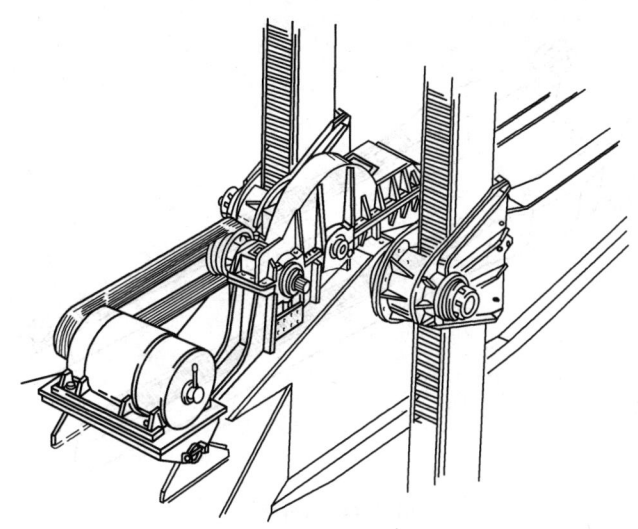

图 20-11　起重臂中部推压机构

5. 斗杆

1）斗杆结构与受力分析。斗杆是挖掘机构中的重要部件，如图 20-12 所示。斗杆是由两根单斗杆、连接筒（或称横梁、抗扭箱）、齿条等零部件组成。单斗杆属箱形梁结构的杆件，两单斗杆通过中间的连接筒组成双斗杆。斗杆上的齿条通过与推压齿轮的啮合，实现伸缩并传递推压动力。斗杆在挖掘过程中受弯曲应力，偏载挖掘时承受扭矩。因此，斗杆受力比较复杂。

2）斗杆的类型及结构特点。前面已述，斗杆是由两单斗杆通过中间的连接筒（或横梁）组成。其中单斗杆类型及结构特点见表 20-3。

表 20-3 中序号 1 类型的单斗杆是通过两单斗杆间的横梁以机械方法（螺栓）连接成一体组成斗杆的。如图 20-13 所示。这种斗杆的特点是单斗杆与横梁是可拆的螺栓连接方式，当单斗杆产生缺陷导致破坏或断裂时，只需更换发生问题的那一根单斗杆即可，而且更换时间相对较短。但这种斗杆前部横梁是铸件，强度难以保证，连接螺栓容易松动。

表 20-3　单斗杆类型及结构特点

序号	单斗杆类型简图	结构特点
1		1）全长范围内盖板、腹板的厚度一致 2）全长范围内盖板、腹板无弯曲成形，即全长范围内单斗杆横截面无变化

（续）

序号	单斗杆类型简图	结构特点
2		1）全长范围内盖板,腹板的厚度一致 2）单斗杆前部横截面大,中、后部横截面小,即在前部存在变断面,全长范围内单斗杆横截面外形尺寸有变化 3）下盖板、外侧腹板通过弯曲成形实现横截面的变化
3		1）全长范围内单斗杆横截面外形尺寸无变化 2）通过不同盖板厚度和不同腹板厚度的对接,实现局部强度的增加 3）不同板厚的对接焊缝要求无损探伤检查

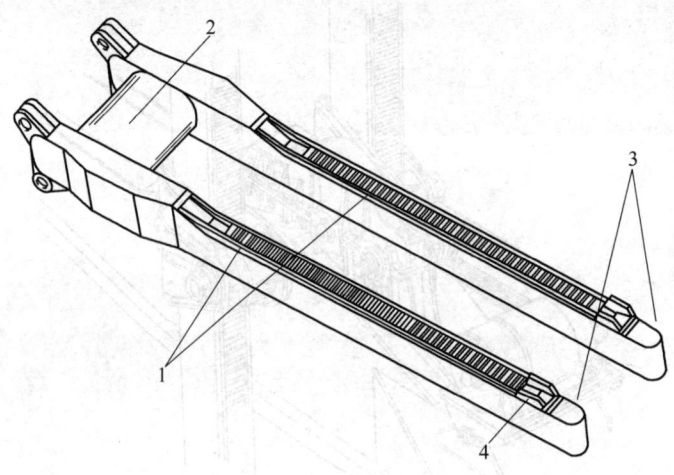

图 20-12　斗杆结构
1—齿条　2—连接筒　3—单斗杆　4—后挡板

表 20-3 中序号 2、3 类型的单斗杆是通过两单斗杆间的连接筒（或称抗扭箱）以焊缝的形式连接成一个整体组成斗杆的,如图 20-12 所示。这种斗杆的特点是结构轻,但需要焊工的技术水平较高,属不可拆连接。而且当斗杆在使用过程中发生问题需要更换单斗杆时,工作量和难度都比较大,周期较长。

6. 铲斗

1）铲斗的结构与受力分析。铲斗是挖掘的工具,直接与物料接触并进行物料的装卸。铲斗的外形尺寸较大,但内部空间也很大,四周的斗壁相对铲斗外形尺寸而言较一般结构件薄,在满足强度要求的条件下,壁要尽量薄,可减轻铲斗重量,以便有更大的容积装载物料。从受力角度分析,斗后壁较斗前壁受力大,斗前壁较斗后壁磨损严重。斗后壁只要求一定的强度。斗前壁要求具有一定的耐磨性。

2）铲斗的结构类型及特点。铲斗的结构大致可分为两大类,一类为铸焊结构,另一类为焊接结构。

① 铸焊结构铲斗。铸焊结构铲斗有两种类型,一种设计为斗前壁,斗后壁分别铸造,然后再焊成一体组成铲斗,结构比较简单。另一种设计根据不同部位的不同要求（如强度、耐磨性等）,利用不同材质的不同性能,分不同部位进行铸造,通过焊缝连接成一体组成铲斗,这种结构充分利用了铸件的耐磨性和焊接的灵活性,提高铲斗的使用寿命,但对于铸造和焊接的要求都很高。因此,价格比较昂贵。

② 焊接结构铲斗。焊接结构铲斗是通过钢板的切割、弯曲成形、组装焊接而成,其中斗唇是高锰钢铸件,与斗体结构件焊成一体组成铲斗。铲斗的结构类型及特点见表 20-4。

20.1.3 挖掘机焊接结构用材料

20 世纪 60 年代初,我国自行设计制造的挖掘机中焊接结构的比重只占整机重量的 30% ~ 40% 左右,铸件或铸焊结构占有较大的比例,随着钢铁工业的飞速发展,先进的焊接和切割技术的应用日益广泛,80 年代初,我国引进国外先进技术合作生产的大型矿用挖掘机,其焊接结构占整机重量的比重为 60% ~ 70%,履带架、铲斗、减速机箱体等部件,包括部分齿轮均采用焊接结构替代了铸锻件。

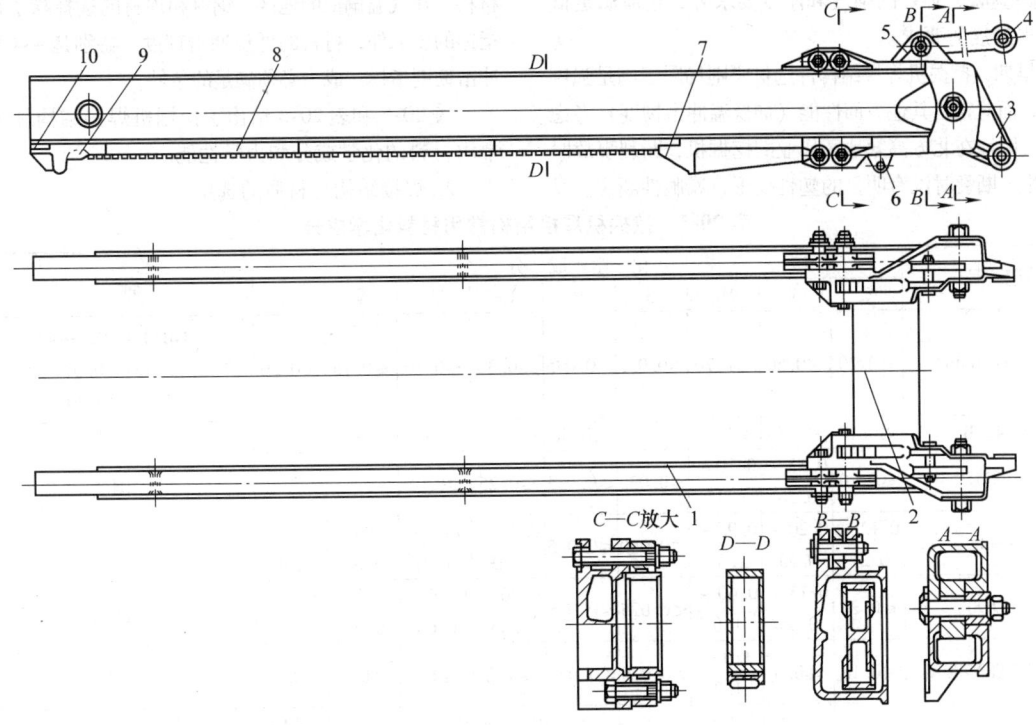

图 20-13 以横梁连接组成的斗杆[1]

1—单斗杆 2—横梁 3、5—连接耳 4—拉杆 6—开斗杠杆支座
7、9—前后挡块 8—齿条 10—止推板

表 20-4 铲斗结构类型及特点

铲斗结构类型	简 图	特 点
铸焊结构		1. 斗前为高锰钢铸件,斗前与斗唇为一体铸件 2. 斗后为中碳钢铸件 3. 通过轴销塞焊及斗前与斗后搭接焊缝连成一体 4. 结构简单易于制造,但需较大的铸造能力 5. 磨损部分无法更换,只能更换整体斗前
焊接结构		1. 结构较铸焊铲斗复杂,除斗唇及斗栓孔零件为高锰钢铸件外,其余均为钢板 2. 焊接工作量大,焊工水平要求高 3. 容易磨损部位用耐磨衬板。因此可以通过更换耐磨衬板,提高铲斗本体的使用寿命

1. 挖掘机工况条件对材料的要求

挖掘机的工况条件十分恶劣,除载荷复杂外(交变载荷、冲击载荷),还需经受严寒地区冬季(-40℃左右)作业的考验,低温作业和载荷的冲击性是挖掘机工况条件的主要特点。焊接结构的钢材与焊材除应满足必要的强度和刚度要求外,还应满足低温冲击韧度的要求。

早期,挖掘机焊接结构件选材原则局限于满足强度要求,而对钢材其他方面性能(如低温冲击韧度)考虑较少,因而在北方高寒地区作业的挖掘机,断裂事故时有发生。断裂时没有明显的塑性变形,属脆性断裂。发生脆性断裂时往往应力水平低于设计应力,裂纹瞬时扩展,具有突然破坏的性质,事先不易发现,有时要影响整个结构件,造成较大的事故和损失。随着挖掘机在使用过程中开裂问题的不断发生,人们开始意识到焊接结构应按地区作业温度的不同选择结构用钢材,包括焊接材料,在气温偏低的地区,钢材和焊材的选择除了强度指标的要求外,材料的低温冲击韧度,特别是-40℃的冲击韧度指标,成为必须满足的条件。

表20-5和表20-6给出了挖掘机焊接结构件主体常用材料的化学成分和力学性能。

2. 焊接结构件材质的选用

表20-5　挖掘机焊接结构常用材料化学成分

钢　号	化　学　成　分									备　注
	C	Si	Mn	S	P	Cr	Mo	V	Ni	
Q345A(16Mn)	≤0.20	≤0.50	≤1.70	≤0.035	≤0.035	≤0.30	≤0.10	≤0.15	≤0.50	GB/T 1591—2008 Nb:≤0.07 Ti:≤0.20
SM490B	≤0.18	≤0.55	≤1.50	≤0.040	≤0.40	—	—	—	—	日本
A633D	≤0.20	0.15～0.50	0.70～1.35	≤0.035	≤0.035	≤0.25	≤0.08			国产
T—1	0.12～0.21	0.20～0.35	0.95～1.30	≤0.040	≤0.035	0.40～0.65	0.20～0.30	0.03～0.08	0.30～0.70	美国
STE690	≤0.20	0.15～0.35	0.60～1.0	≤0.025	≤0.025	0.40～0.65	0.40～0.60	0.03～0.08	0.70～1.0	德国
NK-HLTEN780A	≤0.18	≤0.6	1.0～1.2	≤0.020	≤0.025	≤1.2	≤0.6	≤0.1	≤0.35	日本
WELTEN780	≤0.16	≤0.35	0.6～1.2	≤0.015	≤0.020	0.40～0.80	0.15～0.60	≤0.1	0.40～1.5	日本

表20-6　挖掘机焊接结构常用材料力学性能

钢　号	力　学　性　能				备　注
	R_m/MPa	R_{eL}/MPa	A(%)	KV_2/J	
Q345A(16Mn)	470～630	345	≥20	—	GB/T 1591—2008 板厚≤16mm
SM490B	490～600	≥353	≥15	常温≥47	日本
A633D	485～620	≥345	≥21	-40℃≥27	国产
T—1	852	685	17	-50℃ 62	美国
STE690	790～940	≥690	≥16	-40℃ 31	德国
NK-HITEN780A	780～930	≥685	≥24	-20℃≥35	日本
WELTEN780	780～930	≥685	≥24	-20℃≥47	日本

挖掘机各部件的作用不同,受力状况也不同,因此,各结构件设计选材时的要求也不尽相同。对于焊接结构来说,不同受力部位可以选用不同性能的材料来满足不同部位的受力要求。挖掘机焊接结构件的材料(钢板)通常选用低合金高强度钢。随着冶金技术和焊接技术的发展,世界各国先后把焊接结构用钢应用研究的重点调整为适于焊接加工的可焊低合金高强度钢。针对焊接冶金特点,大多含有较低的碳和多种合金元素,碳当量低,焊接性良好,并具有较高强度和良好的冲击韧度。

挖掘机焊接结构的设计原则是保证结构件的刚度和强度,因此,焊接材料的选用原则是有些部件或部位采用等强匹配,而有些部件或部位则采用低匹配。总之,就是要使焊接接头具有更好的塑性和低温冲击韧度。

1）行走机构和回转机构中的结构件设计的原则是满足结构件的刚度和局部强度，因此，履带架、底架、回转平台结构件的主体材料选用强度级别 $R_m \geqslant$ 490MPa 的 SM490B 钢板；主要用于箱形梁结构的盖板，腹板。其余内部中间的隔板可以选用强度级别 $R_m \geqslant$ 470MPa 的 Q345A 钢板。焊接材料选用与钢板材料强度等强匹配的低合金钢焊接材料。履带架和底架两部件接合处的加强贴板，根据局部受力状况，选用强度级别 $R_m \geqslant$ 780MPa 的 T—1 钢、STE690 钢、Welten780 钢等钢种，主要是利用其强度和一定的硬度满足局部受力要求。焊接材料选用与钢板材料强度低匹配的低合金钢焊接材料。

2）起重臂和斗杆在整台挖掘机中的受力状况比较复杂，因此，起重臂和斗杆结构件的主体材料选用强度级别 $R_m = 485 \sim 620$MPa 的 A633D 钢板，强度级别与行走机构中履带架，底架结构件主体材料和回转机构中回转平台结构件主体材料的强度级别大致相同，之所以选用 A633D 钢是因为其良好的低温冲击韧度，在 -40℃条件下，A633D 钢的冲击功 $KV_2 \geqslant$ 27J，这样在气温较低的北方地区可以满足结构件的正常使用。焊接材料选用与钢板材料强度等强匹配的低合金钢焊接材料，并且同样要求熔敷金属的低温冲击功 -40℃时 $KV_2 \geqslant 47$J。

3）铲斗作为挖掘工具直接与物料接触、碰撞，工况条件最为恶劣。因此，铲斗结构件主体材料全部选用强度级别 $R_m \geqslant 780$MPa 的 T—1 钢、STE690 钢、Welten780 钢。这类钢是经过调质处理的高强度细晶粒钢，具有较高的强度和良好的低温冲击韧度以及一定的硬度。可以满足铲斗的使用条件。焊接材料选用与钢板材料强度低匹配的低合金钢焊接材料，同样要求熔敷金属低温冲击韧度 -40℃时 $KV_2 \geqslant 47$J。在铲斗易磨损的部位，设计加贴耐磨衬板（500HB 左右），主要利用其耐磨特性，磨损后便于更换，提高铲斗本体的寿命。这类耐磨衬板具有较高硬度，同时具有焊接性。焊接材料选用与耐磨钢板强度低匹配的低合金结构焊接材料，局部易磨损的焊缝在低合金结构钢焊接材料施焊的焊缝表面堆焊一层耐磨焊道，提高抗磨损能力。

以上所述钢板焊接时，焊接材料的选择首要满足焊接接头强度匹配（等强匹配和低匹配）的原则。其次熔敷金属的低温冲击韧度也要符合使用地区最低气温条件的要求，一般要求焊接材料熔敷金属 -40℃时的冲击功 $KV_2 \geqslant 47$J。此外还应要求焊接材料的工艺性能要好，特别是气体保护焊焊丝的表面镀铜

层要均匀牢固，焊丝的挺度要使焊丝均匀连续送进，保持焊缝的连续性，尽量减少接头。

焊条应选用低氢型焊条，如 E5015（J507）、E5018（J506Fe），提高焊接接头的抗裂性，实芯焊丝选用 ER49-1（H08Mn2SiA），药芯焊丝碱性渣、酸性渣均可，如 EF03-5040（AWSE70T-5）、EF01-5020（AWS E70T-1），但必须满足熔敷金属的低温冲击吸收功 -40℃时 $KV_2 \geqslant 47$J。焊接方法如有可能尽量选用气体保护焊，以利于焊缝质量的保证和焊接生产率的提高。

20.1.4　挖掘机焊接结构局部设计

1. 斗杆局部设计

斗杆是挖掘机中受力最复杂的部件，也是易损件，单斗杆和抗扭箱以及齿条是构成斗杆的主要部件，单斗杆截面设计的合理性以及单斗杆与连接筒（抗扭箱）、齿条连接焊缝设计的合理性直接关系到斗杆的寿命。

1）单斗杆翼缘焊缝坡口型式的设计。单斗杆翼缘焊缝（即翼缘与腹板间纵向焊缝）坡口型式的设计经历了初设计、使用、发现问题、修改设计的完善过程。最初设计的单斗杆翼缘焊缝横截面如图20-14a 所示，翼缘焊缝坡口开在腹板上，盖板不开坡口，坡口根部无间隙。该结构形式的问题如下：

① 四条翼缘焊缝以及齿条与斗杆下盖板焊缝焊接时，包括以后斗杆的使用过程中，容易在单斗杆下盖板厚度方向（图 20-14a 中 A 处）产生层状撕裂。

② 翼缘焊缝坡口根部无间隙，且背面没有垫板，极易造成翼缘焊缝背面无成型或者根部没有焊透，焊缝存在缺口，产生应力集中，导致开裂。针对上述问题，将斗杆翼缘焊缝改成如图 20-14b 所示的接头形式，单斗杆翼缘焊缝坡口开在盖板上，腹板不开坡口，盖板相对腹板外表面留有 4 ~ 6mm 距离。焊缝施焊时，将盖板坡口钝边用焊缝包住，这样就解决了图 20-14a 层状撕裂的问题。在翼缘焊缝坡口根部，将盖板与腹板间留出 8 ~ 10mm 间隙，背面加上垫板，保证坡口根部可以焊透。避免了焊缝根部应力集中，减少了焊缝开裂的可能，提高了斗杆的使用寿命。

2）单斗杆横截面设计。斗杆在使用过程（即挖掘过程）中，由于前部设置连接筒（抗扭箱）以及偏载的影响，在斗杆前部连接筒附近受力较大，离连接筒越远受力越小，基于这个原因，单斗杆前部应加强断面强度。

表 20-3 中序号 1 类型单斗杆，在全长范围内，盖板厚度和腹板厚度无变化，横截面外形尺寸也无变化，没有按斗杆前后受力不同进行截面设计，因此，

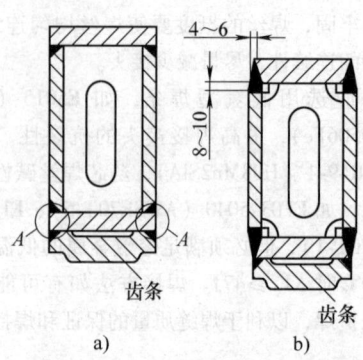

图 20-14　单斗杆翼缘焊缝坡口形式
A—易产生层状撕裂部位

这种设计不合理。

表 20-3 中序号 2 类型单斗杆，在全长范围内，盖板厚度和腹板厚度无变化，在斗杆前部通过盖板和腹板的弯曲成型，使得截面尺寸加大，参见图 20-12，提高了前部强度。但在变截面过渡区域，由于截面外部尺寸的变化引起应力集中，另外，在此区域内钢板因冷弯产生冷作硬化现象，塑性降低，易导致结构开裂乃至破坏。因此，这种类型的单斗杆不是理想的结构型式。

表 20-3 中序号 3 类型单斗杆，就是借鉴了前两类型的经验，扬长避短，在不同受力部位设计不同的板厚。受力较大的前部，盖板、腹板设计选用钢板较厚，往后盖板、腹板的厚度较前部薄。厚板与薄板对接时均开坡口，且厚板还有削薄过渡区。所有对接焊缝焊后均进行超声波无损探伤检查。对接后单斗杆横截面外形尺寸在全长范围内无变化，避免了钢板因冷弯而造成塑性差的问题，减小了断面变化过于突然引起的应力集中，保证了不同部位不同受力的要求。是一种较理想的设计。

3）单斗杆与连接筒间焊接接头的设计。如前所述，斗杆在前部受力最大，而连接筒正处于斗杆最前部，偏载所产生的扭矩全部由连接筒与单斗杆间焊缝来传递。因此，连接筒与单斗杆间焊接接头的设计很重要。为保证连接筒与单斗杆间焊缝的质量和强度，焊接接头应按全焊透焊缝设计，坡口形式为"K"形。连接筒与单斗杆内部焊缝可以由人孔进入连接筒内施焊，为了减少连接筒腔体内焊接工作量，同时也保证连接筒与单斗杆间外部焊缝平缓过渡，连接筒与单斗杆间采用内小外大不对称的"K"形坡口。如图 20-15 所示。图中"K"形坡口焊缝内外坡口深度 $H_1 \geq 2H_2$。施焊程序为：焊接连接筒内部焊缝→从外侧清根→无损探伤检查坡口根部并保证无缺陷→焊接外侧坡口焊缝，最后将外侧坡口焊缝打磨成圆弧过渡状。

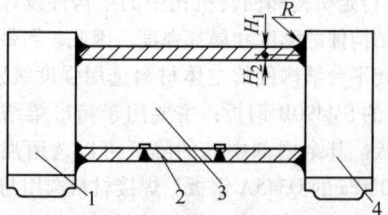

图 20-15　连接筒与单斗杆焊接接头形式
1—左单斗杆　2—人孔堵盖
3—连接筒　4—右单斗杆

4）齿条装焊的设计。斗杆上的齿条与斗杆焊成一体后，通过推压齿轮将推压力传递到斗杆上，因此，齿条与斗杆装配、焊接顺序的设计非常重要。齿条为分段的铸造或锻造齿条块，与斗杆的焊接方式有下面两种形式：

① 每段齿条间不进行对接，直接装焊于斗杆上，每段齿条与斗杆间采用断续焊缝连接。这样齿条的装焊工作量少，更换也方便，但是段与段之间存在间隙，造成段与段间力的传递不连续。再者断续焊缝起弧、收弧频繁，最容易导致缺陷的产生，引起应力集中。因此，这种设计不合理。

② 每根单斗杆上的几段齿条先进行全焊透对接，然后整体装焊于单斗杆上，而且采用连续的焊缝型式，这样虽然焊接工作量较大，但是避免了断续焊带来的诸多问题，并保证了每段齿条间力的传递的连续性。采用具有一定强度和耐磨性的齿条，可以大大提高斗杆的使用寿命，是一种较为合理的设计方案。

齿条的材质一般为中碳合金调质钢铸件或模锻件，强度较高，而且具有一定的耐磨性。但这类材质的 $w(C)$ 和合金元素含量较高，所以碳当量较高，焊接时必须进行足够高温度的预热，并采用低氢型焊接材料，才能避免冷裂倾向，保证焊缝质量。

此外齿条也可以采用高锰钢铸件，主要是根据齿条在工作中与推压齿轮的啮合频繁并伴有冲撞，利用高锰钢在冲撞中表面硬度可以提高的特性，进一步提高齿条的耐磨性。但由于高锰钢属奥氏体组织，因此，需选用奥氏体不锈钢焊接材料，并且应注意控制层间温度（一般层间温度不得小于 200℃）和高温停留时间，保证焊缝质量。

齿条与斗杆间焊缝坡口形式为单边"V"形或单边"U"形坡口。

2. 起重臂保护梁的设计

起重臂保护梁（也称防磨梁或导轨）的位置如图 20-10 所示，其作用是在斗杆的运动过程中保护起重臂本体，并为斗杆的运动导向。此外还增加了起重臂的刚度。起重臂保护梁是截面尺寸较小的箱形梁结构，如图 20-16 所示。起重臂保护梁外侧板与双斗杆内腹板设计有一定的间隙，一般为 3～10mm，所以起重臂保护梁外侧板装焊时，图 20-16 中 A 尺寸的公差相对较小，装配焊接变形控制很严，虽然起重臂保护梁与斗杆间有一定的间隙，但在斗杆的运动过程中，斗杆与保护梁间仍存在接触和摩擦，因此，要求保护梁外侧板具有一定的强度和耐磨性。一般设计选用 T—1 钢、STE690 钢、Welten780 钢，当磨损达到一定程度后要更换保护梁外侧板。为便于更换，同时也为满足保护梁的强度，保护梁外侧板与上下盖板间设计为单边"V"形坡口带加强角焊缝的焊缝。

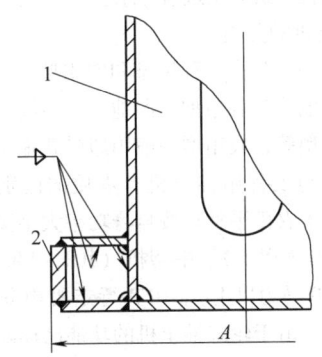

图 20-16　起重臂保护梁焊缝设计
1—起重臂　2—保护梁外侧板

3. 铲斗局部设计

1）铸焊结构铲斗斗前斗后连接焊缝设计铸焊结构铲斗由斗前铸件和斗后铸件通过销轴的焊接连成一体，如图 20-17a 中的销轴焊接时，不采取减应力措施，当四周焊接时，拘束应力很大，极易产生开裂。

如在销轴两端部先加工一个半径为 R 的球面，作为减应力槽，如图 20-17b 所示，销轴焊接的拘束应力可以通过减应力槽的变形得到一部分的释放，避免了裂纹的产生。

斗后铸件和销轴为碳素铸钢，斗前铸件为高锰钢铸件。因此，斗后与销轴的焊接选用结构钢焊条或焊丝；斗前与销轴的焊接则要选用奥氏体不锈钢焊条或焊丝。

2）焊接结构铲斗斗唇与斗前焊缝设计。焊接结构铲斗斗体为钢板通过弯曲成形、装焊而成的焊接件，斗唇和斗栓孔铸件采用高锰钢铸件，以提高铲斗的耐磨性。焊接结构铲斗如图 20-18 所示，为保证斗唇与斗体（斗前焊接件）连接强度和刚度，斗唇与斗前焊接件间连接焊缝型式如图 20-19 所示。斗前焊接件设计为双层壁板结构，层间有加劲肋板，其中内侧壁板以及加劲肋板与斗唇先装焊，外侧壁板后装焊。与斗唇高锰钢铸件连接处焊缝均采用奥氏体不锈钢焊条或焊丝。

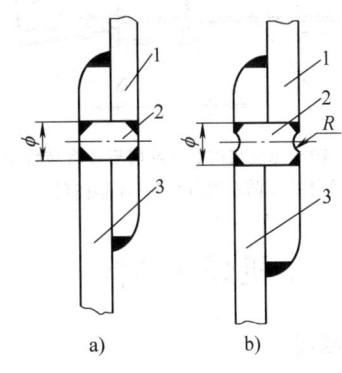

图 20-17　铸焊结构铲斗斗前斗后连接焊缝形式
1—斗前铸件　2—连接销轴　3—斗后铸件

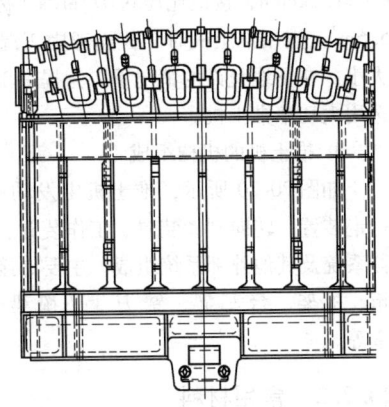

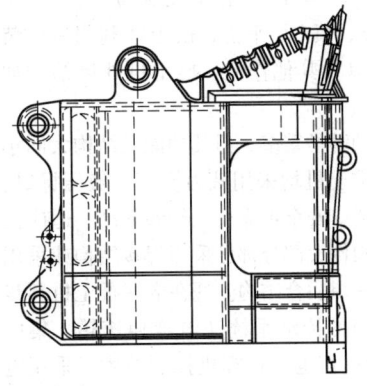

图 20-18　焊接结构铲斗

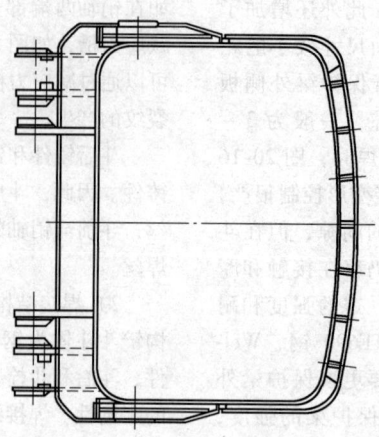

图 20-18   焊接结构铲斗（续）

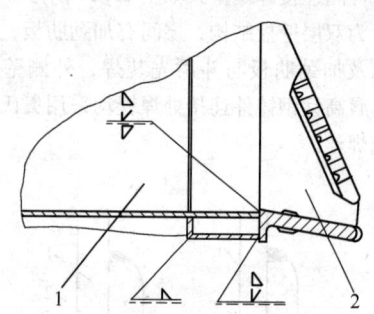

图 20-19   焊接结构铲斗斗前与斗唇焊缝设计
1—斗前焊接件   2—斗唇铸件

20.2   推土机焊接结构

20.2.1   概述

推土机在工程机械中有着举足轻重的地位，它广泛用于水利工程、铁路、公路施工。推土机属于铲运工程机械，靠整机牵引力，用铲刀完成铲削和推土作业。推土机在工程施工中主要用来铲土、运土（100m 运距以内）、填土、平土、松土（利用后置装置——松土器）以及其他作业。推土机外形结构如图 20-20 所示。

虽然推土机的种类繁多，但其功能及结构大同小异。一般工程用推土机均采用液力变速、液压操纵，具有操作方便灵活、安全可靠、工作效率高、适应性强的特点。其结构件大部分都采用焊接结构或采用铸—焊、铸—锻—焊联合结构。现在老式推土机逐步被淘汰，而采用新的传动系统（电液换速箱、集中式驱动桥）；大力推广电子计算机控制技术，采用电子监控系统（EMS），逐步向机电一体化的方向发展。本节以国内使用较广泛 220 马力（1 马力 = 735.499W，

下同）液压推土机为主进行介绍。

1. 推土机的分类

推土机一般分为工程用型和农用型，工程用推土机按施工场地分为普通型、湿地型、沙漠型、森林伐木型及环卫型等；农用型一般用履带式拖拉机改造而成，其结构与工程用推土机有本质的区别，功率较小，主要用于农田平整。按自身功率大小又可分为小型机（100 马力以下）、中型机（100 ~ 140 马力）和大型机（160 马力以上）。按其行走机构分为履带式和轮式两种，由于轮式推土机的功能已逐渐被轮式装载机所取代，故现在所指推土机一般均指履带式推土机。目前，推土机最大功率已达到 1300 马力左右，如三峡水利工程大坝合龙时所使用的大型推土机为750 马力。我国已能生产 900 马力的推土机。但广泛使用的工程机仍以 100 ~ 420 马力为主。

2. 推土机的基本参数

推土机的基本参数主要有功率、前进速度、接地比压、铲容量等。例如，220 马力推土机前进速度为0 ~ 11.2km/h，接地比压 0.077MPa，标准直倾铲容量5.6m³。选用推土机时，首先考虑工况条件及工作量大小。在场地允许的情况下，为提高工作效率应尽量选用大功率推土机。

3. 推土机的机构组成

如图 20-20 所示，推土机由发动机、传动装置、行走装置、转向制动装置、工作装置、液压系统、电器系统及其他外部系统组成。主要焊接结构件有后桥箱、机架、台车架、铲刀、平衡梁、推杆、驾驶室等。

20.2.2   常用材料

推土机上的焊接构件，广泛使用板材、型材、铸

件及锻件。焊接用板材材质常用 Q235、Q345、Q460、Q690、Q890、Q1000 等；焊接用型材常用圆钢、方钢、钢管、方钢管、异型钢，常用材质 Q235、Q345、Q460、45 等；焊接用铸件主要以结构低合金钢铸钢件为主，材质主要有 SC42W、SC46W、SC-SiMn1H、SCSiMn2H；焊接用锻件较少，材质以 45、Q235、Q345 为主。这些材料抗拉强度在 400 ~ 1000MPa，具有良好的塑性、韧性及耐磨性能，碳当量 w（C）一般为 0.1% ~ 0.7%，焊接性能良好，符合工程机械工作环境恶劣的要求。

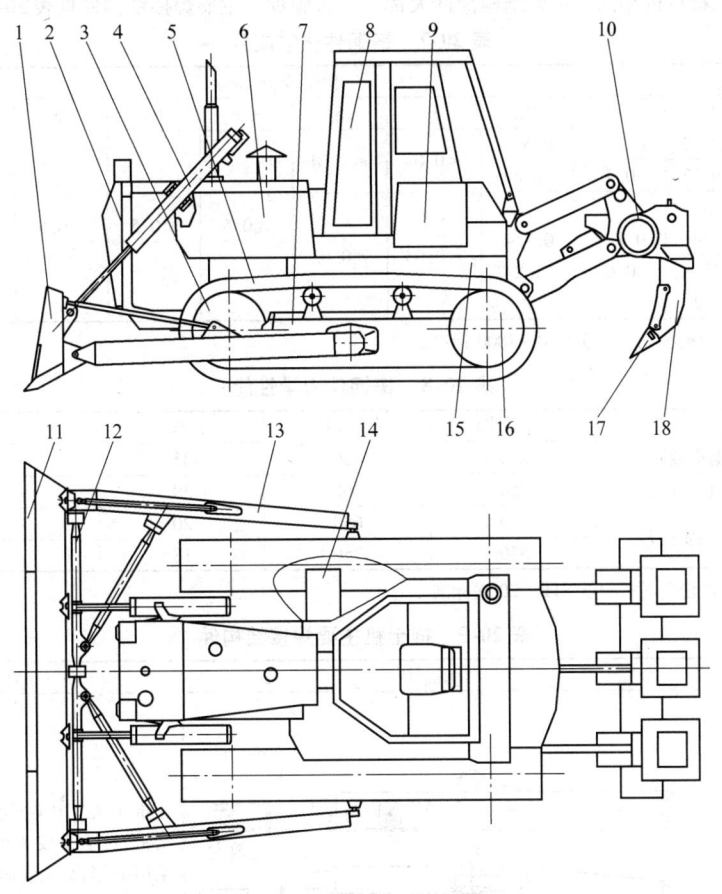

图 20-20　推土机结构图

1—铲刀　2—前机罩　3—引导轮　4—提升油缸　5—履带总成　6—发动机　7—台车架
8—驾驶室　9—油箱　10—松土器　11—刀片　12—斜支撑　13—推杆　14—平衡梁
15—后桥箱　16—驱动轮　17—齿轮尖　18—支角

在推土机中，重要焊接结构中的受力部位，以 Q460 最为常见。这种材料的特点是：低碳、低合金，碳当量 w（C）在 0.21% 以下，供货状态为调质，组织为回火索氏体。综合力学性能较高；焊接性良好，采用 CO_2 气体保护焊在冬季不需预热，也可获得满意的焊缝。

Q1000 主要用于推土机铲刀弧形板，板厚 10 ~ 14mm。铲刀弧形板是主要工作面，要求耐磨、耐冲击并具有良好的焊接性能。目前国内各主机厂一般均采用 Q1000，该材料一般进口，调质状态下，$R_{eL} \geqslant$ 960MPa、R_m = 1010MPa、KV_2（-25℃）$\geqslant$47J。研究表明该种材料具有良好的抗裂、再热裂性能，冷裂纹敏感性也较低。只要严格按工艺要求施焊，一般不会产生焊接缺欠。

Q235、Q345 一般应用在焊接结构件的非主要受力部位，其中 Q235 在薄板类零件应用较多，如驾驶室、地板架、机罩等受力不大的部位；Q345 应用在一般受力部位，重要结构件的次受力部位。

铸钢件在推土机焊接结构件中占重要地位。一般不单独作为零件使用，而是与其他零件焊合作为焊接结构件一起使用，所以研究其焊接性能也有较大的现实意义。常用铸钢化学成分见表 20-7，力学性能见

表20-8。由表20-7可以看出，可焊接的结构低合金钢铸钢件一般采用中低碳，以提高其可焊性；通过热处理提高其力学性能。

20.2.3　主要焊接结构件

推土机和其他工程机械相同，主要结构部件大都为焊接件。由于工况条件较差，对焊接质量要求较严，一般均采用 CO_2 气体保护焊焊接。主要受力焊缝均为精级（精级焊缝指焊缝的外观及内在质量要求，相当于压力容器二级精度要求，只不过一般不进行气密性检查），广泛采用焊接机器人和焊接专用机械施焊。主要焊接结构件见表20-9。

表 20-7　铸钢件化学成分

钢号	化学成分(%)								
	C	Si	Mn	P	S	Cu	Ni	Cr	Mo
SC42W	≤0.12	0.2 ~ 0.5	0.5 ~ 0.8	≤0.04	≤0.04				≤0.2
SC46W	≤0.22								
SCSiMn1H	0.25 ~ 0.30	0.2 ~ 0.6	0.7 ~ 1.2	≤0.03	≤0.03	≤0.5	≤0.5	≤0.5	≤0.4
SCSiMn2H	0.35 ~ 0.42								

注：数据来源山推股份公司——Q/STB—2000标准。

表 20-8　铸钢件力学性能

	热处理	R_{eL}/MPa	R_m/MPa	$A(\%)$	硬度 HBW
SC42W	退火或正火	230	420	35	120
SC46W	退火或正火	250	460	30	141
SCSiMn1H	调质处理	380	650	20	193
SCSiMn2H		520	750	18	221

注：数据来源山推股份公司——Q/STB—2000标准

表 20-9　推土机主要焊接结构件

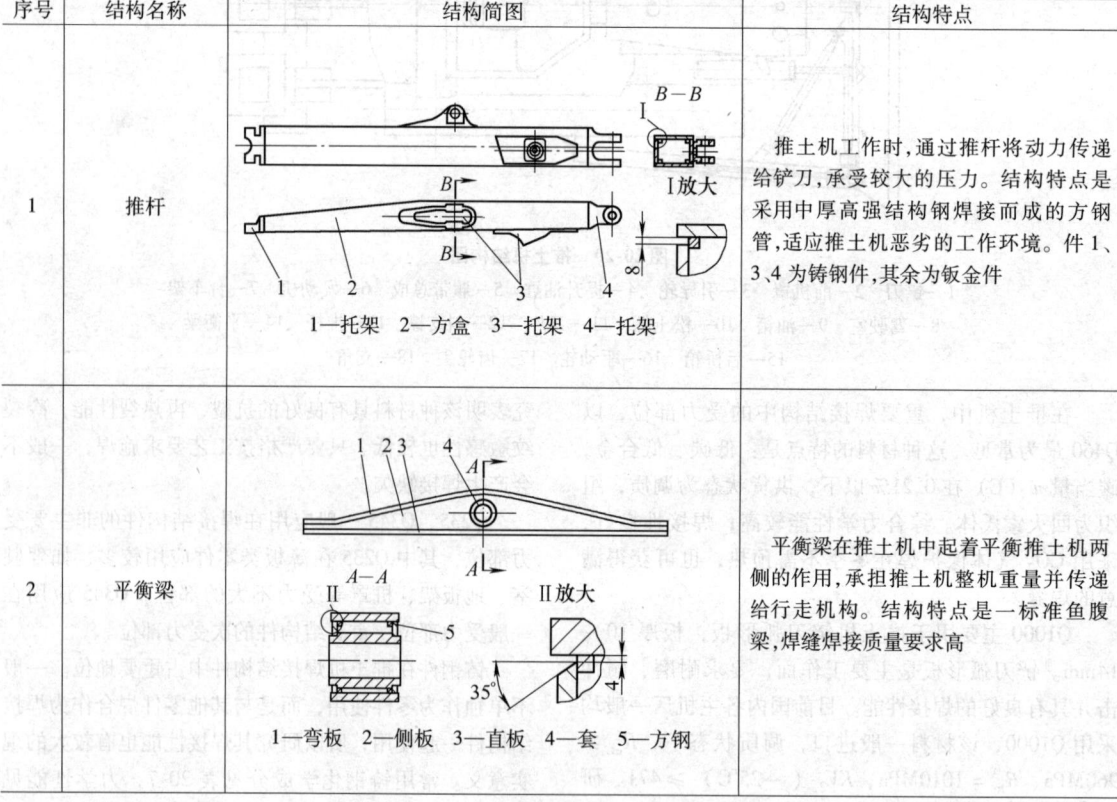

序号	结构名称	结构简图	结构特点
1	推杆	1—托架　2—方盒　3—托架　4—托架	推土机工作时，通过推杆将动力传递给铲刀，承受较大的压力。结构特点是采用中厚高强结构钢焊接而成的方钢管，适应推土机恶劣的工作环境。件1、3、4为铸钢件，其余为钣金件
2	平衡梁	1—弯板　2—侧板　3—直板　4—套　5—方钢	平衡梁在推土机中起着平衡推土机两侧的作用，承担推土机整机重量并传递给行走机构。结构特点是一标准鱼腹梁，焊缝焊接质量要求高

（续）

序号	结构名称	结构简图	结构特点
3	机架	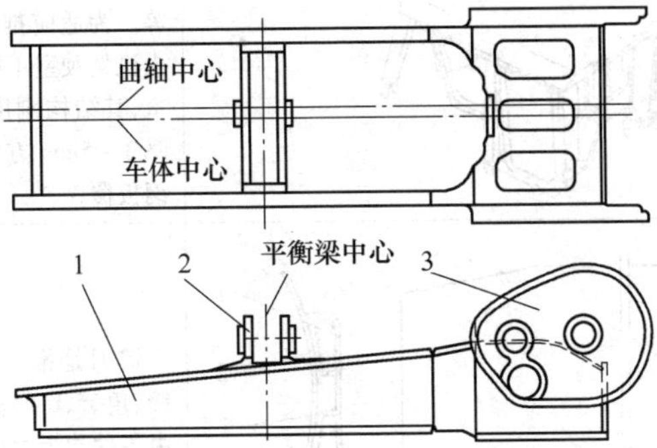 1—左、右架　2—平衡梁架　3—后桥箱	机架是推土机中的主要骨架,是推土机所有焊接结构件中体积最大,质量也最大的零件。从前到后依次安装发动机、分动箱、液力变矩器、变速箱,在后桥箱内安装终传动及转向装置
4	台车架	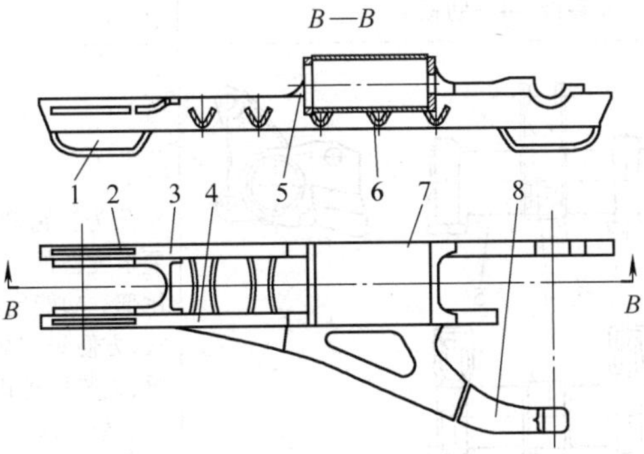 1—挡板　2—耐磨板　3—长梁 4—短梁　5—连接板　6—V 形肋 7—弹簧箱　8—斜支撑	台车架又称履带架,分左、右两件。是推土机的行走机构。单方盒端安装驱动轮,双方盒端安装引导轮,中间安装履带涨紧机构
5	后桥箱	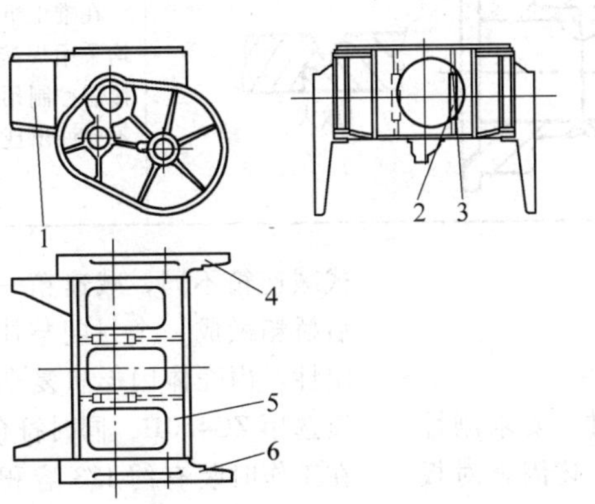 1—半梁　2—凸缘　3—左、右隔板 4—右内壳体　5—上面板　6—左内壳体	安装终传动、动力输出装置及左右转向离合器,需要有较强的刚度和强度,同时是齿轮润滑油的容器,不能渗漏。结构特点是铸造件、中厚板焊合而成。如左图所示:左右内壳体为铸造件;凸缘为锻件;其余为中厚板

（续）

序号	结构名称	结构简图	结构特点
6	驾驶室	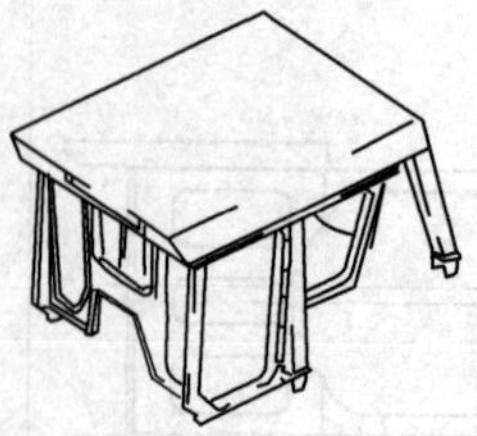	按用户需求可选配标准驾驶室、六面体驾驶室、空调驾驶室、防翻滚驾驶室等。为适应推土机恶劣的工作条件，推土机驾驶室不同于一般运输车辆的驾驶室，其结构刚度和强度更好。一般用壁厚3～5mm方钢管作为骨架，以3mm的钢板覆盖
7	铲刀	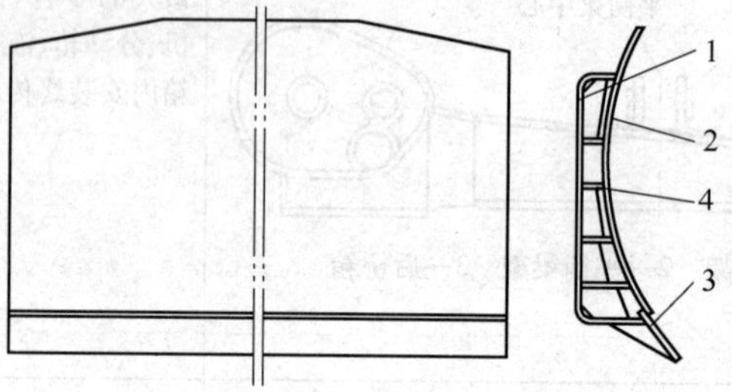 1—后壁板　2—弧形板　3—刀角、刀片安装板　4—肋板	铲刀是推土机的工作装置，分为直倾铲、角铲、U形铲、推耙铲等。主要特点是由各种肋板组成的箱形结构，刚度大，强度高。主要受力面采用Q890、Q1000焊接高强板，耐磨，耐冲击；切入部分安装高锰钢刀角、刀片
8	松土器管梁	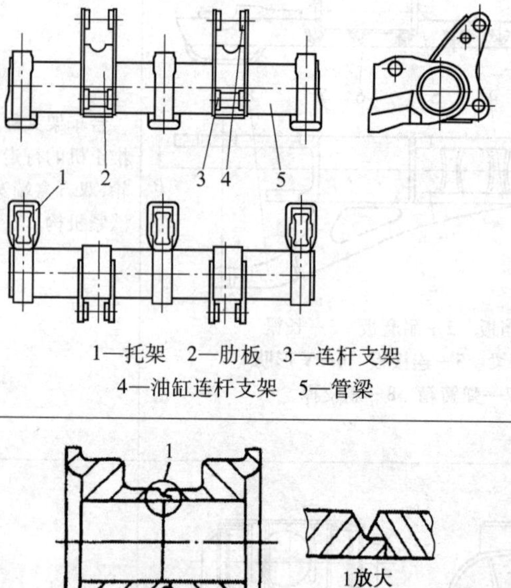 1—托架　2—肋板　3—连杆支架 4—油缸连杆支架　5—管梁	分为三齿和单齿松土器，是根据用户要求配备的工作装置，安装在推土机的尾部。功能是对硬质路面或土壤进行疏松，方便铲刀施工。本件是松土器的管梁，上装松土齿、连杆与油缸，通过油缸控制松土深浅
9	轮毂	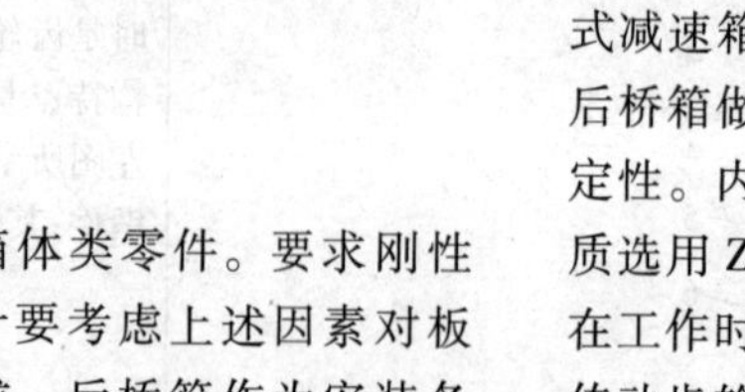 1放大	在推土机"四轮一带"中，拖轮、支重轮均采用焊接结构。一般采用自动焊，焊接需控制预热温度，焊后进行无损探伤，不允许出现焊接缺陷

20.2.4　典型焊接件

1. 后桥箱

后桥箱是典型的焊接箱体类零件。要求刚性大，加工精度高，同时设计要考虑上述因素对板件加工后的最小厚度有要求。后桥箱作为安装各类传动轴的基体，首先应具有足够的刚性，以保证各传动轴之间的精确位置，后桥箱与一般焊接式减速箱不同，减速箱一般分为上下两部分，而后桥箱做成一个封闭整体，从而增加了刚度和稳定性。内壳体因形状复杂一般均采用铸钢件，材质选用ZG450H，同时符合刚度设计要求。后桥箱在工作时装有约1/3容积的润滑油，用来润滑终传动齿轮，因而有密封要求。结构设计时，在前后板螺孔较集中处设置双层结构（见图20-21），方便试压及螺孔加工，试压一般要求气压

0.50MPa。另一方面，为了保证加工的精密性，后桥箱要进行消除内应力热处理。国内有些厂家采用振动时效的方法取得了较好的效果。

现在新型推土机的后桥箱的设计思路是将变速箱和传动部分封闭作为一个整体（集中式驱动桥），安置在后桥箱中，降低了后桥箱整体刚度要求，因此取消了中间两块隔板和上面板，从而简化了箱体结构和加工，方便维修和更换。但同时增大了左右两内壳体的宽度和后板的厚度，以保证安装松土器的要求，由于整个结构的改变其形状已不成为箱体，而成为机架的一部分（见图 20-22）。

2. 铲刀

（1）铲刀结构

铲刀是推土机的工作装置，除保证足够的强度和刚度外，还对疲劳强度及耐磨提出较高要求，通常设计成封闭箱格结构（见图 20-23）。弧形板要选用低合金调质钢 Q1000，具有强度高、耐磨且焊接性能好的特点。后壁板选用具有中等强度的 Q345。长、短

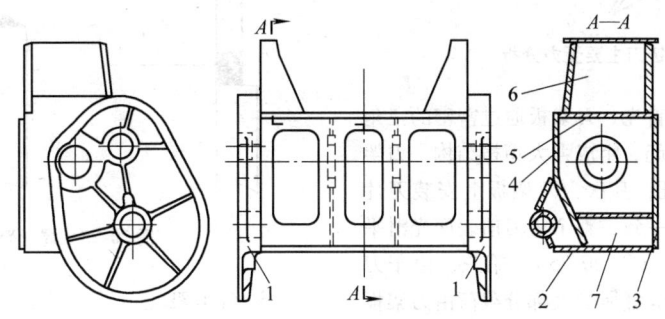

图 20-21　后桥箱结构及密封试验示意图
1—左右内壳体　2—后面板　3—上面板　4—下面板　5—前面板　6、7—试压空腔

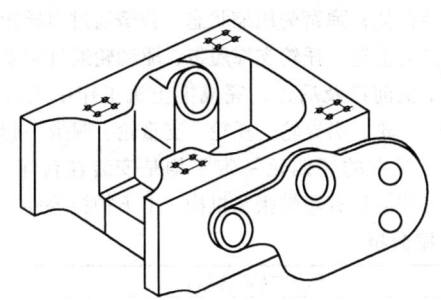

图 20-22　新型推土机的后桥箱

肋板选用普通低碳钢 Q235。铲刀工作时，受力分析比较复杂，但最大受力方向是与铲刀垂直方向的冲击载荷（见图 20-24），长肋板宽度方向与冲击力一致，为主要受力构件，在结构上与弧形板和后壁板直接连接在一起，保证铲刀在长度方向上有足够的刚度。短肋板起支撑长肋板的作用，保证长肋板在受力状态下不倾翻，因为焊接操作空间原因，不与弧形板连接，短肋板与弧形板之间空间用来焊合弧形板与长肋板的焊缝。刀架板上安装铲土刀片，是主要工作部分，选用较厚的 Q460 材料。三角肋板主要是提高刀架板的刚度与强度，保证刀片在铲土过程中的稳定。

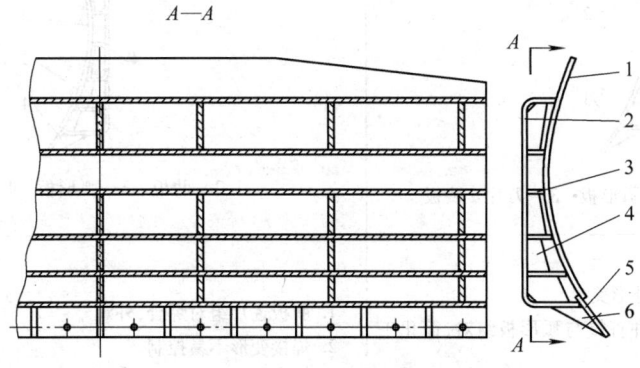

图 20-23　铲刀焊接结构
1—弧形板　2—后壁板　3—长肋板　4—短肋板　5—刀架板　6—三角肋板

（2）搭接接头与对接接头

弧形板与刀架板的焊接接头为搭接接头。我们知道，一般板材对接，对接接头为强度与刚度最大的接头，搭接接头强度与刚度相对较小。此处采用搭接接

图 20-24　铲刀主要受力分析

头，是有一定道理的：首先，刀架板通过密密的三角肋板与后壁板连接在一起，组成强大箱格结构，刀架板强度与刚度得到保证；其次，刀架板上安装刀片后，刀片与弧形板高度一致，整个铲刀前表面光滑平整，可使载荷均匀分布（图 20-25）。第三，由于刀架板一方超强稳定性，焊缝所受大部分载荷由刀架板承担，从而改变了焊缝的受力状态，在此处搭接接头优于对接接头。

（3）铲刀结构改进

后壁板原来的设计方法是将肋板与部分后壁板设计成 L 形，逐片组对、焊合成铲刀（见表 20-10）。此设计方法是基于铲刀中间空间小，焊枪无法进入施焊，缺点是制造工艺及组对工装复杂，生产效率低、焊接变形大且后面板是外露件因而影响外观质量，所

以这种设计方法已被淘汰。现在改进的设计是肋板单独下料，后壁板采用整体压弯成形后与肋板焊接在一起再和弧形板组焊，弧形板与肋板之间的焊缝使用直径 9mm、长 1700 ~ 2200mm 重力焊条由中间向两边施焊，减少了焊缝数量，提高了自动焊程度，有利于减少焊接变形和改善表面质量。表 20-10 给出了原来的和改进的两种设计对比结果。

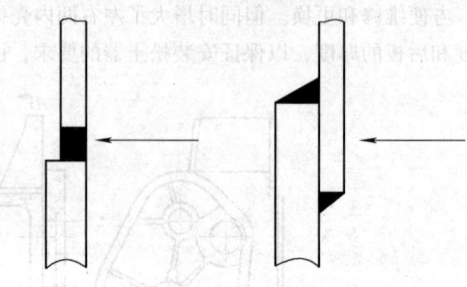

图 20-25　焊缝受力分析

3. 台车架

台车架又称行走架或履带架，左右各一件，是推土机底盘行走部分的框架，如图 20-26 所示。弹簧箱内安装弹簧，弹簧为压缩状态，弹簧通过引导轮张紧履带，支重轮、托轮支撑履带，驱动轮通过驱动履带使推土机前进及后退，完成推土机工作中的行走动作。驱动轮、引导轮、托轮、支重轮、履带一起被称为推土机中的"四轮一带"均是安装在台车架上，同时安装的还有履带张紧机构、上下护板等件。

表 20-10　铲刀设计方案分析

形式 1（合理）	形式 2（不合理）
1—后板焊合件　2—弧形板　3—刀片安装板	1，2—肋板　3—弧形板　4—刀片安装板
1. 后板采取整体压型，外形美观 2. 与肋板可组成焊合件直接与弧形板组对，简化工艺，减少焊缝及变形 3. 有利于使用自动焊 4. 对压弯设备及组对专机（油缸压紧，预留反变形量）要求较高	1. 肋板逐片组对焊合，外观差 2. 焊接变形不易控制 3. 成批生产时，效率低 4. 对表面"レ"焊缝质量要求较严，不利于采用自动焊（焊缝自动寻位、跟踪困难）

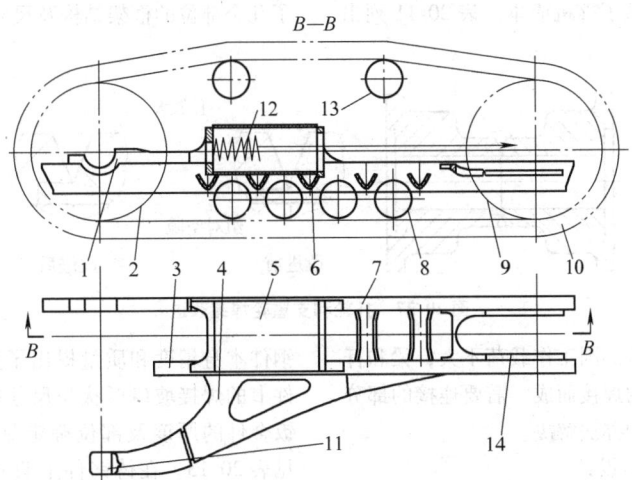

图 20-26　台车架焊接结构

1—大瓦　2—驱动轮　3—短梁　4—斜支撑　5—弹簧箱　6—V 形肋　7—长梁
8—支重轮　9—引导轮　10—履带　11—小瓦　12—弹簧　13—托轮　14—方钢

台车架是推土机中的主要受力部件，通过该件将机器自重及载荷传递给履带并最终传至地面。长、短梁采用箱形结构，重量轻，强度、刚度大。两梁之间用 V 形肋连接，构成框架结构，两 V 形肋之间是支重轮，支重轮安装在长短梁上，从图 20-26 可以看出，V 形肋是提高该件强度及刚度的最好结构。斜支撑分两段制作，支撑和小瓦，其中支撑是薄壁中空结构，材质为 SCSiMn1H，其铸造、焊接工艺性良好；小瓦材质为 SCSiMn2H，可通过热处理，提高耐磨性和力学性能。通过焊接结构的采用，实现了一个零件不同部位力学性能改变，达到了使用要求。斜支撑为一悬臂梁，向小瓦方向结构逐渐变细，符合结构力学要求。方钢为锻件，引导轮可在上面滑动，取其强度及耐磨性良好的作用。

在台车架这个焊接件中，大瓦、小瓦、弹簧箱前后端面、斜支撑等为铸钢件，长短梁、V 形肋、弹簧箱桶体为钣金件，方钢为锻件，这三者完美地结合在一起，发挥各自的优点，使台车架既轻便、美观，又有高强度、高刚度的优点，达到使用要求。

4. 托轮和支重轮

托轮和支重轮是支持履带的主要部件，其内部装有较为复杂的传动机构。轮体为了简化制造工艺和节约制造材料，采用焊接结构，在轮体中部用一条环形对接焊缝连接（图 20-27）。轮体材料一般用 40Mn2，焊接采用 CO_2 气体保护焊自动专机焊接，专机包括预热和后热机构。焊后进行探伤，不允许有夹渣、气孔、裂纹等任何缺陷。原设计在环形对接接头的根部需保留 2mm 钝边，用于组对来保证尺寸。而实

际操作中，正是这 2mm 的钝边，在组对时由于各种操作的原因，无法保证零间隙组对，这样在焊缝根部就出现了一个沟槽（图 20-27）。焊接时，由于焊丝缠绕弯曲等原因，焊接电弧不可能完全对中焊缝根部，根部熔透性差，易产生根部焊接缺陷，产生未熔合，形成焊接缺陷。现在改进设计，将 2mm 台阶加工时去掉（见图 20-27 所示），无论组对间隙大小，另一方向尺寸恒为零，消除沟槽，提高了焊接的可操作性，减少了焊接缺陷。经实践检验，效果良好。

20.2.5　局部结构

1. 梁和杆

推土机的主要结构常采用梁和杆作为受力部件，如台车架长、短梁，主机架，平衡梁，推杆等。普通的梁和杆结构通常采用四块钢板搭接成角接接头，同时为了增加抗弯与抗扭刚性，在中间加横向或竖向的肋板而成箱格状。但在推土机的梁和杆结构设计中，因受尺寸限制而不能加内肋板，又因为推土机构件的强度和刚度要求较高，故采用较厚的高强板（10～40mm）。为了保证焊接接头充分熔透又不致焊穿，焊缝一律采用对接接头加垫板，垫板是方钢或利用特制"凸"字形钢的凸缘进行锁口。采用"凸"形钢能起到在不加大腹板厚度的前提下增加刚性，从而控制机器自身重量。能在型钢上直接钻孔、攻螺纹安装托轮、引导轮、护板，既工艺性好又减少了部分焊接用螺母及螺纹座，同时"凸"形钢适合钢厂大批量轧制，价格比同规格板材几乎相差无几，因而降低了板

材的加工费用，从而降低了整机成本。表20-11列出　　　了几个部位的框架结构及尺寸。

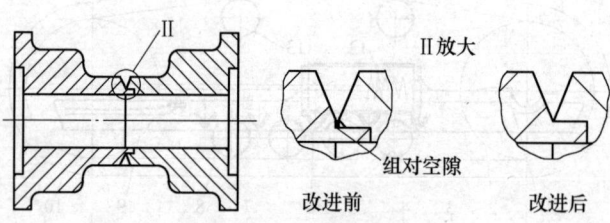

图20-27　托轮和支重轮焊缝改进

小马力和农用推土机的因工作载荷不大，梁和杆大都使用槽钢加腹板结构焊接而成，需要连接的部分采用焊接螺母或螺纹座的办法解决。

2. 铸钢件的焊接坡口设计

铸钢件在结构中占有一定地位，其焊接性能直接影响到整机质量，目前以焊代铸是整个机械行业的总体趋势，但对具体部位应分别对待，如后桥箱前板一直沿用板件、螺纹坐标件等数十个件组焊而成。近年来，一些新机型已采用铸钢件整体铸造而成，从而简化了结构，减少了焊缝。当然，这对铸

钢件本身精度和质量提出了更高的要求。一般铸钢件上的焊接坡口形状与尺寸按铸钢件或与其对焊的钣金件的厚度及部位确定见表20-12，其应用范围见表20-13。在铸钢件上直接铸造出坡口，可以根据产品结构的需要，采用复杂形状的坡口，而不必考虑坡口的加工成本。从焊接所需坡口形式来考虑，形式2、4可更容易获得满意的焊缝质量，坡口形式1、3在焊接时其操作性不如形式2、4，因此铸造坡口常选择形式2、4。图20-28给出铸造坡口应用实例。

表20-11　箱形结构应用示例

台车梁结构			推杆梁结构		
截面图					

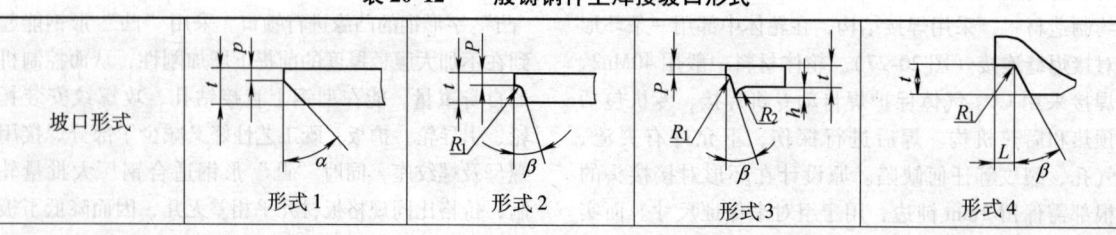

机型	160	220	320	160	220	320
B	184	190	183	250	270	268
H	70	80	100	150	210	230
a	26	36	40	14	14	16
t	8	9	12	14	14	16
c	5.5	7	8	6	7	7

表20-12　一般铸钢件上焊接坡口形式

坡口形式			
形式1	形式2	形式3	形式4

（续）

t	6～10	10～16	16～20	20～25	25～30
p	2	3～5	5		7
α	50°		—		
β	45°	30°	20°		
R_1	5	7	10		
R_2	—		30		50
H	—		5		7
L	t		—		

表 20-13　铸钢件上焊接坡口型式及应用范围

型式	适用范围	
	板厚	接头形式
1	6～16	对接接头、T 形接头
2	10～30	对接接头、T 形接头
3	16～30	需要避开应力集中的 T 形接头
4	6～16	对接接头，需要高焊透率时

3. 局部连接结构改进

T 形接头较容易产生应力集中，而推土机因受冲击载荷较大，在焊接构件设计时应尽量避免 T 形接头的出现。推土机后桥箱设计初期采用"T"接头与机架相连（图 20-29），经常出现焊接问题。后经过仔细研究，将材质铸钢件的内壳体端部加大，引出一个薄板端，连接改为加垫板的对接形式，把焊缝设置在非应力集中区，因而提高了抗冲击载荷的能力。改进后结构如图 20-29 所示。

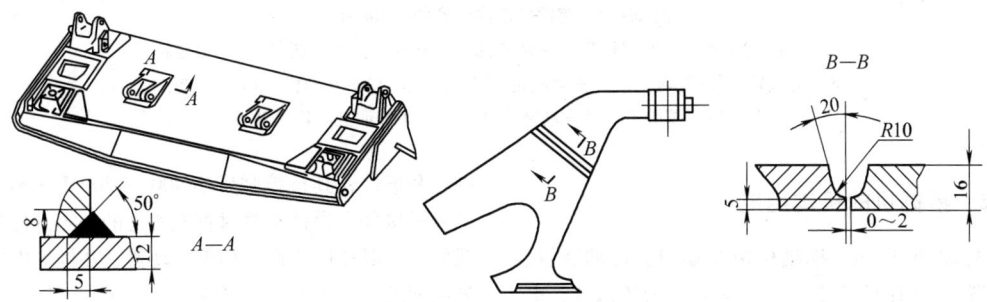

图 20-28　铸造坡口在台车架斜支撑和铲刀上应用

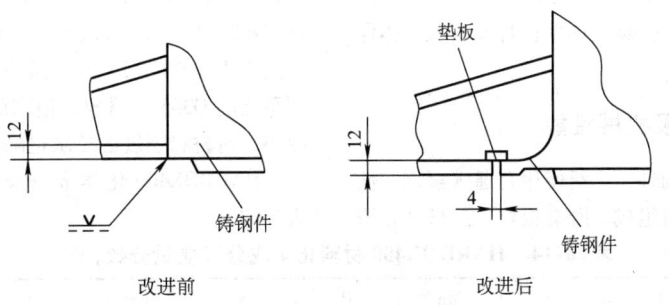

改进前　　　　　　　改进后

图 20-29　后桥箱与机架连接结构

20.3　工程挖掘机焊接结构

20.3.1　概述

在当代现场施工中，工程挖掘机是使用范围最广的机械。它和大功率自卸汽车的组合广泛应用于水利工程、铁路、公路施工、房屋建筑等工况。挖掘机外形结构如图 20-30 所示。

按照行走方式一般工程用挖掘机分为履带式和轮式；按照自身重量可以分为小挖和大挖，习惯上自重在 13t 以下的称为小挖，自重在 13t 以上的称为中大挖。目前国内常见的机型均采用液力变速、液压操纵且换代时间缩短——不到 5 年更新一代。当今挖掘机已经逐步向多元化、小型化发展。发达国家已经逐步向复合型转变，实现一机多能。如机器的一端配备挖掘机工作装置，另一端配置装载机机构成"挖掘—装载机"俗称"两头忙"。一般小型挖掘机还配有推土铲可以做简单的推平地作业；将挖斗拆换配备的破碎锤可以进行维修道路、拆除混凝土建筑物作业；换成配备抓斗可以对散料装卸，细长物料如木材、圆钢进行搬运。

随着我国制造业的迅速发展，2011 年履带式工程挖掘机的产能已经达到占世界总产能的 20% 以上。

本文以国内使用较广泛的 20～30t 级履带式挖掘机中的焊接结构件设计为重点进行介绍。

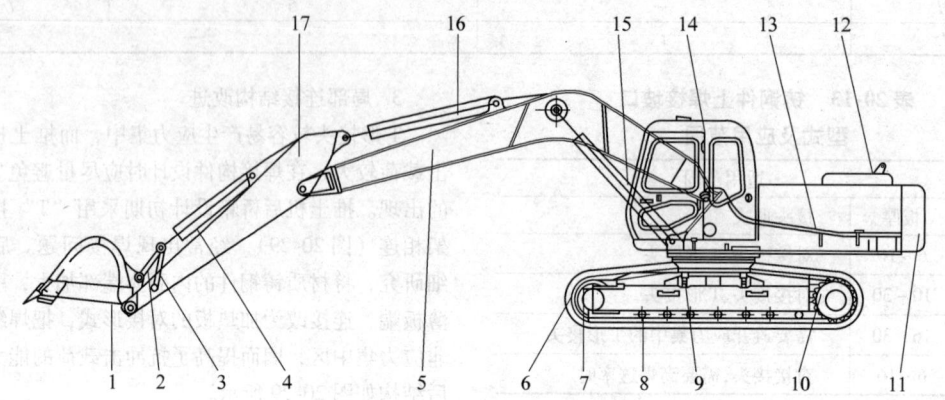

图 20-30　挖掘机结构示意图（20t 级）

1—挖斗　2—连杆　3—摇杆　4—铲斗油缸　5—动臂　6—履带　7—引导轮
8—支重轮　9—托轮　10—驱动链轮　11—配重　12—发动机　13—回转平
台　14—驾驶室　15—动臂油缸　16—斗杆油缸　17—斗杆

20.3.2　挖掘机的机构组成

如图 20-30 所示，挖掘机由发动机、传动装置、行走装置、转向制动装置、工作装置、液压系统、电器系统及其他外部系统组成。其中主要焊接构件有 5 个，即履带架、中央回转平台、动臂、斗杆、挖斗。焊接件广泛采用纯二氧化碳气体保护焊及富氩气体保护焊接工艺。

20.3.3　常用材料及机械性能

挖掘机上的焊接构件，广泛使用普通碳素钢、低合金高强钢和耐磨材料组成，既有板材、型材又有铸钢件和锻件，其抗拉强度由 400～1500MPa 不等。大部分焊接件在设计选材时首先考虑的是零部件抗疲劳载荷，一般选用普通结构钢。动臂、斗杆等件的刚度靠截面的几何形状和尺寸来保证，只有直接接触土、石的铲斗需要选用耐磨、耐冲击并具有良好的焊接性的材料。目前各主机厂一般均采用 HQ100 和 HAR-DOX400（500），如弧形板、加强板、斗齿座板等。小挖由于受空间尺寸和重量的制约，大都选用强度级别稍高的 Q345 等材料，但它的挖斗因为工作面受力减小，对材料强度的要求也降低。

HARDOX400 化学成分及力学性能见表 20-14、表 20-15。

表 20-14　HARDOX400 材料化学成分（质量分数，%）

板厚/mm	C	Si	Mn	P	S	Cr	Ni	Mo	B
4～10	0.14	0.7	1.6	0.025	0.010	0.30	0.25	0.25	0.004
（10）～20	0.14	0.7	1.6	0.025	0.010	0.50	0.25	0.25	0.004
（20）～32	0.18	0.7	1.6	0.025	0.010	1.00	0.25	0.25	0.004

表 20-15　HARDOX400 材料常用力学性能（板厚 20mm）

R_{eL}/MPa	R_m/MPa	A（%）	KV_2/J（-40℃）
1000	1250	10-16	45

20.3.4　典型焊接件及局部结构

1. 回转平台

回转平台简称转台，又称上车架，顾名思义是挖掘机完成工作回转的结构，在中间主机架的下面通过螺栓连接回转支撑与履带架连接，左平台的前部安装驾驶室，主机架的前部安装工作装置（动臂和动臂油缸），后边安装配重，其余位置安装发动机和回转马达、液压油箱、燃油箱等，可以说回转平台是整个挖掘机连接部件最多的一个结构件。示意图如图

20-31 所示。

在主机架安装动臂处，受工作装置的冲击较大立板一般采用加肋板加固的方法进行改善，此处的焊接结构设计的优劣直接影响产品质量、工艺性和成本等诸多因素。表 20-16 对此处改进前后进行了简析。

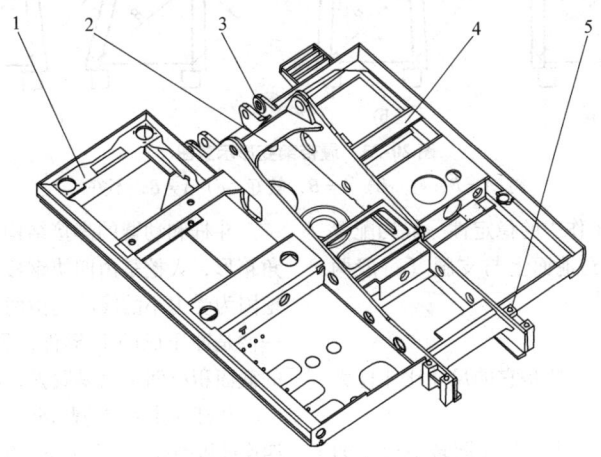

图 20-31　回转平台结构图

1—左平台　2—主机架　3—动臂油缸孔　4—右平台　5—配重安装孔

表 20-16　主机架改进设计举例

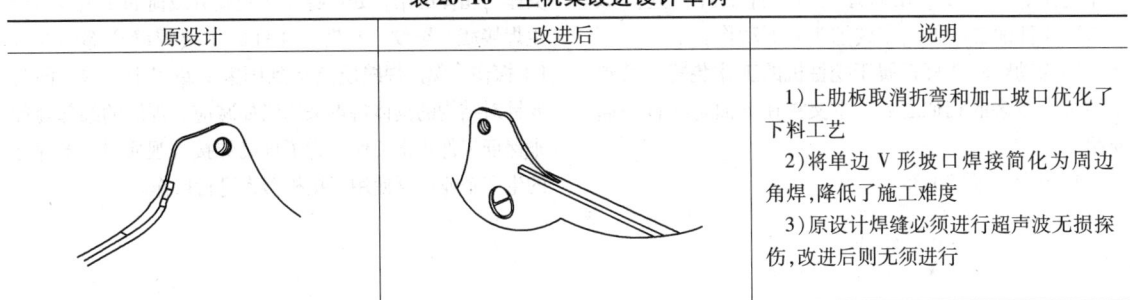

原设计	改进后	说明
		1) 上肋板取消折弯和加工坡口优化了下料工艺 2) 将单边 V 形坡口焊接简化为周边角焊，降低了施工难度 3) 原设计焊缝必须进行超声波无损探伤，改进后则无须进行

2. 履带架

履带架又称行走架、下车架。左右对称，通过链轮驱动链轨节总成使挖掘机前进及后退完成工作中的行走动作，而链轮（驱动轮）、引导轮、托轮、支重轮、履带一起被称为挖掘机中的"四轮一带"均是安装在履带架上，为了保证履带克服因履带松弛而造成的传动效率降低，同时安装的还有履带张紧机构。其焊接结构受力通过回转支承传递最终由履带传递到地面。回转支承是一种专用轴承，由专业厂生产。

大型挖掘机的回转支承座与圆管大都是滚锻件，因而强度高、韧性好。小挖掘机可以采取焊接结构。如果焊接采用自动焊，一定要周边熔合均良好，保证达到二级焊接质量。

因为挖掘机工作中不行走，移动中不进行挖掘作业，因此与工作装置如斗杆相比工况较好，一般不会出现疲劳开裂。结构示意图如图 20-32 所示。

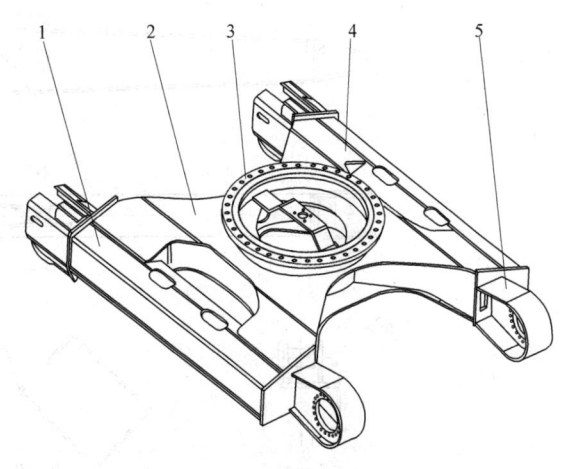

图 20-32　履带架结构图

1—左履带梁　2—X 架　3—回转支承架
4—右履带梁　5—右驱动轮支架

履带架焊接与加工需要特别注意的要点是：两侧安装两条履带引导轮与驱动轮所形成的矩形因焊接变形引起的对角线变化会影响到行走中跑偏（即自动转向），如图 20-33 所示。引导轮、支重轮、驱动轮及拖轮的安装位置要在同一条线上，否则就会引起履带偏磨严重时会造成履带脱落。

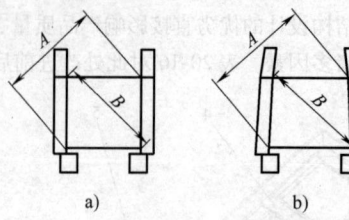 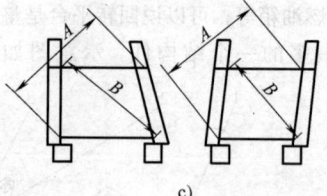

图 20-33　履带架变形示意图
a) $A = B$，好　b) $A = B$，较好　c) $A \neq B$，不好

轮式挖掘机为了增加工作中的稳定性一般均配置推土铲，施工中把推铲放到地面上与支腿（一般两只）一起形成支承。

3. 动臂（图 20-34）

动臂通常称之为大臂，主要是它的尺寸比斗杆大（斗杆俗称小臂）。

动臂的孔系——四组。A 为安装在回转平台上的铰接座；B 与安装平台上的油缸相连。A、B 通过动臂油缸的伸缩完成动臂上下动作。D 为叉状与斗杆 D 支座连接；C 与安装在动臂上的斗杆油缸相连。C、D 通过斗杆油缸的伸缩完成挖斗上下动作。

因为动臂和斗杆都属于挖掘机的工作装置，其焊接结构有较多的相似之处，本文将在下面与斗杆一起介绍。

4. 斗杆（图 20-35）

斗杆和动臂的焊接结构都是箱形结构，一般是直角箱形，大挖是由四块钢板四焊缝焊接而成。只有小挖因为受力小的缘故是由两件两条缝焊组成的，其中一件是冲压成的 U 形件，另一件称为下盖板，这时的截面积有两个角是圆弧，两个角是直角。

斗杆的孔系和动臂相似，由于小端和挖斗的连接是四连杆机构故比动臂多出一组孔系共有 5 组孔。又因为是靠近最终工作装置最近的结构件，因此是工作受到拉、压及上下交替弯曲的复杂受力件，在 A、C、D、E 支座与箱体的结合处焊缝受交变疲劳载荷的作用容易产生焊接疲劳裂纹。动臂、斗杆的主要焊缝全部要经过 UT 探伤，保证焊缝质量达到国家 2 级以上要求，同时要针对结构的具体特点采用诸如减应力焊缝的细部处理来保证工件正常工作。为了提高焊接外观质量，条件好的生产企业广泛使用焊接机器人进行操作。

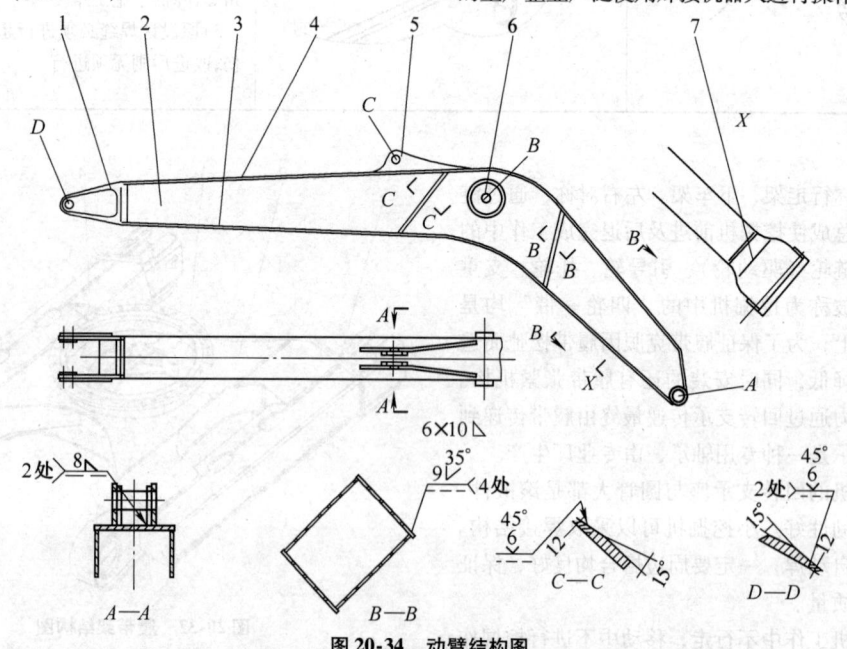

图 20-34　动臂结构图
1—前叉板（D 孔）　2—左、右侧板合件　3—下盖板　4—上盖板
5—耳板（C 孔）　6—中心支座（B 孔）　7—铰座（A 孔）

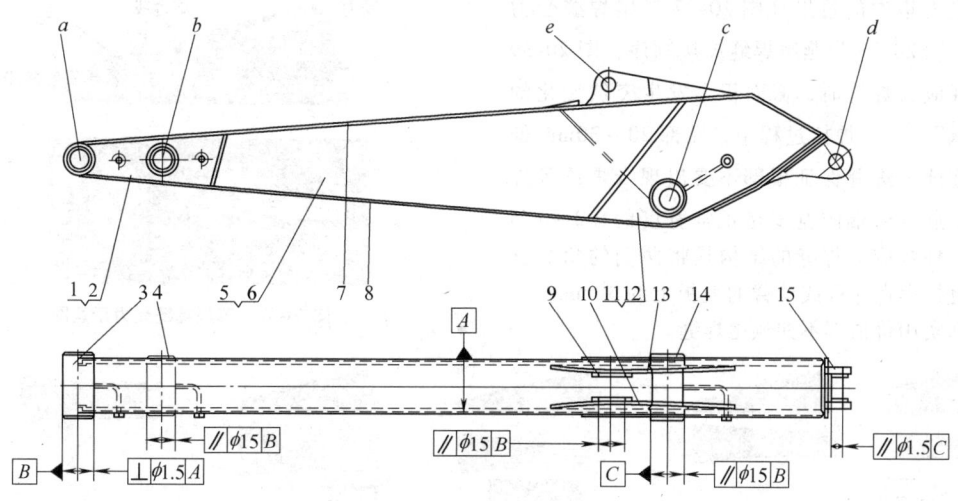

图 20-35 斗杆结构图

1、2—侧板小端 3—a 台 4—b 台 5、6—侧板中段 7—上盖板 8—下盖板
9—垫板 10—左耳板 11、12—侧板大端 13—右耳板 14—c 套 15—d 支座

表 20-17 某公司斗杆改型举例

改型前	改型后	说明
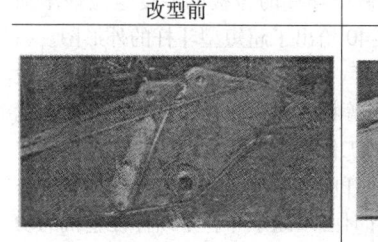	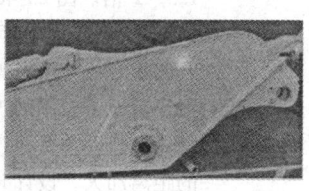	1) 上盖板由折弯改成辊弯提高了外形美观 2) 将 D 支座由铸件改成焊接件并将孔与箱体的探出量缩短，改善了斗杆的受力 3) 箱体的内部肋板把 C、E 与支座连接到一起增加了整体刚度

1) 焊接结构特点。广泛采用箱形结构保证其力学性能，同时又根据受力不同把截面设计成大小不同，这样既保证力学性能又注意美学和造型如斗杆 D 支座部位改型前后的对比见表 20-17；动臂的前叉、中心支座和后铰座；斗杆的 A、B、C 支座等受力大的部位采用铸钢件或铸（锻）——焊结构（图 20-36）。

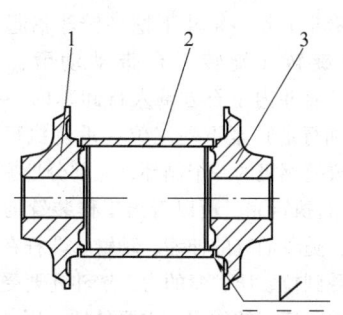

图 20-36 动臂中心支座（C 孔）结构图
1—左板（锻件） 2—中间套
（无缝钢管） 3—右板（锻件）

2) 材料一般采用 Q235B 或接近的普通材料。

3) 主要焊缝——斗杆、动臂的侧板与上下盖板的焊接为无垫板单面 V 形焊缝，钝边公差为（2±1）mm。如果为了提高焊缝的一次探伤合格率钝边应该越小越好，但钝边小或无钝边时，焊接第一道焊缝时为了避免焊穿焊接规范要控制得较小，从而影响到生产效率。

4) 减应力焊缝及其特点。在整个挖掘机的焊接部件中，斗杆和铲斗受力情况最恶劣，也是通常容易出现开裂等质量问题的，由于铲斗是易损件（通常在一台挖掘机在正常的使用寿命过程中要消耗 3 个左右的挖斗）。而斗杆的报废时间要和整机的使用寿命相当，故斗杆的焊接质量是更为严格的。斗杆上的一些部件当工件截面积发生变化时，就会产生应力集中，为了防止左右耳板和 D 支座开裂，一般在工件的端部焊成燕尾形，以达到降低应力集中的效果（图 20-37 燕尾焊缝受力示意图，图 20-38 为燕尾焊缝焊接顺序，图 20-39 不采用降应力焊缝时，截面积会发生突然变化的焊接示意图）。在焊接过程中，端部 20～30mm 处一定要连续施焊并保证根部不要出现未焊透等焊接缺陷，燕尾末端的宽度是正常宽度的1.2～1.5倍。另一种减应力焊缝的结构是将两侧的角焊缝引出后直接焊在斗杆或动臂的盖板上约30mm，但其美观和实用价值都不如燕尾焊缝。

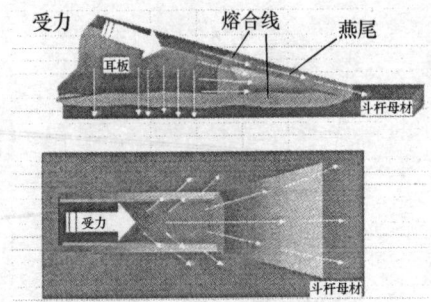

图 20-37 燕尾焊缝受力示意图

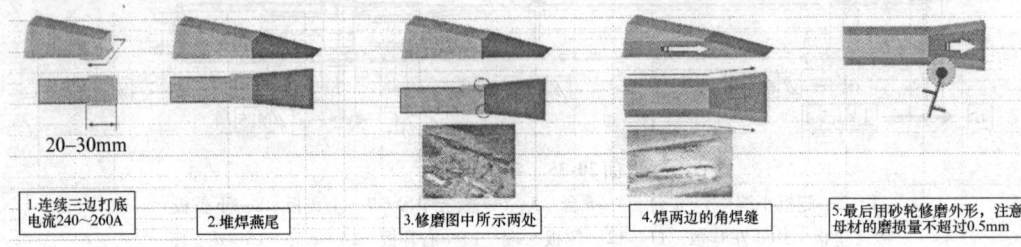

图 20-38 燕尾焊缝焊接顺序与要点

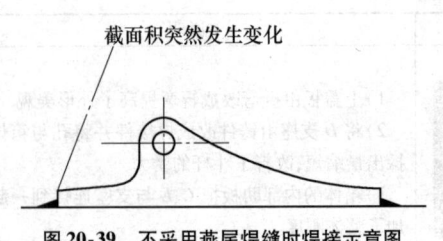

图 20-39 不采用燕尾焊缝时焊接示意图

5）侧板的单面焊接双面成形。由于斗杆侧板受力不均匀，一般两端的板要比中间的板厚，20t 级以上挖掘机的动臂、斗杆一般都由三块厚度不同的钢板组成。在部件总组对前要将其焊成一个整体，为了提高生产效率同时又要保证焊接质量，各生产厂一般用气动或液压工装将钢板在平焊位置予以刚性拘束，在焊接坡口的背面垫上内通冷却水的纯铜棒以便强制单面焊接双面成形。焊接材料一般选用低温塑性较好的药芯焊丝。焊缝应保证充分融合，不允许出现裂纹、咬边、气孔等焊接缺陷。另一种加强方式是在两端平铺加强钢板，两种做法各有利弊，当然 13t 以下机型直接与上盖板一起做成 U 形结构，简称 U 形梁。比较见表 20-18。

6）超短型斗杆的特点。根据不同的工况，例如在两岸进行河内清淤时，会设计专用的加长斗杆或加长动臂（此时应减小铲斗容量）。但在设计以使用破碎锤或岩石作业为主的机型时，为了保证正常使用，这时斗杆的长度要缩短，当斗杆的长度缩小到一定程度时，斗杆的 D、E 支座距离缩短可以设计在一体，此时工件的板厚应增加，一般为同级机型正常耳板厚

度的 2～3 倍。与侧板连接的盖板的厚度也应该增加 1.5～2 倍。图 20-40 给出了超短型斗杆的外形图。

7）超长型动臂、斗杆及双动臂。随着城市建设及河道开挖与清淤等特殊作业要求，机器在地面上就可以对地下较深的工作面施工或在河边对河道中间挖掘，超长型动臂斗杆应运而生，由于挖斗与回转中心的距离加大，设计时必须减小斗容量以保证整机的功率区配及平衡。

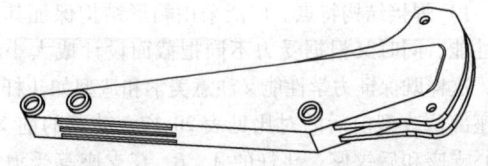

图 20-40 超短型斗杆外形图（20t 级）

8）动臂和斗杆耳板力的传递。挖掘机在工作时的动作：铲斗举起→铲斗下挖→铲斗抬起→铲斗端平→平面旋转（旋转平台带动动臂、斗杆、铲斗）→铲斗将斗内土石方倒入自卸车内→抬起→旋转（有时加行走）至下一工位→重复执行。这么多的动作组成挖掘机的一个循环，大部分挖掘机均可以在 1min 左右执行完，可以看出工作装置的受力是相当频繁的，随着油缸的伸缩，动臂、斗杆在实际工作过程主要受到拉、压、弯的力，铲斗还要受到与工作介质的摩擦、剪切的作用。主要的拉、压、弯力会使动臂、斗杆产生弹性变形。

动臂和斗杆工作时力是通过铰接孔和油缸铰接点即耳板来进行力的传递的，由于工程用油缸一般尺寸较紧

凑,而力通常不能直接传递到动臂和斗杆的侧板,只能传递到上下盖板上,从而会使上下盖板受到拉、压。设计不合理时,会造成上下盖板与侧板的焊缝拉裂,严重时会直接将上下盖板母材撕裂。解决方案如下:

① 将耳板弯曲直接把通过油缸传递的工作力传

到侧板,与油缸连接处加垫板既能增大耳板的间距又可以减少加工面积(图 20-41)。

② 在箱体的内部增加加劲肋板增加整体刚度;与其他支座连接到一起从而抵消一部分外力(图 20-42)。

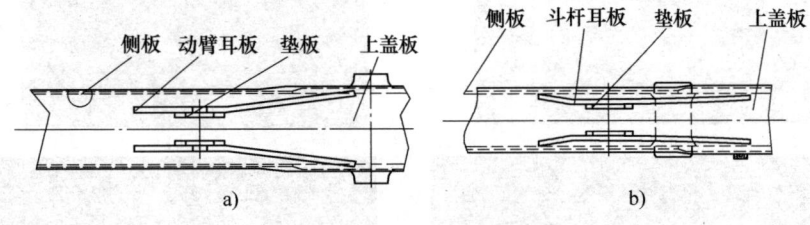

图 20-41 耳板工作力传递示意图

a)动臂耳板力的传递 b)斗杆耳板力的传递

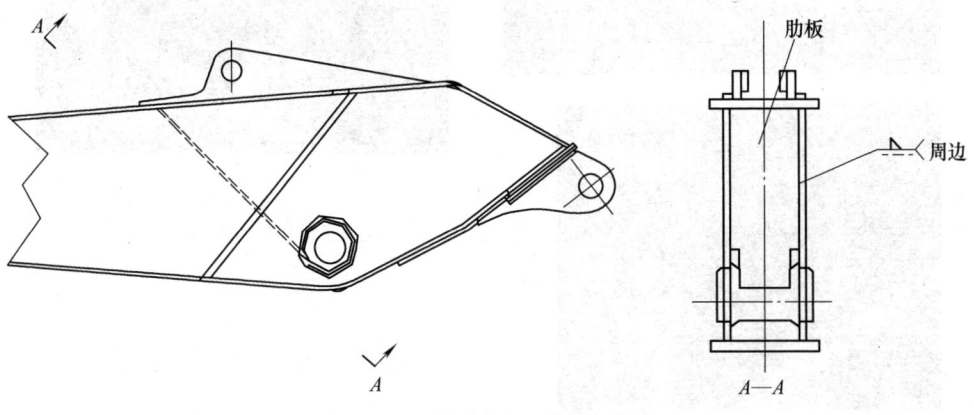

图 20-42 斗杆内部加强筋板示意图

表 20-18 侧板设计方案比较

结构简图	结构特点	使用范围
	1. 侧板提前焊接,可以减少总组对后的焊接工作量和变形并利于降构件的整体低焊接应力 2. 工件尺寸减小合理利用钢材,提高材料利用率	20t 以上大挖
	1. 可以提高总组对前的工作效率 2. 加强板的部位与上下盖板间的焊缝不易进行超声波检验 3. 总焊后变形大且残余焊接应力较大	20t 左右挖掘机
	1. 减少了零件数量及箱形梁中的两道焊缝,简化了焊接工艺 2. 造型美观 3. 因为受板厚限制(厚板成形困难),仅限于小挖	13t 以下小挖

9）斗杆各部位的加强。当挖掘机用来进行岩石作业或安装破碎锤进行地面和建筑物破碎及为了提高工作效率而加大斗容量时，必须要对斗杆的一些部位实施加强。加强的方式除了增加板厚，重新设计专用斗杆如超短型斗杆外，通常使用的方法是在标准斗杆的基础上对斗杆的各个部位加焊钢板，加焊的钢板面积不要过大，且尽可能使边长要长，以增加焊缝长度达到加强的目的。图20-43给出了应用实例。

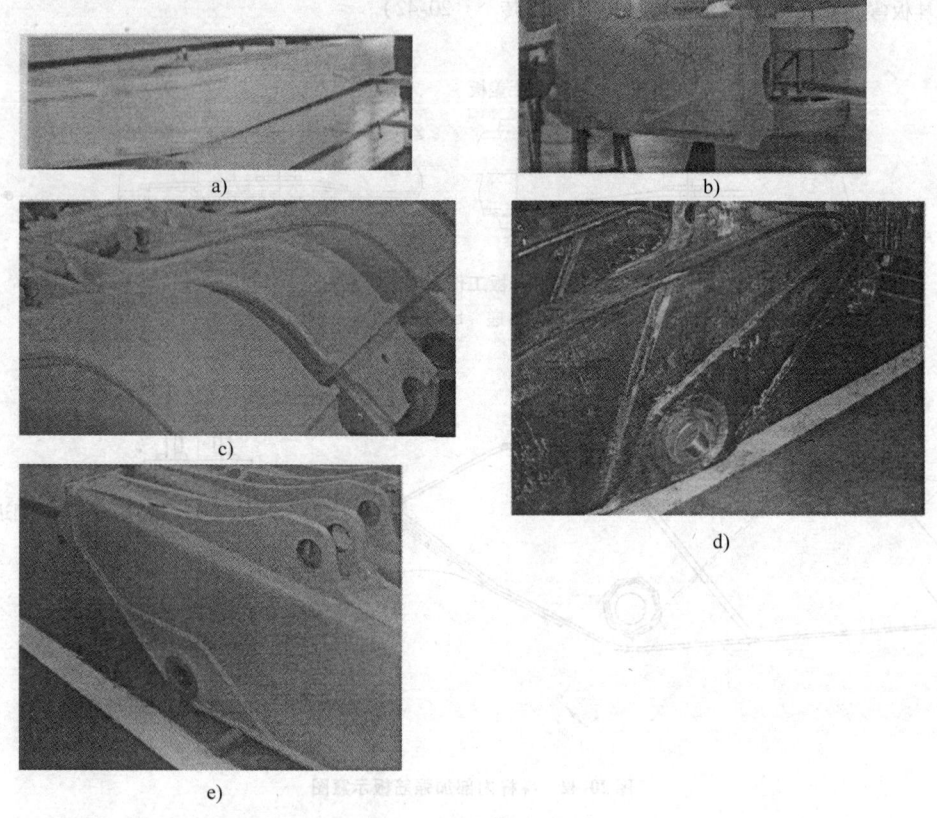

图20-43　斗杆各部位加强实例
a）下盖板的加强　b）上盖板的加强（1）　c）上盖板的加强（2）
d）侧板的加强（1）　e）侧板的加强（2）

5. 铲斗（图20-44）

铲斗是最终的工作装置，直接与工作场地如泥土、砂石接触，要求耐磨、耐冲击。由于工作场地和施工对象不同，同一挖掘机可配置多种铲斗，但一定要注意整机性能的匹配，如为了提高挖掘土方的工作效率在加强型的机型中可以将岩石斗换成加大斗，但是为了适应岩石作业在普通机型上将普通斗换成等容积的岩石斗则要慎重，以免破坏整机性能，超出设计能力，使斗杆、动臂因使用不当造成事故。

为了延长铲斗的使用寿命，除保证足够的强度和刚度外还对疲劳强度及耐磨提出较高要求，通常将斗齿设计成可拆换的两部分，与本体焊接在一起的称为斗齿座、可以拆换的部分称为斗齿。斗齿座（板）、侧刃板和岩石斗的弧形加强板要选用强度高、耐磨且焊接性能好的材料。

1）结构广泛采流线型结构铸钢件或铸-焊结构（见图20-44）。斗齿座、斗齿、侧刃使用铸锻件，而如减磨、斗齿座板则大量使用高强度耐磨材料如HQ780、HQ100、或HARDOX400（500）。

2）为减小主要受力部位（铲斗的四个角部）焊缝应力集中的下凹焊缝，一般20mm左右的角焊缝下凹量为2mm左右。

3）受力部位的加强（表20-19）和铲斗侧刃板式样、斗齿座板的加强及使用范围见表20-20。

4）受力部位（铲斗的四个角部）超声波探伤，斗齿座与斗齿座板焊接前要预热至250～280℃，焊后要进行适当的保温或后热，24h后表面磁粉探伤。

HAR DOX400（500）系列耐磨钢材是特制的焊接钢板，具有良好的焊接性能，为了减小焊后出现冷裂纹的倾向（延迟裂纹），应考虑预热。采用纯二氧化碳或混合气体保护焊时，预热温度在100～175℃，并且随着板厚的增加逐步提高预热温度。

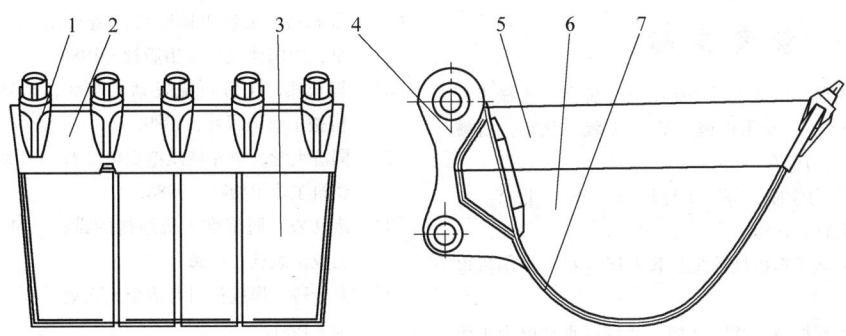

图 20-44　铲斗结构图

1—斗齿座　2—斗齿座板　3—减磨板　4—耳板总成　5—侧刃安装板　6—侧板　7—弧形板

表 20-19　铲斗上角部加强方式及使用范围

结构简图	实物图片	结构特点	使用范围	结构简图	实物图片	结构特点	使用范围
		1. 延长耳板总成的弯板,结构简单 2. 适用于小型斗	斗容量在 0.28 m³ 以下			1. 因为挖斗的体积加大,故延长了加强长度 2. 角部筋板尺寸过大会妨碍泥土的装卸	斗容量在 1.2m³ 以上时普通铲斗
		1. 明显改善角部受力状况 2. 需要增加零件及相应焊接工作量	斗容量在 0.28～0.5m³			1. 利用三角形的稳定性,进一步加强部位尺寸 2. 由于工作介质是石块,不会影响装卸	斗容量在 1.2m³ 以上时岩石斗
		1. 针对大挖受力加大的特点,延长了加强长度 2. 角部形成小箱结构	斗容量在 0.8～1.0m³				

表 20-20　铲斗侧刃板式样、斗齿座板的加强及使用范围

结构简图	实物图片	结构特点	使用范围	结构简图	实物图片	结构特点	使用范围
		1. 侧刃保护铲斗及侧板,可拆换 2. 向外弯曲,同时保护螺母 3. 一般选用锻件或钢板	挖掘土、砂的普通斗(标准斗)			1. 侧刃基本是平面,稍长、有利于接触坚硬介质 2. 一般选用经热处理后的耐磨钢板 3. 为保护斗齿座板,增加了保护套	斗容量在 1.2m³ 左右时普通斗
		1. 侧刃平面、前部倒角,有利于接触坚硬介质 2. 一般选用经热处理后的耐磨钢板	斗容量在 0.8m³ 左右时岩石斗			1. 基本是平面,增加了厚度和强度,有利于接触坚硬介质 2. 选用经热处理后的铸钢件(连接螺母下卧在减磨板内) 3. 为保护斗齿座板,增加了保护套	斗容量在 1.2m³ 左右时岩石斗

参 考 文 献

[1] 机械工程手册　电机工程手册编辑委员会. 机械工程手册：第 15 卷，专用机械 [M]. 2 版. 北京：机械工业出版社，1987.

[2] 武汉水利电力学院，等. 工程机构 [M]. 北京：电力工业出版社，1980.

[3] 陈凯运. 铲运工程机械的现状和发展 [J]. 中国机电报：2000 (3).

[4] 余恒睦. 工程机械 [M]. 2 版. 北京：水利电力出版社，1989.

[5] 张光裕. 工程机械底盘构造与设计 [M]. 2 版. 北京：中国建筑工业出版社，1986.

[6] 杨成康. 工程机械发动机与底盘构造 [M]. 北京：机械工业出版社，1989.

[7] 同济大学. 单斗液压挖掘机 [M]. 2 版. 北京：中国建筑工业出版社，1986.

[8] 诸文农. 履带推土机结构的设计 [M]. 北京：机械工业出版社，1986.

[9] 尹士科. 焊接材料与冶金论文集 [C]. 冶金部钢铁总院，1991.

第21章　汽车焊接结构

作者　郭志强　审者　陆　皓

21.1　汽车结构的分类与特点

21.1.1　概述

自1886年，德国人卡尔·苯茨制造出世界上第一辆汽车以来，汽车工业已经经历了一百多年的发展，从"作坊"式的手工制造业发展成为大规模的社会化大生产。汽车（尤其是轿车）作为一种重要的交通工具已走进千家万户。轿车的发展趋势主要有以下几个方面：轻量化，控制电子化，设计与制造计算机化，动力多样化，生产的世界化，产品个性化，多品种小批量化，以及改善空气动力性，降低排放污染，提高燃油经济性等。

汽车轻量化技术包括汽车结构的合理设计和轻量化材料的使用两大方面[1]。在结构设计方面可以采用前轮驱动高刚性结构和全铝及复合材料空间框架结构（ASF/MSF）等来达到轻量化的目的；在用材方面可以通过材料替代或采用新材料来达到汽车轻量化的目的[2,3]。

据统计，汽车车身、底盘（含悬挂系统）、发动机三大件约占一辆轿车总重量的65%以上。其中车身外、内覆盖件的重量又居首位。因此减少汽车白车身重量对降低发动机的功耗和减少汽车总重量具有双重的效应，是汽车轻量化的重要途径。

为减轻白车身的重量，首先应在白车身制造材料方面寻找突破口。具体说来可以有如下几种方案：

1）使用密度小、强度高的轻质材料。

2）使用同密度、同弹性模量而且工艺性能好的、断面厚度较薄的高强度钢。

3）使用基于新材料加工技术的轻量化结构用材，如在侧面框架、车门内板、车身底板、侧面横挡、风窗玻璃窗框、中立柱等结构处采用连续挤压变断面型材、金属基复合材料板、激光焊接板材等。

4）使用新工艺，如激光焊，可以大大减少焊接翻边的长度，从而减少车身材料。

在汽车的制造过程中，焊接是最主要的连接方法。汽车的发动机、变速器、车桥、车架、车身、车厢六大总成都离不开焊接技术的应用。在汽车及零部件的制造中，应用了点焊、凸焊、缝焊、滚凸焊、焊条电弧焊、CO_2气体保护焊、氩弧焊、气焊、钎焊、摩擦焊、电子束焊和激光焊等各种焊接方法。

21.1.2　汽车的种类

根据不同的分类方法，可以把汽车分为不同的类别。

按用途可分为：轿车、货车、客车、越野车、专用车等。

按动力形式可分为：活塞式内燃机汽车、电动汽车、燃气轮机汽车、太阳能汽车等。

按驱动形式可分为：后轮驱动汽车（后驱）、前轮驱动汽车（前驱）、全轮驱动汽车（四驱）等。

按行驶机构的不同，可分为：轮式汽车、履带式汽车、雪橇式汽车、气垫式汽车等。

此外，通常还可以按照下面分类：

按照燃料分为：柴油车、汽油车、电动车、混合动力车、天然气车、液化石油气车等。

轿车按照发动机容积分为：微型轿车、普通级轿车、中级轿车、中高级轿车和高级轿车。

客车按照大小分为：微型客车、轻型客车、中型客车、大型客车、特大型客车。

货车按照总质量分为：微型货车、轻型货车、中型货车、重型货车等。

从轿车外形上可以分为两厢车、三厢车等；或者分为直背式、斜背式等。

从轿车门的数量上可以分为2门车、3门车、4门车、5门车等。

21.1.3　汽车车身结构的分类

汽车车身结构从形式上说，可以分为非承载式和承载式两种。

非承载式车身（图21-1）的汽车有一刚性车架，又称底盘大梁架。发动机、传动系的一部分、车身等总成部件用弹性元件固定在车架上，车架通过前后悬架装置与车轮连接。车架的振动通过弹性元件传到车身上，大部分振动被减弱或消除，发生碰撞时车架能吸收大部分冲击力，在坏路行驶时对车身起到保护作用，因此车厢变形小，平稳性和安全性好，而且车厢内噪声低。但这种非承载式车身比较笨重，质量大，汽车质心高，高速行驶稳定性较差。一般用在货车、客车和越野吉普车上，也有少部分的高级轿车使用，

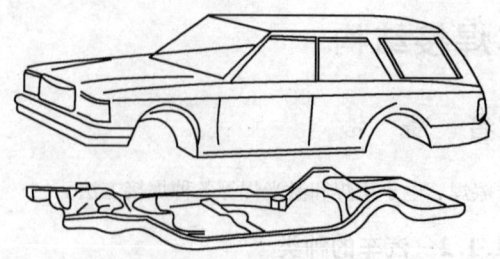

图 21-1　非承载式车身

因为它具有较好的平稳性和安全性。

　　承载式车身（图 21-2）的汽车没有刚性车架，只是加强了车头、侧围、车尾、底板等部位，车身和底架共同组成了车身本体的刚性空间结构。发动机、前后悬架、传动系的一部分等总成部件装配在车身上设计要求的位置，车身载荷通过悬架装置传给车轮。这种承载式车身除了其固有的乘载功能外，还要直接承受各种载荷力的作用。这种形式的车身具有较大的抗弯曲和抗扭转的刚度，质量小，高度低，汽车质心低，装配简单，高速行驶稳定性较好。但由于道路载荷会通过悬架装置直接传给车身本体，因此噪声和振动较大。经过几十年的发展和完善，承载式车身不论在安全性还是在稳定性方面都有很大的提高，大部分的轿车采用了这种车身结构，目前国内生产的各类家用轿车和中高档轿车均是承载式车身。

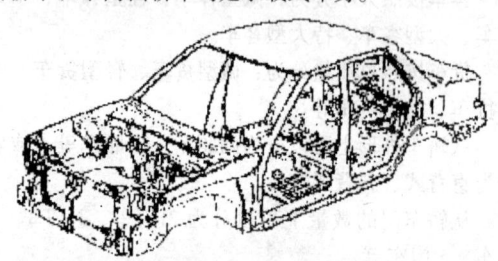

图 21-2　承载式车身

　　还有一种介于非承载式车身和承载式车身之间的车身结构，被称为半承载式车身。它的车身本体与底架用焊接或螺栓刚性连接，加强了部分车身底架而起到一部分车架的作用，例如发动机和悬架都安装在加固的车身底架上，车身与底架成为一体共同承受载荷。这种形式实质上是一种无车架的承载式车身结构。因此，通常人们只将汽车车身结构划分为非承载式车身和承载式车身。

　　汽车车身（行业俗称的"白车身"）是由车身结构件和覆盖件通过焊接拼装而成。以三厢式轿车为例（图 21-3）来说明轿车的一般结构。一般包括前围、侧围、后围、顶盖、车身地板、翼子板、车门、发动机罩盖、行李箱盖（或背门总成）等。

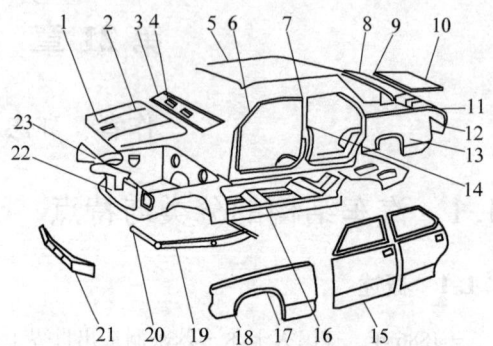

图 21-3　三厢式轿车车身主要零部件
1—发动机盖　2—前挡泥板　3—前围上盖板
4—前围板　5—车顶盖　6—前柱　7—上边梁
8—顶盖侧板　9—后围上盖板　10—行李箱盖
11—后柱　12—后围板　13—后翼子板
14—中柱　15—车门　16—下边梁
17—底板　18—前翼子板　19—前纵梁
20—前横梁　21—前裙板　22—散热器框架
23—发动机盖前支撑板

　　车身的骨架件和板件多用钢板冲压而成，车身专用钢板具有深拉延时不易产生裂纹的特点。根据车身不同的位置，一些要防止生锈的部位使用锌钢板，例如翼子板、车顶盖等；一些承受应力较大的部位使用高强度钢板，例如散热器支撑横梁、上边梁等。轿车车身结构中常用钢板的厚度一般为 0.6 ~ 3.5mm，大多数零件用材厚度是 0.8 ~ 1.2mm。

21.1.4　焊接结构对汽车性能的影响

　　汽车的结构是决定汽车性能的主要因素之一，如汽车的安全性、整车刚度、动力性、燃油经济性、制动性、操纵稳定性、平顺性、舒适性等。

　　汽车的安全性主要是指碰撞安全性。焊接结构不合理会导致在碰撞过程中焊点脱开、焊缝开裂、车身断裂等严重安全问题。现代轿车从力学角度出发，根据不同的受力状况，在车身上设计出吸能区和抗变形区，让部分车体在碰撞时起到吸能分散的作用，尽量减弱冲击力。这个问题属于车辆被动安全性能的范畴。

　　在汽车碰撞试验中，美国标准是正面及与碰撞墙成正负 30°角，欧洲标准则是正面 40% 接触的碰撞，固定壁碰撞试验的试验车速为 55km/h（后面碰撞为50km/h），试验车净质量为 1600kg。碰撞后转向盘水平位移量不大于 127mm，不能大量泄漏燃油，假人的任何肢体部分都不得离开车厢，假人各部分损伤不能超过标准规定。为了达到这些要求，现代轿车车身前面都设置有较大的碰撞变形区域和高强度的保险杠，以承受冲击力，吸收大部分碰撞能量。车后面也有作用相同的结构，但防护程度没有前面那么高，因为发生后面撞击时，两车的相对速度等于两车速度之差，而两车前端迎面碰撞的相对速度是两车速度之和，两种情况产生的撞击力大小差别很大。

轿车前、后面碰撞变形区域的设计，一般是在纵梁上人为地设置一些薄弱的缺口，汽车碰撞后在纵梁受冲击挤压，缺口处隆起变形或呈现折叠式弯曲，吸收较多的冲击能量，以减少冲击能量向乘员厢传递。有一些车（例如 Polo）前纵梁做成中间厚两端薄的不对称断面纵梁，根据碰撞能量的冲击力对材料和材料厚度进行优化设计，对前、后围板在不同位置分别有不同材料厚度，从而达到碰撞时折叠吸收碰撞能量的效果。有一些车在碰撞时前纵梁与副车架会自动脱开，发动机下沉，避免发动机撞入乘员厢内。

在侧面碰撞中，轿车车身允许碰撞变形的余地很少，因此只能采取加强侧围和车门的耐碰撞能力，例如加厚纵梁中段断面，增加横向防撞梁，增强侧围刚度。车门内加添横向钢管，改进立柱的横断面形状，增强前、中、后柱的强度，这样才能在车速为 50km/h、质量超过 950kg 以上的碰撞试验物体的碰撞之后，车内假人无伤害。在实例中，一些车（例如 Polo）就是通过侧围和车门的碰撞加强措施，使得侧面发生碰撞时车身的总体侵入量少，侵入速度的时间分布合理，中柱变形均匀。这些都是当侧面碰撞发生时对乘员保护的必备条件。

汽车的刚度是指在施加不至于毁坏车身的普通外力时车身不容易变形的能力，也就是指恢复原形的弹性变形能力。汽车在行驶过程中受到各种外力影响会产生变形，变形程度小就是刚度好，一般情况刚度好强度也好。合理的焊接结构是决定汽车刚度的主要因素之一。

为了减少空气阻力系数，提高燃油经济性，现代轿车的外形一般用圆滑流畅的曲线去消隐车身上的转折线。为了提高汽车的加速和制动性能，底盘结构要扎实，采用厚钢板有利于提高抗冲击性能。为了提高高速稳定性和操纵性，需要低底盘，重车身，但是扎实的底盘结构，厚钢板和重车身都不利于燃油经济性，这就要求板材厚度、车身结构和性能能有一个平衡，合理地设计汽车结构。

21.2 汽车焊接结构设计

设计汽车焊接结构时，需要考虑的因素包括汽车外形、整车刚度、结构强度、焊接工艺性、焊接工艺经济性、单件工艺性及焊接质量稳定性等。

为了追求美观的外形和低的风阻系数，要求车身外部曲线圆滑，焊点不能外露，使得一些零件的形状复杂，焊接结构也复杂。为了达到一定的刚度和结构强度，要求车身采用一定厚度的板材，同时设计成弧状，加加强板或加劲肋结构。同时也要考虑焊接工艺的易实施性和经济性，还要考虑单件成形的易实施性，并且要保证焊接质量的稳定。如要考虑焊枪的可达性，尽量把焊点和焊缝安排在外部。对于点焊工艺，三层以上板的焊接质量不容易保证，尽量设计成两层板焊接结构。

21.2.1 汽车焊接结构的合理性分析

1. 从结构强度方面分析结构的合理性

焊接结构和焊接接头的形式多种多样，设计者在设计时有充分的选择余地。但是必须考虑工艺上实现的难易程度和接头所处的位置对于结构强度的影响，以便确定最合理的焊接结构及接头形式。不合理的结构设计不但难于制造，而且提高生产成本，往往会降低结构的承载能力和使用寿命。

2. 焊接结构的制造工艺性及经济性

设计焊接结构的人员必须熟悉焊接结构生产工艺，以确保所设计的结构具有较好的工艺性。工艺性不好的结构设计不仅制造困难，而且提高产品成本，所以结构的工艺性和经济性是密切相关的。焊接结构的工艺性和经济性问题和许多因素有关，首先必须满足结构的使用性能，其次是生产条件（产品的产量、设备条件和制造工艺水平等）。工艺性和经济性问题须根据具体条件而定，在研究焊接结构的工艺性和经济性时应分析下列诸因素：

1）零件的备料工作量和实现的可能性。

2）各个焊缝（焊点）的可焊到性。

3）焊接质量的保证。

4）焊接工作量多少。

5）焊接变形的控制。

6）劳动条件的改善。

7）材料的合理利用。

8）结构焊后的热处理。

21.2.2 汽车焊接结构的局部稳定性

汽车车身属于薄板结构。汽车车身需要承受静载荷、动载荷和弯矩，需要较大的断面惯性矩和断面系数，以及结构的整体稳定性。箱形结构的整体稳定性最好。为了保证薄板结构的局部稳定性，可以设置加劲肋或把薄板压制成为带凸肋和波纹形的。确定合理结构形式必须充分考虑结构制造的工艺性和经济性。薄板结构焊接变形也是个突出的问题。

1. 薄板结构的局部稳定性

防止薄板局部失稳的方法是设置加劲肋或增加板厚，两者互有利弊。增设太多的加劲肋在工艺方面不利，既费工又会引起焊接变形。但是要减少加劲肋就必须增加板厚，进而增加结构重量，这也是不利的。必须从两方面权衡利弊，既考虑工艺性又要考虑经济性。下面分析薄板失稳问题。

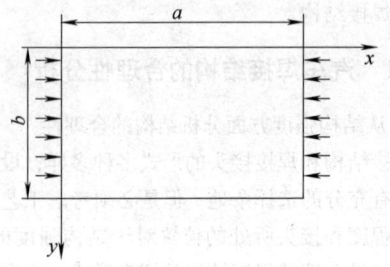

图 21-4　薄板受压失稳

设有一矩形薄板（图 21-4），在 $x = 0$ 和 $x = a$ 的边缘上作用均匀分布的压应力，在弹性范围内临界应力为

$$\sigma_{er} = \frac{K\pi^2 E}{12(1 - \mu^2)} \left(\frac{t}{b} \right)^2 \qquad (21-1)$$

式中　t——钢板厚度；

　　　E——弹性模量；

　　　μ——泊松比。

K 值随边界条件及 $\frac{a}{b}$ 之值而变化，当 $a \gg b$ 时，在 $y = 0$ 及 $y = b$ 的边缘铰支的条件下，$K = 4$；

在 $y = 0$ 固定、$y = b$ 自由的条件下，$K = 1.33$；

在 $y = 0$ 铰支、$y = b$ 自由的条件下，$K = 0.46$。

常用于制造薄板结构的材料是低碳钢，它的屈服强度 $R_{eL} = 210 \sim 240\text{MPa}$，而钢的弹性模量 $E = 2.1 \times 10^5 \text{MPa}$，泊松比为 0.3。

如果薄板架构件受轴向压力，临界应力

$$\sigma_{er} \geqslant R_{eL}$$

则可以认为薄板构件将不会发生局部失稳。因工作应力必然小于 R_{eL}。

常见的薄板构件断面形式如图 21-5 所示。宽度 b 相当于两侧铰支，$K = 4$，按式（21-1）计算必须 $b \leqslant 60t$，方能保证不失稳；宽度 b_1 相当于一侧铰支，一侧自由，$K = 0.46$，则必须 $b_1 \leqslant 20t$，才能不失稳。用冲压方法制薄板杆件时，应遵守上述原则。

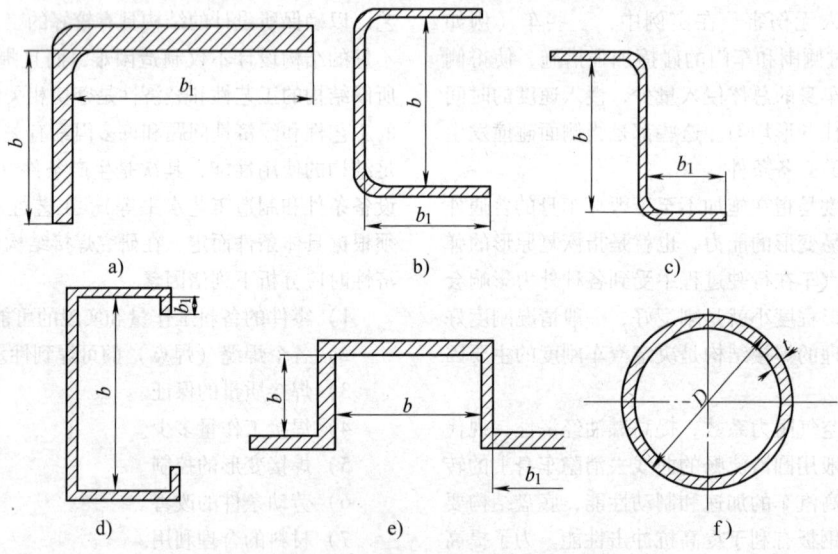

图 21-5　各种薄板构件断面图

将薄钢板压制成各种断面形式的杆件，可以提高局部稳定性。图 21-5f 所示的薄壁圆管局部稳定性最好，所以承受轴向压力的柱类构件经常用管子。薄壁圆管承受轴向压力时也存在局部失稳问题，薄壁管的局部失稳临界应力

$$\sigma_{er} = 0.24 \frac{Et}{D} \qquad (21-2)$$

式中　D——薄壁圆管的直径。

如果 $\sigma_{er} \geqslant R_{eL}$，则不能失稳，对于低碳钢的薄壁管，必须 $D \leqslant 200t$。

为了提高薄板结构的局部稳定性，常把薄钢板压成波纹状（图 21-6）。波纹的方向应该和压应力的方向一致。两波纹件的平面宽度应该小于板厚的 60 倍。

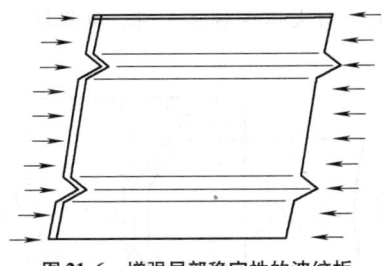

图 21-6　增强局部稳定性的波纹板

2. 薄板结构的工艺性

用于制造薄板结构的材料一般是 6mm 以下的低碳钢板，焊接变形是制造薄板结构突出的工艺问题，在设计和制造过程中都要充分分析这个问题。用接触焊点焊制造薄板结构不仅能提高生产率，而且能减少焊接变形。

为了适应接触焊点焊的工艺要求，薄板结构的点焊接头应尽量设计成便于施焊的搭接接头或卷边接头（图 21-7a、b 及 c），便于固定式或悬挂式的电焊机进行焊接，以保证焊接质量的稳定。接触焊点焊工艺最适于焊接两层板厚度相近的接头，三层板的接触焊点焊接头质量不易保证，应尽量不采用三层板的点焊接头。

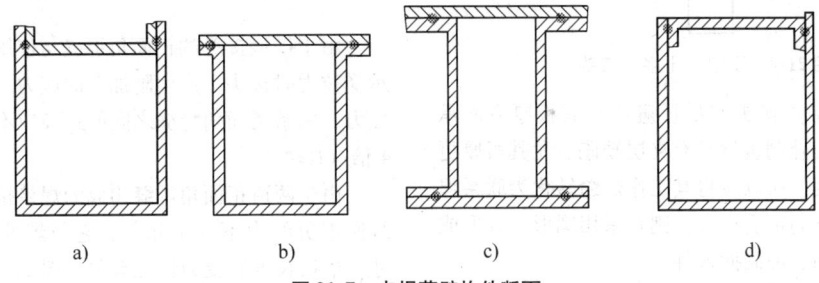

a)　　　　　　　　b)　　　　　　　　c)　　　　　　　　d)

图 21-7　点焊薄壁构件断面

21.2.3　焊接接头的工作应力分布和工作性能

焊接接头的最大应力与平均应力之比，用应力集中系数表示：

$$K_{\mathrm{T}} = \frac{\sigma_{\max}}{\sigma_{\mathrm{m}}} \qquad (21\text{-}3)$$

式中　$\sigma_{\max}$——断面中最大应力值；

σ_{m}——断面中平均应力值。

在焊接接头中产生应力集中的原因如下：

1）焊缝中的工艺缺陷，如气孔、夹渣、裂缝和未焊透等，其中裂纹和未焊透引起的应力集中严重。

2）不合理的焊缝外形。

3）设计不合理的焊接接头，如接头断面的突变、加盖板的对接接头等，会造成严重的应力集中。

4）焊缝布置不合理。

1. 对接接头工作应力分布和工作性能

对接接头常用于板材加工和零部件加工中。在焊接生产中，通常使焊缝略高于母材板面，高出部分称之为加厚高，或者变板厚板材加工。由于它们造成了构件表面不光滑，在焊缝和母材的过渡处引起应力集中。K_{T} 的大小，主要与加厚高和焊缝向母材过渡的半径有关，加厚高越大，过渡半径越小，则 K_{T} 增加。

由加厚高带来的应力集中对动载结构的疲劳强度是不利的，所以要求它越小越好。对重要的动载构件，有时采用削平加厚高或增大过渡圆弧的措施来降低应力集中，以提高接头的疲劳强度。

对接接头外形的变化与其他接头相比是不大的，所以它的应力集中较小，而且易于降低和消除。因此，对接接头是最好的接头形式，不但静载可靠，而且疲劳强度也高。

2. 丁字接头（十字接头）工作应力分布和工作性能

由于丁字接头（十字接头）焊缝向母材过渡较急剧，接头在外力作用下力线扭曲很大，造成应力分布极不均匀，在角焊缝的根部和过渡处都有很大的应力集中。

未开坡口丁字（十字）接头中正面焊缝，由于整个厚度没有焊透，所以焊缝根部应力集中很大，在焊趾断面 B-B 上应力分布也是不均匀的。B 点的应力集中系数值随角焊缝的形状而变，应力集中随 θ 角减小而减小，也随焊脚尺寸增大而减小。但联系焊缝的 K_{T} 随焊脚尺寸增大而增大。

开坡口并未焊透的丁字（十字）接头的应力集中大大降低。保证焊透是降低丁字（十字）接头应力集中的重要措施之一。因此，对重要的丁字接头必须开坡口或采用深熔法进行焊接。

丁字（十字）接头当其焊缝不承受工作应力时，在其角焊缝根部的 A 点处和焊趾 B 点处亦有应力集中，如图 21-8 所示。当 $\theta = 45°$、$K = 0.8t$ 时，B 点的应力集中系数达到 3.2 左右。丁字接头由于偏心的影响，A 和 B 点的应力集中系数都比十字接头的低。B 点的应力集中系数值随角焊缝的形状改变。在尺寸和外形相同的情况下，工作焊缝的应力集中大于联系焊缝的应力集中，应力集中系数 K_T 随角焊缝的 θ 角增大而增大。

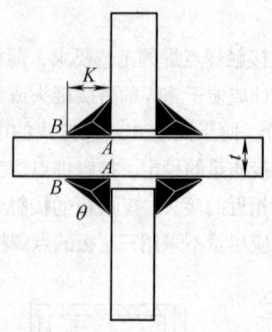

图 21-8　丁字（十字）接头

丁字（十字）接头应尽量避免在其板厚方向承受高拉应力，因轧制板材常有夹层缺陷，尤其板厚更易出现层状撕裂，所以应将其工作焊缝转化为联系焊缝。如果两个方向都受拉力，则宜采用圆形、方形或特殊形状的轧制、锻制插入件。

3. 搭接接头工作应力分布和工作性能

搭接接头使构件形状发生较大的变化，所以应力集中比对接接头的情况复杂得多。在搭接接头中，根据搭接角焊缝受力的方向，可以将搭接角焊缝分为正面角焊缝、侧面角焊缝和斜向角焊缝，如图 21-9 所示。与力的作用方向相垂直的角焊缝称为正面角焊缝，如图中 l_3 段；相平行的称为侧面角焊缝，如图中 l_1 和 l_5 段；介于两者之间的称为斜向角焊缝，如图中 l_2 和 l_4 段。

（1）正面角焊缝的工作应力分布

在正面角焊缝的搭接接头中，应力分布是很不均匀的。在角焊缝的根部和焊趾都有较大的应力集中，其数值与许多因素有关，如减小角焊缝的斜边与水平

边的夹角和增大熔深焊透根部，可降低应力集中系数。

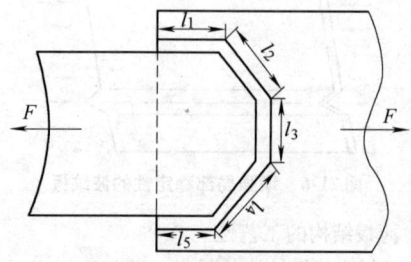

图 21-9　搭接接头角焊缝

由于搭接接头的正面角焊缝与作用力偏心，所以承受拉力时接头上产生附加弯曲应力。为了减少弯曲应力，两条正面角焊缝之间的距离应不小于其板厚的 4 倍（$l \geqslant 4t$）。

由于两道正面角焊缝构成的焊接接头中，每道焊缝所担负的力不一定相等，它与焊件厚度、焊缝尺寸、搭接长度和受力情况有关。图 21-10 为两种受力点不同的正面搭接接头。图 21-10a 中的受力情况最普遍，如焊件厚度和焊缝尺寸相等，则每道焊缝所受之力也相等。如果是图 21-10b 中的受力情况，虽然两被连接件的厚度相同，焊缝尺寸也相同，但是由于力的作用点不同，则由于上板的搭接区段受 F' 力拉伸，下板焊接区段受 F'' 力压缩，故左端两板的相对位移大于右端，左边的焊缝承担之力比右边的大，搭接长度越大，差别越大，见表 21-1。

**表 21-1　F'' 作用下搭接长度与焊件
厚度比值对焊缝受力的影响**

$\dfrac{\text{搭接长度 } l}{\text{焊件厚度 } t}$	3	4	5	10
两焊缝受力之比	4.96	6.27	7.60	14.20

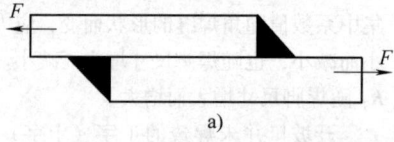

a)

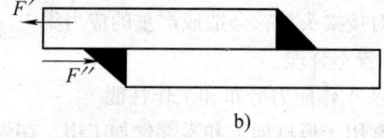

b)

图 21-10　两种不同受力情况的正面搭接接头

（2）侧面角焊缝的工作应力分布

用侧面角焊缝连接的搭接接头中，其应力分布更为复杂。在焊缝中既有正应力又有切应力，

切应力沿侧面焊缝长度上的分布是不均匀的，它与焊缝尺寸、断面尺寸和外力作用点的位置等因素有关。

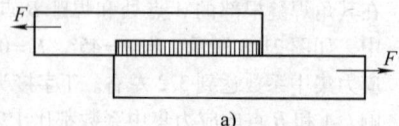

a)

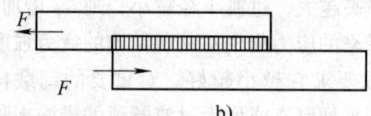

b)

图 21-11　两种不同受力情况的侧面搭接接头

在侧面搭接接头中，外力作用如图 21-11a 所示的情况最普遍，而沿侧面焊缝长度上剪切力分布如图 21-12 中 q_{xa} 所示（q_{xa} 为单位长度焊缝承担的剪切力）。形成这种两端应力大、中间应力小的主要原因，是因为搭接板材不是绝对刚体，在受力时本身产生弹性变形。在两块板的搭接区段通过各截面的力是不同的。对于图 21-11a 的情况，上板的断面通过的力 F'_x 从左到右逐渐由 F 降低到零，下板的断面通过的力 F''_x 从左到右逐渐由零升高到 F。两块板的弹性变形也随之从左到右相应地减少和增大。这样两块板上各对应点之间的相对位移就不是均匀分布的，两端高而中间低，因而夹在两块板中的焊缝所传递的剪切力 q_{xa} 也是两端高中间低。对于图 21-11b 的情况，上板受拉，拉力 F'_x 从左到右逐渐降低；而下板受压，压力 F''_x 从左到右也逐渐降低。这样两板各对应点的相对位移从左到右逐渐下降，因而焊缝传递的剪切力 q_{xb} 以左端为最高，向右逐渐减小。

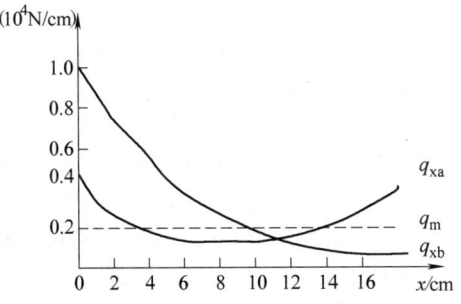

图 21-12　侧面搭接接头中的剪切力分布

图 21-12 是 q_{xa} 及 q_{xb} 分布的对比。当 $F_1 = F_2$，图 21-11a 的情况，通过数学分析，其侧面焊缝中的切应力 τ_x 可用下式表示：

$$\tau_x = 0.7\sigma \frac{t}{K} \times \frac{\text{ch}\dfrac{x}{B} + \text{ch}\dfrac{l-x}{B}}{\text{sh}\dfrac{l}{B}} \qquad (21\text{-}4)$$

式中　τ_x——距焊缝一端为 x 点的焊缝断面上的平均切应力；

$\sigma = \dfrac{F}{Bt}$——被连接件中的平均正应力；

B——被连接件的宽度；

t——被连接件的厚度；

K——焊脚尺寸；

l——焊缝长度。

τ_x 的最大值在焊缝的两端，当 $x = 0$ 或 $x = l$ 时，其最大值可用下式表示：

$$\tau_{\text{max}} = 0.7\sigma \frac{t}{K} \times \frac{\text{ch}\dfrac{l}{B} + 1}{\text{sh}\dfrac{l}{B}} \qquad (21\text{-}5)$$

当按等强度设计计算侧面搭接接头时，假定被连接件中的正应力 σ 达到其许用值 $[\sigma]$，焊缝中的切应力 τ 也达到其许用值 $[\tau']$，则

$$2l \times 0.7K[\tau'] = Bt[\sigma]$$

得

$$l = \frac{Bt[\sigma]}{1.4K[\tau']} \qquad (21\text{-}6)$$

假设取最大焊脚尺寸 $K = t$ 和 $[\tau'] = 0.6[\sigma]$，则焊缝的最小长度 $l = 1.2B$。当 $l = 1.2B$ 时，则侧面焊缝中的最大切应力 $\tau_{\text{max}} = 1.3[\sigma]$。此时焊缝中的应力集中系数：

$$K_T = \frac{\tau_{\text{max}}}{\tau_{\text{平均}}} = \frac{1.3[\sigma]}{0.6[\sigma]} = 2.2 \qquad (21\text{-}7)$$

可见由侧面角焊缝构成的搭接接头的应力集中是比较严重的。侧面焊缝的最大应力是在两端，中部应力最小，而且焊缝较短时（$l = 200\text{mm}$），应力分布较为均匀，焊缝较长时（$l = 400\text{mm}$），应力分布不均匀的程度就更大。因此，采用过长的侧面焊缝将使应力集中增加，是不合理的。一般规范规定侧面焊缝长度不得大于 $50K$。

当两个被连接件的断面积不相等时，切应力的分布不对称于焊缝的中点，而是靠近小断面一端的应力高于断面大的一端。它说明这种接头的应力集中比断面相等的接头更为严重。

（3）联合角焊缝搭接接头中的工作应力分布

既有侧面角焊缝又有正面角焊缝的搭接接头称为联合角焊缝搭接接头。在只用侧面角焊缝焊成的搭接接头中，母材断面上的应力分布也不均匀，例如断面 $A—A$（图 21-13a）的焊缝附近就有最大正应力 σ_{max}，其应力集中非常严重。

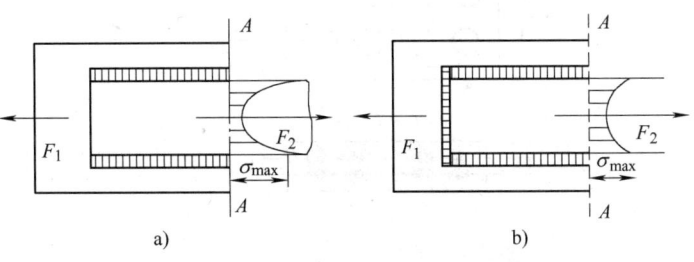

图 21-13　侧面角焊缝与联合角焊缝搭接接头的应力分布

a）侧面角焊缝搭接　b）联合角焊缝搭接

增添正面角焊缝后（图 21-13b），在 A—A 断面上的正应力分布较为均匀，最大切应力 τ_{max} 降低，故在 A—A 断面两端点上的应力集中得到改善。由于正面角焊缝承担一部分外力，以及正面角焊缝比侧面角焊缝刚度大、变形小，所以侧面角焊缝的切应力分布也得到改善，如图 21-13b 所示。设计搭接接头时，增添正面角焊缝，不但可以改善应力分布，还可以缩短搭接长度。

（4）盖板接头中的工作应力分布

加盖板接头，有用双盖板搭接，也有用单盖板搭接的。仅用侧面角焊缝连接的盖板接头，在盖板范围内各横断面正应力 σ 的分布是非常不均匀的，靠近侧面角焊缝的部位应力大，远离焊缝并在构件的轴线位置上应力最小。增添正面角焊缝连接的盖板接头，其各横断面正应力的分布得到明显的改善，应力集中大大降低。尽管如此，这种盖板接头还是不宜采用，尤其在承受动载的结构中其疲劳强度极低。

试验证明，角焊缝的强度与载荷方向有关。当焊脚 K 相同时，正面角焊缝的单位长度强度比侧面角焊缝的高，斜向角焊缝的单位长度强度介于上述两种焊缝强度之间。当焊脚尺寸一定时，斜向角焊缝的单位长度强度随焊缝方向与载荷方向的夹角 α 而变，α 角越大，其强度值越小。各种接头电弧焊后，都有不同程度的应力集中。实践证明，并不是在所有情况下应力集中都影响强度。当材料具有足够的塑性时，结构在静载破坏之前就有显著的塑性变形，应力集中对

其强度无影响。例如侧面搭接接头在加载时，如果母材和焊缝金属都有较好的塑性，起初焊缝工作于弹性极限内，其切应力的分布是不均匀的。继续加载，焊缝的两端点达到屈服极限（τ_s），则该处应力停止上升，而焊缝中段各点的应力因尚未达到 τ_s，故应力随加载继续上升，到达屈服极限的区域逐渐扩大，应力分布曲线变平，最后各点都达到 τ_s。如再加载，直至使焊缝全长同时达到强度极限最后破坏。这说明接头在塑性变形的过程中能发生应力均匀化，只要接头材料具有足够的塑性，应力集中对静载强度就没有影响。

4. 点焊接头工作应力分布和工作性能

最常用的点焊接头有搭接的和加盖板的，如图 21-14 所示。这些点焊接头上的焊点主要承受切应力。在单排搭接点焊的接头中，除受切应力外，还承受由偏心力引起的拉应力。在多排点焊接头中，拉应力较小。

在焊点区域沿板厚的应力分布也是不均匀的。点焊搭接接头的应力集中比弧焊搭接接头更为严重。

在多排点焊接头中，各点承受的载荷是不同的，它与搭接接头侧面角焊缝中的应力分布情况相似，两端焊点受力最大，中间焊点受力最小。点数越多，它的分布越不均匀，因此接头的焊点排数不宜过多。点焊接头的承载能力与焊点排数的关系如图 21-15 所示，焊点排数多于 3 是不合理的，因为多于三排并不能增加承载能力。

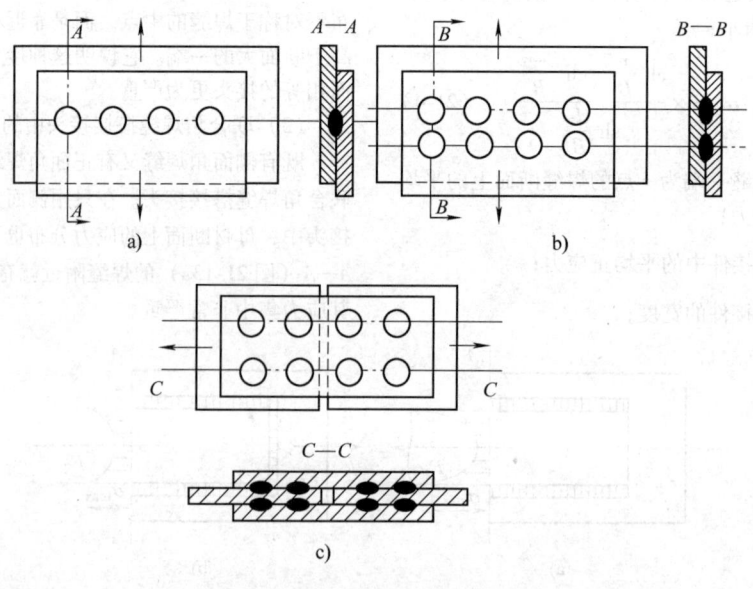

a)　单排点焊接头　b)　多排点焊接头　c)　加双盖板点焊接头

图 21-14　点焊接头基本形式

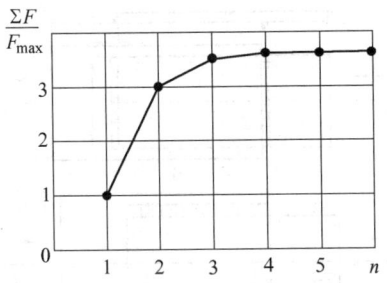

图 21-15　承载能力与焊点排数关系

$\sum F$——列焊点的总载荷量

F_{max}——一个焊点的最大承载能力

n——焊点排数

在单排的点焊接头中，焊点附近的应力是密集的。密集的程度与 t/d 有关（t——焊点间距；d——焊点直径），t/d 越大，则应力分布越不均匀。

从降低应力集中的观点，缩小焊点间距有利。但焊点间距减小，焊接分流必将增大，反而引起焊点强度降低。点焊板厚 1mm 的低碳钢，当点距小于 20mm 时，焊点强度即明显下降。

采用单排的点焊接头是不可能达到接头与母材等强度的，所以通常都是采用多排焊点。这样做不仅可以减弱偏心力矩的影响，而且也会降低应力集中。如果采用交错的排法，情况就会更好些。

点焊接头的焊点承受拉力时，其焊点周围产生极为严重的应力集中。它的抗拉能力比抗剪能力低，所以一般应避免点焊接头承受这种载荷。

综上所述，点焊接头的工作应力分布很不均匀，应力集中系数很高。但是试验证明，如材料塑性较好，设计合理，接头仍有较高的静载强度。可是，动载强度确实很低。

21.2.4　焊接接头静载强度计算

1. 工作焊缝和联系焊缝

焊接结构上的焊缝，根据其载荷的传递情况可分为两种。一种焊缝与被连接的元件是串联的，它承载着全部载荷的作用，一旦断裂，结构就立即失效。这种焊缝称为工作焊缝，其应力称为工作应力。另一种焊缝与被连接件是并联的，它传递很小的载荷，主要起元件之间的相互联系的作用，焊缝一旦断裂，结构不会立即失效。这种焊缝称为联系焊缝，其应力称为联系应力。在设计时无须计算联系焊缝的强度，工作焊缝的强度必须计算，它既有工作应力又有联系应力，其中只计算工作应力，而不考虑联系应力。

2. 焊接接头强度计算的假设

焊接接头的应力分布，尤其是丁字接头和搭接接头的应力分布非常复杂，精确计算接头的强度是困难的，常用的计算方法都是在一些假设的前提下进行的，称之为简化计算法。在静载条件下为了计算方便作如下假设：

1）残余应力对于接头强度没有影响。

2）焊趾处和加厚高等处的应力集中对于接头没有影响。

3）接头的工作应力是均布的，以平均应力计算。

4）正面角焊缝与侧面角焊缝的强度没有差别。

5）焊脚尺寸的大小对于角焊缝的强度没有影响。

6）角焊缝都是在切应力作用下破坏的，按切应力计算强度。

7）角焊缝的破断面（计算断面）在角焊缝截面的最小高度上，其值等于内接三角形高度 a（图21-16），称 a 为计算高度。等腰直角角焊缝的计算高度：

$$a = \frac{K}{\sqrt{2}} = 0.7K \qquad (21-8)$$

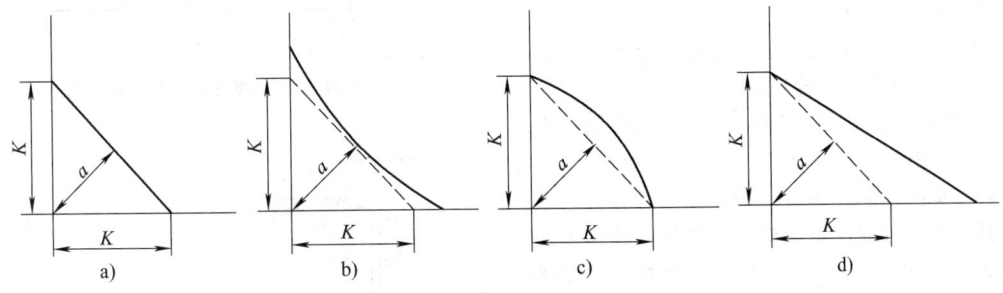

图 21-16　角焊缝截面形状及其计算断面

8）加厚高和少量的熔深对于接头的强度没有影响，但埋弧焊和 CO_2 焊的熔深较大应予以考虑，其角焊缝计算断面厚度 a 如图 21-17 所示。

$$a = (K+p)\cos45° \qquad (21-9)$$

当 $K \leqslant 8mm$，a 可取 K，

$K > 8mm$，p 一般可取 3mm。

3. 焊接接头静载强度计算

（1）对接接头静载强度计算

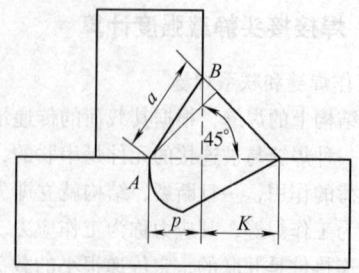

图 21-17 深熔焊的角焊缝

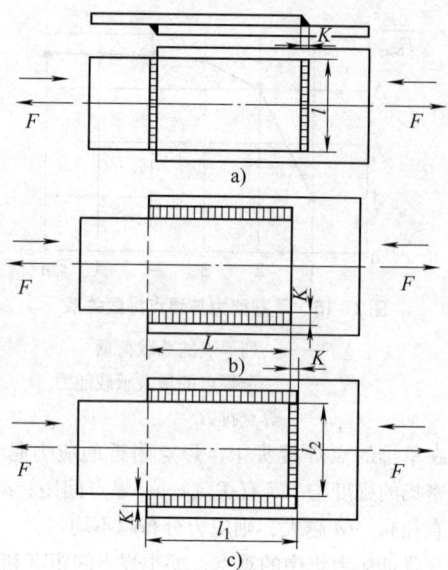

图 21-19 各种搭接接头受力情况

a) 正面搭接受拉或压 b) 侧面搭接受拉或压 c) 联合搭接受拉或压

计算对接接头时，不考虑焊缝加厚高，所以计算基本金属强度的公式也完全适用于计算这种接头。焊缝计算长度取实际长度，计算厚度取两板中较薄者。如果焊缝金属的许用应力与基本金属的相等，则不必进行强度计算。

全部焊透的对接接头如图 21-18 所示，其各种受力情况的计算公式列于表 21-2 中式（1）~式（5）。对于受拉和受弯的按焊缝许用拉应力 $[\sigma'_l]$ 验算其强度；对于受压的按焊缝许用压应力 $[\sigma'_a]$ 验算其强度；对于受剪切的按焊缝许用切应力 $[\tau']$ 验算其强度。

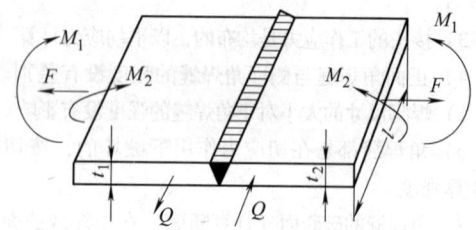

图 21-18 对接接头的受力情况

（2）搭接接头静载强度计算

1）受拉、压的搭接接头的计算。如图 21-19 所示的各种搭接接头承受拉或压时的计算公式列于表 21-2 中式（6）~式（8）。

焊脚值和焊缝总长已知后，还必须合理布置焊缝，才能达到受力均衡，保证接头的强度。

2）受弯矩的搭接接头计算。搭接接头在搭接平面内受弯曲力矩时，如图 21-20 ~ 图 21-22 所示。

这种接头的计算方法有三种：分段计算法、轴惯性矩计算法和极惯性矩计算法，其具体计算公式列于表 21-2 中式（9）~式（11）；其计算过程分述如下。

① 分段计算法。从图 21-20 可知，外加力矩 M 必须与水平焊缝产生的内力矩 M_H 和垂直焊缝产生的内力矩 M_V 之和相平衡，即

$$M = M_H + M_V$$

当焊缝不是深熔焊缝，其应力值达到 τ 时：

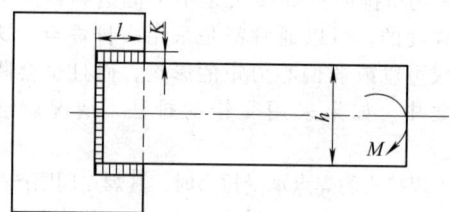

图 21-20 分段计算法示意图

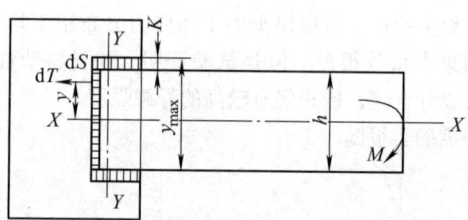

图 21-21 轴惯性矩计算法示意图

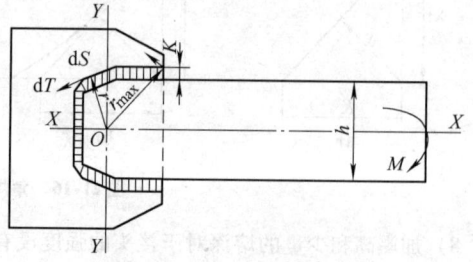

图 21-22 极惯性矩计算法示意图

水平焊缝中的力矩

$$M_H = 0.7\tau Kl(h + K)$$

垂直焊缝中的力矩

$$M_V = \tau \frac{0.7Kh^2}{6}$$

则

$$M = \tau \left[0.7Kl(h+K) + \frac{0.7Kh^2}{6} \right]$$

得

$$\tau = \frac{M}{0.7Kl(h+K) + \frac{0.7Kh^2}{6}} \qquad (21\text{-}10)$$

② 轴惯性矩计算法。假定焊缝中的应力与基本金属中的变形成比例（图 21-21）。由于基本金属的变形与其中性轴（$X-X$）的距离成正比关系，所以焊缝中某点的应力值也与其至中性轴的距离成正比关系。

在焊缝的微小面积 dS 上的反作用力

$$dT = \tau dS$$

它对中性轴的反作用力矩

$$dM = ydT$$

平衡外力矩的全部焊缝对中性轴的内力力矩

$$M = \int_S ydT = \int_S \tau ydS$$

如设 τ_1 为与中性轴相距单位长度上的应力值，则与中性轴相距为 y 长度处的应力值为

$$\tau = \tau_1 y$$

故得

$$M = \int_S \tau_1 y^2 dS = \tau_1 \int_S y^2 dS$$

由于上式中积分部分为焊缝计算面积对 X 轴的惯性矩 I_x，所以

$$M = \tau_1 I_x$$

则

$$\tau_1 = \frac{M}{I_x}$$

最大切应力

$$\tau_{max} = \frac{M}{I_x} y_{max} \qquad (21\text{-}11)$$

③ 极惯性矩计算法。假设图 21-22 的接头在 M 的作用下，以 O 点为中心回转，则作用在焊缝微小面积 dS 上的反作用力

$$dT = \tau dS$$

它对 O 点的反作用力矩

$$dM = \tau r dS$$

平衡外力矩的全部焊缝对 O 点的反作用力矩

$$M = \int_S \tau r dS$$

由于焊缝上各点的位移与其回转半径 r 成比例，所以应力 τ 与 r 成比例。因此，如设 τ_1 为与中心 O

点相距单位长度上的应力值，则与中心 O 点相距为 r 处的应力值为

$$\tau = \tau_1 r$$

故得

$$M = \tau_1 \int_S r^2 dS$$

上式中积分部分是接头焊缝计算断面对 O 点极惯性矩 I_p，所以

$$M = \tau_1 I_p$$

则

$$\tau_1 = \frac{M}{I_p}$$

最大切应力

$$\tau_{max} = \frac{M}{I_p} r_{max} \qquad (21\text{-}12)$$

极惯性矩 I_p 等于相互垂直的两个轴计算惯性矩之和，即

$$I_p = I_x + I_y$$

所谓计算惯性矩，即以角焊缝计算断面算得惯性矩。

上述三种计算方法中分段计算法和轴惯性矩计算法得出的结果大体相同，极惯性矩计算法得出的结果较准确。极惯性矩计算法的计算过程较为复杂，轴惯性矩计算法和分段计算法较为简便，尤其是分段计算法最简便，所以一般比较简单的接头用分段法计算。当已知载荷、设计焊缝长度或焊脚尺寸时，用分段法计算更方便。当接头焊缝布置较复杂，则采用极惯性矩计算法和轴惯性矩计算法较为方便。

如果接头承受的载荷不是单纯的弯矩，而是垂直于 X 轴方向的偏心载荷，则焊缝中既有由弯矩 $M = FL$ 引起的切应力 τ_M，又有由剪切力 $Q = F$ 而引起的切应力 τ_Q。应分别计算 τ_M 值和 τ_Q 值，然后求其矢量和。如果采用分段法或轴惯性矩法计算 τ_M，则按下式计算合成应力：

$$\tau_合 = \sqrt{\tau_M^2 + \tau_Q^2} \leq [\tau'] \qquad (21\text{-}13)$$

如果采用极惯性矩法计算 τ_M，按图 21-23 将 τ_M 分解为水平的（$\tau_M \sin\theta$）和垂直的（$\tau_M \cos\theta$）两个力，然后再与 τ_Q 合成，按下式计算合成应力：

$$\tau_合 = \sqrt{(\tau_M \cos\theta + \tau_Q)^2 + (\tau_M \sin\theta + \tau_Q)^2}$$
$$\leq [\tau'] \qquad (21\text{-}14)$$

关于 τ_Q 的计算，是按全部焊缝计算，还是不考虑水平焊缝，只按垂直焊缝承受力 Q，应根据具体情况来确定。如图 21-23 的情况，可按全部焊缝承受剪切力 Q，τ_Q 均匀分布于全部焊缝，其方向与 F 一致。

3）双焊缝搭接接头计算。有的搭接接头是只用两条角焊缝焊成的，如图 21-24 和图 21-25 所示。这种接头的强度根据焊缝长度和焊缝之间距离的对比关系可按表 21-2 中式（12）～式（15）来计算。

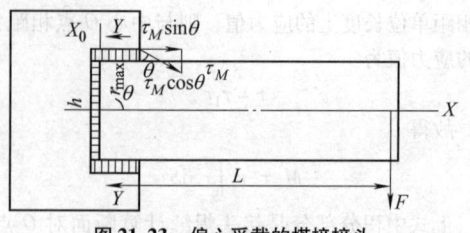

图 21-23　偏心受载的搭接接头

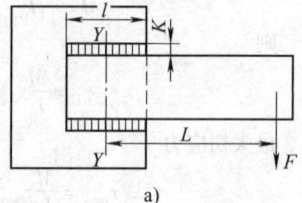

a)

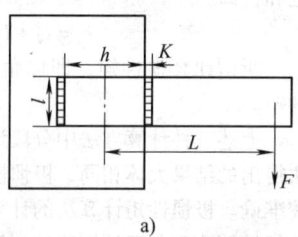

a)

图 21-24　长焊缝小间距搭接接头

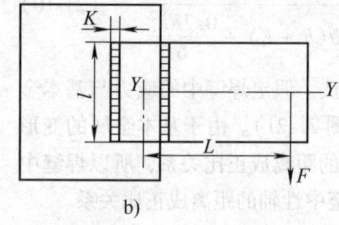

b)

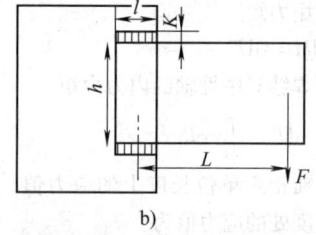

b)

图 21-25　短焊缝大间距搭接接头

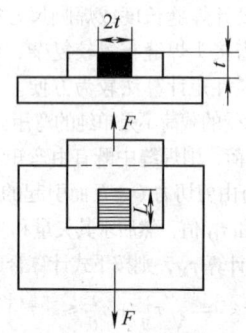

图 21-26　开槽焊接头

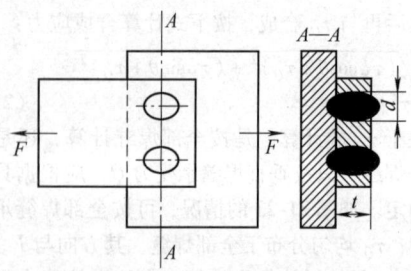

图 21-27　塞焊接头

对于开槽焊来说，焊缝金属接触面积与开槽长度 L 及板厚 t 成正比。对于塞焊来说，焊着金属的接触

4）开槽焊接头及塞焊接头的静载强度计算。开槽焊接头与塞焊接头的构造如图 21-26 和图 21-27 所示。它们的强度计算与搭接相似，均按工作面承受剪切力计算，即剪切力作用于基本金属与焊缝金属的接触面上，所以其承载能力取决于焊缝金属与母材接触面积的大小。

面积与焊点直径 d 的平方及点数 n 成正比。此外，焊着金属接触面积的大小，还受焊接方法及可焊到性的影响，所以常在计算公式中乘以系数 m（$0.7 \leqslant m \leqslant 1.0$）。当槽或孔的可焊到性差时，焊接接头强度将有所降低，故取 $m = 0.7$。当槽或孔的可焊到性较好或采用埋弧焊等熔深较大的焊接方法时，可取 $m = 1.0$。其计算公式常以容许载荷能力表示，见表 21-2 中式（16）和式（17）。

（3）丁字接头强度计算

1）载荷平行于焊缝的丁字接头计算。图 21-28 所示的丁字接头，如果开坡口并焊透，其强度按对接接头计算，焊缝金属断面等于母材断面（$S = th$）。当不开坡口时，按表 21-2 中式（18）进行计算。由于产生最大应力的危险点是在焊缝的最上端，该点同时有两个切应力起作用，一个是由 $M = FL$ 引起的 τ_M，一个是由 $Q = F$ 引起的 τ_Q，τ_M 和 τ_Q 是互相垂直的，所以该点的合成应力按式（21-13）计算。

2）弯矩垂直于板面的丁字接头计算。图 21-29 所示的丁字接头，如开坡口并焊透，其强度按对接接头计算，可用表 21-2 中式（5）计算。当接头不开坡口用角焊缝连接，可用表 21-2 中式（19）计算。

（4）复杂断面构件接头的计算

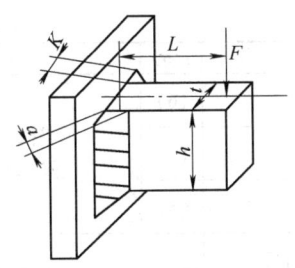

图 21-28　丁字接头（载荷平行于焊缝）

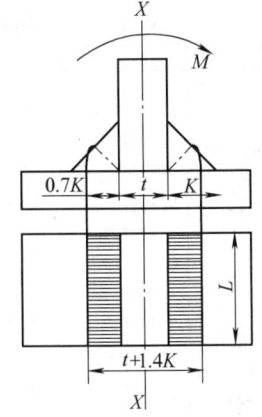

图 21-29　丁字接头（弯矩垂直板面）

计算这种接头除考虑以前那些假设外，还要考虑如下几个问题：

1）进行计算时，首先应弄清接头的受载情况，分别算出各载荷引起的应力，然后计算其合成应力。在计算合成应力之前，还必须明确各应力的方向、性质和位置。应该确定危险点上的最高合成应力，如果危险点难以确定时，应选几个高应力点计算合成应力，其中合成应力最高的为危险点。

2）在计算合成应力时，最高正应力和最高切应力虽不在同一点上，但在计算时常以最大正应力和平均切应力计算其合成应力，这样更偏于安全。

3）在粗略计算时，有时把正应力当切应力考虑，这也是偏向安全的简化计算方法。

各种构件的连接，常见的是梁与柱之类的连接，构成空间结构。

受弯矩连接接头的强度计算。复杂断面的连接多数承受弯矩。进行计算时，首先求得接头上各焊缝对 O-O 轴的计算惯性矩 I_F，然后按表 21-2 中式（10）计算最高应力。常见断面的 I_F 和 y_{max} 值列于表 21-3。

如果构件同时承受弯矩 M 和轴向力 N 时，焊缝中的应力可按表 21-2 中式（6）和式（10）计算切应力 τ_N 和 τ_M。由于 τ_N 与 τ_M 方向相同，所以合成应力 $\tau_合 = \tau_N + \tau_M$。

如果构件同时承受横向力 P 和轴向力 N 时，则这个连接同时承受弯矩 $M = PL$ 和轴向力 N 以及剪切力 $Q = P$ 的作用。由于构件承受剪切力 Q 时，是只由腹板承受的，所以剪切力只能由连接腹板的焊缝承受，并假定切应力是沿焊缝均匀分布的。

当计算连接的焊缝强度时，应验算两个位置的合成应力：

一个是翼板外侧受拉焊缝的合成应力

$$\tau_合 = \frac{M}{I_F}y_{max} + \frac{N}{0.7Kl} \leq [\tau'] \quad (21-15)$$

式中　l——接头焊缝的总长度。

另一个是计算腹板立焊缝端点的合成应力

$$\tau_合 = \sqrt{\left(\frac{M}{I_F}\frac{h}{2} + \frac{N}{0.7Kl}\right)^2 + \tau_Q^2} \leq [\tau']$$

$$(21-16)$$

（5）点焊接头承受拉力的静载强度计算

设计点焊结构时，其接头强度多数是按剪切计算，并假定各点承担的力是相等的。点焊接头有单剪切面承载的（图 21-14b），也有双剪切面承载的（图 21-14c）。

通常一个点焊接头都是由若干焊点构成。因单独一排或一列能安排的点数有限，不足以保证接头与母材的强度，所以点焊接头常设计成多排（焊点排列方向与受力方向垂直的称为排）或多列（焊点排列方向与受力方向一致的称为列）的接头。

表 21-2　焊接接头计算基本公式

接头形式	受力条件	计算公式	序号	注
对接接头	受　拉	$\sigma = \frac{F}{lt_1} \leq [\sigma'_1]$	(1)	图 21-18
	受　压	$\sigma = \frac{F}{lt_1} \leq [\sigma'_a]$	(2)	
	受剪切	$\tau = \frac{Q}{lt_1} \leq [\tau']$	(3)	
	受板平面内弯矩（M_1）	$\sigma = \frac{6M_1}{t_1 l^2} \leq [\sigma'_1]$	(4)	
	受垂直板面弯矩（M_2）	$\sigma = \frac{6M_2}{t_1^2 l} \leq [\sigma'_1]$	(5)	

（续）

接头形式			受力条件	计算公式		序号	注
搭接接头	正面焊缝 侧面焊缝		受拉、压	$\tau = \dfrac{F}{1.4Kl} \leqslant [\tau']$		(6)	图 21-19 $\sum l = 2l_1 + l_2$
			受拉、压	$\tau = \dfrac{F}{1.4Kl} \leqslant [\tau']$		(7)	
	正侧焊缝联合搭接		受拉、压	$\tau = \dfrac{F}{0.7K\sum l} \leqslant [\tau']$		(8)	
		受弯矩	分段法	$\tau = \dfrac{M}{0.7Kl(K+h) + \dfrac{0.7Kh^2}{6}} \leqslant [\tau']$		(9)	图 21-20
			轴惯性矩法	$\tau_{max} = \dfrac{M}{I_x} y_{max} \leqslant [\tau']$ I_x——焊缝对 x 轴的计算惯性矩		(10)	图 21-21
			极惯性矩法	$\tau_{max} = \dfrac{M}{I_p} r_{max} \leqslant [\tau']$ $I_p = I_x + I_y$，I_y——焊缝对 y 轴的计算惯性矩		(11)	图 21-22
	双焊缝搭接	长焊缝小间距	$F \perp$ 焊缝	$\tau_合 = \tau_M + \tau_Q$	$\tau_M = \dfrac{3FL}{0.7Kl^2}$	(12)	图 21-24a
			$F /\!/$ 焊缝	$\tau_合 = \sqrt{\tau_M^2 + \tau_Q^2}$	$\tau_Q = \dfrac{F}{1.4Kl}$	(13)	图 21-24b
		短焊缝大间距	$F /\!/$ 焊缝	$\tau_合 = \tau_M + \tau_Q$	$\tau_M = \dfrac{FL}{0.7Klh}$	(14)	图 21-25a
			$F \perp$ 焊缝	$\tau_合 = \sqrt{\tau_M^2 + \tau_Q^2}$	$\tau_Q = \dfrac{F}{1.4Kl}$	(15)	图 21-25b
	开槽焊		受剪切	$[F] = 2tL[\tau']m, \ 0.7 \leqslant m \leqslant 1.0$		(16)	图 21-26
	塞焊			$[F] = n\dfrac{\pi}{4}d^2[\tau']m$，$m$ 同上		(17)	图 21-27
丁字接头（无坡口）			$F /\!/$ 焊缝	$\tau_合 = \sqrt{\tau_M^2 + \tau_Q^2}$	$\tau_M = \dfrac{3FL}{0.7Kh^2}$ $\tau_Q = \dfrac{F}{1.4Kh}$	(18)	图 21-28
			$M \perp$ 板面	$\tau = \dfrac{M}{W}$，$W = \dfrac{l[(t+1.4K)^3 - t^3]}{6(t+1.4K)}$		(19)	图 21-29

表 21-3　计算惯性矩 I_F 及 y_{max} 的近似公式

序号	断面形式	I_F 计算公式	y_{max}
(1)	箱形断面	$I_F = \dfrac{0.7K}{6}[(h+K)^3 + 3Bh^2]$	$y_{max} = \dfrac{h}{2} + K$
(2)	环形断面	$I_F = \dfrac{\pi}{64}[(D+1.4K)^4 - D^4]$	$y_{max} = \dfrac{D}{2} + K$
(3)	工字断面	$I_F = \dfrac{0.7K}{6}[h^3 + 3(B-t-2K)h^2 + 3BH^2]$	$y_{max} = \dfrac{H}{2} + K$

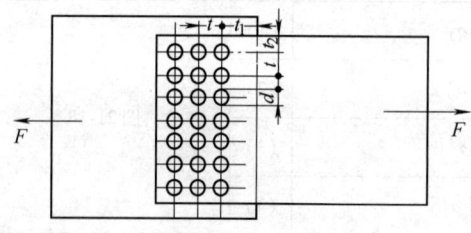

图 21-30　点焊接头焊点的布置

焊点的布置一般如图 21-30 所示，焊点直径 d、节距 t 和边距 t_1、t_2 可根据材料及板厚 t 查阅专业手册。还可以按表 21-4 中的式 (1) 计算。承受拉力的点焊接头计算公式见表 21-4。

（6）点焊接头承受弯矩的静载强度计算

设点焊接头是由一排数目为 n 个的焊点构成，这时接头中各焊点承受的剪切力不等，离中性轴 $X—X$ 越远承受的剪切力越高，各点承受的剪切力大小与其距中性轴的距离成正比。

设某一焊点与中性轴的距离为单位长度，它承受

的剪切力为 T 时，则距中性轴为 y_i 的焊点中的剪切力 $T_i = Ty_i$，由该点承受的外载力矩：

表 21-4　点焊接头计算基本公式

接头形式	受力条件	计算公式	序号	注
经验公式	焊点的布置参数	$d = 5\sqrt{\delta}$ $t \geqslant 3d$ $t_1 \geqslant 2d$ $t_2 \geqslant 1.5d$	(1)	参看图 21-30 t——被焊板中薄者的厚度
单面剪切	拉力平行于板面	$[F] = n\dfrac{\pi}{4}d^2[\tau_0']$	(2)	$[F]$——容许载荷 n——焊点数目 $[\tau_0']$——焊点抗剪许用应力
双面剪切	拉力平行于板面	$[F] = n\dfrac{\pi}{2}d^2[\tau_0']$	(3)	
单面或双面	拉力垂直于板面	$[F] = n\dfrac{\pi}{4}d^2[\sigma_0']$	(4)	$[\sigma_0']$——焊点抗拉许用应力

$$\Delta M = T_i y_i = Ty_i^2$$

由全部焊点的剪切力所能平衡的全部外载力矩为 $M = \sum \Delta M = T\sum y_i^2$，由此得

$$T = \frac{M}{\sum y_i^2}$$

距中性轴最远的焊点中的最大剪切力为

$$T_{max} = Ty_{max} = \frac{M}{\sum y_i^2}y_{max} \qquad (21\text{-}17)$$

则该点由弯矩 M 引起的最大切应力

$$\tau_M = \frac{T_{max}}{\dfrac{\pi}{4}d^2} = \frac{4My_{max}}{\pi d^2 \sum y_i^2} \qquad (21\text{-}18)$$

因焊点分布与中性轴对称，则

$$\sum y_i^2 = 2(y_1^2 + y_2^2 + \cdots + y_{max}^2)$$

由剪切力 $Q = P$ 在每个焊点中所产生的切应力是不均匀的。为了计算简便，认为每点切应力相等，所以在每个焊点中产生的切应力为

$$\tau_Q = \frac{Q}{n\dfrac{\pi}{4}d^2} \qquad (21\text{-}19)$$

如果点焊接头是每排为 n 个焊点，共有 m 排的单剪切面焊点所构成的，则由弯矩 M 产生的最大水平方向的切应力为

$$\tau_M = \frac{My_{max}}{m\dfrac{\pi}{4}d^2 \sum y_i^2} \qquad (21\text{-}20)$$

由剪切力 Q 产生的垂直方向的切应力为

$$\tau_Q = \frac{Q}{mn\dfrac{\pi}{4}d^2} \qquad (21\text{-}21)$$

合成切应力为

$$\tau_合 = \sqrt{\tau_M^2 + \tau_Q^2} \leqslant [\tau_0'] \qquad (21\text{-}22)$$

（7）焊缝许用应力

焊缝许用应力的大小不但与焊缝工艺和材料有关，而且也与焊接检验方法的精确程度密切相关。

随着焊接技术的不断发展，以及焊接检验方法的日益改进，焊接接头的可靠性不断提高，焊缝的许用应力也相应增大。确定焊缝的许用应力有两种方法：

第一种方法：按基本金属的许用应力乘以一个系数，确定焊缝的许用应力。这个系数主要是根据所用焊接方法和焊接材料确定的，用焊条电弧焊焊成的焊缝采用较低的系数，用低氢型焊条或自动焊的焊缝采用较高的系数，见表 21-5。这种方法的优点是可以在不知道基本金属许用应力的条件下设计焊接接头，多用于机器焊接结构上。

表 21-5　系数法确定焊缝许用应力

焊缝种类	应力状态	焊缝许用应力	
		42kg 及 50kg 级焊条电弧焊	低氢焊条电弧焊、自动焊和半自动焊
对接缝	拉应力	$0.9[\sigma]$	$[\sigma]$
	压应力	$[\sigma]$	$[\sigma]$
	切应力	$0.6[\sigma]$	$0.65[\sigma]$
角焊缝	切应力	$0.6[\sigma]$	$0.65[\sigma]$

注：1. 表中 $[\sigma]$ 为基本金属的拉伸许用应力。

2. 适用于低碳钢及 50kg 级以下的低合金结构钢。

第二种方法：采用已经规定的具体数值。这种方法多为某类产品行业所用，为了本行业的方便和技术上的统一，常根据产品的特点、工作条件、所用材料、工艺过程和质量检验方法等，指定出相应的焊缝许用应力具体数值，见表 21-6。

表 21-6　钢结构焊缝许用应力　　　　　　　　　　（单位：MPa）

焊缝种类	应力种类		符号	自动焊、半自动焊和焊条电弧焊（J42 型焊条）				自动焊、半自动焊和焊条电弧焊		
				构件的钢号						
				Q215 钢		Q235 钢		16Mn 钢和 16Mnq 钢		
				第一组	第二、三组	第一组	第二、三组	第一组	第二组	第三组
对接焊缝		抗压	$[\sigma'_a]$	152	136	166.5	152	235	226	210
	抗拉	自动焊或用精确方法检查质量的手工焊和半自动焊	$[\sigma'_l]$	152	136	166.5	152	235	226	210
		用普通方法检查的手工焊和半自动焊	$[\sigma'_l]$	127	117.5	142	127	201	191	181
		抗剪	$[\tau']$	93	83	98	93	42	136	127
角焊缝	抗拉、抗压、抗剪		$[\tau']$	107	107	117.5	117.5	166.5	166.5	166.5

注：1. 钢材按其尺寸分组，分组尺寸见表 21-7。
　　2. 检查焊缝的普通方法系指外观检查、测量尺寸、钻孔检查等方法；精确检查是在普通方法的基础上，用射线或超声波进行补充检查。

关于焊接材料的选择，一般应选用相应强度等级的焊接材料。对强度较高的母材，宜选用低氢型焊条进行焊接。有时为了避免焊接裂纹在一些特定的焊缝上，也可选用比相应强度等级略低而韧性高的焊条进行焊接。

关于对接焊缝，如经射线或超声波检验符合设计要求的，许用应力可以采用与母材相等，不必进行强度验算。

关于低碳钢、低合金钢和部分合金钢的点焊抗剪许用应力 $[\tau'_0] = (0.3 \sim 0.5)[\sigma]$，抗撕裂许用应力 $[\sigma'_0] = (0.25 \sim 0.3)[\sigma]$。

关于由高强度钢、高强度铝合金和其他特殊材料制成的焊接结构，或在特殊工作条件（高温、腐蚀介质）下使用的焊接结构，其焊缝的许用应力应按有关规定或经过专门试验来确定。

表 21-7　钢材的分组尺寸　　　　　　　　　　（单位：mm）

组　别	钢材的钢号			
	Q215 钢或 Q235 钢			16Mn 钢,16Mnq 钢
	棒钢的直径或厚度	型钢或异型钢厚度	钢板的厚度	钢材的直径或厚度
第一组	≥40	≤15	4 ~ 20	≤16
第二组	40 ~ 100	15 ~ 20	20 ~ 40	17 ~ 25
第三组		>20		26 ~ 36

21.2.5　汽车焊接结构的脆性断裂及预防措施

汽车车身除了承受静载荷外，还要承受汽车行驶时产生的动载荷，因此必须要有足够的强度和刚度，以保证汽车在正常使用时受到各种应力下不会破坏和变形。由于焊接质量问题或者焊接结构不合理，在碰撞、高速行驶、颠簸道路、转弯等情况下导致焊接结构断裂而引起事故，或者由于强度不够而导致的驾乘人员伤亡事故，是交通事故中后果比较严重的。

发生脆性断裂事故的焊接结构数量相对是比较少的，但是它具有突然发生、不易预防的特点，其后果往往十分严重，甚至是灾难性的。例如，当汽车高速行驶时，后桥结构发生脆断，其结果就是灾难性的。

造成焊接结构脆断的原因是多方面的，主要是材料选用不当、设计不合理和制造工艺及检验技术不完善等。

研究表明，温度越低、加载速度越大，材料中三向应力状态越严重，则发生解理断裂的倾向性越大。此外，厚板在缺口处容易形成三轴拉应力，组织疏松，内外层均匀性较差；薄板组织细密。对低碳钢和低合金钢来说，晶粒越细，其脆性 - 延性转变温度越低。钢中的 C、N、O、H、S、P 增加钢的脆性，Mn、Ni、Cr、V 减少钢的脆性。

为了防止结构发生脆性破坏，一般有两种设计原则：一为防止断裂引发原则，二为止裂原则。前者要求结构的一些薄弱环节具有一定的抗开裂性能；后者要求一旦裂纹产生，材料应具有将其止住的能力，即止裂性能。

造成结构脆性断裂的基本因素是：材料在工作条件下韧性不足，结构上存在严重的应力集中（设计上的或工艺上的）和过大的拉应力（工作应力、残余应力和温度应力）。如果能有效地解决其中一个因素中所存在的问题，则结构发生脆性断裂的可能性就能显著降低。在选材、设计和制造中可以采取以下措施。

1. 正确选用材料

选择材料的基本原则是既要保证结构的安全使用，又要考虑经济效果。一般地说，应使所选用的钢材和焊接用填充金属保证在使用温度下具有合格的缺口韧性，其含义是

① 在结构工作条件下，焊缝、热影响区、熔合线的最脆部位应有足够的抗开裂性能，母材应具有一定的止裂性能。

② 随着钢材强度的提高，断裂韧度和工艺性一般都有所下降。因此，不宜采用比实际需要强度更高的材料。特别不应该单纯追求强度指标，忽视其他性能。

2. 采用合理的焊接结构设计

设计有脆断倾向的焊接结构，应当注意以下几个原则：

1）尽量减少结构或焊接接头部位的应力集中。

① 在一些构件断面改变的地方，必须设计成平缓过渡，不要形成尖角。

② 在设计中应尽量采用应力集中系数小的对接接头。搭接接头由于应力集中系数大，应尽量避免。

③ 不同厚度构件的对接接头应当尽可能采用圆滑过渡。

④ 避免和减少焊缝的缺陷，应将焊缝设计布置在便于焊接和检验的地方。

⑤ 避免焊缝的密集。

2）在满足结构的使用条件下，应当尽量减小结构的刚度，以期降低应力集中和附加应力的影响。

3）不采用过厚的断面。

4）对于附件或不受力的焊缝的设计，应和主要承力焊缝一样给予足够重视。

5）减少和消除焊接残余拉伸应力的不利影响。

21.2.6 汽车焊接结构的疲劳断裂及预防措施

疲劳断裂是金属结构失效的一种主要形式。大量统计资料表明，由于疲劳而失效的金属结构，约占失效结构的 90%。疲劳一般从应力集中处开始，而焊接结构的疲劳又往往是从焊接接头处产生。采用合理的接头设计，提高焊缝质量，消除焊接缺陷是防止和减少结构疲劳事故的重要方面。

1. 疲劳断裂的过程

疲劳断裂的过程一般由三个阶段组成：在应力集中处产生初始疲劳裂纹；裂纹稳定扩展；断裂。在焊接接头中，产生疲劳裂纹一般要比其他连接形式的循环次数少。这是因为焊接接头中不仅有应力集中（如角焊缝的焊趾处），而且这些部位易产生焊接接头缺陷，残余焊接应力也比较高。例如焊趾处往往存在有微小非金属夹杂物，而疲劳裂纹也正是起源于这些缺陷处。对接焊缝和角焊缝的根部，也能观察到夹杂物、未焊透、熔合不良等焊接缺陷。因为有这些缺陷存在，使焊接接头中的疲劳裂纹产生阶段往往只占整个疲劳过程中的一个相当短的时间，主要的时间是属于裂纹扩展。

拉埃特（Laird）和史密斯（Smith）模型解释了疲劳强度裂纹扩展的机理。每经过一次加载循环，裂纹监督即经历一次锐化-钝化-再锐化的过程，裂纹扩展一段距离，断口表面上就产生一道辉纹。这种机械模型可以有效地解释裂纹的扩展情况。这样我们便可以在某裂纹长度和应力下对裂纹尖端进行应力分析，把断裂力学的有关理论应用到疲劳裂纹的扩展上去。

2. 疲劳极限

（1）疲劳强度和疲劳极限

在金属构件的实际应用中，如果载荷的数值和（或）方向变化频繁时，即使载荷的数值比静载抗拉强度小得多，甚至比材料的屈服点低得多，构件仍然可能破坏。

对试样用不同载荷进行多次反复加载试验，即可测得在不同载荷下使试样破坏所需要的加载循环次数 N。从乌勒（Wöhler）疲劳曲线可以看出，破坏应力随着循环次数 N 的增大而降低，当 N 很大时曲线趋于水平。曲线上对应于某一循环次数 N 的破坏应力即为该循环次数下的疲劳强度。曲线的水平渐近线即为疲劳极限。

如果把乌勒疲劳曲线图中的横坐标改为载荷循环次数的对数 $\ln N$，则金属破坏应力与循环次数之间的关系曲线 $\sigma = f(N)$ 可用两条直线表示，水平线代表疲劳极限的数值。

疲劳强度的数值与应力循环特性有关。应力循环特性主要用下列参量表示：

σ_{max}——应力循环内的最大应力；

σ_{min}——应力循环内的最小应力；

$$\sigma_{\mathrm{m}} = \frac{\sigma_{\max} + \sigma_{\min}}{2} \text{——平均应力;}$$

$$\sigma_{\mathrm{a}} = \frac{\sigma_{\max} - \sigma_{\min}}{2} \text{——应力振幅;}$$

$$r = \frac{\sigma_{\min}}{\sigma_{\max}} \text{——应力循环特性系数。}$$

r 也可以用 ρ 表示,其变化范围为 $-1 \sim 1$。

很容易看出,$\sigma_{\max} = \sigma_{\mathrm{m}} + \sigma_{\mathrm{a}}$ 和 $\sigma_{\min} = \sigma_{\mathrm{m}} - \sigma_{\mathrm{a}}$。因此,可以把任何变动载荷看作是某个不变的平均应力(静载—恒定应力部分)和应力振幅(交变应力部分)的组合。

(2)疲劳强度的常用表示法

几种具有特殊循环特性的变动载荷如下:

1)对称交变载荷,$\sigma_{\min} = -\sigma_{\max}$ 而 $r = -1$,其疲劳强度用 σ_{-1} 表示。

2)脉动载荷,$\sigma_{\min} = 0$ 而 $r = 0$,其疲劳强度用 σ_0 表示。

3)拉伸变载荷,$\sigma_{\min}$ 和 $\sigma_{\max}$ 均为拉应力,但大小不等,$0 < r < 1$,其疲劳强度用 σ_r 表示,下标 r 用相应的特性系数表示,如 $\sigma_{0.3}$。

为了表达疲劳强度和循环特性之间的关系,应当绘出疲劳图。从疲劳图中可以得出各种循环特性下的疲劳强度。疲劳图可以有以下几种形式。

1)用 $\sigma_{\max}$ 和 r 表示的疲劳图(图21-31)。它能直接地将 $\sigma_{\max}$ 与 r 的关系表示出来。

2)用 $\sigma_{\max}$ 和 σ_{m} 表示的疲劳图(图21-32)。横坐标表示平均应力 σ_{m},纵坐标表示应力 $\sigma_{\max}$ 和 $\sigma_{\min}$ 的数值。在与水平线成45°角的方向内绘一虚线,将振幅的数值 σ_{a} 对称地绘在斜线的两侧。两曲线相交于 C 点,此点表示循环振幅为零,其疲劳强度与静载抗拉强度 σ_{b} 相当。线段 ON 表示对称循环时的疲劳强度,此时 σ_{m} 等于零。线段 $O'N'$ 表示脉动循环时的疲劳强度。在该疲劳图上可以用作图法求出任何一种循环特性系数(r)下的疲劳强度,自 O 点作一与水平线成 α 角的直线,使

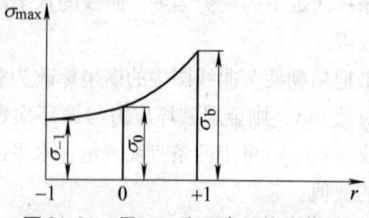

图 21-31　用 $\sigma_{\max}$ 和 r 表示的疲劳图

$$\tan\alpha = \frac{\sigma_{\max}}{\sigma_{\mathrm{m}}} = \frac{2\sigma_{\max}}{\sigma_{\max} + \sigma_{\min}} = \frac{2}{1 + r} \quad (21\text{-}23)$$

则直线与图形上部曲线交点的纵坐标就是该循环特性

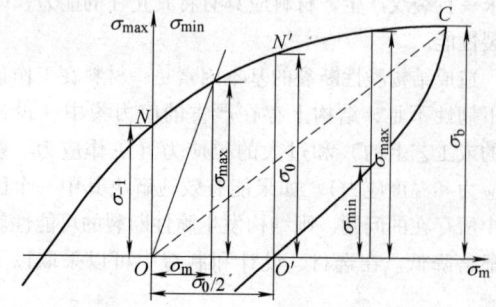

图 21-32　用 $\sigma_{\max}$ 和 σ_{m} 表示的疲劳图

下的疲劳强度 σ_r。

3)用 σ_{a} 和 σ_{m} 表示的疲劳图。横坐标为平均应力 σ_{m},纵坐标为应力振幅 σ_{a},曲线上各点的疲劳强度 $\sigma_r = \sigma_{\mathrm{a}} + \sigma_{\mathrm{m}}$。曲线与纵轴交点的纵坐标即为对称循环时的疲劳强度 σ_{-1};曲线与横轴交点的横坐标即为静载抗拉强度 σ_{b},此时 $\sigma_{\mathrm{a}} = 0$,$r = 1$;从 O 作45°射线与曲线的交点表示脉动循环,其疲劳强度 $\sigma_0 = \sigma_{\mathrm{a}} + \sigma_{\mathrm{m}} = 2\sigma_{\mathrm{a}} = 2\sigma_{\mathrm{m}}$。若自 O 点作一与水平轴成 α 角的射线与曲线相交,并使

$$\tan\alpha = \frac{\sigma_{\mathrm{a}}}{\sigma_{\mathrm{m}}} = \frac{1 - r}{1 + r} \quad (21\text{-}24)$$

则交点的 $\sigma_{\mathrm{a}} + \sigma_{\mathrm{m}} = \sigma$ 即为循环特征系数为 r 时的疲劳强度。

4)用 $\sigma_{\max}$ 和 $\sigma_{\min}$ 表示的疲劳图。纵坐标表示循环中的最大应力 $\sigma_{\max}$,而横坐标表示循环中的最小应力 $\sigma_{\min}$,由原点出发的每条射线代表一种循环特性。例如由原点向左与横坐标倾斜45°的直线表示交变载荷,$r = \frac{\sigma_{\min}}{\sigma_{\max}} = -1$,它与曲线的交点,即为 σ_{-1};向右与横坐标倾斜45°的直线表示静载 $r = 1$,它与曲线交点即为静载抗拉强度 σ_{b},而纵坐标本身又表示脉动载荷 $r = 0$,它与曲线交点即为 σ_0 等。

3. 焊接接头的疲劳强度计算

疲劳强度计算标准,包括焊接接头在内的典型连接的疲劳强度计算公式,均是在疲劳试验的基础上,利用 $\sigma_{\max}$ 和 $\sigma_{\min}$ 表示的疲劳图推导出来的。

绝对值最大的应力为拉应力时:

$$[\sigma^{\mathrm{p}}] = \frac{[\sigma_0^{\beta}]}{1 - kr} \quad (21\text{-}25)$$

绝对值最大的应力为压应力时:

$$[\sigma^{\mathrm{p}}] = \frac{[\sigma_0^{\beta}]}{k - r} \quad (21\text{-}26)$$

式中　$[\sigma_0^{\beta}]$——$r = 0$ 时基本金属和焊缝的疲劳许用应力;

k——系数；

r——构件的应力循环特性系数，等于绝对值最小和最大的应力之比（拉应力取正号，压应力取负号）。

实际构件在加工制造和使用过程中，由于各种原因（如焊接、锻造、表面划痕等）往往存在着各种裂纹。带有裂纹的构件，在变载荷的作用下，裂纹可能逐渐扩展。应用断裂力学把疲劳设计建立在构件本身存在裂纹这一客观事实的基础上，按照裂纹在循环载荷下的扩展规律，估算结构的寿命是保证构件安全工作的重要途径，同时也是对传统疲劳试验和分析方法的一个重要补充和发展。

4. 影响焊接接头疲劳强度的因素及提高接头疲劳强度的措施

（1）影响焊接接头疲劳强度的因素

1）应力集中。焊接结构中，在接头部位由于具有不同的应力集中，它们对接头的疲劳强度产生不同程度的不利影响。

对接焊缝由于形状变化不大，因此它的应力集中比其他形式接头要小，但是过大的加厚高和过小的母材金属与焊缝金属的过渡角都会增加应力集中，使接头的疲劳强度下降。

丁字和十字接头焊缝向基本金属过渡处有明显的断面变化，其应力集中系数要比对接接头的应力集中系数高。

搭接接头的疲劳强度也是很低的。

2）近缝区金属性能变化。低碳钢焊接接头，在常用的热输入下焊接，热影响区和基本金属的疲劳强度相当接近。只有在非常高的热输入下焊接，能使热影响区对应力集中的敏感性下降，其疲劳强度可比基本金属高得多。所以低碳钢的近缝区金属力学性能的变化对接头的疲劳强度影响较小。

低合金钢和高强度钢在焊接热循环的作用下，热影响区的力学性能变化比低碳钢大。如果热影响区的尺寸不大，就不会降低焊接接头的疲劳强度。可是，如果在硬夹软接头中的软夹层中有严重的应力集中因素时，其疲劳强度大大降低。

3）残余应力。焊接残余应力在焊接接头中广泛存在，它对疲劳强度的影响较大。若内应力为正值时，会降低构件的疲劳强度，当内应力为负值时，构件的疲劳强度将有所提高。焊接内应力对疲劳强度的影响与疲劳载荷的应力循环特征系数有关，在 $\dfrac{\sigma_{min}}{\sigma_{max}}$ 比值较低时，影响比较大。

4）焊接缺陷。焊接缺陷对疲劳强度的影响程度与缺陷的种类、尺寸、方向和位置有关。片状缺陷（如裂纹、未熔合、未焊透）比带圆角的缺陷（如气孔等）影响大；表面缺陷比内部缺陷影响大；作用力方向垂直的片状缺陷的影响比其他方向的大；位于残余拉应力区内缺陷的应力比在残余压应力区内的大；位于应力集中区的缺陷（如焊缝趾部裂纹）的影响比在均匀应力场中同样缺陷影响大。

（2）提高焊接接头疲劳强度的措施

1）降低应力集中。

① 采用合理的构件结构形式，减少应力集中。

② 采用应力集中系数小的焊接接头。

③ 当采用角焊缝时须采取综合措施（机械加工焊缝端部，合理选择角焊板形状，焊缝根部保证熔透等）来提高接头的疲劳强度。

④ 在某些情况下，可以通过开缓和槽使力线绕开焊缝的应力集中处来提高接头的疲劳强度。

⑤ 用表面机械加工的方法，消除焊缝及其附件的各种刻槽，可以降低构件中的应力集中程度，提高接头疲劳强度。也可以采用电弧整形的方法代替机械加工来使焊缝与基本金属之间平滑过渡。

2）调整残余应力场。消除接头应力集中处的残余拉应力或使该处产生残余压应力都可以提高接头的疲劳强度。这种方法可以分为两类：一类是结构或元件整体处理；另一类是对接头部位局部处理。第一类包括整体退火或超载预拉伸法；第二类一般是在接头某部位采用加热、碾压、局部爆炸等方法使接头应力集中处产生残余压应力。

3）改善材料的力学性能。表面强化处理，用小轮挤压和用锤轻打焊缝表面及过渡区，或喷丸处理焊缝区，也可以提高接头的疲劳强度。

4）特殊保护措施。介质往往对材料的疲劳强度有影响，因此采用一定的保护涂层是有利的。

21.3　典型汽车焊接结构形式

汽车及零部件上常用的焊接方法有以下几种。

（1）电阻焊

1）点焊主要用于车身总成、地板、车门、侧围、后围、前桥和小零部件等。

2）多点焊用于车身底板、载货车车厢、车门、发动机盖和行李箱盖等。

3）凸焊及滚凸焊用于车身零部件、减振器阀杆、螺钉、螺母和小支架等。

4）缝焊用于车身顶盖雨檐、减振器封头、油箱、消声器和油底壳等。

5）对焊用于钢圈、排、进气阀杆、刀具等。

（2）电弧焊

1）CO_2 保护焊用于车厢、后桥、车架、减振器阀杆、横梁、后桥壳管、传动轴、液压缸等的焊接。

2）氩弧焊用于油底壳、铝合金零部件的焊接和补焊。

3）焊条电弧焊用于厚板零部件，如支架、备胎架、车架等的焊接。

4）埋弧焊用于半桥套管、法兰、天然气汽车的压力容器等的焊接。

5）氩气或混合气体（氩气＋氧气）保护焊用于车身镀锌钢板的焊接。

（3）特种焊

1）摩擦焊用于汽车阀杆、后桥、半轴、转向杆和随车工具等的焊接。

2）电子束焊用于齿轮、后桥等的焊接。

3）激光焊割用于车身底板、齿轮、零件下料及修边等。

4）超声波焊用于塑料件焊接。

（4）氧乙炔焊

用于车身总成的补焊。

（5）钎焊

用于散热器、铜和钢件、硬质合金的焊接。

（6）激光焊

用于不同厚度板材连接、车身焊接等。

21.3.1　轿车结构

轿车以承载人为目的，所以要求轿车具有高的安全性和乘坐舒适性。目前世界范围主要分为欧美系和日韩系轿车，各有特点。以中档轿车为例，典型的欧洲品牌为大众汽车，其特点是技术领先、制造精良、乘用安全同时兼顾舒适性和美观。典型的美国品牌为通用汽车，其特点是安全性好，乘坐舒适。典型的日本品牌为丰田汽车，其特点是造型美观、乘坐舒适，同时考虑安全性和节约燃油，综合性能好。典型的韩国品牌为现代汽车，其特点是造型美观，乘坐舒适，性价比高。轿车上常用的焊接结构包括点焊结构、弧焊结构、凸焊结构、螺栓焊结构、激光焊结构等。

1. 点焊结构

现代轿车上应用最多的焊接工艺就是点焊，一部轿车上有 3000～6000 个焊点。一般来说，增加点焊数量、减少焊缝长度是提高车身制造质量的基本方法之一。

为了缩短开发和生产周期，节约费用，现代轿车都在某一平台上进行开发，可以把车身分为平台零件和非平台零件。平台零件是指承载式车身的地板部分零件，它起到承载外形零件、连接底盘和决定发动机形式等功能，开发时比较复杂，周期长，沿用同一平台件，可以很方便地更改整车外形，大大缩短开发和投产周期。

开发平台零件时，要考虑承载能力、乘坐舒适性、碰撞安全性、防腐性能等因素，同时考虑成本因素，所以平台零件采用变断面镀锌钢板，厚度一般为 1.0～2.5mm，加强板可以达到 4.0mm。一般平台零件包括前纵梁、中间横梁、后纵梁、前地板、中地板、后地板、中央通道、座椅滑槽、以及一些加强板。此外前后轮罩、散热器也可以属于平台零件。图 21-33 是 POLO 轿车的平台零件示意图。各零件间采用点焊连接，零件上有翻边，翻边一般为 15～18mm，零件之间采用搭接形式，采用单排点焊结构，焊点间距为 15～20mm。

散热器一般由散热器上横梁、散热器下横梁、轮罩挡板、侧面板构成，如图 21-34 所示。上横梁与前风窗玻璃连接，上、下横梁之间形成箱形结构，用于安装刮水器电动机、通风孔、控制器，以及蓄电池等。前轮罩挡板与前轮罩总成构成前轮罩，车轮在轮罩中，防止灰尘、泥浆、碎石进入车内，侧面板与侧框连接。

前轮罩一般由横梁、减振器安装板、轮罩板和连接板构成，如图 21-35 所示。横梁用于安装翼子板，减振器安装板用于安装前减振器，轮罩板俗称挡泥板，和散热板构成前轮罩。减振器安装板上部有翻边，翻边一般为 15～18mm，减振器安装板通过翻边与横梁连接，采用搭接形式，单排点焊结构，焊点间距为 15～20mm。减振器安装板与轮罩板连接，采用搭接形式，2～3 排点焊结构，焊点间距为 15～20mm。

前纵梁采用方管形结构，以保证正面抗撞击力，同时保证车身扭动抗力，由左右两个零件点焊而成，内侧为 U 形结构，一般板厚为 1.5mm，外侧为盖板，一般板厚为 1.2mm。考虑到车身重量和吸收能量变形，前纵梁一般采用变断面钢板。焊接翻边一般为 15～18mm，焊点间距为 20～30mm，单排焊点，焊点均布，焊核直径为 5mm 左右，如图 21-36 所示。

前地板由前地板左件、前地板右件、中央通道、左右侧板、左右座椅滑槽、左右座椅横梁拼焊而成，如图 21-37 所示。前地板左右件和中央通道零件上有焊接翻边，一般为 15～18mm，单排焊点，焊点均布，焊点间距为 20～30mm。座椅横梁上有焊接翻边，一般为 15～18mm，与座椅滑槽和左右地板件点焊连接，单排焊点，焊点均布，焊点间距为 20～30mm。座椅滑槽与中央通道采用弧焊连接。

后轮罩由后轮罩板、后纵梁封板、连接板、后桥支架和加强板拼焊而成，一般右后轮罩上还有加油小门支架，如图 21-38 所示。

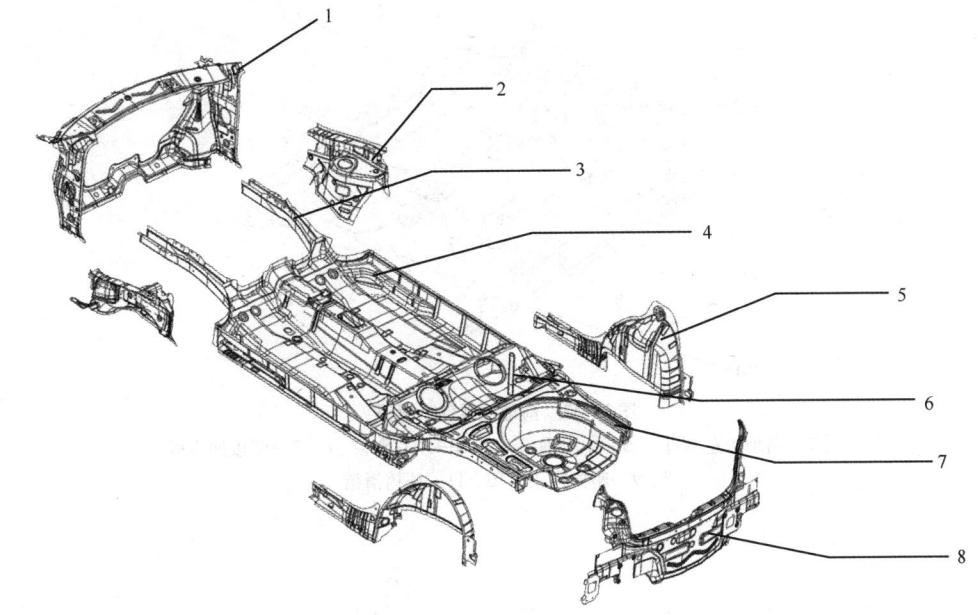

图 21-33　POLO 轿车的平台零件示意图

1—散热器　2—前轮罩　3—前纵梁　4—前地板　5—后轮罩

6—后地板　7—后纵梁　8—后围板

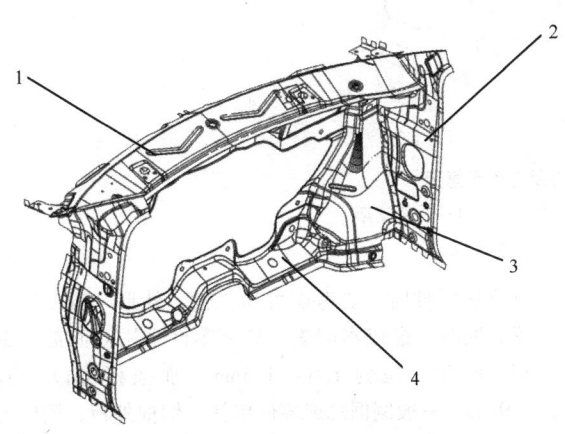

图 21-34　散热器零件示意图

1—散热器上横梁　2—侧面板

3—轮罩挡板　4—散热器下横梁

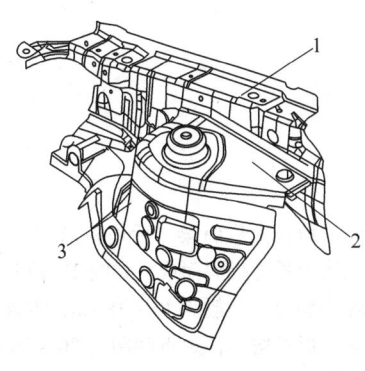

图 21-35　前轮罩零件示意图

1—横梁　2—减振器安装板　3—轮罩板

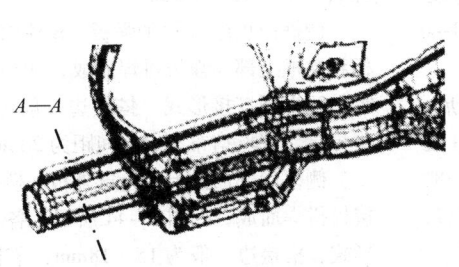

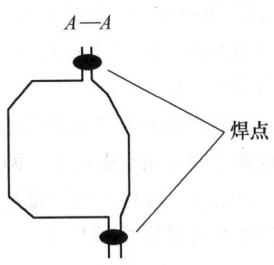

图 21-36　纵梁断面

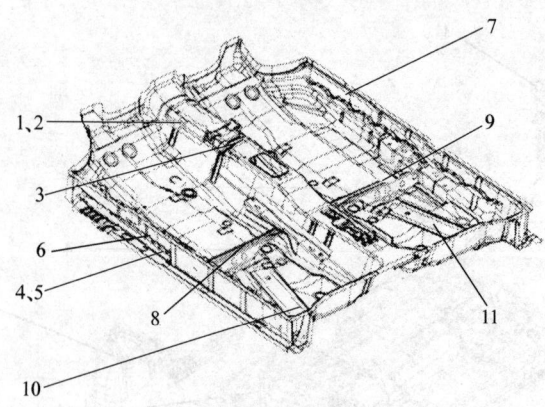

图 21-37　前地板零件示意图

1、2—前地板左/右件　3—中央通道　4、5—左右侧板　6、7—侧板加强板
8、9—座椅横梁　10、11—座椅滑槽

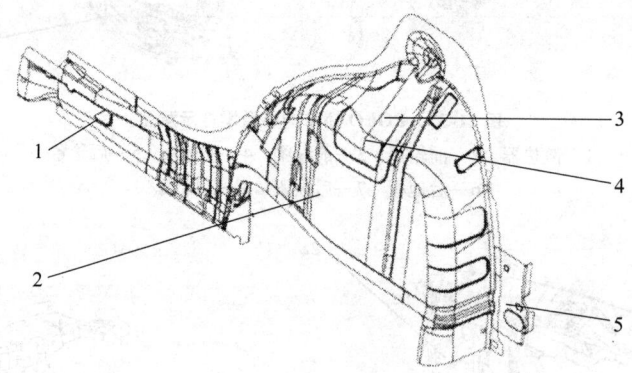

图 21-38　后轮罩零件示意图

1—后纵梁封板　2—后轮罩板　3—后桥支架
4—加强板　5—连接板

后地板由后纵梁、后地板前部、横梁、备胎槽、后拖钩等零件拼焊而成，如图 21-39 所示。各零件上有焊接翻边，一般为 15~18mm，零件之间采用单排焊点，焊点均布，焊点间距为 20~30mm。后脱钩采用弧焊和后纵梁连接，保证其具有足够的连接强度。

后纵梁是 U 形的板材，厚度为 1.5mm。为提高强度，在左右纵梁之间用一根横梁连接，横梁板厚为 1.5mm，也是 U 形，后纵梁和横梁形成一个梁结构，后纵梁和横梁支架采用搭接结构，搭接边长度一般为 15~20mm，点焊连接，单排点焊，每个连接面上有 2 个焊点均布，如图 21-40 所示。后桥、后悬架等安装在后纵梁上。

后围板总成是由后围板和后围板横梁拼焊而成，后围板和后围板横梁之间采用点焊连接，两个零件之间有上排和下排两排焊点，零件上有焊接翻边，一般为 15~18mm，零件之间采用单排焊点，焊点均布，焊点间距为 20~30mm，如图 21-41 所示。

侧框总成是外观零件，门安装在侧框总成上。设计侧框零件时，要考虑可加工性、外形、强度等因素，同时考虑成本因素，侧框零件采用双面镀锌钢板，厚度一般为 1.0~1.5mm，加强板可以达到 3.0mm。一般侧框总成零件包括：侧框外板、侧框内板、门槛腹板、侧框上板和侧框后部加强板。图 21-42 是 POLO 轿车的侧框总成零件示意图。各零件间采用点焊连接，零件上有翻边，翻边一般为 15~18mm，零件之间采用搭接形式，采用单排点焊结构，焊点间距为 15~20mm。

侧框内板由 A 柱加强板、B 柱加强板、门槛加强板和侧框上部加强板拼焊而成，如图 21-43 所示。各零件间采用搭接形式，搭接边一般为 15~18mm，单排焊点，焊点均布，焊点间距为 20mm。

侧框后部加强板由轮罩外板、侧框内板后部和连接板拼焊而成，如图 21-44 所示。各零件间采用搭接形式，搭接边一般为 15~18mm，单排焊点，焊点均布，焊点间距为 20mm。

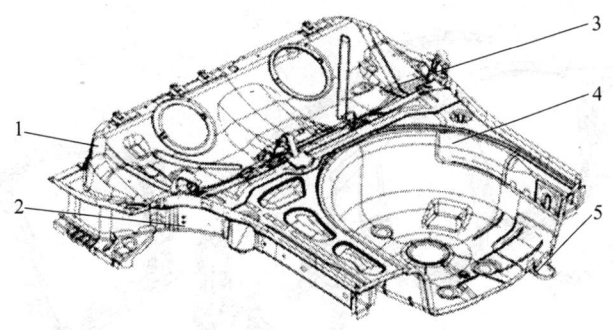

图 21-39　后地板零件示意图

1—后地板前部　2—后纵梁　3—横梁　4—备胎槽　5—后拖钩

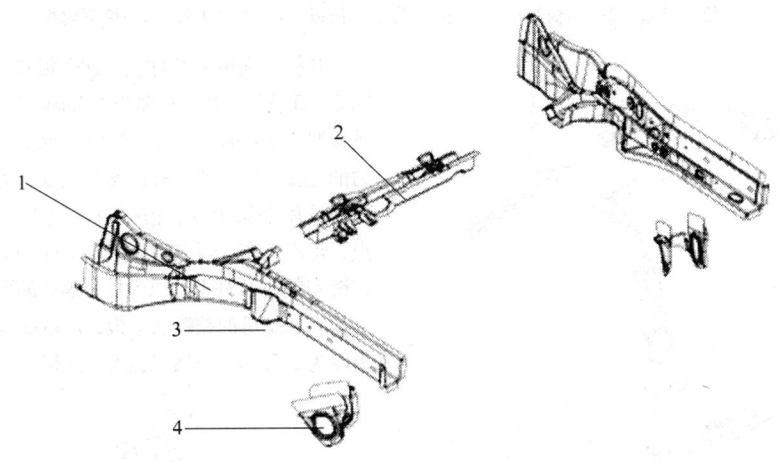

图 21-40　后纵梁零件示意图

1—后纵梁　2—横梁　3—后悬架支承孔　4—后桥支架

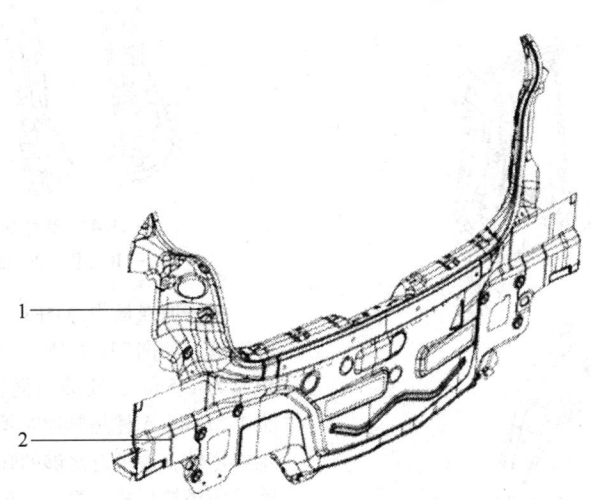

图 21-41　后围板零件示意图

1—后围板　2—后围板横梁

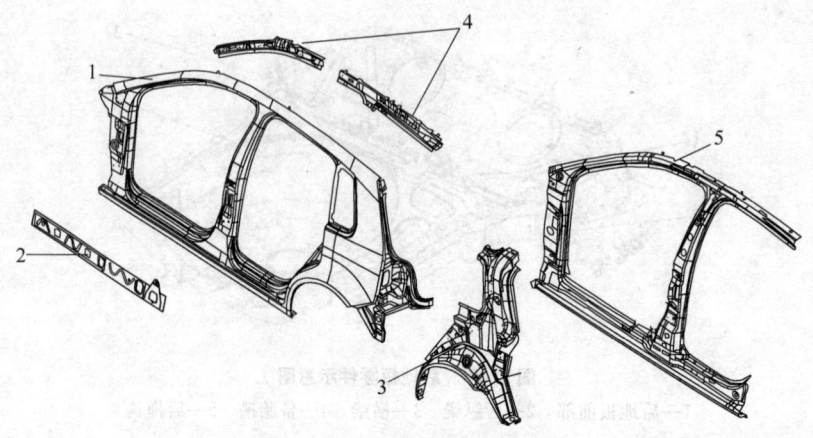

图 21-42　侧框总成零件示意图
1—侧框外板　2—门槛腹板　3—侧框后部加强板　4—侧框上板　5—侧框内板

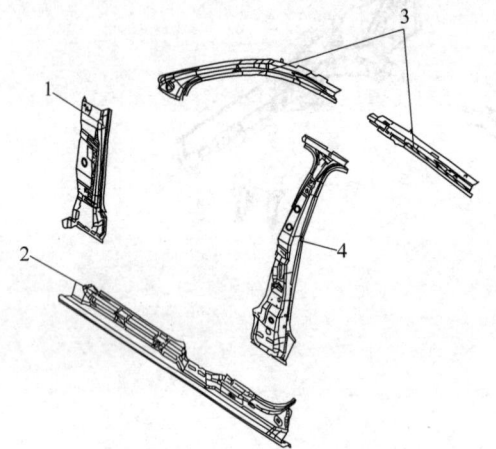

图 21-43　侧框内板零件示意图
1—A 柱加强板　2—门槛加强板
3—侧框上部加强板　4—B 柱加强板

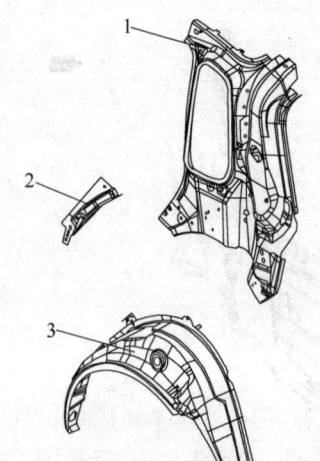

图 21-44　侧框后部加强板零件示意图
1—侧框内板后部　2—连接板
3—侧框内板后部加强板

B 柱加强板由 B 柱板、加强板和盖板拼焊而成，如图 21-45 所示。B 柱板厚为 1.2mm，加强板厚为 1.5mm，盖板厚为 1.0mm。B 柱是侧撞时承受冲击力和分解冲击力的主要零件，要求有足够的强度和力分解能力。各零件间采用搭接形式，搭接边一般为15~18mm，单排焊点，焊点均布，焊点间距为20mm。后门通过上下两个铰链安装在 B 柱上，以螺栓、螺母的形式连接。在 B 柱上焊有带螺母的铰链加强板，用以螺栓连接。铰链加强板厚为 3.5mm，与加强板弧焊连接。

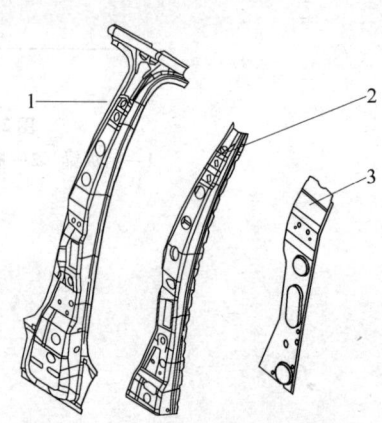

图 21-45　B 柱加强板零件示意图
1—B 柱板　2—加强板　3—盖板

A 柱加强板由 A 柱板、加强板和铰链加强板拼焊而成，如图 21-46 所示。A 柱板厚为 1.2mm，加强板厚为 1.5mm，铰链加强板厚为 3.5mm，侧面板厚为 1.5mm。A 柱是侧撞时承受冲击力和分解冲击力的主要零件，要求有足够的强度和力分解能力。各零件间采用搭接形式，焊点均布。前门通过上下两个铰链安装在 A 柱上，以螺栓螺母的形式连接。在 A 柱上焊有带螺母的铰链加强板，用以螺栓连接。铰链加强板以点焊在侧面与 A 柱加强板连接。

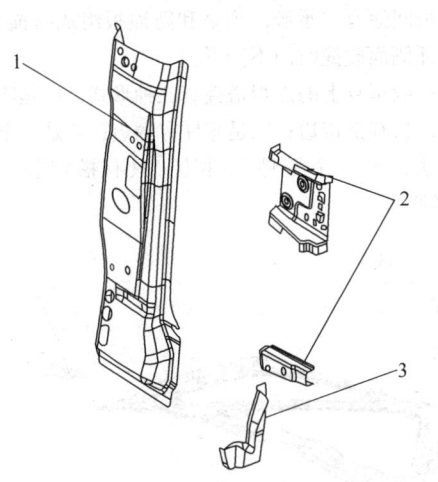

图 21-46　A 柱加强板零件示意图

1—A 柱板　2—铰链加强板　3—加强板

白车身骨架总成是由地板总成、侧框总成、车顶横梁和车顶拼焊而成。白车身骨架是承载结构，为了提高其刚度、强度和稳定性，白车身骨架设计为框架结构，由前纵梁、后纵梁和门槛组成下部纵梁；由前上纵梁和侧框上板组成上部纵梁；由 A 柱、地板横梁、散热器横梁和车顶前横梁组成前部横梁系统；由 B 柱、车顶中横梁和座椅横梁组成中部横梁系统；由 C 柱、后地板横梁和车顶后横梁构成后部横梁系统，从而形成稳固的白车身骨架系统。为进一步增加其稳定性，也可以增加衣帽架横梁。车顶零件采用双面镀锌钢板，厚度一般为 0.8mm。对于天窗车顶，由于车顶总成有加强板，所以可以取消车顶中横梁。图 21-47 是 POLO 轿车的白车身骨架总成零件示意图。各零件间采用点焊连接，零件上有翻边，翻边一般为 15～18mm，零件之间采用搭接形式，采用单排点焊结构，焊点间距为 15～20mm。

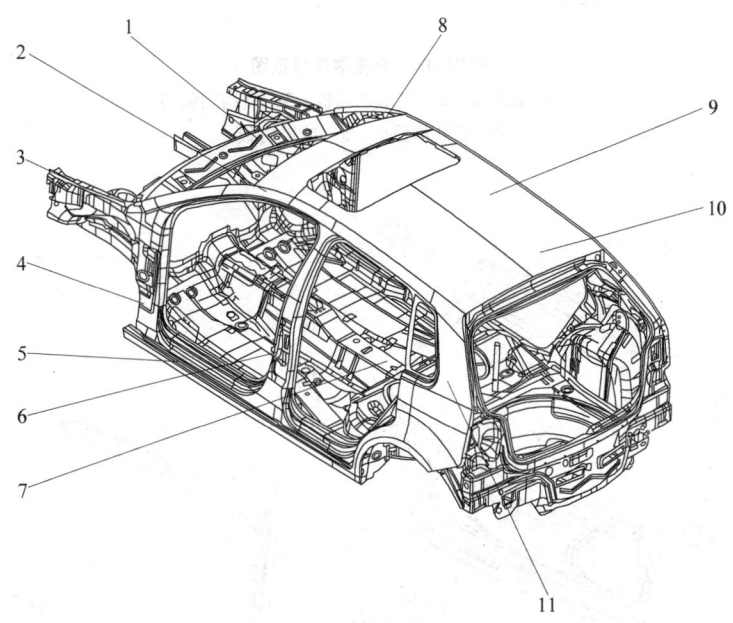

图 21-47　白车身骨架零件示意图

1—散热器横梁　2—侧框上板　3—前上纵梁　4—A 柱　5—门槛　6—B 柱
7—地板　8—车顶前横梁　9—车顶　10—车顶后横梁　11—C 柱

白车身总成的外挂件包括四门和前盖、后盖。门和盖是外观零件，表面质量要求高，同时要求防腐，所以门和盖的外板都采用双面镀锌钢板。

前盖又称为发动机盖板，由前盖外板、前盖内板、铰链加强板、前盖锁钩加强板和支承加强板组成，如图 21-48 所示。加强板与内板点焊连接，零件采用搭接形式，焊点在零件上均布。内板与外板通过折边连接，使外部为圆滑过渡，以便发生碰撞时保护

行人。内板板厚为 1.0mm，外板板厚为 0.8mm，加强板板厚为 1.2mm。

后盖又称为行李箱盖板，由后盖外板、后盖内板、铰链加强板、后盖锁钩加强板和支撑加强板组成，如图 21-49 所示。加强板与内板点焊连接，零件采用搭接形式，焊点在零件上均布。内板与外板通过折边连接，使外部为圆滑过渡，当发生碰撞时以保护行人。内板板厚为 1.0mm，外板板厚为 0.8mm，加

强板板厚为 1.2mm。

门总成由门外板、门内板、窗框、玻璃导槽、铰链加强板、防撞板等组成，如图 21-50 所示。窗框、玻璃导槽、加强板与内板点焊连接，零件采用搭接形式，焊点在零件上均布。内板与外板通过折边连接，使外部为圆滑过渡，当发生碰撞时以保护行人。内板厚度为 1.0mm，外板厚度为 0.8mm，加强板厚度为

1.2mm。防撞板与内板采用点焊或弧焊连接，防撞板与外板间涂有支承胶。窗框和防撞板组成防撞骨架，以保证侧面碰撞时门不变形。

一般车身上的点焊搭接有三种形式，一是零件无翻边，只有搭接边；二是零件有翻边；三是一个零件有翻边，另一个零件无翻边，只有搭接边，如图 21-51 所示。

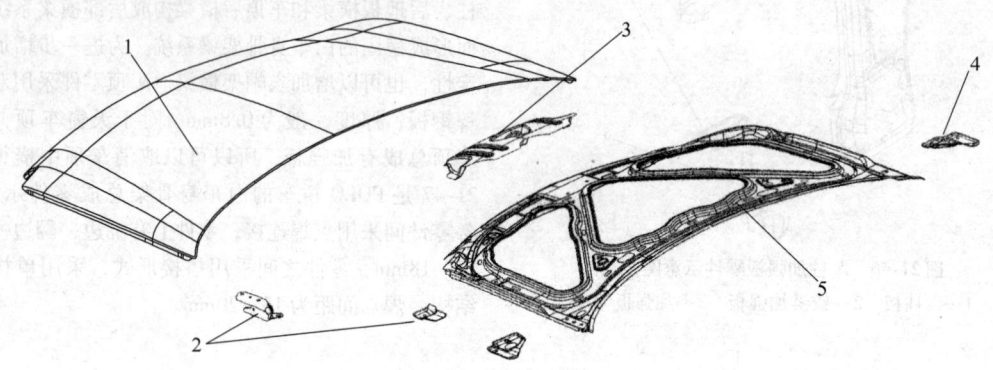

图 21-48　前盖零件示意图

1—前盖外板　2—支承加强板　3—锁钩加强板

4—铰链加强板　5—前盖内板

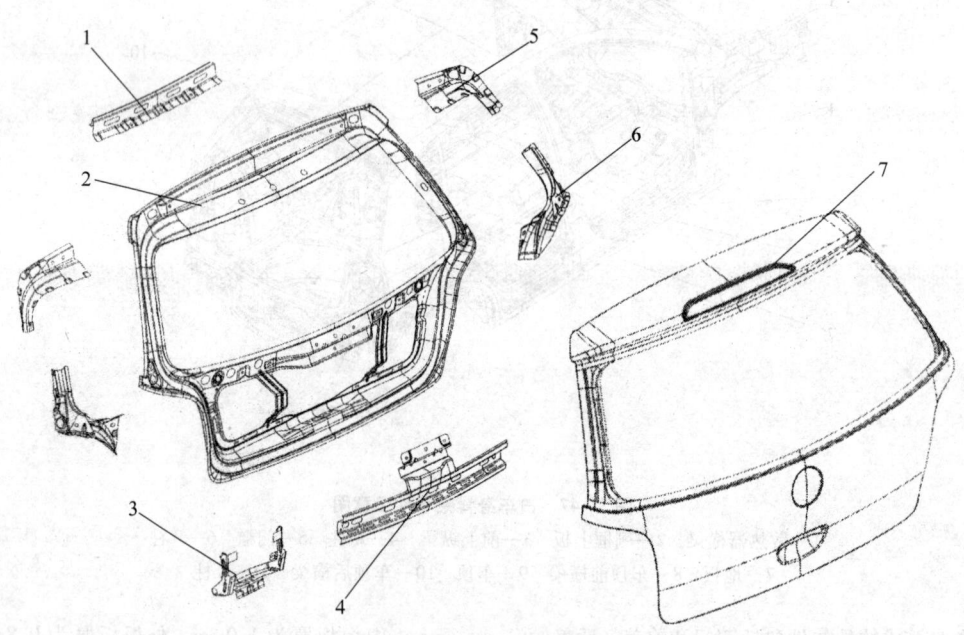

图 21-49　后盖零件示意图

1—高位制动灯支架　2—后盖内板　3—锁加强板　4—后盖刮水器电动机支架

5—铰链加强板　6—支撑加强板　7—后盖外板

考虑到焊点的可靠性，一般车身上的点焊设计为二层板，尽量少用三层板，不用四层板。一般二层板连接的板材厚度差低于 2.5mm，如 0.8mm—1.0mm，1.0mm—1.0mm，1.0mm—1.2mm，1.0mm—1.5mm，

1.0mm—2.5mm，不采用 1.0mm—3.5mm。三层板连接的板厚，最厚的与最薄的厚度差低于 2.0mm，如 1.0mm—1.5mm—1.0mm，不采用 0.8mm—1.5mm—3.0mm。如果最厚的板厚超过 3.5mm，一般采用凸焊

或弧焊。

当三层板的总厚度大于 3.5mm 时，如 1.2mm— 1.5mm—1.2mm，可以设计成交错连接的形式，如图 21-52 所示。

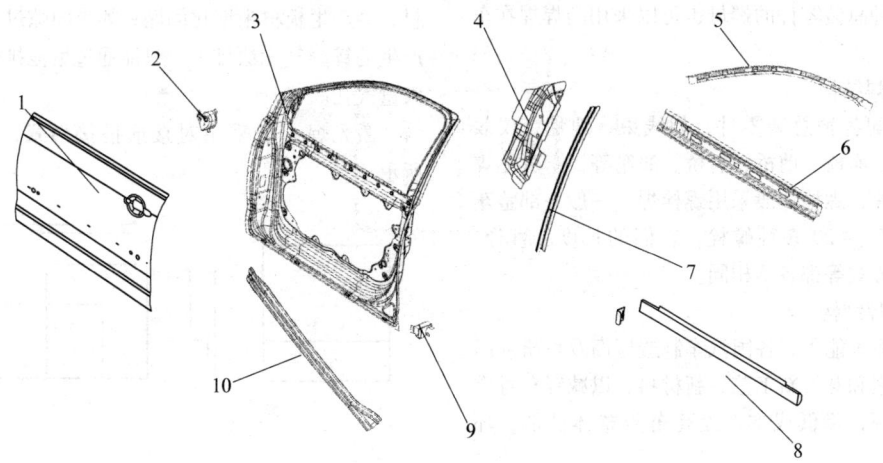

图 21-50　门零件示意图

1—门外板　2—铰链加强板　3—门内板　4—三角窗支架　5—上窗框加强板
6—下窗框加强板外板　7—窗玻璃导槽　8—下窗框加强板　9—加强板　10—侧面防撞板

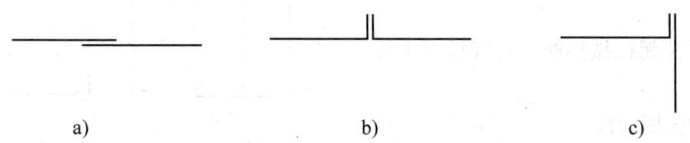

图 21-51　车身点焊搭接形式

a）零件无翻边，只有搭接边　b）零件有翻边　c）一个零件有翻边，另一个零件无翻边

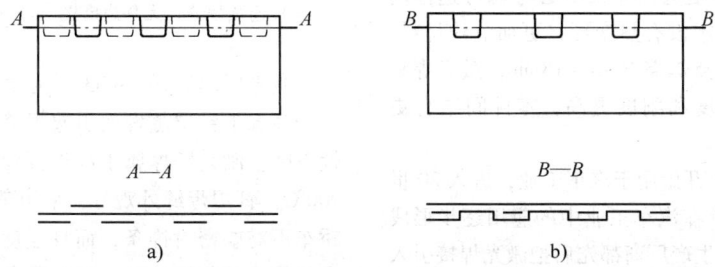

图 21-52　三层板接头形式示意图

a）中间为平板，两侧板有 U 形开口
b）中间板有 U 形开口，一侧板为平板，另一侧板有凸台

2. 弧焊结构

为了提高轿车车身的制造精度，现代轿车尽量减少弧焊焊缝数量，但是在某些点焊焊钳难以达到的部位（图 21-53）、要求强度高的部位（如前保险杠支架）以及要求密封的部位（如 A 柱中端前风窗玻璃处）等仍然采用弧焊。

轿车上的弧焊接头一般有塞焊、对焊、搭接焊等。

3. 凸焊结构

部分小的加强板，由于板厚较厚，可达 3.5mm

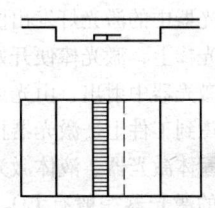

图 21-53　点焊焊钳难以
达到的部位采用弧焊

或 4mm，采用点焊无法焊牢，采用弧焊则产生较大

的热变形,因而可以采用凸焊形式。在加强板上冲出凸点,可以牢固地焊在车身上。

装配各种总装零件的螺母也可以采用凸焊焊在车身上。

4. 螺栓焊结构

为了装配各种总装零件,如线束、地毯、仪表盘、发动机、座椅、前桥、后桥、油箱等,车身上焊接了很多螺栓,螺栓一般采用螺栓焊。一般一部整车上有 300 多只共 20 多种螺栓,它们的长度、直径、螺纹、处理方式等都各不相同。

5. 激光焊结构

为提高竞争能力,各国汽车制造厂商及科研部门都在积极探索和开发新工艺、新材料,以减轻车身重量,节约能源,降低成本,提高车身整体性能,环保等。

与其他焊接方法相比,激光焊具有以下特点:

1) 能量密度大,生产率高。

2) 热影响区小,由此产生的热变形和热损伤少,焊缝强度大。

3) 焊接装置与焊件无机械接触,可降低对工件的污染。

4) 方便进行异种金属焊接。

5) 能精确控制能量输出。

对于汽车制造工业来说,激光焊接可以取代点焊和弧焊,使车型设计更为简单,不必考虑可达性问题;焊缝更美观,基本没有热变形;更加节约材料,焊接翻边缩短,一般点焊需要 15 ~ 18mm,激光焊只需要 10mm;车身强度和刚度更高,零件间结合更紧密。

激光焊从 1966 年开始用于汽车工业,进入 20 世纪 80 年代后,激光焊在汽车工业中的应用逐步形成规模。国外各大汽车生产厂商都先后把激光焊接引入其汽车制造中。我国起步较晚,上海大众汽车有限公司从 1999 年在上海 PASSAT 轿车的制造中首次引入激光焊接技术。截至 2006 年国内只有上海大众和一汽大众在其各款车型上使用了激光焊工艺。

激光焊是激光器中的激光灯发出的光直接或通过反射器照射到激光棒上,激光棒便开始发射光线。激光通过输出镜从激光器中射出,由光束导向镜组控制其走向,然后聚焦到工件上。激光器根据所采用的激光介质可分为:固体激光器、液体激光器和气体激光器,工业上应用的激光器一般有 CO_2 激光器(气体激光器),Nd:YAG 激光器以及最新型的半导体碟式激光器(固体激光器)。

上海大众和一汽大众的车身都采用双面镀锌钢

板。两层或三层板间激光焊。板材之间的间隙必须保证 0.1 ~ 0.2mm。如果间隙过大,能量无法集中于板材,会产生板材未熔化问题;如果间隙过小,高温下产生的锌蒸气无法排出,只能通过熔池排出,会产生大量气孔。

激光焊一般采用对接或搭接形式,如图 21-54 所示。

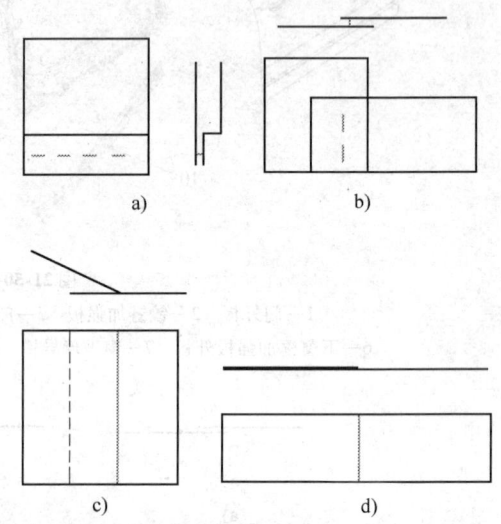

图 21-54　几种激光焊缝形式

a) 间断焊缝,有翻边搭接　b) 间断焊缝,无翻边搭接
c) 连续焊缝,无翻边搭接　d) 对接焊缝,变断面

激光钎焊采用 CuSi3 作为填料。它能有效补偿由于高温下锌层蒸发而引起焊缝及附近区域的耐蚀性下降。激光钎焊属于高温钎焊,钎料的熔点高于 900℃。钎焊焊缝外观好,采用激光钎焊焊接车顶的轿车不需要密封饰条,而且强度和刚度高,体现了高新技术的作用。目前国产轿车采用激光钎焊焊接车顶的有奥迪、宝来、POLO 和 Touran。图 21-55 为上海大众 POLO 轿车激光焊和激光钎焊焊缝位置示意图。

21.3.2　载货汽车结构

载货汽车以承载和运输物品为目的,所以要求载货汽车具有高的承载性能和安全性。我国国内市场的主要载货汽车品牌为东风和解放,它们是我国自主研发的车型。载货汽车上常用的焊接结构包括点焊结构、弧焊结构、凸焊结构、螺栓焊结构等。与轿车不同,载货汽车上使用最多的是弧焊结构。

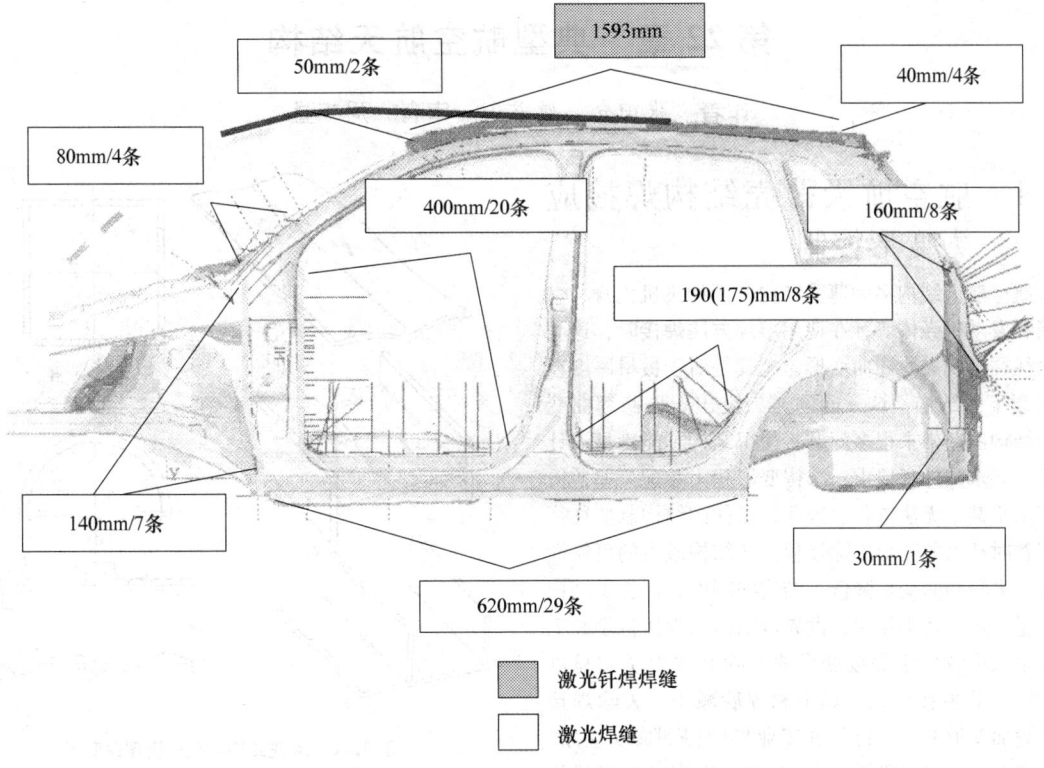

50mm/2条

1593mm

40mm/4条

80mm/4条

400mm/20条

160mm/8条

190(175)mm/8条

140mm/7条

30mm/1条

620mm/29条

激光钎焊焊缝

激光焊缝

图 21-55　POLO 车身激光焊缝位置示意图

参 考 文 献

[1] 曹建国,陈世平,廖仕利,等.汽车概论[M].重庆:重庆大学出版社,2000.

[2] 王望予.汽车设计[M].北京:机械工业出版社,2005.

[3] 李桂红,邱亚峰,徐峰成.新型轿车车身设计(Body Design of A New-style Car)[J].天津汽车.2003(2).

[4] 黄天泽,黄金陵.汽车车身结构与设计[M].北京:机械工业出版社,2000.

[5] 高云凯,杨欣,金哲峰.轿车车身刚度优化方法研究[J].同济大学学报:自然科学版,2005(8).

[6] 乐玉汉.轿车车身设计[M].北京:高等教育出版社,2000.

[7] 谷正气.轿车车身[M].北京:人民交通出版社,2002.

[8] 邓仕珍.汽车车身制造工艺学[M].北京:北京理工大学出版社,2003.

[9] 田锡唐.焊接结构[M].北京:机械工业出版社,1991.

[10] 汽车工程手册:制造篇[M].北京:人民交通出版社,2001.

[11] 现代焊接生产实用手册[M].北京:机械工业出版社,2005.

第22章 典型航空航天结构

作者 张田仓 姚君山 审者 周万盛

22.1 航空航天薄壳结构焊接应力变形控制

航空航天结构多为薄壁结构,例如飞机机身、燃料箱和发动机壳体等,在使用熔焊方法焊接时,这类结构往往出现失稳翘曲变形,尤其是对于板材厚度在4mm以下的结构,这一问题尤为突出。失稳翘曲变形给结构制造带来很多问题:使得结构不能满足设计的尺寸要求和外观要求;结构变形超出装配公差使得装配困难甚至无法进行。因此,以往的结构制造往往伴有费时耗力的变形去除过程。从结构服役的可靠性来看,失稳翘曲变形降低了结构的刚度,损害了结构的质量。过去几十年中,世界范围内的焊接科学和工程技术人员致力于焊接变形的去除并取得了明显进步[1-10]。许多在焊前、焊中和焊后减小、去除焊接失稳翘曲变形的方法已经在工业界中得到成功应用。目前研究表明,去除焊接失稳翘曲变形的方法已经从被动消除变形的方法变为主动控制焊接不协调应变,从而省去费时耗力的焊后校形过程[11-14]。

22.1.1 航空航天板壳结构的失稳翘曲变形

在板材结构制造中多采用熔化焊的焊接方法。焊接导致的失稳翘曲变形不同于弯曲变形,其特点在于是面外变形且具有多种变形模式。失稳翘曲变形的模式主要取决于结构的尺寸、接头的形式、特别是板材的厚度。

图22-1a、图22-1b、图22-1c和图22-1e是在板材和带肋壁板中由纵向焊缝引起的典型失稳翘曲变形,图22-1d和图22-1f是由环形焊缝引起的典型失稳翘曲变形。

图22-2a、图22-2c和图22-2e是筒体上纵向焊缝引起的失稳翘曲变形的典型形式,图22-2b、图22-2d和图22-2f是筒体上环形焊缝引起的失稳翘曲变形的典型形式。

对比图22-1和图22-2可以清楚地发现,板或筒体上纵向焊缝引起的失稳翘曲变形主要是由于焊缝附近区域压缩应力造成的,而环形焊缝引起的失稳翘曲变形主要是由于径向焊缝的横向收缩在切向产生压缩应力引起的。失稳翘曲变形的形式主要取决于结构的刚度(厚度、尺寸和形状)、接头形式和焊接热输入。

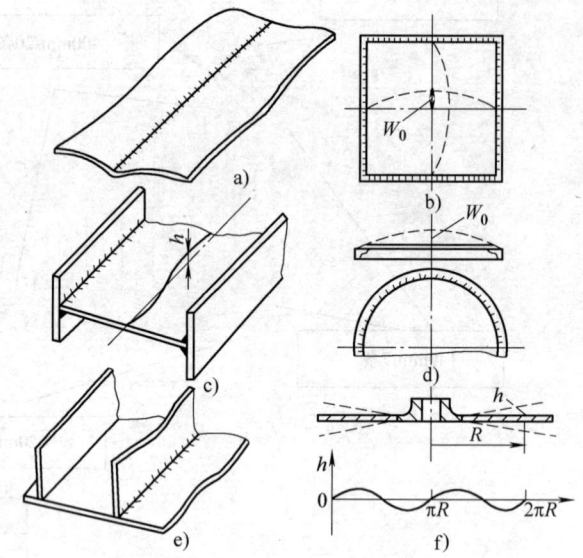

图22-1 薄壁结构典型失稳翘曲变形

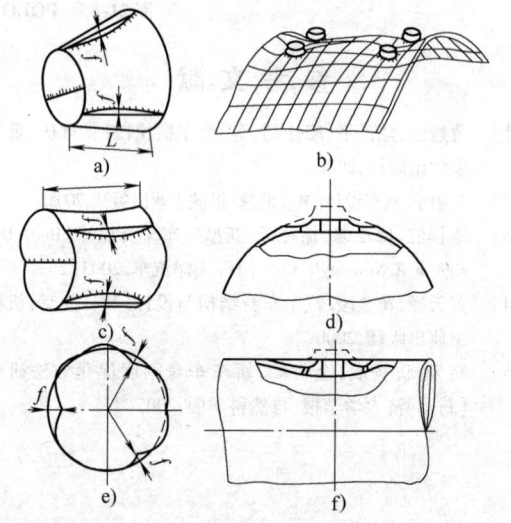

图22-2 薄壳结构典型失稳变形

22.1.2 减小和消除失稳翘曲变形的方法

在薄壁结构制造过程中,可以在装配和焊接阶段选择合适的工艺方法、合适的焊接过程防止失稳翘曲变形的发生。采用一系列去除变形的工艺方法可以方便经济地焊接薄壁结构,这些结构的质量和可靠性也将会得到保证。

1. 去除变形的方法

去除失稳翘曲变形最重要的阶段是设计阶段，即设计出合理的焊接结构。对于设计者来讲，有必要认识到失稳翘曲变形是可以和工程技术人员一道采取办法去除的。实际上，失稳翘曲变形是可以采取工程手段减小或去除的。

表22-1列出了控制失稳翘曲变形的主要阶段和方法。在设计阶段，必须选择合理的几何形式、材料厚度和接头形式。在制造阶段，可以采取如表中所示工艺方法和技术去除失稳翘曲变形。

表22-1　控制失稳翘曲变形的方法

阶　段	方　法
设计阶段	合理设计几何尺寸和厚度 合理选择接头形式 合理选择焊接工艺
制造阶段，焊前	预变形（反变形） 预拉伸（机械、热） 刚性夹具装配
制造阶段，焊接过程中	选择低的热输入 选用高能束流焊接 强制冷却 选择合理的焊接顺序 热拉伸 低应力无变形焊接技术（LSND）
制造阶段，焊后	使用机械冲击去除或纠正焊接变形（锤击、碾压、电磁冲击） 热处理（在刚性夹具中整体加热、局部加热）

2. 合理选择焊接方法

在控制焊接应力和变形的工作中最为突出的成就就是高能束流焊接方法的使用。电子束焊、激光焊等焊接方法极大程度地减少了焊接热输入，从而减小了不协调应变、残余应力和失稳翘曲变形。

图22-3是试验测得的不同焊接方法对应的不协调应变[13]。在图22-3a中，对于板厚为1.5mm的钛合金钨极氩弧焊试样，曲线1为较大热输入对应的不协调应变，曲线2为较低热输入对应的不协调应变。热输入越大，不协调应变 ε_x^p 的宽度越大，不协调应变 ε_x^p 的峰值越高。不同熔焊方法 ε_x^p 的分布与无量纲宽度 b/t 和厚度 t 的关系如图22-3b所示。电子束焊（曲线4）和激光焊（曲线5）的不协调应变宽度远远小于弧焊（曲线2）、等离子焊接（曲线3）和氧-乙炔火焰焊接（曲线1）。高能束流焊接平板或薄壳结构中不协调应变的存在，使得失稳翘曲变形不能完全避免。

3. 焊后去除失稳变形的工艺方法

一旦失稳翘曲变形形成，必须采取措施将之去除。作为附加工序，去除变形的过程和生产线紧密相连。基本上，所有被动去除变形的方法都是采取反变形来补偿焊接产生的不协调应变。

（1）滚压法

在薄壁构件上，焊后用窄滚轮滚压焊缝或近缝区是一种调节和消除焊接残余应力和变形的有效而经济

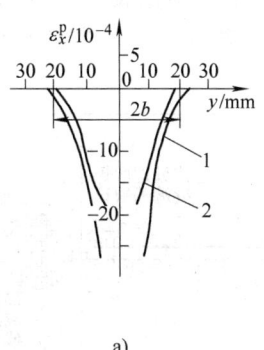

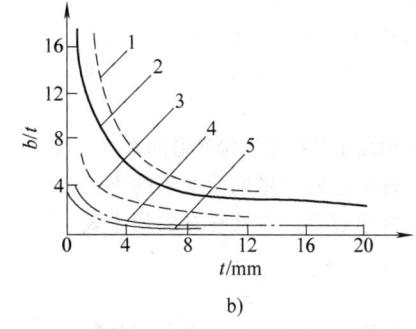

a)　　　　　　　　　　　　　　　b)

图22-3　不同焊接方法形成的不协调应变

的工艺手段；还可以通过滚压改善焊接接头性能（滚压后再进行相应的热处理）；可将繁重的手工工作机械化，并能稳定产品的质量。在滚轮的压力下，沿焊缝纵向的伸长量（即塑性变形量），一般在 $(1.7\sim 2)R_{eL}/E$ 左右（千分之几），即可达到补偿焊接所造成的压缩塑性变形的目的，如图22-4所示。滚压焊缝的方案不同，所得到的降低和消除残余应力的效果也不同（图22-5）。借助近似计算，可以确定最佳滚轮压力 P，使焊缝中心残余应力峰值降至接近于零值：

$$P = c\sqrt{\frac{10.1dtR_{eL}^3}{E}}$$

式中　P——滚轮压力（N）；

　　　c——滚轮工作面宽度（cm）；

　　　d——滚轮直径（cm）；

　　　t——材料厚度（cm）；

R_{eL}——材料屈服强度（N/cm²）；

E——材料弹性模量（N/cm²）。

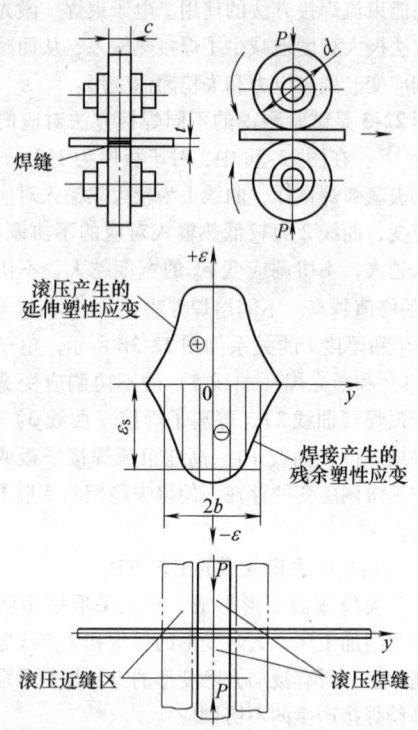

图 22-4　滚压焊缝调节和消除残余应力原理

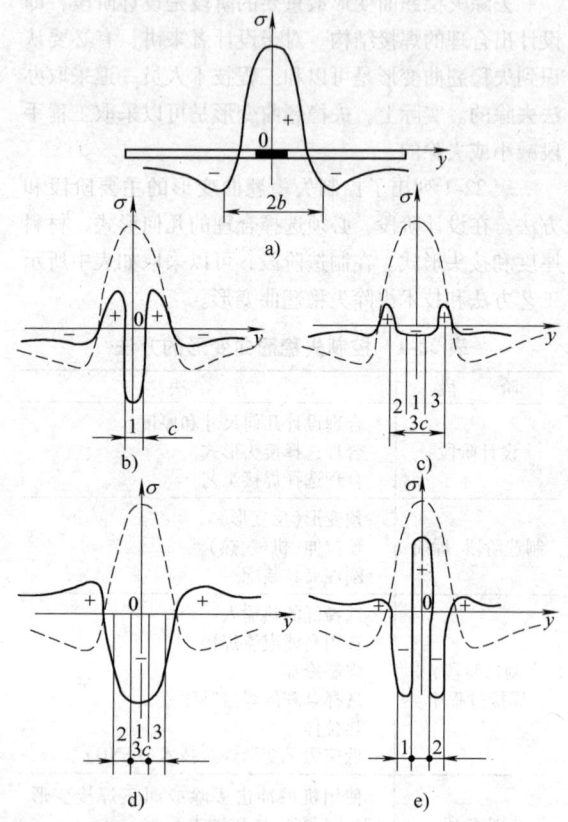

图 22-5　用滚轮（工作面宽 c）滚压焊缝

a）焊后纵向残余应力　b）只滚压焊缝　c）同时
滚压焊缝及其两侧　d）用较大的力滚压焊
缝和两侧　e）用大压力只滚压两侧

（2）锤击法

锤击法可以用来延展焊缝及其周围压缩塑性变形区域的金属，达到消除焊接变形的目的[15]，其原理见图 22-6。这种方法比较简单，经常用来矫正不太厚的板焊接变形。它的缺点是劳动强度大，表面质量不好。

4. 在焊接过程中积极主动控制焊接变形的方法

在焊前或焊接过程中控制失稳翘曲变形的方法主要目的是去除焊后校形过程，常见的方法列于表22-2。

（1）焊前预变形

根据预测的焊接变形大小和方向，在待焊工件装配时造成与焊接残余变形大小相当、方向相反的预变形量（反变形量）；焊后，焊接残余变形抵消了预变形量，使构件恢复到设计要求的几何型面和尺寸。

在安装座焊缝（圆形或椭圆形）上，焊接变形主要是由于焊缝的横向收缩引起的，因此，若在施焊前就造成与焊后变形量大小相等而方向相反的预变形，就可以补偿由焊缝横向收缩引起的变形。但这一措施并不能消除焊缝中的残余应力。图 22-7 所示为在圆形壳体上焊接安装座后的变形情况，壳体焊后的

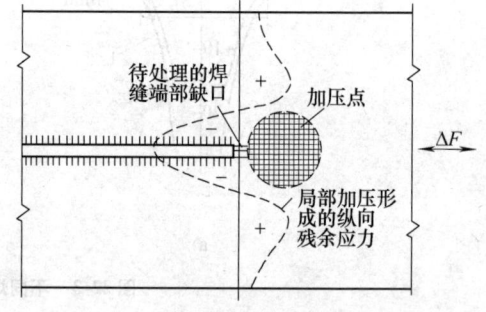

图 22-6　点状加压卸载后形成的残余应力

变形用虚线标出，安装座偏离设计位置的位移量为 Δb。但如果在焊前壳体成形时（冲压成形）就给予壳体以相反方向的预变形量 $-\Delta b$，那么，在焊后安装座即可恢复到设计所要求的正确位置上。

焊前预变形措施还可应用于其他类型的接头形式，如筒体环形对接焊缝与安装边的对接焊缝等，如图 22-8 所示。

表22-2　焊接过程中主动控制焊接变形的方法

方法	原理	应用
预变形（反变形法）	补偿降低残余应力	带环缝的筒体和带纵缝的平板
预拉伸（或焊接过程中拉伸）	机械拉伸 热拉伸 机械-热复合拉伸	带肋壁板
低应力无变形焊接法（LSND）	全截面热拉伸 局部热拉伸 降低不协调应变	板或薄壁筒体

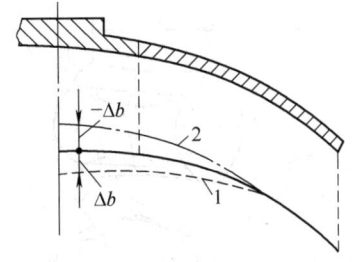

图 22-7　安装座焊前预变形

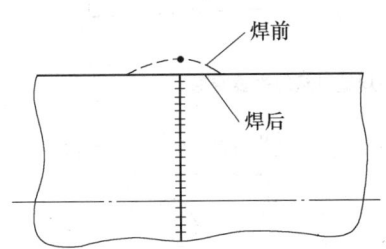

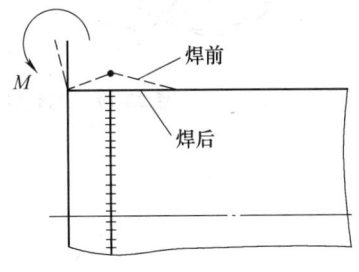

图 22-8　筒体焊前预变形

（2）预拉伸法

预拉伸法多用于薄板平面结构件，如壁板的焊接。在焊前，先将薄板件用机械方法拉伸或用加热方法使之伸长；然后再与其他构件（如框架或肋条）装配焊接在一起，焊接是在薄板有预张力或有预先热膨胀量的情况下进行的。焊后，去除预拉伸或加热，薄板恢复初始状态，可有效地降低残余应力，控制波浪形失稳变形效果明显。图 22-9 为采用拉伸法（SS法）、加热法（SH 法）和二者并用的拉伸加热法（SSH），把薄板与壁板骨架焊接成一个整体构件时的

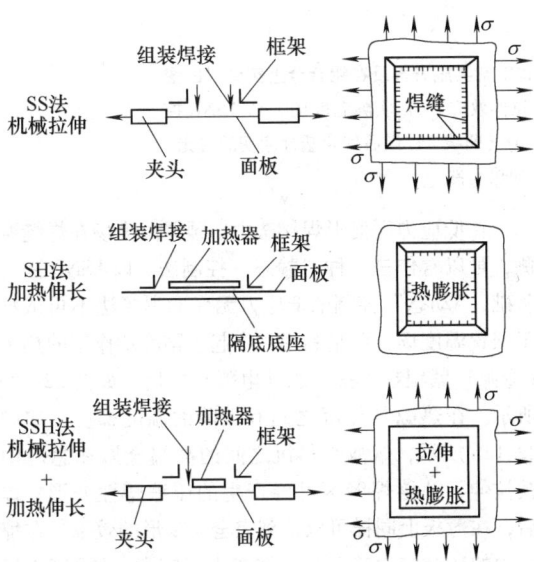

图 22-9　采用预拉伸法控制壁板焊接失稳变形

工艺实施方案示意图。对于面积较大的壁板结构，预拉伸法要求有专门设计的机械装置与自动化焊接设备配套，应用上受到局限。在 SH 法中，也可以用电流通过面板自身电阻直接加热的办法取代附加的加热器间接加热，简化工艺。

5. 低应力无变形焊接法

薄板低应力无变形焊接法是一种在焊接过程中实施的降低应力、防止变形的方法。一般，结构上的直线对接焊缝（壁板或壳体对接焊缝）均在琴键式纵向夹具上施焊。焊后，构件仍然会有失稳波浪变形，在焊缝纵向产生翘曲变形 f，如图 22-10 所示。

图 22-11 所示为低应力无变形焊接法示意图（LSND），在焊缝区有铜垫板 1 进行冷却，两侧有加热元件 2（图 22-11a），形成一个特定的预置温度场（曲线 T），最高温度 T_{max} 离开焊缝中心线的距离为 H，因此产生相应的预置拉伸效应（曲线 σ），如图 22-11b 所示。图 22-11c 所示为实际温度场。焊缝两侧用双支点 P_1 与 P_2 压紧工件，P_2 离开焊缝中心的距离为 G，防止在加热和焊接过程中的面外失稳变形，保证在焊接高温区的预置拉伸效应。这是一种在焊接过程中直接控制瞬态热应力与变形产生和发展的"积极"控制法，或称"主动"控制法。焊后，残余拉应力峰值可以降低 2/3 以上，如图 22-11d 残余应力场对比所示。图 22-11e 为常规焊后残余塑性应变（曲线1）和 LSND 焊后残余塑性应变（曲线2）的对比。根据要求，调整预置温度场，还可以在焊缝中造成压应力，使残余应力场重新分布。随着焊缝中拉应

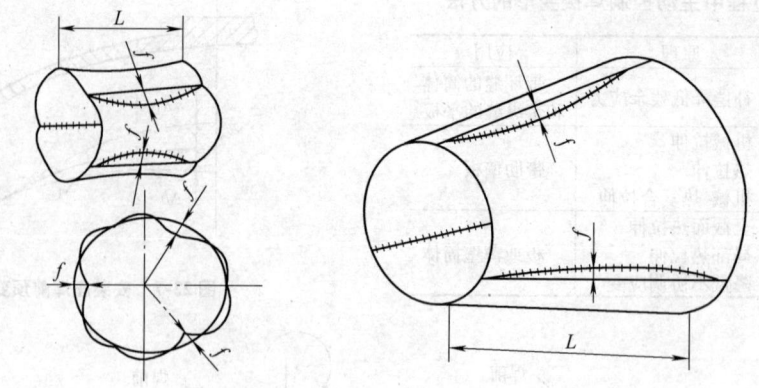

图 22-10　薄板壳体纵向焊缝引起的失稳变形

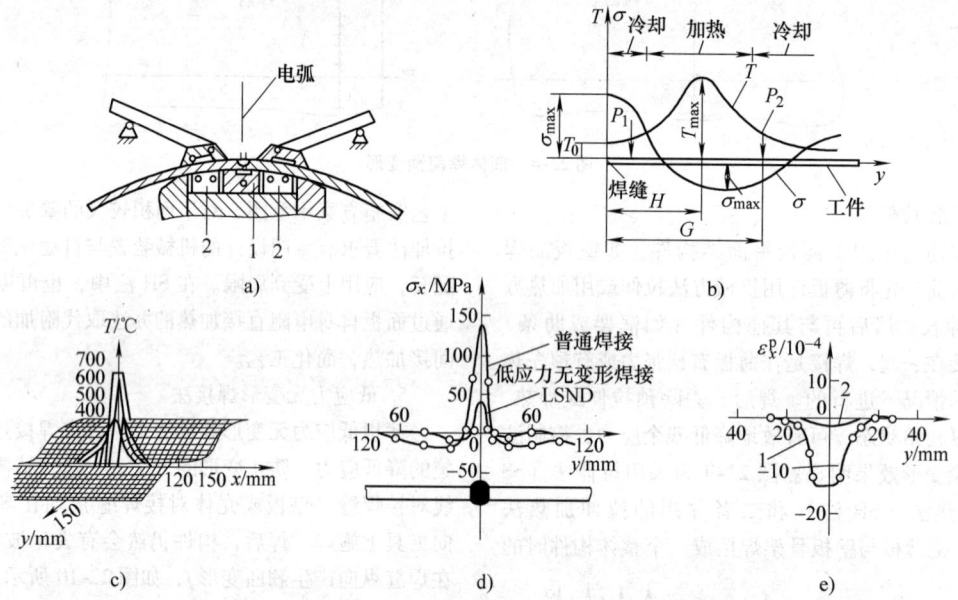

图 22-11　低应力无变形焊接法（LSND）原理和工艺实施方案及在铝合金上实测对比图

a) LSND 焊接示意图　b) 预置温度场（T）和拉伸效应　c) 实际温度场　d) LSND 控
制应力的效果　e) 常规焊后（曲线 1）和 LSND（曲线 2）焊后残余塑性应变的对比

1—铜垫板　2—加热元件

力水平的降低，两侧压应力也降到失稳应力水平以下，工件不再失稳。因此，焊后的工件没有焊接残余变形，保持焊前的平直状态。

低应力无变形焊接法（LSND）可用于各类材料：铝合金、钛合金、不锈钢和高温合金等。预置温度场中的最高温度因材料和结构而异，一般在 100 ~ 300℃，可根据待焊工件来优选预置温度场。实践表明，预置温度场还有利于改善焊接接头的性能（如高强铝合金）。低应力无变形焊接法可以在钨极氩弧焊、等离子弧焊及其他焊接方法中使用，并保持常用的焊接参数不变。

在低应力无变形焊接法中，预置温度场在焊缝两侧，可以看作是一种"静态"控制法。以 LSND 法为基础，"动态"控制的低应力无变形焊接法不再依赖于预置温度场，而是利用一个起急剧冷却作用的热沉（冷源）紧跟在焊接热源（电弧）之后，如图 22-12a 所示，在热源与热沉之间有极陡的温度梯度，如图 22-12b 所示，熔池与热沉之间的高温金属在急冷中被拉伸，补偿焊缝区已经产生的压缩塑性变形。焊后，在薄板上同样可以达到完全无变形的效果，在焊缝中的残余应力甚至可以转变为压应力，如图 22-13 所示。图 22-13a 为低碳钢上的实测结果，图 22-13b

为在不锈钢上实测结果，与常规焊后的残余应力分布（曲线a）相比，热沉参数变化明显影响残余应力重新分布。这种动态控制低应力无变形焊接法（DC-LSND）比静态 LSND 法具有更好的工艺柔性。

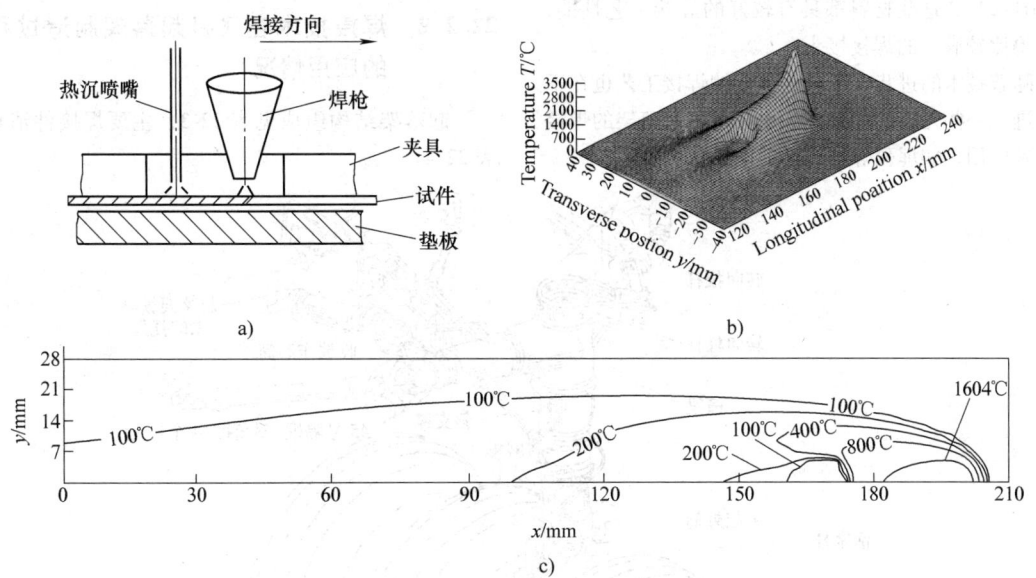

a)　　　　　　　　　b)

c)

图 22-12　动态控制低应力无变形焊接法

a）焊接装置示意图　b）三维温度场　c）等温线

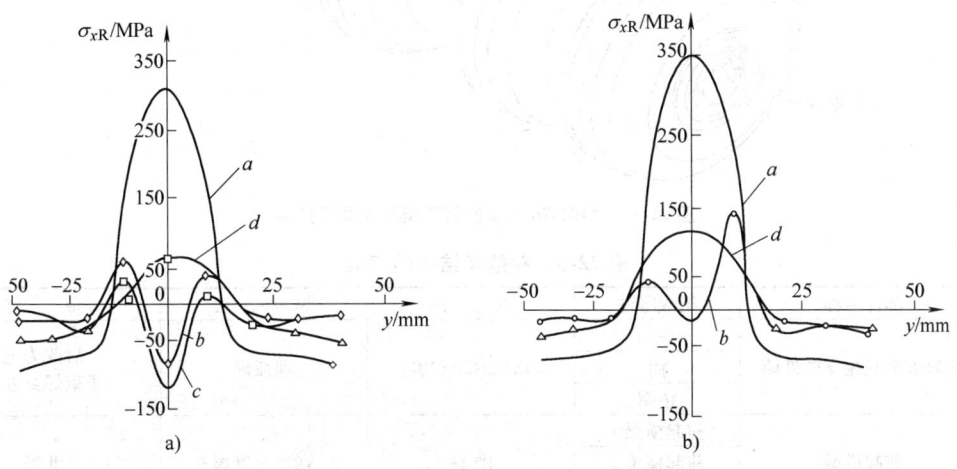

a)　　　　　　　　　b)

（曲线 a 为常规焊后的残余应力，曲线 b、c、d 为采用不同热沉参数焊后的残余应力）

图 22-13　动态控制低应力无变形的效果

a）低碳钢　b）不锈钢

22.2　飞机起落架结构

22.2.1　结构特点

前起落架、主起外筒、横梁等主要承力构件，收放作动筒、转弯作动筒等液压作动筒均为焊接结构。焊接工艺技术在飞机起落架的制造过程中占有非常重要的位置。

飞机起落架结构尺寸大、形状复杂，在结构设计上大量采用焊接结构，以小拼大，化难为易。采用的焊接技术主要包括埋弧焊、氩弧焊（TIG）、导管钎焊、真空充氩焊，焊接方法上是手工、自动并存，传统和先进焊接方法并用。先进焊接技术的广泛运用，不仅解决了大型构件制造设备能力和加工技术难度大的困难，而且可以明显地减少工作量和减轻结构重量。

在选材上充分考虑了材料的焊接性。飞机起落架

除了通常选用的高强度钢（如 30ХГСА）、超高强度
钢（如 30ХГСН2А）外，充分利用高性能的钛合金
（如 BT-22），这些材料都具有较好的焊接工艺性能，
能获得比较满意的焊接接头。

随着技术的进步，飞机起落架的焊接工艺也在不
断改进，一些先进的焊接方法也在飞机起落架的焊接
中得到应用，如埋弧焊被先进的电子束焊替代。

典型的飞机前起落架及主要焊接件如图 22-14 所
示。主起落架及主要焊接件如图 22-15 所示。

22.2.2　焊接技术在飞机起落架制造过程中的应用情况

起落架结构组成见表 22-3，主要焊接件清单见
表 22-4。

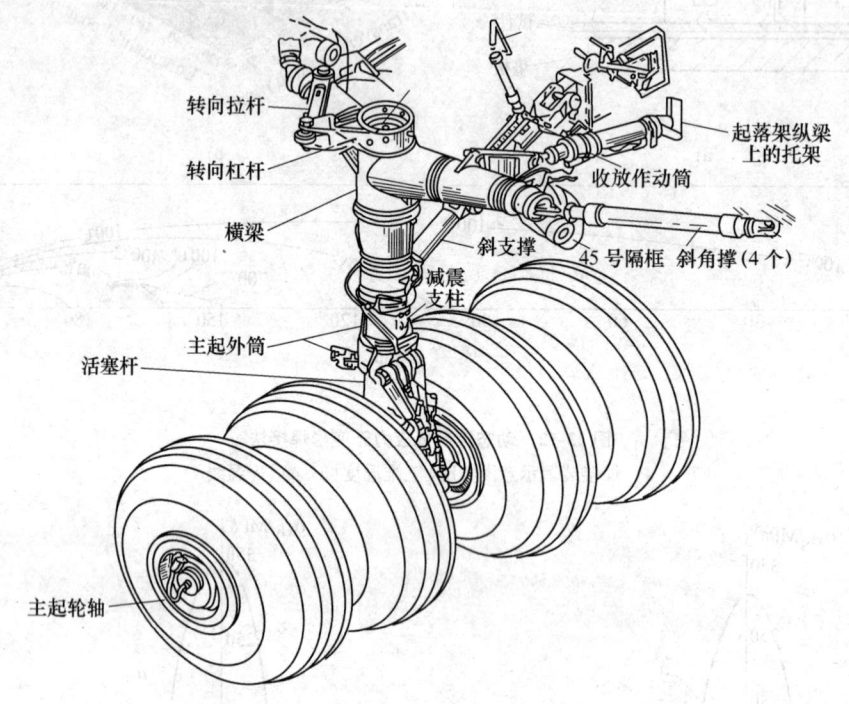

图 22-14　伊尔-76 飞机前起落架及主要焊接件

表 22-3　起落架结构的组成

序号	部件名称	组成零件	材　料	焊 接 方 法	备　注
1	前起落架减振支柱外筒	头部	30ХГСН2А（ВД）	埋弧焊	后改为电子束焊≥Ⅱ级
		筒			
		垫圈			
2	前起横梁	前起横梁 1	BT22	真空充氩焊	Ⅱ级
		前起横梁 2			
		垫圈			
3	前轮转弯作动筒外筒	头部	30ХГСА 或 30ХГСН2А	焊条电弧焊或电子束焊	Ⅱ级
		筒体			
4	前轮转弯作动筒活塞杆	活塞			
		杆			
5	前起收放作动筒活塞杆				
6	主起减振支柱外筒	筒头部	30ХГСН2А（ВД）	埋弧焊	后改为电子束焊≥Ⅱ级
		筒中段			
		筒			
		垫圈（2）			
7	主起轮轴	轴（2）			
		中部接头			
		垫圈（2）			

（续）

序号	部件名称	组成零件	材　料	焊接方法	备　注
8	主起横梁	轴颈(2)	BT22	真空充氩焊	Ⅱ级
		锥管(2)			
		中部接头(2)			
		下部接头(2)			
		筒			≥Ⅱ级
		垫圈(4)			Ⅱ级
9	主起收放作动筒活塞杆		30ХГСА 或 30 ХГСН2А	焊条电弧焊	Ⅱ级
10	导管	管接头	25	火焰钎焊 （钎料黄铜）Л62	
		管			

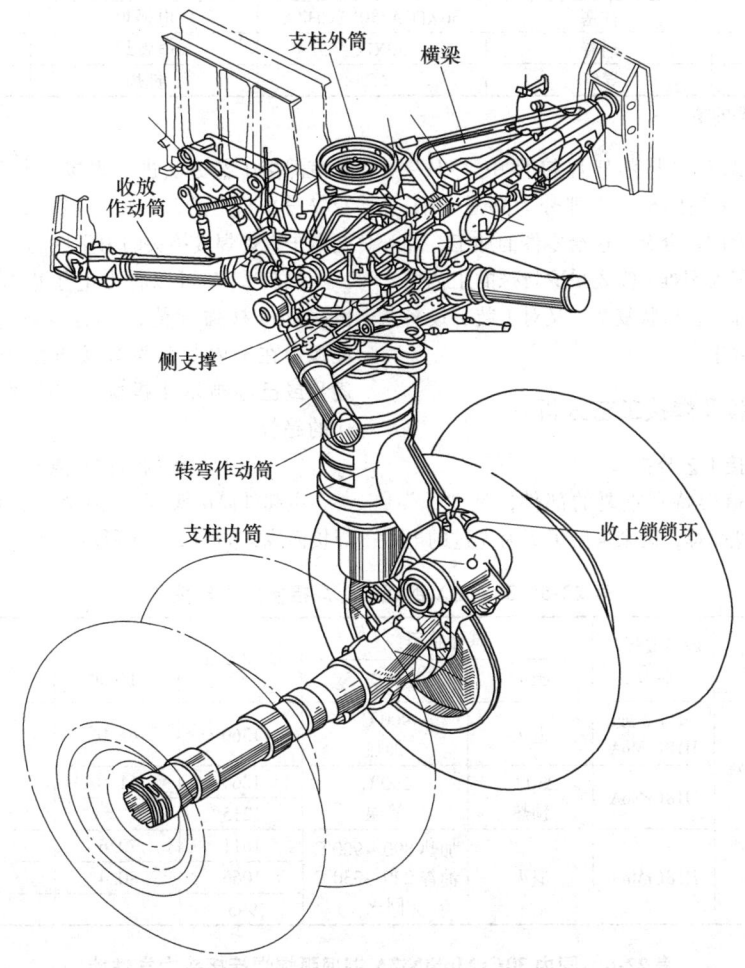

图 22-15　主起落架及主要焊接件

表 22-4　主要焊接件清单

序　号	名　称	材　料	焊接方法	类　别
1	摇臂	30ХГСА/30ХГСН2А	电弧焊	Ⅱ类
2	悬挂装置	30ХГСА/30ХГСН2А	电弧焊	Ⅱ类
*3	主起外筒	30ХГСН2А	埋弧焊	Ⅰ类
4	主起横梁	BT-22	真空充氩焊	Ⅱ类

（续）

序　号	名　称	材　料	焊接方法	类　别
＊5	主起轮轴	30ХГСН2А-ВД	埋弧焊	Ⅰ类
6	摇臂轴	30ХГСА	电弧焊	Ⅱ类
＊7	前起外筒	30ХГСН2А-ВД	埋弧焊	Ⅰ类
8	前起横梁	BT-22	真空充氩焊	Ⅱ类
9	外筒	30ХГСН2А	电弧焊	Ⅱ类
10	柱塞	30ХГСА/30ХГСН2А	电弧焊	Ⅱ类
11	下部套筒	BT-22	真空充氩焊	Ⅱ类
12	挂钩	30ХГСА	电弧焊	Ⅱ类
13	支架	30ХГСА	电弧焊	Ⅱ类
14	吊钩	30ХГСА	电弧焊	Ⅱ类
15	筒子	30ХГСА/30ХГСН2А	电弧焊	Ⅰ类
16	柱塞	30ХГСА/30ХГСН2А	电弧焊	Ⅰ类
17	摇臂	30ХГСА	电弧焊	Ⅱ类
18	导管	C25	钎焊	Ⅲ类

注：＊为特别重要的零件。

从表 22-4 可以看出起落架焊接件中"Ⅰ"、"Ⅱ"类焊缝多，所采用的材料大部分为高强度钢、超高强度钢和高强度的钛合金。这给零件的加工、焊接、热处理带来了很大困难，需要采取特殊的工艺措施。起落架零件尺寸大，形状复杂，又对工装、设备提出了一些特殊的要求。

22.2.3　工艺流程及焊接工艺分析

1. 主起外筒焊接工艺分析

主起外筒是起落架特别重要的部件，是"Ⅰ"类焊缝，早期采用埋弧焊，后来采用了更为先进的电子束焊接工艺方法进行焊接。表 22-5、表 22-6、表 22-7 分别给出了 30ХГСА 埋弧焊、30ХГСН2А 埋弧焊及电子束焊焊接接头的力学性能。

从表 22-7 可以看出电子束焊焊接接头的强度值接近母材强度值，具有良好的综合力学性能。埋弧焊在国内起落架焊接方法中也日趋减少，有逐步或已经被熔化极脉冲氩弧焊、电子束焊接替代的趋势。

（1）主起外筒的结构特点

主起外筒由头部 1、中段 2、筒 3 及垫板 4 和 5 焊接而成，如图 22-16 所示。

表 22-5　30ХГСА 钢埋弧焊焊接接头力学性能

厚度/mm	焊接方法	焊条或焊丝牌号	试样状态		R_m/MPa	a_k/(J/cm²)	注
			焊前	焊后			
10	焊条电弧焊	HTJ-3 或 H18CrMoA	退火	900℃ 加热	1360	65.0	焊缝区取样
12							
14		H18CrMoA	250℃ 预热	290℃ 等温	1264	61.0	
					1215		
26 + 33	埋弧焊	H18CrMoA	退火	加热 890~900℃ 油淬 220~330℃ 回火	1611	70.6	母材上取样
					1066	80.4	焊缝上层取样
					995		焊缝下层取样

表 22-6　国内 30CrMnSiNi2A 钢埋弧焊焊接接头力学性能

热处理状态	焊接种类	R_m/MPa				a_k/(J/cm²)	
		≤4mm	≤10mm	10~20mm	>20mm	≤4mm	>4mm
焊前基体材料热处理至 σ_b = 1270MPa	焊剂（AH-95）层下焊接		930	880	835		49
	焊条电弧焊	590	590	540	490	98	98
	溶剂层下埋弧焊		590	540			98

表 22-7　国内 30CrMnSiNiA，30CrMnSiN12A 钢电子束焊焊接接头力学性能（高温回火 + 淬火）

材料牌号	件号	R_m/MPa	延伸率 A(%)	断面收缩率 Z(%)	冲击吸收能量/(J/cm²)
30CrMnSiNiA	1	1120	14	55	90
	2	1120	13	55	85
	3	1100	14	55	88
30CrMnSiNi2A	1	1720	12	45	76
	2	1720	12	45	76
	3	1700	12	46	76

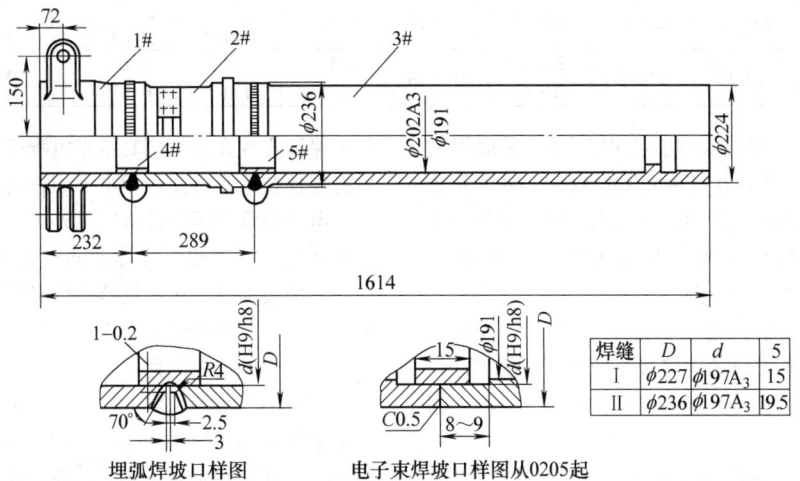

焊缝	D	d	5
Ⅰ	$\phi227$	$\phi197A_3$	15
Ⅱ	$\phi236$	$\phi197A_3$	19.5

埋弧焊坡口样图　　电子束焊坡口样图从0205起

图 22-16　主起外筒

接头形式采用的带垫板的对接，共有两条焊缝。从结构分析并结合电子束焊的实践来看主起外筒接头形式均为无坡口对接一次焊透并在焊缝反面加工艺垫环的结构，电子束焊接工艺上采用非穿透焊。如果采用电子束焊穿透焊接工艺，势必会产生表面塌陷（图 22-17），这是由于 30ХГCA 和 30ХГCH2A 两种材料熔化金属的表面张力小，流动性好，造成焊缝正面不能良好成形。采用电子束焊非穿透焊，一方面保证了焊缝上面成形良好，另一方面可将电子束焊缝根部所形成固有的根部"钉形"缺陷（根部锯，见图 22-18），引入到工艺垫环中，以便于焊后加工掉。

图 22-17　表面塌陷

接头对接时无间隙。电子束焊对接时装配间隙技术要求为 0 ~ 0.1mm。电子束焊时电子束焦点直

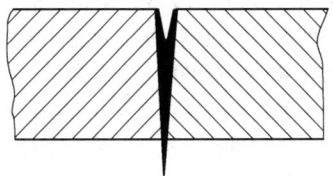

图 22-18　根部锯照片

径很小（对于高真空高电压电子束来说一般约为 $\phi0.2$mm），若装配间隙过大，易造成焊缝下陷和焊漏，严重时会形成切割，过大的间隙也会使焊件焊后变形大。

接头正面在对接处加工了 0.5 × 45° 的倒角。其目的是为了在焊接接头装配间隙很小的条件下，作为电子束焊接时目视、光学系统或二次电子焊缝对中的信息源。

工艺垫环的尺寸设计、装配定位必须保证有足够的刚性、装配紧度和牢固，避免焊接热过程工件热胀冷缩使得工艺垫环移位导致焊接失败（烧穿或切割）。

（2）材料

主起外筒采用的材料为超高强度的 30ХГCH2A 钢，头部、中段是"Ⅱ"类锻件，管为管料加工。按 PTM1.4.1380—84《高强度钢零件和部件的电子束焊》技术文件要求，起落架所用的 30ХГСН2А 采用真空电弧重熔（ВД）方法精炼，改善了材料的性能和焊接性。30ХГСА 钢 1Х18Н9Т 钢、Эи878 钢和 30ХГСН2А-ВД 钢化学成分列于表 22-8。

表 22-8　主要钢成分（质量分数）

名　称	C(%)	Si(%)	Mn(%)	Cr(%)	Ni(%)	S(%)	P(%)	备　注
30ХГСА	0.28 ~ 0.34	0.90 ~ 1.2	0.80 ~ 1.10	0.80 ~ 1.10	≤0.3	≤ 0.025	≤ 0.025	
30ХГСН2А	0.27 ~ 0.33	0.90 ~ 1.20	1.0 ~ 1.20	0.90 ~ 1.20	1.40 ~ 1.80	≤ 0.011	≤ 0.015	ВД（真空电弧熔炼）
1Х18Н9Т	≤0.12	≤0.80	≤0.02	17 ~ 19	8 ~ 9.5	≤ 0.020	≤ 0.035	Ti(C-0.02) X5 ~ 7
Эи878 (12Х17г9АН4)	≤0.12	≤0.08	8.0 ~ 10.5	16 ~ 18	3.5 ~ 4.5	≤ 0.020	≤ 0.035	N0.15 ~ 0.25

为了避免产生焊接裂纹，在埋弧焊时采取焊前 200 ~ 300℃ 预热，焊后在 10min 内进行 650 ~ 680℃ 回火措施，在电子束焊时，采用电子束散焦预热和焊后立即回火的方法。30ХГСН2А 钢采用在退火状态下的焊接。

（3）焊接接头零件制造

焊前零件接头表面必须留出不少于 1.5mm 的加工余量，采用不开坡口的对接接头形式。焊前零件经过磁探伤和目视检查是否存在裂纹、发裂、分层、划痕、锈蚀等缺陷。

部件焊接前应焊接一定数量的工艺试样（以确认材料的焊接参数）和力学试样作为验证试样。验证试样比例一般应为 1:10 或根据相关的技术文件确定全套试样的数量和比例。验证试样由与零件相同的炉号和相似热处理制度的同一材料制成。

零件、工艺垫环、验证试样在装配前都应按相应的技术文件或规程进行去磁。去磁后零件、垫环、试样的剩磁不应超过 0.3mT。

（4）设备、工装

设备的真空室压力应达到和维持 6.7×10^{-3} ~ 1.3×10^{-2}Pa，设备和焊接夹具所采用的材料应是非磁性的。具有在焊接过程中移动焊枪或零件、调节规范参数的数控系统。主起外筒需要一套定位焊夹具，一套焊接夹具。

（5）装配、清洗

先在定位焊夹具上进行预装配，保证配合及间隙、尺寸。可采用对被装配件进行机械修正或钳工修正以排除发现的偏差。

修正时焊接端面不允许采用磨料。清理装备时不准用压缩空气吹而要用真空吸尘器吸。装配前检验零件剩磁以及必要时重复去磁工序。

装配前必须对配套零件、工艺装备和验证试样进行仔细清洗。

（6）定位焊、焊接

将装配好的试件、零件先用手工氩弧焊进行定位，保证零件在搬运到真空室过程中的装配精度。然后将零件装入真空室内用电子束进行第二次定位。

电子束焊必须保证真空度外，其他主要可调参数有加速电压、束流、表面焦点、工作焦点、焊接速度、扫描波形等。这些规范参数必须进行合理的匹配整合，再通过相应的模拟件进行验证优化后输入计算机，通过事先编好的程序自动完成焊接工作。

在焊接参数的选取上，宜采用加速电压为 90kV、焊接速度 18m/min 左右的软规范，以降低焊接接头的冷却速度；同时采用偏摆扫描，既改善了焊接接头的冷却速度，又使焊接熔池停留时间增长并对熔池有一定的搅拌作用，使得焊缝的气体有条件和时间上浮逸出，对消除气孔缺陷有利。扫描适当地增加了焊缝的宽度，有利于防止产生未焊透缺陷。这些措施改变了电子束流热输入分布，减小根部"钉型"缺陷的间距，降低焊接时"匙孔"效应，使焊缝根部平缓。

先焊试样，试样全部合格后，方可焊接正式产品。为防止"根部锯"进入焊缝工作截面，施焊规范要保证根部缺陷区落在焊后去除的工艺垫环上。电子束焊工艺试验程序如图 22-19 所示。

（7）焊后退火和淬火

30ХГСН2А 钢电子束焊接件，焊后在 10min 内必须进行高温回火。加热温度 650 ~ 680℃，保温时间 ≥30min。主起外筒焊后热处理工艺见表 22-9。

（8）电子束焊缺陷修补方法

按俄罗斯技术文件的要求，缺欠用电子束以该厚度的焊接参数对焊缝进行再次重熔或"修饰"焊道的方式进行修补。为此，在焊缝检验（X 光或超声探伤）前，切除工艺垫环时必须保留一定量的加工余量，以防补焊后无法精加工。经过总冶金师批准允许根据有关工艺文件修补表面缺陷。

在最终热处理前对缺欠部件进行补焊。

综上所述，主起外筒焊接工艺流程分析列于表 22-10。

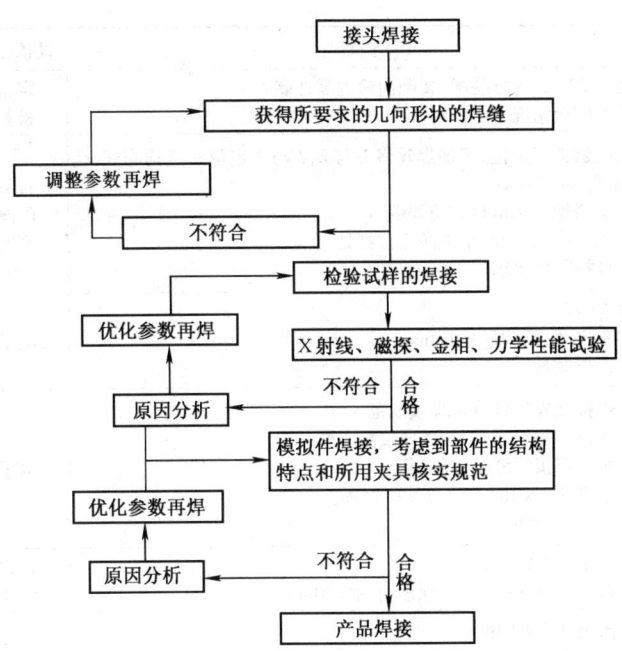

图 22-19　电子束焊接工艺试验程序

表 22-9　主起外筒热处理工艺

序号	工序名称		设备	工作状态		介　质
				温度/℃	时间/min	
5	外观检查					
10	涂敷螺纹					
15	预热	加热	立式炉	600~680		空气
		保温		600~680	60	
20	淬火	加热	立式炉	900±10		
		保温		900±10	60	
		冷却		20~70		油
25	检验					
30	清洗					
35	回火	加热	立式炉	290±10		空气
		保温		290±10	3h	
		冷却		室温		
40	检验					
45	打磨					
50	硬度检验100%					
55	吹砂					
60	磨削后回火					

注：1. 淬火与回火时间间隔不超过12h。
　　2. 磨削与回火时间间隔不超过6h（镀铬后）。

表 22-10　主起外筒电子束焊接工艺流程

工序	工序名称	工序内容	设备、工装、辅材
5	配套	头部1,中段2,筒子3,垫环4、5,试样按1:10配套	
10	清洗	1. 零件、试件、垫环 2. 工装	棉布块,丙酮,酒精,工装

（续）

工序	工序名称	工序内容	设备、工装、辅材
15	装配	1. 按图 22-16 进行装配,装配前检查零件剩磁 2. 检查配合情况、尺寸	定位焊工装 检具
20	定位焊	1. 钨极氩弧焊定位,不加焊丝将 1 与 2,2 与 3 定位三点均布长 < 20mm 余高 <0.5mm 2. 用不锈钢丝刷清理定位焊缝 3. 先用丙酮,再用酒精擦净定位焊处 4. 试件按零件要求	直流 TIG 焊机、钛钨丝、棉布块 丙酮 酒精
25	检验	1. 清洗情况 2. 装配尺寸、跳动量 <0.3mm 3. 定位焊质量	电子束焊机工作台转台
30	电子束焊接	1. 先焊接试样复核修正焊接规范 2. 焊前再次用丙酮、酒精擦净接头表面 3. 电子束焊接焊缝 Ⅰ,焊缝 Ⅱ 4. 真空度 $6.7 \times 10^{-3} \sim 1.3 \times 10^{-2}$ Pa 5. 打上焊工钢印	电子束焊机
35	高温回火	1. 焊后 10min 内进炉 2. 加热温度 650～680℃,保温时间 ≥30min	立式空气炉 吊挂
40	检验	1. 回火情况,焊工钢印 2. 目视检查焊缝质量 3. 尺寸、跳动量,按工艺协调单进行	检具
45	机加	1. 焊缝表面 2. 镗工艺垫环("预留"2～3mm 壁厚)并磨光垫环以加工内表面	车床 磨床
50	X 射线	检验 Ⅰ、Ⅱ 两条焊缝质量	X 射线机
60	机加	按机加工艺规程去除"预留"的加工余量	
65	磁探	检查焊接接头表面质量	磁力探伤机
70	检验	1. 焊缝表面质量;必要时进行超声波探伤以确定表面(近表面)焊接缺陷的深度,并确定修补方法 2. 按冷、热协调单检查尺寸、跳动	
80	热处理	1. 按热处理工艺规程 2. 强度 $R_m = 165^{+15}_{-5}$ kgf/mm² 3. 吹砂	热处理设备
85	检验	1. 热处理是否合格印(证) 2. 热处理变形情况 3. 氧化皮是否吹净	检具
90	磁探	焊缝表面质量	磁力探伤机
95	超声波探伤	检查焊缝 Ⅰ、Ⅱ	超声探伤仪
100	检验	总检,开出合格证,打合格钢印转机加工	

2. 前起外筒,主起轮轴焊接工艺分析

此两项产品所用的材料、焊接方法、焊缝等级等基本上同主起外筒,所不同的是主起轮轴在焊接时需加配重。前起外筒如图 22-20 所示,主起轮轴如图 22-21 所示。

3. 主起横梁焊接工艺分析

主起横梁是飞机起落架重要焊接零件,6 条对接焊缝全部为"Ⅱ"级焊缝,选用了高强度 BT-22 钛合金制造。采用的焊接方法为在可控气氛环境中的自动 TIG 焊,执行标准 ПИ-515。

（1）结构特点

主起横梁由 13 个 BT-22 钛合金零件焊接而成,如图 22-22 所示,部件尺寸大,结构复杂。结合厚度最大接近 30mm,这都给焊接工艺、设备、工装设计制造带来极大困难,焊接生产中要求严格的热处理制度和理化检测。此件是采用背面垫环形式,分 3 次焊接才能完成整个零件的焊接工作。完成整个焊接工作需要定位焊夹具 4 套（左、右件）,焊接夹具 4 套（左、右件）,热处理夹具 1 套（左右件）及与之配套的其他辅助工具。

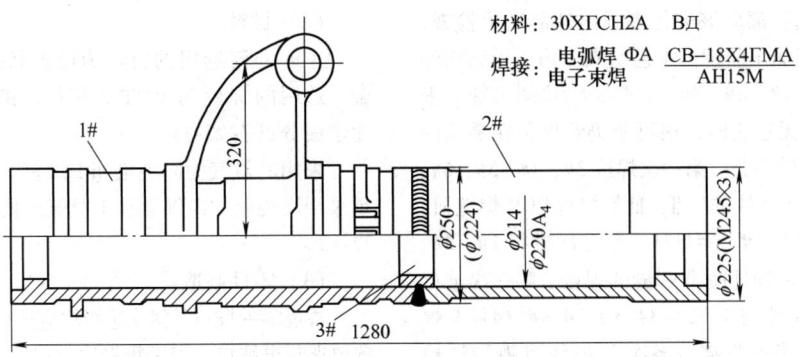

材料：30ХГСН2А　ВД

焊接：电弧焊 ФА $\dfrac{\text{СВ–18Х4ГМА}}{\text{АН15М}}$
电子束焊

图 22-20　前起外筒

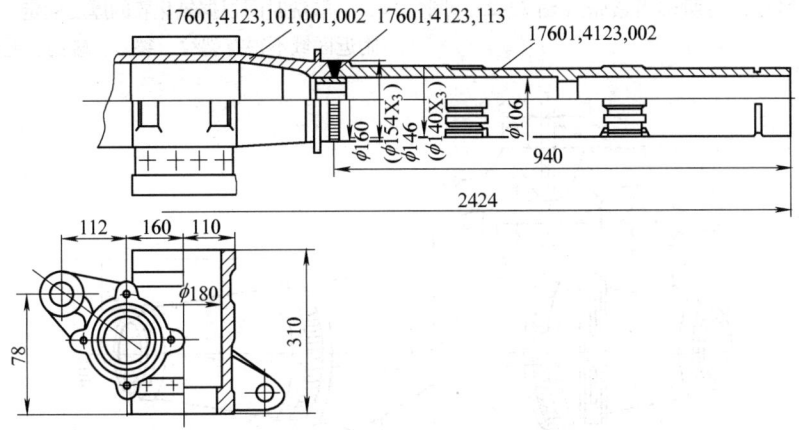

图 22-21　主起轮轴

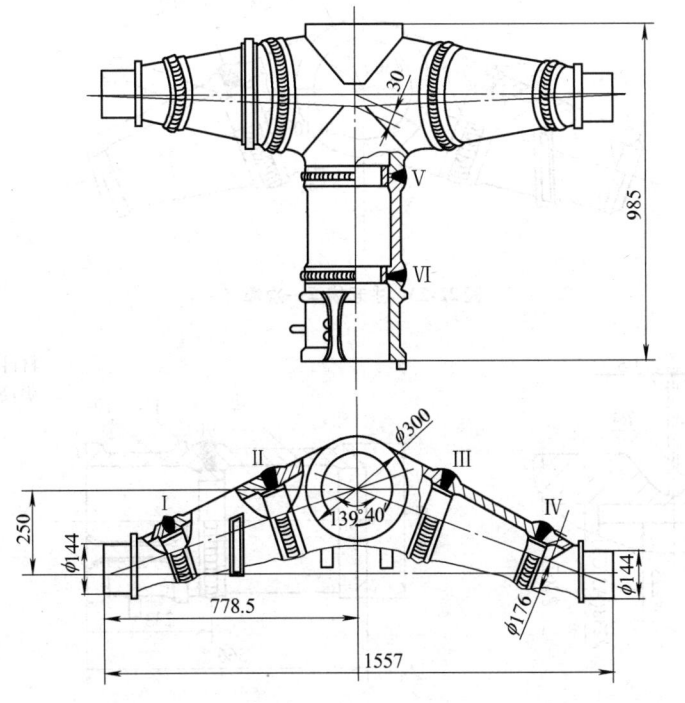

图 22-22　主起横梁

每次焊接完后都应该进行焊缝内外部质量检查，检查合格后转机加车间镗去工艺垫圈。由于受结构的限制，垫环2#、4#、6#、8#中，4#、6#垫圈可加工去除，2#、8#垫圈无法去除，很可能仍然保留在零件内腔中。因此焊接顺序为：第一次焊接3#、4#、5#、6#、7#及10#、11#、12#件的第Ⅱ、Ⅲ条焊缝以及焊缝Ⅵ，经检查合格后镗去4#、6#垫环。第二次进行1#、2#、8#、9#件与3#/5#/7#件Ⅰ、Ⅳ焊缝的焊接。第三次进行10#/11#/12#/13#件与1#/2#/3#/5#/7#/8#/9#件Ⅴ焊缝的焊接。通过多次焊接、多次 X 射线目视渗透检查，多次转机加，周期比较长。一次焊完后要在规定时间内进行焊后回火，周期相当紧张（图 22-23 ~ 图22-26）。

（2）材料

主起外筒选用的材料为退火状态的 BT-22 钛合金，选用的焊丝为 CΠT-2 焊接。BT-22，CΠT-2 的化学成分见表 22-11。

采用的氩气为高纯氩和 1 级氩。"Ⅰ"级焊缝必须采用高纯氩。高纯氩和 1 级氩的技术要求列于下表22-12。

（3）零件制造

焊前零件坡口及接头边缘均应进行机械加工，按图样要求制出坡口，表面粗糙度 Ra 应小于 3.2μm。如果无法机械加工焊接坡口，在水力喷砂清理后进行酸洗。

酸洗时间根据氧化膜的厚度确定。在焊接坡口及其附近区域不得有裂纹、裂口、碰伤、毛刺和其他缺陷。

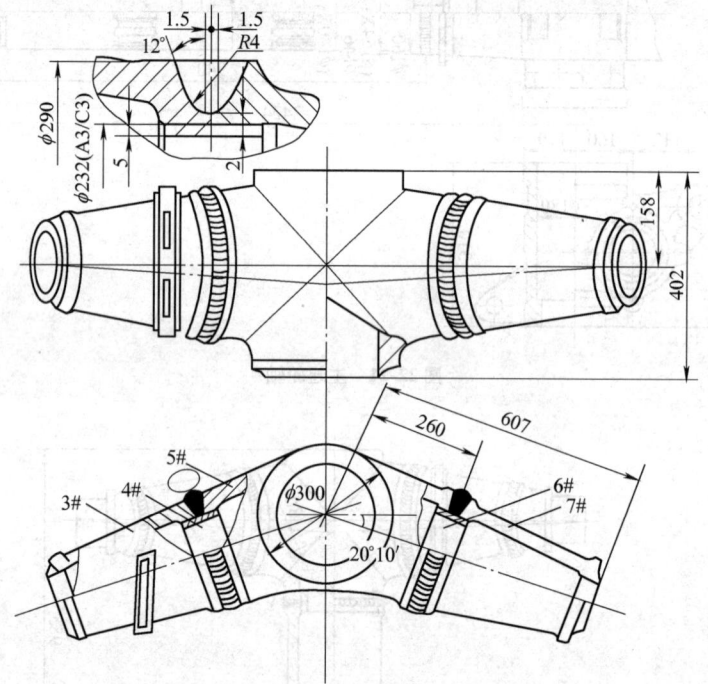

图 22-23   主起横梁一次焊（一）

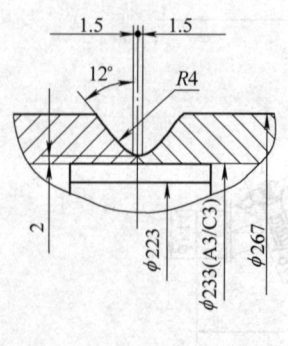

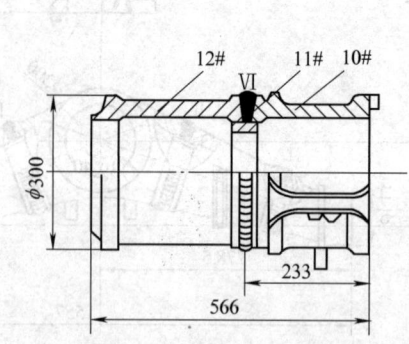

材料: BT-22
焊接: 电弧焊AP-AB
Ⅱ级
自动TIC焊

图 22-24   主起横梁一次焊（二）

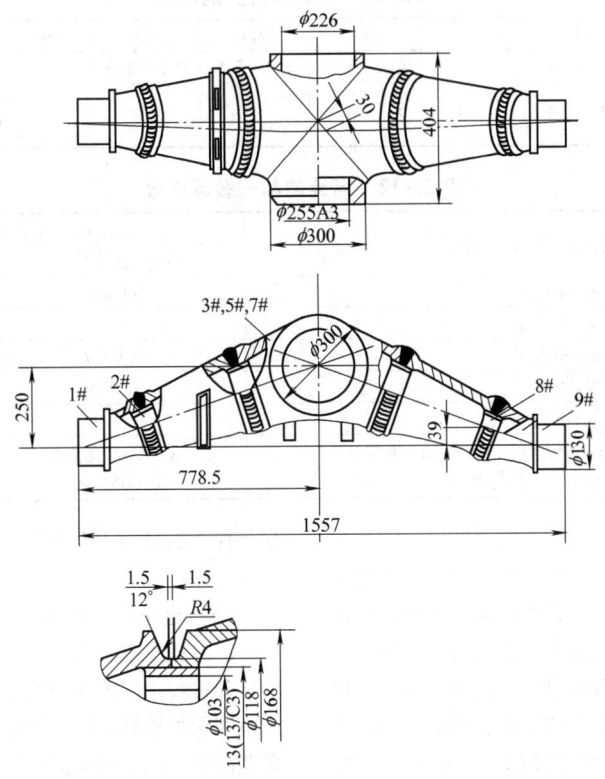

图 22-25　主起横梁二次焊

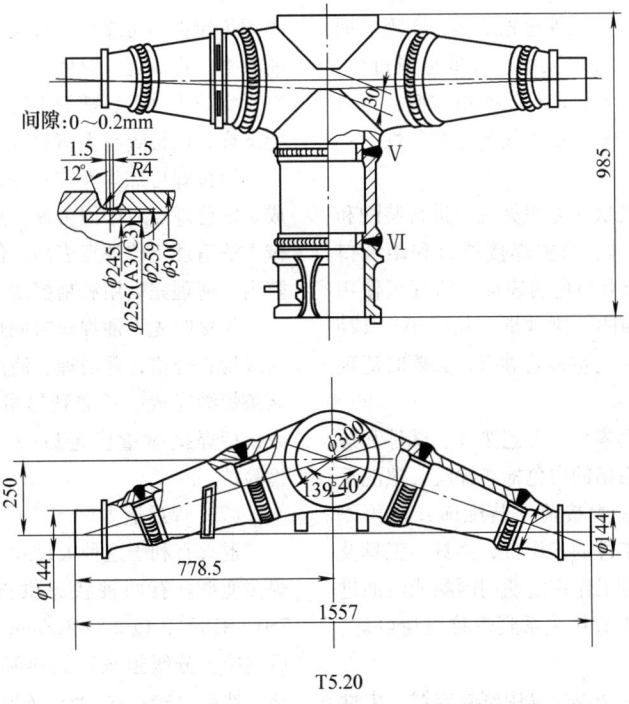

T5.20

图 22-26　主起横梁三次焊

表 22-11　主要钛合金的成分

名　称	Al	Zr	V	Mo	Cr	Si	其　他
基体金属	BT-22	4.4 ~ 5.9		4.0 ~ 5.5	4.0 ~ 5.5	0.5 ~ 1.5		0.5 ~ 1.5Fe
填充金属	CnT-2	3.5 ~ 4.5	1.0 ~ 2.0	2.5 ~ 3.5				N≤0.04,O≤0.12, H≤0.003

表 22-12　高纯氩和一级氩成分

惰性气体和主要杂质名称	总的百分比含量(体积分数,%)	
	高纯氩(优质氩)	一级氩
氩,不小于	99.993	99.987
氖,不小于	—	
氧,不大于	0.0007	0.002
氮,不大于	0.005	0.01
氢,不大于	—	
在 20℃和 0.1MPa(1 个大气压或 760mm 汞柱)下的水蒸气,不大于	(−50℃露点) 0.005g/m³	−50℃ 0.001g/m³

（4）设备和工装

自动焊允许在真空充氩室外进行。为了达到有效保护的目的，采用两种方式，即焊接接头区全方位保护的室外自动 TIG 焊及真空充氩室内自动 TIG 焊。

由于零件有一定的空间角度，为准确定位，方便焊接必须设计制造多达 8 套的定位焊、焊接（左、右件）夹具。主起横梁的几次焊接都必须在专门的定位焊夹具上进行装配、定位焊及在专门的焊接夹具上进行焊接。

采用自动脉冲 TIG 焊设备，用程序控制器来控制焊接参数，这有利于焊根不加焊丝先熔透，实现单面焊双面成形的封底焊。脉冲电弧可以降低金属过热，减小焊接变形、焊缝成形好、向母材平滑过渡；也可减少焊接区的应力集中和残余应力场的不均匀性。

（5）装配、清洗

零件按焊接顺序分几次在专用夹具上进行装配和焊接、装配前应仔细清理、修整焊接坡口和距坡口20mm 左右区域，得到光滑银色的表面。清理可使用旋转的金属刷、粒度 12#的金刚砂纸、粒度小于 12#的磨料所充填的带网纹的毛毡砂轮进行，必要时清理完之后刮削法进行修整。

焊前清洗所有的配套零件、工艺垫环、试件和焊丝。先后用浸有丙酮和酒精的白色棉布擦洗，擦洗至抹布上无脏点痕迹为止。焊接前（装配前）用丙酮或干净汽油对需要接触工件的工作台、夹具、工具及焊枪等进行除油，对充氩工作室定期用丙酮或汽油进行擦洗。清洗的干净与否直接关系到焊接质量好坏，必须仔细彻底的进行。

焊前清洗过的零组件和焊丝等用密封容器、中性牛皮纸、聚乙烯薄膜等材料包好，预防弄脏。封闭式包装保存的时间不大于 5 昼夜，期限超过要重新进行清洗工序。

（6）定位焊、焊接

可以凭焊缝的外观（颜色）来评价焊接及随后的冷却过程中气体保护的可靠性情况。银色闪亮的表面证明保护很好，焊缝性能令人满意。焊接接头出现黄蓝的氧化色，说明保护应当注意，而灰色说明保护差。硬度也是测量焊缝质量简单、可靠的指标，如果保护得好，焊缝的硬度实际上不超过母材的硬度。

每次焊接前应先进行模拟件的焊接，以复核规范和评价保护的可靠性。按文件要求进行焊缝的力学性能检查。焊后要及时回火以消除焊接应力，回火一般在真空炉中进行，随炉带有同炉批次的金相和力学性能试样，以检查有无富氧 α 相层与力学性能。

定位焊可加焊丝或不加焊丝用自动或手工焊来完成。定位焊点应牢固可靠，颜色应为银色。允许用机械方法清理定位焊点表面，但应防止切屑落入零件间隙内。清理完后用酒精擦洗干净。

焊接时先不加焊丝封底焊，将根部先熔透，经 X 射线检查合格，并清理、清洗后再多层加丝焊接直至该条焊缝完成。考虑到尽量减少进出真空充氩室次数，待焊接质量稳定后一次焊完，然后用 X 射线检验。

（7）焊后退火

退火有利于这种大尺寸零件热处理的实施和减小焊接变形。有两种状态供选择。完全退火规范为：750 ~ 820℃，以 2 ~ 4℃/min 的速度炉冷到 350℃，然后空冷。分级退火：加热到 820 ~ 850℃，保温 1 ~ 3h，然后空冷；在 580 ~ 630℃保温 4h，空冷。从焊接结束到完全退火之间的时间间隔不应超过 20 昼夜。

退火时带随炉焊接试件以检查有无富氧化的 α 相层、力学性能指标、氢含量是否符合技术文件要求。试样包括三个金相试样，二个冲击试样，二个拉伸试样，二个测〔H〕试样。

氩弧焊焊接接头退火后残余应力的消除程度随 β 稳定元素含量的增多而减少。表 22-13 列出 BT22 钛合金焊接接头在不同温度下残余应力的消除程度。

一般退火在充惰性气体炉或真空炉（容器）中进行。

在退火处理之前要用金属刷，12# 粒度的金刚砂纸等去除接头区的氧化色；而在退火之后，允许通过化学处理来去除氧化色。

（8）缺欠的修补

补焊应采用与焊接时相同的焊丝，一般应在充氩室中进行。如能可靠地保护接头区（正、反面）允许采用局部保护的自动焊或手工焊进行。

允许补焊焊缝长度和次数根据相关的工艺文件确定。

补焊在退火前进行。缺欠修补后根据焊缝级别采用外观检验和 X 射线透视对接头重复检验。

多道焊焊接时对被氧化的灰色或带白霜的焊缝区段（中间层），应在整个深度上采用机械方法加工去除。蓝色、黄色和浅蓝色焊缝，使用机械钢丝刷或金刚砂轮进行清理直至完全去除氧化色。

如果零件不进行随后热处理，除"Ⅰ"级焊缝外，其他接头热影响区中的草黄色、棕色和蓝色氧化色允许保留即不清理。

（9）主起横梁工艺流程分析（见表 22-14）

表 22-13　BT22 钛合金焊接接头退火温度与残余应力消除情况的关系

不同温度退火 2h 后残余应力消除程度								
温度/℃	400	450	500	550	600	650	700	750
（残余应力/初始值）(%)	15	20	35	55	60	70	85	100

表 22-14　主起横梁主要焊接工艺流程

工序	工序名称	工序内容	设备、工装、辅材
5	配套	1. 配套 3#、4#、5#、6#、7#件，每架飞机 4 件，焊接试件一套 2. 配套 10#、11#、12#架飞机 4 件；焊接试件一套	—
10	清洗	1. 先用汽油清洗零件，再用丙酮擦洗零件，最后用无水酒精仔细擦洗零件 2. 用干净汽油或丙酮擦净焊接工装、焊接设备 3. 用丙酮、酒精擦净焊丝 4. 用刮刀去除焊接坡口及其距坡口 20mm 范围内的氧化物及腐蚀点等并随后用酒精擦洗干净 5. 擦洗干净的设备工装用干净的塑料薄膜盖上，零件放在干净的中性牛皮纸上	汽油 丙酮 酒精 厚抹布 刮刀 中性牛皮纸
15	装配	1. 按图装配 3#、4#、5#、6#、7#件 2. 按图装配 10#、11#、12#件	定位焊夹具
20	定位焊	接工艺规程 6 点均布，焊缝长 = 10 ~ 15mm，余高 < 0.3mm。在充氩室内手工或自动焊定位	充氩室、TIG 焊机定位焊夹具、焊丝
25	检验	1. 按工艺规程检查装配情况、尺寸 2. 定位焊质量，根据焊后颜色判定气体保护情况 3. 焊接试件是否齐备，是否与零件定位焊的环境和规范相同	测量工具
30	钳工	清理允许去除的氧化色，用钢丝刷清理定位焊缝，随后用酒精擦洗干净	厚棉布、酒精、钢丝刷
35	焊接	1. 按图在充氩室内完成 3#、4#、5#、6#、7#件的 TIG 自动焊。先焊焊接试件以验证规范和设备的正确性和可靠性，合格后再焊接零件。零件先焊一边焊缝，焊好后再焊另一边焊缝。焊缝层数为 12 ~ 14 层。（第Ⅱ、Ⅲ条焊缝） 第 1 层：（不加焊丝） 焊接完成后经 X 射线检查合格，经清理清洗后焊第 2 层 ~ 第 14 层（加焊丝） 2. 按图在充氩室内完成 10#、11#、12#件的自动 TIG 焊（第Ⅵ条焊缝） 焊接参数相同，层数 7 ~ 8 层 焊接完成后，继续在充氩室冷却到 300℃ 以下，零件方可取出空冷	真空充氩室 直流氩弧焊机 自动焊设备 焊接夹具焊丝
40	X 射线	按图检查Ⅱ、Ⅲ及Ⅵ条焊缝	X 射线机

（续）

工序	工序名称	工序内容	设备、工装、辅材
45	转机加	镗去Ⅱ、Ⅲ及Ⅵ条焊缝底部垫板Ⅱ、Ⅲ条焊缝垫板镗至蓝图尺寸,Ⅵ条焊缝垫板只镗去3~3.5mm或不镗	
50	钳工	1. 检查尺寸 2. 修锉焊缝 3. 仔细打光焊接坡口及其距坡口20mm范围内区域并清洗干净	检具、锉刀、刮刀、砂布、酒精
55	配套	1. 按图配套1#、2#、8#、9#和3#+5#+7#焊接件(按图22-25) 2. 焊接Ⅰ条或Ⅳ条焊缝的焊接模拟件	
60	清洗	同工序10	同工序10
65	定位	4点均布同工序20	同工序20
70	钳工	1. 检查尺寸 2. 清理定位焊缝	检具 钢丝刷
75	检验	1. 检验装配情况 2. 检查尺寸 3. 定位焊质量	检具
80	焊接	完成第Ⅰ条Ⅳ条焊缝的自动TIG焊。焊接层数12~14层,焊接安排同工序35	同工序35
85	钳工	1. 清理修锉焊缝 2. 检查尺寸及变形情况	检具 锉刀
90	检验	1. 焊接质量及焊缝修锉情况 2. 检查尺寸 3. 焊工钢印 4. 氧化情况	检具 色卡
95	X射线	检查Ⅰ、Ⅳ条焊缝质量	X射线机
100	配套	1. 将1#+3#+2#+5#+7#+8#+9#焊接件与10#+11#+12#焊接件以及13#配套每架飞机各四件 2. 焊接试件 3. 热处理随炉试件,每热处理炉次配两件金相试件,两件拉力试件,两件冲击试件。试件应与5#件同炉批号	
105	清洗	同工序10	同工序10
110	装配	按工艺规程装配焊接零件和焊接试件	定位焊夹具
115	定位焊	8点均布同工序20	同工序20
120	钳工	1. 检查尺寸 2. 清理定位焊缝	检具 钢丝刷
125	检验	1. 检验尺寸 2. 定位焊质量及装配情况	检具
130	焊接	焊接层数10~11层。焊接安排同工序35	同工序35
135	钳工	1. 修锉焊缝 2. 检查尺寸	检具 锉刀
140	检验	1. 焊接质量 2. 检查尺寸 3. 氧化情况	检具 色卡
145	X射线	检查第Ⅴ条焊缝	X射线机
150	渗透检查	检查所有焊缝及热影响区的表面质量	
155	清洗	1. 用干净汽油清洗干净零件并用丙酮或酒精擦洗干净 2. 打光允许有的氧化色并洗干净	汽油、厚棉布、酒精、丙酮
160	检验	1. 检查清洗及打光情况 2. 检查所有的焊缝质量 3. 随炉试样的准备和清洗情况	
165	热处理	1. 第一次焊接之后到热处理必须在6昼夜之间完成 2. 在大型真空热处理炉内进行或在填满干净的银白色的BT-22钛屑箱内通入惰性气体进行热处理	专用吊挂 氩气

（续）

工序	工序名称	工序 内 容	设备、工装、辅材
170	试验	将随炉试样送理化室作金相和力学性能试验。合格后发出合格报告交热处理检验	试验设备
175	热处理检验	1. 按协调要求检查热处理后零件变形情况 2. 随炉试样是否合格	检具
180	吹砂	按协调要求对零件进行水吹砂，吹砂前应保护好螺纹	水吹砂机刚玉砂
185	X 射线	检查所有焊缝（批生产后根据统计数据决定是否抽查）	X 射线机
190	渗透检查	检查焊缝及其零件的全部表面	
195	钳工	1. 检查尺寸 2. 修锉热处理后所露出焊缝表面缺欠	检具 锉刀
200	总检	转机加	

4. 前起横梁、前起下套筒焊接工艺分析

此两件焊接用材均为 BT-22，零件图如图 22-27

和图 22-28 所示。

此两件焊接工艺流程基本与主起横梁相同。但有

材料：BT–22
焊接：自动 TIG 焊　Ⅱ级
热处理：焊后在中性介质中退火，接头表面不允许有 α 相存在

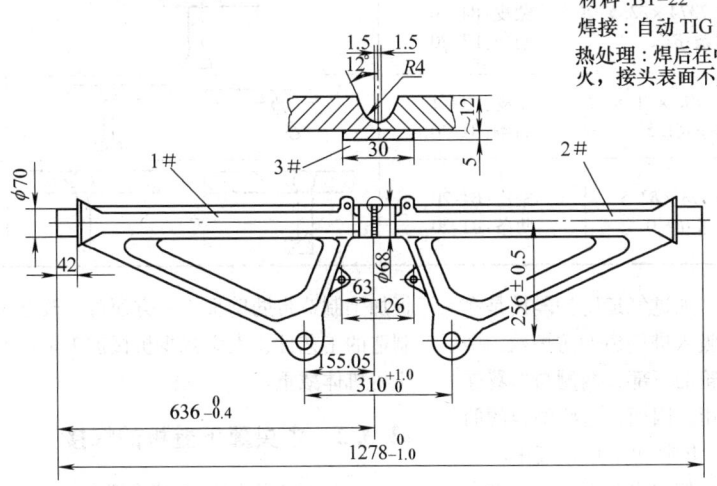

图 22-27　前起横梁

材料：BT–22
焊接：自动 TIG 焊　Ⅱ级
热处理：焊后在中性介质中退火，接头表面不允许有 α 相存在

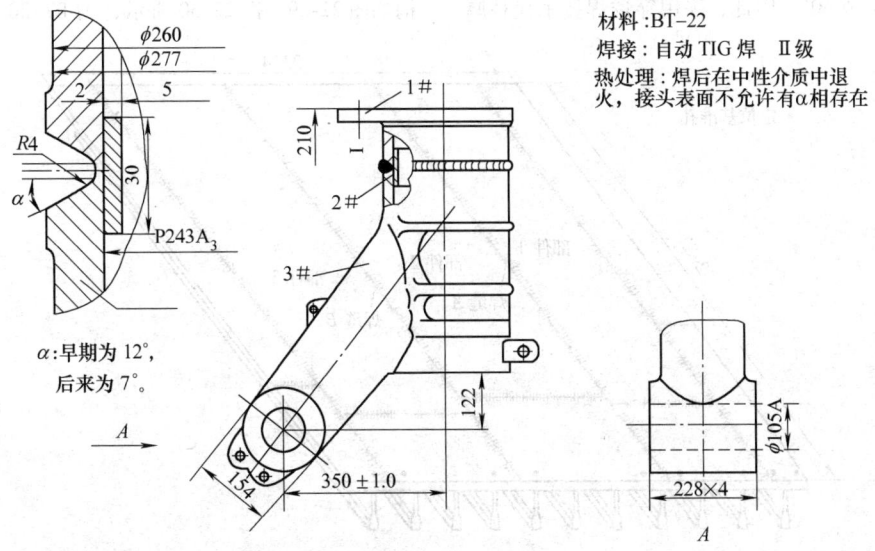

α：早期为 12°，
后来为 7°。

图 22-28　前起下套筒

两点需要注意：

1）产品图样中规定上述两件的焊缝皆为 Ⅱ 级，而在"飞机修理指南"中规定：为了修补其环缝上的裂纹，采用手工 TIG 焊，"在 220℃ 可调节环境中 Ⅰ 类焊缝"。

2）产品图样中有细小的变化，即焊接接头的 U 形坡口，下套筒的 α 角，早期为 12°，后减少为 7°，如图 22-28 所示。

改变 U 形坡口的角度，目的是减小焊接变形，尤其是角变形。

焊缝级别的改变，采取特殊的工艺措施，皆与此件的重要性以及 BT-22 材料的焊接性有关，钛合金 Ⅰ 级焊缝补焊时需要预热。

22.3　带肋壁板结构

22.3.1　概述

飞机钛合金带肋焊接壁板多采用穿透焊技术。穿透焊是指焊接丁字形接头时从蒙皮一侧施焊，使蒙皮和肋条同时熔化成共同的熔池和焊缝，并在肋条两侧形成均匀的焊角圆根的焊接技术。如表 22-15 中的钛合金带肋壁板零部件均采用了穿透焊技术。这些带肋

表 22-15　飞机上常采用穿透焊的带肋壁板部件

部件名称	规格尺寸/mm	材　　料	接头形式	焊缝级别
中央翼下壁板	$2482 \times 2374 \times \delta2.5$ 肋条：$\delta2.5$	蒙皮：BT-20 肋条：BT-20		Ⅰ 级
进气道防护隔栅	$1700 \times 700 \times \delta1.8$ 肋条：$\delta1.5$	蒙皮：OT4-1 肋条：BT-20		Ⅰ 级
尾梁上、下壁板	$970 \times 618 \times \delta2.5$ 肋条：$\delta2.0$	蒙皮：BT-20 肋条：BT-20		Ⅰ 级

壁板大多是重要的承力构件，如进气道防护隔栅是在飞机起飞和降落时防止异物吸入进气道的防护网；中央翼下壁板位于 2 号整体油箱的下部，两侧与外翼连接，承担传递机翼升力的作用。因而，这些壁板的肋条均较高，肋条截面呈 Ⅰ 形、L 形和 ⊥ 形，其中一些壁板的肋条为单向垂直肋条，如中央翼下壁板；而有的壁板如防护隔栅采用纵向、横向交叉肋条，并且横向肋条与蒙皮成 60°。因此，采用穿透焊技术代替厚板加工制造带肋壁板，一方面可以改善飞机带肋壁板制造的工艺性，大大减少机械加工量；另一方面可使飞机机体减重。

22.3.2　中央翼下壁板的焊接

1. 中央翼下壁板的结构特点

中央翼下壁板用于 2 号整体油箱的下壁板，其结构如图 22-29、图 22-30 所示，为 BT-20 钛合金蒙皮

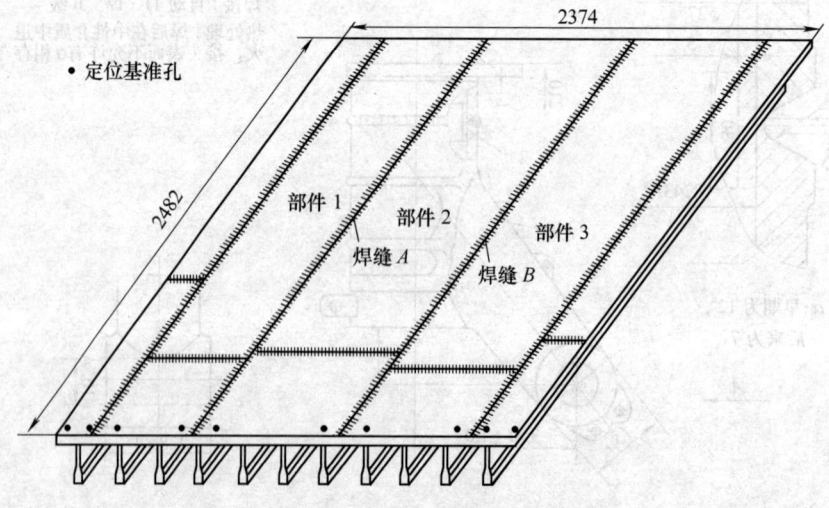

图 22-29　中央翼下壁板结构示意图

图 22-30　中央翼下壁板

与肋条采用穿透焊技术焊成的带肋壁板结构。蒙皮尺寸 2482mm×2374mm，机身左右各一件，是飞机机体上最大的拼焊结构。蒙皮部分由 5 个对接缘条和 5 块蒙皮采用自动氩弧焊方法通过 9 条焊缝拼焊制成，拼焊部位厚度均为 2.5mm。壁板沿横向（平行于墙）共焊接 16 根肋条，肋条厚度均为 2.5mm，第 1～8 根肋条高度为 26.5mm，第 9～16 根肋条高度为22.5mm。肋条与蒙皮之间采用自动氩弧焊穿透焊。

2. 中央翼下壁板焊接工艺流程

中央翼下壁板焊接工艺流程见表 22-16。先进行中央翼下壁板蒙皮的拼焊，然后进行带肋壁板的穿透

焊。蒙皮拼焊过程中先焊接 5 条横向焊缝，再焊接 4 条纵向焊缝。蒙皮拼焊完成后，进行带肋壁板穿透焊接。

在中央翼下壁板的焊接过程中，蒙皮拼焊和带肋壁板穿透焊均可以采用活性焊剂自动氩弧焊（A-TIG）工艺方法，蒙皮拼焊焊接参数见表 22-17，带肋壁板穿透焊参数见表 22-18。该方法最早是俄罗斯和原苏联采用的用于钛合金焊接的工艺方法。焊接前活性焊剂涂敷于待焊接工件表面的焊缝边缘，在焊接过程中，熔融的活性焊剂参与电弧反应并作用于熔池表面，使电弧的熔化能力、焊缝成形以及焊缝的组织得到明显改善，钛合金焊缝气孔明显减少，焊接线能量大大降低，焊接热影响区减小，从而使焊接接头的力学性能显著提高。目前，国内钛合金可实现不开坡口单道焊接厚度为 6mm。当焊接薄板时，活性焊剂氩弧焊的优势主要表现在减少焊接热输入50% 以上，焊接变形明显减小，钛合金焊接气孔明显减少，对提高焊接接头的高周疲劳性能有显著功效。

3. 中央翼下壁板焊接质量检验

按照航标 HB5376—1987 规定要求进行中央翼下壁板氩弧焊焊缝及活性焊剂氩弧焊焊缝的质量检验，具体要求见表 22-19。

表 22-16　中央翼下壁板焊接工艺流程

序号	工序名称	技术要点或技术要求
1	清理	将待拼焊的钛合金板清洗除油，并进行酸洗工艺后烘干
2	装配	钳工修配组合，清理待焊处并用丙酮擦洗
3	自动钨极氩弧焊	自动钨极脉冲氩弧焊焊接，也可采用活性焊剂自动氩弧焊，焊接工艺参数见表 22-17
4	检验	X 射线检验，检查焊缝质量
5	热处理	真空度 4×10⁻³Pa，升温速率 5℃/min，680～700℃保温 90～120min
		按照 1～5 工序完成所有拼焊焊缝的焊接后，进行肋条穿透焊
6	清理	将待焊筋条和蒙皮待焊部位清洗除油，酸洗、烘干
7	装配	钳工修配组合，清理待焊处并用丙酮擦洗
8	自动钨极氩弧焊	自动钨极脉冲氩弧焊焊接，也可采用活性焊剂自动氩弧焊，焊接工艺参数见表 22-18
9	检验	X 射线检验，检查焊缝质量
10	热处理	真空度 4×10⁻³Pa，升温速率 5℃/min，680～700℃保温 90～120min
		按 6～10 工序顺次完成所有 16 根肋条的穿透焊接

表 22-17　蒙皮拼焊焊接参数

焊接方法	焊接电流 I/A	焊接电压 U/V	焊接速度 v/(mm/min)	送丝速度 v/(mm/min)	钨直径 /mm	焊丝 BT1-00	散热板间距 /mm	氩气/(L/min)		
								焊枪	拖罩	调整器
TIG	190	9	175	500	3	φ1.6	8～9	15	9	15
A-TIG	90	9.0	250	450	3	φ1.2	8～9	15	9	15

表 22-18　带肋壁板穿透焊焊接参数

焊接方法	焊接电流 I/A	焊接电压 U/V	焊接速度 v/(mm/min)	送丝速度 v/(mm/min)	钨直径 /mm	焊丝 BT1-00	散热板间距 /mm	氩气/(L/min)		
								焊枪	拖罩	调整器
TIG	285	12	175	500	3	φ1.6	8～9	15	9	15
A-TIG	170	12.7	170	450	3	φ1.2	8～9	15	9	15

表 22-19　中央翼下壁板氩弧焊及活性焊剂氩弧焊质量要求

缺陷名称	检验方法	质 量 要 求
裂纹	目视检测 X 射线探伤	不允许
未焊透		不允许
气孔		允许 100mm 长度上有直径不大于 1.0mm 的单气孔,气孔总面积小于 5mm^2
咬边	目视检查	不允许
凹陷或缩沟	目视检查	不允许
表面变色	目视检查	焊缝及热影响区表面允许出现淡黄色

焊接质量不符合上述要求时,允许返修焊。氩弧焊及活性焊剂氩弧焊接头用对应方法进行返修焊,同一处返修焊不能超过两次。

22.4　整体叶盘结构

整体叶盘是 20 世纪 80 年代中期在航空发动机上出现的一种结构,是提高发动机推重比的关键件之一。

22.4.1　结构特点

整体叶盘是将发动机转子的叶片与轮盘加工成或焊接(叶片和轮盘材料不同)成一体,从而省去传统连接用的榫头、榫槽和锁紧装置,盘的轮缘径向高度、厚度和叶片原榫头部位尺寸均可大大减少,减重效果明显;使发动机转子部件的结构大为简化;消除了榫齿根部缝隙中气体的逸流损失;避免了叶片和轮盘装配不当造成的微动磨损、裂纹以及锁片损坏带来的故障。图 22-31 所示为在航空发动机上广泛使用的整体叶盘结构。

图 22-31　整体叶盘结构

由于需要在高温、高转速的复杂受力条件下工作,整体叶盘一般选用钛合金或高温合金材料加工而成,最常用的材料为 TC4、TC11、TC17 及 GH4169。经过几十年的发展,双性能整体叶盘、空心叶片整体叶盘、整体叶环等结构逐渐获得越来越广泛的应用。双性能整体叶盘是指叶片和轮盘选用异种材料,以满足不同工作条件的要求;空心叶片整体叶盘和整体叶环可以使发动机的结构进一步减轻。图 22-32 为整体叶盘和整体叶环减重效果示意图。

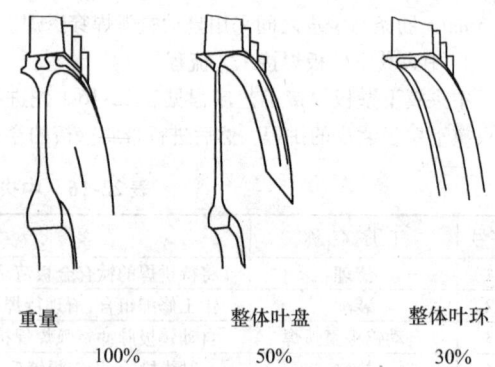

重量	整体叶盘	整体叶环
100%	50%	30%

图 22-32　整体叶盘和整体叶环减重效果示意图

22.4.2　整体叶盘焊接的工艺流程

整体叶盘由叶片和轮盘两部分组成,整体叶盘的叶片和轮盘都采用精密数控加工的方法加工而成。由于整体叶盘大多采用钛合金或高温合金材料,并且因为其特殊的结构特点,线性摩擦焊是发展趋势。

采用线性摩擦焊方法焊接整体叶盘的主要工序见表 22-20。

表 22-20　线性摩擦焊焊接整体叶盘的主要工序

序号	工序名称	技术要点或技术要求	要求及注意事项
1	单个叶片与轮盘的加工	采用精密数控加工的方法加工单个的叶片和轮盘	符合图样设计要求
2	线性摩擦焊接	利用线性摩擦焊将叶片凸台与轮盘凸台焊接	符合焊接质量要求
3	飞边的铣除	铣除线性摩擦焊焊缝的飞边	符合设计要求
4	质量检测	焊缝无损检测质量要求	符合焊接质量要求
5	热处理	根据叶盘材料选择合适的热处理工艺	符合设计要求
6	清根	采用精密数控方法对焊接处进行清根	符合设计要求

1. 整体叶盘结构的焊接特点

由于其本身的结构特点，整体叶盘的线性摩擦焊具有以下焊接特点：

1）整体叶盘结构叶片数量多（一般叶盘的叶片数量在 30 ~ 40 片），对焊接工艺的重复性要求非常高。

2）整体叶盘结构叶片间距小而且叶片叶型薄、受力后变形大，对焊接夹具的形状要求高。

3）叶片与轮盘用来实现焊接的凸台小，缩短量有限，而且焊接质量要求高，所以要求焊接工艺控制精确。

2. 焊接参数

整体叶盘线性摩擦焊的焊接参数主要是振幅、频率和焊接时间。

焊接开始时，叶片在动力源驱动下开始按照设定频率和振幅振动，轮盘在液压力的作用下向叶片靠拢，二者的凸台接触后在摩擦力的作用下摩擦产热，两凸台长度逐渐缩短。焊接时间结束时，叶片停止振动，施加顶锻力，加压 30 ~ 60s，焊接过程完成。

线性摩擦焊的具体焊接参数要根据叶盘具体材料、实际焊接面积而定。在振幅的选择上，一般不选用太大的振幅，因为当选用较大的振幅时，焊接界面在空气中暴露的时间相对较长，焊缝中易出现因氧化等原因造成的焊接缺陷，在钛合金焊接时，一般选用振幅 3mm。振幅、频率与焊接时间的搭配应根据材料的物理性能和焊接面积的大小，从焊接热输入的角度综合考虑。选择线性摩擦焊焊接参数时，应采用与被焊零件同材料、同焊接尺寸的试件（模拟件）进行试焊。

3. 焊后热处理

焊后对整体叶盘进行热处理，一方面可以消除焊接过程中产生的焊接应力与变形，另一方面可以通过回复优化焊接接头组织。由于整体叶盘结构复杂，无法对焊接部位进行局部热处理，所以焊后对叶盘进行整体热处理。热处理一般在真空热处理炉中进行，具体的热处理工艺参数要根据整体叶盘的材料和设计要求确定。

为了防止在焊后热处理过程中产生变形，整体叶盘必须夹持在特制的夹具中进行热处理。

22.5　封严组件

航空发动机降低油耗、增大推力的有效措施之一是采用封严结构。封严结构有喷涂、金属毡、蜂窝封严等结构形式，其中以蜂窝封严结构的应用最为广泛。

22.5.1　蜂窝封严结构特点

蜂窝封严结构由蜂窝芯环、支承环座和迷宫篦齿所组成，典型结构如图 22-33 所示。

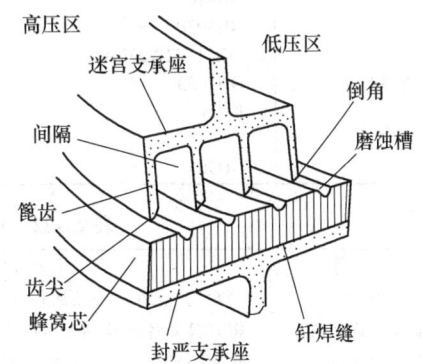

图 22-33　典型蜂窝封严结构

蜂窝芯环与支承环座钎焊成蜂窝封严组件。蜂窝芯环的结构如图 22-34 所示，它是由多条半蜂窝波形条经电阻焊或激光焊焊接而成。

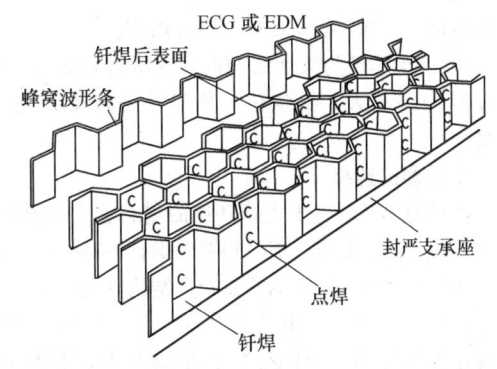

图 22-34　蜂窝封严组件

蜂窝封严组件的材料如表 22-21 所示。

22.5.2　工艺流程

蜂窝封严结构真空钎焊的主要工序见表 22-22。

22.5.3　钎焊工艺

1. 蜂窝封严结构的钎焊特点

蜂窝封严结构的钎焊除了一般零件钎焊工艺要求之外，还有如下的钎焊特点：

1）蜂窝芯格尺寸很小（一般为 0.8mm），每一个蜂窝孔均是很好的毛细管，因而容易使蜂窝芯格堵塞。

2）蜂窝芯带料很薄（一般为 0.05mm），钎焊时焊接参数选择不合理或钎料选择不合适，很容易造成

表 22-21　蜂窝封严组件的材料

名　称	材料牌号	规　格	组件焊接方法
蜂窝芯	12Cr19Ni9、GH536、GH22	带料 0.05 ~ 0.1mm 厚，芯格尺寸 0.8、1.6、3.2mm 等	
支承环座	GH4169 GH3030 1Cr11Ni2W2MoV GH4033 K408 K3 GH903	板材 锻件 铸件	

表 22-22　蜂窝封严结构钎焊工艺流程

工序名称	主要工序内容	要求及注意事项
表面准备	蜂窝芯、支承环座除油和烘干	符合钎焊工艺要求
装配和预置钎料	将蜂窝芯环组装到支承环座中并预置钎料	按专用技术文件说明书
真空钎焊及焊后热处理	在真空钎焊炉中进行真空钎焊，并按支承环座材料的热处理要求进行焊后热处理	按专用技术文件说明书
钎焊质量检测	检测钎焊质量	符合技术文件要求
焊后精加工	加工支承环座的余量达到设计要求	符合图纸设计要求
蜂窝表面加工	电火花、电化学或机械磨削加工蜂窝内表面	按专用技术文件符合设计要求
清洗	清洗加工后的蜂窝	符合设计要求

蜂窝芯格的溶蚀，甚至可能会造成熔穿。

3）蜂窝芯环为柔性结构而且其材料与支承环座的壁厚相差甚大，给定位、装配及钎焊带来许多困难。

2. 钎料的选择

钎料的选择取决于支承环座的材料、工作温度、抗氧化性和强度要求。当然也要考虑钎料对蜂窝芯格的溶蚀问题。可供选择的蜂窝封严结构真空钎焊的常用钎料见表 22-23。钎料有粉状（膏状）钎料、粘带钎料和非晶态钎料三种形式。蜂窝封严结构钎焊特点决定了只有选择粘带和非晶态钎料两种形式才能克服上述钎焊蜂窝的困难。

表 22-23　蜂窝封严结构用钎料

牌号	成分（%）	钎焊温度/℃
BNi82CrSiB	7Cr,4.5Si,3.1B,3Fe	1010 ~ 1175
BNi92SiB	4.5Si,2.9B,0.2Cr	1010 ~ 1150
BNi95SiB	3.5Si,1.9B	1070 ~ 1180
BNi67CrSiB	20Cr,10Si,3Fe	1175

3. 钎焊焊接参数

钎焊蜂窝封严结构的工艺参数主要是钎焊温度、保温时间和焊后热处理。图 22-35 为典型蜂窝封严组件的钎焊工艺。

在零件达到钎焊温度之前，使其在 920℃ 保温 15 ~ 20min 均匀化，然后快速升到钎焊温 1040℃，保

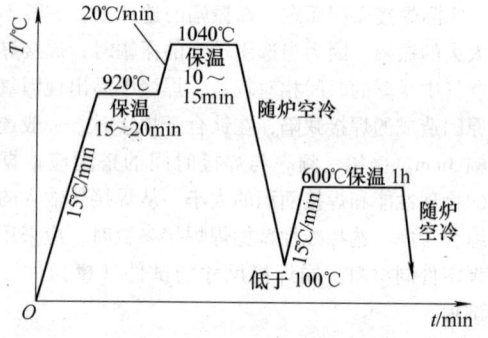

图 22-35　典型蜂窝封严的工艺

钎料：BNi82CrSiB
支承环材料：1Cr11Ni2W2MoV
蜂窝芯材料：GH536

温 10 ~ 15min。由于 1Cr11Ni2W2MoV 需真空淬火，保温结束后随炉空冷到 100℃ 以下，再升至 600℃ 回火保温 1h 随炉空冷，以达到 1Cr11Ni2W2MoV 的热处理要求。

钎焊焊接参数根据具体零件的要求而确定。钎焊温度在确定钎料之后应尽量选择钎焊温度区域的下限，以免使蜂窝芯格产生溶蚀。保温时间在钎焊温度下也应尽可能地短。钎焊蜂窝封严组件的保温时间一般不超过 30min。蜂窝封严组件的焊后热处理，根据支承环座材料的热处理要求而定；钎焊设备为真空钎焊炉，不同的钎焊材料对真空度有不同的要求，一般

要求在热态不低于 $3.5 \times 10^{-2} \text{Pa}$。

4. 钎焊质量检测

蜂窝封严组件钎焊质量的检测，根据零件的不同

和蜂窝芯格大小不同而作不同的选择。有时也可几种方法互为补充。蜂窝封严组件钎焊质量检测的常用方法列于表 22-24 中。

表 22-24 蜂窝封严结构钎焊质量检测方法

序号	检测方法	适用范围	标准
1	目视	周边及芯格尺寸大于 1.6mm 的蜂窝封严组件	按专用技术文件
2	表面张力法	芯格大于 1.6mm 的蜂窝封严结构	按专用技术文件
3	超声波检测	所有蜂窝芯格尺寸，但支承环座背面型面复杂时，难以检测	按专用技术文件
4	激光散斑法	在蜂窝封严自荐有一定的弹性变形条件下进行对比检测	按专用技术文件

22.6 运载火箭箭体结构

22.6.1 概述

液体运载火箭、飞船和航天飞机是典型的航天飞行器，承担着天地往返系统的发射和载人航天的任务。上述航天器主要以液体火箭发动机构成动力系统，以液体推进剂（液体燃料和液体氧化剂的合成）作为发动机的工作介质和化学能载体。常选用的液体燃料有煤油、偏二甲肼、液氢等。常选用的氧化剂有四氧化二氮、液氧等。其中液氢与液氧的组合是液体火箭的高能推进剂，但由于二者均很昂贵，多用做大型运载火箭的第三级发动机及航天飞机的主发动机的推进剂。

为满足推进剂安全存放和生命保障系统的使用性能要求，这类航天器在结构设计上多采用焊接结构形式，如运载火箭的推进剂贮箱，航天飞机的推进剂贮箱等。

依据液体推进剂的温度，推进剂贮箱分为低温推进剂贮箱和常温推进剂贮箱。由于承受一定强度的压力，要求推进剂贮箱结构具有良好的抗拉强度和抗断性能。对于低温贮箱，还要求结构焊缝具有优异的低温断裂韧性。

由此可见，焊接工艺是推进剂贮箱的关键制造工艺。

22.6.2 推进剂贮箱的结构形式

目前大型运载火箭结构设计的发展趋势是：火箭基础级一般采用大直径的芯级加捆绑助推器，火箭的级数和所用的发动机数量减少。芯级多采用大推力的氢氧发动机，贮箱直径一般为 2~8.4m，壁厚一般为 3~16mm。

典型的低温推进剂承力式贮箱箱体结构的基本组成如图 22-36 所示，它由筒段、箱底、前后短壳（箱裙）、箱间段和附件组成。筒段是连接前、后箱底间的直筒段部分。它通常承受轴压、弯矩和内压，也是火箭壳体的一部分。箱底是贮箱的前后底，与壳段焊接成一体构成推进剂的容器，其主要载荷是内压和推进剂的惯性力。短壳是贮箱与其相邻舱段之间的连接结构，短壳与贮箱之间采用焊接或铆接相连，用于将其相邻舱段传来的均布或非均布载荷分散成分布载荷传到贮箱。箱间段是四底式或双层底式贮箱中前后贮箱的中间连接部分，也称过渡舱段。共底式、同轴式贮箱不存在箱间段。显然，箱间段不承受内压。附件包括防晃、防漩装置，增压保险装置、舱盖法兰盘等。

1. 推进剂贮箱总体布局

按贮箱的承载方式可将其分为悬挂式、承力式和悬挂承力式 3 类贮箱。悬挂式贮箱一般布置在箭体的内部，主要承受发动机系统增压要求的内压作用，贮存和供应推进剂，贮箱的增压压力是其主要设计载荷。承力式贮箱一般作为火箭主体结构的一部分，承受和传递轴向载荷，同时也是动力系统的一个部件。还有一种贮箱，既布置在箭体的内部，又与发动机相连，承受和传递发动机推力所产生的轴向载荷，这类贮箱属悬挂承力式贮箱。对于双组元推进剂系统，贮箱又可分为共底式贮箱和双底式贮箱。

（1）承力式共底贮箱

承力式共底贮箱是一种理想的布局方案，结构效率高。采用共底结构，一方面可以缩短整个箭体的长度，改善全箭的长细比；另一方面可以取消箱间段，减轻结构重量，提高结构效率。美国的宇宙神系列（Atlas）基础级液氧煤油贮箱、土星系列低温级氢氧贮箱、欧空局阿里安系列低温级氢氧贮箱，长征系列的 CZ-3、CZ-3A、CZ-3B 火箭的低温级氢氧贮箱均采用这一结构形式，其结构效率要高于双底式贮箱。对于共底式贮箱，有两种布置方式：一种是液氧箱在上，液氢箱在下，共底凸面朝向液氢箱（图 22-37），欧空局阿里安系列低温级贮箱采用这种布置方式；另一种是液氢箱在上，液氧箱在下，共底凸面朝向液氢箱（图 22-38），美国土星系列低温级贮箱和长征系列的 CZ-3、CZ-3A 火箭低温级贮箱采用的是这种布置方式。

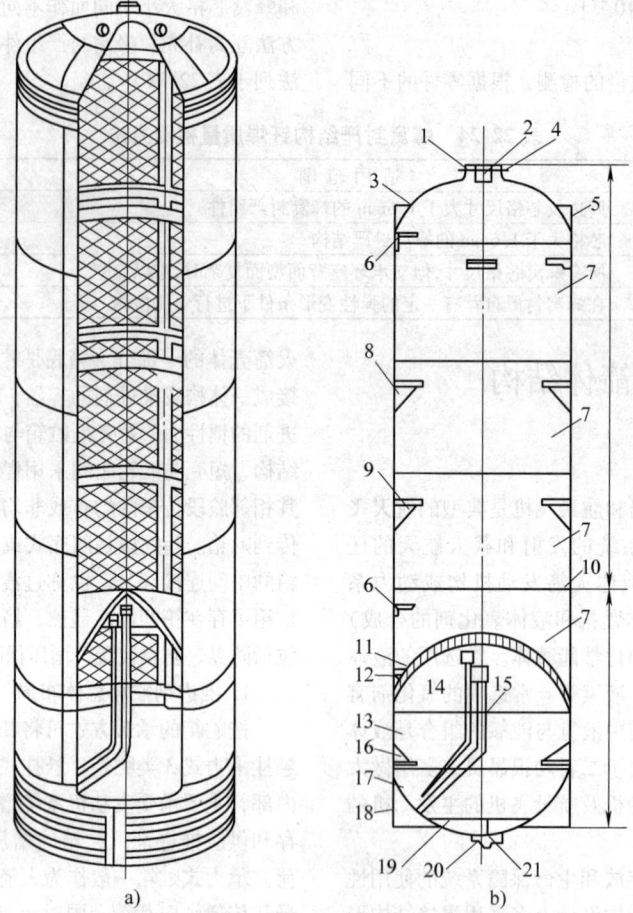

图 22-36　采用低温推进剂的典型贮箱的组成

1—液氢箱入孔盖　2—液氢消能器　3—前底　4—液氢箱入孔　5—前短壳　6—扇形防晃板　7—液氢箱壳段
8—破坏液氢温度分层环形板　9—环形防晃板　10—剩余液位传感器支架　11—共底　12—液氢输送口及
防漩装置　13—液氧箱壳段　14—液氧增压管及消能器　15—溢出管　16—环形防晃板　17—后底
18—后短壳　19—十字形消漩板　20—液氧箱入孔盖　21—液氧箱入孔

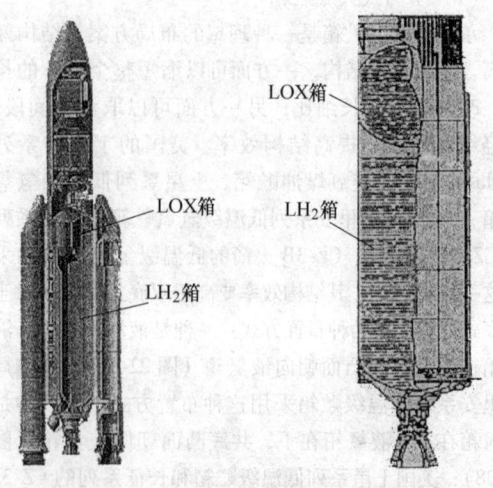

图 22-37　阿里安 5 火箭结构示意图
（共底式贮箱）

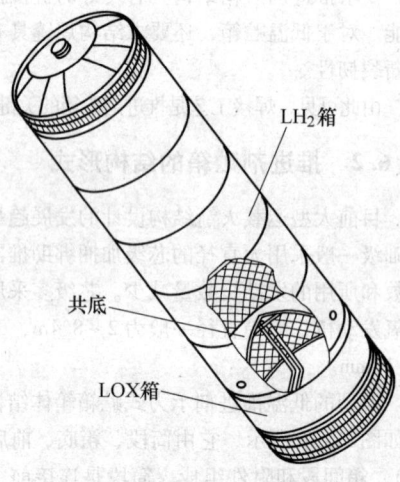

图 22-38　CZ-3A 三子级低温贮箱
（共底式贮箱）

（2）承力式双底贮箱

承力式双底贮箱的结构效率高于悬挂式贮箱，是目前广泛采用的布局方案。与共底式贮箱相比，双底式贮箱的可靠性高、制造工艺难度小、经济性好。当运载能力余量较大，结构重量对火箭有效载荷的影响不大时，可以优先考虑采用这一结构形式。美国航天飞机外贮箱（见图22-39）、Delta 系列火箭贮箱和日本 H2 一子级低温贮箱（见图22-40）采用这种布局方案。

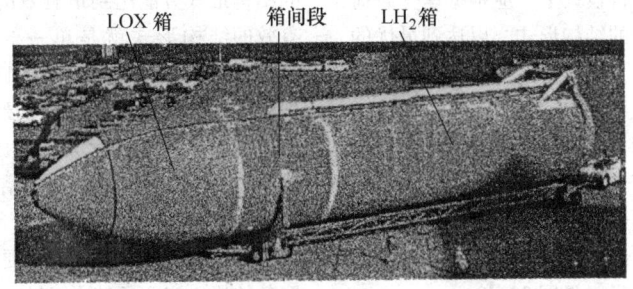

图 22-39　航天飞机外贮箱（双底式贮箱）

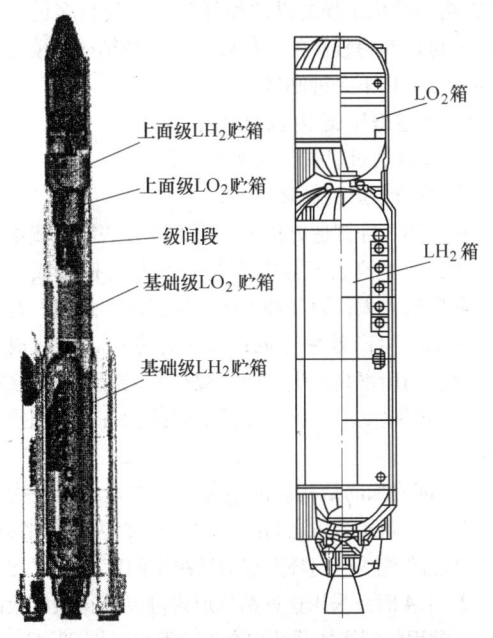

图 22-40　日本 H2 火箭基础级（双底式贮箱）

（3）悬挂承力式贮箱

为了提高对发射的适应性，新研制的大型运载火箭大部分采用可多次启动的上面级发动机，这样它可以完成载荷不同的入轨操作。大型运载火箭的低温上面级，由于所装推进剂容积有限，所以采用悬挂承力式贮箱的结构效率最佳。悬挂承力式贮箱的氢箱容积较大，一般放置在上端，其直径与火箭箭体的外径相同。氧箱容积较小，一般悬挂于氢箱下部，与氢箱通过共底相连。氧箱的下部通过机架直接与发动机相连，并将发动机推力所产生的轴向载荷传递给氢箱。基础级和上面级的分离面是上面级氢箱与级间段的对接面，级间段为基础级重量。上面级工作时，级间段

连同基础级结构已经分离，这时上面级的结构重量较小。上面级的结构重量与有效载荷的关系是1∶1，因此，减小上面级重量可以直接提高有效载荷的运载能力。日本 H2 火箭的低温上面级采用了这种布局方案（见图22-41）。

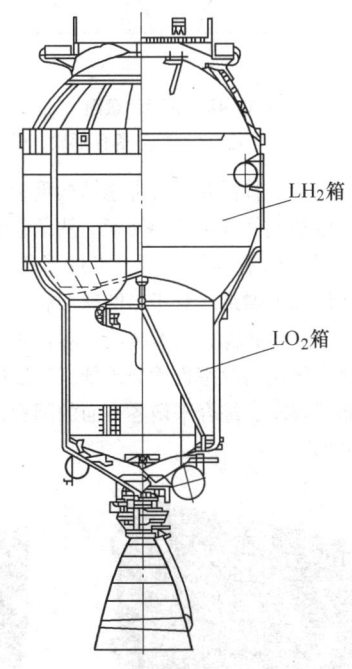

图 22-41　日本 H2 火箭上面级
悬挂承力式贮箱

（4）悬挂式贮箱

这类贮箱由飞机油箱发展而来，其功能仅作为动力系统的一个部件，贮存和供应推进剂，不承受和传递飞行载荷。这类贮箱由于结构效率低，现已被淘汰。

2. 结构方案

作为一次性使用的运载火箭,常温推进剂贮箱的基本结构均由圆筒段、型材框和箱底等构成,如图22-41所示。对于低温推进剂贮箱,贮箱的外部还需要包敷一层深冷绝热结构。贮箱的结构形式与其所承受的载荷有关。在贮箱结构设计上,应根据承受载荷的性质和大小来选取有效的结构形式,以达到最优的结构设计目的。

(1) 箱底

箱底是贮箱两端的封头部件,其上开有各种用途的法兰孔,如人孔(便于人工操作进出)、保险活门和液位指示器安装孔、推进剂输送管孔等。箱底的底形可分为半球形底、半椭球形底、锥形底、三心底以及由这些底形曲线组合的底(见图22-42)。

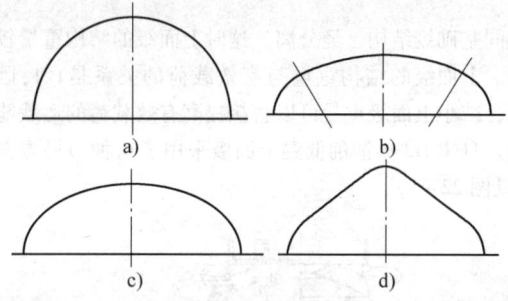

图 22-42　底形示意图
a) 半球形底　b) 三心底　c) 半椭球形底　d) 锥形底

底形的设计选择需要综合考虑结构重量、箱体容积、箭体长度和空间开敞性等因素。从承载能力考虑半球形底的设计最有利,但由于半球形箱底底形较深,带来箭体长度增加。对于半椭球形底、三心底和锥形底,底的高度越低,底形越浅,对箱底的受力就越不利,箱底的结构效率也就会越低。底形的选择要根据总体布局要求,综合平衡各方面的因素,选取最优的结构外形。

(2) 箱筒段

承力式贮箱的箱筒段是箭体结构中的主要承力结构,它要承受复杂的外载荷,包括内压、轴压、弯矩和剪力等。根据箱筒段所承受的不同载荷来选取不同的结构形式方能达到最有效的设计。对于受拉贮箱,有效的结构形式就是单一的硬壳式结构(光壳结构)。对于受压贮箱,其轴向载荷是压缩载荷,因而把稳定性作为这类贮箱的主要设计要求。大型运载火箭的轴向压缩载荷远大于内压所产生的轴向拉伸载荷,为受压贮箱,其优选的结构形式主要有半硬壳式结构和网格加肋结构。

1) 半硬壳式结构。半硬壳式结构也就是蒙皮-桁条结构。当内压较小而轴向载荷较大时,箱筒段的纵向刚度远大于环向刚度。按稳定性设计要求,采用蒙皮-桁条结构用强的纵向加强肋来承受较多的轴向载荷,可以获得较高的结构效率。这种结构的蒙皮和桁条主要有以下3种制造方法:

① 通过挤压成型构成整体壁板。

② 厚板通过机械铣切加工而成。

③ 将桁条焊接在蒙皮上。

在上述3种制造方法中,第1种方法制造成本最低,生产效率高,但需要研制大型专用挤压成型设备,前期投入大;第2种方法,制造成本最高,材料利用率低,生产效率也低;第3种方法,制造成本低,材料利用率高,生产效率较高,但需突破焊接技术,控制焊接变形,配备专门的焊接设备,前期投入较小。

2) 网格加肋结构。网格加肋结构是介于硬壳式结构和半硬壳式结构之间的一种结构类型。当轴向载荷所决定的壁厚 t_1 与环向载荷所决定的壁厚 t_2 之比介于 1.2 ~ 1.4 时,采用这种结构形式可以获得最有效的设计。常用的网格加肋结构有 3 种类型(图 22-43)。

图 22-43　各种网格结构示意图
a) 正置正交网格　b) 斜置正交网格　c) 三角形网格

采用何种网格结构，主要取决于轴向载荷与环向载荷的比例关系。网格的加工方式有化学铣切和数控机械铣切两种。化学铣切是化学等向腐蚀加工，肋条与蒙皮之间自然形成半径等于肋高的圆角。这种加工方法，生产效率高，制造成本低，但结构效率低于机械铣切的网格。机械铣切是通过数控机床进行机械加工的方法加工出网格，肋条与蒙皮之间的圆角半径为加工刀具的圆角，圆角值可以选择很小，从而获得较高的结构效率。对于大直径薄壁箱体壁板的高速机械铣，需要突破一系列的技术难关。

22.6.3　推进剂贮箱的结构材料

推进剂贮箱是航天器（火箭、航天飞机、导弹等）的重要部件，贮存燃料并承受全部的结构载荷。大运载能力、低成本和高可靠性是航天器发展的主要方向，因而高比强度、高比刚度材料成为设计和材料工作者追求的重要指标，其制造工艺也成为推进剂贮箱发展的关键制约因素。

从航天运载器诞生到现在，国外推进剂贮箱结构材料已从第一代的 Al-Mg 合金，第二代的 Al-Cu 合金发展为今天的第三代 Al-Li 铝锂合金，其发展趋势是材料的强度越来越高、重量越来越轻，但材料的可焊性基本上是呈下降趋势的，所以其对应的制造工艺技术，尤其是焊接技术也随着贮箱结构材料的更新换代而不断向前推进，已由最初的钨极氩（氦）弧焊、钨极氦弧焊、局部真空电子束焊发展到变极性等离子弧焊和搅拌摩擦焊。从焊缝金属成形本质而言，已由最初的熔焊凝固结晶成形发展到固相连接塑性成形，焊接接头的质量得到显著提高。

第一代推进剂贮箱结构材料——5086、AMГ6 铝镁合金仅可形变强化。与其他铝合金相比，具有中等强度，其延性、焊接性和耐蚀性良好。焊接时无须特种焊丝，不易出现焊接裂纹，焊丝成分可与母材完全相同或基本相同，焊接接头强度系数可达 0.8 ~ 0.9，焊接工艺可采用钨极氩弧焊，单面焊双面成形。

但是，Al-Mg 合金有一点不足，其退火状态的屈服强度（R_{eL}）只有抗拉强度（R_m）的 1/2，已不适于近代贮箱结构性能使用要求。虽可通过变形强化（冷作硬化），使其 R_{eL} 大幅度提高，R_m 也略微提升，但 R_{eL} 不够稳定，会随时间延续而自动下降。这种材料亦不宜作为贮箱的结构材料。

美国从"雷神"导弹开始改用第二代推进剂贮箱结构材料——铝铜合金 2014-T6（即我国的 LD10CS）。铝铜合金可热处理强化，具有很好的室温强度及良好的高温（200 ~ 300℃）和超低温（ - 253℃）性能。

与第一代贮箱结构材料相比，第二代贮箱结构材料的 R_m 和 R_{eL} 均大幅超过 Al-Mg 合金，但其焊接性急剧下降，如 2A02、2014 合金在热处理强化状态下焊接时，易产生焊缝金属凝固裂纹和近缝区母材液化裂纹；焊缝脆性大，对应力集中敏感，母材热影响区软化，焊接接头强度仅达到焊前母材强度的 60% ~ 70%，需要实行厚度补偿，承载时焊接结构易发生低应力脆性断裂；存放时潜藏于母材表层以下的焊接裂纹可能发生延时扩展。

2014、2A14、AK8 都是一种 Al-Cu 合金，三者成分相同或相近，虽然强度很高，但可焊性很差，历来只作为航空锻件材料使用，不作为钣金焊接材料使用。但由于这种铝合金具有优良的比强度、比刚度和低温力学性能，仍然被选做低温贮箱的结构材料，至今被用于我国现役运载火箭贮箱的结构材料。

美国在研制土星五号运载火箭时，二、三级的液氢/液氧贮箱仍采用 2014-T6 铝合金，而一级贮箱的直径达 10m，首次采用了可焊性良好的 2219 铝合金，取得了应用 2219 铝合金的经验。但是，2219 铝合金焊接的突出问题是熔焊气孔倾向较大。限于焊接技术的发展水平，当时没有得到彻底地解决。

20 世纪 80 ~ 90 年代，美国人成功开发了变极性等离子穿孔立焊工艺，较好解决了 2219 铝合金熔焊的气孔问题。该工艺曾被誉为"无缺陷"焊接方法，至今仍广泛应用于推进剂贮箱的焊接生产。诞生于 20 世纪 90 年代的铝合金固相焊接工艺-搅拌摩擦焊技术，进一步提高了铝合金接头的焊接质量和力学性能。

俄罗斯在研制暴风雪号航天飞机的能源号运载火箭时，也采用了类似 2219 铝合金的 1201 铝合金作为贮箱的结构材料，并采用了局部真空电子束焊、窄间隙高频脉冲两面多层熔化极氩弧焊和直流正极性钨极氦弧焊等焊接方法。

为进一步提高贮箱的比强度和比刚度，美俄两国均选用了新型的 Al-Li 合金，其中 2195 和 1460 铝锂合金是其中的典型代表，具有优异的低温断裂韧性，已应用于发现者号、奋进号航天飞机外贮箱和暴风雪号航天飞机贮箱。

铝锂合金焊接时的主要问题是焊缝气孔、裂纹、焊缝区锂元素的挥发和接头系数较低。为解决熔焊铝锂合金时的气孔问题，焊前不得不进行机械加工或化铣方法去除表面；为消除铝锂合金熔焊产生的焊接裂纹不得不考虑填充焊丝和焊后热处理，所以不仅耗时、低效而且焊缝质量难以保证。总体而言，铝锂合金在推进剂贮箱上的应用还刚刚起步，其焊接工艺是主要的制约因素。

22.6.4　推进剂贮箱结构的制造工艺

　　由于推进剂贮箱属于低压容器，其气密性和耐压等使用性能要求采用焊接工艺进行制造，因此焊接是推进剂贮箱的主导制造工艺。

　　箱底的制造工艺国内外的发展水平不一。对于运载火箭的推进剂贮箱，其直径一般小于5m，美国、欧盟和日本主要采用整体旋压成形 + 后热处理工艺制造；俄罗斯则采用球形箱底设计，采用瓜瓣拼焊；我国则采用双曲线椭圆箱底设计，采用瓜瓣拼焊。对于航天飞机外贮箱的箱底，由于直径较大（≥5m），同样采用瓜瓣拼焊的工艺制造。

　　箱底的焊接工艺主要有 TIG 手工/自动焊（中国、美国等）、变极性等离子弧焊（美国为主）、高频脉冲 MIG（俄罗斯为主）以及搅拌摩擦焊（美国、中国）如表 22-25 所列。

表 22-25　推进剂贮箱箱底制造工艺

箱底直径/m	2.25 ~ 5	>5
美国、欧盟和日本	整体旋压 + 后热处理	零件拼焊（TIG 自动焊、变极性等离子弧焊、搅拌摩擦焊）
俄罗斯	TIG/MIG 自动焊	MIG 自动焊
中国	TIG 手工/自动焊	零件拼焊（变极性等离子弧焊、搅拌摩擦焊）

　　筒段的纵缝是推进剂贮箱的关键结构焊缝。在工作过程中，该焊缝承受最大的拉应力，要求焊缝具有优异的抗断强度和断裂韧性。由于结构简单易于实现自动焊，目前广泛采用的焊接方法是 TIG/MIG 自动焊、变极性等离子穿孔立焊和搅拌摩擦焊。俄罗斯用于发射暴风雪号航天飞机的能源号运载火箭由于焊接厚度超过 40mm，曾大量使用局部真空电子束焊和高频脉冲 MIG 焊方法。推进剂贮箱纵缝的焊接方法如表 22-26 所列。

表 22-26　推进剂贮箱纵缝焊接工艺

贮箱纵缝	焊接工艺
美国、欧盟和日本	TIG 自动焊、变极性等离子弧焊、搅拌摩擦焊
俄罗斯	TIG/MIG 自动焊
中国	TIG 自动焊、搅拌摩擦焊

　　贮箱的对接环缝也是关键焊缝之一。环焊缝的受力有其特殊性：推进剂加注后承受纵缝一半的拉应力；运载火箭起飞时承受轴向的压应力载荷。在进行贮箱对接环缝接头设计时，主要按其承受的拉应力进

行设计。

　　贮箱的对接环缝主要有瓜瓣圆环与型材框间的环焊缝、型材框与筒段间的环焊缝、筒段与筒段间的环焊缝以及箱底与前后短壳间的锁底环焊缝。目前国内外各型号运载火箭推进剂贮箱的对接环焊缝的焊接工艺如表 22-27 所列。随着贮箱结构材料的更新换代和总体设计对焊接质量、几何制造精度的提高，低变形、无缺陷的变极性等离子弧焊和搅拌摩擦焊工艺在贮箱环焊缝上的应用将越来越广泛。

表 22-27　推进剂贮箱环缝焊接工艺

贮箱环缝	焊接工艺
美国、日本	变极性等离子弧焊、搅拌摩擦焊
欧盟	TIG/VPTIG 自动焊
俄罗斯	电子束焊、TIG/MIG 自动焊
中国	TIG 自动焊、变极性等离子弧焊

22.6.5　推进剂贮箱结构焊缝的接头设计

　　1. 推进剂贮箱的结构焊缝与接头形式

　　推进剂贮箱的结构焊缝如图 22-44 所示，主要结构焊缝有筒段纵缝、筒段与型材框间的对接环焊缝、箱底焊缝和锁底环焊缝（型材框与前/后短壳间的联系焊缝）。箱底的焊缝包括瓜瓣圆环纵缝、圆环与型材框间的对接环焊缝、顶盖与圆环间的对接环焊缝和部分箱底上法兰环焊缝。防晃装置、防漩装置等附件的安装均采用点焊固定。

　　由于贮箱承受内压和发射时的轴向压应力载荷，因此所有的结构焊缝在接头设计上均采用了受载最佳的对接接头形式，能够保证接头的充分熔透、气密性和质量最小。

　　箱底的瓜瓣圆环一般由 6 块瓜瓣拼焊而成。由图 22-45 箱底结构应力分析可知，瓜瓣纵缝的载荷为箱底的径向应力 σ_1，瓜瓣圆环的周向截面应力为 σ_2。图中 m 为椭球率即箱底半径 R 与箱底高度 H 之比。由结构应力分析可知，箱底的顶部部分属于高值拉应力区；当椭球率 $m < \sqrt{2}$ 时，箱底的径向截面和周向截面的应力均为拉应力；当椭球率 $m > \sqrt{2}$ 时，箱底的径向截面仍为拉应力，而周向截面的应力会在靠近赤道附近由拉应力转变压应力。为了使焊缝离开高值的拉应力区域，箱底的顶部一般设计为一块厚度较大的圆盘顶盖。由于焊缝强度比基本金属低，所以采用加大接头区厚度的方法来达到等强度的设计要求。

　　贮箱内的防晃板、防漩板与贮箱内壁的连接属于联系焊缝，一般采用角焊缝或电阻电焊的方法焊接。

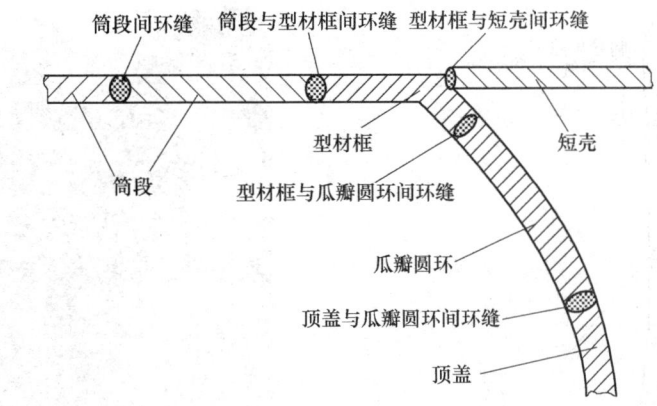

图 22-44　$\phi3.35m$ 贮箱环焊

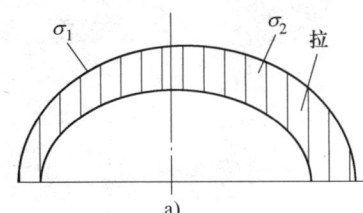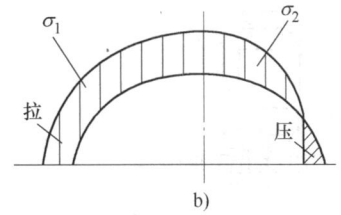

图 22-45　椭圆率与箱底应力分布的关系

a) $m<\sqrt{2}$　b) $m>\sqrt{2}$

2. 推进剂贮箱结构焊缝的接头设计

除贮箱部件的联系焊缝（锁底焊缝、角焊缝）和法兰焊缝外，所有结构焊缝的接头设计均按等强匹配设计，并综合考虑发动机推力、发射转弯带来的附加扭矩等因素，接头的设计安全系数一般取 1.4。贮箱的焊接接头形式根据焊接方法不同一般采用 I 形、V 形/Y 形两种设计，变极性等离子穿孔立焊和搅拌摩擦焊采用 I 形（平头对接）接头形式，方波交流 TIG、变极性 TIG 焊多采用 V 形/Y 形接头形式。

2A14-T6 和 2219-T87 板材各种焊接工艺的接头强度系数可以参考表 22-28 所列数据。在进行贮箱焊接接头设计时，除了首先考虑焊接工艺带来的接头强度系数外，还必须慎重考虑焊接工艺带来的接头韧性指标，一般按照接头延伸率 $A>3.0\%$ 的准则进行接头焊接工艺选取和接头设计工作。例如，对于 2A14-T6 铝合金贮箱而言，由于其变极性等离子焊的接头延伸率一般为 2.5%，低于 3.0%，表明这种接头的抗断裂性能较低，尽管这类接头的强度系数高于方波 TIG 焊或变极性 TIG 焊方法，但不能用于 2A14-T6 铝合金贮箱的焊接接头。而对于 2219-T81/T87 铝合金贮箱而言，由于这种铝合金的变极性等离子焊的接头强度系数高于方波 TIG 焊或变极性 TIG 焊方法，并且其接头延伸率与方波 TIG 焊或变极性 TIG 焊接头相近

（远大于 3.0%），所以变极性等离子焊工艺和 I 形接头形式可以用于 2219-T81/T87 铝合金贮箱的焊接接头设计。

表 22-28　3～8mm 厚 2A14-T6/2219-T87 铝合金板材焊接接头强度系数

焊 接 工 艺	接头强度系数
方波 TIG 焊	0.5～0.65
变极性 TIG 焊	0.55～0.65
变极性等离子穿孔立焊	0.63～0.68
搅拌摩擦焊	0.68～0.75

22.6.6　液体火箭发动机推力室结构设计、材料及焊接工艺

在航天飞行器及其运载火箭的动力系统中存在许多焊接结构，如液体推进剂火箭发动机（简称液体火箭发动机）推力室、推进剂管路等。下面仅就液体火箭发动机内的推力室结构进行简要介绍。

1. 概述

大型液体运载火箭的外形与内部组成如图 22-46 所示。由图 22-46 可见，其动力系统由多级多台液体火箭发动机组成。

液体火箭发动机的总体形貌如图 22-47 所示。

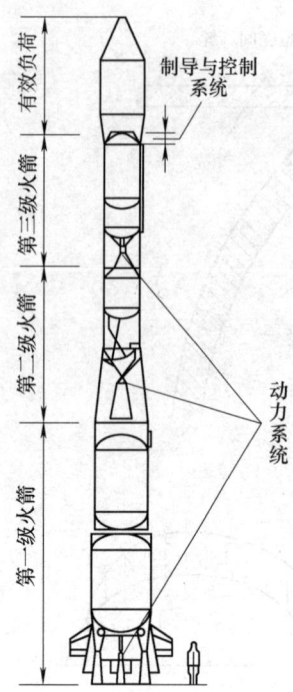

图 22-46　大型液体运载火箭
内部组成示意

图 22-47　液体火箭发动机外貌

由图 22-47 可见，液体火箭发动机由下端体积最大的推力室及与其相连的推力室前置结构，如涡轮泵系统、输送液体推进剂的导管系统等构成，其中推

力室是液体火箭发动机的核心焊接部件。

2. 推力室结构

推力室可分为头部、身部和喷管，如图 22-48 所示。

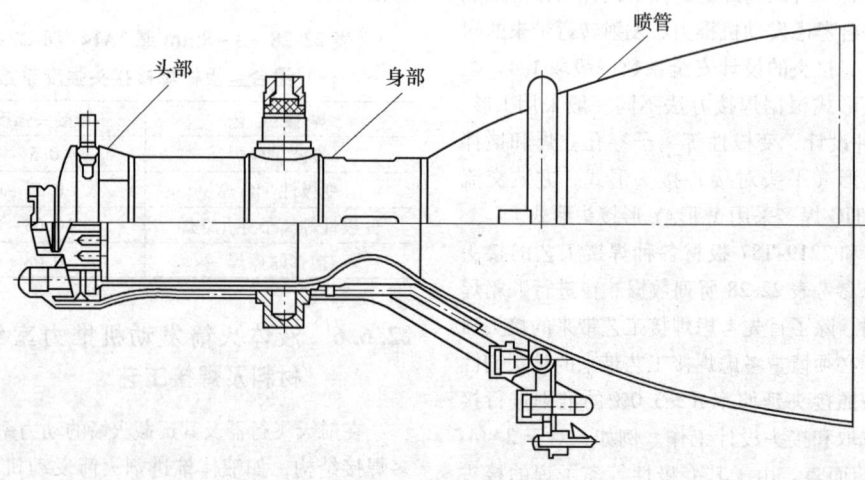

图 22-48　推力室结构

推力室头部是一个复杂的焊接和钎焊结构，它既是液体推进剂喷注器室，又是推力器的承力和传力组件。头部内的主要构件有外壳、中层隔板及底盘。外壳与隔板之间及隔板与底盘之间分别形成燃料与氧化剂相互隔离的两个集液腔。在隔板和底盘上钎焊有数百个喷嘴，它们在底盘上一般呈环形的同心圆式均匀

分布，如图 22-49 所示。

推力室身部及喷管按其轴向的不同部位可分为圆柱段、收敛段、喉部、扩散段和喷管，如图 22-50 所示。

推力室身部和喷管一般为联体结构，但两者也可各自独立，通过端面法兰互相螺接。单独的延伸喷管的外貌如图 22-51 所示。

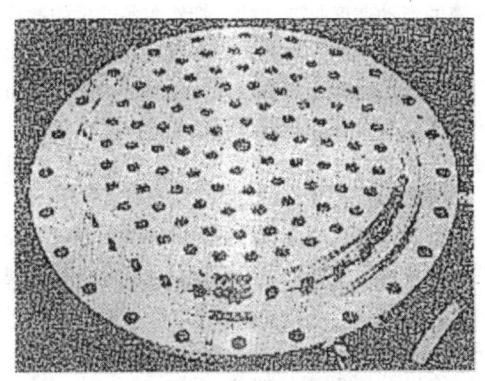

图 22-49　推力室头部喷注器外貌

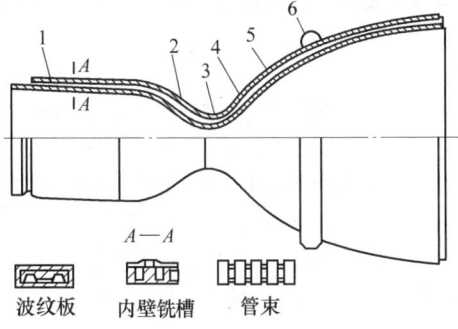

图 22-50　推力室身部与喷管

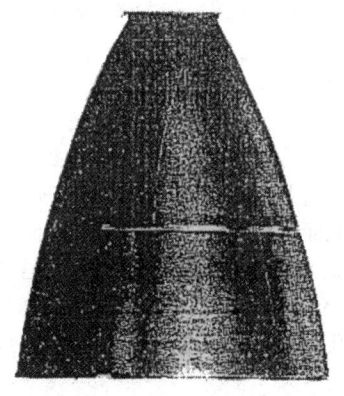

图 22-51　延伸喷管外貌

发动机工作前，推进剂贮箱内的燃料和氧化剂经输送管道进入涡轮泵增压，沿各自的路线分别进入推力室头部的燃料集液腔及氧化剂集液腔。发动机起动后，燃料及氧化剂同时经喷嘴喷入推力室身部，相互撞击、雾化、引燃，产生高温高压燃气。流经收敛段时，燃气发生压缩并加速，流经喉部时，燃气流速可达音速，流经扩散段时，超音速气流继续加速，流经喷管时，气流进一步加速，在喷管出口处，喷出高超音速气流，形成对发动机的反作用力，即对火箭的推力。

3. 推力室防热设计与焊接工艺

在推力室发生的工作过程实质上是推进剂的化学能向热能和动能连续转化的过程。液体火箭发动机推力室的工况特点是：高能、高压、高温（3000～4000K）及大流量、大热流、大流速和强烈的高频振动，因而在推力室结构设计上存在一系列技术难题，如不稳定燃烧、热烧蚀、热应力破坏、振动疲劳破坏等。其中，最基本的难题为推力室身部及喷管的热烧蚀。

预防推力室遭受热烧蚀的方法是对其热壁实施冷却，如再生冷却、液膜冷却、发汗冷却、排出冷却、辐射冷却等，为此即需设计相应的结构形式。

（1）再生冷却结构

由图 22-50 中的横截面 A—A 可见，有两种再生冷却的结构形式，即双壁式结构和管束式结构，两者均可提供对推力室热壁的冷却通道，前者为内壁与外壁之间的空腔，后者为管束的管件本身。推进剂在通道内的流动具有同样的模式，即：推进剂的一个组分，例如氧化剂，直接经头部上的进口活门进入其内的氧化剂集液箱；另一组分，例如燃料，将作为再生冷却的冷却剂，它经推力室尾部的冷却剂进口活门进入集液器和喷管然后按喷管→扩散段→喉部→收敛段→圆柱段→头部的流向而流入推力室头部内的燃料集液腔。此后，燃料和氧化剂同时经喷嘴喷入推力室内燃烧。在上述流动过程中，作为冷却剂的燃料带走了热壁从燃气流吸收的热量，使热壁降温至可承受的工作温度，但此热能并未流失，燃料在流动过程中获得了预热，将带走的热量又添加到推力室内的燃烧过程中，此即再生冷却。

燃气在推力室内的流动过程中，其压力、温度及速度不断变化，表现为速度不断提高，压力及温度不断降低。因此，沿推力室轴向，冷却通道截面的尺寸应不断变化，在喉部，其通道截面尺寸应最小，冷却剂流速最大。

为增强冷却效果，双壁式结构的内壁应薄，材料的导热性、耐热性及耐蚀性好，一般选用不锈钢、高温合金或铜合金，壁厚约 1mm。外壁材料一般选用低温力学性能较好的高强度不锈钢，但其厚度也不可太大，否则不利于控制双壁式结构钎焊前所需的零件装配间隙。

由于冷却通道内外存在压力差，内壁受压缩可能失稳，外壁受拉伸可能爆破。因此，内外壁间需紧密连接，因此其间或夹有波纹箔材，或内壁铣出凸棱，以便钎焊后在内外壁间能形成数百条钎缝，钎缝的间距约为 5mm。为增强结构强度和刚度，外壁外面再焊上加强箍。

双壁式结构适于在加热炉内实施真空钎焊，此时，通道内保持真空，通道外通以氩气保护（1～6QTU）。钎焊前可预置成形钎料，如Mn-Ni-Cr合金，也可预置镀层钎料，如Mn、Ni、Ag、Cu，利用共晶反应，实现内外壁之间的钎焊或扩散钎焊。

管束式结构由数百根管件组成，其外貌如图22-52所示。管件中，半数为长管，半数为短管。每根压制成形的长管的轴向长度即为身部及喷管的总长度，每根短管，插装在每两根长管之间。从喷管出口端向喉部观察，长短管插装情况如图22-53所示。

图22-52　推力室身部及喷管的管束式结构

图22-53　管束式结构长管与短管插接情况

管束式结构内的再生冷却过程与双壁式结构内的冷却过程基本相同。由于推力室轴向各部位的直径和冷却液的流动速度是变化的，管件在各部位的截面形状和尺寸也应变化。因此，管件成形前最好是变直径管，压制成形后即成为变直径变截面管。管件的材料一般选用高温合金，如因康镍合金等，其耐热性、耐低温性、耐蚀性、成形性较好。管件的壁厚一般为0.3～0.4mm。

管束式结构适于在加热炉内实施氢气或氩气保护下的高温钎焊，钎料可采用镍基合金高温钎料，视结构、材料、工艺不同而异。由于管件很薄，钎焊时管件本身可能遭受钎料熔蚀，因此，有时需采用含钯（Pd）的贵金属钎料，如Au-Pd-Cr-Ni，Ag-Pd-Mn，Au-Ni等。钎焊后，管件间可形成数百条焊缝。为增强结构强度及刚度，管束外焊有数条有一定间距的钢带。

（2）液膜冷却

在一些局部热流过大的部位，例如临近推力室头部的身部圆柱段，再生冷却效果有时仍显不足。此时可在临近该部位的圆柱段上或头部底盘的外缘设置一圈细小通孔，并引出小量冷却剂经该圈通孔高速喷出，在燃气流的冲刷下，喷出的冷却液紧贴圆柱段热壁表面而形成一层液膜，使热壁与燃气流隔离并同时冷却热壁。

在其他高热流部位，如身部收敛段，有时也需局部实施液膜冷却。液膜冷却方法一般作为再生冷却方法的补充。

（3）发汗冷却

推力室头部底盘与燃气直接接触的表面也是易于发生高温烧蚀的部位。为此，可采用多孔材料制成所谓"面板"并使其与冷却剂集液腔连通。冷却剂即可透过多孔面板而渗入推力室内并保护面板。

多孔发汗面板由不锈钢或高温合金的细丝（$\phi0.2～0.3$mm）多层编织、轧制并高温烧结而成，然后在多孔发汗面板与推力室头部连接处实施扩散连接。

（4）排出冷却

排出冷却方法对以液氢为燃料和冷却剂的延伸喷管特别有效。从主燃料输送管路的液氢总流量中引出小部分液氢燃料并使其进入双壁式或管束式冷却通道，当完成对喷管的冷却过程并流到通道末端即喷管出口时，液氢已形成具有足够高温度和速度的气态氢，从喷管喷出后，此气氢也产生一定的推力。

（5）辐射冷却

不采用冷却剂的单壁式延伸喷管只能依靠辐射冷却。此时，喷管内的燃气温度和压力已降低但仍属较高的水平，因而喷管将发生向外辐射散热。

单壁式延伸喷管一般采用以高熔点金属（钨、钼、铌）为基的合金制成。其内表面尚需喷涂有该合金的抗氧化涂层及高温辐射涂层。以铌合金 Nb-10Hf-1Ti-0.5Zr制成的辐射冷却式延伸喷管可在 1100~1600℃燃气温度内工作。

参 考 文 献

[1] Kurkin S A, Guan Q. Removal of residual welding stress in thin-walled elements of titanium alloy (in Russian) [J]. Weld Prod, 1962 (10): 1-5.

[2] Kurkin S A, Guan Q. Eliminating welding deformation in thin-walled elements of titanium alloy by welding rolling (in Russian), selected works on welding of Ferrous Alloys and some Alloyed Steels [J]. Mnoscow Bauman Technical University, Oborongiz, Moscow, 1962.

[3] Guan, Q. Residual stress, deformations and strength of thin-walled elements of welded strucutures of titanium alloys (in Russian) [D]. Moscow: Moscow Bauman Technical University, 1963.

[4] 关桥. 钛合金薄壁构件的焊接应力与变形 [J]. 国际航空, 1979, 198 (2): 37-41.

[5] Vinokurov V A. Welding Stress and Distortion: Determination and elimination (transt. J. E. Baker), The British Library, London, 1977 (original Russian version, Mashinostroenie, Moscow, 1968).

[6] Sagalevich, V M. Methods for eliminating welding deformations and stresses (in Russian), Mashinostroenie, Moscow, 1974.

[7] Terai K. Study on prevention of welding deformation in thin-skin plate structures, Kawasaki Tech. Rev., 61, 61-66, 1978.

[8] Masubuchi K. Analysis of Welded Structures. Pergamon, Oxford, 1980.

[9] Nikolayev G A, Kurkin S A, Vinokurov V A. Welded structures, Strength of welded joints and deformation of structures (in Russian). High School, Moscow, 1982.

[10] 田锡唐. 焊接结构 [M]. 哈尔滨: 哈尔滨工业大学出版社, 1980.

[11] Guan Q. Efforts to eliminating welding buckling distortions-from passive measures to active in-process control [J]. Today and Tomorrow in Science and Technology of Welding and Joining, Proc. 7th Int. Symp. Of the Japan Welding Society, Kobe, Japan, November 2001, Japan welding Society, Tokyo, 2001, 1045-1050.

[12] Guan Q. Welding stress and distortion control in aerospace manufacturing engineering [J]. Proc. Int. Conf. On Welding and Related Technologies for the 21 st Century, Kyiv, Ukraine, November 1998, Weld. Surfacing Rev., 12, 47-65, 1998.

[13] Guan Q. A survey of development in welding stress and distortion control in aerospace manufacturing engineering in China [J]. Weld World, 1999, 43 (1), 14-24.

[14] Guan Q. Reduction of residual stress and control of welding distortion in sheet metasl fabrication [J]. Proc. 7th Int. Aachen Welding Conference on High Productivity Joining Processes, Vol. 1, Aachen, Germany, May 2001, Shaker, Aachen, 2001, 531-549.

[15] 史耀武. 中国材料工程大典: 第22卷　材料焊接工程 [M]. 北京: 化学工业出版社, 2006.

第3篇 焊接结构生产

第23章 焊接结构制造工艺

作者 贾安东　审者 陈丙森

23.1 概述

焊接结构制造（即焊接结构生产，简称焊接生产）是从焊接生产的准备工作开始的，它包括结构的工艺性审查，工艺方案和工艺规程设计，工艺评定，编制工艺文件（含定额编制）和质量保证文件，订购原材料和辅助材料，外购和自行设计制造装配——焊接设备和装备，然后从材料入库真正开始了焊接结构制造工艺过程，包括材料复验入库、备料加工、装配-焊接、质量检验、成品验收；其中还穿插返修、涂饰和油漆；最后合格产品入库的全过程。

材料复验入库通常钢厂按炉批号提供钢板的质量保证书，入库钢板按炉批号进行复验，重要产品还要逐张进行检验。例如，在乙烯球罐、低温或板厚超过规定的调质供货状态钢板制造锅筒等过程中，钢板入库时不仅需逐张取样进行化学成分分析和力学性能（包括屈服点、抗拉强度、伸长率、断面收缩率、冲击韧度、疲劳强度、断裂韧度等）试验，看是否与钢板质量保证书相符，而且每张钢板都要进行超声检测。更多的情况下是确认材料质量保证书是否完备，核对质保书与订单、材料打上的炉号、批号、型号、化学成分甚至力学性能，确认符合要求后方可验收入库。材料复验除金属材料外，也包括焊接材料：焊丝、焊条、焊剂、保护气体（CO_2、Ar、He、H_2、N_2 等）；气焊和切割用材料：氧气、瓶装乙炔或制造乙炔气的电石、工业用燃气（如强化丙烷、强化液化石油气等）和其他辅助材料（如油料、燃料、涂料等）。复验十分重要，它直接影响了焊接产品的质量与安全，因为它将是构成结构的原材料（各种轧制钢材、锻件和铸件毛坯、焊丝、焊条等）或者是制造产品必需的辅助材料。

材料库主要任务是材料的保管和发放，它对材料进行分类、储存和保管并按规定发放。主要有以下种类：

① 金属材料库，主要存放保管钢材。钢材入库后，应按其种类、材质、型号、批号、炉号等分别存放与保管，设置明显的标牌，标注上述有关项目。钢材的存放要充分考虑材料吊运方便。部分钢材采用露天堆放。金属材料的储存和保管与金属材料库的建设有很大关系，可见参考文献［1，2］。为了减少占用流动资金，应将金属材料的储存量尽量降低。金属材料发放应按生产计划提出的材料规格与需用量发放，对重要的或对材质有要求的结构，应将库存金属材料的材质、规格型号、炉号、批号等标记用钢印打印到发放的材料指定部位，或剩余钢材规定的明显部位上——即标记移置。目的是不失标记，避免弄混钢材，造成事故，这也是质量保证体系中的一个重要的控制点。

② 焊接材料库，主要存放焊丝、焊剂和焊条。同样应有生产厂家出具的质量保证书、质量合格证，检验符合要求（还要进行包装检查，如有无破损、受潮或雨淋）后方可入库。焊接材料的贮存管理是保证焊接结构制造质量的一个重要环节，即使选用焊接材料正确且质量优良，工艺操作适宜，也会影响焊缝质量。贮存焊接材料的仓库必须通风和干燥，并设置温度、湿度计，室内温度不低于5℃，相对湿度应小于60%。不容许有腐蚀介质。焊丝、焊剂和焊条均应存放在离地面和墙壁300mm以上距离的架子上，防止吸潮和生锈。格架应设有明显的标牌，用以标明焊丝、焊剂、焊条的型号、规格、批号等。在一些大型工厂中，除中央材料库设有焊接材料库外，车间也设有相应的二级库，保证发到焊工手里都是温度、湿度合格的焊接材料。焊工如有剩余焊材退回库时，必须确认规格、型号后按规定回收，并且仍要按规定烘干，方可投入使用。使用过程中也要防止焊条、焊剂受潮，如焊工使用焊条保温筒，可见参考文献［3，4］。

焊接生产的备料加工工艺是在合格的原材料上进行的。首先进行材料预处理，包括矫正、除锈（如喷丸）、表面防护处理（如喷涂导电漆等）、预落料等。材料的预处理在许多工厂里是放在金属材料仓库中进行的，由于该工艺对提高产品质量的显著作用和规模增大，20 世纪 80 年代以后，一些现代化工厂中通常设置单独的材料预处理车间。除材料预处理外，备料包括放样、画线（将图样给出的零件尺寸、形状划在原材料上）、号料（用样板来画线）、下料（冲剪与切割）、边缘加工、矫正（包括二次矫正）、成形加工（包括冷热弯曲、冲压）、端面加工以及号孔、钻（冲）孔等为装配-焊接提供合格零件的过程。通常以工序流水形式在备料车间或工段、工部组织生产。

装配-焊接工艺充分体现焊接生产的特点，它是两个既不相同又密不可分的工序。它包括边缘清理、装配（包括预装配）、焊接。绝大多数焊接结构要经过多次装配-焊接才能制成，有的在工厂只完成部分装配-焊接和预装配，到使用现场再进行最后的装配-焊接。装配-焊接过程中时常还需穿插其他的加工，例如机械加工、预热及焊后热处理、零部件的矫形等，贯穿整个生产过程的检验工序也穿插其间。装配-焊接工艺复杂和种类多，采用何种装配-焊接工艺要由产品结构、生产规模、装配-焊接技术的发展决定。例如，轿车车体为薄板结构，大量生产，多采用冲压零件装配-焊接制成。决定了它应采用专用的装配-焊接装备和辅助机具，如专用的焊接夹具，专用的焊接翻转机和变位机，高质高效的激光焊、压力焊工艺，以及把以上结合在一起的机器人焊接生产线。又如水轮机转轮是巨大的铸造-焊接复合结构，单件生产，宜用电渣焊焊接工艺，根据工厂条件，也可应用混合气体保护焊、窄间隙焊、焊条电弧焊和埋弧焊。

检验工序贯穿整个生产过程，检验工序从原材料的检验，如入库的复验开始，随后在生产加工每道工序都要采用不同的工艺进行不同内容的检验。最后，制成品还要进行总检。检验是对生产实行有效监督，从而保证产品质量的重要手段。在全面推广 GB/T 19000—ISO 9000 族质量管理和质量保证标准工作中，检验是质量控制的基本手段，是编写质量手册的重要内容。质量检验中发现的不合格工序或半成品、成品，按质量手册的控制条款，一般可以进行返修。但应通过改进生产工艺、修改设计、改进原材料供应等措施将返修率减至最小。

产品的总检，某些关键的工序检验，通常有甲方（顾客）或其代表（如驻厂检验员）参加。

产品的涂饰油漆、作标志，以及包装是焊接生产的最后环节。

焊接结构制造过程可用图 23-1 表示。

图中序号 1 ~ 11 表示出焊接结构制造流程。其中序号 1 ~ 5 为备料工艺过程的工序，还包括穿插其间的 12 ~ 14 工序。序号 6、7 以及 15 ~ 17 为装配-焊接工艺过程的焊接矫形和热处理工序。需在结构使用现场进行装配-焊接的，则还需执行 18 ~ 21 工序。序号 22 需在各工艺工序后进行。序号 23、24 表明焊接车间和铸、锻、冲压与机械加工车间之间的关系。在许多以焊接为主导工艺的企业中，铸、锻、冲压和机械加工车间为焊接车间提供毛坯，并且机加工和焊接车间又常常互相提供零件、半成品，它们之间的联系频繁而紧密，如锅炉、压力容器、汽车、船舶制造、工程机械、石油化工机械和重型机械制造业等。

应当指出该流程为最一般的和最普遍的。实际上由于最终产品的不同，分属不同制造业的工厂，其流程不尽相同。例如，汽车和船舶制造业钢材预处理十分重要；而对于重型机械制造业，所制造的机器零件大多要进行焊后热处理，普遍不设钢材预处理。更加重要的是计算机和网络技术快速引入到焊接生产，加快了焊接生产的现代化，使得上述流程及各阶段的内容，包括焊接结构的生产准备工作都相应发生变化：由于热切割技术，特别是数控切割技术的发展，下料工艺的自动化程度和精细程度大大提高，手工的画线、号料和手工切割等工艺正逐渐被淘汰，在数控切割下料过程中大部分的边缘与坡口加工一并完成。例如当已经实现数字化的计算机辅助设计的图样，传给数控切割机时，已将焊接结构需下料的各零件参数（加以适当的下料余量）输入下料和套料软件，就由数控切割机自动完成。由于计算机辅助工艺规程设计（CAPP——Computer Aided Procedure Planing）的软件开发和应用，原来工作量大、传递层次多、周期长、常常成为缩短焊接生产周期的制约因素的焊接生产准备工作，克服了传统的工艺过程设计由工艺人员完成，其优劣与工艺人员素质高低关系很大，并缺乏一致性，难于实现优化和标准化的缺点，把工艺人员从查手册、算数据、写报表等烦琐、重复的事务性工作解脱出来，将更多精力致力于工艺革新和开发并且提高了设计效率，缩短生产准备周期。关于采用 CAPP 进行焊接生产准备工作、编制焊接生产备料工艺、装配-焊接工艺等将在有关章节中进行说明。

焊接为主导工艺的企业包括了电站锅炉、重型机械、石油化工机械、工程机械、船舶制造等骨干企业，经过国家重点投资进行技术改造，现已建成数十条原材料和毛坯件预处理生产线，数控切割等先进切割技术已得到普遍推广应用，精密的激光切割与激光焊接技术在工程机械与汽车制造行业开始实际应用，先进高效焊接方法应用范围迅速扩大，专用成套焊接设备、焊接机器人、焊接生产线和柔性制造系统已在

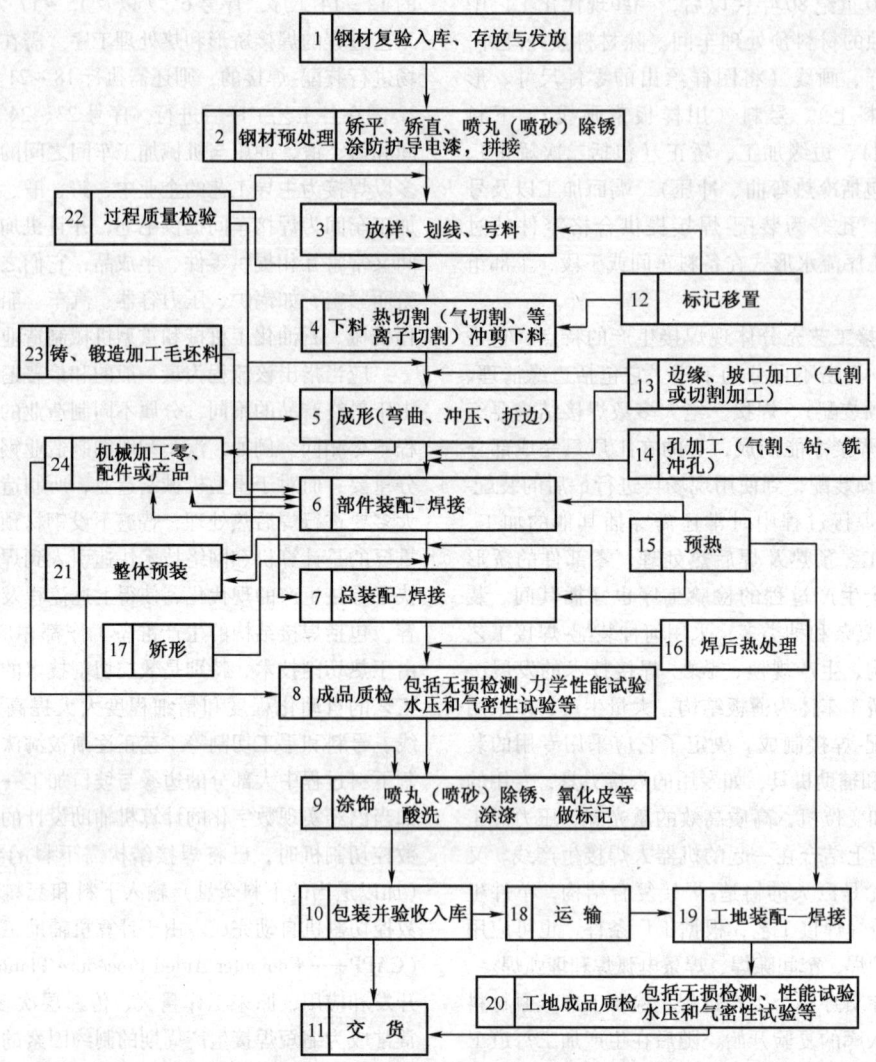

图 23-1　焊接结构制造工艺过程图

锅炉、压力容器、汽车、工程机械、重型机械和船舶制造业实际生产中应用。国家重点骨干企业焊接制造技术水平已达世界 20 世纪 90 年代初的先进水平，一批重点骨干企业进入了世界先进水平[5]。

23.2　焊接结构生产的准备工作

焊接结构生产的准备工作是焊接结构制造工艺过程的开始。它包括了解生产任务，审查（重点是工艺性审查）与熟悉结构图样，了解产品技术要求，在进行工艺分析的基础上，制定全部产品的工艺流程，进行工艺评定，编制工艺规程及全部工艺文件、质量保证文件，订购金属材料和辅助材料，编制用工计划（以便着手进行人员调整与培训）、能源需用计划（包括电力、燃料、水、压缩空气等），根据需

要，订购或自行设计制造装配-焊接设备和装备，根据工艺流程的要求，对生产面积进行调整等。生产的准备工作很重要，由于计算机辅助焊接生产的应用，使这项工作完成得更快、更好、更细致、更完善，这样将来组织生产会顺利，生产效率更高，质量更好。

23.2.1　生产纲领

在市场经济的条件下，企业的生产任务是由市场提供的，即由市场订单确定的。企业从业主手里拿到的待制品清单汇总就是生产纲领。它包括产品名称、型号、规格、性能和参数、重量（每台产品、构件、零件的重量）、年产台数和重量（台、件或吨/年）；产品的简要说明并附总图和关键件的图样；产品的部件、构件与零件的明细表（包括名称、尺寸、材料、

数量与重量）。在计算机辅助设计（CAD）条件下，也包括大量数字文件。生产纲领决定了生产的规模，从而影响了采用的生产工艺，生产组织、设备和装备。

当纲领的产品类型少，而每一种产品的量很大，即重复生产数量极大，其生产的规模属于大批大量生产。此时生产工艺应拟订得极为详细，直至每一工序都有工艺卡片；尽可能组织流水线生产；采用复杂的、专门的和高效率的设备和装备——包括高效率的装配焊接方法，各种机械化和自动化的起重和运输设备；生产设备负荷高并且调整均匀。这种按精确纲领设计的大批大量生产，对多数工人技术水平要求较低而专业化程度高，工作地点完全固定，用在工人工资的投入低；虽然采用先进工艺和设备，投入相对高一些，但由于高负荷、高效率，摊到每件产品上的设备投入也并不高，从而导致高的技术-经济指标。

当纲领的每一种产品数量较少，有时就一两件，产品结构经常变化，类型很多，有时事先难以确定其数量，其生产规模就属于单件小批生产。这种按假定纲领设计的单件小批生产多采用通用的设备和装备，以适应各种不同的零件、构件的要求；除满足技术条件要求外，不采用专用的夹具、工具和装备；基本上没有流水线生产，设备负荷不均匀；要占用许多场地储存零部件或半成品；生产的互换性和机械化程度低；工人专业化程度低而要求技术水平高。这些拉低了它的技术-经济指标。

成批生产介于两者之间。

23.2.2　焊接结构设计的工艺性审查[6]

（1）产品结构工艺性审查的一般要求和任务

生产准备工作最重要的任务之一，是审查与熟悉结构图样，了解产品技术要求。这些由生产纲领一起提供的图样，既有企业新设计和改进设计的产品，它们在设计过程中进行工艺审查；也有随订单来的外来的图样，企业首次生产前，对这些外来图样也要进行工艺审查。对产品结构进行工艺性审查的目的是使设计的产品满足技术要求、使用功能的前提下，符合一定的工艺性指标，对焊接结构来说，主要有制造产品的劳动量、材料用量、材料利用系数、产品工艺成本、产品的维修劳动量、结构标准化系数等。以便在现有的生产条件下，能用比较经济、合理的方法将其制造出来，而且便于使用和维修。

（2）工艺审查的内容

通常结构设计的三阶段均应进行工艺审查。工艺审查的内容如表 23-1 所示。表中所谓装配-焊接工艺性有：避免采用复杂的装配-焊接工艺装备；在重量大于 20kg 的装配单元（或组成部分结构）中，应具有吊装的结构要素；装配时应避免有关组成部分的中间拆卸和再装配；结构组成部分的连接包括接头形式应便于装配工作的机械化和自动化；结构材料应具有良好的可焊性；结构焊缝的布置应有良好的可焊到性，并有利于控制焊接应力与变形；焊接接头形式、位置和尺寸应能满足焊接质量的要求，焊件的技术要求合理等。

表 23-1　工艺审查的内容

设计阶段	审 查 内 容
初步设计阶段和技术设计阶段	从制造角度分析结构方案的合理性： 1）主要构件在本企业或外协加工可能性 2）继承性——新结构采用的通用件和借用件(从老结构借用)的多少 3）产品组成是否能合理分割为各大构件、部件和零件 4）各大构件、部件和零件是否便于装配-焊接,调整和维修,能否进行平行的装配和检查 5）各大构件、部件等进行总装配的可行性,是否将其装配-焊接工作量减至最小 6）特殊结构或零件本企业或外协加工的可行性 7）主要材料选用是否合理 8）主要技术条件与参数的合理性与可检查性 9）结构标准化和系列化程度等
工作图设计阶段	1）各部件是否具有装配基准,是否便于拆装 2）大部件拆成平行装配的小部件的可行性 3）审查零件的装配焊接工艺性等

（3）工艺审查的方式和程序

初步设计和技术设计阶段的工艺审查一般采用各方（设计、工艺、制造部门的技术人员和主管）参加的会审方式。对产品工作图的工艺性审查由产品主管工艺师和各专业工艺师（员）对有设计、审核人员签字的图样（包括在计算机绘制的复印图上签字的，传统方式设计的铅笔原图）分头进行。

全套图样审查完毕，无大修改意见的，审查者应在"工艺"栏内签字，对有较大修改意见的，暂不签字，审查者应填写"产品结构工艺性审查记录"（见 JB/T 9165.3—1998《管理用工艺文件格式》[6,7]），与图样一并交设计部门。

设计者根据工艺性审查记录上的意见和建议进行修改设计，修改后工艺未签的图样返回工艺部门复查签字。若设计者与工艺员意见不一，由双方协商解决。若协商不成，由厂技术负责人进行协调或裁决。

23.2.3　焊接结构制造工艺方案的设计

在生产准备工作中，进行工艺分析，编制工艺方案，是作为指导产品工艺准备工作的依据，除单件小批生产的简单产品外，都应具有工艺方案。它是工艺规程设计的依据。进行工艺分析可以设计出不止一个工艺方案，进行比较，确定一个最优方案供编制工艺规程和继续进行其他的焊接生产准备工作。因此，在制定工艺方案、编制工艺文件之前，仔细地进行焊接生产全过程的工艺分析是十分重要的。

（1）工艺分析和编制工艺方案的原则、依据、方法和内容[6,8]

1）工艺分析和编制工艺方案设计的原则。首先，从产品——焊接结构生产的要求入手，包括技术要求、经济要求、劳动保护安全卫生，明确焊接结构生产的规模和方式，使确定的工艺方案在保证焊接结构质量的同时，充分考虑生产周期、成本和环境保护。第二，根据本企业能力，积极采用国内外先进工艺技术和装备，以不断提高企业工艺水平和生产能力。

2）工艺分析的方法。工艺分析方法是在焊接结构生产要求和可能实施的生产工艺过程之间，寻求矛盾和解决矛盾的办法。

3）工艺分析的依据和内容。焊接结构生产的工艺分析的重点是装配-焊接工艺过程分析。工艺分析的依据和内容及相应可考虑的措施如表 23-2 所示。通过工艺分析设计几种装配—焊接方案。根据不同方案的情况，进行比较，确定最佳方案。

表 23-2　工艺分析和工艺方案编制的依据和内容

依　据	内　容	着眼点与考虑的措施
产品的（已通过工艺审查）设计图样，生产的任务（生产纲领）及有关技术文件	结构采用何种焊接工艺	在此工艺条件下，如何保证产品技术条件规定的结构几何尺寸、焊接接头的质量
产品的生产性质和生产类型	焊接结构的形式，焊缝的分布及其对变形和应力的影响，为保证结构几何尺寸和焊缝质量采取的工艺措施，包括焊接材料选择，需要预热、后热和焊后热处理	相应采用的合理的装配-焊接次序、各工序的要求，采用适当的装配焊接夹具和反变形。严格控制装配质量；严格控制焊接工艺参数，它应该建立在严格工艺评定基础之上、良好的可焊达性和最佳的施焊位置（平焊位置）
本企业现有生产条件	结构与部件的划分	要与选定的装配-焊接工艺相适应；划分零件数量适当，装配焊接工作量最少，各工种工作量比较平衡、工种交替少、易于流水作业和这种划分的装配—焊接顺序产生较小的焊接变形和应力，即使有了变形也容易矫正。与车间的起重和设备能力符合
国内外同类产品的工艺技术情报	可选用的工、夹具和工艺装备	保证结构质量、减轻劳动强度、改善劳动条件和生产安全，提高劳动生产率
有关技术政策，市场信息，企业领导和职工的目标	选择适当的检验方法、合适的生产组织和管理	与结构图样和技术要求、工艺方法相适应，并要符合有关标准

应当指出，焊接结构工艺分析总是优先考虑采用先进的焊接工艺。例如，在很多情况下，一种结构可以采用多种焊接方法来完成，如 H 形梁和起重机主梁（箱形梁）的四条纵缝（腰缝）既可用焊条电弧焊，也可用埋弧焊、CO_2 气体保护焊、$Ar + CO_2$ 混合气体保护焊。圆柱形和球形压力容器的环、纵焊缝按有关标准可用焊条电弧焊、埋弧焊、熔化极气体保护焊、钨极气体保护焊、窄间隙埋弧焊和气体保护焊、电渣焊。因焊条电弧焊方法质量影响因素较多，效率较低，劳动强度大、条件差，在可能的条件下，尽量

采用其他先进的焊接方法。但是，在某些条件下如生产的结构复杂，数量很少，加上材料因素的限制，选用焊条电弧焊方法也是合理的，有关内容可参考本手册"典型焊接结构的制造"一章。总而言之，分析结构形式，产品的批量——生产规模，选用保证结构技术要求、有高的焊缝质量和劳动生产率、良好的劳动条件的焊接方法。

应当指出，工艺分析的重要内容之一是成本分析。降低产品成本就提高了产品的市场竞争力和经济效益。在保证产品技术条件和质量的前提下，千方百计降低产品成本和改善劳动条件。两者有时是一致的，如实现机械化和自动化生产，可提高产品质量和劳动生产率。有时是矛盾的，如引入焊接机器人和消除应力处理，皆会增加焊接结构的制造成本，但前者可大为改善劳动条件，大大提高生产率和产品质量；后者对一些动载或低温下工作的重型机械、某些压力容器，就是必要的工艺工序，虽增加了成本，但它提高了产品的质量、提升了社会效益，也增强了产品的竞争力。

当采用工艺装备时，根据工艺装备的作用，可分为以下几种序列：

0 序列——生产产品必需的工艺装备，必须迅速安排设计和制造，在产品试制之前装备生产，否则合格产品制造不出来。

1 序列——为提高产品质量配置的工艺装备，往往也是采用先进工艺所必备的。

2 序列——提高产品生产率而配备的工艺装备。分析时要求计算由于生产率提高，因工资支出减少，生产成本降低的值，是否大于设计制造工艺装备支出分摊到每件产品上成本增加的值，否则是不适宜的。

工艺方案内容根据方案分类还有所不同。由新产品样机试制、新产品小批试制到批量生产，一步步深入，前一阶段的工艺工作的小结是后一阶段工作的基础。以批量生产为例，其工艺方案的主要内容有以下方面：

1) 对小批试制阶段工艺、工装验证情况的小结。

2) 工艺关键件质量攻关措施意见和关键工序质量控制点设置意见。

3) 工艺文件和工艺装备的进一步修改、完善意见。

4) 专用设备或生产自动线的设计制造意见。

5) 采用有关新材料、新工艺的意见。

6) 对生产节拍的安排和投产方式的建议。

7) 装配方案和车间平面布置的调整意见。

(2) 工艺方案设计的程序

根据工艺方案设计的依据和工艺分析的结论，由主管工艺人员提出几种工艺方案，组织讨论，确定最

佳方案，经工艺主管审核，最后交由总工艺师或总工程师批准。

23.2.4　焊接结构生产工艺规程设计

焊接结构生产的准备工作中生产工艺规程编制占有重要地位。在进行生产工艺规程设计，编制各种工艺规程文件。按工艺方案和工艺规程设计提出的工艺装备设计任务书，进行工艺装备的设计和制造。编制工艺定额（材料消耗和劳动量消耗的工艺定额）等。形成日后组织生产所依据的统称为工艺文件的各种图表和文件。焊接结构生产的工艺文件，也是焊接结构制造厂质量体系运转和法规贯彻的见证件，是生产的指导，更是焊接结构制造质量和实物质量描述档案，是第三方监督检查和制造资格认证审查的重要考核依据之一。它应该是科学、实用、真实和有效的。

(1) 工艺规程的类型和工艺规程的文件

标准（JB/T 9169.5—1998）规定，工艺规程的类型有专用工艺规程、通用工艺规程和标准工艺规程。

工艺规程的文件形式及其使用范围有以下方面：

1) 工艺过程卡片：主要用于单件小批生产的产品，示例见表 23-3。

2) 工艺卡片：用于各种批量生产的产品。

3) 工序卡片：主要用于大批量生产的产品和单件小批生产中的关键工序。

4) 操作指导卡片（作业指导书）：用于建立工序质量控制点的工序。

5) 工艺守则：某一专业应共同遵守的通用操作要求。

6) 检验卡片：用于关键工序检查。

7) 装配系统图：配合装配的工艺过程或工序卡片使用，以便于复杂产品的装配。

8) 热处理、成形、锻造工艺卡片等。

各工厂根据本厂的具体条件，产品的结构特点、材料、设备、生产规模等，依照规范制定本厂的工艺规程的文件形式及其使用范围，在 23.5.3 节中给出了部分典型工艺文件的例子。

(2) 设计工艺规程的基本要求

1) 工艺规程是直接指导现场生产操作的重要技术文件，应做到正确、完整、统一、清晰。

2) 充分利用本厂现有生产条件基础上，尽可能采用国内外先进工艺技术和经验。

3) 在保证产品质量基础上，尽可能提高生产率和降低消耗。

4) 必须考虑生产安全和环境保护，采取相应措施。

5）结构和工艺特征相近的构件、零件应尽量设计典型工艺规程。

6）各专业工艺规程在设计过程中应协调一致，不得相互矛盾。

7）工艺规程中所用的术语、符号、代号要符合相应标准的规定。

8）工艺规程中的计量单位应全部采用法定计量单位。

9）工艺规程的格式、幅面与填写方法和编号应分别按 JB/T 9165.2—1998《工艺规程格式》和 JB/T 9166—1998《工艺文件编号方法》执行。

（3）设计工艺规程的主要依据和审批程序

工艺规程设计的依据是产品的工艺方案以及其编制的依据，根据规范规定进行的焊接试验或焊接工艺评定，它是编制焊接工艺规程最重要的依据之一（见23.4节）。还有产品零、部件工艺路线表（图）（有的工厂称为工艺-工序流程图），车间分工明细表，有关的工艺标准，有关的设备和工艺装备资料，国内外同类产品的有关工艺资料等。

工艺规程编制好后，要经过审核、标准化审查、会签，最后批准的审批程序。工艺工程师设计的工艺规程首先经主管工艺师（或工艺组长）审核，关键工艺规程可由工艺处（科、室）负责人审核。按照 JB/T 9169.7—1998[6] 进行工艺规程标准化审查。经审查和标准化审查后的工艺规程应送交有关生产车间，车间根据本车间的生产能力，审查工艺规程中安排的加工和（或）装配-焊接内容在本车间能否完成，工艺规程中选用的设备和工艺装备是否合理，进行会签。此后成套工艺规程，一般经由工艺处（科、室）负责人批准，成批生产的产品和单件生产的关键产品的工艺规程，应由总工艺师或总工程师批准。

目前计算机和网络技术日益普及，工艺规程设计可以通过计算机辅助来完成，这被称为计算机辅助工艺设计（CAPP）。在本手册第33章将介绍焊接 CAPP 的有关内容。

（4）工艺定额编制

在编制工艺规程、填写工艺文件时，必须规定产品生产材料消耗定额和劳动消耗定额。生产定额是企业为完成某生产任务对人力、物力、财力的消耗、利用或占用所规定的数量标准。其重要性和详细的编制方法可见本卷手册有关章节。作为工艺文件一部分的材料消耗工艺定额，既是有关工艺文件的一部分内容，又是单独的一种工艺文件，按工艺文件完整性标准（JB/T 9165.1—1998）的规定，在编制工艺定额

基础上，填写材料消耗工艺定额明细表，材料消耗工艺定额汇总表等。

依照工艺定额编制标准（JB/T 9169.6—1998）规定，材料消耗工艺定额编制范围包括了构成焊接结构的主要材料（金属板材、型材、焊条、焊丝等）和生产过程中的辅助材料（焊剂、气体、燃料、润滑材料、涂拭材料等）。其编制的依据是产品图样、零件明细、工艺规程和有关手册、标准。编制材料消耗工艺定额有技术计算法、实际测定法、经验统计分析法等方法。通常采用技术计算法，在实际试生产中，应用后两种方法加以修正。

根据以上规定，劳动定额有两种形式：时间定额（工时定额）和产量定额（单位时间内完成的合格品数量）。焊接结构生产的劳动定额多用前者。其编制的依据是产品图样、工艺规程、有关资料或定额标准、生产规模（类型）和企业的生产技术水平。劳动定额的制定方法有经验估计法、统计分析法、类推比较法和技术测定法。焊接结构生产采用技术测定法制定时间定额见本卷有关章节。

在采用焊接 CAPP 进行工艺定额编制时，可以直接利用其数据库中的材料定额计算、工时定额计算、焊材消耗定额库等直接进行编制，打印输出标准的定额文件，如果本企业没有 CAPP 系统，也可以编制简单的定额计算软件，使烦琐的手工计算大为简化。

（5）工艺文件的完整性（JB/T 9165.1—1998）

此标准对一般机械制造企业，按生产类型和产品的复杂程度规定了常用工艺文件。与焊接结构生产有关的工艺文件如参考文献 [6，7]，可供参考选用。表23-3是工艺过程卡示例，皆可供生产中参考选用。在准备好完整的工艺文件和其他的各项生产准备工作之后，在进行试生产，直到批量生产都要一直继续工艺工作，其程序如图23-2所示。

如参考文献 [10] 所述，焊接结构生产的准备工作是一项复杂的系统工作，分属生产计划、材料供应、设计、工艺（包括焊接及其他专业）、焊接车间（分厂）等部门，各部门各司其职，组织严密。许多以焊接为主导工艺的制造厂，如重型机械、压力容器、电站锅炉、造船等都是单件小批生产的工厂，每件产品的生产都需要从设计到工艺编制……的全过程，包括设计在内的生产准备周期长达6～12个月，制约整个产品的生产周期，很难适应目前市场竞争的需要。因此，采用计算机辅助焊接工艺的编制，是解决制约产品整个生产周期的瓶颈，大大缩短生产准备时间最有效的办法。

表23-3 工艺过程卡

编号：

共 页第 页

产品名称		零(部)件号		材料牌号				制造编号			
图 号		数 量		材料规格				产品编号			

号	车间	工种或设备	工序	工艺内容及技术要求	单件工时	工装具	操作者/日期	控制形式			检查结果	检查/日期
								厂内	监检	用户		

审核人　　年 月 日　　编制人　　　　　　年 月 日

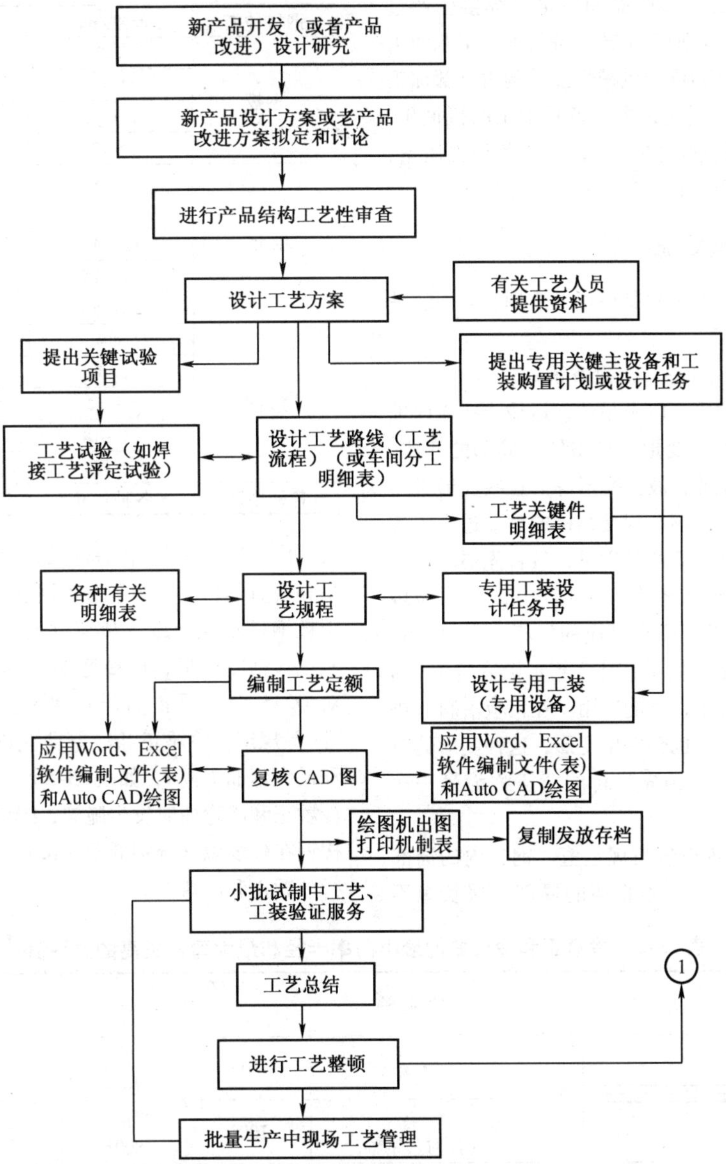

图 23-2 产品工艺工作程序图[6]

考虑到采用计算机设计和绘图较参考文献 [6] 有所修改；

① 根据需要反馈到工艺方案、工艺路线、工艺规程和（或）工艺装备设计。必要时进行修改设计或重新设计。

23.3　焊接结构生产的备料加工工艺

包括钢材预处理在内的备料加工工艺是装配—焊接前必经的工序。备料加工的质量将直接或间接影响产品的质量和生产效率。例如，装配前零件加工质量或板料边缘坡口不符合图样要求（如零件形状、坡口角度、钝边、间隙不合格），将增加装配的困难，降低生产效率，恶化焊接质量（降低焊缝质量，结构外形、尺寸不符要求），严重限制了先进焊接工艺的应用，增大焊接应力与变形，甚至产生焊接缺陷。因此，为获得优良的焊接产品和稳定的焊接生产过程，应制定合理的备料加工工艺。备料加工工艺的工作量占相当大比重，如重型机械焊接结构占全部加工工时的 25% ~60%。因此，提高备料加工的机械化、自动化水平，采用先进的加工工艺，改善加工质量，对提高焊接生产的质量和生产率有重要作用。

23.3.1　钢材的预处理

钢材预处理的一般步骤是矫正、清理、表面防护处理、预落料等。

（1）钢材的矫正（一、二次矫正）

钢材在轧制过程中，以及吊装、运输或在库内堆放、储存中都可能产生变形，如整体、局部的弯曲，表面的凹凸不平，扭曲，波浪变形等。这些变形必须予以矫正，否则将会影响在焊接结构的制造过程中各工序的正常进行，并降低产品质量，故首先要对钢材进行矫平（如板材）和矫直（如型材），统称为矫正，对于厚度 5mm 以下成卷供应的钢板，当用来制造平板结构时（如制造板梁、柱、箱形贮仓等），则在开卷后接着进行矫平，才能应用。在钢板落料、拼接和结构制造过程中，也会发生变形，这种变形的矫正称为第二次矫正，而预先进行的矫正称为第一次矫正。

1）矫正原理、矫正量与规定值。钢材内的局部金属发生塑性变形，产生不希望的局部金属长短不

一，从而造成变形。为消除这些变形，使局部短金属拉长，长金属缩短，就要在外力（手工、机械或局部加热）作用下，经过多次反复变形，达到矫正的目的。火焰局部加热则使局部金属产生压缩塑性变形，达到矫正的目的。

根据工厂的经验，10% ~100% 钢板、扁钢（依厚度不同而异）和 15% ~20% 的型材需要矫正。随着数控切割技术的普及应用和焊接结构质量要求的提高，矫正量的比例在增加。统计资料见表 23-4。

表 23-4　各种钢材的第一次矫正量所占比例[14]

钢材种类	厚度/mm	矫正量（%）
钢板	≤2	100
	2 ~6	90
	6 ~12	50
	>12	≤10
扁钢	≤6	100
	6 ~12	80
	12 ~18	50
	18 ~25	20
	>25	≤10
宽扁钢	≤4	100
	4 ~6	80
	6 ~12	70
	12 ~18	35
	>18	≤10
各种型钢	各种尺寸	15 ~50

由于矫正是利用钢材局部发生塑性变形来达到矫平和矫直的目的，为了避免钢材冷矫正量过大而过度消耗钢材塑性和设备负荷过大，通常对冷矫正（当然也包括冷成形，如冷弯曲）的变形量有限制，如对 Q235 钢冷矫正的伸长率不得超过 1%。国家标准[15] 规定，冷矫正和冷弯曲允许的最小曲率半径 r 和最大弯曲矢高 f，如表 23-5 所示。为了防止低温下冷矫正和冷弯曲时发生脆裂，碳素结构钢和低合金结构钢在环境温度分别低于 -16℃ 和 -12℃ 时，不得进行冷矫正和冷弯曲。

表 23-5　冷矫正和冷弯曲的最小曲率半径和最大弯曲矢高的允许值

钢材类别	示意图	对应轴	矫　正		弯　曲	
			r	f	r	f
钢板 扁钢		x-x	$50t$	$\dfrac{l^2}{400t}$	$25t$	$\dfrac{l^2}{200t}$
		y-y（仅对扁钢轴）	$100b$	$\dfrac{l^2}{800b}$	$50b$	$\dfrac{l^2}{400b}$
角钢		x-x	$90b$	$\dfrac{l^2}{720b}$	$45b$	$\dfrac{l^2}{360b}$

（续）

钢材类别	示意图	对应轴	矫 正		弯 曲	
			r	f	r	f
槽钢		x-x	$50h$	$\dfrac{l^2}{400h}$	$25h$	$\dfrac{l^2}{200h}$
		y-y	$90h$	$\dfrac{l^2}{720b}$	$45h$	$\dfrac{l^2}{360b}$
工字钢		x-x	$50h$	$\dfrac{l^2}{400h}$	$25h$	$\dfrac{l^2}{200h}$
		y-y	$50b$	$\dfrac{l^2}{400b}$	$25b$	$\dfrac{l^2}{200b}$

注：1. 表中 r 为曲率半径，f 为弯曲矢高，l 为弯曲弦长，t 为板厚；
　　2. 厚度小于 $0.5\sim2\text{mm}$ 薄板不受此限。

超过上述规定的矫正采用加热矫正，碳素结构钢和低合金结构钢在加热矫正时，加热温度应根据钢材性能确定，但不得超过 900℃。低合金结构钢在加热矫正后应缓慢冷却。

矫正后的钢材表面，不应有明显的凹面或损伤，划痕深度不大于 0.5mm 且不大于钢材厚度负偏差的二分之一，钢材矫正后的允许偏差，也即转入下一步工序前，钢材允许的变形值见表23-6。

表23-6　一般钢材号（下）料前变形允许偏差[15]

项　目		允 许 偏 差	图 例
钢板的局部平面度	$t\leqslant14\text{mm}$	1.5mm	
	$t>14\text{mm}$	1.0mm	
型钢弯曲矢高 f		$\leqslant l/1000$ 且 $\leqslant5.0\text{mm}$	
角钢肢的垂直度		$\Delta\leqslant b/100$ 双肢栓接角钢的角度 但 $\leqslant90°$	
槽钢翼缘对腹板的垂直度		$\Delta\leqslant b/80$	
工字钢、H 形钢翼缘对腹板的垂直度		$\Delta\leqslant b/100$ 且 $\leqslant2.0\text{mm}$	

进行二次矫正时，为了限制焊接接头区的塑性变形量，焊缝的余高应限制到最小或去除余高。

2）矫正的方法。钢材的矫正通常采用机械、火焰和手工矫正。

手工矫正主要是用锤击钢材的变形有关区域，使局部短金属部分伸长，从而进行矫正，如图23-3所示。手工矫正法简单灵便，但矫正质量不稳定，被锤击处钢材力学性能将受影响，直接用大锤锤击处，会

产生严重塑性变形，留有锤疤，导致局部钢材脆化，因此手锤不得直接锤击在钢材上。此外，劳动条件不良，也是限制使用手工矫正的重要原因。

机械矫正是利用各种矫正的机械设备对钢材进行矫正的方法，和手工矫正原理一样，也是使钢材相应（如不平）部分发生变形，达到矫正目的，但它是采用弯曲的变形方法，如图23-4所示，钢板的矫平是在多辊钢板矫正机上进行的，被矫钢板在钢板矫正机

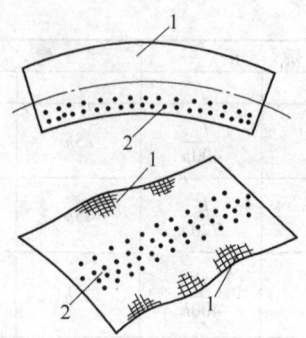

图 23-3　手工矫正
1—局部长金属区　2—局部短金属区（锤击区）

的 5 ~ 11 个两排辊子（其间隙比钢板厚度略小，并且可以调节）中通过，在垂直钢板的平面内反复弯曲，使钢板得到普遍的伸长，钢板局部短金属被拉长较多，从而消除了原来不平处（见图 23-4a）。中小型钢矫正机与钢板矫正机类似，但上下辊形成的不是钢板断面而是型钢断面，图 23-4b 所示为角钢矫正机的滚轮，可矫正两翼的开、合和弯曲变形。但对工字钢和槽钢，这类矫正机只适于小断面，更多采用调直压力机，如图 23-4c 所示。机械矫正由于矫正质量好、效率高和劳动条件好，从而获得广泛的应用。

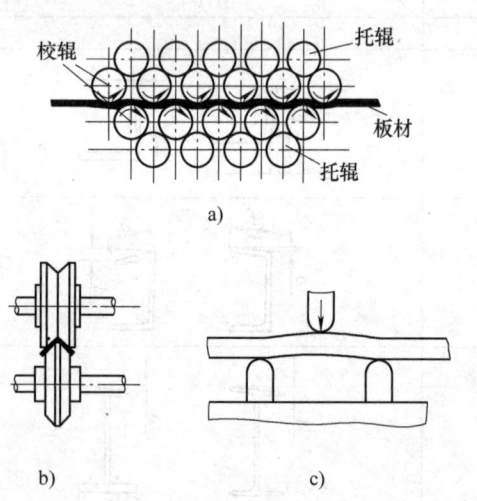

图 23-4　机械矫正示意图
a）钢板矫正　b）角钢矫正　c）型钢在调直压力机上矫正

　　火焰矫正是利用气焊和气割的焊、割炬或专用的火焰矫正加热枪，加热被矫正钢材或工件的变形部位，如局部伸长或凸起变形部位，使之产生压缩塑性变形，然后速冷，使局部伸长缩短，从而消除变形。火焰矫正加热的方式根据所矫正钢材或工件变形特点而异，有点状、线状和三角形加热三种加热方式。点状加热是使加热区呈小面积圆形，如图 23-5a 所示；

线状加热是使加热区呈长带（线）状，带的宽窄随板厚而异，板厚越大，加热线越宽，其特点是宽度方向收缩大，长度方向收缩小，如图 23-5b 所示；三角形加热则是使加热区呈等腰三角形，其特点是收缩量从三角形顶点到底边逐渐增大，如图 23-5c 所示，将底边沿工件布置，利用此不均匀收缩矫正工件的弯曲变形。加热温度控制在钢材回火温度以下，加热后通常工件在空气中冷却，有时为提高矫正效率，在工件正面和背面喷水冷却。实验研究结果表明，对低碳钢和 16Mn 钢采用水冷对钢材的力学性能无影响。但对有淬硬倾向的钢材应慎重。火焰矫正方法简单、灵活、快速、效率高、效果好，应用甚广。

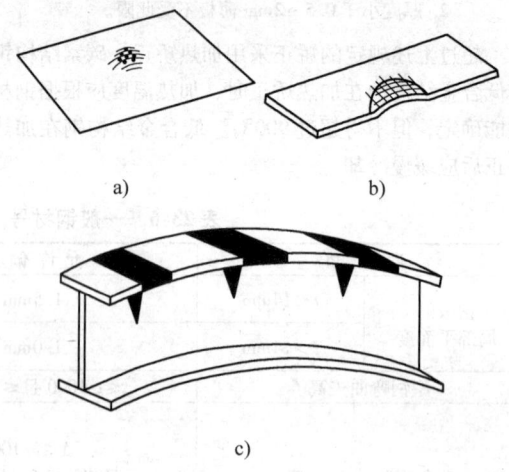

图 23-5　火焰矫正
a）点状加热　b）线状加热　c）三角形加热

（2）表面清理
　　清除钢材和零件表面的锈、油污和氧化物等是焊接生产中常被忽视的一道工序。这道工序被忽略或没有认真进行，可使正常生产受阻，例如，破坏了数控切割的连续性。尤其是成批、大量生产条件下，采用高效焊接方法时（如埋弧焊、窄间隙焊、电阻点缝焊等）是造成质量问题，甚至造成废品的重要原因之一。清理的方法主要有两类：
　　1）机械法。包括喷砂或喷丸、手动风砂轮或钢丝刷、砂布打磨、刮光或抛光等。喷砂喷丸比较彻底，效率高，但粉尘污染环境，劳动条件差，需在专用场所进行。对 4mm 以下的薄钢板喷丸易造成损伤。机械清理的一个缺点是清理不够均匀。
　　2）化学法。即用溶液进行清理，此法效率高，质量均匀而且稳定，但成本高，并对环境造成污染。常用的酸洗方法是将钢板浸入 2% ~ 4% 的硫酸槽内一定时间后，取出后置入 1% ~ 2% 温石灰液槽内，经石灰液中和钢板上残留的硫酸液，取出干燥，钢板上留有一层薄石灰粉，它可以防止金属再氧化，在切割和焊前可将其擦去。其他金属材料及零件的化学清理，可参考参考文献 [8]。

现代钢材和毛坯件的预处理工艺是包括了矫平、预热（40℃）、喷丸（砂）除锈、酸洗磷化、喷涂底漆、烘干（60℃）等工序。用成套设备组成不同规模的生产线可见本手册 24 章。由于焊接结构预处理十分重要，日益受到重视，近年来我国在船舶、重型机械、工程机械和锅炉等行业中已建成许多条这样的生产线[5]。

23.3.2　放样、画线与号料

（1）放样、画线与号料工序内容

放样是在制造金属结构之前，按照设计图样，在放样平台（间）上用 1∶1 比例尺寸，划出结构或零件的图形和平面展开尺寸。以便检查设计图样的正确性，包括所有零部件的尺寸，以及它们之间的配合等；确定零件毛坯的下料尺寸，如曲面构件的钣金展开，绘制钣金展开图，获得下料尺寸，考虑焊缝的收缩变形量，坡口加工裕量，以及其他加工裕量，需在下料前预留出的裕量制作样板。

在零件结构简单，或是单件小批生产条件下，放样有时直接在金属材料上进行。这种在原材料或经初加工的坯料上绘制下料线、加工线、中心线、各种位置线和检验线等的加工工序，就称为画线。采用样板来画线称为号料。

由于计算机技术的广泛应用，焊接生产的备料加工工艺发生很大化变化。例如焊接结构的设计可以采用 AutoCAD、Pro/Engineering、UG、CATIA 等软件来进行，如当采用 Pro/Engineering 软件进行结构设计时，计算机不仅显示结构的平面图形（包括各个需

要显示的断面图、剖视图、局部视图等），还可以根据需要显示出其三维图形，进行设计图的正确性、有无干涉等的检查不再需要放样了。占地很大的放样间可作他用。由计算机设计完成的结构图样，包括零件图通常做成数据文件（如 AutoCAD 软件画图，输出 DXF 或 DWG 文件），计算机按数控切割的需要将其编制成保证数控切割机平稳正确切割的数控切割机软件，这样就把号料、画线与下料切割等工序结合起来了。这是现代化生产中的先进、高效和经济的工艺。为提高生产的经济性，节约钢材十分重要，为此广泛采用套料方法切割，此时可采用计算机自动编程套料切割系统，现行的软件不仅可供数控切割机套料，还有供剪床和锯床下料的套料软件（见 23.3.3 节）。

（2）放样、画线和号料的准备工作和注意事项（对尚未采用计算机辅助设计和制造的中小厂适用）

放样、画线和号料的工作好坏对后续加工及半成品、最终产品的质量都有重要影响。如前述注意合理排料（套料），并考虑材料的轧制方向，则不仅有利于提高成品质量，而且提高了材料利用率，降低了生产成本。

放样、画线和号料常用的场地设备、工具和量具有放样平台（间）、钢卷尺（2～50m）、90°角尺、1m 长钢直尺、2m 平尺、量角器、地规、划规、划针、冲子、锤子、内外卡钳、粉线等。所有量具需经计量部门检查合格方可使用。在每个样板、样杆都必须注明图号、产品合同号、材质、每台数量、图形符号、孔径和加工方法等。样板、样杆、胎具等必须经检查员检查合格后方可使用。

样板、样杆制作时，应考虑焊接收缩变形量及零件加工裕量，放出该收缩量和裕量。表 23-7 为焊接收缩量参考值。号料时应根据工件形状、大小，钢材

表 23-7　焊接收缩量参考值[16]

接头形式	焊缝横向收缩量近似值						
	板　厚/mm						
	3～4	4～8	8～12	12～16	16～20	20～24	24～30
	收　缩　量/mm						
V 形坡口对接接头	0.7～1.3	1.3～1.4	1.4～1.8	1.8～2.1	2.1～2.6	2.6～3.1	—
X 形坡口对接接头	—	—	—	1.6～1.9	1.9～2.4	2.4～2.8	2.8～3.2
单面坡口十字接头	1.5～1.6	1.6～1.8	1.8～2.1	2.1～2.5	2.5～3.0	3.0～3.5	3.5～4.0
单面坡口角焊缝	0.8			0.7	0.6	0.4	—
无坡口单面角焊缝	0.9			0.8	0.7	0.4	—
双面断续角焊缝	0.4	0.3		0.2	—	—	—
焊缝纵向收缩量近似值/(mm/m)							
对接焊缝	0.15～0.30						
连续角焊缝	0.20～0.40						
断续角焊缝	0～0.10						

的规格尺寸，可用预先计算法、颠倒插角法等合理排料，进行套裁，以合理使用和节约用料，提高材料利用率。套裁时，可参照表 23-8 的值在坯料间留出切割间隙。

表 23-8　切割间隙[17]　（单位：mm）

材料厚度	火焰切割		等离子切割	
	手工	自动、半自动	手工	自动、半自动
≤10	3	2	9	6
12～30	4	4	11	8
32～50	5	4	14	10
52～65	6	5	16	12
70～130	8	6	20	14
135～200	10		24	16

　　号料和画线采用划针或磨尖的石笔、粉线。用石笔和粉线画线时，线条宽度分别不得大于 0.5mm 和 1mm。号料和画线后，为防止线条被擦掉，要在线条上打上 3 个小冲孔，并且划上工厂工艺手则规定的符号。号料和画线的尺寸公差见表 23-9；放样、样板、样杆制作的尺寸公差见表 23-10。

表 23-9　画线、号料的尺寸公差[15]

尺寸名称	公差/mm
相邻两孔中心距离偏差	±0.5
板边与邻孔中心距离偏差	±0.1
冲眼与邻孔中心距离偏差	±0.5
零件外形尺寸偏差	±1.0
两端两孔中心距离偏差	±1.0

表 23-10　放样时样板、样杆制作的尺寸公差[15]

尺寸名称	公差/mm
相邻之中心线间偏差	±0.2
板边与邻孔中心线距离偏差	±0.5
对角线差	±1.0
长度、宽度偏差	±0.5
加工样板的角度	±20′

23.3.3　下料和边缘加工

　　制造焊接结构的金属材料在画线与号料的基础上，进行机械切割或热切割下料。切割的边缘，特别是装配焊接的边缘，通常要进行边缘加工（坡口加工）。

　　（1）金属材料的机械切割

　　金属材料的机械切割包括使用剪床、圆盘剪床、冲床、联合冲剪机和锯床等的切割，用得最多的是剪床。当剪床用来剪切钢板时，剪切低碳钢的厚度最大可达 40mm，剪切过程如图 23-6 所示，按板材上画线

或按剪床上的挡铁所确定的尺寸进行。图 23-6a 所示钢板 2 送入上下刀口 4、1 之间，由挡铁 5 定位，压紧器 3 压紧钢板之后，上刀 4 向下运动，对切口处金属进行挤压［可压入深度达（0.2～0.4）板厚］、弯曲，最终剪断。图 23-6b 所示为一种可以切割出斜边坡口的专门剪床[19]。液压缸 1 可使刀架 3 绕 A 轴回转，由刀片 7 切断金属，当刀架 3 上的挡铁 2 碰到机件 4 上的凸起后，它们一起绕 B 轴回转，推动压紧器 5 离开调整挡铁 6，同时刀片 8 切出坡口。

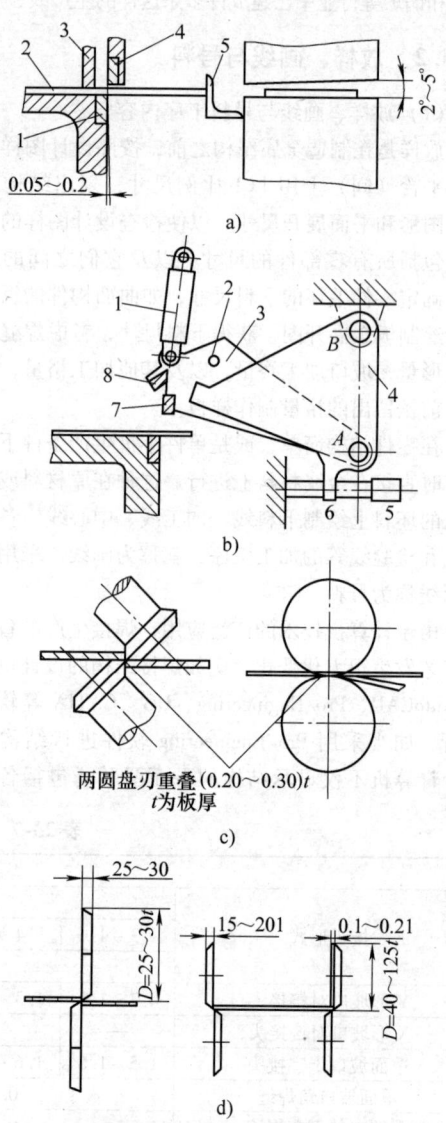

图 23-6　用不同剪床剪切板材示意图

　　剪切时，由于对金属的挤压、弯曲和剪切塑性变形，导致切口处产生冷作硬化区，同时，被切开金属发生整体的扭曲塑性变形。硬化区宽度一般为

1.5~2.5mm。

对剪切的质量一般要求切口应与板材表面垂直，斜度不大于1:10，毛刺高不大于0.5mm。在采用挡铁切割时，切割尺寸误差为±（1.5~2.5）mm，当按画线切割时，切割尺寸误差为±（2.0~3.0）mm，当然还与板材尺寸和厚度有关。表23-11的规定可供参考。

表 23-11　剪切零件允许偏差[15]

项　目	允许偏差/mm
零件宽度、长度	±3.0
边缘缺棱	1.0
型钢端部垂直度	2.0

上述剪床只能剪切直口，采用圆盘剪则可剪切非直线切口，如图23-6c所示。剪切规定宽度的板材还可用双圆盘剪，如图23-6d所示。此外，还采用联合冲剪机冲剪钢板（剪刀长可达300~600mm）、型钢和零件冲孔。不规则曲线形状零件，还可采用冲床冲剪加工出来。一些型材的下料还采用了圆盘锯、圆盘无齿锯、工具钢带锯或接触电弧火花锯等，只是效率比较低。

为提高机械切割的效率和改善工人劳动条件，大型剪床、冲剪机等设备附近适当配置单独的起重机械及辊道，并应在车间起重机工作范围之内，详见焊接车间设计章。因为上述缺点（机床庞大，劳动条件差，只能用于较薄的板，切割曲线更加困难，切割质量差等），随着数控气割技术的发展，剪切下料应用范围逐渐缩小，一般只用于薄板（小于6mm）或非现代化的小、老企业。

（2）热切割

金属材料的热切割包括气割、等离子切割、电弧切割和激光切割等。JB/T 10045.1—1999《热切割方法和分类》及参考文献［17，21，33］，将热切割按物理现象、加工方法、能源分类。后者又分为气体火焰切割，包括氧燃气切割、氧熔剂火焰切割、火焰气刨、火焰表面清理、穿孔、净化等；气体放电切割，包括等离子弧切割、电弧-压缩空气气刨、电弧-氧切割等；束流切割，包括激光束切割、电子束切割、水射流切割等，最后一项也是一种束流切割但非热切割，因为极具发展前途而放这里。应用最普遍的是气体火焰切割中的氧燃气切割，简称气割。

1）气割。可采用氧乙炔切割（用乙炔做燃气），进行切割的条件和金属及难于和不能进行切割的金属及机理可参考本手册第1卷。

当用丙烷、丙烯、天然气做燃气取代乙炔，称为氧丙烷（烯）、氧天然气切割。用这些燃气取代乙炔是由于成本低（比乙炔节约40%的费用），安全性提高，因为它们的燃点比乙炔高（分别为490~570℃和408~440℃），爆炸范围小（指发生爆炸时，燃气在空气中的体积分数分别为2.3%~9.5%和2.2%~8.1%）和安全距离小（分别为1~2m和5m），切割挂渣状况有改善，切口小等优点。而燃烧热值和火焰温度较乙炔低的缺点，则可用改进割炬、加大氧的供给、在燃气中加入添加剂等方法解决，成为目前推广的新技术项目。

以氧乙炔切割为例，无论是手工或是自动气割都是用割炬来进行。割炬上安装割嘴，并用调节氧和乙炔流量的办法，调节预热火焰，控制氧流量以保证气割的正常进行。割嘴喷出混合气流（预热火焰）和（切割）氧流，普遍采用的是两者同心组合一起的，如环形和梅花割嘴，通常中心孔喷出切割氧，环孔或梅花孔喷出由混合气点燃的预热火焰。为了进行薄板和较快速地切割，也有采用两者分离的非同心割嘴，但现在已经用得很少。最常用的射吸式割炬型号及其参数可参见参考文献［20］。低碳钢手工气割工艺参数见表23-12。为了提高切割钢板的速度，采用切割氧孔道为扩散形（即拉伐尔喷管）快速割嘴，可比普通直线型割嘴提高切割速度20%~30%，但其切割表面粗糙度增大。为此研制了高速精密割嘴，即在扩散型割嘴的扩散段前方设置了直线段，使超音速气流的边界层处速度分布均匀，与直线型割嘴一样，从而降低表面粗糙度，又达到提高切割速度的要求。除射吸式之外，标准（JB/T 7947—1999）还提供一种等压式割炬，除供手工气割外，各种自动和半自动的机械化气割都采用这种割炬。等压式割炬型号及其参数参见参考文献［20］，普通等压式割炬机动气割低碳钢工艺参数见表23-13。高速精密割嘴机切低碳钢的工艺参数见表23-14。板材厚度大于300mm时气割较困难，采用适当割嘴和切割氧压力才能进行，可参见参考文献［21，22，33］。

气割时，钢材产生热影响区，尤其是对于有淬硬倾向的钢板，可能在切口处产生微裂纹，故要通过边缘加工去除。一些钢材气割时，其热影响区宽度见表23-15。

2）等离子弧切割。等离子弧切割是以高温高速的等离子弧为热源，将被切金属熔化及蒸发，同时高压气流将熔化金属吹掉而形成狭窄切口的切割过程。等离子弧切割由于可切割任何黑色金属、有色金属、高熔点金属和其他切割方法难于切割的金属，如不锈钢、铝、铜、钛、钨、钼及其合金、耐热钢和铸铁等，

表 23-12　低碳钢手工气割工艺参数[23]

板厚/mm	喷嘴直径/mm	氧气压力/MPa	切割速度/(mm/min)	气体消耗量/(m³/h)	
				氧气	乙炔
3	0.5 ~ 1.0	0.10 ~ 0.21	510 ~ 760	0.5 ~ 1.6	0.17 ~ 0.26
6	0.8 ~ 1.5	0.11 ~ 0.14	410 ~ 660	1.0 ~ 2.6	0.19 ~ 0.31
9	0.8 ~ 1.5	0.12 ~ 0.21	380 ~ 610	1.3 ~ 3.3	0.19 ~ 0.34
12	1.0 ~ 1.5	0.14 ~ 0.22	305 ~ 560	1.9 ~ 3.6	0.28 ~ 0.37
19	1.2 ~ 1.5	0.17 ~ 0.25	305 ~ 510	3.3 ~ 4.1	0.34 ~ 0.43
25	1.2 ~ 1.5	0.20 ~ 0.28	230 ~ 460	3.7 ~ 4.5	0.37 ~ 0.45
38	1.5 ~ 2.0	0.21 ~ 0.32	150 ~ 305	4.2 ~ 6.4	0.43 ~ 0.57
50	1.7 ~ 2.0	0.16 ~ 0.35	150 ~ 330	5.2 ~ 6.5	0.45 ~ 0.57
75	1.7 ~ 2.0	0.23 ~ 0.39	100 ~ 255	5.9 ~ 8.2	0.45 ~ 0.65
100	2.1 ~ 2.2	0.30 ~ 0.40	100 ~ 210	6.7 ~ 11.0	0.57 ~ 0.74
125	2.1 ~ 2.2	0.39 ~ 0.49	90 ~ 160	7.9 ~ 12.3	0.57 ~ 0.82
150	2.5	0.45 ~ 0.56	75 ~ 140	11.3 ~ 16.1	0.71 ~ 0.90
200	2.5 ~ 2.8	0.40 ~ 0.54	65 ~ 110	14.3 ~ 17.7	0.85 ~ 1.10
250	2.5 ~ 2.8	0.46 ~ 0.68	50 ~ 80	17.3 ~ 21.2	1.02 ~ 1.30
300	2.8 ~ 3.1	0.41 ~ 0.60	35 ~ 65	20.4 ~ 26.2	1.19 ~ 1.55

表 23-13　普通等压式割炬机动气割低碳钢工艺参数[20,21]

板厚/mm	割嘴号码	气体压力/kPa		切割速度/(mm/min)	气体消耗量	
		氧气	乙炔		氧气/(m³/h)	乙炔/(L/h)
5 ~ 15	1	≥294	≥30	450 ~ 500	2.5 ~ 3.0	350 ~ 400
15 ~ 30	2	≥343	≥30	350 ~ 450	3.5 ~ 4.5	450 ~ 500
30 ~ 50	3	≥440	≥30	250 ~ 350	5.5 ~ 6.5	450 ~ 500
50 ~ 100	4	≥588	≥50	230 ~ 250	9.0 ~ 11.0	500 ~ 600
100 ~ 150	5	≥686	≥50	200 ~ 230	10.0 ~ 13.0	500 ~ 600
150 ~ 200	6	≥784	≥50	170 ~ 200	13.0 ~ 16.0	600 ~ 700
200 ~ 250	7	≥882	≥50	150 ~ 170	16.0 ~ 23.0	800 ~ 900
250 ~ 300	8	≥980	≥50	90 ~ 120	25.0 ~ 30.0	900 ~ 1000

表 23-14　高速精密割嘴机切低碳钢的工艺参数[20,21]

板厚/mm	割嘴号码	切割氧孔喉径/mm	切割速度/(mm/min)	气体压力/kPa	
				氧气	乙炔或丙烷
5 ~ 20	1	0.6	300 ~ 800	686	>30
15 ~ 40	2	0.8	200 ~ 500	686	>30
35 ~ 70	3	1.0	150 ~ 300	686	>30
60 ~ 100	4	1.25	135 ~ 250	686	>30
80 ~ 120	5	1.5	130 ~ 200	686	>30
110 ~ 150	6	1.75	130 ~ 200	686	>30
140 ~ 180	7	2.0	130 ~ 200	686	>30

表 23-15　气割钢热影响区宽度

气割碳钢热影响区宽度[16]					快速割嘴气割的热影响区宽度[18]			
板厚/mm	切割速度/(mm/min)	热影响区宽度/mm						
		低碳钢	中碳钢	镍铬钢	钢号	切割速度/(mm/min)	过热区宽度/mm	正火区宽度/mm
25	250	0.4 ~ 0.7	0.8 ~ 1.5	2 ~ 3	25钢	250	0.15	0.30
50	170	1.0 ~ 1.5	1.5 ~ 2.5	3 ~ 4	40Cr	250	0.18	0.58
100	125	1.5 ~ 2.0	2.0 ~ 3.0	4 ~ 5	30CrMnSiA	250	0.15	0.59
250	100	2.0 ~ 3.0	3.0 ~ 5.0	5 ~ 8				

还可切割非金属。在大多数情况下与气割相比较由于切割速度快，生产率高。总的看，切割质量也较高，切口较窄，较光洁，变形和热影响区小，因而获得广泛的应用。和气割一样等离子弧切割时也会产生有害因素，除金属烟尘、有害气体、噪声和光污染外，还有高频电磁场对人体的不良影响，这些都要求采取更

加严格的安全防治措施，钢板水下等离子弧切割就是一种有效改进。

等离子弧切割使用的等离子弧割炬，及各种等离子弧切割的原理、特点，详见本手册第 1 卷。目前大量运用的压缩空气等离子弧切割，成本低，操作方便，适于切割 30mm 以下厚度碳钢，也可以切割不锈钢、铜、铝及其他材料。水再压缩等离子弧切割一般在水槽中进行，工件在水下 200mm 左右。由于水的作用，可降低噪声、弧光、金属粒子、灰尘、烟气和紫外线等，大大改善劳动条件，因而也获得广泛应用。在造船业中已开始采用氧等离子切割来提高生产效率。压缩空气等离子弧切割的工艺参数和水再压缩等离子弧切割的工艺参数，可参见参考文献 [20]。

3）激光切割。利用激光束的热能量将被切工件切缝区熔化和汽化，同时用辅助气体排除熔化物从而形成切缝的方法。按产生激光束的激光器有固体、气体和半导体激光器等，切割可采用 CO_2 气体激光器产生的 CO_2 激光。切割的辅助气体随被切材料而异。可使用惰性或中性气体；对一般金属的切割，则采用氧气。此时，激光束起到预热金属到熔化，后在吹出的氧流中燃烧，熔渣被氧流吹走，从而形成切口。和氧乙炔切割一样，这大大提高切割速度和质量。此外，辅助气还保护聚焦透镜免受污染。

激光切割的主要优点是：切口细，对一般低碳钢，其宽度可小到 0.1～0.2mm；几乎没有熔渣，切口表面光滑，零件切后不需加工，即可使用；切口边缘热影响区很小，宽度仅 0.01～0.1mm，淬硬区很小，性能不受影响；切割变形很小，切割时工件不用工夹具固定；切口垂直，切割工件的尺寸精度高。目前限于设备条件，工业上还仅限于将激光切割头装在数控切割机上实现薄板的机械化自动切割。几种常用材料的激光切割参数及其应用可参见参考文献 [20]。

4）水射流切割。利用压力达 200～400MPa 的高压水，有时还加入一些粉末状的磨料，通过（蓝宝石或金刚石制造的）喷嘴，喷射到工件上的一种切割方法。水射流切割可切割金属、复合材料、陶瓷、玻璃、塑料等，具有切口无挂渣、无热变形、无淬硬、无粉尘污染等优点，适于易燃、不耐热、不耐压的材料切割，目前我国尚在发展之中。

不属于热切割的水射流切割是一种极有应用前景的束流切割。

几种热切割（包括水射流切割）切割速度的比较见表 23-16。几种热切割，如气割和等离子弧切割的切割面质量评定参照 JB/T 10045.3—1999《热切割 气割质量和尺寸偏差》和 JB/T 10045.4—1999《热切割 等离子弧切割质量和尺寸偏差》的规定。GB 50205—2001《钢结构工程施工质量验收规范》规定的气割允许偏差见表 23-17。钢材气割的热影响区宽度见表 23-15。等离子弧切割的实际割纹深度、切口角和切口宽度是值得关注的。切口角大是等离子弧切割的特有问题。一般切口角为 5°左右。薄板或用氮气为工作气体时，切口角为 5°～7°。当用水再压缩等离子弧切割时，切口角可减至零。切口宽度在正常情况下，上切口宽度为喷嘴孔径的 1.5～2 倍，而小电流接触式切割时，上下切口宽度基本等于喷嘴孔径。厚 20mm 的钢材实际切口深度可参见参考文献 [20]。

表 23-16　切割速度比较[13]

（单位：mm/min）

碳钢钢板厚/mm	氧乙炔气割	等离子弧切割	激光切割	水射流切割
<1	—	—	<5000	3300
2	—	—	3500	600
6	600	3700	1000	200
12	500	2700	300	100
25	450	1200	—	45
30	300	250	—	—
>100	>150	—	—	—

表 23-17　气割的允许偏差[15]　　　　　　　（单位：mm）

项　目	零件宽度、长度	切割面平面度	割纹深度	局部缺口深度
允许偏差	±3.0	0.05t 且≤2.0mm（t 为切割面厚度）	0.3	1.0

（3）数控切割

近年来，焊接生产中的下料工艺有了重大进步，表现为热切割工艺和设备得到很大发展[25,26]。热切割设备由各种小型的半自动机械、直角坐标仿形、光电跟踪仿形和采用数控的各种大、中型全自动切割机到计算机控制的全自动切割机和编程机的广泛应用，如前述使画线、号料和下料三工序合并，使切割质量，包括零件的外观质量、尺寸精度、形位精度大为提高，为装配-焊接等后续工序的高质量提供了良好条件，解决了某些难于机加工的弧形曲线外轮廓零件和大厚度（100～250mm）钢板零件的切割加工，前者如链轮、链片等，后者如压力机架、机床床身、履带架等，使一些传统铸造构件被焊接构件取代。有的工厂，厚 6mm 以上的全部或大部钢材都采用机械化

和自动化的热切割，打破了适于剪切的经济厚度定在
20～25mm以下的结论。许多产品的非焊接边缘也是
采用机械化热切割，且割缝光滑，尺寸正确。由于配
置了多把可回转的割炬，可一次切割出X、K、V等
直线和曲线坡口。总之，数控切割在备料工艺中是一
项重大的技术革命，改变了车间工艺流程和设备布
局，根本改善了焊件的质量，使整个生产的现代化、
自动化和缩短工艺流程达到一个新水平。

如前述数控切割是用编好的数控切割程序软件
（如早期的NC纸带、储存了程序和数据文件的软盘、
通过网络传输的数据）控制切割机，以单割炬或多
割炬对钢板上单个或多个零件自动连续，并按规定顺
序和方向切割。单件生产通常按图样上零件的几何形
状和数据在专门的编程机上进行脱机编程，生成指
令。初期我国曾花大量外汇从国外购进编程套料系
统。1987年起国内一些单位开始研究，陆续有一批
自动编程套料切割系统软件问世并投入使用。整个系
统一般分为编程、套料两大模块。

编程模块能够提供零件的生成（描述）、计算、
绘图、显示、编辑、储存、打印和穿孔等功能，有的
还具有指针动态式编译功能，三维零件的展开等。自
动提供切割引入线，安排预热穿孔点，减少预热穿孔
数，有效节省割嘴和预热氧。

套料模块是在编程模块基础上，计算机利用专用
软件在屏幕上进行排料设计。分人机和自动两种套
料。前者通过人机交互方式，把多个零件通过平移、
旋转多种手段，排在板材最合适位置上，包括采用共
边切割，达到最大程度利用板材的套料切割目的。后者
则是自动从零件库提取与钢板面积大致相等的一批零件
自动完成多种编排方案，显然它有较高的工作效率。

随着AutoCAD、Pro/E等软件在焊接结构设计中
的采用，使大部或全部结构图都是AutoCAD图等数
据文件，充分利用CAD等数据文件对零件工作图几
何形状的描述，设计了它们与编程软件的接口，进行
数控程序的转换，从而生成自动编程套料系统软件，
指挥切割机自动完成套料切割[9]，这样既提高了生
产效率，进一步保证精度，提高了产品质量。

除平面图形零件数控切割外，对空间直线和曲线
的数控切割也被广泛采用，如型钢（主要如构成海
上平台上层建筑的H形钢、工字钢、大型角钢等）
的切割——包括切断和切割坡口；管道切割——包括
切断和各种相贯线的切割，也包括坡口的切割。以海
上平台导管架为例，如本卷第16章"船舶与海洋工
程焊接结构"所述，导管架型平台结构中，导管架
是用钢管相贯焊接而成的巨形空间桁构架，结构庞大

而复杂，诸多节点（包括平台和桩的连接，主梁的
交叉连接，主梁和桩腿连接，主梁和主要支撑杆的连
接等）极易产生应力集中，除大直径厚壁管通常要
采用Z向钢制造外，相贯焊缝的焊接质量也极为重
要。因为对大工作量的焊接和焊接变形要求严格控
制，所以对管件切割质量要求也很高。如对自由边和
焊接边切割缺口、坡口和装配间隙等都有严格要求，
这就使得对带有坡口的各种相贯线接口的切割成为难
题。我国于20世纪70年代末为此引进了数控自动切
管机，20世纪90年代末又在自动切管机数控系统国
产化研究中[27]，解决了管道相贯线的数控切割这一
难题。该研究从建立相贯线的数学模型开始，不仅建
立了管-管、管-板、Miter接头、多个管、板相贯线
的数学模型，而且包括完成与两面角有关的坡口角切
割的数学模型[28]，随后的研究中还建立了管-锥、管
-圆形弯管的相贯线的数学模型。在此基础上，编制
了相应的计算机程序，其指令配套的计算机硬件，加
上切割机伺服系统、执行元件来完成上述各种相贯线
接口——带坡口的切口的自动切割。值得指出的是还
编制了自动切管机切割范围外，生产中又要求切割的
小角度相贯管口及坡口的切割程序；拟定了一次完成
原需多次切割完成的所谓搭接接头的切割程序，并用
于生产。如图23-7所示，被切管同时同两管相贯，
其空间相贯线有两段，与搭接管d_1相贯线，可用以
O为原点的Z坐标和弧坐标S来确定：

$$Z = \frac{\sqrt{(d_1/2)^2 - \left(\frac{1}{2}(d-2t)\sin(\theta+\beta_2)+a_2\right)^2}}{\sin\alpha_2}$$
$$+ \frac{(d-2t)\cos(\theta+\beta_2)}{2\tan\alpha_2} + e$$

$$S = \left(\frac{d}{2}-t\right)\theta\frac{\pi}{180} \qquad (23\text{-}1)$$

式中　d_1——搭接管外径；

d、t——被切管外径和壁厚；

θ、α_2、β——相贯线上任一点的圆周角即图23-7中x
(θ)（从开始切割点算起），被切管与搭
接管轴交角即图23-7中$A_2(\alpha_2)$，扭交
角即图23-7中$F_2(\beta_2)$；

a_2——被切管与搭接管的偏心值；

e——如图23-7所示的偏心值。

同样，被切管同主管(D)相贯线也有类似的方程：

$$Z = \frac{\sqrt{(D/2)^2 - \left(\frac{1}{2}(d-2t)\sin(\theta+\beta_1)+a_1\right)^2}}{\sin\alpha_1}$$
$$+ \frac{(d-2t)\cos(\theta+\beta_1)}{2\tan\alpha_1} \qquad (23\text{-}2)$$

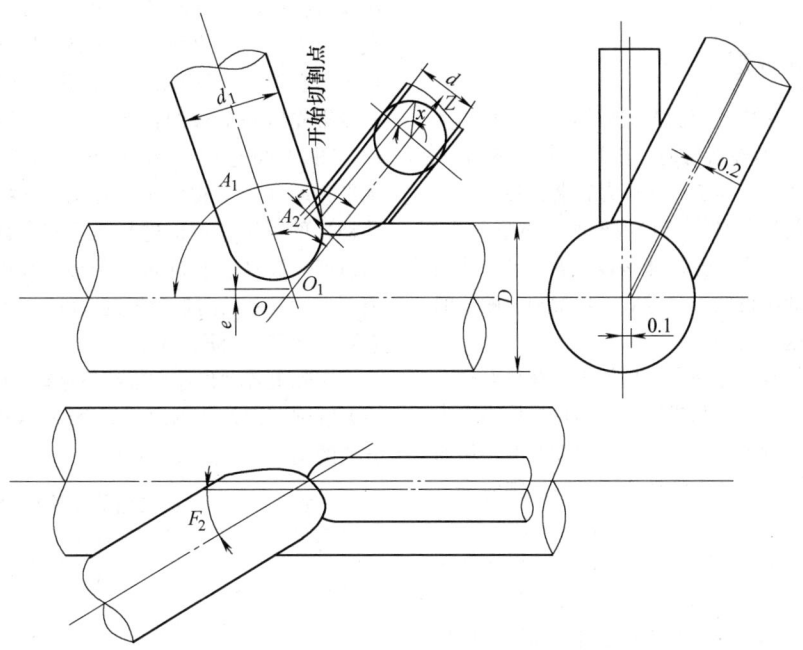

图 23-7 管-管一次搭接相贯

式中 D 代表主管外径，其余参数与上式意义相同，不同的下标表示是被切管与主管的扭交角（本例为零）、轴交角和偏心值。

这样，就得出相对圆周角 θ 而变的相贯线由 Z、S 决定的点，如编制成计算机程序，就可使割嘴沿相贯线移动。但要同时切割出坡口而令割嘴沿相贯线偏转，还需知道坡口角，而根据标准[28]坡口角的大小是由两面角来决定，有两面角 ψ：

$$\psi = \arccos(\cos\theta\cos\varphi\cos\alpha - \sin\theta\sin\varphi) \quad (23\text{-}3)$$

式中 θ、α 与前意义相同；φ 为主管圆心角，

$$\varphi = \arcsin[(d\sin\theta + 2a_1)/D] \quad (23\text{-}4)$$

这就为相对圆周角 θ 而变的 φ、ψ，进而有不断变化的坡口角。编制成计算机程序，指令割嘴沿相贯线移动的同时，而令割嘴沿相贯线偏转，同时切割出坡口。

（4）边缘加工（坡口加工）

切割下料的金属毛坯在下列情况下还需进行边缘加工：为保证装配的精确度（焊接的或非焊接的装配）、为了去除不良的边缘（如气割的热影响区和剪切的冷作硬化区）、毛坯倒角和加工焊接坡口等。许多加工机械都可作为边缘加工设备，即用机械加工（冷加工）方法加工边缘。如圆筒形工件可用车床加工，直线边缘用刨床、铣床或刨边机加工，后者是焊接生产专用设备。按照规范[15]机加工气割或机械剪切零件边缘时，其刨削量不应小于 2.0mm，边缘加

工的允许偏差应符合表 23-18 的规定。采用机械加工方法可加工各种形式的坡口，如 I、V、U、X 及双 U 形等。但也可用热切割方法切割出坡口（包括上述数控切割），如用自动或半自动切割设备，同时使用 1~3 把割炬，一次即可切割出 I、V 和 X 形坡口。对于 U 形坡口也可用气割方法加工出来，也是用三把以上的割炬，通过调节中间割炬的切割氧压力，割出所需的弧形，最后切割钝边，可获得精度较高，且耗氧量少的坡口。切割坡口的工艺参数和割炬的布置可参见参考文献 [20]。

表 23-18 边缘加工的允许偏差[15]

项 目	允许偏差
零件宽度、长度	±1.0mm
加工边直线度	$l/3000$ 且 ≤2.0mm
相邻两边夹角	±6′
加工面垂直度	$0.025t$ 且 ≤0.5mm
加工面表面粗糙度	$Ra50\mu m$

上述气割 U 形坡口，只是热切割加工 U 形坡口多种方法中的一种。其他如用火焰气刨、火焰气刨后再气割等[20]。实际上，生产中还广泛采用电弧气刨进行一定形式的坡口加工。特别是进行双面焊清理焊根的工作，焊接缺欠修理时缺欠的开挖工作。电弧气刨又称为碳弧气刨。电弧气刨采用直流电源，对于碳钢、低合金钢、不锈钢采用直流反接，铸铁、铜及其合金等采用直流正接，而铝及其合金正或反接，详见

本手册第1卷。

23.3.4　弯曲和成形

在焊接结构制造中，弯曲及成形加工占有相当大的比重。制造某些焊接结构时，金属材料的80%～90%需进行弯曲和成形加工，如压力容器：各种化工石油塔、罐、釜的圆筒体，锥形或椭圆、球形封头，锅炉的锅筒，焊接管道，各种球形容器等，另一些结构如工程机械、锻压机械、起重机、桥梁和船舶等的焊接结构则没有这么高的比例。

大多数金属材料的弯曲和成形加工是在冷态——常温下进行的。由于弯曲和成形是金属材料最终发生塑性变形，当变形量过大，导致过大塑性变形，从而引起金属冷作硬化，使其力学性能下降时，则应进行加热弯曲和成形。根据规范[15]规定，允许的冷弯最小曲率半径 r 和最大弯曲矢高 f 见表23-5。根据其相对变形量不大于2%，弯曲圆筒中径 $D/t > 40$ 可冷弯（t 为板厚）。超过上述范围则加热弯曲和成形，加热温度宜控制在900～1000℃；碳素结构钢在温度降至700℃之前，低合金结构钢在温度降至800℃之前，应结束加工；低合金结构钢还应缓慢冷却[15]。

如前所述，和冷矫正一样的原因，也规定了不允许进行冷弯曲的最低温度（见本章的钢材的矫正部分）。

1. 板材的弯曲

金属板材的弯曲是在卷（弯）板机（也称为滚床）上进行。目前采用的卷板机的型式及其分类可见本卷手册下一章。应该指出，当前已见报道的最大卷板机是PSIO型卷板机，它冷卷最大板厚为190mm，热卷板厚可达381mm，板长达3600mm（12ft），是一种下辊可作水平移动的三辊卷板机，主要用于制造核反应堆的厚壁压力容器。国内制造和使用的卷板机，冷卷钢板最大厚度也在60mm以上，如上海锅炉厂300mm厚壁筒就采用进口的DIV全液压三辊数控卷板。

（1）卷板工艺

卷板工艺可以三辊和四辊卷板机弯板工艺为例，实际上都是对板料的连续三点弯曲的过程。按卷制曲面形状可分为圆柱面（筒体）、圆锥面和任意柱面、双曲率卷制的球面和双曲面等，前面两种，特别是筒体的卷制是最常用的。

如图23-8a、b所示，三辊卷板机卷圆时，钢板两端有一长为 a 的直边无法卷圆，称剩余直边，其长度取决于两下辊的中心距。为消除剩余直边，钢板卷圆前需进行板边预弯，预弯可以在压力机上用专用的

压模进行模压。图23-8c是用预制的厚钢板模在三辊卷板机上进行板边预弯。图23-8d、e是用四辊卷板机进行卷圆时，两侧辊可沿箭头方向移动（图23-8d一侧辊先做一板边的预弯，和两侧辊沿箭头方向移动，图23-8e进行卷板的情形）。图23-8f是两下辊可水平移动（或上辊沿水平移动——相对两下辊水平移动）的三辊卷板机进行消除剩余直边的卷圆工艺的情形。板厚小于6mm的薄板，利用下辊带有聚氨酯制弹性外套的两辊卷板机也可完成没有剩余直边的卷圆，如图23-8h所示。

实际上各种预弯方法都仍存有一些直边，只要是在卷圆圆度误差范围内，即容许。如板厚为 t，各种方法的剩余直边见表23-19。

表 23-19　平板卷板的理论剩余直边[23]

设备		卷板机		压力机
弯曲形式		对称	不对称弯曲		模具压弯
			三辊	四辊	
剩余直边	冷卷时	$L/2$	$(1.5$ ~$2)t$	$(1~2)$ t	$1.0t$
	热卷时	$L/2$	$(1.3~$ $1.5)t$	$(0.75~$ $1)t$	$0.5t$

注：L 为两下辊的中心距，$L = 2a$。

为防止卷圆时产生扭斜，卷圆开始时工件送进务必对中，对中使得工件的母线与辊子的轴线平行。三辊卷板机设有保证工件对中的挡板，也可用倾斜进料方法，让一个下辊起对中的挡板作用；四辊卷板时，可将一侧辊上升当作挡板。

卷圆工艺分一次进给和多次进给。取决于工艺限制条件和设备限制条件，即冷卷时不得超过允许的最大变形率和板、辊之间不打滑，不得超过辊子的允许应力与设备的最大功率。一次进给不能满足则可多次进给完成卷圆。卷板机设备说明书给出的最小弯曲半径，系指一次进给卷制机器规定的名义规格板材时的最小弯曲半径，多次进给时最小弯曲半径可以接近上辊半径。卷圆进给次数越少效率越高而圆度误差相对大一些。卷圆时总是在工艺、设备条件和圆度误差允许范围内以最少或一次进给完成卷圆，以求达到最高的生产率。

考虑到冷卷时钢材的回弹，卷圆时必须施加一定的过卷量，即使回弹后工件的直径为加工图要求的工件直径。故滚卷时应用回弹前工件直径决定各工艺参数。回弹前筒体半径 R' 依据加工件半径（中径之半）、截面形状系数、钢材相对强化系数、板材厚度、钢材屈服极限和弹性模量，参见参考文献[17, 24]公式计算。

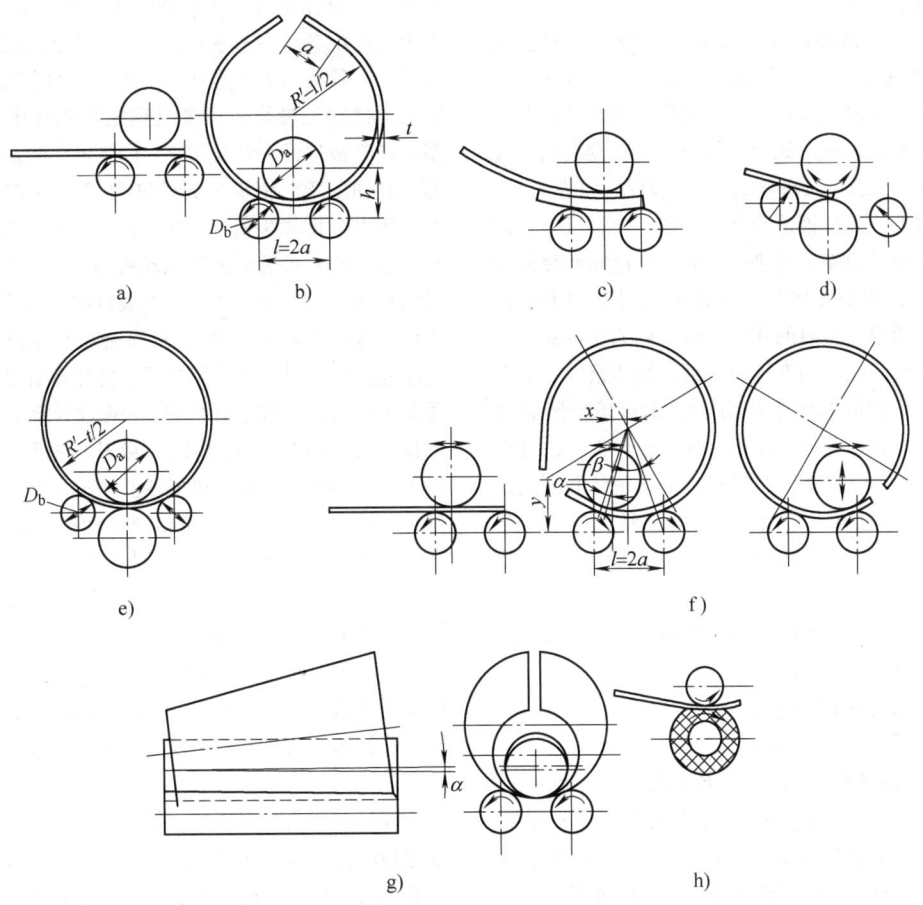

图 23-8　卷板机工作示意图

当需要热卷时，如前所述正确控制卷制的温度。加热炉应布置在卷板机附近，这一距离在 6～10m 左右，视加工工件和设备的尺寸确定，在车间设计时应予考虑。热卷没有回弹，因此不用过卷。对于不允许冷卷的薄板，若用热卷则因刚性太差，吊运困难，则可以采用温卷，所谓温卷，即加热温度在金属再结晶温度以下，蓝脆温度以上。

弯曲成形的零件采用弧形样板检查。当零件弦长小于或等于 1500mm 时，样板弦长不应小于零件弦长的 2/3；弦长大于 1500mm 时，样板弦长不应小于 1500mm。成形部位与样板的间隙不得大于 2.0mm[15]。除技术要求有单独规定外，卷圆后圆筒尺寸允差可参考表 23-20。

三辊卷板机上辊中心线与下辊中心线构成一角度时，则可加工圆锥形工件，如图 23-8g 所示。此时，由于工件受到较大的轴向力，要进行打滑的验算，三辊卷板机都规定了本机可卷制的锥体最大锥顶角。

表 23-20　卷曲筒体的尺寸偏差[17]

圆筒外径 /mm	偏　差				
	冷卷外径公差 /mm	热　卷　偏　差			
		外径公差/mm	椭圆度/mm		局部凸凹/mm
			壁厚≤30mm	壁厚>30mm	
<1000	±2	±2	5	5	3
1000～2000	±3	±4	10	9	4
2000～3000	±4	±6	12	11	5
>3000	±5	±7	14	13	6

（2）数控卷板

采用数控卷板能消除（实际上是降低至允差范围）剩余直边的三辊（下辊或上辊可作水平移动）和四辊卷板机常制成全自动数控机床，国内已有若干厂家生产这种卷板机。如全自动数控三辊卷板机卷板时，可以输入加工参数，如板宽、板厚、滚卷直径、材料屈服强度、弹性模量及其他系数，卷板机的工控计算机按照数学模型自动进行计算，在已知回弹前的筒体半径 R'，利用几何关系可以求得对称和不对称三辊卷板、四辊卷板时的几何参数。例如在对称三辊和四辊卷板时，在已知下辊中心距、筒体壁厚、上下辊半径以及弹前的筒体半径为 R'，则可确定滚卷时上下辊中心的合适距离。在不对称三辊卷板时，可确定滚卷时上辊左位置角与上辊相对位置角，上辊偏离两下辊中心距，上辊从最高位下压的距离，如图 23-8f 中 α、β 角、x 和 y 等卷板参数。而卷成弹前曲率半径可由下式计算：

$$R' = R/(1 + 2mR_{eL}R/Et) \qquad (23-5)$$

式中　R——加工工件曲率半径；

　　　R_{eL}——材料屈服强度；

　　　E——材料弹性模量；

　　　t、m——板厚和决定于 t、R 的常量。$m = k_1 + tk_0/2R$；k_1、k_0 决定于钢板截面的系数（如常用矩形截面 $k_1 = 1.5$）和决定于材料的系数（如 Q235，$k_0 = 11.6$ 等）。

由弹前曲率半径则可由几何关系导出相应的几何参数。如图 23-8f 所示，三辊卷板机其上辊的最高位置（用 y 坐标表示）和两下辊中心距 l 是卷板机的结构决定的。数控自动卷板机在送进工件并使工件与右下辊对齐后，该机自动按设计的程序进行：计算机计算出上辊需要往下移 y 值、向左移 x 值，使其正好压紧工件并有向左的偏移，如图 23-8f 左图。上辊继续下压一 y 值并滚卷至板的左端头，如图 23-8f 中图。此时程序中断，用点动使工件尽量至左端头，恢复自动执行程序：上辊再下移一 y 值，进行板左侧的压头（减小和消除直边）。然后上辊回到卷板位（并向右移），继续反方向辊卷，直到板的右端头，如图 23-8f 右图。此时程序中断，用点动使工件尽量至右端头，恢复自动执行程序：上辊亦再下移一 y 值，进行板右侧的压头（减小和消除直边）。然后上辊回到卷板位，并回到中心位置，即 x 为零；同时上辊再下移一个 y，进行工件的补偿弯曲，程序自动完成。上述自动执行的程序时间与卷制工件几何尺寸和设备条件有关，如 17000kN × 3000mm 数控万能三辊卷板机当卷制外径 1219mm，板厚 38mm 圆筒时，包括中断后人

工点动（操作者应在岗）在内约需 10min。多数数控卷板机还配置了左右视频监视器，使加工过程高效和高质量。须要指出，上述是一次进给的卷圆工艺，如输入前述加工参数，计算机根据预先提供的数学模型，计算板件最大伸长率 ε，并判断是否 $\varepsilon \leqslant 5\%$；计算上辊加压弯曲钢板受到的抗力 F_a，并判断卷板机最大压力（即卷板机标称压力的 0.8 倍）F_{max}，是否有 $F_{max} \geqslant F_a$；计算所需要电动机功率 P，并要求设备额定功率 $P_{额定} \geqslant P$；计算送进板料的力矩 M_q 是否大于板料送进的阻力矩 M_m，从而避免钢板打滑。如果上述验算皆通过，则计算机程序将计算给出一次进给卷制工艺参数（如前计算 R，并据此计算上辊需各上下移动量 y 和左右移动量 x，以及板材移动量 z 等）作为输出参数，在计算机屏幕上显示，等待操作者修改和确认。在按程序自动卷制过程中，除视频监视外，屏幕还适时显报 x、y、z 值。当一次进给卷圆工艺通不过时，程序还会给出二次卷圆工艺及其参数。

2. 型材（包括管材）的弯曲

管材弯曲时外侧受拉应力减薄，内侧受挤压力变厚并且圆度发生畸变。严重时，外侧拉破，内侧起皱。管材的弯曲要采用多种措施来改善不良的变形和缺欠。

管材的弯曲常用压弯、挤弯、辊弯和回转弯曲。辊弯和回转弯曲是在专用设备上进行弯曲加工。在加工量不大，设备负荷不足，购置专用设备不经济时，可用前两种方法或手工弯曲。压弯和用模型挤弯、手工弯管可冷压（挤弯和压弯），也可热压（挤弯和压弯）。为防止不良变形和缺欠，管内可加心轴，大多数回转弯曲管机上都配有心轴。填充砂子和其他特殊支撑。滚弯在有带槽的辊轮的卷板机或型钢弯曲机上进行管材的卷制，通常进行冷弯。回转弯曲在专用的立式或卧式弯管机上进行管材冷、热弯曲，回转冷弯在有心轴或无心轴条件进行。

型材的弯曲和卷板类似，可在三辊或四辊卷弯机上进行。但型钢卷弯机的辊子带有和型钢截面相吻合的沟槽。也可以用回转弯曲机和弯管一样回弯。或用模具在油压机与弯曲矫正机（顶床）上一次或多次进行压弯。拉弯型材是用拉弯模在油压机上进行的，由于型材预拉长后压弯，整个截面都得到塑性变形，所以回弹小，工件弯曲较精确。由于型材弯曲半径较大，可按中性层（重心）来计算坯料长度。

3. 压制成形

焊接结构制造过程中还有许多零件因为形状复杂，要用弯曲成形以外的方法进行成形加工。如锅炉及压力容器的封头（平底、碟形、椭圆形和球形），

带有翻边的孔的筒体、封头、锥体、翻边的管接头、封头瓣、球瓣、翻边的锥形瓣，薄壁结构中的波纹板（起棱板），弯头瓣等，如图 23-9 所示。这些复杂曲面形状的成形加工通常在压力机上进行。用大型水压机，正确定位的上下模，将预先下料好的毛坯，加热或常温下压制上述各式封头、大型球瓣及其他各种瓣体。压模可以更换，以满足不同形状工件的需要。焊接结构车间的压力机和一般锻造压力机相比，在同样压力下要求更大的工作台面。由于这类冲压压力机生产率相当高，往往生产负荷不足。解决的办法是组织压制成形加工中心，形成专业化生产，同时为若干个企业完成加工，其好处是显而易见的。

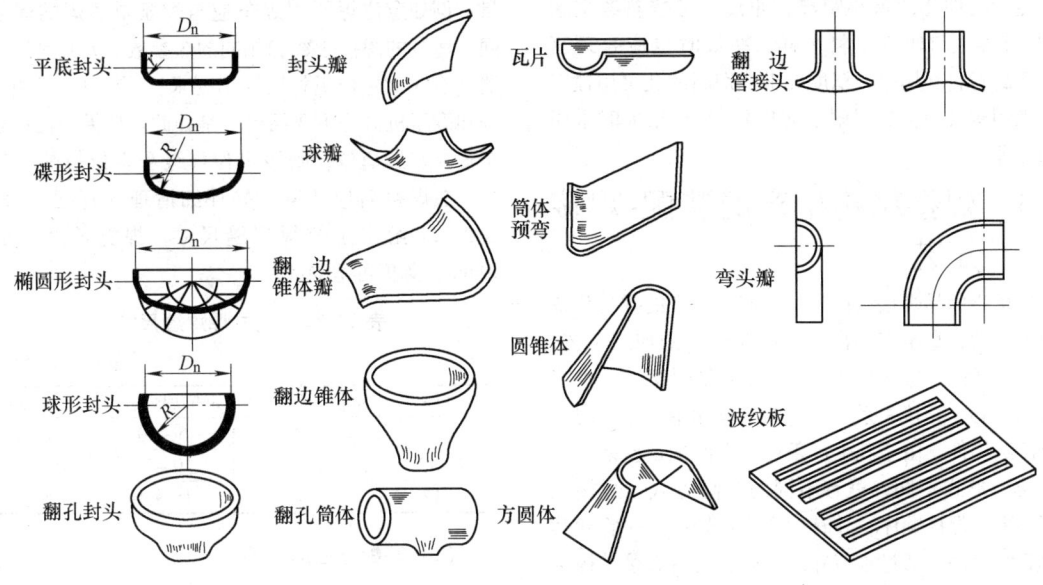

图 23-9　压制成形的工件

大批大量生产中，形状十分复杂的零件采用冷冲压加工，如汽车工业。波纹板也采用冷冲压加工。其特点是生产率高，加工零件尺寸精确，下料和成形加工常同时进行，而加工的板料多是薄板（虽然最大厚度可达 10mm，但大量是薄板）。

大型形状复杂的工件，批量不大，可以采用爆炸成形加工。爆炸成形（拉深、翻边、胀形、冲孔等）的特点是设备（包括模具）简单，是一种很有前途的高能加工工艺。

作为特殊的压制成形技术还有旋压和多头压制技术。旋压同样按工件厚度分冷旋压和热旋压，前者又可分为一步法和两步法，两步法首先要将毛坯在压鼓机上压成碟形，即把封头中心部分压制出要求的圆弧曲率，然后在旋压机上，工件一边旋转一边受到内外旋压滚轮的挤压翻边而成形，旋压机旋压封头和锥体翻边见参考文献 [17]。其特点是设备比压力机简单，通用性强，操作人员少，不需专用模具，还可以旋压切边和加工坡口，成形准确，工件质量高，适于单件小批生产，旋制太深工件，如球形封头时较为困难。由于采用压力机压制封头，需要更大的工作台面，而大尺寸封头数量多非大批大量的，因此一些专业化封头加工中心，既有压力机又购置了旋压机，并进行分工加工。直径 4400mm 以下封头，多用压力机直接冲压；直径 800 ～ 7200mm 系列不同厚度封头则用旋压机加工，该工艺可以减少加工所需模具。多头压制技术是在 xyz 三坐标系内，调整每一 xy 坐标点的高度 z 值，使之与加工要求的表面方程 $z = f(x, y)$ 相符。而每一坐标点采用数控千斤顶将复杂曲面板压制成形。

4. 制孔

焊接结构制造中开孔工作并不太多，主要是栓焊结构上的螺栓孔，个别的铆钉孔（如铁道车辆）等，而在锅炉和石油化工设备中的管孔，如锅炉汽包，换热器的管板，各种容器的接管孔等，这些开孔的工作量较大。开孔大多数采用钻孔。通常配备固定式或移动式摇臂钻和立钻，摇臂钻的臂长可达 3m、钻孔直径可达 50mm 以上。是主要的制孔方法。为了提高钻孔效率，采用多孔钻，同样零件叠钻等方法，近年来发展了数控钻孔技术。精确的孔还需要铰孔，如高强螺栓孔等。对栓-焊结构上的螺栓孔的加工精度、孔径和孔距偏差都有规定，可参见参考文献 [15]。冲孔是一种生产率较高的制孔方法，有时冲孔和冲裁下料同时进行。可在冲压机、冲孔机或联合冲剪机上进行。冲孔过程与剪切类似，故同样存在冷作硬化区，可采用扩孔方法去除。为保证冲孔的正常进行，冲头直径 d 应小于冲模直径 D，其关系是

$$D = d + (0.1 \sim 0.5)t$$

式中　 t——需要冲孔的板材厚度。

冷冲孔件孔的最小距离，冲裁力可按参考文献[17]计算。和切割下料一样，冲裁时也应合理套料，提高材料利用率。精度要求特别高的孔可用镗床和激光切割（目前还只限于薄板）。孔径很大时采用气割开孔。

23.4　焊接结构生产的装配-焊接工艺

这里指的是焊接结构生产完成了生产的准备和备料加工之后，直至产品出厂，所要进行的加工工艺，如图 23-1 所示。其中装配-焊接工艺是焊接结构生产过程的核心，直接关系到产品的质量和生产率。同一种焊接结构件，由于其生产条件、生产批量差别，或由于结构形式不同，可有不同的装配方式、焊接工艺、装配—焊接顺序，并有相应的热处理、检验和其他的后续工序。通过本节介绍，便于进行焊接结构生产的工艺分析，选择最合理的装配—焊接工艺，正确地制订焊接结构生产的全部工艺过程。

23.4.1　焊接结构生产的装配工艺

焊接结构生产的装配工艺是将组成结构的已加工好的零件（或已制成的部件），按图样规定的相互位置加以固定成组件、部件或结构的过程。装配时零件的固定常用定位焊、定位板、焊接夹具来实现。装配是焊接结构制造中的重要工序，装配质量直接影响到焊接质量和产品质量，而零件备料质量不佳，则将直接影响装配—焊接质量。例如，焊缝装配间隙不均，将影响自动埋弧焊过程的稳定，对焊条电弧焊、气体保护焊也有不利影响，由于焊缝填充量不均匀，引起意外收缩变形等。焊接工艺越是高度机械化和自动化，对装配的质量的要求也越高。装配又是一项繁重的工作，它占结构制造总工时的 25% ～ 30%，提高装配效率也就提高了焊接生产的效率。提高装配的质量和生产效率先从提高零件、部件的加工精度入手，制订合理的装配工艺，加强生产管理，严格工序间的检验制度，零件的保管和交接传递等。

（1）定位焊和定位板

装配时用定位焊和定位板固定零件时，其强度和刚度要求是，从装配到焊接的运送过程中不能开焊或超过规定的变形。并且对于减少焊接变形也是有利的。定位焊的位置和尺寸应以不影响焊接接头和结构的质量和工作能力为原则。定位板除此以外，还应不影响施焊。因此，定位焊焊道的截面尺寸不宜过大，尽量布置在基本焊缝所在位置，并严格控制焊接质量，以便焊缝施焊后能将其全部重熔，并保证焊接质量，例如定位焊所用焊条应与焊条电弧焊的焊条相同，适当的焊接参数和相同的热参数。尤其是压力容器（有时对定位板材质提出要求）、锅炉、船舶、工程和锻压机械等重要结构更是如此。如果定位焊必须布置在非焊缝位，则该定位焊缝和定位板的定位焊缝，在焊接后应清除，并仔细清理（打磨）表面。表 23-21 给出定位焊焊缝尺寸，焊缝长度一般约50mm，薄板可适当减小。

表 23-21　定位焊焊缝尺寸[16]

（单位：mm）

焊件厚度	定位焊焊缝高	定位焊焊缝宽	间距
≤4	<4	5 ~ 10	50 ~ 100
4 ~ 12	3 ~ 6	10 ~ 20	100 ~ 200
>12	>6	15 ~ 20	100 ~ 300

（2）装配方法的分类

1）按装配方法可分为以下几种：

① 划线定位装配。将待装配零件按划好的装配位置线固定后进行定位焊实现装配。可利用简单的螺旋、楔形、凸轮夹紧器来固定零件，画线和测量及拉紧和顶开的常用工具有：直尺、钢卷尺、角尺、水平尺、线锤和撬棍、定位板、楔铁、螺栓、千斤顶等。该装配方法只适于单件生产或大型结构。工作繁重，并要求有熟练的操作技术。为此，即使单件小批生产，也尽量考虑采用通用装配夹具。

② 用样板和定位器进行装配。成批、大量生产的结构利用样板和定位器及在带有定位器、压夹器的装配夹具或装配—焊接夹具上来进行装配。这种专用的工艺装备需要专门设计。显然，这种装配方法有高的生产效率和质量。

③ 用安装孔装配。适用于有（安装）孔的结构件在现场或工地装配。

2）按装配工作地可分为以下几种：

① 固定地点的装配。装配工作在固定的工作位置上进行。用于重型结构或单件产品。

② 流动装配。焊件顺着一定的工作地点依工序流动完成装配。各工作地（工位）上有装配夹具和相应工种工人。这种装配形式已大量用于成批大量流水生产，但也不限于轻、小型产品，有时为利用某固

定专用设备，也采用这种装配形式。

（3）装配—焊接的次序

由许多零部件组成的焊接结构常采用的装配焊接的次序，有以下几种方案：

1）整装整焊。即由单独零件逐件装配成结构之后再进行焊接。按此方案，装配和焊接在各自的工位上进行，可实行流水作业。装配工作可用装配夹具、定位器等专用或通用工艺装备，焊接也可在焊接滚轮架、变位机、回转台、翻转机等工艺装备上来完成。适用于结构简单的产品，通常是批量生产的产品，单件小批生产产品也用该方式。该方式焊接变形小，但应力大，并且焊接的可达性差。

2）随装随焊。对某些复杂结构由单个零件组装，然后焊接，再装配，再焊接；即装配焊接交替进行，逐渐完成结构制造。该方法在一个工位上装配和焊接工作交叉进行，影响生产率，也不利于采用先进的焊接工艺和工艺装备。适用于单件小批的大型复杂结构的生产，例如，大型立式储罐和球形容器的工地建造。

3）分部件的装配。由零件装配成部（组）件并焊接合格后，再由部（组）件装配焊接成结构。这一方式可实行流水生产，几个部件同步加工，有利于应用先进的焊接工艺和工艺装备，并简化了工艺装备的设计和制造，有利于控制焊接变形和应力，使得装配—焊接工作的质量提高，改善了工人的劳动条件，从而提高劳动生产率、缩短生产周期和降低成本。可用于批量生产的可分解为若干个部件的复杂结构，如铁道车辆、汽车壳体结构、起重机桥架等，即使是单件小批生产的结构，尽量能分解成部件，以便组织部件装配焊接。如船体结构，也采用分部件的装配方式。

由于分部件装配法有许多优点，在各种生产规模条件下，都要考虑结构划分为部件，组织分部件装配

焊接的可能和方法。合理划分部件是体现上述优越性的关键，通常应考虑以下几方面：

① 结构特点。划分的部件应是形式单一，有足够的刚度，最好形成一个单独的构件，部件的接合焊缝，总装配焊缝应避开结构受力最大的焊缝，避免结构强度受到影响。

② 工艺特点。划分部件应施工方便，装配焊接工艺合理，满足技术条件要求，如更容易控制焊接应力与变形，防止结构刚度过大导致的裂纹。能充分增大部件的工作量，缩短生产周期，节省生产占地面积，易于采用简单的装配焊接夹具和质量检验。

③ 工厂的条件。即现场生产设备的能力，场地限制，如起重运输能力、热处理能力、场地大小和劳动组织等。

（4）制订装配工艺应注意的问题

1）带有机加工零件的结构的装配有两种方案，整个结构装配—焊接完成，甚至在消除内应力热处理之后，再进行机加工。该工艺过程可获得高的尺寸稳定性和加工精度，容易满足技术条件，质量高；但需要大型设备，生产成本高昂。如内燃机车的内燃机机体、水轮机的座环和转轮、大型水压机的各个横梁和立柱等。另一种方案是先加工好零件，待结构其他构件都完成装配焊接之后，再用一个有足够刚度和精度的、常是专门的装配-焊接工艺装备，完成机加工零件的最后装配焊接，如挖掘机的框架、汽车吊的臂杆等。

2）定位基准与找正。结构装配常以零件、部件的内外表面，已加工的孔及纵、环向基准线、构件中心线进行定位与找正，所以零部件的内外表面的精度会影响装配的质量，故手工气割的零件表面、轧制钢材的内缘（角钢、槽钢、工字钢翼板内缘和曲线部分等）不宜作装配定位基准。常用构件定位找正方法见表 23-22。

表 23-22 构件装配常用定位与找正方法[17]

装配内容	简 图	找正内容	基准部位	找正工具
纵缝		错边 错位	外壁 端面	圆弧样板 钢直尺
环缝		平直度,同心度	内外壁,纵向缝	钢直尺,钢丝架,准直仪

（续）

装配内容	简　图	找正内容	基准部位	找正工具
内件	角尺　环向线	与轴线垂直度,与基面平行度	环向线,内壁,纵向线	角尺,水平尺,经纬仪,准直仪
管座	水平尺　钢直尺	法兰与筒体垂直度,法兰面高度及水平度	管座孔,筒体外壁,法兰面	钢直尺,角尺,水平尺,量具
梁柱	水平尺　平台 垫铁 角尺	平直度,底面垂直度	外表面,端面	角尺,水平尺,平台,垫铁

　　3）考虑焊接应力和变形的情况，在装配时采取适当的措施，以防止或减少焊后变形和矫正工作。通常，可采用反变形、刚性固定、局部加固等办法预防和减小焊接变形，详见本卷手册第4章。

　　4）正确掌握公差标准。如前所述，构件装配定位质量对焊接影响很大，进而影响产品质量。故在制定装配工艺时一定要明确规定公差尺寸，注明特殊要求并在生产中严格遵守，注意零件公差和由零件装配成结构的公差的关系，严格检验零件公差，尽量做到互换性，否则要为选配做好准备。

　　5）采用通用和专用装配或装配-焊接夹具装备和机械化装置，以提高产品的质量和生产率。

　　6）一些体积庞大的产品，如大型球罐、高炉壳体等需分组出厂至工地总装—焊接，为保证总装的质量和进度，应在厂内试装，将不可拆连接改为临时可拆连接。

　　7）构件装配时相互接触的部件表面及焊口两侧50mm以内，装配前及定位焊后正式施焊前，必须严格清除油脂、铁锈、熔渣等污物，以确保焊接质量。

　　典型结构和部件的装配可参考有关章节和参考文献［8］、［14］、［17］。

23.4.2　焊接结构生产的焊接工艺

　　（1）编制焊接工艺的内容

　　1）选定焊接结构制造过程中采用何种焊接方法、相应的焊接材料。

　　2）选定合理的焊接参数和焊接次序、方向、施焊组织（人数、等级等）。

　　3）决定热参数（预热、缓冷、后热、中间加热

及焊后热处理的要求及参数）。

　　4）选择适用的焊接夹具和工艺装备，及采用其他的工艺措施。

　　5）制定安全事项。

　　（2）制订焊接工艺应遵循的原则

　　1）保证质量。获得外观和内在质量满意的焊接接头、焊接变形在允许范围之内、应力尽量小。

　　2）有高的生产率。如便于施焊，焊接的可达性好，翻转次数少，可利用焊接工装夹具及焊接变位机械使工件在最方便的位置施焊，或实现机械化或自动化焊接，达到高的经济效益。为了选用经济、优质、高效的焊接方法，除要具有焊接方法的工艺知识外，了解各种焊接工艺的生产特点也是十分必要的，各种熔焊方法的生产特点可见表23-23[29]。应该特别指出，在作为支柱产业之一的汽车焊接生产中目前广泛采用电阻焊、摩擦焊和激光焊。在特厚特重型焊接结构中，如核容器、化工石油设备（如加氢反应器、合成塔等）的特厚对接焊缝还大量采用窄间隙焊。这几种方法尚未在表中反映出来。

23.4.3　焊接试验与焊接工艺评定

　　参考表23-23，同时考虑实际情况，如焊接工艺所要求的特殊条件能否满足，如 CO_2 气体、Ar、He气的供应情况；企业现有设备与采用工艺方法改用新工艺的可能性；工厂技术水平及工人素质；环境和劳动保护及综合经济效益等选定焊接工艺方法之后，制定全部工艺参数，最终形成工艺规程、工艺文件。但是所拟定的工艺规程是否能提供合乎技术要求的焊接接头，则需要通过焊接工艺评定或焊接试验来确定。

表 23-23　常用熔焊方法的生产特点

熔焊工艺方法	适用材料及适用厚度										适用焊缝位置	适用焊缝长度及形状	坡口准备及焊前清理要求	对焊接工装夹具或焊接变位机械要求	对焊前及焊后热处理的要求	生产效率、设备投资、产品质量
	低碳钢	低合金钢	不锈钢	耐热钢	高强钢	铝及铝合金	镁及镁合金	钛及钛合金	镍及镍合金	铜及铜合金						
焊条电弧焊	各种厚度及难于施焊位置					很少用				各种厚度	很少用	全位置	长短及曲线形状	不严格	一般不要求	根据材料性能厚度和技术条件选择	效率低，设备廉，质量受人影响大
自动埋弧焊	一般 4mm 厚度以上					较少用				4mm 以上厚度	较少用	平焊	长和规则（环）的	严格，并清理光洁	根据条件必需配置		高效率，高质量，设备投资较大
CO₂ 气体保护焊	一般 1mm 以上					3mm 以上						全位置	长短曲线形如自动焊则要规则形	不严格，如自动焊则要求严格	不要求，如自动焊则有要求		高效率不用清渣，设备投资低于埋弧焊
钨极氩弧焊（TIG）	少用	4mm 以下及打底焊				各种厚度		4mm 以下	6mm 以下	3mm 以下		短焊缝和曲线形状	同 CO₂ 焊	不要求，如自动焊则有要求		高质量设备投资高于焊条电弧焊
熔化极氩弧焊（MIG）	很少用		中等厚度以上	很少用		中等厚度以上					全位置	长焊缝和规则形状	同埋弧自动焊		一般不要求	高效率、高质量，设备投资大
Ar + CO₂ 混合气保护焊（MAG）	各种厚度		很少用	各种厚度		国内少见应用						同 CO₂ 焊	同 CO₂ 焊	同 CO₂ 焊		比 CO₂ 焊质量高，其他同 CO₂ 焊
Ar + He 混合气体保护熔化极电弧焊	很少用					各种厚度			国内未见应用	各种厚度		同 CO₂ 焊	不要求		更高质量，其他同氩弧焊
熔化极脉冲氩弧焊	很少用	用于薄板										长短缝、规则形状	极严格		高质量，设备投资大
药芯焊丝气体保护电弧焊	3mm 以上				不用	3mm 以上	不用					同 CO₂ 气体保护焊			基本同 CO₂ 焊（飞溅小，质量较高）

（续）

熔焊工艺方法	适用材料及适用厚度										适用焊缝位置	适用焊缝长度及形状	坡口准备及焊前清理要求	对焊接工装夹具或焊接变位机械要求	对焊前及焊后热处理的要求	生产效率、设备投资、产品质量
	低碳钢	低合金钢	不锈钢	耐热钢	高强钢	铝及铝合金	镁及镁合金	钛及钛合金	镍及镍合金	铜及铜合金						
等离子弧焊	很少用	20mm 以下			很少用			20mm 以下		很少用	平焊位	长短焊缝规则形状	极严格	有要求	一般不要求	同熔化极氩弧焊
电渣焊	50~60mm 厚度以上				很少用			50mm 以上		很少用	立焊位		不用开坡口,但留大间隙	有要求	一般要焊后正火-回火处理	高效率,因晶粒粗大,韧性差,故要焊后热处理,设备较贵
气焊	用于薄板	很少用									全位置	短焊缝、修补	小或无间隙清理要求不严	无要求	无要求	省投资、质量较差

　　重要的焊接结构如压力容器、锅炉、能源与电力设备的金属结构、桥梁、重要的建筑结构等,在编制焊接工艺规程之前都要进行焊接工艺评定。通常,企业接受新的结构生产任务,进行工艺分析,初步制订工艺之后,就要下达焊接工艺评定任务书、拟定焊接工艺评定指导书,根据标准[10~13]规定的焊接试件、试样,进行检验、加工、试验,测定焊接接头是否具有所要求的性能。然后做出评定报告,编制焊接工艺规程,作为焊接生产的依据。现行国家强制性标准,如劳动部颁布的《压力容器安全技术监察规程》《蒸汽锅炉安全技术监察规程》,电力系统的《电力建设施工及验收技术规范》(火力发电厂焊接篇)(DL 5007—1992)等,都对焊接制造的相关结构规定了进行焊接工艺评定的要求。所以它是表明施焊单位是否有能力焊出符合规程和产品技术条件的焊接接头,并验证所制订的焊接工艺是否合适。

　　(1) 焊接工艺评定的程序

　　按现行的标准[10~12]以及资料[18],各类结构焊接工艺评定的程序如下:

　　1) 了解应进行焊接工艺评定的结构特点和有关数据,如材质、板厚(管壁厚度)、焊接位置、坡口形式及尺寸,是否规定了焊接方法等。确定出应进行焊接工艺评定的若干典型接头,避免重复评定或漏评。

　　2) 编制"焊接工艺评定指导书"。在工艺分析

的基础上,将初步制订工艺作为被评审的对象,即由焊接工程师(工艺主管)拟定焊接工艺,形成焊接工艺评定指导书。其内容有:母材的钢号、分类号和规格,接头形式、坡口及尺寸(简图或施工图),焊接方法、焊接参数及热参数(预热、后热及焊后热处理和其参数),焊接材料(包括焊条、焊丝、焊剂、气体等),焊接位置(立焊还包括焊接方向),以及包括焊前准备、焊接要求、清根、锤击等在内的其他技术要求等,还应有编制的日期、编制人、审批人的签字和文件的编号。标准规定,文件格式根据评定实际涉及的内容,可由有关部门或制造厂自行确定。

　　编制焊接工艺评定指导书是一项需运用专业知识、文献资料和实际经验的工作,编制的正确性和准确性将直接影响焊接工艺评定的结果。

　　3) 焊接试件的准备。按标准规定的图样,选用材料并加工成待焊试件。

　　4) 焊接设备、工艺装备和焊工的准备。焊接工艺评定所用的设备、装备、仪表应处于正常工作状态,焊工需是本企业熟练的持证焊工。

　　5) 试件焊接是焊接工艺评定的关键环节之一。除要求焊工按焊接工艺评定指导书规定认真操作外,还应有专人做好实际施焊记录,它是现场焊接的原始资料,是焊接工艺评定报告的重要依据,故要认真做

好记录卡，并妥善保存。

6）由焊好的试件加工试样，并进行试样的性能试验。按标准规定做焊缝的质检，对于对接焊缝的试件，进行外观检查、无损探伤，合格的试件加工成力学性能的试样并进行有关的试验。通常，力学性能试验包括：拉伸、弯曲（面弯、背弯和侧弯），有的还包括冲击，硬度试验。对角焊缝试件，进行外观检查，然后切取金相试样，进行宏观金相检验。按"钢制熔焊工艺评定"[11]，对角焊缝试件同样做外观检查，但规定断口试验的试样是使其根部受拉并折断，检查断口全长有无缺陷。此外，标准还规定有耐蚀堆焊层试件、试样的检验[10,11]。目前，在输送管道的建设中，过去也采用压力容器焊接工艺评定标准进行焊接工艺评定，现由国家发展和改革委员会发布了 SY/T 0452—2002 石油天然气金属管道焊接工艺评定，这些标准略有不同。有若干文献对此进行了对比讨论[13]。

送交试件时，应随附检测任务书、加工试样的图样，注明检测项目和要求。妥善保存各项试验的报告。

7）编制"焊接工艺评定报告"。它是各项检测试验结束/试验报告汇集之后进行的总结。所以实际上也是评定的记录[11]，故其内容包括了焊接工艺评定指导书的内容，但不是拟定的，而是实际采用的记录，例如母材和焊材附上质量证明书，实际坡口形式和尺寸、施焊参数和操作方法，应记录焊工姓名和钢印号，还有报告编号、指导书编号、相应的焊接工艺规程编号等，最后应有评定结论。即使不合格，也要写报告，并分析原因，提出改进措施，修改焊接工艺指导书，重新进行评定，直到合格为止。评定结束，将评定报告或评定记录，连同全部的资料作为一份完整的存档材料保存。编制焊接工艺指导书和评定报告时可参见参考文献［10］、［18］、［29］。

（2）焊接工艺评定的规则

各类焊接工艺评定标准都规定了焊接工艺评定的规则。除一些细节外，这些规则大致相同：

1）焊接工艺评定是制定焊接工艺规程的依据，应用处于正常工作状态的设备、仪表，由本单位技能熟练的焊接人员用符合相应标准的钢材、焊材焊接试件，进行各项试验，并应于产品焊接之前完成。有的标准规定某制造厂进行的焊接工艺评定，及随后编制的工艺规程只适用于该制造厂[11]。

2）当改变焊接方法时，均应重新进行焊接工艺评定。对一条焊缝使用两种或两种以上焊接方法时，标准规定了评定办法。

3）焊接工艺因素分为重（主）要因素（参数）、补加因素（附加重要参数、附加主要因素）和次要因素。重要因素是指影响焊接接头拉伸和弯曲性能的焊接工艺因素；补加因素是指接头性能有冲击韧性要求时需增加的附加因素；次要因素为对要求测定的力学性能无明显影响的焊接工艺因素。当变更任何一个重要因素时都需要重新评定焊接工艺。当增加或变更任何一个补加因素时，则只按增加或变更的补加因素增焊冲击韧性试件进行试验。变更次要因素则不需重评，但需重新编制焊接工艺。

由于焊接工艺因素相当多，而且同一工艺因素对某一焊接方法或焊接工艺是重要因素，对另一焊接方法或焊接工艺可以是补加因素，也可以是次要因素。各标准都制订工艺评定因素表。为了减少评定的工作量，将众多的母材及不同的厚度分成不同的类、组别，规定了相互取代的条件，评定时应参照标准执行，防止重复评定，又不致漏评。

4）对应各种焊接接头和焊缝形式，标准[10]规定了对接焊缝、角焊缝、组合焊缝试件和耐蚀层堆焊试件；标准[11]规定了对接（坡口焊缝）试件和角焊缝试件。当一条焊缝用两种或两种以上焊接方法，或重要因素、补加因素不同的焊接工艺时，可按每种焊接方法和或工艺分别进行评定，也可用两种或两种以上焊接方法、工艺焊接试件，进行组合评定。

5）全部力学性能试验、无损探伤检验、化学分析试验等按国标规定进行。

（3）焊接工艺规程的编制

标准规定，焊接工艺评定报告（记录）是焊接工艺规程编制的基础。正如 23.2.4 所述，工艺分析、工艺方案、工艺—工序流程图、车间分工明细及有关工艺标准、资料等也是进行焊接工艺规程设计的主要依据。

以制造焊接结构为主的工厂或车间，根据积累的实际生产经验（大量的焊接工艺评定结果）编制通用焊接工艺规程，其中规定了常见的不同材料、不同焊接工艺、不同接头（厚度）的焊接工艺，供生产中选用和执行。而对每一产品都要制定包括焊接工艺在内的专用的工艺规程，其内容和形式可参考 23.2 节。参考文献［18］用很大篇幅介绍了锅炉、压力容器、船舶结构等的焊接件工艺评定典型实例可供参考。

23.5　焊接结构生产的热处理、检验—修整和涂饰

23.5.1　焊接结构生产的热处理工艺

为保证满足焊接结构技术条件，防止裂纹和某些其他的焊接缺欠产生，改善焊接接头的韧性，消除焊

接应力，一些结构需要进行热处理。热处理工序可在焊前、焊后进行，故分为"预热"、"后热"及"焊后热处理"等。

（1）预热

预热的目的是减缓焊接接头加热时温度提升的梯度及冷却速度，适当延长该区在 500～800℃的冷却时间，改善焊缝金属和热影响区的显微组织，从而减少和避免产生淬硬组织，有利于氢的逸出，可防止冷裂纹的产生。根据不产生裂纹的最低预热温度建立了一些确定预热温度的计算公式，可参考本手册2卷。在局部预热条件（气体火焰单喷嘴、多喷嘴、电加热等）许多资料给出了根据板厚和材料裂纹敏感指数 P_w 确定预热温度的方法。这些公式和图线都有其应用范围，使用时应予注意。表23-24 为《电力建设施工及验收技术规范》（DL 5007—1992）和《钢制压力容器焊接规程》（JB/T 4709—2000）[30] 推荐的各种钢材焊前预热温度表可在选用时参考。实际上，除依据母材成分、焊接性能、板厚考虑预热外，焊接接头和结构的拘束程度，焊接方法和焊接环境等都应综合考虑，必要时通过试验决定。不同钢号（或不同工件，如管座与主管；非承压件与承压件）相焊时，按预热温度要求较高的钢号与工件选取。采用局部预热时，应防止由于加热不均匀导致的局部应力过大。预热范围为焊缝两侧各不小于焊件厚度的3倍，且不小于100mm，较厚工件（如大于35mm）的焊接接头预热时的升温速度应符合热处理升温规定。需要预热的焊件在整个焊接过程中应不低于预热温度，层间温度不低于规定预热温度下限，且不高于400℃。当用热加工方法下料、开坡口、清根、开槽或施焊临时焊缝时，也需考虑预热要求。

表 23-24　常用钢材推荐的预热温度[30]

钢　号	JB/T 4709—2000		DL/T 869—2004			
			管　材		板　材	
	厚度/mm	预热温度/℃	壁厚/mm	预热温度/℃	厚度/mm	预热温度/℃
20，Q245R（DL/T 869—2004 规定：碳的质量分数≤0.35% 碳素钢及其铸件）	30～50	≥50	≥26	100～200	≥34	100～150
	>50～100	≥100				
	>100	≥150				
16MnD，09MnNiD，16MnDR，09MnNiDR，15MnNiDR	≥30	≥50				
Q345，Q345R（C-Mn）Q370R	30～50	≥100	≥15	150～200	≥30	100～150
	>50	≥150			≥23	
20MnMo，20MnMoD，08MnNi-CrMoVD	任意厚度	≥100				
15MnVNR（11/2Mn-1/2Mo-V18MnMoNbR，14MnMoV，15MnMoV，18MnMoNbg）	—				≥15	150～200
20MnMoNb	任意厚度	≥200				
12CrMo（1/2Cr-1/2Mo），12CrMoG，15CrMoG，15CrMo，15CrMoR（1Cr-1/2Mo，ZG20CrMo）	>10	≥150	—		≥15	150～200
			≥10	150～200		
12Cr1MoV（9Cr-1Mo）	>6	≥200	—	300～400		
12Cr2Mo1，12Cr2Mo，2Gr2MoG，12Gr1MoVG，14Cr1MoR，14Cr1Mo	>6	≥200				
（1Cr-1/2Mo-V）				200～300		
1Cr5Mo	任意厚度	≥250				
07MnCrMoVR 07MnNiCrMoVDR	16～30	≥60				
	>30～40	≥80				
	>40～50	≥100				
13MnNiMoNrR	任意厚度	≥150				
18MnMoNbR		≥180				
11/2-1-Mo-V，2Cr-1/2Mo-VW，13/4Cr-1/2Mo-V，21/4Cr-1Mo，3Cr-1Mo-VTi			≥6	250～350	—	

注：1. 当用钨极氩弧焊打底时，DL 7869—2004 可按下限温度降低50℃。

　　2. 当管子外径大于219mm 或壁厚大于20mm（含20mm）时，应用电加热法预热。

（2）后热

对冷裂纹敏感性较大的低合金钢和拘束度较大的焊件，为使氢充分逸出，防止延迟裂纹，焊后应立即采用后热处理，其温度以 300～350℃ 为宜，恒温时间不小于 2h（也可采用 300～500℃，保温 1h，或按 JB/T 4709—2007《钢制压力容器焊接规程》规定：200～350℃，保温时间与焊缝厚度有关，一般不低于 0.5h，也可参照焊后热处理表 23-25 中回火最短保温时间确定）。若焊后立即进行热处理则可不作后热。

许多试验表明，采用合适的后热温度，可以把预热温度降低一些。一般可降低 50℃ 左右，这就在一定程度上改善劳动条件，也可代替一些重大产品的焊接中间热处理，提高生产率，降低成本。

（3）焊后热处理

焊后热处理分为局部热处理、焊后热处理、（整体）炉内热处理、分段热处理（炉内热处理时因受限，热处理件不能一次整体入炉，在附加条件下多次分段入炉）、整体炉外热处理（用适当加热方式，在炉外将工件整体加热进行的热处理和中间热处理[31]）。

1）焊后热处理目的。

① 消除或降低焊接残余应力，这将提高结构抵抗应力腐蚀能力和稳定结构尺寸。

② 改善焊缝金属和焊接接头组织与性能。

③ 促使残余氢逸出（有利于防止延迟裂纹，如 500MPa 级且有延迟裂纹倾向的低合金结构钢）。

④ 在脆性转变温度以下工作的焊接结构，在焊后进行消应力热处理，以减少结构发生脆性破坏的危险。

⑤ 存在三向焊接残余应力的结构，如厚壁受压容器，防止发生低应力脆性破坏，要求进行消应力热处理。

⑥ 电渣焊结构，一般都要求正火—回火热处理。有些钢材经焊后热处理后与大多数钢材（如低碳钢、500MPa 级强度钢等）不同，可能会产生回火脆性（如 800MPa 级高强钢）导致断裂韧性下降，甚至产生再热裂纹（见本手册第 2 卷），这类钢则不宜焊后热处理。故应根据母材的化学成分、焊接性能、厚度、焊接接头拘束度、结构、容器使用条件和有关标准以及生产成本综合确定是否需要进行焊后热处理。

2）焊后热处理工艺。

① 进炉温度：焊件进炉时炉内温度不得高于 400℃，为了防止产生较大热应力，对于一些合金钢，进炉温度还要低些。

② 加热速度：焊件升温到 400℃ 后升温速度不得超过 5000/t（℃/h），t 受热处理工件厚度（mm），规程[30]有明确规定，且不超过 200℃/h，最小可为 50℃/h。整体炉外热处理宜控制在 80℃/h 以下[31]。

③ 焊件温差：升温期间，加热区内任意长为 5000mm 内温度差不得大于 120℃。焊件保温期间，加热区内最高与最低温度之差不宜大于 65℃。整体炉外热处理在规定的有效加热范围内，此值不超过 85℃。

④ 升、保温期间控制加热区气氛，防止焊件过分氧化。

⑤ 冷却速度：焊件高于 400℃，降温速度不得超过 6500/t（℃/h），且不超过 260℃/h，最小可为 50℃/h。整体炉外热处理，该值宜在 30～50℃/h。

⑥ 焊件出炉，炉温不得高于 400℃，出炉后在静止空气中冷却。

焊后热处理一般为高温回火。表 23-25 为压力容器和锅炉常用钢焊后热处理推荐规范[12,30]可参考选用。

表 23-25　压力容器和锅炉常用钢焊后热处理推荐规范

钢　　号	焊后热处理温度/℃		回火最短保温时间/h
	电弧焊	电渣焊	
10 Q235A,20 Q235B Q235C Q245R	600～640	—	（1）当厚度 $t \leqslant 50mm$ 时，为 $t/25h$，但最短时间不低于 $\frac{1}{4}h$ （2）当厚度 $t \geqslant 50mm$ 时，为 $[2+(t-50)/100]h$
09MnD	580～620	—	
Q345R	600～640	900～930 正火 580～620 回火	
Q345,16MnD,16MnDR	600～640	—	
Q370R	540～580	—	
20MnMo,20MnMoD	580～620	—	
18MnMoNbR 13MnNiMoNbR	600～640	950～980 正火 600～640 回火	

（续）

钢　　号	焊后热处理温度/℃		回火最短保温时间/h
	电弧焊	电渣焊	
20MnMoNb	600 ~ 640	—	（1）当厚度 $t \leqslant 50$mm 时, 为 $t/25$h, 但最短时间不低于 $\frac{1}{4}$h（2）当厚度 $t \geqslant 50$mm 时, 为 $[2 + (t - 50)/100]$h
07MnCrMoVR07MnNiCrMoVDR08MnNiCrMoVD	550 ~ 590	—	
09MnNiD,09MnNiDR15MnNiDR	540 ~ 580	—	
12CrMo12CrMoG	≥600	—	
15CrMo,15CrMoG	≥600	—	（1）当厚度 $t \leqslant 125$mm 时, 为 $t/25$h, 但最短时间不低于 $\frac{1}{4}$h（2）当厚度 $t \geqslant 125$mm 时, 为 $[5 + (t - 125)/100]$h
15CrMoR	≥600	890 ~ 950 正火≥600 回火	
12Cr1MoV,12Cr1MoVG14Cr1MoR,14Cr1Mo	≥640	—	
12Cr2Mo,12Cr2Mo1,12Cr2-Mo1R,12Cr2Mo1G	≥660	—	
1Cr5Mo	≥660	—	

3）焊后热处理注意事项。

① 调质钢焊后热处理温度应低于调质处理的回火温度，不同钢号、非受压元件与受压工件相焊，焊后热处理规范和温度按要求较高的执行，但温度不应超过两者中任一钢种的下临界点 Ac_1。

② 有再热裂纹倾向钢焊后热处理时，应注意防止再热裂纹。

③ 电渣焊焊缝焊后热处理采用正火 + 回火规范。

④ 奥氏体高合金钢制压力容器一般不进行焊后消除应力的热处理。

⑤ 焊后热处理应在补焊后、压力试验前进行。

⑥ 应尽可能采用整体热处理。

⑦ 当不得不采用分段热处理时，加热重叠部分长至少为 1500mm。补焊和筒体环缝局部热处理时，焊缝每侧加热带宽度不得小于容器厚度的 2 倍，接管与容器相焊的整圈焊缝热处理时，加热带宽度不得小于壳厚度的 6 倍，电站建设中，管道环焊缝处理的加热宽度，从焊缝中心算起，每侧不小于管子壁厚的 3 倍，且不小于 60mm。以上分段和局部热处理加热区外应采取防止有害温度梯度的措施，如管道热处理时，每侧不小于管子壁厚的 5 倍进行保温，以减小温度梯度。

⑧ 炉外热处理的加热方法，应力求内外壁和焊缝两侧温度均匀，恒温时在加热范围内，任意两测点温差低于 50℃。厚度大于 10mm 时采用感应加热或电阻加热。

⑨ 焊后热处理的测温必须准确可靠，应采用自动温度记录，所用仪表、热电偶及其附件应通过计量检定。应合理布置测温点，如管道热处理测温点应对称布置在焊缝两侧，且不得少于两点。水平管道的测温点则应上下对称布置。

⑩ 热处理后，应做好记录和标记，如打上热处理工代号钢印等。

23.5.2　焊接结构生产的检验、修整和涂饰

如前所述，焊接生产的检验工序贯穿了生产的整个过程，这是因为焊接结构生产的质量将直接影响到结构的安全使用，许多焊接结构形成的产品一旦出现质量事故将对人民生命财产造成巨大的损失，例如：锅炉和压力容器，包括核容器；交通工具，如汽车、列车（包括机车、动车、货运列车、地铁列车等）、船舶、起重运输机械、航空器等，所以许多产品都有相关行业的质量检验标准，并且大多是强制性的，接受国家劳动监察部门的监督。对于整个焊接生产的检验和质量监督、特别是有关焊接结构的无损检测，本手册有专门的章节介绍，这里仅就非破坏性检验的水压试验、致密性试验作概略介绍；对于质量检验发现的缺陷和问题的进行的修整；和最终产品的涂饰工艺作简单介绍。

（1）水压试验和致密性试验

焊接检验分破坏性和非破坏性检验，后者除外观、表面检测（包括磁粉检测、渗透检测、荧光检测、着色检测等）和无损探伤之外，水压和致密性检验是十分重要的非破坏性检验。对于受压的容器和

元件通常在设计图样和技术条件（文件）中对水压试验提出要求和做出了规定。有的图样虽没明确规定，但要求其按通用工艺守则执行，这其中就有关于水压试验的标准。这些规定或标准内容包括：

1）水压试验的时机和水压试验压力，一般规定该试验应在（其他）无损检验（如X射线探伤、超声探伤等）之后，并且是对检查出的缺欠进行了修复合格的条件下进行。对需要热处理的结构（元件），则应在热处理之后进行。水压试验的压力一般都要大于工作压力 P，通常为 $1.25P \sim 1.5P$，有些元件，例如锅炉成套设备中的管子、省煤器铸件试验压力更高些可达 $2P$ 甚个 $2.5P$，应按设计标准规定确定。但总的压力最大值应使结构件中的应力不得超过试验温度下元件材料屈服限的90%。

2）水压试验时环境温度和试验用水的要求：水压试验周围空气温度应高于5℃，否则应采用防冻措施。试验用水可用一般自来水或井水，为循环和节约用水，也可采用清洁的储水罐（池）的循环水，循环水可适当添加防锈剂。水温应适应钢种要求，防止合金钢制元件水压试验时造成脆性断裂，水温应高于该钢的脆性转变温度，一般不应超过70℃。

3）设备、场地和工具：水压试验应有专用场地，是一种方便排水、四周设有防护装置（防护隔墙或护板）的试验台。试验设备一般采用电动试压水泵和手动试压水泵；试验时要求安装经检定的压力表，其量程是试验压力的1.5～3倍，且对表盘直径提出要求，例如在2m以下高度，表盘直径不小于100mm；2m以上高度应不小于150～200mm；4m以上高度应大于200mm，目的是便于观察，读数清晰。水压试验时试验对象要用封口元件（封盖、内胀塞、法兰盖、密封垫圈等）实施密封，留出注水和安装压力表孔。水压试验的打压路管一般选用铜管或高压胶管。水压试验的工具如接头、扳手、锤子、温度计（水温测量仪）等应满足试验要求，计量仪器（温度计、水温测量仪）等要经检定。为便于控制压力，做到均匀升降压，应尽可能采用自动控压和自动记录装置。

4）水压试验工序：被试结构或试件要平稳放置试验台上，较小的管件等试件需紧固在试验台上，避免滚动或移动。充水前试件内铁屑、焊药渣等杂物清除干净，并用水冲洗内部。在试件顶部留出的进水孔和排气孔，进行注水，排净内部空气。水注满后，关闭排气孔，接上压力表和带压力表的试压泵，缓慢升压；当至工作压力时，保压检查，确认无漏水和其他异常情况后，方可继续升压至试验压力，在此压力下保持5min（管道试验时，允许保持10～20s），然后

降至工作压力，全面仔细检查焊缝和连接部位，允许用专用小锤沿距焊缝10～20mm处轻轻敲去。检查期间压力应保持不变。在漏水渗水处做出标记，检查工作完毕，应缓慢降压，放净水后，拆除所有封板，用压缩空气将内部吹干（为防腐蚀和冻裂）。按水压试验质量要求，水压试验合格的试件上，标"水压合格"标记。不合格允许返修，如发现焊接缺欠，则在卸压后将筒内积水放到缺欠部位100mm以下，进行铲修。禁止在有压力、接触水情况下返修。同一部位返修不得超过3次；返修后需重新进行水压试验。

5）水压试验安全操作：操作人员应严格按水压试验安全操作规程进行，确保人员和设备安全；试验后操作人员应认真和如实填写试验原始记录，作为检验部门存档。

对于无压容器，如水柜、加油站的油柜、立式石油储罐、不能进行水压试验的长输管道（如输送天然气的管道）等需进行致密性试验。致密性试验有多种，如气密性检验是用得比较多的一种：通常用压缩空气压入容器和管道，直到所需压力为止，利用内外压力差，对小型容器可放入水中，很容易发现泄漏气泡；大型容器或管道可在焊缝上涂肥皂水，从冒气泡处发现泄漏；如使用氨、卤素气体等，则在焊缝上涂抹酚酞、酚红、硝酸汞等试剂，当有泄漏，氨气漏出后接触试剂，立刻变色。对于立式石油储罐的底，也用类似方法：将焊好第一圈罐壁的罐底板四周用湿泥封死，后插入氨气管，在正面焊缝上涂试剂，进行检验，通常很准确。类似的，还有所谓真空试验法：是用一上面带有观察玻璃的方金属框的真空室，真空室有手摇真空泵将其内部抽真空，真空室下部边缘四周装有海绵状橡皮，使真空室密封，抽真空时，焊缝上涂肥皂水，使扣在真空室下的焊缝如有缺陷暴露无遗。对于长输管道，用压缩空气（有时使用燃气）灌入，达到所需压力为止，关闭管道，经过一定时间后，读压力表值的下降不大于规定值（因为气体冷却，压力会有所降低），则可认为试验合格（例如在24h内，压力降不大于1%）。

（2）缺欠修整

水压试验已经提到检出缺欠的修理，需卸压后并将水排到缺欠部位100mm以下，方可进行返修，指明了返修时机。此外，返修还应满足以下要求和工艺：

1）返修材料应符合相应标准。

2）返修焊工的要求：应选派持有相应工程项目的焊工合格证的焊工担任，返修焊工对产品图样、技术要求和返修工艺要求有足够的了解，还要建立返修焊工的技术档案。

3）返修使用的设备和工装：有专用返修焊接设备，如焊机、电流-电压表、碳弧气刨设备、砂轮-磨光机、压缩空气源；适于返修的滚轮架、翻转机、焊工升降台等装备。

4）返修使用的工艺：必须是经过焊接工艺评定合格的工艺可用于返修。

5）焊接缺欠的清除：通常用碳弧气刨或机械磨削清除焊接缺欠。应根据探伤结论标志的缺欠位置清除全部缺欠，操作工应能观察到缺欠的清除，当对缺欠清除有怀疑时，在返修焊接前进行射线探伤验证。

6）返修焊接：按有关标准规程进行（如《锅炉及压力容器安全监察规程》《蒸汽锅炉安全技术安全监察规程》《热水锅炉安全技术监察规程》等），一般采用焊条电弧焊，焊缝较长适宜埋弧焊的，也可用埋弧焊返修。返修的焊条、埋弧焊的焊材等应同于始焊时的要求；对筒形压力容器或锅炉，环-纵缝交接处的返修，应先焊纵缝，后焊环缝。施焊时应采用的防止焊接变形和应力、预热等措施应该继续。

7）返修完成，焊工留下钢印，后进行检验（包括外观检查、探伤、水压试验等）。

8）同一部位返修不得超过三次。

（3）涂饰

这是焊接结构最后包装、验收入库和交货前最后一道工序。是为了保护产品的表面质量，增加美观。有关国家标准，如 GB 50205—2001《钢结构工程施工质量验收规范》、JB/T 4711—2003《压力容器油漆、包装、运输》等都作了规定，应遵照执行。

从23.4.2节中，我们已经提及焊接生产 CAPP 系统，它在焊接生产的准备工作，焊接生产的备料工艺，装配-焊接工艺都起巨大作用。大多数企业都建立了该系统，有的已经或正在建立专家系统。在编制定装配-焊接工艺规程时，为进行焊接工艺评定时更广泛采用计算机辅助系统[32]，所有这些，将在专门章节中详细介绍，这里仅将其显而易见的好处列举如下：

实现备料、装配-焊接工艺编制，工时定额、材料定额给定一体化，缩短生产准备，包括工艺-技术准备周期；减少工作层次，提高工作效率；提高工艺标准化、规范化的程度，实现工艺文件文本正确、完整、统一。

23.5.3　焊接结构生产的典型产品及其工艺文件举例

这里简略介绍几种焊接结构的制造过程和部分工艺文件，包括容器类型结构——电站锅炉汽包和球罐结构的制造工艺过程及其部分工艺文件。

100mm 厚电站锅炉汽包的焊接生产如图 23-10 中结构简图所示，该汽包为一卧式圆筒形单层高压容器。外径 $D_w = 1800mm$，壁厚 100mm，容器长 13000mm，材质 19Mn5。它由封头、筒体、管接头、下降管及内件等组焊而成。其整个制造工艺过程可通过工艺流程图（图23-10）清楚表示。在工艺流程图基础上，编制了全部制造工艺卡，限于篇幅，仅举封头和总装的部分制造工艺卡，见表23-26、表23-27和表23-28。注意该表并不完全，有的工序有改进，如封头用专用装配台装配，环缝用窄间隙自动焊等。

5000m³ 轻烃球罐的焊接工艺规程（表23-29）

表 23-26　锅炉汽包封头制造工艺过程卡（一）

编号：　　　　　　　　　　　　　　　　　　共 2 页第 1 页

| 产品名称 | ×× 锅炉 | | 零部件件号 | | 材料牌号 | 19Mn5 | | 制造编号 | |
| 图　号 | ×××-01 | | 数　量 | | 材料规格 | t:100mm | | 产品编号 | |

序号	车间	工种设备	工序	工艺内容及技术要求	工时	工装	操作日期	厂内	监检	用户	检查结果	检查员
1	金属处	力学等检测	材料确认	钢板正火状态供货，复验化学成分、力学性能应符合××标准。钢板逐张进行超探，按JB××规定的Ⅱ级为合格（金属处委质检处检测）								
2	备料		号料及标记	按封头冲压工艺规程××封头展开尺寸划线，画线应留加工余量。按××规定进行标记转移								
3	备料	×切割机	切割	按画线洋冲印(自动)气割								
4	备料	加热炉	加热	封头毛坯在4m×4m封闭煤气加热炉均匀加热930~950℃								
5	备料	水压机	成形	按封头冲压工艺，利用1000t(以上)水压机，在上胎φ××和下胎φ××一次冲压成形	上胎和下胎							

审核人　　　年 月 日　　　　　编制人　　　　　年 月 日

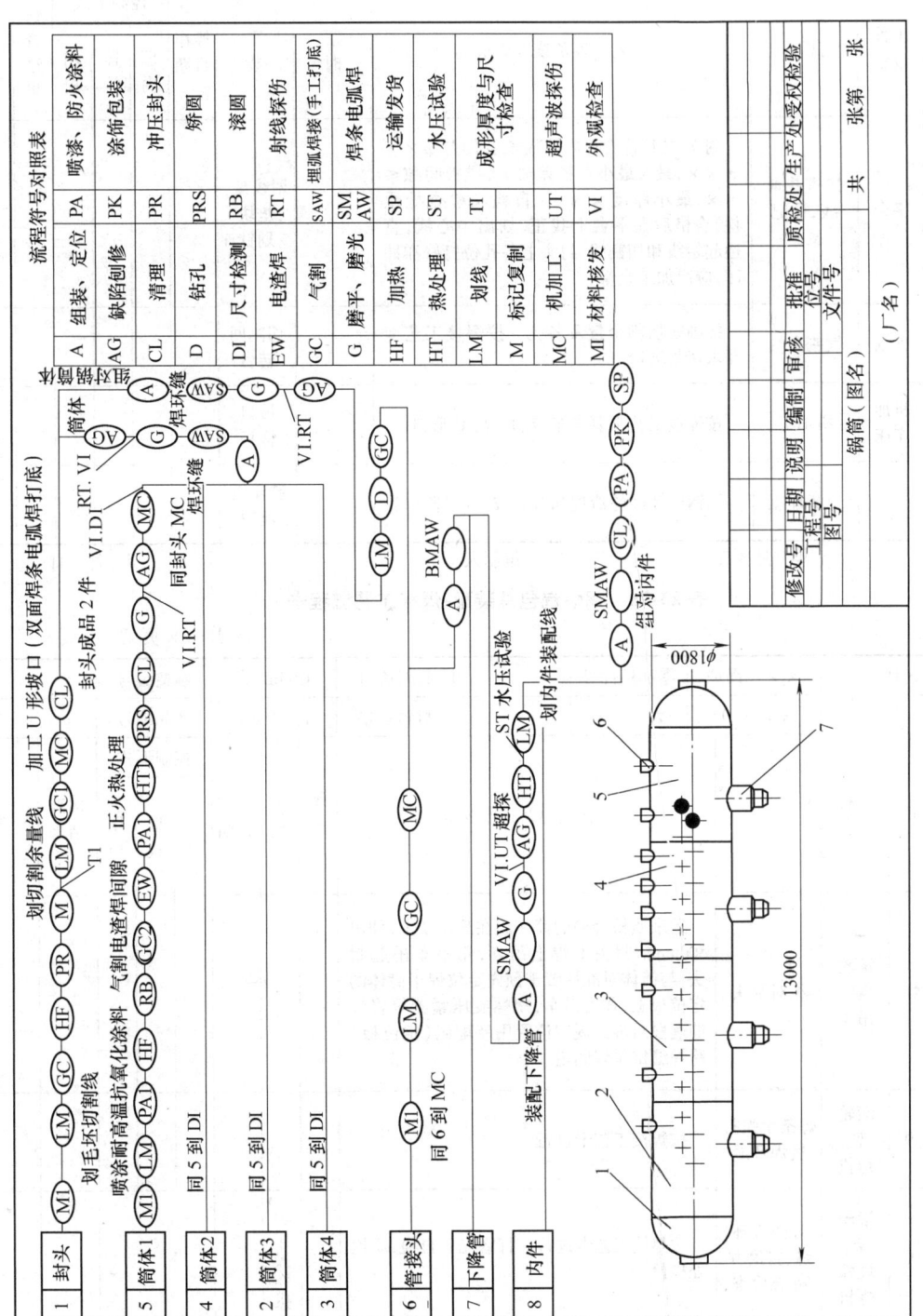

图 23-10　壁厚 100mm 锅炉汽包工艺工序流程图

流程符号对照表

A	组装、定位	PA	喷漆、防火涂料
AG	缺陷创修	PK	涂饰包装
CL	清理	PR	冲压封头
D	钻孔	PRS	矫圆
DI	尺寸检测	RB	滚圆
EW	电渣焊	RT	射线探伤
GC	气割	SAW	埋弧焊接（手工打底）
G	磨平、磨光	SM AW	焊条电弧焊
HF	加热	SP	运输发货
HT	热处理	ST	水压试验
LM	划线	TI	成形厚度与尺寸检查
M	标记复制	UT	超声波探伤
MC	机加工	VI	外观检查
MI	材料核发		

表 23-27　锅炉汽包封头制造工艺过程卡(二)

序号	车间	工种设备	工序	工艺内容及技术要求	工时	工装	操作日期	控制形式			检查结果	检查员
								厂内	监检	用户		
6	备料	平台	检查并画线,标记复制	封头成形后检查内圆周长及偏差 φ××±××,最大最小直径差≤×,样板间隙≤××,最小厚度××。(自检和检查处质检)合格后在平台上找正,划出中心线,直边起始线和切割线,封头上各孔位打好洋冲印,应留加工余量		划线盘,垫块划针						
7	备料	气割	气割余量	按画线切割余量及各孔。按焊接工艺卡要求切割坡口		切割回转台						
8	备料	机加车床	机加工	按焊接工艺卡要求车床加工出 U 形口		坡口样板						
9	备料		清理	用钢丝和砂轮清理和打磨坡口(气割口)		砂轮钢丝轮						

审核人　　　　年　月　日　　　　　　　　　编制人　　　　　　　　　　　　年　月　日

表 23-28　锅炉汽包总装配-焊接工艺流程卡

编号：

产品名称		×× 锅炉	零部件件号		材料牌号	19Mn5 等	制造编号	
图　号		×××-01	数　量		材料规格	t:100mm	产品编号	

序号	车间	工种设备	工序	工艺内容及技术要求	工时	工装	操作日期	控制形式			检查结果	检查员
								厂内	监检	用户		
1	装焊	滚轮架,吊车	组对封头	运来质检合格的筒体放在滚轮架上,伸出500mm。封头上焊上吊环,用吊车吊起封头,与筒体对准后置于预先定位焊于筒体的定位板上,移去吊车,用螺旋压紧器等将焊缝逐段对准到规定位置用装配码(定位板)跨焊缝定位焊固定								
2	装焊	滚轮架,焊机	焊条手弧打底焊环缝	按焊接工艺卡进行								
3	装焊	滚轮架,埋弧焊机	埋弧焊环缝,打磨并外观检查	按焊接工艺卡进行。打磨光后自检,质检处检验		焊接操作机						
4	探伤	X 射线机	无损检查	按质保手册100%焊缝射线探伤								

审核人　　　　年　月　日　　　　　　　　　编制人　　　　　　　　　　　　年　月　日

表 23-29　焊接工艺规程示例

厂 车间 工段		焊 接 工 艺 规 程			共　页　第　页		
					焊接工艺评定编号 （日期）		
工地	焊接工艺规程编号	WPS　06	日 期　年　月　日				
产品名称	5000m³ 球罐	产品编号		焊接方法	焊接设备 及编号	焊接辅助装备 名称及编号	
零部件1名称	下温带	零部件1编号		SMAW	直流弧焊 发电机		
零部件2名称	下极板	零部件2编号			AT320		
母 材 金 属				焊 接 材 料			
零部件1　已焊纵缝壳板		零部件2　已焊成极板		焊材型号牌号	规格	焊剂	保护气体成分（%）
标准号：	等级:CL2	标准号：	等级:CL2	焊条 TENACITO	65		
钢号:A537	类别号:P1	钢号:A537	类别号:P2	AWS E9018G			
规格:21.7mm	组别号:3 组	规格:21.9mm	组别号:3 组	钨极及喷嘴	mm		

接头形式简图和(或)施工图

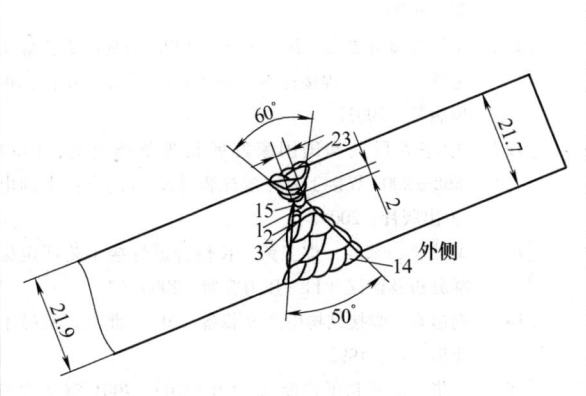

坡口尺寸:见图
坡口角度 α（°）60
钝边 P/mm　2
间隙 b/mm　3
其他由图可见,其外侧相当于 PD(仰角焊位);其内侧相当于 PB(平角焊位)

详细列出焊接参数

（续）

焊接层道及焊接位置：全 G3	焊接方法	填充材料牌号规格 mm	焊接电流		焊接电压 /V	焊接速度 /(cm/min)	送丝速度 /(m/min)	伸出长度 /mm	气体流量/(L/min)
			极性	大小/A					
外1	SMAW	E9018G	3.2	反	125	22±1				
外2~14	SMAW	E9018G	3.2~4	反	135~175	22±1				
内15	SMAW	E9018G	4	反	160~180	22±1				
内16~20	SMAW	E9018G	4.5	反	160~240	23±1				
内21~23	SMAW	E9018G	4	反	160~180	23±1				

技术要求	焊前准备及要求	焊前在焊接面背面用红外线加热,预热100℃
	清根方法及要求	电弧气刨清根并打磨根部至原金属
	锤击及返修	
	环境要求	全部焊接过程在搭设防风、雨棚内进行
	层间温度控制	最高层间温度控制在250℃
	后热及焊后热处理	
	其他	焊条烘干350℃,2h。并置于大保温筒

焊接检验	射线(RT):焊后36h100%	超声波(UT):焊后36h100%	磁粉:在 RT、UT 后进行100%	渗透:背面清根和磨光后100%	外观:水压试验后100%进行

编制:	日期:	修改:	日期:	校对:	日期:
审核:	日期:		日期:	批准:	日期:

参 考 文 献

[1] 杨波尔斯基 E C,等. 机械制造工厂和车间设计手册：第六册工厂总图技术经济及土建公用设计 [M]. 北京：机械工业出版社,1982.

[2] 仇铣,等. 金属材料实用手册 [M]. 沈阳：辽宁人民出版社,1982.

[3] 哈尔滨焊接所. JB/T 3223—1996 焊接材料质量管理规程 [S]//焊接标准汇编（上）. 北京：中国标准出版社,2002.

[4] 唐伯刚,尹士科,王玉荣. 低碳钢与低合金高强度钢焊接材料 [M]. 北京：机械工业出版社,1987.

[5] 吴林,等. 我国焊接行业的现状与发展趋势 [C]//第八届全国焊接会议论文集. 北京：机械工业出版社,1997.

[6] JB/T 9165、9166、9169、9170. 北京：机械工业标准化研究所,1998.

[7] 王俊. 压力容器制造质量控制表样册 [M]. 大连：大连理工大学出版社,1994.

[8] 贾安东. 焊接结构及生产设计 [M]. 天津：天津大学出版社,1989.

[9] 陈丙森. 计算机辅助焊接技术 [M]. 北京：机械工业出版社,1999.

[10] JB 4708—2000 钢制压力容器焊接工艺评定 [S]. 北京：国家机械工业局,国家石油和化学工业局,2000.

[11] 全国焊接标委会. JB/T 6963—1993 钢制件熔化焊工艺评定 [S]//焊接标准汇编（上）. 北京：中国标准出版社,2002.

[12] 中华人民共和国国家发展和改革委员会,DL/T 868—2004 焊接工艺评定规程 [S]. 北京：中国电力出版社,2004.

[13] 戈兆文,郑均,许卫荣. 长输管道焊接工艺评定标准分析及建议 [J]. 压力容器,2003 (7).

[14] 周浩森. 焊接结构生产及装备 [M]. 北京：机械工业出版社,1992.

[15] 中华人民共和国建设部. GB 50205—2001 钢结构工程施工质量验收规范 [S]. 北京：中国计划出版社,2001.

[16] 焊接学会第 XV 委员会. 焊接结构设计手册 [M]. 北京：机械工业出版社,1987.

[17] 机械工程手册电机工程手册编辑委员会. 机械工程手册 [M]. 2 版. 北京：机械工业出版社,1996.

[18] 陈裕川. 焊接工艺评定手册 [M]. 北京：机械工业

出版社，1999.

[19] Николаев Г А，Куркин С А，Винокуров В А. Сварные Конструкции：Технология изгото- вления. Автоматиза- ция производства и проек- тирование сварных констр- укции[M]. Moscow：Высщ школа,1983.

[20] 傅积和，孙玉林. 焊接数据资料手册 [M]. 北京：机械工业出版社，1994.

[21] 梁桂芳. 切割技术手册 [M]. 北京：机械工业出版社，1997.

[22] AWS. Welding Handbook [M]，Vol2. 7. thed. Miami：AWS，1978.

[23] 稻桓道夫，等. 机械工作法 3：溶接加工 [M]. 诚文堂新光社，1971.

[24] 莫施宁. 弯板机和矫正机 [M]. 北京：机械工业出版社，1980.

[25] 崔树森，等. 热切割技术的国内外概况及发展趋势 [C]∥第八届全国焊接会议论文集. 北京：机械工业出版社，1997.

[26] 安珣. 消化引进技术，改进工艺提高产品质量 [C]∥第五届全国焊接会议论文集. 1986.

[27] 贾安东，李宝清，阎祥安，等. 数控切管机一次完成多次搭接相贯坡口切割的方法 [J]. 焊接学报，1999，20（12）：30.

[28] CSIC-SY. SY/T 10030—2004 海上固定平台规划、设计和建造的推荐作法工作应力设计法 [M]. 北京：石油工业出版社，2004.

[29] 贾安东. 焊接结构与生产 [M]. 2 版. 北京：机械工业出版社，2007.

[30] JB/T 4709—2000 钢制压力容器焊接工艺规程 [S]. 北京：国家机械工业局，国家石油和化学工业局，2000.

[31] JB/T6046—1992 碳钢、低合金钢焊接构件焊后热处理方法 [S]∥焊接标准汇编. 北京：中国标准出版社，1996.

[32] 李宝清，贾安东，等. 锅炉压力容器计算机辅助焊接工艺评定系统 [J]. 压力容器. 2000 (4).

[33] 李亚江. 切割技术及应用 [M]. 北京：化学工业出版社，2004.

第 24 章　焊接结构制造用生产设备

作者　张建勋　审者　王　政

用于焊接结构制造的生产设备种类繁多，包括机械制造中的通用设备和焊接制造专用设备。本章主要介绍其中的备料设备、焊接工装夹具、焊接变位设备、焊后工序设备。热处理设备、试验检验设备、机械加工设备、焊接加工中心、焊接生产线、辅助设备以及车间起重运输设备等，请参阅本卷有关章节和有关专业性手册。

本章将重点介绍所涉及设备的主要性能、技术数据、使用场合、选用原则、发展动向以及有关注意事项等，以提供尽可能多的信息供使用者参考。

24.1　概述

24.1.1　生产设备的分类

焊接结构制造所用的生产设备是指在焊接结构的制造过程中各工序所需要的设备。一般来说，焊接制造过程包括材料预处理、矫正、切割下料、成形、边缘加工、制孔、装配、焊接、热处理、矫形、精整、机械加工、试验、检验、表面清理、涂装等工序。

通常焊接结构制造中的每道工序都有专用的生产设备，但有些设备是跨工序的，或者是交互使用的。生产设备的分类见表 24-1。

24.1.2　生产设备的选择原则

生产选择设备时要考虑其性能先进、使用方便、安全可靠、经济合理、节约能源、有利环保、便于维修、与生产批量相匹配、有适量裕度，并符合工艺发展的方向。要尽量采用国产标准设备，除非该设备满足不了工艺要求时，才设计和制造非标准设备。此外，要严禁选用国家明文规定的淘汰设备。

表 24-1　焊接结构制造用生产设备分类

生产设备		辅助设备	起重运输设备
主要生产设备	辅助生产设备		
1. 备料设备	1. 装配	机电修理间设备	1. 各类起重机
(1) 材料预处理设备	(1) 装配平台	模具修理间设备	(1) 桥式起重机
(2) 开卷设备	(2) 焊接工装夹具	样板间设备	(2) 梁式起重机
(3) 矫正设备	2. 焊接变位设备	焊材库设备	(3) 壁行起重机
(4) 切割下料设备	(1) 焊接变位机	焊接试验室设备	(4) 门式起重机
(5) 成形设备	(2) 焊接操作机	油漆调配室设备	(5) 摇臂起重机
(6) 边缘加工设备	(3) 焊接滚轮架	泵房设备	2. 电动平车
(7) 制孔设备	(4) 焊接回转台		3. 叉车
2. 焊接设备	(5) 焊工升降台		4. 电梯
3. 检验设备	3. 焊后工序设备		5. 气垫运输车
4. 热处理设备	(1) 焊件矫正设备		6. 装卸机械手
5. 机械加工设备	(2) 焊缝打磨机		7. 生产线输送机械
6. 表面处理设备	(3) 焊缝精整设备		8. 工序间机械装置

24.2　备料加工设备

24.2.1　钢材预处理设备

钢材进入车间加工之前进行表面预处理是金属结构制造中最重要的工序。一般钢材经过预处理比手工或风动钢丝刷清理钢材耐腐蚀寿命要长 5 倍多。我国钢材每年由于腐蚀造成的损失在数百亿元以上，所以，钢材预处理具有十分重要的意义。它不仅能提高产品质量，延长产品寿命，减少环境污染，而且有利于提高数控切割机的精确性和效率。

钢材预处理有机械除锈方法和化学除锈方法。

1）机械除锈方法。GYX-nM 钢材预处理装置，是利用抛丸机械除锈的先进大型设备。既可用于钢板、型钢的表面处理，也可用于金属结构部件的表面清理。钢材经此清理，并经喷保护底漆、烘干处理等工序后，既可保护钢材在生产和使用过程中不易生锈，又不影响机械加工和焊接质量。该装置粉尘排放浓度为 $150mg/m^3$，漆雾排放浓度为 $0.3mg/m^3$，机器噪声 $90dB$（A）。钢材预处理装置技术性能见表 24-2。

钢材预处理的具体工艺路线为：电磁起重机上料→升降输送→辊道输送→预热（40℃）→抛丸除锈→清理丸料→自动喷漆→烘干（60℃）→快速输送→下料，见图 24-1。

表 24-2 GYX-nM 钢材预处理装置技术数据[1]

序号	项	目		GYX—3M	GYX—2M
1	处理钢材规格	钢板/mm		宽 1000 ~ 3000	宽 1000 ~ 2000
				厚 6 ~ 60	
				长 2400 ~ 12000	
		型钢/mm		最小断面尺寸 60 × 8	
				最大断面尺寸 1000 × 300	
				长 2400 ~ 12000	
		构件/mm		最大高度 800	
				最大宽度 1450	
				长 2400 ~ 12000	
2	辊道最大负荷/(t/m)			2	1
3	工件输送速度/(m/min)			$v = 0.8 ~ 4$ 无级变速	清理板材 $v = 2 ~ 3$ 清理型材 $v = 1 ~ 2.2$
4	年处理量/t			20000 ~ 40000	10000 ~ 30000
5	质量	除锈等级		SIS05 5900 Sa 2$\frac{1}{2}$（A、B）	
		漆膜等级/μm		15 ~ 25	
6	外形尺寸(长×宽×高)/mm			55545 × 12655 × 7782 (不包括通风设备)	62000 × 12000 × 7230 (不包括通风设备)
7	动力消耗	总电量/kW		390.9(不含预热)	440(包括预热 200)
		总通风量/(m³/h)		37619	29600
		煤气量/(m³/h)		42000(电加热 225kW)	
		压缩空气量/(m³/h)		400	400
8	设备总重/t			≈130	≈100

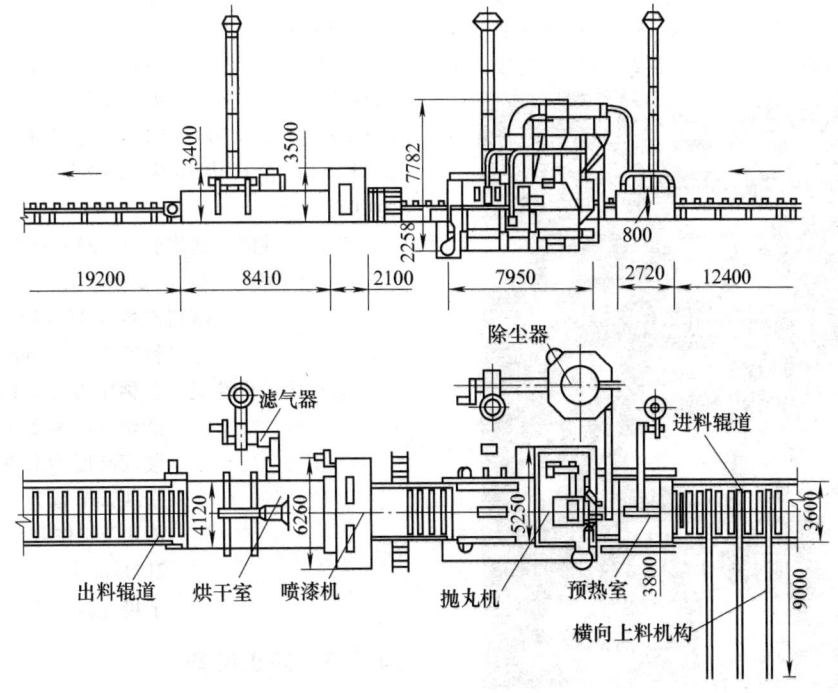

图 24-1 GYX-nM 钢材预处理成套设备

2) 化学除锈方法。化学除锈方法是利用除锈液在室温条件下使钢材的锈层和氧化皮发生溶解、渗透、剥离和脱落。经此处理后再敷以钝化液，它能在室温条件下自动调整 pH，使钢材表面处于钝化状态并形成钝化膜。这种方法可以保持约 1 个月不再生锈，增强与涂层的附着力。

通常，视工件尺寸大小和数量多少，采用浸渍和喷射方法进行化学除锈。

24.2.2　开卷落料线

板厚 0.5 ~ 6mm 的钢板，钢厂有卷料供应，特别是汽车制造用钢板，厚度在 0.6 ~ 2.3mm 的，几乎100% 采用卷料，最大卷料重量已由 33t 发展到 45t，板宽最大至 2600mm。

对大量使用卷料的工厂多采用开卷剪切自动线及开卷落料自动线。其中，前者用于产品有变换、有较大批量的工厂，后者用于产品相对稳定、大批量制造的工厂。

1) 开卷剪切自动线。T44QK 系列数控板料开卷校平剪切线，主要用于冷轧、热轧钢卷板的开卷、校平以及剪切成各种规格的定尺板材，技术规格见表24-3。

表 24-3　数控板料开卷校平剪切线[2]

型　号	T44QK— 1.5 × 1500	T44QK— 2.0 × 1350	T44QK— 3.0 × 1600	T44QK— 3.2 × 1250	T44QK— 5.0 × 1600
剪切最大板宽/mm	1500	1350	1600	1250	1600
剪切最大板厚/mm	1.5	2.0	3.0	3.2	5.0
剪切长度范围/mm	10 ~ 9999.9	10 ~ 9999.9	10 ~ 9999.9	10 ~ 9999.9	10 ~ 9999.9
剪切精度/mm	±0.50	±0.50	±1.0	±1.0	±1.0
整平轮数量	≥5	≥5	≥5	≥5	≥5
整平轮外径/mm	110	125	125	135	180
最大分条数目	4	4	4	4	2
送料速度/(mm/min)	35000	30000	25000	20000	25000
主电动机功率/kW	11	11	22	22	55
重量/kg	18000	19000	26000	26000	40000

2) 开卷落料自动线。主要用途是将卷板进行开卷、校平、定尺定形状落料、自动堆垛。厚度为0.55 ~ 2.6mm、板宽为 1830mm 的卷料钢板开卷、落料、堆垛生产线是汽车制造厂等冲压生产线的前置设备，如图 24-2 所示。该生产线由 22 台设备构成，主要包括卷料小车、开卷机、拆头机、切头剪、清洗机组、校平机、活套、喂料机、落料压力机、出料运输机、堆垛机，核心设备是落料压力机。其主要参数[3] 如下。

卷料规格：材料为低碳钢，屈服强度为 180 ~ 250MPa，抗拉强度为 550MPa；厚度为 0.55 ~ 2.6mm，宽度为 500 ~ 1830mm；卷料外径为 $\phi760$ ~ $\phi1830mm$；卷料内径为 $\phi508mm$；卷料最大重量为 20t。

生产线性能：送进长度 100 ~ 3500mm。

生产线速度：最大 90m/min；

落料次数为 15 ~ 40 次/min；

送进精度为 ±0.5mm。

落料压力机性能：公称压力为 4MN；

滑块行程为 250mm；

装模高度为 1300mm；

滑块调节量为 500mm；

滑块及工作台尺寸为 3700mm × 2150mm；

上模允许最大重量为 10t。

图 24-2　钢材卷料的开卷、落料、堆垛生产线

24.2.3　矫正设备

工件的变形可以认为是由于其中一部分金属较另一

部分金属长（或短）造成的。因此，矫正变形的工作原理是通过施加外力或加热使工件局部发生预期的塑性变形，使其得到正确形状的过程。矫正可分为手工、机械、火焰矫正三种方法。其中机械矫正的分类和适用范围见表 24-4，常用矫正设备的矫正精度见表 24-5。

（1）板材矫平机

板材矫平机是采用辊矫原理，用多辊（见图 24-3）对板材进行多次正反弯曲，使其上的多种原始曲率逐变为单一曲率，并最终将板材矫平。

常用板材矫平机的技术数据见表 24-6。

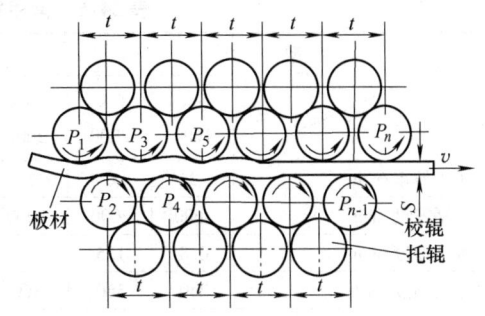

图 24-3　多辊机矫板示意图

表 24-4　机械矫正的分类和适应范围[4]

类　别		简　图	适　用　范　围
拉伸机矫正			（1）薄板翘曲的矫正 （2）型材扭曲的矫正 （3）管材、带材、线材的矫直
压力机矫正			板材、管材、型材的局部矫正
辊式机矫正	正辊		板材、管材、型材的矫正
	斜辊	普通式	圆断面管材、棒材的矫正
		回转式	圆断面薄壁细管的精矫
		双辊式	圆断面厚壁管、棒材的矫直

表 24-5　常用矫正设备的矫正精度[4]　　　　　　　　（单位：mm/m）

设　备		矫　正　范　围	矫　正　精　度
辊式矫正机	多辊板材矫平机	板材矫平	1.0 ~ 2.0
	多辊角钢矫正机	角钢矫直	1.0
	矫直切断机	卷材（棒材、扁材）矫直切断	0.5 ~ 0.7
	斜辊矫正机	圆断面管材及棒材的矫正	毛料 0.5 ~ 0.9，精料 0.1 ~ 0.2
压力机	卧式压力弯曲机	工字钢、槽钢的矫直	1.0
	立式压力弯曲机	工字钢、槽钢的矫直	1.0
	摩擦压力机	坯料的矫直	
	手动压力机	坯料的矫直	精料模矫时 0.05 ~ 0.15
	液压机	大型轧材的矫正	

表 24-6　常用板材矫平机技术数据[5]

型号\技术参数	CDW43S—									
	3 × 1600	6 × 2000	10 × 2000	12 × 2000	12 × 2500	16 × 2000	16 × 2500	25 × 2500	32 × 2000	40 × 2500
最大矫平厚度/mm	3	6	10	12	12	16	16	25	32	40
最大矫平宽度/mm	1600	2000	2000	2000	2500	2000	2500	2500	2000	2500
最小矫平厚度/mm	0.8	1.5	2	4	4	4	4	6	8	10
板材屈服强度/MPa	240	360	360	360	360	360	360	360	360	360
工作辊辊距/mm	80	100	150	160	160	200	200	250	300	400
工作辊直径/mm	75	95	140	150	150	180	180	230	260	340
工作辊辊数 n	15	13	13	11	11	11	11	9	9	7
矫平速度/(m/min)	14.4	9	5.3	9	7	7	7	7	7	7
主电动机功率/kW	18.5	37	33	55	63	75	75	90	110	132
外形尺寸(长 × 宽 × 高)/m	4.74 × 1.53 × 2.2	5.95 × 1.48 × 3	5.84 × 2.78 × 3.47	—	7.77 × 3.8 × 2.12	7.87 × 2.33 × 4.77	8.37 × 2.33 × 4.77	—	—	—

（2）管材和型材矫正机

管材及棒材可用斜辊机、正辊机、压力机及拉伸机矫正，其中以斜辊机的矫正效率和精度最高，应用最广泛。常用斜辊机结构形式见表 24-7，其基本参数见表 24-8。型材多用弯曲压力矫正机或带成形辊的多辊矫正机矫正。常用矫正机技术数据见表 24-9、表 24-10。

图 24-4 为 1200mm 型钢矫直机，主要用来矫直在常温状态下 10 ~ 16 号工字钢、7.5 × 13 号角钢、ϕ50 ~ ϕ90mm 圆钢、12 ~ 24kg/m 轻轨等各种型钢。图 24-5 为 6 辊式型钢矫直机，主要用来矫直在常温状态下 9 ~ 36 号角钢、槽钢、工字钢、ϕ75mm × 130mm 圆钢、75mm × 75mm ~ 115mm × 115mm 方钢、38kg/m 钢轨等各种型钢。

表 24-7　常用多辊斜辊式矫直机结构形式[4]

简图	说明
2-2-2 型	（1）主动辊成对布置以保证对称地施加圆周力,使工件保持稳定 （2）具有一个矫正循环
2-2-2-1 型	（1）主动辊成对布置以保证对称地施加圆周力,使工件保持稳定 （2）具有两个矫正循环,矫正质量较高
3-1-3 型	（1）具有一个矫正循环 （2）由三个辊子构成夹持孔型,比两个辊子的夹持力大,矫正能力大,矫正圆度效果好

表 24-8　管材矫正基本参数[4]

型　号	形　　式	管材 R_{eL}/MPa	管材 D_w/s	矫正管材外径 /mm	矫正速度 /(m/min) ≤	主电动机总功率 /kW ≤	设备重量 /kg ≤
GJ2.5-I	旋转式			0.5 ~ 2.5	20 ~ 60	0.5	150
GJ5-I	旋转式			1.5 ~ 5	20 ~ 60	1	400
GJ10-I	旋转式或斜辊式			3 ~ 10	20 ~ 60	2.4	500
GJ20-I	斜辊式 2-2-2-1			5 ~ 20	20 ~ 60	4 × 2	1500
GJ40-I	斜辊式 2-2-2-1			10 ~ 40	30 ~ 80	7 × 2	3000
GJ80-I	斜辊式 2-2-2-1	≤400	≤50	20 ~ 80	30 ~ 90	20 × 2	14000
GJ120-I	斜辊式 2-2-2-1			30 ~ 120	40 ~ 160	30 × 2	20000
GJ180-I	斜辊式 2-2-2			60 ~ 180	30 ~ 90	40 × 2	30000
GJ250-I	斜辊式 2-2-2			80 ~ 250	20 ~ 80	55 × 2	60000
GJ350-I	斜辊式 2-2-2			110 ~ 350	18 ~ 70	75 × 2	75000
GJ500-I	斜辊式 2-2-2			114 ~ 500	18 ~ 70	125 × 2	200000

表 24-9　液压弯曲矫正机技术数据[6]

公　称　压　力		/kN	2000	3150
液体最大工作压力		/MPa	25	32
滑块最大行程		/mm	450	550
滑块移动速度	工作/(mm/min)		300	270
	空程/(mm/min)		1250	6600
	回程/(mm/min)		5300	7200
冲头与支承垫间的调整距离		/mm	75 ~ 525	100 ~ 650
矫直梁工作范围		/in	14 ~ 45	22 ~ 56
电动机功率		/kW	15	15
滑块调节电动机功率		/kW	—	0.8
外形尺寸(长×宽×高)		/mm	3600 × 2440 × 1480	4645 × 3455 × 2120
机器质量		/kg	9675	16195

表 24-10　型材矫直机技术数据[7]

产品名称	型　号	可矫棒料直径 /mm	矫直速度 /(m/min)	材料屈服强度 /MPa	电动机功率 /kW	外形尺寸 /mm
双曲线辊子型材矫直机	W56-30	6 ~ 30	($\phi6 ~ \phi12mm$)58 ($\phi13 ~ \phi30mm$)29	340	4.5 ~ 7	8475 × 2665 × 1450
多辊型材矫直机	W51-63A	20/63	38	340	30	2515 × 1740 × 1955

图 24-4　1200mm 型钢矫直机

图 24-5　6 辊式型钢矫直机

24.2.4　切割下料设备

材料的切割下料方法很多，若按物理、化学性质可分为：

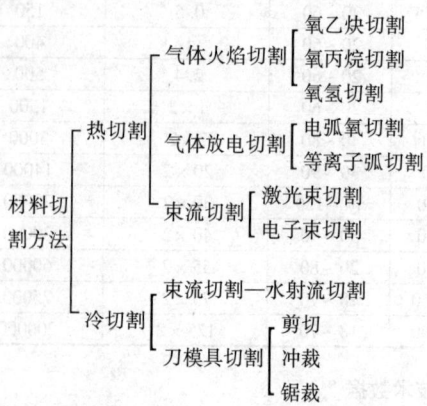

各种不同的切割方法都由相应的设备来实现。这些设备的控制方式，有机电控制的，也有数字控制的。其执行装置的跟踪方式有机械的、光电的等。下面将有选择地对这些设备予以介绍。

（1）通用切割设备

通用切割设备是切割板料设备的统称。其中，数控切割机是采用微电子器件和计算机控制的切割设备，其优点有：①切割精度高，导向精度为 ±0.02mm/m，重复精度为 ±0.3mm，综合精度为 ±0.5mm。②切割速度高，一般为6m/min，最高达12m/min。③减少了加工工序，切割和开坡口可同时进行。④采用套料系统，材料利用率高达80%~95%。⑤功能多，设有割炬高度自动调整、自动穿孔、自动点火、喷粉划线、重力冲孔装置、手动或自动旋转三割炬、割炬自动寻址、气冷、水冷，并配有各种气体割嘴等。此外，有的还具有单气、双气或精细等离子弧切割功能，并可结合外喷水进行水下切割。由于上述优点，近十年来，数控热切割机发展十分迅速，应用日趋普及。

近年来，又开发了超高压水射流切割机，这项刚兴起的冷态切割新工艺和传统热切割相比，具有切口窄（0.5~1mm）、切口平整、无热变形、无边缘毛刺、切割速度快、效率高、切割时无火花、无污染、有利于环保等优点，适用于切割小厚度的金属、非金属以及特殊的工程材料，国内正在推广使用。

各种切割方法可切割的材料和切割速度的比较见表24-11、表24-12。

1）数控火焰等离子弧切割机。该切割机具有火焰和等离子弧两种切割功能，其中，OMNIMAT 系列是一种多功能、多轴控制、性能完善的大型数控切割机；PHOENIX 系列是一种经济型的中型数控切割机；COMCUT 系列是小场地、高机动性小型切割机。有关数据见表24-13。

2）光电跟踪切割机。光电跟踪切割机是利用光电头产生旋转光圈对图样线条进行扫描来控制割炬切割的设备。可采用1:1~1:10的比例，由于缩小图形切割误差大，故多采用1:1的比例。光电跟踪切割机价格相对低廉，并有灵活、高效、简单的特点，所以仍有一定的市场。目前市售的 SCANCUT 系列和"四合一" UXC/NCE280 型切割机（即集数控、光电跟踪、随机编程、寻踪读入为一体），既可火焰切割，又可等离子弧切割。对单件小批生产，使用钢种较多的工厂比较适合，其技术数据见表24-14、表24-15。

表 24-11　各种切割方法可切割材料[4]

可切割材料		氧焰切割	等离子弧切割	激光切割	水射流切割
金属	碳钢		+	+	+
	低合金钢	+	+	+	+
	高合金钢	+	+	+	+
	非铁金属		+	+	+
非金属	陶瓷			+	+
	塑料			+	+
	橡胶			+	+
	木材			+	+
	皮革			+	+
	布			+	+
	其他非金属			+	+

注：+ 表示可切割。

表 24-12　切割速度比较[4]

（单位：mm/min）

碳钢厚度 /mm	氧焰切割	等离子弧切割	激光切割	水射流切割
< -1	—	—	>5000	3300
2	—	—	3500	600
6	600	3700	1000	200
12	500	2700	300	100
25	450	1200		48
30	300	250		
>100	<150			

表 24-13　通用数控切割机技术数据[8]

OMNIMAT 系列										
轨距/mm	4000	5000	5500	6000	6500	7000	7500	8000	9000	11000
切割宽度/mm	3100	4100	4600	5100	5600	6100	6600	7100	8100	10100
整机宽度/mm	5100	6100	6600	7100	7600	8100	8600	9100	11000	12100
驱动速度/(m/min)	0~24									

（续）

PHOENIX DP 系列						PHOENIX P 系列			
轨距/mm	3500	4000	4500	5000	5500	6000	2000	2500	3000	3500
切割宽度	2700	3200	3700	4200	4700	5200	1400	1900	2400	2900
整机宽度/mm	4300	4800	5300	5800	6300	6800	2500	3000	3500	4000
驱动速度/（mm/min）	50～11000						50～11000			
割炬最多配置	8 个（其中可配两个等离子）						8 个（其中可配两个等离子）			

COMCUT 型号系列	COMCUT 21	COMCUT 26	COMCUT 31
轨距/mm	2100	2600	3100
切割宽度/mm	1500	2000	2500
总宽度/mm	2625	3125	3625
单头最大切割直径/mm	1500	2000	2500
驱动速度/（mm/min）	0～10000		
电容调高	MG—S PAN（选择项）		
最多可配置割炬	4 个		
车架长度/mm	1800		
等离子弧切割	选择项		
电源	230V 单项 50Hz		

3）激光切割机。激光切割机是利用大功率 CO_2 连续激光器发出的激光束热能实现切割的设备。它可以切割金属材料和非金属材料，具有切口窄、速度快、热影响区小、切割面光洁等优点，多用于精密切割的场合。其技术数据见表 24-16。

4）数控水射流切割机。水射流切割机是利用高压水（200～400MPa），有时可加一些粉末状的磨料，通过喷嘴射到钢板上进行切割的设备。它可切割金属、复合材料、玻璃、陶瓷、塑料以及其他特殊的工程材料。其设备规格性能见表 24-17。

表 24-14　SCANCUT 光电跟踪切割机[8]

形　　式	SCANCUT21	SCANCUT15
轨距/mm	1415	1665
跟踪宽度/mm	1250	1500
切割宽度/mm	1250	1500
总宽度/mm	3290	3790
单头最大切割直径/mm	1250	1500
驱动速度/（mm/min）	1000～3000	
车架长度/mm	760	
最多可配置割炬	四个手动（可选择两个电动）	
等离子弧切割	选择项	
电源	230V 单相 50Hz	

表 24-15　UXC/NCE280 四合一光电切割机技术数据[9]

型　号 数据名称	12.5	15	15/20
切割宽度（1 个单割炬）/mm	1250	1500	1500
切割宽度（2 个单割炬）/mm	2×625	2×750	2×1000
最大平行切割/mm	1250（1500）	1500（1750）	2000
最小平行切割/mm	95	95	95
最大圆弧切割直径/mm	1000	1000	1000
最小圆弧切割直径/mm	150	150	150
跟踪宽度（台板）/mm	1250	1500	1500
切割厚度（1 个单割炬）/mm	3～200	3～200	3～200
切割厚度（2 个单割炬）/mm	3～125	3～125	3～125
切割速度/（mm/min）	100～3000	100～3000	100～3000
燃料气	乙炔、丙烷、天然气		
机器宽度/mm	3200	3700	4200
机器高度/mm	2100	2100	2100
机器长度/mm	750	750	750
轨长	有 3m、4m 长的，以后按 2m 一段加长		
等离子弧切割时	可配 MAX100 等离子弧切割器，输入电压 380V，三相，输出电压 120V，输出直流 100A		

表 24-16　数控激光切割机技术数据[10]

型　号	LASERGRAPH—1814	LASERTEX—4320	LASERTEX—4830
激光器种类	CO$_2$ 发振器搭载型		
输出功率/kW	1.4	2.0	3.0
切割板厚(碳钢)/mm	9.0	12.0	22.0
切割范围/mm	3600×1830	6250×2700	6250×3200
切割速度/(mm/min)	25~6000	25~6000	25~6000
空程速度/(mm/min)	12000	18000	24000
外形尺寸(长×宽×高) (长不含轨道)/mm	—	4750×6300×2850	4750×6800×2850

表 24-17　水射流切割机主要技术参数[11]

型　号 项　目	DWJ—A/B—2 型 数控万能水切割机	DOLPHIN—A/B (海豚)数控万能水切割机	MOTOMAN—WATERJET 机器人水刀
设备结构	悬壁式	滑枕式	4~6 自由度,多关节型
最高压力/MPa	300	300	300
增压器增压比	24:1	24:1	24:1
最大排水量/(L/min)	2.7	2.7	2.7
增压器行程数/(次/min)	60	60	60
可用最大喷嘴直径/mm	0.3	0.3	0.3
工作台面尺寸/m	1.5×2	0.8×1.4	由机器人选定
切割功能	任意平面曲线	任意平面曲线	任意平面曲线
控制精度/mm	±(0.01~0.02)	±(0.01~0.02)	±0.1
切割精度/mm	±0.10	±0.10	±0.4
液压泵排油量/(L/min)	100	100	100
液压泵压力/MPa	20	20	20
油箱容量/L	180	180	180
主电动机功率/kW	22	22	22
电源电压	380(1±10%)V AC	380(1±10%)V AC	380(1±10%)V AC
增压器进水压力/MPa	0.4	0.4	0.4
机床总重量/kg	4500	3000	—
机床外形尺寸/m	3.3×3.5×1.8	3.0×2.2×1.8	

(2) 专用切割设备

1) 管道相贯线自动切割机。现代工程中,有各种相贯体管形件要进行切割,数控管子切割机和管子全位置切割机能满足各种立体曲线坡口的切割。唐山开元自动焊接装备有限公司引进日本先进技术研制的七轴(HK-A)、五轴(HK-B)、三轴(HK-M)管道相贯线自动切割系统,其计算机控制的伺服系统能使割炬完成预定轨迹的切割。图 24-6 是七轴数控管子切割系统(HK-A)及其参数图,利用先进的三维编程软件可以提供精确可靠的加工数据、动态直观的切割效果图[37]。图 24-7 为三种相贯线切割系统的可切割形状图[37]。管子全位置切割机可进行管材的垂直端、斜端、T 形接头端、倾斜头端的切割;也可进行偏心 T 形头端与倾斜接头端、T 形孔、倾斜接头孔以及偏心孔的切割。

2）马鞍形切割机。马鞍形切割机适用于各种容器、筒体、管道马鞍形孔的切割。其技术数据见表24-18。图24-8 所示为北京中电华强焊接工程技术有限责任公司生产的马鞍形管孔切割机[38]，具有专门设定的马鞍形运动机构、数字设定、自动控制切割程序等，结构紧凑、操作简便。如型号 CG900 × 100 的切割机切割直径为 200 ~ 900mm、切割厚度≤250mm、马鞍量为 0 ~ 100mm、割焊角为 0° ~ 30°。

七轴切割系统参数

名　称	记号	可动范围	坐 标 轴
管子旋转	θ	自由回转	
割炬左右移动	X	14000mm(12m 时)	
割炬左右摆动	WX	±60°	
割炬前后摆动	WY	±60°	
割炬上下移动	Z	625mm	
割炬前后移动	Y	100mm	
检测、仿形	$Z2$	0° ~ 90°	

管子尺寸	直径 $\phi60 ~ \phi620mm$	长度 500mm ~ 12m 500mm ~ 6m	壁厚 5 ~ 50mm	质量 最大 6000kg
切割速度	50 ~ 3000mm/min			
移动速度	5000mm/min			
卡盘规格	五爪联动自定心(手动式,通孔直径 $\phi270mm$)			
支架个数	5 个(12m 时),3 个(6m 时)			
工作环境	工作温度范围:0 ~ 50℃　湿度:90% RH 以下(不结露)			
电源电压	电压:三相 AC380(1 ± 10%)V,50Hz　设备总功率:5000W　推荐外部开关容量:30A(机械本体)			
重量	7600kg(12m 时)			

图 24-6　七轴数控管子切割系统及其参数[37]

名称	图	照片	HK-A	HK-B	HK-M	名称	图	照片	HK-A	HK-B	HK-M
相贯交叉支管	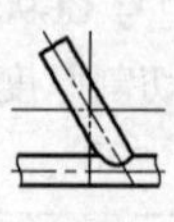		○	○	○	开槽四方槽	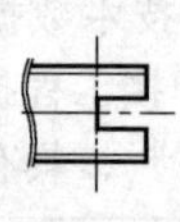		○	○	○
相贯交叉支管（偏心）			○	○	○	开槽长圆槽	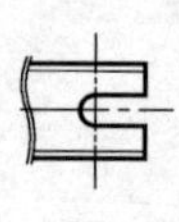	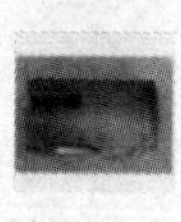	○	○	○
相贯交叉支管（带切槽）	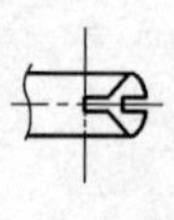		○	○	○	四方孔	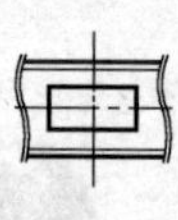		○	○	○
重复相贯交叉支管			○	○	○	长圆孔	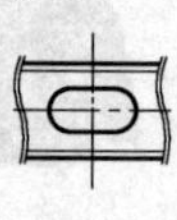		○	○	○
重复相贯交叉支管			○	○	○	斜缝管	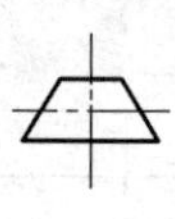		○	○	○
三重相贯交叉支管			○	○	○	弯管接合	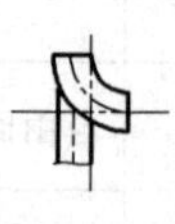		○	○	○
三重相贯交叉支管	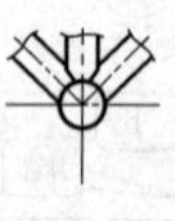		○	○	○	箱柱接合	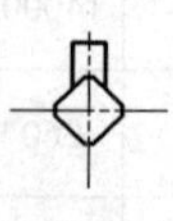		○	○	○
相贯交叉母管	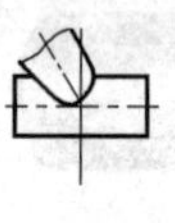		○	○	○	与弯管相贯交叉支管			○	○	○
相贯交叉母管（偏心）			○	○	○	无主管接合	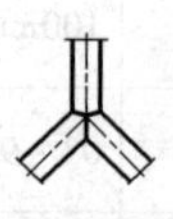		△	△	△
带360°坡孔开口	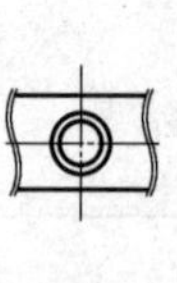	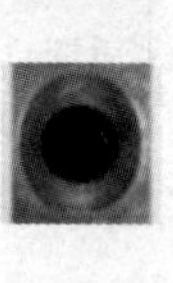	○	×	×	柱型管接合			△	×	×

注：○——标准；△——选购；×——不具备。

图 24-7　管子自动切割系统切割形状

表 24-18　马鞍形火焰切割机技术数据[12]

型号	切割孔径/mm	安装方式	燃料种类	重量/kg	应用范围
CB—1	25～300 切坡口孔	台架式操作机	氧—燃气	29.5	管子、小容器
CB—4	25～300 切直边孔	本身支撑	氧—燃气	34.0	直径大于 1220mm 的工件
CB—3	40～1060 切坡口孔 100～1200 切直边孔	立柱横臂或操作机	氧—燃气	77.1	封头、容器、管道

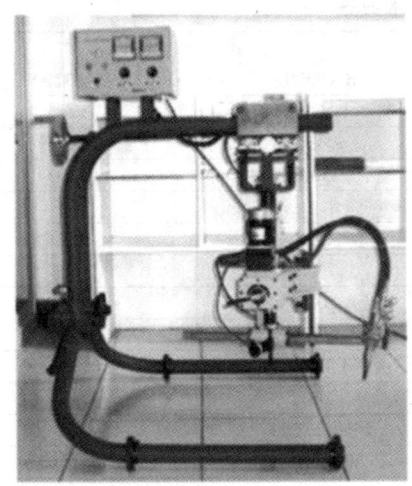

图 24-8　马鞍形管孔切割机

3) 封头切割机。封头切割机是用来切割封头多余边缘的设备。其技术数据见表 24-19。

图 24-9 是无锡市烨新焊接机械有限公司生产的 SBC 型封头自动切割机，用于加工容器封头，线速度是无级调速，可加工完成端面和坡口，其型号规格见表 24-20。

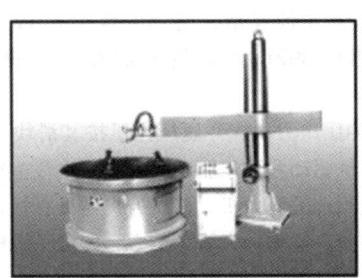

图 24-9　封头自动切割机照片

表 24-19　FG—4000 型封头切割机技术数据[13]

项　　目		数　　据
切割厚度/mm		5 ~ 100
切割直径/mm		500 ~ 4000
切割速度/(mm/min)		50 ~ 780
横臂	升降速度/(mm/min)	2800
	升降最大行程/mm	1500
	进给速度/(mm/min)	50 ~ 780
	横向进给最大行程/mm	2100
封头回转速度/(mm/min)		100 ~ 1200
割炬	水平可调距离/mm	120
	自动补偿/mm	60
	数量/个	2
	回转角/(°)	±45
外形/mm		4000 × 1700 × 3400

表 24-20　SBC 型封头自动切割机型号规格

规格	切割直径/mm	本机高度/mm	转台直径/m	承受重量/t	电动机功率/kW
SBC-1.2	300 ~ 1500	800	1.2	3	1.1
SBC-1.4	300 ~ 3500	800	1.4	4	1.5
SBC-1.6	300 ~ 5500	800	1.6	5	2.2

(3) 剪切设备

剪切设备主要有剪板机 (图24-10)、冲型剪切机 (图 24-11)、圆盘剪板机和联合冲剪机 (图 24-12)。

图 24-10　剪板机

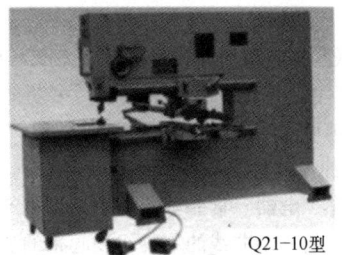

Q21-10型

图 24-11　冲型剪切机

图 24-12　联合冲剪机

1) 剪板机。剪切板厚小于 10mm 的剪板机多为机械传动，大于 10mm 的多为液压传动。随着科技进步，剪板机也在不断改进，并开发出很多新产品，如 QVN 系列液压剪板机，BS—Q11K、BS—QC12K 等自动送托料数控液压剪板机，其剪切精度好、生产效率高、操作方便、刀片使用寿命长，还具有分段剪切、机动后挡料、计数器显示、轻压对线、灯光对线、后挡料抬起、自动剪料、后托料等功能。下面仅列出以 BS—Q11K、BS—QC12K 型为代表的部分新产品的技术数据，见表 24-21。

表 24-21　数控液压剪板机技术数据[14]

技 术 规 格	BS—Q11K	BS—QC12K	
主机	6 × 3100	6 × 2500	6 × 3200
可剪最大板厚/mm	6	6	6
被剪板料强度/MPa	≤450	≤450	≤450
可剪最大板宽/mm	3100	2500	3200
剪切角/(°)	0.5 ~ 2	1.5	1.5
行程数/(次/min)	15 ~ 45	22	17
主电动机功率/kW	7.5	7.5	7.5
工作台离地面高度/mm	800	800	800
送料最大行程/mm	2500	1250	1250
送料定位精度/mm	±0.1	±0.15/300	±0.15/300
送料最大速度/(m/min)	18	20	20
最大板料尺寸(长×宽)/mm	2500 × 3100	1550 × 2500	1550 × 3200
最小板料尺寸(长×宽)/mm	500 × 200	300 × 100	300 × 100
夹钳数量	2	4	4
送料夹钳电动机功率/kW	2	1.5	1.5
外形尺寸(长×宽×高)/mm	—	3970 × 3318 × 1700	4130 × 4020 × 1800
总质量/kg	9000	7500	10500

2）冲型剪切机和圆盘剪板机。其技术数据见相关产品供货目录及生产企业样本。

3）联合冲剪机。其技术数据见表 24-22。其中，QD30Y-20 型是新开发出的多工位、多功能联合冲剪机，冲、剪可同时作业，效率很高。

（4）冲裁落料设备

在汽车、电器、食品等行业中，许多产品是由薄板落料制成的复杂曲线的零件组装起来的。这些产品的生产规模有大有小，而且产品也在不断变化，为了适应不同规模的生产和产品结构变化的需要，开发出了数控冲模回转头压力机和冲压压力机。

1）数控冲模回转头压力机。数控冲模回转头压力机是加工复杂曲线薄板零件较理想的设备。根据产品批量的大小可组成以数控冲模回转头压力机为核心的板料柔性加工单元（FMC）或板料柔性加工系统（FMS）进行自动化生产。其设备组成如图 24-13、图 24-14 所示。

数控冲模回转头压力机的公称压力为 60 ~ 1500kN，有 8 种规格，模具库数量有 12 ~ 40 种，仅将常用的 J92K 系列设备的技术数据列于表 24-23。

2）冲压压力机。冲压压力机按其滑块驱动方式可分为机械驱动和液压驱动两大类。冲裁落料一般都选用机械驱动的压力机，该压力机还具有板材弯曲和拉深的功能。在大批大量生产中，大多采用机械压力机落料。

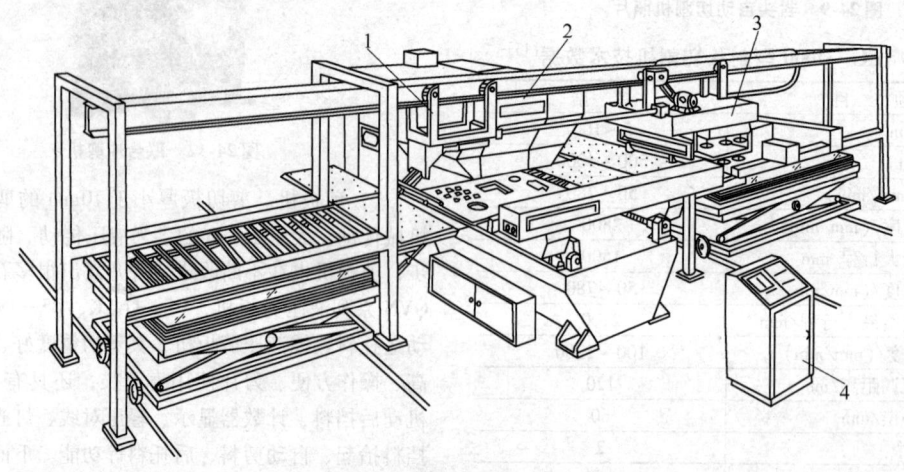

图 24-13　板料柔性加工单元

1—夹钳式下料装置　2—数控冲模回转头压力机　3—吸盘式上料装置　4—控制柜

表 24-22　联合冲剪机技术数据[15,7]

产品名称	型号	剪板厚度/mm	可剪型材最大尺寸/mm 圆钢	方钢	角钢	最大冲孔力/kN	冲孔直径/mm	冲孔板厚/mm	行程数/(次/min)	电动机功率/kW	重量/t	外形尺寸(长×宽×高)/mm
联合冲剪机	QD30Y-20	20	50	45×45	150×13	700	30	16	30	7.5	3.3	2120×1870×2165
	Q34-10	10	35	28×28 30×30	80×880×10	350	25	10	40	2.2	1.1 0.77	1245×463×193 1245×468×1493
	Q34-16	16	45	40×40	100×12	550	26	16	27	5.5	2.3 2.28 2.3	1645×625×1850
	QA34-25	25	65	40×40 55×55	150×18	1200	35	25	25	7.5	7	2840×1290×2460

表 24-23　J92K 系列数控冲模回转头压力机技术数据[16]

型号	J92K-2 I	J92K-20 II	J92K-25 I	J92K-25 II	J92K-30C I	J92K-30C II	J92K-30	J92K-40	J92K-50	J92K-60
最大加工板材尺寸/mm	1000×2000	1250×2500	1000×2000	1250×2500	1000×2000	1250×2500	1250×2500	1250×2500	500×7000	500×1400
最大加工板材重量/kg	65	90	100	120	100	150	150	150	220	440
最大加工板材厚度/mm	4	4	6	6	6	6	6	6	8	8
一次冲孔最大直径/mm	80	80	110	110	88.9	88.9	88.9	110	80	80
模位数	12,16,24	12,16,24	24	24	24,32,40	24,32,40	24,32,40	32	32	32
冲孔精度/mm	±0.25	±0.25	±0.1	±0.1	±0.1	±0.1	±0.1	±0.1	±0.3	±0.3
最快行程数/(次/min)	200	200	270	270	300	300	300	270	180	180
X,Y 轴移动速度/(m/min)	20	20	40	40	50	50	50	40	20	20
转盘转速/(r/min)	20	20	30	30	30	30	30	30	30	30
床身结构	开式	开式	开式	开式	开式	开式	开式	闭式	闭式	闭式
喉口深度/mm	1025	1270	1025	1270	1025	1275	1275	1270	1270	1270
控制轴数	3	3	3	3	4	4	3	3	3	3
总功率/kW	15	15	20	20	30	30	30	30	30	30
空气压力/MPa	0.5	0.5	0.5	0.5	0.85	0.85	0.85	0.5	0.5	0.5
外形尺寸/mm	4200×2200×2250	4650×2200×2250	4230×2710×2200	4550×2620×2200	4830×2700×2300	5280×2600×2310		4600×3180×2700	4600×3340×2729	
质量/t	9	9.5	13	14.6	15	15.6	15.4	18	20	22

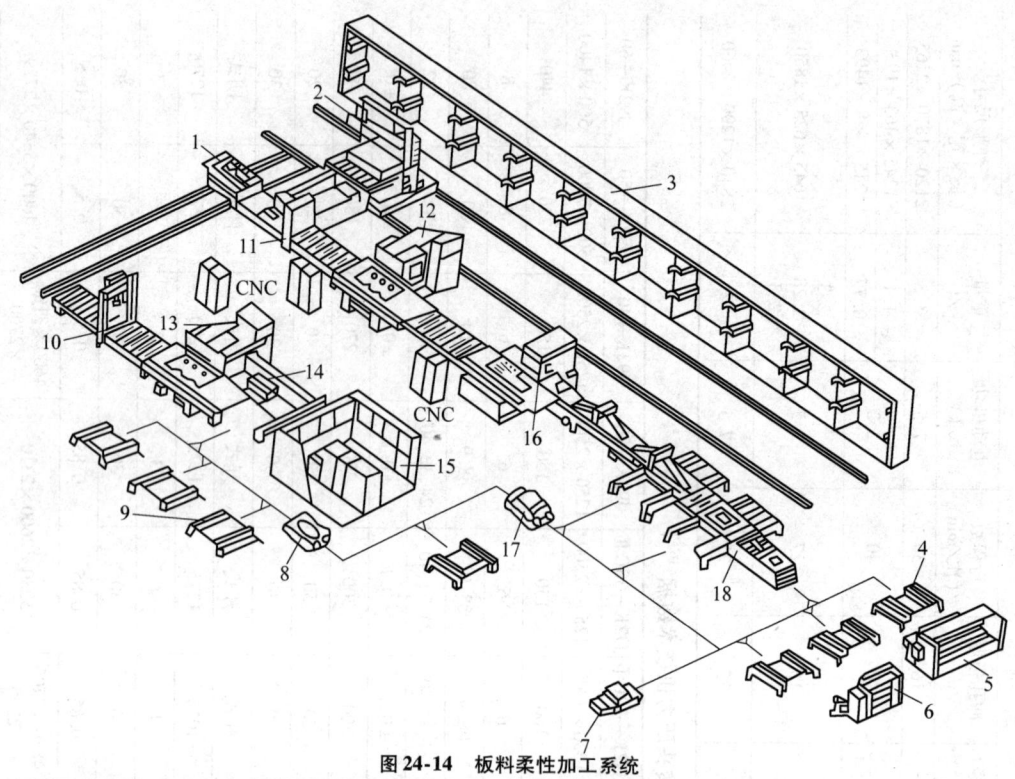

图 24-14　板料柔性加工系统

1—装料台车　2—堆垛起重机　3—自动化仓库　4—板料平台　5、6—折弯机　7、8、17—自动引导运输车
9—焊接场地　10、11—装料器　12、13—数控回转头压力机　14—挪料机　15—中央控制室
16—角钢剪切机　18—分类装置

常用闭式压力机有：闭式单点单动压力机 J31—160～2000；闭式双点单动压力机 J36—160～4000；闭式四点单动压力机 J39—400～800；LS4—500～1500。详细技术数据请参阅 2006 年中国机床总公司出版的全国机床产品供货目录及生产企业的样本。

（5）锯切设备

锯切设备主要用于型钢、管子的下料。按结构形式分为带锯床、圆盘锯床和弓锯床等。

1）带锯。全自动卧式带锯床比圆盘锯、弓锯工作效率高，省电、节材，但过去断齿、断带是个大弊端，自从 1991 年发明了带锯跟踪锯削和过载保护装置的专利后，这一弊端才已克服。目前国产 GZ4025、4040、4080 系列自动卧式带锯床的切削效率已达 $100cm^2/min$，达到了世界先进水平，其技术数据见表 24-24。

2）圆盘锯床和弓锯床。小型圆盘锯床有气动型（MC275AC）、液压型（MC275YJ）、手动型（MC275F）

三种，其锯削圆钢的能力为 $\phi50mm$，锯削方钢的能力为 $80mm×80mm$，设备重量约为 250kg。大型圆盘锯床和弓锯床的技术数据请参阅全国机床产品供货目录 2006 版。

24.2.5　成形设备

在金属结构制造中，弯曲成形作业占有很大比重。所用的设备主要有卷板机、弯管机、型钢弯曲机、折弯压力机、封头成形设备等。

（1）卷板机

卷板机主要用于板材的弯曲卷制，以及筒体的矫圆。其驱动形式有机电式、半液压式、全液压式三种。其中，以数控全液压卷板机最为先进，其下辊水平移动和上辊升降的微控同步精度达 ±0.2mm，各辊的位移可数字显示，有的还具有人机对话、现场采样、相对调平、绝对调平、辊位控制、断电记忆和故障自诊断等功能。

表 24-24　自动卧式带锯床技术数据[17]

型号	加工能力/mm	功率/kW	锯带规格/mm	外形尺寸/mm	质量/t
GZ4025	$\phi250 \, 、230×230$	1.5	$3152×25×0.9$	$2200×900×1100$	1.0
GZ4040	$\phi100 \, 、370×370$	3	$4570×31.5×1.05$	$2800×2000×1000$	1.9

1）卷板机的分类如下：

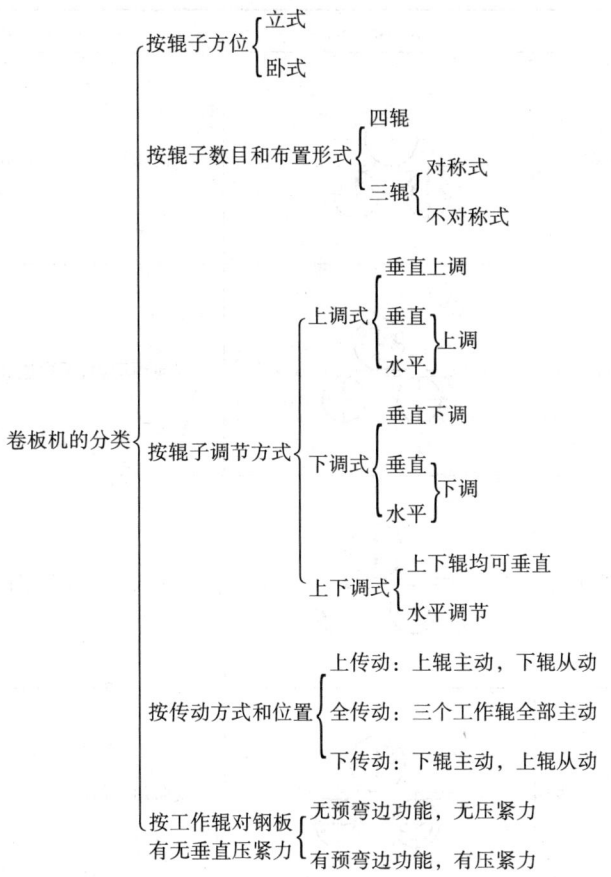

卷板机的分类
- 按辊子方位
  - 立式
  - 卧式
- 按辊子数目和布置形式
  - 四辊
  - 三辊
    - 对称式
    - 不对称式
- 按辊子调节方式
  - 上调式
    - 垂直上调
    - 垂直上调
    - 水平上调
  - 下调式
    - 垂直下调
    - 垂直下调
    - 水平下调
  - 上下调式
    - 上下辊均可垂直
    - 水平调节
- 按传动方式和位置
  - 上传动：上辊主动，下辊从动
  - 全传动：三个工作辊全部主动
  - 下传动：下辊主动，上辊从动
- 按工作辊对钢板有无垂直压紧力
  - 无预弯边功能，无压紧力
  - 有预弯边功能，有压紧力

2）卷板机的主要形式见表 24-25。
3）卷板机的型号规格见表 24-26 ～ 表 24-32。
4）三种类型卷板机优缺点的比较见表 24-33。
（2）弯管机
弯管机按驱动方式分为手动、机电传动、液压传动

三种。近年来，液压传动的弯管机多采用数控（NC）和计算机数控（CNC），并以其为中心组成管材弯制的柔性加工单元。有关数据见表 24-34 ～ 表24-36。
（3）型钢弯曲机
型钢弯曲机技术数据见表 24-37。

表 24-25 卷板机的主要形式和说明

形 式		示 意 图	说 明
三辊	对称式（下传动垂直上调式）		无须弯边功能，剩余直边大。若弯边要另配预压边设备
	下对称式（上下传动下调式）		单向预弯边，板料需调头弯边，适用于板厚≤32mm 的筒节

（续）

形　式	示　意　图	说　明
三辊　下传动垂直下调式	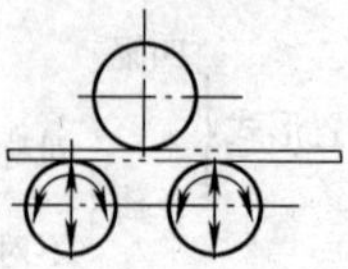	双向预弯边,预弯边和卷圆只需一次进料
上传动垂直下调式	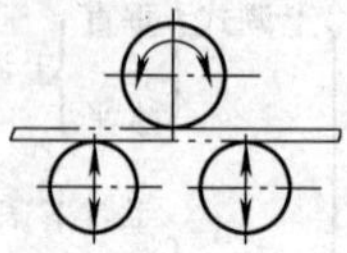	双向预弯边,预弯边和卷圆只需一次进料
下传动垂直上调、水平下调	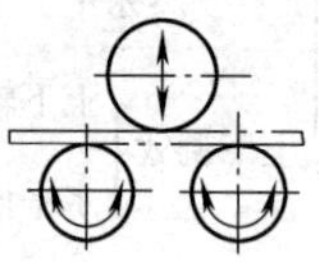	双向预弯边,适用于特厚板卷制
全传动垂直上调、水平下调	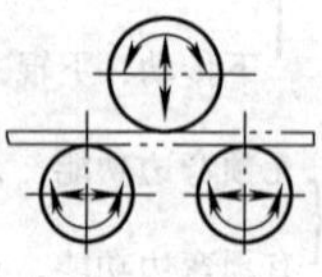	双向预弯边
下传动垂直,水平上调式	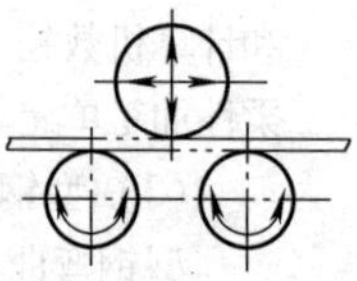	双向预弯边,适用于中型、重型卷板工作
四辊　上传动下调式	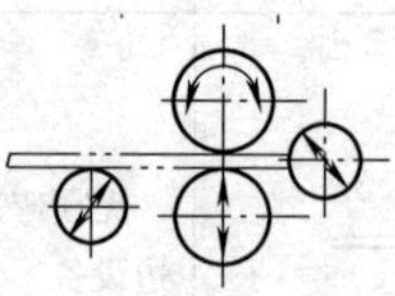	双向预弯边,板料对中方便,适用于重型卷板工作。上下辊夹持力使工件受氧化皮压伤严重
立式卷板机	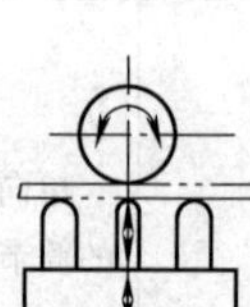	一根主辊、全液压、体积小、占地面积少。热弯时工件表面氧化皮易清除,表面质量好,但不适用于过短筒节

表 24-26　对称式三辊卷板机技术数据[5]

CDW11—（对称上调式）

技术参数＼型号	1.5×1250	6×1500	8×2500B	12×2000B	12×2500A	12×3200A	16×2500A	16×2000A	16×3200B	20×2500B	25×2000B
最大卷板宽度/mm	1250	1500	2500	2000	2500	3200	2500	2000	3200	2500	2000
最大卷板厚度/mm	1.5	6	8	12	12	12	16	16	16	20	25
最小卷筒直径/mm	245	245	245	245	245	245	245	245	245	245	245
电动机功率/kW	0.75	5.5	7.5	7.5	15	15	15	15	30	30	30
外形尺寸（长×宽×高）/m	1.68×0.51×0.98	3.55×1×1.4	4.5×1.26×1.25	4×1.26×1.25	5×1.56×1.8	5.7×1.56×1.8	5×1.56×1.75	4.5×1.56×1.8	6.92×1.83×1.81	6.22×1.83×1.81	5.72×1.83×1.81

CDW11NC—（数控上调式）

技术参数＼型号	25×400	32×320	36×250	40×200	36×400	40×320	45×250	50×200	50×320	60×320	70×320
最大卷板宽度/mm	4000	3200	2500	2000	4000	3200	2500	2000	3200	3200	3200
最大卷板厚度/mm	25	32	36	40	36	40	45	50	50	60	70
最小卷筒直径/mm	275	275	275	275	245	245	245	245	245	245	275
电动机功率/kW	45	45	45	45	45	45	45	55	55	75	75
外形尺寸（长×宽×高）/m	9.03×1.64×1.79	8.23×1.7×1.79	7.53×1.64×1.79	7.03×1.64×1.79	9.31×1.98×2.3	8.51×1.85×2.3	7.81×1.85×2.3	7.39×1.85×2.3	8.92×2.22×2.4	12.08×2.25×2.86	13.25×3.1×3.05

表 24-27　全液压微机控制水平下调式三辊卷板机技术数据[5]

CDW11XPC—

技术参数＼型号	12×2500	12×3200	16×3200	16×2500	20×2000	16×3020	18×2500	20×2500	25×2000
最大卷板宽度/mm	2500	3200	3200	2500	2000	3020	2500	2500	2000
最大卷板厚度/mm	12	12	16	16	20	16	18	20	25
最小卷筒直径/mm	450	450	450	450	450	600	450	700	700
主电动机功率/kW	11	18.5	18.5	18.5	18.5	37	18.5	37	37
预弯板厚/mm	8	8	12	12	16	12	12	16	20
外形尺寸（长×宽×高）/m	4.98×1.36×1.34	6.77×2.17×1.8	6.07×2.17×1.8	6.07×2.17×1.8	5.57×2.17×1.8	5.57×2.6×1.82	6.07×2.17×1.8		4.55×2.25×1.82

CDW11XPC—

技术参数＼型号	25×4000	32×2500	32×3000	32×3200	50×3200	70×3200	80×4000
最大卷板宽度/mm	4000	2500	3000	3200	3200	3200	4000
最大卷板厚度/mm	25	32	32	32	50	70	80
最小卷筒直径/mm	950	900	850	850	1050	1200	1300
主电动机功率/kW	45	30	45	45	—	—	—
预弯板厚/mm	20	25	25	25	40	60	70

表24-28　弧线下调式三辊卷板机技术数据[5]

技术参数 ＼ 型号	CDW11H—			CDW11HNC—			
	6×2000 / 4×2500	8×2000 / 6×2500	12×2000 / 8×2500	15×2000 / 12×2500 / 9×3200	20×2000 / 15×2500 / 12×3200	25×2000 / 20×2500 / 16×3200	25×2500 / 20×3200 / 16×4000
最大预弯板厚/mm	4 / 2	5 / 4	8 / 5	10 / 8 / 6	14 / 12 / 8	20 / 14 / 12	20 / 14 / 12
最大规格时最小卷筒直径/mm	500	650	700	800	950	1100	1200
电动机功率/kW	5.5	5.5	5.5	7.5	11	22	30
外形尺寸(长×宽×高)/m	3.21×1.17×1.31 / 3.71×1.17×1.31	3.21×1.17×1.31 / 3.71×1.17×1.31	4.15×1.32×1.49 / 4.65×1.32×1.49	3.92×1.62×1.64 / 4.42×1.62×1.64 / 5.12×1.62×1.64	4.38×1.36×1.49 / 4.88×1.36×1.49 / 5.58×1.36×1.49	4.13×1.96×1.75 / 4.63×1.96×1.75 / 5.33×1.96×1.75	4.63×1.96×1.75 / 5.33×1.96×1.75 / 6.13×1.96×1.75

表24-29　弧线下调式四辊卷板机技术数据[5]

技术参数 ＼ 型号	CDW12H—						CDW12HNC—		
	25×2000 / 20×2500 / 16×3200	32×2500 / 25×3200 / 20×4000	36×2500 / 32×3200 / 25×4000	50×2500 / 40×3200 / 32×4000	60×2500 / 50×3200 / 40×4000	75×2500 / 60×3200 / 50×4000	90×2500 / 75×3200 / 60×4000	110×2500 / 90×3200 / 75×4000	140×2500 / 110×3200 / 90×4000
最大预弯板厚/mm	20 / 14 / 12	25 / 20 / 14	30 / 25 / 20	40 / 32 / 25	50 / 40 / 32	60 / 50 / 40	75 / 60 / 50	90 / 75 / 60	110 / 90 / 75
最大规格时最小卷筒直径/mm	1100	1300	1500	1700	1900	2000	2100	2300	2500
电动机功率/kW	22	37	55	60	75	90	110	132	160

表 24-30 四辊卷板机技术数据[5]

技术参数 型号	CD12NC— CDW12CNC—							
	12×4000	16×3200	20×2500	25×2000	32×4000	40×3200	45×2500	50×2000
最大卷板宽度/mm	4000	3200	2500	2000	4000	3200	2500	2000
最大卷板厚度/mm	12	16	20	25	32	40	45	50
最大预弯厚度/mm	8	12	16	20	25	32	40	42
最小卷筒直径/mm	800	800	800	800	1300	1300	1300	1300
主电动机功率/kW	30	30	30	30	45	45	45	45
外形尺寸(长×宽×高)/m	7.6×2×2.15	6.8×2×2.15	5.68×2.38×3.67	5.56×2×2.2		11.5×2.9×3.33	10.8×2.9×3.33	10.8×2.9×3.33

技术参数 型号	CDW12NC— CDW12CNC—					CDW12—		
	50×3200	60×3200	70×3200	80×3200	90×4000	20×2500C	25×2000C	32×2500
最大卷板宽度/mm	3200	3200	3200	3200	4000	2500	2000	2500
最大卷板厚度/mm	50	60	70	80	90	20	25	35
最大预弯厚度/mm	40	50	60	70	80	16	20	30
最小卷筒直径/mm	1800	1900	2000	2500	2800	800	800	1000
主电动机功率/kW	110	121	125	132	180	30	30	45
外形尺寸(长×宽×高)/m						6.06×2×2.2	5.56×2×2.2	6.5×2.76×3.15

表 24-31 立式、锥式、船用三辊卷板机技术数据[5]

技术参数 型号	立式	锥体	船用
	CDW11NC— 36×1000	CDW11T— 6×1500	CDW11NC— 20×8000
最大卷板厚度/mm	36	6	20
最大卷板宽度/mm	1000	1500	8000
最小卷筒直径/mm	700	小端190 大端450	1000
电动机功率/kW	45	11	55
外形尺寸(长×宽×高)/m	2.5×1.5×3.02	3.65×1.2×1.34	14.6×2×5.27

表 24-32 立式卷板机技术数据[18]

数据名称 型号	800			1200			2000			3000			5000		
设备最大能量/kN	8000			12000			20000			30000			50000		
弯板最大宽度/mm	3000	3600	4000	3000	3600	4000	3000	3600	4000	3000	3600	4000	3000	3600	4000
标准辊直径/mm	560	600	620	640	680	700	760	800	840	860	920	960	1040	1100	1140
最小弯曲直径/mm	670	720	750	760	810	840	910	960	1000	1030	1100	1150	1250	1320	1400
最小弯曲直径时板厚/mm	34		29	50	47	45	60		58	85	80	77	125	118	112
相应的弯曲直径/mm	2000	2000	2000	3000	3000	3000	5000	5000	5000	5500	5500	5500	8800	8800	8800
弯曲相应直径时板厚/mm	44		38	80	74	71	108		103	142	130	125	217	200	190
在辊子中部允许最小弯曲板宽度/mm	1500	2000	2000	1500	1500	1500	1500	1500	1500	1500	1500	1500	1500	2500	2500
最小宽度最小直径时板厚/mm	44		39	67	67	60	87		87	109	113	102	135	136	136
最小宽度相应直径时板厚/mm	62		55	105	105	94	145		145	138	188	168	220	220	220
被弯曲板 δ_s/MPa	2.50	2.50	2.50	2.50	2.50	2.50	2.50	2.50	2.50	2.50	2.50	2.50	2.50	2.50	2.50

表 24-33　卷板机优缺点比较

卷板机	优　点	缺　点
三辊对称式	结构简单、重量轻、投资小、易制造、操作和维修方便,成形比较准确	无预弯边功能,剩余直边大,要压边需另配设备
三辊不对称式	单向预弯边,剩余直边较小,结构简单	弯边钢板需调头,卷板能力小,卷板厚度≤32mm
三辊垂直上调或水平下调	双向预弯边,剩余直边小,比四辊结构紧凑,重量轻,操作方便,钢板始终维持在同一水平上,进料方便安全	钢板对中不如四辊,结构较复杂
四辊	钢板对中方便、工艺通用性广,可矫正扭斜错边等缺欠,双向预弯边,剩余直边小,直边长约为板厚 1~2 倍,最小可达 1~1.2 倍	比三辊多一根辊,重量和体积都大,结构复杂,上下辊夹持力使工件受氧化皮压伤严重,两侧辊相距较远,对称卷曲率不太准确,操作技术不易掌握,容易造成超负荷等误操作
立式卷板机	只有一根主轴辊、全液压、体积小、重量轻、垂直布置、占地面积小、热卷时氧化皮易清除、不损害工件和设备。卷制时无须起重机伴随,可在成形中测量。对过度弯曲校正较容易。理论上具有一次成形功能	厂房高度提高,操作地面要求高,一般铺钢板,不能卷制小于三个夹紧距离的短筒节,油路复杂、检修麻烦,热卷时从炉内水平取出板料到垂直吊运板料较不方便

表 24-34　计算机数控的弯管机技术数据[5]

型号 技术参数	DB 系列 CNC					
	DB10	DB16	DB25	DB40	DB63	DB76 (DB76ST)
最大弯管规格/mm	10×1.25	16×1.25	25×3	40×3	63×2	76×3
最小弯管规格/mm	3×	3×	4×	8×	10×	20×
最大弯曲半径/mm	40	65	100	200	200	250
最小弯曲半径/mm						40
最大弯曲角度/(°)	190	190	190	190	190	190(193)
电动机功率/kW	3	3	7.5	18	18	22(30)

型号 技术参数	DB 系列 CNC				
	DB90	DB120	DB170	DB220	DB275
最大弯管规格/mm	88.9×7.62	114×8.5	168×13	220×12.7	275×16
最小弯管规格/mm	20×	30×	75×	75×	
最大弯曲半径/mm	450	500	750	1000	1000
最小弯曲半径/mm	50	75		150	
最大弯曲角度/(°)	190	190	190	190	195
电动机功率/kW		45			105

表 24-35　液压、程控立体弯管机技术数据[5]

型号 技术参数	CDW27Y—(液压弯管机)						
	25×3	42×4	60×5 60×5B	89×6	114×8 114×8B	159×14	219×8 219×8B
弯曲最大管材/mm	φ25×3	φ42×4	φ60×5	φ89×6	φ114×8	φ159×14	φ219×8
最大弯曲角度/(°)	195	195	190	195	195	195	195
最大规格管材最小弯曲半径/mm	75	126	180	270	350	480	660
弯曲半径范围/mm	10~100	15~210	50~250	100~500	250~700	250~800	250~800
电动机功率/kW	1.1	2.2	5.5	7.5	11	22	22

（续）

技术参数 ＼ 型号	CDW27Y—（液压弯管机）				CDW28NC—（程控立体弯管机）	
	219×18B	273×16	325×25	426×30	114×8	168×14
弯曲最大管材/mm	$\phi219\times18$	$\phi273\times16$	$\phi325\times25$	$\phi426\times30$	$\phi114\times8$	$\phi168\times14$
最大弯曲角度/(°)	195	195	190	190	190	190
最大规格管材最小弯曲半径/mm	660	820	975	1278	350	510
弯曲半径范围/mm	350~1000	400~1000	500~1600	600~3000	100~600	150~750
电动机功率/kW	22	37	55	75	22	30

表24-36　管材弯制柔性加工单元的技术数据[5]

数控弯管机		自动料架	
参数	参数值	参数	参数值
最大弯管规格（管径×壁厚）/mm	76×3	料架装管有效尺寸/mm	1000
弯曲转速（C轴）/(r/min)	2.5~13	顶管气缸行程/mm	75
管夹转速（B轴）/(r/min)	16~50	挡料气缸行程/mm	50
小车行走速度（Y轴）/(m/min)	20~60	料架最大装管长度/mm	2000
最大弯管规格时,最小弯曲半径/mm	220		
最大弯曲角度/(°)	190		
最大弯曲半径/mm	250		
上料机械手		下料机械手	
参数	参数值	参数	参数值
上料夹管最大外径/mm	76	下料夹管最大外径/mm	76
上料夹管臂最大弯角/(°)	90	下料夹管臂最大转角/(°)	90
上料平移液压缸行程/mm	630	下料平移气缸行程/mm	500

表24-37　型钢弯曲机（弧线下调式）技术数据[5]

技术参数 ＼ 型号		CDW24—　CDW24S—　CDW24NC—							
		6	16	30	45	75	100	140	180
型材最大抗弯断面模数/cm³		6	16	30	45	75	100	140	180
型材屈服强度/MPa		$R_{eL}\leqslant245$							
卷弯速度/(m/min)		6	5						
角钢内弯 ┌┐	最大断面/mm	45×45×5	70×70×8	90×90×10	100×100×16	120×120×10	125×125×14	140×140×16	150×150×16
	最小弯曲直径/mm	700	1000	1200	1500	1600	1800	2240	2600
	最小断面/mm	20×20×3	30×30×3	35×35×3	36×36×3	38×38×4	40×40×4	45×45×5	50×50×6
	最小弯曲直径/mm	400	500	560	300	500	800	1000	1200
角钢外弯 ┐┌	最大断面/mm	50×50×6	75×75×10	90×90×3	100×100×16	120×120×10	125×125×14	140×140×16	150×150×16
	最小弯曲直径/mm	700	900	1000	1300	1600	2000	2200	2600
	最小断面/mm	20×20×3	30×30×3	35×35×3	36×36×3	38×38×4	40×40×4	45×45×5	50×50×6
	最小弯曲直径/mm	400	400	400	440	760	600	800	1000
槽钢外弯 ⊐⊏	槽钢型号	8	14	18	22	25	28	30	32
	最小弯曲直径/mm	400	760	840	1000	1640	1100	1200	1500
槽钢内弯 []	槽钢型号	8	14	18	22	25	28	30	30
	最小弯曲直径/mm	560	800	900	1120	1200	1600	1700	1800
扁钢平弯 ‖	最大断面/mm	100×18	150×25	180×25	200×30	110×40	250×40	320×50	180×30
	最小弯曲直径/mm	500	600	700	900	1000	1200	1300	1400
扁钢立弯 —	最大断面/mm	50×12	75×16	90×25	100×30	200×50	120×40	150×30	280×50
	最小弯曲直径/mm	500	760	800	1000	1100	1200	1500	2000

（4）折弯压力机

折弯压力机是对薄、中板进行单角压弯的成形设备。该机通用性强、操作方便、投资较低、使用较广。目前全液压数控三点折弯，使工件的折弯角与直线度达到了很高的精度。三点折弯法的原理是：凹模槽口的2个点与上柱销的1个点组成三点（见图24-15），通过CNC调节柱销高度，精密地确定折弯角度，然后在凸模的作用下，使板料折弯。因三点分布在板料的同侧（下面），折弯精度不受板料厚度不均的影响。在凸模之上有液压垫，压力在整个折弯长度上均匀分布，有效地补偿了滑块与工作台等受力构件的挠度，并用强力折弯的形式消除了板料的回弹量。折弯压力机技术数据见表24-38~表24-40。

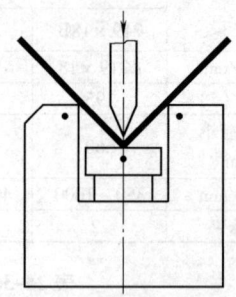

图 24-15　板料三点折弯示意图

表 24-38　三点数控及数控液压折弯压力机技术数据[14]

参数名称 \ 型号	三点式数控	数控			
	W69K—100/3100	W67K—90/30	W67K—125/30	W67K—180/40	W67K—500/60
公称力/kN	1000	900	1250	1800	5000
可折板宽/mm	3100	3000	3000	4000	6000
电动机功率/kW	15	5.5	11	11	30
后挡料最大定位尺寸（X轴）/mm	1200				
机床外形尺寸（长×宽×高）/mm	4879×2721×3080	4395×2365×2545	5100×1900×2950	5340×2224×3320	3000×3080×5590
机床净质量/kg	14900	8200	12500	16000	55000

表 24-39　WPN 系列液压折弯压力机技术数据[14]

型号	WPN（W67Y）								
	90/30	90/40	125/30	150/30	150/40	180/40	250/40	300/40	300/50
公称力/kN	900	900	1250	1500	1500	1800	2500	3000	3000
可折板宽/mm	3000	4000	3000	3000	4000	4000	4000	4000	5000
机床外形尺寸 长/mm	3133	4050	3050	3050	4050	4050	4050	4050	5240
机床外形尺寸 宽/mm	1940	1940	2180	2180	2180	2180	2733	2733	2733
机床外形尺寸 高/mm	2545	2545	2950	2950	2950	3320	3730	3730	3760
主电动机功率/kW	5.5	5.5	11	11	11	11	22	22	22
机床净质量/kg	7300	8300	10800	10800	13000	15500	19000	19000	31000

表 24-40　WMZ 系列液压折弯压力机技术数据[14]

型号	WMZ（W67Y）							WMZ（W67Y）					
	300/50	300/60	400/30	400/40	500/60	500/70	500/80	630/60	630/80	800/63	800/80	800/100	1600/120
公称力/kN	3000	3000	4000	4000	5000	5000	5000	6300	6300	8000	8000	8000	16000
可折板宽/mm	500	600	300	400	600	700	800	6000	8000	6300	8000	10000	12000
机床外形尺寸 长/mm	5260	6050	3050	4050	6380	7050	6265	8100	6400	8100	10100	12100	
机床外形尺寸 宽/mm	2593	3118	2880	2880	3000	3600	3400	3400	3900	3900	4215	4900	
机床外形尺寸 高/mm	4570	5481	4545	4545	5590	7050	6425	7335	7030	7940	8025	10560	
主电动机功率/kW	22	22	37	37	37	37	37	45	45	45	45	45	90
机床净质量/kg	37000	42000	28000	32000	54000	65000	70000	70000	80000	75000	110000	130000	300000

（5）封头成形设备

封头成形法有冲压成形、旋压成形、爆炸成形三种方法，前两种方法应用最广，其成形原理、设备数据如下。

1）冲压设备。冲压成形是利用水压机或油压机借助冲模把毛坯冲压成所需形状。按照工件是否加热分为热冲压成形和冷冲压成形。由于冲压过程毛坯塑性变形较大，对于壁厚较大或冲压深度较大的封头，

为了提高材料变形能力，保证封头成形质量，一般都采用热冲压成形。为了解决冷冲压中所产生的冷作硬化对封头质量的影响，除了采用先进的设备和必要的工艺措施外，最重要的一条就是所采用的材料要有较大的塑性储备，其屈强比要小于70%。对材料化学成分的控制也十分严格，尤其S、P质量分数必须控制在0.015%以下。

冲压设备的技术数据见表24-41、表24-42。

表 24-41　双动液压机技术数据[7]

产品名称	型号	公称力（内滑块/外滑块）/kN	滑块行程（外滑块/内滑块）/mm	滑块平面至工作台面离距/mm	工作台面尺寸（前后×左右）/mm	电动机功率/kW	质量/t	外形尺寸（长×宽×高）/mm
双动薄板拉深液压机	Y28—400/630	4000/2500	1300/800	2100	1600×2500	101	110	2775×4750×6680
	Y28—500/800	5000/3000	1100/1000	2000	2800×1800	159.29	160	5185×6940×8140
	Y28—630/1030	6300/4000	1300/1200	2000	3200×2200	186.4	190	8510×7370×7765
双动厚板拉深液压机	Y24—120	800/350	400	710	450×560	15	3.2	990×1550×2590
	Y24—200	1500/500	560	930	700×880	30	6	1470×1822×3300
	Y24—350	2500/1000	600	1133	800×990	30	9.5	1610×2150×3890

表 24-42　双动厚板冲压液压机技术数据[7]

型号	公称力/压边力/kN	最大工作速度/(mm/s)	工作压力/MPa	立柱中心距/mm	最大净空距/mm	最大工作行程/mm	工作台面/mm	外形尺寸（长×宽×高）/mm	备注
500/750	5000/2500	30	20	2500×1600	2400	1400	$\phi2000$	14000×11000×10700	水泵房另外配套
800/1200	8000/4000	50~75	20	4400×2200	3300	2000	$\phi3800$	15780×13130×14662	
1600/2200	16000/6000	50~75	20	4800×2400	4000	2500	$\phi4100$	20690×17500×17500	
3150/4150	31500/10000	50~75	32	6000×3200	4500	3000	$\phi5000$	21500×16500×19700	

2）封头旋压设备。旋压成形就是利用里外辊轮，一个作靠模辊，另一个作加压辊，两个辊轮相互配合，能进能退，按设定要求将工件旋压成各种回转体的加工工艺。现在，旋压技术已进入数控与录返阶段，由于技术上、经济上的一系列优点，其应用已逐渐增多。

目前封头旋压成形可分为：

封头旋压成形 { 薄壁封头冷态旋压法 { 二步法; 一步法 { 有胎; 无胎 }; 厚壁封头热态冲旋联合法 }

封头旋压法的优点如下：

① 减小了变形力。

② 降低了设备自重。

③ 增加了设备柔性，适应产品种类多变的场合，生产周期短。

④ 封头质量优良，表面粗糙度好，特别适宜超薄封头的旋压；形状准确，起皱小，精度高，封头径厚比冲压法大一倍多；控制系统自动化和数控化，劳动条件好。

⑤ 由于变形力大减，设备安装电力容量也相应减少，制造同一尺寸封头的设备，冲压设备约为旋压设备的3~3.5倍；另外，$\phi5200mm×32mm$以下尺寸的封头全部可以冷旋压成形，而冲压法则大部分要加热后成形，故节约大量能源。

⑥ 设备轻、外形小、厂房小，需要大吨位起重机，高度可以降低；不需要大型加热炉，大大节约基建投资；模具费节约更加显著。旋压$\phi5200mm×32mm$以下各种封头，只需12套简单的压鼓模和6套翻边小滚轮即可，模具总重24.2t。而冲压一种$\phi2200mm×18mm$封头的模具，一套就重达24.5t，

比全部旋压用的模具还重。

旋压成形法虽有以上优点，但冲压法对批量生产的中、小规格封头仍是技术上成熟、生产率高、经济上合理的加工方法，尤其是特厚壁封头的热冲压，还很有优势。

① 一步法无胎冷旋压机技术数据见表24-43。

② 二步法冷旋压机。二步旋压法是先将毛坯在压鼓机上压成碟形，即把封头中央圆弧部分压制到所需的曲率半径，然后再到旋压机上翻边，使封头边缘部分旋压到所要求的曲率。二步法冷旋压机的设备组成及相关数据见表24-44，该机最大可旋制 $\phi5200mm \times 34mm$ 的封头。

表 24-43　一步法无胎冷旋压机技术数据[19]

型　号		FWX20	FWX30	FWX40	FWX50	FWX65
加工封头直径/m		0.4 ~ 1.6	1.2 ~ 2.4	1.6 ~ 3.2	2 ~ 4.0	2.6 ~ 5.2
坯料厚度/mm	碳钢	4 ~ 12	6 ~ 20	8 ~ 30	8 ~ 32	8 ~ 32
	Q345R	4 ~ 10	6 ~ 16	8 ~ 24	8 ~ 25	8 ~ 25
	不锈钢	4 ~ 9	6 ~ 15	8 ~ 20	8 ~ 20	8 ~ 20
总功率/kW		50	200	160	220	250
本体重量/t		12.5	60	75	120	180
外形尺寸（长×宽×高）/mm	泵站	2200 × 2600	6000 × 6000	6000 × 8000	6000 × 10000	6000 × 12000
	本体	3600 × 1200 × 5200	6230 × 2400 × 7900	7700 × 2000 × 9050	9200 × 2500 × 12500	11000 × 3250 × 15600

表 24-44　二步法冷旋压机的组成及相关技术数据[20]

压鼓机		翻边机		自动操作机	
型　号	600/6000	型　号	FX5200 × 34	型　号	70 × 6000
压力/kN	6000	最大厚度/mm	32（当 $R_{eL} \le 320MPa$ 时）（低碳钢）	最大板坯重量/kg	7000
立柱间距/mm	6000			可操作最大直径/mm	$\phi6000$
行程长度/mm	100 ~ 850		25（当 $R_{eL} \le 250MPa$ 时）（奥氏体钢）	可操作最小直径/mm（用附加工作台时）	$\phi2000$ $\phi1500$
台面间最大净高/mm	1000				
上台面尺寸/mm	$\phi800$	最大弯边半径/mm	800	总功率/kW	32
下台面尺寸/mm	1100 × 1150	最小弯边半径/mm	30	质量/t	18.5
最大工作压力/MPa	24	最大封头直径/mm	5200		
空程速度/(m/min)	12	最小封头直径/mm（当附加装置时）	1500 800		
工作速度/(m/min)	0.5 ~ 0.9				
回程速度/(m/min)	12	总功率/kW	158		
安装总功率/kW	60	机器质量/t	38.2		
机器质量/t	73				

24.2.6　坡口加工和制孔设备

（1）板料坡口加工设备

坡口加工常用的方法有机械切削和热切割两类。机械切削加工坡口，常采用刨边机、坡口加工机和铣床、刨床、车床等各种通用机床。刨边机可加工各种形式的直线坡口，尺寸准确，不会出现加工硬化和热切割中出现的那种淬硬组织与焊渣等，适合低合金高强度钢、高合金钢以及复合钢板的加工。缺点是机器外廓尺寸很大，价格较贵。

坡口加工机（见图24-16）体积小、结构简单、操作方便，工效是铣床或刨床的20余倍，所加工的板材，无论是圆板还是直板，除厚度外。在理论上不

受直径、长度、宽度的限制。缺点是受铣刀结构的限制，不能加工U形坡口。

HP系列坡口加工机的技术数据见表24-45。其中HP-10型坡口机还可加工直径120mm以上的端面坡口；HP-26型坡口加工机增加辅助装置后，可加工圆管和封头的端面坡口。

（2）管子坡口加工机

管子坡口加工机是利用金属切削原理加工管端坡口的设备，有便携式和固定式两类。有的还具有切断管材的功能。它加工速度快，加工精度高，最适合加工V形和U形坡口。

便携式管子坡口加工机有电动机驱动和气动驱动两种，前者多装夹在被加工管材的端部，围绕管壁边

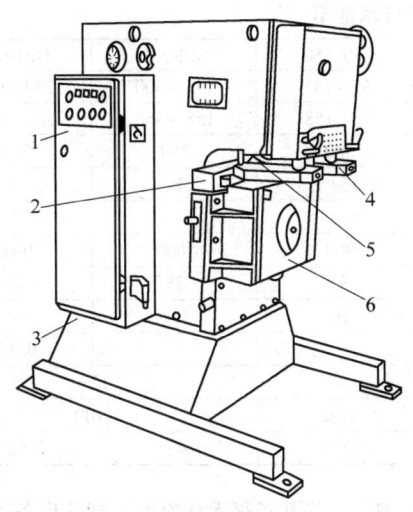

图 24-16 坡口加工机
1—控制柜 2—导向装置 3—床身 4—压紧和防
翘装置 5—铣切刀 6—升降工作台

行进边加工出坡口，后者多采用内涨式定位机构，依靠管子内壁固定在管端，用旋转刀盘上的刀具进行坡口加工。便携式管子坡口加工机体积小，自重轻，机动灵活，多用在现场作业的场合，其技术数据见表 24-46 和表 24-47。

固定式管子坡口加工机，实际上就是管子加工专用机床，它由床身、主轴箱、电动机、进刀机构、管子夹紧机构等组成，利用绕管壁旋转的刀具加工坡口和切断管材，生产效率很高，适宜用在车间等固定作业的场合。

(3) 制孔设备

制孔也是金属结构生产中不可缺少的工序。冷加工制孔主要采用压力机和钻床，其选用可参考有关产品资料。薄板制孔多采用压力机。但孔径必须大于板厚。冲孔效率高，但孔边易出现加工硬化和微裂纹。中、厚板制孔多采用钻孔方法。钻孔质量好，钻深大，没有加工硬化现象。孔多的工件还可采用多轴数控钻床，特厚板的钻孔可采用深孔钻床。热加工制孔主要采用氧焰、等离子弧、激光束等切割制孔，它不受工件尺寸的制约，适应性强。但热加工制孔的精度，除激光制孔外，均低于冷加工制孔。此外，对受热易产生裂纹的材料，要谨慎使用。

表 24-45 HP 系列坡口加工机技术数据[21]

型 号	HP—10	HP—14	HP—18	HP—20	HP—26
被加工钢板的抗拉强度/MPa	390~750	390~750	390~750	390~750	390~750
坡口最大宽度/mm	12~7	20~12	24~15	27~17	35~20
工件最大厚度/mm	30	40	45	50	70
坡口角度调整范围/(°)	30~45	20~50	20~50	20~50	20~50
最小钝边高/mm	1	1.5	1.5	1.5	1.5
加工坡口速度/(m/min)	2.6~3.4	2.6~3.4	1.8~2.8	1.3~3.4	0.8~3.4
主电动机功率/kW	2.2	3	4	4/3	6/5/2.2
整机质量/kg	65	1000	1250	1450	4500
外形尺寸/mm	610×470 ×700	1280×950 ×1356	1280×1000 ×1356	1280×1000 ×1356	1700×1200 ×1830
工作噪声/dB	≤65	≤65	≤65	≤65	≤65

表 24-46 电动管子切割坡口机技术数据[22]

型 号	RA2	RA4	RA6	RA8	RA12	RA8H	RA6H	RA4H	RA2H
切割直径/mm	10~63	20~120	85~182	150~230	215~325	150~230	85~182	20~120	10~63
壁厚/mm	2~5.5	2~7	2~10	2~10	2~10	2~10	2~10	2~7	2~5.5
电动机功率/kW	单相,220~240V,50/60Hz,1.6								
刀片转速/(r/min)	150~270								
质量/kg	45	78	95	115	140	117	97	80	47
适用管材	高合金钢(不锈钢)最大壁厚3mm 低合金钢、非合金钢 铸铁 有色金属及塑料					高强钢(耐腐蚀、耐热高温镍合金) 高合金钢(不锈钢) 钛合金			

表 24-47　气动管子切割坡口机技术数据[23]

型　号		GPJ-30	GPJ-80	GPJ-150	GPJ-350	GPJ-630
坡口范围	管子内径/mm	10~29	28~78	70~145	145~300	280~600
	管子外径/mm	11~30	29~80	73~158	158~350	300~630
气动电动机功率/W		350	440	580	740	740
驱动刀盘空载转速/(r/min)		220	150	34	12	8
压缩空气工作压力/MPa		0.6				
最大耗气量/(L/min)		550	650	960	1000	1000
轴向进给最大行程/mm		10	35	50	55	40
一次切削最大壁厚/mm		4	10	16	20	140
横向进给量/(mm/r)						0.15
进气管内径/mm		6	10		12	
噪声(声功率级)/dB(A)		≤94	≤103	≤92	≤100	
机器质量/kg		2.7	7	12.5	42	55

1）钻孔。钻孔是利用钻头在标有中心眼的点上进行切削加工，通常是在钻床上（摇臂钻或立式钻等）进行，用手工钻机可以钻直径 32mm 以内的孔，在钻大直径的孔时，直接用大钻头会打滑，不容易定中心，需先用小直径钻头钻一通孔，再用大直径钻头扩孔到所需要的直径。对于精度要求高和表面粗糙度值要求低的孔，钻孔后还需精铰。在成批生产时，如果许多零件孔的布置和孔的直径相同，可以把钢板重叠起来进行加工，可大大提高生产率。

2）冲孔。冲孔是在压力机上或联合冲剪机上进行。冲孔过程和剪切过程相似。冲孔是用冲头和冲模来代替剪刀。冲头和冲模的切断部分做成圆形、方形或其他形状。冷冲孔时，孔边缘上的金属发生冷作硬化，因此重要的金属结构，需用扩孔的办法将硬化区域去掉 3~6mm。

图 24-17 所示的冲孔用的冲模冲头直径应等于所需孔的直径 d，也要注意冲头的直径不能小于加工金属的厚度。通常下模的直径 $D = d + (0.05~0.1)\delta$，δ 为所冲材料的厚度。冲头直径与冲模直径之间的间隙越大，则变形扩展的深度越大，而孔边缘的外形也越差。冲孔的低碳钢厚度不可超过 25mm。冲模一般用 T8、T9、T10 碳素工具钢制造。

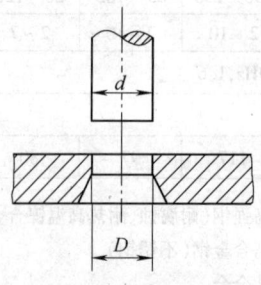

图 24-17　冲孔模示意图

3）割孔。当孔径很大或冷加工制孔设备不易到达时，可用氧乙炔焰气割进行割孔。割孔的精度低于冷加工制孔，对要求尺寸精度较高的割孔，切割后还要进行切削加工。

24.3　焊接工装夹具

焊接工装夹具是指将焊件准确定位并夹紧，用于装配和焊接的工艺装备。在焊接结构生产中，装配和焊接是两道重要的生产工序，根据工艺要求通常以两种方式完成这两道工序。一种是先装配后焊接，一种是边装配边焊接。我们把用来装配进行定位焊的夹具称作装配夹具，而专门用来焊接焊件的夹具称作焊接夹具。把既用来装配又用来焊接的夹具称作装焊夹具。它们统称为焊接工装夹具。

24.3.1　分类、组成及作用

（1）焊接工装夹具的分类

焊接工装夹具的分类方法很多，如上所述根据工装夹具的总体作用可以分为装配夹具、焊接夹具和装焊夹具三大类；按动力源可分为六类：手动、气动、液压、磁力、真空、混合式夹具；从夹具上各元件的具体结构和功能则可分为定位夹具、夹紧机构、推撑和拉撑夹具、组合夹具等。

一个完整的焊接工装夹具，应由定位夹具、夹紧机构和夹具体三部分组成。在装焊作业中，多使用在夹具体上安装着由多个不同夹紧机构和定位夹具组成的复杂夹具（又称胎具或专用夹具），其中，除夹具体是根据焊件的结构形式专门设计的以外，夹紧机构和定位夹具多是通用的。

定位夹具大多数是固定的，但也有些定位夹具为了便于焊件装卸，做成伸缩式或转动式的，并采用手动、气动、液压等驱动方式。夹紧机构是夹具的主要组成部分,其结构形式很多,结构相对复杂,驱动方式也多种多样。在有些大型复杂的夹具上,夹紧机构不仅结构形式多种,而且还使用多种动力源。有手动加气动的、气动加电磁的等。这种多动力源夹具称作混合式夹具。在工业先进国家,对广泛采用的一些夹紧机构已经标准化、系列化,设计焊接工装夹具时只要选用即可。我国焊接工作者正进行着这方面的引进消化和研究开发工作,已经形成了一些定位与夹紧机构的标准化产品。

(2) 焊接工装夹具的特点

装配夹具以能精确定位零件并使其固定为特点,它的首要任务是保证装配、定位焊后的工件达到所要求的几何形状和尺寸精度,焊接夹具须具有较大的刚度以防止或减少工件焊后变形,装焊夹具则应兼顾两者之长。因此,焊接工装夹具应具有下列特点:

1) 夹具要适应各零、部件按顺序逐步装配但又能整体一次取出的要求。

2) 各零件在夹具中定位和夹紧的程度不统一,为了减少和消除焊接变形,某些零件需刚性固定;另一些零件则应能在某一方向上自由伸缩以减少焊接应力。

3) 夹具上各个元件的受力状态不同,某些元件需要承受工件的夹紧力、工件的重量以及因焊接不均匀热过程所引起的应力,而另一些元件仅承受夹紧力,因此这些元件除强度外,还要有足够的刚度。

4) 焊接夹具往往是焊接回路的组成部分,应考虑它的绝缘和导电的合理安排。

在设计焊接工装夹具时,要充分考虑上述特点,以便设计出的夹具,满足使用要求。

(3) 对焊接工装夹具的设计要求

1) 焊接工装夹具应动作迅速、操作方便、操作位置应处在工人容易接近、最宜操作的部位。特别是手动夹具,其操作力不能过大,操作频率不能过高,操作高度应设在工人最易用力的部位,当夹具处于夹紧状态时,应能自锁。

2) 焊接工装夹具应有足够的装配焊接空间,不能影响焊接操作和焊工观察,不妨碍焊件的装卸。所有的定位元件和夹紧机构应与焊道保持适当的距离,或者布置在焊件的下方和侧面。夹紧机构的执行元件应能够伸缩或转位。

3) 夹紧可靠,刚度适当。夹紧时不破坏焊件的定位位置和几何形状,夹紧后既不使焊件松动滑移,又不使焊件的拘束度过大,产生较大的应力。用于大型板焊结构的夹具,要有足够的强度和刚度。特别是

夹具体的刚度,对结构的形状精度、尺寸精度影响较大,设计时要留有较大的裕度。

4) 夹紧时不应损坏焊件的表面质量,夹紧薄件和软质材料的焊件时,应限制夹紧力,或者采取压头行程限位,加大压头接触面积,添加铜、铝衬垫等措施。接近焊接部位的夹具,应考虑操作手把的隔热和防止焊接飞溅对夹紧机构和定位夹具表面的损伤。

5) 焊接夹具的施力点应位于焊件的支承处或者布置在靠近支承的地方,要防止支承反力与夹紧力、支承反力与重力形成力偶。

6) 注意各种焊接方法在导热、导电、隔磁、绝缘等方面对焊接夹具提出的特殊要求。例如,凸焊和闪光焊时,焊接夹具兼作导电体,钎焊时焊接夹具兼作散热体,因此要求焊接夹具本身具有良好的导电、导热性能。再如,真空电子束焊接所使用的焊接夹具,为了不影响电子束聚焦,在枪头附近的焊接夹具零件,不能用磁性材料制作,焊接夹具也不能带有剩磁。

7) 焊接工装夹具本身应具有较好的制造工艺性和较高的机械效率。尽量选用已通用化、标准化的夹紧机构及标准零部件来制作工装夹具。

(4) 焊件所需夹紧力的构成及确定方法

在进行焊接工装夹具设计计算时,首先要确定装配、焊接时焊件所需的夹紧力,然后根据夹紧力的大小、焊件的结构形式、夹紧点的布置、安装空间的大小、焊接机头的可达性等因素来选择夹紧机构的类型和数量,最后对其和夹具体的强度和刚度进行必要的计算或验算。但是,这里面最困难的是如何定量地确定焊件所需的夹紧力。

装配、焊接焊件时,焊件所需的夹紧力的构成,按性质可分为四类:第一类是在焊接及随后的冷却过程中,防止焊件发生焊接残余变形所需的夹紧力。第二类是为减少或消除焊接残余变形,焊前对焊件施以反变形所需的夹紧力。第三类是在焊件装配时,为了保证安装精度,使各相邻焊件相互紧贴消除它们之间的装配间隙所需的夹紧力,或者根据图样要求,保证给定的间隙和位置所需的夹紧力。第四类是在具有翻转或变位功能的夹具或胎具上,为了防止焊件翻转变位时,在重力作用下不致坠落或移位所需的夹紧力。

上述四类夹紧力中,除第四类可用理论计算求得与工程实际较接近的计算值外,其他几类,则由于计算理论的不完善性、焊件结构的复杂性、装配施焊条件的不稳定性等因素的制约,往往计算结果与实际相差很大,有些复杂结构,甚至无法精确计算。因此在工程上,往往采用模拟件或试验件进行试验的方法来确定夹紧力,这里面又可分为两种:一种方法是经试

验得到试件焊接残余变形的类型和尺寸后，通过理论计算，求出使焊件恢复原状所需的变形力，此力就是焊件所需的夹紧力。这种方法，对于像焊接梁、焊接柱、拼接大板等一些简单结构的焊件比较有效，计算出的夹紧力与工程实际较接近外；对于复杂结构的焊件，例如机座、床身、大型内燃机缸体、减速器机壳等焊接机器零件，计算仍然困难。若用简化计算，又与实际不符。因此，便采用第二种方法，即在上述试验的基础上，实测出矫正焊接残余变形所需的力和力矩，以此作为焊件所需夹紧力的依据。

焊件所需的夹紧力要适度，既不能过小失去夹紧作用，又不能过大，使得焊接过程中拘束作用太强出现焊接裂纹，因此设计夹具时，应使夹紧机构的夹紧力能在一定范围内调节，这在气动、液压、弹性等夹紧机构中是不难实现的。

24.3.2　定位原理及实施方法

（1）基准的概念

基准又叫基面或基准面，它是一些点、线、面的组合，用它们来决定同一零件的另外一些点、线、面的位置（对加工而言）或其他零件的位置。

根据用途，基准有下列几种：

1）设计基准。设计基准是用以决定零件在整个结构或部件中相对位置的点、线、面的总称，如图24-18所示的表面 a 是决定面 b、面 d 及孔 f 的设计基准，因此设计基准是确定工件各部分位置的关系的。

2）工艺基准。工艺基准是加工装配过程中用来进行定位、安装零件位置的点、线、面。因此工艺基准可分为定位基准、装配基准和测量基准。

定位基准：零件在胎夹具中定位时所依据的点、线或面，如图24-18所示的零件Ⅰ的 a 平面和 e 平面即是定位基准面。轴的定位基准面是其外圆面。

装配基准：胎夹具中决定各零件相对位置的点、线、面，如图24-18所示的零件Ⅰ的 b 面和 a 面或者 b 面和孔 f 的中心点即是零件Ⅱ的装配基准。

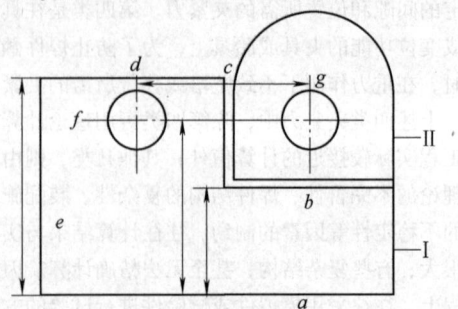

图24-18　零件装配基准

测量基准：在加工装配进程中检查零件位置或工艺尺寸所依据的点、线、面，如图24-18所示的 a 面是测量孔 f 的基准，孔 f 又是测量零件Ⅱ孔 g 的测量基准。

在设计胎夹具时首先应根据工件的形状选择合理的基准，尽量选用零件表面粗糙度值较低的面作为基准。同时又要使一个基准具有多种用途以减少基准的数量，从而简化胎夹具的机构。因此在选择基准时常常将设计基准作为定位、测量基准。

（2）六点定位律

从理论上讲焊件在空间可以有无限个位置可放。为了确定焊件的具体相对位置，必须消除它对于直角坐标系活动的六个自由度，即图24-19所示的沿着三个直角坐标轴的移动和转动。

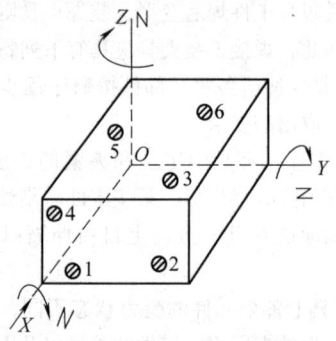

图24-19　零件定位简图

在 XOY 平面内的三个支点（1，2，3），使矩形零件受到支托，同时也使其不能绕 X 轴和 Y 轴转动，也不能沿 Z 轴移动，限制了它的三个自由度。

在 XOZ 平面内，布置两个支点（4，5），使得零件不能沿 Y 轴移动和绕 Z 轴转动，限制了它的两个自由度。零件此时可沿 XOZ 平面移动。

在 YOZ 平面内加置一个支点6，限制了零件沿 X 轴移动的可能。于是零件便被确定了位置。由此，可以得出定位的规律如下：

在直角空间坐标内，三个平面（XOY，XOZ 和 YOZ）都是定位基准。在三个基准面中安置六个刚性支点与零件相接触，即可限制零件处于确定的静定状态。其中具有三个支点的平面称为安装基面，两个支点者为导向基面，一个者为定程基面（止推基面）。

在胎夹具上与工件定位基准相接触的支点称为定位支承，每一个基准上的定位支承数量应该一定，平面上的定位支承至多可有三个，圆柱面则可设置四个，边端部定位则需两个支承（是定位直线）。超出这个数量时就不能保证支承与工件全部接触（只能施加外力强迫工件变形以接触全部支承）。设计时应当避免这种"超定位"现象。只有在工件长度较长、刚度较小时，为了防止其变形才可增加支承，采用"超定位"。

（3）定位实施方法

零件在装配焊接夹具中定位基准的选择可是平面、圆柱面、圆锥面或者是复杂零件的复合表面，其定位方法如下：

1）平面定位。利用挡铁或销钉定位。如图24-20所示，零件1可用两个销钉3定位在零件2上。

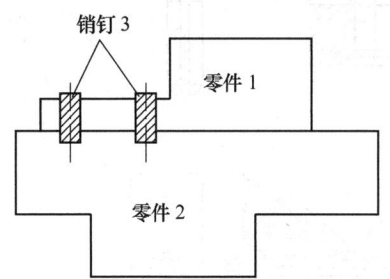

图 24-20　制品用两个销钉定位

2）圆柱面定位。分外圆柱面与内圆柱面两种。外圆柱面定位常用 V 形块定位，如图 24-21 所示；内圆柱面则利用销轴或销钉定位，如图 24-22 所示。

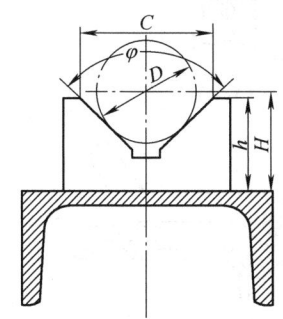

图 24-21　外圆定位（长 V 形块）

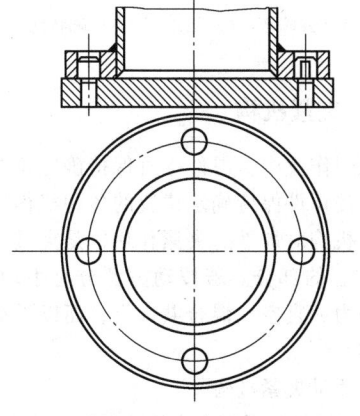

图 24-22　销钉定位

3）圆锥面定位。用短 V 形块定位，如图 24-23 所示。

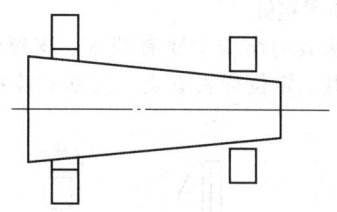

图 24-23　用短 V 形块定位

4）曲面定位。用圆形曲面定位，如图 24-24 所示。

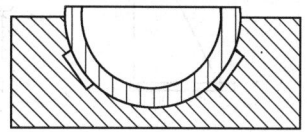

图 24-24　用圆形曲面定位

24.3.3　定位夹具

在装焊作业时，焊件按图样要求，在夹具中得到确定位置的过程叫定位。定位夹具是实现正确定位的工具，可作为一种独立的工艺夹具，也可以是复杂工艺装备中的一种基本元件。定位夹具一般不应作为受力元件，以免损伤它的精度；若必须同时作为受力元件时，应适当增加它的强度和刚度。定位夹具不应设置在有碍工人操作的位置；同时还应考虑到焊件在装配或焊接后便于从夹具中取出，必要时可将定位夹具设计成可拆的或是可移动的。定位夹具的工作表面应具有良好的耐磨性，以便较长时期地保持定位精度。定位夹具在磨损或损坏时应容易修复或更换。焊件中经过机械加工的面、孔等原则上都可以作为定位基面，但它应符合定位要求。在装配尺寸公差大的工件时，定位夹具不应置于自由公差的一侧。例如角钢，它的肢长和板厚都有尺寸公差，一般以背棱为测量基准，这时定位夹具就应以背棱作为定位基准来设置。

虽然焊件在夹具中要得到确定的位置，必须遵从物体定位的六点定位律。但对焊接金属结构来说，被装焊的零件多是下好料的板材和型材，未组焊前刚度小、易变形，所以常以工作平台的台面作为与焊件安装基面的接触面进行装焊作业。此时，工作平台不仅具有夹具体的作用，而且具有定位夹具的作用。另外，对焊接金属结构的每个零件来说，不必都设六个定位支承点来确定其位置。因为各零件之间都有确定的位置关系，利用先装好的零件作为后装配零件某一基面上的定位支承点，可以减少定位夹具的数量。为了保证装配精度，应将焊件几何形状比较规则的边和面与定位夹具接触。

定位夹具的结构主要有挡铁、支撑钉、定位销、V形块、定位样板五类。挡铁和支撑钉用于平面的定位；定位销用于焊件依孔的定位；V形块用于圆柱体、圆锥体焊件的定位；定位样板用于焊件与已定位焊件之间的给定定位。定位夹具可做成拆卸式、进退式和翻转式，它们的结构如图24-25所示。

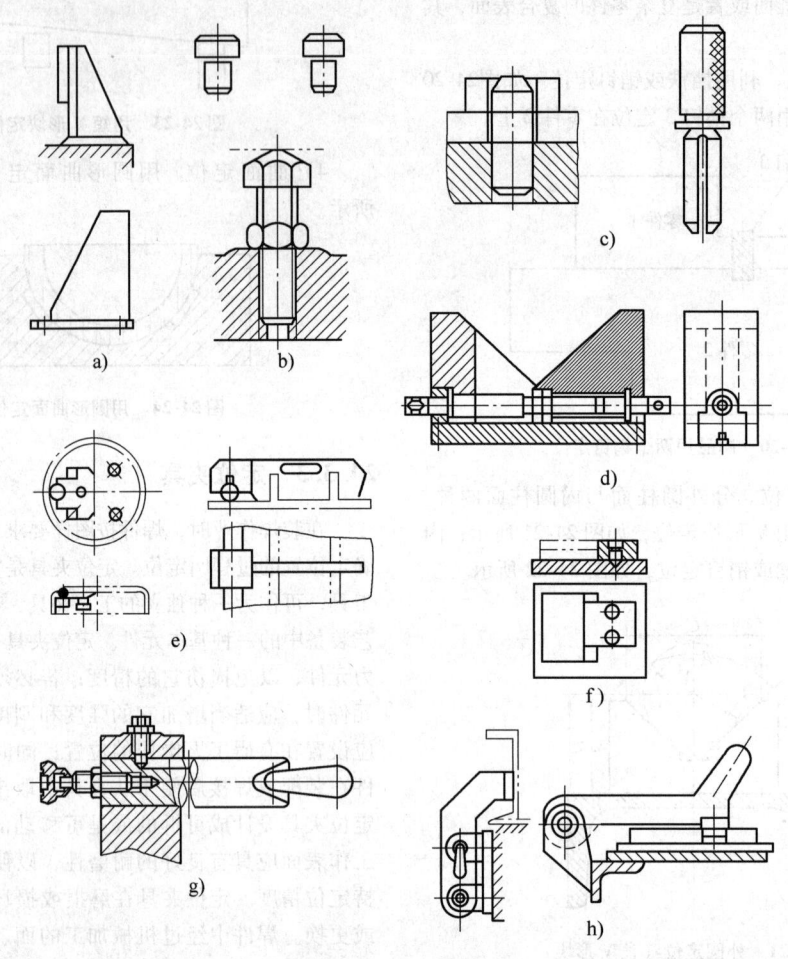

图 24-25　各种定位夹具
a）挡铁　b）支撑钉　c）定位销　d）V形块　e）定位样板　f）拆卸式　g）进退式　h）翻转式

对定位夹具的技术要求是耐磨性、刚度、制造精度和安装精度。在安装基面上的定位夹具主要承受焊件的重力，与焊件接触的部位易磨损，要有足够的硬度。在导向基面和定程基面上的定位夹具，常承受焊件因焊接而产生的力，要有足够的强度和刚度。

如果夹具承重很大，焊件的装卸又很频繁，也可考虑将定位夹具上与焊件接触易磨损的部位做成可拆卸或可调节的。以便适时更换或调整补偿其磨损量，保证定位精度。

24.3.4　夹紧机构

在装焊作业中，焊件一直保持确定位置的过程叫夹紧。使焊件保持确定位置的各种机构称夹紧机构。夹紧机构对焊件起夹紧作用，是夹具组成中最重要最核心的部分。若按动力源分有手动、气动、液压、磁力、真空、混合共六类，而以手动和气动应用最多。

（1）手动夹紧机构

手动夹紧机构是以人力为动力源，通过手柄或脚踏板靠人工操作,用于装焊作业的机构。它结构简单,具有自锁和扩力性能,但工作效率较低,劳动强度较大。一般在单件和小批量生产中应用较多。

手动夹紧机构主要有如下几类:

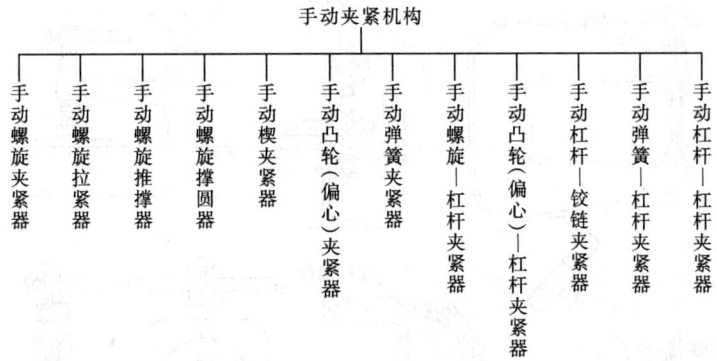

其典型的结构、性能、使用场合见表 24-48。

设计手动夹紧机构时,其手柄的操作高度以 0.8~1m 为宜,操作力应在 150N 以下,短时功率应控制在 120W 以内,当夹具处在夹紧状态时,应有可靠的自锁性能。

（2）气动及液压夹紧机构

表 24-48　手动夹紧机构

名　称	结构举例	说　明
手动螺旋夹紧器	见表图 24-48-1	形式多样,结构简单,适应面广,能产生较大夹紧力,自锁性能好,但螺旋每转行程较小,动作缓慢,效率较低,多用于单件和小批量生产
手动螺旋拉紧器	见表图 24-48-2	通过螺旋的扩力作用,将工件拉拢。在装配和矫形作业中应用较多 直线螺旋拉紧器已标准化、系列化
手动螺旋推撑器	见表图 24-48-3	用于支承工件防止变形和矫正变形
手动螺旋撑圆器	见表图 24-48-4	用于筒形工件的对接,矫正其圆柱度,防止变形消除局部变形时使用
手动楔夹紧器	见表图 24-48-5	简单易作,主要用于现场的装焊作业 为使楔在夹紧状态下既有可靠的自锁性能又便于退出,楔角应为 8°~11°
手动凸轮(偏心)夹紧器	见表图 24-48-6	手柄动作一次,即可将工件夹紧,夹紧速度要比螺旋夹紧机构快许多倍,但夹紧行程有限,扩比及通用性不如螺旋夹紧机构大,自锁性能也不如螺旋夹紧机构可靠,多用在夹紧力不大和振动较小的场合
手动弹簧夹紧器	见表图 24-48-7	是将弹簧力转换成夹紧力传递到工件上的夹紧机构。弹簧力即为夹紧力。所用弹簧多为圆柱螺旋弹簧,若需沿周边夹持圆形工件时,多采用膜片式弹簧 手动弹簧夹紧器主要用于薄件的夹紧
手动螺旋—杠杆夹紧器	见表图 24-48-8	是螺旋扩力后,经杠杆进一步扩力或缩力来实现夹紧的机构,其派生结构很多,应用范围很广,很容易设计出适应各种夹紧位置的结构
手动凸轮(偏心)—杠杆夹紧器	见表图 24-48-9	是凸轮或偏心轮扩力后再经杠杆进一步扩力来实现夹紧的机构。动作迅速,但自锁可靠性不如螺旋-杠杆夹紧器
手动杠杆—铰链夹紧器	见表图 24-48-10	是借助杠杆与连接板的组合,实现夹紧作用的机构。其夹紧速度快,夹头开度大,派生结构多,机动、灵活、使用方便,常用来夹薄板金属构件,在装焊生产线上应用较多
手动弹簧—杠杆夹紧器	见表图 24-48-11	是弹簧经杠杆扩力或缩力后实现夹紧作用的机构。适用于薄件的夹紧,应用不广泛
手动杠杆—杠杆夹紧器	见表图 24-48-12	通过两级杠杆传力实现夹紧,扩力比大,但实现自锁较困难,应用不广泛

（续）

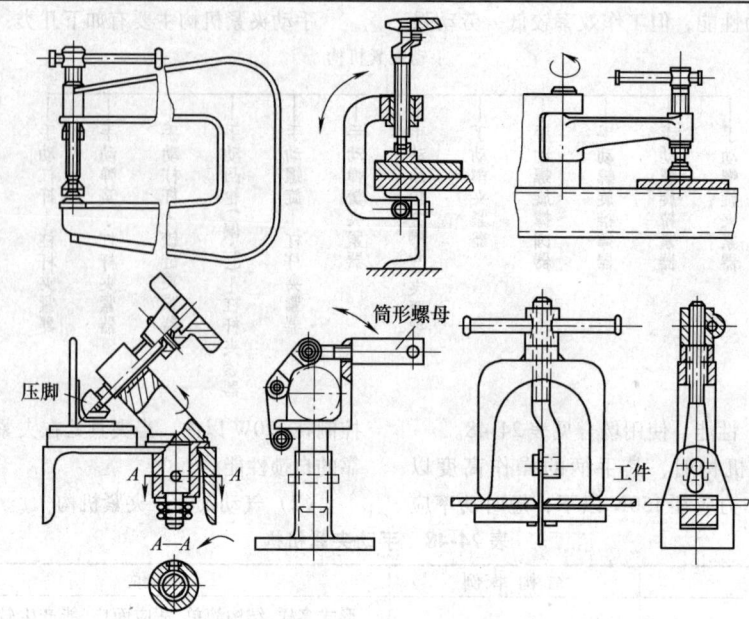

表图 24-48-1

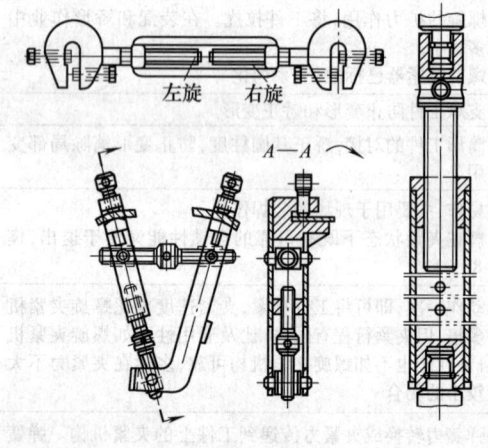

表图 24-48-2

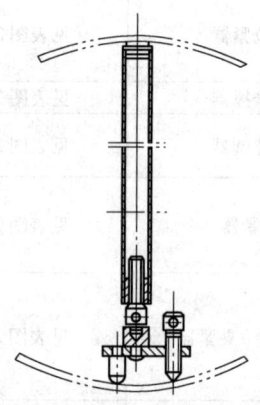

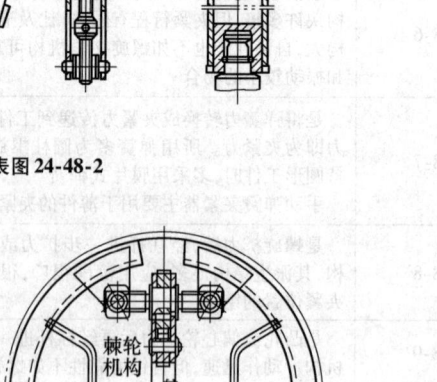

表图 24-48-3

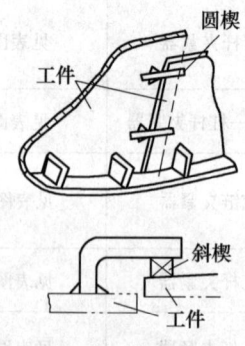

表图 24-48-4　　　　　　　　　　　　　　　　　　表图 24-48-5

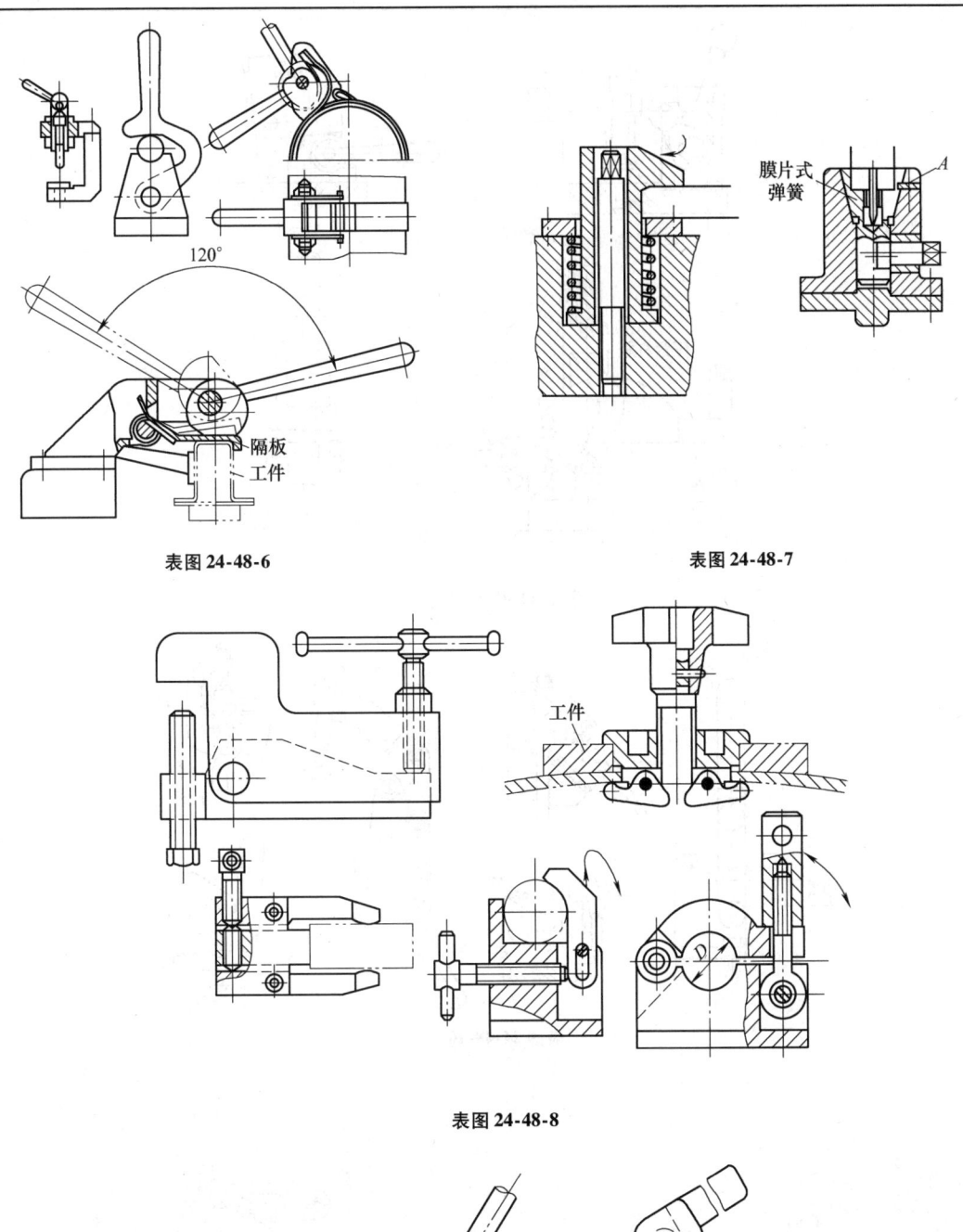

表图 24-48-6　　　　　　　　　　　　　　　　　表图 24-48-7

表图 24-48-8

表图 24-48-9

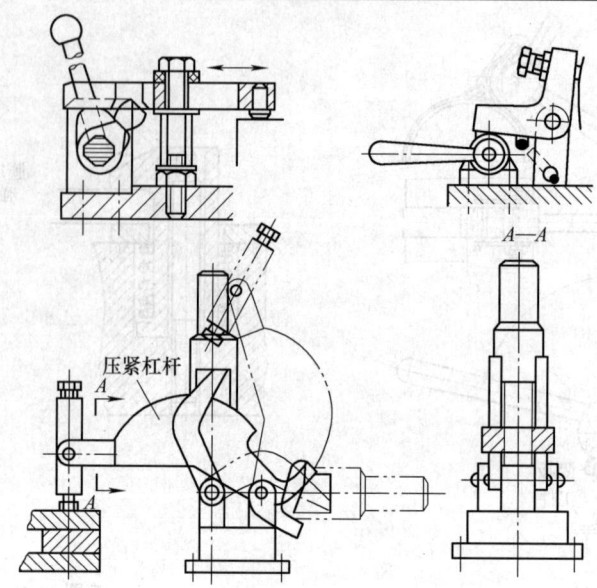

表图 24-48-9（续）

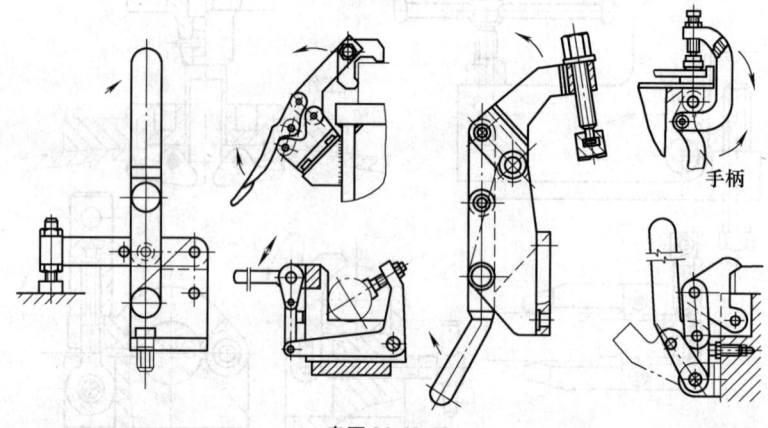

表图 24-48-10

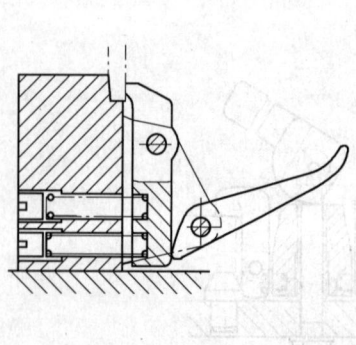

表图 24-48-11

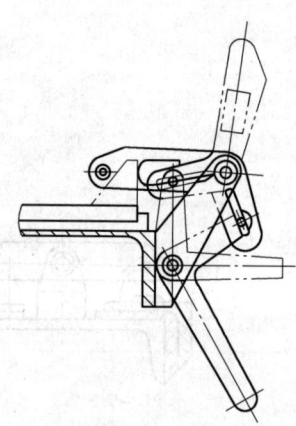

表图 24-48-12

气动夹紧机构是以压缩空气为传力介质推动气缸动作,实现夹紧功能的机构。液压夹紧机构是以压力油为传力介质推动液压缸动作,实现夹紧作用的机构。气动和液压夹紧机构主要有以下几类:

气动（液压）夹紧机构

- 气动（液压）夹紧器
- 气动（液压）杠杆夹紧器
- 气动（液压）斜楔夹紧器
- 气动（液压）撑圆器
- 气动（液压）拉紧器
- 气动（液压）楔—杠杆夹紧器
- 气动（液压）铰链—杠杆夹紧器
- 气动（液压）杠杆—铰链夹紧器
- 气动（液压）凸轮—杠杆夹紧器
- 气动（液压）杠杆—杠杆夹紧器

其典型结构见表 24-49。通常气动夹紧机构所使用的压缩空气压力为 0.4 ~ 0.6MPa,液压夹紧机构所使用的油压为 3 ~ 8MPa。

气动夹紧机构夹紧速度快,夹紧力比较稳定,操作方便,不污染环境,能实现程控操作,在装焊生产线上广泛采用。液压夹紧机构的结构和功能与气动的相似,主要是传力介质不同,它可以获得很大的夹紧力,一般比同结构的气动夹紧机构大十几倍甚至几十倍。液压夹紧机构的动作平稳,耐冲击,结构尺寸可做得很小,常用在要求夹紧力很大而空间尺寸受限制的地方。文中所介绍的各种气动夹紧机构,只要将气缸看作是液压缸,便可认为是液压夹紧机构,反之,也可认为是气动夹紧机构。

表 24-49　气动夹紧机构

名　称	结构举例	说　明
气动夹紧器	见表图 24-49-1	气动夹紧器是通过气缸的直接作用,用于夹紧工件的机构,其夹紧力即为气缸推力
气动杠杆夹紧器	见表图 24-49-2	气缸通过杠杆进一步扩力或缩力后来实现夹紧作用的机构,形式多样,适用范围广,在装焊生产线上应用较多
气动斜楔夹紧器	见表图 24-49-3	气缸通过楔进一步扩力后实现夹紧作用的机构,扩力较大,可自锁,但夹紧行程小,机械效率低,在装焊作业中应用较少
气动撑圆器	见表图 24-49-4	与手动撑圆器相比,推撑力大,筒周受力均匀。但体积大,机动性差,一般不能自锁,主要应用于中小壁厚、大径筒节的对接和整形
气动拉紧器	见表图 24-49-5	通过气缸的作用,将工件拉拢或拉紧。出力大,不能自锁,用于厚大件的装焊作业
气动楔—杠杆夹紧器	见表图 24-49-6	气缸力通过楔扩力后,再经杠杆进一步扩力或缩力,实现夹紧作用。结构形式多样,能自锁,省能源,在装焊作业中应用较广泛
气动铰链—杠杆夹紧器	见表图 24-49-7	气动铰链—杠杆夹紧器是气缸首先通过铰链连接板的扩力,再经杠杆进一步扩力或缩力后,实现夹紧作用的机构。其扩力比大,机械效率高,夹头开度大,多用于动作频繁,夹紧速度快,大批量生产的场合 气动铰链—杠杆夹紧机构一般不具备自锁性能
气动杠杆—铰链夹紧器	见表图 24-49-8	气动杠杆—铰链夹紧器是通过杠杆与连接板的组合,将气缸力传递到工件上实现夹紧的机构。与气动铰链—杠杆夹紧器的区别是,前者气缸力先传递到杠杆上,而后者先传递到铰链板上 气缸杠杆—铰链夹紧机构扩力比大,有自锁性能,机械效率较高,夹头开度大,形式多样,多用于动作频繁的大批量生产场合
气动凸轮—杠杆夹紧器	见表图 24-49-9	气缸力经凸轮或偏心轮扩力后,再经杠杆扩力或缩力后夹紧工件。有自锁功能,扩力比大,但夹头开度小,夹紧行程不大,在装焊作业中应用较少
气动杠杆—杠杆夹紧器	见表图 24-49-10	气缸通过两级杠杆传力夹紧工件,无自锁功能

（续）

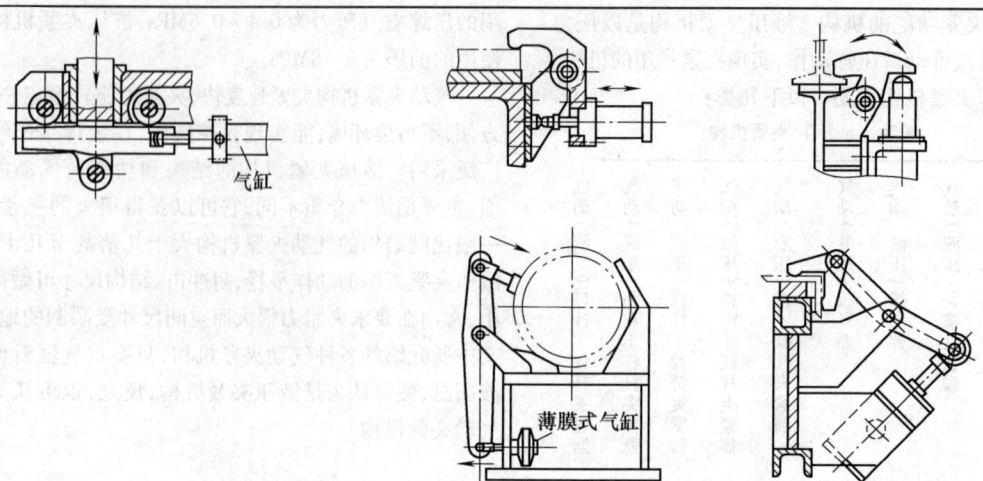

表图 24-49-1　　　　　　　　　　　　　　　　　　表图 24-49-2

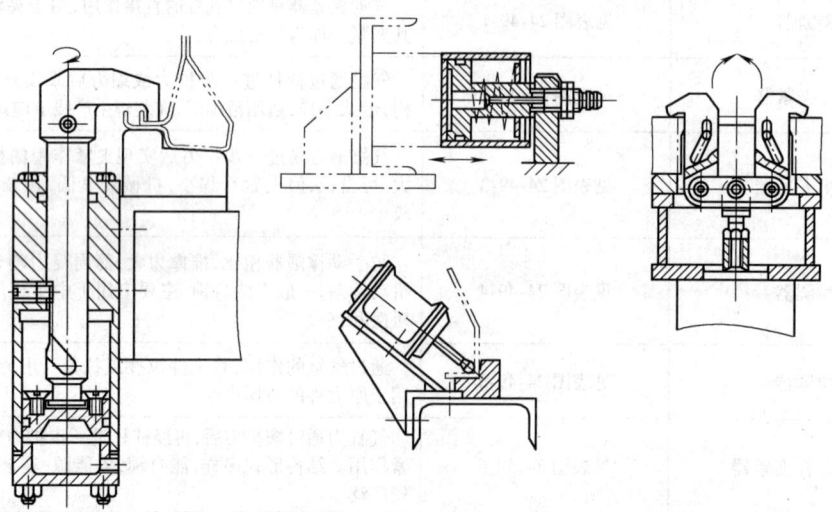

表图 24-49-3

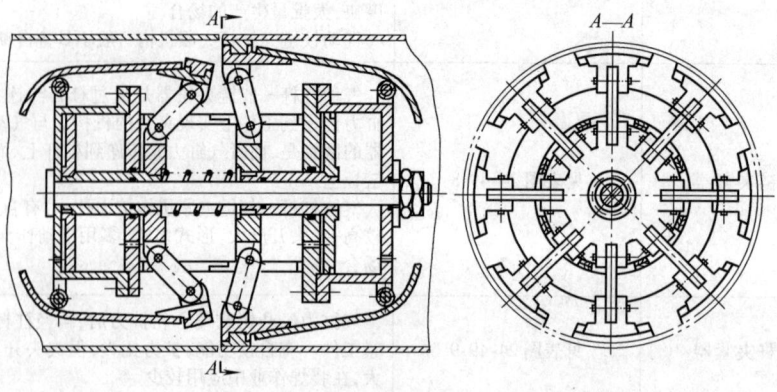

表图 24-49-4

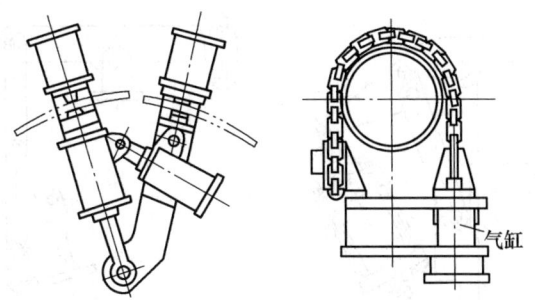

表图 24-49-5

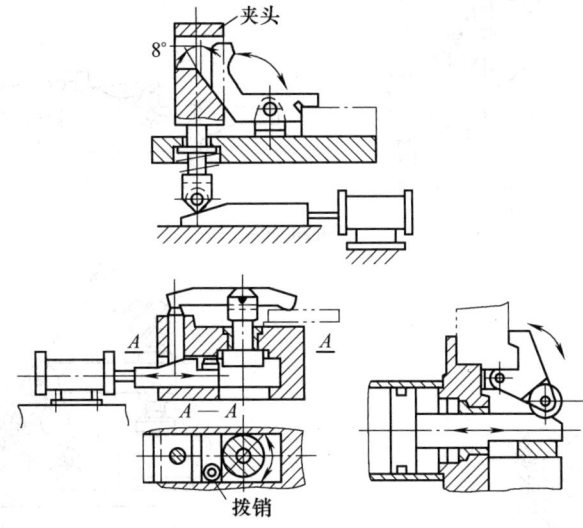

表图 24-49-6

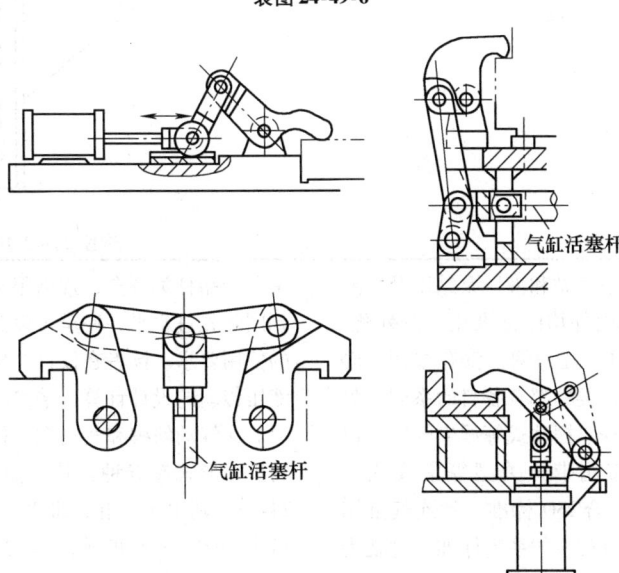

表图 24-49-7

（续）

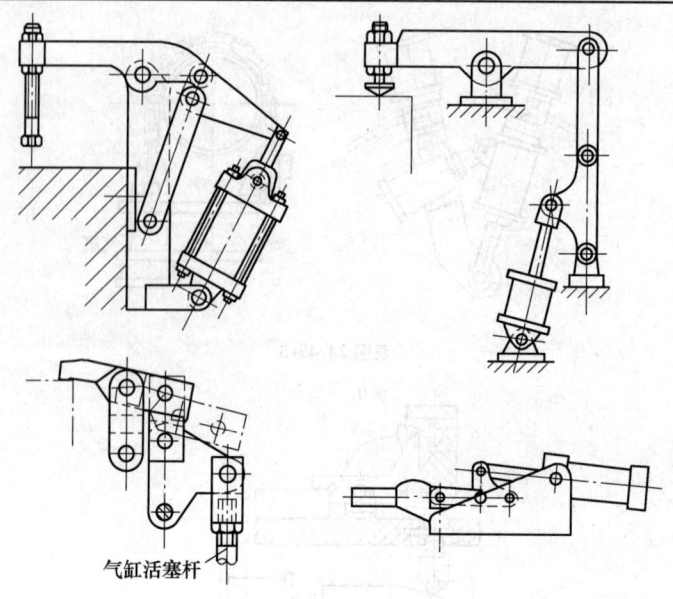

气缸活塞杆

表图 24-49-8

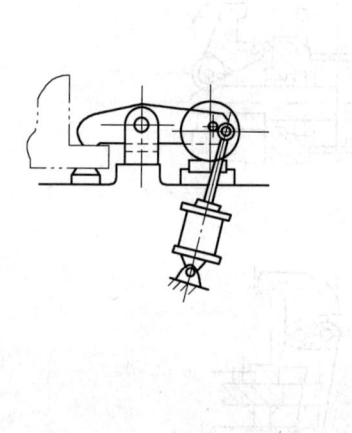

表图 24-49-9

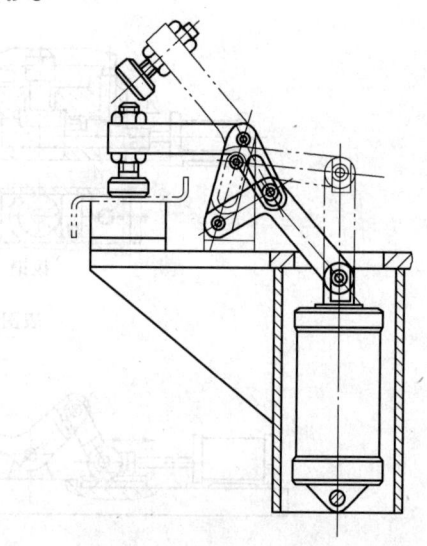

表图 24-49-10

　　气缸和液压缸、压缩空气站和液压泵站以及配套的各种控制阀和辅件，国内外均已标准化、系列化。以焊接工装中应用最多的气缸为例，就有重型、轻型、小型、微型等类别，每类别都有各自的系列。另外，还有行程可调、双伸杆、摆动式等派生气缸，以及带阀型、带开关型和带阀带开关型等集成式气缸[25]。这些气缸大部分符合 ISO 标准，就连气缸用的支座和活塞杆的接头也有相应的系列标准，这就为用户的直接选用和零件的更换、维修保养提供了极为便利的条件。

　　我国生产气动和液压元器件的专业化工厂已有多家。产品种类齐全，规格很多，主要产品性能多数达到国际先进水平，完全可以满足气动和液压夹紧机构的使用要求。读者在设计时应尽量选用。有关气动和液压传动的设计计算，请参阅参考文献 [26]。

　　在气动斜楔和气动楔—杠杆夹紧机构中，常用楔的扩力形式有五种，其类型简图及相应结构图见图 24-26。其中Ⅰ、Ⅱ、Ⅲ型为无移动柱塞式，Ⅳ、Ⅴ型为有移动柱塞式，其夹紧力计算公式列于表 24-50中。

　　为了使楔在夹紧状态下具有自锁性能，则楔角应不大于表 24-51 所列各值。但是，为使楔在保证自锁

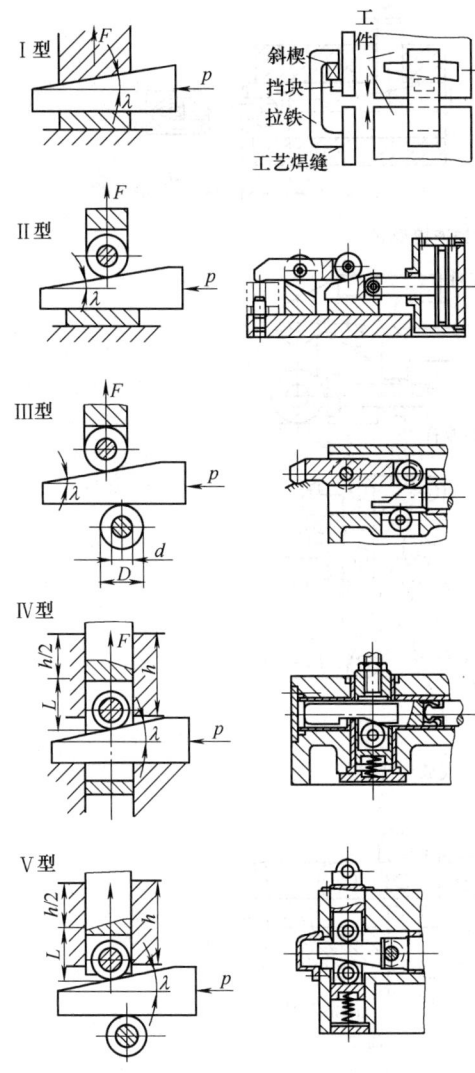

图 24-26　斜楔类型及相应结构图例

表 24-50　斜楔夹紧力计算公式

楔扩大类型	夹紧力计算公式
Ⅰ 型	$F = \dfrac{p}{\tan(\lambda + \phi_1) + \tan\phi_2}$
Ⅱ 型	$F = \dfrac{p}{\tan(\lambda + \phi_{1n}) + \tan\phi_2}$
Ⅲ 型	$F = \dfrac{p}{\tan(\lambda + \phi_{1n}) + \tan\phi_{2n}}$
Ⅳ 型	$F = \dfrac{1 - \tan(\lambda + \phi_{1n})\tan\phi_3}{\tan(\lambda + \phi_{1n}) + \tan\phi_2}p$
Ⅴ 型	$F = \dfrac{1 - \tan(\lambda + \phi_{1n})\tan\phi_{3n}}{\tan(\lambda + \phi_{1n}) + \tan\phi_{2n}}p$

式中　　F——夹紧力（N）；

p——作用在楔上的力（N）；

λ——楔角；

ϕ_1——斜楔面的摩擦角，一般在 $5°43' \sim 8°32'$ 间选取；

ϕ_2——斜基面的摩擦角，一般在 $5°43' \sim 8°32'$ 间选取；

ϕ_{1n}——滚子作用在斜楔面上的当量摩擦角；$\tan\phi_{1n} = \dfrac{d}{D}\tan\phi_1'$，$d$ 为滚轮轴径，D 为滚轮外径，ϕ_1' 为上滚轮轴与轴孔之间的滑动摩擦因数；

ϕ_{2n}——滚子作用在斜基面上的当量摩擦角；$\tan\phi_{2n} = \dfrac{d}{D}\phi_2'$，$\phi_2'$ 为下滚轮轴与轴孔之间的滑动摩擦因数；

ϕ_3——移动柱塞与导向孔的摩擦角，一般在 $5°43' \sim 8°32'$ 间选取；

ϕ_{3n}——移动柱塞与导向孔的当量摩擦角；$\tan\phi_{3n} = \dfrac{3L}{h}\tan\phi_3$，$L$ 为柱塞导向孔的中点至楔斜面的距离，h 为导向孔的长度。

的前提下又有较高的效率，则楔角应取大值。

通常将楔的斜面设计成具有不同楔角的两段，前一段一般采用大楔角以获得较大的行程，后一段采用小楔角以获得较大的扩力比并保证自锁。另外，为了使楔在松夹时能够顺利地抽出，则需给楔以冲击力，为此，常将气缸活塞杆头部与斜楔的连接设计成如图 24-27 所示的形式。

气动铰链-杠杆夹紧机构，按其铰链连接臂的扩力形式分为五种类型，其原理简图和相应的结构图见图 24-28，Ⅰ 型为单臂单作用式；Ⅱ 型为双臂单作用式；Ⅲ 型为双臂单作用带移动柱塞式；Ⅳ 型为双臂双作用式；Ⅴ 型为双臂双作用带移动柱塞式。各种类型铰链连接臂的出力计算见表 24-52。

表 24-51　斜楔自锁条件

楔扩力类型	Ⅰ 型	Ⅱ 型	Ⅲ 型	Ⅳ 型	Ⅴ 型
$\lambda \leqslant$	$11°25'$	$8°33'$	$5°42'$	$8°33'$	$5°42'$

注：表中为 $d/D = 0.5$，$L/h = 0.7$ 及摩擦因数均为 0.1 时的计算结果。

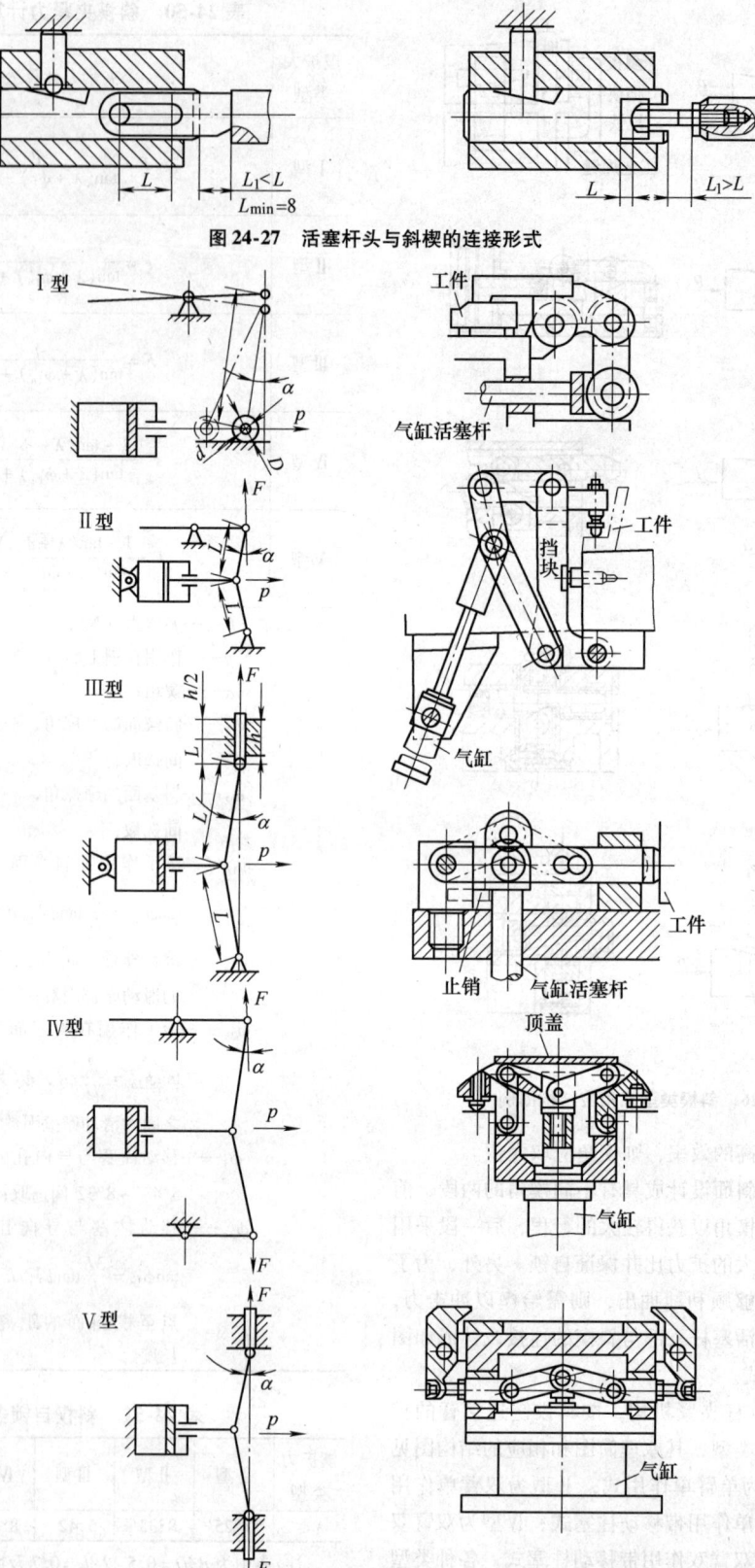

图 24-27　活塞杆头与斜楔的连接形式

图 24-28　气动铰链-杠杆夹紧机构扩力类型及相应结构图例

表 24-52　铰链连接臂的出力计算公式

类型	夹紧力计算公式
Ⅰ型	$F = \dfrac{p}{\tan(\alpha+\beta) + \tan\phi_{1n}}$
Ⅱ型	$F = \dfrac{p}{2\tan(\alpha+\beta)}$
Ⅲ型	$F = \dfrac{p}{2}\left[\dfrac{1}{\tan(\alpha+\beta)} - \tan\phi_{2n}\right]$
Ⅳ型	$F = \dfrac{p}{\tan(\alpha+\beta)}$
Ⅴ型	$F = p\left[\dfrac{1}{\tan(\alpha+\beta)} - \tan\phi_{2n}\right]$

式中　F——铰链处的夹紧力（N）；
　　　p——气缸作用力（N）；
　　　α——铰链臂在夹紧状态时的倾斜角；
　$\tan\phi_{1n}$——滚轮外径处的当量摩擦因数，$\tan\phi_{1n} = \dfrac{d}{D}\tan\phi_1$，$d$ 为铰链孔径，D 为滚轮外径，$\tan\phi_1$ 为铰链孔处的摩擦因数；
　　　β——铰链孔处的反力方向与铰链孔中心连线的夹角，$\sin\beta = \dfrac{d}{L}\tan\phi_1$，$L$ 为铰链孔的中心距；
　$\tan\phi_{2n}$——移动柱塞对导向孔的当量摩擦因数，且 $\tan\phi_{2n} = \dfrac{3L'\tan\phi_2}{h}$，$L'$ 为导向孔的中点至铰链中心的距离，h 为导向孔长度，$\tan\phi_2$ 为移动柱塞对导向孔的摩擦因数。

在设计气动铰链—杠杆夹紧机构时，必须使夹紧端有一定的储备行程，以保证在工作时夹紧作用不失效。另外，这种夹紧机构一般没有自锁性能，在设计气路时，应有动力源突然切断而不致发生松夹的保护措施。最后，为避免冲击过大，常选用具有缓冲性能的气缸。

气动铰链—杠杆夹紧机构夹头开度大、效率高、动作迅速，是气动夹紧机构中的常用形式。

（3）磁力夹紧机构

磁力夹紧机构分永磁夹紧器和电磁夹紧器两种。永磁夹紧器是用永久磁铁来夹紧焊件，其夹紧力有限，用久后，磁力将减弱，但永磁夹紧器结构简单，不消耗电能，使用经济简便，宜用在夹紧力较小、不受冲击振动的场合。其外形及应用举例如图 24-29 所示。永久磁铁常用铝-镍-钴合金、铝-镍合金、铁氧体等永磁材料来制作，特别是后者中的铝钙铁氧体，其性能好，价格低廉，是一种较为理想的永磁材料。使用永磁夹紧器时，切忌振动与坠落，因为这会使排列有序的磁畴发生紊乱，使磁力减弱或消失。

电磁夹紧器是利用电磁力来夹紧焊件。夹紧力较大，一般可达 $0.2 \sim 1.3\text{MPa}$。由于交流电磁铁的吸力是波动的，易产生振动和噪声，再因有涡流、磁滞损耗、结构尺寸较大等原因，在电磁夹紧器中应用较少而多用直流电磁铁。

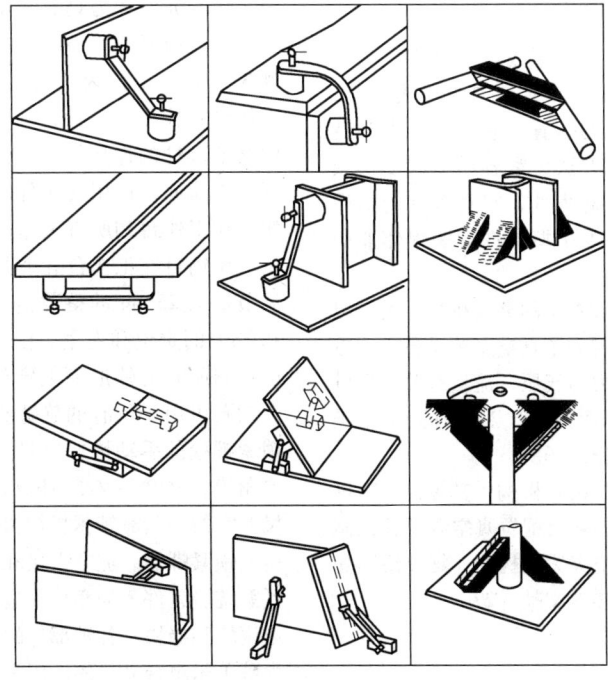

图 24-29　永磁夹紧器及应用举例

有关电磁铁的设计计算，请参阅参考文献[27]。电磁夹紧器的应用图例如图 24-30 所示。机床上使用的直流电磁铁，又称电磁吸盘，在我国许多机床附件厂都有定型生产。型号很多，单位面积吸力多在 0.5~1.5MPa，有圆形和矩形两种结构，尺寸有大有小。也有个别厂家生产圆形和矩形的永磁吸盘，单位面积吸力在 0.6~1.8MPa。这些在机床上使用的电磁吸盘，也可用于焊接工装夹具上。例如，板材拼接用的电磁平台就是由电磁吸盘拼装而成的。除圆形和矩形永磁吸盘外，用户若需要其他形式的永磁吸盘时，也可到永磁材料的生产厂家定做。

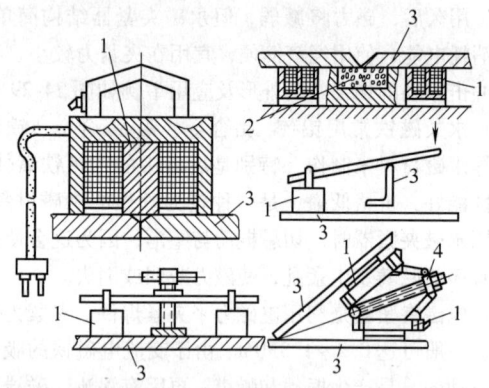

图 24-30　电磁夹紧器的应用举例
1—电磁夹紧器　2—焊剂　3—焊件
4—铰接支撑

（4）真空夹紧机构

真空夹紧机构是利用真空泵或以压缩空气为动力的喷嘴射出的高速气流，使夹具内腔形成真空，借助大气压力将焊件压紧的装置。它适用于夹紧特薄的或挠性的以及用其他方法夹紧容易引起变形或无法夹紧而表面平整光洁的焊件，它对焊件的材质没有限制，在仪表、电器等小型器件的装焊作业中应用较多。

通过喷嘴喷射气流形成真空的夹紧机构，由于以车间的压缩空气为动力，省去了真空泵等设备，比较经济。但因夹具内腔的吸力与气压、流量有关，所以要求提供比较稳定的气源。另外，工作时会发出噪声，不宜用在要求安静工作的场所。

利用真空泵形成真空的夹紧机构，其吸盘吸附可靠、吸力大、结构简单，但需要配置真空泵及其控制系统，成本较高。有关真空夹紧机构的详细介绍和真空夹紧力的计算，请参阅参考文献[27]。

24.3.5　组合夹具

组合夹具是由一些夹具元件，按产品装焊要求所拼装成的可拆式夹具。组成组合夹具的元件，品种繁多，规格多样，有些已形成标准系列，可按使用要求进行拼装。使用完毕后，夹具元件可完好地拆卸下来，经整理，分类保管，以便下次再拼装成另一形式的夹具。由于组合夹具元件之间拼装灵活，又可重复使用，所以适用于品种多、变化快、批量小、周期短的生产场合，特别是在新产品的试制中，更为适用。但是组合夹具也有弱点，它是由许多有互换性的标准元件组成的，所以与专用夹具相比，就显得体积庞大、重量较重。另外，夹具的各元件之间都是用键、销、螺栓等零件连接起来的，连接环节多，手工作业量大，也不能承受锤击等过大的冲击载荷。

组合夹具按元件的连接形式不同，分为两大系统：一为槽系，即指组合夹具元件之间主要靠槽来定位和紧固；二为孔系，即指组合夹具元件之间主要靠孔来定位和紧固。每个系统中，又按需要分为大、中、小三个类别。我国已设计出此三个类别的槽系组合夹具，用于机械加工行业，详细内容请参阅有关组合夹具的专著。

戴美乐组合夹具系统的所有零部件均由优质钢制成，每个形状都有多种规格，并可以完全互换，以适应加工各种工件的需要。图 24-31 所示为一种典型的组合夹具元件图。图中的元件 1 为具有两个工作面定位和夹紧直角块，可进行任意的调整并精确定位。元件 2 为具有三个工作面定位和夹紧直角块，可进行任意的调整并精确定位（铸钢件）。元件 3 为 L 形定位块，具有四个工作面，其作用为：工作台延伸和夹紧面；几个工作台的连接块；系统中其他部件的连接块。元件 4 为 U 形定位块，具有五个工作面，作用与元件 3 相同。元件 5 为万能挡块，在工作台和所有夹紧部件上任意调整和精确定位。用销钉在工作台五个面上进行快速定位和夹紧，调节量为 25mm 的整数倍，可用于 45°、90°、135° 和 180° 的定位和夹紧。由于它的特殊形状，工件可以在它所有的外平面上定位，包括槽平面上。挡块上的孔可用于所有的旋臂夹紧器，或者安装带斜度锁紧螺栓的手动快速夹具。元件 6 为组合夹紧和定位角模，从 0°~225° 任意调节，轮毂上刻有角度标尺，它的夹紧靠锁紧机构执行。元件 7 为 V 形块，带斜度锁紧螺栓，适合直接和间接安装在所有带孔的夹紧系统。元件 8 为角模，能用于：台面斜边延伸；V 形模块和挡块；各种部件的角度挡块。图 24-32 所示为戴美乐组合夹具的应用举例，为轻型框架，装夹焊接一次完成。

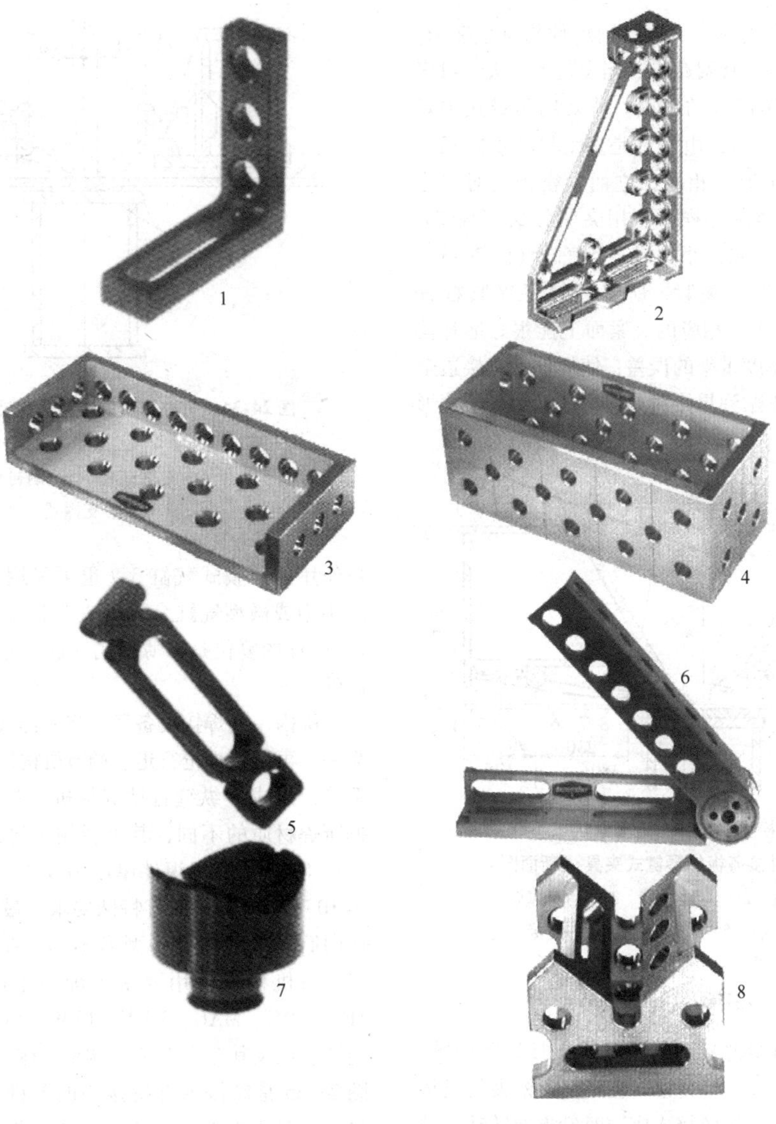

图 24-31　戴美乐工装的组合夹具元件

虽然已经有了许多标准的组合夹具，但在焊接生产中使用的组合夹具，多是由机械加工使用的组合夹具中退役下来的元件或低精度元件组合而成的。这是因为除了一些精密焊件外，多数焊件要求的装配精度和焊接精度均低于机械加工的精度。使用这些退役或低精度的元件，完全可以满足产品质量的要求，而且比较经济。

24.3.6　琴键式夹具[28]

在薄板对接和薄壁筒体的纵缝对接焊中，一般对接边很长，若沿边长整体夹紧，由于夹具制造误差和焊件厚度误差的影响，使对接边很难沿全长被压头压贴到焊接衬垫（多用纯铜或黄铜制作）上。若采用沿

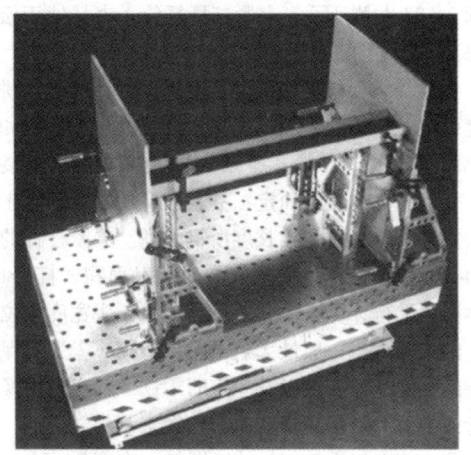

图 24-32　戴美乐组合夹具的应用举例

边长均匀布置几个夹紧点夹紧，则焊件易发生变形，更难沿全长压贴到焊接衬垫上，当夹紧力过大、过于集中时，还会损伤焊件的表面。若采用琴键式夹具（图 24-33 ~ 图 24-35），由于它是多个尺寸形状相一致的夹紧杠杆（压板）相互独立而紧密地沿对接边排成一列，类似琴键一样，利用夹紧气袋（图 24-33、图 24-35）或各自的小型或微型气缸（图 24-34）驱动，实施对焊件的夹紧，所以可使各夹紧杠杆（压板）的夹紧行程在相应的夹紧面上能很好地补偿夹具制造和焊件厚度带来的误差，使焊件沿对接边全长被压头柔性地压贴到焊接衬垫上，从而保证了薄形焊件的对接质量。

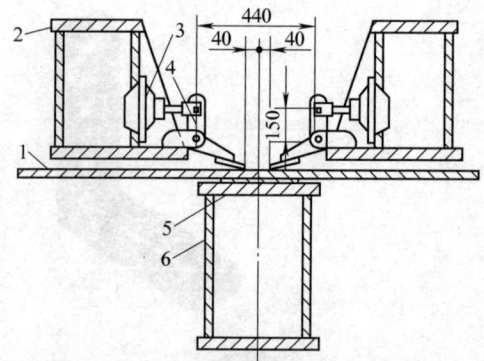

图 24-34 气缸作用的琴键式夹具（断面图）
1—被焊薄板 2—上支撑梁 3—薄膜式气缸
4—夹紧杠杆 5—铜衬垫
6—下支撑梁

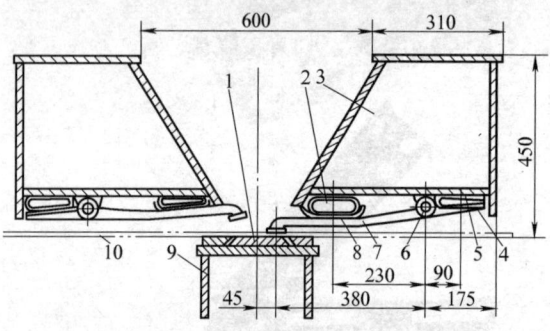

左为松夹状态，右为夹紧状态
图 24-33 拼接薄板的琴键式夹具（断面图）
1—铜衬垫 2—夹紧气袋 3—上支撑梁
4—松夹气袋垫 5—松夹气袋 6—铰接支座
7—夹紧杠杆 8—夹紧气袋垫
9—下支撑梁 10—被焊薄板

图 24-33 是拼接薄板用的琴键式夹具的断面图。由图 24-33 右侧可知，当夹紧气袋充气、松夹气袋垫排气时，则夹紧杠杆绕铰接支座逆时针方向转动将被焊薄板压贴到铜衬垫上，夹具处于夹紧状态。反之，如图 24-33 左侧所示，夹紧杠杆复位，夹具处于松夹状态。

夹紧气袋和松夹气袋的长度根据焊件的最大拼接长度而定；气袋的内径根据夹紧杠杆的压头行程和杠杆比而定（图 24-34）；整条气袋的出力根据气袋内径、长度和气体压强而定；夹紧杠杆的数量约等于其压头宽度除以夹具拼接长度所得的商。夹紧杠杆的夹紧力，可根据杠杆与夹紧气袋的接触面积、杠杆比、气体压强进行计算。由此还可算出沿压头宽度单位长度上的夹紧力，一般最大值约为 25N/mm。为了保证气袋的强度、气密性以及一定的柔韧性，通常用橡胶软管或类似消防水龙带的帆布软管来制作气袋。

图 24-34 与图 24-35 的区别是：在图 24-34 中由

单作用的薄膜式气缸 3（也可采用单作用或双作用的小型或微型气缸）驱动夹紧杠杆 4 夹紧被焊薄板 1，杠杆的复位是靠薄膜式气缸内部的压缩弹簧来完成的。

国内一些焊接设备厂，将琴键式夹具与焊机合二为一，再配以焊枪行走、调节机构以及跟踪、电控等系统，组成"纵缝自动焊接机"进行生产销售。根据所焊材质的不同，其上所用琴键式夹具的气压为 0.5 ~ 8MPa；适用焊件厚度为 0.2 ~ 8mm；拼接长度为 10 ~ 5000mm，如有特殊要求，最长可达 8000mm；适用筒径范围随设备型号不同，在 75 ~ 1500mm 不等。该机根据使用要求可配备不同的焊机，进行 TIG、MIG、MAG、PAW、LBW、CO_2、SAW 焊，实现钛、铝及其合金以及不锈钢、碳钢等材质的焊接。图 24-35 是筒体纵缝拼接用的琴键式夹具，其中图 24-35a 是用松夹气袋使琴键式压板复位；图 24-35b 是用拉伸弹簧使夹紧杠杆复位。

24.3.7 专用夹具

焊接工装夹具按用途的广泛性分类，又有通用和专用之分。通用夹具是由通用的夹具体、夹紧机构、定位夹具组成的，结构简单，机动性强，适用范围广。专用夹具是在专用夹具体上，由多个多种夹紧机构和定位夹具组合而成的，有专一的用途（图 24-36）。其夹具体的形式、定位夹具和夹紧机构的选择与布置，都是根据被装焊焊件的形状、尺寸、定位夹紧要求，以及装配焊接工艺决定的。专用夹具除满足装焊工艺要求外，还应满足位形公差的要求，同时要和生产率相匹配，要特别注意焊枪的可达性和对焊件的装卸性能。

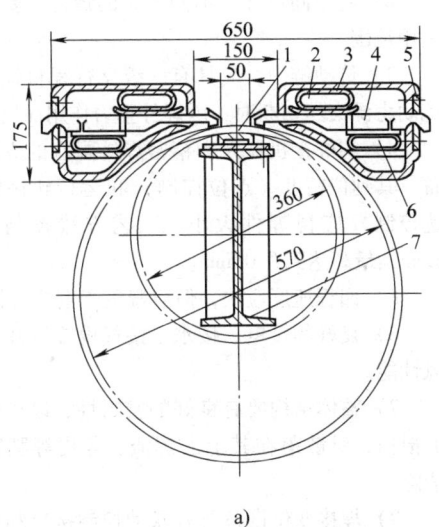

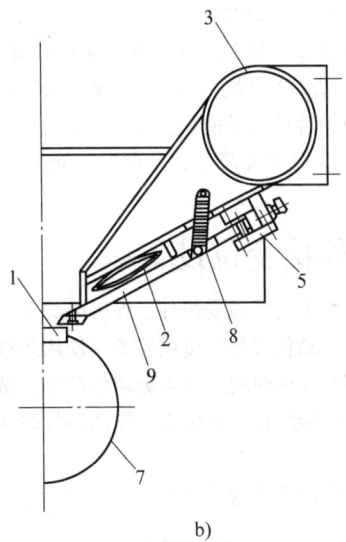

a)　　　　　　　　　　　　　　　　　b)

图 24-35　薄壁筒体纵缝拼接用的琴键式夹具（断面图）

a）压板用气袋复位　b）夹紧杠杆用拉簧复位

1—铜衬垫　2—夹紧气袋　3—上支撑梁　4—琴键式压板　5—限位板　6—松夹气袋

7—下支撑梁　8—拉伸弹簧　9—夹紧杠杆

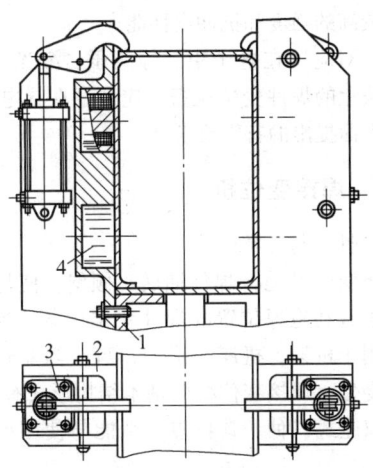

图 24-36　箱形梁装焊夹具

1—夹具体（兼有定位作用）　2—腹板
定位夹具　3—液压杠杆夹紧器
4—腹板电磁夹紧器

此外，在一些大型构件的装配焊接中，为了简化专用夹具的结构，则采用分段依次装配焊接的工艺，这样，在夹具体上仅用一个移动式的夹紧机构，就可完成整个构件的装焊任务。例如，用于大型内燃机车顶盖侧沿的装配夹具，其装配胎模是一长方体的框架式焊接结构，长约 20m，刚度较大。由于胎模很长，而且沿胎模的装配作业都是相同的，所以将夹紧机构设计成移动式的（图 24-37）。当安装着气动夹紧机

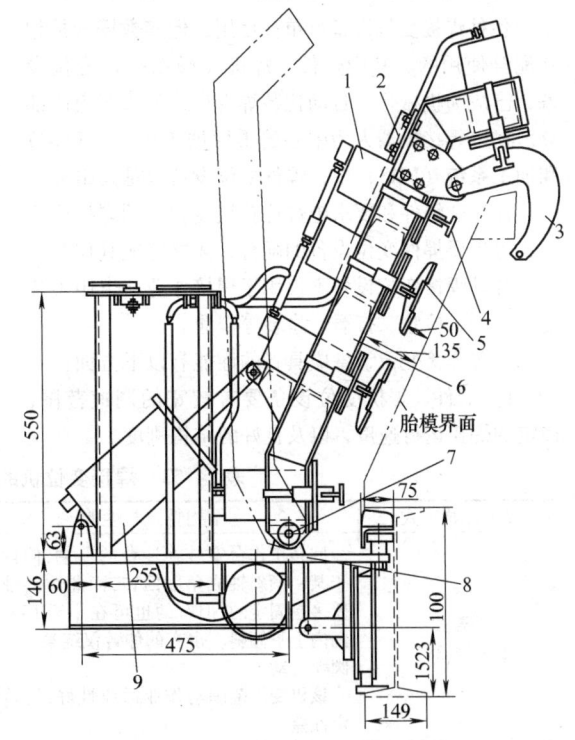

图 24-37　移动式气动夹紧机构

1—气缸总成 I　2—气缸总成 II　3—挂钩　4—压头组成 I
5—压头组成 II　6—摇臂　7—铰链支座　8—行走台车
9—气缸总成 III

构的台车在平行于胎模的轨道上移行时，依次将铺设在胎模上的盖板、型钢式栅条等焊件压贴在胎模上，随之用半自动 CO_2 焊进行定位焊接。这种用一个移动式夹紧机构替代沿胎模长度布置多个夹紧机构的设计，使夹具结构大大简化，可谓是一种经济实用的设计。

24.4　焊接变位设备

焊接变位设备是改变焊件、焊机或焊工位置来完成机械化、自动化焊接的机械装备。使用焊接变位设备可缩短焊接辅助时间，提高劳动生产率，减轻劳动强度，改善焊接质量，并可充分发挥各种焊接方法的效能。

焊接变位设备分为三大类：

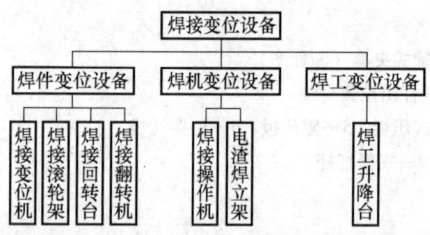

各种焊接变位设备可单独使用，但多数场合是相互配合使用的。其中焊件、焊机（操作机）变位设备，已成为机械化、自动化装焊生产线的重要组成部分。在以焊接机器人为中心的柔性加工单元（FMC）和加工系统（FMS）中，焊件变位设备也是其组成之一。在复杂焊件和要求施焊位置精度较高的焊接作业中，也需要焊件变位设备的配合，才能完成其作业。

各种焊接变位设备不仅用于焊接作业，也用于装配、切割、检验、打磨、涂装等作业。

一般焊接变位设备应具备的性能有以下方面：

1）焊件、焊机变位设备要有较宽的调速范围，稳定的焊接运行速度，以及良好的结构刚度。

2）对不同尺寸、不同形状的焊件，要有一定的适用范围。

3）传动链中，应具有一级反行程自锁传动，以免动力源突然切断时，因焊件重力作用而发生事故。

4）与焊接机器人和精密焊接配合的焊件变位设备，其到位精度（点位控制）和运行轨迹精度（轨迹控制）应视焊件大小、工艺方法控制在 0.1 ～ 3mm，最高达到 0.01mm。

5）回程速度应快，但应避免产生冲击和振动。

6）良好的接电、接水、接气设施以及导热和通风性能。

7）整体结构要有良好的密封性，以免焊接飞溅的损伤，对散落在其上的焊渣、药皮等脏物应易于清除。

8）焊接变位设备要有联动控制接口和相应的自保护性能，以利集中控制，相互协调动作。

9）各种焊件变位设备的工作台面上，应刻有安装基线，并设有安装槽孔，能方便地安装各种定位夹具件和夹紧机构。

10）对兼作装配用的焊件变位设备，其工作台面要有较高的强度和抗冲击性能。

11）对应用在电子束、等离子、激光、钎焊等焊接方法上的焊件变位设备，应注意在导电、隔磁、绝缘等方面提出的特殊要求。

24.4.1　焊接变位机

（1）性能与分类

焊接变位机是将焊件回转、倾斜，使焊件上的焊缝置于有利施焊位置的焊件变位设备。焊接变位机主要用于机架、机座、法兰、封头等非长形焊件的翻转变位。焊接变位机的基本结构形式有伸臂式、座式、双座式三种，其特点、性能与使用范围见表24-53。

表 24-53　焊接变位机的特点、性能与使用范围

基本结构形式	结构特点与性能	适用范围
伸臂式 （图 24-38）	回转工作台安装在伸臂的一端，伸臂相对于某一倾斜轴成角度回转，而此倾斜轴的位置多是固定的，但有的也可在小于 100° 的范围内上下倾斜。也有的伸臂仅绕某一中心作圆弧运动 该机变位范围与作业适应性好，但整体稳定性差	电动机驱动的，承载能力多在 0.5t 以下，适用于小型焊件的翻转变位 液压驱动的，承载能力多在 10t 左右，适用于结构尺寸不是很大但自重较大的焊件 它们在焊条电弧焊中应用较多
座式 （图 24-39）	工作台连同回转机构支撑在两边的倾斜轴上，工作台以焊速回转，倾斜轴通过扇形齿轮或液压缸，多在 110° ～ 140° 的范围内恒速倾斜 该机稳定性好，一般不用固定在地面上，搬移方便	0.5 ～ 50t 焊件的翻转变位，是目前产量最大、规格最全、应用最广的结构形式，常与伸缩臂式焊接操作机或弧焊机器人配合使用

（续）

基本结构形式	结构特点与性能	适 用 范 围
双座式 （图 24-40）	工作台座在"U"形架上，以所需的焊速回转。"U"形架座在两侧的机座上，多以恒速或所需焊速绕水平轴转动 　　该机不仅整体稳定性好，而且如果设计得当，焊件安放在工作台上以后，倾斜运动的重心将通过或接近倾斜轴线，使倾斜驱动力矩大大减少，因此，重型变位机多采用这种结构	50t 以上重型大尺寸焊件的翻转变位，多与大型门式焊接操作机或伸缩臂式焊接操作机配合使用

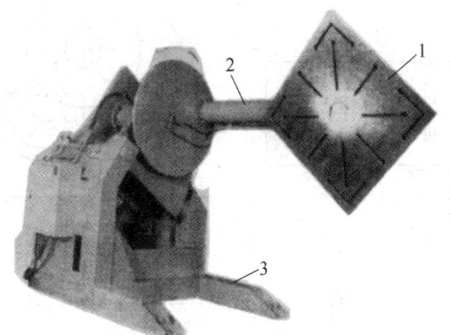

图 24-38　伸臂式焊接变位机

1—回转工作台　2—伸臂　3—机座

图 24-40　双座式焊接变位机

1—回转工作台　2—倾斜轴　3—扇形齿轮　4—底座

图 24-39　座式焊接变位机

1—回转工作台　2—倾斜轴　3—扇形齿轮　4—底座

　　焊接变位机的基本结构形式虽只有上述三种，但其派生形式很多，有的变位机的工作台还具有升降功能，如图 24-41 所示。

（2）驱动机构

　　焊接变位机的工作台应具有回转、倾斜两个运动，有的中型焊接变位机的工作台还有升降运动。工作台的回转运动，多采用直流电动机驱动，无级变速。近年出现的全液压变位机是用液压马达来驱动

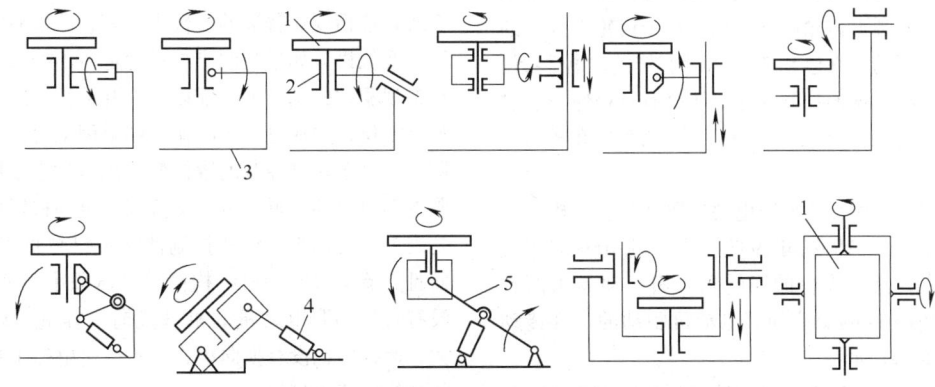

图 24-41　焊接变位机的派生形式

1—回转工作台　2—轴承　3—机座　4—推举液压缸　5—伸臂

的，倾斜运动有两种驱动方式。一种是电动机通过扇形或圆形齿轮带动工作台倾斜（图 24-39），另一种是采用液压缸推动工作台倾斜（图 24-42），这两种方式都有应用，但在小型变位机中以前者为多，工作台的倾斜速度多是恒定的，但对应用在焊接空间曲线以及进行空间曲面堆焊的变位机，则是无级调速的。工作台的升降运动，几乎都采用液压驱动，通过柱塞式液压缸，使工作台升降。

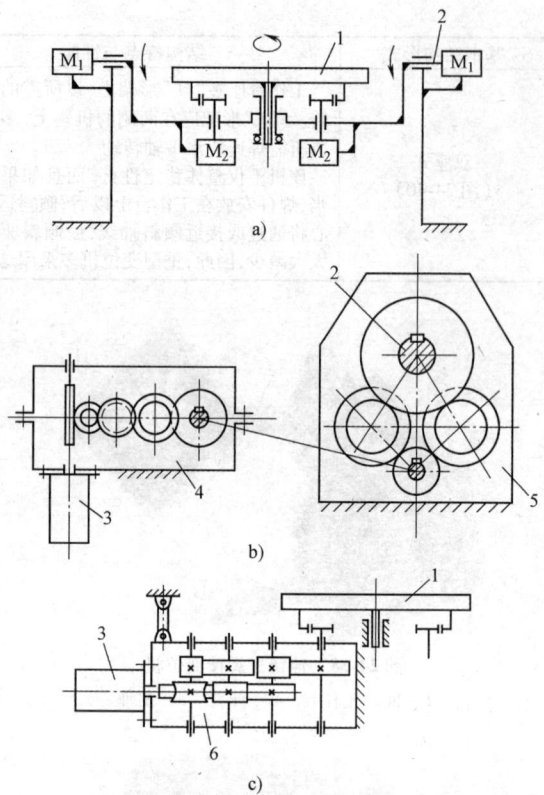

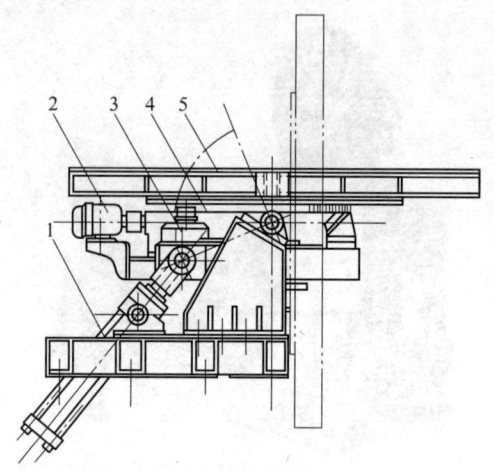

图 24-42　工作台倾斜采用液压推动的焊接变位机
1—液压缸　2—电动机　3—减速器
4—齿轮副　5—工作台

在工作台回转、倾斜传动系统中，常设有一级蜗杆传动，使其具有自锁功能。有的为了精确到位，还设有制动装置。在重型变位机的回转系统中，由于焊件偏心，工作台在每一转过程中，重心形成的力矩在数值和性质上是周期变化的。为了避免因齿侧间隙存在使力矩性质改变时所产生的冲击，应在回转系统中设有抗齿隙机构，如双蜗轮传动机构或采用液压马达进行实时补偿等。在大型双座式焊接变位机中，常采用双扇形或双圆形齿轮倾斜机构，每个齿轮由各自的电动机单独驱动，在电动机之间设有转速联控装置。另外，在驱动系统的控制回路中还设有行程保护、过载保护、断电保护等装置以及工作台倾斜角度的指示等。

近几年，采用交流伺服电动机驱动的变位机日益增多，像瑞典 ESAB 公司 1997 年生产的 100t 双座式焊接变位机，其工作台的回转和倾斜运动是由两台 11kW、190N·m 的交流伺服电动机驱动的。其传动简图如图 24-43 所示。

工作台的回转运动应具有较宽阔的调速范围。我国生产的变位机一般为 1∶33，国外一般为 1∶40，有的甚至高达 1∶200。工作台回转时，速度应平稳均

图 24-43　100t 双座式数控焊接变位机传动简图
a）传动总图　b）倾斜机构传动图　c）回转机构传动图
1—工作台　2—倾斜轴　3—交流伺服电动机
4—卧式倾斜减速器　5—立式倾斜减速器
6—卧式回转减速器
M_1—工作台倾斜驱动系统　M_2—工作台回转驱动系统

匀，在最大载荷下的速度波动不超过 5%，另外，工作台倾斜时，特别是向上倾斜时，运动应自如，即使在最大载荷下也不得产生抖动。

配合弧焊机器人使用的变位机，由于要求点位精度或轨迹精度比普通的变位机要高，所以对于点位控制的变位机，如果控制点相对稳定，不经常变化，则在常规驱动的基础上，辅以行程开关控制或气动锥销强制定位，并在电动机的输出端采用电磁制动等措施即可。对于轨迹控制的数控变位机，过去多用直流伺服电动机驱动，近来多被交流伺服电动机所取代。这是因为交流伺服系统的控制性能不仅与直流的一样，而且交流伺服电动机结构简单、体积小、坚固耐用，没有直流伺服电动机的机械换向，容量可以做得很大，运行中也没有换向火花，不产生电磁干扰，日常的维修保养也较简单。

为了保证数控变位机的传动精度，在传动链中多采用谐波减速器、滚珠丝杠、精密齿轮副等传动元

件，并在工作台回转轴和倾斜轴上接有编码器，进行闭环控制，在控制回路中还留有与机器人通信的接口。

（3）导电、导气装置

焊接变位机作为焊接电源二次回路的一个组成部分必须设有导电装置。目前，在焊接变位机上主要采用电刷式导电装置，它主要由电刷、电刷盒、刷架组成，结构形式多样（图 24-44），其中图 24-44a 所示的导电装置是借用直流电动机上的，在焊接变位机中应用最多。

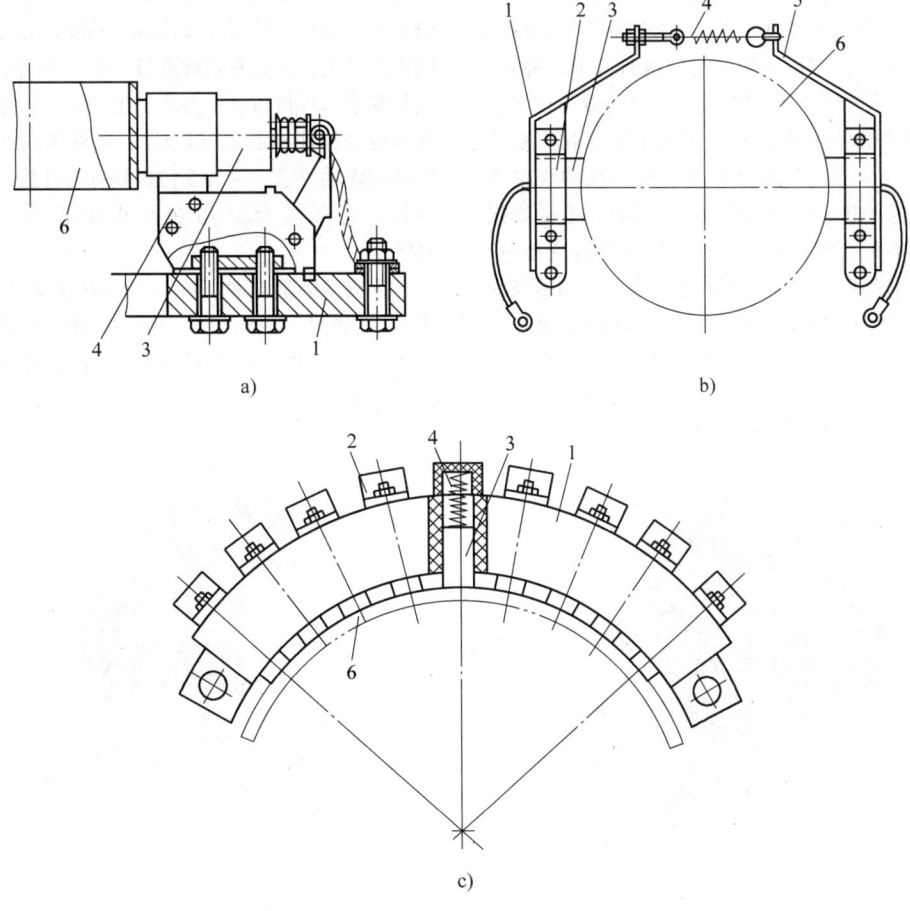

a)

b)

c)

图 24-44　焊接变位机的导电装置

1、5—刷架　2—电刷盒　3—电刷　4—弹簧　6—导电环

导电装置的电阻不应超过 $1m\Omega$，容量应满足焊接额定电流的要求，其电刷的导电性能见表 24-54。

在焊接变位机的作业中，如果要安装气动夹具，则必须设有导气装置，使进气接头既可随工作台回转，又能保证密封和气路的畅通，它一般都安装在工作台回转主轴的下端。

表 24-54　电刷导电性能

电刷种类	额定电流密度/(A/cm²)
石墨	10～11
软质电化石墨	12
硬质电化石墨	10～11
含铜石墨，$w(Cu)$ 为 91%	20
含铜石墨，$w(Cu)$ 为 52%	15

（4）焊接变位机典型产品介绍

我国自"七五"以来，也有一些厂家开始生产焊接变位机，载重量为 0.5～100t，大都是座式的。沈阳电工机械厂生产的 1.5～25t 座式焊接变位机，不仅用于焊件的一般焊接，而且也用于封头内表面的带极堆焊。我国长春焊机厂从日本引进了生产焊接变位机的技术，但从整体看，无论是品种规格还是性能质量，与发达国家都还存在着差距。特别是大吨位的焊接变位机性能，在速度平稳性、变位精度、驱动功率指标、与焊接操作机联机动作等方面存在着较大的差距。即便如此，国产的焊接变位机，特别是中小型焊接变位机，还是能够满足一般焊件施焊要求的。我国已制定了焊接变位机的行业标准（ZBJ 33002—1990），标准规定，变位机的回转机构应实现无级调速并可逆转，承受最大载荷时的速度波动不超过5%，倾斜驱动应平稳，在最大载荷下不得倾覆。当最大载重量超过25kg时，其倾斜机构应采用机动并有自锁性能。在变位机上应设有导电装置，其容量应满足额定电流的要求等。标准中还规定了焊接变位机的主要参数，在设计焊接变位机时应予以遵守。

近年来，随着我国焊接产业的全面开放与技术引进，焊接变位机的生产已初步实现了标准化、系列化，形成了许多专门的生产厂家，产品品种规格齐全，技术指标先进，不仅有各种结构形式的普通焊接变位机，还有配合焊接机器人使用的高精度变位机。许多国外著名的厂家在我国都有合资企业，如瑞典的ESAB、意大利的ANSALDO、德国的CLOOS、奥地利的IGM、美国的LINCOLN以及日本的松下电器等公司。

配合焊接机器人使用的焊接变位机，分同步协调动作的（即机器人与变位机同时动作完成焊件的焊接）和非同步协调动作的（即机器人施焊时，变位机不动作）两种。这两种焊接变位机，前者要求有很高的到位精度和轨迹精度以及运动的平稳性，在与机器人的联机控制上也很复杂，须采用计算机控制，主要用于空间复杂曲线和曲面的焊接，在我国尚处于研究开发阶段。后者仅要求到位精度，在与机器人的联机控制上，只在每道焊缝施焊初始与终了时才发生通信联系，焊接过程中并不发生联系。因此，通过机械和可编程序控制器（PLC），就可实现到位精度和协调动作的要求。这种变位机除可配合弧焊机器人使用外，更多场合是用在点焊机器人的FMC和FMS中。

无锡市陆通机械厂生产的HB型系列焊接变位机[36]，如图24-45所示，其标准型的型号与规格见表24-55。工作台旋转采用无级调速，可按所需的焊接速度旋转。

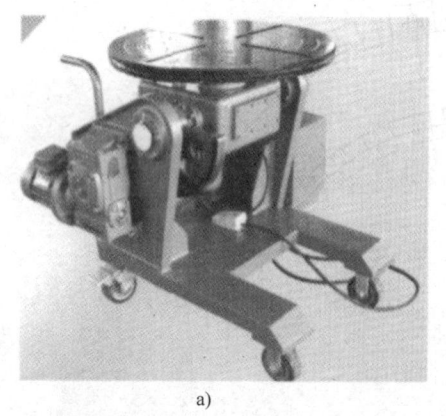
a)

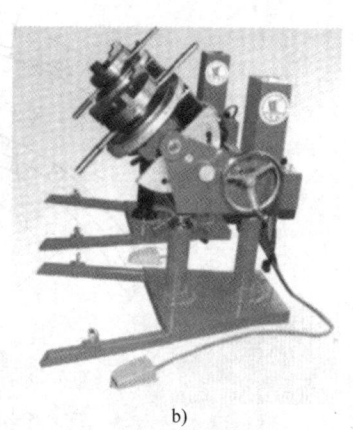
b)

c)

d)

图 24-45　HB 型系列焊接变位机[36]

a) 行走式焊接变位机　b) 小型升降式焊接变位机　c) 中型升降式焊接变位机　d) 标准型焊接变位机

表 24-55　HB 型系列焊接变位机的型号与规格

型　号		HB—3	HB—6	HB—12	HB—30	HB—50	HB—100	HB—150
额定载重量/kg		300	600	1200	3000	5000	10000	15000
工作台回转速度 /(r/min)		0.25 ~ 2.5	0.25 ~ 2.5	0.04 ~ 0.4	0.05 ~ 0.5	0.05 ~ 0.5	0.01 ~ 0.1	0.01 ~ 0.1
工作台倾斜速度 /(r/min)		手动或 电动	0.7	0.6	0.6	0.5	0.5	0.5
工作台尺寸/mm		φ600	φ1000	φ1200	φ1400	φ1500	φ2000	φ3000
工作台倾斜角度/(°)		0 ~ 90			0 ~ 120			
电动机功率 /kW	回转	0.355	0.6	1.1	1.5	2.2	4	5.5
	倾斜		0.75	2.2	3	4	5.5	11
调速方式		变频无级调速			电磁调速或变频调速			
最大重心高/mm		200	200	250	300	300	400	500
最大偏心距/mm		150	150	200	200	200	200	300
工作台 90°时工件最 大回转直径/mm		800	1200	1500	2000	2500	3000	3000
自重/kg		400	700	2000	3500	5000	8000	10000kg
外形尺寸 （长×宽×高）/mm		840 × 640 × 730	1220 × 1000 × 900	1900 × 1290 × 1310	2100 × 1400 × 1200	2600 × 1400 × 1700	3300 × 2000 × 1900	4500 × 3000 × 1900
电源电压/V		220/380						

注：额定载重量是指最大偏心距、最大重心高时的载重量。若焊件安装在工作台上后，其产生的偏心距、重心高小于最大值时，则载重量还可有限度地增加，其增加值的计算请参阅参考文献［33］。

唐山开元自动焊接装备有限公司和美国浪神公司合作生产的焊接变位机，其中 KP 系列高度可调型变位机如图 24-46 所示，其产品的型号及技术参数见表 24-56。该产品可以通过调整插销位置来调整工作台高度。

（5）焊接变位机选择要点

从使用的经济性、时效性出发，通常，只有在市售焊接变位机不能满足产品制造工艺要求的前提下，用户才自行设计制造。若能满足要求，还是要以选用为主，特别是要首选国产焊接变位机。选用变位机时，应注意以下几点：

1）焊件的重量、焊件在工作台上的重心高、偏心距应在变位机载重图或承载表的数据范围内，并有一定的裕量。

2）若变位机用来焊接环焊缝时，应根据焊件坡口的回转半径和焊接速度换算出工作台的回转速度，该速度应在变位机转速的调节范围之内。另外，要注意工作台的运转平稳性是否满足施焊工艺的要求。

图 24-46　KP 系列高度可调型变位机

表 24-56　KP 系列标准型变位机的型号与规格

型号	额定载重量 /kg	最大重心高 /mm	最大偏心距 /mm	旋转转矩 /N·m	倾斜转矩 /N·m	回转速度 /(r/min)	倾斜角度 /(°)	规格尺寸	
								工作台直径 /mm	台面至倾斜轴中心线距离 /mm
KP450	454	150	150	691	1209	0.07 ~ 1.66	135	762	114
KP1130	1135	150	150	1728	3456	0.05 ~ 1.25	135	813	152
KP1360	1362	300	300	4147	6567	0.04 ~ 1.03	135	1067	178
KP1800	1816	150	150	2764	5760	0.04 ~ 1.03	135	1067	165
KP2270	2270	150	150	3456	7488	0.04 ~ 1.03	135	1067	178
KP2700	2724	300	300	8294	14517	0.04 ~ 1.03	135	1524	229
KP4500	4540	300	300	13824	25635	0.03 ~ 0.66	135	1524	260
KP5400	5448	300	300	16588	30762	0.03 ~ 0.66	135	1524	260
KP9000	9080	300	300	27648	48390	0.02 ~ 0.04	135	1524	229
KP11T	11350	300	300	34560	60486	0.02 ~ 0.04	135	1524	229
KP13T	13620	300	300	41472	81226	0.02 ~ 0.39	135	1829	292
KP18T	18160	300	300	55296	108301	0.01 ~ 0.25	135	2134	292
KP22T	22700	300	300	69120	135376	0.01 ~ 0.25	135	2134	292
KP27T	27240	300	300	82940	153812	0.01 ~ 0.25	135	2134	260
KP40T	40860	300	300	124416	248863	0.01 ~ 0.25	135	2134	305

注：额定载重量是指最大偏心距、最大重心高时的载重量。若焊件安装在工作台上后，其产生的偏心距、重心高小于最大值时，则载重量还可有限度地增加，其增加值的计算请参阅参考文献 [33]。

3）若焊件外廓尺寸很大，则需要考虑工作台倾斜时，倾斜角度是否满足焊件在最佳施焊位置的要求；在此倾斜角下是否会发生焊件与地面的接触，若会发生，则除选用工作台离地间隙更大的变位机外，也可采用增加基础高度或设置地坑的办法来解决。

4）变位机上若需要安装气动、电磁夹具以及水冷设施时，应向商家相应提出接气、接电、接水装置的要求。

5）变位机的许用焊接电流应大于焊件施焊工艺所要求的最大焊接电流。

24.4.2　焊接滚轮架

（1）功能及结构形式

焊接滚轮架是借助主动滚轮与焊件之间的摩擦力带动焊件旋转的焊件变位设备。主要用于筒形焊件的装配与焊接，但是若对主、从动滚轮的高度作适当的调整后也可进行锥体、分段不等径回转体的装配与焊接。对于一些非圆长形焊件，若将其装夹在特制的环形卡箍内，也可在焊接滚轮架上进行装焊作业。

焊接滚轮架按结构形式分为以下两类：

第一类是长轴式焊接滚轮架，其轴向一排为主动滚轮，另一排为从动滚轮。也有两排均为主动轮的，主要用于细长薄形焊件的组对与焊接。有的长轴式滚轮架为一长形滚柱，直径 0.3 ~ 0.4m，长度 1 ~ 5m。筒体置于其上不易变形，适用于薄壁、小直径、多筒

节的组对与焊接。长轴式滚轮架，一般是用户根据焊件结构特点，自行设计制造的，市场可供选用的定型产品很少。

第二类是组合式焊接滚轮架。其主动滚轮架、从动滚轮架和混合式滚轮架（即在一个支架上有一个主动轮座和一个从动轮座）都是独立的（图 24-47），它们之间根据焊件重量和长度任意组合，因此使用方

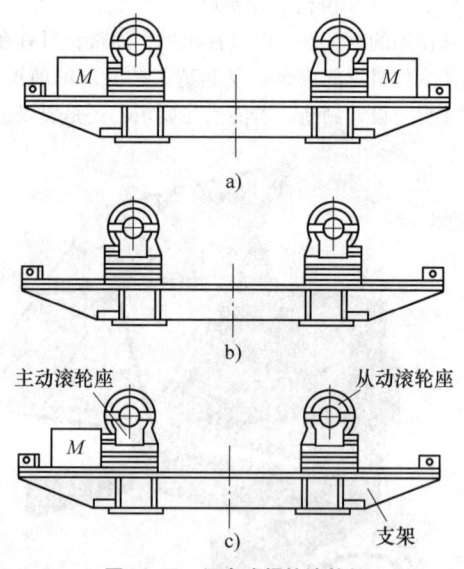

图 24-47　组合式焊接滚轮架
a）主动滚轮架　b）从动滚轮架
c）混合式滚轮架

便灵活，对焊件的适应性强，是当今应用最广泛的结构形式。国内外厂家均有各自的系列产品供应市场。

当装焊壁厚较小而长度很长的筒形焊件时，宜用几台混合式滚轮架的组合，这样沿筒体长度方向均有主动轮驱动，使焊件不致打滑和扭曲。当装焊壁厚较大、刚性较好的筒形焊件时，常采用主动滚轮架和从动滚轮架的组合。这样，即使主动轮架在筒体一端驱动焊件旋转，但因焊件刚度较好，仍能保证转速的均匀，也不致发生扭曲变形。

为了焊接不同直径的焊件，焊接滚轮架的滚轮间距应能调节。其调节方式有两种，一种是自调式的，另一种是非自调式的。自调式的可根据焊件直径自动调整滚轮的间距（图 24-48），非自调式的是在支架上移动滚轮座来调节滚轮的间距（图 24-49）。

为了便于调节滚轮架之间的距离，以适应不同长度焊件的装焊需要，有的滚轮架上还安装有机动或非机动的行走机构，使其沿轨道移行，调节相互的距离。焊接滚轮架多采用直流电动机驱动，降压调速。但用于装配作业的滚轮架则采用交流电动机驱动，恒速运行。

近几年，由于晶闸管变频器性能的完善以及价格的下降，采用交流电动机驱动、变频调速的焊接滚轮架日趋增多。由于其具有调速范围宽（1:20）、转动平滑性好、低速特性硬等优点，今后有可能取代直流电动机驱动的焊接滚轮架。

焊接滚轮架的滚轮结构主要有四种类型，其特点和使用范围见本手册第 1 卷。

（2）导电装置及焊剂垫

焊接滚轮架常用导电装置的结构形式较多（图24-50），其过电流能力在 500～1000A，最大的可达 2000A。图 24-50a 和图 24-50b 导电装置是卡在焊件上进行导电的，前者用电刷导电，后者用铜盘导电，其导电可靠，不会在焊件上起弧。图 24-50c～e 是导电块与焊件直接接触导电，导电块用含铜石墨制作，许用电流密度大，但当焊件表面粗糙及氧化皮等脏物较多时，易在接触处起弧损坏焊件。对于金属滚轮的焊接滚轮架，也可利用图 24-50a 导电装置与金属滚轮轮毂或轮辋接触进行导电，这种导电形式在国外出品的焊接滚轮架上应用较多。

进行埋弧焊时，为了保证背面成形及防止将焊件烧穿，常在焊缝背面敷以衬垫，衬垫可以采用纯铜的、石棉的，也可以是石墨的或焊剂的，常用的是焊剂的。滚轮架上用的焊剂垫，有纵缝用的和环缝用的两种。图 24-51 是焊接内纵缝用的软管式焊剂垫。气缸动作将焊剂槽举升接近焊件表面，然后，夹布胶管充气鼓胀，将帆布衬槽托起，使焊剂与焊缝背面贴紧。这种装置结构简单，压力均匀，也可用于焊缝背面的成形。图 24-52 是用于内环缝的圆盘式焊剂垫。转盘在摩擦力的作用下随焊件的转动而绕自身的主轴旋转，将焊剂连续不断地送到施焊处。其结构简单，使用方便，国内焊接辅机厂已有生产。图 24-53 是螺旋推进式的焊剂垫，也用于内环缝的焊接。该装置移行方便，可达性好，装置上的螺旋推进器可使焊剂自动循环。缺点是焊剂垫透气性差，焊剂易被搅碎。这种装置国内也有定型产品供应。

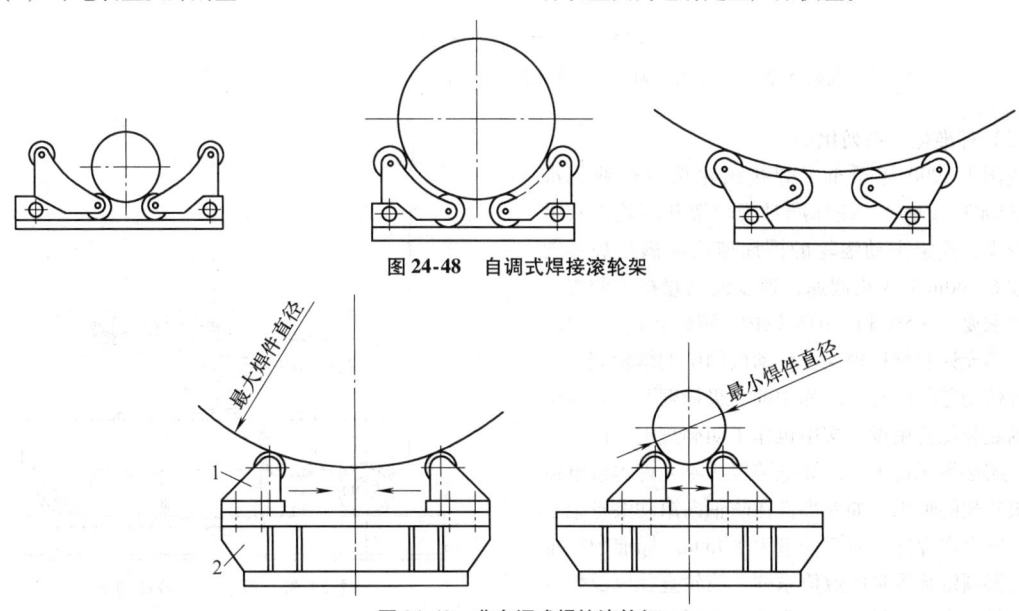

图 24-48　自调式焊接滚轮架

图 24-49　非自调式焊接滚轮架

1—滚轮架　2—支架

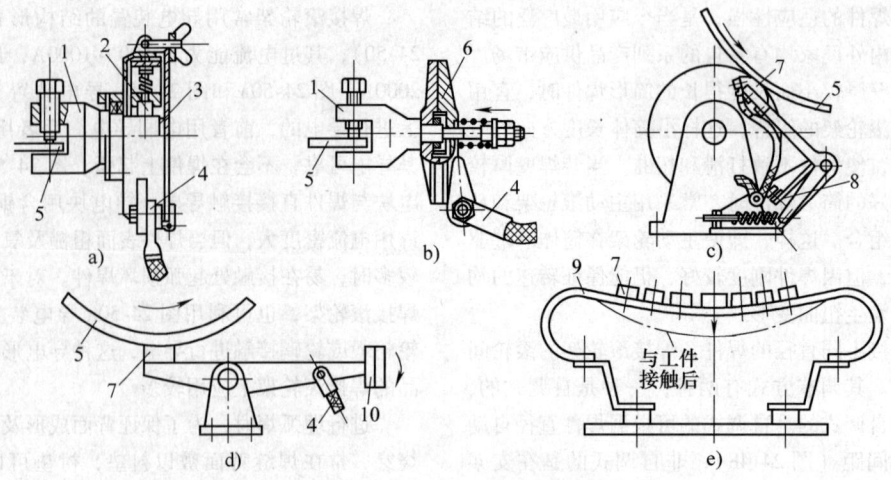

图 24-50　焊接滚轮架的导电装置

1—夹持轴　2—电刷　3—电刷盒　4—接地电缆　5—焊件　6—铜盘

7—导电块　8—限位螺栓　9—黄铜弹簧板　10—配重

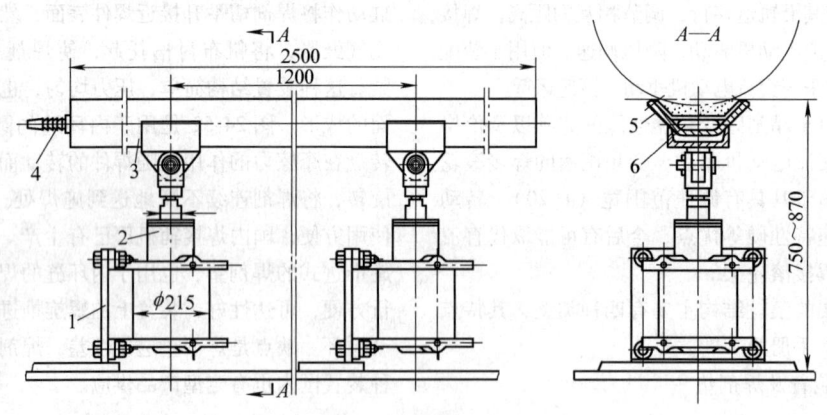

图 24-51　软管式纵缝焊剂垫

1—气缸支座　2—举升气缸　3—焊剂槽　4—气嘴　5—帆布衬槽　6—夹布胶管

（3）标准化、系列化

我国于 1990 年颁布了焊接滚轮架的行业标准（ZBJ 33003—1990）。该标准对滚轮架和滚轮形式进行了分类，规定主动滚轮的圆周速度应满足焊接要求，在 6~60m/h 无级调速，速度波动量按不同焊接工艺要求要在 ±5% 和 ±10% 以内。滚轮转速应平稳、均匀，不允许有爬行现象。传动机构中的蜗轮副、齿杆副等传动零件应符合国标中的 8 级精度要求。对滚轮架的装配位置精度，文中也作了明确规定。同时要求滚轮架必须配备可靠的导电装置，不允许焊接电流流经滚轮架的轴承。如果焊件在防轴向窜动滚轮架上焊接，则允许焊件轴向窜动量为 ±3mm。标准中规定了滚轮架额定载重量的数值系列、滚轮直径以及焊件的最小最大许用直径，同时推荐了不同额定载重量下的驱动总功率。

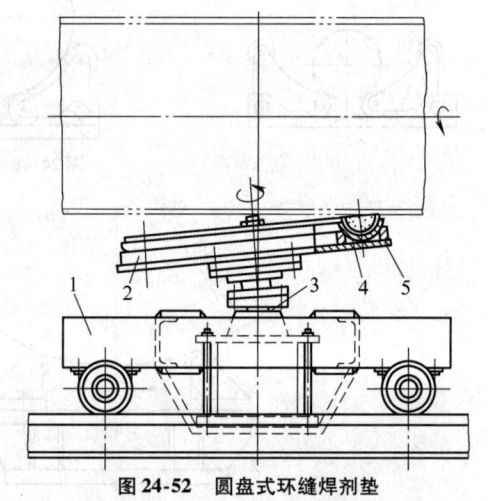

图 24-52　圆盘式环缝焊剂垫

1—行走台车　2—转盘　3—举升气缸

4—环形焊剂槽　5—夹布橡胶衬槽

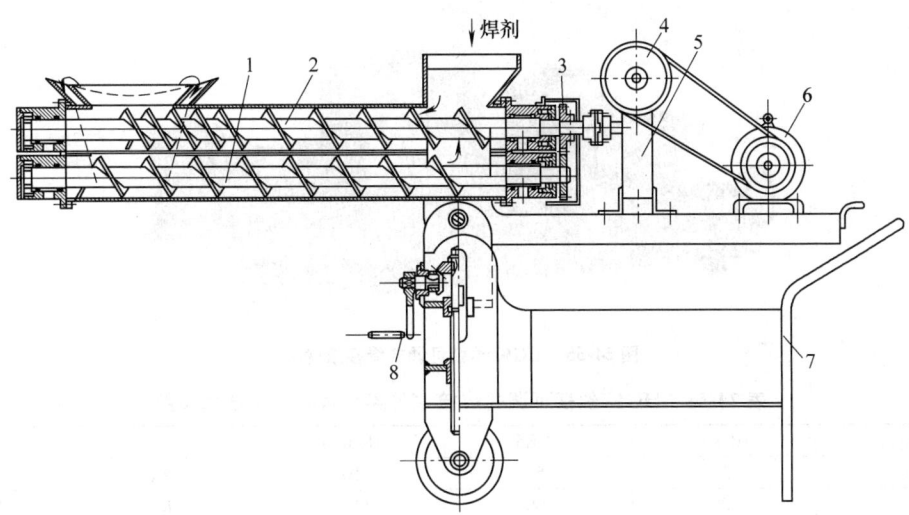

图 24-53　螺旋推进式环缝焊剂垫

1—焊剂回收推进器　2—焊剂输送推进器　3—齿轮副　4—带传动　5—减速器

6—电动机　7—小车　8—手摇升降机构

我国已有多家焊接辅机生产厂制造各种型号和规格的焊接滚轮架，特别是近几年发展很快。最大载重量已达 400t，适用最大焊件直径达 6m，滚轮线速度多在 6 ~ 60m/h 无级调速。除防轴向窜动这点以外，国产焊接滚轮架的性能一般都可满足用户的使用要求，应予首选。但在选用时除应注意载重量、筒径和调速范围等性能参数满足使用要求外，对于偏心较大的焊件，还应使滚轮的驱动转矩大于焊件的偏心力矩，但目前生产厂家标示的产品性能参数均无此项数

据，必要时，需作驱动转矩和附着力矩的校验。

无锡市陆通机械厂生产的 HGZ 型自调式焊接滚轮架如图 24-54 所示，其型号和主要技术参数见表 24-57。HGK 丝杠可调节式焊接滚轮架如图 24-55 所示，该滚轮架采用丝杠螺母机构调节滚轮座的间距，载重量在 40t 以上采用电动丝杠调节，40t 以下采用手动丝杠调节。其型号和主要技术参数见表 24-58。图 24-56 所示为 HGK 双驱动变频调速焊接滚轮架，其型号和主要技术参数见表 24-59。

图 24-54　HGZ 型自调节焊接滚轮架

表 24-57　HGZ 型自调节焊接滚轮架型号和主要技术参数

型号规格	HGZ5A	HGZ10A	HGZ20A	HGZ40A	HGZ60A	HGZ80A	HGZ100A
载重量/t	5	10	20	40	60	80	100
中心距/mm	780	1000	1335	1650	1900	2050	2200
滚轮直径/mm	200	250	300	400	450	450	500
滚轮宽度/mm	130	150	180	200	220	230	240
焊件直径范围/mm	200 ~ 2000	400 ~ 500	500 ~ 3300	600 ~ 3900	800 ~ 4500	900 ~ 5000	1000 ~ 5300
最大高度/mm	611	731	907	1200	1200	1200	1354
最大宽度/mm	753	800	1028	1160	1160	1250	1365
最大长度/mm	1375	1670	2250	2610	2880	3100	3285

图 24-55　HGK 丝杠可调式焊接滚轮架

表 24-58　HGK 丝杠可调式焊接滚轮架型号和主要技术参数

型号规格	HGK2	HGK5	HGK10	HGK20	HGK30
载重量/t	2	5	10	20	30
中心距/mm	600	900	1100	1400	1700
滚轮直径/mm	200	250	300	370	400
滚轮宽度/mm	100	120	130	180	200
焊件直径范围/mm	300~1200	350~1600	400~2300	400~3000	600~3700
最大高度/mm	400	430	570	620	700
最大长度/mm	1350	1750	2200	2500	2750

图 24-56　HGK 双驱动变频调速焊接滚轮架

表 24-59　HGK 双驱动变频调速焊接滚轮架型号和主要技术参数

型号规格	HGK 5A	HGK 10A	HGK 20A	HGK 40A	HGK 60A	HGK 80A	HGK 100A	HGK 160A	HGK 250A	HGK 400A
载重量/t	5	10	20	40	60	80	100	160	250	400
中心距/mm	1300	1400	1500	1750	2000	2200	2400	2500	2600	2800
滚轮直径/mm	250	300	400	450	500	500	550	620	660	770
滚轮宽度/mm	140	196	200	220	260	300	220	300	340	420
焊件直径范围/mm	250~2300	300~2800	500~3300	600~3900	700~4300	800~5000	800~5300	900~6000	1000~6500	1000~6500
最大高度/mm	510	615	700	765	870	890	945	1100	200	1300
最大长度/mm	1800	2300	2500	2750	3200	3300	3700	4200	4500	4800

24.4.3　翻转机及回转台

（1）焊接翻转机

焊接翻转机是将焊件绕水平轴转动或倾斜，使之处于有利于装焊位置的焊件变位设备。焊接翻转机种类较多，常见的有框架式、头尾架式、链式、环式、推举式等翻转机（图 24-57），其使用场合见表 24-60。

头尾架式翻转机，其头架可单独使用，如图 24-58 所示，在其头部安装上工作台及相应夹具后，用于短小焊件的翻转变位。有的翻转机尾架做成移动式的，以适应不同长度焊件的翻转变位。对应用在大型构件上的翻转机，其翻转工作台常做成升降的。

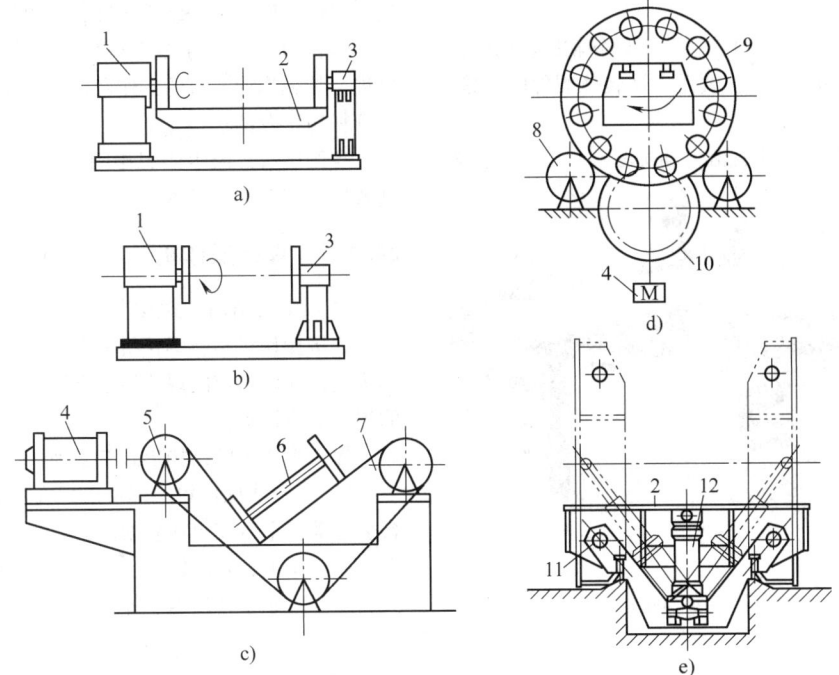

图 24-57　焊接翻转机

a) 框架式　b) 头尾架式　c) 链式　d) 环式　e) 推举式

1—头架　2—翻转工作台　3—尾架　4—驱动装置　5—主动链轮　6—焊件　7—链条
8—托轮　9—支承环　10—钝齿轮　11—推拉式轴销　12—举升液压缸

表 24-60　焊接翻转机使用范围

形式	变位速度	驱动方式	使用场合
框架式	恒定	机电或液压 （旋转液压缸）	板结构、框架结构等较长焊件的倾斜变位，工作台上也可进行装配作业
头尾架式	可调	机电	轴类和椭圆形焊件的环缝焊、表面堆焊时的旋转变位
链式	恒定	机电	装配定位焊后，自身刚度很强的梁柱型构件的翻转变位
环式	恒定	机电	装配定位焊后，自身刚度很强的梁柱型构件的转动变位，在大型构件的组对与焊接中应用较多
推举式	恒定	液压	各类构件的倾斜变位，装配和焊接作业在同一工作台上进行

图 24-58　头架单独使用的翻转机

1—工作台　2—底座　3—控制箱

　　我国还未对各种形式的焊接翻转机制定出系列标准，但国内已有厂家生产头尾架式的翻转机，并成系列，其技术数据见有关产品样本。

　　配合焊接机器人使用的框架式、头尾架式翻转机，国内外均有生产。它们都是点位控制，控制点数以使用要求而定，但多为 2 点（每隔 180°）、4 点（每隔 90°）、8 点（每隔 45°）控制，翻转速度以恒速的为多，但也有变速的。翻转机与机器人联机按程序动作，载重量多在 20～3000kg。

　　我国汽车、摩托车等制造行业使用的弧焊机器人加工中心，已成功地采用了国产头尾架式和框架式的焊接翻转机，由于是恒速翻转，点位控制，并辅以电磁制动和气缸锥销强制定位，所以多采用交流电动机驱动、普通齿轮副减速，机械传动系统的制造精度比轨迹控制的低 1～2 级，造价便宜。

（2）焊接回转台

焊接回转台是将焊件绕垂直或倾斜轴回转的焊件变位设备（图24-59）。主要用于回转体焊件的焊接、堆焊与切割。

焊接回转台多采用直流电动机驱动，工作台转速

图24-59　焊接回转台

均匀可调。对于大型绕垂直轴旋转的焊接回转台，在其工作台面下方，均设有支撑滚轮，工作台面上也可以进行装配作业。有的工作台，还做成中空的，以适应管材与接盘的焊接。

我国已有厂家生产焊接回转台，并成系列供应，其数据见有关产品样本。

24.4.4　焊接操作机

（1）主要结构形式及使用场合

焊接操作机是将焊接机头准确地送到并保持在待焊位置，或以选定的焊速沿设定的轨迹移动焊接机头的焊机变位设备。

焊接操作机的结构形式有多种，主要有：

1）平台式操作机。焊机放置在平台上，可在平台上移动，平台安装在立架上，能沿立架升降。立架坐落在台车上，可沿轨道运行。该操作机作业范围较大，主要应用于外环缝、外纵缝的焊接（图24-60）。

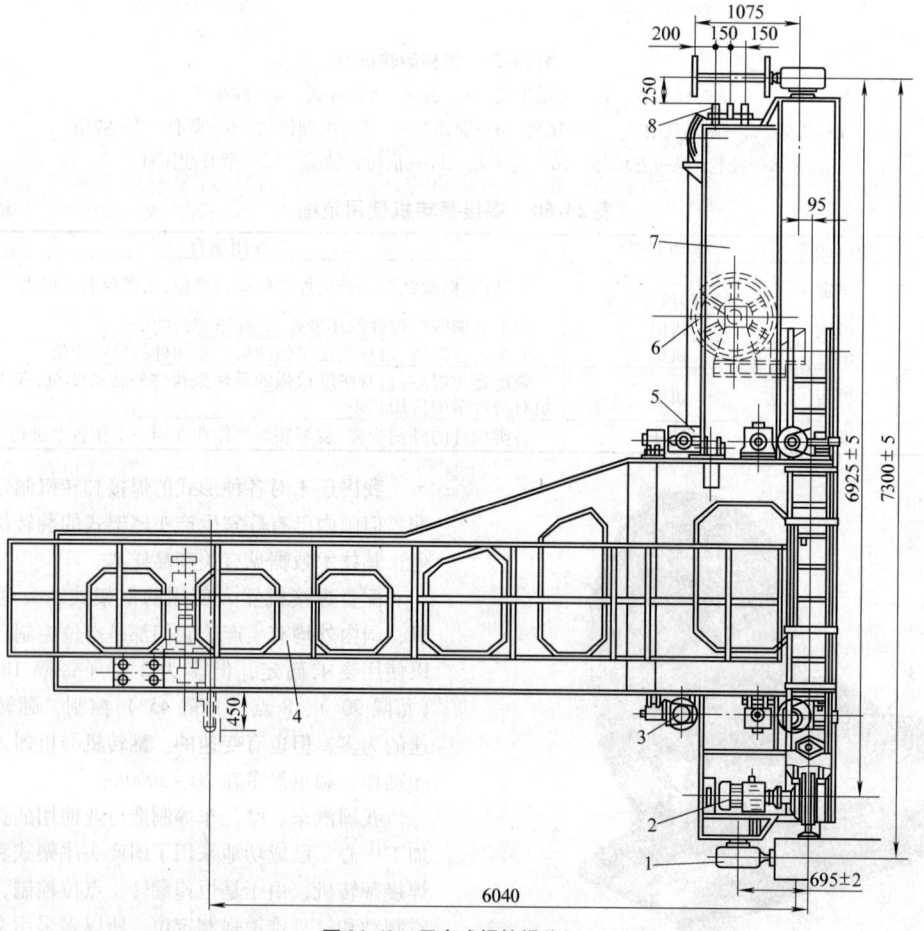

图24-60　平台式焊接操作机

1—水平轮导向装置　2—台车驱动机构　3—垂直导向轮装置　4—工作平台
5—起重绞车　6—平台升降机构　7—立架　8—继电器

平台式焊接操作机又分为单轨台车式和双轨台车式两种。单轨台车式的另一轨道一般设置在车间立柱上，车间内桥式起重机移动时，往往引起平台振动，从而影响焊接过程的正常进行。平台式操作机的机动性、使用范围、用途均不如伸缩臂式的焊接操作机，在国内的应用已逐年减少。

2）伸缩臂式操作机。焊接机头或焊接小车安装在伸缩臂的一端，伸缩臂安装在滑鞍上，可沿滑鞍缩进伸出。滑鞍安装在立柱上，可沿立柱升降，立柱有的直接固定在底座上，有的虽然安装在底座上，但可回转；有的立柱还通过底座安装在台车上，台车可沿轨道行驶。这种操作机机动性好、作业范围大，与各种焊件变位设备相配合，可进行回转体焊件内外环缝、内外纵缝、螺旋焊缝的焊接，以及内外表面的堆焊，还可焊接构件上的横焊缝、斜焊缝等空间线形焊缝。是国内外应用最多的一种焊接操作机。它除了用

于焊接外，若在伸缩臂前端安上相应的作业机头，还可进行磨修、切割、喷漆、无损检测等作业，用途很广泛（图 24-61）。

为了扩大焊接机器人的作业空间，国外将焊接机器人安装在重型操作机伸缩臂的前端，用来焊接大型结构。另外，伸缩臂式操作机的进一步发展，就成了直角坐标式的工业机器人，后者在运动精度、自动化程度等方面都比前者具有更优良的性能。

3）门式操作机。这种操作机有两种结构，一种是焊接小车坐落在沿门架可升降的工作台上，并沿平台上的轨道横向移行（图 24-62）；另一种是焊接机头安装在一套升降装置上，该装置又坐落在跑车上，而跑车沿横梁上的轨道移行。这两种操作机的门架一般都横跨车间，并沿轨道纵向移动，操作机工作覆盖面很大，主要用于板材的大面积拼接和大面积金属结构以及筒体外环缝的焊接。

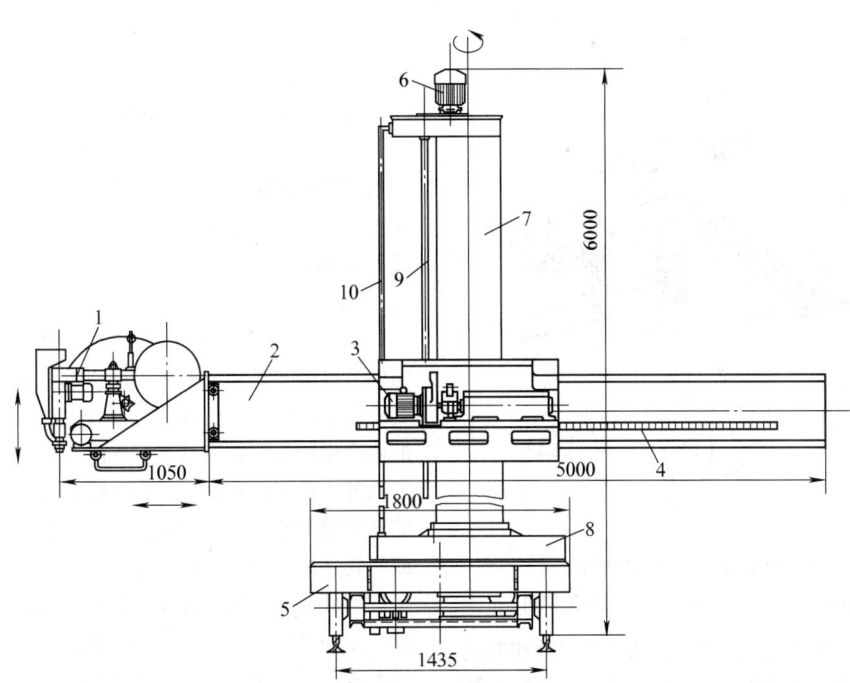

图 24-61　伸缩臂式焊接操作机
1—焊接小车或焊接机头　2—伸缩臂　3—滑鞍和伸缩臂进给机构　4—传动齿条
5—行走台车　6—伸缩臂升降机构　7—立柱　8—底座及立柱回转机构
9—传动丝杠　10—扶梯

为了扩大焊接机器人的作业空间，满足焊接大型焊件的需要或者为了提高设备的利用率，也可将焊接机器人倒置在门式操作机上。其中，机器人本体除可沿门架横向移动外，有的还可以升降和纵向移动，这

样，又进一步地增强了机器人作业的灵活性、适应性和机动性。

焊接机器人使用的门式操作机，有的门架是固定的（图 24-63），有的门架是移动的。

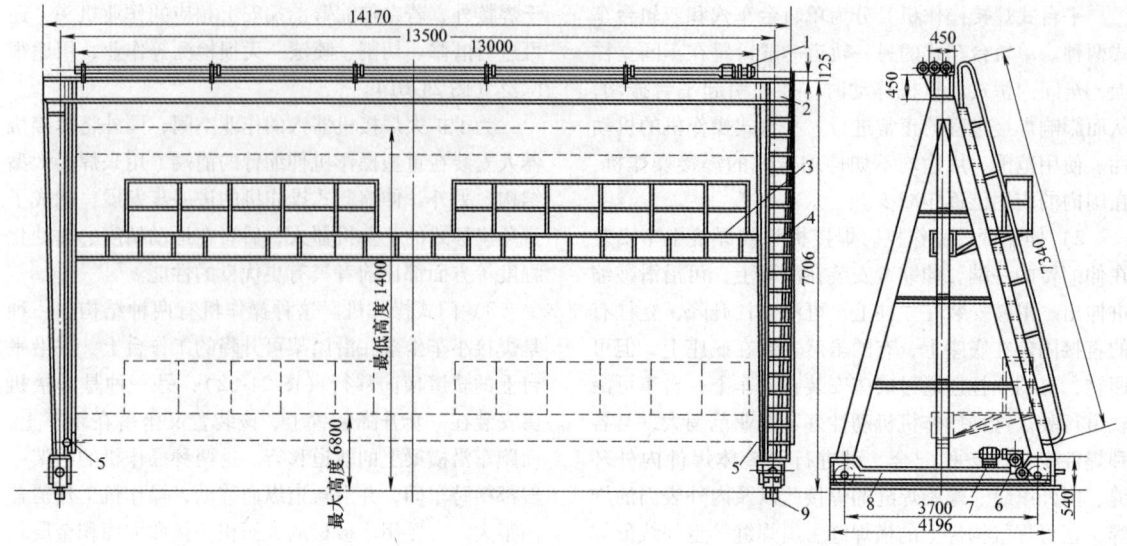

图 24-62　门式操作机

1—平台升降机构　2—门架　3—工作平台　4—扶梯　5—限位器　6—台车驱动机构
7—电动机　8—行走台车　9—轨道

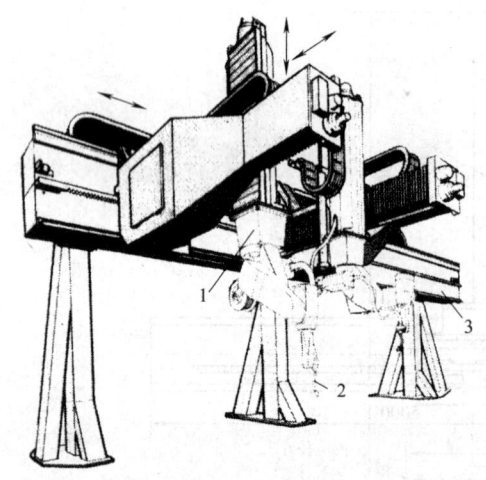

图 24-63　固定门架的门式操作机

1—弧焊机器人本体　2—焊枪　3—门式操作机

除弧焊机器人使用的门式操作机结构尺寸相对较小外，其他门式操作机的结构都很庞大，在大型金属结构厂和船厂应用较多。

有的门式操作机上安装着多个焊接机头。如图 24-64 所示的板材与肋板 T 形焊的专用门式操作机，门架上就安装了八套焊接设备，可将四条长肋板用双面角焊缝一次焊完，效率很高。

4）台式操作机。这种操作机与伸缩臂式操作机的区别是没有立柱，伸缩臂通过鞍座安装在行走台车或底座上，伸缩臂的前端安有焊枪或焊接机头，能以焊速缩进伸出，多用于小径筒体内环缝、内纵缝的焊接（图 24-65）。

（2）传动形式与驱动机构

1）平台与伸缩臂的升降。操作机的平台升降多为恒速或快慢两档速度；伸缩臂升降多为快慢两速或无级调速，速度在 0.5～2m/min 者为多，其传动形式见表 24-61。

操作机升降系统，若恒速升降，多采用交流电动机驱动；若变速驱动，多采用直流电动机驱动，近来国外一些公司在伸缩臂式的操作机上也开始采用交流变频驱动，以及直流或交流伺服电动机驱动。在升降的两个极限位置，应设有行程限位开关。除螺旋传动的以外，在滑鞍与立柱的接触处应设有防止平台或伸缩臂坠落的装置。该装置有两种类型，一种是偏心圆或凸轮式的，另一种是楔块式的。

另外，为了减少升降系统的驱动功率，并使升降运动更加平稳，在大中型的操作机上，均设有重力平衡系统，用配重来平衡平台或伸缩臂等构件的自重。

2）伸缩臂的回转。伸缩臂的回转运动有恒速电动和手动两种，前者多用于大中型操作机中（图 24-66、图 24-67），前者多用于小型操作机中（图 24-68）。回转速度一般为 0.6r/min，在回转系统中还设有手动锁紧装置（图 24-66）。不管是圆形立柱还是非圆形立柱，伸缩臂的回转形式几乎都采用立柱自身转动式，在立柱底部直接手动回转或通过电动机驱动齿圈回转，而齿圈则坐落在推力轴承上，保证了立柱的灵活转动。

图 24-64　专用门式焊接操作机

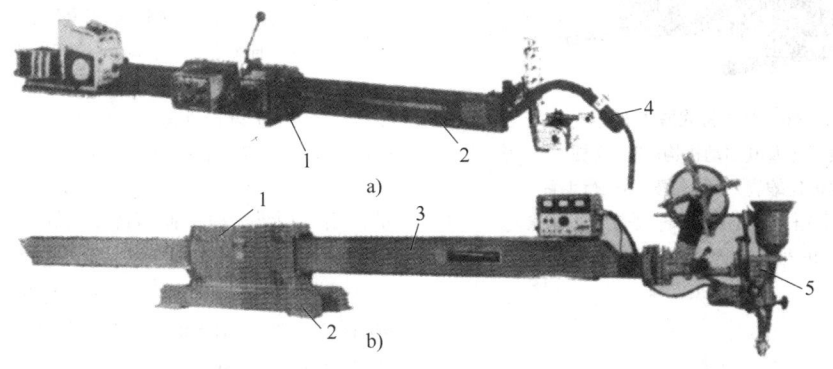

图 24-65　台式操作机

a）用于气体保护焊　b）用于埋弧焊

1—鞍座　2—底座　3—伸缩臂　4—焊枪　5—焊接机头

表 24-61　操作机升降系统的传动形式

传动形式	驱动机构	性能及使用范围	备　注
链传动	电动机驱动链轮,通过链条使平台或伸缩臂升降。小型操作机采用单列链条,大型的采用多列链条	制造成本低,运行稳定可靠,但传动精度不如螺旋和齿条传动,在平台式、伸缩臂式操作机上广泛采用	链条一端设有平衡重,恒速升降
螺旋传动	电动机通过丝杠驱动螺母运动以带动平台或伸缩臂升降,小型操作机若起升高度不大,也可手动	运行平稳,传动精度高,多用在起升高度不大的各种操作机上	丝杠下端多为悬垂状态,恒速或变速升降
齿条传动	电动机与其驱动的齿轮均安装在伸缩臂的滑鞍上,齿轮与固定在立柱上的齿条相啮合,从而带动伸缩臂升降,小型操作机采用单列齿条,大型的采用双列齿条	运行平稳可靠,传动精度最高,制造费用最大,多用在要求精确传动的伸缩臂式操作机上	恒速或变速升降
钢索传动	电动机驱动钢索卷筒,卷筒上缠绕着钢丝绳,钢丝绳的一端通过滑轮导绕系统与平台或伸缩臂相连,带动其升降	投资最省,运行稳定性和传动精度低于以上各种传动,适用于大升降高度的传动,在平台式操作机上应用最多,在伸缩臂式的操作机上已不应用	恒速升降

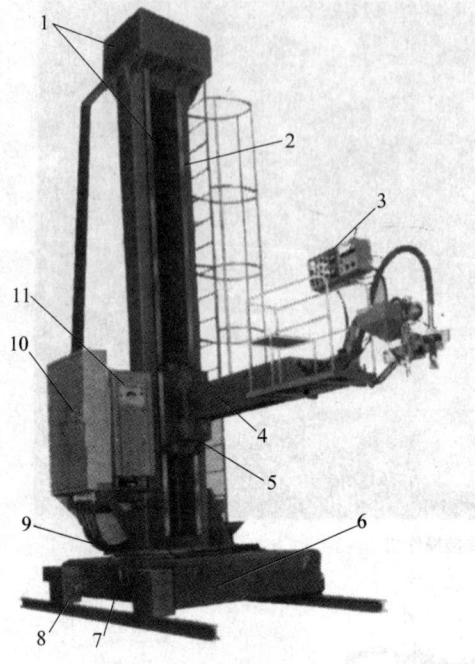

图 24-66　伸缩臂式操作机（一）
1—双排滚子链及其驱动机构　2—立柱　3—操
作盘　4—伸缩臂　5—滑鞍　6—行走台车
7—手摇立柱锁紧机构　8—手摇台车锁紧
机构　9—立柱回转机构　10—控制柜
11—焊接电源

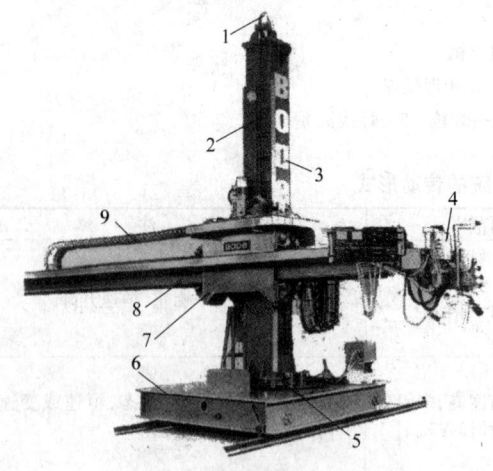

图 24-67　伸缩臂式操作机（二）
1—重力平衡系统　2—齿条　3—立柱
4—焊接机头及检测装置　5—回转机构
6—行走台车　7—滑鞍　8—伸
缩臂　9—履带式线排

3）伸缩臂的进给。伸缩臂的进给运动多为直流
电动机驱动，近来也有用直流或交流伺服电动机驱动

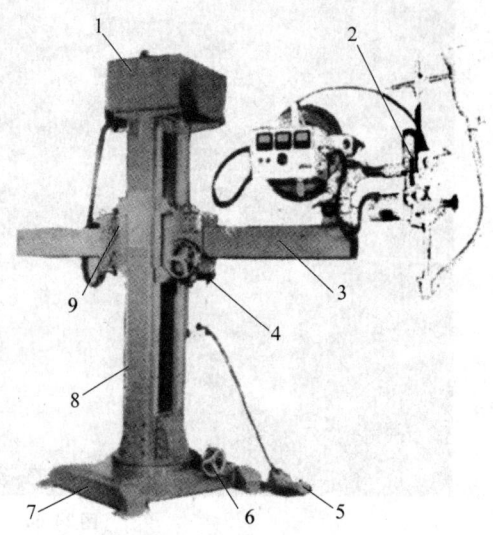

图 24-68　小型操作机
1—伸缩臂升降驱动系统　2—焊接机头
3—伸缩臂　4—伸缩臂手摇进给机构
5—升降按钮盒　6—立柱手摇回转机构
7—底座　8—立柱　9—滑鞍

的。由于焊纵缝时，伸缩臂要以焊速进给，所以对其
以焊速运行的平稳性要求较高。进给速度的波动要小
于5%，速度要覆盖所需焊速的上下限（一般为6～
90m/h），并且均匀可调。有的操作机还设有一档空
程速度（多在180～240m/h），以提高作业效率。为
了保证到位精度和运行安全，在传动系统中设有制动
和行程保护装置。其传动形式见表24-62。

表 24-62　伸缩臂进给系统的传动形式

传动形式	驱动机构	性　　能
摩擦传动	电动机减速后，驱动胶轮或钢轮借助其与伸缩臂上的摩擦力，带动伸缩臂运动	运动平稳,减速均匀,超载时打滑,起安全保护作用。但在高速进给时,制动性能差,到位精度低
齿条传动	电动机减速后，通过齿轮驱动固定在伸缩臂上的齿条，带动伸缩臂进给（图24-69）	运动平稳,减速均匀,传动精确,是采用最多的传动形式,但制造费用较高
链传动	电动机减速后，通过链轮驱动展开在伸缩臂上的链条，带动伸缩臂进给（图24-69）	制造费用较低,运动平稳性不如前两者,但仍能满足工艺要求

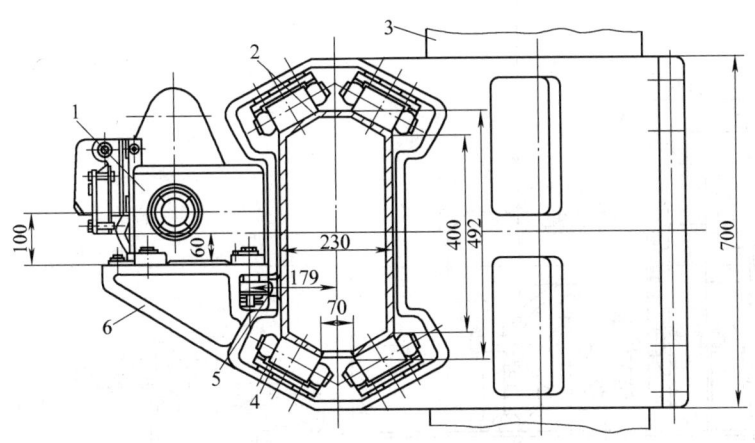

图 24-69　伸缩臂进给系统结构图

1—驱动装置　2—伸缩臂　3—立柱　4—托辊　5—齿轮与齿条或链轮与链条　6—滑鞍

4）台车运行。各种操作机的台车运行，多为电动机单速驱动，运行速度在 120～360m/h 不等，最高可达 600m/h。通常门式操作机运行速度较慢，平台式操作机运行速度较快。传动系统中均设有制动装置，台车与轨道之间设有夹轨器。门式操作机是双边驱动的，应有同步保护装置。台车的传动结构如图 24-70 所示。单速运行台车多用交流电动机驱动，变速运行的台车现在多用交流变频驱动。

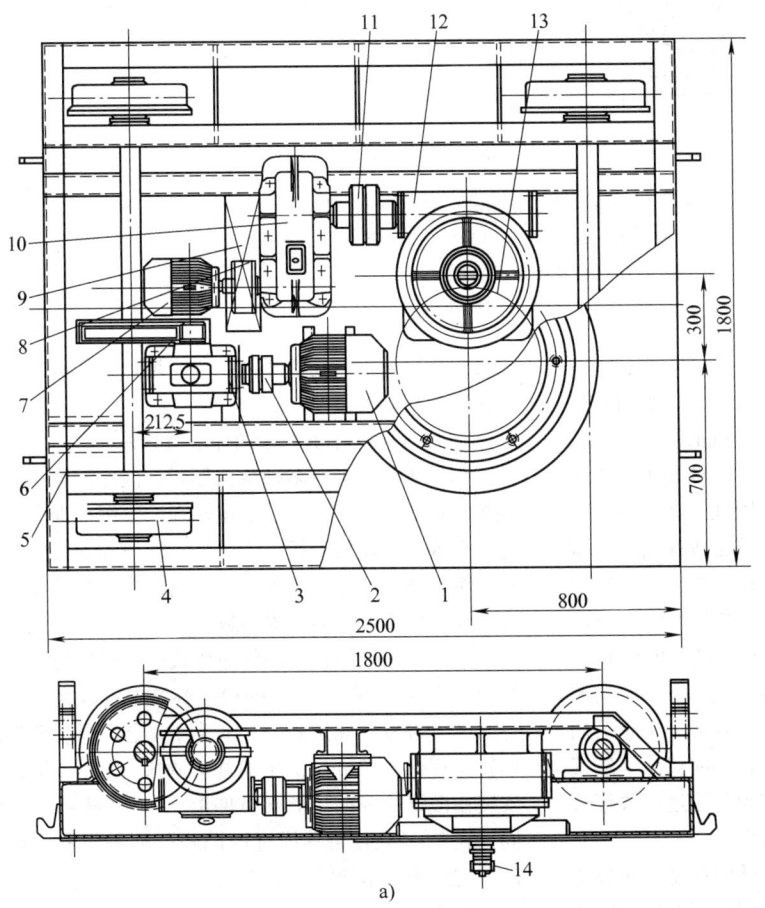

1—台车行走电动机　2、11—联轴器
3、12—蜗杆减速器　4—走轮
5—台车架　6—开式齿轮副
7—立柱回转电动机　8—带制动轮的
弹性联轴器　9—电磁制动器
10—齿轮减速器　13—齿圈
14—小齿轮

a)

图 24-70　台车传动结构图

a）用于伸缩臂操作机的

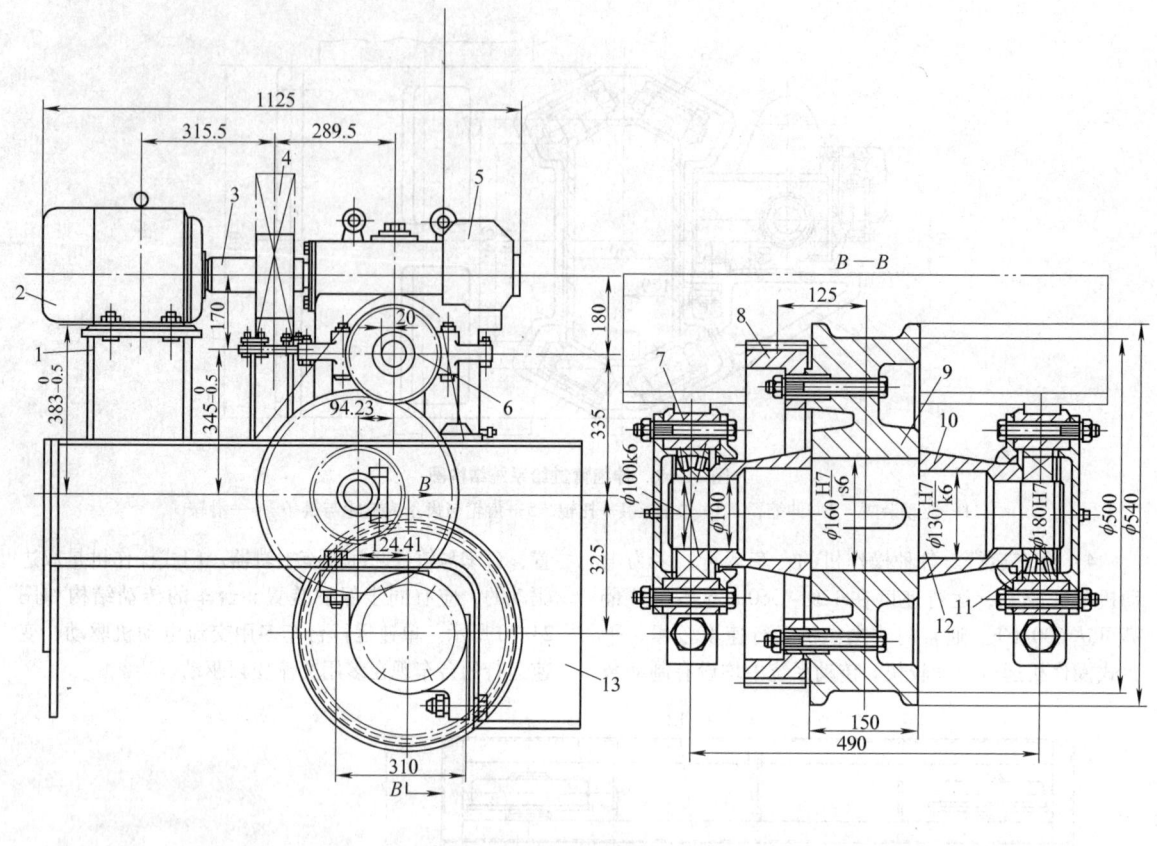

b)

1—支架　2—电动机　3—联轴器　4—制动器　5—蜗杆减速器　6—小齿轮　7—角形轴承座
8—大齿轮　9—行走轮　10—轴套　11—轴承　12—走轮轴　13—车架

图 24-70　台车传动结构图（续）

b) 用于门式和平台式操作机的

（3）结构及设计要求

门式操作机的门架多为桁架或板结构，平台式操作机以桁架结构为多，伸缩臂式操作机的立柱，主要是大径管柱或箱形、门形板结构，它们都是主要承载结构，要有很好的刚度和稳定性，因此，有些伸缩臂式操作机还采用双立柱结构。若立柱是焊接结构，焊后去应力应退火消除内应力。此外在立柱导轨处应机械加工，以获得滑鞍平稳升降所需的垂直度和平行度。

伸缩臂要有很好的刚度，应重量轻、形位精度高，在运行时不颤抖，全部伸出后，端头下挠应控制在 2mm 以内，因此，应设高度跟踪装置。并应采用薄壁空腹冲焊整体结构。另外，应在伸缩臂的一端安装焊接机头，另一端安装焊丝盘和焊剂输送回收等装置，使两端设备的自重不要差距过大。

台车是操作机的基础，要有足够的强度。车架要采用板焊结构，整体高度要小，要尽量降低离地间隙，装配时走轮高度可调，保证四轮着地。台车上应放置焊接电源等重物以降低重心，增加运行稳定性并可防止整机倾覆。

（4）焊接操作机的系列标准及选用

焊接操作机虽有多种结构形式，但伸缩臂式的焊接操作机具有机动性好、适应性强、应用范围广等优点，已成为操作机中的主流产品，国内外焊接辅机生产厂都以各自的系列批量生产，其结构、技术数据虽有差异，但主要功能基本一致。

我国针对使用较广的伸缩臂式焊接操作机制定了行业标准（JB/T 6965—1993）。标准中将该类操作机分为"立柱横臂固定式"（即横臂固定，焊接机头在横臂上移行）、"立柱固定横臂可调式"（即焊接机头安装在横臂的一端，横臂可伸缩）、"立柱可移横臂固定式"、"立柱可移横臂可调式"四种类型。并规定了它们的基本参数（表 24-63）。

标准中还要求，焊接过程无论是通过横臂或机头的移动来实现，均应做到无级调速，且在网络电压波

动 ±10% 时，焊接速度的波动值不超过 ±3%；横臂的回转应能控制回转角度，并有角度指示标志；横臂升降、伸缩、回转及立柱的移动等均有锁紧机构定位；横臂外伸最大锁紧后，其在水平面内的端点摆动量不得大于 ±0.5mm。承载后其在垂直面内的端点下斜量不得大于 2mm，否则焊接机头上应设高度跟踪装置；横臂及机头的移动应平稳，不得有爬行、抖

动。上述基本参数和技术要求，厂家在设计制造时都应遵从，用户也可按此标准作为选用操作机的依据。

我国现在生产的操作机，经不断改进，性能已有很大提高，除大型的以外，已可以满足焊接生产的需要，其有关技术数据见表 24-64，应尽量选用订购。图 24-71 所示为时代公司生产的 TZ 系列伸缩臂式自动焊接操作机，其主要参数见表 24-65。

表 24-63　伸缩臂式焊接操作机的基本参数[32]

焊接机头沿横臂方向移动的最大距离/mm	横臂沿立柱升降的最大距离/mm	横臂沿立柱升降的最大速度/(mm/min)	立柱最大的空程速度/(mm/min)	横臂或机头移动速度范围①/(mm/min)	横臂或机头最大空程速度②/(mm/min)	横臂回转角度③/(°)
800	630					
1250	1000					
2000	1600					
2500	2500	≥950	≥5000			
3150	3150			1000 ~ 1500	≥2000	≥270
4000	4000					
5000	5000	≥710				
6000	6000					
8000	8000	≥450	≥3000			

① 满足本标准要求的前提下，允许扩大移动速度的范围。
② 立柱固定式操作机无此参数。
③ 对横臂可回转的操作机而言。

表 24-64　伸缩臂式操作机技术数据[33]

名称＼型号	W 型（微型）		X 型（小型）				Z 型（中型）				D 型（大型）			
臂伸缩行程/m	1.5	2	3	3	4	4	4	4	5	5	5	5	6	6
臂升降行程/m	1.5	2	3	4	3	4	4	5	4	5	5	6	5	6
臂端搭载重量/kg	120	75	210		120		300		210		600		500	
臂的允许总荷重/kg	200		300				500				800			
底座形式	底板固定式		底板固定式、台车固定式、行走台车固定式											
台车行走速度/(mm/min)			80 ~ 3000（无级调速）											
立柱与底座结合形式	固定式		固定式、手动回转式				固定式、手动或机动回转式				固定式、机动回转式			
立柱回转范围/(°)			±180											
立柱回转速度/(r/min)			机动回转 0.03 ~ 0.75											
臂伸缩速度/(mm/min)			60 ~ 2500（无级调速）											
臂升降速度/(mm/min)	2000						2280				3000			
台车轨距/mm			1435				1730				2000			
钢轨型号			P43											

表 24-65　TZ 系列伸缩臂式焊接操作机技术参数[41]

规格	2×2	2.5×2.5	3×3	3.5×3.5	4×4	4.5×4.5	5×5	5.5×5.5	6×6	7×7	8×8
横臂升降行程/m	2	2.5	3	3.5	4	3~7	5	5.5	6	7	8
横臂伸缩行程/m	2~4	2.5~5	2~6	2~6	3~7	3~7	3~8	4~8	4~9	4~9	4~10
立柱回转范围	360°										
横臂升降速度/(mm/min)	1000										
横臂伸缩速度/(mm/min)	60~2500(无级调速)										
台车行走速度/(mm/min)	80~3000(无级调速)										
立柱回转速度/(r/min)	手动	手动	手动	手动	手动	手动	0.8	0.8	0.8	0.8	0.8
横臂上均布总载荷/kg	100	100	200	200	300	300	400	400	500	500	500
台车钢轨型号及轨心距/mm	P43,1520						P43,2000		P43,2000		

图 24-71　TZ 系列伸缩臂式自动焊接操作机[41]

用户在选用订购焊接操作机时，除了以操作机的行业标准作为选用依据外，还应注意以下几个方面：

1）操作机的作业空间，应满足焊接生产的需要。

2）对伸缩臂式操作机，其臂的升降和伸缩运动是必需的，但是否需要立柱回转和台车行走，要视需要而定。

3）根据生产需要向厂家提出操作机可搭载多种作业机头的要求，例如除可安装埋弧焊机头外，还可安装窄间隙焊、气体保护焊、碳弧气刨、打磨等作业机头。

4）施焊时，若要求操作机与焊件变位设备协调动作，则对操作机的几个运动，要提出到位精度的要求。操作机上应有和焊件变位设备联控的接口。

5）用于焊接小筒径内环缝、内纵缝的操作机，因属盲焊作业，要有外界监控设施。

6）操作机伸缩臂运动的平稳性以及臂最大伸出时端头下挠度的大小，是操作机性能好坏的主要指标，选购时应予重视。

24.4.5　焊工升降台

焊工升降台是将焊工连同其施焊器材升降到所需高度，以利装焊作业的焊工变位设备。它主要用于高大焊件的手工和半机械化焊接，也用于装配作业和其他需要登高作业的场合。

焊工升降台按结构形式分，大致有如下三种形式（图 24-72 ~ 图 24-74）：

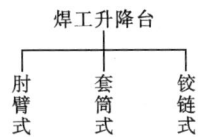

焊工升降台

| 肘臂式 | 套筒式 | 铰链式 |

肘臂式焊工升降台又分为管结构（图 24-72）和板结构（图 24-75）两种，前者自重小，但焊接制造麻烦；后者自重较大，但焊接制造工艺简单，整体刚度好，是目前应用较广的结构形式。

焊工升降台几乎都采用手动液压泵驱动，其操纵系统一般有两套，一套在地面上操纵，粗调升降高度；另一套在工作台上操纵，进行细调。

焊工升降台的载重量一般为 250 ~ 500kg，工作台的最低高度为 1.2 ~ 1.7m，最大高度为 4 ~ 8m，台面有效工作面积为 1 ~ 3m²。焊工升降台的底座下方，均设有走轮，靠拖带移动。工作时利用撑脚承载。

焊工升降台油路系统要有很好的密封性，特别是液压缸前后油腔的密封，手动控制阀在中间位置的密封，都至关重要。为了保证焊工的人身安全，设计安全系数均在 5 以上，并在工作台上设置护栏，台面铺设木板或橡胶绝缘板，整体结构要有很好的刚度和稳定性。在最大载荷时，工作台位于作业空间的任何位置，升降台都不得发生颤抖和整体倾覆。

套筒式焊工升降台套筒部分的结构图及其升降原理如图 24-76 所示。套筒的伸出是举升液压缸推动一套钢索滑轮系统实现的。由图 24-76a 可知，若不计举升液压缸的倾角，则套筒顶部的行程是液压缸活塞伸出行程的 3 倍。

套筒式焊工升降台的液压传动系统图如图 24-77 所示。肘臂式焊工升降台国外已有厂家专门生产，而且以板结构的居多。国内用户使用的大都是自行设计制造的。现在我国已有厂家定型生产多用途的铰链式升降台和套筒式升降台以及用于飞机检修的升降工作台，这些升降工作台也可用来作为焊工升降台使用。

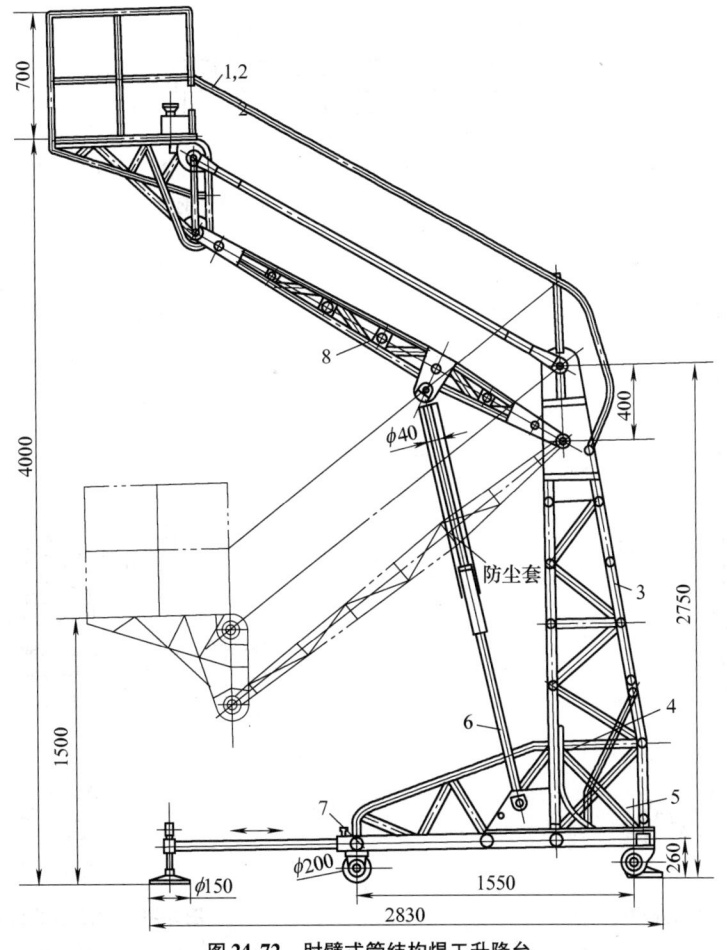

图 24-72 肘臂式管结构焊工升降台

1—脚踏液压泵 2—工作台 3—立架 4—油管 5—手摇液压泵 6—液压缸 7—行走底座 8—转臂

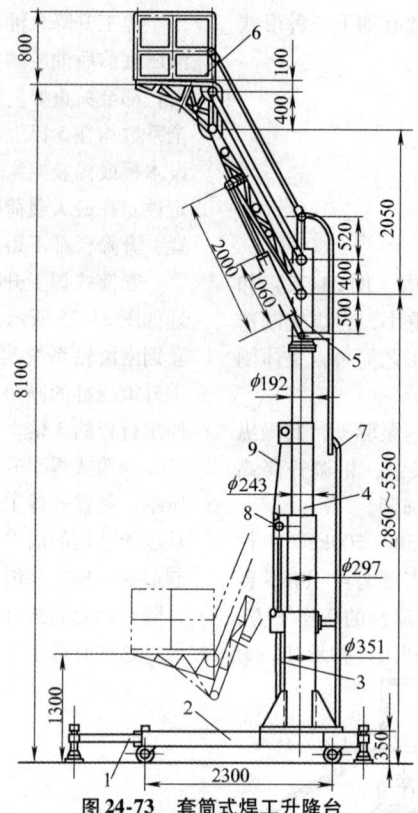

图 24-73　套筒式焊工升降台

1—可伸缩支撑座　2—行走底座　3—升降液压缸　4—升降套筒总成　5—工作台升降液压缸
6—工作台　7—扶梯　8—滑轮　9—提升钢索

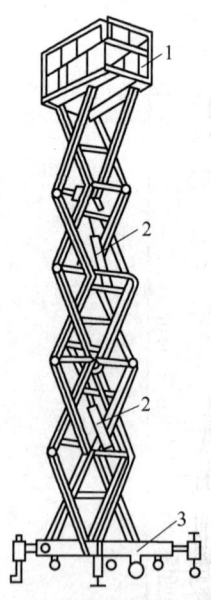

图 24-74　铰链式焊工升降台

1—工作台　2—推举液压缸　3—底座

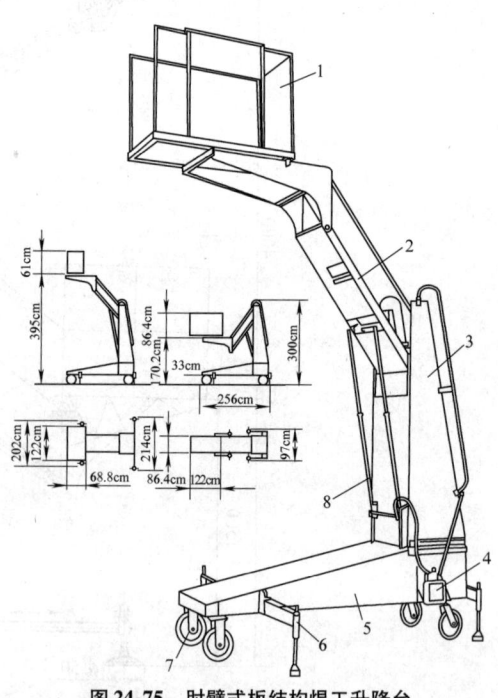

图 24-75　肘臂式板结构焊工升降台

1—工作台　2—转臂　3—立柱　4—手摇液压泵
5—底座　6—撑脚　7—走轮　8—液压缸

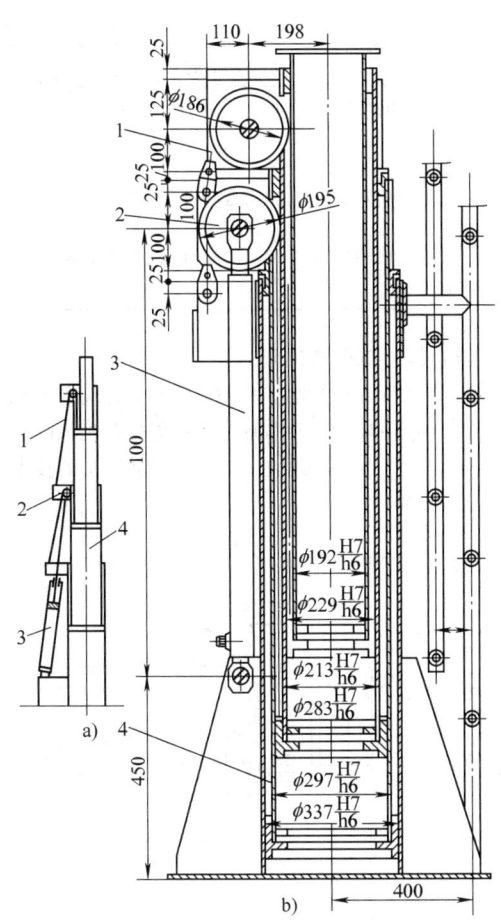

图 24-76 套筒式焊工升降台套筒部分的结构图及其升降原理

a) 套筒升降原理图 b) 套筒部分的剖视图

1—钢索 2—滑轮 3—举升液压缸 4—套筒

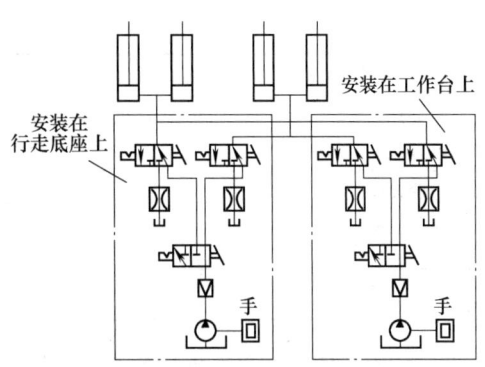

图 24-77 套筒式焊工升降台的液压传动系统图

24.5 焊后工序设备

24.5.1 设备用途及工艺目的

焊缝的清根、打磨、修整、碾压、击打,焊件的矫形、热处理、机械加工、表面清理、涂敷护层等,都是焊后工序生产工艺的内容,其所用的设备和工艺目的见表 24-66。

焊后工序使用的设备绝大多数是通用的,国内外都有定型产品生产,使用时请查阅参考文献进行选购即可。

24.5.2 部分后工序设备及机具的性能与数据

(1) 专用打磨机

如图 24-78 所示的打磨机主要用于筒体的外表面、外环缝、外纵缝以及短筒体内表面、内纵缝的打磨。其磨头上可安装砂轮、砂带和圆盘钢丝刷三种磨具,如果安装上片状成形砂轮,还可以打磨坡口,清

表 24-66 焊后工序使用的设备及其工艺目的

设备名称	用途	工艺目的
1) 手提式砂轮机 2) 专用打磨机 3) 操作机打磨机头 4) 手提式气铲 5) 气动除锈器	修整焊缝,清理焊道和焊件表面,清除焊根	改善焊缝工作应力分布,减少应力集中,提高疲劳极限,增加承载能力 减少焊接缺欠,降低表面粗糙度,改进焊缝、焊件的外观质量
6) 焊缝碾压机 7) 焊缝锤打机 8) 手提式气凿 9) 手提式针束气枪	碾压或击打焊缝及其周边金属	密实焊缝组织,削减内应力峰值,增加压应力区,改善焊缝和近缝区的力学性能,提高接头承载能力
10) 热矫设备(由氧乙炔焰焊炬、千斤顶、拉紧器等组成) 11) 冷矫设备(立、卧式压床,辊床等)	焊件矫形	得到所需的几何形状和尺寸

（续）

设备名称	用途	工艺目的
12）热处理退火炉 13）红外线局部加热器	降低或消除焊接内应力,改善焊缝组织与性能	稳定几何形状和尺寸,提高焊件承载能力,满足使用要求
14）上漆设备 15）涂敷设备	表面防护与装饰	延长使用寿命,增加产品美感
16）钻孔及其他机械加工设备与机具	加工焊件	获得较精确的安装尺寸及配合尺寸,降低表面粗糙度值

理焊根。打磨机以压缩空气为动力源,通过气动马达驱动磨头旋转,用气缸 2 推动倾斜装置使磨头贴向焊件表面,用水平移动气缸 3 推动滑座 4 在底座 5 上滑动,另外,整个打磨机可绕垂直轴回转,打磨时磨头附近还有以压缩空气为动力的吸尘装置。

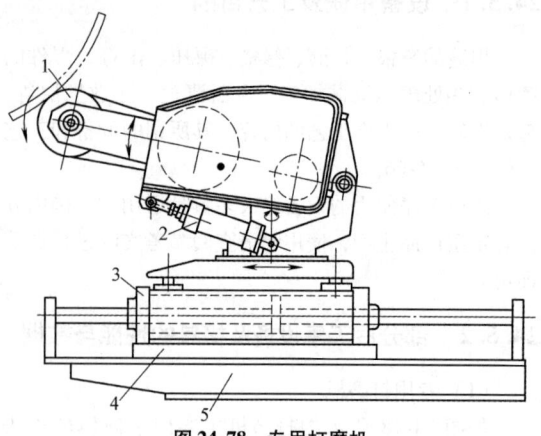

图 24-78　专用打磨机

1—磨头　2—倾斜气缸　3—水平位移气缸
4—滑座　5—底座

专用打磨机,国内未见生产,国外有厂家生产,其技术数据见表 24-67[35]。

表 24-67　打磨机技术数据

	许用筒体最小内径/mm	400
	磨头水平行程/mm	900、1650、2100
	磨头水平移动速度/(mm/min)	50～5000
	压缩空气压力/MPa	0.5
磨具尺寸	砂轮/mm	10～30×ϕ200
	圆盘刷/mm	10～30×ϕ200
	砂带宽度/mm	8～100
	气动马达功率/kW	5.5
	磨头垂直行程/mm	300
	砂带振幅/mm	±5
	许用焊件最高温度/℃	350
使用电源	电压/V	(220/380)
	频率/Hz	50

（2）操作机打磨机头

图 24-79a、b 分别为在伸缩臂式和门式操作机上使用的打磨机头,其工作原理与专用打磨机相同,主要用于大型焊件的打磨加工。国外打磨机头的技术数据见表 24-68。

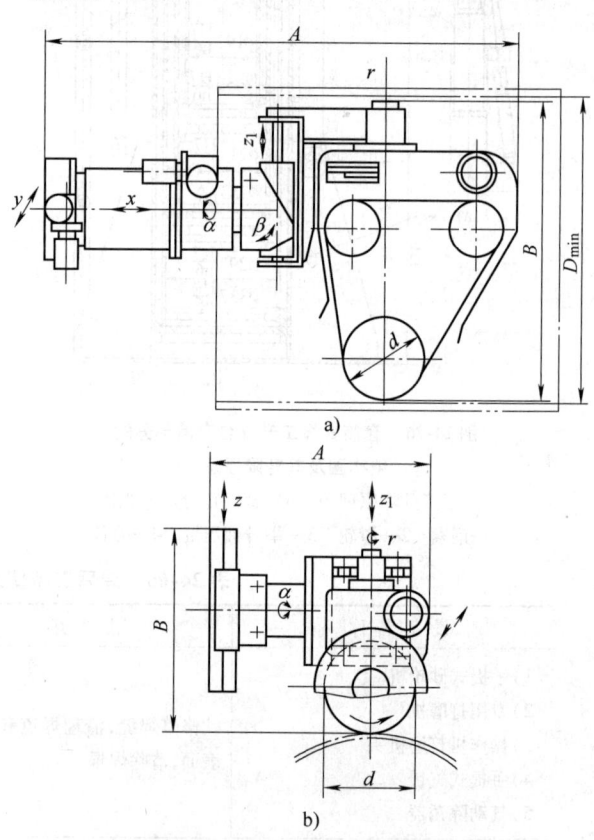

图 24-79　操作机上使用的打磨机头

a）安装在伸缩臂式操作机上的
b）安装在门式操作机上的

打磨机头我国早有设计并做出样机,其结构及工作原理见参考文献 [31],但是未能定型生产。直到 20 世纪 90 年代中期,国内焊接辅机制造厂在锅炉行业技术改造成套焊接工艺装备中推出了筒节外纵缝的打磨机头,其技术数据如下：

适用筒径　600～2500mm

适用筒节最大长度　2000mm

砂轮进给速度　0.17～1.7m/min，无级调速

砂轮与焊件的接触应力　0～150N/cm²

砂轮

　　转速　2000r/min

　　直径　250mm

宽度　30mm（打磨），8mm（清焊根）

安装在伸缩臂操作机上的打磨机头，我国也有引进，用来打磨大型焊件，效率很高。打磨作业由工人通过按钮操作，安全便捷。打磨机头上还装有磨屑回收装置，避免了对作业环境的污染。但是由于国产磨具强度较低，限制了其作用的发挥。

（3）手提式针束气枪和气动除锈器

表 24-68　打磨机头的技术数据[35]

名称		型号		用于伸缩臂操作机		用于门式操作机
				MIU600	MU1200	PMU20
许用筒体内径	D_{min}			600	1200	
左右水平位移	X			±50	±73	0
前后水平位移	Y	mm		±40	±75	±73
垂直位移	Z_1			80	200	200
	Z			0	0	700
磨头转角	α			−25～90		90～−25
	β	(°)		0	−5～30	0
	γ			−5、+15、+85、+105　四个位置		
砂轮圆盘钢丝刷直径	d			300	600	600
砂轮	厚			8～20		
圆盘钢丝刷	度	mm		10～20		
砂带	长度			1720		
	宽度			80～100		
工作气压		MPa		0.4～0.6		
平均耗气量	砂轮	L/min		25	35～40	
	砂带			50	60	
许用工件温度		℃		400		
气动马达功率		kW		15	20	20
使用电源				380V　50Hz		
外廓尺寸	A	mm		1624	1895	1400
	B			580	1160	1300
自重		kg		450	980	1100

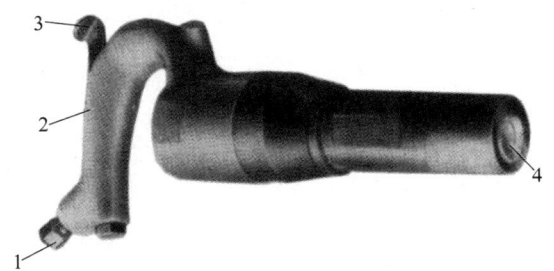

图 24-80　气铲（未装铲头）

1—气路接头　2—手柄　3—气动开关　4—铲头卡口

针束气枪实际上是在铆钉枪的枪头上套入专用的钢丝束头，其钢丝由直径 1mm、1.5mm 或 2mm，长度约 110mm 的 65Mn 钢丝制作而成，并经热处理，硬度达 48～50HRC，有很高的韧性和硬度，用来冲击焊缝和近缝区，使其表面强化并形成压应力区。针束气枪也可用来清除焊件表面的铁锈及其他脏物。

气动除锈器有冲击式、多头式、针束式、回转式等多种形式，主要用于清除焊件表面的锈层或漆层。这些机具体积小、质量轻、机动性强、可达性好，特别适宜于凸凹不平表面的作业。

（4）手提式气铲和气铣刀

气铲是装有铲头，以冲击方式清除焊件飞边、毛刺以及用于焊缝修整的气动工具（图 24-80）。气铲上可装夹各种形状的铲头，使用灵活方便。

气铣刀是用于铣削金属材料的气动工具，配上不同类型的硬质合金铣刀，可用于焊件的光整加工和清除其上的飞边、毛刺等。

参 考 文 献

[1] 机械工程师手册编委会. 机械工程师手册 [M]. 2 版. 北京: 机械工业出版社, 1996.

[2] 机械手册联合编写组. 机械设计手册 [M]. 3 版. 第 2 卷. 北京: 化学工业出版社, 1993.

[3] 机械手册联合编写组. 机械设计手册 [M]. 3 版. 北京: 化学工业出版社, 1993.

[4] 张建民. 工业机器人 [M]. 北京: 北京理工大学出版社. 1988.

[5] 史耀武. 中国材料工程大典. 第 23 卷: 材料焊接工程 [M]. 北京: 化学工业出版社, 2006.

[6] 中国焊接协会. 中国焊接年鉴 [M], 1997, 2001.

[7] 沈风刚. 工件在焊接滚轮架上轴窜机制及防止措施的对比研究 [D]. 兰州: 甘肃工业大学焊接研究所, 1994.

[8] 王政, 刘萍. 焊接工装夹具及变位机械图册 [M]. 北京: 机械工业出版社, 1992.

[9] 王政. 焊接工装夹具及其变位机械-性能·设计·选用 [M]. 北京: 机械工业出版社, 2001.

[10] 机械工业部. 机械产品目录 [M]. 北京: 机械工业出版社, 1996.

[11] 张建勋. 现代焊接生产与管理 [M]. 北京: 机械工业出版社, 2005.

第 25 章　典型焊接结构的制造

作者　钟国柱　审者　林尚扬

25.1　概述

1949 年后，尤其改革开放 30 年以来，我国焊接结构生产技术有了进一步长足发展，但现阶段仍还有一些制造工业企业仍处于引进、吸收和消化阶段，仍处于加工型企业发展阶段，其关键核心技术不少还控制在别人的手中。

中国要想国富民强，不能只满足于加工型制造大国形象，必须成为世界公认的制造工业大国和强国。因此，我国的制造工业企业必须彻底改变加工型企业形象，尽快逐步把中国的制造工业企业向高标准、高技术水平、高附加值、创新型技术企业方向发展。在未来的几十年内，使我国的所有工业企业都能真正成为世界公认的技术先进的创新型工业大国和工业强国。

焊接结构品种繁多，应用广泛，其设计和生产与焊接结构本身的特点有关。焊接结构有多种分类方法，通常根据其承载、工作条件和构造特征来分类。如梁、柱、桁架、框架、板壳和机器等结构形式。

本章仅选择储罐、容器、管道、梁、柱和板壳等典型的焊接结构，重点介绍其制造难点、技术关键及制造方法，供读者借鉴和参考。

25.1.1　焊接结构的制造难点

焊接结构的制造要全面并充分考虑其制造的技术可行性、经济性（成本、效率）、制造技术的先进性、质量的可靠性（焊接质量、尺寸和形状精度、容器的密封性等）、使用的安全性（接头力学性能、寿命及刚度等）。

本章将在充分考虑产品的经济性基础上，重点关注产品质量可靠性、制造技术先进性和使用安全性。

25.1.2　焊接结构制造的关键技术

1. 焊缝的质量控制

1）不同母材、不同生产批量，要合理正确地选择焊接方法。

2）选择合理正确的焊接参数。

3）为确保焊缝质量，要合理正确地选择功能合适、性能良好的焊接电源。如具有良好引弧收弧特性的电源；含模糊控制器的电源；含波形控制的电源；动态响应能力很强的逆变式焊接电源；甚至选用数字化的逆变式焊接电源。

4）为确保焊缝质量（咬边、表面裂纹、气孔、夹渣、裂纹、根部未焊透、层间未熔合等），薄板长直焊缝可选用高能量密度焊、高速焊；中、厚度板则可选用多丝焊，脉冲焊、搅拌摩擦焊、热丝焊等高效率、高熔敷率焊接方法。

5）严格对所有坡口进行组对和焊前清理。

6）铝合金、钛合金及高强度或超高强度钢焊接时，还要严格控制焊接环境中的空气相对湿度；焊丝、坡口及其附近的吸附水、结晶水和油污。

7）在役运行的焊接结构中，尤其承受疲劳载荷的构件（如各种轨道车辆的转向架；飞机起落架；工程机械中的动臂、斗杆；汽车底盘等），在其高值拉伸工作应力和应力集中区，绝对不允许残留高值焊接残余拉应力和各种缺口（有一定深度的尖锐划痕、咬边、表面或内部裂纹、未熔合、未焊透、气孔、材料夹层及疏松缺陷），否则将会严重影响结构使用可靠性和安全性。

2. 产品的互换性、尺寸和形状精度控制

大批量生产的汽车、摩托车、自行车、工程与矿山机械、飞机、各种铁路和轨道车辆的部件及其使用易损件的互换性要求十分严格；而一些使用和安全性要求极其严格的各种舰艇、压力容器筒体、飞行器储箱、返回舱等的尺寸和形状精度要求，更是十分严格。所以，焊接产品的互换性、尺寸和形状精度控制十分困难、控制技术也十分复杂。

（1）产品的互换性控制

1）确保零件的下料和加工的尺寸和形状精度。

2）产品全部在具有足够大刚度的装配焊接夹具中装配和焊接。

3）采用合理的焊接方法、焊接参数、焊接顺序与方向、焊缝层数与道数、焊层厚度、反变形和焊后矫形等技术措施控制并减少产品的焊接变形，使产品符合设计和使用要求。

（2）产品的尺寸和形状精度控制

如果所有零件的尺寸和形状精度符合产品设计要求，那么焊接构件的尺寸和形状精度的变化，将均是由产品的装配和各条焊缝的焊接变形造成的。

25.1.3　产品焊接变形的预防、控制及矫正

1. 板壳长直焊缝纵向收缩引起构件的弯曲和挠曲变形

可通过控制焊接热输入、待焊坡口预拉伸反变形、焊接夹具、随焊激冷或碾压、焊后滚轮碾压或逐点挤压或风动锤击予以控制、减小和矫正。

2. 薄板、中板筒体单面焊双面成形时环缝的径缩变形

可通过在筒体内部待焊坡口处配置刚度足够大、焊后可退缩或可拆卸的内撑环（含成形垫）来防止环缝的径缩变形。但壁厚 $\delta \leqslant 3mm$ 低碳钢、低合金钢、不锈钢和一定厚度范围内（目前暂定为 8mm）铝合金筒体环缝单面焊双面成形时，在内部配置有较大刚度的内撑环条件下，筒体环缝将产生外凸（直径变长—周长变长）失稳变形，其外凸值有时可达数毫米。在这种条件下，为防止筒体环缝产生外凸失稳变形，必须在筒体外部待焊坡口两侧设置外压环，并需严格控制两个外压环的最大间距。$\delta = 2mm$ 的铝合金筒体，外压间距不大于 15mm，$\delta = 6mm$ 的铝合金筒体外压环间距不大于 25mm。

3. 大型薄壁多口框铝合金壳体的所有对接待焊坡口，必须在装配焊接夹具（刚度和压紧力都必须足够大）中装配和焊接

这类铝合金壳体除必须在装配焊接夹具中施焊外，还需采用高能量密度、低焊接热输入的焊接方法；严格控制焊缝尺寸；采用合适的焊接参数；必要时，口框法兰待焊坡口处，可采用反变形技术措施控制并减少焊接变形。国内目前生产条件下，焊后，焊缝还需要实施逐点挤压或连续碾压或风动锤击法矫形。壳体的波浪变形则可采用手工锤击法、水冷却—气体火焰法矫形或水冷却—气体火焰法—手工锤击法予以矫正。

4. 中板、较厚板制造的立式筒（罐）体的直线度、垂直度和椭圆度的控制

（1）筒（罐）体直线度的控制

筒体直线度不仅与筒体环缝有关，还与筒段纵（立）缝有关。中板或较厚板筒体，一般均开制不对称坡口（内大外小）。坡口焊接时，通过焊接顺序、焊缝层数与道数、焊层厚度、焊接参数等不对称焊接工艺技术，并辅之以在环缝内、外侧对应均匀布置具有足够大刚度的 Ⅱ 形板，再采用多人、对称、分段跳焊、每段又采用分段退焊、所有焊缝采用相同焊接热输入（焊接参数）严格控制环缝全长（内外侧）的横向收缩或角变形相等或相近似。那么筒体环缝的

径涨、径缩（周长变长、变短）可得到有效控制。环缝处的筒体直线度也能得到有效保证；筒段纵（立）缝焊后其纵向收缩将引起挠曲变形，影响筒段（体）母线直线度。可利用不对称焊接工艺，先焊纵缝内侧焊口，使其产生外凸的挠曲变形，通过焊接顺序、焊缝层数与道数、焊层厚度等技术因素，使纵缝外凸、内凹的挠曲变形相互抵消，即可保证筒段（体）母线的直线度。

（2）筒（罐）体垂直度的控制

筒体所有环缝采用焊条电弧焊或手工半自动焊接时：

首层筒段是在水平平面基准上装配焊接的。筒段间所有环缝均采用刚性固定法，在筒体环缝内外侧对应均匀设置具有足够大刚度的 Ⅱ 形板，采用如前述环缝全长（内、外侧）横向收缩控制的技术措施，控制焊缝全长的横向收缩变形值相等或相近似。那么，所有筒体环缝中心平面，焊后均与筒体原始装配焊接基准平面相平行。

筒体所有环缝采用单丝或多丝或脉冲埋弧自动焊接或粗丝 CO_2 自动焊接时：

控制措施与前基本相同，只是自动焊接时，要临时去除焊接侧的 Ⅱ 形板。

（3）筒（罐）体椭圆度的控制

筒段所有纵（立）缝采用焊条电弧焊或手工半自动焊接时：

筒体椭圆度仅与筒段纵（立）缝有关。筒段纵（立）缝开制不对称坡口。根据纵缝长度，在纵缝上与下，内与外，对应焊制 3 ~ 5 对 Ⅱ 形板。同前所述，采用不对称焊接工艺，严格控制纵缝上与下、内与外，焊缝的横向收缩（角）变形值相等或相近似。筒段（体）椭圆度就能有效地控制。筒体的垂直度也就有了可靠的保证。

筒段所有纵（立）缝采用各种形式自动焊接时，如果纵（立）缝两侧采用冷却成形板形式，可有效控制纵（立）缝两侧的横向收缩变形，从而有效控制筒段（体）的椭圆度；如果采用粗丝（$\phi 1.6mm$）CO_2 焊等方法焊接时，则宜采用两侧对称焊接或两侧交替焊接，从而有效控制两侧的等值横向收缩变形。

5. 大（超大）型械加工件现场装配焊接的尺寸和形状精度控制

大型水轮机转轮由于运输的原因，在工厂内精确机械加工后，需再分割成两瓣运往安装现场，在安装现场把两个大截面异形待焊坡口用焊接的方法连接成整体。下环焊接后，在现场无条件再进行机械精加工。仅能通过焊接方法直接确保水轮机转轮上冠的平

面度和下环的椭圆度。

超大型不锈钢法兰（$\phi_内 = 12000mm$，$\phi_外 = 12430mm$，$h = 180mm$）工厂精加工后，只能分割成八瓣运往安装现场，再用焊接方法把八块瓣片连接成整体法兰。焊后无条件机械加工，要求确保法兰密封面平面度小于 3mm/38.4m（3mm/ϕ12.215m）法兰椭圆度小于 3mm/ϕ12m。

这两类待焊坡口属立焊坡口，均为超大型异形不对称坡口。

水轮机转轮下环坡口，上下端厚度、坡口深度严重不对称，上大下小，坡口内外侧坡口深度严重不对称，内大、外小。

不锈钢法兰分 8 瓣开制双 U 形坡口，密封面中心处开制一密封圈沟槽，法兰内侧有与筒体板连接的斜凸台，也属大断面异形不对称坡口。

这两类坡口均属立焊，多层多道焊。都是仅仅通过焊接工艺措施来严格控制焊接变形的产生，使其能够满足产品的设计和使用要求。

（1）不对称大断面待焊坡口端面平面度控制

上述两类坡口均需立焊，下端的横向收缩小于上端，甚至远小于上端；水轮机分瓣转轮下环坡口，施焊前所预留的对口间隙却是上小下大，这更进一步加大了下坡口上下端横向收缩的不平衡，因此必须采取与上述不平衡相反的更为不平衡的工艺措施施焊下环坡口。

大截面坡口多层多道时，其横向收缩变形值的 70% ~80% 大多产生在前十层，尤其前五层。因此要严格控制前十层，尤其前五层的焊接变形值。

坡口截面上大下小，对口间隙上小下大，坡深度上大下小。要确保水轮机分瓣转轮上冠平面度，必须确保下坡口焊接完成后，下环上端的横向收缩变形值抵消下环上端小的预留间隙值，下环下端的横向收缩变形值抵消下环下端大的预留间隙值。

定位焊由坡口上端向下顺序定位焊，利用杠杆作用使下端预留间隙减小，定位焊层厚度由上至下顺序增厚，增加焊缝收缩力加大定位焊杠杆作用，进一步减小下端预留间隙。定位焊只定位焊至坡口中部，中下端不进行定位焊。

大截面、深坡口。立向焊前十层采用由上至下分段退焊（长缝分 5 段，短缝分 2 ~3 段）利用其杠杆作用提前最大限度增大下端的横向收缩变形值，由上至下分段退焊，上端焊层厚度仅为 2mm，由上至下焊层厚度逐步加厚，下端约为 4mm，逐渐增大下端的横向收缩变形值。

力争在前十层焊缝完成后，通过定位焊顺序、长

短、薄厚、焊接顺序与方向、分段退焊、焊缝层数与道数、焊层厚度等工艺措施，使下环下端的横向收缩变形值能够完全抵消下环下端的预留间隙值。

坡口内外侧从第十一层开始，焊接方向由下到上立向焊，当下环上端焊缝横向收缩接近下环上端预留间隙值的 90% 左右时，可在下环上端加焊两块刚性很大的 Π 形板，阻止坡口上端横向收缩值继续增加，确保坡口上端的横向收缩变形值与坡口上端预留间隙值相接近或相等。

（2）不对称大断面下环或法兰椭圆度的控制

水轮机分瓣转轮下环有两个待焊坡口，采用焊条电弧焊时，要通过焊接顺序、焊层厚度、焊缝层数与道数、焊接参数和辅之以刚性足够大的 Π 形板，确保焊缝内外侧的横向收缩（角变形）值相接近或相等，从而使水轮机转轮下环和超大型法兰椭圆度满足设计和使用要求。

6. 焊缝分布不对称的构件挠曲或弯曲变形的控制

这种类型的焊接构件大量存在。制造前，首先要分析计算确定焊接构件中性轴两侧（前后，左右，上下）所有焊缝的收缩合力矩。在收缩合力矩较小的一侧开始施焊，并采用较大焊层厚度；在条件允许的条件下，适当增大焊缝截面尺寸或采用适当大的焊接热输入，力争尽可能增大收缩合力矩，使构件中性轴两侧的收缩合力矩尽可能相等或相接近。条件允许时，也可以采用反变形法、焊接夹具法，适当改善并控制构件的挠曲或弯曲变形。

25.2　容器和管道的焊接[1~15]

容器多由板材加工成形后焊接而成。焊接容器应用广泛，具有连续性、密封性和制造成本低等许多优点，在国民经济各部门，尤其动力、石油、化工、核能、航空、航天和造船等工业部门，大量采用各种类型的焊接容器。

焊接容器按用途可分为以下几类：

1）储罐类分为：立式储罐；卧式储罐；球罐；水滴状储罐；湿式储气罐；干式储气罐。

2）工业锅炉及其汽包。

3）石油、化工设备中的反应釜、反应器（罐）、合成塔等。

4）冶金、建材、水电等行业中，高炉、平炉、转炉、热气炉、洗气塔、水泥窑炉等结构的焊接壳体及水电站的蜗壳等。

5）特殊用途的焊接容器，如核能容器、航空及航天器的各种容器壳体、潜艇及深海探测器的压力

壳等。

上述按用途分类的大多数焊接容器属于压力容器，焊接压力容器多按工作压力分类。国家颁布的《压力容器安全监察规程》规定同时具备：最高工作压力（p_g）≥ 0.1MPa；内直径≥ 0.15m且容积≥ 0.025m^3；工作介质为气体、液化气体和最高工作温度高于液体标准沸点这三个条件的容器为压力容器。核能容器、船舶上的专用容器和直接受火加热的容器（如锅炉），这些例外的情况另有相应规定。

按容器压力可将容器分为低压（$0.1 \leq p \leq 1.57$MPa），中压（$1.6 \leq p \leq 10$MPa），高压（$10 \leq p \leq 100$MPa）及超高压（$p \geq 100$MPa）四类。

锅炉、压力容器的安全运行，关系到人民生命财产的安全，其设计、制造、安装、使用和检修必须严格遵守国家安全监察的有关规定。我国压力容器监察规程[3,4]，根据容器的压力渐次增高和介质危害程度逐渐增大的程度，将压力容器又分为一、二、三类，对于毒性、易燃性等也做出了相应的规定。

该规程还规定设计、制造一、二、三类压力容器都需要取得合格证，以保证容器安全运行。

本节将常用的焊接容器，按其用途和板厚分为立式储罐、球罐、薄板容器和厚板容器，并分别加以介绍。

25.2.1　立式储罐的装配和焊接

立式储罐主要由罐底、壁板和罐顶构成。

1. 罐底板的装配与焊接

目前，国内立式储罐罐底板大多采用工厂下料或现场下料，在工地现场装配和焊接的方式。尤其现场下料、装配和焊接的方式，制造质量控制困难，劳动强度大，生产效率和技术经济效益均不高。国外发展了工厂制造大面积卷制罐底中心板，根据罐底中心板尺寸大小决定卷制中心板分块数及卷板宽度。卷制罐底中心板的分块及焊接方向如图25-1所示。

将罐底板铺设在工地平整的地基上。图25-1a为国内现行罐底板工地安装焊接示意图。当立式储罐容积小于5000~10000m^{3}时大多采用搭接形式。罐底分为边板和中心板，为防止底板波浪形变形，按下列顺序施焊：先装配焊接中心板，继而装配焊接边板与壁板连接处250mm长的边板对接焊缝（如Ⅰ放大图），然后施焊边板与壁板圆周角焊缝，最后施焊余下的边板与边板，边板与中心板之间的焊缝。施焊边板对接焊缝时，要留足间隙，以保证焊透。为避免焊漏，均需采用长于250mm的残留垫板。采用图25-1b、c、d所示卷制罐底中心板，则可明显地提高中心板的制造质量和生产效率。卷板间一般需搭接40mm左右，以改善罐底中心板的安装条件，提高中心板工地安装效率。中心板焊接顺序与方向即由中心板中心顺序向四周进行。卷制中心板在工厂双层平台装置上，采用埋弧焊焊接卷板正反两面焊缝。罐底板之间的装配间隙，壁板与边板的装配间隙均用简易楔形夹紧器来保证。当罐体容积$V > 10000$m^{3}时，为防止焊接壁板与底板焊缝时产生罐底失稳凸起的焊接波浪变形，仅中心板采用卷制板，而边板仍采用上述边板焊接方式。

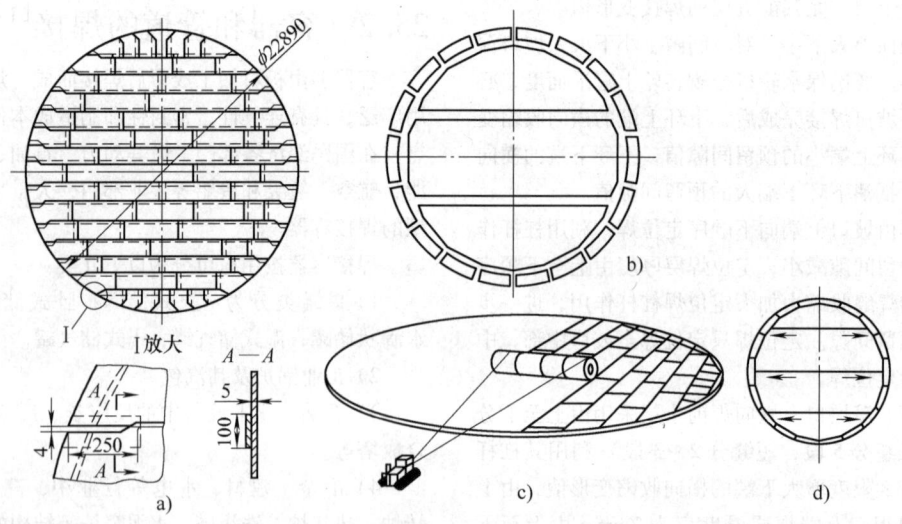

图25-1　储罐底板的装配和焊接[7]

a）罐底拼焊工地组织焊接图　b）罐底卷板组织焊接图　c）卷制底板
工地展开装配施工图　d）卷制底板焊接顺序与方向图

2. 储罐壁板的装配和焊接[7]

立式储罐随储罐容积的增大，壁板厚度相应地增加。所用钢材不同，壁板厚度也有所不同。

国内立式储罐壁板较早以前多采用焊条电弧焊，也有不少单位采用先进焊接技术，其纵缝采用对称气体保护焊和强迫成形气电立焊，环缝则采用横向埋弧焊或双机头埋弧焊或脉冲埋弧焊或多丝埋弧焊。装配方式仍然采用单片壁板组装，生产效率较低。为了提高储罐壁板的制造质量和生产效率，对于最大厚度不超过 18mm 的各种容积的液体或气体储罐壁板，目前技术先进的国家已采用工厂中卷制壁板，在工地安装的方式。板厚 8mm 以下，拼接可采用搭接。

工厂中卷制板块用设备，如图 25-2 所示。图 25-2a 为双层平台卷板壁板装配焊接装置原理图。卷板正面焊缝在上层平台焊接。正面焊缝焊接后，卷板绕过辊轮 2 进入下层平台焊接装置，焊接卷板背面焊缝，施焊完成的卷板进入卷板框架 4。图 25-2b 为上层平台卷板送料和装配焊接装置。壁板的板件放置在存料架 1 上，利用自动移动吊盘 2（真空吸盘或电磁吸盘）把钢板送入移动装配焊接夹具 4 中，该夹具放置在小车上依靠牵引机构 5 移动，板块的横缝采用机头 3 实施三丝埋弧焊接。图 25-2c 为移动装配焊接夹具，1 为壁板件，2、5 为键式杠杆气动夹紧装置，壁板在成形垫板 3 上施焊，4、6、7 分别为成形垫板、键式杠杆气动夹紧装置的固定横梁，三横梁构成刚性架放置在移动台车上。实际生产中储罐侧壁卷板是在生产流水装置中制造的，其送料、定位和夹紧、焊接是自动进行的，壁板卷制送料，定位和夹紧，装配和焊接顺序，卷板布置，如图 25-3 所示。图 25-3a 为壁板横缝装配焊接顺序图。在前述上层平台钢板供料和装配架上，利用自行吊梁把壁板 3 向前送进与装焊好的板块相接触而定位，利用两侧推料机 4 和 6 保证板体横向定位的精度，限位器 7 可防止板件离开平台上翘，保证横缝直线度良好。横缝对口间隙是板件坡口加工尺寸公差的 2 倍（坡口尺寸公差 ±1mm）。壁板焊缝不进行定位焊，是在夹紧状态下实施三丝埋弧焊，三丝埋弧焊可有效保证不同厚度壁板的焊缝质量，又有很高的生产率。当板厚减薄时，除改变焊接电流外，还可停送一根焊丝；焊接顺序由厚板向薄板方向施焊。图 25-3b 是 5000m³ 储罐壁板装配焊接顺序图，罗马字母表示装配顺序，阿拉伯字表示焊接顺序。图 25-3c 表示 5000m³ 储罐壁板焊接卷幅及其尺寸。图 25-3d 为 5000m³ 储罐壁板装配焊接顺序。其上，1 排板装配焊接后，先焊横缝，由厚板向薄板方向焊接，焊接规范和焊丝数随板厚而变，而焊接速

度保持不变；与横缝施焊的同时，所有纵向焊缝由（n+1）板中心处始焊，跨越（n+1）和 n 板连接之横缝，终焊于 n 板中心处。（n+2）与（n+1）的装配顺序以此类推。横向和纵向焊缝分别由两套焊接装置分别施焊完成。焊完正面焊缝，背面焊缝在卷板装配焊接装置下层平台处施焊，顺序同上层平台。板块卷制在大刚度圆柱形空间框架上以保证运输可靠。

立式圆柱体储罐壁板的安装与焊接，如图 25-4 所示。一般情况下，立式圆柱体储罐壁板均用一卷或若干卷壁板直接在制好的底板上树立起来，如图 25-4a 所示；边卷边装配定位焊，如图 25-4b 所示；卷板最大高度不宜超过 18m，最大壁厚不应超过 18mm。对于大容积储罐如强度不足，为了制造方便，必须提高侧壁板材的强度级别，如图 25-4c 之（3）所示；若仍用原来材料，则需采用双层壁板，如图 25-4c 之（2）所示；卷板最大高度超过 18m 时，卷板不宜立式开卷，也可采用在框架样板上水平开卷，然后再吊装使其直立，当容积更大，板厚更厚时，立式圆柱体储罐壁板不宜再采用卷制板方式，而宜采用在工厂制成大单元板，然后再在工地上装配焊接的方式，如图 25-4d 所示，这种生产方式，生产率仍然很高；大容积立式圆柱体储罐的焊接采用高效焊接方法，壁板

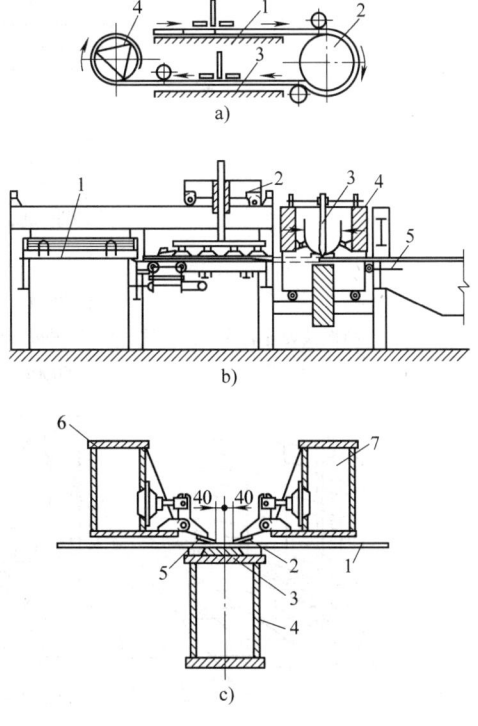

图 25-2　双平台卷板装置

a）双平台卷板装置原理　b）钢板供料
和装配　c）跨步式移动装置夹具

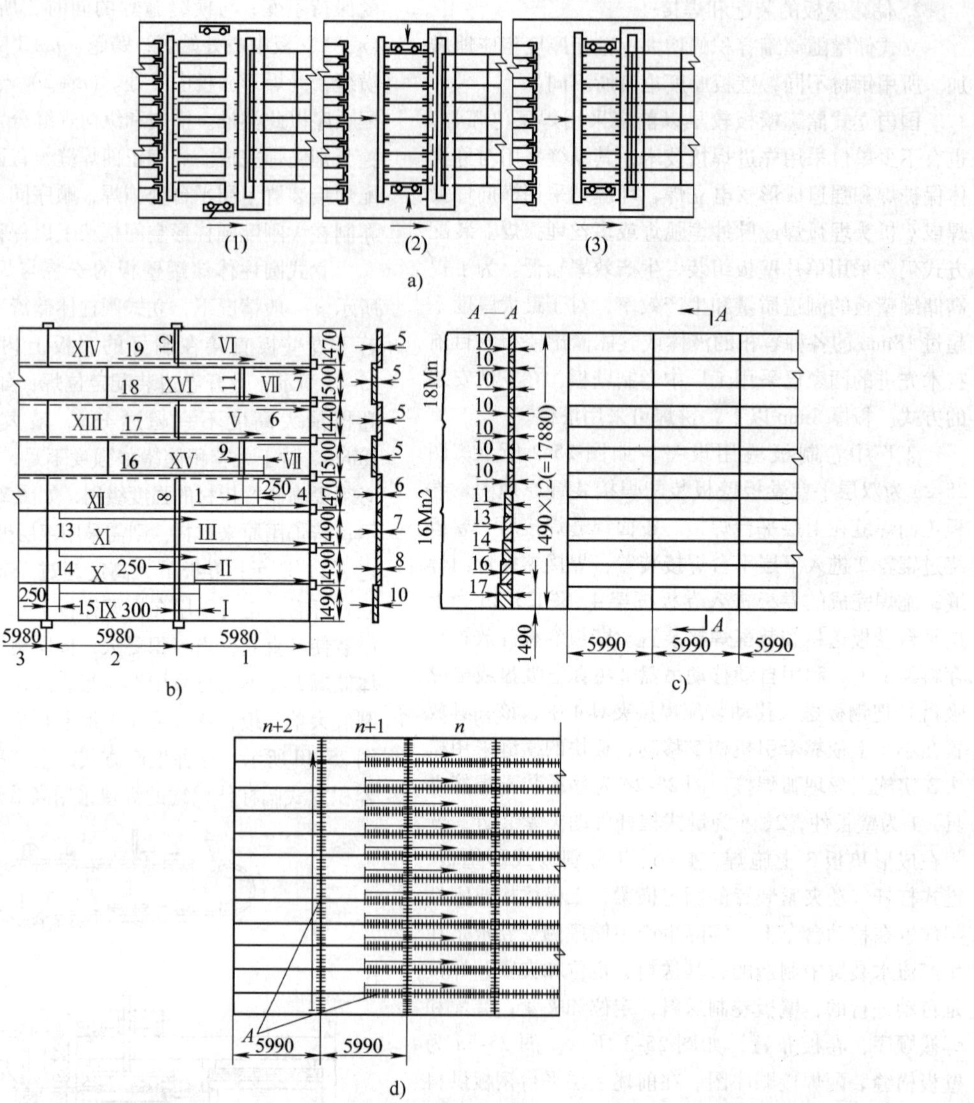

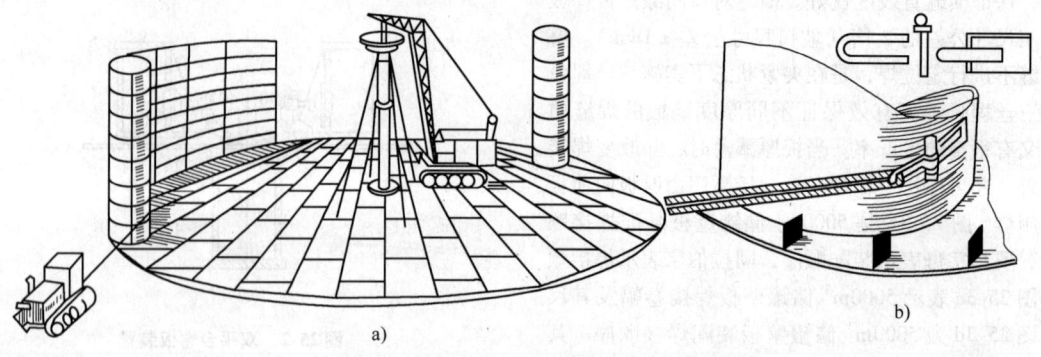

图 25-3　卷制壁板装配焊接顺序

a) 卷制板横焊缝装配焊接顺序　b) 5000m³ 储罐装配焊接顺序　c) 5000m³ 储罐壁板焊接卷幅及其尺寸

d) 5000m³ 储罐壁板装配焊接顺序

图 25-4　立式圆柱体储罐壁板的安装与焊接

a) 立式圆柱体储罐壁板安装　b) 立式壁板开卷装配图

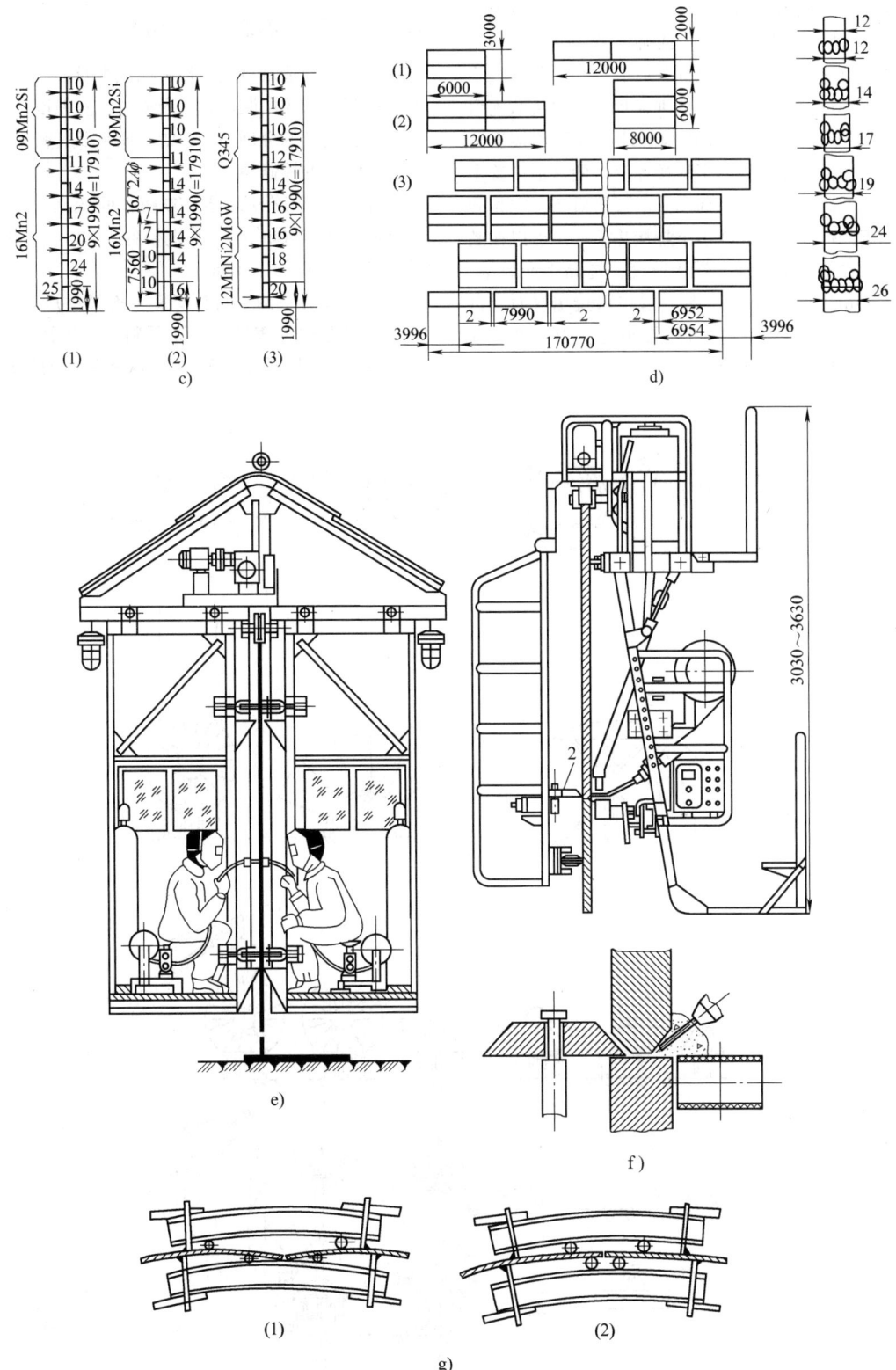

图 25-4　立式圆柱体储罐壁板的安装与焊接（续）

c) 500m³ 储罐壁板结构方案　d) 安装块式壁板装配图　e) 壁板立缝焊接图　f) 壁板横缝焊接图　g) 壁板对口安装图

立缝的焊接，如图 25-4e 所示，选用双面半自动 CO_2 焊（实心焊丝或药芯焊丝）或强制冷却气电立焊；而壁板横（环）向焊缝则采用横向埋弧焊或双机头双面埋弧焊或双机头双面脉冲埋弧焊或双机头双面多丝埋弧焊[21]横缝脉冲埋弧焊很好地改善了焊接温度场和电弧力的分布，提高了焊接速度，明显地改善了焊缝质量和成形，有效地提高了电弧热效率，在相同熔敷速度的前提下有效减小了焊接热输入。可以在满足焊接质量前提下，提高焊接速度，提高生产效率，如图 25-4f 所示；壁板横（环）缝也可选用双面半自动或自动 CO_2 焊。卷制壁板间接头处变形，可用图 25-4g 所示夹具防止。

25.2.2　球罐的装配和焊接[7][13]

球罐的制造难点是：瓣片的成形及尺寸和形状精度的控制；罐体的装配技术及瓣片位置精度；装配焊接顺序；夹具的合理使用；焊接质量及其密封性；罐体焊接变形的控制等。

球罐容积可在几十至 $10000m^3$ 间变化。当其容积为 $600m^3$ 和 $2000m^3$ 时，其直径各为 10.5 m 和 16 m，板厚各为 16mm 和 36mm。

1. 球罐壳板的下料和安装（图 25-5）

球罐壳板可按图 25-5a 下料，其中图 25-5a 之（1）和（3）板厚可达 36mm，球板采用加热压制，

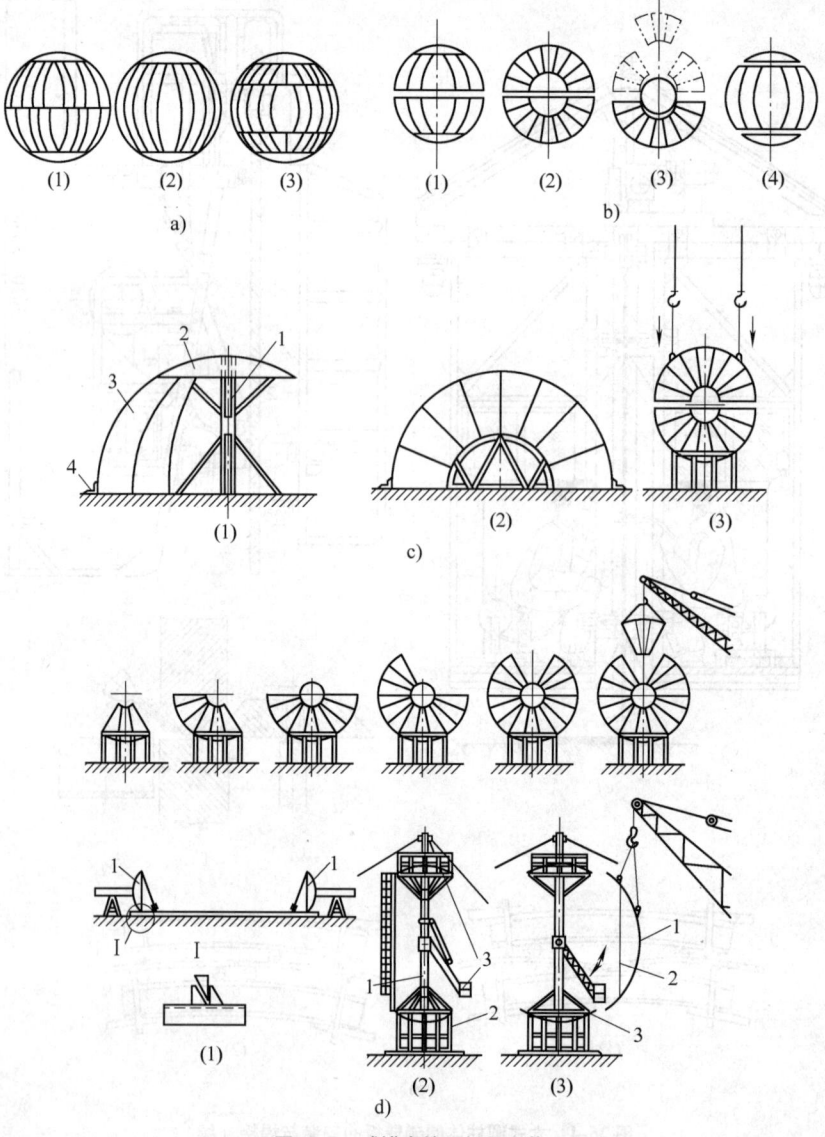

图 25-5　球罐壳的下料和安装

a）球罐壳的分瓣图　b）球罐壳的安装方案图　c）分瓣半球壳的组装图　d）长瓣球壳的组装图

然后切边开坡口拼焊，可以单片拼焊，也可多片拼焊，即由几块板在工厂拼焊成单元组合板。单元组合板采用双面埋弧焊或脉冲埋弧焊。在专用夹具中水平施焊。也可采用立位强迫成形气电焊。图 25-5a 之（2）为长瓣壳板球罐，这种球罐首先将平板接长，用双面埋弧焊施焊，再按样板下料，然后在专用多轮碾压机上成形。这种长瓣壳板的厚度最大不超过 22mm，否则多轮碾压机结构庞大，造价太高。本方案可简化球罐壳板成形和装配焊接工艺。图 25-5b 为球罐壳板的安装方案图，其中图中（1）为按纬线分半球方案，图中（2）为按经线分半球方案（极板除外），图中（3）方案把半球壳又分成三个组合单元，图中（4）方案除极板外，球壳仅按经线分成长板壳片。按纬线分半球的安装，如图 25-5c 之（1）所示，极板 2 固定在中心立柱 1 上，瓣片单元 3 又由两块瓣片装配焊接而成。瓣片单元 3 的安装依靠角铁定位器和极板上的临时定位块定位，两瓣片单元与极板间的对口依靠楔形装配夹具保证其对口间隙防止其错边，边装配，边定位焊，装配成球壳后采用双面埋弧焊或脉冲埋弧焊施焊；按经线分半球方案的装配，如图

25-5c 之（2）所示，极板用样框取代，瓣片依次用定位角铁及极板样框上的定位块定位、装配和定位焊，两个半球装配定位后，再装配和定位极板。组合单元瓣片的装配定位与图 25-5c 所示装配方案类同。图 25-5d 为长瓣球壳板的安装图，如图 25-5d 之（1）所示，首先把极板与中心立柱定位焊在一起，为增加极板位置精度，在极板与中心立柱间，树立多根斜支撑，如图 25-5d 之（2）所示。把装配定位好的球罐极板与中心立柱 1 安置在刚性支架 2 上。在中心位置上还配置了既可转动，又可升降的工作台 3 和扶梯，如图 25-5d 之（3）所示。壳瓣的吊装和长瓣球壳单元板安装定位由极板上的临时定位块 3 来保证。为防止长瓣球壳单元板 1 的吊装变形并保证球壳形状精度，在其内部装配定位焊管状支撑杆 2，以便临时增加长瓣球壳单元板的刚度。球壳单元板间，板与板间之坡口间隙和错边均采用楔形装配夹具来保证。球壳板装配定位后，再在专用壳体转胎上实施内、外双面埋弧焊或脉冲埋弧焊。这种装配焊接方案已在 2000m³ 球罐上采用。长瓣球壳板毛坯件在图 25-6a 所示多轮碾压机上冷碾成形，该机冷碾成形的最大厚

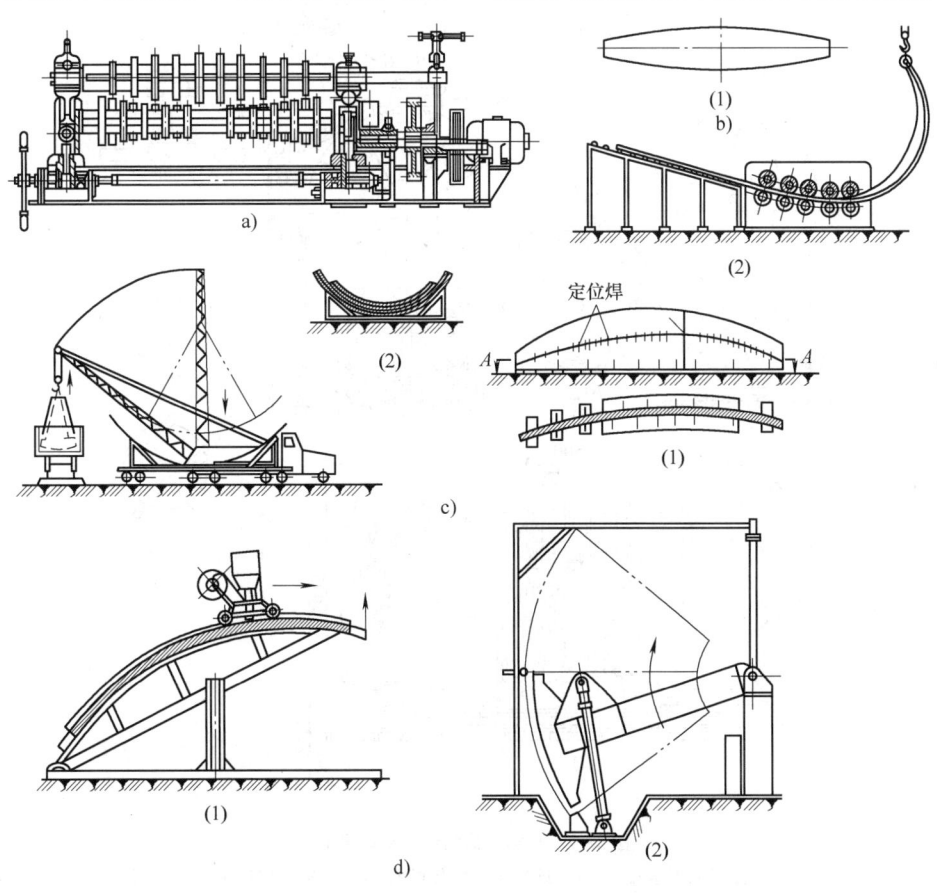

图 25-6　长瓣球壳的冷碾成形及装配焊接

度为22mm。长瓣球壳板的冷碾成形如图25-6b所示，多轮碾压机由5组碾压滚轮组成，毛坯经过多次冷碾成形为球面长瓣。这种冷碾成形，工艺简单，成形形状精度高，只要设备调整完善，成形效率较高，可用于定型球罐壳体专业化批量生产。为了提高工地安装效率，大多在工厂内组成便于运输的单元板，其组合单元板的装配，如图25-6c所示。组合单元板的装配尺寸和形状精度依靠定位挡块和楔形夹紧器、V形铁来保证。批量生产之长瓣球壳组合单元板在刚性样框上送往工地。长瓣球壳组合单元板的对口拼装焊置，如图25-6d所示。拼缝采用双面埋弧焊或强迫成形气电焊或电渣焊完成。采用电渣焊施焊，焊后组合单元

需正火热处理，工艺繁杂，成本增加。

2. 球罐壳体的焊接

球罐壳体整体装配定位后，可采用全位置焊条电弧焊施焊。为提高生产效率和焊接质量宜采用如图25-7所示的焊接技术方案。图25-7a为球罐壳体双面埋弧焊或脉冲埋弧焊示意图，装配定位后，球罐壳体放在专用多向转动的球壳转胎上，球壳内外各用一台埋弧焊机或脉冲埋弧焊机实施球壳内外缝的焊接。图25-7b为球罐壳体经纬线焊缝焊接装置，它由无动力辊轮1、铰链2、主动驱动系统3和支柱组成；当驱动系统3之四个轮支撑球壳时，依靠轮与球壳间摩擦力驱动球壳转动，转动方向由主动驱动系统控制，球

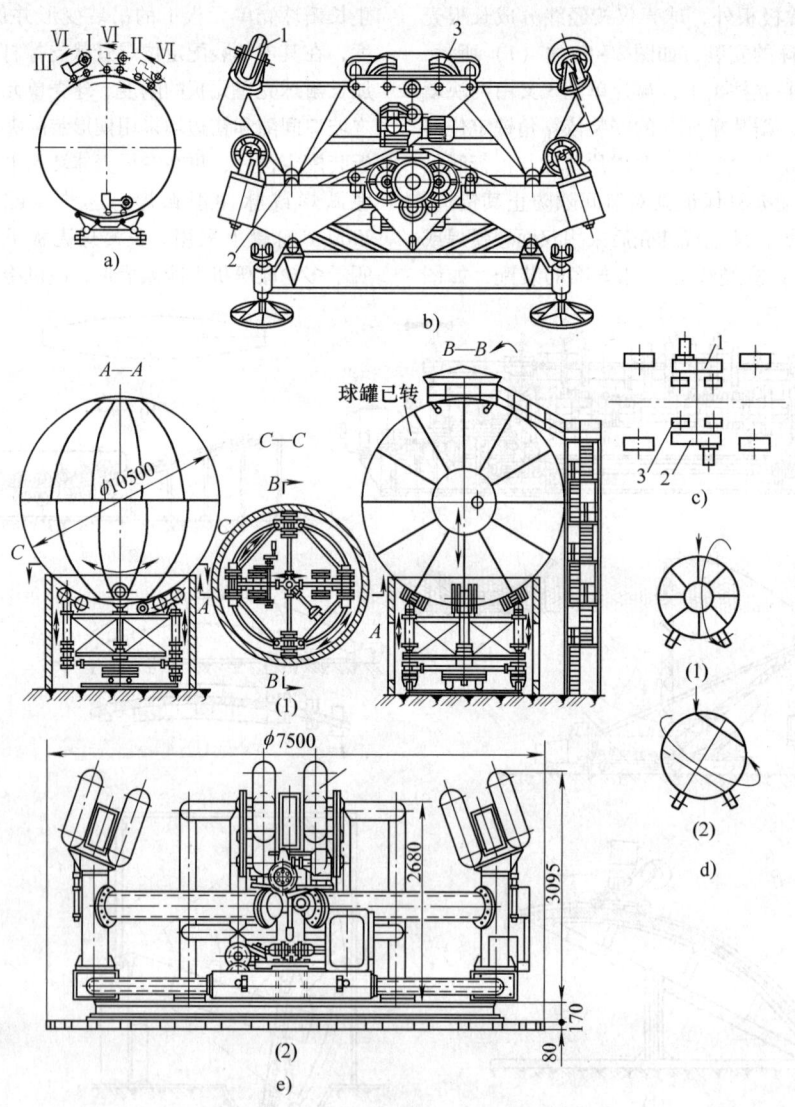

图 25-7　球罐壳体的装配及其焊接

a) 球罐壳双面埋弧焊示意图　b) 球罐壳焊接装置图　c) 球罐壳焊接装置工作原理图
d) 球罐壳经纬线焊缝焊接示意图　e) 大型球罐壳体经纬线焊缝焊接装置图

壳的位置则由四个辊轮 1 来保证；四个铰链 2 坐落在四角可调的大刚性支座上，该支座（或转胎）可以施焊最大容积为 2000m³ 的球罐壳体。该转胎的工作原理如图 25-7c 所示，其中 1 和 2 为主动驱动系统，3 是主动驱动系统中的两组四个辊轮支点，球罐壳体在该系统中可实施球罐壳体经纬线焊缝的焊接。图 25-7d 为球罐壳体的经纬线焊缝的焊接示意图。图中的（1）为经线焊缝焊接，图中的（2）为纬线焊缝焊接。图 25-7e 为另外一种类型球罐转胎。上述两种转胎，球罐仅能在一个平面内旋转，要换转方向需把球罐放在临时支架上。当球罐壳体容积大于 2000m³，罐体太重时，支承辊轮处球罐壳体易产生变形，故应采用球罐壳体固定不动施焊方案，经线接头多采用药芯焊丝强迫成形气电焊，既可以单面焊接，也可以双面焊接。实施双面焊时，其背面必须设置合适的铜垫板，或通入水的管状成形垫。

球罐壳体坡口形式和焊接顺序与板厚有关，当球罐壳体板厚 $\delta = 16$mm 时，可不开坡口实施双面焊：第一道焊缝在壳体内进行，而第二道焊缝在壳体外面进行；当板厚 $\delta = 34$mm 时，则开单面 V 形坡口或双面不对称坡口，大部分焊缝在球壳外侧。

25.2.3　薄壁容器的装配与焊接

薄壁容器的制造难点是：焊接变形的控制，尤其是壳体的波浪形变形和接头区的外凸失稳变形；焊缝质量要求高；航天器壳体焊缝还要求很高的密封性。薄壁容器的壁厚与其直径之比很小，壁厚和壁面曲率突变处有局部附加弯矩，造成局部应力增高，因此设计与制造时，应尽量避免封头与筒体间厚度和曲率突变，以降低应力峰值。薄壁容器典型结构件如图 25-8 所示。

1. 高炉炼铁用空气加热器的制造[7]

高炉炼铁用空气加热器结构，如图 25-8a 所示。该结构直径 $\phi 9000$mm，壁厚 $\delta = 18$mm，总高 44500mm，圆柱筒体高 40000mm。把圆柱筒体分成数段，按筒段周长拼板，在滚板机上滚制成 $\phi 9000$mm 的筒段，拼焊筒段纵缝，然后拼焊各筒段之间的环向焊缝。$\phi 9000$mm 的筒段滚弯成形十分困难。若逐张钢板滚弯，然后再拼焊成形，筒段圆度又难以保证，且立向拼焊工作量很大。所以目前有人把筒段划分为六段 6000mm 的长筒段，再加一段 1800mm 的短筒段，共计高 37800mm。先采用双面埋弧焊或双面脉冲埋弧焊在平台上拼板至筒段周长，再把长板卷成内径为 3000mm 的板卷，然后在图 25-9a 之（1）卧式开卷装置中开卷制成圆柱筒段，图 25-9a 之（1）中

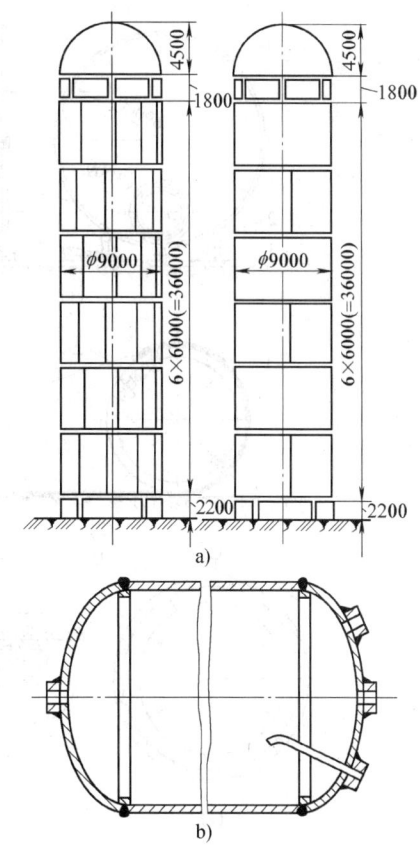

图 25-8　典型薄壁容器构件图
a）高炉炼钢用空气加热器　b）汽车储气筒

1 为筒段框架样圈，2 为样圈支撑滚轮，3 为滚轮支架，4 为开卷卷扬机，5 为卷制筒段板。筒段既不需滚压成形，也不需压制成形，只是利用样圈和卷扬机就可使平面板卷制成尺寸和形状都符合技术要求的圆柱筒段。然后在样圈中采用埋弧焊焊接内外纵缝，筒段直立安装到位后再拆去样圈 1。图 25-9a 之（2）为另一制造筒段方案，平板拼焊完成后，利用可调样圈（由样圈体 1，可调左、右螺杆 2 组成），直接卷制圆柱筒段。对口间隙和错边均可通过调节螺杆和楔形夹具予以控制。该方案尤为方便，只需一次卷制即可完成圆柱筒段。圆柱筒段纵缝也采用双面埋弧焊或脉冲埋弧焊焊接，空气加热器环缝双面开坡口，外部焊缝采用焊条电弧焊或半自动 CO_2 焊或埋弧焊或脉冲埋弧焊，内部焊缝采用半自动 CO_2 焊或埋弧焊或脉冲埋弧焊焊接。

2. 汽车储气筒的制造

汽车储气筒由两个压制封头和一个筒段构成，属大批量生产，要求在保证焊缝质量的前提下，最大限度地提高其生产率。筒段滚压成筒状，其纵向焊缝在

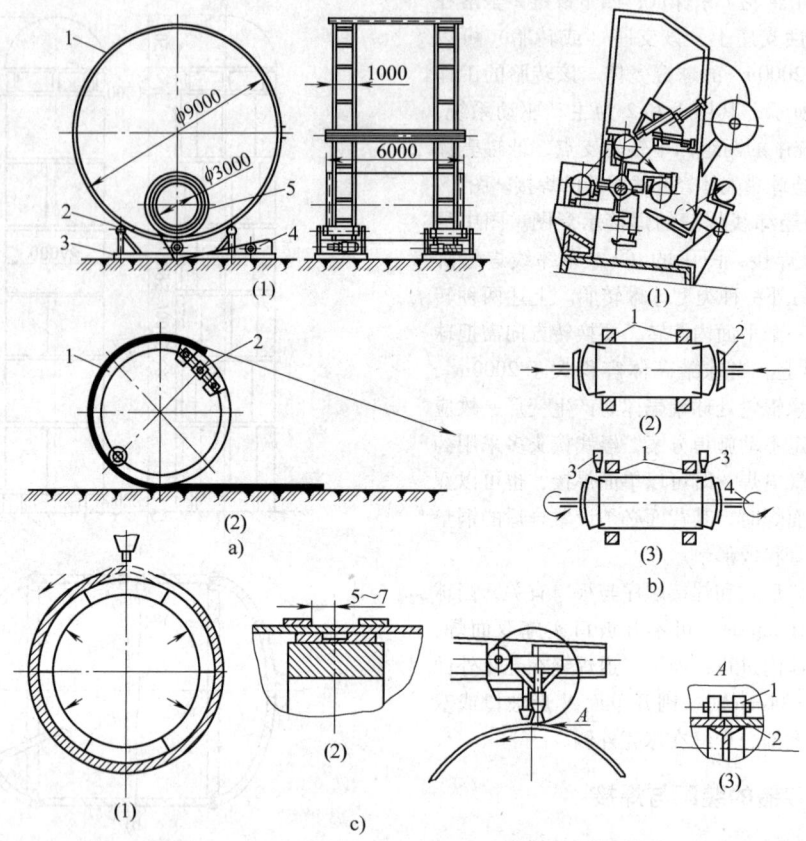

图 25-9　典型薄壁容器制造方案图
a) 高炉炼铁用空气加热器圆柱筒段制造方案图　b) 汽车储气筒制造方案
c) 飞行器用铝合金储箱的制造方案

琴键焊接装配夹具中,采用埋弧焊或自动 CO_2 焊完成;封头为压制成形,封头与筒段的两条环缝需采用埋弧焊或自动 CO_2 焊同时完成。封头与筒段的装配采用气动夹具,如图 25-9b 之 (2)、(3) 所示,以保证封头与筒段的同轴度。为防止错边,需提高零件的尺寸形状精度。采用单面焊双面成形技术或采用残留垫圈可防焊漏或未焊透,保证焊缝良好成形。

3. 飞行器用铝合金储箱的制造

飞行器铝合金壳体制造难点是:焊缝质量及其密封性;壳体焊接变形控制及残余应力消除;载人飞行器壳体更要防止壳体波浪变形及接头外凸失稳角变形。

一些飞行器的铝合金储箱是由前、后封头和圆柱形壳段构成,结构、尺寸各不相同,大者直径可达 3~4m,甚至更大。壳段壁厚化铣最薄处仅有几毫米,壳段直径与壁厚的比值很大。焊接时,焊接变形尤为严重。飞行器要最大限度地减少自重来增加有效运载载荷,因此,飞行器储箱多采用高强铝合金,并

采用化铣结构形式。而这种结构形式,使储箱焊接变形的控制更为困难。

大型铝合金储箱和飞行器壳体焊缝均采用对接焊缝,目前壳段纵缝全部采用琴键式装配焊接夹具实施纵缝的定位、紧固和焊接 (单面焊双面成形)。铝合金储箱和飞行器壳段纵缝装配焊接时,采用琴键式夹具既可防止纵缝的错边和凸起角变形,当夹具刚度和琴键式夹具夹紧力足够大时,又可一定程度地减小纵缝的挠曲变形。为确保大型铝合金储箱和飞行器壳体纵缝和某些极为重要的铝合金壳段纵缝焊接质量和焊接变形控制,应该采用先进的搅拌摩擦焊或等离子弧立焊技术来施焊这些重要的铝合金壳段纵缝。

壳段和封头或壳段间的环向焊缝,也需在夹具中装配和焊接,壳段内部必须装置刚度足够大的支撑环 (含成形垫板),当壳段直径较大,壳壁较薄时,坡口处容易产生凸起变形,如图 25-9c 之 (1) 所示。为防止焊接过程中的局部凸起失稳角变形,除在壳段内装置支撑环外,还需在环缝两侧装置有足够大刚度

的拉紧环，如图 25-9c 之（2）所示；也可在焊枪的前面加置碾压滚轮，如图 25-9c 之（3）所示；碾压轮在焊枪前面，边滚动边滚压待焊坡口，防止待焊坡口错边和局部凸起，有效地控制环缝的尺寸形状精度。壳段内支撑环必须有足够大的刚度，以防止环缝径缩、错边和下凹角变形。支撑环刚度选择适度，使用正确，还可以有效地控制径缩变形，提高该处母线的直线度。支撑环应制成退缩式或可拆式，便于装卸。小直径铝合金储箱环缝的装配和焊接，也需要使用支撑环和拉紧环，以防止待焊坡口错边和凸起失稳角变形，确保铝合金储箱的尺寸和形状精度。大型薄壁多孔铝合金壳体的制造难度更大，除需要严格控制焊缝质量及其密封性外，焊接变形控制难度更大。尤其焊缝两侧壳体的波浪变形和焊缝外凸失稳角变形更为严重。

国外技术先进的国家，采用方波、脉冲氩弧焊或搅拌摩擦焊或真空电子束等焊接方法；最大限度地减小焊接热输入，并严格控制焊缝尺寸和形状；每一条焊缝均采用装配焊接夹具；对壳体环缝和法兰焊缝用反变形法，严格地控制焊接变形的产生；合理的分解焊接壳体，分部件装焊，然后再拼焊成为一个整体壳体。

国内前期曾采用手工氩弧焊，焊接热输入及焊缝尺寸控制并不理想，尽管也采用分部件焊接法，每条焊缝也采用装配焊接夹具及其较为合理的装配焊接顺序，但由于焊接热输入及其焊缝尺寸仍较大，装配焊接夹具的设计和使用刚度还不够理想，所以焊后仍然产生较大焊接变形，必须对每条焊缝实施风动锤击矫形或逐点挤压矫形或连续碾压矫形。对壳体上某些局部波浪变形还需要实施手工锤击矫形或水冷却—气体火焰法矫形或水冷却—气体火焰—手工锤击矫形，以使焊接壳体的尺寸和形状精度满足产品的设计和使用要求。

重要的航天飞行器壳体，手工操作，人为因素严重影响产品质量和生产效率。为此要尽可能实现全部焊缝的自动化焊接或机器人工作站焊接；严格控制焊接热输入及焊缝尺寸和形状；焊前进行变形预测，合理采用反变形技术；合理设计使用装配焊接夹具；合理地采用分部件装配焊接法及装配焊接顺序等，从而使壳体装配焊接后，其尺寸和形状精度完全可以满足设计和使用技术要求。

防止壳体焊缝产生外凸失稳角变形，除合理采用外压环或压板外，还必须严格控制外压环或压板的合理间距。

为防止铝合金气孔的产生，除采用方波，脉冲氩弧焊焊接方法外，还应采用磁控电弧法或电弧的机械摆动或搅拌摩擦焊或等离子弧立焊或真空电子束焊。最大限度减少焊接气孔、裂纹等缺陷的产生，确保每条焊缝均达 I 级标准、氦质谱真空检漏完全满足设计和使用要求。

25.2.4　厚壁容器筒体的焊接

厚壁容器制造难点是：生产效率、焊接质量及接头强度合理匹配、合理选择容器材料等。

厚壁容器承受很高的内压力，常在高温条件下使用或接触腐蚀性介质。其安全运行关系到人身和财产的安全，所以，其设计与制造及安装使用都要严格遵守国家劳动部门颁布的专门技术规程。厚壁容器用的材料种类繁多，选择材料和制造工艺时，必须保证容器使用过程的安全，同时还必须考虑制造过程中和水压试验时发生脆断的危险性。随着容器的壁厚增加和材料的强度提高，这个问题更为突出。另一方面，这类容器制造的劳动量很大，常需采用特殊的专用装置。现介绍几种典型高压容器的制造工艺。

1. 单层厚板卷板式高压容器的装配和焊接

厚壁容器典型结构，如图 25-10 所示。这类容器壁很厚，25-10a 为核电站压力壳，其法兰最大厚度达 615mm，因而焊接量很大，如何优质、高效地完成焊接工作，是这类容器的主要技术关键之一。壁厚 $\delta > 50mm$ 曾采用电渣焊，目前这类容器较多采用多丝埋弧焊或窄间隙埋弧完成。图 25-10b 是电站锅炉锅筒，壁厚达 90mm，其筒体纵缝如果采用焊条电弧焊内部封底，清根后在外部实施多层埋弧焊，则需经过 14 个工序，5～6 次加热。工艺复杂，劳动条件差。也曾采用电渣焊工艺，其制造工艺过程如下：①筒板加热弯曲成形，为使水冷滑块贴合紧密，筒段留有直边，如图 25-11a 所示。②清理施焊区并安装定位板（保证对口间隙 26～28mm）、引弧板和引出板；③在垂直位置焊接筒体纵缝；④焊后切除定位板、引弧板和引出板；⑤进炉正火处理，利用正火余热校圆筒体，然后进行回火处理，清除筒段段氧化皮。采用电渣焊工艺可以大量节省加工时间，提高生产效率，焊缝质量也明显提高（返修率由埋弧焊的 15% 下降至 5%）。成本可降低 25% 左右。

随着电站锅炉和压力容器往高参数和大型化方向的发展，锅炉炉筒和压力容器壳体的壁厚不断增加，尽管采用了低合金高强度钢和热强钢，容器筒体的壁厚仍然突破了 200mm 的界限。例如 600MW 锅炉锅筒，采用 SA-299 钢壁厚达到 204mm。锻焊结构热壁加氢反应器筒体是采用 2¼Cr1Mo 低合金抗氢耐热钢、

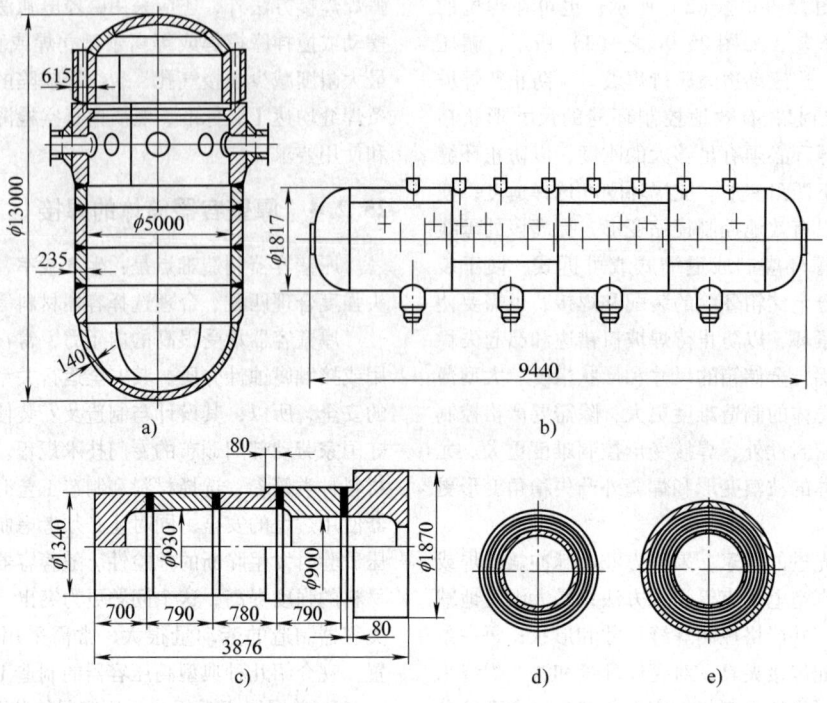

图 25-10　厚壁高压容器结构图
a）核电站压力壳体　b）电站锅炉锅筒　c）6000t 水压机工作缸锻焊件
d）层板包扎式高压容器　e）层板绕板式高压容器

壁厚为 210mm，其最大厚度目前已达 337mm。600MW 核电站压力壳的壁厚达 256mm。这么大的壁厚再采用电渣焊施焊，从焊接效率看会有很大的提高，但焊后正火处理工序，所需设备昂贵。而且正火处理还有一系列技术难点有待解决。而采用窄间隙焊可克服上述困难，现已成功地焊接了 300MW、600MW 锅炉的压制锅筒筒身纵缝（壁厚 170~200mm）。焊缝 X 射线检查合格率达 98% 以上。近几年我国采用双丝窄间隙埋弧焊焊接了两台当今世界最大（直径 $\phi = 5.5$m，长度 $L = 62$m，壁厚 $\delta = 337$mm），最重（总重量 $Q = 2060$t）的加氢反应器。每条环缝 24h 连续施焊，需要近 5 天时间才能焊完。每台反应器上有 20 条环缝。X 射线检测全部一次合格。

双丝窄间隙埋弧焊进行焊接的情况如图 25-11c 所示[15]。前丝接直流焊接电源以保证焊道与侧壁的良好熔合，后丝接方波交流焊接电源，以防止两个电弧的相互干扰。由于后丝是在前丝形成的熔池上焊接，故焊接过程相当稳定。焊接是按一层两道的方式进行的，两根焊丝先沿坡口的一侧进行焊接，并由横向跟踪传感器及高度传感器来控制焊丝在坡口中的位置及伸出长度，然后再沿坡口另一侧进行焊接。前丝绕焊枪中心做旋转运动，后丝作横向往返移动。由于

窄间隙焊接装置采用了各种传感器及微机控制系统，焊接过程无须焊工作任何调节就能自动从坡口根部一直焊到表面。双丝窄间隙埋弧焊比单丝焊工艺的焊丝熔化率提高 60%，比普通埋弧焊（$\phi 4$mm 焊丝）提高 40%~100%。

单层厚板容器的环缝可以采用焊条电弧焊、埋弧焊、电渣焊或窄间隙焊来完成。特殊情况下，可用焊条电弧焊施焊厚板容器的环缝，但生产效率很低，焊缝质量很难得到有效保障。在我国锅炉、石油，化工等压力容器生产厂大多采用单丝埋弧焊焊接筒体的环缝，埋弧焊约占 80% 以上。虽然埋弧焊是一种高效焊接方法，但当容器板厚较大时，若仍采用传统的坡口形式，则需消耗大量的优质焊接材料和较长的生产周期。因此必须寻求一种效率更高的焊接方法。

厚板容器的纵缝和环缝都曾采用电渣焊工艺以提高其生产率，由于电渣工艺技术还存在一系列不足和困难，因此国内厚板容器的焊接早已弃用电渣焊工艺技术。

厚壁容器环缝若采用窄间隙埋弧焊新技术，可在宽 18~22mm，深达 350mm 的坡口内自动完成多层多道焊。双丝窄间隙埋弧焊，当壁厚超过 200mm，焊至坡口一半时最好作一次去氢处理。

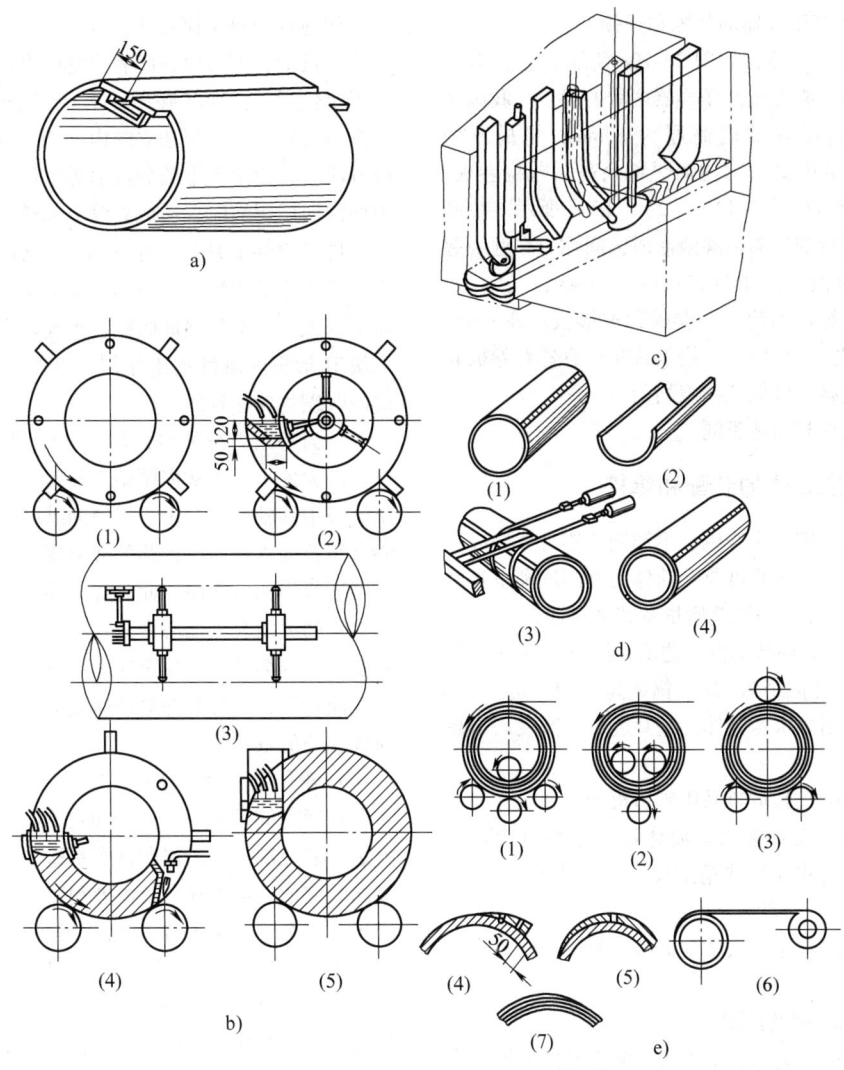

图 25-11　厚壁高压容器制造工艺图

a) 厚壁纵缝电渣焊　b) 厚壁环缝电渣焊[11]　c) 厚壁窄间隙埋弧焊　d) 层板容器包扎工艺　e) 层板容器绕板工艺

　　窄间隙埋弧焊与普通埋弧焊相比，焊接总效率可提高 50%~80%，焊丝可节约 38%~50%，焊剂可节省 58%~66%。

　　采用窄间隙埋弧焊焊接环缝时，在各种壁厚的条件下，均可由根部连续焊至表面；而焊接纵缝时，如果焊嘴不能旋转 180° 使用时，则其生产效率要受一定影响。

　　2. 层板包扎式高压容器的装配和焊接

　　层板高压容器制造设备简单，特别适用于缺乏大型设备的容器制造厂家。同时还可降低板厚，提高容器工作的可靠性。

　　层板高压容器的内筒，如图 25-10d 所示，它和一般较薄板圆筒容器的制造工艺类同。内筒段

拼焊后，经消除应力处理并刨去纵向焊缝余高之后，可以开始包扎层板。层板（如 6mm 薄板）预先在弯板机上滚圆成瓦片状，用钢丝绳捆扎在内筒上，如图 25-11d 所示，待间隙合适后进行定位焊，然后去除钢丝绳，采用焊条电弧焊或埋弧焊或自动 CO_2 焊焊接层板纵缝，去除焊缝余高后，接着包扎焊接第二层。包扎时务使各层纵缝错开，直至包扎至规定厚度为止。层板包扎过程中，要严格控制层与层之间间隙要求，可用锤击法检查层板之间隙。

　　圆筒段完成之后，再焊接筒段间及筒段与封头之间的环焊缝。为了充分利用材料，内筒可采用耐工作介质腐蚀的材料或复合钢板，层板则选用强度高并且

焊接性优良的钢材。

3. 绕板式高压容器的装配和焊接

绕板式高压容器，如图 25-10e 所示，它具有层板包扎式和扁平绕板式高压容器两者的优点。我国试制的绕板式高压容器内筒厚为 10mm，绕板厚为 4mm。制造好的内筒去除内筒纵缝余高后包绕卷板，其过程如图 25-11e 之（1）、（2）、（3）所示。绕制过程是连续进行的。为消除绕制时的间隙，在缠绕起始处加一楔形板头，如图 25-11e 之（4）、（5）所示。楔形板头焊在内筒上，卷板和楔形板焊在一起，如图 25-11e 之（7）所示。绕板式高压容器对卷板轧制质量要求较高，以保证间隙均匀。

环缝的施焊与前述类同。

25.2.5　大型筒体的装配和焊接

由一般低碳钢、合金钢、不锈钢或铝合金构成的大型立式筒体的制造难度是：筒体的椭圆度和垂直度（母线直线度）控制、焊缝质量及其密封性。

以大型不锈钢筒体为例，选用材料为 06Cr19Ni10，板厚 22mm，筒体内径为 12m，筒体高为 17.6m。

设计和使用要求：筒体的垂直度和椭圆度均不超过 10mm。

筒体板四边及其坡口采用刨边机加工，尺寸和形状精度能够满足设计要求。筒体板由滚板机滚弯成形，满足设计尺寸和形状精度要求。筒体共由 11 节筒段构成。

筒体采用立式正装法装配焊接，第一节筒段基准为一水平面。

1. 筒体椭圆度的控制

焊接过程中，确保每 1 个条纵向焊缝内外侧的横收缩相等或相近。拟在焊缝内外侧、上中下相对应的部位，装焊大刚度或等刚度的 Ⅱ 形板，用以控制焊缝内外侧的横向收缩值。每条焊缝均设计加工成不对称 X 形坡口，内大外小。首先在内侧进行封底焊和第二层焊接，外侧深清根，待在外侧施焊至盖面焊层后，再施焊内侧焊缝至盖面层。通过焊接顺序和焊层厚度，最终控制焊缝内外侧横向收缩（角变形）值大小相等或相近似，再辅以两侧 Ⅱ 形板，使焊缝内外侧横向收缩值几乎完全相等，从而控制每个筒段的椭圆度均相近似，并小于 10mm。

2. 筒体垂直度的控制（一）

要使筒段垂直，拼接立缝的上下部或立缝全长的横向收缩值相等或相近似。

每条立缝上下端或全长横向收缩相等，则筒段上端面与下端面平行，且为一水平面。以此类推 17.6m

筒体的垂直度完全可以满足设计要求。

如何保证每个筒段的所有立缝上下端横向收缩相等或相近似，如何保证所有立缝的直线度，每个筒段装配定位后，由四名或八名焊工在对称位置处，从筒段内侧开始焊接。每条立缝内外侧前两层均分成四段或五段进行由上至下的分段退焊，使每条立缝在施焊内外前两层焊缝时，造成立缝上部横向收缩值小于下部。坡口内外侧从第三层开始均采用由下至上直通焊，所产生的焊缝横向收缩上部大于下部，抵消始焊时下部大于上部的横向收缩，再辅以内外侧，上中下六块 Ⅱ 形板的刚性拘束作用，以保证焊缝上下内外横向收缩均匀一致的的。

因为每条立缝坡口，均为开制成不对称 X 形坡口、内大外小。先从内侧始焊前两层，这两层焊缝处于筒板中性轴内侧，由于焊缝的纵向收缩所产生的偏心力矩致使立缝产生外凸的挠曲变形。外侧焊缝由第一层连续焊到盖面层，此时焊缝偏离至筒板中性轴外侧，它的纵向收缩偏心力矩致使立缝又产生内凹的挠曲变形，内侧的第三层至盖面焊缝又造成立缝向外凸的挠曲变形，内外侧焊缝挠曲变形相互抵消，确保了筒段立缝的直线度。

3. 筒体垂直度的控制（二）

除通过筒段纵（立）缝的全长横向和纵向收缩力矩等值控制外，还需严格控制筒段间环缝的横向和纵向收缩值：沿焊缝全长内外侧对应等距密布刚性 Ⅱ 形板；八个焊工同时采用相同焊接参数（相同焊接热输入——焊接电流、焊接速度、焊接顺序、焊条直径、焊层厚度、运条方式、焊接方向）分段跳焊，从而严格控制环向焊缝的横向收缩，使每一个筒段间环缝中心均处于同一水平面内。

筒段间环缝均为内大外小不对称 X 形坡口，从内侧始焊前两层焊缝使其产生外凸角变形，环缝周长变长；环缝外侧焊缝的向内角变形和纵向收缩致使环缝周长变短，利用坡口形式和焊接顺序促使环缝周长长短变化相互抵消作用，确保筒体环缝不残留径缩变形，从而保证筒体母线直线度、垂直度。

采用手工或半自动焊接时：

宜采用 Ⅱ 形板刚性固定法和不同焊接顺序、坡口形状和交叉采用分段退焊法、直通焊法和分段跳焊法，确保筒体的垂直度和椭圆度均满足设计和使用要求。

各种材料、各种直径的筒体立式装配焊接，均可采用上述制造技术确保筒体的垂直度和椭圆度技术要求。

25.2.6 厚壁筒体大直径接管的焊接

厚壁锅筒、核能容器及其他重型容器上的大直径接管的焊接也是厚壁容器筒体的一项关键技术。这种大直径接管的焊接，质量要求严格，技术难度高。采用焊条电弧焊焊接大直径接管焊缝，生产效率低，劳动条件差（长时间预热条件下施焊），焊缝质量不易获得可靠的控制。为解决这一难题，应采用大直径接管马鞍形接缝的自动焊。

有条件的工厂（企业）可充分采用焊接机器人，如自适应控制的大直径接管焊接机器人，它具有初级的记忆能力，通过计算机逻辑电路，预编程序以及对坡口宽度的自动测量，可以确定从坡口底部到盖面层连续焊接时，每层所需的焊道数并自动编制相应的焊接程序，通过 X、Y、Z、W4 轴执行机构，实现对接缝的轨迹自动跟踪。焊接机器人可焊接管的直径范围为 300～1000mm，坡口的最大深度为 300mm，焊接电源的最大电流为 1000A。它可以采用传统的宽坡口，也可在宽度仅为 20mm 左右的窄坡口内进行焊接。

25.2.7 管子与管子的焊接

1. 锅炉小直径薄壁管的焊接

锅炉蛇形管部件实际上是将 φ38～φ63mm 的管子在系统弯管机上弯成蛇形管排，然后再成叠组装成部件。而钢厂供应的钢管最长不超过 10m，这就需要将不同长度的直钢管对接焊成所要求的长度。拼接工作量相当大，以 200MW 常规电站锅炉为例，蛇形管部件直管对接接头的数量接近 2 万个，管子直径由原来的 φ38mm、φ42mm 增大到 φ63mm。管壁厚度从原来的 5mm 增加到 13mm。焊接工作量进一步加大。锅炉用管子对接，可分直管对接和弯管对接。直管对接的特点是管子转动，焊接机头不动；弯管对接时，则采用全位置焊或压力焊等方法施焊。近年来，随着新技术的开发和先进的焊接设备的引进，直管对接已经采用了摩擦焊、自动钨极氩弧焊、熔化极气体保护焊（MIG 或 MAG）、等离子弧焊（PAW）。弯管对接则采用了闪光对焊、全位置 TIG 焊、全位置等离子弧焊和中频感应加热压力焊。管子对接方法、特点及其适用范围见表 25-1。

表 25-1 管子对接方法、特点及其适用范围

焊 接 方 法	焊 接 位 置	特　　点	适 用 范 围
自动钨极惰性气体保护焊（水平）	管子转动，焊枪位于平焊位置	焊接质量好，但生产效率不高	δ≤5mm 的薄壁管的对接及封底焊缝对接
自动钨极惰性气体保护焊（立位）	管子转动，焊枪位于立焊位置	对 δ≤7mm 的管不开坡口一次焊成，质量好，效率较高	δ≤7mm 的直管对接
热丝钨极惰性气体保护焊	管子转动，焊枪位于平焊位置	焊接质量好，效率高于冷丝 TIG 焊	中等壁厚的直管对接
全位置钨极惰性气体保护焊	管子不动	焊接质量好，但对装配质量要求较高，焊接辅助时间长	主要用于弯管对接，也可用于直管对接
自动熔化极惰性气体保护焊	管子转动，焊枪位于平焊位置	生产效率较高，但起弧处易造成未焊透	适用厚壁大直径焊接
水平位置等离子弧焊接	管子转动，焊枪位于平焊位置	热量集中，生产率高，但焊接参数较难控制，易产生气孔	δ≤5mm 合金钢直管对接
全位置等离子弧焊	管子不动	特点同上。有填丝不填丝两种	δ≤5mm 合金钢及不锈钢弯管对接，不填丝则用于封底焊缝
摩擦焊	管子转动	不开坡口，生产效率高，易形成生产线无损探伤	多用于 δ≤mm 碳钢直管焊接
中频感应加热压焊	—	生产效率较高，对坡口加工质量要求高	弯管对接，也可用于直管对接
闪光对焊	—	—	弯管对接

2. 中、小直径厚壁管的焊接

中小直径厚壁管道焊接中应用比较成熟的工艺方法如下：

1）焊条电弧焊。不少工厂仍在采用焊条电弧焊施焊各种管径的对接焊缝。该法简便，但劳动条件差，生产效率低，质量不易保证。

2）手工 TIG 焊（或脉冲 TIG 焊）。该法焊接质量可靠，但生产效率较低。

3）MIG 或 MAG 焊。该法焊接参数较小，熔池易于控制，操作方便，但热输入稍小，母材熔深较浅，管壁两侧易出现熔合不良或夹杂物，生产效率较低。

4）热丝 TIG 焊。该法的效率高，接头质量稳定，可用焊接参数范围较宽，易于掌握，无须配备高性能焊接电源。在焊接过程中，填充焊丝在进入焊接熔池之前已被加热到 700～900℃ 的高温。其熔化速度加快，熔敷率高。该法电弧十分稳定，熔池尺寸和形状易于控制，易于保证根部焊道全熔透，已经可靠地用于生产。

5）细丝脉冲 MIG 或 MAG 焊。细丝脉冲 MAG 焊在富 Ar 混合气保护下从根部焊道到盖面层连续一次完成，其效率比 TIG 焊提高 2～3 倍。采用特殊焊接电源——新型晶体管脉冲电源，或数字逆变焊接电源，改善了电源的起弧特性，引弧瞬间的电流上升率比普通晶闸管电源高一个数量级，解决了起弧端未焊透的技术关键，是一种很有发展前途的焊接方法。

6）双层气流保护脉冲 MIG/MAG 焊。该法采用脉冲喷射过渡，在较低平均电流下可获得稳定的射流过渡，具有很强的空间成形能力，且又有很好的单面焊双面成形能力，既具有短路过渡优点，又有电弧稳定、飞溅小、焊道较宽等优点。当应用于盖面焊道时，可改变焊接参数，而使焊道加宽。该法可完成管道焊接的封底焊、填充焊和盖面焊。

该法采用旋流式双层气体保护水冷焊枪，焊枪内层为 Ar 气保护电弧以获得稳定的射流电弧，外层则用 CO_2 气保护，由于外层 CO_2 保护气流旋转，因而大大加宽了内外层气流的匹配范围。使用该种焊枪施焊时，可以以贫 Ar 混合气（Ar30% + $CO_2$70%）获得富 Ar（Ar80% + $CO_2$20%）混合气体的保护效果，从而明显地降低了保护气成本。

25.2.8　厚壁三通的焊接

在大容量锅炉锅筒、核能容器、重型石油化工容器、大型电站锅炉辅机中，大量采用大直径接管和等直径厚壁三通。焊接三通比锻造三通的制造周期短，其成本较低。

为保证焊接三通质量，应在焊接变位机上采用焊条电弧焊、粗丝半自动 CO_2 焊或高效的药芯焊丝气体保护焊焊接。采用后一种方法焊 300MW、600MW 锅炉所需的大部分三通与锻造三通相比，成本可降低 50% 以上。

为确保厚壁三通的焊接，能高质量、高效率、低成本地生产，各种材料、各种尺寸和形状的厚壁焊接三通，可以考虑由专业化三通生产厂在焊接变位机

上，采用弧焊机器人生产。

25.2.9　焊接钢管[22][32]

在焊接结构制造中，钢管需要量越来越多，改革开放几十年来，随着国民经济的快速发展，极大地带动了钢管行业的高速发展。如今我国无缝钢管和焊接钢管产量双双位居世界第一位[32]。焊接钢管不仅用于各种工程和机械结构，还大量用于油气输送和流体输送。随着我国能源、石油化工工业的快速发展，迫切需要在高寒、深海、沙漠和地震灾害等恶劣环境下，建设长距离、高压、大流量的具有高强度、高韧性、大口径、大壁厚和高尺寸精度的输气输油管道。

我国钢管行业，从无到有，从小到大，仅经历几十年的发展历程。在产量上，无缝钢管和焊接钢管 2003 年我国已居世界第一位。但在焊管种类和制造技术水平，产品质量保证系统等某些方面，与世界先进技术国家相比，还有一定差距，需要在各个技术领域加倍努力，全面赶超世界水平。焊管行业不仅需要确保国内各种用途焊接钢管的高质量、足量供应，还应成为世界名优产品，并出口到世界各地，成为世界焊接钢管强国。

我国焊接钢管制造技术水平和能力、产品种类和规格，已具备相当规模，并且能够跟上国际钢管行业技术发展步伐。其中某些焊接钢管的制造技术水平、能力和质量，已达国际先进水平。但也还有不少焊接钢管企业的制造技术水平、能力和制造质量，还需要进行大量技术改造，全面有效地提升焊接钢管的制造技术水平和能力、产品的技术含量和制造质量。

目前，国内已不宜再增加焊接钢管制造企业数量。已经初步具备国际先进制造技术水平的企业，应继续全面提升、完善焊接钢管制造各个工序的质量管理和检测系统，制造技术，焊接参数自动控制、记录系统，完善各制造技术的理论和控制技术的研究，研制特殊用途焊接钢管新品种，研制钢级 X80 以上级别的焊接钢管，开发适合大热输入焊接的高韧性焊丝和焊剂，进一步实现焊管变位、移位和传输的机械化和自动化，进一步完善焊接钢管涂装和防腐，从而制造出一系列技术含量高的世界名牌的产品。而国内绝大多数企业，尤其一些中小企业，则迫切需要完成焊接钢管制造每一道工序的先进技术改造；大大提升焊接钢管的制造技术水平和能力；成功地提高焊接钢管的生产效率；最大限度地降低焊接钢管的制造成本和检修率；最大限度地减少在焊接钢管制造过程中，各种人为因素的不利影响，从而制造出大量完全符合设计和使用要求的焊接钢管。

焊接钢管用途广泛、种类繁多。按用途可以分为结构钢管和输送钢管两类。按主要制造工艺可以分为直缝高频电阻焊接钢管（ERW）、螺旋埋弧焊接钢管（SSAW）和直缝埋弧焊接钢管（LSAW）三类。

1. 直缝高频电阻焊接钢管（ERW）[22,32]

我国 ERW 机组数量已经超过 1000 条，经过多年的努力，我国 ERW 钢管制造技术水平有了很大发展，质量稳步提高，应用领域不断扩大，已经从大多用于热能和建筑行业的范围，扩展应用到高压锅炉管、油井套管、成品油输送管和天然气支干线管道。产品不仅在国内重要输送管线上应用，而且已经向国际市场大量出口。

直缝高频电阻焊接钢管工作原理，如图 25-12 所示。直缝高频电阻焊接钢管生产效率高，其适应范围一般为 $\phi 89 \sim \phi 610mm$（$\phi 660mm$），壁厚 δ 为 $0.26 \sim 18mm$，钢种级别可达 X70。

直缝高频电阻焊接钢管毛坯是卷制钢带，钢带在移动过程中，通过多组辊轮把钢带毛坯滚压制成钢管，如图 25-12a 所示。高频电阻焊接钢管，如图 25-12b、c 所示，成形管口必须有一个三角楔形区，

使用频率为 450Hz，使焊接区电流密度集中，以确保高频电阻焊可靠地进行，高频电阻焊的焊接速度很快，可高达 120m/h。高频电阻焊接三角楔形区的两块滑动触块传导焊接电流。此工艺缺点是长期高速滑动摩擦，滑块磨损严重。所以通常宜采用非接触式带感应线圈的高频感应焊接，如图 25-12c 所示。图中之（1）为较大直径管高频感应焊接方案，感应线圈放置在管外，图中之（2）为较小直径管高频感应圈焊接，感应线圈放置在管内。国内也曾用气体保护焊接直缝钢管，如图 25-12d 所示，也曾用可控气氛室电弧焊接，主要用于活性金属材料钛管的焊接，如图 25-12e 所示。工频感应焊接钢管，如图 25-12f 所示。高频感应焊接钢管生产效率最高，质量稳定可靠。

要使国内生产的 ERW 焊接钢管达到较高质量并满足国民经济发展的各种需要，成为 ERW 焊管世界强国，必须在现有技术基础上，全面完善 ERW 焊管制造技术的改造，改进完善机组的成形方式；配置完善的高性能辅机和检测装置：如焊接温度检测和自动控制系统、内毛刺清除、超声波和涡流探伤、焊缝热处理和钢管滚切机、自动化程度高的平头倒棱机、

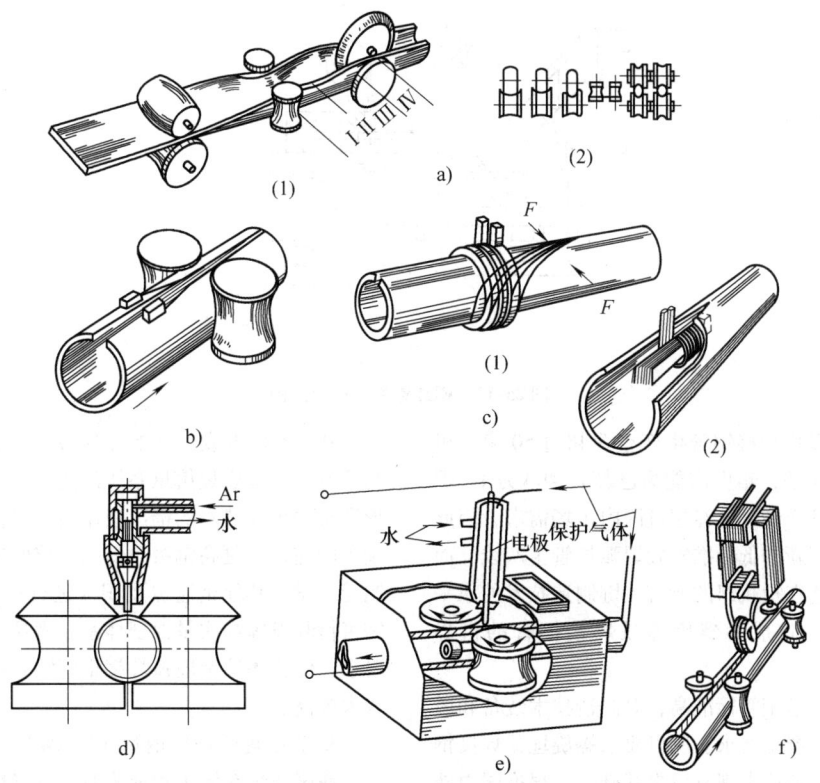

图 25-12　焊接钢管的制造方法

a) 焊接钢管的成形　b) 接触式高频焊接　c) 线圈感应式高频焊接　d) 气体保护焊接

e) 可控气氛室电弧焊接　f) 工频感应式接触焊接

试压水压机和计算机控制、管理系统；有经济和技术实力的企业，还可配置先进的螺旋活套储料装置。

ERW 焊管仅适用于直径小于某一直径范围（$\phi \leqslant 610mm$），较薄壁厚（$\delta \leqslant 12.7mm$）的焊接钢管。

2. 螺旋埋弧焊焊接钢管（SSAW）[22,32]。

螺旋埋弧焊接钢管（图25-13）生产效率高，质量稳定可靠。其适应范围：直径一般为 $\phi 168 \sim \phi 2400mm$（$\phi 3000mm$）；焊管壁厚 $\delta \leqslant 20mm$（$26.2mm$）；钢种级别为 X42 ~ X70（X80）。

图25-13a 为螺旋埋弧焊接钢管生产线。其工艺过程如下：所用毛坯料为卷钢，卷钢1开卷，驱动辊4移动卷钢板，钢板在矫正机2上第一次矫平，3为移动式卷钢剪切拼装焊置，即将用完的卷钢，用第一

组剪刀切断，用第二组剪刀切断新开卷的卷钢头并快速移位对缝，在移动的焊接装置中焊接对接缝，钢板在传送过程中，用圆盘剪刀5对钢板进行两边切边，用矫正机6对钢板进行第二次矫正，用滚轮7挤压两侧坡口，用辊8使钢板强制送进，钢板在成形模9中，如图25-13d 所示，自动弯制成螺旋管。焊接层数如图25-13c 所示，共有三层：内部两层，外部一层。用三个埋弧焊接机头Ⅰ、Ⅱ、Ⅲ分别施焊这三层焊缝，机头Ⅲ焊接内部第一层，机头Ⅱ焊接外部第一层，机头Ⅰ再焊内部盖面层焊缝。螺旋埋弧焊接钢管，早期多用单丝弧焊，近期则改用双丝埋弧焊接或多丝埋弧焊接，以确保螺旋埋弧焊接钢管的高生产率和焊接质量稳定性、可靠性。

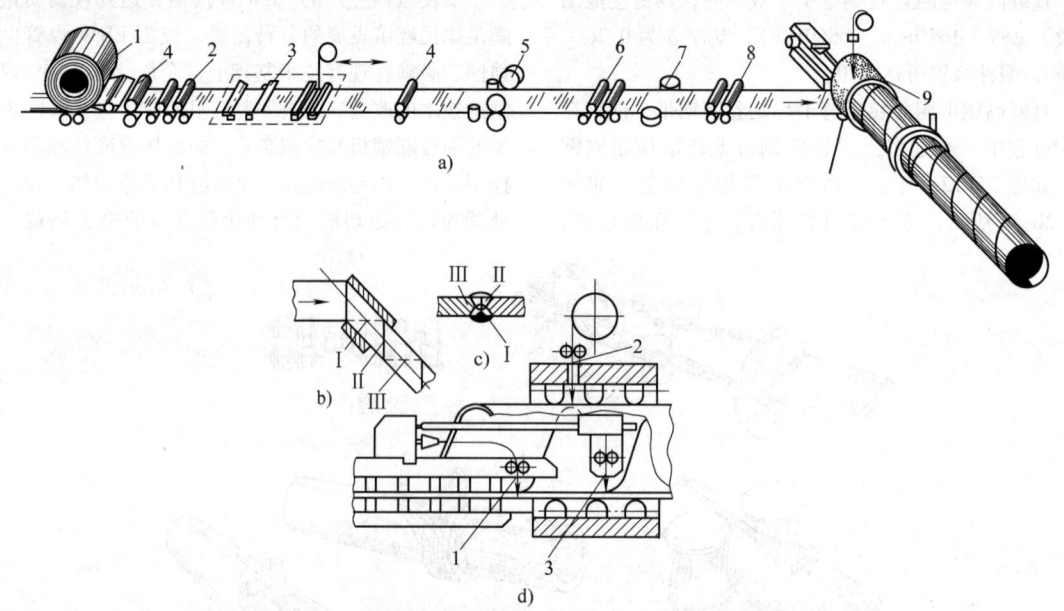

图25-13　螺旋管生产线示意图

我国螺旋埋弧焊接钢管生产企业超过50家，机组数量超过100条，年生产能力已超过400万t。螺旋埋弧焊接钢管产能，已经超过国内市场需求，因此今后不宜再投资新的低标准螺旋埋弧焊管生产线，而应全力技术改造在役机组的所有关键制造技术的水平和能力，力争早日成为螺旋埋弧焊接钢管的世界强国。

高压油气输送钢管标准高，对制造技术装备和质量保证能力都有严格要求。所以要求螺旋埋弧焊接钢管的主干生产企业应在现有成果基础上，根据国内外日益提高的技术要求，继续进行关键技术的攻关和现有的生产线的完善。如：铣边机的浮动跟踪和刀具的开发；三丝埋弧焊接工艺装备的开发；高韧性高速焊

焊丝和焊剂的开发；新的无损检测技术和装置的研究与开发；计算质量信息系统的建立和完善；高精度成形和管端扩径技术的推广应用与完善；钢管平头精整设备的完善；更高钢级、低温及抗腐蚀等新产品的研制与开发。其他企业也要积极进行技术改造和攻关，完善检验设施和质量保证体系，满足不同层次用户的要求，使我国螺旋埋弧焊接钢管的总体技术水平有一较大提高。

3. 直缝埋弧焊接钢管（LSAW）[22-28,32]

我国西气东输工程成为我国直缝埋弧焊接钢管技术快速成长壮大的强大推动力。由于西气东输管线口径大、压力高，所需要的高强度、高韧性、大口径、大壁厚、高尺寸精度的输气用管，在我国已经取得很

大的技术进步。

2004 年我国已有四个生产厂能够生产油气输送直缝埋弧焊接钢管，年生产能力已超过 70 万 t。还有一些机组正在建设中，预计我国直缝埋弧焊接钢管的生产能力将很快超过 100 万 t，从数量上看，基本可以满足国内市场的需求。但制造技术和质量控制方面还有完善、提高的空间。

直缝埋弧焊接钢管应用直径范围为 ϕ406 ~ 1422mm（ϕ1524mm），钢管壁厚 δ 为 6.4 ~ 32mm，钢管长度为 12m，钢种级别为 X25 ~ X80。

直缝埋弧焊接钢管能够满足油气输送钢管所需的高强度、高韧性、大口径、大壁厚和高尺寸精度等各种技术要求。

直缝埋弧焊接钢管由于钢管成形技术的区别，又分为 UOE 直缝埋弧焊接钢管和 JCOE 直缝埋弧焊接钢管两大类。

（1）UOE 直缝埋弧焊接钢管[22,23,26~28,32]

UOE 是直缝埋弧焊接钢管成形技术的一种表征。钢管成形第一道工序为管口弯边，第二道工序为高吨位水压机全板长一次压制成 U 形，第三道工序是采用上下模具和水压机一次压制成 O 形。

UOE 直缝埋弧焊接钢管制造技术产量高、生产率高，成形质量由工装保证，质量好，但一次投资巨大，需要大量工装模具，生产灵活性差。

1）UOE 直缝埋弧焊接钢管主要工艺流程如下：钢板正面无损检测→翻板→钢板背面无损检测→刨边→预弯边（C 成形）→U 成形→O 成形→高压水冲洗→烘干→装焊引弧（引出）板→内缝预焊→内缝焊接→外缝焊接→去除引弧（引出）板→超声探伤→X 射线探伤→高压水冲洗→水压或机械扩径（E 成形）→水压试验→整圆→超声探伤→X 射线探伤→整修管端→管端探伤（磁粉超声）→称重测长→成品检验→内防腐→外防腐→入库。

2）UOE 直缝埋弧焊接钢管的主要加工序和设备如下：

①　翻板。利用机械式翻板机检测钢板正反面表面质量。

②　直缝坡口加工。可以采用双边刨边机，也可采用浮动式双边铣边机。

③　预弯边技术。为防止待焊坡口处残留有直线段，所以在钢管 U 成形前，要对板边进行预弯。预弯边可以采用辊式弯边机或压力弯边机。

④　U 成形。钢板在 U 成形压力机上定位后，钢板在竖直压模（头）和模具的作用下，用压力机弯曲成 U 形。

⑤　O 成形。O 成形压力机上装有两个对开的带半圆面的压模将 U 形钢压成 O 形。成形后的开口处，一般控制在 50mm 以上。

⑥　装焊引弧（出）板。为确保直缝始末端焊缝质量，必须装焊引弧（引出）板。

⑦　直缝预焊。为确保钢管内缝埋弧焊接质量、高熔敷效率和防止焊漏缺欠，在内部实施埋弧焊接前，实施了机械跟踪大功率粗丝 MAG 焊预焊，焊接电流可达 2000A，焊速高达 7m/min。

⑧　内部三丝埋弧焊。采用 DC-AC-AC 电源的三丝埋弧焊工艺。机械导轮导向，工业电视观察控制或激光传感器跟踪，焊接速度可达 1.5 ~ 2m/min。为了与钢管成形速度同步，安装了五条内缝焊接生产线。

⑨　外部四丝或五丝埋弧焊。采用 DC-AC-AC-AC 或 DC-AC-AC-AC-AC 四丝或五丝埋弧焊工艺。外焊有四条生产线，以五丝焊为例，在多丝焊中，AC 焊丝数目越多，其电弧间的磁干扰越严重。通过改变电源的连接，使 AC 电流相位相互差 90°，可有效清除 AC 电弧间磁干扰影响，使电弧稳定燃烧。多丝焊时，焊丝倾斜方向和倾斜角度的大小，对焊缝熔深和焊缝成形有较大影响。焊丝向前倾斜时比向后倾斜的熔深大，而向后倾斜比向前倾斜时的焊缝宽。为增大焊缝熔深和改善焊缝成形，将五丝埋弧焊的 1 丝（DC）设置前倾角为 10° ~ 20°，2 丝前倾角 0° ~ 10°，3 丝后倾角为 5° ~ 15°，4 丝后倾角为 18° ~ 28°，5 丝后倾角为 30° ~ 40°时，再匹配合适的焊接参数，可获得良好的焊缝成形。1、5 丝倾角均不宜过大，5 丝向后倾角过大，导电嘴底部易与液态熔渣形成"电弧"，会影响焊接过程的稳定性。焊丝间距对焊接过程有较大影响，在焊接电流不变的情况下，间距越小、熔深越深、形成的焊缝窄而高。间距过小焊缝易焊穿。间距过大会影响电弧的稳定性和焊缝成形，为避免上述不利影响，根据试验结果，将五丝埋弧焊的间距设置为 1 ~ 4 丝相等，5 丝增大的方式（也可按依次增大的方式设置），并优化出间距在 15 ~ 30 mm 为宜，匹配合适的焊接参数，可获得稳定的焊接过程。焊丝伸出长度主要影响焊缝余高和熔合比。焊丝伸出长度增大，焊缝余高增大，熔深减小，反之亦然。若焊丝伸出长度过短，导电嘴易粘渣，导电嘴之间易产生"电弧"而影响正常电弧的稳定燃烧。试验获知，五丝埋弧焊的焊丝伸出长度取（9 ~ 11）× d（焊丝直径）较为适宜。一定直径的焊丝有一个适用的电流范围。五丝埋弧焊的焊丝直径应主要根据焊接电流来选择。五丝埋弧焊前丝的电流最大，一般可达

1000~1200A，5丝（最后丝）的电流最小一般在700A以下，若五根焊丝的电流值在同一直径的电流范围内，可选用同一直径焊丝，否则需要选择不同直径的焊丝组合为宜。焊接电流和电弧电压对焊缝形状和焊接质量有着重要影响，是五丝埋弧焊的重要焊接参数。根据三、四丝埋弧焊工艺技术经验、五丝埋弧焊的焊接电流和电弧电压也是1丝大电流、低电压，逐步过渡到5丝的小电流、高电压方式进行设置。只要焊接电源容量允许，1丝的焊接电流尽可能选择大电流（1000~1200A），在保证获得足够熔深的情况下，有较高的焊接速度。其他四根焊丝的焊接电流，按前一丝电流的70%~90%的比例进行选择。坡口较大时，选择比例上限，如需降低焊缝余高减少熔敷金属量时，选择比例下限。一般情况下，1丝电弧电压选取31~34V范围较佳。后随四个焊丝的电弧电压，依次增加1~3V进行选择。5丝的电弧电压一般为39~43V；五丝埋弧焊适合于大厚壁工件的坡口焊接，焊接速度主要决定于焊缝熔深和坡口内填充的熔化金属量。所以五丝埋弧焊焊接速度应根据板厚、焊接电流和坡口形式与尺寸等综合因素来确定。为提高焊缝韧性和保证焊缝良好成形，五丝埋弧焊应选择熔点高、颗粒细、黏度适中、稳弧性能好的高碱度型焊剂。由于五丝埋弧焊燃烧的空间大，熔化的焊剂量较大，需要堆积的焊剂也较高，焊剂堆积高度一般应为45~55mm。

⑩ 焊管扩径（E成形）。扩径的作用：通过对焊管扩径，使其所有圆度和平直度满足设计和使用要求，减少或消除在制管过程中引起的包辛格效应，提高钢管的屈服强度，消除钢管成形和焊接时产生的残余应力。焊管扩径可采用水压扩径机，也可采用机械扩径机。水压扩径焊管外径的尺寸和形状精度高，机械扩径则焊管内径的尺寸和形状精度高。

⑪ 管端修整。合格钢管出厂前，管端要平头，确保钢管长度，管端要倒棱（角），为现场施焊加工好坡口。

⑫ 称重和测长。采用自动称重和测长系统完成焊管称重和测长。

⑬ 在线质量检验。钢管的质量检查贯穿于从原材料到成品整个生产过程中。钢板采用32通道自动超声探伤系统进行100%探伤。钢管扩径前后，采用16通道数字式自动超声探伤系统，通过横波脉冲反射技术实现对焊缝横向、纵向缺陷进行探伤。采用新式X射线实时成像系统对钢管全长无盲区进行射线实时成像检测。采集的图片可保存在计算机内存或用光盘刻录保存。

（2）JCOE直缝埋弧焊钢管[22,24,25]

JCOE是直缝埋弧焊接钢管成形技术的另一表征。具有独特的成形过程："一"钢板依次进行J成形、C成形、O成形以及E成形（扩径），合称为JCOE成形。JCOE成形有两种：一种是连续旋弯式成形；另一种是渐进折弯式成形。

JCOE焊管成形与UOE成形比较，设备与工艺装备投资明显降低，但成形生产效率远不及UOE成形。

1）JCOE直缝埋弧焊接钢管主要工艺流程如下：钢板正面超声检测→翻板→钢板背面超声检测→铣边→连续旋弯式或渐近折弯式JCOE成形→装焊引弧（引出）板→内缝预焊→内缝焊接（三丝或四丝）→外缝焊接（四丝或五丝）→去除引弧（引出）板→超声检测→X射线检测→水压或机械扩径（E成形）→水压试验→整圆→超声和X射线检测→管端修整→管端磁粉探伤→称重、测长→成品检验→内（外）部防腐→入库。

2）JCOE焊管的主要加工工序和设备。与UOE直缝埋弧焊接钢管相比，JCOE直缝埋弧焊接钢管的制造工艺，除成形工序外，其他工序与UOE直缝埋弧焊接钢管的制造工艺无本质上区别，可以互相借鉴。连续旋转式JCO成形是通过心轴定位夹紧板边，再旋转心轴使钢板沿心轴面发生弯曲。通过心轴的正、反的两次旋转，即可实现钢板的JCO成形。而渐进折弯式JCO成形，则是通过压力机压头和模具，从板边（正、反）开始，多步压制JCO成形。

（3）UOE和JCOE直缝埋弧焊接钢管制造技术的比较

1）UOE焊管（简称）设备及其辅助装置。一次性投资很大，需大吨位压力机和多台套辅助装备，设备投资回收期长。成形效率很高、成形质量好。按成形效率配套焊接设备，焊接生产效率高、生产批量大。非常适合少品种大量生产。产品换型周期稍长。这类焊管企业应全力研发高端产品。大或超大口径、高强度、高韧性、大壁厚焊接钢管，专门生产各种大量特殊需要的焊接钢管。

2）JCOE焊管（简称）。只需要几千吨压力机，配套辅助设备需要量不大，设备投资比UOE焊管投资要少得多，但焊管成形效率要低些，必须多台套配置成形系统，其生产量才能与UOE焊管产量相匹配。设备投资回收期较短，产品换型较容易。适合多品种、一般批量生产。也可以少品种、大批量生产。

3）我国直缝埋弧焊接钢管展望。我国UOE和JCOE直缝埋弧焊接钢管的某些制造技术和焊管质量已达国际先进水平，但在特殊用途焊管、焊管钢板规格、品种和钢材级别、质量控制和检测技术、各种制造技术的理论（机理、影响因素）研究等方面还有待于填补空白，并提高和完善。

我国直缝埋弧焊接钢管企业，除在役、在建和已经确定待建的机组外，已不宜再建新的直缝埋弧焊管机组和企业。只需再进一步完善已投产的 LSAW 企业各项制造技术的改造，就可以满足国内对 LSAW 产品的需要。

25.2.10　鳍片管的制造

各种热交换器中，采用各种形式鳍片管，如图 25-14 所示。鳍片管需要量很大，图 25-14a 所示纵向肋片鳍片管需要量更大，其制造方案有二：一是挤压成形，该方案制造成本太高，规格品种常供不应求。二是采用光管和板片拼焊方案，其焊接方法有三种，一是双丝埋弧焊，先焊正面，后焊背面，该方法焊接效率不太高，焊接变形大。二是四机头或 12 机头或 24 机头 MAG 焊，生产效率明显提高，焊接变形小，无挠曲和旁弯变形，详情见本卷 26.7.1。上述两种方法主要用于焊接锅炉膜式壁。三是接触式高频感应焊接，生产效率很高，焊接变形很小。图 25-14b 所示为螺旋式肋片鳍片管，需要量也很大，可采用接触式高频焊接法制造，螺旋式肋片，边绕边焊，生产效率很高。

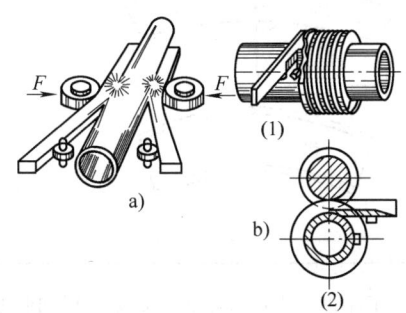

图 25-14　鳍片管结构与制造方法
a）纵向肋片　b）螺旋式肋片鳍片管

25.3　焊接梁和柱的制造[14,16,17]

25.3.1　概述

梁和柱是金属结构中的基本元件，应用面广而量大。

焊接梁和柱的制造方法基本相同。它们有各种各样的断面形状，但都可以归纳成开式断面和闭式断面两大类。有些在梁或柱上设置有肋板，有些沿其长度上做成变断面的，即等强度梁或柱。显然，在制造方法上，开式的或者没有肋板的等断面梁或柱制造较容易，而带有肋板或者是变断面的梁或柱的制造比较复杂，实现机械化和自动化生产要困难得多。

有些工业部门制订有统一的制造梁或柱的技术条件或验收规范，有些则是由设计者根据产品的重要程度以及它的工作环境和条件等提出技术要求。为此，每一个制造工艺人员都应设法使产品达到技术规范和条件提出的要求。

用于制作焊接梁和柱的金属材料，一般都是选择焊接性能良好的低碳钢或低合金高强度钢：如Q235A、Q345GJD、Q460E—Z35、GS20Mn5V 等。对于像桥梁、海洋钻探平台、高层建筑结构等重要的梁和柱，可能使用具有特殊性能的金属材料，如 Q345R 等。正式制造这些梁或柱之前，应结合生产实际做焊接性试验，其结果可作为制订焊接工艺的依据。除此之外，制造梁和柱的主要技术问题就是如何保证达到技术条件中提出形状和尺寸的精度要求。准确的装配和严格的控制焊接变形常成为梁和柱生产中的技术关键。

目前已有许多制造焊接梁和柱的经验，可以说不同结构的梁和柱，有可能用相同的焊接方法制造，相同结构的梁和柱也有可能用不同的焊接方法来制造。因此，当产品图纸没有明确规定焊接方法时，制造者应综合考虑下列因素来确定焊接方法：

1）年生产纲领。主要看产品的批量大小，如果是批量生产时，要注意其品种和规格的变化。

2）产品的重要性。一般都反映在产品的技术要求中。

3）产品的结构特点。主要看结构的复杂程度、形状和尺寸、零件的多少、焊缝的布置及其长短等。

4）工厂和现场的生产条件和能力。

5）经济成本等。

对于单品种大量生产的梁和柱，应采用流水线作业，所有工序都可以采用专机自动化或全面自动化生产，应使用效率更高的先进焊接技术。焊接变形的控制和矫正要依靠机器设备完成，也可以通过各种工艺技术来控制。

对于单件或小批量生产的一般梁和柱，则应考虑到制造成本。通常是使用投资不多的通用设备和工装夹具，在控制焊接变形方面，往往采用较为复杂的工艺技术。如依靠反复调整装配—焊接顺序、焊缝的层数与道数、不断改变焊接参数等措施。产品的质量，较多地依靠生产人员的经验和技术水平来保证。

生产焊接梁与柱的主要环节是：备料—装配—焊接—矫正，装配和焊接常常是交叉进行的。无论是单件或大批量生产，对备料的要求都是一样的，它必须在装配之前，准备好几何形状和尺寸符合设计要求的零件，这些零件的待焊部位要经过坡口加工和清理等。

25.3.2　工字形断面梁和柱的焊接

有各种工字形断面的梁或柱，其基本形式都是由腹板和上、下翼板互相垂直构成。仅仅在相互位置、厚与薄，宽与窄、有无肋板等方面有区别。应用最多

的是腹板居中，左右和上下对称的工字断面梁或柱，一般由四条纵向角焊缝连接。制造这种对称的工字梁和柱，需要控制的焊接变形是翼板的角变形和挠曲变形，挠曲变形中有上拱或下挠以及左或右旁弯。处理不当还可能产生难以矫正的扭曲变形。

工字断面梁和柱的技术要求或质量标准是根据用途等因素确定的。表 25-2 介绍某厂焊接 H 型钢质量验收标准。

表 25-2　焊接 H 型钢质量验收标准

形状和尺寸			焊缝位置	
项　目		允许偏差/mm	检查部位	允许偏差/mm
长度 L		±3	余高	±0.5
弯曲 f	L≤15m	≤0.10%L，但≤10mm	咬边	<0.5
	L>15m	≤10+0.10%	表面凹凸	2
断面高度 H		H≤400，±2	宽度	+40
		400<H<1000，±H/200	焊脚	±0.8
		H≥1000，±5	表面气孔、裂纹	无
翼缘板的倾斜度 a		B≤200，±B/100		
		B>200，±2		
断面宽度 B		±3		
腹板偏心度 e		B≤200，±B/100		
		B≥200，±2		
腹板的凸凹度 d		1/1000		
翼缘板弯折 c		<±2		
翼缘板不平度		<0.5		

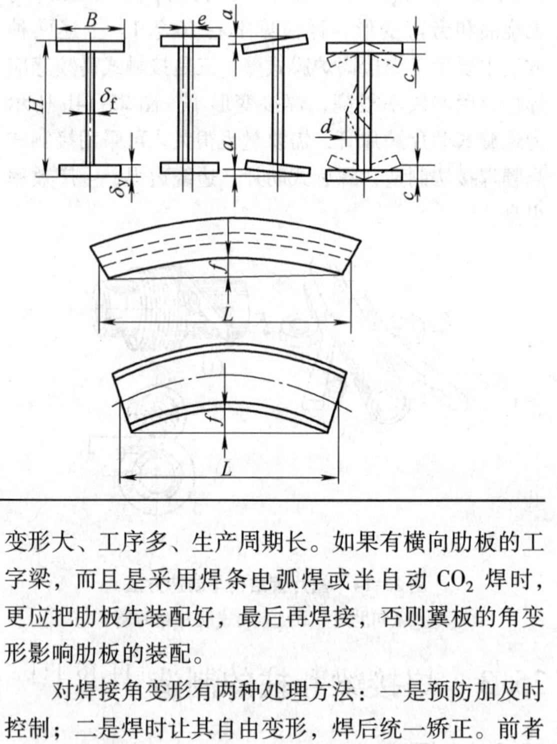

目前中厚板的工字形断面的梁和柱有表 25-3 中所列的四种焊接方案。对于厚板的梁和柱可以采用埋弧焊、多丝埋弧焊或粗丝 CO_2 焊等方法。

1. 单件或小批量生产

装配和焊接的基本生产条件是需要有装配平台和起重设备配合。

表 25-3 中用电弧焊接的三种方案都可以在单件生产中应用。生产中要解决的主要问题是焊接变形，纵向角焊缝的熔透程度，其次是焊件的翻转。

对称的工字形断面梁和柱结构简单，制造的程序应是先装配后焊接，即先装配成工字形状并定位焊后再进行焊接。不应边装边焊，即不能先焊成T形断面后再装另一翼板，最后焊成完整工字梁或柱。这样做

变形大、工序多、生产周期长。如果有横向肋板的工字梁，而且是采用焊条电弧焊或半自动 CO_2 焊时，更应把肋板先装配好，最后再焊接，否则翼板的角变形影响肋板的装配。

对焊接角变形有两种处理方法：一是预防加及时控制；二是焊时让其自由变形，焊后统一矫正。前者要求有焊接经验，后者要求有矫正设备和经验。用自动焊时，常焊后再矫正。

预防角变形的最好做法是反变形法，如表 25-4 所示。

断面形状和焊缝分布对称的工字梁或柱，焊后产生的挠曲变形一般都较小，其变形方向和大小主要是受条角焊缝的焊接顺序和焊接参数影响。通过合理安

排焊接顺序和调整焊接参数即能解决，构件焊后变形 超差时再矫正。

表 25-3 工字形断面梁或柱焊接的基本方法

序号	焊接方法	示意图	特点
1	电弧焊 （焊条电弧焊、CO₂ 焊、埋弧焊）		船形位置单头焊，焊缝成形好。变形控制难度大，工件翻身次数多，生产效率低
2	电弧焊 （自动 CO₂ 焊或埋弧焊）		卧放位置，双头在同侧、同步、同方向施焊。翼板有角变形。左右两侧不对称。有旁弯，工件最少翻身一次
3	电弧焊 （自动 CO₂ 焊或埋弧焊）		立放位置，双头两侧对称同步、同方向施焊。翼板的角变形左右对称，有上拱或下挠变形，工件最少翻身一次
4	电阻焊		立放位置，上、下翼板同时和腹板边装配边通过高频电流并加压完成施焊。不须工件翻转，生产效率高，要有辅助设备配套

表 25-4 防止焊接角变形的几种方法

方法名称	刚性固定	翼板预制反变形	夹紧反变形
示意图	平台		平台　小圆棒
说明	利用夹具把翼板夹紧在刚性平台上。可减少角变形，但不能全消除，故很少使用	用冲压方法在翼板上预制反变形量。在无拘束状态下焊接，应力小，要有经验和设备条件	靠夹具的夹紧力获得翼板所需的反变形量，焊后松夹，翼板应回弹。反变形量的控制需要有一定经验

为了保证四条角焊缝的焊接质量，常采用"船形"位置施焊，其倾角为 45°。这时，焊缝的焊接顺序以及工件的倾斜和翻转须按图 25-15 所示的程序进行。

断面形状和焊缝分布不对称的工字梁和柱，焊后除角变形外，还将产生较为明显的挠曲变形，挠曲变形的方向和大小除受四条长角焊缝影响外，还要受工字梁和柱上面肋板焊缝的分布、焊缝尺寸、焊接方法和焊接参数的重要影响。所以，在设计与制造过程中，要严格控制断面形状和焊缝分布不对称的工字梁和柱的挠曲变形的产生。

单件或小批量生产条件下，可使用简易的倾斜装

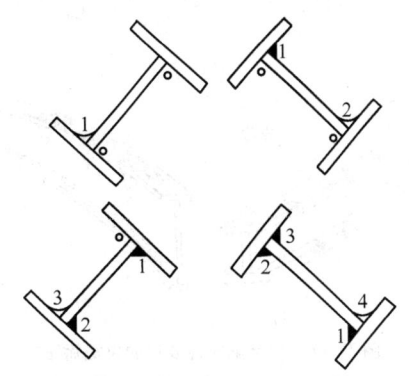

图 25-15 工字梁或柱角焊缝船形焊的焊接程序

置，如图 25-16 所示[7]。图 25-16b 所示的装置不用时可折叠。焊件的翻转利用车间的起重设备即可。

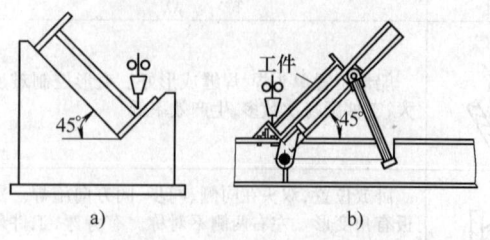

图 25-16　倾斜焊件的简易装置

　　焊后变形超差，需要矫正。角变形和挠曲变形均可用机械法进行矫正，该法效率高，矫正质量高，且对其使用性能无不利影响。也可用水冷却—气体火焰法矫正，如图 25-17 所示。水冷却—气体火焰法矫形对操作者的技术水平有较高要求。且对某些要求有上拱度的工字梁、鱼腹梁矫形部位有严格限制。工字梁或鱼腹梁承受移动或集中载荷时，设计和使用要求工字梁或鱼腹梁具有一定值的上拱度，而制造过程中，由于断面形状和焊缝分布的不对称，致使梁产生了下挠度。生产单位为了满足产品的设计和验收要求，在制造过程中往往在下翼板和腹板下部采用气体火焰法加热或水冷却—气体火焰法加热获取梁产生设计和验收要求值的上拱度。工字梁或鱼腹梁在承受载荷时，腹板下部和下翼板承受较高值拉应力，而气体火焰矫正腹板下部和下翼板的部位，却产生了其值高达材料屈服强度的残余拉应力，高值载荷拉应力和高值矫形残余拉应力叠加，致使工字梁或鱼腹梁下部矫形部位产生较大值拉伸塑性变形，工字梁或鱼腹梁的上拱度

被抵消，严重时可能造成工字梁或鱼腹梁的时效破坏。所以，工字梁或鱼腹梁在制造过程中，要绝对严格禁止在其中性轴以下部位，采用气体火焰法矫形，获取工字梁或鱼腹梁的上拱度。

　　2. 大批生产

　　可以使用效率高、质量稳定的埋弧焊和 CO_2 焊方法，焊接四条角焊缝。若条件允许，可采用双机头或双机头多丝同步同方向施焊两条角焊缝，如表 25-3 中的序号 2、3。有肋板的梁或柱，待四条角焊缝焊后再装配肋板，可以使用机械化或自动化高一些的辅助装置，以实现焊件装配、倾斜或翻转工作的半机械化、机械化与自动化。

　　装配工作可在专用的夹具上进行，在夹具上安装有可以调节的定位装置，以适应装配不同规格尺寸的工字形断面梁或柱，扩大装置的使用范围。装配精度靠这些装置来实现。夹紧可以采用快速夹紧装置，一般是用气动或液压夹紧，如图 25-18 所示。梁或柱的长度越长，所需夹紧气缸数量就越多。而图 25-19 所

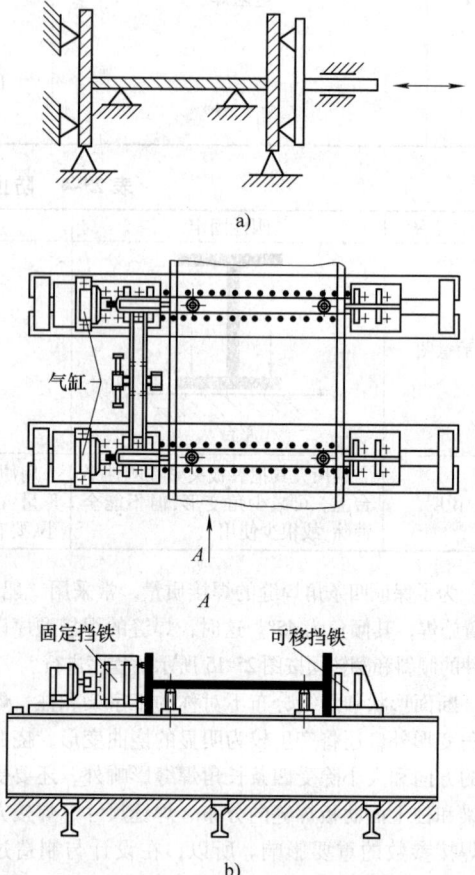

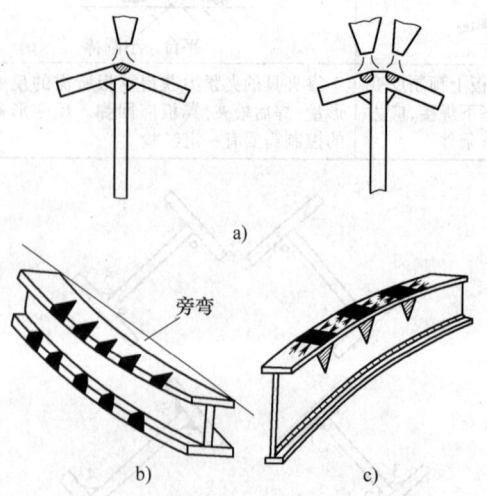

图 25-17　工字梁或柱变形的火焰矫正
a) 矫角变形　b) 矫旁弯　c) 矫上拱

图 25-18　带气动夹紧的工字梁装配胎具[7]
a) 原理图　b) 实际结构图

示的是把气动夹紧装置安装在一个可移动的龙门架上沿工字梁一步步向前夹紧，一步步地进行定位焊，这样可以减少夹紧装置。图 25-19a 是该装置的定位与夹紧原理图。

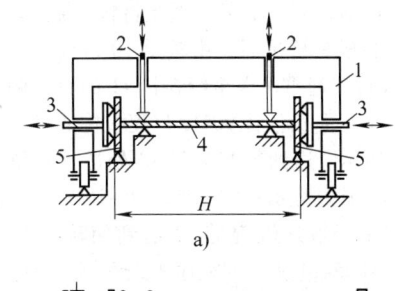

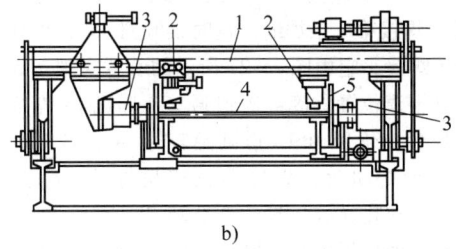

图 25-19　具有移动式龙门架[7]的工字梁装配胎具
a）原理图　b）实际结构图
1—龙门架　2—垂直的气动夹紧器　3—水平的气动
夹紧器　4—腹板　5—翼板

在大批量生产工字梁或柱的情况下，利用车间起重设备实现工件翻转是不适宜的，一般都设计专用翻转机。图 25-20 所示是比较简单的一种，因为是用链条支承，对箱形断面的角接焊缝的焊接也同样适用。其缺点是焊缝对中较费时，焊件是在自由状态下

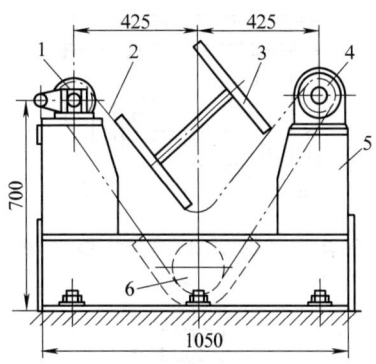

图 25-20　链式翻转机[7]
1—链轮　2—链条　3—焊件（工字梁）
4—主动链轮　5—支架　6—张紧链轮

焊接，不便于用夹具控制焊接变形。图 25-21 所示的是桥梁的大型工字梁装配和焊接用的翻转机。高度在 4m 以内，宽度达 1m 和长度 30m 的工字梁均可使用。

如果不要求采用船形位置焊接工字梁或柱的角焊缝，在大批量生产条件下，宜采用双机头自动焊，如图 25-22、图 25-23 所示，如果工字梁（柱）腹板水平放置状态下焊接，宜采用龙门式焊接装置，把焊机两机头安装在龙门架上。焊接时工件不动，龙门架沿轨道移动，两机头以同步同方向进行焊接，如图 25-22 所示。当一侧焊完后，工件翻转 180°焊另一侧。

如果工字梁（柱）腹板垂直放置状态下焊接，则两焊接机头在工字梁两侧焊接时，最好是工件移动，如图 25-23 所示焊接装置的示意图。这种焊接方式车间需要很长的长度。

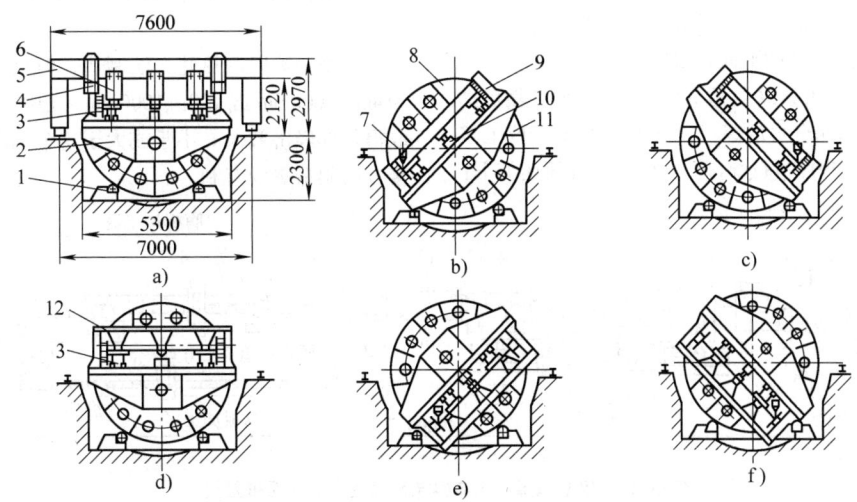

图 25-21　大型工字梁装配和焊接用翻转机[7]
a）装配时的位置　b）、c）、e）、f）分别为四角焊缝的位置　d）夹紧焊件时的位置
1—支承辊子　2—桥架　3—支承元件　4—侧向夹紧器　5—移动式龙门架　6—垂直夹紧器
7—焊接机头　8—半圆盘　9—支架　10—支承元件　11—半圆　12—支持梁

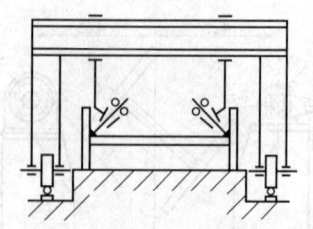

图 25-22 龙门式双头焊接装置示意图

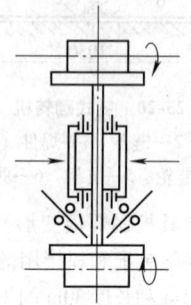

图 25-23 工件移动的双机头自动焊接装置示意图

焊接变形是在所有的焊缝焊完之后统一矫正。若按图 25-23 所示装置，就可以附加一套矫正辊轮，如图 25-29 所示，焊接和矫正同时完成。

3. 大量生产

一般是品种单一，规格尺寸变化不大，故可以采用机械化与自动化水平更高的流水线作业。每道工序由专用机械完成，物料和半成品的传送用辊子传送机构等。这里介绍两条工字梁和柱的生产流水线。它们分别使用不同的焊接方法。

(1) 用电弧焊焊接工字梁的流水线生产

图 25-24 所示是工字梁四条主要角焊缝用自动电弧焊接的流水线生产的平面布置图。

该生产线对四条纵向角焊缝采用船形位置自动焊。因此，使用四台自动焊机，分别在四个工位上按图 25-15 所示的程序进行焊接。其生产过程简述如下：

腹板坯料在 1 处进行接长，只焊一面。送到翻转机 2 处，翻转 180° 后到 3 处。在 3 处完成另一面焊接后，送到多辊平板机 4 矫平。经 6 和升降台 5 送到双圆盘剪 7 处对腹板切边，以保证腹板的高度。再经 5 和 6 进入给料机 11。另外，翼板材料经输送辊道 8 送到多辊平板机 9 矫平后，由辊道 10 送到端点，部分翼板用 3t 桥式起重机送至给料机 11 的另一侧。在给料机处，上下翼板各转 90°度与腹板构成工字梁，如图 25-25 所示。送到装配夹具 12 处进行定位、夹紧和定位焊，其过程示意图，如图 25-26 所示。定位焊好的工字梁经输送辊辊道 13 送到翻转机 14，翻转180°后按图 25-24 所示的程序先送到第一台电弧焊机 15 处，焊接第一条焊缝。这时梁倾斜 45°，焊缝在船形位置焊接，它由图 25-27 所示的装置实现。焊后工件回到辊道位置。接着送到第二台焊机 15 焊接第二道角焊缝。经 16 和 13 送到翻转机 14 翻转 180°，送到第三台焊机处，焊接第三道角焊缝。翻转工件180°的机械装置示意图，如图 25-28 所示。接着把工件送到第四台焊机处，焊接第四道角焊缝。焊后送到矫正机 17 进行翼板角变形的矫正，如图 25-29 所示。最后经端面铣床修整端面，整个梁的制造即完成，送进成品库。工字梁的四条长直角焊缝，根据角焊缝的尺寸和形状可以采用埋弧焊、粗丝自动 CO_2 焊或多丝埋弧焊。

(2) 用高频电阻焊焊接 H 型钢的连续生产线

H 型钢又叫宽翼缘工字钢，是现代全焊建筑、桥梁和机械设备中日益广泛应用的一种型钢。由于用量大，各国都已经规格化和系列化，并进行定型大量生产。

H 型钢可以用热轧方法制造，但只能在断面高度为 400 ~ 600mm 或 120 ~ 1000mm（德国）的范围内能取得最佳经济效果。小于或大于这个范围，用其他焊接方法制造更为有利。

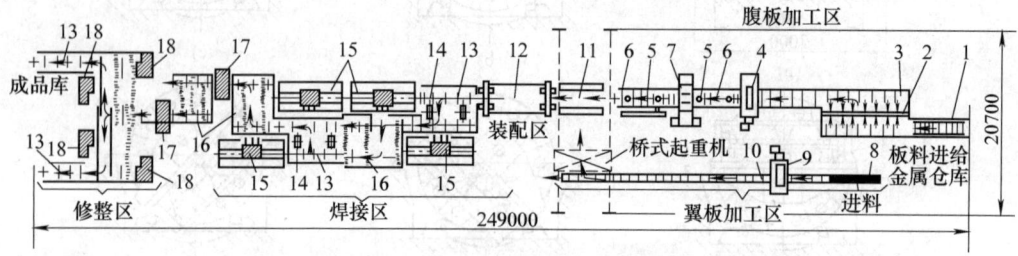

图 25-24 用电弧焊接工字梁流水线生产的平面布置图[7]

1—进给腹板坯料 2—翻转机 3—输送辊道 4—多辊平板机 5—升降台 6—输送辊道
7—切边机 8—输送翼板辊道 9—多辊平板机 10、16—输送辊道 11—给料机
12—装配夹具 13—输送辊道 14—翻转机 15—电弧焊机
17—矫正机 18—断面铣床

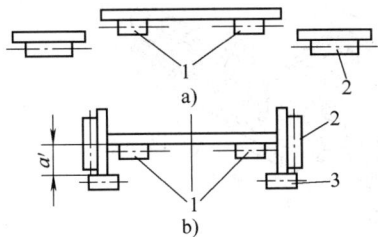

图 25-25　工字梁合成示意图[7]

1、3—支承辊子　2—夹紧辊

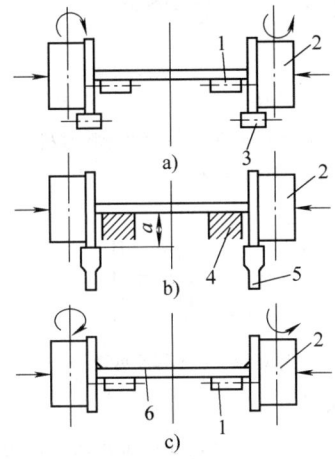

图 25-26　装配夹具的定位与夹紧[7]

a）来自送料机　b）定位、夹紧和定位焊

c）完成装配向前输送

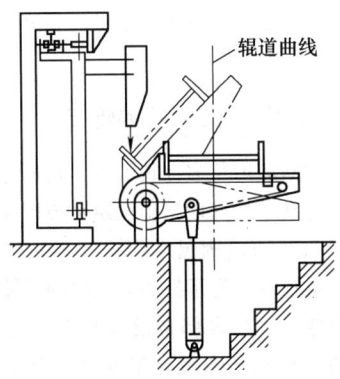

图 25-27　翻转工件 45°的机械装置[7]

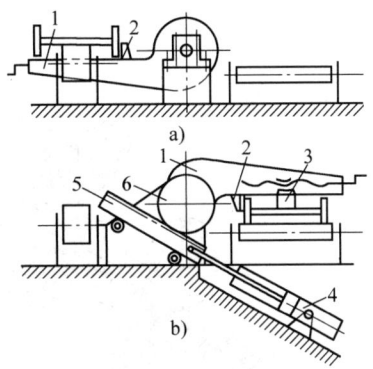

图 25-28　翻转工件 180°的机械装置示意图[7]

1—臂　2—挡铁　3—磁铁　4—液压缸

5—齿条　6—齿轮

图 25-29　翼板角变形矫正示意图[7]

此外，也能生产非对称断面的 H 型钢。高频焊机发生器的频率为 960Hz、3000Hz 和 10000Hz；焊接高度为 305mm 的 H 型钢焊机的功率为 280kW，焊接高度为 533mm 的 H 型钢，其功率为 560kW。

焊接是利用高频电流流经接头处加热同时加压后完成的，图 25-32 所示为高频电阻焊接的电流导流图。

由于按腹板原料的厚度进行高频电阻焊后，接缝处一般只有 80%～85% 焊透，如图 25-33a 所示。为了弥补这个不足，在腹板原料进入焊接之前对其待焊边缘作局部镦粗，如图 25-33b 所示。焊后去除毛刺后即得到全焊透的接头。

按图 25-30 简述整个生产过程：上翼板、腹板和下翼板的卷钢坯料分别在 1 所指三处开卷，然后用闪光对焊机接料（当前卷快用完时）。对于腹板尚须在翼板边镦粗机 3 处预镦粗两边缘，然后经翼板矫平机 4 矫平后送入高频电阻焊机 5 处与上下翼板汇合，在该处，进行高频电阻焊接。上、下翼板经翼板矫平机 4 矫平后，要保证对腹板有 4°～7°送进角，如图 25-32 所示。焊后立即对 6 处去毛刺，经对 7 处冷却后进入

用高频电阻焊方法生产轻型 H 型钢的连续生产线，其整个机组的全貌如图 25-30 所示。从图中可以看出，从进料到出成品整个加工过程都是采用机械连续不断地自动进行，生产率很高。

该生产线能生产如图 25-31 所示的不同断面的 H 型钢。其高度为 101～609.6mm、翼缘宽度为 38.1～305mm、腹板厚度为 1.6～12.7mm、翼缘厚度为 2.4～19mm，材料为普通低碳钢和高强度钢。

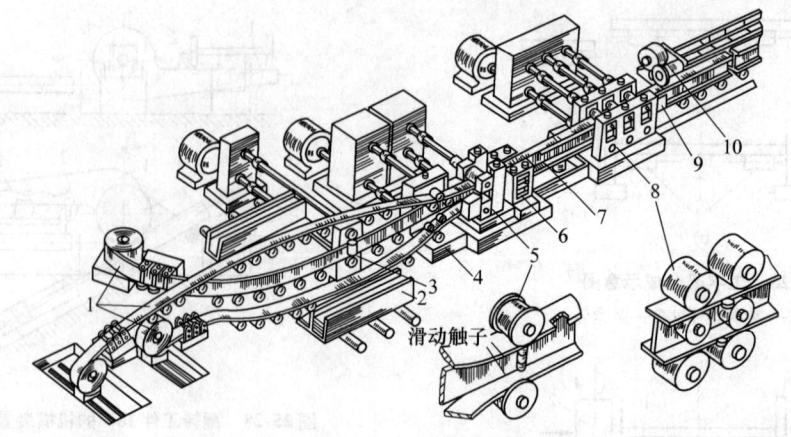

图 25-30　高频电阻焊焊接 H 形钢的生产线[7,12]

1—卷钢开卷机　2—翼板毛坯输送装置　3—腹板边镦粗机　4—翼板矫平机　5—高频电阻焊机
6—去毛刺整形　7—冷却　8—矫正机　9—探伤　10—飞锯

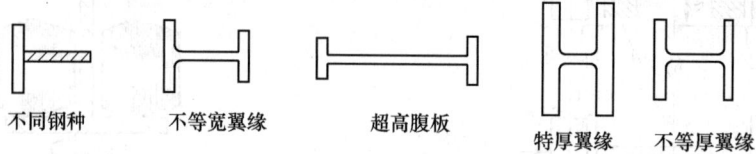

不同钢种　　　不等宽翼缘　　　超高腹板　　　特厚翼缘　　不等厚翼缘

图 25-31　高频电阻焊机生产型钢的类型[12]

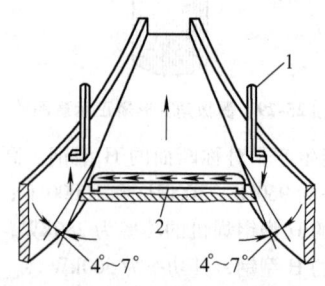

图 25-32　高频电阻焊接的电流导流图[7]

1—滑动触头　2—导流滑动触头

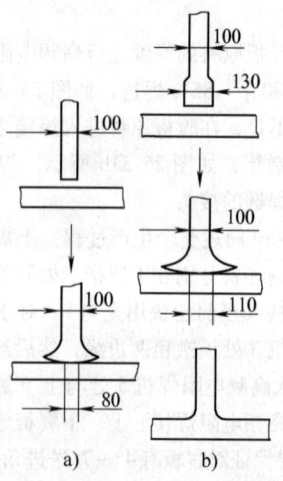

a)　　　　　b)

图 25-33　腹板两边缘焊前的冷镦粗[12]

矫正机 8 进行矫正，经对 9 处进行质量检查，最后按所需长度在飞锯 10 处切断即得成品。

腹板和翼板备料过程中，需用闪光对焊进行接料。为了保证整个机组能连续不停地运转，在闪光焊机的前后应设置活套，以贮存足够的长度维持送料的连续性。

25.3.3　箱形断面梁和柱的焊接

箱形梁的断面形状多为长方形，箱形柱则多为正方形。两者的基本特征均是由四块平板用四个角接头连成整体。与断面轮廓尺寸相比，梁的壁厚显得较薄，而柱显得较厚。为了提高梁或柱的整体和局部刚性以及稳定性，在其内部常设置肋板（又叫隔板）。梁内部的肋板形状和布置比较复杂，因而制造困难较多。

下面分别选择一典型的梁和柱介绍其制造要点。

1. 桥式起重机箱形主梁

（1）工艺分析与措施

主梁是桥式起重机中主要受力元件，图 25-34 所示是各系列梁中的一种。该梁制造的主要技术要求是：GB/T 14405—2011《通用桥式起重机》规定是：①主梁跨中上拱度 f_k 应为（0.9/1000 ~ 1.4/1000）L；②轨道居中正轨箱形梁及半偏轨箱形梁：水平弯曲（旁弯）$f_b \leqslant L/2000$；③腹板波浪变形，离上翼板 $H/3$ 以上的区域（受压区）波浪变形 $e < 0.7\delta_f$；其余区域 e 为 $1.2\delta_f$；④箱形梁及单腹梁上翼板的水平偏

斜 $C \leqslant B/200$；⑤箱形梁垂直偏斜 $a \leqslant H/200$；单腹板梁垂直偏斜值 $a \leqslant H/300$，如图 25-35 所示。

制造箱形梁的主要技术问题是焊接变形的控制。

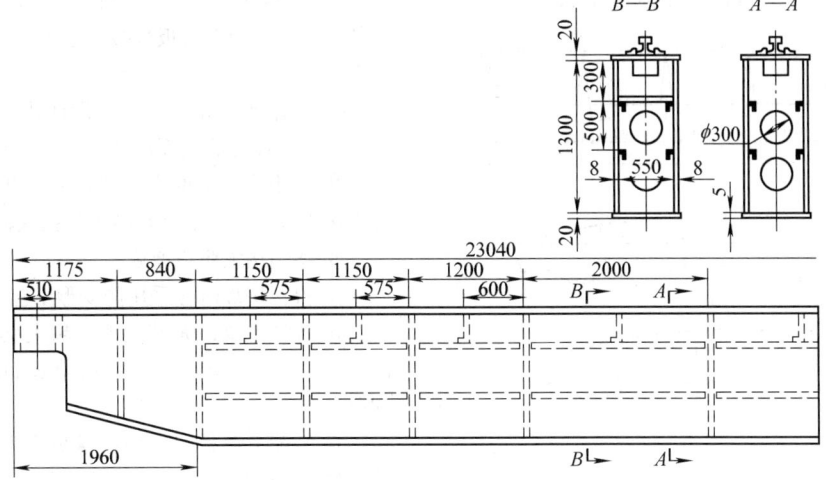

图 25-34　桥式起重机主梁的焊接结构[7]

（$Q = 50/10t$　$L = 22.5$）

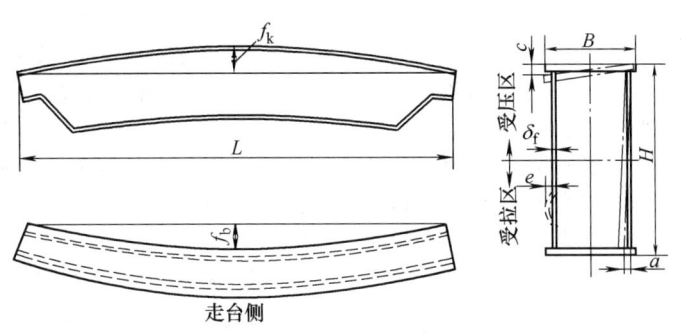

图 25-35　箱形梁制造的主要技术要求

从梁断面结构形状和焊缝分布看，断面中性轴左右基本对称，焊后产生旁弯的可能性较小，而且比较容易控制；对断面中性轴上下不对称的主梁，因小肋板都在中性轴上方，由于焊缝大部分分布在中性轴上部，焊后要产生下挠的焊接变形，这与设计技术要求上拱度是相反的。

箱形梁腹板与上下翼板连接的四条角焊缝焊接后，将在腹板中部和上下翼板处产生大面积焊接残余压应力。如果腹板和上下翼板较薄时，很容易受压失稳产生波浪变形，肋板与腹板、肋板与上下翼板角焊缝所产生的角变形，也将引起腹板和上、下翼板的波浪变形；肋板角焊缝在腹板和上、下翼板上引起的残余压应力与四条长角焊缝在腹板和上、下翼板上引起的残余压应力相叠加时，将会加大已经产生的波浪变形；腹板拼接焊缝，尤其超大型箱形梁，腹板高达

2200～2500mm，腹板拼接纵缝和横缝均将引起腹板的波浪变形。

因此，制造主梁须要解决的主要问题是防止下挠并保证获得技术要求的上拱度，其次是减少波浪变形。

在主梁制造过程中要获得上拱度 f_y 的方法很多，根据国内外生产和使用的经验认为：合理而又可行的办法是在腹板上预制上拱度。即在备料时，预先在腹板上做出上拱度，然后投入主梁的装配和焊接。

在腹板上预制上拱度 f_y 的数值应大于技术要求主梁上拱度 f_k。这是因为在制造过程中产生的下挠度要消耗掉一部分预制的上拱度。如何预制上拱度。则需要根据梁的结构形状、工厂生产条件以及所用的工艺程序等因素确定。例如制造偏轨箱形主梁时，有些工厂选取腹板预制上拱度值为 $(1.5/1000 \sim 1.7/1000)L$。

腹板上拱度 f_y 的制备方法与下料手段有关。如果用剪床下料，可按图 25-36a 所示方式制作。如果用气割下料，可按图 25-36b 所示方式制作，切出的上拱度具有较为圆滑或圆滑的抛物线形状。

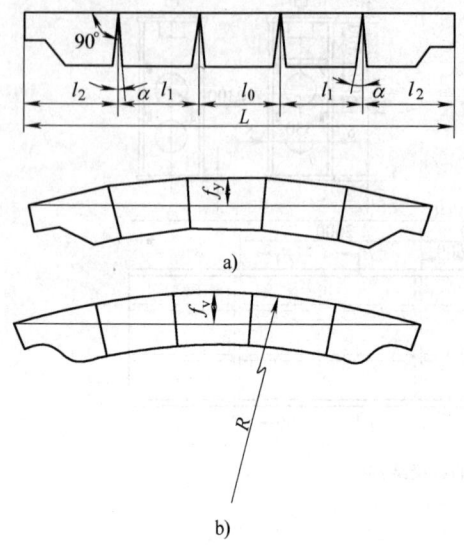

图 25-36　制备腹板上拱度的方法

采用焊后火焰加热梁的下部（工作时箱形梁承受拉应力部位）获取上拱度的技术措施不合理，要绝对禁止使用。制造过程中产品验收时，采用该法可以使产品达标，但对箱形梁的安全使用会带来致命的隐患，如 25.3.2 节中所述的原理，断面形状和焊缝布置不对称的箱形梁采用此法所获取的上拱度，会因载荷拉应力与梁下部火焰加热产生的高值残余拉应力相叠加，而使加热部位产生拉伸塑性变形，严重时会造成箱形梁的时效破坏。所以在制造过程中，要绝对

禁止在箱形箱工作时承受拉应力的部位进行气体火焰法矫形。

解决波浪变形问题，一般是从两方面入手：一是减少腹板焊后存在的压应力；二是减少腹板上肋板焊缝的角变形。减少腹板焊接残余压应力不利影响的措施有：

① 在保证焊缝连接强度设计要求条件下，最大限度地减少焊缝的截面尺寸。

② 选用能量密度大的焊接方法并采用适当合理的焊接参数，尽可能多地减少焊接热输入。

③ 适当增大腹板厚度。

④ 腹板拼焊时应采用防变形工艺措施。

⑤ 各种主梁，尤其大型、超大型主梁腹板的波浪变形，可用一条或多条纵向全长肋板减少其波浪变形。

⑥ 装配下翼板时，预制腹板产生拉应力，用以抵消腹板上产生的焊接残余压应力。

减少肋板角焊缝不利影响的措施有：

① 严格控制角焊缝截面尺寸和形状。

② 开坡口焊接角焊缝。

③ 选用能量密度大的焊接方法，如 CO_2 焊。

整个主梁装配和焊接的一般程序，如图 25-37 所示。箱形梁内的焊缝最好采用半自动 CO_2 焊，板料拼接和四条纵向长直角焊缝则应采用自动 CO_2 焊、埋弧焊、脉冲埋弧焊或多丝埋弧焊，如图 25-38 所示。

（2）流水线生产主梁的实例

这里介绍生产桥式起重机主梁流水生产线上几个主要生产环节及其所用的装备，如图 25-39 所示。该主梁的主要焊缝采用埋弧焊和在腹板上预制上拱度。

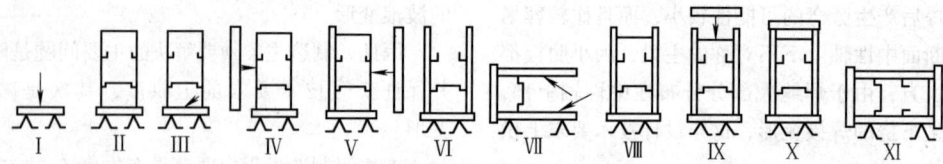

图 25-37　主梁装配的焊接的一般程序[7]

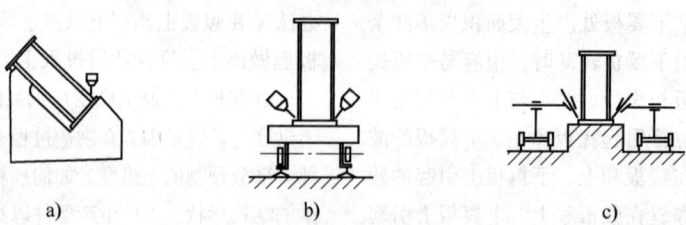

图 25-38　箱形主梁长纵向角焊缝自动焊接
a)"船形"位置单机头自动焊　b) 平焊伞置双机头自动焊（工件移动）　c) 平焊伞置双机头自动焊（机头移动）

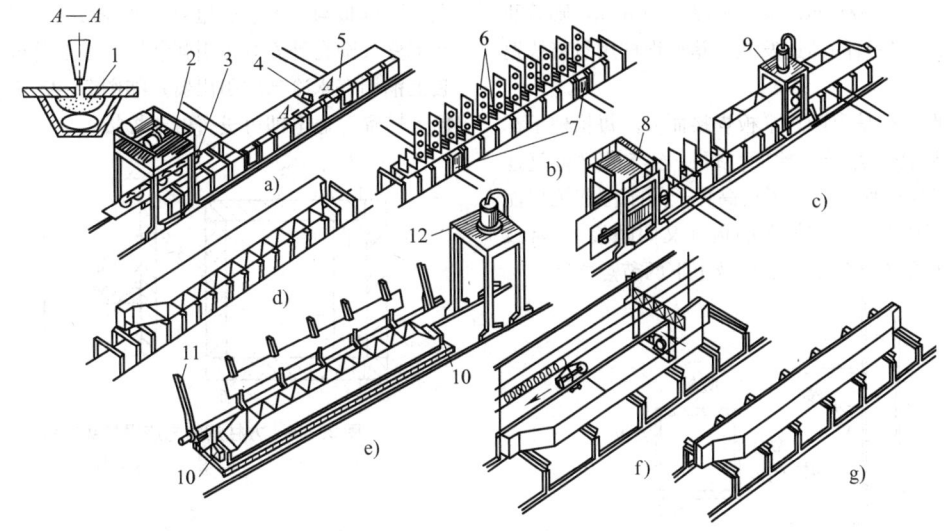

图 25-39　主梁在流水线上的装配与焊接[7]

1—焊剂垫　2、8、9、12—行走龙门架　3—真空吸盘　4—焊接机头　5—上盖板
6—肋板（隔板）　7—小车　10—液压千斤顶　11—翻转机

在图 25-39a 处用埋弧焊机焊接机头 4 焊接上盖板 5 的拼接焊缝（内侧），龙门架 2 通过真空吸盘 3 把上翼板送至拼焊地点。在图 25-39b 处装焊大小肋板 6。在图 25-39c 处龙门架 8 运送和安装腹板，其装置示意图如图 25-40 所示。再由龙门架 9 上的气动夹紧装置使腹板向肋板和上翼板贴紧，然后定位焊。在图 25-39d 处有两个工作台同时工作。主梁翻转 90°处于倒置状态后，焊接腹板里侧的拼接焊缝和肋板焊缝。焊完一侧，翻转工件 180°再焊另一侧。在图 25-39e 位置装配下翼板。用油压千斤顶压住主梁两端，再由翻转机 11 送进下翼板（图 25-41），在龙门架 12 的气动夹紧装置的压紧下进行定位焊。全部定位焊后松开主梁，然后焊接上翼板外面的拼接焊缝，在图

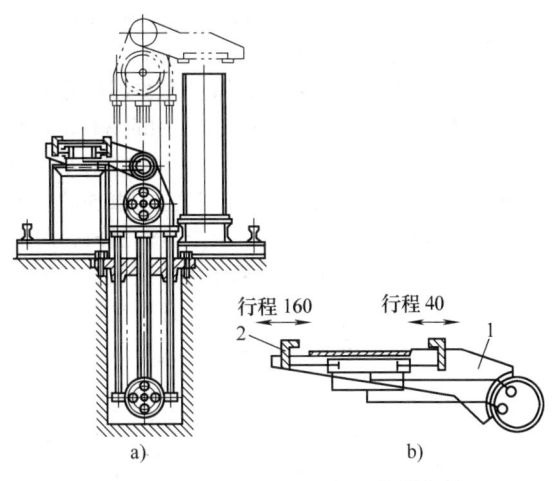

图 25-41　主梁下盖的翻转装置[7]

1—摇臂　2—气动夹具

25-39f 处焊接箱形主梁外侧的纵向角焊缝和腹板的拼接焊缝，在图 25-39g 处进行质量检查，整个箱形主梁即告完成。

2. 高层建筑钢结构箱形柱的焊接

在高层建筑的钢结构中，钢柱一般设计成方箱形的结构。例如，我国京城大厦高 180m，地面 52 层，使用的箱形柱断面尺寸，最大为 750mm×750mm，壁板厚 70mm。北京电视中心综合业务楼，楼高 236m，钢结构框架高达 227m；上海环球金融中心，地上 101 层，楼高达 492m；北京国家体育场平面尺寸 332m×296m，所使用的箱形构件最大截面尺寸为 1200mm×1200mm、1000mm×1200mm，最小截面尺

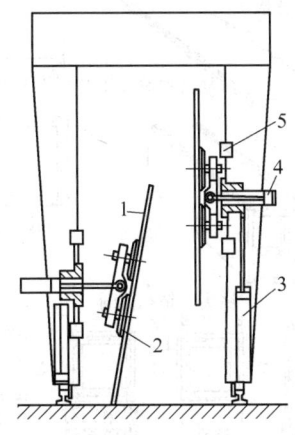

图 25-40　运送和安装腹板的机械装置

1—梁　2—吸盘　3、4—液压缸　5—垂直导向装置

寸也达 600mm×600mm，最大板厚达 110mm。随着我国高层钢结构建筑的高速发展，箱形钢柱用量将快速大量增加。

方箱形的柱是由四块平板焊接而成。每根柱子都较长，它常贯穿若干层楼面，每层均与横梁垂直连接，如图 25-42 所示。为了提高柱子的刚性和抗扭能力，在柱子内部设置有横向肋板（又叫隔板）。常设置在柱子与梁连接的节点处以及上下两节点之间。

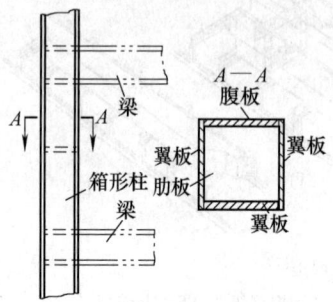

图 25-42　方箱形柱的焊接结构[10]

钢柱用的材料多采用高强度钢，我国多用 Q235、Q345A、Q345GJD、Q460E—Z35、QS20Mn5V 等，日本用 SM50A。这些钢焊接性良好，具有较好的抗裂性。

根据方箱形柱子的结构形式和所用的材料，一般说，焊接生产并不困难。但是，由于柱内空间小，四个角接头的焊缝都须从外面进行焊接。其接头坡口形式一般按图 25-43 所示准备。要求全焊透时，用图 25-43a 所示的结构，里面采用永久性垫板。一般使用 CO_2 焊或埋弧焊。当壁厚较大，且处在较低气温下焊接时，应适当采取预热措施。

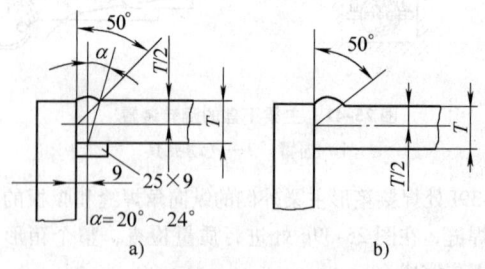

图 25-43　方箱柱壁板角接头的坡口形式[16,17]

遇到最大的困难是横向肋板与壁板连接的四条焊缝的焊接问题。由于柱内空间小，只能焊接其中三条，最后一面的焊缝如何施焊成为厚壁方箱柱生产中的一个技术难题，日本是采用熔嘴电渣焊方法解决的。我国也已在采用。具体做法如图 25-44 所示。先把肋板做得窄些，目的是使其端部与壁板之间留出焊道。在肋板端部两侧焊上贴板，这样安装最后一块壁板时，就在肋板与壁板之间构成一个方形孔道。在

上、下壁板与该方形孔道对应处各钻一小圆孔。最后在下壁板圆孔处安装上引弧装置。在上壁板圆孔处安装上铜制有水冷却的引出器，如图 25-45 所示。这样插入熔嘴，通电即可进行电渣焊接。

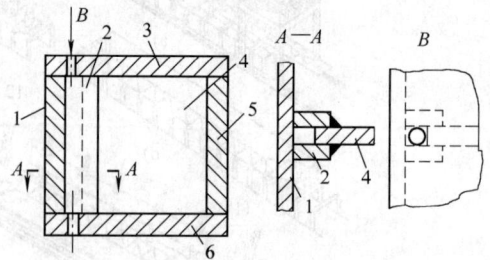

图 25-44　方柱熔嘴电渣焊接头准备[16]
1、5—腹板　2—贴板　3、6—翼板　4—隔板

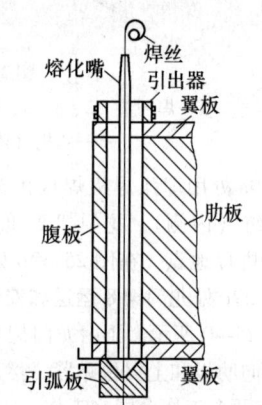

图 25-45　方箱柱熔嘴电渣焊接装置[16]

电渣焊接热输入大，单侧焊接会引起柱的弯曲变形，所以实际应用上是肋板两侧对称使用熔嘴电渣焊。目前日本对肋板四面的焊缝均已采用熔嘴电渣焊接方法连接，如图 25-46 所示。肋板和上下壁板的边

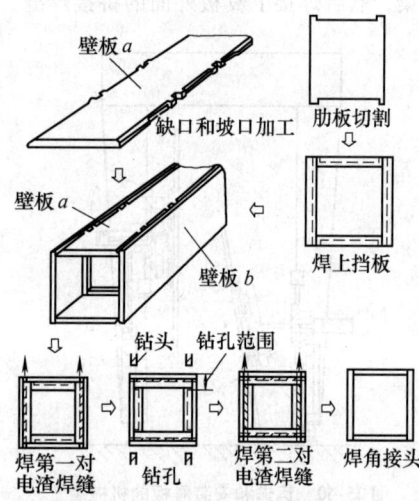

图 25-46　方柱肋板四面电渣焊接方法程序[18]

缘根据电渣焊接的要求都预先加工好，生产效率高。

　　厚板、大型或超大型方箱形柱的四条长角焊缝，可以采用粗丝 CO_2 焊或 MAG 焊，也可以采用多丝埋弧焊或热丝埋弧焊等高效率高熔敷率焊接方法。

　　为了确保等截面箱形柱或梁的直线度。要使两条焊缝同时同方向施焊，四条焊缝如为多道焊，先焊两条焊缝应比后焊的焊缝层数多几层。

25.4　车辆板壳结构的焊接[19,33]

25.4.1　轨道车辆车体（厢）的焊接

　　目前我国在制的机车和客车车体分别由结构（耐候）钢、不锈钢和铝合金制造。三种材料制造的轨道车辆车体（厢）均是全焊结构。车体由顶棚、侧墙、门墙和端墙组成。车体总成与车架装配焊接在一起即组成全焊车厢结构。我国一般结构钢和不锈钢制造的车体均为格栅骨架，如图 25-47 所示。顶棚、侧墙、门墙和端墙等较大尺寸构件皆由格栅骨架及外蒙皮所组成，如图 25-47a 所示。格栅骨架由 Z 形冲压件组成。外蒙皮是厚度为 1.5～4mm 的钢板。为增大外蒙皮的刚度，常将外蒙皮压制起棱，如图 25-47b 所示。我国铝合金制造的车体，其顶棚、侧墙和端墙则是由一定刚度的空心型材拼焊而成。

　　1. 技术条件及难点

　　车体属板壳结构，它要求外形美观、平整，各个平面部件的尺寸和形状精度（尤其侧墙的平面度）要

求较高、部件互换性强、焊缝质量要求高，尤其快速和超高速列车，除技术要求外，车体还要求很高的气密性。各平面部件在格栅骨架上施焊外蒙皮的焊缝、格栅骨架间连接焊缝、车体（厢）总成的拼接长焊缝、均将引起车体外蒙皮的波浪变形。车体焊接变形，尤其侧墙外蒙皮波浪变形需要严格控制。

　　2. 车体部件的装配焊接[19,20]

　　车体分成四种平面部件分别制造，最后与底架一起装配焊接成整体车厢。这些平面部件批量生产的条件为控制其尺寸和形状精度及其互换性，需全部采用在夹具中装配和焊接。为有效控制车体尤其侧墙的焊接变形，外蒙皮与格栅骨架间连接宜采用双面电阻点焊，而格栅骨架间的连接，则宜采用细丝 CO_2 焊或 MAG 焊或钨极氩弧焊。为确保平面部件的焊接质量，提高其互换性和生产效率，应大力推广弧焊机器人焊接格栅骨架间的连接焊缝。

　　除铝合金车体各平面部件外，其他车体平面部件的装配和焊接，均在专用装配焊接夹具中进行，如图 25-48 所示。

　　该夹具由装配平台 2、两个装配门架 4 和焊机 1 等组成，如图 25-48a 所示。装配工作按下述步骤进行：首先在夹具上铺设蒙皮板，然后放置格栅骨架（Z 形冲压型材），用其压紧外蒙皮并使其预弯变形。外蒙皮的预弯，格栅骨架的定位均由装配门架上的支架 10 上所安装的一系列装配定位压紧器来完成，如图 25-48b 所示。门架可以沿装配平台纵向移动，移

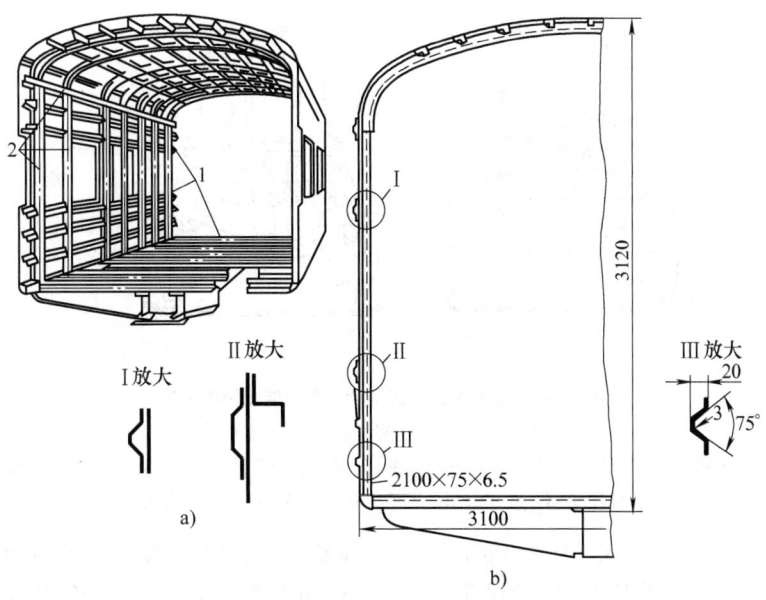

图 25-47　全焊客车车厢结构示意图

a）隔栅骨架及外蒙皮　b）压制起棱的外蒙皮板

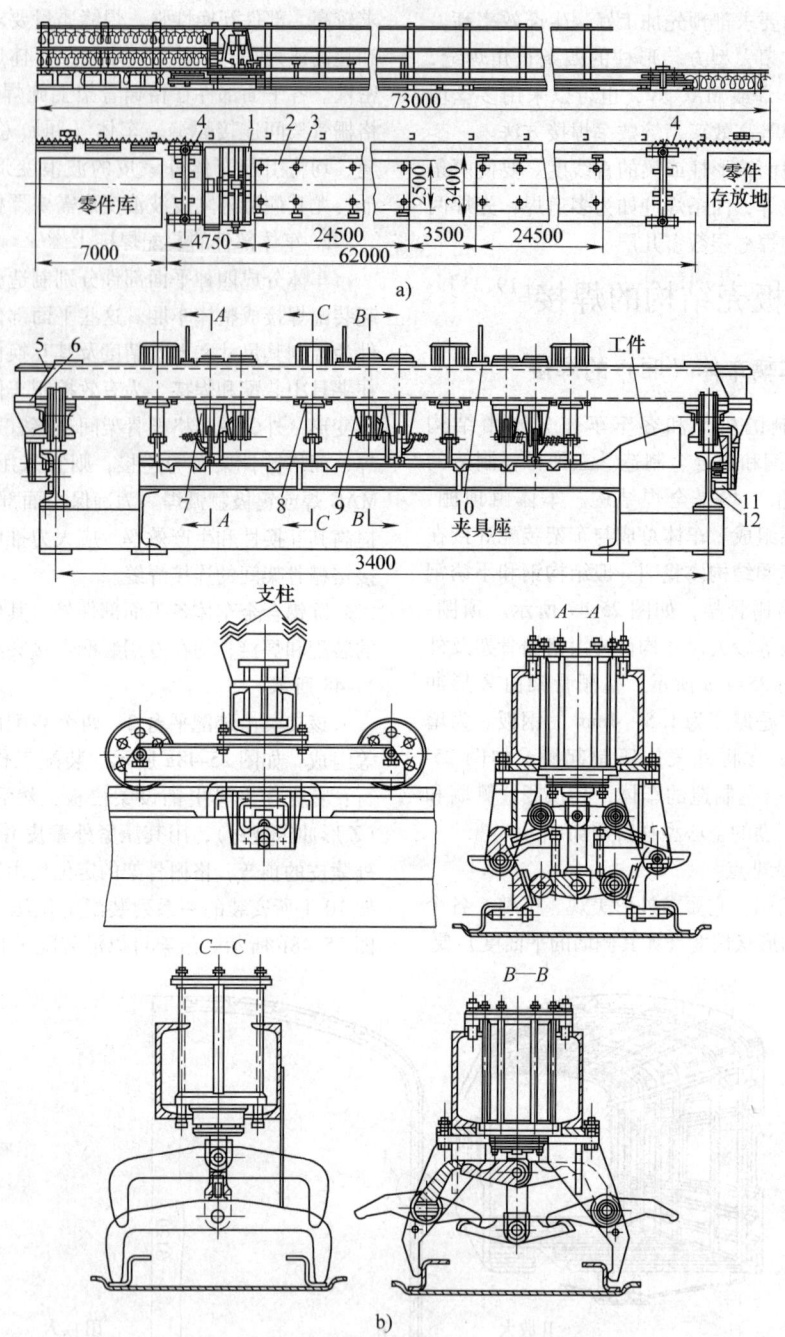

图 25-48　客车车体平面部件的专用装配焊接夹具

a）平面部件专用装配焊接夹具　b）装配门架

1—焊机　2—装配平台　3—气动杠杆压紧器　4—装配门架　5—门架　6—定位气缸

7、9—气动杠杆压紧器　8—气动压紧器　10—支架　11—定位机头　12—定位孔

动到设计规定的位置将其固定。用气缸 6 将带销子的机构 11 插入轨道下边工字钢中的定位装置 12 中。门架固定后，顺序动作气动杠杆压紧器 7 和 9，如图 25-48b 的 A—A 及 B—B、C—C，将格栅骨架与蒙皮压紧，并用气动压紧器 9 造成预弯，然后进行定位焊。定位焊之后，各压紧器恢复原位，门架移到下一个装配位置。

铝合金车体平面部件：顶棚、侧墙和端墙完全改变了目前车体的结构设计与制造方法。尽管不同车型其结构设计形式有所不同，但铝合金车体各平面部件均由轧制的空心长型材拼焊而成。由于焊缝均布置在铝合金车体各平面部件外表面，为控制其拼缝引起的内凹变形，需在装配焊接夹具中预制外凸反变形。铝合金车体各平面部件，国内外均已采用弧焊机器人实施焊接。

车体的各个平面部件的整体焊接变形，可以尽可能多地采用压型件来减少焊缝数量与长度，并在装配时预制反变形来控制。而由外蒙皮和格栅骨架构成的平面部件外蒙皮局部波浪变形的控制与消除却极为困难，只能在焊后采用矫形技术予以解决。

由外蒙皮和格栅骨架构成的车体平面部件，目前均采用整体装配定位后实施焊接。所以，格栅骨架间连接焊缝、格栅骨架与外蒙皮连接焊缝的收缩变形，将使外蒙皮产生压应力并引起失稳波浪变形。车体的总装焊缝、车体与车底架的连接焊缝，均将进一步引

起外蒙皮的失稳波浪变形。

外蒙皮与格栅骨架间的连接焊缝，应全部采用电阻点焊连接。制造中采用双柱电阻点焊机实施双面电阻点焊。纵向焊缝焊接时，三点电阻点焊机沿轨道纵向移动；横向焊缝则采用装在门架上、下的焊接装置沿门架的移动并实施同步焊接。点焊完毕，夹具起升支柱下降，焊机通过。

格栅骨架间连接焊缝，设计上应在确保焊缝的连接强度的前提下，尽最大可能减少焊缝数量和尺寸；工艺上，在确保焊接质量的前提下，最大限度地减少焊接热输入。为确保格栅骨架间连接焊缝质量，防止其被烧穿或未焊透，可以采用先进的焊缝熔透技术。

车体和车厢总成的连接长焊缝，宜采用高速焊或脉冲焊来完成。车厢的四条长直焊缝，在多品种且批量不大时，可以采用门架式单机头自动焊或单机头弧焊机器人完成；当车厢总成批量足够大时，国内外均已成功采用两机头或四机头弧焊机器人，如图 25-49 所示。

图 25-49　轨道车辆厢四机头弧焊机器人工作站

薄板（$\delta \leqslant 3$ mm）长直焊缝高速焊是焊接技术的发展方向，薄板高速焊可降低焊接热输入，减少焊接变形和气孔缺欠，还可能有利于接头区金属组织和力学性能。

车体波浪变形只宜采用气体火焰法矫正。单纯的气体火焰法矫形、多孔压板气体火焰法矫形，国内外均已弃用。国内外目前大量采用水冷却—气体火焰法矫形。此法极其重要的技术关键是要把气体火焰加热所产生的压缩塑性变形值使其达到最大值，且要严格

地控制在最小的区域内，从而获得最好最大的波浪变形矫形效果。采用水冷却—气体火焰法矫形，完全可以高效率、高质量地矫正车体外蒙皮所产生的失稳波浪变形。

25.4.2　铁路货车的焊接

C62A 型敞车是全焊结构，它是由车体和底架组成。车体由侧墙、端墙和门墙组成，而底架上面铺以金属板（厚 8mm）。车体与底架是敞车的主体结构。

1. C62A 型敞车端墙和侧墙的装配和焊接

C62A 型敞车有两个端墙和两个侧墙。侧墙焊缝总长约 241m；端墙焊缝总长约 78m。侧墙和端墙全部由冲压的非标准型钢和钢板拼焊而成的。端墙结构如图 25-50 所示，它是由角柱、端墙壁（端板）、型钢横带和篷布护铁（槽钢）等组成的。它是一个平面结构，为增加其刚度，端墙壁上焊有型钢横带，端墙上部还焊有槽钢篷布护铁。端墙尺寸和形状精度要求严格，要求有很强的互换性。

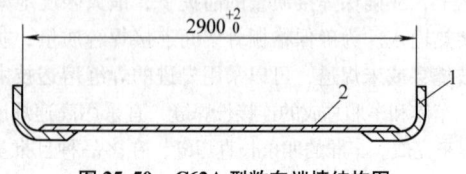

图 25-50　C62A 型敞车端墙结构图
1—角柱　2—端墙壁

侧墙构造较复杂，它由侧柱、横柱（与底架横梁相对应）、枕柱（与底架的枕梁相对应）、门柱等冲压型钢、侧墙板、加强板、斜撑角钢、侧柱连铁（槽钢）、上侧梁（槽钢）等组成。

为了保证焊件的尺寸精度，提高装配焊接效率和焊接质量，批量生产的侧墙和端墙均在装配焊接翻转机上实施装配和焊接，定位与夹紧采用气动机械，零件上料后，一次实现装配、夹紧及定位焊。然后起动翻转机使焊缝位于最佳施焊位置（大部分焊缝采用下行焊接）。焊接方法采用焊条电弧焊或半自动 CO_2 焊或弧焊机器人焊接。

2. C62A 型敞车底架的装配和焊接

C62A 型敞车底架，如图 25-51 所示，是由中梁 1、枕梁 2、端梁 3、横梁 4、侧梁 5、小横梁 6 和前后丛板座、上心盘、底架板等组成。它是一个框架结构，其上铺设有平板（图中未示出），先装底架框架，然后再铺设底架平板。

（1）中梁的装配和焊接

中梁是底架的脊柱，传递全部牵引力、冲击力和将底架上承受的全部垂直载荷通过上心盘传给转向架。中梁结构如图 25-52 所示。由图可见，中梁由两根 Z 形钢、隔板、下翼板和中间垫板等组成。中梁以中心线左右对称，全长为 12486mm，两心盘中心距为 $8700 \pm 7mm$，技术条件规定了前后丛板座距离、不平行度（这是安装挂钩及缓冲装置所必需的）及其对下平面的不垂直度（两者都不大于 1mm），特别要求中梁有 $25 \sim 30mm$ 的上拱度，全长旁弯不大于 6mm，每米不大于 2mm。

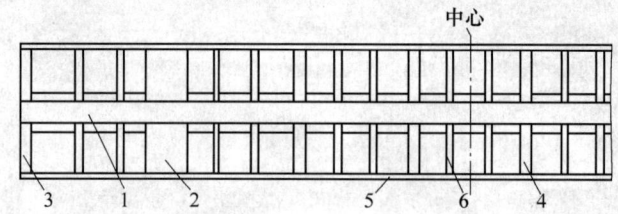

图 25-51　C62A 型敞车底架结构图
1—中梁　2—枕梁　3—端梁　4—横梁　5—侧梁　6—小横梁

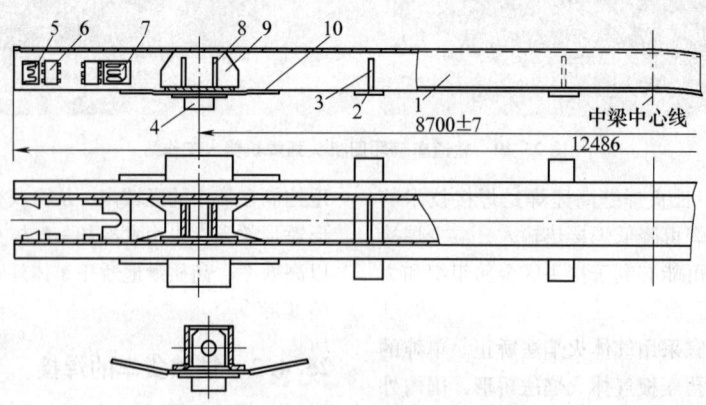

图 25-52　C62A 型敞车底架中梁的结构
1—中梁 Z 形钢　2—横梁下盖板（中）　3—隔板（横梁处）　4—上心盘　5—前丛板座　6—中间垫板
7—后丛板座　8—隔板（枕梁处）　9—补强板　10—下盖板（枕梁处）

中梁的生产工艺流程：中梁 Z 形钢调直下料，Z 形钢装配，Z 形钢之间内纵缝的焊接，装配各种零件（心盘座和丛板座），焊接、钻孔和铆接，最后焊接外纵缝、隔板和其他先行工序未能施焊的焊缝。中梁的尺寸和形状必须严格控制，尤其中梁的上拱度必须保证。中梁焊接时，由于 Z 形钢对接纵缝处于中梁的中性轴上部，焊接变形将引起中梁的下挠，故需借助装配夹具及机械装置的反变形才能达到上拱度的要求。

中梁的装配在生产线的专用夹具中进行。夹具保证两 Z 形钢的距离、对口处间隙、错边以及两 Z 形钢翼板的平行度；内纵缝的焊接在另一个焊接夹具中进行，其液压装置使中梁在进行埋弧焊前有 60～70mm 上拱反变形；枕梁下翼板、心盘座、隔板等零件的装配也是在专用夹具上进行的，以保证各种零件间的准确位置；两上心盘的位置公差（中心距为 8700mm±7mm）及平面度要求是比较严格的，故采用液压升降装配夹具装配上心盘。为提高钻孔效率，采用多头钻加工其上 116 个孔，心盘座和从板座采用液压铆接机进行铆接，隔板等零件的焊接是在双柱式焊接翻转机上进行的；将全部焊缝均转到方便施焊位置，并由翻转机上的夹具保证中梁有 20～25mm 反变形。中梁生产线共采用了 Z 形钢装配，内纵缝焊接、零件装配、心盘座焊接、上心盘装配、隔板焊接和外纵缝焊接等近 10 个装配焊接专用夹具和翻转机。

底架的中梁 Z 形钢内外纵缝和侧梁长焊缝，可视其批量的大小而分别采用单丝或双丝埋弧焊或粗丝自动 CO_2 焊。横梁、枕梁和端梁焊缝可以采用双机头自动 CO_2 焊或双机头埋弧焊，也可以在焊接变位机上采用弧焊机器人施焊。

从质量和成本控制角度出发，一个铁路车辆集团公司内部，可以组织各种结构尺寸和形状的横梁、枕梁和端梁的专业化的集中生产。

（2）底架的装配和焊接

C62A 型敞车底架结构如图 25-52 所示。底架中的中梁、枕梁、横梁、侧梁、端梁在各自的生产线中生产，然后总装成敞车底架。

工艺分析表明：底架左右对称，可以预计为保证侧架旁弯、对角线偏差≤10mm。同一横断面中梁与侧梁的高低差不大于 6mm，中梁应高于侧梁等要求。当采用合适的夹具进行装配时，焊接后达到上述要求困难不大，但要保证底架上的平板平直或稍有上拱却有较大困难，由于底架上的焊缝布置大部在其中性轴上部，必须采用分部件装配焊接工艺，大量采用专用装配焊接夹具并施以反变形，才能获得满意的焊接变形控制效果。

底架总装配焊接按以下步骤进行：在底架专用装配夹具上装配并定位焊各梁部件。大型装配夹具多为气动夹具，它们可以保证底架有 30mm 上拱度，全长（12500±5）mm、全宽（2900±2）mm、对角线差小于 8～12mm、侧梁旁弯小于 6mm；用半自动 CO_2 焊焊接各梁及其附属件相互连接的正面平焊缝和立焊缝。在专门的夹具上采用液压压紧及推撑装置装配地板，并保证装配好的底架有 50～60mm 的上拱度，并使地板与各梁紧密贴合。采用 CO_2 焊施焊地板正面焊缝。在底架大型焊接翻转机上，装配各零件并施焊底架反面所有焊缝。检查验收送交总装，底架总焊缝可以采用半自动 CO_2 焊或半自动 MAG 焊或弧焊机器人施焊。

25.4.3　载货汽车车厢的焊接

为了节省材料并增加载重汽车车厢的使用寿命，国产汽车车厢已全部改为钢结构。典型的车种如 CA141 或 EQ140 型载重汽车车厢均由车厢底板、左边板、右边板、前板和后板五大总成（部件）所组成，如图 25-53 所示。这五大总成分别在各自的装配焊接生产线上装配焊接，然后再总装成车厢总成。车厢的结构特点是薄板结构，其上焊缝多而短。

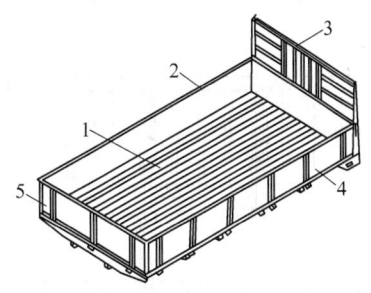

图 25-53　CA141 型汽车车厢
1—底板　2—左边板　3—前板
4—右边板　5—后板

1. 车厢左、右边板及后板的焊接

车厢左、右边板及后板总成的结构形状基本相同，差别仅在于后板总成的长度较短，仅为 2284mm。EQ140 型汽车边板结构形状和尺寸，如图 25-54 所示，它是由一块 1.2mm 厚的整体冷弯成形的瓦棱板，6 个 2.5mm 厚冲压成形的上页板、2 个 2mm 厚冲压成形的端包铁和 8mm 厚的冲制而成形的栓钩所组成，其焊接接头为搭接形式，焊缝总长约 3800mm。

车厢的边、后板总成的装配与焊接均在生产线中进行。根据装配工作量的大小和生产节拍的长短，将流水生产线划分为若干个工位，每个工位的工件均为

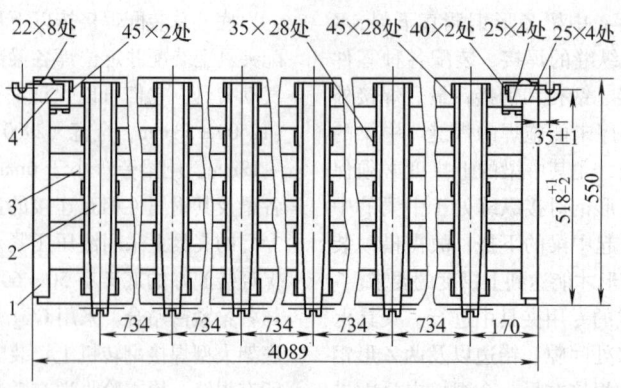

图 25-54　EQ140 型汽车边板

1—端包铁　2—上页板　3—瓦棱板　4—拴钩

气动夹紧并实施半自动 CO_2 焊。因瓦棱板较薄，所以，采用的是细丝短路过渡 CO_2 焊。常用焊接参数为：电弧电压 18～20V，焊接电流 110～130A，焊丝干伸长 10mm，CO_2 气体流量 500L/h。

2. 车厢前板总成的焊接

车厢前板总成，如图 25-55 所示。它是由两根槽钢前板边框、两根冲压槽钢中支柱、一根冲压槽钢前板上框、一根角钢前板下框、三根角钢前板中框、九根电焊管压制支撑杆和一块前盖板等组成。

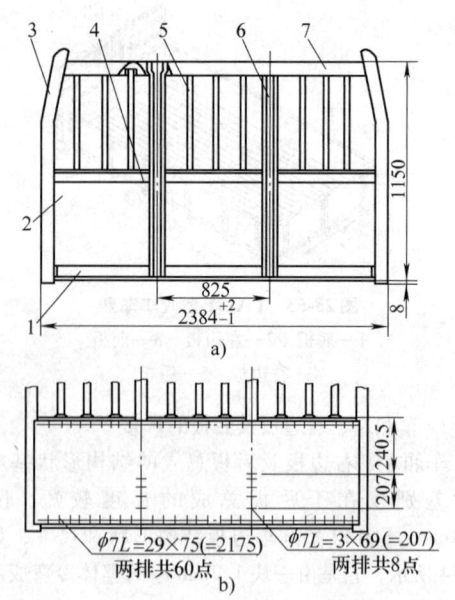

a)

b)

图 25-55　车厢的前板总成

a) 货厢前板外视图　b) 货厢前板内视图

1—前板下框　2—前盖板　3—前板边框　4—前板中框
5—支承杆　6—中支柱　7—前板上框

前板骨架与前盖板的连接，可以采用电阻点焊工艺，这样生产效率高，但设备投资大，而且焊点质量

不易保证（板厚比达 1∶3），故实际上是采用粗丝半自动 CO_2 点焊。采用 $\phi1.6mm$ 焊丝，采用的焊接参数：电弧电压 26～30V，焊接电流 400～430A。可获得每分钟 40 个焊点的高效率，而且焊点质量好，结合强度高。采用粗丝 CO_2 电弧点焊工艺，可以大大简化对装配焊接夹具设计要求，减少移位工作量和操作工人数量，明显地提高生产率和降低成本。

当生产批量增大或生产技术基础较好时，前板与骨架的粗丝半自动 CO_2 点焊也可以采用熔焊机器人。实践表明。国内合作研制的电弧点焊机器人已成功地用于生产，并取得较好的技术经济效益。我国载重汽车车厢的焊接，应大力推广应用粗丝半自动 CO_2 电弧点焊或电弧点焊机器人技术。

前板总成也是在流水生产线中的各种装配焊接专用夹具中完成装配焊接的。工件夹紧气动化，工件移位辊道化，骨架的短焊缝适宜采用 $\phi1.2mm$ 焊丝半自动 CO_2 焊。焊接电弧电压为 22～25V，焊接电流为 180～200A，也可以采用弧焊机器人施焊。

3. 车厢底板总成的焊接

车厢底板总成的结构，如图 25-56 所示。它是由两根纵梁、六根横梁、两根底板边框、一根底板后框、十块中底板等零部件组成。它是车厢主要受力构件，是一个比较复杂的焊接组合件。其尺寸和形状、焊接质量要求均较高。该框架结构板较薄（$\delta \leqslant$ 4mm），焊缝短，适合选择半自动 CO_2 焊或弧焊机器人焊接。

由于车厢底板总成是一个轮廓尺寸较大的金属焊接结构件，其焊接工作量很大，尽管都是短焊缝，也很难在少量工位中全部完成。目前都是按生产纲领的要求，将焊接工作量按生产节拍的要求，分别安排在不同工位来装配焊接，因而流水生产线的工位较多，生产线较长，占用车间面积较大。由于焊接工作量

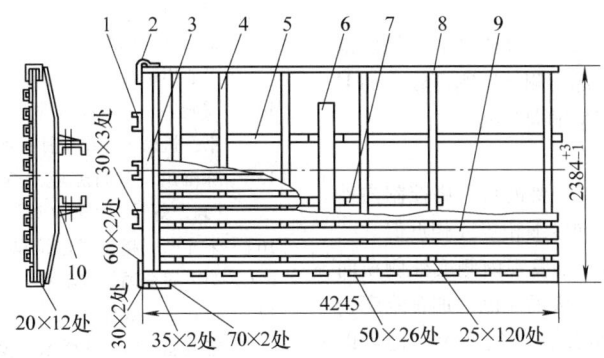

图 25-56　车厢底板总成

1—下页板　2—反光镜支架　3—后框　4—横框　5—左纵梁　6—小横梁及其支架
7—右纵梁　8—底板边框　9—中底板　10—连接板与铆钉

大，劳动环境并不理想，工人劳动强度较大。

在批量生产条件下。采用弧焊机器人技术是十分必要的，特别是在中底板与横梁之间有大量规则短焊缝，应首先采用弧焊机器人施焊。

25.5　大型机械加工件的工地装配和焊接

我国研制的大型真空容器，其上有两组06Cr19Ni10 材料的大型法兰。其中一组内径为 12m，外径为 12.43m（法兰厚度为 215mm），法兰高度 h 为 180mm。除密封面外，其余尺寸和形状精度均在工厂内加工完成。然后再在工厂内等分成八瓣，在法兰内外侧加工双 U 形坡口，在工地现场装配与焊接成符合技术要求的法兰。

25.5.1　大型法兰工地装配焊接技术要求

1）法兰材料：06Cr19Ni10。

2）法兰焊后密封面的平面度≤3mm。

3）法兰焊后 $\phi_内$ = 12m 的内径椭圆度≤3mm。

4）焊缝质量要求：X 射线探伤，全部为 I 级焊缝。

5）氦质谱真空检漏合格（焊缝 100% 检漏）。

25.5.2　施工方案

由于运输原因，半精加工完成的法兰，只能分解成八瓣（$\phi_内$ = 12m）或六瓣（$\phi_内$ = 6.5m）运往工地现场装配和焊接。

1. 分部件装配和焊接

（1）八瓣法兰

1）第一步　4 × (1 + 1) 瓣。

2）第二步　2 × (2 + 2) 瓣。

3）第三步　1 × (4 + 4) 瓣。

（2）六瓣法兰

1）第一步　3 × (1 + 1) 瓣。

2）第二步　1 × (2 + 2 + 2) 瓣。

2. 自由状态下焊接

全部瓣片置于平面基准上，可以自由在基准平面内膨胀、收缩和偏转位移。

3. 瓣片装配和焊接工艺

1）瓣片自由安放在平面基准上，并按设计尺寸和形状对坡口定位焊 2 点（上部、中部、下坡口不定位）。

2）内外焊缝前 10 层分四段由上至下分段退焊，焊缝 11～35 层由下至上直通焊。开始 10 层横向收缩上小下大，以后各层横向收缩上大下小，前后横向收缩相互抵消，致使焊口上下部横向收缩相等，用以控制密封面的平面度。

3）开始在非定位焊面（内面）始焊两层（分段退焊），在外面深清根，由上至下分段退焊两层。从第三层开始内外两侧对称施焊，通过控制坡口内、外侧的等值横向收缩（角变形）从而控制法兰的椭圆度。

4）每条焊缝的横向收缩通过坡口预留间隙来保证，所有坡口均按上述工艺执行。

4. 法兰平面度的控制

1）通过定位焊点数、顺序预制焊口上拱度。

2）通过前 10 层尤其前 2 层至 5 层获取焊口最大上拱度。

3）通过 11～35 层由下至上立向直通焊产生下挠度，抵消已经产生的上拱度。

4）当焊至 20～30 层时，如果上拱下挠不匹配，则辅之锤击焊缝法，调节上拱下挠的有效匹配，确保焊满坡口时，每条焊缝上下端横向收缩值相等。

5）严格控制前 10 层，尤其前 5 层焊层厚度，上薄下厚。

6）当内、外侧焊至 25～30 层时坡口上部仍残留一定下挠值时，可在坡口上部两侧加置刚度较大的 Ⅱ 形板，阻止上部焊缝继续产生横向收缩。

5. 法兰椭圆度的控制

1）前 10 层，尤其前 5 层，要极其严格控制内外侧焊层厚度，确保内外侧横向收缩相等或相近似。

2）当焊至 25～30 层时，如发现内侧或外侧横向收缩较大时，可在横向收缩较大的一侧，加置刚度较大 Ⅱ 形板。阻止本侧横向收缩的继续产生，也可以在横向收缩较大一侧对焊缝实施锤击矫形，减少本侧焊缝的横向收缩。

25.5.3 大型半精机械加工不锈钢瓣法兰的工地装配焊接技术水平

两组四件大型不锈钢分瓣法兰工地装配焊接的平面度与椭圆度均小于 3mm，其平面度和椭圆度控制均达到了世界先进水平。

参 考 文 献

[1] 田锡唐. 焊接结构 [M]. 北京：机械工业出版社，1982.

[2] 机械工程手册，电动机工程手册编辑委员会. 机械工程手册 [M]. 2版. 北京：机械工业出版社，1996.

[3] 中国劳动部. 蒸汽锅炉安全技术监察规程[M].北京：中国劳动出版社，1996.

[4] 中国劳动部. 压力容器安全技术监察规程[M].北京：劳动部锅炉压力安全杂志社，1990.

[5] 王政，刘萍. 焊接工装夹具及变位机械图册 [M]. 北京：机械工业出版社，1992.

[6] ТАУБЕР В А. 装配焊接夹具及机械装置 [M]. 北京：机械工业出版社，1982.

[7] Куркин С А，ховов В М，рывачук А В. ТЕХНОЛОГИЯ，МЕХАНИЗАЦИЯ И АВТО-МАТИЗАЦИЯ ПРОИЗВОДСТВА СВАРНЫХ КОНСТРУКЦИЙ [М]. АТЛАС，MOCKBA，МАШИНОСТРОЕНИЕ，1989.

[8] 冶金工业部建筑研究总院. GB 50205—2001 钢结构施工及验收规范 [S]. 北京：中国计划出版社，2002.

[9] ВИНОКУРОВ ВА. СВАРКА В МАШИНОСТРО-ЕНИИ [M]. СПРАВОЧНИК В МАШИНОСТРОЕНИИ，1979.

[10] КУРКИН С，НИКОЛАЕВ Г А. СВАРНЫЕ КОНСТ-РУКЦИИ. ТЕХНОЛОГИЯ И КОНТРОЛЬ КАЧЕСТВ-А В СВАРНОМ ПРОИЗВОДСТВЕ [M]. ВЫСШАЯ ШКОЛА，1991.

[11] 贾东安. 焊接结构及生产设计 [M]. 天津：天津大学出版社，1989.

[12] 曾乐. 焊接工程学 [M]. 北京：新时代出版社，1986.

[13] 王嘉麟. 球形储罐建造技术 [M]. 北京：中国建筑工业出版社，1990.

[14] 增渊兴一. 焊接结构分析 [M]. 张伟昌，等译. 北京：机械工业出版社，1985.

[15] 陈裕川. 窄间隙埋弧焊在厚壁容器制造中的应用 [J]. 焊接，1990（10）：13–18，（11）：10–14.

[16] 朱光熙. 超高层建筑箱型柱的熔化嘴电渣焊 [C]. 第二届全国焊接学术会议文集，1990.

[17] 费新华. 双丝埋弧焊在箱形柱制造上的应用 [C]. 第五届全国焊接学术会议论文集，1990.

[18] 溶接学会. 溶接. 接合便览 [M]. 东京：丸善株式会社发行，1990.

[19] 殷树言. 邵清廉. CO_2 焊接技术及应用 [M]. 哈尔滨：哈尔滨工业大学出版社，1992.

[20] 刘嘉，殷树言. 先进弧焊工艺与设备的发展动态 [C]. 2006 钢结构焊接国际论坛论文集，2006.

[21] 李桓，李辛呈，等. 石油储罐类钢结构脉冲埋弧横焊 [C]. 2006 钢结构焊接国际论坛论文集，2006.

[22] 王晓香. 我国焊接钢管制造技术装备的现状及发展展望 [C]. 2004 年中国国际钢管研讨会论文集，2004.

[23] 陈昌，王利树，等. 我国首条 UOE 钢管机组的引进、应用及其意义 [C]. 2004 年中国国际钢管研讨会文集，2004.

[24] 黄克坚. JCOE 焊管旋弯式成形工艺研究[R]. 华南理工大学、广州番禺珠江实业集团有限公司博士后研究工作站研究工作报告，2006.

[25] 李延丰，孙奇，等. JCOE 直缝埋弧焊管生产线的研发和应用 [C]. 2004 年中国国际钢管研讨会论文集，2004.

[26] 李东，黄克坚，等. 大厚壁直缝焊接钢管五丝埋弧焊工艺的开发与应用 [J]. 焊管，2007（3）.

[27] 黄克坚、刘泉雷，等. UOE 成形工艺在大直径焊接钢管生产中的应用 [J]. 锻压技术，2006（1）. 18–21.

[28] 王利树，黎剑峰. 焊接钢管机械扩径工艺和水压扩径工艺技术分析 [J]. 焊管，2006（4）：61–63.

[29] 林尚扬，陈善本，等. 焊接机器人及其应用 [M]. 北京：机械工业出版社，2000.

[30] 卢本，卢立楷. 汽车机器人焊接工程 [M]. 北京：机械工业出版社，2006.

[31] 陈善本，林涛，等. 智能化焊接机器人技术 [M]. 北京：机械工业出版社，2006.

[32] 张振纲，中国钢管行业的发展现状及展望 [C]. 2004 年中国国际钢管研讨会论文集，2004.

[33] 张铁滨. 焊接机器人系统在铁路机车车辆牵引梁、转向架构架部件焊接上的应用[C]. 2006 钢结构焊接国际论坛论文集，2006.

第26章　焊接结构生产的机械化和自动化

作者　钟国柱　**审者**　林尚扬

26.1　概述

我国焊接结构生产技术，近几十年来发展非常快，结合国内研制和国外先进技术引进消化，焊接生产机械化和自动化水平有了非常明显地提高。特别在锅炉、重机、炼油化工、汽车、铁路、起重、工程机械航空和航天等行业中，有些已有突破性的进展。如重型机械、炼油化工行业中的厚壁容器窄间隙埋弧焊全套机械化焊接中心；轧辊堆焊机械化流水线；封头球面堆焊数控化；筒体内带板堆焊机械化焊接中心；管对板全位置自适应自动氩弧焊；汽车车身分总成焊接生产线；车身总成设有焊接机器人 PLC 控制的装焊生产线；焊管行业中，UOE、JCOE 直缝埋弧焊接钢管生产线；工程机械行业中，大部分部件如挖掘机斗杆、动臂、X 架、转台和油箱等的弧焊机器人焊接中心；汽车起重机吊臂多机头自动 CO_2 焊生产线；支腿弧焊机器人焊接中心；锅炉行业中，由 12 机头或 24 机头锅炉膜式壁焊接生产线；锅炉蛇形管焊接生产线和各种大型工程机械装配焊接机械化与自动化等。其中如锅炉膜式壁生产线的制管技术水平和各种大型工程机械生产机械化和自动化等不少项目，均已跨入当前世界先进水平的行列。

与技术发达的国家比较，我国在某些方面还存在较大的差距。特别在中小企业中，焊接产品量大面广，而资金有限，焊接机械化和自动化水平很低，甚至有些仍处于手工作业状态，急需加速改造，以适应当前我国国民经济建设迅速发展的需要。

在焊接生产中，纯焊接时间仅占焊接结构件装配焊接总时间的 25% ~ 30%，其余均为组装、零部件运输、焊机或焊件变位等辅助时间。如何提高焊接结构生产效率，出路在于提高焊接全过程的机械化和自动化水平。

从国内外生产经验得知，提高焊接机械化自动化水平，首先必须大力推广先进的自动、半自动焊接工艺和焊接变位机械（如焊接变位机、焊接操作机、滚轮架、回转台、翻转机等）的应用，建立单元焊接机械化中心，如筒体焊接中心，由焊接操作机、滚轮架、机头、电源、焊剂送给和回收装置，以及控制系统等组成。组建集约化焊接生产工段（生产线），如中直径管体焊接生产工段（生产线），把下料、成形、组装、焊接、检验等步骤有机联系起来，提高机械化水平。根据企业生产规模、产品品种、批量和资金情况，还可组织不同水平的生产流水线、自动线或柔性生产线。在大批生产企业中，可建立高水平的自动线，在各工位上采用高效定位夹具，焊接机器人，全线动作按编程进行，电脑控制，生产过程通过工业电视监控，各种焊接参数通过数显装置显示并记录。

在进行焊接生产技术改造时，除焊接生产自动化、装配机械化外，还需要对焊接生产全过程实施全面技术改造，尤其备料及零件运输的机械化与自动化改造。技术改造时，除必须考虑技术现代化、自动化和机械化外，还需考虑经济可行性，做到技术上先进、经济上合理，尽可能实施全面配套的技术改造，但也应避免过分盲目追求大而全。关键技术与设备有必要时，仍需坚持引进国外成熟实用的先进技术与设备，其余配套技术则尽可能在国内配套。

对一些国内外均大量需求的焊接产品，如轨道车辆及其转向架、各种工程机械和汽车等，除满足国内大量需求外，还需全力争取满足国外的大量需求。为确保产品质量并争创世界名牌产品，这些产品的焊接生产的全过程的各个环节，均应采用国内外最新、最成熟和实用的先进技术来配套。

随着焊接变位机、焊接操作机、滚轮架的国产化、标准化、系列化和各种类型装配夹具专业化生产的供应，工厂不断进行技术改造，我国的焊接生产机械化和自动化水平将会不断完善和提高。

在国内焊接结构生产的机械化与自动化的实施，一定要根据国情、厂情、产品的种类和产量、产品的技术要求、产品制造的技术含量、经济性、可靠性；与产品制造有关的管理人员、工程技术和操作人员的素质和水平等，实事求是，量力而行。

产品为少品种，批量很大，其技术和质量要求也很高时，如年产 20 万辆以上的轿车、摩托车；批量较大的铁路和轨道车辆（机车、客车、轨道车辆、货车等）；各种工程和矿山机械（挖掘机、装载机、推土机、掘进机、汽车起重机）的装配工序宜采用性能可靠，操作方便的各类装配焊接夹具实施装配，并辅之以各种轻便传输机械。部分重要产品可以采用装配机器人，完成产品的精确装配工序；焊接工序则根据需要分别采用各种优异的半自动或自动焊设备与工艺、各种焊接机器人来完成。这两道工序的制造质量和生产效率，完全由各种机械装备和焊接机器人来完成。其他工序则依靠一定数量的机械装备和各类操作人员来完成。这类方案把人的各种不利影响，降至最低限度。

还有一种与上述模式不同的技术途径。产品质量不完全取决于最新先进设备，而是取决于管理、取决于人。产品生产管理处于第一位，人处于第一位。关键工序所用关键生产设备，采用适合这类产品的、可靠性（连续性）和质量稳定性最好、投资成本最低的设备，设备开工率长期处于 100%（最低也达98%）、焊接质量返修率也很低的带有伺服焊钳的点焊机器人、弧焊机器人和搬运、装配机器人；产品管理放在第一位：每一个工步、每一个工序，甚至每一个零部件供给和转移，都由中央计算机统一精确管理；一个年产 20 万辆轿车的六车型柔性生产线，可以是零切换时间的六车型单台柔性生产线；招收的生产工人（尽可能招中专生和技校生），进厂后首先进行三个月主动参与生产管理、敬业精神和生产技能等培训教育，使其具备 1～2 个，甚至 3 个工位（工步）熟练的操作技能；产品发生较难于修复的缺陷时，坚决予以报废；管理和工程技术人员，大多具有 2～3 年，甚至 5 年以上工作经历。

这种生产管理模式，已经在有关轿车企业中成功的应用。

较大板厚的长直焊缝或规则环缝宜选用各种类型焊接自动机。如果产品批量很大，焊缝质量要求严格时，则宜选用弧焊机器人；各类焊接构件均宜采用各类焊接变位机和焊接夹具，使焊接构件上各类焊缝均处于船形或平焊位置进行施焊。目前许多工程机械的重要构件就是采用焊接变位机变位，用半自动 CO_2焊和弧焊机器人共同完成焊接的。

薄板长直焊缝宜采用高速焊。中厚板长直焊缝则宜选用高熔敷效率焊接、粗丝自动 CO_2 焊、单丝、双丝、多丝甚至 5 丝自动埋弧焊、单丝、多丝窄间隙焊、热丝埋弧焊等。铝合金长直焊缝除采用现有的单面焊双面成形的方波、脉冲 TIG 焊外，还可采用等离子弧立焊或搅拌摩擦焊；大型储罐环向（横）焊缝，应该推广应用脉冲弧焊。中高档轿车的安全件，不同板厚件连接，镀锌板件可以采用激光熔焊、激光钎焊和等离子弧钎焊。

零部件移位和传输宜采用搬运车、平衡吊、悬挂式和轨道式传输机械；焊件较重时，也可以采用搬运机器人转移焊件，如轿车白车身装焊柔性生产线、车架和机仓等装焊生产线。各种起重机转运部件，大多

适用于单件、批量较小、重量较大的焊件。

焊接机器人类型的选择：目前国内轿车和工程、矿山机械等产品生产中，选用示教再现型带伺服焊钳的点焊机器人和弧焊机器人，已经可以满足目前焊接生产的需要。采用示教再现型焊接机器人进行焊接时，对其零部件的尺寸和形状精度、焊缝的位置精度，均有较高的要求。由于加工、装配和焊接，容易造成焊缝位置的变化，而焊接质量与可靠性等方面要求很高的产品，则宜选用具有一定智能化控制的自动机或焊接机器人进行焊接。如铝合金储箱椭球形封头的瓜瓣焊缝和封头堵盖环缝的 8 轴协调运动的 TIG 弧焊机器人工作站；又如铝合金铁路和轨道车辆车厢总成四条纵缝的门架式激光跟踪四机头弧焊机器人工作站。

为了确保焊接产品的焊接质量与可靠性，明显地提高生产效率，各种重要焊接产品施焊时，均应采取焊缝跟踪技术措施。可以根据产品的重要程度，焊缝跟踪可靠性，分别采用接触式传感器、电弧（摆动、旋转、双丝电弧）传感器、电磁传感器、超声波传感器、温度场传感器和视觉传感器等。根据焊接机器人视觉系统工作方式不同，可将用于机器人焊接的视觉传感器又分为结构光式、激光扫描式和直接拍摄电弧式。

26.2　焊接中心、焊接自动机和焊接生产线

发展焊接结构的单元或工位的焊接中心或焊接自动机，已经是我国焊接生产今后发展或技术改造的方向。焊接中心主要由焊接电源、自动焊机或焊接机器人、焊机（机头）变位机——焊接操作机，焊件变位机（滚轮架、回转台、翻转机或变位机）、焊接辅助装置（气动焊剂垫、焊剂自动送给和回收装置）焊缝自动跟踪和焊丝干伸长自动调节装置以及它们的综合电气控制系统等组成。而焊接自动机和焊接机器人则是实现焊接过程的机械化与自动化的机器。

现代焊接生产线应该是各种加工、装配、焊接、焊接质量的无损检验等中心和焊件的上料、卸料、焊件传输装置的综合组合体，即机电一体化；也可以是部分中心和焊件的上料、卸料、焊件传输装置的综合组合体。

26.3　中直径焊管焊接中心和焊接生产线

26.3.1　中直径管段纵缝焊接中心

产品对象：管段直径 ϕ400～ϕ1200mm，管段长

度 $L \leqslant 3m$，板厚为 $6 \sim 14mm$。

1. 管段内纵缝焊接中心

管段内纵缝焊接中心，如图26-1所示。它是由管段内纵缝焊接操作机、焊接滚轮架、内纵缝焊剂垫、管段气动顶出装置和电气控制系统组成。

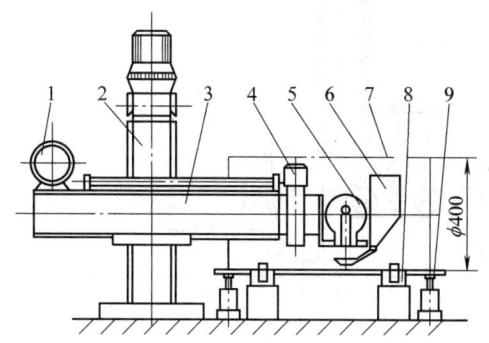

图26-1　中直径管节内纵缝焊接中心
1—焊丝盘　2—焊接操作机立柱　3—伸缩臂
4—机头调整机构　5—机头　6—焊剂漏斗
7—管节　8—焊接滚轮架
9—内纵缝焊剂垫

中直径管段内纵缝焊接中心的特点如下：

1）结构紧凑。严格控制焊接机头及其调整机构、焊剂漏斗等的结构尺寸，且能在一定范围内上下、左右灵活地移动，可满足最小直径为400mm管段的内部埋弧焊的要求。

2）焊丝进给采用拉丝式。送丝电动机在机头上，焊丝盘安装在伸缩臂最末端，通过绝缘软管将 $\phi 4mm$ 焊丝送入机头导电嘴。

3）采用了内纵缝焊剂垫技术，可以最大限度地采用高效焊接参数。

4）采用了焊剂自动回收技术。

5）伸缩臂前端设置了机头机动调整机构，既可手控机动实施焊缝跟踪和焊丝干伸长调，也可配以传感器和自动跟踪控制箱，实现焊缝的自动跟踪和焊丝干伸长的自动调整。

6）管段内纵缝施焊完毕，伸缩臂复位后起动开关，焊剂垫下降复位，起动推料气缸，将管段推出焊接滚轮架。

7）内纵缝焊接中心设置两套主、副控制盘和焊接手控盒。主控制盘和焊接手控盒设置在最便于焊工观察和操纵焊接全过程的位置处。

8）操作盘等控制系统，设置了安全自锁保护系统，以防错误动作影响焊接过程的正常进行。

9）内纵缝焊接中心实现了机电一体化。

2. 管段外纵缝焊接中心

管段外纵缝焊接中心由外纵缝焊接操作机、焊接滚轮架、管段顶推装置和电气控制系统组成。与内纵缝焊接中心大致类似。两者不同之处在于：

1）焊接机头处有足够大的活动空间，所以焊丝盘就近设置在伸缩臂靠近机头处。

2）适应 $\phi 400mm \sim \phi 1200mm$ 的管段，伸缩臂可随同滑座升降足够大的范围，所以外纵缝焊接操作机的立柱将比内纵缝焊接操作机加高 $600 \sim 800mm$。

26.3.2　中直径管段焊接生产线

在石油、化工和能源工业中，大量应用着各种直径管线和筒体，不少管线和筒体是由焊接管段拼焊而成。为确保焊接管段的制造质量，减轻工人的劳动强度，提高生产率，焊接管段应实现机械化和自动化生产。

（1）产品对象

一般为低碳钢和低合金结构钢。管段直径范围为 $\phi 400 \sim \phi 1200mm$；管段长度 $L \leqslant 3m$；管壁厚度 $\delta = 6 \sim 14mm$。

（2）技术要求

对全部内、外纵缝要进行100%的X射线无损探伤，焊接质量全部达Ⅰ级。

（3）中直径管段焊接生产线

该生产线是由待焊管段存料架、管段自动送进装置、管段内纵缝焊接中心、管段移位卸料架和外纵缝待焊存料架、管段外纵缝焊接中心、卸料架和电气控制系统等组成，如图26-2所示。

焊接生产线的机械化和自动化的水平与程度，关键在于焊件的上料、卸料、工位或工序间焊件的传输水平与程度。

（4）管段焊接生产过程

该生产线是焊接管段内、外纵缝焊接专用生产线。管段滚弯成形、装配定位焊合格后，用起重机吊置于存料架2上，存料架上的一批（4～5段）待焊管件可以在该生产线中连续不断地完成管段内、外纵缝的焊接。管件自动从存料架2上滚落到滚轮架7上，管段起动开关，挡料架自动返回，管段内纵缝焊接操作机施焊完毕伸缩臂归位后，起动开关控制卸料架10上升，卸料架到位后，其上开关控制推料气缸4把管段顶推入卸料架10中，管段进入10中起动其上开关控制10下降，管段落在外纵缝存放架中待焊；管段外纵缝施焊完毕，外纵缝焊接操作机伸缩臂归位后起动推料架11，管段被顶推出滚轮架，通过卸料架14滚入管段堆放场。卸料架14上开关控制推料架11归位。内、外纵缝在两个工位施焊，管段移位不

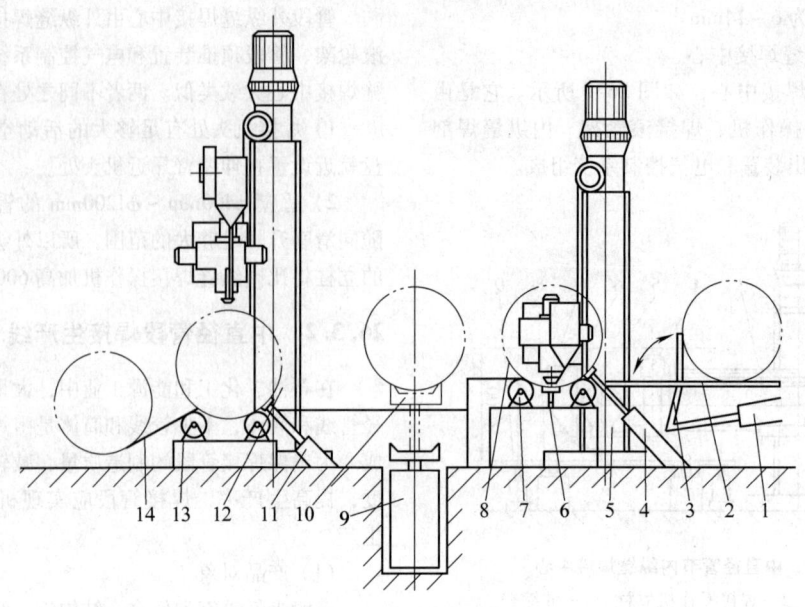

图 26-2　中直径管节焊接生产线

1—挡料气缸　2—存料架　3—挡料架　4—内纵缝推料气缸　5—管节内纵缝焊接操作机
6—焊剂垫及气缸　7—内纵缝滚轮架　8—管件　9—卸料气缸　10—卸料架　11—外纵
缝推料架　12—管节外纵缝焊接操作机　13—外纵缝滚轮架　14—卸料架

再使用起重机,大大缩短了移位辅助时间,明显地提高了焊接生产效率。

（5）管段焊接生产线的特点

见 26.3.1 节中直径管段纵缝焊接中心。

该生产线是功能较为齐全、控制水平较高的一条管段纵缝焊接生产线。

26.3.3　中直径管体环缝焊接中心

1. 管体内环缝焊接中心

由于管体长度不同,管体内环缝焊接中心则需采用不同形式。

（1）较短管体内环缝焊接中心

由于管体较短,可以采用管体轴向不移动,焊接时转动,由焊接操作机的伸缩臂移动方案。这类短管体内环缝焊接中心是由伸缩臂式焊接操作机、焊接滚轮架、内环缝焊剂垫台车和电气控制系统组成。

（2）细长管体内环缝焊接中心

为防止移位或焊接过程中伸出臂或机头抖动影响焊接过程的正常实施,细长管体内环缝最佳施焊方案,应选用机头固定不动而使管体移动的方案。细长管体内环缝焊接中心,如图 26-3 所示。它是由悬臂式焊接操作机、三维机头调整机构、机头自动跟踪和焊丝干伸长自动调整传感器及其控制系统、焊接滚轮架台车、内环缝焊剂垫台车、自动找缝装置、焊接电

源和电气控制系统等组成。

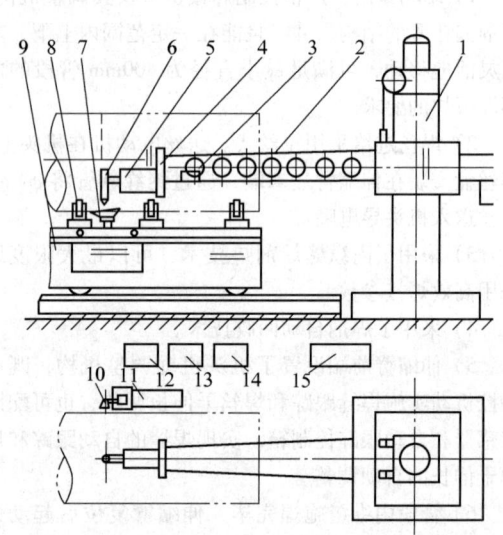

图 26-3　细长管体内环缝焊接中心

1—悬臂式焊接操作机　2—送丝机构　3—自动跟踪前置
放大器　4—三维机头调整机构　5—传感器　6—焊枪
7—内环缝焊剂垫台车　8—焊接滚轮架　9—焊接滚轮
架台车　10—焊缝找正装置　11—主操作盘
12—自动跟踪控制箱　13—主控制箱
14—焊接电源　15—混合气

该焊接中心适用产品范围：直径≥400mm,管体

长度 $L \leqslant 13m$，板厚 $\delta = 6 \sim 14mm$。细长管体施焊多条内环缝，要求焊接过程稳定，焊缝质量优良，技术难度较大。焊接方法选用 MAG 焊。该中心可以实现使焊枪自动寻找和跟踪焊缝，并且能够自动调整焊枪高度，按照合适的程序自动引弧焊接。收弧时，系统具有电流自动衰减、延时熄弧，延时闭气及焊枪自动抬起功能。焊接全过程实现程序自控。焊接操作系统的电气原理图，如图 26-4 所示。

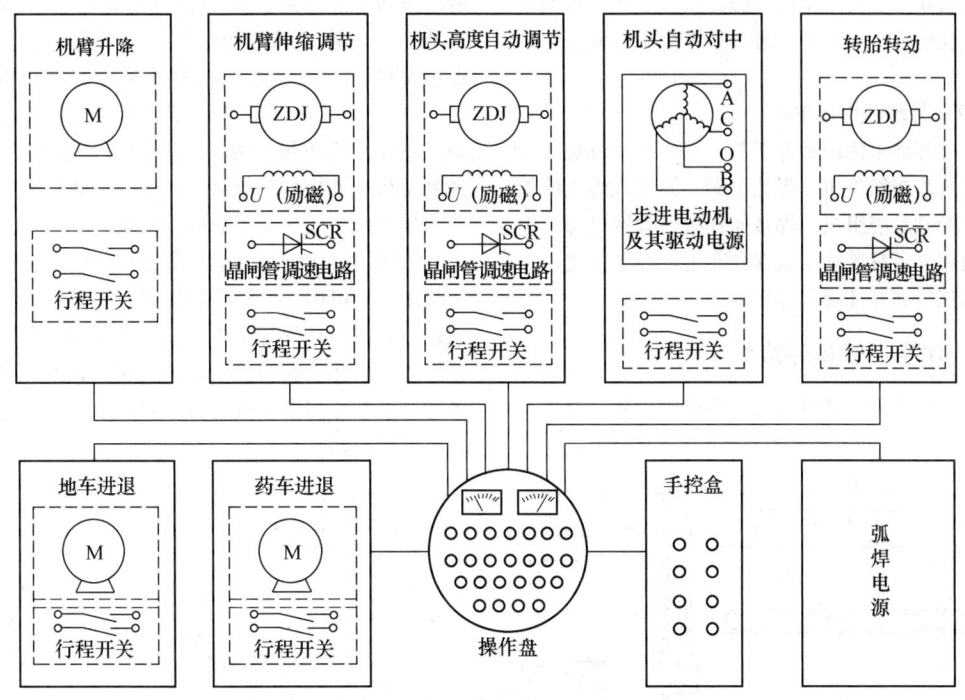

图 26-4　中直径管体内环缝焊接中心电气原理图

细长管体内环缝焊接中心主要设计特点：

1）管体细而长（直径 $\geqslant 400mm$，$L \leqslant 13m$）。所以，焊接操作机的伸出臂采用固定式悬臂结构，焊前准备时悬臂可以升降。

2）因尺寸受限，送丝机构 2 和自动跟踪前置放大器 3 均设置在悬臂内，机头（焊枪）调整机构 4 和传感器 5 均设置在悬臂的前端，它们都被严格地限制在直径 $\leqslant 400mm$ 管内自由活动，地面操纵盘处设置一个聚光灯 10，其聚光点指向焊枪活动范围的中间位置。当焊接滚轮架台车带动管体运行，将焊枪遮蔽在管体内时，可通过管体上的聚光点确定焊枪的位置。

3）该焊接中心功能齐全。操纵盘上有 8 个开关，22 个按钮，调节设备。操作者可以方便地观察、控制和调节设备的各种机动动作、气动动作和焊接参数，使设备处在最佳工作状态和最佳位置。

4）该焊接中心还有一套简单可靠的自动控制程序，工作时，焊工只需按动起动、停止、台车左右移动 4 个按钮，就能控制焊接中心完成管体内环缝的焊接工作。只有管体直径变化很大时，才需起动滑座升降按钮，调整悬臂的高度。

焊接工件时，先按下台车移动按钮，使操作盘聚光灯的光点落在管体待焊坡口位置，焊工即可按一下起动按钮，起动自动焊接程序：起动→机头自动下降至预调的工作位置→焊接滚轮架按预定的方向旋转→内环缝焊剂垫自动升起托在焊道背面→焊枪自动寻找焊缝中心并且保持对中（偏差在 ±1mm 以内）→起动焊机引弧程序→电弧引燃，开始正常的自动焊接过程。此时除了停止按钮外，其他各控制开关及按钮均失去人工控制功能，以免误操作影响焊接过程或损坏设备。

焊完一圈焊缝，焊工按下停止按钮即开始熄弧程序：停止→焊接电流开始衰减并逐渐熄弧→焊接滚轮架停止转动→焊剂垫自动落下→机头自动抬起 25mm→操纵盘各控制开关和按钮恢复人工操纵功能。熄弧后 25s 左右，可起动焊接滚轮架台车，将工件的下一条焊缝快速移至聚光灯的光点附近，再按起动按钮即开始另一条新坡口的焊接，其中辅助工作时间是非常短暂的。

5）该焊接中心设置有一台大而平稳的焊接滚轮

架台车,滚轮架转速就是焊接速度。焊接滚轮架采用带"码盘"的交流电动机高频调速电路,可使焊接速度既能无级调段,又有很强的补偿能力。即使负载或网路有很大变化,也能保证焊接速度稳定不变。焊接滚轮架台车上还有一个内环缝焊剂垫台车,焊剂垫准确地托住焊道,可采用合理焊接参数,以确保焊接质量。

2. 管体外环缝焊接中心

管体外环缝采用埋弧焊工艺。管体外环缝焊接中心由台车式焊接操作机、焊接电源、固定式焊接滚轮架和电气控制系统组成。焊接操作机、焊接电源、电气控制箱和操纵盘等均安装在台车上。焊工坐在台车上即可实施全部外环缝的焊接。

26.3.4　中直径管体焊接生产线

管体由管段内、外纵缝和管段间内、外环缝拼焊而成。

中直径管体:直径为 $400 \sim 1200mm$,管体长度 $L \leqslant 13m$,管体壁厚 $\delta = 6 \sim 14mm$。

管体生产线的工艺流程:

进厂钢板质量检查→钢板矫平→数控切割下料→管段滚弯成形并定位焊→管段内纵缝埋弧焊接→管段移位→管段外纵缝埋弧焊接→管段移位→管段纵缝质量检验→(返修)→管体装配与定位焊($L \leqslant 13mm$)→管体内环缝 MAG 自动焊→管体外环缝埋弧焊→管体环缝质量检验→(返修)→装配并定位焊加劲肋板→肋板自动焊接→总装→产品质量检验。

生产线性质为少量品种、批量生产。

管体焊接生产线一般由数控切割机、卷板机、进出料车、管段内、外纵缝焊接中心、管体装配定位焊工位、管体内环缝焊接中心、管体外环缝焊接中心和管体工业电视无损检验中心等组成,如图26-5 所示。各加工中心之间依靠进出料车和吊车联系,还没有实现机械化传输。

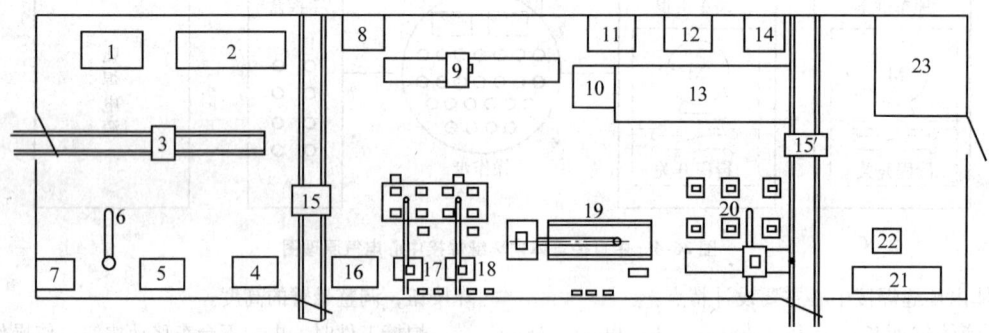

图26-5　中直径管体焊接生产线平面布置图

1—钢板矫平机　2—半自动切割下料区　3—进出料车　4、5—剪板机　6—摇臂钻床　7—砂轮机
8—数控切割机控制间　9—数控切割机　10、16—卷板机　11—硅整流焊接电源(10 台)
12—CO_2 焊接电源(6 台)　13—管体装配工位　14—马鞍形切割机　15、15'—进出料车
17—内纵缝焊接中心　18—外纵缝焊接中心　19—管体内环缝焊接中心　20—管体外环缝焊接中心　21、22—管体加劲肋板装配焊接工位　23—管体工业电视无损检测中心

管体焊接生产线的特点如下:

1) 焊接生产过程全部设备配套。下料、成形、装配、焊接和焊缝质量检验等均实现了集约化和机械化生产。

2) 焊接生产线的各专项技术也是配套的。

① 焊接操作机配套使用,既有内、外纵缝焊接操作机,也有内、外环缝焊接操作机,共计4 台套。

② 各加工中心本身也实现了技术配套,功能较为齐全,如内环缝焊接中心,配置了焊接滚轮架台车,其上又设置了机动内环缝焊剂垫台车,操作机悬臂端部设置焊缝自动跟踪和焊丝干伸长自动调整系统,内环缝实施了 MAG 焊等。

③ 生产线的一些专项技术包括:细长管体内环缝施焊采用操作机不动而管体移动的技术方案,有效地防止了机头抖动;管体台车上既配置焊接滚轮架,又配置机动内环缝焊剂垫台车,细长管体内环缝调头焊等更具有特色。

④ 管段焊接生产实现了移位程序控制气动机械化,既节省了工序辅助工时,又减轻了工人劳动强度,大大地提高了焊接生产效率。

⑤ 生产线中各加工中心,均实现了机电一体化控制。

⑥ 埋弧焊工位全部配置了焊接参数微机自动监测系统。

26.4 输油管道环缝焊接中心[7]

油田输油管道需求量极大,在工厂内首先将短管接长,然后运往工地铺设成焊接管道。国内不少工厂仍采用焊条电弧焊接管。此法劳动强度大、焊接质量不稳定且生产效率低。近年来发展了双层气流脉冲MAG焊新技术,研制出双层气流脉冲熔化极焊管机,并已在油田工厂内成功地使用,取得了良好效益。

1. 双层气流脉冲熔化极焊管机

它是由晶体管逆变脉冲电源、机头与 CO_2 及 Ar 气双层气流保护焊枪、机械夹紧、升降和转动装置、微机控制的电控柜等系统组成,如图 26-6 所示。

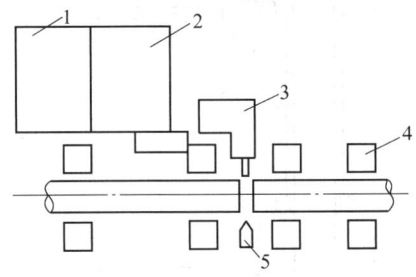

图 26-6 输油管道焊接中心
1—晶体管脉冲电源 2—微机控制的电控柜
3—机头与双层气流保护焊枪 4、5—机械
夹紧、升降、转动装置

1)焊接电源。晶体管逆变脉冲电源是单旋钮焊接电源。该电源还有较强的网路电压波动补偿能力。

2)机头与焊枪。焊枪采用双层气流保护焊枪。机头安装在机动十字形调整机构上,它既是焊枪粗调又是焊缝跟踪及焊丝干伸长调整的执行机构,既可手控电动,也可采用传感器自动控制。

3)管体的调位、夹紧与转动。它们是由管件夹紧滚轮组、传动系统、错边与间隙调整机构、管件升降机构和拨料机构等组成。

4)电控柜。该电控柜是由可编程序控制器和继电器组成。它可以实现管件的升降、夹紧、旋转、焊枪的升降、左右移动、焊接参数的选择、预置、调整、焊接程序的控制和水路、气路的控制等。焊接之前可以对各个动作分别进行调整,当调整完成后,只需按起动按钮,各种动作就可按预编程序自动进行,直至焊接完毕。

面板上设有焊层选择、正常参数和增大参数等旋钮,以适应不同壁厚管道的焊接和保证搭接接头处的焊透等。

2. 管件的施焊

焊接过程如下:管件由滚道处滚过来并被夹具托住、下降、人工调整错边和对口间隙、管件被夹紧、封底焊(旋转)、填充焊、盖面焊、停焊、松夹、管子上升和拨料机构将管子推出。全部动作由电动机和气缸完成。

3. 双层气流脉冲熔化极管道自动焊机的优点

1)焊接质量稳定可靠。

2)生产效率高、成本低。

3)自动化程度高,明显地改善了工人劳动条件,降低了劳动强度。

26.5 大直径容器焊接中心和焊接生产线

26.5.1 大直径容器筒(壳)段纵缝焊接中心

容器筒段纵缝一般均需双面施焊,特殊情况下也可单面施焊。

产品对象:直径 2000 ~ 4000mm,筒段长度 $L \leqslant$ 3m,板厚 $\delta = 6 \sim 16mm$。

通常容器筒体较长,由多节筒段组成,筒段纵缝的焊接工作量远小于筒体环缝,可根据车间生产量情况,纵缝焊接工位也可在环缝焊接工位上进行。只需移动焊接操作机,以节约投资和面积。

1. 组成

容器筒段内、外纵缝焊接中心,如图 26-7 所示。它是由三根伸缩臂组成的内、外纵缝焊接操作机、自调式焊接滚轮架、焊接电源、内纵缝焊剂垫、焊剂自动回收装置和电气控制系统等组成。

内、外纵缝焊接操作机的一根主柱上设置了三根伸缩臂:下伸缩臂通过滑座固定在立柱上,上滑座可沿立柱导轨带动上伸缩臂和伸缩托臂升降,上、下伸缩臂可有两种速度:快速和焊接速度。快速伸缩用于调整位置,可节省辅助时间,焊接速度可根据施焊需要稳定而无级调速。该焊接中心,先由下伸缩臂施焊内纵缝,再由上伸缩臂施焊外纵缝。内纵缝焊接时,需配置内纵缝焊剂垫和焊剂自动回收装置。两种伸缩臂端部均配置了机动焊缝跟踪和焊丝干伸长调节装置,再配置相应的传感器即可实现焊缝的自动跟踪和焊丝干伸长的自动调节。筒段较窄或较薄,直径又较大时,筒段柔度较大,所以设置了伸缩托臂,焊接外纵缝时可以支承筒段,以确保埋弧焊起弧和焊接过程的稳定性。该焊接中心配置了两套操作盘,在上伸缩臂端侧和下伸缩臂对侧均可控制操作机和滚轮架、焊剂垫的各种动作和实施焊接。为了节省设备投资,该焊接中心用一台焊接电源通过自动转换电路可分别施焊

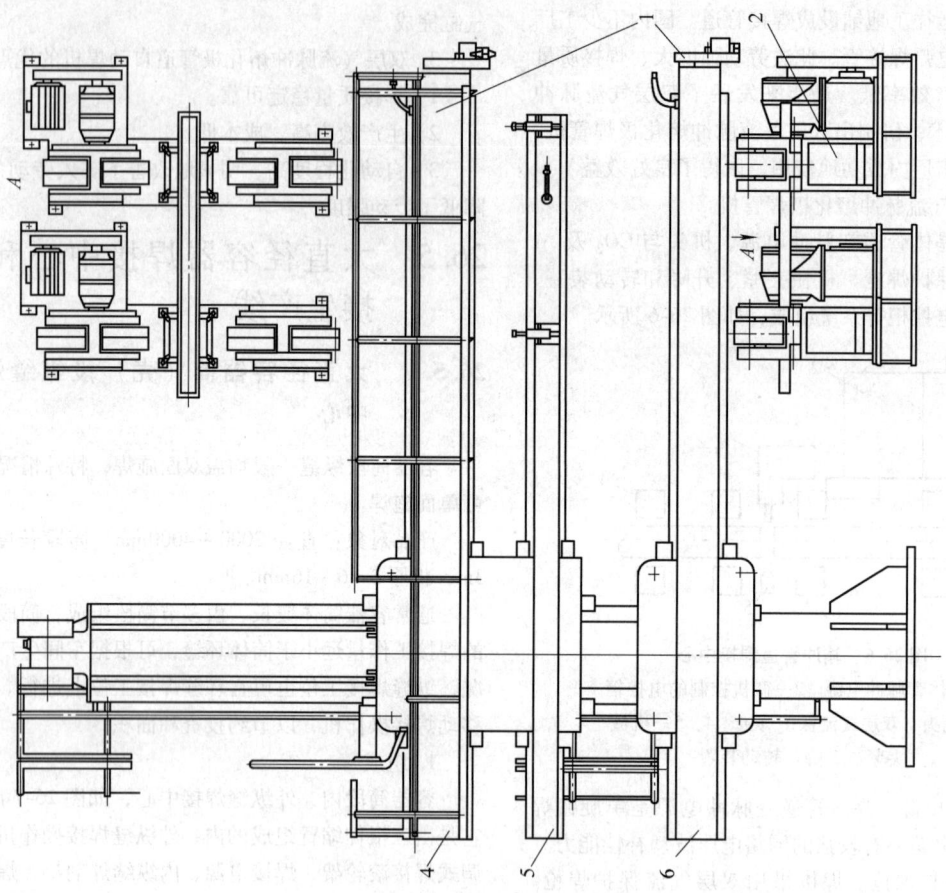

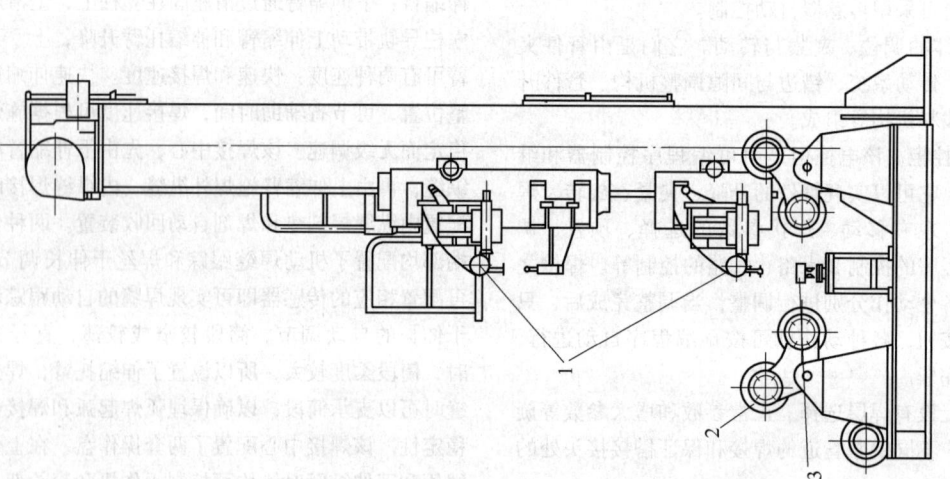

图 26-7　容器筒段内、外纵缝焊接中心

1—容器内外纵缝焊接操作机　2—自调式焊接滚轮架　3—内纵缝焊剂垫　4—上伸缩臂　5—伸缩托臂　6—下伸缩臂

内、外纵缝，用一台步进电动机驱动电源分别控制上、下伸缩臂端部的焊缝跟踪执行机构。

2. 筒段内、外纵缝焊接

单个筒段被吊入该焊接中心的自调式滚轮架上，滚轮架转动使筒段焊缝基本对正焊剂垫中心线，焊剂垫升起托紧筒段，装焊引弧板、引出板，移出下伸缩臂，做好焊前准备。按下起动按钮实施内纵缝焊接。停弧终止焊接后，自动回收焊剂，移回下伸缩臂，落下焊剂垫，转动滚轮架使筒段焊缝移至上位。移出伸缩托臂托紧筒段，移出上伸缩臂，边移边对缝，做好焊前准备，施焊外纵缝。终止焊接，回收焊剂，移回上伸缩臂和伸缩托臂，筒段内、外纵缝施焊完毕。去除引弧板和引出板。筒段吊出该焊接中心。

3. 筒段内、外纵缝焊接中心的特点

1）在一个工位完成内、外纵缝的焊接，减少了中间吊运。

2）一台焊接操作机两用，可以施焊内、外纵缝；一台焊接电源两用，可以分别施焊内、外纵缝；一台步进电动机驱动电源两用，可以分别驱动上、下伸缩臂的跟踪机构。

3）一根立柱上装置三根伸缩臂，上伸缩臂施焊外纵缝；下伸缩臂施焊内纵缝；伸缩托臂支托筒段以确保薄壁筒段施焊过程的稳定性。

4）上、下伸缩臂处分别配置了两个控制盘，每个盘上都有三个指示仪表和几十个按钮、开关和调整旋钮；每处都能操纵全机，又互有电气联锁，使用方便。在做好焊前准备之后，因电路具有自动引弧和自动熄弧程序，焊工只需按一下起动按钮，操作机、焊接电源、焊接机头的送丝、引弧装置及焊剂垫气缸等均依次进入自动引弧和焊接程序所规定的状态。此时，除急停按钮外，电气联锁系统使两个操纵盘上所有可能干扰焊接过程的开关、旋钮、按钮均失去人工操作功能，以免误动作影响焊接过程。焊接结束时，按一下停止按钮，全机将按一定程序熄弧和停止运转，两个操纵盘也恢复正常的人工操纵功能。容器筒段内、外纵缝焊接中心原理图，如图 26-8 所示。

5）采用内纵缝焊剂垫技术可以最大限度地采用合理的焊接参量，在保证焊缝质量的前提下，明显地提高焊接生产效率并减少焊缝的返修率。

26.5.2　大直径容器筒（壳）体环缝焊接中心

1. 容器筒体内环缝焊接中心

（1）组成

它是由容器筒体内环缝焊接操作机、焊接电源、自调式焊接滚轮架、机动内环缝焊剂垫台车和电气控制系统等组成，如图 26-9 所示。

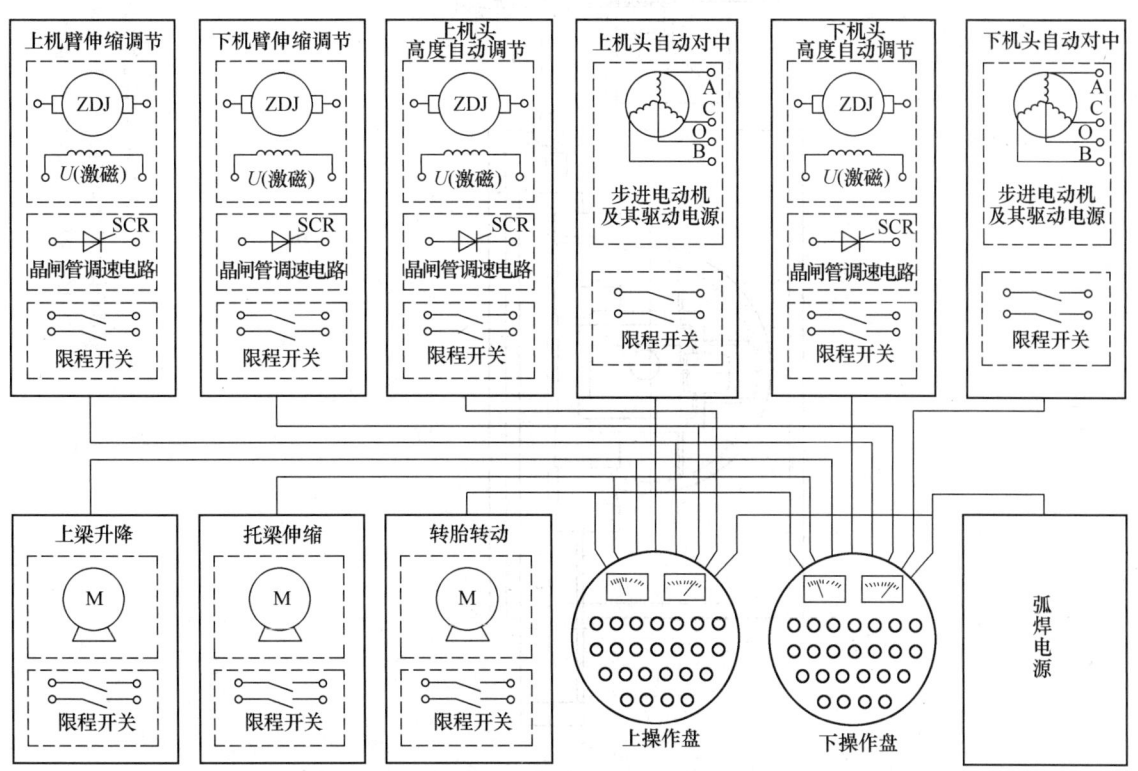

图 26-8　容器筒段内、外纵缝焊接中心的电气原理图

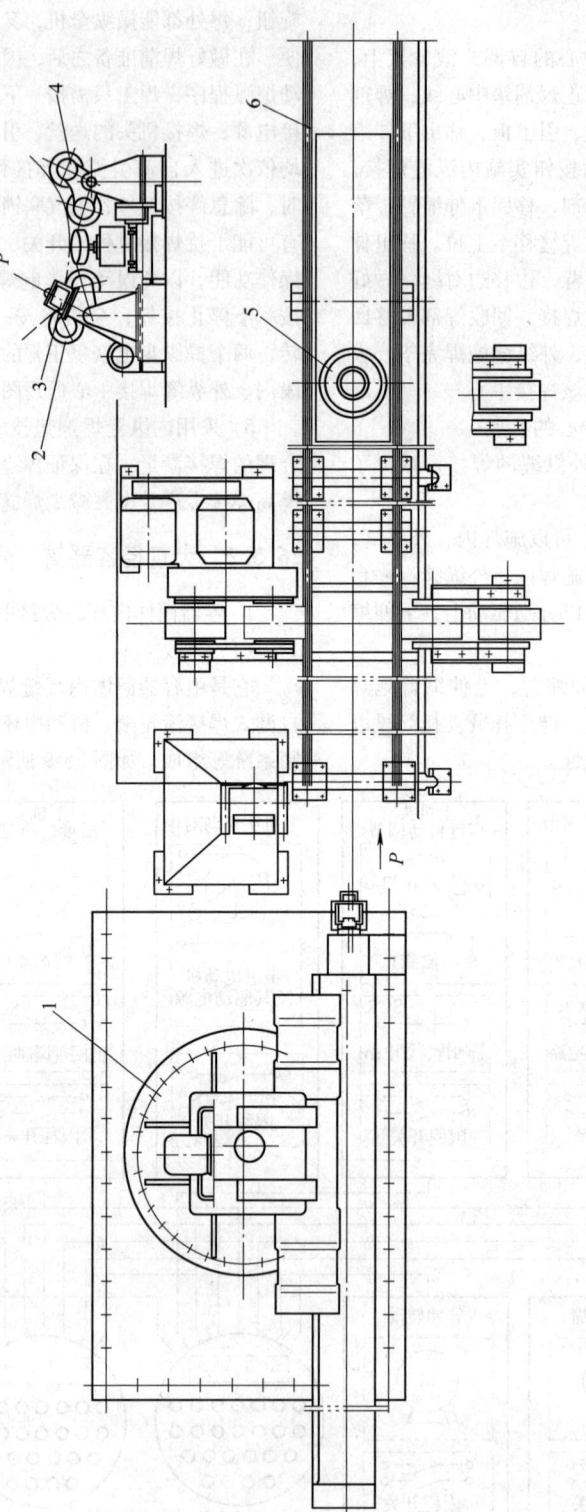

图 26-9　容器筒体内环缝焊接中心（平面布置）

1—容器筒体内环缝焊接操作机　2—自调式焊接滚轮架（主动）　3—防轴向窜动装置
4—焊接滚轮架（被动）　5—机动内环缝焊剂垫台车　6—焊剂垫台车导轨

1）容器筒体内环缝焊接操作机。容器装焊方案决定了容器筒体内环缝焊接操作机结构形式。一般容器都是由多节筒段组成。当容器组装采用筒段边装边焊方案时，则可采用通用型伸缩臂式焊接操作机，伸臂长 3～4m，在其伸缩臂前端装上机头三维调整机构即可满足内环缝施焊的各种要求。若采用多节筒段整体装配定位焊后再施焊的方案时，其内环缝焊接操作机结构形式则需根据筒体最大长度来决定，其操作机伸缩臂的有效伸缩工作行程一般不宜超过 6m，以免影响焊接质量和增加操作机制造成本。必要时也可制成 10～14m，从焊接质量控制角度，采用传感器控制焊缝跟踪与焊丝干伸长调整为宜。

2）电控机动焊剂垫台车。坡口精加工并辅之以合理尺寸匹配，内环缝焊接第一层时，可以采用内环缝焊剂垫、MAG 焊封底技术或其他有关技术。内环缝第一层施焊采用焊剂垫可以有效地防止埋弧焊或其他焊接方法第一层焊道熔漏，且可最大限度利用高效焊接参数，如果采用机动的焊剂垫台车，则可减轻工人劳动强度，还可明显地减少辅助工时，提高生产率。机动内环缝焊剂垫台车不宜采用绕行方案，而宜与焊接滚轮架配套设计，使焊剂垫台车穿越焊接滚轮架）。

3）焊剂回收技术。埋弧焊接应尽可能使用焊剂自动送给和回收综合装置。焊剂自动送给和回收方式以真空式较为合理。

（2）筒体内环缝的焊接

筒体总装定位后，将筒体吊入焊接滚轮架上，电控移动焊剂垫台车和内环缝焊接操作机的第 1 节伸缩臂，使焊剂垫台车和机头均移至筒体端部第一条内环缝处，上升焊剂垫至工作状态，调整机头至工作状态，送下焊剂后即可开始内环缝的施焊；焊接过程中采用传感器控制的焊缝自动跟踪和焊丝干伸长的自动调整技术。环缝头尾搭接 30～50mm 后，停机终止焊接。

2. 容器筒体外环缝焊接中心

容器筒体外环缝是焊接工作量最大的一种焊缝。随着电站锅炉和各种压力容器的高参数大型化发展，锅炉汽包和压力容器筒体的壁厚不断增加，尽管采用了低合金高强度钢和耐热钢，容器筒体的壁厚仍然突破了 200mm 的界限。例如 600MW 锅炉汽包，采用钢种 SA299CMn 钢，壁厚 204mm。我国前几年生产的锻焊结构热壁加氢反应器筒体，采用了 21/4Cr1Mo 低合金抗氢耐热钢，壁厚为 210mm，近两年生产的加氢反应器，壁厚已达 337mm。600MW 核电站压力壳的壁厚可达 256mm。有的核电站压力壳板壁则更厚。

为了保证容器筒体环缝的质量和高效率，宜采用容器筒体外环缝焊接中心方式。目前，锅炉汽包，压力容器筒体和一般化工容器筒体，在壁厚不十分大的情况下，多数采用单丝埋弧焊进行施焊。但当壁厚过大时，势必增加坡口加工、焊接材料和电能的消耗和生产周期，为此在特大厚壁容器焊接时，宜采用单丝或双丝窄间隙焊接法解决上述问题。

（1）容器筒体外环缝焊接中心组成

该焊接中心由大型或重型外环缝焊接操作机、埋弧焊机头及其调整机构或窄间隙埋弧装焊置、防轴向窜动焊接滚轮架（或自调式焊接滚轮架组或通轴自调式焊接滚轮架群）、焊接电源、焊剂自动回收装置和电气控制系统组成，如图 26-10 所示。

容器筒体外环缝焊接操作机移位，依靠台车，其机架（立柱，滑座，伸缩臂等）安装在台车上。所以，台车必须有足够大的刚度、强度和稳定性。台车移位要选择最佳速度以减少辅助工作时间。操作台、焊接电源、控制箱和操纵盘等全部安装在台车或立柱支承架上。为了方便筒体的吊入或吊出，或者台车移位或者操作机立柱带动伸缩臂旋转 90°。伸缩臂采用快速移位方案（定速）。伸缩臂端侧设置焊工操作台，机架上设置焊工走廊。焊剂送给和回收可以分别进行，本机采用自动送给和回收焊剂的综合装置。埋弧焊操作机的焊缝跟踪和焊丝干伸长调整机构宜采用自动跟踪和自动调整装置。

（2）容器筒体外环缝的焊接

移动筒体外环缝焊接操作机或将操作机伸缩臂旋转 90°，然后把容器筒体吊至焊接滚轮架上，移动焊接操作机使机头找正外环缝，起动按钮调整机头至施焊位置，送下焊剂后即可实施焊接。焊接过程中，机头带动焊剂回收嘴自动回收焊剂。

（3）容器筒体外环缝焊接中心的特点

1）一个焊接中心可以配置一台焊接操作机。在同一轨道上也可配置两台焊接操作机同时施焊同一容器筒体的外环缝。

2）操作机立柱带动伸缩臂旋转 90°，台车不需移动即可方便地吊入或吊出焊接筒体。

3）配置焊剂自动送进和回收综合装置，可以实现外环缝单人施焊。

4）环缝焊接操作机大多为通用机、多功能机，配上不同机头可以完成不同焊接工作。如单丝埋弧焊、窄间隙焊、带极堆焊或焊缝清理装置等。

26.5.3 大直径容器筒（壳）体焊接生产线

大型容器是炼油、化工、能源工业中的重要产

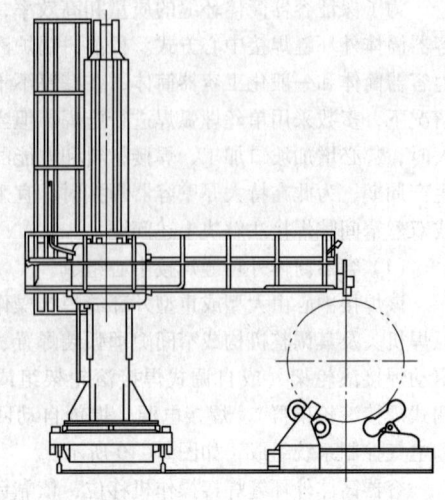

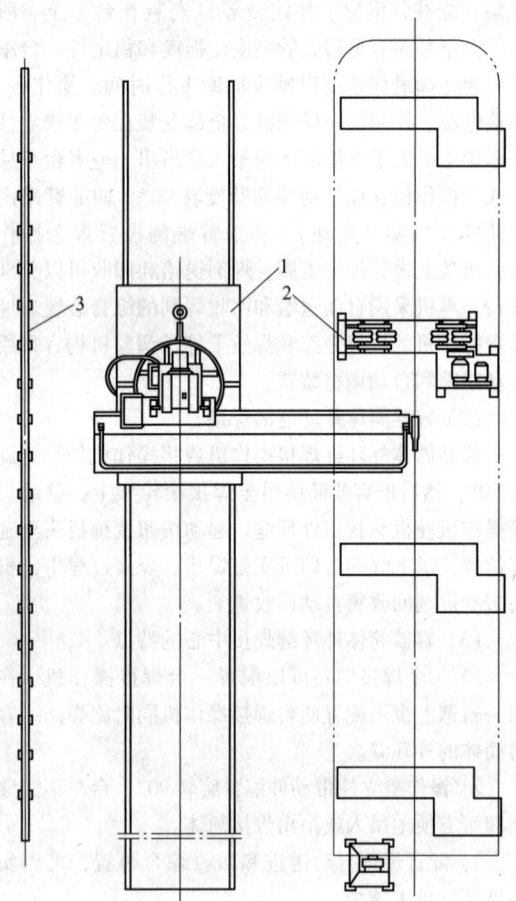

图 26-10　容器筒体外环缝焊接中心

1—外环缝焊接操作机　2—自调式焊接滚轮架　3—挂线架

品。有些产品如大型换热器等设备批量很大，必须实施焊接生产全过程的机械化和自动化。

发展单元焊接中心是必要的，而发展多工序、集约化，焊接机械化生产线、自动线也是科学技术进步的必然趋势。

大直径容器筒体的焊接生产线也就是多工序、集约化、机械化和自动化的一个实例。

1. 产品对象

容器筒体直径 2000 ~ 4000mm，筒体长度 $L \leqslant$ 16m，筒体壁厚 $\delta = 6 \sim 16$mm。筒体材料为一般低碳钢或低合金高强度钢。

2. 技术要求

除满足容器筒体的尺寸和形状要求外，重要产品要求超声波和 X 射线 100% 探伤，焊缝质量要求 I 级焊缝。部分产品要求 100% 超声波探伤，20% X 射线探伤。

3. 大直径容器筒体焊接生产线

如图 26-11 所示为容器筒体焊接生产工艺流程及其平面布置图。该焊接生产线是由数控切割机 16，卷板机 5、19，进料车 11，筒段内、外纵缝焊接中心（1 组）6，筒体内环缝焊接中心（2 组）9、10，筒体外环缝焊接中心（2 组）7、8，筒体装配定位焊工位 17、20、21 和筒体 X 射线（工业电视）无损检测室 22 等组成。生产线中，筒段和筒体的移位全部由吊车完成。

4. 容器筒体生产过程

进厂钢板质量检验→钢板矫平→数控切割下料→拼板→单节筒段成形定位焊→筒段内纵缝施焊→筒段外纵缝施焊→筒体装配定位焊→筒体内环缝施焊→筒体外环缝施焊→筒体无损检验。目前，生产中筒段和筒体的转移全部采用吊车吊运。

5. 容器筒体焊接生产线的特点

（1）焊接生产过程全部设备配套

从下料、成形、装配、焊接和焊缝质量检验等全面实施了机械化与自动化（装配实施了半机械化）。

（2）各专项技术也是配套的

1）焊接操作机是配套的。该生产线既有筒段内、外纵缝，也有筒体内、外环缝焊接操作机，共计五台套。

2）焊接中心本身实现了机电一体化。如独具特色的三根伸缩臂内、外纵缝焊接操作机、气动内纵缝焊剂垫、自调式通轴焊接滚轮架，手控机动的或传感器控制的焊缝跟踪和焊丝干伸长调整装置和焊剂自动回收装置、焊接参数微机自动监测装置、统一的电气控制系统等。

（3）所包含的专项技术

1）筒体内环缝焊接操作机。有三节套在一起的伸缩臂，其最大有效工作行程为 14.35m。

2）筒节内、外纵缝焊接操作机。一根立柱上设

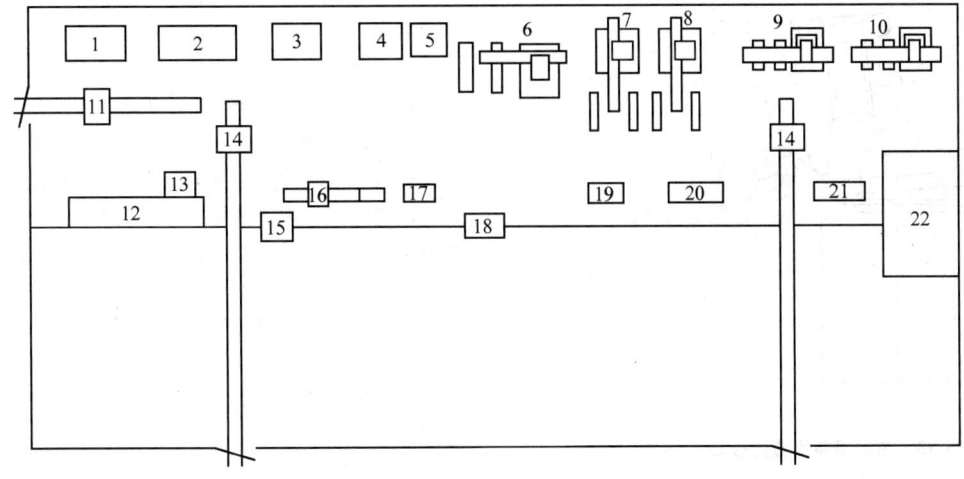

图 26-11　容器筒体焊接生产工艺流程及平面布置图

1、13—剪板机　2—刨边机　3、4—焊接滚轮架　5、19—卷板机　6—筒段内、外纵缝焊接中心
7、8—筒体外环缝焊接中心　9、10—筒体内环缝焊接中心　11—进料车　12—手工切割
下料区　14、14′—半成品、成品出料车　15—数控切割机控制间　16—数控切割机
17、20、21—筒体装配定位焊工位　18—硅整流焊接电源
22—X 射线（工业电视）无损检测室

计了三根伸缩臂。下伸缩臂焊接内纵缝，上伸缩臂焊接外纵缝。伸缩托臂支承筒段以保证外纵缝焊接顺利地进行（对薄壁筒段尤为有效）。内、外纵缝的焊接共用一台焊接电源和步进电动机的驱动电源。

3）焊缝跟踪和焊丝干伸长调整全部采用自动调节方式。明显地改善了工人劳动条件，且能较好地保证焊缝跟踪效果。

4）全部内部纵、环焊缝的施焊，均采用了焊剂垫技术。筒体内环缝施焊，设计应用了机动倾斜圆盘式焊剂垫台车，并很好地解决了在焊接滚轮架中间方便地穿越的技术难关。

（4）全部焊缝实现了机电一体化施焊，明显地提高了焊接质量、焊接生产效率；明显地改善了工人劳动条件。

26.6　梁柱结构件的焊接中心和焊接自动机

26.6.1　桥式起重机主梁焊接中心[8]

箱形断面鱼腹式主梁是桥式或门式起重机主要焊接结构件。以 5～100t 桥式起重机为例，箱形主梁主要由左右腹板、上下翼板和大小肋板组成。为确保焊接质量，提高鱼腹式主梁 4 条角焊缝焊接效率，可采用箱形梁角焊缝简易焊接中心，如图 26-12、图26-13 所示。

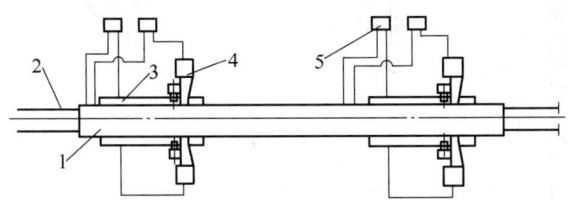

图 26-12　起重机箱形主梁角焊缝焊接中心示意图

1—箱形主梁　2—台车轨道　3—台车（2 台）　4—悬置焊接机头（4 台）　5—焊接电源

1. 起重机箱形主梁角焊缝焊接中心

该焊接中心由机头、机头调整机构、移动工件台车、焊接电源和电气控制系统组成。

2. 箱形梁角焊缝的焊接

5～100t 桥式起重机的主梁标准长度为：10.5～36.5m 共 8 种跨度。梁长 $L \geqslant 25.5$m，两台台车摆放

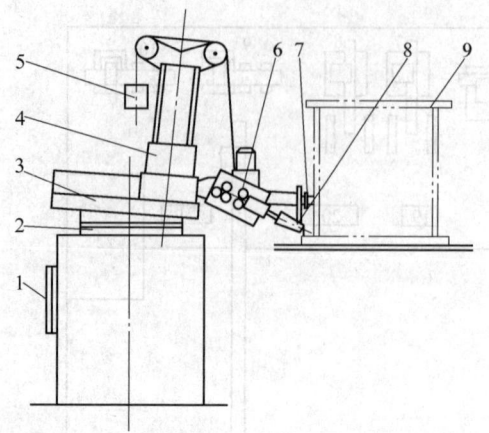

图 26-13　箱形梁角焊缝仿形 CO₂ 气体保护焊

1—流量计　2—旋转机构　3—平移滑道　4—上下滑道
5—配重　6—送丝机构　7—导向机构
8—机头　9—箱形梁

一根梁，四台焊机同时施焊，梁长小于 25.5m 时，一台台车上可摆放一根或同时摆放两根梁，焊件移位由吊车完成。焊缝全长依靠移动台车完成施焊。

3. 起重机主梁角焊缝的仿形自动焊

起重机主梁摆放在台车上，台车按要求的焊接速度实现自动 CO_2 焊。主梁自由摆放，起弧后翼板角焊缝边焊边产生焊接变形；为解决焊枪对中和保持焊丝干伸长问题，采用了导轮仿形技术，如图 26-13 所示（此法仅适用于腹板、翼板无波浪变形的主梁）。

（1）箱形梁角焊缝的仿形技术

用两组导向轮及其随动装置来实现角焊缝仿形跟踪。横向导向轮沿主梁腹板滚动导向，以便保证焊嘴与腹板的间距不受主梁旁弯的影响；而立向导轮沿主梁翼板翼缘滚动导向，以便保证焊嘴与翼缘的距离不受主梁拱度的影响，使焊嘴始终与焊道保持一定距离，以保证焊接电弧稳定燃烧。导向轮由耐高温材料

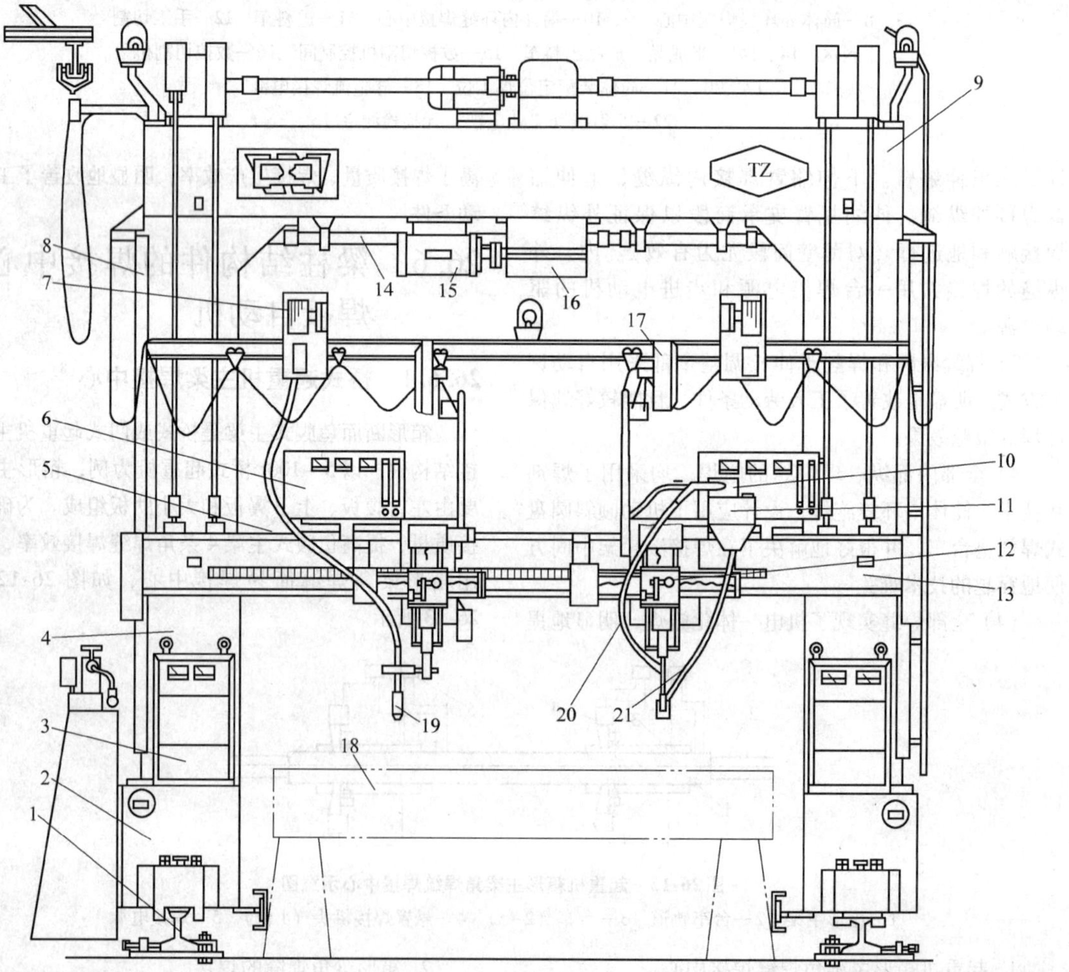

图 26-14　大截面超长

1—轨道　2—纵梁　3—焊接电源（2 台）　4—立柱　5—水平导轨　6—焊接操纵盘　7—气电焊送丝机构　8—垂直导轨
电动机　16—行走变速机　17—埋弧焊丝盘　18—焊接台　19—双层气流焊枪　20—焊剂回收波纹管　21—焊剂输送软管

制成。在焊接过程中，为使导向轮始终紧靠翼板和腹板，特将焊接机头的机座倾斜 4°~5° 角度，使上下和水平滑道靠自重而下滑，从而使导向轮始终与主梁的腹板和翼板的翼缘接触，完成仿形自动跟踪。立向和横向导轮的随动装置均由导轨和六组滚轮（轴承）组成，其导向间隙依靠 6 根偏心轴调整；为使其随动灵活，随动装置上部设置了配重 5。

（2）焊接机头的调整

焊接过程的仿形由前述装置完成。始焊时，焊嘴与焊道的相对位置则靠机头的调整机构来实现。为方便主梁的吊运，在 CO_2 焊仿形装置基座处，设置了机动（或手动）旋转机构，当主梁吊运时，使基座旋转 90°。

目前，国内外箱形断面梁四条翼板与腹板长角焊缝焊接技术已经十分成熟。只要产品生产批量足够大，均宜采用龙门式双机头粗丝自动 CO_2 焊或双机头 MAG 焊或双机头埋弧焊或弧焊机器人焊接。一般

箱形梁焊接方法宜选用单丝埋弧自动焊，而重型、大型箱形梁的焊接方法则宜选用粗丝 CO_2 焊，多丝或脉冲埋弧焊。

26.6.2　梁柱结构件的焊接自动机

各种起重机主梁的四条长角焊缝，通常采用三种生产方式：主梁放置于平台上或由伸缩臂式焊接操作机移位施焊或由龙门式焊接操作机施焊；第三种生产方式则是焊接机头座固定不动，主梁放置在机动台车上移动焊接。中小型主梁一般采用主梁移动方案；而大型或超大型主梁大多采用放置在平台上，机头移动施焊方案，如冶金起重机主梁上的四条长角焊缝即采用龙门式焊接操作机施焊。龙门式机架及其行走机构，根据被焊产品的结构尺寸和形状及其生产纲领，可以设计其机架有足够大的刚度和移动稳定性，设计其移位机构有良好加工精度和导轨的导向精度，从而完全满足大截面超长主梁的

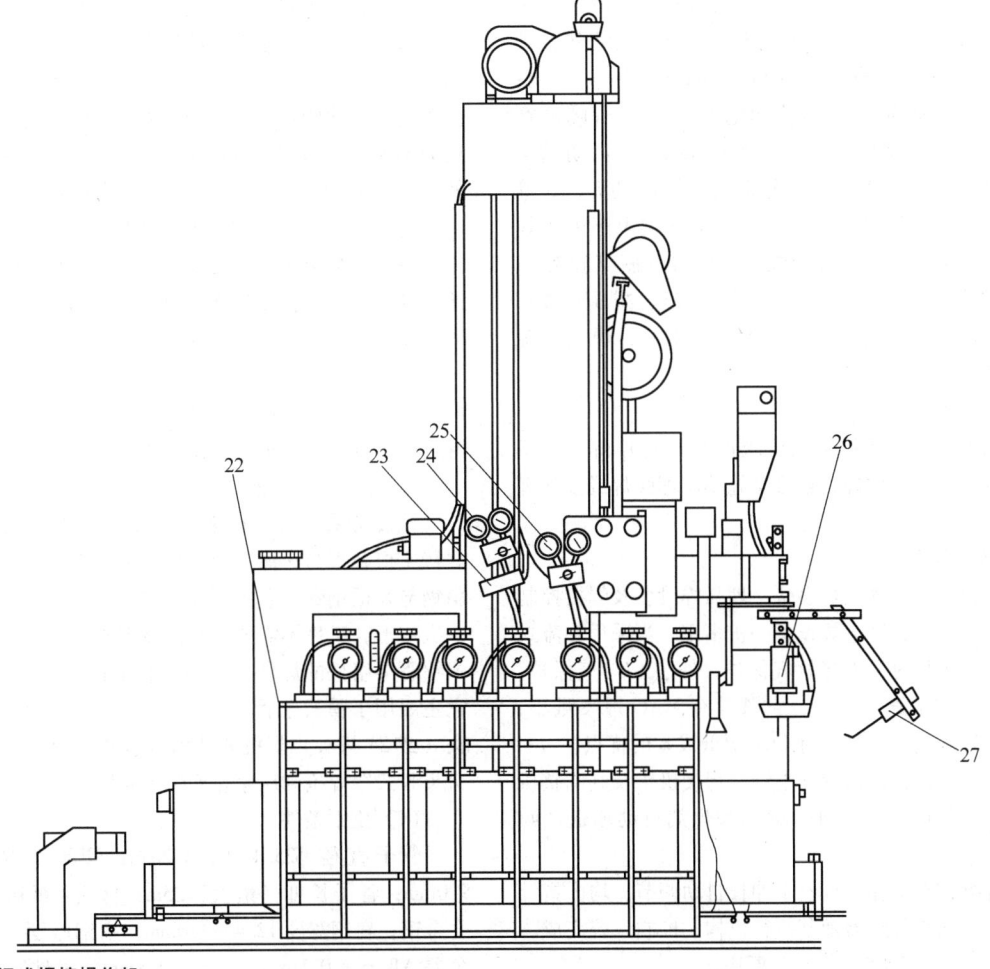

梁柱龙门式焊接操作机

9—固定横梁　10—焊剂自动回收装置　11—焊剂漏斗　12—埋弧焊送丝机构　13—活动横梁　14—传动轴　15—行走直流
22—气瓶存放架　23—预热器　24—CO_2 气减压阀　25—Ar 气减压阀　26—埋弧焊焊枪　27—两维跟踪接触式传感器

焊接过程的稳定性、焊接质量和焊接生产率。

1. 大截面超长梁柱的龙门式焊接自动机

龙门架式焊接自动机即龙门架式焊接操作机是由龙门机架、焊接电源（两台套）、气体保护或埋弧焊焊枪、焊缝自动跟踪系统（两台套）、焊剂自动送给回收装置和电气控制系统等组成，如图 26-14 所示。

(1) 龙门机架

该机架是龙门式焊接操作机的主体结构，是由两根立柱、一根固定横梁、一根活动横梁和两根纵梁等栓接组成。纵梁即龙门机架台车，为保证龙门式焊接自动机两侧台车同步移动，采用了一个驱动马达驱动双侧台车驱动方案，使龙门式焊接自动机的 4 个行走轮全为主动轮。行走台车导轨经精加工，依靠矩形导轨三面导轮导向，导向间隙可调，导向精度高（单侧导轨导向），台车装置防倾翻安全装置；按产品的类型及生产纲领要求：该龙门式焊接自动机是一台（套）多功能综合自动机，既能焊接拼板的纵、横焊缝，又能焊接各种结构尺寸和各种截面的箱形梁（最大截面可达 3m×2.5m）结构；机架上的活动横梁 13 可使焊枪 19、26 的焊嘴能在距焊件平台表面 0~250mm 范围内调节；活动横梁上又装有两台滑座，其上分别装置焊接机头、焊缝跟踪系统和焊接操纵盘 6 等；活动横梁上还配置焊工操作台；龙门机架左侧纵梁处配置气瓶存放架 22 可容纳 7 个气瓶及 CO_2 气预热器 23、减压阀 24、25，还配置有水箱及水泵。为方便维修，焊接电源分别安装在左右纵梁上。

(2) 焊接工艺

该台龙门式焊接自动机既可实施 CO_2 焊、MAG 焊及双层气流保护焊，还可实施单丝埋弧焊或多丝埋弧焊。

(3) 焊接设备

该设备是由气电焊设备、埋弧焊设备及焊接控制箱三部分组成，气电焊设备一机多用。当采用旋流式双层气流焊枪时，内层氩气保护，外层 CO_2 气保护，明显地节省了氩气消耗，它既具有 MAG 焊飞溅小、成形良好等优点，又具有 CO_2 焊低成本的优点。

埋弧焊设备包括焊接电源、焊接机头及其调整机构、指针状接触式两维传感器和焊剂自动输送回收装置。

焊缝自动跟踪和焊丝干伸长自动调节，均由指针状接触式两维传感器及其执行机构、控制系统完成。

2. 龙门式焊接自动机主要用途

1) 大型箱形梁长焊缝和拼板缝的焊接。被焊构件可以是箱形梁和柱，箱形结构最大截面为 3m×

2.5m，最大长度 50m。还可作横向拼板焊接，拼板的最大宽度为 2.5m。

2) 可以焊接对接接头的 V、X、U、J、K 及 I 形坡口，也可焊接搭接和角接接头。

3) 既可单机头焊接，也可双机头焊接，以提高焊接生产率。可以用其自动跟踪系统实现长直焊缝或各种较大曲率半径的曲线焊缝的焊接。

4) 既可进行埋弧焊接，也可实施气体保护焊接。气体保护焊时，既可实现 CO_2 焊，也可实现 MAG 焊或双层气流保护焊。

26.7　锅炉结构件焊接中心和焊接生产线

26.7.1　锅炉膜式壁 12（或 24 或 4）机头焊接中心

采用光管加扁钢焊制膜式壁管屏是近年来电站锅炉大型膜式壁部件制造中的发展方向，已经被广泛应用。在焊接工艺上，过去广泛采用埋弧焊和 CO_2 焊。由于这些方法的自身特点和不能实现仰焊的限制，正反面不能同时施焊，故需翻转工件和校正焊接变形，使生产周期加长。为了满足大型锅炉机组的特殊要求，近年开发了一种多机头同时上下两面施焊的膜式管屏自动焊接装置，并使用 MAG 焊接方法成功地制造出高质量、高精度的锅炉膜式壁产品。

1. 12 机头或 24 机头锅炉膜式壁焊接中心

该中心由 12 台或 24 台焊机、12 台或 24 台焊机前辊道、碳化钨导向块和 12 台或 24 台焊机后辊道、混合气供气系统和电气控制系统组成。

2. 设备技术性能

该设备采用上、下各 6 个或 12 个机头可以同时焊接 4 根扁钢与 5 根钢管（包括 2 根工艺管）或 7 根扁钢与 8 根钢管（包括 2 根工艺管）的双面角焊缝，一次成形，工件不需要翻身。该焊机主要用于锅炉膜式壁管屏组件的焊件，此外还有 4 机头膜式壁焊机，它主要用于膜式壁管屏组装焊接。图 26-15 是 12 机头（或 24 机头）焊机的结构示意图；图 26-16 是 12 机头膜式壁焊枪和压紧轮安装示意图。

(1) 技术条件

管子直径 $\phi25.4 \sim \phi76.2mm$；管子壁厚 3.5 ~ 9.0mm；管子长度（最大）25m；材质：低碳钢及低合金钢；扁钢宽度 12.4 ~ 110mm；扁钢厚度 5 ~ 9mm；公差 $\Delta W = \pm0.1mm$，$\Delta t = \pm0.3mm$；工件宽度（最大）1500mm；工件传送速度 300 ~ 1400mm/min。

(2) 电气控制系统

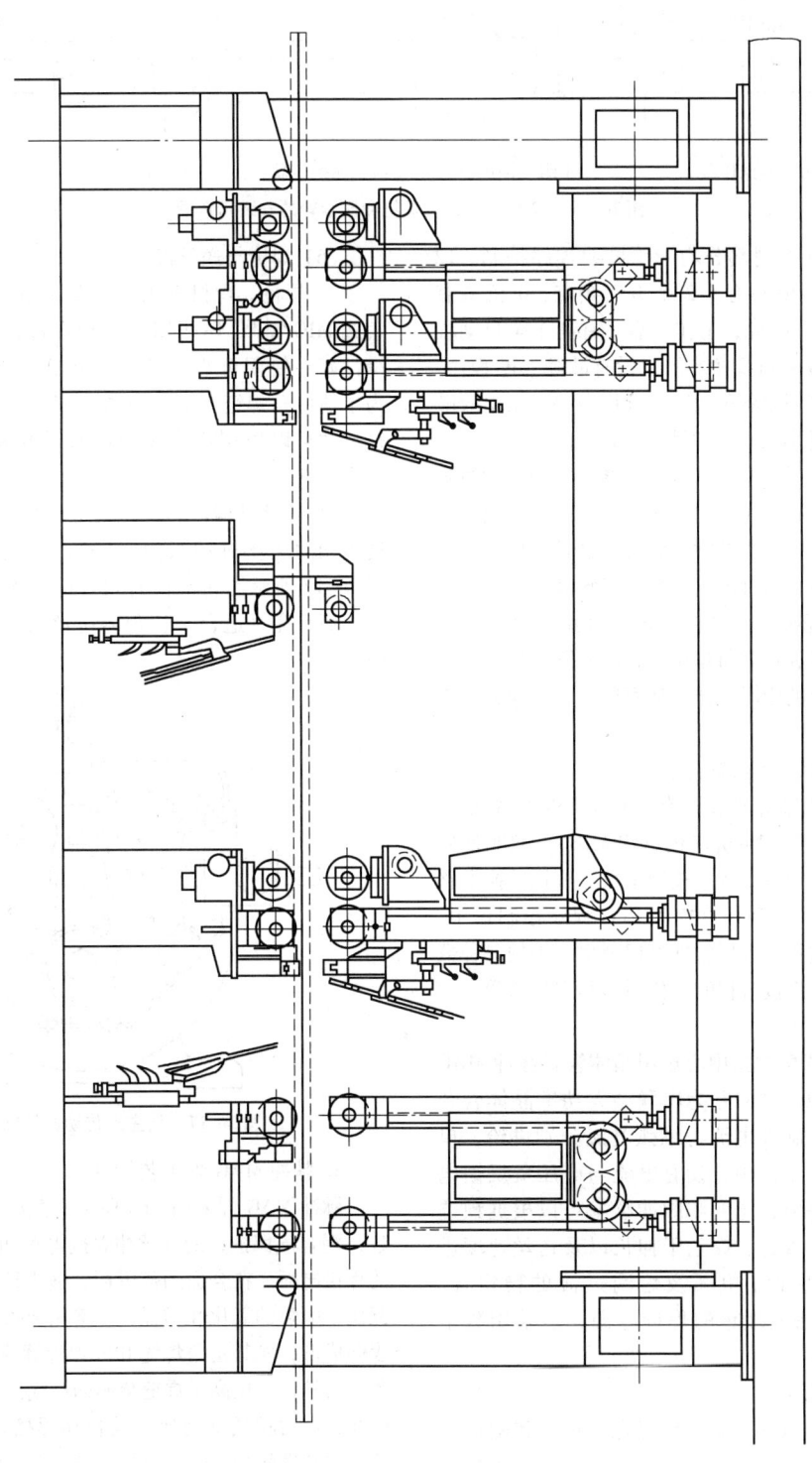

图 26-15　12 机头焊机结构示意图

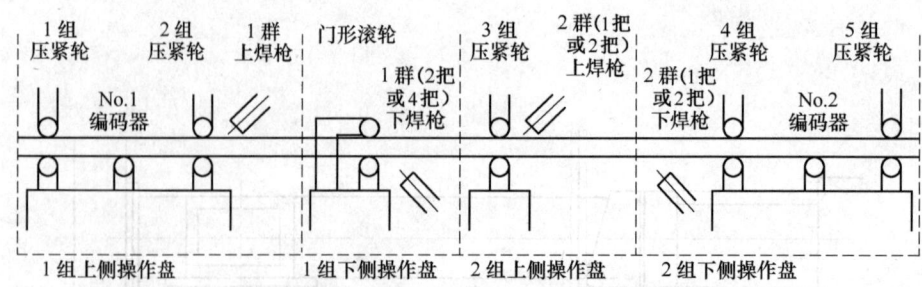

图 26-16　12 机头膜式壁焊枪和压紧轮的安装示意图

整机的电气控制部分均采用可编程序控制。12机头膜式壁焊接中心有 512 个 I/O 接点，4 机头有 256 个 I/O 接点。因此，工作可靠，有利于全自动程序控制。另外，在 PLC 梯形图中设有故障诊断程序。运行中能随时检测出各种故障，并用数码显示出故障代号，以便迅速排除，节省设备维修时间。

操作上设有手动和自动两种选择。采用自动模式时，将各参数和数据用编码器预置后，则可实现全自动程序控制的焊接。焊接时，管件输送长度检测器的滚轮与管件接触，管件前进时带动其转动，每转产生 1200 个脉冲，经编码器转换成电信号用以测定各群焊枪的起始位置和控制每排压紧轮的升降，焊接过程中的起动与暂停的定时工作，从而提高了自动程序工作的可靠性。

（3）焊接过程的监测方式

12 机头膜式壁焊机装置有一台 FC-9801 V 型工业计算机。它由配套主机（内存 384KB）、双驱动磁盘机、点阵式打印机组成。被测参数经模拟转换电路及 A/D 转换器输入到计算机和 PLC 程序控制器中。应用模拟焊接过程的应用软件可记录生产中的各种数据，也可以显示焊接过程的彩色图形和焊接参数。

（4）焊接电源

12 机头膜式壁焊接中心选用晶体管式脉冲 MAG 焊电源。该电源的主回路为串联型大功率晶体管开关式稳压电源。脉冲电流与维弧电流分别供给，单独调节。在控制系统中，设有电流与电压负反馈电路。脉冲电流幅值，宽度和脉冲频率可以根据预选定的焊丝牌号、直径、焊丝干伸长以及送丝速度进行自动优化，保证了电弧及熔滴过渡的稳定性。MIG/MAG 焊方法较理想的焊接电源，多采用数字化逆变电源。

（5）保护气体

MAG 焊使用（Ar + CO_2）混合气体。其配比采用 $1.2 m^3/h$ 和 $5 m^3/h$ 气体混合装置。可根据焊接工艺要求的配比混合，经环形供气管道输送到各个焊枪。

（6）焊枪与送丝机构

1）焊枪。焊机选用一种额定电流 500A 的水冷直式 MIG/MAG 焊两用型自动焊枪，其密封性和绝缘性好，使用可靠，具有良好的冷却和保护效果。为了适应角焊缝平焊和仰焊要求，上下枪喷嘴的内径尺寸可以根据不同规格的管子和扁钢进行选择，更换方便。

2）送丝机构。焊机在其送丝系统中采用了双主动传动的送丝机和双向（90°）焊丝校直机构，如图 26-17 所示。它不仅有很好的送丝能力和校直效果，而且完全适合于长距离送丝和保证送丝过程的稳定性。

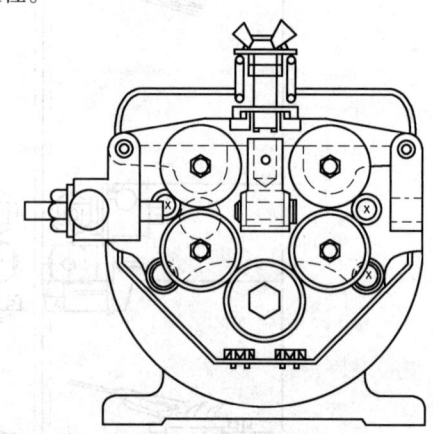

图 26-17　双主动传动送丝机构

3. 脉冲 MAG 焊工艺特点

脉冲 MAG 焊采用 Ar + CO_2（15% ~20%，体积分数）混合气保护，配合脉冲焊接电源而获得十分稳定的焊接电弧。在合适的范围内，适当地增加 CO_2 气体配比，电弧的氧化性增强，使熔化金属表面张力降低，表面成形，尤其是角焊缝和仰焊焊缝成形得到明显改善。另外，也提高了焊缝金属的抗气孔和抗裂纹性能。因此，这对膜式壁高速连续自动焊接是十分必要的。此方法与埋弧焊、CO_2 焊相比较，主要优点有：

1）脉冲 MAG 焊可获得最佳的熔滴过渡形式，即每个脉冲过渡一个熔滴，射滴过渡。弧长短，焊接过程稳定，飞溅也很小，减少了对焊枪和工件的清理工作。

2）可明弧施焊。焊接过程中能够随时观察电弧，准确调整焊头，对中度高。焊缝外形美观、均匀、几乎无任何缺欠，补焊工作量小于 1%。

3）使用多机头焊接是提高焊接生产率的有效途径，提高了设备的利用率。

4）采用上、下电极同时焊接双面角焊缝，一次焊接成形。从而取消了管屏的装配、定位、翻身和变形校正等许多工序，简化了制造工艺流程，大大地缩短了生产周期。

26.7.2　锅炉膜式壁 12（或 24 或 4）机头焊接生产线

随着电力事业的发展，锅炉机组的容量不断增大，膜式壁部件的尺寸也不断加大。（大容量锅炉膜式壁管屏的最大长度可达 24m）这就促使人们对锅炉膜式壁的结构设计、制造工艺的开发研究投入了大量人力和物力。几经演变，光管加扁钢的全焊结构的膜式壁已成为世界广泛采用的结构形式，光管加扁钢的全焊结构的膜式壁制造技术也得到了迅速发展。

1. 锅炉膜式壁焊接生产线

组成一条年生产 450 万 kW 或容量更大的锅炉机组膜式壁的生产线，12 机头和 4 机头膜式壁焊机及辅助配套生产装置 21 台（套）的平面布置如图 26-18 所示。

2. 锅炉膜式壁制造工艺

锅炉膜式壁制造工艺流程如图 26-18 所示，24 机头膜式壁焊接 7 条扁钢 8 根管子（包括 2 根工艺管），24 条焊缝；12 机头膜式壁焊接 4 条扁钢，5 根管子（包括 2 根工艺管），12 条焊缝；4 机头膜式壁焊接 4 条角焊缝；膜式壁焊机施焊管屏的有关工艺及其技术关键见前节有关论述。管子处理，加工和焊接接长与扁钢制备平行进行，然后焊制管片和管屏，最后进行管屏的加工处理和入库出厂。

3. 锅炉膜式壁制造的技术关键

1）严格控制生产线的工序或工位节拍。

2）整条生产线的机械化与自动化程度及其技术水平，必须与 24 机头、12 机头、4 机头的机械化与自动化程度和水平相适应。

3）管子和扁钢的制备质量和尺寸、形状精度，必须完全满足焊制管片和管屏的各种技术要求。

4）必须保证生产线中的每一台设备和传输装备的使用可靠性，并能与膜式壁焊机的使用可靠性相适应。

5）必须采取确保管片和管屏焊制质量的各种工艺技术措施。如：焊（机）头群的匹配与布置；管子和扁钢的匹配、传输、导向与夹紧；防止管片和管屏焊接变形的技术措施——双面焊，不对称焊接参数、扁钢中心位置的控制、焊接操作方式及焊接顺序；MAG 焊合理焊接参数的选择与匹配；装配质量、磁偏吹及焊丝、导电嘴的控制等。

6）严格控制保护气体的质量与匹配。

4. 锅炉膜式壁生产线的特点

1）膜式壁制造工艺、工序、加工和传输、存放均全面配套。

2）全线机械化与自动化水平均较高，且相互适应。

3）制造中的各种技术关键，均得到妥善解决。

4）管屏制造质量好、生产效率高、工人劳动环境条件较好、劳动强度低。

5）该生产线无焊缝自动跟踪系统，完全依靠零件的尺寸和形状制造精度和管片或管屏导向传输尺寸精度，来保证焊缝的精确位置。

6）焊后管屏不产生任何焊接变形，省略了校正工序。

26.7.3　锅炉蛇形管焊接生产线

锅炉受热面部件由成排蛇形管件组成。蛇形管屏通常由多根直管对接焊成一定长度的管件，在生产线的弯管机上弯制成所需要的形状。这种直管拼接的工作量相当大。例如，一台 200MW 电站锅炉管子拼焊接头数量近两万个。一般 200MW 以下锅炉中受热面管采用小直径（42mm 以下）薄壁管（5mm 以下）。小直径薄壁直管通常采用高效率摩擦、MIG 焊、MAG 焊、TIG 焊及少量等离子弧焊方法施焊。而小直径薄壁弯管则采用全位置 TIG 焊、全位置等离子弧焊、中频感应加热压力焊方法施焊。随着锅炉容量的增大，受热面管壁厚度也相应增加，最大壁厚可达 13mm，一些焊接方法已不能适应，故采用优质高效的细丝脉冲 MAG 焊和热丝 TIG 焊。

长期在高温高压下运行的锅炉受热面管系的焊缝质量要求严格：不允许有未熔合、未焊透、裂纹、夹渣和超差的气孔。焊缝表面处不允许有深度超过 0.5mm 的咬边、溢流、起皱。焊缝内表面不得有大于内径 10% 的焊瘤。焊接接头与母材有相等强度，并具有良好的塑性和韧性。

1. 蛇形管焊接生产线

该生产线由管子材料库、管子备料生产线、管子多层料架、直管接长脉冲氩弧焊机、长管传输辊道、长管库、数控送料装置和数控液压弯管机等组成，如图 26-19 所示。

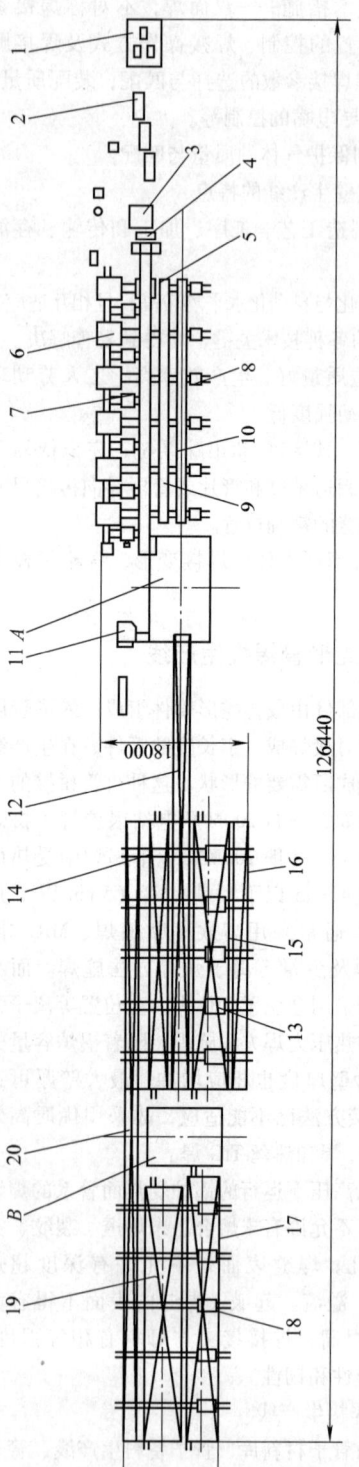

图 26-18 锅炉膜式壁焊接生产线的组成及平面布置图

1—扁钢开卷机 2—扁钢精整校直机 3—扁钢清理装置 4—扁钢剪切装置 5—管子、扁钢拼焊装置 6—管子料架及辊道 7—管子排料车
8—点焊管片横向输送车 9—点焊管片存放架 10—12 极膜式壁焊机前辊道 11—12 极膜式壁焊机中央控制室 12—12 极膜式壁焊机
后辊道 13—管片横移车 14—工艺存放辊道 15—管片存放架 16—4 极膜式壁焊机前辊道 17—4 极膜式壁焊机中央辊道
18—管屏横移装置 19—管屏存放架 20—返回辊道 A—12 极膜式壁焊机 B—4 极膜式壁焊机

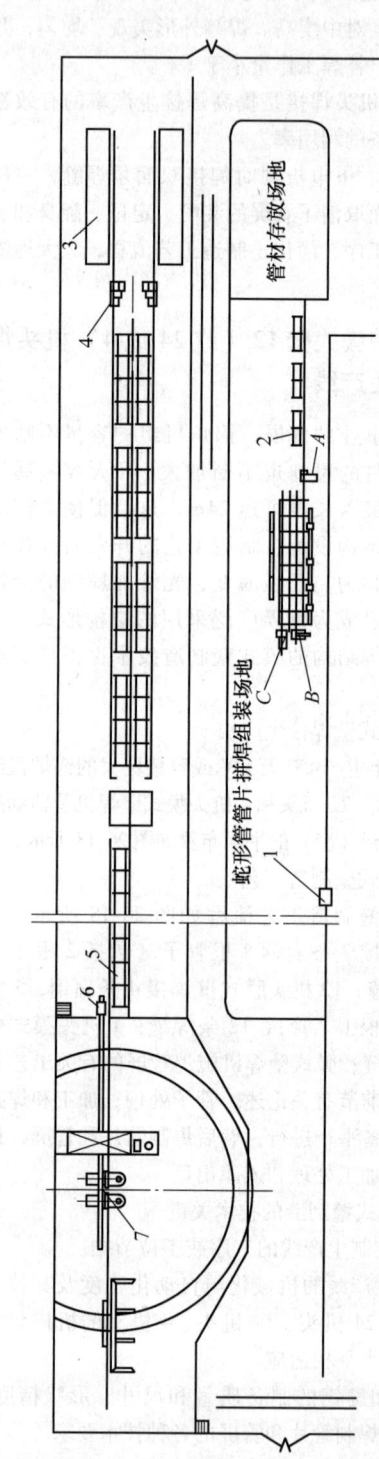

图 26-19 锅炉蛇形管焊接生产线

1—全位置氩弧焊焊机 2—管子备料生产线 3—多层料架 4—直管接长 MIG/MAG 焊机 5—长管库 6—数控送管装置 7—数控液压自动弯管机
A—圆锯床 B—砂带抛光机 C—管端加工机

2. 蛇形管焊接生产线的技术关键

1）必须有足够大的车间有效工作面积，尤其是有足够长的车间长度使流水生产通畅、无阻。

2）小直径厚壁管的直管对接，焊接质量要求十分可靠，生产效率要高。

3）配置使用可靠的高效弯管机、管件制备的各种装置和传输辊道，形成与生产线同节拍的流水生产。

3. 蛇形管的拼焊与弯曲成形

管件的制备由管件制备生产线完成（坡口加工，管端 20mm 处清理至露出金属光泽），小直径厚壁管焊前管端 30mm 处预热至 300~400℃。对管壁厚度大于 9mm 的对接口预留 0.5~0.8mm 间隙。

该条生产线直管接长采用细丝脉冲 MAG 焊，其焊接电源采用一种新型的晶体管或数字化逆变脉冲电源，这种焊接电源改善了电源的引弧特性，引弧瞬间的电流上升斜率比普通晶闸管电源高一个数量级，解决了引弧端未焊透的技术关键及收弧处的焊接质量问题，焊接过程的稳定性也很好。直管接长的细丝脉冲 MAG 焊，由其可编程控器程序控制焊接全过程：送管、夹管、焊枪动作、引弧、施焊、焊后焊枪抬起、松夹盘、复位和退回等动作。该台焊管机还可预选焊接参数：气体保护方式、枪号、初始电流维持时间（0~0.99s）、管子转动开始时间（0~0.99s）、填充弧坑时间（0~5s）、6 层焊缝的焊接速度（0~7r/min）、焊枪摆动频率（0~250 周/min）以及 6 个程序中的上述所有参数。

通常 40~60m 长的直管弯曲成蛇形管由数控送管装置配合数控液压弯管机在生产线中完成。

4. 蛇形管焊接生产线的应用范围

1）可焊管直径：31.8~76mm。

2）可焊管壁厚：3~12mm。

3）管子最大长度：12.2m，可接长至 40~60m。

5. 蛇形管焊接生产线的特点

1）采用细丝脉冲 MAG 焊和热丝 TIG 焊对接直管。焊接接头质量优良，能很好地满足技术条件的各种要求。

2）生产效率高。综合比较，采用细丝脉冲 MAG 焊比普通 TIG 焊提高效率 2~3 倍，比其他熔焊方法可提高效率 1 倍以上，接头一次合格率始终保持在 96% 以上。细丝脉冲 MAG 焊已在锅炉受热面小直径厚壁管施焊中，充分发挥出优质高效特点。

3）该生产线的生产全过程自动控制水平高。

26.8　轨道车辆结构件焊接中心和焊接生产线

26.8.1　轨道车辆转向架焊接中心[17]

转向架是轨道车辆的极为重要的行走部件。随着国民经济的快速发展，必然带动铁路和城市轨道交通的大发展，轨道车辆需求量极大。全国将年产约 10 万台（套）以上各种类型转向架。

轨道车辆转向架所承受的载荷极其复杂：车体和载荷的垂直重力、纵向牵引力、刹车制动力和冲击载荷、车辆转弯离心力、敞车和平车装载冲击力、紧急刹车冲击载荷等。轨道车辆转向架承受载荷大而复杂。要求有很高的使用安全性和可靠性。

1. 各类转向架的基本组成

轨道车辆转向架是由箱形构件组成的框架结构，主要由前端梁、后端梁、侧梁、横梁及其各种支承座组成，其中前端梁、后端梁、侧梁和横梁均为箱形构件。

2. 轨道车辆转向架制造技术要点

（1）使用安全性和可靠性

轨道车辆转向架的工作（使用）条件比起重、矿山、工程机械的焊接构件更为恶劣。因此，必须特别关注转向架的使用安全性和可靠性。转向架总成装焊后，必须进行高温回火消除应力处理。

（2）转向架结构设计的合理性

1）所有轨道车辆的转向架，均应根据实际的工作载荷进行正确切合实际的载荷分析，根据最恶劣的工作载荷进行转向架的结构尺寸、形状和壁厚设计。

2）根据每一条焊缝的最大工作应力，设计焊缝的尺寸和形状。

3）所有对接焊缝均应避开转向架最大拉伸工作应力区、最大弯矩区、最大应力集中区。

4）所有拼接缝焊接，均应在构件拼装前完成，并必须装焊引弧板和引出板。

5）结构设计应最大限度减少焊缝数量和长度，尽量采用压形（型）箱形梁取代拼装箱形梁（腹板、翼板）。

（3）严格的焊缝质量要求

根据转向架使用安全性要求，转向架要求所有对接焊缝为 I 级；所有角接焊缝无缺陷；在满足设计和使用强度前提下，对接焊缝的余高小于 1.0~1.5mm；角接焊缝采用平直或内凹形状焊缝。

1）转向架结构尺寸和形状设计避免应力集中。

2）所有焊缝形状设计避免应力集中。

3）所有焊缝施焊要避免应力集中：

① 焊后的焊缝趾部应进行消除应力集中处理，如用钨极氩弧焊重熔焊缝趾部；砂轮磨削焊缝趾部。

② 在转向架最大弯矩和最大工作拉应力区、应力集中区域，应避免产生有一定深度的尖锐划痕、焊接缺欠或板材夹层缺欠。

（4）转向架尺寸和形状精度、互换性控制

转向架需分解成前、后端梁、侧梁、横梁等分部件分别制造，然后总装成为转向架。

1）所有零部件尺寸和形状精度均需满足设计要求。

2）所有的分部件，转向架总成，均需要在装配夹具中装配并定位焊。装配方式可以选用手工装配或半机械化装配或机械化装配。

3）分部件及转向架总成，均需在具有一定刚度的焊接夹具和焊接变位机中焊接。

3. 转向架制造技术方案选择

转向架是轨道车辆重要的承力构件，部件重要且批量很大。转向架结构及其焊缝的合理设计非常关键与重要，其制造质量也极其关键与重要。因为转向架批量很大，太重要。其制造质量应排除一切人为因素的不利影响，而应选用先进的成熟的制造工艺技术和选用适用性、针对性、可靠性都很强的设备与装置（备）来保证。

（1）装配方案的选择

1）所有焊接构件。转向架总成、分部件均需要在装配夹具中装配并定位焊。

2）转向架总成、分部件装配方案的选择：

① 统一集中生产宜采用机械化装配方案。

② 分公司（工厂）单独生产宜采用半机械化装配方案或机械化装配方案，也可以选用手工装配方式。

（2）转向架焊接方案的选择

1）焊接方法选择。由于转向架全部是钢制构件，焊接质量要求很高，最佳焊接方法应选用 MAG 焊，也可以选用粗丝 CO_2 焊。

2）焊接方式选择：

① 从焊接质量（焊缝质量、焊缝外观形状）要求很高角度出发，转向架所有焊缝均应采用弧焊机器人进行焊接。国外所有先进技术国家，世界名牌产品企业的车辆转向架焊接，几乎都采用弧焊机器人焊接。国内也有不少企业的转向架焊接已采用弧焊机器人进行焊接。

② 长焊缝采用弧焊机器人焊接，而短和曲线焊缝可采用手工 MAG 焊或半自动 CO_2 焊。

③ 转向架全部焊缝均采用手工 MAG 或 CO_2 焊，选用此方案的先决条件是；必须具有足够数量训练有素、技术熟练、焊接质量可靠的高素质焊工。当有的焊工存在影响焊接质量不利因素时，要坚决杜绝此类焊工上岗焊接。

（3）设备、装备（置）的选择

1）焊接电源要具备良好的引弧、收弧功能，最好选用数字化逆变电源。

2）所有焊缝均应在焊接变位机和焊接夹具中，实施平焊、平角焊或船形位置焊。

3）所有焊接设备、装备（置）必须具备常年连续可靠工作的使用性能。

4. 转向架焊接实例

装配和焊接分开进行，如图 26-20 所示，国内转向架部件采用弧焊机器人在焊接变位机上焊接实例。

图 26-20　轨道车辆转向架弧焊机器人工作站

26.8.2　内燃机车转向架侧梁的焊接生产线[9]

转向架是内燃机车的行走部分，承受车体的垂直载荷、纵向牵引力、制动力和制动冲击载荷等，受力大而且复杂。要求转向架构架有足够的强度和刚度。为此转向架构架采用了全钢板组焊成的箱式结构。由厚度为 10～14mm 的 Q235A 钢板组焊成的箱式转向架构架，主要由前端梁、侧梁、横梁和后端梁等部件组成，如图 26-21 所示。其外形尺寸为 5910mm ×

2500mm × 900mm，质量为 3.5t。焊缝总长为 300m，其中 2/3 的焊缝在部件装焊时施焊。

转向架构架施焊后，要求高温回火消除应力处理。处理后要求旁承座座面的平面度和同一侧梁上三个下拉杆座座面的平行度均小于 5mm。

如转向架构架类型的箱式结构，均应采用分部件装焊技术方案。某型号机车转向架构架可分为前端梁、侧梁（2 件），横梁和后端梁等 5 个部件装焊，然后再组装焊成转向架构架。这些部件均为箱形构

件，分别在各自的装焊生产线中装配焊接。

1. 侧梁结构

该侧梁由上、下翼板、腹板和肋板组成，如图 26-22 所示。材料均为 Q235A 钢板，腹板厚度为 10mm，上翼板、下翼板、斜板板厚为 14mm，肋板板厚为 6mm。

2. 侧梁焊接生产线

该线共有 4 个工位，其上由液压传送机械手及其轨道、上料机械手、装配夹具和焊接变位机等组成，如图 26-23 所示。

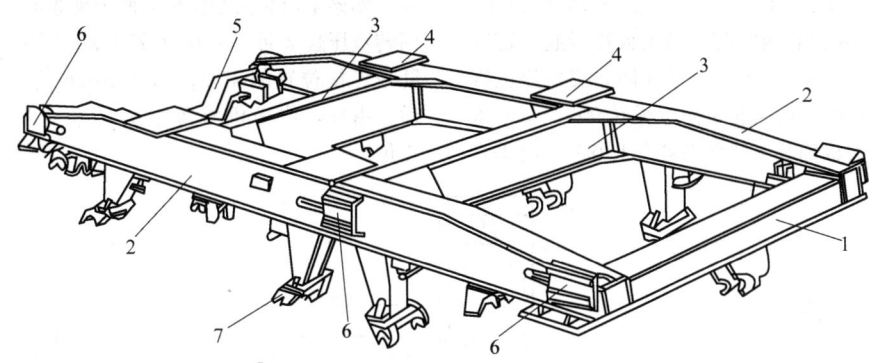

图 26-21　转向架结构

1—前端梁　2—侧梁　3—横梁　4—旁承座　5—后端梁

6—制动缸座　7—下拉杆座

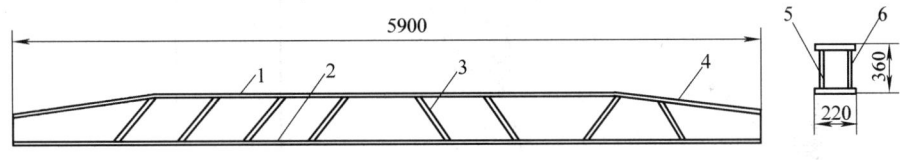

图 26-22　转向架侧梁结构图

1—上盖板　2—下盖板　3—肋板　4—斜板　5—左腹板　6—右腹板

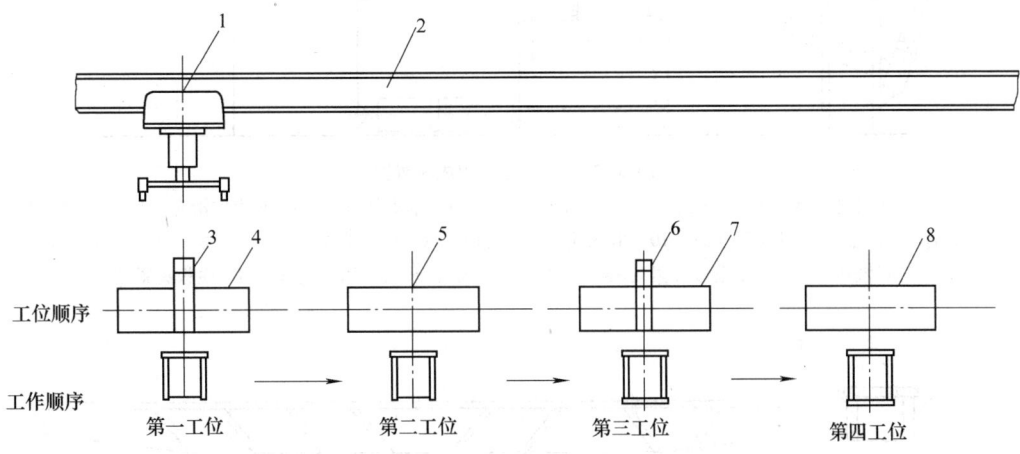

工位顺序　　工作顺序　　第一工位　　第二工位　　第三工位　　第四工位

图 26-23　侧梁焊接生产线

1—液压传送机械手　2—工字梁轨道　3—上料机械手　4—第一工位装配夹具　5—第二工位焊件变位机

6—上料机械手　7—第三工位装配夹具　8—第四工位焊件变位机

3. 侧梁的装配与焊接

为满足产品批量生产的需要，生产线中的装配与焊接的工艺过程：上料、装配、夹紧（定位）、施焊和零部件的传输，均应根据各自的条件，尽可能地实施较高水平的机械化与自动化。

（1）第一工位

由一个装配夹具、一个上料机械手和一个存料小车组成，如图26-24所示。

在第一工位上首先装配定位焊由下翼板、双腹板、八块肋板组成的Π型梁构件，如图26-25所示。首先用电磁铁10将腹板吸起，当腹板被吸起一定高度后，用机械手爪11将腹板夹紧（防止突然停电腹板脱落），驱动翻转液压缸8使腹板转90°，驱动水平液压缸4使腹板前移至装配夹具左上方时，由垂直

液压缸7将腹板移至左腹板指定位置，上料机械手退回到原来位置，重复上述动作，再将另一块腹板移至右腹板指定位置。按特定位置装置8块肋板，起动腹板夹紧油缸并进行肋板与腹板的定位焊；起动上料机械手把下翼板吊放至指定位置并用下翼板夹紧液压缸施以夹紧和定位焊。第一工位所有夹紧液压缸复位，液压传送机械手将侧梁半成品吊送至第二工位。

（2）第二工位

用变位机施焊侧梁半成品的肋板与腹板的角焊缝。侧梁半成品由变位机的两个夹紧液压缸夹紧，由回转液压缸2带动侧梁在270°范围内变位，以满足肋板焊接位置的需要，如图26-26所示。肋板施焊后，由液压传送机械手把侧梁半成品吊运至第三工位。

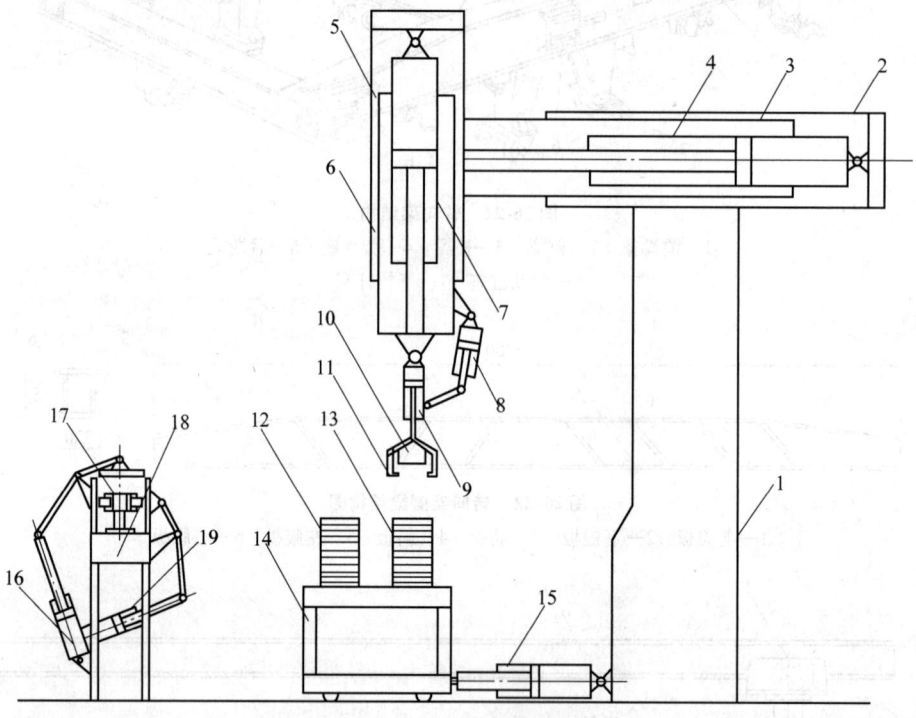

图 26-24　第一工位组成布置图

1—立柱　2—水平外滑套　3—水平内滑套　4—水平液压缸　5—垂直外滑套　6—垂直内滑套　7—垂直液压缸
8—翻转液压缸　9—手爪液压缸　10—电磁铁　11—机械手爪　12—下盖板　13—腹板　14—存料小车
15—送料液压缸　16—下盖板夹紧液压缸　17—纵向定位液压缸　18—底座　19—腹板夹紧液压缸

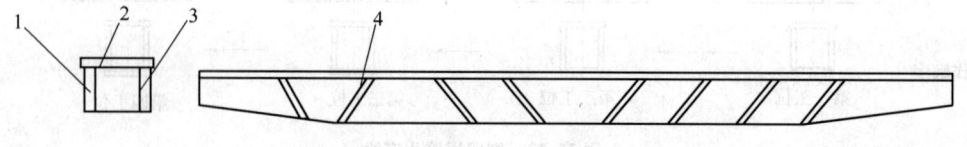

图 26-25　第一工位Π形梁结构

1—左腹板　2—下盖板　3—右腹板　4—肋板

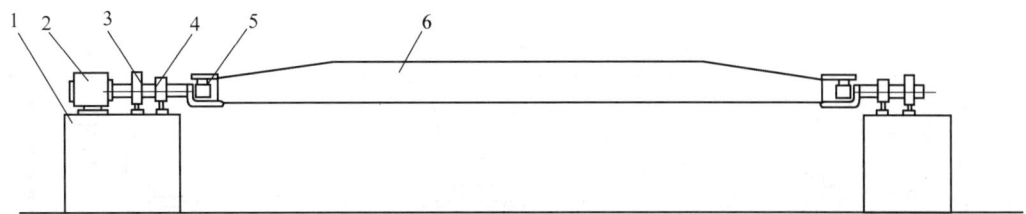

图 26-26　第二工位焊件变位机
1—底座　2—回转液压缸　3、4—轴承座　5—夹紧油缸　6—侧架

（3）第三工位

由上料机械手、上翼板装配夹具和存料小车组成。用上料机械手将上翼板及斜板吊运至夹具中上翼板及斜板指定位置，用上翼板及斜板夹紧液压缸夹紧并施以定位焊，装夹液压缸复位后由液压传送机械手将侧梁吊运至第四工位。

（4）第四工位

与第二工位组成相同，是侧梁四条长角焊缝焊接工位，焊件变位机将侧梁夹紧固定后，在船形位置施焊四条角焊缝。

4. 侧梁焊接生产线的特点

1）实现了机械手上料，传输自动化。

2）仅实现了半自动 CO_2 焊，工人的劳动条件还有待进一步改善；四条长角焊缝应该实施 MAG 焊或弧焊机器人焊接。

26.8.3　机车三轴转向架侧板弧焊机器人工作站[17]

国内外高速列车时速已达 200km、250km、300km、350km，国外高速列车最高时速已达 500km 以上。因此，对其转向架及其构件有着极其严格的焊接质量和使用安全性要求，为此，需采用弧焊机器人焊接，予以技术保证。

1. 三轴转向架侧板

三轴转向架侧板，如图 26-27 所示，其上还带有肋板和轴箱导板，连带装焊夹具，最大总长达 6m，质量为 2t。

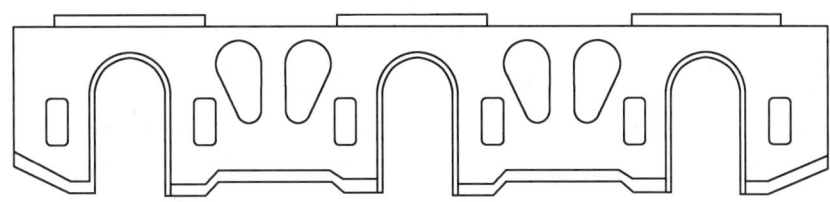

图 26-27　三轴转向架侧板

2. 三轴转向架侧板机器人弧焊前准备

三轴转向架侧板必须在装焊夹具中施焊。夹具设计为同时装夹两块侧板，装焊夹具固定于变位机的面板上，为了确保能够在最佳位置焊接两块侧板，弧焊机器人需要沿与门架垂直的滑轨移动。为了既经济又易于实现，此滑轨为气动式，且仅选择两端作为工作位置。在其中一个位置上与变位机配合焊接 1#工件前面上部肋板及 2#工件后面下部肋板的焊缝。利用变位机使所有的焊缝均处于船形位置。

3. 三轴转向架侧板弧焊机器人焊接

三轴转向架侧板弧焊机器人工作站，如图 26-28 所示。弧焊机器人安装在滑动范围 500mm 的气动滑轨上，整体可沿门架横向移动，行程 15m。气动滑轨滑动方向与门架方向垂直。每个焊接工位包括一对承重为 2000kg 的工件变位机，其面板间距离可调，范围为 3～6m。为得到更好的焊缝可达性及降低系统的整体高度，变位机安装在深 800mm 的地坑内。

三轴转向架侧板为中板，所以选择粗丝自动 CO_2 焊或 MAG 焊。

26.8.4　低底盘地铁车辆主横梁弧焊机器人工作站[17]

短程的轨道车辆，为使乘客上、下车更为方便，进一步缩短列车在车站的停留时间，已经改进为低底盘轨道车厢。

1. 低底盘地铁车辆主横梁

低底盘地铁车辆主横梁，如图 26-29 所示。在这个弧焊机器人工作站内既可以施焊牵引单元的主横

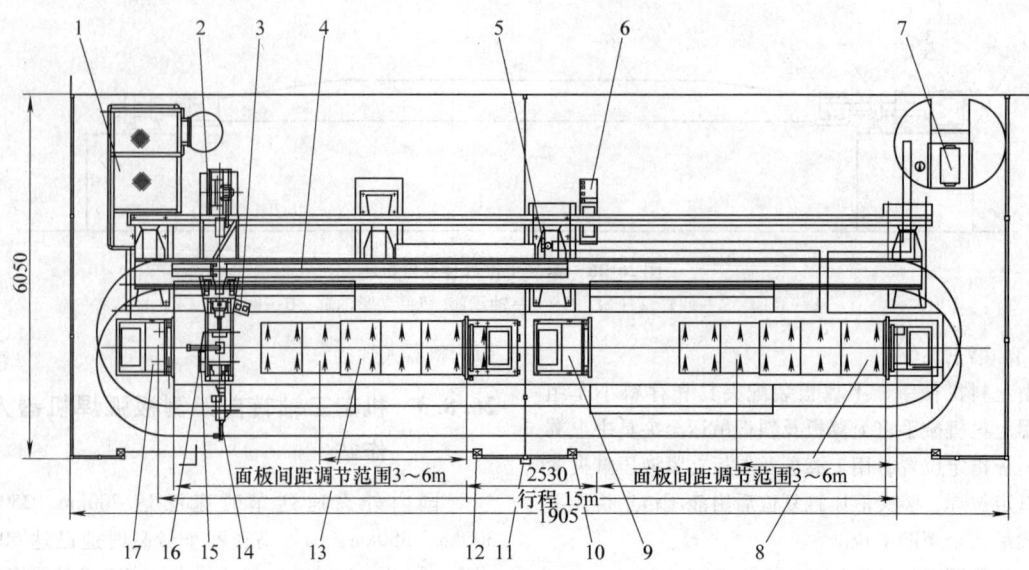

图 26-28　三轴转向架侧板弧焊机器人工作站

1—焊丝更换平台　2—焊丝盘架　3—增压器　4—KLA0—1500 门架，行程 15m　5—保养装置
6—TA500 焊接电源　7—控制柜　8、13—RFP1000 变位器尾架，可移动 3m　9、17—RP1000D
变位器头架　10—安全围栏　11—起动/停止操作台　12—安全光栅　14—RT280 焊接机器人
15—PR4M—30 送丝机　16—LSP50 气动滑轨，滑动范围 500mm

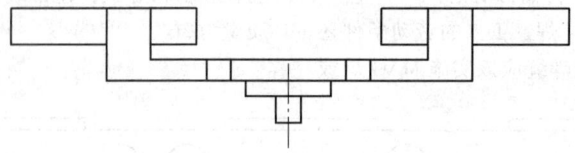

图 26-29　低底盘地铁车辆主横梁

梁、横梁、弹簧支承座、地梁和转向架构件，也可以焊接其他组件和特殊部件，共有 15 种构件。

2. 主横梁机器人弧焊前准备

主横梁、地梁等大型构件在前两个工位的 L 形变位机与翻转装置上焊接；第三工位用于小工件及特殊工件的焊接；主横梁和地梁在每一个工位成对生产；弹簧支承座则每 4 个为一组装夹到单轴变位机上进行焊接。对于更为困难位置的焊缝，可以采用 L 形两轴变位机将其翻转至最佳焊接位置。

3. 主横梁弧焊机器人焊接

主横梁弧焊机器人工作站，如图 26-30 所示。该弧焊机器人系统包括一套三维滑轨、两套纵向及竖直滑轨，其上各吊装一台弧焊机器人，与三个焊接工位配合工作。两个机器人第一轴之间最大距离 14m，纵向滑轨行程为 2.5m，竖直滑轨为 0.7m。第一工位配一台承重 3t 的 L 形数控二轴变位机，可将工件转至最佳焊接位置；第二工位配备有可移动的双头架变位机，可焊接最大长度 11m 的构件；第三台变位机为带转台的双工位式，专门焊小件。为了不影响车间起重机的行走，焊件变位机置于地坑内，三维滑轨支撑立柱也作了特别低的特殊设计，以使系统整体高度降至最低。轨道两端均设置有 300kg 焊丝盘更换平台。

26.8.5　柴油机水套的焊接自动机[5]

水套是机车柴油机的一个重要部件，是由材质为 20 钢的无缝钢管和锻制法兰组焊而成，其结构如图 26-31 所示。焊后，全部用 X 射线探伤检查，加工后进行 0.5MPa 水压密封试验。

为确保焊缝质量，提高无损探伤一次合格率和生产效率，水套采用了粗丝（φ2.0mm）自动 CO_2 焊机施焊，如图 26-32 所示，探伤合格率达 95% 以上，提高效率 5～10 倍。

1. 水套自动焊接机

它是由链条传送带、焊接滚轮架、焊接电源、焊枪及其调整机构和电气控制系统等组成。如图 26-33 所示，链条传送带将装配定位焊合格的水套逐个自动

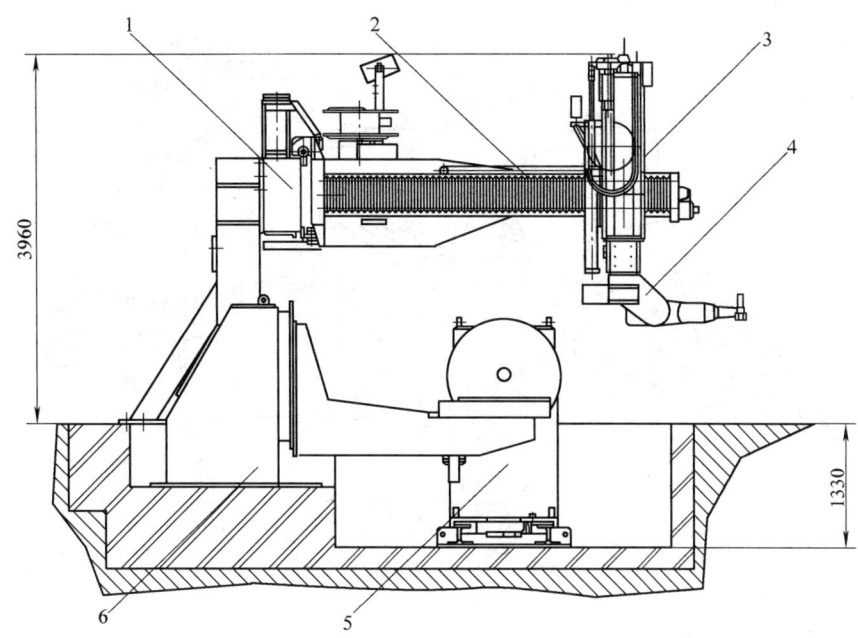

图 26-30　主横梁弧焊机器人工作站

1—KL2A3—1400 门架，带两个横向滑轨，两个竖直滑轨行程 14000mm　2—KQA3—250 横向滑轨行程 2500mm

3—KHA70 竖直滑轨行程 700mm　4—RT280 焊接机器人　5—RFP3000 尾架　6—L 形变位器 RWM2/3000A

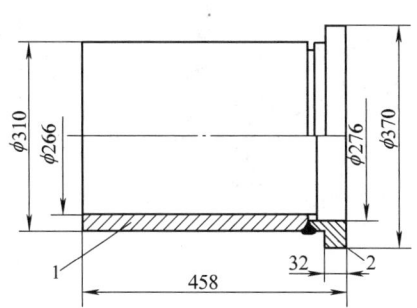

图 26-31　机车柴油机水套结构图
1—水套体　2—水套法兰

输送到焊接滚轮架上，进行焊接。传送带是气缸驱动，需要传送水套时，起动气缸阀门，气缸推动送料杆并带动拨叉，拨动链条前进一定距离，则把弧形板上的水套，从 A 位置依次送到 B 位置。同时把 B 位置上的水套送到焊接滚轮架 C 上。

2. 水套的装配焊接

水套的装配与焊接是分别进行的，目前，焊接采用手工对缝和焊丝干伸长的调节。水套装配手工定位焊后，送入传送带待焊。如果能够实现装焊一体化，改为装配顶紧不定位焊方案，焊接实施传感器控制焊缝自动跟踪，则焊接质量和焊接生产效率会进一步提高。

水套焊接采用粗丝（$\phi 2.0mm$）自动 CO_2 焊时，

为保证可靠引弧且又防止烧穿缺欠，引弧采用慢速送丝，引弧速度仅为正常送丝速度的 30% ~ 50%，正常引弧后自动转为正常焊接。

为了消除弧坑裂纹和得到美观的焊缝成形，熄弧时采用衰减电流填充弧坑，衰减后的焊接电流仅为正常电流的 1/3 左右。熄弧电压也比正常焊接电压稍低些。

熄弧时，还需采用反烧工艺。即焊接完毕停止送丝后，并不立即切断电源。让焊丝反向自行烧断，防止焊丝插入熔池。

26.8.6　内燃机车齿轮罩装配焊接中心

内燃机车齿轮罩（图 26-34 所示）由两块厚度各为 4mm 的侧板，一块厚度为 3mm 的顶板及两个罩卡组成。全部焊缝均为角焊缝，焊脚尺寸为 3mm。

齿轮罩的装焊，过去分为顶板压形、装配和焊接三道工序来完成。采用齿轮罩装配焊接中心后，用自动 CO_2 焊及其仿形装配焊接装置，可以同时完成三道工序，实现了装卸料自动化，提高生产率 3 倍以上。内燃机车齿轮罩装配焊接中心，如图 26-35 所示。

1. 机车齿轮罩装配焊接中心

该装配焊接中心是由顶侧板装焊夹具、罩卡装焊夹具、顶侧板上料架、各种运送车、焊接电源、焊枪及其调整机构和电气控制系统等组成。

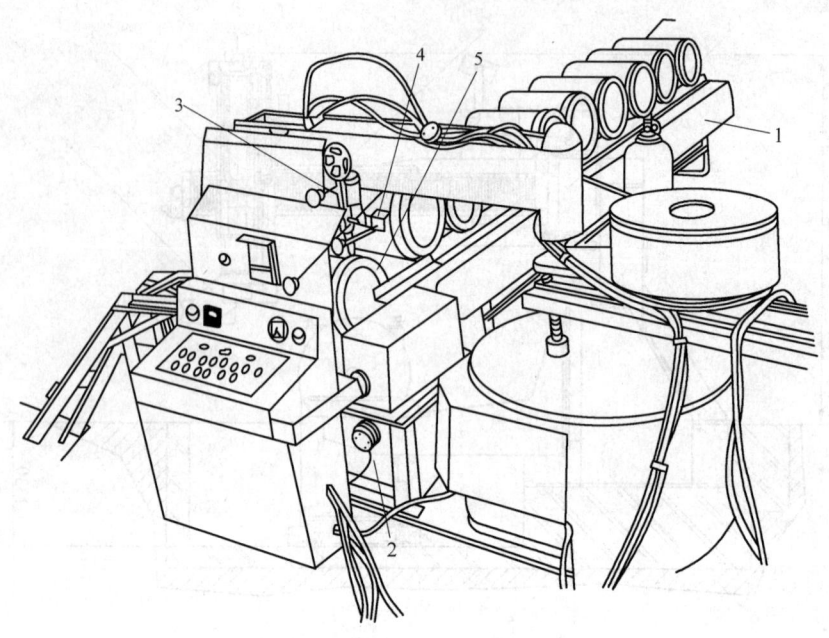

图 26-32　柴油机水套焊接自动机

1—链条传送带　2—焊接滚轮架　3—焊枪　4—焊枪调整机构　5—水套

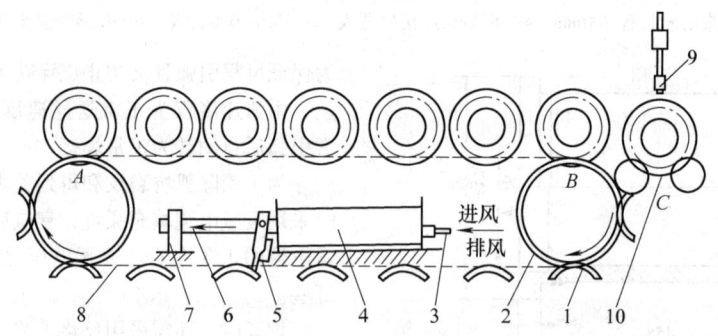

图 26-33　水套链条传送带

1—弧形板　2—链轮　3—送气管　4—气缸　5—拨叉组　6—送料杆
7—导座　8—链条　9—焊枪　10—水套

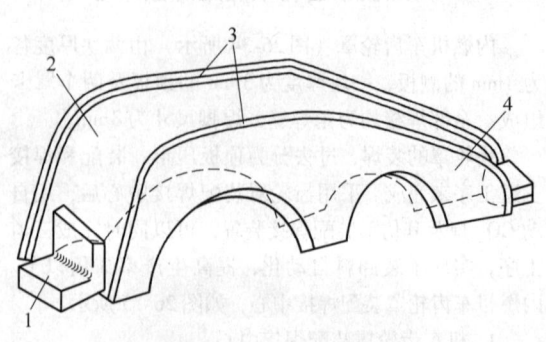

图 26-34　内燃机车齿轮罩

1—罩卡　2—顶板　3—焊缝　4—侧板

2. 齿轮罩装焊中心特点

该装焊中心的最大特点是利用顶侧板装焊夹具在顶板压弯成形的同时，进行顶板与侧板相交的角焊缝的焊接。

当顶板和侧板被安装在仿形靠模上后，仿形靠模由直流电动机带动的链轮驱动，为防止仿形靠模转动时，由于偏重而使转动速度不均匀，在成形靠模下面安装一个平衡气缸。平衡气缸向上的推力，用于平衡靠模偏心而形成的偏心力。平衡力的大小可由调压阀调整以保证转动速度的均匀，从而实现正常的焊接。随着仿形靠模的转动，预压紧轮和成形压轮借助气缸压力，将顶板压弯，使其贴紧靠在仿形靠模上。与此同时，开始顶板与侧板的双头自动焊接，随着仿形靠

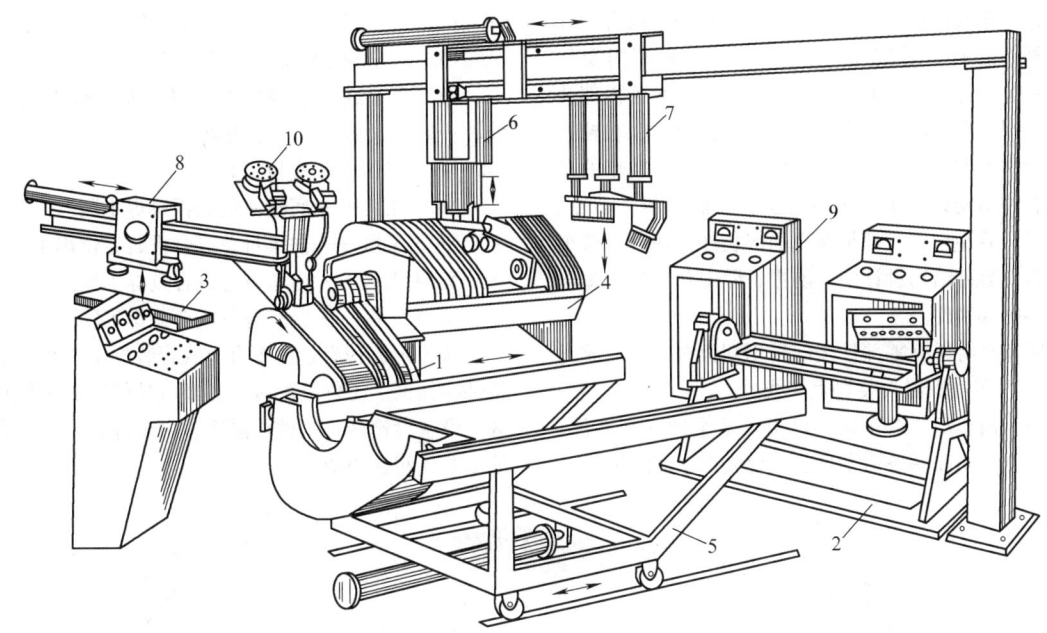

图 26-35　内燃机车齿轮罩装配焊接中心

1—顶侧板装配焊接夹具　2—罩卡装焊夹具　3—顶板上料架　4—侧板上料架　5—齿轮罩成品运送车
6—侧板运送车　7—罩体运送车　8—顶板运送车　9—CO_2 焊接电源　10—送丝机构及焊枪

模的转动，顶板也随之边压弯成形边进行角缝焊接。

26.9　汽车结构件的焊接中心和焊接生产线

26.9.1　轿车白车身的结构与装焊线[14,16]

1. 白车身的结构

轿车白车身是指尚未喷漆的车身结构。系指轿车车架上面的（与车架采用螺纹连接）上层钢结构部分。主要包括底板、左侧围、右侧围、仪表板、顶板和前、后围板等车身部装件，如图 26-36 所示。在车身装焊线上，通过综合运用电阻点焊、电弧焊以及激光焊接与切割工艺将这些部装件连接成白车身总成合。

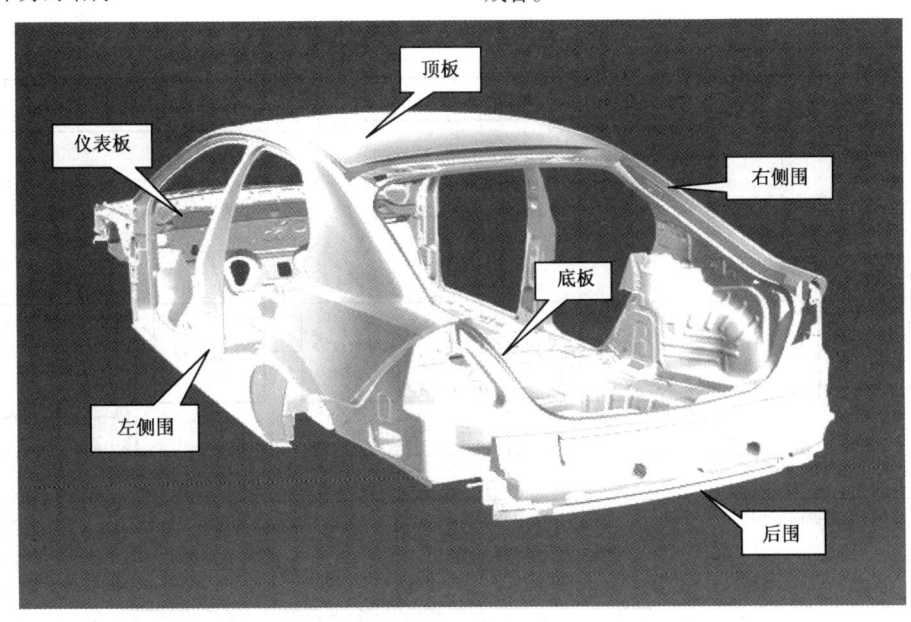

图 26-36　典型轿车（MODIO）的白车身总成合

轿车车身部装件中，除了组成白车身总成合的部装件外，还有如图 26-37 所示的前左、右车门及后左、右车门部装件；前围与机舱底板、机舱盖板部装件；后围、后舱板、后仓盖板部装件；前左、右轮挡板一般作为左、右侧围的部装件的组件。在轿车的车身部装件结构设计中，机舱盖板，后舱盖板，前左、右车门，后左，右车都是独立的部装件，在近代轿车的车身部装件结构设计中，前围、后围部装件，多也是独立的部装件。

轿车车身所有零部件全部采用钢板料冲压而成。

2. 白车身机器人装焊生产线

一个白车身装焊车间，可由若干个独立部装件、组合件生产线和一条白车身总成合装焊生产线组成。

白车身总成合装焊工艺流程如图 26-38 所示。

（1）白车身总成合装焊生产线

白车身总成合装焊生产线是车身装焊车间的主线，一般它又由以下工区构成：

No. 1 工区——底板拼焊工区。

No. 2 工区——底板 + 仪表板拼焊工区。

No. 3 工区——白车身总成合拼装定位焊工区。

No. 4 工区——白车身总成合点焊工区。

No. 5 工区——白车身总成合弧焊工区。

从工艺流程看，白车身总成合装焊生产线还包括工件存储区、工件装配区、各半成品件的输送与升降区、设备检修区、工件检测区、白车身总成合下线区等工艺流程区组成。

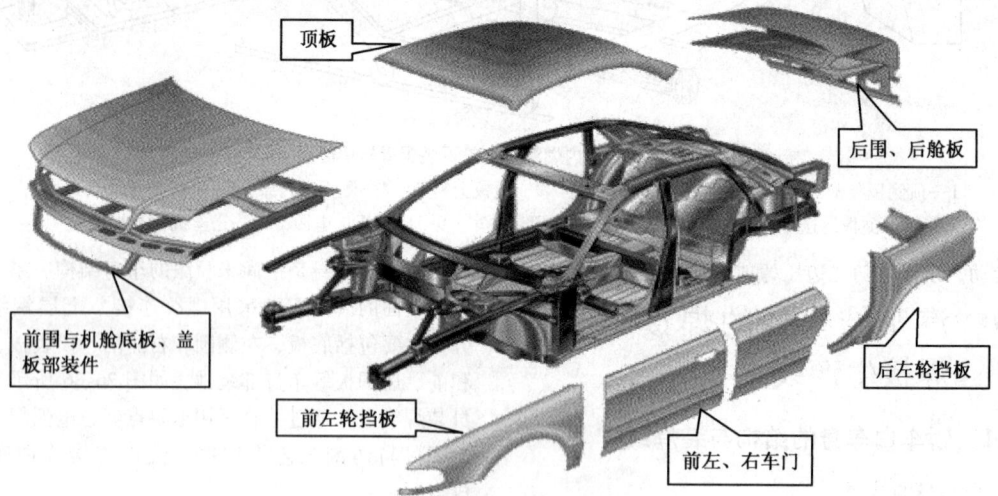

图 26-37　典型轿车的车身部装件

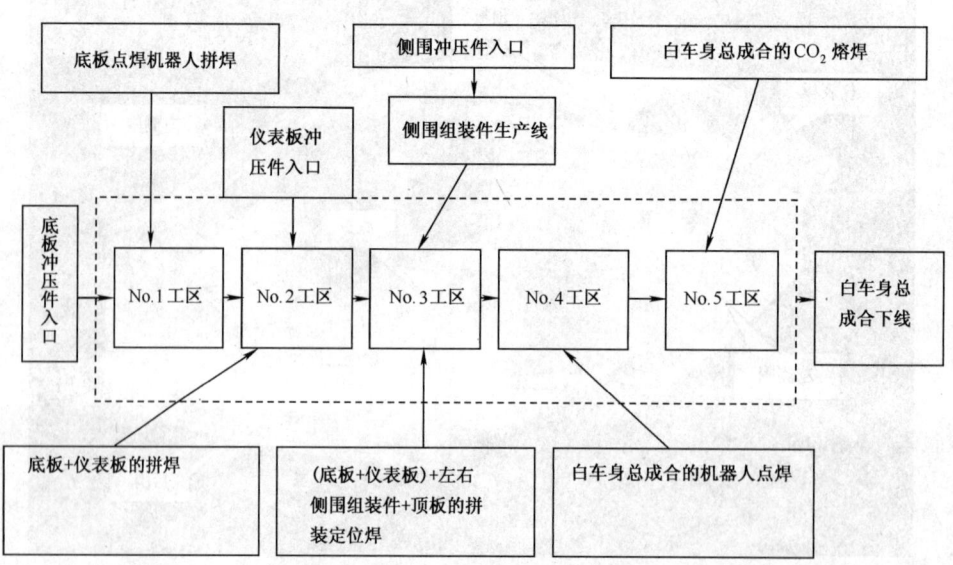

图 26-38　轿车白车身总成合装焊工艺流程图

白车身总成合装焊线是按底板拼焊→底板＋仪表板拼焊→白车身总成合拼装定位焊→白车总成合点焊→白车身总成合熔焊的顺序组成的。白车身总成合装焊线集中了车身装焊车间85%以上的焊接机器人，全线总长度一般可达 2～3km。

一个装焊工区可以包括一个以上的装焊工位，装焊工位是装焊任务的基本单位，它也是装焊车间中心计算机系统重点控制和管理的目标单位。

装焊车间车身总成合装焊线的各个工位由一条主传送链连接，主传送链按节拍在每个工位驻留，节拍确定了白车身的生产率，限定节拍快慢的工位是车身总成合拼焊定位焊工位，一般企业其生产节拍定为1min 左右，我国南方一个合资企业，年产 20 万辆六种车型白车身总成合装焊线，生产节拍为78s。

高品位或较高品位轿车的焊接，一般板厚的电阻点焊，宜选用逆变式焊接电源，板厚差别较大的电阻点焊或凸焊，宜选用电容储能式电阻点焊电源；CO_2弧焊时宜选用有关类型的逆变电源；机器人电阻点焊，宜选用伺服焊钳，一体式焊钳；一般低碳钢的白车身总成合熔焊，多采用 CO_2 弧焊，而对于那些外观和焊缝质量要求越来越高的高品位轿车白车身的焊接，国内外不少企业已趋向于采用激光熔焊和激光钎焊，对一些铝合金白车身的薄板结构，宜选用激光熔焊和激光钎焊，而厚板结构则宜选用 MIG 焊。

1）底板拼焊工区。在白车身总成合结构中，白车身底板的材料板厚是最厚的（一般为 2～4mm），因此，要求点焊机器人的焊接电源功率要足够大，又由于底板面积较大，要求点焊机器人所用伺服焊钳的钳臂要长，开口要大，在大负荷量施焊时，还要有足够的运动精度。

2）底板＋仪表板拼焊工区。底板＋仪表板拼焊工区是白车身总成合装焊线上使用点焊机器人最多的工区，如图 26-39 所示，该拼焊工区焊点多而分散，为跟上白车身总成合的生产节拍，常采用多工位即机器人多而工作量少的生产布局。所使用的焊钳多为中长臂伺服焊钳。

3）白车身总成合拼装定位焊工区。白车身总成合拼装定位焊工区由单一的白车身总成合拼装定位焊工位构成，在本工位要完成（底板＋仪表板）组装件＋左、右侧围组装件＋顶板组装件的拼装定位焊，从而形成整体白车身总成合框架。

在该工位，（底板＋仪表板）组装件是由主传送链送进，左、右侧围组装件则分别由搬运机器人安放在左、右侧围组装件的滑轨或装配夹具上，再送到拼装定位焊位置，从而确保左右侧围组装件与其连接组件的装配精度。

图 26-39　底板＋仪表板拼焊工区

因有多个组装件入口，白车身总成合拼装定位焊工位的空间很拥挤，如图 26-40 所示。为了确保白车身总成合拼装的尺寸和形状精度，必须在一个工位上将所有定位焊点完成，所以，必须采用多台（套）定位焊点焊机器人，为防止各点焊机器人伺服焊钳间

图 26-40　一个典型的白车身总成合拼装定位焊工位

的相互干扰，所有白车身总成合定位焊机器人，将在空间位置中分层插空布局或者让某个定位焊机器人兼职负责搬运待安装组装件，如图 26-41 所示。

图 26-41　正在搬运拼装夹具的"兼职"点焊机器人

白车身总成合拼装定位焊工位对各组装件装配精度要求很高。为此，有的白车身总成合拼装定位焊工位采用了如图 26-42、图 26-43 所示的框架式定位焊装焊夹具，定位焊机器人只定位焊最为关键的焊点，而其余较为重要的焊点则放在框架式焊接夹具之外。该方案优点是白车身总成合拼装精度高，但不足之处是工位的柔性较前者差些，因为对不同的白车身总成合需要更换框架式焊接夹具。

图 26-42　使用框架式装焊夹具的白车身总成
合拼装定位焊工位

4）白车身总成合点焊工区。白车身总成合定位焊完成后，即可对白车身总成合的几乎 90% 以上的焊点实施机器人点焊。该工位焊点主要集中在左、右侧围四个门框周边，顶板与前窗间的前窗框周边以及后窗框周边。

图 26-43　框架式装焊夹具对顶板的装配

为了避免白车身总成合焊接变形的不利影响，必须使左、右侧围四个门框周边的焊点，在白车身总成合拼装定位焊全部完成，车身整体刚度加强后，再进行密集的点焊。

轿车白车身焊点空间分布位置变化多，所以，要根据需要选用不同类型的点焊机器人的伺服焊钳。白车身总成合点焊工区，由于点焊机器人多，任务多，所以该工区是中央计算机控制和管理的重点。因为该工区不仅需要适应多种车型的生产，还要适应生产线发生故障的应急处理。

该工区应选用制造质量可靠并稳定、设备故障很低、投资成本较低、技术成熟并通过长期生产考验、便于维护的点焊机器人，所选用焊钳应是伺服型一体式焊钳。

在满足使用要求和焊点质量控制的条件，所选用的焊钳类型应尽量少。

5）白车身总成合熔焊工区。一般类型白车身总成合结构中，有总长 3~4m 的短焊缝。与点焊相比，熔焊会造成较大的焊接变形。所以，轿车白车身总成合的焊缝都设计成短焊缝；为了避免这些短焊缝产生超差焊接变形，所有熔焊短焊缝一定要放在白车身总成合所有焊点全部由点焊机器人点焊完成并增大白车身刚性后再施焊。

为避免熔焊产生的焊接变形引起白车身总成合的尺寸和形状超差，一般白车身总成合的熔焊，多选用能量密度较大的 CO_2 弧焊机器人；高档轿车白车身的焊接电源，宜选用动态响应能力很强的逆变电源；甚至选用已经实现了自适应控制、智能化控制、专家系统、网络化管理、监控和升级的数字化逆变式 CO_2 焊电源。

近年来，对中、高档轿车车身的外观和焊缝质量要求越来越高，很多轿车车身结构的熔焊焊缝已经趋向采用激光熔焊，如图 26-44 所示，或激光钎焊，如图 26-45 所示；而对铝合金的白车身结构，好像只有采用激光熔焊和钎焊，如图 26-46 所示。才能达到铝合金白车身焊缝对其外表质量和焊接变形的严格要求。

（2）侧围组装件装焊线

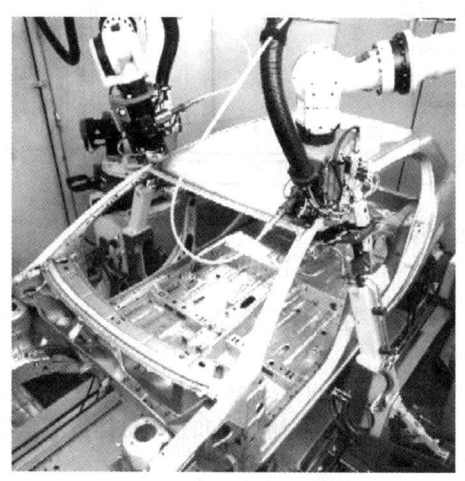

图 26-44 轿车车身的激光焊机器人（KUKA）

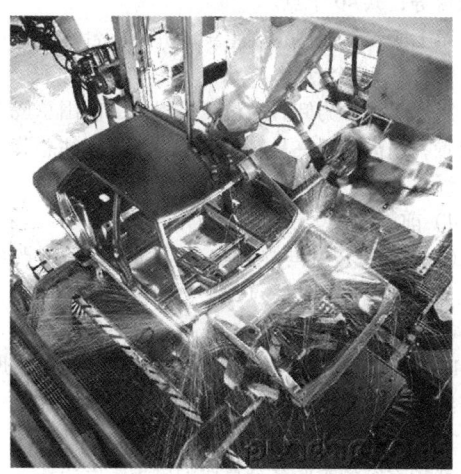

图 26-45 车顶的激光钎焊

图 26-46 铝合金轿车车身的（半导体）激光焊

轿车车身的侧围组装件按左、右划分。为充分利用板料，一般左、右侧围都是由几个冲压件拼焊而成，如图 26-47 所示。

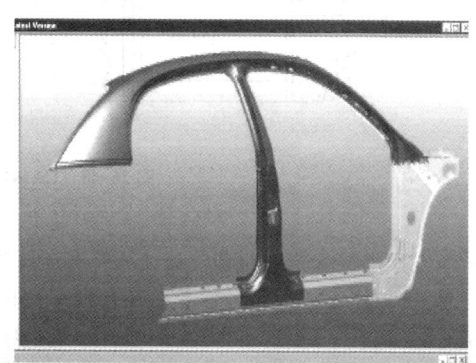

图 26-47 轿车侧围组装件由几个冲压件拼焊而成

根据结构上的特点，侧围组装件的生产一般单独成线；而左、右侧围组装件的拼焊工艺方式，以多工位，固定式多点焊机为主，同时各工位的上、下料与各工位间的物料传送辅之以搬运机器人。采用固定式多点焊的优点在于拼装精度可由装焊夹具来保证。虽然固定式多点焊的"柔性"差些，但由于单台固定式多点焊工装设备的体积并不大，因此，可事先准备几套，待需要时，可整台更换。

在轿车车身独立组装件中，还有前左、右车门、后左、右车门独立组装件，由于其形状复杂，对尺寸和形状精度要求高，所以，一般也采用电阻多点焊工装完成拼装焊接。

26.9.2 载货汽车总成合（部件）的焊接生产线

钢制构件使用寿命长，所以载货汽车的车身和车厢总成合均采用钢制结构。由于载货汽车的生产批量很大，所以这些车身和车厢总成合又分解成很多分总成，在各自的生产线中生产完成。

汽车各总成焊接生产线设计原则，是依据汽车的生产纲领、工艺和机械化与自动化水平、再充分考虑国情、厂情及现有条件、经济性、可靠性及是否便于维修，尽可能适应多品种的需要；能确保产品质量，按生产纲领确定焊接生产流水线的形式及机械化与自动化程度。

在大量生产时，从生产效率和经济性考虑，采用多工位生产流水线，保证生产节奏是十分必要的。生产前要进行各总成的工艺设计：生产节奏的计算；生产线运行速度的确定；确定生产线的工位；工艺流程设计；焊接机械装置的设计与选择；编制工序卡；进行生产线平面布置。

1. CA141 驾驶室前围焊接生产线

CA141 驾驶室是用上百种薄板冲压件，通过装配、焊接、铆接及机械连接等工艺方法，组成一个完整的汽车驾驶室总成。各分总成的装焊工艺与其结构有密切关系。

1）CA141 驾驶室焊接总成分块示意图，如图 26-48 所示，CA141 驾驶室为有骨架的驾驶室。

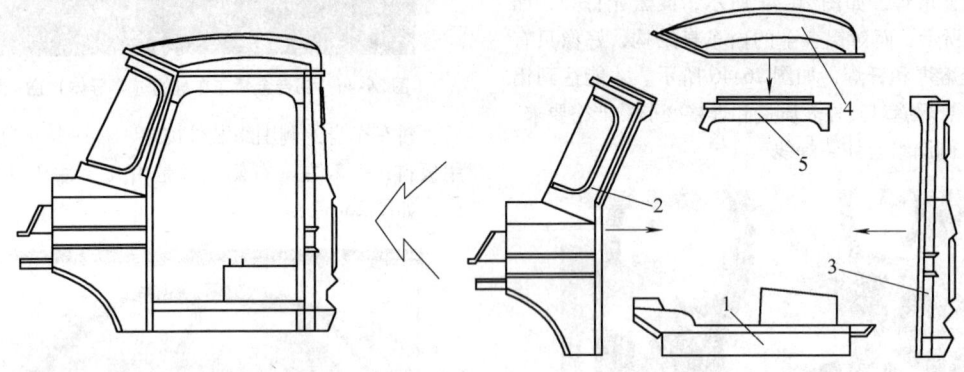

图 26-48　CA141 驾驶室焊接总成分块示意图
1—地板总成　2—前围总成　3—后围总成　4—顶盖　5—门上梁总成

2）前围焊接生产线组成。该线属环行生产线，全长 38.4m，转弯半径 2m。它是由 8 台台车及其上随行夹具组成 8 个工位，如图 26-49 所示。该条环行生产线是推式结构。当台车到位时，台车与推爪脱开，这时台车停下来而链条继续行走。夹具间距也不相等。当台车起动时，链条首先带动 1、3、5、7 台车，然后带动 2、4、6、8 台车，以此增加电动机、减速机及链条的使用寿命，同时也减小了电动机功率。

3）前围的装配与焊接。该线有 8 个工位，即有 8 台台车及其上随行夹具。全线有一台多点焊机，8 台悬挂式点焊机，12 名生产工人，节拍为 3.4min，由 PLC 机控制，采用无触点开关。

第一工位：装左、右支柱与左、右侧盖板总成，仪表板加强梁及杂物箱总成，风窗内上梁总成，采用两台悬挂式点焊机，焊接左、右盖板等，共 20 个点。

第二工位：装上盖板总成，用两台悬挂式点焊机焊左、右支柱等处，共 22 点。

第三工位：为多点焊机工位，这个工位设一台液压多点焊机，64 把焊枪。主要焊前风窗口一周。

第四工位：装发动机挡板总成，通过挡板上料装置，将挡板从存放架上提起，放在随行夹具上准备焊接。

第五工位：用两台悬挂点焊机焊上盖板与左、右支柱，盖板与左、右侧盖板和发动机挡板等，共 76 个点。

第六工位：用一台悬挂式点焊机点焊盖板与发动机挡板等，共 40 个点。

第七工位：装风窗内上梁，并用一台悬挂式点焊机点焊，共 25 个点。

第八工位：为卸料工位。将焊完的前围总成用吊挂装置，吊离随行夹具，吊放至小车上运往总装焊接生产线。

4）前围焊接生产线特点。

① 上料、定位与夹紧实现了机械化；多点焊机械化与自动化；悬挂式点焊半自动化。

② 实现了多工位按节拍 3.4min 流水生产。CA141 驾驶室及其他分总成均按节拍 3.4min 的焊接生产线进行流水生产。

2. EQ140 车厢边板装焊生产线

载货汽车的车厢各分总成如底板、左边板、右边板、前板和后板等均为薄板结构，其特点是板壁薄、

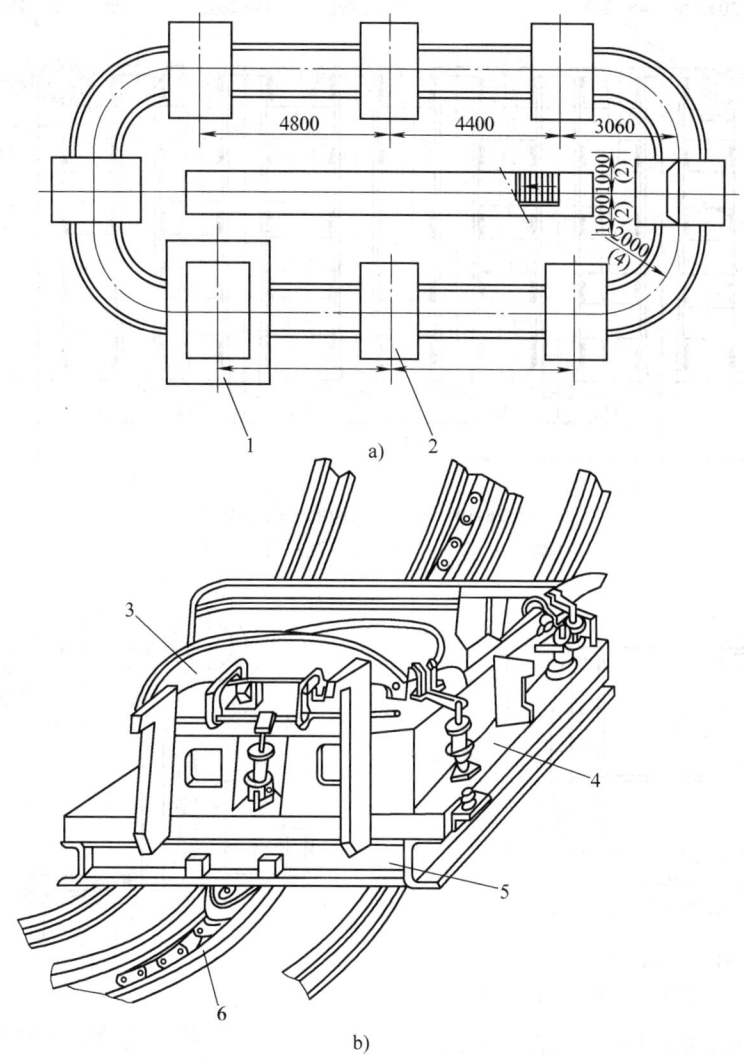

图 26-49　前围焊接生产线

a）前围焊接生产线　b）台车式随行夹具

1—前围多点焊机　2—台车式随行夹具　3—前围总成　4—随行夹具　5—台车　6—环行线链条

焊缝短、结构形式大致类同。

（1）EQ140 车厢的边板结构

EQ140 车厢的边板结构，如图 26-50 所示。它由一块 1.2mm 厚的整体冷弯成形的瓦楞板，6 个 2.5mm 厚冲压成形的上页板，2 个 2mm 厚冲压成形的端包铁和 8mm 厚的冲制而成的前后栓钩等组成。其焊接接头形式均为搭接，该总成焊缝总长度为 3.8m。

（2）边板总成的装配与焊接

如同驾驶室各分总成一样，车厢各分总成也是在各自分总成的焊接生产线上，按一定的节拍流水生产。不同的是车厢各分总成与驾驶室分总成相比，板壁有一定厚度达 1.2～2.5mm，全部采用细丝半自动

CO_2 焊。为进一步提高焊缝质量和焊接生产效率可以采用弧焊机器人施焊边板等结构形式的短焊缝。

（3）EQ140 车厢边板总成焊接生产线特点

1）实现了上料、定位与夹紧和卸料机械化、半自动 CO_2 焊或弧焊机器人焊接。

2）实现了多工位固定节拍的流水生产。

26.9.3　储气筒环缝焊接中心

储气筒是汽车上为气动刹车而必备的一个重要部件。国产 EQ140 汽车储气筒结构，如图 26-51 所示。它是由壁厚为 2mm 的 20 号热轧钢板筒体和板厚为 2.5mm 的前端盖和后端盖以及 4 个管接座焊接而成。

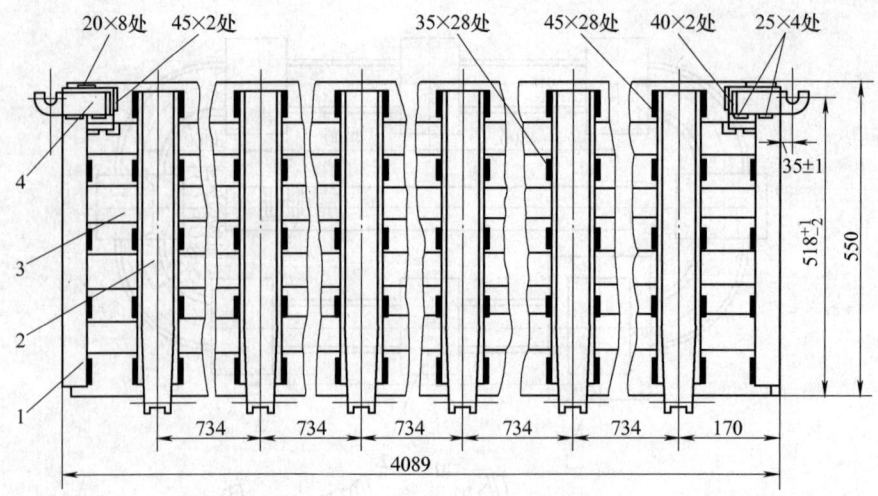

图 26-50　EQ140 车厢的边板结构
1—端包铁　2—上页板　3—瓦楞板　4—拴钩

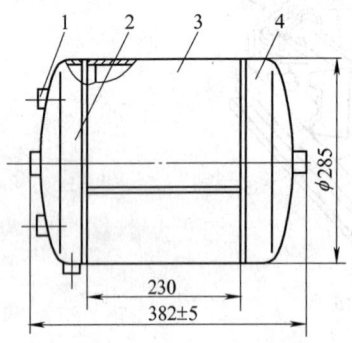

图 26-51　汽车储气筒总成
1—管接头座　2—前盖　3—筒体　4—后盖

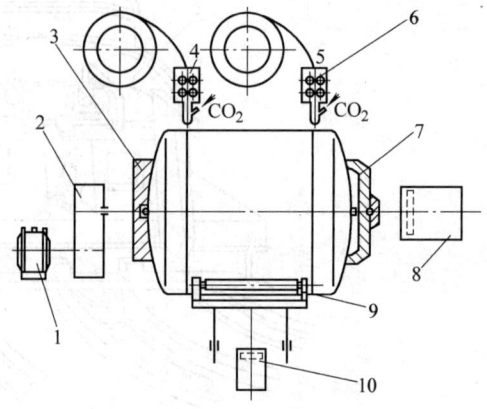

图 26-52　汽车储气筒外环缝焊接中心
1—电动机　2—减速机　3—固定夹头　4—送丝机 I
5—送丝机 II　6—焊机机头　7—动夹头　8—气缸 I
9—滚轮式托架　10—气缸 II

其工作压力为 784kPa，结构性能应能保证承受住压力为 1174kPa 的静载强度试验而不被破坏，承受压力为 784kPa 密封性检查无渗漏。

1. 汽车储气筒外环缝焊接中心

该焊接中心是由两台焊机、储气筒部件辊道，储气筒焊件变位机和电气控制系统组成，如图 26-52 所示。

2. 储气筒外环缝的焊接

经过装配夹具装配完成的储气筒，通过辊道送入焊接工位滚轮式托架 9 上，起动气缸 II 使托架 9 上升，使储气筒中心线与焊接变位机两夹头中心线重合；起动气缸 I，焊接变位机动夹头移动并使储气筒被夹紧，焊前准备完成。两条外环缝用两台焊机和一台控制箱同步控制完成外环缝的焊接。起动焊接按钮，两台焊机和焊件变位机同时分别送丝引弧和旋转，焊接过程中，两条外环缝的焊缝跟踪和焊丝干伸长调节采用传感器自动完成。储气筒旋转一周后，起动停止按钮，终止焊接。起动气缸 I 和 II，储气筒移出辊轮式托架，储气筒通过辊道送入下一道工序。

3. 储气筒外环缝焊接方法

为提高生产效率、焊接质量和便于观察焊道，生产中宜选用自动 CO_2 焊。也可以选用 MAG 焊或弧焊机器人焊接。

26.9.4　汽车车圈的焊接自动机和焊接中心

1. CA141 车圈合成定位焊接自动机

CA141 车圈合成的径、侧向跳动均要求较严格：均为 2.0mm。为了保证这一精度要求，除了保证轮辋、轮壳两个零件的尺寸和形状精度外，还要保证两者的压配精度。

但是，经过正确的压配，径、侧向跳动合格的车圈合成，在运送到焊机和上料焊接过程中，由于碰撞、振动或操作不慎等原因会造成轮辋、轮壳的相互位置错动；CA141 车圈轮辋、轮壳配合在锁圈槽处，配合面处过盈量仅为 0～1.5mm，更容易发生这种错动。

为了防止错动的发生，可在压配机上，对压配好的车圈合成施以定位焊的工艺方案。

（1）定位焊接工艺的选择

车圈合成定位焊接生产线是一条高生产率的流水线，每小时焊接 CA141 车圈合成近 300 件，采用两台压焊机组生产，每台套机组生产节拍为 3 件/min。为了保证在高生产率条件下的稳定生产，质量可靠，定位焊接工艺必须满足以下条件：

引弧稳定可靠；强度足够大；飞溅小，减少对设备与工装的污染；定位焊缝最终要残留在车圈合成上，定位焊缝外观要美观，焊接自动机（三台套）同在压装机上，自动机要尽量简单且小型化；易于自动控制，实现自动化定位焊。

根据上述要求，通过对比选择，试验确定采用细丝自动 CO_2 焊或 MAG 焊。在车圈合成外侧定位焊三处，成 120°均匀分布，每条定位焊缝长度约为 20mm，如图 26-53 所示。定位焊的焊接参数列于表 26-1。

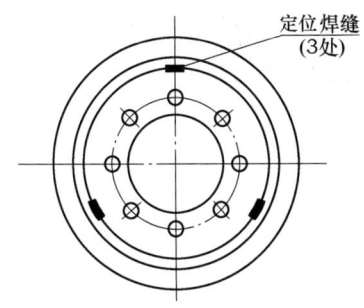

图 26-53　CA141 车圈合成定位焊缝分布图

表 26-1　CA141 车轮合成定位焊焊接参数

焊丝直径/mm	焊接电流/A	焊接电压/V	焊速/(m/h)	焊丝干伸长/mm	气体流量/(L/min)	焊缝长度/mm
1.2	190～200	19～20	60	15～20	8～12	20

（2）CA141 车圈合成定位焊接自动机组成

该自动机是由压配机、三台细丝 CO_2 焊自动机、车圈合成输送辊道和电气控制系统组成，如图 26-54 所示。

（3）CA141 车圈合成压制定位焊接

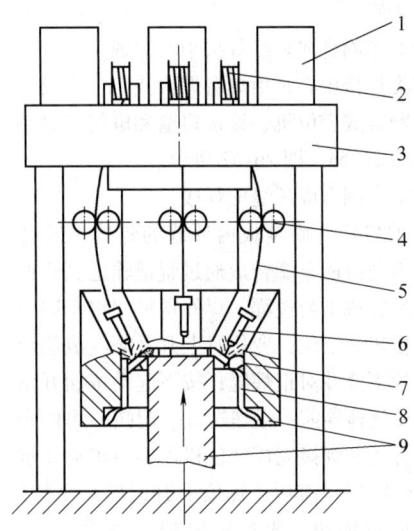

图 26-54　CA141 车圈合成定位焊接自动机

1—焊接电源　2—焊丝盘　3—压床　4—送丝机　5—焊丝
6—焊枪　7—轮辋　8—轮壳　9—压配模具

经加工合格的轮壳和轮辋，通过输送辊道送入压配机压制合成。起动细丝 CO_2 焊按钮，按一定程序控制，实施定位焊接，施焊完毕自动停弧终止焊接，机头抬起，顶推抬起定位焊后的车圈合成，并送入输送轨道。

采用细丝 MAG 焊将会获得更优良的定位焊缝质量及其成形。

2. 汽车车圈合成内缝（或外缝）焊接中心

汽车车圈合成，CA141 轮壳为 7mm，轮辋为 10mm；EQ140 轮壳为 6mm，奥迪车轮壳仅 2.5mm，而轮辋为 4.6mm；液压半深槽载货汽车车圈合成壁厚也较大。车圈合成焊接技术途径可以有两种方案：第一采用压配合成时，同时自动定位焊外圈，而内圈采用 CO_2 焊方案；第二采用车圈合成压配后，焊条电弧定位焊，然后分别用 CO_2 焊焊内、外圈焊缝方案。车圈合成批量很大，根据年生产汽车 10 万辆时，折合车圈合成为 70 万只，加上备件总共年生产纲领约为 80 万只，班产车圈合成 1300～1500 只。因此，焊接要有很高的生产效率。

（1）焊接工艺的选择

根据生产纲领的要求，货车车圈合成选用粗丝（ϕ2.0mm）自动 CO_2 焊；而轿车车圈合成则宜选用细丝（ϕ1.2mm）自动 CO_2 焊。如果成本核算合适，还是选用 MAG 焊为好。

（2）焊接位置选择

为确保焊缝成形和焊接质量，明显地提高焊接生产效率，车圈合成的搭接接头，其角焊缝选用船形位置施焊为宜。

（3）车圈合成环缝焊接中心组成

该类焊接中心是由单台焊机或 4 台焊机、焊接电源、车圈合成变位机、输送辊道和电气控制系统等组成，如图 26-55 ~ 图 26-57 所示。

（4）车圈合成环缝的焊接

1）CA141 车圈合成内环缝的焊接。经过压焊机组压配定位好的车圈合成通过辊道输送到焊机送料架上，随后完成下列过程：焊件送料架将车圈合成送到焊件变位机上定位；变位机上升并倾斜成船形焊接位置；焊枪下降并对正焊缝；按下起动按钮开始焊接过程：CO_2 气体导前→慢速送丝→起弧→焊件变位机旋转施焊开始→焊接完成变位机停转→填充弧坑→焊丝反烧→CO_2 气体滞后；焊枪上升；焊件变位机下降；车圈合成打钢印；通过辊道把车圈合成送往下道工序。

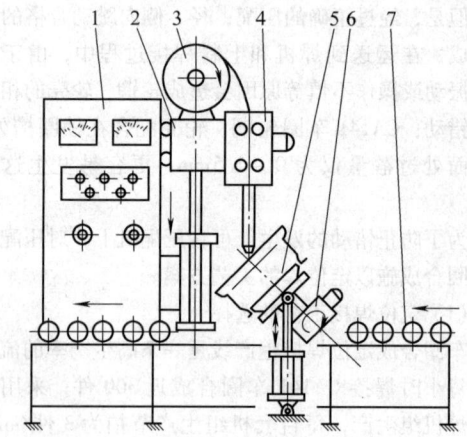

图 26-55　CA141 车圈合成内环缝焊接中心
1—操纵盘　2—机头调整机构　3—焊丝盘　4—送丝机构
5—车圈合成　6—车圈合成变位机　7—车圈合成辊道

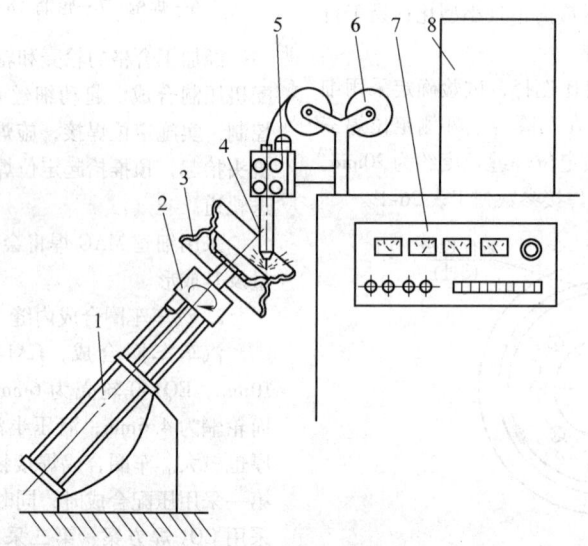

图 26-56　轻型汽车车圈合成内环缝焊接中心
1—升降气缸　2—变位机　3—车圈合成　4—焊枪　5—送丝机及机头调整机构
6—焊丝盘　7—操纵盘　8—焊接电源

2）EQ140 车圈合成环缝的焊接。经过压配并焊条电弧焊定位的车圈合成用辊道式输送机送入焊接中心的焊件回转台中，起动升降气缸，定位夹紧车圈合成，调整好车圈合成与 4 焊枪之相对位置。起动焊接按钮引弧施焊，到位后按下停止按钮，终止焊接。气缸下降，车圈合成移出内环缝焊接中心，翻转 180° 后再进入外环缝焊接中心。

（5）车圈合成中粗丝 CO_2 焊的几个问题

1）CA141 和 EQ140 车圈合成中轮辋和轮壳的壁厚均大于 6mm，为实现一次成形，且保证其强度和高生产率。$\phi 2mm$ 焊丝的焊接电流要控制使其不小于 500A。

2）为保证 $\phi 2mm$ 焊丝的可靠引弧且又防止烧穿缺陷，引弧送丝速度采用慢送丝引弧，引弧送丝速度仅为正常送丝速度的 30% ~ 50%。正常引弧后，焊接变位机或回转台旋转，进而转为正常送丝速度。

3）焊接速度的选择必须兼顾焊接过程的稳定性和高生产率，一般应控制在 60m/h 为宜。

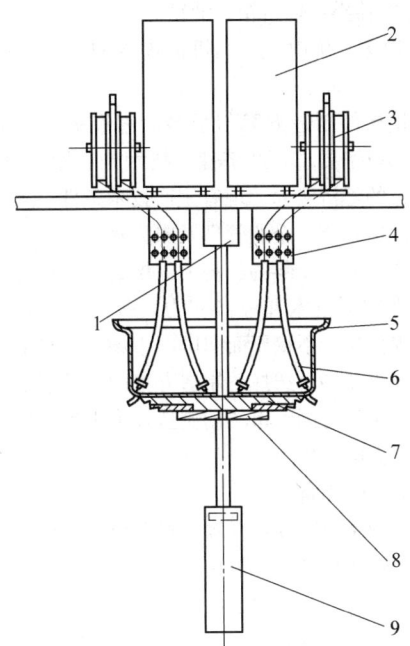

图 26-57 EQ140 车圈合成环缝焊接中心

1—焊件回转台减速机 2—焊接电源 3—焊丝盘
4—送丝机 5—车圈合成 6—刚性送丝管
7—定位夹盘 8—升降夹盘 9—升降气缸

4）为了消除弧坑裂纹和得到美观的焊缝成形，需采用衰减电流焊补弧坑，衰减后的焊接电流约为正常焊接电流的 1/3，电弧电压也比焊接电弧电压略低些。

5）采用反烧工艺。焊接完毕停止送丝后，并不立即切断电源，让焊丝反向自行烧断，防止焊丝插入熔池。

6）采用 MAG 焊和晶体管焊接电源，将会明显改善焊接质量并进一步提高车圈合成的生产率。

26.10 摩托车部件的焊接自动机[6]

摩托车年生产量一般均很大，其部件多由管件、压形件和机械加工件拼焊而成。其上焊缝多且短而复杂，实现机械化与自动化生产非常困难。由于批量大，焊缝质量要求高，必须采用焊接自动机或焊接机器人完成。

现以 80 型摩托车消声器双枪 MAG 焊自动机为例作介绍。

（1）自动机组成

该机由主机、两台焊接电源、两台（套）CO_2/MAG 半自动焊枪和条形电抗器及其引弧装置、电气控制系统等组成，如图 26-58 所示。

（2）消声器的装配与焊接 焊接时将转换开关置"自动"挡。人工将隔板件放到锥状模具 4 上，再将事先装入消声器小端的连接套件放到定位托架 14 上，把消声器大端与锥状模具上的隔板紧靠。按下起动按钮 9，摆动气缸 30 推动旋转轴使两把焊枪同时旋转到位，卡紧气缸 11 前进使柱状模具 7 夹紧消声器 5。延时数秒后，消声器定位托架 14 在气缸推动下向下

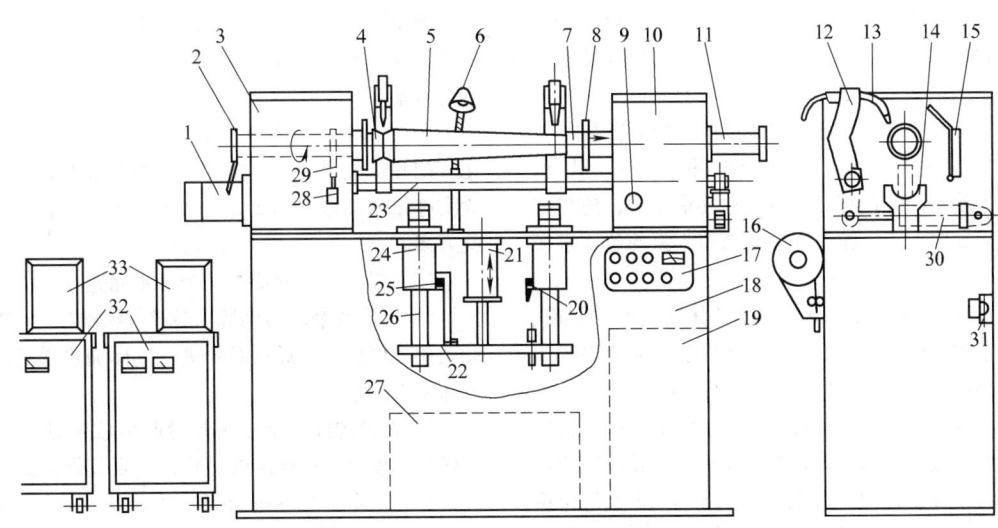

图 26-58 80 型摩托车消声器双枪焊自动机

1—直流电动机 2—焊接地线旋转接头 3—变速器 4—锥状模具 5—消声器 6—照明灯 7—柱状模具 8—散热片
9—起动按钮 10—卡紧尾座 11—卡紧气缸 12—焊枪夹紧座 13—焊枪 14—消声器定位托架 15—弧光挡板
16—送丝机 17—电控面板 18—机身 19—电控箱 20—托架升起限位开关 21—托架升起气缸 22—连杆架
23—旋转轴杆 24—托架导向套 25—托架落下限位开关 26—导向柱 27—气控阀座板 28—主轴转动
记圈开关 29—主动转动凸轮 30—摆动气缸 31—急停开关 32—焊接电源 33—条形电抗器

移动，碰到限位开关25，起动电动机1，使消声器旋转，两把焊枪同时引弧焊接。当焊完一周再搭接一段后，停止焊接。电动机反转消声器又回到原始位置碰到主轴转动记圈开关28，电动机停转，焊枪退回，消声器定位托架14升起接住消声器，柱状模具退回，松开消声器，操作者取下消声器，完成一个循环，计数器累加一个数字。

除"自动"挡外，也可以实施手控焊接。

产品批量足够大时，为了进一步提高产品质量和生产效率，也可以同时配置2~3个，甚至更多装配焊接工作台，由一个可在工位间移动的双机头自动机或弧焊机器人实现高效率的焊接。

（3）消声器焊接自动机的特点

1）实现了焊接机械化和自动化，改善了工人的劳动条件并降低了劳动强度。

2）采用了少氩低流量MAG焊工艺。

同理，某型号后臂孔内侧与连接管组成的两条环形角焊缝，也实现了双枪自动焊，也有自动化程度高，焊缝质量好，生产效率高等一系列优点。

26.11　起重、矿山、工程机械中焊接构件的焊接中心

几十年改革开放，带动了所有经济工业部门的快速大发展。我国起重、矿山、工程机械需求量也大增，不仅国内需求量很大，国外需求量也有大量增加的趋势。因此必须使我国起重、矿山、工程机械焊接构件的制造水平，迅速接近并达到或领先国外技术先进国家的制造水平。

1. 起重、矿山、工程机械焊接构件制造技术要点

1）焊缝质量控制。这类焊接构件均承受动载荷，焊缝质量要求十分严格；对接焊缝要求Ⅰ级；角焊缝也要求无缺陷；丁字接头焊缝起弧的收弧部位要求尤为严格。

2）零部件的尺寸和形状精度及其互换性。起重、矿山、工程机械的总体安装和使用性能，完全决定于这些零部件制造尺寸和形状精度及其互换性。

3）起重、矿山、工程机械的使用安全性。这类产品的焊接构件均承受动载荷，因此，这类构件的尺寸和形状设计，焊缝的位置和尺寸形状设计尤为重要。工作中这些构件要完全避免焊接残余拉应力的不利影响；更要避免结构、焊缝设计造成的应力集中和高值工作拉应力过分集中。

2. 起重、矿山、工程机械焊接构件的种类

1）杆、柱、臂类。

2）框架类：转台、车架、转向架等。

3）容器类：燃料箱、油箱等。

3. 起重、矿山、工程机械焊接构件制造方案的选择

焊接构件制造方案与很多因素有关，如生产纲领、产品技术要求、经济性、技术先进性与可靠性、制造单位的经济实力、现有生产技术条件、工程技术及生产人员素质、企业管理及服务水平等。

改革开放几十年的经济大发展，我国目前已具备了相当水准的技术和经济实力，所生产的起重、矿山、工程机械，不仅要面向国内市场，更要走出国界面向世界市场。所选择的制造方案的技术水平及其先进性，十年后与国际市场的制造技术水平相比，仍具备足够强大的竞争力。

（1）零件制备

零件制备要确保全部零件符合设计要求。

（2）焊接构件装配焊接方案

1）方案一。在装配夹具中人工装配并定位焊；在焊接变位机和焊接夹具中采用半自动 CO_2 焊或MAG焊全部焊缝。装配和焊接工位数可以适当匹配以确保产品的批量和生产率。该方案先决条件：必须具有足够数量高素质焊工。该方案切实可行属低成本高效方案。

2）方案二。在装配夹具中人工装配并定位焊，在焊接变位机和焊接夹具中，主要长直焊缝采用弧焊机器人施焊，而一般短、曲线焊缝采用半自动 CO_2 焊或MAG焊。一台弧焊机器人可以在几个焊接工位移动。高素质焊工数量不足，且有一定经济实力，可选此方案。

3）方案三。在装配夹具中实施半机械化或机械化装配并定位焊，在焊接变位机和焊接夹具中全部焊缝实施弧焊机器人焊接。为创世界名牌产品，宜采用此方案。

（3）焊接构件制造中几个技术问题

1）焊接残余应力消除。这类焊接构件全部承受动载荷，焊接构件焊后必须进行整体加热或机械振动消除应力处理。

2）焊接构件丁字接头焊缝起弧收弧处焊接缺欠的根除。板材对接缝起弧、收弧处要装焊引弧和引出板，避免丁字接头焊缝起弧、收弧处产生焊接缺欠；焊接构件上的丁字接头焊缝必须采用具备优异起弧和收弧性能的焊接电源，绝对避免焊接缺欠的产生。

3）消除应力集中不利影响

① 结构设计时，要绝对避免形状突变引起的应力集中。

② 承受动载荷的焊接构件，在其高值拉伸工作

应力区，要严格避免产生有一定深度的尖锐划痕或焊接缺欠或板材夹层缺欠。

③ 消除焊缝形状引起的应力集中影响。对接焊缝的余高、角接焊缝的外凸形状，均将在焊缝趾部引起应力集中。所以承受动载荷的焊接构件要严格控制对接焊缝的余高；角接焊缝宜采用平直或内凹形状，绝对避免采用外凸形状角焊缝。重要构件所有焊缝趾部宜采用钨极氩弧焊电弧重熔或砂轮打磨消除趾部应力集中。

4. 起重、矿山、工程机械焊接构件弧焊机器人

工作站

（1）挖掘机斗杆或动臂弧焊机器人工作站

制造方案采用前述方案二，如图 26-59 所示，国内某一个企业（公司）可年产挖掘机斗杆 20000 台（套）、动臂 30000 台（套）、铲斗 10000 台（套），年生产能力达 3 万 t，世界范围供货。

（2）燃油箱和工作油箱弧焊机器人工作站 制造方案基本采用前述方案三，所有零件焊缝全部采用弧焊机器人焊接，如图 26-60 所示。国内另一个企业

图 26-59 挖掘机斗杆（动臂）弧焊机器人工作站

图 26-60 工程机械油箱弧焊机器人工作站

（公司）仅燃油箱和工作油箱，年产就达 10000 台（套），世界范围供货。

（3）挖掘机 X 架弧焊机器人工作站

制造方案基本采用方案三，如图 26-61 所示。X架在焊接变位机上，全部焊缝均采用弧焊机器人施焊。

（4）挖掘机转台弧焊机器人工作站

制造方案选用方案二，如图 26-62、图 26-63 所示。挖掘机转台在焊接变位机上，全部焊缝采用弧焊机器人施焊。

图 26-61　挖掘机 X 架弧焊机器人工作站

图 26-62　挖掘机转台弧焊机器人工作站（一）

图 26-63　挖掘机转台弧焊机器人工作站（二）

26.12　水轮机活动导叶的焊接自动机

水轮机活动导叶的结构如图 26-64 所示，结构中支肋的间隔非常小，具体尺寸为：宽 230mm，高 246mm，而导叶的长度为 2749mm。根据使用需要，设计要求整条焊缝全部焊满。在这种极其狭窄的空间内施焊的整条有足够大的焊脚尺寸的焊缝是非常困难的。采用如图 26-65 所示的水轮机活动叶片的自动焊接机，有效地解决了上述技术难点。焊接方法采用自

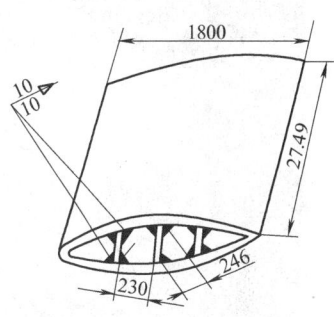

图 26-64　水轮机的活动导叶

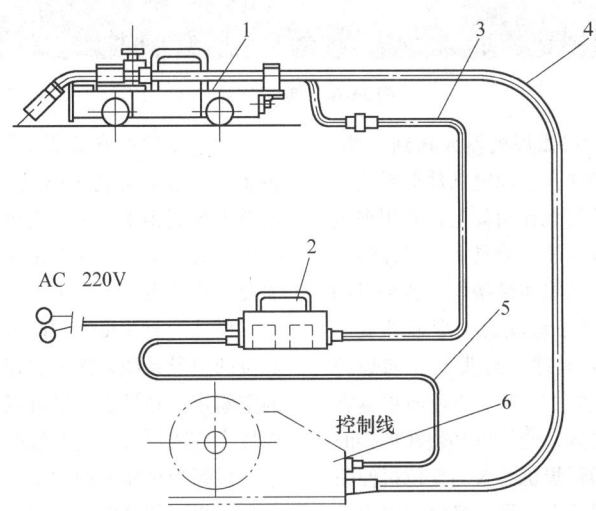

图 26-65　水轮机活动导叶焊接自动机

1—焊接小车　2—控制箱　3—控制线　4—焊接电缆　5—控制线　6—焊接送丝装置

动 CO_2 焊，船形焊接位置，焊脚尺寸一次达 10mm，焊缝外观十分美观。

该焊接小车上的四个磁性车轮由直流伺服电动机控制，焊接速度无级调速。因为采用磁性车轮，因此焊接小车可以在任何位置和沿任意曲线轨道上爬行（指大曲面）。焊接小车装置了一套焊枪夹持装置，可以安装任何一种形式的半自动 CO_2 焊枪。该焊接小车的外形尺寸：长 560mm，宽 138mm，高 138mm，质量约为 8kg。也可依靠焊接接头的立板仿形前进。

26.13 大型铝合金储箱椭球形封头弧焊机器人工作站[15]

铝合金储箱椭球形封头，如图 26-66 所示。该封头结构尺寸庞大，直径达 1.4 ~ 4m 甚至更大尺寸，焊缝部位壁厚为 1.4 ~ 6mm。封头由前（后）端框、6 ~ 8 块瓜瓣和堵盖构成。其瓜瓣纵缝呈三维空间曲线，瓜瓣与堵盖和前（后）端框的连接焊缝为规则正圆环焊缝。该类封头材料强度高、焊接性稍差，工件庞大，多数焊缝为三维空间曲线，对焊缝质量和尺寸精度要求很高，产品的使用可靠性要求也很高。所以，协调控制、焊缝跟踪和焊接质量的实时控制等是该产品制造的技术关键。

这类封头目前已采用弧焊机器人工作站实施装配和焊接。铝合金椭圆形封头焊接采用了 TIG 焊机器人工作站。它是由一台脉冲填丝 TIG 焊 6 轴关节式机器人与一台倾斜/旋转（2 轴）变位机和 2 维机器人移动装置构成 10 轴协调控制的焊接机器人工作站，如图 26-67 所示。弧焊机器人悬挂在一个机架上。

图 26-66 航天产品

机架的立柱可以转动，将弧焊机器人移到一侧，方便封头的装卸。变位机的转台上固定椭球形封头的胎具和夹具，待焊封头的瓜瓣放在胎具上，并用夹具的琴键式压紧机构将瓜瓣紧紧压在胎具上，保证焊后封头的精确形状。熔焊过程若能使整条焊缝各个点的熔池始终都处于水平或稍微下坡状态，焊缝外观平滑、美观，焊接质量可控。椭球形封头的径向焊缝（纵缝）是一条 1/4 椭圆形曲线，为了使径向焊缝在焊接时每一点都处于水平位置，变位机必须在焊接时不断作相应的倾斜运动，即弧焊机器人与变位机倾斜轴实现 7 轴协调运动。使焊接全过程始终保持俯焊状态，保证焊接质量。

由于变位机和弧焊机器人移动装置（机架）的各 2 个伺服电动机（码盘）的驱动电源均已安装在机器人控制柜中，可以由机器人控制柜统一控制变位机和机架的运动。而琴键式压紧机构胎具等的动作仍需要一个外设 PLC 来控制。

椭球形封头瓜瓣焊缝也可以采用双目视觉的初始焊位的引导系统，能够实现封头瓜瓣三维焊缝起始点的空间定位和导引，还可以采用视觉传感器的熔透控制技术完成三维空间曲线的焊缝，焊缝质量良好。

该弧焊机器人增加了一套弧长自动调节装置，保证 TIG 焊弧长稳定。

安装安全围栏，确保弧焊机器人的安全生产。

图 26-67　大型航天产品 10 自由度协调控制机器人工作站

26.14　船舶平（曲）面分段弧焊机器人工作站

　　从 20 世纪 60 年代中后期开始。我国造船业已开始起飞，改革开放以来，尤其近 30 年来，我国造船业更获得快速发展，品种、数量明显的增加，造船总吨位更位居世界前三位。我国某些造船技术已接近或达到国际先进水平，但仍有不少制造技术还须急起直追，迅速与世界造船大国和强国在技术上同步前进。

　　我国船体外板成形技术——水火弯板（火焰成形），20 世纪 60 年代已与造船强国同步达到国际先进水平。但是目前某些焊接技术与其他造船强国还有一定的差距。

　　为了增加造船总吨位，确保船体焊接质量，提高生产效率，明显减少船体制造周期、减轻工人劳动强度、改善工人的劳动环境、最大限度降低装配和焊接操作人员的职业病发病率，应全面最大限度采用先进、可靠、稳定性好的焊接技术：如船体合拢时，各立体分段间的空间焊缝气电立焊；甲板拼焊的双丝埋弧焊，甚至多丝埋弧焊等。目前，国内船体各平面或曲面分段的各纵、横桁板的平角缝和立角缝仍大量采用粗丝半自动 CO_2 焊和焊条电弧焊，给获得可靠的焊接质量、生产效率、工人劳动强度、减小焊接和装配工人的职业病发病率，制造了很大困难。为此我国各中大型造船企业应尽快全力改变目前某些焊接生产方式，早日实现船体平（曲）面分段的弧焊机器人焊接。图 26-68 所示为外国某造船厂的龙门式弧焊机器人工作站，用于焊接纵、横桁板的平角缝和立角

图 26-68　船体用龙门式弧焊机器人工作站

缝。大型货轮、油轮和舰艇等平面分段形状庞大，即长又宽，所需龙门机架结构尺寸必须与之相适应。龙门机架可沿轨道长距离移动，但这个轴可以不和机器人作协调运动。每个龙门机架上前、后有两台弧焊机器人，并能分别与龙门机架上的 x、y、z 轴作协调运动。因此该工作站共有 19 个可编程轴，分为两个 9 轴协调运动的大型复杂系统。造船业基本上属于小批量或单件生产的行业。焊接船体平（曲）面（甲板、弦侧、地板、船底、隔仓壁板）分段的机器人工作站，不可能现场进行在线编程，这会严重降低机器人

工作站的有效利用率，所以，这种工作站必须配合针对船体结构特点而专门开发的离线编程软件一同使用，光有弧焊机器人工作站而没有离线编程软件是没有意义的。

　　图 26-69～图 26-73 所示为外国造船厂的地（甲）板、曲面（舷侧）、盒形构件、小组件等弧焊机器人工作站。龙门机架上有两台套弧焊机器人系统（18 轴机器人系统）。龙门机架宽度可达 20m 或 25m；高度 14m；有 2 个 4m 垂直滑轨；纵向滑轨长度可达 85m。

　　目前，造船行业在国外已广泛采用弧焊机器人工作站施焊各平面（曲）分段及其多种小焊件，这种生产方式为其成为造船大国、造船强国做出了卓越贡献。

　　我国要想成为真正的造船大国和强国，所有大型企业和有经济和技术实力的相关企业均应采用这种生产方式。

图 26-69　船体甲板平面分段弧焊机器人工作站

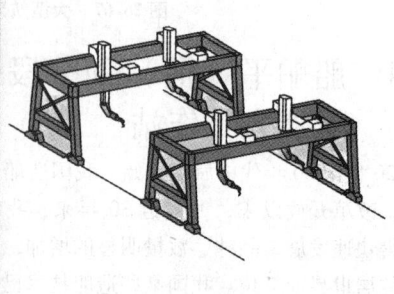

图 26-70　船体地（甲）板平面分段弧焊机器人工作站

图 26-71　船体曲面（舷侧）分段弧焊机器人工作站

图 26-72　船体盒形构件弧焊机器人工作站

图 26-73　船体小组件弧焊机器人工作站

26.15　装甲车车体弧焊机器人工作站

各种装甲车车体均为焊接构件，其材料多为焊接性较差的高强度、高硬度的合金钢，也有特殊需要的车体采用高强度铝合金制造，车体壁厚多为中等厚度板，特种车体最大壁厚已接近 100mm，甚至超过 100mm。车体壁板焊接性差，大多需在特殊环境中施焊，当紧急需要这类车体时，往往需要 24h 连续生产。因此，特别需要采用弧焊机器人工作站完成上述车体的生产。

图 26-74 ~ 图 26-78 所示为外国装甲车车体弧焊机器人工作站，车体装配采用搬运装配机器人和定位焊机器人工作站。车体的装配尺寸和形状精度，依靠车体装配夹具来保证。车体的焊接则采用焊接变位机和弧焊机器人工作站来完成。

钢制车体可以选用粗丝 CO_2 焊，也可以选用 MAG 焊，而铝合金车体则需选用 MIG 焊或脉冲 MIG 焊。

单品种大批量车体可以选用示教再现型弧焊机器人，而多品种车体焊接，则需选用离线编程弧焊机器人。

我国装甲车企业迫切需要具备采用弧焊机器人工作站高质量并大批量完成对各种装甲车的紧急需要的能力。

图 26-74　装甲车车体弧焊机器人工作站

图 26-75　装甲车车体 CO_2 焊机器人工作站（一）

图 26-76 装甲车车体 CO_2 焊机器人工作站（二）

图 26-77 装甲车车体 CO_2 焊机器人工作站（三）

图 26-78　铝合金装甲车车体 MIG 焊机器人工作站

参 考 文 献

[1]　田锡唐. 焊接结构 [M]. 北京：机械工业出版社，1982.

[2]　甘肃工业大学焊接教研室. 焊接机械装备图册 [M]. 北京：机械工业出版社，1982.

[3]　Tayбep B A. 焊接机械装备图册 [M]. 北京：机械工业出版社，1963.

[4]　殷树言，邵清廉. CO_2 焊接技术及应用 [M]. 哈尔滨：哈尔滨工业大学出版社，1992.

[5]　程福谋，等. 柴油机汽缸水套及减振器的粗丝 CO_2 自动焊 [J]. 焊接，1985 (12)：22 - 23.

[6]　侯天奎，等. CJ-50 Ⅱ型摩托车车架焊接自动线的研制 [J]. 焊接，1990 (7)：12 - 15.

[7]　黄作忠，等. 双层气流保护脉冲焊在石油管道焊接中的应用 [J]. 焊接，1990 (4)：18 - 20.

[8]　王玉芝，常佑民. 起重机主梁焊缝的混合气体保护焊 [J]. 焊接，1986 (8)：19 - 20.

[9]　大连机车车辆厂. CO_2 焊在机车车辆上的应用 [M]. 北京：人民铁道出版社，1978.

[10]　陈裕川. 我国锅炉压力容器焊接技术的现状和发展趋势 [J]. 石油化工设备，1987.

[11]　机械工程手册编辑委员会. 机械工程手册. 第七卷 [M]. 北京：机械工业出版社，1982.

[12]　机械工程手册编辑委员会. 机械工程手册. 第十卷 [M]. 北京：机械工业出版社，1982.

[13]　金属焊接国家标准汇编. 北京：中国标准出版社，1991.

[14]　林尚杨，陈善本，等. 焊接机器人及其应用 [M]. 北京：机械工业出版社，2000.

[15]　陈善本，林涛，等. 智能化焊接机器人技术 [M]. 北京：机械工业出版社，2006.

[16]　卢本，卢立楷. 汽车机器人焊接工程 [M]. 北京：机械工业出版社，2006.

[17]　张铁滨. 焊接机器人系统在铁路机车车辆牵引梁、转向架构架等部件焊接上的应用[C].2006 钢结构焊接国际论坛论文集，2006.

第 27 章　焊接结构的无损检测技术

作者　邓义刚　解应龙　**审者**　陈宇

27.1　概述

无损检测是指在不损伤被检测对象将来使用和使用可靠性的前提下，对材料及构件进行内部或表面宏观缺陷检测、几何特性测量、化学成分、组织结构和力学性能变化的评定，并进而就材料及构件对特定应用的适用性进行评价的一门学科。

27.1.1　焊接结构无损检测的作用及意义[8]

在现代焊接结构生产过程中，作为质量保证和控制的重要手段，无损检测技术贯穿于整个焊接结构的生产过程。它根据焊接结构的相关标准和技术要求，对焊接结构生产过程中的原材料、半成品、成品的质量及工艺过程进行检测。其目的是保证焊接结构符合相关质量要求，防止不合格品的产生。

焊接结构的无损检测既关系到企业的经济效益，也关系到社会效益，是一项社会责任重大、技术性极强的工作。焊接结构在各过程中的无损检测作用及意义如下：

1）焊接结构在生产质量控制过程中的无损检测，是对各生产工序中的原材料和半成品进行检测，以便及时发现各生产工序中的不合格品，并可及时进行返修处理，以避免最后焊接构件因无法返修而报废，从而造成时间、材料和劳力的浪费，使制造成本增加。

2）焊接结构在成品质量控制过程中的无损检测，是用于出厂前的成品检测和用户的验收检测。它主要是检测构件能否达到设计性能，使焊接构件的质量得以保证和提高，从而为社会提供安全可靠的产品。

3）焊接结构在使用过程中的无损检测，是用户在构件使用过程中，通过定期进行无损检测，可以发现焊接构件在使用过程中所产生的尚未导致构件破坏的缺陷，能及时消除和防止事故的发生，从而延长产品的使用寿命。

焊接结构的无损检测对于生产者，是保证产品质量的手段；对于主管部门，是对企业进行质量评定和监督的手段；对于用户，则是对产品进行验收的重要手段。检测结果是产品质量、安全和可靠性评定的依据。

27.1.2　焊接结构无损检测方法及对比[1,3,14]

目前，焊接结构的无损检测方法除了目视检测、X 射线和 γ 射线检测、超声波检测、磁粉检测、渗透检测及涡流检测等传统无损检测方法以外，近年来随着科学技术和认识的不断发展，又有声发射、工业 CT、金属磁记忆、红外热成像等新方法及新技术用于焊接结构的无损检测，且随着计算机技术的发展和广泛应用，无损检测技术也正向数字化、程序化和规范化的方向发展。

在传统无损检测方法中，X 射线和 γ 射线检测、超声波检测适合于焊缝内部缺陷的检测，目视、磁粉、渗透和涡流检测，则适用于焊缝表面质量的检测。每一种无损检测方法都有其优点和局限性，因此应根据焊接结构的材质与结构形状来选择合适的检测方法。各种无损检测方法符号见表 27-1。常规无损检测方法的对比见表 27-2 和表 27-3。其他无损检测新技术的对比见表 27-4。不同材质焊缝无损检测方法的选择见表 27-5，对铝合金疲劳裂纹的检出率见图 27-1 ~ 图 27-4。

以下各节简要介绍主要的无损检测方法，详尽的内容请见参考文献［1-3］、［10］、［13］、［14］。

表 27-1　无损检测方法符号

无损检测方法	目视检测	泄漏检测	射线检测	超声波检测	磁粉检测	渗透检测	涡流检测	声发射	工业 CT	金属磁记忆	红外热成像
符号	VT	LT	RT	UT	MT	PT	ET	AE	ICT	MMT	TNDT

表 27-2　X 射线和 γ 射线检测与超声检测的对比

检测方法	X 射线检测	γ 射线检测	超声波检测
设　备	射线源、电源、暗盒、胶片、胶片处理设备、观片灯、射线剂量装置等	射线源、暗盒、胶片、胶片处理设备、观片灯、辐射监控设备等	超声波探伤仪、探头、耦合剂、试块等

（续）

检测方法	X 射线检测	γ 射线检测	超声波检测
原理	利用阴极灯丝产生的电子高速轰击靶所产生的电磁波穿透工件,完好部位与缺欠部位透过剂量有差异,从而在底片上形成缺欠影像	利用放射性物质在衰变过程中产生的电磁波穿透工件,完好部位与缺欠部位透过剂量有差异,从而在底片上形成缺欠影像	利用弹性波遇到与声波相垂直的缺欠,会形成反射或衍射的原理,提取缺欠信号,并显示在示波屏上
优点	可得到直观长久的影像记录,功率可调,照相质量比 γ 射线高	工作效率高,可定位于管道或容器内部一次像,可得到直观长久的影像记录	对面状缺欠敏感,穿透力强,不受厚度限制,易携带,对操作人员无损害　焊缝只需单面靠近,检测时间短,成本低
局限性	一次投入大,不易携带,需要电源,对检测人员素质要求高　无法测量缺欠的深度,焊缝需双面靠近,不易发现裂纹和未熔合缺欠	放射性危险大,射线源要定期更换,能量不可调节,成本高,对检测人员素质要求高　无法测量缺欠的深度,焊缝需双面靠近	对被检工件表面状态要求高,不易测出小裂纹,对检测人员素质要求高,不适用于形状复杂和表面粗糙的工件　厚度小于 8mm 时,要求特殊检测方法,奥氏体粗晶焊缝检测困难
适用对象	适用于检出夹渣、气孔、未焊透等体积型的缺欠。对与射线方向相一致的面积型缺欠有较高检出率	最适用于检出厚壁体积型缺欠	有利于检出裂纹类面积型缺欠

表 27-3　目视检测、磁粉检测、渗透检测及涡流检测的对比

检测方法	目 视 检 测	磁 粉 检 测	渗 透 检 测	涡 流 检 测
设备	放大镜、内窥镜、焊缝量具、直尺、千分尺、光源等	磁粉探伤机、电源、磁粉、试片(块)等　荧光磁粉检测则需紫外线灯	荧光或着色渗透剂、显像剂、清洗剂及清洗装置、标准试块等　荧光渗透检测则需紫外线灯	涡流检测仪、标准对比试块
原理	利用人眼或人眼与各种低倍简易放大装置相结合,对工件表面进行直接观察	经磁化的焊缝,利用缺欠部位的漏磁通可吸附磁粉的现象,能形成缺欠痕迹	利用毛细作用,将带有颜色的渗透液喷涂在焊缝表面上,使其渗入缺欠内,清洗后施加显像剂,显示缺欠彩色痕迹	利用探头线圈内流动的高频电流,可在焊缝表面感应出涡流的效应,通过测出缺欠改变涡流磁场所引起的线圈输出(如电压或相位)变化来反映缺欠
优点	经济、方便、快速、直观、适用于各种材料,对检测人员只需稍加培训	经济简便,快速直观,缺欠性质容易辨认　油漆与电镀面基本不影响检测灵敏度,但应做灵敏度的试验	适用于各种金属和非金属材料,设备轻便、投入小、操作简便、缺欠性质容易辨认	经济简便,不需耦合、检测速度快,可自动对准工件检测,探头不接触工件,可用于高温检测
局限性	只能检测表面缺欠,必要时应对表面进行清理,要求检测人员视力好	不适用于非铁磁性材料,难以确定缺欠深度,某些情况下要求检测后退磁	不适用于疏松多孔性材料,对环境温度要求高,检测前后必须清洁焊缝表面,难以确定缺欠的深度	不适用于非导电材料,穿透能力弱,检测参数控制相对困难,缺欠种类难判断
适用对象	检测表面缺欠,焊缝的外观和尺寸	可检测表面与近表面缺欠	可检测表面开口缺欠	可检测各种导电材料焊缝与堆焊层表面与近表面缺欠

表 27-4　其他无损检测技术的对比

检测方法	声 发 射	工 业 CT	金属磁记忆	红外热成像
设备	声发射换能器、放大和信号处理电路,以及信号分析系统等	工业 CT 机(射线源、机械扫描系统、探测系统、计算机系统等)	磁记忆诊断仪	热源、红外探测器、热像仪、图像采集处理系统等

（续）

检测方法	声 发 射	工 业 CT	金属磁记忆	红外热成像
原理	利用材料在塑性变形和断裂时,会以弹性波形式释放应变能的现象,通过换能器来接收声信号,并分析声信号,以确定声发射源	通过接收 X 射线投影,并根据所得横断面的一组数据,经过计算机系统的处理,来获得焊缝的横断面的图像	由于焊接缺欠会导致磁畴异常,并以漏磁场的形式延伸至焊缝表面,通过检测焊缝表面的磁场分布就可进行缺陷检测	利用缺欠区和完好区的热扩散系数不同的原理,通过注入恒定热流,并由探测器扫描获得表面温度分布状态,以确定内部缺欠的部位和形态
优点	可对役前和在役容器进行整体检测评定,效率高、速度快,受材料影响小,可连续监控探测	可获得二维灰度图像,且图像清晰直观,分辨率高,不受工件几何形状的限制	检测速度快、效率高、非接触,不需专门磁化装置,无需对检测表面进行处理,对缺欠可早期诊断	非接触、检测速度快、对人无伤害
局限性	不能检测静态缺欠,被检工件须处于应力状态,换能器应与工件接触良好,不能有噪声进入探测系统,设备投入大	设备投入太大,可移动性差	不适用于非铁磁性材料,尚不能对缺欠的形状、大小和性质进行定量、定性分析,须与常规方法结合使用	受材料的热导率、缺欠的几何尺寸、焊缝厚度和均匀度及热流的注入方向等因素影响大
适用对象	适用于检测动态裂纹、裂纹的产生和扩展率等	适用于缺欠检测,密度分布分析,缺欠的综合定性	适用于焊接缺欠定位,应力集中区域的确定	适合检测气孔、夹渣、裂纹及腐蚀缺欠等

表 27-5　不同材质焊缝无损检测方法的选择

检测对象	检测方法	目视检测	射线检测	超声检测	磁粉检测	渗透检测	涡流检测
铁素体钢焊缝	内部缺欠	×	◎	◎	×	×	—
	表面缺欠	◎	△	△	◎	◎	△
奥氏体钢焊缝	内部缺欠	×	◎	△	×	×	—
	表面缺欠	◎	△	△	×	◎	△
铝合金焊缝	内部缺欠	×	◎	△	×	×	—
	表面缺欠	◎	△	△	×	◎	△
其他金属焊缝	内部缺欠	×	◎	—	×	×	—
	表面缺欠	◎	△	—	—	◎	△
塑料焊接接头		○	○	△	×	○	×

注：◎—很适合；○—适合；△—有附加条件时适合；×—不适合；—不相关。

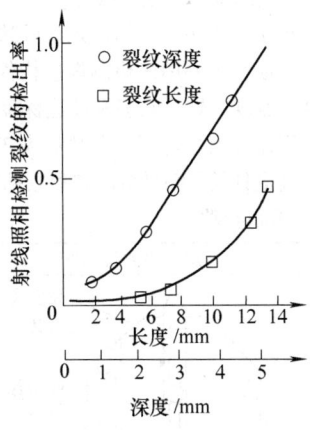

图 27-1　X 射线检测裂纹检出率与裂纹
深度和裂纹长度的关系[3]

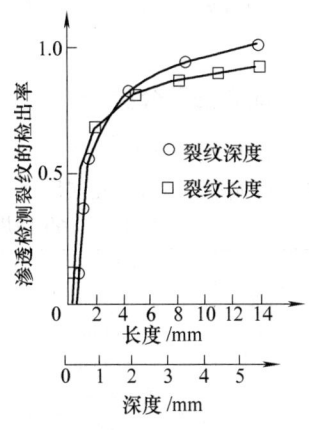

图 27-2　渗透检测裂纹检出率与裂纹
深度和裂纹长度的关系[3]

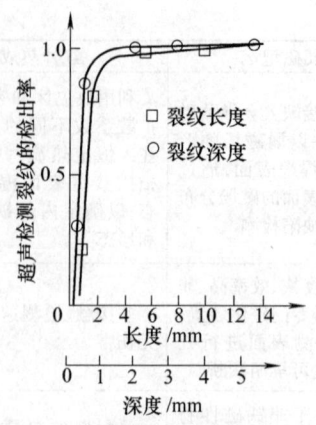

图 27-3　超声检测裂纹检出率与裂纹
深度和裂纹长度的关系[3]

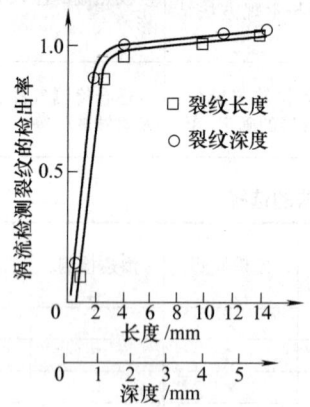

图 27-4　涡流检测裂纹检出率与裂纹
深度和裂纹长度的关系[3]

27.2　目视检测

目视检测是指仅用人的肉眼或肉眼与各种放大装置相结合，对试件表面作直接观察。典型的是将目视检测限制在电磁谱的可见光范围内。图 27-5 示出目视检测状态。

27.2.1　目视检测方法及分类

目视检测是重要的无损检测方法之一，是一种表面检测方法。它不但能检测构件的几何尺寸、结构完

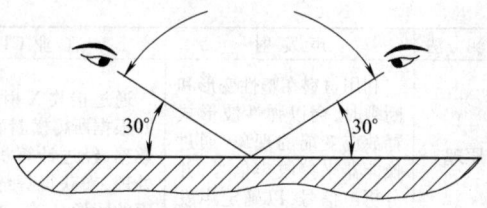

图 27-5　目视检测状态

整性、形状缺欠等，还能检测构件表面上的缺陷和其他细节。对于表面裂纹的检测，即使采用了其他方法，目视检测仍被广泛用作有用的补充。目视检测的主要优点是简单、快速；主要缺点是只能检测表面缺陷，且表面可能需作某些准备，如清洗等；当可接受的缺陷很小而检测面积很大时，有漏检的可能。

目视检测的基本条件如下：①被检面的光照强度不小于 350lx，推荐为 500lx；②人眼与被检面的距离不大于 600mm；③人眼与被检面的夹角不小于 30°；④经商定可采用其他检测设备，如内窥镜。

目视检测方法一般分为直接检测和间接检测两种。根据目视检测的基本要求，对于不同类型的表面缺陷可采用不同的目视检测手段，如各类检测尺、放大镜及内窥镜等。

27.2.2　直接检测

直接检测是指直接用人眼或使用放大倍数为 6 倍以下的放大镜，对试件进行检测。一般采用各类检测尺对焊接构件的外形及尺寸进行检测，以确定焊缝宽度、余高，以及角焊缝的有效厚度、焊脚尺寸、焊脚不对称等。

测量器具是目视检测很重要的组成部分，其包括各类焊接检测尺、半径量规、深度量规、内外卡尺、定心规、塞尺、螺纹规及千分表等。

焊接检测尺主要由主尺、高度尺、咬边深度尺及多用尺四部分组成，主要用来检测焊接构件的各种角度和焊缝高度、宽度、焊接间隙及咬边深度等。60 型焊接检测尺的用途及测量范围和参数见表 27-6。国外测量仪器和焊缝量具及其测量范围和参数见表 27-7。

表 27-6　60 型焊接检测尺的用途及测量范围和参数

测量项目		测量范围	示值允差	焊缝检测尺简图
高度	平面高度	0～15mm	0.2mm	
	角焊缝高度	0～15mm	0.2mm	
	角焊缝厚度	0～15mm	0.2mm	
宽度		0～60mm	0.3mm	
焊件坡口角度		≤160°	30′	
焊缝咬边深度		0～5mm	0.1mm	
间隙尺寸		0.5～6mm	0.1mm	

表 27-7　国外测量仪器和焊缝量具及其测量范围和参数（摘自 ISO 17637—2003）

焊缝量具	说　明	焊缝类型				测量范围 /mm	读数精度 /mm	夹角或角焊缝角度 /(°)	夹角或角焊缝允许偏差
		角焊缝			对接焊缝				
		平面	凹面	凸面					
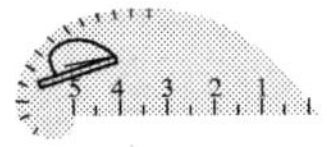	简易焊缝量具 1）可测量 3～15mm 厚度的角焊缝。仪器的曲线部分将置放在熔合面上,有三个点可与工件和角焊缝相接触 2）用直线部分测量对接焊缝的补强。由于仪器是用相对较软的铝制作的,所以会逐渐遭到磨损	X	X	—	X	3～15	≈0.5	90	小
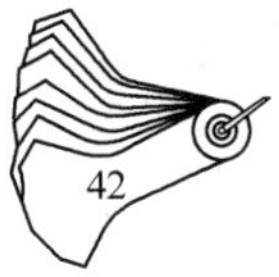	一套焊接测量样板 可测量 3～12mm 厚度的角焊缝 3～7mm 的精度为 0.5mm。该仪器用其三点接触的原理进行测量	X	X	—	—	3～12	依据扇状部分	90	无
	有游标的焊缝测量尺 可测量角焊缝,也可用于测量对接焊缝的余高。此仪器的设计构造是这样的:它能够利用其角部测量 V 形和单面 V 形对接焊缝的 60°、70°、80°和 90°的夹角,但是会由于小的偏差而导致大的误差	X	X	—	X	0～20	0.1	90	无
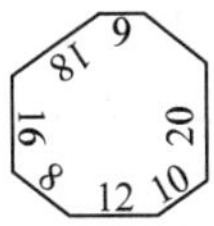	自制焊缝量具 测量内角 90°的角焊缝厚度	X	—	—	—	0～20	0.2	90	无
	三刻度焊缝量具 测量厚度和腿长,也可测对接焊缝余高。使用方便,同样可适用于不均匀角焊缝	X	X	X	X	0～15	0.1	90	小
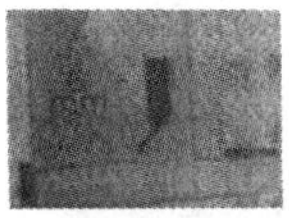	检查角焊缝形状的量具 检查角焊缝某尺寸的外形。这种量具需要每种尺寸角焊缝的一个模型	—	—	—	—				
	多用途测量器具 用于测量倒角角度,角焊缝焊腿长度、咬边、焊脚不对称、焊喉厚度及焊缝余高	X	X	X	X	0～50	0.3	0～45（倒角角度）	无
	万用焊接测量器具 测量任务:角焊缝形状和尺寸;对接焊缝的错边量、接头准备（角度）、焊缝余高、焊缝宽度、咬边	X	X	X	X	0～30	0.1	—	±25%
	间隙测量器具 测量间隙宽度	—	—	—	X	0～6	0.1	—	—
	错边量钩状检查器具 测量板材和管材对接焊缝坡口错边量	—	—	—	X	0～100	0.05	—	—

（续）

焊缝量具	说　明	焊缝类型				测量范围/mm	读数精度/mm	夹角或角焊缝角度/(°)	夹角或角焊缝允许偏差
		角焊缝			对接焊缝				
		平面	凹面	凸面					
（图示）	万用对接焊缝测量器具 测量接头准备和完成的对接焊缝： 1）坡口角度 2）根部间隙宽度 3）焊缝余高 4）焊缝表面宽度 5）咬边的深度 6）填充材料的直径	X	X	X	X	0～30	0.1	—	±25%

注：X为适合；—为不适合。

60型焊接检测尺的使用方法如下：

1）余高测量（见图27-6a）。首先把咬边深度尺对准零位，并紧固螺钉；然后将滑动高度尺与焊缝余高接触，高度尺的示值即为焊缝余高。

2）宽度测量（见图27-6b）。先用主体测量角紧靠焊缝一边；然后旋转多用尺的测量角紧靠焊缝的另一边，读出焊缝宽度示值。

3）错边量测量（见图27-6c）。先用主尺紧靠焊缝一边；然后滑动高度尺，使之与焊缝另一边接触，高度尺示值即为错边量。

4）焊脚高度测量（见图27-6d）。用尺的工作面紧靠焊件和焊缝，并滑动高度尺与焊件的另一边接触，高度尺示值即为焊脚高度。

5）角焊缝厚度测量（见图27-6e）。把主尺的工作面与焊件靠紧，并滑动高度尺与焊缝接触，高度尺示值即为角焊缝厚度。

6）咬边深度测量。

① 平面咬边深度测量（见图27-6f）。先把高度尺对准零位并紧固螺钉，然后使用咬边深度尺测量咬边深度。

② 圆弧面咬边深度测量（见图27-6g）。先把咬边深度尺对准零位，并紧固螺钉，将三点测量面与工件接触（不要放在焊缝上），锁紧高度尺；然后将咬边深度尺松开并放于测量处；移动咬边深度尺，其示值即为咬边深度。

7）角度测量（见图27-6h）。将主尺和多用尺分别紧靠被测角的两个面，其示值即为角度值。

8）间隙测量（见图27-6i）。用多用途尺插入两焊件之间，测量两焊件的装配间隙。

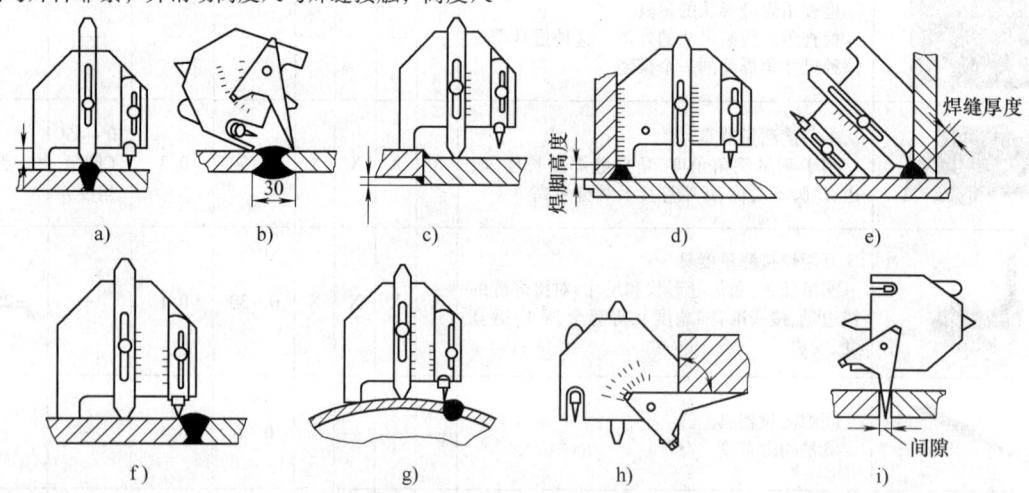

图 27-6　焊缝检验尺的使用方法[13]

a）余高测量　b）宽度测量　c）错边量测量　d）焊脚高度测量　e）角焊缝厚度测量
f）平面咬边深度测量　g）圆弧面咬边深度测量　h）角度测量　i）间隙测量

27.2.3　间接检测

对于无法直接进行观察的区域，可以辅助以各种光学仪器或设备进行间接观察，如使用反光镜、望远镜、工业内窥镜、光导纤维或其他合适的仪器进行检测。近年，随着内窥镜生产技术的不断发展和完善，以工业内窥镜作为检测工具的目视检测得到广泛的应用。根据工业内窥镜的制造工艺，一般分为直杆内窥镜、光纤内窥镜、视频内窥镜。三种类型工业内窥镜的性能比较见表 27-8。

直杆内窥镜通常限于观察者和被观察物之间是直通道的场合，其典型结构及部分视角如图 27-7a 所示。它由一组透镜来传送图像，因此成像质量好，价格较便宜，但长度有限，不能弯曲。

光纤内窥镜主要用于观察者到观察区并无直通道的场合，通过光纤束将图像从入射端面传递到出射端面，完成图像的传递，其典型结构如图 27-7b 所示。它可以在一定弯曲角度的情况下使用，相对直杆窥镜长度要长得多（最长可做到 6m），但由于受到物镜与目镜间连接的光导纤维束数量和光纤传递速率的限制，所获得的图像清晰度一般，且光导纤维在弯曲角度过大时易折断，在目镜上形成黑点。

视频内窥镜是将微小的 CCD 摄像头置于探头后端，利用光导束将光送至被检测区，前端部的一只固定焦点透镜则收集由检测区反射回来的光线，并将之导至 CCD 摄像头芯片表面，数千只细小的光敏电容器将反射光转变成模拟信号；然后此信号进入探测头，经放大、滤波及时钟分频后，由图像处理器将其数字化并加以组合；最后直接输出给监视器、录像设备或计算机。与光纤内窥镜相比，视频内窥镜的分辨力更高，其典型结构如图 27-7c 所示。

表 27-8　三种类型内窥镜性能比较

性能＼类型	直杆内窥镜	光纤内窥镜	视频内窥镜
结构特点	简单	简单	复杂
功能	少	少	多
弯曲度	不能弯曲	可弯曲	可弯曲
成像效果	好	受光纤数量的影响，有蜂窝现象	好
成像原理	光学成像	光学成像	CCD 数字成像
图像信号	光学信号	光学信号	电子信号
图像传递介质	玻璃透镜	柔性光导纤维	电线
耐用性	好	差	较好
可换镜头	不可换	可换	多种镜头互换
可视角度	一般在 0°～90°	0°	0°～90°
探头最小直径	1mm 以下	1mm 以下	一般在 4mm 以上
探头长度	一般较短，小于 500mm。有些可采用多杆组接，长度可达 10m	较长，一般在 1～2m	很长，可达 20m
耐用性	较好	差	很好
测量功能	无法进行	无法进行	可使用测量探头对长度和深度进行直接测量
图像储存处理	可后装图像采集系统	可后装图像采集系统	可直接进行图像储存处理
产品价格	低	较高	很高

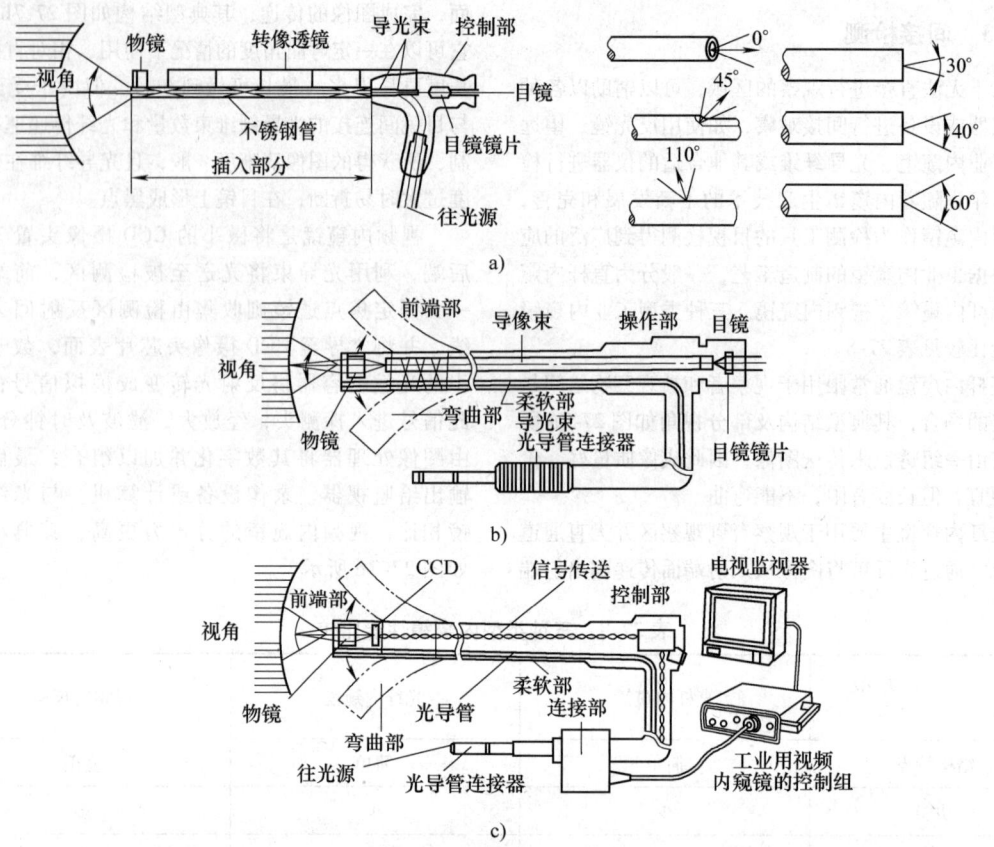

图 27-7　不同类型的内窥镜典型结构示意图[2]

a) 可调焦刚性内窥镜及部分观测视角　b) 光纤内窥镜　c) 电子视频内窥镜

27.3　泄漏检测

泄漏检测是专门检测液体或气体从承压容器及构件中漏出，或从外面渗入真空容器及构件中的无损检测技术。泄漏是由于在两个区间的压力不同而造成的。随着现代化工业和科学技术的发展，泄漏检测显得越来越重要，其技术的发展，也从真空工程的检漏发展到受压容器、高压气密工程等。检漏的目的也已从单纯发现系统泄漏，发展到用于评估设备的服役寿命。

27.3.1　泄漏检测方法

泄漏检测的方法很多，它们的原理和使用条件及适用范围等既有相同之处，又有许多不同之处，很难严格加以分类。习惯上可按检漏时被检件内部所处的状态，将检漏方法分为加压和真空两类，部分泄漏检测示意图如图 27-8 所示。

1) 加压检漏法。将被检件内部充以比外部压力更高的示漏气体，当被检件器壁上存在漏孔时，示漏气体通过漏孔漏出，在被检件外面用适当的方法判断有无示漏气体漏出、从哪里漏出、漏出量多少等，就可以判断有无漏孔、漏孔的位置和大小。此类方法包括静态压降法、气泡法、卤素检漏仪外探头法、卤素喷灯法、氨检漏法、氨质谱吸枪法等。

2) 真空检漏法。将被检件内部抽成真空，将示踪气体施于被检件外部，如果被检件器壁上有漏，示漏气体通过漏孔进入被检件内部，利用某种方法将漏进的示漏气体检测出来，从而判断出漏孔的存在，漏孔的位置和大小。此类方法包括：静态升压法、放电管法、卤素检漏仪内探头法、真空计法、氨质谱喷吹检漏法等。

上述两类检漏方法又可按检漏时是否使用示踪气体，将检漏方法分为不用示踪气体和用示踪气体两类。

1) 不用示踪气体检漏法。一般不是利用示踪气体来进行检漏，而是利用被检件中的空气泄漏或压力变化来进行检漏。此类方法包括静态压降法、静态升压法、气泡法等。

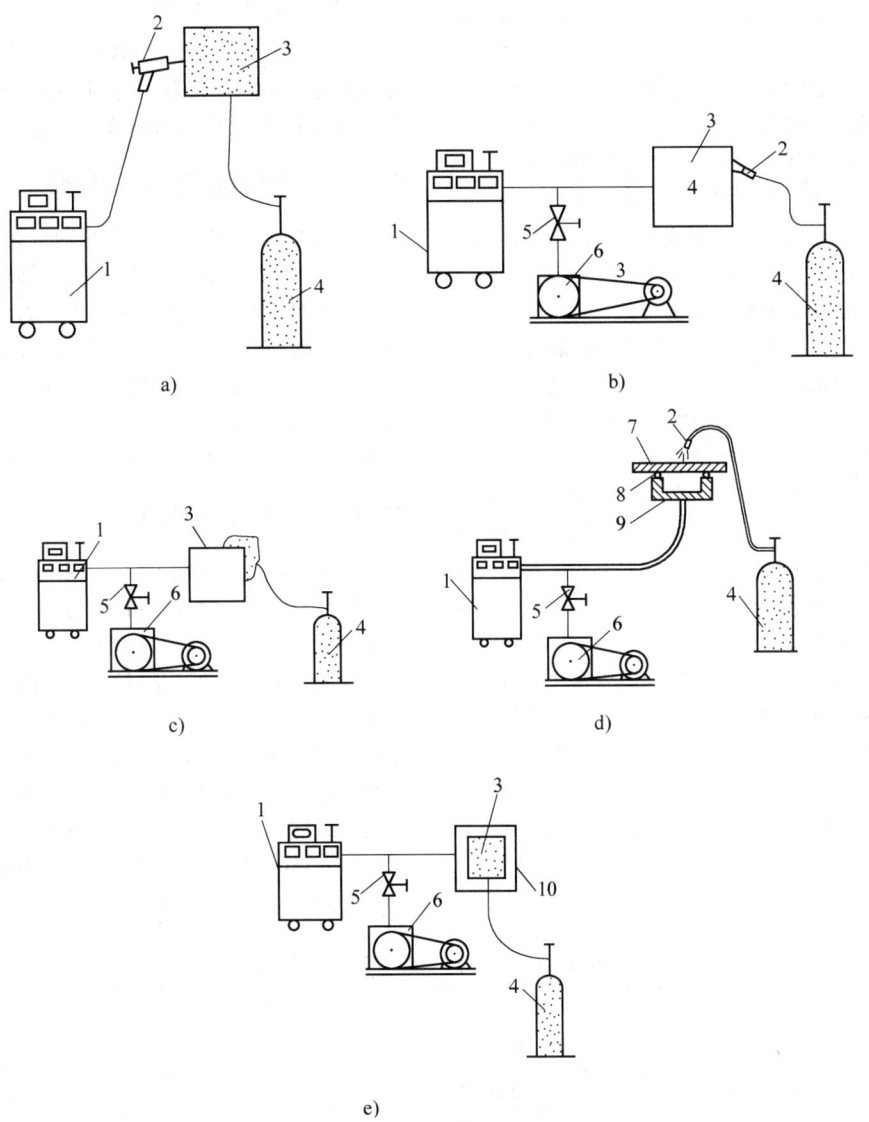

图 27-8　部分泄漏检测法示意图[2,10]

a）吸枪法　b）喷吹法　c）氦罩法　d）检漏盒法　e）充压法

1—检漏仪　2—吸枪　3—被检容器　4—氦气瓶　5—辅助阀　6—辅助泵

7—被检件　8—密封圈　9—检漏盒　10—真空室

2）用示踪气体检漏法。利用卤化物、氦气、氩气、放射性同位素等各类特种气体作为示踪气体来进行检漏。此类方法包括卤素检漏仪探头法、卤素喷灯法、氦气检漏法、氩检漏法、真空计法等。

27.3.2　泄漏检测应用

检漏的目的是保证产品的安全性和使用性能，防止有害物及气体泄漏污染，防止贵重液体或气体泄漏损失，从而达到节约能耗、降低成本的目的。而要达到具体检漏技术要求，正确选择检漏方法则至关重要。检漏方法的选择主要依据以下三个因素：

1）被检容器和检测系统与示踪流体的物理性质。在选择检漏方法时，系统性质起到很大作用。如果用某一示踪气体或液体来检漏，它必须不与系统及各单元起反应。因此，一般都采用实际工作介质来检查系统及部件，这样还可以避免产生错误。当采用某一示踪气体时，须清楚了解其性质。在大多数情况下，需要采用高扩散率、小直径分子的气体，如氩、氦。

2）预估漏孔的大小。采用的检测方法和仪器必须适用于检测出所预料的漏孔，各种检漏方法都有一定的工作范围和最小可检灵敏度。如果漏孔很大，检漏仪会达到满刻度，而有些可燃气体探测器又可能回到零位；对过小的漏孔，检漏仪又给不出指示，这时不可能找出漏孔。因此选择方法时，要考虑仪器和方法的最小可检漏率或允许最大漏率。

3）检漏的主要目的。检测有无泄漏缺陷、漏孔定位、确定漏孔漏率或总漏率，三个目的之一、之二或全需要。如果确定漏孔位置是检查的目的，采用探头或移动式探测器之类的方法是必要的，这样就可以对试验容器的表面进行扫查。在真空系统中，可将示踪气体喷在容器的表面，当示踪气体的喷射沿表面移动时，通过观察检漏仪的反应可检测出其进入点。通过肉眼观察来确定漏孔位置的方法有气泡法、浸沉法、液体渗透和化学指示器。

漏率的测量可利用任何标准的检漏方法，加上经校准的漏孔或已知漏率的漏孔来完成。如果泄漏是向内，则可用容器内部的示踪气体浓度或系统的真空度来测量；如果泄漏是向外，可以收集在一包覆层中并监测包覆层中示踪气体浓度的上升；也可将检漏探头直接放在漏道上，并用一吸枪将周围区域隔开进行测量（全吸收法）。

27.4　射线检测

射线检测是检测焊接结构完好性的传统方法。它能直观地显示缺欠形状，特别适合于检测体积状缺欠，而对面状缺欠则取决于射线入射角度。

27.4.1　射线检测方法及分类

射线检测是利用射线源发出的贯穿性辐射线穿透焊缝后，使胶片感光，焊缝中的缺欠影像便显示在经过暗室处理后的射线照相底片上，如图 27-9a 所示。由于射线的种类很多，包括 X 射线、γ 射线、α 射线、β 射线、电子射线、中子射线等。其中易于穿透物质的是 X 射线、γ 射线、中子射线三种。对于焊接结构检测，最常用的是 X 射线和 γ 射线检测两种方法。

27.4.2　射线源的选择

焊接结构射线照相检测中，射线源种类很多，主要分 X 射线机、γ 射线机和电子加速器，如图 27-9b、c、d 所示。常见射线装置的主要性能见表 27-9。射线照相的主要参数之一是射线能量与射线源尺寸。射线源尺寸越小，缺陷影像越清晰。在能保证穿透焊件使胶片感光的前提下，应尽量选择较低射线能量，以提高缺陷影像的反差。500kV 以下，X 射线穿透不同材料和厚度所允许使用的最高管电压如图 27-10 所示，γ 和 1MeV 以上 X 射线对钢、铜和镍基合金材料所适用的穿透厚度范围见表 27-10。

表 27-9　常见射线装置的主要性能

类型		型号	管电压/kV	管电流/mA	焦点尺寸/mm	钢最大穿透厚度/mm	射线管重量/kg	备注
X射线机	便携式	XXQ—2505	250	5	2.0×2.0	38	32	中国/玻壳
		300EG—S₂	300	5	2.5×2.5	53	20	日本/玻纹陶瓷管
	移动式	XY—3010	300	10 3	4.0×4.9 1.2×1.2	70		金属陶瓷管
	固定式	MG450	420	10	4.5×4.5	100	—	荷兰/金属陶瓷管

类型		型号	源种类	容量/Ci	焦点尺寸/mm	钢穿透厚度/mm	本体重量/kg	备注
γ射线机	便携式	DL-ⅡA	Ir192	100	2.0×3.0	10~100	20	中国/贫化铀屏壁
		DL-ⅤA	Se75	100	2.5×2.5	10~40	9.8	中国/贫化铀屏壁
	移动式	TK-100	Co60	100	4.0×4.0	30~250	140	中国/贫化铀屏壁

类型		型号	能量/MeV	X射线输出量/[R(min·m)][1]	焦点尺寸/mm	钢最大穿透厚度/mm	1m 处照射范围/mm	灵敏度(%)
电子加速器	直线式	沈变25MeV	25	60	0.1~2.0	300	φ200	0.6
	感应式	ML—15RⅡ	12	7000	<φ1	500	φ300	<1
	回旋式	RM—8	8	1500	φ2	—	—	1

[1]　R（伦琴）是暂时可使用的非法定计量单位，$1R = 2.58 \times 10^{-4}$ C/kg。

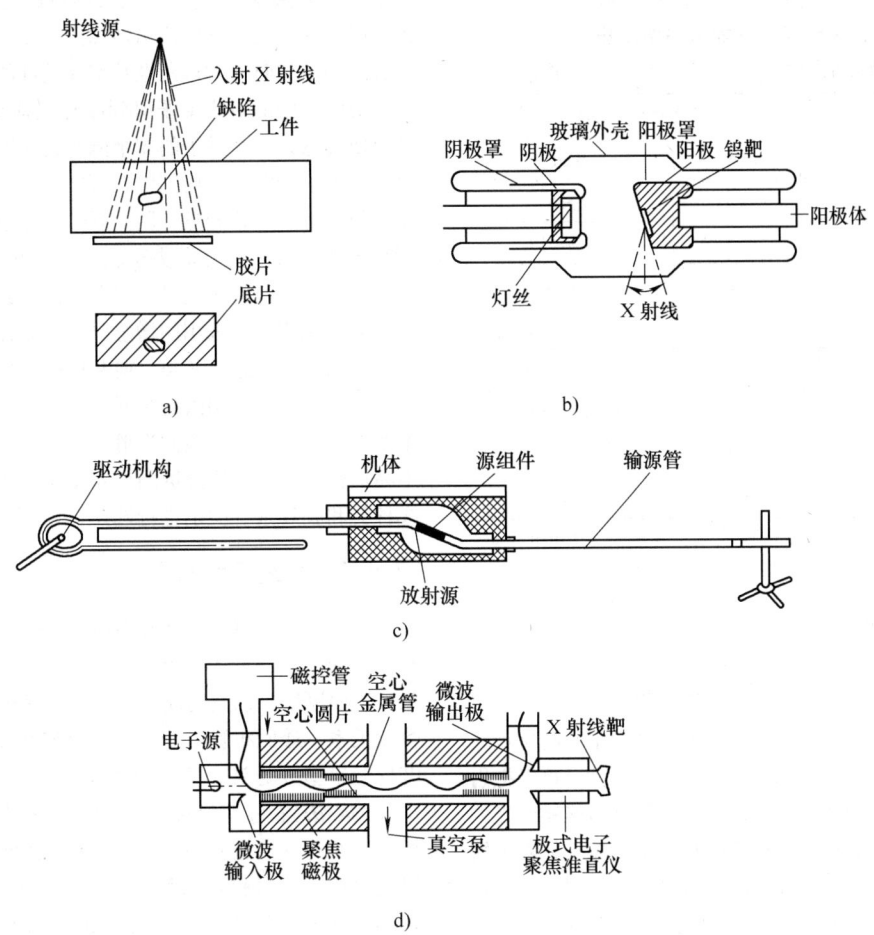

图 27-9　射线检测原理及主要装置示意图[15,17]

a）射线检测原理　b）X 射线机示意图　c）γ 射线机示意图　d）电子直线加速器示意图

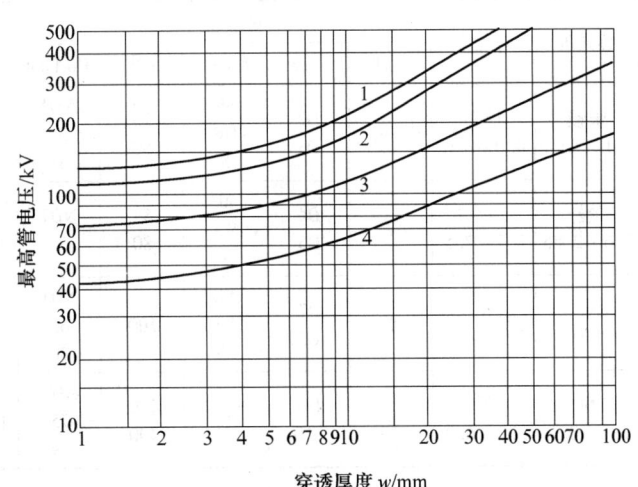

图 27-10　500kV 以下 X 射线穿透不同材料和厚度所允许使用的最高管电压

1—铜、镍及其合金　2—钢　3—钛及其合金　4—铝及其合金

表 27-10　γ 和 1MeV 以上 X 射线对
钢、铜和镍基合金材料所适用的
穿透厚度范围（摘自 GB/T 3323—2005）

射线种类		穿透厚度 w/mm	
		A 级	B 级
Tm 170		$w \leqslant 5$	$w \leqslant 5$
Yb 169①		$1 \leqslant w \leqslant 15$	$2 \leqslant w \leqslant 12$
Se 75②		$10 \leqslant w \leqslant 40$	$14 \leqslant w \leqslant 40$
Ir 192		$20 \leqslant w \leqslant 100$	$20 \leqslant w \leqslant 90$
Co 60		$40 \leqslant w \leqslant 200$	$60 \leqslant w \leqslant 150$
X 射线 /MeV	1 ~ 4	$30 \leqslant w \leqslant 200$	$50 \leqslant w \leqslant 180$
	>4 ~ 12	$w \geqslant 50$	$w \geqslant 80$
	>12	$w \geqslant 80$	$w \geqslant 100$

① 对铝和钛的穿透厚度为：A 级时，10mm < w < 70mm；B 级时，25mm < w < 55mm。
② 对铝和钛的穿透厚度为：A 级时，35mm ≤ w ≤ 120mm。

27.4.3　射线胶片和增感屏的选择

　　射线穿透工件后，形成的缺欠潜影是眼睛所观察不到的，利用胶片表面乳胶膜的感光特性，可以把射线强度潜影转化成可见影像。乳胶膜是由能够感光的银盐颗粒和明胶构成，银盐颗粒越细，越容易看出缺欠影像的细节。因此胶片的质量可以用乳剂层中的银盐颗粒度、感光度和对比度来表达。常用的工业 X 射线胶片的分类，可分为六个类别四个等级，见表

27-11。银盐颗粒度越小，缺欠影像越清晰；但是感光速度变慢，曝光量会成倍增加。因此，只在检测细小裂纹等缺欠时，才选用颗粒细或很细的胶片。

　　射线束中的射线量子射到胶片银盐颗粒上以后，除了使其感光外，量子的剩余能量会使银盐颗粒释放出自由电子，并使其周围颗粒再次感光，形成一个感光圆而不是一个感光点，因而影像不是很清晰。胶片不清晰度（U_f）主要取决于乳胶膜中的银盐含量与明胶比，并且与射线能量有很大关系，见表 27-12。

　　射线照相时所采用的增感屏，一般分为荧光、金属荧光和金属增感屏三类。前两种在焊缝检测中已基本不采用，广泛应用的是金属增感屏。对增感屏的基本要求是厚度均匀；表面光滑平整；有一定的刚性和不易损伤等。金属增感屏的尺寸相同，其厚度依据射线种类和胶片系统类别进行选择。

27.4.4　射线透照布置

　　射线照相检测中，涉及不同的工件，必须根据所检工件的特点，采用适当的透照布置。按照被检测对象、透照厚度，以及射线源、被检焊缝和胶片之间的位置关系，透照布置可分为：①纵缝单壁透照布置；②环缝单壁外透法；③环缝单壁内透法（包括中心法和偏心法）；④双壁单影法；⑤双壁双影法（包括椭圆透照和垂直透照）；⑥角焊缝透照布置；⑦不等厚透照布置（多胶片透照布置）等。其部分透照布置图例如图 27-11 所示，详尽的内容请参考 GB/T 3323—2005。

表 27-11　工业 X 射线胶片的分类和特性

胶片系统类别		颗粒度 /μm	感光度	对比度	对应胶片					适用范围
					天津	Agfa	Kodak	Fuji	Do Pont	
C1	T1	很细 0.07 ~ 0.25	很慢 4.1 ~ 10.1	很高 4.0 ~ 8.0	—	D2	SR DR R	25 50	NDT 35 45	检查铝合金，铅屏增感或不增感
C2						D3				
C3	T2	细 0.27 ~ 0.46	慢 1.6 ~ 2.85	高 3.7 ~ 7.5	V	D4	M MX T	59 80	NDT 55	检查细裂纹,也用来检查轻金属
C4						D5				
C5	T3	中 0.57 ~ 0.66	中 1.0	中 3.5 ~ 6.8	Ⅲ	D7 C7	AX AA CX	100	NDT 65 70	检查钢焊缝
C6	T4	粗 0.67 ~ 1.05	快 0.6 ~ 0.7	低 3.0 ~ 6.0	Ⅱ	D8 D10	RP	150 400	NDT 75 89	采用荧光增感检测厚件,弥补射线穿透能力不足

表 27-12　胶片不清晰度 U_f 与射线能量之间关系的试验值

能量/MeV	0.05	0.10	0.20	0.30	0.40	1.00	2.00	5.00	8.00	20.0	24.0	Ir192	Co60
U_f/mm	0.03	0.05	0.09	0.12	0.15	0.24	0.32	0.45	0.60	0.80	0.95	0.17	0.35

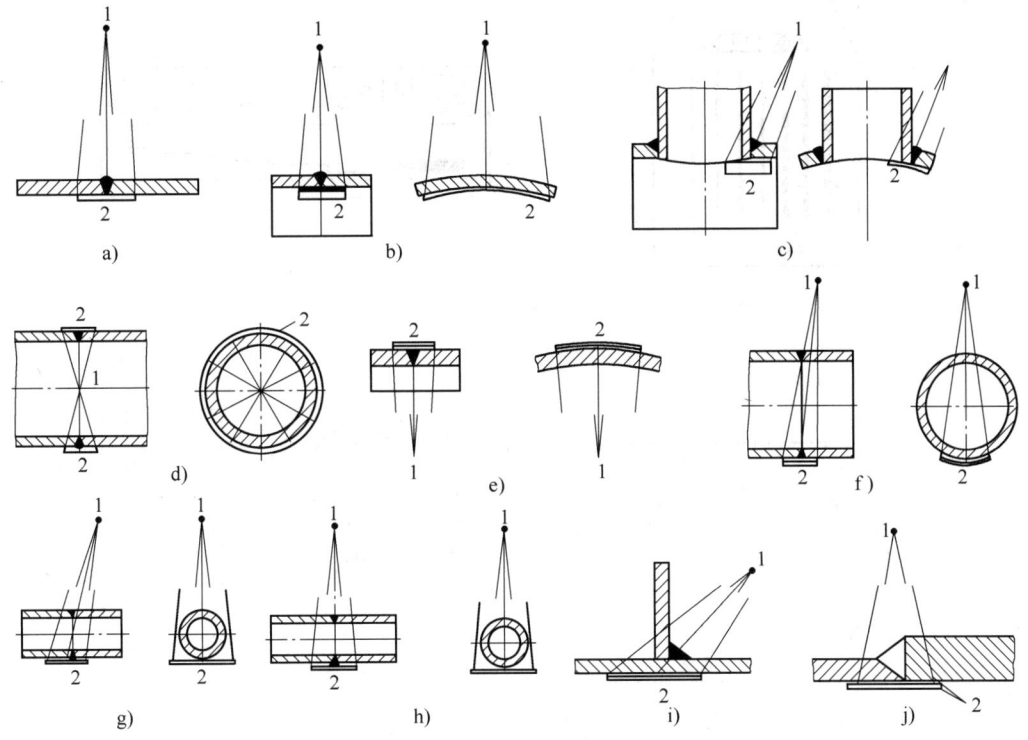

图 27-11　射线照相透照布置图例

a) 纵缝单壁透照布置　b) 环缝单壁外透法透照布置　c) 插入式管座焊缝单壁外透法透照布置
d) 环缝周向曝光透照布置　e) 环缝单壁偏心内透法透照布置　f) 环缝双壁单影法的透照布置（像质计位于胶片侧）
g) 环缝双壁双影椭圆透照布置　h) 环缝双壁双影垂直透照布置　i) 角焊缝透照布置　j) 不等厚对接焊缝多胶片透照布置

1—射线源　2—胶片

27.4.5　射线照相检测级别

为了评定射线照相技术对缺欠影像质量的影响，应在工件上表面放置一个像质计来进行透照，然后通过观察所得到的底片黑度均匀区域内所显示的像质计影像，来确认底片成像是否满足检测技术条件。

像质计的材质应与被检工件相同或相似，或射线吸收小于被检材料。像质计一般分为线型、孔型、槽型三类，其中线型像质计目前被国内外广泛使用。它由 19 根不等径金属丝组成，其直径采用公比为 $\sqrt[10]{10}$（近似 1.25）的等比数列决定的一个优选数列，各种形式的像质计如图 27-12 所示。

底片上影像的质量与射线照相技术和器材有关。按照采用的射线源种类及其能量的高低、胶片类型、增感方式、底片黑度、射线源尺寸和射源与胶片距离等参数，可以把射线照相技术划分为若干个质量级别。例如 GB/T 3323—2005《金属熔化焊焊接接头射线照相》标准中，就把射线照相技术的质量分为 A 级和 B 级，质量级别顺次增高，其中 A 级为普通级、

B 级为优化级。因此可根据产品的检测要求来选择合适的检测级别，再根据不同的检测级别和透照厚度，来确定各种照相布置时的像质计数值要求。

27.4.6　射线检测的一般程序

对于焊接结构进行射线照相检测前，应首先充分了解被检测焊接件的材质、焊接方法和几何尺寸等参数，并确定检测要求与验收标准；然后依据相应标准来选择适当的射线源、胶片、增感屏和像质计等，同时进一步确定该焊接构件的透照方式和几何条件。射线照相检测的一般程序如图 27-13 所示。

27.4.7　底片上缺欠影像的识别

焊接缺欠一般可分为裂纹、气孔、夹渣、未熔合与未焊透、形状缺欠以及其他缺陷 6 类。在焊缝射线照相底片上，除上述缺欠影像外，还可能出现一些伪缺欠影像，应注意区分，以避免将其按焊缝缺欠处理，造成误判。底片上常见焊接缺欠和伪缺欠影像的特征见图 27-14 和表 27-13。

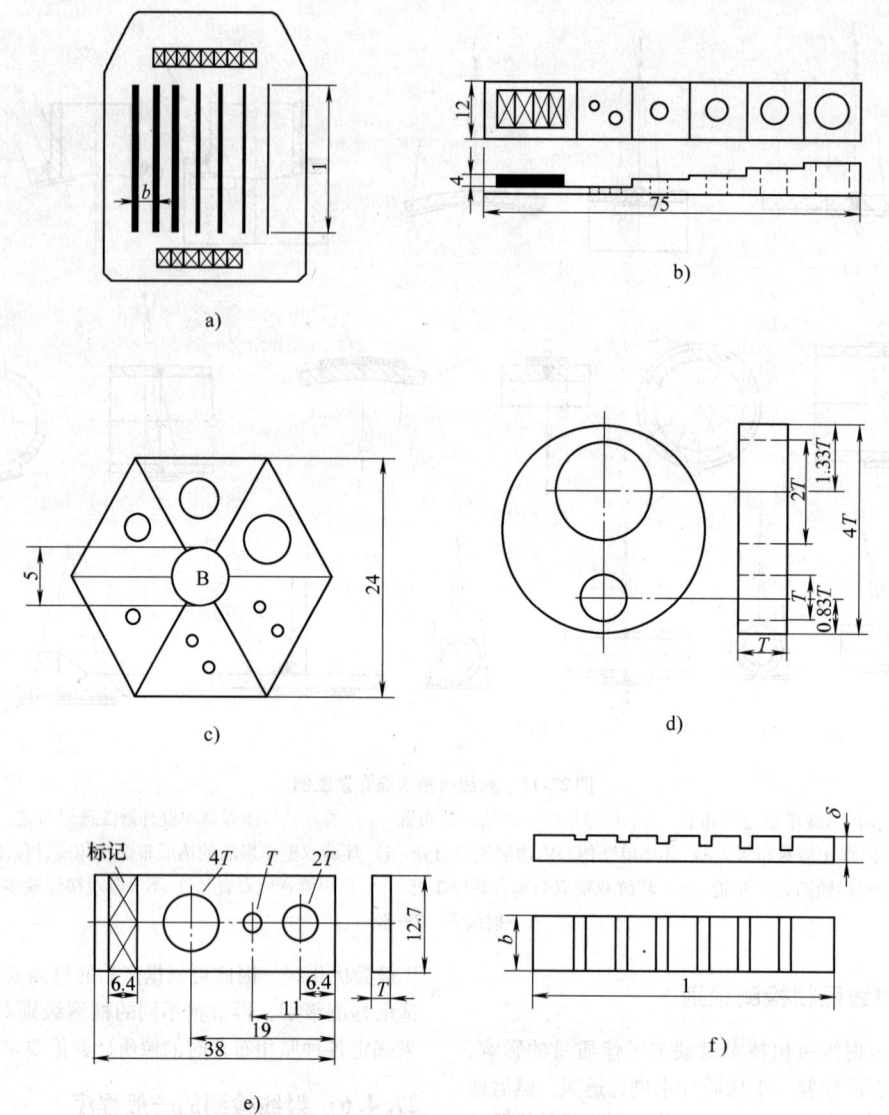

图 27-12　各种形式像质计

a) 丝型　b) 矩形阶梯孔型　c) 正六边阶梯孔型　d) 圆形平板孔型　e) 矩形平板孔型　f) 槽型

表 27-13　底片上常见焊接缺欠和伪缺欠影像的特征

缺欠种类	缺　欠　影　像　特　征	产　生　原　因
气孔	多数为圆形、椭圆形黑点,其中心黑度较大;也有针状、柱状气孔。其分布情况不一,有密集的、单个的和链状的	1)焊条受潮 2)焊接处有锈、油污等 3)焊接速度太快或弧长过长 4)母材坡口处存在夹层 5)自动焊产生明弧现象
夹渣	形状不规则,有点、条块等,黑度不均匀。一般条状夹渣都与焊缝平行,或与未焊透、未熔合等混合出现	1)运条不当,焊接电流过小,坡口角度过小 2)焊件上有锈,焊条药皮性能不当等 3)多层焊时,层间清渣不彻底
未焊透	在底片上呈现规则的、直线状的黑色线条,常伴有气孔或夹渣。在 X、V 形坡口的焊缝中,根部未焊透都出现在焊缝中间,K 形坡口则偏离焊缝中心	1)间隙太小 2)焊接电流或电压不当 3)焊接速度太快 4)坡口不正常等

（续）

缺欠种类	缺欠影像特征	产生原因
未熔合	坡口未熔合影像一般一侧平直另一侧有弯曲,黑度淡而均匀,时常伴有夹渣。层间未熔合影像不规则,且不易分辨	1)坡口不够清洁 2)坡口尺寸不当 3)焊接电流或电压小 4)焊条直径或种类不对
裂纹	一般呈直线或略带锯齿状的细纹,轮廓分明,两端尖细,中部稍宽,有时呈现树枝状影像	1)母材与焊接材料不当 2)焊后热处理不当 3)应力太大或应力集中 4)焊接参数不正确
夹钨	底片上呈现圆形或不规则的亮斑点,且轮廓清晰	采用钨极气体保护焊时,钨极爆裂或熔化的钨粒进入焊缝金属
伪缺欠	细小霉斑	底片陈旧发霉
	底片角上边缘有雾	暗盒封闭不严,漏光
	普遍严重发灰	红灯不安全,显影液失效或胶片存放不当或过期
	暗黑色珠状影像	显影处理前,溅上显影液滴
	黑色枝状条纹	静电感光
	密集黑色小点	定影时,银粒子流动
	黑度较大的点和线	局部受机械压伤或划伤
	淡色圆环斑	显影过程中有气泡
	淡色斑点或区域	增感屏损坏或夹有纸片,显影前胶片上溅上定影液也会产生这种现象

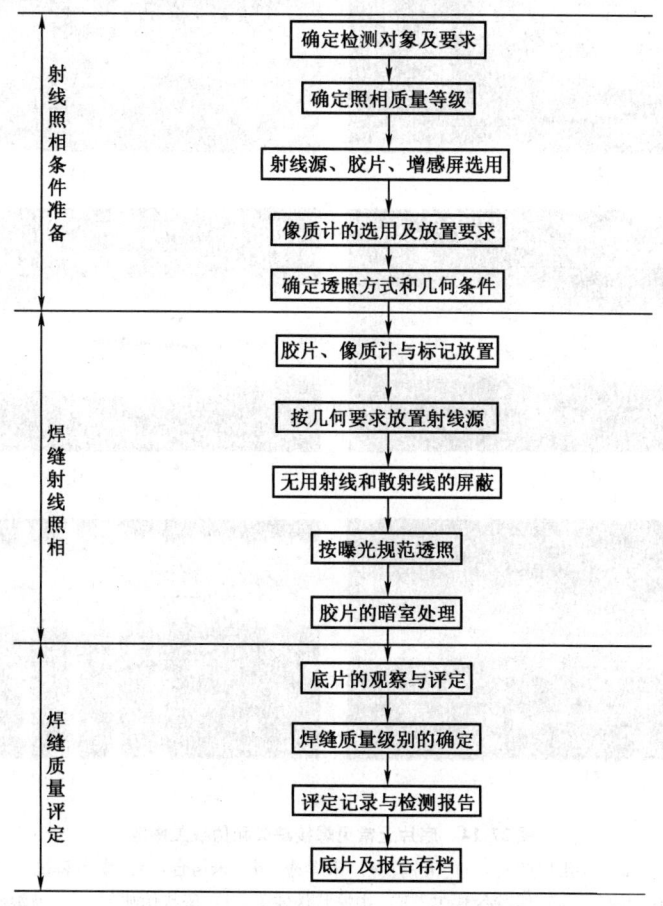

图 27-13 射线照相检测的一般程序

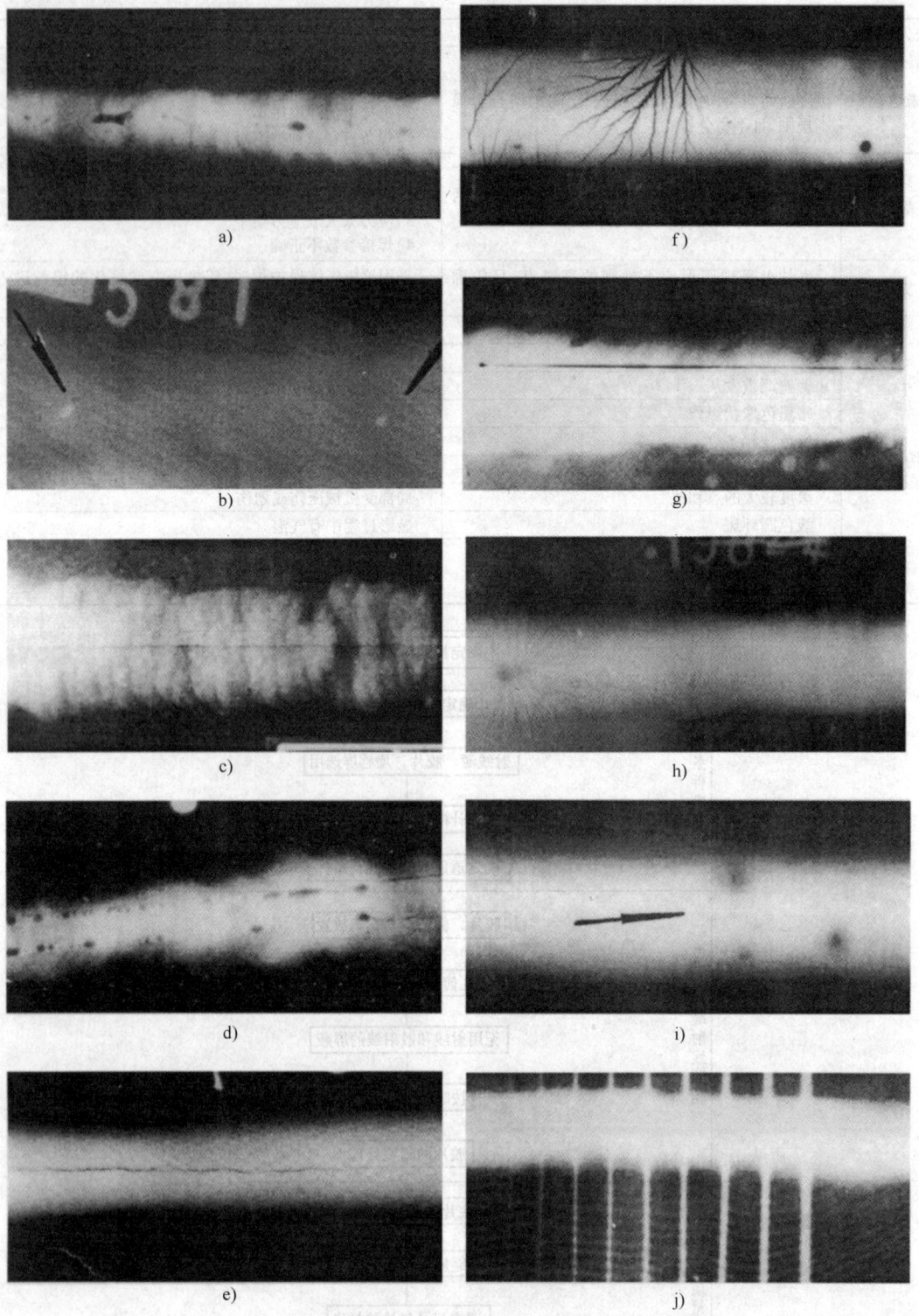

图 27-14　底片上常见焊接缺欠和伪缺欠影像
a）气孔和夹渣　b）夹钨　c）未焊透　d）未熔合　e）纵向裂纹
f）树枝状伪缺欠　g）线状伪缺欠　h）蜘蛛状伪缺欠　i）斑状伪缺欠　j）波浪状伪缺欠

27.4.8 射线底片的评定——GB/T 3323—2005 标准附录摘要

首先应对底片本身质量进行检查，看其像质计数值、黑度、识别标记与伪缺欠影像等指标是否达到标准的要求，对于合格底片则根据缺欠的性质和数量进行焊接接头质量评级：

Ⅰ级焊接接头，应无裂纹、未熔合、未焊透和条形缺欠。

Ⅱ级焊接接头，应无裂纹、未熔合和未焊透。

Ⅲ级焊接接头，应无裂纹、未熔合以及双面焊和加垫板的单面焊中的未焊透。

Ⅳ级焊接接头，焊接接头中缺欠超过Ⅲ级者。

评定厚度的确定：评定厚度 T 是指用于缺欠评定的母材厚度或角焊缝厚度。对接焊缝的评定厚度是指母材的公称厚度。不等厚材料对接时，取其中较薄的母材公称厚度；T 形接头时，取制备坡口的母材公称厚度。角焊缝的评定厚度是指角焊缝的理论厚度。

1. 圆形缺欠评级

长宽比小于等于 3 的缺欠定义为圆形缺欠。它们可以是圆形、椭圆形、锥形或带有尾巴（在测定尺寸时应包括尾部）等不规则的形状，包括气孔、夹渣和夹钨。

圆形缺欠用评定区进行评定，评定区应选在缺欠最严重的部位。缺欠评定区域的尺寸见表 27-14。

表 27-14 缺欠评定区域的尺寸

（单位：mm）

评定厚度 T	≤25	>25~100	>100
评定区尺寸	10×10	10×20	10×30

评定圆形缺欠时，应将缺欠尺寸按表 27-15 换算成缺欠点数。不计点数的缺欠尺寸见表 27-16。

当缺欠与评定区边界线相接时，应把它划入该评定区内计算点数。对黑度大的圆形缺欠，定义为深孔缺欠，深孔缺欠时评为Ⅳ级。圆形缺欠的分级见表 27-17。

表 27-15 缺欠点数换算表

缺欠长径/mm	≤1	>1~2	>2~3	>3~4	>4~6	>6~8	>8
点数	1	2	3	6	10	15	25

表 27-16 不计点数的缺欠尺寸

（单位：mm）

评定厚度 T	缺欠长径	评定厚度 T	缺欠长径
≤25	≤0.5	>50	≤1.4%T
>25~50	≤0.7		

表 27-17 圆形缺欠的分级

评定区 /mm		10×10			10×20		10×30
评定厚度 T/mm		≤10	>10~15	>15~25	>25~50	>50~100	>100
质量等级	Ⅰ	1	2	3	4	5	6
	Ⅱ	3	6	9	12	15	18
	Ⅲ	6	12	18	24	30	36
	Ⅳ	缺欠点数大于Ⅲ级者					

注：表中的数字是允许缺欠点数的上限。

2. 条形缺欠评级

长宽比大于 3 的气孔、夹渣和夹钨定义为条形缺欠。条形缺欠的分级见表 27-18。

3. 未焊透评级

不加垫板的单面焊中，未焊透的允许长度应按表 27-18 条形缺欠的Ⅲ级评定。角焊缝的未焊透，是指角焊缝的实际熔深未达到理论熔深值，应按表 27-18 条形缺欠的Ⅲ级评定。

表 27-18 条形缺欠的分级

（单位：mm）

质量等级	评定厚度 T 单个条形缺欠长度	条形缺欠总长
Ⅱ	T≤12:4 12<T<60:$\frac{1}{3}T$ T≥60:20	在平行于焊缝轴线的任意直线上，相邻两缺欠间距不超过 6L 的任何一组缺陷，其累计长度在 12 T 焊缝长度内不超过 T

（续）

质量等级	评定厚度 T 单个条形缺欠长度	条形缺欠总长
Ⅲ	$T \leqslant 9:6$ $9 < T < 45: \dfrac{2}{3}T$ $T \geqslant 45:30$	在平行于焊缝轴线的任意直线上,相邻两缺欠间距均不超过 $3L$ 的任何一组缺欠,其累计长度在 $6T$ 焊缝长度内不超过 T
Ⅳ		大于Ⅲ级者

注:表中"L"为该组缺欠中最长者的长度。

设计焊缝系数小于等于 0.75 的钢管根部未焊透的分级见表 27-19。

表 27-19　未焊透的分级

质量等级	未焊透的深度		长度 /mm
	占壁厚的百分数(%)	深度 /mm	
Ⅱ	$\leqslant 15$	$\leqslant 1.5$	$\leqslant 10\%$ 周长
Ⅲ	$\leqslant 20$	$\leqslant 2.0$	$\leqslant 15\%$ 周长
Ⅳ	大于Ⅲ级者		

4. 根部内凹和根部咬边评级

钢管根部内凹和根部咬边缺欠的分级见表 27-20。

5. 综合评级

在圆形缺欠评定区内,同时存在圆形缺欠和条形缺欠(或未焊透、根部内凹和根部咬边)时,应各自评级,将两种缺欠所评级别之和减 1(或三种缺欠

表 27-20　根部内凹和根部咬边缺欠的分级

质量等级	根部内凹的深度		长度 /mm
	占壁厚的百分数(%)	深度 /mm	
Ⅰ	$\leqslant 10$	$\leqslant 1$	不限
Ⅱ	$\leqslant 20$	$\leqslant 2$	
Ⅲ	$\leqslant 25$	$\leqslant 3$	
Ⅳ	大于Ⅲ级者		

所评级别之和减 2)作为最终级别。

以上均系以金属熔焊焊接接头射线照相标准 GB/T 3323—2005 为基础进行的。对于钢以外的其他金属的射线照相,应注意选择同材质的像质计,相应的透照参数进行质量评级。不同金属相对于钢的射线照相等效系数见表 27-21,它可以帮助选择射线的能量。

表 27-21　不同金属对钢的射线照相等效系数近似值（摘自 JB/T 9217—1999）

金属	射线能量									
	100kV	150kV	220kV	250kV	400kV	1MeV	2 MeV	4~25 MeV	Ir192	Co60
镁	0.05	0.05	0.08							
铝	0.08	0.12	0.18						0.35	0.35
铝合金	0.10	0.14	0.18						0.35	0.35
钛	—	0.54	0.54		0.71	0.9	0.9	0.9	0.9	0.9
铁/钢	1.0	1.0	1.0	1.0	1.0	1.0	1.0	1.0	1.0	1.0
铜	1.5	1.6	1.4	1.4	1.4	1.1	1.1	1.2	1.1	1.1
锌	—	1.4	1.3		1.3	—		1.2	1.1	1.0
黄铜		1.4	1.3		1.3	1.2	1.1	1.2	1.1	1.0
因康镍合金	—	1.4	1.3		1.3	1.3	1.3	1.3	1.3	1.3
蒙乃尔合金	1.7	—	1.2		—	—	—	—	—	—
锆	2.4	2.3	2.0	1.7	1.5	1.0	1.0	1.0	1.2	1.0
铅	14.0	14.0	12.1	—		5.0	2.5	2.7	4.0	2.3
铪	—	—	4.0	12.0	9.0	3.0				
铀	—	—	20.0	16.0	12.0	4.0	—	3.9	12.6	3.4

27.4.9　国际射线检测标准

欧洲 EN 1435:1997 是被国外广泛使用并有重大影响的焊缝射线检测标准，其已被 ISO/TC44 "国际焊接及工艺委员会"转化为国际标准 ISO 17636:2003。GB/T 3323—2005 标准也等效采用了 EN 1435:1997 标准。主要差别是 EN 1435:1997 标准不包含焊缝缺欠等级评定内容，其焊接接头缺欠可采用 ISO 5817:2003（钢）或 ISO 10042:2005（铝）的通用评定标准进行评定，也可采用射线专用的焊缝质量评定标准 ISO 10675-1:2008（钢）或 ISO 10675-2:2010（铝）进行焊缝缺欠评级，三者的对应关系见表 27-22，其中 ISO 10675-1:2008 的合格极限见表 27-23。

表 27-22　胶片射线检测技术的对应关系（RT-F）

ISO 5817 或 ISO 10042 的焊接质量等级	ISO 17636 射线透照技术等级	ISO 10675-1 和 ISO 10675-2 的焊缝合格极限
B	B	1
C	B[①]	2
D	A	3

① 单张底片最大面积应满足 ISO 17636 等级 A 的规定。

表 27-23　对接焊缝内部缺欠的验收等级（摘自 ISO 10675-1:2008）

序号	根据 ENISO 6520-1 的缺欠类型	验收等级 3[①]	验收等级 2[①]	验收等级 1
1	裂纹（100）	不允许	不允许	不允许
2a	均布气孔和球形气孔（2012，2011）单层的焊缝	$A \leqslant 2.5\%$ $d \leqslant 0.4s$，最大 5mm $L = 100$mm	$A \leqslant 1.5\%$ $d \leqslant 0.3s$，最大 4mm $L = 100$mm	$A \leqslant 1\%$ $d \leqslant 0.2s$，最大 3mm $L = 100$mm
2b	均布气孔和球形气孔（2012，2011）多层焊缝	$A \leqslant 5\%$ $d \leqslant 0.4s$，最大 5mm $L = 100$mm	$A \leqslant 3\%$ $d \leqslant 0.3s$，最大 4mm $L = 100$mm	$A \leqslant 2\%$ $d \leqslant 0.2s$，最大 3mm $L = 100$mm
3[②]	局部密集气孔（2013）	$A \leqslant 16\%$ $d \leqslant 0.4s$，最大 4mm $L = 100$mm	$A \leqslant 8\%$ $d \leqslant 0.3s$，最大 3mm $L = 100$mm	$A \leqslant 4\%$ $d \leqslant 0.2s$，最大 2mm $L = 100$mm
4a[③]	链状气孔（2014）单层的焊缝	$A \leqslant 8\%$ $d \leqslant 0.4s$，最大 4mm $L = 100$mm	$A \leqslant 4\%$ $d \leqslant 0.3s$，最大 3mm $L = 100$mm	$A \leqslant 2\%$ $d \leqslant 0.2s$，最大 2mm $L = 100$mm
4b[③]	链状气孔（2014）多层的焊缝	$A \leqslant 16\%$ $d \leqslant 0.4s$，最大 4mm $L = 100$mm	$A \leqslant 8\%$ $d \leqslant 0.3s$，最大 3mm $L = 100$mm	$A \leqslant 4\%$ $d \leqslant 0.2s$，最大 2mm $L = 100$mm
5[④]	条形气孔（2015）和虫形气孔（2016）	$h < 0.4s$，最大 4mm $\sum l \leqslant s$，最大 75mm $L = 100$mm	$h < 0.3s$，最大 3mm $\sum l \leqslant s$，最大 50mm $L = 100$mm	$h < 0.2s$，最大 2mm $\sum l \leqslant s$，最大 25mm $L = 100$mm
6[⑤]	缩孔（202）（除了弧坑缩孔）	$h < 0.4s$，最大 4mm $l \leqslant 25$mm	不允许	不允许
7	弧坑缩孔（2024）	$h < 0.2t$，最大 2mm $l \leqslant 0.2t$，最大 2mm	不允许	不允许
8[④]	夹渣（301）熔剂夹渣（302）和氧化物夹杂（303）	$h < 0.4s$，最大 4mm $\sum l \leqslant s$，最大 75mm $L = 100$mm	$h < 0.3s$，最大 3mm $\sum l \leqslant s$，最大 50mm $L = 100$mm	$h < 0.2s$，最大 2mm $\sum l \leqslant s$，最大 25mm $L = 100$mm
9	金属夹杂（304）（除了铜）	$l < 0.4s$，最大 4mm	$l < 0.3s$，最大 3mm	$l < 0.2s$，最大 2mm
10	夹铜（3042）	不允许	不允许	不允许
11[⑤]	未熔（401）	允许间断且不露出表面的 $\sum l \leqslant 25$mm，$L = 100$mm	不允许	不允许
12[⑤]	未熔合（402）	$\sum l \leqslant 25$mm，$L = 100$mm	不允许	不允许

① 3 和 2 验收等级后加 X，表示所有超过 25mm 的读数不要接受。

② 参见附件 C，C.1 和 C.2（规范性）。

③ 参见附件 C，C.3 和 C.4（规范性）。

④ 参见附件 C，C.5 和 C.6（规范性）。

⑤ 如果焊缝长度不超过 100mm，读数的最大长度不应超过焊缝长的 25%。

27.4.10　射线检测新技术

虽然采用胶片射线照相方式具有较好的分辨率与较高的对比度，以及底片黑度动态范围大等特点；但由于胶片感光时，胶片吸收射线的效率低，从而导致曝光时间增加，又需要后续的显影、定影与干燥处理等，使得从照相到底片可观察的时间变得很长，成本也因而增高，另外也难以实现检测过程的自动化，因此其应用范围受到一定的限制。

近年来，出现的替代传统胶片射线照相技术包括实时成像技术和工业CT技术，以及CR技术和DR技术。

1. 实时成像技术

实时成像技术能实现缺欠影像时实显示，主要有X射线图像增强器系统。它由X射线机、图像增强器、光学镜头、摄像机、图像采集卡、计算机主机（包括模拟量/数字量转换系统）、显示器、图像采集和评定及处理软件、图像存储系统等组成。它采用一种可以把X射线转化为光线的图像转换增强器，放在待检工件后面，缺欠影像经过增强后亮度很高，增强系数达100～1000倍，但尺寸缩小到原来的$\frac{1}{10}$。缺欠的光学影像再经过大广角透镜组投射到摄像机上，然后传给计算机和显示器，如图27-15所示。由于

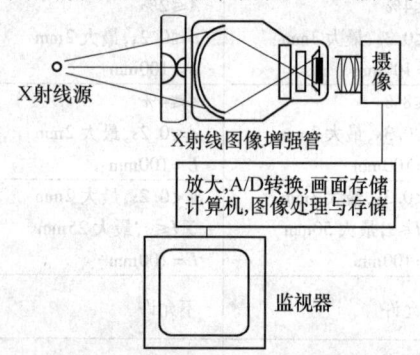

图 27-15　射线照相实时显示图像增强系统[1]

亮度高，因此不需要高灵敏度摄影机，即可以满足焊缝射线照相缺欠显示的要求。目前已进入工业焊接产品检测的实际应用阶段。

2. 工业 CT 技术

工业CT技术则是采用一面状射线束透射工件的一个层面，检测器阵列与射线束处于同一平面，通过机械驱动装置对工件形成一定的扫描透射，采集射线束穿过该层面的相关信息，并重建该层面的图像，就可直接观察到缺欠的位置、大小和形状，从而实现对这一层面的检测。工业CT系统一般由射线源、机械扫描系统、探测器与数据采集系统和计算机系统四部分构成，见图27-16。其射线源主要采用低能X射线源、γ射线源和高能X射线源三种。

工业CT图像质量是通过测试卡进行控制的，其测试卡一般分空间分辨率测试卡和密度分辨率测试卡两类，如图27-17所示。

3. 计算机射线照相（CR）技术

计算机射线照相技术（Computed Radiography）简称CR技术，是数字射线检测技术中的一种新的非胶片射线照相检测技术，与传统采用胶片作为影像记录介质的射线检测技术相比，CR技术是采用储存荧光成像板（Storage Phosphor Imaging Plate）来完成射线照相检测。

储存荧光成像板是在支持物上涂覆光激发射荧光物质（Photostimulable Luminescence），构成的激光发射荧光成像板，简称为IP成像板（IP板）。采用储存荧光成像板的CR技术，是基于某些荧光发射物质，具有保留潜在图像信息的能力。这些荧光物质受到射线照射时，在较高能带俘获的电子形成光激发荧光中心（PLC）。采用激光激发时，激光发射荧光中心的电子将返回它们初始能级，并以发射可见光的形式输出能量。这种光发射与原来接收的射线剂量成比例。这样，当激光束扫描储存荧光成像板时，就可

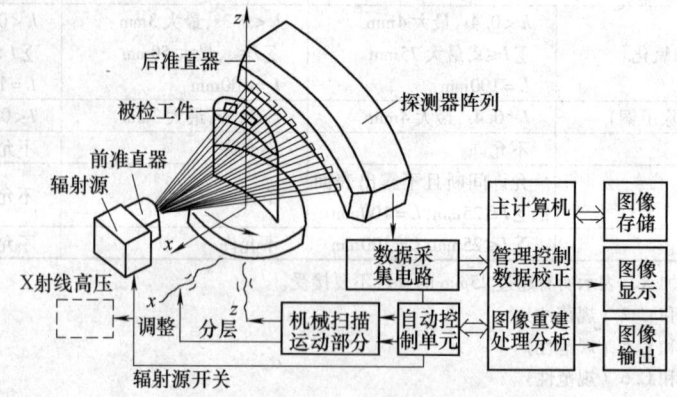

图 27-16　工业 CT 结构工件原理图[14]

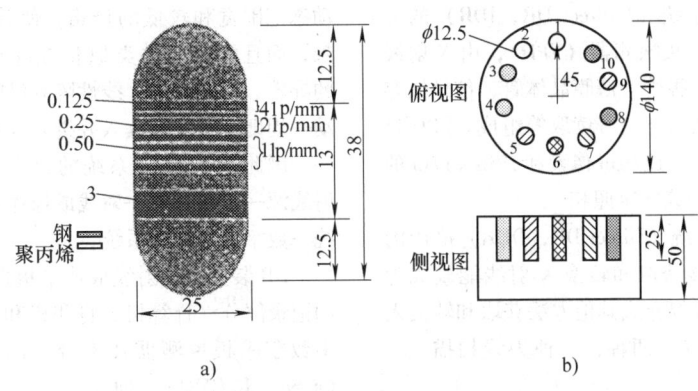

图 27-17 工业 CT 图像质量测试卡[14]

a）空间分辨率线对试样 b）密度分辨充率试样

将射线照相图像转化为可见的图像。使用后可用光去除图像，这样一来成像板可重复使用。

CR 系统由 IP 板、IP 板图像读出器（扫描器）、图像读出软件组成。其中 IP 板主要由保护层、荧光层、支持层、背衬层构成。IP 板的主要特性可分为下列几个方面：分辨力、动态范围、谱特性、时间响应特性、衰退特性。目前使用的 IP 板的主要特性如下：适用能量范围为 $10kV \sim 32MeV$；最大视场约 $35cm \times 43cm$；分辨力可达 $6 \sim 10Lp/mm$；动态范围大，可达 $10^4:1$ 以上；IP 板使用寿命约 5 年。

计算机射线照相（CR）技术工作过程：

1）曝光。射线穿过工件到达 IP 板，与荧光物质相互作用，在较高能带俘获的电子形成光激发荧光中心，构成潜影。

2）扫描。将 IP 板装入专用扫描器，有激光扫描被射线照射过的荧光物质，将存储存在成像板上的射线影像转换为可光信号。

3）成像。输出蓝色光辐射被光电接收器捕获，通过具有光电倍增和模数转换功能的读出器将其转换成数字信号输出，通过计算机重建为可视影像在显示器上显示。

CR 技术的优点和局限性如下：

1）目前最好的 CR 成像空间分辨率可达到 $25\mu m$，稍低于胶片水平，但优于其他各种数字成像方法。

2）原有的 X 射线设备不需要更换或改造，可以直接使用。

3）IP 板与胶片一样，能够分割和弯曲，能适用于复杂部位，成像板可重复使用几千次，其寿命决定于机械磨损程度。虽然价格昂贵，但实际比胶片更便宜。

4）宽容度大，曝光条件易选择。对于曝光不足或曝光过度的胶片可通过影像处理进行补救。

5）虽然比胶片照相速度快一些，但是不能直接获得图像，必须将 IP 板放入扫描读取器中才能得到图像。

6）IP 成像板与胶片一样，对使用条件有一定要求，不能在潮湿的环境中和极端的温度条件下使用。

目前，国内外 CR 技术已有相应的标准颁布执行，其中 GB/T 26642—2011《无损检测　金属材料计算机射线照相检测方法》标准是采用重新起草法修改采用 EN 14784-2:2005《无损检测存储磷光成像板工业计算机射线照相第 2 部分：金属材料 X 射线和 γ 射线检测总则》，其规定了工业计算机 X 射线和 γ 射线照相的基本技术和存储磷光成像板（IP）的一般准则，在该标准中未规定缺欠的验收准则。标准结构形式与 ISO 17636 标准相近，其也将计算机射线照相技术分为两个等级：A 级（基本技术）；B 级（优化技术）。而欧洲针对 CR 技术检测技术应用有 EN 14784 系列标准，缺欠验收评级是按照 ISO 10675-1:2008（钢）或 ISO 10675-2:2010（铝）。

4. 数字平板射线照相（DR）技术

数字平板射线照相（Digital Radiography）技术简称 DR 技术，数字平板技术与胶片或 CR 的处理过程不同，在两次照射期间，不必更换胶片和存储荧光板，仅仅需要几秒钟的数据采集，就可以观察到图像，检测速度和效率大大高于胶片和 CR 技术。数字平板的成像质量比图像增强器射线实时成像系统好很多，不仅成像区均匀，没有边缘几何变形，而且空间分辨率和灵敏度更高一些。与 LDA 线阵列扫描相比，数字平板可做成大面积平板一次曝光形成图像，而不需要通过移动或旋转工件，经过多次线扫描才获得图像。

由于电子转换模式不同，DR 技术又分为间接转换型 DR 和直接转换型 DR。

间接转换型 DR 系统（Indirect DR, IDR）的关键部件是获取图像的平板探测器（FPD），由 X 射线转换层与非晶硅光敏二极管、薄膜晶体管、信号储存基本像素单元及信号放大与信号读取等组成。FPD 目前已经可以达到 $127\mu m \times 127\mu m$ 像素和 $17in \times 17in$ 的面积，可用做普通 X 射线数字照相。

直接转换型 DR 系统（Direct DR, DDR）应用的 DirectRay 技术可以直接获取和转换 X 射线能量成为数字信号，不需要通过媒介或其他方法获取和转换入射的 X 射线能量。目前有两种，一种为线扫描，一种为 FPD。

线扫描成像探测器为线状结构，采用动态线扫描技术直接接收 X 射线光子，有两种形式，一种为多丝正比室，一种是电离室。从 X 射线管发出的圆锥扇形 X 射线束，经水平狭缝形成平面扇形 X 射线束，通过被透照物体射入水平放置的探测器窗口。机械扫描系统使 X 射线管、水平狭缝及探测器沿垂直方向作均匀的同步运动，每到一个新位置作一次水平探测记录，如此重复进行，从头到尾扫描一次就完成一幅 X 射线图像的拍摄。

线扫描的动态范围与系统的探测灵敏度和密度分辨率有关，线扫描具有独特的大动态范围，当显示器质量很高时可以观察到 120 倍以上的动态对比图像，比传统 X 射线机对胶片拍照更好，可以清晰地在一次拍片中同时再现密度悬殊的组织。线扫描成像技术中，X 射线被严格限制在很窄的缝隙中，克服了散射线造成的干扰，本底噪声几乎为"0"，探测灵敏度高，使原本被本底噪声淹没的微弱的 X 射线也能被检测出来，能够分辨出面成像不能看到的更加细微的密度差别，密度分辨率更高。线扫描成像的缺点是需要一定的扫描时间，一张 $14in \times 17in$ 大小的区域最快需 2s，所以不能实现实时扫描，不适应动态摄影。

线扫描成像的扫描时间短，所需 X 射线剂量低，动态范围宽和较低的价格，使其具有良好的发展前景，而且可以通过类似相控阵自动超声波（AUT）的导轨、现场扫描，线性阵列沿管道焊缝外部均匀运动一周即可将结果读入并进入计算机。

因此，DR 检测系统的组成可以简单地表述为：射线源—检测对象—射线成像探测器—图像数字化系统—数字图像处理系统。

DR 装置包括射线成像平板探测器及影像后处理和记录部分（计算机、打印机和其他存储介质）。其中数字平板探测器技术分非晶硅（a-Si）、非晶硒（a-Se）和 CMOS 三种。

1）非晶硅平板成像称为间接成像：射线透照探测器，射线光子由中间媒体——闪烁体屏转换为可见光，再由非晶硅光敏阵列转换为电信号，经放大、A/D 转换形成数字信号输出。

2）非晶硒平板成像称为直接成像：探测器有一厚的光电导层（典型的是用 $200 \sim 500\mu m$ 的非晶硒），光电导层两面的电极板间加有高电压，光电导层吸收 X 射线光子，激发出电子/空穴对，并在所加电场下运动至相应电极。到达像元电极的电荷给存储电容充电，产生相应电荷的变化。电容中的累积电荷由 TFT（Thin Film Transistor 即薄膜场效应晶体管）进行控制、读出，经放大、A/D 转换等处理形成数字化图像输出。

3）CMOS 平板是互补金属氧化硅半导体，由闪烁体屏 + CMOS 记忆芯片构成。当射线穿过被照体后，入射到探测器荧光层，产生与入射射线相对应的荧光（可见光）。光纤将这些可见光耦合到 CMOS 芯片上。再由 CMOS 芯片将光信号转换成电信号，并将这些电信号储存起来，从而捕获到所需要的图像信息。图像信息经放大、读出，送到图像处理系统进行处理。

CR 技术与 DR 技术的比较见表 27-24。

表 27-24　CR 技术与 DR 技术的比较

比较项目	CR 技术	DR 技术
成像原理	X 射线间接转换，利用 IP 板作为 X 射线检测器，成像环节相对于 DR 较多	X 射线直接转换，直接创建有数字格式的图像，利用硒作为 X 射线检测器，成像环节少
工作效率	与 DR 相比操作较复杂，工作效率较低	曝光时间可比 CR 更短，工作效率更高
图像分辨率	由于自身的结构，存在光学散射，使图像模糊，降低了图像分辨率，时间分辨率较差，图像质量略逊于 DR	无光学散射而引起的图像模糊，其清晰度主要由像素尺寸大小决定，比 CR 系统有更好的空间分辨率和对比度，图像层次丰富，影像边缘锐利清晰，细微结构表现出色，成像质量更高
X 射线剂量	低	由于提高了 X 射线光子转化效率（DQE），使射线的剂量更低
价格费用	较 DR 低，无须改变现有设备	昂贵，需改装已有的 X 射线机设备
发展方向	与 DR 有相当长的共存时期并行发展	最终将取代 CR

27.5　超声检测

超声检测适合于检测焊缝中的平面型缺欠，如裂纹、未焊透和未熔合等。焊缝厚度较大时（例如≥20mm），其优点越发明显。

27.5.1　超声检测方法及分类

利用压电换能器通过瞬间的电激发产生脉冲机械振动，借助于声耦合介质传入到焊缝金属中，形成脉冲超声波。超声波在传播时，如果遇到缺欠就会产生反射并返回到换能器，由于压电效应是可逆的，再把声脉冲信号转换成电脉冲信号。测量该信号的幅度及其传播时间，就可评定工件中缺欠的位置及严重程度。如图 27-18 所示。为 A 显示脉冲反射式焊缝超声检测原理。

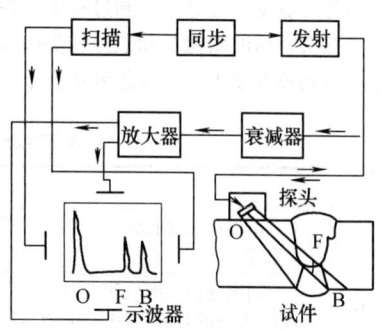

图 27-18　A 显示脉冲反射式焊缝
超声检测原理图

根据超声波的波形、发射和接收的方式，超声检测的方法也很多，其中常用的方法有穿透法、反射法、接触法、液浸法等，其分类如图 27-19 所示。

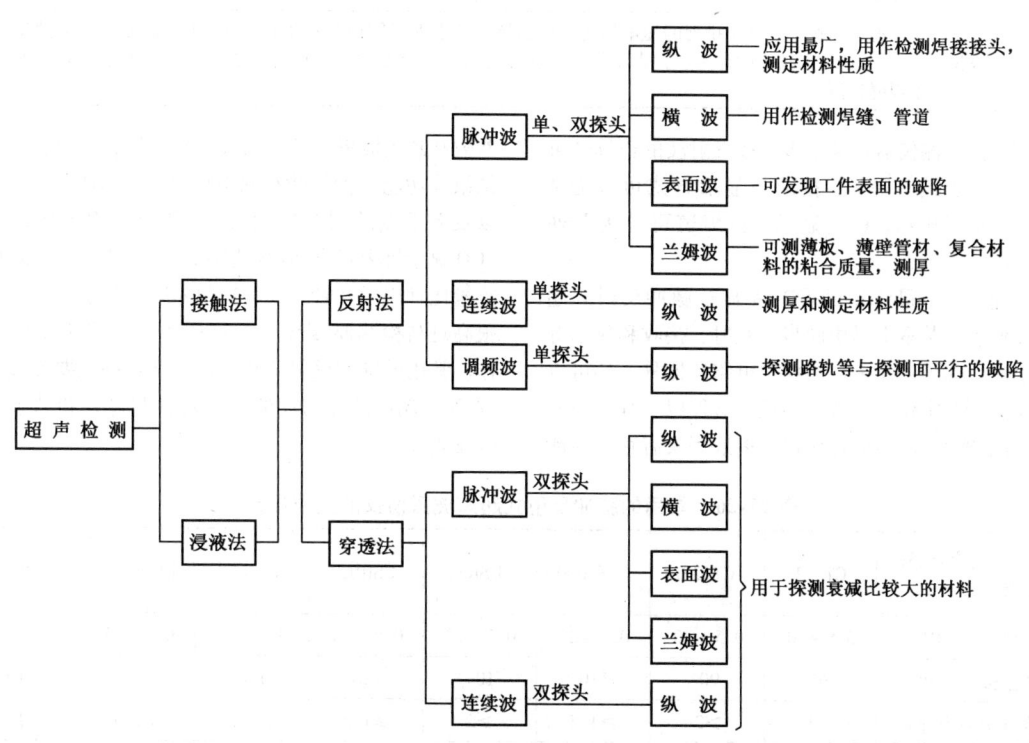

图 27-19　超声检测方法分类[9]

27.5.2　超声检测的探头和仪器

超声检测的探头是一种声电换能器。它一般由压电晶片、透声楔块和吸收阻尼背衬组成，如图 27-20所示。常用压电晶片材料有石英、硫酸锂和钛酸铅等，其功能为将电信号转换为声信号和相反的转换，称之为可逆压电效应。有机玻璃楔块可按一定方向把声波传送到焊缝中和完成反向传送。背衬可以吸收杂

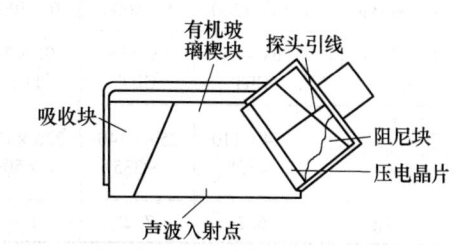

图 27-20　超声波斜探头示意图

波，以减小脉冲宽度。在超声检测过程中，除使用传统的纵波直探头、横波斜探头和双晶探头以外，还可根据工件的特殊检测要求，选择各种角度专用的高功率探头、窄脉冲探头、双晶片探头、聚焦探头、爬行波探头、电磁声探头及相控阵探头等。超声检测各种探头的特点见表27-25。

表 27-25　超声检测各种探头的特点

探头类型	应 用 特 点
纵波直探头	可发射和接收纵波，且声束与被检工件的表面相垂直。使用广泛，主要用于板材、锻件、焊缝的补充检测等
横波斜探头	利用透声斜楔块使发射的声束以一定的倾角射入工件来进行检测。主要用于焊缝检测，其角度规格很多，常用的有45°、60°、70°或K1、K1.5、K2.9、K2.5、K3.0等
双晶片探头	发射与接收晶片分开，始脉冲很窄，减小测量盲区。目前在常规仪器上脉冲宽度可达0.3μs以下
聚焦探头	波束变细，缺欠横向分辨率高，有利于测量缺欠的实际尺寸。目前单一探头的聚焦区可达100~200mm
窄脉冲探头	脉冲宽度窄，缺欠纵向分辨率高。目前在常规仪器上，脉冲宽度可达0.3μs以下
爬行波探头	近表面传播的纵波，多采用发收分离式双晶片结构。适合于探测不锈钢堆焊层内和结合面的缺欠，以及堆焊层下的再热裂纹
电磁声探头	可产生水平极化的横波，不需要耦合剂就可以在焊缝和探头间进行传播。适合于检测奥氏体不锈钢焊缝
相控阵探头	通过对按一定规则排列的压电换能元件的超声波发射时间或相位加以控制，可动态改变声束的位置与方向，从而以较少的探头和扫查动作来实现焊缝的快速全面扫查。目前主要用于压力容器和管道的熔焊焊缝检测

　　超声波检测仪器种类很多，按发射波的连续性可分为脉冲、连续、调频；按缺欠显示方式可分为A型显示、B型显示、C型显示；按声道可分为单通道、多通道等。

　　目前工业上最常用的手工A显示脉冲反射式超声波探伤仪，基本上是由同步、发射、接收和显示等电路组成。除了广泛采用的模拟电路仪器外，还可选用新型的数字化超声波探伤仪。这种以单片或单板机为基础的数字超声波探伤仪，多数都具有存储检测参数和缺欠波形、计算缺欠坐标位置，以及打印检测结果等功能（例如能存储100组检测参数、缺欠波形以及上千点的测厚数据等）。其中利用场致发光或LCD显示屏幕的超小型数字超声波仪器，其体积和重量比常规示波管（CRT）仪器减少很多，屏幕亮度很高且与检测厚度无关，这样更方便了手工检测操作。常用的脉冲反射式超声波探伤仪的主要参数见表27-26。超声波探伤仪的参数对检测过程和结果的影响见表27-27。

表 27-26　常用的脉冲反射式超声波探伤仪的主要参数

仪器型号 特征参数	CTS22	CTS23	CTS2000	USK7	USIP12	USN52	EPOC-Ⅲ	SONIC1200
检测频率/MHz	0.5~10	0.5~20	0.5~20	0.5~10	0.5~25	0.3~12	0.5~15	1~20
增益或衰减/dB	80	90	110	104	120	110	100	110
近表面分辨力/mm	≥3	≥2	≥1.5	≥2	≥1.3	≥1.5	≥1.5	≥1.5
薄板分辨力/mm	—	1~1.2	0.6	1~1.5	0.5	0.6	0.6	0.6
探测范围/mm	10~1200	5~5000	0~5000	10~1000	5~15000	5~5000	4~5000	5~5000
屏幕尺寸(长×宽) /mm	68×55 CRT	68×55 CRT	96×72 LCD	70×55 CRT	100×80 CRT	146×67 场致发光	67×60 场致发光	60×66 场致发光
尺寸 (宽×高×长或厚) /mm	254×110 ×335	254×140 ×335	226×172 ×50	240×95 ×300	360×195 ×450	250×133 ×146	156×289 ×48	241×140 ×90
重量/kg	6.2	7.2	1.6	5.1	18	2.7	1.2~2.2	1.6~2.7

　　注：仪器 CTS：中国汕头；US：德国 Krautkramer 公司；EPOC：美国 PANAMETRICS 公司；SONIC：美国 STAVELEY 公司。

表 27-27　超声波探伤仪的参数对检测过程和结果的影响

仪器参数	对 探 伤 过 程 的 影 响
检测频率	由于声波绕射现象的限制,最高检测灵敏度约为 1/2 波长。因此提高频率有利于发现小缺欠。频率高,脉冲宽度窄,声束直径小,分辨率高,反之,频率高,声衰减增大,不利于检测厚度大和晶粒粗的材料。碳钢与合金结构钢焊缝检测频率为 1～5MHz,不锈钢焊缝为 0.5～1.8 MHz
增益与衰减	仪器放大量为 100～120dB,可调节范围在 80～110dB,此值越高仪器适用范围 dB 越大,灵敏度越高。读数分档越细,测量精度越高。最细刻度分档为 0.1～2dB
发射脉冲	发射脉冲电压越高,发射声波强度越大,探测深度越深。一般为 100～400V 之间,可探测焊缝厚度达 350mm。脉冲宽度越窄,缺欠的分辨能力越高,一般脉冲宽度为 20～1000ns。脉冲升起时间越小,缺欠位置测量精度越高,一般小于 15 ns
频带宽度	仪器频带宽度越宽,阻塞时间越小,上下表面检测盲区越小,薄板检测分辨能力越高。最大频带宽度可达 15～30MHz。最小探测盲区能达 1.3～2mm

27.5.3　超声检测级别

焊缝中缺欠的位置、形状和方向直接影响缺欠的声反射信号强度。由于缺欠存在的任意性,因此超声波探测焊缝的方向越多,波束垂直于缺欠平面的概率越大,缺欠的检出率也越高。一般可根据对焊缝探测方向的多少,把超声检测划分为若干个检测级别。我国 GB/T 11345—1984《钢焊缝手工超声波探伤方法和探伤结果的分级》标准中,把检测划分为 A、B、C 三个级别,检测的完善程度也逐级升高,其中 B 级

适合于受压容器。各级中的检测面、检测侧和探头角度的规定见表 27-28 和图 27-21。各级中所规定的检测面均应适当地修磨,使其表面粗糙度 Ra 不超过 6.3μm,以保证良好的声耦合。

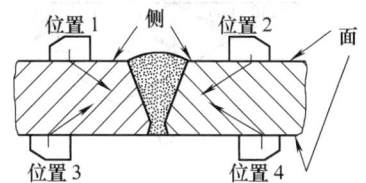

图 27-21　检测面和检测侧

表 27-28　焊缝超声检测的检测面、检测侧和探头折射角（摘自 GB/T 11345—1989）

板厚/mm	检测面			检测方法	使用的探头折射角或 K 值
	A	B	C		
＜25	单面检测	单面双侧 (1 和 2 或 3 和 4) 或双面单侧 (1 和 3 或 2 和 4)		直射法及一次反射法	70°(K2.5,K2.0)
＞25～50					70°(K2.5,K2.0,K1.5)
＞50～100	—			直射法	45°或 60°;45°和 60°,45°和 70°并用(K1.0 或 K1.5;K1.0 和 K1.5,K1.0 和 K2.0 并用)
＞100		双面双侧			45°或 60°并用(K1.0 和 K1.5 或 K2.0 并用)

27.5.4　超声检测灵敏度

超声检测灵敏度是以发现同厚度同材质试块上规定尺寸的人工缺欠来衡量。试块一般分标准试块和对比试块两类,其中标准试块是由权威机构统一规定的,是对仪器线性、探头角度等综合性能和组合灵敏度进行校验的试块,如国际焊接学会的 IIW1、IIW2 试块和国内 CSK-ZB 试块,其结构如图 27-22a～c 所示;而对比试块是针对具体检测对象,通过不同的人工反射体进行仪器的灵敏度调节的试块。常用的人工缺欠有长横孔、平底孔和短横孔等,其中长横孔试块如图 27-22d 所示。为了提高钻孔精度,孔径不能太大或太小,一般取孔径 $d \geq 1.5\lambda$（波长）,例如 GB/T 11345—1989 标准中选定的长横孔直径为 3mm。这样不同检测级别的焊缝,其检测灵敏度规定的方法可以

通过取 φ3mm 孔反射波幅度的一定百分比来实现,例如 16%、20% 等。另外,超声检测的灵敏度很高,可以发现很细小的焊缝缺欠,几乎不受工件厚度的限制,然而对于焊缝宏观质量控制来说,只有当缺欠尺寸超过毫米数量级才有实际意义。因此各种标准对超声检测灵敏度都规定了一个起始界限值,并都采用三档评定原则,即评定线、定量线和判废线等灵敏度级别。当缺欠反射波幅度超过评定线时,才予以评定(估判其性质);超过定量线时,要测量其长度;超过判废线时,则判为不合格。GB/T 11345—1989 标准中规定的各级灵敏度见表 27-29。表 27-29 中 DAC 代表不同深度 φ3mm 孔反射波的高度在距离波幅坐标系中的连线,如图 27-23 所示。为了计量方便,表中把衡量波幅的百分比换算成其对数的分贝值,即 dB 值(一般检测仪器上均有 dB 刻度,其值可以直接读出)。

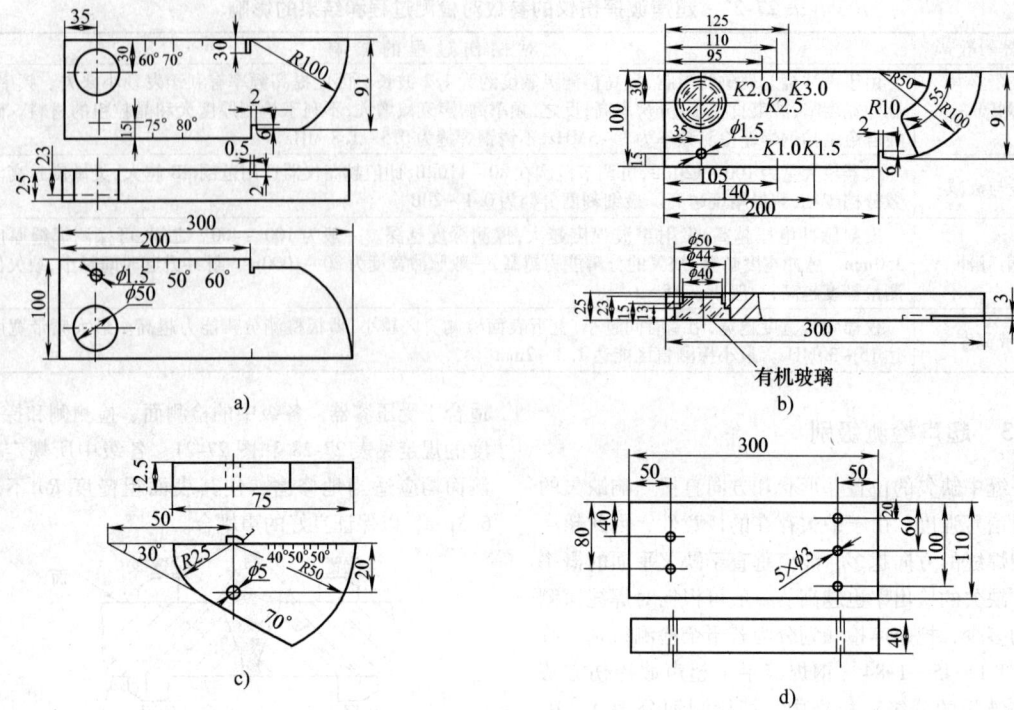

图 27-22　超声波试块

a）IIW1 标准试块　b）IIW2 标准试块　c）CSK-ZB 标准试块　d）RB-2 长横孔对比试块

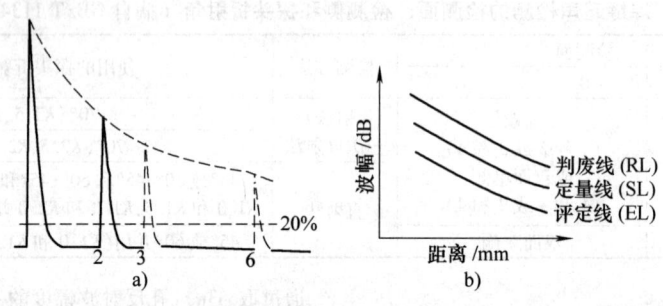

图 27-23　距离波幅曲线（DAC）

a）仪器荧光屏上的 DAC　b）坐标纸上的 DAC 线

表 27-29　距离—波幅曲线的灵敏度

（摘自 GB/T 11345—1989）

检测级别 板厚/mm	A	B	C
灵敏度 DAC	8 ~ 50	8 ~ 300	8 ~ 300
判废线	DAC	DAC—4dB	DAC—2dB
定量线	DAC—10dB	DAC—10dB	DAC—8dB
评定线	DAC—16dB	DAC—16dB	DAC—14dB

27.5.5　超声检测的一般程序

超声检测可分为检测准备和现场检测两个部分，

其一般程序如图 27-24 所示。

27.5.6　平板对接焊缝的超声检测

检测前，检测人员应了解被检工件的材质、结构、厚度、曲率、坡口形式、焊接方法及焊接过程情况等资料，检测灵敏度应调到不低于评定线。

检测过程中，探头移动速度不大于 150mm/s，相邻两次探头移动间隔至少有探头宽度 10% 的重叠。为了增加声束在水平方向视野，探头移动过程中还应做 10° ~ 15° 的转动。为了发现焊缝中的横向裂纹，B级以上的检测还应使探头做平行或斜平行于焊缝的探测扫查。板厚大于 40mm 的窄间隙焊缝，还应作串列扫查，以发现边界未熔合等垂直于表面的缺欠。探头扫查移动区的长度，在直射法时应大于 $0.75P$，一次反射检测法时应大于 $1.25P$。其中 $P = 2T \times \tan\beta$，如图 27-25 所示。

为了确定缺欠的位置、方向和形状，应观察缺欠反射波的动态波形并区分是否是伪信号。在发现的缺欠波处，探头可以采用前后、左右、转角和环绕等四种基本扫查方式（见图 27-26），完成测量操作。

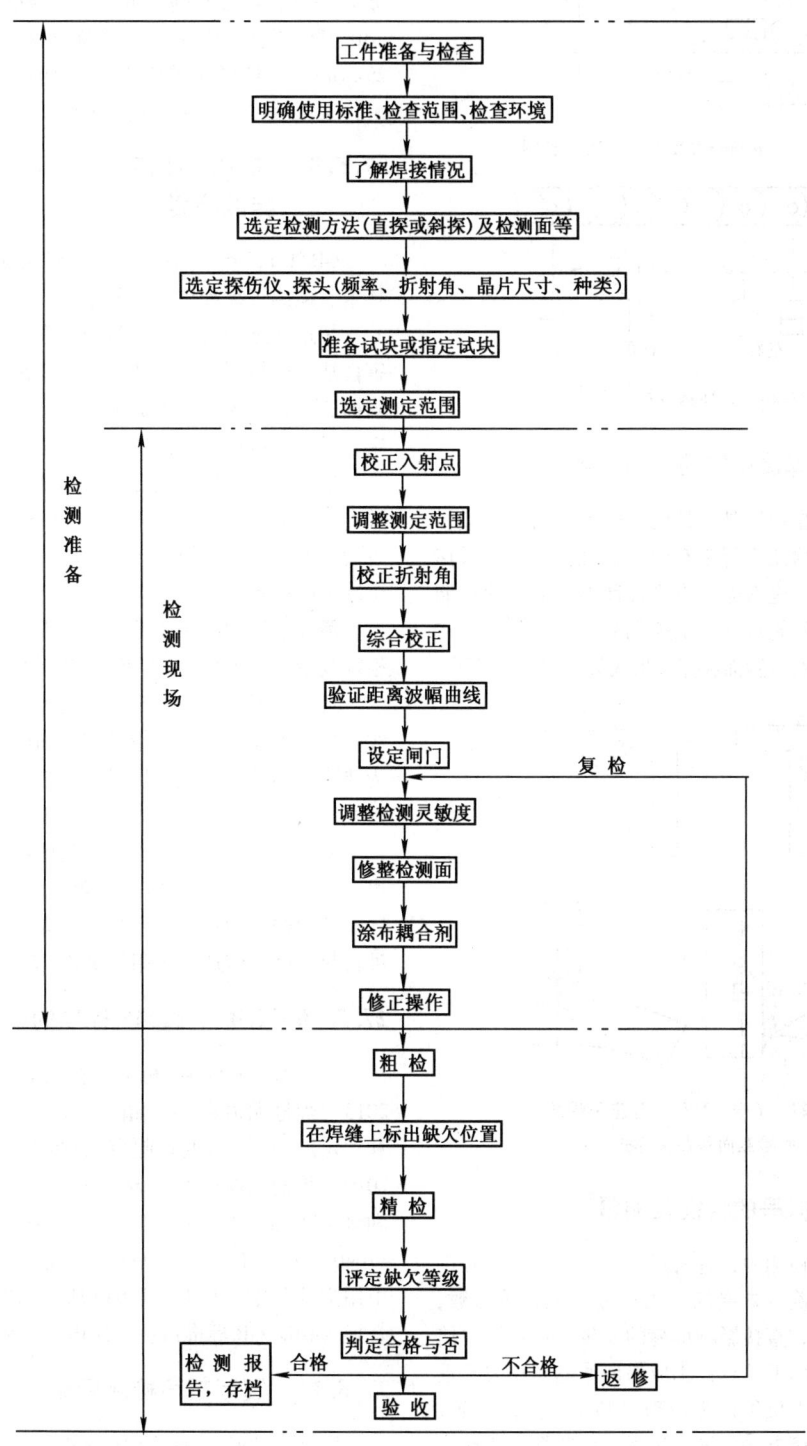

图 27-24　焊缝超声检测的一般程序

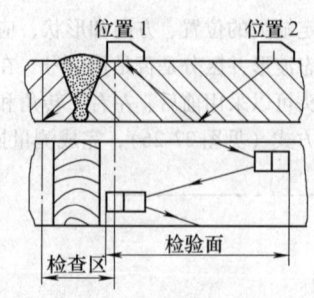

图 27-25　直射与一次反射检测法示意图

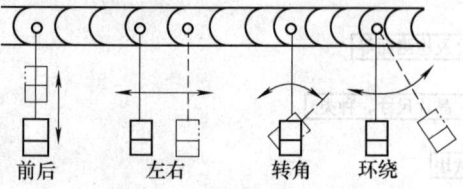

图 27-26　四种基本扫查方法

27.5.7　其他焊接结构的超声检测

除了平板对接焊缝外，其他结构焊缝的检测应尽量采用平板焊缝检测中行之有效的各种方法。在选择检测面和探头时，应考虑到检测各种类型缺欠的可能性，并使声束尽可能垂直于焊缝中的主要缺欠。T 形 Γ 形和管座角焊缝的检测面和探头形式如图 27-27 所示。

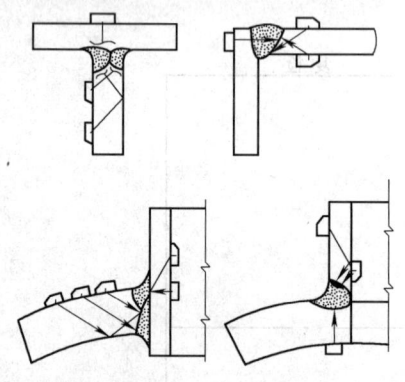

图 27-27　T 形、Γ 形和管座角焊缝
的检测面和探头形式

27.5.8　缺欠信号的特征及测量

在焊缝超声检测中，是通过对缺欠的反射信号进行分析评定，来确定焊接缺欠的尺寸、位置等参数，其评定的准确性，直接影响焊缝的质量。在对缺欠信号评定时应注意以下几点：①应保证声速与缺欠相垂直，以便获得最大反射；②精确地判定缺欠的位置；③了解产品的焊接方法和操作过程的稳定性；④探头以不同角度环绕缺欠扫查，以便观察缺欠的静态和动

态波形，从而确认缺欠的性质，其中典型缺欠的静动态波形见图 27-28。

缺欠的尺寸参数主要是指缺欠的波幅和其指示长度。缺欠指示长度主要有两种测量方法：当缺欠反射波只有一个高点或高点起伏小于 4dB 时，采用降低 6dB 相对灵敏度法测长（或称半波高法），如图 27-29a 所示；当缺欠反射波峰起伏变化，含有多个高点时，采用端点峰值法测长，如图 27-29b 所示。

27.5.9　缺欠的评定——GB/T 11345—1989 标准摘要

GB/T 11345—2013 为《焊缝无损检测超声检测技术、检测等级和评定》标准。

超过评定线的缺欠信号应注意其是否有裂纹等危害性缺欠的特征。如有怀疑应改变探头角度、增加检测面、观察缺欠的动态波形、结合结构工艺特征作判定，或以其他检测方法作综合判定。

最大反射波幅超过定量线的缺欠，应测量其指示长度，其值小于 10mm 时，按 5mm 计；相邻两缺欠各向间距小于 8mm 时，两缺欠指示长度之和作为单个缺欠的指示长度。

最大反射波幅位于 Ⅱ 区（定量线以上）的缺欠，根据其指示长度按表 27-30 的规定予以评级。

最大反射波超过评定线的缺欠，检测者判定为裂纹等危害性缺欠时，无论其波幅和尺寸如何，均评定为 Ⅳ 级。反射波幅超过判废线进入 Ⅲ 区的缺欠，无论其指示长度如何，均评定为 Ⅳ 级。

除了钢焊缝超声检测外，其他金属焊缝的检测因声速和声阻抗不同，其检测频率和探头角度也应不同。其他的检测技术均可参照钢焊缝的检测方法。各种材料密度、声速和声阻抗见表 27-31。

27.5.10　GB/T 11345 标准的最新状态

目前 GB/T 11345 标准最新版本是 GB/T 11345—2013《焊缝无损检测　超声检测　技术、检测等级和评定》，是使用重新起草法修改采用 ISO 17640：2010《焊缝无损检测　超声检测　技术、检测等级和评定》的中文版。GB/T 11345—2013 版与 ISO 17640:2010 相比，主要差异是在标准第 2 章"规范性引用文件"中，将 ISO 17640 所引用的 ISO 标准修改替换为相应 GB 标准或将引用内容直接增加进正文。

27.5.11　国际超声检测标准

1. 国际 ISO 17640:2010 标准

该标准取代了 ISO 17640:2005 和 EN 1714:1991，

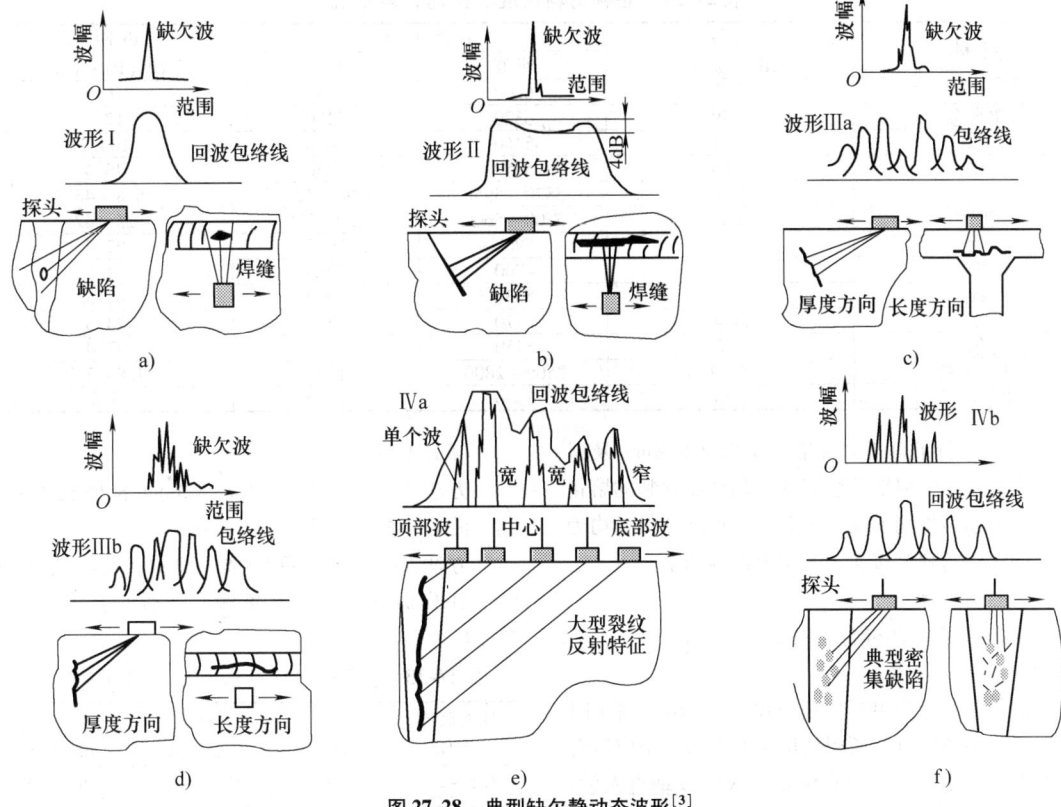

图 27-28　典型缺欠静动态波形[3]

a）点状缺欠波峰窄，包络线光滑　　b）近平面缺欠波峰高，包络线宽　　c）粗糙倾斜缺欠波峰多叉，包络线起伏

d）粗糙垂直缺欠波峰宽，开叉多　　e）粗糙表面大缺欠波峰宽而高，单个波峰窄

f）密集缺欠多个波集聚一起，波峰在包络线内滚动

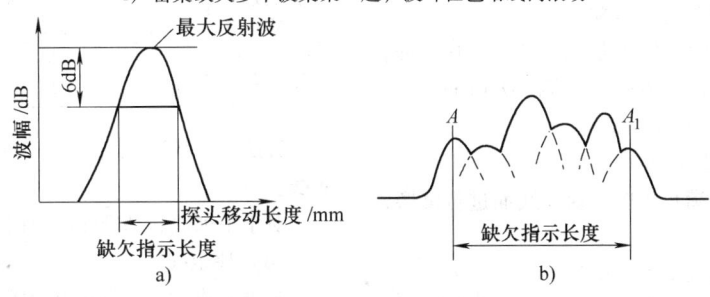

图 27-29　缺欠指示长度的测量方法

a）单波峰　　b）多波峰

表 27-30　缺欠的等级分类

评定等级	检验等级	A	B	C
	板厚/mm	8 ~ 50	8 ~ 300	8 ~ 300
I		$2\delta/3$；最小 12	$\delta/3$；最小 10，最大 30	$\delta/3$；最小 10，最大 20
II		$3\delta/4$；最小 12	$2\delta/3$；最小 12，最大 50	$\delta/2$；最小 10，最大 30
III		$<\delta$；最小 20	$3\delta/4$；最小 16，最大 75	$2\delta/3$；最小 12，最大 50
IV		超过 III 级者		

注：1. δ 为坡口加工侧母材板厚，母材厚度不同时，以较薄侧板厚为准。

2. 管座角焊缝 δ 为焊缝截面中心线高度。

表 27-31　各种材料密度、声速和声阻抗

材料	密度 /10^3(kg/m^3)	声速/(m/s)		声阻抗 /10^6(Pa·s/m^3)
		纵波	横波	
铝	2.7	6200	3080	16.9
铝合金	2.79	6320	3130	17.1
钨	19.1	5460	2620	104.2
铁	7.86	5950	3240	46.4
钢	7.8	5870~5950	3190~3260	45.8~46.4
铸铁	7.2	3500~5600	2200~3200	25~42
钛	4.58	5900	2960	27.4
铜	8.9	4700	2260	41.8
镍	8.8	5630	2960	49.5
铅	11.4	2170	700	24.6
蒙乃尔合金	8.7	5450	—	47.4
环氧树脂	1.15~1.3	2500~2800	1100	2.8~3.7
聚氯乙烯	1.14	2300	1100	3.3

并从技术上进行了订正。标准规定厚度为 8mm 及以上低超声衰减（特别是散射衰减）的金属材料的熔化焊缝的手工超声检测方法。主要用于焊缝和母材均为铁素体的全焊透焊接接头。其主要内容如下：

（1）探头频率

应为 2~5MHz 并符合验收等级的规定。

（2）声束折射角

横波检测时，声束折射角应在 35°~70°。采用 1 个以上的探头角度时，所用斜探头至少有 1 个应符合这一要求。所用的 1 个探头角度应保证以垂直入射，或尽可能接近垂直入射的声束检测焊缝熔合面。规定使用 2 个及以上的探头角度时，声束入射的角度之差应大于等于 10°。

（3）曲面检测时的探头匹配

探头底面与检测面之间的间隙应小于 0.5mm。对于圆筒或球形检测面，要求工作直径 D（mm）为

$$D \geq a^2/2$$

式中　a——探头尺寸（mm）。

如上述条件不能满足，应对探头底面进行修磨，使之与检测面相吻合。

（4）时基范围与灵敏度的调整

每次检测前，应对超声波探伤仪进行时基范围和灵敏度调整，并每隔 4h 进行校验。如发现有偏差，应按表 27-32 的要求进行校正。

表 27-32　灵敏度与时基范围的校正

	灵敏度	
1	偏差≤4dB	仪器须在连续检测前校正完
2	降低量>4dB	仪器必须校正，所有此前的检测须重检
3	升高量>4dB	仪器必须校正，所有检测记录显示须重新评定
	时基范围	
1	偏差≤2%	仪器须在连续检测前校正完
2	偏差>2%	仪器必须校正，所有此前的检测须重检

（5）基准线

方法 1：基准线为 D_{SDH} = 3mm 长横孔所作距离—波幅—校正曲线（DAC 曲线）。

方法 2：用平底孔距离—增益—大小法（DGS 法）作横波和纵波的基准线，分别见表 27-33、表 27-34。

表 27-33　方法 2（DGS 法）横波斜探头基准线

探头频率 /MHz	母材厚度/mm		
	8≤t≤15	15≤t≤40	40≤t≤100
1.5~2.5	—	D_{DSR} = 2	D_{DSR} = 3
3~5	D_{DSR} = 1	D_{DSR} = 1.5	

表 27-34　方法 2（DGS 法）纵波直探头基准线

探头频率 /MHz	母材厚度/mm		
	8≤t≤15	15≤t≤40	40≤t≤100
1.5~2.5	—	D_{DSR} = 2	D_{DSR} = 3
3~5	D_{DSR} = 2	D_{DSR} = 2	D_{DSR} = 3

方法 3：基准线相当于 1mm 深矩形槽的 DAC 曲线。

对于串列法，基准线应使用 D_{DSR} = 6mm 调整。

（6）评定线

对等于或大于下列数值的所有显示均应评定：

方法 1 和 3：基准线—10dB（即 33% DAC）。

方法 2：基准线—4dB，分别按表 27-33、表 27-34。

串列法：D_{DSR} = 6mm（各种厚度）。

（7）检测等级

焊接接头质量要求主要与材料、焊接工艺和最终使用条件有关。为适应所有这些要求，该国际标准规定四种检测等级（A、B、C 和 D）。

从检测等级 A 到检测等级 C，由于检测范围，如扫查次数、表面修整等要求提高，缺欠检出率也相应提高。检测等级 D 可商定用书面规程作为特殊应用。

应用时也应考虑该国际标准的一般要求。

通常检测等级与质量等级有关（如 ISO 5817）。相应检测等级，可由焊缝检测标准（如 ISO 17635）、产品标准或其他文件规定。规定按 ISO 17635：2010 时，推荐的检验等级见表 27-35。

表 27-35　推荐的检测等级

检测等级	ISO 5817:2007 质量等级
A	C、D
B	B
C	无推荐等级—商定
D	特殊应用

检测等级 A～C 的具体要求见该标准的附录 A 对各种接头形式所给出的规定。注意：所示接头形式只指理想状态。若实际焊缝状态或可接近性与所示条件不符，应修正检测技术，以满足标准的一般要求和所指定的具体检测等级。针对这些情况，应制订一份书面检测工艺规程。

（8）缺欠定位

所有缺欠位置应使用坐标法标定，如图 27-30 所示。在检测表面上应选定一点作为这些测量值的基准点。

从一个以上表面进行检测时，应在每一面上设定基准点。在这种情况下，应注意所有基准点之间要确立位置关系，以使所有缺欠都能根据任何标称基准点确定其绝对位置。当为环焊缝时，可要求在焊接装配前设定内外基准点。

（9）检测等级

在该标准的附录 A 中，以图表的形式给出了七种不同焊接接头类型的检验等级要求，包括检测位置、检测面宽度、入射角度和数量等，其中板和管对接接头的检验等级要求如图 27-31 所示和见表 27-36。

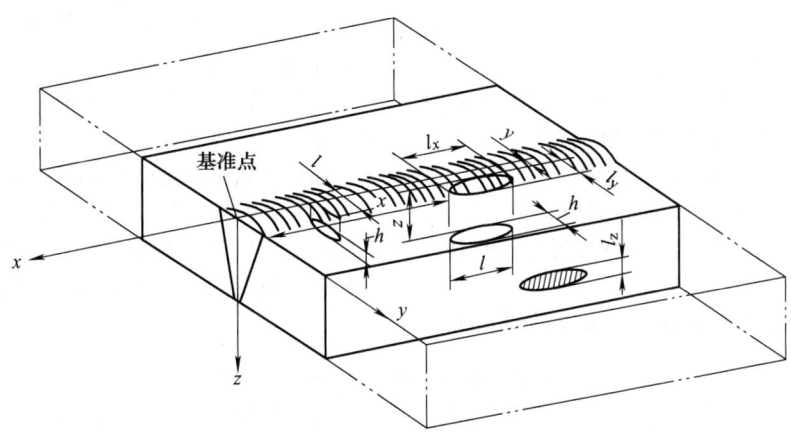

图 27-30　确定缺欠位置的坐标系

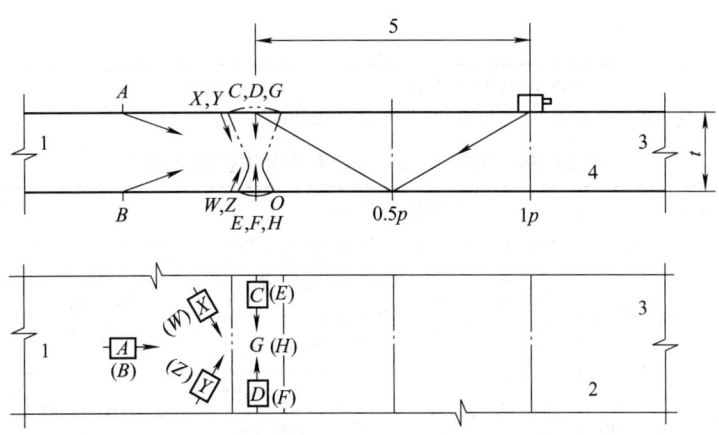

图 27-31　板和管对接接头

1—侧面 1　2—顶视图　3—侧面 2　4—侧视图　5—全跨距（p）相关的扫查区宽度

A、B、C、D、E、F、G、H、W、X、Y、Z—探头位置

注：如果可能的话，扫查应在两侧（1 和 2）进行。

表 27-36 板和管的对接接头

检验等级	母材厚度/mm	纵向显示						横向显示			
		要求的数量				总的入射数量	备注	要求数量		总的入射数量	备注
		角度（数）	探头位置	扫查区宽度	探头位置			角度（数）	探头位置		
			L—扫查		N—扫查				T—扫查		
A	$8 \leqslant t < 15$	1	A 或 B	$1.25p$	—	2	a	1	（X 和 Y）或（W 和 Z）	4	c
	$15 \leqslant t < 40$	1	A 或 B	$1.25p$	—	2	a	1	（X 和 Y）或（W 和 Z）	4	c
B	$8 \leqslant t < 15$	1	A 或 B	$1.25p$	—	2	e	1	（X 和 Y）或（W 和 Z）	4	c
	$15 \leqslant t < 40$	2^{f}	A 或 B	$1.25p$	—	4	b,e	1	（X 和 Y）或（W 和 Z）	4	c
	$40 \leqslant t < 60$	2	A 或 B	$1.25p$	—	4	b	2	（X 和 Y）或（W 和 Z）	8	c
	$60 \leqslant t < 100$	2	A 或 B	$1.25p$	—	4	b	2	（C 和 D）或（E 和 F）	4	c,d
C	$8 \leqslant t < 15$	1	A 或 B	$1.25p$	G 或 H	3	a	1	（C 和 D）或（E 和 F）	2	d
	$15 \leqslant t < 40$	1	A 或 B	$1.25p$	G 或 H	5	b,d	2	（C 和 D）或（E 和 F）	4	d
	>40	2	A 或 B	$1.25p$	G 或 H	10	b,d	2	（C 和 D）或（E 和 F）	4	d

注：1. L—扫查：用斜探头扫查纵向缺陷；N—扫查：用直探头扫查；T—扫查：用斜探头扫查横向缺陷。p 为全跨距。
　　2. a—可降低为单侧 1 种扫查；b—若规定可采用串列法作为附加检测；c—仅有规定时才要求；d—焊缝表面状态应符合第 8 节的要求，可要求将焊缝余高磨平，如是单面环磨缝可只打磨外表面盖面层；e—如只能接近单面，必须采用 2 种入射角度；f—厚度在 $15 \leqslant t < 25$ 时，采用 1 种入射角度就可以，但前提是探头频率要小于 3MHz。

2. 国际 ISO 11666:2010 标准

该标准规定了 8 ~ 100mm 铁素体焊缝超声检测的合格极限，是进行超声波显示评定的标准。

在该标准中技术方法分为以下四种：

1）方法 1：基于直径为 3mm 的横孔。

2）方法 2：基于平底孔（盘状反射器）的 DGS 曲线。

3）方法 3：使用 1mm 深，1mm 宽的矩形槽口

DAC 曲线。

4）方法 4：就直径为 6mm 的平底孔（盘状反向器）使用串列技术。

超声波脉冲回波技术（UT）合格极限与质量等级的关系见表 27-37。方法 1、2、3 和 4 的合格极限 2 和 3 见表 27-38。不同检测厚度不同技术方法的合格极限 2 如图 27-32、图 27-33 所示。

表 27-37 超声波脉冲回波技术（UT）

ISO 5817:2007 的焊接质量等级	ISO 17640:2010[1] 的检测技术等级	依照此国际标准的合格极限
B	至少为 B	2
C	至少为 A	3
D	至少为 A	$3^{[2]}$

[1] 当需要进行显示特征化时，参照 ISO 23279:2010 进行。
[2] 不建议，但允许在技术要求中定义 UT（与质量等级 C 的要求相同）。

表 27-38 方法 1、2、3 和 4 的合格极限 2 和 3

方法（依照 ISO 17640）	观察极限		合格极限 2（AL2）		合格极限 3（AL3）	
	AL2	AL3	$8mm \leqslant t < 15mm$	$15mm \leqslant t < 100mm$	$8mm \leqslant t < 15mm$	$15mm \leqslant t < 100mm$
1（横孔）	$H_0 - 14dB$	$H_0 - 10dB$	$l \leqslant t : H_0 - 4dB$ $l > t : H_0 - 10dB$	$l \leqslant 0.5t : H_0$ $0.5t < l \leqslant t : H_0 - 6dB$ $l > t : H_0 - 10dB$	$l \leqslant t : H_0$ $l > t : H_0 - 6dB$	$l \leqslant 0.5t : H_0 + 4dB$ $0.5t < l \leqslant t : H_0 - 2dB$ $l > t : H_0 - 6dB$
2［平底孔（盘状反射器）］	$H_0 - 8dB$	$H_0 - 4dB$	$l \leqslant t : H_0 + 2dB$ $l > t : H_0 - 4dB$	$l \leqslant 0.5t : H_0 + 6dB$ $0.5t < l \leqslant t : H_0$ $l > t : H_0 - 4dB$	$l \leqslant t : H_0 + 6dB$ $l > t : H_0$	$l \leqslant 0.5t : H_0 + 10dB$ $0.5t < l \leqslant t : H_0 + 4dB$ $l > t : H_0$
3（矩形槽口）	$H_0 - 14dB$	$H_0 - 10dB$	$l \leqslant t : H_0 - 4dB$ $l > t : H_0 - 10dB$		$l \leqslant t : H_0$ $l > t : H_0 - 6dB$	—

（续）

方法（依照 ISO 17640）	观察极限		合格极限 2（AL2）		合格极限 3（AL3）	
	AL2	AL3	$8\text{mm} \leqslant t < 15\text{mm}$	$15\text{mm} \leqslant t < 100\text{mm}$	$8\text{mm} \leqslant t < 15\text{mm}$	$15\text{mm} \leqslant t < 100\text{mm}$
4（串列技术）	$H_0 - 22\text{dB}$	$H_0 - 18\text{dB}$	—	$l \leqslant 0.5t : H_0 - 8\text{dB}$ $0.5t < l \leqslant t : H_0 - 14\text{dB}$ $l > t : H_0 - 18\text{dB}$	—	$l \leqslant 0.5t : H_0 - 4\text{dB}$ $0.5t < l \leqslant t : H_0 - 10\text{dB}$ $l > t : H_0 - 14\text{dB}$

注：记录极限为相应的合格极限减去 4dB。H_0 为基准高度。

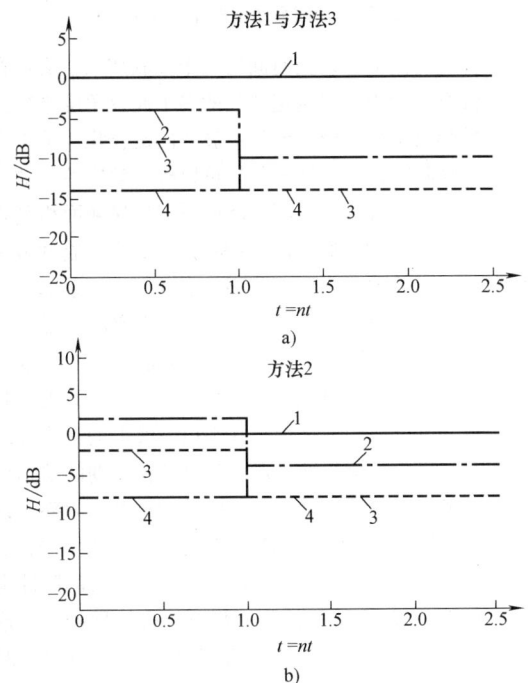

图 27-32 厚度为 8～15mm 的合格极限 2
1—基准高度 2—合格极限 2 3—记录极限 4—观察极限
H—振幅 l—显示长度 n—t 的乘数 t—厚度

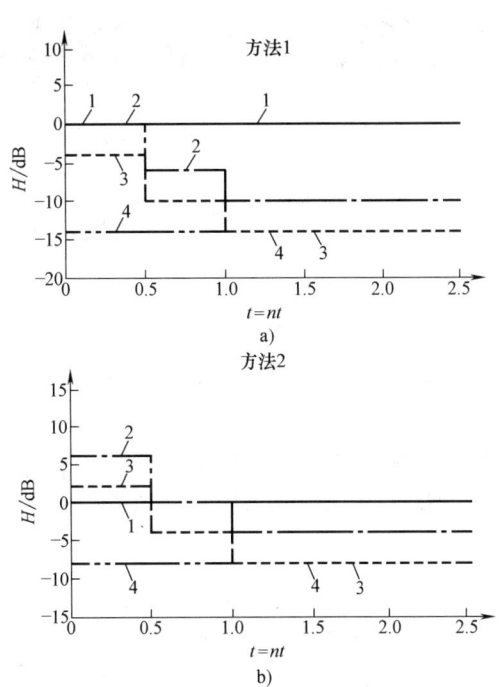

图 27-33 厚度为 15～100mm 的合格极限 2
1—基准高度 2—合格极限 2 3—记录极限 4—观察极限
H—振幅 l—显示长度 n—t 的乘数 t—厚度

27.5.12 超声检测的新技术

过去十几年来超声检测的进展很快，特别是在换能器、自动化和缺欠图像显示等方面都有了实质性的进步，其中相控阵技术和 TOFD 技术越来越受到人们重视，并已在工程应用上得到了大力发展。

1. 超声波相控阵检测技术

超声波相控阵检测技术是一种新型的特殊超声波检测技术，其是借鉴相控阵雷达技术的原理而发展起来的。超声波相控阵检测技术的关键是采用了全新的发生与接收超声波的方法，采用许多精密复杂的、极小尺寸的、相互独立的压电晶片阵列（例如 36、64 甚至多达 128 个晶片组装在一个探头壳体内）来产生和接收超声波束，通过功能强大的软件和电子方法控制压电晶片阵列各个激发高频脉冲的相位和时序，使

其在被检测材料中产生相互干涉叠加产生可控制形状的超声场，从而得到预先希望的波阵面、波束入射角度和焦点位置。因此，超声波相控阵检测技术实质上是利用相位可控的换能器阵列来实现的。

超声波相控阵探头的压电晶片不再是一个整体，而是由多个压电晶片单元组成的阵列，其中每个压电晶片都可以独立接收控制信号（脉冲和时间变化），通过软件控制，在不同的时间内相继激发阵列探头中的各个单元，由于激发顺序不同，各个晶片激发的波有先后，这些波的叠加形成新的波前，因此可以将超声波的波前聚焦并控制到一个特定的方向，可以以不同角度辐射超声波束，可以实现同一个探头在不同深度聚焦（电子动态聚焦）。此外，从电子技术上为阵列确定相位顺序和相继激发的速度可以使固定在一个位置上的探头发出的超声波束在被检工件中动态地

"扫描"或"扫调"通过一个选定的波束角范围或者一个检测的区域，而不需要对探头进行人工操作。

超声波相控阵探头压电晶片的不同组合可构成不同的相控阵列，目前主要有线阵、方阵、环阵三种模式，如图 27-34 所示。典型相控阵探头的波束摆动如图 27-35 所示。

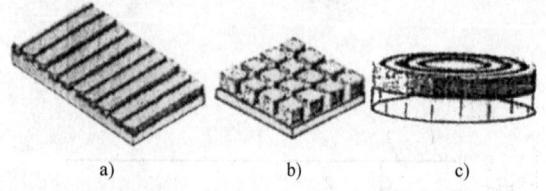

图 27-34　典型压电元件阵列模[16]

a) 10 单元线阵　b) 4×4 方阵　c) 4 单元环阵

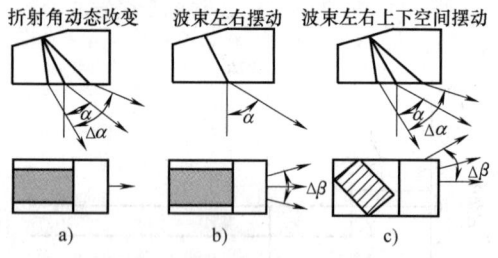

图 27-35　晶片线性排列相控阵探头不同波束摆动形态的示意图

a) 折射角动态改变　b) 波束左右摆动

c) 波束左右上下空间摆动

相控阵超声波检测系统的探头特性参数包括频率、波长、阵列的晶片总数、声场控制方向的总孔径、晶片长度、非控制方向孔径、每个晶片的宽度、两个有效晶片之间的间距以及晶片分割间隙。探头上的斜楔或靴块的参数包括声速、角度、第一晶片高度、第一晶片偏移量等。目前超声波相控阵探头可达到的一般特性：工作频率 1～7.5MHz（最高可达到10MHz）；压电材料多为复合压电材料，也有采用有机高分子压电材料的，晶体尺寸可达到 0.8mm × 0.8mm 或更小；压电单元数目 16～256 个单元（目前常见的为 16、32、64 和 128 单元）；压电单元间隔最小可达到 0.1mm；带宽（−6dB）典型为 60%～80%；单元灵敏度偏差可达到 ±2dB。超声波相控阵检测系统如图 27-36 所示。

超声波相控阵除了能有效地控制超声波束的形状和方向外，还能实现和完善复杂的动态聚焦和实时扫描，包括扇形扫描（又称为 S-扫描，利用同组压电

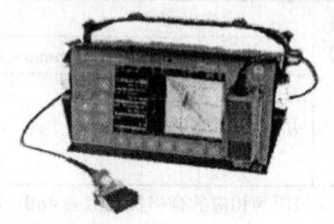

图 27-36　超声波相控阵检测系统

元件，但是由编程改变时间延迟来控制波束，实现在一个较宽范围内，以选定适当的多个波束角度进行扫描，并绘出构件图形，使超声波取向最佳化地垂直于预期的缺陷，通过不同的斜楔可以改变角度控制的范围，因此比常规探头检测更能适应扫查接触面积受限的区域）；电子线性扫描（又称为 E-扫描，通过多路技术以相同的聚焦规则沿阵列来实现探头不动而压电晶片激发的超声波沿着探头的长度方向平移扫描，还能够实现用一个紧凑的焦点来快速覆盖检测区域）；电子聚焦（又称为电子动态聚焦，通过电子焦距长度调整，可以使同一个探头在声束轴线上的不同深度实现波束聚焦，使得波束形状与尺寸在预期的缺陷位置达到最佳化，获得最大覆盖区域和最高分辨率，以及最佳的探测概率，得到最佳信号和高质量的图像，能明显地改善信噪比，而且可以允许在较低的脉冲电压下工作）。超声波相控阵还可以结合线性扫描、扇形扫描和精确聚焦而实现组合扫描，如图 27-37 所示。

超声波相控阵检测技术具有以下优点：

1) 可以实现线性扫查、扇形扫查和动态深度聚焦，从而同时具备宽波束和多焦点的特性，因此检测速度可以更快、更准。

2) 具有更高的检测灵活性，可以实现其他常规检测技术所不能实现的功能，如对复杂工件的检测。

3) 容易检测各种走向、不同位置的缺欠，缺欠检出率高，检测范围广，定量、定位精度高。

4) 扫查装置简单，便于操作和维护，作业强度小，对人体无伤害，对环境无污染。

5) 检测结果直观、重复性好，可实时显示。在扫查的同时可对焊缝进行分析、评判。数据便于储存、管理和调用，以及连接电脑打印查看。

超声波相控阵检测技术的局限性：

1) 受客观影响大。工件表面光滑度、焊缝工艺完整性、轨道安装精度等都会对检测结果产生影响。

2) 检测不同壁厚、不同规格和材料的焊缝，需要不同的试块来做校准。

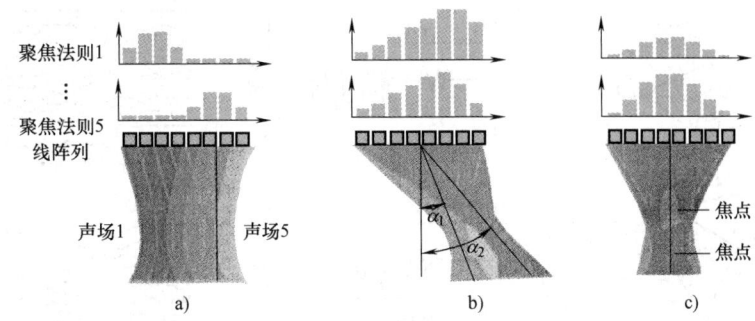

图 27-37　超声波相控阵的扫描方式
a）电子线性扫描　b）扇形扫描　c）电子聚焦

3）仪器调节过程复杂，调节准确性对检测结果影响大。

2. 超声波 TOFD 检测技术

超声波 TOFD 检测技术（Time of Flight Diffraction，TOFD）是一种基于衍射信号实施检测的技术，是利用缺欠部位的衍射波信号来检测缺欠并测定缺欠尺寸的一种超声检测方法，其中文名称为衍射时差法超声波技术。

TOFD 检测技术通常使用一对宽声束、宽频带的纵波斜探头，探头相对且分布于焊缝两侧布置，采用一发一收的模式，利用发射的纵波会在缺欠的上下边缘处产生微弱的衍射波，且能被接收探头所接收，形成缺欠上下端的衍射波信号，从而测出衍射波的传播时间，并由 D 型显示（焊缝纵截面显示）来表示，就可以进行缺欠的定位、定量和定性评价。在工件无缺欠的部位，发射超声脉冲后，首先到达接收探头的是表面波，然后是底面反射波。当工件中存在缺欠时，在表面波和底面反射波之间，接收探头还会接收到缺欠产生的衍射波。除上述波以外，还有缺欠部位和底面因波形转换产生的横波，因横波波速小于纵波，因而一般会迟于底面反射纵波到达接收探头。另外 A 扫描信号的相位存在变化，表面波与背面反射波的相位是相反的，缺欠的上端点和下端点的衍射波相位也是相反的，而缺欠的下端点与表面波的相位是相同的，缺欠的上端点与底面反射波的相位是相同的。衍射时差法原理和 A 扫描图形如图 27-38 所示。

TOFD 检测显示包括 A 扫描信号和 D 型显示图像，其中 A 扫描信号使用射频形式，而 D 型显示图像则是将每个 A 扫描信号显示一维图像线条，位置与声程相对应，以灰度表示信号幅度，将扫描过程中采集到的连续的 A 扫描信号形成的图像线条沿探头

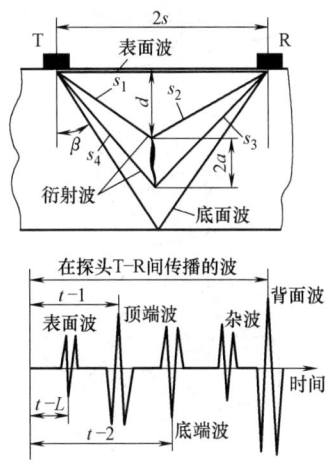

图 27-38　衍射时差法原理和 A 扫描图形[4]
T—发射探头　R—接收探头
s—探头间距离的 1/2　β—纵波折射角

的运动方向拼接成二维视图，一个轴代表探头移动距离，另一个轴代表扫查面至底面的深度，这样就形成 D 型显示图像。因为缺欠的衍射波信号先到达接收探头处，因此很容易区分出真正的缺欠波。测量出缺欠上下端点衍射波的时间差，就可以直接计算出缺欠的自身高度，精度可达 0.5～1.0mm。TOFD 检测的最大特点是不需要事先校准，从而摆脱了脉冲反射法检测中，缺欠波幅与其尺寸无线性对应关系的缺点及反复校准参数的困难。衍射时差法对各种焊缝缺欠的显示如图 27-39 所示。

TOFD 检测的扫查方式一般分为非平行扫查、偏置非平行扫查和平行扫查三种形式，如图 27-40 所示。图 27-40a 所示的扫查方式是非平行扫查，它是指探头的运动方向与声束方向垂直的扫查方式，比如

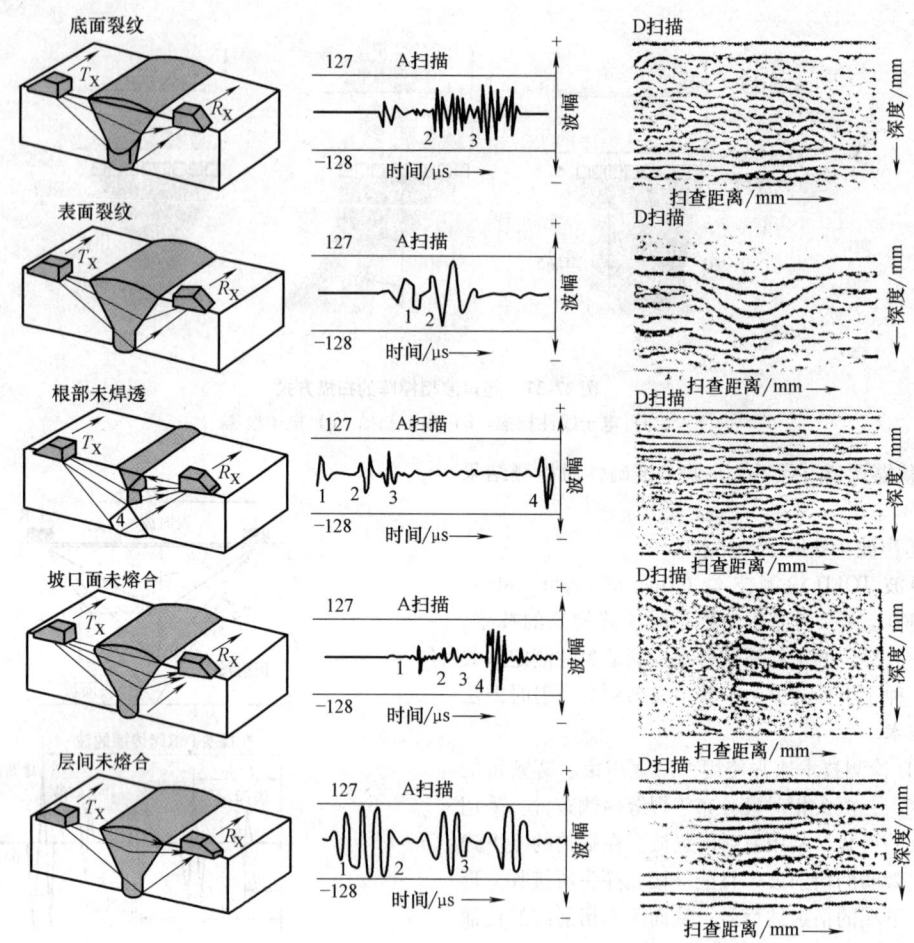

图 27-39　焊缝缺欠衍射时差法（TOFD）检测记录图例[16]
（A 型显示和 D 型显示）

在焊缝检测时，探头对称分布于焊缝中心线两侧并沿焊缝长度方向进行扫查，这种扫查就属于非平行扫查。初始扫查时一般采用这种方式，用于缺欠的快速检测和缺欠长度的测定，并可大致测定缺欠自身高度，但无法确定缺欠距焊缝中心线的偏移量。图 27-40b 所示的扫查方式是偏置非平行扫查，它是指偏移焊缝中心线一定距离的非平行扫查，该扫查方式可增大检测范围，提高缺欠自身高度与缺欠位置的测量精度，并有助于降低表面盲区高度。图 27-40c 所示的扫查方式是平行扫查，它是指探头的运动方向与声束方向平行的扫查方式，这种扫查是对已发现的缺欠，以改进缺欠定位和缺欠自身高度测定的准确性，并为缺欠定性提供更多的信息。

TOFD 检测技术与脉冲反射法超声检测和射线检测相比有以下主要优点：

1）检测的可靠性好，灵敏度高，检出率高。由于缺欠的衍射信号不受声束角度的影响，超声波束覆盖区域大，图像所包含的信息量大，任何方向的缺欠都能有效检出，即使很小的信号也容易发现和识别。一般 TOFD 检测的缺欠检出率高达 70% ~ 90%，远高于手工超声波检测和大多数射线检测。

2）对缺欠自身高度的定量精度高。

3）扫查简便快捷，检测效率高，成本低。扫查时探头只需沿焊缝两侧移动即可，不需要作锯齿扫查。

4）检测系统大都是高性能的数字化仪器，不仅能全过程记录信号，长久保存数据，而且能高速进行批量的信号处理。

5）还可用于缺欠扩展的监控，且对裂纹高度扩展的测量精度极高，可达 0.1mm。

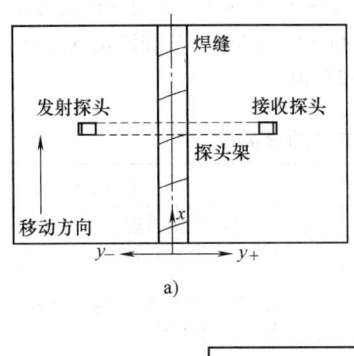

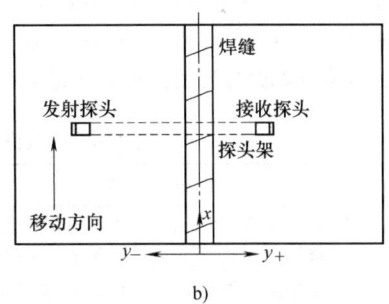

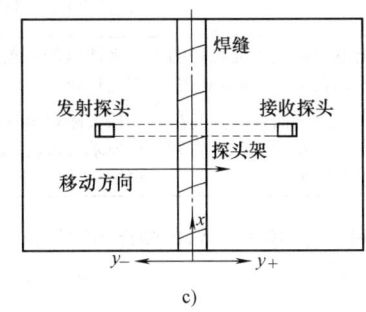

图 27-40　TOFD 检测的扫查方式

a）非平行扫查　b）偏置非平行扫查　c）平行扫查

TOFD 检测技术也存在一定的局限性：

1）对近表面缺欠的检测可靠性不高。由于 TOFD 的表面波和背面反射波均有一定的宽度，处于此范围内的缺欠难以发现，因此在靠近扫查面和底面存在几毫米的盲区。

2）对缺欠的定性比较困难。TOFD 技术比较有把握区分上表面开口、下表面开口及埋藏的缺欠，但不能准确判断缺欠的性质。

3）检测信号较弱，易受噪声的影响，信噪比低，故对粗晶材料（如奥氏体钢焊缝）的检测比较困难。

4）横向缺欠检测比较困难。

5）复杂几何形状的工件检测比较困难。

6）图像识别和判读比较难，数据分析对检测人员的要求高。

目前，国内外 TOFD 技术已有相应的标准颁布执行，其中国内有 NB/T 47013.10—2010（JB/T 4730.10）《承压设备无损检测　第 10 部分：衍射时差法超声检测》标准，该标准制定时在方法部分主要参考了 CEN/TS 14751:2004《焊接——衍射时差法超声检测在焊接检验中的使用》、ASTM E2373:2004《采用衍射时差法超声检测的标准实施规程》、ENV 583-6:2000《无损检测之超声检测　第 6 部分：缺欠探测和定量的衍射时差法超声检测》、BS 7706:1993《用于缺欠探测、定位和定量的衍

射时差法超声检测的校准和设置指南》以及 ASME code case 2235-9 部分内容，在缺欠评定部分主要参考了 NEN 1822:2005《衍射时差法超声检测的验收准则》。另在国际上针对工艺技术应用方面有 ISO 10863:2011《焊缝的无损检测——超声检测——利用时差衍射技术（TOFD）检测》标准，合格极限评定方面有欧洲标准 EN 15617:2009《焊缝无损检测——时差衍射技术（TOFD）检测——验收等级》（钢）。

27.6　磁粉检测[5]

磁性检测主要适用于检测铁磁性材料焊缝的表面与近表面缺欠，如碳钢或低合金钢表面的焊接裂纹、疲劳裂纹与应力腐蚀裂纹等。

27.6.1　磁性检测的方法与分类

磁性检测是利用铁磁性材料表面与近表面缺欠会引起磁导率发生变化，在磁化时将在表面上产生漏磁场，并采用磁粉、磁带或其他磁场测量方式来记录与显示缺欠的一种方法。目前磁性检测的主要方法是磁粉检测，近来也发展了一些其他类型的磁性检测方法。磁性检测方法的分类见表 27-39。

27.6.2　磁化方法和规范

进行磁粉检测时，首先应磁化构件的待检区。磁化时可采用交流、直流、脉动电流等，并保持磁场方

向与缺欠方向尽量地垂直。由于交流有趋肤效应，一般适合于探测表面缺欠（最大深度约 2～3mm）；直流磁场渗透较深，可检测表面与近表面缺欠（最大深度达 5～8mm）。采用的磁化方法应与被检查的结构和焊缝相匹配。各种磁化方法的特点与适用范围见表 27-40。

表 27-39　磁性检测方法的分类

方法类型	原　理	适用范围
磁粉显示磁场	利用交流、直流或脉动电流磁化焊缝，采用干磁粉、磁悬液或荧光粉磁悬液显示缺欠	各种焊缝的表面与近表面缺欠，如核设施、石油化工设备、造船、车辆、钢结构等
磁带录取磁场	采用磁带紧贴于焊缝表面，记录下缺欠引起的漏磁信号，再用探测头提取和显示磁带上的缺欠信号	无法涂敷磁粉与观察的工件和自动磁性检测的场合，例如锅炉管间焊缝等
霍尔元件测漏磁场	利用霍尔元件的输出电压比例于漏磁场的磁感应 B 来测量缺陷引起的漏磁，显示缺欠	无法施加磁粉并无法放置磁带的场合，例如管道内壁的检查等
线圈测量交流电磁场	利用高频交流线圈在焊缝表面以上空间激发起均匀电磁场，采用交叉测量线圈检测裂纹引起的磁场变形为显示缺欠	探头距焊缝表面的间隙可达 5～10mm，减少表面清理要求，并能测量裂纹长度与深度。特别适用于水下钢结构的检测

表 27-40　各种磁化方法的特点与适用范围

磁化方法	示意图	特点与适用范围
通电法		将工件夹于探伤机的两接触板之间，电流从工件上通过，形成周向磁场。可检测与电流方向平行的焊接缺欠 工件可一次通电磁化，其长度与所需电流值无关，工艺简单、效率高、检测灵敏度高，但接触不良会产生电弧烧伤
线圈法	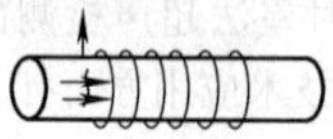	在线圈中形成纵向磁场，易发现工件周向缺欠。可检测管或管节点与接管角焊缝上的纵向裂纹 采用电缆环绕工件较方便，但在工件端部会出现磁场泄漏，使检测灵敏度下降。故在端部区，最好采用含有"快断电路"的磁化系统，以保持检测灵敏度
触头法	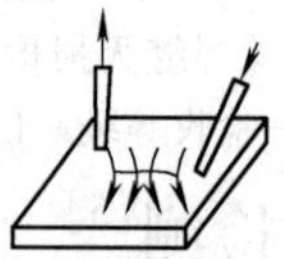	用支杆触头接触工件表面，电流从支杆导入工件。适用于焊缝或大型工件的局部检测。缺点是存在电接触点，易产生火花，烧损工件表面 通过触头位置的摆放可改变磁场方向，可检测焊缝表面的纵向与横向裂纹
磁轭法	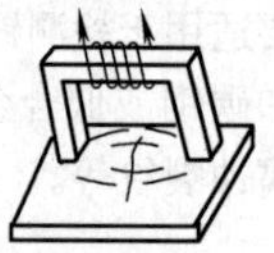	由磁轭或永久磁铁将焊缝表面两磁极间的区域磁化，设备轻便，易于携带，既适合于平面焊缝，也适合于角焊缝 为检查纵向与横向缺欠，应作两次不同方向磁化，检测速度慢。磁极与工件表面接触不良会影响检测灵敏度
旋转磁场法	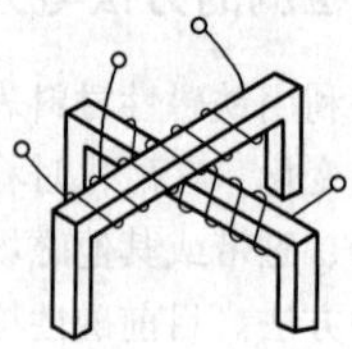	工件表面磁场方向连续改变，呈旋转规律。一次可检测出焊缝表面上任意方向的缺欠，检测速度快。适用于检测平面焊缝结构

磁化规范的选择直接影响磁粉检测的灵敏度和出现伪缺欠的多少，最佳磁场强度一般位于磁滞曲线的拐弯处。具体磁化规范选择可参考下列计算方法。

1）采用通电法进行焊缝的整体，磁化电流值可用下式求得：

$$I = HD/320$$

式中　I——磁化电流值（A）；

D——焊接件的等效直径（mm）；

H——磁场强度（A/mm），可在 2.4～4.8A/mm 之间选用。

2）采用电缆缠绕线圈以纵向磁化法检测管道环焊缝时，磁化电流可由下式求得：

$$NI = 35000/(L/D + 2)$$

式中　N——线圈匝数；

　　　I——磁化电流值（A）；

　　　L——管道长度（mm）；

　　　D——管道直径（mm）；

　　　L/D——长径比，$L/D < 3$ 时，此式不适用，$L/D > 15$ 时，取 15。

3）采用触头法进行焊缝局部磁性检测时，磁化电流可用以下两式求得：

$$I_1 = (3.5 \sim 4.5)S$$

适用于焊件厚度 $\delta \leqslant 19mm$

$$I_2 = (4.0 \sim 5.0)S$$

适用于焊件厚度 $\delta > 19mm$

式中　I_1、I_2——磁化电流值（A）；

　　　S——支杆触头间距离（mm）。

4）采用磁轭法局部磁化检测焊缝时，可利用交流、直流电磁或永久磁铁轭。当电磁轭的极间距为 200mm 时，交流电磁轭的提升力最小为 44N，直流电磁轭或永久磁铁轭的提升力最小为 177N。

27.6.3 磁粉检测设备

磁粉检测设备种类很多，通常按其使用方法分为固定式、移动式及便携式三类。部分检测设备的主要技术参数见表 27-41。

表 27-41 磁粉检测设备类型、特点、型号及主要技术参数

类型	特点	用途	设备型号	主要参数	周向磁化电流 /A	纵向磁化电流 /AT	夹头间距 /mm	外形尺寸 /mm	重量 /kg
固定式	固定场所安装使用，尺寸和重量大，检测功能全	用于需较大磁化电流的可移动的中小焊接工件	CJW-2000C		0 ~ 2000	0 ~ 12000	0 ~ 800	2380 × 720 × 2020	1100
			CEW-4000C		0 ~ 4000	0 ~ 22000	0 ~ 1500	3180 × 860 × 2020	1800
类型	特点	用途	设备型号	主要参数	磁化方式	输出交流 /A	输出直流 /A	外形尺寸 /mm	重量 /kg
移动式	可进行自由移动，尺寸和重量小于固定式	可用于小型焊接件或不易移动的大型工件	CED ~ 2000A		交直流	0 ~ 2000	0 ~ 1000	360 × 480 × 580	38
			CED ~ 5000A		交直流	0 ~ 5000	0 ~ 3000	460 × 620 × 880	110

类型	特点	用途	设备型号		主要参数	磁化电流 /A	外形尺寸 /mm	质量 /kg	
便携式	体积小，重量轻，移动方便	适用于野外、高空等现场及压力容器的局部焊缝检测	支杆型	CY - 500		0 ~ 500	150 × 270 × 200	6.5	
			电磁轭型	TWM 220		AC 220	105 ~ 285	17	268 × 168 × 50	3.2
			设备型号		主要参数	工作电压 /V	激磁安匝数	提升力 /kg	磁化有效范围/mm	速度/ (m/min)
			交叉磁轭	CXX-1		36 ± 2.5	3000	140	φ100	6

27.6.4 磁粉及磁悬液

磁粉检测过程采用磁粉作为显示介质，目前有荧光与非荧光磁粉两大类。在紫外线照射下，荧光磁粉发出黄绿色荧光，可提高检测灵敏度。非荧光磁粉一般有黑色与红色等多种类型。磁粉的主要性能指标见表 27-42。将磁粉放入水或油介质中，使其呈分散悬浮状态的混合液体称为磁悬液。对磁悬液的一般要求见表 27-43，其中油剂用于有油脂污染的焊缝检测，水剂则用于清洁表面或有防火要求的场合。磁悬液浓度一般为：非荧光磁粉 10 ~ 25g/L；荧光磁粉 1 ~ 2g/L。其检测方法为：

① 将磁悬液连续搅拌 5min 以上，取 100mL 样品放入沉淀瓶。

② 在瓶中沉淀 60min。

③ 读出磁粉沉淀高度值，即为体积百分比含量，并可算出重量百分比含量。

27.6.5　磁粉检测灵敏度试片（块）

磁粉检测过程中，为了验证磁化方法和规范是否合适及有效检测区是否达到要求，应采用灵敏度试片进行测定。表 27-44 列出常用磁粉检测灵敏度试片（块）参数，图 27-41 示出常用磁粉检测灵敏度试片（块）的结构。

表 27-42　磁粉的主要性能指标

主要性能	要求指标
磁粉粒度	磁粉的粒度应不小于 0.071mm，一般在 1 ~ 25μm，干粉法磁粉为 5 ~ 150μm
磁粉密度/(g/cm³)	干粉法用纯铁粉的密度为 8，湿法用氧化铁粉密度为 4.5
磁粉形状	足够的球状颗粒与高比例的条状颗粒组成，具有良好的活动性
磁性	高导磁率和低剩磁性质，且不应互相吸引，其磁性称量值应大于 7g，干法磁性称量值应在 15g 以上
活动性	磁粉应能在检测表面移动，有较好的活动性，以便为漏磁场吸附
对比度	磁粉应与试件表面有良好的对比度和识别力，湿粉法易采用黑色、红色荧光磁粉，干法还可以采用黄色磁粉

表 27-43　对磁悬液的性能要求

悬浮液种类	性能要求
油剂	1) 低黏度，在 38℃时不应超过 $5 \times 10^{-6} m^2/s$ 2) 高闪点，最低为 60℃ 3) 如果使用荧光磁粉，要求油的固有荧光低，即不应干扰荧光磁粉的有效性 4) 不起化学反应，以免减少悬浮的磁粉，并且无臭味
含有添加剂的水	1) 有良好的润湿性与分散性，并且无泡沫，以免干扰磁痕的形成 2) 无腐蚀性，不应腐蚀被检测的装置 3) 低黏度，在 38℃时不应超过 $5 \times 10^{-6} m^2/s$ 4) 使用荧光磁粉时，不应有荧光 5) 呈碱性，但 pH 值不应超过 10.6 6) 无臭味，不起化学反应，不应造成磁悬液变质

表 27-44　常用磁粉检测灵敏度试片（块）参数

试片（块）型号	人工缺陷基本参数	主要用途
A 型 GB/T 23907—2009	试片厚度：100μm 人工缺欠槽深：15μm、30μm、60μm 三种	检查检测装置、磁粉、磁悬液综合性能及磁场方向、检测有效范围等
C 型 GB/T 23907—2009	试片厚度：50μm 人工缺欠槽深：8μm、15μm、30μm 三种	几何尺寸小，可用于窄小部位，功能同 A 型试片
D 型 GB/T 23907—2009	试片厚度：50μm 人工缺欠槽深：7μm、15μm、30μm 三种	几何尺寸小，可用于窄小部位，功能同 A 型试片
直流标准环形试块（B 型） GB/T 23906—2009	孔径 φ1.78mm 的 12 个人工通孔，孔到试块外圆表面距离由 1.78mm 至 21.34mm	直流电或整流电连续法磁化时，检查检测装置、磁粉、磁悬液的综合性能与灵敏度
交流标准环形试块（E 型） GB/T 23906—2009	由铜棒、钢环和胶木衬垫三部分组成，3 个 φ1mm 通孔分别距钢环外圆 1.5mm、2.0mm、2.5mm	交流磁化时，检查检测装置、磁粉、磁悬液的综合性能与灵敏度
ASME SE709 板型	表面有 10 个电花刻槽 槽深：5 ~ 50μm 槽宽：(5 ± 1)μm	用来估价磁粉性能，灵敏度或整个系统性能

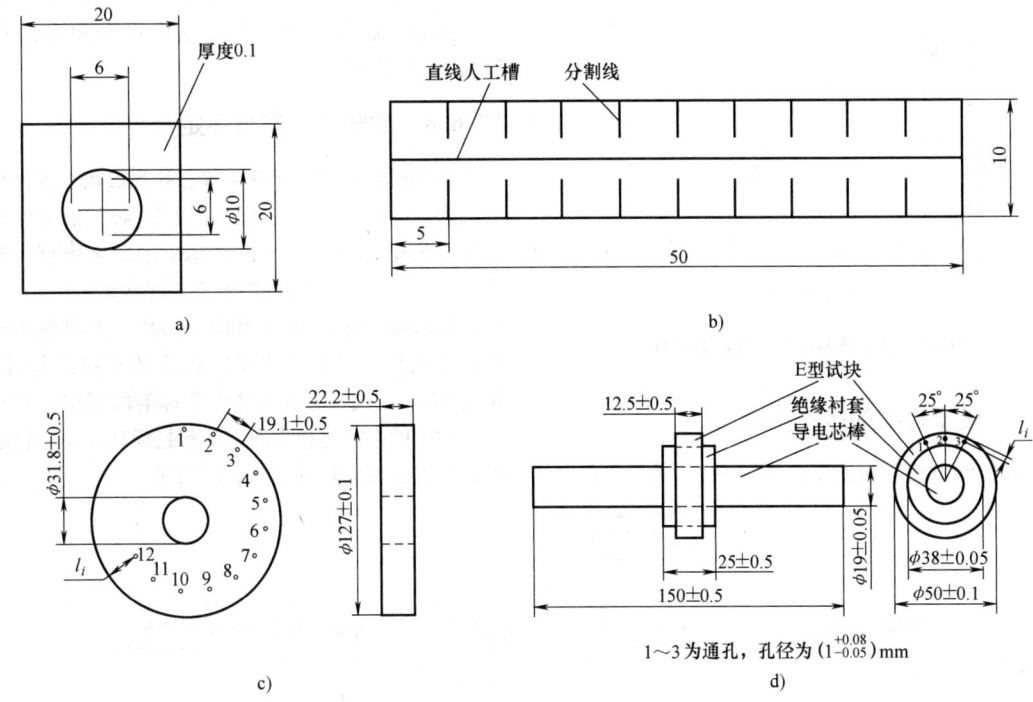

图 27-41　常用磁粉检测灵敏度试片结构

a) A 型灵敏度试片　b) C 型对比试片　c) 直流标准环形试块（B 型）

d) 交流标准环形试块（E 型）

27.6.6　缺欠引起的漏磁场

由于缺欠磁阻高，因而当工件被磁化时，便在缺陷存在部位产生漏磁。缺欠自身深度、宽度、倾角以及缺欠的埋藏深度，都会对漏磁场的强度产生影响。

一般来说，缺欠深度和宽度方向的尺寸越大，其漏磁场也越大；缺欠埋藏深度越深和其与表面法线间夹角越大，漏磁场越小。图 27-42 ~ 图 27-45 分别表示了缺欠引起的漏磁场与其自身深度、宽度、埋藏深度及倾角间的关系（采用试件上人工缺口的测量值）。

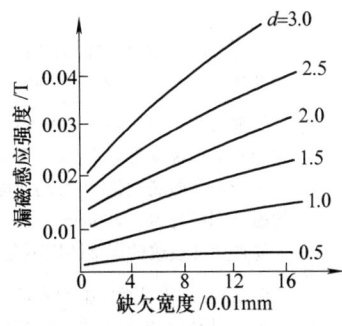

图 27-43　缺欠宽度与其漏磁场间的关系

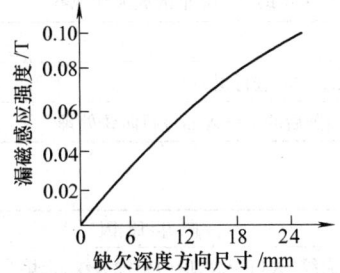

图 27-42　缺欠自身深度方向尺寸
与其漏磁场间的关系

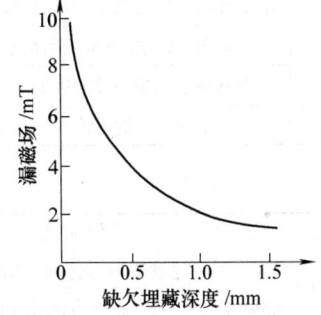

图 27-44　缺欠埋藏深度对其漏磁场的影响

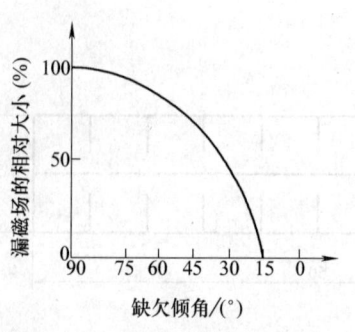

图 27-45　缺欠倾角与其漏磁场的关系

27.6.7　磁粉检测的操作程序

磁粉检测方法分为连续法和剩磁法。其操作程序

一般包括预处理、磁化、施加磁粉、磁痕的观察、记录、退磁、后处理等。各项操作程序和要点见图27-46和表27-45。

27.6.8　磁痕的观察与评定

检测磁痕根据其所处位置、外观形状与焊件材质等因素，一般可分为三类，见表27-46。根据磁痕的长轴和短轴之比，小于等于3mm的缺陷磁痕为非线状显示，大于3mm的缺陷磁痕为线状显示。

焊缝磁痕可按 JB/T 6061—2001《无损检测焊缝磁粉检测显示的验收水平》标准的规定进行评级，见表27-47，或参考其他各专业标准的规定。对发现并可判定的表面与近表面裂纹和超标缺欠，应打磨消失，打磨过深应补焊到与表面相同。

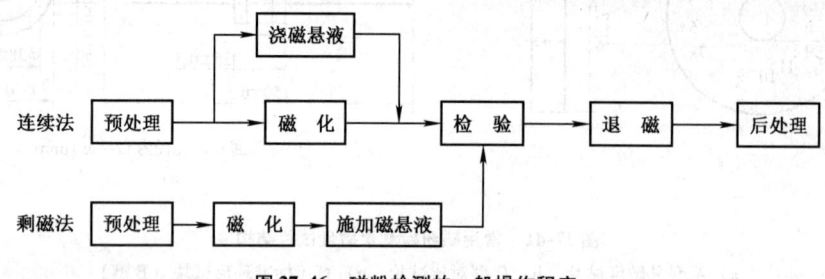

图 27-46　磁粉检测的一般操作程序

表 27-45　磁粉检测工艺摘要

项　目	工 艺 要 点
预处理	清理焊缝及附近母材,例如:去除焊缝表面污垢、焊接飞溅物、松散的铁锈与氧化皮。厚度较大的各种覆盖层使用干磁粉时,或者使用与清洗液性质不同的磁悬液时,必须等焊缝表面干燥后才能进行检测
磁化	焊缝检测区应在两个互相垂直的方向分别各磁化一次。一般采用连续磁化法,一次通电时间 1 ~ 3s。其磁化规范采用标准推荐值,或符合标准要求的灵敏度试片测定 采用旋转磁场磁化时,移动速度不大于 3m/min;采用触头法磁化时,触头间距为 75 ~ 200mm;采用磁轭法的磁极间距为 50 ~ 200mm 易产生冷裂纹的焊接结构不允许采用触头法检测
施加磁粉	湿法:在磁化过程中施加磁悬液,伴随液体流动带动磁粉在漏磁场处形成磁粉堆积,即磁痕 干法:均匀地施加磁粉,利用柔和气流使其流动,促使在漏磁场上形成磁痕
磁痕的观察	非荧光磁粉的痕迹在白光下观察,光强应不小于500lx;荧光磁粉的痕迹在白光下不大于20lx;暗环境中采用紫外线灯照射观察,紫外线灯的辐照度应大于 $1000\mu W/cm^2$,可借助 2 ~ 10 倍的放大镜观察
记录	可采用照相法、胶带纸粘贴复制法等记录
退磁	当剩磁会影响焊件的后加工工序、使用性能、周围设备或仪表时应进行退磁
后处理	应将工件表面的磁粉及反差增强剂清除,对使用水磁悬液检测后的工件表面进行防锈处理

表 27-46　磁痕的分类

磁痕类别	磁 痕 特 征	产 生 原 因
表面缺欠	磁痕尖锐、轮廓清晰、磁粉附着紧密	冷裂纹、火口裂纹、应力腐蚀裂纹、未熔合等
近表面缺欠	磁痕宽而不尖锐,采用直流或半波整流磁化效果好	焊道下裂纹、非金属夹渣等
伪缺欠	磁痕模糊,退磁后复检会消失	有杂散磁场、磁化电流过大等

表 27-47　显示的验收水平

（单位：mm）

显示类型	验收等级[1]		
	1	2	3
线性显示 l—显示长度	$l \leqslant 1.5$	$l \leqslant 3$	$l \leqslant 6$
非线显示 d—主轴尺寸	$d \leqslant 2$	$d \leqslant 3$	$d \leqslant 4$

[1] 验收等级 2 和 3 可规定用一个后级"×"，表示所检测出的所有线状显示应按 1 级进行评定。但对于小于原验收水平所表示的显示，其可探测性可能偏低。

27.6.9　国际磁粉检测标准

1. 国际 ISO 17638:2003 标准

该标准是焊缝磁粉检测标准，是依据欧洲 EN 1290 转化而来。它规定了焊缝（包括热影响区）表面缺陷的磁粉检测工艺方法。其主要内容如下：

（1）磁场方向和检测区域

缺欠的可检性取决于缺欠主轴相对于磁场方向的夹角，见图 27-47。为保证各种方向的缺欠均可被检出，对被检焊缝应作两次方向近似垂直（最大偏差 30°）的磁化。若检测涉及到磁轭或触头的使用，工件上就会有一个区域，即每个极头或触点附近，由于磁场强度过大而不可能探测，通常由磁粉成苔状堆积显示。另外应注意保证被检区域有足够重叠，如图 27-48 和图 27-49 所示。

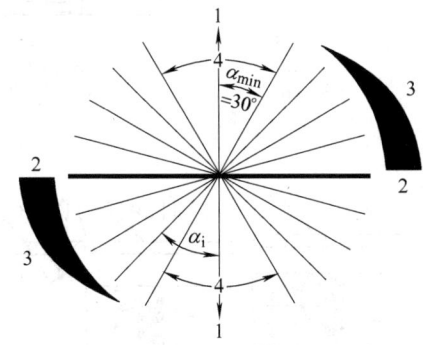

图 27-47　缺欠可检方向
α—磁场方向和缺欠方向之间的夹角　α_{min}—缺欠检测的最小角度　α_i—缺欠定位的例子
1—磁场方向　2—最佳灵敏度
3—减少灵敏度　4—不足灵敏度

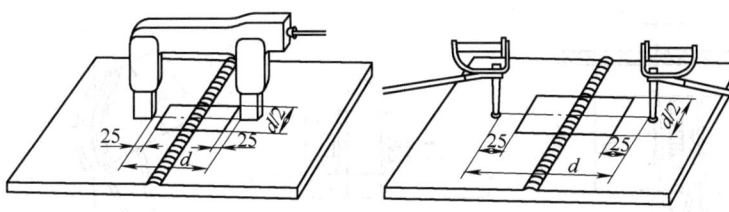

图 27-48　磁轭法和触头法磁化的有效检测区域（阴影部分）
注：d 是磁轭/触头的距离。

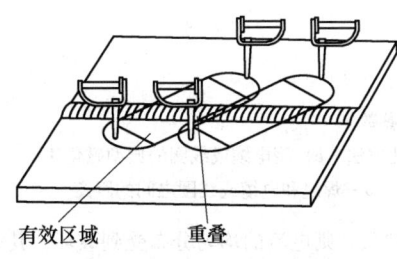

有效区域　重叠

图 27-49　有效区域的重叠

（2）典型磁粉检测方法

常见焊接接头典型磁化方法与参数如图 27-50 所示，图中提供的数值仅供参考。可能时，对其他几何形状的被检焊缝，也可使用相同的磁化方向的磁场重叠区域。材料上磁通或通电电路径尺寸 d 应大于等于 $W_1 + W_2 + 50mm$。式中，W_1 为焊缝宽度；W_2 为热影响区宽度。在所有情况下，检测有效区应包括焊缝和热影响区，应规定相对于焊缝方向的磁化近似角度。

2. 国际 ISO 23278:2006 标准

该标准是依据欧洲 EN 1291 转化而来，其规定了焊缝磁粉检测的验收等级。主要内容如下：

（1）定义

1）线性显示。长宽比大于 3 的显示。

2）非线性显示。长宽比小于等于 3 的显示。

（2）验收等级　检测面宽度应包括焊缝和邻近母材（两侧各 10mm），其验收等级见表 27-48。

表 27-48　显示的验收等级

（单位：mm）

显示类型	验收等级[1]		
	1	2	3
线性显示	$l \leqslant 1.5$	$l \leqslant 3$	$l \leqslant 6$
非线性显示	$d \leqslant 2$	$d \leqslant 3$	$d \leqslant 4$

注：l—显示长度；d—主轴尺寸。

[1] 验收等级 1 和 2 可规定冠以 ×，以表示所检出的各种线性显示应按 1 级评定。但小于原验收等级所示值的显示，其检出率可能较低。

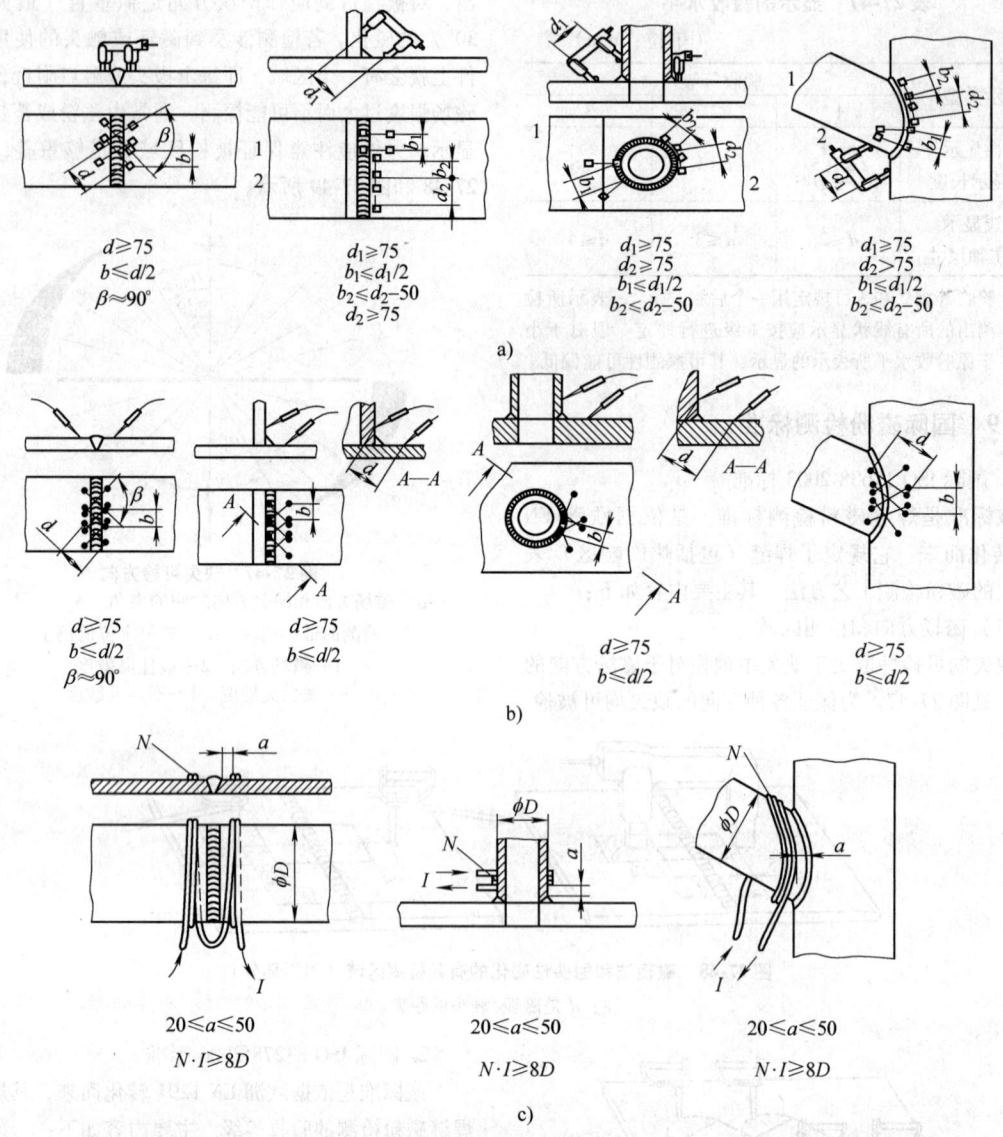

图 27-50　典型磁化方法与参数

a）典型磁轭磁化方法　b）磁化电流≥5A/mm 的典型触头磁化方法　c）绕电缆或线圈的典型磁化法
1—纵向裂纹　2—横向裂纹　N—匝数　I—电流（有效值）　a—焊缝和电缆或线圈之间的距离

27.6.10　磁性检测的新技术

磁粉检测的不足是难以实现自动化，以及检测水下钢结构较为困难。20 世纪 80 年代初，开发出无触点交流电磁场测量技术（ACFM），可以对焊缝表面裂纹的长度与深度进行非接触式测量，其测量裂纹原理如图 27-51 所示。采用特殊设计的短螺旋管线圈可以在工件中感应出交流电流（约 5kHz）。该电流受趋肤效应的影响，均匀分布在工件的表面上，同时也在表面以上的空间产生均匀的交流电磁场。如果工件表面含有缺欠，则电流的均匀分布受到破坏，其空间电磁场也产生变形。利用两个互相垂直的线圈，能够测量出平行于裂纹和垂直于裂纹的磁场分量 B_x 与 B_z，其中 B_z 的幅度对应于裂纹端点的位置，B_x 的幅值与裂纹深度对应，于是就可以同时测量裂纹的长度与深度。

由于交流电磁场测量技术的基础是利用线圈感应原理，在工件表面产生均匀分布的电流与空间电磁场，因此不需要与工件接触。探头与工件表面的距离可达 5～10mm，从而减轻了表面清理作业。对探头

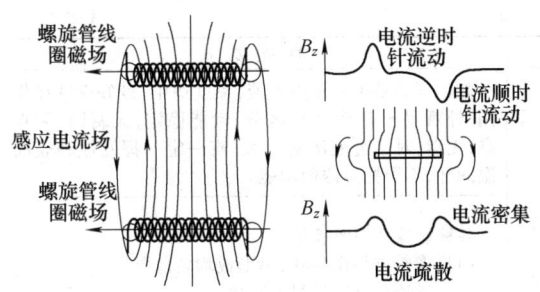

图 27-51 交流电磁场测量裂纹原理[1]

与工件间的间隙不十分敏感，同时测量前也不需要采用试块进行校准。由于这些优点，目前该方法在自动检测海上钢结构焊缝时，已部分地代替了磁粉检测。

ACFM 技术不但可以应用在水下平台节点焊缝的检查上，也可用在水面以上钢结构的检查中，特别在含有防护涂层与高温（居里点以下）构件的检测上更加有效。

27.7 渗透检测

渗透检测适用于除多孔性材料以外，各种金属和非金属材料的表面开口缺欠的无损检测。

27.7.1 渗透检测的方法与分类

当含有颜料或荧光粉剂的渗透液喷洒或涂敷在被检焊缝的表面上时，利用液体的毛细作用，使其渗入表面开口的缺欠中，然后清洗去除表面上多余的渗透液，干燥后施加显像剂，将缺欠中的渗透液吸附到焊缝表面上来，从而能观察到缺欠的显示痕迹，进而评定焊缝的质量。渗透检测的基本步骤如图 27-52 所示。

一般可以按照渗透液和清洗过程的不同，把渗透

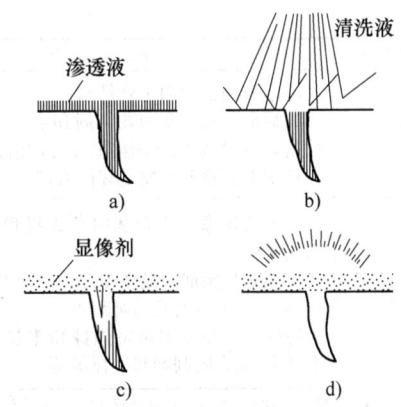

图 27-52 渗透检测的基本步骤[6]
a) 渗透处理 b) 去除处理
c) 显像处理 d) 观察评定

检测划分为表 27-49 所列类别；还可按照不同的显像过程，把渗透检测划分为采用干式显像剂、湿式显像剂（包括快干显像剂）及不用显像剂的显像方法。

27.7.2 渗透检测剂与灵敏度试块

1. 渗透检测剂

渗透检测剂包括渗透液、去除剂和显像剂，其组成和性能要求见表 27-50。

2. 灵敏度试块

常用的渗透检测灵敏度试块如图 27-53 所示，根据试块的材料和制造工艺的不同，划分为 A、B 和 C 三种类型，其主要参数和用途见表 27-51。

27.7.3 渗透检测的一般操作程序

几种常用的渗透检测方法的操作程序如图 27-54 所示。渗透检测的一般工艺要点见表 27-52。

表 27-49 检测方法、渗透剂类别与适用范围

方法名称	渗透剂种类	特点与应用范围
荧光渗透检测	水洗型荧光渗透剂	零件表面上多余的荧光渗透液可直接用水清洗掉。在紫外线灯下，缺陷有明显的荧光痕迹，易于水洗，检查速度快。适用于中小件的批量检查
	后乳化型荧光渗透剂	零件表面上多余的荧光渗透液要用乳化剂乳化处理后方能水洗清除。有极明亮的荧光痕迹，灵敏度很高。适用于高质量检查的要求
	溶剂去除型荧光渗透剂	零件表面上多余的荧光渗透液要用溶剂去除。检测成本高，一般不用
着色渗透检测	水洗型着色渗透剂	与水洗型荧光渗透剂相似，不需要紫外线光源
	后乳化型着色渗透剂	与水洗后乳化型荧光渗透剂相似，不需要紫外线光源
	溶剂去除型着色渗透剂	一般装在喷罐中，便于携带。广泛用于无水区高空、野外结构的焊缝检测

表 27-50 渗透检测剂的组成和性能要求

渗透检测剂	组成特点	性能要求
渗透液	一般由颜料、溶剂、乳化剂，以及多种改善渗透性能的附加成分组成	渗透力强，鲜艳的颜色或鲜明的荧光，清洗性能好，并易于从缺陷中吸出

（续）

渗透检测剂	组 成 特 点	性 能 要 求
去除剂	1）水洗型去除剂主要是水 2）后乳化型主要为乳化剂和水，乳化剂以表面活性剂为主，并附加有调整黏度等的溶剂 3）溶剂去除型主要是有机溶剂	乳化剂应易于去除渗透液，黏度适中，良好珠洗涤作用，外观易于与渗透剂区分，性能稳定，无腐蚀，闪点高，无毒，对渗透液溶解度大，有一定的挥发性和表面湿润性，不干扰渗透剂功能
显像剂	1）干式显像剂为粒状白色无机粉末，如氧化镁、氧化钛粉等 2）湿式显像剂为显像粉末溶解水中的悬浮液、附加润湿剂、分散剂及防腐剂等 3）快干式显像剂是将显像粉末加在挥发性有机溶剂中，加有限制剂和稀释剂等	各种显像剂都要满足： 1）显像粉末呈微粒状，易形成均匀薄层 2）与渗透剂有高的衬度对比 3）吸湿能力强，吸湿速度快 4）性能稳定，无腐蚀，对人体无害

注：1. 检测镍合金时，检测剂的含硫量（质量分数）均不应超过残留物重量的1%。
　　2. 检测奥氏体不锈钢或钛合金焊缝时，各检测剂的氯和氟含量（质量分数）之和，应不超过残留物重量的1%。

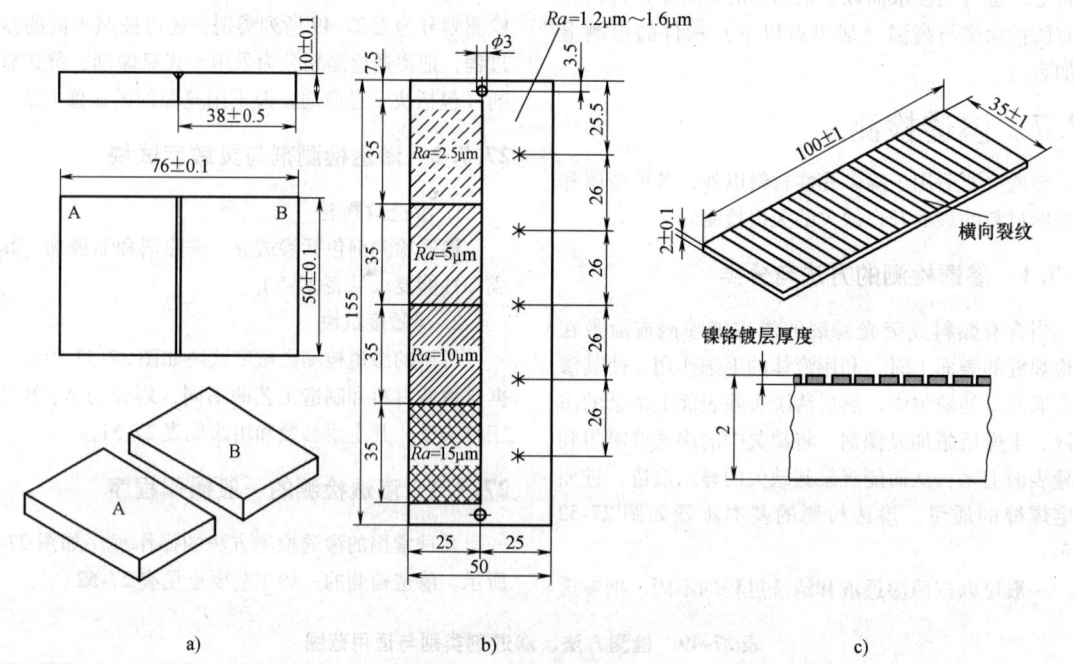

图 27-53　常用渗透检测试块
a）铝合金淬火裂纹试块　b）镀铬辐射状裂纹试块　c）镀镍铬横裂纹试块

表 27-51　常用的渗透检测灵敏度试块主要参数与用途

试 块 名 称	型号	试块材料	试块尺寸(长×宽×高)/mm	缺欠形式	主 要 用 途
铝合金淬火裂纹试块 GB/T 23911—2009	A	铝合金	76×50×10	淬火裂纹	灵敏度对比，综合性能比较
镀铬辐射状裂纹试块 GB/T 18851.3—2008	B (2 型)	X2CrNiMo17-12-3 (1.4432) 单面镀铬	155×50×2.5 一半电镀镍后再镀一层铬，另一半制成粗糙度 $Ra2.5\mu m$、$Ra5\mu m$、$Ra10\mu m$、$Ra15\mu m$ 四区	压制裂纹	校正操作方法和工艺系统灵敏度
镀镍铬裂纹试块 GB/T 18851.3—2008	C (1 型)	黄铜板上镀镍-铬	100×35×2 每块镍-铬镀层厚度分为 $10\mu m$、$20\mu m$、$30\mu m$、$50\mu m$ 四区	拉伸裂纹	鉴别渗透剂性能和确定灵敏度等级

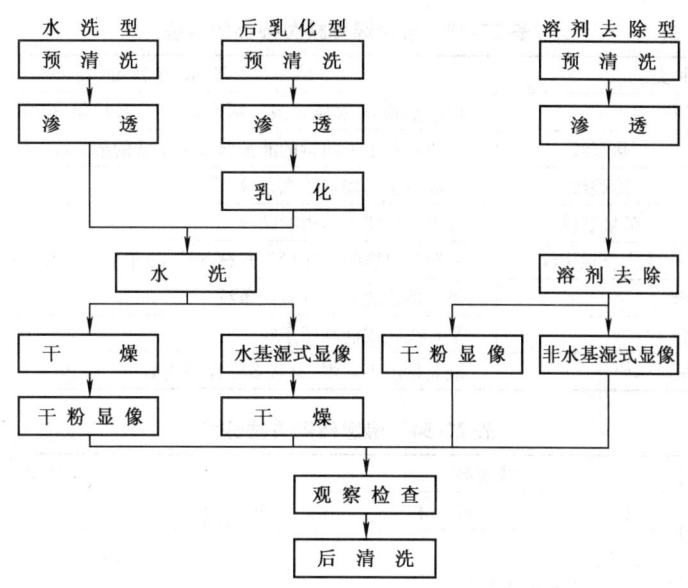

图 27-54　渗透检测的操作程序[6]

注：干粉显像即干式显像，水基湿式显像，非水基湿式显像即快干式显像。

表 27-52　渗透检测的一般工艺要点

检测步骤	操 作 内 容
预处理	焊缝表面及两侧至少 25mm 区域，采用砂轮打磨等方法清除焊渣、飞溅、氧化皮，不允许用喷砂、喷丸等清理方法
预清洗	用清洗液洗净焊缝检测区表面的油污，并经强热风吹干或自然蒸发，使其充分干燥
渗透处理	采用浸、刷、喷等方法涂敷渗透液，温度为 10～15℃，时间不得少于 5 min
乳化处理	采用喷、浇、浸等方法，合适的乳化时间必须通过试验确定
去除处理	1）水洗型或后乳化型经乳化处理后，用喷水方法清洗，水压一般不超过 0.34MPa，水温不超过 50℃，一般在 10～40℃ 之间 2）溶剂去除型可用布或纸沿一个方向擦拭，禁用冲洗方式
干燥处理	可用干净材料吸干、热风吹干或自然挥发干燥，表面温度不应超过 50℃
显像	可采用喷、浸、刷等方法，在 10～50℃ 范围内显像时间不应少于 7min，一般宜在 10～30min 之间，经合同各方同意可延长时间
观察	在显像的同时即应观察，其条件为：着色法要求白光照度不小于 500lx；荧光法应在白光不大于 20lx 的暗环境，UV-A 辐照度应不小于 1000μW/cm²
后处理	可用布、纸擦除，也可用水冲洗或喷气清除

27.7.4　痕迹的解释与缺欠评定

对显示痕迹的解释是正确判定缺欠的基础。痕迹可能是真实缺欠引起的，也可能是由于结构形状或表面多余渗透液未清洗干净所致。

痕迹长轴和短轴之比小于等于 3 的为非线状显示，大于 3 的为线状显示。各种常见焊接缺欠痕迹的特征见表 27-53。焊缝痕迹可按 JB/T 6062—2007《无损检测　焊缝渗透检测》标准的规定进行评级，其显示评定内容与 ISO 23277:2006 标准相同，见表 27-55，或参考其他各专业标准的规定。对发现并可判定的表面与近表面裂纹，以及其他超标缺欠应打磨

消失。打磨过深应补焊到与表面相同。

27.7.5　国际渗透检测标准

1. 国际 ISO 3452-1:2008 标准

该标准与 EN 571-1:1997 等同，其规定了渗透检测的一般性原则，主要内容如下：

（1）渗透检测方法分类　根据渗透剂和显像剂种类的不同，渗透检测方法按表 27-54 分类。例如：当渗透检测系统按照 ISO 3452-1 和 ISO 3452-2 时，一个由荧光渗透剂 I，水作为中间清洗剂 A 和干粉显像剂 a，以及系统灵敏度等级 2 组成的认可产品系列的名称，示例如下产品系列 ISO 3452-1-IAa-2。

表 27-53　各种焊接缺欠痕迹的特征

缺欠种类		显示痕迹的特征
焊接气孔		显示呈圆形、椭圆形或长圆形,显示比较均匀,边缘减淡
焊缝与热影响区裂纹	热裂纹	一般显示出带曲折的波浪状或锯齿状的细条纹
	冷裂纹	一般显示出较直的细条纹
	弧坑裂纹	显示出星状或锯齿状条纹
	应力腐蚀裂纹	一般在热影响区或横贯焊缝部位,显示出直而长的较粗条纹
未焊透		呈一条连续或断续直线条纹
未熔合		呈直线状或椭圆形条纹
夹渣		缺欠显示不规则,形状多样且深浅不一

表 27-54　渗透检测方法分类

渗透剂		清洗剂			显像剂	
类型	名称	方法	名称		种类	名称
I	荧光	A	水		a	干式显像
		B	亲油性乳化剂			
			1)油基乳化剂		b	水基湿式,可水洗
II	着色		2)可用流水冲洗			
		C	溶剂(流动相)		c	水悬浮型湿式
		D	亲水性乳化剂			
III	着色和荧光		1)选择性预清洗(用水)		d	湿式水或溶剂基用在特殊应用领域(如可揭式显像剂)
			2)用水稀释的乳化剂			
			3)用水后洗			
		E	水和溶剂			

注: 对检测试剂腐蚀性有特殊要求的, 对硫含量和卤素要求见 ISO 3452—2。

（2）渗透检测工艺摘要

1）工作温度要求在 10～50℃，最低不能低于5℃。

2）渗透时间要求在 5～60min。

3）中间清洗时，应防止清洗过度，荧光检测可在紫外线灯照射下处理，其工件表面辐照度不得低于 $3W/m^2$（$300\mu W/cm^2$）。

4）显像时间要求在 10～30 min。

5）观察条件要求荧光检测时，检测表面上的 UV-A 辐照度不应低于 $10W/m^2$（$1000\mu W/cm^2$），白光应不大于 20lx，且观察人员应至少先在暗处停留5min，以便让眼睛适应环境；着色检测时白光应不小于 500lx。

2. ISO 23277:2006 标准

该标准是依据欧洲 EN 1289 转化而来，其规定了焊缝渗透检测的验收等级。主要内容如下：

（1）定义

1）线性显示。长宽比大于3的显示。

2）非线性显示。长宽比小于等于3的显示。

（2）验收等级　检测面宽度应包括焊缝和邻近母材（两侧各 10mm），其验收等级见表 27-55。

表 27-55　显示的验收等级

（单位：mm）

显示类型	验收等级[①]		
	1	2	3
线性显示	$l\leqslant2$	$l\leqslant4$	$l\leqslant8$
非线性显示	$d\leqslant4$	$d\leqslant6$	$d\leqslant8$

注：l—显示长度；d—主轴尺寸。

① 验收等级 2 和 3 可规定冠以 ×，以表示所检出的各种线性显示应按 1 级评定，但小于原验收等级所示值的显示，其检出率可能较低。

27.7.6　渗透检测的新技术[15]

近年来随着科技的发展，渗透检测技术也有了很大发展，出现了反应型渗透剂、高温型渗透剂、不燃型渗透剂等许多特种渗透剂。这些特种渗透剂克服了传统渗透剂的某些不足，从而拓宽渗透检测的使用范围，提高了检测灵敏度。

1）反应型渗透剂是一种无色或颜色极浅的透明液体，其与显像剂发生化学反应会显出红色，其中有些成分在荧光灯下会发出金黄色的荧光。它缺陷显示清晰，不会污染工件或操作者的衣服和皮肤，缺陷衬度高，有利于提高缺陷分辨率等优点。

2）高温型渗剂可在高温环境下使用，工作温度可达 180℃，适用于高温在役设备和管线的运行检测，以及焊接过程中检测，具有性能稳定、不挥发、抗氧化、灵敏度高的特点。

3）不燃型渗透剂克服了传统渗透剂易燃的弱点，解决了渗透剂的安全问题，其闪点低，可耐高温达 230℃，因此可在高温和明火下工作。

27.8　涡流检测

涡流检测只适用于探测导电材料的表面或近表面缺陷。目前焊缝检测主要采用多频涡流或脉冲涡流。

27.8.1　涡流检测的方法

涡流检测是以电磁感应原理为基础，当焊接钢管经过通以高频电流的电磁线圈时，因交变磁场的作用，会在焊管中产生涡流，其中如有缺陷，就会引起涡流的变化，涡流所产生的感应磁场和激励磁场所组成的合成磁场也要变化，就可以将缺陷检测出来，见图 27-55。

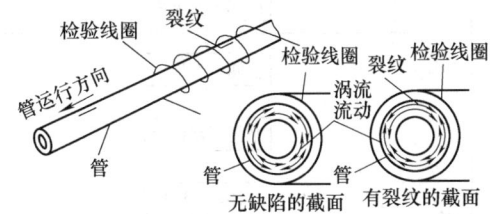

图 27-55　涡流检测示意[9]

27.8.2　涡流检测系统和探头

涡流检测系统一般由振荡器、线圈、放大器等组成，其工作原理如图 27-56 所示。涡流探头分类方法很多，根据检测线圈和工件的相对位置，可以分为穿过式、探头式、插入式三种，如图 27-57 所示。根据线圈的使用方式，只用一个线圈工作的方式称为绝对式探头，使用两个线圈进行反接的方式为差动式探头，这两种探头的比较见表 27-56。

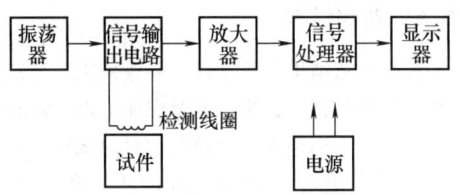

图 27-56　涡流检测系统工作原理图[14]

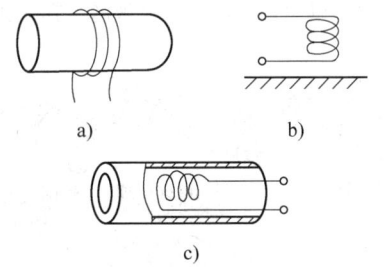

图 27-57　涡流探头分类[14]
a）穿过式　b）探头式　c）插入式

表 27-56　绝对式探头和差动式探头的比较

	优　点	缺　点
绝对式探头	1）对材料性能或形状的突变或缓慢变化均能做出反应 2）混合信号较易区分出来 3）能显示缺欠的整个长度	1）温度不稳定时易发生漂移 2）对探头的颤动比差动式敏感
差动式探头	1）不会因温度不稳定而引起漂移 2）对探头颤动的敏感度比绝对式低	1）对平缓变化不敏感，即长而缓慢的缺欠可能漏检 2）只能探出长缺欠的终点和始点 3）可能产生难以解释的信号

27.8.3　涡流检测技术和过程

焊接钢管的焊缝检测，一般可采用扇形线圈式检测方法，如图 27-58 所示。检查线圈应与焊缝保持在一条直线上，其目的是使整个焊缝都能被扫描到。

涡流检测频率通常在 1～25kHz 范围内，能检出焊管中裂纹、缩孔、夹渣等缺欠；可检测 ϕ3～ϕ400mm 的各种金属管的高频焊焊缝，检测速度能与焊管焊速相匹配时，可进行生产线的在线检测，如图 27-59 所示。

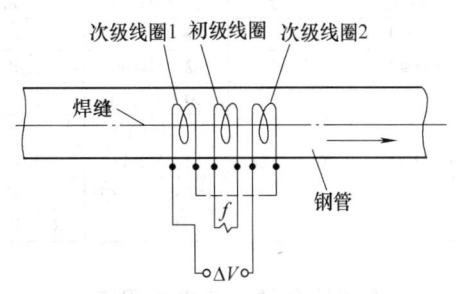

图 27-58　扇形线圈式检测方法简图

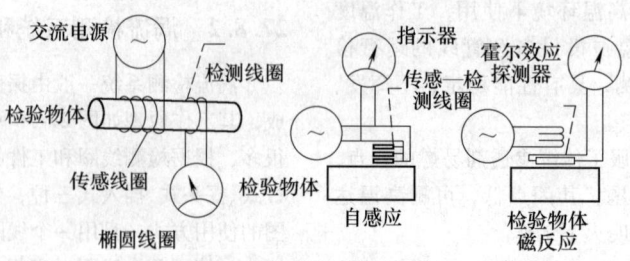

图 27-59　涡流检测过程[9]

27.8.4　对比试样

为确保检测结果的可靠性，一般采用与被检工件同材质和状态的材料，按标准要求加工出一定规格的人工缺欠，作为调整仪器灵敏度的对比试样。对比试样上的人工缺陷可开槽或钻孔，种类和形状如图27-60所示。钻孔型对比试样应保证有一个孔是在焊缝上，通过由此所得到的信号来设定检测设备的触发-报警电平，以此来确保检测灵敏度，其钻孔直径见表27-57。

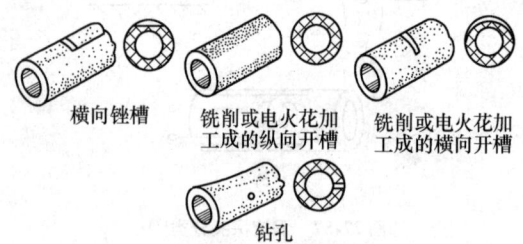

图 27-60　对比试样上人工缺欠的种类和形状[14]

表 27-57　验收等级 A 和验收等级 B 的钻孔直径
（摘自 GB/T 7735—2004）

（单位：mm）

验收等级 A		验收等级 B	
钢管外径 D	通孔直径	钢管外径 D	通孔直径
$D \leqslant 27$	1.20	$D \leqslant 6$	0.50
$27 < D \leqslant 48$	1.70	$6 < D \leqslant 19$	0.65
$48 < D \leqslant 64$	2.20	$19 < D \leqslant 25$	0.80
$64 < D \leqslant 114$	2.70	$25 < D \leqslant 32$	0.90
$114 < D \leqslant 140$	3.20	$32 < D \leqslant 42$	1.10
$140 < D \leqslant 180$	3.70	$42 < D \leqslant 60$	1.40
		$60 < D \leqslant 76$	1.80
		$76 < D \leqslant 114$	2.20
$D > 180$	双方协议	$114 < D \leqslant 152$	2.70
		$152 < D \leqslant 180$	3.20
		$D > 180$	双方协议

27.8.5　涡流检测的一般操作程序

涡流检测的一般操作程序如图27-61所示。

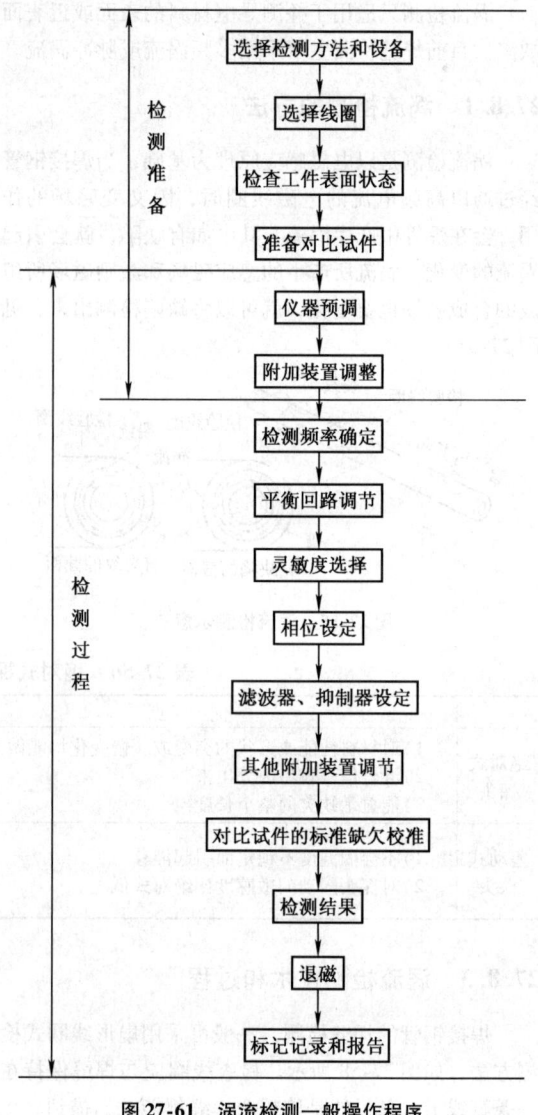

图 27-61　涡流检测一般操作程序

27.8.6　检测结果的评定

当焊管通过涡流检测设备时，其产生的信号低于触发-报警电平，则应判定引管合格；反之，应认定为可疑管，且重新检测并采取措施进行处置。

27.8.7 涡流检测技术的新发展

近年来涡流检测技术在管道、核容器、化工容器方面得到了很快的发展和应用。由于核容器和石油加氢裂化容器的不锈钢堆焊层的组织粗大，采用超声检测时衰减和干扰较大，而采用用涡流检测就比较成功，特别是 8mm 堆焊层的检测。

在检测过程中，采用调幅方式的多频涡流，是基于低频成分能渗透较大深度的原理。试验表明，采用频率 500Hz、2800Hz 和 5000Hz 的低频绝对发射-差动接收双线圈探头进行检测，可检出堆焊层内缺陷、堆焊层与母材分离及层下裂纹。典型的多频涡流检测系统框图如图 27-62 所示。

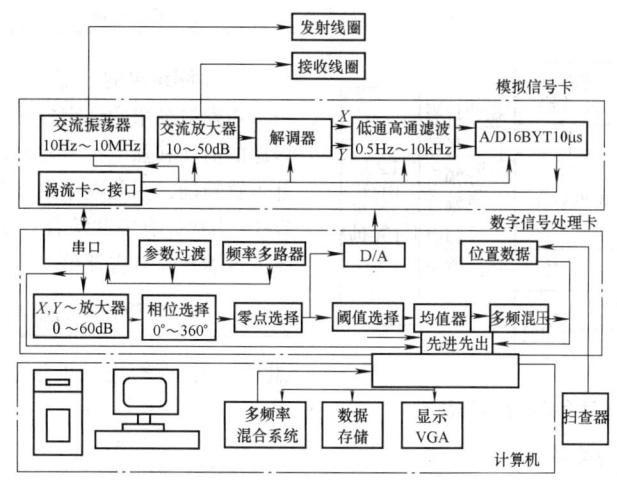

图 27-62 典型的多频涡流检测系统框图[3]

27.9 无损检测新方法

27.9.1 声发射

近年来，声发射用于焊接结构的无损检测，特别是在石油化工企业中压力容器的检测上获得了很大的成功，并且逐步地发展成为评定容器缺欠是否处于活动性或扩展性状态的方法。

1. 声发射检测原理

当焊接容器承受载荷时，如果焊缝内某点产生塑性变形，就会伴随有弹性能量的释放，因而激起弹性波的传播，呈现为有源声发射。例如，此现象可发生在裂纹扩展过程、受压容器与管道的蠕变、氢脆、热冲击及应力断裂过程，同样也发生在不锈钢堆焊层的剥离过程中。这种弹性声波可由压电换能器转换为电信号，从而能测量出声发射源的位置和强烈程度。声发射信号的典型波型如图 27-63 所示。

2. 声发射信号的测量参数

与其他无损检测技术不同，采用声发射测量法评定缺陷活动区的严重程度，需要测量的参数较多，例如：声发射的频次，每次发射信号的幅度、升起时间、下降时间、持续时间及能量（即整流信号的包络面积，MARSE）等，如图 27-64 所示。

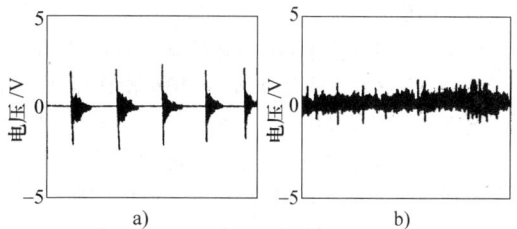

图 27-63 声发射信号的典型波形[14]
a）突发型 b）连续型

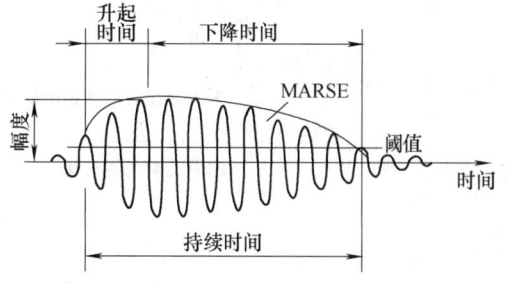

图 27-64 声发射信号的测量参数[1]

3. 声发射检测仪器

声发射仪器大体可分为两种基本类型，即单通道声发射仪和多通道声发射源定位和分析系统。单通道声发射检测仪一般由换能器（传感器）、前置放大器、衰减器、主放大器门槛电路、声发射率计数器及数模转换器等组成；多通道系统则在通道的基础上，增加了数字测定系统及计算机数据处理和外围显示系统。

一般情况下，声发射源的位置是未知的，因此采用很多传感器布置在容器表面上，由测量信号时间差的办法确定声源位置。压力容器声发射检测装置如图27-65所示。

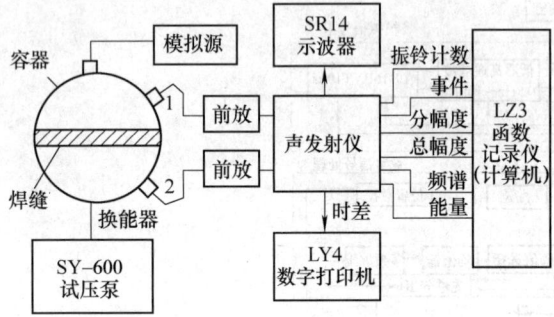

图27-65　压力容器声发射检测装置方框图[14]

4. 声发射信号与压力的关系

除了声发射信号本身强度和频次外，它还与容器试验压力有很大的关系，所以要测量不同压力下和最大压力时的信号特征。

由于测量过程多半是在水压状态下的容器表面上进行的，一般试验压力达90%~110%操作压力，有的情况下甚至高达110%~135%的设计压力。因此为了防止在试验过程中容器发生低温脆性破裂，可采用蒸汽加热方式把水温升高到29~30℃。随着压力的升高，声发射活动区增多，强度加大。图27-66为容器声发射测量的压力增加阶梯曲线原理图。

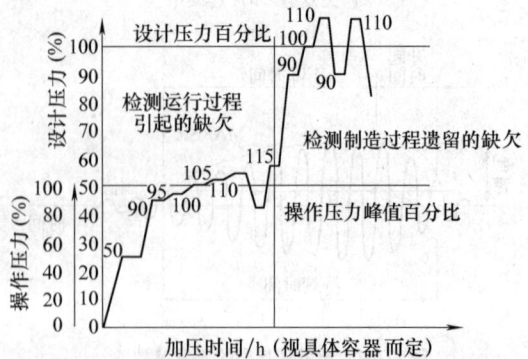

图27-66　容器声发射测量的压力增加阶梯曲线原理图[1]

目前声发射现象与结构状态和类型间的关系，还没有统一的理论解释，通过试验得出的定性规律见表27-58。

表27-58　声发射活动规律的试验结果

声发射活动增加	声发射活动减少
高强度材料	低强度材料
低温	高温
高变形率	低变形率
厚大截面	薄板
脆性破裂	塑性破裂
裂纹尖端扩展	塑性变形

5. 检测结果的评定

声发射结果的评定方法，分为声发射频率、声发射源的活动和强度、声发射特性三种。由于这些方法都不够精确，因此近年来又提出了综合评价方法。图27-67为缺欠有害度综合评价原理图。表27-59列出压力容器缺欠有害评价。

表27-59　压力容器缺欠有害度评价

随压力变化的声发射发生类型	声发射标定位置集中程度		
	大	中	小
1）全过程频发型	a	a	b
2）高压下急增型	a	b	b
3）高中压频发、高压减少型	b	c	d
4）低中压频发、高压停止	c	d	e
5）全过程散发型	c	c	e
6）部分散发型	c	e	e

缺欠分类	安全性	缺欠严重程度
a	极不安全	重大缺欠（需特别注意）
b	不安全	大缺欠（应加以注意）
c	稍不安全	中等缺欠（注意）
d	安全	小缺欠（稍加注意）
e	非常安全	无害缺欠（无须注意）

27.9.2　金属磁记忆检测

金属磁记忆检测是一种全新的铁磁性金属材料检测技术，它具有设备轻便、操作简单、原理可靠、灵敏度高、重复性与可靠性好的特点。对于石油、化工、电力等领域有着广阔应用前景。

1. 金属磁记忆检测原理

由于焊接缺欠会产生异常的磁畴结构，并以漏磁场的形式外延至焊缝表面，所以通过分析焊缝的磁场强度分量 H_p，就可确定焊缝中是否存在缺陷和应力集中区域。磁记忆检测就是利用这一原理来进行焊缝检测和早期诊断的。磁记忆检测的原理如图27-68所示。金属磁记忆检测时无需对工件表面进行清理，且能实现快速自动检测，检测速度可达100m/h。

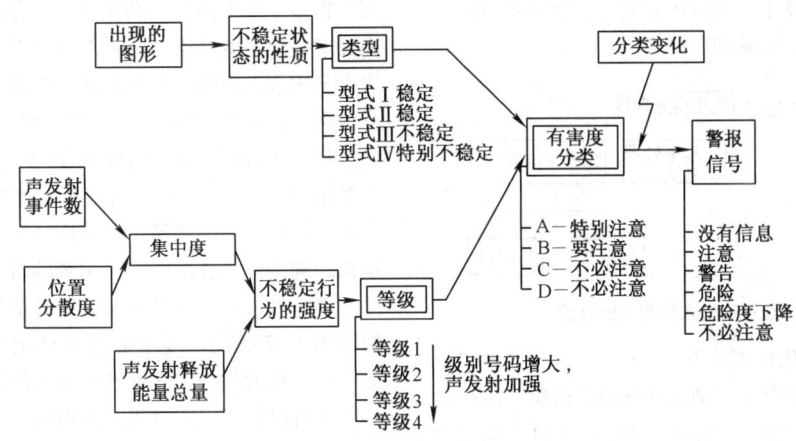

图 27-67　缺欠有害度综合评价原理图[14]

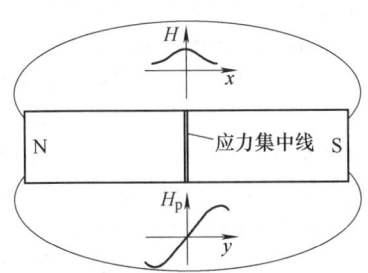

图 27-68　磁记忆检测的原理[11]

2. 金属磁记忆检测设备

图 27-69 为 EMS-2000 型智能化磁记忆金属诊断仪。它是基于铁磁金属磁记忆原理，采用先进的微电子技术、计算机技术及磁记忆检测技术研制而成的新一代无损检测仪器。它具有多通道，不需对被检测对象专门充磁，无须进行表面预处理，检测速度快，对有表面保护层的部件允许提离至 150mm 进行检测。其主要技术指导标为：测量通道 4 个；最小步距 1mm；最大测距 150mm；最小测距 1mm；最大扫描速度 0.5m/s；微处理器 16 位；存储器 2M；内存容量 4M（可扩展至 2G）；高亮度场致发光屏 EL256×320；工作温度范围 −25~60℃；机内电源 12V，5A·h（可充电镍镉电池）；外接电源 AC220V 或 DC27V。

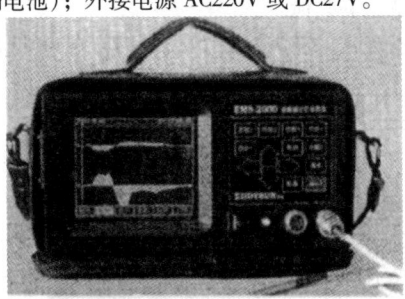

图 27-69　EMS-2000 型金属磁记忆诊断仪

3. 金属磁记忆检测应用

在实际应用过程中，磁记忆检测对焊缝中的裂纹、未熔合、气孔等焊接缺陷的检测灵敏度已能满足检测要求，其检出的焊接缺欠磁场强度分布如图 27-70 所示。

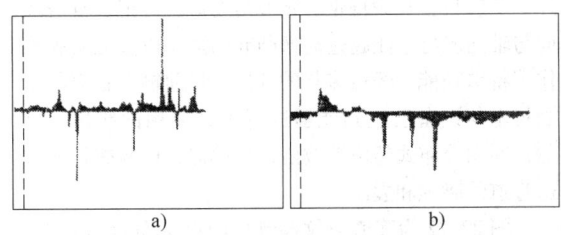

a)　　　　　　　　　　　　b)

图 27-70　水冷壁管磁记忆检测散射磁场强度 H_p 分布图[11]
a）未熔合和气孔　b）焊瘤

27.9.3　红外热成像检测

近年来，红外热成像检测技术已在石油、化工、电力等部门广泛地应用。它具有非接触、远距离、大范围、精度高、动态响应快、图像直观等特点。

1. 红外热成像检测原理

它是将被检工件产生的不可见红外辐射，转换成可见光图像进行显示的检测方法。由于焊缝中有缺欠和无缺欠部位所对应的表面温度不同，其产生的红外辐射也不同，因此可通过焊缝表面温度的分布状态来确定缺欠部位。

2. 红外成像检测系统

红外成像检测系统一般由热源、红外探测器、红外热像仪、图像采集处理系统、显示和记录系统等组成，如图 27-71 所示。它通过热源产生均恒热流，由红外探测器测得被检焊缝的红外辐射能，再由图像采集处理系统采集热像仪的信号，将焊缝表面温度分布状态显示在监视器上，经过图像处理，就可观察到焊缝中缺欠的大小、形状和所处部位。

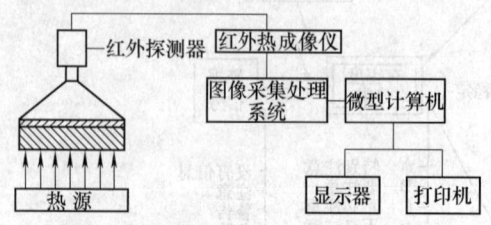

图 27-71　红外热成像检测系统框图[12]

3. 红外热成像检测分类

按检测方法可分为主动式和被动式两类；按被检工件加热状态可分为稳态和非稳态；按工件表面温度可分为热图法、温度分布曲线法和逐点测温法三类。

27.9.4　长途管道的检测设备

由于长途输送管道一般都是在地下或穿越海底，其检测过程还不能妨碍管内油气的输送，对于检测来说难度很大。因此，要求其检测设备除具有检测功能外，还应具备长途行走、爬坡与拐弯、可记录自身周向与轴向坐标、能越过局部凸起的障碍以及无明火操作等特殊功能。经过多年的开发，目前输送管道的检测技术与设备已达到能够进行工程应用的阶段，例如：利用分布式超声波或磁性传感器，可检查长途输送管道的腐蚀和裂纹。

图 27-72 为管道裂纹探测猪的探头布置示意图。它适合于不同直径管道裂纹的探测，其传感器系统由几百到近千个直径为 15mm 的探头组成，沿周向分布

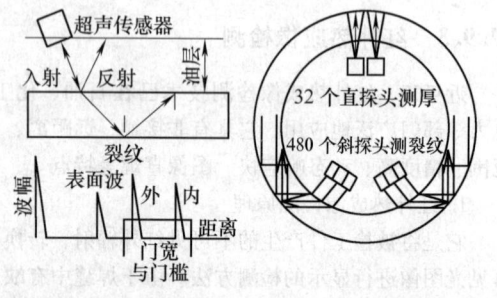

图 27-72　管道裂纹探测猪的探头布置示意图[7]

可覆盖整个管壁圆周。利用 45° 横波对界面端角产生高灵敏度反射的特点，由直射与反射波分别地探测外表面与内表面裂纹。为了从两侧探测到裂纹，把探头分成两组，一组按顺时针方向，另一组按逆时针方向，相对于管壁表面法线倾斜 18.9°，使两侧的横波折射角为 45°。沿管壁采用若干个直探头进行耦合层监测与管壁厚度的测量，以标出环缝位置，从而达到根据环缝坐标计算缺陷相对位置的目的。

输送管道检测设备通称智能管道猪，它的一般结构如图 27-73 所示。它由四节厢体组成，每节中采用多个直径稍大些的柔性聚氨酯环来保持本节与管道同心，又可以越过局部障碍。其中第一节中呈杯状的第一环为驱动环，它借助于管内流动油气的压差，为全系统提供推进力，使车身向前走，速度可达 0.3 ～ 2m/s，且不妨碍管道的输送功能。其他环均有开孔，只起支撑作用。在其顶端装有高灵敏度的接收机，接收地面发射点转发的卫星定位信号，可精确地标定出车身的区段位置。第一节内还装有电子摆，能连续地测出车身是否有周向转动的极坐标信号，以确定车身的周向方位。其中还装有可充电的锂电池堆，提供整机电源，可供行走与检测 1×10^5 m 以上管道的能耗。

第二节为并行计算机数据处理系统，完成实时数据压缩与存储操作。由于检测距离长、数据量大，通常采用数据压缩技术来解决大量数据的存储问题。此节外部装有三个轮式里程计，可在管道内部测量车身的行走距离。目前缺欠位置的测量误差可控制在 $\pm(0.1 \sim 0.2)$ m 之间。

第三节装有多组、多通道传感器的电子线路板，如超声波发射、接收与模数转换等。

最后一节是传感器保持架，根据管径要求确定可装数量，有几百到近千个探头。探头传感器的尺寸越小，分布越密，缺欠分辨率越高。与其对应的信号数据各节间由活动铰链连接，能顺利地通过 1.5 ～ 3.0 倍管径的管道弯曲段。节间全密封电缆与厢体接头，可保证温度在 100℃ 以下，压力在 10 ～ 20MPa 之间的密封与无火花外泄。

已开发出的超声、磁性与涡流管道检测设备，可

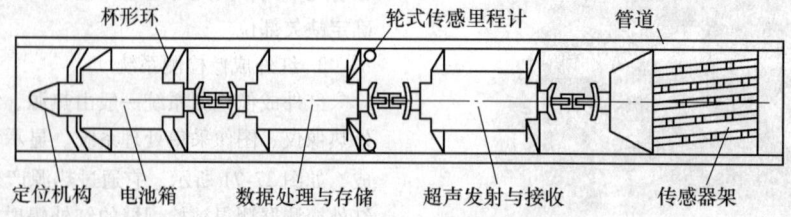

图 27-73　智能超声检测管道猪的宏观结构[7]

适合于直径 150~1420mm 原油与天然气等管道的检测，一次检测距离可在 $1 \times 10^5 ~ 2 \times 10^5$ m 之间，最大检测管壁厚度接近 40mm。缺陷尺寸测量误差接近于地面工件的测量结果。

参 考 文 献

［1］　史耀武，等. 中国材料工程大典［M］. 北京：化学工业出版社，2006.

［2］　李家伟，陈积懋. 无损检测手册［M］. 北京：机械工业出版社，2002.

［3］　李生田，刘志远. 焊接结构现代无损检测技术［M］. 北京：机械工业出版社，2000.

［4］　Charlesworth J P，Temple J A G. Engineering Applications of Ultrasonic Time-of-Flight Diffraction［R］. Research Studies Press LTD. England，1989.

［5］　全国锅炉压力容器无损检测人员资格鉴定委员会. 磁粉探伤［M］. 北京：劳动人事出版社，1999.

［6］　全国锅炉压力容器无损检测人员资格鉴定委员会. 渗透探伤［M］. 北京：劳动人事出版社，1997.

［7］　Willems H. Barbian OA，Strif H，et al. UltroScan CD A New Tool for Crack Detection in Pipelines［J］. INT Pipeline Monitoring & Rehabilitation Seminar，1995（2）：6-9.

［8］　陈祝年. 焊接工程师手册［M］. 北京：机械工业出版社，2004.

［9］　傅积和，孙玉林，等. 焊接数据资料手册［M］. 北京：机械工业出版社，1997.

［10］　吴孝俭，等. 泄漏检测［M］. 北京：机械工业出版社，2005.

［11］　刘三江，李邦宪，周裕峰，等. 金属磁记忆检测技术概况及初步应用［J］. 无损检测，2002，24（9）：400-402.

［12］　梅林，张广明，王裕文. 红外热成像无损检测技术及其应用现状［J］. 无损检测，1999，21（10）：466~468.

［13］　王跃辉，等. 目视检测［M］. 北京：机械工业出版社，2006.

［14］　王仲生，等. 无损检测诊断现场实用技术［M］. 北京：机械工业出版社，2002.

［15］　赵熹华，等. 焊接检验［M］. 北京：机械工业出版社，1993.

［16］　李衍. 钢焊缝相控阵超声波探伤新技术［J］. 无损探伤，2002，26（3）：1-5.

［17］　强天鹏. 射线检测［M］. 昆明：云南科技出版社，2001.

第28章 焊接培训与资格认证[1~9]

作者 钱强 陈宇 审者 解应龙

28.1 焊接人员培训与资格认证概述

28.1.1 国际焊接培训体系简介

随着国际经济技术一体化的迅速发展，各行各业越来越需要专业知识、技能水平达到标准化、统一化和国际化的技术人才。焊接是制造业中重要的、应用极为普遍的工艺手段之一，从而使焊接人员的培训与资格认证实现标准化、统一化和国际化成为世界各国，尤其是经济发达国家非常重视的问题。实施国际化的焊接培训与资格认证体系是国际焊接界的一件大事，它的实施有利于扩大国家间焊接技术的合作与交流，焊接工程项目招投标的国际化，以及促进焊接人员在全球范围的流动及认可。

建立世界范围内国际统一的焊接人员培训与资格认证体系的想法，是在1992年的IIW（国际焊接学会）会议上提出，并于1993年的IIW年会上，决定在欧洲焊接人员培训体系基础上建立国际统一的焊接人员培训体系。在1994年IIW年会上，IIW和EWF（欧洲焊接联合会）达成协议，IIW采纳EWF的焊接培训体系和相关的焊接人员培训规程。1995年IIW-Ⅶ委（国际焊接学会第七委）正式成立，专门负责IIW在世界范围内建立国际统一的焊接人员培训与资格认证体系工作。经过几年的努力，到1998年9月，这一体系正式在世界范围内开始实施和推广。2000年1月，在法国巴黎召开的IIW工作会议上，对IIW的培训与资格认证机构进行了重新改组。成立了IAB（International Authorisation Board）—A组：负责教育、培训与资质认可；IAB—B组：负责授权的国家团体ANB（Authorized National Body）的授权与实施。ANB是IIW成员国实施IIW人员资格认证体系的唯一合法机构。其作用如下：

1）评估和验收培训机构，批准授权的培训机构（ATB）按照IIW规程举办各类培训课程。

2）组织考试。

3）颁发各类焊接人员的资格证书，并管理焊接人员档案。

截至目前IAB成员国共有43个国家，包括：印度、印度尼西亚、日本、中国、韩国、新加坡、泰国、哈萨克斯坦、澳大利亚、伊朗、尼日利亚、南非、埃及、巴西、加拿大、美国、奥地利、比利时、保加利亚、克罗地亚、捷克、丹麦、芬兰、法国、希腊、德国、匈牙利、意大利、挪威、波兰、葡萄牙、罗马尼亚、俄罗斯、塞尔维亚、斯洛伐克、斯洛文尼亚、西班牙、瑞典、瑞士、荷兰、乌克兰、英国、土耳其。

ATB（Authorised Training Body）是指由ANB审查批准的教育和培训机构。它应是独立于ANB或明确有别于ANB的机构。ATB的层次分为：

1）焊接培训中心/Welding Training Institute（WTI）。

2）焊接培训中心站/Welding Training Center（WTC）。

3）焊接培训站/Welding Training Station（WTS）。

目前，按照这一培训体系进行培训和资质认证的人员范围包括以下几类：

1）国际焊接工程师/International Welding Engineer（IWE）。

2）国际焊接技术员/International Welding Technologist（IWT）。

3）国际焊接技师/International Welding Specialist（IWS）。

4）国际焊接技士/International Welding Practitioner（IWP）。

5）国际焊接质检人员/International Welding Inspection Personnel（IWIP）。

6）国际焊工/International Welder（IW）。

7）国际焊接结构设计师/International Welded Structures Designer（IWSD）

以上几类人员中，国际焊接工程师是ISO 14731（等同于欧洲标准EN719）标准中所规定的最高层次焊接技术人员和质量监督人员，是与焊接相关企业获得国际产品质量认证的要素之一。可以负责结构设计、生产管理、质量保证、研究和开发等各个领域的焊接技术工作，在企业中起着极其重要的作用。国际焊接技术员是介于焊接工程师和焊接技师之间的一类焊接技术人员和监督人员，他们可以负责结构设计、生产、质量保证、研究和开发等多个领域的焊接技术工作。国际焊接技师是焊接企业中第三层次的焊接监督人员，其主要适用于中、小型焊接企业的焊接监督。这类人员在企业中的作用也十分重要，他们既具有一定的理论知识，又具备实际操作技能和生产实践经验，可以辅助焊接工程师进行焊接技术的管理工作，起到焊工和焊接工程师之间的联系纽带作用。国际焊接技士是取代德国原焊工教师这一层次的焊接人员，在某些地区将其称为"焊工领班"。他们不仅可作为焊工教师从事焊接培训工作，也可以作为企业中高层次的焊接技术工人，协助焊接技师解决生产中的问题。焊接技士按焊接方法分为四类：气焊、焊条电弧焊、钨极惰性气体保护焊及熔化极气体保护焊。

与国际接轨的焊接技术培训工作在我国开始于1984年，由中国和德国两国政府在焊接技术培训领域的合作项目——中德"哈尔滨焊接技术培训中心"与德国焊接学会（DVS）所属的杜伊斯堡焊接培训与研究所（SLV-Duisburg），按照相关的欧洲和德国的焊接培训规程及标准，在我国开展从欧洲焊接工程师到欧洲焊工的培训与资格认证。

1999年9月7～9日，由国际焊接学会（IIW）的评审专家组，在哈尔滨对CANB（IIW授权的中国焊接培训与资格认证委员会）进行现场审查及验收，通过了对CANB的审查和被CANB首家授权的焊接培训机构（ATB）——哈尔滨焊接技术培训中心的考核，并受到国际焊接学会评审专家的高度评价。

2000年1月，在巴黎召开的国际焊接会议上，CANB获得IIW各会员国的一致通过，并被授权按国际标准及规程进行"国际焊接工程师"、"国际焊接技术员"、"国际焊接技师"和"国际焊接技士"等层次焊接人员的培训与资格认证。这标志着我国焊接培训与资格认证在全国各行业中率先与国际接轨。

考虑到历史原因，同时为保护我国现有焊接技术人员的利益，CANB特向IIW申请了适合我国当时条件的"焊接培训与资格认证过渡期"的实施措施。我国的过渡期为2000年1月到2003年12月止，共四年。另外，在2004年11月，顺利通过国际焊接学会复审及国际焊接质检人员、国际焊工增项审核，从而使中国成为亚洲第一个获得国际焊接学会全部授权的国家。按国际焊接学会截止到2011年年底的统计，中国培训及认证人员总数延续多年列世界被授权国家第二位（仅次于德国），亚洲被授权国家第一位。

28.1.2　国际焊接培训体系在我国的实施

1. 按国内相关标准及规程的焊接技术培训

（1）焊接技术人员

焊接技术人员在我国是由高级工程师、工程师、助理工程师和焊接技术员四类人员所构成。目前我国尚没有焊接技术人员的培训标准及规程，仍然在采用由企业或主管机构进行的评聘制，即对专科以上的焊接专业毕业生，根据其毕业的资质、工作的年限，以及业务能力来对焊接技术人员进行评定及聘任。随着教育体制的改革，1996年前后绝大部分专科以上高等院校均已取消了焊接专业，这对我国现有焊接技术人员的职称评聘提出了值得深思的课题。

（2）焊接技师

在1988年以前，我国没有开展过对焊接技师的系统培训，各企业中的焊接技师是从技术全面、实践经验丰富且在焊接工作中起带头作用的老工人师傅中考评晋升的。为了提高焊接技术工人的素质，我国从1988年起，恢复了对焊接技师的培训及考核工作。由各省、市的劳动部门组织，对企事业单位原八级的焊工进行培训，并按国家机械工业委员会制订的考规进行考评。1995年，国家劳动部颁发了对"技师"和"高级技师"的职业技能鉴定规范。按照该规范，由各省、市的劳动与社会保障厅（局），对企业中符合条件的焊接技术工人组织培训与考试；而事业单位则由各省、市的人事部门组织培训与考试，合格者颁发相应的焊接技师证书。

（3）焊工教师

焊工教师的正规培训在我国始于1984年，由机械工业哈尔滨焊接技术培训中心，参照德国焊接学会（DVS）的"焊工教师培训与考试规程"，并结合中国国情，为国内部分行业的焊接培训机构及企业培养了焊工教师。培训采取实际技能操作与理论相结合的方式。按教学大纲要求，作为一名合格的焊工教师，不仅要具有全面过硬的实际操作技能，同时还应具有将理论与实际结合，并用来指导焊工操作的能力。这种规范化、系统化及标准化的焊工教师培训方式，避免了过去师傅带徒弟的传授方式所造成的弊病，为焊工培训的规范化奠定了师资基础。

1987年5月，中国焊接协会培训工作委员会成立后，将规范化的焊工教师培训工作在培训委员会的各培训中心站系统内进行推广及应用，取得了良好的效果。其他原国家部分部委所属的焊接培训机构，按各自系统内的要求也开展了焊工教师的培训工作。

（4）焊工

我国的焊工培训与国外发达国家相比起步较晚。以前企业的焊工培训均采用的是落后的、不规范的师傅带徒弟的方式，到了20世纪80年代，才逐步建立起系统化、规范化的焊工培训体系。

我国的焊工培训主要是由原国家各部、委的企业及相关行业系统的焊接培训机构承担，例如：中国焊接协会培训工作委员会系统的培训机构，各省、市劳动与社会保障厅（局）设在各企业内的培训机构，各省、市质量与技术监督局设在各企业内的培训机构，以及船检系统、电力系统、石化系统、冶金建设系统等的培训机构。被培训人员来自于各企事业单位以及社会上的待业人员等。培训的方式一般为根据被培训人员的具体要求，针对不同的焊接方法、不同的被焊材料、不同的焊接位置，以及不同的资格认证等级，按照相应的培训规程及考试标准进行培训和考试。焊工培训主要以技能操作为主、理论基础知识为辅，培训时间视不同的培训项目及需要而定，一般为1~3 个月，经培训考试合格后，颁发相应的资格证书。

我国的焊工资格认证机构均为颁发相关标准与规程的政府机构或部门，以及受政府机构或部门认可并授权的一些企业内具有培训能力与考试资格的焊接培训机构。由于焊工资格认证机构属于国家原各部、委或不同行业，导致我国焊工培训及资格证书非常不统一、不规范，且种类繁多，重复重叠，互不认可，没有统一性和通用性，给企业造成极大负担。

2. 培训机构建立国际焊接培训体系的基本要求与验收程序

（1）国际焊接培训机构的分类

目前 ATB 所分的三个层次中，焊接培训中心（WTI）可以培训从国际焊工到国际焊接工程师，以及质量检验人员在内的所有各类人员；焊接培训中心站（WTC）可以培训国际焊工、国际焊接技士、基础级质量检验人员及国际焊工教师；焊工培训站（WTS）只能培训国际焊工。

国际焊工培训规程已于 2003 年颁布实施，我国向 IIW 提出了增项申请并获得授权，开展国际焊工培训，并颁发国际焊工和 ISO 9606 焊工证书。根据国际焊接学会实施条例，国际焊工的考试必须在考试中心进行。因此，CANB 特制定了国际焊工考试中心（IWEC）的授权和管理办法。IWEC 可按国际焊工培训规程和 ISO 9606 焊工考试标准考试并颁发相应证书，它可以是 ATB 中独立于培训的一部分，也可以是一个独立的第三方焊工考试机构。本节主要介绍对 ATB 的基本要求及验收程序。

（2）国际焊接培训体系的基本要求

1）对组织机构及职能的要求。ATB 可根据自身实际情况，设置相应的组织机构，但各职能部门应职责分明，部门之间应有良好的衔接，以保证培训活动的顺利进行。

ATB 的主要岗位及作用如下：

①　法人代表。对 ATB 资格培训活动负全部责任。

②　培训工作负责人。接受法人代表委托，负责管理培训日常事务。

③　质量体系负责人。负责质量体系的建立和完善，实施内部审核并根据质量体系的运行情况，负责编写修改质量手册。

④　教学负责人。负责按 CANB 培训规程对学员进行培训。每项课程培训（如焊接工程师）都应有教学负责人。ATB 开展几项课程培训时，教学负责人可以是几个人，也可以由一人担任。

⑤　ATB 考试委员会。负责中期考试及协助CANB 地方考试委员会进行最终考试，其成员需经ATB 批准并报 CANB 备案。

ATB 可根据实际情况设立部门，主要包括：

①　培训部。负责课程教学、课程管理（制定教学计划，安排教员）、教员档案管理、学员档案管理、试件和材料的管理等工作。

②　管理部。负责招生、报名、广告与宣传、培训设施的管理和维护、职员培训、协调各部门之间的关系、与 CANB 秘书处的联络、处理日常事务等工作。

③　质检部。负责材料和焊接试件的 X 射线、力学性能、金相和化学成分等检测。这部分工作可以根据 ATB 自身条件进行全部或部分委托。

④　财务部。处理 ATB 财务事宜。

2）对 ATB 教学人员的要求。ATB 的教员素质和数量，要能满足 IIW 课程教学和培训活动中知识和技能的要求，教员要有丰富的工业实践经验。教员队伍应相对稳定，能满足主要课程的教学。为保证教学质量，对不同层次的 ATB 的教师数量有相应规定。鼓励聘请工业生产第一线专家作为客座教师，但应确保其授课按 IIW 和 CANB 教学大纲进行（特殊邀请作专题报告除外）。客座教师数量不应超过教师总数的三分之一。

3）对培训设施和场地的要求。培训场地应有足够的空间，应有单独的准备室、库房、教室、图书室、实际操作室、更衣室、厕所及其他必需场地。所有场地都应保持清洁、明亮、舒适和安全性。场地要有安全和防护措施。焊接车间应有足够的灭火器、紧急出口标识，焊接人员要有工作服、绝缘鞋、防护眼镜、防护面罩、皮手套等。此外，还应该有：焊缝外观检测所用的尺和量角仪、放大镜、射线检测设备、观片灯、超声波检测设备、磁粉检测设备、渗透检测剂、拉力试验机、打磨机、抛光机等设备。检验设备应该按照相关标准，定期进行校准和比对。国际焊接学会在其培训规程的附录中，还详细规定了培训项目的培训和考试所需的设备及试样。

4）教材与教学计划。ATB 应根据 IIW 和 CANB 统一的教学大纲，编写和不断完善教材；制定详细的教学计划，并保存完整的授课记录，以保证培训班和教员发生变更时的一致性和连续性。

5）质量管理体系文件。ATB 应按照 CANB 要求，参照 ISO 9001 标准，建立和持续改进质量管理体系文件。该体系文件由以下几个部分组成：

第一部分为质量手册及其附录。描述体系所涉及的质量要素以及实施的原则、组织机构及其职责范围、彼此之间的协调和沟通机制等。具体有质量方针、质量目标、组织结构及其职能、教学大纲、教材和教学计划、课程培训、考试、试件的破坏性和无损检测、补考、教师的聘用和考核、无损检测人员的聘任和管理、国际焊工考官的聘任和管理、焊接与检验设备、试题库的维护与管理、试件的管理、母材和焊接材料的管理、学员证书与资料管理、健康与安全保障、文件记录与变更控制、内部审核、管理评审、不符合项的纠正和预防措施、投诉以及外部委托等。质量手册还应将组织机构图、组织机构和职能部门中所涉及的具体人员名单列于附录中。

第二部分为操作程序文件。描述质量手册中所涉及的质量要素提供较为详细的实施办法。

第三部分为标准表格。将质量手册和操作程序文件中所涉及的表格，列于此部分。

（3）申请及验收程序

1）预申请。培训机构要申请 ATB 资格，应致函 CANB 秘书处，作意向性申请，才能领取相关申请表格和文件资料。同时可以向 CANB 秘书处咨询，了解 IIW 和 CANB 对 ATB 的要求（AP2.03）和评估验收程序（AP2.02），从而为评估验收做质量手册编写和培训所需软、硬件的准备。

2）正式申请。得到 CANB 秘书处受理申请的确认函后，可进行提交正式申请的准备工作。正式申请文件包括：正式申请书、质量手册（可以是当前的非受控文件），含操作程序文件和相关的附录和标准表、课程申请文件（包括所有教师的履历表及工业实践的相关信息，每项课程单独填写申请表）、申请课程教学计划、主要设施和设备清单。

3）评估、验收及其他。秘书处收到正式申请书和申请资料后，组织验收工作组评审员进行书面评审。书面审核通过，可以向申请单位发放预授权通知

书；然后，申请单位可以根据 CANB 的预授权进行相应课程的培训。现场验收最好在课程培训期间或课程结束考试时进行，如果验收是在培训或考试前进行，则当 ATB 举办培训班或国际焊工考试中心举行考试时，验收工作组要派一名审核员进行为期两天的现场审查。现场验收通过后，验收工作组将向执委会报告验收情况，由执委会批准对 ATB 和/或国际焊工考试中心的授权。每次授权的期限为 5 年。现场验收后，满两年时 CANB 要安排一次为期一天的中期审查。授权期间，ATB 和/或国际焊工考试中心每年都要向 CANB 递交年度工作报告，接受 CANB 秘书处的审核和监督。五年授权期满前六个月，CANB 将进行复审。另外，AP-2.0 中对课程增项、问题的限期整改、授权的缩减和终止等都做了详细的规定。申请及验收流程如图 28-1 所示。

28.1.3　国际焊接人员培训规程

1. 国际焊接工程师、技术员、技师、技士（IWE/IWT/IWS/IWP）四类人员培训规程

这四类人员可以通过以下不同途径参加培训，并按统一标准进行最终考试，合格者颁发相应证书。

（1）标准途径

1）国际焊接工程师（International Welding Engineer，简称 IWE）。其标准入学途径及课程结构如图 28-2 所示。

① 毕业于四年制正规工科院校，并且已取得学士学位者。

② 除满足①外，具备与第一部分相当的焊接专业基础知识，并有相应证明的学员。

2）国际焊接技术员（International Welding Technologist，简称 IWT）。其标准入学途径及课程结构如图 28-3 所示。

① 应具有国家承认的工科大专学历，或具有本科工科毕业证书而无学士学位者。

② 除满足①外，具备与第一部分相当的焊接专业基础知识并有相应证明的学员。

3）国际焊接技师（International Welding Specialist，简称 IWS）。其标准入学途径及课程结构如图 28-4 所示。

① 学员应具有中专以上学历，25 岁以上，至少有两年相关工作经历，或具有国际焊接技士，或欧洲焊工教师资格证书持有者。

② 除满足①外，具备与第一部分相当的焊接专业基础知识并有相应证明的学员。

③ 具有国际焊接技士或欧洲焊工教师资格证书持有者，或二十六岁以上、连续工作三年以上的高级

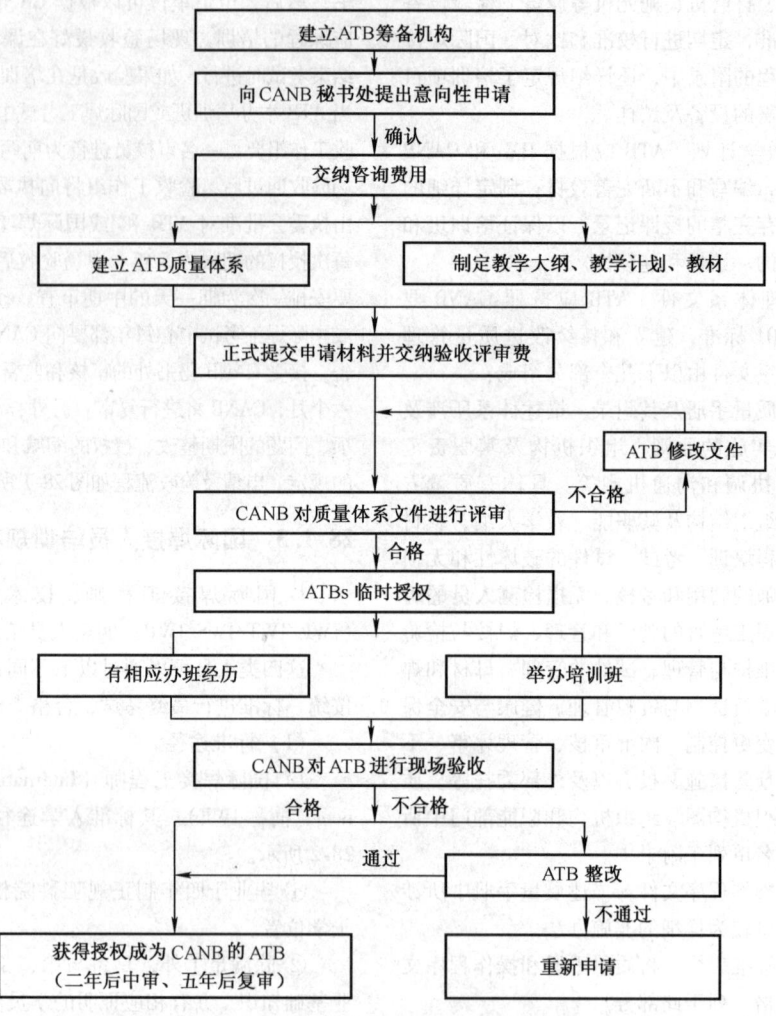

图 28-1　培训机构 **ATBs** 申请及验收流程图

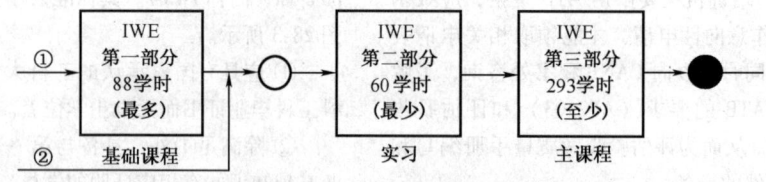

图 28-2　国际焊接工程师标准入学途径及课程结构

○—中期考试　●—最终考试

熟练焊工的国际焊接技士、欧洲焊工教师、高级熟练焊工可以通过此途径入学。建议参加 IWS 预备部分的学习，然后参加入学考试。

4）国际焊接技士（International Welding Practitioner，简称 IWP）。其标准入学途径及课程结构如图 28-5 所示。

① 年龄 22 岁以上，至少有两年工作经验的焊工，且 A）具有 ISO 9606-1 中 5.1 所规定的任一种焊接方法下的 ISO 9606-1　H-L045 ss nb 项目，或具有等同的有效资格证书持有者，如 EN287-1　H-L045 ss nb 或 ASME IX6G 证书者；或 B）跟 IIW 成员国等同的板焊工，可根据 EWF 的指导规程：MMA、MIG/MAG、TIG 或氧-乙炔气焊，获其中一种方法的 EN287-1　PE ss nb 项目，或一种方法的 EN287-1　PC + PF ss nb 两项目的合格证书者。上述 A）、B）中的证书须在焊工遵照焊接工艺规程和遵守安全操作许

可的条件下由 ATB 监督获得。或在出示足够的所选该方法的理论知识的证明下由 ANB 同意者，如持有按 EWF 规程所获得的欧洲管焊工证书或在 IIW 成员国内等同的证书者。

② 除满足①外，具备与第一部分相当的焊接专业基础知识并有相应证明的学员。

这四类人员的培训内容及时间见表 28-1。

以上课程中除所涉及基本原理外，大量涉及了

表 28-1 四类焊接人员标准途径的培训内容及时间

理论及技能培训内容	IWE	IWT	IWS	IWP
焊接工艺和设备	90	81	48	29
材料的焊接行为	115	96	56	23
结构和设计	62	44	24	6
生产制造和工程应用	114	81	54	28
基本实践操作	60	60	60	60
合计学时/h	441	362	242	146

注：根据 IIW 1AB-252r1-11

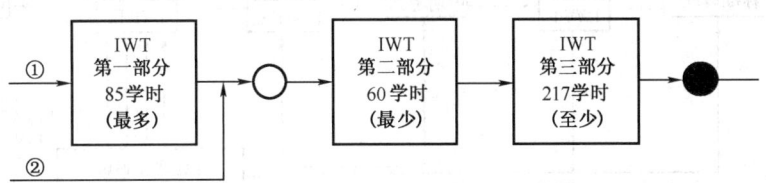

图 28-3 国际焊接技术员标准入学途径及课程结构

○—中期考试 ●—最终考试

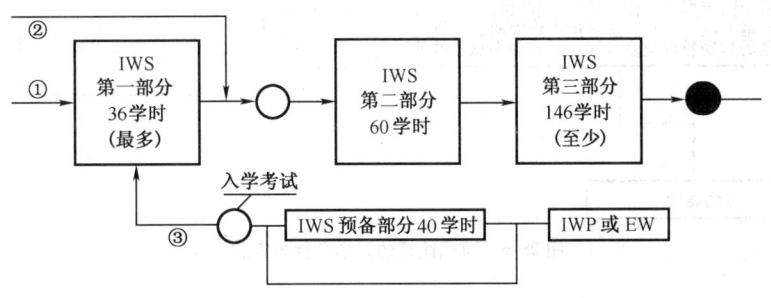

图 28-4 国际焊接技师标准入学途径及课程结构

○—中期考试 ●—最终考试

国际（ISO）、欧洲（EN）、美国（ASME）、德国（DIN）等标准和相关的规程。

（2）可选途径

可选途径允许那些拥有国际焊接学会相关培训规程所要求的知识，达到教学大纲要求，且可证明他们实际能力的人员，经 ANB 相关批准，仅参加部分培训课程学习后直接参加考试。目前，可以通过可选途径获得国际焊接学会技术资格的有 IWE、IWT、IWS、IWP 和 IWIP 五项课程。下面以国际焊接工程师（IWE）为例，说明可选途径实施的要求，如图 28-6 所示。

1）可选途径的申请材料和书面审查。申请者必须向 ANB 递交申请表，内容包括：符合入学条件的工科本科毕业证书复印件；一份包含职业信息的个人简历；至少有四年与焊接相关的工程师级的工作经验（在申请前 6 年的时间范围内）；申请者成为 IWE 的理由：工作经验、接受的培训及教育程度（也可包

括其他的考试成绩）；通过书面初步审查，ANB 决定是否对申请者进行技术考核和可选途径的确认。

2）技术考核和可选途径的确认。包括以下项目：进行详细的书面技术考核及面试，以检验其对焊接技术的了解程度及应用能力；完成这些要求后，申请者需在四周内完成宽范围的一个课程设计（以检验知识的合理应用）。ANB 根据技术考核的结果，决定学员的可选途径，但是，如果在口试后课程设计前，ANB 认为应该终止技术考核，学员必须至少参加标准课程中第四模块（生产制造与工程应用）的学习。比如可以通过论文答辩后进入最终考试，可以从参加 IWE 基础课程学习，可以从参加中期考试开始，可以从主课程的第 1、2、3、4 部分的其中某一部分开始学起，最终参加统一标准的考试。

根据 IIW 以上规程的精神，同时结合我国焊接技术人员的特点，目前我国针对可选途径，制定了图 28-7 所示的两种具体的学习途径。

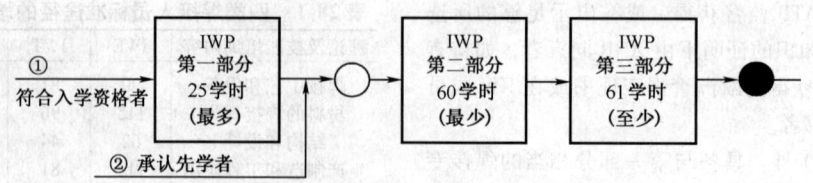

图 28-5　国际焊接技士标准入学途径及课程结构

○—中期考试　●—最终考试（笔试和技能）

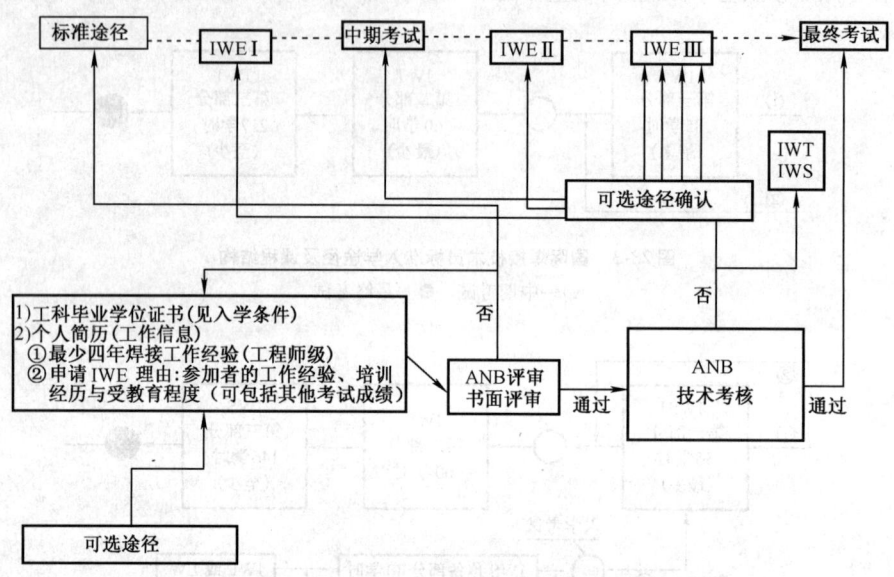

图 28-6　可选途径的入学条件与实施路径

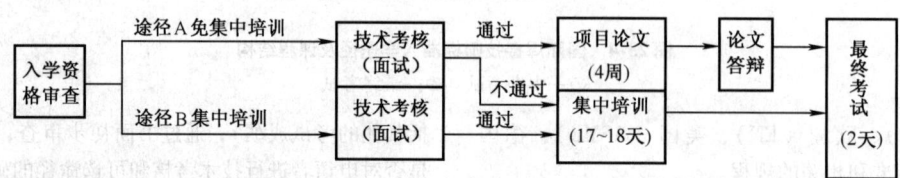

图 28-7　针对可选途径我国制定的两种学习途径

途径 A——通过邮寄教材光盘或网上课件形式进行 IWE-A 辅导课程的学习，并进行答疑或测试。此课程的学习可在书面评审（入学资格审查）通过后随时开始。完成途径 A 共需集中 6 ~ 7 天时间。

途径 B——完成技术考核（面试）后，进行至少 110 学时的培训。完成途径 B 共需集中约 20 天时间。

以上途径 A 即为 IWE 可选途径免集中培训的学习途径，主要包含以下程序环节：

① 报名。报名者通过邮寄提交报名资料两套（注明选择途径 A）：申请表、身份证、学历证书、焊接课程培训证书及成绩单复印件（面试或答辩时提供证书原件）。

② 入学资格审查。

a）CANB 根据提交材料，按照入学条件进行资格审查。

b）入学资格审查合格后，办理注册手续。

c）将 IWE-A 培训教材和课程辅导光盘邮寄给学员。

d）资格审查在收到报名资料 1 ~ 2 周内完成。

③ 技术考核。

a）技术考核包括书面评审和面试两部分。技术考核在入学资格审查之后、项目研究之前进行。

b）凭毕业证、工作经历、在校期间学习成绩单、相应焊接课程的培训证书及成绩单进行书面评审。

c）口试通过面试或网上互动进行，检验学员对专业知识的理解和应用能力（以结合工作经历为主）。

d）学员同时自学所有 IWE 课程要求的内容。

e）技术考核通常在 1～2 周内完成。

④ 项目研究。

a）学员提出申请，选择研究项目（可选择的类型为压力容器、静载结构、动载结构、其他结构等）。

b）通过项目研究，检验学员对知识综合运用能力。

c）在 4 周内完成项目研究，并将项目论文（或称项目研究报告）提交 CANB。

⑤ 论文答辩。

a）项目论文预审合格后，通知学员参加论文答辩。

b）到指定的培训地点答辩。

c）集中安排在 2 天内答辩。

⑥ 最终考试。

a）最终考试之前进行 2 天的辅导。

b）最终考试包括 1 天笔试和 1 天口试。

c）所用时间 4 天。

一般情况下，参加可选途径免集中培训的学员应在最终考试前 8 周报名，才能完成途径 A 的所有程序，这种培训方式只需集中 6～7 天时间。在此程序的实施步骤中，对第四项"项目研究报告"的内容有明确的要求，具体要求如下：

① 方案设计部分。

a）对设计图样和技术参数的评估（对产品的描述和理解）。

b）对选择的母材进行评估，包括材料的焊接性、预热和焊后热处理的要求。

c）针对产品结构进行如下选择：焊接方法；母材制备的切割方法；接头准备（坡口加工及装配）及焊缝计算（焊材消耗量）；焊接材料选择；焊前的表面处理；焊后表面处理方法。

d）必要的焊接工艺评定及检验方法，以及相应的 WPS。

e）焊工资格要求。

f）焊中和焊后无损检测方法。

g）编制：生产计划；焊接方案；项目所需标准清单；基于 ISO 3834 有关部分，或等同标准的产品质量计划，提出生产车间的设备和必要条件。

② 方案实施部分。针对实际产品或模拟相同结构的试件（需要由 ANB 来确认）来实施方案。

a）检查核对：母材型号与合格证书；焊工资格证（是否具有生产此产品的资格）；破坏性检验、无损检测和检查人员资格证。

b）试验结果的评估，与设计方案数据相比较。

c）焊前与焊中检测计划（对重点工序的检查）。

d）按设计方案的计划进行焊后检验（目视检测、无损检测、最后的压力试验和其他）。

e）根据检验和无损检测报告，对焊接及检验结果评估。

f）如果评估表明需要返修，制定返修方案及返修所用的 WPS。

g）生产成本评估（包括母材、焊材用量，加工费用，工时等）。

③ 最终报告和陈述。

a）学员应根据方案设计和方案实施，写出最终的书面报告。

b）报告中应保证产品质量，同时包含关于生产的经济性观点。

c）学员对项目研究进行一次口头陈述。

④ 最终考试。与标准培训途径的最终考试要求和程序相同。

（3）IWE、IWT、IWS、IWP 四类人员考试

1）考试资格认可。参加国际焊接工程师课程考试资格如下：

① 符合培训规程所述最低要求的人员。

② 接受根据本规程所规定的、由 CANB 批准的课程培训，实际出勤率达到 90% 以上。

2）考试内容。与培训的四门课程相对应，考试包括以下四个方面：

① 焊接方法与设备。

② 焊接材料与行为。

③ 结构与设计。

④ 生产制造与工程应用。

3）考试形式

① 笔试。其内容覆盖整个课程的一系列多项选择题。IWE 的考试每一门课程的书面考试时间至少不低于两小时，四门课程不低于八小时。书面考试低于 50 分（含 50 分）者不得参加口试。其他人员的考试也有相关规定。

② 口试。每一参加考试人员对涉及所有四门课的口试时间不少于 1h。笔试与口试同等重要，即口试的比例占该课程总成绩的 50%。学员要通过考试，各科成绩至少达到 60 分。IWE 的口试是强制性的；IWT、IWS、IWP 的口试是非强制性的，如果考试委员会决定进行口试，应在笔试前宣布，其成绩比例为 50%。对于 IWE 考生考试成绩在 51～74 分的课程，对于 IWS、IWP 考生考试成绩在 51～59 分的课程，考生必须参加口试，每一课程的口试时间不得少于 15min。

另外，IWP 除进行理论考试外，还要进行主要焊

接方法的技能考试。考试项目见表 28-2。

实际操作考试按 ISO 9606/EN287。试件的焊接质量的检查按 ISO 5817（钢）或 ISO 10042（铝）的 B 级标准进行，或某个国家被 IIW 所认可的等同的标准。

4）成绩的确认及有效期。每门课程单独计算成绩，四门考试通过（口试及笔试）才可取得相应资格证书。每一门课程的合格成绩有效期为三年，所有四门课程的考试将在 IWEⅡ开始后的三年时间内完成。

表 28-2　IWP 各类焊接方法技能考试项目（IAB-225r1-11）

焊接方法		技能考试		
ISO/EN 9606/287	ISO/EN 9606/287	材料组别（ISO TR 15608）	位置焊接	试件尺寸 直径/厚度
MMA	111	1	PF/BW	6.0～13.0
		3	PF/BW	6.0～13.0
		4,5,6	H-L045/BW	ϕ60.3～ϕ114.3/3.9～7.11
		7	PF/BW	6.0～13.0
		8	PB/FW	6.0～13.0
TIG	141	1	H-L045/BW	ϕ60.3～ϕ114.3 3.9～7.11
		3	PF/BW	2.0～6.0
		4,5,6	H-L045/BW	ϕ60.3～ϕ114.3 3.9～7.11
		7	PF/BW	2.0～6.0
		8	H-L045/BW	ϕ60.3～ϕ114.3 3.9～7.11
		22	PF/BW	2.0～6.0
MIG	131	22	PF/BW	6.0～13.0
MAG（和/或金属粉末焊芯药丝）	135（138）	1	PF/BW	6.0～13.0
		8	PB/FW	6.0～13.0
FCAW（仅为药芯焊丝）	136	1	PF/BW	6.0～13.0
		8	PF/BW	6.0～13.0
		3	PF/FW	6.0～13.0
气焊	311	1	H-L045/BW	ϕ60.3～ϕ114.3 3.9～7.11

5）补考。最终考试中每门不及格的课都要补考。补考将在第一次考试后的 15 个月内进行。如果第二次补考仍未通过，允许在第二次考试后的 1～15 个月内重考。第三次考试仍不及格，学员将重新注册，重修所有课程。

2. 国际焊工和国际焊接质检人员（IW/IWIP）培训规程

（1）国际焊工培训规程

$$\boxed{理论培训及考试} + \boxed{技能培训及考试} = \boxed{国际焊工}$$

其特点如下：

① 利于培训、考试及资格认证的一体化。

② 提供了理论及技能培训内容及评估的方式。

③ 技能考试与 ISO 9606 相符。

④ 本规程提供了综合性强的理论知识与高水平操作技能相结合的，难度逐渐增加，并包括了 ISO

9606 在内的教学及考试体系。

1）入学条件。国际焊工入学条件如图 28-8 所示。

模块 1 条件：生理、心理健康，在金属加工中具有足够的知识或教育要达到参加培训的程度。

模块 2 条件：通过模块 1 中描述的技能考试，能证明达到了要求的技能水平。

模块 3 条件：通过模块 2 中描述的理论和技能综合考试，能证明达到了要求的技能水平。

模块 4 条件：通过模块 2 中描述的理论和技能综合考试，以及模块 3 中描述的技能考试，能证明达到了要求的技能水平。

模块 5 条件：通过模块 2 和 4 中描述的理论和技能综合考试，能证明达到了要求的技能水平。

模块 6 条件：通过模块 2 和 4 中描述的理论和技

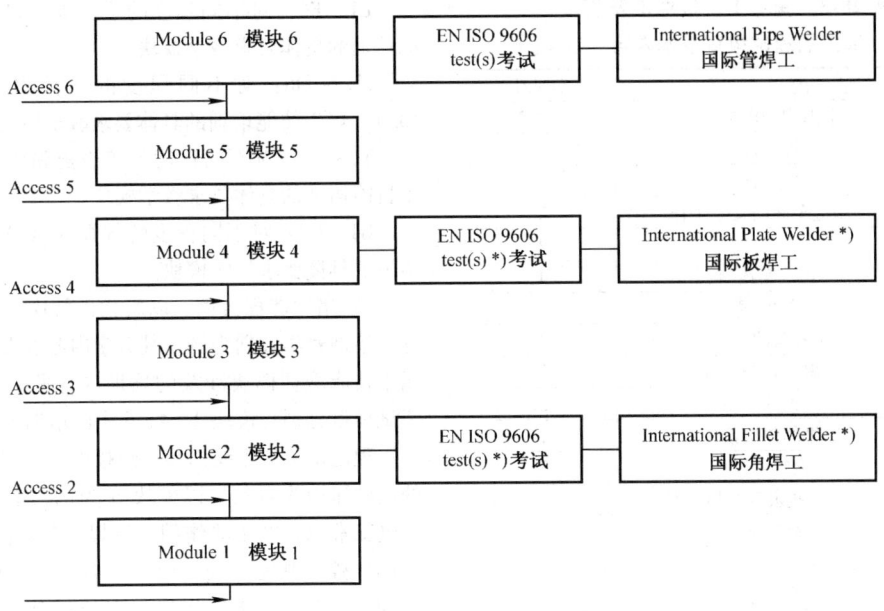

图 28-8　国际焊工入学条件

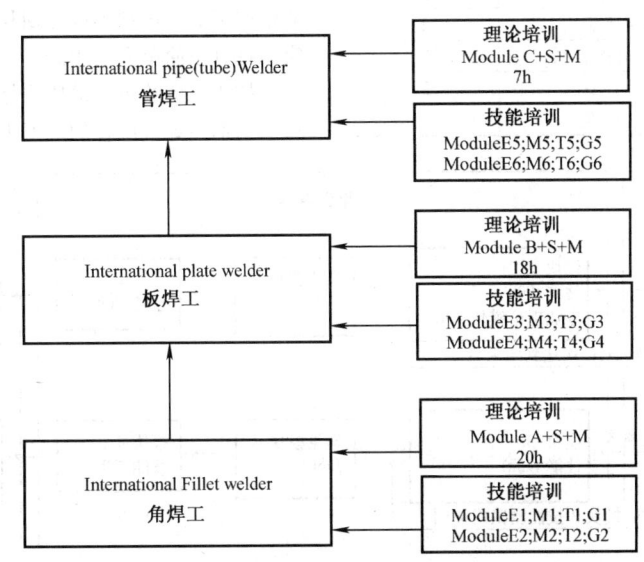

图 28-9　国际焊工课程设置

能综合考试，以及模块 5 中描述的技能考试，能证明达到了要求的技能水平。

2）课程设置。国际焊工课程设置如图 28-9 所示。

① 理论培训课程。A、B、C 模块分别代表角焊工、板焊工及管焊工的理论教育基本内容，大体内容见表 28-3。

另外，针对不同的焊接方法和材料，需补充以下相应内容：

a）针对专门的焊接方法，需补充模块 S 内容，

具体为：

SG：气焊补充理论教学（5h）。

SA：MMA 焊接补充理论教学（5h）。

SM：MIG/MAG 焊接补充理论教学（7h）。

ST：TIG 焊接补充理论教学（5h）。

b）针对不锈钢和 Al 焊接，需补充模块 M 内容，具体如下。

MSS：不锈钢补充理论教学（8h）。

MAL：铝补充理论教学（8h）。

② 技能培训课程。

表 28-3　角焊工、板焊工及管焊工的理论教育基本内容

模块		内　容	学时/h
A	A1	电弧焊中电的使用	2
	A2	焊接设备	2
	A3	健康与安全	2
	A4	制造车间的安全工作	2
	A5	焊接材料	2
	A6	焊接实践（1）	4
	A7	焊接实践（2）	2
	A8	焊接接头的准备方法	2
	A9	焊工资格认证	2
B	B1	钢的介绍	2
	B2	板的焊接接头	2
	B3	钢的可焊性	2
	B4	收缩、残余应力和变形	2
	B5	焊接缺欠	4
	B6	熔焊方法概述	2
	B7	现场安全操作	2
	B8	监督与检验	2
	B9	焊接中的质量保证（QA）	2
C	C1	管的焊接接头	2
	C2	非合金钢以外的材料	2
	C3	失效概述及其原因	2
	C4	国际焊接标准	1

E1～E6：对不同程度的手工焊（111），焊工技能培训的具体要求教学模块。

M1～M6：对不同程度的气体保护焊（131，135），焊工技能培训的具体要求教学模块。

T1～T6：对不同程度的钨极氩弧焊（141），焊工技能培训的具体要求教学模块。

G1～G2：对不同程度的气焊（311），焊工技能培训的具体要求教学模块。

3）培训课程实例。以熔化极气体保护焊的国际焊工培训教学计划为例，其教学内容设置见图28-10。图中技能培训模块涉及的培训内容见表 28-4。技能考试项目分别与模块 2、4、6 中的培训项目一致。

理论培训的主要内容以焊接安全和焊工应知应会的基础知识为目的。以模块 A 为例，主要教学内容为电工常识、电弧的作用、弧焊设备、健康与安全、焊接材料、焊接实践、接头准备、焊工资格等，共20 学时。让学员掌握焊接生产的安全常识，理解电弧的作用，弧焊设备的功能和弧焊时焊接参数对焊接质量的影响，识别焊接计划和指令及材料标记等。其突出特点是简单而实用。

技能培训的每个模块均是按照试件类型、接头形式下的不同焊接位置的练习来设置的，例如：熔化极

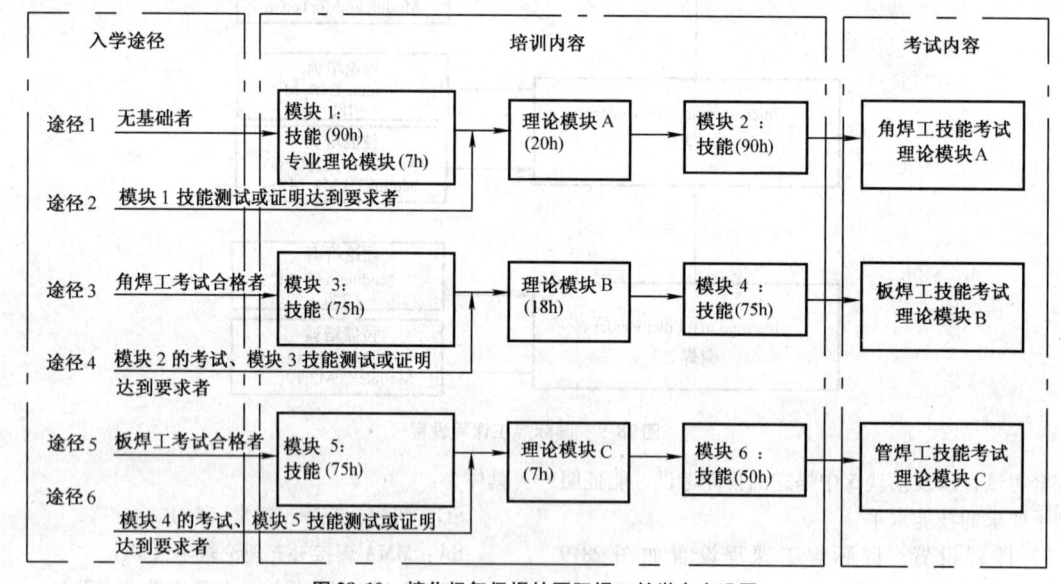

图 28-10　熔化极气保焊的国际焊工教学内容设置

表 28-4　钢材熔化极气体保护焊（实心焊丝和药芯焊丝）的技能培训及技术要求

模块	项目名称	材质及规格/mm	技术要求
模块 1	板试件角接平焊	$Q235,\delta>1$	单层焊或多层焊
	板试件角接立焊	$Q235,\delta>1$	
模块 2	管试件角接仰焊	$Q235,\delta>1$ 管箱	单层焊或多层焊
	管试件角接全位置焊	$Q235,\delta>1$ 管外径 40～80	

（续）

模块	项目名称	材质及规格/mm	技术要求
模块 3	板试件对接平焊 板试件对接立焊	Q235,$\delta > 1$ Q235,$\delta > 1$	单面焊双面成形
模块 4	板试件对接横焊 板试件对接仰焊	Q235,$\delta > 1$ Q235,$\delta > 1$	单面焊双面成形
模块 5	管试件对接水平固定焊 管试件对接水平垂直固定焊	20 钢 $\delta > 1$ 管径不限 20 钢 $\delta > 1$ 管径不限	单面焊双面成形
模块 6	管试件对接斜 45°固定焊	20 钢 $\delta > 1$ 管径不限	单面焊双面成形

气体保护焊的角焊工，按 ISO TR15608 中的钢角焊缝在不同位置下的焊接技能项目，从试件的装配、点固焊、反变形、安全生产常识、遵守焊接工艺规程（WPS）及执行计划的能力，进行正确选择填充材料和期望得到的焊缝尺寸等各方面的训练。

4）考试及证书。在模块 A、B、C 之后，有一次最终考试，由多选题组成。最终理论考试通过线为60 分，可获取相关证书。理论部分考试失败，需参加相应部分的补考，再次失败需重新学习。

根据 ISO 9606 验收准则，技能考试通过标准为"及格"。

根据本培训规程，所学习的理论知识及考试成绩在五年内有效，但特殊材料与工艺需另外学习与考试。

ANB 将向那些理论考试与技能考试均合格的学员颁发证书。证书将包含其所允许的执业范围。

（2）ISO 9606（EN287）熔焊焊工考试标准

1）前言。欧洲熔焊焊工考试标准（EN287）于1992 年 2 月开始实施，同时取代了德国的 DIN 8560和 DIN8561 两个焊工考试标准。该标准于 1994 年被直接转化为国际标准，即 ISO 9606。该标准系列如下：

ISO 9606（EN287）-1：熔焊焊工考试——钢

ISO 9606（EN287）-2：熔焊焊工考试——铝及铝合金

ISO 9606（EN287）-3：熔焊焊工考试——铜及铜合金

ISO 9606（EN287）-4：熔焊焊工考试——镍及镍合金

ISO 9606（EN287）-5：熔焊焊工考试——钛及钛合金

2）目的及应用范围。ISO 9606 系列标准适用于手工焊及半自动焊焊工的考核，而不适用于自动焊焊工的考核。自动焊焊工考试标准为 ISO 14732（EN1418）。本标准侧重于焊工手工操作技能的考核，而

对焊工的专业理论考核没有作硬性的规定，这主要取决于各行业部门的具体要求。本节主要介绍 ISO 9606（EN 287）-1 的基本内容。

3）焊接方法。每项考试一般只认可一种焊接方法。改变焊接方法需要进行新的考试，但将实心焊丝改为金属粉末芯焊丝（或反之）的非惰性气体保护焊，即焊接方法由 135 变为 136（或反之），不要求新的考试。

允许焊工使用多种工艺焊接一个试件，取得两种（或更多种）焊接方法的认可。本标准中所列出的焊接方法如下：111—手工焊条电弧焊；114—药芯焊条电弧焊（没有保护气体）；12—埋弧焊；131—惰性气体保护焊（MIG）；135—活性气体保护焊（MAG）；136—药芯焊丝活性气体保护焊；141—钨极氩弧焊（TIG）；15—等离子焊；311—氧乙炔火焰气焊。

4）试件类型。焊工考试应采用板材或管材进行，并遵循下列准则：

a）管材上的焊缝（外径 $D > 25$mm）适合于板材上的焊缝。

b）板材上的焊缝在下列条件下，适合于管材上的焊缝：

管材外径 $D \geqslant 150$mm，焊接位置 PA、PB 和 PC；

管材外径 $D \geqslant 500$mm，所有其他焊接位置。

5）焊缝种类。考试应采用对接焊缝或角焊缝，并依据下列准则进行：

a）对接焊缝适合于任何接头类型上的对接焊缝，支管连接焊缝除外。

b）如果在相同条件下焊接，对接焊缝的焊接适用于角焊缝；但在生产中主要为角焊缝焊接时，应对焊工进行相应的角焊缝考试。

c）不带衬垫的管材对接焊缝，适合于角度大于60°的支管连接焊缝。对支管而言，其认可范围以支管的外径为基础。

d）如果生产工件以支管焊接为主，或者涉及复杂的支管连接，焊工应接受特殊的培训，并应在必要

时进行支管连接方面的焊工考试。

6）材料。为减少焊工考试项目，特对被焊母材按 ISO 15608 标准进行了分组，同组别的材料可以互代。

① 钢材分类组别见表28-5。

② 钢材组别的适用范围见表28-6。

表 28-5　钢材分类组别

类别	组别	钢　　种
1		屈服强度 $R_{p0.2} \leq 460$MPa，且成分（质量分数，%，下同）如下：C$\leq$0.25、Si$\leq$0.60、Mn$\leq$1.70、Mo$\leq$0.70[b]、S$\leq$0.045、P$\leq$0.045、Cu$\leq$0.40、Ni$\leq$0.5、Cr$\leq$0.3(0.4 铸钢)、Nb$\leq$0.05、V$\leq$0.12[b]、Ti$\leq$0.05
	1.1	屈服强度 $R_{p0.2} \leq 275$MPa 的钢
	1.2	屈服强度 275 MPa $< R_{p0.2} \leq 360$MPa 的钢
	1.3	屈服强度 $R_{p0.2} > 360$MPa 的细晶粒正火钢
	1.4	改进型耐候钢（某一种元素允许超标）
2		屈服强度 $R_{p0.2} > 360$MPa 的热控轧处理的细晶粒钢和铸钢
	2.1	屈服强度 360MPa $< R_{p0.2} \leq 460$MPa 的热控轧处理的细晶粒钢和铸钢
	2.2	屈服强度 $R_{p0.2} > 460$MPa 的热控轧处理的细晶粒钢和铸钢
3		屈服强度 $R_{p0.2} > 360$MPa 的调质钢和沉淀硬化钢（不锈钢除外）
	3.1	屈服强度 360MPa $< R_{p0.2} \leq 690$MPa 的调质钢
	3.2	屈服强度 $R_{p0.2} > 690$MPa 的调质钢
	3.3	沉淀硬化钢（不锈钢除外）
4		Mo$\leq$0.7 且 V$\leq$0.1 的低钒 Cr-Mo-(Ni) 钢
	4.1	Cr$\leq$0.3 且 Ni$\leq$0.7 的钢
	4.2	Cr$\leq$0.7 且 Ni$\leq$1.5 的钢
5		Cr$\leq$0.35 的无钒 Cr-Mo 钢
	5.1	0.75$\leq$Cr$\leq$1.5 且 Mo$\leq$0.7 的钢
	5.2	1.5 $<$Cr$\leq$3.5 且 0.7$<$Mo$\leq$1.2 的钢
	5.3	3.5 $<$Cr$\leq$7.0 且 0.4$<$Mo$\leq$0.7 的钢
	5.4	7.0 $<$Cr$\leq$10.5 且 0.7$<$Mo$\leq$1.2 的钢
6		高钒 Cr-Mo-(Ni) 合金钢
	6.1	0.3$\leq$Cr$\leq$0.75；Mo$\leq$0.7；V$\leq$0.35 的钢
	6.2	0.75$<$Cr$\leq$3.5；0.7$<$Mo$\leq$1.2；V$\leq$0.35 的钢
	6.3	3.5$<$Cr$\leq$7.0；Mo$\leq$0.7；0.45$\leq$V$\leq$0.55 的钢
	6.4	7.0$<$Cr$\leq$12.5；0.7$<$Mo$\leq$1.2；V$\leq$0.35 的钢
7		铁素体钢、马氏体钢或沉淀硬化不锈钢（C$\leq$0.35，10.5$\leq$Cr$\leq$30）
	7.1	铁素体不锈钢
	7.2	马氏体不锈钢
	7.3	沉淀硬化不锈钢
8		奥氏体不锈钢
	8.1	Cr$\leq$19 的奥氏体不锈钢
	8.2	Cr$>$19 的奥氏体不锈钢
	8.3	4.0$<$Mn$\leq$12 的含锰奥氏体不锈钢
9		Ni$\leq$10 的镍合金钢
	9.1	Ni$\leq$3.0 的镍合金钢
	9.2	3.0$<$Ni$\leq$8.0 的镍合金钢
	9.3	8.0$<$Ni$\leq$10 的镍合金钢
10		奥氏体-铁素体双相不锈钢
	10.1	Cr$\leq$24 的奥氏体-铁素体不锈钢
	10.2	Cr$>$24 的奥氏体-铁素体不锈钢
11		0.25$<$C$\leq$0.85，其余成分与 1 类钢相同的钢
	11.1	0.25$<$C$\leq$0.35，其余成分与 1 类钢相同的钢
	11.2	0.35$<$C$\leq$0.5，其余成分与 1 类钢相同的钢
	11.3	0.5$<$C$\leq$0.85，其余成分与 1 类钢相同的钢

表 28-6　钢材适用范围

试件的母材类组[①]	认可范围									9		10	11
	1.1 1.2 1.4	1.3	2	3	4	5	6	7	8	9.1	9.2+9.3		
1.1 1.2 1.4	×	—	—	—	—	—	—	—	—	—	—	—	—
1.3	×	×	×	×	—	—	—	—	—	×	—	—	×
2	×	×	×	×	—	—	—	—	—	×	—	—	×
3	×	×	×	×	—	—	—	—	—	×	—	—	×
4	×	×	×	×	×	×	×	×	—	×	—	—	×
5	×	×	×	×	×	×	×	×	—	×	—	—	×
6	×	×	×	×	×	×	×	×	—	×	—	—	×
7	×	×	×	×	×	×	×	×	—	×	—	—	×
8	—	—	—	—	—	—	—	—	×	—	×	×	—
9	9.1	×	—	×	×	—	—	—	—	—	×	—	—	—
	9.2+9.3	×	—	—	—	—	—	—	—	—	—	×	—	—
10	—	—	—	—	—	—	—	—	×	—	×	×	—
11	×	×	—	—	—	—	—	—	—	—	—	—	×

注：表中，×为焊工得到认可的类组；— 为焊工未得到认可的类组。
① 母材类组按 ISO 15608 划分，详见附录 E。

7）焊接填充材料。带填充金属的认可，例如：141、15 及 311 焊接方法，适合于不带填充金属的焊接，反之则不行。

表 28-7 列出焊条药皮种类的适用范围。

表 28-7　焊条药皮种类的适用范围

焊条药皮类型	适用范围				
	A；RA	R；RB；RC；RR	B	C	S
A；RA	*	—	—	—	—
R；RB；RC；RR	×	*	—	—	—
B	×	×	*	—	—
C	—	—	—	*	—
S[①]	—	—	—	—	*

注：表中，* 为使用此种类型的手工电弧焊焊条进行考试；× 为考试对其同样适用的焊条；—为考试对其不能适用的焊条。
① S 仅适用于考试时使用特种焊条的情况。

8）试件尺寸及适用范围。

① 考试试件的形状和尺寸。考试试件的形状和尺寸要求如图 28-11 所示。角焊缝的焊缝有效厚度应为：$0.5t \leqslant a \leqslant 0.7t$。检验长度应至少为 150mm。如果管子的周长小于 150mm，需要增加试件，但试件数量不得超过 3 个。

② 钢材对接焊缝试件厚度及认可范围见表 28-8。

③ 钢材焊接试件直径及认可范围见表 28-9。

表 28-8　对接焊缝试件厚度及认可范围
（单位：mm）

板厚或管壁厚 t	
试件的材料厚度	认可范围
$t \leqslant 3$	$1t \sim 2t$[①]
$3 < t \leqslant 12$	$3 \sim 2t$[②]
> 12	$\geqslant 5$

① 对于气焊（311）：$1t \sim 1.5t$。
② 对于气焊（311）：$3\text{mm} \sim 1.5t$。

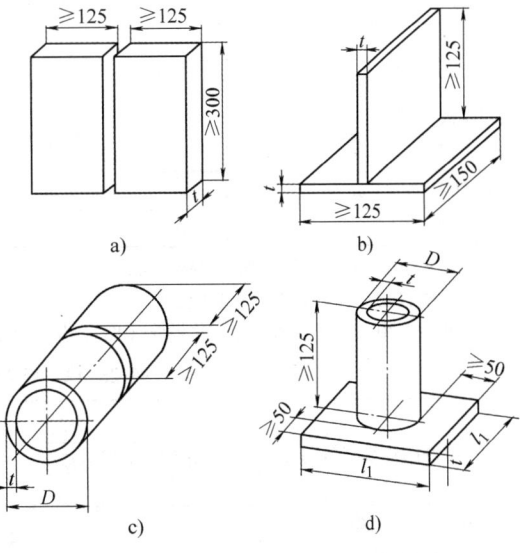

图 28-11　焊接考试试件的形状和尺寸
a）板对接试件　b）板角接试件　c）管对接试件
d）管角接试件

表 28-9　焊接试件直径及认可范围

（单位：mm）

管径 D	
试件的外径 D	认可范围
D≤25	1D～2D
D>25	≥0.5D(最小 25)

④ 钢材角焊缝试件厚度及认可范围见表 28-10。

表 28-10　角焊缝试件厚度及认可范围

（单位：mm）

试件的材料厚度 t	认可范围
t<3	1t～3
t≥3	t≥3

9）焊接位置。考试试件应按 EN ISO 6947 标准规定的焊接位置进行焊接：

① 板对接焊缝。PA（平焊）、PC（横焊）、PE（仰焊）、PF（立向上焊）、PG（立向下焊）。

② 板角接焊缝。PA（船形位焊）、PB（平角）、PC（横焊）、PD（仰角焊）、PF、PG。

③ 管对接焊缝。PA、PC、PF、PG、H-L045（45°向上立焊）、J-L045（45°向下立焊）。

④ 管板角焊缝。PA、PB、PC、PD、PE、PF、PG。

表 28-11 列出钢材位置认可范围。其焊接位置的认可范围如下：

① 管子上的 J-L045 和 H-L045 焊接位置，认可了生产工件上所有管子焊接的角度。

② 焊接两个直径相同的管子（一个在 PF 位置，一个在 PC 位置），也包括了在 H-L045 位置上焊接的管子的认可范围。

③ 焊接两个直径相同的管子（一个在 PG 位置，一个在 PC 位置），也包括了在 J-L045 位置上焊接的管子的认可范围。

④ 直径 D≥150mm 的管子，可以只用一个试件在两个焊接位置（PF 或 2/3 周长的 PG，1/3 周长的 PC）上焊接。

10）其他焊接因素。

① 钢材对接焊缝的认可范围见表 28-12。

表 28-11　钢材焊接位置认可范围

考试位置	认可范围[1]										
	PA	PB[2]	PC	PD[2]	PE	PF(板)	PF(管)	PG(板)	PG(管)	H-L045	J-L045
PA	×	×	—	—	—	—	—	—	—	—	—
PB[2]	×	×	—	—	—	—	—	—	—	—	—
PC	×	×	×	—	—	—	—	—	—	—	—
PD[2]	×	×	×	×	×	×	—	—	—	—	—
PE	×	×	×	×	×	×	—	—	—	—	—
PF(板)	×	×	—	—	—	×	—	—	—	—	—
PF(管)	×	×	—	—	—	×	×	—	—	—	—
PG(板)	—	—	—	—	—	—	—	×	—	—	—
PG(管)	×	×	—	—	—	—	—	×	×	—	—
H-L045	×	×	×	×	×	×	—	—	—	×	—
J-L045	×	×	×	×	×	—	—	×	×	—	×

注：×为焊工得到认可的那些焊接位置；—为焊工未得到认可的那些焊接位置。

[1] 此外还必须参阅 5.3 和 5.4 的要求。

[2] PB 和 PD 的考试位置适宜于角焊缝（见 5.4b），而且只能认可其他位置上的角焊缝。

表 28-12　钢材对接焊缝的认可范围

试件的焊接因素	认可范围		
	单面焊/不带衬垫 （ss nb）	单面焊/带衬垫 （ss mb）	双面焊 （bs）
单面焊/不带衬垫（ss nb）	×	×	×
单面焊/带衬垫（ss mb）	—	×	×
双面焊（bs）	—	×	×

注：×为焊工得到认可的那些焊缝；—为焊工未得到认可的那些焊缝。

② 钢材角焊缝的认可范围见表 28-13。

表 28-13　钢材角焊缝的认可范围

试件①	认可范围	
	单层(sl)	多层(ml)
单层(sl)	×	—
多层(ml)	×	×

注：×为认可的焊层种类；— 为未认可的焊层种类。

① 焊缝有效厚度应在一定范围内，$0.5t \le a \le 0.7t$。

11）焊接条件。焊工考试应遵照有关标准或规程编制的焊接工艺规程（WPS），或焊接工艺预规程（pWPS）。

考试时的焊接应满足下列要求：

① 试件的焊接时间应与普通生产条件下的工作时间一致。

② 试件在盖面焊道和/或根部焊道上，应至少有一次停弧和再起弧，并在检查长度范围内做标记，以便检查。

③ 试件的施焊应符合 WPS 的预热（或热输入）要求。

④ 无弯曲试验要求时，可以省去 WPS 中所要求的焊后热处理。

除盖面焊道之外，允许焊工在征得考官（或考试机构）同意的条件下，通过打磨、刨削或生产中使用的其他方法去除轻微的缺陷。

12）检验方法。

① 每个试板应在焊态下进行检验，附加检验应在外观检测合格后进行。

② 进行无损检测之前，应将试板的永久衬垫去除。

③ 为了清晰地显示焊缝，宏观试样应在一侧制备并腐蚀。

④ 对于采用 131、135、136（仅金属粉末芯焊丝）和 311 焊接方法焊接的对接焊缝，进行射线检测后，还要求附加两个横向弯曲试验（一个正弯、一个背弯或两个侧弯），或两个断裂试验。

检验要求见表 28-14。

13）破坏性试验。横弯或侧弯试验时，对于延伸率 $A \ge 20\%$ 的母材，压头（或内辊）直径应为 $4t$，弯曲角度应为 $180°$；延伸率 $A < 20\%$ 的母材，应采用下列公式：

$$d = 100t_s/A - t_s$$

式中　d——压头或内辊的直径；

t_s——弯曲试样厚度；

A——母材标准要求的最低伸长率。

做横弯试验时，整个受检长度应切成宽度相等的

表 28-14　检验要求

检验方法	对接焊缝（板或管）	角焊缝及支管连接
外观检验	强制	强制
射线检验	强制[a,b,d]	非强制
弯曲试验	强制[a,b,f]	不适用
断裂试验	强制[a,b,f]	强制[c,e]

注：a—射线检验、弯曲或断裂试验三者任选其一；b—做射线检验时，131、135、136（仅金属粉末芯焊丝）和 311 焊接方法，还必须附加弯曲或断裂试验；c—必要时，断裂试验可用至少两个磁粉试样代替；d—对于厚度 ≥8mm 的铁素体钢，射线检验可用超声波检验代替；e—管子的断裂试验可用射线检验代替；f—外径 $D \le 25mm$ 时，弯曲或断裂试验可用整个试件的缺口拉伸试验代替。

若干试样，所有试样都要试验。仅做侧弯试验时，要在受检长度内，均匀切取至少 4 组试样，其中一个试样必须要取自试验长度内的起弧及止弧区。

对于厚度大于 12mm 的板材，横弯试验可由侧弯试验代替。

对于管子而言，131、135、136（仅金属粉末芯焊丝）或 311 焊接方法进行射线检验后，所要求附加的断裂或横弯的试样数量应按焊接位置确定。对于 PA 或 PC 焊接位置，应做一个背弯和一个正弯试验，所有其他焊接位置应做两个背弯和两个正弯试验。断裂试验时，试件应切成宽度相等的若干试样，每个试样的受检长度应大于或等于 40mm，切口外形可按 ISO 9017 要求加工。

14）试件的评定条件。试件应按相应缺陷种类所规定的验收要求进行评价。除非另有规定，否则按本标准的检验方法所发现的缺陷，其验收要求按 ISO 5817 评价。如果试件内的缺陷处于 ISO 5817 规定的 B 级评定范围内（但下列缺陷种类除外，例如：焊缝余高、凸起、内陷及角焊缝厚度等，这些缺陷按 C 级评定），则判定焊工考试合格。

弯曲试样不允许出现在任何方向上大于 3mm 的单个缺陷。弯曲时出现在试样边缘处的裂纹，应在评估时忽略，但由于未焊透、夹渣（或其他操作缺陷）造成的裂纹除外。如果试件中的缺陷超过了规定的限值，则焊工的考试不合格。

无损检测相应的验收指标也应参照有关标准。所有的破坏性试验和无损检测应采用规定的程序。

15）补考。如果明显看到试件的失效是由于金属冶金或其他外界因素造成的，而不是直接由于焊工的手工技能造成的，则有必要进行一次附加的考试。

16）有效期。

① 初次考试。焊工认可的有效期，从试件的焊接之日开始。其前提条件是要求的考试已经完成，而且考试结果合格。

② 有效期的确认。颁发的焊工资格证书有效期为两年。前提条件是焊接主管（或负责）人员每六个月做一次确认，确定该焊工在最初的认可范围内持续工作。

③ 延期。考官/考试机构可按本标准要求，将焊工资格证书每两年延期一次。证书延期之前，必须满足②中的要求，而且确认下列条件：

a）所有用于支持延期的记录和证据，应具有完整的可追溯性，并与生产中所使用的焊接工艺规程一致。

b）用于支持延期的依据充分，如六个月之前，在两个产品焊缝上做的射线（或超声）检测，或有关产品试件的破坏性试验（断裂或弯曲）结果符合要求，且有关延期的依据要求至少两年获取一次。

c）焊缝满足本标准规定的缺陷合格等级。

17）焊工考试的标记。焊工考试标记必须包括下述说明，按规定顺序排列（这个系统的结构形式适合计算机数据处理）：标准号；主要参数；焊接方法；焊缝形式：对接焊缝（BW），角焊缝（FW）；填充材料；焊接位置；母材：板（P），管（T）；材料组别；试件尺寸：厚度（t），管径（D）；施焊形式。

① 使用的缩写符号：P—板；T—管；BW—对接焊缝；FW—角焊缝；D—管外径；t—板厚或管壁厚；nm—不加填充材料；s—实心焊丝/填充丝；mb—带熔池保护焊接（加垫板）；nb—不带熔池保护和根部保护焊接；ng—背部不清根或不打磨；bs—双面焊；ss—单面焊；sl—单层焊；ml—多层焊；A—酸性药皮；B—碱性药皮；C—纤维素型药皮；R—金红石型药皮。

② 实例如下：

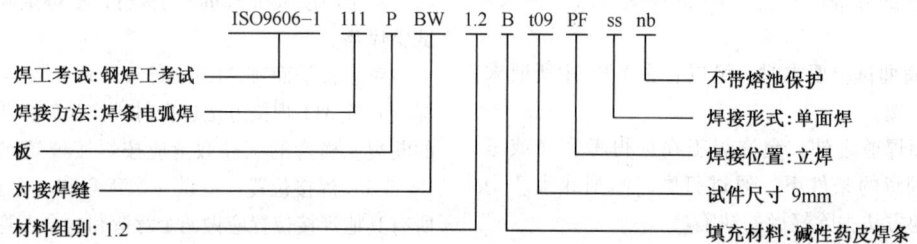

（3）国际焊接质检人员培训

1）质检人员层次：综合级（IWI-C）；标准级（IWI-S）；基础级（IWI-B）。

2）入学途径（教育和考试）。

途径 1 适用于那些满足各层次人员入学条件的学员。学员可先期学习和/或工作经验基础上进行自我评估，可直接进行中期考试，或是先参加焊接技术模块部分学习。进入焊接检验模块学习前，学员必须通过中期考试。

途径 2 适用于那些已获 IIW 资格证书的人员，可直接进入相应级别的焊接检验模块部分学习。

途径 3 中，对于 IWI-S 级，本规程认可几个国家现状，检验人员的入学，可不必完全满足 1 中规定的入学条件，但必须具备普通工程检验 5 年以上的检验工作经验。这些检验人员通过自我评估，决定是否直接参加模块 0 后的第一个中期考试，或是参加模块 0 中 40 学时的基本技术学习。焊接技术模块 WT II 部分对于途径 3 是强制实行的。

图 28-12 所示为途径 1——标准途径。图 28-13 所示为其他途径 2、3、4——可选途径。本规程同时规定了图 28-12 中有丰富经验的 IWI-B 级检验人员，经途径 4 入学 IWI-S 级。学员可通过自我评估，决定是参加特定，或是全部模块学习。中期考试将检查学员的知识，考试失败者必须参加模块 0 与 WT II 的学习。

对于所有途径，如果学员为了直接参加那次考试而选择的中期考试失败，必须参加在所参加考试前模块部分的培训。

3）NDT 资格证书的互认。那些根据 ISO 9712、EN 473 或 ANB 认可的等同标准考试获得 NDT 资格证书持有者，可免去焊接检验模块相应 NDT 检验方法部分的学习，但必须参加最终考试。这样的安排需经 ANB 批准。

4）检验人员的职责。一个质检人员的典型职责如下：

① 解释制图和规范参数。

② 核实焊接工艺和焊工或焊接操作者资格。

③ 核查批准的焊接工艺的应用情况。

④ 选择生产检验试样。

⑤ 解释检验结果。

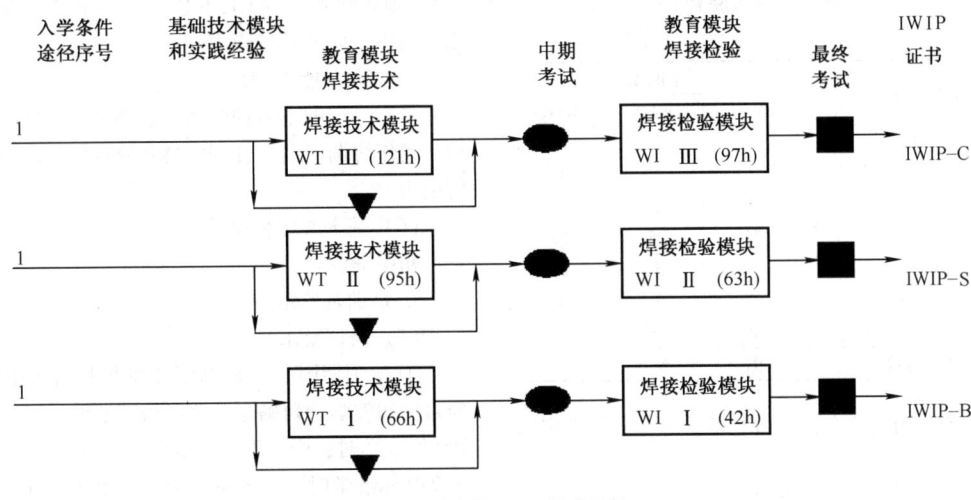

图 28-12 途径 1——标准途径

▼—ATB 评估 ●—中期考试 ■—最终考试 ATB—经授权的培训机构

WT—焊接技术 WI—焊接检验 Ⅰ、Ⅱ、Ⅲ—在课时安排中，分别代表初级

（基础级）、中级（标准级）和高级（综合级）

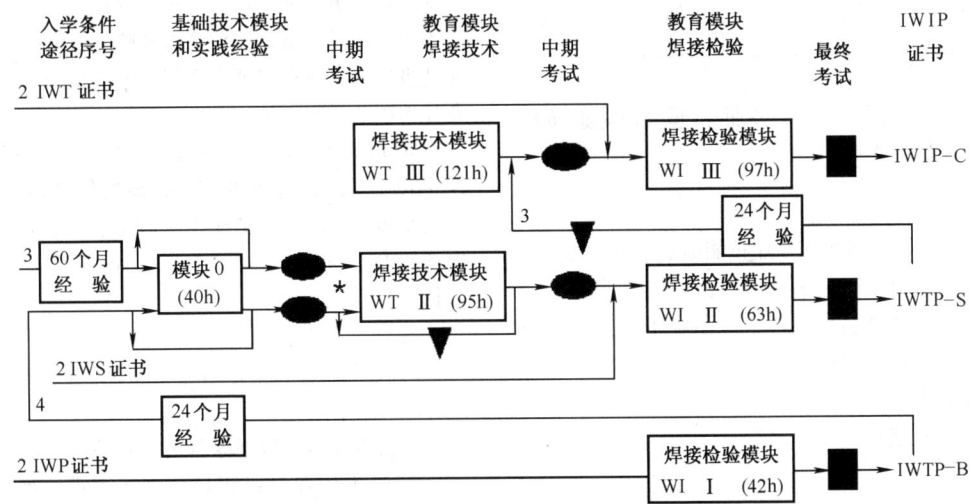

图 28-13 其他途径 2、3、4——可选途径

＊—单独考试，但对 WTⅡ，途径 3 是强制性的，途径 4 是选择性的 ▼—ATB 评估 ●—中期考试 ■—最终考试

⑥ 准备报告的保存记录。

⑦ 程序的准备。

⑧ 检查结束方法的正确应用。

在定义质检人员的责任时，赋予其下令停止作业或要求立即采取补救措施以解决焊接中的质量问题的权力是特别重要的。

5）课程设置。焊接教育模块见表 28-15。焊接检查模块见表 28-16。

6）考试。考试分为三部分：

第一部分为专业面试，主要检查学员对标准、法规、质量文件的理解能力。

第二部分为笔试，包括课程各个部分。

表 28-15 焊接教育模块

（单位：h）

教学内容	学时数		
	IWI-C	IWI-S	IWI-B
1. 焊接工艺和设备	26	16	14
2. 材料及材料的焊接行为	52	41	25
3. 焊接结构设计	21	17	12
4. 焊接生产制造	22	21	15
总学时数	121	95	66

表 28-16　焊接检验模块

（单位：h）

教学内容	学时数		
	IWI-C	IWI-S	IWI-B
1. 焊接检验概述	3	3	2
2. 试验	1	1	1
3. 焊接缺陷	7	5	3
4. 检验方法	31	25	20
5. 质量保证	3	3	1
6. 检验工作管理	3	3	0
7. 实际操作	49	23	15
总学时数	97	63	42

第三部分为技能考试，检验学员对检验技术应用能力。

考试时间最低要求见表 28-17。

表 28-17　考试时间最低要求

考试内容	时间/h		
	IWI-C	IWI-S	IWI-B
第一部分 专业面试	0.5	0.5	0
第二部分 理论考试	3	2.5	1.5
第三部分 操作考试	2	2	2

28.1.4　我国焊工（含技师）国家职业技能鉴定介绍

1. 说明

为了进一步完善国家职业技能标准系统，为职业教育、职业培训和职业技能鉴定提供科学、规范的依据，人力资源和社会保障部组织制定了《焊工国家职业技能标准》（2009 年修订）。

2. 职业概况

（1）职业名称

焊工。

（2）职业定义

操作焊接和气割设备，进行金属工件的焊接或切割成型的人员（焊工包括手工焊工和焊接操作工。手工焊工是指用手操持焊钳、焊枪、焊炬进行焊接的人员；焊接操作工是指从事机械化焊接和自动化焊接的操作人员）。

（3）职业等级

本职业共设五个等级，分别为初级（国家职业资格五级）、中级（国家职业资格四级）、高级（国家职业资格三级）、技师（国家职业资格二级）、高级技师（国家职业资格一级）。

（4）职业环境

室内、外及高空作业且大部分在常温下工作

（个别地区除外），施工中会产生一定的光辐射、烟尘、有害气体和环境噪声。

（5）职业能力特征

具有一定的学习理解和表达能力；手指、手臂灵活，动作协调；视力良好，具有分辨颜色色调和浓淡的能力。

（6）基本文化程度

初中毕业。

3. 培训及鉴定要求

（1）培训要求

① 培训期限。全日制职业学校教育，根据其培养目标和教学计划确定。晋级培训期限：初级不少于 280 标准学时；中级不少于 320 标准学时；高级不少于 240 标准学时；技师不少于 180 标准学时；高级技师不少于 200 标准学时。

② 培训教师。培训初级、中级、高级的教师应具有本职业技师及以上职业资格证书或相关专业中级及以上专业技术职务任职资格；培训技师的教师应具有本职业高级技师职业资格证书或相关专业高级专业技术职务任职资格；培训高级技师的教师应具有本职业高级技师职业资格证书 2 年以上或相关专业高级专业技术职务任职资格。

③ 培训场地设备。理论知识培训应具有可容纳 30 名以上学员的标准教室；技能操作培训场所面积达到 80m² 以上且能安排 8 个以上工位，通风良好，安全设施完善，有相适应的设备和必要的工具、卡具。

（2）鉴定要求

1）适用对象。从事或准备从事本职业的人员。

2）申报条件。

——初级（具备以下条件之一者）：

① 经本职业初级正规培训达规定标准学时数，并取得结业证书。

② 在本职业连续见习工作 2 年以上。

③ 本职业学徒期满。

——中级（具备以下条件之一者）：

① 取得本职业初级职业资格证书后，连续从事本职业工作 3 年以上，经本职业中级正规培训达规定标准学时数，并取得结业证书。

② 取得本职业初级职业资格证书后，连续从事本职业工作 5 年以上。

③ 连续从事本职业工作 7 年以上。

④ 取得经人力资源和社会保障行政部门审核认定的、以中级技能为培养目标的中等以上职业学校本职业（专业）毕业证书。

—高级（具备以下条件之一者）：

① 取得本职业中级职业资格证书后，连续从事本职业工作 4 年以上，经本职业高级正规培训达规定标准学时数，并取得结业证书。

② 取得本职业中级职业资格证书后，连续从事本职业工作 6 年以上。

③ 取得高级技工学校或经人力资源和社会保障行政部门审核认定的、以高级技能为培养目标的高等职业学校本职业（专业）毕业证书。

④ 取得本职业中级职业资格证书的大专以上本专业或相关专业毕业生，连续从事本职业工作 2 年以上。

—技师（具备以下条件之一者）：

① 取得本职业高级职业资格证书后，连续从事本职业工作 5 年以上，经本职业技师正规培训达规定标准学时数，并取得毕结业证书。

② 取得本职业高级职业资格证书后，连续从事本职业工作 7 年以上。

③ 取得本职业高级职业资格证书的高级技工学校本职业（专业）毕业生和大专以上本专业或相关专业的毕业生，连续从事本职业工作 2 年以上。

—高级技师（具备以下条件之一者）：

① 取得本职业技师职业资格证书后，连续从事本职业工作 3 年以上，经本职业高级技师正规培训达规定标准学时数，并取得毕结业证书。

② 取得本职业技师职业资格证书后，连续从事本职业工作 5 年以上。

（3）鉴定方式

分为理论知识考试和技能操作考核。理论知识考试采取闭卷笔试等方式，技能操作考核采取现场实际操作、模拟和口试等方式。理论知识考试和技能操作考核均实行 100 分制，成绩皆达 60 分以上者为合格。技师和高级技师还须进行综合评审。

（4）考评人员与考生配比

理论知识考试考评员与考生配比为 1:20，每个标准教室不少于 2 名考评人员；技能操作考核考评员与考生配比为 1:5，且不少于 3 名考评员；综合评审委员不少于 5 人。

（5）鉴定时间

理论知识考试时间为 60～120min；技能操作考核时间：初级不少于 60min，中级不少于 90min，高级不少于 120min，技师不少于 90min，高级技师不少于 60min；综合评审时间为 20～40min。

（6）鉴定场所设备

理论知识考试在标准教室里进行；技能操作考核在具有必备设备、工具、卡具及设施、通风条件和安全措施完善的场所进行。

4. 培训及鉴定详细规定——基本要求

（1）职业道德

① 职业道德的基本知识。

② 职业守则。

（2）基本知识

① 识图知识。

② 化学基本知识。

③ 常用金属材料与金属热处理知识。

④ 焊接基础知识。

⑤ 焊接材料知识。

⑥ 电工基本知识。

⑦ 电焊机基本知识。

⑧ 冷加工基础知识。

⑨ 安全卫生和环境保护知识。

⑩ 质量管理知识。

⑪ 相关法律、法规知识。

5. 培训及鉴定详细规定——工作要求

标准中对初、中、高级焊工及技师和高级技师的工作要求，采用依次递进且高级别涵盖低级别的方式做出了相关的规定。以初级焊工为例，按照焊接方法的不同，具体包括焊条电弧焊、熔化极气体保护焊、非熔化极气体保护焊、埋弧焊、气焊、钎焊、电阻焊、压力焊及切割九种不同的项目，均提出了具体的工作内容、技能要求和相关知识要求。申请鉴定人可在其中选择一项进行考核，合格者取得相应证书。下面以初级焊工中第二项熔化极气体保护焊为例详细介绍其具体要求，见表 28-18。

中级焊工与初级焊工的规定类似，按照焊接方法的不同其共分为六项，申请鉴定者选择其中的两项进行考核；高级焊工按照焊接方法的不同分为四项，申请鉴定者选择其中的两项进行考核；技师则按照材料的不同分为七项，申请鉴定者选择其中的两项进行考核，另外，每位考核者必须参加第八项焊接生产和第九项焊接技术的管理考核；高级技师则从以下：焊接问题的解决（此项含六小项），焊接生产，焊接技术管理，焊接质量控制，培训与指导五项中的第 1 项中选取一项，且第 2 至第 5 项必进行考核。标准中就以上方面做出了详细规定。

6. 各方面知识技能所占比重

标准中对各级别鉴定人员规定了理论知识和技能操作两大方面具体要求内容所占的比重，其中，理论知识所要求的：基本要求中的职业道德和基本知识，相关知识中的不同焊接方法、不同材料的焊接以及焊

表 28-18　熔化极气体保护焊工作要求

职业功能	工作内容	技 能 要 求	相关知识要求
熔化极气体保护焊	（一）低碳钢板或低合金钢板的角接和T形接头熔化极气体保护焊	1. 能进行钢板角接或T形接头熔化极气体保护焊所用设备、工具、夹具的安全检查 2. 能进行钢板角接或T形接头熔化极气体保护焊焊件的清理、组对及定位焊 3. 能选择符合钢板角接或T形接头焊接工艺要求的焊接材料 4. 能进行钢板角接或T形接头熔化极气体保护焊的引弧、收弧、送丝 5. 能焊出符合钢板角接或T形接头焊接工艺文件要求的角焊缝 6. 能根据工艺文件对钢板角接或T形接头熔化极气体保护焊焊缝的外观质量进行自检	1. 角接和T形接头熔化极气体保护焊所用工具、夹具安全检查方法 2. 熔化极气体保护焊安全操作规程 3. 角接和T形接头熔化极气体保护焊工艺 4. 角接和T形接头熔化极气体保护焊引弧、收弧、送丝和定位焊 5. 角接和T形接头熔化极气体保护焊的焊枪摆动方式 6. 角接和T形接头熔化极气体保护焊焊接工艺参数对焊缝成形的影响
	（二）低碳钢板或低合金钢板平位对接的熔化极气体保护焊（双面焊或背部加衬垫）	1. 能进行钢板平位对接熔化极气体保护焊所用设备、工具、夹具的安全检查 2. 能进行钢板平位对接熔化极气体保护焊焊件的清理、组对及定位焊 3. 能在钢板平位对接熔化极气体保护焊前预留焊件的反变形 4. 能选择符合钢板平位对接熔化极气体保护焊工艺要求的焊接材料 5. 能进行钢板平位对接熔化极气体保护焊的引弧、收弧、焊接 6. 能根据工艺文件对钢板平位对接熔化极气体保护焊焊缝外观质量进行自检	1. 钢板平位对接熔化极气体保护焊所用工具、夹具安全检查方法 2. 钢板平位对接熔化极气体保护焊工艺 3. 钢板平位对接熔化极气体保护焊引弧、收弧、送丝和定位焊的操作要领 4. 钢板平位对接熔化极气体保护焊的焊枪摆动方式和送丝速度 5. 钢板平位对接熔化极气体保护焊焊接工艺参数对焊缝成形的影响 6. 熔化极气体保护焊用焊接衬垫的种类及作用 7. 钢板平位对接熔化极气体保护焊接变形的基本知识 8. 钢板平位对接熔化极气体保护焊焊缝表面缺陷的基本知识

接质量控制等不同项目所占的比例给出了详细的规定，以熔化极气体保护焊为例详细介绍见表 28-19；技能操作中针对不同鉴定人员其要求有所不同，针对初、中、高级工是针对不同焊接方法所占比重给出了具体规定，以熔化极气体保护焊为例详细介绍见表 28-20，技师和高级技师是针对不同焊接材料及焊接问题的解决等方面所占的比重给出了具体规定，见表 28-21。

表 28-19　熔化极气体保护焊理论知识比重

项目			初级（%）	中级（%）	高级（%）	技师（%）	高级技师（%）
基本要求	职业道德		10	10	10	—	—
	基础知识		40	30	20	20	10
相关知识	熔化极气体保护焊	低碳钢板或低合金钢板的角接和T形接头熔化极气体保护焊	25	—	—	—	—
		低碳钢板或低合金钢板平位对接的熔化极气体保护焊（双面焊或背部加衬垫）	25	—	—	—	—
		厚度 δ = 8 ~ 12mm 低碳钢板或低合金钢板横位或立位对接的熔化极气体保护焊（单面焊双面成型）	—	10	—	—	—
		管径 φ76 ~ 168mm 低碳钢管或低合金钢管对接水平固定和垂直固定的二氧化碳气体保护焊	—	10	—	—	—
		低碳钢板或低合金钢板气电立焊	—	10	—	—	—

（续）

项目			初级 （%）	中级 （%）	高级 （%）	技师 （%）	高级技 师（%）
相关 知识	熔化极气体保 护焊	厚度 δ = 8~12mm 低碳钢板或低合金钢板的仰焊位置对接熔 化极活性气体保护焊单面焊双面成形	—	—	20	—	—
		不锈钢板对接平焊的富氩混合气熔化极脉冲气体保护焊	—	—	15	—	—
		其他方面	—	30	35	—	—
	不同材料的 焊接	不锈钢、高合金钢、铸铁、铝合金、铜合合、钛合金及新型材料的 焊接（任选两项）			—	60	
	焊接生产	工艺制定、焊接设备的使用、焊接质量验收、工装卡具的应用、 焊接设备调试*、技术改造*、结构焊接*及焊接生产的安全管 理*（带*项目为高级技师所要求，其他为技师要求项目）			—	10	10
	焊接技术管理	焊接生产管理、技术文件编写、焊工培训、施工组织管理*、焊 接接头静载强度计算和结构可靠性分析*及施工过程管理* （带*项目为高级技师所要求，其他为技师要求项目）			—	10	10
	焊接问题的解决	具体项目略			—	—	50
	焊接质量控制	具体项目略			—	—	10
	培训与指导	具体项目略			—	—	10

表 28-20　熔化极气体保护焊初、中、高焊工技能操作比重

项目			初级 （%）	中级 （%）	高级 （%）
技能 要求	熔化极气体 保护焊	低碳钢板或低合金钢板的角接和 T 形接头熔化极气体保护焊	50	—	—
		低碳钢板或低合金钢板平位对接的熔化极气体保护焊（双面焊或背部加 衬垫）	50		
		厚度 δ = 8~12mm 低碳钢板或低合金钢板横位或立位对接的熔化极气体 保护焊（单面焊双面成形）	—	18	—
		管径 φ76~φ168mm 低碳钢管或低合金钢管对接水平固定和垂直固定的二 氧化碳气体保护	—	18	
		低碳钢板或低合金钢板气电立焊	—	14	
		厚度 δ = 8~12mm 低碳钢板或低合金钢板的仰焊位置对接熔化极活性气 体保护焊单面焊双面成形	—		25
		不锈钢板对接平焊的富氩混合气熔化极脉冲气体保护焊	—		25
	其他焊接方面	项目略	—	50	50

表 28-21　技师、高级技师技能操作比重

项　　目			技师 （%）	高级技师 （%）
技能 要求	不锈钢管或异 种钢管的焊接*	管径 φ≤76mm 不锈钢管对接 45°固定加障碍焊条电弧焊	12	—
		管径 φ<76mm 异种钢管对接 45°固定加障碍焊条电弧焊	11	—
		管径 φ≤76mm 不锈钢管或异种钢管对接 45°加排管障碍的手工钨极氩弧焊	12	—
	高合金钢大 径管的焊接*	高合金钢管径 φ≥168mm 管对接水平固定或垂直固定钨极氩弧焊打底、焊条 电弧焊盖面焊接	35	—
	铸铁的焊条 电弧焊补焊*	铸铁的焊条电弧焊补焊	35	
	铝及其合金 的焊接*	铝及其合金薄板对接平焊位置（加衬垫）的熔化极脉冲氩弧焊	17	
		铝及其合金薄板对接平焊位置（加衬垫）的钨极氩弧焊	18	
	钛及其合金 板的焊接*	钛及其合金板的熔化极氩弧焊	35	
	铜及铜合金 的焊接*	铜及合金板的熔化极氩弧焊	35	

（续）

项　　　目		技师 （%）	高级技师 （%）
技能要求	新型材料的 焊接 *	镍、锆、钛、铂及其合金的熔焊	18	
		低温钢、高合金细晶粒钢的熔焊	17	
	焊接生产	工艺制定	4	
		焊接设备的使用	3	
		焊接质量验收	4	
		工装卡具的应用	4	
		焊接设备调试	—	3
		技术改造	—	3
		结构焊接	—	2
		焊接生产的安全管理	—	2
	焊接技术管理	焊接生产管理	5	—
		技术文件编写	5	—
		焊工培训	5	—
		施工组织管理	—	3
		焊接接头静载强度计算和结构可靠性分析	—	4
		施工过程管理	—	3
	焊接问题的 解决	复杂环境障碍位置的焊接	—	10
		可达性差的结构焊接	—	10
		厚度 $\delta > 3$mm 的不锈钢与纯铜的焊条电弧焊	—	10
		管径 $\phi \geqslant 168$mm 高合金马氏体钢管的手工钨极氩弧焊打底,焊条电弧焊盖面	—	10
		铝及其他有色金属合金薄壁或薄板材料制成组合构件的焊接	—	10
		低碳钢薄板的机器人点焊	—	10
	焊接质量控制	质量检查	—	5
		质量管理	—	5
	培训与指导	焊工培训	—	5
		指导	—	5

注：在带 * 项目中任选两项。

28.1.5　国际资质焊接人员的资格认证程序和标准

1. 认证机构的职责

在我国实施焊接人员国际资质认证工作的机构由下列五部分组成：

1）CANB 中央考试委员会。它由 CANB 地方考试委员会主任组成，负责审核制定各类焊接人员的考试规程，管理、监督考试工作的正确实施。

2）CANB 地方考试委员会。它由各省、直辖市及地区相关人员组成，负责组织、实施本区域内焊接人员的考试工作。

3）现场考试委员会。它由中央或地方考试委员会成员组成，负责组织、实施当次焊接人员的考试工作。当次考试完成后，现场考试委员会即行解散。

4）培训机构（ATB）的考试委员会。它由各培训机构的人员组成，负责组织实施在本培训机构进行的焊接人员考试。其考试范围限定为国际焊接工程师及国际焊接技师/技士的中期考试，以及国际焊接技师的入学考试。

5）焊工考试中心。它是专门从事本地区国际焊工考试的机构，由机构法人、技术负责人、质量体系负责人及被授权的考官组成。

2. 国际焊接人员（除焊工以外）资格认证的程序

1）人员资格审查。

根据相关规程规定，对学员的入学条件及参加培训的相应要求进行审查，满足考试条件的允许参加考试。学员应提交资格审查申请表原件两份，身份证、工程类学历证/学位证（如果有），职业资格证，焊接相关进修证明等复印件各两份，确保其符合 AP2.21 入学条件中规定的相应资格。对于标准入学途径，由 ATB 进行相应审查。对于过渡措施和可选途径，由 CANB 秘书处进行审查。

2）考试。根据国际焊接学会（IIW）对焊接人员资格认证的要求，焊接工程师、焊接技术员、焊接技师需进行专业理论知识的考试，考试分为笔试和口试。焊接技士和焊工进行操作技能及专业知识的考试。焊工的考试由相应的考试中心负责组织实施。其他各类焊接人员的最终考试，均由现场考试委员会组织实施。

为保证考试实施过程的公正性，现场考试委员会应由现场考试委员会主考官、相关企业代表及培训机构（ATB）的主课教师组成，并上报中央考试委员会审核批准。

现场考试委员会负责学员考试资格的复查，组织考试，确定笔试和口试试题，以及考试的评判及保密。现场考试委员会主考官收到 CANB 秘书处转交的密封试题后，应妥善保管，不得外泄；考试结束后试题的问卷及答卷均应收回。

现场考试委员会主考官应独立于相关的培训机构（ATB），不能在组织上、经济上和利益上与相关的培训机构（ATB）有任何关联。

3）考试结果的评定及试题客观性评估。学员的考试成绩由笔试和口试两部分组成，各占 50%，四门课（工艺、材料、结构和生产）分别计算笔试和口试成绩，四门成绩均通过者，可获相应国际资质证书。

由现场考试委员会主考官负责组织对试题可靠性的评价，评价试题的有效性、难易性、可选性、覆盖性等，对有缺陷的试题提出修改意见，并将现场考试记录等上报 CANB 秘书处备案。

4）考试结果发布和证书颁发。

5）补考及档案记录和上报。

3. 国际焊工资格认证程序

焊工评定考试应在 CANB 授权的考试中心进行。所有理论及技能考试均应在经 CANB 任命及授权的考官监督之下，按照 ISO 9606 或 EN 287 焊工考试标准实施。焊工考试工作流程见图 28-14。

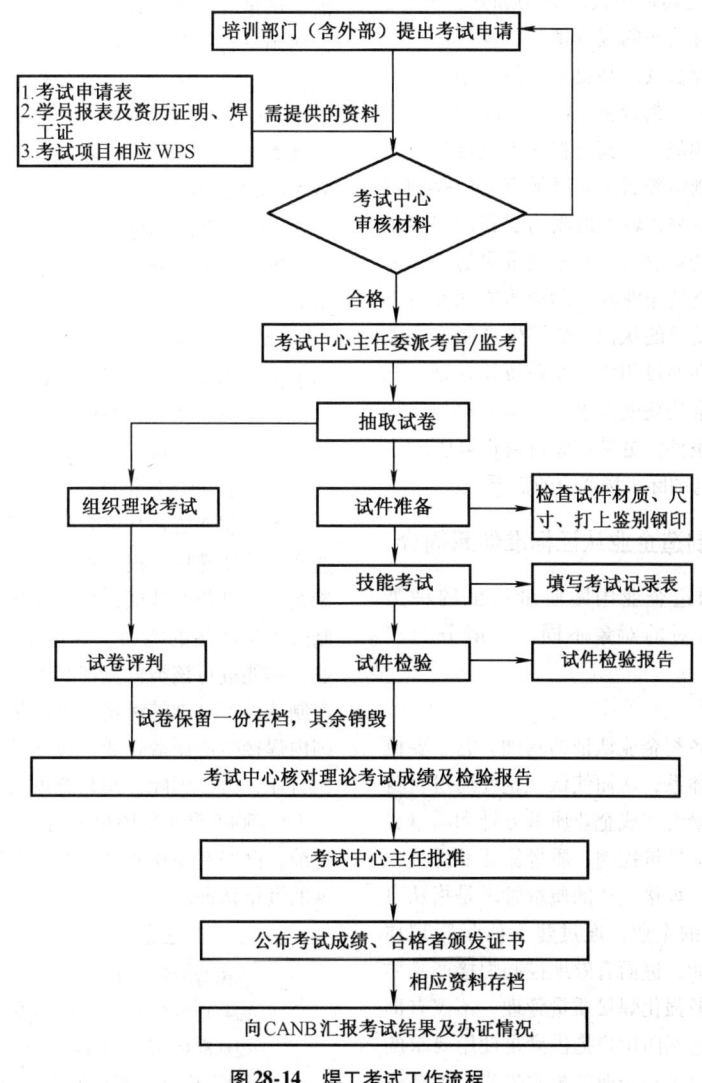

图 28-14　焊工考试工作流程

28.2 焊接生产制造企业质量体系建立与认证[1~4]⊖

焊接生产的质量管理，是指从事焊接生产或工程施工的企业，通过建立质量管理体系发挥质量管理职能，进而有效地控制焊接产品质量的全过程。这里的质量即产品满足用户"使用要求"的性能及品质，并且满足相应的标准、规范、合同或第三方的有关规定。质量管理体系是在质量方面，指挥和控制组织的管理体系。就企业而言，强化焊接质量管理不仅有助于产品质量的提高，达到向用户提供满足使用要求的产品的目的，而且可以推动企业的技术进步，提高企业的经济效益，增强产品的市场竞争能力。

随着我国在政治、经济、科技等方面的实力不断增强，使我国焊接生产企业及其产品参与国际市场竞争的机遇不断增加，尤其是在我国成功加入 WTO 之后，市场的开放，贸易壁垒的逐渐消除，使得欧、美等发达国家的大批企业及其产品更多地涌入中国这个大市场，而国内焊接生产制造企业也有更多的机会参与国际市场的竞争与挑战，尤其是在大型钢结构、轨道交通、石化设备等制造领域。但国际市场尚存的贸易壁垒，尤其是技术壁垒，较大地制约了我国焊接生产制造企业的国际市场竞争力，其中很重要的一个原因就是我国焊接生产制造企业在国际资质方面准备不足，甚至缺乏对其重要性的认识。焊接生产制造企业的质量体系是否建立和通过相应的企业资质认证，既是相关监督机构与标准法规的要求，也是客户与市场对企业及产品的选择条件，更是企业自身提高管理水平和产品质量以及参与国际市场竞争的需要。

28.2.1 焊接生产制造企业认证标准体系简介

目前焊接生产制造企业国际质量认证的种类很多，根据认证所针对的对象不同，一般分为三大类。

1. 质量体系认证

质量体系认证是各类企业认证的基础。它主要侧重于企业的质量管理体系，从而使认证企业通过自身管理体系的运作，来最终完成企业质量方针和质量目标的建立、质量策划、质量控制、质量保证及质量改进。就焊接企业而言，焊接生产的质量管理是指从事焊接生产或工程施工的企业，通过建立质量管理体系，发挥质量管理职能，进而有效地控制焊接产品质量的全过程。通过不断强化焊接质量管理，不仅有助于产品质量的提高，达到向用户提供满足使用要求的产品的目的，而且可以推动企业的技术进步，提高企业的经济效益，增强产品的市场竞争能力。

目前质量体系认证包括 ISO 9000 系列标准认证、ISO 3834 系列标准认证等。

对于 ISO 9000 质量管理系列标准，ISO/TC176 根据国际贸易发展的需要和标准实施中出现的问题，分别于 1994 年、2000 年、2008 年对 ISO 进行了三次全面的修订。ISO 组织最新颁布的 ISO 9000：2008 系列标准，有四个核心标准：

ISO 9000：2005 质量管理体系　基础和术语

ISO 9001：2008 质量管理体系　要求

ISO 9004：2000 质量管理体系　业绩改进指南

ISO 19011：2011 质量和（或）环境管理体系审核指南

其中《ISO 9001：2000 质量管理体系　要求》是认证机构审核的依据标准，也是想进行认证的企业需要满足的标准。在标准的适用范围中，明确本标准是适用于各行各业，且不限制企业的规模大小。由于该标准吸收了国际上先进的质量管理理念，采用 PDCA 循环的质量哲学思想，对于产品和服务的供需双方具有很强的实践性和指导性。目前为止，世界上已有 70 多个国家直接采用或等同转为相应国家标准，有 50 多个国家建立质量体系认证/注册机构。

ISO 3834 系列标准规定了焊接生产制造企业的质量要求，它是建立在 ISO 9000 系列标准的基础上，并根据其质量保证原则，结合焊接实际应用条件，描述了保证焊接质量体系应包括的焊接质量要求。我国已将 ISO 3834-1~5: 2005 等同转化为国家标准 GB/T 12467. 1~5—2009。

2. 生产制造资格认证

生产制造资格认证是针对不同行业类别的生产制造产品的特殊性，根据相关行业标准的要求来对生产制造企业进行的认证，以便确认该企业是否具备生产制造该类产品的能力。通过生产制造资格认证的企业，才能进行该类行业产品的生产制造，以保证所生产制造的产品能够满足相关质量要求。近年来，对于国内焊接生产制造企业，特别是轨道车辆行业和钢结构行业，由于国际合作和竞争的需求，较广泛地开展了 EN 15085 和 EN 1090 的生产制造资格认证，截至目前，已经有 300 多家国内大中型企业通过了上述标准的资格认证。

⊖　在本节中所涉及的标准，"/"后为 EN 15085 和 EN 1090 中所提标准，"/"前为 EN 15085 和 EN 1090 中所提标准对应的 ISO 标准，其中 EN 287 和 EN 288 系列标准（除 EN 287-1 以外）已被相关 ISO 标准替代。

（1）EN 15085 系列标准

EN15085 是欧洲轨道车辆及其部件焊接的系列标准，其由 5 个标准组成。

1）EN 15085-1：2007 轨道应用—轨道车辆及其部件的焊接—第 1 部分：总则。

2）EN 15085-2：2007 轨道应用—轨道车辆及其部件的焊接—第 2 部分：焊接企业的质量要求和资格认证。

3）EN 15085-3：2007 轨道应用—轨道车辆及其部件的焊接—第 3 部分：设计要求。

4）EN 15085-4：2007 轨道应用—轨道车辆及其部件的焊接—第 4 部分：生产要求。

5）EN 15085-5：2007 轨道应用—轨道车辆及其部件的焊接—第 5 部分：检验、试验与文件。

（2）EN 1090 系列标准

EN 1090 是欧洲钢结构设计制造的系统标准，其主要由下列标准组成：

1）EN 1090-1：2011 钢结构与铝结构的施工—结构部件符合性评定要求。

2）EN 1090-2：2011 钢结构与铝结构的施工—钢结构技术要求。

3）EN 1090-3：2008 钢结构与铝结构的施工—铝结构技术要求。

3. 产品（样品）认证

产品（样品）认证是针对企业所生产的具体产品（样品）进行认证。这方面的认证有 CE 认证、GS 认证等。

（1）CE 认证

CE 标志是一种安全认证标志，是法语"Communate Europpene"（欧洲共同体的意思，欧洲共同体后来演变成了欧洲联盟）的缩写，其被视为制造商打开并进入欧洲市场的护照。凡是贴有 CE 标志的产品就可在欧盟各成员国国内销售，无须符合每个成员国的要求，从而实现了商品在欧盟成员国范围内的自由流通。在欧盟市场，CE 标志属强制性认证标志，不论是欧盟内部企业生产的产品，还是其他国家生产的产品，要想在欧盟市场上自由流通，就必须通过 CE 认证并加贴 CE 标志，以表明产品符合欧盟《技术协调与标准化新方法》指令的基本要求，否则将不允许在欧盟市场上销售和流通，这是欧盟法律对产品提出的一种强制性要求。CE 标志加贴的商品，表示其符合安全、卫生、环保和消费者保护等一系列欧洲指令所要表达的要求，并用此证实该产品已通过了相应的合格评定程序和/或制造商的合格声明，从而真正成为产品被允许进入欧共体市场销售的通行证。

CE 认证依据符合模式的系统，多数的指令允许制造商及其代表选择一个或组合模式，以示符合指令要求。一般而言，有自我宣告、强制性验证、自愿性验证三种符合途径。

根据不同的产品，CE 认证有相对应的指令要求，其中压力设备指令（Pressure Equipment Directive，PED，97/23/EC）是 CE 认证的一项指令。它于 1997 年 5 月 29 日通过，自 1999 年 11 月 29 日起生效。经过 30 个月的适应宽限期，从 2002 年 5 月 29 日起 PED 成为欧洲各成员国压力设备的强制法规。凡是设计压力超过 $0.5 \times 10^5 Pa$ 的设备，如灭火器、压力表、阀件、安全阀、空气柜、塔槽、管路、管件、蒸汽设备等装载或输送流体的设备，无论其压力和容积的大小，均须符合 PED 的规定。根据 PED 规范，高于特定压力/容积门槛的压力设备和组件，其安全性必须符合设计、制造和测试的基本安全要求，满足适当的符合性评定程序，贴附 CE 标志及相关规定的标志；低于特定压力/容积门槛的压力设备和组件，其安全性必须依据完善的工程实务而设计、制造，贴附相关规定的标志（可以不必贴附 CE 标志）。认证企业必须针对所认证的产品加以分析归类，才能适应 PED 对不同压力设备的不同规定。产品可划分成：PED 条款 3.3（依据成员国的完善工程实务而设计及制造），以及第 I 类到第 IV 类等五类。危险性越高，则分类等级越高，规定也就越严格。符合性评定（conformity assessment）程序适用于第 I ~ IV 类的设备。压力设备认证企业模式组合见表 28-22。对于只需适用较低要求模式的产品，厂商也可以选择应用较高要求的模式。压力设备认证企业各类模式说明见表28-23。

表 28-22　压力设备认证企业模式组合

第 I 类	第 II 类	第 III 类	第 IV 类
A	A1	B1 + D	B + D
	D1	B1 + F	B + F
	E1	B + E	G
		B + C1	H1
		H	

表 28-22 中，模式 A 不必经由验证机构验证，其余各模式则要经欧盟成员国认可指定的验证机构（notified body）验证。PED 包括了品质保证和技术两方面的规定条款，两者对生产厂商和产品都属强制性的规定，唯有两方面的规定都能符合，所生产的压力设备产品才可以贴附 CE 标志。

表 28-23　压力设备认证企业各类模式说明

模式	说　　　明
A	内部生产管制
A1	内部制造检查加上最终评审监督
B	EC 型式检查
B1	EC 设计检查
C1	复合型式检查
D	生产品质保证(ISO 9002)
D1	生产品质保证(ISO 9002)(模式单独应用)
E	产品品质保证(ISO 9003)最终检验与测试
E1	产品品质保证(ISO 9003)(模式单独应用)
F	产品检查
G	EC 个别检查
H	全面品质保证(ISO 9001)
H1	全面品质保证(ISO 9001)加上设计检查及最终评定的特别监察

（2）GS 认证

GS 标志是德国安全认证标志，是德语"Geprufte Sicherheit"（安全性已认证），也是"Germany Safety"（德国安全）的缩写，是被欧洲广大顾客接受的安全标志。通常 GS 认证产品销售单价更高而且更加畅销。GS 认证以德国产品安全法（SGS）为依据，按照欧盟统一标准 EN，或德国工业标准 DIN 进行检测的一种自愿性认证，是欧洲市场公认的德国安全认证标志。GS 标志表示该产品的使用安全性已经通过公信力的独立机构的测试。GS 标志是强有力的市场工具，能增强顾客的信心及购买欲望。虽然 GS 是德国标准，但欧洲绝大多数国家都认同；而且满足 GS 认证的同时，产品也会满足欧共体的 CE 标志的要求。和 CE 不一样，GS 标志并无法律强制要求，但由于安全意识已深入普通消费者，在市场上，一个有 GS 标志的电器，可能会较一般产品有更大的竞争力。

GS 认证程序介绍如下：

1）首次会议。通过首次会议，检测机构或代理机构向申请者的产品工程师解释认证的具体程序以及有关标准，并提供要求递交的文件表格。

2）申请。由申请者提交符合要求的文件。对于电器产品，需要提交产品的总装图、电气原理图、材料清单、产品用途或使用安装说明书、系列型号之间的差异说明等文件。

3）技术会议。在检测机构检查过申请者的文件资料后，将会安排与申请者的技术人员进行技术会议。

4）样品测试。测试将依照所适用的标准进行，可以在制造商的实验室或检验机构的任何一个驻在各国的实验室进行。

5）工厂检查。GS 认证要求对生产的场所进行与安全相关的程序检查。

6）签发 GS 证书。

28.2.2　ISO 3834-1～5 系列标准《金属材料熔焊的质量要求》介绍

焊接在 ISO 9000 中，作为一门"特殊工艺"，要求有专门针对此项工艺较具体的质量体系，由此出现了 ISO 3834《焊接质量要求——金属材料熔焊》，也就是说针对焊接这一领域的 ISO 3834 标准，是在 ISO 9000 基础上形成和发展起来的，但与 ISO 9000 相比，更加有针对性，更加具体，可操作性更强。

如果一个企业按 ISO 9000 来规范整个质量体系的话，焊接这一领域必须按照 ISO 3834-2，即全面质量技术要求来约束；如果企业没有要求 ISO 9000，则焊接这领域可按 ISO 3483-2～4，即全面质量技术要求、标准质量技术要求及基本质量技术要求来约束，或最终由用户或行业法规来要求和约束。

ISO 3834 规定了金属材料熔化焊焊接方法的质量要求，本国际标准所包含的这些质量要求，可适用于其他焊接方法。这些质量要求仅涉及产品质量中受熔化焊影响的这些方面，而且不受产品种类限制。因而 ISO 3834 提供了一种方法，供制造商展示其制造特定质量产品的能力。

标准制定考虑因素如下：

1）标准不受制造结构种类的限制。

2）标准规定了车间或现场焊接的质量要求。

3）标准为描述制造商生产满足规定要求结构的能力提供了指南。

4）标准提供了评价制造商焊接能力的基础。

ISO 3834 适合于下列一种或多种情况①规范；②产品标准；③常规要求。规定制造商展示其生产焊接结构符合规定要求的能力。

制造商可以完整地采用本标准所包含的这些要求，当所涉及的结构不适合时，也可有选择地筛选使用。标准在下列应用方面为焊接控制提供了柔性框架：

第一种情况：提供规范中的特殊要求。规范要求制造商具备符合 ISO 9001:2000 的质量管理体系。

第二种情况：提供规范中的特殊要求。规范要求制造商具备与 ISO 9001:2000 不同的质量管理体系。

第三种情况：为制造商制定一个熔化焊的质量管理体系提供特殊指南。

第四种情况：对熔焊活动有控制要求的那些规

范、规则或产品标准提供详细的要求。

1. 质量要求相应等级的选择

ISO 3834 系列标准由下列标准组成：

ISO 3834-1：2005 金属材料熔化焊的质量要求——第一部分：相应质量要求等级的选择准则

ISO 3834-2：2005 金属材料熔化焊的质量要求——第二部分：完整质量要求

ISO 3834-3：2005 金属材料熔化焊的质量要求——第三部分：一般质量要求

ISO 3834-4：2005 金属材料熔化焊的质量要求——第四部分：基本质量要求

ISO 3834-5：2005 金属材料熔化焊的焊接质量要求——第五部分：确认符合 ISO 3834-2、ISO 3834-3 或 ISO 3834-4 质量要求所需的文件应按照产品标准、规范、规则或合同，针对质量要求的等级，选择 ISO 3834 的相应部分 ISO 3834-2、ISO 3834-3、ISO 3834-4。因为 ISO 3834 可用于不同情况和不同场合，所以，可能在每种环境条件下增加有关质量要求的确切规则，而这些内容无法在本章规定。

ISO 3834 可适用于不同情况。制造商应在下列产品准则基础上，针对质量要求特定的不同等级，选择三者之中的一种：

1）安全临界产品的范围和重要性。

2）制造的复杂性。

3）制造产品的范围。

4）所用不同材料的范围。

5）可能产生冶金问题的范围。

6）对生产操作带来影响的制造缺欠（如错边、变形或焊接缺欠）范围。

当某个制造商满足了某个特定的质量等级时，则可视其也满足了所有更低的质量等级要求，而无须做进一步的验证（如满足 ISO 3834-2 完整质量要求的制造商，也就满足了 ISO 3834-3 一般质量要求和 ISO 3834-4 基本质量要求），表 28-24 中列出了选择 ISO 3834 相应部分的准则。

表 28-24　选择 ISO 3834-2、ISO 3834-3 或 ISO 3834-4 的准则

序号	要　素	ISO 3834-2	ISO 3834-3	ISO 3834-4
1	要求评审	要求评审		
		要求报告	可能要求报告	无报告要求
2	技术评审	要求评审		
		要求报告	可能要求报告	无报告要求
3	分承包商	就特定的分承包产品、服务及（或）活动按照制造商对待，但制造商最终对质量要求负责		
4	焊工及焊接操作工	要求考核		
5	焊接管理人员	有要求		无特殊要求
6	试验及检验人员	要求考核		
7	生产及试验设备	按要求配备合适的制备、工艺实施、试验、运输、抬升设备，并具有安全、防护功能		
8	设备维护	要求提供并维持设备的有效性		无特殊要求
		要求书面计划和报告	建议有报告	
9	设备描述	要求明细		无特殊要求
10	生产计划	要求		无特殊要求
		要求书面计划和报告	建议做书面计划和报告	
11	焊接工艺规程	有要求		无特殊要求
12	焊接工艺评定	有要求		无特殊要求
13	焊接材料的批量试验	如果有要求	无特殊要求	
14	焊接材料的保管	要求符合供应商建议的程序		无特殊要求
15	母材的储存	要求保护免受环境影响；存放期间应保持标识		无特殊要求

（续）

序号	要　素	ISO 3834-2	ISO 3834-3	ISO 3834-4
16	焊后热处理	确认产品标准或规范要求得到满足			无特殊要求
		要求规程、报告和报告相对产品的可追溯性	要求规程和报告	
17	焊前、焊接过程中和焊后的试验和检验	有要求		如果有要求
18	不符合项及纠正	采取控制措施,要求修复及(或)纠正程序		采取控制措施
19	测量、试验、检验设备的校准	有要求	如果有要求	无特殊要求
20	过程中的识别	如果有要求		无特殊要求
21	可追溯性	如果有要求		无特殊要求
22	质量报告	如果有要求		

2. ISO 3834-2:2005《金属材料熔化焊的质量要求——第二部分：完整质量要求》所涉及内容介绍

（1）要求评审和技术评审

1）总则。制造商应要求进行评审，并确认工作内容处于其操作能力范围内，具有足够的资源保证及时供货，而且文件是清晰的、无争议的。制造商应保证合同与先前报价文件之间的变化易于识别，让用户了解可能引发的程序、成本或工程方面的所有变化。

2）要求评审。应考虑下列方面内容：

① 将采用的产品标准及所有附加要求。

② 法定及常规要求。

③ 制造商确定的所有附加要求。

④ 制造商满足描述要求的能力。

3）技术评审。考虑的技术要求应包括下列内容：

① 母材技术条件及焊接接头性能。

② 焊缝的质量及合格要求。

③ 焊缝的位置，可达性及次序，包括试验和无损检测的可达性。

④ 焊接工艺规程、无损检测规程及热处理规程。

⑤ 焊接工艺评定所使用的方法。

⑥ 人员的认可。

⑦ 选择、标识及（或）可追溯性（如材料、焊缝）。

⑧ 质量控制管理，包括某个独立检验机构的介入。

⑨ 试验及检验。

⑩ 分承包。

⑪ 焊后热处理。

⑫ 其他焊接要求，如焊接材料的批量试验、焊缝金属的铁素体含量、时效、氢含量、永久衬垫、喷丸、表面加工、焊缝外形。

⑬ 特殊方法的使用，如单面焊时不加衬垫获得全焊透。

⑭ 坡口及焊缝的尺寸、细节。

⑮ 在车间或其他地方施焊的焊缝。

⑯ 有关工艺方法应用的环境条件，如很低的大气温度条件，或任何有必要提供保护的有害气候条件。

⑰ 不符合项的管理。

（2）分承包

当制造商希望享用分承包服务或活动时（如焊接、检查、无损检测、热处理），制造商应向分承包商提供其满足使用要求所需的信息。分承包商应按制造商的要求，提供其相关工作的报告和文件。

分承包商的工作应以订单为准，并对制造商负责。其工作应完全符合 ISO 3834 部分的有关要求。制造商应保证分承包商可以满足规定的质量要求。

制造商提供给分承包商的信息，应包括所有从要求评审到技术评审的相关资料。为了保证分承包商符合技术要求，可能需要规定附加要求。

（3）焊接人员

1）总则。制造商应按规定的要求配置足够的、胜任的、从事焊接生产设计、施工及监督的人员。

2）焊工和焊接操作工应通过合适的考试。ISO文件对此有要求，在 ISO 3834-5:2005 标准中，表 1（见表 28-25）对弧焊、电子束焊、激光焊和气焊作了规定，表 10（见表 28-26）则对其他熔焊方法作了规定。

表 28-25　焊工及焊接操作工

焊接方法	ISO 文件	ISO 3834-2 条文	ISO 3834-3 条文	ISO 3834-4 条文
弧焊	ISO 9606-1 焊工考试——熔化焊——第一部分:钢 ISO 9606-2 焊工考试——熔化焊——第二部分:铝及铝合金 ISO 9606-3 焊工考试——熔化焊——第三部分:铜及铜合金 ISO 9606-4 焊工考试——熔化焊——第四部分:镍及镍合金 ISO 9606-5 焊工考试——熔化焊——第五部分:钛及钛合金、锆及锆合金 ISO 14732 焊接人员——金属材料全机械化及自动化焊接的熔化焊操作工及电阻焊安装工的考试 ISO 15618-1 水下焊工考试——第一部分:高气压湿法焊接的潜水焊工 ISO 15618-2 水下焊工考试——第二部分:高气压干法焊接的潜水焊工	7.2[(见 28.2.2.2. (3)中的2)]	7.2[(见 28.2.2.2. (3)中的2)]	7.2 [(见 28.2.2.2. (3)中的2)]
电子束焊	ISO 14732 焊接人员——金属材料全机械化及自动化焊接的熔化焊操作工及电阻焊安装工的考试			
激光焊	ISO 14732 焊接人员——金属材料全机械化及自动化焊接的熔化焊操作工及电阻焊安装工的考试			
气焊	ISO 9606-1 焊工考试——熔化焊——第一部分:钢			

表 28-26　其他熔焊方法

焊接方法	ISO 文件	ISO 3834-2 条文	ISO 3834-3 条文	ISO 3834-4 条文
螺栓焊	ISO 14555 焊接——金属材料的电弧螺柱焊	所有相关条文	所有相关条文	所有相关条文
铝热焊/热剂焊	目前尚无 ISO 文件	—	—	—

3) 焊接管理人员。制造商应配置合适的焊接管理人员。负责质量活动的这些人员应获得充分授权,保证可以采取必要的行动,应当明确规定这些人员的任务及职责。

ISO 文件对此有要求,在 ISO 3834-5:2005 标准中,表 2（见表 28-27）对弧焊、电子束焊、激光焊和气焊作了规定,表 10（见表 28-26）则对其他熔化焊方法作了规定。

(4) 试验及检验人员

1) 总则。制造商应按规定要求配置足够的、胜任的、从事焊接生产设计、施工及监督的试验和检验人员。

2) 无损检测人员。应对无损检测人员进行考试认可。外观检测人员可能无须考核。不要求考试时,制造商应证实其能力。

ISO 文件对此有要求,在 ISO 3834-5:2005 标准中,表 3（见表 28-28）对弧焊、电子束焊、激光焊和气焊作了规定,表 10（见表 28-26）则对其他熔化焊方法作了规定。

(5) 设备

表 28-27　焊接管理人员

焊接方法	ISO 文件	ISO 3834-2 条文	ISO 3834-3 条文	ISO 3834-4 条文
弧焊	ISO 14731 焊接管理——任务及职责	7.3 [(见 28.2.2.2. (3)中的 3)]	7.3 [(见 28.2.2.2. (3)中的 3)]	无
电子束焊				
激光焊				
气焊				

表 28-28　无损检测人员

焊接方法	ISO 文件	ISO 3834-2 条文	ISO 3834-3 条文	ISO 3834-4 条文
弧焊		8.2[（见	8.2[（见	8.2[（见
电子束焊	ISO 9712 无损检测——人员的资格鉴定与认证	28.2.2.2.（4）	28.2.2.2.（4）	28.2.2.2.（4）
激光焊		中的 2）]	中的 2）]	中的 2）]
气焊				

1）生产和试验设备。应当按照需要配置下列设备：

① 焊接电源及其他机器。

② 坡口加工及切割（包括热切割）设备。

③ 预热及焊后热处理设备（包括温度指示仪）。

④ 夹具及固定机具。

⑤ 用于焊接生产的起重及装夹设备。

⑥ 人员防护设备及与所用制造方法直接相关的其他安全设备。

⑦ 用于焊接材料处理的烘干炉、保温筒。

⑧ 表面清理设施。

⑨ 破坏性试验及无损检测设备。

2）设施的表述。制造商应持有主要生产设备明细表。该明细表应表明主要设备、车间容量、能力评估等事项，例如可包括：

① 起重机的最大容量。

② 车间可装夹的部件尺寸。

③ 机械化或自动化焊接设备的功率。

④ 焊后热处理炉的尺寸及最高温度。

⑤ 轧制、弯曲及切割设备的容量。

3）设备的适用性。设备应适合于所涉及的应用目的。

4）新设备。新设备或改造后的设备安装之后，应进行相应的试验。这些试验应能验证设备的正常功能，应按有关标准进行试验和提供书面报告。

5）设备维护。制造商应具有设备维护的书面计划。计划中的维护项目，应确保设备中那些控制焊接工艺规程参数的部件得到维护检查。这些计划应限定在对生产质量具有主要影响的那些项目，例如：

① 热切割设备中导轨、机械夹具等的状态。

② 用于焊接设备操作的电流表、电压表、流量计的状态。

③ 电缆、软管、接头等的状态。

④ 机械化及（或）自动化焊接设备中，控制系统的状态。

⑤ 测温仪器的状态。

⑥ 送丝机构及导管的状态。

不得使用有故障的设备。

（6）焊接相关活动

1）生产计划。制造商应实施适宜的生产计划。需要考虑的内容至少应包括以下内容：

① 结构制造，即单件、组件及最终总装件的顺序规定。

② 制造结构所要求的每种工艺方法标识。

③ 相应的焊接及相关工艺规程的编号。

④ 焊缝的焊接顺序。

⑤ 实施每种工艺方法的指令及时间。

⑥ 试验及检验规程，包括任何独立检验机构的介入。

⑦ 环境条件，如防风、防雨。

⑧ 批量、零件或部件的项目标识。

⑨ 合格人员的指派。

⑩ 生产试验的安排。

2）焊接工艺规程。制造商应编制焊接工艺规程，并确保其在生产中得到正确使用。ISO 文件对此有要求，在 ISO 3834-5：2005 标准中，表 4（见表 28-29）对弧焊、电子束焊、激光焊和气焊作了规定，表 10（见表 28-26）则对其他熔焊方法作了规定。

3）焊接工艺评定。焊接工艺应在生产之前进行评定。评定方法应按相关的产品或按规程要求进行。ISO 文件对此有要求，在 ISO 3834-5：2005 标准中，表 5（见表 28-30）对弧焊、电子束焊、激光焊和气焊作了规定，表 10（表 28-26）则对其他熔焊方法作了规定。

4）工作指令。制造商可以直接使用焊接工艺规程指导生产，或者使用专门的工作指令。这类专门工作指令的编制，应源于合格的焊接工艺规程并且无须另做评定。

5）文件的编制及控制程序。制造商应建立并保持有关质量文件，例如：焊接工艺规程、焊接工艺评定报告、焊工和焊接操作工的合格证书的编制和控制程序。

表 28-29　焊接工艺规程

焊接方法	ISO 文件	ISO 3834-2 条文	ISO 3834-3 条文	ISO 3834-4 条文
弧焊	ISO 15609-1 金属材料焊接工艺规程及评定——焊接工艺规程——第一部分:弧焊	10. 2 [(见 28.2.2. 2. (6)中的 2)]	10. 2 [(见 28.2.2. 2. (6)中的 2)]	无
电子束焊	ISO 15609-3 金属材料焊接工艺规程及评定——焊接工艺规程——第三部分:电子束焊接			
激光焊	ISO 15609-4 金属材料焊接工艺规程及评定——焊接工艺规程——第四部分:激光焊接			
气焊	ISO 15609-2 金属材料焊接工艺规程及评定——焊接工艺规程——第二部分:气焊			

表 28-30　焊接工艺评定

焊接方法	ISO 文件	ISO 3834-2 条文	ISO 3834-3 条文	ISO 3834-4 条文
弧焊	ISO 15607 金属材料焊接工艺规程及评定——一般原则 ISO 15610 金属材料焊接工艺规程及评定——基于试验焊接材料的评定 ISO 15611 金属材料焊接工艺规程及评定——基于焊接经验的评定 ISO 15612 金属材料焊接工艺规程及评定——基于标准焊接规程的评定 ISO 15613 金属材料焊接工艺规程及评定——基于预生产焊接试验的评定 ISO 15614-1 金属材料焊接工艺规程及评定——焊接工艺评定试验——第一部分:钢弧焊和气焊、镍及镍合金的弧焊 ISO 15614-2 金属材料焊接工艺规程及评定——焊接工艺评定试验——第二部分:铝及铝合金的弧焊 ISO 15614-3 金属材料焊接工艺规程及评定——焊接工艺评定试验——第四部分:铸铁的熔化焊和压焊 ISO 15614-4 金属材料焊接工艺规程及评定——焊接工艺评定试验——第四部分:铸铝的加工焊 ISO 15614-5 金属材料焊接工艺规程及评定——焊接工艺评定试验——第五部分:钛、锆及其合金的弧焊 ISO 15614-6 金属材料焊接工艺规程及评定——焊接工艺评定试验——第六部分:铜及铜合金的弧焊 ISO 15614-7 金属材料焊接工艺规程及评定——焊接工艺评定试验——第七部分:堆焊 ISO 15614-8 金属材料焊接工艺规程及评定——焊接工艺评定试验——第八部分:管-管板接头的焊接 ISO 15614-10 金属材料焊接工艺规程及评定——焊接工艺评定试验——第十部分:高气压干法焊接	10. 3 [(见 28.2.2. 2. (6)中的 3)]	10. 3 [(见 28.2.2. 2. (6)中的 3)]	无
电子束焊	ISO 15607 金属材料焊接工艺规程及评定——一般原则 ISO 15611 金属材料焊接工艺规程及评定——基于焊接经验的评定 ISO 15612 金属材料焊接工艺规程及评定——基于标准焊接规程的评定 ISO 15613 金属材料焊接工艺规程及评定——基于预生产焊接试验的评定 ISO 15614-11 金属材料焊接工艺规程及评定——焊接工艺评定试验——第十一部分:电子束及激光焊接			

（续）

焊接方法	ISO 文件	ISO 3834-2 条文	ISO 3834-3 条文	ISO 3834-4 条文
激光焊	ISO 15607 金属材料焊接工艺规程及评定——一般原则 ISO 15611 金属材料焊接工艺规程及评定——基于焊接经验的评定 ISO 15612 金属材料焊接工艺规程及评定——基于标准焊接规程的评定 ISO 15613 金属材料焊接工艺规程及评定——基于预生产焊接试验的评定 ISO 15614-11 金属材料焊接工艺规程及评定——焊接工艺评定试验——第十一部分:电子束及激光焊接	10.3 [（见 28.2.2.2. (6)中的 3）]	10.3 [（见 28.2.2.2. (6)中的 3）]	无
气焊	ISO 15607 金属材料焊接工艺规程及评定——一般原则 ISO 15610 金属材料焊接工艺规程及评定——基于试验焊接材料的评定 ISO 15611 金属材料焊接工艺规程及评定——基于焊接经验的评定 ISO 15612 金属材料焊接工艺规程及评定——基于标准焊接规程的评定 ISO 15613 金属材料焊接工艺规程及评定——基于预生产焊接试验的评定 ISO 15614-1 金属材料焊接工艺规程及评定——焊接工艺评定试验——第一部分:钢弧焊和气焊、镍及镍合金的弧焊			

（7）焊接材料

1）总则。应规定控制焊接材料的责任和程序。

2）批量试验。焊接材料仅在有规定要求时才做批量试验。

3）贮存及保管。制造商应制订并实施可避免焊接材料受潮、氧化及损坏等的贮存、保管、识别及使用程序。这些程序应符合供货商的建议。

（8）母材的贮存

母材（包括用户提供的母材）的贮存应保证其不受到有害影响，存放期间应保持其识别标志。

（9）焊后热处理

制造商对所有焊后热处理规程及实施负全部责任。焊后热处理工艺应适合母材、接头、结构等，并符合产品标准及（或）规定要求。施工过程中要作热处理记录报告。报告应体现出按照规程执行，对特定产品具有可追溯性。

ISO 文件对此有要求，在 ISO 3834-5：2005 标准中，表6（见表28-31）对弧焊、电子束焊、激光焊和气焊作了规定，表10（见表28-26）则对其他熔焊方法作了规定。

表 28-31　焊后热处理

焊接方法	ISO 文件	ISO 3834-2 条文	ISO 3834-3 条文	ISO 3834-4 条文
弧焊 电子束焊 激光焊 气焊	ISO/TR 17663 焊接——与焊接及相关工艺有关的热处理质量要求指南	13[（见 28.2.2.2. (9)]	13[（见 28.2.2.2. (9)]	无

（10）试验及检验

1）总则。为了保证达到合同要求，在制造流程适当环节应进行相应的试验和检验。这些试验及（或）检验的部位及数量，取决于合同及（或）产品标准、焊接方法及结构的类型。

2）焊前试验及检验。在施焊之前，应作下列检验：

① 焊工和焊接操作工证书的适用性、有效性。

② 焊接工艺规程的适用性。

③ 母材的标识。

④ 焊接材料的标识。

⑤ 焊接坡口形式及尺寸。

⑥ 组对、夹具及定位。

⑦ 焊接工艺规程中的任何特殊要求，如防止变形。

⑧ 工作条件，包括环境对焊接的适用性。

3）焊接过程中的试验及检验。在焊接过程中，应在适宜的间隔点，或以连续监控的方式做下列检验：

① 主要焊接参数，例如：焊接电流、电弧电压及焊接速度。

② 预热/道间温度。

③ 焊道的清理与形状，焊缝金属的层数。

④ 根部气刨。

⑤ 焊接顺序。

⑥ 焊接材料的正确使用及保管。

⑦ 变形的控制。

⑧ 所有的中间检查，如尺寸检验。

ISO 文件对此有要求，在 ISO 3834-5：2005 标准中，表 7（见表 28-32）对弧焊、电子束焊、激光焊和气焊作了规定，表 10（见表 28-26）则对其他熔焊方法作了规定。

4）焊后试验及检验。焊后应检验是否达到下列验收标准：

① 采用宏观检验。

② 采用无损检测。

③ 采用破坏性试验。

④ 结构的形式、形状及尺寸。

⑤ 焊后操作的结果及报告，例如焊后热处理、时效等。

ISO 文件对此有要求，在 ISO 3834-5：2005 标准中，表 8（见表 28-33）对弧焊、电子束焊、激光焊和气焊作了规定，表 10（见表 28-26）则对其他熔焊方法作了规定。

5）试验及检验状况。应采取适当的方式表示焊接结构的试验及检验状况，诸如物品标识或放置卡片。

（11）不符合项及纠正措施

应采取措施控制不合格物品或行为，防止其被疏忽接受。当制造商进行修复及（或）矫正时，做修复、矫正的所有工作场所应具备相应的程序说明。修复矫正后，这些产品要按原始要求重新做检验、试验及检查，还应采取措施避免不符合项的再次发生。

（12）测量、试验及检验设备的校准

制造商应负责对测量、试验及检验设备做适时校准。用于评估焊接结构质量的所有设备，应做适宜的控制，并按规定的期限进行校准和有效性验证。

ISO 文件对此有要求，在 ISO 3834-5：2005 标准中，表 9（见表 28-34）对弧焊、电子束焊、激光焊和气焊作了规定，表 10（见表 28-26）则对其他熔焊方法作了规定。

表 28-32　焊接过程中的检验

焊接方法	ISO 文件	ISO 3834-2 条文	ISO 3834-3 条文	ISO 3834-4 条文
弧焊	ISO 13916 焊接——预热温度、道间温度及预热维持温度的测定 ISO/TR 17671-2 焊接——金属材料焊接推荐工艺——第二部分：铁素体钢的弧焊 ISO/TR 17844 焊接——防止冷裂纹标准方法的比较	14.3 ［（见 28.2.2.2. (10) 中的 3）］	14.3 ［（见 28.2.2.2. (10) 中的 3）］	无
电子束焊	无			
激光焊	无			
气焊	无			

表 28-33　焊后检验

焊接方法	ISO 文件	ISO 3834-2 条文	ISO 3834-3 条文	ISO 3834-4 条文
弧焊	ISO 17635 焊缝的无损检测——金属材料熔化焊焊缝的一般原则 ISO 17636 焊缝的无损检测——熔化焊接头的射线检测 ISO 17637 焊缝的无损检测——熔化焊接头外观检测 ISO 17638 焊缝的无损检测——磁粉检测 ISO 17639 焊缝的破坏性试验——焊缝的宏观及显微检验 ISO 17640 焊缝的无损检测——焊接接头的超声波检测	14.4 ［（见 28.2.2.2. (10) 中的 4）］	14.4 ［（见 28.2.2.2. (10) 中的 4）］	无
电子束焊				
激光焊				
气焊				

表 28-34　测量、试验及检验设备的校准

焊接方法	ISO 文件	ISO 3834-2 条文	ISO 3834-3 条文	ISO 3834-4 条文
弧焊	ISO 17662 焊接——对焊接设备（及其操作）的校正、核准和评估	16［（见 28.2.2.2.（12）］	16［（见 28.2.2.2.（12）］	无
电子束焊				
激光焊				
气焊				

（13）标识及可追溯性

在整个制造流程中，应按要求保持标识及可追溯性。有要求时，保证焊接操作标识及可追溯性的文件体系应包括：

1）生产计划标识。

2）放置卡片标识。

3）结构中焊缝部位的标识。

4）无损检测规程及人员标识。

5）焊接材料标识，例如：型号、商标、制造商和批号或炉号。

6）母材标识及（或）可追溯性，例如型号、炉号等。

7）修复部位标识。

8）临时附件位置标识。

9）全机械化、自动化焊接设备对特定焊缝的可追溯性。

10）焊工、焊接操作工对特定焊缝的可追溯性。

11）焊接工艺规程对特定焊缝的可追溯性。

（14）质量报告

必要时，质量报告应包括：

1）要求/技术评审报告。

2）材料检验文件。

3）焊接材料检验文件。

4）焊接工艺规程。

5）设备维护报告。

6）焊接工艺评定报告。

7）焊工或焊接操作者证书。

8）生产计划。

9）无损检测人员证书。

10）热处理工艺规程及报告。

11）无损检测及破坏性试验规程及报告。

12）尺寸报告。

13）修复记录及其他不符合项的报告。

14）要求的其他文件。

在无任何其他规定的要求时，质量报告应至少保持五年以上。

28.2.3　国际焊接生产制造企业相关认证标准介绍

目前在焊接生产制造资格认证的国外标准中，EN 15085 和 EN 1090 是被国内外焊接企业广泛应用的两个重要标准，它们分别用于轨道车辆和钢结构行业。下面对这两个标准作简单介绍。

1. 欧洲标准 EN 15085-2：2007《轨道应用—轨道车辆及其部件的焊接—第 2 部分：焊接企业的质量要求和资格认证》介绍

在欧洲国家，从事轨道车辆及其部件的焊接制造和焊接修理的企业，必须取得相应的级别的生产许可证。没有这种许可证，企业的产品被认为是不符合标准或不规范的。根据 EN 15085 标准，这类企业根据生产部件类型划分为 4 个级别，即 CL1-CL4。不同级别与车辆部件的潜在对应关系见表 28-35。

表 28-35　轨道车辆部件和组件与认证级别的潜在对应

认证级别	部件分类
CL1	新制造、改造和维修轨道车辆及其部件 部件示例： —转向架（端梁、侧梁、横梁、转向架框架） —底架（外伸梁、纵梁、横梁、装配） —车体（端墙、侧墙、车顶） —牵引装置和缓冲装置 —外部设备支撑框架（例如：油箱、配电箱、空调柜和压缩空气罐） —轮对固定装置、轮对轴承、减振器悬臂、缓冲器、减振器 —制动装置（磁力制动器、制动杆、制动三脚架、制动气缸、制动横梁）

（续）

认证级别	部 件 分 类
CL1	—重型车辆的支撑框架包括轨道/公路两用车辆 —转向架与车辆(摇枕)间牵引传动装置的焊接部件 —车辆的油箱 —上述部件中铸件的修补焊 —带检验压力[①]的轨道车辆压力气罐、油(水)箱、罐式箱 —装载危险材料的容器
CL1 或者 CL2	新制造、改造和维修轨道车辆及其部件,根据焊缝质量等级(仅当 CPA、CPB 或者 CPC1 时为CL1),如: —上车门、下车门 —自承载的设备箱和车底容器(清水箱和废水箱) —外部设备零件(变压器,引擎,传动装置悬挂) —车顶结构(受电弓、挡板) —机房设备(变压器箱体、变压器悬挂、电机悬挂、传动箱悬挂、牵引电机的附件、设备支架) —动力传输部件(牵引力拉杆传动装置、万向轴) —移车台(例如,输送车) —旋转装置和翻转装置 —排障器 —用于运输辅助的立柱和围栏 —用于轨道车辆的压缩空气容器 —有压力负载的管道
CL2	新制造、改造和维修无特殊试验压力的无压力容器,例如: —装载非危险物品的容器 —其他运输容器 新制造、改造和维修轨道车辆部件,例如: —客车车内的内饰(车内隔板、内壁、门、护板) —内部装置零件的支撑框架(电气装置、空调装置和压力空气装置) —驾驶室设备 —卫生间部件和带设备的水箱 —车内的滑动门,包含导轨 —制动管连接件 —底架下非自承载的设备箱 —齿轮箱和手动制动操作悬臂 —踏板、把手(包含上车门处的扶手)和轨道车辆外部的护栏
CL3	新制造、改造和维修车辆的简单附件,例如: —各种操作曲柄和手柄 —挡板 —轨道车辆内的设备箱和开关柜(包含齿轮箱和手动制动操作悬壁,无支撑框架) —铭牌支架 —止车器 —货车箱的盖板(罐车热防护装置) —轨道车辆内部的脚蹬、把手、栏杆 新制造、改造和维修,或供应组轨道车辆的部件,例如: —座椅支架 —窗框 —排气格栅
CL4	该认证级别适用于不自行焊接生产的企业,而从事设计、购买和安装已经焊接的部件和组件的企业

① 该标准的要求是通过特定的产品标准（例如 EN 286——空气罐）来替代

（1）对企业的要求

对进行轨道车辆、部件及其组成部分焊接工作的企业的质量要求在系列标准 EN ISO 3834 中作了规定。根据认证级别，原则上应满足 EN ISO 3834-2、EN ISO 3834-3 或者 EN ISO 3834-4 的要求（见表 28-36）。

1）人员要求。

① 焊工和焊接操作工。焊接企业应具有 EN 287-1，EN ISO 9606-2 或 EN1418 资格证书的焊工和焊接操作工。资格范围应该覆盖产品的焊接工艺、材料组别、接头类型和焊接位置。

如果生产中存在角焊缝，角接焊工考虑是必要的。

② 焊接责任人员。焊接企业应该有 EN ISO 14731 相关技术经验的焊接责任人员。企业能够清楚的向认证机构证明焊接责任人员具有认证级别所需的技术知识。

基于本标准，焊接责任人员分为三个等级：

具有全面技术知识的焊接责任人员（A 级）

具有从事轨道车两和/或其部件至少 3 个的焊接监督工作经验、并有全面技术知识证明的人员被视为满足要求。

具有如下资质或可被认可的国家资质的焊接责任人员被认为满足上述要求：

—按照 IAB-002-2000/EWF-409，具有我国际焊接工程师（IWE）或欧洲焊接工程师（EWE）资质的人员；

—按照 IAB-003-2000/EWF-410，具有国际焊接技术员（IWT）或欧洲焊接技术员（EWT）资质并有在焊接责任人员领域的相应工作和全面的技术知识证明的人员。

具有专门技术知识的焊接责任人员（B 级）

具有从事轨道车辆和/或其部件至少 3 年的焊接监督工作经验、并有专门技术知识证明的人员被视为满足要求。

具有如下资质或可被认可的国家资质的焊接责任人员被认为满足上述要求：

—按照 IAB-003-2000/EWF-410，具有国际焊接技术员（IWT）或欧洲焊接技术员（EWT）资质的人员；

表 28-36　对焊接企业的要求

	认 证 级 别			
	CL1 级	CL2 级	CL3 级	CL4 级
企业认证	要求	要求	不要求	要求
焊接质量等级	CPA 至 CPD	（CPC1）[①] CPC2 至 CPD	CPD	CPA 至 CPD
质量要求[②]	EN ISO 3834-2	EN ISO 3834-3	EN ISO 3834-4	EN ISO 3834-3
焊接责任人员	A 级	B 或 C 级	不要求	对于 CL1：A 级 CL2：B 或 C 级
焊接责任人员代表	代表：A 级[③] 其他代表： B 或 C 级[④]	代表：C 级	不要求	不要求
焊工和操作工	按照 EN 287-1（钢），EN ISO 9606-2（铝合金），或 EN 1418（操作工），根据焊接工艺、材料组别，取得相应焊工和操作工资质			不涉及
试验人员	—焊接质量检验的人员 —焊接质量监督人员：主管焊接责任人员（CL3 不需要） —NDT 检验人员：依照 EN 473 标准 1 级人中 —NDT 评定人员：依照 EN 473 标准 2 级人员			不涉及
焊接工艺	按照 EN ISO 15609 或 EN ISO 14555 或 EN ISO 15620 相关部分编制 WPS			不涉及
焊接工艺评定	按照 EN ISO 15610，EN ISO 15611， EN ISO 15612，EN ISO 1513， EN ISO 15614[⑤] 或 EN ISO 14555 或 EN ISO 15620（细节参考 EN 15085-4）相关标准通过 WPQR 评定 WPS 对于 CPD，只有在合同中规定时才需要		只是在合同中规定时才需要通过 WPQR 评定 WPS	不涉及

① 见表 28-35。

② EN ISO 3834 相关部分质量要求应该满足，但是不要求按照 EN ISO 3834 认证。

③ 对于一个单一焊接车间，不需要 A 级焊接焊接责任人员代表。

④ 对于有多个焊接车间的焊接企业，每个焊接车间都要有 C 级的焊接责任人员。

⑤ 对于轨道应用，只有下列是相关的：EN ISO 15614-1，EN ISO 15614-2，prEN ISO 15614-3，EN ISO 15614-4，EN ISO 15614-7，EN ISO 15614-11，EN ISO 15614-12，EN ISO 15614-13。

—按照 IAB-004-2000/EWF-411，具有国际焊接技师（IWS）或欧洲焊接技师（EWS）资质并有在焊接责任人员领域的相应工作和专业技术知识证明的人员。

具有基础技术知识的焊接责任人员（C 级）

具有从事轨道车辆和/或其部件至少 3 年的焊接监督工作经验、并有基础技术知识证明的人员被视为满足要求。

具有如下资质或可被认可的国家资质的焊接责任人员被认为满足上述要求：

—按照 IAB-004-2000/EWF-411，具有国际焊接技师（IWS）或欧洲焊接技师（EWS）资质的人员：

—按照 IAB-005-2000/EWF-412，具有国际焊接技士（IWP）或欧洲焊接技士（EWP）资质并有在焊接责任人员领域的相应工作和专业技术知识证明的人员。

根据认证级别，认证企业应按照表 28-38 配备相应的焊接责任人员。焊接责任人员的数量取决于生产领域或分包的范围。

一般来讲，焊接责任人员应为企业的雇员。

③ 检验人员。焊接企业应具有足够的有资质的检验人员从事以下工作：

—焊接技术生产中的质量检验。该检验人员必须经过主管焊接责任人员或其代表的指导，例如，焊缝外观检测，也应符合 EN 15085—3：2007 第 5 节的要求；

—设计或焊缝质量等级要求的检验。该检验应由按 EN 473 标准认证的检验人员实施。

PT、MT、ET、UT 和 RT 的检验人员必须具有至少 1 级与工艺相关的资质，且经过主管焊接责任人员或其代表根据 EN 15085—3：2007，第 5 节的质量要求的指导。对检验进行评定应由 2 级 EN 473 人员进行。外委进行无损试验，被委托机构的检验人员应具有 EN 473 相应资质。

2）技术装备。焊接企业必须具备满足 EN ISO 3834 的合适的技术装备。另外对于轨道车辆及其部件制造还应满足下列附加要求：

—有屋顶的、干燥的、通风的和明亮的车间和工位；

—用于存放焊接材料和焊接辅助材料的干燥的库房；

—对于不同组别材料的加工（例如铝、不锈钢）必须针对每种材料组别使用单独的工具、加工设备以及装备，或在加工前对其进行清洁；

—足够的能源供应；

—如果不具备合适的检验设备，必须和外部检验机构（检验实验室符合 EN ISO/IEC 17025）进行合同约定；

—用于运输和旋转部件的起重装置；

—工作平台；

—旋转装置，以便在利于施焊的位置进行焊接；

—焊接装配的夹具（例如地板、侧墙、端墙和车顶、底架、转向架、箱体和油箱）；

—调修设备；

—在对铝或不锈钢进行焊接时进行防护，能够远离可能降低材料耐腐蚀性或者焊缝质量的灰尘、飞溅和烟气。

3）焊接工艺规程。对于焊缝质量等级 CPA 至 CPC3 的焊缝需要根据 EN ISO 15607 和根据系列标准 EN ISO 15609、EN ISO 14555 或者 EN ISO 15620 的要求，编制焊接工艺规程。对于焊缝质量等级为 CPD 的焊缝，只有当客户要求时才需要编制焊接工艺规程。

（2）焊接企业的认证

根据本标准，焊接企业必须填写相应的表格，以提供焊接领域的详细说明。企业说明必须由认证机构按本标准的要求进行检查。

从人员资格、焊接工艺文件、技术装备与现场生产状况，逐一审查，最后认证审核人员还必须与企业内的焊接管理人员进行专业谈话，从焊接工艺、焊接材料、焊接结构到焊接生产四个方面，衡量焊接管理人员是否具备相应的知识和经验，是否了解相应的标准以及是否有能力对焊接的相应过程进行必要的控制和管理。

证书最长有效期为三年。有效期结束后，焊接企业可以在考核后，由认证机构延长证书有效期。EN 15085-2 证书样本见表 28-37。

2. 欧洲标准 EN 1090-2:2011《钢结构与铝结构的施工—钢结构技术要求》介绍

（1）企业级别的划分

在欧洲国家，进行钢结构生产的企业，根据 EN 1090 要求，应取得相应的企业资格认证，否则该企业的产品将不被用户接受。

在车间或现场从事钢结构的焊接工作（包括焊接修复）的企业，必须拥有相应的企业资格。根据企业产品所选用的材料结构形式和承载等情况，企业资格认证分为四个级别，即 EXC1、EXC2、EXC3、EXC4，见表 28-38。

表 28-37　EN 15085-2 证书样本

按照 EN 15085-2 进行轨道车辆及其部件的焊接

企业名称

企业地址(焊接生产的地址)：

按照 EN 15085-2 CL _____[1] 级别通过了焊接企业认证。

应用领域：

认证范围：

按照 EN ISO 4063 标准的焊接工艺	按照 CEN ISO/TR 15608 标准的材料组别	尺　寸	备　注

主管焊接责任人员：

主管焊接责任人员代表：

其他焊责任人员：

备注/延伸[1]

证书编号：

有效期至：

颁发日期：

————————
(认证机构负责人)

————————
1)根据实际完成

表 28-38　确定执行等级的推荐矩阵

重要性等级		CC1		CC2		CC3	
承载等级		SC1	SC2	SC1	SC2	SC1	SC2
制造等级	PC1	EXC1	EXC2	EXC2	EXC3	EXC3①	EXC3①
	PC2	EXC2	EXC2	EXC2	EXC3	EXC3①	EXC4

① EXC4 应作为国家规定的要求，适用于那些特殊结构或失效后会导致极端后果的结构。

重要性等级 CC 在 EN 1990：2002 附录 B 中给出了选择指导方针，以区分不同的可靠性。结构部件的重要性等级分为三个等级，用 CCi（$i=1,2$ 或 3）表示。

承载等级的选择建议见表 28-39。

制造等级的选择建议见表 28-40。

表 28-39　承载等级的建议标准

等级	标　准
SC1	• 仅为准静态作用设计的结构和部件(例如:建筑) • 为地震活路程度较低区域内的和 DCL① 韧性等级的地震设计的结构、部件及其连接 • 为起重机(等级 S_0)② 的疲劳行为设计的结构和部件

（续）

等级	标　准
SC2	• 根据 EN 1993 为疲劳行为设计的结构和部件。 （例如：道路和铁路桥，起重机（等级 S₁ 至 S₉）[2]，易受由风、人群或旋转机器导致的振动影响的结构） • 为地震活跃程度中等或较高区域内的和 DCM[1] 及 DCH* 韧性等级的地震行为设计结构和部件及其连接

[1] DCL、DCM、DCH：EN 1998-1 规定的延展等级

[2] 关于产生于起重机的疲劳行为的信息，请参见 EN 1991-3 和 EN 13001-1

表 28-40　制造等级的建议标准

等级	标　准
PC1	• 由任何钢材等级的产品制成的非焊接部件 • 由钢材等级低于 S355 的产品制成的焊接部件
PC2	• 由钢材等级等于或高于 S355 的产品制成的焊接部件 • 通过焊接在实施现场组装的对结构完整性必不可少的部件 • 通过热成型制造的或在制造过程中经过热处理的部件 • 要求末端轮廓切割的 CHS 网格结构梁部件

（2）企业认证时对企业的要求

1）焊接应该按照 EN ISO 3834 相关部分要求执行。

执行等级与 EN ISO 3834 部分应用如下：

EXC1：　　　　第四部分：基本质量要求

EXC2：　　　　第三部分：标准质量要求

EXC3&EXC4：　第二部分：完整质量要求

2）对于人员的要求。

① 焊工和焊接操作工。焊工应取得 EN 287-1 资质，操作工应取得 EN 1418 资质。焊接角度小于 60° 的空心截面支管连接，需要有特定的检验认来认可。所有焊工和操作工的检验记录需要保存。

② 焊接责任人员。对于 EXC2，EXC3 和 EXC4，考虑焊接责任人应具备适合的资质、相关的焊接经验，焊接责任人应按照 EN ISO 14731 执行。

对于处于监控中的焊接操作，焊接责任人应具备表 28-41 和表 28-42 规定的技术知识。

注 1　钢材的分组依据 ISO/TR 15608，不同标准及钢材牌号的对应，可查询 ISO/TR 20172。

注 2　B，S，C 分别对应 EN ISO 14731 中基础的，专业的和全面的知识水平。

③ 无损检测人员。无损检测（NDT）方法的选用应由 N 473 3 级资质人员根据 EN 12062 完成。

除外观检测之外，其他 NDT 都需要 EN 473 2 级资质人员进行检测。

3）焊接工艺规程及评定。焊接应按照经过认可的 WPS 实施，WPS 应符合 EN ISO 15609 或 EN ISO 14555 或 EN ISO 15620 的要求。

焊接方法 111，114，12，13，14 的焊接工艺评定方式参照表 28-43。焊接方法 21，22，23，24，42，52，783，784 的焊接工艺评定方式参照表 28-44。

表 28-41　焊接责任人的专业知识结构用碳钢

EXC	钢材组别	相关标准	板厚/mm		
			$t \leqslant 25$	$25 < 50$	$t > 50$
EXC2	S235 to S355 (1.1,1.2,1.4)	EN 10025-2,EN 10025-3, EN 10025-4 EN 10025-5, EN 10149-2,EN 10149-3 EN 10210-1,EN 10219-1	B	S	C
	S420 to S700 (1.3,2,3)	EN 10025-3,EN 10025-4, EN 10025-6 EN 10149-2, EN 10149-3 EN 10210-1, EN 10219-1	S	C	C
EXC3	S235 to S355 (1.1,1.2,1.4)	EN 10025-2,EN 10025-3, EN 10025-4 EN 10025-5, EN 10149-2,EN 10149-3 EN 10210-1,EN 10219-1	S	C	C
	S420 to S700 (1.3,2,3)	EN 10025-3,EN 10025-4, EN 10025-6 EN 10149-2, EN 10149-3 EN 10210-1, EN 10219-1	C	C	C
EXC4	所有	所有	C	C	C

表 28-42　焊接责任人的专业知识不锈钢

EXC	钢材组别	相关标准	板厚/mm		
			$t \leqslant 25$	$t = 25 \sim 50$	$t > 50$
EXC2	奥氏体 (8)	EN 10088-2:2005, Table 3 EN 10088-3:2005, Table 4 EN 10296-2:2005, Table 1 EN 10297-2:2005, Table 2	B	S	C
	奥氏体-铁素体 (10)	EN 10088-2:2005, Table 4 EN 10088-3:2005, Table 5 EN 10296-2:2005, Table 1 EN 10297-2:2005, Table3	S	C	C
EXC3	奥氏体 (8)	EN 10088-2:2005, Table 3 EN 10088-3:2005, Table4 EN 10296-2:2005, Table 1 EN 10297-2:2005, Table 2	S	C	C
	奥氏体-铁索体(10)	EN 10088-2:2005, Table4 EN 10088-3:2005, Table 5 EN 10296-2:2005, Table 1 EN 10297-2:2005, Table 3	C	C	C
EXC4	所有	所有	C	C	C

表 28-43　焊接工艺评定的方式（焊接方法：111，114，12，13.14）

评定方式		EXC 2	EXC 3	EXC 4
焊接工艺评定	EN ISO 15614-1	×	×	×
工作试件评定	EN 1SO 15613	×	×	×
标准的工艺	EN 1SO 15612	×	—	—
先期经验评定	EN ISO 15611	×	—	—
已认可的焊材	EN ISO 15610			

注：×表示允许；—表示不允许。

表 28-44　焊接工艺评定的方式（焊接方法：21，22，23，24，42，52，783，784）

焊接方法(ISO 4063)		WPS	WPQR
工艺代码	名称		
21	点焊	EN ISO 15609-5	EN ISO 15612
22	缝焊		
23	凸焊		
24	闪光焊	EN ISO 15609-5	EN ISO 15614-13
42	摩擦焊	EN ISO 15620	EN ISO 15620
52	激光焊	EN ISO 15609-4	EN ISO 15614-11
783	磁环或气体保护拉弧螺柱焊	EN ISO 14555	EN ISO 14555[①]
784	短周期拉弧螺柱焊		

① 对于 EXC2 级别，焊接工艺评定可以基于先前的经验，对于 EXC3 和 EXC4，焊接工艺评定需按照工艺试验或工作试件要求试验。

4）材质要求。母材及焊材的应选用相应欧洲标准的材料，材质书至少符合 EN 10204 的要求。

5）证书。企业一旦经认证机构验收，取得相应级别的资格证书，就应该在证书范围内工作。一般在证书里规定监督审核的时间。

参 考 文 献

[1]　解应龙. 积极推进企业资格认证的国际接轨，为焊接生产企业参与国际市场竞争提供资质保障 [G]. 中国焊接协会（学会）十五周年纪念文集. 2002.

[2]　王林. 国际化焊接培训与资格认证体系 [G]. 中国焊接协会（学会）十五周年纪念文集. 2002.

[3]　钱强. 国际资质焊接人员培训规程及实施[J]. 焊接，2004（9）：33-39.

[4]　钱强. 国际焊接人员的培训与资格认证 [J]. 焊接，2004（9）：17-19.

[5]　钱强. 国际焊接工程师（IWE）可选途径免集中培训程序的实施 [J]. 焊接，2006（4）：57-59.

[6]　徐林刚. 国际焊工培训简介 [J]. 焊接，2006（8）：61-63.

[7]　国家质量监督检验检疫总局锅炉压力容器安全监察局. 锅炉压力容器压力管道焊工考试与管理规则 [S]. 北京：中国标准出版社，2002.

[8]　机械工业部. 中华人民共和国职业技能鉴定规范（考核大纲）电焊工 [S]. 北京：机械工业出版社，1995.

[9]　欧洲标准化委员会（CEN）技术委员会 CEN/TC121-1. 熔化焊焊工考试—钢. 2004.

[10]　中国机械工程学会，中国材料研究学会，中国材料工程大典编委会. 中国材料工程大典. 第23卷：材料焊接工程 [M]. 北京：化学工业出版社，2006.

[11]　解应龙. "焊接培训·国际认证"共同的事业共同的荣誉 [J]. 焊接，2006（4）：6-8.

[12]　解应龙，钱强，杨桂茹. 焊接制造国际认证服务企业走向世界 [J]. 焊接，2006（12）：3-6.

第 29 章　焊接结构生产的质量管理、组织与经济

作者 吴甦　审者 解应龙

29.1　概述

29.1.1　焊接结构生产质量管理的现状

在焊接领域，质量的管理和控制现在处在一个较低的水平，主要处于质量检验阶段[5]。

从焊接技术角度来考察，还没有把焊接工程或焊接产品作为一个系统来考虑，存在单纯地考虑一条焊缝在实验室条件下的质量这种片面性。

从焊接教育角度看，在相当程度上忽视了焊接工程这一系统概念的技术教育与训练。这样，使全面质量管理工作就难以落实。在这种情况下，无损检测手段越先进则只会使废品率提高，并增加返修次数，这必然使产品质量的提高处于一种被动的局面。

对产品质量的分析，缺乏扎实的科学依据，无法从技术上对产品质量不佳、不稳定的原因做出科学的判断。一旦出现人们尚未认识的事故种类，则将处于更为被动的地位，还不能做到以"预防为主"。

质保体系和质检手段落后，无法真正保障产品质量。目前全国所有企业里，已取得质量体系认证的只有少数，有些企业还停留在手工作坊和组装加工阶段或停留在简单的指数检测阶段。比如，船舶焊接质量差，是低质量船舶普遍存在的严重问题。

29.1.2　焊接结构生产质量管理的意义

焊接质量管理是一种不允许有不合格产品的质量管理，即不准有一件产品带有规范所不允许的缺陷。为实现这一目标，必须建立一套与之相适应的、符合 GB/T 19000（ISO 9000~9004）标准系列的完整的焊接质量管理体系，并在焊接生产实践中严格执行，以保证焊接产品的质量能满足用户的需要。此外，市场竞争对焊接企业的成本和质量都提出了很高的要求，很多焊接企业已经把生产高质量焊接产品作为其核心竞争力。

焊接结构生产的质量管理是指从事焊接生产或工程施工的企业通过建立质量保证体系发挥质量管理职能，进而有效地控制焊接产品质量的全过程，这里的质量即产品满足用户"使用要求"的性能及品质，并且满足相应的标准、规范、合同或第三方的有关规定。就企业而言，强化焊接质量管理不仅有助于产品

质量的提高，达到向用户提供满足使用要求的产品的目的，而且可以推动企业的技术进步，提高企业的经济效益，增强产品的市场竞争能力。

29.1.3　焊接结构生产组织与经济的意义

随着我国社会主义市场经济体制的建立和完善，企业要想在激烈的市场竞争中争得一席之地，就必须由粗放型经营模式向集约化经营模式转变。而科学合理的生产组织方式和经济核算则是实现这一转变的重要环节，它对于企业控制和降低产品的制造成本，掌握企业经营运行的状态和水平、确立企业发展目标都是非常重要的。

焊接生产组织与经济涉及面很宽，包括空间上和时间上的合理组织、生产能力的核算与合理利用、作业计划编制与执行、劳动工时定额与劳动组织、材料消耗定额、经济核算、工具及设备管理等多方面。本书仅就焊接生产的生产过程的空间管理与时间管理、生产能力核算与管理以及定额管理和经济计算等进行说明。

29.2　焊接结构生产的质量管理

日益发展的国际趋势表明，企业必须在接受他们的顾客订货前报告他们的质量保证体系。在欧共体市场内部的许多领域要求一个极为有效的和具有许可证的质量保证体系。但质量只是用系统的和文字编制的质量保证来达到降低成本的目的。它降低了产品的责任风险，保护了产品质量不受损害，增加了资金的利用率。

质量保证体系首先是一个咨询体系，要求能够做到以下几方面：

1）尽可能制订预防产品出错的措施。

2）在产品生产中的所有质量问题的确定和记录。

3）根据规定的程序能促使、推荐、拟定问题的解决。

4）确认问题已经解决。

5）广泛地监督有缺陷的产品的处理、供应和安装，直到缺陷或不满意状况被消除。

在大量不同产品的条件下，如大型采矿设备、起重设备、桥梁、石油化工设备，要求必须强制建立质

量保证体系，这是由于这些产品的建造规范千差万别，从而带来了生产上不同的漏洞和问题。

质量保证体系是以 ISO 9000 族国际标准为基础的。

29.2.1　质量管理的发展历程

质量管理是随着生产的发展和科学技术的进步而逐渐形成和发展起来的，按照质量管理所依据的手段和方式，可以将质量管理发展历程大致划分为以下四个阶段。

1. 传统质量管理阶段

这个阶段从开始出现质量管理一直到 19 世纪末资本主义的工厂逐步取代分散经营的家庭手工业作坊为止。这段时期受小生产经营方式或手工业作坊式生产经营方式的影响，产品质量主要依靠工人的实际操作经验，靠手摸、眼看等感官估计和简单的度量衡器测量而定。工人既是操作者又是质量检验、质量管理者，且经验就是"标准"。质量标准的实施是靠"师傅带徒弟"的方式口授手教进行的，因此有人又称之为"操作者的质量管理"。

2. 质量检验管理阶段

资产阶级工业革命成功之后，机器工业生产取代了手工作坊式生产，劳动者集中到一个工厂内共同进行批量生产劳动，于是产生了企业管理和质量检验管理，也就是说，通过严格检验来控制和保证出厂或转入下道工序的产品质量。检验工作是这一阶段执行质量职能的主要内容。然而，由谁来执行这一职能则有个变化的过程。

质量检验所使用的手段是各种各样的检测设备和仪表，它的方式是严格把关，进行 100% 的检验。

1918 年前后，美国出现了以泰勒为代表的"科学管理运动"，强调工长在保证质量方面的作用，于是执行质量管理的责任就由操作者转移给工长。有人称它为"工长的质量管理"。

1940 年以前，由于企业的规模扩大，这一职能又由工长转移给专职的检验人员，大多数企业都设置专职的检验部门并直属厂长领导，负责全厂各生产单位和产品检验工作。有人称它为"检验员的质量管理"。

专职检验的特点是"三权分立"：有人专职制定标准（立法）；有人负责生产制造（执法）；有人专职按照标准检验产品质量（司法）。

专职检验既是从成品中挑出废品，保证出厂产品质量的检验工序，又是一道重要的生产工序。通过检验，反馈质量信息，从而预防今后出现同类废品。

但我们又应看到，这种检验也有其弱点：其一，是出现质量问题容易扯皮、推诿，缺乏系统优化的观念；其二，它属于"事后检验"，无法在生产过程中完全起到预防、控制的作用，一旦发现废品，就是"既成事实"，一般很难补救；第三，它要求对成品进行 100% 的检验，这样做有时在经济上并不合理（增加检验费用，延误出厂交货期限），有时从技术上考虑也不可能（例如破坏性检验），在生产规模扩大和大批量生产的情况下，这个弱点尤为突出。后来，又改为百分比抽样方法，以减少检验损失费用但这种抽样方法片面认为样本和总体是成比例的，因此，抽取的样本数总是和检查批量数保持一个规定的比值，如百分之几或千分之几。但这实际上存在着大批严、小批宽，以致产品批量增大后，抽样检验越来越严格的情况，使相同质量的产品因批量大小不同而受到不同的处理。

3. 统计质量管理阶段

事后检验存在的不足，促使人们进行研究。利用数理统计原理，预防产出废品并检验产品质量的工作，由专职检验人员转移给专业的质量控制工程师承担。这标志着将事后检验的观念改变为预测质量事故的发生并事先加以预防的观念。

但在这个阶段过强调质量控制的统计方法，忽视其组织管理工作，使得人们误认为"质量管理就是统计方法"，数理统计方法理论比较深奥，是"质量管理专家的事情"，因而对质量管理产生了一种"高不可攀、望而生畏"的感觉。这在一定程度上限制了质量管理统计方法的普及推广。

4. 全面质量管理阶段

20 世纪 60 年代，社会生产力迅速发展，科学技术日新月异，质量管理上也出现了很多新情况。

1) 人们对产品质量的要求更高更多了。过去，对产品的要求一般注重于产品的使用性能，现在又增加了耐用性、美观性、可靠性、安全性、可信性、经济性等要求。

2) 在生产技术和质量管理活动中广泛应用系统分析的概念。它要求用系统的观点分析研究质量问题，把质量管理看成是处于较大系统（例如企业管理，甚至整个社会系统）中的一个子系统。

3) 管理科学理论又有了一些新发展，其中突出的一点就是重视人的因素，"职工参与管理"，强调要依靠广大职工搞好质量管理。

4) "保护消费者权益"运动的兴起。20 世纪 60 年代初，许多国家的广大消费者为保护自己的利益，纷纷组织起来同伪劣商品的生产销售企业抗争。美国著名质量管理专家朱兰认为，保护消费者权益运动是质量管理学在理论和实践方面的重大发展动力。

5）随着市场竞争，尤其是国际市场竞争的加剧，各国企业越来越重视产品责任（PL）和质量保证（QA）问题。

于是，仅仅依赖质量检验和运用统计方法是很难保证与提高产品质量的。同时，把质量职能完全交给专门的质量控制工程师和技术人员，显然也是不妥的。因此，许多企业开始了全面质量管理的实践。

最早提出全面质量管理概念的是美国通用电气公司质量经理菲根堡姆。1961 年，他的著作《全面质量管理》出版。该书强调执行质量职能是公司全体人员的责任，应该使企业全体人员都具有质量意识和承担质量的责任。他指出："全面质量管理是为了能够在最经济的水平上并考虑到充分满足用户要求的条件下进行市场研究、设计、生产和服务，把企业各部门的研制质量、维持质量和提高质量的活动构成为一体的有效体系"。

20 世纪 60 年代以后，菲根堡姆的全面质量管理概念逐步被世界各国所接受，并在运用时各有所长。在日本被称为全公司的质量控制（CWQC）或一贯质量管理（新日本制铁公司），在加拿大总结制定为四级质量大纲标准（即 CSAZ299），在英国总结制定为三级质量保证体系标准（即 BS5750）等。随着全面质量管理的发展，20 世纪 80 年代世界标准化组织（ISO）发布了第一个质量管理的国际标准——ISO 9000[1]标准；20 世纪 90 年代国际上又掀起了六西格玛的高潮。前者将质量管理形成标准，后者追求卓越的质量管理。

回顾质量管理的发展历史，可以清楚地看到。人们在解决质量问题中所运用的方法、手段，是在不断发展和完善的；而这一过程又是同社会科学技术的进步和生产力水平的不断提高密切相关的。同样可以预料，随着新技术革命的兴起，以及由此而提出的挑战，人们解决质量问题的方法、手段必然会更为完善、丰富，质量管理的发展已进入一个新的阶段——现代质量管理工程阶段。

29.2.2　质量管理的基本概念

GB/T 19000—2008《质量管理体系 基础和术语》（对应 ISO 9000：2005）[2]对质量和质量管理等有关术语作了科学的表述。为准确地理解和掌握有关基本术语，本节择其要点作一简要介绍。

1. 质量（Quality）

质量的定义是一组固有特性满足要求程度。

这一关于质量的定义实际上由两个层次的含义构成：第一层次是"固有特性"，第二层次是"要求"。"固有的"反义是"赋予的"，指本来就有的，尤其给那种永久的特性。"特性"的范围较宽，能够描述不同产品的特征，包括以下几个方面：物理的（如电的或生物学的特征等）、感官的（如嗅觉、触觉、味觉、视觉、听觉等）、行为的（如礼貌、诚实、正直等）、时间的（如准时性、可靠性、可用性等）、人因工效的（如生理的特性或有关人身安全的特性等）、功能的（如飞机的最高速度等）。"要求"是指明示的、通常隐含的或必须履行的需求或期望。"通常隐含"是指组织、顾客和其他相关方的惯例或一般做法，所考虑的需求或期望是不言而喻的。特定要求可使用限定词表示，如产品要求、质量管理要求、顾客要求。

2. 质量管理（Quality Management）

质量管理的定义是在质量方面指挥和控制组织的协调的活动。

在质量方面的指挥和控制活动，通常包括制订质量方针和质量目标，以及质量策划、质量控制、质量保证和质量改进。质量管理是企业管理的重要组成部分。质量管理工作的职能是负责制订企业的质量方针；质量目标、质量计划，并组织实施。为了实施质量管理，就要建立完善的质量体系，对影响产品质量的各种因素和活动进行有效的控制。焊接产品也不例外。

3. 质量保证（Quality Assurance）

质量保证是质量管理的一部分，它致力于提供质量要求会得到满足的信任。质量保证的核心内涵是"使人们信任"某一产品（或服务）能满足规定的质量要求。使需方对供方能否提供符合要求的产品（或服务）和是否提供了符合要求的产品（或服务）掌握充分的证据，建立足够的信心，同时，也使本企业领导人对能否提供满足质量要求的产品（或服务）有相当的把握而放心地组织生产。

质量保证又可分为内部质量保证和外部质量保证两类。内部质量保证是为使企业领导者"确信"本企业的产品质量能否和是否满足规定的质量要求所进行的活动。这是企业内部的一种管理手段，目的是使企业领导者对本企业产品的质量做到充分的心中有数。外部质量保证是为使需方"确信"供方的产品质量能否和是否满足规定的质量要求所进行的系列活动。如供方向需方提供其质量体系满足合同要求的各种证据。这包括质量手册、质量记录和质量计划等。

4. 质量控制（Quality Control）

质量控制是质量管理的一部分，它致力于满足质量要求。产品质量有个产生、形成和实现的过程，这个过程就是质量环（图29-1）。质量环每一个环节的作业技术和活动必须在受控状态下进行，才能生产出满足规定质量要求的产品，这一就是质量控制的内涵。

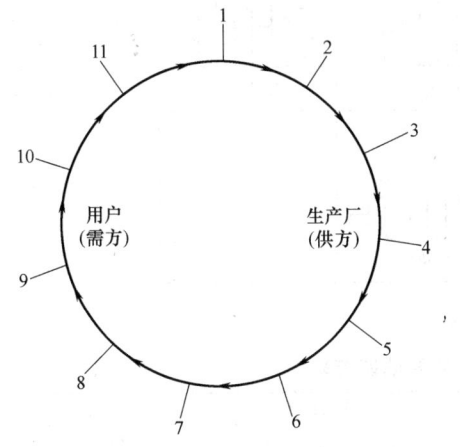

图29-1　质量环

1—市场调研　2—设计、规范的编制和产品研制　3—采购
4—工艺准备　5—生产制造　6—检验和试验　7—包装和
贮存　8—销售和发运　9—安全和运行
10—技术服务和维修　11—用后处置

29.2.3　统计质量控制的常用方法

1. 调查表法

调查表是为了调查客观事物、产品和工作质量，或为了分层收集数据而设计的图表，即把产品可能出现的情况及其分类预先列成调查表，则检查产品时只需在相应分类中进行统计。为了便于收集和整理数据而设计的调查表，在检验产品或加工、挑拣产品时，发现问题后只要在表上相应的栏内填上数字和符号即可。使用一定时间后，可对这些数字或符号进行整理，就能使问题迅速地、粗略地暴露出来，进而分析原因，提出措施，提高质量。

常用的调查表有三种，下面主要介绍不良项目调查表和缺陷位置调查表。

（1）不良品项目调查表

质量管理中"良"与"不良"，是相对于标准、规格、公差而言的。一个零件或产品不符合标准、规格、公差的质量项目叫作不良项目，也称为不合格项目，见表29-1。

表 29-1　不良品项目调查表

项目 日期	交验数	合格数	不良品			不良品类型			
			废品数	次品数	返修品数	废品类型	次品类型	返修品类型	良品率/%

（2）缺陷位置调查表

大多是画成产品外形图、展开图，然后在其上对缺陷位置的分布进行调查。缺陷位置调查表宜与措施相联系，能充分反映缺陷发生的位置，便于研究缺陷为什么集中在那里，有助于进一步观察、探讨发生的原因。缺陷位置调查表可根据具体情况画出各种不同的缺陷位置调查表，图上可以划区，以便进行分层研究和对比分析，见表29-2。

2. 分层法

分层法就是把收集的数据进行合理的分类，把性质相同、在同一生产条件下收集的数据归在一起，把划分的组叫作层，通过数据分层把错综复杂的影响质量因素分析清楚。

通常把分层与其他质量管理中统计方法一起联用，即将性质相同、在同一生产条件下得到的数据归在一起，然后再分别用其他方法制成分层排列图、分层直方图、分层散布图。

3. 直方图法

直方图法是适用于对大量计量值数据进行整理加工，找出统计规律，即分析数据分布的形态，以便对其总体的分布特征进行推断，对工序或批量产品的质量水平及其均匀程度进行分析的方法。

1）主要作用如下：

① 观察与判断产品质量特性分布情况。

② 判断工序是否稳定。

③ 计算工序能力，估算并了解工序能力对产品质量保证情况。

2）作图步骤如下：

① 收集数据。

② 找出数据中的最大值、最小值和极差。

③ 确定组数。

④ 求出组距。

⑤ 确定组界。

⑥ 计算各组的组中值。

⑦ 统计各组频数。

⑧ 画直方图（图 29-2）。

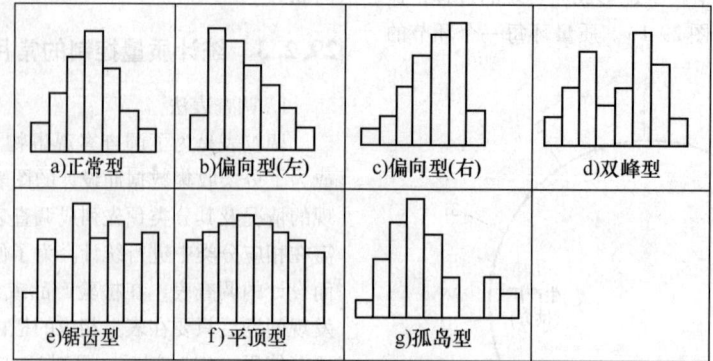

图 29-2　直方图

表 29-2　收音机功能、外观缺陷调查表

型号		生产班组	甲	生产日期	1992.5.10
送检总数	400 台	调查日期	1992.5.11	检查员	007

缺陷程度	检查项目	记号	频数	缺陷程度	检查项目	记号	频数
重缺陷（影响正常收听）	声音时有时无	刂	2	轻缺陷（能收听）	任一功能键工作不正常	正刂	6
	声音小	正刂	7		有明显机械传动杂音		
	失真严重	刂	2		指示灯不亮	≠	4
	灵敏度太低				电池弹簧卡松紧不合适	刂	2
	严重串台	正正刂	12		特殊（外壳划伤）	正正≠	14
	严重机震				其他	正	5
	任一功能键不起作用	正刂	6				
	调谐传动机构卡死、打滑				小　计		31
	调谐过头是可变电容损坏	≠	4				
	拉杆天线不能伸缩定位				任一旋钮手感不适	正	5
	接入耳机没有声音	刂	2	微缺陷	开关手感不适	≠	4
	特殊（　　）				插孔手感不适	刂	2
	其他	正正刂	11		其他	刂刂	3
	小　计		46		小　计		14

注：总计缺陷数：91 个；缺陷率：21.5%。

4. 散布图法

散布图法是通过分析研究两种因素的数据之间的关系，来控制影响产品质量的相关因素的一种有效方法。在实际生产中，往往有些变量之间存在着相关关系，但又不能由一个变量的数值准确地求出另一个变量的数值，如热处理时钢的淬火温度与硬度的关系等，如图 29-3 所示。

5. 排列图法

排列图是通过找出影响产品质量的主要问题，以

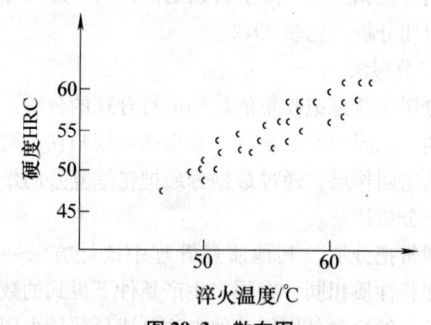

图 29-3　散布图

便确定质量改进关键项目的图表。其作图步骤如下:

1) 确定分析对象,一般指不合格项目、废品件数等。

2) 收集与数据整理,按废品项目、缺陷项目、不同操作者等分类。列表汇总每个项目发生的数量即频数,按大小排列。

3) 计算频数、频率、累计频率等。

4) 画图。

5) 根据排列图,确定主要因素、有影响因素和次要因素,如图 29-4 所示。

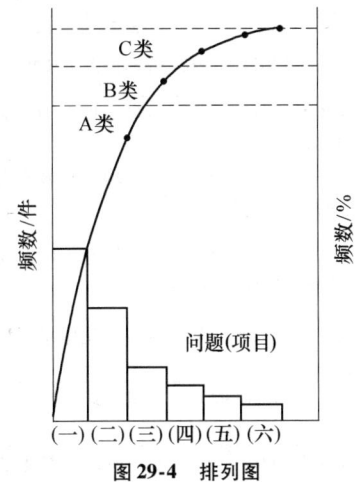

图 29-4　排列图

6. 因果图法

因果图是表示质量特性与原因的关系的图,主要用于寻找质量问题产生的原因,即分析原因与结果之间的关系。在生产过程中,引起质量波动主要与人员、机器、材料、工艺方法和环境等因素有关,而一个问题的发生往往有多种因素交织在一起。探讨质量原因,要从大到小,从粗到细,寻根究底,然后采取措施。因果图通过层层深入的分析研究来找出影响质量的原因,从交错混杂的大量影响因素中理出头绪,逐步把影响质量主要、关键、具体原因找出来,从而明确所要采取的措施。

作因果图时,要充分发扬民主,把各种意见都记录下来,实事求是地提供质量数据和信息。关键原因确定后,应到现场去落实、验证主要原因,和一线工人讨论,尽可能通过数据说明问题,如图 29-5 所示。

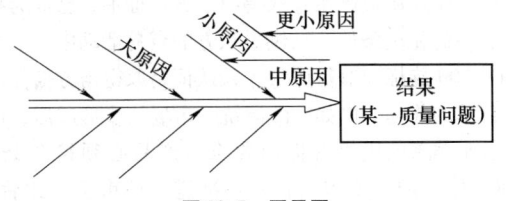

图 29-5　因果图

7. 控制图法

控制图法是判断和预报生产过程中质量状况是否发生波动的一种有效方法。现在控制图作为质量控制的有力武器已广泛应用于各行各业。例如美国某电气公司的一个工厂有 3000 人,制订了 5000 张控制图,如图 29-6 所示。

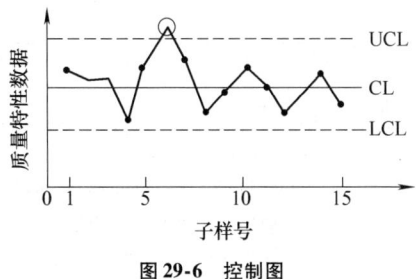

图 29-6　控制图

29.2.4　ISO 9000 族标准的意义

为了适应国际贸易和国家间的技术经济合作与交流的需要,提高世界范围内质量管理水平,国际标准化组织 ISO(The International Organization for Standardization)于 1987 年推出了 ISO 9000 “质量管理和质量保证” 系列标准,从而使世界质量管理和质量保证活动有了一个统一的基础。ISO 9000 在世界范围内产生了十分广泛而深刻的影响,并被称为 “ISO 9000 现象”。它标志着质量管理和质量保证标准走向了规范化、系列化和程序化的世界高度。ISO 9000 族标准的主要 “目标” 是全面质量改进,它不仅使企业的质量管理得到不断加强,同时提高了企业的市场竞争能力。

目前,世界上已有近 80 个国家等同或等效采用了 ISO 9000 族标准,有 30 多个国家依据 ISO 9000 开展了质量认证,并且,已成为《关税与贸易总协定》(现世界贸易组织)中 “贸易技术壁垒协议” 统一协调、消除技术壁垒的依据和共同遵守的准则。

美国著名质量管理专家朱兰说:“21 世纪是质量的世纪。” 随着我国恢复关贸总协定缔约国地位进而成为世界贸易组织的成员,我国市场将与世界市场融为一体,我国企业将与世界各国站在同一 “跑道” 上参与全球市场竞争,这是一场没有硝烟的质量大战,更是一场生死存亡的抉择。正是在这种形势下,我国已于 1992 年等同采用了 ISO 9000 族标准,发布了 GB/T 19000 系列国家标准,并于 1993 年 1 月 1 日起实施。它使我国的质量管理与质量保证工作与国际惯例接轨,是冲破贸易技术壁垒,进入国际市场的一把 “金钥匙”。因为,ISO 9000 族标准的产生源于市场经济的发展,是许多经济发达国家多年质量管理活动的科学总结。因此，在我国实施 ISO 9000 族标准有着非常重要的意义。随着 ISO 标准的不断修订，我国也修订了相应的国家标准，目前实行的标准是 GB/T 19000—2008，等同于 ISO 9000：2008。

1. ISO 9000 族标准的构成

ISO 9000 族标准包括：四个核心标准、若干个支持性标准、技术报告和宣传性小册子，见表 29-3，标准之间的关系如图 29-7 所示。

表 29-3　ISO 9000 族标准与 GB/T 19000 族标准

组成	标准号及名称	对应我国国家标准
核心标准	ISO 9000：2005《Quality management systems-Fundamentals and vocabulary》	GB/T 19000—2008《质量管理体系　基础和术语》
	ISO 9001：2008《Quality management systems-Requirements》	GB/T 19001—2008《质量管理体系　要求》
	ISO 9004：2009《Quality management systems-Guidelines for performance improvements》	GB/T 19004—2009《质量管理体系　业绩改进指南》
	ISO 19011：2011《Guidelines for quality and/or environmental management systems auditing》	GB/T 19011—2012《管理体系审核指南》
支持标准和文件	ISO 10001：2007《Quality management-Customer satisfaction-Guidelines for codes of conduct for organizations》	GB/T 19010—2009《质量管理　顾客满意　组织行为规范指南》
	ISO 10002：2004《Quality management-Customer satisfaction-Guidelines for complaints handling in organizations》	GB/T 19012—2008《质量管理　顾客满意　组织处理投诉指南》
	ISO 10003：2007《Quality management-Customer satisfaction-Guidelines for dispute resolution external to the organization》	GB/T 19013—2009《质量管理　顾客满意　组织外部争议解决指南》
	ISO 10005：2005《Quality management-Guidelines for quality plans》	GB/T 19015—2008《质量管理体系　质量计划指南》
	ISO 10006：2003《Quality management-Guidelines for quality management in projects》	GB/T 19016—2005《质量管理　项目管理质量指南》
	ISO 10007：2003《Quality management-Guidelines for configuration management》	GB/T 19017—2008《质量管理　技术状态管理指南》
	ISO 10012：2003《Quality management-Guidelines for configuration management》	GB/T 19022—2003《测量管理体系》
	ISO/TR 10013：2001《Guidelines for quality management system documentation》	GB/T 19023—2003《质量管理体系　文件指南》
	ISO 10014：2006《Quality management-Guidelines for realizing financial and economic benefits》	GB/T 19024—2008《质量管理　实现财务和经济效益的指南》
	ISO 10015：1999《Quality management-Guidelines for training》	GB/T 19025—2001《质量管理　培训指南》
	ISO/TR 10017：2003《Guidance on statistical techniques for ISO 9001：2000》	GB/Z 19027—2005《统计技术指南》
	ISO 10019：2005《Guidelines for the selection of quality management system consultants and use of their services》	GB/T 19029—2009《质量管理体系咨询师的选择及其服务使用的指南》
	ISO/TS 16949：2002《Quality management systems-Particular requirements for the application of ISO 9001：2000 for automotive production and relevant service part organizations》	GB/T 18305—2003《质量管理体系汽车生产件及相关维修零件组织应用 GB/T 19001—2000 的特别要求》

2. 实施 ISO 9000 族标准的意义

1）参与国际竞争，发展对外贸易的要求。一个国家、一个企业要想在国际竞争中占有一席之地，没有高质量的产品是不可能的。推行 ISO 9000 族标准，按其要求建立有效运行的质量体系，使影响产品质量的因素始终狂于受控状态下，从而提供竞争力强、用户信得过的产品。目前，在国际市场上，许多重大工程项目的招标及贸易谈判中，是否按 ISO 9000 族标准建立企业质量体系并取得第三方认证书，已成为投标签约的先决条件。在供需双方的贸易活动中，依据 ISO 9000 族标准取得质量体系认证是取得需方信任获取订单的前提。例如，欧洲统一市场初步形成后，已对越来越多的供货者提出要求，产品必须符合 ISO 9000 族标准的要求，否则不准进入该市场。此后，

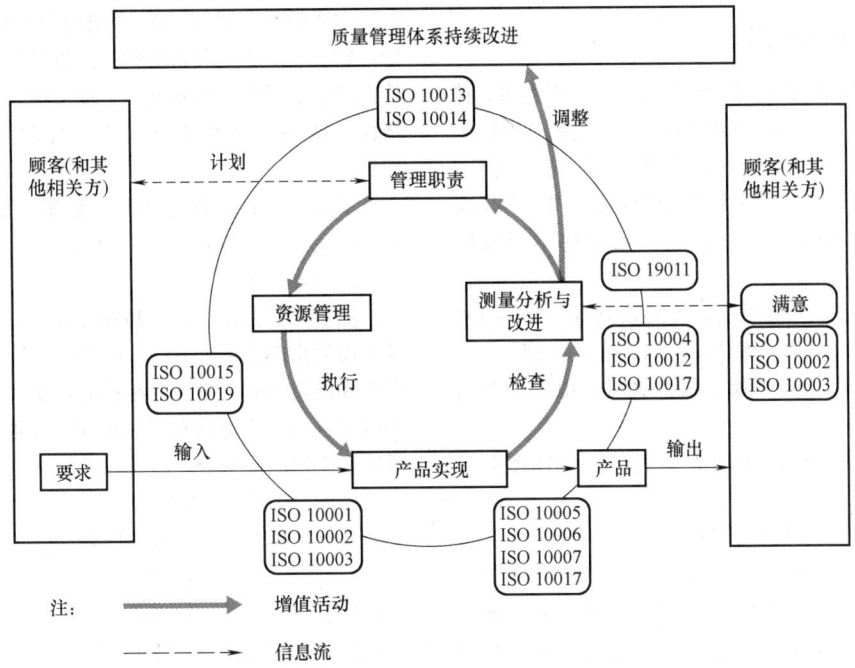

注：

　　————————➤　　增值活动

　　— — — — —➤　　信息流

图 29-7　ISO 9000 族标准关系图

美国、日本、澳大利亚等国也做出类似规定。如果我们不尽快采取措施，去适应这种国际性趋势，我国就会在国际贸易中处于不利地位，甚至在国内市场上也难以立足。因此，实施 ISO 9000 族标准，是通向市场的"通行证"。

　　2）建立现代企业制度、适应市场经济发展的重要组成部分。现代企业制度是适应市场经济要求的公司法人制度。它包括公司财产制度、责任制度、组织制度和管理制度。其中的管理制度则因企业和产品而异，遵循企业行为在很大程度上是市场行为的准则，强调以国际惯例为主的现代企业管理制度。贯彻 ISO 9000 族标准正是为了实现质量管理与质量保证工作的国际接轨。特别是实施以 ISO 9000 族标准为依据的质量认证制度是国际公认的权威性的国际惯例。

　　3）全面提高企业素质，强化质量管理的手段。ISO 9000 族标准是国际标准化组织以标准的形式对企业的质量管理所提出的最低要求，它总结了世界上工业发达国家建立质量体系、开展质量管理的宝贵经验，阐述了建立适合市场需求的有效质量体系的原则、要求。它强调以预防为主，使影响产品质量的技术、管理和人的因素始终处于受控状态。显然，实施 ISO 9000 族标准，对提高企业素质以工作质量保证产品质量，开展全面质量管理，既是重要的管理手段，更是不可缺少的基础工作。

　　ISO 9000 族标准的目标是全面质量改进。这一点正得到当今世界社会各阶层的共识。企业界已经把他们的质量/价格方程式的重点转移到质量方面，因为他们坚信这样做对于保持在国际市场上的竞争力是绝对必要的。许多国家都制订并实施了国家质量政策，以激励竞争，振兴本国经济。

　　注意，在国内"ISO 9000 族"与"GB/T 19000 族"同义。所谓 GB/T 19000 族是指按等同原则由 ISO 9000 族转化而成的所有国家标准。

29.2.5　质量体系的策划和总体设计

　　（1）高层管理者统一认识和决策

　　最高管理层正确地认识和决策是贯彻标准和质量体系建设的基本条件。

　　（2）建立质量体系的指导思想

　　1）建立质量体系是企业成功的保证。

　　2）建立质量体系既是顾客的需要，也是组织的需要。

　　3）完善的质量体系是在考虑组织和顾客双方风险成本和利益的基础上实现质量最佳化。正如 GB/T 19004—2011（ISO 9004：2009）[3] 标准所指出的："应设计出有效的质量体系，以满足顾客的需要和期望并保护组织的利益。完善的质量体系是在考虑利益、成本和风险的基础上使质量最佳化以及对质量加以控制的有价值的管理资源。"

29.2.6　质量体系组织结构

质量体系的有效运行要依靠相应的组织机构。整个结构要合理，在纵向上要有利于领导的统一指挥和分级管理，在横向上要有利于各个部门的分工合作，和谐一致。上下左右的联系渠道要畅通，同时，还应具有较强的应变能力，以适应市场上的不断发展变化。

一般来说，每一个质量体系要素应有一个部门来主管，若干部门协作，责任要分明，落在实处。

质量职能可按其功能分成六大类，由若干部门承担。

1）策划。由最高管理者负责，综合管理部门为主。

2）验收。以质量检验部门为主。

3）控制。一般由综合管理部门牵头，各有关部门分工合作。主要工作是质量策划与分析，预防缺陷与不合格，如可行性研究、对质量特性的识别和分级、设计评审、样机试验等。

4）改进。其工作内容是发现不合格（品）或缺陷、查找和分析原因、制订措施，以提高各项质量活动的效果和效率。

5）协调。与质量有关的协调工作应以质量管理部门为主。

6）保证。此项工作具体落实在质量管理部门和质量保证部门。其主要工作是开展质量审核，包括质量体系审核、过程审核和产品质量审核，以确保质量体系的有效运行，交出用户满意的产品，其中包括制订审核计划、组织审核队伍、实施审核并提出关于纠正措施和预防措施的建议。

在组织的全部管理工作中，应建立与质量体系相适应的组织结构，并明确规定以下内容：

1）组织结构中各级机构的有关质量职能。

2）各机构的权限关系，以利于质量体系的运行。

3）联系方法，以有利于调动和发挥组织内各部门和全体职工的积极性、统一步伐、提高运行效率。

29.2.7　质量体系文件

质量体系文件主要包括质量方针和质量目标、质量手册、程序文件、作业指导书、表格、质量计划、规范、外来文件和记录。这是企业内部实施质量管理的法规和有关人员的行为规范。质量管理体系文件可以与组织的全部活动或选择的部分活动有关。例如，规定的要求取决于产品的类型、过程、合同要求、适用的法规或组织自身。质量管理体系文件的编制通常与组织中的过程和（或）适用的质量标准的结构保持一致。组织根据其自身的需要也可以采用任何其他的方式。质量管理体系文件可以采用自上而下的层次结构。这种文件结构有利于文件的发放、保持和理解。

下面主要讨论质量方针、质量手册、作业指导书、质量计划和记录。

1. 质量方针

质量方针是由组织最高管理者正式发布的关于质量方面的全部意图和方向。质量方针是企业总的质量宗旨和质量方向，是企业精神的重要体现。质量方针和质量目标应当形成文件，并可作为独立的一份文件或质量手册的一部分。

（1）质量方针的内容

质量方针可以包含以下内容：

1）对组织达到的最佳质量做出承诺并以产品在某领域居于领先地位加以证实。

2）向用户提供最佳的产品和服务。

3）每件产品都达到标准的规定，而且进行终身保修。

4）使职工对组织的质量方针有自豪感，每个成员都能精心工作、精良服务。

5）组织的财力将首先用于预防缺陷，消灭缺陷是每个成员始终不渝的目标。

（2）质量方针的制订

在制订质量方针时，应根据企业的具体情况、发展和市场形势进行研究确定，把企业的背景、文化、技术和市场走向及管理者的长期目标考虑进去，把管理者对质量方针的保证也明确地表示出来。最后，还应使质量方针同企业总的经营方针相协调，使这成为企业总方针的重要组成部分。

（3）质量方针的实施

企业的质量方针应由最高管理者签署后正式发布，纳入质量手册，它表明了企业对质量的一种承诺。让员工意识到企业目标和为达到这些目标而始终如一地执行质量方针的必要，从而确保质量方针的有效实施，使质量方针真正落实到各项实际工作中去。

2. 质量手册

质量手册是规定组织质量管理体系的文件。质量手册应当包括质量管理体系的范围，任何删减的细节与合理性，程序文件或其引用，对质量管理体系过程及其相互作用的描述。组织的有关信息，如名称、地址和联络方法也应当包括在质量手册中。质量手册还可包括诸如组织的业务流程以及对组织的背景、历史和规模的简要描述等附加信息。对小型组织而言，将对质量管理体系整体的描述写入一本质量手册中可能是适宜的。对大型、跨国的组织而言，可能需要在不同的层次上形成相应的质量手册，并且文件的层次结构也更为复杂。

质量手册的基本内容包括：标题和范围；目录；评审、批准和修订；质量方针和质量目标；组织、职责和权限；引用文件；质量管理体系的描述；附录。

GB/T 19023—2003《质量管理体系 文件指南》[4] 是编制手册的主要依据。

3. 作业指导书

作业指导书是有关任务如何实施和记录的详细描述。作业指导书可以形成文件，也可以不形成文件。作业指导书可以是详细的书面描述、流程图、图表、模型、图样中的技术注释、规范、设备操作手册、图片、录像、检查清单，或这些方式的组合。作业指导书应当对使用的任何材料、设备和文件进行描述。必要时，作业指导书还可包括接收准则。

作业指导书的结构、格式以及详略程度应当适合于组织中人员使用的需要，并取决于活动的复杂程度、使用的方法、实施的培训以及人员的技能和资格。作业指导书应当描述关键的活动。作业指导书的详略程度应当足以对活动进行控制。如果相关人员已经获得了正确开展工作所需的必要信息，培训可以降低对作业指导书详尽程度的需求。作业指导书通常应当描述作业的目的和范围以及其目标，并引用相关的程序文件。无论采用何种格式或组合，作业指导书应当与作业的顺序相一致，能准确地反映要求及相关活动。为避免混乱和不确定性，应当规定和保持作业指导书的格式或结构的一致性。

4. 质量计划

质量计划是对特定的项目、产品、过程或合同，规定由谁及何时应使用哪些程序和相关资源的文件。质量计划是质量管理体系文件的组成部分。质量计划只需引用质量管理体系文件，说明其如何应用于特定的情况，明确组织如何完成具体产品、过程、项目或合同所涉及的特定要求并形成文件。应当规定质量计划的范围。质量计划可包括特定的程序、作业指导书和（或）记录。

质量计划是针对特定产品和需要重点控制的项目、合同所编制的设计、采购、制造、检验、包装发运等的质量控制方案。刚开始时，从总体考虑如何保证产品质量，有一个规划性的计划，例如技术组织措施计划等。然后，随着产品设计、生产的进展，相应

编制各阶段较详细的质量计划，例如设计控制计划、试验计划、关键件的制造控制计划等。显然，质量计划也应随着产品设计、生产的进展，做必要的调整和完善。

质量计划的一般内容如下：

1）总则。
2）范围。
3）质量计划的输入。
4）质量目标。
5）管理职责。
6）文件和资料控制。
7）记录控制。
8）资源（包括资源提供、材料、人力资源、基础设施和工作环境）。
9）要求。
10）顾客沟通。
11）设计和开发（包括设计和开发过程、设计和开发更改的控制）。
12）采购。
13）生产和服务提供。
14）标志和可追溯性。
15）顾客财产。
16）产品防护。
17）不合格品控制。
18）监视和测量。
19）审核。

GB/T 19015—2008《质量管理体系 质量计划指南》[5] 是编制质量计划的主要依据。

5. 记录

质量管理体系记录需阐明获得的结果或提供证据，以表明程序文件和作业指导书中所规定的活动已经得到了实施。记录应当能够表明质量管理体系的要求和产品的规定要求得到了满足。在质量管理体系文件中应当阐明记录的职责。

（1）记录控制

供方应建立并保持质量记录的标志、收集、编目、查阅、归档、储存、保管和处理的形成文件的程序。

（2）记录的编制要求

应充分考虑以下几个方面：质量记录的充分性和有效性；标准化；实用性；真实性和准确性。

29.2.8 管理体系审核

审核是为获得审核证据并对其进行客观的评价，以确定满足审核准则的程度所进行的系统的、独立的

并形成文件的过程。

内部审核，有时称第一方审核，由组织自己或以组织的名义进行，用于管理评审和其他内部目的（例如确认管理体系的有效性或获得用于改进管理体系的信息），可作为组织自我合格声明的基础。在许多情况下，尤其在中小型组织内，可以由与正在被审核的活动无责任关系的人员进行，以证实独立性。外部审核包括通常所说的第二方审核和第三方审核。第二方审核由组织的相关方，如顾客或由其他人员以相关方的名义进行。第三方审核由独立的审核组织进行，如监管机构或提供认证或注册的机构。当两个或两个以上不同领域的管理体系（如质量、环境、职业健康和安全）被一起审核时，称为结合审核。当两个或两个以上审核组织合作，共同审核同一个受审核方时，这种情况称为联合审核。

审核范围通常包括对实际位置、组织单元、活动和过程，以及审核所覆盖的时期的描述。管理审核方案人员应确定审核方案的范围和详略程度，审核方案范围取决于受审核方的规模和性质、受审核的管理体系的性质、功能、复杂程度和成熟度水平以及其他重要事项。在某些情况下，根据组织（受审核方）的结构或活动，审核方案可能只包括一次审核（例如一个小型项目活动）。

影响审核方案范围的其他因素包括以下几个方面：

1）每次审核的范围、目标和持续时间和审核次数，适用时，还包括审核后续活动。

2）审核活动的数量、重要性、复杂性、相似性和地点。

3）影响管理体系有效性的因素。

4）适用的审核准则，例如有关管理标准的安排、法律法规要求、合同要求以及受审核方承诺的其他要求。

5）以往的内部或外部审核的结论。

6）以往的审核方案的评审结果。

7）语言、文化和社会因素。

8）相关方的关注点，例如顾客抱怨或不符合法律法规要求。

9）受审核方或其运作的重大变化。

10）支持审核活动的信息和沟通技术的可获得性，尤其是使用远程审核方法的情况。

11）内部和外部事件的发生，如产品故障、信息安全泄密事件、健康和安全事故、犯罪行为或环境事故。

审核的特征在于其遵循若干原则。这些原则使审核成为支持管理方针和控制的有效与可靠的工具，并为组织提供可以改进其绩效的信息。遵循这些原则是得出相应和充分的审核结论的前提，也是审核员独立工作时在相似的情况下得出相似结论的前提。

审核基于以下六项原则：

1）诚实正直原则，它是职业的基础。

2）公正表达原则，审核者有真实、准确地报告的义务。

3）职业素养原则，审核者在审核中应勤奋并具有判断力。

4）保密性原则，以保证信息安全。

5）独立性原则，它是审核的公正性和审核结论的客观性的基础。

6）基于证据的方法原则，该方法是在一个系统的审核过程中，得出可信的和可重现的审核结论的合理的方法。

图 29-8 所示为管理体系审核方案的管理流程。

图 29-9 所示为管理体系典型的审核活动流程。

GB/T 19011—2012《管理体系审核指南》[6] 是管理体系审核的主要依据。

29.2.9　GB/T 12467.1—2009 ~ GB/T 12467.5—2009/ISO 3834-1:2005 ~ ISO 3834-5:2005[7-11] 摘要介绍

1. 概述

本系列标准根据 GB/T 19000 系列标准的质量保证原则，结合焊接实际应用条件，描述了为保证焊接质量，质量体系应包括的焊接质量要求。由以下五个标准组成：GB/T 12467.1—2009《金属材料熔焊质量要求　第 1 部分：质量要求相应等级的选择准则》；GB/T 12467.2—2009《金属材料熔焊质量要求　第 2 部分：完整质量要求》；GB/T 12467.3—2009《金属材料熔焊质量要求　第 3 部分：一般质量要求》；GB/T 12467.4—2009《金属材料熔焊质量要求　第 4 部分：基本质量要求》；GB/T 12467.5—2009《金属材料熔焊质量要求　第 5 部分：满足质量要求应依据的标准文件》；GB/T 12467 系列标准规定了金属材料熔焊的质量要求。GB/T 12467 系列标准提供了一种方法，供制造商展示其制造特定质量产品的能力。

（1）制定时考虑的因素

标准的制定出于如下考虑：

1）标准不受制造结构种类的限制。

2）标准规定了车间及或现场焊接的质量要求。

3）标准为描述制造商生产满足规定要求结构的能力提供了指南。

4）标准提供了评价制造商焊接能力的基础。

（2）适用场合

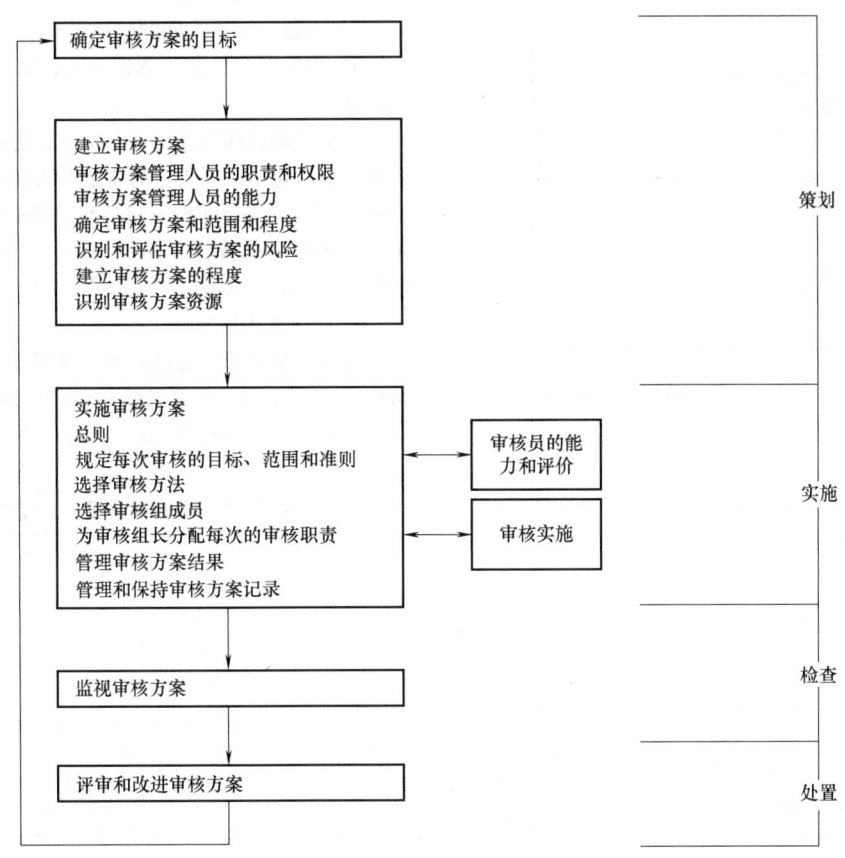

图 29-8　管理体系审核方案的管理流程

需要制造商展示其生产焊接结构的能力，而且在下列某个或多个文件中规定了满足一定质量要求时，可采用 GB/T 12467 系列标准：

1）规范。

2）产品标准。

3）规范性要求。

（3）可选择性

制造商可以完整地采用本部分所包含的这些要求，当所涉及的结构不适合时，也可有选择地筛选使用。标准在下列应用方面为焊接控制提供了可选择的框架：

1）为符合 GB/T 19001—2008 质量管理体系规范的制造商提出特殊要求。

2）为符合与 GB/T 19001—2008 不同的质量管理体系规范的制造商提出特殊要求。

3）为制造商制定一个熔焊的质量管理体系提供特殊指南。

4）对熔化焊活动有控制要求的那些规范、规则或产品标准提供详细的要求。

2. 范围

GB/T 12467.1—2009 规定了选择金属材料熔焊质量等级时需考虑的准则，适用于车间及现场的焊接制造。本部分所包含的这些质量要求还可能适用于其他焊接方法。这些质量要求仅涉及产品质量中受熔化焊影响的那些方面，而且不受产品种类限制。

3. 质量要求相应等级的选择

应按照产品标准、规范、规则或合同，针对质量要求的等级，选择 GB/T 12467 系列标准的相应部分。GB/T 12467 系列标准适用于不同情况和场合，本章对于每种条件下所采用的有关质量要求等级的具体规则不做规定。

GB/T 12467 系列标准可适用于不同情况。制造商应根据下列与产品相关的内容，在三个不同等级的质量要求中选择一个等级：

1）涉及安全性的产品的范围和重要性。

2）制造的复杂性。

3）制造产品的范围。

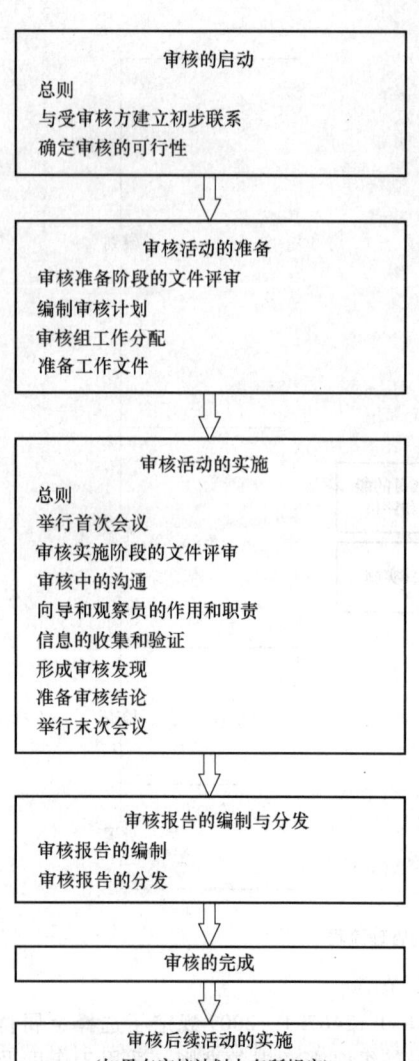

图 29-9　管理体系典型的审核活动流程

4）所用不同材料的范围。

5）可能产生冶金问题的范围。

6）影响产品性能的制造缺欠，如错边、变形或焊接缺欠。

当某个制造商满足了某个特定的质量等级时，则可视其也满足了所有更低的质量等级要求而无须做进一步的验证（满足 GB/T 12467.2—2009 完整质量要求的制造商也就满足了 GB/T 12467.3—2009 一般质量要求和 GB/T 12467.4—2009 基本质量要求）。

4. 标准选用原则

焊接质量要求可做选择以适于表 29-4 中的焊接结构类型。表 29-5 给出了对于 GB/T 12467.2—2009、GB/T 12467.3—2009 及 GB/T 12467.4—2009 的选择标准。

表 29-4　焊接质量要求的选择

合同的焊接要求	质量要求	
	当要求质量体系符合 GB/T 19001—2008 时	当要求质量体系不同于 GB/T 19001—2008 时
	使用	使用
完整质量要求	GB/T 12467.2—2009 等效采用 ISO 3834-2:2005①	GB/T 12467.2—2009
一般质量要求	GB/T 12467.2—2009 等效采用 ISO 3834-2:2005①	GB/T 12467.3—2009
基本质量要求	GB/T 12467.2—2009 等效采用 ISO 3834-2:2005①	GB/T 12467.4—2009

① 在 GB/T 19001—2008 的适用范围内，GB/T 12467.2—2009 的要求可能被减至合适的程度以适用于焊接结构的类型。

表 29-5　选择 GB/T 12467.2—2009、GB/T 12467.3—2009 或 GB/T 12467.4—2009 的准则

序号	要素	GB/T 12467.2—2009（完整质量要求）	GB/T 12467.3—2009（一般质量要求）	GB/T 12467.4—2009（基本质量要求）
1	要求评审	有		
		有书面报告	可能有书面报告	无报告要求
2	技术评审	有		
		有书面报告	可能有书面报告	无报告要求
3	分承包商	就特定的分承包产品、服务及/或活动按照制造商对待，但制造商最终对质量要求负责		
4	焊工及焊接操作工	有考核要求		
5	焊接责任人员	有要求		无特定要求
6	试验及检验人员	有考核要求		
7	生产及试验设备	按要求配备合适的制备、工艺实施、试验、运输、抬升设备，并具有安全、防护功能		
8	设备维护	要求提供并维持设备的有效性		无特定要求
		要求书面计划和报告	建议有报告	
9	设备描述	有明细要求		无特定要求

（续）

序号	要素	GB/T 12467.2—2009 （完整质量要求）	GB/T 12467.3—2009 （一般质量要求）	GB/T 12467.4—2009 （基本质量要求）
10	生产计划	有要求		无特定要求
		要求书面计划和报告	建议做书面计划和报告	
11	焊接工艺规程	有要求		无特定要求
12	焊接工艺评定	有要求		无特定要求
13	焊接材料的批量试验	根据需要	无特定要求	
14	焊接材料的保管	要求符合供应商建议的程序		按供应商的规范
15	母材的储存	要求保护免受环境影响；存放期间应保持标识		无特定要求
16	焊后热处理	确认产品标准或规范要求得到满足		无特定要求
		要求规程、报告和报告相对产品的可追溯性	要求规程和报告	
17	焊前、焊接过程中和焊后的试验检验	有要求		如果有要求
18	不符合项及纠正	采取控制措施，要求修复及或纠正程序		采取控制措施
19	测量、试验检验设备的标定	有要求	如果有要求	无特定要求
20	过程标识	如果有要求		无特定要求
21	可追溯性	如果有要求		无特定要求
22	质量报告	如果有要求		

5. 满足质量要求应依据的标准文件

GB/T 12467.5—2009 规定了符合 GB/T 12467.2—2009、GB/T 12467.3—2009 和 GB/T 12467.4—2009 质量要求应依据的标准指南。本部分适用于制造商焊接能力的评估认证，GB/T12467.5—2009 应与 GB/T12467.2—2009、GB/T 12467.3—2009 和 GB/T 12467.4—2009 配套使用。

制造商按照 GB/T12467.2—2009、GB/T 12467.3—2009 和 GB/T 12467.4—2009 进行焊接活动时，应采用下列标准文件的有效版本。

GB/T 9445—2008《无损检测　人员资格鉴定与认证》（GB/T 9445—2008，ISO 9712:2005，IDT）

GB/T 15169—2003《钢熔化焊焊工技能评定》（GB/T 15169—2003，ISO/DIS 9606—1:2002，IDT）

GB/T 18591—2001《焊接　预热温度、道间温度及预热维持温度的测定指南》（GB/T 18591—2001，ISO 13916:1996，IDT）

GB/T 19419—2003《焊接管理　任务与职责》（GB/T 19419—2003，ISO 14731:1997，IDT）

GB/T 19805—2005《焊接操作工　技能评定》（GB/T 19805—2005，ISO 14732:1998，IDT）

GB/T 19866—2005《焊接工艺规程及评定的一般原则》（GB/T 19866—2005，ISO 15607:2003，IDT）

GB/T 19867.1—2005《电弧焊焊接工艺规程》（GB/T 19867.1—2005，ISO 15609—1:2004，IDT）

GB/T 19867.2—2008《气焊焊接工艺规程》（GB/T 19867.2—2008，ISO 15609—2:2001，IDT）

GB/T 19867.3—2008《电子束焊接工艺规程》（GB/T 19867.3—2008，ISO 15609—3:2004，IDT）

GB/T 19867.4—2008《激光焊接工艺规程》（GB/T 19867.4—2008，ISO 15609—4:2004，IDT）

GB/T 19868.1—2005《基于试验焊接材料的工艺评定》（GB/T 19868.1—2005，ISO 15610:2003，IDT）

GB/T 19868.2—2005《基于焊接经验的工艺评定》（GB/T 19868.2–2005，ISO 15611:2003，IDT）

GB/T 19868.3—2005《基于标准焊接规程的工艺评定》（GB/T 19868.3—2005，ISO 15612:2004，IDT）

GB/T 19868.4—2005《基于预生产焊接试验的工艺评定》（GB/T 19868.4—2005，ISO 15613:2004，IDT）

GB/T 19869.1—2005《钢、镍及镍合金的焊接工艺评定试验》（GB/T 19869.1–2005，ISO 15614—1:2004，IDT）

ISO 9606-2:2004《焊工考试　熔焊　第 2 部分：铝及铝合金》

ISO 9606-3:1999《焊工考试　熔焊　第 3 部分：铜及铜合金》

ISO 9606-4:1999《焊工考试　熔焊　第 4 部分：镍及镍合金》

ISO 9606-5:2000《焊工考试　熔焊　第5部分：钛及钛合金、锆及锆合金》

ISO 14555:2006《焊接　金属材料的螺柱弧焊》

ISO 15614-2:2005《金属材料焊接工艺规程及评定　焊接工艺评定试验　第2部分：铝及铝合金的弧焊》

ISO 15614-3:2008《金属材料焊接工艺规程及评定　焊接工艺评定试验　第3部分：铸铁的熔化焊和压力焊》

ISO 15614-4:2005《金属材料焊接工艺规程及评定　焊接工艺评定试验　第4部分：铸铝的加工焊》

ISO 15614-5:2004《金属材料焊接工艺规程及评定　焊接工艺评定试验　第5部分：钛、锆及其合金的弧焊》

ISO 15614-6:2006《金属材料焊接工艺规程及评定　焊接工艺评定试验　第6部分：铜及铜合金和弧焊》

ISO 15614-7:2007《金属材料焊接工艺规程及评定　焊接工艺评定试验　第7部分：堆焊》

ISO 15614-8:2002《金属材料焊接工艺规程及评定　焊接工艺评定试验　第8部分：管-管板接头的焊接》

ISO 15614-10:2005《金属材料焊接工艺规程及评定　焊接工艺评定试验　第10部分：高气压干法焊接》

ISO 15614-11:2002《金属材料焊接工艺规程及评定　焊接工艺评定试验　第11部分：电子束及激光焊接》

ISO 15618-1:2001《水下焊工考试　第1部分：高气压湿法焊接和潜水焊工》

ISO 15618-2:2002《水下焊工考试　第2部分：高气压干法焊接和潜水焊工》

ISO 17635:2010《焊缝的无损检验　金属材料熔化焊焊缝的一般原则》

ISO 17636:2003《焊缝的无损检验　融化焊接头的射线检验》

ISO 17637:2003《焊缝的无损检验　融化焊接头的外观检验》

ISO 17638:2009《焊缝的无损检验　磁粉探伤》

ISO 17639:2009《焊缝的破坏性试验　焊缝的宏观及显微检验》

ISO 17640:2010《焊缝的无损检验　焊接接头的超声波检验》

ISO 17662:2005《焊接　对焊接设备（及其操作）的矫正、核准和评估》

ISO/TR 17663:2009《焊接　与焊接及相关工艺有关的热处理质量要求指南》

ISO/TR 17671-2:2002《焊接　金属材料焊接推荐工艺　第2部分：铁素体钢的弧焊》

ISO/TR 17844:2004《焊接　防止冷裂纹标准方法的比较》

在焊接质量控制活动中，对焊接质量具有重要影响的关键环节（或要素）应做特殊控制，这些控制活动应依据表29-6～表29-14列出的标准进行，表29-15列出了螺柱焊质量控制需要依据的标准。

表 29-6　焊工及焊接操作工

焊接方法	标准文件	GB/T 12467.2—2009 条文	GB/T 12467.3—2009 条文	GB/T 12467.4—2009 条文
弧焊	GB/T 15169—2003 GB/T 19805—2005 ISO 9606-2:2004 ISO 9606-3:1999 ISO 9606-4:1999 ISO 9606-5:2006 ISO 15618-1:2001 ISO 15618-2:2002	7.2	7.2	7.2
电子束焊	GB/T 19805—2005			
激光焊	GB/T 19805—2005			
气焊	GB/T 15169—2003			

表 29-7　焊接责任人员

焊接方法	标准文件	GB/T 12467.2—2009 条文	GB/T 12467.3—2009 条文	GB/T 12467.4—2009 条文
弧焊				
电子束焊	GB/T 19419—2003	7.3	7.3	无
激光焊				
气焊				

表 29-8　无损检测人员

焊接方法	标准文件	GB/T 12467.2—2009 条文	GB/T 12467.3—2009 条文	GB/T 12467.4—2009 条文
弧焊				
电子束焊	GB/T 9445—2008	8.2	8.2	8.2
激光焊				
气焊				

表 29-9 焊接工艺规程

焊接方法	标准文件	GB/T 12467.2—2009 条文	GB/T 12467.3—2009 条文	GB/T 12467.4—2009 条文
弧焊	GB/T 19867.1—2005			
电子束焊	GB/T 19867.3—2008	10.2	10.2	无
激光焊	GB/T 19867.4—2008			
气焊	GB/T 19867.2—2008			

表 29-10 焊接工艺评定

焊接方法	标准文件	GB/T 12467.2—2009 条文	GB/T 12467.3—2009 条文	GB/T 12467.4—2009 条文
弧焊	GB/T 19866—2005 GB/T 19868.1—2005 GB/T 19868.2—2005 GB/T 19868.3—2005 GB/T 19868.4—2005 GB/T 19869.1—2005 ISO 15614-2:2005 ISO 15614-3:2008 ISO 15614-4:2005 ISO 15614-5:2004 ISO 15614-6:2006 ISO 15614-7:2007 ISO 15614-8:2002 ISO 15614-10:2005			
电子束焊	GB/T 19866—2005 GB/T 19868.2—2005 GB/T 19868.3—2005 GB/T 19868.4—2005 ISO 15614-11:2002	10.3	10.3	无
激光焊	GB/T 19866—2005 GB/T 19868.2—2005 GB/T 19868.3—2005 GB/T 19868.4—2005 ISO 15614-11:2002			
气焊	GB/T 19866—2005 GB/T 19868.1—2005 GB/T 19868.2—2005 GB/T 19868.3—2005 GB/T 19868.4—2005 GB/T 19869.1—2005			

表 29-11 焊后热处理

焊接方法	标准文件	GB/T 12467.2—2009 条文	GB/T 12467.3—2009 条文	GB/T 12467.4—2009 条文
弧焊 电子束焊 激光焊 气焊	ISO/TR 17663:2009	13	13	无

表 29-12 焊接过程中的检验

焊接方法	标准文件	GB/T 12467.2—2009 条文	GB/T 12467.3—2009 条文	GB/T 12467.4—2009 条文
弧焊	GB/T 18591—2001 ISO/TR 17671-2:2002 ISO/TR 17844:2004			
电子束焊	无	14.3	14.3	无
激光焊	无			
气焊	无			

表 29-13 焊后检验

焊接方法	标准文件	GB/T 12467.2—2009 条文	GB/T 12467.3—2009 条文	GB/T 12467.4—2009 条文
弧焊 电子束焊 激光焊 气焊	ISO 17635:2010 ISO 17636:2003 ISO 17637:2003 ISO 17638:2009 ISO 17639:2009 ISO 17640:2010	14.4	14.4	无

表 29-14 试验、检验设备的校准

焊接方法	标准文件	GB/T 12467.2—2009 条文	GB/T 12467.3—2009 条文	GB/T 12467.4—2009 条文
弧焊 电子束焊 激光焊 气焊	ISO 17662:2005	16	16	无

表 29-15 其他熔焊方法

焊接方法	标准文件	GB/T 12467.2—2009 条文	GB/T 12467.3—2009 条文	GB/T 12467.4—2009 条文
4 螺柱焊	ISO 14555:2006	所有相关条文	所有相关条文	所有相关条文
铝热焊/热剂焊	无	无	无	无

29.2.10　焊接结构生产制造中的质量控制

在焊接结构生产中，为保证产品质量，企业需进行严格的质量控制。所谓质量控制是指为保证某一产品、过程或服务质量满足规定的质量要求所采取的作业技术和活动。也就是说，生产作业的每个环节必须在受控状态下进行，才能生产出满足规定质量要求的产品。

1. 焊接质量保证的一般原则

为了保证产品的焊接质量，焊接生产企业除应满足企业技术装备、人员及技术管理方面的要求以外，还必须在设计、制造和检验试验过程中严格地按标准规定执行，在各个环节、各道工序上层层把关，才能保证焊接质量符合规定的要求。

（1）设计

设计者应熟悉本业务范围所涉及的各类原材料标准、焊接材料标准及各类适用性标准，了解与产品质量有关的检验和试验标准；应对焊接方法及坡口形式的选用及是否需要分部或分段组焊等生产制造工艺有所了解与掌握。

（2）制造

焊接产品的整个制造过程包括八个主要阶段：焊接性试验、工艺评定试验、确定工艺规程、焊前准备、组焊、焊后处理、焊接修复和检验，而检验则贯穿在制造的全过程之中。

组焊前的一系列准备工作，包括焊接性试验、工艺评定试验、确定工艺规程、焊工资格审核、放样、下料、坡口加工、冷热成形、预处理以及焊接材料的烘干和胎卡具校验等均列为焊接质量保证的重要内容。这就是说，过程检验和组焊前充分的准备工作是保证焊接产品质量的两大重要环节。

1）焊接性试验。对于焊接工艺成熟的常用钢材（如普通低碳钢），一般可以不做焊接性试验。对于某些钢材，如新钢种或设计上有特殊要求的钢材，在进行工艺评定之前应根据有关的标准和程序进行焊接性试验，以了解和掌握这些钢材的焊接性和特点。

2）评定试验。企业应按产品相应的技术规程或技术条件的要求及工艺评定标准的规定，设计出工艺评定试验的内容。同时要求工艺评定的试验条件必须与产品的生产条件相对应，评定试验要使用与产品实际生产相同的钢材焊接材料、焊接方法、预热和后热处理方法等，还规定要由技术熟练的焊工施焊。设计工艺评定试验方案时一般必须考虑以下方面的内容：选择焊接方法及焊接设备；考虑钢材的种类及规格（如钢材的厚度）；选择焊接材料（包括焊条、焊丝等填充材料，焊剂与保护气体等）；预热、后热及层

间温度控制方案和手段；选择焊接电流种类和极性；计算和选择热输入；多层焊或单层焊的选择；焊丝的摆动频率、幅度及在两边的停留时间；接头形式及焊接位置；焊接坡口形式、间隙及钝边等。

工艺评定试验要根据有关标准及规则进行，如理化分析标准、力学性能试验、无损检测及焊接方法标准等。

3）确定工艺规程文件。最终确定的工艺规程是产品生产过程中必须遵循的法则。因此，工艺规程文件应由企业的技术主管部门及有关责任人员，如焊接责任工程师等根据工艺评定试验的结果并结合实践经验来慎重确定。对于某些重要产品，如要求质量等级较高的加氢裂化反应器等，还要通过产品模拟件的复核验证之后才能最终确定工艺规程。

4）焊前准备。包括焊工资格审核，检查产品制造过程中的放样、下料、坡口加工及其尺寸公差和表面质量、冷热成形以及焊接材料的烘干等是否按有关的工艺要求进行，是否符合有关标准或技术条件的规定。

5）组焊。产品的组焊是整个制造过程的重要一环。参加组焊的焊工及有关工种必须是经资格审查合格的人员。组焊过程必须严格遵循焊接工艺规程。生产现场要有图样和必要的技术资料。在气候条件不利的情况下，要采取必要的特殊措施，以免影响焊接质量。如天气太冷要采取保温措施，在露天场所作业时，风力超过四级以上要采取防风措施等。

6）焊后处理。当产品的技术条件要求进行焊后处理（如消除应力处理）时，应按规定的产品处理工艺进行处理，并做好记录。

7）焊接修复。一般地讲，在焊接过程中，很难完全避免产生焊接缺陷，因此就出现了焊接修复问题。焊接修复是一项比较复杂的工作，要根据有关标准、法规或技术条件的要求，认真制定修复程序及修复工艺，并严格遵照执行，否则可能达不到修复焊缝的目的。

8）产品检验与验收。检验应按有关标准和规则进行，并贯穿在产品整个制造过程中。如果检验结果不合格，应按有关规定复验。复验再不合格，则该产品即为不合格品。

产品的验收规则应按产品的技术条件及合同要求来制定。产品验收应严格按验收规则执行。

2. 焊接质量保证对企业的要求（GB/T 12468—1990）[12]

为能使质量控制有效地实施和贯彻下去，具有相应资格的企业自身应具备一定的前提条件：一套规范化的质量保证体系，必要的生产加工设备及场地，具

备相应资格的各类工程技术人员和管理人员,完善的、责任明确的技术分工及技术管理。

1)质量保证体系。企业应建立健全一套科学的、规范化的质量保证体系,每个环节都应明确责任分工。企业内部还应具有一套焊接生产制造质量保证手册,手册中的主要内容应包括:第一部分是焊接结构生产制造质量保证手册,主要阐述手册的性质、目的、适用范围、质量方针、质量组织机构及质量职能和质量要素的选用等;第二部分是焊接结构生产制造的管理制度,主要规定了质量要素的管理程序和内容;第三部分为焊接结构制造管理办法,这一部分更具体地规定了产品制造过程中各生产与质量要素的管理程序和定量要求。

2)技术装备。以焊接为主要制造方法的企业,必须拥有相应的装置和设备。这些装置和设备有:

① 非露天的装配场地及工作场地的装备、焊接材料的烘干设备及材料的清理设备。

② 供组装及运输使用的吊装设备。

③ 加工机床及工具。

④ 焊接、切割设备及装置。

⑤ 供焊接及切割使用的工夹具。

⑥ 焊接辅助设备及工艺装备。

⑦ 预热及焊后热处理设备或装置。

⑧ 检查材料及焊接接头的检验设备及检验仪器。

⑨ 必要的焊接试验装备及设施。

3)人员素质。企业必须具有一定的技术力量,包括具有相应学历的各类专业技术人员和具有一定技术水平的各种技术工人。其中焊工和无损检测人员必须经过培训或考试并取得相应的资格证书。

焊接技术人员除应具有相应的学历和一定的生产经验外,还必须熟悉与企业产品相关的焊接标准和法规。焊接技术人员要分别由焊接高级工程师、工程师、助理工程师和技术员及焊接技师来担任。焊接技术人员的主要任务包括:

① 负责产品设计的焊接工艺性审查,制定焊接工艺规程,指导生产实践。

② 熟悉企业生产所涉及的各类钢材标准和常用钢材的焊接工艺要求。

③ 选择合乎要求的焊接设备及夹具。

④ 选择适用的焊接材料、焊接方法,并使之与母材相互匹配。

⑤ 监督和提出焊接材料的储存条件和方法。

⑥ 提出焊前准备和焊后处理的要求。

⑦ 负责企业内的焊工培训及考核焊工。

⑧ 按设计要求规定有关的检验范围和检验方法。

⑨ 对焊接产品上的缺陷进行判断,分析其性质和产生原因,并提出技术处理意见。

⑩ 监督焊工的操作质量,对一切违反焊接工艺规程要求的操作有权提出必要的处理措施。

焊工和焊接操作工的技术水平必须达到与企业产品相适应的考核项目的要求并持有合格证书,但只能在证书认可的资格范围内按工艺规程进行焊接生产的操作。

要求企业应配有与产品制造相适应的检验人员,包括无损检测及焊接质量检验、力学性能试验及化学分析人员等,而且规定无损检测人员必须持有与产品类别相适应的检测方法的等级合格证。如产品为压力容器,则检验人员必须持有经国家技术监督部门考核认可的等级证书。

企业还应拥有与制造产品的类别相应的其他专业技术人员,如热处理专业技术人员等。

4)技术管理。为了从技术管理入手搞好焊接产品的质量,企业必须有完整的设计资料和正确的生产用图样及必备的制造工艺文件。不管是从外单位引进的,还是自行设计的图样资料,都必须有总图、零部件图和制造技术文件。所有图样资料上都应有设计和审核人员的签字。总图应经总工程师或厂长签字批准。引进的设计资料上也必须有复核人员和总工程师或厂长的签字。

企业必须设有工艺管理机构和完善的工艺管理制度。管理制度中应明确焊接技术人员、检验人员及焊工、焊接操作工的职责范围和责任。制造工艺文件上应有技术负责人的签字。

企业应建立独立的质检机构,检验人员应严格按产品的制造技术条件进行各类检验或试验,并就所检焊缝提出可靠的质量检验报告。

3. 焊接结构生产过程中的全面质量管理

所有生产焊接产品的企业,必须建立健全质量保证体系。在产品设计、制造、检验、验收的全过程中,必须对企业的技术装备、人员素质、技术管理提出严格的要求,应保证产品的合理设计和流程的合理安排。

图 29-10 表示了焊接生产全面质量管理的含义。

在实际的焊接生产过程中存在着大量的焊接施工过程数据,如焊接结构的板型材质量保证书数据,进厂后的成分、性能及热处理记录,焊材的质量保证书数据及进厂后的成分、性能复检记录,焊接参数记录、无损检测记录以及焊接结构的生产过程中的板型材、焊材的材质跟踪记录等。这些记录对焊接缺欠的产生原因分析、焊接缺欠的再现、提高焊接质量和企业进行质量决策起着至关重要的作用。利用当前数据库系统软件的发展成果及计算机网络技术,可以高效率地管理和利用这些数据,帮助焊接工程技术人员解决焊接生产过程中出现的各种问题。

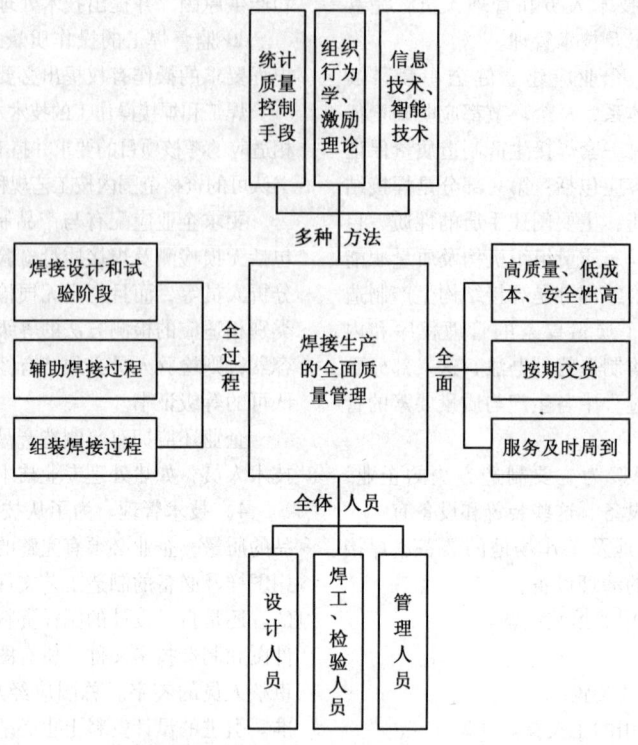

图 29-10　焊接生产全面质量管理的含义

计算机辅助质量信息管理系统，利用计算机和网络技术，通过建立数据库实现焊接生产全过程质量信息的集成化管理。利用这个系统，能方便快速地收集、存储和传递焊接生产全过程的各种质量信息，能准确高效地应用各种数理统计方法对质量信息进行加工处理[24]。

图 29-11 表示了焊接生产质量信息系统的结构。

4. 统计质量控制方法在焊接结构生产中的应用举例

图 29-12 表示了焊接生产全面质量管理过程中，在各个阶段和过程应用统计方法的分析。

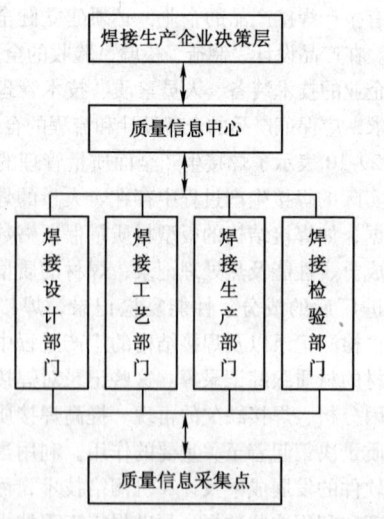

图 29-11　焊接生产质量信息管理系统

图 29-12　焊接生产过程统计方法的应用

（1）焊接企业引进全面质量管理时的应用

某焊接企业希望在焊接生产中引进 TQC（全面质量管理），为此需要作一系列项目。"万事开头难"，如何从复杂中找出重点？如何明确相互关系以便加以协调？为了解决这些问题，要对这些重要的项目进行调查，利用关联图，确定推行 TQC 过程中哪些项目应该作为企业的重点项目。

关联图把事物有关的各个环节按相互制约的关系连成整体，可以帮助我们搞清各种复杂因素相互环绕等问题，发现内在的因果关系，从中找出解决问题应该从何入手。

通过关联图（图 29-13），可以发现在焊接企业生产中引进全面质量管理的重点在于明确企业领导的指导思想，以及制定方针、目标与计划。

（2）焊接检验过程的统计质量控制　某压力容器罐厂对 20 个压力容器罐焊缝缺欠所需工时进行统计分析（见表 29-16）。

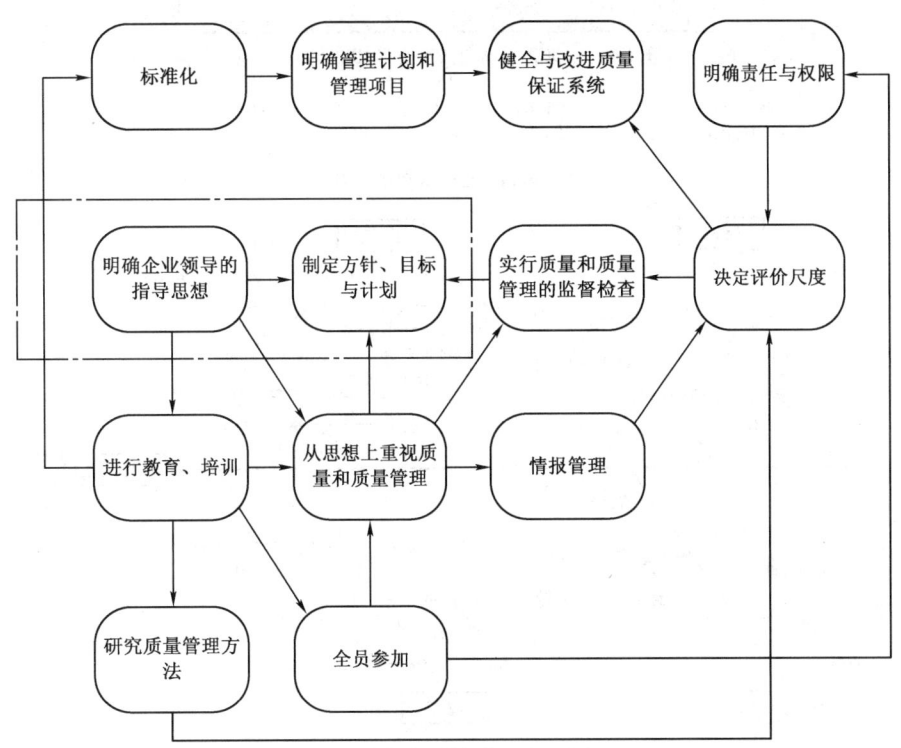

图 29-13　推进全面质量管理的一系列项目的关联图

表 29-16　焊缝缺欠所需工时统计分析表

序号	缺欠类型	返修工时	频率(%)	累计频率(%)	类别
1	焊缝气孔	137	62.0	62.0	A
2	夹渣	48	21.7	83.7	A
3	成形差	15	6.8	90.5	B
4	焊道凹陷	13	5.9	96.4	B
5	其他	8	3.6	100	

按照排列图作图步骤，完成的排列图如图 29-14 所示。通过排列图，把影响压力容器罐质量的"关键的少数与次要的多数"直观地表示出来。确定焊缝气孔和夹渣为主要因素；焊缝成形差和焊道凹陷为有影响因素，其他为次要因素。因此，该厂应该从解决焊缝气孔和夹渣着手，来提高产品质量，这要取得的成效最显著。现实中，如果主要因素的难度较大，而次要因素简易可行，马上可见效果，也可先对次要因素进行改进。

（3）焊接纠错过程的统计质量控制

我们确定了影响质量的主要因素是"焊缝气孔缺欠"，在采取具体措施改进前，需要寻找质量问题产生的原因，才能采取适当的措施加以解决。在生产过程中，引起质量波动主要与人员、机器、材料、工

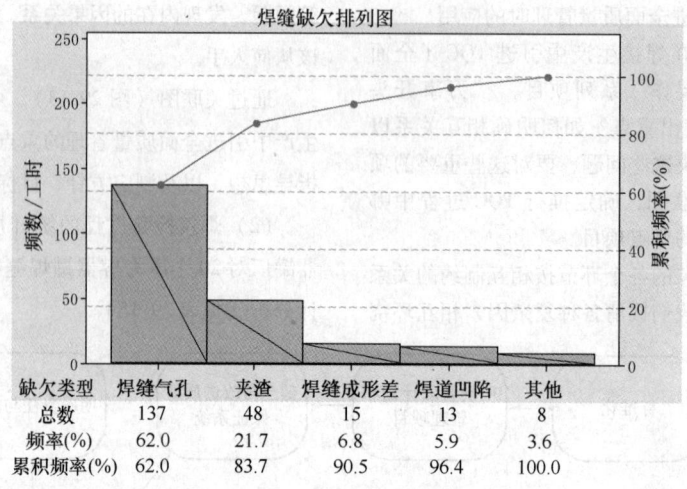

图 29-14　焊缝缺欠排列图

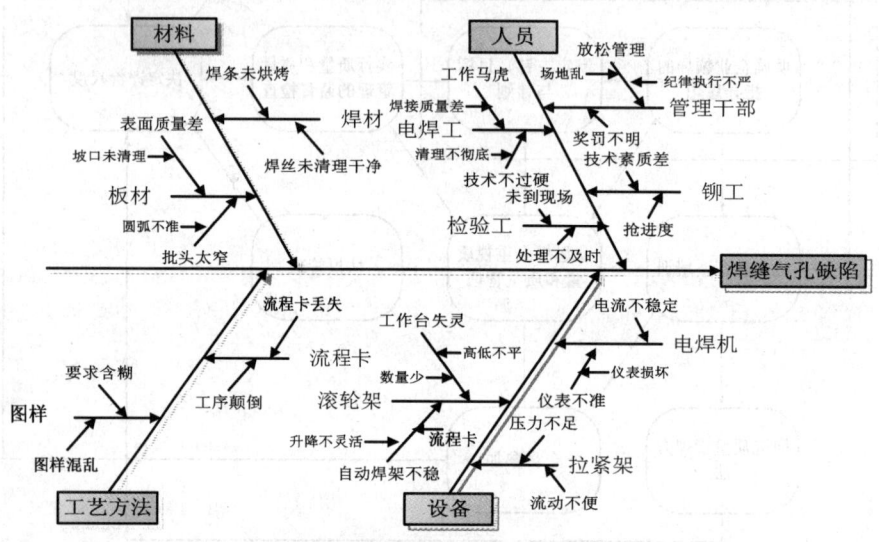

图 29-15　焊缝气孔缺欠因果图

艺方法和环境等因素有关，而一个问题的发生往往有多种因素交织在一起。探讨质量原因，要从大到小，从粗到细，寻根究底，然后采取措施。因果图通过层层深入的分析研究来找出影响质量的原因，从交错混杂的大量影响因素中理出头绪，逐步把影响质量主要、关键、具体原因找出来，从而明确所要采取的措施。图 29-15 列出了焊缝气孔产生的可能原因。

作因果图时，要充分发扬民主，把各种意见都记录下来，实事求是地提供质量数据和信息。关键原因确定后，应到现场去落实、验证主要原因，和一线工人讨论，尽可能通过数据说明问题。

总之，焊接结构生产制造中，质量控制是保证质量的有效途径，对质量控制严格把关，就能及时尽早地发现并解决问题，发现和解决问题越早，造成的损失也就越少。

29.3　焊接结构生产的组织与经济

29.3.1　焊接生产车间的空间组织

生产过程的空间组织，包括焊接车间内部由哪些生产单位（工段）组成及这些生产单位组成的专业化形式和平面布置等方面的内容。本节仅就焊接车间内部工段组成的专业化形式进行说明。

车间生产单位组成的专业化形式，直接影响车间内部各工段之间的分工与协作关系、组织计划的方式及设备、工艺的选择等诸方面工作，是合理组织生产过程中的重要问题。车间生产单位的组成有两种专业化形式：即工艺专业化形式和对象专业化形式。

1. 工艺专业化形式

工艺专业化形式就是按工艺工序或工艺设备相同性的原则来建立生产工段。按这种原则组成的生产工段称工艺专业化生产工段，如材料准备工段、下料加工工段、装配焊接工段、后处理工段等（图 29-16）。

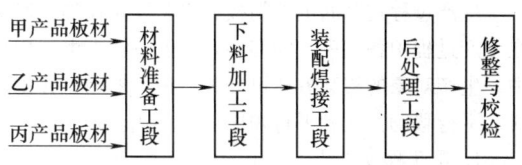

图 29-16　工艺专业化工段示意图

工艺专业化工段内集中了同类的设备和同工种的工人，加工方法基本相同，但加工对象则具有多样化的特点。适用于小批量产品的生产。

（1）工艺专业化工段的优点

1）对产品变动有较强的应变能力。当产品发生变动时，生产单位的生产结构、设备布置、工艺流程均不需要重新调整，就可以适应新产品的加工要求。

2）设备能得以充分利用。同类或同工种的设备集中在一个工段，便于相互调节使用，提高了设备的负荷率，保证了设备的有效使用。

3）便于提高工人的技术水平。工段内工种具有工艺上的相同性，有利于工人之间交流操作经验和相互学习工作技巧。

（2）工艺专业化生产工段的缺点

1）加工路线长。一台焊接制品要经过几个工段才能实现全部生产过程，为此加工路线比较长，造成运输量增加。

2）生产周期长，在制品增多导致流动资金占用量的增加。

3）工段之间相互联系比较复杂，增加了管理协调的难度。

工艺专业化形式适用于单件、小批量产品。

2. 对象专业化形式

对象专业化形式是以加工对象相同性，作为划分生产工段的原则。加工对象可以是整个产品，也可以是产品的一个部件。按这种原则建立起来的工段称为对象专业化工段，如梁柱焊接工段、管道焊接工段、储罐焊接工段等。

在对象专业化工段中要完成加工对象的全部或大部分工艺过程。这种工段又称封闭工段，在该工段内，集中了完成焊接对象整个工艺过程的各种类型及不同型号的设备，并集中了不同工种的工人。

（1）对象专业化的优点

1）生产效率高。由于加工对象固定，品种单一，生产批量大，可采用专用的设备和专用的工具、

卡具、量具，便于提高效率。

2）可以选择先进的生产方式，如流水线、自动线等。

3）运输工作量比较少。由于加工对象在一个工段内完成全部或大部分工艺过程，因而加工路线比较短，减少了运输工作量。

4）加工对象生产周期短，减少了在制品的占用量，加速了流动资金的周转。

（2）对象专业化的缺点

1）不利于设备的充分利用。由于对象专业化工段的设备是封闭在本工段内，为专门的加工对象使用，不与其他工段调配使用，因此设备利用率较低。

2）对产品变动的应变能力较差。对象专业化工段使用的专用设备及工胎卡具，是按一定的加工对象进行设备的选择及布置的，因此很难适应品种的变化。

3. 起重机钢结构专业化组织形式

（1）焊接车间工艺专业化工段

起重机是一种典型的以焊接工艺为主要内容的金属钢结构产品（见第 16 章），其钢结构主要包括：主梁、横梁、小车架、门腿、桥架等。这种产品的整机生产采用的是大规模流水线作业的工艺专业化组织形式（图 29-17）。

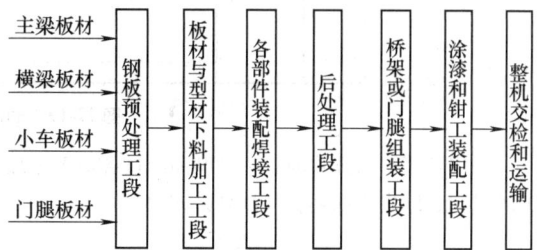

图 29-17　起重机钢结构采用工艺专业化工段示意图

这种工艺专业形式，对于制造起重量轻，结构件尺寸相对较小且批量相对较小的起重机是较为适宜的。

（2）对象专业化工段

就起重机的主梁、横梁、小车架、门腿等钢结构部件而言，由于其结构形式不同，又可分为不同的对象专业化工段（或班组），布置先进或专用装焊设备及工装胎具，形成流水线、自动线等生产方式如图 29-18 所示。例如起重机箱形主梁的制造工段，就设有主梁盖、腹板号料下料区，盖、腹板埋弧焊拼接区，π 形梁组装平台区，π 形梁手工或半自动气体保护焊接区，箱形梁组装区，箱形梁混合气体保护自动焊区，焊接变形矫正修理区和箱形梁交检后的存放区，从而形成一个封闭箱形梁工艺制造的对象专业化作业工段。在这个工段内设置了专用的焊接设备、起重设备及吊具和工装。

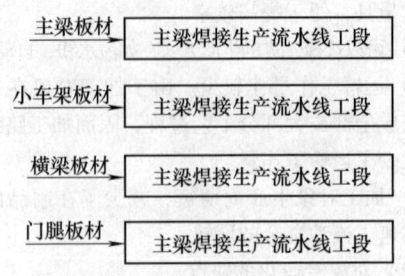

图 29-18　起重机钢结构采用
对象专业化工段示意图

29.3.2　焊接生产车间的时间组织

焊接车间的生产过程，不仅要求选择恰当的空间

组织形式，而且要求在时间组织上尽量科学合理，使焊接生产对象在生产过程中尽可能符合生产过程连续、提高劳动生产率、提高设备利用率和缩短生产周期的要求。

生产过程在时间上的衔接，主要反映在加工对象在生产过程中各工序之间移动方式这一特点上。生产中，生产对象的移动方式可分为三种，即顺序移动方式、平行移动方式和平行顺序移动方式。

1. 顺序移动方式

顺序移动方式，就是一批制品只有在前道工序全部加工完成之后，才整批地转移到下道工序继续加工，即下道工序于上道工序整批零件加工结束时，才开始进行加工（图 29-19）的移动方式。

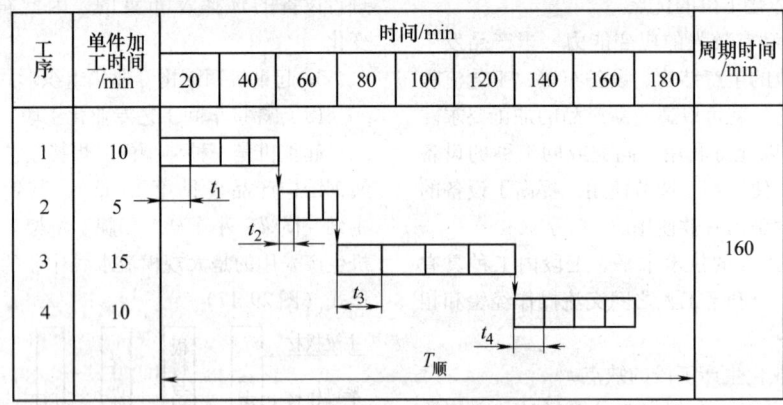

图 29-19　顺序移动方式示意图

采用顺序移动方式时，一批制品经过各道工序加工的时间，即生产周期，其计算公式为

$$T_顺 = n \sum_{i=1}^{m} t_i$$

式中　$T_顺$——顺序移动方式的生产周期；
　　　n——加工批量；
　　　m——工序数；
　　　t_i——第 i 工序单件工时。

图 29-19 中，制品批量 $n = 4$ 时，经过工序数 $m = 4$，各道工序单件的工时分别为 $t_1 = 10\text{min}$，$t_2 = 5\text{min}$，$t_3 = 15\text{min}$，$t_4 = 10\text{min}$，设工序间其他时间（如运输、检查、设备调整及各种停工时间）忽略不计，则生产周期为

$$T_顺 = n \sum_{i=1}^{m} t_i = 4 \times (10 + 5 + 15 + 10)\text{min} = 160\text{min}$$

从图 29-19 可以看出，按顺序移动方式进行生产过程组织，就设备开动、工人操作而言是连贯的，不存在间断的时间，各工序是按批次连续进行的。但就每一个制品而言，还没有做到立刻向下一工序转移且

连续加工，存在着工序等待，因此生产周期较长。

2. 平行移动方式

平行移动方式，就是当前道工序加工完成每一制品之后，立即转移到下一道工序继续进行加工，工序间制品的传递不是整批的，而是以单个制品为单位分别地进行，从而工序与工序之间形成平行作业状态。

一批制品按平行移动方式进行加工时，生产周期计算公式为

$$T_平 = \sum_{i=1}^{m} t_i + (n-1)t_长$$

式中　$T_平$——平行移动方式的生产周期；
　　　$t_长$——各工序中最长的工序单件工时。

现将上例中的数据代入上述公式得出平行移动方式时的生产周期为

$$T_平 = \sum_{i=1}^{m} t_i + (n-1)t_长 = (10 + 5 + 15 + 10)\text{min} +$$
$$(4-1)\text{min} \times 15 = 85\text{min}$$

从图 29-20 可以看出，平行移动方式较顺序移动方式生产周期大为缩短。后者为 160min，而前者

为 85min，共缩短了 75min。同时也可以看出，由于前后相邻工序的作业时间不等，当后道工序加工时间小于前道工序时，就会出现设备和工人工作中产生停歇时间，因此不利于设备及工人有效工时的利用。

3. 平行顺序移动方式

平行移动方式虽然缩短了生产周期，但某些工序不能保持连续进行；顺序移动方式虽可保持工序的连续性，但生产周期延续得比较长。为了综合两者的优点，并克服两者的缺点，在生产过程时间组织方面产生了第三种移动方式，即平行顺序移动方式。

平行顺序移动方式，就是一批制品的每道工序都必须保持既连续，又与其他工序平行地进行作业的一种移动方式。为了达到这要求，可分为两种情况加以考虑。第一种情况，当前道工序的单件工时小于后道工序的单件工时时，每个零件在前道工序加工完之后，可立即向下一道工序传递，后道工序开始加工后，便可以保持加工的连续性；第二种情况，当前道工序的单件工时大于后道工序的单件工时时，则要等

待前一工序完成的零件数足以保证后道工序能连续加工时，后道工序才开始加工（图 29-21）。

$$T_{平顺} = n \sum_{i=1}^{m} t_i - (n-1) \sum_{i=1}^{m-1} t_{i短}$$

式中　$T_{平顺}$——平行顺序移动方式的生产周期；

　　　　$t_{i短}$——每一相邻两工序中工序较短的单件工时。

为了求得 $t_{i短}$，必须对所有相邻工序的单件工时进行比较，选取其中较短的一道工序的单件工时，比较的次数为 $m-1$ 项。

现仍利用前例的数据，按平行顺序移动方式计算生产周期 $T_{平顺}$，得

$$\begin{aligned}
T_{平顺} &= n \sum_{i=1}^{m} t_i - (n-1) \sum_{i=1}^{m-1} t_{i短} \\
&= 160\text{min} - (4-1) \times (5+5+10)\text{min} \\
&= 100\text{min}
\end{aligned}$$

从计算结果可以看出，平行顺序移动方式的生产周期比平行移动方式长，比顺序移动方式短，但它的综合效果还是比较好的。

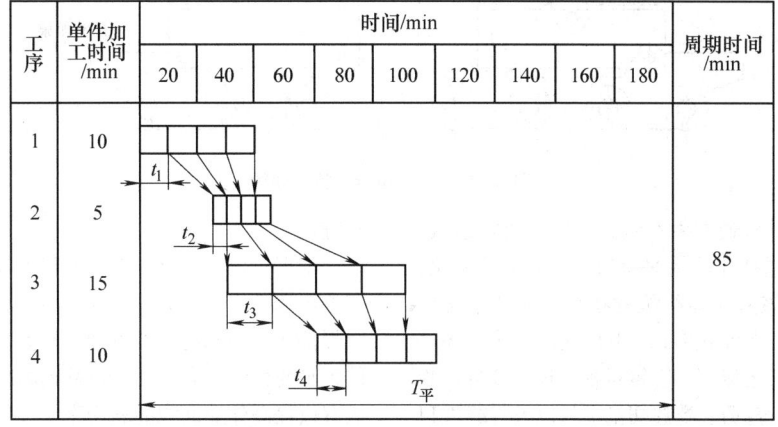

工序	单件加工时间/min	时间/min									周期时间/min
		20	40	60	80	100	120	140	160	180	
1	10										
2	5										85
3	15										
4	10										

图 29-20　平行移动方式示意图

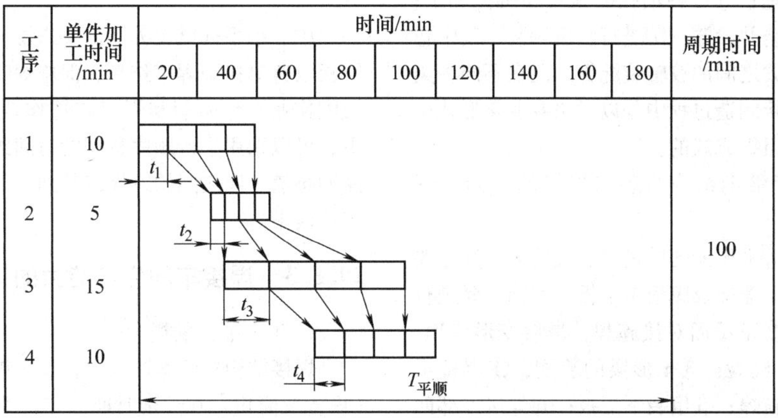

工序	单件加工时间/min	时间/min									周期时间/min
		20	40	60	80	100	120	140	160	180	
1	10										
2	5										100
3	15										
4	10										

图 29-21　平行顺序移动方式示意图

以上三种移动方式各具特点，可根据生产实际情况，权衡优劣，分别加以采用。一般考虑的因素有：加工批量多少，加工对象的尺寸及复杂程度，工序时间长短，以及生产过程空间组织的专业形式等。

当批量不大、工序时间短、制品尺寸较小及生产单位按工艺专业化形式组织时，以采取顺序移动方式为宜。反之，当批量大、工序时间长、加工对象尺寸较大或结构较复杂以及生产单位是按对象专业化形式组织时，则以采取平行移动或平行顺序移动方式为好。

应当说明，为了研究问题方便，在对以上三种移动方式的生产周期进行计算时，忽略了某些影响生产周期的因素。生产实际中制订生产周期标准时，还要全面考虑诸因素。

焊接结构件的制造生产周期是指从原材料投入生产到结构成形出产的日历时间。周期的长度包括材料准备周期 $T_{准}$、加工周期 $T_{加}$、装配周期 $T_{装}$、焊接周期 $T_{焊}$、修理周期 $T_{修}$、时效时间 $T_{时}$、检查时间 $T_{检}$、工序间运输时间 $T_{运}$、制品在工序间的存放时间 $T_{存}$、油漆时间 $T_{油}$ 和包装时间 $T_{包}$ 等。

$$T = T_{准} + T_{加} + T_{装} + T_{焊} + T_{修} + T_{时} + T_{检} + T_{运} + T_{存} + T_{油} + T_{包}$$

4. 港口装卸机械大车运行机构的几种钢结构平衡梁的时间组织（实例）

随着世界经济贸易迅猛发展，大型港口装卸机械需求量越来越大，如卸船机、装船机、岸边集装箱起重机、门座起重机等，其中大车运行机构的平衡梁是一种普遍采用的结构形式。下面就以某厂生产的岸边集装箱起重机大车运行机构的大、中、小平衡梁钢结构在时间组织上的焊接生产过程加以阐述（图 29-22）。

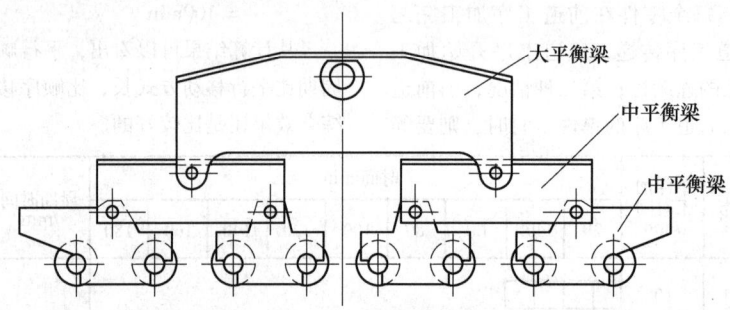

图 29-22　大车运行机构平衡梁

每台港口起重机通常由 4 组大车运行机构组成：其金属结构主要包括 4 个大平衡梁、8 个中平衡梁、16 个小平衡梁，该大车运行机构在整个制造过程中一般采用的是工艺专业化形式，其时间组织为顺序移动方式，其主要工艺流程：①钢材预处理；②各种板材的矫平、号料、裁剪、数控切割下料以及焊缝坡口制备等；③箱形梁组装与焊接；④焊接残余应力的退火或振动时效处理；⑤各种轴孔的画线和机械加工；⑥抛丸或喷砂除锈并涂漆；⑦进行整机垛装，其中包括车轮装配及各梁之间的铰轴装配等。但在不同种类的箱形梁组装焊接制造过程中是以对象专业化形式来采取不同的时间组织方式的。

（1）大平衡梁钢结构组装与焊接的时间组织方式

该运行机构大平衡梁的质量大、尺寸大，其主要工序包括：①上下盖板及腹板由于板厚不同，要进行对接定位焊接；②正反面对接施焊，焊后变形修理，焊缝的 RT 或 UT 检验；③π 形梁的装配；④焊接梁内部的角焊缝的施焊；⑤组装下盖板；⑥焊接外部四条角焊缝，进行焊接变形修理；⑦箱形梁密封性

检查。

根据以上 7 道重要工艺流程可以看出：由于大平衡梁体积大、质量大，每道工序占用的装配作业面积和焊接作业面积的工作时间比较长，因此在制造这 4 件大平衡梁时只有采用平行移动的时间组织方式，才能有效提高作业面积的利用率。

（2）中、小平衡梁钢结构组装焊接的时间组织方式

中、小平衡梁较大平衡梁来说，尽管上下盖板及腹板没有对接施焊工作量，但施焊时间较长，因此在装配作业平台面积和焊工施焊作业面积允许的条件下，可以采用平行顺序移动的时间组织方式，使在制品的每道工序之间始终保持其加工的连续性，以提高工作效率。

29.3.3　焊接车间生产能力的计算

1. 生产能力的概念

焊接结构车间生产能力，是指该车间的固定资产（设备及面积）在一定时期（年、季、月等）内，在先进合理的技术组织条件下，经过综合平衡后所能生

产的一定种类产品的最大数量。

车间的生产能力是按照直接参与生产的固定资产来计算，是固定资产生产能力的综合反映。但实现这种能力的前提条件是在劳动力数量充分，掌握必要的知识和技能。同时，物资及工艺装备也符合要求。在查定车间生产能力时，通常不考虑劳动力不足或物资供应中断等现象。

车间生产能力可以年、季、月、班、小时作为计算时间，但通常是按年来计算的。

2. 生产能力种类

（1）设计能力

设计能力是指企业进行新建、扩建或技术改造时在产品方向与品种构成既定的条件下，设计任务书和技术设计文件中所规定的产品生产能力。因此，在原设计的各项条件没有变化的情况下，企业的产品设计能力，就是企业的工业产品生产能力。

（2）查定能力

查定能力是指企业没有设计能力，或者由于生产技术条件变化较大，实际生产水平与原设计能力相差较大，由企业重新调查核定的生产能力称为查定能力。

（3）计划能力（现实能力）

计划能力是指企业在计划年度内实际可能达到的生产能力。它是根据企业现有的生产条件，并考虑到计划年度内能够实现的各种技术组织措施效果而计算的。计划能力又分为年初能力、年末能力及平均能力。

年初能力是指车间及其各生产环节计划年度开始时的能力，它按计划年度 1 月 1 日的情况计算确定。

年末能力是指车间计划年度末时的生产能力，它考虑了拟在计划年度内采取的并在计划期末得以实现的扩大生产能力的措施。

年平均生产能力是指在计划年度内平均拥有的生产能力。

3. 决定生产能力的因素

决定焊接车间生产能力的因素有以下三个方面，即固定资产的数量、固定资产工作时间及固定资产的生产率定额。

（1）固定资产的数量

计算生产能力时的设备数量，应包括企业全部已安装的生产产品的成套设备。不论这些设备是正在运转，还是在修理，或因某种原因暂时停止使用的，均应计算在内。但不包括不能修复的设备、备用设备、封存设备、辅助部门的设备、尚未验收投产的设备、不配套设备以及由于生产任务改变而停止使用的闲置

设备。

除设备数量外，生产面积的数量对于焊接车间生产能力的计算也具有重要的意义。生产面积是指作业面积、作业通道、零部件存放地及运输设备所占面积。

（2）固定资产工作时间

固定资产工作时间分为制度工作时间和有效工作时间。

制度工作时间是指在规定的工作制度下，固定资产可工作（或利用）的时间数。年制度工作时间的计算公式为

$$F_{制} = (D_历 - D_节)f$$

式中　$F_制$——年制度工作时间；

　　　$D_历$——全年日历日数；

　　　$D_节$——全年节假日数；

　　　f——每日制度工作小时数

日历日数减去节假日数，即为全年制度工作日数，计 251 天。每日制度工作小时数，根据企业的工作班制而定。

有效工作时间是指在制度工作时间中，扣除设备修理停歇时间后的工作时间总数，即

$$F = F_{制}(1 - \varepsilon)$$

式中　F——设备年有效工作时间；

　　　ε——设备修理停工率。

设备修理停工率，按修理计划或参照历年设备修理的经验统计数确定，一般为 $5\% \sim 10\%$。

计算设备生产能力时，用有效工作时间，而计算生产面积的生产能力时用制度工作时间。

（3）固定资产的生产率定额

它包括设备及生产面积的生产率定额。

生产率定额可以用设备（生产面积）的产量定额表示，即单位设备（生产面积）在单位时间内的产量标准；生产率定额也可用产品的时间定额表示，即生产单位产品的设备台时消耗标准或制造单位产品的生产面积占用标准。

4. 焊接车间生产能力的计算

（1）生产能力的计量单位

生产能力是以实物指标作为计量单位的。由于车间的生产特点不同，有必要采用不同的实物计量单位。

1）具体产品。若车间的生产属于品种单一的大量生产，计算生产能力时，用的生产率定额是该产品的时间定额或生产该产品的产量定额。企业的生产能力以该产品的产量表示，即生产能力的计量单位为该具体产品。

2）代表产品。若车间的生产属多品种的批量生产。各品种在结构、工艺和劳动量等方面有一定的相似性，则可从所生产的产品中选出代表产品。以生产代表产品的时间定额或产量定额计算该车间的生产能力。车间生产能力是以代表产品产量表示。生产能力的计量单位为代表产品。

代表产品，一般选代表企业专业方向，产量较大的产品。

3）假定产品。在车间生产的产品品种较多而产品结构及工艺相差较大的情况下，可用假定产品作为计量单位。假定产品是考虑各产品产量按其产量比重而构成的一种假想产品。

假定产品的时间定额计算公式为

$$t_{假} = \sum_{i=1}^{n} t_i Q_i$$

式中　$t_{假}$——单位假定产品的时间定额；

　　　t_i——i产品的时间定额；

　　　Q_i——i产品的产量占总产量的比重；

　　　n——产品品种数。

（2）生产能力的计算

1）单台设备及流水线生产能力的计算及确定。

单台设备生产能力的计算公式为

$$M_{单} = \frac{F}{t}$$

式中　$M_{单}$——单台设备生产能力（台或件）；

　　　F——单台设备计划期（年）有效工作时间（h）；

　　　t——产品的工序时间定额（h/件）。

工序由一台设备承担时，单台设备的生产能力即为工序生产能力；工序由S台设备承担时，工序生产能力为$M_{单}S$。

按流水线组织生产时，生产能力按每条流水线核算。流水线生产能力，是在组成流水线各工序单台设备生产能力计算的基础上，经过综合平衡之后确定。

2）设备组生产能力的计算。当车间生产单位按工艺专业化形式划分时，生产能力的计算通常按设备组进行。

设备组生产能力的计算公式为

$$M_{组} = \frac{FS}{t}$$

式中　$M_{组}$——设备组生产能力；

　　　S——设备组设备数量；

　　　t——生产单台产品（具体、代表或假定产品）所需要该种设备的台时数。

当设备组生产能力以重量为计量单位时，设备组生产能力的计算公式为

$$M_{组} = FSPW$$

式中　P——单台设备生产率（台/h）；

　　　W——每台焊件的平均重量（kg/台）。

当工段生产能力取决于生产面积时，则生产能力的计算公式为

$$M_{段} = \frac{F_{制} A}{at}$$

式中　$M_{段}$——某工段生产能力；

　　　$F_{制}$——计划期（年）制度工作时间；

　　　A——某工段生产面积；

　　　a——焊接单位产品所需占用面积；

　　　t——在该工段焊接单位产品的生产周期。

焊接车间计算生产能力时，实际常用报告期所达到的生产焊接件的质量大小来计算焊接车间的生产能力。计算公式为

$$M_{车} = P_{重} F_{制} A_{车} \beta$$

式中　$M_{车}$——焊接车间年生产能力（t）；

　　　$P_{重}$——报告期单位生产面积的小时产量（t/m^2）；

　　　$A_{车}$——计划期车间的生产面积（m^2）；

　　　β——计划期采用技术组织措施后车间产量增长率。

29.3.4　焊接结构生产定额工作

定额是指企业在一定的生产技术组织条件下，为完成一定的生产任务，对于人力、物力、财力的消耗，利用或占用所规定的数量标准。

定额的种类包括劳动定额、材料消耗定额、资金定额和费用定额等。对各类定额的确定、执行和管理等工作，即为定额工作。定额是编制计划的依据，是科学地组织生产的手段，也是进行经济核算，提高企业经济效益的有效工具，是企业管理最重要的基础工作之一。

1. 焊接结构生产劳动定额的确定

（1）劳动定额的概念及构成

劳动定额是在一定的生产技术组织条件下，为完成某项工作所规定的必需的劳动消耗的标准量。劳动定额的研究和确定是与具体的生产技术组织条件有密切的关系。也就是说，劳动定额是与生产的各项要素，如劳动水平（工人的技术等级、文化素质等）、劳动对象（即原材料的特点和特性）和劳动工具（机械设备、工艺装备）等紧密相关的。所以要想正确地研究和确定先进合理的劳动定额，必须以一定的生产技术组织条件为前提。

（2）焊接结构生产劳动定额时间构成

根据时间消耗分类方法，焊接一批产品的定额时间计算公式为

$$T_{批} = (T_{单件}N + T_{准})/60$$

焊接每米焊缝的定额时间计算公式为

$$T_{米缝} = (T_{基} + T'_{辅})(1 + K)K_1$$

焊接一件产品的定额时间计算公式为

$$T_{单件} = [(T_{基} + T_{辅})L + T''_{辅}](1 + K)K_1$$

式中　$T_{批}$——焊接一批产品的总定额时间（h）；

　　　　$T_{单件}$——每焊接一件产品的定额时间（min）；

　　　　$T_{准}$——批产品的准备结束时间（min）；

　　　　N——批产品的数量；

　　　　$T_{米缝}$——每焊接 1m 焊缝的定额时间（min）；

　　　　$T'_{辅}$——与焊缝有关的辅助时间（min）；

　　　　$T''_{辅}$——与焊缝无关但与工件有关的辅助时间（min）；

　　　　$T_{基}$——焊接的基本时间，即熔化焊条形成焊缝的时间（min）；

　　　　L——单件产品的焊缝总长度（m）；

　　　　K——布置工作场地及休息与生理需要时间占作业时间的百分数；

　　　　K_1——考虑到焊缝特点的系数，根据工作性质决定。

（3）焊条电弧焊时间定额的制定

1）焊接基本时间影响因素的分析及计算焊接的基本时间，就是熔化焊条形成焊缝所消耗的时间。

影响焊接基本时间的因素：即焊条的熔化速度 v 和形成焊缝所需熔化的填充金属量 G。

影响焊接基本时间的质的因素：即焊件的接头形式、焊缝的空间位置以及工作环境，如室内、露天、高空、容器内等。

焊接基本时间计算公式为

$$T_{基} = \frac{G}{v} = \frac{FL\gamma}{aI}$$

式中　$T_{基}$——焊接基本时间（min）；

　　　　G——形成焊缝所需熔化的填充金属量（g）；

　　　　v——焊条的熔化速度（g/min）；

　　　　a——焊条的熔化系数 [g/（A·h）]，与焊条的牌号、电流的种类、焊缝在空间的位置有关，见表 29-17；

　　　　I——焊接电流（A），与焊缝特征、焊件厚度、焊条直径、焊条种类及焊缝的空间位置有关，见表 29-18；

　　　　F——焊缝的横断面积（mm²），与焊缝的坡口形状和焊件厚度有关，按图样标注尺寸计算出；

　　　　L——焊缝长度（m）；

　　　　γ——焊条金属的密度（g/cm³），带焊药的钢焊条取 $\gamma = 7.6 g/cm^3$。

表 29-17　熔化系数数值

焊条型号	焊接时焊缝的位置	电流种类	熔化系数 /[g/（A·h）]
E 4301	横焊、仰焊	直流	5.6
	横焊、仰焊	交流	6.2
	平焊、环形焊	直流	7.25
	平焊、环形焊	交流	7.25
E 4320	平焊	交流	11.0
	T 形焊	交流	12.00

表 29-18　焊接电流数值

焊缝特征	焊件的厚度 /mm	焊接层的号码	焊条的直径 /mm	E4301			E4320		
				平焊	横焊、立焊和环形焊	仰焊	平焊	横焊、立焊和环形焊	仰焊
				电流强度/A					
不开坡口的双面对接焊缝	6	I Ⅱ	5	230	200	—	230	200	—
	8	I Ⅱ	5	260	220	—	260	220	—
	8	I Ⅱ	6	260	220	—	280	220	—
	10	I Ⅱ	6	320	240	—	320	240	—
两面开坡口的加强对接焊缝	12～14	I Ⅱ	5～6	420	200	170	450	200	180
	16～18	I Ⅱ	5	220	180	170	220	200	180
	20～26	I Ⅱ	5	220	180	170	220	200	180

（续）

焊缝特征	焊件的厚度/mm	焊接层的号码	焊条的直径/mm	焊条型号					
				E4301			E4320		
				空间位置					
				平焊	横焊、立焊和环形焊	仰焊	平焊	横焊、立焊和环形焊	仰焊
				电流强度/A					
一面开坡口的加强对接焊缝	6	I	5	220	180	170	220	200	180
	7	I	5	300	180	170	300	200	180
	10	I	5	220	180	170	220	200	180
	12	I	5	220	180	170	220	200	180
加强的T形接缝、搭接缝、角接缝	6	I	5	300	180	170	320	200	180
	8	I	6	360	180	170	380	200	180
	10	I II	6	420	180	170	450	200	180
	12	I II	6~7	500	180	170	530	200	180

在焊接厚度较大的工件时，通常把焊缝分成几层来焊接。焊第一层，一般用较小的焊接电流，以免粗直径焊条和大电流把焊缝底层边缘熔穿。以后各层则采用大直径焊条和较大的电流进行焊接，以提高焊接速度。此时，焊接的基本时间需按层分别计算，然后求和，计算公式为

$$T_{基} = \frac{1}{a}\left(\frac{D_1}{I_1} + \frac{G_2}{I_2}\right)$$

编制焊接时间定额时，为便于制表和使用，一般均按焊接每1m焊缝的基本时间计算。

$$T_{米基} = \frac{F\gamma}{aI}$$

以上各式所求出的 T 均为理论数值，实际由于焊缝表面凸凹不平和焊条金属熔液的丢失、飞溅，填满焊缝实际所需熔化焊条金属的量，要比上述理论计算数值大，因此焊接基本时间的消耗，也比上述理论值大。为解决这一问题，一般采用对焊缝横断面积进行修正的办法来解决。

$$F = F_{理论}K$$

式中　F——对理论面积进行修正后，用于计算定额的当量面积；

$F_{理论}$——可根据图样设计的理论面积求得；

K——考虑到焊缝表面的凹凸不平和焊条金属流失、飞溅而采用的修正系数，K 值可参照表29-19。

2）焊接辅助时间影响因素的分析及计算。焊条电弧焊接辅助时间由与焊缝有关的辅助时间和与焊缝无关但与工件有关的辅助时间两部分组成。

① 与焊缝有关的辅助时间包括换焊条时间、检查与测量焊缝时间及清理焊缝和边缘时间。

表 29-19　断面增大系数

焊金属厚度/mm	K	
	两个边缘都开有坡口的对焊	搭接口T形焊接
4~6	1.15	1.25
8~10	1.10	1.25
12~20	1.10	1.15

换焊条时间是指在焊接过程中，更换焊条所消耗的时间等于每更换一次焊条所消耗的时间与焊条更换次数的乘积。

每更换一次焊条所需要的时间消耗，可通过测时取得，一般情况下，平焊、立焊、横焊取 0.18min/次；仰焊 0.25min/次。

熔化每立方毫米金属所分摊的更换焊条的时间消耗数值，其计算公式为

$$t_{换} = \frac{0.18 \sim 0.25}{0.00067(L-60)d^2}$$

式中　L——焊条全长（mm）；

d——焊芯直径（mm）。

为使用方便，今将各种不同直径的焊条，按熔化每立方毫米焊条金属所分摊的更换焊条的时间列于表29-20。

检查和测量焊缝时间可通过测时来取得，一般按焊缝的空间位置不同，以检查和测量每米焊缝所消耗的时间为单位来计算，如表29-21所示。

清理焊缝和边缘时间指清理焊缝熔渣和修正焊缝所需时间消耗，与焊缝空间位置、焊条种类，焊缝的施焊层数和焊缝截面积大小有关，其经验公式计算为

$$T_{清} = L[0.6 + 1.2(n-1)]$$

式中　L——焊缝长度（mm）；

n——施焊层数。

表 29-20 熔化每立方毫米焊条金属的平均更换焊条时间

（单位：min）

所焊金属厚度/mm	焊条长度/mm	焊缝的空间位置	
		平焊、立焊、横焊	仰焊
3	350	0.098	0.141
4	450	0.040	0.059
5	450	0.026	0.038
6	450	0.018	0.026
8	450	0.010	0.015

表 29-21 检查和测量焊缝时间

（单位：min）

焊缝的空间位置	一般连接性焊接	密封性焊接
平焊、立焊、横焊	0.35	1
仰焊	0.50	2

② 与工件有关的辅助时间包括焊件的装上和卸下的时间，在焊接中翻转焊件的时间，在焊接中行走的时间，在焊件上作标记（焊缝打钢印）的时间。

焊件的装卸和翻转时间与焊件的质量大小和起重方法有关，可通过测时方法确定。表 29-22 所列为参考数据。

同时要考虑钢板厚度，因为钢板越厚，施焊层数越多、翻转次数也越多。

行走时间即焊接过程中，工人变动工作位置所消耗的时间。这类时间消耗与工作条件、焊件大小、形状有关，可通过测时方法确定。表 29-23 所列为参考数据。

焊缝打钢印时间的消耗，主要发生在对焊缝质量要求高的产品，如密封容器及受力构件等。通常打钢印一处可取 0.25min。

3）工作场地布置、休息与生理需要时间的确定。工作场地布置时间消耗，按照焊接作业时间的百分比确定。室内工作取 3%；室外工作取 5%；休息与生理需要时间主要取决于焊接工作环境和条件，也是按作业时间的百分比来确定。表 29-24 所示为参考数据。

4）焊接准备与结束时间的确定。焊接准备和结束时间，与焊接工作复杂程度有关，可通过测时方法确定。表 29-25 所列为单件、小批焊接工作准备与结束时间参考数据。

表 29-22 焊件的装卸和翻转时间

焊件装卸	工作方法	手　动					起重机		
	焊件质量/kg	5	10	20	30	50	100	500	1000
	时间/min	0.20	0.30	0.50	0.70	2.50	3.00	3.80	4.60
焊件翻转	工作方法	手　动					起重机		
	焊件质量/kg	5	10	20	30	50	100	500	1000
	时间/min	0.10	0.20	0.30	0.40	0.60	1.50	2.50	3.50

表 29-23 行走时间　　　　（单位：min）

工步间行走	在平面及不需登高的垂直面内	在需要登高的垂直面内	在高空
	$T = 0.11n$	$T = 0.14n$	$T = 0.25n$
工序间行走	已知距离 s 的		不知距离的
	$T = 0.5s$		实报实销

注：n——移动次数；s——移动距离（m）。

表 29-24 休息与生理需要时间

环境和条件	在方便位置	在不方便位置	在紧张的条件下	在密封容器内
占作业时间/(%)	5	7	10	17~20

表 29-25 单件、小批焊接工作准备与结束时间

工作内容	时间/min		
	单件工作	中等复杂工作	复杂工作
1. 接受生产任务	5	5	5
2. 熟悉工艺和图样	5	10	15
3. 准备工卡具领焊条	3	5	15
4. 交检	3	3	3

注：1. 简单工作：外形简单、焊接处不超过 10 处。

2. 中等复杂工作：焊接地方不超过 20 处，金属厚度不超过 15mm。

3. 复杂工作：焊接处超过 20 处，金属厚度超过 15mm。

（4）埋弧焊和气体保护焊时间定额的确定

确定自动电弧焊定额时，首先应通过工作日写实等方法，了解其工作内容、方法和程序，并在此基础上制定典型作业表，再按工时分类原则，分别制定标准，其方法与焊条电弧焊相同。

自动电弧焊的焊接参数有三个，即焊接电流、焊接电压和焊接速度。在焊接过程中，必须正确处理焊丝的进给速度与焊接速度的关系，以保证焊接工作的顺利进行。

焊丝的进给速度与焊缝的焊接速度必须是同步的，即在同一时间内，焊丝的进给速度应保证焊丝金属的熔化量等于焊缝上填充金属的需要量。每小时熔化焊丝的质量为

$$G_{丝} = \frac{\pi d^2 \rho}{4} \times v_1$$

式中　v_1——焊丝的进给速度（m/h）；
　　　d——焊丝直径（mm）；
　　　ρ——焊丝金属的密度（g/mm³）。

每小时所需填充金属的质量为

$$G_{填充} = F\rho v_2$$

式中　v_2——焊接速度（m/h），半自动焊一般取 v_2 = （15～40）m/h，自动焊取 v_2 = 不得超过 90m/h。

按形成焊缝的条件得知：$G_{丝} = G_{填充}$
则

$$v_1 \frac{\pi d^2 \rho}{4} = F\rho v_2$$

$$\frac{v_2}{v_1} = \frac{\pi d^2}{4F}$$

也就是说，当焊丝的进给速度与焊缝的焊接速度保持上述比例关系时，才能保证焊缝质量合格的焊缝。此时，焊丝和电力的消耗也是最经济的。

自动电弧焊的辅助时间，由安装与卸下工件、准备和操作焊机、清理焊缝边缘和收集熔剂等组成，可通过测时获取资料编制定额。其他如工作场地布置、休息与生理需要时间，均按作业时间的百分比来确定。表 29-26 埋弧焊工时定额和气体保护焊工时定额就是通过实际施焊、实测获取资料后所编制的。

2. 焊接结构生产材料消耗定额的确定

材料消耗定额是指在一定的生产技术组织条件下，

表 29-26　金属结构焊接时间定额[6]

不开坡口对接焊缝双面自动焊

焊缝形式及尺寸

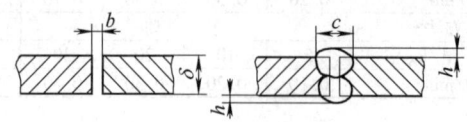

焊缝截面尺寸/mm			
δ	b	C	h
4	1	10	2
5	1.5	10	2.5
6～8	2	12～14	2.5
10～12	2.5～3	16	2.5

焊缝截面计算公式	$F = \delta b + 1.333ch$
数学模型	$T_米 = 0.938 - \delta^{-0.2}$

板材厚度 δ/mm	焊接层数 n	焊丝直径 ϕ /mm	平均电流 I/A	焊缝截面面积 F/mm²	每米焊缝综合时间 $T_米$/(h/m)				
					作业时间			步停时间	合计
					基本	辅助	小计		
4	2	4	400	30.7 (36.8)	0.072	0.072	0.144	0.036	0.18
5	2	4	420	40.8 (46.9)	0.088	0.080	0.168	0.042	0.21
6	2	4	440	52 (59.8)	0.11	0.088	0.198	0.045	0.24
8	2	4	460	62.7 (70)	0.12	0.10	0.22	0.055	0.28

（续）

板材厚度 δ/mm	焊接层数 n	焊丝直径 φ /mm	平均电流 I/A	焊缝截面面积 F/mm²	每米焊缝综合时间 $T_\text{米}$/（h/m）				
					作业时间			步停时间	合计
					基本	辅助	小计		
10	2	5	500	78.3 (82.2)	0.12	0.12	0.24	0.065	0.31
12	2	5	500	89	0.13	0.13	0.26	0.070	0.33

不封底双边 V 形坡口对接焊缝单面 CO_2 半自动焊

焊缝形式及尺寸

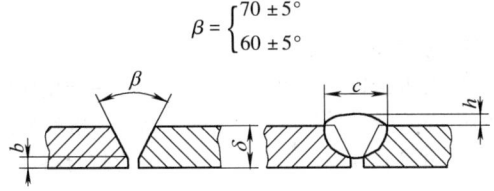

$$\beta = \begin{cases} 70 \pm 5° \\ 60 \pm 5° \end{cases}$$

焊缝截面尺寸/mm

β	b	p	c	h	β
6 ~ 8	1	1	12 ~ 14	1 ~ 1.5	70°
10 ~ 14	2	2	16 ~ 20	1.5	60°
16 ~ 18	2	2	22 ~ 26	2	60°
20 ~ 30	2	2	28 ~ 40	2	60°
32 ~ 40	2	2	42 ~ 50	2	60°

焊缝截面面积计算公式 $F = \delta b + (\delta - p)^2 \tan\dfrac{\beta}{2} + 0.667ch$

数学模型 $T_\text{米} = 2.47E - 0.3\delta^{1.19} + 0.164$

板材厚度 δ/mm	焊接层数 n	焊丝直径 φ /mm	平均电流 I/A	焊缝截面面积 F/mm²	每米焊缝综合时间 $T_\text{米}$/（h/m）				
					作业时间			步停时间	合计
					基本	辅助	小计		
6	1	1.2	160	31.5 (36.2)	0.14	0.06	0.20	0.04	0.24
8	2	1.2	190	56.9 (61.9)	0.20	0.06	0.26	0.04	0.30
10	2	1.2	200	72 (75.6)	0.23	0.08	0.31	0.05	0.36
12	2	1.2	220	101	0.28	0.10	0.10	0.07	0.45
14	3	1.2	240	133	0.33	0.13	0.46	0.09	0.55
16	3	1.2	260	174	0.40	0.16	0.56	0.10	0.66
18	3	1.2	280	216	0.46	0.20	0.66	0.12	0.78
20	4	1.2	300	265	0.53	0.24	0.77	0.15	0.92
22	4	1.2	300	317	0.63	0.27	0.90	0.17	1.07
24	4	1.2	300	370	0.74	0.30	1.04	0.19	1.23
26	5	1.2	300	430	0.86	0.34	1.20	0.21	1.41
28	5	1.2	300	495	0.99	0.38	1.37	0.23	1.60
30	5	1.2	300	565	1.13	0.42	1.55	0.25	1.80
32	6	1.2	300	640	1.28	0.46	1.74	0.28	2.02
34	6	1.2	300	718	1.44	0.50	1.94	0.30	2.24
36	6	1.2	300	801	1.60	0.55	2.15	0.33	2.48
38	7	1.2	300	888	1.78	0.59	2.37	0.36	2.73
40	7	1.2	300	980	1.96	0.65	2.61	0.39	3.00

注：基本时间按括号内面积计算。

制造单位产品或完成单位生产任务所消耗的材料数量标准。焊接用的主要原材料包括有板材和型材、管材、锻材、铸钢件和有色金属铸件等。除此以外还有在产品的总装或部件装配时,与焊接部件连接的金属制品和外购件。

焊接用的各种焊条和焊丝(填充丝),仍属于主要的焊接材料,因为它们作为产品的组成部分而附在焊接部件上。不同化学成分的被焊基体材料和焊接方法,应选用不同的焊接材料,这是保证焊缝质量和提高功效的重要因素。

如前所述,焊接方法种类虽多,但焊接原理基本相同。因此,焊接材料消耗定额的计算方法也大致相同。下面就焊接主要原材料及焊接用的焊条、焊丝及焊剂等主要材料的消耗定额分别进行计算和确定。

(1) 焊接原材料消耗定额的确定

在已知由轧制材料制成的焊接部件的质量时(按图样),焊接主要原材料消耗定额就是部件质量乘以材料的消耗系数。

(2) 焊接材料消耗定额的计算

焊接材料的消耗定额,一般是以焊缝熔敷金属质量(或熔剂的消耗量),加上焊接过程中的必要损耗,如烧损、飞溅、烬头等来计算,计算公式为

$$C_X = P_f K_h L_h$$

或

$$C_X = P_t L_h$$

式中　C_X——焊接材料消耗定额 (g);

　　　P_f——每米焊缝熔敷金属质量 (g/m);

　　　K_h——定额计算系数;

　　　L_h——焊件焊缝长度 (m);

　　　P_t——每米焊缝焊接材料消耗量。

1) 每米焊缝熔敷金属质量 P_f 的计算如下式所示。

$$P_f = F_h \rho$$

式中　F_h——焊缝熔敷金属横断面面积 (mm²);

　　　ρ——熔敷金属的密度 (g/mm³)。

2) 定额计算系数的计算公式为

$$K_h = \frac{1}{1 - (a_{sf} + a_j)}$$

式中　a_{sf}——焊接材料的烧损、飞溅损耗率 (%);

　　　a_j——焊接材料烬头的损耗率 (%)。

① 焊接材料的烧损、飞溅损耗率 a_{sf} 的计算公式为

$$a_{sf} = \frac{P_r - P_f}{P_r}$$

式中　P_r——熔化焊料质量 (g);

　　　P_f——熔敷金属质量 (g)。

② 焊接材料烬头的损耗率 a_j 的计算公式为

$$a_j = \frac{P_j}{P_h}$$

式中　P_j——焊接材料烬头质量 (g);

　　　P_h——焊接材料质量 (g)。

在实际工作中,一般都通过生产测定法分别确定各种焊接方法的定额计算系数 K_h、每米焊缝熔敷金属的质量 P_f 和每米焊缝的焊接材料消耗量 P_r,然后再按公式计算各种焊接方法时的焊接材料消耗定额。表 29-27 焊条电弧焊电焊条损耗率和定额计算系数;表 29-28 为自动埋弧焊每米焊缝的焊丝、焊剂消耗量;表 29-29 和表 29-30 焊条电弧焊每米焊缝(角焊缝)熔敷金属质量和焊条消耗量。

表 29-27　焊条电弧焊电焊条损耗率和定额计算系数

种类	烧损与飞溅损耗率 a_{sf}	烬头损耗率 a_f	定额计算系数 K_h
焊条	0.24 ~ 0.32	0.10 ~ 0.16	1.71

表 29-28　自动埋弧焊每米焊缝的焊丝、焊剂消耗量

焊件厚度 /mm	角　接　焊		对　接　焊	
	每米焊缝焊丝消耗量 P_t/(g/m)	每米焊缝焊剂消耗量 P_t/(g/m)	每米焊缝焊丝消耗量 P_t/(g/m)	每米焊缝焊剂消耗量 P_t/(g/m)
3	80	75	80	70
4	100	90	100	100
6	200	150	200	180
8	300	250	300	220
10	500	350	350	250
12	700	425	400	280
14	1000	620	500	300
16	1300	800	600	350
18	—	—	900	500

表 29-29　焊条电弧焊每米焊缝熔敷金属质量和焊条消耗量

焊接接头种类	焊件厚度/mm	焊缝熔敷金属截面面积 F_h /mm²	每米焊缝熔敷金属质量 P_f /(g/m)	每米焊缝焊条消耗量 P_t /(g/m)
不开坡口对接焊	1.0	5.0	39	67
	1.5	5.5	43	74
	2.0	7.0	55	94
	2.5	9.5	75	128
	3.0	12.1	95	162
V 形坡口对接焊	3.0	17	133	227
	4.0	24	188	322
	5.0	32	251	429
	6.0	40	314	536
	7.0	48	377	645
	8.0	58	455	778
	9.0	69	542	927
	10.0	80	628	1074
	12.0	110	864	1477
	14.0	146	1146	1960
	16.0	182	1429	2444
	18.0	234	1837	3141
双面 V 形坡口对接焊	12	84	660	1129
	14	96	750	1289
	16	126	989	1690
	18	140	1099	1879
	20	176	1382	2363
	22	192	1507	2577
	24	234	1837	3141
	26	252	1978	3382
	28	286	2245	3839
搭接焊	1.0	4.3	34	58
	1.5	6.7	53	91
	2.0	10.8	85	145
	2.5	11.7	92	157
	3.0	14.8	116	198
	4.0	21.6	170	291

表 29-30　焊条电弧焊角焊缝每米焊缝熔敷金属和焊条消耗量[8]

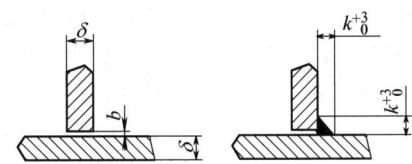

高度 K	间隙 b	焊缝面积 F_h /mm²	每米焊缝熔敷金属质量 P_f /(g/m)	每米焊缝焊条消耗量 P_f /(g/m)		
				φ3.2mm 焊条	φ4mm 焊条	φ5mm 焊条
2		8	35	61	—	—
3		12.5	63	109	—	—
4	0~1	18	98	170	—	—
5		24.5	141	—	244	—
6		32	192	—	333	—

（续）

高度 K	间隙 b	焊缝面积 F_h/mm^2	每米焊缝熔敷金属质量 $P_f/(g/m)$	每米焊缝焊条消耗量 $P_f/(g/m)$		
				φ3.2mm 焊条	φ4mm 焊条	φ5mm 焊条
7		40.5	251	—	—	435
8		50	318	—	—	550
9		60.5	393	—	—	679
10		72	475	—	—	822
12		98	663	—	—	1148
14		128	883	—	—	1528
15		144.5	1005	—	—	1739
16	0~2	162	1134	—	—	1962
18		200	1417	—	—	2451
20		242	1731	—	—	2995
22		288	2076	—	—	3592
24		338	2453	—	—	4244
25		364.5	2653	—	—	4590
26		392	2861	—	—	4950
28		450	3300	—	—	5710
30		512	3778	—	—	6525

注：1. K 值由设计者选定，K+3 为焊接最大允许量。
　　2. 焊缝面积按 K+2 计算。
　　3. K 值计算按 K+1 折算熔敷金属。

29.3.5　先进生产组织模式

现代制造环境是由全球化市场与竞争、不断提高的顾客期望、不断加快的产品换代等经济因素，技术不断革新、信息利用的普遍性等技术因素，环境保护与资源短缺的限制等社会因素构成的。因此，面向21世纪的生产组织模式应该是能适应动态制造环境，满足市场需求，同时运用先进的管理理念。

1. 现代制造模式的特点

（1）应用新兴的科学技术

综合应用了机械、电子、自动化、材料等技术，尤其是新兴的控制技术、信息技术和管理技术。以计算机应用为特点的企业管理信息化对现代生产组织模式产生了重要的影响。

（2）应用先进的组织形式与管理模式

更多注重生产企业组织形式、供应链，以及员工组织形式，如跨职能部门的团队的有效性，同时强调应用先进的管理方法，保证制造的科学决策有序进行。

（3）追求系统的整体优化与改进

运用系统理论和技术，综合考虑制造各个阶段、环节的问题，全面提高生产的整体效益。

2. 典型的生产组织模式

这里简要介绍一些典型的生产组织模式，包括精益生产、计算机集成制造、并行工程、供应链管理等。

（1）精益生产

精益生产（LP）方式来源于日本的丰田生产方式。1985年初，美国麻省理工学院16位教授组成的"国际汽车计划"（International MotorVehicleProgram, IMVP）历时5年，对日本及其在世界各地的汽车生产厂进行了广泛而深入的调研，于1989年和1990年分别出版了《美国制造业的衰退及对策——夺回生产优势》和《改变世界的机器》两部著作，提出了精益生产的概念。

精益生产方式是一种先进的管理技术，又是企业的组织管理方法，还是生产要素的配置方式。精益生产与泰勒的科学管理方式相比，它不强调细致分工，而强调企业各部门密切协作集成，去除生产中一切多余环节，实行精简化；它以整体优化为目标，以社会需求为依据，以发挥人的因素为根本，有效配置和合理利用企业资源，最大限度地追求企业经济效益。精益生产是在生产实践中总结出的制造模式。20世纪50年代日本丰田公司丰田英二和大野耐一创立了丰田生产方式。它是为解决公司当时面临的市场规模小、产品品种多、无力购买西方最新生产技术等问题而提出的。到了60年代，丰田生产方式已经发展成熟，80年代末受到美国企业的重视和研究，美国企业在此基础上总结出精益生产的概念。丰田生产方式的内涵主要集中在生产制造领域，而精益生产的提出，把丰田生产方式从生产制造领域扩展到产品开发、协作配套、销售服务、财务管理等各个领域，贯穿于企业生产经营的全过程，使其内涵更加全面和丰富。精益生产方式的核心思想在于"消除浪费"、"强调精简组织机构"和"持续改进"。

精益生产具有如下特征：

1）重视客户的需求，以最终用户的需求为生产起点，以最快的速度和适宜的价格提供质量优良的适销产品去占领市场，并向客户提供优质服务。

2）发挥企业员工的主动性和积极性，实行团队工作法，打破行政组织划分组建团队，强调团队员工的一专多能，在团队内建立信任氛围。

3）精简一切生产中不创造价值的环节，减少管理层次，精简组织机构，强调物流平衡，运用准时制造实现零库存。

4）实行全面质量管理，强调通过过程质量管理来保证最终质量，培养每位员工的质量意识，注重企业和社会在全面质量管理中共同受益。

5）实施并行工程，在产品的设计开发期间，将概念设计、结构设计、工艺设计、最终需求等结合起来，保证以最快的速度按要求的质量完成，各项工作由与此相关的项目团队完成，进程中团队成员各自安排自身的工作，但可以定期或随时反馈信息并协调解决出现的问题。精益生产以五大技术为支撑，即：并行工程（CE）、全面质量管理（Total Quality Management，TQM）、适时生产（JIT）、成组技术（Group Technology，GT）、工厂自动化（Factory Automation，FA）。一般认为：成组技术是精益生产的基础，适时生产是精益生产的核心，并行工程和全面质量管理是精益生产的支柱，生产过程的自动化为精益生产实施的环境。通过五大支撑技术的结合，最终实现精益生产的总目标。

（2）计算机集成制造

计算机集成制造（CIM）是一种先进的制造理念，其概念是由美国的约瑟夫·哈林顿（JosephHarrington）博士于 1973 年在《Computer Integrated Manufacturing》一书中首先提出来的。

20 世纪下半叶贸易的全球化使得竞争空前加剧，其表现为产品更新换代加快、技术含量高、性能价格比优、质量好、售前售后服务优良。因此，处于全球化市场中的制造业必须加快新产品的开发速度，争取上市时间 T（Time to market），改善产品质量 Q（Quality），降低成本 C（Cost），完善售前售后服务 S（Service），保护环境 E（Environment）。T、Q、C、S、E 是制造业永恒的主题，企业在不断地追求上述

目标的同时，发现单纯地追求单元技术的自动化程度已远远不能实现企业目标。"自动化孤岛"阻碍了企业进一步发展，计算机集成制造是以集成的观点帮助企业实现完全的信息化。

一般来说，CIM 的内涵解释：计算机集成制造是一种组织、管理与运行企业的理念。它将传统的制造技术与现代信息技术、管理技术、自动化技术、系统工程技术等有机结合，借助计算机（软、硬件），使企业产品全生命期中市场需求分析、产品定义、研究开发、制造、支持（包括质量、销售、采购、发送、服务），以及产品最后报废处理等各阶段活动中的人、组织、经营管理和技术三要素，以及信息流、物流和价值流有机集成并优化运行，实现企业高效、高质、低耗、清洁的目标，进而赢得市场竞争。

（3）并行工程

并行工程（CE）于 20 世纪 80 年代中期开始研究，并为各国工业界高度重视。它是在计算机集成制造、现代产品开发和系统技术的基础上发展起来的。一般认为并行工程是集成地、并行地设计产品及其各种相关过程（包括制造过程和支持过程）的系统化工作模式。这种方法可以使产品开发人员从一开始就能考虑产品从概念设计到报废处理整个生命周期内的所有因素，包括用户需求、质量、成本、作业调度等。并行工程是一种工程方法论，打破传统的组织结构带来的部门的分隔封闭，强调参与者协同工作，重构产品开发过程，并运用先进的设计方法学，在产品设计的早期阶段就考虑到产品全生命期的所有因素，以提高产品设计、制造的一次成功率，从而大大缩短产品开发周期、降低成本，增强企业的竞争能力。

并行工程体现的主要思想有以下几个方面：

1）约束的并行性。产品开发的一开始就考虑到产品全生命期从概念形成列产品报废的所有因素，包括质量、成本、进度等。

2）功能活动的并行性。对产品全生命期中各领域的工程活动进行统一规划，并行进行，力求最大限度地减少反复。

3）过程的集成性。实现产品及其相关支持过程的一体化设计，全面集成研究开发、产品设计、过程设计、制造装配、销售服务等各阶段。

4）人员的协同性。在组织上，采用多功能小组协同工作，不同领域人员全面参与，及时沟通与协作。

并行工程的核心是并行设计。并行设计要求在设计产品的同时应并行地考虑与产品相关的各个过程，通过合理地配置企业的一切资源，使产品开发人员尽

早地考虑产品生命周期中的所有因素（包括设计、制造、装配、检验、维护、成本和效益等），通过产品多功能开发小组的协同工作，获得最佳的产品设计方案。

质量功能配置（Quality Functiond Deploynent，QFD）是实施并行工程的重要技术，是一种系统性的规划与决策方法。通过 QFD 技术可以实现获取用户需求，并将其转换成为产品要求、零件特征、过程计划、质量与生产计划等工程规范与信息，使得用户需求贯穿于产品从概念设计到生产，直至售后服务等全过程，以保证最终产品最大限度地满足用户的要求，使企业能够把满足用户要求的，高质量、低成本的产品快速地投放市场。

（4）供应链管理

随着全球制造的出现，供应链管理（Supply Chain Management，SCM）已引起了企业界和学术界的广泛关注，并在各个工业领域中得到普遍的应用。供应链概念是以敏捷制造为基础提出的，其区别于一般供应关系的特点在于，供应链可以根据动态联盟的形成和解体（企业重组），进行快速的重构和调整。供应链要求能通过供应链管理促进企业间的联合，进而提高企业的敏捷性。

供应链管理作为一种新型的生产经营管理技术，其核心在于对供应链范围的资源进行全面的优化组合。通过对整个供应链中的物流、信息流、资金流进行有效的控制，从而使企业更好地管理由原材料到产品加工到顾客的全过程，最终提高顾客的满意度，减少库存，增强企业的竞争力。供应链管理强调供应链整体的集成和协调，要求各成员围绕物流和资金流进行信息共享和经营协调，实现柔性和稳定供需关系。

供应链具有敏捷性和可重构性，供应链支持如下功能：

1）支持迅速结盟和结盟后联盟的优化运行和平稳解体。

2）支持动态联盟企业间供应链管理的功能。

3）结盟企业可以根据敏捷化和动态联盟的要求方便地进行组织、生产计划的调整。

4）可以集成其他的供应链系统和管理信息系统。

供应链管理在进入 21 世纪后将面临更多的机会和更大的挑战，因此，保持供应链管理的优势应注意如下几方面：

1）"持续改进"是供应链管理中的最重要因素之一。供应链需要在许多方面持续不断地改进，例如提高生产率、改进服务水平、低的运输价格、减少运输损失，加快订单处理和对客户抱怨更加敏感。

2）供应链的优化设计是供应链管理的另一个关键因素。供应链设计依赖于经济、市场和竞争条件，由于市场的动态性，必须设计柔性的、快速响应的供应链，从而使供应链具有更强的竞争力。

3）市场的动荡和反复是未来供应链管理必须面对的一项挑战。因此，未来供应链设计必须具有敏捷性，供应链需要对顾客需求和竞争需求的变化做出迅速的反应。

4）信息技术是推进供应链管理的强大动力，信息共享、与供应商发展虚拟关系、网络技术的应用等将会使供应链更具有活力。

29.3.6　焊接结构生产技术经济指标的计算

1. 技术经济指标的分类

企业的各项计划任务是通过一系列经济指标来规定和标志的。经济指标是以一定的数值来表示企业在计划期内，生产经营活动所要达到的目标和水平。

企业生产技术经济指标按其性质分为数量指标和质量指标两大类。数量指标表示计划期内生产经营活动所要达到的数量上的要求，通常以绝对数来表示，如产品产量、品种数、职工总数、生产费用等。质量指标表示计划期内生产经营活动要达到的质量要求，通常以相对数表示，如劳动生产率、废品率、利润率等。

企业生产技术经济指标按其标志的范围又可分为生产指标、劳动指标、物质指标、成本指标、财务指标等五类。各项指标又是相互联系和相互制约的，构成一个完整的指标体系。在制定各项指标时，要求相互衔接和协调。表 29-31 为企业生产技术经济指标体系。

表 29-31　企业生产技术经济指标体系

项目分类	生产指标	劳动指标	物资指标	成本指标	财务指标
数量指标	产品品种数,产品产值,商品产值,总产值,净产值	职工总数,生产工人总数,工程技术人员总数,管理人员总数,工资总数	各种物资需要量,各种物资储备量,各种物资供应量	生产费用总额,企业管理费,制造费用,产品总成本	流动资金总额,财务收支总额,利润总额

（续）

项目分类	生产指标	劳动指标	物资指标	成本指标	财务指标
质量指标	产品合格率,成品等级品率,铸、锻、焊件废品率,机加工废品率,设备利用率	职工平均工资,劳动生产率,工时利用率,工人出勤率,产品工时定额	物资消耗定额,材料利用率,废品回收率	单位产品成本,可比产品成本,降低率	百元产值流动资金额,流动资金周转速度,资金利用率

企业生产技术经济指标按其在生产经营中的地位又可分为考核指标和分析指标。考核指标是国家规定的，是企业必须实现的，并作为考核企业工作成效的指标。分析指标是作为上级和企业分析企业生产经营状况的指标。

上述指标中，大部分是用来分析、控制企业生产经营活动的分析指标。至于哪些指标作为考核指标，在不同的历史时期对企业要求不同，考核指标也必然有所区别。考核指标变更的目的是突出任务的重点，给企业以更多的灵活性，以调动企业的积极性。

考核指标项目的多少，既要注意发挥企业自主权的一面，又要便于国家对整个国民经济的宏观控制。当然，对待不同性质的产品（国防、民用）和不同所有制的企业，考核指标可以有所差异。

2. 企业焊接生产主要技术经济指标的计算

根据表 29-31 所列指标的分析，可以将其归纳成三个主要方面，即生产成果（工业产品）、劳动条件（劳动力、劳动资料及劳动对象）和货币表现的价值运动（生产费用、财务成果、占用物资的货币表现）。生产技术经济指标体系是包括反映上述三个方面的主要指标。它们从不同的侧面表明工业企业的再生产过程彼此相互衔接，构成一个整体，反映着企业生产经营活动过程的全貌。下面将其主要指标的基本概念和计算方法分析如下：

（1）产量指标

产量指标指企业在计划期内出产的符合质量标准的工业产品数量，一般以实物单位计量。产品产量包括成品及准备出售的半成品数量。成品是指在本企业生产完毕后不再进行加工的产品，其中包括企业的基本产品、供本企业非生产部门使用的半成品、符合固定资产条件的自制设备、出售的工具、动力等。

产品产量指标反映企业向社会提供的使用价值的数量以及企业生产的发展水平，也是进行产销平衡、产供平衡、编制成本和利润计划，以及劳动工资和生产作业计划的主要依据。

（2）产值指标

产值指标指以货币表示的产量指标。由于产值指标包括的具体内容及作用不同，产值指标分为商品产值、总产值及净产值三种。

1）商品产值是企业在计划期内出产的可供销售的产品产值。它是编制成本计划、销售计划和利润的重要依据。

2）总产值是以货币表示的企业计划期内完成的工业生产活动总成果数量。总产值指标可以反映一定时期企业生产规模及水平，是分析研究企业生产发展速度、计算劳动生产率、固定资产利用率、产值资金率等指标的依据，其计算方法有两种。

① 工时进度法。根据实际完成的定额工时来反映产品制造的进度，并据以计算工业总产值。其计算公式如下：

某种产品的产值 = 工时单价 × 实际完成该产品的定额工时数

$$工时单价 = \frac{某产品的单价}{单位产品定额工时数}$$

因此，某种产品产值也可以下式进行计算：

$$某种产品的产值 = 某产品的单价 × \frac{实际完成产品的定额工时数}{单位产品的定额工时数}$$
$$= 某产品的单价 × 该产品完成当量（等成品）$$

这种计算的特点是将原材料价值平均分摊到每一个定额工时上，而实际上原材料消耗并不是和定额的实际完成进度成正比例的。因此这样计算产值往往与产品的实际价值有一定的出入。

② 组件法。把单位产品划分为若干组件，编制出各组件价格，根据组件价格和计划期实际完成的组件数量计算总产值。计算公式为

$$某产品的产值 = \sum（组件价格 × 实际完成组件数）$$
$$组件价格 = 某产品的价格 × \frac{某组件计划成本}{某单位产品计划成本}$$

组件法计算避免了工时进度法将原材料价值平均分摊的缺点，而且计算比较简便，但编制组件价格的工作量很大，因此在品种多变的情况下不适用。

在工业总产值中，不仅包括计划内所创造的价值，还包括物化劳动转移的价值。总产值的大小受许多外界因素的影响，特别是企业产品品种结构发生较大变化，企业生产专业化、协作化水平变化及原材料

价格变动时，总产值难以正确反映企业生产的总成果。

3）净产值是指工业企业在一定时期内（如年、季、月）进行工业生产活动新创造出来的价值。其计算方法主要有两种，即生产法与分配法。

① 生产法也叫正算法。它是以工业总产值减去工业生产中的物质消耗求得净产值的方法，其计算公式为

$$工业净产值 = 工业总产值 - 工业总产值中$$
$$物质消耗价值$$

运用生产法计算净产值最主要的是计算出计划期内工业总产值中所消耗的物质消耗量。

② 分配法也称倒算法，它是根据企业创造新价值的初次分配情况计算出来的净产值的方法。在我国，企业创造出来的净产值基本上分为两部分，一部分以工资和工资附加费等分配给职工；另一部分以利润和税金的形式上缴给国家或企业主管机关，这些部分总加起来即为企业的净产值。按分配法计算的工业净产值，主要内容为：积累总额，包括税金和利润两部分；工资及工资附加费；其他项目，指由生产费用中开支的非物质消耗部分，其中包括利息支出、罚金支出、差旅费、干部培训费、各种津贴等。

（3）质量指标

常用的产品质量指标可分为两大类：一类是反映产品本身质量的指标；另一类是反映整个生产过程的工作质量的指标。

1）反映产品本身质量的指标是指产品本身合格的质量，其指标有以下几种。

① 产品平均技术性能指标，是通过产品本身所具有的某些技术性能来表现的。

② 产品质量分数指标。

③ 合格品等级指标。这是在合格产品中根据质量标准，分为一、二、三级或分为正品、副品，然后计算出各级产品的比例，用以反映计划期内的产品质量。

2）反映生产过程工作质量的指标。这方面指标主要有以下几方面。

① 合格率是用全部产品中合格品占的比例高低，来说明企业生产工作质量好坏的数据。其计算公式为

$$合格率 = \frac{合格产品数量}{合格品数量 + 废品数量} \times 100\%$$

② 废品率与合格率指标相反，废品率是通过全部产品中废品的比例来反映企业生产工作质量的。其计算公式为

$$废品率 = \frac{废品数量}{合格品数量 + 废品数量} \times 100\%$$

（4）劳动生产率指标

劳动生产率即为反映劳动者在生产过程中的效率。其计算方法取决于这个指标的经济内容。劳动生产率是劳动者的劳动成果与劳动消耗量之间的对比关系。基于这一对比关系，它可以有下面两种表现形式和与之相适应的两种计算方法。

一种是用单位劳动时间所生产的产品数量来表示，其计算公式为

$$劳动生产率 = \frac{产品产量}{劳动消耗量}$$

这种劳动生产率指标与单位劳动时间的产量成正比，通常把它称为劳动生产率正指标。

另一种用单位产品平均所消耗的劳动时间来表示，其计算公式为

$$劳动生产率 = \frac{劳动消耗量}{产品产量}$$

从上式看，单位产品所消耗的劳动时间越少，劳动生产率越高，两者成反比，所以通常把它称为劳动生产率的逆指标。

劳动生产率的正指标与逆指标只是表现形式上的不同，而无实质上的差异。因为，增加单位时间内的产量与减少单位产品的劳动消耗量其经济意义是相同的。从数学上看，两者的关系互为倒数。

在实际工作中，由于正指标更明显地反映了劳动生产率水平的高低，因而得到广泛的应用。劳动生产率逆指标，一般用于企业劳动定额管理、生产组织和计划管理，企业以外很少应用。

（5）流动资金速度指标

企业的流动资金从货币形态开始，经过原材料、在制品、半成品，成品，最后再回到货币形态，完成一个这样的过程，就称为资金的一次周转。

反映流动资金周转速度的指标有两种，一种是周转次数，另一种是周转天数。

流动资金周转次数是指在计划期内流动资金一周共周转了多少次，其计算公式为

$$\frac{流动资金}{周转次数} = \frac{计划期产品销售收入}{计划期流动资金平均金额}$$

流动资金周转天数是指在计划期内流动资金平均每周转一次所需要的天数，其计算公式为

$$流动资金周转天数 = \frac{计划期日历天数}{计划期内周转次数}$$

或

$$\frac{流动资金}{周转天数} = \frac{计划期日历天数 \times 流动资金平均金额}{计划期内产品销售}$$

流动资金周转速度指标，可以就全部流动资金计算。有时为了了解流动资金在某个环节的周转速度，还可以分别计算储备资金、生产资金以及成品资金的周转速度。

（6）目标成本

目标成本是指根据预计可实现的销售收入扣除目标利润后计算出来的成本。计算公式为

目标成本 = 预计销售收入 - 目标利润

1）目标利润。计算公式为

目标利润 = 销售收入水平 × 同类企业平均
销售利润率

2）目标成本分解。目标成本分解的方法有以下几种：

① 按管理层次分解。将目标成本按总厂、分厂、车间、班、组、个人进行分解。

② 按管理职能分解。将成本在同一管理层次按职能部门分解。

③ 按产品结构分解。把产品成本各种零部件成本和总装成本分配给各责任中心。

④ 按产品形式过程分解。按产品设计材料采购、生产制造、产品销售过程分解成本形成每一过程的目标成本。

⑤ 按成本的经济内容分解。把产品成本分成固定成本和变动成本，再把固定成本进一步分解成折旧费、办公费、差旅费、修理费等项目，把年度目标分解成为季度目标或月份成本目标。把变动成本分解成为直接材料、直接人工、各项变动费用。

实例　某企业钢结构分厂 1999 年度目标成本为 5624 元/t，目标产量为 10040t，总成本为 5647 万元，质量目标是 98.2%。

分解顺序如下：

按经济内部将总成本分为固定成本和变动成本两部分。将总成本 5647 万元分解为变动成本 4794 万元和固定成本 813 万元两部分。

按管理职能和可控性原则变动成本分配。将变动成本的大部分分配给生产制造系统，包括一、二、三车间，如一车间 3460 元/t，将一车间继续按管理层次往下分解：下料班 3300 元/t，气焊班 100 元/t，切料班 35 元/t，矫平班 25 元/t。

（7）产品成本指标

工业产品成本是指工业企业在一段时间内为生产和销售一定数量的产品所支出的费用总额。在工业企业里，原材料消耗的多少，劳动生产率的高低，设备利用是否充分，以及生产组织、劳动组织是否得当，最终都要反映到产品成本中来。因此，正确地核实成本，认真地分析成本，对于节省开支、增加积累、提高经济效益具有极其重要的意义。

1）产品成本构成。考查和分析成本，必须了解成本的构成。目前在会计核算中，按照各项费用的用途，将销售产品的总成本分为以下六个项目，即原材料、燃料和动力、生产工人的工资及工资附加费、废品损失、车间费用和企业管理费用等。

这种分类的特点是把费用的用途与费用的责任者密切联系在一起，这对有效地进行成本管理、分析成本升降的原因和采取相应措施都是非常有利的，因而它是研究成本的基本分类。

2）成本水平的变动计算。将两个时期的成本水平进行比较，反映出成本水平的升降幅度，在计算上是采用成本指数表示的。当研究一种产品成本水平变动程度时，用个体成本指数；当研究多种产品成本水平的综合变动程度时，则用综合成本指数。其计算公式为

$$个体成本指数 = \frac{报告期单位产品成本}{基期单位产品成本} \times 100\%$$

$$综合成本指数 = \frac{\sum（报告期单位产品成本 \times 报告期产量）}{\sum（基期单位产品成本 \times 报告期产量）} \times 100\%$$

公式中分子和分母用的都是报告期产量，这就消除了产量增减的影响，综合地反映了各种产品成本水平的平均变动程度。

在计划成本指数的基数上，还可以计算成本降低额，用以说明由于成本降低而节约的金额。其计算公式为

成本降低额 = $\sum$（可比产品基期单位产品成
本 × 报告期产量）-
$\sum$（可比产品报告期单位产品成
本 × 报告期产量）

成本降低额所表明的是节约量，它不仅取决于成本水平的降低幅度，而且还取决于产量的大小。

（8）利润及利润额的计算

在我国全民所有制工业企业向国家提供积累时，采取税金和利润两种形式。

利润是企业的销售收入扣除成本和税金的余额。

1）利润额指标计算。企业的利润额有产品销售利润和利润总额两种。

产品销售利润是指企业销售自制产品所获得的利润，其计算公式为

产品销售利润 = 产品销售收入 -
产品销售成本 - 产品销售税金

利润总额是指产品销售利润、其他销售利润以及营业外收支净额的总和，其计算公式为

利润总额 = 产品销售利润 + 其他销售利润 + （营业外收入 − 营业外支出）

利润总额是反映企业财务成果的综合性指标，它既包括工业生产所得利润，也包括非工业生产活动给企业带来的收益和损失。

2）利润率指标计算方法。目前企业常用的利润率指标是产值利润率，其计算公式为

$$产值利润率 = \frac{利润总额}{工业总产值} \times 100\%$$

产值利润率把企业的生产成果和财务成果紧密地联系了起来。经常分析利润率，就有利于企业在完成生产任务的同时，加强核算，降低成本，提高利润水平，做到增产又增收。

29.3.7　焊接结构生产的成本控制

产品成本是反映企业工作质量的综合指标。加强成本控制，对推进企业的现代化管理和提高经济效益具有重要意义。

1. 成本控制的基本概念

成本是产品在生产和销售过程中消耗的活劳动和物化劳动的总和。成本不仅是补偿生产耗费的尺度，也是衡量企业工作质量和经济效益的重要指标。原材料消耗的多少、劳动生产率的高低、产品的质量水平、设备的完好和利用程度、生产的组织和管理等，这些因素都直接影响企业的成本水平。

成本控制是企业在生产经营过程中对现实发生的劳动耗费进行严格的限制、引导和监督，并针对可能发生或已经发生的脱离计划指标的偏差，对成本的责任承担者给予实际指导，使预期的成本目标能够实现。以上的成本控制即"日常的成本控制"，也可称为狭义的成本控制。

广义的成本控制不仅包括日常成本控制，还包括投产前的成本控制。在确定企业目标、生产方向、进行产品设计、工艺准备、试制等阶段中，都有一个成本控制问题。而其中尤以设计的浪费为最大的浪费。不良设计在投产后造成的损失是巨大的，而且是无法弥补的。因此，必须重视投产前的成本控制，加强技术经济分析工作。只有技术上先进且经济上有效益的产品才有生命力。运用价值工程，提高企业的功能成本比值，是成本控制的有效方法，我们将在后面对此进行讨论。

某种意义上讲，广义的成本控制是企业取得最佳经济效益的更为重要的手段。

由此可见，成本控制不能单纯着眼于事后的成本资料的分析，必须把眼光放在各类费用及其发生的"源"上。从"源"着手，才能按预定目标，控制住涌向成本的"流"。

成本控制不能单纯以降低成本为唯一目标。成本控制的真正目的是降低产品在生产营销过程中的耗费，以提高企业的经济效益。在降低产品耗费的同时，必须保证产品的质量、功能和合理的多品种、多规格。如果以降低产品质量、功能或减少品种来控制费用，非但没有积极意义，最终将导致企业生产经营的恶化。因此，成本控制的目标应该是高质量、高产量、低消耗。

成本控制不能是"一次性"的，必须在不断循环中实现。在及时调整实际与计划的差异后，应继续寻找各个环节的差异，不断寻找，不断调节，以发挥控制的功能。事实上不存在一次成功的成本控制。对产品设计方案，必须详细列出技术、经济上的各种数据，反复比较，充分论证，不断修改，力求获得最佳的功能和经济效果。

成本控制是全过程的，不仅要对生产过程每一个环节的费用进行严格的控制和监督，还要把成本控制工作贯穿到产品的销售预测、投产前的设计、试制，以及工艺制订过程、操作方法和产品销售等全过程。

2. 成本控制的内容

成本控制的内容主要包括以下几个方面：

1）控制材料的消耗。单位产品耗用各种原材料的数量定额和材料的计划成本是材料控制的依据。应健全材料的入库、领用和退料手续，加强材料的检验制度，努力采用和推广新材料，开展材料的节约代用和综合利用。

2）控制劳动消耗。单位产品的工时定额、标准工资率和企业的产量定额、工资基金计划是控制劳动消耗的各项依据。要重视职工的技术培训，提高劳动生产率，严格控制实际的工时消耗和非生产人员的增长，合理安排劳动力，充分发挥各类人员的劳动积极性。

3）控制各类费用支出。对企业的管理费用和车间经费，要逐项按计划、预算或费用定额进行控制，严格审批制度，厉行节约，杜绝铺张浪费。

4）控制固定资产的合理购置，加强维修和提高利用率。在监督固定资产合理购置的前提下，对企业的厂房、建筑、生产和行政设备都要健全检修和定期维修制度，使各项固定资产经常处于完好的状态，提高设备的利用率。

5）控制质量成本。质量成本是指企业为保持或提高产品质量所支出的费用，以及因质量不符要求所

造成的损失，如产品的返修费用、废品损失、质量鉴定费用和预防性质量成本支出等。必须确定产品的合理质量水平，片面追求最理想的质量水平，往往会失去经济意义。过高的质量或多余的功能导致成本支出的增加，最终不能在市场营销上取得成功。因此，企业的质量成本应以合理的质量水平作为控制的依据。优化的质量成本应该是增大预防性质量成本支出（如技术培训、上岗培训、开展质量控制小组活动等），减少返修、废品等损失。

6）控制生产周期和生产数量。产品的生产周期和生产数量与成本关系密切。一般来说，缩短生产周期或增加产量，会造成直接费用的增加和间接费用的减少；反之，延长生产周期或减少产量会造成直接费用的下降和间接费用的上升。如何找出总费用支出最小且生产周期最短、产量又符合要求的最佳结合点，是成本控制的一项新内容。对产品数量也要经常根据市场的销售动态，进行及时的调节和控制，防止产品积压或脱销给企业带来损失。

3. 成本控制的程序

（1）完善成本控制的基础工作

建立成本控制制度。成本控制制度包括运用技术方法建立预算、定额、成绩评定标准、成本信息反馈以及奖励制度等。控制制度的设计要求以费用效益观点来考虑各种不同技术方案。良好、有效的控制制度及环节要有整体、系统的观念，即企业内各生产环节通过成本控制要达到共同一致的目标。目标一致是衡量控制成果的主要标志之一。成本控制制度和管理会计制度紧密相关，但控制制度具有更大的灵活性、重复性，并经常调整，反复循环。因此，信息反馈是控制上最重要的一环。

明确各级管理组织和人员的责任和权限。将成本按其构成分解，实行成本归口分级管理，是全员参加成本控制、管理的有效方法。各职能部门和生产单位都要建立经济责任制，各项技术经济指标都要逐级分解，落到实处。

建立评定成绩的标准及奖励制度，用经济手段促使成本计划的实现。奖励有助于迅速实现预期目标。但各生产环节的目标与奖励有所区别，例如，车间或部门可接受企业目标为部门的目标，包括销售额、消耗定额、质量标准等，但奖励却受成绩评估方式的影响，如成绩报告内容、形式、归属期、提成比例等。应该将目标的实现与奖励的方式正确结合起来，实行分级管理、分级核算，分级考核是责任清楚、奖惩严明的重要前提。

建立系统的成本信息流。成本信息有系统的和非系统的两类。按照统一规定的指标、传递期限、间隔期和传递形式传递的定量信息称为系统的成本信息（如统一报表等）。非系统的成本信息是没有统一规定的、不定期的成本信息。从应用情况来看，有固定信息，如历史成本、定额、计划价格、费用预算等，一般是不变的或相对稳定的，可以重复使用，是企业生产组织工作的重要依据；另一类是流通信息，指各个时期的统计信息，如各时期成本计划、指标、定额完成情况等。一方面要按成本控制的要求，用计划、定额、价格、费用、预算、制度规定等形式下达执行单位，用以统一认识，协调行动，形成向下的成本信息流；另一方面，各生产环节根据执行情况，通过信息反馈，形成向上的成本信息流。控制、管理的过程实际上就是信息的处理过程。

成本信息是确定成本目标的基础。控制的任务是要在生产的投入、产出中按预定轨道（计划指标）进行，这就要通过对信息的收集、处理，以揭示产生偏差的因素和原因，使计划与实际成本趋向平衡。因此，建立成本信息系统是控制的主要手段。

建立成本信息系统要遵循信息的真实性、同质性、系统性和及时性的原则。信息的运用要注意可比性及各因素的相互关系，同时，还要注意内部及外部因素相互制约的连续反应。此外，成本信息系统的建立必须保持系统的内容完整性及范围完整性。

（2）确定成本控制范围

建立成本控制的责任制，首先要区分其责任的界线，即区分可控制与不可控制成本。可控制成本是指在规定期间内，有关管理人员可直接影响的成本；反之则为不可控成本。这种区分是必要的，但又是不易明确的。因为可控与不可控是相对的，常常因条件和时间的不同而不同。如固定资产折旧，在由国家规定的情况下，对于企业管理人员来说，就是不可控的；再如，固定资产的折旧年限如果远超过核定的期限，固定资产的折旧也成为不可控的。不能简单地认为变动成本是可控的而固定成本是不可控的。例如，厂房、设备的租金对加工、装配部门是不可控的，但对有责任选择厂房、设备的主管部门则应是可控的。

建立成本责任制，首先要明确管理人员的业务职权范围，明确谁对哪些项目具有决策权。在此基础上，明确各自的成本控制的责任与权力。例如，机器保险费非生产部门所能控制，应归保险部门控制；一位主管人员负责劳动力的调配、使用，则劳务成本即属于他所控制的成本。承担成本控制责任的主管人，有权对影响成本的因素做出选择，如有接受或拒绝某些原材料或劳动力的权力等。

控制的分散化虽明确了责任，但会使一些问题复杂化。例如，原材料价格及采购方式由采购部门负责，而原材料耗用则由生产部门负责，原材料的价格、质量、采购成本等均会影响到使用部门的成本；修理部门对各生产部门提供维修劳务，则生产部门的成本受到修理部门的工资率、修理工作效率等的影响。

在实际工作中，常采用按计划价格（而非实际价格）结算的方法，来划清成本控制的责任。成本控制取决于企业内部的同心协力，上下结合。只有既明确责任，又同心协力，才能提高成本的可控程度。

（3）确定目标成本和控制标准

确定产品的目标成本是成本控制的首要问题。目标成本是指在正常操作情况下对成本的期望值，是包括产品在计划的生产批量下设计、工艺、制造、装配、运输、销售和售后服务等全过程应达到的理想成本水平。确定产品的目标成本有三种方法：历史成本法、估算成本法和标准成本法。历史成本只能说明过去的实际情况，对指导将来缺乏积极意义。估算成本一般由管理人员凭经验估计某一时期某一产品的成本水平，准确度较低。标准成本是成本控制的主干，是企业设立的目标，只有在高效率、高效能下才能达到。一般将产品成本分解成三大类：直接材料、直接人工和间接费用。每一类均按工序、工艺过程、操作方法制定出定额标准，作为设计、生产、销售各环节的控制依据。

（4）统计、分析成本差异

利用标准成本、定额和预算，与实际发生的费用进行比较，计算成本偏差，是成本控制的中心环节。实际成本比标准成本低，称为有利差异，形成节约；实际成本比标准成本高，则称为不利差异，形成超支。在计算差异时，要注意实际成本资料的收集方法与制定成本标准相一致，以保持可比性。对成本差异要着重分析直接材料费差异、直接人工费差异和间接费差异三部分。分析过程中注意数量指标与质量指标的关系，应该确定合理的同度量因素，以显示量差和价差的比重。

参 考 文 献

［1］ ISO . ISO 9000：1987 Quality management and quality assurance standards - Guidelines for selection and use ［S］. Switzerland，1987.

［2］ 中华人民共和国国家质量监督检验检疫总局，中国国家标准化管理委员会. GB/T 19000—2008/ISO 9000：2005 质量管理体系 基础和术语 ［S］. 北京：中国标准出版社，2008.

［3］ 中华人民共和国国家质量监督检验检疫总局，中国国家标准化管理委员会. GB/T 19004—2011/ISO 9004：2009 追求组织的持续成功 质理管理方法 ［S］. 北京：中国标准出版社，2011.

［4］ 中华人民共和国国家质量监督检验检疫总局，中国国家标准化管理委员会. GB/T 19023—2003/ISO/TR 10013：2001 质量管理体系文件指南 ［S］. 北京：中国标准出版社，2003.

［5］ 中华人民共和国国家质量监督检验检疫总局，中国国家标准化管理委员会. GB/T 19015—2008/ISO 1005：2005 质量管理体系 质量计划指南 ［S］. 北京：中国标准出版社，2008.

［6］ 中华人民共和国国家质量监督检验检疫总局，中国国家标准化管理委员会. GB/T 19011—2012/ISO 19011：2011 管理体系审核指南 ［S］. 北京：中国标准出版社，2012.

［7］ 中华人民共和国国家质量监督检验检疫总局，中国国家标准化管理委员会. GB/T 12467. 1—2009 金属材料熔焊质量要求 第 1 部分：质量要求相应等级的选择准则 ［S］. 北京：中国标准出版社，2009.

［8］ 中华人民共和国国家质量监督检验检疫总局，中国国家标准化管理委员会. GB/T 12467. 2—2009 金属材料熔焊质量要求 第 2 部分：完整质量要求 ［S］. 北京：中国标准出版社，2009.

［9］ 中华人民共和国国家质量监督检验检疫总局，中国国家标准化管理委员会. GB/T 12467. 3—2009 金属材料熔焊质量要求 第 3 部分：一般质量要求 ［S］. 北京：中国标准出版社，2009.

［10］ 中华人民共和国国家质量监督检验检疫总局，中国国家标准化管理委员会. GB/T 12467. 4—2009 金属材料熔焊质量要求 第 4 部分：质量要求相应等级的选择准则 ［S］. 北京：中国标准出版社，2009.

［11］ 中华人民共和国国家质量监督检验检疫总局，中国国家标准化管理委员会. GB/T 12467. 5—2009 金属材料熔焊质量要求 第 5 部分：满足质量要求应依据的标准文件 ［S］. 北京：中国标准出版社，2009.

［12］ 国家技术监督局. GB/T 12468—1990 焊接质量保证对企业的要求 ［S］. 北京：中国标准出版社，1990.

［13］ 曼苏洛夫. 机械制造工厂和车间手册：第三册 ［M］. 辛宗仁，彭洪鉴，译. 北京：机械工业出版社，1989.

［14］ 原材料消耗工艺定额工作手册编写组. 机械工业产品原材料消耗工艺定额工作手册 ［M］. 北京：国防工业出版社，1984.

［15］ 李恩福. 工业企业劳动定额管理 ［M］. 哈尔滨：哈尔滨工业大学出版社，1989.

［16］ 洪国芳. 生产管理学 ［M］. 哈尔滨：哈尔滨工业大学出版社，1986.

［17］ 孙义敏. 机械制造工业企业劳动定额管理 ［M］. 北京：机械工业出版社，1988.

第 30 章　焊接车间设计

作者　吴甦　**审者**　解应龙

30.1　概述

1. 焊接车间设计的意义

焊接车间设计是机械工厂设计中重要的组成部分。工厂设计是为新建、扩建或改造工厂而进行规划、论证和编制成套设计文件的过程。车间设计的特点是要运用多种专业知识和科学方法进行预测、分析、协调、计算、评价、改进等活动，是一项技术和经济相结合的综合性、系统性、复杂性的工程。车间设计既要重视国民经济的全局要求、贯彻国家方针政策，又要考虑该项目的经营目标和具体情况。车间设计正确与否，直接关系到车间建成后能否充分发挥生产能力和达到预期的经济效益，所以车间设计对国民经济的发展有着重要的意义。

2. 焊接车间设计的任务

1）车间生产纲领、任务、协作关系的确定。

2）生产类型、生产组织方式。

3）车间组成确定。

4）编制工艺过程。

5）计算劳动量。

6）设备数量计算和选择。

7）工作人员计算。

8）辅助部门的设立。

9）车间运输方式和设备选定。

10）车间布置、厂房参数选定。

11）车间面积计算。

12）节能和动力耗量计算。

13）环境保护、安全和卫生措施。

14）工艺投资计算。

15）提出有关工种的设计资料和配合相关专业设计。

16）配合施工、设备采购、安装、参加竣工验收、总结经验。

30.2　焊接车间设计阶段和内容

车间设计是一项复杂的系统工程，必须采用逐步深化、分步决策的方法，按照规定程序有步骤地进行，以便及时协调各专业方面的关系，避免返工和失误。设计工作一般划分为设计前期阶段、设计工作阶段和设计后期阶段三个阶段。

30.2.1　设计前期阶段和内容

1. 项目建议书

项目建议书是项目建设或技术改造最初阶段的文件。根据企业经营目标，结合行业和地区规划，对项目建设或技术改造的必要性、目标、主要技术原则、建设条件和经济效益是否可行进行初步论证，供领导层做出决策和供上级领导部门批准立项及列入计划的依据。

2. 可行性研究报告

可行性研究报告是对项目建设或技术改造的必要性，从市场需求、原材料、燃料、动力供应条件、建设规模和场地条件等方面进行深入调查和论证，对主要技术方案、主要设备选型进行方案比较，选择最佳方案。对建成后的经济效益和资金筹措进行分析，提出项目是否可行的结论意见，供主管部门审批参考。

3. 厂址选择报告

厂址选择报告是对新建厂地点的地理、气象、水文、地质、地形、社会经济状况、原料、燃料、交通运输、通信、水电供应等现状和发展进行调查，并做出方案比较，提出厂址选择报告，供主管部门决策。

4. 环境影响报告

环境影响报告是对建设或技术改造项目的当地环境现状，设计项目可能排放的污染物状况、治理措施的效果以及对当地环境造成的影响，进行调查、观测和评价，供环境保护部门审批。

30.2.2　设计工作阶段和内容

根据批准的可行性研究报告，按照建设项目规模的大小，以及体制改革的精神，建设项目一般只按初步设计、施工图设计两个阶段进行。个别在技术上复杂的建设项目，根据主管部门的要求，可按初步设计、技术设计和施工图设计三个阶段进行。小型建设项目中技术简单的，经主管部门同意，在简单的初步设计确定后，就可做施工图设计。

1. 初步设计

根据已批准的项目可行性研究报告及批准的有关文件、各项协议，取得现场原始资料，落实生产纲领、协作关系和水、电、气、燃料供应，确定设计主要原则和设计标准，编制车间初步设计。

初步设计文件主要包括以下内容：

1）车间任务和生产纲领的编制。

2）专业化协作及车间、工段分工原则。

3）生产方式，生产组织形式的确定。

4）主要工艺说明；主要典型零部件关键工艺、设备及试验、检测手段的确定；新工艺、新技术的采用，包括引进技术和设备，以及与国内外水平比较；车间工艺流程等。

5）设备、装焊胎夹具的计算方法和明细表，在改建、扩建时应说明原有设备的利用原则。

6）生产过程机械化、自动化程度的确定。

7）劳动量水平的确定和计算方法。

8）工作人员计算方法和清单。

9）车间组成和面积；车间在总图中的位置；工段、设备和生活间平面布置图；车间的建筑结构形式、跨度、长度、起重量等级、吊车轨高，各种动力供应点位置以及将来发展方向和工艺调整的原则。改建厂还需说明原有厂房利用、改建、扩建的情况等。

10）材料和动力耗量，以及节材、节能的措施。

11）职业安全卫生，环境保护存在的问题和采取的措施。

12）工艺投资概算；环境保护存在的问题。

2. 施工图设计

施工图设计文件应根据批准的初步设计文件、勘察资料和主要设备订货情况进行编制，施工图设计是初步设计的进一步完善和具体化，其主要内容包括：

1）对初步设计的修改说明。

2）对初步设计遗留问题处理的说明。

3）主要设备的安装位置图，若用户要求时，可绘制设备基础图。

4）管线汇总是施工图设计中保证车间内各种动力管线协调合理的必要手段，应做到管线与工艺设备、公用设备、机械化装置、梁柱、基础、屋架、平台、支撑、楼梯、门窗、电气插座、灯具以及各种管线之间等协调（既互不相碰，施工安装检修方便，排列整齐美观，又符合各种管线的设计规范和安全要求）。

5）工艺投资概算。

30.2.3　设计后期阶段和内容

设计单位应积极配合施工，工程施工安装、试生产是设计图样的实施和检验阶段。做好施工现场服务是设计全过程不可缺少的重要组成部分。其主要任务包括：

1）设计交底。

2）参加工程验收。

3）项目投产后，经过一段时间运行，进行设计回访，听取意见，进行总结。

30.3　焊接车间设计中的相关任务

工厂设计是一项复杂的综合性工作，焊接车间单项工程也是如此，要由工艺、土建、给排水、采暖通风、电气、动力、管网、总图及经济等方面的专业设计人员协作配合，共同完成。设计中出现的问题要由工艺人员及时召集有关专业设计人员，按照一定的程序有步骤地共同进行协调，才能保证局部和整体的问题顺利解决，从而保证设计质量和设计进度。专业设计单位已创造了一套平行依次工作法，见表30-1。

表 30-1　焊接车间设计中相关专业和任务

相关专业	任务和内容
总图、运输	确定焊接车间在总平面图的位置、车间物流方向、运输、铁路、道路、标高
土建	车间建筑、结构、特殊构筑物
采暖、通风	采暖通风、空调、除尘、洁净
给排水	给水、排水、循环水系统、污水处理系统、消防设施
电气	配电、照明、通信、电气控制、自动化仪表
动力、管网	热力、各种气体汇流排、煤气、燃油站、压缩空气
设备	专用设备、机械化运输、各种炉子
计算机	有关控制系统、编程设备
经济	工艺投资

30.4　技术改造和技术发展趋势

30.4.1　技术改造的必要性、目标和内容

1. 技术改造的必要性

技术发展日新月异，企业发展到一定规模和有一定基础后，就要扩大再生产，要进入一个新的飞跃，由量变发生质变，从现有水平向高科技领域进军，否则就会在激烈的市场竞争中淘汰。今后必须对现有工业企业进行有重点、有步骤的技术改造，充分发挥现有企业的作用。从已有的经验得知，只要花新建项目30%左右的资金，就可取得同等规模项目的较大经济

效果, 这是一种投资少、见效快、经济效益高的扩大再生产的重要措施。所以国内外普遍把技术改造作为发展工业的战略任务。

激烈的市场竞争, 首先表现在产品的技术水平。要开发高科技新产品, 势必对产品设计、制造工艺、设备、管理等提出更高的要求, 为此技术改造也就成为提高市场竞争力的重要手段。

社会进步, 人们生活水平的提高, 绿色产品, 已成时尚。环境保护的要求也在不断提高, 技术改造也就是适应环保要求的必要措施。

2. 技术改造的目标和内容

技术改造主要是通过挖潜、革新、改造的手段, 即从生产力的内涵发展新产品、提高生产能力、提高产品质量、提高技术水平、节材节能、培训人才、降低成本、有利环保, 而达到的最终目标是提高经济效益。

技术改造首先要从产品入手、改进工艺、更新设备、具体内容如下:

1) 加强研究开发工作, 根据市场要求, 使产品不断更新换代。

2) 改进工艺, 采用当前先进的工艺, 达到高效、优质、节材、节能、有利于环保。

3) 更新补充适应产品需要的先进设备、检测手段, 特别是关键工序的设备。

4) 按照工艺布置、环境保护和技术安全要求, 调整工作场地和布局, 提出环保措施。

5) 相应地提高经营管理水平, 培养技术力量。

30.4.2　技术发展趋势

进入 21 世纪后, 知识经济正在悄然兴起, 无疑知识经济将对中国机械工业是一个挑战, 也是一个发展的机遇。在知识经济实现的世纪中, 焊接技术的发展将对焊接车间设计引起相应的变化, 其发展趋势大致如下:

1) 结构件大型化、钢材用量日趋增加。知识经济的重要特点就是特别重视产品研究和开发, 产品不断创新。由于焊接结构具有重量轻、质量好、生产周期短、加工余量小、基建投资省、成本低、经济效益明显等众多优点, 所以在机械产品中焊接结构的比重不断加大, 用钢量不断增加。并且结构件向大型化发展, 特别是在炼油、化工、能源工业中最为明显, 如加氢反应器 $4250mm \times 19000mm \times 400mm$, 单台质量达 1200t, 大型煤液化炉炉壳直径 5000mm, 液化反应器单台质量达 2800t。以上特点将对焊接车间的规模、等级、建厂地址的选择等引起重大的变化。

2) 焊接已成为新兴的综合性工程技术。焊接技术正进入到崭新的发展阶段, 当代最先进的高新技术, 如计算机、数字控制、微电子、信息传感、工业机器人、等离子和高能束物理、真空、超声波和光学等领域的最新成就都广泛应用在焊接上。不仅从科学技术上, 而且从车间生产内容上 (如材料处理、下料、装配、焊接、焊后处理、检验) 使焊接成为一个综合性技术工程。材料预处理生产线、下料柔性生产线、焊接自动化生产线、焊接中心等不断出现。下料切割的能源有很大变化, 大部分钢材从机械切割改为火焰、等离子弧、激光、水射流等数控切割。切割和焊接的保护气体品种增多, 纯度要求不断提高。如激光切割中保护气体纯度: CO_2 高于 99.985%、He 高于 99.999%、N_2 高于 99.999%。

先进的高新技术将对焊接车间和全厂设计产生较大的影响。

3) 制造系统柔性化。产品单件小批、多品种生产是社会进步和市场需求的必然趋势。针对这种趋势, 当今的柔性制造系统 (FMS) 就已成为机械制造中的一种现代化生产模式。而以 FMS 为重要组成单元的计算机集成制造系统 (CIMS) 为企业扩大产品和零件品种, 提高产品质量及缩短产品开发和制造周期, 提高生产率及市场应变能力创造了广阔的前景。目前焊接车间多品种生产中出现的 FMS 和 CIMS 板材加工系统, 机械化加工中心和下料中心等就是一个启示。

总之, 以上的发展趋势都是焊接车间设计中应不断研究和开发的课题。

30.5　焊接车间工艺和设备选择

30.5.1　工艺及其选择

1. 工艺种类及特点

焊接生产和所有生产一样, 是由生产的要素所组成的, 即由劳动者利用工具、设备, 在一定生产场所, 将原材料或零件毛坯, 经过一系列的加工过程 (其中包括装配焊接过程), 制成焊接结构。将原材料转变为成品的全过程称为生产过程。在生产过程中, 改变生产对象的形状、尺寸、相对位置和性质, 使其成为成品或半成品的过程为工艺过程, 焊接结构生产工艺过程由若干个顺序排列的工序组成, 原材料依次通过这些工序变为成品。焊接结构生产的一般工艺流程如图 30-1 所示。

焊接构件制造中的基本加工方法及其适用范围见表 30-2。

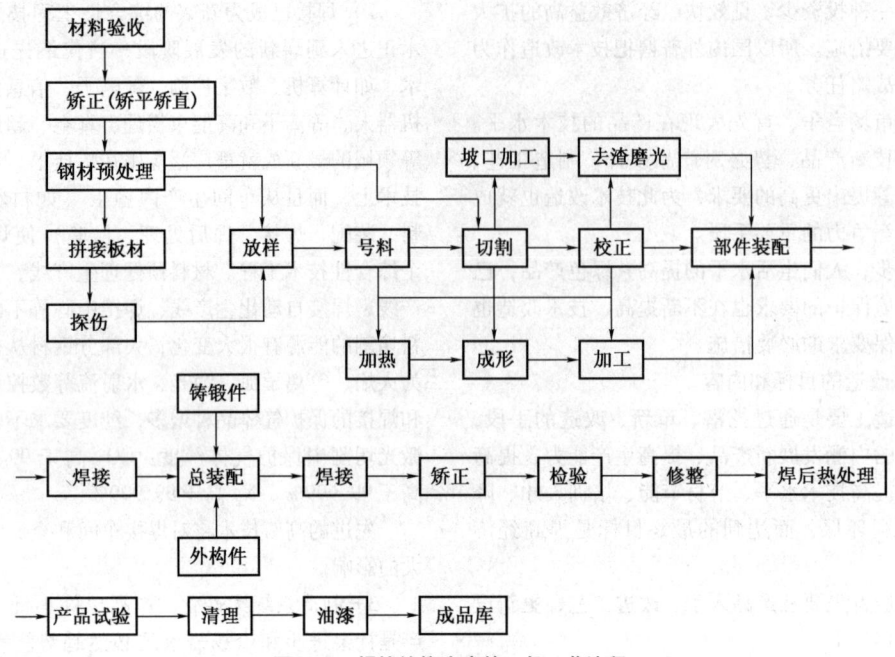

图 30-1　焊接结构生产的一般工艺流程

表 30-2　焊接构件制造中的基本加工方法及其适用范围

工序类别	工序名称	加工方法			特点及适用范围	设备	备注
备料	钢材预处理	钢材预处理生产线			钢板、型钢、焊接部件三合一的预处理生产线。自动化程度高。适用于年产量大的焊接车间	2M 和 3M 钢材预处理生产线	可单独组织工部在独立的厂房内进行
	钢材矫正	手工矫正			用于小尺寸钢材的矫正	校正平台、锤子	—
		机械矫正	拉伸机矫正		薄板瓢曲的矫正;型材扭曲的矫正;管材、带材、线材的矫直	型材张力矫直机、管材张力矫直机	—
			压力机矫正		板材、管材、型材的局部矫正	型钢矫直机、单面矫正、弯曲压力机	—
			辊式机矫正		板材的矫正、角钢的矫正、各种型材的矫正、棒材、钢管的矫正	多辊板料矫平机、角钢矫直机、多辊型材矫直机、双曲线辊子型材矫直机	—
	放样及画线	放样			放样方法有实尺放样、光学放样和数控放样等数种	电子计算机	—
		画线(号料)			目前发展采用计算机编程的数控画线和电子照明画线。若采用数控切割加工,则不用放样及画线	放样平台	—
	切割加工	下料切割	一、热、冷切割	(一)火焰切割			火焰切割常用的可燃气体有乙炔和液化石油气(丙烷),近年也有用汽油通过热能反应使液态变为气态后,代替乙炔气进行切割的
				1)手工气割	灵活简便、生产效率较低,适用于单件小批生产	手工割炬	
				2)半自动气割	适于直线、圆及曲线切割	气割小车、半自动气割机	
				3)电磁靠模自动仿形气割	适用于批量生产的小零件的切割	直角坐标式自动气割机	
				4)光电跟踪切割	适用于中、小零件	折臂式自动气割机 / 光电跟踪自动气割机	
				5)数控切割	实现了切割数控化、自动化;切割质量好、效率高;可套料节材	数控气割机	
				6)管子全位置切割	管子垂直端、斜端、T形接头端的切割;管子缺口及坡口切割	管子全位置气割机	

（续）

工序类别	工序名称	加 工 方 法		特点及适用范围	设 备	备 注
备料	切割加工	下料切割	一、热、冷切割	（二）等离子弧切割	有空气等离子弧、氧等离子弧、水等离子弧、纯氮等离子弧切割等 适于切割不锈钢、铝、钛等金属，也可以切割碳钢。切割时产生噪声及烟尘，应采取相应措施	数控切割机、等离子弧切割机	—
				（三）激光切割	主要用于切割用普通方法难以加工的钛合金、弹簧钢、高碳钢、不锈钢薄板	数控三坐标激光精密切割机	—
				（四）电子束切割	利用电子束的能量来熔化被切割材料，熔化物靠蒸发或靠重力流出形成切口，切割速度快，精度高，切口窄	真空电子束切割机	—
				（五）水射流高压切割	为冷态切割，切口窄（0.5～1.0mm），切割后不会产生毛边、热变形或脱层（复合材料），切边表面粗糙度可达 $Ra6.3～12.5\mu m$，不需进行二次加工，主要切割坚硬材料及各种复合材料、玻璃、花岗岩、钢板、钛板、非铁合金、陶瓷等传统切割工艺难以切割的易碎及热敏感材料	数控万能水切割机	水切割机由高压发生器、加砂水力切割头装置、数控平面切割台及计算机CAD/CAM系统组成。高压发生器可将普通水增压至100～400MPa经喷嘴，产生一束速度达1000m/s（近3倍声速）的水流，用来切割及各种表面处理
	切割加工	下料切削	二、机械切割	剪切	板材直线、折线或直线组合几何形状的剪切	龙门式剪板机	可与数控冲模回转头压力机等数控冲压设备联合使用，组成柔性加工系统
				直角剪切	有两个相互成直角的刀刃，可对坯料作直角剪切，因此可减少工序数，缩短加工时间	数控直角剪板机	
				圆盘剪	剪切厚度6mm以下的圆形或曲线形零件，也可用于中、小件压制后的修边	双盘剪切机	
				联合冲剪	小板料直线切断、冲孔以及型钢、管子切断	联合冲剪机	
				步冲切	利用样板仿形、数控编程，以及带冲模库来步冲任意所需形状和孔的薄板件，并可翻边、折叠等	仿形冲型剪切机，数控冲孔步冲压力机，数控回转头步冲压力机	
				冲裁	适用于批量生产的板材落料、冲孔和修边以及角钢、管子的切断	机械压力机	
			三、锯削	往复锯	锯削中、小型型材和管子，效率低	弓锯床	—
				圆片锯	切割中、小型型材和管子，效率较高	圆盘锯床	
				带锯	对型钢、管子可实现自动锯切，效率高、切口窄	自动卧式，半自动卧式，立式，以及卧、立两用带锯床	
	坡口加工	边缘加工		刨边	板料边缘及坡口精加工	刨边机、龙门刨	—
				铣边	可将板件叠起来加工	铣边机	
				车削	封头、筒体等边缘加工	端面车床、立式车床	
				热切割	用气割、等离子弧切割及碳弧气刨等方法对单板、封头焊缝清根加工坡口	半自动气割机、封头余量切割机、自动碳弧气刨机、数控切割机（带旋转三割炬）	
				冷切割	利用滚剪刀加工坡口	坡口加工机	

（续）

工序类别	工序名称	加工方法		特点及适用范围	设备	备注
备料	成形	折弯或折压		利用通用模折弯各种形状。其中,折边工艺适用简单形状零件的弯曲	折边机、折弯压力机、数控折弯压力机	—
		弯曲	板料滚圆	钢板在对称或不对称三辊四辊卷板机、立式卷板机上滚圆。一般采用冷卷,也可热卷	三辊四辊卷板机、立式卷板机、下调式三辊卷板机	—
			型钢弯曲	手工弯曲一般为热弯,效率低	弯曲平台	—
				机械弯曲一般为冷弯,效率高,节能	型钢弯曲机、型钢滚圆机	—
			管子弯曲	无芯冷弯管子弯曲应用最广,适于弯制 $\phi32mm \sim \phi108mm$ 的管子、中频弯管用于弯制大直径管子	弯管机、中频弯管机、数控弯管机	—
		压制	冲形	具有高效、尺寸精确等优点。适用于薄板零件的冷态成形	机械压力机	—
			压形	适合于中厚板零件的冷态、热态成形。模具费用高	液压机	—
			旋压成形	适用于薄壁大直径封头的单件小批量生产	旋压机	有些厚壁封头也可热旋压
	机械加工	制孔	钻孔	钻圆孔,可用钻模或数控编程钻孔	摇臂钻床、立式钻床、数控钻床	—
			冲孔	冲圆孔、方孔、椭圆形孔等。但孔径一般不能小于板厚	机械压力机、联合冲剪机、转塔式冲床	—
装配	装配	装配	画线装配	按线进行组装,适于单件小批生产的装配工作	装配平台	—
			定位装配	用专用胎具上的定位器、夹具来进行结构件的拼装,适于成批生产的装配工作	专用装配胎具	—
			流水线装配	流水的形式有两种:一是工件在线上移动;另一种是可移动胎具。该方法效率高,适于大批生产	专用流水生产线	—
焊接	焊接	焊接	焊条电弧焊	操作灵活,设备简单,可进行全位置焊接	交直流弧焊机、晶闸管弧焊机、逆变式弧焊机	—
			埋弧焊	适于焊接平的长焊缝、容器、管道的纵、环缝等,效率高,质量好	埋弧焊机	—
			电渣焊	丝极电渣焊适于焊接中小厚度工件,板极电渣焊适于焊接较大厚度的工件;熔嘴电渣焊适于焊接不同截面和特大断面工件;管极电渣焊适合于厚度为 24 ~ 30mm 板的对接及角缝焊接	电渣焊机	—
			气体保护焊	CO_2 气体保护焊可对碳钢、低合金钢的薄板及中厚板焊件进行全位置焊接。MIG 焊可获得含氢量低的焊缝金属,熔深较大。适用于焊不锈钢、耐热合金、铝及铝合金、铜及铜合金、镁合金等。TIG 焊特别适用于焊不锈钢、铝、钛等薄板,可进行不锈钢管板接头的旋转氩弧焊	氩弧焊机、CO_2焊机	—
			窄间隙焊	有埋弧和气体保护窄间隙焊两种,是厚板压力容器优质、高效、节能的理想焊接方法。目前,MIG 窄间隙焊的最大厚度为 300mm;埋弧窄间隙焊的最大厚度可达 670mm	窄间隙焊机	—

（续）

工序类别	工序名称	加工方法		特点及适用范围	设备	备注
焊接	焊接	焊接	等离子弧焊	适于焊接碳钢、合金钢、不锈钢、耐热合金、难熔金属、铜合金、镍合金、钛合金的薄板。利用等离子弧还可以进行堆焊及喷焊,可用于堆焊阀门	等离子弧焊机	—
			真空电子束焊	可焊接通常不能用电弧焊接的异种金属组合件,并适于焊极活泼难熔的材料。但工件尺寸受真空室限制,不宜焊大件	真空电子束焊机	—
			电阻焊	点焊主要用于焊接薄板搭接、薄板与型钢搭焊件 缝焊适于焊接气密性高的连续焊缝,如油箱等 对焊适于焊管子、型钢、棒料等 闪光对焊适用于大断面焊接 凸焊适于焊接大面积焊件、型模类焊件或网状焊件,对于螺母、螺柱等与平板、轴体等焊接尤为适合	点焊机、缝焊机、对焊机、凸焊机	—
			摩擦焊	可焊接的金属范围广,特别适于焊接异种金属	摩擦焊机	—
			高频电阻焊	适于连续性高速度生产,是生产有缝金属管的先进方法,可焊接异种金属	高频焊机	—
			爆炸焊	适于各种可塑性金属的焊接。是制造复合板的先进方法	—	—
			钎焊	可连接异种材料,广泛用于制造铝、铜换热器,硬质合金刀具,导管,滤网,电动机,电器部件等	焊炬、钎焊机、钎料槽、钎焊炉	—
			堆焊	几乎所有用于焊接的熔焊方法都可用于堆焊。目前,有振动堆焊、带极埋弧堆焊、高频感应堆焊等高效堆焊方法	堆焊机、带极堆焊机	—
焊后矫正	焊后矫正	机械矫正		适用于结构较复杂的梁类、架体等构件	龙门移动式液压机、单臂油压机、四柱油压机	—
		火焰矫正		适于各类构件的矫正,但对工人技术等级的要求较高	专用焊炬	—
焊缝检验	焊缝检验(非破坏性检验)	外观检查		观察焊接接头的外部缺陷	低倍放大镜	在车间内进行
		水压试验		目的是检验焊缝的致密性和受压元件的强度	试压泵	在车间内进行
		致密性检验		用来检验不受压或受压很低的容器管道焊缝的穿透性缺陷。有气密性试验、氨气试验、煤油试验等	—	—
		无损探伤		常用的无损探伤法有着色、荧光、磁粉、超声波及射线检验等方法。在实际生产中,应根据被检验焊件的材料性质、厚度、形状大小及缺陷的位置特点等来选用	交直流磁粉探伤仪,超声波探伤仪、X射线探伤仪、高能射线探伤仪	在车间或探伤室内进行

（续）

工序类别	工序名称	加 工 方 法	特点及适用范围	设备	备　注
焊件清理	除锈清理	手工除锈	效率低，劳动条件差，只适用于产量小的车间	钢丝刷	—
		机械除锈	采用风动或电动工具清理焊件	风动工具、电动工具	—
		喷射处理	有喷砂、喷丸、抛丸等方法，适于产量较大的、清理质量要求较高的焊接车间使用	手提式喷枪、喷丸室、喷砂室、抛丸室	—
		化学处理	用酸洗方法除去金属表面的氧化物及锈，主要适用于薄板结构件、不锈钢、铝合金等结构件	酸洗槽	—

2. 工艺选择的原则

1) 生产纲领所确定的产品、产量决定了车间的生产性质，是选择工艺的基础。对于产品单一、生产批量大的车间应尽量采用工艺先进、效率高的专用设备或组织流水线生产；而单件小批生产的车间一般则采用通用设备，但在单件小批生产中，同类型零件或部件数量较多时也可考虑采用专用设备或组成流水线生产方式。

2) 选择工艺要考虑提高产品质量，提高劳动生产率，改善劳动条件和有利于环境保护等原则。

3) 在经济合理的原则下，优先采用技术先进、投资少、成本低的工艺及设备。

4) 选择工艺方法时应考虑尽量缩短生产周期和减少工序间运输次数。优先采用生产周期短、工序少的工艺及设备。

3. 制造工艺的发展目标及技术政策

1) 推广钢板预处理和焊接件的后处理技术。在大型焊接结构中进一步推广振动消除应力技术。

2) 建立以数控切割机为主体的新型钢材下料中心，在数控火焰切割中推广丙烷、天然气和煤气切割技术，厚度在 1.0mm 以下碳钢板的切割中推广空气等离子弧切割技术。利用数控自动编程套料系统实现套料切割以提高材料利用率。

3) 在焊接工作中，全面推广气体保护焊技术，在推广应用 CO_2 气体保护焊的基础上，对重要的薄、中板结构（如汽车后桥、摩托车车架，冰箱压缩机壳体等）的焊接采用富氩混合气体保护焊技术，在中厚板结构（如石油化工管道，推土机台车架、汽车车轮钢圈等）的焊接中，推广双层气流保护焊技术。

在电站锅炉、石油化工、核电设备、重型机械等行业的厚壁及特厚（60～300mm）结构焊接中，推广计算机控制双丝窄间隙埋弧焊技术。热壁加氢反应器、核反应堆压力壳等结构内壁的大面积堆焊，推广宽带极高速弧焊堆焊技术。

在汽车、石油机械等行业的汽车半轴、后桥、石油钻杆、抽油杆等工件焊接中，推广摩擦焊成套焊接技术。

在热压模、热锻模、压铸模等工件的制造与修复中，推广热成形部件堆焊技术。

4) 推广应用新型高效焊接材料，在 80kg 级以下的碳钢、低合金钢埋弧焊堆焊及不锈钢埋弧焊自动焊时，推广烧结焊剂。在低碳钢、低合金高强度钢焊接中，根据母材强度，推广 50～70kg 级气体保护实心焊丝。在冶金、建筑及管道现场焊接中推广药芯焊丝。在高温高压阀门密封面堆焊中，推广无铝镍基耐磨堆焊材料。

5) 推广晶闸管弧焊机及 CO_2 气体保护焊机并取代部分焊条电弧焊机。

6) 推广焊缝 X 射线工业电视、自动超声波检测缺陷图像显示与处理技术。

7) 在生产企业中逐步推广已开发、建立的焊接数据库和专家系统。

8) 开发研究大厚度火焰精密切割工艺及装备、数控水下等离子弧切割技术、数控激光切割及水射流切割的成套技术。

9) 开展低合金钢、镀层钢、铝合金电阻焊的工艺研究，电站阀门、阀体、锅炉集箱、重型齿轮的电子束焊接技术的研究，各种切削工具、钻头的感应钎焊技术的研究，汽车齿轮、车轮钢圈的激光焊接技术的研究以及冷、热轧辊，高炉料钟制造和修复工作中低稀释率熔敷技术的研究。

10) 开发多特性、多用途的晶闸管弧焊整流器，在逐步发展晶闸管逆变式弧焊整流器的同时，研究开发 GBT（绝缘栅晶体管）逆变式弧焊整流器。研究自动焊接设备、焊接生产线及成套焊接设备的关键技术，提高焊机自动控制水平。开发研制弧焊、点焊机器人并将其用于生产。

11）开发试制 400～800t 滚轮架、100～200t 变位机，取代部分进口，提高滚轮架、变位机、操作机的速度和精度以及机电一体化技术水平，开发高水平三机联动系统，轨迹合成系统以及焊接机器人外围设备。

12）研究开发适用于制造过程和在线检查的高灵敏度、高分辨率无损检测技术及自动检测设备。

30.5.2　设备及其选用

1. 设备分类

焊接车间的设备一般可分为生产设备、辅助设备和起重运输设备三大类。

1）生产设备是指直接参与产品或零部件制造的设备或装置。其中，在各生产工序中使用并计算负荷的生产设备为主要生产设备；在各生产工序中起辅助作用又不计负荷的为辅助生产设备。

2）辅助设备是指车间辅助部门（包括样板间、工具分发室、机电修理间、焊接材料库及其他辅助部门）所用的设备。

3）起重运输设备是在车间生产过程中完成材料、零件、部件和产品的搬运、装卸工作的机械化设备。

2. 设备的选择

（1）备料设备的选择

1）常用矫正设备的矫正精度，见表30-3。

表 30-3　常用矫正设备的矫正精度[4]

设　　　备		矫正范围	矫正精度/(mm/m)
辊式矫正机	多辊板材矫正机	板材矫平	1.0～2.0
	多辊角钢矫正机	角钢矫直	1.0
	矫直切断机	卷材(棒料、扁钢)矫直切断	0.5～0.7
	斜辊矫正机	圆截面管材及棒材矫正	毛料:0.5～0.9
			精料:0.1～0.2
压力机	卧式压力弯曲机	工字钢、槽钢的矫直	1.0
	立式压力弯曲机	工字钢、槽钢的矫直	1.0
	手动压力机	坯料的矫直	精料模矫时 0.05～0.15
	摩擦压力机	坯料的矫直	
	液压机	大型轧材的矫直	

表 30-4　压力机的类型及其工艺用途[4]

序号	压力机型式	工　艺　用　途							
		冲裁	拉延	落料拉延	立体成形	弯曲	型材弯曲	冷挤	整形校平
1	开式双柱可倾压力机	√	○	√	×	○	×	×	×
2	开式双柱固定台压力机	√	×	√	×	○	×	×	×
3	单柱固定台压力机	√	×	○	×	○	×	×	×
4	闭式单点压力机	√	√	√	○	√	×	○	×
5	闭式双点压力机	√	√	√	○	√	×	○	×
6	双动压力机	×	√	√	×	×	×	×	×
7	冷挤压力机	×	×	×	√	×	×	√	×
8	精压机	×	×	×	○	×	×	×	√
9	摩擦压力机	○	×	×	√	√	√	×	√
10	液压机	○	×	×	○	√	√	○	√
11	自动压力机	√	×	○	×	×	×	×	×

注："√"表示适用；"○"表示尚可用；"×"表示不适用。

2）压力机的类型及其工艺用途，见表30-4。

3）三辊和四辊卷板机的选用。对称式三辊卷板机和其他形式的卷板机相比，构造简单，价格便宜，成形较准确，但剩余直边大，需在弯卷前用其他的方法进行预弯。

四辊卷板机的优点是能在冷态夹紧滚圆各种厚度的板料。滚圆过程中板料对中方便，一次安装就可预弯钢板两端并弯卷合格，故滚圆周期短，生产率高。但该卷板机结构复杂，设备价格高，在要求高生产率的冷弯工作中选用是合宜的。

可调式三辊卷板机兼有对称三辊及四辊卷板机的优点。在冷、热弯工作中均可一次进料而同时完成预弯及滚圆工序。最近开发的三辊卷板机已向全液压结构发展。

选择三辊或四辊卷板机的一个重要决定因素是设备的工作范围，对于冷滚工作更重要些，并且要求有一台生产率高的卷板机时，选择四辊卷板机是适宜的。但如果要求在热滚时也能得到高尺寸精度和较高速度的卷板机，则选择三辊卷板机更为理想。目前，由于三辊卷板机采用了找正定位器，数字显示及快、慢滚圆速度挡等现代技术的采用，四辊卷板机性能上的优点而逐步地被三辊卷板机所取代。

4) 机械切割与热切割的合理选择。近年来由于热切割向高速精密和自动化的方向发展，数控切割、光电跟踪切割、超声速精密切割等先进切割技术应用普及，热切割在备料工作中的比重逐渐增多，而机械切割的比重则逐渐减少。

板厚在6mm以下的直线或折线形零件仍然采用剪板机下料。但对于长度尺寸大的零件，如吊车盖板等用卷料开卷成的钢板制作的零件，则采用气割机下料较好。

曲线形及复杂外形的零件采用热切割下料，根据零件的厚度及材料种类分别采用气割及等离子切割的方法进行。厚度大于6mm的碳钢材料一般采用气割下料；厚度小于或等于6mm的碳钢材料可采用空气或氧等离子弧切割下料。而一般等离子弧切割则用于铝、钛、不锈钢等材料的下料工作中。

在坡口加工上，采用气割机及坡口加工机取代刨边机加工坡口。小型零件的坡口加工一般用坡口加工机来完成；长的直线形坡口可用半自动切割机割出；而大型零件的坡口则可在大型门式气割机或数控切割机上借助于三割炬割嘴割出。

5) 各种切割工艺方法比较。各种切割工艺方法可切割的工程材料及其工艺参数的比较见表30-5及表30-6。

表 30-5　各种切割工艺方法比较

可切割材料		气割	等离子弧切割	激光切割	水射流切割
金属	碳钢	√	√	√	√
	低合金钢	√	√	√	√
	高合金钢		√	√	√
	非铁金属		√	√	√
非金属	陶瓷			√	√
	塑料			√	√
	橡胶			√	√
	木材			√	√
	皮革			√	√
	布			√	√
	其他非金属			√	√

注：√表示可切割。

表 30-6　切割速度比较

碳钢板厚/mm	气割/ (mm/min)	等离子弧切割/ (mm/min)	激光切割/ (mm/min)	水射流切割/ (mm/min)
<1	—	—	>5000	3300
2	—	—	3500	600
6	600	3700	1000	200
12	500	6700	300	100
25	450	1200		48
30	300	250		
>100	<150	—		

6) 封头成形设备的合理选择。封头成形可采用三种方法。

① 冲压成形法，包括整体热态冲压及大直径封头的分瓣压片拼焊法。这种工艺需要有大吨位、大台面的压力机及成套的、价格昂贵的模具。成形零件尺寸精确，效率高，是国内工厂常用的成形法。比较适合

于小、中型封头的批量生产。

② 旋压成形法，一般为两步法无模冷旋压成形。在两台设备上分别进行压鼓、翻边工作。由于以连续局部成形代替整体冲压成形，与冲压相比，变形力大大减少，设备质量轻。此外，冷旋压节能，模具费用低，适应性强，允许封头的径厚比范围大，是直径为

800~5200mm、壁厚5~32mm多品种单件小批生产的封头最经济合理的成形方法，但生产率较低。

③ 爆炸成形法是一种利用炸药产生高能的成形工艺。因成形过程极短，一般不产生折皱和鼓包，不需大型设备，不需加热，生产成本低。实践证明，对于壁厚8~20mm、直径为600~1600mm封头爆炸成形是成功的，大型封头由于炸药量大不易控制而不宜采用。

（2）焊接设备的选择

1）弧焊电源的选择。用焊接方法制作焊件需要特殊的电源，每种电源适用于特定的焊接方法，各种钢种和金属适用的焊接方法见表30-7。

在选用设备时，应注意焊接方法和焊接电源的匹配。各种焊接方法和推荐的焊接电源类型可参考表30-8。

表30-7 各种钢种和金属适用的焊接方法

工艺方法 \ 材料 \ 适用厚度	低碳钢	普通低合金钢	不锈钢	耐热钢	高强钢	铝及其合金	钛及其合金	铜及其合金	镁及其合金
气焊	薄板	薄板	很少用						
焊条电弧焊	用于各种厚度					很少用			
埋弧焊	4mm以上					很少用			
CO_2 焊	1mm以上								
钨极氩弧焊	4mm以下及打底焊					√	4mm		√
熔化极氩弧焊	中等厚度以上少用					中等厚度以上			
窄间隙焊	高热输入适于50mm以上，50mm以下为全位置焊								
$Ar + CO_2$ 混合气熔化极气保焊	√			√					
$Ar + H + O$ 混合气熔化极气保焊						√	√	√	
熔化极脉冲 Ar 弧焊	薄 板								
电渣焊	50mm以上								

注：打√者适于各种厚度。

表30-8 焊接方法和推荐的焊接电源类型

电弧焊接法 \ 焊接静态伏安特性	直 流		交 流
	恒流"陡降"	恒压"水平"	恒流"陡降"
焊条电弧焊（SMAW）	好	不用	好
钨极惰性气体保护焊（GTAW 或 TIG）	好	不用	好
等离子弧焊（PAW）	好	不用	禁止使用
碳弧焊接、切割与气割（CAW）	好	不用	好
螺柱焊（SW）	好	不用	不许使用
埋弧焊（SAW）	好	好	好
熔化极惰性气体保护焊（GMAW 或 MIG）	好	好	不许使用
喷射过渡气体保护电弧焊	好	好	不用
CO_2 气体保护焊	好	好	不用
短路过渡气保电弧焊	不用	好	不用
药芯焊丝电弧焊（FCAW）	好	好	可用
电渣焊（EW）	可用	好	适用

目前，电焊机的功能和质量都在日新月异地发展着，在焊接设备选用时，要尽量选用优质、高效、节能及机械化程度高的焊机。

2）焊接机器人和焊接生产线的选择。在焊接自动化方面，焊接机器人开拓了焊接柔性自动化这一新形式。以往传统的焊接自动机械和焊接生产线多为专用的，只适用于品种单一、大批量产品的自动化生产且焊缝数目少、长度长、形状较简单。而焊接机器人则使小批量产品的自动化生产成为可能。即使数量较多、形状较复杂的短焊缝，也可实现自动焊接。由于具有示教再现功能，机器人可在不改变任何硬件的情况下，通过多次示教来完成多项不同的工作，因此在一条焊接机器人生产线上可同时生产若干种焊件。

弧焊机器人可应用在所有的电弧焊及切割工作

中，最常应用的范围是熔化极气体保护焊、熔化极惰性气体保护焊、钨极惰性气体保护焊以及埋弧焊。也可应用于气割、等离子弧切割、等离子弧喷涂及激光切割中。

弧焊机器人自动焊接系统，包括焊接机器人、控制系统、焊接装置及焊件夹持定位装置。

点焊机器人广泛用于各种汽车制造业的点焊工作中。

（3）焊后消除应力设备的选择

焊后消除应力的主要方法有焊后热处理消除应力法（热时效）及振动消除应力法（振动时效）两种。

整体热处理消除应力需要有相应的台车式热处理炉，设备价格高，但构件经处理后残余应力减少，形状尺寸得到稳定，热影响区硬度降低，应变时效脆化得以消除。这种方法主要适用于那些冷裂缝现象或脆断破坏会造成严重危险的构件中，如压力容器等产品的焊后消除应力工作。对于大型焊接结构件及工地焊接后进行的热处理，可采用局部热处理法，只对焊缝及附近区域进行加热。局部热处理可采用气体、红外线、间接或工频感应加热等方式进行。局部热处理消除应力效果不如整体热处理，但通用性和机动性强，设备投资少，生产成本低。

振动消除应力是一种通过施加振动来降低应力从而达到使构件尺寸稳定的方法。这种新型的低成本方法使用可以监控的低振幅、低频率的振动使几乎所有金属构件获得尺寸上的稳定。所用设备简单价廉，处理费用低，时间短，操作过程中不会引起组织变化、氧化等。

振动消除应力不能全部代替加热消除应力，获得形状稳定是振动消除应力的主要用途，就此目的而言，与加热消除应力相比，它更为方便、干净和便宜，具有明显的经济效果。粗略统计，振动时效的费用仅为热时效费用的8%～10%，能源消耗不到热时效的1%。

（4）焊后矫正变形设备的选择

除传统的液压机校正及火焰加热矫正设备外，近年来，龙门式液压矫正设备正在广泛用于焊接生产。矫正时，工件不需移动，利用液压缸压头在纵、横两个方向自由移动而进行工作，因而其校正范围比一般的液压机大，应用灵活，工人劳动条件好，适于矫正大、重型焊接构件及矫平厚板、矫直棒料等。

（5）无损检验设备的选择

选择检验设备时，必须结合生产工艺估计可能出现的缺陷性质、取向和所在部位。此外，还应考虑检测效果、速度和费用等问题。常用检测方法的选择见表30-9。

表 30-9　常用检测方法的选择

缺欠位置	检测方法和对象	特　　点
表面和近表面（数 mm 内）缺欠	超声波检测法（表面波、板波），适用于金属材料	能发现表面裂纹（如疲劳裂纹），板波法还能发现板内的分层等
	磁粉法，适用于铁磁性材料	能发现表面上的细小的磨削裂纹、淬火裂纹、折叠、夹杂物、发纹等
	渗透法包括着色法和荧光法，适用于各种金属和非金属材料	能发现与表面连通的裂纹、折叠、疏松、气孔等
	涡流法，适用于管、棒、线等型材	能发现表面与近表面的裂纹，折叠、夹杂物、凹痕等
内部缺欠	射线照相法，适用于一般金属和非金属材料	较易发现焊缝中的气孔、夹渣、未焊透等体积性缺欠，不易发现薄的层状缺欠及裂纹
	超声波检测法（纵波），适用于一般金属、部分非金属材料和黏合层	能发现裂纹、夹渣、分层、气孔以及非金属材料中气泡、分层及黏合层中的黏合不良
	超声波检测法（横波），适用于焊缝、管、棒、锻件等	易发现焊缝中较大的裂纹、未焊透和夹渣等，其次为气孔、点状夹渣等，能发现管、棒中与表面成一定角度的缺欠

30.6　材料和动力消耗

30.6.1　材料消耗

焊接构件在制造过程中，所消耗的材料种类繁多，按材料在产品形成过程的作用不同，可将材料分为主要材料和辅助材料。

主要材料，如各种金属轧制材料，铸锻件等其他车间制造的毛坯和零件，外购的焊条，焊丝和填充金属，铆钉等。

辅助材料，如气焊用的焊剂，气电焊、气焊和气割用的气体和材料，工业用燃料，润滑材料和擦拭材料等。

1. 原材料消耗

（1）金属轧制材料消耗量计算

$$Q = q/k$$

式中　Q——金属轧制材料消耗量（kg）；

q——产品零件质量（kg）；

k——下料利用系数。

各类金属材料的平均利用系数见表 30-10。

表 30-10　各类金属材料平均利用系数

材料类型	平均利用系数/k
钢板	0.65 ~ 0.92
型钢	0.88 ~ 0.93
管材	0.9 ~ 0.95

注：具有数控套料装置时材料利用率高，系数 k 采用高值。

各类冲压车间金属材料平均利用系数见表 30-11。

表 30-11　各类冲压车间金属材料平均利用系数

车间类型	金属材料平均利用系数 k
汽车工厂冲压车间	0.65 ~ 0.80
拖拉机工厂冲压车间	0.70 ~ 0.85
附配件工厂冲压车间	0.60 ~ 0.65
农具工厂冲压车间	0.80 ~ 0.90

（2）焊接材料消耗量计算

$$Q_1 = qNk_1$$
$$Q_2 = qNk_2$$

式中　Q_1——焊条消耗质量（kg）；

Q_2——焊丝消耗质量（kg）；

q——熔敷金属质量占焊件质量的百分比指标数（%）；

N——生产纲领规定的焊接件质量（kg）；

k_1——电焊条药皮系数 1.8 ~ 2.0；

k_2——焊丝损耗系数 1.05 ~ 1.1。

为了估算熔敷金属质量，可利用熔敷金属质量占焊件质量百分比指标（见表30-12）。

2. 辅助材料消耗

表 30-12　熔敷金属质量占焊件质量百分比

焊件名称	百分比（%）
板结构	1.0 ~ 1.5
油槽车、底开门货车、敞车	1.1 ~ 1.2
固定式薄壁容器	0.6 ~ 1.5
固定锅炉	1.2 ~ 1.7
带薄板包皮的格状结构	1.7 ~ 2.1
梁、柱	0.6 ~ 1.8
钢架结构	1.5 ~ 4.0
机器结构及机床	2.0 ~ 5.0

焊剂的消耗量可按焊丝消耗量和使用条件来进行估算，概略估算时，埋弧焊焊剂消耗量可按焊丝消耗量的 1.2 ~ 1.4 倍计算，也可以按表30-13 来估算。

表 30-13　焊剂消耗量估算表

生产条件		焊丝重乘下列倍数
一般生产条件		1.1 ~ 1.8
		（或平均可取 1.4）
带焊剂收集装置的生产条件	埋弧焊	1.0 ~ 1.1
	埋弧半自动焊	1.2 ~ 1.4
	半自动螺柱焊	2.7 ~ 3.0
	电渣焊	0.05 ~ 0.10

30.6.2　动力消耗

1）车间需要动力的种类及参数，见表30-14。

2）车间吨产品动力消耗量见表30-15。

表 30-14　焊接车间所需能源及其参数[2]

动力名称	纯度（%）	压力/MPa	备注	动力名称	纯度（%）	压力/MPa	备注
压缩空气	—	0.3 ~ 0.6	—	城市煤气	—	—	平均低位发热值 16774kJ/m³
氧气	99.5	0.8 ~ 1.2	—	液化石油气	—	—	平均低位发热值 50232kJ/kg
乙炔	98.5	0.001 ~ 0.08	—	燃料油	—	—	平均低位发热值 41860 ~ 46046kJ/kg
二氧化碳	99.5	0.05 ~ 0.2	—	生产用水	—	0.1 ~ 0.3	—
氩气	99.96	0.2 ~ 0.4	—				
氮气	99.9	0.3	—	冷却用水	硬度 < 135mg/L		以（CaO 计）
蒸汽	—	0.5 ~ 0.8	—	水压试验用水	按产品要求		使用试压泵
发生炉煤气	—		平均低位发热值 5651.1kJ/m³				
天然气	—		平均低位发热值 38972kJ/m³	电力	—	—	电压 380V/220V, 50Hz

表 30-15 焊接车间吨产品动力耗量[2]

产品种类	压缩空气/(m³/t)	氧气/(m³/t)	乙炔/(m³/t)	生产用水/(m³/t)	二氧化碳/(m³/t)
重型、矿山机械	150 ~ 200	24 ~ 36	3.2 ~ 4.8	2.3 ~ 2.7	4 ~ 10
工程机械	150 ~ 200	20 ~ 30	5.3 ~ 8	1.5 ~ 2.0	20 ~ 25
汽轮机	150 ~ 200	10 ~ 13	3 ~ 4	1.0 ~ 2.0	2 ~ 4
中小内燃机	20 ~ 30	5 ~ 8	4 ~ 7	7.0 ~ 8.0	6 ~ 10
拖拉机	25 ~ 75	—	—	0.12 ~ 0.35	—
农机具	85 ~ 100	0.8 ~ 1	0.12 ~ 0.2	7.0 ~ 8.0	6.5 ~ 7
汽车:小型	90 ~ 625	—	—	10.0 ~ 12.0	—
中型	405 ~ 575	—	—	7.5 ~ 12.0	—
大型	190 ~ 245	—	—	4.0 ~ 6.0	—
电站锅炉	150 ~ 200	8 ~ 12	2 ~ 3	2.0 ~ 4.0	1.5 ~ 2
工业锅炉	100 ~ 150	6 ~ 8	2 ~ 3	1.0 ~ 2.0	—
通用机械	100 ~ 400	6 ~ 8	2 ~ 5	1.0 ~ 2.0	—
大型发电动机(火电)	280	60		17.0	

① 燃料按加热炉炉底面积计算。当燃料为油或煤气，筑炉材料为耐火砖时，室式钢板加热炉炉底热强度 $7 ~ 10 \times 10^5 kJ/(m^2 \cdot h)$（炉温 $t = 1100°C$）

台车式热处理炉炉底热强度 $3 ~ 16.5 \times 10^5 kJ/(m^2 \cdot h)$（炉温 $t = 550 ~ 650°C$）；$4 ~ 18.5 \times 10^5 kJ/(m^2 \cdot h)$（炉温 $t = 950°C$）

注意，如果筑炉材料为耐火纤维时，炉底热强度可减少 35%。

② 电力按车间设备功率总和提交电气专业计算。

30.7 车间布置

30.7.1 车间组成

1. 车间类型划分原则

（1）按批量分

按批量不同车间可分为单件小批生产车间、成批生产车间、大批大量生产车间。主要根据本车间待制产品种类、数量和复制量来确定。产品种类越繁多，复制次数越少，该车间性质类型就越接近单件小批生产车间。反之，则为成批生产车间。若产品仅有一两种，复制次数又多，则为大批大量生产车间。

（2）按产品对象分

按产品对象不同车间可分为容器车间、锅炉锅筒车间、管子车间、车身车间、底架车间、不锈钢容器车间等。

（3）按工艺性质分

按工艺性质不同车间可分为备料车间、冲压车间、装配焊接车间等。

2. 车间组成的原则

车间不论属于上述哪种类型，组成都必须齐全。都要根据工厂规模大小，厂房建筑物分合情况，并考虑到便于管理等因素综合分析而决定设工段、小组等。

（1）生产部分

1）工段、小组成立原则。车间生产组织既要精兵简政，又要利于生产管理。一般车间年产量在5000t 以上，工人数量在 300 人以上的，应成立工段一级。每一工段人数在 100 ~ 200 人。工段以下成立小组。少于以上年产量和工人数的车间，一般只成立小组，每小组人数最好在 10 ~ 30 人。

2）工段和小组的划分

① 按工艺性质可分为备料工段和装配焊接工段。备料工段可分为钢材预处理组、切割下料组、冲压成形组、机械加工组等。

装配焊接工段可分为装配组、焊接组、热处理组、清理油漆组、检测试验组等。

按工艺性质划分多用于单件小批生产性质的车间。

② 按产品结构对象划分。按产品结构对象划分多用于成批或大批大量生产性质车间。如碳钢容器工段、不锈钢容器工段、管子工段，工程机械的底架工段、伸缩臂工段、驾驶室薄板工段，起重运输设备的主梁工段、小车架工段、桥架工段等。

在大批大量生产中也有按总成部件来划分的。如汽车的底架工段、车门工段、侧围工段、顶盖工段、车身焊补线工段等，叉车的车架工段、门架工段、油箱管子工段等。

（2）辅助和仓库部分

辅助和仓库要根据车间规模大小和类型的不同，以及工艺设备、协作情况等而决定。一般有以下部门：计算机房（编制数控程序软件）；样板间与样板库；水泵房或油泵房；机电修理间；焊接材料库；工具分发室；焊接试验室；模具夹具修理间；金属材料库；中间半成品库；胎夹具库；辅助材料库；油漆调配室；模具库；成品库。

（3）服务和生活部分

1）车间办公室，如党支部、团支部、工会、主任、计划调度、经营销售、会计统计、人事保卫、环保安全、工艺技术、资料档案、质量检验、材料管理、广播室等。

2）生活设施，男、女更衣室，休息室，淋浴室，快餐室，厕所等。

30.7.2　车间布置的基本原则

车间工艺平面布置就是将上述车间所有的生产部门、辅助部分、仓库和服务生活设施有机而合理地布置。车间工艺平面布置一般分为两大类型，一类注重产品，另一类注重生产工艺。对大批量、长期生产的标准化产品，一般注重产品布置方法；当加工非标准化产品或加工量不很大时，即单件小批生产性质，需要有一定的灵活性，一般将重点放在产品加工必需的各个工位上。总之，理想的车间布置应该以最低的成本，获取更快、更方便的物流，满足各部门的要求，既利于生产，便于管理，又适应发展。车间布置是金属结构车间设计中十分重要的组成部分，也是工艺设计师智慧与技巧充分发挥之处，现在可通过利用计算机软件而达到最佳设计方案。

1. 车间工艺路线的选择原则

（1）生产流程通畅

要尽量做到物流通顺，生产路线最短，没有倒流现象。车间主导生产流向应与全厂总平面图基本流向一致。

（2）各部分之间协调

生产部分、辅助部分、服务生活设施、仓库之间，要协调、方便、合理。对厂房采光、通风、给排水、供电等公用设施之间，相关车间之间的联系，以及总图运输之间都要协调。

（3）适应性强

要预计对长远发展的适应性。

（4）灵活性好

尽量减少车间布置的调整，特别是大型设备或装置。要考虑将来可能进行变动，为再设计带来方便，减少破坏性，所以在布置上要保持一定的灵活性。

（5）环保、安全、卫生

充分考虑环境保护、安全卫生、文明生产条件，对散发有害物质、有防火要求和产生噪声的部门，要尽量有隔离和防护措施。

（6）节约用地

占地面积和建筑参数的选用要经济、合理，并要考虑利用建筑物空间，使空闲面积和空间减少至最低限度。

2. 车间布置方案的基本形式

目前金属结构车间布置方案的基本形式大致分为纵向流水、迂回流水、纵横混合流水等工艺布置方案。从这三种基本形式，可派生出很多方案，这就要根据车间规模、产品对象、总图位置以及其他情况而确定。下面举几个典型平面布置流水方案图，见表30-16。

表 30-16　车间平面布置流水方案图表 [4]

平面布置流水方案图	说明及适用范围
方案 I　工艺路线纵向流水布置方案 ①—原材料库　②—备料工段　③—中间仓库 ④—装焊工段　⑤—成品仓库	车间工艺路线纵向流水方向与工厂总平面图上所规定方向一致。其工艺路线紧凑，空运路程最少，但两端有仓库限制了车间在长度方向的发展。备料和装焊同跨布置，对厂房建筑参数选择不能分别对待，但建筑结构简单 　　适用于产品加工路线短、备料与装焊对厂房参数要求差不多的单件小批生产的车间，跨度不宜超过三跨，车间年产量 5000～10000t
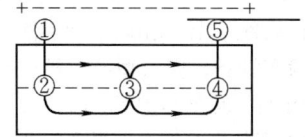方案 II　工艺路线纵向流水布置方案 ①—原材料库　②—备料工段　③—中间仓库 ④—装焊工段　⑤—成品仓库	与方案 I 相同，只是仓库布置在车间一侧，室外仓库与厂房柱子合用，可节省些建筑投资，但零件、部件越跨较多 　　适用于产品加工路线短，外形尺寸不太长，备料与装焊对厂房参数要求差不多的单件小批生产的车间，车间年产量 3000～5000t

（续）

平面布置流水方案图	说明及适用范围
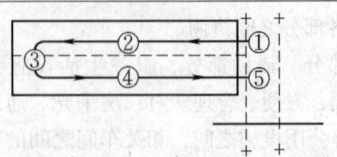 方案Ⅲ　工艺路线迂回流水布置方案 ①—原材料库　②—备料工段　③—中间仓库 ④—装焊工段　⑤—成品仓库	工艺路线迂回流水布置方案,系备料与装焊分开跨度布置,厂房参数可根据不同要求选用。厂房结构简单,经济实用。备料设备集中布置,调整方便,发展灵活。但是不管零件部件加工路线长短,都必须要走较长的空程,并且长件越跨不便 　　适用于零部件加工路线较长,单件小批或成批生产车间,车间年产量 3000 ~ 8000t
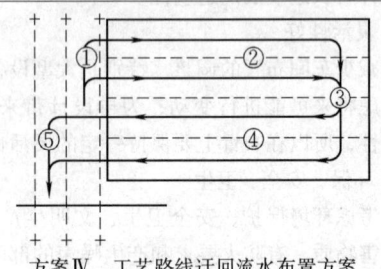 方案Ⅳ　工艺路线迂回流水布置方案 ①—原材料库　②—备料工段　③—中间仓库 ④—装焊工段　⑤—成品仓库	与方案Ⅲ相同,只是车间面积较大,适用于桥式起重机成批生产性质的车间,车间年产量 10000 ~ 20000t
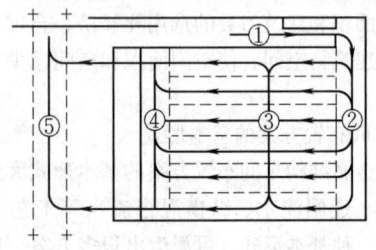 方案Ⅴ　工艺路线纵横向混合流水布置方案 ①—原材料库　②—备料工段　③—中间仓库 ④—装焊工段　⑤—成品仓库	工艺路线纵横向混合流水布置方案,备料设备既集中又分散布置,调配灵活,各装焊跨度可根据多种产品不同要求分别组织生产。共同使用的设备布置在两端,路线顺而短,又灵活、经济,但厂房结构复杂,建筑费用较高 　　适用于多种产品,单件小批,成批生产性质的炼油化工容器车间,车间年产量 10000 ~ 30000t
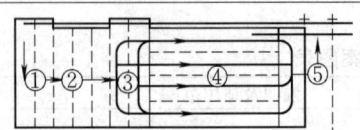 方案Ⅵ　工艺路线纵横向混合流水布置方案 ①—原材料库　②—备料工段　③—中间仓库 ④—装焊工段　⑤—成品仓库	工艺路线纵横向混合流水布置方案,生产工艺路线短而紧凑。同类设备布置在同一跨内便于调配使用,工段划分灵活,中间半成品库调度方便。备料设备可利用柱间布置,面积可充分利用。共用的设备布置在两端,工艺路线顺而短,又灵活、经济,装焊各跨可根据产品不同要求分别布置。但厂房结构复杂,建筑费用较高 　　适用于产品品种多而杂,并且量大的重型机器、矿山设备生产性质的车间,车间年产量 20000 ~ 30000t

3. 车间设备和通道布置原则

（1）设备布置的原则

1）设备布置必须满足车间生产流水线和工艺流向的要求。

2）在布置大型设备时,其基础一般应避开厂房基础,设备基础与邻近基础之间的距离也可由以下公式计算:

$$L = (1.5 ~ 2) \Delta$$

式中　L——与邻近基础之间的距离（mm）;

　　　Δ——设备与邻近基础底面水平之差（mm）。

3）设备离开柱子和墙的距离,除了满足工艺要求操作方便、安全外,还要考虑设备安装和修理时的吊装方便性。

4）对有方向性的设备,必须严格满足进出料方向的要求。

5）除保证设备操作互不干扰外,还必须满足两台经常需要吊车的设备同时使用吊车的可能性。

6）大型稀有设备,如大型液压机、卷板机、折弯压力机、旋压机、热处理炉等,必须按满负荷考虑布置,应充分发挥其生产能力,提高经济效益。

7）起重机的驾驶室原则上应背外窗设置,避免对驾驶员眩目,而且应布置在大型或高大设备的对面,以及使用起重机频繁的设备和炉子集中区的对面。

（2）运输通道的布置

1）为了减少铁路和弯道占用的面积，金属材料库和成品库进出铁路线应尽可能合一条铁路线，规模较大的车间也可分开布置。

2）铁路进入车间和仓库的方向，应尽可能符合长的材料和成品不转弯的原则。

3）铁路及平车轨道的位置和长度，应保证可以使用两台起重机装卸的可能。

4）无轨运输时，车间内的纵向，横向通道应尽可能保持直线形式。通道边线以颜色标出，保证安全。

5）车间内的运输通道应在吊车吊钩可达到的正常范围内。

6）车间运输通道两侧在 200mm 以内不允许存在任何东西，有让人躲开的安全地方。

7）车间横向通道的数量在车间每 60～100m 内必须有一条。

8）车间通道宽度设置如下：人行通道 2m；单面行驶电瓶车、叉车、电动平车通道 3m；双面行驶电瓶车、叉车通道 4m；车间主要通道及载货汽车行驶通道 3～5m；铁路进出车间口通道 5.5m。

30.7.3　厂房形式和参数的选用

初步设计时就要决定车间厂房的主要参数，如厂房跨度、柱距、起重机的轨高，没有起重机厂房的屋架下弦高，以及对屋架、柱子、地面、隔间和门的大小，地面轨道位置等一系列的要求。

1. 车间跨度的大小

车间跨度的大小应根据所选用的设备和产品结构件的外形尺寸，通过合理布置后确定。国家为了加速设计进度，保证设计质量，在总结建设经验的基础上，给出了整套单层机械工业厂房国家标准化图样，柱距一般为 6m，也有 12m 的。跨度一般为 18m、24m、30m，也有 12m、36m 的，总是 6 的倍数。

2. 车间跨度的数量

车间跨度的数量是根据车间规模和选择工艺路线基本形式以及产品结构特点和制造工艺的特点来选择的，也可以根据在一跨内布置生产线的数量来决定。计算公式为

$$n = Q/(Q_{min}a)$$

式中　n——跨度数（个）；

　　　Q——所有类型产品全年的产量（t）；

　　　Q_{min}——数量最少的类型的年产量（t）；

　　　a——布置在一个跨度内的生产线数。

其中，a 值大小要考虑一个跨度里能布置生产线条数。这个数值一般在 1～4 范围内变化其面积利用情况如下：

跨度中生产线条数　　　　　　1　2　3　4
生产的有效面积/总面积（%）50　67　60　67

因为面积利用最好，所以最佳布置是 2 条或 4 条生产线。

3. 车间跨度的长度

车间跨度的长度，在选用工艺路线基本形式和跨度决定后，再根据单位面积产量概略经验指标预先估算出车间总面积，如此就可以求出跨度的长度了。

4. 车间各跨的高度

在没有起重机厂房跨度内，屋架下弦高度：

$$H \geqslant h + h_1 \geqslant 4.8m$$

式中　H——从地面到屋架下弦高度（m）；

　　　h——设备或台架高度（m）；

　　　h_1——设备最高点到屋架的最低点之间最小距离（$\geqslant 0.4m$）。

在有起重机的厂房跨度内（图 30-2），起重机轨顶高和屋架下弦高度：

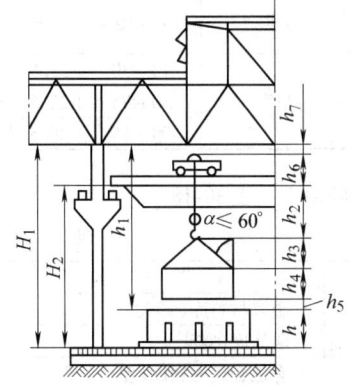

图 30-2　有起重机的厂房跨度

$$H_2 \geqslant h + h_2 + h_3 + h_4 + h_5$$
$$H_1 \geqslant H_2 + h_6 + h_7$$

式中　H_2——从地面到吊车轨道顶面的高度（m），如果在跨度内有铁路入口时，则不得小于 6m；

　　　h_2——从轨道顶面到吊钩上升到极限位置时的最低点间的距离（m）；

　　　h_3——从工件的顶面到吊钩最低点的高度（m），不小于 1m 或系绳间宽度的 0.3 倍；

　　　h_4——工件的高度（m）；

　　　h_5——工件的底面到设备顶面间的距离（m），

一般为 0.5m；

h_6——从轨道顶面到吊车小跑车最高点之间的距离（m）；

h_7——从吊车小跑车最高点到屋架下弦之距离（m）；

H_1——从地面到屋架下弦的高度（m）。

起重机驾驶室底面到设备的最高点之间距离不少于 0.4m。

5. 车用建筑参数的选用

车间建筑参数的选用是根据生产的产品对象、选用的设备、运输条件以及其他有关因素综合分析而决定。根据经验推荐表 30-17 参数。

表 30-17　车间建筑参数推荐表[4]

序号	跨度名称		起重量/t	跨度/m	吊车轨高/m	柱距/m	吊车服务跨度平均长度/m	备　注
1	金属材料库		5 ~ 10	16.5 ~ 22.5	8.1	6	~ 100	一般工厂用
			15 ~ 20	22.5 ~ 28.5	8.1 ~ 9.9	6	~ 100	大型重机厂用
2	钢材预处理		10 ~ 15	12 ~ 18	8.7 ~ 9	6	两端上下料	根据设备负荷布置情况而定
3	备料	一般设备	5 ~ 10	18 ~ 24	8.1 ~ 9.9	6	50 ~ 60	—
		有大型设备	10 ~ 20	24 ~ 30	9.9 ~ 12	6 ~ 12	40 ~ 50	根据大型设备外形、材料和模具最大重量而定
		有特大型设备	30 ~ 50	30	12 ~ 14.7	6 ~ 12	40 ~ 50	根据大型设备外形，材料和模具最大重量而定
4	装配焊接	轻型	5 ~ 10	18 ~ 24	8.1	6	50 ~ 60	轨高要注意产品装配高度
			15 ~ 20	24 ~ 30	8.1 ~ 12	6	50 ~ 60	轨高要注意产品装配高度
		中型	30 ~ 50	24 ~ 30	9.9 ~ 12	6	50 ~ 60	轨高要注意产品装配高度
			50 ~ 75	30	12 ~ 16.2	6 ~ 12	40 ~ 50	轨高要注意产品装配高度
		重型	100 ~ 400	30 ~ 36	下层9.9 ~ 12，上层16.2 ~ 24	6 ~ 12	60 ~ 100	双层吊车轨高之差要根据吊车参数
		特重型	500 ~ 1000	36 ~ 42	下层9.9 ~ 15，上层21 ~ 33	6 ~ 12	80 ~ 100	双层吊车轨高之差要根据吊车参数
5	成品库		10 ~ 30	22.5 ~ 28.5	8.1 ~ 9.9	6	100	—
			50 ~ 75	28.5 ~ 31.5	9.9 ~ 12	6	100	
			100 ~ 150	28.5 ~ 31.5	12 ~ 15	6	100	再大再重产品应直接从车间运出

6. 车间地面（表 30-18）

7. 车间门的参数（表 30-19）

表 30-18　各部门建议采用的地面材料表[4]

序号	部　门　名　称	建议采用地面
1	金属材料库(露天)	碎石混凝土或三合土
2	成品库(露天)	
3	有色金属材料库(室内)	混凝土
4	备料工段	混凝土
5	热成型、大型冲压及热处理工段	铸铁板或块石
6	装配焊接工段	混凝土
7	机修间、工具分发室，焊接材料库、辅助材料库	混凝土
8	样板间	型钢架上铺厚 10mm 钢板
9	水泵房	水磨石
10	计算机室	水磨石上架防静电活动板，或水磨石

表 30-19　车间门洞的尺寸及适用范围表[4]

序号	门洞尺寸（宽×高）/m	可采用形式						适用通行性质
		平开（木）	推拉（木）	平开（钢板）	折叠（钢板）	推拉（钢板）	卷帘门（铝合金）	
1	1.00 ×2.10	√	—	—	—	—	√	小厂房及辅助建筑物
2	1.50 ×2.10	√	—	—	—	—	√	小厂房及辅助建筑物

（续）

序号	门洞尺寸 宽×高/m	可采用形式						适用通行性质
		平开（木）	推拉（木）	平开（钢板）	折叠（钢板）	推拉（钢板）	卷帘门（铝合金）	
3	1.80×2.10	√	—	—	—	—	√	小厂房及辅助建筑物
4	1.00×2.70	√	—	—	—	—	√	小厂房及辅助建筑物
5	1.50×2.70	√	—	—	—	—	√	小厂房及辅助建筑物
6	1.80×2.70	√	—	—	—	—	√	小厂房及辅助建筑物
7	2.40×2.40	√	—	√	—	—	√	平板车、电瓶车
8	3.30×3.60	√	√	√	—	—	√	4t 载货汽车
9	3.60×3.60	—	√	√	√	√	√	大型载货汽车
10	3.60×3.90	—	—	—	—	—	√	轮胎吊及载货汽车
11	3.90×4.20	—	—	—	—	—	√	火车
12	4.20×5.10	—	—	—	—	—	√	火车
13	4.80×5.70	—	—	—	√	√	—	火车
14	5.40×5.10	—	—	—	√	√	√	火车
15	5.40×6.00	—	—	—	√	√	√	火车
16	6.00×6.00	—	—	—	√	√	√	火车
17	7.00×6.00	—	—	—	√	—	—	火车
18	7.00×7.00	—	—	—	√	—	—	火车

注：打√者表示有此规格。15、16、17、18 火车包括特殊要求。

30.7.4 仓库和辅助部门

1. 仓库布置及其面积计算

焊接车间一般有金属材料库、中间半成品库、模具库、夹具库、焊接材料库、辅助材料库和成品库。

（1）金属材料库

金属材料库供存放运到工厂来的金属材料，如钢板、型钢、管子等用。根据待制产品类别所需材料钢种的不同，对金属材料库结构形式也有不同的要求。金属材料库一般分为露天材料库和室内材料库。

露天材料库一般存放中、厚钢板，型钢，以及大型管材等。其缺点是受大气影响较大，但比较经济。因进车间的钢材都需经过钢材预处理，所以露天材料库国内设计采用较多。

室内材料库一般存放薄钢板、非铁金属、直径较小管材及贵重金属材料等。

金属材料库的位置，应置在车间工艺流向的始端。进材料不论是火车或汽车都必须通畅，卸料方便，效率高，安全。

金属材料库的面积，主要取决于储存期和储存方式。储存期应根据节约、消除仓库积压、加速资金周转的原则而压缩至最短，但也要考虑国家计划供应管理水平等实际情况。目前设计一般参考如下储存期：

生产类型 储存期
大批大量 0.5~1 个月
成批生产 1~3 个月
单件小批 3~6 个月

金属材料库的面积计算有概略计算法和精确计算法两种。这里仅介绍概略计算法，其计算公式为

$$A = \frac{TQ}{12m}$$

式中　A——金属材料库总面积（m^2）；

　　　T——材料储存期（月）；

　　　Q——车间全年所需金属材料重量（t）；

　　　m——平均储存单位面积指标（t/m^2）。

在计算金属材料消耗量时，要考虑材料利用率因素。参考数据如下：

钢板平均利用率　　80%~90%
型钢平均利刷率　　85%~90%
管材平均利用率　　90%~95%

（2）中间半成品库

中间半成品库是车间半成品的中间存放地。该仓库的合理设置和科学管理是车间文明生产，提高产品质量和劳动生产率的重要措施之一。布置位置一般在备料工段和装配焊接工段之间，面积大小取决于车间产量、投入批量和管理水平。面积概略计算公式为

$$A = \frac{TQ}{365m}$$

式中　A——中间半成品库面积（m^2）；

　　　T——存放期（天）；

　　　Q——全年半成品存放量（t）；

　　　m——平均储存单位面积指标（0.5t/m^2）。

参考存放期：

生产类型　　　　存放天数

大批大量　　　　3～5天

成批生产　　　　5～10天

单件小批　　　　10～15天

（3）模具库

冲压工段的大、中型模具库一般布置在压力机的同跨内，以便于吊运。存放总面积大约等于压力机生产线的生产面积。

小型模具库可按每套模具的概略指标计算，压力机总压力2.5～160t，模具尺寸为（180mm×125mm×125mm）～（800mm×550mm×450mm）。

有堆垛机的模具架（存放高6m）占地0.015～0.150m²/套；无堆垛机的模具架占地0.025～0.250m²/套。

（4）夹具库

夹具库主要保存分发夹具和设备的可换工夹具，存放面积根据夹具总数和存放方式而定。在概略计算时，也可根据车间年产量以每100t占地0.2～0.3m²估算。

（5）焊接材料库

焊接材料库主要保管发放焊条、焊丝、焊剂，并负责烘干、整理等。位置应布置在焊接区附近，以便于焊工领取。

面积可根据焊接材料储存量、储存方式、烘干箱多少，以及发放办公室等布置而决定。可以根据车间所采用的焊接设备总数而概略估算：

电弧焊机占地0.1～0.3m²/台；自动、半自动焊机占地0.4～0.5m²/台。

（6）辅助材料库

辅助材料库主要用于存放劳保用品，以及生产、维修用辅料等。位置应布置在车间出入方便之处。有时与工具分发室毗邻。面积可根据车间主要工艺设备台数的概略指标估算：主要工艺设备占地0.15～0.5m²/台。

（7）成品库

成品库是临时储存车间待发产品的地方。位置应布置在车间工艺流向的末端。一般应有铁路和汽车运输线进入。为了考虑成品库吊车等级的经济性，一般大型、特大型产品则不进入成品库，可以从车间直接装车发出，以降低成品库的建筑造价。成品库的面积概略计算公式为

$$A = \frac{TQ}{365m}$$

式中　　A——成品库总面积（m²）；

　　　　T——存放期（天）；

　　　　Q——车间年产量（t）；

　　　　m——平均储存指标（0.5t/m²）。

成品储存期如下：

生产类型　　　　储存期

大批大量　　　　2～5天

成品生产　　　　10～15天

单件小批　　　　20～30天

2. 辅助部门

焊接车间一般有工具分发室、样板间与样板库、油漆调配室、机电修理间、计算机房、水泵房等。

辅助部门的组成可根据车间规模大小和不同类型而有所不同。辅助部门的任务和推荐的面积详见表30-20。

表30-20　辅助部门组成、任务和面积表[4]

序号	名　称	任　务	推荐面积
1	工具分发室	保管分发常用的工具仪表及易损件	36～72m²
2	样板间和样板库	负责某些产品放样制作及存放	（9m×16m）～（12m×24m）
3	油漆调配室	底漆调配和存储	22～65m²
4	焊接试验室	新工艺新设备新材料的试验鉴定推广制订工艺规范，有时负责焊工考试等	60～500m²
5	机电修理间	主要为车间设备工具的日常维护保养及小修等	32～180m²
6	计算机房	为数控机床编制程序软件等	100～300m²
7	水泵房	为水压机配套用	按水泵电气管道等布置而定

30.7.5　车间系统布置计划

系统布置计划（Systematic Layout Planning，SLP）法，是由马塞（G. Muitler）提出的。由于这种方法能在实际应用中确定最优布置方案，所以受到普遍重视。

系统布置计划所考虑的主要因素有如下一些：

产品（P）：生产什么？

数量（Q）：每种产品生产多少？

工艺路线（R）：每种产品怎么生产？

供应量（S）：靠什么供应来保证生产进行？

生产周期（T）：每种产品将用多少时间生产？

部门数（N）：有多少部门直接或间接参与了产品的生产？

1. SLP 法的工作程序基本步骤

1）输入数据。输入 P、Q、R、S、T 和 N，并且分析 P、Q 以及它们之间的相互关系。

2）物料流向、流量分析。物料的流向一般取决于工艺过程路线。因此，选定了最优工艺路线，就相应地确定了物料流向。各部门间物料流量分析可根据物料流向图法进行。

3）活动关系分析。采用生产活动关系图，对各部门的活动关系进行分析，以确定每项活动之间的相对重要性和密切程度。

4）在进行物料流向流量分析和活动关系分析以后，将两者结合绘制成流量与活动相关图。

5）面积及其关系的确定。凡参与生产过程的各部门或设备，均需占用一定的面积，可结合具体情况通过一定方式进行估算。所需要的总面积大小必须与可利用的面积相吻合。将各部门或设备允许占用的面积画在流量与活动相关图上，就形成面积相关图，该图实质上就是一个大致的布置计划。

6）面积相关图的调整。面积相关图只是一个理想方案，一般不能直接采用，还需要根据一些具体条件加以调整和处理。例如物料运输方式、储存方式、环境条件、人员需要情况、厂房特点、公用设施和辅助设备、管理系统、各生产活动的详细方案以及成本、安全保险等实际限制条件，均可成为方案调整的依据。

7）优化分析。根据已确定的布置评价标准，进行优化分析，以使各部门的相对位置尽可能理想。例如，可反复地变换少量的几个部门的相对位置，直到运输成本不能再减少为止。

2. 物料流向流量分析

在产品生产过程中，有各种不同形态的"流"，如人流、物流（物料流、电流、水流和热流）、现金流、信息流等。其中，人流和物流是生产过程的主流。各流的流动是否合理是评价工厂布置优劣的一个重要标准。一个优化的工厂布置必须使得上述各流的流动畅通无阻。

按产品生产线布置，物料的流动方式是固定的，比较单一化。在这种情况下，物流的流量分析意义不大。但若按工艺式布置，物流的流动方式比较复杂和多变。工艺式布置的主要问题，是决定各种工艺区最"经济"的相对位置，主要是指物流运输费用最低。一般说来，将相互间运量大的部门靠近布置，就能相对降低物料运费。

物料流向图法是一种分析物料流量的有效方法。

首先，根据产品生产的工艺流程，确定物料在生产过程中总的流动方向，并绘制相应的物料流向图（图 30-3）。

在物料流向图的基础上，考察各工艺车间之间的物料运量，绘制物料运量表（表 30-21）。

表 30-21　某生产系统各部门之间的物流运量表

部门 / 部门	1	2	3	4	5
1		8	2	0	2
2			3	8	2
3				2	4
4					5
5					

为了得到更为直观和清晰的概念，可以根据上述的物料运量表做出运量相关图，如图 30-4 所示。

3. 活动关系分析

通过对物料的流向和流量的分析，来确定生产系统各部分的最佳位置，这无疑是很重要的。可是，在大多数情况下，这种最佳位置往往只是理想化的。一个生产系统，其各部分之间的关系是多因素导致的综合关系。这些因素应尽可能全面地加以考虑和分析，并且一一列出来，以便确定各组成部分之间的邻近程度。为此常用生产活动关系图来加以分析。下面以一个例子来说明。

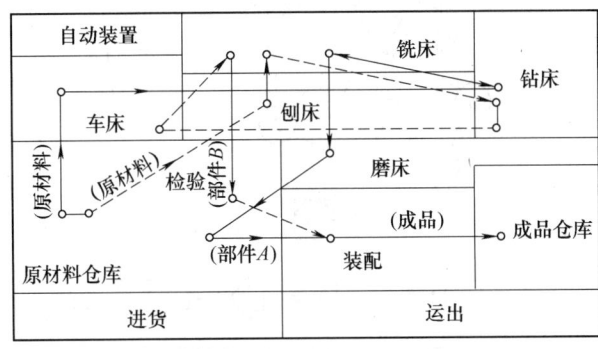

图 30-3　某生产过程的物料流向图

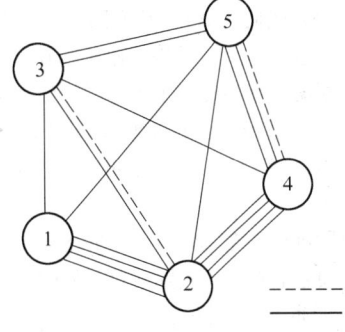

------- 表示1个单位运量
——— 表示2个单位运量

图 30-4　运量相关图

假定某一工厂共有如下 9 个部门：接收与发运、原材料库、工具机修车间、生产车间、中间零件库、成品库、食堂、管理办公室、车库。定义部门之间活动关系的密切程度有 6 个类型，见表 30-22。

表 30-22　关系密切程度的分类及代码

代号	关系密切程度
A	绝对必要
E	特别重要
I	重要
O	一般
U	不重要
	不可接近

一般来说任意两个部门之间的关系通常由表 30-23 列出的若干因素所决定。

表 30-23　关系密切程度的原因及代码

代号	原因	代号	原因
1	共用记录	6	工作连续
2	共用人员	7	工作类似
3	共用场地	8	共用设备
4	人员接触	9	影响安全
5	文件接触		

对照两个表，即可确定各部门之间活动关系的密切程度，从而做出相应的生产活动关系图（图 30-5）。

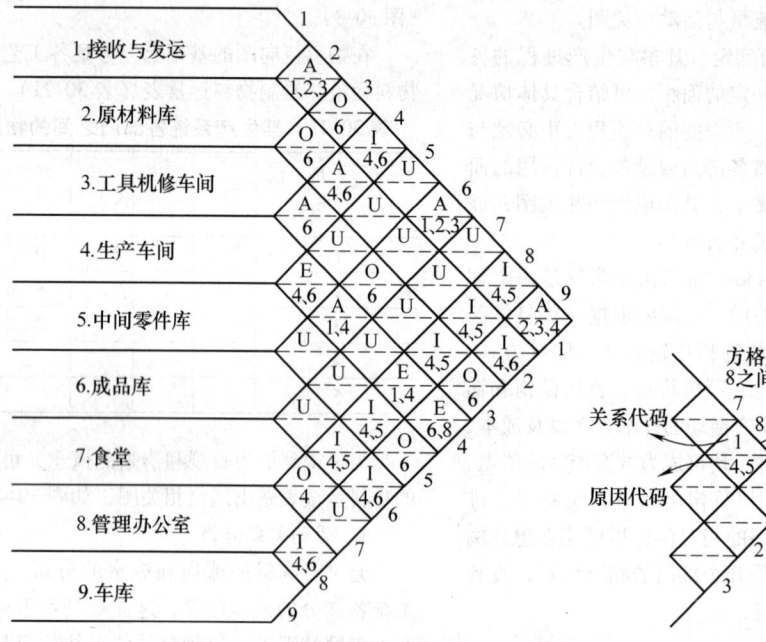

图 30-5　生产活动关系图

图 30-5 中的各菱形小方格逐一标明各部门之间活动关系的密切程度（虚线上方）及原因（虚线下方）。例如，要考察生产车间与原材料库的邻近程度，则只要在生产活动关系图中找到部门 4 和部门 2 所对应的小方格即可看出，两者关系极为密切，相邻是绝对必要的（关系代码为 A），其原因在于人员接触频繁和保证生产过程连续（原因代码 4 和 6）。

生产活动关系图全面地提供了各部门间活动关系的密切程度及其原因，从而使布置人员可以根据"活动关系密切的部门靠近布置"的原则，初步确定各部门的相邻位置。

为了制订实际可行的布置方案，还要逐步改变部门面积的大小，使它们符合于实际需要面积的比例。

4. 物料流量与生产活动相关图（图 30-6）

5. 面积相关图（图 30-7）

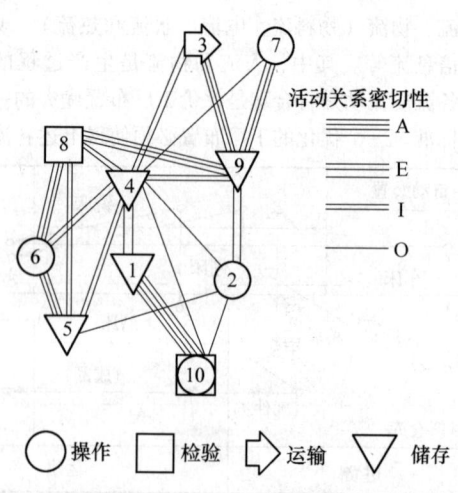

图 30-6　物料流量与生产活动关系图

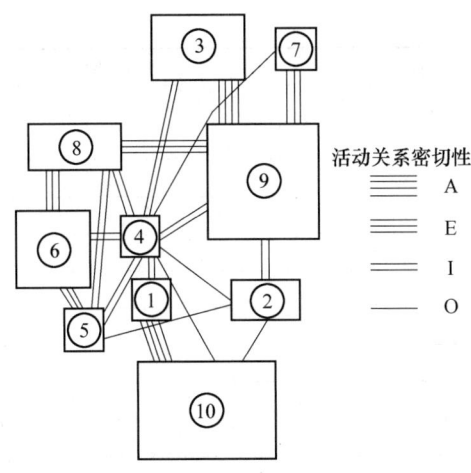

图 30-7　面积相关图

活动关系密切性

	A
	E
	I
	O

30.7.6　车间布置方案的评价和确定

经过优化分析，排除了大多数方案，剩下的方案各具一定的特点。可以通过优缺点比较法、因素分析法或费用（包括固定费用和可变两项费用）比较法，从这几个方案中选出一个最满意的方案。下面分别简单介绍优缺点比较法和加权因素比较法。

1. 优缺点比较法

在初步方案的评价与筛选过程中，由于设计布置方案并不具体，各种因素的影响不易准确确定，此时常采用优缺点比较法对布置方案进行初步评价，舍弃那些存在明显缺陷的布置方案。

为了确保优缺点比较法的公信力，应首先确定出影响布置方案的各种因素，特别是有关人员所考虑和关心的主导因素，这一点对决策者尤其重要。一般做法是编制一个内容齐全的常用的系统规划评价因素点检表，供系统规划人员结合设施的具体情况逐项点检并筛选出需要的比较因素。表 30-24 为评价因素点检表。

在确定了评价因素以后，应分别对各布置方案分类列举出优点和缺点，并加以比较，最终给出一个明确的结论——可行或不可行，供决策者参考。

2. 加权因素比较法

加权因素比较法的基本思想是把布置方案的各种影响因素，不论是定性的，还是定量的，都划分成等级，并赋予每个等级一个分值，使之定量化，用等级或分值来定量表示该因素对布置方案的满足程度；同时，根据不同因素对布置方案取舍的影响重要程度设立加权值。从而，能够统一不同因素对布置方案的影响程度，并能计算出布置方案的评分值，根据评分值的高低来评价方案的优劣。

（1）评价因素的确定

与优缺点比较法一样，加权因素比较法也需要确定评价因素，一般系统规划的要求与目标都应列为评价因素。最常见的评价因素通常包括以下几个方面：

1）适应性及通用性。如布置方案适应产品品种、产量、加工设备、加工方法，以及搬运方式变更的适应能力、适应未来生产发展的能力等。

2）物流效率。如各种物料、文件信息、人员按照流程的流动效率，有无必需的倒流、交叉流动、转运和长距离运输，以及最大的物流强度，相互关系密切程度高的作业单位之间的接近程度等。

表 30-24　评价因素点检表

序号	因素	点检记号	重要性
1	初次投资		
2	年经营费		
3	投资收益率		
4	投资回收期		
5	对生产波动的适应性		
6	调整生产的柔性		
7	发展的可能性		
8	工艺过程的合理性		
9	物料搬运的合理性		
10	机械自动化水平		
11	控制检查的便利程度		
12	辅助服务的适应性		
13	维修的方便程度		

（续）

序号	因素	点检记号	重要性
14	空间利用程度		
15	需要储存的物料及外购件数量		
16	安全性		
17	潜在事故的危险性		
18	影响产品质量的程度		
19	设备的可得性		
20	外购件的可得性		
21	与外部运输的配合		
22	与外部公用设施的结合		
23	经营销售的有利性		
24	自然条件的适应性		
25	环境保护条件		
26	职工劳动条件		
27	对施工安装投产进度的影响		
28	施工安装对现有生产的影响		
29	熟练工人的可得性		
30	公共关系效果		

3）物料运输效率。如物料运入、运出厂区所采用的搬运路线、方法和搬运设备及容器的简易程度，以及搬运设备的利用率、运输设备的维修性等。

4）储存效率。如物料库存（包括原材料库、半成品库、成品库等）的工作效率、库存管理的难易程度、存储物品的识别及防护、储存面积是否充足等。

5）场地利用率。通常包括建筑面积、通道面积及立体空间的利用程度。

6）辅助部门的综合效率。如布置方案对公用、辅助管线及中央分配或集中系统（如空压站、变电所、蒸汽锅炉及附属管路等）的适应能力，布置方案与现有生产管理系统和辅助生产系统（如生产计划、生产控制、物料分发、工作统计、工具管理、半成品及成品库存等）有效协调的程度等。

7）工作环境及员工满意程度。如布置方案的场地、空间、噪声、光照、粉尘、振动、上下班及人力分配等对职工生产和工作效率的影响程度。

8）安全管理。如布置方案是否符合有关安全规范、人员和设备的安全防范设施（如防火、隔离和急救等）、足够的安全通道和出口、废料清理和卫生条件等。

9）产品质量。如布置方案中的运输设备对物料的损伤、检验面积，以及检验设备、检验工作站的设置位置等对质量控制的影响等。

10）设备利用率。如生产设备、搬运设备、储存设备的利用率，是否过多地采用重复设备而忽略了在布置方案时设法对某一设备的共同利用等。

11）与企业长远规划相协调的程度占布置方案与企业长远发展规划、长远厂址总体规划、总体系统规划的符合程度。

12）其他。如布置方案对建筑物和设备维修的方便程度、保安和保密、节省投资、布置方案外观特征及宣传效果等。

（2）确定加权值

依据某一因素与其他因素的相对重要性来确定该因素的加权值，一般做法是先把最重要的因素确定下来，定出该因素的加权值，一般取10，然后把每个因素的重要程度与该因素进行比较，确定出合适的加权值。

应该指出，加权值的确定应采取集体评定然后求平均值的方式，最终结果应得到大多数参与布置方案评价人员的认可。

（3）评价因素评价等级划分

对于每一个评价因素都应独立地评价出该因素对布置方案的满足程度，评价结果一般划分成评价等级。仿照系统布置设计方法，评价等级划分为A、E、I、O、U五个等级，每个等级的含义及评价分值见表30-25。

表 30-25 评价等级及分值

等级	符号	含义	评价分值 W
优	A	近于完美	4
良	E	特别好	3
中	I	达到主要效果	2
尚可	O	效果一般	0
差	U	效果欠佳	0

（4）评价结果

针对评价的数个方案（一般取 3～5 个），确定出评价因素及其加权值，最终求出各布置方案的各因素评价等级加权和，即

$$T_i = \sum_{j=1}^{n} a_j g W_{ij} \quad (i = 1, 2, \cdots, m)$$

式中　n——评价因素总数；

　　　j——评价因素序号，且 $j = 1, 2, \cdots, n$；

　　　a_j——为 j 号评价因素加权值；

　　　m——方案数目；

　　　i——方案序号；

　　　W_{ij}——第 j 个因素对第 i 个方案的评价等级分值；

　　　T_i——第 i 个方案的总分。

（5）最佳方案的确定

一般认为某一方案得分高于其他方案 20%，则可确认为主选最佳方案。若比较方案得分比较相近，应对这些方案进行再评价，评价时增加一些因素，并对加权值和等级划分进行更细致的研究，还可以邀请更多的人员参加评价。

对于选中的最佳方案还应根据评价表中数据进行修正。

30.7.7 车间布置举例

车间布置举例如图 30-8～图 30-14 所示。

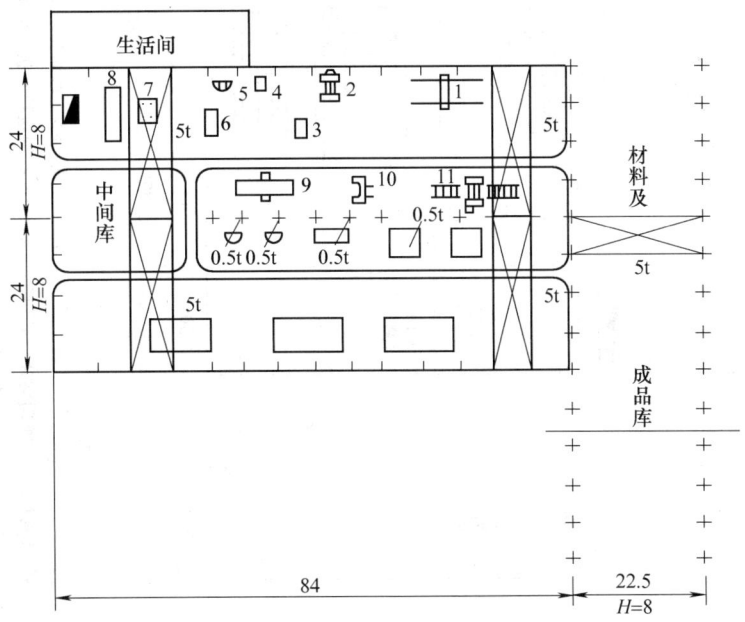

图 30-8　工程机械厂金属结构车间

1—CNC 气割机　2—6×1700 三辊卷板机　3—联合冲剪机　4—快速剪

5—φ50mm 摇臂钻床　6—250t 冲床　7—300t 油压机　8—主梁弯

曲装置　9—1×3m 龙门刨　10—6×2500 龙门剪

11—6×1500 钢板校平机

注：另外还有气体保护焊机 20 台、焊条电弧焊机 15 台、变位机 2 台、平台若干。

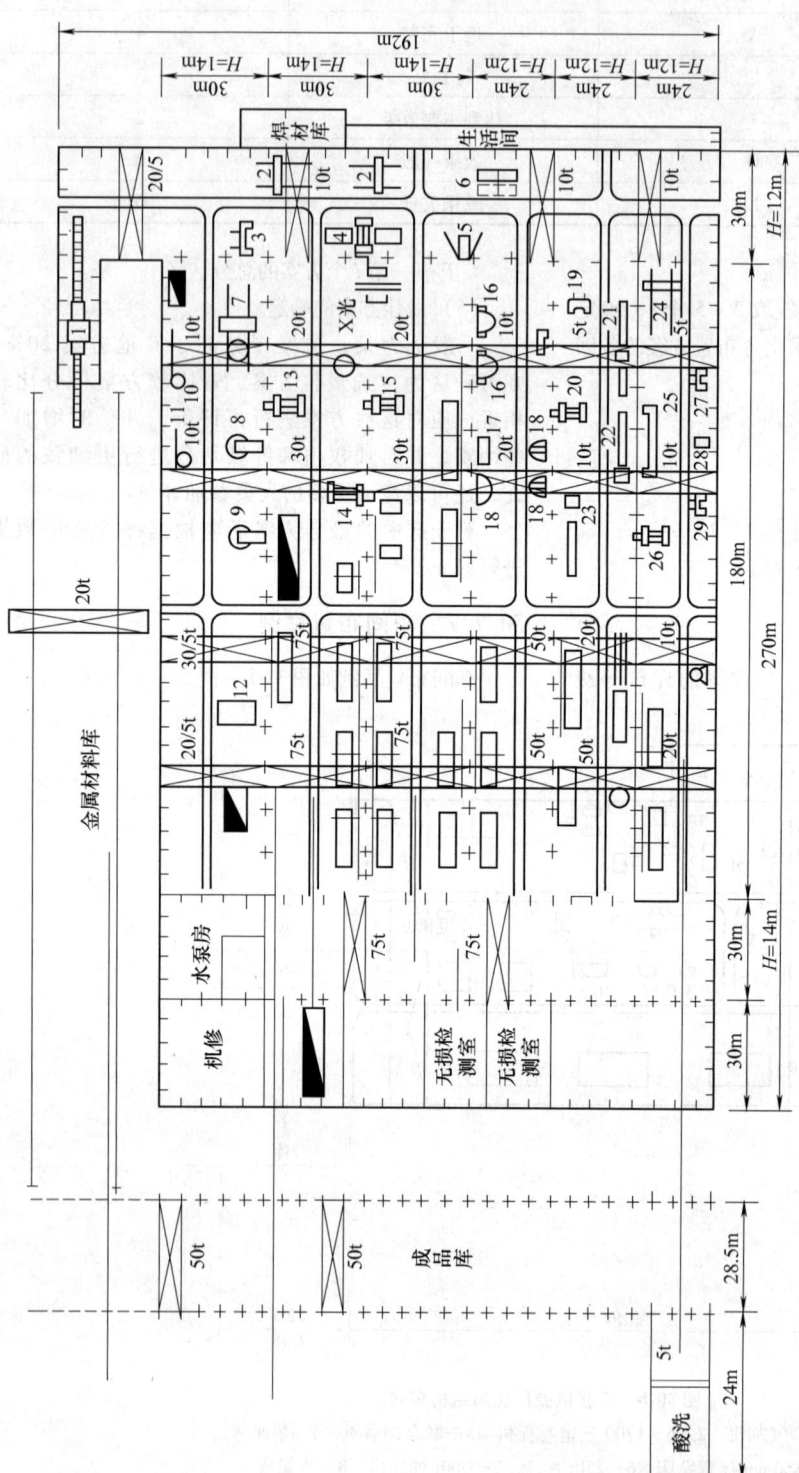

图 30-9　炼油化工机器厂容器车间

1—钢材预处理　2—CNC 气割机　3—龙门剪床　4—16mm×2500mm 钢板校平机　5—315t 单臂油压机　6—光电气割机　7—600t 压弯机　8—φ5200mm×32mm 翻边机　9—φ2000mm×16mm 翻边机　10—弯管机　11—弯管机　12—4000t 水压机　13—70/120mm×3000mm 卷板机　14—25/40mm×2500mm 卷板机　15—20mm×2000mm 卷板机　16—立车　17—数控钻床　18—摇臂钻床　19—龙门剪床　20—25mm×2000mm 卷板机　21—带锯　22—管子倒角机　23—管子磨头机　24—等离子切割机　25—刨边机　26—30mm×3000mm 卷板机　27—龙门剪床　28—160t 冲床　29—200t 折弯压力机

注：另外还有自动埋弧焊机 40 台，窄间隙焊机 2 台，带极堆焊机 2 台，管-管板 TIG 焊机 2 台，管-管板 TIG 焊机 2 台，管 TIG 焊机 27 台，气体保护焊机 10 台，焊条电弧焊焊机 100 台，变位机 30 台，滚轮架若干，3m×12m 热处理炉，5m×27m 热处理炉，1.5MeV 直线加速器。

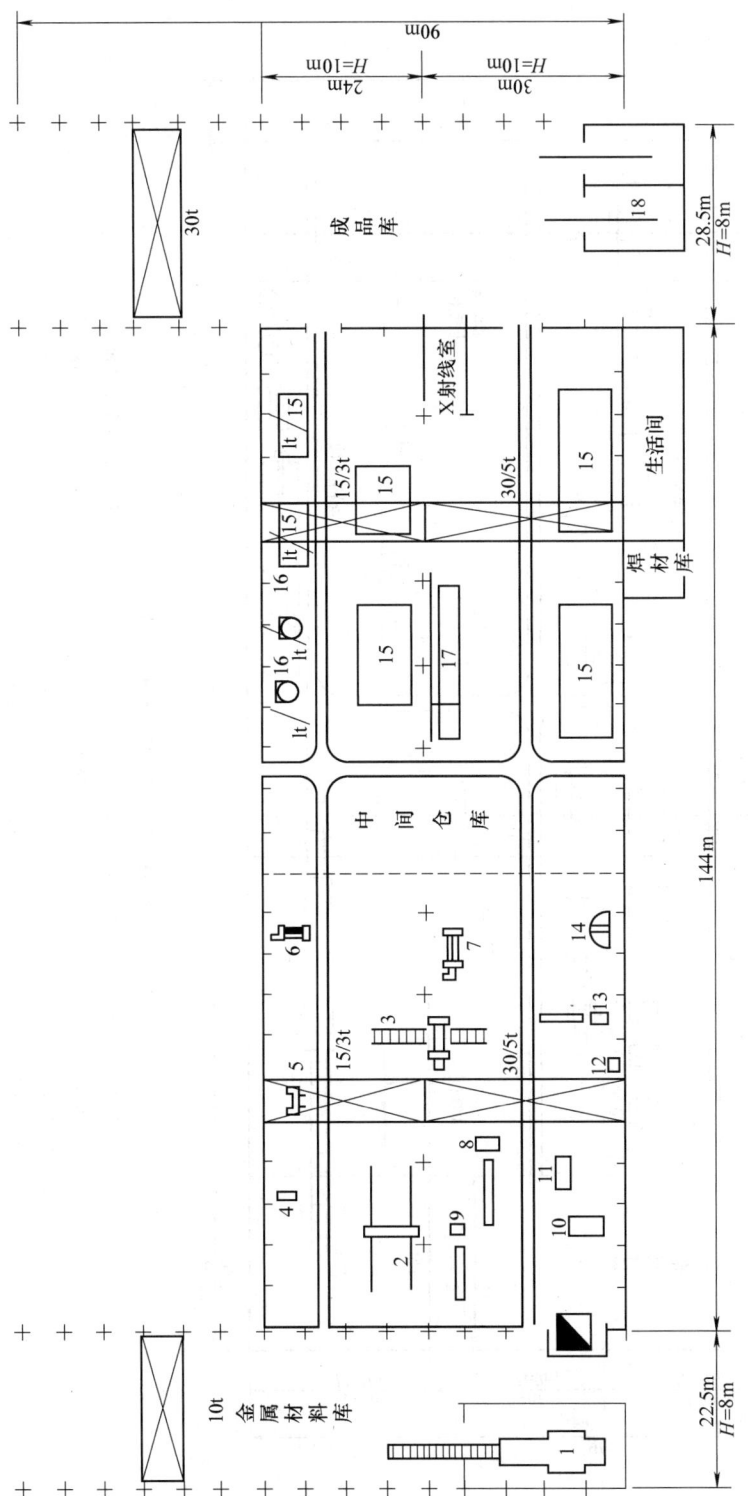

图 30-10 重型机械厂金属结构车间

1—钢板预处理装置 2—CNC 气割机 3—16mm×2500mm 钢板校平机 4—坡口机 5—6mm×2000mm 龙门剪床 6—19mm×2000mm 三辊卷板机 7—40mm×3500mm 四辊卷板机 8—联合冲剪机 9—带锯床 10—800t 油压机 11—平台 12—型钢弯曲机 13—φ108mm 弯管机 14—φ75mm 摇臂钻床 15—装焊平台 16—5t 变位机 17—筒体焊接装置 18—部件喷丸装置

注: 另外还有自动埋弧焊机 3 台、气体保护焊机 20 台、手工焊机 30 台、堆焊机 2 台。

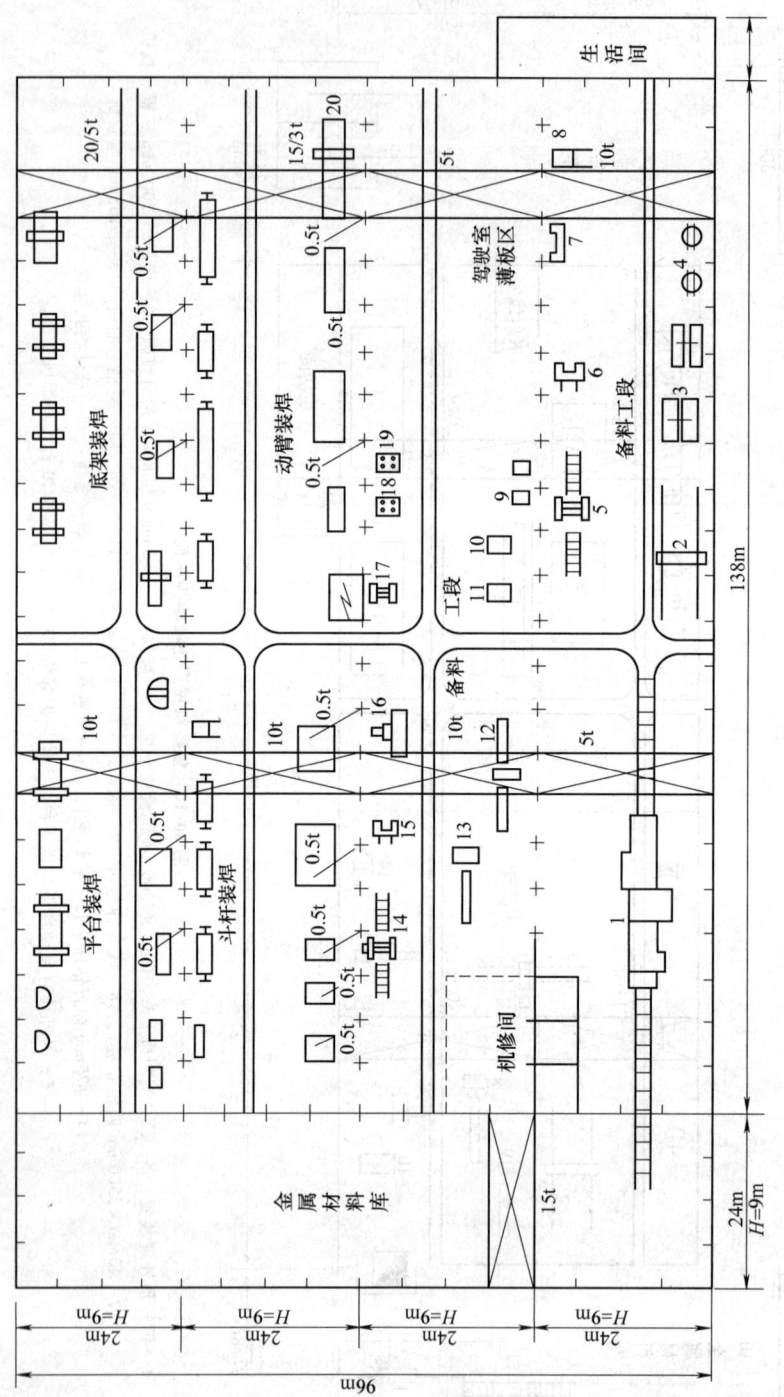

图 30-11　液压挖掘机厂金属结构车间

1—钢板预处理装置　2—CNC 气割机　3—光电气割机　4—折臂式气割机　5—钢板校平机
6—龙门剪床　7—630t 折弯压力机　8—350t 单臂油压机　9—100t 冲床　10—160t 闭式双点压力机
11—315t 闭式单点压力机　12—型钢校直机　13—联合冲剪机　14—薄板校平机　15—龙门剪床
16—步冲机　17—卷板机　18—300t 油压机　19—100t 油压机　20—液压校正机

注：另外还有自动埋弧焊机 1 台，CO₂ 半自动焊机 30 台，焊条电弧焊机 30 台，点焊机 3 台，焊接机器人 1 套，1.5～3t 变位机 3 台，
翻转机若干，平台若干，胎具若干。

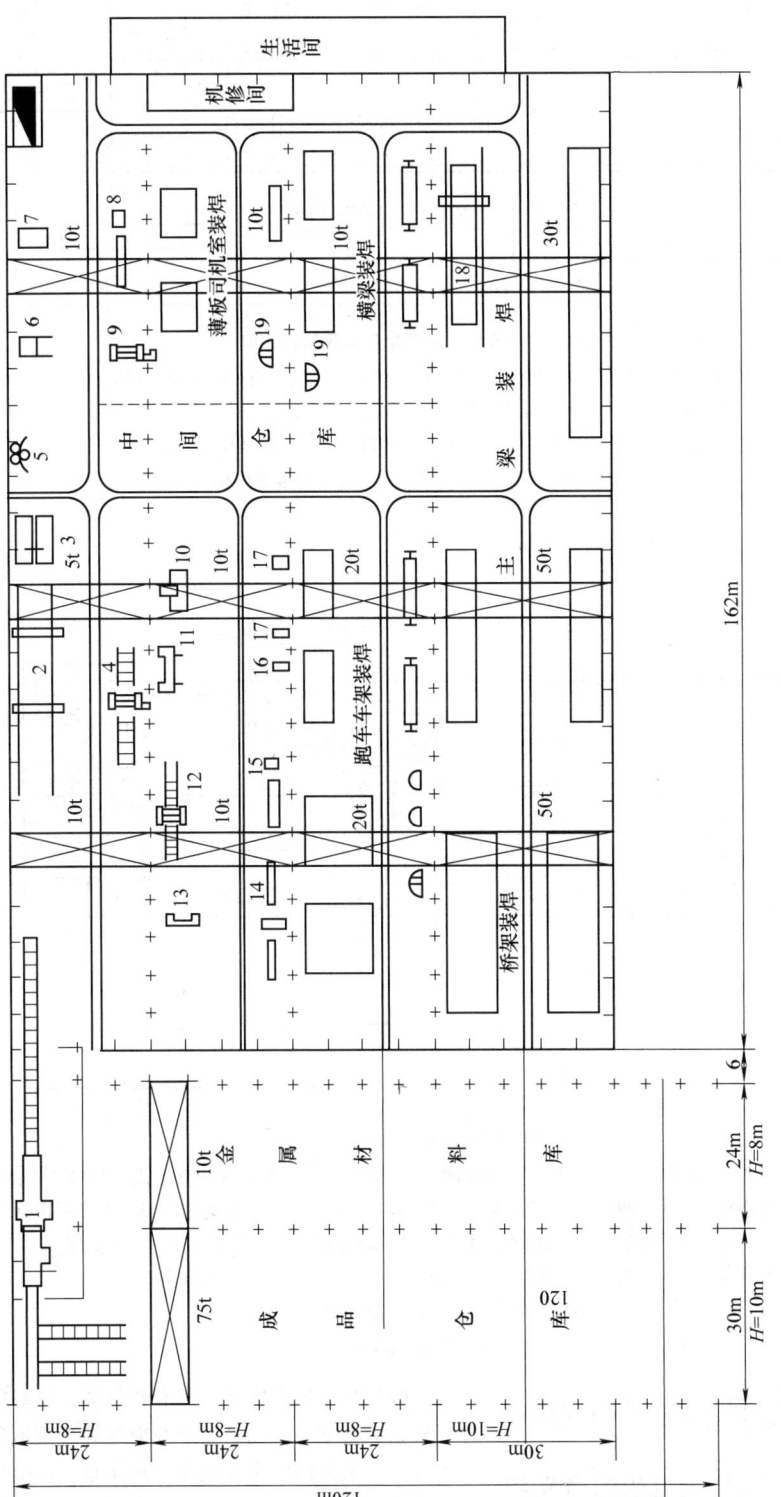

图 30-12　15000t/年 桥式起重机金属结构车间

1—钢材预处理装置　2—数控气割机　3—光电气割机　4—24mm×2500mm 钢板校平机　5—型钢弯曲机　6—315t 单臂油压机　7—800t 油压机　8—弯管机　9—30mm×3000mm 卷板机　10—步冲机　11—160t 折弯机　12—薄板校平机　13—龙门剪床　14—315t 型钢校直机　15—带锯床　16—100t 冲床　17—250t 冲床　18—龙门式气割机　19—摇臂钻床

注：另外有自动埋弧焊机 15 台、气体保护焊机 100 台、焊条电弧焊机 60 台、变位机 2 台、翻转机 6 台、平台若干。

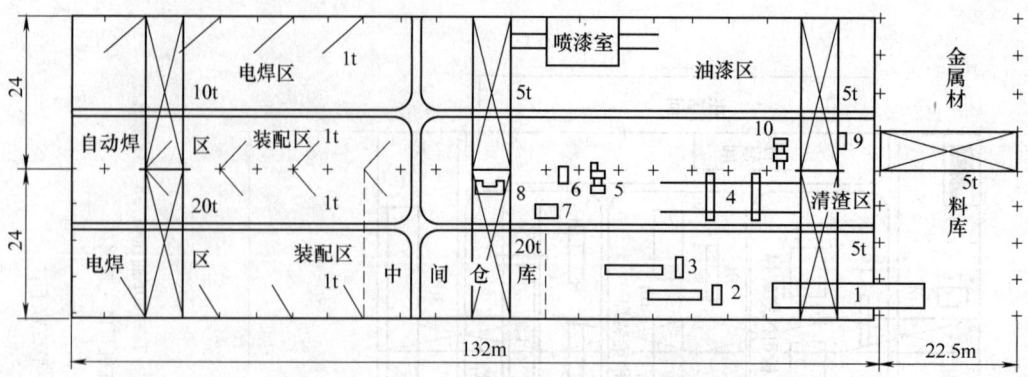

图 30-13　5000t/年 轧管机、液压机厂金属结构车间

1—抛丸机　2—冲剪机　3—带锯床　4—数控气割机　5—卷板机　6—125t 冲床

7—500t 油压机　8—剪床　9—冲型剪床　10—小卷板机

注：另外有1t 摇臂吊车 16 台、铲车 2 台、装卸料车 1 台、自动焊机 1 台、

半自动气体保护焊机 40 台、焊条电弧焊机 11 台、焊接变位机若干。

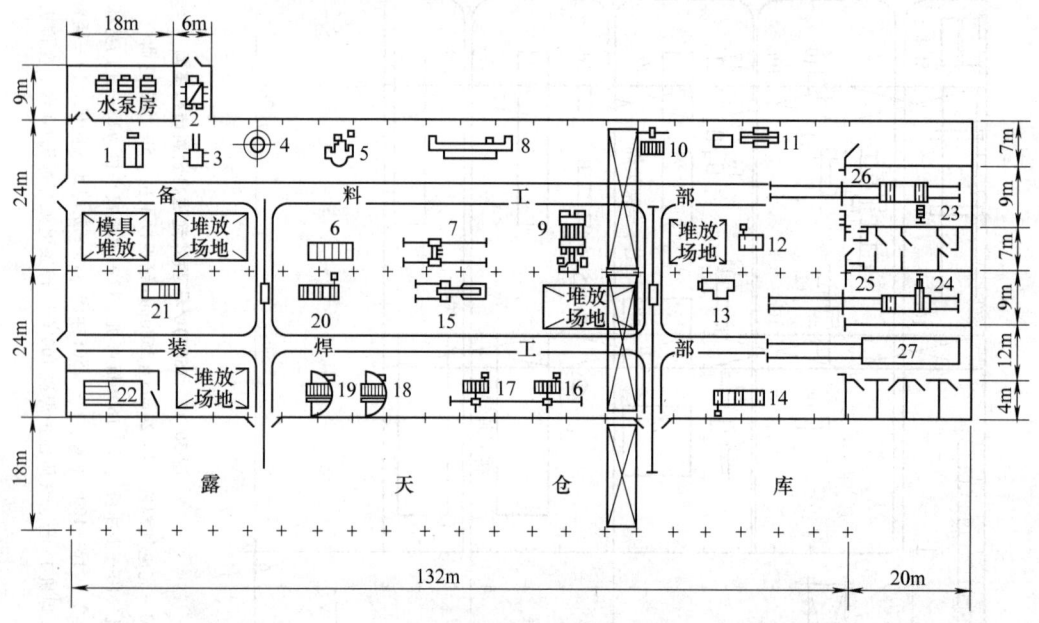

图 30-14　锅炉厂锅筒车间

1—水压机　2—加热炉　3—内燃机叉车　4—封头余量气割机　5—双柱立式车床　6—气割机　7—数控气割机

8—刨边机　9—四辊卷板机　10—纵缝碳弧气刨装置　11—焊接操作机　12—滚轮架　13—焊接操作机

14—滚轮架　15—焊接操作机　16—焊缝磨锉装置　17—环缝碳弧气刨装置　18—摇臂钻床

19—摇臂钻床　20、21—滚轮架　22—水压试验台　23、24—X 射线探伤机

25、26—专用平板车　27—退火炉

注：还有焊条电弧焊机若干。

30.8　车间环境保护和安全卫生

30.8.1　车间环境保护和安全卫生的意义和内容

焊接是现代化工业生产中一种重要地金属加工工艺，焊接生产过程中产生的有毒气体、有害粉尘、弧光辐射、高频电磁场、噪声及射线等严重地危害着焊工及生产人员的安全和健康。近年来，焊接技术的发展和新工艺方法不断出现，随之也带来了新的不安全与不卫生因素。因此，使广大焊工及生产人员熟悉了解焊接安全技术，采取各项技术措施和组织措施来改

善作业环境，防止事故的危害发生，具有十分重要的意义。

安全技术是为控制或消除生产过程中的危险因素，防止发生人身事故而研究与应用的技术。焊接车间安全技术的内容主要包括：厂房设备布置的安全技术、热加工的安全技术、起重运输的安全技术、电气安全技术、焊接的安全技术以及防火防爆的安全技术等。

卫生技术是为防止劳动者在生产劳动中遭受有害因素的危害而研究与应用的技术。焊接车间卫生技术主要包括除尘、防毒、噪声控制、照明设置、放射防护和射频辐射防护等。

20 世纪 60 年代以来，国家和各部委陆续颁布了有关职业安全卫生的标准、规范、规定、规程及条例。原机械工业部也制订了建设项目初步设计职业安全卫生所规定要填报的格式。车间设计应当符合这些标准和规定，按职业安全卫生规定格式填报的内容说明设计中采用的各种安全措施及防治、防护措施。

30.8.2　安全技术

1. 防火防爆

从生产的火灾危险性分类来看，焊接车间属于丁类生产厂房。车间厂房均需采用一、二级耐火等级的建筑。如厂房面积不超过 $1000m^2$，也可采用三级耐火等级的单层建筑。

厂房之间的防火间距不应小于表 30-26 的规定。

表 30-26　厂房之间的防火间距[4]

防火间距/m 耐火等级 耐火等级	一、二级	三级	四级
一、二级	10	12	14
三级	12	14	16
四级	14	16	18

厂房安全出口的数目不应少于两个。但在每层建筑面积不超过 $400m^2$ 且同一时间的生产人数不超过 30 人时可只设一个。厂房内最远工作地点到外部出口或楼梯的距离在三级耐火等级的单层厂房内为 60m。疏散门的最小宽度不宜小于 0.90m，疏散走道的宽度不宜小于 1.4m。

车间内应设有消防通道（一般为横向通道），车道的宽度不应小于 3.5m，道路上方遇有管架等障碍物时，其净高不应小于 4m。

有蒸汽机车和内燃机车进入厂房的焊接车间，其屋顶应采用非燃烧体结构或其他有效防火措施。

乙炔发生器必须带回火防止器和防爆装置，移动式乙炔发生器宜安置在户外或通风良好场所。禁止安置在明火车间内。

油漆调配间、喷漆室要采用防爆电动机。

喷漆区与焊接明火区至少距 30m 以上。

2. 电气安全

用电设备安装容量 < 250kW 或所用变压器容量 $<160kV \cdot A$ 的焊接车间，应以低压方式供电，供电电压 $V \leqslant 380V$。X 射线照射设备应专线供电。

桥式起重机供电滑线应有鲜明颜色和信号灯，应设置防触电挡板。驾驶室不应设在大车供电滑线同侧，特殊情况应采取相应防护措施。桥式起重机作多层布置时，下层起重机的滑线应沿全长设置防护板。

射线探伤室外应设指示灯警戒信号，室内应设置预警信号装置，辐射防护门与设备的电控回路之间，应设安全联锁装置。高能 X 射线照射室内，应设置标志明显的紧急事故按钮。

电焊机空载电压必须符合现行相应焊机标准规定的限值，对超过限值的，焊机必须采用空载自动断电装置。

普通电焊机不能在气温过高或过低、气压过低、湿度过大，以及腐蚀性或爆炸性等特殊环境中工作。如需在这些特殊环境中工作，须使用特殊性能的焊机或采取相应的防护措施。

电焊机必须装有独立的电源开关，其容量应符合要求并有过载保护装置。

焊机外壳应接地，不得用氧气管道或乙炔管道等作接地地极，以免产生火花而引爆。焊机裸露带电部分须有安全保护罩，焊机各接线点应紧固可靠。

电缆线应完好，绝缘良好，绝缘电阻不小于 $1M\Omega$。高频引弧或稳弧时应对电缆进行屏蔽。

电焊钳必须有良好的绝缘性和隔热能力。

等离子弧切割电源空载电压达 400V，应尽量采用自动切割并加强防触电措施。

X 射线照射室应单独设置可靠、良好的接地系统。

大于或等于 20kV 的电子束焊机应有铅屏防护或遥控操作。

车间内公共照明的工作照度不小于 100lx，事故照明的工作照度不应低于一般照明照度的 10%，人员疏散用的事故照明，主要通道上的照度 < 0.5lx。油漆调配间、喷漆室要采用防爆照明。

对厂局部固定照明，应有 36V 电压的线路，而用于手提灯的电压应小于 12V。

氧、乙炔供应点与电器开关、插座、配电器、起动器等不应布置在同一柱子上，供排水点和蒸汽点应避开电源开关柜和配电箱。

3. 防机械伤害

设备的运动部分应有安全罩，对危险性较大的生产设备，应检查设备是否带有安全装置，压力机在用手工操作时，必须采用安全装置。

水压试验、气压试验要有防护措施。压力机基础或地坑的盖板必须是花纹钢板。

零件的安放及部件的取下和传递，当它们超过20kg（大批、大量生产时为15kg）时，应利用悬挂的或地面起重运输机械来实现。繁重费力或危险的起重、搬运工作宜采取辅助机械化设施。

车间地面应平坦，不打滑。必须设置安全通道并保证畅通。车间通道尺寸可参照表30-27，通道边缘200mm 以内不允许存放任何物体。

表 30-27　车间通道尺寸[4]

道通名称	通道宽度/m
人行道	2
单面行驶叉车、电瓶车、电动平车通道	3
双面行驶叉车、电瓶车、电动平车通道	4
主要通道、火车、汽车通道	3 ~ 5.5
压力机生产线之间的通道	
大型压力机通道	4
中型压力机通道	3
小型压力机通道	2.5

设备布置必须安全，布置尺寸可参照表30-28。

表 30-28　设备布置的安全距离[4]

（单位：m）

位置	小型设备	中型设备	大型设备
设备之间	>0.7	>1	>2
设备与墙、柱间	>0.7	>0.8	>0.9

4. 起重运输安全技术

起重机司机需经培训，考试合格且经安全技术部门批准后方可上岗操作。

开车前，要去掉防动装置，并检查各限位器、制动器的作用是否灵敏可靠。

开车前驾驶人要发出音响信号，观察附近设备、周围环境和人员情况，驾驶人应严格按指挥信号开车，应服从专人指挥，任何人发出停车信号都必须立即停车。

吊运货物时要稳起稳落，不允许急速突然起落吊物，更不允许开飞车。

吊运货物时要保持钢丝绳垂直，翻转货物时不许大于5°斜拉、斜吊，更不许用小车或大车牵引地面

车辆。

严禁超负荷吊运，严禁使被吊重物从人头上或重要设备上通过，吊运时被吊物件的高度要高于地面设备 0.5m 以上。

起升机构负荷时，不准调整制动器，不准在运行时，进行维护工作。

带有两个钩的起重机，工作的吊钩必须升到接近限位器的高度，不允许两个吊钩同时吊两个重物。

运行中，发现起重机有异常现象时，必须立即停车检查，排除故障后才准开车。

作业完毕后，驾驶人必须将小车开置于支点处（即支腿处），然后将各控制器手把置于零位，拉掉总电源开关，扣好防动装置。

轮胎式起重机的吊臂下不准站人。

叉车作业出入库门或转弯时应鸣笛，在转弯、倒车、交叉路口、接近货物时应减速行车。

叉车不作业时，不要停在道口和坡道上，要将货叉降到最低位置，禁止使用单叉作业或用货叉推顶货物。

30.8.3　卫生技术

1. 防尘防毒

焊接烟尘的治理措施有下列四个方面。

（1）工艺方面

1）采用无烟尘或少烟尘的焊接工艺。电阻焊、摩擦焊、埋弧焊及电渣焊均是高效、少无烟尘的焊接工艺。在明弧焊方面，脉冲 MIG 及 TIG 焊的发尘量最少，实心焊丝活性气体保护电弧焊（MAG 焊）的效率高于焊条电弧焊而发尘量较少，尤其是 $\phi 1.1 mm$ 以下的细焊丝，是一种低尘焊接方法。

开发和使用低尘低毒焊接材料。目前国内外在这方面进行了大量的研究工作，开发了一些低尘型焊条及药芯焊丝，这些焊接材料的开发应用将改善焊接工作的作业环境。

2）提高焊接过程机械化自动化程度。使焊工远离污染源，还便于焊接烟尘的排除、净化，这是焊接工作的努力方向。随着程序控制系统、各种反馈系统及电子计算机在焊接工作中的应用，焊接工作的质量、效率及自动化程度大大提高，作业环境也日趋改善。

（2）采取有效的通风排烟措施

通风排烟的方式主要有局部排风及全面通风换气两种。全面通风换气方案可在车间设计工作中考虑，局部排风措施则应根据工艺及产品情况来采用。通风排烟措施应能保证焊接区或车间内的空气符合卫生要求。

1）全面通风。全面通风包括全面自然通风和全面

机械通风两种。全面自然通风通过车间侧窗及天窗进行通风换气。全面机械通风则通过管道及风机等组成的通风系统进行全车间的通风换气。

设计全面通风时，应保持每个焊工的通风量不小于 $57\text{m}^3/\text{min}$，全面机械通风有三种不同的排烟方法，它们之间的比较见表 30-29。

表 30-29　三种全面通风方法的比较[4]

方法	简　图	说　明	备　注
上抽排烟		屋顶排气量 Q_R，上升气流量 Q，$Q \leqslant Q_R$；$Q/Q_R = 1 \sim 0.3$　屋内自然风速 v_N 上升气流速 v，$v \geqslant C_{v_N}$；$C > 2$	对作业空间仍有污染，适用于新建车间
下抽排烟		风向与上升烟雾方向相反，需采用流量和风速较大的风机	对作业空间污染最小，但需考虑采暖问题，适用新建车间
横向排烟		—	对作业空间仍有污染，适用于老厂房改造

通常，采用在车间侧墙上安装换气扇通风的方法，效果不好。可改用引射排烟或"吹-吸"式通风的方式，如图 30-15 和图 30-16 所示。

2）局部通风。局部通风主要通过局部排风的方式来进行，电焊烟尘和有害气体刚一发生，就被排风罩有效地吸走，因此所需风量小，也不污染周围环境。

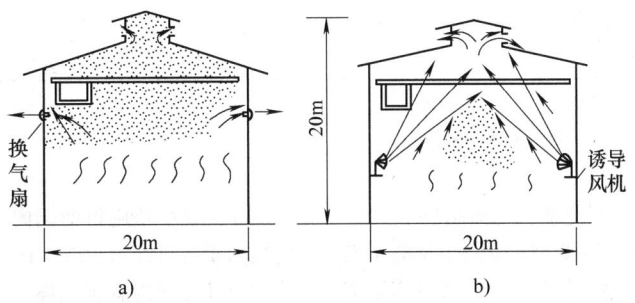

图 30-15　引射排烟示意图
a）改善前　b）改善后

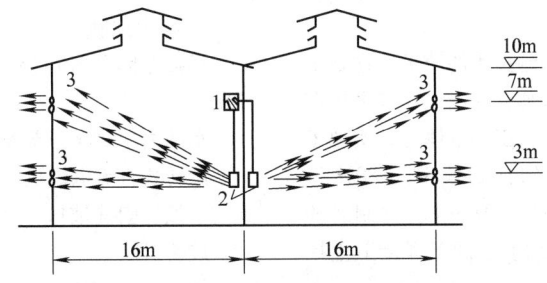

图 30-16　"吹-吸"式通风布置及工作原理图示
1—送风总管　2—送风口（依柱子设置）　3—排风扇

局部通风措施有装排烟罩、排烟焊枪、轻便小型风机和压缩空气引射器等方法。采用局部通风时，焊接工作地附近的控制风速建议30m/min，以保证焊接气体保护效果不受破坏。风量的选取可参考表30-30。各种工艺方法可采用的局部通风方式和个人保护措施可参考表30-31。

表30-30　局部通风软管直径与风量[4]

排烟罩离电弧或焊炬的距离/mm	风机最小风速①/（m³/min）	软管直径/mm
100～150	144	38
	260	76
150～200	470	90
200～250	720	110
250～300	1020	140

① 按管内风速100～120m/min。

表30-31　局部通风方式和个人保护措施[4]

序号	工艺方法	排烟罩 固定式 上抽	排烟罩 固定式 侧抽	排烟罩 固定式 下抽	排烟罩 移动式	排烟罩 随机式 近弧	排烟罩 随机式 隐弧	排烟机	轻便小风机	气力引射器	通风头盔	口罩 送风	口罩 静电	口罩 氯纶布
1	固定台位切割、气刨		2	1										
2	不固定台位切割、气刨								1				2	3
3	固定工位焊条电弧焊接	2	1		3								(4)	(5)
4	不固定工位焊条电弧焊接				1				2				(3)	(4)
5	固定工位半自动焊接		2					1	3				(3)	
6	不固定工位半自动焊接				2			1	3				(4)	(5)
7	固定工位埋弧焊接		2			1								
8	固定工位氩弧自动焊接				3	1							(4)	(5)
9	固定工位CO₂保护自动焊接				3	2	2	4						
10	小车式埋弧焊		2	1		1		4						
11	小车式氩弧自动焊	4	3	1	2	5							(5)	(6)
12	小车式CO₂保护自动焊					2		5			2	(3)		
13	密封容器内焊条电弧焊							1,2	3	1	3		(4)	
14	密封容器内半自动焊							1,2,3	4	2				

注：1. 数字表示优先采用的顺序。
　　2. 如两栏内有相同数字，表示需同时采用。
　　3. 括号表示可考虑采用。

（3）应用电焊烟尘离子电荷就地抑制技术

用在电焊枪上增加0.05～0.1kg重的小型离子发生环使气体分子激发、电离、分解产生高浓度离子雾使电焊烟尘就地抑制在工件表面上，抑制效率高，使有害气体 NO_x、CO等分解成无害气体，不给焊工带来任何麻烦。

电焊烟尘离子电荷就地抑制技术的原理：在高浓度离子雾里的电焊烟尘被充分加载荷电，在静电场定向作用下电焊烟尘被就地抑制在工件本体上，实现了就地抑制、净化。电焊烟尘的抑制效率达80%～90%，MnO_2抑制效率达80.6%～92.9%，抑制后的 MnO_2、CO、O_3、NO_x 等浓度均远远低于焊接卫生标准允许值。

（4）加强个人防护

个人防护措施目前国内有防尘口罩和防毒面具。防尘口罩可过滤粉尘或焊接烟尘中的金属氧化物。防毒面具还可吸附有害气体，在气体保护时可选用。还有一种送风面具，适用于船舱或密闭容器等狭小空间的焊接作业。

2. 噪声控制

焊接车间的噪声级高于90dB（A）时需要加以控制。

车间内主要噪声源及噪声级数值如下：

旋转式直流电焊机	95dB（A）
电弧气刨（坡口）	110～125dB（A）
砂轮机	95～110dB（A）
风铲	110～120dB（A）
大锤校正钢板及容器	110～120dB（A）

控制噪声的措施有如下几种：

1) 车间工艺设计中应采用低噪声工艺和设备，减少噪声源。如采用热切割代替剪切，用坡口斜切机、电弧气刨、热切割坡口代替铲坡口，采用整流器、逆变电源代替旋转直流电焊机，采用先进工艺提高零件下料精度以减少组装锤击，用组装机械化装置代替手工操作等。

车间工艺设计中，应将高噪声工段与低噪声工段分开布置。高噪声设备宜集中布置，然后采取隔声措施。

工艺设计中的设备选用，应包括噪声控制装置，并考虑其安装和维修所需的空间。

2) 采取隔声措施。

① 对分散布置的高噪声设备，宜采用隔声罩。

② 对集中布置的高噪声设备，宜采用隔声间。

③ 对难以采用隔声罩或隔声间的某些高噪声设备，宜在声源附近或受声处设置隔声屏障。

3) 采取吸声降噪措施，降低室内混响声。

① 对声源较密，体形扁平的厂房宜作吸声顶棚或空间吸声处理。

② 对长、宽、高尺寸相差不大的房间宜对顶棚、墙面作吸声处理。

③ 对集中在厂房局部的声源，可对声源所在区域的顶棚、墙面作吸声处理，或悬挂空间吸声体。

4) 对设备的空气动力性噪声，多在进、排气管路上采用消声器来消除设备的进、排气口噪声及管道的气流噪声。

5) 加强个人防护措施。个人防护用品有耳塞、耳罩及防噪声头盔等，其插入损失值为 10 ~ 35dB (A)。

3. 振动防治

焊接车间要对压力机和风动工具、电动工具进行振动控制。压力机边的操作人员受全身振动影响，手持各种工具的操作人员受局部振动影响，设计时应按两种标准分别控制。

防治振动危害最根本的措施是改革工艺和设备。宜用无冲击工艺代替有冲击工艺，用热压法代替冷作业，用平衡良好的机器代替不平衡机器等。

某些对于周围影响较大的振源应采取隔振措施。隔振器可放在机器基础下面，也可放在设备底部。

4. 电离辐射防护

焊接车间内的电离辐射主要来源于无损检测中所用的放射性同位素、放射源、X 射线机、γ 射线机和加速器。

电离辐射防护设计应遵守辐射实践的正规化、辐射防护的最优化和个人剂量当量限值制度。

电离辐射防护设计的标准，应采用个人年剂量当量的限值。射线探伤人员的最大允许年剂量当量为 5 雷姆/年，放射性工作场所邻近地区的公众的最大允许年剂量当量为 0.5 雷姆/年。

对工业检测用 X 射线或紫外线照射的防护原则一般有三种。

(1) 时间防护

在可能的情况下，尽量减少接触射线的时间，这可以通过规定一周内实际工作时间和控制拍片张数来保证。

(2) 距离防护

在进行野外或流动性检验时，这是极为经济而有效的方法，因射线剂量率与距离平方成正比，增大距离可显著降低剂量率。在没有防护物或防护层厚度不够时，此方法同样能达到防护目的。在实际检测中，应当用辐射芯来测定这个安全距离。应充分利用连接电缆长度达到距离防护的目的。

(3) 屏蔽保护

利用各种屏蔽物体吸收射线，如由砖墙或水泥墙建成的射线防护室，或利用活动房屏蔽来防护射线。

射线防护室设计以按 GB 8702—1988《电离辐射防护规定》和 GB 18871—2002《电离辐射防护与辐射源安全基本标准》执行。

射线防护室在总体布局时，应尽量有利于辐射屏蔽设计和避开人流，降低对公众的辐照水平。宜布置在车间主厂房外部，与车间毗连，多层厂房内应布置在底层或地下室。防护室的控制室等辅助用房应布置在照射室的非主照射方向外侧。

高能 X 射线及高活度的放射性核素工作室周围，宜设置适当范围的防护监测区。建设放射性核素工作室的单位，不宜自行设置永久性放射性废物库，应由当地的环保或放射卫生防护部门统一处置。

放射防护室内应设置通风系统、湿式清扫用水源及排水系统，以降低室内臭氧浓度及放射性污染。

参 考 文 献

[1] 曾乐. 焊接工程学 [M]. 北京：新时代出版社，1986.
[2] 机械工程手册编辑委员会. 机械工程手册：试用本. 第 42 篇 [M]. 北京：机械工业出版社，1980.
[3] 机械工程手册编辑委员会. 机械工程手册：试用本. 第 43 篇 [M]. 北京：机械工业出版社，1979.
[4] 中国机械工程学会焊接学会. 第六届全国焊接学术会议论文选集（第 1 集）[C]. 西安：1990.
[5] 汤大纲，樊锡英. 设计与安全（GB 5083—1985 资料汇编）[S]. 北京：中国标准出版社，1987.

第31章　焊接安全与清洁生产

编者　王智慧　　审者　宋永伦

31.1　焊接清洁生产

31.1.1　焊接清洁生产的意义和内容

按照联合国环境规划署对清洁生产的定义，清洁生产是将综合性、预防性的环境战略持续地应用于生产过程、产品和服务中，以提高效率和降低对人类及环境的危害。对生产过程来讲，清洁生产指节约能源和原材料，淘汰有害原材料，减少污染物及废物的排放和它们的有害性。对产品来说，清洁生产指降低产品整个产品生命周期（包括从原材料的生产到生命终结的处置）对环境的有害影响。对服务来说，清洁生产是指将预防性的战略结合到服务的设计和提供活动中。

20世纪中叶以来，世界人口的爆炸性增长和工业经济的迅猛发展，造成了一系列环境问题：日益严重的大气污染、固体废弃物污染和水环境污染；不断加剧的资源短缺（水资源、森林资源、矿产资源的锐减）；生态系统被破坏导致的全球性气候变暖、臭氧层的破坏等。这些问题无不危及人类的健康和生存，也已经极大地损害和制约了经济的发展。

对上述诸项环境问题进行分析，不难看到，环境问题主要是人类自己造成的，又大多是现代工业科技发展的副产品。例如，焊接方法的发明，使得金属结构的制造效率和可靠性大幅度提高，目前世界钢产量的40%~50%是由焊接方法制造成钢结构；但电弧焊接方法也带来了环境污染问题，电弧焊接过程中，产生的烟尘被排放到大气中；产生的重金属粒子被混入土壤；产生的有害废渣不经处理被随意倾倒。我国的焊接材料年产量位于世界第一，2008年产量为375万t，其中近50%为焊条。据国外的研究报道，0.5%~1%的焊条在焊接过程中转变成烟尘排放到大气中，造成大气的污染。对于铅焊，含有有毒元素铅、镉等组分的钎料，主要通过如下途径危害人们的健康：在钎料熔炼、加工和钎焊工作中，有毒金属蒸发，在空气中被氧化成氧化物，进入大气，被人吸入，或者沉降在土壤、溶入水中；用有毒钎料钎焊的产品也会对人造成污染，如盛装食品的容器，使食品受污染；废弃的电子产品污染土壤和地表水等。在电子组装业中，软钎焊采用的传统钎料是锡铅钎料。其

中，铅已经被证实对人体有毒害作用。

面对众多严重的环境问题，人类从20世纪60年代以来，开始进行了严肃的思考。1972年6月，联合国在瑞典斯德哥尔摩召开了"人类与环境会议"，并通过了《人类环境宣言》。1987年，由前挪威首相布伦特兰夫人为首的《世界环境与发展委员会》发表了题为《我们共同的未来》的报告，鲜明地提出了必须为当代人和下代人的利益改变发展模式。1992年，联合国在巴西里约热内卢举行了"环境与发展大会"，通过了《里约热内卢环境与发展宣言》。首次提出，人类应遵循可持续发展的方针，并明确了可持续发展的定义是：既符合当代人的需求，又不致损害后代人满足其需求能力的发展。

1989年联合国环境规划署（UNEP）在总结工业污染防治概念和实践的基础上，提出了清洁生产的名称，并在1990年召开的第一次国际清洁生产高级研讨会上，正式推出了清洁生产的定义：清洁生产是指对工艺和产品不断运用综合性的预防战略，以减少其对人体和环境的风险。1996年，联合国环境署对清洁生产所给出的新定义，清楚地阐明了清洁生产的内涵：清洁生产是指将综合性预防战略持续地应用于生产过程、产品和服务中，以提高效率和降低对人类安全和环境的风险。对生产过程来说，清洁生产是指节约能源和原材料，淘汰有害的原材料，减少和降低所有废物的数量和毒性。对产品来说，清洁生产是指降低产品全生命周期（包括从原材料开采到寿命终结的处置）对环境的有害影响。对服务来说，清洁生产是指将预防战略结合到环境设计和所提供的服务中。2003年1月1日实施、并于2012年修改的《中华人民共和国清洁生产促进法》，以法律的形式规定了清洁生产是我国走可持续发展道路的一项基本国策。

实施清洁生产的意义，在于清洁生产兼顾经济效益与环境效益，最大限度地减少材料和能源的消耗，降低成本，提高效益；变有毒、有害的原材料或产品为无毒、无害，对环境和人类危害最小；对生产全过程进行科学的改革和严格的管理，使生产过程中排放的污染物达到最小量；鼓励对环境无害化产品的需求和以环境无害化方式使用产品，环境危害大大减轻。因此，清洁生产方式可以实现资源的可持续利用，在

生产过程中就可以控制大部分污染，减少工业污染的来源，从根本上解决环境污染与生态破坏问题，具有较高的环境效益。无论从经济角度，还是从环境和社会角度来看，推行清洁生产技术均是符合可持续发展战略的，已经成为世界各国实施可持续发展战略的重要措施，成为可持续发展的优先领域。发展中国家已经丧失了发达国家在工业化过程中曾经拥有的资源优势和环境容量，不应该再重复先污染、后治理的道路。只有开展清洁生产，才能在保证经济增长的前提下，实现资源的可持续利用。环境质量不断改善，不仅使现代人能够从自然获取所需，而且为后代人留下可持续利用的资源和环境。

31.1.2　清洁生产的定义和原则

长期以来，科技的进步和工业的发展都着眼于开发新材料、新产品、新工艺，注意的是新材料的性质，新产品的功能，新工艺的效率；追求的是产品的产量，产品的质量以至寿命，有时也考虑产品的成本，以便获取更大的利润。而工业产品本身及工业生产过程对环境的破坏和危害，却长期被忽略，因此造成了资源的大量消耗浪费，污染物的大量排放，甚至还使用或生产了很多有毒、有害物质，对人类危害严重。

在这种指导思想的影响下，工业生产过程中大量投入的能源、资源，并没有全部转化为最终产品，其中相当一部分甚至大部分却转化成了废物排入环境，造成了越来越严重的环境污染。20 世纪 60 年代以来，为了减轻发展给环境所带来的压力，工业化国家通过各种方式和手段，对生产过程末端的废物进行处理，这就是所谓的"末端治理"。这种方法可以减少工业废弃物向环境的排放量，但很少影响到主要工艺的变更。当时"末端治理"的思想和做法也已经渗透到环境管理和政府的政策法规中去。但实践逐步表明"末端治理"并不是一个真正的解决方案。很多情况下，末端治理需要昂贵的建设投资和惊人的运行费用，末端处理过程本身要消耗资源、能源，并且也会产生二次污染，使污染在空间和时间上发生转移。因此，这种措施是不符合可持续发展战略的，是不能从根本上解决环境污染问题的。

对于"末端治理"的分析、批判，导致了解决环境污染问题新策略的诞生。20 世纪 70 年代，许多关于污染预防的概念，例如"污染预防""废物最小化""减废技术""源削减""零排放技术""零废物生产"及"环境友好技术"等相继问世，都可以认为是清洁生产的前身。1989 年，联合国环境规划署（UNEP）

在总结工业污染防治概念和实践的基础上，提出了清洁生产的名称，并在 1990 年正式推出了清洁生产的定义。自此，在联合国的大力推动下，清洁生产逐渐为各国企业和政府所认可，清洁生产进入了一个快速发展时期，大量的清洁生产实践表明清洁生产可以达到环境效益和经济效益的双赢目标。

20 多年的理论研究和实践表明，清洁生产是资源持续利用、减少工业污染、保护环境的根本措施。在企业管理和技术层次上，清洁生产不仅能够实现工业污染源达标排放和总量控制的目标，还可以促进企业整体素质的提高、增加企业的经济效益、提高企业的竞争能力，增加国际市场准入的可能性，减少贸易壁垒的影响。2000 年 10 月，在加拿大蒙特利尔市召开的第六届清洁生产国际高级研讨会，对清洁生产进行了全面的系统的总结，并将清洁生产形象地概括为技术革新的推动者、改善企业管理的催化剂、工业运行模式的革新者、连接工业化和可持续发展的桥梁。从这层意义上，可以认为清洁生产是可持续发展战略引导下的一场新的工业革命，是 21 世纪工业生产发展的主要方向。

2003 年 1 月 1 日起实施的《中华人民共和国清洁生产促进法》，就是旨在从生产、服务及产品使用的各个环节逐步推行清洁生产的一部重要法律。清洁生产模式是目前世界各国推进可持续发展所采用的一项基本策略。它的产生，使环境保护工作摆脱了长期以来受客观经济因素制约的困境，终于同经济发展的目标统一起来。我国作为发展中国家，正处在调整产业结构、深化改革的关键时期，实施可持续发展战略是生存的需要，也是发展的需要。根据我国环保工作的现状，清洁生产的推广和实施，会经历一个有步骤、分阶段的长期过程。相信随着贯彻落实"清洁生产促进法"工作的不断深入，会为我国环境保护事业和开展可持续发展战略，创造出良好的法制环境。

31.1.3　清洁生产的实施途径

清洁生产的实施途径应包括企业的经营管理、政府的政策法规、技术创新、教育培训，以及公众参与监督。其中，企业的经营管理是清洁生产的体现主体，政府的政策法规是清洁生产的调控手段，技术创新是清洁生产的强大推动力，教育培训和公众参与是清洁生产的保障。

推进清洁生产应遵从以下基本原则：

1）调控性。政府的宏观调控和扶持是清洁生产成功推行的关键。政府在市场竞争中起着引导、培育、管理和调控的作用，规范清洁生产市场行为，营造公平竞争的市场环境，从而使清洁生产在全国范围内有序推进。

2）自愿性。清洁生产应本着企业自愿实施的原则，通过建立和完善市场机制下的清洁生产运作模式，依靠企业自身利益来驱动。

3）综合性。清洁生产是一种预防污染的环境战略，具有很强的包容力，需要不同的工具去贯彻和体现。在清洁生产的推进过程中，要以清洁生产思想为指导，将清洁生产审计、环境管理体系、环境标签等环境管理工具有机地结合起来，互相支持，取长补短，达到完整的统一。

4）现实性。制定清洁生产推进措施，应充分考虑中国当前的生态形势、资源状况、环保要求及经济发展需求等。

5）广泛性。我国当前农业污染严重，以服务行业为主的城市污染问题日益突出。推进农业清洁生产和区域清洁生产已势在必行。

6）前瞻性。作为先进的预防性环境保护战略，清洁生产服务体系的设计应体现前瞻性。

7）动态性。清洁生产是持续改进的过程，是动态发展的。

实施清洁生产常用的工具有：清洁生产审计、生态设计、生命周期评价（LCA）、生态效率分析、公众环境报告、环境标签、环境税等。其中最常用的是清洁生产审计和生命周期评价。

清洁生产审计作为清洁生产最直接和最普遍的实践形式，是企业实施清洁生产的重要方法和工具，是指通过对一家企业的具体生产工艺和操作过程进行细致的调查和分析，掌握该公司产生的废物种类和数量，提出如何减少有毒和有害物料的使用，以及废物产生的备选清洁生产方案，在对备选方案进行技术、经济和环境的可行性分析后，选定并实施一些可行的清洁生产方案，进而使生产过程产生的废物量达到最小或者完全消除的过程。

生命周期评价是对产品从最初的原材料采掘、原材料生产到产品制造、产品使用及产品用后处理的全过程，进行跟踪和定量分析与定性评价。它最早起源于对包装品环境问题的评价，当时称为资源与环境状况分析（REPA），其标志为1969年美国中西部资源研究所（MRI）开展的Coco-Cola饮料包装瓶评价。1990年，国际环境毒理学与化学学会（SETAC）首次提出生命周期评价的概念。1993年，SETAC出版了《LCA纲要：实用指南》，为LCA方法提供了一个基本技术框架，包括定义目标与确定范围、清单分析、影响评价、影响说明解释四个部分，成为LCA研究起步的一个里程碑。1997年，ISO14040（环境管理-LCA的原则和框架）、ISO14041（清单分析）、ISO14042（影响评价）和ISO14043（影响解释说明）相继颁布。

31.1.4　清洁生产技术和方法

清洁生产技术和方法，可以按照其作用的对象划分为原料（包括能源）、工艺过程和产品的清洁生产技术；从技术原理的角度，可以划分为降低毒性、脱碳化和非物质化的清洁生产技术；从作用层次上，可以划分为宏观（区域经济）、介观（装置水平）和微观（分子水平）的清洁生产技术；从实施所需成本分类，则可以划分为高费、中费、低费/无费的清洁生产技术。应当指出，清洁生产技术和方法的分类是相对的，实践中更应该注重各种技术的整合。

20世纪80年代末期，美国、日本、德国等相继制定了清洁生产关键技术清单。这些技术大致可分为：①有毒、有害原料的替代技术；②节能技术；③物料循环使用或重复使用技术；④先进的催化、分离技术等几大类。20世纪90年代以来，一系列新技术蜂拥而起。绿色制造业从产品设计开始到产品的报废为止，尽可能地使产品的大部分零部件可以在产品更新换代时再利用。绿色化学提倡在分子水平上预防污染，并使原材料得到百分之百的利用。绿色石化行业追求的目标是消除对环境有害的一切产品。

31.1.5　焊接清洁生产的现状和实施途径

1. 焊接清洁生产的内容

焊接领域的清洁生产的内容如下：

1）尽可能地减少能源的消耗和节约原材料。例如，采用自动焊接方法取代焊条电弧焊，提高生产率、节能，避免浪费废弃的焊条头。

2）尽可能地不使用有毒、有害的物质，而用无毒、低毒的物质来代替，最终淘汰有毒物质。例如，淘汰含铅钎料，研制新型无铅钎料。

3）尽可能地减少有毒、有害物质的排放，降低粉尘和废弃物的数量和毒性。例如，研制并推广使用低烟尘、低毒的焊接消耗材料。

4）在技术和经济可能的情况下，尽量使用可再生能源。

5）产品要设计成在其使用终结后，可降解为无害产物，或者可以循环再利用。例如，报废的钎焊电路板钎料的重复利用。

6）对危险物质生成前，实行在线监测和控制。

7）通过降低使用成本、降低污染治理的费用、增加产量和提高质量，使企业获得更大的经济效益。

8）按照清洁生产的原则，对焊接材料和焊接工程进行定量评估。

上述几个方面的内容，是焊接清洁生产应进行的工作。焊接工作者可以在这些方面开展一系列的研究和推广工作。特别是要研究从源头，而不是从生产过程的末端来解决废物的综合预防的办法和策略。

2. 焊接清洁生产的现状

虽然我国焊接材料的产量已跃居世界首位，但产品的设计还很少考虑到烟尘排放问题，每年消耗的120 万 t 焊接材料，约产生 1 万 t 烟尘。大量的有害气体不仅损害焊工的健康，也增加了对大气环境的污染。针对焊接过程造成的烟尘排放污染问题，一些发达国家近些年来开始遵循清洁生产的原则，研究低发尘量的焊接材料，主要是低发尘量的药芯焊丝，如世界知名的焊接材料公司 ESAB，开发研究低发尘量、低飞溅率的药芯焊丝，可以使发尘量减少 25% ~ 70%。我国在焊接清洁生产方面，进行了以下一些初步工作：

（1）推广高效节能的焊接电源

从电焊机的设计着手，采用节省原材料（主要是节约铜）、节能的先进设计方案，并在电焊机设计时，就考虑到产品报废回收时能否循环利用问题。近年来，逆变焊机由于有节铜、节能等优点而受到重视。

（2）加快无铅钎料的研制和推广

目前全球电子行业用钎料每年消耗的铅约为20000 t，大约占世界铅年总产量的 5%。铅和铅的化合物已被环境保护机构（EPA）列入前 17 种对人体和环境危害最大的化学物质之一。铅的毒性在于它是不可分解的金属，并且一旦被人体摄取，会在人体中聚集而不能被排出，对人体产生严重的毒害作用。铅与人体内蛋白质会强烈结合而抑制人体正常的生理功能，造成神经系统和代谢紊乱，使神经和生理反应迟钝，改变感知和行为能力，减少血色素而造成贫血以及高血压。同时铅的废弃物会污染土壤，渗入地下水，从而对生态构成威胁。在电子工业中，对电子组装产品废弃物的主要处理措施，是填埋于固体废弃物垃圾场。尽管目前还没有科学的数据和研究来说明铅是如何从废弃电子产品进入地下水和动物及人体食物链的，但是已有的资料表明，这个过程与 CO 和 CO_2 的存在产生 $PbCO_3$ 并分解出 PbO 有关。人们期待着工厂提高铅的回收率。但是，电子产品中回收铅受到极大限制，除了技术和经济上的原因外，还由于回收铅产生的 α 粒子放射远高于原始铅，而 α 粒子放射会使软件出错，因此其再次使用时会对集成电路的性能产生有害作用。

20 世纪 90 年代起，无铅钎料的研发成为业界的关注热点。国际上相继组织了多次大型的研发活动。早期的研发计划集中于确定新型合金成分、多元相图研究和润湿性、强度等基本性能考察。后期的研发计划主要集中于五种合金系列：SnCu、SnAg、SnAgCu、SnAgCuSb 及 SnAgBi，并深入探讨其疲劳性能、生产行为和工艺优化。

目前已有多种无铅钎料面世，但还没有一种能够为 Sn-Pb 钎料的直接替代提供全面的解决方案。最吸引人的无铅钎料如下：

1）Sn-Ag-Bi 系列合金。钎料熔化温度范围在210℃左右，强度较高、钎焊工艺性较好、可靠性较高，但延伸率较差，导致轧制焊丝困难。对用表面封装工艺获得的产品，疲劳寿命长，但对于插孔工艺连接的产品件，存在焊脚开裂。原因是 Bi 的存在，导致接头失效。同时，Bi、Ag 也将使钎料的成本上升。

2）Sn-Ag-Cu 系列合金。钎料熔化温度范围在217℃左右，熔点偏高，有良好的延展性，外观光亮，但强度偏低，其疲劳寿命亦不长。

3）Sn-Bi-Zn 系列合金。钎料的熔化温度范围在188 ~ 198℃之间，最有希望达到锡铅钎料的共晶温度，其成本低、有较高的强度，但塑性差、加工性能差。SnBiZn 钎料的一个致命缺点，在于 Zn 的氧化及由此带来的钎料抗腐蚀性差，氧化皮、焊膏的保存保质问题。

（3）低烟尘、低毒、高效率的焊接材料

研究新一代低烟尘、高效率的绿色焊接材料，是我国可持续发展战略对焊接工作者提出的新课题。对于这一课题的研究，在工业发达国家也刚刚起步，我国目前已有科研单位在开展这方面的研究。到 2008年，我国的焊接材料年产量位于世界第一，为 375 万 t，其中近 50% 为焊条电弧焊焊条。0.5% ~ 1% 的焊条焊接材料，在焊接过程中转变成烟尘排放到大气中，造成大气的污染。如果采用新一代低烟尘、高效率的焊接材料，使我国的焊接材料的烟尘排放减少50%，按照现在的生产能力，每年可以少向大气排放约 1 万 t 烟尘。

3. 与焊接过程相关的清洁生产方案

与焊接生产过程相关的清洁生产国家和行业标准主要集中在焊接材料的冶金生产过程和清洁生产审核，如国家标准化管理委员会颁布的 GB/T 25973—

2010《工业企业清洁生产审核　技术导则》，环境保护部颁布的 HJ/T 357—2007《清洁生产标准　电解锰行业》、HJ/T 189—2006《清洁生产标准　钢铁行业》、HJ 470—2009《清洁生产标准　钢铁行业（铁合金）》等国标和环境标准。

1) 印制电路板行业清洁生产方案，见表 31-1。

2) 焊接生产过程中的工业清洁生产通用方案，见表 31-2。

3) 焊接材料的冶金生产过程清洁生产方案，见表 31-3。

4) 焊接材料电镀过程清洁生产方案，见表 31-4。

5) 金属制品制造/表面涂覆行业清洁生产方案，见表 31-5。

6) 焊接材料制造过程中金属零件清洗清洁生产方案，见表 31-6。

表 31-1　印制电路板行业清洁生产方案

废物源	废物类型	清洁生产方案
材料采购和保管	不合格材料 失效化学品 感光材料 空桶	材料入库前须经检验 按正确的储存方法保管材料 库房清洁，通道畅通 计算机化材料账卡管理 发料采用"先进先出"制度，进货早的先领用，防止过期失效 对材料供应商的质量保证体系认证 根据需要定购材料的数量 循环利用空桶 循环利用废弃感光膜和照相纸 过期材料经检验复用于要求不严的其他工序
照相感光	含感光化学品废水	采用计算机辅助设计"电子预压系统"和光绘仪制版 非银基型感光材料替代银盐片（如采用重氮感光聚酯膜和静电干膜）
	含银废水	延长显影液使用寿命： 　1) 加入硫代硫酸钠延长使用周期 　2) 不使用时加入酸调节 pH 值 　3) 加醋酸稳定溶液的 pH 值 减少带出液损失，手工操作时挤干带出的显影液 采用逆流清洗 废液分流 从废液中电解回收银并循环利用
板面清洗	酸/碱废水 含有机物清洗废水	使用浮石粉清洗 采用不含铬合物的清洗剂 如果生产中必须使用铬合物清洗剂，则选用铬合性弱的清洗剂 采用空气搅拌、喷淋等技术，改进并提高清洗效率 采用逆流清洗 循环使用清洗剂和清洗水
准备	废板 废油墨	改进定位精度系统 采用自动拼版、自动扫描断路检测装置 油墨用量自动设定系统 计算机编程定位系统 油墨组分比例传感器
阻焊图形和标志印刷	有机挥发物 苯聚合物 废干膜 去膜废液 废酸 清洗废水	降低有毒物质的毒性： 　1) 采用碱液可溶性油墨 　2) 根据感光性筛选丝印油墨 　3) 采用可退除的干光敏阻焊膜 循环或再利用光敏干膜显影液 安装网张力检测器 正确地储存油墨防止失效 固定油墨使用型号和程序 送制造商复用废油墨 使用相容的清洗溶剂 收集并复用清洗后的溶剂

（续）

废物源	废物类型	清洁生产方案
电镀和化学镀	含金属废液 清洗废水 含金属污泥	采用电脑机械化布线 材料替代： 　1）使用无氰电镀液 　2）使用无氰应力解脱剂 延长溶液使用寿命，减少杂质带进工艺溶液： 　1）正确设计和维护挂具，保持其完善性 　2）用去离子水配溶液和清洗 　3）正确储存溶液 减少带出液损失： 　1）尽可能采用工艺范围内最低浓度要求配制溶液 　2）如可能，尽量提高溶液温度 　3）加入润湿剂，减少溶液表面张力 　4）板子在挂具上正确装挂，减少带出液 　5）慢慢提取挂具和板子，并尽量滴干 　6）采用计算机自动控制 　7）加回收水槽，回收带出液 　8）槽之间加斜向滴液挡板，使之流回前一工艺溶液中 维护镀液质量、延长溶液使用寿命： 　1）监测溶液组分浓度，及时补加，保持溶液活性 　2）控制溶液温度 　3）采用机械法移动挂具或无油压缩空气搅拌 　4）采用连续过滤 　5）定期用活性炭处理、过滤，小电流以电解处理系统及时取出掉入的板子 改进、提高清洗效率： 　1）采用闭路循环清洗系统 　2）喷淋清洗和喷雾淋洗 　3）采用多级逆流漂洗系统 　4）正确地设计清洗槽，采用压缩空气或工件移动进行搅拌清洗和良好的操作 废物回收与循环利用： 　1）废水、废液分流 　2）离子交换和电解法回收废水、废液中的重金属 加强管理、节约用水： 　1）安装节流阀或脚踏开关控制用水 　2）安装光敏电触点装置自动清洗 　3）无工件时停止清洗用水 　4）采用限流装置，如根据 pH 值和压力控制清洗水阀门
蚀刻	废蚀刻液 废板 含金属清洗废水	杜绝铅锡镀层厚度不够工艺要求的板子进入蚀刻工序 采用不含铬的蚀刻液 采用薄铜箔的覆铜板制作印制板 用图形电镀法替代全板电镀 用加成法替代减去法制作印制板 循环和再生复用蚀刻液，如采用电解再生设备、生产线上再生回收循环利用或采用重结晶法回收硫酸铜 加强管理： 　1）自动控制 pH 和比重，及时补加溶液 　2）连续监控、调整腐蚀速度和溶液活性，减少废品 　3）改进提高清洗效率，采用逆流清洗和喷淋清洗 　4）节约用水，无工件时停止用水 　5）采用限流装置

表 31-2　焊接生产过程中的工业清洁生产通用方案

废物源	废物类型	清洁生产方案
原材料和不合格材料	槽底存料 不合格原材料 过期原材料 废弃残渣 破损的容器 空桶 泄漏物: 　1)泵漏的 　2)阀门泄漏的 　3)槽子泄漏的 　4)管道泄漏的	建立集中采购计划 指定专人负责定购、检查、粘贴标志(标出进货日期、材料名称)及有毒材料的安全保管 指定专人负责化学品样品的接收检验,并将不合格样品及时返给销售商 按准确用量定购化学试剂 鼓励化学品供应商负责到底(如接受过期物料的处理) 建立化学品从摇篮到坟墓的"产品生命追踪计划" 确定化学品合理储存量 采用"先进先出"的发料办法 开发物料滚动计划,使失效的化学品用于其他部门 执行原料进厂前进行物料检查检验制度 审查原料是否符合技术规范要求 将进料日期标在盛装容器上,先使用进货日期最早的物料 确认物料是否在有效期内 检验过期材料的有效性 采用稳定的化学药品,以减少储存有效期的要求 定期检查材料的储存量 采用计算机辅助设计储存管理制度 定期进行材料使用跟踪 所有的盛装容器应贴标签 建立岗位化学品定额使用与废物收集管理制度 装运桶复用 采用低毒原材料替代 使用性能好、寿命长的原料,使之与制造产品结构相一致 减少不同牌号和不同等级化学品的用量 使用多功能溶剂或化学清洁剂,以替代各种不同溶剂的使用 如有可能,应选择既能提供新原料,又能接收废料,并进行循环使用的供应商 使用再生物料和生产可循环利用的产品 使用易于清洁和复用的材料桶 建立预防溅溢控制措施 在所有槽子和容器上安装液位报警装置 在储槽上安装泄漏检查系统 建立装、卸和运输操作记录 设立操作人员控制侧面通道连锁、报警器,或无管理员在场时,禁止对任何设定点的变更 隔离操作设备或生产线,以防止泄漏或人为事故 储存产品的地方及其条件,应保证产品耐久保存,防止产品失效 储存的容器应经常进行检查,是否有被腐蚀或泄漏 堆放容器应该不易翻倒、刺穿或破碎 储存袋装物料,要注意防止损坏或被污染,在室外存放时,要注意温度过高、下雨和下雪等造成包装物破损 保存材料安全使用说明书,以保证正确操作,防止溅溢 保持地面干净,甚至在装卸料区域也如此 保持通道畅通无阻 存放时,互相有反应的化学物品要保持一定距离 不同化学品之间要保持一定距离存放,以免交叉污染 堆放容器避免靠着工艺设备 按制造商要求操作和使用所有的物料 存放物品要与电路保持一定隔离空间,经常检查电路有无被腐蚀情况和电击穿的情况 如有可能,尽量采用大桶盛装量大的液体 在清洗或处置容器前要倒干净 复用擦拭流液口的纸,循环用纸

（续）

废物源	废物类型	清洁生产方案
试验室	试剂 失效的化学药品 样液 空样瓶 化学药品瓶	在试验中减少或杜绝使用有毒化学品 复用、循环使用废溶剂 回收催化剂中的金属 在试验最后一步时，处理或降解废物的毒性 使有害废物分离；有毒废物与无毒的废物分离；可循环利用的废物与不能循环使用的废物分离 标示所有化学品与废物，并在容器上分别作标志
操作和工艺的变更	溶剂 清洗剂 除油渣物 固体废物 废碱 废金属屑 油 设备清洗 除油剂 垃圾 热处理清洗中的废酸	采用生产线式设备，减少液体带出 必要时采用预清洗，以减少或避免仅用溶剂清洗 采用二级清洁或脏的零件先擦干净再清洗，以延长溶剂使用寿命 设备使用后及时清洗干净 复用清洗剂 将工艺清洗用溶剂复用于可用的产品 将使用的溶剂标准化 用蒸馏法回收溶剂 合理安排生产日程降低清洗频次 用机械化法擦拭组装槽 用基准表法测试，替代在工艺溶液中取样测试 采用流水线清洗系统 如有可能用高压水清洗代替化学清洗 用高压喷流或超声波清洗

表 31-3　焊接材料的冶金生产过程清洁生产方案

废物源	废物类型	清洁生产方案	方案类型
炼钢厂铸钢工序（方坯和模铸）	废气排放：烟尘、SO_2 等 废水排放：石油类、SS、COD 等	淘汰模铸，实现全连铸，连铸机高效化改造。连铸比由80%提高到100%，提高拉坯速度、作业率、生产能力和连铸坯质量	生产工艺及工艺设备技术改造 费用中高
电力厂燃煤锅炉	废气排放：烟粉尘、SO_2 等 废水排放：SS	改燃煤锅炉为全燃高炉煤气（清洁燃料）锅炉	锅炉技术改造 燃料替代 费用中高
材料验收	废钢铁	利用含铅、镉成分较低的废钢铁做原料	—
铸造	炉渣	使用低毒材料替代碳化钙，以消灭脱硫炉渣的产生	—
熔炉熔化退火	结构性缺陷 炉灰 空气污染 设备废物	在电炉后使用感应保温炉，以便将金属熔液向连续铸造机供料 将焦油滤清器的泥渣（及其他焦油、焦炭车间的废料）作为燃料，用于平炉及鼓风炉 将氧化皮及炉渣等回收并再入炉熔化 采用火法或湿法冶金工艺，从电炉灰中回收锌 镀锌废钢入电炉前先回收锌 熔化灰铁可改用感应熔炉	—
冷热轧酸洗	油脂 用过的酸洗液 硫酸	回收并利用： 　1）用结晶法回收硫酸铁和三氯化铁 　2）使用焙烧炉、流动床或滑动床，从氧化铁中分离HCl，并回收酸 　3）使用双性膜或双向电渗析法，从用过的 HNO_3-HF酸洗液中将酸和金属副产品分离 　4）用酸和金属结晶物低温分离法回收硫酸	—
冷却冲洗	废水	用闭合系统代替单路废水系统	

表 31-4　焊接材料电镀过程清洁生产方案

废物源	废物类型	清洁生产方案
前处理	含酸/碱废水 残渣	事先检查电镀件基件状况,选择合适的清洗方法及电镀工艺,防止电镀过程中各种缺陷的发生 采用机械法去除氧化膜,如喷砂、抛光 采用化学溶液(如热碱水)脱脂(除油),代替溶剂脱脂(除油) 若必须用溶剂清洗,则需选择低毒或无毒溶剂,如石油溶剂、乙酸酯、胺类、酸类等 酸洗液复用于化学脱脂清洗水的处理 采用油分离器或过滤装置,循环利用清洗液 采用低温脱脂(除油) 定期分析调整化学除油液和电解除油液 定期清除溶液中杂物 使用逆流清洁模式,如先用旧的清洗液洗,最后用干净的新清洗液洗 改进措施提高清洗效率,如电解除油、喷水、喷淋清洗多级逆流清洗等
电镀	含酸/碱废水 含氰化物废水 含重金属 离子废水 电镀废液 反应废液	原辅材料替代与工艺变革: 　1)尽可能使用低毒材料,如用碱性镀锌替代镀镉;锌镍合金、锡锌合金替代镀镉;氯化镀锌替代氰化镀锌;铝离子溅射沉积代替镀镉 　2)采用宽温度、低浓度稀土添加剂镀铬 　3)采用去离子水配制镀液 　4)采用低铬或无铬钝化工艺 　5)采用高质量原材料;原料入库前必须经检验合格 　6)采用可循环利用的化学材料 　7)研究三价铬装饰性电镀和功能性电镀 　8)采用不用电镀的涂覆层,如用氮化钛代替装饰件仿金镀;塑料喷涂替代防护/装饰电镀 　9)用电泳替代人造首饰性电镀 工艺设备的革新,改进系统设计: 　1)高效清洗槽的设计(喷雾、喷淋清洗;空气搅拌清洗) 　2)合理工艺槽设计布局 　3)采用额定电压与槽电压相匹配的可控硅整流器 　4)镀槽上方加喷淋回收装置 　5)多级逆流清洗系统 　6)电导传感器控制清洗水量 　7)安装节流阀/流量计 　8)自动清洗节水装置(安装脚踏开关或光敏电触点开关控制水流) 　9)自动控制生产线(溶液循环过滤、pH 自动控制、添加剂和镀液成分自动分析补加装置) 减少带出液: 　1)镀液加润湿剂,降低表面能力 　2)适当提高溶液温度,降低溶液黏度 　3)用聚酯浮球盖住镀铬溶液表面,减少铬雾 　4)采用低浓度镀液,减少带出液中金属含量 　5)正确的工件装挂位置:尽可能使工件表面排列垂直;挂具与工件长的方向应平行;挂具与工件的平行方向应稍斜,使工件与挂具点接触,弯曲的工件拐角向下,以减少零件带出溶液 　6)加强带出液回收,如采用挡液板、滴液槽、镀后加浸渍回收槽 　7)经常检查电镀挂具是否有绝缘层起皮或裂纹,否则可能造成带出液增加 　8)镀件缓慢退出槽,让排液时间稍长些,固定排液时间,并提醒操作工牢记 　9)在镀槽上安装挂具杆,在滴液期间放置挂具,再转入下一步清洗 　10)尽可能采用机器提升挂具,保证充分滴液时间和控制提升速度 及时维护溶液,延长溶液使用寿命: 　1)指定专人负责配制并维护溶液各成分,使其符合工艺要求范围 　2)操作人员经培训上岗 　3)镀液采用连续过滤 　4)用无油压缩空气搅拌 　5)监测 pH 值、电导率,当其下降时及时调整

（续）

废物源	废物类型	清洁生产方案
电镀	含酸/碱废水 含氰化物废水 含重金属 离子废水 电镀废液 反应废液	6）定期用小电流电解，去除重金属杂质，延长溶液寿命 7）工件入镀槽前，检查表面清洁度和挂具完好性，避免脏物带入溶液 8）及时清除掉入镀槽中的工件 9）正确设计挂具和滚筒，定期清洗，检查完好性 10）采用纯阳极或阳极袋 11）良好的温度控制 清洗水和镀液综合利用： 1）弱酸浸洗后的水，可用于碱洗后清洗用 2）废水分流处理，将可回收金属的废水与其他废水分流 3）清洗水闭路循环，如逆流漂洗、活性炭吸附过滤电渗析、蒸发 4）废水中有用金属的回收和水的回用，如采用电解回收/电解冶金；离子交换电解；反渗透；电渗析；膜过滤；蒸发、结晶等 5）从工艺废液中回收可循环利用的化学品

表 31-5 金属制品制造/表面涂覆行业清洁生产方案

废物源	废物类型	清洁生产方案
金属切割或机械加工	酸/碱废水 含重金属废水 溶剂 废油	通过采用离心分离和加入灭菌剂，延长冷却水使用寿命 在已有单级离心分离运行的机器上，安装第二级高速离心分离机，强化切削液过滤净化处理 执行定期更换润滑油和切削液净化循环制度，撇去浮渣、旋流、离心、净化、沉降、过滤、溶解气泡 安装冷却剂回收系统和收集器，使之不流入中心集油槽 加阀门，控制冷却液流量 采用超滤系统，除去水中溶解的油 改进集油槽设计以便于清洗 按类型分离金属渣或屑 改进管理技术，防止切削油污染溶剂 可能情况下，回收废切削油或机加工用油 离心分离油渣混合物以回收油 采用过滤装置，跟踪磁性系统和纸过滤 采用商业性键盘开关筒式过滤系统，直接在生产线上净化液压油 采用连续流动或处理系统，再生和复用含铝化合物的铣削液 采用固定槽和组合装置回收金属加工液
工件去油	酸/碱废水 易燃物 溶剂 残渣	用机械法或热处理法代替溶剂清洗 用水溶性碱液或表面清洗剂代替溶剂 采用低毒性油剂，如用石油溶剂、萜烯等替代含氯烃溶剂 规范使用溶剂类型不随意更改 工件先经预处理去油（擦拭、橡胶棍挤压或空气吹除、热碱洗等），以延长溶剂使用寿命 采用逆流溶剂清洗（二级清洗，第一级是用已用过的脏溶剂，第二级是用新鲜溶剂） 工件正确装挂以达到好的清洗效果，并使带出液最少 从气相除油移出时，应旋转工件，使冷凝液滴干 控制工件移出的速度（小于 3 m/min），避免带出溶剂 工件装挂时，其横向宽度不超过槽子开口面积的 50% 溶剂槽中安装恒温控制装置 生产线上增加一过滤器，防止溶剂有颗粒累积 避免溶剂交叉污染 定期清除去油槽底的残渣 厂内或厂外再生回收使用废溶剂（采用比重分离、过滤、蒸馏法再生或作燃料使用）
磨抛光、打光	磨料 废抛光膏	预先清洗工件 采用低油性或水基性胶黏结磨料 采用自动喷砂系统 采用组合磨、抛光法去掉表面氧化层 采用可重复使用的砂丸

(续)

废物源	废物类型	清洁生产方案
浸渍 (酸和碱)	酸/碱废水 含重金属离子 废水	经每次浸渍溶液后,加强湿清洗 清洗水采用逆流漂洗,以减少带出液 若可能的话,用浓缩蒸发法回收酸 采用以下方法减少带出液对清洗水的污染: 　1)缓慢平稳地移出零件,必要时可旋动零件 　2)加入表面活性剂或润湿剂 　3)最大许可的滴液时间
浸亮	含重金属废水 酸/碱废水	采用机械打磨法代替酸液,去除钛表面的氧化膜 清洗镍-钛合金,可用机械打磨法代替碱性腐蚀液 在铸铝碱性腐蚀液中,用不含铬酸盐的溶液代替铬酸盐溶液浸亮 用硫酸/双氧水浸渍液,代替氰化物和铬酸浸亮液进行铜件浸亮 用生物可降解剂代替碱性清洗剂 用酒精代替硫酸对铜线浸亮 将已使用的铜浸亮液进行连续电解,再生回收铜 购置合适的离子交换器,从光亮黄铜浸渍液中回收铜 采用反渗透/沉淀系统,可降低废水中钼的浓度 从准备销售的废液中回收金属
热处理	酸/碱废水 氰化物 重金属离子 废油	用碳酸盐/碳素氯化物或电炉热处理,代替钡盐和氰化物热处理 在加热的金属表面,浸以饱和的氯化物蒸气凝聚液代替热处理 用渗氮液和金刚砂代替三聚氰酸盐硬化工艺 过滤金属渣,循环利用淬火液 撇去油以延长碱洗液寿命
热浸锌 铝阳极 氧化	废液 碱液	用低温和不含助溶剂的热镀锌工艺,替代高温和需要助熔剂的工艺 再生废阳极氧化液和碱液同时回收铝盐 采用铝酸钠水解再生铝的碱性弱腐蚀液
金属涂 覆和喷 漆	重金属离子 废漆料 易燃物 废溶剂 残渣 挥发性有机物 (VOC)	加工前检查零件,减少喷涂废品 避免一次购买过多的涂料,造成涂料过期失效 对过期失效的涂料,返回制造商回收处理 对需喷涂的工件进行分类(干净的、脏的) 确保喷涂用的空气无水、无油和无尘土 改气枪喷涂为静电喷涂 研究减少材料流失的输送方法,如浸渍、流水作业涂覆、静电喷涂和电沉积 采用交替法涂覆,如多颗粒涂层、水基涂层和粉末涂层 无烟性清洗液替代铬酸清洗液(如硫酸、过氧化氢) 用低毒清洗液(磷酸钠、胺盐)替代氰化物清洗液 采用溶剂回收装置,减少烘烤中有机挥发物的排放 采用活性炭回收退除液中的溶剂,以及蒸馏法回收水和溶剂混合物中的溶剂
金属涂 覆和喷 漆	废溶剂 VOC 排放物	通过沉降分离出固体颗粒,循环使用相同树脂中的溶剂 用脏溶剂擦洗设备,再用新鲜溶剂清洗,以及作为涂料稀释剂 用过滤芯作为水基涂料过滤芯 防止喷枪泄漏 厂内回收溶剂

表 31-6　焊接材料制造过程中金属零件清洗清洁生产方案

废物源	废物类型	清洁生产方案
所有 清洗 工序	溶剂 废液	避免增加清洗负荷(如装运前加包装纸) 选择毒性最小介质用于清洗 提高清洗效率(如焊接前去掉油污染) 清洗废液分流 最大限度循环利用和复用清洗剂

（续）

废物源	废物类型	清洁生产方案
溶剂清洗	废溶剂	使用碱水洗代替溶剂 用液体清洗剂代替溶剂 使用乳化液清洗剂 尽可能采用机械法或热处理法清洗 使用低毒溶剂,如石油溶剂、萜烯、胺类、酸类 规范溶剂的类型(使用溶剂的不同种类应最少) 调整清洗操作间,使之在一个清洗中心区操作 维护溶剂质量: 　1)避免沾污(如水气) 　2)溶剂分别存放,防止交叉污染 　3)及时维护设备,如及时维修挂具和滚筒,不让脏物带入溶剂中 　4)监测溶剂,如测试和添加需要的特殊化学物质 　5)正确添加溶剂,不要造成交叉污染 　6)采用连续过滤除去杂质
液体清洗	液体清洗液废水	用磨抛光清洗 采用低有害性的酸或碱液 维护溶液质量: 　1)清洗前检查零件 　2)预清洗零件(如先用后一道清洗水清洗,最后用去掉矿物质的水洗) 　3)避免不必要的沾污 　4)采用连续加热 　5)正确配制溶液 　6)及时去除残渣和固体颗粒 　7)加强溶液的检测监控 　8)维护设备(如挂具不能破损、生锈) 　9)减少工艺溶液带入 建立封闭圈体系: 　1)采用合成纤维滤芯过滤器,过滤回收酸 　2)采用间接加热和搅拌装置 　3)建立各级逆流清洗装置 　4)采用冷却或蒸发结晶法,从废硫酸液中回收硫酸铁
磨光打光	磨料	采用油脂少或水基性胶黏结磨料或抛光膏 采用皂角与液体打光 在大的清洗设备中操作,控制液面高度

31.2　焊接安全与卫生防护

"安全第一,预防为主"是我国的安全生产方针。焊接加工过程中,必须采用可靠的预防措施,保护劳动者的人身安全和健康。

31.2.1　概述

1. 焊接的危险因素和工伤事故

焊接技术中主要应用电能或化学能来加热熔化金属。在焊接作业环境以及检修补焊等操作中,也存在某些危险性,一旦对它们失去控制,就会酿成灾害。焊接的主要危险因素和常见的工伤事故见表31-7。

表31-7　焊接的主要危险因素和工伤事故

主要危险因素	常见工伤事故
接触化学危险品:如乙炔、电石、压缩纯氧	爆炸
接触带电体:如焊接电源、焊钳、焊条、焊件	火灾
明火:气焊火焰、电弧、熔渣或铁液飞溅	灼烫
水下作业	触电
登高作业	高处坠落
燃料或有毒物质的容器与管道检修补焊	急性中毒
狭小作业空间:锅炉、船舱或地沟里(金属系数大、潮湿泥泞等)	溺水

2. 焊接的有害因素与职业危害

金属材料焊接过程中，产生的主要有害因素和多

见职业危害见表 31-8。

表中所列各类因素，可分为物理性和化学性

表 31-8　焊接的主要有害因素和多见职业危害

主要有害因素	多见职业危害
电焊烟尘、有毒气体(HF、O_3、NO_2、CO 等)	呼吸系统疾病：焊工尘肺、气管炎、急性肺水肿等
	慢性中毒：锰中毒、CO 中毒、焊工金属烟热
电弧光辐射	眼睛疾病：电光性眼炎、红外线白内障、电焊晃眼
	皮肤疾病：皮炎、红斑、小水泡
焊接放射性(α、β、γ 射线)	超计量接受辐射会导致血液疾病，损伤神经系统和消化系统诱
高频电磁辐射	发恶性肿瘤
噪声	听力障碍、头晕、呕吐

有害因素两大类，其中电焊烟尘和有毒气体属于化学性有害因素，其余为物理性有害因素。

3. 焊接的安全与卫生特点

不同的焊接工艺，其主要的危险因素和有害因素亦会有所差异。常用焊接工艺的安全与卫生特点见表 31-9。

表 31-9　常用焊接工艺的安全与卫生特点

焊接技术	可能出现的危险现象
气焊	1) 压缩气体的储存、运输及使用不当引起的爆炸和火灾 2) 在常规正确的操作中，由于气缸的原因，偶然出现的压力的释放 3) 炽热金属的溅射和飞扬的炉渣，造成眼部伤害与灼烧 4) 烟熏危害(尤其是在有毒气体气焊和切割过程中) 5) 气体的积聚导致泄漏或气体烧不完
电弧焊与切割	1) 非电离辐射(眼睛和皮肤暴露在电弧光下) 2) 烟熏危害(金属焊接、电镀和涂层表面排出的有毒烟气) 3) 电击、电灼烧、爆炸及火灾 4) 电弧的火花及溅污易引发易燃物，产生火灾 5) 清渣时的噪声高达 90dB 以上，且易造成眼部伤害 6) 炽热金属对操作者衣物的溅污 7) 焊接过程中，电流产生的电磁辐射场 8) 存在触电危险，在通风不良条件下，会造成呼吸系统疾病，焊工尘肺是多见职业病。此外，弧光辐射会对眼睛和皮肤造成伤害、电光性眼炎和皮炎 9) CO_2 气保焊时，有毒气体 CO 的慢性中毒是多见的职业危害。在通风不良的条件下，焊工血液中的碳氧血红蛋白往往高于正常。弧光辐射强度大于焊条电弧焊
等离子弧焊	1) 高压及 HF 脉冲引起的电击或 HF 的穿透灼伤 2) 焊接过程中喷溅的灰尘、烟和气体 3) 等离子体高速喷射出时产生巨大的噪声 4) 等离子体辐射出紫外线及可见光 5) 弧光辐射、臭氧、氮氧化物浓度均高于氩弧焊，同时还存在噪声、高频电磁场、热辐射及放射性等有害因素
电渣焊	1) 熔化金属的闪烁对眼睛的刺激 2) 熔池铁液溢出潜在的烫伤危害
电阻焊	1) 高压引起的电击等危险 2) 电阻焊使用的高电流相应地产生很大的磁场 3) 机械危险：薄片金属的切割危险；电极间物体的压碎部分；滚焊机中被卷入的夹点；便携式机器支持系统的失败 4) 热的或熔化的颗粒溅射对操作者及周围人的眼睛及皮肤伤害 5) 闪光电阻焊产生过大的噪声会损害听力
铝热剂焊	焊接地点距离易燃物太近可能产生火灾或爆炸
电子束焊	1) 电子束装置会产生高压电击 2) 电子束在高压下产生 X 射线辐射 3) 灰尘及有毒气体的危害

（续）

焊接技术	可能出现的危险现象
激光焊与切割	1）激光会对眼睛和皮肤产生辐射 2）强电源、高电压引发电击（尤其是 CO_2 激光焊） 3）烟气（由高能量激光束与材料的相互作用时产生，尤其是在加 O_2 切割时） 4）工件处理过程中，或纤维光束传输中产生的机械危险
钎焊	1）烟熏：产生于焊丝或金属表面涂层的有毒烟气；低温钎焊时熔融产生的金属蒸气 2）身体危险：各种原因引起的溅污，当操作者接触到溅射的腐蚀液及其产生的薄烟时，会刺激眼、鼻、喉和皮肤
锡焊（软钎焊）	1）烟气（焊丝及金属熔融时产生的） 2）焊接前后使用的清洁剂，对人体的刺激及个别液体可能会溅射眼睛 3）含有不稳定溶剂的焊剂具有可燃性
热喷涂（火焰喷涂、电弧喷涂、等离子弧喷涂、HVOF 喷涂）	1）火焰喷涂和 HVOF 喷涂中，可燃性气体引发火灾甚至爆炸 2）火焰喷涂枪在喷涂过程中噪声很大 3）毒性的危险（来自于涂层材料或上面的塑料抗蚀剂和蜡） 4）身体与电的危险：热喷涂枪不能直接对向人；防止电击危害

31.2.2 焊接安全与卫生标准

1. 我国有关焊接的安全标准

焊接作业属特种作业，即对操作者本人、他人和周围设施的安全有重大危险因素的作业。国家颁布的与焊接安全有关的标准、规程和规定见表31-10。

表 31-10 我国有关焊接安全的标准、规程和规定

名 称	主 要 内 容	颁布部门
GB 9448—1999《焊接与切割安全》	人员及工作区域的防护；通风；消防措施；封闭空间内的安全要求；公共展览及演示；警告标志；氧燃气焊接及切割安全；电弧焊接及切割安全；电阻焊安全；电子束焊接安全	中国国家标准化管理委员会
GB/T 12801—2008《生产过程安全卫生要求总则》	厂矿工作场所、设备、生产辅助设施、个人防护用品等安全卫生要求	中国国家标准化管理委员会
GB/T 13861—2009《生产过程危险和有害因素分类与代码》	生产作业过程中的各种有害因素的分类及代码	中国国家标准化管理委员会
GB 5083—1999《生产设备安全卫生设计总则》	厂矿工作设备、生产辅助设施的安全卫生设计要求	中国国家标准化管理委员会
GB 20262—2006《焊接、切割及类似工艺用气瓶减压器安全规范》	规定了焊接、切割及类似工艺用气瓶减压器的制造要求、接头、符号和物理特征、标志、使用、说明书、包装、贮存要求、型式试验程序和检验规则等要求	中国国家标准化管理委员会
GB 26787—2011《焊接、切割及类似工艺用管路减压器安全规范》	管路减压器的安全使用规范	中国国家标准化管理委员会
GB 13076—2009《溶解乙炔气瓶定期检验与评定》	溶解乙炔气瓶的使用及检验的安全技术要求	中国国家标准化管理委员会
GB 15579.1—2004《弧焊设备 第1部分：焊接电源》	环境条件；试验条件；防触电保护；发热试验；温升试验；防触电装置；焊火炬等安全要求	中国国家标准化管理委员会
GB 15579.5—2013《弧焊设备 第5部分：送丝装置》	一般要求；环境条件；试验条件；电要求；机械要求；冷却系统；热性能要求；铭牌；送丝速度的指示；使用说明书及标识	中国国家标准化管理委员会
GB 15579.7—2013《弧焊设备 第7部分：焊炬（枪）》	环境条件；试验条件；防触电保护；热额定性能；冷却系统的压力；耐焊接飞溅物；耐冲击	中国国家标准化管理委员会
GB 15579.11—2012《弧焊设备 第11部分：电焊钳》	环境条件；试验条件；操作；防电击保护；热额定值；机械要求；标志；使用说明书	中国国家标准化管理委员会
GB 15579.12—2012《弧焊设备 第12部分：焊接电缆耦合装置》	环境条件；试验条件；设计要求；防电击保护；热额定值；机械要求；标志；使用说明书	中国国家标准化管理委员会

（续）

名　称	主 要 内 容	颁布部门
GB 15578—2008《电阻焊机的安全要求》	使用条件;绝缘温升;接地等安全要求;外观检查;水冷试验;检验规则等	中国国家标准化管理委员会
GB 10235—2012《弧焊电源防触电装置》	产品型式与基本参数;使用条件;安装条件;安全及相关技术参数;试验方法;检验规则	中国国家标准化管理委员会
GB 11375—1999《金属和其他无机覆盖层 热喷涂 操作安全》	热喷涂操作的安全规范	中国国家标准化管理委员会
LD/T 76.7—2000《化工安装工程焊接、切割、探伤劳动定额》	有关规定;工作内容;时间定额(中低压管道手工焊接工程;高压无缝管手工焊接工程;设备、容器制作焊接工程;金属切割工程;自动、半自动焊接工程;管道、设备、容器焊接打磨;焊接热处理管道电阻加热工程;无损探伤工程)	中华人民共和国劳动和社会保障部
MH/T 3013.6—2008《民用航空器维修标准 职业安全健康 第 6 部分:焊接与切割安全管理规则》	定义;规则;人员及工作区域的防护;封闭空间内的通风;消防措施;公共展览及演示;警告标志;氧燃气焊接及切割安全;电弧焊接及切割安全;电阻焊安全	中国民用航空总局
SY 6516—2011《石油工业电焊焊接作业安全规程》	定义;电焊安全技术;焊接劳动卫生与防护	国家能源局

2. 我国有关焊接的卫生标准　　　　　　　　　　（1）有关焊接卫生的国家标准（表 31-11）

表 31-11　我国有关焊接卫生的国家标准

名　称	主 要 内 容	颁布部门
GBZ 1—2010《工业企业设计卫生标准》	规定了工业企业选址与总体布局、工作场所、辅助用室以及应急救援的基本卫生学要求	中华人民共和国卫生部
GB 10435—1989《作业场所激光辐射卫生标准》	规定了眼直视激光束的最大容许照射量和激光照射皮肤的最大容许照射量	中国国家标准化管理委员会
GB 10436—1989《作业场所微波辐射卫生标准》	规定了作业人员操作位容许微波辐射的平均功率密度	中国国家标准化管理委员会
GB/T 5817—2009《粉尘作业场所危害程度分级》	作业场所粉尘分级为达标、超标、严重超标三个级别	国家安全生产监督管理总局
GB/T 15236—2008《职业安全卫生术语》	定义了职业安全卫生的术语	国家质量监督检验检疫总局
GB/T 3609.1—2008《职业眼面部防护 焊接防护 第 1 部分:焊接防护具》	护目镜、面罩分类、耐热试验、强度、光源性能、透过率;质量要求、规格及结构、使用条件等	中国国家标准化管理委员会
GB/T 3609.2—2009《职业眼面部防护 焊接防护 第 2 部分:自动变光焊接滤光镜》	规定了自动变光焊接滤光镜的结构、光学性能、非光学性能、测试方法、检验规则、包装、表示及储运	中国国家标准化管理委员会
GB 8965.2—2009《防护服装 阻燃防护 第 2 部分:焊接服》	规定了焊接及相关作业场所用防护服的技术要求、试验方法、检验规则、标志、包装和储存	中国国家标准化管理委员会
GB/T 19661.2—2005《核仪器及系统安全要求 第 2 部分:放射性及防护要求》	放射工作人员的剂量限值、放射性物质污染表面(手、皮肤、工作服、墙)的导出限值、放射性工作场所划分等	中国国家标准化管理委员会
GB/T 25313—2010《焊接设备电磁场检测与评估准则》	标本规定了电弧焊和电阻焊设备在正常工作情况下所产生的辐射电磁场强的检测条件和评估方法	中国国家标准化管理委员会
GBZ 9—2002《职业性急性电光性眼炎(紫外线角膜结膜炎)诊断标准》	诊断原则;诊断标准;劳动力鉴定;附录	中华人民共和国卫生部
GBZ 19—2002《职业性电光性皮炎诊断标准》	诊断原则;诊断标准;劳动力鉴定;附录	中华人民共和国卫生部
GB 16194—1996《车间空气中电焊烟尘卫生标准》	卫生要求;监测检验方法;监督执行	中华人民共和国卫生部
GB/T 28001—2011《职业健康安全管理体系 要求》	规定了职业健康安全管理体系的要求,旨在使组织能够控制职业健康安全风险,并改进其职业健康安全绩效。它既不规定具体的职业健康安全绩效准则,也不提供详细的管理体系设计规范	中国国家标准化管理委员会

（续）

名　称	主要内容	颁布部门
GB/T 28002—2011《职业健康安全管理体系　实施指南》	本标准旨在为组织规定的有效职业健康安全管理体系所应具备的要素,这些要素可以与其他管理要求相结合,并帮助组织实现其职业健康安全目标和经济目标	中国国家标准化管理委员会
GBZ/T 192.1—2007《工作场所空气中粉尘测定　第1部分:总粉尘浓度》	—	中华人民共和国卫生部
GBZ/T 192.2—2007《工作场所空气中粉尘测定　第2部分:呼吸性粉尘浓度》	—	中华人民共和国卫生部
GBZ/T 192.3—2007《工作场所空气中粉尘测定　第3部分:粉尘分散度》	—	中华人民共和国卫生部
GBZ/T 192.4—2007《工作场所空气中粉尘测定　第4部分:游离二氧化硅含量》	—	中华人民共和国卫生部

（2）焊接作业环境的卫生标准

1）环境卫生标准的概念和意义。目前各主要工业发达国家,都已制定了劳动环境的卫生标准,要求劳动环境中的各种有害物质不得超过标准规定的允许值。这个允许值,美、日等国采用"容许浓度（TLV）",又称"阈限值",其含义是每周工作5~6天、每天工作7~8h,作业环境所能允许的不致伤害人体健康的有害物质的平均浓度。我国采用"最高容许浓度（MAC）",其含义是作业环境中,有害物质在长期多次有代表性的采样测定中,均不允许超过的数值。作业环境卫生标准是为保证职工健康而提出的卫生要求的具体化,是评价作业环境质量的依据,是进行卫生监测工作、判断防护措施是否得当的依据。

2）焊接作业空气中有害物质的最高容许浓度。我国卫生部组织了"电焊烟尘卫生标准研究",经大量试验研究后,按照卫生标准所规定的电焊烟尘浓度作业环境中工作30年,电焊工尘肺的发病率不大于0.5%的要求,已在国家标准GB 16194—1996《车间空气中电焊烟尘卫生标准》中,将电焊烟尘的最高容许浓度（MAC）规定为6mg/m³。焊接作业环境空气中,除电焊烟尘按上述规定外,其他各种有害物质的容许浓度,均一律按GBZ 2—2002《工作场所有害因素职业接触限值》执行。有关的一些物质的最高容许浓度见表31-12。

表31-12　车间空气中有害物质的最高容许浓度

有害物质名称		最高容许浓度/(mg/m³)
电焊烟尘		6
含质量分数50%~80%游离二氧化硅粉尘		1.5
含质量分数80%以上游离二氧化硅粉尘		1
铝、铝合金粉尘/氧化铝粉尘		4/6
铍		0.001
钒及其合物（换算成钒）	金属钒、钒铁合金、碳化钒	1
	钒化合物尘	0.1
	钒化合物烟	0.02
白云石		10
镍及其无机化合物（按Ni计）	金属镍与难溶性镍化合物	1
	可溶性镍化合物	0.5
硒		0.1
汞		0.02
含质量分数10%以下游离二氧化硅的粉尘（碳化硅、砂轮磨尘、珍珠岩、硅灰石、重晶石）		10
含质量分数10%以下游离二氧化硅的石墨粉尘		6
氟化物（不含氟化氢）		1
活性炭粉尘		10

(续)

有害物质名称	最高容许浓度/(mg/m³)	
凝聚二氧化硅粉尘	3	
含质量分数10%以下游离二氧化硅的云母粉尘	4	
大理石粉尘	10	
炭黑粉尘	8	
石灰石粉尘	10	
钴及其氧化物(以钴计算)	0.1	
含质量分数20%以上游离二氧化硅的萤石混合性粉尘	2	
锑及其化合物(以锑计算)	1	
氧化镁(烟)	1	
二氧化钛粉尘	10	
铜尘(以铜计算)/铜烟	1/0.2	
二氧化锡	2	
含质量分数10%以下游离二氧化硅的稀土粉尘	5	
氧化钙	5	
沉淀二氧化硅(白炭黑)	10	
砷及其无机化合物	0.015	
溶剂汽油	300	
二氧化碳	18000	
钨	6	
钽及其氧化物	10	
一氧化碳	海拔2000~3000m	20
	海拔3000m以上	15

3)焊接作业场所温度标准。当室外实际温度等于夏季通风室外计算温度时,车间内作业地带的空气温度应符合 GBZ 1—2010《工业企业设计卫生标准》规定的要求,高温、强热辐射作业,应根据工艺、供水和室内微小气候等条件采用有效的隔热措施,如水幕、隔热水箱或隔热屏等。工作人员经常停留或靠近的高温地面或高温壁板,其表面平均温度不应高于40℃,瞬间最高温度也不宜高于60℃。当高温作业时间较长,工作地点的热环境参数达不到卫生要求时,应采取降温措施。

① 采用局部送风降温措施时,气流达到工作地点的风速控制设计应符合以下要求:

带有水雾的气流风速为3~5m/s,雾滴直径<100μm。

不带水雾的气流风速,劳动强度Ⅰ级的应控制在2~3m/s,Ⅱ级的控制在3~5m/s,Ⅲ级的控制在4~6m/s。

② 设置系统式局部送风时,工作地点的温度和平均风速应符合表31-13的规定。

表31-13　工作地点的温度和平均风速

热辐射强度 /(W/m²)	冬		夏	
	温度/℃	风速/(m/s)	温度/℃	风速/(m/s)
350~700	20~2	1~2	26~31	1.5~3
701~1400	20~2	1~3	26~30	2~4
1401~2100	18~2	2~3	25~29	3~5
2101~2800	18~2	3~4	24~28	4~6

③ 车间内工作地点的夏季温度,应按车间内外温差计算,且不得超过表31-14规定。

表31-14所列当地夏季通风室外计算温度,按现行的《工业企业采暖、通风和空气调节设计规范》执行。对我国部分城市的夏季通风室外计算温度列于表31-15。

表31-14　车间内工作地点的夏季空气温度规定

当地夏季通风室外计算温度/℃	工作地点与室外温差/℃
≤22	≤10
23~28	相应地≤9,≤8,≤7,≤6,≤5,≤4
29~32	≤3
≥33	≤2

表 31-15　我国部分城市的夏季通风室外计算温度

地名	夏季通风室外计算温度/℃	地名	夏季通风室外计算温度/℃	地名	夏季通风室外计算温度/℃
齐齐哈尔	28	西安	32	福州	32
哈尔滨	27	北京	30	郑州	31
长春	28	天津	30	汉口	32
吉林	27	石家庄	30	长沙	33
沈阳	29	太原	29	南昌	33
大连	27	济南	31	南宁	31
包头	28	南京	32	广州	31
乌鲁木齐	28	上海	32	成都	30
兰州	28	合肥	32	重庆	33
西宁	23	杭州	32	昆明	23

设计集中采暖车间时，车间内工作地冬季空气温度：轻作业时不低于 15℃；中作业时不低于 12℃；重作业时不低于 10℃。一般焊接属于中作业工种。

4）噪声卫生标准。国际标准化组织推荐与人耳感音域相似的 A 声级作为噪声卫生评价的指标。我国制定的《工业企业噪声暂行卫生标准》也是根据 A 声级制定的，其规定值列于表 31-16。

表 31-16　噪声卫生标准

每个工作日接触噪声时间 /h	新建、扩建、改建企业允许噪声/dB（A）	现有企业暂时放宽允许噪声/dB（A）
8	85	90
4	88	93
2	91	96
1	94	99

注：最高不得超过 115dB（A）。

5）高频电磁场标准。焊接过程中的高电流已被证实为电磁辐射源。其中电阻焊过程的电流值较大，它是对薄板工件通电，从而产生电阻热来实现局部焊接的。这一过程通常称为点焊，焊接电流值可达100000A。弧焊在目前焊接领域中应用最为广泛由于其焊接电流低的特点，通常应用于手工焊并且焊接电缆通常离焊工身体很近。

2004 年，欧盟提出了工人暴露于电磁场的最低安全与健康标准（The EU directive 2004-40-EC）。该标准明确要求雇主要对工作场所的电磁场情况进行评估，并且要求电气设备的生产制造商出示电气参数指标，这些参数要遵从欧洲低压电气指令（Low Voltage Directive，73/23/EEC）。以上标准为雇主对工作场所的电磁场情况评估提供了依据。

欧洲电工标准化委员会（CENELEC）受欧盟委员会委托，负责电气相关标准并对其他欧洲标准的制定提供支持。目前已经成功制定了两个电磁场相关标准：M/31 职业人员电磁暴露的测量、计算、评估 5 协调标准（0Hz ~ 300 GHz），M/305 电磁防护协调标准（0Hz ~ 300 GHz），包括低压标准，以及射频、通信终端设备标准所涉及各种仪器和设备。

1999 年，美国电子电器工程学会（IEEE）制定的相关电磁辐射标准（IEEE Std C95.1），规定了操作人员在 0Hz ~ 300GHz 电磁场中作业的最高辐射值。我国也正在制定相关的标准。

6）放射性标准。国家标准 GB 18871—2002《电离辐射防护与辐射源安全基本标准》是根据六个国际组织（联合国粮农组织、国际原子能机构、国际劳工组织、经济合作与发展组织核能机构、泛美卫生组织和世界卫生组织）批准并联合发布的《国际电离辐射防护和辐射源安全基本安全标准》（国际原子能机构安全丛书 115 号，1996 年版）对我国现行辐射防护基本标准进行修订，结合我国实际情况制定的，其技术内容与上述国际组织标准等效。

参照国际放射防护委员会（简称 ICRP）的建议书，标准中规定了工作场所的放射性表面污染控制水平，还规定了职业照射水平剂量限值，见表 31-17 和表 31-18。

表 31-17　工作场所的放射性表面污染控制水平　　　　（单位：Bq/cm^2）

表面类型		α 放射性物质		β 放射性物质
		极毒性	其他	
工作台、设备、墙壁、地面	控制区	4	4×10	4×10
	监督区	4×10^{-1}	4	4
工作服、手套、工作鞋	控制区	4×10^{-1}	4×10^{-1}	4
	监督区			
手、皮肤、内衣、工作袜		4×10^{-2}	4×10^{-2}	4×10^{-1}
该区内的高污染子区除外				

表 31-18　职业照射水平剂量限值　　　　（单位：mSv）

5 年的年平均有效剂量	任何一年中的有效剂量	四肢（手和足）或皮肤的年当量剂量	眼晶体的年当量剂量
20	50	500	150

7）GB/T 28001—2011《职业安全卫生管理体系 要求》。

① 职业安全卫生管理体系背景：随着世界经济一体化进程的发展，职业安全卫生受到国际社会的普遍关注，早在 20 世纪 70 年代初期，一些发达国家针对国内职业安全卫生的现状提出了："国家监察，雇主负责，行业（协会）管理，工人监督"的职业安全卫生管理模式，健全和规范了职业安全卫生管理，同时与之相适应的法律、法规及管理标准也日趋完善和成熟。

由于国际社会的关注，越来越多的国际组织希望将职业安全卫生管理体系标准化、规范化，以更科学的方式全面推进职业安全卫生管理体系。80 年代末开始，英美等发达国家率先开展了该方面的研究和探讨，国际标准化组织 ISO 及国际劳工组织 ILO 就该领域的国际标准的制订进行了深入的探讨，以形成国际社会的共识。1996 年，挪威船级社（DNV）、英国标准协会（BSI）法国国际检验局（BVQI）、瑞士通标检测机构（SGS）等 10 余个国际标准机构合作，在其各自现有的职业安全卫生管理体系基础上联合起草了"职业安全卫生管理体系规范 OHSAS18001：1999"，简称 OHSAS18001。2001 年，当时的国家标准局在参考 OH-SAS18001：1999 的基础上颁布了 GB/T 28001—2001，该标准于 2012 年 2 月被 GB/T 28001—2011 所替代。

② GB/T 28001—2011 标准的特点。作为企业全面管理的重要组成部分，职业安全卫生管理具有十分重要的地位，其特点是用科学化、系统化的方式方法，全面规范和改进企业职业安全卫生管理现状，以切实保障企业员工职业安全卫生权利的有效实现，减少企业领导人、决策层的困惑和压力，从而进一步保障企业员工、财产的安全，保证企业综合经济效益的实现。GB/T 28001—2011 体现运作的目的和着眼点是企业员工的健康和安全，以及企业财产的安全。现在很多企业都有自己传统的安全管理体制和规则，也在起着不可缺少的作用。但由于传统的模式有其一定的缺陷，尤其在整个管理体系中各要关职能的交流制约作用，员工的意识，资源的配置等多个方面，常常发生脱节或得不到落实，那么如果有一个崭新的方式将它们组织起来，会使企业获益匪浅。

GB/T 28001—2011 标准可以全面有效推动企业管理工作向科学化、系统化发展。通过对企业生产过程中危害因素的评价，对企业面临的职业安全卫生风险的评价以及风险控制措施制定实施，逐渐消除或降低企业生产过程的风险，使员工的健康、安全和企业财产的安全有了体系上的保障。体系的运作，实际是对法律法规遵守提供保障，使企业行为符合相关法律法规。

焊接行业涉及诸多与职业健康相关的工种和操作岗位，存在许多职业健康侵害的因素，在焊接生产中推行实施 GB/T 28001—2011 标准，无疑会对焊接行业安全生产和保护焊接从业人员的健康起到积极的作用。

8）国外有关焊接安全与卫生的部分标准见表 31-19。

表 31-19　国外有关焊接安全与卫生的标准

标准号	名　　称
ISO 17846：2004	焊接和相关过程中的健康和安全　警示标签和耗材
ISO 15012-1：2004	焊接和相关过程中的健康和安全　空气过滤设备的测试和标识要求　第 1 部分：焊接烟尘的分离效率测试
ISO 15011-1：2009	焊接和相关过程中的健康和安全　烟尘和气体取样的试验室方法　第 1 部分：电弧焊过程焊接烟尘排放速率的测定和烟尘采集分析

（续）

标准号	名　　称
ISO 10882-2:2000	焊接和相关过程中的健康和安全　操作工呼吸区域悬浮颗粒物和气体的取样　第 2 部分:气体取样
ISO 15011-2:2009	焊接和相关过程中的健康和安全　烟尘和气体取样的试验室方法　第 2 部分:焊接和切割过程中 CO、CO_2、NO、NO_2 排放率的测定
ISO 15011-3:2009	焊接和相关过程中的健康和安全　烟尘和气体取样的试验室方法　第 3 部分:焊接过程中臭氧排放速率的测定
ISO 15011-4:2006	焊接和相关过程中的健康和安全　烟尘和气体取样的试验室方法　第 4 部分:烟尘数据表
ISO 15011-5:2011	焊接和相关过程中的健康和安全　烟尘和气体取样的试验室方法　第 5 部分:使用热裂解气相色谱 质谱技术识别鉴定焊接和切割过程中部分或全部热降解产物
ISO /TS 15001-6:2012	焊接和相关过程中的健康和安全　烟尘和气体取样的试验室方法　第 6 部分:定量测定电阻电焊过程中烟尘和气体的程序
ISO 17662:2005	焊接　焊接及其附属设备的校准、核查、验证
ISO 11611:2007	焊接和相应过程中的防护服
ISO 10218-2:2011	机器人和机器人装置　工业机器人的安全要求　第 2 部分:机器人系统和集成
ISO 5175:1987	焊接和切割及相关过程中的设备　燃料气体、氧气、压缩空气的安全装置　通用的规范、要求和测试方法
ISO 15615:2002	气焊装置设备　焊接和切割及相关工艺中的乙炔导管系统　高压设备的安全要求
ISO 15012-2:2008	焊接和相关过程中的健康和安全　空气过滤装置的要求、测试、标记　第 2 部分:测定采集罩和空气喷嘴的最小气体流量
ISO 10882-1:2011	焊接和相关过程中的健康和安全　操作工呼吸区域悬浮颗粒物和气体的取样　第 1 部分:悬浮粒子的取样
ISO 20349:2010	个人防护装置　在焊接和铸造过程中鞋类防止受热风险和熔融金属飞溅　要求和测试方法
ANSI Z49.1:2005	焊接和切割及相关过程中的安全
BS EN730-1:2002	气体保护焊设备　安全装置　第 1 部分:火焰(闪回)避雷器
BS EN730-2:2002	气体保护焊设备　安全装置　第 2 部分:不带火焰(闪回)避雷器
BS EN166:2002	人员眼部防护标准
BS EN 169:2002	眼部防护　焊接及其相关技术使用的滤光镜　透光率要求
BS EN 175:1997	眼部防护　在焊接过程中脸部和眼部的保护设备
BS EN 379:2003 + A1:2009	眼部防护　自动焊接滤光镜
BS EN 1598:2011	焊接和相关过程中的健康和安全　焊接过程中焊接观察窗、带和屏幕
BS EN ISO 15615:2002	气焊设备　焊接和切割系统中的乙炔导管系统　高压设备中的安全装置
BS EN ISO 15011-3:2009	焊接和相关过程中的健康和安全　烟尘和气体取样的试验室方法　焊接过程中臭氧排放速率的测定
BS EN ISO 15012-1:2004	焊接和相关过程中的健康和安全　空气过滤器的试验和标记要求,焊接烟尘分离效率试验

31.2.3　焊接安全技术

1. 焊接安全用电

（1）电焊发生触电的危险性和原因分析

触电是所有电焊操作共同的主要危险。发生触电的危险性和一般原因分析见表 31-20。

（2）电焊设备工具和操作安全（表 31-21）

表 31-20　电焊发生触电的危险性和事故原因

触电的危险性	触电事故原因
1)所有焊机的电源线电压较高(220/380V),一旦触及则往往较难摆脱 2)弧焊电源的空载电压(60~90V)已超过安全电压,在潮湿、多汗、登高或水下作业等不利条件下,容易发生伤亡事故 3)电焊设备和电缆由于超载运行,或风吹、日晒、雨淋、腐蚀性蒸气或粉尘的作用等原因,绝缘材料易老化、硬脆,龟裂而使绝缘性能降低或失效 4)焊工带电操作机会多	焊接发生直接电击的原因主要有: 1)在焊接操作中,手或身体某部接触到焊条、电极、焊枪或焊钳的带电部分,而脚或身体其他部位对地和金属结构之间又无绝缘防护。在金属容器、管道、锅炉、船舱里及金属结构上的焊接,或在阴雨天、潮湿地的焊接,比较容易发生这种触电事故 2)在接线或调节焊接电流时,手或身体某部碰触接线柱、极板等带电体 3)登高电焊作业触及或靠近高压网路引起的触电事故 焊接发生间接电击事故的原因主要有: 1)人体接触漏电的焊机外壳或绝缘破损的电缆 2)电焊变压器的一次绕组对二次绕组之间的绝缘损坏;变压器反接或错接在高压电源;手或身体某部触及二次回路的裸导体 3)操作过程中触及绝缘破损的电缆、胶木闸盒破损的开关等 4)由于利用厂房的金属结构、轨道、天车、吊钩或其他金属物体,代替焊接电缆而发生的触电事故

表 31-21　电焊设备工具和操作安全

名称	安全措施
焊接电源	1）所有交流、直流电焊机的外壳,均必须装设保护性接地或接零装置 2）焊机的接地装置可用铜棒或无缝钢管作接地极,打入地里深度不小于1m,接地电阻小于4Ω 3）焊机的接地装置可以广泛利用自然接地极,例如铺设于地下的属于本单位独立系统的自来水管,或与大地有可靠性连接的建筑物的金属结构等。但氧气和乙炔管道,以及其他可燃、易爆用品的容器和管道,严禁作为自然接地极 4）自然接地极电阻超过4Ω时,应采用人工接地极 5）弧焊变压器的二次线圈与焊件,不应同时存在接地(或接零)装置 6）所有电焊设备的接地(或接零)线,不得串联接入接地体或零线干线 7）连接接地线或接零线时,应首先将导线接到接地体上或零线干线上,然后将另一端接到电焊设备外壳上;拆除接地线或接零线的顺序则恰好与此相反,应先将接地(或接零)线从设备外壳上拆下,然后再解除与接地体或接零干线的连接,不得颠倒顺序 8）焊条电弧焊机应安装焊机自动断电装置,使焊机空载电压降至安全电压范围内,既能防止触电,又能降低空载损耗,具有安全和节电的双重作用。这种装置国内已有不少单位研制和生产。选用时应要求其主要技术参数满足以下要求:引弧起动时间≤40ms;空载电压≤18V;断电延时为(1±0.5)s;起动电阻为300~500Ω 9）焊机工作负荷不应超出铭牌规定,即在允许的负载持续率下工作,不得任意长时间超载运行。焊机应及时检修,保持绝缘良好
焊接电缆	1）应具备良好的导电能力和绝缘外层。一般是用纯铜芯线外包胶皮绝缘制成,绝缘电阻不得小于1MΩ 2）应轻便柔软、能任意弯曲和扭转、便于操作,因此电缆芯必须用多股细线组成。如果没有电缆,可用相同导电能力的硬导线代替,但在焊钳连接端至少要用2~3m长的软线连接,否则不便于操作 3）焊接电缆应具有较好的抗机械损伤能力、耐油、耐热和耐腐蚀等性能,以适应焊接工作的特点 4）焊机与配电盘连接的电缆线,由于其电压较高,除应保障良好绝缘外,长度以2~3m为宜。如确需用较长的导线时,应采取间隔安全措施,即应离地面2.5m以上,沿墙用瓷瓶布设。严禁将电源线拖在工作现场地面上 5）焊机与焊钳(枪)和焊件连接导线的长度,应根据工作时的具体情况决定。太长会增大电压降,太短则不便于操作,一般以20~30m为宜 6）焊接电缆的截面积应根据焊接电流的大小,按规定选用,以保证导线不致过热而损坏绝缘层 7）焊接电缆应用整根的,中间不应有接头。如需用短线接长时,则接头不应超过2个。接头应用铜导体做成,必须连接坚固可靠,并保证绝缘良好 8）严禁利用厂房的金属结构、管道、轨道或其他金属物搭接起来作为导线使用 9）不得将焊接电缆放在电弧附近,或炽热的焊缝金属旁,避免高温烧坏绝缘层。横穿道路、马路时应加遮盖,避免碾压磨损等 10）焊接电缆的绝缘应定期进行检查,一般为半年检查一次
安全操作	1）先安全检查后工作。检查接地工或接零装置、绝缘及接触部位是否完好可靠等 2）加强个人防护。干燥完好的工作服、皮手套、绝缘鞋等 3）更换焊条时一定要戴皮手套,禁止用手和身体随便接触二次回路的导电体,身体出汗、衣服潮湿时,切勿靠在带电的钢板或坐在焊件上工作 4）在金属容器内或在金属结构件上焊接时,触电的危险性最大,必须穿绝缘鞋、戴皮手套、垫上橡胶板或其他绝缘衬垫,以保障焊工身体与焊件间绝缘,并应设有监护人员,随时注意操作人员的安全动态,遇有危险时立即切断电源进行救护 5）下列操作应在切断电源后进行:改变焊机接头、改接二次回路线、搬动焊机、更换熔丝、检修焊机

2. 焊接防火与防爆

（1）气焊防火与防爆

1）常用气体的燃爆特性见表 31-22；气体使用安全要求见表 31-23。

2）常用气瓶爆炸事故的原因见表 31-24；气瓶使用安全措施见表 31-25。

3）使用乙炔发生器安全技术要点见表 31-26。

4）气焊和气割工作地点和安全操作技术要点见表 31-27。

5）灭火器性能及使用方法见表 31-28。

表 31-22　气焊与气割常用气体燃烧爆特性

气体种类	燃烧爆炸特性
乙炔	1)乙炔是不饱和的碳氢化合物,分子式 C_2H_2,密度 1.17kg/m³。工业用乙炔因含硫化氢(H_2S)和磷化氢(PH_3)等杂质,故具有特殊的臭味 2)乙炔的自燃点为335℃,容易受热自燃 3)乙炔的点火能量小,仅为 0.019mJ,即将熄灭的烟灰就具有这个能量,容易发火 4)乙炔完全燃烧反应式:$2C_2H_2 + 5O_2 = 4CO_2 + 2H_2O_2 + Q$。在空气中燃烧的火焰温度为2350℃,在氧气中为3100～3300℃;火焰的传播速度在空气中为 2～8.7m/s,在氧气中为 13.5m/s 5)乙炔受热或受压容易发生聚合、加成、取代和爆炸性分解等化学反应 6)存放乙炔的容器与管道直径越大,爆炸危险性亦增大,直径越小则越不易爆炸 7)工业用乙炔含有杂质硫化氢和磷化氢。磷化氢的自燃点很低,在 100℃的温度下就会发生自燃,是引起乙炔发生器着火爆炸的原因之一。安全规则规定乙炔含磷化氢不得超过 0.08%(体积分数) 8)乙炔与空气、氧气或氯混合,会增加其爆炸危险性。乙炔与空气混合的爆炸极限为 2.2%～81%(体积分数),其自燃点为 335℃,在这一温度,即使在大气压下也能使爆炸性混合物发生爆炸。乙炔与氧气混合有较宽的爆炸极限范围(2.8%～93%),其自燃点为 300℃;乙炔与氯、次氯酸盐等化合,在日光照射下或加热就会发生燃烧爆炸,所以乙炔着火时,严禁用四氯化碳灭火器救火。此外,乙炔不能与氟、溴、碘、钾、钴等能起化学反应和发生燃爆危险的元素接触 9)乙炔与铜、银、水银等金属或盐类长期接触时,会生成乙炔铜(Cu_2C_2)和乙炔银(Ag_2C_2)等爆炸性化合物,当受到摩擦或冲击时就会发生爆炸。凡供乙炔使用的器材(容器、管道、阀门等),都不能用银和 $w(Cu)$ 为 70%以上的铜合金制作 10)乙炔与氮气、一氧化碳和水蒸气等混合时,会降低其爆炸危险性
液化石油气	1)液化石油气在气割时可代替乙炔,它由丙烷(C_3H_6)、丙烯(C_3H_6)、丁烷(C_4H_{10})及丁烯(C_4H_6)等气体混合组成。在常温、常压下组成石油气的这些碳氢化合物,以气体状态存在;但只要加上不大的压力即变成液体 2)组成石油气的气体都能和空气形成爆炸性混合气,但它们的爆炸极限范围都比较窄,例如,丙烷、丁烷和丁烯的爆炸极限(体积分数)分别为 2.19%～9.5%、1.15%～8.4% 和 1.7%～9.6%。比较乙炔要安全得多,但石油气与氧气混合有较宽的爆炸极限范围,其体积分数为 3.2%～64% 3)石油气易挥发,闪点低(如组分丙烷挥发点为 −42℃,闪点为 −20℃) 4)石油气的燃烧反应式以丙烷为代表:$C_3H_8 + 5O_2 = 3CO_2 + 4H_2O + 2347 \times 10^3 J/mol$。火焰温度为 2000～2850℃ 5)气态石油气的密度比空气约高 1.5 倍,习惯于向低处流动而滞留积聚。液化石油气的密度比汽油低,能漂浮在水沟的液面上,随水流动并在死角处聚集 6)液态石油气容易挥发,如果从气瓶中滴漏出来,会扩散成 350 倍体积的气体 7)石油气对普通橡胶导管和衬垫有润胀和腐蚀作用,能造成胶管和衬垫的穿孔或破裂
压缩纯氧	1)气焊与气割用一级纯氧纯度为 99.2%,二级的纯度为 98.5%;满灌氧气瓶的压力为 14.7MPa 2)氧气是强氧化剂,增加氧的纯度和压力会使氧化反应显著加剧。金属的燃点随着氧气压力的增加而降低 3)当压缩纯氧与矿物油、油脂或细微分散的可燃粉尘(炭粉、有机物纤维等)接触时,由于剧烈的氧化升温、积热而能够发生自燃,这是构成火灾或爆炸的原因 4)氧气几乎能与所有可燃性气体和蒸气混合而形成爆炸性混合物,这种混合物具有较宽的爆炸极限范围。多孔性有机物质(炭、炭黑、泥炭、羊毛纤维等)浸透了液态氧(所谓液态炸药),在一定的冲击力下,就会产生剧烈的爆炸

表 31-23　气体使用安全要求

气体种类	使用安全要求
乙炔	1)不得超过安全规定的压力极限,如中压乙炔发生器的乙炔压力不得超过 0.147MPa 2)不得超过安全规定的温度,如乙炔发生器出气口的乙炔温度应低于 40℃,水温应低于 60℃ 3)乙炔着火时,严禁用四氯化碳灭火器扑救,宜用二氧化碳灭火器,或干粉灭火器救火 4)在任何情况下,应注意避免在容器或管道里形成 C_2H_2-空气或 C_2H_2-O_2 混合气。一旦形成这类混合气,应采取安全措施,如从排气阀或焊割炬排除后,才能给焊割炬点火 5)乙炔发生器的温度只能用酒精温度计指示,禁止使用水银温度计。不得使用 $w(Cu)$ 超过 70%的铜合金、银等作为垫圈、管接头及其他零部件

（续）

气体种类	使 用 安 全 要 求
乙炔	6）乙炔含磷化氢应低于 0.08%（体积分数）。在启用一批新的电石时，或对电石质量情况不明时，应及时化验，分析乙炔的 PH_3 含量 7）装盛乙炔的容器或管道，不得随便进行焊补或切割，必须进行置换，然后清洗，合格后才能动火
液化石油气	1）使用储存石油气瓶的车间和库房的下水道排出口，应设置安全水封；电缆沟进出口填装砂土，暖气沟进出口应砌砖抹灰，防止石油气窜入其中发生火灾爆炸。室内通风孔除设在高处外，低处亦设有通风孔，以利于空气对流 2）不得擅自倒出石油气残液，以防遇火成灾 3）必须采用耐油性强的橡胶，不得随意更换衬垫和胶管，以防腐蚀漏气 4）点火时应先点燃引火物，然后打开气阀
压缩纯氧	1）严禁用以通风换气 2）严禁作为气动工具动力源 3）严禁接触油脂和有机物 4）禁止用来吹扫工作服

表 31-24　气瓶爆炸着火事故的原因

气瓶种类	发生事故的原因
氧气瓶	1）气瓶直接受热 2）瓶体受腐蚀 3）气瓶受剧烈振动、撞击 4）放气过快，产生静电火花或绝热压缩现象 5）超期未做检验 6）混入可燃气体 7）黏附油脂
液化石油气	1）气瓶直接受热 2）瓶体受腐蚀 3）气瓶受剧烈振动、撞击 4）放气过快，产生静电火花或绝热压缩现象 5）超期未做检验 6）气瓶充灌过满 7）瓶阀或 O 形垫圈漏气
溶解乙炔气瓶	1）气瓶直接受热 2）瓶体受腐蚀 3）气瓶受剧烈振动、撞击 4）放气过快，产生静电火花或绝热压缩现象 5）超期未做检验 6）气瓶的多孔性填料下沉，形成净窖 7）气瓶卧放或大量使用乙炔时，丙酮随同流出 8）瓶圈漏气

表 31-25　气瓶使用安全措施

气瓶种类	使 用 安 全 措 施
氧气瓶	1）应按规定每三年定期进行技术检查，使用期满和送检未合格的气瓶，均不准使用 2）禁止把氧气瓶与乙炔瓶或其他可燃气瓶、可燃物同车运输 3）在运输、储存和使用过程中，避免气瓶剧烈震动和碰撞，防止脆裂爆炸，氧气瓶要有瓶帽和防振圈 4）避免阳光曝晒 5）操作中氧气瓶距离乙炔发生器、明火或热源应大于 5m 6）严禁粘有油脂的手套、棉纱和工具等同氧气瓶、瓶阀减压器及管路等接触 7）检查漏气时应用肥皂水，严禁使用明火检漏 8）氧气瓶不应放空，气瓶内必须留有 0.1～0.2MPa 表压的余气 9）氧气瓶着火时，应迅速关闭阀门

（续）

气瓶种类	使用安全措施
液化石油气瓶	1）液化石油气气瓶严格按有关规定充装，禁止超载，必须留出汽化空间 2）气瓶应平稳放置在空气流通的地面上，同明火（火星飞溅、火花）与热源距离必须在 5m 以上 3）液化石油气瓶禁止用沸水加热和火烤 4）液化石油气瓶应加装减压器，禁止用胶管同液化石油气瓶阀直接连接 5）连接气瓶与割炬的胶管，应采用耐油胶管，胶管的爆破压力不应小于最大工作压力的 4 倍 6）液化石油气瓶将要用完时，瓶内应留有余气 7）当气瓶阀着火，应立即关闭瓶阀
气瓶减压器	1）各种气体专用的减压器，禁止换用或替用 2）减压器在专用气瓶上应安装牢固。采用螺纹连接时，应拧足 5 个螺纹以上；用专门夹具夹紧时，装卡应平整牢靠 3）同时使用两种不同气体进行焊接、气割时，不同气瓶减压器的出口端都应各自装有单向阀，防止相互倒灌 4）禁止用棉、麻绳或一般橡胶等易燃物料作为氧气减压密封垫圈。禁止油脂接触氧气减压器 5）不准在减压器上挂放任何物件

表 31-26　使用乙炔发生器的安全技术要点

类型	安全措施	安全技术要求
中压乙炔发生器（允许最高工作压力为 0.15MPa）	安装压力表、安全阀、回火保险器	1）禁止使用纯铜、银或 $w(Cu)$ 超过 70% 的铜合金，制造与乙炔接触的仪表、管子及随机工具等 2）装入的电石粒度应为 50～80mm，禁止使用碎末。装电石时不宜装得过多 3）乙炔发生器压力要保持正常，水要经常保持清洁，电石分解的灰浆要及时清除 4）乙炔发生器电石分解区的最高水温不应超过 95℃，发气室温度不得超过 80℃ 5）使用中的乙炔发生器与明火、火花点、高压电线等水平距离不得小于 10m 6）乙炔发生器的发气室、发气压挤室和回火保险器中，都应有相应面积的卸压膜。回火保险器应具有逆止阀装置

表 31-27　气焊和气割工作地点和安全操作技术要点

项目	安全技术要点
工作地点	1）气焊和气割工作地点必须有防火设备 2）气焊和气割工作地点有以下情况时禁止作业：堆存大量易爆蒸气或积聚爆炸性粉尘 3）易燃、易爆物料应距工作地点 10m 以外 4）作业场地要注意改善通风和排除有害气体、烟尘，避免发生中毒事故
实际操作	1）每个氧气减压器和乙炔减压器上，只允许接一把焊炬或一把割炬 2）氧气胶管和乙炔胶管必须区分，氧气管为黑色，乙炔皮管为红色，并注意不得损坏 3）操作前，应检查氧气管、乙炔胶管与焊炬或割炬的连接是否漏气，并检查焊嘴或割嘴有无堵塞 4）气焊或气割盛装过易燃、易爆物，强氧化物，或有毒物的各种容器、管道、设备时，焊件必须经过彻底清洗干净后才能进行作业 5）在狭窄和通风不良的地沟、坑道、管道、容器、半封闭地段等处进行气焊、气割工作，应在地面上进行调试焊炬和割炬混合气，并点火，禁止在工作地点调试和点火，焊炬和割炬都应随人进出 6）在封闭容器、罐、桶、舱室中气焊、气割时，应先打开焊、割工作物的孔、洞，使内部空气流通，以防止焊工中毒、烫伤，必要时应有专人监护。工作完毕后，焊炬、割炬和胶管都应随人进出，禁止放在工作地点 7）在带压力或电压的或同时带有压力、电压的容器、罐、柜、管道上，禁止进行气焊、气割工作。必须先释放压力，切断气源和电源后，才能工作 8）登高焊、割，应根据作业高度和环境条件，定出危险区的范围。禁止在作业下方及危险区内，存放可燃易爆物品和停留人员 9）气焊工、气割工必须穿戴规定的工作服、手套和护目镜 10）气焊工在高处作业，应备有梯子、工作平台、安全带、安全帽、工具袋等完好的工具和防护用品 11）直接在水泥地面上切割金属材料，可能发生爆炸，应有防止火花喷射造成烫伤的措施

（续）

项目	安全技术要点
实际操作	12）对悬挂在起重机吊钩上的工作和设备，禁止气焊和气割 13）露天作业遇六级大风或下雨时，应停止气焊、气割工作 14）在气焊发生回火时，必须立即关闭乙炔调节阀，然后再关闭氧气调节阀；若气割遇到回火时，应先关闭切割氧气调节阀，然后再关闭乙炔调节阀 15）乙炔胶管或乙炔瓶的减压阀燃烧爆炸时，应立即关闭乙炔瓶或乙炔发生器的总阀门 16）氧气胶管爆炸燃烧时，应立即关紧氧气瓶总阀门 17）气焊或气割工作结束后，应将氧气气瓶阀和乙炔瓶阀关紧，再将减压器调节螺钉拧松

表 31-28　灭火器性能及使用方法

种类	泡沫灭火器	二氧化碳灭火器	1211 灭火器	干粉灭火器	红卫九一二灭火器
药剂	装碳酸氢钠发沫剂和硫酸铝溶液	装液态二氧化碳	装二氟氯-溴甲烷	装小苏打或钾盐干粉	装二氟二溴液体
用途	扑灭油类火灾	扑救贵重仪器设备，不能用于扑救钾、钠、镁、铝等物质火灾	扑救各种油类、精密仪器、高压电器设备火灾	扑救石油产品、有机溶剂、电气设备、液化石油气、乙炔气瓶等火灾	扑救天然气石油产品和其他易燃爆化工产品等火灾
注意事项	冬季防冻结，定期更换	防喷嘴堵塞	防受潮、日晒，半年检查一次，并及时充装药剂	干燥通风防潮，半年称重一次	在高温下，分解产生毒气，注意现场通风和呼吸防护

（2）燃料容器与管道检修补焊防爆措施

燃料容器（汽油桶、油罐等）与管道，因受腐蚀或因材料和制造工艺的缺陷，在使用中可能出现穿孔或裂缝而需补焊。这类焊接操作是处于易燃、易爆、中毒的情况下进行，有时甚至还要在高温、高压下进行抢修补焊，稍有疏忽就极易发生爆炸、火灾和中毒等恶性事故。

燃料容器与管道置换补焊安全措施见表31-29。

表 31-29　燃料容器与管道置换补焊安全措施

安全项目	具体安全措施
可靠隔离	1）采用盲板使补焊的容器管道与生产的部分完全隔离 2）盲板除必须保证严密不漏气外，还应保证能耐管路的工作压力。为了避免盲板受压破裂，在盲板与阀门之间，加设放空管或压力表，并派专人看守，否则应将管路拆卸一节 3）凡可拆卸并有条件移动到固定动火区补焊的物件，必须移至固定动火区进行补焊
彻底置换	1）通常采用蒸汽蒸煮，接着用置换介质吹净等方法，将容器内部的可燃物质和有毒物质置换排出。常用的置换介质有氧气、二氧化碳、水蒸气或水等 2）在可燃物质容器外补焊，而操作者不进入容器内，其内部的可燃物含量不得超过爆炸下限的1/4；如果需进入容器内操作，除保证可燃物不得超过上述含量外，还应保证含氧量为18%～21%（体积分数），毒物含量应符合"工业企业设计卫生标准"的规定 3）置换作业必须以气体成分化验分析合格为准 4）未经置换处理，或虽已置换但尚未分析化验气体成分为合格的可燃物质容器，均不得随意动火补焊
清洗工作	1）补焊前，燃料容器管道必须仔细清洗干净 2）有保温材料的容器管道，其里外部必须清洗。将动火点周围1m的保温材料拆除，焊完后再恢复
气体分析和监测	1）检修动火开始前半小时内，必须从容器内外不同地点取混合气体样进行化验分析，检查合格后才可开始动火补焊 2）补焊过程中需要继续用仪表监视，发现可燃气浓度上升到危险浓度时，要立即暂停动火，再次清洗后到合格为止 3）动火补焊时，应打开容器的人孔、手孔、清扫孔和放散管等。严禁补焊未开孔洞的密封容器
安全管理	1）在检修动火前，必须制订计划，包括动火作业的程序、安全措施和施工草图，并应通知厂内消防队 2）在工作地点周围10m内，应停止其他用火工作，并将易燃物品移至安全场所 3）必须准备好消防器材。在黑暗处所或夜间工作，应有足够的照明，并准备好带有防护罩的手提低压（12V）行灯等

3. 水下与登高焊割作业安全技术

水下电焊与气割作业安全措施见表 31-30。

表 31-30　水下电焊与气割作业安全措施

安全项目	具体安全措施
准备工作安全措施	1）焊炬、割炬在使用前应作绝缘、水密性和工艺性能的检查，需先在水面进行试验 2）水下焊割前，应查明作业区的周围环境，调查了解作业水深、水文、气象和被焊、割物体的结构等情况 3）应当让潜水焊割工有一个合适的工作位置，禁止在悬浮状态下进行操作 4）潜水焊割工应具有话筒，以便随时同水面上的支持人员取得联系。不允许在没有任何通信联络的情况下进行水下焊割作业 5）在水下焊割开始操作前，应仔细检查并整理供气胶管、电缆、设备、工具和信号绳。在任何情况下，都不得使这些装具和焊割工本身处于熔渣溅落和流动的路线上 6）水下焊割作业点所处的水流速度超过 0.1~0.3m/s，水面风力超过 6 级时，禁止水下焊、割作业
预防触电安全措施	1）潜水焊割工在水下直接接触的焊接设备和工具，都必须包敷可靠的绝缘护套，并应水密封 2）电焊机必须接地，接地导线头要磨光，所有触点及接头都应进行抗腐蚀处理，以防受腐蚀 3）电极应彻底绝缘和防水，以保证电接触仅仅在形成电弧的地方出现，潜水焊割工进行水下焊割作业时，必须戴干燥的绝缘手套或穿戴干式潜水服 4）在焊割工作时，电流一旦接通，切勿背向工作的接地点，把自身置于工作点与接地点之间，而应面向接地点，把工作点置于自身与接地点之间 5）当电极熔化完需要更新或工作完毕时，必须先发出拉闸信号，确认电路已经切断，才能去掉残余的电极头 6）水下湿法焊接与切割的电路中，应安装焊接专用的自动开关箱；水下干法或局部干法焊接电路控制系统中，应安置事故报警系统和断电系统 7）在任何情况下，都禁止利用油管、船体、缆索或海水等作为电焊机回路的导体
切割中的安全措施	1）割炬的点火器可在水面点燃带入水下作业点，或者带点火器到水下点火。不得携带点燃的切割炬下水 2）潜水焊割工应避免在自己的头顶上进行焊割作业，仰焊和仰割操作容易发生坠落的金属熔滴灼伤及烧坏潜水装具 3）在任何情况下都不允许水下焊割工将割炬、割枪或电极对着自身和潜水装具 4）在水下干法焊接（焊接舱内焊接）时，应穿戴特制的防火、耐高温的防护服和手套 5）潜水焊割工应当细心谨慎地保护好供气管和潜水服不被烧坏。不得将软管夹在腋下或两腿间，因为软管可能因回火而发生爆炸，将会击穿或烧坏潜水服
预防物体打击安全措施	1）在水下进行装配点焊时，必须查实点焊牢固而无塌落危险后，方可通知水面松开安装吊索 2）焊接临时吊耳和拉板，应采用与被焊构件相同或焊接性能相似的材料，并运用相应的焊接工艺，确保焊接质量 3）水下仰割或反手切割操作时，潜水切割工应给自身留出足够的避让位置，并且通知友邻及其底下操作的潜水员避让后，才能最后割断构件

31.2.4　焊接劳动卫生防护

1. 电焊烟尘和有毒气体防护

（1）电焊烟尘的化学成分和发尘量

1）焊条电弧焊的发尘机理，实质上是液态金属和熔渣的"过热—蒸发—氧化—冷凝"过程。

2）常用结构钢焊条烟尘的化学成分见表 31-31。在钛钙型 E4303（J422）等焊条烟尘中，含有尖晶石型结构的 Fe_3O_4、$MnFeO_3$ 晶体和以 SiO_2 与碱金属化合物为主体的非晶体物质。在低氢型 E5015（J507）等焊条烟尘中，结晶相有 $MnFe_2O_4$、Fe_3O_4、NaF_2、CaF_2、$KCaF_3$、K_2CO_3、$NaCO_3$ 等，非晶体仍为以 SiO_2 与碱金属化合物为主的玻璃状物质。这两类焊条烟尘中均未发现呈晶体状的 SiO_2。采用通常的化学分析方法，则习惯将烟尘成分表示为各种简单的氧化物与氟化物。

3）几种电弧焊的电焊烟尘发尘量见表 31-32。

表 31-31　常用结构钢焊条烟尘的化学成分　　　　　　（质量分数，%）

烟尘成分 焊条型号	FeO₃	SiO₂	MnO	TiO₂	CaO	MgO	Na₂O	K₂O	CaF₂	KF	NaF
E4313	45.31	21.12	6.97	5.18	0.31	0.25	5.81	7.01	—	—	—
E4303	48.12	17.93	7.18	2.61	0.95	0.27	6.03	6.81	—	—	—
E5015	24.93	5.62	6.30	1.22	10.34	—	6.39	—	18.92	7.95	13.71

表 31-32　几种电弧焊的电焊烟尘发尘量

焊接方法		施焊时的发尘量 /（mg/min）	焊接材料的发尘量 /（g/kg）
焊条电弧焊	低氢型焊条（E5015，ϕ4mm）	350～450	11～16
	钛钙型焊条（E4303，ϕ4mm）	200～280	6～8
自动保护焊	药芯焊丝（ϕ3.2mm）	2000～3500	20～25
CO_2 焊	实心焊丝（ϕ1.6mm）	450～650	5～8
	药芯焊丝（ϕ1.6mm）	700～900	7～10
氩弧焊	实心焊丝（ϕ1.6mm）	100～200	2～5
埋弧焊	实心焊丝（ϕ5mm）	10～40	0.1～0.3

（2）电焊烟尘的职业危害

电焊烟尘是焊条电弧焊和碳弧气刨等的主要有害因素。在通风不良条件下，电焊烟尘的职业危害见表 31-33。

表 31-33　电焊烟尘的职业危害

职业危害	主 要 特 征
焊工尘肺	1）焊工尘肺是指由于长期吸入超过规定浓度的电焊烟尘，引起肺组织弥漫性纤维化的疾病。焊工尘肺在过去被称为"铁末沉着症"。目前认为是由于长期吸入超过允许浓度的以氧化铁为主，并有无定型二氧化硅、硅酸盐、锰、铁、铬，以及臭氧、氮氧化物等混合烟尘和有毒气体，并在肺组织中长期作用所致的混合性尘肺 2）焊工尘肺的发病一般比较缓慢，多在接触焊接烟尘后 10 年发病，有的长达 15～20 年，主要表现为呼吸系统症状 3）电焊工尘肺的 X 射线分期诊断标准，将焊工尘肺分为：正常范围（代号焊 0），疑似电焊尘肺（焊 0－1），一期电焊尘肺（焊Ⅰ），二期电焊尘肺（焊Ⅱ），三期电焊尘肺（焊Ⅲ）
焊工锰中毒	1）长期吸入超过允许浓度的锰及其化合物的电焊烟尘，则可能造成锰中毒。锰的化合物和锰尘可通过呼吸道和消化道侵入机体，主要经呼吸道进入体内。焊工锰中毒发病很慢，大多在接触 3～5 年以后，甚至可长达 20 年才逐渐发病 2）慢性锰中毒早期表现为疲劳乏力，时常头痛、头晕、失眠、记忆力减退，以及植物神经功能紊乱，如舌、眼睑和手指的细微震颤等。中毒进一步发展时，神经精神症状均更明显，而且转弯、跨越、下蹲等都较困难，走路时表现左右摇摆或前冲后倒，书写时震颤不清等
焊工金属烟热	1）焊接金属烟尘中直径为 0.05～0.5μm 的氧化铁、氧化锰及氧化锌微粒和氟化物等，容易通过上呼吸道进入末梢细支气管和肺泡，再进入体内，引起焊工金属烟热反应 2）主要症状是工作后发烧、寒战、口内有金属味、恶心、食欲不振、乏力等

焊工尘肺是多见的职业病。20 世纪 70 年代后期，我国某部门检查了 3000 多名电焊工，确认患焊工尘肺者占 3.69%。近年来我国电焊工尘肺的发病率呈上升趋势。据一些单位统计，目前我国电焊工尘肺的最短发病工龄为 7 年，平均发病工龄为 20～30 年，并明显呈北方寒冷地区发病率高，南方地区发病率较低的倾向。这是因为北方天气寒冷，车间关闭门窗时间长，自然通风换气条件差的缘故。

电焊工尘肺患者的自觉症状，以胸闷、气短、咳嗽、咳痰等为多，肺活量降低，Ⅰ期电焊工尘肺 X 线胸片，出现不规则小阴影或类圆形小阴影。

（3）焊接的有毒气体的来源和危害（表 31-34）

表 31-34　焊接的有毒气体来源和危害

气体名称	来 源	危 害
臭氧	空气中的氧在焊接电弧辐射短波紫外线的激发下，大量地被破坏，生成臭氧（$O_2 \rightarrow 2O; 2O_2 + 2O \rightarrow 2O_3$） 臭氧是一种刺激性有毒气体，呈淡蓝色，我国卫生标准规定，臭氧最高允许浓度为 0.3mg/m³	臭氧对人体的危害主要是对呼吸道及肺有强烈刺激作用。臭氧浓度超过一定限度时，会对呼吸系统造成伤害
氮氧化物	由于焊接电弧的高温作用，引起空气中氮、氧分子离解、重新结合而形成的。明弧焊中常见的氮氧化物为二氧化氮。氮氧化物也是属于具有刺激性的有毒气体。二氧化氮是红褐色气体。我国卫生标准规定，氮氧化物（换算为 NO_2）的允许最高浓度为 5mg/m³	主要是对肺有刺激作用。会对呼吸系统造成伤害
一氧化碳	各种明弧焊都产生一氧化碳有害气体，其中以二氧化碳保护焊产生的 CO 浓度最高，主要来源是由于 CO_2 气体在电弧高温作用下发生分解而形成：$CO_2 \rightarrow CO + O$	CO 对人体的毒性作用，是使氧在体内的运输或组织利用氧的功能发生障碍，造成缺氧，表现出缺氧的一系列症状和体征

（续）

气体名称	来　源	危　害
氟化氢	氟化氢主要产生于焊条电弧焊。在低氢型焊条的药皮内,通常都含有萤石（CaF$_2$）和石英（SiO$_2$）,在电弧高温作用下与氢气形成氟化氢气体。氟化氢是属于具有刺激性的有毒气体。目前我国的卫生标准规定,其允许最高浓度为 1mg/m^3	对呼吸道和肺组织有刺激作用,引起黏膜溃疡等

（4）焊接通风除尘

焊接通风除尘是预防电焊烟尘和焊接有毒气体对人体危害的最主要防护措施。在车间内、室内、罐体内、船舱内及各种结构的局部空间内,进行焊条电弧焊和气体保护焊时,都应采用适宜的通风除尘方式,以保护焊工的健康。

电焊排烟除尘机组是将烟罩、软管、风机、净化装置及控制元件组装成一个便于移动的整体排烟除尘装置,以适应电焊作业点分散,移动范围大的特点。因此,近年来发展很快,研制了供狭小空间使用的手提式小型轻便机组,供单个工位使用的移动式轻便机组,供多个工位使用的排风量较大的移动式机组,供车间定点悬挂的机组,利用电磁铁在球罐和容器等密闭空间内移动悬挂的机组,以及供打磨焊道用的吸尘式打磨机组等。

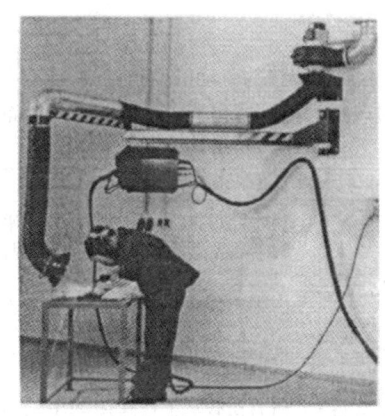

图 31-1　单工位焊接烟尘收集系统

焊接车间的设计要充分考虑到车间的换气通风量,焊接工位要装有吸尘过滤设施。单工位、双工位和多工位的焊接烟尘收集系统如图 31-1 ~ 图 31-3 所示。

切割过程产生的烟尘也是焊接车间烟尘的重要来源,数控切割机的工作台下面,要装有负压吸尘设施,切割机除尘机构示意图如图 31-4 所示。在工作台下部装有吸气通道,切割过程产生的烟尘被气流带入烟尘过滤装置中。

图 31-2　双工位接烟尘收集系统

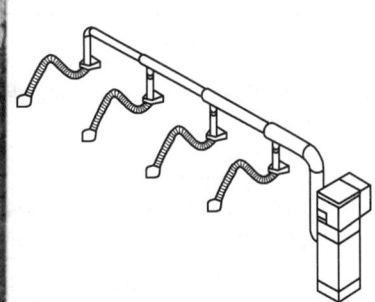

图 31-3　多工位焊接烟尘收集系统

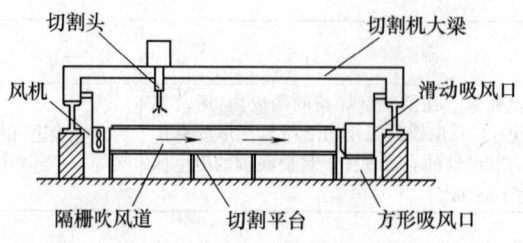

图31-4　切割机除尘机构示意图

（5）改善焊接的劳动卫生条件

通过改进焊接材料和革新焊接工艺，从而改善焊接劳动卫生条件。表31-35列出革新焊接材料和焊接技术措施。

表31-35　革新焊接材料和焊接技术措施

目　的	措　　施	目　的	措　　施
全面改善安全和卫生条件	1）提高焊接机械化和自动化水平 2）对重复性生产的产品，设计程控焊接生产自动线 3）采用各种焊接机械手与机器人	降低氩弧焊的臭氧发生量	在氩气中加入体积分数为0.3%的一氧化氮，可使臭氧的发后量降低90%（西欧称此种混合气为Mison气体，已推广使用）
取代焊条电弧焊，以消除焊工触电的危险和减少电焊烟尘的危害	1）优先选用安全、卫生、性能优良的埋弧焊、摩擦焊、电阻焊等压焊工艺 2）对适宜的焊接结构，推广采用重力焊工艺 3）选用其他自动化程度较高的焊接方法	降低等离子切割烟尘和有毒气体	1）采用水槽式等离子切割工作台 2）采用水弧等离子切割工艺
避免焊工进入狭小空间（如狭小的船舱、容器、管道等）焊接，以减小触电和电焊烟尘对焊工的危害	1）对薄板和中厚板的封闭和半封闭结构，应优先采取利用衬垫的埋弧焊单面焊双面成形工艺 2）对适宜结构，推广采用仰焊工艺 3）对管道接头，选用能单面焊双面成形的各种焊条，如低氢型打底焊条、纤维素型打底焊条及管接头向下立焊条等	降低电焊烟尘	1）采用发尘量较低的焊条 2）采用发尘量较低的焊丝（注意此为辅助措施，选用焊接材料首先应保证其工艺性能和力学性能，在连续焊接生产中积累的电焊烟尘，仍需靠通风除尘解决）
		根绝乙炔发生器爆炸	淘汰各种移动式乙炔发生器，采用溶解乙炔气瓶

2. 弧光防护

（1）弧光辐射

焊接弧光辐射的危害见表31-36。焊条电弧焊、氩弧焊和等离子弧焊的紫外线相对强度见表31-37。

（2）弧光防护措施

1）设置防护屏。防护屏可用玻璃纤维布及薄铁板等制作。防护屏应涂刷灰色或黑色等无光漆。

2）采用不反光而能吸光线材料作室内墙壁的饰面。

3）在工艺上采取措施。针对弧光强烈的等离子弧焊及等离子喷焊等，采取密闭的独立工作间，并安装排风设备，不但防护了强烈的弧光辐射，也排除了烟尘和有害气体。

4）采用个体防护。包括护目镜、工作服等。

表31-36　焊接弧光辐射的危害

光线种类	危　害　性
紫外线	1）对眼睛的伤害。紫外线过度照射引起眼睛的急性角膜结膜炎，称为电光性眼炎。这是明弧直接操作人和辅助工的一种特殊职业性眼病。波长很短的紫外线，能损害结膜和角膜，有时甚至侵及虹膜和视网膜 2）对皮肤的伤害。皮肤受强烈红外线作用时，可引起皮炎、弥漫性红斑，有时出现小水泡、渗出液和浮肿，有烧灼感，发痒 3）对纤维的破坏。焊接电弧的紫外线辐射对纤维的破坏能力很强，其中以棉织品为最甚。由于光化学作用的结果，可致棉布工作服氧化变质而破碎
红外线	红外线对人体的危害主要是引起组织的热作用。眼部受到强烈的红外线辐射，立即感到强烈的灼伤和灼痛，长期接触可能造成红外线白内障，视力减退，严重时能导致失明，此外还会造成视网膜灼伤
可见光	被照射后眼睛疼痛，看不清东西，通常叫电焊"晃眼"，短时间内失去劳动能力

表31-37 焊条电弧焊、氩弧焊和等离子弧焊的紫外线相对强度

波长 /10nm	相对强度			波长 /10nm	相对强度		
	焊条电弧焊	氩弧焊	等离子弧焊		焊条电弧焊	氩弧焊	等离子弧焊
20~23.3	0.02	1.0	1.9	>29~32	3.90	1.0	4.4
>23.3~26	0.06	1.0	1.3	>32~35	5.60	1.0	7.0
>26~29	0.61	1.0	2.2	>35~40	9.30	1.0	4.8

3. 高频电磁辐射防护

（1）高频电磁辐射的来源和危害

1）非熔化极氩弧焊和等离子弧焊为了迅速引燃电弧，需由高频振荡器来激发引弧，所以有高频电磁场存在。高频电磁场的卫生标准规定，电场强度不超过 20 V/m，磁场强度不超过 5A/m。

2）氩弧焊高频电场强度见表31-38。起弧瞬间高频电场强度测定值见表31-39。等离子弧切割、喷涂及堆焊的高频电场强度见表31-40。等离子喷涂设备电场强度测定值见表31-41。

表31-38 氩弧焊高频电场强度 （单位：V/m）

测定部位	工作位置	头部	胸部	膝部	踝部	手部	备注
焊工前方	脚动开关	48	76	96	58	106	蹲式作业
	手动开关	62	62	72	58	106	蹲式作业
焊工后方	脚动开关	48	66	58	19	—	蹲式作业
	手动开关	53	68	58	19	—	蹲式作业
焊工前方	0.5m	19	27	48	66	—	
	1m	7.5	10	18	23	—	
焊工前方	1.5m	6	7	8	8	—	
	2m	5.7	5.7	5	4	—	
	3m	0	0	0	0	—	
焊工右侧	1m	28	42	106	30.4	—	
	2m	2	2	0	0	—	
	3m	0	0	0	0	—	
振荡器	开门	124	—	—	—	—	
	关门 前	54	—	—	—	—	
	关门 后	54	—	—	—	—	
振荡器	前距1m	30	—	—	—	—	
	测距1m	5	—	—	—	—	

表31-39 起弧瞬间高频电场强度测定值 （单位：V/m）

测位	无电极连续起弧电场强度值	有电极起弧瞬间电场强度值
靠近电弧处	100~250	15~35

表31-40 等离子弧切割、喷涂及堆焊的高频电场强度

工艺方法	部位	电场强度/（V/m）
切割	操作位置	13~38
喷涂	操作位置	30~54
堆焊	操作位置	4.2~6.0

表31-41 等离子喷涂设备电场强度测定值 （单位：V/m）

测定部位	头部	胸部	膝部	踝部
喷涂操作者前面	30	38	44	54
喷涂操作者后面	24	32	30.4	30.4

3）电磁辐射对人体的危害，主要是引起神经衰弱和植物神经功能紊乱，严重时会使血压不正常等。非熔化极氩弧焊和等离子弧焊时，每次起动高频振荡器的时间只有2~3s，每个工作日接触高频又是断续的，因此高频电磁场对人体的影响较小，一般不足以造成危害。但是，考虑到焊接操作中的有害因素不是

单一的，所以仍有采取防护措施的必要。

（2）高频电磁辐射防护措施

1）减少高频电的作用时间。若使用振荡器旨在引弧，则可在引弧后立即切断振荡器线路。

2）工件良好接地。施焊工件的地线做到良好接地，能大大降低高频电流。接地点距工件越近，情况越能得到改善。

3）在不影响使用的情况下，降低振荡器频率。

4）屏蔽焊接电缆和控制线。

4. 焊接放射性防护

（1）放射性物质来源与危害

1）射线检测等焊接无损检验存在放射性伤害。

2）氩弧焊和等离子弧焊使用的钍钨棒电极中的钍，是天然放射性物质，能放射出 α、β、γ 三种射线。其中，α 射线占90%，β 射线占9%，γ 射线占1%。焊接操作时，基本的和主要的危害形式是钍及其衰变产物呈气溶胶和气体的形式进入体内。

3）真空电子束焊接过程中产生的 X 射线，具有一定的穿透能力。如果操作者长期接受较高能量的 X 射线照射，则可引起慢性辐射损伤，出现神经衰弱症候群和白细胞下降等。人体长期受到超容许剂量的外照射，或者放射性物质经常少量进入并蓄积在体内，则可能引起病变。根据对氩弧焊和等离子弧焊的放射性测定，一般都低于最高允许浓度。但是在钍钨棒磨尖、修理，特别是储存地点，放射性浓度大大高于焊接地点。考虑到有害因素的综合作用，需采取防护措施。

（2）放射性防护

1）综合性防护措施。如对施焊区实行密闭，用薄金属板制成密闭罩，将焊枪和焊件置于罩内，罩的一侧设有观察防护镜。

2）焊接地点应设有单室，钍钨棒储存地点应固定在地下室封闭式箱内。大量存放时，应藏于铁箱里，并安装通风装置。

3）应备专用砂轮来磨尖钍钨棒，砂轮机应安装除尘设备。

4）选用合理的工艺规范可避免钍钨棒的过量烧损。

5）接触钍钨棒后，要用流动水和肥皂洗手，并经常清洗工作服及手套等。

6）真空电子束焊的防护重点是 X 射线，要求焊接室结构合理，并采取防护措施。为防止 X 射线对人体的损伤，真空焊接室壁应采取屏蔽防护。

5. 焊接噪声防护

（1）噪声的来源和危害

1）在等离子弧喷焊、喷涂和工件切割等工艺过程中，由于工作气体与保护气体以一定的速度流动，经压缩的等离子弧焰流以 10000m/min 的流速从喷枪口高速喷出，工作气体与保护性气体的不同流速的流层之间，气体与静止的固体介质面之间，气流与空气之间，都在互相作用。这种作用可以产生周期性的压力起伏和振动及摩擦，就产生了噪声。

2）噪声还来自旋转式直流弧焊机，风铲铲边及锤击钢板等。

3）噪声的危害主要是影响神经系统，以及对听觉的伤害。

4）低频噪声（频率小于300Hz）允许强度为 90～100dB（A）；中频噪声（频率在 300～800 Hz）允许强度为 85～90 dB（A）；高频噪声（频率大于 800 Hz）允许强度为 75～85 dB（A）。

（2）噪声防护

1）等离子弧焊接工艺产生的噪声强度与工作气体的种类、流量等有关，因此应在保证工艺正常进行，符合质量要求的前提下，选择一种低噪声的焊接参数。

2）研制和采用适合于焊枪喷出口部位的小型消声器。考虑到这类噪声的高频性，采用消声器对降低噪声有较好效果。

3）操作者佩戴隔声罩或隔声耳塞等个人防护器。耳罩的隔声效能优于耳塞，但体积较大，戴用稍有不便。耳塞种类很多，常用的为耳研5型橡胶耳塞，具有携带方便、经济耐用、隔声较好等优点。该耳塞的隔声效能低频为 10～15 dB（A），中频 20～30 dB（A），高频 30～40 dB（A）。

4）在房屋结构、设备等部分采用吸声或隔声材料，均很有效。采用密闭罩施焊时，可在屏蔽上衬以石棉等消声材料，也有一定效果。

5）隔离噪声源，如将等离子弧及喷涂隔离在专门的工作室内操作，将旋转式电弧焊机放在车间隔墙外；改进工艺，如用矫直机代替敲击校正钢板。

6. 焊工个人防护

（1）焊接护目镜

焊接弧光中含有的紫外线、可见光、红外线强度，均大大超过人体眼睛所能承受的限度。过强的可见光将对视网膜产生烧灼，造成眩辉性视网膜烧；过强的紫外线将损伤眼角膜和结膜，造成电光性眼炎；过强的红外线使眼睛造成慢性损伤。因此必须用护目镜滤光片来进行防护。鉴于市场上不少护目滤光片质量不好，必须强调用于焊工个人防护的护目滤光片，一定要符合 GB/T 3609.1—2008《职业眼部防护　焊接防护　第1部分：

焊接防护具》所规定的性能和技术要求。

焊接滤光片透过率性能要求应符合表31-42的规

定，使焊工既能观察到电弧和熔池，而透过的紫外线、可见光和红外线又不致损伤眼睛。

表 31-42　焊接滤光片透过率性能要求

| 遮光号 | 紫外线透过率（%） | | 可见光透过率（%） | | 红外线透过率（%） | |
	313nm	365nm	最大	最小	近红外 780~1300nm	中近红外 1300~2000nm
1.2	0.0003	50	100	74.4	37	27
1.4	0.0003	35	74.5	58.1	33	33
1.7	0.0003	22	58.1	43.2	26	26
2	0.0003	14	43.2	29.1	21	13
2.5	0.0003	6.40	29.1	17.8	15	9.6
3	0.0003	2.80	17.8	8.5	12	8.5
4	0.0003	0.95	8.5	3.2	6.4	5.4
5	0.0003	0.30	3.2	1.2	3.2	3.2
6	0.0003	0.10	1.2	0.44	1.7	1.9
7	0.0003	0.037	0.44	0.16	0.81	1.2
8	0.0003	0.013	0.16	0.061	0.43	0.68
9	0.0003	0.0045	0.061	0.023	0.20	0.39
10	0.0003	0.0016	0.023	0.0085	0.10	0.25
11	0.0006	0.0006	0.0085	0.0032	0.05	0.15
12	0.0002	0.0002	0.0032	0.0012	0.027	0.097
13	0.000076	0.000076	0.0012	0.00044	0.014	0.06
14	0.000027	0.000027	0.00044	0.00016	0.007	0.04
15	0.0000094	0.0000094	0.00016	0.000061	0.003	0.02
16	0.0000034	0.0000034	0.000061	0.000029	0.003	0.02

关于滤光片颜色的选择，根据人眼对颜色的适应性，以黄绿、蓝绿、黄褐为好。焊接滤光片颜色的选择如图31-5所示。

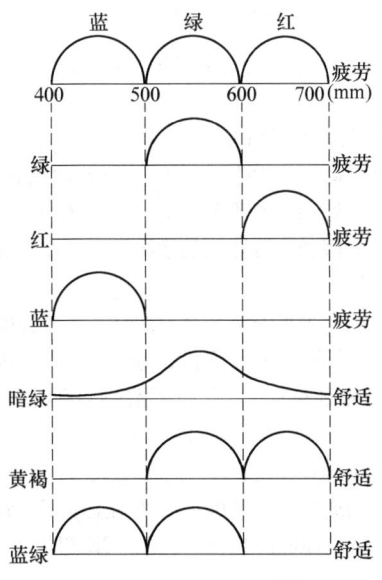

图 31-5　焊接滤光片颜色的选择

护目滤光片的种类如下：

1）吸收式滤光片。俗称黑玻璃片。

2）吸收-反射式滤光片。在吸收式滤光片表面上镀制高反射膜，对强光具有吸收和反射的双重作用。尤其对红外线反射效果好，有利于消除眼睛发热和疼痛。

3）光电式镜片。它是利用光电转换原理制成的新型护目滤光片。起弧前是透明的，起弧后迅速变黑起滤光作用。因此可观察焊接操作全过程，根绝电弧"打眼"，消除了盲目引弧带来的焊接缺陷。目前国内较好的产品"SW-1型快速自动变色电焊监视镜"，其高对比度滞后型护目镜变黑响应时间为0.002s。工作时弧光透过率符合表31-41的规定，动（变黑）响应时间小于0.02s；"GM-4高对比度滞后型护目镜"变黑响应时间为0.002s。工作时弧光透过率符合表31-42的规定，使用寿命大于3年。

焊工务必根据电流大小，及时更换不同遮光号的滤光片，切实改正不论电流大小均使用一块滤光片的陋习，否则必将损伤眼睛。焊接滤光片推荐使用遮光号见表 31-43。

表 31-43　焊接滤光片推荐使用遮光号

遮光号	电弧焊接与切割	气焊与切割
1.2	—	—
1.4		
1.7	防侧光与杂散光	
2		
3	辅助工种	—
4		
5	30A 以下的电弧焊作业	
6		
7	30～75A 电弧作业	工件厚度为 3.2～12.7mm
8		
9	75～200A 电弧焊作业	工件厚度为 12.7mm 以上
10		
11		
12	200～400A 电弧焊作业	等离子弧喷涂
13		
14	500A 电弧焊作业	等离子弧喷涂
15	500A 以上气体保护焊	—
16		

（2）焊接防护面罩

常用焊接面罩是用 1.5mm 厚钢纸板压制而成，质轻、坚韧、绝缘性与耐热性好。护目镜片可以启闭的 MS 型电焊面罩如图 31-6 所示。手持式面罩护目镜启闭按钮设在手柄上，头戴式面罩护目镜启闭开关设在电焊钳胶木柄上，使引弧及敲渣时都不必移开面罩，焊工损伤方面，得到更好的防护。配有防毒面具的呼吸式焊接面罩如图 31-7 所示。

图 31-7　配有防毒面具的呼吸式焊接面罩

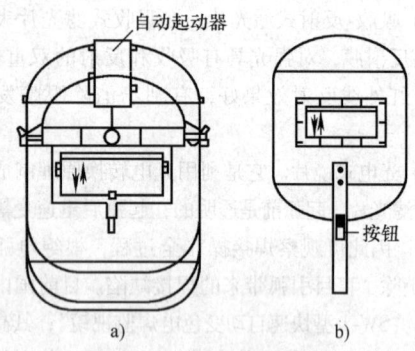

图 31-6　MS 型电焊面罩
a）头戴式　b）手持式

（3）防护工作服

焊工用防护工作服，应符合 GB 8965.2—2009《防护服装　阻燃防护　第 2 部分：焊接服》的规定，具有良好的隔热和屏蔽作用，以保护人体免受热辐射、弧光辐射和飞溅物等伤害。常用白帆布工作服或铝膜防护服，用防火阻燃物制作的工作服也已开始应用。

（4）电焊手套和工作鞋

电焊手套宜采用牛绒面革或猪绒面革制作，以保证绝缘性能好和耐热不易燃烧。工作鞋为具有耐热、不易燃、耐磨和防滑性能的绝缘鞋，现在一般采用胶底翻毛皮鞋。

新研制的焊工安全鞋具有防烧、防砸性能，绝缘性好（用干法和湿法测试，通过电压 7.5kV 保持 2min 的绝缘性试验），鞋底可耐热 200℃、15min 的性能。

（5）防尘口罩

当采用通风除尘措施不能使烟尘浓度降到卫生标准以下时，应佩戴防尘口罩。国产滤式防尘口罩等级与使用范围见表 31-44。

表 31-44　国产滤式防尘口罩等级与使用范围

级别	阻尘率(%)	使用范围	
		粉尘含游离硅 $w(Si)$(%)	作业环境粉尘浓度/(mg/m^3)
1	≥99	≥10	<200
		<10	<1000
2	≥95	≥10	<40
		<10	<2000
3	≥90	<10	<100
4	≥85	<10	<70

7. 焊接结构生产中常用焊接方法的安全与卫生防护要点

（1）焊条电弧焊

焊条电弧焊在不同场所施焊。焊条电弧焊不采取通风防尘措施时的电焊烟尘浓度的实测值见表 31-45。焊条电弧焊的安全与卫生防护要点见表 31-46。

表 31-45　焊条电弧焊不采取通风除尘措施时的电焊烟尘浓度实测值

施 焊 情 况		电焊烟尘浓度/(mg/m^3)
船舱内一人焊（J507 焊条）		68～171
船舱内一人焊（J422 焊条）		76～125
机舱内二层底三人焊（J507 焊条）		312
小船舱内一人焊（J422 焊条）		632
$50m^3$ 油罐内	封顶前	36.6
	封顶后在三点测定的平均值	196.2
	封顶后个别值	381.3
某纺织机械厂金工车间		30.4～570
某铁路机务段修理车间在 10min 内施焊	J422 焊条 5～6 根	27.5
	J506 焊条 6～7 根	196.5
	J507 焊条 6～7 根	214.5
	堆 266 焊条 2～3 根	19.9
	堆 276 焊条 2～3 根	15.8
某机车车辆修理厂	二人焊车架	367
	二人焊车体	460
	一人焊零件	38

表 31-46　焊条电弧焊的安全与卫生防护要点

危害因素	防 护 要 点
电击	1）按表 31-21 对每台焊机实行正确的接地和接零 2）每台焊机均需安装防电击节能装置 3）焊工穿戴绝缘性好的电焊手套和工作鞋 4）遵守安全操作规程
电焊弧光	1）采用性能合格的护目滤光片 2）佩戴面罩、工作服、手套等防护用品 3）设置弧光防护屏，避免交叉影响
电焊烟尘	1）采取全面通风、局部通风，或排烟机组等通风除尘措施 2）定期对施焊现场监测电焊烟尘的浓度，如超过 $6mg/m^3$，应改进通风除尘措施或佩戴防尘口罩

（2）气焊与气割

防火、防爆是气焊与气割安全技术的主要内容，已在 31.2.3 中进行了叙述。现将其防护要点归纳于表 31-47。

（3）CO_2 气体保护焊

CO_2 气体保护焊的主要有害因素是有害气体、烟尘及较焊条电弧焊强烈的弧光。其有害气体主要是焊接时由 CO_2 分解而产生的 CO。CO_2 气体保护焊如不采取通风除尘措施时。CO_2 气体保护焊安全与卫生防护要点见表 31-48。

表 31-47　气焊与气割安全、卫生防护要点

危 害 因 素	防 护 要 点
乙炔发生器燃烧爆炸	1）禁止使用浮筒式乙炔发生器 2）淘汰各种类型的移动式乙炔发生器，改用溶解乙炔气瓶
气瓶燃烧爆炸	执行表 31-25 所列各项安全技术要点
烟尘与有害气体	进行铜、铝等有色金属气焊时，应采取局部通风除尘措施
火焰强光	佩戴气焊护目镜

表 31-48　CO$_2$ 气体保护焊安全与卫生防护要点

危 害 因 素	防 护 要 点
有害气体和烟尘	1）采取全面通风、局部通风、排烟机组或排烟通风除尘措施 2）在密闭或半密闭空间施焊，必须采取有效的通风和换气措施
电焊弧光	1）采用性能合格的护目滤光片 2）佩戴面罩、工作服、手套等防护用品
电击	1）焊机外壳接地或接零 2）如采用水冷焊枪时，注意防止因漏水引起的触电 3）穿戴绝缘性好的电焊手套和工作鞋

（4）氩弧焊、等离子弧焊接与切割

　　氩弧焊、等离子弧焊及等离子切割的主要危险因素是电击，主要有害因素是臭氧、氮氧化物等有害气体、烟尘及强烈的弧光。

　　较多的臭氧是因弧区温度高和紫外线辐射强烈而产生的。氩弧焊所产生的紫外线强度，是焊条电弧焊的 5~30 倍；等离子弧焊及等离子弧切割的紫外线强度，是焊条电弧焊的 10~50 倍。臭氧产生示意图如图 31-8 所示。各种氩弧焊的臭氧浓度见表 31-49。等离子弧喷焊时焊接电流对臭氧浓度的影响见表 31-50。氩弧焊、等离子弧焊及等离子切割的安全与卫生防护要点列于表 31-51。

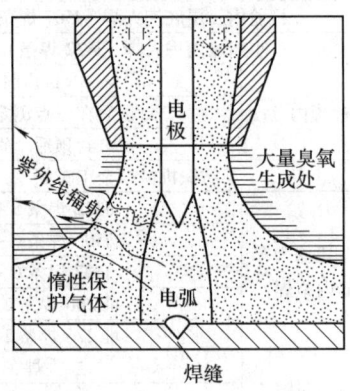

图 31-8　臭氧产生示意图

表 31-49　各种氩弧焊方法的臭氧浓度

类别	被焊材料	焊工呼吸带臭氧浓度/(mg/m³)	超过最高容许浓度的倍数
熔化极自动焊	铝	29.23	146.15
熔化极半自动焊	铝	19	95
手工钨极焊	铝	15.25	76.12

表 31-50　等离子弧喷焊时焊接电流对臭氧浓度的影响

焊接电流/A	臭氧浓度/(mg/m³)	超过最高容许浓度的倍数
300	7.5~13.3	36.5~65.5
500~600	87.4	437

表 31-51　氩弧焊、等离子弧焊及等离子弧切割安全与卫生防护要点

危 害 因 素	防 护 要 点
电击	1）当所用电源空载电压较高时，应尽量采用自动焊及自动切割工艺，并采取焊机接地，工作前检查焊机和焊枪绝缘状态等防触电措施 2）对水冷焊枪和割炬，要经常检查水路，防止因漏水引起触电
有害气体和烟尘	1）采取全面通风、局部通风及排烟机组等通风除尘措施，并重点监测臭氧和烟尘的浓度 2）尽量采用在密闭罩内工作（人在罩外操纵）或机械手操作、遥控操作等 3）在通风不好的场所工作时，佩戴送风式面罩
弧光	1）采用遮光号和透过率符合表 31-42 和表 31-43 的护目滤光片 2）佩戴面罩和穿戴耐紫外线的工作服、手套等防护用品

（5）碳弧气刨

碳弧气刨在焊接生产中应用广泛，其主要有害因素是烟尘和有害气体。例如，某车辆厂曾测定其作业现场烟尘平均浓度达 337mg/m³；某造船厂曾测定在船舱内作业时，烟尘浓度高达 1560mg/m³，在露天作业时，操作人员附近烟尘的平均浓度也达 115mg/m³。还必须注意所用的是沥青作黏结剂、表面镀铜的碳棒，在碳弧气刨的烟尘中的 w（Cu）为 1%～1.5%，且在产生的有害气体中，含有毒性较大的苯并（a）芘，所以必须十分重视其通风防尘，操作工宜佩戴送风式面罩。碳弧气刨的其他安全及防护要点与焊条电弧焊相同。

参 考 文 献

[1] 中国机械工程学会焊接学会第Ⅷ专业委员会. 焊接卫生与安全［M］. 北京：机械工业出版社，1987.

[2] 刘江龙. 材料的环境影响评价［M］. 北京：科学出版社，2002.

[3] 左铁镛，聂祚仁. 环境材料基础［M］. 北京：科学出版社，2004.

[4] 施雨湘，乔亚霞，丰贞雅宏. 焊接气溶胶粒子谱分布特征［J］. 焊接学报，2003，24（1）：31-34.

[5] 刘超，等. 中国钢铁工业和清洁生产［J］. 中国工程科学，2001（9）：77-80.

[6] 刘江龙，等. 钢铁材料的泛环境负荷及其环境经济损益分析［J］环境污染治理技术与设备，1998，6（4）：64-69.

[7] 殷瑞钰. 节能、清洁生产、绿色制造与钢铁工业的可持续发展［J］. 钢铁，2002，37（8）：

[8] 肖明，张群. 我国钢铁工业清洁生产总体水平的评估［J］. 北京科技大学学报，2000（3）：193-197.

[9] Stanley E. Ferrree. New generration of cored wires creates less fume and spatter［J］. Welding Journal，1995（10）：45-49.

[10] 王智慧，蒋建敏，何洪文，等. 焊条焊芯和部分辅料的环境负荷影响评估［J］. 电焊机，2005，35（5）：69-72.

[11] Jiang J M，Li X B，Wang Z H，et al. Effects of morphology and granularity distribution of ferrite powder on fume formation rate of flux cored wire［J］. Science and Technology of Welding and Joining，2007，12（5）：386-389.

[12] Yavdoshchin I R，etc，Sources and possible ways of lowering fume generation in welding low alloy steels［C］∥ⅡW Reference（S）VⅢ-1500-89，ⅡW 1040-89-Z. USSR Academy of Sciences USSR National Welding Committee. 1989.

[13] Van Nifterik G. Information on environmental performance of distribution materials［J］. Fuel and Energy，1996，37（3）：223.

[14] Tachibana T. Investigation on current usage and future trends of welding consumables used in various industries of Japan［C］. Kobe Steel，Ltd. XII-1592-99，IIW-1473-99.

[15] Contrersas G R，Chan-yeung M. Bronchial reactions to exposure to welding fumes［J］. Occupational Health and Industrial Medicine，1998，38（2）：91-92.

[16] Hjollund，Niels Henrik I，etc. A follow-up study of male exposure to welding and time to pregnancy［J］. Reproductive Toxicology，1998. 12（1）：29-37.

[17] Lorinci G，etc. In-product environmental protection：evaluation of chemical emissions from the spot welding joining technique in the automobile industry Part II. Laboratory pyrolysis measurements with a welding chamber［J］. Journal of Analytical and Applied Pyrolysis，1995，33（4）：91-101.

[18] Wilkins III J R，etc，Brain tumor risk in offspring of men occupationally exposed to electric and magnetic fields［J］. Occupational Health and Industrial Medicine，1997，36（1）：30.

[19] Hewitt Peter J. Strategies for risk assessment and control in welding：challenges for developing countries［J］. The Annals of Occupational Hygiene，2001，45（6）：295-298.

[20] 杨桂茹，等. 焊接烟尘的影响因素及其防护措施［J］. 焊接，2002（7）：35-36.

[21] 沈晓勤，蒙继龙，宋永伦. 焊接过程中有害物质问题的研究及其进展［J］. 焊接，2005（7）：5-8.

[22] Quimby B J，Ulrich G D. Fume Formation Rate in Gas Metal Arc Welding［J］. Welding Journal，1999（4）：142s-149s.

[23] Ludewig，Howard W，Ludewig，et al. Methods for quantifying environmental impact improvements for heavy fabrications［J］. Welding in the World，2004，48（7）：205-216.

[24] Le Soudage Dans Le Monde. The environmental management of fabrication by welding［J］. Welding in the World，2002，46（7-8）：22-31.

第32章 焊接结构的再制造与延寿技术

作者 徐滨士 朱胜 姚巨坤 **审者** 李晓延

在20世纪全球经济高速发展的同时，对自然资源的任意开发利用造成了全球的生态破坏、资源短缺、环境污染等重大问题，其中机电产品制造业是最大的资源使用者，也是最大的环境污染源之一。据统计，造成全球环境污染的70%以上的排放物来自制造业，它们每年约产生55亿t无害废物和7亿t有害废物。为实现废旧产品的最小化环境危害、最大化附加值利用，再制造工程在国际上应运而生。通过发展再制造工程理论和技术，可以延长产品的使用寿命，提升产品性能，节约能源，保护环境，实现废品资源化，符合国家可持续发展战略的绿色系统工程。

32.1 再制造工程概论

产品经过长期的服役后，将会因"到寿"而报废。判定产品是否"到寿"有以下几个原则：①产品的性能是否因落后而丧失使用价值，即是否达到产品的技术寿命；②产品结构、零部件是否因损耗而失去工作能力，即是否达到产品的物理寿命；③产品继续使用或储存是否合算，即是否达到产品的经济寿命；④产品是否危害环境、消耗过量资源，即是否符合可持续发展。目前，对待报废产品处理的方法大多采用再循环处理，但所获得的往往是低级的原材料，同时也造成了一定的资源和能源的浪费。世界各国都在积极研究和探寻有效地利用资源、最低限度地产生废弃物的处理报废产品的合理方法。在这种形势下，产生了全新概念的再制造工程。

32.1.1 再制造工程的内涵

再制造工程是以产品全寿命周期设计和管理为指导，以废旧产品实现跨越式提升为目标，以优质、高效、节能、节材、环保为目标，以先进技术和产业化生产为手段，来修复或改造废旧（报废或过时）产品的一系列技术措施或工程活动的总称。简单概括，再制造是废旧机电产品高科技维修的产业化。再制造的重要特征是再制造产品的质量和性能要达到或超过新品，成本仅是新品的50%左右，节能60%、节材70%以上，对保护环境贡献显著。按照再制造的目的和方法不同，可将再制造方式分为以下四类：

1) 恢复性再制造。将退役产品通过再制造恢复到原来新产品的性能。

2) 升级性再制造。将因过时而退役的批量产品通过再制造进行性能升级，使再制造产品性能超过原产品的性能，满足当前用户的需求。

3) 改造性再制造。将退役后的产品通过功能易换、结构改造等方法再制造成其他的产品，满足新领域用户对产品性能的需求，实现资源的转换利用。

4) 应急性再制造。在特殊条件下（如战场、现场、战前、抢险等），通过适当的再制造方法，使产品满足当前紧急条件下所要的部分功能，实现产品在特定条件下的应急使用。

图32-1是再制造在产品全寿命周期中的位置，产品的全寿命周期包括论证设计、制造、使用、维修、报废五个环节，再制造是产品维修、报废阶段的一种再生处理，是对现有制造概念的延伸和革新。首先，通过对废旧产品进行再制造可获得重新利用的合格零部件，使产品在全寿命周期的闭环系统中形成物质流循环。其次，在对废旧产品再制造的过程中，通过分析其失效形式，可以发现产品缺陷，并将该信息反馈到研制和维修管理部门，形成信息流。通过再制

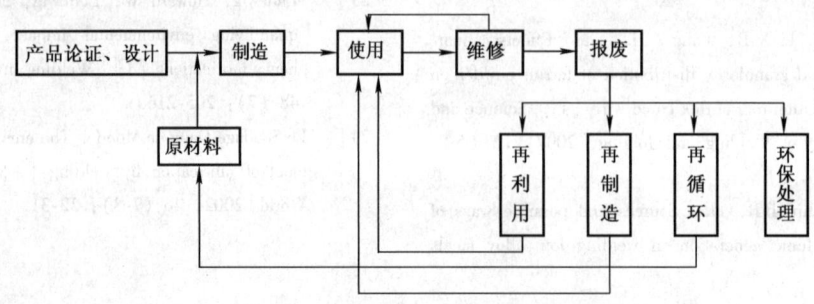

图32-1 再制造在产品全寿命周期中的位置

造的研究，可形成闭环的产品物质流及信息流系统，实现由材料循环使用，发展到产品循环使用的高级阶段，实现高级资源流的最优化循环。再制造工程不但能延长产品的使用寿命，提高技术性能，还可以为产品设计、改造和维修提供信息，最终达到产品的全寿命周期费用最合理，最大限度发挥产品的作用。

再制造不同于维修。维修是在产品的使用阶段为了保持其良好技术状况及正常的运行而采取的技术措施，常具有随机性、原位性、应急性。维修的对象为有故障的产品，多以换件为主，辅以单个或小批量的零部件的修复。其设备和技术一般相对落后，而且形不成批量生产。维修后的产品多数在质量性能上难以达到新品水平。而再制造是将大量相似的报废产品回收到工厂拆卸后，按零部件的类型进行收集和检测，以有剩余寿命的报废零部件（不排除修理时更替下来的失效零部件）作为再制造毛坯，利用高新技术对其进行批量化修复、性能升级，所获得的再制造新产品在技术性能上和质量上都能达到甚至超过新品的水平。此外，再制造是规模的生产模式，它有利于生产自动化和产品的在线质量监控，有利于降低成本、降低资源和能源消耗、减少环境污染，能以最小的投入获得最大经济效益。显然，是再制造使维修和报废处理得到跨越式发展。

再制造也不同于再循环。再循环是狭义的"回收"，它是传统的"回收"概念，主要指材料的回收再用。消费品（如报纸、玻璃瓶、铝制易拉罐等）或耐用品（如汽车发动机、机电产品等）废弃以后，就可以进行再循环，即把它们从废物流中移出，通过回炉冶炼等加工返回到原材料的形式。再循环减少了废弃垃圾的数量，增加了地球上可用的原材料资源。再制造是广义上的"回收"概念，是最大限度重新利用废旧产品的"回收"方式。美国波士顿大学的Robert T. Lund 教授在其专著《美国前沿：影响制造业的潜在财富》中写道："再制造区别于再循环，因为再循环所回收的只是原材料本身价值，而再制造重新获得了产品的附加值。"产品附加值是指在产品的制造过程中加入到原材料成本中的劳动力、能源和加工设备损耗等成本。一般来说，产品的附加值要远远高于原材料成本。如玻璃瓶，其原材料成本不超过产品成本的5%，另外的95%则是产品的附加值。再循环不但不能回收产品的附加值，而且还需要增加劳动力、能源和加工成本，才能把报废产品转变成原材料。而再制造由于能回收产品的附加值，能使产品具有同于甚至高于新品的性能和质量，因而其生产成本要远低于用再循环所得原材料制成的新品成本。因此

再制造被认为是最优的"回收"方式。

32.1.2 再制造工程的地位及作用

1. 再制造工程是对先进制造技术的补充和发展

先进制造技术是制造业不断吸收信息、机械、电子、材料技术及现代系统管理的新成果，并将其综合应用于产品的设计、制造、使用、维修乃至报废处理的全过程，以及组织管理、信息收集反馈处理等，以实现优质、高效、低耗、清洁、灵活生产，提高对动态多变的产品市场适应能力和竞争能力，获得最佳的技术效益和经济效益的一系列通用的制造技术。世界各国都把先进制造技术列为重点发展的科技项目。我国政府也十分重视先进制造技术的发展，已经把先进制造技术列为21世纪的六项关键技术之一。再制造工程与先进制造技术具有同样的目的、手段、途径及效果，它已成为先进制造技术的组成部分。

再制造工程是在报废的或过时的产品上进行的一系列修复或改造活动，要恢复、保持甚至提高产品的技术性能，有很大的技术难度和特殊的约束条件。这就要求在再制造过程中必须采用比原始产品制造更先进的高新技术。实际上，再制造工程的关键技术，如再制造毛坯快速成形技术、各种先进表面技术、纳米复合及原位自愈合生长技术、修复热处理技术、应急维修技术、过时产品的性能升级技术等，都属于高新技术范畴。再者，一些重要的产品从论证设计到制造定型，直到投入使用，其周期往往需要十几年甚至几十年的时间，在这个过程中原有技术会不断改进，新材料、新技术和新工艺会不断出现。再制造产业能够在很短的周期内将这些新成果应用到再制造产品上，从而提高再制造产品质量、降低成本和能耗、减小环境污染，同时也可将这些新技术的应用信息及时地反馈到设计和制造中，大幅度提高产品的设计和制造水平。可见，再制造工程在应用最先进的设计和制造技术对报废产品进行修复和改造的同时，又能够促进先进设计和制造技术的发展，为新产品的设计和制造提供新观念、新理论、新技术和新方法，加快新产品的研制周期。再制造工程扩大了先进制造技术的内涵，是先进制造技术的重要补充和发展。

2. 再制造工程是全寿命周期管理工作的延伸

目前，国内外越来越重视产品的全寿命周期管理。传统的产品寿命周期从设计开始，到报废结束。全寿命周期管理要求不仅要考虑产品的论证、设计、制造的前期阶段，而且还要考虑产品的使用、维修直至报废品处理的后期阶段。其目标是在产品的全寿命周期内，使资源的综合利用率最高，对环境的负影响

最小，费用最低。再制造工程在综合考虑环境和资源效率问题的前提下，在产品报废后，能够高质量地提高产品或零部件的重新使用次数和重新使用率，从而使产品的寿命周期成倍延长，甚至形成产品的多寿命周期。因此，再制造工程是产品全寿命周期管理的延伸。

再制造性设计是产品全寿命周期设计的重要方面。在以往的产品开发过程中，大多采用顺序工程设计和并行独立设计，对产品投入使用后的维修和报废后的处理在设计阶段考虑过少。而全寿命周期设计是一个系统集成的设计，它以并行的方式设计产品及其相关过程，要求设计人员在一开始就自觉地考虑产品整个生命周期从概念形成到产品完全报废处理的所有因素。全寿命周期设计不仅包括可靠性共性设计（加工性设计、可靠性设计、维修性设计、保障性设计、安全性设计、检试性设计等），而且应该包括再制造性设计（如可拆卸可装配性设计、模块化设计、通用性设计、可再制造加工性设计、性能升级性设计，材料可重复利用性设计）以及产品的环保处理设计等。确保产品的可再制造的特性，并使其对环境负影响最小，以利于可持续发展，关键在于产品设计，在于设计所赋予的产品结构和性能特征。产品的再制造性设计，使产品在设计阶段就为后期报废处理时的再制造加工或改造升级打下基础，以实现产品全寿命周期管理的目标。

3. 再制造工程是实现机电产业可持续发展的重要技术支撑

20 世纪是人类物质文明飞速发展的时期，也是地球环境和自然资源遭受最严重破坏的时期。环境污染和生态失衡在 20 世纪末已经成为显性危机，成为制约世界经济可持续性发展，威胁人类健康的主要因素之一。保护地球环境、实现可持续发展，已成为世界各国共同关心的问题。我国 1994 年公布的《中国二十一世纪议程》中对清洁生产做出了明确的规定，要求在今后的生产中做到“废物减量化、资源化和无害化，或消灭于生产过程中”。

再制造工程在生态环境保护和可持续发展中的作用，主要体现在以下几个方面：

1）通过再制造性设计，在设计阶段就赋予产品减少环境污染和利于可持续发展的结构、性能特征。

2）再制造过程本身不产生或产生很少的环境污染。

3）再制造产品比制造同样的新产品消耗更少的资源和能源。

4. 再制造工程是新的经济增长点

据发达国家统计，每年因腐蚀、磨损、疲劳等原因造成的损失占国民经济总产值的 3% ~ 5%，我国每年因腐蚀造成的直接经济损失达 200 亿元。我国有几万亿元的设备资产，每年因磨损和腐蚀而使设备停产、报废所造成的损失都逾千亿元。面对如此大量设备的维修和报废后的回收，如何尽量减少材料和能源浪费、减少环境污染，最大限度地重新利用资源，已经成为亟待解决的问题。再制造工程能够充分利用已有资源（报废产品或其零部件），不仅满足可持续发展战略的要求，而且可形成一个高科技的新兴产业——再制造产业，能创造更大的经济效益。

随着人们对可持续发展战略重要性的认识，世界许多国家都在采取相应的措施，如许多国家都制定了产品的生态标志。国际标准化组织也提出了 ISO14000 系列标准，对未能取得 ISO14000 认证的企业产品禁止或限制进入市场流通，以保证产品的“环境竞争力”。在经济全球化蓬勃发展的今天，在这股全球性的“绿色浪潮”下，我国的传统制造业所面临的形势格外严峻。发展再制造产业是应付这种挑战的一种有效手段。使用再制造产品将使制造业降低成本、节约资源、减少污染，是提高产品竞争能力的重要途径。与此同时，随着产品更新换代和企业重组，我国数十年建设所积累的价值数万亿元的设备、设施，正在经历着或面临着改造更新的过程，尤其是我国 20 世纪 70 年代末以来引进的大量成套设备也面临到寿、报废的问题。再制造工程不仅能够延长现役设备的使用寿命，最大限度发挥设备的作用，也能够对报废或即将报废的设备进行技术改造、整体翻新，赋予旧设备更多的高新技术含量，使其赶上时代前进的步伐；它是以最少的投入而获得最大的效益的回收再利用方法。同时，发展再制造产业，也能够为专业技术人员和工人创造更多的就业机会，减轻下岗人员对社会的压力。再制造工程在 21 世纪将为国民经济的发展带来巨大的效益，可望成为新世纪新的经济增长点。

32. 1. 3　再制造业发展趋势

1. 原设备制造商支持并参与再制造

在目前再制造商和原设备制造商大多各自独立的情况下，再制造工业的发展对原设备制造商能够产生积极和消极两个方面的影响。一方面，再制造商生产的再制造产品会抢占原设备制造商的需求市场，影响原产品的销售。另一方面再制造商可以为原设备制造商淘汰生产线后使用的产品提供维修的备件，以减轻制造商的服务负担，同时减少了原设备制造商对末端产品回收处理的费用支出，而且因再制造商在再制造过程中需要更换大量的新品零部件，可以增加原设备制造商零部件的销量。原设备制造商也会根据自己的利益需求变化，在产品设计和专利及技术信息等方面阻碍或支持再制造。再制造工业的性质，使加强再制造商和主要的原始制造厂之间的联系非常必要。随着再制造业巨大的经济利益和环境效益，越来越多制造商将会投入到所生产产品的再制造中，而且因其具有的技术、设备、专利等方面的优势，原设备制造商开展再制造将会得到迅速的发展。

2. 加强产品设计过程中的面向再制造设计

环境和资源的压力将迫使政府和制造商制订措施，从产品生产源头考虑末端产品的再制造。末端产品的可再制造能力——再制造性是影响产品再制造的主要因素。产品设计阶段可以决定产品 2/3 的再制造性，因此产品设计阶段的再制造性设计也必然会成为再制造领域的重要研究内容。再制造性设计包括设计产品易拆解、易清洗、易检测、易维修（升级）、易装配、标准化、模块化等内容。在产品设计阶段提出再制造性的指标并进行量化的评价，以指导产品末端时最优化的再制造保障。随着原设备制造商逐渐地参与自己产品的再制造，他们在设计过程中考虑再制造性的积极性会得到很大的调动。

3. 政府制定政策法规支持再制造业

环境污染和资源匮乏所带来的巨大威胁，以及再制造业所带来的巨大经济和社会效益，将促进政策制定者逐步取消原政策中对再制造业限制的措施和规定，并制定更多的政策法规来支持再制造产业的发展。例如，协调原设备制造商和第三方的再制造商之间的利益关系；促使原设备制造商在全寿命周期内对产品负责，进行再制造性设计；通过押金或者其他机制，保证客户将末端产品通过一定的渠道回收到再制造商处；对再制造企业进行一定的纳税优惠政策；鼓励政府等部门优先选用再制造产品。其他方面促进再制造的法规和政策还包括环境政策、贸易政策和政府制定的法则。

4. 公众逐步认可再制造产品

目前影响再制造工业发展的关键因素之一是公众对再制造的认识理解，大多数还认为再制造产品属于旧品翻新，而对其质量进行怀疑。随着再制造业宣传的深入、公众文明程度的提高以及环境污染所带来的威胁，将使公众逐步提高对绿色再制造产品的认可程度，明白再制造是一个全新的产品制造过程，再制造产品属于新品的范畴，再制造是再循环的最佳形式，对环境和经济具有重要作用。一种成功的公众再制造意识培养，将强调再制造的经济和环境利益，可以使公众认识到再制造的效益，能够提高再制造产品相对于新产品竞争中的环保、质量和价格优势。

32.2　再制造设计基础

32.2.1　产品再制造性设计及评价

1. 再制造性的相关定义

废旧产品的再制造性是决定其能否进行再制造的前提，是再制造基础理论研究中的首要问题。再制造性的定义可描述为：在规定的条件及时间内使用的产品退役后，综合考虑技术、环境等因素后，在达到规定性能时，通过再制造获取原产品价值的能力，记作 $R_{(a)}$。

该定义中包括以下几个要点：

1）再制造性是通过设计过程赋予产品的一种固有的属性。对再制造性的量度是随机变量，只具有统计上的意义，因此要用概率来表示。由概率的性质可知，$0 < R_{(a)} < 1$。

2）规定条件及时间。规定的条件包括运输条件、产品使用工况、再制造技术及工艺、人员情况等；规定的时间指废旧产品进行再制造的时间；规定的性能指对再制造产品的性能要求，可以是恢复到原产品所具有的性能，可以是产品进行降级改造时所要求具有的性能，也可以是产品升级时所提出的更高性能要求。

3）再制造性的相对性。在不同的环境条件、不同的使用条件、不同的再制造条件、不同的工作方式、不同的使用时间等条件下，同一产品的再制造性是不同的，离开具体条件谈论再制造性是没有意义的。产品的再制造性包括固有再制造性和应用再制造性，前者指产品设计中所赋予产品的静态再制造性，后者指废旧产品再制造前实际具有的再制造性。

再制造性是产品本身所具有的一种属性，无论在原设计时是否考虑进去，都客观存在，且其将会随着产品的发展而变化。随着时间的推移，某些产品的再制造性可能发生变化，以前不可能再制造的产品会随着关键技术的突破而增大其再制造性。以前能再制造的产品会随着环保指标的提高而变成不可再制造。评价产品的再制造性包括从废旧产品的回收至再制造产品的销售整个阶段，其具有地域性、时间性、环境性。

产品的再制造性分为固有再制造性和使用再制造性。

固有再制造性 $R_{(sa)}$ 是产品设计过程中赋予的再

制造性。由设计奠定、制造实现和保证的再制造性，是产品的固有属性，奠定了实际再制造性的2/3。固有再制造性不高，相当于"先天不足"。在产品寿命各阶段中，设计阶段对再制造影响最大。如果设计阶段不认真进行再制造性设计，则以后无论怎样精心制造，严格管理，技术进步，也难以保证其再制造性。制造只能尽可能保证实现设计的再制造性，使用则是维持再制造性，尽量减少再制造性降低，而技术进步，则往往能够提高产品的再制造性，同时人们需求的提高，又会降低产品的再制造性。

使用再制造性 $R_{(ua)}$ 是产品在到达再制造厂后，在再制造过程中具有的再制造性。由于人员、地点、技术、设备等的不同，使同样的产品具有不同的实际再制造性，而且工厂主要关心产品的实际再制造性。一般来讲随着产品使用时间的增加，其固有再制造性将降低。

2. 产品再制造性设计

为了确保产品的再制造性，必须制订完整的再制造性计划，从产品的设计、研制、制造、装配、使用、再制造至报废，所有阶段都应当有可靠的再制造性保证措施。一般来说，产品再制造性的2/3是在产品设计阶段确定的。因此，设计正确并确保设计阶段的再制造性是最重要的一环。

(1) 产品设计中再制造性的定性分析

对产品再制造性要求包括定量和定性两方面。目前对新品再制造性设计的研究还只是处在定性分析阶段，尚没有形成科学的再制造性设计体系。根据目前定性研究情况，参照再制造全过程中各步骤的要求，再制造性设计主要应考虑以下几个方面。

1) 易于运输性。废旧产品由用户到再制造厂的逆向物流是再制造的主要步骤，直接为再制造提供了不同品质的原料，而且产品逆向物流费用一般占再制造总体费用比率较大，对再制造具有至关重要的影响。产品设计过程必须考虑末端产品的运输性，使得产品更经济、安全地运输到再制造工厂。例如对于大的产品，在装卸时需要使用叉式升运机的，要设计出足够的底部支撑面；尽量减少产品突出部分，以避免在运输时碰坏，并可以节约储存时的空间。

2) 易于拆解性。拆解是再制造的必需步骤，也是再制造过程中劳动最为密集型的过程，对再制造的经济性影响较大。再制造的拆解要求能够尽可能保证产品零件的完整性，并要求减少产品接头的数量和类型，减少产品的拆解深度，避免使用永固性的接头，考虑接头的拆解时间和效率等。在产品中使用卡式接头、模块化零件、插入式接头等均有易于拆解，减少

装配和拆解的时间，但也容易造成拆解中对零件的损坏，增加再制造费用。因此，在进行易于拆解的产品设计时，对产品的再制造性影响要进行综合地考虑。

3) 易于分类性。易于分类的零件也可以明显地降低再制造总体时间，并提高再制造产品的质量。为了使拆解后的零件易于分类，设计时要采用标准化的零件，尽量减少零件的种类，对相似的零件设计时应该进行标记，增加零件的类别特征，以减少零件分类时间。

4) 易于清洗性。清洗是保证产品再制造质量和经济性的重要环节。目前存在的清洗方法包括超声波清洗法、水或溶剂清洗法等。可达性是决定清洗难易程度的关键，设计时应该使外面的部件具有易清洗且适合清洗的表面特征，例如采用平整表面，采用合适的表面材料和涂料，减少表面在清洗过程中的损伤概率等。

5) 易于修复（升级）性。对原制造产品的修复和升级是再制造过程中的重要组成部分，可以提高产品质量，并能够使之具有更强的市场竞争力。因为再制造主要依赖于零部件的再利用，设计时要增加零部件的可靠性，减少材料和结构的不可恢复失效，防止零部件的磨损和腐蚀；要采用易于替换的标准化零部件和可以改造的结构，并预留模块接口，增加升级性；要采用模块化设计，通过模块替换或者增加模块而升级再制造产品。

6) 易于装配性。将再制造零部件装配成再制造产品是保证再制造产品质量的最后环节，对再制造周期也有明显的影响。采用模块化设计和零部件的标准化设计明显有利于装配的进行。据估计，再制造设计中如果拆解时间能够减少10%，通常装配时间则可以减少5%。另外，再制造中的产品应该尽可能允许多次拆解和再装配，所以设计时应考虑产品具有较高的连接质量。

新品的设计是一个综合、并行的过程，需要综合分析功能、经济、环境、材料等多种因素，必须将产品末端时的再制造性作为产品设计的一部分，进行系统考虑，保证产品寿命末端的再制造能力，以实现产品的最优化回收。

(2) 再制造性定量要求

满足了对再制造性的定性要求，能大大提高产品的再制造性，但还不便于直接度量产品再制造性的优劣程度。一门学科只有在应用数学方法进行描述的时候，才能达到完善的地步，因而对产品再制造性还需要定量描述。再制造性应该发展成为一门较完善的工程技术学科，也需要成功地运用数学方法，使其从一

般模糊、定性的概念上升到客观、定量的描述。再制造性是产品一项十分重要的用回收的价值量来表示的定量指标。

描述再制造性的量值称为再制造性参数，而对再制造性参数要求的量值称为再制造性指标。再制造性的定量要求就是通过选择适当的再制造性参数及确定指标来提出的。为说明再制造性参数的概念，先介绍有关再制造性函数。

1) 再制造性函数。因产品再制造性主要反映在再制造费用和环境效益上，而再制造费用和环境效益又是依据外界条件而变化的随机变量，因而再制造的定量描述可以再制造效益率为基础。

再制造度 $R_{(n)}$ 是指在规定的条件及时间内使用的产品退役后，综合考虑技术、环境等因素，通过再制造所能获得纯利润与生成的再制造产品的价值的比率，其计算公式见式 (32-1)。再制造度是再制造性的定量定义。

$$R_{(n)} = \frac{C_r + C_e - C_c}{C_r + C_e} = 1 - \frac{C_c}{C_r + C_e} \qquad (32-1)$$

式中　C_c——再制造的总投入费用；

　　　C_e——通过再制造得到的环境收益费用；

　　　C_r——再制造产品的总价值。

再制造度是一种比率，而产品由于其失效形式不同，其比率也会不同，因而具有统计意义。再制造度随着时间的增长而会逐渐减少，时间越长，故障越多，再制造投入越大，再制造度也越小。

平均再制造度 $R_{(an)}$ 是指单位产品的平均再制造比率。假设某零件主要有 n 种失效模式，其在产品末端对应的失效概率为：$F_1\%$、$F_2\%$、$\cdots$、$F_n\%$，n 种模式的再制造度分别是 $R_{(1)}$、$R_{(2)}$、$\cdots$、$R_{(n)}$，则其平均再制造度为

$$R_{(an)} = R_{(1)} \times F_1\% + R_{(2)} \times F_2\% + \cdots + R_{(n)} \times F_n\%$$
$$(32-2)$$

再制造率 $R_{(f)}$ 是一定数量的产品中能够通过再制造达到或超过一定再制造度的比率。设有 N 个产品，其中能够进行达到或超过某一设定再制造度值的产品为 m 个，则其再制造率为

$$R_{(f)} = \frac{m}{N} \qquad (32-3)$$

如果零件的检测费大于该零件纯利润与再制造率的乘积，则表明该零件不可再制造，可以在产品拆解过程中直接丢弃，避免进入清洗及检测过程。按经济界限模型表述为

$$C_i \geq R_{(f)}(C_r + C_e - C_c)$$

2) 再制造性参数。再制造性参数是度量再制造

性的尺度，能反映对产品的再制造需求，直接与再制造时间、再制造产品性能、再制造人力及保障资源有关，通常用再制造时间、再制造费用等参数表示。

再制造时间 $T_{(r)}$ 是指退役装备或其零部件自进入再制造程序后，通过再制造过程恢复到合格状态的时间。一般来说，再制造时间 $T_{(r)}$ 要小于制造时间 $T_{(m)}$。

平均再制造时间 $T_{(ar)}$ 是指废旧装备从进入再制造生产线到生成规定性能的再制造装备的平均加工时间。

最大再制造时间 $T_{(mr)}$ 是指废旧装备从进入再制造生产线到生成规定性能的再制造装备的最大加工时间。

最短再制造时间 $T_{(sr)}$ 是指废旧装备从进入再制造生产线到生成规定性能的再制造装备的最短加工时间。

再制造装备的价值 C_r 是指根据再制造装备所具有的性能确定的实际价值，可以以市场价格作用衡量标准。由于新技术的应用，可能使得升级后的再制造装备其价值要高于原来装备的价值。

再制造的环保价值 C_e 是指因为进行再制造而避免新品制造过程中所造成的环境污染，以及废旧装备进行环保处理时所需要的费用总和。

再制造过程的注入费用 C_c 是指再制造全过程中注入的全部费用，包括运输费、加工费、检测费、清洗费、拆解费、替换件费、管理费、人员费等。

(3) 产品再制造性设计步骤

1) 再制造性指标及其量值的确定。所有的产品都具有一定的再制造性，产品的再制造性的高低是由其再制造性指标来衡量的。再制造性指标过低的产品不具备再制造价值，但过高又易于过量增加成本，所以产品再制造性指标的选择必须根据产品的设计和使用要求，其量值大小也要合理选择。再制造性指标是整个再制造性工程所要达到的目标，正确地选择产品的再制造性指标及其量值，将为产品的再制造性工作奠定良好的基础。产品的设计决定了产品的固有再制造性，但还有待进一步研究确定衡量产品再制造性的指标。

确定指标的量值是决定产品再制造性实现的重要标志，一般可以参照同类产品的再制造性指标来确定，或者由产品的再制造性分析模型和再制造性预测方法来预测产品的再制造性指标值，再由预测值来确定再制造性的量值，也必须考虑技术、环境、工艺等因素的影响和需要，决定产品再制造性指标的量值。

2) 故障树分析。一般来讲，零件如果没有失效，并且剩余寿命大于产品使用周期时，可以确定该零件的再制造性为 100%；如果失效，则目前的磨损、腐

蚀等形式一般可以通过技术进行再制造，具有较好的再制造性；发生不可修复故障零件的再制造性则可以确定为零。通过在产品设计时分析产品可能和潜在的故障模式，确定零部件可能的失效方式，以及零部件在再制造中发生失效的可能性，对不同的零部件的失效模式进行预测，可以确定产品的哪些零件可能直接重新使用，哪些零件可能在再制造后重新使用，以及不同零件重新使用的概率，从而确定产品在不同情况下的再制造性。所以对产品进行故障树分析，进而推导出零件的失效模式及失效概率，就可以确定出其相应的再制造性，为最终确定产品再制造性提供重要依据。并且通过零件的失效模式分析，选用故障率低的零部件，可以提高产品的再制造性。

3）再制造性预测。再制造性预测是根据产品各部分的结构及各零件的再制造性，估计、测算出产品的再制造性。再制造性预测的目的：协调设计参数及指标，提高产品的再制造性；对比产品设计方案，以选择最佳形式；预示再制造性薄弱环节，以采取改进措施。再制造性预测是再制造性设计的重要内容，包括零件的再制造性预测和产品的再制造性预测。

零件再制造性预测主要是指根据组成产品的各零件的不同故障模式的概率，预测零件的再制造性，并确定其再制造工艺。

产品再制造性预测是指根据不同零件的再制造性与组成产品的零部件数量、零部件的失效模式以及零部件之间装配方法、相互关系等，预测产品的再制造性，并确定其整体的再制造工艺。产品整体再制造性预测方法还需要进行深入的研究。

4）再制造性分配。再制造性分配是指将设计任务书上规定的产品再制造性指标，合理地分配到产品各子单元及零件的一种设计方法。再制造性分配是一个从大到小、由上到下的分解过程，其主要目的是把再制造性指标分配给各级部件，作为产品设计中各单元的一个重要参数，使各部分设计人员明确其再制造性设计要求，并研究实现这些要求的可能性及办法。它也是再制造性试验与评估的依据。

5）再制造性试验。为了提高或者保证产品的再制造性，需要进行产品使用后在相应情况下的再制造试验，以确定产品在一定条件下的再制造。再制造性试验的目的是保证产品在规定的使用条件下能够达到规定的再制造性。再制造性试验是取得再制造性指标数据的有效手段，可以发现产品设计和研制阶段的问题，明确是否需要修改设计以提高产品的再制造性。同时，再制造性试验也是对改进后的再制造性指标进行评定和验证，一般应包括实验室再制造性试验和现场再制造性试验两种。

3. 废旧产品的再制造性评价

再制造性评价主要是对于再制造前的废旧产品，评价其使用再制造性值，以确定其能否进行再制造的过程。再制造性评价的对象包括产品和零部件。

（1）再制造性影响因素分析

废旧产品是指退出服役阶段的产品。退出服役原因主要包括：产品产生不能进行修复的故障（故障报废）、产品使用中费效比过高（经济报废）、产品性能落后（功能报废）、产品的污染不符合环保标准（环境报废）、产品款式等不符合人们的爱好（精神报废）。

再制造全周期指产品退出服役后所经历的回收、再制造加工及再制造产品的使用直至再制造产品再次退出服役阶段的时间。再制造加工周期指废旧产品进入再制造工厂至加工成再制造产品进入市场前的时间。

由于再制造属于新兴学科，再制造设计是近年来新提出的概念，而且处于新产品的尝试阶段，以往生产的产品大多没有考虑再制造特性。当该类废旧产品送至再制造工厂后，首先要对产品的再制造性进行评价，判断其能否进行再制造。再制造性是指经技术、经济和环境等因素综合分析后，废旧产品所具有的通过修复或改造，恢复或超过原产品性能的能力。再制造特性的设计和评价是决定产品是否利于再制造的前提，是再制造理论研究中的首要问题。国外已经开展了对产品再制造特性评价的研究。影响再制造性的因素错综复杂，可归纳为如图 32-2 所示的几个方面。

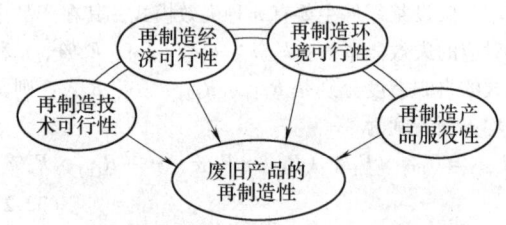

图 32-2　废旧产品的再制造性及其影响因素

由图 32-2 可知，产品再制造的技术可行性、经济可行性、环境可行性、产品服役性等影响因素的综合作用决定了废旧产品的再制造性，而且四者之间也相互产生影响。

再制造性的技术可行性要求废旧产品进行再制造加工技术及工艺上可行，可以通过原产品恢复或者升级恢复或者提高原产品性能的目的，而不同的技术工艺路线又对再制造的经济性、环境性和产品的服役性产生影响。

再制造特性的经济可行性是指进行废旧产品再制

造所投入的资金小于其综合产出效益（包括经济效益、社会效益和环保效益），即确定该类产品进行再制造是否"有益可图"，这是推动某种类废旧产品进行再制造的主要动力。

再制造特性的环境可行性是指对废旧产品再制造加工过程本身及生成后的再制造产品在社会上利用后，对环境的影响小于原产品生产及使用所造成的环境污染成本。

再制造产品的服役性主要指再制造加工生成的再制造产品本身所具有的使用性，能否满足相应市场需要，即再制造产品是否具有一定的时间效用。

通过以上四个对废旧零件再制造性的评价后，可为再制造加工提供技术、经济、环境和使用综合考虑后的最优方案，并为在产品设计阶段进行面向再制造的产品设计提供技术及数据参考，指导新产品设计阶段的再制造考虑。正确的再制造性评价还可为推广再制造产品种类、增加投资者信心提供科学的依据。

（2）再制造特性评价模型

由以上概念及相互关系可知，废旧产品的再制造特性评价是一个综合的系统工程，研究其评价体系及方法，建立再制造性评价模型，这是科学开展再制造工程的前提。不同种类的废旧产品其再制造性一般不同，即使同类型的废旧产品，因为产品的工作环境及用户不同，其导致废旧产品的方式也多种多样，如部分产品是自然损耗达到了使用寿命而报废，部分产品是因为特殊原因（如火灾、地震及偶然原因）而导致报废，部分产品是因为技术、环境或者拥有者的经济原因而导致报废，不同的报废原因导致了同类产品具有不同的再制造性值。

对再制造性值的判断，可以通过采集大量影响产品再制造的技术性、经济性、环境性和服役性等信息，构建包括非线性多影响因素的数据集；利用模糊数学和数理统计方法，对模糊因素进行分析量化；通过定性和定量相结合、模糊评判、综合权衡等方法，确定废旧产品再制造的经济、技术、环境的评价指标及权衡因子，建立较为完善的再制造性评价模型。废旧产品的再制造性评价流程，可以采取如图 32-3 所示的流程。

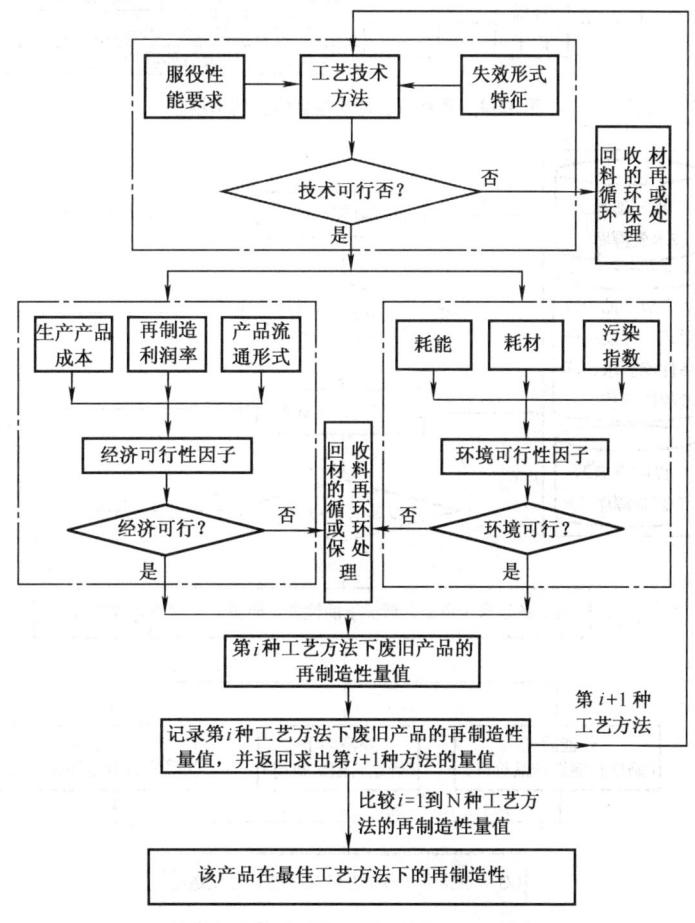

图 32-3 废旧产品再制造性评价流程

（3）评价体系

1）确定评价指标。根据再制造的全周期，将评价体系分为技术、经济、环境三个方面，并建立相关的评价指标体系结构模型（图32-4）。

不同的技术工艺（包括产品的回收、运输、拆卸、加工、使用、再制造等技术工艺）可以产生不同的再制造产品性能（包括产品的功能指标、可靠性、维修性、安全性、用户友好性等方面），并且对产品的经济、环境产生直接的影响。该模型中所获得的产品的再制造性是指在某种技术工艺下的再制造性，并不一定为最佳的再制造性，而通过进行对比不同技术工艺下的再制造性量值，可以根据目标，确定

废旧产品最适合的再制造工艺方法。

2）建立评价基准。再制造性评价中包含的因素多而且复杂，选择不同的标准将会影响到评价的可行度。因为再制造是以废旧产品作为毛坯来进行加工，为了简化评价方法，可采用比较法来确定废旧产品的再制造性，即以原产品的性能、经济、环境作为评价基准，通过再制造产品与原产品的比较，得出废旧产品的再制造性。

3）确定评价方法。对再制造中各因子的评定可以采用如下理想化的方法，通过建立数据库，输入相关的要求而获得不同技术工艺条件下的技术、经济、环境因子，如图32-5所示。

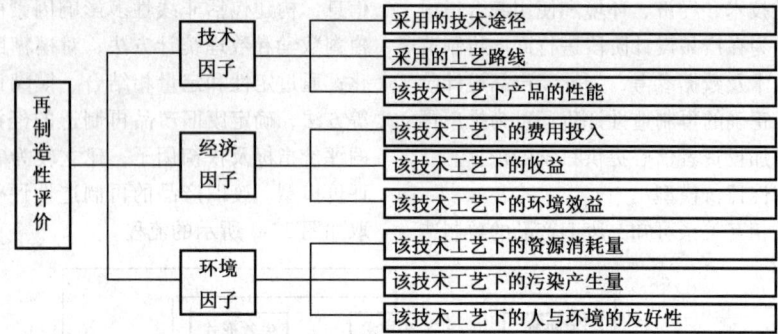

图 32-4　再制造性评价指标体系结构模型

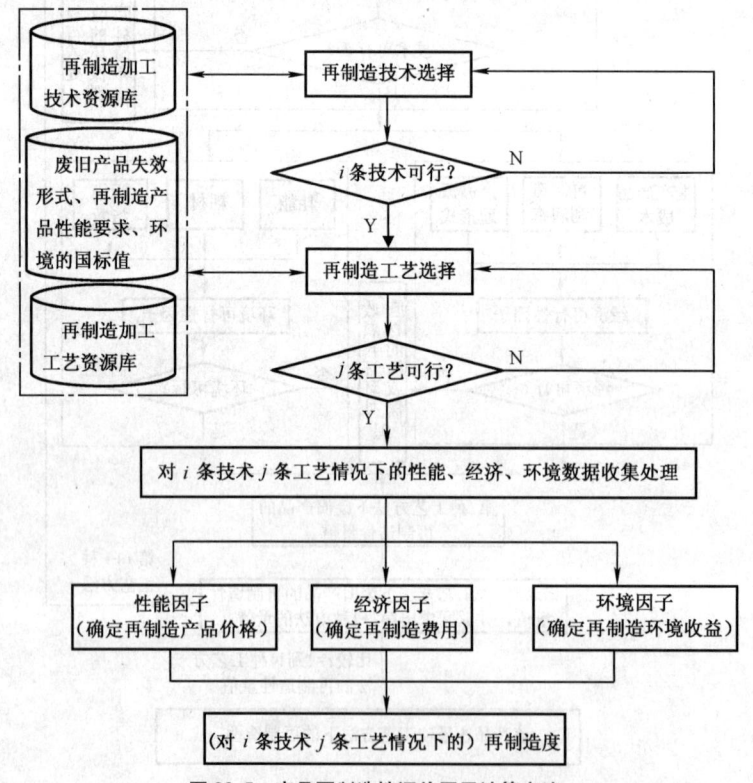

图 32-5　产品再制造性评价因子计算方法

① 技术因子计算。根据废旧产品的失效形式及再制造产品性能、工况及环境标准限值等要求，选定不同的技术及工艺方法，并预测出在该技术及工艺下，再制造后产品的性能指标，与当前产品性能相比，以当前产品的价格为标准，预测确定再制造产品的价格。根据不同的产品要求，可有不同的性能指标选择。技术因子的评价步骤如下。

对 i 条技术 j 条工艺情况下的预测产品的某几个重要性能，如可靠性 r、维修性 m、用户友好性 e 及某一重要性能 f 作为技术因子的主要评价因素，建立技术因子 P 的一般评价因素集：

$$P = \{r, m, e, f\} \qquad (32-4)$$

建立原产品的技术因子 P_0 的评价因素集：

$$P_0 = \{r_o, m_o, e_o, f_o\} \qquad (32-5)$$

建立再制造产品技术因子评价因素集：

$$P_{ij1} = \{r_{ij}, m_{ij}, e_{ij}, f_{ij}\} \qquad (32-6)$$

将 P_{ij1} 和 P_0 中各对应的评价因素相比，相应对比评价指标为

$$P_{ji2} = \left\{ \frac{r_{ij}}{r_o}, \frac{m_{ij}}{m_o}, \frac{e_{ij}}{e_o}, \frac{f_{ij}}{f_o} \right\} \qquad (32-7)$$

化简，得

$$P_{ij3} = \{r_{ijo}, m_{ijo}, e_{ijo}, f_{ijo}\} \qquad (32-8)$$

建立各评价因素的权重系数

$$A = (a_1, a_2, a_3, a_4) \qquad (32-9)$$

式中，a_1、a_2、a_3、a_4 分别为 r_{ijo}、m_{ijo}、e_{ijo}、f_{ijo} 的权重系数，且满足 $0 < a_i < 1$，$\sum\limits_{i=1}^{4} a_i = 1$

则其第 i 种技术第 j 种工艺条件下的技术因子 P_{ij} 可以计算为

$$P_{ij} = a_1 \times r_{ijo} + a_2 \times m_{ijo} + a_3 \times e_{ijo} + a_4 \times f_{ijo} \qquad (32-10)$$

式中，$P_{ij} > 1$ 时，表明再制造产品的综合性能优于原制造产品。

同时预测第 i 种技术第 j 种工艺条件下得到的再制造产品的价值与原产品价值的关系可以用下式表示

$$C_{rij} = a \times P_{ij} \times C_m \qquad (32-11)$$

式中　C_{rij}——第 i 种技术第 j 种工艺条件下生成的再制造产品的价值；

　　　C_m——原制造产品的价值；

　　　P_{ij}——第 i 条技术 j 条工艺情况下的技术因子；

　　　a——一个系数。

根据式（32-11），可以预测再制造后产品的价值。

② 经济因子的计算。在第 i 种技术第 j 种工艺条件下，可以预测出不同的再制造阶段的投入费用（成本）。产品各阶段的费用包含诸多因素，设共有 n 个阶段，每个阶段的支出费用分别为 C_i，则全阶段的支出费用为

$$C_{cij} = \sum_{K=1}^{n} C_K \qquad (32-12)$$

③ 环境因子的计算。环境因子的评价采用黑盒方法，考虑在第 i 种技术第 j 种工艺条件下的再制造的全过程中，输入的资源 R_i 与输出的废物 W_o 的量值，以及在再制造过程中对人体健康的影响程度 H_e。根据再制造的工艺方法不同，输入的资源也不同，具体的评价指标也不同，设主要考虑输入的能量值 R_e、材料值 R_m，输出的污染指标主要考虑三废排放量 W_w、噪声值 W_s 和对人体健康的影响程度 H_e。参照技术性的评价方法，可以对比建立环境因子 E_{ij}。而由对比关系可知，E_{ij} 的值越小，则说明再制造的环境性越好。

同时参照相关环境因素的评价，可以将第 i 种技术第 j 种工艺条件下的再制造在各方面减少的污染量转化为再制造所得到的环境收益 C_{eij}。

④ 确定再制造度量值。通过对技术、经济、环境因子的求解，最后可获得在第 i 种技术第 j 种工艺情况下的再制造度 $R_{(nij)}$

$$R_{(nij)} = \frac{C_{rij} + C_{eij} - C_{cij}}{C_{rij} + C_{eij}} = 1 - \frac{C_{cij}}{C_{rij} + C_{eij}} \qquad (32-13)$$

显然，若 $R_{(nij)}$ 的值介于 0 与 1 之间，值越大，则说明再制造性越好，其经济性越好。

⑤ 选定最佳再制造度量值。通过反复循环求解，可求出在有效技术工艺下的再制造度量值集合

$$R_{nb} = \mathrm{Max}\{R_{n11}, R_{n12}, \cdots, R_{nij}, \cdots, R_{nnm}\} \qquad (32-14)$$

式中　n——最大技术数量；

　　　m——最大工艺数量；

　　　R_n——再制造度；

　　　R_{nb}——最佳再制造度。

由式（32-14）可知共有 $n \times m$ 种再制造方案，求解出 $n \times m$ 个再制造度。选择其中最大值的再制造工艺作为再制造方案。通过上述再制造性的评价方法，可以确定不同的再制造技术工艺路线，提供不同的再制造方案。通过确定最佳再制造度，可以确定最终再制造方案。

32.2.2　废旧产品的失效机理和寿命预测

1. 寿命预测在再制造中的地位与作用

在工业领域，许多大型装备在服役中承受着复杂

的热/力载荷,其中许多重要部件会出现与运行时间相关的损伤机制,如蠕变、疲劳、氧化、腐蚀等。这些装备的失效或破坏往往造成人民生命财产的重大损伤。为了减少经济损失并消除可避免的装备和人身事故,工业设备结构完整性评估的地位和作用已引起了人们的高度重视。过去十几年里,人们为解决设备检测和寿命预测问题做出了不懈的努力,寿命预测已在一些发达国家的工业生产中得到成功应用。

针对新装备的工作条件,通过进行寿命评估与预测,可以制订出合理的检验和维修的优化方案,使设备处于最佳运行状态,从而实现其安全服役寿命的延长。

针对再制造的产品,寿命预测更有重要意义。再制造的对象(毛坯)是经历一次或多次服役周期的零件,该零件是否还有剩余寿命,其剩余寿命能否再适应下一服役周期,这是在制造加工前应首要解决的问题。再制造工程的目的是挖掘废旧产品中材料的潜力,为节省能源、节约材料、保护环境服务。如果对服役后的零件不经寿命预测而轻易报废,就会造成巨大浪费。再制造工程的目标是使废旧产品经过再制造加工性能达到或超过新品;如果不经寿命预测而将已无剩余寿命的零件再装机使用,不仅给用户带来损失,也将给再制造企业带来损失。

近年来材料和结构的设计准则也在发生变化,以疲劳为例,设计准则从无限寿命准则(infinite life criterion)逐步发展到安全寿命准则(safe-life criterion)、破坏—安全准则(fail-safe criterion)和损伤容限准则(damage tolerant criterion)。破坏—安全寿命准则和损伤容限准则是建立在状态评估和寿命预测的基础上的。这些设计准则的基本思想如下:

1)无限寿命准则。无限寿命准则以材料的持久极限为依据设计载荷,力图通过预防材料中损伤的发生来实现无限寿命的目标。实际上,由于服役中荷载和结构的复杂性,无限寿命是不现实的。

2)安全寿命准则。安全寿命准则以实验所获得的平均寿命为基础,通过选择适当的安全系数,力图避免材料损伤在有限的服役寿命内发生。安全系数的确定或者以寿命为基础,或者以荷载为基础,也可以同时考虑荷载和寿命来确定(如 ASME 锅炉设计规范中的要求)。

3)破坏—安全准则。在服役过程中,材料中总会出现不同程度的损伤。可靠性准则的基本思想是要保证在结构的周期性检验期间这类损伤不能导致结构的整体破坏,而可以被检测和被维修。

4)损伤容限准则。损伤容限准则是可靠性准则的进一步发展。制造过程中会导致材料中产生缺陷,材料在服役中也会出现缺陷。这一准则的基本思想是要确保在周期性检验期间这种缺陷不能发展到引进结构破坏。这可通过选择缺陷生长抗力较好的材料来实现。

不管采用何种设计策略,寿命评估与预测都是保证长周期安全服役的重要基础。

总的来说,寿命评估与预测的任务是研究材料的性能退化、破坏与失效机理;研究检测材料失效的方法与评定材料失效的判据,估算结构的安全服役寿命;提出对装备进行维修、关键部件材料性能改良及延长寿命的可行方法。

再制造产品的寿命预测所用到的理论与计算方法与新品的基本相同,但再制造产品的寿命预测难度更大。这是因为运用寿命预测理论和计算方法时,服役后材料初始条件将发生很大变化。掌握初始条件,是再制造产品寿命预测的关键。当前我国对再制造产品寿命预测的研究刚刚起步,尚有广阔的研究空间,要依据下面介绍的基本理论和方法,结合具体的再制造产品进行研究和创新。

2. 材料的失效模式

随着科学技术的发展,对工业领域的许多重要装备,如航空发动机、发电装备、石化装备和离岸结构的性能、可靠性和安全性的要求越来越高,一方面要求在这些装备中采用新的先进材料,另一方面要求对材料在复杂载荷作用下的服役行为和寿命有深入的理解。对材料在服役条件下失效模式的理解和掌握无疑是设计与制造高效、经济、可靠、安全的工业装备的前提。下面介绍金属材料中常见的失效模式。

金属材料的失效通常分为静态失效和与时间相关的失效两种,只有与时间相关的失效模式涉及服役寿命问题。

静态失效模式包括屈服和塑性变形、屈曲、失稳等。这类失效主要取决于块体材料的性能,如屈服强度和弹性模量等。静态失效常发生于一次直接加载的情况下。可通过试验验证对静态失效进行评价。

与时间相关的失效模式包括腐蚀、磨损、应力腐蚀开裂、氢致损伤、蠕变和疲劳等。这类失效与材料中的薄弱环节(如局部缺陷等)密切相关,损伤的发生和发展是服役时间的函数,对载荷(包括载荷大小、加载速率、循环特性)、温度、介质等非常敏感。失效可能是几种模式交互作用的结果。以下着重介绍疲劳失效。

疲劳是材料在变动载荷作用下发生的局部损伤

现象。构件或结构的疲劳强度主要受材料的性能、几何因素引起的应力集中、表面粗糙度、残余应力、载荷循环特性等因素的影响。目前普遍认为，理想状态下的疲劳破坏可分为四个阶段，如图 32-6 所示。

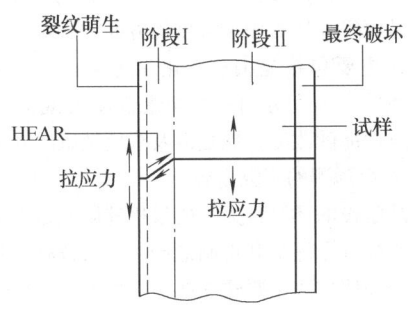

图 32-6　疲劳破坏不同阶段示意图

疲劳破坏的四个阶段分别是裂纹萌生、阶段 I、阶段 II 和最终断裂。

对延性金属材料来说，疲劳裂纹的萌生通常在表面的滑移带处发生，这一过程可用图 32-7 所示的"挤入"、"挤出"模型来表征。除疲劳裂纹的滑移带萌生模型外，疲劳裂纹也可在晶粒边界、第二相粒子边界以及材料所包含的冶金缺陷或机械加工缺陷处萌生。

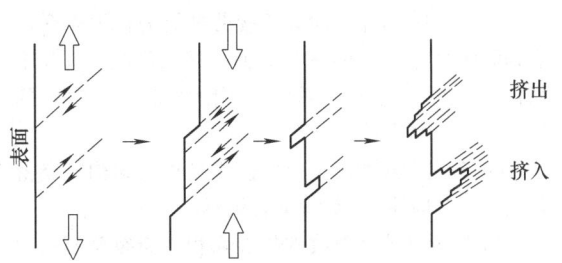

图 32-7　滑移带"挤入"与"挤出"模型

在阶段 I 中，表面滑移带处萌生的疲劳裂纹向材料内部扩展，此时剪应力控制的滑移机制逐渐转变为正应力控制的裂纹扩展机制。

阶段 I 向阶段 II 的转变是裂纹尖端处剪应力与正应力之比减小的结果。取决于构件的几何形状、材料性能和应力状态，阶段 II 疲劳裂纹的扩展寿命可能不足总寿命的 10% 或者是 100% 的总寿命。

对金属疲劳断口的电子显微镜分析发现，微观上疲劳裂纹的扩展主要有三种模式，分别是辉纹形成、微空洞聚合和微解理，如图 32-8 所示。

延性材料一般表现出辉纹特征和微空洞的聚合特征，每一条辉纹代表每一载荷循环下疲劳裂纹的扩展量。高强度钢中疲劳裂纹的辉纹特征并不明显。微解理通常在较低的能量下发生，工程实际中应避免以微解理为主的疲劳裂纹扩展。

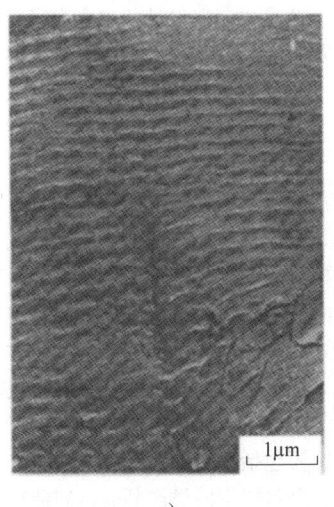  

a)　　　　　　　　　　b)　　　　　　　　　　c)

图 32-8　裂纹扩展的微观机理

a）辉纹　b）微空洞聚合　c）微解理

针对疲劳失效模式，可以归纳以下要点：

1）疲劳损伤是不可逆过程。

2）疲劳总寿命 N_f 包括裂纹萌生寿命 N_i 和裂纹扩展寿命 N_p 两部分。

3）微裂纹或裂纹类缺陷的初始扩展速率一般较小。

4）疲劳裂纹通常在构件自由表面萌生，也可在材料内部第二相粒子边界萌生。

5）一些条件下，阶段 I 疲劳裂纹的扩展寿命可达到疲劳总寿命 N_f 的 90%，而扩展面可能只有几个晶粒尺寸大小，另外一些条件下阶段 II 可能占 N_f 的绝大部分。

6）疲劳裂纹的萌生及阶段 I 扩展与结构特点密切相关，对构件表面状况非常敏感。

7）阶段 II 疲劳裂纹的扩展面积占断裂总面积的绝大部分。

8）阶段 II 疲劳扩展与结构特点并无太大关系。

3. 影响寿命预测的因素

要预测材料或结构的寿命，首要的问题是要建立合适的寿命预测模型。寿命模型的建立综合考虑材料、载荷、制造、服役等方面的因素，如图 32-9 所示。

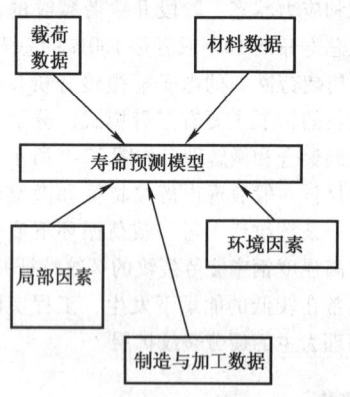

图 32-9　影响寿命预测模型的因素

1）材料数据。材料数据一般是通过试验获得的，在建立寿命模型时应该考虑所需的数据及为获取材料数据所必需的基本试验及其可行性。同时应该考虑模型的适用范围，如模型是否可应用于钢铁材料、非铁金属等不同的材料。对疲劳来说，还应考虑从其他试验（如拉伸、硬度等）折算疲劳数据的可能性。

2）载荷数据。载荷数据主要提供服役过程中载荷（机械载荷、温度载荷等）与时间的相关特性。以疲劳载荷为例，载荷数据应包括循环特性（如等幅、变幅、随机、频率、平均应力等），还应包括过载冲击等影响。

3）制造与加工方面的数据。加工方法的不同会影响构件服役寿命的不同，建立寿命模型时应考虑所采用的加工方法（如磨削、机械加工、铸造、锻压、焊接等）引起的构件表面状况（如表面粗糙度、表面缺陷等）、化学变化、相变、缺陷、残余应力等的变化。另外，应考虑再制造对材料和构件性能的恢复与改善，对缺陷的消除与防护，还应考虑再制造引起的材料和结构新的冶金变化、新缺陷及残余应力的再分布等。

4）局部因素。材料和结构的破坏往往从某一局部薄弱部位开始，寿命模型的建立应包含局部因素的影响，如缺口行为及效应、局部耦合加载（多轴加载、热力耦合）等。

5）环境因素。建立寿命模型时应考虑的环境因素主要是服役介质和服役温度等方面的影响。介质方面的因素主要包括氢损伤、化学腐蚀、应力腐蚀开裂、点蚀等，温度方面主要考虑高温（或低温）引起的材料性能的改变、蠕变以及温度敏感的腐蚀等。

4. 寿命预测的研究内容

产品服役的环境行为及失效机理研究是进行废旧产品的剩余寿命评估和再制造产品寿命预测的基础理论依据，评估方法主要建立在零部件失效分析的基础上，应用断裂力学、摩擦学、腐蚀学、金属物理等理论建立失效行为的数学模型，从宏观和微观上研究零部件在复杂的环境中失效的机理和损伤的规律，并与加速实验的结果相结合，可以建立产品（尤其是再制造产品）寿命的预测评价系统，准确地估算废旧产品的剩余寿命、再制造产品的使用寿命及已使用产品的剩余寿命，制定合理的再制造方案，提高产品的使用寿命。

32.2.3　再制造工艺设计及费用分析

再制造加工工艺是再制造设计的主要内容，直接指导再制造生产加工，并决定了再制造产品的质量、费用和附加值的回收量。再制造工艺过程就是根据再制造技术条件对废旧产品进行加工，生成再制造产品的过程。再制造工艺过程一般不是指整个再制造全过程，一般不包括再制造中毛坯的逆向物流及再制造产品的销售，主要指再制造工厂内部的再制造工艺，包括拆解、清洗、检测、加工、零件测试、装配、整机测试、包装等步骤。由于再制造的产品种类、生产目的、生产组织形式的不同，与其相适应的工艺过程也不完全相同。图 32-10 所示是一般情况下再制造的工艺过程。

再制造工艺中还包括重要的信息流，如对各步骤零件情况的统计，为掌握不同类产品的再制造特点提供条件。如果通过清洗后，检测统计到某类零件损坏率达到 80% 以上，则可以在对该类产品再制造中减少对该类零件的清洗，直接丢弃，也可以在拆解中在需要的情况下，对该类零件进行有损拆解，以保持其他零件的完好性。同时通过建立再制造产品整机的测试性能档案，可以为产品的售后服务提供保障。所以再制造工艺的各个过程是相互联系的，不是孤立的。

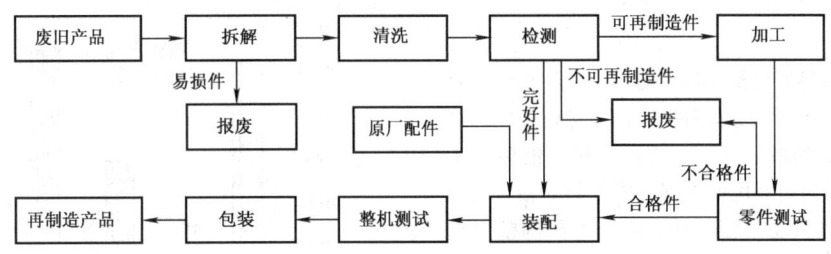

图 32-10　再制造工艺流程图

1. 再制造各主要工艺步骤

（1）拆解

废旧毛坯经外部清洗后，进入拆解工位。根据再制造的目的和再制造产品的性能要求不同，可以确定废旧毛坯拆解的深度和序列。一般情况下，需要将废旧产品全部拆解到子部件或零件水平。在拆解过程中，对于易损件，直接淘汰；对于损坏明显，并且根据经验不能再制造修复的件也要淘汰，避免进入清洗程序。淘汰的零件能够再循环的，要分类收集后做再循环处理；不能再循环的，收集后进行环保处理，增加资源的利用率，减少对环境的污染。

毛坯拆解工作量比较大，直接影响到再制造质量和成本。从工作本身来看，并不需要很高的技术，也不需要复杂的设备。但如果不重视这项工作，不仅容易在拆解中造成零件的变形和损伤，增加修复费用并影响产品质量，而且由于拆解是劳动密集型步骤，所需时间直接影响到生产的周期和费用。

（2）清洗

清洗是借助于清洗设备将清洗液作用于工件表面，用一定的清洗方法除去工件表面的油脂、污垢，并使工件表面达到一定的清洁度的过程。拆解后的零件根据形状、材料、类别、损坏情况等分类后采用相应的方法进行清洗。常用的清洗方法有擦洗、高压或常压喷洗、电解清洗、气相清洗、超声波清洗及多步清洗等方法。在再制造清洗步骤中要尽量减少清洗液对环境的危害，采用绿色清洗技术。

产品的清洁度是再制造产品的一项主要质量指标，清洁度不良不但会影响到产品的再制造加工，而且往往能够造成产品的性能下降，容易出现过度磨损、精度下降、寿命缩短等现象，影响产品的质量，同时良好的清洁度也是提高消费者对再制造产品信心的主要外观表征。

（3）检验及分类

检验是再制造过程的中保证产品质量的重要环节，既可以通过检验确定零件的状况，又能够根据零件的失效情况，确定拟采用的再制造加工方法，并进行分类。

由于再制造毛坯状况的个体性，不同于新品制造中毛坯质量的一致性，所以以检验要求按照新品生产标准，对所有清洗后的零件进行。一般可以分为三类：可直接利用的、需要再制造加工的和报废淘汰的。可直接利用的是指其尺寸和性能均符合新品技术标准，可直接运送到装配程序使用的零件；需要再制造加工的是指对于不符合新品标准的，但能够进行再制造加工的零件，需要确定相应的加工方法，进入相应的工序；报废淘汰的是指不符合新品装配标准，而且又不可再制造或者没有再制造价值的零件，需要收集后运送到相应再循环程序。

零件的检验内容主要包括几何精度的检验、表面质量的检验、力学性能的检验、陷落缺陷的检验、重力与平衡的检验等，常用的方法包括感觉检验法、仪器工具检验法和物理检验法等。同时对零件的检验要及时收集数据，加强数据统计，提高分类及检验效率。

（4）再制造加工

再制造加工包括对零部件的恢复和升级，主要指对失效的零件根据新品的要求，采用先进的工艺技术恢复到新品时的质量标准或者升级到超过新品的质量标准。再制造加工方法很多，主要包括恢复尺寸法、修理尺寸法、附加零件法、改造升级法等，例如可利用先进表面技术进行表面尺寸恢复，使表面性能优于原来零件，或者采用机械加工将相关零件加工到相应修理尺寸，恢复到正常配合性质，或者通过修改或增加零部件的部分结构，增强部分功能或者修改原产品的缺陷，提高产品的综合性能。

再制造加工技术包括表面工程技术、机械加工技术、激光修复技术等，不同工艺都有它的特点和适用性，在确定合理的零件再制造加工方法时，主要从技术、经济、环保角度出发，考虑适用性、耐久性、技术经济性等原则。

对再制造加工后的零件也要进行测试，符合新品技术标准的可以用于装配程序，否则再加工或者报废处理。

（5）装配

通过各个步骤的合格零部件运送到装配车间，对于淘汰的零件采用新品零件替换，然后进行装配，这是保证产品质量的最后步骤。要制订科学的装配工艺，在选择零件进行装配时要保证零件间的相对运动精度、相互位置精度及密封性、清洁度和调整要求等，同时要提高配合表面间的配合质量和接触质量。装配时一定要保证零件的干净，所有程序必须按要求进行，配合关系要适宜及装配中用力要合适等。

同时，在装配中，要按照新品装配标准，科学地做好零件间隙的调整和零件间相互位置的校正工作，做好相应的密封和润滑，以保证再制造产品最大性能的实现。

（6）整机测试

整机测试是保证产品质量的必不可少的工序，主要任务是检查总装配的质量和进行相互连接的局部调整。整机测试可在室内或室外进行，可采用台架测试，测试方法和要求按新品标准执行。再制造要求对所有的再制造产品进行 100% 的检测。

（7）包装

再制造产品的包装是保证消费者对再制造产品信心的重要内容。主要包括对产品本身的外观包装，例如对外裸件进行喷漆等，制订产品的说明书、质保书，标示环保产品标志，制订包装盒等。再制造产品的包装要突出环保理念，采用可回收的包装盒，使用无环保危害的喷涂工序等。包装完毕的产品，可以进入库存等待销售。

2. 再制造费用分析

再制造产品的生产是从废旧产品的零部件开始的，相比新品制造过程省掉了零件本身的生产，所以能够保存产品第一次生产中所赋予的大部分价值，在保证产品质量不低于新品的情况下，费用比制造过程大大降低，平均约为新品的一半，但根据相应的产品种类不同而改变。再制造产品的售价一般为新品的40% ~ 80%，平均为60%，为消费者提供了更多的产品选择机会，对于再制造商和消费者是个双赢的结果。

对于不同类产品，如机械类产品和电子类产品来说，再制造工艺中的拆解、清洗、检测、加工、装配等五个主要步骤间的费用消耗差别较大。图 32-11 为各步骤的费用分布图。

通常，复杂的机械产品，如汽车变速器、发动机等，主要的费用集中于零件的再制造加工及替换的新零件费用，而电子类产品，只有很少的零件可以进行

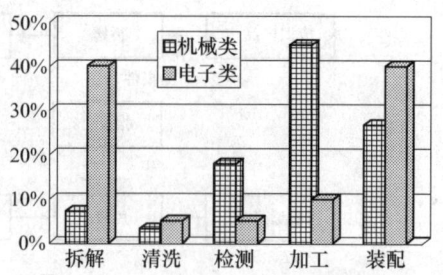

图 32-11　再制造各工艺步骤费用分布

再制造加工，所以拆解和装配步骤的费用往往比较多。

再制造工序是一个复杂的过程，每一个步骤都需要一批高新技术和材料支撑。而且目前再制造中仍需要开发一批高新技术，如自动化拆解技术、环保高效清洗技术、纳米表面工程技术、柔性再制造技术、无损检测技术等，来进一步提高废旧毛坯利用率，加强产品质量控制，建立科学的再制造标准检测及生产体系，规范再制造生产工艺，以扩大再制造产品的种类和应用规模。

32.2.4　再制造毛坯质量检测工艺设计

1. 再制造毛坯检测的概念

用于再制造的废旧产品运达再制造工厂后，要经过拆解、清洗、检测、加工、装配、包装等步骤才能形成可以销售的再制造产品。正确地进行再制造毛坯（即用于再制造的废旧零部件）工况检测，是再制造质量控制的主要环节，它不但能决定毛坯的弃用，影响再制造成本，提高再制造产品的质量稳定性，还能帮助决策失效毛坯的再制造加工方式，是再制造过程中一项至关重要的工作。

再制造毛坯检测是指在再制造过程中，借助于各种检测技术和方法，确定再制造毛坯的表面尺寸及其性能状态等，以决定其弃用或再制造加工的过程。再制造毛坯通常都是经长期使用过的零件，这些零件的工况，对再制造零件的最终质量有相当重要的影响。零件的损伤，不管是内在质量还是外观变形，都要经过仔细的检测，根据检测结果，进行再制造性综合评价，决定该零件在技术上和经济上进行再制造的可行性。

2. 检测的要求和作用

1）在保证质量的前提下，尽量缩短再制造时间，节约原材料、新品件、工时，提高毛坯的再制造度和再制造率，降低再制造成本。

2）充分利用先进的无损检测技术，提高毛坯检

测质量的准确性和完好率，尽量减少或消除误差，建立科学的检测程序和制度。

3）严格掌握检测技术要求和操作规范，结合再制造性评估，正确区分直接再利用件、需再制造件、可材料再循环件及环保处理件的界限，从技术、经济、环保、资源利用等方面综合考虑，使得环保处理量最小化，再利用和再制造量最大化。

4）根据检测结果和再制造经验，对检测后毛坯进行分类，并对需再制造的零件提供信息支持。

3. 再制造毛坯检测的内容

用于再制造的毛坯要根据经验和要求进行全面的质量检测，同时根据毛坯的具体情况，各有侧重。一般检测包括以下几个方面。

1）毛坯的几何精度，包括毛坯零件的尺寸、形状和表面相互位置精度等，这些信息均对产品的装配和质量造成影响。通常需要检测零件尺寸、圆柱度、圆度、平面度、直线度、同轴度、垂直度、跳动等。根据再制造产品的特点及质量要求，对零件装配后的配合精度要求也要在检测中给予注意。

2）毛坯的表面质量，包括表面粗糙度、擦伤、腐蚀、磨损、裂纹、剥落、烧损等缺陷，并对存在缺陷的毛坯确定再制造方法。

3）毛坯的理化性能，包括零件硬度、硬化层深度、应力状态、弹性、刚度、平衡状况及振动等。

4）毛坯的潜在缺陷，包括毛坯内部夹渣、气孔、疏松、空洞、焊缝等缺陷及微观裂纹等。

5）毛坯的材料性质，包括毛坯的合金成分、渗碳层含碳量、各部分材料的均匀性、高分子类材料的老化变质程度等。

6）毛坯的磨损程度。根据再制造产品寿命周期要求，正确检测判断摩擦磨损零件的磨损程度并预测其再使用时的情况。

7）毛坯表层材料与基体的结合强度，如电刷镀层、喷涂层、堆焊层和基体金属的结合强度等。

4. 再制造毛坯检测的方法

（1）感官检测法

感官检测法是指不借助于量具和仪器，只凭检测人员的经验和感觉来鉴别毛坯技术状况的方法。这类方法精度不高，只适于分辨缺陷明显（如断裂等）或精度要求低的毛坯，并要求检测人员具有丰富的实践检测经验和技术。具体方法有目测、听测和触测。

1）目测。用眼睛或借助放大镜来对毛坯进行观察和宏观检测，如倒角、裂纹、断裂、疲劳剥落、磨损、刮伤、蚀损、变形、老化等。

2）听测。借助于敲击毛坯时的声响判断技术状

态。零件无缺陷时声响清脆，内部有缩孔时声音相对低沉，内部有裂纹时声音嘶哑。听声音可以进行初步的检测，对重点件还需要进行精确检测。

3）触测。用手与被检测的毛坯接触，可判断零件表面温度高低和表面粗糙程度、明显裂纹等；使配合件做相对运动，可判断配合间隙的大小。

（2）测量工具检测法

测量工具检测法是指借助于测量工具和仪器，较为精确地对零件的表面尺寸精度和性能等技术状况进行检测的方法。这类方法相对简单，操作方便，费用较低，一般均可达到检测精度要求，所以在再制造毛坯检测中应用广泛。主要检测内容如下：

1）用各种测量工具（如卡钳、钢直尺、游标卡尺、百分尺、千分尺或百分表、千分表、塞规、量块、齿轮规等）和仪器，检验毛坯的几何尺寸、形状、相互位置精度等。

2）用专用仪器、设备对毛坯的应力、强度、硬度、冲击韧度等力学性能进行检测。

3）用平衡试验机对高速运转的零件作静、动平衡检测。

4）用弹簧检测仪检测弹簧弹力和刚度。

5）对承受内部介质压力并须防泄漏的零部件，需在专用设备上进行密封性能检测。

在必要时还可以借助金相显微镜来检测毛坯的金属组织、晶粒形状及尺寸、显微缺陷、化学成分等。根据快速再制造和复杂曲面再制造的要求，快速三维扫描测量系统也在再制造检测中得到了初步应用，能够进行曲面模型的快速重构，并用于再制造加工建模。

（3）无损检测法

无损检测法是指利用电、磁、光、声、热等物理量，通过再制造毛坯所引起的变化来测定毛坯的内部缺陷等技术状况。目前已被广泛使用的无损检测法有超声检测技术、射线检测技术、磁记忆效应检测技术、涡流检测技术等。可用来检查再制造毛坯是否存在裂纹、孔隙、强应力集中点等影响再制造后零件使用性能的内部缺陷。因这类方法不会对毛坯本体造成破坏、分离和损伤，是先进高效的再制造检测方法，也是提高再制造毛坯质量检测精度和科学性的前沿手段。

5. 再制造毛坯先进检测技术

（1）超声波检测技术

超声波是一种以波动形式在介质中传播的机械振动。超声波检测技术是利用材料本身或内部缺陷对超声波传播的影响，来判断结构内部及表面缺陷的大

小、形状和分布情况。超声波具有良好的指向性，对各种材料的穿透力较强，检测灵敏度高，检测结果可现场获得，使用灵活，设备轻巧，成本低廉。超声波检测技术是无损检测中应用最为广泛的方法之一，可用于内部缺陷检测和厚度等的测量。超声波检测最常用的方法有共振法、穿透法、脉冲反射法、直接接触法、液浸法等，适用于各种尺寸的锻件、轧制件、焊缝和某些铸件的缺陷检测；可用于检测再制造毛坯构件的内部及表面缺陷。超声波测厚可以无损检测材料厚度、硬度、淬硬层深度、晶粒度、液位、流量、残余应力和胶接强度等；可用于压力容器、管道壁厚等的测量。

（2）涡流检测技术

涡流检测技术是涡流效应的一项重要应用。当载有交变电流的检测线圈靠近导电试件时，由于线圈磁场的作用，试件会生出感应电流，即涡流。涡流的大小、相位及流动方向与试件材料性能有关，同时，涡流的作用又使检测线圈的阻抗发生变化。因此，通过测定检测线圈阻抗的变化（或线圈上感应电压的变化），可以获知被检测材料有无缺陷。涡流检测特别适用于薄、细导电材料，而对粗厚材料只适用于表面和近表面的检测。检测中不需要耦合剂，可以非接触检测，也可用于异形材和小零件的检测。涡流无损检测技术设备简单、操作方便、速度快、成本低、易于实现自动化。根据检测因素的不同，涡流无损检测诊断技术可检测的项目分为探伤、材质试验和尺寸检查三类，只适用于导电材料，主要应用于金属材料和少数非金属材料（如石墨、碳纤维复合材料等）的无损检测，主要测量材料的电导率、磁导率、检测晶粒度、热处理状况、材料的硬度和尺寸等。可以检测材料和构件中的缺陷，如裂纹、折叠、气孔和夹杂等，还可以测量金属材料上的非金属涂层、铁磁性材料上的非铁磁性材料涂层（或镀层）的厚度等。在无法直接测量毛坯厚度的情况下，可用它来测量金属箔、板材和管材的厚度，测量管材和棒材的直径等。

（3）射线检测技术

当射线透过被检测物体时，物体内部有缺陷部位与无缺陷部位对射线吸收能力不同，射线在通过有缺陷部位后的强度高于通过无缺陷部位的射线强度，因而可以通过检测透过工件后射线强度的差异来判断工件中是否有缺陷。目前，国内外应用最广泛、灵敏度比较高的射线检测方法是射线照相法，它采用感光胶片来检测射线强度。在射线感光胶片上黑影较大的地方，即对应被测试件上有缺陷的部位，因为这里接收较多的射线，从而形成黑度较大的缺陷影像。射线检

测诊断使用的射线主要是 X 射线、γ 射线，主要有实时成像技术、背散射成像技术、CT 技术等。该检测技术适用材料范围广泛，对试件形状及其表面粗糙度无特殊要求，能直观地显示缺陷影像，便于对缺陷进行定性、定量与定位分析，对被检测物体无破坏和污染。但射线检测技术对毛坯厚度有限制，也难于发现垂直射线方向的薄层缺陷，检测费用较高，并且射线对人体有害，需做特殊防护。射线检测技术对气孔、夹渣、未焊透等立体类缺陷比较容易发现，而对裂纹、细微不熔合等片状缺欠，在透照方向不合适时，不易发现。射线照相主要用于检验铸造缺陷和焊接缺欠，而由于这些缺陷几何形状的特点、体积的大小、分布的规律及内在性质的差异，使它们在射线照相中具有不同的可检出性。

（4）渗透检测技术

渗透检测技术是利用液体的润湿作用和毛细现象，在被检零件表面上浸涂某些渗透液，由于渗透液的润湿作用，渗透液会渗入零件表面开口缺陷处，用水和清洗剂将零件表面剩余渗透液去除，再在零件表面施加显像剂，经毛细管作用，将孔隙中的渗透液吸出来并加以显示，从而判断出零件表面的缺陷。渗透检测技术是最早使用的无损检验方法之一，除表面多孔性材料以外，该方法可以应用于各种金属、非金属材料以及磁性和非磁性材料的表面开口缺陷无损检测。液体渗透检测按显示缺陷方法的不同，可分为荧光法和着色法；按渗透液的清洗方法不同，又可分为水洗型、后乳化型和溶剂清洗型；按显像剂的状态不同，可分为干粉法和湿粉法。上述各种方法都有很高的灵敏度。渗透检测的特点是原理简单，操作容易，方法灵活，适应性强，可以检查各种材料，且不受工件几何形状、尺寸大小的影响。对小零件可以采用浸液法，对大设备可采用刷涂或喷涂法，一次检测便可探查任何方向的表面开口的缺陷。渗透检测的不足是只能检测开口式表面缺陷，不能发现表面未开口的皮下缺陷、内部缺陷，检验缺陷的重复性较差，工序较多，检测灵敏度受人为因素的影响。

（5）磁记忆效应检测技术

毛坯零件由于疲劳和蠕变而产生的裂纹会在缺陷处出现应力集中，由于铁磁性金属部件存在着磁机械效应，故其表面上的磁场分布与部件应力载荷有一定的对应关系，因此可通过检测部件表面的磁场分布状况间接地对部件缺陷和应力集中位置进行诊断。磁记忆法检测无需专门的磁化装置即能对铁磁性材料进行可靠检测，检测部位的金属表面不必进行清理和其他预处理，较超声波检测灵敏度高且重复性好，并且具

有对铁磁性毛坯缺陷做早期诊断的功能，有的微小缺陷应力集中点可被磁记忆法检出。磁记忆检测技术还可用来检测铁磁性零部件可能存在应力集中及发生危险性缺陷的部位。此外，某些机器设备上的内应力分布，如飞机轮毂上螺栓扭力的均衡性，也可采用磁记忆法予以评估。磁记忆法对金属损伤的早期诊断与故障的排除及预防具有较高的敏感性和可靠性。

（6）磁粉检测技术

磁粉检测技术是利用导磁金属在磁场中（或将其通以电流以产生磁场）被磁化，并通过显示介质来检测缺陷特性的检测方法。具有设备简单、操作方便、速度快、观察缺陷直观和较高的检测灵敏度等优点，在工业生产中应用极为普遍。根据显示漏磁场情况的方法不同，磁粉检测技术分为线圈法、磁粉测定法和磁带记录法。磁粉检测法只适用于检测铁磁性材料及其合金，如铁、钴、镍和它们的合金等，可以检测发现铁磁性材料表面和近表面的各种缺陷，如裂纹、气孔、夹杂、折叠等。

随着再制造工程的迅速发展，促进了再制造毛坯先进检测技术的发展，除了上述提到的先进检测技术外，还有激光全息照相检测、声阻法检测、红外无损检测、声发射检测、工业内窥镜检测等先进检测技术，这些先进检测技术，将为提高再制造效率和质量提供有效保证。

32.2.5　再制造过程中清洗工艺设计

1. 清洗在再制造过程中的位置及其重要性

对产品的零部件表面清洗是零件再制造过程中的重要工序，是检测零件表面尺寸精度、几何形状精度、表面粗糙度、表面性能、磨蚀磨损及粘着情况等的前提，是零件进行再制造的基础。零件表面清洗的质量，直接影响零件表面分析、表面检测、再制造加工、装配质量，进而影响再制造产品的质量。

清洗是借助于清洗设备将清洗液作用于工件表面，采用机械、物理、化学或电化学方法，去除装备及其零部件表面附着的油脂、锈蚀、泥垢、水垢、积炭等污物，并使工件表面达到所要求清洁度的过程。废旧产品拆解后的零件根据形状、材料、类别、损坏情况等分类后，应采用相应的方法进行清洗，也保证零件再利用或者再制造的质量。产品的清洁度是再制造产品的一项主要质量指标，清洁度不良不但会影响到产品的再制造加工，而且往往能够造成产品的性能下降，容易出现过度磨损、精度下降、寿命缩短等现象，影响产品的质量。同时良好的产品清洁度，也能够提高消费者对再制造产品质量的信心。

再制造过程包括对废旧产品的回收、拆解前产品的外观清洗、拆解、零部件的粗测、零部件的清洗、清洗后零部件的精确检测、再制造加工、再制造产品的装配等过程。清洗包括拆解前对废旧产品外观的整体清洗和拆解后对零件的清洗两部分的内容，前者主要是清除产品外观的灰尘等污物，后者主要是去掉零件表面的油污、水垢、锈蚀、积炭及表面的油漆层等，检查零件的磨损情况、表面微裂纹或其他失效情况，以决定零件能否再用或者需要再制造的方法。再制造清洗也不同于维修过程的清洗，维修主要是对故障部位及相关零件进行维修前的清洗，而再制造要求对所有的废旧产品零部件进行全部的清洗，使得再制造后零件的质量达到新品的标准。因此清洗活动在再制造过程中占有重要的地位，而且具有很大的工作量，直接影响着再制造产品的成本，需要给予高度的重视。

2. 拆解前的清洗

拆解前的清洗主要是指拆解前对回收的废旧产品的外部清洗，其主要目的是除去废旧产品外部积存的大量尘土、油污、泥沙等脏物，以便于拆解并避免将尘土、油污等脏物带入厂房工序内部。外部清洗一般采用自来水或高压水冲洗，即用水管将自来水或 1～10MPa 压力的高压水流接到清洗部位冲洗油污，并用刮刀、刷子配合进行。对于密度较大的厚层污物，可在水中加入适量的化学清洗剂并提高喷射压力和水的温度。

常用的外部清洗设备主要有单枪射流清洗机和多喷嘴射流清洗机。前者是靠高压连续射流或汽水射流的冲刷作用或射流与清洗剂的化学作用相配合来清除污物。后者有门框移动式和隧道固定式两种，其喷嘴的安装位置和数量，根据设备的用途不同而异。

3. 拆解后的清洗

拆解后对零部件的清洗主要包括清除油污、锈蚀、水垢、积炭、油漆等内容。

（1）清除油污

凡是和各种油料接触的零件在解体后都要进行清除油污的工作，即除油。油可以分为两类：可皂化的油，就是能与强碱起作用生成肥皂的油，如动物油、植物油，即高分子有机酸盐；不可皂化的油，它不能与强碱起作用，如各种矿物油、润滑油、凡士林和石蜡等。这些油类都不溶于水，但可溶于有机溶剂。去除这些油类，主要是用化学方法和电化学方法。常用的清洗液有有机溶剂、碱性溶液和化学清洗液等。清洗方式则有人工方式和机械方式，包括擦洗、煮洗、喷洗、振动清洗、超声清洗等。

（2）清除水垢

机械产品的冷却系统经过长期使用硬水或含杂质较多的水后，在冷却器及管道内壁上沉积一层黄白色的水垢。它的主要成分是碳酸盐、硫酸盐，部分还含有二氧化硅等。水垢使水管截面缩小，热导率降低，严重影响冷却效果，影响冷却系统的正常工作，因此在再制造过程中必须给予清除。水垢的清除方法一般采用化学清除法，包括磷酸盐清除法、碱溶液清除法、酸洗清除法等。对于铝合金零件表面的水垢，可用质量分数为 5% 的硝酸溶液，或质量分数为 10% ~ 15% 的醋酸溶液。清除水垢的化学清除液应根据水垢成分与零件材料选用。

（3）清除锈蚀

锈蚀是因为金属表面与空气中氧、水分子以及酸类物质接触而生成的氧化物，如 FeO、Fe_3O_4、Fe_2O_3 等，通常称为铁锈。去锈的主要方法有机械法、化学酸洗法和电化学酸蚀法等。机械法除锈主要是利用机械摩擦、切削等作用清除零件表面锈层，常用的方法有刷、磨、抛光、喷砂等。化学法主要是利用酸对金属的溶解以及化学反应中生成的氢对锈层的机械作用而把金属表面的锈蚀产物溶解掉并脱落的酸洗法，常用的酸包括盐酸、硫酸、磷酸等。电化学酸蚀法主要是利用零件在电解液中通以直流电后产生的化学反应而达到除锈的目的，包括将被除锈的零件作为阳极和把被除锈的零件作为阴极两种方式。

（4）清除积炭

积炭是由于燃料和润滑油在燃烧过程中不能完全燃烧，并在高温作用下形成的一种由胶质、沥青质、润滑油和炭质等组成的复杂混合物。如发动机中的积炭大部分积聚在气门、活塞、气缸盖等上，这些积炭会影响发动机某些零件散热效果，恶化传热条件，影响其燃烧性，甚至会导致零件过热，形成裂纹。因此在此类零件再制造过程中，必须干净地清除表面的积炭。积炭的成分随发动机的结构、零件的部位、燃油、润滑油的各类、工作条件以及工作时间等有很大的关系。目前常使用机械法、化学法和电解法等清除积炭。机械法指用金属丝刷与刮刀去除积炭，方法简单，但效率低下，不易清除干净，并易损伤表面。采用压缩空气喷射核屑法清除积炭能够明显提高效率。化学法指将零件浸入苛性钠、碳酸钠等清洗液中，温度 80 ~ 95℃，使油脂溶解或乳化，积炭变软后再用毛刷刷去积炭并清洗干净。电化学法指将碱溶液作为电解液，工件接于阴极，使其在化学反应和氢气的共同剥离作用力下去除积炭。电化学法效率高，但要掌握好清除积炭的参数。

（5）清除油漆

拆解后的零件表面的原保护漆层也需要根据其损坏程度和保护涂层的要求进行全部清除。清除后要冲洗干净，准备重新喷漆。对油漆的清除方法一般先借助已配制好的有机溶剂、碱性溶液等作为退漆剂，先涂刷在零件的漆层上，使之溶解软化，再借助用手工工具去除漆层。

32.2.6　再制造产品质量控制设计

1. 再制造质量控制的目标

再制造生产过程中质量控制的主要目标是确保反映装备质量特性的那些指标在再制造生产过程中得以保持，减少因再制造设计决策、选择不同的再制造方案、使用不同的再制造设备、不同的操作人员以及不同的再制造工艺等而产生变异，并尽可能早的发现和消除这些变异，减少变异的数量，提高再制造产品的质量，实现资源的最佳化循环利用。

严格遵守再制造的生产工艺规范，做好再制造过程质量控制的意义如下：

1) 可以减少不合格的再制造产品数量，减少返工所需额外的人力及物资浪费，因此科学的再制造质量控制能够降低再制造生产费用。

2) 可以扩大再制造产品的销路，提高企业的经济效益。

3) 通过高质量及低价格的再制造产品，可以在有效经费内提高产品的拥有量，提高用户的费效比。

4) 高质量的再制造产品能够减少因产品再制造缺陷可能造成的偶然事故，导致装备或设施毁损、人员伤亡而导致用户要求赔偿的可能性，因此优质能减少再制造方的赔偿风险。

5) 高质量的再制造产品能够实现资源的长寿命使用，实现资源的最大化利用和环境的最大化保护。

2. 再制造产品质量的波动性

因为所使用原料的不同，再制造使用的是情况复杂的废旧产品，所以再制造过程比制造过程更复杂，再制造得到的不同再制造产品质量具有更强的波动性，不同的再制造产品质量可能各不相同，同一装备在不同时期进行再制造也会使得再制造质量也有差异。所以再制造质量的波动性是客观存在的。了解再制造质量波动的客观规律，能够对再制造产品质量实施有效的控制。

（1）再制造产品质量波动性来源

引起再制造质量波动性的原因通常有以下几个方面：

1) 再制造生产原料。因再制造生产使用的原材料是废旧产品，不同的产品其故障或失效模式不一样，原料的差异性使得再制造过程不可能如制造过程一样统一，而这种不同废旧产品的差异及其再制造过程的不同是再制造质量产生波动的直接原因。

2）再制造生产设备，指再制造生产过程中所使用的设备。优异的专用设备将能够保证再制造产品质量。

3）再制造生产技术。先进的再制造技术手段及工艺所再制造出的产品性能能够得到充分的保证。

4）再制造生产环境，包括地点、时间、温度、湿度等再制造的工作环境等。

5）再制造操作人员。操作者技术水平的差异、熟练程度、工作态度、身体条件以及心理素质等。

6）再制造生产目的。不同的再制造目的所制造的产品也会存在差异，如以再制造升级、环保效益、应急再制造、再制造恢复等。

（2）再制造质量波动性特性

再制造质量的波动性包括偶然性原因和系统性原因。

1）偶然性原因。偶然性原因是指诸如技术工艺材料的细微差异、再制造设备的正常磨损、再制造人员工作的不稳定性等这样的一些偶然因素，它的出现是随机性因素造成的，不易识别和测量。随机因素是不可避免的，经常存在的，所以偶然性原因是正常原因，是一种经常起作用的无规律的原因。

2）系统性原因。系统性原因是指如设备严重磨损、设备不正确调整、再制造人员偏离操作规程、技术工艺材料的固定性偏差，它们容易被发现和控制，并通过加强管理、改进技术设备等措施后消除。因为这些因素有明显倾向性或有一定规律的因素造成的，因此属于异常原因，也可以避免。

无规律的偶然性原因所造成的再制造产品质量的波动称为正常波动，这时的再制造过程处于可控制状态；有规律的系统性原因所造成的再制造产品质量的波动称为异常波动，这时的维修过程处于非控制状态。再制造过程处于控制状态时，再制造数据具有统计规律性，当处于非控制状态时，再制造数据的统计就不具备规律性。因此再制造质量控制的重要任务之一就是要根据再制造的目的，分析再制造质量特性数据的规律性，从中发现异常数据并追查原因，并通过技术等手段来消除异常因素，增加再制造产品质量的稳定性。

3. 再制造生产过程质量控制方法与技术

（1）再制造生产过程产品质量控制方法

再制造生产过程产品质量控制所采用的主要方法是全面质量控制。再制造全面质量控制是再制造企业发动全体员工，综合运用各种现代管理技术、专业技术和各种统计方法与手段，通过对产品再制造寿命周期的全过程、全因素的控制，保证用最经济、最环保的方法生产出质优价廉的再制造产品，并提供优质服务的一套科学管理技术。其主要特点体现在：全员参加质量管理；对产品质量产生、形成和实现的全过程进行质量管理；管理对象的全面性，不仅包括产品质量，也包括工作质量；管理方法的全面性，综合运用各种现代管理技术、专业技术和各种统计方法与手段；经济效益和环境效益的全面性。

（2）再制造工序的质量控制

再制造的生产过程包括从废旧产品的回收、拆解、清洗、检测、再制造加工、组装、检验、包装直至再制造产品出厂的全过程，在这一过程中，再制造工序质量控制是保证再制造产品质量的核心。工序质量控制是根据再制造产品工艺要求，研究再制造产品的波动规律，判断造成异常波动的工艺因素，并采取各种控制措施，使波动保持在技术要求的范围内，其目的是使再制造工序长期处于稳定运行状态。为了进行工序质量控制，首先要制订再制造的质量控制标准，如再制造产品的标准、工序作业标准、再制造加工设备保证标准等；而后收集再制造过程的质量数据并对数据进行处理，得出质量数据的统计特征，并将实际招待结果与质量标准比较得出质量偏差，分析质量问题和找出产生质量问题的原因；进行再制造工序能力分析，判断工序是否处于受控状态和分析工序处于控制状态下的实际再制造加工能力；对影响工序质量的操作者、机器设备、材料、加工方法、环境等因素进行控制，以及对关键工序与测试条件进行控制，使之满足再制造产品的加工质量要求。通过工序质量控制，能及时发现和预报再制造生产全过程中的质量问题，确定问题范畴，消除可能的原因，并加以处理和控制，包括进行再制造升级、更改再制造工艺、更换组织程序等，从而有效地减少与消除不合格产品的产生，实现再制造质量的不断提高。工序质量控制的主要方法有统计工序控制，主要采用的工具为控制图。

（3）再制造产品的质量控制技术

再制造产品的质量控制技术主要包括再制造毛坯的质量检测技术、再制造加工过程的质量控制技术、再制造成品的检测技术。

再制造毛坯由于其作为再制造生产原料的独特性及其质量性能的不稳定性，对其进行质量检测是再制造质量控制的第一个环节。对于废旧产品的零件，需要进行全部的质量检测，无论是内存质量还是外观几何形状，并根据检测结果，结合再制造性综合评价，决定零件能否进行再制造，并确定再制造的方案。再制造毛坯的内在质量检测，主要是采用一些无损检测技术，检查再制造毛坯存在的裂纹、孔隙、强应力集中点等影响再制造后零件使用性能的缺陷，一般可采用超声波检测技术、射线检测技术、磁记忆效应检测技术、涡流检测技术、磁粉检测技术、渗透检测技术、工业内窥镜等。再制造毛坯外观质量检测主要是检测零件的外形尺寸、表层性能的改变等情况，对于简单形状的再制造毛坯几何尺寸测量，采用一般常用工具即可满足测量要求，对于复杂的三维空间零件的尺寸测量，可采用专业工具，如三坐标测量机等。

生产过程的检验是指对零件或产品在工序过程中所进行的检验，包括再制造工序检验、再制造工艺控制检测、再制造零件检验、再制造组装质量检验等。再制造过程中，再制造质量的监控主要是对再制造具体技术工艺过程与参数的监控，对再制造零件进行质量在线监控，可分为三个层次：再制造生产过程控制、再制造工艺参数控制、再制造加工质量与尺寸形状精度的在线动态检测和修正。再制造质量的在线监控常用的有模糊控制技术、自适应控制技术、表面质量自动检测系统、复杂零件究竟尺寸检测系统、管棒材涡流自动检测系统、实时测温及控制系统等。

再制造产品的质量检验通常采取新品或者更严格的质量检验标准。再制造成品检验是指对组装后的再制造产品在准备入库或出厂前所进行的检验，包括外观、精度、性能、参数及包装等的检查与检验。再制造产品质量检验的目的，主要是判断产品质量是否合格和确定产品质量等级或产品缺陷的严重程度，为质量改进提供依据。质量检验过程包括测量、比较判断、符合性判定、实施处理。再制造成品的质量控制包括再制造产品性能与质量的无损检测、破坏性抽测、再制造产品的性能和质量评价三方面内容。

32.3　焊接结构再制造延寿的关键技术

废旧产品的再制造工程是通过各种高新技术来实现的，焊接结构再制造延寿的关键技术也包含许多种类，如热喷涂技术、堆焊技术、电刷镀技术、激光再制造技术、粘涂技术及再制造质量控制技术等。

32.3.1　热喷涂技术

热喷涂技术是在机械制造和设备维修中广泛应用的一项表面工程技术。机械零件大多数是用金属材料制造的，在使用中由于配合零件表面的相互作用会引起磨损，零件的金属表面由于大气的影响会因化学和电化学的作用而导致腐蚀，有时两种现象同时发生，称为磨蚀。随着现代工业和科学技术的发展，机械零件经常处于异常复杂和苛刻的条件下工作，大量机械设备往往因磨损、腐蚀而报废。

热喷涂是将熔融状态的喷涂材料，通过高速气流使其雾化喷射在零件表面上，形成喷涂层的一种金属表面加工方法。根据热源来分，热喷涂有四种基本方法：火焰喷涂、电弧喷涂、等离子弧喷涂和特种喷涂。火焰喷涂就是以气体火焰为热源的热喷涂。目前，火焰喷涂按火焰喷射速度分为火焰喷涂、气体爆燃式喷涂（爆炸喷涂）及超声速火焰喷涂三种。电弧喷涂是以电弧为热源的热喷涂。等离子弧喷涂是以等离子弧为热源的热喷涂。

以气体火焰为热源，将喷涂材料（自熔剂合金粉末）通过特殊工艺方法重熔喷涂涂层的方法称为喷熔。喷熔过程的特点是先在基材表面上喷上涂层，然后利用高于涂层熔点（但低于基材熔点）的加热使涂层熔融，以使其与基材表面形成具有钎焊接头特点的结合。喷熔的结合强度高，因而喷熔工艺可以应用于抗疲劳、抗冲击的机械零件。

热喷涂技术在应用上已由制备装饰性涂层发展为制备各种功能性涂层，如耐磨、抗氧化、隔热、导电、绝缘、减摩、润滑、防辐射等涂层，热喷涂着眼于改善表面的材质，这比起整体提高材质无疑要经济得多。热喷涂既可用于修复，又可用于制造。由于涂层材料优异，用其修复零件的寿命不仅达到了新产品的寿命，而且对产品质量还起到了改善作用，因此在新产品设计时就应考虑到应用热喷涂这一表面工程技术。表32-1、表32-2分别列出了热喷涂工艺的特点及热喷涂与其他方法的比较。

32.3.2　堆焊技术

堆焊技术是利用焊接方法在机械零件表面熔敷一层特殊的合金涂层，使表面具有防腐、耐磨、耐热等性能，并同时恢复因磨损或腐蚀而缺损的零件尺寸。堆焊最初的目的是对已损坏的零件进行修复，使其恢复尺寸，并使表面性能得到一定程度的加强。堆焊技术发展到现在，已不甘于仅在维修行业中大显身手，而是越来越多地将触角伸进制造业的领域，形成了焊接技术研究的一个重要分支。例如，在制造某些耐磨零件的时候，不能全部用高硬度的耐磨材料整体制造这些零件。原因有三：其一，高硬度的耐磨材料往往含有较多的贵金属，整体使用这些材料势必大大提高制造成本；其二，高硬材料大多较脆，整体使用满足不了韧性方面的要求，容易断裂；其三，高硬材料难于加工，整体制造在工艺上有困难。鉴于这种情况，如果用普通材料制造基体，然后在表面上堆焊一层耐磨合金，则既可以满足强度要求，又可以获得满意的耐磨性能。在工艺上降低了产品的加工难度，在经济上降低了成本，同时提高了产品质量。

表 32-1 热喷涂工艺特点

喷涂方法	等离子弧喷涂法	火焰喷涂法	电弧喷涂法	气体爆燃式喷涂法
冲击速度/（m/s）	400	150	200	1500
温度/℃	12000	3000	5000	4000
典型涂层孔隙率（%）	1~10	10~15	10~15	1~2
典型涂层结合强度/MPa	30~70	5~10	10~20	80~100
优点	孔隙率低，结合性好，多用途，基材温度低，污染低	设备简单，工艺灵活	成本低，效率高，污染低，基材温度低	孔隙率非常低，结合性极佳，基材温度低
限制	成本较高	通常孔隙率高，结合性差，对工件要加热	只应用于导电喷涂材料，通常孔隙率较高	成本高，效率低

表 32-2 常用表面技术的比较

项目	热喷涂法	焊接法	电镀法
尺寸	手工损伤时无限制，否则受装置的限制	无限制	受电镀槽尺寸的限制
几何形状	通常只适用于简单形状	对小孔有困难	范围很广
零件的材料	几乎不受限制	金属	导电物
表面材料	几乎不受限制	金属	金属、简单合金
厚度/mm	1~25	≤25	≤1
孔隙率（%）	1~15	通常无	通常无
结合强度	一般	高	良好
热输入	低	通常很高	无
预处理	喷砂	机械清洁	化学清洁和刻蚀
后处理	通常不需要	消除应力	消除应力和脆性
公差	相当好	差	良好
可达到的表面粗糙度	相当好	一般	极佳
沉积率/（kg/h）	1~30	1~70	0.25~0.5

研究工作者和工程技术人员在堆焊领域里做了大量的工作，从设计各种在不同工况下工作的堆焊材料，到制造种类繁多的堆焊设备，都在不断取得进展。

焊条电弧堆焊的特点是设备简单，工艺灵活，不受焊接位置及工件表面形状的限制，因此是应用最广泛的一种堆焊方法。由于工件的工作条件十分复杂，堆焊时必须根据工件的材质及工作条件选用合适的焊条。例如，在被磨损的零件表面进行堆焊，通常要根据表面的硬度要求选择具有相同硬度等级的焊条；堆焊耐热钢、不锈钢零件时，要选择和基体金属化学成分相近的焊条，其目的是保证堆焊金属和基体有相近的性质。但随着焊接材料的发展和工艺方法的改进，应用范围将更加广泛。例如：加入铁粉的焊条可使生产率显著提高；采用酸性药皮的焊条可以大大改善堆焊工艺性能，降低粉尘含量，有利于改善焊工的工作条件；应用碳极手工电弧熔化自熔性合金粉末，可获得熔深浅、表面光整、性能优异的堆焊层。

振动电弧堆焊是一种复合技术。它在普通电弧堆焊的基础上，给焊丝端部加上了振动。其特点是熔深浅，堆焊层薄而均匀，工件受热少，堆焊层耐磨性好，生产率高，成本较低。振动电弧堆焊目前已经在汽车、拖拉机的旧件修复中已得到全面推广，经济效益显著。应用二氧化碳、水蒸气及熔剂层下保护的振动电弧堆焊工艺，可使堆焊层的质量和性能得到进一步提高。

宽带极堆焊是利用金属带作为填充材料的一种焊剂层下堆焊方法，是一种生产率极高的堆焊方法，每小时可堆焊 $1m^2$，堆焊层高度 $3 \sim 5mm$。利用已成形的合金带，可以在达 300mm 的宽度上一次堆焊成形。且熔深浅，合金元素损失少，效率高，特别适用于对大面积的平整表面进行表面改性。宽带极堆焊在化工、核电工业中常被用于堆焊反应釜、交换器等大型表面。由于受材料延展性的限制，带级堆焊材料以不锈钢类为主，也可见到马氏体钢和珠光体钢的带极产品。

等离子弧堆焊是以联合型或转移型等离子弧作为热源，以合金粉末或焊丝作为填充金属的一种熔化焊工艺。与其他堆焊工艺相比，等离子弧堆焊的弧柱稳定，温度高，热量集中，参数可调性好，熔池平静，可控制熔深和熔合比；熔敷效率高，堆焊焊道宽，易于实现自动化；粉末等离子堆焊还有堆焊材料来源广的特点。其缺点是：设备成本高，噪声大，紫外线强，产生臭氧污染等。

氧乙炔火焰堆焊的特点是火焰温度低，堆焊后可保持复合材料中硬质合金的原有形貌和性能，是目前应用较为广泛的抗磨堆焊工艺。

32.3.3　电刷镀技术

电刷镀技术是电镀技术的发展，是表面再制造工程的重要组成内容，它具有设备轻便、工艺灵活、镀积速度快、镀层种类多、结合强度高、适应范围广、对环境污染小、省水省电等一系列优点，是机械零件修复和强化的有效手段，尤其适用于大型机械零件的不解体现场修理或野外抢修。

1. 电刷镀技术的基本原理

电刷镀技术采用一专用的直流电源设备，如图 32-12 所示，电源的正极接镀笔作为刷镀时的阳极，电源的负极接工件，作为刷镀时的阴极。镀笔通常采用高纯细石墨块作阳极材料，石墨块外面包裹上棉花和耐磨的涤棉套。刷镀时使浸满镀液的镀笔以一定的相对运动速度在工件表面上移动，并保持适当的压力。这样在镀笔与工件接触的那些部位，镀液中的金属离子在电场力的作用下扩散到工件表面，并在工件表面获得电子被还原成金属原子，这些金属原子沉积结晶就形成了镀层。随着刷镀时间的增长镀层增厚。

电刷镀技术的基本原理可以用下式表示：

$$M^{n+} + ne \Rightarrow M$$

式中　M^{n+}——金属正离子；

　　　　n——该金属的化合价数；

　　　　e——电子；

　　　　M——金属原子。

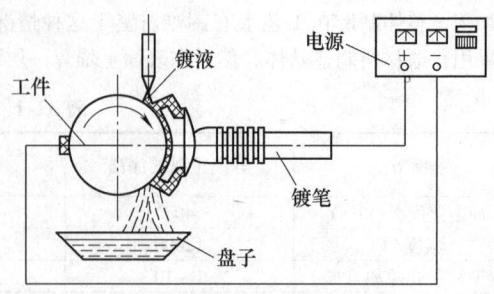

图 32-12　电刷镀基本原理示意图

2. 电刷镀技术的特点

电刷镀技术的基本原理与槽镀相同，但它却有着区别于槽镀的许多特点。正是这些特点带来了电刷镀技术的一系列优点，其主要特点可以从以下三个方面叙述。

（1）设备特点

1）电刷镀设备多为便携式或可移动式，体积小、质量轻，便于拿到现场使用或进行野外抢修。

2）不需要镀槽，也不需要挂具，设备数量大大减少，占用场地少，设备对场地设施的要求大大降低。

3）一套设备可以完成多种镀层的刷镀。

4）镀笔（阳极）材料主要采用高纯细石墨，是不溶性阳极。石墨的形状可根据需要制成各种样式，以适应被镀工件表面形状为宜。刷镀某些镀液时，也可以采用金属材料作阳极。

5）设备的用电量、用水量比槽镀少得多，可以节约能源、资源。

（2）镀液特点

1）电刷镀溶液大多数是金属有机络合物水溶液，络合物在水中有相当大的溶解度，并且有很好的稳定性。因而镀液中金属离子含量通常比槽镀高几倍到几十倍。

2）不同镀液有不同的颜色，透明清晰，没有浑浊或沉淀现象，便于鉴别。

3）性能稳定，能在较宽的电流密度和温度范围内使用，使用过程中不必调整金属离子浓度。

4）不燃、不爆、无毒性，大多数镀液接近中性，腐蚀性小，因而能保证手工操作的安全，也便于运输和储存。除金、银等个别镀液外均不采用有毒的络合剂和添加剂。现在无氰金镀液已研制出来。

5）镀液固化技术和固体制剂的研制成功，给镀液的运输、保管带来了极大的方便。

（3）工艺特点

电刷镀区别于电镀（槽镀）的最大工艺特点是镀笔与工件必须保持一定的相对运动速度。由于镀笔与工件有相对运动，散热条件好，在使用大电流密度刷镀时，不易使工件过热。其镀层的形成是一个断续结晶过程，镀液中的金属离子只是在镀笔与工件接触的那些部位放电还原结晶。镀笔的移动限制了晶粒的长大和排列，因而镀层中存在大量的超细晶粒和高密度的位错，这是镀层强化的重要原因。镀液能随镀笔及时供送到工件表面，大大缩短了金属离子扩散过程，不易产生金属离子贫乏现象。加上镀液中金属离子含量很高，允许使用比槽镀大得多的电流密度，因而镀层的沉积速度快。

使用手工操作，方便灵活，尤其对于复杂型面，凡是镀笔能触及的地方均可镀上。非常适用于大型设备的不解体现场修理。

3. 电刷镀技术的应用

（1）恢复磨损零件的尺寸精度与几何精度

在工业领域中，因机械设备零部件磨损造成的经济损失是十分巨大的，用电刷镀恢复磨损零件的尺寸精度和几何精度是行之有效的方法。

（2）填补零件表面的划伤沟槽、压坑

零件表面的划伤沟槽、压坑，是运行的机械设备经常出现的损坏现象。尤其在机床导轨，压缩机的缸体、活塞，液压设备的油缸、柱塞等零件上最为多见。用刷镀或刷镀加其他工艺修补沟槽、压坑是一种既快又好的方法。

（3）补救加工超差产品

生产中加工超差的产品，一般说来超差尺寸都很小，非常适合用电刷镀修复，使工厂成品率大大提高。

（4）强化零件表面

用电刷镀技术不但可以修复磨损零件的尺寸，而且可以起到强化零件表面的作用。例如在模具型腔表面刷镀 $0.01 \sim 0.02$ mm 的非晶态镀层，可使寿命延长 $20\% \sim 100\%$。

（5）提高零件表面导电性

在电解槽汇流铜排接头部位镀银，可减小电阻，降低温升，使用效果良好。

为了提高大型计算机的工作可靠性，在电路接点处电刷镀金处理，既能保证接点处有很小的接触电阻，又能防止接点处金属氧化造成的断路。

（6）提高零件的耐高温性能

钴-镍-磷-铌非晶态镀层的晶化温度可达 320℃，在 $400 \sim 500$℃ 高温下，镀层由非晶态向晶态转变后，同时析出第二相组织，这些第二相组织是弥散分布在镀层中的硬质点，有效提高了镀层耐高温磨损的性能。

（7）改善零件表面的钎焊性

把一些难钎焊材料硬要用钎焊的方法连接在一起，是十分困难的。而在这些难钎焊的材料表面上刷镀某些镀层后，钎焊将变得非常容易，而且有较高的结合强度。

（8）减小零件表面的摩擦因数

当需要零件表面具有良好的减摩性时，可选用铟、锡、铟锡合金、巴氏合金等镀层。试验证明，在滑动摩擦表面或齿轮啮合表面上刷镀 $0.6 \sim 0.8 \mu$m 的铟镀层时，不仅可以降低摩擦副的摩擦因数，而且可以有效地防止高负荷时产生的黏着磨损，具有良好的减摩性能。

利用复合刷镀方法，在镍镀液中加入二硫化钼、石墨等微粉，也可减小镀层的摩擦因数，并起到自润滑作用。

（9）提高零件表面的耐蚀性

当要求零件具有良好的耐蚀性时，可根据防腐要求和零件工作条件选择镀层。所谓阴极性镀层有金、银、镍、铬等镀层。所谓阳极性镀层有锌、镉等镀层。

（10）装饰零件表面

电刷镀层也可以作为装饰性镀层来提高零件表面的光亮度或工艺性。如在金属制品、首饰上镀金、镀银层会使这些制品更为珍贵。在一些金属、非金属制品上还可以进行仿古刷镀，如在秦兵马俑上刷镀仿青铜色。

32.3.4　激光再制造技术

1. 激光再制造技术概念及其分类

激光再制造技术是指应用激光束对废旧零部件进行再制造处理的各种激光技术（包括激光表面处理、激光烧结成形、激光焊接、激光切割、激光打孔等）的统称。按激光束对零件材料作用结果的不同，激光再制造技术主要可分为两大类，即激光表面改性技术和激光加工成形技术。

激光相变硬化又称为激光淬火，是指激光以 $10^5 \sim 10^6$℃/s 加热速度作用在金属表面上，使其温度迅速上升至相变点以上，并通过基体的热传导作用使之以 10^5℃/s 冷却速度实现自淬火，从而提高工件表面的硬度和耐磨性。激光相变硬化淬硬层深度可以精确控制，但其深度一般小于 3mm。

激光表面合金化是采用激光束加热金属表面，并加入一定的合金元素改变金属表面层的化学成分、组织和性能的方法。通过优化激光处理工艺参数和合理选择加入的合金元素，可以在金属零部件表面获得设计性能的表面复合涂层，从而提高零部件表面耐磨性、耐蚀性及其他性能。

激光表面熔凝是采用适当的激光束辐照金属表面，使其表层快速熔化和冷凝，得到具有超细晶组织结构的表层，达到提高材料性能的目的。激光表面熔凝处理可以提高工件的硬度、耐磨性能及疲劳性能等。

激光表面非晶化是指利用高能量密度（$10^7 \sim 10^8$ W/cm²）激光束超快速加热金属表面并使表面熔体超快速冷却（10^6℃/s）至其晶化温度以下，从而在金属表面形成一薄层（$1 \sim 10$ μm）原子排列为长程有序而短程无序的非晶态合金层。表面非晶态合金层具有优异的耐磨性、耐蚀性，同时具有优良的力学性能及特殊的电学和磁学性能。

当激光功率密度为 10^9 W/cm²，脉冲时间为 $20 \sim 40$ ns 的脉冲激光可以使材料表面薄层迅速气化，并在表面原子逸出期间发生动量脉冲、产生冲击波，冲击波可以产生幅值约为 10^9 Pa 的压力，是金属产生强烈塑性变形，从而显著提高工件表面硬度、屈服强度和疲劳寿命。这种激光表面处理工艺及称为激光表面冲击强化，激光表面冲击强化处理多采用光开关钕玻璃激光器。

目前，激光再制造技术主要针对表面磨损、腐蚀、冲蚀、缺损等零部件局部损伤及尺寸变化进行结构尺寸恢复，同时提高零部件服役性能。激光熔覆技术是目前工业中应用最为广泛的激光再制造技术。

2. 激光熔覆

激光熔覆，又称为激光涂敷，始于 1974 年，兴起于 20 世纪 80 年代。激光熔覆技术是指在被涂覆基体表面上，以不同的添料方式放置选择的涂层材料，经激光辐照使之和基体表面薄层同时熔化，快速凝固后形成稀释度极低、与基体金属成冶金结合的涂层，从而显著改善基体材料表面的耐磨、耐蚀、耐热、抗氧化等性能的

工艺方法。它是一种经济效益较高的表面改性技术和废旧零部件维修与再制造技术，可以在低性能廉价钢材上制备出高性能的合金表面，以降低材料成本，节约贵重稀有金属材料。

按照激光束工作方式的不同，激光熔覆技术可以分为脉冲激光熔覆和连续激光熔覆。脉冲激光熔覆一般采用 YAG 脉冲激光器，连续激光熔覆多采用连续波 CO_2 激光器。表 32-3 列出了两种激光熔覆技术的特点。

激光熔覆工艺包括两方面，即优化和控制激光加热工艺参数和确定熔覆材料向工件表面的供给方式。针对工业中广泛应用的 CO_2 激光器激光熔覆处理工艺，需要优化和控制的激光熔覆工艺参数主要包括激光输出功率、光斑尺寸及扫描速度等。激光熔覆材料主要是指形成熔覆层所用的原材料。熔覆材料的状态一般有粉末状、丝状、片状及膏状等，其中，粉末状材料应用最为广泛。目前，激光熔覆粉末材料一般是借用热喷涂用粉末材料和自行设计开发粉末材料，主要包括自熔性合金粉末、金属与陶瓷复合（混合）粉末及各应用单位自行设计开发的合金粉末等。所用的合金粉末主要包括镍基、钴基、铁基及铜基等。表 32-4 列出了部分常用基体与熔覆材料。熔覆材料供给方式主要分为预置法和同步法等。

为了使熔覆层具有优良的质量、力学性能和成形工艺性能，减小其裂纹敏感性，必须合理设计或选用熔覆材料，在考虑热膨胀系数相近、熔点相近、润湿性等原则的基础上，结合激光熔覆工艺进行优化。激光熔覆层质量控制主要是减少激光熔覆层的成分污染、裂纹和气孔以及防止氧化与烧损等，提高熔覆层质量。

3. 金属零部件的激光烧结快速成型制造与再制造技术

激光烧结快速成型制造和再制造技术主要是指在数控模型控制下，用高功率激光束烧结金属粉末直接成形零部件或在废旧零件缺损部位烧结金属粉末恢复零件形状和功能。

表 32-3　脉冲激光熔覆和连续激光熔覆的技术特点

工艺种类	控制的主要技术工艺参数	技术特点
脉冲激光熔覆	激光束的能量、脉冲宽度、脉冲频率、光斑几何形状及工件移动速度（或激光束扫描速度）	1）加热速度和冷却速度急快，温度梯度大 2）可以在相当大范围内调节合金元素在基体中的饱和程度 3）生产效率低，表面易出现鳞片状宏观组织
连续激光熔覆	光束形状、扫描速度、功率密度、保护气种类及其流向和流量、熔覆材料成分及其供给量和供给方式、熔覆层稀释度	1）生产效率高 2）容易处理任何形状的表面 3）层深均匀一致

表 32-4　激光熔覆常用的部分基体与熔覆材料

基体材料	熔覆材料	应用范围
碳钢、铸铁、不锈钢、合金钢、铝合金、铜合金、镍基金、钛基合金等	纯金属及其合金，如 Cr、Ni 及 Co、Ni、Fe 基合金等	提高工件表面的耐热性、耐磨性、耐蚀性等
	氧化物陶瓷，如 Al_2O_3、ZrO_2、SiO_2、Y_2O_3 等	提高工件表面绝热性、耐高温性、抗氧化性及耐磨性等
	金属、类金属与 C、N、B、Si 等元素组成的化合物，如 TiC、WC、SiC、B_4C、TiN 等并以 Ni 或 Co 基材料为粘结金属	提高硬度、耐磨性、耐蚀性等

目前，用于直接成形金属零部件的技术主要包括激光选择性烧结技术 Laser Selective Sintering（SLS）。选择性激光烧结件往往成多孔状低密度结构，可以将低熔点金属熔化后渗入烧结件形成金属模具。SLS 可以烧结金属或陶瓷等高熔点材料直接成形金属零部件，并且具备烧结原料选材广泛、适用性广等优点，烧结件经后处理可直接作为模具、电火花加工电极等功能性零件使用，但制件的强度和精度问题一直是限制该技术实用化的一大障碍。

4. 激光仿形熔铸再制造技术

基于激光熔覆技术，研究开发出了激光仿形熔铸再制造技术。激光熔铸通常采用预置涂层或喷吹送粉方法加入熔铸金属，利用激光束聚焦能量极高的特点，在瞬间将基体表面仅微熔，同时使熔覆金属粉末（与基体材质相同或相近）全部熔化，激光离去后快速凝固，获得与基体为冶金结合的致密覆层，使零件表面恢复几何外形尺寸，而且使表面涂层强化。图 32-13 给出了激光仿形熔铸再制造技术正在加工工件的过程，其基本原理和技术实质与激光熔覆快速成型再制造技术相同。

图 32-13　激光仿形熔铸再制造技术正在加工工件

激光熔铸仿形再制造技术解决了振动焊、氩弧焊、喷涂、镀层等传统修理方法无法解决的材料选用局限性、工艺过程热应力、热变形、材料晶粒粗大、基体材料结合强度难以保证等问题。该技术具有如下特点：

1）激光熔铸层与基体为冶金结合，结合强度不低于原本体材料的 90%。

2）基体材料在激光加工过程中仅表面微熔，微熔层为 0.05～0.1mm，基体热影响区极小，一般为 0.1～0.2mm。

3）激光加工过程中基体温升不超过 80℃，激光加工后无热变形。

4）激光熔铸技术可控性好，易实现自动化控制。

5）熔铸层与基体均无粗大的铸造组织，熔覆层及其界面组织致密，晶体细小，无孔洞，无夹杂、裂纹等缺陷。

6）激光熔铸层为由底层、中间层以及面层组成的各具特点的梯度功能材料，底层具有与基体浸润性好、结合强度高等特点，中间层具有强度和硬度高、抗裂性好等优点，面层具有抗冲刷、耐磨损和耐腐蚀等性能，使修复后的设备在安全和使用性能上更加有保障。

5. 激光再制造技术应用

激光再制造技术是激光快速制造技术的新发展。它能够根据计算机三维立体模型经过单一加工过程快速地制造出形状、结构复杂的实体模型，较之于传统模型制造的铸锻轧焊车铣刨磨等一系列过程具有巨大的技术优越性，能大大缩短新产品开发到市场的时间，大大减少产品加工周期、大大降低加工成本，十分适应于现代技术快速、柔性、多样化、个性化发展的需求，在新型汽车制造、空间、航空、新型武器装备中的高性能特种零件和民用工业中的高精尖零件的制造领域将具有极好的应用前景，尤其是常规方法很难加工的梯度功能材料、超硬材料和金属间化合物材料的零件快速制造以及大型模具的快速直接制造上。激光熔覆是目前装备零部件维修和再制造中应用最为广泛的激光技术，在航天、汽车、石油、化工、冶金、电力、机械、工模具和轻工业等都获得了大量应用。

32.3.5　表面粘涂技术

1. 概述

粘涂是一项古老而又实用的新技术。表面粘涂技术是指以高分子聚合物与特殊填料（如石墨、二硫化钼、金属粉末、陶瓷粉末和纤维）组成的复合材料胶粘剂涂敷于零件表面实现特定用途（如耐磨、耐蚀、绝缘、导电、保温、防辐射及其复合等）的一种表面工程技术。

表面粘涂技术工艺简单，不会使零件产生热影响区和变形，可以用来修补有爆炸危险（如井下设备、储油、储气管道）的失效零件。它安全可靠，又无须专门设备，可现场作业，维修周期短，节省工时，可在不停产条件下能进行修复，进而有效地提高生产率，的确是一种快速价廉的维修技术，有着十分广泛的应用前景。

由于胶粘剂性能的局限性，目前该表面工程技术的应用受到下述一些限制。

1）表面粘涂层在湿热、冷热交变、冲击条件下，以及其他复杂环境条件下的工作寿命是有限的。

2）有机胶粘剂构成的表面粘涂层耐温性不高，一般不超过350℃。无机胶粘剂可耐1000℃高温，陶瓷胶粘剂耐温达2000℃以上，但较脆。

3）表面涂层有较高的抗拉强度和抗剪强度，但抗剥离强度较低。

4）使用有机胶粘剂，尤其是溶剂型胶粘剂存在易燃、有毒等安全问题。

2. 表面粘涂技术的工艺

表面粘涂工艺分为下述步骤：

1）初清洗。初清洗主要是除掉待修复表面的油污、锈迹以便测量、制订粘涂修复工艺和预加工。零件的初清洗可在汽油、柴油或煤油中粗洗，最后用丙酮清洗。

2）预加工。为了保证零件的修复表面有一定厚度的涂层，在涂胶前必须对零件进行机械加工，零件的待修表面的预加工厚度一般为0.5~3mm。为了有效地防止涂层边缘损伤，待粘涂面加工时，两侧应该留1~2mm宽的边。为了增强涂层与基体的结合强度，被粘涂面应加工成"锯齿形"，带有齿形的粗糙表面可以增加粘涂面积，提高粘涂强度。

3）最后清洗及活化处理。最后清洗可用丙酮清洗；有条件时可以对粘涂表面喷砂，进行粗化活化处理，彻底清除表面氧化层；也可进行火焰处理、化学处理等，以提高粘涂表面活性。

4）配胶。粘涂层材料通常由A、B两组分组成。为了获得最佳效果，必须按比例配制。粘涂材料在完全搅拌均匀之后，应立即使用。

5）粘涂涂层。涂层的施工有刮涂法、刷涂压印法、模具成形法等。

6）固化。涂层的固化反应速度与环境温度有关，温度高，固化快。一般涂层室温固化需24h，达到最高性能需7天，若加温80℃固化，只需2~3h。

7）修整、清理或后加工。对于不需后续加工的涂层，可用锯片、锉刀等修整零件边缘多余的粘涂料。涂层表面若有大于1mm的气孔时，先用丙酮清洗干净，再用胶修补，固化后研干。

对于需要后续加工的涂层，可用车削或磨削的方法进行加工，以达到修复尺寸和精度。

3. 表面粘涂技术的应用

粘涂技术在设备维修领域中应用十分广泛，不仅用于密封、堵漏、绝缘、导电，还广泛应用于修补零件上的多种缺陷，如裂纹、划伤、尺寸超差、铸造缺陷等。

表面粘涂技术在设备维修领域的主要应用如下：

1）铸造缺陷的修补。铸造缺陷（气孔、缩孔）一直是耗费资金的大问题。修复不合格铸件常规方法需要熟练工人，耗费时间，并消耗大量材料；采用表面粘涂技术修补铸造缺陷简便易行，省时省工，且效果良好，修补后的颜色可保持与铸铁、铸钢、铸铝、铸铜一致。

2）零件磨损及尺寸超差的修复。零件磨损后，采用耐磨修补胶直接涂敷于磨损的表面，然后采用机械加工或打磨，使零件尺寸恢复到设计要求，该方法与传统的堆焊、热喷涂、电镀、电刷镀方法相比，具有可修复对温度敏感性强的金属零部件的优势和修复层厚度可调性的特点。

此外，还可进行零件划伤的修补、零件的防腐、零件密封堵漏等。表面粘涂技术越来越受到人们的重视，它必将在我国设备维修改造中发挥重大作用。

32.4 焊接结构的再制造与延寿技术的应用

目前我国进口设备资产已达到数千亿美元，每年由于磨损使零部件失效，需花数十亿美元补充备件。世界钢铁年产量约 7 亿 t，因腐蚀消耗掉的就有 1.4 亿 t。据工业发达国家的统计，每年仅因腐蚀造成的损失就占国民生产总值的 4%。通过在焊接钢结构中采用再制造技术进行延寿，能够显著地发挥钢结构产品的最大效益，延长产品寿命。

32.4.1 舰船钢板防腐延寿

舰船钢结构防腐一般采用传统的有机涂层防护体系，其具有一次性成本低、施工方便等优点。但有机涂层存在着与钢基体结合强度差、不耐磨损、易老化等缺点，防护寿命较短，一般为 2～3 年。而采用热喷涂金属涂层加有机涂料涂层形成的复合涂层对钢结构进行复合防护，可使防护寿命达 15～20 年，甚至更长。从长远来看，其成本也比有机涂层便宜，电弧喷涂在热喷涂中具有生产效率高、成本低、涂层质量好等优点，是近些年来得到广泛重视并得到迅速发展的一项热喷涂技术。

电弧喷涂舰船钢结构防腐涂层施工工艺包括基体表面预处理、金属涂层制备和涂层后处理三道工序。

1. 基体表面预处理

基体表面预处理有如下三个作用：净化表面（去除妨碍涂层与基体结合的油污、锈蚀、旧漆及其他污染）、粗化表面（使表面更加粗糙、提供表面微坑）、活化表面（露出新鲜金属，增强表面活性）。这三个作用的目的都是为了提高涂层与基体的结合强度。

（1）净化表面

净化表面包括除油、脱漆、除锈。

1）主要除油方法有如下一些：

① 擦洗法。采用汽油、三氯乙烯、丙酮等有机溶剂或氢氧化钠、磷酸三钠、碳酸钠等碱性清洗剂对工件表面进行擦洗，可有效去除表面油污。这种方法主要适用于小型工件，为节约有机溶剂可先用水基清洗剂清洗。

② 高压射流清洗法。对于大型工件成钢结构，可采用清水或水基清洗剂，用高压射流对工件表面进行喷射清洗。

③ 加热法。对于被油脂浸透了的多孔隙（如铸铁）工件，应采用加热法将渗入孔中的油脂驱除。为不影响工件金属的组织性能，工件的受热温度应低于 300℃。对于小型工件可采用箱式炉烘烤，对于大型工件可采用喷灯或氧乙炔火焰枪烘烤。

2）脱漆、除锈一般和粗化表面同时进行。

（2）粗化表面

粗化表面常采用喷砂法进行。

1）喷砂方法有如下一些：

① 压入式喷砂法。利用压缩空气将磨料压入喷枪高速喷出打击工件表面而使表面粗化的方法。此法效率高，且可和除油、脱漆、除锈同时进行。这种方法其磨料一般只使用一次，必要时也可人工回收，经筛选、清洗、干燥后再次使用。

② 无尘喷砂法。此法系一种能在喷射磨料时同时回收磨料的一种喷砂方法，磨料在喷砂工作时循环使用。一般适用于室内、舱内及其他封闭环境内工件的喷砂处理。采取无尘喷砂法必须首先对工件表面进行除油处理。

2）喷砂设备和喷砂磨料。喷砂设备一般为压入式喷砂机和便携式无尘喷砂机。喷砂磨料必须干燥、清洁，还必须有棱角，并且对空气污染小。压入式喷砂机一般选用铜渣砂磨料，无尘喷砂机一般选用破碎性小的金属磨料，粒度为 0.6～1.0mm。

3）喷砂表面粗化工艺参数如下：

① 喷砂用压缩空气必须干燥，无油。

② 喷砂机喷嘴处空气压力为 0.6MPa，并保证足够排气。

③ 喷砂机喷嘴到基体表面距离为 100～300mm。

④ 磨料的喷射方向与基体表面法线之间夹角一般为 15°（不能超过 30°）。

（3）活化表面

在喷砂粗化表面的同时，高速运动的砂粒也对基体表面进行切削，使基体表面露出新鲜金属，从而达到活化表面的目的。

2. 涂层设计

具体涂层设计：电弧喷铝金属涂层＋有机封闭涂料涂层＋常规面层涂料涂层。

（1）涂层防腐理论分析

1）铝涂层与基体钢材有良好的结合强度，通过有机涂料对铝涂层进行封孔处理，可形成良好的隔离层，对腐蚀介质起隔离作用，从而保护基体钢材不受腐蚀。

2）铝涂层本身耐蚀性较好，在海水中腐蚀率极低，再加上铝涂层的力学性能较好、耐磨损，抗冲击、不易破损，能长期保持涂层的完整性，从而保护基体钢材不受腐蚀。

3）铝涂层具有比钢铁较低的电极电位，根据电化学腐蚀原理，一旦涂层破裂，涂层将通过牺牲自己（阳极）对基体钢材起电化学保护作用，从而使钢材不受腐蚀。

4）有机涂层主要是通过隔离作用，使金属与腐蚀介质隔离开来，从而达到防腐的目的。

5）根据最佳协同效应，喷铝后再涂封闭涂料和有机面层涂料，将大大提高防腐效果，其耐蚀性比单独喷涂金属涂层，或单独喷涂有机涂层的防护寿命之和高出 50% ~ 130%。

（2）电弧喷涂金属涂层材料的选择

电弧喷涂金属涂层为达到良好的防腐效果，应满足以下条件：

1）金属涂层本身应具有良好的耐盐雾、耐海水腐蚀性能，其电极电位应低于钢铁的电极电位，以便能对钢铁基体起电化学保护作用。

2）金属涂层应具有良好的力学性能，有一定的强度、硬度、刚度和弹塑性，耐磨损、抗冲击，并与钢铁基体有良好的结合强度，以便能长久保持涂层的完整性。

3）金属涂层应具有良好的工艺性能，易于喷涂，无毒，低污染及良好的经济性。常用的铝涂层、锌涂层及锌铝伪合金涂层的电化学性能和力学性能见表 32-5、表 32-6。

表 32-5　Al、Zn、Zn-Al 伪合金三种涂层在质量分数为 3% 的 NaCl 人造海水中的腐蚀电位和腐蚀电流

涂层	腐蚀电位/V	腐蚀电流/（μA/cm^2）
Zn	−1.38	150
Zn-Al 伪合金	−1.30	100
Al	−1.16	10

表 32-6　Al、Zn、Zn-Al 伪合金三种涂层与基体的结合强度和涂层的显微硬度

涂层	结合强度/MPa	硬度 HV
Zn	9	22.9
Zn-Al 伪合金	13	88.6
Al	18	41.2

注：基体为 45 钢，喷砂预处理。

由表 32-6 可见，三种涂层都具有比铁低的电极电位，能对钢铁起电化学保护作用。从腐蚀电流上看，Al 涂层在海水中具有较低的腐蚀速率，与其他涂层相比，具有良好的耐海水腐蚀性能。美国焊接学会 19 年现场挂片腐蚀试验也充分证明了 Al 涂层较其他涂层有良好的耐海水腐蚀性能。

由表 32-7 可见，Al 涂层具有较高的结合强度和较高硬度，能与基体牢固结合并具有良好的耐磨损、抗冲击性能，能长久保持涂层的完整性。

在喷涂工艺方面，喷铝时，铝熔滴能对金属表面起"净化"作用，有利于涂层与基体的结合，喷涂工艺性较好。另外，喷涂铝时烟雾的毒性较小，对人体无较大危害，安全性较好。

从经济上考虑，虽然铝比锌略贵，但由于铝比锌密度小，同样厚度的铝涂层材料消耗只是锌涂层的

1/3，喷铝成本总的来说较低。

通过以上分析，确定 Al 涂层作为电弧喷涂金属涂层。

（3）封闭涂料的选择

热喷涂层都不可避免地具有一定的孔隙率，Al 涂层的孔隙率为 10% 左右。涂层的孔隙将为腐蚀介质提供通道，出现孔蚀现象。因此需要选择适当的封闭涂料对金属涂层进行封孔处理，以保证涂层对腐蚀介质具有良好的隔离作用，以延缓腐蚀速度，提高涂层的防护效果。封闭涂料技术要求：对涂层孔隙应具有足够的渗透能力，以保证封孔效果良好；本身应具有良好的耐蚀性、抗老化性；不与金属涂层发生任何不良反应，并应对金属涂层具有一定的钝化作用；应与常规面层涂料有良好的配套性，不影响常规面层涂料的正常涂装。基于以上要求，我国研制了 F-1 改性

环氧聚氨酯涂料作为喷涂层的封闭涂料。F-1 封闭涂料为双组分，具有渗透性好，附着力强、低温快干等特点，而且 F-1 封闭涂料本身具有优良的防腐能力，并能对金属涂层起钝化作用。

（4）面层涂料的选择

经封闭处理的金属涂层表面再涂覆一层耐蚀性较好的面层涂料，将有助于进一步提高涂层对钢结构的屏蔽隔离效果，增强涂层的防腐性。同时，也能满足舰船规定的着色要求。面层涂料应满足一定的防腐性、装饰性和耐候性，并应与底层封闭涂料具有良好的配套性，以避免面层涂料对底层涂料的溶胀，而使面层涂料出现附着力差、涂层起泡等现象，从而影响整个复合涂层的防腐效果。海军舰船常用的环氧沥青系列和氧化橡胶系列是专门研制的海洋用防腐涂料，具有优良的耐海水腐蚀性能，它们不会与 F-1 封闭涂料发生不良反应。

3. 金属涂层制备

采用电弧喷涂技术，通过直流电在两根线状金属喷涂材料之间发生电弧，由电弧加热的熔融部分经压缩空气雾化并由压缩空气射流喷射到基体表面上形成涂层。经表面预处理后的基体应尽快进行喷涂，其间隔时间越短越好。在晴天且不大潮湿的天气，间隔时间不超过 12h；在雨天、潮湿或盐雾气氛下，间隔时间不可超过 2h，并且喷涂工作应在室内或干燥工棚中进行，严禁在露天进行；经表面预处理喷砂后，由于停留时间过长或其他原因致使基体表面明显变质时，应重新喷砂处理。

电弧喷涂设备由送丝机构、喷枪和喷涂电源三部分组成。送丝机构应保证喷涂过程中进丝速度稳定，不致因送丝阻力的变化而导致进丝速度的明显改变。喷枪应保证丝材相交时良好对中并使丝材交点始终位于雾化气流中心。喷涂电源应有良好的平伏安特性，以便电弧燃烧稳定。压缩空气供给系统由空气压缩机、油水分离器、空气冷凝器和储气罐组成，应保证压缩空气有足够的压力和流量，并保证无油、无水。

电弧喷涂的主要工艺参数：喷涂电压为 32 ～ 34V；喷涂电流为 160 ～ 220A；雾化空气压力为 0.6 ～ 0.7MPa；喷涂距离为 150mm；喷涂角度为 70° ～ 90°；垂直交叉喷涂 8 ～ 4 次，每次喷涂厚度为 0.03 ～ 0.05mm；喷涂总厚度为 0.12 ～ 0.15mm。喷涂材料为纯铝，铝的材质至少应达到 GB/T 3190—2008 中的要求，即 $w(Al)$ 为 99.5% 以上。喷涂时环境大气温度要高于 5℃，或基体金属的温度至少比大气露点高 3℃。

4. 涂层后处理

涂层后处理包括封闭处理和常规有机面层涂料涂装。封闭处理主要是采用 F-1 型或其他封孔剂，可采用手工涂刷、空气喷涂和无气喷涂，封闭层加工两遭，每道厚度为 0.03mm，封闭层总厚度为 0.06mm。常规有机面层涂料涂装采用舰船常规面层涂料涂装工艺。

32.4.2　油田储罐再制造延寿

据统计，全世界发达国家每年因腐蚀造成的损失价值占这些国家国民生产总值的 1% ～ 4%。在石油化工行业中，腐蚀介质对生产储罐的破坏很大。我国石化行业的油田炼油厂和储运系统都建立了很多大型储油罐，仅石化系统各种类型储油罐就有 5000 多座，油罐容积一般为 $0.5 \times 10^4 m^3$。此外在大庆油田大连港秦皇岛等地已建成 $5 \times 10^5 m^3$ 的大型储罐储油罐，设计使用寿命一般为 20 年。但由于储存的油品中含有机酸无机盐硫化物及微生物等杂质，使油罐因腐蚀而缩短了使用寿命。严重者 1 年左右就报废，如某油田 579 座油罐仅 1986 年 1 年就有 215 座出现穿孔现象。这种腐蚀穿孔不仅泄漏油品，造成能源浪费和环境污染，甚至可酿成火灾爆炸等事故。因此必须采取有效的防护措施对储油罐加强防腐处理，确保油田安全生产。与此同时，也需要将很多失效报废储罐进行再制造处理以恢复其功能，做到不破坏生态环境，减少资源浪费，减少停产，同时又能对服役期满的储罐进行再制造利用。

目前国内外储罐大部分采用非金属涂料进行防腐，要求涂层本身耐蚀性好，透气性渗水性小，有良好的附着力和强度。在涂装时要对罐体做除锈、除垢的表面处理，还要控制涂装厚度大于临界厚度，控制涂装现场的温度、湿度等环境因素和涂料的涂装间隔在规定范围之内，才能满足储罐的防腐性能。此外由于涂料构成的组分多，决定了其防腐性能的局限性，尤其是在强腐蚀介质中防腐寿命较短。因此需要寻求新的储罐防腐再制造延寿技术。

再制造工程是充分利用各种先进表面工程技术和其他成形技术，对废旧装置进行修理和改造，制成再制造产品，创造新的价值，实现优质、高效、低成本、少污染的绿色技术。针对石油化工系统储油罐腐蚀日益严重的现状，再制造技术为我们提供了一个全新的解决方案。

采用金属罐薄壁不锈钢衬里技术对油田储罐进行再制造修复延寿，增强了防腐性能，延长了使用寿命，通过近几年在油田中实际应用，取得了良好的经济和社会效益。

薄壁不锈钢衬里技术是根据储罐存储介质的腐蚀性、承受的压力温度和储罐的容积，选择衬里的不锈钢型号与规格，针对不同储罐的结构附件及储罐壁材质，通过设计与计算，确定在储罐内壁上特殊接头的型式与分布位置，利用特殊接头将衬里固定在储罐的内壁上形成不锈钢防腐层。

1. 储罐不锈钢衬里结构

金属罐与非金属罐衬里是采用厚度为0.21~1mm的薄壁不锈钢板，用焊接工艺方法将其周边固定在罐体内壁预先布置的特殊接头上，由特殊接头将各部分衬里连成一个全封闭的、非紧贴式的、长效的薄壁不锈钢防腐空间，使储罐防腐层的附着力物理力学性能和施工性能得到了提高。其结构如图 32-14 所示：

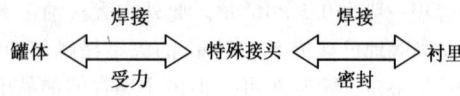

图 32-14　储罐不锈钢衬里结构

2. 薄壁不锈钢衬里特点

利用金属防腐材料防腐，其寿命长，价格适宜，性能价格比高，维护费用低，属于对介质无环境污染的绿色防腐工程。

用焊接工艺技术完成防腐工程施工。直接把不锈钢焊接到罐体上，不老化、不脱落，防腐寿命长达20~30 年。

防腐质量可靠，防腐层厚度易检验，薄壁不锈钢厚度（0.2~0.4 mm）均匀一致。只要焊缝严密就防腐，焊接工艺可靠，防腐质量有保证。

防腐性能价格比高，经济上合理。衬里罐比纯不锈钢罐的价格低 70%，节约基建投资。比涂料防腐一次性投资较大，但长期运行费用低。

金属罐不锈钢衬里适用于油、气、水储罐的内衬防腐。用于油田三元复合介质储罐可节约 70% 建罐投资；用于水罐可防止水质污染，提供无二次污染的水；用于旧罐维修节约投资 50%，只要在用罐报废前，就可用不锈钢衬里修复，比厚碳钢罐还耐用。

3. 薄壁不锈钢衬里技术的应用

金属罐与非金属罐不锈钢衬里技术是一种新型储罐再制造技术。通过对旧储罐实施薄壁不锈钢衬里技术，提高了原储罐的表面工程标准和再制造产品质量，提高储罐防腐等级。因此它使旧储罐恢复原有功能，并延长了使用寿命，从而形成再制造产品。在对新、旧储罐进行衬里的施工及存储介质时，对环境和介质均达到几乎零污染的程度，优化资源配置，提高了资源利用率，做到投入少（50% 左右）、产出高（新罐的水平和利用价值）。

32.4.3　绞吸挖泥船绞刀片再制造延寿

绞吸挖泥船是我国河道疏浚作业的主要船型，绞刀片是其主要的易损部件之一。绞吸式挖泥船绞刀片通常焊接于刀架上使用，分为前、中、后三段，材质为ZG35SiMn，质量为104kg。由于焊接性的要求，其耐磨性能受到限制。调研表明，其前、中、后三段绞刀片磨损程度基本上为3∶2∶1，前段绞刀片磨损最为严重，在该工地土质主要为粗砂、板结粘土工况下，ZG35SiMn 前段绞刀片磨损至刀齿根部（剩余质量17kg 左右）其疏浚泥方量为 119631m³（全寿命为266.15h）。更换绞刀片一般需 2~3 天的时间，且安装过程危险性高，劳动强度大，其间挖泥船主机处于空耗状态。可见，绞刀片在疏浚挖泥时受到严重的泥沙磨粒磨损作用，寿命短，更换频率高，工作效率低，严重制约了挖泥船整体效益的发挥。

绞刀片再制造技术是采用新设计、新材料、新工艺的特殊制造技术，解决原绞刀片耐磨性与焊接性的矛盾，在延长绞刀片寿命的同时，又利于绞刀片的再制造，可充分发挥资源效益。绞刀片的再制造过程从绞刀片的全寿命周期费用最小、具有可再制造性、再制造的成本最低、环境及资源负荷最小等易损件再制造的基本原则出发，对位于绞吸挖泥船绞刀架前端、工作时首先接触泥沙、吃泥深度及工作负荷最大、磨损最为严重的前段绞刀片进行了再制造研究。

1. 绞刀片再制造设计与再制造工艺

绞刀片挖泥作业时的磨损规律是绞刀片刀齿沿一定的角度逐渐磨损变短。随着刀齿的磨损变短，疏浚效率降低，刀齿磨完后，开始磨损刀体，绞刀片对绞刀架失去保护，刀架开始磨损，此时应对绞刀片予以更换。因此，提高绞刀片刀齿的耐磨性和使用寿命是绞刀片再制造技术的关键。再制造设计时既要考虑绞刀片所用材料的耐磨性等使用性能，还要考虑其再制造工艺性。采用常规单一材料，要满足这些要求是十分困难的，如材料要耐磨，一般焊接性就非常差，而且塑、韧性也很差。反之，满足了绞刀片的焊接性、塑性和韧性的要求，其耐磨性又受到限制。根据绞刀片不同的工况条件及性能要求，可对绞刀片的刀齿与刀体采用不同材料和工艺分别设计和制造，通过焊接的方法将刀齿和刀体连接成一体。刀齿磨完后仅更换新刀齿而无须更换整个绞刀片，使其再制造性能得以改善。

（1）刀齿再制造设计

刀齿首先应具有高的耐磨性，以提高使用寿命，并保证高的挖掘效率。同时，保证刀齿与刀体具有良好的焊接性能，在工作时不被折断。综合绞刀片的工作环境、再制造性、耐磨性、工作效率及制造成本费用等因素，刀齿基体选用 ZG35SiMn 材料铸造成形，该材料可满足对刀齿焊接性能和力学性能及制造工艺性能的要求。在刀齿基体上采用焊接的方法制备特种耐磨层，提高其抗磨粒磨损能力和使用寿命。刀齿可设计成图 32-15 所示的不同结构。它由基体和耐磨层组成，按刀齿基体形状特征可划分为四种基本结构，每种结构各有其特点。

1）U 形结构（图 32-15 a、b、e）对耐磨层有较强的力学支撑作用，可有效防止刀齿耐磨材料的折断。

2）E 形结构（图 32-15 c）对耐磨层的力学支撑作用比 U 形结构更强，但不适合于堆焊方式制备耐磨刀齿。

3）L 形结构（图 32-15 d）对耐磨层的力学支撑作用比 U 形结构弱，但结构较 U 形结构简单，在低应力工况下工作的绞刀刀齿可用此结构。

4）T 形结构（图 32-15f）对耐磨层的力学支撑是依靠刀齿中心的基体隆起。较适合于采用堆焊及表面熔覆的方法制备耐磨层。

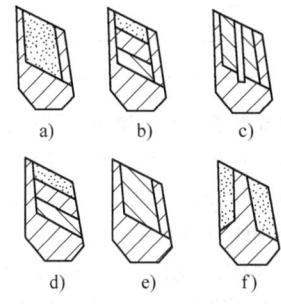

图 32-15　再制造绞刀刀齿头部结构

a) 金属基陶瓷复合材料 U 形结构

b) 梯度耐磨堆焊 U 形结构

c) 金属基陶瓷复合材料 E 形结构

d) 梯度耐磨堆焊 L 形结构

e) 均匀耐磨堆焊 U 形结构

f) 金属基陶瓷复合材料 T 形结构

针对 1750m³/h 绞吸挖泥船的工况特点，选用 U 形结构，采用梯度耐磨堆焊的再制造方法，较好地解决了这一问题。刀齿部位的成分和性能具有一定的梯度变化，大大降低了刀体和刀齿间的成分和性能突变产生的焊接应力和相变应力，同时保证了刀齿兼有强韧性和高的耐磨性及刀齿工作的可靠性。采用梯度堆焊的再制造方法工艺简单，成本低，刀体与刀齿整体性强，刀齿性能易于保证，使传统绞刀片整体更换转

化为局部刀齿更换，节约了资源，并且刀齿的更换过程更加快捷、方便、安全。刀齿设计（图 32-16）采用了适当的耐磨层厚度以提高刀齿的使用寿命及抗折断能力。刀齿前端耐磨堆焊层总厚度设计为 50mm，采用三种成分和性能不同的耐磨堆焊材料进行梯度化堆焊，即过渡耐磨堆焊层（厚度为 10mm）、高耐磨堆焊层（厚度为 20mm）和陶瓷复合耐磨堆焊层（厚度为 20mm）。

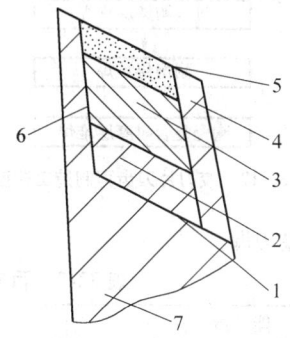

图 32-16　再制造绞刀片刀齿

1、6—打底层焊缝　2—过渡耐磨堆焊层

3—高耐磨堆焊层　4—成形板

5—陶瓷复合耐磨堆焊层

7—刀齿基体

在刀齿基体上采用碱性焊条打底，堆焊 4～5 层，形成一个韧性和抗裂性优异的改性基体表面，该表面作为耐磨堆焊层的起焊面。过渡耐磨堆焊层是打底层焊缝与高耐磨堆焊层之间的过渡层，采用自制的韧性及抗裂性能较好的低合金耐磨焊条堆焊；高耐磨堆焊层具有较高的硬度和耐磨性，该层采用自制的高合金耐磨焊条堆焊；陶瓷复合耐磨堆焊层是金属基 WC 陶瓷颗粒增强复合耐磨材料，具有优异的耐磨性能。

（2）绞刀片刀体设计

绞刀片刀体是焊接在刀架上使用的，绞刀挖泥时，刀体受到较大应力作用，且在泥流中运行，因此要求刀体材料具有良好的焊接性、强度和韧性，又具有一定的耐磨性。综合对刀体的性能要求以及刀体不规则曲面难以机加工的特点，选用 ZG35SiMn 作为绞刀片的刀体材料，铸造成形。该材料综合力学性能良好，具有良好的铸造工艺性能且成本低廉。

2. 绞刀片再制造工艺及组织性能

刀齿耐磨层堆焊时考虑到稀释率的影响，采用小参数多层多道堆焊以减小焊缝的熔合比和焊接应力。绞刀片刀齿再制造工艺过程如图 32-17 所示。

待再制造刀齿基本磨完时，清理其残余部分，更

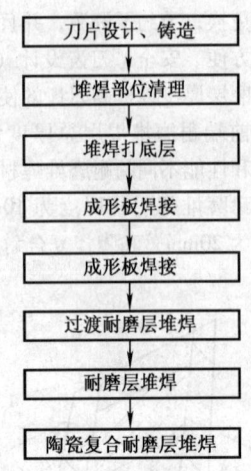

图 32-17　绞刀片刀齿再制造工艺流程

换新的再制造刀齿。

3. 再制造绞刀片的工程应用效果

目前国内普遍采用的是 ZG35SiMn 刀片，正火态使用，硬度为 170～220HBW。根据吸扬 14 号挖泥船提供的 ZG35SiMn 绞刀片使用数据和研制的再制造绞刀片同一工地应用实测数据，得出表 32-7 所列对比分析结果。

表 32-7 表明，再制造绞刀片质量减轻 24.4%；疏浚效率提高 54%；原绞刀片刀齿平均质量磨损率是再制造绞刀片刀齿的 13.6 倍；再制造绞刀片平均单位刀齿质量疏浚方量是原绞刀片的 20.6 倍。

刀齿的比磨损质量（单位时间单位疏浚方量刀齿的磨损质量）是反映绞刀片耐磨性与疏浚效率综合性能的重要指标，刀齿的比磨损质量越小其综合性能越优异。再制造绞刀片刀齿比磨损质量是原绞刀片的 4.56%，具有优异的综合性能。

表 32-7　再制造刀片与原 ZG35SiMn 绞刀片性能对比

性 能 指 标	研制再制造绞刀刀片	原 ZG35SiMn 绞刀片
刀片质量/kg	78.6	104
平均疏浚效率/（m³/h）	691.9	449.5
质量磨损率/（kg/h）	0.024	0.327
单位方量质量磨损率/（kg/m³）	0.35×10^{-4}	7.27×10^{-4}
平均刀齿单位质量疏浚方量/（m³/kg）	28307	1375
刀齿比磨损质量/［kg/（h·m³）］	0.352×10^{-4}	7.725×10^{-4}

32. 4. 4　发酵罐内壁再制造延寿

某葡萄酒厂低温发酵车间的 16 个发酵罐是采用一般不锈钢板焊接而成的，使用后发现发酵罐内壁出现点状腐蚀，并导致酒中铁离子超标，影响了产品的质量，只能存放中、低档葡萄酒。为了解决内壁防腐蚀问题，该厂曾采用过环氧树脂涂料涂刷工艺，但使用一年，涂层大片脱落，尤其罐底部，涂层几乎全部脱落。在该车间进行技术改造时，为了防止酒罐内壁继续腐蚀及铁离子渗出，采用现场火焰喷涂塑料涂层对葡萄酒罐进行保护。要求内壁涂层材料无毒，无味，不影响葡萄酒质量，具有一定的耐酸性和耐碱性，涂层与罐壁结合良好，使用中不得脱落。涂层最好与酒石酸不粘或粘后易于清除，表面光滑，具有一定的耐磨性。

1. 涂层材料的选择

根据低温发酵罐工作情况及厂方的要求，选择了白色聚乙烯粉末作葡萄酒罐内壁涂层材料。

2. 火焰喷塑工艺

1）喷涂设备及工艺流程。聚乙烯粉末火焰喷涂使用塑料喷涂装置，包括喷枪、送粉装置等。工艺流程为：喷砂—预热—喷涂—加热塑化—检查。

2）喷砂预处理。在喷涂塑料前，采用压力式喷砂设备，使用刚玉砂处理。

3）表面预热。基体表面预热的目的是除去表面潮气，使熔融塑料完全浸润基体表面，从而得到与基体的最佳结合。通常将基体预热至接近粉末材料的熔点。

4）喷涂。葡萄酒罐内壁火焰喷塑施工采用由上到下的顺序进行，即顶部—柱面—底部。在经预热使基体表面温度达到要求后，即可送粉喷涂。喷涂时，应保持喷枪移动速度均匀、一致，时刻注意涂层表面状态，使喷涂涂层出现类似于火焰喷熔时出现的镜面反光现象，与基体表面浸润并保持完全熔化。火焰喷涂聚乙烯涂层的喷涂参数见表 32-8。

表 32-8　葡萄酒发酵罐内壁喷涂参数

喷涂材料	氧气压力/Pa	乙炔压力/Pa	空气压力/Pa	距离/mm
聚乙烯	1～2	0.5～0.8	1	150～250

5）加热塑化。喷涂聚乙烯涂层，由于聚乙烯熔

化缓慢，涂层流平性略差，因此在喷涂后，需用喷枪重新加热处理或者喷涂后停止送粉使涂层完全熔化，流平后再继续喷涂。加热时，应防止涂层过热变黄。

6）涂层检查。在喷涂过程中及喷涂完一个罐后，对全部涂层进行检查，主要检查有否漏喷，表面是否平整光滑和机械损伤等可见缺陷，然后进行修补。葡萄酒罐装酒前经酸液和碱液消毒清洗，再进行检查。对查出结合不良的部位进行修补。

参 考 文 献

[1] 中国机械工程学会. 中国机械工程技术路线图 [M]. 北京：中国科学技术出版社，2011.

[2] 徐滨士，等. 再制造工程基础及其应用 [M] 哈尔滨：哈尔滨工业大学出版社，2005：26-56.

[3] 朱胜，姚巨坤. 再制造设计理论及应用 [M]. 北京：机械工业出版社，2009.

[4] 朱胜，姚巨坤. 再制造技术与工艺 [M]. 北京：机械工业出版社，2011.

[5] 杜学铭，施雨湘，李爱农，等. 绞吸挖泥船绞刀片再制造技术及应用研究 [J]. 武汉理工大学学报（交通科学与工程版），2002，26（1）：4-7.

[6] 罗震，单平，易小林，等. 油田储罐再制造技术的研究与应用 [J]. 中国表面工程，2001（2）：40-42.

[7] 朱胜，徐滨士，姚巨坤. 再制造设计基础及方法 [J]. 中国表面工程，2003（3）：27-31.

[8] 徐滨士，等. 绿色再制造工程及其在我国的应用前景 [C]. //中国工程院. 工程科技与发展战略咨询报告集. 2002.

[9] 朱胜，姚巨坤. 再制造工程的巨大效益 [J]. 新技术新工艺，2004（1）：15-16.

[10] 姚巨坤，向永华，朱胜. 再制造工程的内涵及哲学意义 [J]. 中国资源综合利用，2003（8）：7-9.

[11] 朱绍华，刘世参，朱胜. 谈绿色再制造工程的内涵及学科构架 [J]. 中国表面工程，2001（2）：5～8.

[12] 姚巨坤，朱胜，崔培枝. 再制造管理-产品多寿命周期管理的重要环节 [J]. 科学技术与工程，2003，3（4）：374-378.

[13] 姚巨坤，朱胜，崔培枝. 面向再制造的产品设计体系研究 [J]. 新技术新工艺，2004（5）：22-24.

[14] 姚巨坤，杨俊娥，朱胜. 废旧产品再制造质量控制研究 [J]. 中国表面工程，2006，19（5+）：115-117.

[15] 朱胜，姚巨坤. 装备再制造性工程的内涵研究 [J]. 中国表面工程，2006，19（5+）：61-63.

[16] 姚巨坤，崔培枝. 再制造清洗技术研究 [J]. 工程机械与维修，2007（2）：180-181.

[17] Ron Giuntini, Kevin Gaudette. Remanufacturing：The Next Great Opportunity for Improving U. S. Productivity [J]. Business Horizons/November - December，2003：1-42.

[18] Steinhilper R. Remanufacturing：The Ultimate Form of Recycling [M]. Germany：Fraunhofer IRB Verlag，1998.

[19] Lund, Robert T. The Remanufacturing Industry：Hidden Giant [R]. USA Boston，MA：Boston University，1996.

[20] Bert Bras, Mark W McItosh. Product, process and organizational design for remanufacture - an overview of research [J]. Robotics and Computer Integrated Manufacturing，1999（15）：167-178.

第33章 计算机辅助焊接结构制造与生产质量控制

作者 魏艳红 李冬青 崔晓芳 审者 朱志明

33.1 概述

随着焊接技术的发展，广泛采用焊接结构是机械制造工业发展的重要趋势。焊接结构制造包括焊接结构装配、焊接工艺设计、焊接生产过程监控、检验和质量管理等主要方面。随着计算机技术的发展和普及，其应用已经渗透到焊接结构制造各个环节中，逐步实现了焊接结构装配、焊接工艺自动设计、计算机辅助焊接工艺规划（焊接 CAPP）、焊接生产过程信息化（MIS）、计算机辅助加工制造（CAM）、焊接生产过程管理及计算机辅助焊接结构的检测与质量管理（CAQ）。近年来，随着计算机集成制造系统（CIMS）、并行工程（CE）、智能制造系统（IMS）、虚拟制造系统（VMS）、敏捷制造（AM）等先进制造系统的发展，无论从广度上还是深度上都对计算机辅助焊接结构制造与生产质量控制提出了更新更高的要求。计算机技术促使传统的制造工业向先进制造技术发展，制造业中已经将其应用到产品设计（CAD）、制造（CAM）、工艺设计（CAPP）、管理信息系统（MIS）、办公自动化（OA）等领域，将这一系列的计算机辅助技术加以集成，就成为计算机集成制造系统（CIMS）。

计算机辅助设计（CAD）技术在机械设计中得到了广泛的应用，但针对焊接件专门设计的软件相对较少，目前的多数焊接 CAD 系统基本上是采用对商品化的通用软件进行二次开发，对不同焊接结构、夹具、支架等进行计算机辅助设计，在此基础上形成专用 CAD 系统。一般采用的支撑软件主要有 AutoCAD、Solid Edge、Pro/ENGINEER 等，在这些软件环境下进行二次设计和开发，将焊接结构设计有关特征、知识和数据融入系统，形成不同的焊接结构设计 CAD 系统。目前焊接 CAD 系统还处于起步阶段，在国内尚未见商品化的软件，研究仍集中在单一典型焊接结构的设计上，还缺少通用的焊接结构设计 CAD 系统。

焊接 MIS 系统涉及从投料到焊接结构产品生产的全过程，利用先进的信息技术、管理技术和制造技术等支持、控制和规范生产过程，可以使生产活动更高效、敏捷、柔性，实现对生产过程的优化、监控和管理。目前，还缺少商品化的焊接 MIS 系统，部分企业自行开发设计一些 MIS 系统，在本企业有比较好的实用性，但难以推广应用。

相对焊接 CAD、MIS 系统，焊接 CAPP 系统发展相对成熟，特别是在焊接工艺自动设计、焊接工艺评定编制与管理等方面已经有相对成熟的产品，并在实际中得到较为广泛的应用。计算机辅助检测可以进一步对采用合理的制造工艺和科学的生产管理模式制造出的焊接产品进行检验，验证产品质量，并通过对检测信息的有效利用和管理为后续的焊接产品制造提供进一步的保障。本章将重点介绍现有的计算机在焊接结构制造与生产过程的研究和应用成果，焊接生产过程的监控和管理策略以及焊接质量管理系统的设计与应用。

33.2 焊接结构制造工艺设计

焊接 CAPP 系统相对焊接结构 CAD 系统来讲，发展更为成熟和迅速，研究已经涉及焊接结构制造工艺规划的各个层面，从焊接结构装配工序到具体的焊接参数，已经可以利用计算机进行规划和设计。对于重要结构如锅炉、压力容器等，不仅可以进行焊接工艺设计，而且可以按照标准进行工艺评定管理和评定必要性判断。

33.2.1 焊接 CAPP 系统

1. CAPP 系统基本概念

计算机辅助工艺设计（CAPP）是指通过向计算机输入被加工零件的几何信息（图形）和加工工艺信息（材料、热处理、批量等），由计算机自动输出零件的工艺路线和工序内容等工艺文件的过程。计算机辅助工艺设计属于工程分析与设计的范畴，是重要的生产准备工作之一。计算机辅助工艺设计上与计算机辅助设计（CAD）相接、下与计算机辅助制造（CAM）相连，是设计与制造之间的桥梁。

一个完整的 CAPP 系统，一般包括六个模块和若干个数据库，其结构如图 33-1 所示。

图 33-1 中各部分功能如下：

1）控制模块。对整个系统控制与管理。

2）输入模块。零件的信息可以来自人工输入或来自现有 CAD 转换信息接口，或者直接来自集成环境下统一的产品数据模型。

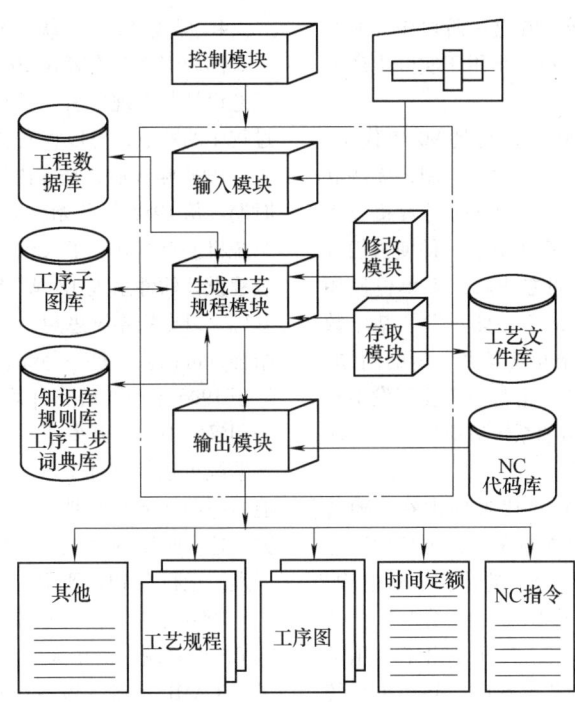

图 33-1　CAPP 系统基本结构框图

3) 生成工艺规程模块。包括表头和表尾生成、毛坯选择、加工方法选择、工序安排、机床及刀夹量具的选择、作业或工步安排、切削参数计算或选择、工序图生成及尺寸链计算、刀具加工轨迹生成、数控 (Numerical Control，NC) 指令生成、时间与成本计算等子模块。

4) 输出模块。输出工艺流程、时间定额、刀具模拟显示、NC 加工指令、工序图以及其他工艺文件。

5) 修改模块。进行现有工艺规程的修改。

6) 存取模块。对已有工艺规程再现和存放新工艺规程。

7) 各类库存信息。工程数据库、数据词典库、工序子图库、工艺知识库、工艺规程库、工艺文件库和 NC 代码库等。

图 33-1 框图描述了一个理想的、完全的 CAPP 系统，它涉及了 CAPP 所有需要的库存信息、应用模块和控制机制等。一个实际的 CAPP 系统可以包含其中的一部分或几部分库存信息与功能模块，完成一部分或大部分功能。

2. CAPP 系统的工作原理

国内外已经开发和正在研究的 CAPP 系统，按其工作原理可分为检索式、派生式和创成式三类。

在检索式 CAPP 系统中，设计好的零件标准工艺被编号，并存储在计算机中。在制订零件的生产工艺时，可根据输入的零件信息进行搜索，查找合适的标准工艺。可见，检索式 CAPP 系统简单实用，但是由于标准工艺为数有限，大量的零件不能被覆盖，所以应用范围有限。

在派生式 CAPP 系统中，根据成组技术 (Group Technology) 原理将零件划分到不同的零件组，按零件组编制出标准工艺，并将其存储到计算机中。在为新零件设计工艺时，输入该零件的成组技术代码，检索到相应零件组的工艺，而后根据该零件的特点，由计算机自动进行工艺参数的修改，从而产生新的工艺。可见，派生式 CAPP 系统也不能适用于所有的零件，而且由派生法产生的工艺往往需要进一步修改。

在创成式 CAPP 中，不存入任何工艺，而是通过数学模型决策、逻辑推理决策或智能决策等方式结合制造资源库自动生成零件的工艺。在输入零件加工信息后，运行过程一般不需要人工干预。创成式 CAPP 系统具有较高的柔性，适应范围较广，而且便于与 CAD 和 CAM 集成。但是由于工艺设计过程的复杂性，目前尚难开发出自动化程度很高、功能完全的创成式系统。

3. 国内 CAPP 发展过程、现状和方向

在我国研究 CAPP 系统的几十年中，国内 CAPP 系统经历了如下三个阶段：

第一阶段：从 20 世纪 80 年代初到 90 年代初，我国跟随国际潮流，主要研究自动化和智能化的 CAPP 系统。这些系统强调工艺设计的自动化，但工艺设计涉及的因素繁多并且过程复杂，因而无法满足

企业对 CAPP 系统平台的需求。在这一阶段中，所开发出的系统大多是学术性的，鲜有可用于实际生产的系统出现。

第二阶段：从 20 世纪 90 年代初到 90 年代末，由于自动化的 CAPP 发展受到了技术的限制，无法满足工业生产的需要，另外也由于 CAD 等计算机技术日益广泛的应用为工厂企业提高了效益，促使人们寻求使用计算机辅助工艺设计的方法。许多单位使用 DBase、Foxbase、Foxpro、Basic 等工具开发了基于数据库的 CAPP 系统。这些系统可以解决一定的问题，某些系统现在依然在工厂应用。但是由于受开发工具及开发思想的限制，所开发出的系统适应性很差，所以束缚了这类系统的使用与推广。

第三阶段：从 20 世纪 90 年代末到现在，随着 CAD/CAM 技术在企业应用的逐渐深入，传统的工艺设计方法越来越严重地制约了企业的计算机化进程，许多科研单位和商业公司转变思想，把重点从"自动化"转移到"辅助设计"上，并开发出了实用的 CAPP 软件。这些软件基于工艺参数库，并注重系统的集成化和网络化，因而在企业的应用日益广泛。

目前对于 CAPP 的研究方向主要集中在如下几个方面：

1）智能化。实现 CAPP 的智能化一直是研究的重点和难点。自 20 世纪 80 年代以来，以专家系统技术为代表的人工智能技术提高了系统的适应性和通用性，目前广泛研究的神经元网络、模糊理论和遗传算法为 CAPP 系统的进一步智能化提供了理论基础。

2）集成化。随着 CAD、CAPP 及 CAM 系统的应用不断增多，企业迫切需要将这些孤立的系统整合成一个整体，以提供对产品生命周期中包括产品设计、工艺设计、产品仿真、产品制造、产品测试等各个阶段的全面支持。由于 CAPP 是联系 CAD 与 CAM 的纽带，因而 CAPP 的集成化研究得到了广泛重视。

3）并行工程。并行工程是针对最初的串行产品生产模式提出的，它采用上、下游同时决策的方式，在计算机上对产品整个生命周期的各个阶段进行设计。并行 CAPP 系统要求在设计过程中高效、动态地生成工艺规程，并随时向 CAD 系统提供产品可制造性的评价信息，同时根据加工过程仿真系统的反馈信息找到当前工艺规程中存在的问题并加以调整。

4）分布式网络化。信息传输是企业实现 CIMS 的先决条件，通过网络可以将企业内部相互分离的各个部门集成为统一的整体，从而实现生产信息与资源的统一管理与调度。作为 CIMS 中重要组成部分之一的 CAPP 系统也必须实现网络化。

4. 焊接 CAPP 系统的研究现状

国内焊接工作者在 20 世纪 80 年代后期就在焊接工艺设计与管理中引入了 CAPP 技术。根据其在发展过程中的特点，可以将发展的历程分为三个阶段：

1990 年前后，是国内焊接领域 CAPP 发展的起步时期。从 1988 年开始，太原重型机械厂在长城 GW 系统机上自行开发了人机交互式计算机辅助焊接工艺规程设计软件系统 TZ-WCAPP。该系统以成组技术为基础，以专家系统思想为指导，采用检索法与创成法结合，可以认为是一种综合式 CAPP 系统。唐山锅炉厂于 1990 年开始研究计算机辅助工艺过程设计，并采用汉字 DBase 开发了一套适合该厂的 CAPP 系统，该系统可以完成工艺文件的建立、修改、打印等功能。同期，金州重型机器厂等单位也进行了类似的研究。这一时期的系统一般用 DBase、Foxbase 或 Basic 开发，运行在 DOS 平台上。

1994 年左右，为数众多的单位开始研究焊接工艺 CAPP 系统。清华大学与大连起重机器厂合作开发了 CSCAMP 系统，该系统可以管理工艺过程卡，并可以根据用户输入自动选择若干工艺参数。第一重型机械集团公司开发了基于网络的 WTPMIS 系统。此外，南京化学工业集团公司、天津大学、兰州石油化工机械厂等单位也进行了焊接工艺 CAPP 系统的研发。这一时期的系统一般使用 Foxpro、Basic 或 Visual Basic 开发，运行在 Windows 平台上。少数系统具备一定的工艺设计自动化功能，绝大多数系统主要进行焊接工艺的管理，其提供的功能比之前的系统更加强大，界面也更加友好。

近几年来，已有的 CAPP 系统得到了进一步发展，升级后的系统功能得到了进一步加强，部分系统还实现了网络化。2000 年 8 月，天津大学开发了基于 Windows 的焊接工艺编制系统。2001 年 8 月，清华大学开发了结构件装焊工艺设计系统，该系统可管理三种格式的装焊工艺卡片。2004 年 6 月，哈尔滨工业大学结合国内制造企业对表格化焊接工艺文档设计管理的要求，总结了表格化焊接 CAPP 系统的特征，利用网络和数据库技术，提出了从体系结构、数据库到应用程序的整套解决方案，研究开发了基于 Client/Server（客户机/服务器）的表格化焊接 CAPP 系统。

5. 典型焊接 CAPP 系统设计

（1）需求分析

目前，不同企业焊接工艺流程各不相同，对 CAPP 的需求也有所不同，但总体上讲，一个理想的 CAPP 系统，应具备以下功能：

1）兼备工艺设计和工艺管理功能。

2）提供功能强大的工艺卡片设计工具。

3）能编制工艺路线、工艺过程卡、工序卡。

4）融数据库、图形、图像、表格、文字编辑于一体，能实现与 CAD、PDM、MIS、ERP 等系统的集成。

5）提供工艺卡片模板定制工具，可由用户绘制、定义、扩充工艺卡片格式。

6）安装简单、人机界面友好、网络版 CAPP 系统，并提供完善的二次开发工具和开发接口。

在确定基本功能的基础上，具体分析企业现有的产品特点、现有的工艺流程、工艺卡及相互关系。企业对于焊接 CAPP 系统不仅要求能设计和管理焊接工艺文件，而且要求系统能将整个产品线的工艺制定过程全部涵盖起来。图 33-2 是某企业产品的组织结构，分为产品层、部件层和卡片层。

从图 33-2 中可以看出，层与层之间构成一对多的关系，即一种产品可包含多个部件，一个部件可包含多张卡片。

（2）功能设计

按照需求分析，进一步设计具体 CAPP 系统的基本功能。图 33-3 为按照图 33-2 产品组织结构设计所得系统总体功能，分为工艺文件设计和工艺文件管理两大部分。

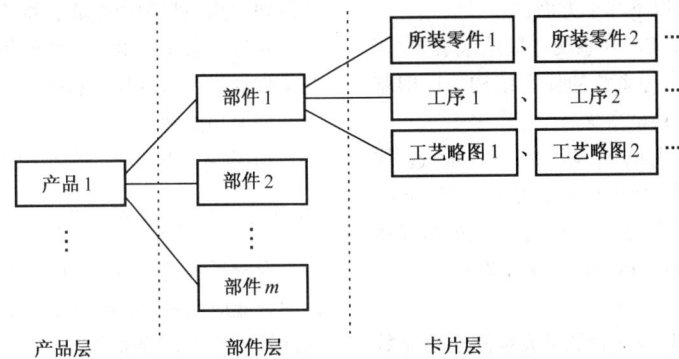

图 33-2 产品组织结构

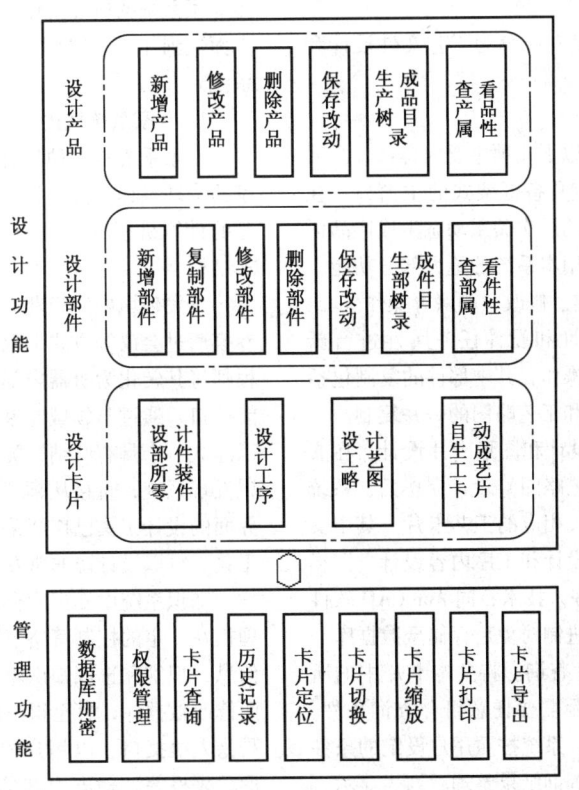

图 33-3 系统总体功能图

设计部分按照企业实际设计顺序安排，首先是产品设计，包括新增产品、修改产品、删除产品、保存改动、生成产品树目录和查看产品属性等；其次是部件设计，包括新增部件、复制部件、修改部件、删除部件、保存改动、生成部件树目录和查看部件属性等；最后为卡片设计，包括设计部件所装零件、设计工序、设计工艺略图和自动生成工艺卡片等。

管理部分包括数据库加密、权限管理、卡片查询、历史记录、卡片定位、切换、缩放、打印和导出等。

（3）总体设计

总体设计主要包括以下几个方面：

1）在体系结构上，CAPP系统一般选取客户/服务器（Client/Server）作为系统的体系结构，也即基于企业局域网的多用户共享系统。

2）在开发及测试环境上，一般选取Microsoft Windows系列作为开发测试平台，Microsoft SQL Server 或 Oracle 等作为服务器端数据库管理系统，Sybase Power builder、Dephi、C++等作为客户端编程工具。

3）在数据库结构上，一般采用关系模型建立数据库，通过在各数据表之间设置相应的关系，使数据库符合组织结构的要求。

4）在功能上，将系统功能分为工艺文件设计和工艺文件管理两大部分。

（4）系统功能实现

系统的功能主要包括以下几项主要内容：

1）一个CAPP系统应具备框架式的主窗口，在该窗口中根据产品和部件的层次关系动态生成产品树目录，可以通过该窗口调用本系统的绝大部分功能。

2）对产品能进行新增、修改、删除等操作。

3）对部件本身的属性和设计任务属性进行新增、复制、修改、删除等操作，其中部件的复制包括对其所装零件、工序内容和工艺略图的一并复制。

4）应包括文本卡片设计和图形卡片设计，在文本工艺和图形工艺（即工艺略图）设计完毕后，系统根据不同的格式，自动生成相应的工艺卡片。其中文本卡片设计包括所装零件设计和工序内容设计，图形卡片设计采用对象链接与嵌入技术，同 AutoCAD 软件相结合，并通过转换成二进制对象后存储至数据库。

5）能够完成工艺卡片查询。将文本卡片中的所有字段列出，用户根据实际需要任意组合查询条件，并提供辅助项目输入功能。系统按照用户设定的条件对数据库进行查询，并将查询结果整理后列表显示。

6）完成其他管理功能，如建立由焊接 CAPP 系统至 AutoCAD 软件的接口，将工艺卡片通过该接口导出至 AutoCAD 软件中；将用户所浏览的历史部件予以记录，并按照时间顺序列表显示；利用数据窗口技术，设计所见即所得的打印功能，并应实现任意倍数的缩放。

7）提供系统加密方案，通过分析企业局域网的拓扑结构，设计基于对称密钥思想的加、解密算法，将实际的登录信息通过加密后存储在连接数据库中，保证系统的安全性。

8）实现用户权限管理。将用户分为系统管理员、工艺设计人员和普通用户三个级别。通过在服务器端建立用户权限数据表，将用户信息保存在数据库中，在进入系统时输入相应的用户信息，实现分离工艺文件的设计修改权限和查看权限。

（5）功能示例

图 33-4 ~ 图 33-7 所示为 CAPP 系统的功能示例。

33.2.2　焊接专家系统

专家系统是近40年来发展起来的一种极富代表性的智能应用系统，旨在研究如何设计一种基于知识的计算机程序系统来模仿人类专家求解专门问题的能力。20世纪90年代中期以来，国内外广泛开展了焊接专家系统的研究工作，目前，焊接专家系统在许多方面达到了实用阶段，特别是焊接工艺设计专家系统。

1. 专家系统概述

专家系统是一种具有专家知识，并能模拟人类专家的推理过程，像人类专家一样解决特定领域复杂问题的计算机程序。图 33-8 所示为典型专家系统的基本结构。

开发环境中知识获取主要通过知识工程师与领域专家通过会议等方式提取有关专门知识，并由知识工程师将其转化为机器内部表示形式；或者通过一个智能接口，通过与领域专家对话而获取专门知识；还可以建立一个具有归纳，类比或其他高级学习功能的知识发现系统，直接从领域经验中学习重要知识。用户界面的设计工具已广泛采用可视化的面向对象的开发工具，可以设计出非常友好的用户界面。

知识系统中知识库存放专家提供的专门知识；推理机在一定的控制策略下，针对数据库中的当前问题信息，识别和选取知识库中的相关规则进行推理，进而修改数据库，直至得出问题的答案；用户界面主要是指人机接口，以用户熟悉的形式（自然语言，图形，表格等）输出内部信息，或将用户输入信息转换为系统内部表示形式。

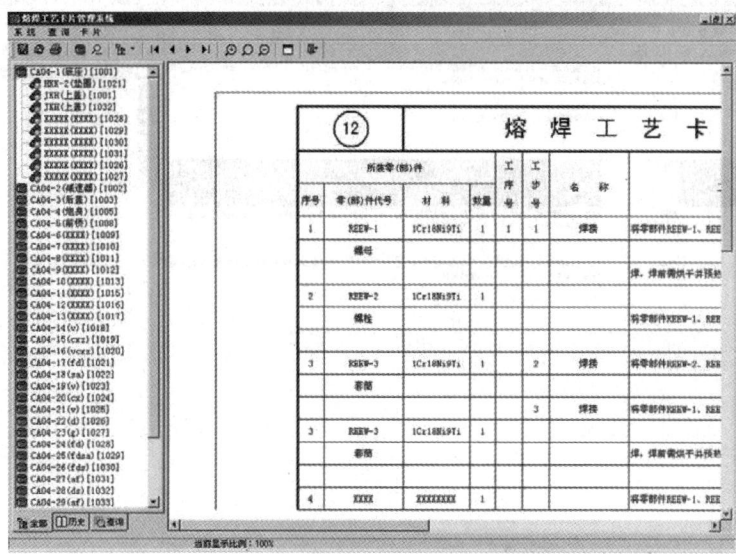

图 33-4　熔焊工艺卡编制主页面

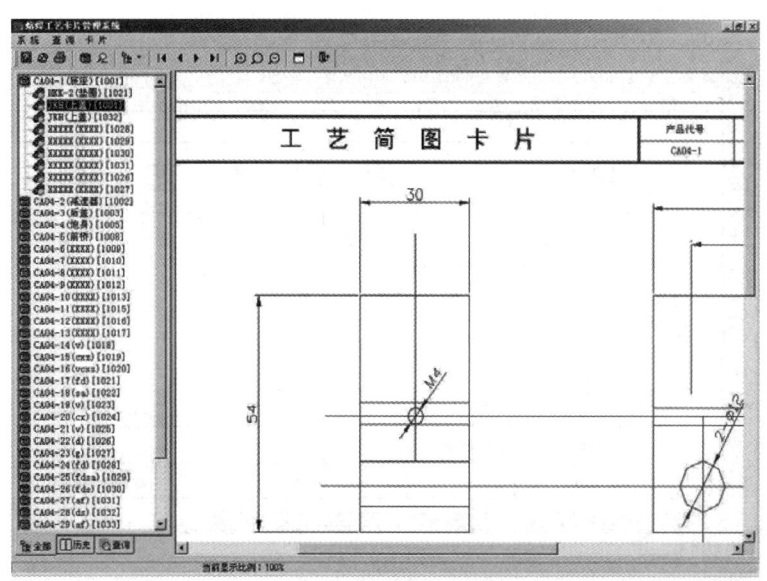

图 33-5　在主窗口中浏览工艺略图卡片

操作环境包括数据库，用来存放系统运行过程中所需要和产生的所有信息，包括问题的描述，中间结果，解题过程的记录等；交换网络一般有基于客户机/服务器的 C/S（Client/Server）和基于浏览器/服务器的 B/S（Browser/Server）两种模式。

专家系统的开发步骤如图 33-9 所示。

一个性能良好的专家系统的完成须经过由问题认识，系统设计，系统实现到系统测试的多次反复。

专家系统的特征如下：

1）专家系统以牺牲通用问题求解能力来获得在某一狭窄领域的高水平的问题处理能力。

2）符号推理。

3）专家系统主要处理难度较大的不良结构问题，需运用多种启发式经验知识。这些启发式知识往往具有不完全性和不确定性，因此专家系统常常要采用不精确推理等非常规推理方法。

4）专家系统具有自我认知能力，可向用户解释其推理过程，并能回答一些关于它自身的问题。

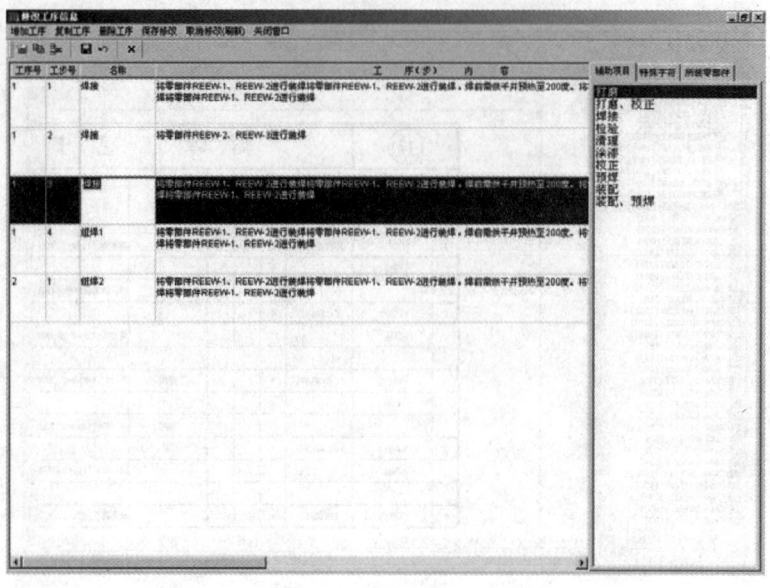

图 33-6　工序设计窗口

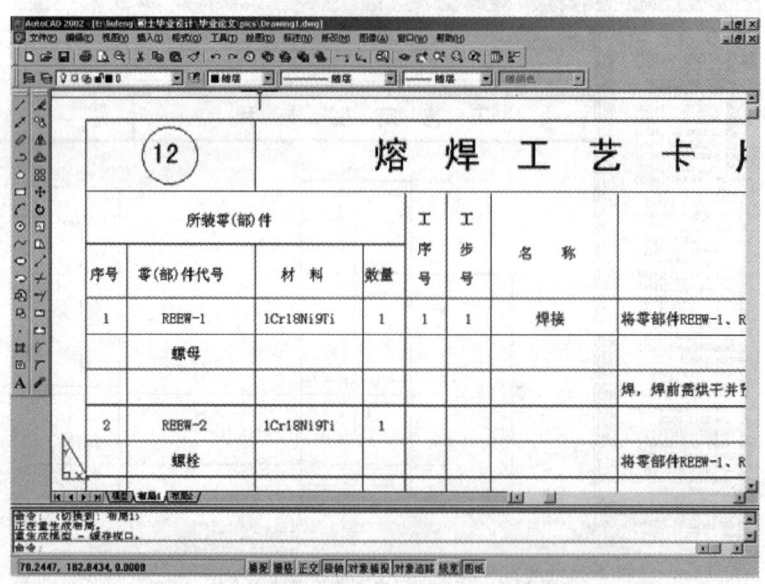

图 33-7　导出至 AutoCAD 后的工艺卡片

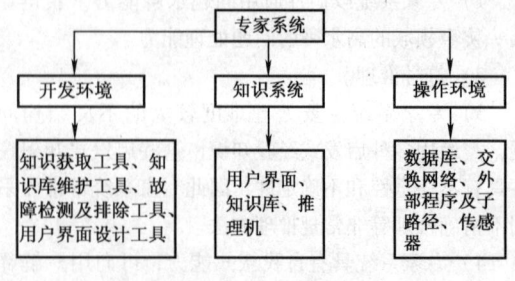

图 33-8　专家系统的组成

5）专家系统知识库具有知识维护能力，用户很容易对知识进行修改或补充，进而适应不同用户经验，知识及需求。

焊接领域使用专家系统的主要益处体现在如下几方面：

1）可降低焊接成本，比如因提高焊接工艺的编制效率而降低成本。

2）为焊接专家提供技术支持，甚至有时可完全取代焊接专家。

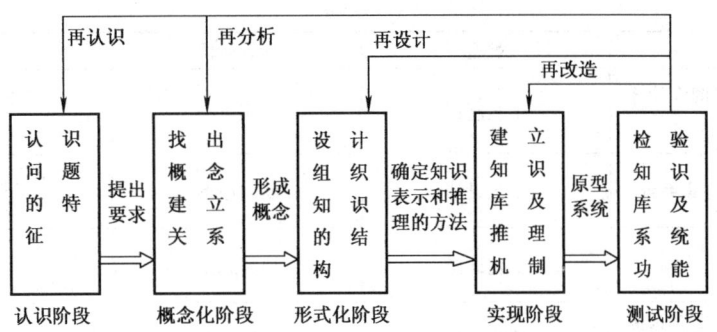

图 33-9　建立专家系统的步骤

3）系统所产生的所有信息均可存入数据库，可在任何时候访问。

4）可对所给结论做出解释，使用户感觉友好，易于接受。

5）结论基于多个人类专家的知识，更科学，更具权威。

6）以示教方式用于教育培训，传播专家知识。

7）专家系统的知识库易于修改更新，反映领域最新成果，适应不同用户需要。

8）推动领域相关知识的讨论，促进知识的广泛理解和固化。

2. 焊接专家系统研究现状

我国从 20 世纪 80 年代末开始焊接专家系统的研制，最早见于报道的是南昌航空大学（原南昌航空工业学院）焊接方法选择专家系统。清华大学、哈尔滨工业大学、天津大学等也相继进行了焊接专家系统的研制与开发，其中一些专家系统的开发是在与企业的密切合作下完成的，保证了软件的质量和实用性。按应用特点，现有专家系统主要分为工艺选择与工艺制订、焊接过程实时控制及焊接缺陷预测诊断等几种类型。

国内典型焊接专家系统见表 33-1，所开发的专家系统类型主要有工艺选择及制订、裂纹预测和缺陷诊断及焊接结构 CAD 等，开发者一般由高校单独承担，开发出的专家系统一般处于研究原型阶段。而近年来，哈尔滨工业大学和清华大学分别与企业合作，联手开发，促进了专家系统从研发阶段向实用阶段的转变。

表 33-1　国内典型专家系统

名称	类型	所处阶段	开发者
焊接方法选择专家系统	方法选择	研究原型	南昌航空大学
国产低合金高强钢焊接冷裂纹专家系统	裂纹预测	演示原型	天津大学
焊接冷裂纹计算机辅助评定系统	裂纹预测	演示原型	上海交通大学
焊接材料选择专家系统	焊材选择	研究原型	清华大学
压力容器缺陷评定规范 VC-DA-84 咨询系统	安全评定	实用原型	清华大学
WDR 焊缝缺陷识别系统	缺陷诊断	研究原型	上海交通大学
铝合金焊接工艺制定专家系统	工艺选择	研究原型	哈尔滨工业大学
焊接缺陷及工艺问题分析、诊断专家系统	缺陷诊断	研究原型	哈尔滨工业大学
弧焊工艺选择专家系统	工艺选择	研究原型	哈尔滨工业大学
碳钢及合金结构钢 SMAW 专家系统	工艺选择	研究原型	天津大学
CO_2 气体保护焊工艺参数专家系统	工艺选择	研究原型	天津焊接研究所

（续）

名称	类型	所处阶段	开发者
弧焊工艺制订与咨询专家系统（ESW）	工艺制订	实用原型	清华大学、中国石化北京燕山分公司
焊接工艺规程设计专家系统	工艺设计	实用原型	哈尔滨工业大学、哈尔滨锅炉厂有限公司
铸铁焊修专家系统	工艺选择	研究原型	河北农业大学
激光焊缝质量诊断实时诊断专家系统	缺陷诊断	实用原型	清华大学
焊接裂纹预测及诊断专家系统	缺陷诊断	实用原型	天津大学
超声波焊接专家系统	焊接结构CAD	研究原型	上海交通大学
焊接变压器设计专家系统	焊接结构CAD	实用原型	上海交通大学
焊接金相组织自动定量识别软件系统	金相识别	研究原型	天津大学
焊接工程的数据库及专家系统	工艺设计	研究原型	哈尔滨工业大学
焊接数据库及弧焊工艺评定系统	工艺评定	研究原型	合肥工业大学

分析现有焊接专家系统，可以总结出以下特点：

1）仍旧未能从根本上突破"自动知识获取"这一瓶颈，从而制约了专家系统的发展。

2）在推广应用上，力度不够。

3）从焊接专家系统的发展类别来看，焊接工艺选择类数量最多。究其原因，这反映了焊接工艺本身的复杂性，说明焊接工艺是焊接工程师希望首先解决的问题。

4）专家系统与人工神经网络（ANN），面向对象技术（OO）及模糊系统（FUZZY）等智能技术结合起来形成混合系统，克服单一技术的缺陷与不足，是当今智能系统的发展方向。

5）充分利用焊接数据库，研究以当前获得快速发展的焊接数据库作为知识源的自动知识获取机制（Knowledge Discovery in Database，KDD），是焊接工程各种专家系统值得重视的研究方向。

6）多媒体技术将在焊接专家系统中得到进一步应用。多媒体技术因其具有生动的图、文、声效果和强大的感染力等优点而有着广阔的发展空间。

7）网络技术的飞速发展为资源的更大程度的共享提供了技术支持。伴随着网络化的趋势，各种数据、标准等的一体化、统一化进程加快。建立共享型的统一数据库，开发基于局域网的C/S（客户/服务器）模式和基于Internet/Intranet的B/S（浏览器/服务器）模式的焊接专家系统已成为主流趋势。

3. 典型焊接工艺设计专家系统的设计

（1）专家系统结构设计

目前，专家系统大都是基于B/S或C/S体系结构，服务器端使用Oracle、SQL Server等关系数据库。通过关系数据库存储知识，关系数据库的设计目标是生成一组关系模式，既可以简便地获取信息，又不存储冗余信息。SQL Server是基于SQL的客户/服务器数据库，并非常适合于在Windows环境下开发客户/服务器类应用程序。

在局域网内，采用客户机/服务器模式能够有效地改善系统的性能和安全性，便于有效地管理。在此模式下，为了实现专家系统的知识库和推理机制相分离，需要建立基于数据库的知识库，并存储到服务器端。而将推理机制主要放在客户端，完全面向知识库动态地实现，这样能够便于实现知识库的扩展和新的工艺设计的添加，使专家系统具有长久的生命力。图33-10为典型的焊接工艺设计专家系统。

专家系统由服务器端的知识数据库、客户端的工艺设计管理模块和客户端的知识库开发模块组成。知识库由后台SQL Server进行管理。它实现用关系数据库表示焊接工艺的知识库，并用约束关系表示各个知识数据库之间的关系，同时，利用SQL Server的安全机制来保障知识库的安全性。"知识库开发模块"能

实现知识库创建、维护和学习等功能。"工艺设计管理模块"则实现各种焊接方法的焊接工艺设计。它

采用基于知识库的推理机制，最后所得到的焊接工艺指导书可以交由后台数据库统一管理。

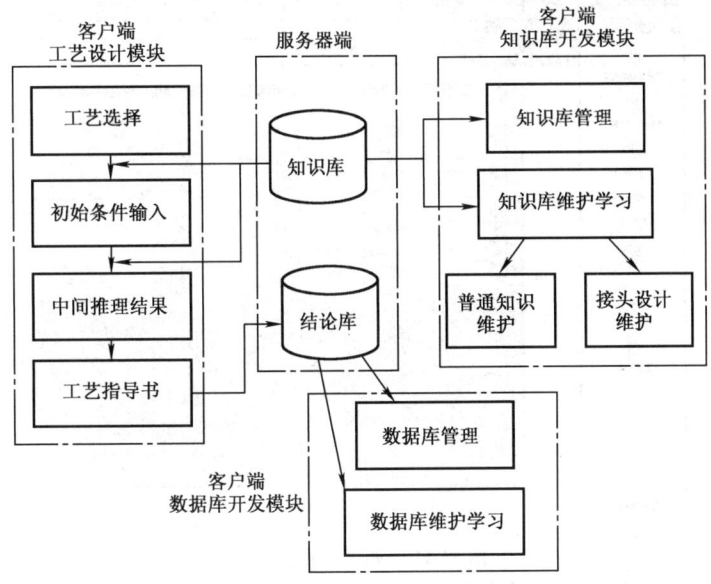

图 33-10　焊接工艺设计专家系统

（2）知识库设计

焊接工艺设计专家系统的知识库中主要存放各种钢材（碳钢、合金钢、耐热钢及不锈钢）、铝合金、钛合金、铜合金及异种材料（不同种珠光体钢、铁素体钢、奥氏体及奥氏体－铁素体钢）的焊接工艺设计规律，焊接方法除了常用的弧焊、压焊、高能束焊等方法外，还应有两种或两种以上组合焊接方法的焊接工艺设计规则，具体包括以下几个方面：

1）焊缝坡口知识，包括坡口图形及其几何尺寸。

2）焊材选择知识，包括焊材牌号及其相应尺寸。

3）焊接热参数知识，如预热温度、消氢温度及时间、后热温度及时间、热处理温度及时间。

4）焊接参数选择知识，包括焊接层数、每一层的焊接方法、焊接材料、填充金属直径、焊接电流、焊接电压及焊接速度等参数。

专家系统的知识库是系统用来存储和记忆各种知识的集合，它存储了某个领域的专业知识以及关于知识本身如何构造和使用的高层次的知识。

（3）知识库管理

知识库管理系统作为知识库与用户的媒介，负责实现专家系统所需知识的获取，知识的表示，知识库建造、维护、扩充及调试，以增强专家系统的灵活性、可扩充性、实用性，提高系统自我完善的能力，为系统改进智能程度奠定基础。图 33-11 所示为知识库管理系统示例。

对于钢材焊接工艺自动设计，针对不同的被焊材料和焊接方法，需要对焊接材料、预热、热处理、电极极性、保护气体等进行知识库管理。

（4）焊接工艺设计过程

进行焊接工艺设计时，首先选择焊接条件，即母材及其厚度、焊接方法等。系统根据焊接条件和知识库的知识，进行推理设计。首先推理出焊接层次、可用的焊接材料及尺寸，可以采用的坡口图形等供使用者选择。根据所选择的内容，构造新的条件，结合初始条件，进一步推出其他焊接参数。例如，根据采用的坡口、焊接方法及母材厚度，可以推出钝边、间隙及坡口角度等参数，根据板厚、母材类型、焊接材料及其尺寸（直径）可以确定焊接参数等。设计好所有的参数之后，进入到焊接工艺指导书编制界面，该界面的格式和内容与实际所使用的焊接工艺指导书一致，用户将其他参数如工艺编号、工艺名称、编制人员及编制日期等输入后，可以预览、打印，并可以存放到数据库中，供以后查询调用。

33.2.3　焊接数据库系统

1. 客户/服务器（Client/Server，C/S）结构

当前数据库应用技术中普遍采用的两种体系结构为客户机/服务器（Client/Server，简称 C/S）结构和浏览器/服务器（Browser/Server，简称 B/S）结构。无论哪一种结构，所有的数据和数据库管理系统都放在服务器上。

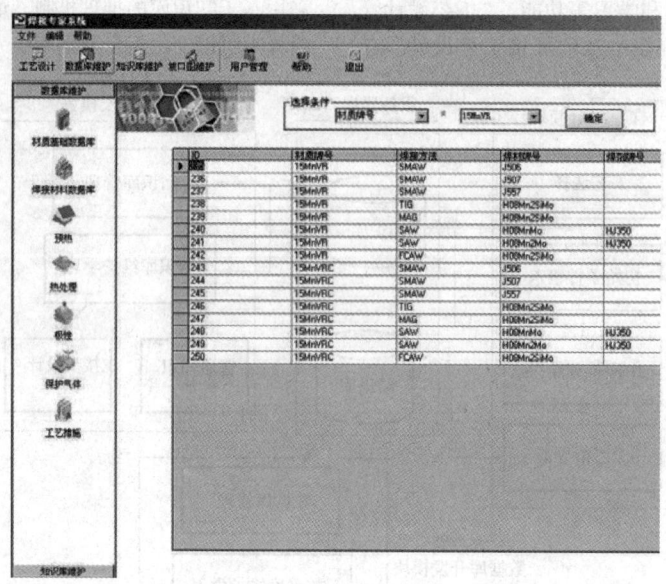

图 33-11　知识库维护示例

采用 C/S 模式时，客户机通过采用标准的 SQL（标准查询语言）语句等方式来访问服务器上数据库中的数据。数据库执行接收到的客户端发来的 SQL 语句，执行完成后，将客户端请求的数据集合返回客户端。

一个典型的 C/S 模式的数据库应用系统的结构如图 33-12 所示。

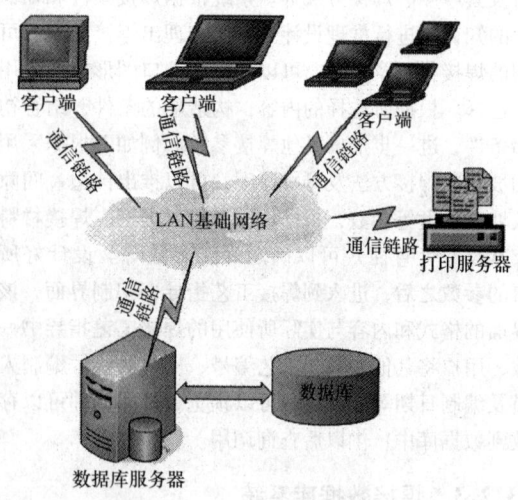

图 33-12　C/S 数据库模式

在图 33-12 中，数据库服务器和客户端应用程序之间通过 LAN（局域网）连接，客户端应用程序向数据库服务器请求数据，数据库服务器则根据客户端的请求将数据返回给客户端应用程序。这种模式中，数据处理和显示功能主要放在客户端应用程序中实现，数据库服务器仅负责数据的存储和维护，以及响应客户端的数据请求。

C/S 结构是典型的两层模式，其主要优点是每个成分（有其自己独特的一组任务）可以对一组不同的操作进行优化，以最佳地利用安装它的计算机。负责数据存储和数据管理的 Server 成分为数据一致性、安全性和事务性能而优化。Client 成分具有表现信息给一个系统用户的责任，因此应该为表示、可用性和方便使用而优化。更重要的是，C/S 结构还提供了许多灵活性，提供了 PC 和小型计算机/大型计算机的优点。该组合提供了图形化的、交互式系统，它可以快速地工作，而且还支持多用户、集中式管理和安全性等高级操作系统特性。

2. 浏览器/服务器（Browse/Server，B/S）结构

B/S 模式实际上采用的是三层"客户/服务器"结构（Client/Server/Server），前端（客户端）为普通的网络浏览器（IE 或 NETSCAPE），中间为网络服务器 IIS（Microsoft Internet Information Server），后端为数据库服务器，如图 33-13 所示。

动态网页的发布采用 Active Server Pages（ASP）技术。

ASP 提供了一种简单易学的脚本制作语言（VB-Script 或者 JavaScript），且面向对象（带有许多内置的对象，还可通过 ActiveX 服务器组件来扩充功能），从而大大简化了互联网应用程序的开发工作。其所有的脚本代码都在服务器端工作，客户端收到的只是经过解释的标准 HTML 文件。这一方面降低了对浏览器

的要求（与浏览器无关），另一方面也由于 ASP 源程序代码不会传到用户的浏览器，而加强了系统的安全性。由于 ASP 技术的出现，使得动态网页的快速开发和及时维护成为现实。

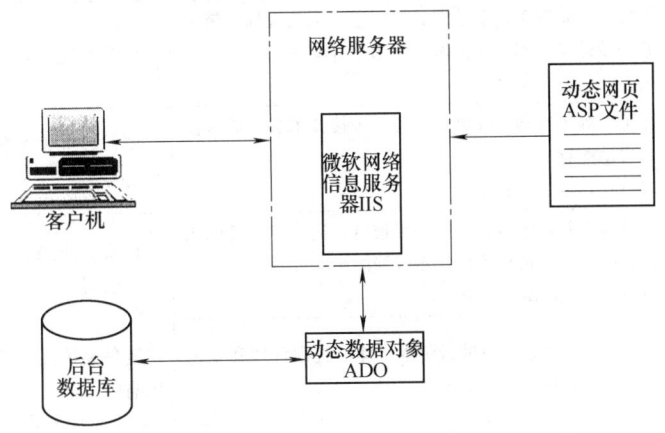

图 33-13　系统总体框架图

Web 服务器目前常用 IIS。IIS 是集成于 Windows NT Server 的 Web 服务器。利用 IIS 可发布信息到 Web 以及用 ASP 运行多个业务应用程序。

后台数据库与 Web 服务器的连接采用动态数据对象（ActiveX Data Object，ADO）技术。ADO 是针对当前 Microsoft 软件所支持的数据进行操作的最有效、最简单、功能最强大的方法。它是一种功能强大的数据访问编程模式。因为在设计 ASP 应用程序时所用的是 JavaScript 或 VBScript，它们的功能都是有限的，许多任务难以完成，例如 VBScript 就不具备访问数据库的能力，所以需要采用 ADO 技术实现对数据库的访问。

ADO 技术与 ASP 技术相结合提供建立数据资讯所需的网页内容。当用户端的浏览器填好表单（form）所要求输入的资料并提交后，用户的"请求"（request）经过互联网/内联网传送到 Web 服务器（图 33-12）。Web 服务器响应用户的"请求"去执行提交的表单所指定的 Active Server Pages 程序（扩展名为.asp 的文档）。通过嵌入在 ASP 文档中的 ADO 与数据库建立连接，并执行其中的 SQL 语句，得到用户需要的结果，最后将执行结果以 HTML 的格式传送给用户浏览器。

3. 焊接数据库系统的研究现状

国内的研究始于 20 世纪 80 年代，研究工作的重点主要集中在焊接工艺评定数据库、材料定额计算、焊接工艺选择等几个方面。

1986 年，兰州理工大学（原甘肃工业大学）和哈尔滨焊接研究所合作开始进行焊接工艺数据库系统的研究，并于 1990 年 12 月进行了专家鉴定。

哈尔滨工业大学与哈尔滨锅炉厂于 1986 年开始合作，研究锅炉及压力容器焊接数据库，并于 1991 年通过专家鉴定。数据库系统包括钢材的力学性能与化学成分、国内外钢材牌号对照、焊接材料化学成分及力学性能、焊接性试验结果及焊接连续冷却组织转变图等，为进一步进行合理的焊接工艺设计奠定了基础。

南京化工大学与江苏省锅炉压力容器安全检测中心合作，利用通用数据库语言 FoxBASE 建立了压力容器焊接工艺卡的计算机管理系统。辽宁工程技术大学建立了焊接材料数据库管理系统。太原重机学院、天津大学和清华大学也建立了不同的焊接数据库系统。天津大学将国产低合金钢插销冷裂纹试验结果建立了数据库，并结合冷裂纹预测模型，判定冷裂纹敏感性。南京航空航天大学和部分企业合作，建立了航空、航天及军工等行业数据库。表 33-2 为到目前为止国内出现的部分数据库系统。

表 33-2　国内部分数据库系统

系统名称	主要功能和特点	完成单位
焊接数据库	PQR 管理、WPS 管理、钢材牌号对照、CCT 图管理 语言：Turbo-prolog、C 语言	清华大学
焊接数据库	管理 PQR、WPS、焊工档案、焊接性试验数据、材料性能、牌号对照、焊接材料、连续冷却组织转变图等 语言：Visual FoxPro6.0	哈尔滨工业大学、哈尔滨锅炉有限责任公司

（续）

系统名称	主要功能和特点	完成单位
焊接工艺设计 CAPP 系统	焊接工艺委托单、设计书、评定书、工艺规程、施工任务书设计与管理、焊接坡口图形设计与管理 语言：Visual FoxPro6.0	哈尔滨工业大学、大庆油建二公司
焊接培训考试题库系统	焊工、焊工技师、焊接工程师、焊接技术员、焊接技师等自动配题 语言：Visual FoxPro6.0	哈尔滨工业大学、哈尔滨焊接技术培训中心
钢制压力容器焊接工艺评定数据库系统	存储、更新、增减、打印输出报告；进行单条件或组合条件的查询，可计算出每条焊缝的生产成本 语言：Visual Basic 6.0	西安石油大学、西安长庆科技工程有限责任公司
工程机械焊接结构件装焊工艺流程及数据管理系统	网络化 CAPP 系统中进行版本管理、流程管理和角色管理。C/S 结构	清华大学机械工程系、徐州工程机械集团有限公司
焊接工艺评定计算机管理系统	维护数据库，查询已有的焊接工艺评定资料 语言：Delphi 5.0	太原重机学院、太原重机厂
焊接工艺数据库管理系统	依据 JB4708，实现了查询、维护和打印报告 语言：Delphi4.0	上海工程技术大学
焊接工艺评定报告管理系统	B/S 结构，实现工艺评定报告的在线编制、查询、浏览、打印和删除的基本功能 语言：ASP	哈尔滨工业大学、南京航空航天大学
表格化焊接 CAPP 系统	C/S 结构，能设计与管理产品、部件和卡片	哈尔滨工业大学
焊工考试题库系统	C/S 结构，实现网络化试题编辑、试卷管理、题库设置和图片编辑等功能	哈尔滨工业大学
精密焊接数据库	B/S 结构，管理和查询航空、航天和军工企业行业焊接工艺和焊接基础数据	南京航空航天大学

可见，随着计算机软硬件技术的不断发展，计算机辅助焊接数据库系统的开发工具由以前的专门数据开发平台（dBase、Foxbase 和 Foxpro 等）或逻辑推理语言（如 Turbo-Prolog）发展到了可视化编程语源（如 VB、VC、VFP、PB、Delphi 和 ASP 等）；其编程技术也由面向过程发展到面向对象和事件驱动；开发环境也由 DOS、Win3X 发展到 Windows 8；计算机网络的飞速发展使企业生产管理的网络化成为现实，开发基于 C/S 或 B/S 的网络版计算机辅助焊接数据库系统是目前的主要内容。

4. 焊接工艺评定数据库系统

（1）焊接工艺评定概述

钢制压力容器产品是按照一定的法规和标准进行产品的设计、制作、检验和验收。各种法规（标准）对产品的设计、制造、检验和验收方面的规定有很大差别。例如，对焊接工艺评定、焊后热处理和产品的检验及验收等要求，每个标准都不相同。进行产品的焊接工艺设计时，焊接工艺人员必须完全遵照产品设计、制造和检验标准中的各项规定。

根据产品制造法规、标准和技术条件的规定，为了保证产品的焊接质量，受压部件焊接接头的焊接工艺应有对应的焊接工艺评定。如果没有所支持的焊接工艺评定，制造单位在产品投产前应按规定进行焊接工艺评定。在生产过程中如果某些焊接工艺条件发生变更，且变更后没有所支持的焊接工艺评定，则变更后的焊接工艺在该工艺实施前，也应该按规定进行焊接工艺评定。

（2）焊接工艺评定的一般程序

焊接工艺评定应在焊接性试验基础上进行，是生产前的工艺验证试验，应在制定焊接工艺指导书以后，焊接产品之前进行。一般压力容器的生产厂家在制造新产品时，工艺组人员先根据焊接方法、母材等先决条件查询已有的焊接工艺规程。如果查不到，则进一步查询是否有支持的焊接工艺评定报告。如果查到符合要求的焊接工艺评定报告，工艺人员可以直接编制一份由这份报告所支持的焊接工艺规程；如果未查到，则根据标准编制焊接工艺指导书，而后依据指导书编制焊接工艺评定试验计划并进行施焊，得出工艺评定记录，结合标准，获得工艺评定报告，最终生成由这份报告所支持的焊接工艺规程，并用于指导焊接生产。

（3）需求分析

开发焊接工艺设计与管理系统的主要目的是开发一套能够综合多种国内外标准并遵从锅炉、压力容器等焊接生产制造业实际的焊接工艺设计过程，综合运用现代先进的计算机技术，具有友好的用户界面的软件系统。系统的主要面向对象是实际参与焊接工艺评定的各种人员（如编制人、审核人和批准人）以及系统管理员。

参照相关标准文件以及锅炉、压力容器等焊接生产制造业企业工艺技术活动的内容，对系统提出如下需求：

1）能够实现对焊接工艺指导书（PQRD）、焊接工艺评定报告（PQR）、焊接工艺规程（WPS）、接头焊接工艺卡（WPC）等焊接工艺文件的编制、查询、浏览、打印等设计与管理。

2）能够设计与管理各种力学性能试验报告，包括射线检验报告、金相检验报告、焊接试验报告、断口检验报告、外观检查报告、拉伸试验报告、弯曲试验报告、冲击试验报告共八种。

3）依据焊接工艺评定标准自动推定 PQR 或 WPS 的使用范围，并根据实际焊接条件进行工艺参数调整，代替人员从事烦琐复杂的焊接工艺卡的编制工作。

4）依据焊接工艺评定标准对用户设计的焊接工艺报告等进行必要性判断，代替人员手工进行烦琐复杂的核对与验证工作。

5）实现对焊接坡口等图形的编辑和有效管理。

6）实现对焊接工艺指导书、焊接工艺评定报告、焊接工艺规程、接头焊接工艺卡以及各种力学性能试验报告的中文、英文浏览和打印输出。

7）满足网络环境多用户使用的要求，包括用户管理和权限分配等。

8）提供必要的在线帮助功能。

（4）系统框架设计

该焊接工艺评定系统所有功能模块均集中在一个统一框架下进行实现。系统框架主要包括三个区：菜单与工具栏、功能侧边栏和主工作区。系统界面框架主窗口如图 33-14 所示。

1）系统的主工作区主要是用来设计与管理各个标准文件的，同时也具有辅助显示其他信息的作用。

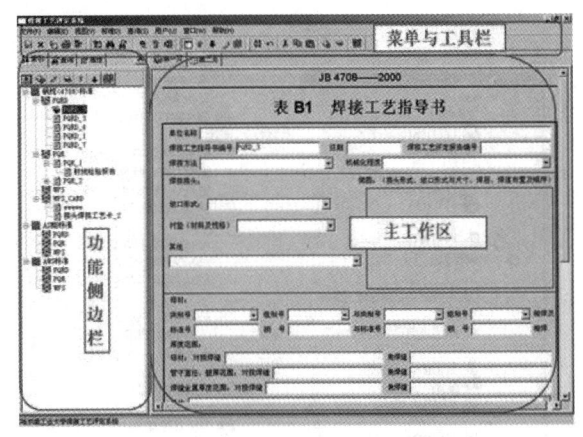

图 33-14　系统界面框架

针对不同标准的文件报告，主工作区采用所见即所得的编辑页面，与 Word 类似，即用户所见到的屏幕格式和内容与实际使用的工艺文件格式一致，因此提高了系统的易用性。

2）系统的主菜单位于主窗口的最上方，包含了系统所有功能操作方式，而且留有一些外部接口，方便外部 OLE 控件的调用和系统集成，体现了系统可扩展性集成设计的思想。系统主菜单的详细内容如图 33-15 所示。

3）系统功能侧边栏由三个功能页组成：索引、查询和属性，如图 33-14 左侧所示。其中，索引功能页是以树型结构管理各个标准的 PQR、WPS、WPC 和各种试验报告；查询功能页，实现对数据库中各种工艺文件的查询，包括单条件查询（任选一个）和固定条件组合查询（任意多个组合）；属性功能页，实现记录各个文件的版本信息和备注信息。

（5）系统功能模块

客户端是系统的前台，驻留在充当客户端的计算机上，包含了进行焊接工艺设计与管理的大部分核心功能。

1）用户登录模块的主要作用是用嵌入的 SQL 语句调用数据库中的用户信息与用户的输入相匹配，验证用户信息的合法性，并判断用户权限级别，限制用户的操作权。这是在客户端保证系统安全性访问的最主要的措施。

2）用户权限管理采取"用户—角色—权限"模式。系统管理员的主要功能是对"用户—角色—权限"进行设定，包括设置用户姓名、用户角色权限、设置用户密码。其他用户需要管理的仅是角色的集合，工作量大大减少，能避免低权限用户随意修改权限，增强了系统的安全性。

在用户管理窗口中，支持自定义角色设置，授权

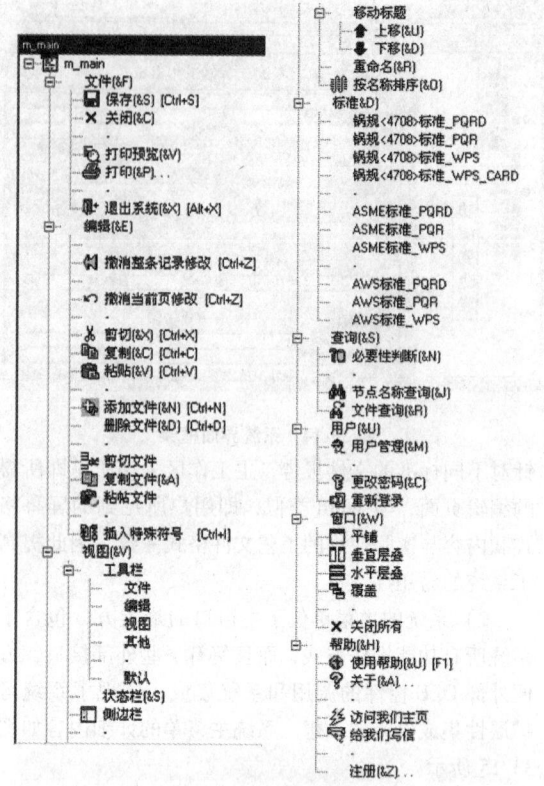

图 33-15　系统主菜单设计图

用户可以修改、添加和删除角色及角色资料，并为每个角色设置相应的权限，如图 33-16 所示。

3）使用树结构的主要目的是方便用户对系统中各种工艺文件进行查看、新建、删除、复制、数据导入或导出等设计与管理操作。通过树与右键快捷菜单相结合进行管理。

4）工艺评定必要性判断实际上也是一种查询，其设计思想和过程与一般的查询也基本一致。这里根据相关标准规定的焊接工艺评定的一般规则设计了必要性判断功能。将规则中的各条规则作为检索条件，按照不同的焊接方法分别进行重要参数判断，除了给出判断结果外，还能给出一些参考建议，比如是否需要重新做一些力学性能试验等。必要性判断条件是根据相应的工艺评定标准设计的，其搜索条件不能像一般查询一样简单地将各个条件组合在一起，而需要对每个条件按标准进行修改。例如，对于用户输入的母材要根据标准替换成相应的母材类别，然后按照母材类别进行查询，对于母材厚度，则应按标准扩充为一定的厚度范围。如此构造每一个限制条件，然后将其组合起来，进行必要性判断。

5）数据的导入导出模块的主要功能是实现对"PQRD、PQR、WPS、WPC 和各种试验记录"中相同数据项的检索，并自动导入导出。数据传递的规则如下：

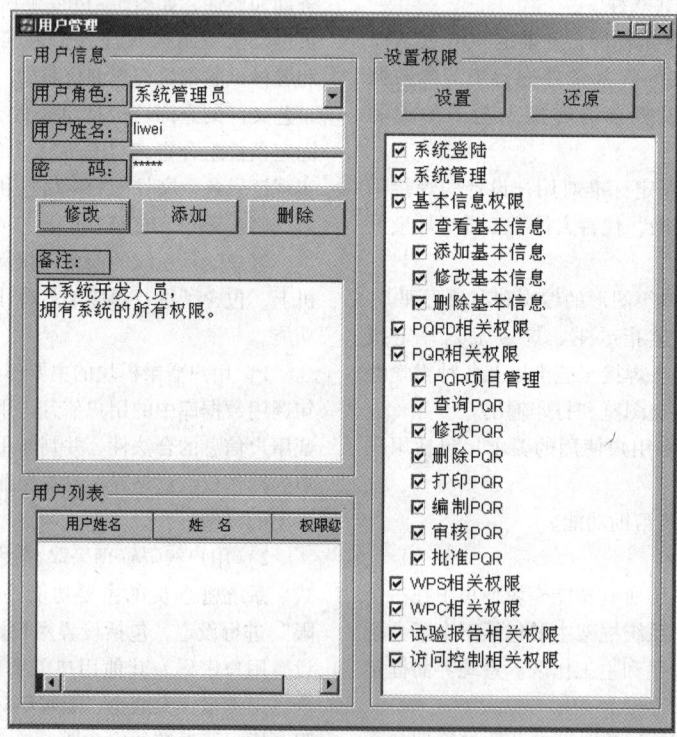

图 33-16　用户管理窗口

① PQRD 文件能够导出到 PQR 文件中。

② PQR 文件能够导出到 WPS 和 WPC 文件中，同时能够实现从 PQRD 或各种试验报告中导入数据。

③ WPS 文件只能够实现从 PQR 和 WPC 文件中导入数据。

④ WPC 文件能够导出到 WPS 文件中，能够实现从 PQR 文件中导入数据。

⑤试验报告只能实现导出到 PQR 文件中，不能实现数据导入。

6）编制完工艺文件后，工艺人员一般都需要对所编辑的文件进行预览与打印，因此报表的打印预览与打印是很重要的常用功能。本系统具有所见即所得的主工作区，与之对应的就是界面友好的报表打印预览功能。系统实现了对工艺报告的单页和多页预览，同时支持页面显示比例的放大与缩小。

焊接工艺评定数据库系统，是应用最为广泛的焊接数据库系统之一，其他类似系统也逐步得到应用，随着时间的推移，这些数据库系统将在企业中得到广泛使用。

33.3　焊接生产管理

目前多数的焊接车间采用的还是传统的人工管理模式，企业用这种管理方式不能适应瞬息万变的动态市场竞争，不能满足对用户需求的快速响应，难于确保在当前激烈的市场压力下完全达到满足产品 T（Time 时间）、Q（Quality 质量）、C（Cost 成本）和 S（Service 服务）的要求。自从进入 21 世纪以后，焊接生产的管理已经开始从人工和纸张的管理转向了数字化和网络化的无纸化管理。所谓的数字化就是指所有的焊接生产管理信息将以二进制数码的形式存储在计算机之中，这包括焊接过程信息的数字化、焊接工艺信息的数字化、焊接材料管理信息的数字化以及焊接产品设计的数字化等。而网络化则是指将所有的焊接设备、焊接工艺人员、焊接主辅材料的管理等硬件，用网络这个现代化的通信手段将各个部分连接起来，并且在此基础之上可以建立系统数据库将焊接生产计划、焊工的管理、焊接成本的核算等进行管理。这不仅真正达到数据、信息共享的目的，而且还具有简便、快捷的效果。同时，具有网络功能的焊接设备可以与企业现有的网络信息系统无缝连接，实现焊接工艺的网络化管理与监控。这对于焊接质量控制和提高焊接制造过程的敏捷性具有重要意义。

33.3.1　焊接生产数字化与网络化的基本构成

图 33-17 为焊接生产管理数字化与网络化系统的基本构成。

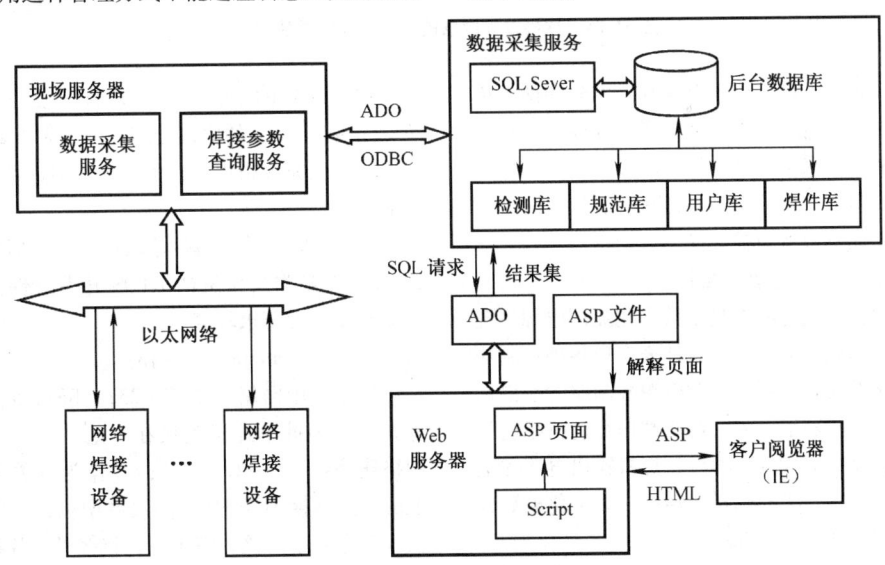

图 33-17　焊接生产管理数字化与网络化系统的基本构成

结合焊接生产的实际情况，数字化网络化焊接生产管理系统必须达到先进性和实用性的恰当结合，并达到以下功能需求：

1）实现车间作业计划调度与其他子系统的集成管理。

2）实现产品目录、车间日历、工艺性能参数、设备性能参数等基础数据的维护和管理。

3）产生物料、工装夹具的需求，并生成报表。

4）实现车间生产能力需求和负荷平衡功能。

5）能够按要求对生产作业排序。

6）生成的作业计划向单元层发放。

7）接受各单元的数据，并产生相应的报表。

8）系统的所有信息都通过人机交互界面存储到各个模块的数据库中，系统数据库信息的数据要完整、标准、规范，结构清晰简明，便于理解和操作。

9）各应用系统也能通过各自与数据库的接口对数据进行直接操作。

10）能够利用以太网实现对焊接设备的控制。

11）能够接受和存储焊接设备通过以太网传输来的焊接过程信息，并能够随时调用焊接过程信息，以分析焊接质量。

12）能够通过以太网发布生产信息。

在性能要求方面，要求设计的焊接车间生产管理系统应具有实用性、可靠性、先进性、经济性、可普及性、开放性和灵活性，具有较快的响应速度和较大的覆盖范围。

33.3.2　焊接生产过程的数字化和网络化

实现对焊接过程参数数字化控制和高精度实时数据采集是整个控制系统的关键，而弧焊控制器和 PC 之间进行网络通信是网络化管理与控制的前提。

1. 弧焊控制器

弧焊控制器中的单片机不但要负责焊接过程控制，还要负责弧焊设备与 PC 之间的网络通信。因此一块单片机难以满足性能和时间上的要求，还应增加一个单片机，该单片机负责与 PC 的以太网通信，两个单片机之间增加一片共享存储器并采用 I²C（Inter-Integrated Circuit）总线方式实现与两个单片机的数据交换，彻底解决弧焊控制时序与通信时序之间的冲突问题。这样，既不影响工人的正常操作，又可避免正常通信数据的丢失。弧焊控制器的结构如图 33-18 所示。

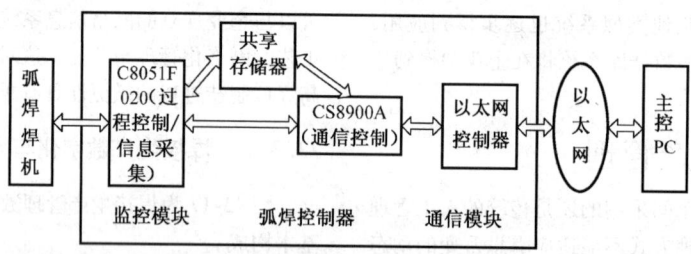

图 33-18　焊接过程信息提取与传输系统的构成

从图 33-18 中可看出，弧焊控制器可分为两个模块。单片机 1 和其他一些电路组成了监控模块负责弧焊过程控制和数据采集。单片机 2 和以太网控制器组成通信模块，负责与上位 PC 机的网络通信。两个模块通过共享存储器进行数据交换。

2. 单片机对弧焊电源的控制

数字化焊机硬件电路相当于数字化弧焊电源系统的平台，在此基础上可以利用软件来实现各种控制功能。硬件电路的功能主要有：对电源控制器的输出信号进行幅值放大和功率放大、对反馈信号进行幅值放大或衰减、对反馈信号进行滤波、焊机输出电压和电流的显示以及焊接方法的选择与转换。数字化电源的控制系统框图如图 33-19 所示。

3. 通信模块

实现单片机与 PC 间网络通信的技术难点在于：如何利用单片机自身有限的资源对信息进行 TCP/IP 协议处理，使之变成可以在以太网上传输的数据包。从解决这一技术问题出发，目前有如下方案：

（1）32 位单片机 + RTOS

采用 32 位的高档单片机，在 RTOS（实时多任务操作系统）的平台上进行软件开发，在嵌入式系统中实现 TCP/IP 的协议处理。由于采用高档单片机，该方案可以完成很多复杂的功能。但这种方案存在如下缺点：

1）高档 32 单片机价格较高，开发周期较长。

2）需要购买昂贵的 RTOS 开发软件，对开发人员的开发能力要求较高。

（2）PC Gateway + 专用网

采用专用网络（如 RS-232、RS-485、CAN 总线等）把一小批单片机连接在一起，然后再将该专用网络连接到一个 PC 上，该 PC 作为网关将专用网络上的信息转换为 TCP/IP 协议数据包，然后发到网上实现信息共享。该方案可以连接多种单片机，但存在如下缺点：

1）需要依赖 PC 作网关进行协议转换，在多个单片机系统分散的情况下，专用网络布线极为不便。

2）需要在 PC 上安装专门的协议转换软件，该软件通常由专门的第三方软件商提供，费用较高。

（3）8 位单片机 + 精简 TCP/IP 协议

根据嵌入式应用的特点，将 TCP/IP 协议做大幅

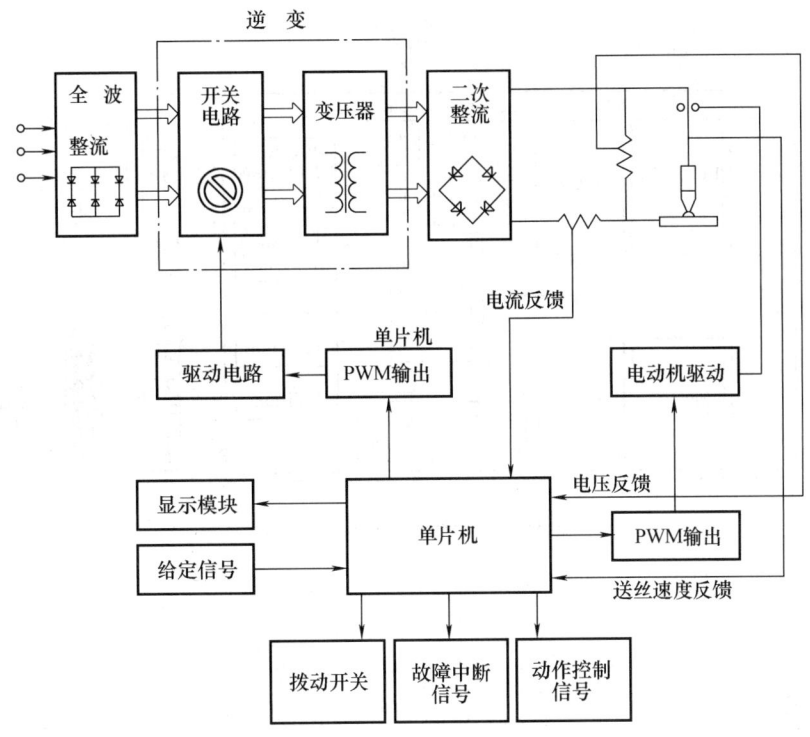

图 33-19　单片机控制弧焊逆变电源系统框图

度的简化，只保留其中最核心的部分，这样就可以大幅度减少对于系统资源的需求。这种方案的缺点如下：

1）开发周期长，对开发人员有较高要求。

2）协议需要长期深入测试、修改才能达到可靠性要求。

但这种方案同时具有下述优点：

1）硬件要求成本廉价，便于广泛应用，从而可以在低成本、低速度、小内存的单片机上实现与 PC 网络连接。

2）开发设计灵活，开发人员能够根据实际需要设计 TCP/IP 协议，可以添加需要的 TCP/IP 协议或者删除原来需要、但现在相对多余的 TCP/IP 协议，从而能够更好满足实际需要以及对硬件系统资源的要求。

4. CS8900A 以太网控制器

CS8900A 是 Cirrus Logic 公司生产的低功耗、性能优良的 16 位以太网控制器，它的封装是 100-pinTQFP，该芯片的使用灵活，其物理层接口、数据传输模式和工作模式等都能根据需要进行动态调整，通过内部寄存器的设置来适应不同的应用环境。

它有以下主要特点：

1）符合 IEEE802.3 以太网标准，并带有 ISA 接口。

2）片内 4KB 字节 RAM。

3）适用于 I/O 操作模式、存储器操作模式和 DMA 操作模式。

4）支持 10Base2、10Base5、10Base-T 的 AUI 接口。

5）自动生成报头，自动进行 CRC 检验，冲突后自动重发。

6）最大电流消耗为 55mA（5V 电源）。

7）全双工操作。CS8900A 的内部功能模块主要是 802.3 介质访问控制块（MAC），802.3 介质访问控制块支持全双工操作，完全依照 IEEE802.3 以太网标准，它负责处理有关以太网数据帧的发送和接收，包括冲突检测、帧头的产生和检测、CRC 校验码的生成和验证，通过对发送控制寄存器（TXCMD）的初始化配置，MAC 能自动完成帧的冲突后重传，如果帧的数据部分少于 64 个字节，它能生成填充字段，使数据帧达到所要求的最短长度。图 33-20 为 CS8900A 的内部结构框图。

5. 单片机与以太网控制器的连接电路

CS8900A 与外部数据进行通信的传输模式有 I/O 模式、Memory 模式和 DMA 模式三种，其中 I/O 模式是访问 CS8900A 存储区的默认模式，简单易用。图 33-21 就是采用该模式与单片机连接的接线原理图。

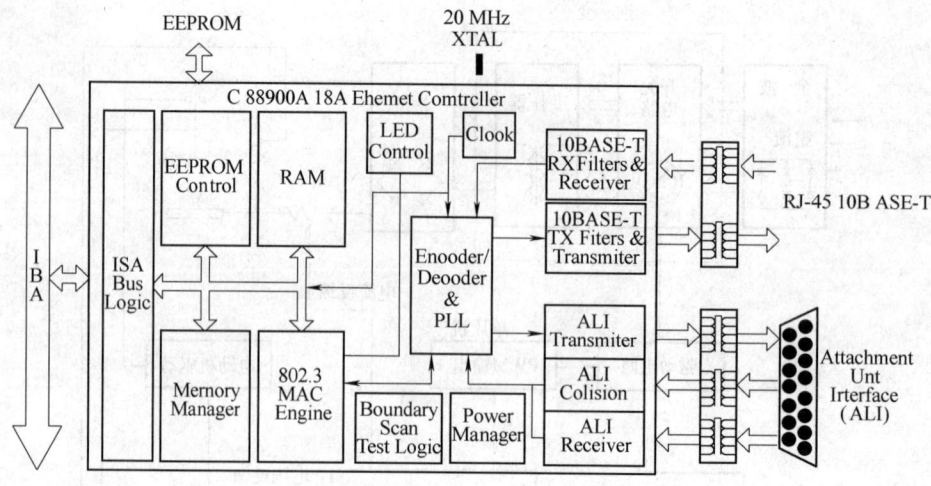

图 33-20　CS8900A 内部结构框图

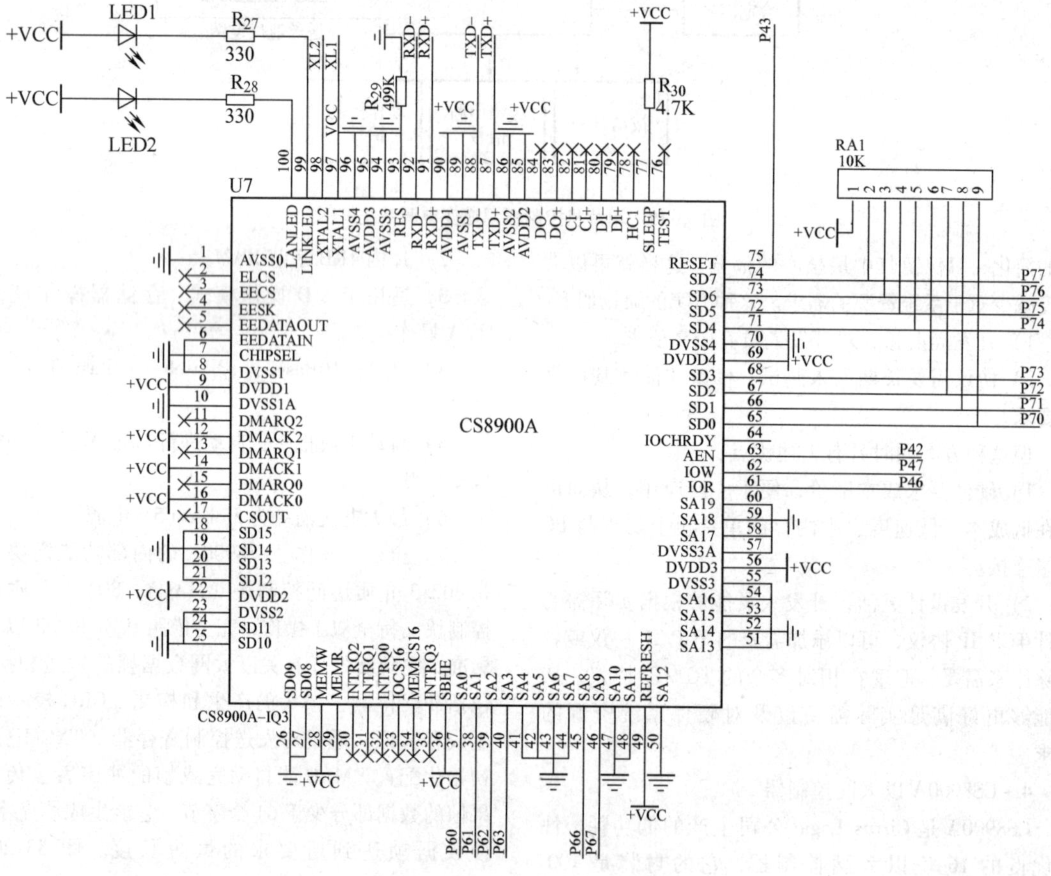

图 33-21　CS8900A 接线原理图

单片机将以太网控制器 CS8900A 作为一个 XRAM 处理操作，总线选择非复用方式，即数据总线和地址总线是分开的。SA 为以太网控制器的从机地址总线接到单片机的并行口，SD 作为从机数据总线也接到单片机的并行口，图中 RXD −、RXD ＋、TXD −、

TXD ＋四个端口用于与以太网络（双绞线）连接。

33.3.3　焊接生产的信息化管理

1. 概述

焊接生产的信息化管理标志着一个公司焊接生产

管理上了一个台阶，扩大了应用范围，使焊接工艺、焊接定额、装焊工艺、备料工艺、成组工艺管理都可在计算机上完成。实现了装焊工艺、备料工艺计算机简图管理和加工组工时计算机自动计算，并应用到整个焊接生产管理单位，可以使焊接、备料、成品库达到无纸、无台账管理。这些功能大大提高了工作效率和工作质量，方便了工段和车间调度管理，方便了车间生产调度和领导对每个零件的跟踪和查询。

车间生产管理信息系统是车间生产的总控系统，一般车间管理的主要功能是以生产为主线，以完成工厂下达的生产任务和外协订单要求为最终目的，并在任务实施中对生产过程进行各种数据监控传输、统计等。而在焊接加工车间中，具体管理内容主要有：编制车间生产计划、作业排序、生产调度、检查生产进度、生产统计、向上级管理部门反馈车间中的问题、质量检查与控制等。焊接生产信息化管理系统的结构

如图 33-22 所示。

2. 数据库设计

数据库系统用来管理大量数据、控制多用户访问、定义数据库构架、执行数据库操作等，是系统得以顺利运行的基础。因此，建立一个良好的数据组织结构和数据库，可以使整个系统都可以迅速方便地调用和管理相关的数据，这是衡量一个管理系统开发工作好坏的重要指标。在设计数据库过程中，尽量遵照以上原则，充分反映物流的变化和相互之间的关系，充分满足焊接生产车间的各种管理需求。数据库的安全机制采用三种方法来保证系统的安全，即基于用户名与口令的授权登陆机制、受安全监视和控制的数据识别控制机制和系统操作记录机制，其中系统操作记录机制使系统对有关系统安全的操作信息进行记录，系统管理员可根据系统记录信息对系统的安全进行有效的管理。

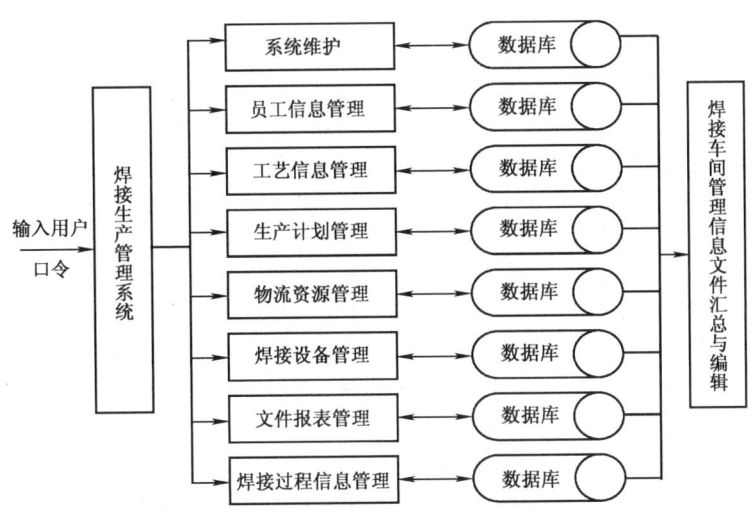

图 33-22　焊接生产信息化管理系统的结构

3. 数据库系统维护

系统的管理主要有用户注册、权限设置、修改密码、注销、日志管理等基本设置子模块。通过系统维护，可以有效识别不同用户的各种操作，并且通过日志管理可以知道系统操作的具体时间。系统管理员可根据系统记录信息对系统的安全进行有效的管理，同时在发生问题时迅速找到出错的地方，以便及时进行更正，从而保证系统的正常运行。

针对生产过程中不同部门的用户需要有不同的权限的特点，用户表用来管理不同权限的用户。具体用户权限分类如下。

1）超级管理员权限。超级管理员有一切权限，包括对其他用户权限的给予、对焊接参数表的查询和

修改、对监控表的维护以及调用等，可以给其他用户赋予权限。

2）高级管理员权限。高级管理员只可以修改维护焊接参数表，即修改焊接参数和查看监控表，不能对其他用户进行操作和赋予权限。

3）普通用户权限。普通用户可以根据部门的不同分为几种，例如质检部门的用户或工艺部门的用户，他们只能查看数据库的相应内容，而不具备其他的权限。不可以对数据的内容进行修改，也不可以对其他用户进行操作。

4. 员工信息管理

员工信息管理主要用于员工个人资料的录入、删除、职务变动的记录和管理。使用员工信息管理，便

于企业领导掌握人员的动向，及时调整人才的分配，保证生产的顺利进行。员工信息的录入是通过员工信息编辑界面进行添加的。员工的所有信息将会在员工信息列表中显示出来，管理人员可以通过快捷键对员工信息进行添加、修改、删除和查询。

5. 工艺信息管理

该模块的功能是对焊接车间的加工进行工艺管理，主要对工艺进行设计和编制。具体工作包括：绘制装备流程图，内容包括零件种类、数量、装备顺序及明确的生产分工等；确定焊接工艺，根据流程图进行焊接工艺分配，排列工序表，将每道工序的内容都处理成相应的表格；编制工序卡，内容有需制成的焊接结构简图、零件构成的相应关系、焊接接头的数量尺寸和接头位置，还应包括设备型号、数量、工夹具型号、操作顺序、操作人员等级及工时、焊接参数说明等。

6. 生产计划管理

生产计划管理是企业供应链中的一个重要环节，通过制订生产计划，跟踪生产计划的执行情况，并随时对生产计划进行动态调整，保证企业对生产状况的随时控制，可以有效地保障供应链的平滑性，减少内部的消耗，降低生产成本。生产计划管理可以在满足企业经营目标的基础上，提高企业的服务水平，增强企业的竞争力和应变能力。主要功能：根据销售合同来制订生产计划，由生产计划来确定生产任务的实施并在实施过程中进行执行情况的跟踪。生产计划主要负责焊接车间计划加工什么、什么时候加工、加工多少，它是企业计划体系的重要组成部分，由它来驱动物料需求计划。根据焊接车间的实际生产情况，主要是制订日生产计划和月生产计划。该设计中，系统管理人员可以很直观看到每个月的生产情况。

7. 物流资源管理

该部分主要是以库存主账为核心，以出库、入库单为库存主账的更新依据，实时提供库存的最新信息，以满足其他模块对库存信息的要求和各库房物资的流动情况。根据车间库存物资不同，一般将库房管理分为四类：材料库、工具库、在制品库、半成品库。这四大库的主要功能是根据物品的入库、出库情况修改材料库存主账，便于用户查询，从而很快知道哪些材料需要及时购买，尽可能地减少库存费用。

8. 焊接设备管理

焊接设备包括焊接电源和焊接工艺装备。在充分调查研究的基础上，依据设备管理部门的职能，从设备管理部门的日常工作出发，注重设备生命周期的管理，包括制订设备购买计划、设备采购、设备入库、

设备维修保养、备件、设备出库、报废等，以及设备相关的文档管理、财务接口等相关内容。

9. 文件报表管理

报表管理主要是针对焊接车间现有生产管理中所需的一些报表而设计的。其主要功能是汇总、统计与生产管理相关的信息，并生成相应的报表。不同客户端用户就可以通过报表提取功能对定义好的报表进行提取、打印。

33.4　计算机辅助检测与质量管理

计算机辅助检测是利用计算机及其外部设备取代人的动作、感觉、视觉、听觉等功能和人的思维功能进行检测，然后利用计算机对所检测的信息加以分析处理，达到控制产品质量的目的。

33.4.1　焊接过程信息的计算机辅助检测和控制

焊接过程信息的检测与控制的内容主要包括：焊接设备的检测和控制、焊接工艺过程和焊接参数的检测和控制、焊缝跟踪、焊接质量的检测与控制等许多方面。

焊接生产过程是一个复杂的材料成形加工过程，具有工艺变量多且耦合性强、变化速度快、变化区域小以及影响因素随机性大等特点。同时焊接生产的工作环境相对恶劣，存在高温、强电磁场及其辐射、熔融金属的飞溅、烟尘的散发等不利条件。因此对于焊接过程的计算机辅助检测和控制，首先需要解决如何利用当前的信息传感技术替代焊工的感知功能，在线检测与获取焊接过程的各种信息，以便能对焊接过程的参数进行实时调整和控制，从而使焊接产品的质量达到预期的要求。

1. 焊接过程的信息及传感方法

（1）焊接信息

由于焊接过程是一个光、电、热、力等综合作用下的复杂的物理与化学过程，所以相应地各种信息分别以光、电磁、热、机械、声等不同的信号形式反映出来。根据关心的程度或希望控制的对象的不同，所侧重的焊接信息也不同。以弧焊过程为例，焊接信息大致分为三类：一类是焊接工艺信息，包含接头形式、装配尺寸、焊接电流、电弧电压、焊接速度等；另一类是焊接过程信息，包括电弧形态、熔滴过渡、熔池形状、焊缝对中、温度分布等；第三类是焊接质量信息，包括焊缝成形、气孔直径、裂纹长度、熔透程度等。

根据不同的焊接方法的特殊性，其检测的信息是

不同的。例如摩擦焊，它是一种利用机械能进行焊接的工艺：在直接驱动的摩擦焊中的主要工艺参数信息有旋转速度、轴向力和时间，在惯性摩擦焊中重要的工艺参数信息是起始旋转速度、转动惯量和轴向压强，而在近年来迅速发展的搅拌摩擦焊中对其过程及其质量监控信息主要包括主轴转速、主轴瞬时输入功率（扭矩）、搅拌头倾角、搅拌头的插入速度、搅拌头的插入深度、搅拌头初始停留时间、搅拌头的初始焊接速度、焊接速度、轴向焊接压力等。表 33-3 给出了采用不同焊接方法所检测的焊接过程信息的主要参数。

表 33-3　不同焊接方法检测的焊接过程信息参数

焊接方法	主要参数
弧焊	弧长、弧压、电流、燃弧时间、焊接速度、保护气体流量、焊接区温度、弧光、弧声、焊接接头位置
电阻焊	电流、电压、电极间电压、焊接时间、电极位移、动态电阻、冷却水温度
激光焊	激光功率、激光-材料反应、光束模式、脉冲参数、时间、焊接速度、温度、保护气体流量、聚焦位置
电子束焊	束电压、束电流、聚焦、束偏转、束脉冲、焊接速度
摩擦焊	工件速度、旋转速度、压强、力、位移、温度
钎焊	温度、时间、气氛

2. 焊接过程信息的处理与分析

对焊接过程信息传感的目的是建立所获信息与焊接接头质量的关系，以控制产品的焊接质量，因此必须将焊接过程检测到的信息与焊接质量信息联系起来，才能利用计算机技术对焊接过程信息进行处理与分析。但在多数情况下，由于焊接过程是一个具有显著时变性的连续过程，对其任一瞬间的信息而言，并不具备明确的物理意义，因此关于焊接质量信息的内容应是在一定的统计时长内，对过程的特征和规律进行观测、提取和分析的结果。同时，由于焊接过程的随机特征，使焊接过程不具有确定的函数表达形式，

（2）焊接信息的传感

焊接过程信息可通过传感器来检测。目前焊接信息传感器的检测范围有：工件接头的位置、坡口的形状、有无障碍物和定位等构件状态、焊丝伸出长度、电弧和熔池状态、焊道外观、内在缺陷等焊接固有特性和状态。通常传感器检测结果输出给计算机等信号处理单元。

根据传感器所面向的对象的不同，表 33-4 列举了一些常用的焊接信息传感器。

根据使用目的的不同，焊接信息传感器又可分为三类：第一类是主要用于检测构件位置、坡口位置或焊缝中心线位置的焊缝自动跟踪传感器；第二类是主要在焊接过程中实时检测焊接条件的变化，以实时自动控制焊接参数来适应每一时刻的焊接状况的焊接条件实时跟踪传感器。第三类是主要用于焊接完成后检测焊缝成形、焊接内在缺陷等的质量控制传感器。

在焊接过程中，首先要控制焊接电弧对焊缝的自动跟踪；其次要在焊接过程中检测焊接坡口情况（如宽度、深度、面积等）以及检测焊接熔池的状况（如熔宽、熔深和背面焊道的成形等），以便能实时的调整焊接参数，保证焊接质量；最后，要对焊接质量最终产品中可能存在的焊接缺陷进行无损检测。

表 33-4　常用的焊接信息传感器

类别	传感物理量	反映信息量	主要应用范围
机械	空间位置	接头位置	焊缝跟踪
图像	空间位置、尺寸	接头位置、熔池尺寸	焊缝跟踪
电场	电弧电流、电压	接头位置、电弧状态	焊缝跟踪、焊缝成形控制
磁场	涡流、磁场强度	接头位置、电弧形态	焊缝跟踪、电弧参数控制、焊缝成形控制
光学	光波反射、透射	熔滴形态、熔池状态	熔滴、焊缝成形控制
热像	温度辐射、梯度	熔池形状、温度分布	焊缝成形、热循环控制
声音	声波发射、反射	接头位置、内在缺陷	焊缝跟踪、无损检测等

从而使传统上基于物理、热力学等原理的数值模拟及系统识别等建模方法已不能满足要求，取而代之的是基于过程信息时、频域的统计特征分析（如基于时间序列分析的 ARMA 模型）、统计过程控制（SPC）以及计算智能方法（人工神经网络、模糊逻辑、支持向量机等），这些分析方法已成为焊接过程质量信息判读的主要手段。随着微电子技术及计算机软硬件技术的高速发展，实时在线地对大量监测信息进行采集、处理、分析、存储以及传递成为可能。

下面通过例子简要说明焊接过程信息的处理与分析过程。图 33-23 是由华南理工大学研究开发的在线

质量检测与判读系统的结构示意图，该系统用于机器人弧焊过程焊缝质量信息的在线判读，系统以位置信息与能量信息为基础，对可能出现的缺欠波形特征进行分析，使焊接质量的在线判读具备了条件，并根据焊接过程信息的特点，采用了模糊寻优和基于拓扑运算规则的高精度判读方法。

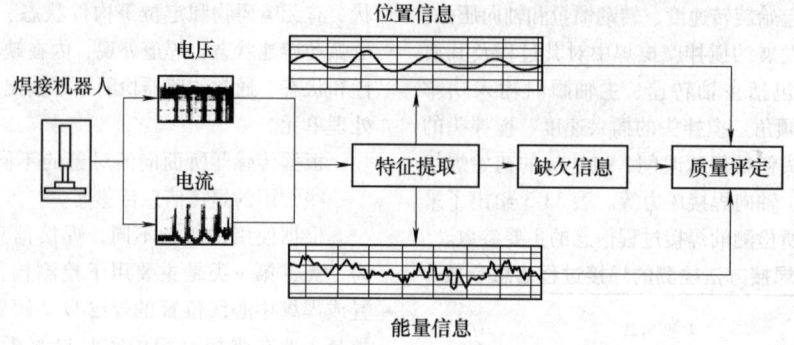

图 33-23　在线质量检测与判读系统结构示意

33.4.2　计算机辅助检测应用实例

电阻点焊过程是一个高度非线性、有多变量耦合作用和大量随机不确定因素的比较复杂的动态热过程，焊接条件短时间的波动就会造成较严重的后果。焊点质量与各参数在焊接过程中发生的变化密切相关，全面、准确地获取焊接过程中的动态参数，并进行实时的数据处理、分析，将有助于实现焊点质量智能化在线评估和管理。

由河北工业大学、天津大学、北京工业大学研究开发的"电阻点焊参数采集及缺欠信息分析系统"，实现了对铝合金点焊过程工艺参数的实时采集、数据传输与存储、波形同步显示，以及对工艺参数的分析和处理，对点焊过程中发生的缺欠状况做出评定和分析。

下面简介电阻点焊参数采集及缺欠信息分析系统，该系统由硬件和软件两部分组成。

硬件部分由一个中央控制模块和两个传感器模块组成。中央控制模块一端与计算机串口连接，接收来自 PC（Personal Computer）的命令，向 PC 传输数据。另一端通过硬件总线与传感器连接，控制两个传感器模块进行数据采集。在焊接过程中由中央控制模块检测焊接开始信号，触发传感器模块开始进行数据采集，当焊接过程完成后，再由中央控制模块发出停止信号使传感器模块停止数据采集，并通知计算机对两个模块的数据直接进行读取。主要完成数据的采集、信号调理、A/D 信号转换、数据的传输等功能。

软件部分采用基于图形化语言的虚拟仪器软件开发工具 LabView 开发了虚拟仪器，利用友好的用户界面，主要完成数据的传输、数据的存储、数据的预处理、曲线的显示以及数据的分析处理等功能。

1. 数据采集

数据采集模块与硬件系统具有共同完成数据的采集、传输、转换与存储的功能。PC 为上位机，承担主控任务，负责对数据采集系统进行参数设定、指令发送，控制其数据采集的开始，以及经由计算机串口将经硬件系统采集并转换的数据传输并存储于 PC 上。硬件系统为下位机，负责接收并执行 PC 发出的指令，完成对点焊过程中动态参数的采集、转换、本地存储以及通过串口上传至 PC。

数据采集时各个功能块从复位、设置参数、就绪、数据采集到数据传输是按顺序结构来安排程序的。复位是在数据采集开始之前将所有相关控件恢复为默认值。参数设置主要完成各参数的设定，包括串口选择、波特率设置、串口缓冲区大小、路径及文件名称设定。这几个参数分别连接到顺序结构局部变量上，向其他顺序结构传递设置值。当前面板上的"就绪"按钮被按下时，选择结构中的 For 循环执行三次循环，依次实现 PC 向中央控制模块、电压模块和电流模块发送就绪指令并等待接收从各模块返回的确认字符串。当循环结构检测串口缓冲区有数据等待时，从串口读取数据并比较是否与预期的字符串相同，若相同，则表明对应的模块已接到命令并已经就绪，此时前面板的对应模块就绪指示灯显亮。若不相同或循环等待时间超过 2s 还没有接收到确认信息，则跳出循环，弹出警告信息对话框，提醒用户检查硬件系统。

数据采集结束后便可将数据从下位机上传至 PC。由于各帧数据结构不同，因此数据传输是根据数据类型分别实现的。每帧数据中都设有校验字符，校验正确后便可存储数据。另外，程序还将传输过来的数据（文本格式）直接进行了备份，以防数据在计算过程中出错。

2. 缺欠信息分析

首先制定判读焊接缺欠种类的规则，然后根据采集的点焊参数，实现对焊接过程中出现的飞溅和脱焊缺欠的准确判读。

1）飞溅缺欠信息分析。飞溅是铝合金冲击波点焊过程中一个常见的缺欠，在各动态参数中，电压曲线的变化最明显，一般从电压曲线图上就可以直观地观察到。有飞溅的电压曲线在上升阶段会出现一个阶梯状畸变，可以把电压曲线这个阶梯状畸变作为判读焊点发生飞溅的特征信息。在提取这一阶梯状畸变时，为了保证有效性，必须对电压曲线进行滤波。此外，发生飞溅的焊点的电压曲线高于正常焊点的电压曲线，因此对电压曲线进行积分，将积分值与正常焊点的积分值进行比较，可以作为对焊点飞溅判断的补充判断，从而尽可能避免因滤波问题而产生的漏判和误判问题。

2）脱焊缺欠信息分析。由于发生脱焊的焊点的电压积分值均明显低于正常焊点的积分值，因此计算出每种板厚及相应参数下正常焊点的电压曲线积分范围，作为比较的基础，便可通过比较电压积分值准确地判断焊点是否发生脱焊。

33.4.3　计算机辅助质量管理

计算机辅助质量管理是运用计算机技术实现质量数据采集、分析、处理、传递的自动化，实现质量控制、质量保证和质量管理的信息化。

1. 焊接过程的计算机辅助质量管理系统

焊接结构产品质量的形成过程贯穿于整个焊接生产的全过程中，因此针对焊接产品生产而言，计算机辅助质量管理可分为以下三个阶段：

1）焊接前阶段的质量策划。这个阶段涉及焊接设备的选定、原材料的采购、焊接工艺方法的评定、检测项目的确定等；根据这一阶段质量方面的需求，形成具体的质量标准和规范。

2）焊接过程中阶段的质量控制。这个阶段涉及原材料的控制、焊接工艺因素的控制、焊接过程的在线检测、产品零部件和成品质量的检查等，将采集到的信息进行分析和处理，及时发出警告或反馈，最大限度地满足产品质量要求。

3）焊后阶段的质量分析。这一阶段主要是对焊接质量记录的内容、质量记录的流向以及质量记录分析处理的结果等信息进行采集，提高焊接质量数据的可追溯性。这类信息是企业与用户之间沟通的桥梁，经过信息分析和处理，使企业能够减少废品率，采取

正确措施生产出高质量的产品。

不同的企业一般均根据本企业的实际需求设计、开发和运行适合本企业的计算机辅助质量管理系统，但是总的来说，焊接过程的计算机辅助质量管理系统通常包括以下四个功能子系统：

1）质量计划子系统。按照焊接结构生产大纲、技术准备大纲以及质量标准要求，制订检测计划，它包括检测焊接生产准备计划、检测焊接设备鉴定计划。根据检测焊接设备需求明细表制订检测焊接设备需求计划。根据检测焊接生产准备计划、焊接质量标准与规范、产品图样和工艺文件，制订焊接产品的检测规程和规范（包括检测项目、检测方法、检测设备的确定等），生成检测规程。

2）质量检测子系统。质量检测子系统包括焊接质量数据采集及焊接设备的鉴定，焊接质量数据采集，可以采取人工和自动两种采集质量数据的方式，发展的方向应是自动采集并将结果直接送入计算机。焊接质量数据录入后，需要进行数据分析处理和质量的判读（不良品判别和初步统计参数计算）。定期鉴定焊接设备，建立工作状态、维修等历史档案记录，以备查询与校验。

3）质量评价和控制子系统。质量评价和控制子系统包括焊接原材料的质量评价与控制、焊接过程工序控制点的质量评价与控制、焊接结构产品设计质量评审、焊接产品售后质量分析、焊接质量成本分析等。

① 焊接原材料的质量评价与控制。根据焊接原材料（包括焊接材料）的质量检测数据进行统计分析，做出原材料质量状况的评价，根据上述信息以及调研资料对供货厂商的质量保证能力做出评价，建立相应的记录档案。

② 焊接过程工序控制点的质量评价与控制。对焊接生产过程中的关键工序设"工序控制点"，强化质量控制与管理活动，建立专用的质量数据记录，包括备料设备、焊接设备、工艺装备的专用记录和焊接质量自检与专检记录，应用统计过程控制、预报控制、实时检测、焊接缺欠诊断等技术对工序状况进行监控和反馈校正控制。

③ 焊接结构产品设计质量评审。包括焊接结构设计质量评审信息管理，建立评审模型、处理评审结果，对评审文档进行管理，设计更改质量保证，更正权限管理和认证，重大更改评审记录与更改质量信息查询等。

④ 焊接产品售后质量分析。通过各种渠道得来的售后服务质量信息，按国家政策法规及企业的用户

服务制度进行管理。

⑤ 焊接质量成本分析。对质量成本的三大组成部分，生产成本、鉴别成本和预防成本，按照规范要求应用统计过程控制技术进行统计分析，生成三大成本的分析表及质量报告等，也可进一步对焊接质量成本进行优化，向领导层提供决策信息。

4）焊接质量信息管理子系统。焊接质量信息管理子系统包括报表生成及质量综合查询、质量文档管理、检测人员及印章管理等。

① 报表生成及质量综合查询。按需要自动生成各种质量指标报表，报表中各种导出数据的建库储存，建立质量综合查询方法及程序。

② 质量文档管理。储存国内外焊接质量动态信息，建立有关焊接质量标准、规范等的索引与目录库，供查询用。

③ 检测人员及印章管理。对各级检验人员资格和印章的档案进行管理，记录检验人员的等级、培训记录、考核记录、印章，发放与起用记录以及检验人员职务记录等。

上面介绍了焊接过程的计算机辅助质量管理系统主要功能模块，随着计算机网络技术、计算机数据库系统功能的不断发展，通过建立焊接质量数据库管理系统，人们能够高效地管理和利用焊接质量数据，并在此基础上建立高效率地焊接质量数据追溯系统，实现焊接质量数据从原材料、生产过程以及责任的可追溯性，不但可以提高和保证产品质量，而且能够降低生产成本、缩短制造周期，提高企业的核心竞争力。

2. 焊接质量信息管理系统应用实例

清华大学研究开发了车身装焊质量信息管理系统，该系统在数据库建模和设计的基础上，运用计算机及网络技术实现了车身装焊工艺、质量检测、统计过程控制与诊断、报表输出的网络化运行和管理，加快了信息反馈的速度，避免了有效信息的丢失，提高了质量管理的效率和水平。而且采用统计过程控制（SPC）和统计过程诊断（SPD）方法对车身装焊质量进行实时监控、趋势预报和故障原因分析，增强了质量管理的科学性。

（1）系统总体结构

车身装焊质量包括表面质量、尺寸精度和焊接质量三个方面，质量信息的管理涉及工艺处、检验处、质量管理处、设备处、生产处等多个部门。工艺处根据产品质量管理与控制的要求，制订车身装焊生产各个环节的质量检验工艺和检验标准；产品检验处按照检验工艺和标准对装焊车间各个环节的生产质量进行检验，获得实测质量数据；质量管理处对检验数据进

行统计，形成质量管理报表，判断工序是否稳定以及产品质量是否合格，并根据统计规律进行产品质量预测、质量故障原因分析，监督指导生产制造过程。

车身装焊质量信息管理系统的总体结构如图 33-24 所示。系统管理实现数据库和用户角色/权限的管理，其中，数据库管理利用后台数据库管理系统实现，用户角色/权限管理根据用户操作对象的变化而赋予不同的权限，并且可以增加、删除和修改用户/角色及其权限；基本信息包括装焊工序、检验工序、零部件信息、抽样标准、检验标准、焊接参数以及员工信息等，实现编制、增加、删除、修改和打印输出等功能；质量实测分为表面质量实测、焊接质量实测、尺寸质量实测，由检验人员在检测现场通过客户端输入质量数据库；报表输出实现各种基本信息和统计报表的自动定期生成；统计分析可实现对实际生产质量数据的简单统计分析以及打印输出；质量分析采用统计过程控制（SPC）和统计过程诊断（SPD）技术对产品的生产质量进行动态监测、控制和故障原因分析。

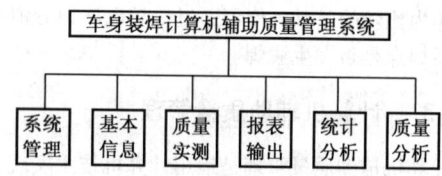

图 33-24　系统总体结构

由于车身零件和组件数目众多、结构复杂，为便于进行车身装焊质量检测工艺规划、自动测量、测量数据的统计分析、质量监控、质量控制与诊断等计算机辅助信息管理和控制，系统首先建立了车身装焊信息数据库，采取简便有效的表达手段来描述车身的结构组成关系、装配关系和装配信息。车身装焊的实体包括车身、分总成、合件、组件、零件、焊接质量要求、尺寸质量要求、表面质量要求、检验工艺、焊机、检测设备、夹具、检验工序、焊接检验、尺寸检验、表面检验、装焊工序、抽样标准、焊接质量实测、尺寸质量实测、表面质量实测、焊接参数、员工等。而实体之间的联系主要有组装联系、检验工艺联系、装焊工序联系、操作联系、测量联系等。

（2）基本功能模块

系统的基本功能包括检验工艺管理、检验实测数据输入、报表输出以及用户权限管理等。

1）检验工艺管理。检验工艺由工艺处制订，并根据实际生产的需要进行修改和调整。检验工艺管理包括增加、删除、修改和报表打印输出等。

2）检验实测数据输入。检验实测包括表面质量检验、焊接质量检验、尺寸质量检验。质量检验人员根据质量计划和检验项目进行检验，并将检验结果提交到数据库。

3）报表输出。报表输出是质量信息管理系统的重要组成，可由质量管理人员定期自动生成。系统的输出报表包括基本信息报表和统计信息报表两类。基本信息报表采用报表与数据库绑定的方法进行报表输出，统计信息报表则采用参数传递的方法，程序对数据库中的质量信息进行统计，然后传递到报表中。

4）用户权限管理。系统涉及质量处、工艺处、检验处、装焊车间等。质量处负责总体质量分析与监控，主要用户有系统管理员、质量统计分析员、质量负责人等。质量统计分析员进行质量统计分析和报表输出，而质量负责人只要能浏览各种分析质量统计结果和报表，系统管理员具有最高权限以及数据库管理权限。装焊车间进行各种质量检验数据的输入以及所属车间工段的生产统计结果分析，主要用户有表面检验输入、尺寸检验输入、焊接检验输入、装焊统计结果与报表输出等。工艺处负责检验工艺和标准的制订，主要用户是检验工艺制订和调整人员。系统对所有客户端按工作性质分类，分别授予不同的用户角色，对不同的用户角色，根据其使用的数据源，分别授予不同的数据库对象存取权限。

（3）工序质量统计分析与过程控制和诊断

工序质量统计分析与过程控制和诊断是以预防为主的质量预测和控制方法，它借助统计学的手段对工序生产质量进行分析和评价，并采取相应措施来达到控制质量的目标。质量统计方法分为两类：一类是反映质量数据在某段时间内的静止状态，称为简单统计分析，如直方图、排列图等；另一类是反映质量数据随时间变化规律的动态方法，也就是基于控制图的统计过程控制（SPC）与统计过程诊断（SPD）。

1）直方图。它表示数据分布的形态，便于对数据的总体分布特征进行分析和推断以及评价质量水平。例如装焊尺寸质量就可采用直方图进行统计分析，首先选择尺寸质量的检验工序和检验项目，然后根据实际情况选择生产批次或者测量时间就可以自动绘制出直方图，据此可进行装焊尺寸质量数据的统计分析。

2）排列图。排列图是找出影响产品质量主要因素的图表工具，在质量管理中是发现主要质量问题和确定质量改进方向的有力手段。例如选择表面质量或焊接质量检验工序，可以按照生产批次或者测量时间来绘制排列图，然后进行统计分析。

3）统计过程控制。统计过程控制技术的重要应用是各种类型的控制图，它已经成为生产现场直接研究质量数据随时间变化的统计规律的动态方法，成为变事后检验为事前预防的一个重要工具。根据质量数据的类型不同，控制图可分为计量值控制图、计件值控制图和计点值控制图，应根据所控制质量指标的情况和数据性质分别加以选择。统计过程的控制的实施分为分析和监控两个阶段，分析阶段的主要目的在于使过程处于统计稳态而且过程能力足够。而监控阶段的主要工作是使用控制图对生产进行监控。在工厂的实际应用中，对于每个控制项目，都必须经过以上两个阶段，并且在必要时会重复进行上述从分析到监控的过程。

4）统计过程诊断。车身装焊质量问题一般是在总成以及分总成阶段反映出来，在对装焊质量问题进行分析与诊断时，与装焊顺序相反，总成阶段反映出来的质量问题有时需要追溯到分总成、合件、组件与零件。因此，首先应分析总成的装焊过程对质量的影响，若不是总成的原因，则再考虑分总成和组合件的装焊过程对质量的影响，如果仍没有问题则进一步分析是否零件本身的原因。这样采取层层分析的方法最终即可找到质量缺陷的成因。影响车身装焊质量的因素很多，如夹具、点焊设备的工作状态和点焊参数的稳定性、操作人员的情绪等，要对质量进行有效的在线监控和诊断，必须找出与质量密切相关的信息，并进行有效的组织和归纳，将车身零部件及该零部件的有关资料与检验信息有机地组合起来，将质量问题与加工方法、机器、操作人员、材料及环境对应起来，以便于进行质量缺陷或异常原因的分析、诊断和控制。系统应用时，首先由检测工序获得实测质量数据，然后对这些数据进行统计分析，并判断工序是否稳定以及产品质量是否合格。若出现质量缺陷问题，则从检验工序与装焊工序之间的联系获得加工工序信息和设备、材料、操作者的有关信息，提供给质量管理者进行质量问题定位和质量原因诊断。

33.4.4　计算机辅助检测和质量管理系统的发展

自 20 世纪 80 年代以来，焊接界国内外专家学者在计算机辅助检测和质量管理系统的开发应用方面做了大量的工作，由于焊接过程十分复杂，在手工焊接时，熟练焊工需要用到视觉、触觉甚至听觉，因此人们探索了采用电场、磁场、可见光、激光、声波、超声、热像、图像等信息制成了专门用于焊接的传感器，还有直接利用焊接电弧本身来提取焊接过程的信息，用以控制焊接过程。进入 20 世纪 90 年代，开始将电弧传感器、视觉传感器与新的控制决策方法结合起来，使得焊接质量的在线控制与预测得到了进一步发展。

随着企业信息化技术的发展，面向操作层次的焊接过程计算机辅助检测和质量管理系统必然向面向全企业的集成质量管理系统发展，集成质量管理系统要将整个企业的各个单元质量保证活动有机集成在一起，使涉及产品整个生命周期的质量活动协调进行。主要表现为实现三个方面的集成。

（1）纵向集成

质量保证和质量控制既涉及焊接结构生产过程质量信息的采集、反馈和控制，又涉及上层的质量问题决策。执行层的焊接生产全过程检测与监控的有关信息应能及时地传递到管理层和计划决策层，为企业的焊接质量问题决策提供支持。同时，计划决策层的焊接质量计划、焊接过程检测计划、焊接质量控制任务等应及时地传递到管理层和执行层，实现在正确的时间将正确的质量信息传递到正确的人（包括操作者和决策者）。

（2）横向集成

集成质量管理系统必须能够实现与企业信息化的其他系统进行集成，主要包括以下几个方面：

1）通过 CAD、CAPP 等系统获得自动检测和产品试验所需的焊接产品质量规范及有关的焊接产品及零部件信息，并与工程设计系统集成。特别是企业并行工程环境下，在产品设计和开发的初始阶段就要考虑到质量等因素。

2）与企业管理方面系统的集成，比如与 ERP 集成，可以及时地将有关不合格品的信息反馈回来，用以更新焊接生产计划或物料需求计划，特别是在准时生产（JIT）的生产模式下，实现焊接质量信息的及时反馈是必需的。

3）在线实时焊接质量控制是运用检测的焊接过程信息，并与制造执行系统的集成，对焊接生产过程进行调整以预防出现焊接缺欠的有效手段。同时焊接缺欠的识别和诊断也为焊接生产过程的改进提供依据。在企业的执行层，比如应用于车间制造执行系统（MES），通常将质量管理方面的功能与制造执行系统（MES）集成在一起。

4）与经营方面系统的集成，一方面通过采购方面的信息系统得到与供应商相关的质量信息，另一方面要集成从用户反馈回来的质量问题信息。

（3）产品全生命周期各阶段的质量信息集成

包括从市场调研、产品研发、生产制造到使用各个阶段的集成。这种维度的集成是以用户需求为驱动，围绕产品全生命周期的各个阶段，并行地、集成地处理从市场调研到产品投入使用各个阶段产生的质量问题。通过对与质量有关的过程和资源的控制，实现企业的质量目标。

参 考 文 献

[1] 陈丙森，等. 计算机辅助焊接技术 [M]. 北京：机械工业出版社，1999.

[2] 张崇轲，朱志明，陈丙森. CAPP 的发展现状和焊接结构件 CAPP 的开发方法 [C] ∥ 第三届计算机在焊接中的应用技术交流会论文集. 上海，2000.

[3] 杨岳. CAM 技术与应用 [M]. 北京：机械工业出版社，1996.

[4] 刘丰，魏艳红. 基于 Client/Server 的表格化焊接 CAPP 系统 [J]. 焊接学报，2005，26（5）：77-80.

[5] 葛玉华，霍立兴，张玉凤. 焊接专家系统的应用及发展 [J]. 焊接技术，2000，9（2）：41-42.

[6] 施鸿宝，王秋荷. 专家系统 [M]. 西安：西安交通大学出版社，1990.

[7] 冯博琴. 实用专家系统 [M]. 北京：电子工业出版社，1988.

[8] 王昕. 工程机械焊接专家系统的开发 [J]. 装备制造技术，2003（3）：34-36.

[9] 姚河清，陆亚珍. 弧焊机器人焊接专家系统的开发 [J]. 河海大学学报，2003 31（5）：577-580.

[10] 王昕，朱晓宁，马瑞，等. 焊接知识库管理系统 [C] ∥ Proceedings of international symposium on computer-aided welding engineering. Jinan，2006：703-706.

[11] 李航. 基于 Client/Server 模式的有色金属精密焊接数据库系统 [D]. 南京：南京航空航天大学，2006.

[12] 李巍，魏艳红. 基于 UML 的焊接工艺评定管理系统的设计和实现 [C] ∥ Proceedings of international symposium on computer-aided welding engineering. Jinan，2006：691-696.

[13] 陈丙森. 焊接生产与研究中的信息化 [C] ∥ 中国焊接计算机技术专业委员会重庆会议论文集. 重庆，2002.

[14] 刘树森，等. 现代制造企业信息化 [M]. 北京：科学出版社，2004.

[15] 中国材料工程大典编委会. 中国材料工程大典：第 23 卷材料焊接工程 [M]. 北京：化学工业出版社，2005.

[16] 薛海涛，宋永伦，李桓，等. 点焊过程工艺参数采集及缺陷信息分析 [J]. 焊接学报，2004，25（4）：103-106.

[17] 方平，黄石生，林一松，等. 电阻点焊过程智能控

制的研究 [J]. 中国机械工程, 2002, 13 (05)
441-444.

[18]　朱志明, 李传界. 基于 SPC/SPD 的汽车车身装焊质量实时监控与故障诊断 [J]. 电焊机, 2004, 34 (06): 4-8, 35.

[19]　朱志明. 焊接生产信息化与焊接工程应用软件的开发

[C] ∥中国机械工业学会. 第十一次全国焊接会议论文集: 第 2 册. 天津, 2005.

[20]　李迪, 张春华, 曾安. 自动化弧焊过程在线质量监测与管理平台 [J]. 华南理工大学学报 (自然科学版), 2003, 31 (01): 79-83.